现代
林产化学工程

第一卷 1

蒋剑春
储富祥
勇　强
周永红
主编

ADVANCED
CHEMICAL
PROCESSING
OF
FOREST PRODUCTS

化学工业出版社
·北京·

内容简介

《现代林产化学工程》是对我国林产化学工程领域的一次系统性总结，全面介绍了近年来我国林产化学加工研究与应用领域所取得的新技术、新成果与新方法。

本书分为三卷，共十三篇九十三章，在概述我国林产化工现状、发展情况以及最新发展前沿的基础上，依次详细介绍了木材化学、植物纤维水解、热解与活性炭、制浆造纸、松脂化学、林源提取物、木本油脂化学、生物质能源、生物基高分子材料、木质纤维素生物加工、林副特产资源化学、污染防治与装备等内容，重点介绍了林产化工涉及的原料理化性质、转化过程反应机理、加工工艺和装备、产品及其应用等。其内容深刻反映了我国林产化学工程的时代特点和技术前沿，具有很强的系统性、先进性和指导性。

本书可为林产化学工程领域从事科研、教育、生产、设计、规划等方面工作的科技和管理人员提供参考，也可作为科研院校相关专业师生的学习材料。

图书在版编目（CIP）数据

现代林产化学工程. 第一卷 / 蒋剑春等主编. —北京：化学工业出版社，2024.8
ISBN 978-7-122-45569-7

Ⅰ. ①现… Ⅱ. ①蒋… Ⅲ. ①林产工业-化学工程 Ⅳ. ①TS6

中国国家版本馆 CIP 数据核字（2024）第 089013 号

责任编辑：张　艳　刘　军　　文字编辑：林　丹　丁海蓉
责任校对：张茜越　　装帧设计：王晓宇

出版发行：化学工业出版社（北京市东城区青年湖南街 13 号　邮政编码 100011）
印　　装：北京建宏印刷有限公司
787mm×1092mm　1/16　印张 67　字数 2046 千字　　2025 年 1 月北京第 1 版第 1 次印刷

购书咨询：010-64518888　　售后服务：010-64518899
网　　址：http：//www.cip.com.cn
凡购买本书，如有缺损质量问题，本社销售中心负责调换。

定　　价：550.00 元

《现代林产化学工程》

编辑委员会

《现代林产化学工程》

编写人员名单

名誉主编 宋湛谦

主　　编 蒋剑春　储富祥　勇　强　周永红

副 主 编 房桂干　付玉杰　许　凤　王　飞　刘守新

编写人员（按姓名汉语拼音排序）

毕良武　薄采颖　蔡政汉　曹引梅　陈　超　陈翠霞　陈登宇　陈　健　陈　洁
陈尚钘　陈务平　陈玉平　陈玉湘　程增会　储富祥　戴　燕　邓拥军　丁海阳
丁来保　丁少军　范一民　房桂干　冯国东　冯君锋　付玉杰　高　宏　高　强
高勤卫　高士帅　高振华　苟进胜　谷　文　郭　娟　韩春蕊　韩　卿　韩善明
胡立红　胡　云　华　赞　黄　彪　黄曹兴　黄立新　黄六莲　黄耀兵　黄元波
霍淑平　吉兴香　贾普友　姜　岷　蒋建新　蒋剑春　焦　健　焦　骄　金　灿
金立维　金永灿　孔振武　旷春桃　赖晨欢　李昌珠　李红斌　李凯凯　李　梅
李明飞　李培旺　李　琦　李守海　李淑君　李　伟　李湘洲　李　鑫　李　迅
李妍妍　李　铮　梁　龙　廖圣良　林冠烽　林　鹿　刘承果　刘大刚　刘丹阳
刘贵锋　刘　鹤　刘军利　刘　亮　刘　朋　刘汝宽　刘守庆　刘守新　刘思思
刘玉鹏　卢新成　罗金岳　罗　猛　马建锋　马艳丽　马玉峰　梅海波　南静娅
聂小安　欧阳嘉　潘　晖　潘　政　盘爱享　彭　锋　彭密军　彭　胜　齐志文
钱学仁　饶小平　任世学　商士斌　尚倩倩　沈葵忠　沈明贵　施英乔　时君友
司红燕　宋国强　孙　昊　孙　康　孙　勇　孙云娟　谭卫红　檀俊利　田中建
童国林　汪咏梅　汪钟凯　王　傲　王成章　王春鹏　王　丹　王德超　王　飞
王基夫　王　婧　王　静　王　奎　王　堃　王石发　王雪松　王永贵　王占军
王志宏　王宗德　温明宇　吴国民　吴　珽　夏建陵　谢普军　徐俊明　徐士超
徐　徐　徐　勇　许　凤　许利娜　许　玉　许玉芝　薛兴颖　严幼贤　杨　清
杨晓慧　杨艳红　杨益琴　殷亚方　应　浩　勇　强　游婷婷　游艳芝　于雪莹
俞　娟　曾宪海　张代晖　张海波　张　弘　张军华　张　坤　张亮亮　张　猛
张　娜　张　胜　张　谡　张　伟　张旭晖　张学铭　张　逊　张　瑜　赵春建
赵林果　赵振东　郑　华　郑云武　郑兆娟　郑志锋　周　昊　周建斌　周　军
周　鑫　周永红　朱　凯　庄长福　左　淼　左宋林

序一

森林蕴藏着丰富的可再生碳资源。2022 年全球森林资源面积 40.6 亿公顷，森林覆盖率 30.6%，森林蓄积量 4310 亿立方米，碳储量高达 6620 亿吨，人均森林面积 0.52 公顷。2022 年我国森林面积 2.31 亿公顷，森林覆盖率 24.02%，森林蓄积量 194.93 亿立方米，林木植被总碳储量 107.23 亿吨。林业产业是规模最大的绿色经济体，对推进林业现代化建设具有不可替代的作用，2023 年全国林业产业总值超 9.2 万亿元。

林产化学工业是以木质和非木质等林业资源为主要原料，通过物理、化学或生物化学等技术方法制取人民生活和国民经济发展所需产品的加工制造业，是林产工业的重要组成部分。进入 21 世纪，面对资源、能源、环境等可持续发展问题，资源天然、可再生的林产化学工业成为继煤化工、石油化工和天然气化工之后的重要化工行业之一。随着物理、化学、生物等学科的发展，以及信息技术、生物技术、新材料技术和新能源技术在林产化学工业中的应用，林产化学加工已形成木质和非木质资源化学与利用两大方向，研究领域和产业发展方向不断拓展。

2012 年以来，中国林产化学工业已迈入转型发展新阶段，技术创新逐步从“跟跑”“并跑”向“领跑”转变。突出原始创新导向，面向绿色化、功能化和高端化产品创制开展理论研究和方法创新；突出绿色低碳高效，攻克林产资源全质高效高值利用、生产过程清洁节能等核心关键技术难关，构筑现代林产化学工业低碳技术体系，大幅提升资源综合利用效率和生物基低碳产品供给能力；充分挖掘和利用林产资源中蕴含的天然活性物质，创新药、食、饲及加工副产物综合利用新技术与新模式，增强高品质、多功能绿色林产品供给能力。与此同时，传统林产化学加工工程学科不断与林学、能源科学、高分子科学、食品科学、生物技术等学科深度交叉融合，推动产业变革和绿色高质量发展；微波辐射、超临界流体、等离子体、超声、膜过程耦合、微化工等高新技术的应用，为林产资源的加工利用发展带来新活力。面向国家重大战略需求，以“资源利用高效化、产品开发高端化、转化过程低碳化、生产技术清洁化、机械装备自动化”为总体发展思路，加快原始创新与核心关键技术突破，将为抢占林业资源利用科技与产业竞争新优势提供保障。以科技创新催生新产业，加速形成新质生产力，增强发展新动能。

受蒋剑春院士委托，为本书作序，初看书稿之余，欣然领命。该书由蒋剑春院士领衔、汇聚了国内 200 余位长期从事林产化学加工的权威专家和学者多年科研经验和最新研究成果，是一部综合性的林产化学加工领域的大型科技图书，内容丰富，涵盖了我国林产化学加工领域的主要方向，系统介绍了相关原料理化性质、转化过程反应机理、加工工艺和设备、产品及其应用等，论述了现代林产化学加工工程的发展成效、发展水平和发展趋势，具有重要的参考价值和实用价值。我真诚希望，通过该书的出版发行，加快林产化学工程基础知识和科技成果的传播，为林产化学工程领域从事科研、教育、生产、设计、规划、管理等方面工作的科技人员提供业务指导，吸引更多专家、学者加入到林产化学加工领域的科学研究中来，为林产化学工业高质量发展作出更大的贡献。

中国工程院院士　东北林业大学教授

2024 年 6 月

序二

自古至今，森林与人类发展息息相关，是具有全球意义的宝贵财富，是人类赖以生存的基础资源。纵观世界林业发展历程，人类对森林的利用经历了从单一的初级利用到多元化利用，再到经济、环境和社会效益并重的可持续利用。数千年来，森林源源不断地为人类社会发展提供丰富的能源、食品、材料、药材等。联合国粮农组织等机构发布的资料显示，目前全球有约 41.7 亿人居住在距森林 5 公里范围内，约 35 亿至 57.6 亿人将非木材林产品用于自用或维持生计，近 10 亿人直接依靠森林资源维持生计。

发展森林资源的优势之一是不与粮争地，在满足经济社会发展和人民群众美好生活需求方面，森林资源具有不可替代的独特优势和巨大潜力。在可预见的未来，绿色可持续发展是新一轮全球经济发展的主旋律。森林资源作为储量巨大、低碳可再生的重要自然资源，已经成为地球上重要的自然资本与战略资源，在人类可持续发展和全球绿色发展中持续发挥着巨大的基础性作用；其高效利用仍将在粮油安全、能源安全、资源安全，以及增加就业、巩固拓展脱贫攻坚成果等方面发挥重要的作用。

在兼顾生态保护与合理利用的前提下，加快我国传统林业产业向森林食品、林源药物、林源饲料、林业生物基材料等新兴产业转型升级，将生态优势转化为发展优势，更好地架起“绿水青山”与“金山银山”之间的桥梁，让绿水青山产生更多的自然财富、经济财富，是我国林草事业高质量发展的重要途径。

我国自开启工业化进程以来，工业化水平实现了从工业化初期到工业化后期的历史性飞跃，基本经济国情实现了从落后的农业大国向世界性工业大国的历史性转变。经过数代林化人的努力，我国林产化学工业也同国家整体工业一样取得了令人瞩目的巨大进步，如在活性炭、清洁制浆等研究和应用领域，整体水平已居世界前沿。作为不可或缺的重要基础性原料，林产化学加工产品几乎涉及了食品、医药、电子、能源、化工等国民经济所有行业。

科技领域的发展潜力无限，对于人类社会的进步起着关键作用。目前，不同学科、技术、应用、产业之间互相渗透已成常态，智能制造和先进材料等领域的竞争进一步加剧，传统工业过程和产品持续向低碳、高效绿色工业与环境友好型新产品转变，从而促使我国林化产业必须关注产业转型中的问题和挑战，加快创新引领，确保科技真正成为林化产业进步的引擎。

面对林产化学加工工程的发展现状与趋势，为了及时总结、更好地指导并探索适合我国国情的林化发展道路，中国工程院院士、中国林业科学研究院林产化学工业研究所研究员蒋剑春等为主编，汇聚国内林产化学工程学科多位研究和教学专家，历经数年，编著了《现代林产化学工程》。

该书系统、全面地总结了我国林产化学工程的发展历史、研究现状与发展趋势。全书紧扣当前林产化工国内外发展趋势与最新成果，着力体现“现代”特点，注重当前林化领域拓展与延伸，并对未来发展进行了展望。该书结构严谨，针对性强，覆盖面广，充分反映了林化人一如既往的严谨求实、精益求精、追求极致的科学态度。

该书的出版，必将为林产化工行业的科研、教学等提供重要参考；对促进森林资源培育和林产化学加工上下游紧密结合具有战略指导意义，让育种者新品种创制的目标更加明确，让森林资源培育的目标产物更加清晰，进而更好地促进全产业链绿色加工增值。拜读书稿，点滴感悟，聊作为序。值该书付梓之际，也很高兴推荐给同行专家和莘莘学子阅读参考。

中国工程院院士　中国林业科学研究院研究员

2024 年 6 月

序三

林产资源是丰富而宝贵的可再生资源，在人类社会的发展中发挥重要作用。利用现代技术可将木质和非木质林业生物质资源转化成人类生产生活所需要的各类重要产品。由此发展起来的林产化学工业已成为重要产业，是现代化工行业的重要组成部分。鉴于林产原料的丰富性与复杂性，以及转化过程与产品的多样性，现代林产化学工业不断融合各领域新兴科学技术，已成为一个不断发展的跨行业、跨门类、多学科交叉的产业，其应用领域向新能源、新材料、绿色化学品、功能食品、生物医药等新兴产业不断拓展。现代林产化学工业作为支撑社会经济绿色发展的重要产业，对于妥善解决经济、资源与环境三者之间的矛盾，实现人类社会可持续发展和“碳达峰”“碳中和”目标十分重要。在我国，现代林产化学工业对于绿色可持续发展、生态文明建设、健康中国建设、乡村振兴等具有不可替代的作用。

随着科学技术的快速发展，现代林产化学工业与林学、能源环境、材料科学、化学化工、生物技术等多学科深度交叉融合，林产化学品向高值化、多元化、功能化、绿色化和低碳化等方向发展，新原理、新方法、新工艺、新技术、新设备不断涌现，相关知识更新迅速。因此，对林产化学工程领域的发展历史、现状和发展趋势进行归纳总结、分析和研究十分必要。《现代林产化学工程》系统介绍了林产资源的种类与理化性质、转化过程与反应机理、产品的提取分离、加工工艺和装备、产品及其应用等，归纳总结了我国现代林产化学工业的发展历程、发展现状与发展趋势，全面介绍了现代林产化学工业所涉及的木材化学、植物纤维水解、热解与活性炭、制浆造纸、松脂化学、林源提取物、木本油脂化学、生物质能源、生物基高分子材料、木质纤维素生物加工、林副特产资源化学、污染防治与装备等内容，并介绍了相关领域的国内外最新进展。

该大型科技图书在蒋剑春院士和编委会的组织协调下，国内多位相关领域的知名专家、学者参与撰稿，具有权威性、综合性、实效性、前瞻性，同时包含许多新观点、新思路，对林产化学工程领域的广大科技工作者、政府部门管理人员、企业家、教师、学生等具有重要的参考价值。我相信，此专著的出版对我国现代林产化学工业的高质量发展具有重要而深远的意义。

韩布兴

中国科学院院士　中国科学院化学研究所研究员

2024 年 6 月

前言

林产化学工程是以木质和非木质林业生物质资源为对象，以林学、木材学、化学、材料学、化学工程与技术等学科的知识为基础，研究人民生活和国民经济发展所需产品生产过程共同规律的一门应用学科，所形成的加工制造产业称为林产化学工业。现代林产化学工程是在传统林产化学加工工程学科基础上，融合现代科学技术，向新能源、新材料和生物医药等新兴产业拓展的交叉学科，具有生产过程绿色低碳、产品多元、国民经济不可或缺的特点，是实现我国“碳达峰”“碳中和”战略目标的重要途径，也是促进我国经济社会绿色发展的重要循环经济产业。

森林资源是林产化学工业的物质基础，是自然界陆地上规模最大的可再生资源。2022 年全球森林资源面积 40.6 亿公顷。我国森林面积 2.31 亿公顷，居全球第五位，其中人工林面积世界第一，森林覆盖率 24.02%，林木植被总碳储量 107.23 亿吨。我国是世界上木本植物资源最丰富的国家之一，已发现木本植物 115 科 320 属 8000 种以上，其中乔木树种 2000 余种，灌木 6000 余种，约占全球树种资源种类的 1/3，分布广泛，可利用总量巨大。林产化学工业是一个跨门类、跨行业、多学科交叉的产业，是森林资源高效可持续利用的重要途径和国民经济发展的重要基础性、民生性产业。林产化学工业以其资源的天然性、可再生性和化学结构特异性等特点，成为继煤炭、石油、天然气化工之后现代化工行业的重要组成部分之一。随着生态文明建设、乡村振兴、健康中国、“碳达峰”与“碳中和”等国家战略不断深入实施，林产化学工业将在国民经济和社会发展中发挥越来越重要的作用。

在人类历史发展进程中积累了许多关于林产品化学利用的知识和经验。中国四大发明中，造纸术、火药和印刷术都离不开林产化工技术：造纸利用木质纤维，火药主要成分含木炭，印刷术利用松香作为黏结剂。松香、松节油、单宁、生漆、桐油、白蜡、色素等林化产品的应用也有悠久的历史。传统林产化学工业主要包括木材热解、木材水解、制浆造纸等为主的木质资源化学加工，以及包括松脂、栲胶、木本油脂、香料、精油、树木寄生昆虫等为主的非木质资源化学加工。代表性产品有木炭、活性炭、纸浆、松香、单宁、栲胶、糠醛、木本油脂、生漆、木蜡、紫胶等，广泛应用于化工、轻工、能源、材料、食品、医药、饲料、环保和军工等领域。进入 21 世纪，随着生物、纳米、新型催化等前沿技术的快速发展与交叉融合，林产化学品正向高值化、功能化、绿色化和低碳化等方向发展，林产化学加工工业领域由木材制浆造纸、树木提取物加工、木材热解和气化、木材水解和林副特产品的化学加工利用等传统领域，向生物质能源、生物基材料与化学品、生物活性成分利用等综合高效利用领域拓展。当前，我国松香、木质活性炭、栲胶、木材制浆造纸均已实现机械化、规模化连续生产，产量和出口贸易额居世界前列；大容量储能活性炭、高品质液体燃料、功能生物基材料、林源生物医药、林源饲料添加剂等新产品的创制，为林产化工产业注入新的活力，成为产业高质量发展新的增长点。

随着科学技术的发展，林产化学加工生产过程由传统的小规模、间歇式、劳动密集型为主的模式，向规模化、连续化、自动化和智能化等工业生产模式转变；产品由粗加工向高值化、功能化、多元化精深加工拓展。林产资源全质高效高值利用、生产过程绿色低碳是林产化学工业高质量发展的必然趋势，生物质能源、生物基材料与化学品、药食饲用林产品等加工利用成为现代林产化学工业的重要发展方向。随着新技术、新方法、新设备的不断涌现和知识快速更新，编著一套综合全面且内容新颖的林产化学工程科技专著，显得尤为重要。

《现代林产化学工程》共十三篇九十三章，分为三卷出版。第一卷包括总论、木材化学、植物纤维水解、热解与活性炭、制浆造纸；第二卷包括松脂化学、林源提取物、木本油脂化学、生物质能源；第三卷包括生物基高分子材料、木质纤维生物加工、林副特产资源化学、污染防治与装备。

衷心感谢中国工程院院士、中国林业科学研究院林产化学工业研究所研究员宋湛谦，中国林业科学研究院林产化学工业研究所研究员沈兆邦，南京林业大学教授余世袁、安鑫南、曾韬，东北林业大学教授方桂珍等在本书编写过程中的指导和帮助。《现代林产化学工程》的出版，是全体编写和编辑出版人员紧密合作和辛勤劳动的结果。在本书出版之际，谨对所有为本书出版作出贡献的专家学者表示诚挚的感谢！

由于参与编写人员较多，涉及内容较广，加上知识的局限，难免还存在文字风格、论述深度和学术见解等方面的差异，甚至不妥之处。对此，敬请读者批评指正。

2024 年 8 月

总篇目

第一篇
总论

本 篇 编 写 人 员 名 单

主　　编　**蒋剑春**　中国林业科学研究院林产化学工业研究所

编写人员（按姓名汉语拼音排序）

蒋剑春　中国林业科学研究院林产化学工业研究所

刘玉鹏　中国林业科学研究院林产化学工业研究所

目　录

一、现代林产化学工程概述

林产化学工程是以木质和非木质林业生物质资源为对象，以林学、木材化学、植物化学、化学工程与技术等方面的知识为理论基础，研究人民生活和国民经济发展所需产品生产过程共同规律的一门应用学科，所形成的加工制造产业称为林产化学工业。

传统林产化学工程主要包括以木材热解、制浆造纸、木材水解等为主的木质资源化学加工，以及以松脂、木本油脂、精油、香料、树木寄生昆虫等为主的各类非木质林产资源的加工利用[1]。代表性产品主要有木炭、活性炭、纸浆、松香、单宁、栲胶、糠醛、木本油脂、生漆、木蜡、紫胶等，广泛应用于化工、轻工、能源、材料、食品、医药、饲料、环保和军工等领域。

现代林产化学工程是在传统林产化学加工工程学科基础上，融合现代技术，向新能源、新材料和新医药等新兴产业拓展的交叉学科，是实现我国碳达峰、碳中和战略目标的重要途径，也是促进我国经济社会绿色发展的重要循环经济产业。现代林产化学工程主要具有以下特点：一是生产过程绿色低碳。由传统的以小规模、间歇式、劳动密集型为主的模式，向规模化、连续化、自动化和绿色化等清洁生产模式转变。如松脂加工过程，由直接火加热、小规模的“滴水法”和水蒸气蒸馏间歇生产，发展为万吨级规模的连续法水蒸气蒸馏法绿色清洁生产；木质活性炭生产由污染大、能耗高、腐蚀严重的氯化锌法发展为环境友好的磷酸法万吨级连续生产技术。二是产品多元化。由初级加工产品向高性能、多功能和高值化的多元化产品发展。如生物质能源和生物基材料发展迅速，已经成为可再生能源和石油基产品替代的重要组成部分；活性炭产品由初期以吸附分离为主的吸附剂产品，向空气净化、有机溶剂回收、脱硫脱汞、车用燃油挥发控制、超大容量储能、高效催化等功能性系列新产品拓展；基于松脂、木本油脂开发的食用松香树脂、电子化学品、表面活性剂、增塑剂、热稳定剂、固化剂、路面修复材料等系列深加工产品，已实现规模化生产；植物提取领域开发了紫杉醇、银杏黄酮内酯、喜树碱等生物医药产品，并已实现临床应用。三是不可或缺性。林业生物质具有资源的可再生性、化学结构和组分的特有性、不可替代性等特点，如糠醛、复杂的林源活性物前体等难以用传统化学化工过程生产的产品，涉及医药、保健、功能材料、国防等领域。

森林资源是林产化学工业的物质基础，是自然界陆地上最大的可再生资源。据联合国粮食及农业组织（FAO）数据显示[2]，2022 年全球森林面积为 40.6 亿公顷。我国森林面积 2.31 亿公顷，居全球第五位，人工林面积居世界首位，森林覆盖率 24.02%。我国是世界上木本植物资源最丰富的国家之一，多样性丰富、分布广泛、可利用总量巨大。已发现有 115 科 320 属 8000 种以上，其中乔木树种 2000 余种，灌木 6000 余种，约占全球树种资源种类的 1/3。我国植物资源按用途分为 15 大类[3]，其中纤维类 480 余种、种子或果仁含油 40%以上的油脂类 120 余种、树脂类 40 余种、芳香油类 290 余种、药用类 420 余种、淀粉类 160 余种、蛋白质和氨基酸类 270 余种、维生素类 80 余种、糖与非糖甜味剂类 40 余种、植物色素类 80 余种、鞣料类 280 余种、橡胶与硬橡胶类 30 余种、植物胶与果胶类 160 余种。

林业生物质资源按照原料主要化学组成可分为两大类：一类是木质资源，指能够提供木质部成分或植物纤维以供利用的天然生物质原料，包括木材、竹材、灌木等，可供利用的主要化学成分为纤维素、半纤维素和木质素。通过制浆过程可得到高分子的纤维素纤维，用于造纸和人造纤维生产，同时可以从制浆废液中回收多种化学品和热能；通过水解、生物转化和其他化学过程可转化成低分子化合物，如甲醇、乙醇、糠醛、乙烯、丁二烯、低聚木糖等，可作为燃料、化学品和合成高分子材料的原料；通过热解技术可以得到活性炭、功能碳材料、可燃气和醋液等。另一类是非木质资源，指森林中除木材、木材加工剩余物以外的其他动植物资源，主要包括植物资源、微生物资源和动物资源。林产化学工业利用的非木质资源主要包括植物果实、枝叶、树皮，以及分泌物、提取物等，联合国粮农组织统一列为“非木质林产品”范畴，主要成分包括黄酮类化合物、植物多酚、萜类化合物、生物碱、多糖、脂肪酸及其他天然化合物等，经过提取分离或化学加工可得到结构复杂、品种丰富且具有特殊用途和性能的林产化学品，如淀粉、松香、松节油、木本油脂、植物多酚、植物精油、天然色素、生物活性物等产品。

林产化学工业是满足人类生产与生活需求的基础性、民生性产业，是森林资源高效可持续利用的重要途径。20 世纪 70 年代以来，多次石油危机导致能源阶段性短缺，以及大量使用化石资源引发的“温室效应”和环境恶化等问题，引起了世界各国的重视。特别是进入 21 世纪以来，面对资源、环境等可持续发展问题，“绿色、环保、生态”的低碳可持续发展理念已成为全球共识，是科技革命和产业结构优化升级的主要方向之一。

化学工业原料以石油、煤等化石资源为主向农林生物质等可再生资源不断拓展，生产方式向低碳化和绿色化等方向发展。林产化学工业以其资源的天然性、可再生性和化学结构特异性等特点，成为继煤化工、石油化工、天然气化工之后现代化工行业的重要组成部分。与煤化工和石油化工相比，现代林产化学工业原料结构更为复杂，产品用途基本相同。另外林产资源还可以加工为食品、医药和饲料等与健康产业相关的产品。随着生态文明建设、乡村振兴、健康中国、碳达峰与碳中和等国家战略不断深入实施，现代林产化学工业在国民经济可持续高质量发展中将发挥越来越重要的作用。

二、中国林产化学工业历史沿革

林产资源加工利用技术随着人类社会生产力的发展而不断进步。人类利用木材烧制木炭，并对树木分泌物与提取物成分进行利用制取生活、生产所必需的燃料、食物、药物等的历史久远。琥珀是迄今发现最早的树木分泌物化石，含有不挥发的萜类物质，在新石器时代被发现后，一直为人们所珍视。在古代，美索不达米亚人采用升华、蒸馏、浸渍等方式对松脂进行处理，以及利用植物资源进行制革、制造洗涤剂和香料等。中国古代四大发明之中，火药、造纸术、印刷术都与林产资源利用有关。春秋战国的铜铁冶炼时期，木炭已经形成规模化生产，晋代已有白炭用于医药的记载；木炭是古代黑色火药的主要成分。据《后汉书》记载，东汉时期蔡伦总结前人经验发明了造纸术，利用树皮等纤维原料制作可供书写的纸张。活字印刷术中使用松香作胶黏剂，将胶泥字模粘接固定在底板上。生漆、桐油等自古以来被用于涂刷农具、家具及调制油泥嵌补木器等，在《王祯农书》《天工开物》和《农政全书》等古籍中有对油脂、油料、古法（木榨和水代法）制油器具的记载。

根据近代林产化学工业发展历程，我国林产化学工业建立和发展可分为四个阶段：萌芽期（1949 年以前）、创立期（1950～1980 年）、发展期（1981～2010 年）、转型期（2011 年以后）。

（一）萌芽期（1949 年以前）

长期以来，以森林资源为原料，人们通常采用破碎、提取等方法对木质资源、植物分泌物和提取物等进行简单加工和利用。自 18 世纪 60 年代第一次工业革命到 20 世纪初第二次工业革命完成期间，国外率先在活性炭生产、制浆造纸、木材水解、松香加工、提取物提取等方面实现了工业化。新中国成立以前，我国虽然已经开始了零星的林产化学工程的研究工作，但林产化学工业基本处于空白状态，大多是简单粗放的加工。林产化学加工工程可以追溯到我国近代林业的开拓者梁希先生提出的森林化学。

木材等木质纤维资源最初仅作为燃料利用，后来发展到热解、水解等各种加工利用方法，近代先后发展为活性炭制造、制浆造纸、木材水解等工业。1794 年英国部分糖厂开始使用木炭对糖液脱色，1911 年奥地利 Fanto Works 公司首次生产商品名为 Epomit 的粉状活性炭产品。20 世纪 40 年代中期，我国建立了第一家活性炭企业——上海活性炭厂。1918 年瑞典设计制造了第一台上吸式木炭气化炉，气化后的燃气通过内燃机驱动汽车或农业排灌机械。20 世纪初，特别是第二次世界大战期间，为应对战争中食物短缺，以植物纤维为原料的水解工业得到了快速发展，苏联、法国、德国、美国等先后建立了木材水解工厂，生产酒精、单细胞蛋白、饲料糖蜜和结晶葡萄糖等多种产品。战后由于粮食供应缓和等原因，除苏联外，其他各国除糠醛外的水解生产基本趋于停顿状态。我国植物纤维水解研究始于 20 世纪 30 年代，1932 年以棉籽壳为原料在天津建立了日产几升糠醛的小试装置。还有一个典型的木质纤维资源利用方式是制浆造纸。1851 年英国等发明了烧碱法木材制浆技术，1852 年德国发明了磨石磨木机机械法制浆技术，1866 年美国发明了酸性亚硫酸盐法制浆技术，木材开始被大量用作制浆造纸原料，开启了近代制浆造纸工业。1884 年上海机器造纸局在上海杨树浦建成投产，采用英国多烘缸长网造纸机生产，日产纸张 2 吨。到 1949 年全国有纸厂 60 余家，产能仅为 10 万吨/年。

非木质林产化学品主要包括松香、松节油、植物单宁、紫胶、天然精油等。1940 年全球天然树脂的总产量突破 90 万吨，其中松脂占 90%以上。我国松香加工生产已有百年历史，1922 年广东河源建立了第一家松香加工厂。随后，温州也兴办了徐通记炼香厂，采用铜釜蒸馏法生产松香、松节油。1949 年以前我国松香最高年产量仅为 1.6 万吨左右，多为土火法生产的初级加工产品。而在 20 世纪 30 年代，美国就已实现聚合松香、氢化松香等松香深加工产品的工业化生产。树木提取物、分泌物用作色素、香料和药物等历史悠久，1888 年德国利用中国五倍子单宁制造黑色染料和鞣料，此后欧美等国利用五倍子单宁生产没食子酸和焦性没食子酸作为医药、染料和照相显影剂；20 世纪 40 年代，上海、重庆两地建厂生产单宁酸和没食子酸。随着我国制革工业的发展，栲胶工业兴起，1942 年重庆华中化工厂建设年产槲皮栲胶 48 吨的生产线，是中国栲胶工业的起点。

（二）创立期（1950～1980 年）

新中国成立后，我国开始了以松脂化学、木材水解、木材热解、植物有效成分提取为主要方向的林产化学加工利用研究，初步形成了以松香、木炭和活性炭、糠醛、栲胶等为主的林产化学工业，改革开放前基本形成了林产化学工业产业体系。1951 年以木屑为原料采用反射炉闷烧法生产粉状活性炭的工厂在青岛建成，1957 年我国第一个氯化锌法活性炭生产车间在上海建成。到 20 世纪 70 年代末，我国活性炭年产量由 50 年代的 30 吨左右逐渐增加到万吨左右。木材水解工业方面，1958 年，我国从苏联引进植物纤维水解技术及设备，在黑龙江省伊春市建立南岔木材水解厂，是我国第一家以木材加工剩余物为原料生产工业酒精、饲料酵母的林产化工企业。1949～1957 年期间，造纸工业作为轻工业建设的重点之一，提出了“以木为主，以草为辅，要注意利用草类、竹植物纤维”的原料方针，得到了迅速发展。1979 年中国纸和纸板产量达到 519 万吨，其中木浆产量 102.3 万吨，占比 22.67%。

松脂、栲胶、五倍子单宁、天然色素等非木质资源利用逐步发展。1952 年广西梧州松脂厂开始生产并出口机制松香，松脂加工由早期的间歇蒸汽法发展到 20 世纪 70 年代的连续化生产技术，并研发了聚合松香、歧化松香、马来松香、氢化松香等深加工产品。1956 年云南昆明建设了第一家紫胶厂，60 年代逐渐发展到广西、四川等地。50 年代末我国开始杜仲叶的利用，60 年代研制了冷杉胶，70 年代开展了桃胶的加工利用，同时我国食用天然色素和植物精油的研究与开发应用也得到了较快发展，年总产量达万吨以上。随着制革工业的快速发展，以落叶松、毛杨梅、余甘子、橡椀、黑荆树、木麻黄等为原料的栲胶工业得到发展，全国栲胶年总产量增加到 2 万吨以上。

（三）发展期（1981～2010 年）

20 世纪 80 年代到 21 世纪初，随着改革开放的深化，我国工业化进程加速，林产化学工业也进入快速发展壮大时期。林产化学品种类不断丰富，产业门类越发齐全，规模不断扩大。活性炭作为具有较强吸附能力的吸附剂，在食品、化工和环保等行业的应用不断扩展，产业发展迅速，生产方法发展到管式炉、转炉等多种生产炉型和生产工艺，我国木质活性炭产量在 20 世纪 90 年代末达到 20 万吨左右，产品发展到数十个牌号，产量与出口量均居世界第一[4,5]。20 世纪 80 年代以后建成多家木质纤维原料水解工厂，形成了以糠醛、木糖、木糖醇为主，以酒精、乙酰丙酸、饲料酵母等为辅的植物纤维化学水解系列产品，我国也成为糠醛和糠醇的生产与出口大国，1998 年糠醛产量 11.29 万吨，其中出口 5.65 万吨，糠醇产量 3.38 万吨。80 年代提出“林纸结合”战略以来，木材制浆得到迅速发展。1999 年木浆产量达到 234 万吨，2010 年达到 716 万吨[6]。为应对全球气候变暖和环境污染等问题，木质纤维原料生产能源和化学品的研究得到广泛重视，生物质固体成型燃料、生物质气化等生物质能源技术得到快速发展，开发了适合我国国情的木屑成型燃料技术，研制了一体化成型燃料生产设备，建成了多个万吨级生产线；开发了生物质燃气高品位转换技术及装置，形成了生物质气化供气、气化发电、热电联产等技术[7]。

松香、活性炭、糠醛和糠醇、栲胶、单宁及深加工产品等产量跃居世界前列。松香产业开发了松香类表面活性剂、杀虫增效剂、润滑剂以及无色浅色松香等各种精深加工系列产品；松节油的应用也从作为溶剂或稀释剂发展为作为合成名贵香料和杀虫剂的原料。20 世纪 90 年代起松香、松节油深加工产品开始实现出口，松香年产量达到 40 万吨以上，松节油年产量 5 万吨以上，成为脂松香生产和出口第一大国，占全世界产量的 60％以上[8]。80 年代以来，我国食用天然色素、天然精油等资源得到进一步开发利用，年总产量达到数万吨。批准使用的天然色素品种增加到 40 多种，其中约 20 种从林产资源中提取。同时，林产化学工业也面临着石油化工强有力的竞争和挑战，一些从植物中提取的天然产品逐步被化学合成品取代，如化学制革鞣剂的发展对单宁类制革鞣剂产品带来明显影响，导致我国栲胶工业由 80 年代鼎盛时期年产量最高的 5 万吨降至不足 2 万吨。但是，由于结构难以化学合成或因功能活性、天然来源等特性，仍有相当一部分天然化合物不可或缺，如单宁酸系列产品由于其独特的结构，在食品、医药、饲料等行业中的应用得到继续发展，全国单宁酸年生产能力约 3000 吨。随着植物有效成分的生物活性功能不断被发现，在天然药物和保健品、化妆品、食品添加剂以及植物源农药等行业广泛应用。植物提取物产业在 80 年代开始迎来较大的发展，如江苏邳州市及附近区域形成百吨级规模银杏提取物及较大规模银杏叶加工的产业体系。全国多地建设了松针加工厂生产松针叶绿素、生物活性饲料添加剂，国内相继开发出桉叶油、黄酮、绞股蓝总苷、沙棘油、紫杉醇、黄连素、喜树碱等一系列植物提取物功能产品[9-11]。

（四）转型期（2011 年以后）

进入 21 世纪，尤其是 2010 年中国成为世界第二大经济体后，人们对社会生态环境和生活条件有了新的更高的需求。随着国内经济高速发展与科学技术进步，工业领域内各行业的交叉融合呈现加速现象，传统林产化学工业向新能源、新材料、新医药等战略性新兴产业不断拓展，林产化学工业整体技术水平不断进步，进入转型升级期。活性炭生产规模不断扩大，2019 年木质活性炭产量超 30 万吨，研发出脱硫脱硝脱汞产品、车用燃油挥发控制产品、超大容量储能产品、碳基高效催化剂等数十种高性能专用产品。2020 年中国纸和纸板产量达到 11260 万吨，其中木浆产量 1490 万吨；针对低等级木材材性差异大等问题，研发了低等级混合材高得率清洁制浆关键技术和核心装备，实现了技术与装备的国产化。21 世纪以来，我国生物质能源发展取得长足进步，创新形成了废弃油脂化学和生物法转化生物柴油技术、纤维素制乙醇及丁醇技术等多项成果；开发了适用于不同原料、不同用途的多联产生物质热解气化新技术，创制了分布式利用的居民供气（100～1000 户）、工业供热（1～10MW）、燃气发电（200～3000kW）等生物质热解气化成套装置。生物柴油和燃料乙醇生产规模不断扩大，2020 年我国生物柴油产量约为 128 万吨。木质纤维素生物转化生产丁醇、丁二酸、乳酸、富马酸、聚羟基脂肪酸酯（PHA）等生物基化学品的研究取得了重要进展，并建立了中试生产线。生物基热固性树脂、生物基功能材料、生物基纳米材料、生物基仿生材料、生物基木材胶黏剂等生物基材料制备技术与国际发展基本同步。

在松脂、木本油脂、植物多糖等重要非木质资源的加工利用与新产品开发方面，突破了选择性修饰、结构功能化、水性化等关键技术。开发了食用松香树脂、油脂基表面活性剂与功能助剂、植物多糖日化系列产品等新产品。我国已形成浅色松香等九大系列的近百种松香深加工产品，深加工率约 50％，开发了系列生物基聚氨酯、聚酰胺等阻燃高分子材料等高端产品[12]。围绕林源活性成分及其衍生物的精深加工和高端制剂产品的创制，开展了超声波提取、超临界流体萃取、亚临界水提取、功能活性物修饰、精准合成等技术攻关研究，成功开发了紫杉醇注射用针剂以及紫杉醇脂质体、胶囊剂、片剂、浸膏剂和复方红豆杉胶囊等系列产品，创制了聚戊烯醇、银杏叶片、银杏渣生物饲料等银杏深加工产品，生产了肉桂醇系列香料原料与产品以及沙棘系列产品等，广泛应用于食品、医药、饲料、农药、日化等方面。

三、现代林产化学工程发展现状

林产化学工业是21世纪广受人们关注、发展前景广阔的朝阳产业之一。随着生物质能源、生物基材料和化学品、生物医药等新兴产业的快速发展，以及与生物技术、信息技术、智能控制技术的交叉融合，林产化学工业的研究领域和产业发展方向将不断拓展[13,14]。

（一）木材化学

木材化学是研究木材及其内含物和树皮等组织的化学组成及其结构、性质、分布规律和加工利用原理的学科，是林产化学工业的理论基础。19世纪初，欧洲受第一次工业革命的影响，造纸工业迅速发展，为了拓展造纸原料，木材化学的研究逐步兴起，人们对木材构造、化学组成和结构的认识逐渐深入。木材化学涵盖的研究范畴广泛，不仅包括木材解剖构造、化学组分的物理化学结构及性质，还涉及化学组分分离、改性以及加工利用原理与技术，涉及物理、化学、植物学、生物学、材料学等多门学科。

木材的结构特征和化学组成等随着树种、生长环境、树龄以及树木部位的不同而存在差异，使木材化学的研究难度增大。我国木材化学的研究已有70余年的历史，进入21世纪后，木材化学的发展进入新的发展阶段。国内学者在木材细胞壁解剖构造、原位化学结构表征、细胞壁抗降解屏障、主要组分清洁高效分离以及生物基材料和化学品转化、生物质精炼技术等方面取得了一批国际领先的学术成果[15]。

木质纤维原料中的纤维素、半纤维素和木质素三种主要组分之间相互作用复杂。一般认为，纤维素是细胞壁的骨架，半纤维素填充在纤维素周围，木质素作为黏结物质将半纤维素与纤维素包裹起来，形成植物细胞壁，赋予植物抵抗外界对其降解的能力[16]。木质纤维主要组分的有效分离，为后续组分转化利用提供了合适的原材料，是木材化学加工以及生物炼制的基础。组分分离的方法主要有物理法、化学法、物理化学法和生物法四大类，其中碱法等化学法是工业分离常用的方法[17,18]。化学法制浆是造纸工业传统的组分分离技术，基本原理是利用化学试剂选择性降解木质素并溶出，半纤维素一般也发生一定程度的降解，纤维素纤维以固体的形式分离出来，用于造纸和人造纤维等工业。

尽管目前国内外对木质纤维多层结构及化学组分分布规律已经开展了较多的研究，基本掌握了木材细胞壁的化学和结构特征，但这些研究局限在细胞的二维尺度。目前，在纳米尺度下细胞壁亚层结构的研究已成为热点。半纤维素的物理、化学结构在抗降解屏障中的作用仍不十分明确。人们普遍认为半纤维素是无定形结构，但有学者以大麦秸秆和桦木为原料，在温和条件（0.2%草酸，100℃）下分离半纤维素，发现得到的木聚糖具有圆角六边形片状结晶，这使得半纤维素结晶结构的研究成为具有争议及挑战的课题，未来亟须进一步突破。在主要组分分子间相互作用方面一些问题仍未解决，比如，受化学分离技术的限制，木质素-碳水化合物复合体（lignin-carbohydrates complex，LCC）的化学结构在分离过程中发生变化，尚不能全面解析LCC的原始化学结构，包括化学键类型和比例等。

主要组分加工利用方面，纤维素约占细胞壁化学组分的50%，其加工利用除了传统的制浆造纸外，基于纤维素的化学与生物化学转化技术的研究与产业化已成为国内外发展热点。21世纪以来，纤维素基醇类燃料制备技术，生物相容性优良的医用材料、再生纤维素膜、丝，纤维素水凝胶、气凝胶等材料转化技术，纳米纤维素制备及应用技术，以及多糖类平台化学品如C_3～C_6基化学品转化技术等方面的研究取得了显著进展。半纤维素作为植物细胞壁主要组分之一，在工业脱木质素过程中作为副产物全部或者大部分降解进入废液中，对其高效利用的研究一直未受到应有的重视。半纤维素转化的工业化产品主要有糠醛及衍生化学品、糖工程产品（低聚木糖、木糖醇、阿拉伯糖醇）等。近年来随着生物质炼制产业的发展，对半纤维素的开发利用成为了新的热点，特别是在医药、食品、包装、纺织、化工、能源等领域的产业化应用潜力巨大。工业木质素由于化学结构不均一，反应活性较差，难以大规模利用。木质素的活化及高值化利用一直是木材化学领域的研究热点，目前基本掌握了不同来源木质素的化学结构及理化特性，能够针对性地制备不同产品，如胶黏剂、染料分散剂、减水剂、肥料、污水处理剂、香兰素、酚类化合物、活性炭等。木质素生物合成途径调控、原位化学结构表征、高附加值化学品及功能材料转化等方面是未来木质素化学的发展方向。

（二）植物纤维水解

植物纤维水解是在酸或者酶催化作用下，将木材和农副产品等植物纤维原料中的纤维素、半纤维素降解成单糖的过程，利用水解糖可进一步加工生产乙醇、丁醇、丁二醇、糠醛、糠醇、羟甲基糠醛、脂肪酸、山梨醇、木糖醇、乙酰丙酸、单细胞蛋白等产品。

目前，我国植物纤维化学水解工业产品主要有糠醛、糠醇、木糖、木糖醇、乙酰丙酸等[19-21]。糠醛是以半纤维素为原料生产的一种重要工业产品，典型生产工艺包括罗西法间歇式工艺、罗森柳（赛佛）法间歇式工艺、农业呋喃法间歇式工艺、美国桂格燕麦公司连续水解工艺、埃斯彻尔-维斯连续水解工艺和罗森柳连续水解工艺[22]。中国是糠醛生产和出口大国[23]，产能在60万吨以上，2018年产量为40.34万吨，生产工艺主要包括一段水解工艺和二段水解工艺。木糖的主要生产工艺包括酸水解法、微波辅助酸水解法和酶水解法，2018年中国木糖产量24万吨。木糖醇是木糖的重要衍生物，生产工艺主要包括催化加氢法和微生物发酵法[24,25]，2019年中国木糖醇产量5.27万吨。乙酰丙酸是由己糖或含己糖的原料经酸水解得到的重要化学品，2017年全球乙酰丙酸产量1.5万吨。中国乙酰丙酸工业起步较晚，生产规模约6000吨/年[26]。

水解是植物纤维生物质高效转化的关键过程之一。常用的植物纤维水解方法可分为酸水解和酶水解两种。水解工艺主要有渗滤法水解、纤维素酶水解、浓酸水解、高温水解工艺等，其中渗滤法水解工艺应用最广。植物纤维化学水解技术的核心是高效催化剂。开发高效催化剂，在更低酸度下提高纤维素水解糖化效率，是该领域的研究热点。高效催化剂包括新型液体酸催化剂、高效固体酸催化剂、杂多酸催化剂等。除高效高选择性催化剂外，水解反应体系也是决定植物纤维高效水解的重要因素。传统反应体系为水相体系，水解产物选择性、稳定性较差，难以实现植物纤维的高效转化。离子液体、双相体系、超（亚）临界流体等反应体系[27,28]，在提高水解选择性和水解效率方面展现出巨大潜力。在水解过程中采用蒸汽爆破、微波和超声波[29,30]等辅助强化手段，可进一步提高水解选择性和水解效率，是水解技术的研究热点之一。

利用可再生的植物纤维原料转化生产化学品日益受到关注，是植物纤维化学水解发展的重要方向。尽管由植物纤维原料水解生产化学品研究和产业化取得了重要进展，但其大规模生产存在产量低、工艺复杂、分离纯化困难、成本高和催化剂失活等瓶颈，需要攻克高效和高选择性催化水解转化、纯化和分离等技术难关，运用现代数据挖掘和自动化学路线搜索技术带动生物基化学品生产变革。通过学科交叉，发展生物-化学耦合催化转化等新的绿色转化途径，是未来的发展方向之一。

（三）热解与活性炭

木材热解是木质原料在隔绝空气或通入少量空气条件下高温受热分解制取木炭、醋酸、甲醇、木馏油、木煤气等产品的过程，包括木材炭化、木材干馏、木材气化等。根据木材热解过程的温度变化和热解产物的特征，木材热解过程可分为干燥、预炭化、炭化、煅烧四个阶段。影响木材热解的主要因素包括原料性质、升温速度、热解温度、热解压力、热解气氛等。木材炭化设备主要包括炭窑、移动式炭化炉、立式多槽炭化炉、螺旋炉、流态化炉和多层炭化炉等；木材干馏设备一般分为内热式和外热式干馏釜，我国主要采用车辆式干馏釜和内热立式干馏釜两种形式；木材气化主要设备可分为上吸式固定床气化炉、下吸式固定床气化炉和流化床气化炉等。按照升温速率不同，木材热解又可分为慢速热解、快速热解和闪速热解。

木炭是木材或其他木质原料（如竹材、木屑、农林废弃物）在隔绝空气条件下热解获得的高碳含量生物质炭产品，在工业生产和家庭生活中应用广泛，可作为民用和工业用燃料、工业硅冶炼的还原剂、金属精制时的覆盖剂。生产技术主要包括内热式炭化、外热式炭化以及循环气流加热式炭化。木炭产品主要分为白炭、黑炭和机制炭。2018年全球木炭及其制品年总产量约1100

万吨，我国木炭产量约200万吨。目前，对于木材炭化机理及其影响因素的研究相对缺乏，制约了高品质木炭生产技术的进一步革新，炭化过程副产物木醋液和焦油的精深加工利用技术尚未全面实现产业化，开发高得率、高效绿色炭化加工技术和研制大规模连续化炭化设备是未来木炭产业的发展方向。

木质活性炭主要是以木炭、木屑、果壳（椰子壳、杏壳、核桃壳等）等高含碳物质为原料，经炭化活化制得的多孔性材料[31,32]。主要生产技可分为化学活化法和物理活化法，常用的化学活化剂包括磷酸、氯化锌、氢氧化钾、氢氧化钠和碳酸钾等[33]。2018年全球活性炭需求量约165万吨。中国是世界活性炭第一生产和出口大国，世界第二大消费国，2021年我国活性炭总产量约60万吨，其中木质活性炭产量约25万吨，生产企业主要集中在福建、江西、浙江、贵州等省份，福建、江西和浙江三省木质活性炭的产量占全国总产量的70%以上。

随着社会经济的发展，活性炭已经成为现代工业过程、生态环境治理和人们生活中不可或缺的净化材料，主要应用于室内空气净化、饮用水深度净化、有机溶剂回收、脱硫脱硝脱汞、污水集中处理、土壤修复等。同时，活性炭还可应用于医学、辐射防护、储能、电子行业等新兴领域[34,35]。目前我国木质磷酸法粉状活性炭实现了规模化、自动化和清洁化生产，整体技术达到国际领先水平。针对常规物理活化法的活化气体用量大、工艺过程复杂、产品得率低（10%以下）等问题，我国开发了生物质原料“热解自活化”新工艺[36]。在物理-化学法方面，利用物理法的炭化尾气为化学法生产供热，实现生产过程热能自给，同时得到物理法活性炭和化学法活性炭，已实现规模化生产[37]。

活性炭作为应用最广泛的吸附材料之一，在国家战略性新兴产业中发挥十分重要的作用，支撑了储能、工业催化、挥发性有机物（VOCs）治理等数千亿战略性新兴产业的发展，被列入《战略性新兴产业分类（2018）》目录。活性炭绿色制造、微结构精准调控、表面功能基团修饰和定制活性炭生产成为活性炭行业未来发展的主要方向，以实现活性炭产品的多样化、专用化和高端化。

（四）制浆造纸

制浆造纸是采用物理、化学、生物或以上过程相组合的方法使植物组织结构解离成单根纤维，再经筛选净化、打浆、配料、脱水成形、压榨、烘干和卷取等工序制成纸和纸板的过程。制浆方法包括化学法制浆、半化学法制浆、化学机械法制浆等。近年来，人们开始关注溶剂法制浆、爆破法制浆、生物制浆等新方法。造纸方法分为湿法造纸和干法造纸两种，以湿法造纸为主。湿法造纸是以水为工作介质，将纸料用水稀释后在造纸机网部脱水成形，再经压榨和干燥等工序成纸。干法造纸是以空气为工作介质，成形时抽吸空气，使纤维在成形网上形成纸幅，纤维间靠胶黏剂或热熔性纤维经加热熔融结合成纸。

造纸工业是与社会经济发展关系密切，具有可持续发展特点的重要基础原材料产业。2009年我国纸和纸板产量和消费量超过美国居世界第一位，人均消费量超过世界平均水平。2010年后，造纸行业发展已由快速扩张期进入以节能减排和质量优先为主的产业转型升级期。随着经济的发展和人民生活水平的提高，纸和纸板产量仍有较大增长空间。据预测，2035年我国纸和纸板总产量将达到1.7亿吨以上[38,39]。

针对制浆用纤维原料的特征，我国在低能耗节能磨浆、置换蒸煮及脱木质素动力学、纤维分级和混合打浆、生物酶漂白、纸浆流送和纸页成形、新型高效功能性助剂的应用等方面开展了系列研究工作，取得了高得率清洁制浆、无氯漂白、酶辅助漂白打浆和消除树脂障碍、造纸机湿部化学、废水低成本高效处理和资源化利用等一批共性关键技术的突破[40-42]。我国制浆造纸行业拥有世界上最大产能化学法制浆生产线(120万吨/年)、BCTMP和P-RC APMP化学机械法制浆生产线(30万吨/年)和世界幅宽最大、车速最高各类大型造纸机系统(例如车速2000m/min、幅宽11m的新闻纸机，车速2000m/min、幅宽5.6m的卫生纸机等)，配有先进的在线监测和智能控制系统，为企业向大型化、规模化和自动化发展提供了保障[38]。在制浆造纸装备的自主化方面也取得了显著成效，开发了大尺寸高浓磨浆机、低卡伯值蒸煮器、蒸煮废液高效提取设备、高浓筛选设备，以及高速造纸机、靴式压榨机、非接触干燥机等关键核心装备，缩小了与国外同类产品的差距。通过自主创新和关键部件研发，我国已形成具有一定规模和技术水平的装备制造体系，加速了造纸工业装备制造的国产化进程[43-45]。

我国造纸行业已应用了世界领先的环保技术和装备，执行全球最严格的排放标准。通过多年来的发展和技术进步，制浆造纸行业在节能节水、化学品减量和热能、化学品回收等方面取得了巨大进步，赋予行业绿色可持续发展和循环经济的特征。主要表现为：a.原料可再生，产品可回收再利用；b.现代化学法制浆造纸综合工厂采用高效碱回收技术可以实现能源自给，化学品回收率达 98%以上；c.根据生物炼制理念，现有商业运行的制浆生产线是典型的生物质炼制过程，得到的纸浆（纤维素）不仅可以用于纸和纸板的抄造，而且已经拓展至纺织用人造纤维、高效过滤材料、膜材料、医用材料等领域。因此，制浆造纸行业有望成为率先实现碳中和的现代工业之一。

（五）松脂化学

松脂产业是我国林产化学工业的重要组成。松香、松节油均由松脂加工提炼得到，按其来源不同，可分为脂松香和脂松节油、浸提松香和浸提松节油、浮油松香和硫酸盐松节油等三类[46]。目前世界上松香主要以脂松香为主，产量约 85 万吨，占总产量的 65%，其余主要为浮油松香。国外松香深加工利用率基本达到 100%。

我国松树资源丰富，20 世纪 80 年代初成为世界最大的脂松香生产国。我国脂松香产量占世界脂松香总产量的 60%左右。2007 年，我国脂松香产量达到最高的 82.5 万吨，并长期处于脂松香主要出口国地位。随着劳动力成本提高等，2007 年开始，我国的松香生产量和出口量开始减少，逐步变成松脂、松香、松节油净进口国。据统计，2018 年我国进口松脂 1.82 万吨，净进口松香 2.13 万吨（出口 4.86 万吨，进口 6.99 万吨），净进口松节油 4180 吨（出口 900 吨，进口 5080 吨）[47]。

目前我国松脂加工企业普遍采用连续化水蒸气蒸馏法生产松香和松节油，也有企业采用 CO_2/N_2 循环活气松脂蒸馏的节能减排技术。“十三五”期间，我国发展了松脂加工节水减排新工艺[48]，有效促进了松脂加工工艺的绿色化和经济化。我国松香加工产品研发始于 20 世纪 60 年代，目前单个企业松香深加工产品生产能力已经达到 8 万吨/年的水平，全国松香深加工产品产量超过 30 万吨，深加工利用率已接近 80%。

我国松香加工产业呈现以下三个特点：a.大部分松香深加工产品实现连续化、规模化和节能化生产，劳动生产率显著提高。松香加工产品主要有聚合松香、氢化松香、歧化松香、马来松香、松香腈、松香胺等各种改性松香和改性松香酯。至 20 世纪 80 年代中期，国外已有的松香加工产品我国都已研发成功，并陆续实现连续化工业生产。近年来，我国发展了松香加工产品生产的新工艺和新设备，实现了降低成本、提质增效和节能减排的目的。如在高温高压连续化生产氢化松香技术的基础上，开发了松脂直接催化氢化连续化生产氢化松香联产蒎烷技术，反应温度从 250～280℃降低到 150～190℃，反应压力从 12.0～35.0MPa 降低到 4.0～6.0MPa，能耗显著降低，实现节能化生产[49]。b.松香深加工产品实现系列化，满足了市场的差异化需求。开发了氢化松香酯类系列产品——甲酯、乙酯、甘油酯、季戊四醇酯、乙二醇酯等，在胶黏剂、食品、电子、光学仪器等方面得到广泛应用；开发的 10 余种浅色松香、松节油增黏树脂系列产品，可改进胶黏剂色泽，提高助焊剂的可焊性等。在松香无色化机理、松香松节油化学结构稳定化及其深加工利用方面取得了重大的理论和技术突破，解决了松香、松节油结构稳定化等关键技术问题[50,51]。c.松香深加工产品逐步向精细化、材料化和功能化、高值化发展[52-55]。目前研究主要集中在基于松香三元菲环的羧基、双键活性基团，围绕松香合成精细化学品及改性高分子材料方面，以替代部分石油基产品，相继开发了新型松香基表面活性剂、松香电子化学品、环氧固化剂、塑料增塑剂、热稳定剂、松香改性聚氨酯树脂和醇酸树脂、松香树脂乳液、食用水性松香树脂等高附加值深加工产品，为我国松香深加工产业的高质量发展提供了技术基础。

国内先后完成了松节油连续化分离生产 α-蒎烯和 β-蒎烯技术，松节油合成松油、松油醇、冰片、异龙脑、合成樟脑、萜烯树脂，以及 α-蒎烯/β-蒎烯合成香料等深加工产品制备技术，并实现工业化生产。近年来，利用松节油主要成分的独特化学结构，我国相继研究开发了香料、农药、药物和荧光探针等一系列精细化学品和新材料，为松节油的高附加值利用奠定了技术基础，松节油深加工利用率已近 100%[47]。

进入 21 世纪后，松香在胶黏剂、涂料等领域的应用一定程度上受到了国内 C_5/C_9 树脂等石油基产品的市场冲击，但是，松香及其深加工产品在许多领域的刚性需求依然存在，依然是发达国家使用的重要基础化工原料之一。另外，松香、松节油是天然产品，其所具备的特殊结构及绿色特性是合成石油基产品无法替代的，在电子、食品、香精香料等领域的应用不断拓展。松香、松节油始终是国民经济建设中不可或缺的基础化学品。

（六）林源提取物

林源提取物是采用水蒸气蒸馏、萃取等单元操作从林产资源中提取得到的天然活性物质，是森林植物抵御外界影响和调节自身生命活动过程的次生代谢物。主要包括黄酮类、生物碱类、萜类、挥发油、醌类、苷类等，可用于日化产品、医药保健品、食品和饲料添加剂、生物农药、香精香料等领域。

传统的林源提取物生产技术主要以水蒸气蒸馏法和溶剂法为主，20 世纪 80 年代以来，我国林源提取物产业逐渐发展壮大，超临界流体萃取、酶辅助提取、负压空化提取、高速均质提取等高效绿色提取技术逐步得到应用。现代林源提取物加工工序主要分为提取、分离纯化、修饰改性等。提取主要包括物理压榨、溶剂浸提、水蒸气蒸馏、低共熔溶剂提取、深共熔溶剂提取、超临界 CO_2 萃取、微波萃取、超声波提取、亚临界流体萃取、生物酶解提取、半仿生提取法等技术。分离主要有膜分离、高速逆流色谱分离、高效毛细管电泳法、制备高效液相色谱、分子印迹、树脂分离、分子蒸馏、结晶、双水相萃取、高聚物色谱、填料色谱、泡沫分离、新型吸附剂吸附、沉淀及盐析法等技术。化学修饰改性是采用化学方法将功能基团引入活性物分子结构中，包括成盐修饰、成酯和成酰胺修饰、醚化修饰、开环和环化修饰等。生物修饰是采用生物酶方法对活性物结构进行修饰，主要包括氧化反应、转移反应、水解反应、裂合反应、异构反应、接枝反应等。近年来，低共熔溶剂、离子液体、表面活性剂等新型绿色溶剂提取技术的研究与开发日益得到重视，未来发展前景广阔。目前我国已建立较为完善的林源提取物产品质量检测与控制技术体系，满足国际市场相关产品的质量标准。

我国林源提取物产品有近百种，主要包括五味子提取物、刺五加提取物、银杏叶提取物、喜树提取物、印楝提取物、连翘提取物、红豆杉提取物、桉叶油，以及坚果提取物、浆果提取物等。红豆杉提取物中的紫杉醇具有广谱抗肿瘤活性[56]，五味子提取物中的木脂素类成分具有保肝护肝活性，木豆叶提取物中的牡荆苷及二苯乙烯类化合物可用于骨病治疗[57]。印楝、苦参、藜芦、雷公藤等植物的提取物具有杀虫活性，可直接作为生物农药，或作为先导化合物用于新型化学农药合成[58]。部分林源提取物具有增强机体免疫力、抗菌抑菌和改善动物肠道健康的生物活性，植物精油、黄酮类、多糖、生物碱以及多酚类等物质是优良的功能性食品添加剂和饲用抗生素替代品。例如，紫苏、甘草、丁香、连翘、茶树、芫荽、马郁兰和止痢草等提取物对金黄色葡萄球菌、大肠杆菌和绿脓杆菌具有抑菌活性；白头翁皂苷、黄芪多糖、黄芩苷等活性成分能够改善动物肠道微生态和免疫增强功能，在食品和饲料产业中具有广阔的应用前景[59]。

我国林源提取物企业主要分布在湖南、陕西、浙江、江苏、四川、云南和京津等地区。植物提取行业的技术和装备较为先进，包括前处理、提取、分离、浓缩、干燥及粉碎、造粒、包装等生产装备，设备整体集成性强。膜分离、冷冻干燥、自动色谱分离系统、超临界二氧化碳萃取及分子蒸馏等技术与装备已在工业生产中应用。例如利用超临界二氧化碳萃取技术生产番茄红素以及利用分子蒸馏技术生产天然维生素 E 产品等。林源提取物多样性丰富，不同林源提取物具有不同的生物学活性，其应用领域也各不相同，行业发展前景广阔[60]。挖掘和筛选新型林源活性物、解析林源活性成分的生物合成途径及调控机制、采用绿色化学合成或合成生物学方法规模化制备林源活性物、活性成分绿色高效分离纯化以及生物活性和安全性评价、新型生物制剂研发等是本领域未来发展的方向。林源提取物产业主要包括资源定向培育和种植、提取加工和市场应用三个产业链环节，是正在蓬勃发展的朝阳产业，其产业发展呈现绿色生态化、多学科交叉融合和全产业链融合发展的趋势。

（七）木本油脂化学

传统油脂化学工业主要以油脂为原料进行简单化学加工，现代油脂化工则包括从植物种子、果实、根茎和动物的组织、骨骼等含油脂的原料，采用物理、化学和生物化学的方法进行油脂的制备、精炼和提质，生产油脂产品以及各种皂类产品、脂肪酸及脂肪酸衍生物的工业[61]。

油茶、油棕、油橄榄和椰子是世界四大木本油料植物，而油茶、核桃、油桐和乌柏是我国四大木本油料植物。根据应用领域或成分差异，木本油脂分为食用木本油脂和工业木本油脂。我国木本油脂以食用为主，如棕榈油、椰子油、橄榄油、茶油、核桃油等。棕榈油、椰子油等食用木本油脂也部分应用于工业领域，我国脂肪酸、脂肪醇、脂肪酸甲酯等工业品主要来源于包括木本油脂的天然油脂。与大豆油、菜籽油等草本油脂相比，我国木本油脂加工量相对较小，但部分木本油脂的消费量较高，其中棕榈油年消费量约为 600 万吨，橄榄油年消费量 5 万吨左右。目前我国油茶籽设计加工能力达到 430 万吨，每年可加工茶油 110 余万吨。我国特有工业木本油脂桐油产量约 10 万吨，占世界总产量的近 80%。木本油脂的提取主要采用传统的机械压榨法和浸出法。我国利用超（亚）临界流体萃取、水溶剂法和水酶法等新型提取技术，对茶油、桐油、光皮树油、核桃油和山苍子仁油等木本油脂的提取与精制进行了广泛的研究，提取效率高、时间短，木本油脂质量更优，但仍处于小规模推广应用阶段。木本油脂转化为化工和材料产品主要是利用油脂生产脂肪酸、脂肪醇、甘油、塑料助剂、润滑油、表面活性剂、改性树脂等，也可转化为生物柴油[62,63]。棕榈仁油、椰子油和山苍子仁油是生产 $C_8 \sim C_{14}$ 脂肪酸和脂肪醇的原料，主要用于生产表面活性剂，如合成高性能表面活性剂脂肪酸甲酯磺酸盐和季铵盐等；棕榈油是生产 $C_{16} \sim C_{18}$ 脂肪酸的主要原料，国内脂肪酸生产技术与设备以国外引进为主。棕榈油、椰子油及其衍生的脂肪酸和脂肪醇主要用于生产塑料加工助剂、表面活性剂、润滑油和涂料油墨改性树脂等。椰子油经化学改性生产的椰油酸二乙醇酰胺、椰油酸甲基单乙醇酰胺、椰子油脂肪酸烷醇酰胺磷酸酯、椰子油酰基芳香族氨基酸盐等表面活性剂，无毒、刺激性极低，具有良好的稳定性；棕榈油和椰子油通过醇解和酯化反应生产的醇酸树脂可作为油漆原料，形成的固化膜耐溶剂性能良好；椰子油脂肪酸季戊四醇酯和椰子油脂肪酸己二酸三羟甲基丙烷复合酯是绿色酯类润滑油的基础油，具有良好的流变学性能和热稳定性。桐油是一种性能优异的干性油，用途广泛，以桐油为原料生产的产品有 850 多种，在工业用途上与桐油有关的产品则达千种以上。桐油通过环氧化、氢化、氧化、酯交换、胺解等改性反应，可制得改性酚醛树脂、醇酸树脂、聚酰胺树脂、聚氨酯树脂，以及增塑剂、热稳定剂、固化剂等塑料助剂。一些特种木本油料如乌桕油、石山樟油、黄连木油、桑种子油等是理想的香精和制皂原料[64,65]。

我国对利用棕榈油、椰子油、光皮树油、黄连木油等木本油脂制取生物柴油进行了广泛的研究，但由于成本问题均没有实现大规模生产。木本油脂作为一种天然可再生资源，与石油基产品相比表现出更好的生态安全性。近年来，以天然油脂特别是木本油脂为主要原料的油脂产业出现了快速增长的趋势。

（八）生物质能源

生物质能源是直接或间接地通过光合作用将太阳能以化学能的形式贮藏在生物质中的能量形态，属于可再生能源。生物质资源可通过物理、化学、热化学、生物化学等途径制备气态、液态和固态能源产品以及产生电和热能[66]。生物质能源具有可再生性、碳平衡以及化石燃料替代性等特征，开发和应用生物质能源是实现“碳达峰”“碳中和”战略目标的有效途径之一，符合可持续的科学发展观和循环经济的理念。生物质能源物理转化技术主要是固体成型技术；化学转化技术主要包括水解、酯化、酯交换等技术；热化学转化技术包括燃烧（直燃、混燃）、气化（常压气化、加压气化、间接气化等）、热解、碳化、水热液化、多联产热解气化等技术；生物转化技术主要包括沼气发酵、乙醇发酵、丁醇发酵、生物制氢等。

生物质能源已成为继煤炭、石油和天然气之后具有重要发展潜力的新能源。根据国际能源署2019年统计，生物质能源占一次能源供应总量的9.5%，在可再生能源应用中占比约70%[67,68]。中国生物质能供应量5.2×10^{18}焦耳，占可再生能源总量的37%，占总能源供应量的3.6%。规模化利用的生物质能源产品主要包括生物质发电、生物质固体成型燃料、生物燃气、生物质液体燃料等。

生物质发电是目前发展规模最大的现代生物质能利用技术，主要发电方式包括直燃、混燃和气化[69]。2020年，全球生物质发电装机总容量达到124000兆瓦。丹麦在农林生物质直燃发电方面，挪威、瑞典、芬兰和美国在混燃发电方面处于世界领先水平。我国生物质发电起步较晚，以直燃发电为主。到2021年底，我国生物质发电装机总容量达到37980兆瓦，位居世界第一。

生物质成型燃料是目前生物质能源产品的主体。2021年，全球固体生物质燃料和可再生废弃物折合发电总容量达到119213兆瓦，我国发电总容量28042兆瓦。德国、瑞典、芬兰、丹麦、加拿大、美国等的固体成型燃料产量均在2000万吨/年以上。我国生物质成型燃料技术装备主要有颗粒成型、块状成型、棒状成型和成型炭化4大类。2019年，成型燃料占我国生物质能源产品总量的90%以上，主要用于发电、工业供暖和小部分住宅供暖。

生物燃气主要包括沼气、生物质合成气、生物天然气、生物质氢气、热解气等。2021年，全球生物燃气折合发电总容量达到21574兆瓦，我国总容量1711兆瓦。德国是全球生物燃气发展最为成熟的国家，2020年产量超过110亿立方米。2019年，我国沼气产量占生物质能源总量的16.6%，主要用于供气和发电。

生物质液体燃料是最具发展潜力的石油替代产品，主要包括生物柴油、醇类燃料、生物航空燃料等。2019年全球生物柴油产量3560万吨，印度尼西亚、巴西、美国和欧盟是生物柴油生产的主要国家和地区。我国生物柴油生产技术已进入国际先进行列[70]，2021年产量约150万吨。利用废弃油脂为原料，采用自主研发的加氢技术、催化剂体系和工艺技术生产的生物航空燃油已成功应用于商业化载客飞行示范[71]。

未来生物质能源技术主要向能源林草的培育与集约化经营、高效经济收储运模式、节能减排过程清洁、多联产集成化等方向发展。生物质气化热电联产、生物天然气、生物质制氢、生物质醇类燃料、生物柴油、生物航空燃料等生物质能源产品将呈现多元化发展趋势。随着生物质资源的全质化利用和生物炼制概念的发展，生物质能源转化与生物基材料制备和生物基化学品创制密不可分，被赋予了新的内涵，由单一的能源化利用向生物基材料、化学品等多联产发展，以提高资源利用率和生产过程综合效益。

（九）生物基高分子材料

生物基高分子材料是利用生物质原料（纤维类、淀粉类、油脂类资源等），通过物理、化学以及生物等方法制造的新型高分子材料，包括可降解材料（淀粉基可降解材料、木质纤维基可降解材料、生物塑料等）、生物质热固性树脂（酚醛树脂、环氧树脂、聚氨酯等）、生物基木材胶黏剂、结构材料、纳米材料（纳米纤维素、纳米甲壳素等）、仿生材料、医用材料等生物基功能材料[72]。生物基高分子材料发展的主要目标是逐步替代石油基产品、源于无机矿产资源的建材等不可再生材料，具有原料可再生、低碳、环境友好等优势。

2000年之前，我国主要开展了生物基单体、生物基聚酯、木质素改性酚醛、第二代淀粉基塑料等制备技术研究，建立了生物基热固性树脂和改性淀粉基塑料制备技术体系与挤出成型、注射成型等生产工艺技术等。2000年之后，生物基高分子材料技术发展加速，我国开发了淀粉基可降解塑料、生物基聚酯、木塑复合材料和多元生物基热固性树脂等新型材料，集成了生物基纳米材料的制备和功能化关键技术[73]，形成了具有中国特色的生物基高分子材料基础理论及应用技术体系（包括反应机理、制备工艺、产品的应用研究等）。在反应机理方面，阐明了聚合过程中分子链增长方式、引发速率与链增长速率的关系和生物-化学催化转化等机理，建立了多元共聚高分子结构设计技术方法；在制备工艺方面，初步形成了生物基高分子材料制备技术体系，主要包括原料预处理技术、分子水平的活化与接枝技术、材料成型加工技术、树脂化技术、生物基功能材料分子重组与功能交叉技术、生物基材料纳米化技术等。

全球生物基高分子材料产业正处于工业化生产和应用的起步阶段，淀粉基塑料、生物基聚氨酯、生物基纤维等大宗工业材料产品产业技术的不断突破，推动了全球生物基高分子材料的商业化应用进程。在欧美等发达地区，生物基高分子材料已逐步形成以大企业为主导地位的产业布局。目前，美国 NatureWorks、德国 BASF 和德国 NOVOFIBRE 等公司均建立了万吨级以上规模的生产线，而我国仍以中小企业为主体，产业规模较小，产品竞争力较低。我国自主化生产的生物基聚合物材料主要有生物基胶黏剂、淀粉基塑料、聚乳酸、聚羟基烷酸、聚酰胺、聚丁二酸丁二酯、聚氨酯等。其中，聚乳酸生产能力已达 50 万吨/年以上，淀粉基、豆粕基生物胶黏剂已在人造板工业上实现较大规模的应用。此外，近年来成功研发生物基聚醚多元醇节能保温材料、再生纤维素膜材料、生物基功能性水凝胶、纳米纤维素、纳米木质素和生物基仿生材料等生物基先进新材料[74,75]。

生物基高分子材料作为石油基材料的替代产品，正向着节能减排过程清洁、高值化、功能多样化、产品多元化等方向发展。主要表现在：a. 生产成本不断下降，材料性能不断提高，对传统石化材料的竞争力不断增强；b. 现代生物基材料产业正在从高端的功能性材料、医用材料等领域向大宗生物基工业材料方向拓展；c. 生物基材料生产企业通过技术进步和下游应用领域拓展，不断扩大生产规模，向生物基材料功能多样化、产品多元化方向发展。

（十）木质纤维素生物加工

木质纤维素生物加工技术是采用微生物或酶对木质纤维原料或其组分进行加工利用的技术，包括生物降解、生物催化和生物转化三类，产品主要包括乙醇等醇类燃料、丁二酸等平台化合物、柠檬酸等大宗化学品和低聚木糖等精细化学品[76]。木质纤维素生物加工技术起源于纤维素燃料乙醇转化技术的研究。20 世纪 70 年代末，美国开始研究以玉米为原料生产燃料乙醇的作为汽油替代品，80 年代以来，各国将生产燃料乙醇的原料聚焦到资源量巨大且可再生的木质纤维素上，从此掀起了纤维素燃料乙醇的研究热潮并延续至今。

木质纤维素生物转化制取燃料乙醇的研究主要集中在原料预处理、纤维素酶生产与纤维素糖化、糖液发酵和酶解木质素精深加工等技术上[77]。经过近 40 年的研究发展，木质纤维素生物转化在各单项技术研究上取得了重要进展，包括丹麦诺维信公司率先突破了高活力纤维素酶生产技术并实现了工业化生产，开发了水热预处理法等十余种有工业应用潜力的原料预处理方法，筛选或构建了一批乙醇、丁二酸等不同目标产品的微生物发酵高产菌株，开发了木质素基木材胶黏剂等一批木质素深加工产品，建立了木质纤维素生产燃料乙醇联产木糖酸或低聚木糖等木质纤维素生物炼制集成技术[78]。迄今为止，全球范围内已建设了数十套规模从百吨到千吨的中试生产线，但生产成本偏高仍然是木质纤维素生产燃料乙醇大规模商业化应用的瓶颈。在半纤维素高值化加工方面，研发了半纤维素多糖酶法制备低聚木糖、甘露低聚糖、果胶低聚糖等技术，其中低聚木糖酶法生产技术实现了规模化生产与应用。近年来，国内外广泛开展了生物基化学品微生物发酵菌株的筛选和改造研究，随着分子生物学的发展，借助合成生物学的方法构建细胞工厂用于生物基化学品发酵的研究成为微生物和工业生物技术的前沿领域。目前木质纤维素生物转化制取丁醇、丁二酸、乳酸、富马酸、聚羟基脂肪酸酯（PHA）、聚 β-羟丁酸（PHB）等生物基化学品的研究取得了重要进展，并建立了中试工厂[79]。进入 21 世纪以来，随着对全球气候变暖和环境问题的日益重视，人们对木质纤维素生物利用的关注点逐渐从能源替代转移到碳减排和环境保护，以可再生的木质纤维素生产平台化合物、大宗化学品和精细化学品备受关注。与国外相比，我国发展以木质纤维素生物加工技术为支撑的生物质产业尤为迫切。我国石油资源短缺，2020 年石油对外依存度超过 70%[80]，石油替代战略是我国可持续发展过程中必须长期坚持的发展战略，发展以可再生的木质纤维素资源为原料生产能源、化学品和生物基材料是我国实施碳中和与石油替代战略的重要路径之一。目前，全球生物质生物产业尚处于起步阶段，工业生物技术的发展，尤其是近年来合成生物学的兴起，将加快生物质产业的发展进程。未来木质纤维素生物加工领域发展的方向：一是继续优化发展各关键技术，提高关键过程的效率并降低成本；二是通过合成生物学的方法，构建一批目标产物得率高、抗性强的微生物细胞工厂；三是建立木质纤维素全值利用联产多个产品的集成技术以提高综合效益。

（十一）林副特产资源化学

林副特产资源是森林除提供生态功能和木材产品外，还提供的具有一定经济价值的特色非木质林产品，如树木的根、叶、花、果、皮、树脂和树胶等，以及寄生物虫瘿、菌类和林下植物等[81]。与林副特产资源相关的概念较多，如林业特色资源、非木质林产品、非木材林产品、林副产品、多种利用林产品、林下经济等。林副特产资源按照资源类型可分为木本油料、森林食品、木本饲料、药材和其他工业原料等，如杜仲、单宁、昆虫资源、生漆和天然橡胶等。

传统的林副特产利用以资源培育和初级加工为主，2000 年以来，逐步向精深加工和综合高效利用发展。杜仲胶具有天然橡胶和塑料的双重特性，如绝缘性好、耐酸碱、耐腐蚀、耐摩擦等，在军事及航空航天工业有特殊的用途，其深加工制品可广泛应用于交通、通信、电力和国防等领域，已列为我国重点发展的战略物资之一[82,83]。围绕杜仲皮、茎、根、叶、花和籽的资源综合开发利用，我国开展了多学科、多领域的系统研究，取得一系列创新性成果，杜仲的功效、用途及其安全性得到广泛认同。杜仲叶、皮同效，“以叶代皮”开辟了杜仲经营和加工新途径。在无抗饲料的时代背景下，杜仲叶饲料添加剂的加工利用极大地提高了杜仲的综合效益[84,85]。五倍子是我国特色林产资源，采用现代化学、生物化学技术对五倍子进行精深加工，生产单宁酸、没食子酸、3,4,5-三甲氧基苯甲酸、焦性没食子酸等系列产品，在医药、染料、稀有金属提取、石油钻井、纺织品印染与固色、食品防腐、饲料添加剂、油脂抗氧化、饮料澄清和“三废”处理等方面均有重要用途。我国单宁酸、没食子酸等产品产量 3000 吨/年左右，其深加工产品 90%以上出口[86]。昆虫资源利用主要涉及天然色素、树脂和生物蜡等方面[87]，目前已形成产业化开发的有紫胶[88]、白蜡和胭脂虫红色素。我国年产漂白紫胶约 1000 吨、颗粒紫胶约 2000 吨，胭脂虫蜡完成了实验室制备技术，具备产业开发的前景。生漆产业除了生产功能环保性涂料外[89]，深加工研发向生物医药、功能酶制剂和专用材料等方向拓展[90-92]。2018 年，我国天然橡胶产量约 82 万吨，深加工产品主要有汽车轮胎、橡胶输送带等；在高性能轮胎专用橡胶、子午线轮胎专用橡胶、热塑橡胶、耐油橡胶等品种方面需求增长强劲，消费量已达到 560 多万吨，对外依存度高[93]。

林副特色资源的开发和利用是促进新农村建设和乡村振兴的重要途径之一，具有种类多、规模小等特点，但在专用材料、生物医药和电子化学品等方面具有不可替代的优势。林副特色资源的培育与集约化经营、有效组分的高效分离纯化以及功能化修饰等是林副特色资源的开发和利用发展方向。

四、现代林产化学工程展望

林产资源作为可再生生物质资源，是自然界中最丰富的可循环利用的重要基础性原料，是可持续发展的重要战略资源，对其进行低碳高效利用是国际研究热点和发展方向。改革开放以来，我国科学技术和产业得到了迅猛发展，多数行业生产和消费量均跃居世界第一。为了加强环境保护，提高资源综合利用率，促进产业的可持续健康发展，2013 年我国正式提出“产业转型升级”战略，明确了未来经济增长将由资源型、粗放型、劳动密集型的发展模式，向创新驱动型、集约高效型、环境友好型的经济结构转型，进一步优化产业结构。近年来，生物技术、信息技术等高新技术在林产化学工业领域得到了积极应用，林产资源高效加工利用产业将为人类社会发展持续不断地提供木本油料、药材、食品、新能源、化学品、新材料等众多不可或缺的重要产品，在国民经济中将发挥越来越重要的作用。我国山区和林区面积占国土面积的 69%，林业生产是山区农民收入和地方财政收入的主要来源。林业资源加工产业可以带动荒山及困难立地条件地区的林业生产和生态建设，林产化学工业的高质量发展可以有力带动第一产业和第三产业的融合发展，是推进国家乡村振兴战略和建设现代林业的重要途径。

2020 年，我国向国际社会庄严承诺，中国二氧化碳排放力争在 2030 年前达到峰值，努力争取 2060 年前实现碳中和。“碳达峰”“碳中和”国家战略实施为林产化学工业发展带来了更大的机遇与挑战。与化石基产品相比，林产资源转化为生物质能源、材料与化学品可减少 30% 以上的温室气体排放，缓解对化石资源的过度依赖，促进形成环境友好型循环经济发展模式，助推“碳达峰”“碳中和”战略目标的实现。

根据世界卫生组织统计，发达国家 40% 的药物来源于天然生物资源。2019 年，我国木本药材种植面积 61 万公顷，产量 363.9 万吨，已形成规模化利用的主要林源药用植物有 30～40 种，银杏、山杏仁、杜仲、黄柏、厚朴、山茱萸、枸杞、沙棘、五味子等已形成了 3000 亿元以上的林源医药产业。森林食品以其天然、绿色、安全的品质，越来越受到消费者的青睐。以核桃、油茶、油橄榄、板栗、大枣为代表的木本粮油类产品，富含维生素、氨基酸等营养物质，既是良好的粮油代用品，又是极好的营养保健食品。木本香精香料不仅为居民防病治病和日常生活所需，而且在国际市场上具有强有力的竞争优势。

目前，我国林产化学工业已迈入转型发展新阶段，未来林产化学工业呈现以下发展趋势。

一是以重视基础研究，突出原始创新为导向，面向绿色化、功能化和高端化产品生产关键技术的理论研究和方法创新，将为林产化工行业的快速健康可持续发展奠定基础。重点加强多尺度细胞壁壁层结构、化学组分微区分布解译以及分子结构解析、木材组分绿色精准拆解机制与方法、木材大分子结构组装与调控、生物基材料功能化修饰与构筑、木材热化学定向解聚与固碳机制、木质纤维素降解酶分子作用机制与改造策略、重要次生代谢物代谢途径解析以及绿色化学合成及合成生物学等研究。

二是加强技术创新，突出绿色、低碳、高效，林产资源全质高效高值利用、生产过程清洁节能是林产化学工业高质量发展的必然趋势。进一步加强活性炭绿色生产与再生利用、低能耗清洁高效制浆过程，以及林业三剩物的能源化、材料化、饲料化、肥料化等资源化综合利用等关键技术研究和开发；突破生物质全组分热化学可控转化、生物质组分定向解聚高效催化转化、木质纤维原料绿色改性及功能化等核心技术，构筑先进林产化学工业低碳技术体系，将大幅提升资源综合利用效率和生物基低碳产品供给能力，为产业高质量发展提供全面支撑。

三是面向健康中国的重大需求，药、食、饲用林产品加工利用成为林产化学工业发展的重要方向。林业资源种类丰富，功能活性成分多样，充分挖掘和利用林产资源中蕴含的天然活性物质，是发展林源药物、森林功能食品和保健品等大健康产业的基础。建立用于活性成分筛选与构效评价平台，阐明活性物的挖掘、富集与作用规律，突破绿色高效提取、高效分离纯化、活性成分稳定保护、功能协同增效等关键技术，创新新型药、食、饲用森林功能产品、食品、加工副产物综合利用等新技术与新模式，将增强高品质、多功能绿色林产品供给能力。

四是生物技术在林产化学工业中的应用，将有助于建立我国新兴林业生物经济产业体系，构建绿色低碳循环发展新模式。面向生物醇类/酯类燃料、生物基化学品、植物功能糖、林源药物等产品的生物转化，选育和构建高效、耐热、耐酸（碱）的木质纤维素降解酶合成、基于特定目标产品高效转化的微生物新菌株及工程菌株；构建基于化工过程与生物过程嵌合的木质纤维素多联产集成技术；解析重要次生代谢物代谢网络及调控节点，建立月桂醇、松脂酚、香兰素及稀有糖等次生代谢物生产的细胞工厂，是林产资源生物活性加工研究与产业化的重要方向。

五是面向低碳环保和新型功能性材料的重大需求，林业生物基功能材料与化学品已经成为现代林产化学工业的重要发展方向。通过创新和拓展技术链、延长产业链等方式进行产业体系的深度调整和创新，形成环境友好型、产品安全型发展模式。重点开发可回收利用生物基材料、先进生物基功能材料、生物基电子化学品、功能生物基精细化学品、低成本的生物可降解塑料等新产品和新技术，储能材料、高性能纤维及复合材料、生物医用材料、智能与仿生材料、增材制造以及大宗生物基工业材料等也是未来的发展方向。

六是现代林产化学工程将向多学科深度交叉融合方向发展，构建全新的跨界融合的技术创新体系成为未来林产化工产业高质量发展的必然要求。跨界融合创新将引发新学科前沿、新科技领域和新经济业态产生。技术的融合有望带来产业变革性发展，如微波辐射技术、超临界流体技术、等离子体技术、超声技术、膜过程耦合技术、微化工技术等高新技术，将为林产资源的加工利用发展带来新的活力。

综上所述，面向国家重大战略需求，以“资源利用高效化、产品开发高端化、转化过程节能化、生产技术清洁化、机械装备自动化”为总体发展思路，加快原始创新与核心关键技术突破，可为抢占林业资源利用科技与产业竞争新优势提供保障。

参考文献

[1] 贺近恪，李启基. 林产化学工业全书. 北京：中国林业出版社，2001.

[2] 国际粮农组织. 2022 FAOSTAT.

[3] 朱太平，刘亮，朱明. 中国资源植物. 北京：科学出版社，2007.

[4] 蒋剑春，等. 活性炭应用理论与技术. 北京：化学工业出版社，2010.

[5] 孙康，蒋剑春. 国内外活性炭的研究进展及发展趋势. 林产化学与工业，2009，29（6）：102-108.

[6] 沈葵忠，房桂干. 世界造纸工业三十年发展状况暨 2030 年中国纸及纸板产量和消费量预测. 江苏造纸，2013（4）：5.

[7] 马广鹏，张颖. 中国生物质能源发展现状及问题探讨. 农业科技管理，2013，32（1）：20-23.

[8] 宋湛谦. 我国林产化工产业的现状与发展趋势. 中国林业产业，2004（6）：17-19.

[9] 王定选. 林产化工的发展趋势与对策. 林产化学与工业，1992（3）：241-245.

[10] 陈笳鸿. 我国树木提取物开发利用现状与展望. 林产化学与工业，2009（2）：1.

[11] 宋湛谦. 我国林产化学工业发展的新动向. 中国工程科学，2001，3（2）：1-6.

[12] 张丽媛. 我国松香产品的国际竞争力研究. 南京：南京农业大学，2013.

[13] 宋湛谦. 生物质产业与林产化工. 现代化工，2009，29（1）：2-5.

[14] 蒋剑春. 中国林产化工产业技术创新战略联盟与“十二五”发展重点. 第二届中国林业学术大会（特邀报告），2009：296-301.

[15] 李忠正. 植物纤维资源化学. 北京：中国轻工业出版社，2012.

[16] 李坚，陆文达，刘一星，等. 木材科学. 北京：科学出版社，2014.

[17] Donaldson L. Wood cell wall ultrastructure：The key to understanding wood properties and behavior. Iawa Journal，2019，40（4）：645-672.

[18] Sebastian W，Lohmann J. Plant-thickening mechanisms revealed. Nature，2019，565：433-435.

[19] 李淑君. 植物纤维水解技术. 北京：化学工业出版社，2009.

[20] 化学工业部上海医药工业研究院. 植物纤维水解. 上海：上海市科学技术编译社，1963.

[21] 王体科. 世界植物纤维水解概况. 世界林业研究，1993，6：51-57.

[22] Mehdi D，Allan G，Pedram F. Production of furfural：overview and challenges. Journal of Science & Technology for Forest Products and Processes，2012，2（4）：44-53.

[23] 冯亭杰，张洁，张诗仪. 我国糠醛生产技术进展及市场分析. 河南化工，2019，36：7-11.

[24] 国家糖工程技术研究中心. 木糖的产业化及市场应用前景. 食品工业科技，2010，31（11）：27-28.

[25] 罗佳彤. 木糖醇的发现、研究及应用. 食品界，2023（02）：114-116.

[26] 汪晓鹏. 生物质基平台型化合物乙酰丙酸的制备技术和应用. 西部皮革，2020，42（23）：2941.

[27] 郑勇，轩小朋，许爱荣，等. 室温离子液体溶解和分离木质纤维素. 化学进展，2009，21（9）：1807-1812.

[28] 汪利华，吕惠生，张敏华. 纤维素超临界水解反应的研究进展. 林产化学与工业，2006，26（4）：117-120.

[29] Galbe M，Wallberg O. Pretreatment for biorefineries：A review of common methods for efficient utilization of lignocellulosic materials. Biotechnology for Biofuels，2019，12：294.

[30] Fan J，Mario D B，Vitaliy L，et al. Direct microwave-assisted hydrothermal depolymerization of cellulose. Journal of the American Chemical Society，2013，135（32）：11728-11731.

[31] 黄博林，陈小阁，张义堃. 木炭生产技术研究进展. 化工进展，2015，34（8）：3003-3008.

[32] 国家林业和草原局. 中国林业和草原统计年鉴. 北京：中国林业出版社，2019.

[33] 蒋剑春. 活性炭制造与应用技术. 北京：化学工业出版社，2018.

[34] 左宋林，王永芳，张秋红. 活性炭作为电能储存与能源转化材料的研究进展. 林业工程学报，2018，3（4）：1-11.

[35] 吴艳姣，李伟，吴琼，等. 水热炭的制备、性质及应用. 化学进展，2016，28（1）：121-130.

[36] 蒋剑春，孙康. 活性炭制备技术及应用研究综述. 林产化学与工业，2017（1）：1-13.

[37] 孙昊，孙云娟，缪存标，等. 我国活性炭产业发展典型案例分析——以福建元力活性炭股份有限公司为例. 生物质化学工程，2021，55（1）：1-9.

[38] 中国造纸工业可持续发展白皮书. 北京：中国造纸协会，中国造纸学会，2019.

[39] 造纸行业“十四五”及中长期高质量发展纲要. 北京：中国造纸协会，2021.

[40] 房桂干，沈葵忠，李晓亮. 中国化学机械法制浆的生产现状、存在问题及发展趋势. 中国造纸，2020，39（5）：

55-62.
[41] 房桂干，沈葵忠，李晓亮，等.限塑和禁止固废进口政策下中国造纸工业纤维原料的供应策略.中国造纸，2021，40（7）：1-7.
[42] 李海华，闫维凤，王红民，等.无元素氯漂白技术在制浆造纸工程中的应用.纸和造纸，2014（2）：1-3.
[43] 胡楠，张辉，张洪成，等."十二五"自主装备创新成果系列报道之三：制浆装备技术.中华纸业，2016，37（10）：12-17.
[44] 雕龙.我国第1套完全自主设计制造综合法二氧化氯装置投产.造纸化学品，2016（1）：27.
[45] 胡楠，张辉，张洪成，等."十二五"自主装备创新成果系列报道之六：纸机关键装备技术（续）.中华纸业，2016，37（18）：6-15.
[46] 南京林产工业学院.天然树脂生产工艺学.北京：中国林业出版社，1983.
[47] 赵振东，王婧，卢言菊，等.松脂精细化学利用对个性化松树资源的需求分析.林产化学与工业，2021，41（3）：1-10.
[48] 徐士超，陈玉湘，凌鑫，等.松脂节水减排绿色加工工艺研究及生产示范.生物质化学工程，2021，55（3）：17-22.
[49] 黄斌，黄榜，侯文彪，等.松脂催化加氢联产氢化松香和蒎烷过程设计.化工技术与开发，2017，46（2）：45-49.
[50] 宋湛谦.我国林产化工学科发展现状和趋势.精细与专用化学品，2009（22）：13-15.
[51] 中国金龙松香集团公司.中国松香工业概况.林产化学与工业，2004（增刊）：12-19.
[52] 魏军凤，康霁，李璟.试论松香的精细化工利用.中国石油和化工标准与质量，2017（15）：107-108.
[53] 钱珊，高成，马兴梅，等.松香酸及其衍生物的生物活性研究进展.西华大学学报（自然科学版），2020，39（6）：108-114.
[54] 韩春蕊，周若男，韩冰，等.松香树脂酸及其衍生物的分子自组装研究进展.林产化学与工业，2019，39（5）：1-10.
[55] 李侨光，刘鹤，商士斌，等.松香及其衍生物改性高分子材料的研究进展.林产化学与工业，2017，37（4）：23-29.
[56] 付玉杰，等.红豆杉可再生资源高效加工利用技术.北京：科学出版社，2010.
[57] 付玉杰，王立涛，赵春建，等.森林资源功能成分加工原理与技术.北京：科学出版社，2021.
[58] 于化龙，李晶晶，任美儒，等.110种植物提取物杀虫活性初步研究.热带作物学报，2021，42（7）：2085-2093.
[59] 卢猛，胡凤明，屠焰，等.植物提取物对幼龄动物腹泻和肠道健康的作用.饲料工业，2021，42（15）：35-42.
[60] 张中朋，蔡航，刘张林，等.我国营养保健食品进出口态势及展望.中国现代中药，2015，17（12）：1336-1339.
[61] 齐景杰.我国基础油脂化工工艺.河南化工，2011，28（4）：13-14.
[62] 王海，胡青霞.我国的油脂市场及未来趋势.日用化学品科学，2013，36（5）：4-9.
[63] 张勇.油脂化学工业市场分析.日用化学品科学，2008，31（12）：4-9.
[64] 李昌珠，蒋丽娟.油料植物资源培育与工业利用新技术.北京：中国林业出版社，2018：185-201.
[65] 黄正强，崔喆，张鹤鸣，等.生物基聚酰胺研究进展.生物工程学报，2016，32（6）：761-774.
[66] 马龙隆，唐志华，汪丛伟，等.生物质能研究现状及未来发展策略.中国科学院院刊，2019，34（4）：434-441.
[67] 石元春.我国生物质能源发展综述.智慧电力，2017，45（7）：1-5.
[68] 蒋剑春，应浩，孙云娟.德国、瑞典林业生物质能源产业发展现状.生物质化学工程，2006，40（5）：31-36.
[69] 袁振宏，吴创之，马隆龙，等.生物质能利用原理与技术.北京：化学工业出版社，2016.
[70] 李顶杰，张丁南，李红杰，等.中国生物柴油产业发展现状及建议.国际石油经济，2021（8）：91-98.
[71] Walter V R，Mariam K A，Christopher B F. The future of bioenergy. Global Change Biology，2020，26：274-286.
[72] 储富祥，王春鹏，孔振武.生物基高分子新材料.北京：科学出版社，2021.
[73] 贾敬敦，等.生物质能源产业科技创新发展战略.北京：化学工业出版社，2014.
[74] 陈国强，陈学思，徐军，等.发展环境友好型生物基材料.新材料产业，2010（3）：54-62.
[75] 翁云宣，王垒，吴丽珍，等.国内淀粉基塑料现状.生物产业技术，2012.
[76] Huang C，Jiang X，Shen X，et al. Lignin-enzyme interaction：A roadblock for efficient enzymatic hydrolysis of lignocellulosics. Renewable and Sustainable Energy Reviews，2022，154：111822.
[77] 谭天伟，苏海佳，陈必强，等.绿色生物制造.北京化工大学学报（自然科学版），2018，45（5）：107-118.
[78] Huang C，Ragauskas A J，Wu X，et al. Co-production of bio-ethanol，xylonic acid and slow-release nitrogen fertilizer from low-cost straw pulping solid residue. Bioresource Technology，2018，250：365-373.
[79] 杨永富，耿碧男，宋皓月，等.合成生物学时代基于非模式细菌的工业底盘细胞研究现状与展望.生物工程学报，2021，37（3）：874-910.
[80] 中国油气产业发展分析与展望报告蓝皮书（2019—2020）.北京：中国石油企业协会，2021.
[81] 汤晓华，杨春瑜，邢力平，等.林副特产的绿色产品设计准则研究.中国林副特产，2002（3）：1.
[82] 杜红岩，胡文臻，俞锐.杜仲产业绿皮书.北京：社会科学文献出版社，2013.
[83] 王凤菊.我国生物基杜仲胶发展现状、瓶颈及对策分析.中国橡胶，2017，33（3）：10-13.
[84] 冀献民.具有较高开发价值的杜仲饲料添加剂.饲料工业，1995，16（9）：2.
[85] 施树云，郭柯柯，彭胜，等.DPPH-HPLC-QTOF-MS/MS快速筛选和鉴定杜仲黑茶中抗氧化活性成分.天然产物研

究与开发，2018，30：1913-1917.
[86] 张亮亮. 五倍子资源加工利用产业发展现状. 生物质化学工程，2020，54（6）：5.
[87] 陈晓鸣，冯颖. 资源昆虫学概论. 北京：科学出版社，2009.
[88] 李凯，周梅村，张弘，等. 紫胶树脂溶解性及其钠盐的理化性质. 食品科学，2010（21）：6.
[89] 赵一庆，薄颖生. 生漆及漆树文献综述——生漆及漆树资源. 陕西林业科技，2003（1）：55-62.
[90] 吕虎强，李艳，刘帅，等. 生漆的生物学活性与结构修饰研究进展. 化学研究与应用，2020（6）：896-904.
[91] 周昊，齐志文，王成章. 漆酚/两亲共聚物（mPEG-PBAE）胶束的 pH 响应性及其体外性能. 林产化学与工业，2019，39（2）：25-32.
[92] Qi Z W，Wang C Z，et al. Synthesis and evaluation of C_{15} triene urushiol derivatives as potential anticancer agents and HDAC2 inhibitor . Molecules，2018，23（5）：1074-1088.
[93] 范刚. 云南天然橡胶产业发展的新途径. 农村经济与科技，2018，29（22）：157-162.

（蒋剑春，刘玉鹏）

第二篇
木材化学

本篇编写人员名单

主　　编　**许　凤**　北京林业大学

编写人员（按姓名汉语拼音排序）

郭　娟　中国林业科学研究院木材工业研究所

金永灿　南京林业大学

李明飞　北京林业大学

马建锋　国际竹藤中心

彭　锋　北京林业大学

许　凤　北京林业大学

杨益琴　南京林业大学

殷亚方　中国林业科学研究院木材工业研究所

游婷婷　北京林业大学

张学铭　北京林业大学

张　逊　北京林业大学

目　录

第一章 绪 论

树木吸收二氧化碳与水，通过光合作用合成葡萄糖，累积养料，供细胞不断分化、分裂生长，最后成熟，形成木材。木材是人类使用的一种非常古老的天然原材料。在史前时期，木材被用来取火、制成工具，或者搭建成简易住所，如燧人氏“钻木取火”、原始人使用棍棒防御和猎捕野兽、巢氏“架木为巢”。随着人类社会的进步和发展，在了解木材性能的基础上，人们进一步将其制成木炭用于高品级的铸铁冶炼，采用蒸馏法获取焦油涂于船舶和绳索。现代，通过木材干馏生产醋酸、乙醇及丙酮等，以及提取香精油、松香与天然鞣剂，脱木素分离纤维制浆造纸等，使木材化学及林产品加工得到了广泛的发展。在科学技术高度发达的现代社会，特别是在我国“双碳”目标的迫切需求下，木材化学已经拓展到化工、食品、纺织、可再生能源、功能材料等更多的新兴领域，发挥着更加重要的作用。

第一节 历史沿革

木材化学是研究木材及其内含物和树皮等组织的化学组成及其结构、性质、分布规律和加工利用的科学，是林产化学加工的理论基础。2000 多年前我国最重要的四大发明之一——造纸术，标志着人类开始使用木质纤维原料通过化学方法造纸，为木材化学的发展奠定了基础。19 世纪初，欧洲受英国工业革命的影响，造纸工业迅速发展。为了开拓造纸原料，木材化学的研究迅速兴起，人们对木材构造、化学组成和结构的认识逐渐加深。

生产木材的树种繁多，其解剖构造与木材的性质及加工利用密切相关。中国科学院昆明植物研究所唐燿先生在 1931 年于北平静生生物调查所开启了我国木材构造的系统研究，1982 年编译了《木材解剖学基础》。中国林业科学研究院木材工业研究所成俊卿先生于 1985 年主编了《木材学》，将木材构造与材性用途进行结合，著述完整、贡献突出。1932 年国际木材解剖学家协会(IAWA) 成立，吸引了来自 60 个国家的科研工作者加入，为木材解剖学在科学研究与技术交流方面搭建了专业的平台，促进了木材构造研究的发展。目前人们对树木生长解剖、细胞超微结构、组织特征、木材构造与性质及用途、纤维形态等进行了广泛的研究，形成了系统的木材构造学体系。

一般来说，木材由细胞壁物质和非细胞壁物质构成，包括无机物和有机物两大类物质。细胞壁物质主要是纤维素、半纤维素和木质素，是木材的主要成分，占细胞壁干重的 80%～95%。非细胞壁物质是存在于细胞壁间和细胞腔内的、分子量较低的物质，是木材的另一类成分，主要包括果胶质、抽出物及灰分等少量组分。

早在 1838 年，法国生物学家安塞姆·培恩首次将木材用硝酸和氢氧化钠交替处理，获得了一种絮状物，命名为纤维素。纤维素化学与工业的兴起，促进了大量关于纤维素及其衍生物的研究成果的取得，为木材化学的丰富和发展做出了重大贡献。纤维素作为细胞壁的骨架物质，含量最高，一般占木材细胞壁干重的 40%～50%，是自然界存在的最丰富的高分子化合物，是取之不尽、用之不竭的人类最宝贵的天然可再生资源。人们很早就已经掌握了纤维素的化学结构，熟知纤维素是由 D-葡萄糖基本结构单元通过 β-1,4 糖苷键连接而成的线形高分子多糖。阐明了纤维素聚合度与其物理、化学性质的构效关系——聚合度越高、分子链越长，纤维素的化学稳定性越好，强度也越大。在纤维素聚集态结构研究方面也取得了突破性进展，明确了纤维素具有两相结构，包含结晶区及无定形区，揭示了纤维素的超分子结构的复杂性，包括纤维素分子取向结构、微纤丝排列、结晶度、晶区的大小等，在某些溶剂存在的条件下润胀、溶解机理等。此外，科学家们在纤维素的化学结构及改性研究方面成果丰硕，通过对纤维素葡(萄)糖基环上的羟基进行酯化和醚化生成纤维素的衍生物，如纤维素磺酸酯、纤维素醋酸酯、纤维素硝酸酯、甲基纤维素、羟乙基纤维素、羟丙基甲基纤维素、羧甲基纤维素等，从而改变纤维素的性质，使纤维素具有各种不同的用途，不仅应用于造纸、纺织、食品、药物、建筑、木材加工工业，而且是化学工业的重要原材料。

1891年，舒尔兹提出了半纤维素的名称。半纤维素是由两种或两种以上糖基组成的带有支链的不均一多糖，是细胞壁的填充物质，占细胞壁干重的15%～35%。人们对半纤维素的认识，伴随着纤维素与木质素化学的发展不断加深，20世纪70年代，人们弄清了半纤维素的化学结构，进而确定了其化学成分，构成半纤维素的糖基主要有D-木糖基、D-甘露糖基、D-葡萄糖基、D-半乳糖基、L-阿拉伯糖基、4-*O*-甲基-D-葡萄糖醛酸基，D-半乳糖醛酸基和D-葡萄糖醛酸基等，还有少量的L-鼠李糖、L-岩藻糖等。学者们将半纤维素分为三类，即木聚糖类、葡萄甘露聚糖类和半乳葡萄甘露聚糖类，为其进一步开发利用奠定了重要的基础。

1838年，法国生物学家安塞姆·培恩获得纤维素的同时，将除去的物质称为结壳物质。1865年，舒尔兹以“木质素”代替“结壳物质”，为木质素命名。1897年，克拉森指出木质素的基本亲缘物质是松柏醇衍生物[1]。随后，对木质素的研究成为木材化学研究的重要内容之一。木质素作为将纤维素与半纤维素包裹在一起的细胞壁黏结物质，约占细胞壁干重的15%～35%。木质素是天然酚类高分子化合物，是由苯丙烷结构单元连接而成的复杂无定形高聚物，其化学结构复杂、不均一，除了含有愈创木基（G）、紫丁香基（S）与对羟苯基（H）三种不同的基本结构单元以外，还含有多种活性官能团，如羟基、羰基、羧基、甲基及侧链结构等。针叶材木质素主要由G型结构单元组成，阔叶材木质素主要含有G型和S型结构单元。木质素的基本结构单元通过醚键（α-*O*-4、β-*O*-4、α-*O*-γ、4-*O*-5）及碳碳键（β-5、5-5、β-1及β-β等）连接组成。作为木质素结构单元的主要连接键，β-*O*-4连接键含量高达60%左右。在大多数的木材化学加工过程中木质素是被脱除的成分，比如，化学法或者化学机械法制浆过程就是将木质素从细胞壁中大部分或者少量降解溶出，使单根纤维分离出来，用于生产不同种类的纸张。脱除的木质素被称为工业木质素，主要分为硫酸盐法木质素、碱木质素及有机溶剂木质素等，它们可以用于生产许多产品，比如酚类化合物、二甲基亚砜、香兰素、生物油、木质素聚氨酯等。但木质素结构的不均一性及工业分离过程中化学结构的破坏，特别是化学键缩合等，导致其反应活性差，难以大规模转化利用，对其高值加工利用的研究仍需要不断深入。

我国木材化学的研究已有70余年的历史，自20世纪80年代以来，随着我国国民经济的高速发展，生态环境治理日益严格，对可再生资源利用的日益关注等，迫切需要深入研究了解木材的基本特性和应用途径。“十一五”以来，在“863”计划、“973”计划、集中解决重大问题的科技攻关（支撑）计划等主体性计划和火炬计划、星火计划、重点研发计划等产业化计划以及国家级、省部级自然科学基金等科学基金的支持下，我国在木材细胞壁解剖构造、木材清洁制浆造纸、木材节能高效加工利用以及组分高值转化利用等方面取得了显著的成绩[2]。例如，在木材高得率清洁制浆关键技术及产业化、木质素资源化高效利用等方面的成果获得国家科技进步或发明二等奖及以上奖励，特别是在细胞壁抗降解屏障及主要组分分离与化学结构表征方面，取得了一批国际领先的学术成果，彰显了我国木材化学领域的科学研究与技术发展在国际上的地位和水平。

第二节　国内外发展现状

木材化学涵盖的研究范畴非常广泛，不仅包括木材解剖构造、化学组分的物理化学结构及性质，还涉及化学组分分离、改性及加工利用原理与技术，涉及植物学、生物学、物理、化学、材料学等多学科门类，学科交叉明显。木材的结构特征和化学组成等随树种、生长环境、树龄以及所在部位的不同而存在差异，为木材化学的研究和发展增加了难度，近年来，随着科技的进步与社会的发展，国内外学者在木材化学领域的研究成绩显著。

一、纤维素、半纤维素及木质素三者之间的相互作用

冯格尔理论认为，纤维素是细胞壁的骨架，半纤维素填充在纤维素周围，木质素作为黏结物质将半纤维素与纤维素包裹起来，形成坚固的细胞壁，赋予植物抵抗外界对其降解的能力。一般认为，纤维素与半纤维素之间主要通过氢键连接。然而，学者们采用新型固体核磁技术研究了拟南芥木聚糖与纤维素的作用关系，发现除了氢键连接以外，木聚糖结构上如果存在均匀分布的醋酸酯或葡萄糖酸取代基，则可以通过它们与纤维素微纤丝的亲水表面连接。纤维素与木质素之间也存在相互作用。纤维素表面存在大量的氢键，可通过静电作用吸附木质素前驱物（比如松柏醇）并限制其运动，使木质素芳环结构平行定位在纤维素表面。半纤维素与木质素之间通过共价键连接形成木质素碳水化合物复合体，导致细胞壁主要组分分离降解困难。

二、主要组分高效分离与结构表征

纤维素、半纤维素与木质素主要组分的有效分离是木材化学加工以及生物质炼制的基础，能够为后续转化提供合适的原料，因此成为工业界和学术界研究的热点，近年来涌现出一批优秀的成果。主要组分分离的方法有物理法、化学法、物理化学法和生物法四大类，其中工业分离采用最多的是化学法，比如碱法。根据生产的目的不同，人们相应地采用不同的分离方法。化学制浆是造纸工业比较传统的组分分离技术，依据的原则是将木质素用化学试剂降解并溶出，在这个过程中半纤维素一般也会发生一定程度的降解，纤维素作为纸浆的主要成分以残渣的形式分离出来，用于抄造不同种类的纸张。为了提高纸浆得率，工业上采用化学机械法，既保留了大量的木质素，同时又能满足某些纸种的性能要求。如果生产纯度很高的纤维素，如生产 α-纤维素含量高于 93%的溶解浆，则需要将几乎所有的木质素与半纤维素分离出来。上述传统的工业化分离技术存在反应条件苛刻、生产过程存在污染等问题，而且三种组分的化学结构，特别是木质素与半纤维素的结构变化较大，导致后续难以高值化转化利用，造成资源的浪费。为此，学者们开发了绿色清洁高效的全组分分离技术，例如，采用过氧化氢、离子液体、低共熔溶剂等绿色溶剂在温和的条件下使纤维素、半纤维素及木质素三组分的化学结构保持基本完整的情况下被分离出来，以及最近提出的木质素优先分离技术等[3] 为后续的化学品及材料的制备奠定了基础。

在传统的制浆造纸工业生产中，脱木素过程中半纤维素容易被脱除并进入废液，后续基本没有加以回收利用，导致国际上半纤维素分离研究一直未受到足够的重视。近年来，随着生物质产业的发展，由此提出的精炼技术中对半纤维素的分离、加工利用成为了新的热点。半纤维素的分离一般采用两个策略，一个是从综纤维素中分离，另一个是直接从原料中分离。分离技术主要包括碱法分离、热水分离、有机溶剂分离等。在第一个策略中，先对木材脱木素，制备综纤维素，然后再从综纤维素中分离出半纤维素。例如可以采用亚氯酸钠脱木素，进而采用二甲基亚砜和水连续抽提，获得的半纤维素与天然纤维素的化学结构非常相似。第二个策略是从木材原料中直接分离。该法被采用得最多，其中包括热水处理、碱法、碱性过氧化氢法、有机溶剂法、蒸汽爆破法等，以及一些辅助协同处理的技术，例如超声波辅助、微波辅助、双螺旋挤出机械辅助等。常见的碱法分离，主要有 NaOH 分离和 KOH 分离，对不同的木材原料一般采用不同的碱浓度处理，以便分离出不同化学结构的半纤维素。热水处理后高碱浓、短时间（碱液质量分数为 18%，处理时间为 2h）分离比低碱浓、长时间（碱液质量分数为 10%，处理时间为 16h）分离得到的半纤维素保留的分枝更多，分子结构也比较完整。有机溶剂半纤维素的分离主要采用二甲基亚砜或二氧六环（二噁烷）处理。含水的二甲基亚砜分离的半纤维素结构相对完整，不会发生显著变化，并且得率较高。蒸汽预处理法是利用水蒸气在高温高压条件下渗透进入细胞壁内部，使之在进入细胞壁时冷凝为液态，然后瞬时释放压力造成细胞壁内冷凝液体突然蒸发形成巨大的剪切力，从而破坏细胞壁，水解半纤维素与木质素之间的化学键，使半纤维素溶于水。该方法不添加任何化学试剂，无环境污染，缺点是半纤维素极易溶于水中，导致溶液酸度增加，进一步引起半纤维素降解。微波辅助的方法能利用微波辐射提高分离效率，缩短分离时间，其中的半纤维素乙

酰基也能被较好地保留下来。超声波辅助也可以提高分离效率，缩短反应时间。与传统提取方法相比，该法得到的半纤维素在组成和分子结构上基本无异，延长超声处理时间，得率提高[4]。

木质素分离一直以来是木材化学研究的重要内容。涌现了多种分离木质素的方法，主要包括化学法、物理法、物理化学法、生物法等[5]。分离木质素的原理有两类：一是木质素以溶解的形式分离；二是木质素以残渣的形式分离。溶解的形式采用得较多，例如以有机溶剂溶解分离的木质素。1956 年贝克曼提出了磨木木质素（MWL）的制备方法[6]，该法分离的木质素结构变化小，代表性强，适合用于木质素结构分析，目前仍被广泛采用。为了提高分离效率，相继出现了酶解木质素以及酶解-温和酸解木质素分离方法。纤维素酶处理球磨木粉除去大部分碳水化合物，酶解残渣再用 96％的二氧六环抽提，得到的酶解木质素与 MWL 结构相抵，更能代表原本木质素。酶解后采用 0.01mol/L 盐酸和 85％二氧六环处理，分离得到酶解-温和酸解木质素，较传统的 MWL 得率高、纯度高。克拉森（Klason）木质素的制备采用 72％硫酸水解木材中的碳水化合物，剩余的残渣即为 Klason 木质素，该法操作简单，至今仍被用来测定木质素含量。工业上分离木质素的方法主要包括碱法、硫酸盐法和亚硫酸盐法。用含有一定酸为催化剂的有机溶剂（如醇和有机酸、酯等）断裂糖苷键使木质素片段溶解在溶剂中进而分离得到的木质素，称为溶剂型木质素，主要有 Alcell 木质素、ASAM 木质素、Organocell 木质素、Acetosolv 木质素。溶剂法分离的木质素具有绿色环保无污染，分离的木质素分子中不含硫、分子量低、反应活性高、灰分低、纯度高等优点，越来越受到国内外学者的青睐[7]。随着生物质炼制技术的发展，人们采用多种预处理技术以分离木质素，破坏细胞壁抗降解屏障，提高酶解效率，出现了水热法、稀酸法、稀碱法、离子液体法、低共熔溶剂法等方法，以及与微波、超声波等技术结合的协同预处理方法。

三、主要组分的化学结构与物理结构研究

1. 纤维素聚集态结构研究

纤维素的化学结构相对简单，而物理结构复杂，如聚集态结构、大分子构象等，因此人们对其物理结构的解译关注较多。纤维素聚集态结构指其分子链聚集，分子相互之间规整性排列的状态。一般认为，纤维素通过生物合成后，其分子链有序排列，聚集成形状规则的微晶或晶体结构，由大约 18 条分子链相互平行堆积形成的晶体结构为原细纤维，宽度大约为 3～5nm，长约 2μm[8]。原细纤维是纤维素聚集体最基本的结构单元，但其排列并非全程规则均一，也存在一些分子超出链宽范围的情况。另外一种理论认为，原细纤维可能由 36 条链组成，其中 20 条链在原细纤维表面，16 条链在其内部[9]，且内外两种纤维素的结晶排列规则和羟甲基构象存在一定差异[10]。原细纤维在细胞壁中进一步聚集成平行排列、宽度约为 10～30nm 的微细纤维，微细纤维被木质素和木聚糖的紧密包覆。在不同细胞壁亚层，微细纤维的取向不同，形成不同的微纤丝角。微纤丝角再进一步聚集、排列组成直径为 10～100μm 的微纤丝束，在细胞壁中形成致密结构，为树木主干提供较强的应力支撑。纤维素从纳米尺度到宏观尺度的多层结构是树木生长的基础，对纤维素的分离和利用意义重大。

此外，纤维素大分子中存在多种不同类型的氢键连接，对纤维素的结构和反应特性，如溶解度、羟基反应活性、分子构象等都产生重大影响。分子间氢键是指纤维素大分子间沿着（200）晶面的特定 O 和 H 原子之间形成的连接键，主要有 O2—H…O6、O3—H…O5 等。通过同步辐射 X 射线和中子散射研究证明，分子间氢键作用和共价键作用、疏水作用共同形成了纤维素链层状结构[11]。在单层纤维素链上，纤维素的 D-吡喃糖通过 4C1 椅式构象连接，形成最小键能构象。影响纤维素物理构象的因素众多，主要因素之一是羟甲基在葡萄糖环上的旋转方向。根据定义，环外结构的旋转方向通过扭转角 χ＝O5—C5—C6—O6 表示。当 O6 原子在 O5 反位、C5 旁位时，$\chi=180°$，此构象称为反旁构象（tg）；同理，纤维素中还存在旁反构象（gt）和旁旁构象（gg），此时对应的 χ 分别为 60°和－60°（图 2-1-1）[12]。不同构象的 O6—H 位置不同，因此氢键连接体系各不相同。影响纤维素物理构象的另一因素为纤维素糖苷键的扭转角 φ（O5′—C1′—O4—

C4)、φ（C1′—O4—C4—C5）以及螺旋参数 n（每个螺旋结构的单元数目）、h（每个葡萄糖单元前进的螺旋数）。以纤维二糖为模型物的密度泛函量子计算认为，纤维素链的最佳构象是左旋的双倍螺旋结构，此时的分子键能最低[13]。

纤维素在纤丝排列过程中形成排列有序的结晶区和排列无序的非结晶区（无定形区）。结晶区形成形状规则的纤维素晶体结构，在结晶区内，相邻分子间距和晶体尺寸相同。纤维素分子排列无序，则称为无定形纤维素。纤维素的结晶区在纤维素中所占比例被定义为纤维素的结晶度。结晶度的高低对木质纤维素的各项物理、化学性能及其后续的应用具有直接影响[14]。纤维素晶体存在几种不同的排列结构，表示为纤维素Ⅰ～Ⅳ。不同的纤维素晶型具有各不相同的羟基排列和氢键类型，从而在化学反应中产生各种特性。根据分子链极性差异，纤维素多晶可分为平行链晶型（纤维素 I_{α}、I_{β}、$\mathrm{II}_{\mathrm{II}}$ 和 IV_{I}）和反平行链晶型（纤维素 II_{I}、$\mathrm{IV}_{\mathrm{II}}$）。平行链晶型纤维素可通过某些物理化学反应转变为反平行链型。

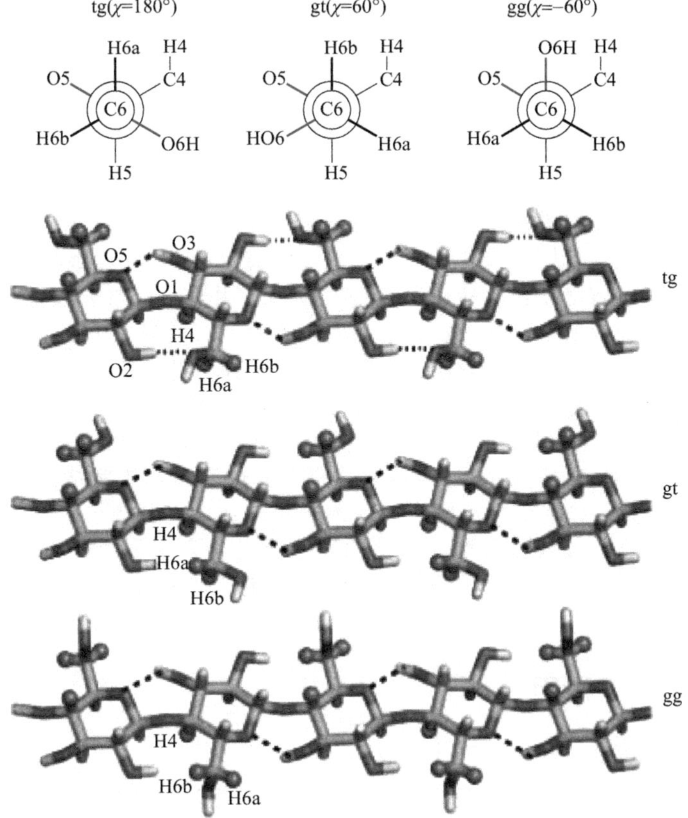

图 2-1-1　纤维素分子中羟甲基的 tg、gt 和 gg 构象[12]

2. 半纤维素化学结构及与木质素交联关系的研究

半纤维素的化学结构相对比较复杂[15]，组成的基本结构单元包括五碳糖（阿拉伯糖、木糖）、六碳糖（葡萄糖、甘露糖和半乳糖）以及糖醛酸（α-D-葡萄糖醛酸、α-D-半乳糖醛酸和 α-D-4-O-甲基葡萄糖醛酸）等。由于半纤维素结构复杂，且与细胞壁的其他组分相互作用，是导致细胞壁抗降解屏障的原因之一。人们普遍认为，半纤维素与纤维素以氢键连接，与木质素以共价键连接。木质素与半纤维素之间通过化学键连接形成木质素-碳水化合物复合体（LCC），两者之间的键合机制是备受关注的热点。不同的半纤维素多糖与木质素以不同的方式、不同的程度结合，从而导致细胞壁中木质素的空间定位及其与半纤维素的交联关系相对复杂。学者们对 LCC 结构进行了大量研究，阐明了其化学键的主要类型为 α-醚键、苯基糖苷键、缩醛键、γ-酯键及自由基结合而成的—C—O—键5种。这些交联的木质素碳水化合物复合体增加了木材细胞壁的抗降解屏障，不仅阻碍了细胞壁主要组分分离[16]，同时也导致预处理过程中水解糖总得率下降，酶的可及性和酶水解效率降低。一般认为，半纤维素是无定形的，没有结晶结构。

3. 木质素化学结构研究

长期以来，人们对木质素化学结构进行了广泛深入的研究，已经确定了构成木质素的基本结构单元为取代苯基丙烷结构，包含愈创木基丙烷、紫丁香基丙烷和对羟苯基丙烷三种，主要通过C—C键和醚键连接起来。在生物合成过程中，树木通过莽草酸路线首先合成三种前驱体，即松柏醇、芥子醇和对香豆醇，进而在酶的作用下形成自由基，自由基通过脱氢聚合及自由基偶合形成木质素大分子。木质素单体之间主要形成芳基醚键（α-O-4′、β-O-4′）、树脂醇（β-β'）、苯基香豆满（β-5′）、螺环二烯酮（β-1′）等基本连接键。木质素结构单元上一般有酚羟基、醇羟基、甲氧基和羧基等官能团。

研究木质素的方法分为化学降解的方法和仪器分析的方法。化学降解法是指采取破坏性的手段使木质素大分子降解为小分子碎片，通过分析小分子的结构，推断木质素的化学结构组成。该类方法主要包括酸解法、醇解法、碱性硝基苯氧化法、高锰酸钾氧化法和氢解法等。化学降解法工作量大、耗时长，降解后仍要结合仪器分析技术，导致其应用受到一定限制。因此，在现代木材化学研究中人们普遍采用仪器分析法，例如紫外光谱、红外光谱、高效液相色谱、气相色谱、凝胶色谱及核磁共振波谱等技术研究木质素的化学结构，其中，核磁共振波谱目前已经成为研究木质素化学结构最重要的分析方法。研究木质素化学结构，特别是基本结构单元之间化学键连接方式，主要采用核磁共振^{1}H谱、^{13}C谱和^{31}P谱。核磁共振^{1}H谱是发展最早、应用最广泛的核磁共振波谱，给出的信号主要出现在化学位移$\delta=20$以内，由于木质素分子结构复杂，导致^{1}H谱信号重叠严重，对结构的解析不够准确。^{13}C谱的使用解决了一部分木质素信号重叠的问题，信号峰出现在$\delta=200$以内。但^{13}C谱的灵敏度低，需要延长采样时间、增加样品的浓度，以提高图谱的信噪比。近年来，异核单量子相关核磁共振光谱（2D-HSQC技术）由于能够较好地区分氢谱与碳谱的重叠信号峰，可实现木质素主要结构单元及单元之间化学键的定量分析，被广泛应用于木质素结构分析[17]。^{31}P-NMR是20世纪90年代发展起来的测定木质素结构的新技术，可以用来定量测定木质素上官能团—COOH、—OH、C═O的含量，其自然丰度为100%，具有高灵敏度，且信号峰都为无耦合的单峰等优势，但是测定之前需要采用含磷试剂对样品进行衍生化处理。除了上述常见的分析技术以外，拉曼光谱、基质辅助激光解吸附质谱、裂解气相色谱-质谱等技术也已经被用于木质素化学结构的研究。

四、主要组分的加工利用

1. 纤维素的加工利用

纤维素的化学结构相比于半纤维素及木质素而言，相对简单，是均一的多糖，由基本结构单元葡萄糖通过β-1,4糖苷键连接而成。纤维素葡萄糖单元上C2、C3和C6位含有3个游离的醇羟基，末端基C1具有潜在还原能力的醛基，这些结构特点决定了纤维素有一定的化学反应活性，可以发生酸性水解，在碱性条件下易发生剥皮反应。在不同条件下羟基可被氧化成醛基、酮基及羧基，生成醚、酯等纤维素衍生物，有利于改进其物理化学性质，生产可应用于不同领域的多元化产品。

近年来，随着生物质精炼技术的发展，基于纤维素的化学品、酯类燃料、功能性衍生物、纳米纤维素材料等的制备与性能研究，以及产业化应用，成为国际纤维素化学的发展热点。其中，生物质转化燃料乙醇的技术发展迅速，人们通过预处理破除细胞壁抗降解屏障，进一步通过酶水解将纤维素转化为葡萄糖，进而发酵生产C_2基化学品——燃料乙醇，取得了显著的成绩，全球范围内建立了多家纤维素乙醇工厂，但生物酶价格昂贵、酶解效率低等导致生产成本偏高，目前产业化进展缓慢。此外，纤维素多糖可以转化为$C_3\sim C_6$基化学品。典型的有商业价值的非手性C_3化学品主要包括3-羟基丙酸及丙酸两种，其中，3-羟基丙酸是美国能源局选择的20种平台化学品之一，是工业上生产可再生聚合物丙烯酸、1,3-丙二醇、丙烯酸甲酯、丙烯酰胺、丙二酸、丙酸内酯和丙烯腈的重要单体，一般通过葡萄糖生物合成路线获得。另一种 C_3 化学品丙酸，属于脂肪酸，其衍生物常用于农业、食品、制药工业等，可以通过生物化学路径制备。C_4 基化学品主要为丁二酸。C_5 基化学品为糠醛、乙酰丙酸（LA）、异戊二烯。有研究表明，由生物质原料可以容易并且低成本地获得 LA，进一步转化生产 LA 衍生物，可用于生产乙酰丙酸乙酯、γ-戊内酯及甲基四氢呋喃等。5-羟甲基糠醛是典型的 C_6 基化学品，研究最广，成果丰富[18]。

近年来，纤维素基功能膜、水凝胶、气凝胶，以及纳米纤维素的制备和应用成为纤维素转化利用领域研究的另一焦点。制备再生纤维素膜或丝等是工业上纤维素加工利用的一种重要方式，该加工利用技术的前提是将纤维素高效溶解。一般情况下，作为天然高分子化合物，纤维素聚合度高、分子量大，且分子内和分子间存在大量的氢键，导致其难溶于水、乙醇等一般的溶剂中，只能溶于某些特殊的溶剂，例如已被广泛用于溶解纤维素的传统溶剂 CS_2、吗啉、*N*-甲基吗啉、*N*-甲基吗啉-*N*-氧化物（NMMO）、NaOH/尿素或 NaOH/硫脲等，其中部分溶剂是有毒的。此外，可以采用有机溶剂与无机盐类组成共溶剂来溶解纤维素，例如二甲基乙酰胺（DMAc）/LiCl、氟化铵/二甲基亚砜（DMSO）、四丁基氢氧化铵（TBAH）/DMSO 等。近年来，离子液体（IL）作为一种纤维素绿色溶剂受到人们的广泛关注。其中研究较多的有咪唑基离子液体，如 1-丁基-3-甲基咪唑（$[C_4mim]$）阳离子与 Cl^-、Br^- 和 SCN^- 组成的 IL，研究发现在 100℃条件下 $[C_4mim]Cl$ 能溶解 10%的纤维素。在超声波辅助 1-烯丙基-3-甲基咪唑氯盐（[Amim]Cl）体系中可溶解 27%的纤维素。铵离子液体，由季铵阳离子与 $HCOO^-$、CH_3COO^-、Cl^-、Br^- 等阴离子组成，在 110℃条件下，可溶解 10%的纤维素[19]。尽管人们已经开发了多种纤维素溶剂，然而目前用于商业化生产的主要是 $NaOH/CS_2$ 溶剂及新溶剂 NMMO 两种，两种方法各有优缺点。其中 $NaOH/CS_2$ 法又称黏胶法，该法虽然成本较低，但由于 CS_2 的使用带来了环境污染问题；NMMO 法又称新溶剂法，该溶剂制备过程容易发生爆炸，且成本高。因此，对纤维素溶解的研究仍需要在绿色溶剂的合成、实现纤维素高效溶解等方面继续深入研究。

2. 木质素的加工利用

在制浆工业及生物质预处理过程中可以获得不同类型及结构的木质素，主要包括采用化学法，如酸法、碱法、离子液体及有机溶剂法分离的木质素；采用物理法，如球磨、机械挤压、超声波处理法获得的木质素；采用物理化学法，如水热法、二氧化碳爆破法、蒸汽爆破法、微波法分离的木质素；采用生物法，如酶解、真菌处理、细菌等处理法分离的木质素。这些木质素中尤以硫酸盐法木质素与碱木质素量居多。硫酸盐法制浆于 1879 年提出，占全球化学制浆工业份额的 80%。硫酸盐木质素中含有 1%～3%的 S、1.0%～2.3%的糖、3%～6%的水分、0.5%～3.0%的灰分，分子量小于 25000。硫酸盐法木质素具有缩合结构，酚羟基含量较高，在高值化利用方面潜力较高，可以通过接枝共聚改性（羧甲基化、磺甲基化、胺化等）加工成阻燃剂、树脂、聚氨酯、热塑性材料、复合材料、碳纤维及其他水溶性聚合物。亚硫酸盐法制浆过程中生产的是木质素磺酸盐，含有 3.5%～8.0%的 S、4.5%～8.0%的灰分、5.8%的水分，分子量小于 15000，易溶于水，广泛用于生产饲料、吸附剂、涂料、分散剂、胶黏剂。碱木质素中不含硫，灰分 0.7%～2.3%、糖 1.5%～3.0%、水分 2.5%～5.0%，分子量小于 15000，不易溶于水，常用于生产聚氨酯泡沫、聚烯烃、树脂和吸附材料。

在生物质炼制过程中，木材经酸、碱、蒸汽或者酶处理，获得相应的木质素，其化学结构也不同，可以用于生产香草醛、黏合剂、絮凝剂、分散剂、阻燃剂等。通常，水解木质素含硫量 $<$1.0%、含糖量 10.0%～22.4%、灰分 1.0%～3.0%、水分 4.0%～9.0%，分子量 5000～10000。有机溶剂木质素分离一般采用甲醇、丙酮、乙醇或者有机溶剂与水的混合溶剂，在温度范围 100～250℃下脱木素，获得的有机溶剂木质素结构相对均一，不含硫，不溶于水，具有疏水性，易溶于无机试剂，大约含有 0.7%的灰分、1.0%～3.0%的糖、7.5%的水分，分子量通常小于其他的工业木质素，一般小于 5000，适合用于生产油墨填充剂、油漆和清漆，也可以用于生产黏合剂、塑化剂、阻燃剂、吸附剂等[20]。

此外，还可以通过热解、催化降解或生物转化木质素的方式获得能源生产需要的低值碳源，或者高附加值化学品，如香兰素或酚类化合物。非催化热解是一种常见的木质素热化学转化利用方法，温度范围一般为250～900℃。热解过程中，木质素在280～500℃开始降解，β-O-4键及不稳定的C—C键发生断裂，在400～500℃发生明显的质量损失和化学变化，热解产物主要包括气体、液体（水、生物油）和固体（半焦）。生物油为酚类化合物、酮、醛、醚、乙醇、羧酸等的混合物，具有低热稳定性、高腐蚀性、高酸度、低热值（是柴油的40%）、高水分含量（15%～30%）、高氧含量（35%～40%）等特性。另外一种非催化降解方法为气化法，与热解法的不同之处是木质素在气体氛围（如空气、氧气或水蒸气）下发生热解，目的是获得大量的合成气（一氧化碳和氢气）。木质素催化热解法化学反应主要分为裂解、水解、还原和氧化反应。催化裂解是指木质素在500℃以上温度及催化剂作用下发生热解作用，使用的催化剂主要包括微孔沸石、介孔材料、金属氧化物和活性炭等。例如在$CaCl_2$或$FeCl_3$催化作用下，生物油的产率增加26.6%、酚类化合物含量增加25.9%，同时减少了半焦的形成。木质素催化还原降解主要生成酚类化合物和苯、甲苯及二甲苯，该法一般在200～450℃，加氢，压力2～30MPa条件下进行。采用的催化剂包括Ni和Ru、负载型金属催化剂（Pd/C、Pt/C、Rh/C、Ru/C、Pd/Al_2O_3、$NiMo/Al_2O_3$和Ni/ZrO_2-SiO_2）以及沸石等。木质素催化氧化降解的目的是生产平台化学品或精细化学品，催化剂主要包括有机金属催化剂（甲基三氧化铼、钴复合物、多金属氧酸盐）、仿生催化剂（金属卟啉、固定化金属卟啉）或者单金属盐类催化剂（CuO或$CuSO_4/FeCl_3$）以及硝基苯催化剂，产物主要包括香草醛、紫丁香醛以及其他氧化产物，如乙酰丁香酮、阿魏酸、香草酸、紫丁香酸和对羟基苯甲酸等[21]。

3. 半纤维素的加工利用

半纤维素聚合度低，大多在200以下，具有分枝结构，易于被碱抽提，不同浓度的碱液可将不同结构的半纤维素分级抽提出来，比纤维素及木质素更容易加工利用。半纤维素可通过氧化、水解、还原、醚化、酯化及交联等改性的方法产生许多新的功能基团，是易于实现功能化的理想材料，具有广泛的潜在应用前景。酯化与醚化是最重要的半纤维素衍生反应，半纤维素上的羟基与低分子醇类化学性质相似，可与酸反应生成半纤维素酯，与烷基化试剂反应生成半纤维素醚。用木聚糖改性产品可做乳化剂、造纸湿部助剂、水凝胶、分散剂等。半纤维素具有良好的疏水性和易降解性，是制备可食用膜和食品涂料的理想原料。半纤维素具有低透氧性、高透气性、高透光率等特点，可用作包装材料，但需要通过改性技术提高其力学强度、疏水性等。半纤维素在工业中还常常用于制备低聚糖，其中低聚木糖由于具有益生元性质，已被广泛用于食品及其他工业生产中。半纤维素通过水解可以获得五碳糖和六碳糖，可进一步转化为高附加值化学品，例如5-羟甲基糠醛（HMF）、木糖醇、糠醛、乙醇、琥珀酸、丁二醇、聚羟基乙醇酸酯（PHA）、聚乳酸（PLA）、甘油等，进而再转化为商业化产品，如燃料、化妆品、水凝胶、涂料、热塑材料、药物等。

第三节　展望

木材作为一种重要的可再生资源，除了通过传统的化学加工成为工业产品及人们日常生活用品以外，更重要的是可以替代化石资源，在保护生态环境、应对气候变化、实现节能减排等方面发挥着重要作用。未来随着生物质利用技术的研究与发展，木材化学加工的研究内容将进一步拓宽，木材化学基础理论研究及加工利用技术研究方面前景广阔。

尽管目前国内外对木质纤维多层结构及化学组分分布规律已经开展了较多的研究，获取了常见的针叶木、阔叶木差异性成果，但这些研究是在二维平面上开展的，纤维轴向化学分布信息缺乏，尚未建立木质纤维微纳结构三维（3D）模型。在纳米尺度下人们对细胞壁亚层结构的认知有限，而且对各薄层特点及微纤丝排列规律也未见报道。纤维素原细纤维究竟由36条纤维素链还是18～24条链组成，这一理论仍存在争议。主要组分分子间相互作用关系方面，一些问题仍未解决。比如，受湿化学分离技术的限制，导致LCC的化学结构在分离过程中或多或少发生了变化，目前人们尚不能全面原位阐释LCC的化学结构，包括化学键类型、各种化学键比例等。纤维素与木质素之间除了静电作用外，是否还存在其他化学键连接？纤维素与LCC的相互作用关系在前人的研究中几乎没有涉及，上述木材化学基础理论有待深入挖掘。

主要组分加工利用方面，纤维素基燃料乙醇与酯类燃料制备技术、纳米纤维素制备及应用技术、木质素定向催化降解技术，以及多糖类平台化学品转化技术等方面的研究，潜力巨大。工业木质素化学结构不均一、反应活性差，导致其加工成本高、产品附加值低，一直很难大规模产业化利用。未来应在木质素生物合成途径调控、原位化学结构表征、高附加值化学品及功能材料转化方面进一步深入研究，特别是对其高附加值产品加工利用技术开发方面亟需取得重要的突破。半纤维素作为三种主要组分之一，其在抗降解屏障中担负的作用仍不十分明确，物理化学结构与性质的关系仍有待进一步深入挖掘[22]。如前文所述，人们普遍认为半纤维素是无定形的结构，但近期有学者以大麦秸秆和桦木为原料，在温和条件（0.2%草酸，100℃）下分离半纤维素，发现得到的木聚糖具有圆角六边形片状结晶，这使得半纤维素结晶结构的研究成为了具有争议及挑战的课题，未来亟需进一步突破。另外，在工业脱木素过程中半纤维素被全部直接或者降解进入废液中，成为副产物或者废液，对其高效利用研究一直未受到广泛关注。近年来随着生物质炼制产业的发展，对半纤维素的开发利用成为了新的热点，特别是在医药、食品、包装、纺织、化工、能源等领域的产业化推广潜力巨大。

分析和检测技术在木材化学研究中发挥着重要的作用。尽管在科技高度发展的当今社会，分析检测方法已取得了前所未有的进步，但是目前的研究方法仍然局限于主要组分分离基础上的结构表征，在分离过程中其化学结构发生或多或少的变化，很难阐明半纤维素与木质素原位的化学结构。未来仍需要发展原位分析检测技术，以便于更深入地了解纤维素、半纤维素、木质素等组分的物理化学结构及其在各种加工过程中的反应机理，以进一步补充和完善木材化学理论与技术研究成果，推动木材化学向更高的水平迈进。

参考文献

[1] Fengel D，Wegener G. Wood：Chemistry，ultrastruture，reactions. Berlin，New York：Walter de Gruyter，1984.

[2] 李忠正. 植物纤维资源化学. 北京：中国轻工业出版社，2012.

[3] Renders T，Van den Bosch S，Koelewijn S F，et al. Lignin-first biomass fractionation：The advent of active stabilisation strategies. Energ Environ Sci，2017，10（7）：1551-1557.

[4] 林妲，彭红，余紫苹，等. 半纤维素分离纯化研究进展. 中国造纸，2011，30（1）：60.

[5] Kim S，Brandizzi F. The plant secretory pathway：An essential factory for building the plant cell wall. Plant Cell Physiol，2014，55：687-693.

[6] Björkman A. Studies on finely divided wood. Part 1. Extraction of lignin with neutral solvent. Svensk Papperstidning，1956，59（13）：477-485.

[7] 王华，陈明强，张晔，等. 木质素分离研究进展. 广州化工，2012，40（6）：7.

[8] Newman R H，Hill S J，Harris P J. Wide-angle X-ray scattering and solid-state nuclear magnetic resonance data combined to test models for cellulose microfibrils in mung bean cell walls. Plant Physiol，2013，163：1558-1567.

[9] Ding S Y，Liu Y S，Zeng Y，et al. How does plant cell wall nanoscale architecture correlate with enzymatic digestibility? Science，2012，338（6110）：1055-1060.

[10] Wang T，Yang H，Kubicki J D，et al. Cellulose structural polymorphism in plant primary cell walls investigated by high-field 2D solid-state NMR spectroscopy and density functional theory calculations. Biomacromolecules，2016，17：2210-2222.

[11] Nishiyama Y，Langan P，Chanzy H. Crystal structure and hydrogen-bonding system in cellulose Iβ from synchrotron X-ray and neutron fiber diffraction. J Am Chem Soc，2002，124：9074-9082.

[12] Phyo P，Wang T，Yang Y，et al. Direct determination of hydroxymethyl conformations of plant cell wall cellulose using 1h polarization transfer solid-state NMR. Biomacromolecules，2018，19：1485-1497.

[13] French A D，Johnson G P，Cramer C J，et al. Conformational analysis of cellobiose by electronic structure theories. Carbohyd Res，2012，350（1）：68-76.

[14] Park S，Baker J O，Himmel M E，et al. Cellulose crystallinity index：Measurement techniques and their impact on interpreting cellulase performance. Biotechnol Biofuels，2010，3：10-20.

[15] Scheller H V，Ulvskov P. Hemicelluloses. Annu Rev Plant Biol，2010，61：263-289.

[16] Mosbech C, Holck J, Meyer A, et al. Enzyme kinetics of fungal glucuronoyl esterases on natural lignin-carbohydrate complexes. Appl Microbiol Biotechnol, 2019, 103: 4065-4075.

[17] Wen J L, Sun S L, Xue B L, et al. Recent advances in characterization of lignin polymer by solution-state nuclear magnetic resonance (NMR) methodology. Materials, 2013, 6 (1): 359-391.

[18] Mika L T, Cséfalvay E, Németh Á. Catalytic conversion of carbohydrates to initial platform chemicals: Chemistry and sustainability. Chem Rev, 2018, 118: 505-613.

[19] Verma C, Mishra A, Chauhan S, et al. Dissolution of cellulose in ionic liquids and their mixed cosolvents: A review. Sustain Chem Pharm, 2019, 13: 100162.

[20] Kazzaz A E, Fatehi P. Technical lignin and its potential modification routes: A mini-review. Ind Crop Prod, 2020, 154: 112732.

[21] Lorenci L C G, Faulds C, Soccol C R. Lignin as a potential source of high-added value compounds: A review. J Clean Prod, 2020, 263: 121499.

[22] Kruyeniski J, Ferreira P J T, Carvalho M D V S, et al. Physical and chemical characteristics of pretreated slash pine sawdust influence its enzymatic hydrolysis. Ind Crop Prod, 2019, 130: 528-536.

（许凤）

第二章　木材解剖构造

第一节　木材形成

树木是地球生物圈的重要组成部分之一，树木生长所形成的木材（木质部）是人类社会发展中不可或缺的可再生天然材料。开展树木的木材形成研究，不但对林业领域科技创新具有理论价值，而且对林业生产与技术应用具有重要现实意义。

树木生长开始于种子萌发（或萌条、插条等），经过幼苗期，长成包括树根、树干和树冠的成熟植株。从生理学角度来看，树木生长是指利用光能、二氧化碳、水以及其他营养成分，通过细胞分裂和扩大，植株的体积和重量不断增加的过程。从生长方向上来看，树木的生长可以分为高度方向（轴向）的生长和直径方向（径向）的生长。

1. 初生长

树木在高度方向的生长也被称为初生长，是树木具分生能力的顶端分生组织通过细胞分裂而产生新细胞的过程[1]。由顶端分生组织产生的细胞逐渐形成由原表皮层、原形成层和初生基本组织构成的初生分生组织。随后初生分生组织转变为由表皮、维管束和基本组织组成的初生永久组织。其中，维管束由初生韧皮部、初生形成层和初生木质部组成。由原形成层通过分裂，向内形成初生木质部，向外形成初生韧皮部，在中间仍保留具有分生能力的细胞组成的初生形成层。初生形成层细胞在整个树木的生长中始终保持着分裂能力。

2. 次生长

树木在直径方向的生长又称为次生长，是维管形成层细胞不断分裂的过程[2]。维管形成层即通常所说的形成层，在树木根、茎和枝条的木质部外侧形成连续的环状鞘层，是产生次生木质部和次生韧皮部的重要侧生分生组织。由形成层细胞分化形成的次生木质部细胞明显多于次生韧皮部（图 2-2-1）[3-5]。产生次生木质部的形成层细胞分裂持续时间比产生次生韧皮部的形成层细胞更长，分裂次数多 7～10 倍。成熟树木主干一般由约 90％的木质部和约 10％的韧皮部组成[3,4]。

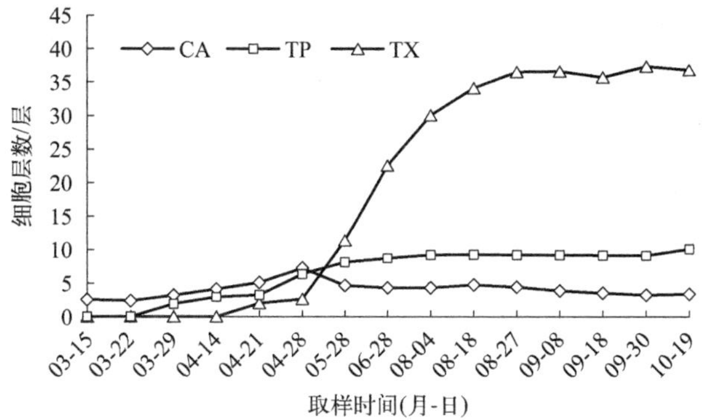

图 2-2-1　北京地区毛白杨（*Populus tomentosa*）形成层、木质部和韧皮部细胞层数的季节性变化[5]
（CA—形成层；TP—韧皮部；TX—木质部）

一、形成层活动

木材是树木形成层分化的产物。形成层的活动不仅影响木材的产量，而且影响木材的构造和性质[4-6]。树木次生维管系统是由次生韧皮部、形成层和次生木质部组成的动态发育系统[3]。由形成层纺锤形细胞组成的轴向系统和形成层射线细胞组成的径向系统，通过包括细胞分裂、细胞伸展生长、次生壁加厚以及木质化等一系列极其复杂的过程，向内侧分化形成次生木质部[1,7]。

1. 形成层活动式样

树木形成层活动具有明显的周期性，并根据树种以及地域、温度、湿度和光照时间等环境因子而变化[2,4,5]。温带树种和热带树种的形成层活动周期存在较大差异。对于大多数温带落叶树种，在秋季落叶前形成层便停止活动并始进入休眠期，一直到第二年春天重新恢复活动。而有些热带树种一年中出现两次发芽期，每次发芽期形成层都恢复活动，不同发芽期分化形成的木质部组织具有不同的解剖构造特征。

在形成层开始活动后，有些树种先分化形成韧皮部，有些先分化产生木质部，也有树种同时分化出韧皮部和木质部细胞。形成层纺锤形细胞与新生木质部细胞的长度有明显的正相关性[4,5]。木质部生长所持续的时间和增长率同树种及环境因子有密切关系，温度、降水和光照周期是影响木质部形成的重要因素。

2. 形成层细胞活动期

形成层恢复活动后，形态结构发生明显变化（图 2-2-2）。与处于休眠期的形成层细胞不同，活动期的细胞质膜轮廓变得不规则，液泡开始聚合，液泡内含物逐渐消失。细胞壁变薄是形成层细胞开始活动的重要特征[4,5]。一般认为由于发生水解，形成层细胞在径向生长时大部分细胞壁缺少纤维素。在径壁与弦壁相连的细胞壁角隅处，有部分自溶现象，可破坏细胞壁中酸性果胶网，以提高细胞壁弹性，从而有利于形成层细胞径向生长。活动期的形成层细胞径壁厚度减小，与弦壁厚度差别明显减小，更有利于其在膨胀压作用下径向膨大。

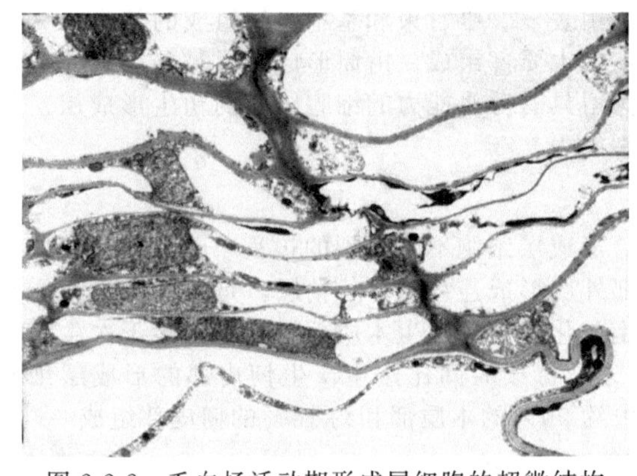

图 2-2-2　毛白杨活动期形成层细胞的超微结构

3. 形成层细胞分裂

处在活动期的形成层细胞不断分裂，主要包括两个过程[1,2,4]：一是进行平周分裂，向外侧分裂形成韧皮部母细胞，向内形成木质部母细胞；二是在平周分裂的同时，形成层还通过垂周分裂来增加圆周方向上细胞数量。垂周分裂在整个活动期都发生，但其分裂频率的变化范围很大，主要同季节、树龄、生长速度、在生长轮中的位置以及在树体上的位置等因素有关。

形成层细胞分裂中细胞板的定位是其形态发生的重要方面。细胞板来源于高尔基体和原生质膜，主要由单糖和一些简单的多糖组成，在高尔基体小泡和细胞板之间，有连接两个子细胞的内质网膜状小管，以后将发育成胞间连丝。一般直到细胞板与初生壁基质相连，纤维素微纤丝才开始在细胞壁中沉积。

二、木质部细胞分化

木质部细胞的分化过程，是指经形成层细胞分裂产生的木质部母细胞进一步发育为具有一定结构和功能的成熟木质部细胞。木质部细胞分化是细胞内特定基因有序表达的过程[7]，木质部母细胞最终分化形成成熟木质部细胞。成熟木质部细胞在树木生长中承担水分和无机盐运输、信号传输和机械支撑等多种功能。

1. 木质部细胞分化实验系统

研究树木木质部细胞的分化机理，首先需要选择和建立合适的实验系统。悬浮培养的百日草叶肉细胞，是次生维管系统分化研究的早期模式实验系统[8]。管状分子的形成是植物细胞中典型的程序化死亡过程。在受伤或激素作用下，百日草叶肉细胞可不经过分裂，直接分化为管状分子。在管状分子次生壁合成过程中都存在细胞质环流现象，液泡和质膜保持完整。次生壁合成结束之后，胞质环流迅速停止，胞质内含物迅速降解。尽管管状分子悬浮培养系统为树木木质部细胞分化提供了重要实验和理论基础，但该系统属于初生生长系统，与自然生长的树木木质部分化存在很大差异。

采用树枝、根部、主干或剥皮创伤组织等的植物实验系统，以及转基因植物系统的相继建立，为完善树木木质部分化理论做出了贡献[3-6,9-11]。

2. 木质部细胞分化过程

木质部分化过程中细胞壁发生显著变化（图 2-2-3），分化过程主要包含三个阶段：①细胞的伸展生长；②次生壁的形成；③细胞壁的木质化[4,5,8,9]。在第一阶段，细胞壁仅由初生壁构成，细胞扩大主要在径向和轴向，弦向变化很小；在第二阶段，细胞开始成熟，从初生壁内侧，纤维素微纤丝开始堆积；在第三阶段，木质化过程从细胞的角隅部分开始，逐步向次生壁推进，直至木质化过程结束。

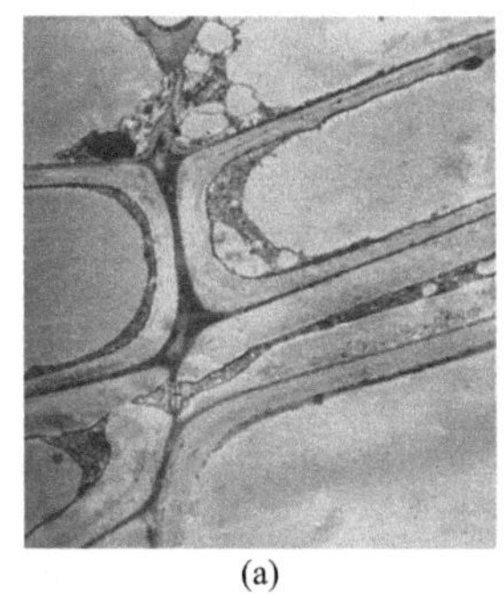

(a)

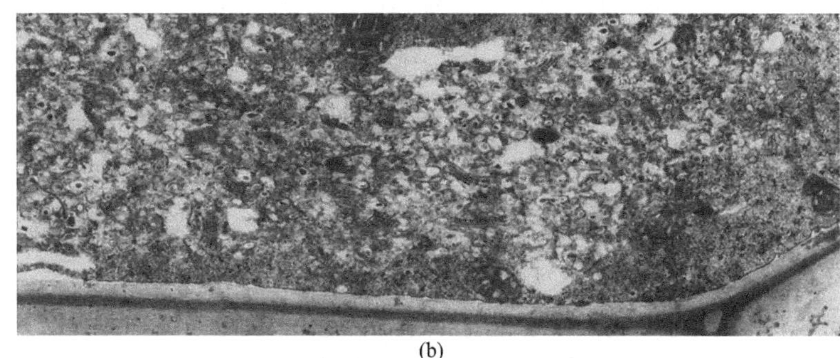

(b)

图 2-2-3　毛白杨木质部细胞的分化

（a）由形成层向木质部方向木纤维的细胞壁逐渐增厚；

（b）处于次生壁加厚阶段的导管分子（原生质体内含高尔基体、线粒体等细胞器）

木质部细胞分化过程中，纤维素首先通过位于质膜的纤维素合成酶复合体合成纤维素分子链[12]，随后纤维素分子链可能以在半纤维素溶胶中移动的方式，并由大约 18 个纤维素分子链组装成微纤丝，微纤丝再通过表面羟基进一步自组装[13]，形成具有一定截面尺寸的微纤丝束。处于伸展生长阶段的初生壁，含有丰富的半纤维素和果胶质，而纤维素含量很低。纤维素微纤丝以极细状态随机排列在初生壁中，呈无序网状结构。到了伸展生长后期，微纤丝才逐渐呈层状螺旋结构。在细胞停止生长之前，微纤丝间通过交联结构限制自身移动，从而形成相对稳定的细胞壁结构[14]。

半纤维素多糖分子进入细胞壁的主要途径则是通过高尔基体及其分泌小泡的运输[15]。作为纤维素微纤丝之间交联结构的重要成分，半纤维素被认为对纤维素微纤丝的组装、晶体尺寸以及木质素单体的聚集都起到重要作用[16,17]。通过对初生生长系统的研究发现，周质微管不但决定细胞壁伸展和微纤丝排列取向，也可能影响半纤维素的沉积[13]，表明细胞壁形成过程中纤维素与其他主成分之间存在协同机制。

木质部细胞分化时，细胞壁主成分在各壁层的分布与含量持续发生变化。纤维素微纤丝的排列取向变化，是木质部细胞分化的重要特征。伸展生长阶段，随机排列的纤维素微纤丝构成初生壁，并在初生壁外侧逐渐沉积形成呈“S”形螺旋排列的微纤丝结构[18]，成为限制细胞继续伸展生长的主要原因。条状薄层假说被用于解释纤维素在细胞壁各壁层中的聚集形态，纤维素微纤丝束形成的条状薄层随后通过不断改变排列取向[13,19]，依次在细胞壁内侧沉积，细胞壁逐渐失去塑性，而变得越来越有弹性，并最终完成次生壁堆积。次生壁形成过程中发生的最显著变化是不同层次间微纤丝排列方向的变化以及纹孔的形成[6]。

木质部分化过程中，不同树种与细胞类型的细胞壁层中半纤维素多糖的沉积在时间和空间上存在明显差异[15]。单克隆抗体免疫细胞化学研究表明[20]，针叶树种木质部管胞次生壁形成开始阶段，葡甘露聚糖最初出现于 S_1 层角隅，成熟管胞中 S_1 层的含量大于 S_2 层与 S_3 层，在 S_1 层与 S_2 层过渡区也有较多分布。次生壁形成初期木聚糖多出现于胞间层角隅，次生壁形成后主要分布在 S_2 层与 S_3 层，但在 S_1 层和 S_2 层过渡区则很少出现。阔叶树种中葡甘露聚糖在木纤维细胞壁中的沉积量大于导管，而木聚糖在木纤维和导管细胞壁中开始沉积的时间早于射线细胞[21]。由于木聚糖在木质部细胞壁上的沉积一般略早于或与木质素沉积基本同步，因此被认为可能是一种为木质素单体提供细胞壁结合位点的引物[6]。木聚糖通过影响细胞壁中木质素单体的移动及固定，在木质化过程中发挥重要的调控作用[22]。

单纹孔的发育过程[6,23] 最初发生在刚形成的初生壁中簇聚着许多胞间连丝的初生纹孔场，这一区域的纤维素微纤丝呈网状排列，接着微纤丝在纹孔场外围沉积，逐渐形成纹孔的边缘，随后微纤丝将胞间连丝的原生质束围绕并增强了纹孔膜的结构，直至纹孔膜最后形成，至此单纹孔发育成熟。具缘纹孔明显比单纹孔大且结构复杂，形成具缘纹孔的初生纹孔场结构与单纹孔类似，在初生壁内层形成之前，环状排列的纤维素微纤丝已经沉积，围起并形成纹孔区域的外围，随着初生壁内层的形成，纹孔缘开始发育。从管胞胞腔内侧观察，在 S_1 层发育阶段的纹孔缘区域，新沉积的微纤丝薄层与其下方的薄层交叉。通常横向沉积的微纤丝在纹孔口周围弯曲绕过纹孔口内面的边缘，向着发育的纹孔缘外表面延伸。在 S_1 层沉积完成后，纹孔缘的轮廓已形成，随后在 S_1 层上继续沉积 S_2 层和 S_3 层，直至纹孔缘的加厚生长完成。纹孔口的最后形状，可能主要是由 S_2 层纤维素微纤丝的沉积所决定的[5,23]。

3. 细胞壁木质化

细胞壁木质化是指细胞合成的木质素在细胞壁中的沉积过程。木质素仅仅出现在维管植物（蕨类植物、裸子植物和被子植物）的细胞壁中。

树木木质化过程一般开始于细胞伸展生长阶段末期，通过将经过一系列酶促反应转化而成的木质素单体运输到细胞壁，再经脱氢聚合成对羟苯基丙烷（H）单元、愈创木基丙烷（G）单元和紫丁香基丙烷（S）单元，最终以多种连接方式在细胞壁中形成木质素多聚体[6,15]。木质化过程在分化细胞的细胞壁所有区域同时开始，或者在不同部位选择性沉积[5,24]。细胞壁木质化过程大致分 3 个阶段[13,25]：①在次生壁 S_1 层开始形成的最初阶段，木质素在细胞角隅和胞间层比较活跃地沉积；②伴随着次生壁 S_2 层和次生壁 S_3 层纤维素微纤丝的沉积，木质素在初生壁和次生壁 S_1 层以缓慢的速度少量沉积；③次生壁 S_3 层形成后，木质素在整个次生壁进行最活跃的沉积，最后阶段是细胞壁木质化过程的最主要阶段。次生壁 S_1 层木质化程度的变异性高于次生壁 S_2 层，而次生壁 S_3 层则具有更高的木质化程度。处于木质化不同阶段的细胞，可通过向细胞壁运输不同类型的木质素单体，进而影响木质素的结构和分布[13]。同时，细胞壁中可能存在细胞壁蛋白以及其他碳水化合物成分等与启动木质素单体聚合相关的木质化启动因子[6]。木质化过程通常首先发生在胞间层而不是次生壁，表明木质素单体进入细胞壁后，存在延迟聚合机制，直至抵达启动因子分布位置后才发生聚合[13,15]。通过比较胞间层和次生壁的木质素类型和沉积速度，发现胞间层中多为更加致密化的高度交联木质素结构类型，可能是由于胞间层疏松的微纤丝网络结构为木质素单体及氧化酶等木质素聚合酶提供了充足空间[26]。同时，木质素的芳香环结构在管胞表面呈定向排列，也被认为与细胞壁中多糖类物质的定向排列有关[13]。胞间层和初生壁中呈随机排列的纤维素微纤丝，无法对木质素层状结构的形成产生有效影响，但次生壁中呈定向排列的微纤丝则为木质素在微纤丝间形成一定的层状结构提供了可能[22]。细胞壁木质化过程的完成，标志着木质部细胞的成熟（图 2-2-4）。

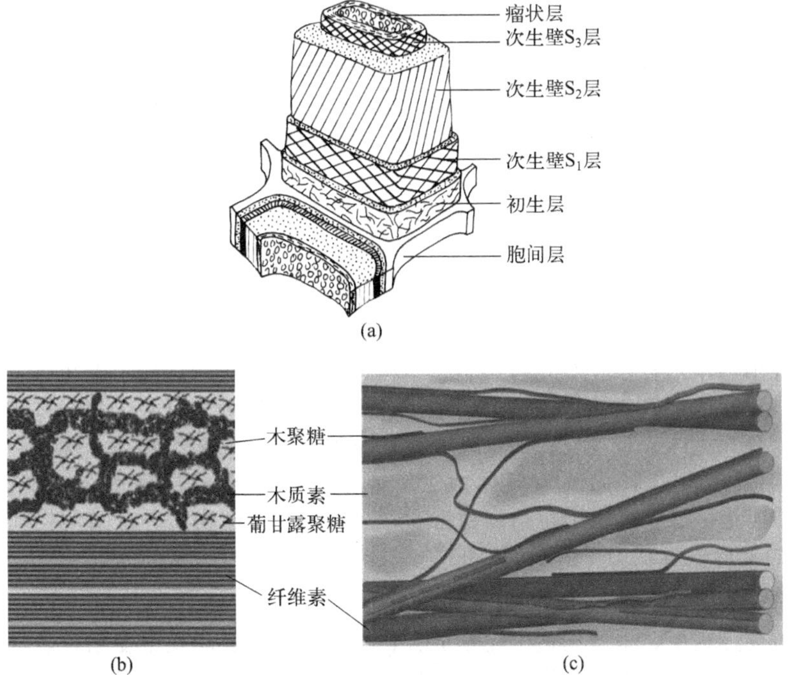

图 2-2-4　针叶树种木质部成熟管胞的细胞壁层结构(a)[27]
及其次生壁主要化学成分分布模型(b)[28]和(c)[29]

三、树木边心材转变

1. 边材与心材定义

位于树干外侧靠近树皮部分的木材，一般水分较多，且含有生活细胞和储藏物质（如淀粉等），颜色较浅，这部分木材称为边材。边材除了起机械支撑作用外，还参与水分输导、矿物质和营养物的运输和储藏。相反地，靠近髓心部分，水分较少，绝大部分细胞已经死亡，颜色较深，这部分木材称为心材。处于边材与心材之间过渡区域的木材称为中间材或边心材过渡区[30-32]。

根据边材与心材颜色以及含水率差异，可分为心材或显心材树种（即边材与心材颜色区别明显，如松属树种）和边材树种（边材与心材颜色以及含水率均无明显差异）（图 2-2-5）。在特殊情况下，部分边材树种受真菌侵害，树干中心部分材色变深，类似于心材颜色，称为假心材或伪心材。

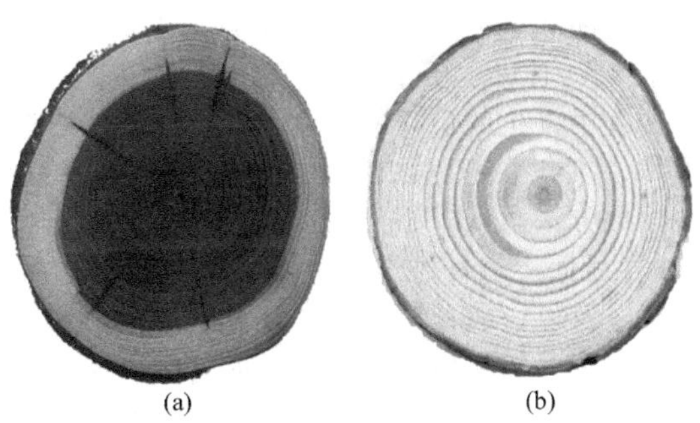

图 2-2-5　心材树种（a）和边材树种（b）的横断面

应避免混淆边心材定义与幼龄材/成熟材概念。幼龄材又称未成熟材，位于髓心附近并围绕髓呈柱体，是受顶端分生组织活动影响的形成层区域所分化产生的次生木质部。随着树木直径变大、树高增加，形成层年龄增加，形成层活动受顶端分生组织的影响变弱，成熟材开始形成。幼龄材与成熟材之间存在过渡区。幼龄材持续期一般为5～20年，主要取决于树种和生长条件的不同。因此，边心材与幼龄材/成熟材并无直接关系，边心材过渡区与幼龄材/成熟材之间的过渡区在绝大多数情况下不重叠。不同树种，心材出现的树龄不同，有的树种在幼龄期就开始形成心材，而部分树种要到60年以上的成熟期才开始形成心材。

2. 心材形成机理

边材向心材转变，是树干内部继形成层细胞向木质部细胞分化之后木质部细胞发生的二次变化，也是树木特有的生物学过程和次生发育过程的重要组成部分[32,33]。心材形成过程是受树木遗传控制的木质部细胞主动程序化死亡过程，也是树木保证其生物学功能平衡和树干强度的一种生理机制。在边心材转变中，木质部细胞经历了一系列复杂的生物学过程，包括薄壁细胞死亡、储藏物质消耗、水分和气体含量变化、酶活性变化以及抽提物形成和累积等。诱发心材形成的主要因素包括水分、乙烯及二氧化碳等气体浓度，薄壁细胞与形成层间距离，真菌和细菌侵入等[32-34]。到目前为止，尽管提出了包括内稳态和管道模型、代谢物质、激素调控和菌类感染等多种假说[35]，但心材形成机理仍不明确。

3. 边心材转变过程中结构与性能变化

在边心材转变过程中，木材构造、化学成分、物理力学性能均发生变化。边材和心材在结构与性能上的差异直接影响了木材干燥、木材物理和化学改性、木材防腐阻燃处理以及制浆造纸等一系列后续木材加工利用过程。加深对心材形成的理解和认识，有助于木材资源的高值化利用。

（1）细胞结构变化　当边材开始向心材转变时，细胞生理特性发生明显变化。管胞和导管等轴向细胞在心材形成时已经失去原生质体成为中空的管状死细胞，而薄壁细胞（如射线薄壁细胞和轴向薄壁细胞）在心材形成之前其原生质体仍存在，并能持续保持细胞生理活性[35]。当边材完全转变成心材之后，薄壁细胞的原生质体才逐渐消失，表明树木射线薄壁细胞的分化方式与管状分子不同，射线薄壁细胞的死亡可能标志着边材向心材转变的完成。细胞壁纹孔的形态和结构在边心材转变过程中也发生变化，针叶树种边材的管胞间具缘纹孔的纹孔膜和塞缘上网状丝束清晰可见，而心材管胞间纹孔的纹孔膜出现无定形物沉积故呈闭塞状态[34]。阔叶树种心材形成时有来自附近薄壁细胞的由纹孔处凸入导管生长的大量侵填体，导致导管水分输导能力降低或最终丧失[32,35]。

（2）化学成分变化　在边材转变为心材后，包括纤维素、半纤维素、木质素、抽提物在内的木材化学成分发生变化[33-36]。普遍认为心材综纤维素和纤维素低于边材，半纤维素含量略高于边材或无明显变化，纤维素和半纤维素分子结构以及纤维素微纤丝排列方向也没有明显变化。有研究表明，心材木质素含量高于边材，称为心材“二次木质化”。不过“二次木质化”也可能是一种由于酚类物质累积而产生的细胞壁“伪木质化”现象[33]。此外，尽管边材与心材木质素化学结构类型基本一致，但化学官能团和键型组成上存在差异，心材木质素甲氧基含量高于边材[37]。同时，成像红外光谱分析显示[35]，心材木质素分子交联程度要大于边材（图2-2-6）。

抽提物累积，是边心材转变中发生的最显著变化[35,37,38]。边材细胞尤其是薄壁细胞含有的营养或储藏类物质转化为抽提物，沉积在心材细胞腔或细胞壁孔隙中。使用苯-醇、乙醚、氢氧化钠溶液、冷水或热水等溶剂抽提方法，发现心材抽提物含量明显高于边材。同时，心材灰分含量要高于边材，pH值和碱缓冲容量低于边材而酸缓冲容量高于边材。元素分析显示，心材中碳元素含量较高于边材，而氧、氢以及氮、磷、钾等元素含量则低于边材。

（3）物理性能变化　边心材转变中细胞结构与化学成分的改变，引起木材密度、含水率、干缩湿胀、颜色、孔隙结构等物理性能变化，进而影响木材干燥、改性、浸渍等加工利用过程[34-36]。心材细胞抽提物含量增加和细胞壁木质素结构变化，使得心材表面润湿性较差，水分吸着能力减弱，基本密度较低，但绝干密度较高。同时，心材抽提物增加造成细胞孔隙和纹孔堵

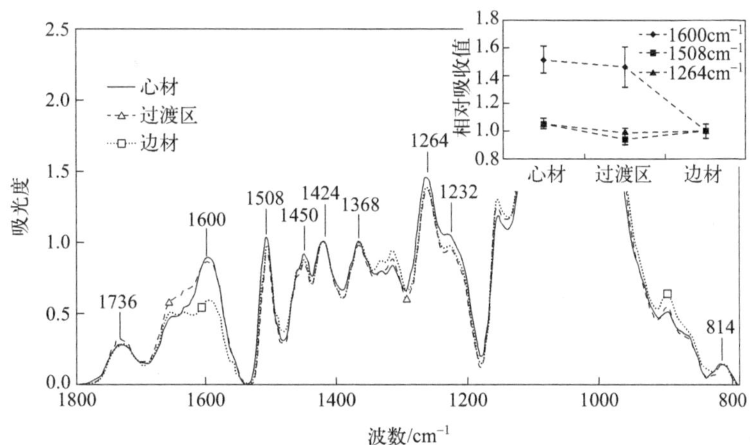

图 2-2-6　杉木（*Cunninghamia lanceolata*）木质部管胞次生壁的成像红外光谱图[35]

（右上角小图为各取部分次生壁分别在 $1600cm^{-1}$、$1508cm^{-1}$ 和 $1264cm^{-1}$ 处的红外光谱相对吸收值）

塞，降低了流体渗透能力。心材细胞壁中孔（2～50nm）比例下降而微孔（＜2nm）比例升高[39]，孔径分布更窄，且干燥处理之后孔径减小幅度低于边材，使得心材干缩率小于边材。心材较低的渗透性降低了水分输导能力，减小了干燥速率。同时心材较低的干缩率减少了干燥缺陷。但是，较小的孔径和较低的渗透性，也降低了心材对防腐剂和阻燃剂等化学处理药剂的承载量，并增加了心材的改性处理难度。

树木边心材结构和化学成分的不同，也造成两者在热学性能、光学性能、声学性能及电学性能方面的差异。在惰性环境中，边材热稳定性优于心材，而残重则无明显差异。热解挥发成分中，边材产生的有机酸类化合物更多，而心材产生更多的水和 CO_2[40]，可能是因为边材含有较多的纤维素而心材含有更多的木质素和抽提物，纤维素是酸类化合物主要来源，木质素的起始分解温度要低于纤维素，同时某些抽提物成分如酸或酚类能起到催化作用，使心材早于边材发生热解[41]。边心材对热或温度的不同响应，也体现在颜色变化上。热处理后边材与处理前相比颜色变化更明显，使边心材间色差在热处理后趋于一致。此外，心材吸声性能低于边材，而介电常数高于边材，可能是因为心材基本密度和含水率低于边材，而抽提物和木质素含量及其分子交联程度高于边材[42]。

（4）力学性能变化　边材与心材纵向弹性模量无明显差异，可能是因为两者在纤维素微纤丝排列方向上无明显变化[43]。但心材硬度要大于边材[44]，与心材抽提物含量和木质素交联程度增加有关。与边材相比，心材较高的抽提物含量也是提高其横向力学性能的重要原因。此外，边材与心材的黏弹性能存在差异，在相同应力水平下心材蠕变小于边材蠕变，随应力水平提高，边材蠕变明显增大，而心材蠕变变化不明显。同时，研究表明杉木心材发生力学松弛过程所需的表观活化能较高，软化温度也较高，与其心材较高的木质素交联程度以及细胞壁孔隙中抽提物的共同作用，限制了细胞壁中分子链的运动[35]。

第二节　木材宏观和微观构造

从木材利用的角度来看，裸子植物的茎干（次生木质部）统称针叶材。针叶材的基本细胞与组织构成简单，排列规则，主要有轴向管胞、木射线、轴向薄壁组织和树脂道（图 2-2-7）[36,45,46]。而被子植物的茎干（次生木质部）统称阔叶材。相比针叶材，阔叶材的构造比较复杂，排列不规则，材质不均匀，主要包括导管分子、木纤维、轴向薄壁组织、木射线和管胞等[36,45]（图 2-2-8）。

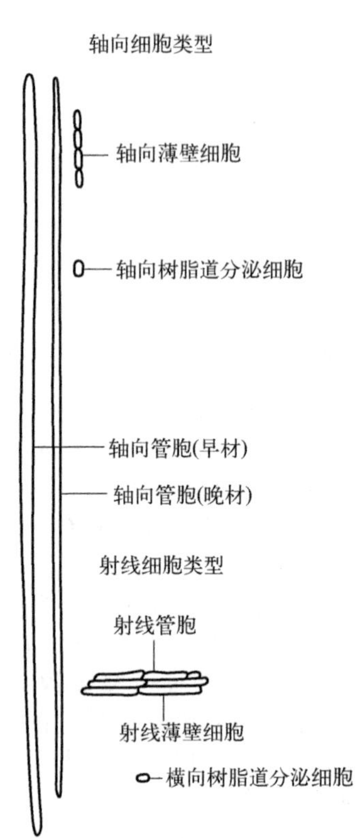

图 2-2-7　针叶材轴向细胞和射线细胞的相对大小和形状[47]

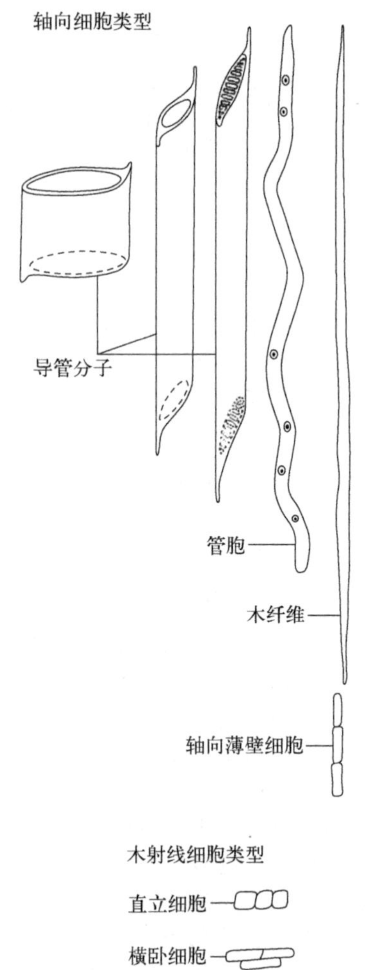

图 2-2-8　阔叶材轴向细胞和射线细胞的相对大小和形状[47]

一、针叶材宏观构造特征

1. 木材三切面

木材三切面包括横切面、径（纵）切面和弦切面，通过木材三切面可充分反映木材构造特征[30,36,46]。

（1）横切面　是指与树干主轴相垂直的切面，即树干的端面或横断面（图 2-2-9）。在针叶材横切面，可观察到各种纵向组织或细胞，如管胞和轴向薄壁细胞的横断面形态与分布、边心材，以及径向细胞或组织，如木射线宽度、长度，同时还能观察到生长轮、早晚材、轴向树脂道有无等特征。

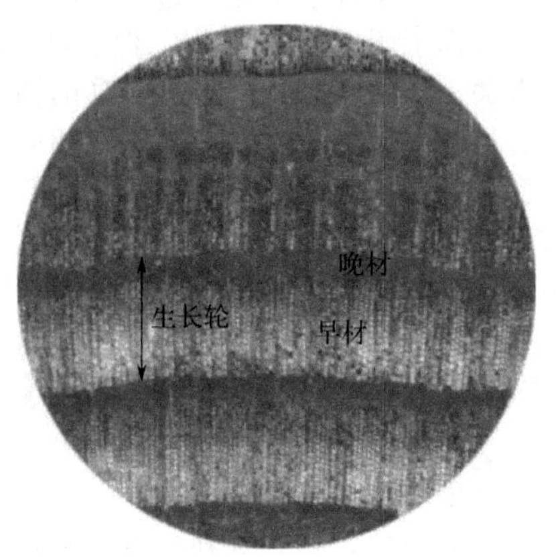

图 2-2-9　白豆杉（*Pseudotaxus chienii*）木材横切面（16×）体视镜照片
（生长轮明显，早晚材渐变；木射线数量少至中，宽度为细）

（2）径切面　是指沿树干轴向，通过髓心与木射线平行或与生长轮垂直的切面。在针叶材径切面，可观察到纵向组织或细胞，如管胞和轴向薄壁细胞的长度和宽度、边心材，还可观察到径壁纹孔、交叉场纹孔式、射线管胞、凹痕等特征。

（3）弦切面　是指沿树干轴向，不通过髓心与生长轮平行或与木射线垂直的纵切面。在针叶材弦切面，可观察到纵向组织或细胞的长度和宽度、木射线高度和宽度、径向树脂道的有无以及轴向薄壁细胞端壁等特征。

2. 生长轮

生长轮是指树木在（直径）生长过程中，由于气候交替变化而形成的次生木质部轮状结构，即树木在一个生长周期内，形成层向内分生一层次生木质部，围绕着髓心构成的同心圆，又称为生长层。寒、温带树木在一年内，形成层一般只分生一层次生木质部，这时又将生长轮称为年轮。但在热带地区，部分树木生长季节与雨季及旱季的交替有关，一年内可能形成若干个生长轮。因此年轮一定是生长轮，但生长轮不一定是年轮。

树木生长轮在横切面上多数呈同心圆状，少数呈不规则的波浪状如红豆杉等。生长轮在径切面的形状为近似平行的条纹，在弦切面上呈现“V”形或抛物线状。

生长轮的宽窄与树种、树龄以及生长条件有关。幼龄材的生长轮比成熟材的生长轮宽。生长轮宽度一般随树高的增加而增加；而从髓心至树皮，生长轮宽度逐渐减小。

在生长季内，树木受生物（病菌、虫害等）或非生物（气候突变、霜、雹、干旱、火灾等）因素影响，会暂时停止生长，从而出现在一个生长周期内形成 2 个或 2 个以上不连续的生长轮的现象，称为假年轮或伪年轮。

3. 早材和晚材

形成层的活动受季节影响很大，因此每一个生长轮一般由早材和晚材两部分组成。早材靠近髓心一侧，在树木每年生长季节早期形成，细胞腔大壁薄、材质疏松、材色浅。晚材靠近树皮一侧，在每年生长后期形成，细胞腔小壁厚、材质硬、材色深。

早、晚材的结构和颜色均有所区别，上一年晚材与当年早材间的分界线称为轮界线。早材向晚材变化过渡分为急变和渐变。早材向晚材转变是突然变化，界线明显，称为急变，如油松、马尾松和樟子松等硬松类木材；反之，早材向晚材转变是逐渐变化，界线不甚明显，称为渐变，如红松、华山松和白皮松等软松类木材。

晚材率是晚材在一个生长轮内所占的比率。

晚材率可作为衡量木材强度大小的标志。晚材率大的木材，木材强度也相应较高，是林木良种选育的指标之一。

4. 边材和心材

心材由边材转化形成，在这个过程中生活细胞逐渐死亡而失去生理作用；水分输导系统闭塞，纹孔处于锁闭状态；细胞腔内出现单宁、色素、树脂等物质沉淀；木材硬度和密度增大，渗透性降低，耐久性提高。

在针叶材横断面，边材或心材面积分别占整个横断面面积的比率称为边材率或心材率，其大小因树种、树龄、树高等差异而不同。

5. 轴向薄壁组织

轴向薄壁组织是由形成层纺锤状原始细胞分裂所形成的呈纵向排列的薄壁细胞群。这类细胞腔大、壁薄，横切面上可见其颜色较周围稍浅。薄壁组织在针叶材中很不发达甚至没有，仅在杉木、柏木、冷杉等少数树种中以不同方式存在。可分为以下几种类型：

（1）星散型　轴向薄壁细胞星散分布于生长轮中。

（2）切线型　轴向薄壁细胞连接成断续的切线状，呈弦向排列。

（3）轮界型　轴向薄壁细胞分布在早材的第一行或晚材的最后一行，沿着生长轮边界分布。

6. 木射线

横切面上可观察到颜色较浅或略带光泽的线条，沿半径方向呈辐射状穿过年轮，这些线条称为木射线。木射线是木材中唯一呈射线状的横向排列的组织，在活立木中主要起横向输导和贮藏养分的作用。

木射线按射线宽度分宽、中等和细三种类型。针叶材大多为细木射线，肉眼或放大镜下较难观察到。

纺锤形木射线是指木射线中部由于横向树脂道存在使木射线呈现纺锤形。一般可见于具有横向树脂道的树种。

7. 树脂道

胞间道是由分泌细胞环绕而成的长度不定的管状细胞间隙。在针叶材中贮藏树脂的胞间道，又称为树脂道。多见于针叶材晚材或晚材附近部分，横切面呈白色或浅色小点，纵切面上为深色或褐色沟槽或细线条。

树脂道可分为轴向和径向两种类型，有的树种只有一种，有的树种则两种都有。轴向和径向树脂道通常互相连接，构成三维网状结构。根据树脂道发生的情况，又分为正常树脂道和创伤树脂道。除具正常树脂道的针叶树种以外，还有些树种受气候、损伤或者生物侵袭等刺激而形成非正常树脂道。轴向创伤树脂道形体较大，在木材横切面呈弦向排列，一般仅在早材带分布。

8. 颜色和光泽

木材是由细胞壁构成的，而构成细胞壁的主体纤维素本身是无色的物质，但是由于色素、单宁、树脂等内含物沉积于木材细胞腔，并渗透到细胞壁中，使木材呈现各种颜色，称为材色。

木材光泽是指光线在木材表面反射时所呈现的光亮度。光泽的强弱与树种、表面平整度、木材构造特征、侵填体和内含物、光线入射（反射）角度、木材切面方向等因素有关。

9. 气味和滋味

由于木材中含有各种挥发性油、树脂、芳香油及其他物质，因此随树种差异而不同，可产生各种不同气味，特别是新砍伐木材气味较浓。如松木有松脂气味，杉木有杉木香气。此外，木材中一些水溶性抽提物会产生特殊滋味。

10. 结构、纹理和花纹

木材结构是指组成木材各种细胞的大小和差异程度。针叶材主要依据管胞弦向直径、早晚材变化缓急、晚材带大小等表示。组成的管胞大、早晚材急变、晚材带大的木材为粗结构木材；反之则为细结构木材。粗结构木材，在加工时容易起毛或者板面粗糙，油漆后无光泽；细结构木材，易加工，材面光滑，适合细木工、雕刻等。

木材纹理是指组成木材的主要细胞排列方向反映在木材外观上的特征。针叶材中主要是轴向管胞的排列。根据木材纹理分为直纹理、斜纹理以及交错纹理。斜纹理和交错纹理会降低木材强度，也不易加工，刨削加工面粗糙，易起毛刺。

木材花纹是指木材因生长轮、木射线、轴向薄壁组织、木节、树瘤、纹理、材色及解锯方向不同而产生的表面图案，在家居装饰、家具制造和细木工等方面具有重要应用价值。

11. 硬度

木材硬度可作为木材识别的参考依据。硬度的准确测量则需通过专用仪器。在宏观识别时，硬度可用手指甲或小刀在木材表面划刻痕，根据手的感觉或刻痕深浅来预估。

12. 髓斑和色斑

髓斑是树木生长过程中形成层受到昆虫损害后形成的愈合组织。在横切面上呈现不规则的浅色或者深色的形似月牙状的斑点，在纵切面上呈现深褐色短粗条纹。

色斑则是有些树种在生长过程中受伤后木质部出现的具各种颜色的斑块。

13. 针叶材宏观构造实例[30, 46]

（1）杉木　边材浅黄褐色或浅灰褐色微红，心材、边材区别明显。心材浅栗褐色。生长轮明显，轮间晚材带色深（紫黄褐）；宽度不均匀或均匀；早材带占生长轮比例高；早材至晚材渐变。无树脂道。木材有光泽。香气浓厚，无特殊滋味。

（2）红松　边材浅黄褐色至黄褐色带红，与心材区别明显。心材红褐间或浅红褐色，久则转深。生长轮明显，轮间晚材带色略深；宽度均匀；早材带占生长轮比例高；早材至晚材渐变。树脂道分为轴向、径向两类：轴向树脂道在肉眼下呈浅色斑点，数多，单独，通常分布于晚材带附近及早材带内，在纵切面呈褐色条纹；径向树脂道较轴向小，在放大镜下可见。木材有光泽，松脂气味较浓。

（3）红豆杉　边材黄白或浅黄色，与心材区别甚明显。心材橘黄红色至玫瑰红色。生长轮明显，轮间晚材带色深；宽度不均匀；早材带通常比晚材带宽或略等宽；早材至晚材渐变。无树脂道。木材光泽略强。无特殊气味和滋味。

二、阔叶材宏观构造特征

1. 木材三切面[31, 36, 48]

（1）阔叶材横切面（图 2-2-10）　可观察到各种纵向细胞或组织，如导管、木纤维和轴向薄壁细胞的横断面形态及分布、边心材，以及径向组织或细胞，如木射线宽度、长度，同时还能观察到生长轮有无、早晚材过渡，以及轴向树胶道有无。

（2）阔叶材径切面　可观察到纵向组织或细胞，如导管、木纤维和轴向薄壁细胞的长度和宽度、边心材，还可以观察到径壁纹孔、导管间纹孔式、导管与射线间纹孔式、射线组织、螺纹加厚等特征。

（3）阔叶材弦切面　可观察到纵向组织或细胞的长度和宽度、木射线高度和宽度、径向树胶道的有无、轴向薄壁细胞端壁以及木射线是否叠生等特征。

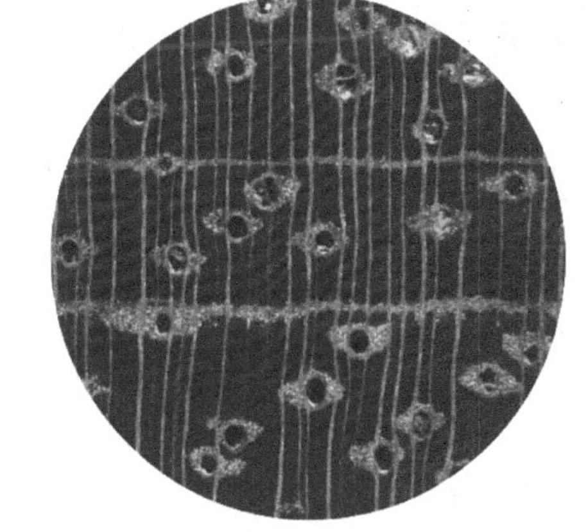

图 2-2-10　孪叶苏木（*Hymenaea courbaril*）横切面（16×）体视镜照片
（示散孔材，生长轮明显；管孔明显，具沉积物；轴向薄壁组织环管状、翼状及轮界状；木射线明显）

2. 生长轮

阔叶材生长轮宽窄随树种、树龄和生长条件而异。横切面上，多数阔叶树种呈同心圆形封闭线条；少数为不规则的波浪状，如榆木。径切面上表现为平行的条状，弦切面上则呈“V”形或抛物线形的花纹。

3. 早材和晚材

阔叶材中早材管孔的列数及大小、早晚材过渡时管孔的变化方式、晚材带管孔排列方式，都是重要构造特征。阔叶材中的环孔材、半环孔材，早晚材区别比较明显，而散孔材的早晚材区别困难或不能区分。

4. 边材和心材

与针叶材类似，阔叶材的边材或心材面积分别占整个横断面面积的比率称为边材率或心材率。阔叶材中常见的经济木材，心材较大的树种如黄波罗和刺槐等，心材较小的树种如柿木。

5. 管孔

阔叶材导管在横切面上呈孔状的结构称为管孔。有无管孔是区别阔叶材和针叶材的首要特征。阔叶材一般具有导管。但是，水青树属的水青树和昆栏树属的昆栏树等个别阔叶树种不具有导管。管孔具有以下主要特征：

（1）管孔分布　是指管孔在生长轮内所呈现的较稳定的总体分布状况，一般分为环孔材、半环孔材和散孔材，是木材识别的重要依据。

（2）管孔大小　是指在横切面上导管的孔径，以弦向直径为准，是阔叶材宏观识别的特征之一。管孔弦向直径在 200μm 以上为大管孔，在 100～200μm 为中管孔，100μm 以下为小管孔。

（3）管孔排列方式　是指管孔在木材横切面上的排列方式，有分散型、丛聚型、弦列型和径列型。

（4）管孔组合　是指横切面上相邻管孔间的连接状况，常见的管孔组合有单管孔、径列复管孔、管孔链和管孔团。

（5）管孔分布频率　是指管孔在一定面积内的数量，一般适用于管孔分布较均匀的散孔材，而不适用于环孔材或其他不均匀管孔分布的木材。可分为：甚少，每 $1mm^2$ 内少于 5 个；少，每 $1mm^2$ 内有 5～10 个；略少，每 $1mm^2$ 内有 10～30 个；略多，每 $1mm^2$ 内有 30～60 个；多，每 $1mm^2$ 内有 60～120 个；甚多，每 $1mm^2$ 内多于 120 个。

（6）管孔内含物　是指在管孔内存在的侵填体、树胶及无定形沉积物。这些内含物大都是由木质部在边材转变成心材时，导管内压力降低，相邻接的木射线、轴向薄壁组织的原生质，通过壁上的纹孔挤入导管腔而形成的。在一些阔叶材心材导管中，从纵切面上观察，常出现的一种泡沫状的填充物，称为侵填体。在良好光线条件下，早材管孔内的侵填体常出现明亮光泽。侵填体多的木材，管孔被堵塞，可降低木材中气体/液体渗透性。同时，具侵填体木材难以浸渍处理，但其耐久性能显著提高。树胶或其他沉积物，不如侵填体有光泽，呈不定形褐色/红褐色块状。矿物质或有机沉淀物为某些树种特有，如柚木的导管内常具有白垩质沉积物，大叶合欢的导管内有白色的矿物质。这些物质在木材加工时，容易磨损刀具，但提高了木材的天然耐久性。

6. 轴向薄壁组织

与针叶材相比，阔叶材的轴向薄壁组织比较发达，其分布类型是阔叶材的重要特征之一。根据轴向薄壁组织与导管的相对位置，可分为离管状轴向薄壁组织和傍管状轴向薄壁组织。

（1）离管状轴向薄壁组织　一般不与管孔相接触而单独分布，可分为：星散状，轴向薄壁组织多数单独分散存在，在肉眼下呈白色小点分布于年轮内；切线状（星散-聚合状），轴向薄壁组织几个或单行弦向排列，在肉眼下呈浅色的短切线；离管带状，轴向薄壁组织与年轮接近平行，组成带状或宽线，在肉眼下略明晰；轮界状，轴向薄壁组织在两个生长轮交界处，沿着生长轮呈浅色细线分布，在肉眼下略明晰。

（2）傍管状轴向薄壁组织　多数环绕于管孔周围，与管孔连生呈浅色环状，可分为：稀疏环管状，轴向薄壁组织星散环绕于管孔周围或依附于导管侧，肉眼下不明显；环管束状，轴向薄壁组织呈鞘状围绕在管孔周围，圆形或略呈卵圆形；翼状，轴向薄壁组织围绕在管孔的周围并向两侧延伸，其形状似鸟翼；聚翼状，指翼状轴向薄壁组织沿弦向相互连接而成不规则形状；傍管带状，轴向薄壁组织聚集形成与生长轮平行的宽带或窄带。

7. 木射线

阔叶材木射线较针叶材发达，其木射线宽度、高度及数量在不同树种间有明显差异，是阔叶材的重要特征之一。

（1）木射线宽度　可分为宽木射线、中等木射线和细木射线三个类型。宽木射线，宽度在 0.2mm 以上，肉眼下明晰至很显著，横切面、径切面和弦切面都能观察到；中等木射线（窄木射线），宽度为 0.05～0.2mm，肉眼下可见至明晰，可从横切面和径切面上观察到；细木射线（极窄木射线），宽度在 0.05mm 以下，肉眼下不见至可见，只能在径切面上观察到。

（2）木射线组成　可分为宽木射线和聚合木射线（伪宽木射线）。宽木射线全部由射线细胞组成；聚合木射线由许多小而窄的木射线集合而成，肉眼或低倍放大镜下与宽木射线近似，但其中夹杂着木纤维或导管等轴向组织。

8. 树胶道

阔叶材内分泌树胶的胞间道，称树胶道，多为热带木材的正常特征，可分为轴向树胶道和径向树胶道。

轴向树胶道在横切面多数为弦向分布，少数为单独星散分布，肉眼或放大镜下易见。径向树胶道在弦切面的木射线中可见，在肉眼或放大镜下不易看见。阔叶材中还存在创伤树胶道，成因与创伤树脂道类似。但通常只有轴向创伤树胶道，在木材横切面上呈长弦形排列，肉眼下可见。

9. 颜色和光泽

阔叶材的颜色变化范围很大，如白至黄白色、黄至黄褐色、黄绿至灰绿色、红至红褐色、褐色、紫红褐至紫褐色、黑色等。

光线在阔叶材表面反射时呈现不同的光亮度，形成不同光泽。

10. 气味和滋味

阔叶材中含有特殊气味的树种较多，如：降香黄檀的辛辣香味；香樟、黄樟的樟脑气味。

阔叶材滋味成因类似针叶材，如：栎木、板栗有单宁涩味；肉桂具辛辣及甘甜味。

11. 荧光反应

部分阔叶材浸出液在自然光或灯光下呈现不同颜色的荧光，如紫檀属木材的木屑浸出液具黄绿色至淡蓝色荧光。

12. 结构、纹理和花纹

阔叶材结构，以导管弦向平均直径和数量、射线大小等来表示。一般环孔材为不均匀结构，散孔材多为均匀结构。阔叶材结构可分级为：很细，管孔在肉眼下不可见，但在放大镜下略见，射线很细或细；细，管孔在肉眼下不可见，在放大镜下明显，射线细；中，管孔在肉眼下略见，射线细；粗，管孔在肉眼下明显，射线细，或管孔在肉眼下不可见或可见，射线宽；甚粗，管孔在肉眼下很明显，射线细或宽。

阔叶材纹理，主要由构成木材的纤维和导管的排列方向决定。分类与针叶材类似，包括直纹理、斜纹理及交错纹理。

构成阔叶材的细胞类型较针叶材多，形成的花纹也更丰富多样。常见花纹有“V”形花纹、银光花纹、鸟眼花纹、树瘤花纹、带状花纹等。

13. 密度

与针叶材相似，硬度也可以作为阔叶材识别的参考依据。

14. 髓斑和色斑

阔叶材髓斑和色斑的形成原因和针叶材类似，均为非正常木材构造。

15. 乳汁管和乳汁迹

乳汁管是胞间道的一种类型，为分布在木射线中含有乳汁的连续管状细胞。

乳汁迹是一种沿木材径向呈裂隙状的孔穴，起源于叶和轴芽迹，具有乳汁迹的木质部，在弦切面呈现细长的透镜状，常误认为是小虫眼。

16. 内含韧皮部

在树木生长过程中，形成层一般向内分生木质部，向外分生韧皮部。但在某些阔叶材的次生木质部中，具有分化形成的韧皮束或韧皮层，称为内含韧皮部。内含韧皮部常见于热带树种，在木质部中的类型主要包括两种：多孔式和同心式。

17. 阔叶材宏观构造实例[31,36,48]

（1）水曲柳　环孔材。边材黄白色或浅黄褐色，与心材区别明显；心材灰褐色或浅栗褐色。生长轮明显。早材管孔中至略大，在肉眼下明显；连续排列成明显早材带，通常宽 2～4 列管孔；早材至晚材急变。晚材管孔略少，甚小至略小，在放大镜下略明显；散生或短斜列；侵填体在心材可见。轴向薄壁组织在放大镜下明显，傍管状及轮界状，在生长轮末端呈傍管带状。木射线细至中等，在放大镜下可见；在肉眼下径切面上具射线斑纹。波痕及胞间道缺乏。木材具光泽；无特殊气味和滋味。

（2）核桃楸　半环孔材。边材浅黄褐色，与心材区别明显，宽 1.2～2cm（6～8 个生长轮）；心材浅褐色或栗褐色。生长轮明显，宽度略均匀，每厘米 2.5～3 轮。管孔中等大小，在肉眼下可见；逐渐向生长轮外部减少，呈“之”字形排列；侵填体常见。轴向薄壁组织在放大镜下明显；离管带状，排列呈连续或不连续细弦线。木射线略密；极细至中等，在肉眼下略见，比管孔小；径切面上有射线斑纹。波痕及胞间道缺乏。木材有光泽；无特殊气味和滋味。

（3）降香黄檀　散孔材至半环孔材。边材灰黄褐色或浅黄褐色，与心材区别明显；心材红褐色或黄褐色，常带黑色条纹。生长轮略明显。管孔肉眼下可见至明显，少至略少。轴向薄壁组织肉眼下可见，主要为带状及聚翼状。木射线在放大镜下明显。波痕可见。新切面辛辣香气浓郁，久则微香；结构细，纹理斜或交错。

（4）楠木　散孔材。木材黄褐色带绿，心边材区别不明显。生长轮明显，轮间呈深色带。管孔肉眼下可见。轴向薄壁组织在放大镜下明显，傍管状。木射线在放大镜下明显。波痕及胞间道缺乏。新切面有香气；滋味微苦；结构甚细；纹理斜或交错。

（5）白木香　散孔材。木材黄白色，心边材无明显区别。生长轮不明显。管孔略小至中，放大镜下明显。轴向薄壁组织通常不见。木射线细至中，极细至略细，放大镜下可见。内含韧皮部甚多，为多孔式，肉眼下可见。木材有光泽；微具甜香气味；无特殊滋味。

三、针叶材微观构造特征

针叶材的组成细胞类型简单（图 2-2-11），主要由管胞组成。其中，管胞约占木材总体积的 89%～98%，木射线小于 7%，轴向薄壁细胞小于 5%，泌脂细胞小于 1.5%。针叶材具有细胞排列整齐、木射线不发达、轴向薄壁组织少以及材质较均匀等特点[30,36,46]。

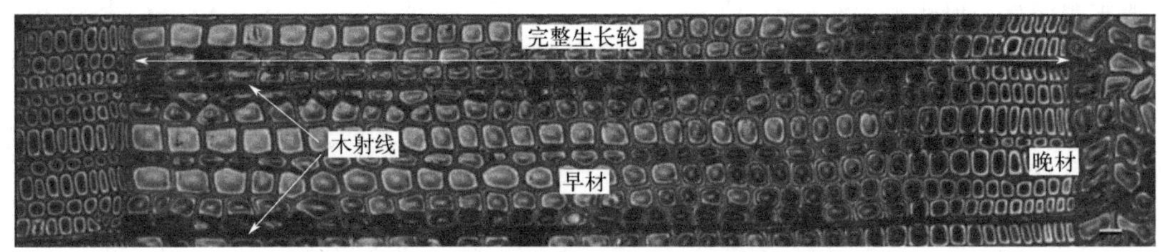

图 2-2-11　欧洲云杉（*Picea abies*）的横切面

（标尺为 20μm。图示一个完整生长轮内的早材、晚材和木射线）[49]

1. 管胞长度

轴向管胞是针叶材中沿轴向排列的纤维状锐端细胞，其端壁不具穿孔，与其他分子邻接的细胞壁上具有缘纹孔，具有水分输导和机械支撑功能，直接影响针叶材的性质。分化形成的管胞长度随着形成层年龄发生变化，主干、枝条和根部之间的管胞长度不同。管胞长度是衡量木材质量的重要指标，一般选取成熟主干木质部材料进行离析，至少测量 25 根管胞的长度。管胞长度通常可分为：短，长度小于 3000μm；中等，长度 3000～5000μm；长，长度大于 5000μm。

2. 晚材管胞细胞壁厚度

晚材管胞细胞壁厚度可基于双倍胞壁厚度与胞腔直径的比值判定。晚材管胞多为径向扁平状，胞腔呈矩形至椭圆形，在弦向和径向上的比值不同，一般为在径向上测量管胞的双倍胞壁厚度和胞腔直径。晚材管胞细胞壁厚度可分为：薄壁，即双倍胞壁厚度小于径向胞腔直径；厚壁，即双倍胞壁厚度大于径向胞腔直径。

3. 管胞纹孔

管胞径壁上具缘纹孔是针叶材的重要构造特征。

① 管胞径壁纹孔是指分布在管胞径壁上的具缘纹孔。纹孔是细胞次生壁形成过程中复合胞间层留下的开孔或凹陷，是细胞间信号传递和物质运输的通道。纹孔多在相邻细胞间相对出现，称为纹孔对。纹孔根据结构不同分为单纹孔和具缘纹孔，纹孔对则分为单纹孔对、具缘纹孔对及半具缘纹孔对。

② 纹孔列数（仅指早材）可分为单列、两列或多列三种类型。多数针叶材管胞径壁上纹孔为单列；少数针叶材管胞径壁上纹孔超过单列。

③ 管胞径壁纹孔式（仅指早材）是指纹孔或纹孔对的排列形式，可分为对列和互列两种类

型。对列常出现于松科落叶松属和油杉属以及杉科的一些树种。互列又称南洋杉型，常出现于南洋杉属、贝壳杉属、苏铁科苏铁属等树种。

④ 纹孔缘具缺口的纹孔是指纹孔缘具有局部缺口的纹孔，如柳杉属、北美红杉属等。

⑤ 纹孔塞是纹孔膜中央加厚的部分。根据结构特点可分为两类：一类是典型纹孔塞，即位于由环形或径向排列的微纤丝沉积而成的纹孔膜致密中心区域，经常有无定形物质沉积；另一类是非典型的纹孔塞，即在整个纹孔膜加厚区域的厚度几乎相等，如罗汉松科树种。

在纹孔塞和纹孔膜特征中：纹孔塞边缘呈锯齿状，称为贝壳状纹孔塞，见于松科雪松属；纹孔膜中棒状加厚（膜缘束）是指纹孔塞结构径向辐射至膜缘的边缘，如松科铁杉属、柏科热带香柏属等树种。

4. 螺纹加厚

螺纹加厚指管胞内壁的脊状凸起。一般出现在轴向管胞和射线管胞内，多贯穿于整个细胞。

① 轴向管胞螺纹加厚的位置、列数、间隔是木材鉴定的重要特征。

螺纹加厚位置包括：分布在整个生长轮管胞中，如三尖杉科穗花杉属、红豆杉属、榧树属和三尖杉属；仅在早材管胞中明显可见，如松科黄杉属的一些树种；仅在晚材管胞中明显可见，如云杉的一些树种。

螺纹加厚列数包括：单列，如红豆杉属和黄杉属树种；组合（成对或三列），成对多见于榧树属和穗花杉属，三列偶尔见于榧树属。

螺纹加厚间隔包括：窄间隔，即每毫米管胞长度上螺纹数多于 120 根；宽间隔，即每毫米管胞长度上螺纹数少于 120 根。

② 射线管胞螺纹加厚，普遍存在于成熟主干木材上，如松科黄杉属、落叶松属和云杉属一些树种。

③ 澳柏型加厚，是指管胞间具缘纹孔上下成对出现的水平脊状凸起，见于澳大利亚柏属树种。

5. 轴向薄壁组织

针叶材薄壁组织的数量和丰富程度不如阔叶材，仅在部分树种中存在。主要包括以下三种类型：

（1）星散型　是指单列或成对的薄壁细胞束在整个生长轮内的管胞间均匀分布，如落羽杉、三尖杉科和罗汉杉科树种。

（2）切线型　是指薄壁细胞束聚集形成长短不一且断续平行于生长轮的弦向边界，常出现在早晚材过渡区或晚材，如柏木科和杉科树种。

（3）轮界型　是指单列细胞在早材第一行或晚材的最后一行，沿生长轮边界分布，如松科冷杉属、雪松属和油杉属等树种。

星散型或切线型的轴向薄壁组织可能单独或同时出现在同一树种中。

6. 木射线

针叶材的木射线不发达，其构造特征主要包括：木射线种类和组成。

（1）木射线种类　根据在弦切面的形态分为两种类型：单列木射线，大部分为单列特征，但包括零星分布的两列射线；纺锤形木射线，在多列射线中部，由于径向树脂道的存在而使木射线呈纺锤形，存在于具径向树脂道的树种。

（2）木射线组成　木射线主要由射线薄壁细胞和射线管胞组成，多数针叶材只含有射线薄壁细胞，少数含射线管胞。

射线薄壁细胞是组成木射线的主体，为横向生长的薄壁细胞，包含端壁、水平壁及凹痕。端壁主要有光滑（无纹孔）和纹孔明显（节状）两种。多数针叶材射线薄壁细胞端壁光滑，少数则端壁纹孔明显，如松科冷杉属、落叶松属、云杉属、铁杉属和松属乔松组等树种。水平壁也可分为光滑（无纹孔）和纹孔明显两种。水平壁有纹孔的树种仅限于冷杉属、雪松属、油杉属、落叶松属和铁杉属。凹痕是指射线细胞水平壁与垂直端壁连接处的凹陷，在径切面上可见，除南洋杉科外，其余科均可见。

射线管胞是指分布于射线组织中的管胞，在所有具有正常胞间道的松科树种中可见，也出现在松科雪松属和铁杉属等不具有正常树脂道的树种。射线管胞特征对木材鉴别和分类有重要价值。射线管胞细胞壁主要分三种类型：光滑，如松属软木松类树种；具有锯齿状加厚的情况，通常在晚材中数量较早材多，常见于松属赤松组等；具有网状加厚，例如松属火炬松组。

7. 交叉场纹孔式

交叉场是指在射线薄壁细胞和轴向管胞相交处的细胞壁区域。交叉场纹孔式是指出现交叉场的纹孔排列方式，仅在早材中观察，通常贯穿于射线组织。交叉场纹孔式的主要特征包括：出现频率、排列方式、形状、大小、纹孔口相对于纹孔缘的位置。交叉场纹孔式主要分为以下六种类型：

（1）窗格型　是指整个交叉场几乎全部为呈方形或矩形的大纹孔，通常具有一两个或单一较大的纹孔，为松属木材重要识别特征，也见于罗汉松科和杉科一些属的树种。

（2）松木型　是指纹孔为单纹孔或略具狭缘的纹孔缘类型（区别窗格型），在每个交叉场内纹孔个数为 1～6 个，通常是 3 个或 3 个以上。松属中除了具有大的窗格型纹孔的树种外，其他树种大多具有松木型纹孔式。

（3）云杉型　是指纹孔的纹孔缘比其外延的呈裂隙状纹孔口要宽，多出现在松科落叶松属、黄杉属、云杉属、铁杉属树种。应注意避免与应压木纹孔口裂缝混淆。

（4）杉木型　是指纹孔具有较大的卵圆形至圆形内含纹孔口，其最宽处超过了纹孔缘的宽度。出现在多数杉科树种、松科冷杉属、雪山属、柏科崖柏属以及罗汉松科的一些树种。

（5）柏木型　是指纹孔的纹孔缘内含椭圆形纹孔口（与纹孔口常常外延的云杉型纹孔相反），其纹孔口比纹孔缘窄。出现在多数柏科树种（崖柏除外）以及罗汉松科和红豆杉科一些树种。

（6）南洋杉型　是指纹孔呈 3 行或超过 3 行互列方式密集排列，单个纹孔轮廓呈多角形，与南洋杉的管胞间互列纹孔式相似，常见于南洋杉科贝壳杉属、南洋杉属树种。

8. 树脂道

树脂道是薄壁分泌细胞环绕而成的孔道，为针叶材具有分泌树脂功能的一种组织，通常分为正常树脂道和创伤树脂道。

① 正常树脂道仅存在于松科几个属中，如松属。其轴向树脂道出现于有显著周期性气候变化地区的松科树种的晚材；径向树脂道只存在于木射线。

② 创伤树脂道是树木受到外部创伤时所形成的轴向和径向树脂道。创伤树脂道通常直径较大，形状不规则，常在弦向上互相融合，多见于有正常树脂道的树种，也分布于雪松属、铁杉属和水杉属等树种。

9. 矿物质内含物

晶体是针叶材中的主要矿物质内含物，为树木生长过程中新陈代谢副产物，化学成分主要为草酸钙。尽管针叶材中的草酸钙晶体较少见，但会呈一定规律出现，是非常重要的鉴定特征。草酸钙晶体具有双折射特性，在偏光显微镜下易观察到。晶体按照形状和数量主要分为三类：菱形晶体，为单个斜方六面或八面晶体，普遍存在于松科冷杉属、雪松属、油杉属和云杉属的一些树种，多分布在射线组织边缘或接近边缘的射线细胞内；晶簇，为复合晶体，有晶体状部分从表面突出，整个结构呈现星形外观（又称丛生晶体），仅发现分布于银杏中；除菱形和晶簇之外的其他晶体类型。

10. 针叶材微观构造实例[30,46]

（1）杉木　管胞弦向直径 31～50μm，平均 37μm。早材管胞横切面为不规则多边形及方形；管胞长度属中等，长度 3587～5543μm，平均 4409μm；早材管胞径壁具缘纹孔主要为 1 列，少数为 2 列。晚材最后数列管胞弦壁有具缘纹孔。螺纹加厚缺乏。轴向薄壁组织星散状或弦向带状，端壁节状加厚不明显或略明显，常含深色树脂。木射线 3～6 根/mm；通常单列，稀 2 列；射线高 1～21 个细胞（30～348μm）。射线薄壁细胞水平壁厚，纹孔少；端壁节状加厚未见；凹痕明显。射线管胞缺乏。射线细胞少数含有深色树脂。交叉场纹孔式为杉木型，1～6 个（通常 2～4

个），一两个（稀 3 个）横列。树脂道缺乏。

（2）红松　管胞弦向直径 29～42μm，平均 34μm。早材管胞横切面为方形、长方形及多边形；管胞长度中等，长度 3087～4522μm，平均 3753μm；早材管胞径壁具缘纹孔主要为 1 列。晚材最后数列管胞弦壁具缘纹孔数多，明显。螺纹加厚未见。轴向薄壁组织未见。木射线 4～8 根/mm；具单列及纺锤形两类；射线高 1～22 个细胞（52～577μm）或以上。纺锤形射线具径向树脂道，近道上下方射线 2～3 列；上下端逐渐尖削呈单列，高 3～9 个细胞（65～245μm）或以上。射线薄壁细胞水平壁薄，纹孔少；端壁节状加厚和凹痕未见。射线管胞存在于上述两类木射线中，位于上下边缘和中部；低射线有时全部由射线管胞组成；内壁具微锯齿，外缘波浪形。交叉场纹孔式多为窗格型，偶见松木型；1～4 个（通常一两个），1 个（稀 2 个）横列。树脂道包括轴向和径向两种，树脂道泌脂细胞壁薄，常含拟侵填体；轴向树脂道 91～136μm，树脂道周围具有 4～6 个泌脂细胞；径向树脂道小得多，弦径 49～57μm，树脂道周围具有 3～5 个泌脂细胞。

（3）红豆杉　管胞弦向直径 18～30μm，平均 37μm。早材管胞横切面为多边形、长方形及方形；管胞短，长度 2109～3500μm，平均 2660μm；早材管胞径壁具缘纹孔主要为 1 列。晚材最后数列管胞弦壁具缘纹孔偶见。螺纹加厚缺乏。轴向薄壁组织未见。木射线 6～8 根/mm；以单列为主，极少部分 2 列；射线高 1～17 个细胞（30～334μm）。射线薄壁细胞水平壁厚，纹孔数少；端壁节状加厚通常不见；凹痕明显。射线管胞缺乏。交叉场纹孔式多为柏木型，少数云杉型；1～5 个（通常两三个），一两个横列。树脂道缺乏。

四、阔叶材微观构造特征

1. 导管

导管是由一连串单个轴向细胞（导管分子）构成的无一定长度的管状组织[36]。导管分子横切面多呈圆孔状，称为管孔。导管分子的形状与大小、导管间穿孔、导管与其他细胞间纹孔排列以及是否具有螺纹加厚都是导管的重要构造特征。

（1）导管分子形状　随树种而异，常见的有鼓形、纺锤形、圆柱形和矩形等。环孔材早材部分的导管分子多为鼓形，晚材部分导管分子多为圆柱形和矩形。呈纺锤形的导管分子则较原始。

（2）导管分子直径和长度　以弦向直径为准，通常可分为：小，弦向直径小于 100μm；中等，弦向直径为 100～200μm；大，弦向直径大于 200μm。导管分子长度因树种、树龄和部位不同而有差异，通常可分为：短，长度小于 350μm；中等，长度 350～800μm；长，长度大于 800μm。进化程度较高的树种导管分子较短，而较原始的树种导管分子较长。

（3）穿孔　是指两个导管分子之间底壁相通的孔隙。两个导管分子之间底壁连接部分的细胞壁为穿孔板。穿孔板的形状随其倾斜度不同而不同，有卵圆形、椭圆形及扁平形。导管分子在发育过程中因纹孔膜消失而最终形成各种不同类型的穿孔。根据纹孔膜消失的情况，穿孔可分为两大类型：单穿孔，穿孔板上具有一个圆或略圆的开口，绝大多数树种的导管分子为单穿孔，为进化程度高的树种特征；复穿孔，包括梯状穿孔、网状穿孔或筛状穿孔三类。

（4）纹孔排列　是指导管与木纤维、管胞、轴向薄壁细胞及射线薄壁细胞之间的纹孔排列方式。导管间纹孔常具有一定排列形式，为木材鉴定的重要特征之一，主要包括三种类型：梯列纹孔，是指长形纹孔与导管长轴呈垂直方向排列，纹孔长度几乎与导管直径相等；对列纹孔，是指方形或长方形纹孔以上下左右对称方式排列，呈水平状对列或短水平列；互列纹孔，是指圆形或多角形纹孔以上下左右交错方式排列，当纹孔排列非常密集时纹孔呈六角形，而当纹孔排列较稀疏时则近似呈圆形。阔叶材绝大多数的树种为互列纹孔。

（5）螺纹加厚　是部分导管分子次生壁内壁上显著特征，为阔叶材鉴定的重要特征之一。在阔叶材中，螺纹加厚一般常见于环孔材的晚材导管分子内壁，有些树种遍及全部导管，而有些仅分布于导管端部。

2. 木纤维

木纤维是呈长纺锤形、两端尖锐、腔小壁厚的细胞，是阔叶材主要组成细胞之一，主要包括两种，即细胞壁有具缘纹孔的纤维状管胞和有单纹孔的韧性纤维，可同时存在于同一树种中。此外，还有部分树种可能存在一些特殊木纤维，如分隔木纤维和胶质木纤维，具有支持树体、承受机械作用的功能。

（1）纤维状管胞　为两端尖锐的厚壁细胞，与针叶材的晚材管胞相似，具凸透镜状或裂隙状的具缘纹孔，在茶科、蔷薇科和金缕梅科等较原始科属树种中最为显著。

（2）韧性纤维　为细长纺锤形，末端略尖削，偶呈锯齿状或分歧状，细胞壁较厚，胞腔较窄，具单纹孔。

（3）分隔木纤维　是一种具有比侧壁更薄的水平隔膜的木纤维，是热带材的典型特征，多出现在楝科、马鞭草科等进化程度较高的树种中。

（4）胶质木纤维　是一种次生壁内侧尚未木质化而呈胶质状的木纤维，即次生壁呈胶质状的韧性纤维或纤维状管胞，是应拉木特征之一。木材干燥过程中，因其弦向和径向干缩均较正常材大，易发生扭曲和开裂缺陷。

木纤维长度可分 3 级：短，小于或等于 900μm；中，900～1600μm；长，大于或等于 1600μm。

国产阔叶材的木纤维长度一般为 500～2000μm，平均为 1000μm，属中等长度；直径为 10～50μm，壁厚为 1～11μm。

一般而言，阔叶材木纤维长度比针叶材管胞长度短得多，所以造纸生产中阔叶材纤维多称为短纤维，而针叶材纤维多称为长纤维。

木纤维长度不仅因树种而异，同一株树不同部位也有差异。在生长轮明显的树种中，通常晚材木纤维长度比早材长得多，但在生长轮不明显的树种中则无明显差异；髓心周围木纤维最短，由幼龄材部分向树皮方向逐渐增长，至成熟材部分增长减缓后趋于稳定。

3. 轴向薄壁组织

轴向薄壁组织是由两个或两个以上具单纹孔的薄壁细胞沿纵向串联而成的组织，可分为离管状和傍管状两类。

（1）离管状轴向薄壁组织　可分为：星散状，轴向薄壁细胞单独呈不规则状分散于木纤维等其他组织之间；切线状（星散-聚合状），呈 1～3 个细胞宽的横向断续短切线；离管带状，呈 3 个细胞宽及以上，呈同心带排列，若带状薄壁组织宽度与所间隔木纤维带等宽或更宽为宽带状，若带状薄壁组织相互间距与射线组织相互间距大致相等并构成交叉网状称为网状；轮界状，在每个生长初期或生长末期，单独或不定宽度的轴向薄壁细胞构成连续或断续层状排列，前者又称为轮始状轴向薄壁组织，后者又称为轮末状轴向薄壁组织。

（2）傍管状轴向薄壁组织　可分为：稀疏环管状，轴向薄壁细胞组成的薄壁组织在导管周围单独出现，或排列成不完整的鞘状；环管束状，轴向薄壁组织完全围绕导管周围，呈圆形或卵圆形；翼状，轴向薄壁组织在导管周围左右两侧延伸，呈鸟翼状排列；聚翼状，轴向薄壁组织横向相连，呈不规则的切线或斜带状；傍管带状，轴向薄壁组织构成平行于生长轮的宽带。

4. 木射线

阔叶材木射线较针叶材发达，其木射线宽度、高度及数量在不同树种间有明显差异，是阔叶材的重要特征之一。

（1）木射线宽度　可分为宽木射线、中等木射线和细木射线三个类型。宽木射线，宽度在 0.2mm 以上，肉眼下明晰至很显著，横切面、径切面和弦切面都能观察到；中等木射线（窄木射线），宽度为 0.05～0.2mm，肉眼下可见至明晰，可从横切面和径切面上观察到；细木射线（极窄木射线），宽度在 0.05mm 以下，肉眼下不见至可见，只能在径切面上观察到。

（2）木射线组成　可分为宽木射线和聚合木射线（伪宽木射线）。宽木射线全部由射线细胞组成；聚合木射线由许多小而窄的木射线集合而成，肉眼或低倍放大镜下与宽木射线近似，但其中夹杂着木纤维或导管等轴向组织。

（3）木射线排列　主要分为五类：①单列木射线，是指在弦切面上木射线仅 1 个细胞宽，一般仅具一种单列木射线的阔叶树种较少，如杨柳科、七叶树科和豆科紫檀属；②双列木射线，是指在弦切面上木射线宽 2 个（偶 3 个）细胞，如黄檀属；③多列木射线，是指在弦切面上木射线排列在 3 列或以上，为绝大多数阔叶树种的特征，如核桃属、槭木属等；④聚合木射线，是指夹杂着木纤维或导管共同组成的多列木射线，如桤木属、椆木属等；⑤栎式木射线，是指同时具有单列射线和极宽射线的木射线，且二者区分明显，如栎属。

阔叶材的木射线全部由射线薄壁细胞组成。阔叶材射线薄壁细胞主要分为两大类型，即横卧射线细胞和直立射线细胞。

横卧射线细胞，即细胞长轴与树木轴向垂直，在弦切面上通常呈圆形，在径切面上通常呈长方形水平状排列。

直立（含方形）射线细胞，即细胞长轴与树木轴向平行，通常分布在射线的上缘和下缘，呈长方形或方形。此外，直立细胞还包括以下四种特殊类型：瓦状细胞，是一种中空、不具内含物的特殊直立（很少为方形）射线细胞，通常出现射线组织中间水平列，散生在横卧细胞之间，常见于梧桐科、椴树科、木棉科和八角枫科树种；栅状直立细胞，全部为狭长方形，栅状并列，如轻木、八角和蚊母树等树种；鞘状细胞，在弦切面上纺锤形射线中心部分为横卧细胞，而直立细胞完全或局部环绕于其周围形成鞘状，这些直立细胞称为鞘状细胞，常见于藤黄科、梧桐科、木棉科和大戟科树种；分泌细胞，分布于射线组织中，为射线薄壁细胞的异细胞，近圆形或椭圆形，可分泌油脂的称为油细胞，分泌黏液的称为黏液细胞。木射线中油细胞常见于我国阔叶材樟科、木兰科树种。

（4）射线薄壁细胞类型　可分为同形射线组织和异形射线组织两类。同形射线组织是指射线全部由横卧射线细胞组成，可分为：同形单列，射线大部分为单列，均由横卧射线细胞组成，偶尔出现两列，如杨属；同形多列，射线大部分为两列以上，均由横卧射线细胞组成，可能偶尔出现单列，如泡桐属；同形单列及多列，兼具上述两类射线组织，如桦木属、槭属等树种。异形射线组织，是指射线组织由直立（或方形）射线细胞和横卧射线细胞共同组成，分为异形单列和异形多列两大类型。异形单列，是指射线大部分为单列，由横卧和直立（或方形）射线细胞组成，可能偶尔出现两列。异形多列，是指射线全为 2 列以上，由横卧和直立（或方形）射线细胞组成，偶尔出现单列。异形多列又可分为：异形Ⅰ型，在弦切面上多列射线的单列尾部比多列部分长，径切面上直立（或方形）细胞部分高于横卧细胞部分；异形Ⅱ型，在弦切面上多列射线的单列尾部比多列部分短，径切面上直立（或方形）细胞部分低于横卧细胞部分，如黄杞属、朴属和翻白叶属等；异形Ⅲ型，在弦切面上多列射线的单列尾部通常仅具一个方形边缘细胞，径切面上多列射线上下缘通常仅具一列方形边缘细胞，如木兰科树种。

5. 射线细胞内含物

阔叶材的晶体比针叶材丰富，大多存在于轴向薄壁细胞和射线薄壁细胞中。晶体是识别木材的特征之一，常见于构树属、漆树属、楠属等树种。

许多热带树种的射线细胞中含有通常被称为硅石的无定形二氧化硅，木纤维和导管中偶见，一般呈光滑粒状、粗糙粒状和硅粒团状等不同形态。

6. 乳汁管和乳汁迹

阔叶材的乳汁管和乳汁迹微观构造观察同宏观。乳汁管可用单宁化学染色方法区别。

7. 管胞

阔叶材的管胞长度较针叶材管胞要短得多，且形状不规则。阔叶材管胞可分为环管管胞和维管管胞两类。

（1）环管管胞　是一种形状不规则且短小的管胞，其形状变化很大，大部分略扭曲，两端不甚尖锐，有时还具水平端壁，侧壁上具有显著的具缘纹孔。多数分布在早材大导管周围，在栎属、桉属和龙脑香科树种中常见。

（2）维管管胞　形状和排列类似较原始而构造不完全的导管，但不具穿孔，端部以具缘纹孔相接。维管管胞除了侧壁有具缘纹孔外，也常见螺纹加厚，并与晚材小导管混杂，甚至上下相接，在晚材中同样起输导作用。多分布于环孔材晚材中，在榆科的榆属、朴属等树种中常见。

8. 树胶道

正常轴向树胶道为龙脑香科和豆科等一些树种的特征，在横切面上散生。正常横向树胶道存在于纺锤形木射线中，见于槭树科、橄榄科等树种。创伤树胶道，在横切面常为切线状，多见于金缕梅科枫香属和芸香科等树种。

9. 内含韧皮部

阔叶材的内含韧皮部微观构造观察同宏观，分为两种：多孔型（岛屿型）和同心型（带型），如瑞香科沉香属。

10. 叠生组织

一些阔叶材树种，其导管分子、木纤维、轴向薄壁细胞或者木射线组织，在弦切面上沿水平方向形成整齐的叠生状排列，有些在肉眼或放大镜下可见，有些则需在显微镜下观察。

（1）导管分子叠生　是指在弦切面上近生长轮边缘处的晚材导管分子沿水平方向呈整齐叠生状排列，而在径切面上可观察到导管分子长度几乎相等，如榆科树种。

（2）木射线叠生　是指在弦切面上木射线沿水平方向呈整齐叠生状排列，叠生的木射线在木材弦切面形成波痕，多数在肉眼下可见或明显，如紫檀属、黄檀属树种。

（3）轴向薄壁组织叠生　是指在弦切面上轴向薄壁细胞沿水平方向呈整齐叠生状排列，一般发生在轴向薄壁组织带较宽的树种中，如豆科树种。

（4）木纤维叠生　是指在弦切面上木纤维长度与木射线高度略相等，一般发生在具叠生木射线的树种中。

11. 阔叶材微观构造实例[31,36,48]

（1）水曲柳　早材带导管在横切面上为卵圆形；壁薄(4.4μm)；最大弦径 390μm 或以上，多数为 180～245μm；导管分子长 160～320μm，平均 238μm；部分导管内具侵填体。晚材带导管在横切面上为圆形或卵圆形；单管孔及径列复管孔(通常 2 个)，散生或短斜列；壁厚（6.9μm）；弦径多数为 45～66μm；平均 16 个/mm^2；导管分子长 240～380μm，平均 195μm；螺纹加厚缺乏；单穿孔卵圆形至圆形；穿孔板略倾斜至倾斜。管间纹孔式互列；圆形及卵圆形，具多角形轮廓；长径 4～8μm；纹孔口内含，圆形、透镜形至裂隙状。导管与射线间纹孔式类似管间纹孔式。环管管胞位于早材导管周围。轴向薄壁组织环管束状、环管状，少数似翼状、聚翼状及轮界状，稀星散状；通常含树胶；晶体未见；筛状纹孔式常见。木纤维通常壁薄；直径多数为 17～25μm；长 840～1520μm，平均 1150μm；径壁具缘纹孔明显，圆形，直径 4.3～5.0μm；纹孔口多外展，裂隙状及 X 形。木射线非叠生；4～7 根/mm。单列射线较少，宽 10～17μm，高 1～10 个细胞（34～93μm）或以上；多列射线宽 2～3 个细胞（18～35μm），高 5～24 个细胞（93～403μm）或以上，多数 8～15 个细胞（145～250μm），同一射线内间或出现 2 次多列部分。射线组织同形单列及多列。射线细胞为卵圆形至椭圆形，常含树胶，晶体未见，端壁节状加厚及水平壁纹孔明显。胞间道缺乏。

（2）核桃楸　导管横切面为卵圆形及椭圆形，略带多角形轮廓；单管孔及径列复管孔(2～5 个)，稀呈管孔团，呈“之”字形排列；壁薄(3μm)；最大弦径 208μm 或以上，多数 165～195μm；平均 7 个/mm^2；导管分子长 320～670μm，平均 525μm。通常含侵填体，螺纹加厚缺乏；单穿孔，卵圆形及椭圆形；穿孔板略倾斜。管间纹孔式互列；近圆形及卵圆形，或拥挤呈多角形；长径 8～12μm；纹孔口内含，透镜形。导管与射线间纹孔式类似管间纹孔式。轴向薄壁组织，离管带状（通常 1 列，偶至 3 列细胞）与少数星散-聚合状，及环管状与星散状；薄壁细胞端壁节状加厚明显或略明显；通常含树胶；晶体未见。木纤维壁薄至甚薄，直径多数为 20～26μm；长 980～1820μm，平均 1380μm；具缘纹孔数少，明显，圆形，直径 4～6μm；纹孔口外展，裂隙状。木射线非叠生；6～8 根/mm。单列射线宽 11～18μm；高 2～24 个细胞（31～434μm）或以上。多列射线宽 2～4 个细胞（16～37μm）；高 6～53 个细胞（99～810μm）或以上，多数 15～40 个细胞（280～560μm），同一射线内有时出现 2 次多列部分。射线组织同形单列及多列，少数为异形Ⅲ型。射线细胞常含树胶，晶体未见，端壁节状加厚及水平壁纹孔多而明显。胞间道缺乏。

(3) 降香黄檀　导管主要为单管孔，少数径列复管孔(多为2～3个)，散生；2～12个/mm^2；部分管孔含深色树胶，最大弦向直径208μm，平均114μm。单穿孔。管间纹孔式互列，系附物纹孔。导管与射线间纹孔式类似管间纹孔式。轴向薄壁组织为翼状、聚翼状及带状(多数宽1～4个细胞)；分室含晶细胞普遍；叠生。木纤维壁厚，叠生。木射线7～13根/mm，叠生。单列射线甚少，高1～7个细胞。多列射线宽2～3个细胞，高3～14个细胞。射线组织同形单列及多列(图2-2-12)。

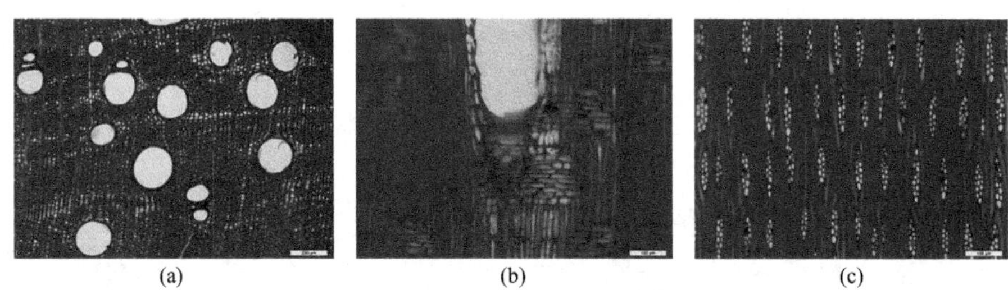

图2-2-12　降香黄檀（*Dalbergia odorifera*）三切面照片
[横切面（a）标尺为200μm，径切面（b）和弦切面（c）标尺为100μm]

(4) 楠木　单管孔及短径列复管孔(多为2～3个)；弦向直径平均70～90μm；数略少；具侵填体。单穿孔及梯状复穿孔。管间纹孔式互列。导管与射线间纹孔式刻痕状及大圆形。轴向薄壁组织环管状、环管束状及星散状；油细胞或黏液细胞多。木纤维壁薄，具分隔木纤维。木射线非叠生，单列射线高2～7个细胞，多列射线宽2～3个(稀4个)细胞，高10～20个细胞；射线组织异形Ⅱ型及Ⅲ型；油细胞或黏液细胞数多。

(5) 白木香　径列复管孔(多为2～4个)及管孔团，少数单管孔；散生；最大弦向直径148μm或以上，多数85～135μm。单穿孔。管间纹孔式互列。导管与射线间纹孔式类似管间纹孔式。轴向薄壁组织甚少，环管状。木纤维壁薄至甚薄。木射线非叠生，单列射线高7～20个细胞。多列射线少，宽2个细胞。射线组织异形单列。内含韧皮部甚多，多孔式。

第三节　木材纤维及其理化性能

一、植物纤维原料分类

植物纤维原料依据来源不同，大致可以分为木材纤维原料和非木材纤维原料[50-52]。

1. 木材纤维原料

(1) 针叶材　主要包括红松、落叶松、云南松、短叶松、马尾松、云杉、铁杉、冷杉、侧柏等。

(2) 阔叶材　主要包括杨木、桉木、桦木、榉木、相思木、鹅掌楸、榆木等。

2. 非木材纤维原料

(1) 禾本科植物　禾本科植物纤维原料是我国最主要的造纸原料，主要包括慈竹、芦苇、荻、稻草、麦草、蔗渣、玉米秸秆、高粱秸秆、芒草秆等。

(2) 韧皮纤维　通常包括两类，一类是树皮类，因部分树木的皮层中含有较多的纤维，故有极高的利用价值。我国有几十种树皮均可作为植物纤维的来源，如桑树皮、构树皮、棉秆皮等。另一类是麻类，包括红麻、黄麻、苎麻、亚麻等[53]。

(3) 叶纤维　主要包括香蕉叶、甘蔗叶、龙须草、龙舌兰麻（剑麻、灰叶剑麻、番麻等）。

(4) 籽毛纤维　主要指棉花、棉短绒等。

二、植物纤维原料细胞种类

1. 木材纤维原料细胞种类

针叶材主要由管胞构成，占总体积的 89%～98%，同时还含有少量木射线、轴向薄壁细胞及泌脂细胞。

阔叶材的细胞类型较针叶材复杂，主要包括木纤维、薄壁细胞和导管等[31,52]。木纤维是阔叶材主要组成细胞之一，包括纤维状管胞、韧型纤维、分隔木纤维和胶质木纤维。一般而言，阔叶材木纤维长度较针叶材管胞长度短，所以造纸生产中阔叶材纤维多称为短纤维，而针叶材纤维多称为长纤维。

各类纤维原料解剖结构图见图 2-2-13。常见植物纤维原料细胞含量对照表见表 2-2-1。木材纤维原料细胞形态光学图像见图 2-2-14。

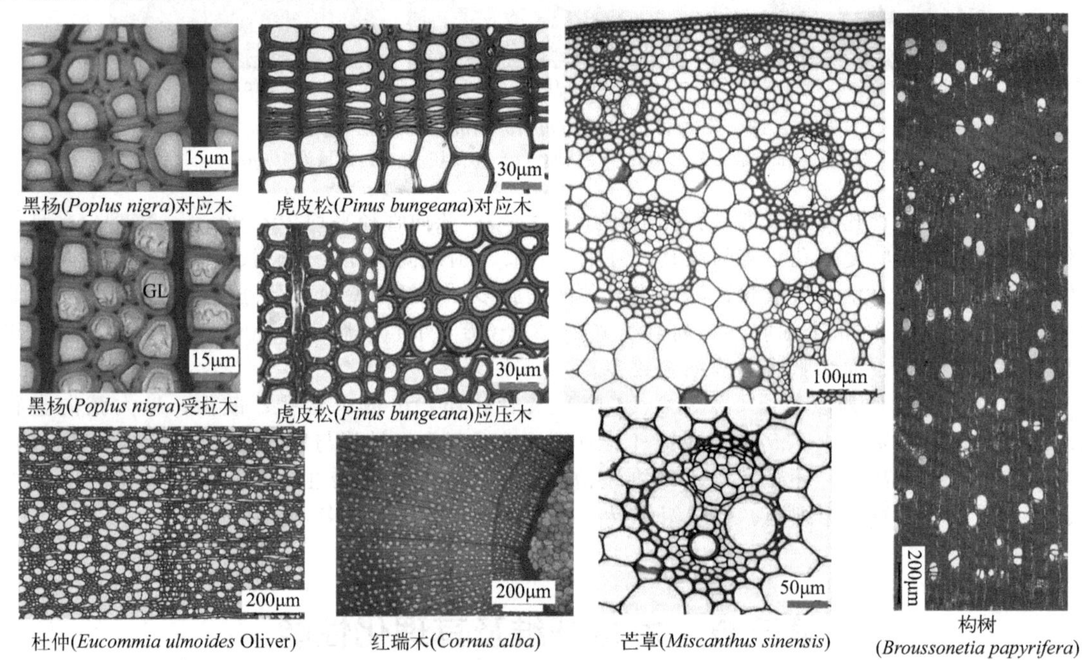

图 2-2-13　各类纤维原料解剖结构图

表 2-2-1　常见植物纤维原料细胞含量对照表　　单位：%

原料		纤维细胞	薄壁细胞		导管	表皮细胞	其他
			秆状	非秆状			
针叶材	落叶松	98.5		1.5			
	马尾松	98.5		1.5			
	红松	98.2		1.8			
阔叶材	桉树	82.4		5.0	12.6		
	钻天杨	76.7		1.9	21.4		
	毛白杨			1.5	25.2		
	白皮桦	73.3					

续表
单位：%

原料		纤维细胞	薄壁细胞		导管	表皮细胞	其他
			秆状	非秆状			
非木材原料	毛竹	68.8			7.5		
	慈竹	83.8			1.6		1.8
	绿竹	74.7			4.1		3.2
	西凤竹	68.9			5.6		0.9
	黄竹	65.1			1.5		1.0
	黑龙江苇	64.5	17.8	8.6	6.9	2.2	
	棉秆芯	71.3		21.8	6.9		
	龙须草	70.5	6.7	4.9	3.7	10.7	3.5
	芨芨草	67.3	17.9	11.2	1.0	0.8	1.8
	荻	65.5	4.9	24.5	4.8	0.3	
	甘蔗渣	64.3	10.6	18.6	5.3	1.2	
	稻草	46.0	6.1	40.4	1.3	6.2	
	麦草	62.1	16.6	12.8	4.8	2.3	1.4
	高粱秸秆	48.7	3.5	33.3	9.0	0.4	5.1
	小叶樟	48.1	41.0	5.4	1.9	3.1	0.5
	巴矛秆	46.9	9.7	35.4	6.6	0.4	1.0
	芦竹	38.5	16.2	42.2	2.0		1.1
	玉米秸秆	30.8	8.0	55.6	4.0	1.6	
	黄藤藤皮	60.1	24.9		15.0		
	黄藤藤芯	43.9	34.1		22.0		

注：各细胞含量是以各细胞所占面积对全部细胞总面积的分数。

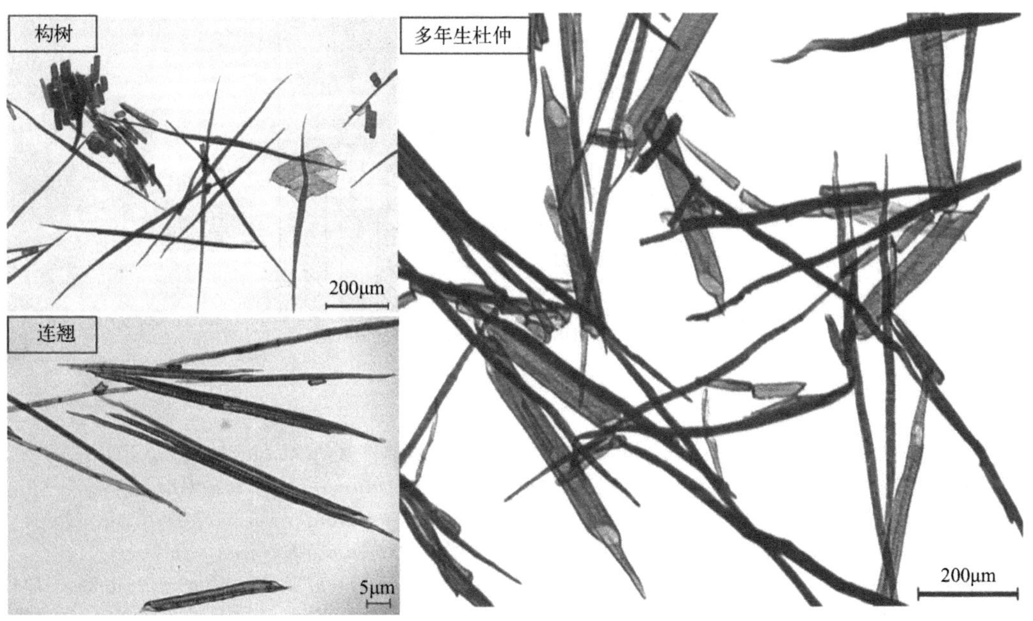

图 2-2-14 木材纤维原料细胞形态光学图像

2. 非木材纤维原料细胞种类

（1）禾本科植物　禾本科植物的细胞类型主要包括纤维细胞、薄壁细胞、表皮细胞、导管与筛管、石细胞。纤维细胞两端尖削，胞腔较小，常不明显。纤维壁上有单纹孔的，也有无纹孔的。除少数竹类、龙须草和甘蔗的纤维较长外，其他禾本科植物的纤维都比较短小，平均长度在1000～1500μm，平均宽度均为10～20μm。纤维细胞的含量占细胞总量的50%～60%（面积法测定）。玉米秸秆纤维含量较低，约为30%。由于大量杂细胞的存在，与针、阔叶材相比禾本科植物的纤维细胞含量明显较低，且主要存在于维管束周围的纤维鞘中。

由于优良的力学性能及“以竹代塑”概念的提出，近年来竹纤维的利用备受关注。图2-2-15列出了11种竹材纤维形态的数据[54]。

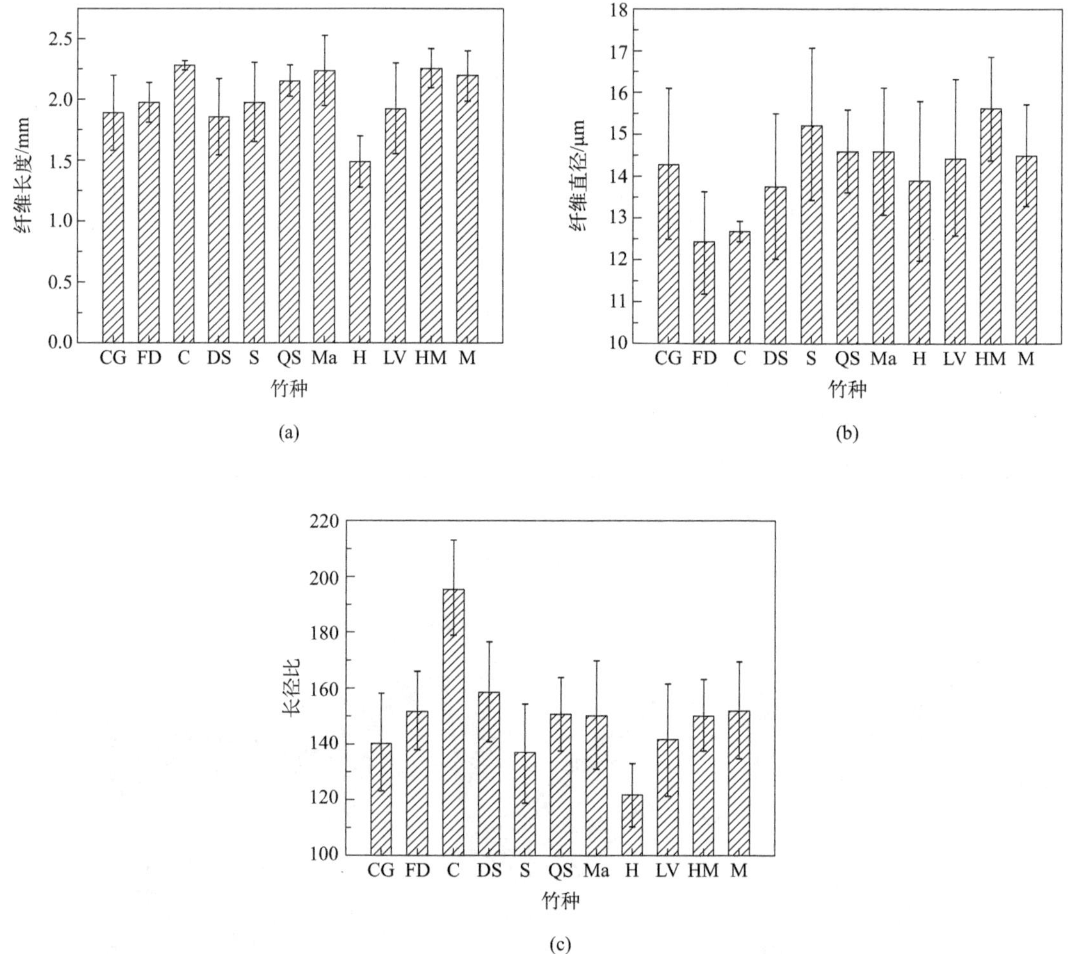

图2-2-15　撑篙竹（*Bambusa pervariabilis*，CG）、粉单竹（*Bambusa chungii*，FD）、慈竹（*Neosinocalamus affinis*，C）、吊丝单竹（*Dendrocalamopsis variostriata*，DS）、水竹（*Phyllostachys heteroclada*，S）、青丝黄竹（*Bambusa eutuldoides* var. *viridivittata*，QS）、麻竹（*Dendrocalamus latiflorus*，Ma）、花竹（*Bambusa albolineata*，H）、绿竹（*Dendrocalamopsis oldhamii*，LV）、花眉竹（*Bambusa longispiculata* Gamble ex Brandis，HM）、毛竹［*Phyllostachys heterocycla*（Carr.），M］纤维长度（a）、纤维直径（b）及长径比（c）对比图

（2）韧皮纤维、叶纤维及籽毛纤维　韧皮纤维原料通常指韧皮部高度发达的原料，韧皮纤维细胞呈长纺锤形，高度木质化，细胞顶端彼此贴合，力学强度优异，被认为是优良的制浆造纸原料。韧皮部除韧皮纤维、伴胞以外，还有一些薄壁细胞，这些薄壁细胞里常含有各种内含物，如淀粉、单宁和晶体等。常见韧皮纤维、叶纤维及籽毛纤维形态比较如表 2-2-2。

表 2-2-2　常见韧皮纤维、叶纤维及籽毛纤维形态比较

原料		长度/mm	宽度/μm	长宽比
韧皮纤维	亚麻	8.0～40.0	8.8～24.0	＞1000
	大麻	11.0～25.0	11.0～25.0	＞1000
	苎麻	120.0～180.0	20.0～50.0	＞2000
	黄麻	2.0～3.0	15.0～25.0	100
	桑皮	3.86～10.8	10.8～22.1	463
	构皮	6.07	20.9	
	檀皮	3.5	12.9	
	棉秆皮	2.26	2.06	
籽毛纤维	皮棉纤维	18.8	20.0	
叶纤维	剑麻	2.9		
	龙须草			＞200
	菠萝叶			580

三、植物纤维原料化学组成及形态

1. 木材及非木材纤维原料主要化学组成

植物纤维原料化学组成主要指原料细胞壁中纤维素、半纤维素和木质素。这三种组分交联在一起构成了植物纤维细胞壁的主体[55]，通常而言这三大组分的质量占原料总质量的 80%～95%。纤维素是植物纤维原料细胞壁中的骨架物质，它是由 D-葡萄糖基通过 1,4-糖苷键联结而成的线状高分子化合物，原料中纤维素含量的高低是评价其造纸潜力的基本依据。半纤维素是由多种糖基、糖醛酸基所组成的，是分子中带有支链的复合聚糖的总称。常见的糖基主要有木糖基、葡萄糖基、甘露糖基、半乳糖基、阿拉伯糖基、鼠李糖基、糖醛酸基等。半纤维素为“无定形”物质，与纤维素通过氢键相互交联，木质素是由苯基丙烷结构（即 C_6—C_3）单元通过醚键、碳—碳键连接而成的芳香族高分子化合物。在纤维原料中木质素主要起黏结作用，广泛存在于各类相邻近细胞形成的间层区域，赋予细胞轴向和径向压缩强度。常用的三类木材及非木材纤维原料的化学组成成分见表 2-2-3～表 2-2-5。

表 2-2-3　几种木材纤维原料化学成分分析表[50]

单位：%

种类	产地	水分	灰分	溶液抽出物					戊聚糖	蛋白质	果胶质	木质素	综纤维素	纤维素	半乳聚糖	甘露聚糖
				冷水	热水	乙醚	苯-醇	1%NaOH								
云杉	川西	10.97	0.73	1.42	2.68	0.37	—	12.43	11.62	0.62	1.32	28.43	—	46.92	1.10	4.76
鱼鳞松	东北	9.32	0.31	0.96	2.35	0.89	—	10.68	11.45	0.57	1.28	29.12	—	48.45	0.44	5.16
毛紫冷杉	川西	11.61	0.99	1.92	4.56	0.24	—	14.51	10.79	0.72	1.08	31.65	—	45.93	0.56	4.95
真杉	福建	10.70	0.21	3.08	6.02	0.45	—	16.70	11.65	0.78	1.02	32.67		46.11	1.21	4.45
柳杉	浙江	10.48	0.35	1.09	2.96	0.36	—	21.28	11.86	0.80	1.12	32.47	—	48.37	0.62	5.32
马尾松	四川	11.47	0.33	2.21	6.77	4.43	—	22.87	8.54	0.86	0.94	28.42	—	51.86	0.54	6.00
落叶松	内蒙古	11.67	0.36	0.59	1.90	1.20	—	13.03	11.27	—	0.99	27.44	—	52.55	—	—
红松	东北	9.64	0.42	2.69	4.15	4.69	—	17.55	10.46	—	0.79	27.69	—	53.12	—	—
云南松	云南	9.53	0.23	—	—	2.44	—	11.29	8.91	—	—	24.93	—	48.87	—	4.20
柏木	四川	10.28	0.41	3.42	4.56	2.43	—	17.07	10.69	0.89	1.10	32.44	—	44.16	0.73	—
桦木	内蒙古	12.34	0.82	1.69	2.36	2.16	—	21.32	25.90	—	1.69	22.91	—	53.43	—	
杨木	河北	11.31	0.32	1.38	2.46	0.23	—	15.61	22.61	0.73	1.76	17.10	—	43.24	0.86	—
南洋楹	广东	—	1.10	3.48	5.59	—	2.54	17.15	20.25	—	—	27.24	77.24	—	—	—
冬瓜木	江西	—	0.74	2.45	4.32	—	1.58	20.83	23.48	—	—	22.57	81.51	—	—	—
石梓	云南	—	1.04	2.08	5.54	—	4.54	16.30	18.54	—	—	25.77	74.27	—	—	—
加拿大杨	北京	8.49	0.75	1.42	2.36	—	1.60	16.16	21.31	—	—	20.93	82.05	—	—	—
毛白杨	北京	7.98	0.84	2.14	3.10	—	2.23	17.82	20.91	—	—	23.75	78.85	—	—	—
桉木	广东	—	0.29	2.01	3.30	—	1.98	12.67	10.27	—	—	27.45	77.80	—	—	—

表 2-2-4　几种非木材纤维原料化学成分分析表[50]

单位：%

种类	产地	水分	灰分	溶液抽出物					果胶质	戊聚糖	木质素	纤维素	综纤维素
				冷水	热水	苯-醇	乙醚	1%NaOH					
芒秆	湖北	—	3.15	8.21	10.80	—	6.20	38.91	—	17.39	19.64	—	73.79
芦苇	东北	10.49	5.82	—	—	—	3.77	38.36	—	25.13	19.26	41.57	—
芦苇	湖北	10.50	2.23	—	—	—	2.39	29.86	—	23.40	20.72	50.15	—
荻苇	湖南	9.80	2.78	7.19	8.41	—	4.47	39.01	—	23.15	19.63	—	74.56
蔗渣	四川	10.35	3.66	7.63	15.88	0.85	—	26.26	0.26	23.51	19.30	42.16	—
麦草	河北	10.65	6.04	5.36	23.15	0.51	—	44.56	0.30	25.56	22.34	40.40	—
稻草	丹东	11.53	14.15	—	—	—	6.68	48.79	—	21.08	9.49	36.73	—
稻草节	丹东	12.25	12.85	—	—	—	—	58.04	—	21.67	10.11	27.46	—
龙须草	广西	9.57	6.09	—	—	—	—	43.80	—	22.75	12.62	44.53	—
玉米秆	四川	9.64	4.66	10.65	20.40	0.56	—	45.62	0.45	24.58	18.38	37.68	—

表 2-2-5　11 种竹材原料化学成分分析表[54]　　单位：%

竹种	苯-醇抽提		综纤维素		α-纤维素		半纤维素		酸不溶木质素		灰分	
	平均值	标准差	平均值	标准差	平均值	标准差	平均值	标准差	平均值	标准差	平均值	标准差
撑篙竹	3.53	0.38	75.45	0.62	51.68	1.50	23.77	1.61	23.22	1.56	1.02	0.05
粉单竹	3.43	0.02	79.03	0.72	46.66	1.38	32.38	0.65	21.27	0.69	0.81	0.03
慈竹	4.08	0.28	73.57	0.73	45.21	0.30	28.36	0.47	24.08	0.80	0.93	0.04
吊丝单竹	2.94	0.10	74.97	0.36	50.64	0.47	24.32	0.22	23.82	1.15	1.33	0.12
水竹	3.31	0.16	75.95	0.77	50.54	0.20	25.41	0.75	20.41	1.64	0.96	0.06
青丝黄竹	2.32	0.25	82.29	0.22	56.60	0.22	25.69	0.43	20.64	0.55	0.58	0.10
麻竹	3.27	0.09	76.53	1.25	60.94	0.66	15.58	1.40	22.01	1.15	1.75	0.21
花竹	3.55	0.50	76.49	0.83	44.79	0.84	31.71	1.06	23.84	0.93	2.31	0.12
绿竹	3.99	0.12	75.88	1.48	52.56	0.66	23.32	1.31	22.77	0.67	1.59	0.13
花眉竹	3.99	0.20	72.99	1.41	48.05	1.17	24.94	0.24	24.04	1.36	0.47	0.04
毛竹	6.28	0.24	69.59	0.69	43.11	0.14	26.48	0.65	23.15	1.26	1.05	0.04

2. 木材纤维原料形态特征

纤维的形态特征主要包括纤维的长度、宽度、粗度、长宽比、细胞壁厚、壁腔比、细胞壁层次结构及微纤丝角等信息[56]。

纤维长度是纤维最基本的形态指标，指纤维伸长时的两端距离，对纸张的撕裂度、断裂长、耐折度等强度指标均有影响。纤维的宽度指纤维中段的直径大小，单根纤维的长度或宽度指标的测定对于纤维的应用价值不大，通常所说的纤维长度和宽度均为统计意义上的纤维性能指标。纤维长度和宽度常用数均长度（宽度）和质均长度（宽度）两种方法加以表征。

木材及非木材原料中纤维长度因组织区域的不同而存在明显差异，在考虑纤维长度对纸张性能影响时，除考虑平均长度外还应考虑纤维长度的不均一性。该指标常用频率分布表、图或曲线来表示。几种常用造纸纤维原料的纤维长度分布频率见表 2-2-6。

表 2-2-6　几种常用造纸纤维原料的纤维长度频率分布表　　单位：%

原料	0.5mm以下	0.5～1.0mm	1.0～1.5mm	1.5～2.0mm	2.0～2.5mm	2.5～3.0mm	3.0～3.5mm	3.5～4.0mm	4.0～4.5mm	4.5～5.0mm	5.0～5.5mm	5.5～6.0mm	6.0mm以上
马尾松	0	0	1.5	7	14.5	10	16	13.5	10.5	11	10.5	3.5	2
红松	0	0	6	2	14	12	26	22	12	6	0	0	0
山杨	6	66	28	0	0	0	0						
白皮桦	0	15	77	8	0	0	0						
毛竹	0	6.5	18.5	28	22	15.5	7	2.5	0	0			
稻草	24	45	20	5	5	1	0	0					
麦草		23.5	45.5	22	8.5	2.5	1	0	0.5				
蔗渣	0	16	25	28.5	18	8.5	2.5	1	0				
芦苇	6	41	34	10	6	2	0	0	1	0.5			
荻	6	32.5	28.5	16	7	3	4	3	0				
棉秆芯	3.5	84	11.5	0.5	0.5	0	0						

注：各级的频率以级分纤维数占综纤维数的百分比计。

纤维长度与宽度的比值称为长宽比。这一指标用于表征纤维细长的程度。较高的长宽比有利于纤维间的相互交织，纤维分布细密，成纸强度高。不同纤维原料的长宽比差异很大，其中棉和麻类的平均值最大，达到 1000 左右，韧皮类纤维次之，禾本科为 80～120，而竹类为 120～130，木材最小，为 50～70（表 2-2-7）。

纤维细胞的壁厚及胞腔直径对纸张性质亦有重要影响。植物纤维原料细胞壁厚度一般为 2～10μm。木材早材纤维细胞壁平均直径在 25～40μm，晚材为 10～20μm，禾本科纤维在 3～6μm。纤维细胞壁厚与胞腔直径的比值称为壁腔比，是表征纤维形态的重要参数。一般认为纤维壁腔比小于 1 为优质原料，等于 1 为良好原料，大于 1 为劣质原料。

表 2-2-7 木材及非木材原料纤维形态比较表

原料	长度/mm		宽度/μm		长宽比	单壁厚/μm	腔径/μm	壁腔比	非纤维细胞含量/%
	平均	一般	平均	一般					
稻草	0.92	0.47～1.43	8.1	6.0～9.5	114	3.3	1.5	4.4	54.0
麦草	1.32	1.03～1.60	12.9	9.3～15.7	102	5.2	2.5	4.16	37.9
芦苇	1.12	0.60～1.60	9.7	5.9～13.4	115	3.0	3.4	1.77	35.5
荻	1.36	0.64～2.12	17.1	8.4～29.3	80	6.17	3.7	3.6	34.5
芒秆	1.64	0.81～2.68	16.4	13.2～19.6	100				53.1
芦竹	1.28	0.70～1.79	14.6	13.7～19.6	88				61.5
甘蔗渣	1.73	1.01～2.34	22.5	16.7～30.4	77	3.28	17.9	0.36	25.7
龙须草	2.10	1.34～2.85	10.4	8.3～12.7	202	3.3	3.1	2.13	29.5
毛竹	2.00	1.23～2.71	16.2	12.3～19.6	123	6.6	2.9	4.55	31.2
慈竹	1.99	1.10～2.91	15.0	8.4～23.1	133				16.2
玉米秆	0.99	0.52～1.55	13.2	8.3～18.6	75				69.2
高粱秆	1.18	0.59～1.77	12.1	7.4～15.9	109				51.3
棉秆芯	0.83	0.63～0.98	27.7	21.6～34.3	30	2.7	18.9	0.28	28.7
棉秆皮	3.26	1.40～3.50	20.6	15.7～22.9	113	5.8	4.3	2.7	
云杉	3.06	1.84～4.05	51.9	39.2～68.6	59				
马尾松	3.61	2.23～5.06	50.0	36.3～65.7	72	早材 3.8 晚材 8.7	早材 33.1 晚材 16.6	早材 0.23 晚材 1.05	1.5
红松	3.62	2.45～4.10	54.3	39.2～63.8	67	早材 3.5 晚材 4.3	早材 27.7 晚材 14.0	早材 0.25 晚材 0.61	1.8
落叶松	3.41	2.28～4.32	44.4	29.4～63.7	77	早材 3.5 晚材 9.3	早材 33.6 晚材 12.6	早材 0.21 晚材 1.48	1.5
臭冷杉	3.29	1.75～4.05	51.9	39.2～63.7	63				63
山杨	0.86	0.65～1.14	17.4	14.7～23.5	50				23.3
白皮桦	1.21	1.01～1.47	18.7	14.7～22.0	65				26.7
红皮桦	1.27	1.07～1.45	19.6	17.2～20.6	65				
桉木	0.68	0.55～0.79	16.8	13.2～18.3	43				17.6
榲木	0.14	0.60～1.17	36.4	29.0～40.7	31				

同时，壁腔比也是用来评价纤维柔软度的重要形态指标，其值越小表明纤维的柔韧性越好，成纸时纤维的接触面积大，结合力强。纤维细胞壁的厚度决定纤维的柔韧性，而纤维的柔软性可用刚性系数和柔性系数表示。按柔性系数，造纸纤维分为四个等级：Ⅰ级材，柔性系数＞75；Ⅱ级材，柔性系数50～75；Ⅲ级材，柔性系数30～50；Ⅳ级材，柔性系数＜30。几种常见造纸纤维原料柔性系数见表2-2-8。

表2-2-8　几种常见造纸纤维原料的柔性系数对照表

原料	纤维平均长度/mm	纤维平均宽度/μm	纤维胞壁厚度/μm	纤维胞腔直径/μm	壁腔比	柔性系数
红麻全秆	1.43	30.80				
红麻木质部	0.71	37.37	3.58	22.86	0.16	61.2
红麻韧皮部	2.28	23.08	7.08	10.49	0.68	45.5
棉秆木质部	0.83	27.70	5.40	18.00	0.28	68.2
棉秆韧皮部	2.26	20.60	11.60	4.30	2.70	20.9
荻	1.36	17.10	12.34	3.70	3.34	21.6
甘蔗渣	1.73	22.50	6.52	17.90	0.36	79.6
麦草	1.32	12.90	10.40	2.50	4.16	19.4
龙须草	2.10	10.40	6.60	3.10	2.13	29.8
红松	3.6	54.30	8.60	1400	0.61	25.8
马尾松	3.61	50.00	17.40	16.60	1.05	33.2
落叶松	3.41	44.40	18.60	12.60	1.48	28.4

第四节　木材细胞壁结构和微区化学分布

树木的形成与进化赋予木材完整、精巧、复杂的多级结构。木材是由多种类型细胞的细胞壁组成的天然复杂生物材料。细胞壁是植物区别于动物的重要特征之一。对于树木而言，细胞壁的存在限制了原生质体的膨胀，从而使得细胞的形态和大小随着细胞的成熟而固定，同时细胞壁还能起到支撑植物器官的机械作用。对木材而言，细胞壁是其物质载体，细胞壁内纤维素、半纤维素和木质素等分子通过共价键、弱相互作用及其协同效应自发有序形成特定结构。细胞壁结构成为决定木材的使用领域与生命周期的关键。

一、细胞壁构造及微纤丝排列

细胞壁的形成是细胞原生质体活动的结果，原生质体分泌物质形成了细胞壁。目前，木材细胞壁研究主要集中在树木轴向系统方面，比如管胞、木纤维和导管，明确了管胞（木纤维）分化形成各阶段及特征，提出了管胞三壁层经典模型等。因此，本节主要论述管胞和木纤维的细胞壁构造及微纤丝排列。

木材细胞在生长发育过程中依次经历分生、膨大和细胞壁加厚等阶段而达到成熟。按木质部细胞发育过程划分，木材细胞壁由胞间层、初生壁（P）和次生壁组成，其中次生壁按照微纤丝排列差异可进一步分为次生壁外层（S_1）、次生壁中层（S_2）和次生壁内层（S_3）。组成木材细胞壁的主要化学成分包括纤维素、半纤维素和木质素（图2-2-16），其中纤维素作为增强结构被包埋于半纤维素和木质素组成的无定形基质中[36,57]。目前，纤维素、半纤维素和木质素间连接形式仍不清晰，通常认为半纤维素通过氢键与纤维素连接，并通过共价键与木质素连接[57]，近期发现木质素与纤维素间存在连接[58]，木质素与半纤维素间除氢键作用外还存在静电作用[29]。细胞壁组分的分布和微纤丝排列取决于原生质体的活动。

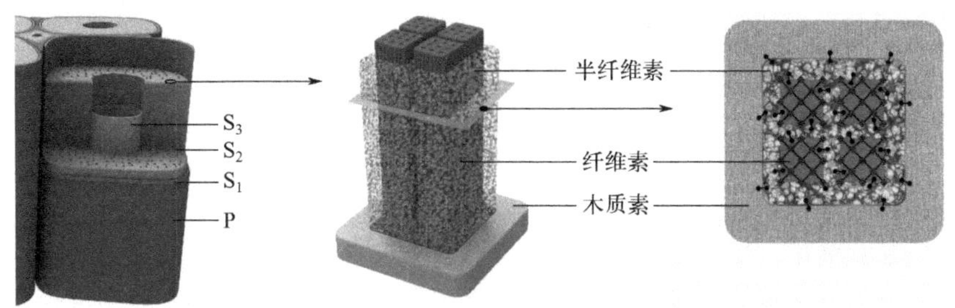

图 2-2-16　细胞壁结构模型[59]

1. 胞间层的形成与结构

在高等植物里，细胞分裂紧随着细胞核的分裂。当二子核进到分裂的末期时，在细胞赤道处出现类似纺锤丝的一束细丝，它叫作成膜体。成膜体由细胞中央逐渐向周边推移，直至到达母细胞的侧壁位置。胞间层形成于细胞质分裂后期，是两个子细胞的分隔，即细胞板[23]。

胞间层壁薄，厚度约为 50nm，该壁层成分是各向同性、无定形的胶体物质，主要由果胶多糖组成，缺乏纤维素[60]。果胶多糖常被简称为果胶，属于多缩半乳糖醛酸的衍生物，包含原果胶质、果胶质和果胶酸三类。果胶具有亲水性和容易被酸、碱或果胶酶溶解的特点。因此，植物组织离析往往通过使用化学试剂降解富含果胶的胞间层，实现细胞分离和组织解体的目的。胞间层与初生壁的壁层成分存在差异，常利用组织化学染色如钌红染果胶、高锰酸钾染木质素或免疫组织化学标记果胶等结合光学显微镜、荧光显微镜或透射电子显微镜将胞间层和初生壁区分开。当不需要严格区别研究胞间层壁和初生壁时，往往使用复合胞间层概念。复合胞间层由一层胞间层及其两侧细胞各自沉积的初生壁共同组成。以云杉木质部为例，复合胞间层厚度为 200～400nm，而角隅区厚度升至 1200nm。木材细胞成熟后胞间层一般都是木质化的，25％的木质素分布在复合胞间层，剩余木质素主要位于次生壁。但复合胞间层很薄的壁层厚度使其木质素浓度远远高于次生壁。

胞间层虽薄却对植物的结构与功能至关重要，胞间层富含多糖的壁层成分使其具有天然复杂的手性结构，如 α 和 β 异头物、多变的糖基间键接结构、较普遍的糖基官能团取代形式等结构特征。因此，胞间层的形成与结构精准解译至今仍是植物细胞壁结构研究的热点与难点之一。

近年来，胞间层内不同类型果胶和其他种类多糖的微区分布研究得益于免疫组织化学标记等原位分析技术的发展有了一定突破。通过对胼胝质、纤维素、半纤维素、果胶和结构蛋白的精准标记，获得了较精细的细胞板分化时间轴[61]。发现了高尔基体合成果胶多糖，经胞吐作用转移到细胞壁。利用不同抗体类型实现了同型半乳糖醛酸聚糖不同区域结构的选择性标记，证实了成熟胞间层内果胶主要是部分酯化同型半乳糖醛酸聚糖[62]。采用二次离子质谱和电子能量损失谱证明了钙离子和果胶酸钙主要富集在胞间层，说明胞间层区域上富集了大量的低甲基酯化同型半乳糖醛酸聚糖和部分甲基酯化同型半乳糖醛酸聚糖。此外，通过抗体 LM7 选择性标记非模块部分酯化同型半乳糖醛酸聚糖和抗体 PAM1 选择性标记模块部分酯化同型半乳糖醛酸聚糖，推论出胞间层同型半乳糖醛酸聚糖的脱酯化反应主要涉及模块和非模块两种形式。另外，胞间层还存在羟脯氨酸富集蛋白，此类蛋白常见于初生壁。胞间层内分子间作用主要包含果胶-果胶间作用和蛋白-蛋白间作用。前者主要涉及钙离子参与的低酯化同型半乳糖醛酸聚糖分子间的键接方式。值得注意的是，由于胞间层不含有Ⅱ型鼠李糖半乳糖醛酸聚糖，胞间层内果胶-果胶间作用是不同于胞间层-初生壁间果胶-果胶成键方式的。而胞间层内蛋白-蛋白间作用主要涉及羟脯氨酸富集蛋白间作用形式。

胞间层的形成伴随着多糖结构的转变。胞间层的出现伴随着同型半乳糖醛酸聚糖的甲基酯化，以及出现阿拉伯半乳聚糖蛋白。在成熟过程中，甲基酯化的同型半乳糖醛酸聚糖在果胶甲基酯酶的作用下，发生去酯化反应，再借由钙离子的调控，去酯化的半乳糖醛酸聚糖构象发生转变，造成了胞间层内果胶物质变得刚性。然后，Ⅰ型鼠李糖半乳糖醛酸聚糖开始沉积。通过分离研究悬浮培养的假挪威槭细胞壁内鼠李糖半乳糖醛酸聚糖，发现其聚合度为 2000，由 D-半乳糖醛酸、鼠李糖、半乳糖、阿拉伯糖及少量的岩藻糖组成。主链由交替的鼠李糖残基和半乳糖醛酸残基组成，交替结构的长度还不清楚，但可能有 300 个鼠李糖残基和 300 个半乳糖醛酸残基，大约有一半 2 位连接鼠李糖经 O4 位与侧链相连，侧链长度平均为 7 个糖残基。因此，初生胞间层是柔软和电荷中性的，随着胞间层的成熟，在钙离子等参与成键的调控下，其壁层不断变得负电性和刚性。胞间层起到避免细胞间发生滑移或分离的作用。胞间层的力学行为显著影响着木质纤维素材料的生物能源效率。通常情况下果胶是决定胞间层力学行为的关键。但Ⅰ型鼠李糖半乳糖醛酸聚糖的阿拉伯糖侧链也能通过影响同型半乳糖醛酸聚糖的交联结构，起到调控胞间层组分的流动性及其力学行为的作用。此外，胞间层的厚度很小，一根果胶链可能就横穿整个胞间层和相邻两个初生壁，与其他果胶链成键。这也会影响到胞间层的力学行为。因此，调控胞间层壁层成分的生物合成路径已成为降低胞间层力学性能、有效节约生物能源转化能耗的方式之一。

2. 初生壁的结构与微纤丝排列

初生壁是指分生细胞在细胞分化过程中在胞间层上形成纤维素，并以极细的微纤丝状态沉积形成的细胞壁。初生壁主要由 90% 的纤维素、半纤维素和果糖等多糖以及 10% 的蛋白质组成，多糖和蛋白质间可能存在作用形式[63]。初生壁是在细胞膨大生长阶段形成的壁，它可以随着细胞的生长而不断生长。等到木材细胞成熟时，多数初生壁木质化，与胞间层一起成为木质素聚集浓度最高的部位，尤其在细胞角隅处木质素的浓度最高。

初生壁的纤维素微纤丝常排成一疏松的、不规则的交织层或任意排列层，被包埋在非纤维素的多糖基质中。一般而言，初生壁的半纤维素由木葡聚糖和阿拉伯木聚糖组成[63]。果胶多糖则包括同型半乳糖醛酸聚糖、Ⅰ型鼠李糖半乳糖醛酸聚糖和Ⅱ型鼠李糖半乳糖醛酸聚糖。1973 年，采用生长的悬铃木细胞首次给出了初生壁较为完善的结构模型。采用纯化的聚糖酶水解结合化学分析降解片段，反推出初生壁内鼠李糖半乳糖醛酸、阿拉伯半乳聚糖、木葡聚糖和羟脯氨酸富集蛋白间存在分子间共价键，纤维素和木葡聚糖间存在氢键作用。此外，一些初生壁的寡糖片段能诱导植物抗毒素的形成，还对其他生理过程有调节作用，这种具有调节活性的寡糖片段被称为寡糖素。

木葡聚糖是初生壁内的重要组分。通常认为，木葡聚糖在高等植物初生壁内普遍存在，同时其含量随着细胞的生长不断降低。它是细胞膨胀生长阶段的重要组分，具有类纤维素的主链结构。这表明 β-1,4-葡聚糖可能部分共享了纤维素的生物合成路径。木葡聚糖的骨架由 β-1 相连的 D-葡萄糖残基组成，D-木糖侧链以 α-连接键与葡萄糖的 O6 位相连，一般每四个葡萄糖残基中有三个具有木糖侧链。有时也有少数阿拉伯糖与木糖残基在 O2 位相连。单子叶植物细胞壁中也存在木葡聚糖，并含有带半乳糖残基的侧链，但它的葡萄糖残基被木糖取代的频率要比双子叶植物低。木葡聚糖可能在维持细胞壁结构中起作用，它能以氢键和纤维素相连，有证据表明它参与控制细胞壁的伸长。在生物素促进细胞壁生长时有少量的木葡聚糖从细胞壁中释放出来，生长素也诱导内切 β-1,4-葡聚糖酶的累积。

初生壁与次生壁间存在多种分子间作用形式。第一种情况是钙离子键接的初生壁果胶与次生壁果胶间作用形式。当同型半乳糖醛酸聚糖骨架仅部分或少量酯化时，钙离子能键接起两个负电荷聚合物。果胶属于大分子范畴，Ⅰ型鼠李糖半乳糖醛酸聚糖是骨架，同型半乳糖醛酸聚糖和Ⅱ型鼠李糖半乳糖醛酸聚糖具侧链结构。此外，还有鼠李糖等其他单糖共同组成的果胶类物质。有研究学者指出在初生壁和次生壁界面上，果胶骨架包埋在或连接在初生壁内，而侧链则通过钙离子键接桥与胞间层作用。第二种情况是胞间层的果胶与次生壁的纤维素、半纤维素间的氢键作用。研究表明果胶形成氢键作用于纤维素和木葡聚糖。第三种情况是经阿魏酸多酚类物质参与的胞间层果胶和初生壁木葡聚糖间酯键作用。第四种可能的作用方式是胞间层蛋白与初生壁蛋白和果胶间非共价键作用。

初生壁具有双折射性，可用偏光显微镜观察到。在初生壁形成时，其最外面的薄层的微纤丝是倾斜的或几乎是轴向的，随后逐渐转变成交织的网状，而后又趋于横过细胞轴呈横向排列。微纤丝排列方向与细胞纵轴所呈的角度有自初生壁最内面的薄层向外面薄层逐渐变小的趋势。

3.次生壁的结构与微纤丝排列

次生壁是在细胞壁增大完成后，在初生壁内面由附加胞壁物质的附着生长形成的细胞壁。次生壁是植物结构的关键部位，主要由纤维素、半纤维素和木质素组成，提供了地球上最大量的可再生资源。次生壁较致密，干态细胞壁内多糖占比超过70%。偏光显微镜下，次生壁呈现明显的各向异性。较之初生壁300nm～1.2μm的壁厚而言，次生壁壁厚可达13μm[23]，其厚度取决于树种、细胞类型以及生长条件。次生壁形成期间，细胞壁物质的附着表现出周期性日变化，白天沉积纤维素成分，午夜时形成木质素并渗入新形成的胞壁中。木质化的过程是与胞壁增厚平行的，木质化开始于细胞角隅处，而后胞间层的其余部分由木质素代替了果胶部分，因而细胞间物质变得十分坚硬。在次生壁形成中，木质素沉积是随着胞壁的发育向内进行的。

次生壁的出现标志着该细胞的大小已定，不再有体积的变化，而只出现细胞壁厚度的增加。一般地，细胞在次生壁形成后，它们的原生质体往往消失，只留下细胞壁。但原生质体也有被保留的，例如木质部中的薄壁射线细胞及加厚的木质薄壁组织细胞。

次生壁物质最先是沉积在邻近细胞的中部附近，随着沉积作用移向细胞的末端。连续薄层的沉积均是自细胞的中部向细胞两个末端延伸。在次生壁中最初形成薄层的微纤丝排列方向与初生壁的区别很少。每一薄层微纤丝的排列方向之间略有不同。次生壁内由于微纤丝排列方向的不同，又可分为次生壁外层（S_1）、次生壁中层（S_2）和次生壁内层（S_3）。截至目前，木质部细胞的壁层结构仍不完全清晰，细胞类型间壁层结构差异显著。有些导管分子的次生壁与木纤维的结构类似，但具有较厚的S_1层和S_3层，有些仅含有微纤丝均匀平螺旋排列的单层壁层结构，有些则具有复杂的多层次生壁结构。此外，需要注意的是，细胞各壁层在纹孔口附近的微纤丝角排列还会受到纹孔位置的影响。

在光学显微镜下，细胞壁仅能见到宽0.4～1.0μm的丝状结构。再细分下去，在电子显微镜下观察到的细胞壁线形结构，则称为微纤丝。整体上看，微纤丝是现阶段木材细胞壁成分中分子结构认知最为清晰的。木材细胞壁中微纤丝的宽度为10～30nm，而长度不定。关于微纤丝直径的大小，至今没有一致的意见。但一般认为，断面约有40根纤维素分子链组成的最小丝状结构单元，称为基本纤丝。基本纤丝纵长方向由纤维素分子链高度定向排列的结晶区和排列不规整的非结晶区组成。结晶区和非结晶区交替间隔，而结晶区进入非结晶区或非结晶区进入结晶区均是逐渐过渡的，无明显的界限。木材纤维素一般聚合度在6000～8000，但需考虑纤维素分离测试时不可避免发生的纤维素解聚反应。X射线衍射研究发现，纤维素的基本单元是纤维二糖，由两个葡萄糖苷构成。纤维素中的葡萄糖属于D-吡喃型，基本单元间由β-1,4-糖苷键连接。葡萄糖单元醇羟基上的H能够与侧链上的O生成氢键，从而形成基本纤丝。细胞壁上微纤丝排列的方向各层很不一样。一般初生壁上的微纤丝多呈不规则的交错网状，而在次生壁上则往往比较有规则。在偏光显微镜下看，S_1层和S_3层均薄于S_2层，其微纤丝的排列方向与S_2层接近垂直。S_1层微纤丝的排列方向，与细胞纵轴呈50°～70°。S_2层则变化在10°～30°之间，且依其在不同的细胞中有别，如早晚材。S_3层微纤丝较S_1层更接近细胞纵轴相垂直，多在60°～90°。

最先形成的次生壁外层(S_1)，与初生壁相邻，具明显的双折射现象，壁厚较薄，厚度仅0.1～0.2μm或可至0.35μm，占细胞壁平均壁厚的10%～22%[23]。S_1层由几个“S”形和“Z”形互相交替的螺旋状排列的薄层组成。S_1层的结构明显是初生壁至次生壁中层（S_2）的过渡。S_1层的微纤丝首先呈“S”形沉积在次生壁外表面，随后逐渐过渡到S_1层内表面的“Z”形沉积。由于微纤丝取向的转变是连续的，使用场发射扫描电子显微镜和透射电子显微镜才能观察到微纤丝从“S”形到“Z”形的过渡排列。总的来看，微纤丝的沉积差不多是横向的，与细胞轴的平均夹角为50°～70°，因此，S_1层的微纤丝取向和性质是纤维横向模量的重要决定因素。S_1层的双折射性常略大于S_3层。

次生壁中层(S_2)是次生壁的主体部分，厚度可达到5μm或以上，占整个胞壁厚度的80%～90%，是次生壁三个部分中最厚的部分[23]。在S_2层的内表面和外表面之间有许多过渡的薄层。这些薄层显示来自S_1层至S_2层和S_2层至S_3层的逐渐变化的情况。S_2层微纤丝排列方向与细胞纵轴几乎平行，约呈 10°～30°。S_2 层对木材细胞壁的力学性能尤其是纤维的纵向力学强度影响最大，是其重要的决定因素。该层微纤丝螺旋的斜度很陡，与细胞长轴的夹角小（微纤丝角），呈 10°～30°的“Z”形排列，接近长轴。组成 S_2 层的薄层数，早材细胞或薄的胞壁中约由 30～40 层薄层组成，晚材分子则由 150 至 160 层以上的薄层组成。同一管胞内 S_2 层的微纤丝角变化不大，最大值与最小值相差约 15°，如在日本落叶松的一个管胞上，微纤丝角的变化为 9°～21°。微纤丝角在幼龄材和成熟材中差异较大，在成熟材中普遍相对较小[43]，因此微纤丝角的大小是区分幼龄材和成熟材的重要依据。此外，微纤丝在不同树种间的变化也很大，这使微纤丝角成为继密度之后预测木材宏微观力学性质的最重要参数。

次生壁内层（S_3）结构疏松，厚度不超过 5～6 层薄层。针叶材 S_3 层厚度约为 0.07～0.08μm，而在阔叶材中则更薄一些。在一些细胞壁层中 S_3 层发育得较弱或缺乏。S_3 层在应压木管胞中缺乏。S_3 层与细胞腔相邻，厚度因树种而异，一般为 0.03～0.3μm，占细胞壁平均壁厚的 2%～8%[23]。S_3 层的微纤丝排列与高度定向的 S_2 层相反，微纤丝约呈 20°～30°的小角度的互相交叉状。该层的微纤丝沉积近似 S_1 层，几乎与细胞长轴垂直，呈不规则的近似环状排列。从 S_3 层外表面到内表面（细胞腔），该层的微纤丝取向呈 40°的“Z”形逐渐过渡到 20°的“S”形排列。总的来看，该层微纤丝的沉积差不多是横向的，与细胞轴的平均夹角较大。

4. 纹孔

（1）纹孔的概念、类型与分布　纹孔是木质部细胞壁次生加厚时组分不均匀沉积产生的凹陷，常常在相邻细胞间成对出现。纹孔的主要组成部分包括次生壁加厚形成的纹孔室，以及初生壁和胞间层发育形成的纹孔膜，纹孔的开口称为纹孔口。

纹孔的两种常见类型包括单纹孔和具缘纹孔，其中单纹孔是次生壁上普遍存在的纹孔，尤其在木材薄壁细胞的次生壁上常见。单纹孔的次生壁边缘与初生壁近乎垂直，纹孔呈圆柱状。与之不同的是，具缘纹孔的次生壁向细胞腔内隆起呈拱形，该隆起称为纹孔缘。具缘纹孔多分布在木质部水分输导分子（阔叶材导管及针叶材的轴向管胞）间壁，有些纤维管胞、韧性纤维厚壁细胞也有具缘纹孔或其简化形式[36]。有些阔叶材具缘纹孔的纹孔腔内延伸出许多细微突起，充满纹孔腔，这类纹孔称为附物纹孔，可能是植物适应干旱或温暖气候的构造特征。

纹孔在次生壁相邻细胞间往往精确地成对出现，称为纹孔对。单纹孔出现在相邻细胞壁两侧称为单纹孔对。单纹孔只在相邻细胞间壁的一侧出现称为盲纹孔。相邻细胞壁上相对出现的具缘纹孔称为具缘纹孔对。相邻的一边是具缘纹孔，另一边是半具缘纹孔时，称为半具缘纹孔对，例如轴向薄壁细胞与相邻导管或管胞壁上形成的即为半具缘纹孔对。

（2）纹孔的发育　纹孔的形成、发育及成熟过程伴随着细胞壁的形成、发育与成熟，但由于其独特的结构，纹孔的发育过程较细胞壁其他部位更为复杂，其发育过程大致如下[23]：首先，稀疏的微纤丝在初生壁上散乱均质排布成一个圆形纹孔场，在初生壁内层形成以前，圆形排列的微纤丝沉积形成纹孔环，果胶最初分布在初生壁，而后仅分布在纹孔环[64]；其次，水解酶促使初生壁和胞间层中非纤维素类的多糖物质脱落，微纤丝呈辐射状排列形成纹孔膜的膜缘孔隙，个别微纤丝束保持弦向排列；再次，纤维素微纤丝通过复网沉积加固将形成的纹孔塞形貌，辐射状的微纤丝平行层叠排布在大圆形的中部形成纹孔塞；然后，弦向排列的纤维素微纤丝呈同心圆状沉积到纹孔场周围次生壁的加厚边缘，形成纹孔缘，该过程包含原始纹孔缘的增厚以及 S_1～S_3 层的沉积，且原始纹孔缘较纹孔缘其他部位的木质素含量更高；最后，具缘纹孔发育成熟，纹孔塞较膜缘为厚，且与膜缘区别明显。

（3）纹孔的构造与化学组成　作为细胞壁的特殊结构，纹孔的主要化学组成为纤维素微纤丝，被包埋在由木质素、半纤维素、果胶等组成的无定形基质中[20]。纹孔缘细胞壁的结构复杂且变异很大，其原始纹孔缘及 S_1～S_3 层微纤丝的排列方向明显不同。

针叶材管胞的具缘纹孔膜大多具有明显的纹孔塞-膜缘结构（图 2-2-17），但是不同针叶材纹孔的微细构造特征如其纹孔塞厚度、膜缘微孔的直径与数量、纹孔口直径、纹孔缘弯曲度等差异较大[23]。根据针叶材轴向管胞具缘纹孔膜的变异，针叶材的具缘纹孔被划分为苏铁型、南洋杉型、松木型、落羽杉型、买麻藤型等多种类型。针叶材纹孔塞上分布有直径为 50nm 左右的微孔，这些微孔可能来源于初生木质部细胞分裂后期的胞间连丝通道，且分布频率在同一树种不同生长轮间变异很大[65]。部分针叶材的纹孔室内具有明显的瘤状层。

针叶材纹孔塞和膜缘的化学成分具有显著差异。纹孔塞的主要成分是果胶，而膜缘主要成分为纤维素，其他基质类物质在成熟时已脱落。传统的化学分析手段如紫外分光光度法、X射线光谱显微镜等存在分辨率较低的问题。近年同步辐射纳米红外光谱的应用使得阔叶材纹孔膜化学成分的定性分析更加精准，但是样品在观测过程中必须完全处于干燥状态，导致具缘纹孔膜的部分化合物产生降解[66]。

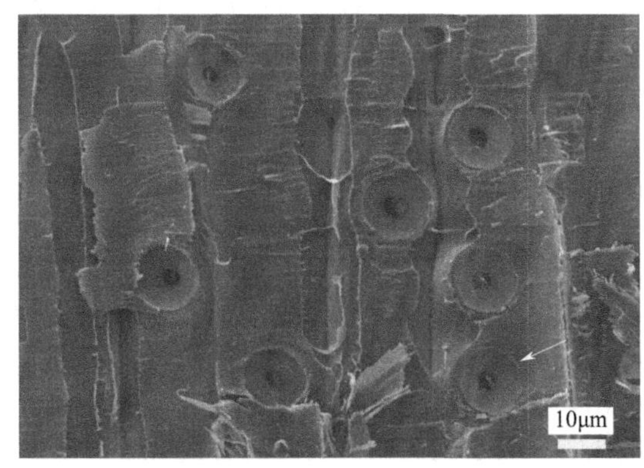

图 2-2-17 柏木（*Cupressus*）管胞径壁具缘纹孔

阔叶材的纹孔膜相对均质，但其形貌也因树种不同呈现出颗粒状、平滑状、轻微孔隙化、高度孔隙化等显著差异[67]。不同阔叶材纹孔膜的厚度相差近25倍，且纹孔膜微孔的最大孔隙直径与纹孔膜厚度呈显著正相关。阔叶材纹孔膜的化学成分及相对含量随纹孔发育阶段及纹孔类型不同，种间及种内变异均较大[68]。例如，欧洲黑杨导管间具缘纹孔膜含有纤维素、酚类化合物和蛋白质，不含果胶及木质素，而其导管-射线间半具缘纹孔的纹孔膜则含有大量果胶，但不含酚醛化合物及木质素[66]。目前，导管间纹孔膜是否含有果胶尚存争议。

（4）纹孔的功能　纹孔为木质部树液的轴向与径向运输提供了天然的通道，其中针叶材纹孔膜的纹孔塞-膜缘结构被认为是树液输导过程中承担安全阀门的精细结构[67]。且膜缘上具有大量的孔隙，保持相对良好的输导水分与营养物质的功能，为液体的流动提供了通道。具缘纹孔对于树木的生长发育及成材率具有至关重要的作用。同时，木材作为重要的森林系统终端产品，其保存过程中防腐剂的渗透、干燥过程中水分的迁移等都与纹孔的微观构造及理化性质密切相关。

在树木生长及木材干燥过程中，当相邻胞腔间气压差达到一定程度时，具缘纹孔的纹孔塞从正中位置发生偏移堵塞纹孔口，导致纹孔发生闭塞。具缘纹孔的闭塞问题严重影响了树木水分运输的效率，以及木材加工利用时的渗透性[23]。

5. 瘤状层

瘤状层是许多针叶材和阔叶材、竹材及草本植物的管胞、纤维、导管分子等细胞内壁、纹孔室、纹孔缘、导管分子穿孔板的横闩上及一些径列条表面出现的瘤状物结构（图 2-2-18）。瘤状物可能存在于正常木材细胞壁表面、螺纹加厚、穿孔板边缘和纹孔室内，它们也能沉积在 S_3 层内侧或是应压木管胞 S_2 层内部。一般认为，在进化程度较高的木本植物导管和韧性纤维里缺乏瘤状物结构[23]。

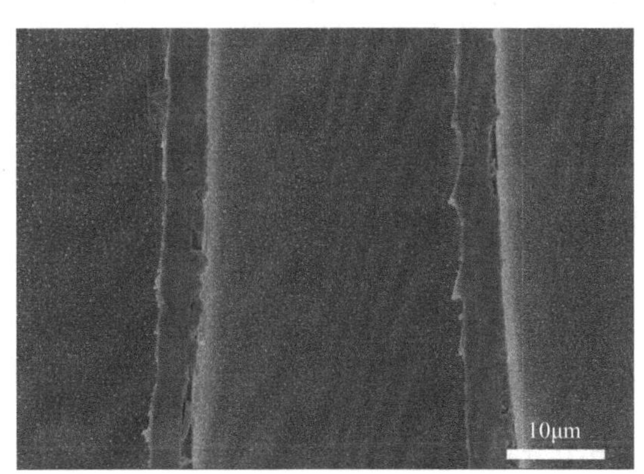

图 2-2-18 柏木属（*Cupressus*）管胞次生壁 S_3 层内侧瘤状层

（1）瘤状层的形成　瘤状层是一种无定形的膜状物质层，是许多细胞次生壁 S_3 层上突起物。该层常含有由不同物质组成的球形物，其形成过程存在不同解释[23]。Liese 认为瘤状层的发育源于细胞分化后期，质膜和液泡膜两类原生质膜残存物在胞腔表面沉积而成。Cronshaw 认为，瘤状层既不是细胞质的残留物，也不是 S_3 层的部分，而是细胞质解体以前形成的构造。Schwarzmann 指出，瘤状物形成可能晚于 S_3 层的木质化。Baird 的研究指出瘤状物是在次生壁沉积和木质化完成后或接近完成时，在原生质膜外面发育的。在 S_3 层微纤丝沉积后，细胞壁内表面有一些无定形物质结壳和矮的小丘状物出现。此种瘤状物继续发育直到 S_3 层完全被结壳覆盖而瘤状物伸至胞腔呈圆锥形为止。大多数细胞壁的木质化作用是在瘤状物形成之前。在瘤状物明显突入胞腔的最后阶段，木质素显得比次生壁丰富得多。在瘤状物形成以后，活细胞的内含物退化和消失。

（2）瘤状物形态特征　瘤状层用复型法或超薄切片法均易于在电镜下观察，尤其是使用透射电镜则更清晰。瘤状物大多呈现乳头状、球形或圆锥形。此类瘤状物一般基部较大，向上则渐尖，及至顶端多数呈钝圆，有时较尖，且多数单独或散生。此外，两个或两个以上瘤状物聚合形成圆团形状或较不规则的圆团状瘤状物。

中国裸子植物木材瘤状物的大小，直径一般为 115.5～232.4nm[23]。最小的是臭冷杉，平均直径为 120nm（范围 90.1～142nm）。最大的是白皮松，平均直径为 433.3nm（范围 302～554nm，有时可达 709.3nm）。按科进行比较，裸子植物中，似以杉科和柏科木材的瘤状物较大，松科木材的瘤状物则小。

（3）瘤状层的化学组成　对马尾松样品用 0.25％次氯酸钠部分脱木质素和溶剂交换处理后，在电镜下发现管胞胞腔内表面的瘤状层已明显减少，甚至消失，表明瘤状物和覆盖层的成分中含木质素，能被次氯酸钠降解。此外，在杉木、松、冷杉等木材管胞内壁上，偶然见到白腐菌或软腐菌能溶解的瘤状物和覆盖层，但褐腐菌只能降解细胞壁，无法溶解瘤状层，进一步说明瘤状物和细胞壁的化学成分不完全一致。除木质素外，瘤状层还含有半纤维素，如阿拉伯基-4-*O*-甲基葡萄糖醛酸基木聚糖和 *O*-乙酰半乳糖甘露聚糖。日本柳杉瘤状层内阿拉伯基-4-*O*-甲基葡萄糖醛酸基木聚糖含量较高，并且与木质素可能形成了键接形式，而 *O*-乙酰半乳糖甘露聚糖含量较少[69]。应力木瘤状层相对于正常材瘤状层具有较低的阿拉伯-4-甲基葡萄糖醛酸木聚糖含量，以及较高的木质素含量[70]。

（4）瘤状物在裸子植物木材中的分类学意义　瘤状层是区别裸子植物木材一些科、属、亚属的重要特征。它常是南洋杉科中南洋杉（具缘纹孔室内瘤状层明显或偶见，多分布于纹孔缘外表面的中部至内部）和贝壳杉（偶具）木材区别的重要标志。

瘤状层是区别松属中单维管束松亚属（软木松）（白皮松组除外）和双维管束松亚属（硬木松）的重要标志。前者瘤状层多不易见或偶见于管胞内表面角隅处；后者则瘤状层普遍出现于管胞内表面及纹孔缘、纹孔室表面等。杉科、柏科两个科中大多数属的管胞胞腔内壁表面及具缘纹孔室内均具有十分明显的瘤状层，特别在纹孔缘外包面的瘤状层，在大多数属、种中常是均匀满布的，而且柏科的瘤状层发育得比杉科更好。柏科中许多属的瘤状层经常连接发育成群聚形。

二、细胞壁主要组分微区化学分布

木材细胞壁主要是由纤维素、半纤维和木质素组成的，这三种组分在细胞壁中的浓度分布呈现出明显的区域选择性。

1. 纤维素微区化学分布

纤维素是木材、草类、麻类等高等植物细胞壁的主要成分，被认为是储量最丰富的天然高分子。纤维素大分子的基本结构单元是 D-吡喃式葡萄糖基，作为植物细胞壁主要的轴向力学承载单元，纤维素分子链以氢键相连接形成基元纤丝，进一步与半纤维素相连组装成微纤丝，木质素的沉积粘接成束的微纤丝组成宏纤丝，以上各种纤维素聚集态结构统称为纤丝聚集体。在不同细胞类型，以及同一细胞不同形态区域中，植物细胞壁纤丝聚集体的浓度及排列取向具有明显的差异。

（1）纤维素生物合成　最早关于植物细胞壁中纤维素形成的研究始于模式植物拟南芥中基因序列组的探讨。在纤维素合成初期，不同类型的纤维素合成酶（α_1、α_2、β）相互作用形成纤维素合成酶复合体（CelS），纤维素合成酶复合体进一步组合形成纤维素基元纤丝或原纤丝，一般认为其直径在 3.5nm 左右。据原子力显微镜（AFM）观察到的微纤丝结构推算基元纤丝由 6 个 CelS 组成一个玫瑰花型结构，而单个 CelS 包含 6 个纤维素合成酶（CESA），因此这种玫瑰花样结构包含 36 条彼此相互交联的纤维素 1,4-β-D-葡萄糖链。然而，利用广角 X 射线计算衍射角和晶格间距之间的关系，发现36条链结构的基元纤丝尺寸不符合AFM观察值（3.5nm），并由此提出了24条和18条链的基元纤丝模型[55,70]。

微纤丝、宏纤丝都是由基元纤丝进一步聚集产生的。不同学者对纤丝聚集模式的理解不一样，导致对纤维素纤丝聚集体的命名也不同，大致可分为三类：①微纤丝只由基元纤丝单一聚集而成，一般直径在10～25nm左右；②微纤丝由基元纤丝和少量的半纤维素组成，直径一般在20～50nm范围内；③纤维素纤丝聚集体不仅包括微纤丝，还包括半纤维素和木质素。微纤丝与半纤维素和木质素之间存在紧密的化学键连接，多束微纤丝被包埋在由半纤维素和木质素组成的基质中，此结构称为宏纤丝。尽管对纤维素聚集态精细结构的认识不同，但是纤维素长链分子与细胞壁中的微纤丝之间的结构关系则是基本清晰的。纤维素是由D-葡萄糖以β-1,4-糖苷键连接而成的高聚物，在纤维素的生物合成过程中，每一个CESA可形成一条纤维素1,4-β-D-葡萄糖链，CESA组装成CelS，CelS可形成纤维素基元纤丝，基元纤丝再在半纤维素和木质素的相互交联作用下进一步聚集形成微纤丝或宏纤丝。其中，微纤丝是细胞壁的基本骨架，半纤维素、木质素则是微纤丝之间的“填充剂”和“黏合剂”（图2-2-19）。

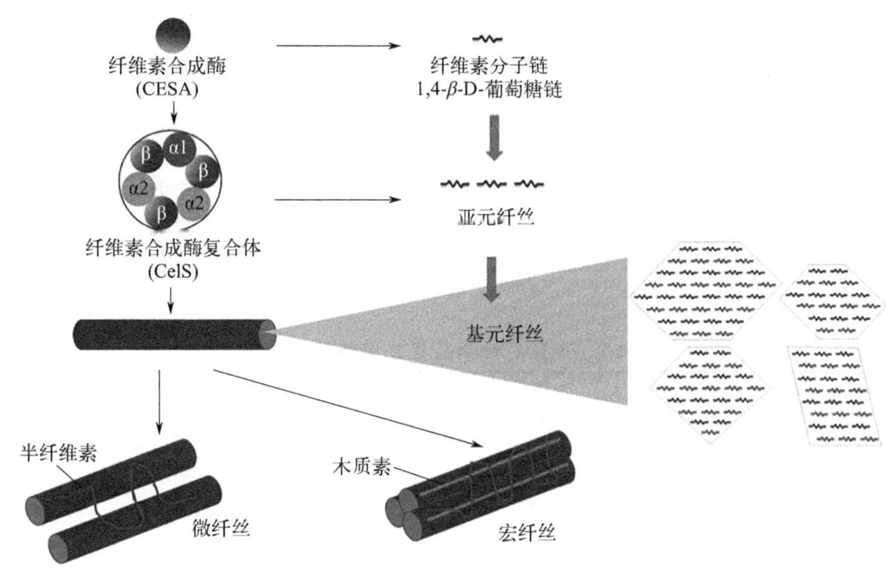

图2-2-19　纤维素纤丝聚集体各组成单元关系示意图[71]

（2）纤维素浓度及取向分布　高等植物细胞壁依据形态区域的差异通常分为胞间层［细胞角隅胞间层（CCML）和复合胞间层（CML）］、初生壁（P）以及次生壁（S）。在针、阔叶木中次生壁进一步分为次生壁外层（S_1）、次生壁中层（S_2）以及次生壁内层（S_3），而在禾本科原料中次生壁依据厚度差异分为次生壁宽层及次生壁窄层（图2-2-20）。作为骨架物质的纤维素主要存在于细胞次生壁中，它的分布呈现明显的规律性，通常而言针、阔叶木中纤维素主要分布于细胞次生壁中层中，而在禾本科的纤维和薄壁细胞中纤维素在次生壁宽层中广泛分布。

研究纤维素沉积的方法主要有常规的电子显微镜法、冷冻断裂或冷冻蚀刻、复型技术、放射自显影技术、化学分析法等，近些年显微红外光谱成像技术和共聚焦显微拉曼光谱成像技术已广泛应用于纤维素微区分布及纤丝聚集体取向研究。

① 显微红外光谱成像技术。作为一种重要的分子光谱技术，显微红外光谱技术已经成功应用于木材细胞壁纤维素分布的研究[71]。采用非负最小二乘法对获得的红外光谱进行批处理，成功地将小麦秸秆组织中的纤维素与半纤维素区分开来[72]，其中1432cm^{-1}和987cm^{-1}处的红外特征峰分别用来表征纤维素和淀粉的分布。结果表明纤维素存在于秸秆薄壁组织中，在表皮细胞中含量最低，而淀粉在维管束外侧以及厚壁组织中呈均一的分布规律。对纤维素1240cm^{-1}区域的

红外特征峰进行积分成像，清楚地揭示出纤维素在毛竹组织水平的分布规律，即高度木质化的竹青部分，纤维素的相对浓度较高（图 2-2-21），这一结果在传统的湿化学分析中也得以证实。

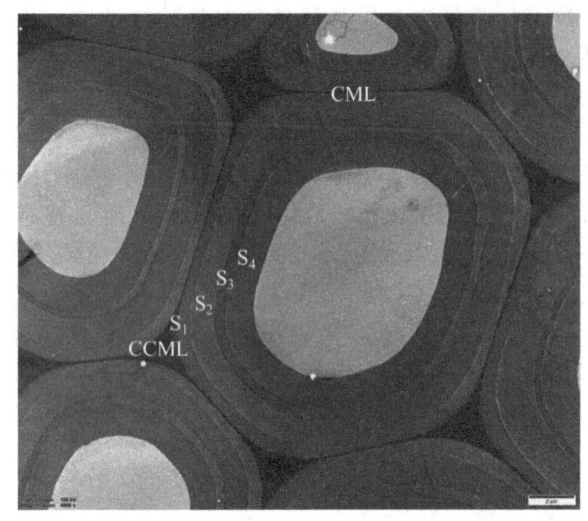

图 2-2-20　竹材纤维细胞次生壁分层结构
（图中 S_4 仅代表竹材次生壁的第四亚层）

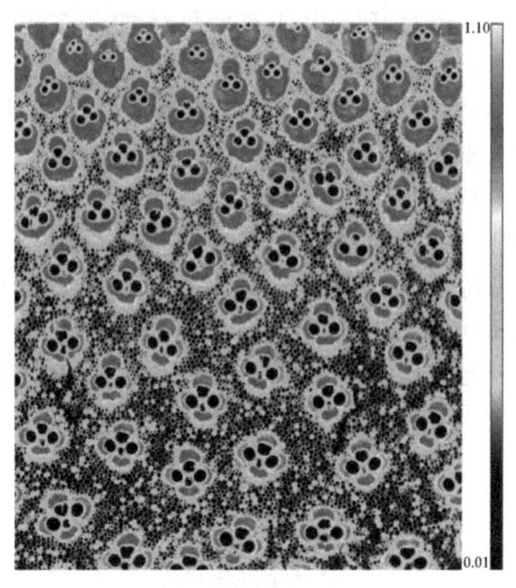

图 2-2-21　毛竹节间组织中纤维素显微红外光谱成像图

② 共聚焦显微拉曼光谱成像技术。类似于显微红外光谱技术，共聚焦显微拉曼光谱可在细胞壁水平研究天然纤维素微区分布。通过对纤维素分子特征峰的峰高、峰宽或峰面积积分获得光谱成像图，可以定性或半定量地研究纤维素浓度的微区差异。天然纤维素拉曼光谱特征峰归属见表 2-2-9[73,74]。

表 2-2-9　天然纤维素拉曼光谱特征峰归属

波数/cm^{-1}	归属
3260	—O—H 伸缩振动
2968	H—C—H 伸缩振动
2950	H—C—H 伸缩振动
2895	H—C—H 伸缩振动
1479	H—C—H 和 H—O—C 剪切振动
1462	H—C—H 和 H—O—C 弯曲振动
1411	H—C—H 弯曲振动
1378	H—C—H 弯曲振动
1360	H—C—H 弯曲振动
1338	H—C—H 弯曲振动
1320	H—C—H 弯曲振动
1293	H—C—H 扭曲振动
1280	H—C—H 扭曲振动
1152	环(C—C)不对称伸缩振动

续表

波数/cm^{-1}	归属
1122	糖苷键 C—O—C 对称伸缩振动
1096	糖苷键 C—O—C 不对称伸缩振动
1065	仲醇 C—O 伸缩振动
1040	伯醇 C—O 伸缩振动
996	H—C—H 面内摇摆振动
970	H—C—H 面内摇摆振动
897	C—O—C 面内对称伸缩振动
610	C—C—H 扭曲振动
519	糖苷键 C—O—C 伸缩振动
496	糖苷键 C—O—C 伸缩振动
458	环(C—C—O)伸缩振动
436	环(C—C—O)伸缩振动
378	环(C—C—C)对称弯曲振动
347	环(C—C—C)弯曲振动
331	环(C—C—C)扭曲振动

在木材细胞壁组分分布研究中，纤维素空间分布图像可以通过对拉曼光谱中 345～390cm^{-1} 波数区域积分获得。针叶木管胞、阔叶木纤维细胞以及禾本科厚壁纤维细胞成像结果表明纤维素主要沉积在细胞次生壁中（图 2-2-22），且浓度沿相邻的细胞次生壁呈波动规律，在胞间层区域浓度最低。较为特殊的是阔叶材受拉木（由于强风和地心引力作用，形成于阔叶木倾斜枝干上端的应变组织）中的纤维素微区分布特点，研究发现受拉木中纤维细胞壁最内侧凝胶层的纤维素浓度高于临近的次生壁及胞间层。

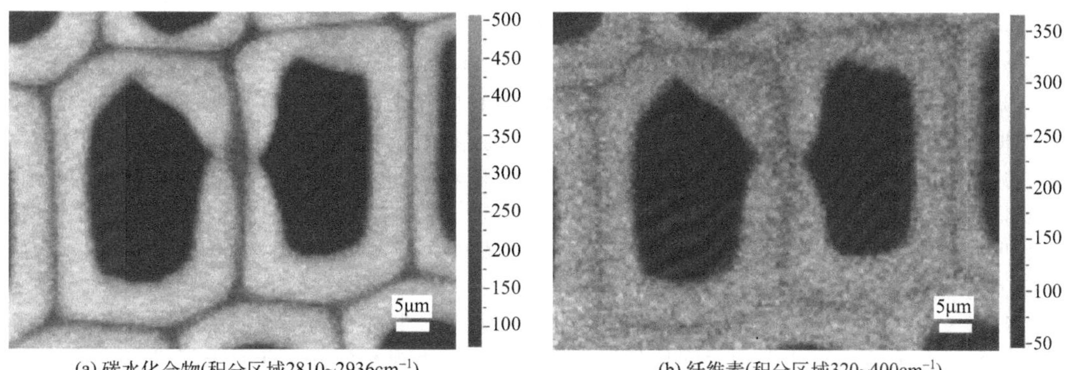

(a) 碳水化合物(积分区域2810~2936cm^{-1})　(b) 纤维素(积分区域320~400cm^{-1})

图 2-2-22　杉木管胞拉曼光谱成像

研究证实纤维素拉曼光谱中的糖苷键(C—O—C) 非对称伸缩振动特征峰 1095cm^{-1} 的拉曼信号强度与入射激光的偏振方向存在明显的相关性。当入射光偏振方向变化时纤维素方向敏感拉曼特征峰 1095cm^{-1} 以及 2897cm^{-1} （纤维素 CH、CH_2 伸缩振动）都会随之改变。当纤维素微纤丝的方向趋近平行于激光偏振方向时，也即 C—O—C 趋近平行于激光偏振方向，1095cm^{-1} 与

$2897cm^{-1}$ 强度比值增大。在毛白杨、虎皮松中纤维素微纤丝在次生壁外层 S_1 中更趋近分布在垂直于细胞轴的方向，而次生壁中层的纤维素微纤丝与细胞轴向的夹角相对较小。而在禾本科毛竹纤维细胞中，次生壁窄层中纤维素微纤丝与细胞轴向的夹角大于宽层（图 2-2-23）。由于空间分辨率的限制，拉曼光谱成像技术无法有效区分出层状薄壁细胞中微纤丝的取向差异。

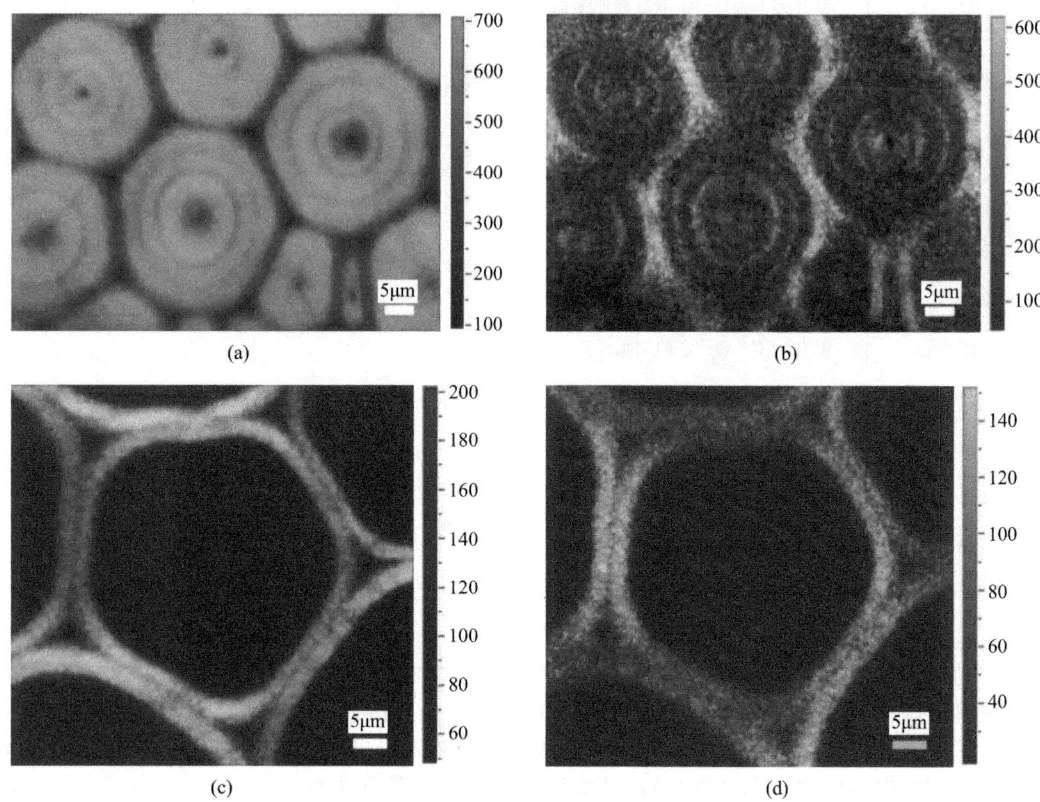

图 2-2-23　毛竹纤维及薄壁细胞碳水化合物[(a)和(c)，2800～$2920cm^{-1}$]和微纤丝取向[(b)和(d)，978～$1178cm^{-1}$]微区分布拉曼光谱成像图

2. 半纤维素微区化学分布

半纤维素是由多种糖基组成的复合聚糖的总称，组成半纤维素的结构单元（糖基）主要有D-木糖基、D-甘露糖基、D-葡萄糖基、D-半乳糖基、L-阿拉伯糖基、4-*O*-甲基-D-葡萄糖醛酸基、D-半乳糖醛酸基和 D-葡萄糖醛酸基等，还有少量的 L-鼠李糖基、L-岩藻糖基以及各种带有氧-甲基、乙酰基的中性糖。在阔叶木、针叶木以及禾本科原料中的主链各不相同，阔叶材中的半纤维素主要是 *O*-乙酰基-(4-*O*-甲基葡萄糖糠醛酸）木聚糖，伴随着少量的葡萄糖甘露聚糖，而针叶材中的半纤维素主要为 *O*-乙酰基半乳糖葡萄糖甘露聚糖，禾本科原料的半纤维素主要是阿拉伯糖 4-*O*-甲基葡萄糖醛酸木聚糖。

与纤维素不同，由于半纤维素结构的复杂性及多样性，其在植物细胞壁中的微区分布研究相对困难。传统的研究方法主要通过间接的组织染色结合显微观察的方法证实半纤维素多糖的存在与分布，包括过碘酸希夫染色法、负染色法、抽提和酶处理法、乙酸双氧铀和柠檬酸铅染色法以及戊聚糖射线自显影法。近年来免疫胶体金、免疫荧光标记及分子光谱成像技术（显微红外光谱和共聚焦显微拉曼光谱）已经广泛地应用于半纤维素微区化学分布的研究。

① 免疫荧光标记及免疫胶体金技术。免疫标记法最早在植物细胞壁聚糖中的应用始于 20 世纪 80 年代初期。采用甘露糖酶-金复合物研究葡甘露聚糖在云杉管胞中的分布，结果发现葡甘露聚糖主要存在于管胞次生壁中。然而这一技术受限于聚糖抗体制备技术不成熟、抗体制备周期长

等不利因素，没有得到广泛使用。直到 20 世纪 90 年代后期系列聚糖抗体的成功制备，才使得这一技术迅猛发展。

对木聚糖而言，学者们已研究了其在针叶材（包括云杉，雪松，日本柳杉正常木、对应木和受压木，辐射松）、阔叶材（包括杨木正常木和受拉木、山毛榉、桦木和松树）及禾本科（包括拟南芥、百日草、亚麻和烟草）原料中的分布特点。木聚糖的沉积起始于细胞次生壁 S_1 层邻近角隅处，在针叶材正常木的成熟管胞中木聚糖在 S_2 层分布较为均一，而在应压木的成熟管胞中 S_2 层木聚糖呈现非均一性分布。对阔叶材正常细胞而言，木聚糖在纤维和导管中沉积的时间要早于其在射线细胞中的沉积，而在对阔叶材受拉木纤维细胞凝胶层进行免疫荧光成像研究时发现木聚糖主要聚集在凝胶层外侧。有趣的是，在杨木细胞分化过程中，纹孔膜（包含纤维、导管和射线-导管间纹孔）上存在木聚糖的沉积，但当细胞壁形成后，纹孔膜上的木聚糖消失。

对甘露聚糖在针叶材（包括扁柏，云杉，雪松，日本柳杉正常木、对应木和应压木）、阔叶材（杨木正常木和受拉木及拟南芥）中的分布研究发现，类似于木聚糖，甘露聚糖首先沉积在 S_1 层临近角隅的位置，在管胞 S_1 层中甘露聚糖分布不均一，S_1/S_2 交界处沉积较多的甘露聚糖，且甘露聚糖的侧链取代基（即乙酰基）数量在管胞成熟过程中逐渐增多。甘露聚糖在杨木纤维细胞中的沉积数量比其在导管中沉积的数量要多，且主要分布在 S_2 层和 S_3 层。甘露聚糖在拟南芥后生木质部导管中沉积时间比其在木质部纤维中要早。初生木质部导管中沉积的甘露聚糖数量比其在后生木质部导管中的要多，且各类导管和纤维细胞壁中甘露聚糖呈非均一分布特点。由此得知甘露聚糖在植物细胞壁中的沉积随时间和细胞类型的不同而变化。半乳聚糖微区分布的研究发现其在针叶材应压木（辐射松和云杉）中主要存在于 S_2 外层，而在阔叶材受拉木中半乳聚糖存在于 S_2 层和凝胶层之间的界面区域，这一区域半乳聚糖的存在很可能起连接相邻细胞壁层的作用。

② 显微红外光谱成像技术。木材细胞壁中的三大主要组分都具有特征性的红外吸收峰，因此采用显微红外光谱对细胞壁结构研究的同时能够获得主要组分的微区分布信息。鉴于红外显微成像较高的空间分辨率为 1.56μm（ATR 模式），因此获得的微区信息主要集中在组织水平上。红外光谱中木聚糖特征峰位于 $1730cm^{-1}$、$929cm^{-1}$ 和 $759cm^{-1}$，阿拉伯糖特征峰位于 $1256cm^{-1}$、$1229cm^{-1}$、$991cm^{-1}$、$841cm^{-1}$ 和 $782cm^{-1}$，果糖特征峰位于 $1256cm^{-1}$、$1229cm^{-1}$ 和 $991cm^{-1}$，葡甘露聚糖特征峰位于 $864cm^{-1}$ 和 $810cm^{-1}$（表 2-2-10）。在褐腐菌对杉木细胞壁的侵染及降解可视化研究过程中发现褐腐菌处理会造成胞间层、初生壁及次生壁外层的纤维素及半纤维素糖苷键的降解。蒸汽热压处理对杉木管胞影响可视化研究中发现早材管胞在热压处理过程中木聚糖、葡聚糖和甘露聚糖都发生了不同程度的降解。由于半纤维素的链状分子结构与纤维素类似，采用分子光谱对其成像研究时不可避免会引入纤维素信息，因此光谱去卷积以及使用化学计量学的方法进行光谱处理显得尤为重要。

表 2-2-10 半纤维素红外特征峰归属

波数/cm^{-1}	特征峰归属	对应组分
1725～1730	乙酰基 C═O	木聚糖
1452～1462	CH_2 对称弯曲振动	木聚糖/木葡聚糖
1232～1239	O═C—C 基团中 C—O 伸缩振动	木聚糖/木质素碳水化合物复合体
1047		木聚糖
864		葡甘露聚糖
810		葡甘露聚糖

3. 木质素微区化学分布

木质素是植物细胞壁的主要成分之一，在维管植物中木质素起抗压、防害虫和病菌侵入、运输水分等作用。其含量和组成多样性限制了人们对木材的高效利用，并且严重影响了农艺性状、生物燃料和纸浆的生产。组成木质素的三种基本结构单元主要有愈创木基（guaiacyl unit，G）、紫丁香基（syringyl unit，S）和对羟苯基（hydrocinnamic unit，H）。在禾本科原料中还存在阿魏酸和对香豆酸类，它们以酯键和醚键的形式与半纤维素和木质素相连接。

（1）木质素生物合成　木质素的沉积是植物组织细胞分化的结果，在木质素开始沉积之前，植物细胞便已经形成了由纤维素和半纤维素构成的骨架。通常而言，胞间层的碳水化合物合成结束时，木质素便在细胞角隅及复合胞间层区域开始沉积，直至细胞次生壁完成木质素的沉积。木质素各个结构单元在堆积过程中也存在时间的选择性，在木质化的初期对羟苯基及愈创木基结构单元进行堆积，且以缩合型木质素为主，而在堆积的后期以愈创木基和紫丁香基为主（图 2-2-24）[75]。

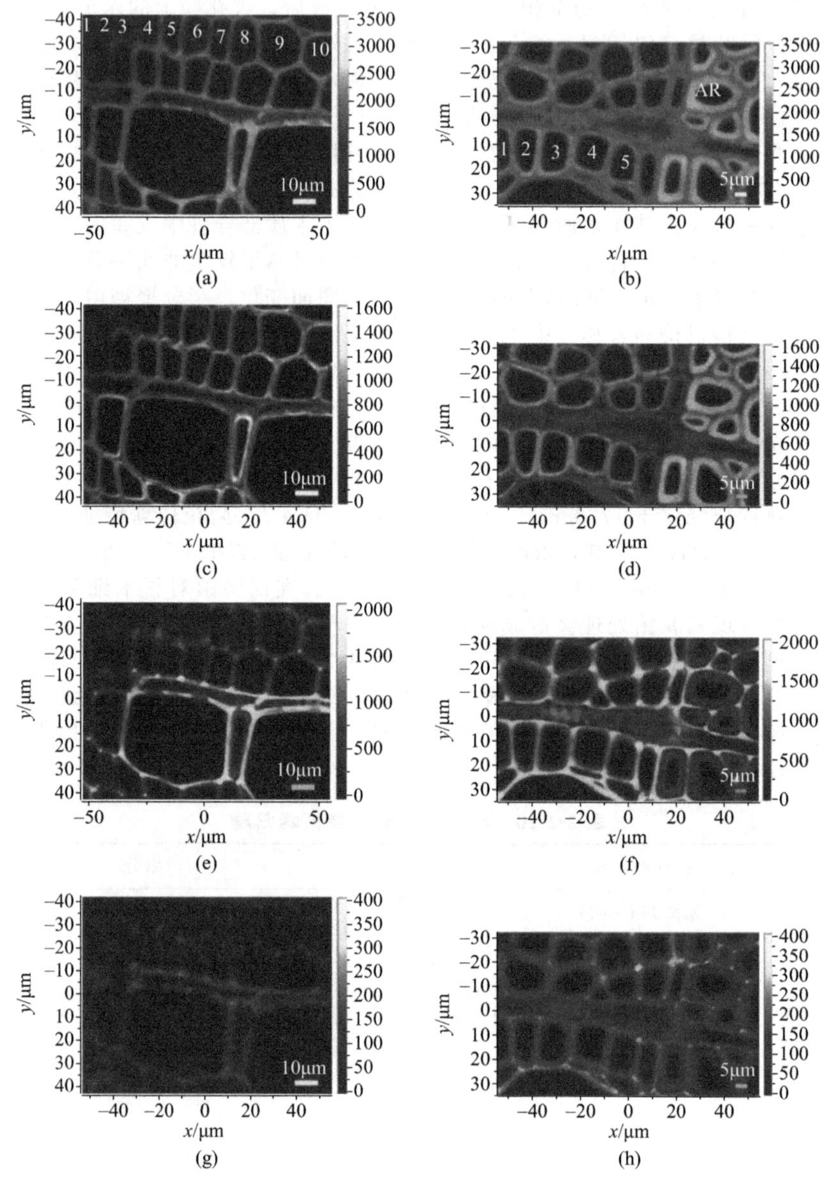

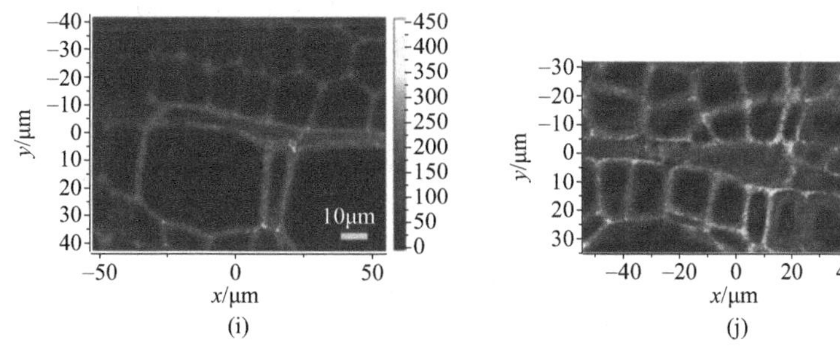

图 2-2-24　杨木组分沉积显微拉曼光谱成像

(a)和(b)，细胞形态(AR 为年轮)；(c)和(d)，碳水化合物；(e)和(f)，木质素；(g)和(h)，G 型木质素；(i)和(j)，S 型木质素[75]

（2）木质素浓度分布　研究木材中木质素微区分布主要借助紫外显微分光光度计、共聚焦荧光显微镜、分子光谱成像（显微/纳米红外光谱成像、共聚焦显微拉曼光谱成像）技术、免疫胶体金、飞行时间二次离子质谱技术等。

① 紫外显微光谱技术。由于木质素对紫外线具有吸收特性，而碳水化合物在紫外光区几乎无吸收，因此紫外显微光谱技术在木质素的研究中具有独特的优势。选择合适的测定条件，采集紫外吸收光谱，可以在碳水化合物存在条件下对木质素分子进行定性及半定量分析。木质素主要由愈创木基（G）、紫丁香基（S）和对羟苯基（H）结构单元组成，三者的紫外吸收特征峰主要出现在 280nm 附近，这主要是由于木质素苯环 π-π^* 跃迁引起的。特征峰强度和位置的变化反映了木质素不同结构单元含量的差异。木质素模型物紫外光谱研究表明 G 结构单元的最大吸收峰位于 280～285nm，S 结构单元的最大吸收峰位于 270～275nm，而 H 结构单元的最大吸收峰位于 255～260nm，并且 G 型木质素的紫外吸收效率约为 S 型木质素的 3.5 倍。而禾本科原料与木本植物原料的木质素结构略有差异，其紫外光谱在 310～320nm 会出现明显的对羟基肉桂酸（主要为阿魏酸和对香豆酸）酯键特征峰。

利用紫外显微光谱研究针叶木辐射松管胞木质化过程中发现，木质素的积累首先从靠近细胞角隅胞间层区域开始，然后延伸到初生壁，接着沿管胞的弦向次生壁进行木质化，最后才是径向壁的木质化过程。次生壁木质素的积累是从次生壁外层（S_1）向细胞腔方向逐渐进行的。同样在辐射松细胞培养研究中发现胞间层区域先进行木质化，其次才是次生壁，且胞间层的木质化程度高于次生壁。在研究木质化过程中，从组织水平可发现心材中早材管胞木质化程度高于晚材，而边材呈现相反的规律。研究环境因子对木质化过程的影响时发现正常生长的银杉中紧邻形成层的管胞木质素沉积晚于倾斜生长的银杉，且前者木质化过程持续时间更长。

紫外显微光谱技术同样被广泛应用于阔叶木木质部的形成以及木质素沉积过程研究。在山毛榉木质部生长发育及木质素沉积规律研究中，紫外光谱成像结果表明随着生长时间的延长，新形成组织的木质化程度逐渐增加。比较其紫外光谱发现，导管细胞壁的木质化程度高于木纤维及薄壁细胞，同时在木质化过程中导管次生壁中层（S_2）主要积累 G 型木质素（紫外光谱在 280nm 处出现最大吸收峰），而木纤维细胞次生壁主要积累 S 型木质素（紫外光谱在 278nm 处出现最大吸收峰）。在进一步研究山毛榉韧皮部组织中细胞形态及组分积累变化时发现，韧皮部发生次生变化，主要体现在筛管的塌陷、薄壁细胞体积的膨胀以及石细胞的形成。紫外显微光谱检测发现，石细胞面积、酚类化合物含量以及木质化程度在沿维管形成层区域向木栓形成层区域过渡时逐渐增加。同时比较韧皮部木栓层细胞、石细胞以及木纤维紫外光谱发现，石细胞和木纤维具有相同的紫外光谱特点，但前者的紫外吸收强度高于后者，表明前者具有较强的木质化程度。在正常及转基因杂交杨木木质化过程研究中发现，在生长的第一年内两种植物木纤维的次生壁及胞间层都积累了 S 型的木质素（紫外光谱在 278nm 处出现最大吸收峰），而转基因杂交杨木中 S 型的木质素的浓度高于野生型。

禾本科植物细胞壁中除了典型的 G、S 和 H 型木质素外，还含有一定量的对羟基肉桂酸类化合物（主要为阿魏酸和对香豆酸）。相对于针、阔叶木，禾本科植物进化程度更高，因而具有更为复杂的木质化进程。研究发现甘蔗及水稻秸秆中木质化过程首先是从初生木质部导管开始的，随后才是组成维管束鞘的木纤维与次生木质部导管间的复合胞间层，木纤维次生壁是在生长的最后时期才进行木质素的积累。羟基肉桂酸伴随着木质素进行积累，其中阿魏酸在木质化过程初期积累的速度高于后期，而对香豆酸的积累贯穿整个木质化过程。在组织水平上发现初生木质部导管中主要含有G型木质素以及少量的羟基肉桂酸，随着木质化过程的进行S型木质素逐渐积累。而纤维细胞角隅区以及次生木质部导管中同时含有G型和S型木质素，两者的比例在木质化过程中始终保持一致。

② 荧光显微成像技术。荧光显微成像技术被广泛应用于木质素微区化学分布研究，主要是基于木质素在紫外-可见光激发下能够产生自发荧光，且自发荧光强度正比于木质素浓度。研究发现阔叶木以及禾本科原料中导管分子较纤维细胞和薄壁细胞具有更高的木质素自发荧光强度（图2-2-25），就细胞壁水平而言细胞角隅和复合胞间层中木质素自发荧光强度较高。同时，禾本科原料纤维细胞次生壁的窄层、针叶木应压木管胞次生壁外层中也具有较高的木质素自发荧光强度。

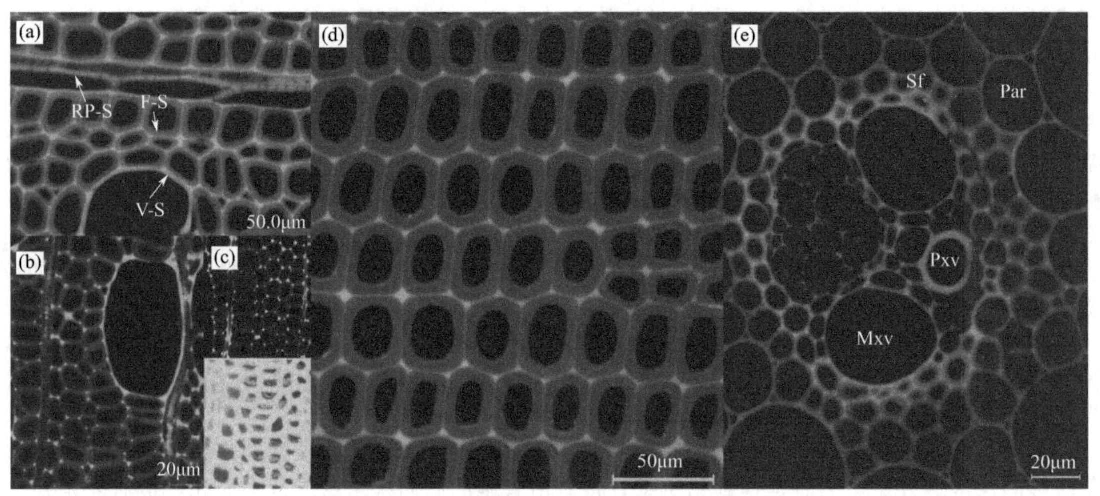

图2-2-25　红瑞木（a）、毛白杨正常木（b）和应拉木（c）、虎皮松（d）、芒草（e）木质素自发荧光成像

a. 纳米红外光谱成像技术。因受限于空间分辨率，显微红外在细胞壁水平的研究进展缓慢，近些年随着光谱成像与原子力显微镜联用技术的发展，新兴的纳米红外技术已经成功应用于木竹材细胞壁形貌及组分微区化学分布的研究。

纳米红外是依靠原子力探针探测热膨胀来获得测试区域的化学信息。谱峰的吸收强度与基团的浓度及振动能级有关。基团的振动能级越高，数量越多，其吸收强度就越大。由于纳米红外光谱与传统显微红外光谱所反映的基团振动信息相同，因此，我们可以选择特定的谱峰来研究化学物质在细胞壁中的分布。$1504cm^{-1}$处为木质素苯环的伸缩振动峰，$1732cm^{-1}$处为碳水化合物的红外特征峰，主要来源于半纤维素中木聚糖的伸缩振动，可以选择这两个红外谱峰进行扫描成像，揭示木质素和木聚糖在细胞壁中的分布。原子力形貌图清晰地显示了被测细胞为层状结构，内层较厚，细胞腔较小。光谱成像图中颜色从蓝到红表示红外吸收强度逐渐增高，也即被测物质的浓度越来越大。从图2-2-26中可以看出，木质素在细胞角隅和复合胞间层的浓度较高，进入次生壁后浓度减小，次生壁内层中的浓度变化不大[76]。木聚糖的分布与木质素的分布规律相似，但在细胞角隅、复合胞间层及次生壁内层的浓度差异更为明显。

b. 共聚焦显微拉曼光谱成像技术。拉曼光谱应用于木质素结构研究最早始于其三种基本结构单元模型物特征峰的归属。采用傅里叶变换拉曼光谱仪选取1064nm激发波长获取了S型和G型木质素结构单元的拉曼光谱，结果发现二者可以通过$1594cm^{-1}$和$1599cm^{-1}$特征峰进行区分。为了能更好地区别G、S、H型木质素结构单元，选用紫外线(244nm、257nm)进行激发以产生共振增强的拉曼信号，发现G、S、H型木质素分别在$1285\sim1289cm^{-1}$、$1267\sim1274cm^{-1}$，$1330\sim$

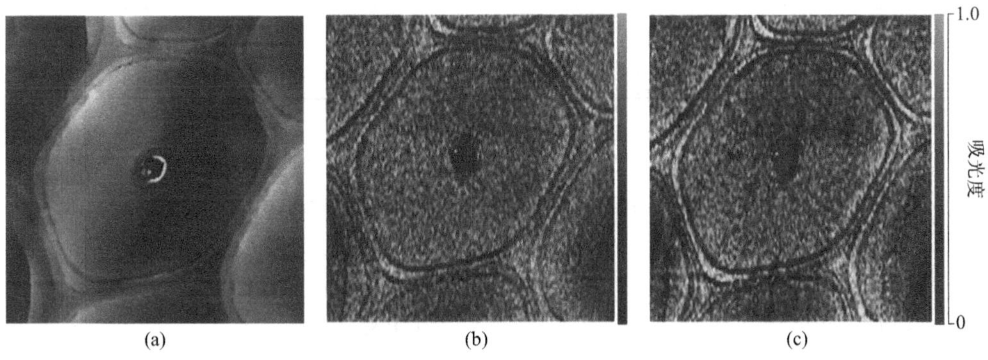

图 2-2-26 毛竹纳米红外成像（比例尺：2μm）[76]

（a）测试细胞的形貌；（b）测试细胞细胞壁中的木质素分布；（c）测试细胞细胞壁中的木聚糖分布

1333cm^{-1}、1506～1514cm^{-1}、1214～1217cm^{-1}、817～862cm^{-1} 范围内有较强的拉曼信号。利用 1064nm 傅里叶变换拉曼光谱仪系统研究 G、S、H 型木质素模型物的拉曼光谱，发现 G、S、H 型木质素分别在 1379cm^{-1}、1288cm^{-1}、1186cm^{-1}、793cm^{-1}、1331cm^{-1}、1043cm^{-1}、799cm^{-1} 和 1380cm^{-1}、1216cm^{-1}、843cm^{-1} 等位置有明显的拉曼特征峰。对比不同模型物和生物质原料的拉曼特征峰，进一步将 1262～1275cm^{-1}、1331～1338cm^{-1}、1213～1218cm^{-1} 分别归属为 G、S、H 型木质素。在木质素结构单元的特征峰归属研究中，由于木质素来源、激发波长、仪器校准、光谱数据后处理采用的拟合函数等差异，不同研究者对 G、S、H 型木质素拉曼特征峰的归属略有差异（表 2-2-11）。

表 2-2-11 G、S、H 型木质素单元特征峰归属

木质素单元	特征峰/cm^{-1}	归属
G	1517～1521	芳香环骨架 C═C 不对称伸缩振动
	1372～1383	酚羟基—O—H 弯曲振动
	1285～1289	芳香环—C—O—C—伸缩振动
	1267～1274	芳香环—C—O—C—伸缩振动
	1185～1187	酚羟基—O—H 弯曲振动
	1155～1158	酚羟基—O—H 弯曲振动
	920～932	C—C—H 摇摆振动
	704～791	芳香环骨架 C═C 对称伸缩振动
S	1506～1514	芳香环骨架 C═C 不对称伸缩振动
	1330～1338	脂肪族—O—H 弯曲振动
	962～981	C—C—H 弯曲振动
	777～808	芳香环骨架 C═C 伸缩振动
H	1378～1390	酚羟基—O—H 弯曲振动
	1256～1297	甲氧基—O—CH_3 伸缩振动
	1214～1217	甲氧基—O—CH_3 伸缩振动
	1167～1179	酚羟基—O—H 弯曲振动
	817～862	芳香环骨架 C═C 伸缩振动
	637～644	芳香环骨架 C═C 伸缩振动

在木材细胞壁中，由于受到以共价键连接的碳水化合物的影响，部分木质素官能团振动引起的拉曼特征峰相对其模型物拉曼特征峰的峰位发生了偏移，见表 2-2-12[77-81]。

表 2-2-12　植物细胞壁木质素特征峰归属

特征峰/cm^{-1}	归属
977	C—C—H 和 C═C 扭曲振动，—CH_3 摇摆振动
1033	—CH_3 摇摆振动，芳香环面外—CH_3 摇摆振动，芳香族骨架 C═C 振动
1043	O—C 伸缩振动，芳香环扭曲振动，—CH_3 摇摆振动
1117	甲氧基振动，芳香环 C—H 振动
1130～1138	松柏醛/芥子醛
1147	甲氧基—O—CH_3 振动，芳香环 C═C 弯曲振动
1169	C—O—H 弯曲振动，芳香族骨架 C═C 振动
1185	芳香环面内 C—O—H 弯曲振动，C—O—H 弯曲振动，甲氧基—O—CH_3 振动
1199	芳香环面内 C—H 伸缩振动
202	甲氧基—O—CH_3 伸缩振动
1214～1217	甲氧基—O—CH_3 伸缩振动，芳香环 C═C 扭曲振动
1256	C—O 伸缩振动
1268	芳香族骨架 C═C 振动，甲氧基—O—CH_3 伸缩振动
1272	芳香环 C═C 扭曲振动，—C—O 伸缩振动
1288	芳香环 C═C 扭曲振动，平面内 C—H 和 C—O—H 伸缩振动
1298	C—H 和 C—C 伸缩振动，芳香环 C═C 扭曲振动
1331	O—H 弯曲振动
1372～1383	酚羟基 O—H 弯曲振动
1378～1390	酚羟基 O—H 弯曲振动，C—H 伸缩振动
1427	甲氧基振动，甲基弯曲振动，芳香族骨架振动
1455	—CH_3 剪式振动，芳香环面外—CH_3 弯曲振动
1460	甲氧基扭曲振动，H—C—H 剪式振动
1465	甲氧基扭曲振动，—CH_2 剪式振动
1506～1514	芳香环 C═C 不对称伸缩振动
1517～1521	芳香环 C═C 不对称伸缩振动
1600	芳香族骨架 C═C 振动
1632	松柏醛、芥子醛的 C═C 伸缩振动
1656	松柏醇、芥子醇的 C═C 伸缩振动
1704	羰基 O—C═O 伸缩振动
2842	芳香环 C—H 对称伸缩振动
2845	甲氧基 C—H 对称伸缩振动
2859	芳香环 C—H 对称伸缩振动
2867	芳香环 C—H 对称伸缩振动
2922	面外 C—H 不对称伸缩振动
2939	面内不对称 C—H 伸缩振动
3005	面内 C—H 伸缩振动

运用显微拉曼光谱成像技术，研究发现针叶材、阔叶材以及禾本科竹材原料细胞壁中木质素的微区分布规律类似。总体而言，木材细胞壁中木质素在细胞角隅（CC）浓度最高，其次是胞间层（CML），次生壁（S_2）层浓度最低。

通过拉曼光谱成像方法对黑云杉、杨木以及毛竹木质素特征峰（1519～1712cm^{-1}）区域进行积分，发现木质素在不同形态区域中的分布存在明显的不均一性，在细胞角隅胞间层和复合胞间层浓度较高，次生壁中层浓度较低（图 2-2-27）。用该方法研究控制木质素形成的前期物质松柏醇和松柏醛（1649～1677cm^{-1}）分布规律，发现在不同树种间不同细胞差异较大。在云杉中松柏醇和松柏醛在次生壁中层浓度比复合胞间层和初生壁高，然而在樟子松中，松柏醇和松柏醛在复合胞间层的浓度明显高于次生壁中层。与传统的木材细胞壁木质素分布规律不同，阔叶材应拉木纤维细胞中含有大量木质化程度较低的胶质层。在应拉毛白杨、枫树及橡树中发现细胞角隅胞间层和复合胞间层木质化程度较高，而 S_2 层木质化程度较低，通过线扫描发现橡树胶质层内层出现了低浓度的芳香族化合物。

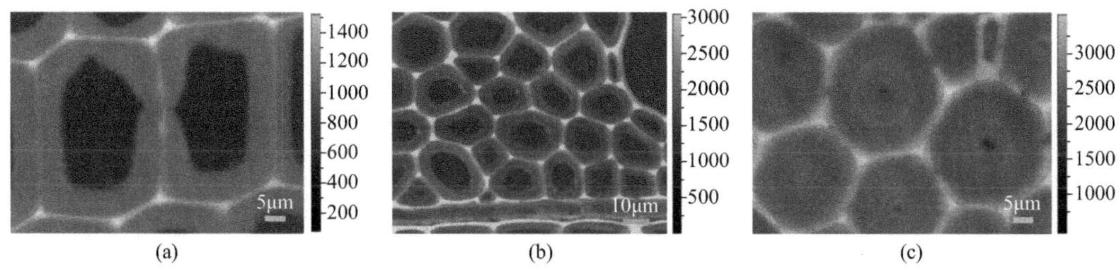

图 2-2-27　杉木（a）、毛白杨（b）和毛竹（c）纤维细胞木质素分布拉曼光谱成像

在禾本科原料中还存在对羟基肉桂酸类（阿魏酸和对香豆酸类），它们以酯键和醚键的形式与半纤维素和木质素相连接。这类组分的分布规律与木质素类似，主要存在于胞间层区域。用拉曼成像方法研究芒草中木质素（1603cm^{-1}）与羟基肉桂酸（1173cm^{-1}）的关系发现，这两种物质主要分布在导管、纤维细胞的复合胞间层和次生壁中，二者浓度存在伴生关系，即木质素含量越高，羟基肉桂酸含量也越多（图 2-2-28）[82]。

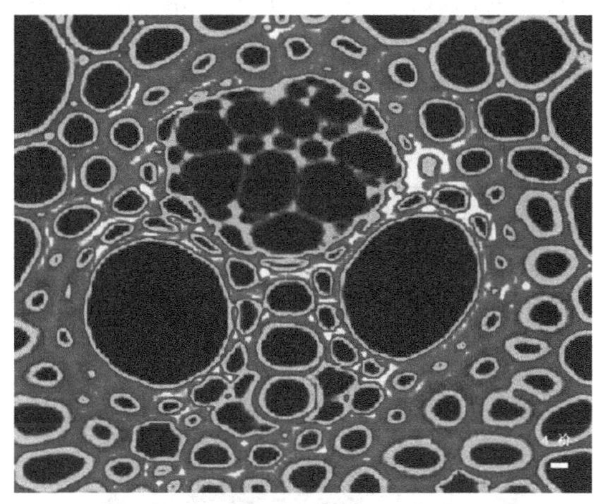

图 2-2-28　芒草中羟基肉桂酸类分布拉曼光谱成像（积分区域 1150～1210cm^{-1}）[82]

三、其他组分微区化学分布

木材细胞壁中除了三种主要的组成物质外，还含有少量的果胶和硅类物质。分子光谱成像技术同样可有效定性或半定量地研究它们在细胞壁中的分布规律。

1. 果胶多糖

果胶是天然的高分子有机化合物，分子的基本结构为部分甲酯化的以 α-1,4-糖苷键相互连接的半乳糖醛酸聚糖。果胶多糖广泛分布在植物组织中，在食品工业中它们多被用作胶凝剂和稳定剂。天然果胶主链由半乳糖连接而成，支链上有鼠李糖、阿拉伯糖、岩藻糖以及木糖。这些支链多糖很大程度上影响了果胶多糖的化学性质及其在食品工业中的应用。在诸多研究果胶多糖结构的分析方法中红外和拉曼光谱较为常用，果胶红外和拉曼光谱特征峰及归属见表 2-2-13。

表 2-2-13　果胶酸和果胶酸钾红外和拉曼光谱特征峰及归属

果胶酸		果胶酸钾		归属
拉曼特征峰/cm^{-1}	红外特征峰/cm^{-1}	拉曼特征峰/cm^{-1}	红外特征峰/cm^{-1}	
	3943		3425	O—H 伸缩振动
2941	2942	2945	2941	C—H 伸缩振动
	2653			COOH 中 O—H 伸缩振动
1740	1762			COOH 中 C═O 伸缩振动
	1645			H—O—H 弯曲振动
		1607	1633	O—C═O 不对称伸缩振动
		1405	1419	O—C═O 对称伸缩振动
1393	1403			COOH 中 HO—C═O 伸缩和弯曲振动
1330	1335	1324	1334	C—H 弯曲振动
1254	1253	1242	1236	C—H 弯曲振动
	1226			COOH 中 HO—C═O 伸缩振动

在新西兰麻果胶分布显微拉曼成像研究中发现在厚角组织中，中度木质化的细胞壁中含有少量的果胶，且主要分布在细胞角隅区域。从薄壁组织和厚角组织各壁层中可以发现木质素与果胶相对浓度的变化趋势：木质素含量越高，果胶含量越低[83]。对单叶省藤材胞间层超微结构及多糖组成显微成像研究发现，果胶类物质（特征峰区域 830～860cm^{-1}）主要在薄壁细胞次生壁及间层中分布（图 2-2-29），这些区域果胶的大量存在有利于细胞壁延展特性的维持。

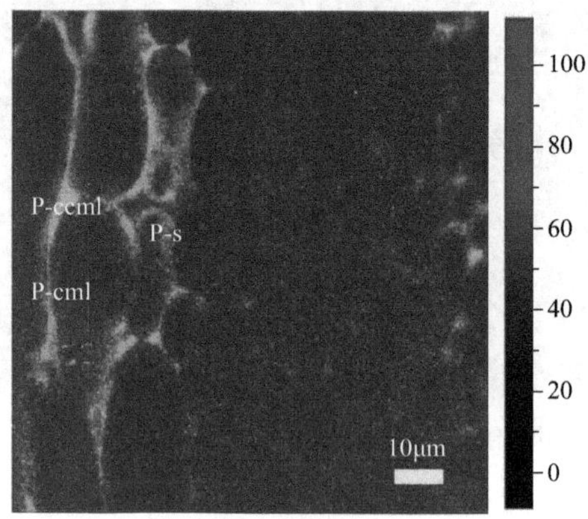

图 2-2-29　单叶省藤材纤维及薄壁细胞果胶类物质（830～860cm^{-1}）显微拉曼光谱成像图

（P-ccml：薄壁细胞角隅胞间层；P-cml：薄壁细胞复合胞间层；P-s：薄壁细胞次生壁）

2. 硅类物质

马尾草节处的拉曼光谱研究表明，其在 $350cm^{-1}$、$802cm^{-1}$、$859cm^{-1}$、$973cm^{-1}$ 波数区出现明显的特征峰［图 2-2-30(e)］，分别归属于无定形二氧化硅，Si—O—Si 和 Si—C 伸缩振动，果胶 C—O—C 和硅醇 $H_3Si—OH$ 的伸缩振动。进一步的显微拉曼成像发现二氧化硅主要沉积在节部外侧的瘤状突起物及靠近瘤状物的表皮细胞中。除二氧化硅沉积外，表皮细胞层具有较高浓度的果胶及纤维素［图 2-2-30(a)］，在内侧厚壁组织及维管束连接区域细胞的角隅区域也发现高浓度的果胶沉积［图 2-2-30(b)～(d)］[84]。

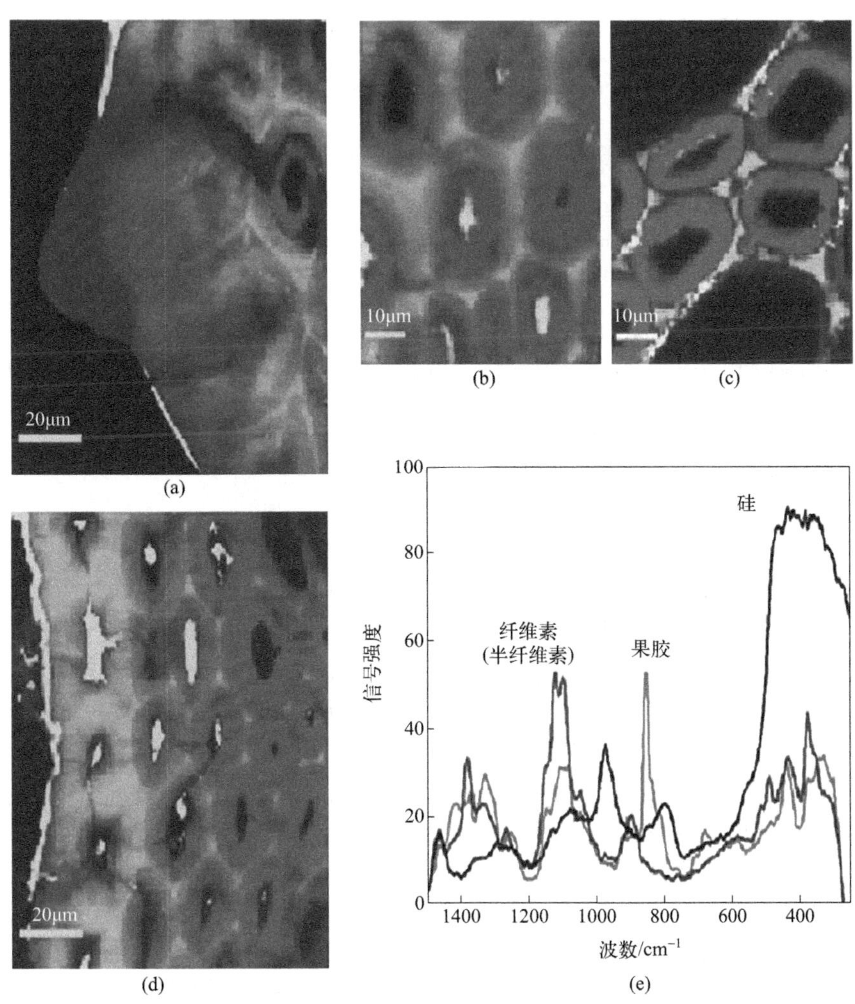

图 2-2-30　马尾草节各选定成像区域内无定形硅、果胶和纤维素分布的拉曼重叠图像及平均拉曼光谱（$300～1450cm^{-1}$）[84]

参考文献

［1］ Esau K. 种子植物解剖学. 2 版. 李正理，译. 上海：上海科学技术出版社，1982.

［2］ Iqbal M. Structural and behaviour of the vascular cambium and the mechanism and control of cambial growth. Berlin：Gebrüder Borntraeger，1995：1-67.

［3］ Chaffey N. Cambium：Old challenges-new opportunities. Trees，1999，13：138-151.

［4］ 崔克明. 植物发育生物学. 北京：北京大学出版社，2007.

［5］ 殷亚方. 毛白杨的形成层活动及其木材形成的组织和细胞生物学研究. 北京：中国林业科学研究院，2002.

［6］ Donaldson L. Wood cell wall ultrastructure：The key to understanding wood properties and behavior. IAWA J，2019，

40 (4): 645-672.

[7] Sebastian W, Lohmann J. Plant-thickening mechanisms revealed. Nature, 2019, 565: 433-435.

[8] Fukuda H. Tracheary element differentiation. Plant Cell, 1997, 9: 1147-1156.

[9] Farrar J, Evert R. Ultrastructure of cell division in the fusiform cells of the vascular cambium of *Robinia pseudoacacia*. Trees, 1997, 11: 203-215.

[10] Oribe Y, Funada R, Shibagaki M, et al. Cambial reactivation in locally heated stems of the evergreen conifer *Abies sachalinensis* (Schmidt) Masters. Planta, 2001, 212: 684-691.

[11] Smetana O, Mäkilä R, Lyu M, et al. High levels of auxin signalling define the stem-cell organizer of the vascular cambium. Nature, 2019, 565: 485-489.

[12] Kimura S, Laosinchai W, Itoh T, et al. Immunogold labeling of rosette terminal cellulose-synthesizing complexes in the vascular plant vigna angularis. Plant Cell, 1999, 11: 2075-2085.

[13] Takebe K. Studies of secondary wall formation last 20 years, next 20 years. Mokuzai Gakkaishi, 2015, 61 (3): 123-130.

[14] Jarvis M C. Structure of native cellulose microfibrils, the starting point for nanocellulose manufacture. Philos T R Soc A, 2018, 376: 20170045.

[15] Ye Z, Zhong R. Molecular control of wood formation in trees. J Exp Bot, 2015, 66 (14): 4119-4131.

[16] Kim J, Daniel G. Immunolocalization of pectin and hemicellulose epitopes in the phloem of Norway spruce and Scots pine. Trees, 2017, 31: 1335-1353.

[17] Fujino T, Sone Y, Mitsuishi Y, et al. Characterization of cross-links between cellulose microfibrils, and their occurrence during elongation growth in Pea Epicotyl. Plant Cell Physiol, 2000, 41 (4): 486-494.

[18] Růžička K, Ursache R, Hejatko J, et al. Xylem development-from the cradle to the grave. New Phytol, 2015, 207: 519-535.

[19] Lucas M, Etchells J. Xylem: Methods and Protocols. New York: Springer, 2017.

[20] Kim Y, Funada R, Singh A. Secondary xylem biology: origin, function and applications. London: Academic Press, 2016: 345-361.

[21] Kim J, Sandquist D, Sundberg B, et al. Spatial and temporal variability of xylan distribution in differentiating secondary xylem of hybrid aspen. Planta, 2012, 235 (6): 1315-1330.

[22] Kiyoto S, Yoshinaga A, Takabe K. Relative deposition of xylan and 8-5’-linked lignin structure in *Chamaecyparis obtusa*, as revealed by double immunolabeling by using monoclonal antibodies. Planta, 2015, 241 (1): 243-256.

[23] 周崟，姜笑梅. 中国裸子植物材的木材解剖学及超微构造. 北京：中国林业出版社，1994：77.

[24] Donaldson L A. Mechanical constrains on lignin deposition during lignification. Wood Sci Technol, 1994, 28: 111-118.

[25] Ralph J, Lapierre C, Boerjan W. Lignin structure and its engineering. Curr Opin Biotech, 2019, 56: 240-249.

[26] Chou E, Schuetz M, Hoffmann N, et al. Distribution, mobility, and anchoring of lignin-related oxidative enzymes in *Arabidopsis* secondary cell walls. J Exp Bot, 2018, 69: 1849-1859.

[27] Akerholm M, Salmén L. The orientated structure of lignin and its viscoelastic properties studied by static and dynamic FT-IR spectroscopy. Holzforschung, 2003, 57 (5): 459-465.

[28] Yin Y, Berglund L, Salmén L. Effect of steam treatment on the properties of wood cell walls. Biomacromolecules, 2011, 12: 194-202.

[29] Kang X, Kirui A, Widanage M, et al. Lignin-polysaccharide interactions in plant secondary cell walls revealed by solid-state NMR. Nat Commun, 2019, 10: 347.

[30] IAWA Committee. IAWA list of microscopic features for softwood identification. IAWA J, 2004, 25 (1): 1-70.

[31] IAWA Committee. IAWA list of microscopic features for hardwood identification. IAWA J, 1989, 10: 219-332.

[32] Song K, Liu B, Jiang X, et al. Cellular changes of tracheids and ray parenchyma cells from cambium to heartwood in *Cunninghamia lanceolata*. J Trop For Sci, 2011, 23 (4): 478-487.

[33] Magel E A, Monties B, Drouet A, et al. Heartwood formation: biosynthesis of heartwood extractives and ‘secondary’ lignification. In: Eurosilva-Contribution to forest tree physiology. Paris: INBA Edition, 1995: 35-56.

[34] 罗蓓，何蕊，杨燕. 边材生理机能及心材形成机理的研究进展. 北京林业大学学报，2018，40（1）：120.

[35] 宋坤霖. 杉木边心材转变过程中细胞壁结构与性能的变化. 北京：中国林业科学研究院，2012.

[36] 成俊卿，陶东岱，丁方，等. 木材学. 北京：中国林业出版社，1985.

[37] 秦特夫. “I-214 杨”心材、边材木质素的红外光谱、质子和碳-13 核磁共振波谱特征研究. 林业科学研究，2001，14（4）：375.

[38] 朱永侠，舒德友，刘盛全. 72 和 69 杨心边材 pH 值、缓冲容量及化学成分含量的研究. 安徽农业大学学报，2005，32（3）：360.

[39] Yin J, Song K, Lu Y, et al. Comparison of changes in micropores and mesopores in the wood cell walls of sapwood

and heartwood. Wood Sci Technol，2015，49（5）：987-1001.

[40] 王振宇，邱墅，何正斌，等. 基于 TG-FTIR 的圆柏心、边材热解研究. 光谱学与光谱分析，2017，37（4）：1090.

[41] Song K，Wu Q，Zhang Z，et al. Fabricating electrospun nanofibers with antimicrobial capability：A facile route to recycle biomass tar. Fuel，2015，150：123-130.

[42] 王东，彭立民，傅峰，等. 柳杉木材吸声性能的研究. 中南林业科技大学学报，2014，34（10）：137.

[43] Yin Y，Bian M，Song K，et al. Influence of microfibril angle on within-tree variations in the mechanical properties of Chinese fir（*Cunninghamia lanceolata*）. IAWA J，2011，32（4）：431-442.

[44] Malakani M，Khademieslam H，Hosseinihashemi K，et al. Influence of fungal decay on chemi-mechanical properties of beech wood（*Fagus Orientalis*）. Cell Chem Technol，2014，48（1-2）：97-103.

[45] 李坚，陆文达，刘一星，等. 木材科学. 3 版. 北京：科学出版社，2014.

[46] 姜笑梅，程业明，殷亚方，等. 中国裸子植物木材志. 北京：科学出版社，2010.

[47] Bruce H R. Identifying wood：Accurate results with simple tools. Newtown：The Taunton Press，1990.

[48] 殷亚方，姜笑梅，徐峰，等. 濒危和珍贵热带木材识别图鉴. 北京：科学出版社，2015.

[49] Guo J，Song K，Salmén L，et al. Changes of wood cell walls in response to hygro-mechanical steam treatment. Carbohyd Polym，2015，115：207-214.

[50] 杨淑蕙，等. 植物纤维化学. 北京：中国轻工业出版社，2011.

[51] 成俊卿，杨家驹，刘鹏. 中国木材志. 北京：中国林业出版社，1992.

[52] 刘一星，等. 木材学. 2 版. 北京：中国林业出版社，2004.

[53] 周景辉，杨汝男，张高华. 纤维用大麻的开发利用. 中国造纸，2001，5：63.

[54] 陈冠军. 竹材力学性能的种间差异及其影响因子研究. 北京：中国林业科学研究院，2012.

[55] Cosgrove D. Growth of the plant cell wall. Nat Rev Mol Cell Bio，2005，6（11）：850-861.

[56] 李忠正，孙润仓，金永灿，等. 植物纤维资源化学. 北京：中国轻工业出版社，2012.

[57] Fengel D，Wegener G. Wood：Chemistry，ultrastructure，reactions. Berlin and New York：Walter de Gruyter，1984：6-25.

[58] Terrett O，Lyczakowski J，Yu L，et al. Molecular architecture of softwood revealed by solid-state NMR. Nat Commun，2019，10：4978.

[59] Han L，Tian X，Keplinger T，et al. Even visually intact cell walls in waterlogged archaeological wood are chemically deterioration and mechanically fragile：A case of a 170 year-old shipwreck. Molecules，2020，25：1113.

[60] Zamil M，Geitmann A. The middle lamella-more than a glue. Phys Biol，2017，14：015004.

[61] Kim S，Brandizzi F. The plant secretory pathway：An essential factory for building the plant cell wall. Plant Cell Physiol，2014，55：687-693.

[62] Verhertbruggen Y，Marcus S E，Haeger A，et al. An extended set of monoclonal antiboides to pectic homogalacturonan. Carbohyd Res，2009，344：1858-1862.

[63] Hayashi T. Xyloglucans in the primary cell wall. Annu Rev Plant Biol，1989，40：139-168.

[64] Herbette S，Bouchet B，Brunel N，et al. Immunolabelling of intervessel pits for polysaccharides and lignin helps in understanding theirhydraulic properties in *populus tremula* × *alba*. Ann Bot，2015，115：187-199.

[65] Jansen S，Lamy J，Burlett R，et al. Plasmodesmatal pores in the torus of bordered pit membranes affect cavitation resistance of conifer xylem. Plant Cell Environ，2012，35：1109-1120.

[66] Pereira L，Flores-Borges D，Bittencourt P，et al. Infrared nanospectroscopy reveals the chemical nature of pit membranes in water conducting cells of the plant xylem. Plant Physiol，2018，177：1629-1638.

[67] Li S，Lens F，Espino S，et al. Intervessel pit membrane thickness as a key determinant of embolism resistance in angiosperm xylem. IAWA J，2016，37（2）：152-171.

[68] Kim J，Daniel G. Developmental localization of homogalacturonan and xyloglucan epitopes in pit membranes varies between pit types in two poplar species. IAWA J，2013，34（3）：245-262.

[69] Kim S，Awano T，Yoshinaga A，et al. Distribution of hemicelluloses in warts and the warty layer in normal and compression wood tracheids of *Cryptomeria Japonica*. J Korean Wood Sci Technol，2011，39（5）：420-428.

[70] 金克霞，江泽慧，刘杏娥，等. 植物细胞壁纤维素纤丝聚集体结构研究进展. 材料导报，2019，33（9）：2997.

[71] Yin J，Yuan T，Lu Y，et al. Effect of compression combined with steam treatment on the porosity，chemical composition and cellulose crystalline structure of wood cell walls. Carbohyd Polym，2017，155：163-172.

[72] Yang Z，Mei J，Liu Z，et al. Visualization and semiquantitative study of the distribution of major components in wheat straw in mesoscopic scale using fourier transform infrared microspectroscopic imaging. Anal Chem，2018，90：7332-7340.

[73] Agarwal U，Atalla R. In/situ raman microprobe studies of plant cell walls：Macromolecular organization and compositional variability in the secondary wall of *Picea mariana*（Mill.）BSP Planta，1986，169：325-332.

[74] Agarwal U. Raman imaging to investigate ultrastructure and composition of plant cell walls：Distribution of lignin and cellulose in black spruce wood（*Picea mariana*）. Planta，2006，224（5）：1141-1153.
[75] Jin K，Ma J，Liu X，et al. Imaging the dynamic deposition of cell wall polymer in xylem and phloem in *Populus*× *euramericana*. Planta，2018，248（4）：849-858.
[76] 韦鹏练，黄艳辉，刘嵘，等. 基于纳米红外技术的竹材细胞壁化学成分研究. 光谱学与光谱分析，2017，37（1）：103.
[77] Gierlinger N. Revealing changes in molecular composition of plant cell walls on the micron/level by raman mapping and vertex component analysis（VCA）. Front Plant Sci，2014，5（306）：306.
[78] Gierlinger N，Schwanninger M. Chemical imaging of poplar wood cell walls by confocal raman microscopy. Plant Physiol，2006，140（4）：1246-1254.
[79] Wei P，Ma J，Jiang Z，et al. Chemical constituent distribution within multilayered cell walls of moso bamboo fiber tested by confocal Raman microscopy. Wood Fiber Sci，2017，49（1）：12-21.
[80] Wang X，Renh H，Zhang B，et al. Cell wall structure and formation of maturing fibres of moso bamboo（*Phyllostachys pubescens*）increase buckling resistance. J R Soc Interface，2012，9（70）：988-996.
[81] 冯龙，孙存举，毕文思，等. 毛竹薄壁细胞组分分布及取向显微成像研究. 光谱学与光谱分析，2020，40（9）：2957.
[82] Ma J，Zhou X，Ma J，et al. Raman microspectroscopy imaging study on topochemical correlation between lignin and hydroxycinnamic acids in *Miscanthus sinensis*. Microsc Microanal，2014，20（3）：956-963.
[83] Richter S，Müssig J，Gierlinger N. Functional plant cell wall design revealed by the raman imaging approach. Planta，2011，233（4）：763-772.
[84] Gierlinger N，Paris，S. Insights into the chemical composition of Equisetum hyemale by high resolution Raman imaging. Planta，2008，227（5）：969-980.

（殷亚方，郭娟，马建锋）

第三章　木材化学组分结构与性质

第一节　纤维素

纤维素是地球上储量最丰富的天然高分子化合物，主要来源于陆生及海底的高等植物中，也存在于一些低等植物、细菌和个别低等动物中。由于其良好的生物相容性及可再生性，在造纸工业、木材工业、纺织工业、医药及生物医学工程和食品工业等领域有着多种重要的用途。

一、纤维素分子及聚集态结构

（一）纤维素的化学结构

纤维素的基本结构单元是D-吡喃式葡萄糖基(即失水葡萄糖)，该D-吡喃式葡萄糖基以β-1,4糖苷键连接起来形成链状高分子化合物（如图2-3-1所示），其分子式为（$C_6H_{10}O_5$）$_n$。式中，n为葡萄糖基数目，称为聚合度。碳、氢和氧三种元素的质量分数分别为44.44％、6.17％和49.39％。

纤维素大分子的每个失水葡萄糖基环均有3个醇羟基，分别在C2、C3和C6位上。其中C6为伯醇羟基，C2和C3为仲醇羟基，表现为典型的二醇结构[1]。这些羟基对纤维素的氧化、酯化、醚化、分子间氢键的形成、吸水润胀及接枝共聚等性质有着决定性的影响，但它们的反应能力是不同的，在酯化反应中，C6位上的羟基反应速度比C2和C3羟基约快10倍[2]。

纤维素大分子的两个末端基具有不同性质。一端的葡萄糖基C1上存在1个苷羟基，在葡萄糖环式结构变为开链式时转变为醛基，具有还原性；另一端的C4上存在仲醇羟基，不具有还原性，其键接的氧原子和葡萄糖环上的氧原子主要形成分子内和分子间氢键，同时还参与降解反应。因此，对整个纤维素大分子来说，一端存在有还原性的隐性醛基，另一端没有，故整个大分子体现极性和方向性。

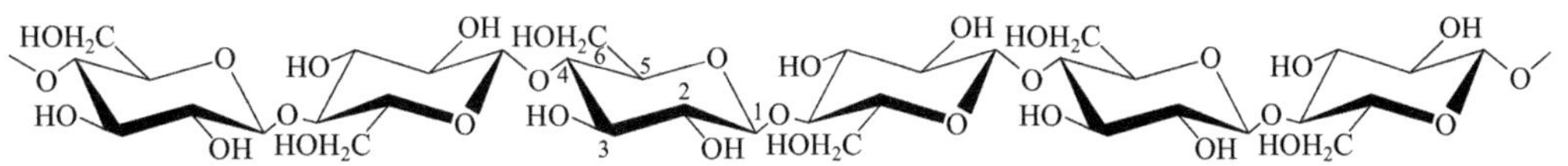

图2-3-1　纤维素大分子链的结构

（二）纤维素分子的聚集态结构[3,4]

1.纤维素链的构象

纤维素大分子链的构象是指大分子链的大小、尺寸和形态，它是由单键的内旋转产生的分子在空间的不同形态。构象之间的转换通过绕单键的内旋转、分子热运动就足以实现，各种构象之间的转换速度极快，因而构象是不稳定的。

(1) 葡萄糖环的构象　葡萄糖分为α-和β-两种构象，即C1和C2位的羟基分别处于吡喃葡萄糖环的同侧和异侧。吡喃葡萄糖环上取代基相互之间的空间效应和电性效应，使得糖环不可能在一个平面，因此存在两种构象——椅式构象和船式构象。相比于船式构象，椅式构象能量较低，因而更为稳定，所以吡喃葡萄糖环只能以$^4C1$或$^1C4$两种椅式构象之一存在（见图2-3-2）。

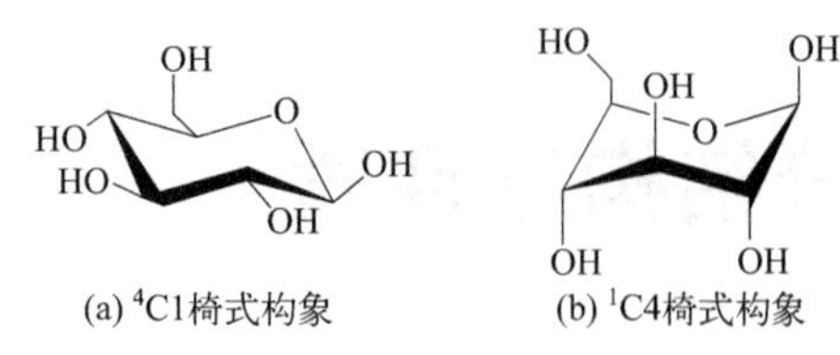

图 2-3-2　葡萄糖的椅式构象

因为^{4}C1构象中各碳原子上的羟基都是平伏键（e键），空间排斥作用较小，较为稳定；而^{1}C4构象中各碳原子上的羟基都是直立键（a键），C1位上的羟基与C3和C5位的具有空间排斥作用，因此葡萄糖环的^{4}C1椅式构象是优势构象，在水溶液中占主体地位。

（2）纤维素大分子链的构象　纤维素是由葡萄糖通过β-1,4糖苷键连接起来的大分子，如图2-3-1表示纤维素大分子的构象，其β-D-吡喃式葡萄糖单元呈椅式扭转，每个单元上C2位—OH基、C3位—OH基和C6位上的取代基均处于水平位置。

2. 纤维素的聚集态结构

聚集态结构即高分子链聚集成高聚物时分子相互堆砌排列的状态。纤维素的聚集态结构即所谓超分子结构，是指处于平衡态时纤维素大分子链相互间的几何排列特征，主要包括晶体结构（晶区和非晶区、晶胞大小及形式、分子链在晶胞内的堆砌形式、微晶的大小）和取向结构（分子链和微晶的取向）。

纤维素大分子是由β-1,4糖苷键连接的D-葡萄糖单元构成的线形链。与其他聚合物比较，纤维素分子的重复单元是简单而均一的，分子表面较平整，使其易于长向伸展，加上吡喃葡萄糖环上有反应性强的侧基，十分有利于形成分子内和分子间的氢键，使这种带状、刚性的分子链容易聚集在一起，形成规整性的结晶结构。根据X射线衍射的研究，纤维素大分子的聚集：一部分的分子排列比较规整，呈现清晰的X射线图，这部分称为结晶区；另一部分的分子链排列不整齐，较松弛，但其取向大致与纤维轴平行，这部分称为无定形区（图2-3-3）[5]。

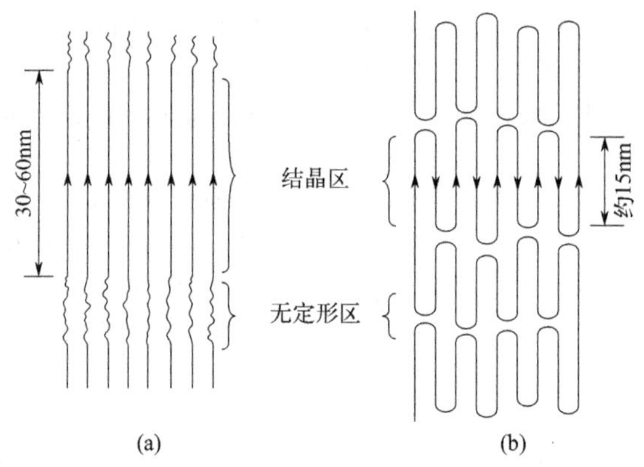

图 2-3-3　纤维素结晶区和无定形区结构[5]

为了深入研究纤维素大分子的聚集态结构，首先必须了解纤维素的复合晶体模型以及各种结晶变体，这些结晶变体都以纤维素为基础，有相同的化学成分，但其不同的聚集态结构影响到纤维素及其纤维的性质。另外，为了解释纤维素多晶型的成因、纤维素生物合成及其机理方面热力学和动力学的差异，解释不同类型纤维素的力学性质，都必须理解纤维素晶体结构的特性。

（1）晶体的基本概念——晶胞和晶系

① 晶胞和晶胞参数。任何一种晶体都有一定的几何形状，组成晶体的质点在空间做有序的周期性排列，即形成所谓的空间点阵。这些点阵排列所具有的几何形状叫结晶格子，简称晶格。晶胞是结晶体中具有周期性排列的最小单元。为了完整地描述晶胞的结构，采用6个晶胞参数来表示其大小和形状。它们是平行六面体三晶轴的长度a、b、c及其相互间的夹角α、β、γ，其关系式为：$\alpha = b^c$，$\beta = a^c$，$\gamma = a^b$（参见图2-3-4）。

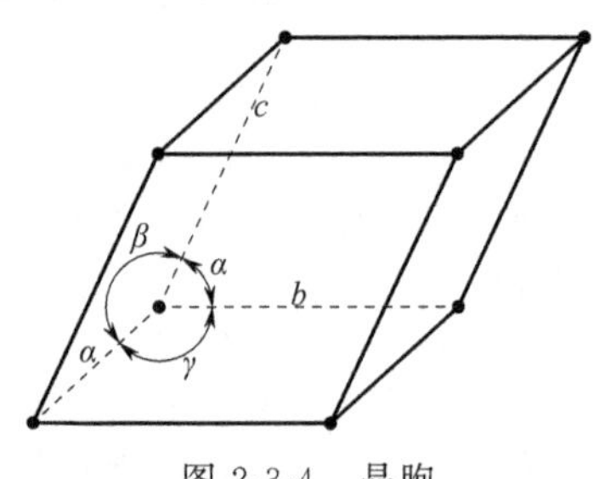

图 2-3-4　晶胞

② 晶面和晶面指数。结晶格子内所有的格子点全部集中在

相互平行的等距离的平面群上，这些平面叫作晶面，晶面的间距用 L_{hkl}（L 表示距离，hkl 为用米勒指数表示的晶面名称）表示。同一晶体从不同角度去分割可得到不同的晶面。标记这些晶面的参数叫作晶面指数。由于它是米勒（Miller）首先提出来的，所以也叫作米勒指数。

根据米勒的建议，所有晶面可用该晶面在三晶轴 a、b、c 上截距的倒数来表征，如图 2-3-5(a) 所示。图中划线的面，它在 a、b、c 三晶轴上的截距分别为 $3a$、$2b$、$1c$，取各自晶面，所以该组晶面的晶面指数为（236）；图中未划线的晶面指数应为（230）。其他的晶面的表示可见图 2-3-5(b)。

③ 晶系。尽管晶体有千百万种，但组成它们的晶胞只有 7 种，即立方、四方、斜方、单斜等，构成 7 个晶系，不同晶系的晶胞及其参数如表 2-3-1 所示。

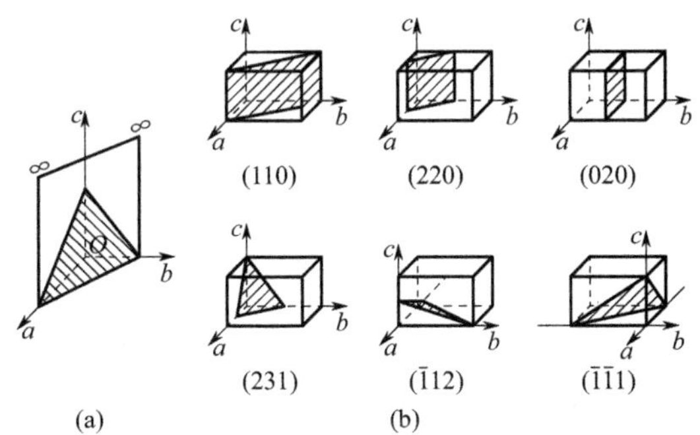

图 2-3-5　标记晶面指数的示意图及不同晶面的晶面指数

(a) 晶面指数示意图；(b) 不同晶面的晶面指数

表 2-3-1　晶胞的 7 种参数

图形	晶系名称	晶胞参数
	立方	$a=b=c, \alpha=\beta=\gamma=90°$
	四方	$a=b\neq c, \alpha=\beta=\gamma=90°$
	斜方(正交)	$a\neq b\neq c, \alpha=\beta=\gamma=90°$
	单斜	$a\neq b\neq c, \alpha=\gamma=90°, \beta\neq 90°$
	三斜	$a\neq b\neq c, \alpha\neq\beta\neq\gamma\neq 90°$
	六方	$a=b\neq c, \alpha=\beta=90°, \gamma=120°$
	三方(菱形)	$a=b=c, \alpha\neq\beta\neq\gamma\neq 90°$

（2）纤维素的复合晶体模型及单元晶胞的结晶变体　β-D-葡萄糖重复单元构成了高结晶度的纤维素结构，其不同的堆砌排列方式形成了多种晶型。至今发现，固态下的纤维素存在5种结晶变体，即天然纤维素（纤维素Ⅰ，包含纤维素$Ⅰ_{\alpha}$和纤维素$Ⅰ_{\beta}$），人造纤维素Ⅱ、Ⅲ（纤维素$Ⅲ_{Ⅰ}$和纤维素$Ⅲ_{Ⅱ}$）、Ⅳ（纤维素$Ⅳ_{Ⅰ}$和纤维素$Ⅳ_{Ⅱ}$）和纤维素Ⅹ。这5种结晶变体各有不同的晶胞结构，并可由X射线衍射、红外光谱、拉曼（Raman）光谱等方法加以辨认。

不同晶型的纤维素具有不同的链构象、堆砌方式和物理化学性质。根据分子链极性的差异，纤维素多晶可分为两种：平行链晶型（纤维素$Ⅰ_{\alpha}$、$Ⅰ_{\beta}$、$Ⅲ_{Ⅰ}$和$Ⅳ_{Ⅰ}$）和反平行链晶型（纤维素Ⅱ、$Ⅳ_{Ⅱ}$）。纤维素$Ⅲ_{Ⅱ}$由于O6羟基的旋转无序性，可能是反平行链结构，其链构象为2_1螺旋轴或很大程度上接近2_1螺旋轴。

① 纤维素Ⅰ。纤维素Ⅰ是天然存在的纤维素形式，包括细菌纤维素、海藻和高等植物（如棉花和木材等）细胞中存在的纤维素。纤维素Ⅰ包含两种结晶变体——纤维素$Ⅰ_{\alpha}$和纤维素$Ⅰ_{\beta}$。纤维素$Ⅰ_{\alpha}$为单链三斜晶胞，空间群为$P1$，链构象可以近似认为是2_1螺旋轴；而纤维素$Ⅰ_{\beta}$型晶体为两链单斜晶胞，空间群为$P2_1$[6]。纤维素$Ⅰ_{\alpha}$和纤维素$Ⅰ_{\beta}$的带状链是由链片内氢键连接起来的，链片之间和晶胞对角线方向上有一些弱的链片间氢键，不存在强的氢键作用。

天然存在的纤维素中，原始生物合成的纤维素以纤维素$Ⅰ_{\alpha}$为主，而高等植物中的纤维素以纤维素$Ⅰ_{\beta}$为主。例如，海洋藻类、细菌纤维素富含纤维素$Ⅰ_{\alpha}$，质量分数约为0.63；而高等植物如棉花、麻等则富含纤维素$Ⅰ_{\beta}$，质量分数约为0.8。自然界中至今未发现有纯的纤维素$Ⅰ_{\alpha}$的存在。研究表明，在不同介质中，通过热处理可以使亚稳态的纤维素$Ⅰ_{\alpha}$转化为更稳定的纤维素$Ⅰ_{\beta}$。如图2-3-6所示，（a）样品为原始纤维素，主要由纤维素$Ⅰ_{\alpha}$组成。此外，当采用0.1mol/L NaOH在260℃下处理30min时，纤维素$Ⅰ_{\alpha}$完全转化为纤维素$Ⅰ_{\beta}$[图2-3-6（b）][7]。轴向纤维素$Ⅰ_{\beta}$的XRD谱图如图2-3-7所示。从图中可以看出，不同的峰归属于不同尺寸的结晶结构，三个主要的峰分别是米勒指数（－110）、（110）和（200）[8]。

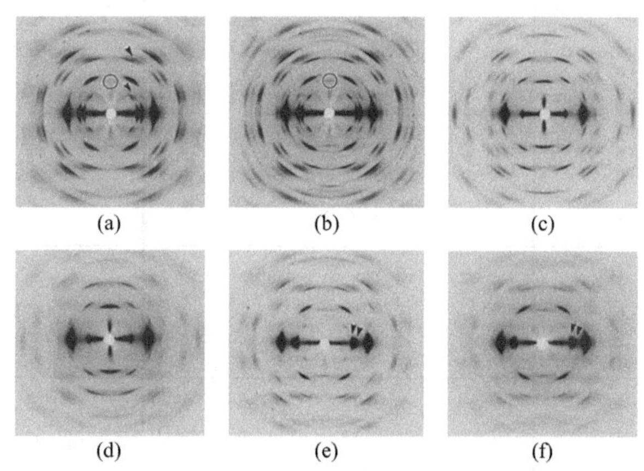

图2-3-6　刚毛藻纤维素X射线衍射图[7]

（a）原始纤维素；（b）热处理纤维素；（c）超临界氨处理纤维素；
（d）液氨处理纤维素；（e）超临界氨结合丙三醇处理纤维素；（f）液氨结合丙三醇处理纤维素

② 纤维素Ⅱ。纤维素Ⅰ在浓碱水溶液中溶胀（丝光化处理）或在溶液中再生，经洗涤和干燥后即可得到纤维素Ⅱ。纤维素Ⅰ的分子链是同向平行排列的，而纤维素Ⅱ的分子链是反平行排列。在纤维素Ⅱ的晶胞中，角链和中心链都为2_1螺旋轴，位于单斜空间群$P2_1$中。纤维素Ⅱ的结构模型认为在晶胞中角链和中心链的构象非常相似，但是角链和中心链O6有不同的旋转位置，这与空间群$P2_1$一致[9]。轴向纤维素Ⅱ的XRD谱图如图2-3-8所示。从图中可以看出，三个主要的峰分别是米勒指数（－110）、（110）和（020）[8]。

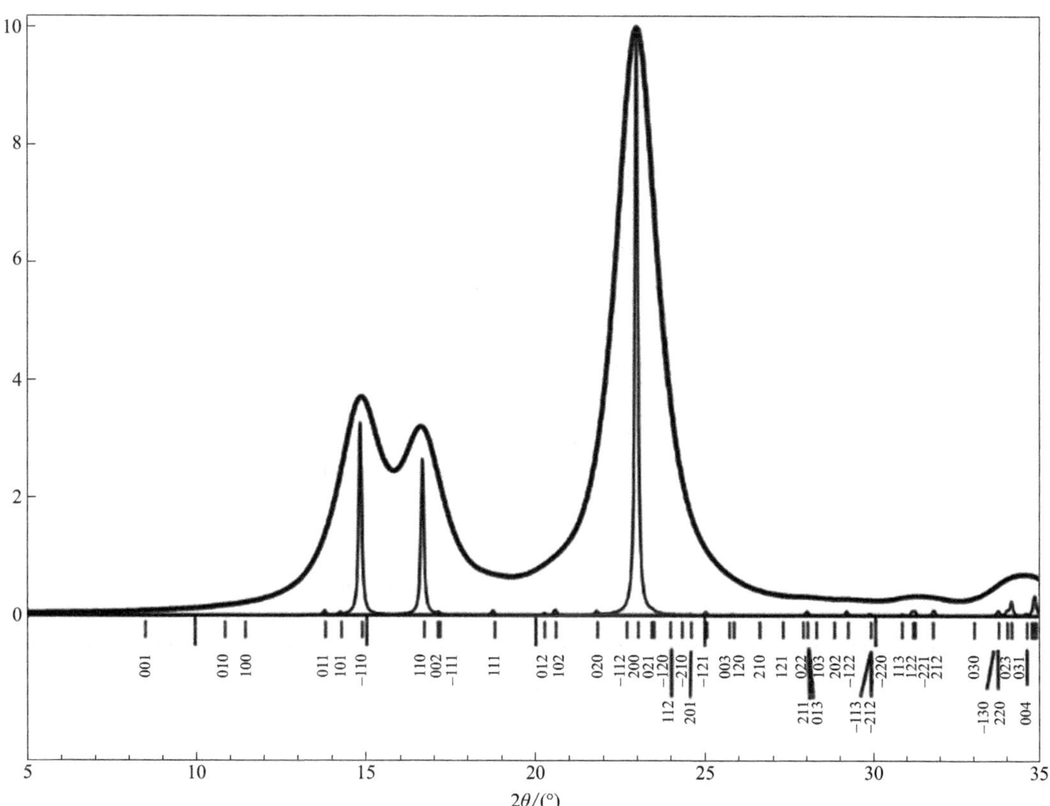

图 2-3-7　轴向纤维素 I_β 的 XRD 谱图[8]

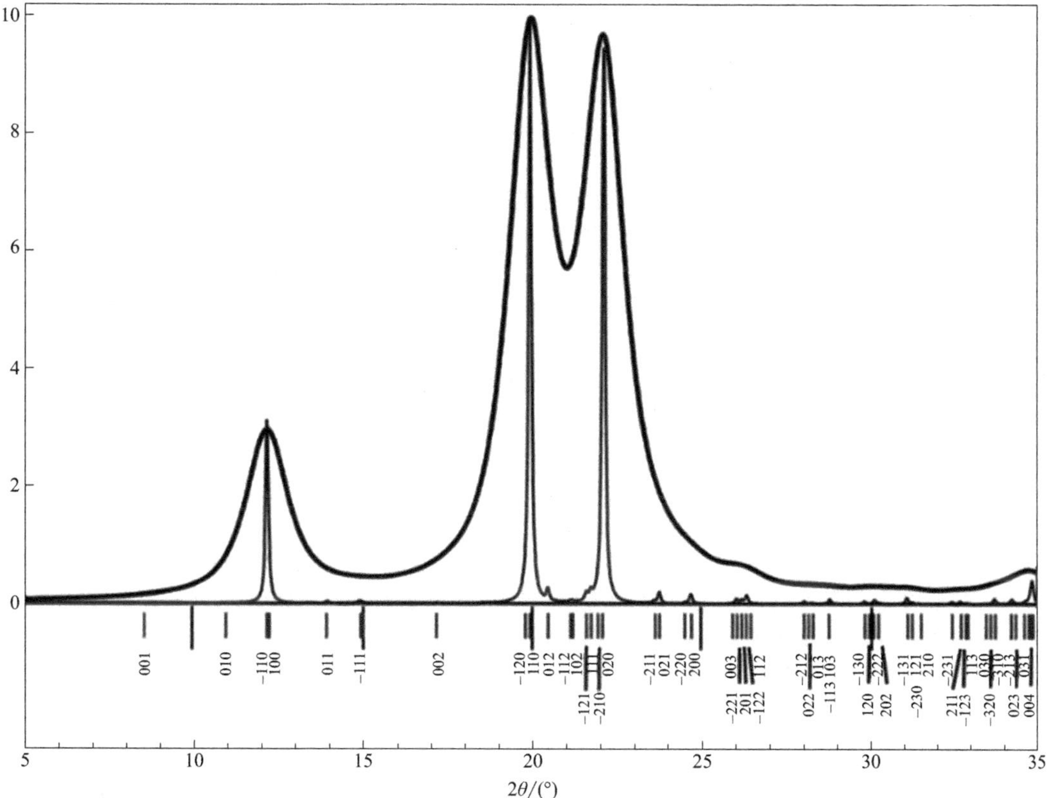

图 2-3-8　轴向纤维素Ⅱ的 XRD 谱图[8]

③ 纤维素Ⅲ。纤维素Ⅲ是纤维素的第三种结晶变体，也称氨纤维素，是将纤维素Ⅰ或纤维素Ⅱ用液氨或胺类试剂处理，再将其蒸发所得到的一种低温变体。纤维素Ⅲ又分为纤维素$Ⅲ_Ⅰ$和纤维素$Ⅲ_Ⅱ$两种变体。如果原料为棉或者大麻类植物（主要成分为纤维素$Ⅰ_β$）或者海藻（主要成分为纤维素$Ⅰ_α$），液氨蒸发后可以得到纤维素$Ⅲ_Ⅰ$。而纤维素$Ⅲ_Ⅱ$主要由丝光化苎麻或者黏胶纤维获得。纤维素$Ⅲ_Ⅰ$能够通过热处理或溶剂复合物分解的方式得到分子链平行排列的纤维素Ⅰ，而纤维素$Ⅲ_Ⅱ$能够通过同样的热处理得到分子链反平行的纤维素Ⅱ，因此推测纤维素$Ⅲ_Ⅰ$的分子链以平行方式排列，而纤维素$Ⅲ_Ⅱ$的分子链以反平行方式排列。

纤维素Ⅲ有一定的消晶作用，当氨或胺出去后，结晶度和分子排列的有序度都下降了，可及度增加。

④ 纤维素Ⅳ。纤维素Ⅳ是纤维素的第四种结晶变体，其链的构象呈 $P2_1$ 配置，晶胞为正方晶胞。将纤维素Ⅲ在260℃的丙三醇中加热可以得到纤维素Ⅳ。根据纤维素母体来源的不同形成纤维素$Ⅳ_Ⅰ$和纤维素$Ⅳ_Ⅱ$两种晶型。纤维素Ⅰ得到纤维素$Ⅳ_Ⅰ$，而由纤维素Ⅱ得到纤维素$Ⅳ_Ⅱ$。纤维素$Ⅳ_Ⅰ$和纤维素$Ⅳ_Ⅱ$的X射线衍射图是相同的，但纤维素$Ⅳ_Ⅰ$的结晶性比纤维素$Ⅳ_Ⅱ$的好，衍射图比较清晰。此外，它们的红外光谱也不相同，纤维素$Ⅳ_Ⅰ$的红外光谱与纤维素Ⅰ相似，而纤维素$Ⅳ_Ⅱ$的与纤维素Ⅱ相似。

⑤ 纤维素Ⅹ。纤维素Ⅹ结晶变体，也是一种纤维素的再生形式。将纤维素Ⅰ（棉花）或纤维素Ⅱ（丝光化棉）放入浓度为380～403g/L的盐酸中，在20℃下处理2.0～4.5h，用水将其再生所得到的纤维素粉末即为纤维素Ⅹ。纤维素Ⅹ的聚合度很低，用铜乙二胺溶液进行黏度测定，聚合度只有15～20。纤维素Ⅹ的晶胞大小与纤维素Ⅳ相近，晶胞形式可能是单斜晶胞或正方晶胞。

二、纤维素的物理性质

（一）纤维素的吸湿与解吸

纤维素纤维自大气中吸取水或蒸汽，称为吸附；因大气中降低了蒸汽分压而自纤维素放出水或蒸汽称为解吸。

纤维素纤维所吸附的水可分为两部分。一部分是进入纤维素无定形区与纤维素的羟基形成氢键而结合的水，称为结合水。结合水又叫作化学结合水，这种结合水具有非常规的特性，即最初吸着力强烈，并伴有热量放出，使纤维素发生润胀。当纤维物料吸湿达到纤维饱和点后，水分子继续进入纤维的细胞腔和各空隙中，形成多层吸附水，这部分水称为游离水或毛细管水。结合水属于化学吸附范围，而游离水属于物理吸附范围。

纤维素吸附水的内在原因是：在纤维素的无定形区中，链分子中的羟基只是部分地形成氢键，还有部分羟基仍是游离羟基。由于羟基是极性基团，易于吸附极性水分子，并与吸附的水分子形成氢键结合。纤维素吸附水蒸气的现象对纤维素纤维的许多重要性质有影响，例如随着纤维素吸附水量的变化引起纤维润胀或收缩，纤维的强度性质和电学性质也会发生变化。另外，在纸的干燥过程中，会产生纤维素对水的解吸。

（二）纤维素的润胀与溶解

纤维素的润胀和溶解并没有很明确的界限，可能同时发生。纤维素经过有限润胀后体积增加，物理性质发生明显变化，但总的结构得以保持。而纤维素一旦溶解，原有的超分子结构完全破坏。从物理化学的角度来看，纤维素的有限润胀和溶解现象具有一些共同点：溶剂分子与纤维素链之间形成更强的分子间作用力或者是共价衍生化来克服纤维素分子内和分子间的氢键相互作用，从而使纤维素的超分子结构变得松散甚至消失，导致纤维素羟基的可及度和反应性增加。

1. 纤维素的润胀

润胀是固体吸收润胀剂后体积变大但不失其表观均匀性、分子间内聚力减少、固体变软的现象。纤维素上所有的羟基都处于氢键网络中，纤维素分子链以链片的方式排列。在纤维素分子链中每个葡萄糖环上有一个伯醇羟基和两个仲醇羟基，因此能与羟基形成氢键的溶剂均会使纤维发生润胀。水和各种碱溶液是纤维素的良好润胀剂，磷酸、甲醇、乙醇、苯胺等极性液体也可导致纤维润胀。

纤维素的润胀可分为有限润胀和无限润胀（溶解）。

① 有限润胀。纤维素吸收润胀剂的量有一定限度，其润胀的程度也有限度。有限润胀分为结晶区间的润胀和结晶区内的润胀。结晶区间的润胀是指润胀剂只到达无定形区和结晶区的表面，纤维素的X射线衍射峰不发生变化。结晶区内的润胀是润胀剂占领整个无定形区和结晶区，形成润胀化合物，产生新的结晶格子，纤维素原本的X射线衍射峰消失，出现了新的X射线衍射峰。多余的润胀剂不能进入新的结晶格子中，只能发生有限润胀。

② 无限润胀。润胀剂无限进入纤维素的结晶区和无定形区的结果，就是导致纤维素变成溶液，所以无限润胀就是溶解。在无限润胀过程中纤维素原来的X射线衍射峰逐渐消失，但并不出现新的X射线衍射峰。

纤维素纤维的润胀程度可用润胀度表示，即纤维润胀时直径增大的百分率。影响润胀度的因素有润胀剂种类、浓度、温度和纤维素种类等。对于碱液对纤维素的润胀作用，碱液的种类不同，其润胀能力不同。溶液中的金属离子通常以水合离子的形式存在，半径越小的离子对外围水分子的吸引力越强，形成直径较大的水合离子，对润胀剂进入无定形区和结晶区更为有利。几种碱的润胀能力的大小为：LiOH＞NaOH＞KOH＞RbOH＞CsOH。

2. 纤维素的溶解

纤维素的溶解性取决于溶剂和纤维素的相互作用，即与分子间作用力的强度有关。纤维素溶剂主要包括含水溶剂体系和非水溶剂体系两大类。含水体系主要包括氢氧化钠水溶液、氢氧化钠/尿素水溶液及季铵盐水溶液，而非水体系主要有氯化锂/*N*,*N*-二甲基乙酰胺、离子液体和低共熔溶剂体系。

（1）含水溶剂体系

① 氢氧化钠水溶液。$NaOH/H_2O$ 体系是能溶解纤维素的最简单、经济的溶剂体系[10]。在较低温度（4℃）下，分子量较低的非结晶态纤维素可以溶解在8%～10%的NaOH溶液中，但溶解度较小[11]。为了提高纤维素在NaOH溶液中的溶解性能，需要采用一些物理化学手段，如蒸汽爆破技术[12]、水热处理[13]、机械球磨[14] 等手段对纤维素进行前处理。Kamide团队[15] 将纤维素与NaOH溶液的混合物置于高温高压蒸汽中（183～252℃，1.0～4.9MPa，持续15～300s），经爆破后迅速减压，破坏了纤维素的超分子结构，从而获得高浓度纤维素溶液。他们认为蒸汽爆破使纤维素吡喃糖环C3上的仲羟基（见图2-3-9）与相邻葡萄糖单元环上羟基氧原子之间的氢键局部断裂，从而提高纤维素在NaOH溶剂体系中的溶解能力。

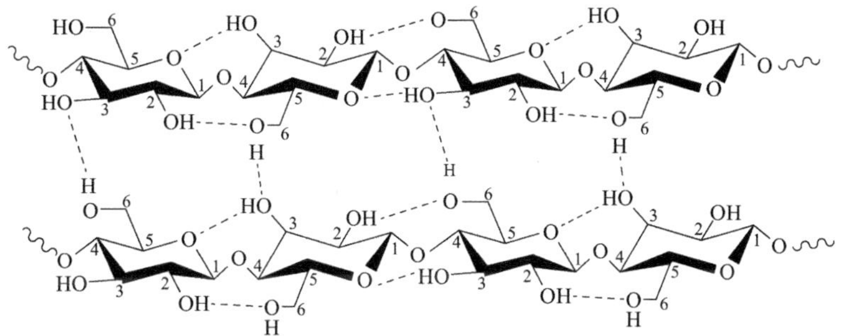

图2-3-9 纤维素的分子结构

溶解机理研究表明，在高浓度NaOH溶液中，强电负性 OH^- 与纤维素羟基反应生成带负电荷的碱纤维素，并通过静电作用吸引钠离子，使纤维素氢键断裂，进而实现溶解[16]。核磁（NMR）技术和拉曼光谱分析结果显示：随着NaOH浓度的增大，纤维素C原子化学位移线性增大，在溶液中的存在形态由 Na-纤维素Ⅰ复合物转变为 Na-纤维素Ⅱ复合物[17]。Moigne 等[18] 对溶解机理进行深入研究发现，纤维素在 8% NaOH 溶液中的溶解是一个不断破坏纤维素分子氢键的过程，氢键逐步解离形成多层次结构。因此，影响纤维素溶解的主要因素是其分子结构和分子链所处的化学环境。$NaOH/H_2O$ 体系虽然价格低廉，但溶解能力有限，只能溶解低分子量或经过前处理的纤维素和再生纤维素，难以实现纺丝或制膜工业化生产。

② NaOH/尿素和 NaOH/硫脲水溶液体系。张俐娜院士团队开发了无毒、低成本、快速低温溶解纤维素的碱/尿素和 NaOH/硫脲水溶液体系。其中，碱的种类对溶解效果影响较大，研究表明：在−12℃条件下，无需经过前处理的黏均分子量（M_η）为（1.14～3.72）$\times 10^5$ 的纤维素在 7% NaOH/12%尿素和 4.2% LiOH/12%尿素体系中完全溶解只需 2min[19]。另外，9.5% NaOH/4.5%硫脲体系预冷至−5℃同样能够迅速溶解纤维素，利用湿法纺丝可以制备出力学性能优良（拉伸强度为 2.0～2.2cN/dtex）的纤维素丝[19]。NaOH/尿素、LiOH/尿素和 NaOH/硫脲体系溶解纤维素的机理如图 2-3-10 所示，低温下 NaOH 水合物 $[Na^+(OH)_m \cdot OH^-(OH)_n]$ 或 LiOH 水合物 $[Li^+(OH)_m \cdot OH^-(OH)_n]$ 更容易与纤维素羟基结合形成新的氢键网络，从而破坏纤维素自身分子内和分子间氢键，尿素或硫脲分子通过动态自组装快速包覆在蠕虫状碱和纤维素的氢键网络外部，形成碱-尿素-水的集群或 NaOH-硫脲-水的集群，差示扫描量热和 ^{13}C 核磁共振光谱分析结果证明：这种稳定自组装集群的形成促使纤维素快速溶解，同时尿素或硫脲稳定已溶解的纤维素分子，阻止其聚集或凝胶化[20]。张俐娜院士采用该体系制备了多种应用于纺织、生物医用、水处理、光电储能等方面的新材料，基于此创新性的工作获得了 2012 年国家自然科学二等奖，获奖名称为基于天然高分子的环境友好功能材料构建及其构效关系。

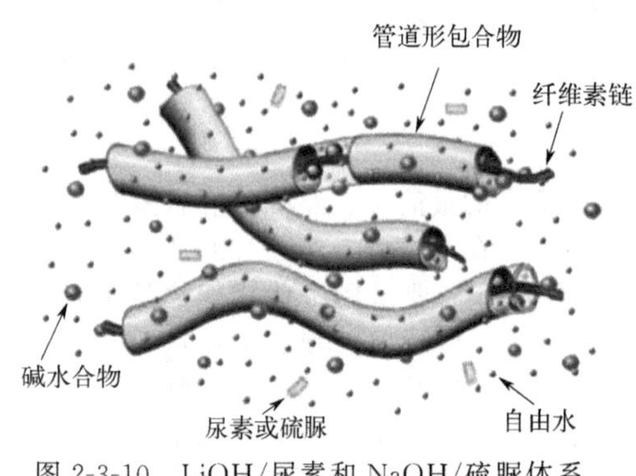

图 2-3-10　LiOH/尿素和 NaOH/硫脲体系溶解纤维素的机理[20]

③ 季铵盐/季膦盐水溶液及其复合溶剂体系。季铵盐/季膦盐水溶液是一种常温快速溶解纤维素的新型溶剂体系，该体系解决了碱/尿素和 NaOH/硫脲水溶液体系溶解条件苛刻的难题。Heinze 等[21] 报道称四丁基氟化铵三水合物（$TBAF \cdot 3H_2O$）/二甲亚砜体系在室温下可快速（15min）溶解分子量高达 105300 的纤维素。在此溶解体系中，F^- 与水产生氢键作用，加入纤维素后，F^- 与纤维素的羟基形成新的氢键，破坏了纤维素自身氢键网络，从而溶解纤维素[22]。Alves 等[23] 利用固态 NMR 技术对该溶剂体系中固体和液体的纤维素信号分别进行了表征，结果表明：与 NaOH-纤维素溶液相比，在 $TBAH/H_2O$ 溶液中的液体纤维素 C 原子信号明显强于固体的信号，表明 $TBAH/H_2O$ 体系溶解纤维素的能力更强。

（2）非水溶剂体系

① 氯化锂/*N*,*N*-二甲基乙酰胺溶剂体系（LiCl/DMAc）。LiCl 与 DMAc 简单复合，对纤维素表现出了良好的溶解能力，这与络合物分子的空间结构有关。其中，LiCl 的质量分数对纤维素溶解度影响较大，研究表明：当复合体系中 LiCl 的质量分数为 10%时，纤维素（聚合度为 550）最大溶解度可达 16%[24]。Matsumoto 等[25] 指出 LiCl/DMAc 体系可以在室温下溶解分子量高（>1000000）的纤维素，且纤维素无明显降解。目前该体系被广泛接受的溶解机理有两种，其中一种是由 McCormick 等提出的，即 Li^+ 与 DMAc 的羰基之间形成离子-偶极配合物，而 Cl^- 和纤维素的羟基之间形成氢键[26]。Morgenstern 等[27] 通过观察和分析 ^7Li NMR 的化学位移，证实了 Li^+ 与纤维素链之间存在密切的相互作用，并提出新的机理，即在 LiCl/DMAc 溶解纤维素的过程中，Li^+ 内配位层中的一个 DMAc 分子被一个纤维素羟基取代。因而，Li^+-Cl^- 离子对同时裂解打破了纤维素分子间氢键（图 2-3-11），纤维素羟基质子与 Cl^- 形成强氢键，而 Li^+ 与 DMAc 形成溶剂化物，该溶剂化物通过与 Cl^- 形成氢键作用来达到电荷平衡，进而实现溶解[28]。

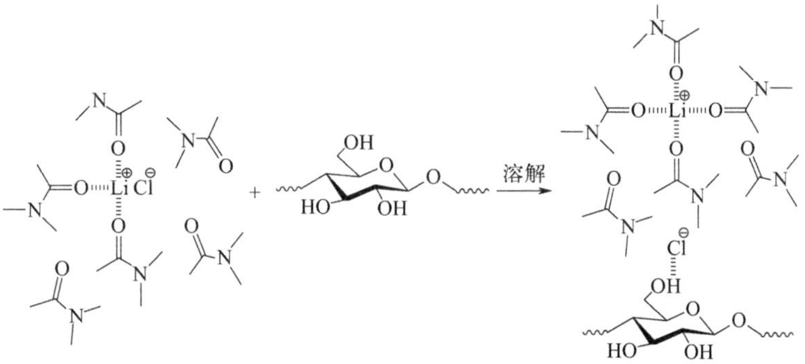

图 2-3-11　LiCl/DMAc 体系溶解纤维素的机理[28]

② 离子液体及其复合溶剂体系。离子液体（ILs）是指在相对较低的温度（<100℃）下以液体形式存在的盐溶剂体系，具有不易挥发、化学和热稳定性好及结构可设计等优异性能[29]。2002 年，Rogers 团队[30] 首次报道了烷基咪唑类 ILs 可物理溶解纤维素，开辟了一类新型纤维素溶剂的研究领域。随后，Zhang 等[31] 在咪唑阳离子结构中引入带有不饱和双键的烯丙基，合成了新型室温 ILs 1-烯丙基-3-甲基咪唑氯盐，未经任何前处理的纤维素样品可以溶解在其中，并且以水为凝固浴制备的再生纤维素薄膜具有较高的力学性能。在此基础上，熔点更低、黏度更小和溶解能力更强的 1-乙基-3-甲基咪唑醋酸盐被成功合成[32]。至此，ILs 在纤维素化学中的应用开始引起科学家们广泛的关注，越来越多的新型 ILs 被陆续报道。可溶解纤维素的新型 ILs 类型主要有咪唑类、吡啶类、胆碱类和超碱类等。对于 ILs 溶解纤维素的机理，尤其是阴阳离子在溶解过程中各自所起的作用，目前仍然存在争议，特别是阳离子所起的作用，研究者们还没有清晰的认识或形成共识。Zhang 等[32] 通过系统核磁技术研究证明，纤维素在 EmimAc 中的溶解是阴阳离子与纤维素羟基共同作用的结果，阴离子与纤维素羟基氢形成氢键，阳离子通过咪唑环上的活泼氢与纤维素羟基氧相互作用，如图 2-3-12 所示。Fukaya 等[33] 首次提出 ILs 阴离子与纤维素羟基的相互作用是影响纤维素溶解的主要因素，并且表征了阴离子的氢键接受能力。

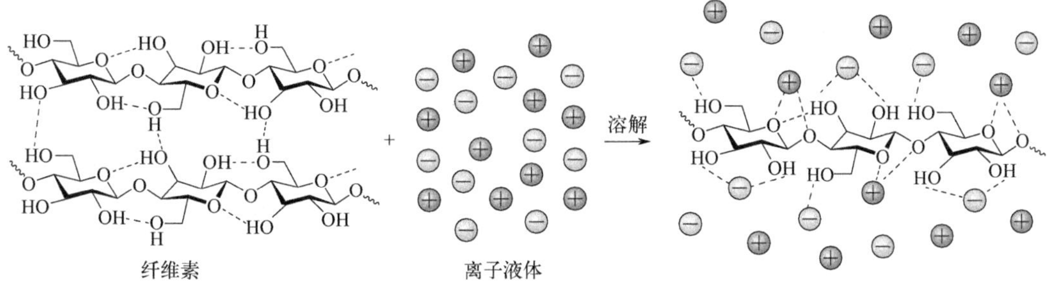

图 2-3-12　离子液体体系溶解纤维素的机理[32]

③ 低共熔溶剂体系。低共熔溶剂（DESs）是由氢键受体（HBA）和氢键供体（HBD）通过分子间氢键作用连接形成的一种低熔点绿色溶剂，具有和离子液体相似的物理化学特性，且制备方法简单、成本低廉[34]。HBA 主要为季膦盐、季铵盐、咪唑鎓盐等，HBD 主要包括羧酸、胺、醇或碳水化合物等[35]。

HBA 和 HBD 的摩尔比值、种类、结构显著影响 DESs 对纤维素的溶解度。2012 年，Francisco 等[36] 首次将 DESs 作为木质纤维素加工的溶剂，并测试了由脯氨酸-苹果酸组成的 DESs 在不同质量比条件下溶解纤维素的能力，发现随着脯氨酸在 DESs 中比率的增加，纤维素溶解度增大，当脯氨酸与苹果酸的质量比为 3∶1 时，纤维素的溶解度达 0.78%，而质量比为 2∶1 时，纤维素的溶解度降低为 0.25%。Wang 等[37] 从麦秸中分离分子量较大的天然纤维素（DP>3000），然后直接溶解在胆碱/赖氨酸（Ch/Lys）DES 中，该溶液稳定性好，溶解度可达约

5%。采用氯化胆碱（ChCl）、溴化胆碱、甜菜碱为氢键受体，尿素、乙二醇、丙三醇为氢键供体合成 DESs，并探讨其对纤维素的溶解性能。研究表明：ChCl-尿素（1∶2）在 100℃条件下可溶解 8.0%纤维素，而 ChCl-乙二醇（1∶2）在任何条件下均不能溶解纤维素。此外，季铵盐类和酰胺类物质制备的 DESs 具有较强溶解纤维素的能力，含丁基的季铵盐类 DESs 对纤维素的溶解度可达 6.5%～7.8%，远远大于含乙基（5.5%）和甲基（5.0%）的季铵盐类 DESs[38]。Fu 等[39] 采用光谱分析和量子化学理论计算的方法对纤维素在超碱类 DESs 中的溶解机理进行深入探究，研究表明当纤维素在 DESs 中溶解时，HBA 和 HBD 与纤维素之间形成复杂的非共价作用，DESs 自身的氢键强度降低，纤维素氢键网络被破坏，分子链结构松弛，进而实现溶解。DESs 溶剂体系对纤维素的溶解研究仍然处于初始阶段，纤维素在大多数已知的 DESs 中溶解度都较低，且高溶解度数据重现性较差，纤维素溶解机理和再生机理报道有限。

（三）纤维素纤维的表面电化学性质

由于纤维本身含有糖醛酸基、极性羟基等基团，纤维素纤维在水中其表面总是带负电荷。由于热运动的结果，在离纤维表面由远而近有不同浓度的正电子分布。靠近纤维表面部分的正电子浓度大；离界面越远，浓度越小。由吸附层和扩散层组成的扩散双电层正电荷等于纤维表面的负电荷。设在双电层中过剩正电子浓度为零处的电位为零。纤维表面的液相吸附层与液相扩散层之间的界面上，两者发生相对运动的电位差叫作动电位或 Zeta 电位（ζ 电位）。它代表分散在液相介质中带电颗粒的有效电荷。ζ 电位的绝对值越大，粒子间的相互排斥力越强，分散体系越稳定；相反，ζ 电位的绝对值越小，粒子间的相互排斥力越弱。ζ 电位趋向零时，分解体系很不稳定，出现絮凝。

加入电解质可以改变液相中带电离子的分布，电解质的浓度增大，吸附层内的离子增多，扩散层变薄，ζ 电位下降。当加入足够的电解质时，ζ 电位为零，扩散层的厚度也为零，此时称为等电点。不同纤维素样品的 ζ 电位是不同的。就绝对值而言，纸浆越纯，ζ 电位越大。在 pH 值为 6～6.2 的水中，棉花的 ζ 电位是 −21.4mV，α-纤维素是 −10.2mV，而未漂硫酸盐木浆是 −4.2mV。pH 对 ζ 电位也有很大的影响。pH 增大，ζ 电位绝对值增大；pH 降至 2 时，ζ 电位接近零。

三、纤维素的化学性质

（一）纤维素的降解反应

当纤维素受到化学、物理、机械和微生物的作用时，分子链上的糖苷键和碳原子间的碳碳键断裂，引起纤维素的降解，并造成纤维素化学、物理和力学性质等的变化。纤维素的主要降解反应包括：酸水解、酶降解、热降解、碱性降解、氧化降解、机械降解、光化学降解和离子辐射降解等。

1. 纤维素酶降解

酶是由氨基酸组成的具有特殊催化功能的蛋白质，能使纤维素水解的酶称纤维素酶。它能使木材、棉花和纸浆的纤维素水解。从原理上说，纤维素的酶解作用主要是导致纤维素大分子上的 β-1,4 糖苷键断裂，这对于制浆过程是不希望的，但有时又是不可避免的。对于纤维素水解工业，纤维素酶可将纤维素水解成葡萄糖，酶的水解作用选择性强，且较化学水解的条件温和，是一种清洁的降解方法。

纤维素酶是一种多组分酶，主要包括以下 3 种酶组分：

① 内切-β-葡聚糖酶。该酶又称 β-1,4-葡聚糖水解酶，可随机地作用于纤维素内部的结合键，使不溶性甚至结晶性纤维素解聚生成无定形纤维素和可溶性纤维素降解产物。

② 外切-β-葡聚糖酶。该酶又称 β-1,4-葡聚糖纤维二糖水解酶。主要作用于上述酶的水解产物，从纤维素大分子的非还原性末端起，顺次切下纤维二糖或单个地依次切下葡萄糖。

③ β-葡萄糖苷酶。该酶也称为纤维二糖酶，能水解纤维二糖为葡萄糖。

纤维素酶对天然纤维素的水解，是上述几种酶协同作用的结果。结晶纤维素被内切-β-葡聚糖酶首先降解成无定形纤维素和可溶性低聚糖，然后被外切-β-葡聚糖酶作用直接生成葡萄糖，也可被外切-β-葡聚糖酶水解生成纤维二糖，接着被 β-葡萄糖苷酶水解得到葡萄糖。内切-β-葡聚糖酶的主要作用是将纤维素水解成纤维二糖和纤维三糖，不能将纤维素直接水解成葡萄糖。整个反应可看作两个步骤，即将纤维素变成纤维二糖和将纤维二糖水解成葡萄糖。

2. 纤维素碱性降解

纤维素的碱性降解主要为碱性水解和剥皮反应。

① 碱性水解。纤维素的糖苷键在高温条件下，例如制浆过程中，尤其是大部分木质素已脱除的高温条件下，纤维素会发生碱性水解。与酸水解一样，碱性水解使纤维素的部分糖苷键断裂，产生新的还原性末端基，聚合度降低，纸浆的强度下降。纤维素碱水解的程度与用碱量、蒸煮温度、蒸煮时间等有关，其中温度的影响最大。当温度较低时，碱性水解反应甚微，温度越高，水解越强烈。

② 剥皮反应。在碱性溶液中，即使在很温和的条件下，纤维素也能发生剥皮反应。所谓剥皮反应是指在碱性条件下，纤维素具有还原性的末端一个个掉下来使纤维素大分子逐步降解的过程。

3. 纤维素氧化降解

纤维素氧化是工业上的一个重要过程。通过对纤维素氧化的研究，可以预防纤维素的损伤或获得进一步利用的性质。例如氯、次氯酸盐和二氧化氯用于纸浆和纺织纤维的漂白；在黏胶纤维工业中，利用碱纤维素的氧化降解调整再生纤维的强度，对以碱纤维素为中间物质的其他酯、醚反应以及纤维素的接枝共聚等都是十分重要的。

纤维素的氧化方式有两种：选择性氧化和非选择性氧化。氧化纤维素按所含基团分为还原型氧化纤维素（以醛基为主）和酸型氧化纤维素（以羧基为主），两者共有的性质是：氧的含量增加，羰基或羧基含量增加，纤维素的糖苷键对碱液不稳定，在碱液中的溶解度增加，聚合度和强度降低。这两种氧化纤维素的主要差别在于酸型氧化纤维素具有离子交换性质，而还原型氧化纤维素对碱不稳定。

（二）纤维素的酯化反应

纤维素大分子每个葡萄糖基单元中含有 3 个醇羟基，在酸催化作用下，纤维素的羟基可与酸、酸酐和酰卤等发生酯化反应，生成诸多高附加值的纤维素酯类产物。根据所采用酯化试剂的不同，主要包括无机酸酯和有机酸酯。纤维素无机酸酯指纤维素与硝酸、硫酸、磷酸和黄酸酯等无机酸或酸酐的反应产物。目前，最主要的无机酸酯有纤维素硝酸酯和黄原酸酯（生产再生纤维素的重要中间体），其他还有纤维素硫酸酯和磷酸酯；纤维素有机酸酯可通过纤维素与有机酸、酸酐或酰氯反应制得。纤维素有机酸酯大体上分为四类：酰基酯、氨基甲酸酯、磺酰酯和脱氧卤代酯。其中最重要的是纤维素醋酸酯及其混合酯（如纤维素醋酸丙酯、醋酸丁酯等）[1,2]。

醇与酸作用生成酯和水，称为酯化反应。纤维素作为一种多元醇（羟基）化合物，其羟基为极性基团，在强酸溶液中可被亲核基团或亲核化合物所取代而发生亲核取代反应，生成相应的纤维素酯。其反应机理如下[3]：

在亲核取代反应过程中，首先生成水合氢离子，如图 2-3-13(a)所示。然后按图 2-3-13(b)进行取代，纤维素与无机酸的反应属于此过程。而纤维素与有机酸的反应，实质上为亲核加成反应，按图 2-3-13(c)进行。酸催化可促进纤维素酯化反应的进行，因为一个质子首先加成到羧基电负性的氧上，使该基团的碳原子更具正电性［图 2-3-13(d)］，故而有利于亲核醇分子的进攻，如图 2-3-13(e)反应所示。以上反应的所有步骤均为可逆的。即纤维素的反应是一个典型的平衡反应，通过除去反应所生成的水，可控制反应朝生成物方向进行，从而抑制其逆反应——皂化反应的发生。理论上，纤维素可与所有的无机酸和有机酸反应，产生一取代、二取代和三取代的纤维素酯。

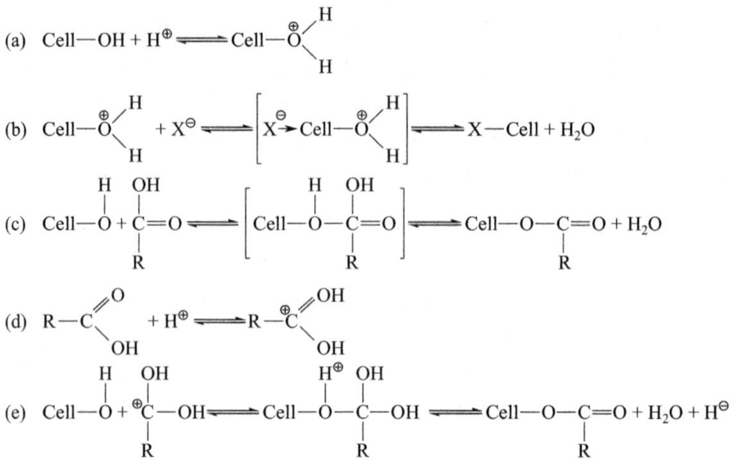

$$\text{(a)}\quad \text{Cell—OH} + \text{H}^{\oplus} \rightleftharpoons \text{Cell—}\overset{\oplus}{\text{O}}\begin{smallmatrix}\text{H}\\ \text{H}\end{smallmatrix}$$

$$\text{(b)}\quad \text{Cell—}\overset{\oplus}{\text{O}}\begin{smallmatrix}\text{H}\\ \text{H}\end{smallmatrix} + \text{X}^{\ominus} \rightleftharpoons \left[\overset{\ominus}{\text{X}}\rightarrow\text{Cell—}\overset{\oplus}{\text{O}}\begin{smallmatrix}\text{H}\\ \text{H}\end{smallmatrix}\right] \rightleftharpoons \text{X—Cell} + \text{H}_2\text{O}$$

$$\text{(c)}\quad \text{Cell—}\overset{\text{H}}{\overset{|}{\text{O}}} + \underset{\underset{\text{R}}{|}}{\overset{\text{OH}}{\overset{|}{\text{C}}}}\text{=O} \rightleftharpoons \left[\text{Cell—}\overset{\text{H}}{\overset{|}{\text{O}}}\text{—}\underset{\underset{\text{R}}{|}}{\overset{\text{OH}}{\overset{|}{\text{C}}}}\text{=O}\right] \rightleftharpoons \text{Cell—O—}\underset{\underset{\text{R}}{|}}{\text{C}}\text{=O} + \text{H}_2\text{O}$$

$$\text{(d)}\quad \text{R—C}\begin{smallmatrix}{}^{\nearrow}\text{O}\\ {}_{\searrow}\text{OH}\end{smallmatrix} + \text{H}^{\oplus} \rightleftharpoons \text{R—}\overset{\oplus}{\text{C}}\begin{smallmatrix}\text{OH}\\ \text{OH}\end{smallmatrix}$$

$$\text{(e)}\quad \text{Cell—}\overset{\text{H}}{\overset{|}{\text{O}}} + {}^{\oplus}\underset{\underset{\text{R}}{|}}{\overset{\text{OH}}{\overset{|}{\text{C}}}}\text{—OH} \rightleftharpoons \text{Cell—}\overset{\text{H}^{\oplus}}{\overset{|}{\text{O}}}\text{—}\underset{\underset{\text{R}}{|}}{\overset{\text{OH}}{\overset{|}{\text{C}}}}\text{—OH} \rightleftharpoons \text{Cell—O—}\underset{\underset{\text{R}}{|}}{\text{C}}\text{=O} + \text{H}_2\text{O} + \text{H}^{\ominus}$$

图 2-3-13　纤维素酯化反应机理

（三）纤维素的醚化反应

纤维素醚类是纤维素衍生物的一支重要分支，它是纤维素分子中的羟基和醚化试剂反应得到的产物。纤维素醚产业发展迅速，是最重要的水溶性聚合物之一，其品种繁多，性能优良，已广泛用于建筑、水泥、石油、食品、洗涤剂、涂料、医药、造纸及电子元件等领域。按取代基种类可以分为单一醚和混合醚；根据溶解性可将纤维素醚分为水溶性纤维素醚和非水溶性纤维素醚。就水溶性纤维素醚来说，按取代基电离性质又可将其分为离子型纤维素醚、非离子型纤维素醚以及混合离子型纤维素醚。与纤维素相比，纤维素醚类最重要的优势在于其优异的溶解性能。纤维素醚类的溶解性可以通过取代基的种类以及取代度来调控。亲水性取代基（如羟乙基、季铵基团等）和极性取代基可以在低取代度时便赋予产物水溶性；而对于憎水性取代基（如甲基、乙基等）而言，低取代度的产物仅溶胀或溶解于稀碱溶液中，取代度适中时才能赋予产物较好的水溶性，取代度较高时则只能溶于有机溶液中。

纤维素的醇羟基能与烷基卤化物在碱性条件下发生醚化反应生成相应的纤维素醚。纤维素的醚化反应是基于以下经典的有机化学反应。

1. 亲核取代反应——Williamson 醚化反应

$$\text{Cell—OH} + \text{NaOH} + \text{RX} \longrightarrow \text{CellOR} + \text{NaX} + \text{H}_2\text{O}$$

式中，R 为烷基；X=Cl，Br。

碱纤维素与卤烃的反应属于此类型，其反应特点是不可逆，反应速率控制取代度和取代分布。甲基纤维素、乙基纤维素、羧甲基纤维素的制备属于此类反应。

2. 碱催化烷氧基化反应

羟乙基纤维素、羟丙基纤维素和羟丁基纤维素是用碱纤维素与环氧乙烷或环氧丙烷反应而成，该反应是碱催化的烷氧基化反应：

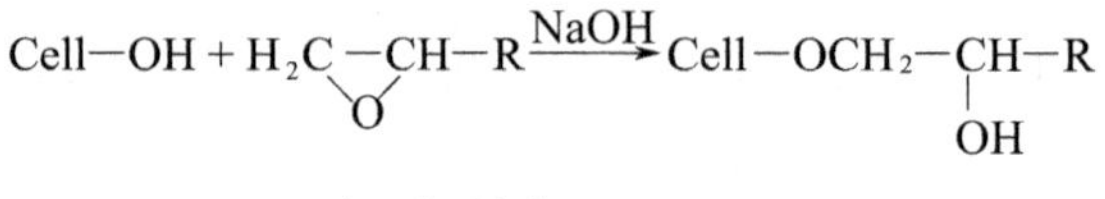

$$\text{Cell—OH} + \underset{\diagdown\text{O}\diagup}{\text{H}_2\text{C—CH}}\text{—R} \xrightarrow{\text{NaOH}} \text{Cell—OCH}_2\text{—}\underset{\underset{\text{OH}}{|}}{\text{CH}}\text{—R}$$

3. 碱催化加成反应——Michael 加成反应

在碱的催化下，活化的乙烯基化合物与纤维素羟基发生 Michael 加成反应：

$$\text{Cell—OH} + \text{H}_2\text{C=CH—Y} \xrightarrow{\text{NaOH}} \text{Cell—OCH}_2\text{CH}_2\text{—Y}$$

最典型的反应是丙烯腈与碱纤维素反应生成氰乙基纤维素：

$$Cell-OH + H_2C=CH-CN \xrightarrow{NaOH} Cell-OCH_2CH_2-CN$$

该反应特点：反应可逆，反应平衡控制产物的取代度。

（四）纤维素的脱氧-卤代反应

在糖类化学反应中，羟基的亲核取代反应（主要为 S_{N2} 取代）起着相当重要的作用。采用这种反应，可合成新的纤维素衍生物，包括C取代的脱氧纤维素衍生物。重要的脱氧纤维素衍生物有脱氧-卤代纤维素和脱氧氨基纤维素。

根据有机化学反应原理，烷基磺酸酯可与亲核试剂发生亲核取代反应：

$$ArSO_2OR + :Z \longrightarrow R:Z + ArSO_3^-$$

根据上述化学反应原理，可制备各种脱氧纤维素衍生物。最常用的烷基磺酸酯为对甲苯磺酰氯或甲基磺酰氯。首先将纤维素转化为相应的甲苯磺酸酯或甲基磺酸酯：

$$Cell-OH + CH_3-C_6H_4-SO_2Cl \xrightarrow[\text{(吡啶)}]{OH^-} Cell-O-SO_2-C_6H_4-CH_3 + Cl^- + H_2O$$

然后用卤素或卤化物等亲核试剂，将易离去基团取代，得到脱氧纤维素卤代物：

$$Cell-O-SO_2-C_6H_4-CH_3 + X^- \longrightarrow Cell-X + CH_3-C_6H_4-SO_3^-$$

将纤维素甲苯磺酸酯与氨、一级胺、二级胺或三级胺的醇溶液进行亲核取代反应，可以得到脱氧-氨基纤维素：

$$Cell-O-SO_2-C_6H_4-CH_3 + R_2NH \longrightarrow Cell-NR_2 + CH_3-C_6H_4-SO_3H$$

（五）纤维素的接枝共聚反应

接枝共聚是指在聚合物的主链上接上另一种单体。纤维素接枝共聚的方法主要有自由基引发接枝和离子引发接枝。在接枝共聚反应过程中常伴有均聚反应。鉴于纤维素接枝共聚物与均聚物溶解性的不同，通常用溶剂抽提法除去均聚物。

1. 自由基引发接枝

这一类方法研究最多，常用的引发剂主要有四价铈、五价钒、高锰酸钾、过硫酸盐、Fentons 试剂、光引发、高能辐射及等离子体辐射等。

（1）直接氧化法　四价的铈离子能使纤维素产生自由基。铈离子能使乙二醇氧化、断开，产生一分子醛和一个自由基。因此，一般认为纤维素接枝共聚作用的引发反应发生在葡萄糖基环的C2、C3位上，形成如下一种结构：

$$\begin{array}{c} \qquad\qquad\quad {}^{6}CH_2OH \\ \qquad\qquad\quad | \\ -O-{}^{4}CH-{}^{5}CH-O-{}^{1}CH-O- \\ \quad | \qquad\qquad\qquad\quad | \\ {}^{3}CHO \qquad\qquad \cdot{}^{2}CHOH \end{array}$$

（2）Fentons 试剂法　Fentons 试剂是一种含有过氧化氢和亚铁离子的溶液，是一个氧化还原系统。亚铁离子首先通过过氧化氢发生反应放出一个氢氧自由基，这个自由基从纤维素链上夺取一个氢原子形成水和一个纤维素自由基，此自由基与接枝单体进行接枝共聚。如：

$$Fe^{2+} + H_2O_2 \longrightarrow Fe^{3+} + OH^- + HO\cdot$$

$$Cell-OH + HO\cdot \longrightarrow Cell-O\cdot + H_2O$$

$$Cell-O\cdot + M \longrightarrow \text{接枝共聚产物}$$

上式中 Cell—OH 代表纤维素分子；M 代表单体，它可以是甲基丙烯酸甲酯或丙烯酸、乙烯乙酸酯等。

2. 离子引发接枝

纤维素先用碱处理产生离子，然后进行接枝共聚。所用单体有丙烯腈、甲基丙烯酸甲酯、甲基丙烯腈等。接枝共聚时的溶剂有液态氮、四氢呋喃或二甲基亚砜。以丙烯腈为单体、四氢呋喃为溶剂，其反应历程为：

① 链引发：

$$\mathrm{Cell{-}O^-Na^+ + CH_2{=}CHCN \longrightarrow Cell{-}O{-}CH_2{-}C^-HCN + Na^+}$$

② 链增长：

$$\mathrm{Cell{-}O{-}CH_2{-}C^-HCN + \mathit{n}CH_2{=}CHCN \longrightarrow Cell{-}O{-}(CH_2{-}\underset{\displaystyle CN}{\underset{|}{C}H})_{\mathit{n}}{-}CH_2{-}C^-HCN}$$

③ 链终止：

$$\mathrm{Cell{-}O{-}(CH_2{-}\underset{\displaystyle CN}{\underset{|}{C}H})_{\mathit{n}}{-}CH_2{-}C^-HCN + H^+ \longrightarrow Cell{-}O{-}(CH_2{-}\underset{\displaystyle CN}{\underset{|}{C}H})_{\mathit{n}}{-}CH_2{-}CH_2CN}$$

在不良情况下会产生副反应：

$$\mathrm{CH_2{=}C^-{-}CN + \mathit{n}CH_2{=}CHCN \longrightarrow \underset{(均聚物)}{CH_2{=}\underset{\displaystyle CN}{\underset{|}{C}}{-}(CH_2\underset{\displaystyle CN}{\underset{|}{C}H})_{\mathit{n}-1}{-}CH_2CHCN}}$$

$$\mathrm{CH_2{=}\underset{\displaystyle CN}{\underset{|}{C}}{-}(CH_2\underset{\displaystyle CN}{\underset{|}{C}H})_{\mathit{n}-1}{-}CH_2C^-HCN + CH_2{=}CHCN \longrightarrow \underset{(均聚物)}{CH_2{=}\underset{\displaystyle CN}{\underset{|}{C}}{-}(CH_2\underset{\displaystyle CN}{\underset{|}{C}H})_{\mathit{n}-1}{-}CH_2\underset{\displaystyle CN}{\underset{|}{C}H}{-}CH_2CHCN}}$$

（六）纤维素的多相反应与均相反应

1. 纤维素的多相反应

天然纤维素的高结晶性和难溶解性，决定了多数的化学反应都是在多相介质中进行的。固态纤维素仅悬浮于液态（有时为气态）的反应介质中，纤维素本身又是非均质的，不同部位的超分子结构体现不同的形态，因此对同一化学试剂便表现出不同的可及度；加上纤维素分子内和分子间氢键的作用，导致多相反应只能在纤维素的表面上进行。只有当纤维素表面被充分取代而生成可溶性产物后，其次外层才为反应介质所及。因此，纤维素的多相反应必须经历由表及里的逐层反应过程，尤其是纤维素结晶区的反应，更是如此。只要天然纤维素的结晶结构保持完整不变，化学试剂便很难进入结晶结构的内部。很明显，纤维素这种局部区域的不可及性，妨碍了多相反应的均匀进行。因此，为了克服内部反应的非均匀倾向和提高纤维素的反应性能，在进行多相反应之前，纤维素材料通常都要经历溶胀或活化处理。

工业上，绝大多数纤维素衍生物都是在多相介质中制得的，即使在某些反应中使用溶剂，也仅作为反应的稀释剂，其作用是溶胀，而不是溶解纤维素。由于纤维素的多相反应局限于纤维素的表面和无定形区，属非均匀取代，因此产率低，副产物多。

2. 纤维素的均相反应

在均相反应的条件下，纤维素整个分子溶解于溶剂之中，分子间与分子内氢键均已断裂。纤维素大分子链上的伯、仲羟基对于反应试剂来说，都是可及的。

均相反应不存在多相反应所遇到的试剂渗入纤维素的速度问题，有利于提高纤维素的反应性能，促进取代基的均匀分布，而均相反应的速率也较高。例如，纤维素均相醚化的反应速率常数比多相醚化高一个数量级。

在均相反应中，尽管各羟基都是可及的，但多数情况下，伯羟基的反应比仲羟基快得多。各羟基的反应性能顺序为：C6－OH＞C2－OH＞C3－OH。

第二节　半纤维素

半纤维素和纤维素、木质素等一起构成了高等植物的细胞壁，并且和酚类化合物之间存在化学键连接。半纤维素含量大约占植物原料的1/4～1/3，广泛地存在于针叶木、阔叶木、草类和秸秆中。半纤维素是植物资源中含量仅次于第一位纤维素的多糖聚合物。纤维素是D-葡萄糖基以β→1,4连接形成的均一聚糖。与纤维素不同，半纤维素不是均一聚糖，而是一群复合聚糖的总称，原料不同，复合聚糖的组分不同。

虽然人们对半纤维素的认识已有很长时间，但直至几十年前才对农作物秸秆半纤维素予以关注，距大规模的工业化应用还有一定的距离。植物种类不同、细胞壁组成不同，半纤维素的含量和结构组成也有所不同[40]。如：大麦草为32%，燕麦草为27%，黑麦为31%，稻草为25%，向日葵为23%，蔗渣为22%，玉米芯为37%[41]。

一、半纤维素的分布

作为植物细胞壁主要成分之一的半纤维素，它不仅参与了细胞壁的构建，而且还具有调节细胞生长过程的功能，但是由于半纤维素多糖的组成和结构十分复杂，其种类和含量因植物种类、组织器官的不同而不同，甚至细胞壁不同区域、不同层次间也有较大变化，给研究带来很大困难。半纤维素在植物纤维细胞壁中的分布不是均一的。如图2-3-14所示，半纤维素主要分布于初生壁和次生壁中。

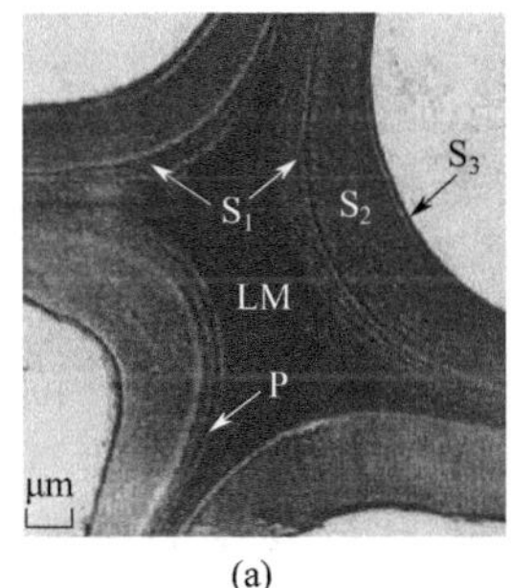

(a)

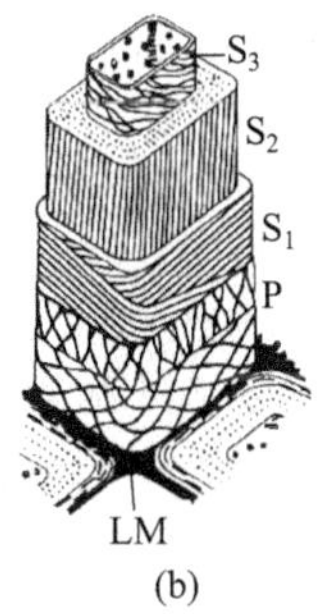

(b)

图2-3-14　木材细胞壁透射电镜图（a）和结构模型图（b）

LM—细胞腔；P—初生壁；S_1—次生壁外层；S_2—次生壁中层；S_3—次生壁内层

从表2-3-2中可以看出，木葡聚糖主要存在于陆生植物的初生壁中，其在阔叶材的初生壁中含量最高，此外葡萄糖醛酸木糖是阔叶材次生壁的主要组分。对于针叶材，半乳糖葡萄糖醛酸甘露糖在次生壁中含量最高。

表2-3-2　半纤维素在初生壁和次生壁中的分布

种类	细胞壁中半纤维素含量(质量分数)/%					
半纤维多糖	针叶材		阔叶材		草类	
	初生壁	次生壁	初生壁	次生壁	初生壁	次生壁
木葡聚糖	10	—	20～25	少量	2～5	少量
葡萄糖醛酸木糖	—	—	—	20～30	—	—
葡萄糖醛酸阿拉伯木糖	2	5～15	5	—	20～40	40～50
(葡萄糖醛酸)甘露糖	—	—	3～5	2～5	2	0～5
半乳糖葡萄糖醛酸甘露糖	—	10～30	—	0～3	—	—
β(1→3,1→4)葡萄糖	—	—	—	—	2～15	少量

表2-3-3为苏格兰松正常木材的管胞细胞壁中聚糖的分布情况。由表2-3-3可见，在苏格兰松正常木材管胞细胞壁中，纤维素横向分布在整个细胞壁各层，但在M+P层和S_3层仅有1%与2%，绝大部分分布在S_2层。聚糖中的半乳糖葡甘露聚糖在M+P层仅有1%，其余均在S层，

其中 S_2 层又占了绝大部分，达 77%。聚阿拉伯糖-4-*O*-甲基葡萄糖醛酸木糖在 M+P 层中仅为 1%，主要存在于 S_2 与 S_3 层中，呈现出从外到内逐步增加的趋势。阿拉伯聚糖与半乳聚糖在 M+P 层中分布较多，分别为 30%与 20%。

表 2-3-3　苏格兰松正常木材管胞细胞壁中聚糖的分布

细胞壁层	纤维素	半乳聚糖	半乳糖葡甘露聚糖	阿拉伯聚糖	聚阿拉伯糖-4-*O*-甲基葡萄糖醛酸木糖
M+P	1%	20%	1%	30%	1%
S_1	11%	21%	7%	5%	12%
S_2 外	47%	无	39%	无	21%
S_2 内	39%	59%	38%	21%	34%
S_3	2%	无	15%	44%	32%

注：所有数值均为相对含量。

二、半纤维素的结构

（一）半纤维素聚糖的类型

半纤维素结构复杂，它们通过氢键与纤维素连接，以共价键（主要是 *α*-苯醚键）与木质素相连，以酯键与乙酰基及羟基肉桂酸连接。半纤维素是低分子量的带支链聚合物，其聚合度（DP）通常为 80～200，分子式为 $(C_5H_8O_4)_n$ 和 $(C_6H_{10}O_5)_n$，分别为戊聚糖和己聚糖[42,43]。原料不同，半纤维素的组分不同，组成半纤维素的糖基主要有：木糖、阿拉伯糖、葡萄糖、半乳糖、甘露糖、岩藻糖、葡萄糖醛酸及半乳糖葡萄糖醛酸。阔叶木及一年生植物的半纤维素主要以 1,4-*β*-D-吡喃式木糖基为主链，以 L-呋喃式阿拉伯糖基、4-*O*-甲基-D-吡喃式葡萄糖醛酸基、L-吡喃式半乳糖基、D-吡喃式葡萄糖醛酸基等不同糖基为侧链。由于组成不同，半纤维素的分离方法也各不相同[41]。阔叶木半纤维素主要是部分乙酰化的聚（4-*O*-甲基-D-吡喃式葡萄糖醛酸）-D-木糖，简称木聚糖。一年生的玉米、燕麦、向日葵、黑麦、大麦和稻草中的半纤维素结构多样复杂，多以 1,4-*β*-D 吡喃式木糖基为主链，以 Xyl*p*（吡喃式木糖基）、Ara*f*（呋喃式阿拉伯糖基）、Gal*p*（吡喃式半乳糖基）、单糖、二糖、三糖等为侧链。通常以包含 4-*O*-甲基-D-吡喃式葡萄糖醛酸基或 D-吡喃式葡萄糖醛酸基来判断半纤维素是中性还是酸性。总之，木糖和阿拉伯糖是一年生植物半纤维素主要的单糖组分，组成了阿拉伯木聚糖。

（二）半纤维素化学结构

根据现有知识，常将半纤维素从结构上分为四类：①木聚糖；②甘露聚糖；③木葡聚糖；④混合 *β*-葡聚糖[42]。双子叶植物（阔叶木和草本植物）中半纤维素占次生壁的 20%～30%，主要为木聚糖型半纤维素。然而，在一些单子叶植物（如禾本科和谷类植物）中，木聚糖的含量可达 50%以上。木聚糖通常以 *β*-(1→4)-D-吡喃式木糖基为主链，以 D-葡萄糖醛酸基或 4-*O*-甲基-D-葡萄糖醛酸基、L-阿拉伯糖基和 D-木糖基、L-阿拉伯糖基、D-半乳糖基、L-半乳糖基和 D-葡萄糖基组成的不同低聚糖连接于主链木糖基的 O2 或 O3 上形成支链（见图 2-3-15）。迄今为止，已见报道的各种植物的木聚糖可以分成：单木聚糖（X）和杂木聚糖（HX）。单木聚糖仅由木糖基组成，而杂木聚糖包括葡萄糖醛酸木聚糖（GX）、阿拉伯糖葡萄糖醛酸木聚糖（AGX）、葡萄糖醛酸阿拉伯木聚糖（GAX）、阿拉伯木聚糖（AX）和复合杂聚糖（CHX）。绿藻中没有纤维素，只有以 *β*-(1→3) 糖苷键连接的木聚糖。高等植物中单一木聚糖的分布较少，阔叶木、种皮、蔗渣、花生壳、亚麻纤维等中多为 GX，由 *α*-D-葡萄糖醛酸基或 4-*O*-甲基葡萄糖醛酸基连接在木糖主链的 C2 上形成支链（见图 2-3-16）。AGX 和 GAX 的主链均为乙酰化的 *β*-(1→4)-D-吡喃式木糖，4-*O*-甲基-D-葡萄糖醛酸基和 *α*-L-阿拉伯糖基分别连接在木糖主链的 C2、C3 位上（见图 2-3-17）。除罗汉松属外，热带针叶木含有等量的甘露聚糖和木聚糖，此外还含有一定量的 AGX。

AGX 的主链易被 4-*O*-甲基葡萄糖醛酸基取代，通常每五六个木糖基就含有一个糖醛酸基支链，而阔叶木的主链易被 4-*O*-甲基-D-葡萄糖醛酸-D-木聚糖（MGX）取代，通常每 10 个木糖基有一个糖醛酸基支链。AGX 同时也是草类和谷类半纤维素的主要组分，如玉米芯和稻草等。和 AGX 相比，GAX 以阿拉伯木聚糖为主链，有些主链木糖基会发生双取代，其 α-L-阿拉伯糖基的含量约是葡萄糖醛酸基的十倍。原料不同，GAX 的取代度（DS）不同，这一现象主要反映在：Ara 和 Xylp 的比值不同，甲基葡萄糖醛酸（MeGlcA）的含量以及侧链不同，MeGlcA 侧链中是否含有［β-D-Xylp-(1→2)-α-L-Araf-(1→3)］和［α-L-Araf-(1→3)-α-L-Araf-(1→4)］二聚糖等。GAX 主要存在于谷类植物如小麦、玉米和米糠的非胚乳组织中。而 AX 作为谷类胚乳和麸皮半纤维素的主要成分，广泛地存在于小麦、黑麦、大麦、燕麦、玉米、高粱、黑麦草及竹笋中。AX 中 α-L-阿拉伯糖基在木糖基的 O2 或 O3 位上存在单取代或双取代两种形式（图 2-3-18）。此外，阿魏酸、对香豆酸和阿拉伯糖在 O5 位以酯键连接。CHX 多存在于谷类和植物种子中，通常以（1→4)-β-D-吡喃式木糖基为主链，以糖醛酸基、阿拉伯糖基等各种单糖或低聚糖为支链。总之，木聚糖可以从农林废弃物、木材和造纸工业中大量获得，具有极大的开发潜力和广阔的应用前景。

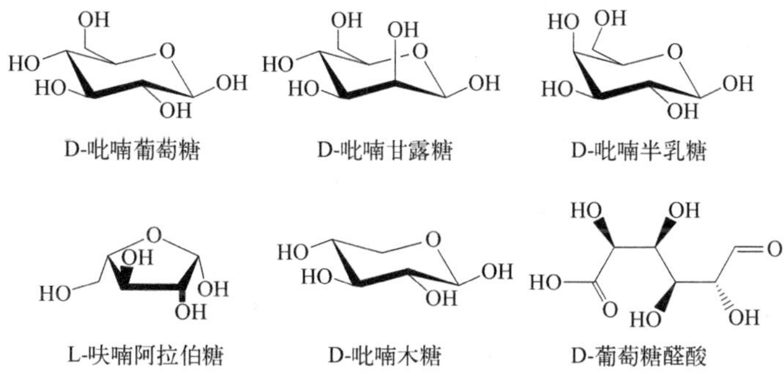

图 2-3-15　半纤维素的主要组分

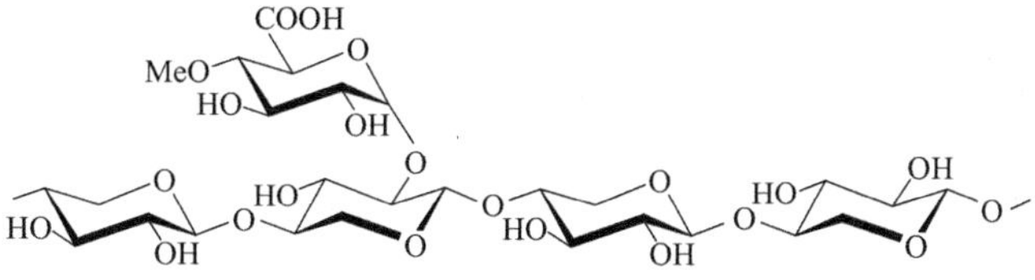

图 2-3-16　4-*O*-甲基-D-葡萄糖醛酸-D-木聚糖（MGX）

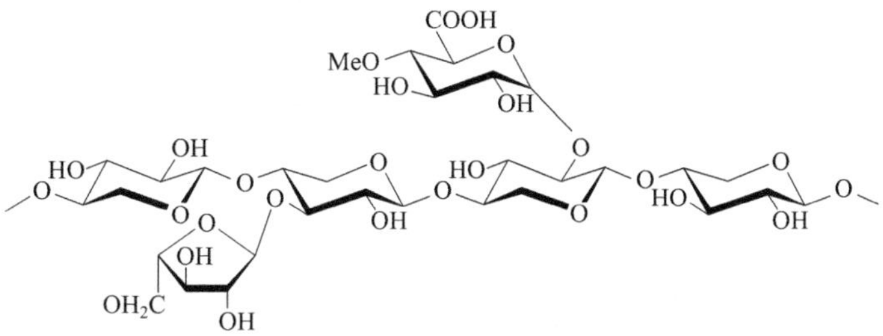

图 2-3-17　L-阿拉伯糖-4-*O*-甲基-D-葡萄糖醛酸-D-木聚糖（AGX）

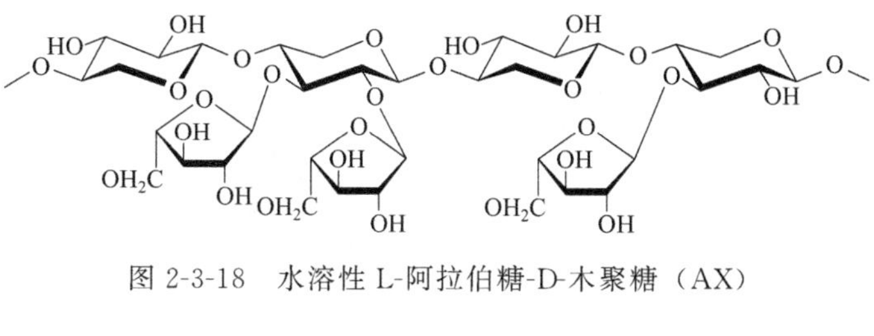

图 2-3-18　水溶性 L-阿拉伯糖-D-木聚糖（AX）

甘露聚糖主要存在于针叶木中，在阔叶木、种子和咖啡豆中也有少量，常以半乳糖甘露聚糖和葡萄糖甘露聚糖两种形式存在。半乳糖甘露聚糖是D-吡喃式甘露糖基以 $\beta(1\rightarrow4)$ 糖苷键连接，而葡萄糖甘露聚糖是D-吡喃式甘露糖基和D-吡喃式葡萄糖基以 $\beta(1\rightarrow4)$ 糖苷键连接。两种甘露聚糖的D-吡喃式半乳糖或葡萄糖基均连接在主链甘露糖基的C6位上。β-葡聚糖是D-吡喃式葡萄糖基以 $\beta(1\rightarrow3)$ 和 $\beta(1\rightarrow4)$ 糖苷键连接而成的，能形成高黏度的溶液。β-葡聚糖主要存在于谷类细胞壁的糊粉层和胚乳中，同时也存在于禾本科单子叶植物的非胚乳组织中。

XG存在于多种高等植物中，如双子叶被子植物、草类、杉木等，通常以 $\beta(1\rightarrow4)$ 连接的D-吡喃式葡萄糖基为主链，以D-吡喃式木糖基连接于主链糖基的C6位上形成支链。XG根据支链的不同可以分成两类，分别是2个吡喃式木糖基后连着2个吡喃式葡萄糖基（形成XXGG），以及3个吡喃木糖基后连着1个吡喃式葡萄糖基（形成XXXG）。此外，XG还有许多侧链，如 α-L-呋喃式阿拉伯糖基等，这一现象使得这类半纤维素的表征较复杂。

（三）半纤维素与植物细胞壁中其他组分之间的连接

在植物细胞壁中半纤维素不仅结构复杂，而且还通过各种键和机制与各种组分相连接。近年来的研究表明，半纤维素与木质素、纤维素和蛋白质之间有化学键连接或者紧密结合。

1. 半纤维素与木质素之间的连接

在植物细胞壁中，木质素与半纤维素之间存在着化学连接，形成木质素与碳水化合物复合体（LCC）。通过采用降解实验，包括温和的碱性水解、酸水解或酶水解，并对降解产物进行分离和纯化的方法来研究木质素和碳水化合物之间的连接形式，认为木质素与半纤维素间的连接键是存在的。比较公认的连接键类型有以下几种：苯苄-醚键、苯苄酯键、苯基配糖键等[44-46]。与木质素形成化学键连接的糖基有：半纤维素侧链上的L-阿拉伯糖、D-半乳糖、4-氧甲基-D-葡萄糖醛酸，木聚糖主链末端的-D-木糖基，葡甘露聚糖主链末端的-D-甘露糖（或D-葡萄糖）基。这些糖基的空间结构利于与木质素键合，并与木质素存在牢固的化学键结合。

（1）α-醚键结合　苯丙烷结构单元的Cα位最有可能与半纤维素形成醚键。连接位置主要有：L-阿拉伯糖的C3（C2）位以及D-半乳糖的C3位；复合胞间层中的果胶质类物质（半乳聚糖和阿拉伯聚糖）半乳糖的C3位、阿拉伯糖的C5位；木聚糖主链末端的D-木糖基C3（C2）位，葡甘露聚糖主链末端的D-甘露糖（或D-葡萄糖）基的C3位。α-醚键在酸性及碱性条件下都有一定的稳定性。α-醚键的两种连接形式如下：

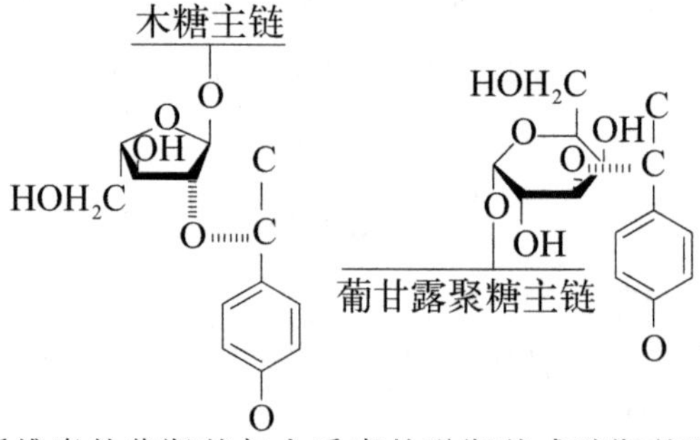

（2）苯基糖苷键　半纤维素的苷羟基与木质素的酚羟基或醇羟基形成苯基配糖键，化学结构式如下所示：

该键在酸性条件下容易发生水解，有时甚至在高温中性水中就容易水解而发生部分断裂。

(3) 缩醛键　它是木质素结构单元侧键上 γ 碳原子上的醛基与碳水化合物的游离羟基之间形成的连接。与一个羟基形成半缩醛键，继而与另一个游离羟基（该羟基可能来自同一个糖基，也可能来自不同糖基）连接，形成缩醛键，结构式如下所示：

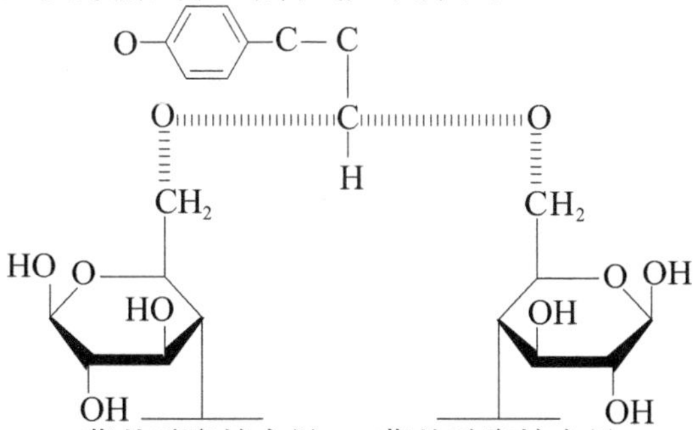

葡甘露聚糖主链　　葡甘露聚糖主链

用类似的模型化合物作对比，证实糖与木质素之间的这种结合是可能存在的较牢固的形式之一。

(4) 酯键　木糖侧链上的4-氧甲基-D-葡萄糖醛酸与 C_{α} 位连接成酯键，化学结构式如下所示：

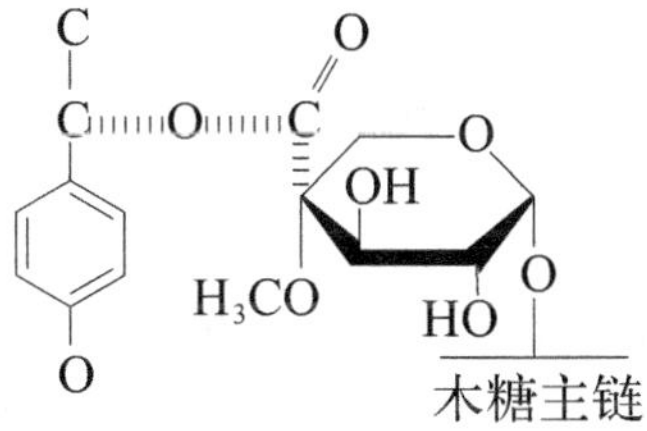

木糖主链

该键对碱是敏感的，即便是温和的碱处理，例如，1mol/L 氢氧化钠溶液，在室温下就很容易被水解。

(5) 由自由基结合而成的—C—O—　自由基结合而成的—C—O—也是一种醚键结合，但它比 α-醚键及酯键结合对水解的抵抗性要强，另外它不能被糖苷酶所分解。因此，它是对酸性水解、碱性分解、酶分解等都具有抵抗性的牢固结合的一种形式。

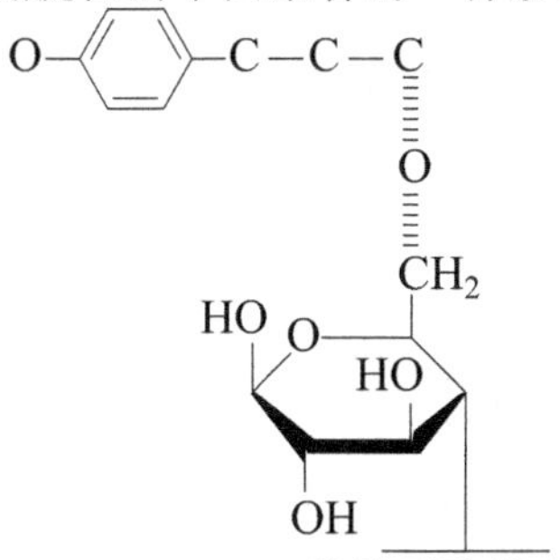

葡甘露聚糖主链

此外，研究发现，阿魏酸既以酯键与半纤维素连接，又以醚键与木质素连接，形成木质素-醚-阿魏酸（二阿魏酸）-酯-半纤维素的桥式结构。在这种桥式结构中，阿魏酸（或二阿魏酸）以醚键连接在木质素结构单元侧链的 β 位上，同时以酯键连接在半纤维素支链阿拉伯糖取代基的C5上，结构式如图2-3-19所示。

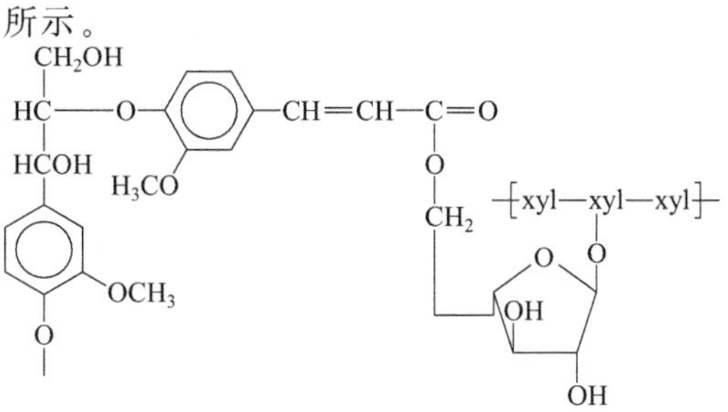

图 2-3-19　半纤维素-酯-阿魏酸-醚-木质素桥联结构

已鉴定麦草细胞壁中二阿魏酸与阿拉伯木聚糖和木质素之间存在交联作用，结构式如图 2-3-20 所示。

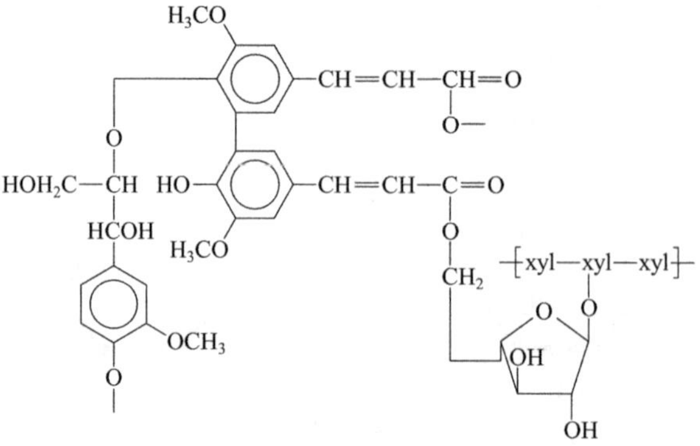

图 2-3-20　半纤维素-酯-二阿魏酸-醚-木质素桥联结构

非木材植物细胞壁中对香豆酸以酯键连接在木质素结构单元侧链的 γ 位，或以酯键连接在半纤维素支链阿拉伯糖 C5 位，但对香豆酸在木质素、半纤维素之间没有交联作用，结构式如图 2-3-21 所示。

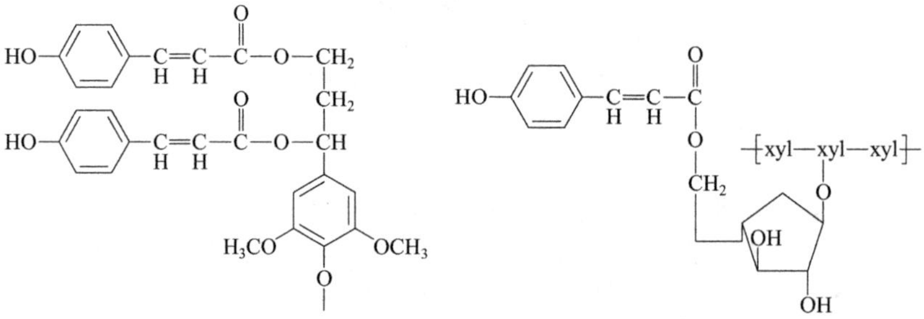

图 2-3-21　苯甲基酯键连接结构示意图

这些连接的存在不利于细胞壁主要组分的高效分离。

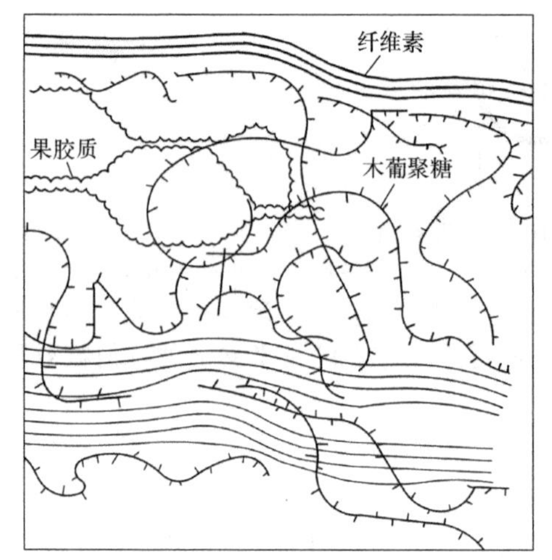

图 2-3-22　微细纤维素-木葡聚糖网络结构示意图

2. 半纤维素和纤维素之间的连接

目前认为，半纤维素与纤维素微细纤维不存在共价键连接。但半纤维素与纤维素微细纤维之间有氢键连接和范德华作用力，从而紧密结合。比如双子叶植物细胞初生壁中的木葡聚糖，由于木葡聚糖的长度（50～500nm）大于相邻两个微细纤维的间距（20～40nm），所以木葡聚糖可以包覆在微细纤维表面并交叉连接很多个微细纤维，形成刚性的微细纤维素-木葡聚糖网络结构，如图 2-3-22 所示。除了木葡聚糖以外，其他类型的半纤维素如木聚糖、阿拉伯木聚糖、甘露聚糖也可以与纤维素形成氢键连接，具有与双子叶植物细胞初生壁中木葡聚糖相同的作用。

三、半纤维素的物理性质

（一）分支度和聚集态

在半纤维素的分子结构中，虽然主要是线性的，但大多数带有各种短支链，为了表示半纤维素带有支链的情况，可以引用分支度的概念，以表示半纤维素分子结构中支链的多少，支链多则分支度高。如Ⅰ、Ⅱ、Ⅲ3 种聚糖，其结构示意图如下：

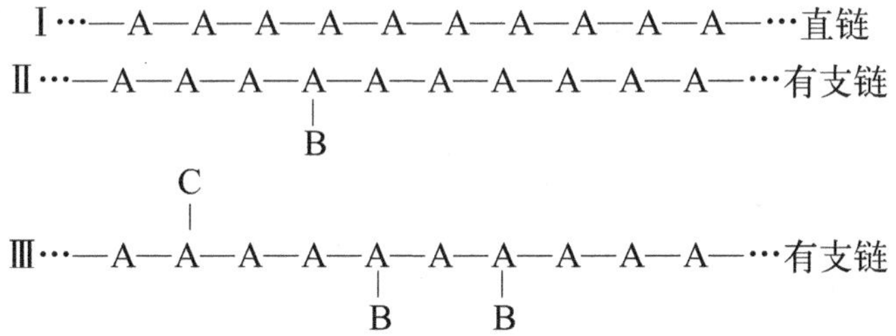

```
 Ⅰ···—A—A—A—A—A—A—A—A—A—A—···直链
 Ⅱ···—A—A—A—A—A—A—A—A—A—A—···有支链
                |
                B
          C
          |
 Ⅲ···—A—A—A—A—A—A—A—A—A—A—A—···有支链
                |     |
                B     B
```

Ⅰ为直链，Ⅱ、Ⅲ都有支链，而Ⅲ的分支度高于Ⅱ，所以分支度表示半纤维素分子结构中支链的多少。分支度的高低对半纤维素的物理性质有很大影响。例如，用相同溶剂在相同条件下，同一类半纤维素，分支度高的半纤维素的溶解度较大。原因是：半纤维素主要是无定形的，有些存在少量结晶，分支度越高，结晶部分就越少，甚至没有结晶部分，结构疏松，溶剂分子易于进入并产生润胀、溶解。

由于半纤维素在化学结构上具有支链，所以它在植物纤维细胞壁中的聚集态结构一般是无定形的，但是某些半纤维素是结晶的。阔叶木综纤维素经过稀碱液处理后，用 X 射线衍射法可以看到木聚糖的结晶，这个结构表明阔叶木中的木聚糖经一定处理后具有高度的定向性，用脱乙酰基的方法能使木聚糖部分地结晶化。所以，用碱液处理的方法，可以脱除木聚糖类半纤维素中的乙酰基和糖醛酸基，从而提高木聚糖的结晶程度。天然状态的甘露聚糖只有很少一部分是结晶的，其他部分是无定形或是次晶的。用温和的酸处理的方法可以提高葡甘露聚糖的结晶程度。

（二）聚合度和溶解度

植物细胞壁中半纤维素的聚合度比纤维素的聚合度小得多，天然半纤维素的聚合度一般为150～200（数量平均）。针叶木半纤维素的聚合度大约是阔叶木半纤维素聚合度的一半，针叶木半纤维素的聚合度大约为100，阔叶木半纤维素的聚合度大约为200。测定半纤维素聚合度的方法主要是用渗透压法，也可用光散射法、黏度法及超速离心机法。

由于半纤维素的聚合度低，而且普遍具有一定的分支度，所以半纤维素在水中和碱液中有一定的溶解度，而且不同的半纤维素聚糖在水中和碱液中的溶解度存在差异性。一般情况下，分离出来的半纤维素的溶解度要比天然状态的半纤维素的溶解度高。由于大部分半纤维素在水溶液和非质子溶剂体系中溶解度都比较低，从而对于分子量的测定和表征变得更困难。影响木聚糖溶解度的因素有非对称性、聚合度、种类、不同糖基侧链的取代度和分布形式、乙酰基、与木质素的化学键、同酚酸的连接。例如，木聚糖主链被呋喃型阿拉伯糖取代的程度就决定了木聚糖的溶解度，在某种程度上还影响了与纤维素的连接程度。木聚糖主链上含有支链越多，其在水中的溶解度就越高，与纤维素连接越少；反之，含有支链越少，其在水中的溶解度就越低，与纤维素连接越紧密。半纤维素的溶解度还受分子内和分子间氢键的影响，这些氢键或自然存在或是在提取和保存多聚糖的过程中产生的。

四、半纤维素的化学性质

（一）半纤维素的酸性水解

半纤维素中的糖苷键在酸性介质中会被裂开从而使半纤维素发生降解，这一点与纤维素酸性水解是一样的。按照酸浓度的高低，又可分为稀酸水解、超低酸水解和无酸水解。

半纤维素稀酸水解的机理与纤维素相似，首先酸在水中解离生成的氢离子与水结合生成水合氢离子（H_3O^+），它能使半纤维素大分子中糖苷键的氧原子迅速质子化，形成共轭酸，使糖苷键键能减弱而断裂，末端形成的正碳离子与水反应最终生成单糖，同时又释放出质子。后者又与水反应生成水合氢离子，继续参与新的水解反应。

超低酸水解是指用 0.1%以下的酸在较高温度下催化水解生物质；无酸水解即高温液态水水解，在高压下水会解离出 H^+ 和 OH^-，具备酸碱自催化功能，在高压下水渗透到生物质物料内部，破坏了半纤维素的氧-乙酰基、糠醛酸取代物，生成了乙酸及其他有机酸，使半纤维素自催化水解，同时，也会水解少量的纤维素。

可控 pH 值的液态水还可以使半纤维素最大限度地以低聚糖形式溶解，并能控制单糖的生成。超低酸水解和无酸水解半纤维素的原理与稀酸水解类似，都是通过水合氢离子来水解半纤维素中的聚合糖。不同的是，超低酸水解和无酸水解产生的糖中低聚糖的含量要远高于稀酸水解，降解产物也要多，生产效率不高，多用于水解生产低聚糖、糠醛和乙酰丙酸等。

由于半纤维素与纤维素在结构上有很大差别，如半纤维素的糖基种类多，有吡喃式，也有呋喃式，有 β 糖苷键，也有 α 糖苷键，构型有 D-型，也有 L-型，糖基之间的连接方式也多种多样，有 1→2、1→3、1→4 及 1→6 连接，多数具有分支结构，因此其反应情况比纤维素复杂。

半纤维素能被热的无机酸所水解，与纤维素相比它是相当容易酸水解的。半纤维素在酸催化作用下被水解成单糖，如木聚糖的酸水解反应过程如下：

$$\text{木聚糖} \xrightarrow[\text{加热}]{HCl} nC_2H_{10}O_5 + nH_2O$$

半纤维素酸水解的关键是如何提高转化率，并制得一定糖浓度的水解液，以保证在发酵、食品等方面得到利用。

（二）半纤维素的碱性降解

半纤维素在碱性条件下可以降解，碱性降解包括碱性水解与剥皮反应。在较温和的碱性条件下，即可发生剥皮反应。此外，在碱性条件下，半纤维素分子上的乙酰基易于脱落。

1. 碱性水解

例如在 5%（质量分数）NaOH 溶液中，170℃时，半纤维素中的糖苷键可被水解裂开，即发生了碱性水解。另有试验结果表明，甲基-α-与 β-吡喃式葡萄糖醛酸配糖化物的碱性水解速率与呋喃式配糖化物比较，前者又比后者高。

2. 剥皮反应

在较温和的碱性条件下，半纤维素会发生剥皮反应。与纤维素一样，半纤维素的剥皮反应也是从聚糖的还原性末端基开始，逐个糖基地进行。由于半纤维素是由多种糖基构成的不均一聚糖，所以半纤维素的还原性末端基有多种糖基，而且还有支链，故其剥皮反应更复杂。在硫酸盐和烧碱法蒸煮过程中，因为有 OH^-，故会产生不同形式的聚糖降解，聚糖还原性末端基的剥皮反应是其中的一个重要反应，木聚糖、葡甘露聚糖和半乳葡萄甘露聚糖与纤维素的剥皮反应降解情况是相似的。半纤维素的剥皮反应和终止反应如图 2-3-23 所示。

图 2-3-23（a）所示的半纤维素剥皮反应的第一步是半纤维素大分子的还原性末端基（Ⅰ）异构化为酮糖（Ⅱ），酮糖（Ⅱ）与相应的烯二醇结构存在某种平衡，这些结构对碱不稳定，容易发生 β-烷氧基消除反应，末端基与主链糖基之间的（1→4）β 糖苷键发生断裂，从而产生一个具有新的还原性末端基的链变短的半纤维素大分子和一个消除掉的末端基（Ⅲ），掉下来的末端基互变异构成二羰基化合物（Ⅳ），该化合物在碱性介质中进一步反应，主要转变为异变糖酸（Ⅴ）。其他可能的降解产物是乳酸（Ⅵ）或 2-羟基丁酸（Ⅶ）和 2,5-二羟基戊酸。在碱性介质中，半纤维素的剥皮反应要比纤维素的剥皮反应严重得多。但如果半纤维素大分子还原性末端基连接有半乳糖支链，则可以起到稳定和阻碍剥皮反应的作用。如阔叶木木聚糖大分子还原性末端

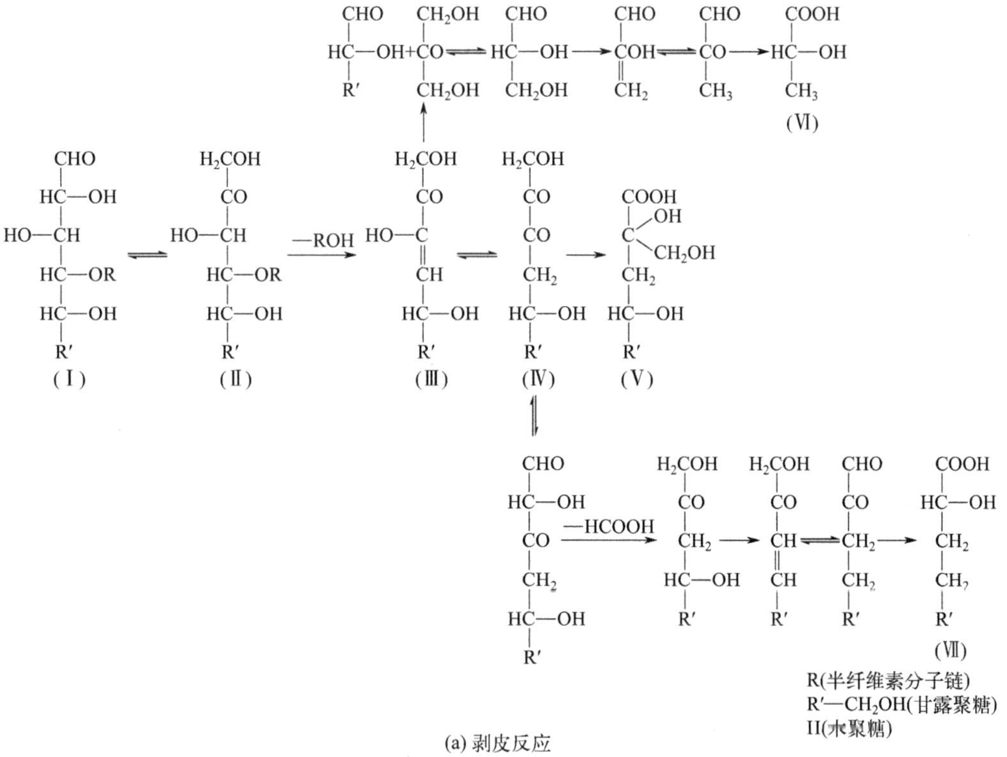

R(半纤维素分子链)
R'—CH_2OH(甘露聚糖)
H(木聚糖)

(a) 剥皮反应

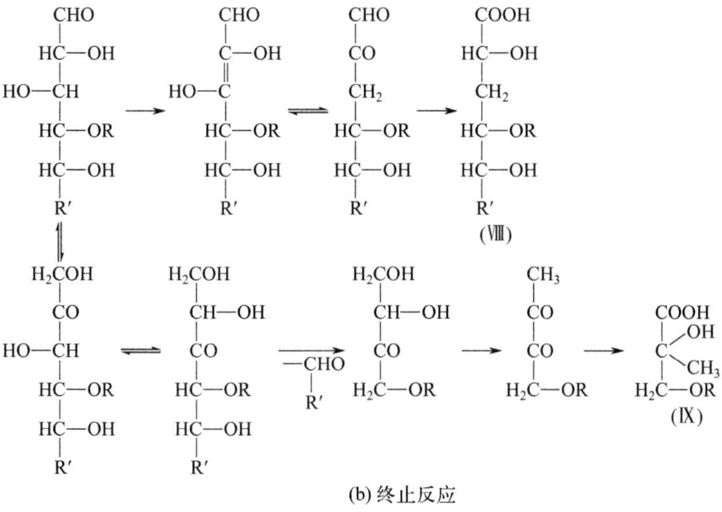

(b) 终止反应

图 2-3-23　半纤维素的剥皮反应（a）和终止反应（b）

基连接有半乳糖支链，可以起到稳定剥皮反应的效果。如针叶木木聚糖还原性末端基上连接有易断裂的阿拉伯糖支链，由于失去阿拉伯糖支链后将形成对碱稳定的偏变糖酸末端基，因此具有抵抗碱性剥皮反应的效果。如果没有终止反应，剥皮反应可以降解整个半纤维素大分子。与纤维素一样，半纤维素的碱性剥皮反应进行到一定程度也会终止，其终止反应与纤维素一样，也是还原性末端基转化成偏变糖酸基，由于末端基上不存在醛基，不能再发生剥皮反应，降解因此而终止。

（三）半纤维素的热解

半纤维素与纤维素和木质素一样，在加热条件下，首先软化。随后在软化点以上进行热解。

用热解重量分析（TGA）和差热分析（DTA）研究半纤维素在真空加热条件下的变化，表明半纤维素开始热解的温度在三种主要成分中是最低的。如乙酰化-半乳葡甘露聚糖、脱乙酰化-半乳葡甘露聚糖、阿拉伯糖基-半乳聚糖以及葡萄糖醛酸基-木聚糖的热解温度分别为 200℃、145℃、194℃和 200℃。

半纤维素开始热解的反应与纤维素一样，主要是糖苷键开裂。木聚糖真空热解的三段机理如下：①开始进行无规则链开裂的反应；②链开裂生成的木糖还原性末端基因剥皮反应而脱去；③不稳定末端基的稳定化作用——终止反应。

第三节　木质素

一、木质素分布及其生物合成机理

（一）木质素的分布[47,48]

木质素广泛存在于高等植物中，是仅次于纤维素的第二大生物质资源，占植物体总质量的 20%～30%。人们认为植物木质素是由三种单体，即对香豆醇、松柏醇和芥子醇，通过漆酶和过氧化物酶两套系统催化聚合而形成的包含对羟基苯基、愈创木基和紫丁香基单元的复杂化合物，见图 2-3-24。然而，2012 年美国 Richard Dixon 团队首次在仙人掌的种皮中发现第四种木质素单体：咖啡醇[49]。咖啡醇通过单一的连接方式而形成的新型木质素（命名为 C-lignin），结构如图 2-3-25 所示[50]。

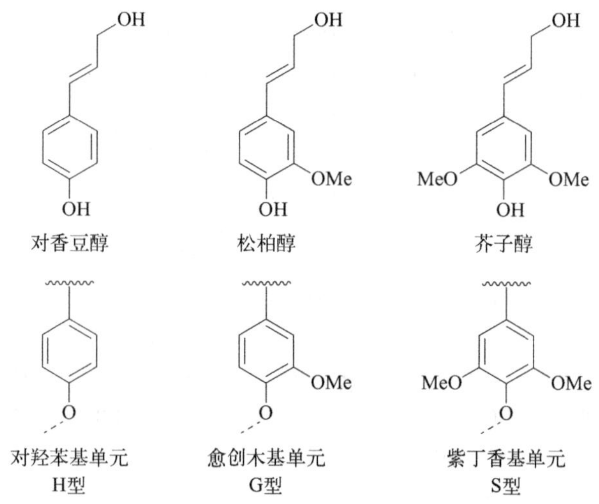

图 2-3-24　木质素前驱体及其对应的木质素结构单元

木质素通过与半纤维素和纤维素形成共价键和氢键的形式连接在一起，共同构成植物的木质部。在植物生长发育过程中，木质素不仅提供植物组织机械支撑，保护细胞壁免受生物降解，而且能够促进植物中的水分传输。植物原料中木质素的含量、种类和分布随植物类型和形态学部位不同而变化，且在细胞水平上也存在一定的差别。

1. 植物类型

在针叶木（裸子植物）中，木质素的含量为 25%～35%；阔叶木（被子植物中的双子叶植物）木质素含量为 20%～25%；禾本科植物一般含 15%～25%的木质素。木质素及各结构单元的具体含量因不同材种存在一定差别，热带阔叶材种木质素的含量与针叶材接近。针叶木主要由 G 型单体构成，阔叶木主要由 G 型和 S 型单体组成；相较于木材类单体构成，禾本科还含有 H

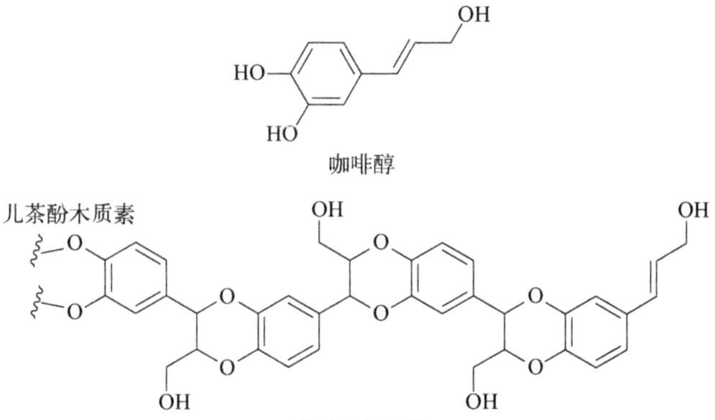

咖啡醇

儿茶酚木质素

苯并二氧六环

图 2-3-25 咖啡醇木质素单元及儿茶酚木质素结构图

型结构单元（表 2-3-4）。除此之外，根据植物类型的不同，对羟基苯甲酸（PB）、对香豆酸（p-CA）和阿魏酸（FA）以酯键或者醚键的形式与木质素的脂肪族区相连。例如，杨木和柳树中常含有 PB 单元并与 S/G 型单元以 γ-酯键的形式连接。草类和竹类植物中通常会发现与木质素以 γ-酯键形式连接的 p-CA 和以 α-醚键连接的 FA。

表 2-3-4 不同种类原料中木质素的含量及木质素类型

种类	木质素含量/%	S 型	G 型	H 型
针叶木	25～35	—	√	—
阔叶木	20～25	√	√	—
禾本科	15～25	√	√	√

2. 形态学部位

同株木材中木质素的含量随形态学部位的变化而有所不同。木质素填充于细胞壁纤维框架内的过程有可能导致个体内的非均匀分布，树干越高，木质素含量越低，即垂直分布上的不均一性。木质素含量除在垂直分布上的变化外，还在径向分布上存在差异，如大多数针叶木心材木质素含量比边材少，阔叶木中则无明显差异。同一年轮中早、晚材的木质素含量也有差别，树干的下部，春材的木质素含量较秋材的高，中间部分则差异不大，相反，在树干的上部，秋材的木质素含量较高。此外，树龄的不同也会使木质素的含量和组成发生变化。近期，学者对不同年龄段（1 个月、18 个月和 9 年）的桉木组成和结构进行研究发现[51]：木质素总含量（Klason 木质素和酸溶性木质素）在生长过程中增加（从 1 个月样本的 16%增加到 9 年样本的 25%），而其他成分（即丙酮提取物、水溶性物质和灰分）的含量则随树龄的增加而减少（表 2-3-5）；随着木质化程度的增加，H 型和 G 型木质素单元减少，S 型单元增加，同时对各连接键含量造成了一定程度的影响（图 2-3-26）。在一定程度上可以看出木质素各单元在木质化过程中的沉积过程：H 型和 G 型沉积较早，而 S 型木质素富集较晚。

表 2-3-5 不同生长阶段桉木中主要组分的百分含量[51] 单位：%

化学成分	1 个月	18 个月	9 年
丙酮抽提物	8.6	0.5	0.6

续表

化学成分	1个月	18个月	9年
水溶性提取物	6.6	1.4	2.2
Klason木质素	13.0	17.5	19.8
酸溶木质素	2.7	5.2	4.7
纤维素	25.0	36.7	29.9
葡聚糖(无定形)	11.4	15.0	16.2
木聚糖	12.2	14.0	17.1
阿拉伯聚糖	3.8	0.9	0.8
半乳聚糖	2.7	1.2	1.5
甘露聚糖	0.9	0.4	0.4
鼠李糖	0.7	0.4	0.5
脱氧半乳聚糖	0.3	0.1	0.1
糖醛酸	7.4	5.9	5.8
灰分	4.6	0.7	0.4

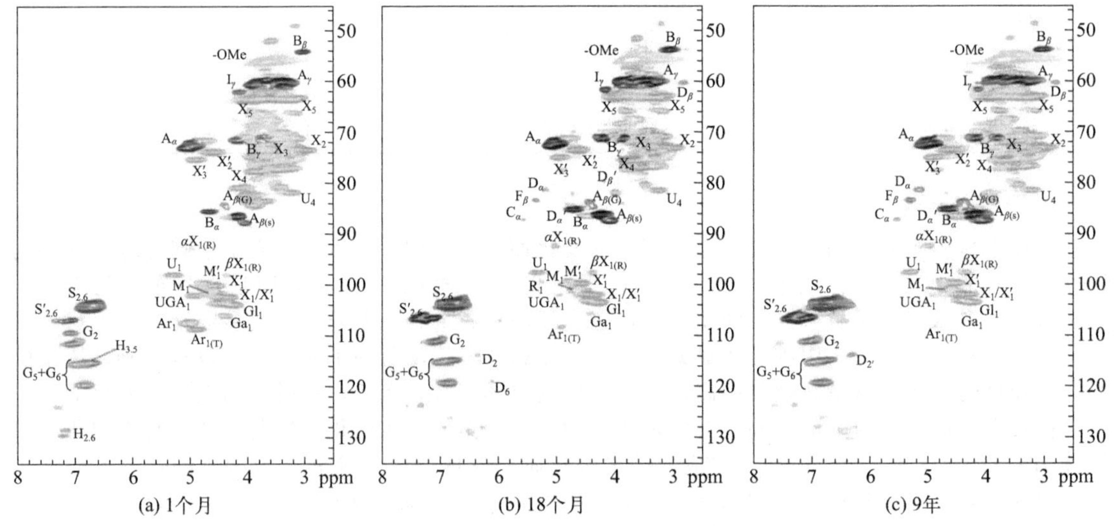

图 2-3-26 不同生长期桉木样品的 HSQC NMR 谱（$\delta C/\delta H$ 45～135/2.5～8.0）[51]

3. 木质素微区分布

木质素的微区分布指它在植物组织结构内部细胞壁中的分布及含量多少。该研究一直是木质素领域的研究热点之一，其研究手段也不断创新，从最初的光学显微镜结合染色的方法，发展到紫外显微镜、共聚焦激光显微镜，电子显微镜结合 X 射线能谱仪等方法，测量结果也由定性测量发展到定量测量[52]。以紫外显微摄影分析云杉管胞的木质素分布（图 2-3-27），表明细胞角隅胞间层木质素浓度最高，复合胞间层次之，次生壁中最低[53]。但由于次生壁比复合胞间层厚很多，木材中大部分的木质素存在于次生壁而不是胞间层。

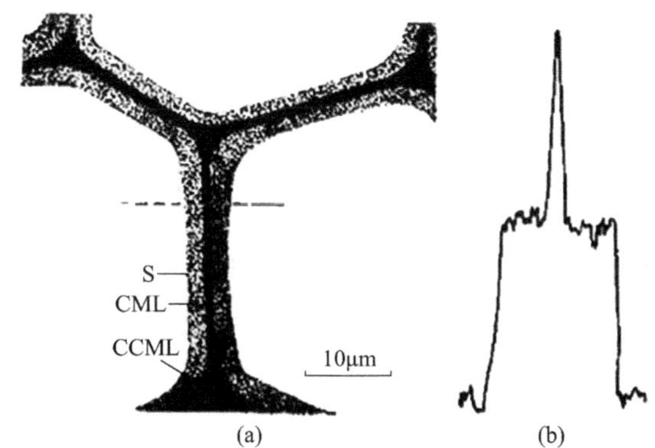

图 2-3-27　云杉管胞的木质素分布
（a）横切面在 204nm 的紫外光显微摄影图（S—次生壁；CML—复合胞间层；CCML—细胞角隅）；
（b）沿虚线横断面细胞壁木质素浓度分布

（二）木质素的生物合成机理

1. 木质素的沉积

木质素沉积是木质部细胞分化的最后阶段之一，主要发生在细胞壁的二次增厚过程中。木质化从初生壁的细胞角隅开始，向径向和横向的复合胞间层推进，然后到细胞角隅的复合胞间层，最后到达次生壁。次生壁木质素顺序与细胞壁的形成次序一致，即次生壁外层—次生壁中层—次生壁内层（S_1—S_2—S_3）。细胞各部位木质化先后不同，各部位木质素的化学结构形式也会有所不同。例如，阔叶木的次生木质部中主要存在紫丁香型木质素，而初生木质部则主要存在愈创木基型木质素，在纤维与纤维之间的胞间层则存在愈创木基型和紫丁香基型木质素。木质化的先后顺序和木质素结构类型的不同，与后续木质素的脱除机理有着密切的关系。

2. 木质素结构单元的生物合成

木质素被认为起源于苯基丙烷的葡萄糖苷[54]。在酶的作用下，葡萄糖析出，余下的苯基丙烷结构经聚合作用形成沉积在细胞壁和胞间层中的一种胶黏性物质，即称为木质素。从结构上看，木质素含有芳香区、脂肪区和侧链区。其侧链区连接着不同类型、不同数量的官能团，基本单元间不同类型的连接键及其与半纤维素之间的复杂关系使木质素成为自然界中最复杂的天然高聚物之一。因此，了解木质素的生物合成途径对木质素结构的确定及后续的高值化利用有很大的作用。

大量的研究为木质素化合物在植物体内的生物合成途径做出了贡献。但由于多基因（普通基因和植物特异性基因）之间的相互作用以及对木质素生物合成的影响、新的酶和新的途径不断被发现，木质素的生物合成过程在持续更新中。图 2-3-28 给出了最新的木质素单体生物合成中涉及的基因和酶在生物合成“苯丙烷途径”中的作用[55]。研究表明木质素基本单元生物合成的途径始于苯丙氨酸，但酪氨酸在单子叶植物木质素的形成过程中也有消耗。苯丙氨酸首先通过苯丙氨酸脱氨酶（PAL）脱氨生成肉桂酸，然后经肉桂酸 4-羟基化酶（C4H）羟基化转化为对香豆酸。如果以酪氨酸为起始点，则这两阶段的酶促过程都会省略，直接经酪氨酸脱氨酶（TAL）作用转化为对香豆酸。

在对香豆酸阶段，酶反应的顺序可能会发生分化，产生对香豆酰-辅酶 A（经 4-对香豆酸辅酶 A 连接酶，4CL）或通过芳香环的第二次羟基化（C3H 或 C4H）产生咖啡酸。在正常的木质素单元生物合成途径中，对香豆酰-辅酶 A 通过羟肉桂酰转移酶（HCT）转化为 *p*-香豆酰莽草酸/奎尼酸或经肉桂酰辅酶 A 还原酶（CCR）还原为对香豆醛，后续还能经肉桂醇脱氢酶（CAD）还原为对香豆醇，进而对香豆醇在木质素大分子中生成 H 型单元。

经咖啡酸氧甲基转移酶（COMT）作用，咖啡酸环上 3 位羟基可以被甲基化，进而转化成阿魏酸，然后生成阿魏酰辅酶 A（通过 4CL）。此外，阿魏酰辅酶 A 通常被认为是经咖啡酰辅酶 A 甲基转移酶（CCoAOMT）作用而由咖啡酰辅酶 A 直接甲基化产生的。随后，阿魏酰辅酶 A 通过 CCR 还原为松柏醛。松香醛代表了主要的 G 型（松柏醇衍生物）和 S 型（芥子醇衍生物）单元形成的分枝点。松柏醛通过羟基化（F5H 作用）和甲基化取代（COMT）构成了合成芥子醛的主要路径。最后，在肉桂醇脱氢酶（CAD）作用下，松柏醛和芥子醛催化还原为相对应的醇，即形成 G 型和 S 型单元。此外，松柏醛可以通过羟肉桂醛脱氢酶（HCALDH）的作用实现醛的氧化，从而回到苯基丙基途径生成阿魏酸。G 型、S 型和 H 型单元是木质素的组成部分，通过上调和下调参与木质素生物合成的酶基因，可以得到理想的基因改造的木质素，从而有利于得到更好的植物或含特定类型的木质素，促进木质素结构及高值化领域的研究。

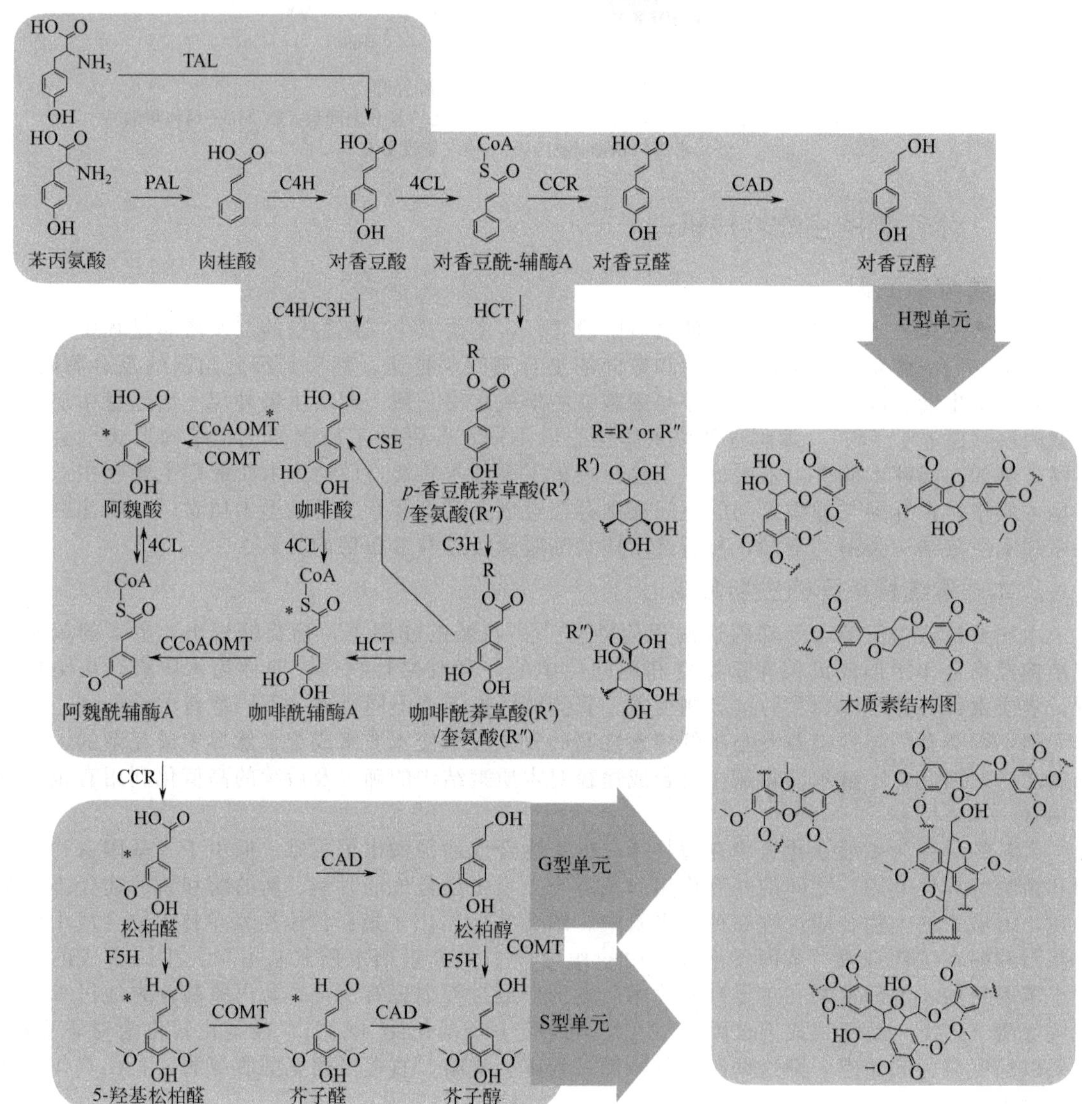

图 2-3-28　天然木质素单体生物合成中的苯丙烷途径[55]

二、木质素的物理性质

木质素的物理性质包括一般物理性质，如表观性质等，还有各种波谱性质、分子量和聚集状态等高分子性质。一般物理性能包括溶解性、热性质及电化学性质等。木质素的物理性质与木质素试样的来源（如植物的种类、组织和部位）和试样的分离、提纯方法等都有密切的关系。

（一）木质素的一般物理性质

1. 颜色

原本木质素是一种白色或接近无色的物质。人们见到的木质素的颜色在浅黄色至深褐色之间，这是由于现有的分离提取木质素的方法不同，且不同的提取方法对木质素的破坏程度不同。一般认为木质素上发色基团主要包括：a. 与芳香环共轭的碳碳双键；b. 邻苯醌和醌；c. 查耳酮结构；d. 自由基；e. 邻苯二酚的金属配合物[56]。

2. 相对密度

从木本植物中分离提取的木质素的相对密度在 1.30～1.50，不同种类的木质素密度不同，相同种类的木质素测定方法不同，木质素的密度也会有所差别。比如松木硫酸木质素用水测定的相对密度是 1.451，而用苯测定的相对密度则是 1.436。

3. 溶解度

原本木质素在水中以及通常的溶剂中大部分不溶解，也不能水解成单个木质素单元。以各种方法分离木质素，在某种溶剂中溶解与否，取决于溶剂的溶解性参数的氢键结合能。常用的木质素良溶剂包括四氢呋喃、二甲基亚砜及二氧六环等。近年来，多种新型的溶剂体系被应用于木质素溶解及转化，包括离子液体[57]、有机溶剂-水混合物[58]、*N*-甲基-2-吡咯烷酮和 C_1～C_4 羧酸混合物[59]、液氨[60] 及低共熔溶剂[61]。Xue 等[61] 以乳酸和 *N*-甲基硫脲为氢键供体和四种不同的季铵盐作为氢键受体合成了两种新型低共熔溶剂（DES），如图 2-3-29 所示。设计的 DESs 能有效溶解不同类型的木质素，包括脱碱木质素（DAL）、酶解木质素（EHL）、木质素磺酸钠（SL）和有机溶剂木质素（OL）。机理研究表明，DESs 中的官能团显著影响其溶解木质素的能力，此外木质素的溶解度与 Kamlet-Taft 经验参数的 α 和 β 值呈正相关。采用烯丙基三甲基氯化铵/乳酸的体系，温度为 303.15K 条件下，脱碱木质素的最高溶解度可达 48.6%（质量分数）。

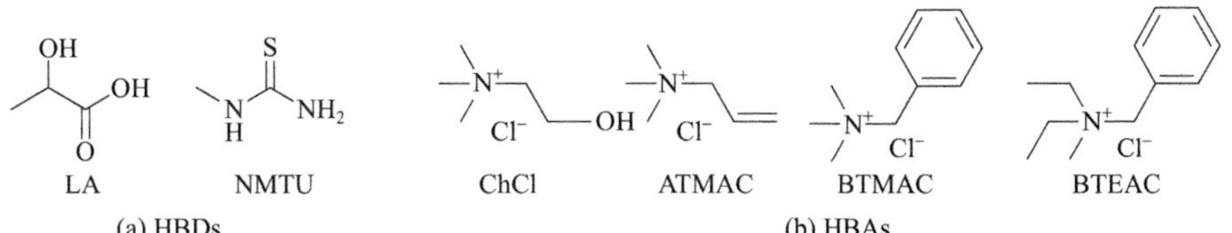

图 2-3-29　氢键供体（HBDs）和氢键受体（HBAs）的化学结构图

4. 木质素的热性质

木质素的热性质指的是木质素的热可塑性。木质素的热可塑性对木材的加工和制浆，特别是机械浆的生产来说，是一项重要的性质。不同分离木质素的软化温度，即常说的玻璃转化点，随树种、分离方法、分子量大小而变化，一般干燥木质素的玻璃转化点在 127～193℃之间。在玻璃转化点以下，木质素的分子链的运动被冻结，而呈玻璃状固体；随着温度的升高，分子链的微布朗运动加快；到了玻璃转化点以上，分子链的微布朗运动开放，木质素本身软化，固体表面积减少，产生了黏着力。吸水润胀后的木质素，其软化点、玻璃转化温度上升。在木材加工和制浆时以水润湿木片，木片中木质素的软化点在水的作用下降低，从而利于木材加工和纤维的分离。

（二）木质素的高分子性质

木质素的高分子性质主要是研究各种分离木质素的性质。木质素高分子性质的研究对木材工业及木质素的利用有重要的意义。

1. 木质素的分子量和多分散性

原本木质素的真实分子量是无法确知的。任何一种分离方法都会造成木质素的局部降解和变化。分离木质素的分子量随分离的方法和分离条件而异，分子量的分布范围可从几百到几百万。各种分离木质素不论是用作结构研究的磨木木质素、酶解木质素，还是各种工业木质素，都具有多分散性。分离木质素分子量的多分散性是由于原本木质素在分离过程中受到机械作用、酶的作用、化学试剂的作用，引起三维空间的立体网状结构的任意破裂，而降解成大小不同的木质素碎片。木质素分子量的测定方法除可采用渗透压法、光散射法和超级离心法外，近些年来还采用凝胶色谱法结合适当的标准样品（如不同分子量的聚苯乙烯）来进行测定。各种磨木木质素的分子量见表 2-3-6。

表 2-3-6　各种磨木木质素的分子量

磨木木质素	重均分子量 M_w	数均分子量 M_n	M_w/M_n
云杉	7050	4120	1.70
落叶松	6650	3760	1.78
杨木	5140	3440	1.53
芦苇	5350	3300	1.62

2. 木质素的波谱特性

（1）木材和禾本科植物木质素的紫外光谱（UV）　各种来源的分离木质素的紫外光谱都很相似。典型的针、阔叶材紫外光谱，通常在波长 280nm 附近。禾本科植物木质素的紫外光谱除有上述特征外，在 312～314nm 附近还有一吸收峰或肩峰。针、阔叶材木质素的紫外光谱图 2-3-30。

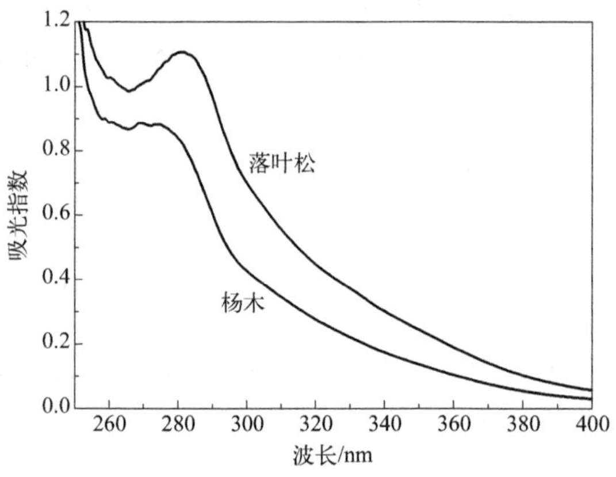

图 2-3-30　杨木及落叶松木质素紫外光谱图

图 2-3-30 中，280nm 附近的吸收峰是木质素中苯环的吸收带。针叶材木质素的最大吸收波长 λ_{max} 为 280nm 或略低一点，阔叶材木质素中由于有较多的高度对称性的紫丁香基单元而使最大吸收波长移至 275～277nm；禾本科植物（如芦竹、麦草等）木质素的 λ_{max} 都在 280nm 附近。但酯键含量较高的蔗渣和竹材木质素的 λ_{max} 在 315nm 左右，这是由于对-香豆酸酯和阿魏酸酯的影响[47]。

（2）木质素的红外吸收光谱（IR）　红外吸收光谱作为传统的木质素的定性和定量测定方法，其可以研究木质素的结构及变化，确定木质素中存在的各种官能团和化学键，例如羟基、羰基、C—H 键和 C ═ C 键等，这些功能基和化学键在红外谱图中的特定出峰位置可根据图 2-3-31 进行判断。通过多种方法研究得出来的木质素主要吸收光带的归属结果见表 2-3-7。但由于木质素大分子的结构复杂性以及木质素的纯度，不同的原子团在相同的波谱区域可能存在相同的吸收带，因此还需与其他分析手段相结合来对木质素的结构进行综合分析。

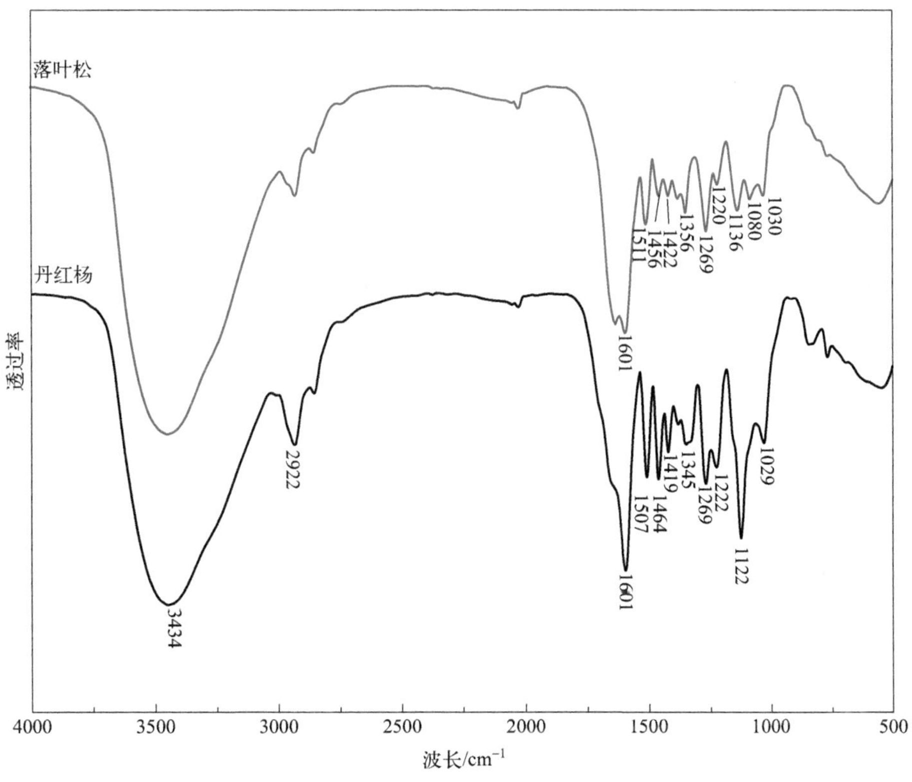

图 2-3-31　落叶松和杨木木质素红外光谱图

表 2-3-7　木质素主要的 IR 吸收带

波数/cm^{-1}	吸收光带归属	波数/cm^{-1}	吸收光带归属
3450～3400	羟基伸缩振动	1430～1425	苯环骨架振动
2940～2820	甲基、亚甲基、次甲基伸缩振动	1370～1365	C—H 对称弯曲振动
1605～1600	苯环骨架振动	1330～1325	紫丁香环呼吸振动
1515～1505	苯环骨架振动	1270～1275	愈创木基环呼吸振动
1470～1460	C—H 不对称弯曲振动	1085～1030	C—H、C—O 弯曲振动

(3) 木质素的氢核磁共振谱（^{1}H-NMR）　^{1}H-NMR 谱广泛用于研究木质素的结构，如官能团（总羟基、酚羟基和甲氧基）的测定，同时还可以计算芳核取代基数及缩合型结构单元的含量。通过木质素样品的元素分析计算出每个 C_9，如从乙酰基及甲氧基的氢核所在区可分别计算出酚羟基、总羟基和甲氧基的含量。计算芳核质子区的质子数可推算出芳环上取代基数及缩合型结构的含量。由于木质素是一种极为复杂的体型高分子化合物，在进行^{1}H-NMR 谱测定时其分子运动受到阻碍，各种质子信号重叠，再加上自旋-自旋偶合及空间影响等原因，整个谱中的信号都较宽。木质素^{1}H-NMR 谱中各峰的归属主要是依据研究与木质素结构单元有关的模型化合物的化学位移而确定的。为改变木质素的溶解性以及研究某些官能团的需要，常用乙酰化木质素为样品。典型的针、阔叶材乙酰化木质素^{1}H-NMR 谱如图 2-3-32 所示。乙酰化木质素的^{1}H-NMR 谱中各峰的归属见表 2-3-8。

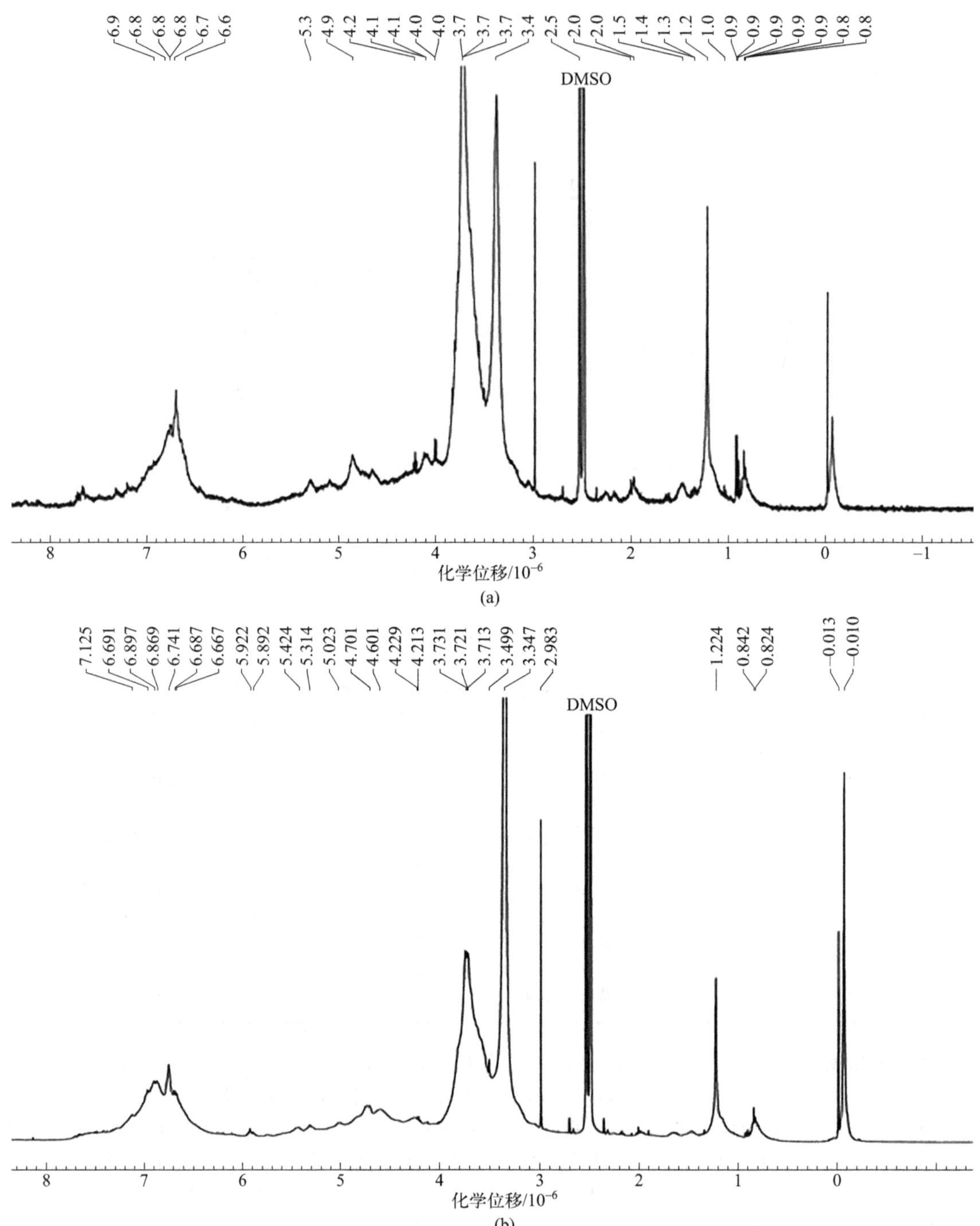

图 2-3-32　杨木（a）和落叶松（b）乙酰化木质素的^{1}H-NMR 谱图

表 2-3-8　乙酰化木质素 ^{1}H-NMR 谱中各峰的归属

区域	化学位移/10^{-6}	质子的类型
1	11.5～8.00	羧基和醛基的氢核
2	8.00～6.28	苯环上的氢核,侧链 H_α(α 与 β 间共轭双键)
3	6.28～5.74	侧链 H_α(β-O-4 及 β-1),H_β(α 与 β 间共轭双键)
4	5.74～5.18	侧链 H_α(苯基香豆满)
5	5.18～2.50	甲氧基及大部分侧链上的氢核(3～5 区除外)
6	2.50～2.19	芳香族乙酰基的氢核
7	2.19～1.58	脂肪族乙酰基与二苯基连接处于邻位的乙酰基氢数
8	1.58～0.38	高度屏蔽的氢核

(4) 木质素的 ^{13}C 核磁共振谱(^{13}C-NMR)　^{13}C 核磁共振波谱采集信号广[(240～0)×10^{-6}],分辨率更高和重叠信号更少,但由于天然同位素 ^{13}C 丰度低,其信号采集所需时间长。^{13}C-NMR 谱图可以提供较全面的木质素结构及官能团信息,如甲氧基、S/G 值、β-O-4 连接键等信号。木质素的 ^{13}C-NMR 波谱特性可用于鉴别不同类型的木质素,跟踪木质素的化学反应和生物降解过程。除能对木质素的结构做定性解析外,还能定量研究木质素的某些官能团如酚羟基、醇羟基和甲氧基,苯丙烷结构单元间主要的键型 β-O-4 醚键的比例,木质素中苯环的缩聚程度等。木质素的 ^{13}C-NMR 谱的测定,可直接用分离木质素也可用乙酰化木质素为样品,溶剂分别为 DMSO-d_6 和丙酮-d_6。有机溶剂抽提木质素样品的碳谱如图 2-3-33 所示。

(5) 木质素的 ^{31}P 核磁共振谱(^{31}P-NMR)　^{31}P-NMR 技术被认为是定性和定量分析木质素中羟基最快速、简易和准确的方法。^{31}P-NMR 通过木质素中羟基与磷化试剂反应完成测定[62]。木质素的这些羟基基团都可与磷化试剂反应从而被标记,常用的磷试剂有 2-氯-4,4,5,5-四甲基-1 和 3,2-二噁磷酚烷(TMDP)。反应介质为无水吡啶与氘代氯仿的混合溶液(1.6∶1,体积比),其磷化反应式见图 2-3-34。这种方法的特点是芳香环上的邻位取代基对 ^{31}P 化学位移有显著影响,而对位和间位取代基的影响极小。木质素中存在愈创木基(G)、紫丁香基(S)和对羟苯基(H)3 种酚羟基,与磷化试剂 TMDP 形成衍生物后,因苯环邻位取代基对 ^{31}P-NMR 化学位移影响较大,其化学位移将出现在不同的区域[分别在(138.79～142.17)×10^{-6}、(144.50～142.17)×10^{-6}、(137.10～138.40)×10^{-6} 范围内],利用此特性可以准确定量测定各种酚羟基的含量。在木质素 ^{31}P-NMR 谱图中,可以将不同羟基类型进行归属与积分,主要包括脂肪族羟基、S 型羟基(S—OH)、G 型羟基(G—OH)和羧基(—COOH),并通过与内标峰对比和换算完成木质素中羟基的定量分析[63]。如图 2-3-35 所示,在(145.32～144.90)×10^{-6} 处的信号为内标信号峰,(144.50～142.17)×10^{-6}、(140.17～138.79)×10^{-6} 和(138.40～137.10)×10^{-6} 处分别为木质素 S—OH、非缩合的 G—OH 和 H—OH 的信号峰。此外,缩合的 G—OH(主要为 C5 取代)的酚羟基信号峰则分布在(135.50～134.2)×10^{-6}。

(6) 木质素的 2D-HSQC 核磁共振谱(2D-HSQC NMR)　2D-HSQC NMR 称为异核单量子碳-氢相干核磁共振,是目前木质素结构研究中最常用的技术手段。该检测可结合 ^{1}H-NMR 的高灵敏度和 ^{13}C-NMR 谱的谱宽范围大、分辨率高等优势,更有效地分析木质素大分子样品的结构特征。它可以采集 C—H 相关的信号,并受其相近官能团电子云的影响,而在不同的位移坐标展示甲氧基、各连接键以及各结构单元的信号,且其信号轮廓的强度及位移变化可以反映分离过程中木质素发生的解聚或缩合反应。典型的木质素 2D-HSQC 谱图如图 2-3-36 所示，各单元及连接键的信号归属及木质素中基本单元结构分别见表 2-3-9 和图 2-3-37[64]。

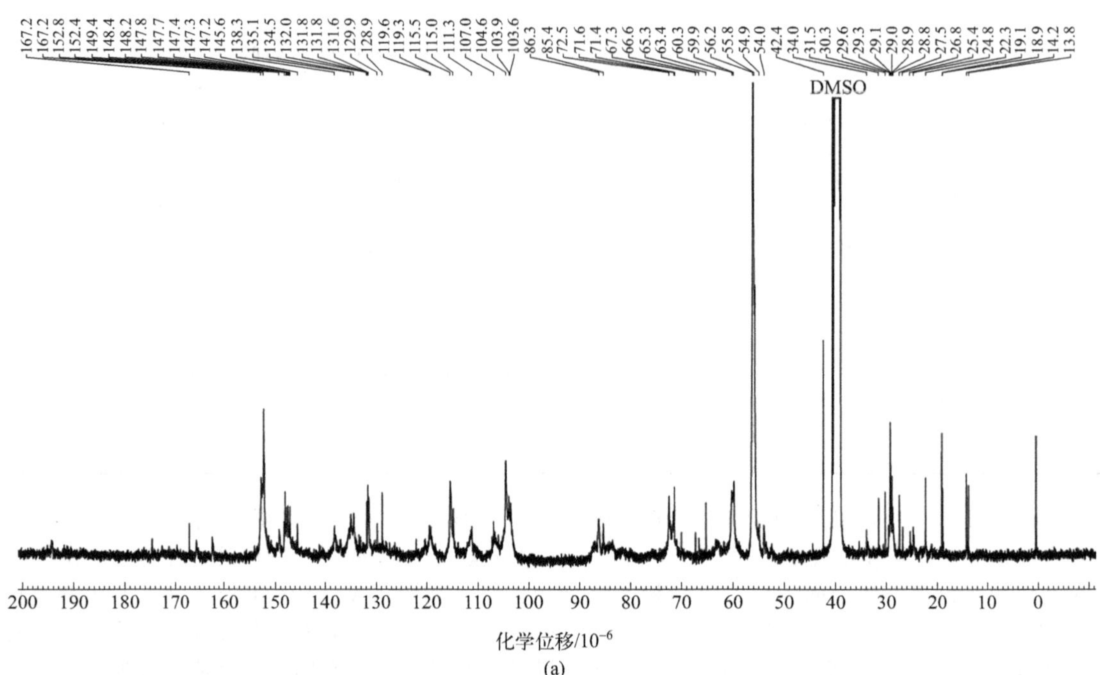

(a)

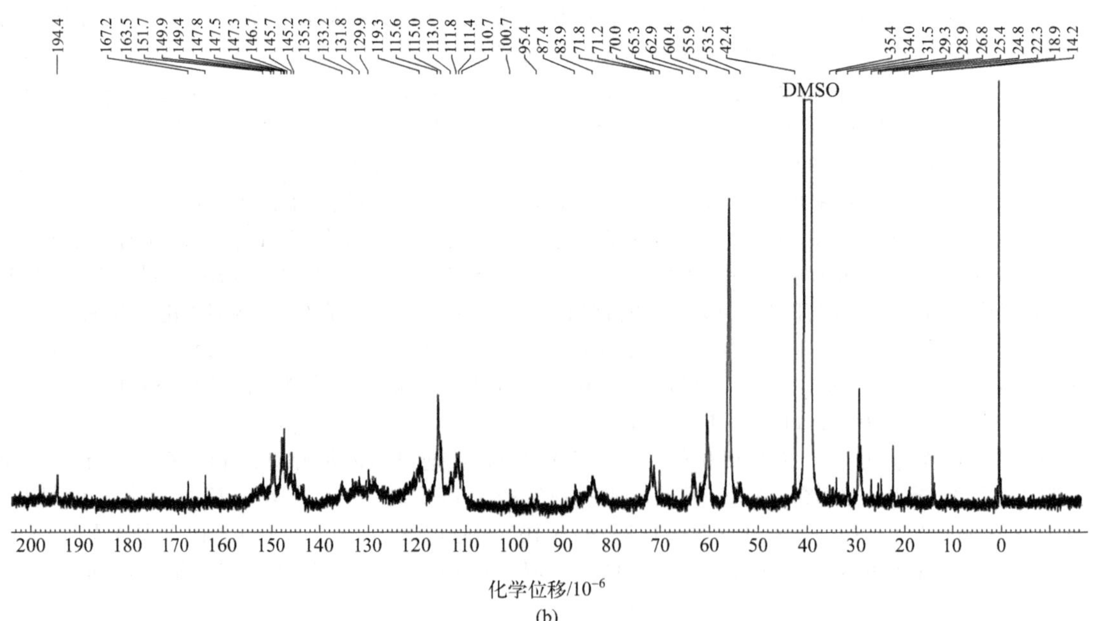

(b)

图 2-3-33　杨木（a）和落叶松（b）有机溶剂抽提木质素的^{13}C-NMR 谱图

木质素-OH + Cl—P(O,O) —CDCl3 / 吡啶→ 木质素—O—P(O,O) + HCl

R—O—P

脂肪族羟基
R:木质素侧链

愈创木基单元　　紫丁香基单元　　对羟苯基单元　　C5位被取代的愈创木基单元　　羧基的羟基

图 2-3-34　木质素与磷化试剂间的磷化反应

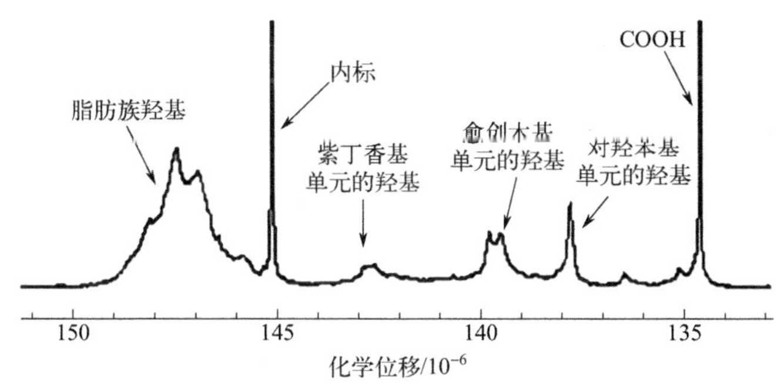

图 2-3-35　木质素的[31]P-NMR 谱图

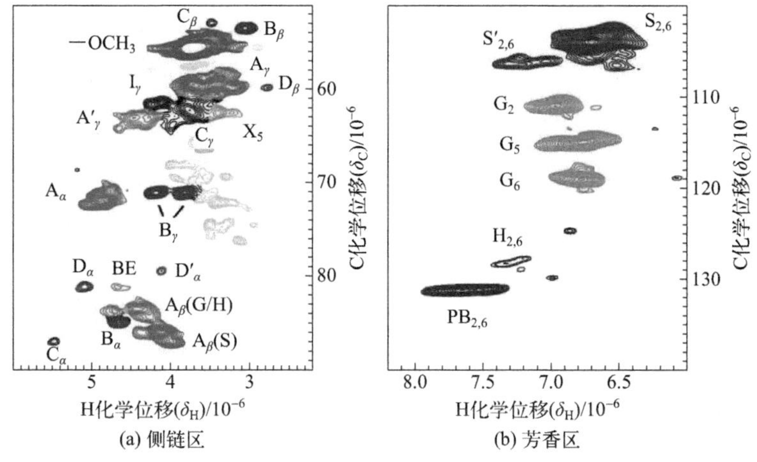

图 2-3-36　三倍体毛白杨酶解木质素的 2D-HSQC NMR 谱图

在侧链区（δ_C/δ_H51.0～90.0/2.2～6.0），主要的 C—H 相关信号是甲氧基（OCH_3，δ_C/δ_H55.6/3.72）和 β-O-4′（A）芳基醚键单元。其中，β-O-4′中 α 位、γ 位和酰化了的 γ 位的 C—H 相关信号分别出现在 δ_C/δ_H1.9/4.86、59.5/3.70～3.39 和 63.1/4.29，而 β 位 C—H 相关信号

出现在 δ_C/δ_H85.8/4.11 和 83.4/4.43，分别对应于 β-O-4′中的 G/H 单元和 S 单元。位于 δ_C/δ_H84.8/4.65、53.5/3.05、71.1/4.17 和 3.81 的强信号分别对应于树脂醇亚结构（β-β，B）中的 α、β、γ 位。苯基香豆满亚结构（β-5，C）的信号出现在 δ_C/δ_H86.9/5.45、52.9/3.45、62.4/3.73，分别对应于 α、β、γ 位。螺环二烯酮亚结构（D）的 C—H 相关信号出现在 δ_C/δ_H81.1/5.06、79.4/4.11。另外，有少量的对羟基肉桂醇（I）的 γ 位的 C—H 相关信号被检测到（δ_C/δ_H61.4/4.10）。苄基醚键（BE）是典型的木质素-碳水化合物（LCC）连接键，其 C—H 相关信号出现在 δ_C/δ_H81.0/4.65。2D-HSQC 光谱的芳香区（δ_C/δ_H100～140/6.0～8.2）主要包括 S、G 和 H 单元信号。紫丁香基单元（S）与其对应的氧化单元（S′）的 2/6 号位的 C—H 相关信号分别位于 δ_C/δ_H103.9/6.71 和 106.2/7.32。δ_C/δ_H110.9/6.96、114.9/6.76 和 119.0/6.78 分别对应于愈创木基单元（G）的 2、5、6 号位。在 δ_C/δ_H127.8/7.22 检测到较弱的 C—H 相关信号，来自对羟苯基单元（H）的 2、6 号位。在 δ_C/δ_H131.2/7.66 检测到强烈的 C—H 相关信号，归属于对羟基苯甲酸酯单元（PB）的 2、6 号位。

表 2-3-9 2D-HSQC 谱中木质素 $^{13}C—^{1}H$ 相关信号归属

标记	δ_C/δ_H	归属
C_β	52.9/3.45	苯基香豆满(β-5′)亚结构的 $C_\beta—H_\beta$ 相关(C)
B_β	53.5/3.05	树脂醇(β-β′)亚结构的 $C_\beta—H_\beta$ 相关(B)
$—OCH_3$	55.6/3.72	甲氧基的 C—H 相关
A_γ	59.5/(3.70～3.39)	β-O-4′亚结构的 $C_\gamma—H_\gamma$ 相关(A)
D_β	59.8/2.76	螺环二烯酮亚结构的 $C_\beta—H_\beta$ 相关(D)
I_γ	61.4/4.10	肉桂醇末端基的 $C_\gamma—H_\gamma$ 相关(I)
C_γ	62.4/3.73	苯基香豆满亚结构的 $C_\gamma—H_\gamma$ 相关(C)
A'_γ	63.1/4.29	α 位氧化了的 β-O-4′亚结构的 $C_\gamma—H_\gamma$ 相关(A′)
B_γ	71.1/4.17 和 3.81	树脂醇亚结构的 $C_\gamma—H_\gamma$ 相关(B)
A_α	71.9/4.86	β-O-4′亚结构的 $C_\alpha—H_\alpha$ 相关(A)
D_α	79.4/4.11	螺环二烯酮亚结构的 $C_\alpha—H_\alpha$ 相关(D)
BE	81.0/4.65	苄基醚键的 $C_\alpha—H_\alpha$ 相关(BE)
D'_α	81.1/5.06	螺环二烯酮亚结构的 $C_\alpha—H_\alpha$ 相关(D)
A_β(G/H)	83.4/4.43	连接 G/H 型单元的 β-O-4′亚结构的 $C_\beta—H_\beta$ 相关(A)
B_α	84.8/4.65	树脂醇亚结构的 $C_\alpha—H_\alpha$ 相关(B)
A_β(S)	85.8/4.11	连接 S 型单元的 β-O-4′亚结构的相关(A)
C_α	86.9/5.45	苯基香豆满亚结构的 $C_\alpha—H_\alpha$ 相关(C)
$S_{2,6}$	103.9/6.71	紫丁香基单元的 $C_{2,6}—H_{2,6}$ 相关(S)
$S'_{2,6}$	106.2/7.32	氧化(C═O)了的紫丁香基单元的 $C_{2,6}—H_{2,6}$ 相关(S′)
G_2	110.9/6.96	愈创木基单元的 $C_2—H_2$ 相关(G)
G_5	114.9/6.76	愈创木基单元的 $C_5—H_5$ 相关(G)
G_6	119.0/6.78	愈创木基单元的 $C_6—H_6$ 相关(G)
$H_{2,6}$	127.8/7.22	对羟苯基单元的 $C_{2,6}—H_{2,6}$ 相关(H)
$PB_{2,6}$	131.2/7.66	对羟基苯甲酸酯单元的 $C_{2,6}—H_{2,6}$ 相关(PB)

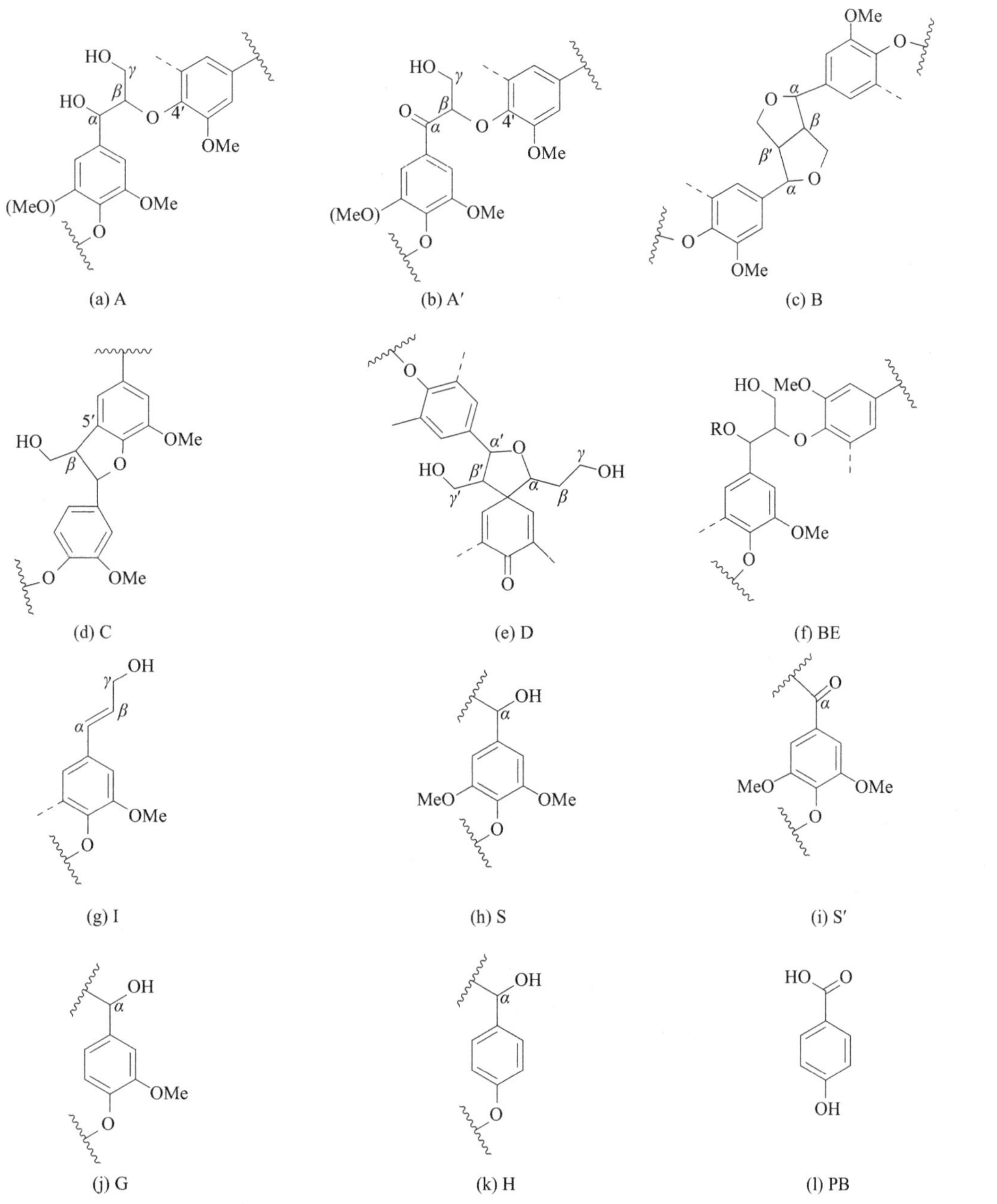

(a) A (b) A′ (c) B

(d) C (e) D (f) BE

(g) I (h) S (i) S′

(j) G (k) H (l) PB

图 2-3-37 碱提取木质素中主要的子结构

(a) β-O-4′烷基芳基醚键；(b) α 位氧化了的 β-O-4′烷基芳基醚键；(c) 树脂醇亚结构（β-β'）；(d) 苯基香豆满亚结构（β-5′）；(e) 螺环二烯酮亚结构；(f) 苄基醚键；(g) 肉桂醇末端基；(h) 紫丁香基结构单元；(i) 氧化了的紫丁香基结构单元；(j) 愈创木基结构单元；(k) 对羟苯基结构单元；(l) 对羟基苯甲酸酯结构单元

三、木质素的化学结构及性质

（一）木质素的化学结构

木质素是一种源于甲氧基化的羟基肉桂醇的复杂且水不溶性的芳香聚合物，由苯基丙烷结构单元通过醚键和碳碳键连接而成。虽然木质素结构复杂，但相对于植物纤维中的多糖组分含有高的碳含量和低的氧含量，这也使其成为生产生物燃料和化学品的一种有吸引力的原料。

1. 元素组成和甲氧基

木质素由碳、氢和氧三种元素组成。由于木质素是芳香族的高聚物，其碳的含量比木材或其他植物原料中的高聚糖要高很多。针叶材木质素中碳含量为60%～65%，阔叶材为56%～60%，而纤维素的碳含量仅为44.4%。一般认为木材中的木质素不含氮，但在禾本科中木质素含有少量氮，如麦秆磨木木质素（MWL）中含0.17%，稻草MWL含0.26%，芦竹MWL含0.45%。各种分离木质素的元素含量随原料的品种和分离方法略有差别。在表示木质素的元素分析结果时，常用去除甲氧基量的苯基丙烷（C_6—C_3）单元作标准，以相当于C_9的各种元素量来表示，再加上相当于每个C_9的甲氧基基数。现列举各种木质素的平均C_9单元的元素组成，见表2-3-10。

表2-3-10 磨木木质素平均C_9单元的元素组成

磨木木质素	平均C_9单元	磨木木质素	平均C_9单元
云杉	$C_9H_{8.83}O_{2.37}(OCH_3)_{0.96}$	芦竹	$C_9H_{7.81}O_{3.12}(OCH_3)_{1.18}$
山毛榉	$C_9H_{7.10}O_{2.41}(OCH_3)_{1.36}$	蔗渣	$C_9H_{7.34}O_{3.50}(OCH_3)_{1.10}$
桦木	$C_9H_{9.03}O_{2.77}(OCH_3)_{1.58}$	竹	$C_9H_{7.33}O_{3.81}(OCH_3)_{1.24}$
麦秆	$C_9H_{7.39}O_{3.00}(OCH_3)_{1.07}$	玉米秆	$C_9H_{9.36}O_{4.50}(OCH_3)_{1.23}$
稻草	$C_9H_{7.44}O_{3.38}(OCH_3)_{1.03}$		

2. 官能团

木质素结构中有多种官能团，其中影响木质素反应性能的主要官能团有甲氧基（—OCH_3）、羟基（—OH）和羰基（—C═O）。

（1）甲氧基　甲氧基是木质素的特征官能团之一。针叶材木质素一般含甲氧基14%～16%，阔叶木含19%～22%，草本类含14%～15%。阔叶木木质素中甲氧基含量比针叶木的高，是因为阔叶木木质素中除含有愈创木酚基单元（G型）外，还含有较多的紫丁香基单元（S型）。甲氧基含量的确定对木质素结构分析及应用上的研究有很大意义。

（2）羟基　木质素中羟基有两种类型：一种是存在于木质素结构单元苯环上的酚羟基；另一种是存在于木质素结构单元侧链上的脂肪族羟基。羟基是木质素中含量较多的官能团，它在判定木质素活性及木质素改性制备功能性材料方面起重要作用。木质素中的酚羟基大部分以醚键形式与其他结构单元连接，只有一小部分以游离酚羟基的形式存在（图2-3-38）。木质素侧链上的脂肪族羟基可分布在α-碳原子和β-、γ-碳原子上，它们可以以游离基的形式存在，也可以以醚或酯的连接形式与其他芳基或其他基团连接。

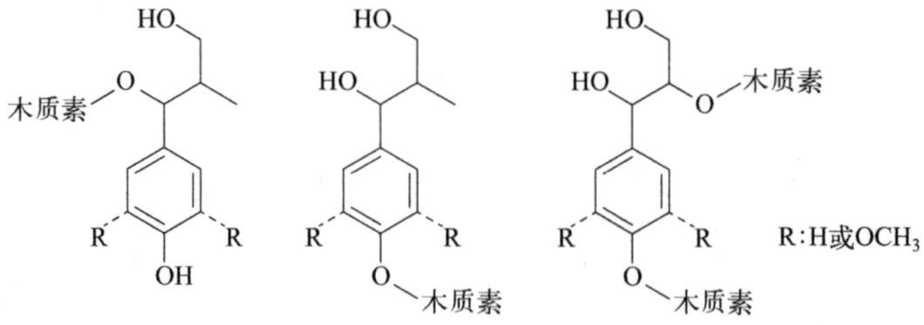

图2-3-38　木质素结构单元苯环和侧链上的羟基

（3）羰基　木质素侧链上含有少量的羰基官能团，包括醛基、酮基和羧基。原本木质素中不存在羧基，羧基一般是木质素分离过程中经氧化产生的。木质素中的羰基官能团分为两类：一类是共轭的羰基；另一类是非共轭的羰基（图2-3-39）。连接在α-碳原子上的羰基是以酮基形式存在的共轭羰基，γ-碳原子上的羰基则以共轭醛基的形式存在。

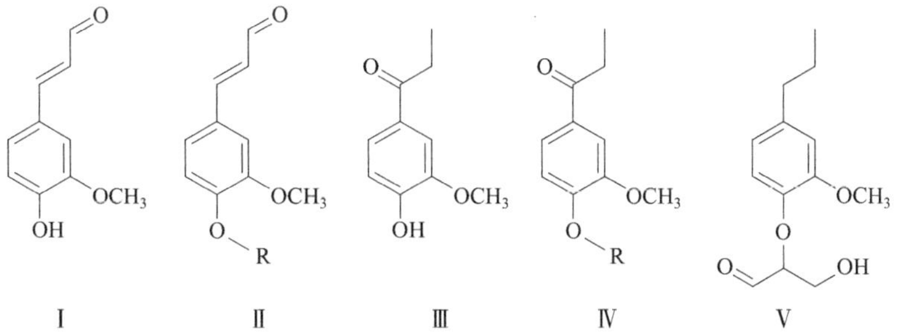

图 2-3-39　木质素结构中共轭和非共轭的羰基

3. 木质素结构单元间的连接

植物细胞壁的木质化过程是木质素单体通过自由基化、氧化偶合反应变成木质素大分子的聚合过程。木质化的起始阶段是由相同的木质素单体分子经脱氢二聚合或者两个不同的木质素单体相互二聚化开始的，所形成的二聚体进一步与木质素单体和低聚物经过交联偶合反应形成木质素大分子。木质素结构单元间的连接键，如图 2-3-40 所示连接键类型，主要是醚键或碳碳键，含有极少量的酯键（禾本科类原料中含量较高），一般醚键占 60%～70%，碳碳键占 30%～40%[64]。

（1）醚键的连接　木质素结构单元间的醚键连接主要有烷基芳基醚、二芳基醚和二烷基醚等三种连接方式。据测定，木质素中的苯基丙烷单元有 2/3～3/4 是以醚键与相邻的结构单元连接的。

① 烷基芳基醚。醚键中最常见的形式是烷基芳基醚键，它是以苯基丙烷单元中苯环的第四个碳原子与另一个苯基丙烷单元侧链成醚键形式的连接。典型的烷基芳基醚键是 β-烷基-芳基醚键（β-O-4 醚键）、α-烷基-芳基醚键（α-O-4 醚键）和 γ-烷基-芳基醚键（γ-O-4 醚键）。其中，β-O-4 醚键是木质素结构中出现频率最高的连接键，约占烷基芳基醚键的 50%。当木质素经化学处理或者制浆过程中受到蒸煮药液的作用时，醚键可发生断裂，引起木质素大分子的解构，但 α-O-4 和 γ-O-4 醚键极易断裂，在分离得到的木质素中不易观察到。因此 β-O-4 醚键是目前木质素领域研究最多的连接键。目前有多种方法用来区分 β-O-4 的赤式和苏式两种构型，包括化学方法和核磁共振的方法。如果是由 G 型单元形成的 β-O-4 键，那么赤式和苏式的比例为 1∶1；如果是由 S 型所组成的 β-O-4 键，那么赤式和苏式的比例大约为 3。值得一提的是，若木质素仅由 β-O-4 连接键构成，则呈现“线性”的木质素分子结构。此外，β-O-4 连接键含量较高的木质素，也将呈现较为线性的分子。

② 二芳基醚。典型的二芳基醚键是 4-O-5 型连接。这种连接键是两个木质素低聚物的酚末端之间形成的，而非单体和单体或单体和低聚物之间的偶合。先前有报道指出，云杉木质素经硫醇酸解或高锰酸盐氧化后释放的二聚体中有 5%来自 4-O-5 连接键，但实际上木质素中 4-O-5 连接键的含量很难从解构出的相对二聚体中准确推断出来。因为直接参与 4-O-5 键的碳没有附着质子，因此很难直接用二维 HSQC 检测识别。近期，有学者指出 4-O-5 连接键在结构上与紫丁香基单元类似，因此在不含紫丁香基单元的针叶木木质素中含 4-O-5 连接键的木质素单元的 C_2—H_2 和 C_6—H_6 之间的不同关联可以很容易地区分，并结合木质素模型物法和云杉的酶解木质素的 2D-HSQC NMR 谱图得出，4-O-5 连接键的含量约为 1%，明确了其含量的确很低。

（2）碳碳键的连接

① β-β 连接键。即 β-β 连接，树脂醇结构单元，一般是由 S 型单元组成。树脂醇结构被认为是单体-单体偶合而成的。在松树木质素中没有发现树脂醇，说明了这种单元不仅仅是脱氢二聚化，并且可能含有链扩增反应的发生。树脂醇结构单元在核磁中很容易分辨。Lu 和 Ralph[65] 率先由洋麻纤维的木质素证明了这种连接单元的形成机理，这种单元一般是酰化之后的单体再聚合形成的，并且具体的酰化形式已经在核磁中得到明确的归属。因此，如果某些特定的植物中具有较多的天然酰化现象，则有可能发现此类单元。

② β-5 连接键。β-5 连接属于缩合型结构，以苯基香豆满结构为代表。苯基丙烷的 β 碳原子

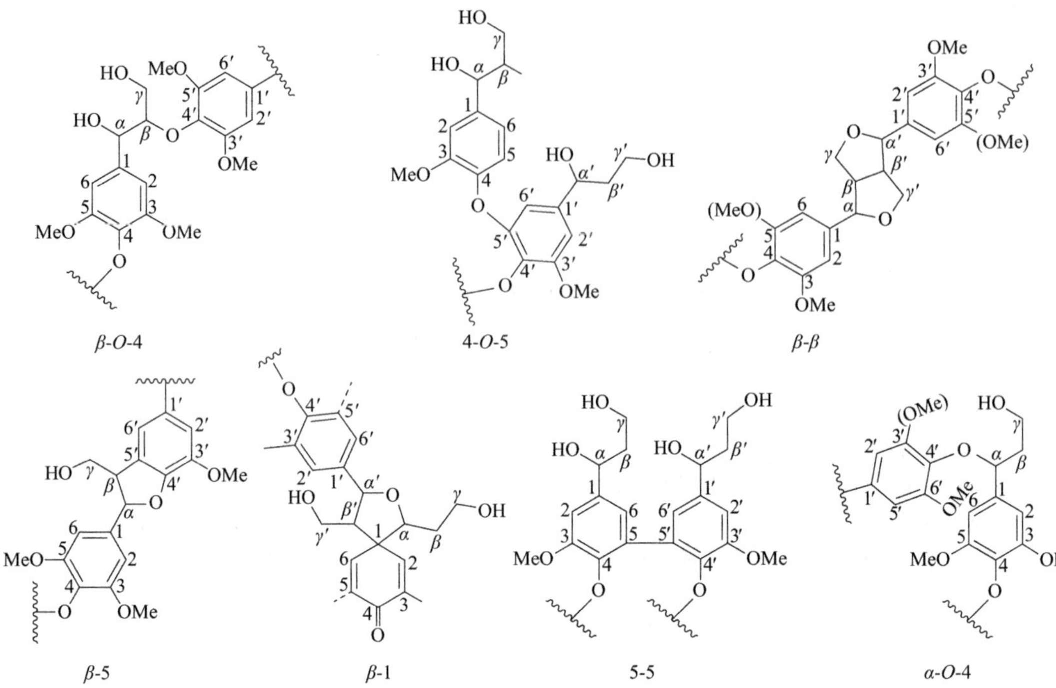

β-O-4　　4-O-5　　β-β

β-5　　β-1　　5-5　　α-O-4

图 2-3-40　木质素连接键类型汇总

与另一结构单元上苯环上的 5 号位碳原子连接。这种结构单体一般是由 G 型木质素单元所组成的。此外，这种结构单元的结构在核磁中能够很清晰地确认。

③ β-1 连接键。由于这种结构单元较稀少，一般情况下很少对其单独进行讨论。β-1 连接的核磁证据是从云杉和杨木木质素中得到的。随后发现高 S 含量的木质素含有更多的这种单元。

④ 5-5 连接键。5-5 连接又称联二苯结构，它是指一个木质素结构单元苯环上的 5 号位碳原子与另一个木质素结构单元苯环上 5 号位碳原子之间的碳碳连接。5-5 连接主要来自 G 木质素单元和少量的 H 型木质素单元，几乎不来自 S 型木质素单元。因此，一般在针叶材中都会有所发现，但是在阔叶材和草类生物质中很少见到。由于核磁联苯结构的核磁信号在芳环区重叠很严重，因此它的结构很难通过核磁定性证明和定量。

（二）木质素的化学性质[66]

木质素的化学性质包括木质素的各种化学反应，如发生在苯环上的卤化、硝化和氧化反应，发生在侧链的苯甲醇基、芳醚键、烷醚键上的反应，以及木质素的改性反应和显色反应等。木质素的化学反应与制浆工业和木质素的利用都有着极密切的关系。

1. 氧化反应

有多种氧化剂能使木质素发生氧化反应，如氧、臭氧、过氧化氢、氯气、二氧化氯、次氯酸盐、硝基苯、过氧酸盐等。对木质素各种氧化条件下的产物进行分离和鉴定，即可根据这些产物的结构来推测木质素的结构。

（1）氧气对木质素的氧化　一般情况下，O_2 不能氧化木质素，但在碱性条件（O_2-NaOH）下，木质素酚型结构的酚羟基解离，可以给出电子而使 O_2 变为过氧化氢负离子（HOO^-）或超氧负离子（$OO^-\cdot$），生成的木质素苯氧自由基少部分会发生缩合反应，如生成 $C_5—C_5$ 键，大部分苯氧自由基会受到亲电试剂的攻击，导致木质素侧链断裂脱除、苯环开环、羟基化和脱甲基等反应，见图 2-3-41。

（2）过氧化氢氧化　在碱性介质中，H_2O_2 能使木质素的苯环和侧链碎解并溶出，从而破坏木质素中的发色基团，实现漂白的目的。木质素结构单元苯环是无色的，受氧化而形成各种醌式结构后变成有色体，过氧化氢漂白过程中，破坏了这些醌式结构，变有色结构为无色的其他结构，甚至碎解为低分子的脂肪族化合物，反应过程如图 2-3-42。

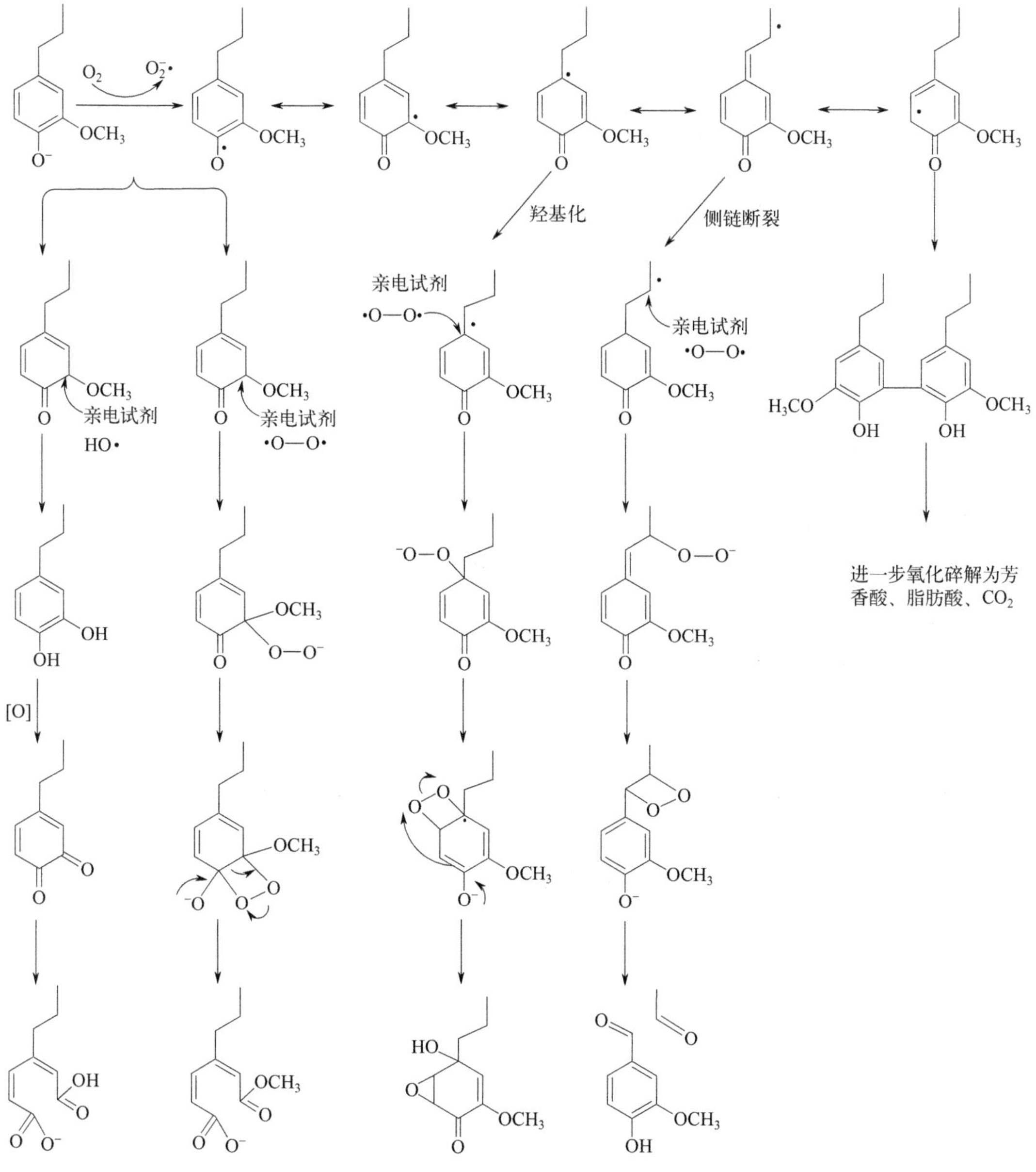

图 2-3-41　木质素和氧气反应

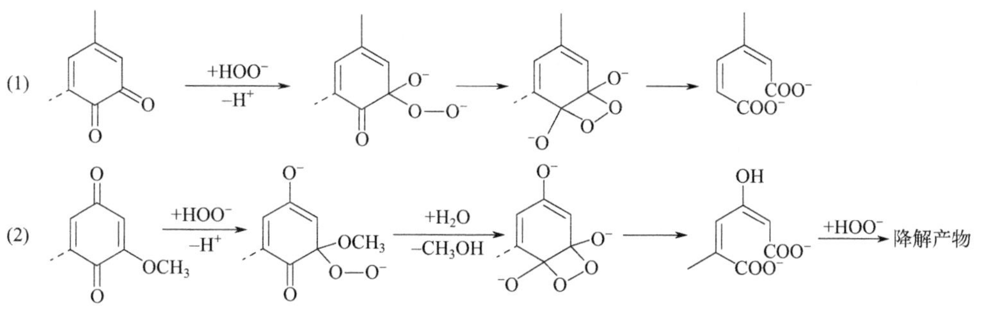

图 2-3-42　木质素醌式结构与过氧化氢反应

木质素结构单元的侧链上具有共轭双键时，本身是一个有色体，过氧化氢漂白时，改变了侧链上有色的共轭双键结构，甚至将侧链碎解，变有色基团为无色基团。非共轭双键侧链在碱性过氧化氢氧化时也能断裂，这都使木质素进一步溶出（图 2-3-43）。

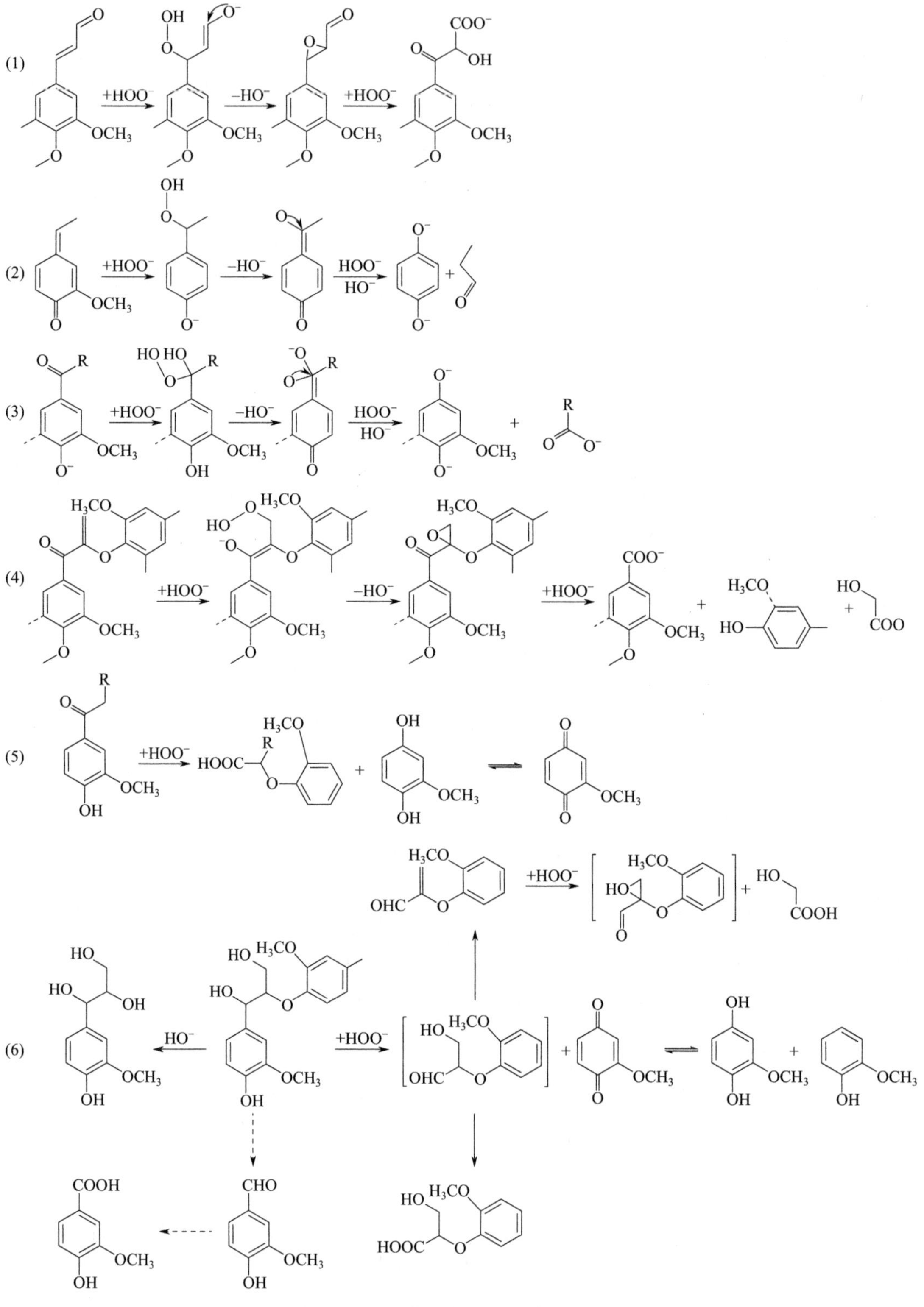

(1) +HOO⁻ → −HO⁻ → +HOO⁻ → COO⁻, OH, OCH_3

(2) +HOO⁻ → −HO⁻ → HOO⁻/HO⁻ → O⁻ + ...

(3) +HOO⁻ → −HO⁻ → HOO⁻/HO⁻ → ... + R-COO⁻

(4) +HOO⁻ → −HO⁻ → +HOO⁻ → COO⁻ + H_3CO... + HO-COO

(5) +HOO⁻ → HOOC ... + ... ⇌ ...

(6) HO⁻ ← ... → +HOO⁻ ...

图 2-3-43　过氧化氢与木质素侧链反应

云杉磨木木质素和云杉磨木浆在碱性过氧化氢氧化下，其反应产物经鉴定是一系列的二元脂肪酸和芳香酸（图 2-3-44）。

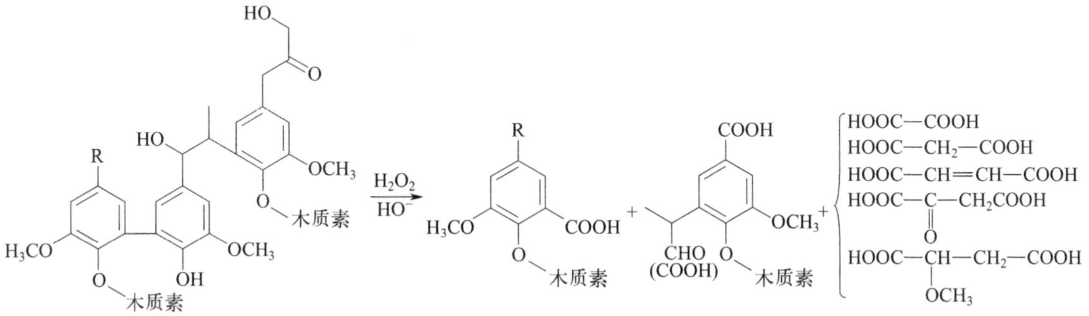

图 2-3-44 云杉磨木浆在碱性过氧化氢下的氧化反应

由此可知，木质素的过氧化氢氧化反应的结果是侧链断开并导致芳香环裂解，最后形成一系列的二元脂肪酸和芳香酸，同时，苯环上还发生脱甲基反应，木质素的一些发色基团被破坏而成为无色基团。

（3）氯气氧化 木质素在氯的水溶液或气态氯的作用下引起的化学反应是氯碱法制浆和纸浆漂白中的基本反应。氯在水溶液中，形成强亲电性的氯阳离子（Cl^+）或它的化合物（H_2O^+Cl）：

$$Cl_2 + H_2O \rightleftharpoons HClO + HCl$$

$$2HClO \rightleftharpoons OCl^- + H_2O^+Cl$$

$$H_2O^+Cl \rightleftharpoons H_2O + Cl^+$$

氯水溶液中形成的正氯离子（Cl^+）或它的水合正离子（H_2O^+Cl）能使木质素结构基团的 β-芳基醚键和甲基芳基醚键受氧化作用而断裂，生成邻苯醌和相应的醇，使木质素大分子变小而溶出。图 2-3-45 是木质素模型物邻苯二酚的单烷基醚和二烷基醚在氯水溶液中受氯的氧化断裂的机理。

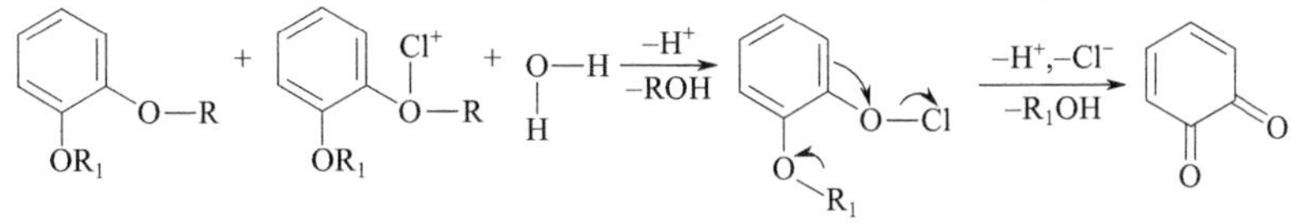

图 2-3-45 邻苯二酚烷基醚在氯水溶液中受氯的氧化断裂的机理

首先是亲电的正氯离子进攻烷基醚键上具有未共用电子对的氧原子，生成一个不稳定的带正电的中间物正氧离子。正氧离子经水解，形成相当的醇而析出，本身变成次氯酸芳基酯。而后，次氯酸芳基酯中的氯离子获得 2 个电子还原成氯的阴离子而脱出，反应中水作电子给予体，最后得到相应的邻苯醌和另一个醇。根据多种模型物实验，例如 β-芳基醚和松脂酚等结构类型的化合物在氯水溶液中反应，结果都是获得邻醌、氯羟邻醌以及乙醇酸和甘油酸等产物，证明木质素受正氯离子的氧化裂解都是形成邻醌。木质素氧化后生成的邻醌是一种呈黄红色的生色基团，这是纸浆经氯化后呈现黄红色的一个原因。

由氧化醚键断裂的碎解反应形成的碎解物进一步受到亲电子的氯的氧化作用，形成相应的羧酸。图 2-3-46 说明了在氯水溶液中羧酸的形成机理。

受到正氯离子的进攻，生成正碳离子中间产物，之后，氯获得两个电子成为负离子脱出，反应生成相应的脂肪族羧酸。图 2-3-46（2）式表示松脂酚在反应中两个芳基脱出，形成两侧链连着的 2,3-二羟甲基丁二醛，它亦按上式氧化成二羧酸或二内酯。

综上所述，木质素中酚型和非酚型单元与氯反应，受到氯水溶液中正氯离子的作用，发生苯环的氧化，芳基-烷基醚键氧化断裂，侧链的氯亲电取代断开以及链碎解物的进一步氧化作用，最终生成邻醌（来源于苯环部分）和羧酸（来源于侧链部分），并析出相应的醇，从而使木质素大分子碎解并溶出。

（4）二氧化氯氧化 ClO_2 是一种自由基和强氧化剂，ClO_2 中的 Cl 是+4 价，与 0 价的氯相

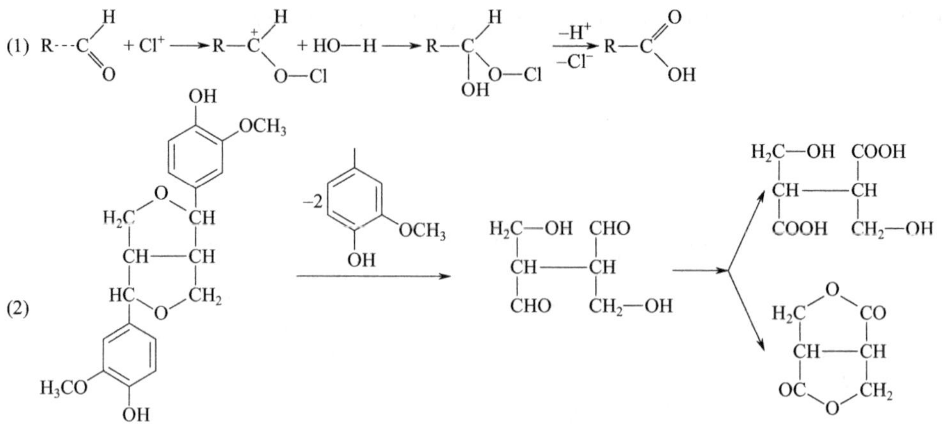

图 2-3-46　木质素单元脂肪族侧链的氯氧化反应

比，氧化能力更强。它可以选择性地氧化木质素和色素并将它们除去，而对纤维素的损伤较少，因此可以作为一种很好的纸浆漂白剂，漂白后的纤维素具有高的白度、纯度，不易返黄，力学强度也不会下降。但由于采用这种方法漂白过程中产生含氯毒性废水，现已限制使用。但 ClO_2 与木质素间确实存在着一系列的氧化降解反应，现介绍如下。

ClO_2 容易掠夺酚羟基上的氢，使木质素形成苯氧自由基和环己二烯自由基（图 2-3-47），**1D** 自身可以偶合生成联苯结构，大部分自由基进一步被 ClO_2 氧化，生成亚氯脂类物质，这些脂类不稳定，可以进一步分解为黏糠酸、邻醌、对醌和氧杂环丙烷结构。

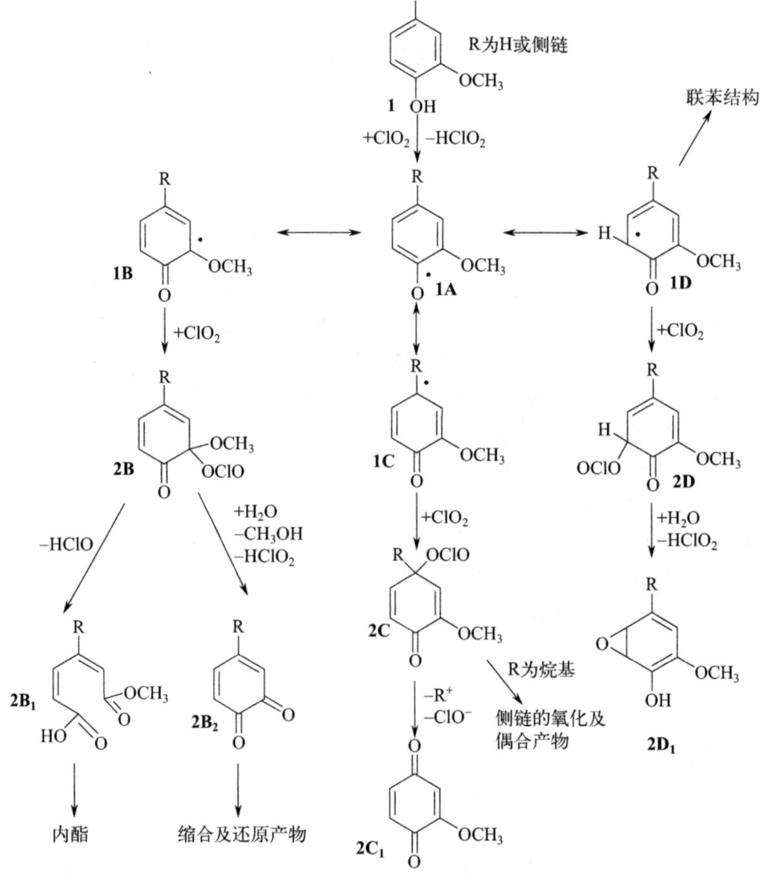

图 2-3-47　ClO_2 与木质素酚型结构反应

对于非酚型木质素来说，ClO_2 的降解速度较慢。ClO_2 与非酚型结构单元先生成 3 种共振自由基，进一步反应生成不稳定的亚氯脂类物质，最后降解为黏糠酸、醌类和芳香醛，如图 2-3-48。

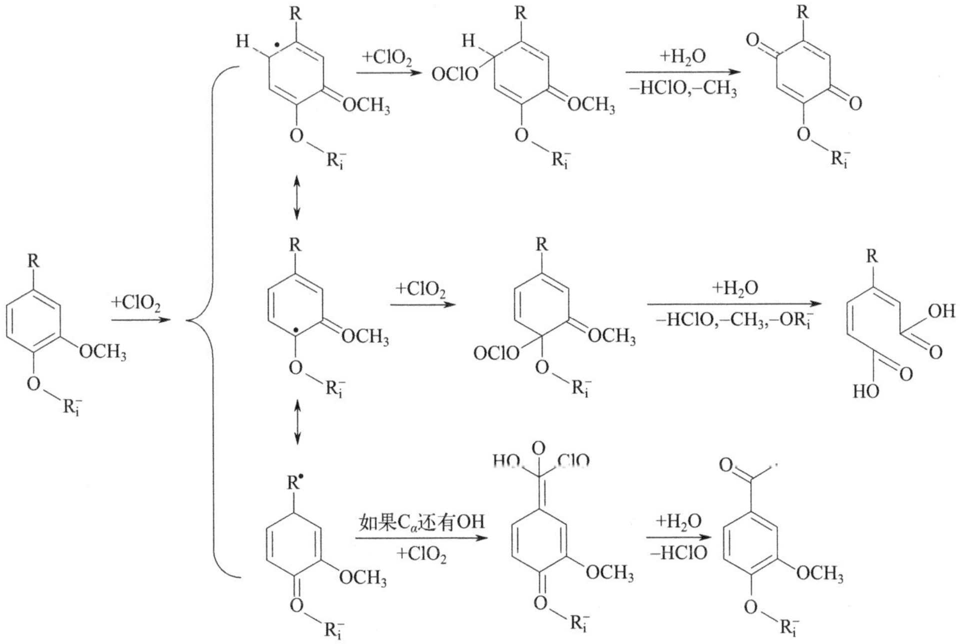

图 2-3-48　ClO_2 与非酚型结构的反应

（5）次氯酸盐氧化　次氯酸盐是常用的漂白剂。蒸煮后的纸浆为提高白度，进一步脱木质素时，广泛采用次氯酸盐进行漂白。次氯酸盐漂白时主要发生氧化作用，但也有氯化反应。次氯酸盐与木质素的反应属于亲核反应（$NaClO \longrightarrow Na^+ + ClO^-$），但次氯酸盐与次氯酸发生分解反应时也会产生自由基，从而发生自由基反应（图 2-3-49）。次氯酸盐主要攻击苯环的苯醌结构和侧链的共轭双键。当次氯酸盐攻击苯环的苯醌结构时发生亲核加成反应，并形成环氧乙烷中间体，最后进行碱性氧化降解，最终产物为羧酸类化合物和 CO_2（图 2-3-50）。如果木质素单元中尚存在酚型 α-芳基醚或 β-芳基醚连接，则次氯酸盐和木质素发生亲电取代反应，生成氯化木质素，然后脱去甲基生成邻苯二酚，最终芳环破裂，生成低分子的羧酸和 CO_2。在氧化作用下，木质素大分子的 α-芳基醚键或 β-芳基醚键断开，并导致在结构单元相连位置形成新的酚负离子，从而重复上述反应（图 2-3-51）。

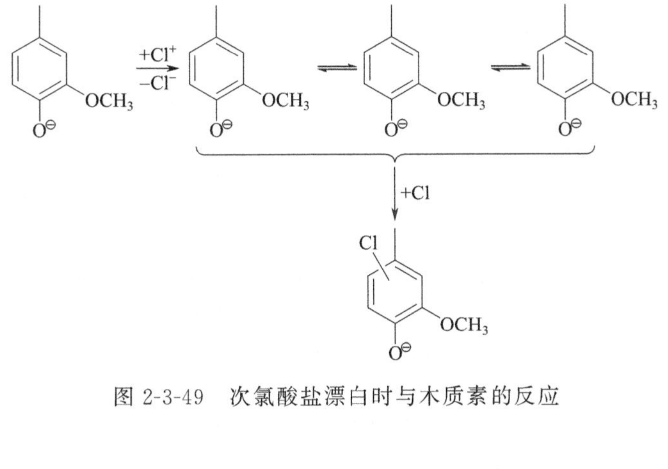

图 2-3-49　次氯酸盐漂白时与木质素的反应

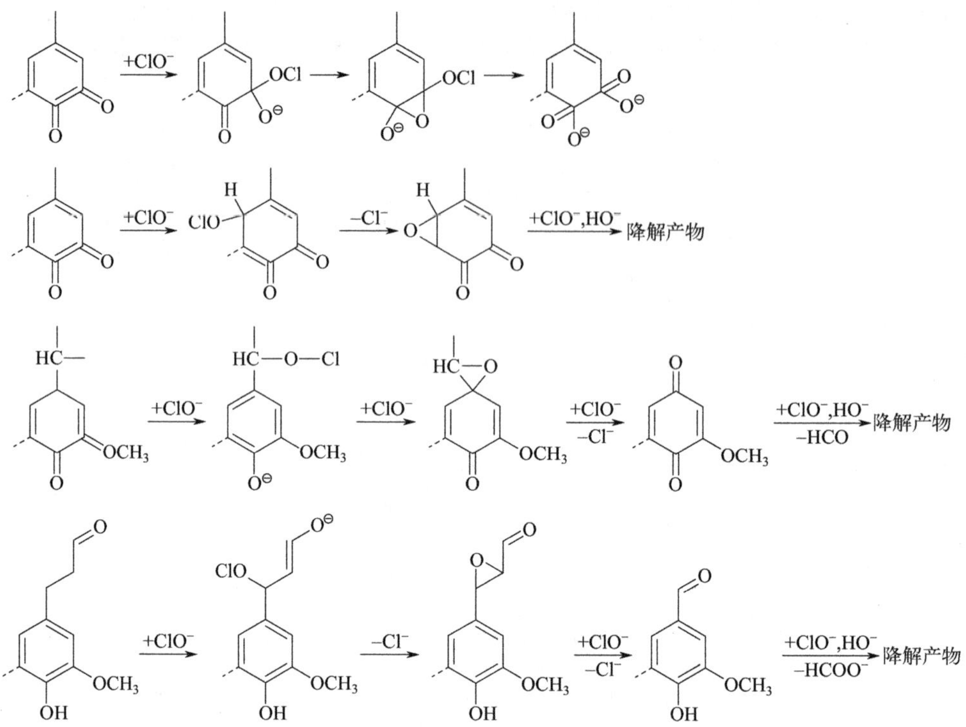

图 2-3-50　次氯酸盐与木质素发色基团的降解反应

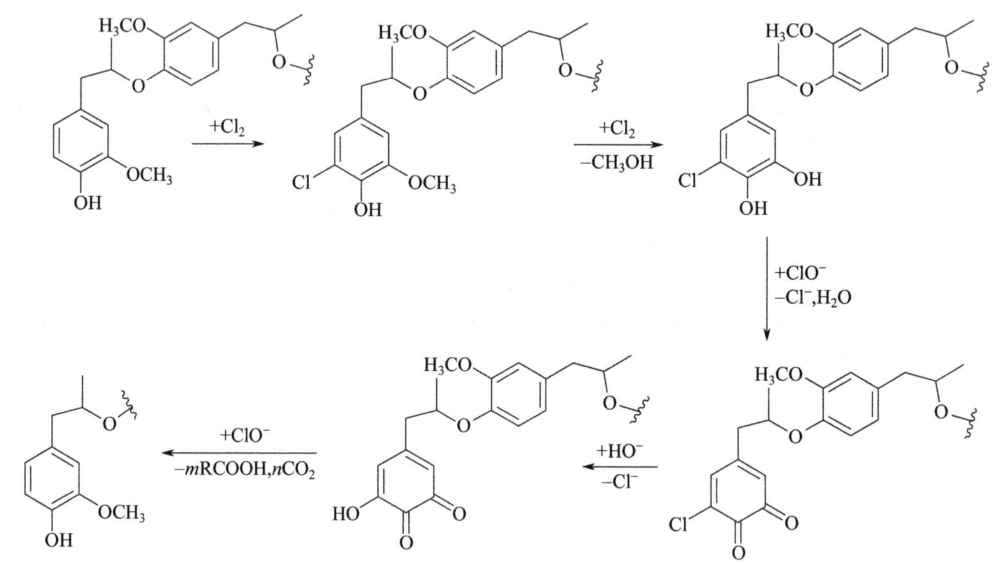

图 2-3-51　次氯酸盐与木质素的反应

2. 生物降解

在自然界中，许多真菌和细菌都显示出显著的木质素降解能力，例如白腐真菌和褐腐真菌。然而，在工业应用中一些真菌由于对 pH、温度和供氧具有较低的适应性，因此应用十分受限[67]。与真菌相比，细菌对温度、pH 和供氧具有更高的耐受性，并且细菌来源广泛，生长迅速，有利于大规模推广和利用。在木质素的降解中，细菌产生的代谢产物不同于真菌系统。较小的芳香族化合物在细胞内被分解代谢，复杂的木质素是由芽孢杆菌属等类的菌株降解。因此，细菌可能是木质素大规模利用和转化的突破口。

目前研究最广泛的木质素降解酶是漆酶、锰过氧化物酶（MnP）、木质素过氧化物酶（LiP）和多功能过氧化物酶（VP）[68]。漆酶是分布最广泛且研究最多的多铜氧化酶。在许多用于木质素降解的真菌和细菌中已经发现了漆酶活性。来自白腐真菌的漆酶被认为是"理想的绿色"催化剂，因为它使用 O_2 作为共底物，并且生成的水为无毒副产物。漆酶已经被报道可以使木质素中的 C_α 氧化以及芳基-烷基 C—C 键和 C_α—C_β 连接键裂解。LiP、MnP 和 VP 被归类为血红素过氧化物酶，它通过多步电子转移作用于底物，同时产生中间自由基。多功能过氧化物酶（VP），是一种独特的木质素降解酶，具有多功能性，结合 MnP、LiP 和低氧化还原电位过氧化物酶的酶学性质，从而氧化高氧化还原电位底物，包括木质素的酚型和非酚型部分。与其他过氧化物酶催化相比，锰过氧化物酶对于木质素结构内的酚型 C_α—C_β 裂解、C_α—H 氧化和烷基-芳基的 C—C 键断裂更具有选择性。LiP 是不含介质的过氧化物酶。该酶通过丙基侧链的 C_α 和 C_β 原子之间的断裂，苄基亚甲基的羟基化以及通过氧化苄醇形成醛或酮，它在酚类和非酚类木质素组分的降解中起重要作用[69,70]。

第四节　抽提物与灰分

木材抽提物（抽出物）是指从木材中提取的低分子量化合物。相比于木材的结构聚合物（即纤维素、半纤维素和木质素），它们的组成在树木种和属之间差异很大。抽提物的含量通常只占木材的百分之几，大量存在于树皮和树枝等部位。抽提物作为木材的重要组成成分，对木材的颜色、气味、物理化学性质等方面有很大的影响，从而进一步影响木材的加工及利用。

一、抽提溶剂及抽出物

采用的溶剂主要有三大类，分别为水、亲水性有机溶剂和亲脂性有机溶剂。水是一种廉价、安全、强极性溶剂。以水为溶剂抽出来的物质包括部分无机盐、糖、生物碱、单宁、色素以及一些多糖类物质。为了增加某些成分的溶解度，也通常采用酸水及碱水作为提取溶剂。酸水提取可使生物碱与酸生成盐类而溶出；而碱水抽提出来的物质包括黄酮、部分木质素、戊聚糖、树脂酸、酚类及有机酸等。亲水性有机溶剂主要包括甲醇、乙醇和丙酮等。其中，乙醇是最常用的有机溶剂。由于乙醇对细胞的穿透能力强，除了蛋白质、果胶、淀粉及多糖外，像脂肪酸、树脂、树脂酸、植物甾醇、萜烯、酚类化合物、单宁和色素等都可以溶解在乙醇溶剂中[71]。亲脂性有机溶剂主要包括石油醚、苯、乙醚、乙酸乙酯和氯仿等。这些溶剂不能或不易提取出亲水性物质，另外，它们挥发性强、易燃，并且有毒性。因此，在提取植物抽提物时，具有比较大的局限性。

对木材提取物常用的提取方法有水蒸气蒸馏法、超临界流体萃取法、超声技术提取法及微波辅助提取法等。木材提取物的组成成分十分复杂，不同的溶剂所抽提出来的物质的量及组分都不同，如表 2-3-11 所示。提取物通常可分为亲水性和亲脂性两种。水溶性的提取物（如糖、木脂素等酚类化合物）对木材加工影响较小，因此，重点讨论亲脂性物质，也称木材树脂。木材树脂溶于非极性有机溶剂，不溶于水，主要包含以下四类：脂肪和脂肪酸、甾醇和甾醇酯、萜类化合物、蜡质[72]。

表 2-3-11　木材抽提方法及其抽提物分类

抽提方法	组分	化合物
水蒸气蒸馏	萜烯类、酚类、烃类、树脂类	蒎烯、莰烯
乙醚抽提	脂肪、油、蜡、树脂、甾醇	油酸、亚油酸
乙醇抽提	黄酮类、单宁、芪	毒叶素、栎精
水抽提	碳水化合物、蛋白质、生物碱、无机化合物	阿拉伯糖、半乳糖、果胶质、淀粉

二、树脂酸类

不同树种树脂的含量及其组成存在显著的差异，如表 2-3-12 所示。即使是同一树种之间也存在差异，这取决于树木的年龄、遗传因素和生长条件，如气候和地理因素。甚至同一棵树的不同部分之间也有差异，一般来说，生长缓慢的部分所含的树脂含量更高。针叶材中，松木和柏木的有机溶剂抽出物的含量比较高（特别是心材中），并且其中的主要成分是松香酸、萜烯类化合物、脂肪酸及不皂化物等，且针叶材的抽出物主要存在于木射线薄壁细胞和树脂道中。阔叶材的抽出物主要存在于木射线细胞以及木薄壁细胞中，主要含游离的及酯化的脂肪酸、中性物质，不含或含少量萜烯类化合物。一般来说，阔叶材的抽出物含量比针叶材含量低。禾本科中的有机溶剂抽出物与木材的不同，其乙醚抽出物含量较少，主要的化学成分是蜡质，伴有少量的高级脂肪酸、高级醇等。蜡质存在于禾本科原料表皮层的外表面，对植株生长起保护作用[73]。

表 2-3-12　几种树木中含提取物的含量

种类	所占百分比/%
松树	2.5～4.8
云杉	1.0～2.0
桦木	1.1～3.6
白杨	1.0～2.7
榉木	0.3～0.9

不同产地马尾松松脂和松香中树脂酸组成如表 2-3-13 所示。可以看出，马尾松松脂中树脂酸以长叶松酸、左旋海松酸和新枞酸为主，且产地不同组分含量差异较大[74]。

表 2-3-13　马尾松松脂和松香中树脂酸组成

样品	产地	各树脂酸的含量(以树脂酸总量为 100)/%							
		海松酸	山达海松酸	长叶松酸	左旋海松酸	异海松酸	脱氢枞酸	枞酸	新枞酸
松脂	福建尤溪	9.3	4.2	20.3	36.3	4.7	7.1	7.5	10.6
	福建建瓯	8.7	4.4	18.7	34.7	6.8	7.5	8.2	10.9
	江西安远	8.7	3.3	20.6	33.0	5.1	4.3	11.2	13.9
	安徽宁国	9.2	3.8	22.5	29.4	6.7	8.8	9.6	10.5
松香	福建尤溪	9.2	3.2	22.1	—	3.5	6.0	41.8	14.2
	福建建瓯	8.7	2.9	19.4	—	4.0	6.1	45.2	13.7
	江西安远	9.2	2.6	19.5	—	2.6	4.7	46.3	15.0
	安徽宁国	9.6	3.2	27.5	—	3.3	4.9	35.8	15.6

三、萜类化合物

萜类化合物为异戊二烯的聚合体及其含氧的饱和程度不等的衍生物，其基本结构单元为异戊二烯（2-甲基-1,3-丁二烯）。根据异戊二烯基本结构单元数目可将萜类化合物分为单萜、倍半萜、二萜、三萜、四萜和多萜（表 2-3-14），每种萜类化合物又可分为直链、单环和双环等，其含氧衍生物还可以分为醇、醛、酮、酯、酸和醚等。

在木材中，针叶材与阔叶材的萜烯组成有明显的差异。针叶材中的萜烯同时含有单萜、倍半萜和二萜，而阔叶材中多含有甾醇、三萜和多萜[75]。

表 2-3-14　萜类化合物的分类

类别	异戊二烯单位数(n)	含碳数	存在
单萜	2	10	挥发油
倍半萜	3	15	挥发油、树脂
二萜	4	20	树脂
三萜	6	30	皂苷、树脂
四萜	8	40	色素
多萜	>8	>40	天然橡胶

1. 单萜化合物

单萜化合物和单萜类化合物含有两个异戊二烯单元，主要存在于高等植物中，是植物精油中沸点较低（140～180℃）部分的主要成分。较高沸点（约 200～230℃）的单萜含氧衍生物多具有较强香气和生理活性，是医药、化妆品、食品工业的重要原料。木材中，单萜化合物多存在于针叶材中的松节油或挥发性油中，常见的有 α-蒎烯、β-蒎烯、莰烯等，其相应结构如图 2-3-52 所示。

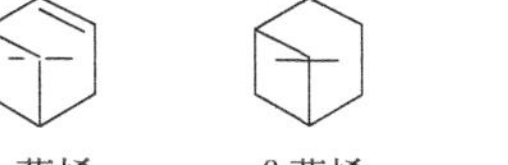

图 2-3-52　单萜类化合物

2. 倍半萜化合物

倍半萜化合物含有 15 个碳原子，是由三个异戊二烯单位结合成的一类化合物，如图 2-3-53 所示，可从植物油中分离，在一些典型的阔叶材中也含有倍半萜烯，但是含量极微。也可根据其骨架分为链状、单环、双环、三环倍半萜烯。

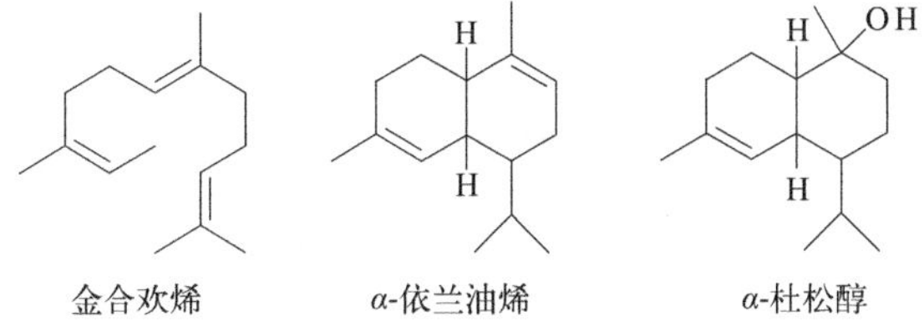

图 2-3-53　倍半萜烯类化合物

3. 树脂酸结构

树脂酸是具有一个三环骨架结构，大部分含有两个双键和一个羧基两种活性中心混合物的总称。目前已经确定的树脂酸有 13 种，按照树脂酸连接在 C13 位置上的烃基构型不同和双键的位置不同可将树脂酸分为以下三种[76]。

（1）枞酸型树脂酸（图 2-3-54）　这个类型的树脂酸在 C13 位置上有一个异丙基相连，具有共轭双键，易受热或酸作用异构化，且易被空气中的氧气氧化；脱氢枞酸与二氢枞酸比较稳定，不易起化学反应；四氢枞酸在自然界中不存在。枞酸、左旋海松酸、新枞酸和长叶松酸在受热或酸异构时形成一种主要是枞酸的平衡混合物，所有具有共轭双键的树脂酸加热至 200℃时，平衡产物几乎都是 81%枞酸、14%长叶松酸和 5%新枞酸。枞酸型树脂酸部分脱氢，生成脱氢枞酸，在加氢时能得到 3 种二氢枞酸异构体。

（2）海松酸型树脂酸（图 2-3-55）　这类树脂酸在 C13 位置上的碳原子是第四碳原子，有一个甲基和乙烯基与之相连，因此它们的两个双键不共轭。对热和酸的作用相对稳定，在紫外线区域有弱的吸收作用。

（3）劳丹型树脂酸（图 2-3-56）　以劳丹烷骨架为基础的树脂酸，具有两个环，又称双环型树脂酸，湿地松松脂中较多的湿地松酸和南亚松松脂中的南亚松酸属于此类酸。

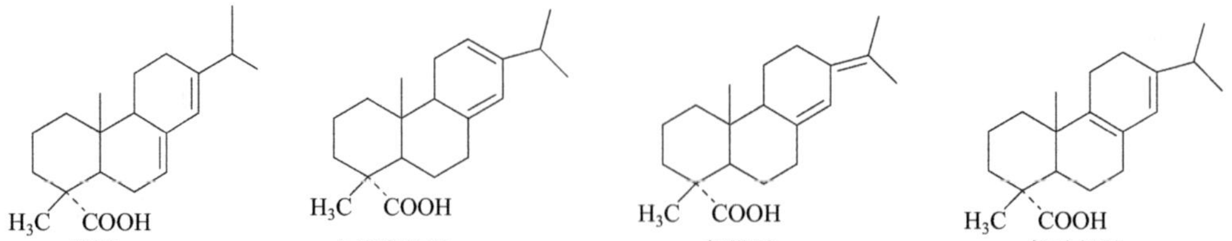

枞酸　左旋海松酸　新枞酸　长叶松酸

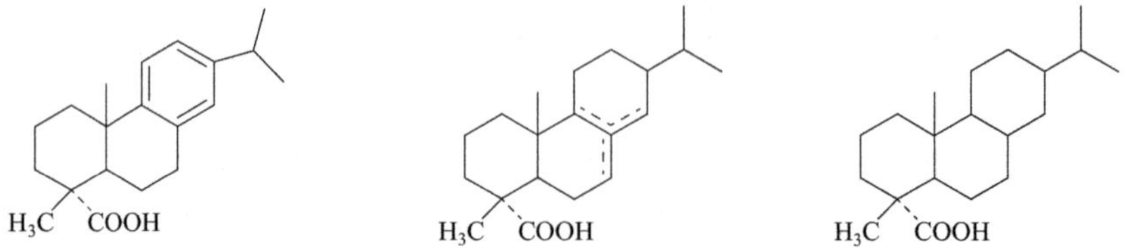

脱氢枞酸　二氢枞酸　四氢枞酸

图 2-3-54　枞酸型树脂酸结构式

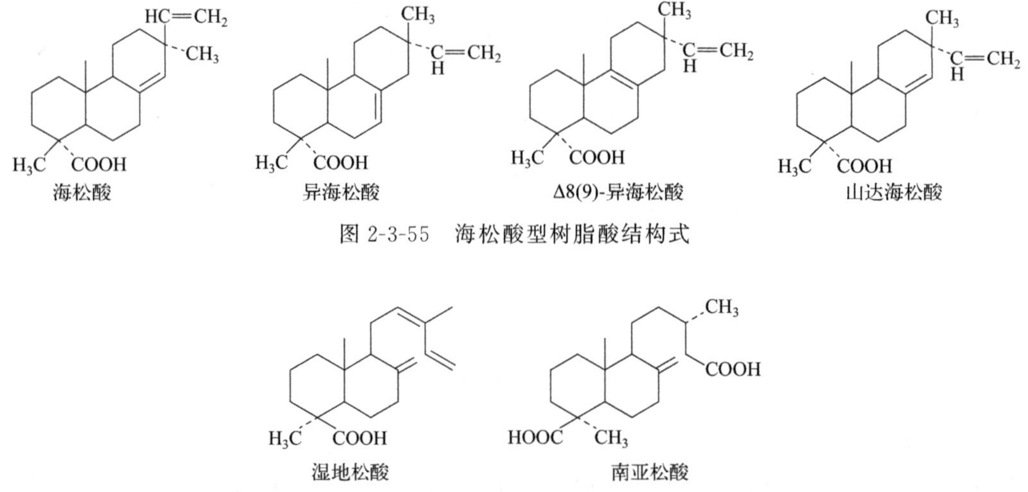

海松酸　异海松酸　Δ8(9)-异海松酸　山达海松酸

图 2-3-55　海松酸型树脂酸结构式

湿地松酸　南亚松酸

图 2-3-56　劳丹型树脂酸结构式

4. 二萜化合物

二萜类化合物含有 20 个碳原子，是由四个异戊二烯单元构成的碳氢化合物。二萜类化合物普遍分布于松柏科植物中，唇形科香茶菜属植物中也富含二萜类化合物。其中，松木和云杉的含油树脂与树脂道抽出物的主要挥发性成分是树脂酸，它是一种三环结构的二萜烯化合物，分子式为 $C_{19}H_{29}COOH$。

四、脂肪族化合物

脂肪族化合物主要有脂肪酸、脂肪醇、烷烃、脂肪和蜡。木材中的脂肪酸主要存在于木材细胞壁中，且主要以酯类的形式存在，以单甘油三酯、二甘油三酯、三甘油三酯的形式与甘油酯化或与脂肪醇或甾醇形成酯（表 2-3-15）。脂肪醇通常以游离的形式存在，主要的脂肪醇的碳原子数目为偶数，通常为 18～24 个。

表 2-3-15　常见脂肪酸

命名		分子式
饱和脂肪酸	月桂酸(十二烷酸)	$C_{11}H_{23}COOH$
	肉豆蔻酸(十四烷酸)	$C_{13}H_{27}COOH$
	棕榈酸(十六烷酸)	$C_{15}H_{31}COOH$
	硬脂酸(十八烷酸)	$C_{17}H_{35}COOH$
	花生酸(二十烷酸)	$C_{19}H_{39}COOH$
	山嵛酸(二十二烷酸)	$C_{21}H_{43}COOH$
	木蜡酸(二十四烷酸)	$C_{23}H_{47}COOH$
不饱和脂肪酸	棕榈油酸(十六碳烯-[9]-酸)	$CH_3(CH_2)_5CH=CH-(CH_2)_7COOH$
	油酸(十八碳烯-[9]-酸)	$CH_3(CH_2)_7CH=CH-(CH_2)_7COOH$
	亚油酸(十八碳二烯-[9,12]-酸)	$CH_3(CH_2)_4CH=CH-CH_2-CH=CH-(CH_2)_7COOH$
	亚麻酸(十八碳三烯-[9,12,15]-酸)	$CH_3-CH_2-CH=CH-CH_2-CH=$ $CH-CH_2-CH=CH-(CH_2)_7COOH$
	酮酸(十八碳三烯-[9,11,13]-酸)	$CH_3(CH_2)_3-CH=CH-CH=CH-CH=CH-(CH_2)_7COOH$

常见的脂肪酸碳链长度以16～24个碳原子为主，也存在10～28个的。根据是否含有不饱和双键，可以将脂肪酸分为饱和脂肪酸和不饱和脂肪酸。18个碳原子的不饱和脂肪酸主要有油酸、亚油酸、亚麻酸。在松树和云杉中油酸、亚油酸和松油酸占据了脂肪酸含量的75%～85%，饱和脂肪酸在松树中占3%，云杉中占10%。桦木以及一些其他的阔叶材中含有较多的饱和脂肪酸，桦木中约为27%。

五、芳香族化合物

植物纤维原料中，细胞壁中除了存在大量的木质素外，还含有许多其他的芳香族有机溶剂抽出物，如简单的酚类化合物。这些物质通常只在心材和树皮中被发现，在树皮中起着杀菌的作用。但这些物质多为水溶性的，在木材蒸煮阶段就可被除去。

1. 苯丙素类化合物

苯丙素类化合物是指一类含有苯丙烷结构单元的天然有机化合物，这类基本单元可单独存在，也可多个单元聚合存在。该化合物包含了苯丙烯、苯丙醇、香豆素、木脂素和黄酮等。苯丙素类化合物可以游离存在或者与糖结合成苷的形式存在。

（1）简单的酚类化合物　木材的有机溶剂抽出物中常含有简单的酚类化合物，如对羟基苯甲醛、香草醛、紫丁香醛、松柏醛、芥子醛和阿魏酸等，如图 2-3-57 所示。这些是木质素生物合成的代谢产物。

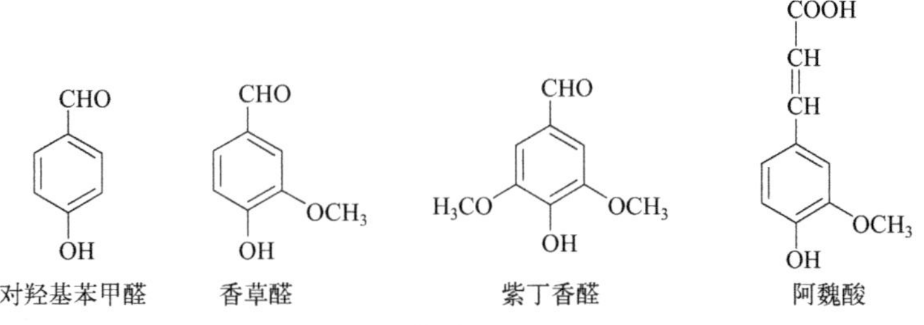

图 2-3-57　简单的酚类有机物

（2）木脂素　也称木脂体，是一种广泛存在于植物中的由苯基丙烷单位氧化聚合而成的相对低分子量的天然产物，通常是二聚体，少数为三聚体和四聚体等。迄今为止，已在70多个科的植物的根、茎、皮、叶、种子和果实中发现木脂素。尽管木脂素的分子骨架仅由两个苯基丙烷（C_6-C_3）单元组成，但木脂素的结构多样性源于这些苯基丙烷单元的各种连接模式，而木脂素的分类是基于这些模式的。木脂素通常分为传统木脂素和新木脂素。传统木脂素是指两个苯丙烷单元通过侧链的8-8′键连接的二聚体。后来发现，许多木脂素并非8-8′键连接的，把这些8-8′键以外连接的木脂素称为新木脂素。常见的木脂素结构式如图2-3-58所示。

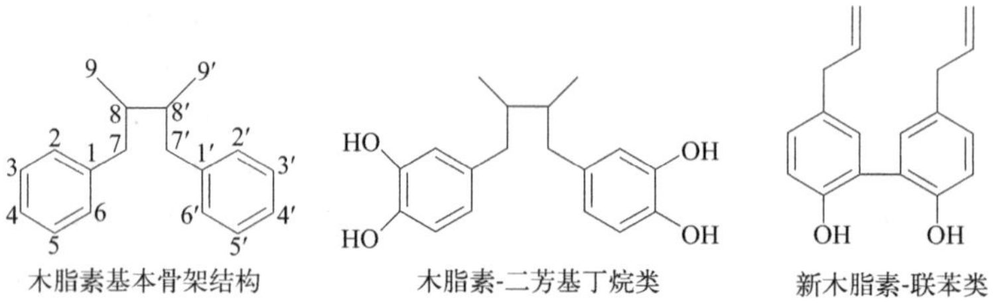

木脂素基本骨架结构　　木脂素-二芳基丁烷类　　新木脂素-联苯类

图2-3-58　木脂素结构式

木脂素的苯基丙烷单元也有多种类型，主要包括肉桂醇、肉桂酸、丙烯基酚、烯丙基酚等。木脂素两个苯环上常有氧取代基，侧链上含氧官能团也多有变化，这就导致木脂素的结构种类繁多。植物木脂素的生物学功能尚不清楚。然而，木脂素的抗菌、抗病毒、拒食和杀虫性能表明，木脂素可能与植物对各种病原体和害虫的防御有关。此外，木脂素的生物测定显示其具有显著的药理活性，包括抗肿瘤、抗炎、免疫抑制、抗氧化和抗病毒活性。

2. 单宁

单宁又称单宁酸、植物鞣质，是一种能使生皮成革的水溶性复杂多羟基酚，广泛存在于高等植物的叶、皮、木质部、果及根皮内。单宁与蛋白质结合产生不溶于水的化合物，因此，单宁的收敛性、涩味及生物活性都与其和蛋白质结合有关，同时该特点也是单宁最重要的特征。单宁还可以抑制微生物的活性，防止木材腐烂，在许多针叶材的树皮中，单宁的含量高达20%～40%，仅次于木材三大素组分，因此单宁作为天然多酚资源的利用越来越受到人们的重视。

单宁通常采用有机溶剂进行提取。丙酮/水是最常使用的溶剂。由于其对单宁的溶解能力最强，能够打断单宁-蛋白质的连接键，使单宁的产率提高。此外，甲醇或者甲醇/水也是良好的溶剂，抽提得到的产率较高，且可以避免单宁的氧化。但是甲醇能与水解单宁中酚酸键发生醇解。按化学结构特征将单宁分为缩合单宁和水解单宁两大类。缩合单宁是以羟基黄烷类单体组成的缩合物，单体间以碳碳键相连，在水溶液中不被酸、碱、酶水解，在强酸作用下，单宁分子缩聚为暗红棕色沉淀；水解单宁的单宁分子结构中具有酯键，故具有易被酸、碱、酶所水解的特性，水解产物主要是酚酸类、糖（多为葡萄糖）或多元醇。

缩合单宁主要包括黄烷-3-醇、黄烷-3,4-二醇及原花色素等。部分天然存在的黄烷-3-醇结构如图2-3-59所示。其中，儿茶素是最重要的化合物，分布最广。

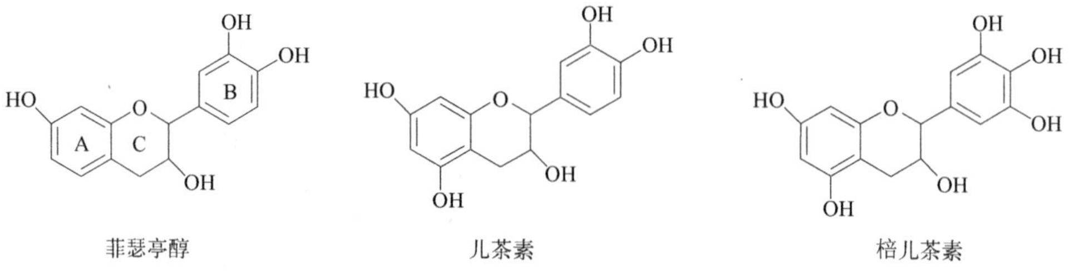

菲瑟亭醇　　儿茶素　　棓儿茶素

图2-3-59　部分天然存在的黄烷-3-醇结构

原花色素主要以聚合体存在于天然植物中。单体原花色素不是单宁，也不具有鞣性。三聚体原花色素具有明显的鞣性，并随着聚合度的增加而增加。原花色素在酸/醇热处理下能生成花色素，例如，原花青定处理后生成花青定。部分花色素的结构如图2-3-60所示。

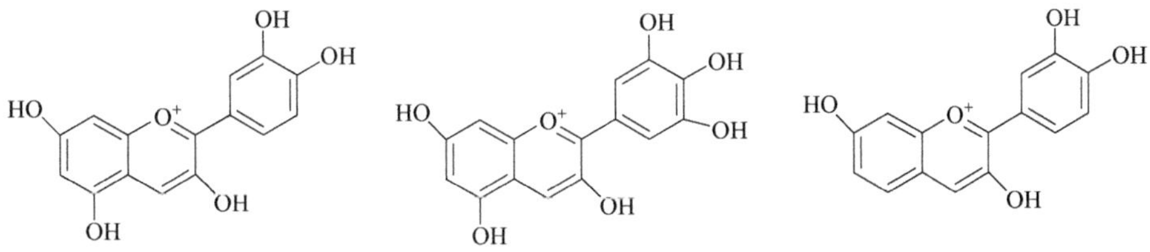

花青定　　翠雀定　　菲瑟定

图 2-3-60　部分花色素的结构

水解单宁主要包括棓单宁、鞣花单宁及其他水解类单宁，如五倍子单宁、土耳其棓子单宁及栗木单宁等。棓单宁是具有鞣性的棓酸酯。一般来说，分子量在 500 以上的多棓酸酯具有鞣性，被称为棓单宁。棓酸酯是棓酸与多元醇组成的酯，其在植物中分布极为广泛，主要是葡萄糖的棓酸酯。棓酸在水解单宁化学中处于核心地位。在植物体内，所有水解单宁都是棓酸的代谢产物，即棓酸和多元醇形成的酯。棓酸，又名没食子酸，是 3,4,5-三羟基苯甲酸。化学性质活泼，能形成多种酯、酰胺和酰卤等。通过各种氧化偶合反应能由棓酸制得鞣花酸、脱氢二鞣花酸等联苯型化合物，如图 2-3-61 所示。

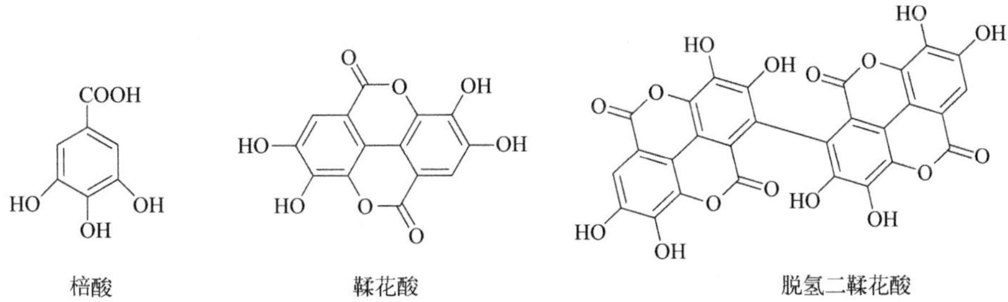

图 2-3-61　部分棓酸代谢产物结构

3. 黄酮类化合物

黄酮类化合物是色原烷或色原酮的 2-苯基衍生物，泛指由两个芳香环通过 3 个碳原子相互连接而成的一系列化合物，一般具有 C_6-C_3-C_6 的基本结构骨架特征。它们常以游离态或与糖结合成苷的形式几乎存在于所有的绿色植物体内，对植物的生长发育、开花结果以及防御异物侵害都具有重要的意义。

黄酮类化合物的母核（2-苯基色原酮）和 C_6-C_3-C_6 的基本骨架结构如图 2-3-62 所示，A、B 两个苯环通过 3 个碳原子相互连接而成。通常，天然黄酮类化合物的母核上连接有助色基团，如酚羟基、甲氧基、甲基等，使大多数黄酮化合物显黄色。

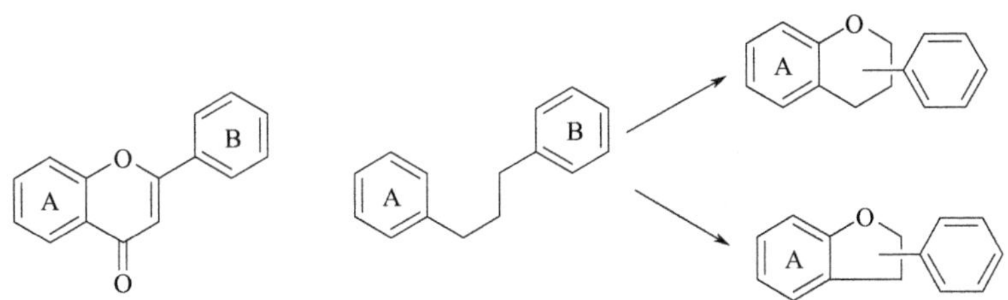

图 2-3-62　黄酮类化合物的基本结构式

黄酮类化合物多为结晶性固体，少数为无定形粉末。此外，黄酮类化合物的溶解度依结构及存在状态不同而有很大差异。游离黄酮苷元一般难溶或不溶于水，易溶于甲醇、乙醇、乙酸乙酯等有机溶剂及稀碱水溶液中。由于分子结构中含有酚羟基，黄酮类化合物显酸性，酸性的强弱与酚羟基数目的多少和取代位置相关。

六、灰分

灰分是植物总矿物质的含量，是通过在规定条件下燃烧一定数量的植物组织并测定其残余量来确定的。灰分可以帮助我们了解植物对物质的吸收情况，反映不同植物或不同地区不同植物生理功能的差异。木材中的灰分含量及组成与树种、生长条件、土壤、砍伐季节、树龄等均有关系。一般温带树木的无机物含量为0.1%～1%，热带树木通常为5%，禾本科和树皮中的灰分含量最高，多数为2%～5%，其中稻草的灰分含量为10%～15%。各类木质资源的灰分含量如表2-3-16所示。木材无机物中含有许多无机元素，主要为钾、钙、镁及磷等，这些元素一般以离子的形式存在，是植物的根从土壤或水中吸收的[77,78]。

表 2-3-16　各类木质资源的灰分含量

类别	品种	灰分含量/%	类别	品种	灰分含量/%
阔叶材	桉木	0.76±0.11	其他	柠条	4.91±0.38
	桦木	1.00±0.08		苹果木	1.08±0.09
针叶材	马尾松	0.90±0.20	农业废弃物	稻秸	16.53±1.11
	落叶松	1.05±0.42		稻壳	17.43±0.40
	樟子松	0.97±0.05		甘蔗渣	4.65±0.44
	杉木	0.68±0.99		棉秆	6.35±0.28

参考文献

[1] 高洁，汤烈贵. 纤维素科学. 北京：科学出版社，1996.

[2] 蔡杰，吕昂，周金平，等. 纤维素科学与材料. 北京：化学工业出版社，2015.

[3] 裴继诚. 植物纤维化学. 北京：中国轻工业出版社，2012.

[4] 詹怀宇. 纤维化学与物理. 北京：科学出版社，2005.

[5] Lindner B，Petridis L，Langan P，et al. Determination of cellulose crystallinity from powder diffraction diagrams. Biopolymers，2015，103：67-73.

[6] Wada M，Heux L，Sugiyama J. Polymorphism of cellulose I family：Reinvestigation of cellulose IVI. Biomacromolecules，2004，5（4）：1385-1391.

[7] Lennholm H，Larsson T，Iversen T. Determination of cellulose I_α and I_β in lignocellulosic materials. Carbohydr Res，1994，261：119-131.

[8] French A D. Idealized powder diffraction patterns for cellulose polymorphs. Cellulose，2014，21：885-896.

[9] Hunter R E，Dweltz N E. Structure of cellulose Ⅱ. J Appl Polym Sci，2010，23（1）：249-259.

[10] Isogai A，Atalla R H. Dissolution of cellulose in aqueous NaOH solutions. Cellulose，1998，5（4）：309-319.

[11] Kamide K. Cellulose in aqueous sodium hydroxide. Cellulose and Cellulose Derivatives，2005：445-548.

[12] 刘忠，王慧梅，惠岚峰. 木质纤维原料蒸汽爆破预处理技术与应用现状. 天津科技大学学报，2021，36（2）：1.

[13] Wawro D，Steplewski W，Bodek A. Manufacture of cellulose fibres from alkaline solutions of hydrothermally/treated cellulose pulp. Fibres Text East Eur，2009，17（3）：18-22.

[14] Ago M，Endo T，Okajima K. Effect of solvent on morphological and structural change of cellulose under ball/milling. Polym J，2007，39（5）：435-441.

[15] Yamashiki T，Matsui T，Saitoh M，et al. Characterization of cellulose treated by the steam explosion method. Part 1：Influence of cellulose resources on changes in morphology，degree of polymerisation，solubility and solid structure. British Polym J，1990，22（1）：73-83.

[16] Sen S，Martin J D，Argyropoulos D S. Review of cellulose non/derivatizing solvent interactions with emphasis on activity in inorganic molten salt hydrates. ACS Sustain Chem Eng，2013，1（8）：858-870.

[17] Porro F，Bedue O，Chanzy H，et al. Solid-state ^{13}C-NMR study of Na/cellulose complexes. Biomacromolecules，2007，8（8）：2586-2593.

[18] Moigne N L，Navard P. Dissolution mechanisms of wood cellulose fibres in NaOH/water. Cellulose，2010，17（1）：31-45.

[19] Xiong B，Zhao P，Cai P，et al. NMR spectroscopic studies on the mechanism of cellulose dissolution in alkali

solutions. Cellulose，2013，20（2）：613-621.
[20] Cai J，Zhang L，Chang C，et al. Hydrogen/bond/induced inclusion complex in aqueous cellulose/LiOH/urea solution at low temperature. Chem Phys Chem，2007，8（10）：1572-1579.
[21] heinze T，Dicke R，Koschella A，et al. Effective preparation of cellulose derivatives in a new simple cellulose solvent. Macromol Chem Phys，2000，201（6）：627-631.
[22] Ass B A P，Frollini E，Heinze T. Studies on the homogeneous acetylation of cellulose in the novel solvent dimethyl sulfoxide/tetrabutylammonium fluoride trihydrate. Macromol Biosci，2004，4（11）：1008-1013.
[23] Alves L，Medronho B，Antunes F E，et al. Dissolution state of cellulose in aqueous systems. 2. Acidic solvents. Carbohyd Polym，2016，151（1）：707-715.
[24] Chrapava S，Touraud D，Rosenau T，et al. The investigation of the influence of water and temperature on the LiCl/DMAc/cellulose system. Phys Chem Chem Phys，2003，5：1842-1847.
[25] Matsumoto T，Tatsumi D，Tamai N，et al. Solution properties of celluloses from different biological origins in LiCl/DMAc. Cellulose，2001，8（4）：275-282.
[26] Dawsey T R，Mccormick C L. The lithium chloride/dimethylacetamide solvent for cellulose：A literature review. J Macromol Sci C，1990，30（3-4）：405-440.
[27] Morgenstern B，Kammer H W，Berger W，et al. ^{7}Li-NMR study on cellulose/LiCl/N，N-dimethylacetamide solutions. Acta Polym，1992，43（6）：356-357.
[28] Zhang C，Liu R，Xiang J，et al. Dissolution mechanism of cellulose in *N*，*N*-dimethylacetamide/lithium chloride：revisiting through molecular interactions. J Phys Chem B，2014，118（31）：9507-9514.
[29] Pinkert A，Marsh K N，Pang S，et al. Ionic liquids and their interaction with cellulose. Chem Rev，2009，109（12）：6712-6728.
[30] Swatloski R P，Spear S K，Holbrey J D，et al. Dissolution of cellulose with ionic liquids. J Am Chem Soc，2002，124（18）：4974-4975.
[31] Zhang H，Wu J，Zhang J，et al. 1-allyl-3-methylimidazolium chloride room temperature ionic liquid：A new and powerful nonderivatizing solvent for cellulose. Macromolecules，2005，38（20）：8272-8277.
[32] Zhang J，Zhang H，Wu J，et al. NMR spectroscopic studies of cellobiose solvation in EmimAc aimed to understand the dissolution mechanism of cellulose in ionic liquids. Phys Chem Chem Phys，2010，12（8）：1941-1947.
[33] Fukaya Y，Hayashi K，Wada M，et al. Cellulose dissolution with polar ionic liquids under mild conditions：Required factors for anions. Green Chem，2008，10（1）：44-46.
[34] Tang X，Zuo M，Li Z，et al. Green processing of lignocellulosic biomass and its derivatives in deep eutectic solvents. ChemSusChem，2017，10（13）：2696-2706.
[35] Yu D，Xue Z，Mu T. Eutectics：Formation，properties，and applications. Chem Soc Rev，2021，50：8596-8638.
[36] Francisco M，Bruinhorst A，Kroon M C. New natural and renewable low transition temperature mixtures（LTTMs）：Screening as solvents for lignocellulosic biomass processing. Green Chem，2012，14（8）：2153-2157.
[37] Wang J，Wang Y，Ma Z，et al. Dissolution of highly molecular weight cellulose isolated from wheat straw in deep eutectic solvent of choline/lysine hydrochloride. Green Energy Environ，2020，5（2）：232-239.
[38] Osch D，Kollau L，Bruinhorst A，et al. Ionic liquids and deep eutectic solvents for lignocellulosic biomass fractionation. Phys Chem Chem Phys，2017，19（4）：2636-2665.
[39] Fu H，Wang X，Sang H，et al. Dissolution behavior of microcrystalline cellulose in DBU/based deep eutectic solvents：Insights from spectroscopic investigation and quantum chemical calculations. J Mol Liq，2020，299：112140-112161.
[40] Burgert I. Exploring the micromechanical design of plant cell walls. Am J Bot，2006，93（10）：1391-1401.
[41] Scheller H V，Ulvskov P. Hemicelluloses. Annu Rev of Plant Biol，2010，61：263-289.
[42] Sun R. Cereal straw as a resource for sustainable biomaterials and biofuels：Chemistry，extractives，lignins，hemicelluloses and cellulose. Elsevier，2010.
[43] MaKi-Arvela P，Salmi T，Holmbom B，et al. Synthesis of sugars byhydrolysis of hemicelluloses：A review. Chem Rev，2011，111（9）：5638-5666.
[44] Lawoko M，Henriksson G，Gellerstedt G. Structural differences between the lignin/carbohydrate complexes present in wood and in chemical pulps. Biomacromolecules，2005，6（6）：3467-3473.
[45] Du X，Perez-Boada M，Fernandez C，et al. Analysis of lignin/carbohydrate and lignin/lignin linkages after hydrolase treatment of xylan/lignin，glucomannan/lignin and glucan/lignin complexes from spruce wood. Planta，2014，239（5）：1079-1090.
[46] Giummarella N，Zhang L，Henriksson G，et al. Structural features of mildly fractionated lignin carbohydrate complexes（LCC）from spruce. RSC Adv，2016，6（48）：42120-42131.
[47] 蒋挺大. 木质素. 2 版. 北京：化学工业出版社，2009.

[48] 詹怀宇. 制浆原理与工程. 3 版. 北京：中国轻工业出版社，2009.
[49] Chen F，Tobimatsu Y，Havkin Frenkeld D. A polymer of caffeyl alcohol in plant seeds. PNAS，2012，109：1772-1777.
[50] Wang S，Zhang K，Li H，et al. Selective hydrogenolysis of catechyl lignin into propenylcatechol over an atomically dispersed ruthenium catalyst. Nat Commun，2021，12：416.
[51] Rencoret J，Gutierrez A，Nieto L，et al. Lignin composition and structure in young versus adult eucalyptus globulus plants. Plant Physiol，2011，155（2）：667-682.
[52] Zhang X，Chen S，Ling Z，et al. Method for removing spectral contaminants to improve analysis of Raman imaging data. Sci Rep，2017，7（1）：39891.
[53] Reza M，Rojas L G，Kontturi E，et al. Accessibility of cell wall lignin in solvent extraction of ultrathin spruce wood sections. ACS Sustain Chem Eng，2014，2（4）：804-808.
[54] Zhong R，Ye Z H. Transcriptional regulation of lignin biosynthesis. Plant Signal Behav，2009，4（11）：1028-1034.
[55] Rinaldi R，Jastrzebski R，Clough M T，et al. Paving the way for lignin valorisation：Recent advances in bioengineering，biorefining and catalysis. Angew Chem Int Edit，2016，55（29）：8164-8215.
[56] Wang J，Deng Y，Qian Y，et al. Reduction of lignin color via one/step UV irradiation. Green Chem，2016，18：695-699.
[57] Xu A，Guo X，Zhang Y，et al. Efficient and sustainable solvents for lignin dissolution：Aqueous choline carboxylate solutions. Green Chem，2017，19：4067-4073.
[58] Xue Z，Zhao X，Sun R，et al. Biomass/derived gamma/valerolactone/based solvent systems for highly efficient dissolution of various lignins：dissolution behavior and mechanism study. ACS Sustain Chem Eng，2016，4：3864-3870.
[59] Mu L，Shi Y，Chen L，et al. [N/methyl/2/pyrrolidone] [C1/C4 carboxylic acid]：A novel solvent system with exceptional lignin solubility. Chem Commun，2015，51：13554-13557.
[60] Strassberger Z，Prinsen P，Klis F，et al. Lignin solubilisation and gentle fractionation in liquid ammonia. Green Chem，2015，17：325-334.
[61] Liu Q，Zhao X，Yu D，et al. Novel deep eutectic solvents with different functional groups towards highly efficient dissolution of lignin. Green Chem，2019，21：5291-5297.
[62] Argyropoulos D S. Quantitative phosphorus-31 NMR analysis of six soluble lignins. J Wood Chem Technol，1994，14（1）：65-82.
[63] Pu Y，Cao S，Ragauskas A J，et al. Application of quantitative ^{31}P NMR in biomass lignin and biofuel precursors characterization. Energy Environ Sci，2011，4（9）：3154-3166.
[64] 文甲龙. 生物质木质素结构解析及其预处理解离机制研究. 北京：北京林业大学，2014.
[65] Lu F，Ralph J. Novel tetrahydrofuran structures derived from beta-beta-coupling reactions involving sinapyl acetate in Kenaf lignins. Org Biomol Chem，2008，6（20）：3681-3694.
[66] 黄进，付时雨. 木质素化学及改性材料. 北京：化学工业出版社，2014.
[67] Xu R，Zhang K，Liu P，et al. Lignin depolymerization and utilization by bacteria. Bioresour Technol，2018，269：557-566.
[68] Asina F N U，Brzonova I，Kozliak E，et al. Microbial treatment of industrial lignin：Successes，problems and challenges. Renew Sust Energy Rev，2017，77：1179-1205.
[69] Bugg T D H，Rahmanpour R. Enzymatic conversion of lignin into renewable chemicals. Curr Opin Chem Biol，2015，29：10-17.
[70] Chen Z，Wan C. Biological valorization strategies for converting lignin into fuels and chemicals. Renew Sust Energy Rev，2017，73：610-621.
[71] 杨淑蕙. 植物纤维化学. 北京：中国轻工业出版社，2001.
[72] 王庆六. 林产化学工艺学. 北京：中国林业出版社，1995.
[73] 刘湘，汪秋安. 天然产物化学. 北京：化学工业出版社，2010.
[74] 高锦明. 植物化学. 2 版. 北京：科学出版社，2012.
[75] 左宋林，李淑君，张力平，等. 林产化学工艺学. 北京：中国林业出版社，2019.
[76] 牟彬杉，郝笑龙，王清文，等. 多种木质原料化学成分对比. 林产工业，2018，45（8）：28.
[77] Scheepers G P，Toit B D. Potential use of wood ash in South African forestry：A review. South Forests，2016，78（4）：255-266.
[78] Zeng W，Tang S，Xiao Q. Calorific values and ash contents of different parts of Masson pine trees in southern China. J Forestry Res，2014，25（4）：779-786.

（张学铭）

第四章　木材主要组分分离

第一节　纤维素分离

工业生产中由木材分离得到的纤维素一般以纸浆或浆粕形式存在，纸浆生产请参阅丛书制浆部分内容。木材浆粕是木材经过一定工艺处理后得到的一种纤维素含量高而半纤维素、木质素、灰分、抽提物含量低的精制浆。浆粕中纤维素分子量一般低于木材中纤维素分子量，反应性能好，可用于制备特殊纸张、再生纤维素、改性纤维素等产品。

在木材中，纤维素、半纤维素、木质素和其他成分相结合形成细胞壁结构。要获取纤维素，一般需要破坏细胞壁结构。目前主要采取的方式是通过分解或溶出木材的半纤维素、木质素等成分，获得高纯度纤维素。以木材为原料制备浆粕，主要包括蒸煮、漂白、酸处理、成浆等过程。蒸煮的主要目的是尽可能地脱除木材中的木质素和半纤维素，同时保留纤维素；漂白的主要目的是脱除残余木质素，提高浆料的白度；酸处理的主要任务是除去其他杂质。最近，以纸浆为原料生产浆粕也受到重视。纸浆生产浆粕需要脱除纸浆中的半纤维素和木质素，主要采用抽提或酶处理方法。由木材制取溶解浆，可以采用生物炼制方式实现木材成分综合利用。一种以生产溶解浆为主，同时生产多种化学品和燃料的生物炼制模式如图 2-4-1 所示。工业化生产溶解浆的一个重要步骤是预水解，已有较为先进的设备（图 2-4-2）[1]，可获得高质量溶解浆和高价值副产物。目前，通过各种方法分离制备具有一定晶体结构和尺寸形貌的微晶纤维素和纳米纤维素也受到重视。本节将介绍分离木材成分制备浆粕、微晶纤维素和纳米纤维素的方法。

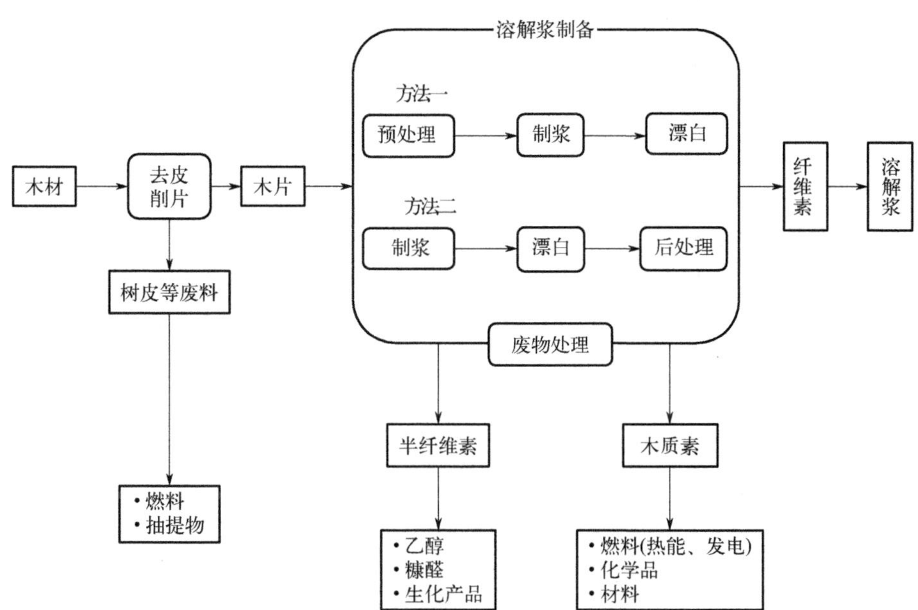

图 2-4-1　集成生物炼制的溶解浆生产过程

图 2-4-2　生产溶解浆的预水解塔三维模型图[1]

一、溶解浆制备方法

溶解浆是一种高纯度的化学浆，纤维素含量一般在 90%以上，半纤维素含量一般在 4%以下，其纤维素分子量分布均匀，白度高且反应性能好，主要用于生产黏胶纤维以及纤维素酯、纤维素醚等纤维素衍生物。溶解浆中主要存在纤维素Ⅰ（天然纤维素）和纤维素Ⅱ（再生纤维素）。纤维素Ⅱ含量高的溶解浆具有热稳定性高、反应性低的特点。溶解浆的质量主要取决于原料和生产工艺，目前由木材生产溶解浆的方法主要有预水解硫酸盐法和酸性亚硫酸盐法。世界溶解浆生产方面，预水解硫酸盐工艺约占 56%，酸性亚硫酸盐工艺约占 42%。中国预水解硫酸盐工艺占溶解浆总产能的 78%。据统计，2019 年世界溶解浆产量 750 万吨，其中中国产量 158 万吨[2]。世界范围内超过 70%的溶解浆用于生产黏胶短纤维。中国的黏胶纤维用量大，黏胶纤维需求增长较快，产量年增长率约为 10%。

生产溶解浆一般选用 α-纤维素含量高、灰分含量和树脂含量低、杂细胞少的木材。此外，要求原料来源充足，制得的浆料易于漂白。生产溶解浆主要采用针叶材（如白松），这是因为其成浆得率高。目前，阔叶材生产溶解浆也有较快发展。溶解浆生产的关键步骤是制浆，传统制浆方法主要是酸性亚硫酸盐法制浆。酸性亚硫酸盐法工艺在酸性条件下进行，木材中大部分半纤维素和一些低分子量纤维素溶出，这样提高了浆中纤维素含量。预水解硫酸盐法制浆已成功应用于溶解浆的工业生产。

1. 木材生产溶解浆

（1）预水解硫酸盐法　预水解硫酸盐法制浆主要用于生产高纯度的溶解浆，特别是用于处理半纤维素含量高和树脂含量高的木材。预水解硫酸盐法工艺先后在酸性（预水解）和碱性（硫酸盐蒸煮）条件下进行（图 2-4-3）。预水解处理阶段，低分子量碳水化合物（主要是半纤维素）发生水解，硫酸盐蒸煮过程主要是脱木质素。与生产纸浆的硫酸盐法不同，预水解硫酸盐法在硫酸盐蒸煮之前已经脱除木片中大量半纤维素。

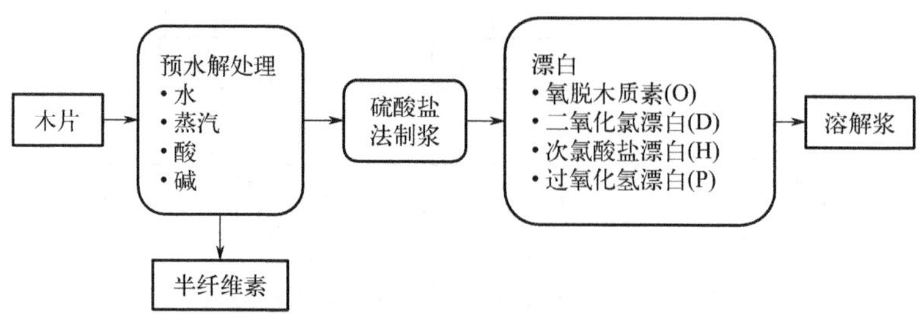

图 2-4-3　预水解硫酸盐工艺生产溶解浆流程

① 预水解。溶解浆中存在的半纤维素会影响浆料的加工使用性能，故需要采取一些方法去除半纤维素。预水解是在蒸煮之前去除半纤维素的重要步骤。半纤维素聚合度低且具有分支结构，比纤维素更容易水解。预水解处理后细胞壁的初生壁被破坏，次生壁暴露，木片结构变得疏松，原料易于蒸煮，漂白性也能得到改善。

预水解常用的方式有水、蒸汽、酸或碱处理。水处理常用条件为温度140～180℃，时间20～180min。水处理过程中半纤维素侧链的乙酰基和部分糖醛酸脱落，在一定条件下反应生成乙酸，溶液pH值下降到3左右，木材发生自催化酸水解。自催化水解后半纤维素主要生成单糖，大量半纤维素溶出，反应速率快，但体系pH低，设备易腐蚀，木质素容易发生缩合。自催化水解能够提高木片在后续制浆过程中的脱木质素率，能在较低H因子下实现理想的脱木质素效果。自催化水解引起的纤维素降解作用较弱，对纤维素得率影响较小。蒸汽处理采用饱和水蒸气，时间10～30min。蒸汽预处理的作用机理与水预处理的机理相似，但蒸汽预处理用水较少，故H^+浓度高，反应时间短。酸水解采用稀硫酸、盐酸、亚硫酸等无机酸。采用稀硫酸的条件为硫酸浓度0.3%～0.5%，温度约110℃。碱预处理一般在常压和较低温度下进行，可缩短后续硫酸盐法制浆的蒸煮时间和降低化学药品用量。酸基低共熔溶剂（氯化胆碱/乳酸）可用于预处理桉木制备高纯度溶解浆。预处理后桉木中大量木质素和木聚糖溶出，采用水沉淀可回收溶出的木质素和木聚糖，通过蒸发除去水可回收低共熔溶剂。低共熔溶剂预处理后木片中残留木质素和木聚糖在随后的硫酸盐法蒸煮和漂白中更易去除。传统预水解硫酸盐溶解浆的α-纤维素含量89.81%、福克反应性60.97%，低共熔溶剂-硫酸盐溶解浆的α-纤维素含量94.02%、福克反应性98.94%[3]。

预水解中高达50%的半纤维素和10%的木质素发生降解溶出，回收利用降解产物可得到高附加值产品。从预水解液中可分离得到低分子碳水化合物（阿拉伯糖、木糖、甘露糖、半乳糖、葡萄糖）、高分子糖（半乳甘露聚糖、葡萄糖醛酸木聚糖）以及乙酸、糠醛、酚类化合物等，这些化合物可以转化为有价值的产品[4]。若将预水解液与白液进行中和，送去碱回收燃烧处理，过程不够经济，主要是因为半纤维素燃烧热值只有木质素燃烧热值的一半，产生的热能少。

② 硫酸盐法蒸煮。硫酸盐蒸煮的主要目的是脱除原料中的木质素。相比制备纸浆的蒸煮，预水解后的原料在硫酸盐法蒸煮时可缩短时间，降低硫化度。用于制备纸浆的硫酸盐蒸煮反应时间一般160～200min，浆得率约48%；用于制备溶解浆的预水解硫酸盐法蒸煮总反应时间240～270min（含预水解时间），浆得率约38%[5]。采用预水解硫酸盐法生产溶解浆成本较高，优化工艺过程至关重要。通过蒸汽预处理结合硫酸盐法蒸煮方法生产溶解浆，可降低能耗，缩短时间，提高产品质量。

③ 漂白。蒸煮得到的浆料尚含有大量杂质，需要采用漂白法去除。漂白采用化学药品去除浆中木质素，破坏发色基团，降低灰分、铁含量，提高溶解浆白度和纤维素纯度，调节纤维素黏度和分子量，改变溶解浆反应性，以满足溶解浆产品性能要求。目前，主要的漂白方法有氧脱木质素（O）、二氧化氯漂白（D）、次氯酸盐漂白（H）和过氧化氢漂白（P）的组合，也有采用酸处理（A）的。氧脱木质素的主要作用是尽可能多地去除木质素，减少后续漂白中化学药品消耗，对溶解浆反应性能的改善作用并不明显。二氧化氯漂白中，二氧化氯氧化电势不高，对碳水化合物降解作用不强，该过程可降低树脂含量，一定程度上提高了浆料反应性能，改善了浆料过滤性能。氧化剂在漂白中起到两个作用：一个是氧化降解纤维素，使其聚合度下降，反应性能提高；另一个是氧化纤维素的羟基形成羧基或醛基，降低浆料过滤性能。从这个角度来说，次氯酸盐是良好的漂白剂。虽然由于环保原因次氯酸盐漂白在纸浆漂白中逐渐被淘汰，但是它仍然常用于溶解浆漂白。次氯酸盐氧化和降解纤维素程度适中，能有效调节分子量和浆料黏度，提高溶解浆性能均一性。酸处理可以稳定浆料白度，并降低灰分和重金属含量。辐射松预水解硫酸盐浆采用（OO）$D_0E_{OP}D_1D_2$漂白，所得溶解浆中α-纤维素含量95%，白度91%ISO，戊聚糖含量低于2%[6]。臭氧漂白中，添加水溶性壳聚糖可通过清除自由基和在纤维表面形成保护膜的方式防止氧化剂对纤维素的破坏，避免纤维素降解。阔叶材硫酸盐浆的臭氧漂白中，添加5%水溶性壳聚糖（M_w为1.0×10^5）不但增加了纤维素黏度，而且增加了臭氧脱木质素选择性，漂白后浆白度、黏度和脱木质素选择性分别提高3.88%、13.0%和76.6%，手抄纸拉伸强度、耐破度和撕

裂强度分别增加38.6%、74.8%和117.3%[7]。

（2）酸性亚硫酸盐法　酸性亚硫酸盐法也是生产溶解浆的一种重要方法。酸性亚硫酸盐法蒸煮后半纤维素、木质素和其他杂质溶解于亚硫酸盐废液（红液）中，溶解物可以用于生产木质素磺酸盐、香草醛、木糖醇、乙醇等。亚硫酸盐浆经过碱抽提、漂白等纯化处理后得到溶解浆。在酸性亚硫酸盐法蒸煮过程中，酚类物质与木质素反应会形成阻碍脱木质素的缩合结构。抽提物紫杉叶素会将亚硫酸盐转化为硫代硫酸盐，从而降低亚硫酸盐蒸煮液的稳定性。因此，树脂含量高的木材（如松木）不适合采用该法。与预水解硫酸盐法生产溶解浆相比，酸性亚硫酸盐法生产溶解浆的得率高，纤维素含量较低，S10/S18值（注：10%NaOH溶液可溶解的纤维素和半纤维素的质量分数比值为S10，18%NaOH溶液可溶解的纤维素和半纤维素的质量分数比值为S18）高，分子量分布宽，反应性高，可用于生产醋酸纤维。

加拿大森林产品公司已成功将酸性亚硫酸盐法生产溶解浆的工艺转变为综合森林生物炼制工艺。该公司除生产高质量溶解浆外，还开发出从废液中回收木质素和半纤维素的方法。在发酵前通过第一阶段蒸发将浓缩液纯化，之后发酵生产乙醇；通过第二阶段蒸发将残留液浓缩至50%浓度。一部分浓缩溶液作为液体木质素销售，用作动物饲料；另一部分作为木质素磺酸盐产品销售。

（3）二氧化硫-乙醇-水法　二氧化硫-乙醇-水（SEW）处理方法对原料适应性好，容易回收化学药品，适用于生产溶解浆，同时还可得到木质素产品。该方法生产的溶解浆性能与亚硫酸盐法生产的溶解浆性能接近。该过程中半纤维素水解溶出，木质素磺化溶出，大部分抽提物和灰分也溶解到溶液中。乙醇促进了蒸煮药液进入木片内部反应区域，故蒸煮时间短。二氧化硫-乙醇-水处理方法使用的乙醇和二氧化硫容易回收。乙醇并不参与反应，其回收率较高。

二氧化硫-乙醇-水法处理云杉得到浆料，通过热碱抽提和无元素氯漂白进行纯化，可生产黏胶级溶解浆。工艺过程参照酸性亚硫酸盐法制浆，纤维素分子量和纯度可通过工艺调节。该方法有效去除了木质素、半纤维素、低分子量纤维素、抽提物和灰分，减小了杂质对溶解浆质量的影响，避免浆料返黄。

大多数纯化必须在二氧化硫-乙醇-水体系中完成，后续操作将增加该方法的成本。为提高脱木质素选择性，采用以下条件：SO_2浓度不低于12%，乙醇与水比例接近1∶1，液固比6L/kg。此时二氧化硫和乙醇的浓度值对应于木质素最低缩合需要的磺化程度。酸性亚硫酸盐法是通过调节二氧化硫浓度来确保反应条件。对酸性亚硫酸盐法和二氧化硫-乙醇-水法而言，由于纤维素水解和半纤维素去除都是酸催化的糖苷键水解，半纤维素去除对反应条件不敏感。在较低液固比（3L/kg）和较高温度（150℃）下可去除较多半纤维素。基于上述考虑，为达到高脱木质素选择性和半纤维素去除率，二氧化硫-乙醇-水处理及漂白条件如下：①二氧化硫∶乙醇∶水＝12∶43.5∶44.5，液固比6L/kg，温度150℃，时间60min，H因子50.9h，可采用漂白流程E—O—D_1—Q—P、EO—D_2—Q—P或E—O—Paa—Q—P；②二氧化硫∶乙醇∶水＝12∶43.5∶44.5，液固比3L/kg，温度150℃，时间50min，H因子41.1h，可采用漂白流程O—D_1—Ep—Q—P；③二氧化硫∶乙醇∶水＝18∶40.5∶41.5，液固比3L/kg，温度150℃，时间50min，H因子41.1h，可采用漂白流程O—D_1—Ep—Q—P[8]。

二氧化硫-乙醇-水处理后的浆可以通过热碱抽提除去半纤维素，用无元素氯漂白除去木质素。在热碱抽提中，半纤维素和纤维素通过β-烷氧基消除反应降解，导致部分纤维素损失，降解的半纤维素也无法回收，因此需要避免热碱抽提过程中造成的损失。然而，如果在主要蒸煮步骤之后浆料中半纤维素含量超过4%，则必须采用碱抽提。热碱抽提应置于氧化漂白阶段之前。由于溶解浆的性质与磺化之间的关系尚不清楚，上述操作虽然可以达到溶解浆质量标准，但不足以确保得到高质量溶解浆。

2. 化学浆生产溶解浆

用于造纸的化学浆具有纤维素含量高、灰分含量低的特点，可用于生产溶解浆。化学浆制备溶解浆是对浆料纯化去除杂质的过程，目的是尽可能多地除去半纤维素、木质素和其他杂质，从而满足溶解浆的质量要求。目前由化学浆制备溶解浆的方法主要有碱处理法、酸处理法、酶处理法和溶剂法（图 2-4-4）。

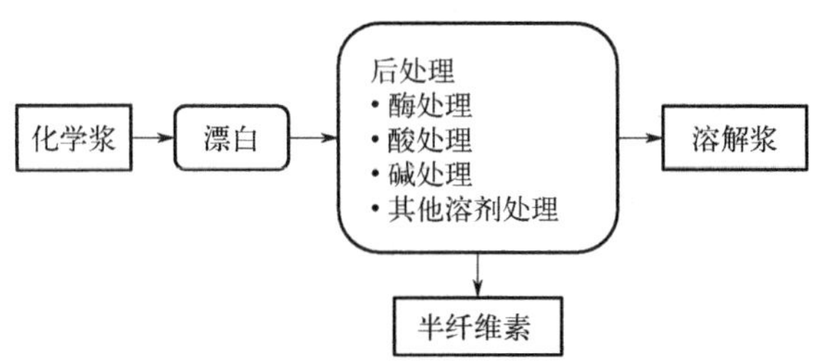

图 2-4-4　化学浆制备溶解浆的工艺

（1）碱处理

① 冷碱抽提。冷碱抽提是一种从纸浆中选择性脱除半纤维素的方法，主要用于处理预水解硫酸盐浆，可获得纯度达到醋酸纤维要求的溶解浆。采用冷碱抽提纸浆，在去除大量半纤维素的同时，绝大部分纤维素得到保留，得到的溶解浆具有耐碱性高、分子量分布窄的特点。需指出，由于冷碱抽提中针叶材硫酸盐浆只有部分葡甘露聚糖溶解于氢氧化钠溶液中，半纤维素的去除效果十分有限。

冷碱抽提主要采用 8%～10%氢氧化钠在 25～35℃下进行。木聚糖含有羧基，在氢氧化钠溶液中具有良好的溶解性。阔叶材经冷碱抽提后所得溶解浆中木聚糖含量小于 5%，达到黏胶级溶解浆的要求。然而，冷碱抽提中，松木硫酸盐浆采用 10%氢氧化钠溶液于 30℃下处理 60min，仅溶出 73%半纤维素；用 8.8%氢氧化钠溶液于 30℃下处理 30min，85%木聚糖溶出[9]。可见，用冷碱抽提后浆料半纤维素含量高，不能用于生产醋酸纤维。磷钨酸催化水解结合低浓冷碱（4%）抽提，可选择性地去除阔叶材漂白硫酸盐浆中的半纤维素制备溶解浆。磷钨酸降解低分子半纤维素，纤维素可及度增加，有利于碱处理时碱向内渗透和半纤维素向外扩散，在减少用碱量的同时半纤维素大量（85.2%）溶出，处理后浆纤维素纯度 94.92%，反应性 49.5%[10]。

冷碱处理时纤维素从Ⅰ型逐渐变成 Na-纤维素Ⅰ，并生成纤维素Ⅱ。浆料干燥时纤维素晶格结构变化会改变纤维结构和反应活性。干燥的丝光化纤维素一般条件下不易发生乙酰化反应，但在制备黏胶纤维时反应活性较高。冷碱处理阔叶材预水解硫酸盐浆时，α-纤维素含量、木聚糖含量以及浆抗碱度 R_{10}（浆在 10%氢氧化钠溶液中的抗碱度）数值均增加，浆得率降低。冷碱抽提中，温度升高可能会降低浆中纤维素Ⅱ的含量。冷碱抽提后所得废液可用于脱墨、碱性过氧化氢漂白和氧脱木质素等[11]。

② 热酸-热碱抽提。热酸-热碱抽提通常在漂白之前进行，主要用于处理针叶材未漂硫酸盐浆。热酸在高温（150℃）下进行，热碱一般采用 0.4%～1.5%氢氧化钠在 95～135℃下进行。热酸-热碱抽提用于处理氧脱木质素后的针叶材浆，半纤维素去除率在 60%以上，但略低于冷碱抽提。热碱处理后浆的得率和黏度较低，化学品消耗量大，不适合制备 α-纤维素含量高于 96%的高纯度溶解浆。

热酸-热碱抽提中半纤维素发生酸性水解和碱性水解，没有形成新的纤维素Ⅱ，不影响浆的反应性。纤维素聚合度在热酸处理后有所降低，但可以保持在黏胶级溶解浆的标准值之上。由于碱浓度低，纤维不能充分溶胀，半纤维素和纤维素主要发生 β-烷氧基消除反应从而降解，生成的羧酸会与碱发生中和反应。降解的半纤维素不容易回收利用。此外，在热碱处理过程中，抽提物溶出，部分木质素以木质素-碳水化合物复合物的形式去除。

（2）酸处理　酸处理条件一般为 pH 2.5～3.5，温度 95～150℃，时间 1～2.5h。酸处理适用于处理预水解硫酸盐浆，该过程溶解出一部分耐碱半纤维素，除去金属离子和灰分。研究发现，酸处理可以降低溶解浆中灰分和铁离子含量，当盐酸用量 1.6%时，灰分含量从起始纸浆的 0.37%降低到 0.088%，铁离子含量从起始纸浆的 37.2mg/kg 降至 11.8mg/kg[12]。然而随着盐酸浓度的增加，酸处理后浆的黏度和聚合度降低。当盐酸用量 0.8%时，聚合度从初始纸浆的 594

降至 570；盐酸用量增加到 1.6%，聚合度进一步降至 524。盐酸用量 1.2%进行酸处理后，白度从初始纸浆的 85.1%ISO 增加到 87.2%ISO，但盐酸用量增加到 1.6%，白度略微下降至 86.5%ISO。此外，随着盐酸用量的增加，卡伯值略有下降。考虑到灰分含量、铁离子含量、白度和聚合度，盐酸用量 1.2%是酸处理的最佳条件。酸处理后得到的溶解浆中灰分 0.0950%，铁离子 14.7mg/kg，戊聚糖含量 2.86%，α-纤维素含量 95.1%，聚合度 547，白度 87.2%ISO。

（3）酶处理　高反应性溶解浆需要高的纤维素纯度及高的纤维素反应性。酶作为催化剂，具有专一性和高效性，酶促辅助制备溶解浆可水解或氧化去除非纤维素组分。酶处理可提高浆纯度和纤维素反应性，并降低纤维黏度。

纤维素的反应活性是决定溶解浆生产高质量纤维素衍生物的重要因素。浆的纯度以及纤维素的晶型和吸附性能是影响纤维素反应活性的主要因素。使用高 α-纤维素含量的浆可以生成高纯度溶解浆，高纯度溶解浆杂质与纤维素之间作用较弱，纤维素反应的可及性好。木聚糖酶和漆酶用于改善浆纯度，纤维素酶主要用于改善纤维形态和结构，如纤维素分子的长度、结晶度、孔隙率和聚合度。

① 木聚糖酶处理。木聚糖酶是一种半纤维素水解酶，可催化木聚糖中的 β-1,4-木糖苷键内切水解。由于木聚糖内切酶随机水解木聚糖，因此反应产物较多，包括木糖、低聚木糖等。木聚糖酶不会破坏纤维素，可以去除沉积在纤维素表面的木聚糖，从而暴露更多的羟基，进一步促进纤维素的溶胀和原纤化。此外，木聚糖酶预处理破坏木质素-碳水化合物复合物的连接键，木质素被去除，纤维变得多孔。

木聚糖降解酶在制备溶解浆中可选择性去除戊聚糖。由于基质的改变和结构的屏障作用，完全除去残留半纤维素似乎是不可能的。漂白浆中戊聚糖受到其他组分屏蔽，因此不易受酶攻击。即使提高酶用量，延长处理时间，木聚糖水解也是有限的。未漂白的浆中被酶促降解的半纤维素较多，故木聚糖酶处理未漂浆更有效。木聚糖酶处理脱木质素后的杨木化学机械浆，木聚糖含量从 20%降低到 10%，而处理漂白针叶材亚硫酸盐浆，木聚糖含量仅从 4%降低到 3.5%。可见，用木聚糖酶处理无法去除残留半纤维素。然而，木聚糖酶处理可以减少碱抽提过程中所需化学药品，促进硫酸盐浆中木聚糖抽提。如果木聚糖酶用量过高，纤维内部坍塌，会降低后续处理中内切葡聚糖酶的可及性。碱抽提有利于去除吸附在纤维上的反应产物，是木聚糖酶处理后的必要步骤。通过木聚糖酶、碱和内切葡聚糖酶连续处理，桦木浆中半纤维素含量可从 25.5%降至 5.2%。木聚糖酶与碱抽提处理硫酸盐浆生产的溶解浆，其木聚糖含量小于 3%，白度大于 92%ISO，福克反应性大于 70%[13]。

② 漆酶处理。漆酶可以降解木质素，并通过接枝改性纤维来增加羧基含量。漆酶通过降解木质素的 β-O-4 醚键，降解亲脂性抽提物，留下纤维素和半纤维素。羧基是亲水基团，可以促进纤维的溶胀和原纤化，从而提高纤维黏合强度，降低能耗。在 50℃、pH=6.5、漆酶用量 1%的条件下处理浆 2h，浆中 50%以上木质素被脱除，灰分含量明显降低，α-纤维素含量提高至 87.6%，但浆的黏度变化不大。

无氧化介质的条件下，漆酶可以将浆中木质素酚羟基氧化成苯氧基。苯氧自由基形成的程度与浆中木质素含量成正比，与细胞壁中的酚羟基相比，浆表面的酚羟基的氧化速率较高。苯氧基转化可引起木质素降解或聚合，如木质素降解会形成亲水性基团。如果通过苯氧自由基的聚合形成缩合的木质素结构，则木质素不会进一步降解。

③ 纤维素酶处理。纤维素酶主要作用于纤维表面和微纤维之间的无定形纤维素，纤维素酶处理可提高纤维孔隙率，增加纤维的溶胀和可及性，有利于纤维素发生衍生化反应。β-葡聚糖苷酶以及 β-1,4-葡聚糖酶是常用的酶，前者水解可溶性纤维素低聚物和纤维二糖生成葡萄糖，后者水解纤维素产生纤维寡聚糖。两种外切酶在浆的处理中效果并不理想，因为生成水溶性纤维素寡聚糖和葡萄糖，这意味着纤维素损失。

酶处理引起浆纤维表面纤维素无定形区破坏，微纤维之间的连接断裂，在一定程度上提高了浆的反应性。用内切葡聚糖酶处理针叶材漂白硫酸盐浆，内切葡聚糖酶用量增加可以降低浆得率、α-纤维素含量以及黏度，但浆的反应性能增加。用纤维素酶处理阔叶材预水解硫酸盐浆后，纤维孔体积从 4.79mm^3/g 增加到 6.74mm^3/g，纸浆反应活性从 47.67%提高到 66.02%。阔叶材和针叶材预水解硫酸盐浆采用机械-酶处理会影响其在铜乙二胺中的溶解。木聚糖酶和甘露聚糖酶处理对浆的聚合度影响不大，仅降低阔叶材浆半纤维素含量（最多 2.4%），内切葡聚糖酶处理、木聚糖酶和甘露聚糖酶处理以及内切葡聚糖酶、木聚糖酶和甘露聚糖酶共同处理均能缩短两种浆的溶解时间[14]。采用内切葡聚糖酶（TrCel45A）和溶解多糖单氧酶（TrAA9A）对针叶材漂白硫酸盐浆进行处理，两种酶都提高细纤维化的程度、细粒含量、孔隙率、保水值、结晶度指数和结晶尺寸。纤维饱和点和保水值方面，使用 TrCel45A 分别增加 64%和 37%，使用 TrAA9A 分别增加 27%和 25%，共同使用 TrCel45A 和 TrAA9A 分别增加 73%和 52%。原浆的平均溶解时间为 642s，而用 TrCel45A、TrAA9A 及 TrCel45A＋TrAA9A 处理后浆的溶解时间分别缩短为 399s、473s 和 298s[15]。

酶处理有一定的效果，但不能满足溶解浆的要求，需要与其他方法（如冷碱抽提）相结合。用内切纤维素酶处理溶解浆，在酶用量 0.08IU/g、时间 15min、温度 55℃、pH＝5 条件下，浆料反应性能明显提高，聚合度略有下降，结晶度略有增加[16]。磷钨酸预处理可增加纤维可及性，从而促进纤维素酶的吸附，在低用量（0.5mg/g）的纤维素酶处理下，浆黏度从 665mg/L 降低至 430mg/L，福克反应性从 31.5%增至 74.4%[17]。

（4）溶剂法　半纤维素在一些离子液体中溶解度高，这些离子液体可以作为分离提纯溶剂，处理后所得溶解浆白度高。咪唑衍生物阳离子型离子液体溶解半纤维素后离子液体可回收，半纤维素容易再生，可代替冷碱抽提。一些金属络合物可与木聚糖络合溶出。利用金属络合物和离子液体溶剂制备溶解浆也具有很大的发展潜力。

① 金属络合物抽提。硝基络合物和铜乙二胺复合物已经应用于硫酸盐浆制备溶解浆。硝基络合物由强碱性溶液三（2-氨基乙基）胺和氢氧化镍（Ⅱ）以 1∶1 的物质的量的比组成，可从浆中提取半纤维素。它通过与糖的 C2 和 C3 位上的羟基配位结合溶解木聚糖和纤维素。硝基络合物对木聚糖选择性高，而对甘露聚糖的选择性不高。用 5%硝基络合物处理阔叶材浆纯度提高至 93.6%～95.9%，处理针叶材浆纯度可提高到 91.4%[18]。铜乙二胺复合物是碳水化合物的溶剂，在溶解木聚糖的同时溶解部分纤维素，因此它在木聚糖去除方面的选择性差。浆的半纤维素种类决定了如何选择溶剂，溶剂对纤维素可及性和反应性的影响还需进一步研究。

硝基络合物抽提的选择性与冷碱抽提处理的选择性相当，纯化的效果略好。硝基络合物抽提后纤维素Ⅰ完全保留，比冷碱抽提处理更具有优势。阔叶材浆采用 5%～7%硝基络合物处理，低 α-纤维素含量的阔叶材浆采用两段 3%硝基络合物处理，所得溶解浆中 α-纤维素含量不低于 96%；将体系 pH 值降低，可沉淀出木聚糖类半纤维素[19]。该方法仅对木聚糖有较好的溶解效果，故不适用于处理针叶材浆。需要注意的是，镍及镍化合物毒性高，硝基络合物的制备及回收工艺尚不成熟。

② 离子液体抽提。离子液体种类很多，但只有一部分离子液体能够溶解纤维素。研究发现咪唑衍生物阳离子基离子液体对纤维素具有良好的溶解能力，在某些条件下甚至可以溶解复杂的生物质高分子化合物。离子液体溶液的溶解能力受水含量影响较大，一般水含量高会降低纤维素溶解度。采用 1-乙基-3-甲基咪唑乙酸盐-水溶液从桦木浆中抽提半纤维素，通过添加一定比例的水可以降低离子液体对纤维素的溶解能力，使得离子液体溶液成为半纤维素的溶剂。半纤维素在 60℃下 3h 内可溶解，通过简单的过滤可分离出高纯度纤维素残渣，之后增加溶液的水含量沉淀出半纤维素。在分离过程中，纤维素和半纤维素两种组分结构稳定，纤维素保持纤维素Ⅰ的结晶形式，没有降解或得率损失。采用 1-乙基-3-甲基咪唑磷酸二甲酯-水溶液处理尾巨桉漂白硫酸盐浆，半纤维素含量从原料的 16.6%降低到 2.43%，后续用硫酸处理后半纤维素含量降低到 2.22%[20]。使用 1-乙基-3-甲基咪唑乙酸盐（EmimAc）/水可从阔叶材漂白硫酸盐浆中分离出半纤维素生产溶解浆。纯 EmimAc 在室温下 30min 内能完全溶解纸浆，添加水后纤维素的溶解度降低，通过优化条件，去除大部分半纤维素而纤维素作为固体残余物（溶解浆）得到保留[21]。在水和 EmimAc 的物质的量比为 2 及 60℃下处理，溶解浆得率 78%，α-纤维素含量 92.2%。水的比例提高后溶剂混合物黏度下降，离子流动性提高，在溶解过程中有利于溶剂渗透到纤维孔隙

中。随着温度提高和混合物中水含量增加（<2%），纤维素纯度增加，但得率降低。EminAc 和极性有机溶剂 γ-戊内酯（GVL）处理阔叶材漂白硫酸盐浆可制备溶解浆。GVL/EmimAc 的物质的量比和温度对纤维的溶胀有显著影响，影响半纤维素溶解去除。在 GVL/EmimAc 物质的量比为 4 和 60℃条件下，有效去除半纤维素，溶解浆得率 76%，纤维素含量 91%，福克反应性 56.8%，黏度 723mL/g；在 60℃及 GVL/EmimAc/水（物质的量比）为 2：1：1 的条件下，溶解浆得率 76.7%，纤维素含量 94.8%[22]。

氢键碱度（b）是指物质作为氢键受体形成氢键的能力，净碱度（$b-a$）是指阳离子所产生的酸度。溶解纤维素的离子液体一般要求满足 $b>0.85$，$0.35<b-a<0.9$。与溶解纤维素的离子液体相比，半纤维素溶剂对氢键碱度的要求更低，可选择适宜的离子液体溶解半纤维素。一定含水量的 EmimAc/水溶液 b 和 $b-a$ 值适宜，可溶出半纤维素而保留纤维素，采用该溶剂分离的方法叫 Ioncell 方法，制得的溶解浆中半纤维素含量低于 2%，可回收高纯度的木聚糖。溶解的半纤维素可以通过简单的沉淀方法从溶剂体系中回收，过程经济性好，与冷碱抽提方法相当，但是 Ioncell 工艺的商业化中还存在溶剂回收问题。在 EmimAc/水体系中加入 NaOH 可减弱氢键酸度，增加净碱度。与 EmimAc/水体系相比，EmimAc/NaOH/水可更好地分离半纤维素。加入 3%～5%NaOH 对纤维素的晶体结构和聚合度基本没有影响，但可降低体系的黏度，这对后续分离有利；浓 NaOH 水溶液（7%～10%）则导致纤维素大量溶解，黏度显著增加[23]。质量平衡分析表明所有碳水化合物几乎完全回收，离子液体水溶液中碳水化合物的积累量非常低。该方法仍然不够成熟，需要大量研究确保溶剂的回收性和过程的经济性。

③ 其他溶剂抽提。γ-戊内酯可用于去除阔叶材漂白硫酸盐浆中的半纤维素生产溶解浆。采用添加 0.007mol/L 硫酸的 γ-戊内酯体系于 150℃下处理 30min，浆得率 76.83%，α-纤维素含量 92.24%；在反应温度 135℃时处理，半纤维素和纤维素去除率随着时间延长而增加[24]。

3. 其他改善溶解浆性能的方法

木材中含有一定量树脂，降低树脂含量有助于提高浆质量和过程的经济性。阔叶材树脂含量高，蒸煮和漂白中不易溶出。因此，阔叶材制浆时脱除树脂是一个重要步骤。降低树脂含量可采用以下方法[25]。

（1）风干处理　木材风干中部分中性脂肪酸水解形成皂化游离脂肪酸，脂肪生成水溶性物质。风干时间过长对降低树脂含量的效果不明显，还会增加生产成本和木材损耗。

（2）表面活性剂处理　阔叶材树脂中存在大量不皂化物，在预水解、蒸煮或碱抽提中加入表面活性剂以增强树脂溶出。采用 Spin-652 助剂（主要成分是聚乙烯酰胺）、Berol-370 助剂（聚氧乙烯和聚丙烯的共聚物），可起到分散木片中树脂的作用；Na_3PO_4 具有螯合作用，可用于洗涤过程。

（3）筛除细小纤维　针叶材的树脂主要存在于树脂道，制浆中容易渗透溶解进入药液。阔叶材没有树脂道，树脂主要存在于辐射状薄壁细胞中，是浆中细小纤维的主要成分。因此，筛除细小纤维有利于降低树脂含量。

（4）氧化漂白　漂白过程中，木质素氯化后碱溶性增强，木质素和半纤维素等大量杂质可采用热碱液抽提溶解去除。树脂含量高的阔叶材浆料氯液处理不能去除树脂，浆料处理后树脂含量会提高。因此，阔叶材浆料初始漂白一般采用氧化处理来降低树脂含量。

4. 溶解浆质量要求

溶解浆质量指标主要体现在化学成分、聚合度、吸碱值、反应性能。化学成分方面，溶解浆中半纤维素会导致过多消耗二硫化碳，引起黏胶纤维磺化不均、过滤困难，影响黏胶纤维溶解；木质素会降低润湿效果，导致老成时间延长，所得黏胶纤维柔软性差。灰分来自原料和蒸煮过程的吸附，特别是二氧化硅会影响老化和过滤，不利于纤维素磺酸酯溶解，一般要求含量不超过 0.6%。早期溶解浆中 α-纤维素含量一般为 88%～90%，目前高质量溶解浆中 α-纤维素含量为 96%以上，有的可达 99%。金属离子对后期的酸浴不利，会导致喷丝头堵塞，Fe^{3+} 对老成不利，影响黏胶纤维的强度和色泽。溶解浆的聚合度一般低于纸浆的聚合度，聚合度分布方面一般聚合度在 200～1200 部分的比例要高。聚合度低于 200 部分的比例过高，磺化不均，影响产品质量；聚合度高于 1200 部分的比例过高，影响黏胶液的过滤。吸碱值反应溶解浆对氢氧化钠的吸收。吸碱值过高，需要使用高温浸渍，不利于压榨；吸碱值过低，透气度低，浸渍不均匀。反应性能主要是指纤维素羟基参与化学反应的能力，一般而言，纤维素 C2 和 C3 位上的仲羟基数量越多，反应性能越好。反应性能受原料种类、化学成分、聚合度及其分布、纤维形态及空隙结构影响，可通过机械处理、酶处理、离子液体处理、酸处理、臭氧处理、热处理等方式改善。

5. 溶解浆生产的意义及产品的应用

溶解浆生产具有广阔的市场，主要原因如下：①溶解浆生产伴随着半纤维素抽提和其他生物质化学品的生产，这种方法所得产品的价值高于副产品燃烧产生的价值；②溶解浆黑液化学药品耗用少，减轻蒸煮、回收的负荷，有助于提高产量，减少对外部燃料的需求；③纸制品的需求减少，溶解浆为纸厂转产提供机会；④溶解浆为工厂提供生产纸浆和溶解浆产品选择的机会，以便工厂根据市场条件和价格波动转产。

溶解浆纤维素含量高，可以经化学改性制造纤维素基合成材料，如再生纤维、纤维素膜（黏胶纤维、莱赛尔纤维）、纤维素酯（纤维素乙酸酯、纤维素硝酸酯、纤维素丙酸酯、纤维素丁酸酯）、纤维素醚（羧甲基纤维素、甲基纤维素、乙基纤维素、羟乙基纤维素、氰乙基纤维素）、微米纤维素、纳米纤维素等。再生纤维素可以制作模塑成型包装材料。纤维素硝酸酯可用于生产炸药。纤维素醚类可用作洗涤剂、螯合剂、腻子粉、食品助剂等的添加物。

二、微晶纤维素分离制备

微晶纤维素是从天然纤维中分离的微米或纳米纤维素晶体。除低密度、高强度和高拉伸模量之外，微晶纤维素还具有许多优点，例如无毒性、生物降解性、良好的力学性能、高比表面积和生物相容性。

微晶纤维素的形态、物理性质、化学性质和力学特性取决于原料来源和提取过程。从天然纤维中提取微晶纤维素的方法包括化学法、物理法、生物法和这些方法的组合。原料经过水解、中和、洗涤和干燥得到微晶纤维素。在干燥过程中，对颗粒的粒度分布、含水率、结合力等进行控制以达到工业要求。采用冷冻、流化床、微波、烘烤等方式进行干燥，最后使用机械研磨回收微晶纤维素颗粒。从木材中分离高纯度微晶纤维素的方法主要包括酸水解、碱水解、蒸汽爆破、挤压和辐射（图 2-4-5）。

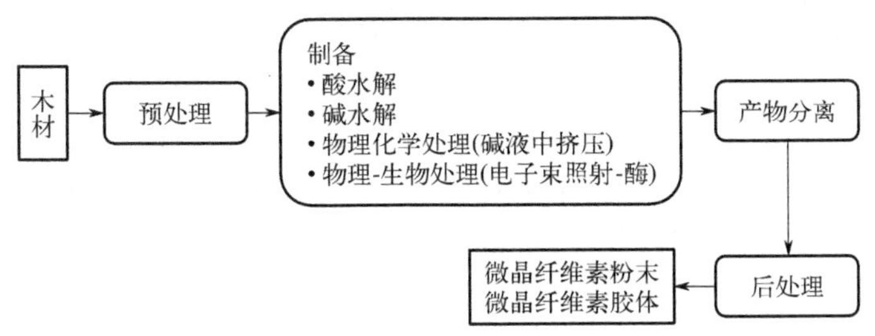

图 2-4-5 制备微晶纤维素的工艺过程

1. 化学法

（1）酸水解 酸水解是一种常用的微晶纤维素制备工艺，反应时间较短，可以使用少量酸采用连续工艺生产。采用硫酸水解木材能产生胶体大小稳定的纤维素晶体悬浮液。酸水解后得到的微晶纤维素纤维聚合度接近。酸水解中，稀释的纤维素水悬浮液通过机械均化而得到微晶小碎片。纤维素微纤维由结晶区和非结晶区（无定形区）组成。在与酸溶液接触时无定形区被破坏，而结晶区受到的破坏极小。值得一提的是，这些微晶纤维素纤维的直径通常在 30nm 至 20μm 之间，长度可达 100μm。

除酸水解方法外，还可以采用其他方法来辅助生产微晶纤维素。在酸性环境中使用足量活性氧，通过一步水解和漂白可由硫酸盐浆制备得到微晶纤维素。典型的工艺如下：用 2mol/L HCl、2mol/L H_2SO_4 及 0.2mol/L O_3 在沸腾状态下水解 60min，滤出产物并用热水洗涤，然后冷冻干燥[13]。该方法可由各种纸浆制备得到微晶纤维素，并且可以减少水解和漂白步骤。理想情况下，这种方法可以一步完成水解和漂白过程，获得高质量的微晶纤维素。采用常压 100℃乙酸-过氧化氢体系，在二氧化钛催化剂作用下，反应条件为 5%～6%过氧化氢，25%～30%乙酸、液固比 10～15，微晶纤维素得率 36.3%～42.0%，木质素含量不超过 1%，半纤维素含量不超过 6%[26]。

微晶纤维素分离的水解过程是多步反应。水解过程中纤维素分解成葡萄糖和还原糖（低聚糖)，并不生成大量脱水产物（如乙酰丙酸、5-羟甲基糠醛）。当纤维素溶解在酸性溶液（如 HCl）中时，H^+ 向 β-糖苷键移动，Cl^- 弱化糖苷键以促进水解。当糖苷键断裂时，纤维素的 H 键合结构开始打开。在葡萄糖降解和纤维素水解中，水通过质子化形成水合氢离子（H_3O^+）。在酸水解过程中，通过单分子步骤形成碳离子是关键步骤之一。

（2）碱水解　碱处理是木材脱木质素最常用的一种方法，碱处理可降解木质素，破坏木质素与碳水化合物之间的连接。处理中一定量的木质素溶出，半纤维素上的乙酰基和糖醛酸基团去除，提高了酶对残留纤维素表面的可及性。碱处理生产微晶纤维素不用高温、高压，过程经济性好，可以克服酸水解引起的一些问题。将纤维素原料与碱溶液混合，纤维素完全溶胀后降解，从而降低黏度。最后，将溶液过滤、中和、洗涤并干燥。碱法与酸法处理一起使用，化学药品总用量少，是一种简单、经济、环保的方法。需要注意的是，要合理控制工艺进程以避免纤维素的不必要降解，这样才能分离得到完整的微晶纤维素。

（3）蒸汽爆破　将纤维素材料置于耐压反应器中，在一定条件下对纤维素材料蒸汽爆破可获得微晶纤维素。蒸汽爆破过程中，半纤维素发生溶解，木质素由于高温而软化。蒸汽爆破过程中，体系体积膨胀，糖苷键水解形成的有机酸使木材结构变化。固体残渣的纤维素反应活性提高，木材原料的可及性增加。与其他方法相比，蒸汽爆破方法成本低，环境影响小，使用的危险化学品少，能耗低。木材原料蒸汽爆破处理后得到低聚合度的纤维素，之后用强无机酸浸渍可获得微晶纤维素[15]。

2. 物理化学法

挤压是一种短时间高温水解的方法，操作灵活、效率高、环保性好。将原料置于碱性水溶液中，通过挤压机进料，以便将木材分解成木质素、半纤维素和纤维素，之后抽提残渣中的木质素和半纤维素，并将残留的纤维素进行酸水解（如用硫酸溶液）从而形成微晶纤维素。制得的微晶纤维素由短纤维和棒状纤维组成，其中纤维素含量 83.79%，结晶指数 70%[27]。

3. 物理-生物法

辐射-酶处理环境友好、效率高，可以通过两步辐射-酶处理过程生产微晶纤维素[28]。首先从云杉中分离出漂白的溶解浆，然后用电子束照射浆料，之后进行酶处理、洗涤、过滤、干燥，得到微晶纤维素。辐射-酶处理过程制备得到的微晶纤维素具有较低的结晶度，成本较高。

三、纳米纤维素分离制备

纳米纤维素是指一维尺寸达到纳米级（一般 1～100nm）的纤维素材料，按来源、制备方法、形貌可分为纤维素纳米晶体、纤维素纳米纤丝、细菌纳米纤维素。纤维素纳米晶体一般为棒状或须状，直径 5～70nm，长度 100～500nm，结晶度 54%～90%，原纤维间氢键完全断裂，基本上由单个基原纤维组成，具有刚性；纤维素纳米纤丝为丝状，直径 5～50nm，长度 1000nm 以上，基原纤维间氢键部分断裂，由成束的基原纤维组成，具有柔韧性（图 2-4-6）[29]。细菌纳米纤维素通过生物法合成，呈网状，直径 20～100nm，长度不定。纤维素纳米晶体和纤维素纳米纤丝主要采用“自上而下”的方法制备，可以从木材或者木浆中分离提取获得（图 2-4-7）[30]。由纤维素“自下而上”微生物合成制备细菌纳米纤维素和静电纺丝制备纳米纤丝请参阅丛书纳米纤维素部分。从木材或者木浆中分离制备纳米纤维素通常采用酸、氧化剂、酶、强机械作用实现。目

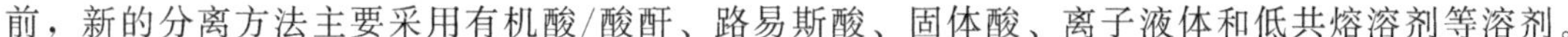
前，新的分离方法主要采用有机酸/酸酐、路易斯酸、固体酸、离子液体和低共熔溶剂等溶剂。

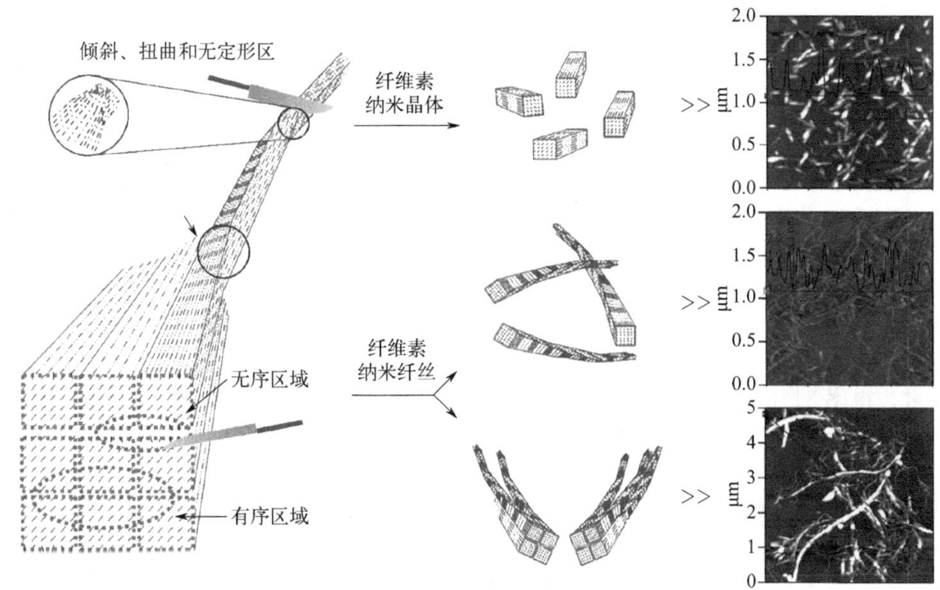

图 2-4-6 分离制备纳米纤维素过程中基原纤维变化示意图及产物形态[29]

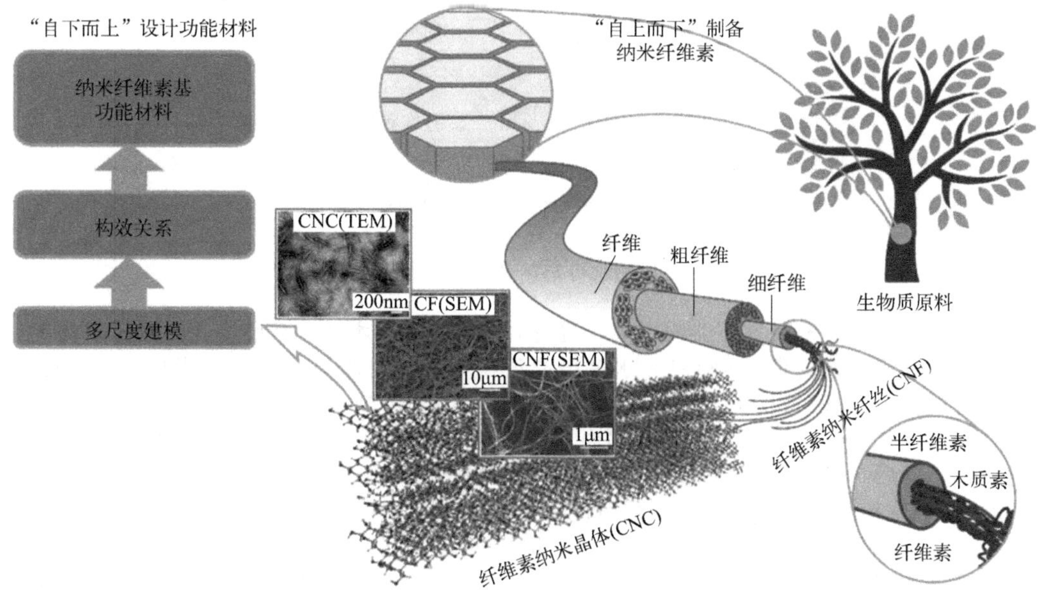

图 2-4-7 “自上而下”分离提取和“自下而上”组装制备纳米纤维素的工艺过程[30]

1. 水解处理

水解法是利用酸或者酶的作用水解纤维素的无定形区，获得富含结晶区的纤维素，其在溶液中可形成稳定的纳米纤维素胶体。各类无机酸，如硫酸、盐酸、磷酸是早期用于制备纤维素纳米晶体的常用溶剂。硫酸法使用58%～64%硫酸，温度50～60℃，时间0.5～3h，由于在纤维素糖苷键断裂时磺酸基团与羟基结合从而增加溶液的电负性，所得纳米纤维素易于分散，尺寸稳定，但热稳定差；盐酸法一般使用6mol/L盐酸，温度110℃，时间3h，所得纳米纤维素稳定性好，但分散性差，易于团聚成絮状。硫酸法生产目前已达到工业化规模，但浓酸对设备腐蚀严重，降解产生的单糖难以回收，产生的废酸处理成本高。

一些有机酸及其衍生物，其酸性弱，腐蚀作用弱，可代替无机酸。有机酸主要包括一元羧酸（甲酸、乙酸、丁酸）、二元羧酸（草酸、马来酸）、多元羧酸（柠檬酸）、有机酸衍生物（过氧乙酸、对甲苯磺酸、一氯乙酸）。有机酸可与纤维素羟基发生酯化反应，若在强无机酸的作用下酯化反应更为强烈。酯化后在纤维素表面引入疏水基团，有助于纳米纤维素在非极性溶剂中分散，若酯化引入带负电荷的羧基，则可提高纳米纤维素在水中的悬浮稳定性。有机酸分离制备纳米纤维素主要包括两个步骤。第一步，有机酸或者有机酸水溶液对原料溶剂化，除去无定形纤维素、半纤维素、木质素，纤维素表面羟基改性破坏原纤维之间的氢键，可产生少部分纳米纤维素。第二步，采用高速混合、超声、微流化、研磨等机械剪切方式对固体残渣处理，获得大量纳米纤维素。用有机酸处理纤维素得到较纯的纳米纤维素，处理木材可得到含有木质素的纳米纤维素。利用可重结晶回收的有机酸（如草酸）分离制备纳米纤维素的流程如图 2-4-8 所示。采用硫酸（5%～10%）和乙酸（70%～90%）组成的酸水体系在 80℃下水解桉木漂白硫酸盐浆，获得棒状纳米纤维素，得率 81%，直径 5～20nm，长度 150～500nm。该纳米纤维素在水相和有机相中均显示出高的热稳定性和优异的分散稳定性[31]。采用对甲苯磺酸水溶液处理桦木，在 80℃及 20min 条件下高达 85%的木质素溶出，将水不溶性固体透析得到少量含木质素的纳米纤维素和木质纤维素固体残留物，木质纤维素固体残留物进一步原纤化，可得到分散均匀的含木质素的纳米纤维素[32]。该纳米纤维素的物理和化学性能可以通过调整对甲苯磺酸分离的强度以及机械原纤维化的强度实现改变，在低强度下约 62%的木质素溶出，所得纳米纤维素平均直径 51nm，疏水性强（水中接触角 82°），分子量高（约 7200）。

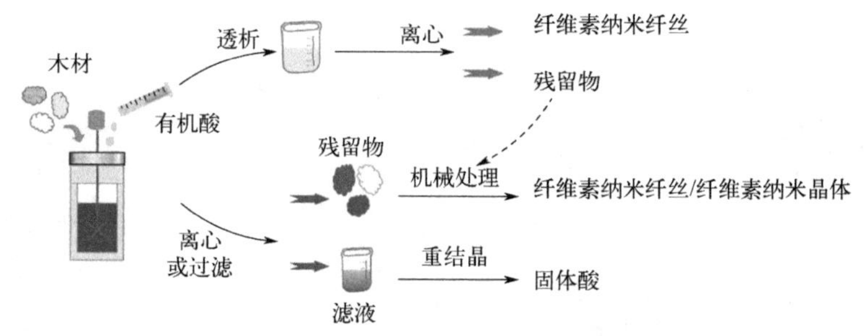

图 2-4-8　有机酸法分离制备纳米纤维素流程图[29]

固体酸水解可降低酸对反应器的腐蚀，避免对原料的过度水解，且使用后的固体酸易于回收使用。采用阳离子交换树脂（NKC-9）水解微晶纤维素，在树脂与微晶纤维素质量比 10、温度 48℃、反应时间 189min 条件下，制得的纳米纤维素得率 50.04%，结晶度 84.26%，直径 10～40nm，长度 100～400nm[33]。固体酸水解由于是多相反应，反应物与酸接触有限，水解效率不高，为解决该问题，可使用可溶性杂多酸（如磷钨酸）和路易斯酸（如氯化铁、硝酸铬、氯化锌）。超声结合磷钨酸处理，可将酸处理时间缩短到 10min，制得的纳米纤维素直径 15～35nm，长度数百纳米，结晶度 88%，表面电荷 −38.2mV，可以得到稳定的胶体悬浮液[34]。

酶解法利用多种纤维素酶的协同作用水解除去无定形区，保留结晶区，纤维素表面羟基得到保留。采用纤维素酶处理，条件温和，温度 50～55℃，但反应时间长达 2～3 天。虽然该法对环境污染小，但所得纳米纤维素尺寸分布广、得率低，酶的成本高。由于仅仅使用酶处理效果不好，一般需要预处理或后处理。

2. 氧化剂处理

用于制备纳米纤维素的氧化剂主要是 2,2,6,6-四甲基哌啶-1-氧基自由基（TEMPO）、溴化钠、次氯酸钠组成的 TEMPO 氧化体系和过硫酸铵。采用 TEMPO 氧化体系处理过程中，纤维素表面羟基被氧化为醛基、酮基或羧基，聚合度降低，结构被破坏，所得纳米纤维素直径 3～4nm，长度几百纳米，其热稳定性低，同时氧化剂耗用量大，产生大量废水。采用过硫酸铵氧化处理，可以减少研磨时间并获得均匀的纳米颗粒凝胶，其平均直径 404.5nm，具有很高的 Zeta 电位

（−26.4mV），在悬浮液中稳定[35]。

3. 离子液体和低共熔溶剂处理

离子液体具有溶解纤维素，破坏纤维素基原纤维甚至纤维素链之间氢键的能力。一类方法是由纤维素原料制备具有与原料相同晶体构型的纳米纤维素，该过程破坏纤维素基原纤维间的氢键，一般纤维素分子链之间的氢键得到保留。使用1-丁基-3-甲基咪唑硫酸氢盐在70～90℃下处理微晶纤维素1h，可得到直径14～22nm、长度50～300nm的纳米纤维素，其热稳定性较微晶纤维素更低[36]。另外一类方法是破坏纤维素分子链之间的氢键，溶解纤维原料，一般生成与原料不同晶体结构的纳米纤维素。该法处理温度一般100～140℃，时间需要几个小时。结合1-丁基-3-甲基咪唑氯盐和高压均质处理，由微晶纤维素制备得到纳米纤维素，颗粒尺寸遵循正态分布，平均直径12nm，平均长度112nm。离子液体处理过程中，晶体结构从纤维素Ⅰ转变为纤维素Ⅱ，结晶度降低[37]。离子液体也可以实现纤维素表面改性。采用1-乙基-3-甲基咪唑醋酸盐从木材中直接提取纳米纤维素，基于木材纤维素的得率达44%，结晶度约75%。纳米纤维素发生部分乙酰化（表面取代度0.28），晶体构型为纤维素Ⅰ，离子液体除润胀纤维素和水解纤维素外，乙酰化降低分子内聚力，有利于制备纳米纤维素[38]。

一类低共熔溶剂可以催化纤维素水解制备纳米纤维素。以桦木纸浆为原料，采用氯化胆碱/尿素在100℃下处理2h制得纳米纤维素，直径15～200nm，具有较高的热稳定性和硬度。分子动力学模拟表明，纤维素羟基与尿素羰基和氯离子的氢键相互作用是溶解过程中微晶纤维素颗粒被破坏的关键因素，所得纳米纤维素的纤维素晶体为$Ⅰ_{\beta}$，结晶度约80%[39]。另一类低共熔溶剂可以对纤维素表面进行酯化、阳离子化、磺化、胍基化改性，生成衍生化的纳米纤维素。酯化时一般使用酸性氢键供体，采用胆碱与不同羧酸（甲酸/乳酸/乙酸/丙二酸/草酸/柠檬酸）形成低共熔溶剂，在50～100℃条件下处理阔叶材漂白硫酸盐浆，纳米纤维素得率72%～88%，晶型为纤维素Ⅰ，纤维素发生酯化。为避免处理过程中过度水解和溶解，温度高于85℃时效果较好[40]。

第二节　半纤维素高效分离

半纤维素作为木质纤维生物质细胞壁的重要组成之一，因其独特的结构和绿色环保等性质逐渐展现出重要的市场前景和应用价值。实现半纤维素高值化应用的前提是将其从植物细胞壁中进行高效分离。半纤维素与木质素之间存在共价键（主要是α-苄基醚键），且半纤维素与纤维素以非共价键（氢键）结合，这都在一定程度上限制了半纤维素的分离。半纤维素较纤维素、木质素更易降解。因此，分离较高分子量和高纯度的半纤维素是比较困难和复杂的。尽管如此，人们仍在积极探索高得率、高纯度的半纤维素分离方法。工业上出于对生产工艺或产品的需要，也会对半纤维素进行有效分离，例如：在溶解浆生产工艺中，选择在常规硫酸盐法蒸煮工艺之前采用预水解的方法优先提取部分半纤维素；在生物乙醇生产过程中，通过预处理提前降解或溶解出部分半纤维素，从而提高纤维素的酶解效率。此时，半纤维素的分离原则就是尽可能提高半纤维素的提取率，而不考虑对半纤维素原始结构的保持。在这种情况下，半纤维素将降解为低聚合度的半纤维素、低聚糖、单糖等。传统的半纤维素分离方法主要是碱溶液分离法，近年来出现了一些新型的溶剂分离方法，主要包括自水解分离法、超/亚临界流体分离法和新型溶剂体系分离法。传统和新型的溶剂分离方法往往相互结合，从而实现半纤维素的高效分离。

一、碱溶液分离

碱溶液分离法是一种常用的半纤维素分离方法，碱提取半纤维素主要是通过断裂木质素的醚键、皂化半纤维素和木质素间的酯键、减弱纤维素和半纤维素间的氢键作用，以及溶胀纤维素降低其结晶度，从而溶解出半纤维素。这种方法既可以用于制备工业半纤维素，又可以用于半纤维素的结构鉴定。半纤维素在碱溶液抽提过程中不可避免地会引起部分乙酰化聚糖的脱乙酰基作用，碱性剥皮反应，糖苷键发生断裂的碱性水解，因此在抽提半纤维素时应尽可能减少引起半纤维素结构变化的反应。对于研究用半纤维素的分离，可以从无抽提物试样中分离半纤维素（直接抽提法），也可以从综纤维素中分离半纤维素（间接抽提法）。针对不同的原料，碱溶液分离法逐步被优化改进以适应不同原料，从而达到更好的半纤维素分离效果。在现阶段的研究及应用条件下，碱抽提半纤维素主要有化学抽提和化学物理结合抽提两种方式。关于这些方法的具体过程、机理及应用将在以下部分详细介绍。

（一）单纯碱液分离

利用碱液从综纤维素中分离半纤维素的方法已被广泛研究。KOH、NaOH、LiOH、$Ca(OH)_2$、$Ba(OH)_2$ 和液氨等是常用的碱提取试剂。碱液抽提的操作条件比较温和，在较低的温度和压力下即可操作。确定半纤维素原料的来源以及抽提的半纤维素种类对于碱溶液和抽提条件的选择至关重要。秸秆属一年生草本植物，与木材相比，秸秆结构较疏松且秸秆组分中的半纤维素和木质素之间存在阿魏酸和对香豆酸，所以秸秆原料比木材原料更易于进行半纤维素的提取分离。不同种类的碱溶液抽提同种原料，得到的半纤维素组分具有一定的差异。使用 $Ca(OH)_2$ 和 $Ba(OH)_2$ 抽提半纤维素得率较低，提取过程中会产生难以分离的不溶物，而使用 KOH、NaOH 和 LiOH 抽提半纤维素得率较高。

直接利用碱液也可以从脱蜡原料中有效分离半纤维素。碱抽提后过滤并调节提取液的 pH 值，然后采用乙醇和酸沉淀法可分别得到半纤维素和木质素（图 2-4-9），此方法具有环境友好、简单高效等特点。然而，直接抽提脱蜡原料所得的半纤维素纯度较低，木质素含量较高，与直接从综纤维素中提取的半纤维素相比，木质素含量高约 5～10 倍。

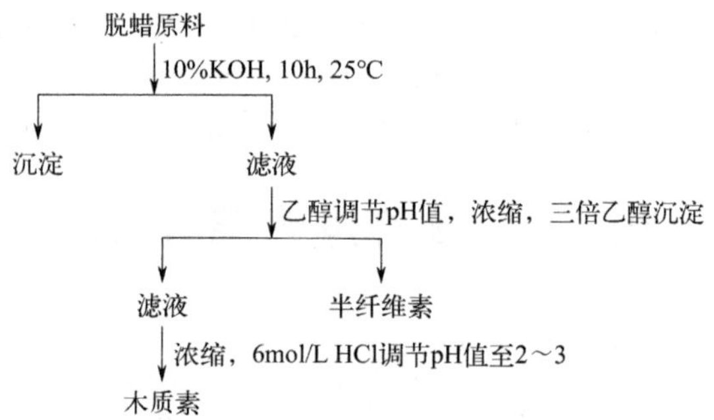

图 2-4-9　直接碱抽提脱蜡原料分离半纤维素流程

选择不同的碱抽提试剂处理同种植物原材料得到的半纤维素组分呈现显著的差异。Phitsuwan 等[41] 采用四种碱抽提方式对纳皮尔草原料进行处理并用于后续发酵过程，如图 2-4-10 所示。结果发现，原料用 2%的 NaOH 溶液和 1.5%的 $Ca(OH)_2$ 溶液分别在 121℃下处理 1h，可得到 69.5%和 43.4%的木聚糖；用 27%的氨水溶液在 60℃下处理三天可得到 62.8%的木聚糖；用 1%的碱性过氧化氢溶液（pH=11.5）在 37℃下处理三天可得到 54.0%的木聚糖。由此可见，不同的碱试剂以及抽提条件对研究结果有较大的影响。在实际应用过程中，应根据原料的特点和实际情况选择操作条件，以达到经济成本和半纤维素提纯效率的最优化。

逐步增加碱液浓度和碱强度分级抽提半纤维素组分也是一种常用的碱抽提方法。先用较低浓度的碱液抽提出部分易溶的半纤维素，然后逐步增加碱液浓度，将难溶的半纤维素也抽提出来。目前采用较多的是改进的氢氧化钡选择性分级抽提法，其原理主要是用 $Ba(OH)_2$ 将半乳葡萄甘露聚糖络合起来，形成在碱液中不溶解的络合物，从而与木聚糖类半纤维素分开，使木聚糖的提纯步骤简化。Sun 等[42] 采用逐级升高碱浓度的方法连续抽提甜高粱茎秆得到 76.3%的阿拉伯糖基-4-*O*-甲基葡糖醛酸木聚糖。Bian 等[43] 以不同溶剂［二甲亚砜、二氧六环三乙胺（9∶1）、饱和 $Ba(OH)_2$、1mol/L KOH、1mol/L NaOH 和 3mol/L KOH］连续抽提柠条锦鸡儿（*Caragana korshinskii*），其细胞壁中半纤维素的提取率高达 95%，单糖组分分析结果表明，随着提取溶剂碱浓度的增大，得到的半纤维素分支度逐渐降低。因此，连续碱分离法是一种从木质纤维素生物

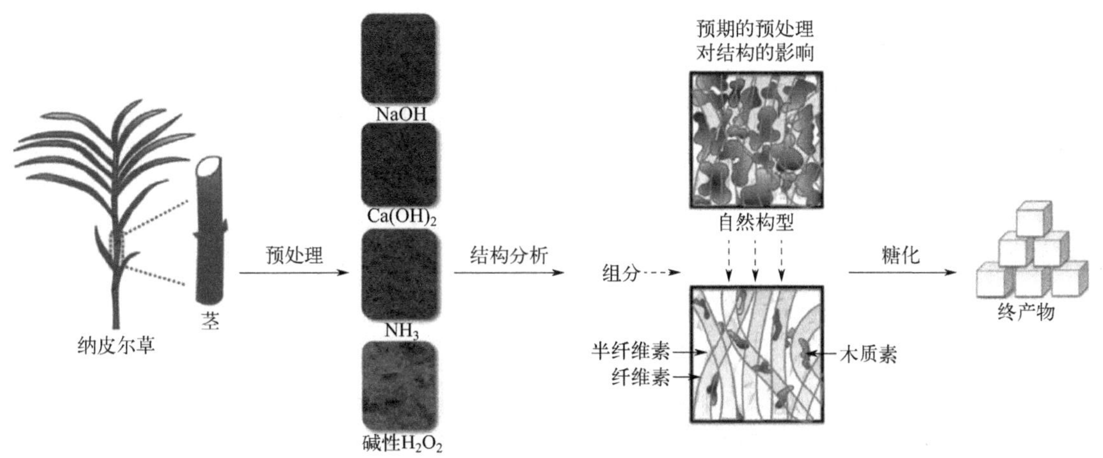

图 2-4-10　不同碱法预处理纳皮尔草以及发酵糖化流程[41]

质中分离半纤维素的有效方法，可以用来制备不同支链和分子量的半纤维素聚合物。

单纯碱抽提法可在工业中用于溶出商品化学浆中的半纤维素，将商品化学浆变成高 α 纤维素含量溶解浆的有效方法。冷碱抽提之后再进行热碱抽提的组合已经实现工业化应用，制备的溶解浆纯度高，最接近棉短绒浆的质量。冷碱抽提碱液中的半纤维素能以低聚物和高聚物的形式回收，因在碱液中不会进一步发生降解反应，碱抽提后的木聚糖具有较高的分子量、得率和纯度。冷碱抽提也有其缺陷，特别是对于硫酸盐针叶木浆，冷碱抽提可抽提出大部分木聚糖，但仅能抽提出一部分葡萄甘露聚糖。另外，冷碱抽提过程中纤维素Ⅰ部分转化为 Na-纤维素Ⅰ，中和之后又变为纤维素Ⅱ，使得纤维素乙酰化的反应性能降低。

（二）碱-过氧化氢分离

碱溶液抽提出的脱蜡植物原料中的半纤维素通常是褐色的（含有木质素），这就限制了其工业应用。在单纯碱抽提法的基础上，为了节约成本、提升得率以及优化抽提条件，利用碱液和其他化学试剂协同抽提半纤维素的方法应运而生。过氧化氢是一种透明无色液体，是 Riedl 和 Pfleiderer 在 1939 年的蒽醌自氧化工艺中得到的[44]。作为一种有利于人类生产发展的化学品，过氧化氢的应用范围十分广阔，例如可以作为造纸工业的清洁漂白剂。碱性过氧化氢抽提法是分离植物半纤维素的一种常用方法，在碱性条件下过氧化氢不仅具有脱除木质素和漂白作用，还可以提高大分子尺寸半纤维素的溶解度，同时还可作为半纤维素大分子的温和增溶剂[45]。

Gould 对过氧化氢在碱液中的反应机理进行了研究[46]，如图 2-4-11 所示，过氧化氢在水中会生成氢过氧化物阴离子 HOO^-；在碱性环境中，HOO^- 会和过氧化氢分子发生反应形成超氧化物 O_2^- 和羟基 OH·；在没有其他反应物参与的情况下超氧化物和羟基又会发生反应，生成氧气和水。因此，过氧化氢在碱性环境中发生反应，最终生成氧气和水，如反应式（4）所示[46,47]。在整个反应过程中，反应式（2）为碱-过氧化氢抽提法起主要作用的步骤。碱-过氧化氢抽提法的效果因具体的操作条件而异，主要的影响因素包括：固液比、处理时间、过氧化氢浓度、体系 pH 值。

$$H_2O_2 + H_2O \longleftrightarrow HOO^- + H_3O^+ \quad (1)$$

$$H_2O_2 + HOO^- \longleftrightarrow OH\cdot + O_2^- + H_2O \quad (2)$$

$$OH\cdot + O_2^- + H^+ \longrightarrow O_2 + H_2O \quad (3)$$

$$H_2O_2 + HOO^- + H^+ \longrightarrow O_2 + 2H_2O \quad (4)$$

图 2-4-11　过氧化氢在碱液中的反应机理[46]

与传统的碱抽提法相比，碱-过氧化氢抽提法在分离半纤维素方面具有很大的优势。由于过氧化氢的加入，半纤维素与其他生物质组分的连接更容易断开，所以整个抽提过程反应温度较低，大大降低了能耗，节约了生产成本，更有利于工业生产。此外，碱-过氧化氢抽提法可溶解出半纤维素组分，但是不会导致半纤维素的降解[48-50]。Sun 等[51] 利用碱性过氧化氢溶液提取了麦草、稻草和黑麦草中的半纤维素，研究表明，在 pH 值为 12.0～12.5、温度为 48℃的条件下用 2% H_2O_2 溶液处理 16h，麦草、稻草和黑麦草中 80%的原本半纤维素被抽提出来，比传统的碱抽提法获得的半纤维素更白，且木质素含量很少（3%～5%）。利用 NaOH 溶液抽提大麦秆得到的半纤维素重均分子量仅为 28000～29080g/mol，而利用碱性过氧化氢抽提法可以获得更高分子量的半纤维素（重均分子量为 56890～63810g/mol）。

（三）浓碱溶解硼酸络合分级分离

浓碱溶解硼酸络合分级抽提法主要用于针叶木综纤维素中半纤维素的分离，也可用于其他植物原料。一般，先用 KOH 溶液抽提，然后再用含硼酸盐的 NaOH（或 KOH）溶液抽提。在碱液中加入硼酸盐能够增加溶解能力并减少半纤维素的降解，尤其是葡萄甘露聚糖和半乳葡萄甘露聚糖。这是因为当用含有硼酸盐的碱液抽提时，葡萄甘露聚糖中甘露糖单元与硼酸盐作用形成具有 α-顺式-乙二醇基团的络合物（图 2-4-12），溶解在碱液中[52]。而其他半纤维素如木聚糖，可只用碱液抽提溶出。因此，用这一方法可将葡萄甘露聚糖和其他聚糖分离开。从硼酸反应量和半纤维素产率方面考虑，硼酸的最佳浓度约在 2%～5%。

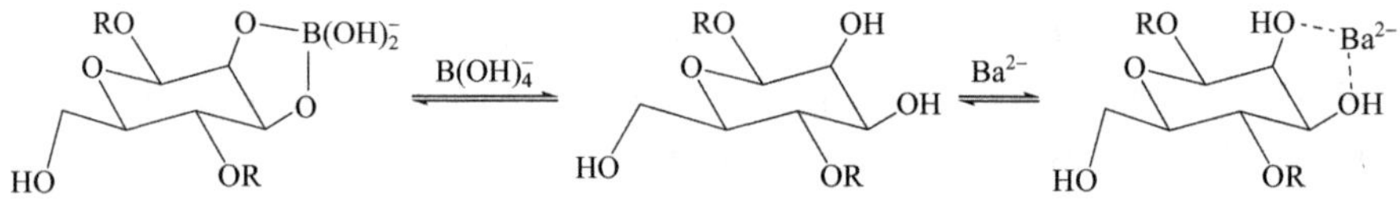

图 2-4-12　葡萄甘露聚糖与硼酸和氢氧化钡形成络合物的反应式[52]

（四）碱与物理处理相结合分离

由于半纤维素与木质素之间主要以化学键连接，如果原料中的木质素含量较高，稀碱液对半纤维素的提取效果将会降低。比如针叶木中高度木质化的次生壁，碱液很难进入其中。高浓度碱液虽然具有更好的处理效果，但是由于处理时间长、对设备要求高，会产生环境污染、成本增加等问题。因此，为了提高碱性溶液提取的效率和降低碱液对环境的影响，碱溶液和物理处理相互结合的分离方法应运而生，主要包括微波、超声波以及螺旋挤出等三种处理方式。

1. 碱-微波结合分离

微波辅助法是半纤维素分离技术中耗时最少的一种方法，并且具有加热均匀、热效率高、穿透能力强、反应条件温和的特点，是一种清洁环保的生产工艺。微波是一种频率极高、波长很短的电磁波，很容易被吸收。由微波电磁场理论可知，在电磁场中，极性分子会依照电场的极性进行排列，随着交变电磁频率的变化而变化，这一过程造成了分子间的相互运动和摩擦，从而产生热量，使介质内部温度升高，这就是微波加热的基本原理。微波辅助抽提法利用高频电磁波穿透植物细胞壁，到达细胞壁内部，微波能迅速转化为热能使细胞壁内部温度快速上升，当细胞壁内部压力超过细胞壁承受能力时，细胞壁有效成分在较低的温度下溶解于提取溶剂中，再通过进一步过滤和分离，最终获得细胞壁主要成分。在微波辐射作用下细胞壁成分加速向提取溶剂界面扩散，从而使提取速率提高数倍，同时还降低了提取温度，最大限度保证成分的提取效率和提取得率。利用微波辐射可缩短提取时间，减小提取溶剂的体积。彭缔等[53]采用微波辅助的方法从玉米芯中提取半纤维素，研究了微波辅助条件下提取介质、稀碱浓度、处理时间以及提取温度等对半纤维素得率及平均分子量的影响。研究发现，微波辅助稀碱抽提半纤维素得率高于常规稀碱抽提得率，并且微波辐射可以促进热水或碱从木屑中提取木聚糖。刘春龙[54]采用微波辅助碱法提取稻壳中的半纤维素，通过正交试验得到较佳的工艺条件为碱用量比 1.2∶1、液固比 23∶1、反应时间 50s、微波功率 83W，此条件下半纤维素的提取率高达 81.59%。但随着微波辐射时间的延长，高分子木聚糖部分降解，导致半纤维素产量减少。与传统的碱抽提法相比，微波辅助法缩短了提取时间，减少了阿拉伯木聚糖的分解和乙酰基的损失。微波辅助提取具有快速、节能、环保等优势，但是半纤维素的得率相对较低，并且难以得到大规模的工业化应用。

2. 碱-超声波结合分离

利用超声波辅助分离半纤维素，在较低的温度和较短的抽提时间内使半纤维素得率达到 78%～80%[55]。超声波辅助抽提法获得的半纤维素具有分支度小、酸性基团少、缔结木质素含量低、分子量高和热稳定性高等特点。超声波提取是利用超声波具有的机械效应、空化效应和热效应，通过增大介质分子的运动速度、增大介质的穿透力以提取半纤维素。此外，超声波还可以产生许多次级效应，如乳化、扩散、击碎、化学效应等，这些作用也促进了植物细胞壁中成分的溶解，促使半纤维素等成分进入介质，与介质充分混合，加快提取过程的进行，提高半纤维素的提取率。Sun 等[56]研究了超声波辅助碱溶液提取小麦秆中半纤维素，与传统的碱法提取相比，超声波辅助提取 20～35min 后，半纤维素得率提高了 0.8%～1.8%，所得到的半纤维素纯度更高、热稳定性更好。Hromádková 等[57]利用超声波辅助提取荞麦壳中的半纤维素，结果表明稀碱超声波处理可有效促进荞麦壳超致密硬细胞壁结构的解体及木聚糖与淀粉、蛋白质的分离，并且在提高半纤维素提取率的同时保证了半纤维素的结构和免疫活性。此外，刘超[58]使用超声波辅助碱法分离提取苹果渣中的半纤维素，通过单因素试验及 $L_9(3^4)$ 正交试验对抽提工艺进行优化，结果表明：超声波辅助法提取苹果渣中半纤维素的最佳条件为 NaOH 浓度 2mol/L、超声波处理时间 90min、反应温度 85℃、料液比 1∶15(g/mL)。在该反应条件下，半纤维素提取率为 30.44%，与传统抽提方法相比，超声波辅助提取法在提高半纤维素提取率的同时，还缩短了处理时间并降低了反应温度。因此，采取超声波辅助处理法分离半纤维素效果明显。

3. 碱-螺旋挤出结合分离

利用挤出型双螺旋反应器与碱结合处理木质纤维原料，使半纤维提取变得更加容易且有效，减少化学品用量，降低废水用量。螺旋挤出装置是使用单螺杆或多个螺杆将材料推过具有特定横截面积的模头。螺杆作用在原料上的高剪切力会破坏细胞结构，使半纤维素组分更好地在水或者碱液的作用下分离出来。与其他结合方式相比，螺旋挤出工艺的主要优点是提取条件易控制、具有连续性、反应温度不高、半纤维素降解程度低。挤压型双螺旋反应器将挤压、蒸煮、液-固体提取、液固分离（过滤）在一个连续的系统中完成。例如：在双螺旋挤压机中通过间接碱提取法，可把木聚糖从麦秆和麦麸的混合物中抽提出来，用碱量低，且所得产物的得率高。挤压型反应器中 NaOH 用量仅为一般搅拌型反应器（单纯碱抽提）用量的 1/14。由于这是一个连续的过程，所以在工业上采用该分离法处理大量的木质纤维生物质资源。

Li 等[59]总结关于碱-双螺旋挤出分离法的相关应用，图 2-4-13 展示了碱-双螺旋挤出分离系统的流程图。如图所示，通过喂料机，物料被送入双螺旋挤出机中。在挤出过程中，两个螺杆共同旋转相互啮合。每个螺杆挤出机由四个运输螺杆元件和四个反向螺杆元件组成，如图 2-4-14 所示[60]。通过运输螺杆元件的作用，生物质被推向具有与运输螺杆元件相反螺距的反向螺杆元件。原料被输送、混合和研磨的力压碎之后，推动基板通过反向螺杆元件的斜槽。生物质原料被输送到随后的运输螺杆元件和反向螺杆元件部分被反复挤压和破碎。最后，生物质原料被完全压碎，纤维被分离并分层，导致生物质原料的尺寸减小以及比表面积增加。此外，碱的加入可以发生有效的化学反应，使得木质素有效去除，从而提高组分分离效率和纤维素的酶解效率。根据不同原料的性质，可通过调节双螺旋挤出机的一些参数来实现分离目的。与蒸汽爆破等处理方式相比，这种方法可有效地降低能耗。

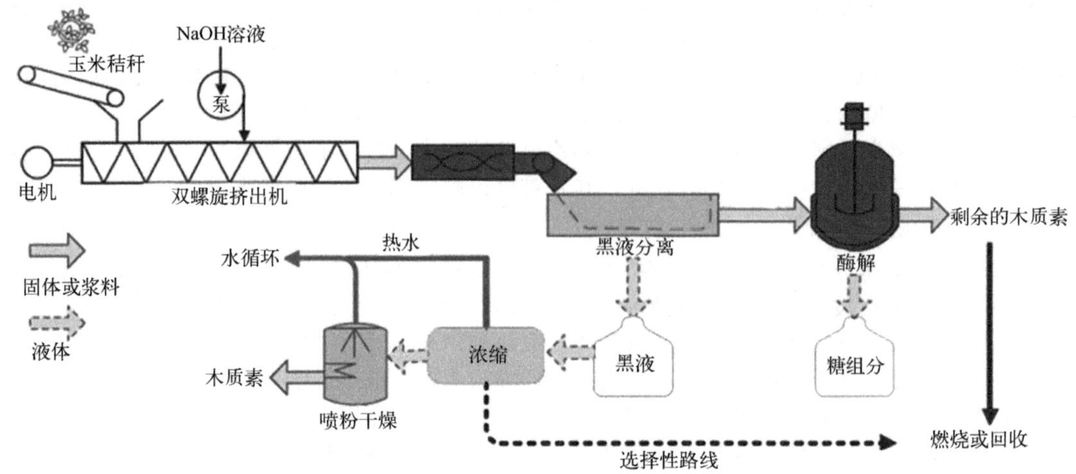

图 2-4-13　碱-双螺旋挤出分离系统的流程图[59]

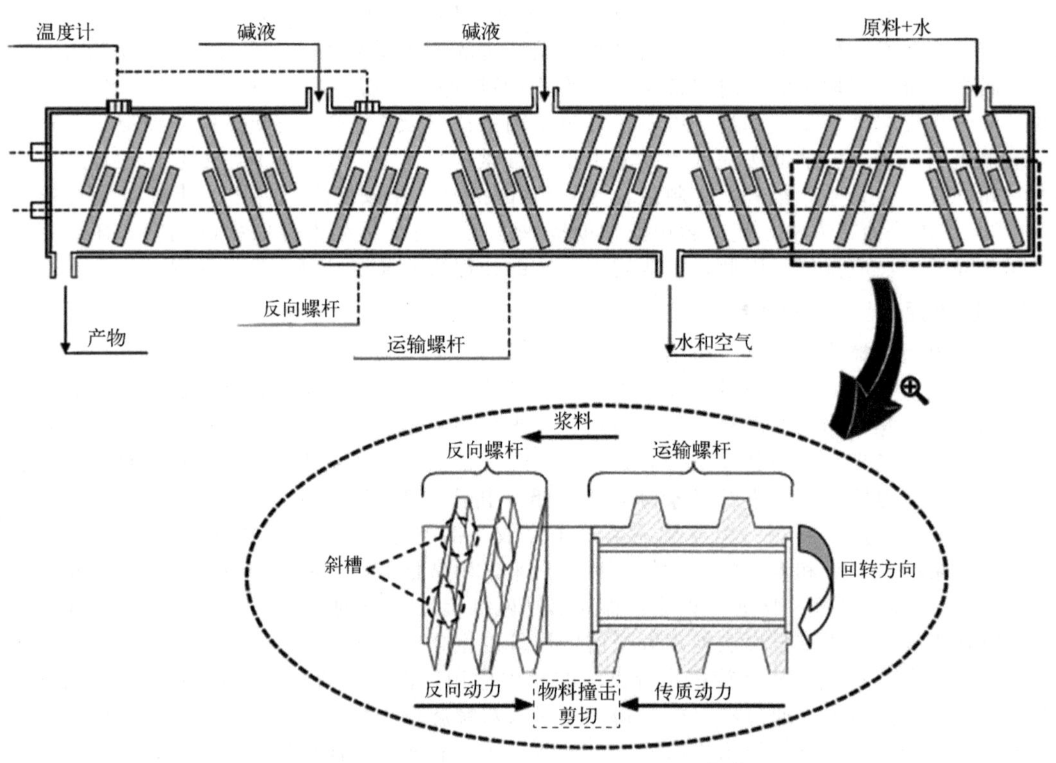

图 2-4-14　新型双螺杆挤出机的示意图[60]

二、有机溶剂分离

使用有机溶剂提取植物中半纤维素，可有效避免细胞壁中功能性基团（乙酰基）的脱除，从而得到纯度高、活性好、更接近生物质中原本结构的半纤维素。与使用高浓度碱液提取法相比，有机溶剂提取法可直接分离得到半纤维素，无需分离木质素，具有显著的优势。目前应用较多的有机溶剂为二甲基亚砜。

乙酰基是细胞壁中重要的功能性基团。在阔叶木中其含量为3%～5%，可连接于木聚糖上；

在针叶木中为1%～2%，可连接于葡萄甘露聚糖上。乙酰化的半纤维素易溶于水和二甲基亚砜(DMSO)、甲酰胺、二甲基甲酰胺（DMF）等溶剂。为了研究半纤维素的结构，在分离中要尽量避免乙酰基的脱除，用二甲基亚砜作为溶剂抽提半纤维素时，乙酰基可被保留下来，但是这种方法所得半纤维素的产率一般不高于50%。用二甲基亚砜抽提亚硫酸盐桦木浆，可抽出约12%的半纤维素，此半纤维素约含有8.5%的乙酰基。此外，水也可作为植物细胞壁原本半纤维素的抽提溶剂，但是水提取的半纤维素中含杂质较多，且半纤维素结构分支度高、分子量较小。如用二甲基亚砜抽提银桦亚氯酸盐法综纤维素时，可以得到戊糖与己糖的混合物，随后用水抽提，则得到含有一定量聚-*O*-乙酰基的葡萄糖酸木糖。Ebringerova等[61]研究发现DMSO和DMSO/水混合液是低分支度木聚糖的有效提取溶剂，可在不断裂乙酰基和糖苷键的情况下提取半纤维素，这有助于半纤维素结构的研究，在一定程度上弥补了碱提取半纤维素导致的结构不完整性。

除二甲基亚砜抽提法外，其他的挥发性有机溶剂也可以作为半纤维素的抽提溶剂。挥发性有机溶剂法因溶剂易于回收、污染较小而被认为是一种很有潜力的半纤维素分离方法。低沸点的有机溶剂（甲醇和乙醇）与水结合提取半纤维素和木质素，利用不同浓度的醇溶液可提取出不同化学组成的半纤维素。

三、自水解分离

自水解，也称为高温液态水技术、水热处理、热压水技术等[62]，以水作为反应试剂，是一种环境友好、装置及工艺简单、反应温和、成本低且分离物易于分离和纯化的预提取技术。高温液态水是指温度在180～350℃、压力高于饱和压力的液态水，表现出异于普通液态水的理化性质：密度和黏度较低，具有优异的扩散性能，介电常数远远小于常温液态水，具有类似于极性有机溶剂的性质，促进有机小分子化合物的溶解。此外，高温液态水中的H^+和OH^-的浓度远远大于标准液态水，具有自催化功能，在实际应用中，经常代替液体酸及固体酸等进行催化反应。1976年，Bobleter等[63] 首次使用自水解分离法提高木质纤维原料对酶水解的敏感性，开辟了木质纤维原料预处理方法的新领域。自水解分离法是指使用高温液态水来水解生物质的预处理方法，在处理过程中也可通过添加少量的酸、碱等化学药品来进一步促进各组分分离。在自水解分离过程中，水合氢离子可与半纤维素主链上的乙酰基反应得到乙酸，乙酸作为催化剂可促进更多乙酰基团的脱除，使得更多半纤维素溶出。

1. 单纯自水解分离

自水解法是一种非常适合分离半纤维素的方法，在一定的操作条件下，半纤维素几乎可以从木质纤维原料中完全脱除[64]。在高压的作用下，高温水可以渗透到木质纤维原料的内部。半纤维素中水溶性强的部分优先溶解，其中包括大量的乙酰基以及部分糖醛酸，乙酰基进一步水解生成乙酸，有机酸的存在导致半纤维素预水解液呈酸性。H^+与水分子结合生成水合氢离子(H_3O^+)，H_3O^+进入木质纤维内部，可以和半纤维素中糖苷键上的氧原子结合形成共轭酸，削弱主链上糖苷键的强度直至其断裂，从而将难溶解部分水解为低聚糖。随后，低聚糖进一步水解为单糖，再由单糖转化为其他平台化合物。自水解分离过程的关键在于侧链上大量的乙酰基水解生成乙酸，为糖苷键的进一步水解提供酸性条件，预水解液最终的pH值可达3～4。在酸性条件下半纤维素发生的主要反应如图2-4-15所示。其中木糖、阿拉伯糖发生脱水反应生成糠醛；半乳糖、葡萄糖、甘露糖等生成5-羟甲基糠醛（HMF），HMF进一步水解生成乙酰丙酸和甲酸[64]。因此，在热水自水解过程中，不可避免地会造成糖类物质的深度降解，通过调节相关的主要变量（时间和温度）来最小化单体和降解产物[65,66]。

自水解分离法已广泛应用于各种木质纤维素原料，包括农业废料及其副产品、硬木和软木。由于乙酰基产生的水合氢离子在水解过程中起重要作用，这一过程更适用于乙酰基含量较高的材料，如硬木和大多数农业残留物。对于硬木和禾本科原料，水解液中的主要糖类以木糖及其低聚糖的形式存在。自水解预处理过程中木聚糖的主链糖苷键发生严重水解，从而导致半纤维素分子量降低。此外，自水解过程中的高温会增加木聚糖在生物质中的溶解，产生大量的低聚糖。Lu

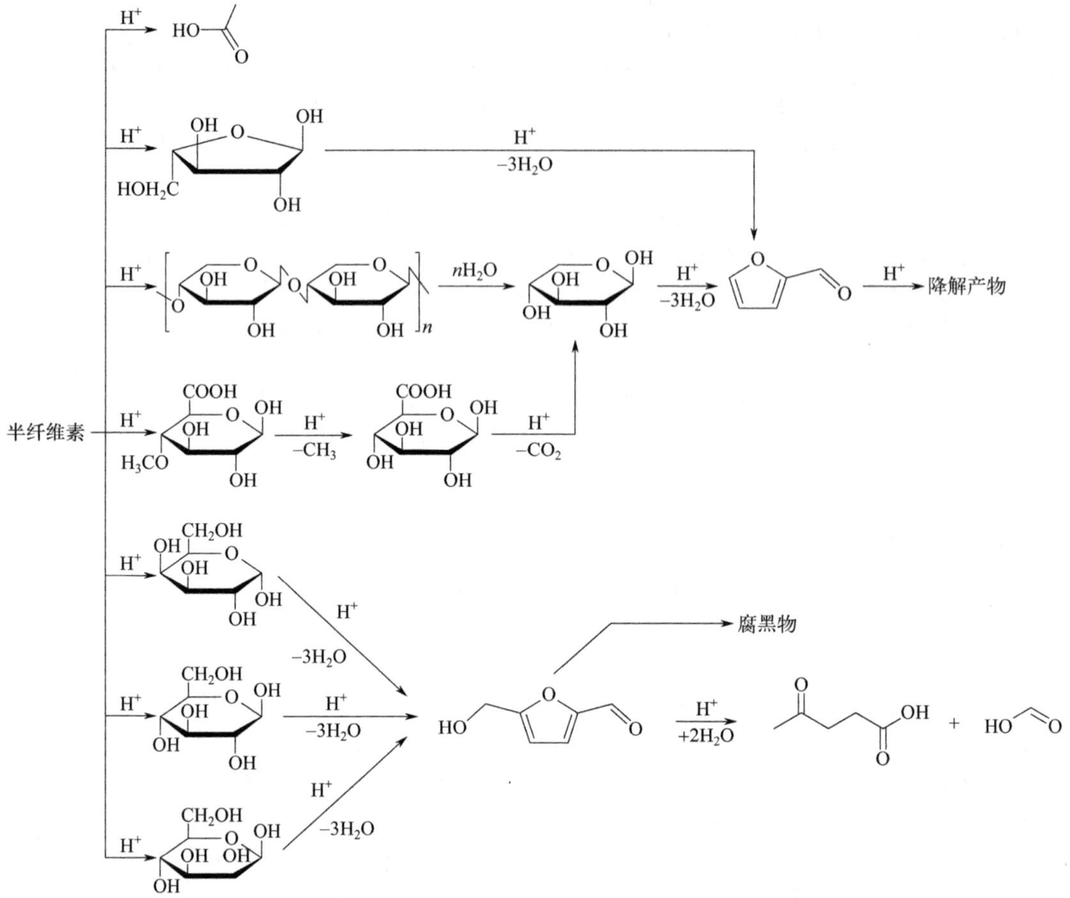

图 2-4-15　半纤维素的降解途径[64]

等[67]在 230℃的温度下自水解预处理日本榉木，分析水解产物后提出了 *O*-乙酰基-4-*O*-甲基葡萄糖醛酸基木聚糖的水解途径，如图 2-4-16 所示。反应过程中生成的乙酸和葡萄糖醛酸对反应具有促进作用。随着反应时间的增加和反应温度的提高，半纤维素不断被水解为低聚糖和单糖，当反应条件剧烈时，单糖再被进一步降解。

2. 酸辅助自水解分离

在水热预处理过程中，由于半纤维素的乙酰基官能团断裂生成乙酸，使水热预处理的 pH 值降低，呈酸性。酸性环境能够破坏生物质结构，加剧生物质降解，进而生成各种形式的单糖。为了提高降解效果，同时增强水热预处理后所得固体物质的酶解性能，将酸水解法与水热法相结合，即在水热预处理过程中添加一定量的酸（如 H_2SO_4、HCl），使水热过程中 H^+ 浓度升高，进一步提高对生物质结构的破坏效果。此过程一般不会对纤维素造成破坏，反应后剩余的纤维素和木质素的固体残渣可以进一步利用。酸辅助自水解分离半纤维素的产率与酸浓度、处理时间和温度有很大关系。其中，温度越高、时间越长越有利于半纤维素自水解，还原糖得率越高。但过高的水解温度和过长的水解时间会引起产物单糖的降解，影响单糖的收率。Ye 等[68]提出了一种酸辅助自水解预处理黑麦草和百慕达草的方法。研究发现随着硫酸浓度和停留时间的增加，滤液中阿拉伯糖、半乳糖和木糖的含量增加。其中，黑麦秸秆预水解液中葡萄糖浓度受硫酸浓度和停留时间的影响不显著，而百慕达草预水解液中葡萄糖浓度随着预处理程度的增加而增加。Cara 等[69] 提出了在 170℃条件下，添加 1％的稀酸对橄榄树生物质进行自水解预处理，半纤维素的最大回收率可达 83％。Lu 等[70] 采用响应面法，在水热温度为 180℃、酸浓度为 0.5％～2％、处理

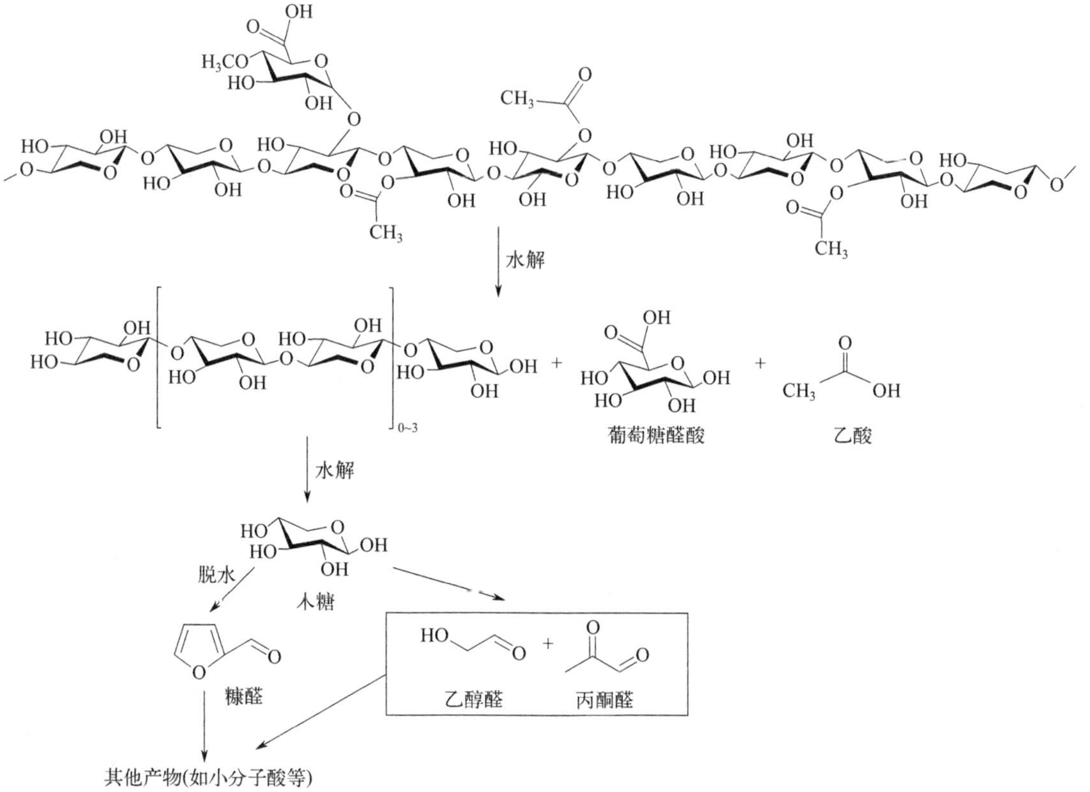

图 2-4-16 O-乙酰基-4-O-甲基葡萄糖醛酸基木聚糖高温（230℃）液态水中的水解途径[67]

时间为 5～20min 的反应条件下，对 H_2SO_4 催化的油菜秸秆水热处理工艺进行优化，得到了用于生产乙醇的预处理工艺的最佳反应条件，所得产物中木聚糖产量可达 75.12%。然而，使用无机酸（硫酸、盐酸、硝酸、氢氟酸、磷酸）会对设备造成严重的腐蚀，导致碳水化合物的高度降解并形成有毒产品。因此，越来越多的研究利用有机酸（马来酸、草酸、葡萄糖酸、乙酸）作为无机酸的替代品应用在生物质精炼过程中，以降低反应器的腐蚀程度，减少废液中抑制剂的含量。

3. 碱辅助自水解分离

低温常压条件下温和碱抽提是提取半纤维素最常用的方法。由于半纤维素与木质素之间主要以化学键连接，如果原料中的木质素含量较高，稀碱液对半纤维素的提取效果将会降低。比如针叶木中高度木质化的次生壁，碱液很难进入其中。高浓度碱液虽然具有更好的处理效果，但是由于处理时间长、对设备要求高，存在环境污染、成本增加等问题。因此，将碱预处理和其他预处理工艺相结合，如微波-碱联合、超声波-碱联合以及酸-碱联合等[71,72]。其中，碱-水热预处理由于对碱浓度要求不高、工艺简单等优点脱颖而出。在水热预处理过程中，添加一定量的碱［NaOH、$Ca(OH)_2$ 等］能够提高对生物质的降解效果。

与稀酸自水解方法相似，碱辅助自水解即是在水热反应基础上，加入少量碱液。碱能使纤维素润胀并且降低其结晶度，促使半纤维素与木质素间的酯键发生皂化反应，同时乙酰基和糖醛酸在碱性环境下发生水解，进而导致半纤维素和木质素从细胞壁中溶解出来[73]。采用稀碱自水解预处理的优势在于，半纤维素的降解程度低[74]，所得半纤维素聚合度较高，有利于对其进一步改性和转化为材料[52]。当碱浓度过高时，木质素会同时溶出，获得的半纤维素中木质素含量较高，纯度降低。而且，高浓度的碱液促使半纤维素进一步降解，聚合度降低，乙酰基脱除，故在生产中需合理控制加碱量等反应条件。Dordevic 和 Antov[75] 研究了一种建模新方法来研究碱-水热抽提的半纤维素组分。基于实验和结果的数据分析，半纤维素的回收率及分子量和反应条件有关的强度参数呈正相关。

4. 蒸汽爆破法

自水解预处理中水的状态可分为液态和气态，主要包括高压热水处理和蒸汽爆破处理。

蒸汽爆破技术具有成本低、能耗少、无污染以及在工业条件下的适用性等优点，是木质纤维素最具发展前景的预处理技术之一。蒸汽爆破技术是利用高压蒸汽渗透到生物质物料内的孔隙内部，瞬间降压，以气流的方式从封闭的孔隙中释放出来，从而破坏细胞壁结构，使得组分分离效果良好。汽爆过程中半纤维素乙酰基发生断裂产生有机酸（乙酸为主），自催化作用加速了半纤维素的进一步降解，同时木质素的 β-O-4 结构部分断裂，处理后的纤维原料变得疏松多孔[76]。蒸汽爆破可在有催化剂（SO_2、稀 H_2SO_4 或 CO_2）的情况下进行，以增加半纤维素的去除（主要以单糖的方式），并提高物质的消化率。然而，非催化（仅含水）的蒸汽爆破表现出更多的优势，如除了水以外不含任何化学物质，半纤维素糖的产率较高，副产物生成低等特点。在蒸汽爆破过程中，快速的压力释放除了促进结构的可达性外，压力差也引起通过孔隙系统产生的对流质量传输，迅速将一些水解产物从木材组织中去除[77]。因此，由于爆破过程中发生的对流质量传输，半纤维素的去除也更为均匀。

蒸汽爆破法的主要影响因素有物料粒径、温度、压力、停留时间、物料种类、物料颗粒含水率等[78]。不同的爆破条件会形成不同的产品：温和的条件有利于长链结构的恢复，而较恶劣的条件（如高温和长时间的处理）导致单体及其降解产物的形成，如羟甲基糠醛和糠醛（来自戊糖）[79,80]。一般来说，高温会降低产糖量，而较长的停留时间会提高木质素缩合和戊聚糖脱水的产率。因此，为了避免生物质降解，建议温度应在 200℃以下，并缩短停留时间，但具体条件还应由原料和预处理策略决定。此外，蒸汽爆破法可以使阔叶木和谷类秸秆的细胞壁结构裂解，从而溶出部分解聚半纤维素，但该法对针叶材的处理效果不理想[81]。将蒸汽爆破预处理与其他化学方法相结合，控制预处理条件，可获得高得率的半纤维素。Sun 等[82] 利用蒸汽爆破法和碱性过氧化氢相结合的方法对麦草中的半纤维素进行提取分离，分离得到了 77.0%～87.6%的半纤维素，其中 H_2O_2 有利于木质素的移除，促进半纤维素的溶出。Wang 等[83] 将蒸汽爆破预处理和 NaOH 后处理相结合，研究发现蒸汽爆破预处理时获得的半纤维素分子量相对较小，而 NaOH 后处理得到的半纤维素分子量较大。

四、超/亚临界流体分离

超/亚临界流体技术作为一种新兴的绿色化学工艺，是一种绿色、环保、快速的半纤维素分离方法。与传统工艺提取半纤维素相比，超/亚临界流体分离法，不但可以节约辅助试剂、降低成本，而且能够减少环境污染，使半纤维素更容易分离。其中，超临界流体是指温度和压力均高于其临界点的流体；亚临界流体是指温度高于沸点但低于临界温度，压力低于其临界压力的流体，如图 2-4-17 所示[84]。常用来分离半纤维素的超/亚临界流体如下。

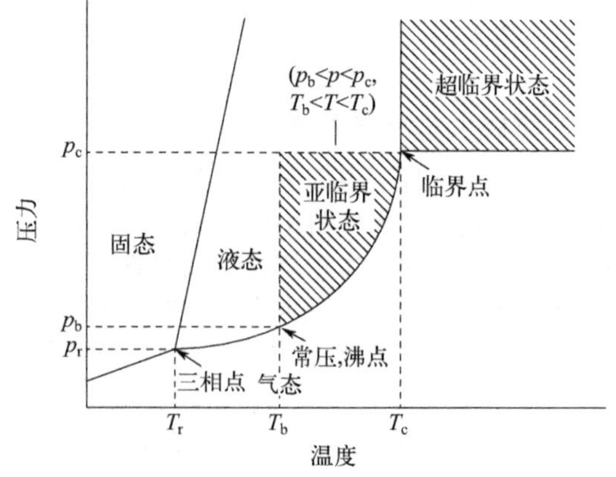

图 2-4-17 纯流体的典型压力-温度图[84]

1. 亚临界水提取半纤维素

亚临界水又称超加热水、高压热水或热液态水，是指压力低于临界压力（p_c=22.1MPa），温度范围是 100～374℃的流体[85]。亚临界水是提取半纤维素的一种高效溶剂，能够很好地分解生物质原料，并且能在短时间内完成半纤维素的分离。近些年来，微波水热法分离半纤维素引起学者的关注。实际上，微波水热法是一种利用亚临界水来分离半纤维素的技术。该方法的优点是能够快速加热与样品接触的溶剂水，将所需半纤维素从样品中快速分离出来。Passos 等[86,87] 利用亚临界水-微波法从咖啡渣中分离出半纤维素，其主要成分是分支度较高和水溶性较好的半乳甘露聚糖和阿拉伯半乳聚糖，其最佳条件为：咖啡渣和水的固液比为1∶30，提取温度为200℃，提取时间为3min。结果表明，微波水热法是一种有效提取半纤维素的方法，改变微波水热提取次数可以得到一系列不同分子量和分支度的半乳甘露聚糖和阿拉伯半乳聚糖。Coelho等[88]利用亚临界水-微波水热法从啤酒糟中提取出了阿拉伯木聚糖。

2. 亚临界 CO_2 分离半纤维素

亚临界 CO_2 是指压力低于临界压力（$p_c=7.38$MPa），温度范围在$-56.55\sim31.26$℃的流体[89]。亚临界 CO_2 是亚临界水的有效替代物，在半纤维素的分离方面也有很好的应用。亚临界 CO_2 预处理条件相对温和，得到的半纤维素各组分间的溶解选择性更优。利用亚临界 CO_2 对甘蔗渣进行预处理，可以高效分离出木聚糖类半纤维素，从而进一步改善纤维素酶解效率，提高生产生物质基化学品的经济效益[90]。亚临界 CO_2 也可以从麦秸秆中提取出木聚糖类半纤维素。通过与相同条件下没有进行 CO_2 预处理的麦秸秆自水解比较发现，CO_2 的加入能增加木聚糖和低聚木糖的溶解，从而得到较高的半纤维素提取效率[91]。

3. 超临界流体分离半纤维素

超临界 CO_2 是一种温度和压力均超过临界点（$T_c=31.8$℃，$p_c=7.38$MPa）的流体[92]。

与亚临界 CO_2 法相比，超临界 CO_2 分离半纤维素时，需要高压反应设备[85]。在较高的压力下，超临界 CO_2 可以溶到水中生成羧酸，起到酸性催化剂的作用。此外，超临界 CO_2 较好的扩散性也可以使其渗透到生物质原料内进行润胀，这都有利于超临界 CO_2 分离生物质原料中半纤维素。超临界 CO_2 分离法中，生物质原料中的固有水分含量对分离半纤维素的效率以及酶解效率至关重要[93]。Kim等[93]使用超临界 CO_2 预处理法从木质纤维原料中提取半纤维素，研究该预处理对后续纤维素的酶解的影响。实验中使用的原料为自身含水量在0～73%的阔叶材山杨和针叶材黄松，通过对其进行加热预处理或者超临界 CO_2 预处理，来分析最终纤维素的酶解效率。结果发现当木质纤维原料中含有水分时，加热预处理和超临界 CO_2 预处理均会增加酶水解后的糖含量，但超临界 CO_2 预处理对糖含量的增加效果更明显；当木质纤维原料没有水分时，超临界 CO_2 预处理对后续酶解效率没有影响。这主要是因为超临界 CO_2 可以与生物质基质中固有的水分形成羧酸，在加压条件下生物质中的颗粒物会和纤维发生“爆炸性粉碎”，溶液的“弱酸性”和“爆炸性粉碎”会导致半纤维素的溶解，从而从生物质中成功提取出半纤维素。因此，可以利用超临界 CO_2 和水的共溶剂预处理木质纤维原料来分离半纤维素[94,95]。

超临界 CO_2 也可以作为反溶剂，从二甲基亚砜（DMSO）或DMSO/水混合物中沉淀出半纤维素颗粒[96,97]，其中半纤维素、超临界 CO_2 和DMSO的三元相图如图2-4-18所示，此方法叫作超临界反溶剂沉淀法。超临界反溶剂沉淀法，是一种制备超细微粒聚合物的新方法。在超临界条件下，在聚合物溶液中添加一种反溶剂，使聚合物过饱和，沉淀离子的大小可通过过饱和的比率调节。超临界 CO_2 是最常见的萃取剂，具有低黏稠度、高扩散性、易溶解多种物质、无毒无害的特点，可以将其作为一种溶剂来沉淀半纤维素和蛋白质等可生物降解的聚合物[96]。采用超临界 CO_2，可以从DMSO或DMSO/水混合物中沉淀出粒径分布窄的球形木聚糖或甘露聚糖颗粒。通过改变半纤维素类型、DMSO与水的比率、压力、温度等条件，可以使这些球形半纤维素的尺寸在0.1～5μm范围内进行调节[98]。

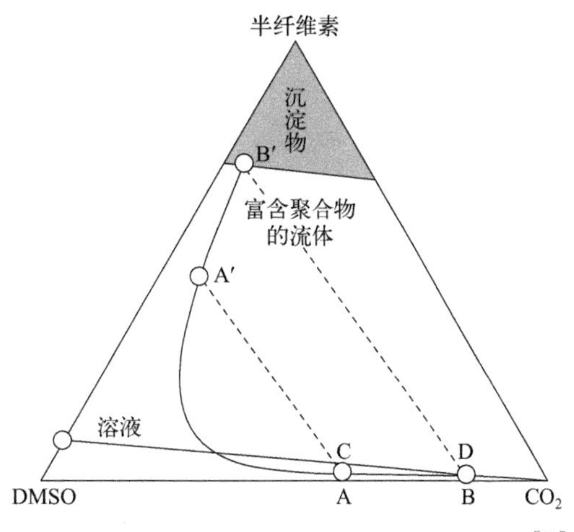

图2-4-18 DMSO/CO_2/半纤维素的三元相图[97]

五、新型溶剂体系分离

传统的半纤维素分离溶剂，如酸碱溶液和有机溶剂，常会导致严重的环境污染问题。绿色溶剂是化学研究的一个重要领域，因此，研究人员开发了基于离子液体（IL）、γ-戊内酯（GVL）和低共熔溶剂（DES）的环境友好型新型溶剂体系。绿色溶剂技术是化工领域广泛关注的热点，可有效减少传统溶剂造成的环境问题，更好地应用于工业生产[99]。长期以来，木质纤维生物质预处理领域力求实现三大组分的高效清洁分离，促进木质纤维生物质的高值化利用，这使得新型绿色溶剂体系得到广泛关注和研究，以期达到生物质高效清洁分离的可持续发展要求[100]。

1. 离子液体

IL是完全由离子组成的有机盐状物质，熔点多低于100℃，具有不挥发、可回收、热稳定和不可燃等优点[101-105]，其对大多数有机物和无机物均具有较好的溶解性。IL优异的溶剂化特性可降低纤维素的结晶度，除去木质素的位阻，增加木质纤维原料的表面积，从而更有效地破坏纤维素-半纤维素-木质素的紧密连接结构，促进半纤维素的解离。Miyafuji等[106]提出了一种利用IL（[C_2mim][Cl]）溶解日本山毛榉的反应机理：在反应的初始阶段，IL渗入木材内部，大量多糖被溶解的同时，有少量的木质素被溶出；在反应过程中，纤维素比半纤维素更早发生溶解，待所有多糖从木材中被溶解出来后，木质素的溶解速率才开始增加。该项研究为今后木质纤维生物质的溶解和分离奠定了基础。Mohtar等[107,108]将油棕榈空果束原料溶解在IL([Bmim][Cl])中，随后利用丙酮/H_2O溶液（1∶1，体积比）、5%（质量分数）NaOH溶液、1mol/L H_2SO_4以及异丙醇等试剂处理，半纤维素的得率为27.17%±1.68%，具体提取流程如图2-4-19所示。该提取过程中的IL可重复使用，但其分离提取效率会有所降低。提取得到的半纤维素的表面形貌不同于纤维素与木质素，其表面光滑且有棱角，由尺寸和形状不一致的小颗粒组成（图2-4-20）。当利用IL处理植物纤维原料时，IL中的阴阳离子具有重要作用，能够通过IL阴阳离子的种类及性质判断其对木聚糖的溶解性能。Raj等[109]探索了五种IL用于生产可发酵糖的生物质预处理过程中的效果，发现利用[C_4mim][OAc]和[C_2mim][OAc]预处理秸秆时可有效去除半纤维素。IL阴离子在半纤维素分离方面起关键作用，多糖的羟基与IL阴离子之间的氢键相互作用可以在一定程度上破坏纤维素和半纤维素之间的分子内和分子间氢键，从而实现半纤维素的去除。然而，另有研究发现在木聚糖/IL溶液中，离子液体的阳离子与木聚糖的作用远大于其阴离子与木聚糖的作用，并且阳离子的咪唑环及侧链均与木聚糖相互作用[110]。

虽然IL的优势多，但IL存在成本高、毒性大、黏度高、生物降解性较差等缺点。此外，生物质组分间存在复杂的聚合物网络结构，使得IL的分离效率有限，分离的各组分存在杂质，不利于所得单一组分的进一步应用。因此，进一步开发新型的生物相容性好、可降解、分离效率高的IL具有重要的意义。

2. γ-戊内酯（GVL）

GVL是利用C_6和C_5糖得到的乙酰丙酸中间体通过闭环反应合成的，是一种很有发展前景的可再生平台化合物。GVL在水和空气中能够稳定存在，是一种无毒、可生物降解、性能优异的绿色有机溶剂，并且是极性非质子型溶剂的理想替代品。因此，GVL为生物质衍生物替代石油衍生化学品和燃料提供了新机会。

GVL可以和水以任意比例互溶，且不会形成共沸物。目前，很多研究集中在利用不同比例的GVL/H_2O体系对生物质原料进行预处理方面。Shuai等[111]利用80% GVL和20% H_2O溶剂体系在120℃的温度下以75mmol/L H_2SO_4为酸性介质预处理阔叶材（固液比为5∶1），如图2-4-21所示。结果发现，半纤维素从木材中被除去，并且预处理后回收率高达96%（与木材中的原始半纤维素比较）。与乙醇、四氢呋喃和稀碱等溶剂相比，使用GVL作为溶剂可以更好地将半纤维素从阔叶材中去除。此外，该分离方法也可以应用于其他种类的原料，包括针叶材、农业残留物、能源作物等。另有研究[112]使用与酶促水解相结合的GVL/H_2O体系对棉秆原料进行温和酸水解处理（图2-4-22），结果发现在不同的GVL/H_2O比例（90∶10、80∶20、70∶30、

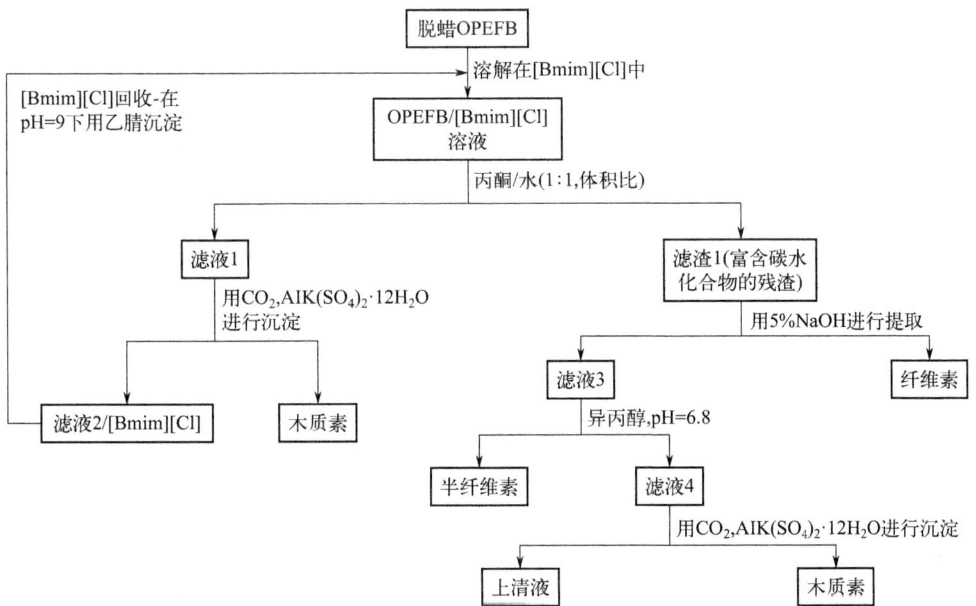

图 2-4-19　油棕榈空果束主要成分的提取分离[107,108]

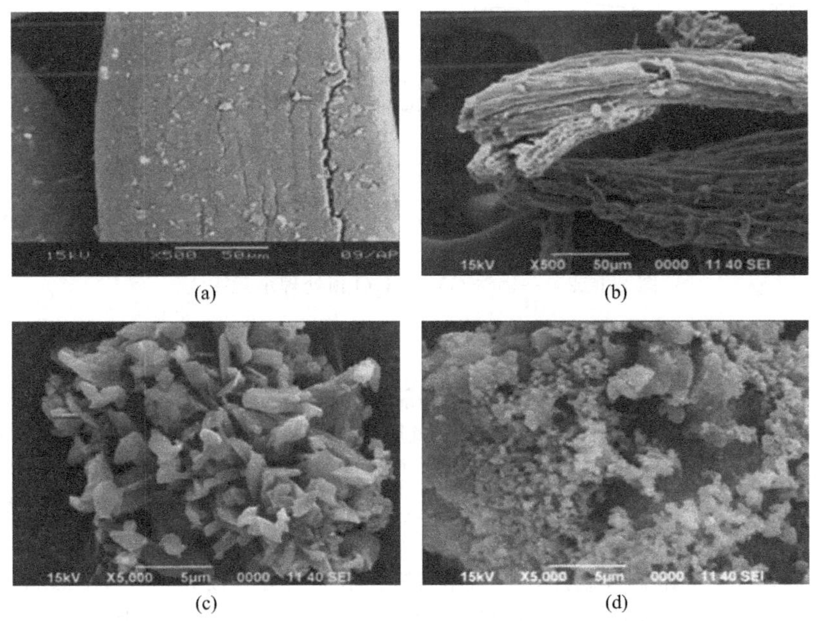

图 2-4-20　未经处理的油棕榈空果束(a),提取得到的纤维素(b),
提取得到的半纤维素(c),以及提取得到的木质素(d)

60∶40）中，C_5 糖的产率通常要高于 C_6 糖，表明半纤维素比纤维素更容易溶解在 GVL/H_2O 体系中，并且在 GVL/H_2O 比例为 80∶20 体系下，半纤维素水解形成的低聚物更显著地转化为木糖，这可以归因于 GVL 和水的协同作用。此外，半纤维素的水解产物（低聚木糖和木糖）会进一步降解成糠醛，且糠醛的产率随着溶剂体系中水含量的增加而降低[113]。Alonso 等[114]报道了利用 GVL 作为溶剂，溶解半纤维素和纤维素，在固体催化剂作用下实现乙酰丙酸和糠醛的转化，简化了木质纤维生物质的分离过程。

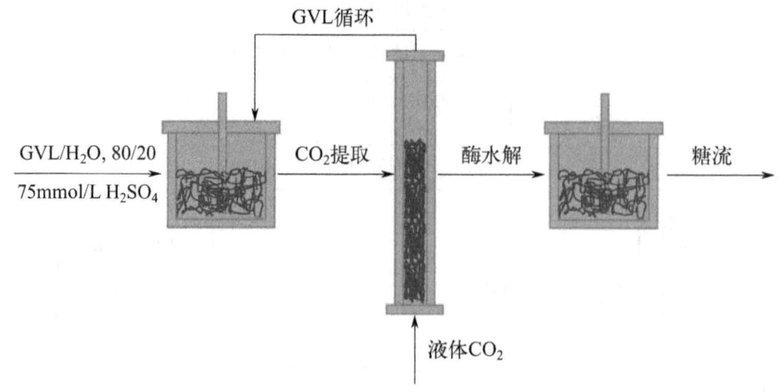

图 2-4-21 基于 GVL 的预处理工艺与溶剂再循环和酶水解相结合[111]

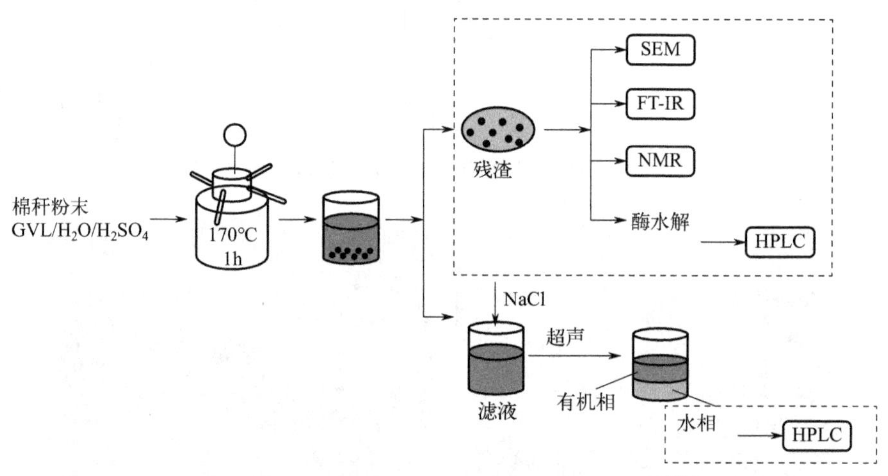

图 2-4-22 一锅法 GVL/H_2O 预处理示意图[112]

3. 低共熔溶剂（DESs）

2003 年，Abbott 课题组[115]首次发现尿素和氯化胆碱可以组成熔点低于室温的溶剂，并将其命名为低共熔溶剂（DESs）。DESs 至少由一个氢键受体（HBA）和一个氢键供体（HBD）组成，当它们混合时，可以形成强烈的氢键相互作用，所形成 DESs 的熔点低于每种单独组分的熔点。DESs 与 IL 具有相似的物理化学性质（低挥发性、不可燃性、低熔点、低蒸气压、热稳定性、高溶解度和可调节性等），因此又被称为 IL 类似物或替代物。此外，DESs 还克服了 IL 制备复杂、成本高和生物降解性差等限制性缺点，它们作为绿色溶剂的潜力极大[116]。DESs 特性优良、制备方法简单，使其成为理想的绿色溶剂。在木质纤维生物质预处理领域，相比于传统溶剂，DESs 有着明显的优势，其与水的相容性好，可通过氢键相互作用稳定糖类和呋喃衍生物，同时，与酶也有良好的生物相容性[117]。此外，DESs 中的 HBD 也可与三大组分形成氢键，从而弱化三大组分之间的氢键相互作用，达到将其高效分离的目的，促进了木质纤维生物质的综合利用。

半纤维素组成较为复杂，研究中常以木聚糖作为模型化合物对其溶解性能进行测试与表征，DESs 溶解半纤维素的研究相对较少。近年来的研究表明，DESs 具有溶解半纤维素的潜力[118-121]。Xue 等[120]发现 1-烯丙基-3-甲基咪唑氯盐/乙二醇 DESs 在 343.15K 时对木聚糖的溶解度为 40.4%，并且溶解度与 DESs 的黏度和氢键接受能力有关。纯的 DESs 通常具有较高的黏度，阻碍了它的应用，则 DESs 与水的混合体系可更好地发挥作用[122]。Morais 等[119]研究了木聚糖在 DESs[氯化胆碱/尿素＋乙酸，ChCl/(Urea＋AA)] 水溶液中的溶解性。木聚糖溶解度的测试结果表明 50%的 ChCl/Urea（1∶2）体系中木聚糖溶解度[(304±8.7)mg/g] 高于 83.3%乙酸胆碱水溶液中木聚糖溶解度。最重要的是木聚糖在50%的ChCl/Urea（1∶2）体系中的溶解度与在常规NaOH水溶液介质中的溶解度［(316±1.9)mg/g］相似，这进一步凸显了低共熔溶剂溶解木聚糖的潜力。此外，溶解后的木聚糖可以利用无水乙醇沉出，达到较高的回收率（92%±4.6%）。在溶解和回收过程中，除了4-*O*-甲基-*α*-D-葡萄糖醛酸单元被除去外，木聚糖结构几乎保留完整。

尽管DESs的预处理工艺仍需进一步优化和改进，但其预处理条件较碱溶液处理更温和，有望成为半纤维素提取分离的替代溶剂。利用DESs去除半纤维素时，其去除程度取决于DESs的种类和所需要的物化条件。Malaeke等[123]研究了木聚糖在ChCl-苯酚、ChCl-*α*-萘酚、ChCl-间苯二酚和ChCl-马来酸中的溶解性能，结果显示，木聚糖在各溶剂中的最大溶解度分别为1.55%、0.92%、1.96%和0.85%（均为质量分数），均低于纤维素和木质素在相应溶剂中的最大溶解度。Lynam等[124]测试了60℃条件下木聚糖在5种酸性DESs中的溶解性，测试结果表明，木聚糖在ChCl-乳酸（1∶10）中的溶解度小于5%，在ChCl-甲酸、ChCl-乙酸、甜菜碱-乳酸和脯氨酸-乳酸中的溶解度均小于1%。Kumar等[125]利用氯化胆碱-草酸DESs预处理稻草，结果表明，在pH<2.0、60℃条件下持续反应12h，并未观察到半纤维素的水解；然而，当温度升高到120℃时，在4h内可除去大部分半纤维素。因此，利用强酸性DESs分离半纤维素需要较高温度（≥120℃）以及较长的反应时间（≥4h）。由此可知，通过选择DESs种类和改善预处理条件，可有效提高半纤维素的分离效率[126]。

第三节 木质素高效分离

一、木质素分离

木质素是自然界中最丰富的可再生芳香族高聚物，广泛分布于羊齿类以上的高等植物和蕨类植物中。它和半纤维素一起填充在纤维之间和微细纤维之间，充当“黏合剂”和“填充剂”。木质素在植物的生长和进化过程中起着至关重要的作用，它能提高水在木质部管状分子中的传输效率，增强纤维组织的强度，限制病原体在植物组织中的传播。

木质素由苯基丙烷结构单元通过*β*-*O*-4′、*α*-*O*-4′、*β*-1′、5-5′、4-*O*-5′和*β*-*β*′键无规律连接而成，是一种不均一的无定形物质。木质素在针叶材中含量为21%～29%；阔叶材次之，含量为18%～25%；在禾本科植物中最低，含量为15%～24%。木质素的含量和组成随着树种、树龄、取样部位的不同有很大差异。

（一）木质素分离需求

木质素的分离纯化对其化学结构和性质研究具有重要意义。木质素与纤维素、半纤维素共存于植物细胞壁中，为研究木质素（即原生木质素）的结构和性质，往往需要将木质素分离出来。理想的木质素结构研究试样是原生木质素，其化学结构和物理性质在分离过程中未发生任何改变。然而迄今为止，仍未找到一种完全代表原生木质素的木质素分离方法，通常在分离过程中木质素会发生不同程度的降解，其主要原因包括以下四个方面：木质素的性质不稳定，其物理化学结构和性质在光、热、化学试剂及机械作用下或多或少发生一些变化；作为高分子聚合物，木质素结构复杂，溶解性能差，几乎不能用某种溶剂在不改变木质素结构的情况下将其溶解出来；木质素与聚糖之间的联系错综复杂，木质素与纤维素、半纤维素不仅存在物理交联也存在化学键合，因此难以分离高纯度的木质素；木质素基本骨架单元的侧链结构与某些糖类化合物丙糖苷具有相似性，给木质素的有效分离增加了难度。

近年来，木质素的高值转化利用受到人们的广泛关注。传统的木质纤维素生物精炼或制浆造纸只利用了碳水化合物，浪费了大量的木质素，已经不能满足当代工业经济的发展需求。木质素的高值化利用为实现木质纤维素资源的最大化利用、提高生物精炼的经济价值提供了可能。实现从木质素转化为化学品或材料，主要依靠三种生物炼制方法，即生物质组分分离、木质素解聚或改性和产品优化升级。其中，生物质组分分离是生物精炼的核心。在分离过程中，尽可能保留天然木质素的化学结构是木质素高效利用的重要途径之一。对木质素原生结构的基础理论研究的需求也促使人们积极探索高得率、高纯度、结构破坏少的木质素分离方法。近年来，文献中对木质素分离方法的报道越来越多[127-129]。

根据分离原理的不同，从植物纤维原料中分离木质素的方法可以分为两大类：一类是将木质素溶解，经再生沉淀分离木质素，纤维素和半纤维素以残渣的形式保留；另一类是将碳水化合物溶解或转化，保留木质素，木质素以残渣或生物油的形式获得。传统的以及近年来发展的新型木质素分离方法及其特点如表 2-4-1 和表 2-4-2 所示。

表 2-4-1　溶解木质素的分离方法及特点

分离方法		处理条件	反应试剂	木质素特点
碱性	硫酸盐法制浆	间歇式，140～170℃	水、氢氧化钠、硫化钠	硫酸盐木质素（如 Indulin AT）：高度降解的低聚物，含硫醇基团（1.5%～3%S）
	亚硫酸盐制浆	间歇式，140～170℃	水、亚硫酸或亚硫酸氢根的钠、铵、镁或钙盐	木质素磺酸盐（如 Ultrazine NA）：高度降解的低聚物，含磺酸盐基团（4%～8%S）
	碱法制浆	间歇式，160～170℃	水、氢氧化钠、（蒽醌）	碱木质素（如 Protobind 1000）：高度降解的低聚物
	碱性水溶液法	间歇式，40～160℃	水、氢氧化钠、氢氧化钙，（蒽醌）	碱木质素：低聚物。 碱水溶液中富含对香豆酸、阿魏酸等单体
	氨纤维爆破法	间歇式，60～160℃，快速减压	水、氨	含氮木质素：低聚物，有效保留 β-*O*-4 连接键。 溶液中含酚类单体
	液氨法	间歇式，100～130℃	无水氨、干燥生物质	含氮木质素：低聚物，有效保留 β-*O*-4 连接键
	氨循环渗滤法	连续式，150～210℃	液氨	含氮木质素：低聚物，有效保留 β-*O*-4 连接键。 溶液中含有大量的碳水化合物
中性		常温	二氧六环水溶液、95%乙醇溶液	贝克曼木质素（MWL）、布朗斯木质素（BNL）、二氧六环木质素，类似于天然木质素
酸性	稀酸法	连续式，120～210℃	水、无机酸（硫酸、盐酸）	酸木质素：小分子低聚物，有效保留 β-*O*-4 连接键。 稀酸水解液中含有香草醛、丁香醛、芥子醇等单体
	水热法	连续式，160～240℃	水	木质素：小分子低聚物，部分保留 β-*O*-4 连接键。 水解液中含有香草醛、丁香醛、芥子醇等单体
	蒸汽爆破预处理	间歇式，100～210℃，快速减压	水、（二氧化硫）	木质素：小分子低聚物。 溶液中含有酚类单体
	有机溶剂制浆	间歇式，100～210℃	有机溶剂： 甲醇、乙醇、丁醇； 乙二醇、丙三醇； 四氢呋喃、二氧六环、甲基四氢呋喃； 甲酸、乙酸（水）、（无机酸，如硫酸）	有机溶剂木质素：木质素被部分解聚，含有 α-烷氧基（来自醇溶剂）和酯基（来自酯溶剂）
	甲醛辅助分级分离	间歇式，80～100℃	二氧六环、水、甲醛、盐酸	木质素：低聚物，通过形成 1,3-二氧六环结构最大限度保留了 β-*O*-4 连接键

续表

分离方法		处理条件	反应试剂	木质素特点
还原	还原催化分级分离	间歇式，180～250℃	氧化还原催化剂、氢气、有机溶剂（甲醇、乙醇、异丙醇、乙二醇、丙三醇、四氢呋喃、二氧六环）	木质素油：含对位取代的愈创木酚/丁香酚、酚类二聚体和低聚物
其他	离子液体溶解和制浆	间歇式，90～170℃	离子液体：$[C_4C_1im][MeCO_2]$、$[C_2C_1im][HSO_4]$、$[C_4C_1im]Cl$、水、（硫酸）	离子液体木质素：部分保留 β-O-4 连接键，但可能有硫元素掺杂
	机械预处理提取	间歇式，室温，粗球磨	二氧六环、水	贝克曼木质素（MWL）：结构接近天然木质素

表 2-4-2　保留木质素的分离方法及特点

分离方法		处理条件	反应试剂	木质素特点
酸催化水解	浓酸水解	间歇式，20～25℃	水、无机浓酸（硫酸、盐酸、氢氟酸等）	克拉森木质素、盐酸木质素：只适合用于测定木质素含量，木质素发生解聚和缩合
	稀酸水解	连续式或间歇式，170～300℃	水、无机酸（硫酸、盐酸、氢氟酸、磷酸等）	间歇式处理获得的木质素结构接近克拉森木质素，含有一定的腐殖质，木质素发生解聚和缩合； 连续式处理的液体中获得木质素低聚物，部分保留 β-O-4 键
	γ-戊内酯辅助酸水解	连续式或间歇式，120～170℃	水、γ-戊内酯、无机酸（硫酸）	γ-戊内酯抽提木质素：低聚物，有效保留了 β-O-4 连接键
	离子液体辅助酸水解	间歇式，100～150℃	$[C_2C_1im][HSO_4]$、水、无机酸（硫酸，盐酸等）	木质素：低聚物，可能有硫元素掺杂
	机械辅助酸催化水解	间歇式，浸渍后球磨水解，130℃	硫酸、盐酸、水	木质素：低聚物
酶辅助水解	预处理-酶水解法（预处理方法包括水热、稀酸、蒸汽爆破、氨纤维爆破、脱乙酰化和机械精制）	间歇式处理，30～60℃	水、pH 4～5 的磷酸盐缓冲溶液、纤维素酶、稀酸、氨	酶解木质素：纯度低，产物种类复杂
	纤维素酶木质素法	间歇式，40～60℃水，球磨	水、pH 4～5 的磷酸盐缓冲溶液、纤维素酶	纤维素酶木质素：结构接近天然木质素
	温和酶酸解木质素分离	间歇式，两步法（第一步：纤维素酶解后球磨生物质；第二步：温和酸/有机溶剂抽提，80～90℃）	水、pH 4～5 的磷酸盐缓冲溶液、纤维素酶、稀盐酸、二氧六环	酶酸解木质素：结构接近天然木质素
热处理	（快速）热解	400～600℃，缺氧环境	催化剂（酸性沸石）	热解木质素：高度解聚的 C_8 小分子低聚物。 残渣中为焦炭，木质素油中含酚类单体

（二）溶解木质素的分离方法

将木质素从植物原料中溶解分离的方法很多，按木质素溶剂类型分可分为碱分离法、酸分离法、中性有机溶剂分离法和还原催化分离法。各种方法分离得到的木质素种类包括：与制浆工业有关的碱性木质素，如硫酸盐木质素、木质素磺酸盐、碱木质素，以及与生物炼制有关的氨木质素等；在酸、热水等溶剂预处理纤维原料中分离的木质素，如酸木质素等；用中性有机溶剂提取的木质素，如磨木木质素、二氧六环木质素、纤维素酶木质素等；通过酸辅助 Ni 催化低沸醇提取、还原木质素，以及制备低分子木质素酚类物质。

1. 碱分离法

在碱性介质中脱除木质素常用于制浆工业和生物精炼研究中。常用的碱分离法如下。

（1）硫酸盐法　硫酸盐法制浆是目前主要的制浆技术，产量占全球化学浆的 90%以上。该技术优势在于纸浆质量高、制浆化学品易综合回收再利用，以及不需要额外提供能源[130]。在硫酸盐法制浆过程中，木质素在由 NaOH 和 Na_2S 水溶液组成的蒸煮液中降解溶出，部分重新缩合，随蒸煮废液排出，形成黑液。黑液大多被焚烧回收热能和制浆化学品，也可通过酸化诱导木质素从黑液中析出获得硫酸盐木质素。该木质素含有极少量的 β-O-4 连接键且含有巯基硫，可能会导致催化剂中毒，不利于生产下游增值产品。

（2）碱性亚硫酸盐法　亚硫酸盐制浆是第二重要的化学制浆方法，包括碱性、中性和酸性亚硫酸盐法。随着硫酸盐法的普及，亚硫酸盐制浆市场份额急剧下降（<5%）[131]。在碱性亚硫酸盐制浆过程中，木质素活性 C_α 位被磺化，形成苄基磺酸盐基团而溶出，通过超滤、提取或沉淀获得木质素磺酸盐。木质素磺酸盐通常以盐（Na^+、NH_3^+、Mg^{2+}、Ca^{2+}）形式存在，含有比硫酸盐木质素更高的硫元素（4%～8%），在水中的溶解度很高。在分离过程中，木质素被高度降解，且形成了新的 C—C 键，使得木质素磺酸盐中的 β-O-4 连接键含量较低。

（3）碱法　第三种传统制浆方法是碱法制浆[132]。它与硫酸盐法制浆相近，其主要区别在于碱法制浆的蒸煮液中不添加 Na_2S。由于缺少强亲核试剂 Na_2S，木质素解聚反应的进行效率较低，主要发生了竞争反应。碱法制浆主要被用于生产非木材纸浆，如稻草、芒草、亚麻、甘蔗渣等。非木材生物质通常含有较少的木质素和较高对碱不稳定的酯键，且结构更为疏松。添加蒽醌可以提高碱法制浆的效率。一方面，蒽醌可以促进木质素醚键的还原裂解；另一方面，通过形成蒽醌-蒽氢醌的氧化还原循环作用来减少碳水化合物的剥皮降解反应。碱性蒽醌木质素通常含有较少的 β-O-4 连接键，可通过沉淀分离。相比于硫酸盐法和亚硫酸盐法制浆，碱性蒽醌法制浆的主要优势在于获得的木质素不含硫。

比碱法制浆更为温和的方法是碱性水溶液法，主要用于禾本科原料木质素的分离。例如，采用 NaOH 水溶液处理玉米秸秆，可以将大约 55%的原始木质素提取到液体中。利用水洗涤剩余固体可以进一步脱除 35%的木质素[133-136]。水解液中富含由酯键水解得到的单体酚，如对香豆酸、阿魏酸和香草酸，这些酚类化合物的质量占玉米秸秆木质素的 27%。此外，水解液中还含有木质素低聚物，以及碳水化合物碱性降解产生的衍生物，如乳酸及乙醇酸等。而水洗液中还含有一些分子量相对较高的木质素低聚物。

（4）氨法　氨能够溶解或重新分配木质素且易于回收，常用于木质素分离。氨法包括氨纤维爆破法、液氨分离法以及氨循环渗滤抽提法。

氨纤维爆破法是湿生物质在高压下与氨反应，通过瞬间泄压过程蒸发氨从而破坏生物质的结构。该过程产生的热量使 LCC 连接键断裂，其他酯键则发生氨解和水解。该法的特点在于方法本身不分离生物质组分，而是使其结构疏松，有利于后续采用有机溶剂或碱液进一步提取木质素。玉米秸秆经氨纤维爆破法处理后可去除多达 50%～65%的木质素[137]。分离的木质素为低聚物，保留了大部分的 β-O-4 连接键[138]。液体中含有少量的酚类单体，包括醛类（香草醛与丁香醛）、酸类（香草酸与对香豆酸等）及其酰胺。

液氨分离法是一种采用无水液氨在 100～130℃下处理原料分离木质素的方法。液氨是一种优异的木质素溶解和纤维素润胀剂，甚至能渗透纤维素的结晶区，破坏纤维素天然的氢键网络结构，形成纤维素-氨络合物[139,140]。液氨蒸发后使纤维素晶型由纤维素Ⅰ转变为对酶水解更为敏感的纤维素Ⅲ。由于生物质中的水会阻碍纤维素Ⅲ的形成，因此液氨分离法适用于水分含量非常低的生物质，这是液氨分离法与氨纤维爆破法的主要区别之一。第二个区别在于液氨分离法没有爆破性压力释放。在高压下保持液态的氨能够快速溶解木质素组分。该方法可从玉米秸秆中提取44%的木质素，极少发生降解[141,142]。也可以先采用液氨分离法处理后，再用乙醇/水溶液温和提取木质素。据报道，可提取92%的木质素，并且可实现 NH_3 的回收。液氨法分离的木质素 β-O-4 连接键保留较为完整，氮以羟基肉桂酰胺（即香豆酰胺和阿魏酰胺）的形式进入木质素中。

氨循环渗滤抽提法是一种连续处理过程，该法中氨水溶液连续提取木质素，原料木质素脱除率高达85%[143-145]。同时，大部分（50%～60%）半纤维素被抽提出来。溶解的木质素可以通过蒸发（和再循环）氨从萃取液中沉淀出来。所得到的木质素沉淀物中含有大量的碳水化合物杂质（高达20%）[146]，但这些杂质可通过温和酸催化水解完全除去，并保持木质素结构的完整性。Bouxin 等[147,148]的研究结果表明，氨循环渗滤抽提杨木木质素后，β-O-4 连接键保留完整，但木质素产率（31%）和脱木质素程度（58%）相对较低，且引入了少量（1%～2%）氮元素。

2. 酸分离法

（1）稀酸处理　稀酸处理一般采用浓度为0.4%～2.0%的盐酸或硫酸等在170～300℃下处理原料脱除木质素，分间歇式和连续式两种方式。当采用间歇式稀酸处理时，半纤维素和木质素片段部分溶于酸性热水，酸性热水中溶出的木质素片段发生缩合再沉积到生物质表面。木质素结构发生变化但其含量没有明显下降。当以连续式处理时，溶出的木质素片段可以及时从加热区移除，使木质素重新沉积的速度减慢。因此，连续式被认为是一种比间歇式更有效的脱木质素方法。稀酸处理的水解液中含有单糖、低聚糖以及木质素低聚物，且木质素低聚物中的部分 β-O-4 连接键被保留下来。由于酸析的方法对分离低分子量木质素和含氧化合物没有效果，从水解液中完全分离木质素十分困难。

（2）水热处理　水热处理又称高温自水解处理，其所需酸度主要来自高温水解离产生的氢离子以及生物质中的有机酸。与连续式稀酸处理相比，水热处理过程木质素酸解和缩合程度较低。提取的木质素大部分为低聚物，且部分 β-O-4 连接键被保留。水溶液中含有多达30多种化合物，包括对羟基苯甲酸、香草醛、丁香醛和芥子醇等木质素 $C_\alpha—C_\beta$ 键的氧化降解产物[149-151]。与连续式稀酸处理类似，水热处理存在溶液中木质素分离难的问题。

（3）蒸汽爆破处理　该方法结合了氨纤维爆破和水热处理的方法特点。利用加压水蒸气水解原料后，瞬间泄压破坏木质纤维素致密的结构。虽然蒸汽爆破处理本身不能大量脱除木质素，但它有利于随后的有机或碱性溶液提取木质素。木质素可以通过酸化或蒸发有机溶剂等途径沉淀分离。木质素产物中芳基醚键发生不同程度的断裂（β-O-4 连接键损失50%～100%）。

（4）有机溶剂-酸处理　酸处理过程加入有机溶剂可显著提高木质素分离效率。一元醇（甲醇、乙醇、丁醇）、多元醇（乙二醇、甘油）、环醚［四氢呋喃（THF）、二氧六环］、有机酸（甲酸、乙酸）和酮［丙酮、甲基异丁基酮（MIBK）］等溶剂均可使用。低沸点醇因为易于回收和低成本被广泛采用。有机溶剂制浆即利用有机溶剂与无机酸和/或水一起处理生物质。蒸煮后，废液中的木质素可以通过酸析沉淀与共同溶出的半纤维素分离。获得的木质素称为有机溶剂木质素。有机溶剂木质素经过酸催化解聚和缩合产生寡聚片段，结构变化的程度取决于工艺的剧烈程度。例如 Alcell 工艺在约195℃下用含水乙醇制浆，木质素中仅保留少量的 β-O-4 连接键；而丁醇制浆获得的木质素中 β-O-4 连接键则保留较多。此外，木质素烷基链的 α 位掺入了溶剂衍生的烷氧基[152-154]。据推测，烷氧基化可防止 β-O-4 结构发生降解和缩合反应。另外，当以羧酸为溶剂制浆时，还将引入酯基。

2016年，Shuai 等[155]创新性地提出了甲醛/盐酸辅助二氧六环水溶液在温和（80～100℃）条件下分离木质素。该法利用甲醛与 β-O-4 结构中的烷基侧链的 α-OH 和 γ-OH 基团反应形成相对稳定的1,3-二氧六环，并阻碍碳正离子的形成，从而防止酸催化解聚和再聚合反应。因此，获得的木质素中几乎完整保留了 β-O-4 键。此外，甲醛还通过形成间羟甲基（相对于酚位置）部分减少了间位富电子位置[156]。通过优化反应条件，防止了酚醛树脂亚甲基交联结构的形成。甲醛辅助脱木质素过程的副反应是将甲醛引入纸浆中，但通过酸水解可除去已接枝的甲醛。

3. 中性有机溶剂分离法

尽管从植物纤维中分离木质素的方法很多，但可用于结构和性质研究的分离方法并不多。主要有磨木木质素（milled wood lignin，MWL）、布朗斯木质素和二氧六环木质素。

MWL 的制备方法最早由瑞典木材化学家 Bjökman 于 1957 年提出，故又称 Bjökman 木质素。该方法是在不加酸、不加热的条件下用中性有机溶剂提取木质素，首先依靠机械力破坏木质素和聚糖之间以及木质素大分子间的连接键，最终得到呈浅奶酪色的木质素粉末。在不同球磨、提取及纯化条件下制备的 MWL，其分子量、糖含量和化学结构均有差异。MWL 是目前最接近原本木质素的木质素制备物之一，广泛应用于木质素结构和性质的研究。但是，由于在制备过程中不可避免地发生轻度脱甲基、氧化、连接键断裂及游离基的偶合反应，MWL 在结构上或多或少与原本木质素有所不同。此外，由于该法不能分离出植物原料中的全部木质素，MWL 是否能代表植物原料中的全部木质素也存在疑问。因此不能将 MWL 与原本木质素相提并论。

布朗斯木质素最初是由 Brauns 于 1939 年提出的，Brauns 称之为“天然木质素”。用 95% 的乙醇彻底抽提 100～200 目的木粉，抽出液经浓缩后滴入水中，得到的沉淀物即为粗木质素。粗木质素经二氧六环溶解、乙醚沉淀提纯即可得到。布朗斯木质素与 MWL 的元素组成虽然没有明显差别，但其得率很低，仅为植物中木质素含量的 8%～10%，而糖含量为 2%～3%；分子量较低（数均分子量为 850～1000）；但含有较多的酚类物质，其酚羟基含量为 0.46/MeO，比 MWL 高 50%；且有时含有一定量的提取物。此外，从杨木、山毛榉中分离出来的布朗斯木质素的紫丁香基含量高于从同一原料中分离得到的 MWL。因此，所谓的“天然木质素”并不能代表植物中的原本木质素，目前已不用于木质素的结构研究。

含水的二氧六环溶液是木质素的良好溶剂，加入少量的无机酸如 HCl 后可用来制备二氧六环木质素。该方法获得的木质素得率较高，木质素缩合程度较低，可用于原本木质素的结构研究。一般方法为经苯醇抽提的脱脂木粉用 0.2mol/L HCl 的二氧六环水混合溶液（二氧六环与水的体积比为 9∶1）在 90～95℃下加热回流 0.5～48h，将回流液浓缩后滴加到水中，可沉淀出二氧六环木质素。针叶材、阔叶材和禾草原料用此法分离得到的木质素得率分别为 Klason 木质素的 10%～30%、22%～35%和 44%～55%，糖含量为 1.6%～7.5%。

4. 还原催化分离法

该法是在木质素溶出的同时采用非均相氧化还原催化剂进行催化解聚，获得高度解聚木质素油。木质素的溶出分离主要取决于溶剂类型、反应时间和温度[157]。在有机溶剂法分离中，低沸点醇（如甲醇、乙醇、异丙醇）是最常用的溶剂，通常与水混合。此外，添加酸性助催化剂（例如 H_3PO_4、金属三氟甲磺酸盐）可以增大木质素的提取效率以及半纤维素的脱除率。木质素解聚（氢解）和还原稳定化由氧化还原催化剂控制。常用的催化剂为负载型贵金属和 Ni 催化剂。木质素在还原催化分离过程中被降解，而碳水化合物则作为纸浆与催化剂以固体形式保留下来。如何从纸浆中分离催化剂是提高该法可行性的关键，可采用磁吸式催化剂或催化剂反应器篮，使纸浆和催化剂更容易分离。

5. 其他脱木质素方法

（1）离子液体分离法　该法包括离子液体溶解法和离子液体制浆两种方式，通常在较低温度下进行。前者是将木质纤维素完全溶解，后者则是溶解了木质素和半纤维素后纤维素以固体纸浆的形式保留，具体取决于离子液体溶剂（ILs）的种类。在前一种方式中，纤维素可通过加入反溶剂（有机或水-有机溶液）从产物混合物中沉淀出来，部分木质素和半纤维素溶解在溶液中。在第二种方式中木质素和半纤维素则溶解在 ILs 中。因此，离子溶剂制浆与有机溶剂制浆非常相似，但反应温度较低（<160℃），溶解的木质素可以从制浆液中通过水或者醇沉淀析出。离子液体分离法根据工艺的剧烈程度，木质素的 *β-O*-4 连接键会发生部分裂解和再聚合。据推测，*β-O*-4 裂解的程度与阴离子的类型（例如硫酸根、乙酸根、磷酸根）有关，但阳离子的影响很小[158,159]。此外，分离过程中若 IL 含有硫阴离子（如硫酸根、磺酸根、氨基磺酸根）时，还可能

在木质素中引入硫元素。其他与离子液体分离法有关的因素包括 ILs 成本、毒性和回收。

（2）机械处理　机械处理如球磨可以促进生物质分离。磨木木质素、纤维素酶木质素等均采用了球磨的方法提高木质素分离得率。但该方法通常需要较长的球磨时间（数天到数周），且通常脱木质素程度较低（$<35\%$），不适合工业化生产，仅适合实验室中制备用于结构鉴定和分析的样品。

（3）氧脱木质素法　氧脱木质素法一般用于纸浆漂白，也可用于从木质纤维生物质原料中脱除木质素。此方法可以在酸性（如乙酸、过乙酸）或碱性（如 NaOH、石灰）条件下进行，且需要过氧化氢或氧气作为氧化剂。在此过程中，木质素通过氧化途径转化，产生低分子量混合物，氧化产物可能包含酚、醌和开环（脂族羧酸）结构。

（三）保留木质素的分离方法

保留木质素的分离方法是基于碳水化合物的溶出、转化，木质素以残渣的形式保留。常用的方法有酸催化的碳水化合物转化法、酶辅助碳水化合物转化法和热转化法。

1. 酸催化的碳水化合物转化法

（1）浓酸水解　浓酸水解是将碳水化合物转化为单糖最传统的方法。碳水化合物转化后的残渣在工业上被称为“水解木质素”。分离的原理是采用 65%～72% H_2SO_4 或 42% HCl 处理植物原料，将高聚糖水解成低聚糖，再以稀酸将低聚糖水解成单糖。按浓酸类型的不同又可分为硫酸木质素（如 Klason 木质素）和盐酸木质素（如 Willstätter 木质素）。Klason 木质素是由瑞典木材化学家 Klason 首先提出的，常用于植物纤维中木质素的经典定量。该法用浓硫酸（72% H_2SO_4）在 20℃下处理无抽出物的植物原料（应磨成 40～60 目粉）一定时间（通常为 2h），然后加水将 H_2SO_4 稀释至 3%浓度，加热回流数小时（如 4h）后得到的深褐色残渣即为硫酸木质素。盐酸木质素是将无抽出物木粉置于经冰水冷却的 42% HCl 中，振动 25h 后在冰水浴中放置过夜，残渣用 5% H_2SO_4 煮沸 5～6h 后过滤，经洗涤即可得到呈淡黄色的盐酸木质素。

在浓酸分离过程中，木质素的结构发生严重缩合。硫酸木质素的结构变化程度比盐酸木质素大。硫酸木质素完全不适合于木质素化学结构和反应性能的研究，而广泛应用于植物原料中木质素的定量。少部分木质素在酸性水解过程中溶解，因此原料中木质素的含量应包括酸不溶木质素和酸溶木质素两部分。针叶材的酸溶木质素含量较低，一般不超过 1%，可以将 Klason 木质素作为总木质素的含量，但阔叶材的酸溶木质素为 3%～5%，禾草类原料的酸溶木质素也在 1%以上，因此测定阔叶材和禾草类原料的木质素含量时，必须同时考虑酸溶木质素。

（2）稀酸水解　稀酸水解中酸的浓度通常低于 5%，但反应温度一般较高（>170℃）。在严苛的条件下，纤维素和半纤维素会发生水解，木质素发生降解和缩合。木质素低聚物大部分可从水解产物中沉淀析出，少部分为松柏醛等单体醛类，溶于水中。木质素低聚物中保留大部分 β-O-4 连接键，可发生解聚反应。

（3）酸浸渍-机械分离法　该方法采用研磨将酸浸渍的生物质完全转化成水溶性低聚糖和木质素片段[160,161]。研磨后再水解可以获得高得率单糖和结构类似乙醇木质素的木质素沉淀物。该木质素中含有极少量的 β-O-4 连接键。在该过程中，木质素的结构变化主要发生在研磨阶段，而不是水解阶段。如果水解在双相体系（2-甲基四氢呋喃/水）中进行可避免木质素发生再缩合。因此，从双相体系中获得的木质素分子量比单相体系中低。

2. 酶辅助碳水化合物转化法

酶水解是从木质纤维生物质中获取单糖最常用的方法，同时得到木质素残余物。由于木质纤维生物质存在天然的抗降解屏障，阻碍了酶对纤维素及半纤维素的水解。因此，常采用预处理以提高酶水解效率。温和的预处理可以减少木质素的脱除，从而增加酶水解残余物中木质素的含量。最常见的不引起木质素大量脱除的预处理方法是水热预处理、稀酸预处理、蒸汽爆破预处理、氨纤维爆破法、脱乙酰化和机械精制，其他方法还包括等离子体预处理和超声波预处理。酶水解后获得的木质素残留物中含有较多的灰分、残留碳水化合物、蛋白质等杂质，纯度较低。纯度及结构变化的程度主要取决于预处理方法的类型和剧烈程度[162,163]。

纤维素酶木质素（CEL）与酶酸解木质素（EMAL）是实验室中利用酶辅助碳水化合物水解从而分离木质素的主要方法。这两种方法利用纤维素酶对球磨原料水解后再采用二氧六环/水溶液进行抽提。CEL 的分离得率通常较低（<35%），但 β-O-4 键保留相对完整。为了提高得率，Chang 等[164]改进 CEL 制备工艺，原料经球磨、酶水解后，接着用弱酸（0.01mol/L 盐酸）对酶水解残渣进行抽提，得到的木质素被命名为酶酸解木质素（EMAL）。研究结果表明，EMAL 与传统的 MWL 和 CEL 相比，得率和纯度更高，因此更具有代表性。此外，EMAL 的提取过程中只断裂了部分 LCC 连接键，而木质素大分子内的连接键并没有发生断裂。尽管如此，EMAL 和 CEL 不适用大规模工业生产，仅用于天然木质素的结构研究。

酶解辅助分离得到的木质素均含有部分碳水化合物。这部分碳水化合物可能与木质素存在共价键连接，而且不能通过延长酶解时间或增加酶解次数除去，也不可能在纯化过程中完全除去。另外，酶法分离的木质素会受到酶不同程度的污染。残留在粗木质素中的酶（蛋白质）不能在纯化过程中完全除去，因此测定分离木质素的氮元素含量显得尤为重要。

3. 热转化法

热转化法是在木质纤维素快速热裂解后，基于碳水化合物热裂解产物与木质素热裂解产物的疏水性差异，从而分离获得热解木质素和酚类单体油的过程。木质纤维素的热解是指生物质在没有氧气的情况下发生热分解（400～600℃），产生气态产物、生物油和焦炭的过程。产生的焦炭主要来源于木质素，生物油中则含有酚类单体和木质素衍生的低聚物。为了使油产量最大化，优选高加热速率（300～1000℃/min）和短停留时间（1～2s）的裂解条件。木质素热解产物包含酚类、儿茶酚类和愈创木酚等［最高达 20%（质量分数）的初始木质素］。与碳水化合物衍生的化合物（糠醛、脱水糖等）相比，木质素衍生的产物疏水性更强。因此可以通过加水的方式从生物油中沉淀析出大部分木质素，而酚类单体则保持在液相中。生成的木质素沉淀物被称为热解木质素，其化学结构发生了高度解聚和缩合，主要由 C_8 寡聚体（DP 4～9）组成。

（四）木质素分离化学

木质素分离是其高值转化成化学品及材料的主要策略之一。根据分离方法的差异，木质素在分级分离过程中会发生化学键（图 2-4-23）断裂等不同的化学反应，使其化学结构发生改变。按反应过程分，木质素分离化学可分为：碱催化、酸催化、还原、氧化及热处理。

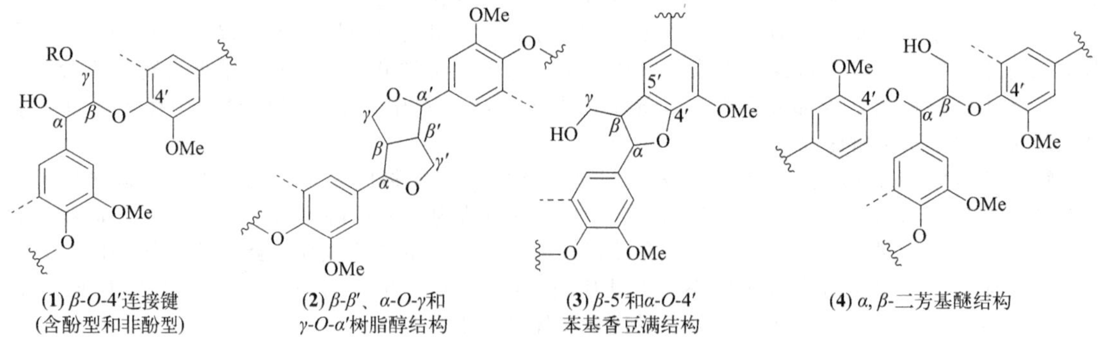

(1) β-O-4′连接键（含酚型和非酚型）　(2) β-β′、α-O-γ和γ-O-α′树脂醇结构　(3) β-5′和α-O-4′苯基香豆满结构　(4) α, β-二芳基醚结构

图 2-4-23　木质素化学键

1. 碱催化的木质素化学

木质素具有中等极性，不溶于水，但由于酚羟基的去质子化作用，使其在碱性介质中具有较好的水溶性。因此，通常采用碱性处理的方法从木质纤维生物质中提取木质素，例如传统的硫酸盐制浆法。在碱性介质中木质素-碳水化合物键首先断裂，使木质素碎片化，其次木质素碎片中的 β-O-4 连接键断裂，使产生的木质素碎片溶解，最终木质素结构发生了降解/缩合。

β-O-4 键是木质素结构中最常见的连接键类型，在碱催化反应中容易断裂（见图 2-4-24）。β-O-4 键的反应活性主要取决于酚型的游离酚羟基基团和非酚型的醚化酚羟基基团[165]。非酚型单元（**5**）通过碱催化反应，生成酚型单元（**6**）和环氧化合物中间体（**7**），其中环氧化合物中间体（**7**）的形成相对缓慢，而酚型单元（**6**）更容易解聚。当酚型结构单元的 α 位上存在离去基团（如—OH、—OR）时，这些基团首先转化为甲基醌（**8**）（图 2-4-24）。甲基醌化合物是碱性木质素化学中的一个重要组成部分，易发生亲核反应，恢复芳香性。在硫酸盐法制浆中，亚甲基醌在强亲核阴离子如 HS^- 的攻击下，使 β-O-4 键发生断裂，形成环硫化物中间体（**11**）。环硫化物中间体可以继续发生后续各种反应，产生如松柏醇等易降解和缩合的化合物。在竞争反应中，亚甲基醌化合物通过 C—C 键连接缩合可与原位形成的亲核木质素反应。另一种恢复芳香性的途径是通过逆羟醛反应去除末端基（γ-CH_2OH），形成一个对碱稳定的烯醇醚结构（**9**）和甲醛。这一反应常发生在没有强亲核试剂的情况下（如烧碱法制浆），但醚键的断裂效率低下，且甲醛会通过甲醛-苯酚缩合反应再聚合。

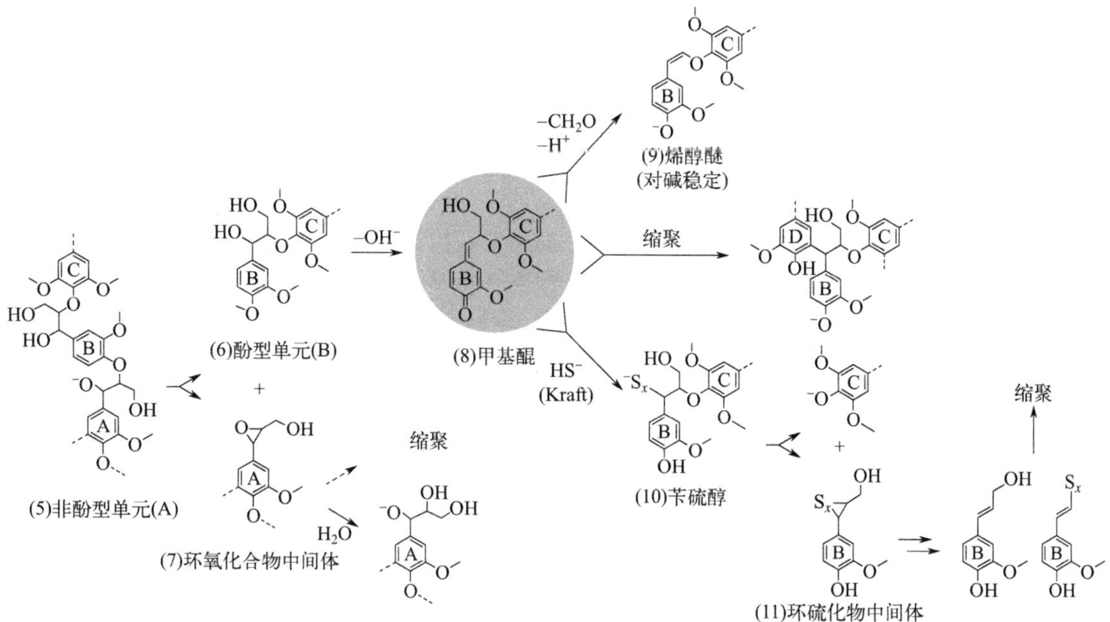

图 2-4-24 碱催化木质素化学（酚环标记为 A～D）

2. 酸催化的木质素化学

酸性条件可促进碳水化合物中醚键发生水解，因此经常被用于溶解或解聚半纤维素或纤维素组分。与碱性条件不同，酸性环境不一定促进木质素的溶解和提取，但酸性介质可以通过促进解聚（即酸解）和缩合来影响木质素结构[166]。如图 2-4-25 所示，酸催化木质素化学中最显著的变化是 β-O-4 芳基醚键的断裂。β-O-4 醚键酸解时首先去除 α 位羟基基团，形成苄基碳正离子中间体（**12**），苄基碳正离子中间体可以经脱氢或脱氢-脱甲醛路线转化为两种烯醇醚结构，即（**13a**）（C_β—C_γ 键断裂）和（**13b**）（非 C_β—C_γ 键断裂）（图 2-4-25）。具体形成哪种烯醇醚结构主要取决于所采用的酸。例如，在使用 HCl 或 HBr 时，主要形成（**13a**），而在使用 H_2SO_4 时，主要形成（**13b**）。随后，对酸不稳定的烯醇醚结构通过水解可以得到 C_2 醛取代的酚类化合物（**15**）和 C_3 酮取代的酚类化合物（**14**），后者被称为 Hibbert 酮。最终，Hibbert 酮、碳正离子和 C_2 醛取代的酚类化合物共同构建了一个复杂的裂解反应网络，形成了木质素缩聚物。

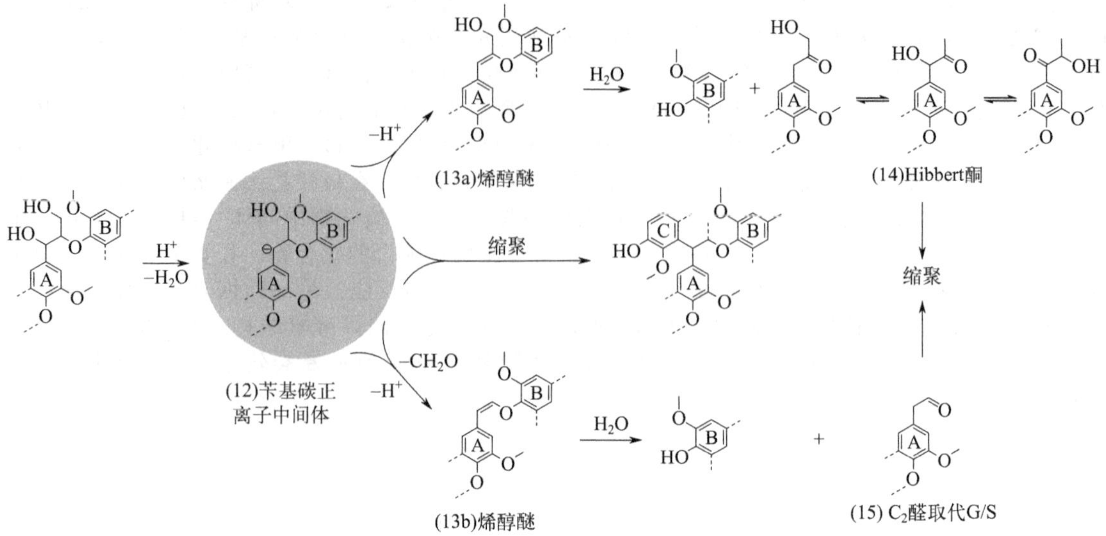

图 2-4-25 酸催化木质素化学

3. 还原木质素化学

木质素在分离过程中常采用还原反应进行分离解聚，因此，需选取 H_2 或供氢体等对含有醚键（*β-O*-4、*α-O*-4）和侧链羟基结构的木质素进行还原断裂。基于此，研究者们对还原过程提出了不同的反应途径和机制[167-171]，例如：醚键氢解；去除苄基的羟基（OH_α）；还可能去除 OH_γ（图 2-4-26）。这些基础反应产生了可取代的甲氧基酚（**16**）和小的低聚物片段，并且根据反应条件和催化剂的不同，发生氢化/氢解反应（二次反应），生成环己醇或环烷烃。更重要的是这些还原催化反应体系能够使易缩合的具有反应性的官能团，如烯基和羰基猝灭。因此，与碱性或酸性介质相比，还原介质在一定程度上可以避免缩合，但是大多数还原反应仍无法断裂 C—C 键。可见，还原解聚的程度通常与反应前木质素中存在的芳基醚键的相对数量有关。

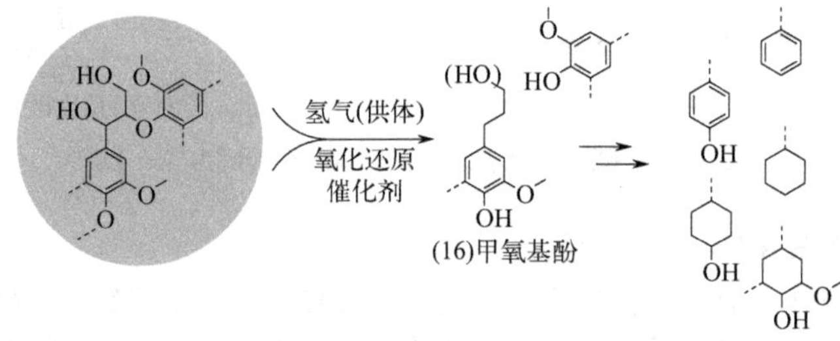

图 2-4-26 还原木质素化学

4. 氧化木质素化学

在传统的纸浆漂白工艺中，为了改善纸产品的白度，通常采用氧化法来脱除纸浆中残留的木质素。在漂白过程中，常常使用氧化剂，如氯气、二氧化氯、氧气、过氧化氢、臭氧和过氧酸等来降解或去除颜色较深的木质素残余物（2%～6%），从而增加纸浆的白度。降解脱色氧化机理主要是利用亲电物质，如 Cl^+（来自氯）、OH^+（来自过氧酸）或氧气，去攻击木质素中具有高电子云密度的位置，如木质素中的邻位、对位或 C_β 位置，进行亲电反应。在诸多氧化剂中，氧气价格低廉、容易获得且产生的副产物主要为水，因此是一种应用前景广阔的氧化剂。但氧气是一种弱氧化剂，必须加碱活化木质素，即将酚羟基和烯醇基转变为更有活性的酚盐和烯酮盐。

分子氧在氧化木质素时是通过自由基反应进行的[172]，主要是由酚氧离子转化为酚氧游离基。氧在邻位、对位或侧链 C_β 位时加入酚氧游离基，会形成过氧阴离子。过氧阴离子通过：i. C_α—

C_β 键断裂，生成酚醛衍生物（17）；ii. $C_4—C_\beta$ 键断裂，生成对醌（19）；iii. 形成环氧烷结构；iv. 芳香环断裂，产生脂肪族羧酸（20）。但另一些学者认为该过程不涉及加氧，而是通过对苯氧游离基的二次氧化，生成类似肉桂醛的中间体，然后通过还原醛醇，断裂 $C_\alpha—C_\beta$ 键。

总之，依据上述两条反应路径，要么侧链断裂（$C_\alpha—C_\beta$ 或 $C_4—C_\beta$ 键的断裂），保留芳香性，要么芳香环断裂，生成脂肪族羧酸（图 2-4-27）。然而，通过 $C_\alpha—C_\beta$ 或 $C_4—C_\beta$ 键断裂得到的芳香族化合物结构在碱性氧化条件下不稳定，可通过芳香环断裂进一步转化为脂肪族羧酸[173]。因此，与还原法相比，在氧化条件下生成的酚类化合物通常不稳定。根据所提出的机理，氧化木质素解聚主要是通过碳碳键断裂，而不是通过醚键断裂。由于遵循自由基反应机理，木质素片段也会通过自由基偶合发生缩聚反应，产生联苯结构（21）。

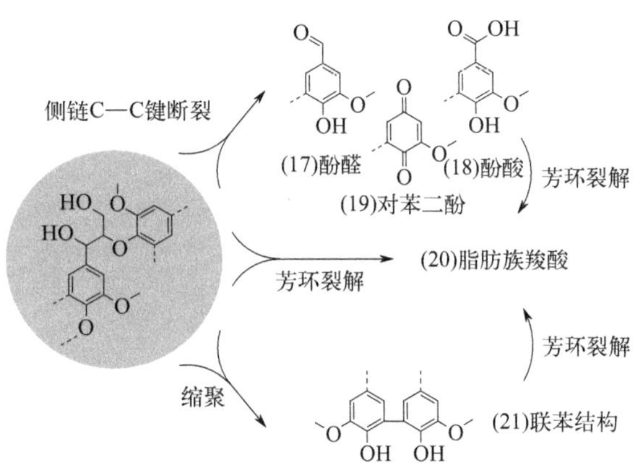

图 2-4-27 氧化木质素化学

5. 热处理木质素化学

木质素和木质素模型化合物的热降解机理已经得到了广泛的研究。目前的研究进展可参见文献[174-177]。迄今为止，木质素的热裂解机理仍然存在争议。研究者们对木质素热解机理主要存在以下争论，即碳氧键和碳碳键的断裂反应是通过均裂断裂产生自由基后再聚合，还是同时发生。当前认为，无论是对 β-O-4 键断裂机理的研究还是对碳碳键断裂机理的研究，不同的课题组和研究者，都会因为模型化合物、温度、压力、实验设备以及理论方法的不同而产生不同的结果。随着高分辨率光谱技术和其他仪器分析方法的不断发展，采用建立木质素结构库、计算方法模拟化学反应等手段有望最终揭示木质素在高温下的化学变化[178]。

二、离子液体分离

新型环保型溶剂的使用推动生物质炼制朝着更绿色、可持续的方向发展。传统处理过程包括酸处理过程（如 H_2SO_4）和碱处理过程（如氨和 NaOH）。但这两种方法存在生物质分级分离和催化剂（酸或碱）难以回收等问题。目前可替代方案主要是以水为基础介质的工艺，即蒸汽爆破处理和液态高温水处理。尽管这些工艺不需要额外添加其他化学物质（催化剂），但仅有半纤维素以低聚糖的形式被提取出来，且反应温度较高（220℃），耗能大。因此，为了解决当前预处理方法的瓶颈问题，需要提出更加绿色可持续的木质纤维素转化方法。尽管离子液体与二氧化碳、生物基有机溶剂（如乙醇、γ-戊内酯、四氢呋喃）等新型溶剂/催化剂类似，存在安全性、成本效益、合成和回收等问题，但其可在较温和的分离条件下实现生物质加工利用，因而通常被作为首选溶剂。

离子液体被认为是一种“绿色”溶剂，目前，已发现多种离子液体能够分级分离木质纤维素，且分离的木质素结构较为均一，具有一定的应用优势，但目前尚未工业化生产[179]。

（一）离子液体

离子液体可以分为非质子型离子液体和质子型离子液体。最常见的非质子型离子液体是由胺、磷或硫与卤代烷烃通过季铵化反应形成卤化物盐后，添加金属盐进行阴离子交换反应生成的离子液体。图 2-4-28 为应用最广泛的非质子型离子液体的阳离子和阴离子。质子型离子液体在 1914 年问世，在燃料电池和生物质分离等方面应用广泛。图 2-4-29 给出了一些代表性质子型离子液体常用的阳离子和阴离子。

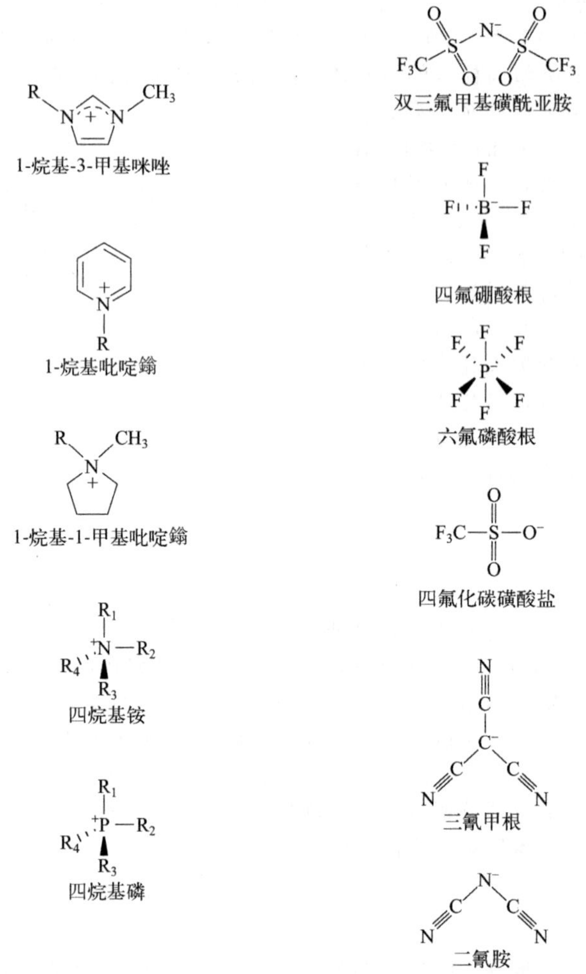

1-烷基-3-甲基咪唑

双三氟甲基磺酰亚胺

四氟硼酸根

1-烷基吡啶鎓

六氟磷酸根

1-烷基-1-甲基吡啶鎓

四氟化碳磺酸盐

四烷基铵

三氰甲根

四烷基磷

二氰胺

图 2-4-28　非质子型离子液体常用的阳离子和阴离子

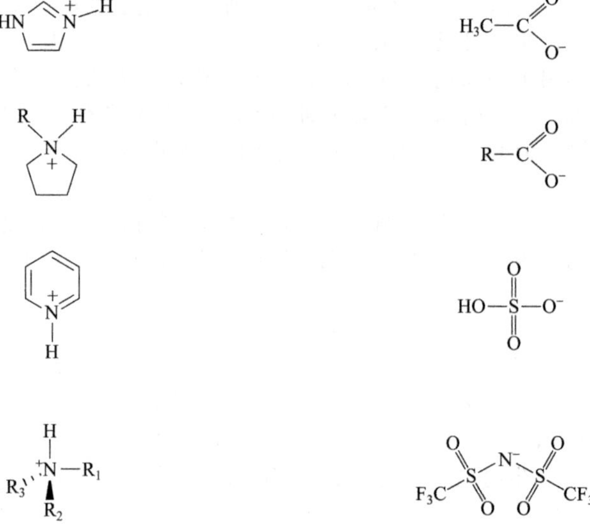

图 2-4-29　质子型离子液体常用的阳离子和阴离子

（二）木质素在离子液体中的溶解

离子液体在溶解木质纤维生物质化学组分上展现出了巨大的潜能。近十年来，研究者们在利用离子液体溶解木质纤维生物质上做了大量的研究工作。结果表明，离子液体阴离子可以与生物质组分形成强大的氢键网络，从而使组分溶解[180]。常用于溶解木质纤维原料的离子液体主要以咪唑、吡啶、吡咯烷镓、胆碱、季铵、季磷类为阳离子，以卤素、羧化物、酰胺、硫氰酸酯、磷酸盐、硫酸盐、磺酸盐类为阴离子。

1. 溶解木质素的离子液体种类

通过选择合适的阳离子和阴离子，可调节离子液体对木质素的溶解性能。可见，阳离子和阴离子在木质素溶解中扮演了重要角色。阳离子或阴离子中有 p 共轭结构的离子液体更有助于溶解木质素[181]。质子型离子液体和非质子型离子液体在一定程度上都能溶解木质素，表 2-4-3 总结了常见的 IL 对工业木质素的溶解能力[182-186]。

表 2-4-3　常见离子液体溶解工业木质素的能力

离子液体	溶解温度/℃	溶解度/%	木质素种类
$[C_4mim][PF_6]$	120	0	针叶材硫酸盐木质素
$[Bmpyrr][PF_6]$	120	0	针叶材硫酸盐木质素
$[C_4mim][BF_4]$	100	12	针叶材硫酸盐木质素
$[C_1mim][MeSO_4]$	90	50	Indulin AT 木质素
$[C_4mim][CF_3SO_3]$	90	50	Indulin AT 木质素
[Amim]Cl	90	30	Indulin AT 木质素
[Emim][OAc]	90	30	Indulin AT 木质素
$[C_2C_2IM][MeCO_2]$	90	30	Indulin AT 木质素
DMEAF	90	28	Indulin AT 木质素
DMEAA	90	19	Indulin AT 木质素
DMEAG	90	17	Indulin AT 木质素
DMEAS	90	10	Indulin AT 木质素
[Bzmim]Cl	90	10	Indulin AT 木质素
[Bmim]Cl	90	10	Indulin AT 木质素
$[C_4mim]Br$	90	10	针叶材硫酸盐木质素
$[C_4mim][BF_4]$	90	4	Indulin AT 木质素
$[C_4mim][PF_6]$	90	1	Indulin AT 木质素
$[C_4mim][PF_6]$	90	1	针叶材硫酸盐木质素
$[Bmmim][BF_4]$	75	14	针叶材硫酸盐木质素
$[C_4mim]Cl$	75	13	针叶材硫酸盐木质素
$[C_6mim][CF_3SO_3]$	70	22	针叶材硫酸盐木质素
$[C_4mim][MeSO_4]$	50	26	针叶材硫酸盐木质素
$[C_2C_2IM][MeSO_4]$	50	26	针叶材硫酸盐木质素
$[C_2C_2IM][MeSO_4]$	50	26	针叶材硫酸盐木质素
$[C_4mim][MeSO_4]$	50	26	针叶材硫酸盐木质素
[Py][OAc]	90	>50	硫酸盐木质素
$[C_1mim][OAc]$	90	>50	硫酸盐木质素
[Pyrr][OAc]	90	>50	硫酸盐木质素

研究表明，[C_2C_1Im][$MeCO_2$] 对木质素具有较理想的溶解效果[187]。使用该离子液体提取麦草木质素，能溶解一半以上的酸不溶木质素。将[C_2C_1Im][$MeCO_2$]的阴离子改为烷基苯磺酸，在提取木质素过程中还能解聚部分木质素，进而提高木质素溶出率[188]。离子液体[Emim][OAc]可以很好地溶解木质素而不溶解纤维素。当加入少量助溶剂 DMSO 时，还能将木质素的溶出率由 38%提高至 56%。三种质子型离子液体[Py][OAc]、[C_1mim][OAc]和[Pyrr][OAc]对木质素均具有优异的溶解性能（表 2-4-3）。其中，[Pyrr] [OAc] 对木质素提取效率最高。虽然咪唑类离子液体对木质素具有优异的溶解性能，但价格普遍偏高，且木质素溶解的选择性较差，因此需要进一步优化和寻找价廉效优的溶剂。例如，可以通过调整甲醇与 [Emim][OAc] 复配体系比例，选择性地优先溶出木质素，再溶出纤维素，进而实现三大组分的全分离[189]。除此之外，还有一类特殊的离子液体，即“开关型”离子液体（switchable ionic liquids，SILs），一部分由脒/醇或胍/醇构成，另一部分由气体参与[190,191]，SILs 可调控性强，可选择性提取半纤维素或木质素，且使用的酸性气体（如 CO_2、SO_2 等）作为分子开关，很容易实现离子液体与生物质组分的分离[192]。

（1）常规离子液体　常规离子液体主要包括 [C_2CNBzim]Cl、[C_2CNAim]Cl、[Bmim]Cl 和 [Emim][OAc] 等，它们分离木质素的效率分别为 53%、47%、38%和 75%[193]；还包括由单乙醇胺、二氧化硫和 1,8-二氮杂二环十一碳-7-烯合成的超碱离子液体，即 MEA-SO_2-SIL，能够提取 80%的木质素[194]。研究表明，阳离子种类影响木质素的提取效率。具有富 π 电子芳香环阳离子的离子液体与木质素会产生更强的相互作用。例如，[BPy]Cl 提取木质素的效率略高于[Bmim]Cl，[$(CH_3)_4N$]Cl 提取木质素的效率最低，这可能是由于 $[BPy]^+$ 比 $[Bmim]^+$ 具有更多的芳香环[195]。阳离子的烷基链长增加了疏水性，增强了木质素的提取效果。但烷基链越长，黏度也越高。尽管高黏度在一定程度上限制了传质和传热，但是链长较长的离子液体利于提取得到一些极性较低的化合物。通过添加共溶剂如二甲基亚砜和水，一方面可降低体系的黏度，另一方面使木质纤维原料中的氢键网络变得松散，利于离子液体渗透[196]。含水量小于 0.5%的离子液体对木质素的提取效率不会有太大影响，但含水率过高时不利于提取木质素。这主要是由于水是木质素的不良溶剂。将木材完全溶解在 [Emim][OAc] 中，通过丙酮和水可以选择性地将木质素再生出来。

（2）酸性离子液体　酸性离子液体广泛应用于生物质的预处理和水解过程，木质素主要以沉淀的方式获得。研究表明，1-丁基-3-甲基咪唑硫酸氢盐对生物质水解存在潜在的催化能力。在此过程中，阴离子具有催化性能，进而水解生物质。当酸性离子液体的阳离子中存在酸性质子时，也可以水解生物质。因此，当阳离子中带有磺酸基团时将促进生物质的水解。目前关于离子液体预处理木质纤维素生物质研究的首要挑战是生物质分级分离的一体化，即同时从多糖组分中分离出高级单糖和从木质素中分离出芳香族化合物。例如，使用酸性三乙胺硫酸氢盐对芒草处理 24h 后木质素的提取率可达 85%。固体残渣主要由纤维素组成，经酶解糖化后 77%的葡聚糖转变为葡萄糖，但约 1/5 的半纤维素无法实现高值化利用[197]。此外，考虑到离子液体价格昂贵，必须在不降低反应性能的前提下有效回收和再利用离子液体。

2. 影响离子液体溶解木质素的因素

目前，在离子液体溶解木质素的研究中，通常以全生物质或市售的硫酸盐木质素为原料。离子液体的物理化学性质、生物质的来源、木质素的颗粒大小、样品的水含量、溶解时间和温度、生物质与离子液体的固液比以及木质素定量方法（重量法或紫外分光光度法[198]）等都是影响木质素溶解度的重要因素。其中，离子液体的物理化学性质由其阴、阳离子所决定。

（1）阴离子结构的影响　通过模拟[199,200]和中子散射[200]实验研究表明，阴离子对木质素的溶解起主要作用，阳离子起次要作用。一般认为木质素只溶于含碱性阴离子的极性离子液体中。针叶材硫酸盐木质素在咪唑阳离子基离子液体中的溶解度随着阴离子种类的变化按以下顺序变化：$[CF_3SO_3]^- \approx [MeSO_4]^- \gg [OAc]^- > [HCOO]^- \gg Cl^- \approx Br^- \gg [BF_4]^- \gg [PF_6]^-$（表 2-4-4）。强氢键阴离子例如 $[MeSO_4]^-$ 可以有效溶解木质素，而大的非配位阴离子 $[BF_4]^-$

和 [PF_6]$^-$ 溶解木质素的效果非常有限。另外，具有甲苯磺酸根阴离子的 ILs 与乙二胺协同可高效溶解多年生芒草木质素[201]。其他研究表明，木质素不溶于阳离子[Emim]$^+$ 和弱配位阴离子 [BF_4]$^-$、[PF_6]$^-$、[(SO_2CF_3)$_2$N]$^-$ 组成的离子液体中，但在强配位阴离子[$O_2P(OCH_2CH_3)_2$]$^-$、[$MeSO_4$]$^-$、[$MeCO_2$]$^-$ 和 [CNS]$^-$，以及中等配位阴离子 $CF_3SO_2^-$ 的离子液体中，其溶解度均约为 50%(相对质量)。卤化物阴离子具有较强的氢键能力，氯和溴基离子液体大约能溶解 10%～15%的木质素。

表 2-4-4　阴、阳离子的种类对木质素溶解能力的影响

离子液体	样品	溶解能力(质量分数)/%	温度/℃
[C_2C_1im][$MeCO_2$]	硫酸盐木质素	30	90
[C_1mim][$MeSO_4$]	针叶材木质素	26	50
[C_4mim][$MeSO_4$]	针叶材木质素	26	50
[C_6mim][OTf]	针叶材木质素	22	70
[C_4mim]Cl	针叶材木质素	13	75
[C_4mim]Cl	针叶材木质素	10	90
[C_4mim]Br	针叶材木质素	14	75
[C_4mmim][BF_4]	针叶材木质素	12	100
[C_4mim][BF_4]	硫酸盐木质素	4	90
[C_4mim][BF_6]	硫酸盐木质素	1	90
[C_4mim][BF_6]	针叶材木质素	0	120
[C_4mpyrr][PF_6]	针叶材木质素	0	120

(2) 阳离子结构的影响　理论模型研究发现，咪唑类阳离子尤其适用于溶解木质素，这是由于咪唑阳离子可以通过木质素苯环与木质素的侧链相连。咪唑阳离子与木质素之间存在 π-π 相互作用，使得木质素在其中具有更高的溶解度[202]。阳离子为 [Rmim]$^+$ (此处 R 代表甲基至己基)、阴离子为 Cl^-、[PF_6]$^-$、[BF_4]$^-$ 和 [NTf_2]$^-$ [其中 NTf_2 表示双 (三氟甲基磺酰基) 酰亚胺] 的离子液体与苯或甲苯以及邻、间和对二甲苯反应时，离子液体在结晶态和液态均具有明显的 π-π 相互作用。另外一些研究发现，[Bmim]Cl 和 1-丁基-3-甲基吡啶氯化物只能溶解 5%甚至更少的木质素 (表 2-4-5)。当采用 1-苄基-3-甲基咪唑 (苄基咪唑) 取代离子液体 [Bmim]Cl 中的 [Bmim]$^+$ 时，有助于改善木质素的溶解度。相比于 [Bmim]Cl，木质素在 [Amim]Cl 中的溶解度更高，其原因：一方面，阳离子链长增加使 π-π 相互作用更强，π-π 相互作用不仅可能会抑制离子液体中芳香族产物的脱除，而且还会破坏分子间和分子内氢键；另一方面，咪唑阳离子与取代基 p-π 共轭，也增加了其溶解度。但当咪唑环碳 2 号位置被甲基化后，如 [Bm_2im][$CFSO_3$] 和 [C_4mim][$CFSO_3$]，木质素的溶解度显著降低。此外，无芳香族基团的 [N_{4448}][CF_3SO_3] 对木质素的溶解度最低[203]。

表 2-4-5　离子液体溶解木质纤维素及主要组分的能力及条件

离子液体	溶解度/%			条件
	Indulin AT 木质素	枫木粉	微晶纤维素	温度/℃;时间/h
[Mmim][$MeSO_4$]	>50	约 0	—	90;24
[Bmim][CF_3SO_3]	>50	约 0	—	90;24
[Amim]Cl	>30	>30	—	90;24
[Emim][OAc]	>30	<5	22	90;24

续表

离子液体	溶解度/%			条件
	Indulin AT 木质素	枫木粉	微晶纤维素	温度/℃；时间/h
[DMEA][HCOO]	28	约 0	约 0	90；24
[DMEA][OAc]	19	约 0	约 0	90；24
[Bmim]Cl	>10	>30	14	90；24
[Bzmim]Cl	>10	>10	—	90；24
[Bmim][BF_4]	4	约 0	约 0	90；24
[Bmim][PF_6]	0.1	约 0	约 0	90；24
离子液体	松木硫酸盐木质素溶解度/%			温度/℃
[Bmim]Cl	约 1.4			75
[Bmim]Br	约 1.8			75
[Mmim][$MeSO_4$]	约 7.4			25
[Mmim][$MeSO_4$]	约 34			50
[Hxmim][CF_3SO_3]	约<1			50
[Hxmim][CF_3SO_3]	约 28			70

阳离子为非芳香族（质子化二甲基乙醇胺，$[DMEA]^+$）、阴离子为极性小的甲酸盐或乙酸盐的质子型离子液体不能溶解纤维素或木材，但可以溶解硫酸盐木质素，表明该离子液体溶解硫酸盐木质素相对较易，且在溶解木质素的过程中无需 π-π 相互作用。但非芳香族离子液体如四丁基氯化磷和 1-丁基-3-甲基吡咯烷氯化物溶解木质素的效果较差[204]。

（3）离子液体极性的影响　离子液体溶解木质素的能力可通过 Hidebrandt 溶解度参数（δ_H）来预测。δ_H 是衡量溶剂极性的重要手段。当溶剂的极性越接近木质素的极性时，木质素在该溶剂中的溶解度越大。因此，木质素（δ_H 值为 24.9）在 [C_4mim][$CFSO_3$]（δ_H 值为 24.6）中具有很高的溶解度，而在 [C_4mim][PF_6] 和 [C_4mim][BF_6]（δ_H 值分别为 30.2 和 31.6）中的溶解度则很低[205]。另一个与木质素溶解度相关的参数是反映了离子液体阴离子氢键碱性的 Kamlet-Taft β 参数。Kamlet-Taft 参数与离子液体溶解纤维素和木质纤维素的溶解度之间存在强相关性。中高碱度的离子液体比低氢键碱度的离子液体更适合溶解木质素，见图 2-4-30[206]。

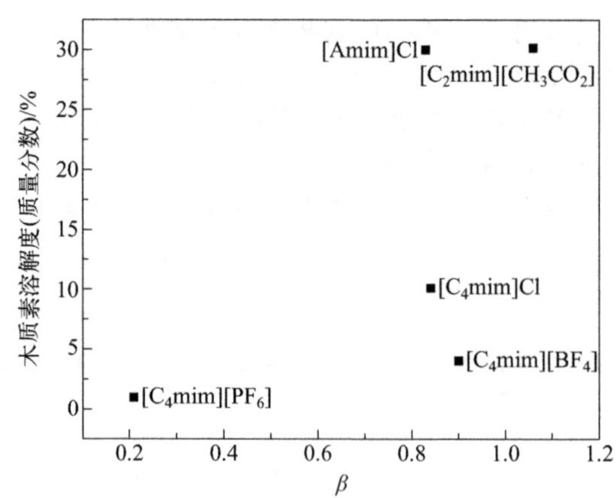

图 2-4-30　木质素在 Kamlet-Taft β 上的溶解度[207-209]

（4）其他因素　提取温度、时间、离子液体含水量、固液比、木材粒径、木材种类、溶剂组成和离子液体阳离子种类等工艺参数均对木质素提取有显著影响。

反应温度和时间也影响了木质素在IL中的溶解度。升高温度和延长反应时间可以提高木质素的分离效率[210-212]。但当温度过高时，不仅消耗了大量的能源，还会使IL发生严重的热分解，木质素侧链发生降解。为了改善这一现象，可以在较温和的条件下，多次重复提取以提高木质素提取率。研究结果表明，在100℃下，松木木粉与[Bmim][OAc]反应4h后，木质素提取率为39%；而松木木粉经连续两次处理，每次处理2h，最终的提取效率为51%[210]。

离子液体或生物质中的水分含量也影响木质素在IL中的溶解度。水会干扰纤维素羟基和离子液体阴离子（如Cl^-）之间形成强氢键的能力，从而降低离子液体溶解纤维素的能力。木质素的选择性提取过程也存在类似现象，当含水率为0.5%时，[Bmim][OAc]提取木质素的效率为38%，但当含水率提高到15%时，木质素的提取率下降为25%[210]。尽管高含水量在木质素提取上不占优势，但可改善木质纤维生物质的酶水解效果。与单独[Bmim]Cl（9.8%溶解的稻草）处理相比，[Bmim]Cl/20%水（29.1%溶解的稻草）体系对豆类秸秆的溶解性显著增强[213]。[Bmim][HSO_4]/20%水和[Bmim][$MeSO_3$]/20%水预处理松木和柳木可显著提高原料的酶水解效率，但溶解在离子液体/水相中的木质素发生碎片化或降解[214]。

离子液体与原料的固液比和原料特性也是影响IL溶解木质素的因素。固液比增高，原料用量增加，木质素的量增大，有利于提取更多的木质素。但会提高离子液体-原料混合浆料的黏度，降低溶解速度。因此，需要优化原料的加入量以达到最大的木质素提取效率。木质素的溶出还与原料粒径有关，随着原料粒径由100μm增加到500μm，木质素的提取率将减少50%以上。

生物质在大多数离子液体中都有较高的溶解度。当其中一个或两个离子的分子量增加时，会减少离子液体中单位质量离子的数量，从而导致生物质溶解度的下降，这与特定的阴离子-阳离子组合的实际溶解能力无关[215]。从表2-4-5中可以看出，有可溶解木质素但不溶解纤维素的离子液体，但目前尚未发现任何可溶解纤维素但不溶解木质素的离子液体。尽管含硒和硫取代二烷基磷酸酯阴离子的离子液体可以选择性地溶解半纤维素成分，但尚未发现其可溶解木质素[216]。Casas等以松脂醇作为木质素模型物研究木质素在IL中的溶剂化机理[217]，该工作采用COSMO-RS作为预测工具，计算四种不同的离子液体中模型物的超额焓，结果表明计算结果与实验趋势相吻合，并强调了阴离子在溶解纤维素和木质素的过程中起主要作用，其次是静电力和阳离子结构，最后是范德华力作用。

（三）离子液体分离木质素方法

1. 全溶-选择性沉淀法

研究人员利用离子液体将生物质溶解后，使用硫酸、氢氧化钠、丙酮水溶液[218-220]进行多步沉淀和提取，提高对木质素的选择性以分离出木质素。[Emim][OAc]、[Amim]Cl、[Bmim]Cl和质子型离子液体等离子液体都能够通过溶解和沉淀的方式分离木质素。[Emim][OAc]和[Bmim]Cl离子液体可溶解纤维素、半纤维素和硫酸盐木质素，但质子型离子液体只能溶解木质素。其中，[Emim][OAc]离子液体从木质纤维生物质中提取木质素的能力最强，其提取量是[Bmim]Cl的两倍多。因此，尽管[Emim][OAc]离子液体对木材的溶解度较低但对木质素的溶解度较高，且原料适应性广，是选择性提取木质素的最佳溶剂[221]。使用[Emim][OAc]离子液体在150℃、90min条件下可以从黑麦秸秆中提取最多52.7%的木质素[222]。[Emim][OAc]能够溶解稻壳并且通过沉淀法去除100%的木质素（110℃，8h）[223]，但[Amim]Cl和[Hxmim]Cl离子液体并不能从富含天然二氧化硅的稻壳中脱除木质素。胆碱氨基酸离子液体更加环保，可通过沉淀法从稻草中选择性分离木质素[224]。

2. 一锅选择性提取法

一些特定的离子液体可选择性地从生物质中溶解出木质素，留下未溶解的多糖组分用于后续处理，反应过程无需借助反向溶剂。含有二甲苯磺酸盐（XS）等阴离子和$[Emim]^+$阳离子的离子液体可从甘蔗渣中溶解和提取木质素[225]，产率大于93%，同时获得不溶性纤维素浆。[Emim][Ace]和[Bmim][Ace]离子液体亦可在温和条件下从针叶材和阔叶材中选择性提取木质素而不溶解或降解纤维素[226]。分离出的木质素分子量相对均匀，但掺入了少量的化学试剂。

三、低共熔溶剂分离

1. 低共熔溶剂

21 世纪初期，一种由氯化胆碱与尿素组成的新型离子液体——低共熔溶剂（deep eutectic solvents，DESs）问世，揭开了离子液体预处理生物质崭新的一页。低共熔溶剂是由氢键受体（如季铵盐、季鏻盐）和氢键供体（如羧酸、多元醇、酰胺）按一定的物质的量之比通过氢键作用形成的一类熔点低于其原组分的共晶混合物[227,228]。氢键受体与氢键供体的相互作用是其熔点显著降低的主要原因。低共熔溶剂既具备传统离子液体的优良性质，又具有可生物降解、生物相容性好、价格低廉、易于制备、不需要纯化、原子利用率 100% 等特点，可应用于金属电沉积、催化、药物溶解、分离等领域。低共熔溶剂的物理化学特性可调，可通过改变氢键供体与受体的物质的量之比来调控其对生物质三大组分的选择性溶解，在生物质精炼领域具有广阔的应用前景。

低共熔溶剂通常在加热的条件下通过共混合成，整个过程不需要溶剂且不会发生副反应，故无需对所得产物进行纯化。其他制备方法包括真空蒸发、研磨和冷冻干燥。蒸发法是将各组分溶于水，在 50℃下真空蒸发除去水后，将最终的混合物置于干燥器内干燥至恒重。研磨方法是在氮气氛围中，将各组分加入研钵中研磨至澄清均匀。冷冻干燥法则是将氢键受体和氢键供体分别溶解在约 5%的水中，经冷冻干燥直到形成澄清、透明的溶液。图 2-4-31 为常用的氢键供体和氢键受体。

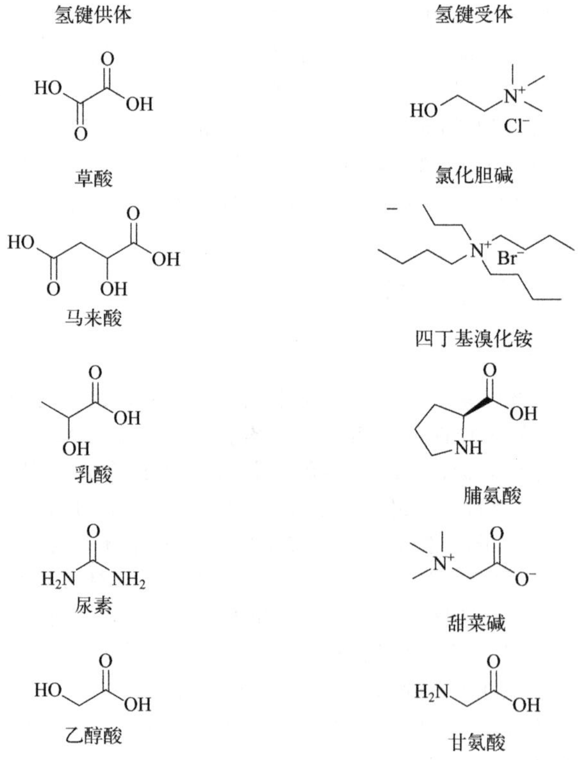

图 2-4-31　合成低共熔溶剂的氢键供体和氢键受体的结构

密度、表面张力、黏度、电导率是低共熔溶剂的主要性质。与咪唑鎓盐类离子液体相似，绝大多数低共熔溶剂的密度大于水。低共熔溶剂表面张力约为 33～78mN/m，与离子液体和高温熔融盐的表面张力相当，远超大多数分子型溶剂。由于大量氢键网络的存在，绝大多数低共熔溶剂的黏度在室温下都大于 100cP。此外，组成成分的化学性质、温度、水含量、离子大小、各成分的间隙、静电力和范德华力也影响低共熔溶剂的黏度。其中，温度是影响低共熔溶剂黏度的一个重要因素，黏度随温度的升高而降低。与离子液体类似，低共熔溶剂也具有较高的电导率，一般范围为0.028～52mS/cm。低共熔溶剂的电导率与温度有关，温度升高有利于氢键网络中电子的传输，从而提高电导率。电化学窗口是低共熔溶剂稳定存在的电势范围，低共熔溶剂的电化学窗口大致范围为0.6～3V，略低于离子液体（4V左右）。

2. 木质素在低共熔溶剂中的溶解

当前报道的低共熔溶剂几乎不溶解任何纤维素，但溶解木质素的能力较强（表2-4-6）。其中，苹果酸和脯氨酸以1∶3（物质的量之比）组成的低共熔溶剂对木质素的选择性溶解度最高。因此，可以设计合适的氢键供体、受体，并调控二者的比例以选择性地从木质纤维原料中提取木质素。

表2-4-6　木质素在低共熔溶剂中的溶解度

氢键供体	氢键受体	物质的量之比	温度/℃	木质素溶解度/%
乳酸	脯氨酸	2∶1	60	7.56
乳酸	甜菜碱	2∶1	60	12.03
乳酸	氯化胆碱	1.3∶1	60	4.55
乳酸	氯化胆碱	2∶1	60	5.38
乳酸	氯化胆碱	5∶1	60	7.77
乳酸	氯化胆碱	10∶1	60	11.82
乳酸	组氨酸	9∶1	60	11.88
乳酸	甘氨酸	9∶1	60	8.77
乳酸	丙三酸	9∶1	60	8.47
苹果酸	丙氨酸	1∶1	100	1.75
苹果酸	甜菜碱	1∶1	100	0.00
苹果酸	氯化胆碱	1∶1	100	3.40
苹果酸	甘氨酸	1∶1	100	1.46
苹果酸	脯氨酸	1∶1	100	0.00
苹果酸	脯氨酸	1∶2	100	6.09
苹果酸	脯氨酸	1∶3	100	14.90
苹果酸	组氨酸	2∶1	85	0.00
苹果酸	烟酸	9∶1	85	0.00
草酸	甜菜碱	1∶1	60	0.66
草酸	脯氨酸	1∶1	60	1.25
草酸	氯化胆碱	1∶1	60	3.62
草酸	甘氨酸	3∶1	85	0.28
草酸	烟酸	9∶1	60	0.00
草酸	组氨酸	9∶1	60	0.00
草酸	氯化胆碱	1∶1	60	0.00
草酸	脯氨酸	1∶1	60	0.00

3. 低共熔溶剂分离木质素方法

根据氢键供体类型的不同，可将分离木质素的低共熔溶剂分为三大类，即羧酸类、多元醇类和酰胺类，表 2-4-7 中列举了不同低共熔溶剂分离木质素的效率[229]。

羧酸类低共熔溶剂是当前研究最多的一类，多以乳酸、甲酸等有机酸作为氢键供体。研究发现，乳酸/氯化胆碱低共熔溶剂具有较强的木质素分离能力[230-232]。当乳酸与氯化胆碱的物质的量之比为 5∶1 时，120℃下处理油棕榈空果壳 8h，木质素分离效率高达 88%[233]。当反应温度和时间降为 110℃、6h 时，桉木木质素的分离效率依然可达 80%[231]。此外，草酸基低共熔溶剂也表现出优异的木质素分离能力。草酸/氯化胆碱低共熔溶剂在 90℃下处理玉米芯 24h，木质素分离效率高达 98.5%[232]。在微波辅助下，草酸/氯化胆碱低共熔溶剂在 130℃下处理桦木 1h，木质素分离效率达到 85%[234]。

多元醇类低共熔溶剂通常需要较长反应时间才能实现木质素的高效分离[235]。例如丙三醇/氯化胆碱和乙二醇/氯化胆碱低共熔溶剂在 90℃下处理玉米芯 24h，木质素分离效率分别为 71.3% 和 81.6%[232]。研究发现，添加酸等催化剂可有效提高该类低共熔溶剂的木质素分离效率。丙三醇/氯化胆碱低共熔溶剂在引入六水合氯化铝后，于 120℃、4h 条件下分离了杨木中 95.4%的木质素[236]。乙二醇/盐酸胍/对甲苯磺酸低共熔溶剂可在 120℃、6min 条件下分离柳枝稷中 82.1%的木质素[237]。

酰胺类低共熔溶剂是研究最早的低共熔溶剂，其分离木质素的能力相对较差，如尿素/氯化胆碱低共熔溶剂分离大蒜皮和油棕榈空果壳中木质素的效率均在 60%以下，因此研究相对较少[237,238]。

表 2-4-7　低共熔溶剂分离木质素效率

类别	氢键供体	氢键受体	物质的量之比	条件	分离效率/%
羧酸类	乳酸	氯化胆碱	5∶1	120℃,8h	88.0
			3∶1	100℃,2h	—
			2∶1	150℃,4h	66.4
			2∶1	160℃,8h	34
			10∶1	120℃,12h	91.8
			10∶1	110℃,6h	80
		苄基三甲基氯化铵	2∶1	140℃,2h	63.4
		苄基三乙基氯化铵	2∶1	140℃,2h	56.5
	甲酸	氯化胆碱	2∶1	130℃,30min,微波	82
			2∶1	120℃,8h	61
	丙酸	氯化胆碱	2∶1	120℃,8h	20.4
	丁酸	氯化胆碱	2∶1	120℃,8h	—
	赖氨酸	甜菜碱	1∶1	60℃,5h	49.06
	乙酰丙酸	氯化胆碱	2∶1	90℃,24h	43.0
	草酸	氯化胆碱	2∶1	80℃,8h	—
			1∶1	130℃,1h,微波	85
			1∶1	90℃,24h	98.5
	乙醇酸	氯化胆碱	2∶1	90℃,24h	56.4
			6∶1	120℃,8h	60.0
	苹果酸	氯化胆碱	1∶1	90℃,24h	22.4
	柠檬酸	氯化胆碱	1∶1	120℃,8h	20

续表

类别	氢键供体	氢键受体	物质的量之比	条件	分离效率/%
多元醇类	丙三醇	氯化胆碱	2∶1	121℃,1h	63.84
			2∶1	155℃,2h	—
			2∶1	90℃,24h	71.3
	丙三醇，六水合氯化铝	氯化胆碱	1∶0.28∶2	120℃,4h	95.46
	乙二醇，对甲苯磺酸	盐酸胍	1.94∶0.06∶1	120℃,6min	82.1
	1,4-丁二醇	氯化胆碱	2∶1	120℃,2h	54.0
	乙二醇	氯化胆碱	2∶1	90℃,24h	87.6
			2∶1	130℃,45min	74.41
酰胺类	尿素	氯化胆碱	2∶1	110℃,4h	59.07
			2∶1	120℃,8h	34

低共熔溶剂可以选择性地断裂木质素中醚键，促进木质素从木质纤维素中分离，改变化学组成，同时推动木质纤维的高值化利用，是一种应用前景广阔的新型溶剂体系。当前的研究中仍然存在以下问题：①新型溶剂的回收性能如何？②水对DES溶剂性能产生什么影响？③用于生物精炼中的特定溶剂是否如人们所想的“绿色”？④是否可以大规模应用？

四、工业木质素纯化方法

工业木质素是指处理木质纤维素原料的过程中产生的木质素副产物，主要来源于制浆造纸和生物炼制工业。仅制浆造纸工业每年就产生5000万吨的工业木质素，然而只有约2%用于商业用途，其余均作为低附加值的燃料燃烧，不仅造成了环境污染，更浪费了资源。在经济和生态双重压力的推动下，如何纯化工业木质素并提高其利用价值已成为研究热点。

（一）工业木质素的种类

工业木质素的特性在很大程度上取决于纤维原料、制浆方法、蒸煮工艺条件以及木质素的分离提取方式。评价工业木质素的相关指标有：纯度、溶解性、大分子特性（分子量分布情况）、热塑性和化学反应活性等。常用的工业木质素分述如下。

1. 硫酸盐木质素

硫酸盐木质素是通过硫酸盐蒸煮工艺生产的，约占世界工业木质素总产量的85%。尽管硫酸盐法每年产生数百万吨木质素，大多作为燃料焚烧供能。硫酸盐木质素的结构发生一定变化，如引入硫醇基团、氨基苯乙烯，并发生β-芳基醚键的裂解。相对于天然和有机溶剂木质素，硫酸盐木质素含有较多碳碳键和碳水化合物。

2. 碱木质素

碱木质素来自烧碱法或者烧碱-蒽醌法制浆工艺。烧碱法与硫酸盐法工艺的主要区别在于蒸煮液无硫元素。用氢氧化钠水溶液在140～170℃条件下处理原料，为了减少碳水化合物的无效分解，通常加入少量的蒽醌。该过程得到的碱木质素的平均分子量为1000～3000Da。由于该工艺的添加剂很少，所以碱木质素杂质含量较低。

3. 木质素磺酸盐

木质素磺酸盐是亚硫酸盐蒸煮的副产物，产量相对较大，年产约100万吨。在蒸煮过程中，木质素被磺化、降解和溶解。由于该过程在芳烃上引入了磺酸盐基团（3%～8%），木质素磺酸盐通常表现出比硫酸盐木质素更高的平均分子量。木质素磺酸盐通常含有高达30%的杂质、灰分或碳水化合物。

4. 有机溶剂木质素

有机溶剂木质素是在有机溶剂制浆过程中产生的。有机溶剂法的主要优点是能够分离出纤维素、半纤维素和木质素，从而实现各组分的利用。该方法不使用硫化物，生产过程相对温和，环境友好。已经实现了工业化生产的工艺有 FormicoFib®、Alcell®、Acetosolv®、Organocell® 和 ASAM® 等。相比于其他木质素，有机溶剂木质素通常硫含量低，纯度更高。

5. 离子液体木质素

目前还未从工业化生产中获得离子液体木质素，但离子液体木质素与有机溶剂木质素和硫酸盐木质素类似，具有广阔的应用前景。

（二）工业木质素分级分离纯化方法

木质素是一种具有高附加值的原料，其发展潜力尚未被充分开发。木质素的结构取决于所采用的提取方法，将影响生物基材料与化学品的制备[239]。无论是制浆还是生物精炼过程，得到的液相产物中都含有溶解的木质素，这些木质素的结构发生了不同程度的破坏，结构复杂，多分散性大，具有不确定的反应性。此外，在不同原料中木质素的含量和 H/G/S 单元的比例各不相同。这些使得木质素的结构更加不均一。实际上，用于特定用途的木质素一般需要分子量分布较窄的木质素原料。工业木质素的这种不确定性和不均一性限制了木质素的高值化利用。获取高质量和高纯度的木质素对实现木质纤维生物质的高效利用十分必要。目前工业木质素纯化方法主要是超滤法和选择性沉淀法，包括 pH 沉淀分级分离法、膜分级分离法以及绿色溶剂分级分离法。

1. pH 沉淀分级分离法

通过酸化使木质素沉淀是一种常用和简便的木质素纯化方法。常使用的酸包括碳酸、磷酸、硫酸、盐酸、乙酸或来自二氧化氯生成的废酸。酸析后通过机械过滤的方式回收木质素沉淀物，然后洗涤至所需的纯度。为了避免木质素再次溶解，洗涤溶液的 pH 不应高于黑液木质素沉淀时的 pH。木质素钠在碱性条件下呈胶束结构，表面带正电荷。酸化时，木质素钠上的 Na^+ 被 H^+ 取代，生成不溶于水的酸析木质素，并带负电荷。同时，范德华力和其他疏水力逐渐占主导地位，使木质素大分子自聚合，形成沉淀。例如，用浓硫酸将废黑液 pH 值降低到 2.15，可回收 81.4%的木质素。最终沉淀时的 pH 不仅影响木质素的得率，而且影响产物的特性，如分子量的分布、结构组成、羟基的含量和物理性质。二氧化碳可用于降低黑液中的 pH 值，将二氧化碳通入蒸煮液或应用加压设备可使 pH 值降至 9.5。该过程中只有小部分高分子量木质素被沉淀下来。通常情况下，较大的木质素胶体分子具有较低的溶解度和较高的 pK_a 值，失稳时被优先沉淀出来。因此，随着 pH 值的下降，回收木质素的平均分子量下降，多分散性增加。基于 pH 值的沉淀分级分离方法已非常成熟，并已建立了示范生产线，即“LignoBoost”。LignoBoost 工艺包括黑液与二氧化碳的酸化、过滤回收木质素、木质素分散再洗涤等过程，该工艺得到的木质素比黑液热值更高，是一种优质的生物燃料。

2. 膜分级分离法

膜方法是一种无需消耗化学品的分级分离方法，具有能量需求低、分级分离能力优异等特点，将是生物精炼过程关键的分离单元之一。利用膜方法可以从黑液中简便分离木质素，无需对黑液前处理或者改变处理温度和 pH 值。超滤膜除了应用于木质素和蒸煮化学品的分离之外，还能调控回收木质素组分的分子量。在过去的十年中已经采用超滤和纳滤膜分离硫酸盐木质素和亚硫酸盐木质素。这种膜由聚苯乙烯、聚醚砜或具有不同尺寸截流值的陶瓷制成，能将木质素分级成高分子量截留物和低分子量渗透物。除了分子量差异外，低分子量组分会积累含硫化合物且往往含有更多的酚羟基和较少的脂肪族羟基。

使用截留分子量值为 15kDa 的陶瓷膜高通量分离硫酸盐黑液级分，可以保留 35%的木质素。当直接从连续蒸煮器（即 145℃）取出黑液进行分离时，陶瓷膜（15kDa 和 5kDa 截留分子量值）表现出更高的通量，但木质素的保留率低于 100℃时的数值。应用截留分子量值为 15kDa 或 5kDa

的膜处理来自云杉/松树、桦树和蓝桉的工业黑液时会产生渗透物，使木质素含有碳水化合物和灰分。阔叶材黑液的超滤/纳滤混合方法研究较多。木聚糖是阔叶材制浆液中半纤维素的主要组分，超滤膜可保留大多数木聚糖，仅产生含有少量木聚糖的渗透物。此外，预先降低黑液中半纤维素的含量可显著降低过滤阻力。但使用膜回收木质素的主要问题在于膜结垢、老化非常快，需要定期清洁。如采用廉价的碱性溶液、碱性清洁剂及水分步冲洗。此外，膜的成本较高。

3. 绿色溶剂分级分离法

生命周期评价是评估溶剂是否绿色的重要方法。根据评估结果，优选的绿色溶剂为对环境友好的甲醇、乙醇或烷烃（庚烷、己烷），不推荐二噁烷、乙腈、酸、甲醛和四氢呋喃等溶剂。此外，基于溶剂分解案例研究，与纯醇或丙醇-水混合物相比，甲醇-水或乙醇-水混合物对环境更为有利[240,241]。如 Alcell® 工艺使用乙醇-水作为溶剂，副产无硫 Alcell® 木质素。但是 Alcell® 木质素具有相当宽的分子量分布，还需采用溶剂进一步分级分离，以获得较为均一的木质素。

溶解在“绿色”极性溶剂中的木质素可通过逐渐滴加可混溶非极性溶剂沉淀再生。利用溶剂对高、低分子量的溶解性差异可将不同分子量的木质素分级分离，又称为溶剂抽提法。例如，利用丙酮抽提可以分离得到分子量分布较窄的木质素级分。木质素级分的平均分子量随着溶剂氢键能力和极性的增加而增加，这可以采用溶解度参数来量化比较[242]。此外，溶剂组成及反应条件也影响了木质素级分的分子量和多分散性。当丙酮和甲醇在固液比 1∶5（木质素∶溶剂）条件下提取硫酸盐黑液木质素，抽提 1h 时提取效率最高[243]。在高于 150℃ 的温度下[244]，用水-有机溶剂（丙酮、乙醇和二氧六环-水）混合物提取杏仁壳木质素，当有机溶剂体积分数为 75%时木质素提取率最高且提取效果最好。含有 30%和 50%丙酮-乙酸乙酯的溶液可从阔叶材、针叶材、草和小麦秸秆中提取木质素，获得了低分子量和多分散性窄的木质素级分；而 50%、70%和 90%的丙酮-水溶液则提取得率较低的高分子量木质素级分。

第四节 全组分高效分离

木质纤维生物质组分高效分离为纤维素、半纤维素和木质素，为其后续产品升级利用提供了机会。然而，目前绝大部分分离方法仅能分离纤维素、半纤维素或木质素中的一种或两种，这主要是由于木质纤维素是纤维素、半纤维素和木质素三种主要组分组成的混合物，三者通过特定的物理或化学作用交联在一起，形成类似于钢筋混凝土的结构，导致全组分高效分离困难，且分离的半纤维素与木质素因化学结构受到较大的破坏，进入废液后未进一步充分利用，既造成环境污染，又造成资源浪费。

实现木质纤维生物质全组分高效分离及利用是国际生物质领域研究的热点与难点。全组分分离概念的提出为生物质的高附加值利用提供了可能。木质纤维素生物质全组分分离是指纤维素、半纤维素与木质素三种主要组分高效低成本地从原料中分离，并尽量保持三种组分化学结构的完整性。目前国内外在全组分分离方面进行了初步探索，取得了一些阶段性的研究成果。当前发展的全组分高效分离新方法主要包括全溶再生分离方法、溶剂热分离方法、酸性离子液体全组分分离方法、有机溶剂全组分分离方法、酸碱溶液全组分分离方法以及 γ-戊内酯/水分离方法。

一、全溶再生分离

生物质在某些特殊溶剂体系中能够完全溶解，加入反溶剂后又能较为彻底地析出，虽然三种主要组分仍混在一起，却有效破坏了各组分之间的连接键和结构，便于进一步组分分离[245]。磷酸丙酮法（COSLIF）是一种无机酸和有机溶剂结合的组分分离方法（图 2-4-32，图中数字为质量分数）。该法用浓度大于 83%的磷酸溶解碳水化合物和部分木质素，再加入丙酮终止反应，析出无定形态固体，再分别用丙酮和水洗去木质素和半纤维素。该法显著破坏了纤维素的结晶度，极大提高了酶解效率，且用到的丙酮和磷酸均可回收。

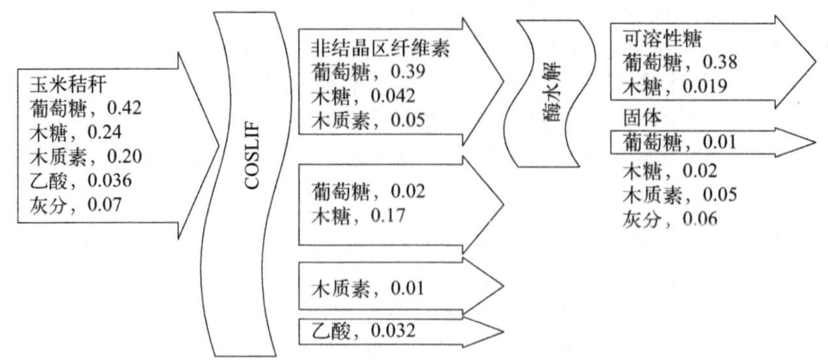

图 2-4-32　磷酸丙酮法分离生物质组分[246]

在特定条件下，离子液体能够完全溶解木质纤维素原料。大量研究表明咪唑基离子液体能有效溶解木质纤维素各组分，尤其是含二烷基咪唑阳离子的离子液体。例如，1-丁基-3-甲基咪唑氯盐和 1-烯丙基-3-甲基咪唑氯盐均可溶解木粉或热磨机械木浆。木粉经离子液体溶解后可采用反相溶剂如乙醇、水、丙酮、乙腈等通过溶质优先置换机理快速再生木质纤维原料，利用再生试剂对组分的选择性，可同时获得纤维素、半纤维素和木质素组分。Myllymäki 等[247]以木材和稻草为原料，以室温离子液体为溶剂，使用微波加热和加压的方法，先将原料溶解于室温离子液体中，再通过萃取分离木质素；之后在剩余溶液中加入丙酮、乙醇等易与离子液体混合的溶剂，使纤维素沉淀析出，从而达到了分离木质纤维素组分的目的。Upfal 等[248]采用富含木质素的甘蔗渣等原料，将其浸润在 100～180℃的离子液体中，待充分溶解后，将溶有木质素的离子液体溶液与未溶解的纤维素等固体物质分离。离子液体中的木质素通过加水或调节体系的温度和 pH 值沉淀析出；也可以使用与离子液体不互溶的有机溶剂（如聚乙二醇等）将木质素从离子液体中萃取出来，采用旋转蒸发法除去有机溶剂后即可得到比较纯净的木质素。通过上述方法，可从甘蔗渣中提取约 60%～86%的木质素，离子液体也可循环利用。Sun 等[249]采用离子液体/有机溶剂高效预处理体系分离杨木各组分，分离的组分具有较高的化学和生物反应活性，纤维素与半纤维素纯度大于 95%，分子量分布均一，结构较完整，同时获得了 85%的高纯度木质素，组分中半纤维素等碳水化合物的含量仅为 0.48%～1.4%。

还有诸多基于 DMSO 等有机溶剂的生物质全溶体系，如 DMSO/LiCl、DMSO/TBAF、DMSO/NMI 等溶剂体系，也能选择性分离三种主要组分。许凤团队[250]建立了基于二甲基亚砜/氯化锂全溶体系分离原本木质素、半纤维素及纤维素的方法，实现了生物质各组分的梯度有效分离，分离的木质素具有纯度高、结构完整的优点，同时分离了原位半纤维素，代表了木质纤维素中天然半纤维素的结构，纤维素组分具有纤维素Ⅱ的结构特征，表面布满孔洞，有利于后续的酶解糖化过程，实现了农林生物质主要组分逐级有效分离，有利于后续转化化学品或制备生物基材料。

二、溶剂热分离

溶剂热分离方法是采用高温热溶剂如四氢糠醇（THFA）溶出部分木质素和半纤维素，留下富含纤维素的固体残余物，即纤维素浆。该法可以有效分离木质素与半纤维素，随后将木质素转化为芳族单体，残留在混合溶剂中的半纤维素可以转化为糠醛，经氢化获得 THFA，生成的 THFA 溶剂可以被回收形成一个循环系统。如图 2-4-33 所示为中科院大连化物所徐杰团队提出的溶剂热分离体系[251]。

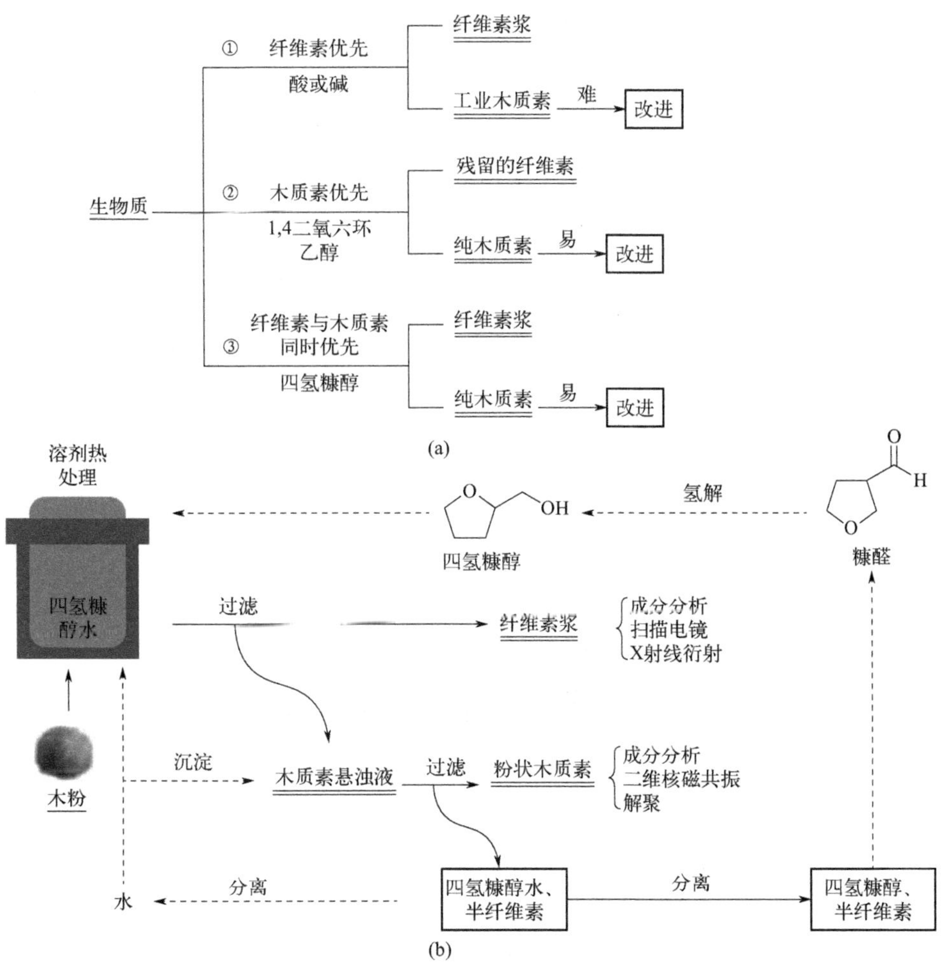

图 2-4-33　木质纤维素中纤维素和木质素的分离[251]

(a) 分离策略；(b) THFA/H_2O 分离体系

(一) 溶剂热分离过程

将木质纤维素原料和 THFA/水溶剂或其他溶剂在高压反应釜中混合，搅拌下将其加热至 170～200℃，待反应结束后，将反应器放置于冰水浴中冷却至室温。混合物通过真空过滤被分离，固体残渣使用上述 THFA 混合溶剂洗涤。木质素大多被分散在滤液中，留下的固体残渣是纤维素浆。将滤液和洗涤液混合后倒入水中搅拌一定时间，析出木质素。将上述回收得到的木质素和纤维素浆分别在 40℃下真空干燥 2 天和 105℃下真空干燥 1 天。根据以下方程式计算木质素产率和纤维素浆产率：

$$木质素产率 = (m_L/m_0) \times 100\%$$

$$纤维素浆产率 = (m_P/m_0) \times 100\%$$

式中，m_L 和 m_P 分别是回收的木质素和纤维素浆的质量，g；m_0 是木质纤维素原料的质量，g。

(二) 溶剂温度对分离过程及木质素结构的影响

1. 溶剂对处理过程的影响

常用的溶剂体系主要包括二氧六环/水、甲醇/水、四氢呋喃/水以及 THFA/水。徐杰等[251]

对比了这些体系对产物得率的影响，如图 2-4-34 所示。使用不同溶剂处理纤维素、木质素粉末、液体组分和纤维素浆混合物的产率不同。经过 1,4-二氧六环/水处理后，木质素的产率仅为 6.4%（质量分数，下同），液体和纤维素浆的产率分别为 26.3%和 67.3%，其中纤维素浆中含有 45.3%的纤维素、10.1%的木质素和 11.8%的半纤维素，木质素的脱除率为 52.4%，纤维素的纯度为 67.4%。在溶剂热处理过程中，当采用甲醇/水和乙醇/水为溶剂体系时，尽管木质素粉末的得率更高，但是纤维素浆的产率更低。但使用醇溶剂处理原料，原料的木质素脱除和纤维素的纯度高于 1,4-二氧六环/水溶剂。与醇溶剂相比，当使用四氢呋喃/水溶剂体系时，木质素的脱除效率和纤维素的纯度更高。在 THFA/水体系中处理后，获得的木质素粉末和纤维素浆的产率分别为 14.5% 和 54.4%，这与在四氢呋喃/水体系中的产率相似。同时，纤维素浆中含有 44.8%的纤维素、2.8%的木质素和 6.4%的半纤维素，这意味着保留了超 95%的纤维素。值得注意的是，木质素脱除率和纤维素的纯度分别高达 86.8%和 82.4%。因此，THFA/水溶剂体系在纤维素保留以及木质素脱除上更具优势。

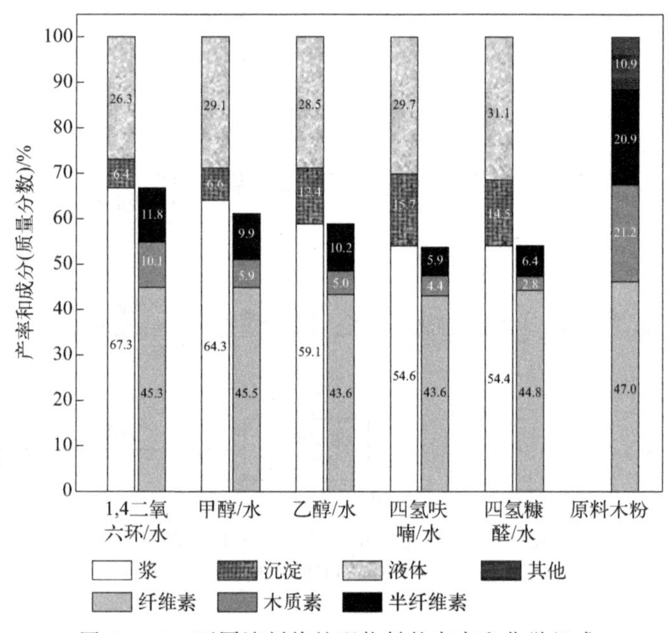

图 2-4-34　不同溶剂热处理物料的产率和化学组成

由于甲醇可以在处理过程中[252]修饰木质素 β-O-4 结构中的 C_α—OH 基团，利于 β-O-4 键断裂形成木质素片段。因此，与 1,4-二氧六环/水相比，甲醇/水体系可以使木质素更有效地分散，从而实现更高的木质素脱除率。据报道，四氢呋喃/水混合溶剂的 Hidebrandt 溶解度参数（δ 值）与木质素的溶解度参数高度匹配，具有很强的木质素提取能力。THFA 同时具有四氢呋喃和甲醇的结构，因此，THFA/水体系脱除木质素的效果最好。

2. 热处理温度对 THFA 木质素结构的影响

THFA 提取的阔叶木木质素是一种典型的富含紫丁香基的 S/G 型木质素。当处理温度为 170℃时，THFA 木质素具有高比例（48.1%）的 β-O-4 连接键[251]。当处理温度从 170℃ 升至 200℃时，紫丁香基和愈创木基的比例、β-5 及 β-β 连接键的含量几乎不变，分别约为 3.0%、5.0%和 7.5%。而 β-O-4 键的含量从 48.1%降至 20.1%，缩合芳烃的含量从 3.8%增加至 19.6%。研究结果表明 β-O-4 键可以转化为部分缩合芳烃或一些未知结构。对比不同温度处理获得的 THFA 木质素结构可知，β-O-4 键和缩合键的含量之间呈线性相关性。

三、酸性离子液体全组分分离

酸性离子液体分离生物质的一般过程如图 2-4-35 所示[253]。该图展示了多步生物质处理逐级分离主要组分并获得目标产品的过程。第一步，酸性离子液体 [emim][HSO_4] 和水混合预处理小麦秸秆。在这个过程中，半纤维素水解为戊糖，残留固体的主要成分为纤维素和木质素。对液体进行色谱分离得到戊糖，同时回收离子液体循环使用。固体有两种不同的处理方案。方案 A，固体直接酶解，生成 C_5/C_6 糖和富含木质素的固体 A。方案 B，在酶解前提取木质素，提取液中富含木质素碎片，经酸化后回收富含木质素的固体 B_1。此外，还额外获得芳香族化合物，该提取步骤保持了纤维素的完整性。继而对富含纤维素的固体进行酶解，分别得到富含葡萄糖的溶液和富含木质素的固体 B_2。

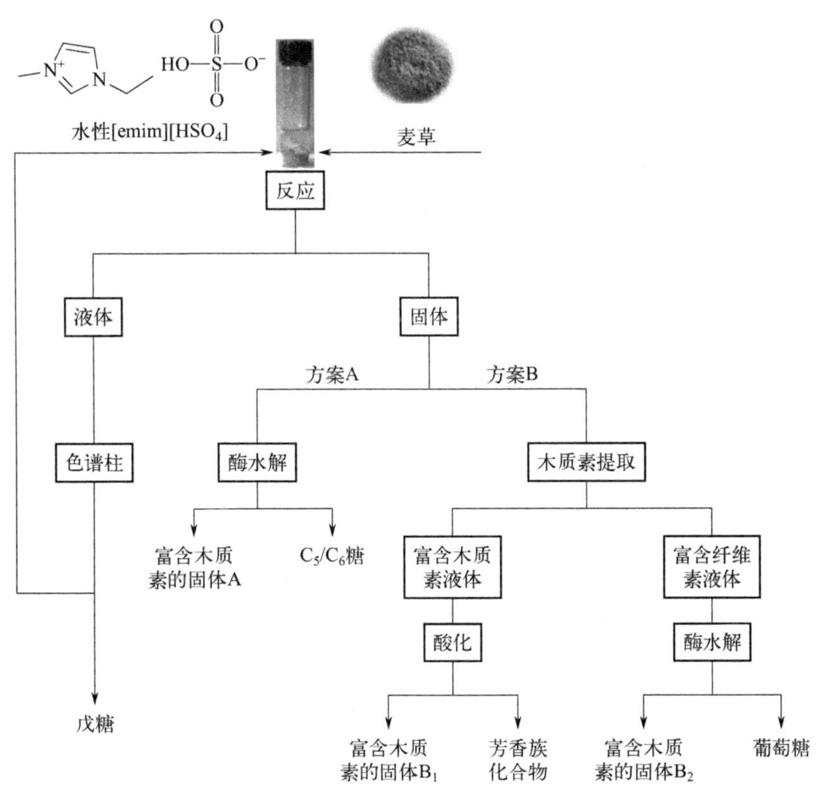

图 2-4-35 [emim] [HSO_4] 溶液分离小麦秸秆过程[253]

(一) 酸性离子液体全组分分离过程

将干燥的生物质和离子液体水溶液（[emim][HSO_4] /H_2O）混合，分别置于玻璃反应釜中，在一定温度的油浴中于磁力搅拌下反应一段时间。反应结束后，将混合物冷却至室温，加入超纯水沉淀。得到的混合物在真空下通过 0.45μm 尼龙膜过滤器过滤。将液相收集并储存在冰箱中，回收的固体生物质用 100mL 的超纯水（一次 10mL）洗涤，以保证离子液体完全去除。将获得的固体在 60℃烘箱中放置 24h，在室温下保存 1h 后称重。

(二) 液体组分的分离

1. 戊聚糖的分离

液体中戊聚糖的分离采用色谱法[253]。氧化铝作为固定相，提前在室温下用 0.5mol/L H_2SO_4

水溶液浸泡 1h。接着，将溶液倒出，氧化铝用超纯水洗涤，直到滤液的 pH 为中性。最后，将上述氧化铝置于 200℃的烘箱中过夜干燥。固定相制备的步骤与［emim］［HSO_4］戊聚糖的分离如图 2-4-36 所示。干燥的氧化铝装入预先充满乙腈的玻璃色谱柱中，然后用乙腈冲洗固定相（图 2-4-36 中 A）。接着，将［emim］［HSO_4］溶解在 0.2L 的乙腈水溶液（97/3，质量比）中，利用混合溶液冲洗色谱柱（图 2-4-36 中 B），避免洗脱过程中损失离子液体。最后，将 1.1L 乙腈/水（97/3，质量比）混合溶液作为洗脱液（图 2-4-36 中 C）。

需要注意的是，在制备色谱柱之前，应当除去液体样品中所有水，以保证溶液完全由离子液体和生物质水解产物（戊聚糖）组成。该溶液预先溶解在乙腈/水（97/3，质量比）洗脱液中。样品通过色谱柱后（图 2-4-36 中 D），另外加入相同组分的洗脱液。在减压条件下去除溶剂，将得到的固体残渣重新溶解在 2mL 水中，通过 0.45μm 孔径的注射器过滤。

2. 离子液体回收利用

通过减压（真空旋转蒸发）去除离子液体中的洗脱液，回收得到离子液体（图 2-4-36 中 E）。

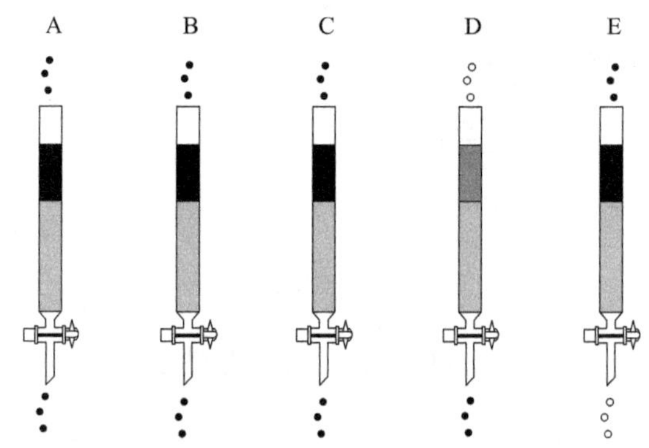

图 2-4-36　固定相制备的步骤与［emim］［HSO_4］戊聚糖的分离

（三）固体利用

固体中富含纤维素和木质素，基于这两种组分有以下两种利用方案。

1. 直接酶水解

通过酶的糖化作用将纤维素及残余的半纤维素水解成含 C_5/C_6 糖的液体。酶解后，得到的固体残渣主要为木质素。

2. 间接酶水解

采用先碱处理分离木质素后再对纤维素残渣进行酶水解的方法。一般以固液比 1∶25(g/mL) 在 70℃下，用 0.75mol/L NaOH 溶液提取 1h。处理后得到富含木质素的液体和富含纤维素的固体。两部分经过滤后分离，固体用水清洗。液体采用 HCl 调 pH 值至 2，析出富含木质素的固体。最后，对富含纤维素的固体进行酶解。

四、有机溶剂全组分分离

1. 酸-有机溶剂法

酸法主要用于提取半纤维素，有机溶剂法可选择性提取木质素，因此酸-有机溶剂法能同步提取半纤维素和木质素。研究者[254]用 THF/水/硫酸（1∶1∶0.5%）处理生物质，可溶出大部分半纤维素和木质素，在较低的纤维素酶加入量条件下，七天糖化得率由单一酸预处理的约 50%提升至大于 90%。其他研究发现，与无机酸相比，在甲基叔丁基醚、甲醇与水的复配溶剂（MIBK/甲醇/水=25/42/33）中加入固体酸 AC-H_3PO_4 的单糖回收率高达 91.8%，而加入稀硫酸只有 86.1%[255]。Grande 等[256]开发了一步“OrganoCat Process”，基于水和 2-甲基四氢呋喃构成的双相体系分离木质生物质组分，在 80～140℃草酸催化下，半纤维素和木质素分别溶于水相和有机相，实现主要组分同步分离（图 2-4-37）。另外还可将 OrganoCat Process 分两步，分别溶出半纤维素和木质素。因为不需考虑与水是否分层，两步 OrganoCat Process 的木质素萃取剂选择范围更广。但由于无法同步溶出半纤维素和木质素，两步 OrganoCat Process 的分离效率较低。

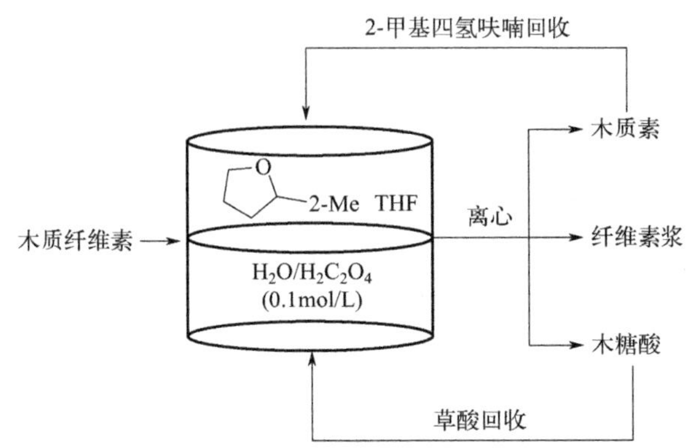

图 2-4-37　生物质主要组分酸-有机溶剂一步催化法分离过程[256]

Zhang 等[257]利用含 0.2% HCl 的 88%甲酸溶液在 60℃条件下处理生物质，可以同时溶出木质素和半纤维素，再经简单固液分离，可分离获得纤维素组分。甲酸溶液可以通过蒸馏回收，而溶解在甲酸中的半纤维素主要以水溶性寡聚糖或单糖的形式存在，蒸馏后得到的固体经水洗，可进一步实现木质素和半纤维素的分离。该法得到的木质素以甲酰化的形式存在，更有利于后续转化利用。亚硫酸盐具有优异的亲核性，能加速木质素溶出。Zhu 等[258]开发了基于水相的酸性亚硫酸盐蒸煮法预处理生物质，后续再经盘磨处理，能显著降低盘磨能耗，且产生的发酵抑制物含量很低。蒸煮液通过膜分离可分别得到半纤维素和木质素磺酸盐。Iakovlev 等[259]报道了二氧化硫-乙醇-水体系能高效地脱除木质素和半纤维素。生物质用 SEW 处理后，95%～97%的二氧化硫仍保留在液相中，可以通过简单蒸馏回用，整个过程能较好地控制硫化物排放。二氧化硫强化的有机溶剂法，可调控性比较强，原料适应性广，特别适合处理木质素含量偏高的针叶木，只是需要严格控制可能的硫污染。酸性丙酮温和分离主要组分的方法更适用于禾本科和阔叶木原料。该法采用近似相同的工艺条件，即 140℃、120min、50%（质量分数）丙酮水溶液和硫酸，对麦草和玉米秸秆、阔叶材（山毛榉、杨树和桦树）和针叶材（云杉和松树）进行分级分离。对于针叶材而言，尽管有效脱除了半纤维素，但脱木质素能力较差，阻碍了纤维素酶对纤维素的水解。温度、时间和酸用量影响丙酮的自缩聚程度。在一定工艺条件下，1.4%（质量分数）的丙酮转化为二丙酮醇和均三氧化二异丙酯。对麦草而言，缩短反应时间至 60 分钟，可降低丙酮溶剂的自缩聚程度（1.0%，质量分数），从而提高半纤维素糖产率（86%）。

2. 碱-有机溶剂法

单独用有机溶剂对木质纤维生物质组分分离效果有限，一般要加入助催化剂，如酸、碱土金属中性盐以促进脱木质素[260]。碱性多元醇联合螺旋挤压法（alkaline polyol pulping，AlkaPolP）（图 2-4-38），也有良好的同步脱木质素和半纤维素的效果。该过程在常压下进行，有利于操作和控制，适用于包括针叶木、阔叶木、禾本科植物和树皮在内的多种生物质。在 AlkaPolP 处理过程中，半纤维素和木质素降解严重，而通过漆酶催化木质素聚合可以提高木质素回收率。经醋酸沉淀后溶液中仍存在少量的木质素降解产物，可通过吸附法分离。残留的液体中主要含有各种有机酸盐，通过电渗析可实现碱的再生与有机酸的分离。有机酸溶液通过加入乙醇和无机酸催化酯化，形成低沸点甲酸乙酯和乙酸乙酯后可蒸馏回收。其中，乙酸乙酯分解产生的乙醇和乙酸可在整个工艺过程中循环使用。剩余部分经分层，分别得到含有有机酸酯的有机相和含有无机酸的水相，经两相分离，有机相再通过蒸馏得到各纯化组分，含有无机酸的水相则送入电渗析段循环使用[261]。

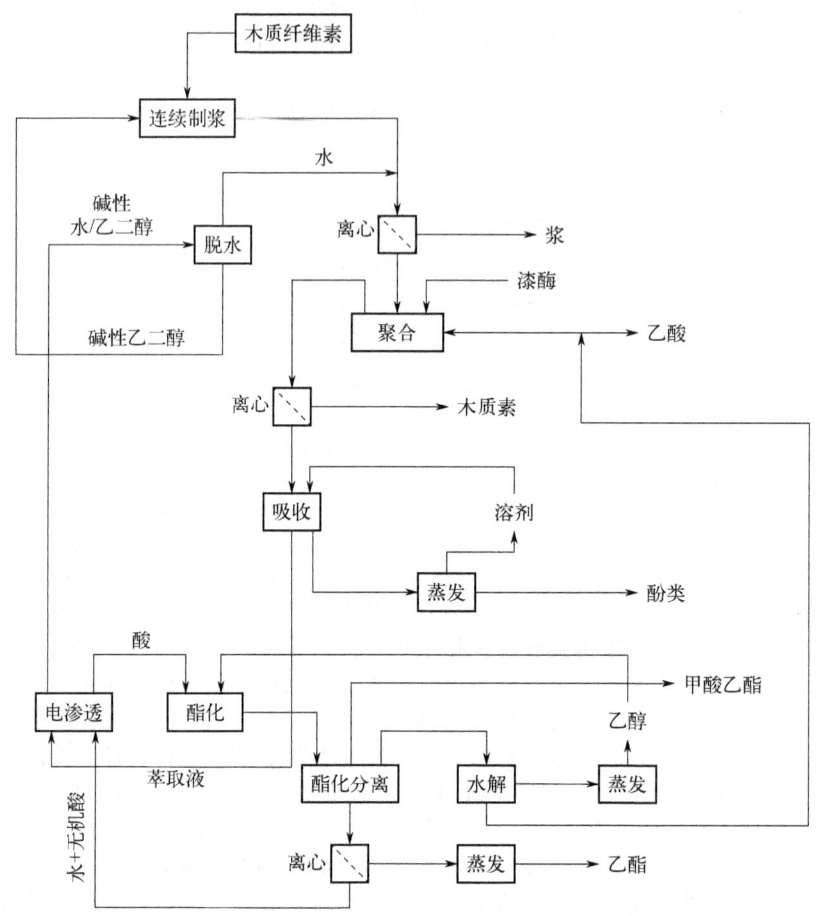

图 2-4-38　木质生物质组分碱性多元醇联合螺旋挤压方法[261]

五、酸碱溶液全组分分离

1. 浓-稀酸两步分离法

该法利用木质素组分大部分不溶解，而纤维素和半纤维素在酸性条件下水解成水溶性糖（如寡糖、单糖）同步分离，或进一步反应生成化学品（如糠醛、乙酰丙酸）的思路，进而实现碳水化合物与木质素组分的分离。浓-稀酸两步水解已经成为可再生能源实验室测定木质生物质三大组分含量的标准方法。Wijaya 等[262]系统考察了不同硫酸浓度（65%～80%）、水解温度（80～100℃）和时间（0～2h）以及生物质类型（橡木、松木、空果串）对糖回收率的影响。在优选的条件下，糖回收率在 78%～96%，同时也证实了浓酸处理破坏纤维素晶体结构，对提高糖回收率起到至关重要的作用。Käldström 等[263]利用物理研磨辅助酸催化法制得水溶性糖类和木质素（图 2-4-39），该法糖回收率更高，葡萄糖多以单糖和二糖的形式存在，糠醛和 5-羟甲基糠醛很少。

2. 碱性过氧化氢法

Zhu 等[264]利用 12%的 NaOH 在 120℃下处理油茶壳 150min，得到纤维素固体和木质素、木聚糖溶液，纤维素组分用于糖化发酵制备乙醇。含有木质素和半纤维素的液体部分，先用酶催化制备低聚木糖，再对分离出低聚木糖的溶液中的木质素进行氧化处理，获得香兰素，实现了木质

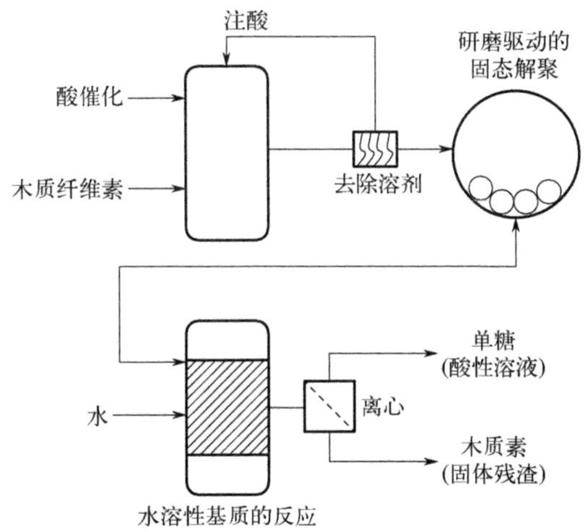

图 2-4-39　生物质组分物理研磨辅助酸催化法

生物质各组分的高值化利用，即“纤维素制备乙醇、半纤维素制备低聚木糖、木质素制备香兰素”。浓碱蒸煮能较为高效地分离半纤维素和木质素，但分离过程中半纤维素降解严重，酸性产物多，碱用量大，限制了该法的应用。而过氧化氢在合适的碱性条件下，能有效分离主要组分，且反应条件温和、耗碱量低[265]。如图 2-4-40 所示，Su 等[266]在 pH＝11.5、温度为 50℃条件下，用过氧化氢法处理玉米芯，同步溶出半纤维素和木质素；再用盐酸调节 pH＝5，加入乙醇沉淀半纤维素；再通过闪蒸回收乙醇，浓缩的液体部分进一步加酸调节至 pH＝1.5，回收木质素。学者们[267-269]在采用碱性过氧化氢分离沙柳、柠条、小麦秸秆、稻秆等农林生物质化学组分上做了大量的研究工作。例如，采用 18％NaOH 辅助 23％的过氧化氢在 165℃下脱除沙柳、柠条半纤维素和木质素；以 0.18％氰胺活化 1.8％过氧化氢协同有机酸、醇处理稻秆，分离获得了 44％～80％的木质素和 38％～85％的半纤维素。

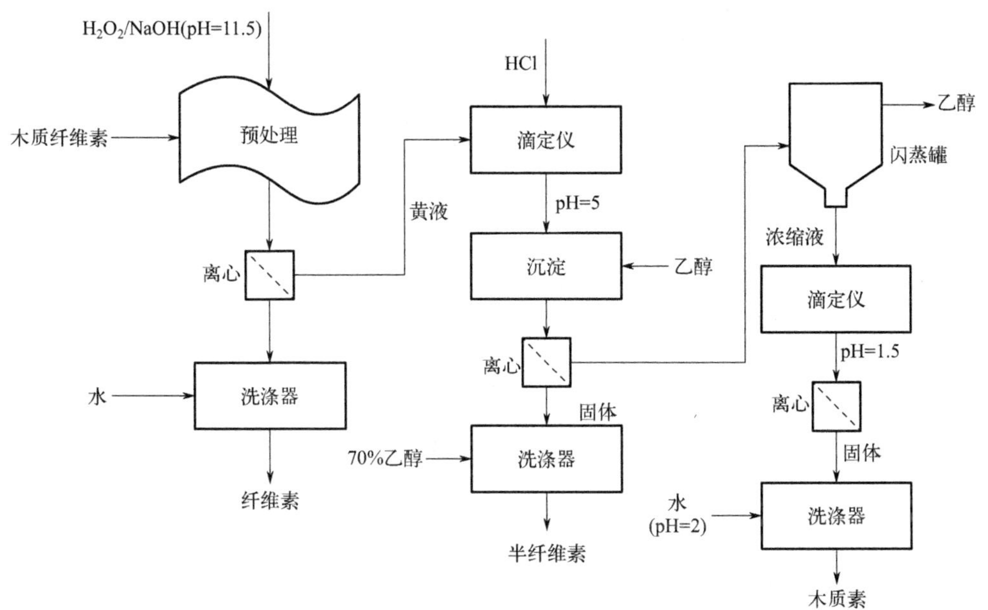

图 2-4-40　木质生物质组分碱性过氧化氢法[266]

3. 酸碱两步法

Liu 等[270]采用低温酸协同碱预处理同时提高了玉米秸秆碳水化合物和木质素的产量。首先采用1%硫酸预处理30min，然后在120℃下用1% NaOH 处理60min（图2-4-41）。与单次预处理相比，葡聚糖和木聚糖转化率分别提高了11.2%和8.3%。酶解发酵后，葡萄糖和木糖产量分别为88.4%和72.6%。固体残渣中木质素的产率为19.7%；液体中含有77.6%。在补料分批发酵时，获得了1.0g/L的聚羟基脂肪酸。低温酸协同碱预处理最大限度地提高了碳水化合物的产量和木质素的可加工性。

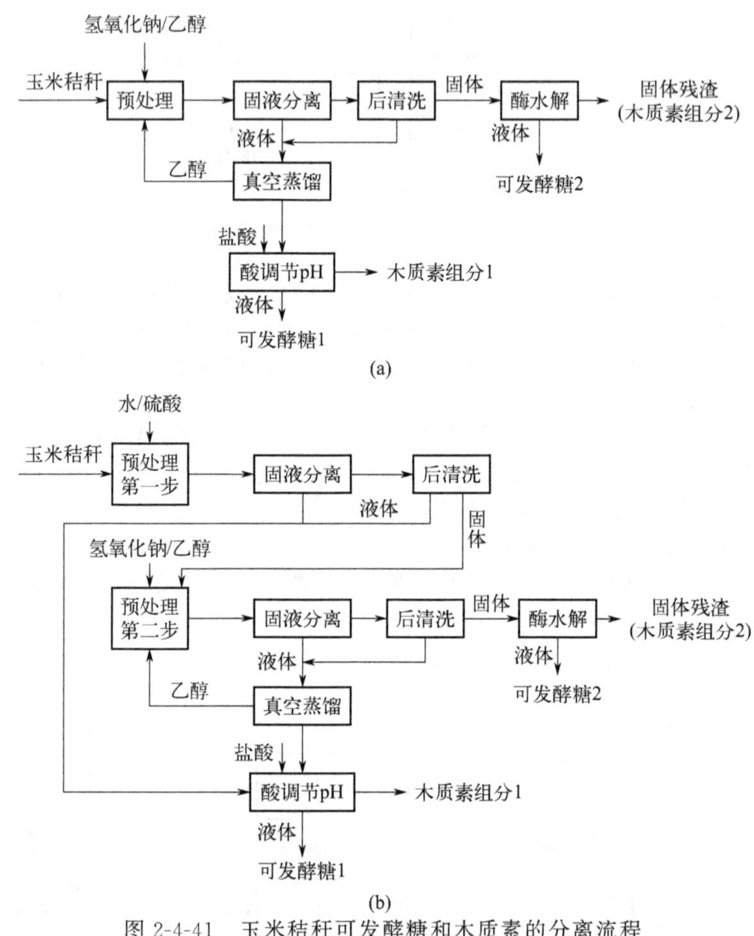

图2-4-41 玉米秸秆可发酵糖和木质素的分离流程

（a）单独预处理；（b）联合预处理

六、γ-戊内酯/水分离

γ-戊内酯是一种生物质平台化合物，具有较低的熔点（−31℃）、较低的蒸气压以及良好的水互溶性，在生物炼制领域受到了广泛的关注。γ-戊内酯无毒，可用五碳糖和六碳糖制备，其生产过程绿色环保，并且在处理木质纤维素原料的传统条件下能稳定存在。兰州物理化学研究所优化了乙酰丙酸合成戊酸酯的过程，这将有望降低戊内酯的生产成本，促进其在木质纤维生物质精炼领域的应用。目前γ-戊内酯作为木质纤维原料转化过程的高效溶剂已经得到了学术界的认可，并将是新的研究热点。采用γ-戊内酯预处理木粉的优势在于：在最适γ-戊内酯试剂与稀酸的比例下，能够完全溶解木粉（使用0.22μm的过滤器过滤时仅产生极微量的固体残渣）；预处理时间短，且不需要烦琐的设备；虽然γ-戊内酯溶剂价格比较贵，但由于预处理后原料的可发酵糖得率较高，故其综合成本较其他方法低。

γ-戊内酯可以为化学反应提供一个潜在的清洁、温和的反应媒介。Bond 等[271]首次提出了 80%戊内酯/20%水体系，辅以 0.05% H_2SO_4 催化降解生物质转化为糖的新方法。与传统的生物质资源经预处理及生物转化糖平台的方法相比，该方法可直接溶解木质纤维素细胞壁的主要组分，且成本低、转化效率高，不需要采用价格昂贵的酶或离子液体体系，经 200～255℃连续式反应器处理，可一步实现玉米秸秆等生物质主要组分降解为五碳糖和六碳糖。戊内酯经液体二氧化碳或 NaCl 处理后可以循环使用，而且 γ-戊内酯可溶于水，在处理湿原料上具有一定的优势。此外，γ-戊内酯在酸催化剂的存在下可以溶解纤维素和腐殖质。因此，使纤维素制备乙酰丙酸的过程更加温和，无需预处理将纤维素转化为可溶性糖，也无需使用盐促进均相催化。

新型生物基化合物 γ-戊内酯和某些溶剂复配能有效溶出木质素和半纤维素，保留纤维素，从而达到分离主要组分的目的。研究发现，在加热条件下 γ-戊内酯溶剂体系能溶解生物质，冷却后又能自动分层，得到含有碳水化合物的水相和含有 γ-戊内酯的有机溶剂相，同时自动析出木质素[272]。影响该分离过程的主要因素有复配溶剂种类和反应温度，能与 γ-戊内酯不互溶的有机溶剂大都可作为复配溶剂，其中又以苯和甲苯的分离效果较好，碳水化合物的回收率高；不同反应温度得到的碳水化合物组分会以不同形式存在，在 120～140℃，碳水化合物主要以纤维素和半纤维素低聚糖形式存在，160℃以上，则主要为单糖和单糖降解产物。Sun 等[273]采用 γ-戊内酯/水体系（体积比 80∶20），添加 75mmol/L 硫酸，在 120℃下对原料进行预处理，可以有效脱除木质素和半纤维素，保留了 96%～99%的纤维素，且利用回收方法实现了对木质素和半纤维素的分离和回收。许风等[274]进一步研究了该体系下半纤维素和木质素溶出的区域化学，研究表明，处理过程中高分支度木聚糖和低分支度木聚糖的溶出规律不同。其中，以高分支度木聚糖伴随着木质素从细胞壁的次生壁 S 层溶出为主。

学者们前期的研究主要集中在如何增加生物质在 γ-戊内酯体系的溶解性，如何在该体系中将碳水化合物转化为低分子乙酰丙酸，如何选择催化剂及提高催化剂的催化效率等方面。然而，如何利用 γ-戊内酯高效分离三种主要组分的研究仍十分缺乏，是今后研究的重点。

参考文献

[1] 安德里茨集团. 安德里茨溶解制浆技术.（2021-12-14）. https://www.andritz.cn/chinacn/products-overview/pulp-and-paper-cn/pulp-overview-pulp-and-paper-cn/dissolving-pulpproduction-pulp-and-paper-cn.

[2] 季柳炎. 2018—2019 年溶解浆市场回顾与展望. 造纸信息，2019（2）：73-78.

[3] Chen Y H，Shen K Z，He Z B，et al. Deep eutectic solvent recycling to prepare high purity dissolving pulp. Cellulose，2021，28（18）：11503-11517.

[4] Chen C X，Duan C，Li J G，et al. Cellulose（dissolving pulp）manufacturing processes and properties：A mini-review. BioResources，2016，11（2）：5553-5564.

[5] Mateos-Espejel E，Radiotis T，Jemaa N. Implications of converting a kraft pulp mill to a dissolving pulp operation with a hemicellulose extraction stage. Tappi J，2013，12（2）：29-38.

[6] 董元锋，刘若飞，陈德海，等. 预水解硫酸盐法制备高性能辐射松溶解浆. 中华纸业，2020，41（18）：18-25.

[7] He T，Hang L X，Liu M Y，et al. Improving cellulose viscosity protection and delignification in ozone bleaching of low-consistency pulp with water-soluble chitosan. Ind Crop Prod，2021，171：8.

[8] Iakovlev M，You X，Van Heiningen A，et al. SO_2-ethanol-water（SEW）fractionation process：Production of dissolving pulp from spruce. Cellulose，2014，21（3）：1419-1429.

[9] Sixta H，Iakovlev M，Testova L，et al. Novel concepts of dissolving pulp production. Cellulose，2013，20（4）：1547-1561.

[10] Wang X Q，Duan C，Feng X M，et al. Combining phosphotungstic acid pretreatment with mild alkaline extraction for selective separation of hemicelluloses from hardwood kraft pulp. Sep Purif Technol，2021，266：7.

[11] Gong C，Ni J P，Fan S J，et al. Value-added utilization of caustic soda lye from cold caustic extraction process in the pulp mill. BioResources，2021，16（1）：1854-1862.

[12] Wu C J，Zhang J C，Yu D M，et al. Dissolving pulp from bamboo-willow. Cellulose，2018，25（1）：777-785.

[13] Loureiro P E G，Cadete S M S，Tokin R，et al. Enzymatic fibre modification during production of dissolving wood pulp for regenerated cellulosic materials. Front Plant Sci，2021，12：9.

[14] Ceccherini S，Stahl M，Sawada D，et al. Effect of enzymatic depolymerization of cellulose and hemicelluloses on the direct dissolution of prehydrolysis kraft dissolving pulp. Biomacromolecules，2021，22（11）：4805-4813.

[15] Ceccherini S, Rahikainen J, Marjamaa K, et al. Activation of softwood kraft pulp at high solids content by endoglucanase and lytic polysaccharide monooxygenase. Ind Crop Prod, 2021, 166: 10.

[16] 李亚丽，黄六莲，陈礼辉，等. 纤维素酶处理改善黏胶纤维级溶解浆反应性能的研究. 中国造纸学报，2017，32（4）：1-5.

[17] Qin X Y, Duan C, Feng X M, et al. Integrating phosphotungstic acid-assisted prerefining with cellulase treatment for enhancing the reactivity of kraft-based dissolving pulp. Bioresour Technol, 2021, 320: 7.

[18] Janzon R, Puls J, Bohn A, et al. Upgrading of paper grade pulps to dissolving pulps by nitren extraction: Yields, molecular and supramolecular structures of nitren extracted pulps. Cellulose, 2008, 15 (5): 739-750.

[19] Janzon R, Puls J, Saake B. Upgrading of paper-grade pulps to dissolving pulps by nitren extraction: Optimisation of extraction parameters and application to different pulps. Holzforschung, 2006, 60 (4): 347-354.

[20] 陈军伟. 用离子液体抽提法将硫酸盐桉木浆升级为高纯度溶解浆. 国际造纸，2015，34（4）：4-11.

[21] Yang B, Qin X Y, Hu H C, et al. Using ionic liquid (EmimAc)-water mixture in selective removal of hemicelluloses from a paper-grade bleached hardwood kraft pulp. Cellulose, 2020, 27 (16): 9653-9661.

[22] Yang B, Qin X Y, Duan C, et al. Converting bleached hardwood kraft pulp to dissolving pulp by using organic electrolyte solutions. Cellulose, 2021, 28 (3): 1311-1320.

[23] Ni L F, Lin C M, Zhang H, et al. Synergistic action of EmimAc and aqueous NaOH for selective dissolution of hemicellulose for cellulose purification. Cellulose, 2021, 28 (3): 1331-1338.

[24] Yang B, Zhang S K, Hu H C, et al. Separation of hemicellulose and cellulose from wood pulp using a γ-valerolactone (GVL) /water mixture. Sep Purif Technol, 2020, 248: 7.

[25] 王桂森，穆晓梅. 以硬木制溶解浆降低树脂含量的方法. 人造纤维，2017，47（2）：28-31.

[26] Kuznetsov B N, Sudakova I G, Yatsenkova O V, et al. Optimizing single-stage processes of microcrystalline cellulose production via the peroxide delignification of wood in the presence of a titania catalyst. Catalysis in Industry, 2018, 10 (4): 360-367.

[27] Merci A, Urbano A, Grossmann M V E, et al. Properties of microcrystalline cellulose extracted from soybean hulls by reactive extrusion. Food Res Int, 2015, 73: 38-43.

[28] Stupinska H, Iller E, Zimek Z, et al. An environment-friendly method to prepare microcrystalline cellulose. Fibres Text East Eur, 2007, 15 (5-6): 167-172.

[29] Jiang J, Zhu Y, Jiang F. Sustainable isolation of nanocellulose from cellulose and lignocellulosic feedstocks: Recent progress and perspectives. Carbohydr Polym, 2021, 267: 118188.

[30] 张艳玲，段超，董凤霞，等. 纳米纤维素制备及产业化研究进展. 中国造纸，2021，40（11）：79-89.

[31] Wang H, Xie H, Du H, et al. Highly efficient preparation of functional and thermostable cellulose nanocrystals via H_2SO_4 intensified acetic acid hydrolysis. Carbohydr Polym, 2020, 239: 116233.

[32] Bian H, Chen L, Gleisner R, et al. Producing wood-based nanomaterials by rapid fractionation of wood at 80℃ using a recyclable acid hydrotrope. Green Chem, 2017, 19 (14): 3370-3379.

[33] Tang L R, Huang B, Ou W, et al. Manufacture of cellulose nanocrystals by cation exchange resin-catalyzed hydrolysis of cellulose. Bioresour Technol, 2011, 102 (23): 10973-10977.

[34] Hamid S B A, Zain S K, Das R, et al. Synergic effect of tungstophosphoric acid and sonication for rapid synthesis of crystalline nanocellulose. Carbohydr Polym, 2016, 138: 349-355.

[35] Rozenberga L, Vikele L, Vecbiskena L, et al. Preparation of nanocellulose using ammonium persulfate and method' s comparison with other techniques. Key Eng Mater, 2016, 674: 21-25.

[36] Man Z, Muhammad N, Sarwono A, et al. Preparation of cellulose nanocrystals using an ionic liquid. J Polym Environ, 2011, 19 (3): 726-731.

[37] Han J, Zhou C, French A D, et al. Characterization of cellulose Ⅱ nanoparticles regenerated from 1-butyl-3-methylimidazolium chloride. Carbohydr Polym, 2013, 94 (2): 773-781.

[38] Abushammala H, Krossing I, Laborie M P. Ionic liquid-mediated technology to produce cellulose nanocrystals directly from wood. Carbohydr Polym, 2015, 134: 609-616.

[39] Smirnov M A, Sokolova M P, Tolmachev D A, et al. Green method for preparation of cellulose nanocrystals using deep eutectic solvent. Cellulose, 2020, 27 (8): 4305-4317.

[40] Liu S, Zhang Q, Gou S, et al. Esterification of cellulose using carboxylic acid-based deep eutectic solvents to produce high-yield cellulose nanofibers. Carbohydr Polym, 2021, 251: 117018.

[41] Phitsuwan P, Sakka K, Ratanakhanokchai K. Structural changes and enzymatic response of Napier grass (*Pennisetum purpureum*) stem induced by alkaline pretreatment. Bioresour Technol, 2016, 218: 247-256.

[42] Sun S L, Wen J L, Ma M G, et al. Successive alkali extraction and structural characterization of hemicelluloses from sweet sorghum stem. Carbohydr Polym, 2013, 92 (2): 2224-2231.

[43] Bian J，Peng F，Xu F，et al. Fractional isolation and structural characterization of hemicelluloses from *Caragana korshinskii*. Carbohydr Polym，2010，80（3）：753-760.

[44] Pfleiderer G，Riedl H J. Production of hydrogen peroxide. US2215883 A. 1940-9-24.

[45] Dutra E D，Santos F A，Alencar B R A，et al. Alkalinehydrogen peroxide pretreatment of lignocellulosic biomass：Status and perspectives. Biomass Convers Biorefin，2017，8（1）：1-10.

[46] Gould J M. Studies on the mechanism of alkaline peroxide delignification of agricultural residues. Biotechnol Bioeng，1985，27（3）：225-231.

[47] Sun R C，Tomkinson J，Ma P L，et al. Comparative study of hemicelluloses from rice straw by alkali and hydrogen peroxide treatments. Carbohyd Polym，2000，42（2）：111-122.

[48] Zhang Y H P，Ding S Y，Mielenz J R，et al. Fractionating recalcitrant lignocellulose at modest reaction conditions. Biotechnol Bioeng. 2007，97（2）：214-223.

[49] Kim J W，Mazza G. Optimization of phosphoric acid catalyzed fractionation and enzymatic digestibility of flax shives. Ind Crops Prod，2008，28（3）：346-355.

[50] Bobleter O. Hydrothermal degradation of polymers derived from plants. Prog Polym Sci，1994，19（5）：797-841.

[51] Sun R C，Tomkinson J，Wang Y X，et al. Physico-chemical and structural characterization of hemicelluloses from wheat straw by alkaline peroxide extraction. Polymer，2000，41（7）：2647-2656.

[52] Honda S. Separation of neutral carbohydrates by capillary electrophoresis. J Chromatogr A，1996，720（1-2）：337-351.

[53] 彭缔，周雪松. 微波辅助下酸碱抽提半纤维素的研究. 造纸科学与技术，2013（6）：5.

[54] 刘春龙. 稻壳中半纤维素的提取工艺研究. 绥化学院学报，2014（11）：154.

[55] 陈嘉川，谢益民，李彦春，等. 天然高分子科学. 北京：科学出版社，2008.

[56] Sun R C，Tomkinson J. Characterization of hemicelluloses obtained by classical and ultrasonically assisted extractions from wheat straw. Carbohydr Polym，2002，50（3）：263-271.

[57] Hromádková Z，Ebringerová A. Ultrasonic extraction of plant materials-investigation of hemicellulose release from buckwheat hulls. Ultrason Sonochem，2003，10（3）：127-133.

[58] 刘超. 超声波辅助提取苹果渣中果胶、半纤维素和纤维素的研究. 青岛：中国海洋大学，2011.

[59] Li B，Liu C，Yu G，et al. Recent progress on the pretreatment and fractionation of lignocelluloses for Biorefinery at QIBEBT. J Bioresour Bioprod，2017，2（1）：4-9.

[60] Zhu J Y，Pan X J. Woody biomass pretreatment for cellulosic ethanol production：Technology and energy consumption evaluation. Bioresour Technol，2010，101（13）：4992-5002.

[61] Ebringerova A，Hromadkova Z，Burchard W，et al. Solution properties of water-insoluble rye-bran arabinoxylan. Carbohydr Polym，1994，24（3）：161-169.

[62] 肖领平. 木质生物质水热资源化利用过程机理研究. 北京：北京林业大学，2014.

[63] Bobleter O，Niesner R，Röhr M. The hydrothermal degradation of cellulosic matter to sugars and their fermentative conversion to protein. J Appl Polym Sci，2010，20（8）：2083-2093.

[64] Vegas R，Kabel M，Schols H A，et al. Hydrothermal processing of rice husks：effects of severity on product distribution. J Chem Technol Biotechnol，2008，83（7）：965-972.

[65] Garrote G，Dominguez H，Parajo J C，et al. Mild autohydrolysis：an environmentally friendly technology for xylooligosaccharide production from wood. J Chem Technol Biotechnol，1999，74（11）：1101-1109.

[66] Gallina G，Alfageme E R，Biasi P，et al. Hydrothermal extraction of hemicellulose：From lab to pilot scale. Bioresour Technol，2018，247，980-991.

[67] Lu X，Yamauchi K，Phaiboonsilpa N，et al. Two-step hydrolysis of Japanese beech as treated by semi-flow hot-compressed water. J Wood Sci，2009，55（5）：367-375.

[68] Ye S，Cheng J J. Dilute acid pretreatment of rye straw and bermudagrass for ethanol production. Bioresour Technol，2005，96（14）：1599-1606.

[69] Cara C，Ruiz E，Oliva J M，et al. Conversion of olive tree biomass into fermentable sugars by dilute acid pretreatment and enzymatic saccharification. Bioresour Technol，2008，99（6）：1869-1876.

[70] Lu X B，Zhang Y M，Angelidaki I. Optimization of H_2SO_4-catalyzed hydrothermal pretreatment of rapeseed straw for bioconversion to ethanol：Focusing on pretreatment at high solids content. Bioresour Technol，2009，99（12）：3048-3053.

[71] Bussemaker M J，Zhang D. Effect of ultrasound on lignocellulosic biomass as a pretreatment for biorefinery and biofuel applications. Ind Eng Chem Res，2013，52（10）：3563-3580.

[72] Chaudhary G，Singh L K，Ghosh S. Alkaline pretreatment methods followed by acid hydrolysis of Saccharum spontaneum for bioethanol production. Bioresour Technol，2012，124：111-118.

[73] Jin A X, Ren J L, Peng F, et al. Comparative characterization of degraded and non-degradative hemicelluloses from barley straw and maize stems: Composition, structure, and thermal properties. Carbohydr Polym, 2009, 78 (3): 609-619.

[74] Egüés I, Sanchez C, Mondragon I, et al. Effect of alkaline and autohydrolysis processes on the purity of obtained hemicelluloses from corn stalks. Bioresour Technol, 2012, 103 (1): 239-248.

[75] Dordevic T, Antov M. The influence of hydrothermal extraction conditions on recovery and properties of hemicellulose from wheat chaff - A modeling approach. Biomass Bioenergy, 2018, 119: 246-252.

[76] Chaturvedi V, Verma P. An overview of key pretreatment processes employed for bioconversion of lignocellulosic biomass into biofuels and value added products. 3 Biotech, 2013, 3 (5): 415-431.

[77] Jedvert K, Saltberg A, Lindstrom M E, et al. Mild steam explosion and chemical pre-treatment of norway spruce. BioResources, 2012, 7 (2): 2051-2074.

[78] Sarker T R, Pattnaik F, Nanda S, et al. Hydrothermal pretreatment technologies for lignocellulosic biomass: A review of steam explosion and subcritical water hydrolysis. Chemosphere, 2021, 284: 131372.

[79] Abatzoglou N, Koeberle P G, Chornet E, et al. Dilute acid hydrolysis of lignocellulosics: An application to medium consistency suspensions of hardwoods using a plug flow reactor. Can J Chem Eng, 1990, 68 (4): 627-638.

[80] Wojtasz-Mucha J, Hasani M, Theliander H. Hydrothermal pretreatment of wood by mild steam explosion and hot water extraction. Bioresour Technol, 2017, 241: 120-126.

[81] Mosier N, Wyman C, Dale B, et al. Features of promising technologies for pretreatment of lignocellulosic biomass. Bioresour Technol, 2005, 96 (6): 673-686.

[82] Sun X F, Xu F, Sun R C, et al. Characteristics of degraded hemicellulosic polymers obtained from steam exploded wheat straw. Carbohydr Polym, 2005, 60 (1): 15-26.

[83] Wang K, Xu F, Sun R C, et al. Influence of incubation time on the physicochemical properties of the isolated hemicelluloses from steam-exploded lespedeza stalks. Ind Eng Chem Res, 2010, 49 (18): 8797-8804.

[84] 宋国辉，黄纪念，孙强，等. 加压液化气亚临界萃取技术在农产品加工中的应用. 农产品加工：下，2014 (4): 62.

[85] Peng P, She D. Isolation, structural characterization, and potential applications of hemicelluloses from bamboo: A review. Carbohydr Polym, 2014, 112: 701-720.

[86] Passos C P, Moreira A, Domingues M, et al. Sequential microwave superheated water extraction of mannans from spent coffee grounds. Carbohydr Polym, 2014, 103: 333-338.

[87] Passos C P, Coimbra M A. Microwave superheated water extraction of polysaccharides from spent coffee grounds. Carbohydr Polym, 2013, 94 (1): 626-633.

[88] Coelho E, Rocha M A M, Saraiva J A, et al. Microwave superheated water and dilute alkali extraction of brewers' spent grain arabinoxylans and arabinoxylo-oligosaccharides. Carbohydr Polym, 2014, 99: 415-422.

[89] Persson T, Ren J L, Joelsson E, et al. Fractionation of wheat and barley straw to access high-molecular-mass hemicelluloses prior to ethanol production. Bioresour Technol, 2009, 100 (17): 3906-3913.

[90] Zhang H D, Wu S B. Subcritical CO_2 pretreatment of sugarcane bagasse and its enzymatic hydrolysis for sugar production. Bioresour Technol, 2013, 149: 546-550.

[91] Da Silva S P M, Morais A R C, Bogel-Lukasik R. The CO_2-assisted autohydrolysis of wheat straw. Green Chem, 2014, 16 (1): 238-246.

[92] 姚众，董晨晨，张贵云，等. 超临界 CO_2 萃取技术在植物源农药提取中的应用. 山西农业科学，2018，46 (11): 1967.

[93] Kim K H, Hong J. Supercritical CO_2 pretreatment of lignocellulose enhances enzymatic cellulose hydrolysis. Bioresour Technol, 2001, 77 (2): 139-144.

[94] King J W, Srinivas K, Guevara O, et al. Reactive high pressure carbonated water pretreatment prior to enzymatic saccharification of biomass substrates. J Supercrit Fluids, 2012, 66: 221-231.

[95] Luterbacher J S, Tester J W, Walker L P. High-solids biphasic CO_2-H_2O pretreatment of lignocellulosic biomass. Biotechnol Bioeng, 2010, 107 (3): 451-460.

[96] Feng P, Peng P, Feng X, et al. Fractional purification and bioconversion of hemicelluloses. Biotechnol Adv, 2012, 30 (4): 879-903.

[97] Haimer E, Wendland M, Potthast A, et al. Precipitation of hemicelluloses from DMSO/water mixtures using carbon dioxide as an antisolvent. J Nanomater, 2008, 2008 (1687-4110): 1-5.

[98] 李忠正. 植物纤维资源化学. 北京：中国轻工业出版社，2012.

[99] Brandt A, Grasvik J, Hallett J P, et al. Deconstruction of lignocellulosic biomass with ionic liquids. Green Chem, 2013, 15 (3): 550-583.

[100] Tang X, Zuo M, Li Z, et al. Green processing of lignocellulosic biomass and its derivatives in deep eutectic

solvents. ChemSusChem，2017，10（13）：2696-2706.
[101] Mao S H，Hua B Y，Wang N，et al. 11αhydroxylation of 16α，17-epoxyprogesterone in biphasic ionic liquid/water system by Aspergillus ochraceus. J Chem Technol Biotechnol，2013，88（2）：287-292.
[102] Corderí S，González B，Calvar N，et al. Ionic liquids as solvents to separate the azeotropic mixture hexane/ethanol. Fluid Phase Equilib，2013，337：11-17.
[103] Hijo A T，Maximo G J，Costa M C，et al. Applications of ionic liquids in the food and bioproducts industries. ACS Sustain Chem Eng，2016，4（10）：5347-5369.
[104] Liang W D，Zhang S，Li H F，et al. Oxidative desulfurization of simulated gasoline catalyzed by acetic acid-based ionic liquids at room temperature. Fuel Processing Technol，2013，109（2）：27-31.
[105] Lissner E，de Souza W F，Ferrera B，et al. Oxidative desulfurization of fuels with task-specific ionic liquids. ChemSusChem，2010，2（10）：962-964.
[106] Miyafuji H，Miyata K，Saka S，et al. Reaction behavior of wood in an ionic liquid，1-ethyl-3-methylimidazolium chloride. J Wood Sci，2009，55（3）：215-219.
[107] Mohtar S S，Busu T N Z T M，Noor A M M，et al. An ionic liquid treatment and fractionation of cellulose，hemicellulose and lignin from oil palm empty fruit bunch. Carbohydr Polym，2017，166：291-299.
[108] Mohtar S S，Busu T N Z T M，Noor A M M，et al. Extraction and characterization of lignin from oil palm biomass via ionic liquid dissolution and non-toxic aluminium potassium sulfate dodecahydrate precipitation processes. Bioresour Technol，2015，192：212-218.
[109] Raj T，Gaur R，Dixit P，et al. Ionic liquid pretreatment of biomass for sugars production：Driving factors with a plausible mechanism for higher enzymatic digestibility. Carbohydr Polym，2016，149：369-381.
[110] 吕本莲. 离子液体对纤维素和木聚糖的溶解性能及溶解机理研究. 兰州：兰州大学，2016.
[111] Shuai L，Questell-Santiago Y M，Luterbacher J S. A mild biomass pretreatment using γ-valerolactone for concentrated sugar production. Green Chem，2016，18（4）：937-943.
[112] Wu M，Yan Z Y，Zhang X M，et al. Integration of mild acid hydrolysis in γ-valerolactone/water system for enhancement of enzymatic saccharification from cotton stalk. Bioresour Technol，2015，200：23-28.
[113] Gürbüz E I，Gallo J M R，Alonso D M，et al. Conversion of hemicellulose into furfural using solid acid catalysts in γ-valerolactone. Angew Chem Int Ed，2013，125（4）：1308-1312.
[114] Alonso D M ，Wettstein S G，Mellmer M A，et al. Integrated conversion of hemicellulose and cellulose from lignocellulosic biomass. Energy Environ Sci，2013，6（1）：76-80.
[115] Abbott A P，Capper G，Davies D L，et al. Novel solvent properties of choline chloride/urea mixtures. Chem Commun，2003，9（1）：70-71.
[116] Satlewal A，Agrawal R，Bhagia S，et al. Natural deep eutectic solvents for lignocellulosic biomass pretreatment：Recent developments，challenges and novel opportunities. Biotechnol Adv，2018，36（8）：2032-2050.
[117] Vigier K D，Chatel G，Jerome F. Contribution of deep eutectic solvents for biomass processing：Opportunities，challenges，and limitations. Chem Cat Chem，2015，7（8）：1250-1260.
[118] Liang Y，Duan W J，An X X，et al. Novel betaine-amino acid based natural deep eutectic solvents for enhancing the enzymatic hydrolysis of corncob. Bioresour Technol，2020，310：123389.
[119] Morais E S，Mendona P V，Coelho J F J，et al. Deep eutectic solvent aqueous solutions as efficient media for the solubilization of hardwood xylans. ChemSusChem，2018，11（4）：753.
[120] Yu H T，Xue Z M，Lan X，et al. Highly efficient dissolution of xylan in ionic liquid-based deep eutectic solvents. Cellulose，2020，27（11）：6175-6188.
[121] Yang J Y，Wang Y，Zhang W J，et al. Alkaline deep eutectic solvents as novel and effective pretreatment media for hemicellulose dissociation and enzymatic hydrolysis enhancement. Int J Biol Macromol，2021，193：1610-1616.
[122] Soares B，Tavares D J P，Amaral J L，et al. Enhanced solubility of lignin monomeric model compounds and technical lignins in aqueous solutions of deep eutectic solvents. ACS Sustain Chem Eng，2017，5（5）：4056-4065.
[123] Malaeke H，Housaindokht M R，Monhemi H，et al. Deep eutectic solvent as an efficient molecular liquid for lignin solubilization and wood delignification. J Mol Liq，2018，263：193-199.
[124] Lynam J G，Kumar N，Wong M J. Deep eutectic solvents' ability to solubilize lignin，cellulose，and hemicellulose；thermal stability；and density. Bioresour Technol，2017，238：684-689.
[125] Kumar A K，Parikh B S，Pravakar M. Natural deep eutectic solvent mediated pretreatment of rice straw：Bioanalytical characterization of lignin extract and enzymatic hydrolysis of pretreated biomass residue. Environ Sci Pollut Res Int，2016，23（10）：9265-9275.
[126] Hou X D，Feng G J，Ye M，et al. Significantly enhanced enzymatic hydrolysis of rice straw via a high-performance two-stage deep eutectic solvents synergistic pretreatment. Bioresour Technol，2017，238：139-146.

[127] Schutyser W，Renders T，Van den Bosch S，et al. Chemicals from lignin：an interplay of lignocellulose fractionation，depolymerisation，and upgrading. Chem Soc Rev，2018，47（3）：852-908.

[128] Renders T，Van den Bosch S，Koelewijn S，et al. Lignin-first biomass fractionation：The advent of active stabilisation strategies. Energy Environ Sci，2017，10（7）：1551-1557.

[129] Pena-Pereira F，Namiesnik J，Ionic Liquids，et al. Sustainable solvents for extraction processes. ChemSusChem，2014，7（7）：1784-1800.

[130] Rinaldif R，Jastrzebski R，Clough M，et al. Paving the way for lignin valorisation：Recent advances in bioengineering，biorefining and catalysis. Angew Chem Int Ed，2016，55（29）：8164-8215.

[131] Aro T，Fatehi P. Production and application of lignosulfonates and sulfonated lignin. Chem Sus Chem，2017，10（9）：1861-1877.

[132] Perez D，Heiningen A V. Prediction of alkaline pulping yield：Equation derivation and validation. Cellulose，2015，22（6）：3967-3979.

[133] Karp E M，Nimlos C T，Deutch S，et al. Quantification of acidic compounds in complex biomass-derived streams. Green Chem，2016，18（17）：4750-4760.

[134] Kim S，Holtzapple M T. Lime pretreatment and enzymatic hydrolysis of corn stover. Bioresour Technol，2005，96（18）：1994-2006.

[135] Schild G，Sixta H，Testova L. Multifunctional alkaline pulping，Delignification and hemicellulose extraction. Cell Chem Technol，2010，44（1）：35-45.

[136] Lei Y，Liu S，Li J，et al. Effect of hot-water extraction on alkaline pulping of bagasse. Biotechnol Adv，2010，28（5）：609-612.

[137] Kim T H，Kim J S，Sunwoo C，et al. Pretreatment of corn stover by aqueous ammonia. Bioresour Technol，2003，90（1）：39-47.

[138] Chundawat S P S，Donohoe B S，da Costa Sousa L，et al. Multi-scale visualization and characterization of lignocellulosic plant cell wall deconstruction during thermochemical pretreatment. Energy Environ Sci，2011，4（3）：973-984.

[139] Kitayama A，Yamanaka S，Kadota K，et al. Diffusion behavior in a liquid-liquid interfacial crystallization by molecular dynamics simulations. J Chem Phys，2009，131（17）：174707.

[140] Bellesia G，Chundawat S P S，Langan P，et al. Probing the early events associated with liquid ammonia pretreatment of native crystalline cellulose. J Phys Chem B，2011，115（32）：9782-9788.

[141] Da Costa Sousa L，Jin M，Chundawat S P S，et al. Next-generation ammonia pretreatment enhances cellulosic biofuel production. Energy Environ Sci，2016，9（4）：1215-1223.

[142] Da Costa Sousa L，Foston M，Bokade V，et al. Isolation and characterization of new lignin streams derived from extractive-ammonia（EA）pretreatment. Green Chem，2016，18（15）：4205-4215.

[143] Kim J S，Lee Y Y，Kim T H. A review on alkaline pretreatment technology for bioconversion of lignocellulosic biomass. Bioresour Technol，2016，199：42-48.

[144] Kim T H，Kim J S，Sunwoo C，et al. Pretreatment of corn stover by aqueous ammonia. Bioresour Technol，2003，90（1）：39-47.

[145] Bellesia G，Chundawat S P S，Langan P，et al. Coarse-grained model for the interconversion between native and liquid ammonia-treated crystalline cellulose. J Phys Chem B，2012，116（28）：8031-8037.

[146] Bouxin F P，McVeigh A，Tran F，et al. Catalytic depolymerisation of isolated lignins to fine chemicals using a Pt/alumina catalyst：part 1—impact of the lignin structure. Green Chem，2015，17（2）：1235-1242.

[147] Lancefield C S，Rashid G M M，Bouxin F P，et al. Investigation of the chemocatalytic and biocatalytic valorization of a range of different lignin preparations：The importance of *β-O*-4 content. ACS Sustain Chem Eng，2016，4（12）：6921-6930.

[148] Bouxin F P，Jackson S D，Jarvis M C. Isolation of high quality lignin as a by-product from ammonia percolation pretreatment of poplar wood. Bioresour Technol，2014，162：236-242.

[149] Laskar D D，Zeng J，Yan L，et al. Characterization of lignin derived from water-only flowthrough pretreatment of Miscanthus. Ind Crops Prod，2013，50：391-399.

[150] Trajano H L，Engle N L，Foston M，et al. The fate of lignin during hydrothermal pretreatment. Biotechnol Biofuels，2013，6（1）：1-16.

[151] Zhuang X，Yu Q，Wang W，et al. Decomposition behavior of hemicellulose and lignin in the step-change flow rate liquidhot water. Appl Biochem Biotechnol，2012，168（1）：206-218.

[152] Galkin M V，Samec J S M. Lignin valorization through catalytic lignocellulose fractionation：A fundamental platform for the future biorefinery. Chem Sus Chem，2016，9（13）：1544-1558.

[153] Deuss P J，Lancefield C S，Narani A，et al. Phenolic acetals from lignins of varying compositions via iron（iii）triflate

catalysed depolymerisation. Green Chem，2017，19 (12)：2774-2782.
[154] Lancefield C S，Panovic I，Deuss P J，et al. Pre-treatment of lignocellulosic feedstocks using biorenewable alcohols：Towards complete biomass valorisation. Green Chem，2017，19 (1)：202-214.
[155] Shuai L，Amiri M T，Questell-Santiago Y M，et al. Formaldehyde stabilization facilitates lignin monomer production during biomass depolymerization. Science，2016，354 (6310)：329-333.
[156] Shuai L，Saha B. Towards high-yield lignin monomer production. Green Chem，2017，19 (16)：3752-3758.
[157] Schutyser W，Van den Bosch S，Renders T，et al. Influence of bio-based solvents on the catalytic reductive fractionation of birch wood. Green Chem，2015，17 (11)：5035-5045.
[158] Brandt A，Gräsvik J，Hallett J P，et al. Deconstruction of lignocellulosic biomass with ionic liquids. Green chem，2013，15 (3)：550-583.
[159] George A，Tran K，Morgan T J，et al. The effect of ionic liquid cation and anion combinations on the macromolecular structure of lignins. Green chem，2011，13 (12)：3375-3385.
[160] Käldström M，Meine N，Farès C，et al. Fractionation of 'water-soluble lignocellulose' into C5/C6 sugars and sulfur-free lignins. Green Chem，2014，16 (5)：2454-2462.
[161] Calvaruso G，Clough M T，Rinaldi R. Biphasic extraction of mechanocatalytically-depolymerized lignin from water-soluble wood and its catalytic downstream processing. Green Chem，2017，19 (12)：2803-2811.
[162] Clarke K，Li X，Li K. The mechanism of fiber cutting during enzymatic hydrolysis of wood biomass. Biomass Bioenergy，2011，35 (9)：3943-3950.
[163] Liu W，Wang B，Hou Q，et al. Effects of fibrillation on the wood fibers' enzymatic hydrolysis enhanced by mechanical refining. Bioresour Technol，2016，206：99-103.
[164] Chang H，Cowling E B，Brown W. Comparative studies on cellulolytic enzyme lignin and milled wood lignin of sweetgum and spruce. Holzforschung，1975，29：153-159.
[165] Pu Y，Hu F，Huang F，et al. Lignin structural alterations in thermochemical pretreatments with limited delignification. Bioenerg Res，2015，8 (3)：992-1003.
[166] Sturgeon M R，Kim S，Lawrence K，et al. A mechanistic investigation of acid-catalyzed cleavage of aryl-ether linkages：Implications for lignin depolymerization in acidic environments. ACS Sustain Chem Eng，2014，2 (3)：472-485.
[167] Zaheer M，Kempe R. Catalytic hydrogenolysis of aryl ethers：A key step in lignin valorization to valuable chemicals. ACS Catal，2015，5 (3)：1675-1684.
[168] Galkin M V，Sawadjoon S，Rohde V，et al. Mild heterogeneous palladium-catalyzed cleavage of beta-*O*-4′-ether linkages of lignin model compounds and native lignin in air. Chemcatchem，2014，6 (1)：179-184.
[169] Lu J，Wang M，Zhang X，et al. Beta-*O*-4 Bond cleavage mechanism for lignin model compounds over Pd catalysts identified by combination of first-principles calculations and experiments. ACS Catal，2016，6 (8)：5589-5598.
[170] Parsell T H，Owen B C，Klein I，et al. Cleavage and hydrodeoxygenation (HDO) of C—O bonds relevant to lignin conversion using Pd/Zn synergistic catalysis. Chem Sci，2013，4 (2)：806-813.
[171] Guo H，Zhang B，Li C，et al. Tungsten carbide：A remarkably efficient catalyst for the selective cleavage of lignin C—O bonds. Chemsuschem，2016，9 (22)：3220-3229.
[172] Ma R，Xu Y，Zhang X. Catalytic oxidation of biorefinery lignin to value-added chemicals to support sustainable biofuel production. Chemsuschem，2015，8 (1)：24-51.
[173] Satapathy P K，Baral D K，Aswar A S，et al. Kinetics and mechanism of oxidation of vanillin by Cerium (Ⅳ) in aqueous perchlorate medium. Indian J Chem Techn，2013，20 (4)：271-275.
[174] Li C，Zhao X，Wang A，et al. Catalytic transformation of lignin for the production of chemicals and fuels. Chem Rev，2015，115 (21)：11559-11624.
[175] Patwardhan P R，Brown R C，Shanks B H. Understanding the fast pyrolysis of lignin. Chemsuschem，2011，4 (11)：1629-1636.
[176] Mu W，Ben H，Ragauskas A，et al. Lignin pyrolysis components and upgrading-technology review. Bioenerg Res，2013，6 (4)：1183-1204.
[177] Wang S，Dai G，Yang H，et al. Lignocellulosic biomass pyrolysis mechanism：A state-of-the-art review. Prog Energ Combust，2017，62：33-86.
[178] Vinu R，Broadbelt L J. A mechanistic model of fast pyrolysis of glucose-based carbohydrates to predict bio-oil composition. Energ Environ Sci，2012，5 (12)：9808-9826.
[179] Vishtal A，Kraslawski A. Challenges in industrial applications of technical lignins. Bioresources，2011，6 (3)：3547-3568.
[180] Remsing R C，Swatloski R P，Rogers R D，et al. Mechanism of cellulose dissolution in the ionic liquid 1-n-butyl-3-

methylimidazolium chloride: a ^{13}C- and $^{35/37}Cl$-NMR relaxation study on model systems. Chem Commun, 2006, 12: 1271-1273.
[181] Janesko B G. Modeling interactions between lignocellulose and ionic liquids using DFT-D. Phys Chem Chem Phys, 2011, 13 (23): 11393-11401.
[182] Achinivu E C, Howard R M, Li G, et al. Lignin extraction from biomass with protic ionic liquids. Green Chem, 2014, 16 (3): 1114-1119.
[183] Pu Y, Jiang N, Ragauskas A J. Ionic liquid as a green solvent for lignin. J Wood Chem Technol, 2007, 27 (1): 23-33.
[184] Hyun L S, Doherty T V, Linhardt R J, et al. Ionic liquid-mediated selective extraction of lignin from wood leading to enhanced enzymatic cellulose hydrolysis. Biotechnol Bioeng, 2010, 102 (5): 1368-1376.
[185] Fu D, Mazza G. Aqueous ionic liquid pretreatment of straw. Bioresour Technol, 2011, 102 (13): 7008-7011.
[186] Fu D, Mazza G, Tamaki Y. Lignin extraction from straw by ionic liquids and enzymatic hydrolysis of the cellulosic residues. J Agr Food Chem, 2010, 58 (5): 2915-2924.
[187] Lee S H, Doherty T V, Linhardt R J, et al. Ionic liquid-mediated selective extraction of lignin from wood leading to enhanced enzymatic cellulose hydrolysis. Biotechnol Bioeng, 2009, 102 (5): 1368-1376.
[188] Tan S S, MacFarlane D R, Upfal J. Extraction of lignin from lignocellulose at atmospheric pressure using alkylbenzenesulfonate ionic liquid. Green Chem, 2009, 11: 339-345.
[189] Castro M C, Arce A, Soto A, et al. Influence of methanol on the dissolution of lignocellulose biopolymers with the ionic liquid 1-Ethyl-3-methylimidazolium acetate. Ind Eng Chem Res, 2015, 54 (39): 9605-9614.
[190] Heldebrant D J, Yonker C R, Jessop P G, et al. Organic liquid CO_2 capture agents with high gravimetric CO_2 capacity. Energy Environ Sci, 2008, 1 (4): 487-493.
[191] Blasucci V, Dilek C, Huttenhower H, et al. One-component, switchable ionic liquids derived from siloxylated amines. Chem Commun, 2009, 1: 116-118.
[192] de Maria P D. Recent trends in (ligno) cellulose dissolution using neoteric solvents: Switchable, distillable, and bio-based ionic liquids. J Chem Technol Biot, 2014, 89 (1): 11-18.
[193] Muhammad N, Man Z, Bustam M A, et al. Investigations of novel nitrile-based ionic liquids as pretreatment solvent for extraction of lignin from bamboo biomass. J Ind Eng Chem, 2013, 19 (1): 207-214.
[194] Anugwom I, Eta V, Virtanen P, et al. Switchable ionic liquids as delignification solvents for lignocellulosic materials. Chemsuschem, 2014, 7 (4): 1170-1176.
[195] Du F Y, Xiao X H, Luo X J, et al. Application of ionic liquids in the microwave-assisted extraction of polyphenolic compounds from medicinal plants. Talanta, 2009, 78 (3): 1177-1184.
[196] Pinkert A, Goeke D F, Marsh K N, et al. Extracting wood lignin without dissolving or degrading cellulose: Investigations on the use of food additive-derived ionic liquids. Green Chem, 2011, 13 (11): 3124-3136.
[197] Brandt A, Gschwend F J V, Hallett J. et al. An economically viable ionic liquid for the fractionation of lignocellulosic biomass. Green Chem, 2017, 19 (13): 3078-3102.
[198] Kline L M, Hayes D G, Womac A R, et al. Implified determination of lignin content in hard and soft woods via uv-spectrophotometric analysis of biomass dissolved in ionic liquids. Bioresources, 2010, 5 (3): 1366-1383.
[199] Youngs T G A, Hardacre C, Holbrey J D. Glucose solvation by the ionic liquid 1,3-dimethylimidazolium chloride: A simulation study. J Phys Chem B, 2007, 111 (49): 13765-13774.
[200] Youngs T G A, Holbrey J D, Mullan C L, et al. Neutron diffraction, NMR and molecular dynamics study of glucose dissolved in the ionic liquid 1-ethyl-3-methylimidazolium acetate. Chem Sci, 2011, 2 (8): 1594-1605.
[201] Padmanabhan S, Zaia E, Wu K, et al. Delignification of miscanthus by extraction. Sep Sci Technol, 2012, 47 (2): 370-376.
[202] Holbrey J D, Reichert W M, Nieuwenhuyzen M, et al. Liquid clathrate formation in ionic liquid-aromatic mixtures. Chem Commun, 2003, 4: 476-477.
[203] Hart W E S, Harper J B, Aldous L. The effect of changing the components of an ionic liquid upon the solubility of lignin. Green Chem, 2015, 17 (1): 214-218.
[204] Zavrel M, Bross D, Funke M, et al. High-throughput screening for ionic liquids dissolving (ligno-) cellulose. Bioresour Technol, 2009, 100 (9): 2580-2587.
[205] Swiderski K, McLean A, Gordon C M, et al. Estimates of internal energies of vaporisation of some room temperature ionic liquids. Chem Commun, 2004, 19: 2178-2179.
[206] Lee J M, Ruckes S, Prausnitz J M. Solvent polarities and Kamlet-Taft parameters for ionic liquids containing a pyridinium cation. J Phys Chem B, 2008, 112 (5): 1473-1476.
[207] Gericke M, Liebert T, El Seoud O A, et al. Tailored media for homogeneous cellulose chemistry: Ionic liquid/co-

solvent mixtures. Macromol Mater Eng，2011，296（6）：483-493.
[208] Ab Rani M A，Brant A，Crowhurst L，et al. Understanding the polarity of ionic liquids. Phys Chem Chem Phys，2011，13（37）：16831.
[209] Fukaya Y，Sugimoto A，Ohnoh. Superior solubility of polysaccharides in low viscosity，polar，and halogen-free 1,3-dialkylimidazolium formates. Biomacromolecules，2006，7（12）：3295-3297.
[210] Vegas R，Kabel M，Schols H A，et al. Hydrothermal processing of ricehusks：effects of severity on product distribution. J Chem Technol Biotechnol，2008，83（7）：965-972.
[211] Tan S S Y，Macfarlane D R，Upfal J，et al. Extraction of lignin from lignocellulose at atmospheric pressure using alkylbenzenesulfonate ionic liquid. Green Chem，2009，11（3）：339-345.
[212] Hou X D，Smith T J，Ning L，et al. Novel renewable ionic liquids ashighly effective solvents for pretreatment of rice straw biomass by selective removal of lignin. Biotechnol Bioeng，2012，109（10）：2484-2493.
[213] Brandt A，Ray M J，To T Q，et al. Ionic liquid pretreatment of lignocellulosic biomass with ionic liquid-water mixtures. Green Chem，2011，13（9）：2489-2499.
[214] Wei L，Li K，Ma Y，et al. Dissolving lignocellulosic biomass in a 1-butyl-3-methylimidazolium chloride-water mixture. Ind Crop Prod，2012，37（1）：227-234.
[215] Kilpelainen I，Xie H，King A，et al. Dissolution of wood in ionic liquids. J Agricul Food Chem，2007，55（22）：9142-9148.
[216] Froschauer C，Hummel M，Laus G，et al. Dialkyl phosphate-related ionic liquids as selective solvents for xylan. Biomacromolecules，2012，13（6）：1973-1980.
[217] Casas A，Palomar J，Virginia A M，et al. Comparison of lignin and cellulose solubilities in ionic liquids by COSMO-RS analysis and experimental validation. Ind Crop Prods，2012，37（1）：155-163.
[218] Sun N，Rahman M，Rogers R D，et al. Complete dissolution and partial delignification of wood in the ionic liquid 1-ethyl-3-methylimidazolium acetate. Green Chem，2009，11（5）：646-655.
[219] Fort D A，Remsing R C，Rogers R D，et al. Can ionic liquids dissolve wood Processing and analysis of lignocellulosic materials with 1-n-butyl-3-methylimidazolium chloride. Green Chem 2007，9（1）：63-69.
[220] Kim J Y，Shin E J，Eom I Y，et al. Structural features of lignin macromolecules extracted with ionic liquid from poplar wood. Bioresour Technol，2011，102（19）：9020-9025.
[221] Fu D，Mazza G，Tamaki Y. Lignin extraction from straw by ionic liquids and enzymatic hydrolysis of the cellulosic residues. J Agr Food Chem，2010，58（5）：2915.
[222] Elgharbawy A A，Alam M Z，Moniruzzaman M，et al. Ionic liquid pretreatment as emerging approaches for enhanced enzymatic hydrolysis of lignocellulosic biomass. Biochem Eng J，2016，109：252-267.
[223] Lynam J，Reza M，Vasquez V，et al. Pretreatment of rice hulls by ionic liquid dissolution. Bioresour Technol，2012，114（2）：629-636.
[224] Hou X，Smith T，Ning L，et al. Novel renewable ionic liquids as highly effective solvents for pretreatment of rice straw biomass by selective removal of lignin. Biotechnol Bioeng，2012，109（10）：2484-2493.
[225] Tan S，Macfarlane D，Upfal J，et al. Extraction of lignin from lignocellulose at atmospheric pressure using alkylbenzenesulfonate ionic liquid. Green Chem，2009，11（3）：339-345.
[226] Leskinen T，King A，Kilpelainen I，et al. Fractionation of lignocellulosic materials with ionic liquids. 1. Effect of mechanical treatment. Ind Eng Chem Res，2011，50（22）：12349-12357.
[227] Zhang Q，Vigier K，Royer S，et al. Deep eutectic solvents：syntheses，properties and applications. Chem Soc Rev，2012，41（21）：7108-7146.
[228] Abbott A，Boothby D，Capper G，et al. Deep eutectic solvents formed between choline chloride and carboxylic acids：Versatile alternatives to ionic liquids. J Am Chem Soc，2004，126（29）：9142-9147.
[229] 许凤，程鹏，郭宗伟，等. 低共熔溶剂木质素的分离及结构性质研究进展. 北京林业大学学报，2021，43（4）：158.
[230] Li T，Lyu G，Liu Y，et al. Deep eutectic solvents（DESs）for the isolation of willow lignin（*Salix matsudana* cv. Zhuliu）. International Journal of Molecular Sciences，2017，18（11）：2266-1-2266-11.
[231] Shen X，Wen J，Mei Q，et al. Facile fractionation of lignocelluloses by biomass-derived deep eutectic solvent（DES）pretreatment for cellulose enzymatic hydrolysis and lignin valorization. Green Chem，2019，21（2）：275-283.
[232] Zhang C，Xia S，Ma P. Facile pretreatment of lignocellulosic biomass using deep eutectic solvents. Bioresour Technol，2016，219：1-5.
[233] Tan Y，Ngoh G，Chua A. Evaluation of fractionation and delignification efficiencies of deep eutectic solvents on oil palm empty fruit bunch. Ind Crop Prod，2018，123：271-277.
[234] Kohli K，Katuwal S，Biswas A，et al. Effective delignification of lignocellulosic biomass by microwave assisted deep eutectic solvents. Bioresour Technol，2020，303：122897.

[235] Guo Z，Zhang Q，You T，et al. Short-time deep eutectic solvent pretreatment for enhanced enzymatic saccharification and lignin valorization. Green Chem，2019，21（11）：3099-3108.

[236] Xia Q，Liu Y，Meng J，et al. Multiple hydrogen bond coordination in three-constituent deep eutectic solvents enhances lignin fractionation from biomass. Green Chem，2018，20（12）：2711-2721.

[237] Chen Z，Jacoby W，Wan C. Ternary deep eutectic solvents for effective biomass deconstruction at high solids and low enzyme loadings. Bioresour Technol，2019，279：281-286.

[238] Ji Q，Yu X，Yagoub A，et al. Efficient removal of lignin from vegetable wastes by ultrasonic and microwave-assisted treatment with ternary deep eutectic solvent. Ind Crop Prod，2020，149：11235701-11235714.

[239] Lee C，Ji S，Suh Y，et al. Catalytic roles of metals and supports on hydrodeoxygenation of lignin monomer guaiacol. Catal Commun，2012，17：54-58.

[240] Boeriu C，Fiţigău F，Gosselink R，et al. Fractionation of five technical lignins by selective extraction in green solvents and characterization of isolated fractions. Ind Crop Prod，2014，62（62）：481-490.

[241] Capello C，Fischer U，Hungerbühler K. What is a green solvent? A comprehensive framework for the environmental assessment of solvents. Green Chem，2007，9（9）：927-934.

[242] Wang K，Xu F，Sun R. Molecular characteristics of kraft-AQ pulping lignin fractionated by sequential organic solvent extraction. Int J Mol Sci，2010，11（8）：2988-3001.

[243] Methacanon P，Weerawatsophon U，Sumransin N，et al. Properties and potential application of the selected natural fibers as limited life geotextiles. Carbohyd Polym，2010，82（4）：1090-1096.

[244] Quesada-Medina J，López-Cremades F，Olivares-Carrillo P. Organosolv extraction of lignin from hydrolyzed almond shells and application of the δ-value theory. Bioresour Technol，2010，101（21）：8252-8260.

[245] 蒋叶涛，宋晓强，孙勇，等. 基于木质生物质分级利用的组分优先分离策略. 化学进展，2017，29（10）：1273.

[246] Zhang Yh P，Ding S Y，Mielenz J R，et al. Fractionating recalcitrant lignocellulose at modest reaction conditions. Biotechnol Bioeng，2007，97（2）：214-223.

[247] Myllymäki V，Aksela R. Dissolution and delignification of lignocellulosic materials with ionic liquid solvent under microwave irradiation. WO Patent，2005，17001.

[248] Upfal J，MacFarlane D，Forsyth S. Solvents for use in the treatment of lignin-containing materials：U. S. Patent Application. 10/567，638. 2007-9-20.

[249] Sun S N，Li M F，Yuan T Q，et al. Effect of ionic liquid/organic solvent pretreatment on the enzymatic hydrolysis of corncob for bioethanol production. Part 1：Structural characterization of the lignins. Industrial crops and products，2013，43：570-577.

[250] Zhang X，Yuan T，Peng F，et al. Separation and structural characterization of lignin from hybrid poplar based on complete dissolution in DMSO/LiCl. Sep Sci Technol，2010，45（16）：2497-2506.

[251] Si X，Lu F，Chen J，et al. A strategy for generating high-quality cellulose and lignin simultaneously from woody biomass. Green Chem，2017，19（20）：4849-4857.

[252] Chen J，Lu F，Si X，et al. High yield production of natural phenolic alcohols from woody biomass using a nickel - based catalyst. Chem Sus Chem，2016，9（23）：3353-3360.

[253] da Costa Lopes A M，Lins R M G，Rebelo R A，et al. Biorefinery approach for lignocellulosic biomass valorisation with an acidic ionic liquid. Green Chem，2018，20（17）：4043-4057.

[254] Nguyen T Y，Cai C M，Kumar R，et al. Co-solvent pretreatment reduces costly enzyme requirements for high sugar and ethanol yields from lignocellulosic biomass. Chem Sus Chem，2015，8（10）：1716-1725.

[255] Klamrassamee T，Champreda V，Reunglek V，et al. Comparison of homogeneous and heterogeneous acid promoters in single-step aqueous-organosolv fractionation of eucalyptus wood chips. Bioresour Technol，2013，147：276-284.

[256] Grande P M，Viell J，Theyssen N，et al. Fractionation of lignocellulosic biomass using the OrganoCat process. Green Chem，2015，17（6）：3533-3539.

[257] Zhang M，Qi W，Liu R，et al. Fractionating lignocellulose by formic acid：Characterization of major components. Biomass Bioenergy，2010，34（4）：525-532.

[258] Zhu J Y，Pan X J，Wang G S，et al. Sulfite pretreatment（SPORL）for robust enzymatic saccharification of spruce and red pine. Bioresour Technol，2009，100（8）：2411-2418.

[259] Iakovlev M，van heiningen A. Efficient fractionation of spruce by SO_2-ethanol-water treatment：Closed mass balances for carbohydrates and sulfur. Chem Sus Chem，2012，5（8）：1625-1632.

[260] Yawalata D，Paszner L. Cationic effect in high concentration alcohol organosolv pulping：The next generation biorefinery. Holzforschung，2004，58（1）：7-13.

[261] Hundt M，Engel N，Schnitzlein K，et al. The AlkaPolP process：Fractionation of various lignocelluloses and continuous pulping within an integrated biorefinery concept. Chem Eng Res Des，2016，107：13-23.

[262] Wijaya Y P，Putra R D D，Widyaya V T，et al. Comparative study on two-step concentrated acid hydrolysis for the extraction of sugars from lignocellulosic biomass. Bioresour Technol，2014，164：221-231.

[263] Käldström M，Meine N，Farès C，et al. Fractionation of 'water-soluble lignocellulose' into C5/C6 sugars and sulfur-free lignins. Green Chem，2014，16（5）：2454-2462.

[264] Zhu J，Zhu Y，Jiang F，et al. An integrated process to produce ethanol，vanillin，and xylooligosaccharides from Camellia oleifera shell. Carbohydr Res，2013，382：52-57.

[265] Gould J M. Enhanced polysaccharide recovery from agricultural residues and perennial grasses treated with alkaline hydrogen peroxide. Biotechnol Bioeng，1985，27（6）：893-896.

[266] Su Y，Du R，Guo H，et al. Fractional pretreatment of lignocellulose by alkaline hydrogen peroxide：Characterization of its major components. Food Bioprod Process，2015，94：322-330.

[267] Xu F，Geng Z C，Liu C F，et al. Structural characterization of residual lignins isolated with cyanamide-activated hydrogen peroxide from various organosolvs pretreated wheat straw. J Appl Polym Sci，2008，109（1）：555-564.

[268] Sun X F，Sun R C，Tomkinson J，et al. Isolation and characterization of lignins，hemicelluloses，and celluloses from wheat straw by alkaline peroxide treatment. Cell Chem Technol，2003，37（3-4）：283-304.

[269] Sun R C，Sun X F，Wen J L. Fractional and structural characterization of lignins isolated by alkali and alkaline peroxide from barley straw. J Agric Food Chem，2001，49（11）：5322-5330.

[270] Liu Zh，Olson M L，Shinde S，et al. Synergistic maximization of the carbohydrate output and lignin processability by combinatorial pretreatment. Green Chem，2017，19（20）：4939-4955.

[271] Bond J Q，Alonso D M，Wang D，et al. Integrated catalytic conversion of γ-valerolactone to liquid alkenes for transportation fuels. Science，2010，327（5969）：1110-1114.

[272] Motagamwala A H，Won W，Maravelias C T，et al. An engineered solvent system for sugar production from lignocellulosic biomass using biomass derived γ-valerolactone. Green Chem，2016，18（21）：5756-5763.

[273] Sun S N，Chen X，Tao Y H，et al. Pretreatment of Eucalyptus urophylla in γ-valerolactone/dilute acid system for removal of non-cellulosic components and acceleration of enzymatic hydrolysis. Ind Crops Prod，2019，132：21-28.

[274] Zhou X，Ding D，You T，et al. Synergetic dissolution of branched xylan and lignin opens the way for enzymatic hydrolysis of poplar cell wall. J Agric Food Chem，2018，66（13）：3449-3456.

（许凤，彭锋，李明飞，游婷婷）

第五章　木材化学分析方法

第一节　木材各组分含量测定的国家标准方法

一、植物纤维原料分析用试样的采集

本节参见 GB/T 2677.1。

1. 木材原料

采取同一产地、同一树种的原木 3～4 棵，标明原木的树种、树龄、产地、砍伐年月、外观品级等，用剥皮刀将所取原木表皮全部剥尽。

在每棵原木的梢部、中部和底部各锯取 2～3cm 厚圆盘 1 个，放置数日后，将其劈成薄木片，充分混合，按四分法采取均匀样品木片约 1000g。风干后，置入粉碎机中磨成细末，过筛，截取能通过 0.38mm 筛孔（40 目）而不能通过 0.25mm 筛孔（60 目）的细末。晾至室温后，贮存于 1000mL 具有磨砂玻璃塞的广口瓶中，供分析使用。

2. 非木材纤维原料

（1）无髓的草类原料（如稻草、麦草、芦苇等）　采取代表性的原料约 500g，记录其草种、产地、采集年月、贮存年月、品质情况（变质情况及清洁程度等）。若其中夹杂铁丝、铁屑等硬物应先用磁铁吸除，再用切草机（或剪刀）去掉根及穗部。将已去根及穗的原料全部切碎。风干后，置入粉碎机中磨成细末。过筛，截取能通过 0.38mm 筛孔（40 目）而不能通过 0.25mm 筛孔（60 目）的细末。晾至室温后，用磁铁除去铁屑，贮存于 1000mL 具有磨砂玻璃塞的广口瓶中，备分析使用。

（2）有髓的非木材纤维原料（如棉秆、麻类、蔗渣等）　将已去根及穗的试样皮、秆分离（包括髓剥离），然后分别置入粉碎机中磨成全部能通过 0.38mm 筛孔（40 目）的细末。晾至室温，装瓶、称重，确定皮秆（包括髓）的比例。进行分析时，按确定的皮、秆（包括髓）比例取样。

二、水分的测定

本节参见 GB/T 2677.2。本节仅介绍干燥法测定水分。

1. 测定原理

水分是指原料试样在规定的烘干温度（105±2）℃下，烘干至恒重所失去的质量与试样原质量之比，以百分数表示。

2. 仪器、设备

扁形称量瓶（或其他试样容器）；可控温烘箱；干燥器（内装变色硅胶应保持蓝色）；分析天平（感量 0.0001g）。

3. 试验步骤

精确称取 1～2g（精确至 0.0001g）试样，于洁净的已烘干至质量恒定的扁形称量瓶中，置于（105±2）℃烘箱中烘 4h，将称量瓶移入干燥器中，冷却 0.5h 后称重。将称量瓶再移入烘箱，继续烘 1h，冷却称重。如此重复，直至质量恒定为止。

4. 结果计算

水分 x（%）按下式计算：

$$x=\frac{m-m_1}{m}\times 100\%$$

式中 m——试样烘干前的质量，g；

m_1——试样烘干后的质量，g。

以两次测定的算术平均值报告结果，要求准确到小数点后第二位。两次测定计算值间误差不应超过 0.2%。

三、灼烧残余物（灰分）的测定

本节参见 GB/T 742。

1. 测定原理

灼烧残余物（灰分）是指造纸原料、纸浆、纸和纸板试样经炭化后在（575±25）℃或（900±25）℃的高温炉里灼烧后的残余物。将一定量的试样放入坩埚，经电炉炭化，在温度为（575±25）℃或（900±25）℃的高温炉里灼烧，灼烧后残余物和坩埚的总质量减去坩埚质量后的差值即为残余物的质量。

2. 试剂

95%乙醇试剂，分析纯；乙酸镁（$C_4H_6O_4Mg\cdot 4H_2O$），分析纯；乙酸镁乙醇溶液：溶解 4.95g 乙酸镁于 50mL 蒸馏水中，以 95%乙醇稀释至 100mL。

3. 仪器

分析天平：感量 0.1mg；坩埚：由铂、陶瓷或二氧化硅制成，能容纳 10g 试样（通常容量 50～100mL），在加热情况下质量不变，且不与试样或灼烧残余物发生化学反应；电炉：带有温度调节器；高温炉：具有保持温度在（575±25）℃和（900±25）℃的性能；干燥器：内装变色硅胶应保持蓝色。

4. 取样及处理

根据试样品种不同，分别按 GB/T 2677.1、GB/T 740、GB/T 450 的规定取样，并按 GB/T 2677.2 或 GB/T 462 测定其水分。

5. 测定步骤和结果计算

（1）常规试样试验步骤　称取一定量的试样（纸或纸板试样通常由一定量的小片组成，每个小片面积应不大于 $1cm^2$），试样总质量应不低于 1g 或应能满足灼烧后残余物质量不低于 10mg 的要求，试样应从不同位置取样，确保具有代表性，称量精确至 0.1mg。

坩埚预处理：将坩埚于（575±25）℃或（900±25）℃的高温炉中灼烧 30～60min，在空气中自然降温 10min，再移入干燥器中冷却至室温并称量，精确至 0.1mg。

将称量的试样置于预处理并已称量的坩埚中，先在电炉上炭化，炭化过程中，应确保试样不起火燃烧，试样炭化后将盛有试样的坩埚移入高温炉中灼烧，灼烧时应防止试样飞溅而损失。造纸原料和纸浆灼烧温度为（575±25）℃或（900±25）℃，灼烧时间为 4h；纸和纸板灼烧温度为（900±25）℃，灼烧时间为 1h。灼烧完成后，从高温炉中取出装有残余物的坩埚，在空气中自然降温 10min，再移入干燥器中冷却至室温。称取盛有残余物的坩埚总质量，精确至 0.1mg。

注：若试样的灼烧残余物非常低（例如无灰纸），则可从试样的不同部位采取足够多的量，放入同一个坩埚连续灼烧，以获得不低于 10mg 的灼烧残余物。除非有特殊需要，否则不需要延长灼烧时间，且不要试图达到恒重，因试样中的一些成分会随着加热时间延长而损失。

试样的灼烧残余物按下式计算：

$$X=\frac{m_2-m_1}{m}\times 100$$

式中　X——试样的灼烧残余物，%；

m_1——灼烧后的空坩埚质量，g；

m_2——灼烧后盛有试样残余物的坩埚质量，g；

m——绝干试样的质量，g。

以两次测定的算术平均值报告结果，每次测定值与两次测定算术平均值的差值应不大于算术平均值的5%。灼烧残余物大于或等于1%时，测定结果精确至0.1%。灼烧残余物小于1%时，测定结果精确至0.01%。

(2) 特殊试样试验步骤　有些造纸原料含有较多的二氧化硅，这类物质在灼烧时残余物易熔融结成块状物，致使黑色炭素不易烧尽，此时可延长灼烧时间，直至残余物颜色变浅为止。若延长灼烧时间也不能使黑色炭素烧尽，则可采取如下步骤。

称取2～3g（精确至0.1mg）试样，置于预处理（灼烧温度575℃±25℃）并已称量的坩埚中，用移液管吸取5mL乙酸镁乙醇溶液，注入盛有试样的坩埚中。用铂丝仔细搅拌至试样全部被润湿，以极少量水洗下沾在铂丝上的试样，微火蒸干并在电炉炭化后，移入高温炉，在(575±25)℃下灼烧至残余物中无黑色炭素，灼烧完成后，从高温炉中取出装有残余物的坩埚，在空气中自然降温10min，再移入干燥器中冷却至室温，称取盛有试样残余物的坩埚质量，计算并记录试样残余物的质量，精确至0.1mg。

同时做一空白试验，吸取5mL乙酸镁乙醇溶液于另一只预处理（灼烧温度575℃±25℃）并已称量的坩埚中，微火蒸干，移入高温炉中，在(575±25)℃下灼烧，灼烧时间与前述试样相同，灼烧完成后，从高温炉中取出装有空白试验残余物的坩埚，在空气中自然降温10min再移入干燥器中冷却至室温，称取盛有空白试验残余物的坩埚质量，计算并记录空白试验残余物的质量，精确至0.1mg。

试样的灼烧残余物按下式计算：

$$X=\frac{m_4-m_3}{m}\times 100$$

式中　X——试样的灼烧残余物，%；

m_3——灼烧后空白试验的残余物质量，g；

m_4——灼烧后试样的残余物质量，g；

m——绝干试样的质量，g。

以两次测定的算术平均值报告结果，每次测定值与两次测定算术平均值的差值应不大于算术平均值的5%。灼烧残余物大于或等于1%时，测定结果精确至0.1%。灼烧残余物小于1%时，测定结果精确至0.01%。

四、水抽提物含量测定

本节参见GB/T 2677.4。

根据抽提条件不同，水抽提物分为冷水抽提物和热水抽提物两种。

植物纤维原料中所含有的部分无机盐类、糖、植物碱、环多醇、单宁、色素以及多糖类物质如胶、植物黏液、淀粉、果胶质、多乳糖等均能溶于水。因此，冷水抽提物和热水抽提物两者成分大体相同，但因其处理条件不同，溶出物质的数量不同。热水抽提物的数量较冷水抽提物多，其中含有较多糖类物质。

测定水抽提物的方法一般有两种：一种是采用一定量的水，在一定时间和规定温度下，处理一定量试样，根据试样减轻的质量作为水抽提物量；另一种是原料经上述方法处理后蒸干抽出液，根据所得残渣的质量确定其抽提物含量。后一种方法因操作手续较繁，故不常采用，我国普遍采用前一种方法测定水抽提物含量。

1. 测定原理

测定方法是用水处理试样，然后将抽提后的残渣烘干，从而确定其被抽提物的含量。

此法适用于木材和非木材纤维原料水抽提物含量的测定。

冷水抽提物测定是采用温度为（23±2)℃的水处理 48h，热水抽提物测定是用 95～100℃的热蒸馏水加热 3h。

2. 仪器与分析用水

一般实验室仪器；恒温水浴（温度范围：室温～100℃可调）；可以调节温度[（23±2)℃］的恒温装置；30mL 的玻璃滤器（G_2）；恒温烘箱；容量 500mL 及 300mL 的锥形瓶；冷凝管。

分析时所用的水应为蒸馏水或去离子水。

样品制备：按 GB/T 2677.1 的规定进行。准备风干样品不少于 20g，其样品为能通过 0.38mm 筛孔（40 目）但不能通过 0.25mm 筛孔（60 目）的部分细末。

3. 测定步骤和结果计算

（1）冷水抽提物含量的测定　精确称取 1.9～2.1g（称准至 0.0001g）试样（同时另称取试样测定水分），移入容量 500mL 锥形瓶中，加入 300mL 蒸馏水，置于温度可调的恒温装置中，保持温度为（23±2)℃，加盖放置 48h，并经常摇荡。用倾泻法过滤到已恒重的 G_2 玻璃滤器中，用蒸馏水洗涤残渣及锥形瓶，并将瓶内残渣全部洗入滤器中，继续洗涤至洗液无色后，再多洗涤 2～3 次，吸干滤液，用蒸馏水洗净滤器外部，移入烘箱内，于（105±2)℃烘干至质量恒定。

冷水抽提物含量 X_1（%）按下式计算：

$$X_1=\frac{m_1-m_2}{m_1}\times 100\%$$

式中　m_1——抽提前试样的绝干质量，g；

m_2——抽提后试样的绝干质量，g。

（2）热水抽提物含量的测定　精确称取 1.9～2.1g（称准至 0.0001g）试样（同时另称取试样测定水分），移入容量为 300mL 的锥形瓶中，加入 200mL 95～100℃的蒸馏水，装上回流冷凝管或空气冷凝管，置于沸水浴（水浴的水平面需高于装有试样的锥形瓶中液面）中加热 3h，并经常摇荡，用倾泻法过滤至已恒重的 G_2 玻璃滤器中，用热蒸馏水洗涤残渣及锥形瓶，并将锥形瓶内残渣全部洗入滤器中，继续洗涤至洗液无色后，再多洗 2～3 次，吸干滤液，用蒸馏水洗涤滤器外部，移入烘箱，于（105±2)℃烘干至质量恒定。

热水抽提物含量 X_2（%）按下式计算：

$$X_2=\frac{m_1-m_3}{m_1}\times 100\%$$

式中　m_1——抽提前试样的绝干质量，g；

m_3——抽提后试样的绝干质量，g。

水抽提物应同时进行两份测定，取其算术平均值作为测定结果，要求修约至小数点后一位，两次测定计算值间偏差不应超过 0.2%。

五、 1%氢氧化钠抽提物含量测定

本节参见 GB/T 2677.5。

植物纤维原料 1%氢氧化钠溶液抽提（出）物含量，在一定程度上可用以说明原料受到光、热、氧化或细菌等作用而变质或腐朽的程度。造纸原料的 1%氢氧化钠抽提物含量的大小，也可在一定程度上预见该原料在碱法制浆中纸浆得率的情况。

采用热的 1%氢氧化钠溶液处理试样，除能溶出原料中能被冷、热水溶出的物质外，还能溶解部分木质素、戊聚糖、己聚糖、树脂酸及糖醛酸等。造纸植物原料 1%氢氧化钠抽提物含量依原料种类、部位等的不同而异。一般木材 1%氢氧化钠抽提物含量为 10%～20%，竹材为 20%～30%，稻麦草为 40%～50%，苇、荻、蔗渣等为 30%～40%。

1. 测定原理

测定方法是在一定条件下，用 1%（质量分数）氢氧化钠溶液处理试样，残渣经洗涤烘干后恒重，根据处理前后试样的质量之差，确定其抽提物的含量。

2. 仪器

恒温水浴（室温～100℃可调）；30mL 玻璃滤器（G_2）；容量 300mL 锥形瓶；冷凝管；恒温烘箱。

3. 试剂

分析时，必须使用分析纯试剂，试验用水应为蒸馏水或去离子水。

① 氯化钡溶液（100g/L）。

② 盐酸标准溶液：$c(HCl)=0.1mol/L$。

③ 乙酸溶液：1∶3（体积比）。

④ 指示剂溶液。

a. 甲基橙指示液（1g/L）：称取 0.1g 甲基橙溶于水中，并稀释至 100mL。

b. 酚酞指示液（10g/L）：称取 1.0g 酚酞溶于 95%的乙醇溶液中，并用乙醇稀释至 100mL。

c. 溴甲酚绿指示液（1g/L）：称取 0.1g 溴甲酚绿，溶于 95%的乙醇溶液中，并用乙醇稀释至 100mL。

d. 甲基红指示液（2g/L）：称取 0.2g 甲基红，溶于 95%的乙醇溶液中，并用乙醇稀释至 100mL。

e. 溴甲酚绿-甲基红指示液：取 3 份的 1g/L 溴甲酚绿乙醇溶液与 1 份的 2g/L 甲基红乙醇溶液混合，摇匀。

⑤ 1%（质量分数）氢氧化钠溶液。

a. 配制方法：溶解 10g 氢氧化钠于蒸馏水中，移入 1L 的容量瓶内，加水稀释至刻度，摇匀。

b. 标定方法有两种。

i. 标定方法之一。用移液管吸取 50mL 氢氧化钠溶液于 200mL 容量瓶中，加入 10mL 的 100g/L 氯化钡溶液，再加水稀释至刻度，摇匀，静置以使沉淀物下降。用干的滤纸及漏斗过滤，精确吸取 50mL 滤液，滴入 1～2 滴甲基橙指示剂，用 0.1mol/L HCl 标准溶液进行滴定，按下式计算所配制的氢氧化钠溶液的浓度 w_1（%）：

$$w_1=\frac{Vc\times 40}{1000\times 12.5}\times 100\%$$

式中 V——滴定时耗用的 HCl 标准溶液的体积，mL；

c——HCl 标准溶液的浓度，mol/L；

12.5——滴定时实际取用的 1%（质量分数）氢氧化钠溶液的体积，mL；

40——NaOH 的摩尔质量，g/mol。

ii. 标定方法之二。称取经 110℃烘至质量恒定的邻苯二甲酸氢钾（$KHC_8H_4O_4$）2g（称准至 0.0002g），溶于 80mL 经煮沸过的水中，加入 2～3 滴酚酞指示剂，直接用所配的 1%（质量分数）氢氧化钠溶液滴定至出现微红色，记下所消耗 1%（质量分数）氢氧化钠溶液的体积，按下式计算其浓度 w_2（%）：

$$w_2=\frac{m_0\times 40}{V\times 204.22}\times 100\%$$

式中 m_0——所称取的邻苯二甲酸氢钾质量，g；

V——滴定时消耗的 1%（质量分数）氢氧化钠溶液体积，mL；

204.22——邻苯二甲酸氢钾的摩尔质量，g/moL；

40——氢氧化钠的摩尔质量，g/moL。

如与所规定的浓度不符合，则应加入较浓的碱或水，调节至所需浓度 0.9%～1.1%［相当于（0.25±0.025)mol/L］之间。

4. 试验步骤

精确称取 1.9～2.1g（称准至 0.0001g）试样（同时另称取试样测定水分），移入容量为

300mL的锥形瓶中，加入100mL 1%（10g/L）氢氧化钠溶液，装上回流冷凝管或空气冷凝管，置于沸水浴（水浴的水平面需高于装有试样的锥形瓶中液面）中加热1h，在加热10min、25min、50min时各摇荡一次，等到达规定时间后，取出锥形瓶，静置片刻以使残渣沉积于瓶底，然后用倾泻法过滤至已恒重的G_2玻璃滤器中，用温水洗涤残渣及锥形瓶数次，最后将锥形瓶中残渣全部洗入滤器中，用水洗至无碱性后再用60mL乙酸溶液（1∶3，体积比）分两三次洗涤残渣，最后用冷水洗至不呈酸性反应为止（用甲基橙指示剂检验），吸干滤液取出滤器，用蒸馏水洗涤滤器外部，移入烘箱中，于（105±2）℃烘干至质量恒定。

5. 结果计算

1%（质量分数）氢氧化钠抽出物含量X(%)按下式计算：

$$X=\frac{m-m_1}{m}\times 100\%$$

式中 m——抽提前试样绝干质量，g；

m_1——抽提后试样绝干质量，g。

同时进行两份测定，取其算术平均值作为测定结果，要求结果修约至小数点后一位，两次测定计算值间偏差不应超过0.4%。

六、有机溶剂抽提物（苯醇抽提物）含量测定

本节参见GB/T 2677.6。

有机溶剂抽提物是指植物纤维原料中可溶于中性有机溶剂的憎水性物质。在制浆造纸工业中，常将有机溶剂抽提物作为原料中树脂成分含量的代表，而树脂成分又包括：萜类化合物、芪、黄酮类化合物及其他芳香族化合物。此外，抽提物中尚含有脂肪、蜡、脂肪酸和醇类，以及甾族化合物、高级碳氢化合物等。

有机溶剂的种类和抽提条件对抽提物的数量和组成有很大的影响。常用的有机溶剂有乙醚、苯、乙醇、苯-乙醇混合液、四氯化碳、二氯甲烷和石油醚等。其中苯与乙醇混合液的溶解性能比单一溶剂强，不仅能溶出树脂、脂肪与蜡，还可从原料中抽提出可溶性单宁和色素，故其抽提物含量高于其他溶剂，应用最广泛。

有机溶剂抽提物的数量和组成随原料种类及存在部位的不同而不相同。针叶木有机溶剂抽提物含量较高（4%左右），且心材较边材含量更高，主要存在于树脂道中，其成分主要是树脂酸、萜烯类化合物、脂肪酸和不皂化物等。阔叶木的有机溶剂抽提物含量较少（一般在1%以下），存在于薄壁细胞中，尤其是木射线薄壁细胞中，其主要成分为游离的及酯化的脂肪酸，不含或只含少量的树脂酸。草类原料乙醚抽出物含量很少（1%以下），主要成分为脂肪和蜡，但苯-醇抽出物含量较高，一般在3%～6%，有的高达8%。其抽提成分除上述物质外，还含有单宁、红粉与色素等。

GB/T 2677.6规定了造纸原料苯醇抽提物的测定方法，适用于各种造纸植物纤维原料。

1. 测定原理

测定方法是用有机溶剂（苯-醇混合液）抽提试样，然后将抽出液蒸发烘干、称重，从而定量地测定溶剂所抽提的物质含量。

苯-醇混合液不但能抽提原料中所含的树脂、蜡和脂肪，而且还能抽提一些乙醚不溶物，如单宁及色素等。

2. 仪器

索氏抽提器（容量150mL）；恒温水浴；烘箱；称量瓶。

3. 试剂

苯（C_6H_6），分析纯；乙醇（CH_3CH_2OH），95%（质量分数），分析纯；苯-乙醇混合液（将2体积的苯及1体积的95%乙醇混合均匀，备用）。

4. 测定步骤

精确称取（3±0.2)g（称准至0.0001g）已备好的试样（同时另称取试样测定水分），用预先经所使用的有机溶剂（苯-乙醇混合液）依测定要求而测定抽提1～2h的定性滤纸包好，用线扎住，不可包得太紧，但亦应防止过松，以免漏出。放进索氏抽提器中，底瓶中加入约2/3体积的有机溶剂，装上冷凝器，连接抽提仪器，打开冷却水，置于水浴中，调节加热器使溶剂沸腾，抽提速率为每小时4～6次，如此抽提6h。抽提完毕后，提起冷凝器，用夹子小心地从抽提器中取出盛有试样的纸包，然后将冷凝器重新和抽提器连接，蒸发至抽提底瓶中的抽提液约为3～5mL为止，以此来回收一部分有机溶剂。

取下底瓶，将内容物移入已烘干恒重的称量瓶中，如发现抽出液中有纸毛，则应通过滤纸将抽出液滤入称量瓶中，并用少量的抽提用的有机溶剂漂洗底瓶及滤纸3～4次，洗液亦应倾入称量瓶中。将称量瓶置于水浴上，小心地加热以蒸去多余的溶剂。最后擦净称量瓶外部，置于(105±2)℃烘箱中烘干至恒重。

5. 结果计算

有机溶剂抽提物含量 X（%）按下式计算：

$$X=\frac{(m_1-m_0)\times 100}{m_2(100-w)}\times 100\%$$

式中　m_0——空称量瓶（或抽提底瓶）的质量，g；

m_1——称量瓶（或抽提底瓶）及烘干后的抽出物质量，g；

m_2——风干试样的质量，g；

w——试样的水分，%。

同时进行平行测定，取其算术平均值作为测定结果。准确到小数点后第二位，两次测定计算值间相差不应超过0.2%。

七、综纤维素含量的测定

本节参见GB/T 2677.10。

综纤维素含量是指植物纤维原料中除去木质素后所保留的全部纤维素和半纤维素的总量，也即碳水化合物总量。综纤维素含量依原料种类和部位不同而异，一般针叶木为65%～73%，阔叶木为70%～82%，禾本科植物为64%～80%。

综纤维素含量是判别植物纤维原料制浆造纸使用价值的重要指标。综纤维素含量测定方法的原则，是要求尽量除去木质素，而使纤维素和半纤维素不受破坏。测定综纤维素含量的方法有：亚氯酸钠法、氯-乙醇胺法、二氧化氯法、过醋酸法和过醋酸-硼氢化钠法等。目前多采用亚氯酸钠法测定综纤维素含量，该法的优点是分离操作简便，木质素能较迅速除去，而且适用于木材和非木材等各种植物纤维原料的测定。

下面介绍亚氯酸钠法测定综纤维素含量的方法（参见GB/T 2677.10—1995）。

1. 测定原理

测定方法是在pH值为4～5时，用亚氯酸钠处理已抽出树脂的试样，以除去所含木质素，定量地测定残留物量，以百分数表示，即为综纤维素含量。

酸性亚氯酸钠溶液加热时发生分解，生成二氧化氯、氯酸盐和氯化物等，其反应如下：

$$NaClO_2+H^+\longrightarrow HClO_2+Na^+$$

$$4HClO_2\longrightarrow 2ClO_2+HClO_3+HCl+H_2O$$

生成产物的分子比例取决于溶液的温度、pH值、反应产物及其他盐类的浓度。在本测定方法规定的条件下，上述三种分解产物的分子比例约为2∶1∶1。

亚氯酸钠法测定综纤维素含量是利用分解产物中的二氧化氯与木质素作用而将其脱除，然后测定其残留物量即得综纤维素含量。测定时需用酸性亚氯酸钠溶液重复处理试样，处理次数依原料种类不同而有所区别，处理次数的选择是要尽量多除去木质素，而且还要使纤维素和半纤维素少受破坏。通常木材试样处理 4 次，非木材原料处理 3 次。采用亚氯酸钠法分离的综纤维素中仍保留少量木质素（一般为 2%～4%）。

2. 仪器

可控温恒温水浴；索氏抽提器（150mL 或 250mL）；综纤维素测定仪（包括一个 250mL 锥形瓶和一个 25mL 锥形瓶）；G_2 玻璃滤器；真空泵；抽滤瓶（1000mL）。

3. 试剂

2∶1 苯醇混合液（将 2 体积苯和 1 体积 95%乙醇混合并摇匀）；亚氯酸钠（化学纯级以上）；冰醋酸（分析纯）。

4. 测定步骤

① 抽提树脂。精确称取 2g（称准至 0.0001g）试样，用定性滤纸包好并用棉线捆牢，按 GB/T 2677.6 进行苯醇抽提（同时另称取试样测定水分），最后将试样包风干。

② 综纤维素的测定。打开上述风干的滤纸包，将全部试样移入 250mL 锥形瓶中，加入 65mL 蒸馏水、0.5mL 冰醋酸、0.6g 亚氯酸钠（按 100%计），摇匀，盖上 25mL 锥形瓶，置于 75℃恒温水浴中加热 1h，加热过程中，应经常旋转并摇动锥形瓶。到 1h 后不必冷却溶液，再加入 0.5mL 冰醋酸及 0.6g 亚氯酸钠，摇匀，继续 75℃水浴加热 1h，如此重复进行（一般木材纤维原料重复进行 4 次，非木材纤维原料重复进行 3 次），直至试样变白为止。

③ 从水浴中取出锥形瓶放入冰水浴中冷却，用已恒重 G_2 玻璃滤器抽吸过滤（必须很好地控制真空度，不可过大），用蒸馏水反复洗涤至滤液不呈酸性为止。最后用丙酮洗涤 3 次，吸干滤液，取下滤器，并用蒸馏水将滤器外部洗净，置于 (105±2)℃烘箱中烘至恒重。

如为非木材原料，尚须按 GB/T 2677.3 测定综纤维素中的灰分含量。

5. 结果计算

木材原料中综纤维素含量 x（%）按下式计算：

$$x = \frac{m_1}{m_0} \times 100\%$$

式中　m_1——烘干后综纤维素质量，g；

m_0——绝干试样质量，g。

非木材原料中综纤维含量 x（%）按下式计算：

$$x = \frac{m_1 - m_2}{m_0} \times 100\%$$

式中　m_1——烘干后综纤维素质量，g；

m_2——综纤维素中灰分质量，g；

m_0——绝干试样质量，g。

同时进行两次测定，取其算术平均值作为测定结果，准确至小数点后第二位。两次测定计算值之间误差不应超过 0.4%。

八、纤维素含量的测定

纤维素是植物纤维原料的主要组分之一，也是纸浆的主要化学组分。无论制浆造纸过程还是人造纤维生产，纤维素都是要尽量保护使之不受破坏的成分。测定造纸原料纤维素含量具有实际意义，可用以比较不同原料的造纸使用价值。

植物纤维原料中纤维素的含量依据原料种类和部位等的不同而有差别。例如：棉花纤维素含量最高为 95%～99%；苎麻为 80%～90%；木材和竹材为 40%～50%；树皮为 20%～30%。禾草类纤维素含量差别较大，一般在 38%～55%之间（稻草 37%～39%，蔗渣 46%～55%，芦苇 55%左右）。红麻的木质部与韧皮部分别为 46%和 57%，棉秆的木质部与韧皮部则分别为 41%和 36%。

纤维素的定量测定方法有间接法和直接法两类。

所谓间接法，主要是采用测定植物纤维原料中各种非纤维素成分的量，再由 100 减去全部非纤维素组分含量之和的方法；或是以强酸将纤维素水解，使其生成还原糖，根据测得还原糖的含量，再换算成纤维素的含量。然而，由于这些方法存在诸多缺陷，很少采用。

直接法测定纤维素含量的应用较为广泛，其原理是基于利用化学试剂处理试样，使试样中的纤维素与其他非纤维素物质（如木质素、半纤维素、有机溶剂抽出物等）分离，最后测定纤维素的量。根据使用的化学试剂不同，可分为氯化法、硝酸法、乙醇胺法、二氧化氯法、次氯酸盐法和过乙酸法等。最常用的方法是氯化法（克-贝纤维素）和硝酸法（硝酸-乙醇纤维素）。

氯化法的优点是处理条件比较温和，故纤维素被破坏的程度比硝酸法轻，但操作手续较繁、测定装置也较复杂，且不适用于非木材原料中纤维素的测定，这是由于非木材原料的半纤维素含量高，通氯后易发生糊化，使纤维素氯化不均匀，这不仅给操作带来困难，如过滤慢，而且影响测定结果。用氯化法制得的纤维素样品几乎不含有木质素，但含有大量的半纤维素，其中主要是木糖和甘露糖，为了得到更接近纤维素真实含量的精确结果，需对非纤维素物质，如木质素残渣、戊聚糖、甘露聚糖和灰分等的含量进行测定，以便进行相应的校正。一般只对戊聚糖含量进行校正，所得结果以无戊聚糖克-贝纤维素含量表示，这无疑更增加了操作的烦琐性。

硝酸法的优点是不需要特殊装置，操作较简便、迅速。且试样不需预先用有机溶剂抽提，因为抽出物在试验过程中亦可被乙醇溶出。用硝酸-乙醇法制得的纤维素仅含少量的木质素和半纤维素，纯度比氯化法的高，所以此法更被广泛采用。

值得指出的是，采用直接法测定的纤维素含量一般都高于原料中纤维素的实际含量，这是因为采用直接法分离出的纤维素都不太纯净，含有数量不等的非纤维素杂质。

直接法测得纤维素含量的结果并不能真实地反映原料中纤维素的含量。因此，目前较少单独测定纤维素的含量，而是采用测定综纤维素和戊聚糖含量的方法来分析造纸原料中纤维素和半纤维素含量，并以此来确定原料的使用价值。

纤维素含量的测定目前尚无国家标准方法。

1. 克-贝纤维素

（1）测定原理　本方法是用氯水连续处理试样，使生成的氯化木质素溶于热的亚硫酸溶液中，剩余残渣经过滤、洗涤并烘干，称重，计算的结果即作为原料中克-贝纤维素的含量。

（2）仪器及器皿　恒温水浴（温度范围：室温～100℃可调）；真空泵；真空吸滤瓶；恒温电烘箱；玻璃滤器 G_2；容量 250mL 的烧杯。

（3）试剂

① 氯水含量 6.5g/L，应于使用的当天制备。

② 0.16mol/L 亚硫酸溶液：将 SO_2 气体通入 1L 蒸馏水中，量取此溶液，用 0.1mol/L I_2 溶液标定。调节其浓度与氯水的浓度相似，即大约 0.16mol/L。或用市售 H_2SO_3（分析纯）水溶液，配制为大约 0.16mol/L 亦可。

③ 2% Na_2SO_3 溶液：溶解 20g 无水 Na_2SO_3（40g $Na_2SO_3 \cdot 7H_2O$ 晶体）于 1000mL 蒸馏水中，此溶液必须在使用前配制，放置时间最多不超过一天。

④ 0.1%化学纯氨水。

⑤ 1%化学纯醋酸溶液。

⑥ 化学纯乙醚溶液。

⑦ 苯-乙醇混合液：量取 33 份化学纯乙醇及 67 份化学纯苯混合而成。

（4）测定步骤

① 精确称取 2g（称准至 0.0001g）试样，用定性滤纸包好，并用线扎住。放入索氏抽提器中（同时称取试样测定水分），加入苯-乙醇混合液，置沸水浴上抽提 8h，然后将试样取出风干。

② 第一次氯化。用洁净毛笔将已抽提过的试样仔细移入 250mL 烧杯中，加入 100mL 蒸馏水，煮沸 6min，然后用已恒重的玻璃滤器 G_2 过滤，用热水洗至溶液无色，再用冷水洗 1～2 次，用吸滤法除去过多的水，将此湿的试样倒回原烧杯中（尽可能全部倒入），加入 100mL 氯水（同

时，在滤器中也加满氯水放入另一烧杯中，使滤器中残余的试样也能与氯水作用)。在烧杯上盖上表面皿，将其置于流动的冷水中9min，当9min刚到达时，用真空吸滤法除去滤器中的氯水。9min到达时将烧杯中试样移至滤器中，并过滤。再加50mL氯水至滤器中，继续进行氯化，50mL氯水应分次加入，并吸滤，全部操作应在6min（连同上述9min共15min）内完成。随后加入25mL H_2SO_3 于滤器中，以中和氯。滤去滤器中的溶液，用50mL冷水洗涤，并洗去过多的水。移试样于烧杯中，加入100mL Na_2SO_3 煮沸，并不断搅拌，将烧杯盖上表面皿，置于沸水浴中30min。滤器中也加满 Na_2SO_3 溶液，放在另一个100mL烧杯中，与试样同样加热。其后，在滤器中过滤烧杯中试样，用热水洗涤直至无色，再用冷水洗1～2次，并吸滤出过多的水。

③ 第二次氯化。在室温下，用100mL氯水，将滤器中试样准确地进行氯化10min（用秒表计时)。100mL氯水分四次加入，每次25mL，即从0min开始加25mL至2min时加第二次的25mL，至4min时加第三次的25mL，至7min时加第四次的25mL，至9min时将滤器吸滤。准确至10min，加25mL Na_2SO_3 溶液于滤器中。用冷水洗涤试样两次，将试样移入烧杯中，加入100mL Na_2SO_3 溶液煮沸，并在水浴中加热30min，滤器中残余试样处理以及洗涤均同上所述。

④ 第三次氯化。在室温下，用总量为50mL的氯水处理滤器中试样5min，至2min时更换氯水一次，即先加入50mL氯水的一部分于滤器中，2min后吸滤，再加入剩余的部分，5min后加20mL H_2SO_3 以终止氯化反应，用冷水洗涤两次，移试样于烧杯中，加100mL Na_2SO_3。在加热之前，应注意观察溶液颜色，如仍显红色，表示还需再进行氯化，即重复第三次氯化操作，直至氯-亚硫酸反应不再出现红色为止。洗涤试样如前所述，如在第四次氯化后溶液颜色更浅，则应再加入25mL氯水进行测定，最后一次用 Na_2SO_3 抽提后，将试样在滤器中抽滤，同时加热水洗涤纤维素，直至滤液清亮。再将纤维用100mL热水移至烧杯中（尽可能全部移入)，并在沸水浴上加热30min。滤器则放在另一烧杯中，加热水，同样加热，30min后将纤维素滤于滤器中，依次用50mL氯水、50mL醋酸、50mL冷水、50mL氨水洗涤，再用500mL热水充分洗涤，最后用酒精洗两次，再用乙醚洗两次，尽可能将乙醚吸滤除去。用蒸馏水将滤器外部吹洗洁净，置于(105±3)℃烘箱中烘干至恒重。

⑤ 如测定草类原料中纤维素，则尚需测定其中所含灰分。为此，空的玻璃滤器应先放入一较大的磁坩埚中，置于高温炉内于500℃下灼烧恒重，再置于（105±2)℃烘箱中烘干至恒重。带有残渣的烘干恒重后滤器置于较大的磁坩埚中，一并移入高温炉内，徐徐升温至500℃至残渣全部灰化并达恒重为止，记录这两个恒重数字。

（5）结果计算

①木材原料纤维素含量 x（%）按下式计算：

$$x=\frac{(m_1-m)\times 100}{m_0(100-w)}\times 100\%$$

式中 m——空玻璃滤器烘干后的质量，g；

m_1——烘干后纤维素与玻璃滤器的质量，g；

m_0——风干试样质量，g；

w——试样水分，%。

② 草类原料纤维素含量 x（%）按下式计算：

$$x=\frac{[(m_1-m)-(m_2-m_3)]\times 100}{m_0(100-w)}\times 100\%$$

式中 m_2——灼烧后玻璃滤器与灰分的质量，g；

m_3——空玻璃滤器灼烧后的质量，g。

2. 硝酸-乙醇纤维素

（1）测定原理 基于使用浓硝酸和乙醇溶液处理试样，试样中的木质素被硝化并有部分被氧化，生成的硝化木质素和氧化木质素溶于乙醇溶液，与此同时，亦有大量的半纤维素被水解、氧化而溶出，所得残渣即为硝酸-乙醇纤维素。乙醇介质可以减少硝酸对纤维素的水解和氧化作用。

（2）仪器 回流冷凝装置；真空吸滤装置；实验室常用仪器。

（3）试剂　硝酸-乙醇混合液：量取 800mL 乙醇（95%）于干的 1000mL 烧杯中，徐徐分次加入 200mL 硝酸（密度 1.42g/cm^3），每次加入少量（约 10mL）并用玻璃棒搅匀后再续加，待全部硝酸加入乙醇中后，再用玻璃棒充分搅匀，贮于棕色试剂瓶中备用（硝酸必须慢慢加入，否则可能发生爆炸）。硝酸-乙醇混合液需临时配制，不能存放过久。

（4）测定步骤　精确称取 1g（称准至 0.0001g）试样于 250mL 洁净干燥的锥形瓶中（同时另称取试样测定水分），加入 25mL 硝酸-乙醇混合液，装上回流冷凝器，放在沸水浴上加热 1h。在加热过程中应随时摇荡瓶内容物。移去冷凝管，将锥形瓶自水浴中取下，静置片刻，待残渣沉积瓶底后，用倾泻法滤到已恒重的 G_2 玻璃滤器中，尽量不使试样流出，用真空泵将滤器中的滤液吸干，再用玻璃棒将流入滤器的残渣移入锥形瓶中。量取 25mL 硝酸-乙醇混合液，分数次将滤器及锥形瓶口附着的残渣移入瓶中，装上回流冷凝器，再在沸水浴上加热 1h，如此重复进行数次，直至纤维变白。一般阔叶木及稻草处理三次即可，松木及芦苇则需处理五次以上。最后将锥形瓶内容物全部移入滤器，用 10mL 硝酸-乙醇混合液洗涤残渣，再用热水洗涤至洗涤液用甲基橙检验不呈酸性为止。最后用乙醇洗涤两次，吸干洗液，将滤器移入烘箱，于（105±2)℃下烘干至恒重。

如为草类原料，则必须测定其中所含灰分。为此，可将烘干恒重后有残渣的玻璃滤器置于一较大的瓷坩埚中，移入高温炉内，徐徐升温至（575±25)℃使残渣全部灰化并达恒重为止。而且，空的玻璃滤器应先放入较大的瓷坩埚中，置入高温炉内于（575±25)℃下灼烧至恒重，再置于（105±2)℃烘箱中烘至恒重。

（5）结果计算

① 木材原料纤维素含量 x（%）按下式计算：

$$x=\frac{(m_1-m_2)\times 100}{m_0(100-w)}\times 100\%$$

式中　m_1——烘干后纤维素与玻璃滤器的质量，g；

m_2——空玻璃滤器质量，g；

m_0——风干试样质量，g；

w——试样水分，%。

② 草类原料纤维素含量 x（%）按下式计算：

$$x=\frac{[(m_1-m_2)-(m_3-m_4)]\times 100}{m_0(100-w)}\times 100\%$$

式中　m_3——灼烧后玻璃滤器与灰分的质量，g；

m_4——空玻璃滤器灼烧后的质量，g。

九、木质素含量的测定

木质素是造纸植物纤维原料中的主要化学成分之一。不同植物原料的木质素含量各不相同，一般针叶木的木质素含量为 25%～35%，阔叶木为 18%～22%，禾本科植物为 16%～25%，稻草中木质素含量为 10%左右。同一种类原料的不同部位，木质素含量也有很大差别，例如，木材原料的树干、枝桠与根部，以及边材与心材，禾草类的茎秆、梢、穗，韧皮植物原料的韧皮部和木质部等，其木质素含量均存在较大的差异。此外，木质素的结构非常复杂，针叶木、阔叶木和非木材植物原料木质素的化学结构特征也存在较大的差异。

木质素含量的测定是造纸工业重要的分析项目之一，对于制浆造纸原料的评价和制浆造纸工艺过程的优化及机理研究都具有重要的意义。

定量测定木质素含量的方法可分为化学方法和物理方法两大类。在化学方法中又包括直接法和间接法两种。

直接法测定木质素含量是采用浓无机酸（如硫酸、盐酸或混合酸）与试样作用，使聚糖水解而溶出，剩余的残渣恒重后，以对绝干原料的百分数表示，即为木质素的含量。现普遍采用 72%硫酸测定酸不溶木质素含量，也称为克拉森（Klason）木质素。

间接法主要是测定纸浆的硬度（如高锰酸钾值、卡伯值、氯价等），具有快速、简便的特点，现被生产单位普遍采用。除此之外，还有用测定综纤维素含量的方法，由100%扣除综纤维素含量（非木材纤维还要扣除灰分含量）来相应表示木质素的含量；还可通过测定甲氧基的含量或C/O值来间接表示木质素含量的大小。

通常所指的木质素含量，一般概念认为仅是指硫酸法测定的酸不溶木质素（克拉森木质素）含量，近些年来的研究表明，在测定酸不溶木质素含量时，用硫酸使聚糖水解成单糖的过程中，也有部分木质素被酸溶解，这部分木质素称为酸溶木质素。特别是对于非木材原料和阔叶木，必须在测定酸不溶木质素的同时测定滤液中酸溶木质素的含量，以酸不溶木质素和酸溶木质素含量之和表示总木质素含量。

1. 酸不溶木质素含量的测定

依据木质素在强无机酸中的不溶解性特征，采取一定浓度的无机酸（如硫酸）处理试样，可以直接测定酸不溶木质素的含量。通常采用72%（质量分数）硫酸法，测定结果也称为克拉森木质素含量。

造纸原料酸不溶木质素含量的测定方法参见GB/T 2677.8—1994，适合于各种木材和非木材植物纤维原料的测定。

(1) 测定原理　硫酸法测定酸不溶木质素含量的基本原理是：用(72±0.1)%（质量分数）硫酸水解脱脂试样，然后定量地测定水解残余物（即酸不溶木质素）的质量，即可计算出酸不溶木质素的含量。

试样先经苯-醇混合液抽提，除去有机溶剂抽提物（树脂、脂肪和蜡等）；硫酸水解试样使聚糖水解成单糖而溶出，剩余的残渣即为木质素。

试样的酸水解分两步进行。第一步浓硫酸处理：用72%（质量分数）硫酸，18～20℃下保温一定时间（木材原料2h；非木材原料2.5h），其作用是使聚糖部分水解成糊精状。第二步稀硫酸水解：将酸稀释到3%，煮沸4h，使聚糖完全水解成单糖并溶出。

(2) 仪器　可控温多孔水浴；索氏抽提器（容量150mL）；具塞磨口锥形瓶（100mL或250mL）；锥形瓶（1000mL）；量筒（500mL）；可控温电热板；精密密度计。

(3) 试剂

① 2∶1（体积比）苯-醇混合液：将2体积的苯及1体积的95%乙醇混合并摇匀。

② (72±0.1)%（质量分数）硫酸溶液［密度为ρ_{20}=(1.6338±0.0012)g/mL］：将665mL(95%～98%)浓硫酸（ρ_{20}=1.84g/mL）在不断搅拌下慢慢倾入300mL蒸馏水中，待冷却后，加蒸馏水至总体积为1000mL。充分摇匀，将温度调至20℃，倾倒部分此溶液于500mL量筒中，用精密密度计测定该酸液密度，若不在(1.6388±0.0012)g/mL范围内，相应地加入适量硫酸或蒸馏水进行调整，直至符合上述密度要求。

③ 100g/L氯化钡溶液。

④ 定量滤纸和定性滤纸，广泛pH试纸。

(4) 试验步骤

① 精确称取原料1g（称准至0.0001g）作试样（同时另称取试样测定水分），用定性滤纸包好并用棉线捆牢，在索氏抽提器中按GB/T 2667.6进行苯醇抽提6h，最后将试样包风干。

② 试样的水解。

a. (72±0.1)%硫酸水解。打开上述风干后的滤纸包，将苯醇抽提过的试样移入容量100mL的具塞锥形瓶中，并加入冷却至12～15℃的(72±0.1)%硫酸15mL，使试样全部为酸液所浸透，并盖好瓶塞。然后将锥形瓶置于18～20℃水浴（或水槽）中，在此温度下保温一定时间（木材原料保温2h；非木材原料保温2.5h），并不时摇荡锥形瓶，以使瓶内反应均匀进行。

b. 3%硫酸水解。到达规定时间后，将上述锥形瓶内容物在蒸馏水的漂洗下全部移入1000mL锥形瓶中，加入蒸馏水（包括漂洗用）至总体积为560mL。将此锥形瓶置于电热板上煮沸4h，期间应不断加水以保持总体积不变，然后静置，使酸不溶木质素沉积下来。

③ 酸不溶木质素的过滤及恒重。用倾泻法过滤到已恒重的G_3玻璃滤器中，再用热蒸馏水洗

涤至滤液不呈酸性，过滤上述酸不溶木质素，并用热蒸馏水洗涤至滤液加数滴10%氯化钡溶液不再浑浊。然后将G_3玻璃滤器移入（105±2)℃烘箱中烘至恒重。

如为非木材原料应按GB/T 2677.3测定酸不溶木质素中灰分的含量。将烘干恒重后有残渣的玻璃滤器置于一较大的瓷坩埚中，一并移入高温炉内，徐徐升温至（575±25)℃至残渣全部灰化到恒重为止。而且，空的玻璃滤器应先放入较大的瓷坩埚中，置入高温炉内于（575±25)℃下灼烧至恒重，再置于（105±2)℃烘箱中烘至恒重。记录这两个恒重数字。

(5) 结果计算　木材原料中酸不溶木质素含量x（%）按下式计算：

$$x=\frac{m_1}{m_0}\times 100\%$$

式中　m_1——烘干后的酸不溶木质素残渣质量，g；

m_0——绝干试样质量，g。

非木材原料中酸不溶木质素含量x（%）按下式计算：

$$x=\frac{m_1-m_2}{m_0}\times 100\%$$

式中　m_1——烘干后的酸不溶木质素残渣质量，g；

m_2——酸不溶木质素中灰分质量，g；

m_0——绝干试样质量，g。

同时进行两次测定，取其算术平均值至小数点后第二位，两次测定计算值之间相差不应超过0.20%。

2. 酸溶木质素含量的测定

酸不溶木质素含量仅是试样中木质素的一部分，并不能代表全部木质素的含量，因为在酸水解的过程中，有一部分木质素也能溶解在酸溶液中。这部分可溶于3%硫酸溶液中、分子量较小的亲水性的木质素被称为酸溶木质素。酸溶木质素的含量因原料种类的不同而异，其测定方法参见GB/T 10337。就原料种类而言：针叶木原料中酸溶木质素含量较少，在0.3%左右，约占总木质素含量的1%，可以忽略不计；阔叶木中酸溶木质素含量较多，一般为2%～5%，约占总木质素的10%～20%；禾草类原料的酸溶木质素含量也较多，一般为2%～4%，与阔叶材相近，且波动较大；韧皮纤维原料的韧皮部酸溶木质素含量较多，一般在4%左右。

(1) 测定原理　造纸原料中酸溶木质素含量的测定采用紫外分光光度法。用72%硫酸法分离出酸不溶木质素以后得到的滤液，于波长205nm处测量紫外光的吸收值。吸收值与滤液中3%硫酸溶解的木质素含量有关。

依据朗伯-比尔定律，可求得滤液中酸溶木质素的含量：

$$A=K\delta c$$

式中　A——吸光值；

δ——比色皿厚度，cm，一般为1cm；

c——木质素浓度，g/100mL；

K——吸光系数，L/(g·cm)。

木质素的紫外吸收光谱在205nm和280nm处有特征吸收峰。由于滤液中与酸溶木质素共存的还有碳水化合物的酸性水解产物（如糠醛、5-羟甲基糠醛、呋喃醛等），它们在280nm处也有吸收峰，为了排除这些糖类水解产物的影响，除在3%稀硫酸煮沸过程中不用回流操作外，在测定紫外吸收值时选用205nm作为测定波长。

(2) 仪器　紫外分光光度计；光距10mm的石英玻璃吸收池。

(3) 试剂　3%硫酸溶液：将17.3mL浓硫酸加到500mL水中，并用蒸馏水稀释至1000mL，用作参比溶液。

(4) 试验样品溶液的制备　采用72%硫酸法按GB/T 2677.8—1994中测定酸不溶木质素的试验步骤进行，但当进行第二级3%硫酸水解时，不用回流法，而是敞开瓶口煮沸溶液，并不断补充热水，使溶液体积保持为575mL。滤出酸不溶木质素后得到的上层清液，滤液必须清澈。收集到的滤液作为试验样品溶液。

（5）试验步骤　将试验样品溶液放入吸收池中，以3%硫酸作参比溶液，用紫外分光光度计于波长205nm处测量滤液吸收值。

如果试验样品溶液的吸收值大于0.7，则用3%硫酸溶液在容量瓶中稀释滤液，以便得到0.2～0.7的吸收值，并用此稀释后的滤液作为试验样品溶液进行吸收值测定。

（6）结果计算　滤液中的酸溶木质素含量（B），以每1000mL中的质量（g）表示，按下式计算：

$$B=\frac{A}{110}\times D$$

式中　B——滤液中酸溶木质素的含量，g/1000mL；

A——吸收值；

D——滤液的稀释倍数，以V_D/V_0表示，此处V_D为稀释后滤液的体积（mL），V_0为原滤液的体积（mL），未稀释溶液$D=1$；

110——吸光系数，L/（g·cm），该数值是由不同原料和纸浆的平均值求得的。

原料中酸溶木质素含量x（%），按下式计算：

$$x=\frac{BV}{1000m_0}\times 100\%$$

式中　V——滤液的总体积，575mL；

m_0——绝干试样质量，g。

用两次测定的算术平均值，准确至第一位小数报告结果。

十、果胶含量的测定

国家标准GB/T 10742提供了两种测定果胶含量的方法，即重量法和分光光度法，两种测定方法具有同等效力。该标准适用于各种造纸原料中果胶含量的测定。

1.重量法（果胶酸钙法）

（1）测定原理　用草酸铵溶液抽出原料中的果胶物质，再加入含有盐酸的乙醇，使果胶从抽出液中分出，然后用氢氧化铵溶解所得的果胶物质，再加入氢氧化钠使所有果胶物质变成可溶性的果胶酸盐，最后用氯化钙沉淀为果胶酸钙。根据果胶酸钙含量的多少，确定果胶物质含量。

（2）仪器　索氏抽提器；250mL带回流冷凝器的锥形瓶；实验室常用仪器。

（3）试剂

① 苯-醇混合液：量取2体积的苯和1体积的95%乙醇混合而成。

② 10g/L草酸铵溶液。

③ 5g/L草酸铵溶液。

④ 氢氧化铵。

⑤ 含有盐酸的乙醇溶液：量取1000mL乙醇，加入11mL盐酸（$\rho_{20}=1.19$g/mL），混合均匀。

⑥ 含有盐酸的乙醇稀溶液：量取1000mL乙醇、11mL盐酸（$\rho_{20}=1.19$g/mL）及250mL水，混合均匀。

⑦ 0.1mol/L NaOH溶液：称取4g氢氧化钠溶于水中，再加水稀释至1000mL。

⑧ 1mol/L CH_3COOH溶液：量取29mL冰醋酸（99%～100%），加水稀释至500mL。

⑨ 1mol/L $CaCl_2$溶液：称取110g无水氯化钙溶于水中，再加水稀释至1000mL。

（4）测定步骤　精确称取1g（称准至0.0001g）试样（同时另称取试样测定水分）（注：如果原料果胶含量高，称样量可减少至0.2g），用定性滤纸包好，并用线扎住，放入索氏抽提器中，加入适量苯-醇混合液，置沸水浴上抽提8h。将试样取出风干，移入容量500mL锥形瓶中，加入100mL的10g/L草酸铵溶液，装上回流冷凝器，放在沸水浴中加热3h，用倾泻法滤出抽提液，尽量保留残渣于锥形瓶中，不流入滤纸。再加 100mL 5g/L 草酸铵溶液于锥形瓶中，装上回流冷凝器，重新置入沸水浴中加热 3h。用上次所用的滤纸，滤出抽出液，再用热水洗涤残渣及滤纸 3 次。合并两次所得滤液及洗液于容量 500mL 烧杯中，置水浴上浓缩至约 70～80mL，移入 100mL 容量瓶中，加水定容，摇匀。移取 25mL 此溶液于 500mL 烧杯中，然后在不断搅拌下，徐徐加入 90mL 含有盐酸的乙醇溶液⑤。静置过夜，过滤。用含有盐酸的乙醇稀溶液⑥洗涤沉淀出的果胶物质，至洗液不含草酸盐为止（移取 1mL 洗液于试管中，加入 1mL 含有少量乙酸钠的氯化钙溶液，如不浑浊，则表示不含草酸盐）。

倾 50mL 热氢氧化铵溶液（50mL 沸水与 1mL $\rho_{20}=0.90$g/mL 的氢氧化铵混合而成）于滤纸上，放入另一小烧杯中，加入 25mL 稀氢氧化铵溶液（100mL 水中含有数滴 $\rho_{20}=0.90$g/mL 的氢氧化铵），煮沸数分钟，过滤后再倾少量热水，于盛有滤纸的烧杯中，煮沸数分钟，过滤，如此重复两三次。集所有滤液于原进行沉淀的烧杯中，加入 100mL 0.1mol/L NaOH 溶液，用玻璃棒搅匀，静置 12h。

加入 50mL 1mol/L CH_3COOH 溶液，搅匀，静置 5min 后，加入 50mL 1mol/L $CaCl_2$ 溶液搅匀，静置 1h 后，煮沸 5min。趁热用已恒重的滤纸过滤，以热水洗涤至滤液不含氯化物，然后将带有沉淀的滤纸，置入扁形称量瓶中，移入烘箱，于 (105±3)℃下烘干至恒重。

（5）结果计算　原料中果胶含量 x（%）按下式计算：

$$x=\frac{(m_1-m)\times 100}{25m_0}\times 100\%$$

式中　m——已恒重滤纸质量，g；

m_1——烘至恒重后滤纸连同残渣质量，g；

m_0——绝干试样质量，g。

取两次测定结果的算术平均值，精确到小数点后第二位，两次测定值间误差不应超过 0.10%。

2. 分光光度法

（1）测定原理　在一定条件下，利用氢氧化钠将果胶物质上所带的甲氧基水解为甲醇，再用高锰酸钾将分离出的甲醇氧化为甲醛，甲醛再与品红-二氧化硫试剂发生显色反应，用分光光度法测定甲醇含量。根据所测得的甲醇含量计算果胶含量。

（2）仪器　索氏抽提器；分光光度计或光电比色计（配备绿色滤光片）；实验室常用仪器。

（3）试剂

① 苯-醇混合液：量取 2 体积的苯和 1 体积的 95%乙醇混合而成。

② 乙醇-硫酸混合液：量取 100mL 蒸馏水、21mL 乙醇，混合均匀，徐徐加入 40mL 硫酸（$\rho_{20}=1.84$g/mL），冷却后，加水稀释至 200mL。

③ 100g/L 氢氧化钠溶液。

④ 50g/L 高锰酸钾溶液。

⑤ 80g/L 草酸溶液。

⑥ 品红-二氧化硫溶液：称取 1.0g 碱性品红及 12g 化学纯亚硫酸钠于烧杯中，加入 500mL 水，搅拌至全溶，然后加入 8.5mL 盐酸（$\rho_{20}=1.19$g/mL），再加水稀释至 100mL，混匀贮于棕色试剂瓶中备用，此溶液有效时间为一个月。

⑦ 甲醇标准溶液：由滴定管中准确放出 12.67mL 甲醇（$\rho_{20}=0.7912$g/mL）于容量为 100mL 的容量瓶中，加水稀释至刻度，摇匀。用移液管移取 50mL 所配制的甲醇溶液于 500mL 容量瓶中，加水稀释至刻度，摇匀后作为甲醇标准溶液，1mL 此溶液中含有 1mg 甲醇。

（4）测定步骤

① 标准曲线的绘制

a. 空白参比溶液。在测定试样的同时，进行空白试验，按照测定试样时所采用的相同的试验步骤与使用相同数量的所有试剂，但不放试样。

b. 标准比色溶液的制备。向 6 个 50mL 容量瓶中分别加入 0mL、1.0mL、1.5mL、2.0mL、

2.5mL 和 3.0mL 标准甲醇溶液，然后依次分别加入 3.0mL、2.5mL、2.0mL、1.5mL、1.0mL 和 0mL 水，使每个容量瓶中的溶液总量皆为 3mL。再依次各加入 1mL 乙醇-硫酸混合液、1mL 50g/L 高锰酸钾溶液，摇匀。静置 2min 后，各加入 1mL 80g/L 草酸溶液、1mL 浓硫酸（ρ_{20} = 1.84g/mL），摇匀，立即加入 5mL 品红-二氧化硫溶液，塞紧瓶塞，摇匀，放置 1h，并不时摇荡。最后加水稀释至刻度，摇匀。

c. 吸收值的测量。用分光光度计于波长 530nm 处测定，用空白参比溶液调节仪器的吸收值为 0，然后分别测定其吸收值。

d. 绘制曲线。以甲醇的质量（mg）为横坐标，以相应的吸收值为纵坐标绘制标准曲线。

② 试样的测试

a. 试样的处理。精确称取 1～2g（称准至 0.0001g）试样（同时另称试样测定水分），用定性滤纸包好，并用线扎住，放入索氏抽提器中，加入苯-醇混合液，置沸水浴上抽提 8h。将试样取出，风干。移入 100mL 蒸馏瓶中，加入 40mL 水，加热至蒸馏瓶中仅剩有 20mL 水。趁热加入 5mL 100g/L 氢氧化钠溶液放置 5min，加 2.5mL 硫酸溶液（1∶4），加热蒸馏至馏出液恰为 16.2mL（预先在瓶壁 16.2mL 处划一刻度）。将馏出液移入另一蒸馏瓶中，加入 100g/L 的氢氧化钠溶液及 10g/L 的硝酸银溶液各 5 滴，再加热蒸馏，至馏出液恰为 10mL（预先在瓶壁 10mL 处划一刻度）。再将馏出液移入另一蒸馏瓶中，再按上法加热蒸馏，收集馏出液 6mL，于已知质量的称量瓶中（预先在瓶壁 6mL 处划一刻度），再行称量，由此求得 6mL 馏出液的质量。

b. 试验溶液的制备。用移液管自称量瓶中移取 3mL 馏出液于 50mL 容量瓶中。完全按标准比色溶液的制备方法，制备试验溶液。

c. 测定吸收值。倾出一定量试验溶液于 1cm 比色皿中，用空白参比溶液调节仪器的吸收值为 0，按上述（标准曲线绘制中吸收值的测量）操作，测定试验溶液的吸收值。

（5）结果计算　原料中果胶含量 x（%）按下式计算：

$$x=\frac{mm_1\times 10\times 100}{3m_0}\times 100\%$$

式中　m——由标准曲线所查得的甲醇量，mg；

m_1——6mL 馏出液的质量，g；

m_0——绝干试样的质量，g；

10——甲醇换算为果胶的换算因数。

取两次测定结果的算术平均值，精确到小数点后第二位，两次测定值间误差不应超过 0.10%。

十一、单宁含量的测定

1. 分光光度法

（1）测定原理　依据单宁不溶于苯、可溶于乙醇的特性，试样先用苯抽提除去有机溶剂抽出物后，用乙醇处理将单宁溶解，采用分光光度计测定溶出液在 500nm 处的光密度（表示溶液的浓度），由标准曲线即可得到单宁的含量。

（2）仪器　分光光度计；索氏抽提器；实验室常用仪器。

（3）试剂

① 钨酸钠-磷钼酸试剂：取 100g 钨酸钠、20g 磷钼酸及 50mL 85%磷酸溶于 750mL 水中，于水浴上加热溶解（大约 2h），冷却后加水稀释至 1000mL。

② 1mol/L Na_2CO_3 溶液：称取 106g 无水碳酸钠，放入 1000mL 水中，在 70～80℃下加热至溶解，放置过夜，用玻璃棉过滤后使用。

③ 标准单宁酸溶液：称取 0.1g 单宁酸，溶于 1000mL 水中，此 1mL 溶液含单宁酸 0.1mg，使用前新配。

④ 苯。

⑤ 乙醇。

（4）标准曲线的绘制　精确量取不同量标准单宁酸溶液于 50mL 容量瓶中（瓶中预先放好 25mL 水），加入 2mL 乙醇、5mL 1mol/L Na_2CO_3 溶液及 2.5mL 钨酸钠-磷钼酸试剂，再加水稀释至刻度，摇匀后在 25℃水浴中放置 30min，将此有色溶液倒入比色皿中，用分光光度计于 500nm 处测定其光密度。以单宁含量（mg）为横坐标、光密度为纵坐标，绘制标准曲线。

（5）测定步骤　精确称取 1g（称准至 0.0001g）已磨细的试样（同时另称试样测定水分），用滤纸包好，用苯在索氏抽提器中抽提 8h。而后将试样风干，将风干后的试样放入 100mL 具磨口玻璃塞的锥形瓶中，加入 20mL 乙醇，于沸水浴中加热回流 1h。过滤于 50mL 干容量瓶中，用平头玻璃棒用力挤压瓶中的残渣，将挤出的抽提液也滤入同一容量瓶中，然后向锥形瓶中再加入 20mL 乙醇，继续在沸水浴中抽提 1h，再滤入同一容量瓶中，并用乙醇分次洗涤残渣，直至容量瓶刻度，摇匀，即为样品溶液。

用移液管吸取 2mL 样品溶液于 50mL 容量瓶中（瓶中预先放好 25mL 水），按上述绘制标准曲线的操作，进行分光光度法测定，记录其样品溶液的光密度，再根据标准曲线求得样品中相当的单宁含量。

（6）结果计算　原料中单宁含量 x（%）按下式计算：

$$x=\frac{m_1\times 1000\times 100}{m(100-w)\times \frac{2}{50}}\times 100\%$$

式中　m_1——根据标准曲线求得的相当于样品中单宁的含量，mg；

m——风干试样质量，g；

w——试样水分，%。

分光光度法的再现性较好，准确度符合要求，但必须严格按规定条件进行。

2. 容量法

（1）测定原理　依据单宁不溶于苯可溶于乙醇和能为动物胶所沉淀的特性进行测定。试样经苯抽提后用乙醇溶解，将溶解液用高锰酸钾标准溶液滴定（以靛红溶液为指示剂），测定出全部可被氧化物质的总量。然后用动物胶、氯化钠溶液使单宁沉淀，再用高锰酸钾溶液滴定出除单宁以外的被氧化物质的量，根据其差值即可计算出单宁的含量。

（2）仪器　索氏抽提器；实验室常用仪器。

（3）试剂

① 0.1mol/L $H_2C_2O_4$ 溶液：每 1000mL 含草酸 6.3g。

② 0.05mol/L $KMnO_4$ 标准溶液：溶解高锰酸钾 1.33g 于水中，稀释至 1000mL，以 0.1mol/L $H_2C_2O_4$ 标准溶液标定，求得每毫升相当于草酸溶液的体积（mL）。标定方法为：吸取 0.1mol/L $H_2C_2O_4$ 标准溶液 25mL，加硫酸（1∶1）10mL，加热至 80℃，用高锰酸钾溶液滴定。

③ 靛红溶液：每 1000mL 含靛红（不含靛蓝）6g 和浓硫酸 50mL。

④ 动物胶溶液：浸动物胶 25g 于氯化钠饱和溶液中 1h，加热至溶解，稀释至 1000mL。

⑤ 氯化钠-硫酸溶液：以氯化钠饱和溶液 975mL 与浓硫酸 25mL 混合。

⑥ 高岭土粉末（或活性炭）。

⑦ 苯。

⑧ 乙醇。

（4）测定步骤

① 精确称取 1g（称准至 0.0001g）已磨细的试样（同时另称取试样测定水分），用滤纸包好，用苯在索氏抽提器中抽提 8h。而后将试样风干，放入 100mL 具磨口玻璃塞的锥形瓶中，加入 20mL 乙醇，于沸水浴中加热 1h，过滤于 150mL 烧杯中，用平头玻璃棒用力挤压瓶中残渣，将挤出的抽出液也滤入烧杯中。然后再加 20mL 乙醇，继续在沸水浴中抽提 1h，再滤入原盛抽提滤液的烧杯中，然后用乙醇分次洗涤残渣三四次，将此抽提溶液在水浴上蒸干后，加 80mL 水，煮沸 0.5h，冷却后移入 100mL 的容量瓶中，加水稀释至刻度（若溶液浑浊，需过滤）。

② 用移液管吸取上层清液 10mL 于 1000mL 烧杯中，用移液管加靛红溶液 25mL，再加水

750mL，以 0.05mol/L $KMnO_4$ 标准溶液滴定。滴定时要不停搅动，每次加少量，至淡绿色时，小心继续滴定至淡黄色，或边上有淡红色，此时所用 0.05mol/L $KMnO_4$ 标准溶液的体积为 V_1。

③ 再用移液管吸取上述制备的试样溶液 100mL 与动物胶溶液 50mL、氯化钠-硫酸溶液 100mL、高岭土（或活性炭）10g 混合，置于具磨口玻璃塞的锥形瓶中摇数分钟，静置澄清后，滤出清液。用移液管吸取滤液 25mL（相当于原试样溶液 10mL）与靛红溶液 25mL 及水约 750mL，盛于 1000mL 烧杯中，用 0.05mol/L $KMnO_4$ 标准溶液如上法滴定，此时所耗用的 0.05mol/L $KMnO_4$ 标准溶液体积以 V_2 表示。

（5）结果计算　原料中单宁的含量 x（%）按下式计算：

$$x=\frac{(V_1-V_2)F\times 0.004157\times 100}{m(100-w)\times 10}\times 100\%$$

式中　V_1——氧化所有可被氧化的物质所耗用的 $KMnO_4$ 标准溶液量，mL；

V_2——氧化单宁以外的物质所耗用的 $KMnO_4$ 标准溶液量，mL；

F——每毫升 0.05mol/L $KMnO_4$ 标准溶液相当于 0.1mol/L $H_2C_2O_4$ 溶液的量，mL；

m——风干样品质量，g；

w——样品水分，%；

0.004157——每毫升 0.1mol/L $H_2C_2O_4$ 标准溶液相当于单宁质量，g。

十二、戊聚糖含量的测定

半纤维素是造纸植物纤维原料的主要成分之一。它是指除纤维素和果胶以外的植物细胞壁聚糖，也可称为非纤维素的碳水化合物。半纤维素经酸水解可生成多种单糖，其中有五碳糖（木糖和阿拉伯糖）和六碳糖（甘露糖、葡萄糖、半乳糖、鼠李糖等）。戊聚糖是指半纤维素中五碳糖组成的高聚物的总称。

不同种类的植物纤维原料中半纤维素的含量和结构有很大不同。一般来说，针叶木半纤维素（含量为 15%～20%）以甘露聚糖为主，同时还有少量木聚糖；而阔叶木和非木材的半纤维素（含量为 20%～30%）则以木聚糖为主。因此，对于阔叶木和非木材原料来说，测定戊聚糖对于表征半纤维素含量更具有实际意义。针叶木戊聚糖含量为 8%～12%；阔叶木为 12%～26%；禾本科植物为 18%～26%。

测定戊聚糖含量通常采用 12%盐酸水解的方法，它可测定半纤维素五碳聚糖的总量。如欲测定半纤维素中各种单糖组分的含量，则可将试样经酸水解成单糖，然后采用气、液相色谱法对各种单糖组分分离和鉴定（参见国家标准 GB/T 12032—1989）。

造纸原料中戊聚糖含量测定的国家标准为 GB/T 2677.9—1994，一般采用滴定法（溴化法）测定。

以下介绍容量法（溴化法）测定造纸原料中戊聚糖含量的操作。

1. 容量法的测定原理

测定方法是将试样与 12%（质量分数）盐酸共沸，使试样中的戊聚糖转化为糠醛。用容量法（溴化法）定量地测定蒸馏出来的糠醛含量，然后换算成戊聚糖含量。

（1）蒸馏反应原理　试样与 12%盐酸共沸，使试样中的戊聚糖水解生成戊糖，戊糖进一步脱水转化为糠醛，并将蒸馏出的糠醛经冷凝后收集于接收瓶中。

$$(C_5H_8O_4)_n+H^++H_2O\longrightarrow nC_5H_{10}O_5\longrightarrow nC_5H_4O_2$$

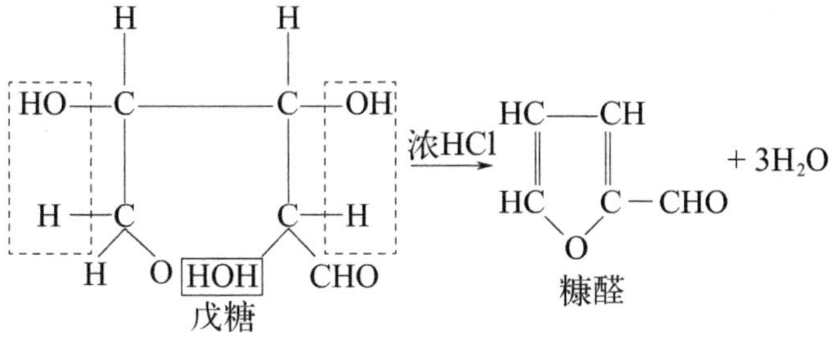

$$\text{戊糖}\xrightarrow{\text{浓HCl}}\text{糠醛}+3H_2O$$

（2）容量法（溴化法）测定糠醛含量的原理　蒸馏产生的糠醛，采用容量法（溴化法）进行定量测定。

溴化法是基于加入一定量溴化物与溴酸盐的混合液于糠醛馏出液中，溴即按下式析出，并与糠醛作用：

$$5KBr + KBrO_3 + 6HCl \longrightarrow 3Br_2 + 6KCl + 3H_2O$$

过剩的溴在加入碘化钾后，立即析出碘。再用硫代硫酸钠标准溶液以淀粉为指示剂进行反滴定，即可求得溴的实际消耗量，由此可计算出糠醛的含量，然后再计算出戊聚糖的含量。其反应式如下：

$$3Br_2 + 6KI \longrightarrow 3I_2 + 6KBr$$

$$3I_2 + 6Na_2S_2O_3 \longrightarrow 6NaI + 3Na_2S_4O_6$$

溴与糠醛的反应因条件不同而异，通常分为二溴化法和四溴化法两种。可根据具体情况选择。

根据鲍维尔和维达克等的研究，含糠醛的溶液在室温下与过量溴作用 1h，1mol 的糠醛可与 4.05mol 的溴化合，称为四溴化法。

如温度在 0～2℃作用 5min 时，则 1mol 糠醛将与 2mol 溴化合，称为二溴化法。

两种溴化法相比，二溴化法准确度较高，用已知糠醛含量的溶液进行测定，其准确度达 99.4%以上；试验还表明溴化时间延长到 60min，溴被进一步消耗的量亦很少。因此一般认为二溴化法较四溴化法准确度高。但四溴化法如能严格控制溴化时的温度在 20～25℃，其准确度也不次于二溴化法。

总之，不论采取何种方法，均须严格控制各自所规定的反应温度和时间等条件，以保证结果的准确性。

2. 仪器

糠醛蒸馏装置组成如下：圆底烧瓶（容量 500mL）；蛇形冷凝器；滴液漏斗（容量 60mL）；接收瓶（500mL，具有 30mL 间隔刻度）；可控温电炉；可控温多孔水浴；容量瓶（50mL 及 500mL）；具塞锥形瓶（500mL 及 1000mL）。

3. 试剂

12%（质量分数）盐酸溶液：量取 307mL 盐酸（$\rho_{20}=1.19g/mL$），加水稀释至 1000mL。加酸或加水调整，使其 $\rho_{20}=1.057g/mL$。

溴酸钠-溴化钠溶液：称取 2.5g 溴酸钠和 12.0g 溴化钠（或称取 2.8g 溴酸钾和 15.0g 溴化钾），溶于 1000mL 容量瓶中，并稀释至刻度。

硫代硫酸钠标准溶液［$c(Na_2S_2O_3)=0.1mol/L$］：称取 25.0g 硫代硫酸钠（$Na_2S_2O_3 \cdot 5H_2O$）和 0.1g Na_2CO_3，溶于新煮沸但已冷却的 1000mL 蒸馏水中，充分摇匀后静置一周，过滤，标定其浓度。

乙酸苯胺溶液：量取 1mL 新蒸馏的苯胺于烧杯中，加入 9mL 冰醋酸搅拌均匀。

1mol/L NaOH 溶液：溶解 2g 分析纯氢氧化钠于水中，加水稀释至 50mL。

酚酞指示液（10g/L）；碘化钾溶液（100g/L）；淀粉指示液（5g/L）；氯化钠（分析纯）。

4. 测定步骤

（1）糠醛的蒸馏　精确称取试样（试样中戊聚糖含量高于 12%者称取 0.5g，低于 12%者称取 1g，精确至 0.1mg；同时另称取试样测定水分），置入 500mL 圆底烧瓶中。加入 10g 氯化钠和数枚小玻璃球，再加入 100mL 12%的盐酸溶液。装上冷凝器和滴液漏斗，倒一定量的 12%盐酸于滴液漏斗中，调节电炉温度，使圆底烧瓶内容物沸腾，并控制蒸馏速度为每 10min 蒸馏出 30mL 馏出液。此后每蒸馏出 30mL，即从滴液漏斗中加入 12%盐酸 30mL 于烧瓶中。至总共蒸出 300mL 馏出液时，用乙酸苯胺溶液检验糠醛是否蒸馏完全。为此，用一试管从冷凝器下端集取 1mL 馏出液，加入 1～2 滴酚酞指示剂，滴入 1mol/L 氢氧化钠溶液中和至恰显微红色，然后加入 1mL 新配制的乙酸苯胺溶液，放置 1min 后如显红色，则证实糠醛尚未蒸馏完毕，仍需继续蒸馏，如不显红色，则表示蒸馏完毕。

糠醛蒸馏完毕后，将接收瓶中的馏出液移入 500mL 容量瓶中，用少量 12%盐酸漂洗接收瓶，并将全部洗液倒入容量瓶中，然后加入 12%盐酸至刻度，充分摇匀后得到馏出液。

(2) 糠醛的测定及结果计算

① 二溴化法。用移液管吸取 200mL 馏出液于 1000mL 锥形瓶中，加入 250g 用蒸馏水制成的碎冰，当馏出液降至 0℃时，加入 25mL 溴酸钠-溴化钠溶液，迅速塞紧瓶塞，在暗处放置 5min，此时溶液温度应保持在 0℃，达到规定时间后，加入 100g/L 碘化钾溶液 10mL，迅速塞紧瓶塞，摇匀，在暗处放置 5min，用 0.1mol/L $Na_2S_2O_3$ 标准溶液滴定，当溶液变为浅黄色时，加入 5g/L 淀粉溶液 2～3mL，继续滴定至蓝色消失为止。

另吸取 12%盐酸溶液 200mL，按上述操作进行空白试验。

糠醛含量 x（%）按下式计算：

$$x=\frac{(V_1-V_2)c\times 0.048\times 500}{200m}\times 100\%$$

式中　V_1——空白试验所耗用的 0.1mol/L $Na_2S_2O_3$ 标准溶液体积，mL；

V_2——试样所耗用的 0.1mol/L $Na_2S_2O_3$ 标准溶液体积，mL；

c——$Na_2S_2O_3$ 标准溶液的浓度，mol/L；

m　试样绝干质量，g；

0.048——与 1.0mL $Na_2S_2O_3$ 标准溶液[$c(Na_2S_2O_3)=0.1000$mol/L] 相当的糠醛质量，g。

② 四溴化法。用移液管吸取 200mL 馏出液于 500mL 锥形瓶中，再吸取 25.0mL 溴酸钠-溴化钠溶液于锥形瓶中，迅速塞紧瓶塞，在暗处放置 1h，此时溶液温度控制为 20～25℃。达到规定时间后，加入 100g/L 碘化钾溶液 10mL，迅速塞紧瓶塞，摇匀，在暗处放置 5min。用 0.1mol/L $Na_2S_2O_3$ 标准溶液滴定，当溶液变为浅黄色时，加入 5g/L 淀粉溶液 2～3mL，继续滴定至蓝色消失为止。

另吸取 12%盐酸溶液 200mL，按上述操作进行空白试验。

糖醛含量 x（%）按下式计算：

$$x=\frac{(V_1-V_2)c\times 0.024\times 500}{200m}\times 100\%$$

式中　V_1——空白试验所耗用的 0.1mol/L $Na_2S_2O_3$ 标准溶液体积，mL；

V_2——试样所耗用的 0.1mol/L $Na_2S_2O_3$ 标准溶液体积，mL；

c——$Na_2S_2O_3$ 标准溶液的浓度，mol/L；

m——试样绝干质量，g；

0.024——与 1.0mL $Na_2S_2O_3$ 标准溶液[$c(Na_2S_2O_3)=0.1000$mol/L]相当的糠醛质量，g。

5. 戊聚糖的结果计算

试样中戊聚糖含量 Y（%）按下式计算：

$$Y=KX$$

式中，K 为系数(当试样为木材植物纤维时，$K=1.88$；当试样为非木材植物纤维或纸浆时，$K=1.38$)。

注：1.38 为糠醛换算为戊聚糖的理论换算因数，1.88 为根据戊聚糖只有 73%转化为糖醛的换算系数。

同时进行两次测定，取其算术平均值作为测定结果。测定结果计算至小数点后第二位，两次测定计算值间相差不应超过 0.40%。

第二节　美国国家可再生能源实验室生物质成分分析方法

美国国家可再生能源实验室致力于可再生能源的研究与开发，木材等生物质原料是该实验室的重点研究对象之一。为了充分了解生物质特性，提高生物质资源的利用效率，该实验室建立了一系列生物质原料的成分分析方法。其中，比较有代表性的方法包括：生物质样品处理方法、水分含量测定、抽提物含量测定、灰分含量测定、多糖与木质素含量测定和蛋白质含量测定。这些测定方法常见于国际期刊论文中的“方法”部分，被广泛用于分析木材等生物质原料的成分，国际认可度较高。方法的基本原理与上一节介绍的我国标准类似，但在样品制备、处理流程等步骤细节上存在差异。本节将对这些方法进行介绍。

一、生物质样品处理方法

本方法的主要目的是通过干燥、粉碎、筛分等步骤处理生物质样品，以便将样品用于其他成分分析。在样品处理的过程中，必须尽可能保持样品原本的组成和特性。通过本方法，可将各种生物质样品处理成适合成分分析的均匀样品。

（一）适用范围

本方法适用于制备木材等大多数类型的生物质样品，不适用于通过 20 目筛的样品。在进行其他成分分析前，一般采用本方法对生物质样品进行处理，以获得干燥的、粒度范围合适的代表性样品。

（二）实验仪器及试剂

1. 实验仪器

① 实验台或干燥架：用于空气干燥样品（仅限于方法 A）。

② 对流恒温干燥箱：温度可调至（45±5）℃（仅限于方法 B）。

③ 真空冷冻干燥机：真空度可达到 133Pa，温度可维持在－50℃（仅限于方法 C）。

④ 分析天平：感量为 0.1g。

⑤ 植物粉碎机：配备 2mm 筛孔。

⑥ 筛分机（可选）：在水平和纵向均可自由移动的筛分机，用于可选的筛分步骤。

a. 筛子：20 目（850μm）、80 目（180μm）可叠放的筛子，配有筛盖和底盘，筛子与底盘间距为 8.9cm。

b. 二分器：格槽宽度在 6.4～12.7mm，至少要有 24 个开口的格槽。加料溜槽和分格槽的坡度至少为 60°。

2. 实验试剂

① 丙酮：分析纯。

② 干冰（固态二氧化碳）：纯度不低于 90%。

（三）样品处理方法

1. 方法 A——空气干燥（风干）

方法 A 适用于质量大于 20g 的生物质样品。生物质含水率在温度为 20～30℃、相对湿度低于 50%以下的空气环境中，能够达到 10%以下。

① 块状生物质样品外形尺寸小于 5cm×5cm×0.6cm；为了便于粉碎，茎秆或枝桠直径不应超过 0.6cm，长度不应超过 20cm。废纸样品的宽度应小于 1cm。

② 将样品铺在干燥洁净的平台上进行风干。样品堆积厚度不超过 10cm，每天至少翻动一次以确保干燥均匀，防止样品发生霉变。

③ 每 24 小时采用《水分含量测定》检测生物质样品的水分含量 1 次。

④ 当样品的含水率小于 10%，且在 24 小时内质量变化小于 1%时，样品风干完成。

2. 方法 B——对流恒温干燥箱干燥（烘干）

方法 B 适用于质量小于 20g 的生物质样品。可用于含水率高、易发霉的样品或长期暴露在环境条件下不稳定的样品。当在环境湿度下风干样品，含水率无法达到10%时，也可采用这种方法。需要特别注意的是，这种方法可能会导致某些生物质样品发生化学变化。

① 选择适合烘干生物质样品的容器，将容器置于对流恒温干燥箱[(45±3)℃]中干燥至少3h。

② 将容器放置于干燥器内使其降至室温。

③ 对容器进行称重，精确到0.1g。

④ 将生物质样品置于干燥后的容器中，样品厚度不超过1cm。

⑤ 对盛有生物质样品的容器进行称重，精确到0.1g。

⑥ 将容器和生物质样品放入干燥箱中，保持温度在(45±3)℃，干燥24～48h。

⑦ 将容器和生物质样品从干燥箱中取出至干燥器中，冷却至室温。

⑧ 将容器和生物质样品称重，精确到0.1g。

⑨ 将盛有样品的容器放入干燥箱内，恒温(45±3)℃至少4h。

⑩ 将容器和样品从干燥箱中取出至干燥器中，冷却至室温。

⑪ 将样品称重，精确到0.1g并记录质量。

⑫ 将样品放入干燥箱中在45℃下干燥1h。

⑬ 将容器和生物质样品从干燥箱中取出至干燥器中，冷却至室温。

⑭ 将样品称重，精确到0.1g并记录质量。

⑮ 重复步骤⑫～⑭，直到生物质的质量在1小时内变化小于1%。

⑯ 使用公式计算最后得到的样品的质量。

3. 方法C——冷冻干燥（冻干）

方法C可用于对热敏感且容易降解的生物质样品，此外，方法B中样品也适用于方法C。

① 选择一个合适的冻干容器进行称重，精确到0.1g，记录质量。

② 将生物质样品放入该容器中。若是固体样品，样品量不宜超过该容器的一半；若是液态样品，样品被冻结后在容器壁上能有0.5cm厚的均匀涂层。

③ 对盛有生物质样品的容器进行称重，精确到0.1g，记录质量。

④ 将干冰与丙酮进行混合，用于冻结样品。

⑤ 将盛有样品的容器放在干冰-丙酮混合物中，以10r/min的转速转动，冷冻后会在容器内壁上形成均匀的样品涂层。

⑥ 立即将该容器放置于真空冷冻干燥机内，使样品干燥，直到所有可见的冰霜消除为止。对于质量小于20g的样品通常需要12h；对于质量大于250g的样品则需超过96h。

⑦ 将容器和生物质从冷冻干燥机中取出。

⑧ 样品温度自然升至室温。

⑨ 将容器和生物质样品称重，精确到0.1g，记录质量。

⑩ 使用公式计算最后得到的样品的质量。

（四）样品粉碎及筛分

1. 样品粉碎

① 将干燥后的生物质样品加入植物粉碎机中粉碎，所有样品通过粉碎机底部的2mm筛网。实验室粉碎过程会产生热量，导致生物质样品发生变化，因此粉碎过程需要密切监控粉碎机温度，必要时应将其冷却至室温后再使用。

② 若样品在筛分后不直接进行成分分析，则样品应保存在密闭容器或自封袋中，存放于-20℃冰箱中。

2. 样品筛分（可选）

注意：如果经过《灰分含量测定》测得的灰分含量很高，需对样品进行筛分。如果对样品颗粒大小有特殊要求，也要进行筛分。但是当需要分析全部的生物质样品时，不建议进行筛分，因为筛分可能会使样品发生变化。

① 将筛子依次叠放，从下至上分别为：底盘→80 目筛→20 目筛。

② 将粉碎的生物质放入 20 目筛子中。样品在 20 目筛子中的深度不应超过 7cm。如样品量较大，应将样品分批筛分。

③ 盖上筛盖，并将筛子固定在摇床上。

④ 启动摇床摇动筛子（15±1）min。

⑤ 保留在 20 目筛子上的样品（+20 目样品）应该再次使用植物粉碎机粉碎，直到 20 目筛子上无样品残留为止。

⑥ 保留在 80 目筛子上的样品（−20/+80 目样品），用于分析多糖、木质素等物质的含量。

⑦ 底盘中的样品为细粉（−80 目样品），这部分样品可用于分析灰分含量。

⑧ 将所有−20/+80 目样品进行收集，称重精确至 0.1g，记录质量为 $Wt_{-20/+80}$。

⑨ 将所有−80 目样品进行收集，称重精确至 0.1g，记录质量为 Wt_{-80}。

⑩ 若需合并多个筛分样品，需注意将样品充分混合均匀。

⑪ 使用公式计算样品中各筛分样品的百分比。

⑫ 如果需将样品分为多份，请使用二分器进行分离。

⑬ 若样品在筛分后不进行成分分析，则样品应保存在密闭容器或自封袋中，存放于−20℃冰箱中。

（五）计算公式

① 计算−20/+80 目样品含量，使用以下公式：

$$含量_{-20/+80目样品}=\frac{Wt_{-20/+80}}{Wt_{-20/+80}+Wt_{-80}}\times 100\%$$

式中　$Wt_{-20/+80}$——−20/+80 目样品质量，g；

Wt_{-80}——−80 目样品质量，g。

② 计算−80 目样品含量，使用以下公式：

$$含量_{-80}=\frac{Wt_{-80}}{Wt_{-20/+80}+Wt_{-80}}\times 100\%$$

式中　$Wt_{-20/+80}$——−20/+80 目样品质量，g；

Wt_{-80}——−80 目样品质量，g。

③ 计算方法 B 中 45℃干燥箱干燥的总固体含量，使用以下公式：

$$T_{45℃}=\frac{W_f-W_t}{W_i-W_t}\times 100\%$$

式中　$T_{45℃}$——45℃干燥箱干燥的总固体含量，%；

W_t——干燥时选用容器的质量，g；

W_i——容器与样品干燥前质量，g；

W_f——容器与样品干燥后质量，g。

④ 计算方法 C 中冷冻干燥的总固体含量，使用以下公式：

$$T_{fd}=\frac{W_f-W_t}{W_i-W_t}\times 100\%$$

式中　T_{fd}——冷冻干燥的总固体含量，%；

W_t——冷冻干燥时选用容器的质量，g；

W_i——容器与样品干燥前质量，g；

W_f——容器与样品干燥后质量，g。

二、水分含量测定

生物质样品中包含大量水分，不同的原料水分含量差异很大。当样品暴露在空气中时，水分含量也会发生变化。为了使生物质的化学分析结果有意义，通常以绝干质量（即生物质除去水分后，总固体质量）为基础进行计算。以下介绍测定生物质样品中总固体或水分含量的方法，具体包括传统的对流恒温干燥箱干燥过程，以及使用自动红外水分分析仪测定固体含量的方法。

（一）适用范围

本方法旨在确定生物质样品经105℃干燥后剩余的固体含量。生物质样品的总固体质量即样品绝干质量（ODW）。适用于本方法的样品包括未经处理、风干、研磨或去除抽提物的生物质原料。样品尺寸取决于材料类型。本方法不适用于加热时会发生变化的生物质样品，如酸性或碱性生物质样品。

（二）实验仪器

1. 干燥箱干燥法所需的装置

① 对流恒温干燥箱：温度可调至（105±3)℃。

② 分析天平：感量为0.1mg。

③ 干燥器：含干燥剂。

2. 自动红外水分分析仪法所需的装置

① 全自动红外水分分析仪。

② 对流恒温干燥箱（可选)：温度可调至（105±3)℃。

3. 其他装置

① 铝制称量盘。

② 玻璃纤维衬垫（可选)：适用于液体样品。

③ 滤膜：0.2μm孔径，带冲洗器的大型注射器过滤器或50mm过滤单元，仅用于液体样品。

（三）操作步骤

1. 对流恒温干燥箱法

① 将铝制称量盘放入（105±3)℃的干燥箱中。至少烘干4h后，将其取出置于干燥器中冷却至室温。使用手套或镊子来移动称量盘，称重并记录质量，精确到0.1mg。对于液体样品，可在每个称量盘底部放置一块干的玻璃纤维衬垫，将其与称量盘一同计算质量。

② 将样品充分混合，然后取出适量样品放入称量盘中称重，精确到0.1mg，记录称量盘和样品的质量。液体样品在分析之前应先经0.2μm的滤膜过滤。每个样品至少同时测定2次。

③ 将盛有样品的称量盘放入（105±3)℃的干燥箱中，至少干燥4h。随后将样品从干燥箱中取出，在干燥器中冷却至室温。称重并记录质量，精确到0.1mg。

④ 将盛有样品的称量盘继续放入（105±3)℃的干燥箱中干燥至恒定质量。恒定质量定义为在重新加热样品1h后固体质量分数的变化在±0.1%内。对于非常潮湿的样品或液体，通常需要过夜干燥。

2. 自动红外水分分析仪法

① 自动水分分析仪的待机温度为70℃，分析温度为105℃。1min内固体物质变化量小于0.05%。

② 打开红外线加热，预热大约20min。如有必要，可以使用非测试样品先运行一次仪器，使仪器升温。

③ 将铝制称量盘放入（105±3)℃干燥箱中至少干燥4h，或在没有样品的情况下，用水分分析仪运行一次，得到预干燥的称量盘。若称量盘在干燥箱中烘干，则将其置于干燥器中冷却。

④ 快速将充分混合的样品转移到称量盘中。将样品均匀铺在称量盘表面，每组样品至少测定2次。

⑤ 待仪器运行平衡稳定后，立即合上仪器罩，按照仪器操作手册进行分析。一旦样品干燥至恒定质量，分析将自动终止。仪器可直接给出总固体含量或水分含量值。

（四）计算公式

① 以原料计算样品的总固体含量（TS）或溶液中固体含量（DS），如下（自动水分分析仪将直接给出计算值）：

$$TS=\frac{W_f-W_t}{W_s}\times 100\%$$

式中 W_f——105℃恒重后称量盘与样品的总质量，g；

W_t——105℃恒重后称量盘质量，g；

W_s——处理前原料的质量，g。

$$DS=\frac{W_f-W_t}{W_L}\times 100\%$$

式中 W_f——105℃恒重后称量盘与样品的总质量，g；

W_t——105℃恒重后称量盘质量，g；

W_L——处理前液体原料的质量，g。

② 水分含量通过如下公式计算：

$$水分含量=100\%-TS$$

③ 两个样品之间的相对百分含量差异（RPD），采用以下公式计算：

$$RPD=\frac{X_1-X_2}{X_m}\times 100\%$$

式中 X_1 和 X_2——样品的检测值，%；

X_m——X_1 和 X_2 的平均值，%。

④ 数据的均方根偏差（RMS）或标准差（σ），采用以下公式计算。

数据均方根偏差（RMS）：

$$RMS=\sqrt{(\frac{\sum_1^n X}{n})^2}$$

标准差（σ）：

$$\sigma=\sqrt{\frac{\sum_1^n (X_i-RMS)^2}{n}}$$

式中 n——待测样品数量；

X_i——样品的检测值，%。

三、抽提物含量测定

去除抽提物能够避免对其他分析步骤的影响。本方法使用两步抽提法来去除可溶于水和乙醇的抽提物，进而计算抽提物含量。水溶性抽提物包括无机物、部分非结构性多糖和含氮物质等。其中，无机物来源于生物质和土壤、肥料。乙醇抽提物包括叶绿素、蜡和其他微量元素等。生物质原料可依据情况，采用一步或两步抽提。本方法测定的抽出物含量以绝干质量为基础，可根据原料质量计算去除抽提物后原料质量。本测定应在测定多糖与木质素含量之前进行。

（一）适用范围

本方法针对生物质原料进行了优化。具体操作时使用两步抽提还是一步抽提取决于生物质原料的性质。通常情况下，两步抽提用于含有大量水溶性抽提物或需要特别研究水溶性抽提物的样品，例如玉米秸秆；一步乙醇抽提用于水溶性抽提物很少或没有的样品，例如针叶材和阔叶材。

（二）实验仪器及试剂

1. 实验仪器

① 分析天平：感量为 1mg 或 0.1mg。

② 对流恒温干燥箱：温度可调至 (105±5)℃，用于干燥玻璃器皿。

③ 真空干燥箱：温度可设置为 (40±2)℃；若无真空干燥箱，可用对流恒温干燥箱 [温度可设定 (45±2)℃] 代替。

④ 索氏抽提器

a. 尺寸合适的索氏抽提管（容量为 85mL）。

b. 500mL 接收烧瓶和适配的加热套。

c. 冷凝器：适配索氏抽提管，或使用其他冷却系统。

d. 单层棉纤抽提套管（长 94mm，内径 33mm，适配索氏抽提管）。

e. 旋转蒸发器（可选）：250mL。

⑤ 自动抽提装置（替代索氏抽提器）

a. Dionex 加速溶剂抽提器（200 型）。

b. 抽提单元：容积为 11mL。

c. 玻璃或聚丙烯过滤器，捣棒：聚丙烯过滤器可自制，不适用于己烷等溶剂。

⑥ 蒸发器：用于蒸发水和乙醇。

a. 旋转蒸发器：水浴温度可设定为 (40±5)℃。

b. 自动溶剂去除系统，如 TuboVap Ⅱ浓缩仪。

⑦ YSI 生化分析仪：配备合适的分离膜，或等效测定蔗糖含量的方法。

2. 实验试剂

① 水：色谱纯。

② 乙醇：95%。

（三）操作步骤

1. 生物质样品抽提前的准备

当生物质样品暴露在空气中时，水分含量会发生变化。为避免样品水分含量变化导致抽提物含量测定产生误差，测定抽提物含量应同时进行生物质水分含量测定。

2. 生物质样品抽提——索氏抽提器法

(1) 抽提装置准备

① 将烧瓶和其他相关的玻璃器皿（如缓冲球和蒸发器配件）洗净后放入 (105±5)℃的干燥箱中至少干燥 12h。将玻璃器皿放入干燥器中冷却至室温。在烧瓶中加入沸石（若使用具有搅拌功能的加热套，则放入搅拌棒）。贴上标签后称重，精确到 0.1mg，记录质量。若使用缓冲球，则需同时记录缓冲球的绝干质量。

② 在抽提套管中加入 2～10g 生物质样品，记录样品质量，精确到 0.1mg。所需样品量取决于样品的堆积密度。装入样品的高度不得超过索氏抽提管的虹吸管高度。如果样品高度超过虹吸管，则样品上端无法接触抽提溶剂，可能导致抽提不完全。在套管顶部边缘用铅笔做标记。

③ 组装索氏抽提装置。如有必要，在接收烧瓶和索氏抽提管中加装一个 250mL 的缓冲球，以防止起泡时液体冲入索氏抽提管中。

(2) 分析样品中的水溶性抽提物（非必需）

① 将 (190±5)mL 的色谱级水加入接收烧瓶中。将接收烧瓶连接索氏抽提管。调整加热套温度，使每小时最少虹吸回流四五次。

② 回流 6～24h。具体回流时间取决于抽提物的去除率、冷凝器温度和虹吸效率。某些生物质，如玉米秸秆，回流时间通常在 8h 左右。剩余的水溶性抽提物会在乙醇抽提过程中被提取。

③ 当回流结束后，关闭加热套，使装置冷却至室温。

④ 若要进行连续的乙醇抽提，将抽提套管留在索氏抽提管中，尽可能去除抽提管中残留的水。如果不需要进行乙醇抽提，则取出抽提套管，将抽提后的固体尽可能全部转移到布氏漏斗的滤纸上，用大约 100mL 的色谱级纯水清洗固体。用真空过滤或风干的方法使固体干燥。

⑤ 水抽提物中蔗糖含量测定（非必需）。当接收烧瓶降至室温时，将其中的液体转移到 200mL 容量瓶中。用色谱级纯水定容。取出 10mL 溶液，使用配有合适膜或等效定量方法的 YSI 生化分析仪分析液体。将剩余的 190mL 水萃取物重新放回接收烧瓶中。

(3) 分析样品中的乙醇抽提物

① 将（190±5）mL 的 95%乙醇加入接收烧瓶中。将接收烧瓶连接索氏抽提管。调整加热套温度，使每小时虹吸回流 6～10 次。

② 回流 6～24h。具体回流时间取决于抽提物的去除率、冷凝器温度和虹吸效率。

③ 当回流结束后，关闭加热套，使装置冷却至室温。

④ 取出抽提套管，将抽提后的固体尽可能全部转移到布氏漏斗的滤纸上，用大约 100mL 的 95%乙醇清洗固体。用真空过滤或风干的方法使固体干燥。

3. 生物质样品抽提——自动抽提器法

(1) 抽提装置准备

① 将收集管的塑料盖和隔膜移除，放入（105±5)℃的干燥箱中至少干燥 12h。放入干燥器中冷却至室温。标记收集管并称重，精确到 0.1mg，记录质量。

② 在每个抽提单元底部放置一块聚丙烯过滤器，用捣棒夯实。

③ 将 1～10g 样品加入抽提单元中，称重精确到 0.1mg，记录质量。添加的样品数量取决于样品的堆积密度。为了避免抽提不完全，样品勿塞得过于密实。将抽提单元两端拧紧，过滤器的一端朝下，放入自动抽提器中。

(2) 水溶性抽提物（非必需）和乙醇抽提物分析

① 在自动抽提器的控制程序中设置参数：

压力：1500psi（1psi=6.89kPa)；

温度：100℃；

预加热时间：0；

加热时间：5min（自动默认程序）；

稳定时间：7min；

冲洗体积：150%；

清除时间：120s（可选）；

稳定循环次数：3。

注意：如果使用 33mL 的抽提单元，150%冲洗体积和 3 次稳定循环可能会使收集瓶满溢。因此，需要减少稳定循环次数。

② 为了避免连续抽提大量样品时反复清洗抽提装置，应先用水抽提样品，再用乙醇抽提样品。

③ 将抽提单元冷却至室温。将样品从抽提单元中取出后风干。

④ 水抽提物中蔗糖含量测定（非必需）。当抽提单元冷却至室温时，将其中的液体转移到 50mL 容量瓶中。用色谱级纯水定容。取出 5mL 溶液，使用配有合适膜或等效定量方法的 YSI 生化分析仪分析液体。

4. 抽提溶剂去除

① 若使用索氏抽提器法，则将索氏抽提管中的所有溶剂和接收烧瓶中的溶剂混合。若使用自动抽提器法，从仪器中取出收集瓶。

② 可以使用下列的设备从溶液中去除抽提溶剂，也可使用其他蒸发水和乙醇的等效设备。

a. 旋转蒸发器。将抽提物溶液转移到一个圆底烧瓶中。真空源的真空度需保证在没有剧烈沸腾的情况下能够除去溶剂。继续清除溶剂，直到所有可见的溶剂消失。

b. Tubo VapⅡ浓缩仪。将抽提物溶液转移到 TurboVap 管中，将压力设置在 15～18psi，调整水浴温度为 40℃。继续清除溶剂，直到所有可见的溶剂消失。

③ 将烧瓶或试管放入真空干燥箱中，设定温度（40±2）℃，24h。在干燥器中冷却至室温。称量烧瓶或试管质量，精确到 0.1mg。若有泡沫进入缓冲球，则缓冲球需一起称重。

（四）计算公式

① 采用《水分含量测定》方法，计算生物质样品的绝干质量（ODW）：

$$\mathrm{ODW}=\frac{W_s\times \mathrm{TS}}{100}\times 100\%$$

式中　W_s——原料质量，g；

TS——原料中总固体含量，%。

② 以绝干质量为基础计算样品中抽提物含量（%）：

$$\text{抽提物含量}=\frac{W_f-W_t}{\mathrm{ODW}}\times 100\%$$

式中　W_f——烧瓶和抽出物的总质量，g；

W_t——烧瓶的质量，g；

ODW——生物质原料的绝干质量，g。

③ 若测定了蔗糖的含量，由于取出了部分液体，因此需对抽提物含量进行校正：

$$\text{抽提物含量}_{\text{校正}}=\frac{W_f-W_t}{\mathrm{ODW}}\times\frac{V_t}{V_t-V_r}\times 100\%$$

式中　W_f——烧瓶和抽出物的总质量，g；

W_t——烧瓶的质量，g；

ODW——生物质原料的绝干质量，g；

V_t——抽提后液体的总体积，mL；

V_r——用于测定蔗糖取出的溶液体积，mL。

四、灰分含量测定

在高温灼烧时，生物质样品发生了一系列物理和化学变化，最后有机物成分挥发逸散，而无机成分（主要是无机盐和氧化物）则残留下来，即灰分。本方法涉及灰分的测定，用 550～600℃下干燥氧化后残渣剩余量的百分含量表示。所有结果均以样品的绝干质量为基准。

（一）适用范围

本方法适用于阔叶材、针叶材、禾本科原料、农业残渣和废纸等样品。采样时必须选择有代表性的样品进行分析。在分析灰分的同时需进行水分含量测定。

（二）实验仪器及试剂

1. 实验仪器

① 马弗炉：配备恒温器，温度可调至（575±25）℃，可选配升温程序。

② 分析天平：感量为 0.1mg。

③ 干燥器：含干燥剂。

④ 灰化坩埚：陶瓷、二氧化硅或铂金材质。

⑤ 陶瓷记号笔：高温或等效的坩埚标记方法。

⑥ 灰化燃烧器：配备点火源、架子和带支架的泥三角。

⑦ 对流恒温干燥箱：温度可调至（105±3）℃。

2. 实验试剂

本实验无需其他特殊试剂。

（三）操作步骤

① 使用陶瓷记号笔在适当数量的坩埚上做标记，并将它们放入（575±25)℃的马弗炉中至少4h。将坩埚从炉子上转移到干燥器中，建议冷却1h。对坩埚进行称重，精确至0.1mg，记录质量。

② 将坩埚放回到（575±25)℃的马弗炉中，干燥至恒定质量。恒定质量定义为重新加热坩埚1h后，质量变化小于±0.3mg。

③ 称取0.5～2.0g样品（精确至0.1mg)，记录质量，将其放入坩埚中。如果正在分析的样品是105℃的干燥样品，则该样品应存放于干燥器中直至使用；如果使用风干样品，则应同时进行水分含量测定。每个样品至少同时测定2次。

④ 将样品灰化。可使用普通马弗炉或带升温程序功能的马弗炉。

1. 普通马弗炉用于样品灰化

① 用灰化燃烧器和带支架的泥三角，将坩埚放在火焰上，直到冒烟。立即点燃烟雾，使样品燃烧，直到没有烟雾或火焰出现。将坩埚冷却后再放在马弗炉上。或者可使用具备升温程序功能的马弗炉，该预燃过程可省略。

② 将坩埚放回（575±25)℃的马弗炉中（24±6） h。在转移坩埚时，应注意避免样品受到气流影响，导致样品发生损失。

③ 小心地将坩埚从炉子上直接移入干燥器中，冷却一段时间。对坩埚和灰分进行称重，精确至0.1mg，记录质量。

④ 将样品放回马弗炉中，温度设定为（575±25)℃，至恒定质量。恒定质量为重新加热坩埚1h后，质量变化小于±0.3mg。样品在干燥器中的冷却时间相同。

2. 配备升温程序的马弗炉用于样品灰化

马弗炉升温程序设置：从室温至105℃，在105℃保持12min；升温至250℃，升温速率为10℃/min，在250℃保持30min；升温至575℃，升温速率为20℃/min，在575℃保持180min；自然降温至105℃。

① 将坩埚放入马弗炉中，执行升温程序。在转移坩埚时，应注意避免样品受到气流影响，导致样品发生损失。

② 小心地将坩埚从炉子上直接移入干燥器中，冷却一段时间。对坩埚和灰分进行称重，精确至0.1mg，记录质量。

③ 将样品放回马弗炉中，温度设定为（575±25)℃，至恒定质量。恒定质量定义为重新加热坩埚1h后，质量变化小于±0.3mg。

（四）计算公式

① 采用《水分含量测定》方法，计算生物质样品的绝干质量（ODW)：

$$\text{ODW}=\frac{W_s \times \text{TS}}{100}\times 100\%$$

式中，W_s——原料质量，g；

TS——原料中总固体含量，%。

② 以ODW为基准计算灰分含量：

$$\text{灰分含量}=\frac{W_f - W_t}{\text{ODW}}\times 100\%$$

式中 W_f——坩埚和灰分的总质量，g；

W_t——坩埚质量，g。

五、多糖与木质素含量测定

多糖和木质素是木材等生物质样品的主要成分。生物质中的多糖包括结构性和非结构性多糖，其中结构性多糖是生物质的骨架，而非结构性多糖能够通过抽提或洗涤等方式去除。木质素是一种复杂的酚类聚合物。本方法适用于不含抽提物的样品。通过对样品进行两步酸水解，使定量结果更加准确。在这一过程中，生物质样品降解形成酸不溶性物质和酸溶性物质。需要注意的是，酸不溶性物质主要为木质素，但也可能包含灰分和蛋白质。酸溶性物质中木质素采用紫外-可见分光光度计进行定量。聚合的多糖被水解成可溶于水解液的单糖，然后采用高效液相色谱进行定量分析。该过程中，蛋白质也可能分解进入水解液。当样品的半纤维素中含木聚糖时，通常需要测定醋酸根含量。

（一）适用范围

本方法适用于无抽提物的生物质样品，以及不含抽提物的固体样品。针对不同的样品，结果可基于样品绝干质量、样品总质量或无抽提物样品质量进行计算。取样时需注意选择有代表性的样品进行分析。样品的总固体含量需大于 85%。若样品中含有抽提物，则应在此分析前进行抽提物含量测定，并以此方法将样品中的抽提物去除。水分含量测定应与本方法同时进行。本方法不适用于干燥温度大于 45℃的样品。

（二）实验仪器及试剂

1. 实验仪器

① 分析天平：感量为 0.1mg。

② 对流恒温干燥箱：温度可调至（105±3）℃。

③ 马弗炉：配备恒温器，温度可调至（575±25）℃，配备升温程序（可选）。

④ 恒温水浴：温度设定为（30±3）℃。

⑤ 高压灭菌锅：用于高压灭菌液体，温度可设定为（121±3）℃。

⑥ 过滤装置：配备真空泵和过滤坩埚。

⑦ 干燥器：含干燥剂。

⑧ 高效液相色谱系统：配有折射率检测器和以下色谱柱。

a. 配备 H^+/CO_3^{2-} 离子型保护柱的 Shodex sugar SP0810 或 Biorad Aminex HPX-87P 离子柱（或等效柱）。

b. 配备保护柱的 Biorad Aminex HPX-87H 离子柱（或等效柱）。

⑨ 紫外-可见分光光度计：配有高纯度石英比色皿（光通路为 1cm）。

⑩ 自动滴定管（可选）：用于量取 84.00mL 水。

⑪ 试剂瓶：最小容量为 90mL，玻璃材质，配有密封环的特氟龙盖。

⑫ 搅拌棒：适配试剂瓶，特氟龙材质，长度需超过试剂瓶 5cm。

⑬ 过滤坩埚：25mL，陶瓷材质，中等孔隙率。

⑭ 广口瓶：50mL。

⑮ 过滤瓶：250mL。

⑯ 锥形瓶：50mL。

⑰ 可调式移液器：量程为 0.02～5.00mL 和 84.00mL。

⑱ pH 试纸：范围 4～9。

⑲ 一次性注射器：3mL，配有 0.2μm 滤头。

⑳ 适配自动进样器的进样瓶。

2. 实验试剂

① 硫酸：质量分数 72%（密度为 1.6338g/mL，20℃）。

② 碳酸钙：分析纯。

③ 超纯水：经 0.2μm 滤膜过滤。

④ 高纯度标准样品：D-纤维二糖、D-(+)葡萄糖、D-(+)木糖、D-(+)半乳糖、L-(+)阿拉伯糖，D-(+)甘露糖。

⑤ 不同来源的上述高纯度样品，用于配制校准液验证标准溶液（CVS）。

（三）操作步骤

1. 分析样品的准备

① 在(575±25)℃的马弗炉中放入过滤坩埚，保温至少 4h。将坩埚直接从马弗炉中取出后转移至干燥器中冷却，建议冷却 1h。称量并记录坩埚质量，精确到 0.1mg。若坩埚没有用标识符标记，则需保持它们的特定顺序以便于分辨。请勿标记过滤坩埚的底部，以免妨碍过滤。

② 将坩埚放回(575±25)℃马弗炉中使坩埚恒重，重复上述步骤，直至坩埚质量变化范围小于±0.3mg。

③ 称取（300.0±10.0)mg 样品或标准样品放入试剂瓶中，称重精确至 0.1mg。为了准确测定固体含量，应同时进行水分含量测定。每个样品至少同时测定 2 次。建议每次测定 3 至 6 个样品。

④ 向每个试剂瓶中加入（3.00±0.01)mL [或(4.92±0.01)g] 的 72%硫酸。用特氟龙搅拌棒搅拌 1min，直至样品与硫酸充分混合。

⑤ 将试剂瓶置于设定温度为（30±3)℃的水浴中，保温（60±5)min。每 5～10min 搅拌一次样品。搅拌时无需从水浴中取出试剂瓶，搅拌能够确保硫酸和待测样品充分接触，使样品能够均匀、完全水解。

⑥ 水解 60min 后，将试剂瓶从水浴中取出。使用自动滴定管添加(84.00±0.04)mL [或称取(84.00±0.04)g，精确到 0.01g] 超纯水，将硫酸浓度稀释至 4%。将试剂瓶的盖子拧紧，通过反复翻转试剂瓶使瓶内物质均匀。注意，此时瓶内 4%的溶液体积为 86.73mL，计算如下：

$$72\%H_2SO_4 \text{ 密度}: d_{72\%H_2SO_4}=1.6338\text{g/mL}$$

$$H_2O \text{ 密度}: d_{H_2O}=1.00\text{g/mL}$$

$$4\%H_2SO_4 \text{ 密度}: d_{4\%H_2SO_4}=1.025\text{g/mL}$$

a. 计算 3.00mL 72% H_2SO_4 的质量为：3.00mL 72% $H_2SO_4 \times d_{72\%H_2SO_4}=4.90$g

b. 计算 3.00mL 72% H_2SO_4 的组成为：

4.90g 72% H_2SO_4 ×72%（有效酸质量）=3.53g 有效酸

4.90g 72% H_2SO_4 ×28%（去离子水质量）=1.37g 去离子水

c. 稀释后硫酸浓度为：

3.53g 有效酸/(84.00g 去离子水+4.90g 72% H_2SO_4）=3.97% H_2SO_4（质量分数）

d. 稀释后溶液的总体积为：

(4.90g72% H_2SO_4+84.00g 去离子水）×$(d_{4\%H_2SO_4})^{-1}$=86.73mL

⑦ 配制一组糖回收标准溶液（SRS）进行水解处理，用于校正水解过程中损失的糖。标准溶液包括：D-(+)葡萄糖、D-(+)木糖、D-(+)半乳糖、L-(+)阿拉伯糖和 D-(+)甘露糖。标准溶液浓度应尽可能接近测试样品。标准溶液配制方法：称取所需标准样品，精确到 0.1mg，加入 10.0mL 去离子水、348μL 72%硫酸溶液，将溶液转移至试剂瓶中并盖紧。并非每次分析都需要重新配制标准溶液。检测样品较多时，可一次准备大量的标准溶液，经 0.2μm 滤膜过滤，分装在 10.0mL 密封容器中，并贴上标签，存放于冰箱以便随时取用。使用前，先解冻标准溶液，再在样品中加入适量的酸。

⑧ 将含有样品和标准溶液的试剂瓶放在安全架上，再将安全架放入高压灭菌锅中。将高压灭菌锅密封后，设置温度 121℃，保持 1h 以使样品充分水解。待高压灭菌锅冷却至室温后，将灭菌锅盖子取下，取出试剂瓶。

2. 酸不溶木质素含量测定

① 采用前述称重的过滤坩埚真空过滤试剂瓶中的水解液，并将过滤液收集。

② 将约 50mL 的过滤液转移到样品储存瓶中，用于测定酸溶木质素及多糖。酸溶木质素必须在水解后 6h 内完成测定，水解液至多在冰箱中储存 2 周。在进行下一步操作前，收集水解液。

③ 用去离子水将残留在试剂瓶内的固体转移到过滤坩埚上。至少使用 50mL 去离子水冲洗固体。为减少过滤时间，该步骤可采用热水进行。

④ 将坩埚和酸不溶残渣在（105±3）℃干燥箱中干燥至恒定质量（通常需 4h）。

⑤ 从干燥箱中取出坩埚，置于干燥器中冷却至室温。称量并记录盛有残渣的坩埚质量，精确到 0.1mg。

⑥ 将坩埚和残渣放入马弗炉中，设定温度为（575±25）℃，保持（24±6）h。马弗炉升温程序设定如下：从室温升至 105℃；在 105℃下保持 12min；以 10℃/min 的速度升温至 250℃；在 250℃下保持 30min；以 20℃/min 的速度升温至 575℃；在 575℃下保温 180min；自然冷却马弗炉，调整炉温在 105℃，直至取出样品。

⑦ 小心地将坩埚从马弗炉中取出，直接放入干燥器中冷却至室温。对盛有样品的坩埚称重并记录质量，精确到 0.1mg。将坩埚放回马弗炉中灼烧直至质量恒定。注意：酸不溶灰分的含量与生物质样品中总灰分含量可能不同，具体请参考《灰分含量测定》。

3. 酸溶木质素含量测定

① 使用紫外-可见分光光度计测定酸溶木质素含量时，以去离子水或 4%硫酸溶液作为背景（空白样）。

② 使用“酸不溶木质素含量测定”步骤②的水解液，测定其在特定波长下的吸光度，波长参考表 2-5-1。根据需要稀释样品，使吸光度在 0.7～1.0L/(g·cm) 范围内。稀释时，可使用去离子水或 4%硫酸（保持与空白样一致即可）。吸光度保留小数点后 3 位。每个样品至少同时测定 2 次，误差的吸光度应在±0.05L/(g·cm) 范围内（该步骤必须在水解后 6h 内完成）。

表 2-5-1 部分生物质酸溶木质素的吸光度

生物质类型	最大波长/nm	在最大波长下最大吸光度/[L/(g·cm)]	建议波长/nm	在建议波长下最大吸光度/[L/(g·cm)]
辐射松	198	25	240	12
甘蔗渣	198	40	240	25
玉米秸秆	198	55	320	30
杨树	197	60	240	25

注：在最大吸光度波长下的检测结果通常包含来自多糖降解产物的干扰峰。建议波长下这些干扰峰的影响已被优化至最小。

③ 根据公式计算酸溶木质素的含量。

4. 根据如下步骤分析样品的结构多糖含量

① 配制包含待测化合物的校准验证标准溶液（CVS），建议浓度范围参考表 2-5-2。建立标准样品溶液的校正曲线，曲线至少包含 4 个数据点。若超出本表所述范围，则需对曲线进行验证。校准验证标准溶液可预先制备，经 0.2μm 滤膜过滤后转移至自动进样瓶中密封、标记。各标准物与校准验证标准溶液可存放于冰箱中，并在使用前解冻。在每次使用时，应观察标准物和校准验证标准溶液是否有异常，具体包括样品是否受损或挥发。单一进样瓶中标准物和校准验证标准溶液取样次数不应超过 12 次。校准验证标准溶液在自动进样器中有效期约为 3～4 天。

表 2-5-2 标准样品溶液建议浓度范围

组分	建议的浓度区间/(mg/mL)
D-纤维二糖	0.1～4.0
D-(+)葡萄糖	0.1～4.0
D-(+)木糖	0.1～4.0
D-(+)半乳糖	0.1～4.0
D-(+)阿拉伯糖	0.1～4.0
D-(+)甘露糖	0.1～4.0
CVS 校准验证标准溶液	选择各组分线性范围中间点，不与校正点重合，建议为 2.5

② 每套校准标准需准备独立的校准验证标准溶液。使用不同来源或批次材料来制备校准验证标准溶液。配制溶液时，浓度在校准曲线验证范围的中间。在高效液相色谱检测过程中，需在固定间隔的样品中分析校准验证标准溶液，以验证校正曲线的质量和稳定性。

③ 使用在“酸不溶木质素含量测定”步骤②的水解液，将大约 20mL 的液体转移到 50mL 的锥形瓶中。

④ 用碳酸钙将样品的 pH 值调节至 5～6。期间用 pH 试纸进行监测，避免过度中和。具体操作为：当 pH 值达到 4 时，缓慢加入碳酸钙，频繁摇晃；在达到 pH 值 5～6 后，停止加入碳酸钙，静置样品片刻，取出上清液。静置沉淀后液体的 pH 值约为 7。避免将样品 pH 值调至 9 以上以免造成糖类损失。

⑤ 上清液经 0.2μm 滤膜过滤后，转移至自动进样瓶中，以进行高效液相色谱分析。样品一式两份，其中一份以备其他分析（非必需）。中和后的样品可在冰箱中保存 3～4 天。保存时间过长，存在样品变质风险。冷藏的样品在检测前需观察是否有沉淀物。含有沉淀物的样品应重新过滤。

⑥ 使用配有适当保护柱的 Shodex sugar SP0810 或 Biorad Aminex HPX-87P 色谱柱的高效液相色谱对样品进行分析。

高效液相色谱条件如下：

a. 进样体积：10～50μL，取决于浓度和检测极限。

b. 流动相：色谱级水，经 0.2μm 过滤和脱气。

c. 流速：0.6mL/min。

d. 柱温：80～85℃。

e. 检测器温度：尽可能接近柱温。

f. 检测器：折射率。

g. 运行时间：35min。

注：清灰保护柱应放置在加热装置外面，并保持在常温下。这样能避免色谱图中出现伪峰。

⑦ 检查样品的色谱图中是否存在纤维二糖和低聚糖。纤维二糖含量超过 3mg/mL 表示水解不完全，应重新进行样品水解和分析。

⑧ 检查样品色谱图是否存在纤维二糖之前的洗脱峰（使用推荐条件，保留时间为 4～5min）。这些峰说明前一个样品中的糖降解产物水平很高，样品水解过度。这种情况下样品应重新进行水解和分析。

5. 样品醋酸根含量分析（非必需）

① 配制 0.005mol/L 的硫酸作为高效液相色谱的流动相。在 2L 容量瓶中，加入 2.00mL 标准 5mol/L 硫酸，并用水（色谱纯）进行体积调整。使用前经 0.2μm 膜过滤、脱气。若没有 5mol/L 硫酸，可以使用浓硫酸代替。在 1L 容量瓶中，混合 278μL 浓硫酸和水。

② 标准溶液制备。推荐使用醋酸，也可选用甲酸和乙酰丙酸。建议浓度范围为 0.02～

0.5mg/mL，采用等间距4点定标。如果配制的标准溶液超出建议范围，则需要进一步对校准曲线进行验证。

③ 配制一个单独的校准验证标准溶液。该溶液必须已知每种化合物的浓度，这些化合物的浓度落在校准曲线验证范围中间。

④ 使用在“酸不溶木质素含量测定”步骤②的水解液。取少量水解液经0.2μm滤膜过滤后转移至自动进样瓶中，用于高效液相色谱分析。若推测样品浓度超出校准范围，样品需进行稀释，并记录稀释度。最终样品的浓度需根据稀释度进行校正。

⑤ 使用配有保护柱的Biorad Aminex HPX-87H色谱柱的高效液相色谱对标准溶液，校准验证标准溶液和样品进行分析。

高效液相色谱条件如下：

a. 进样体积：50μL。

b. 流动相：0.005mol/L硫酸，经0.2μm滤膜过滤和脱气。

c. 流速：0.6mL/min。

d. 柱温：55～65℃。

e. 检测器温度：尽可能接近柱温。

f. 检测器：折射率。

g. 运行时间：50min。

（四）计算公式

① 采用《水分含量测定》方法，计算生物质样品的绝干质量（ODW）：

$$\mathrm{ODW}=\frac{W_s\times \mathrm{TS}}{100}\times 100\%$$

式中　W_s——原料质量，%；

TS——原料中总固体含量。

② 计算酸不溶残渣（AIR）和酸不溶木质素（AIL）的含量：

$$\mathrm{AIR}=\frac{W_f-W_t}{\mathrm{ODW}}\times 100\%$$

$$\mathrm{AIL}=\frac{(\mathrm{AIR}\times \mathrm{ODW})-W_a-W_p}{\mathrm{ODW}}\times 100\%$$

式中　AIR——酸不溶残渣含量（相对于原料绝干质量）；

AIL——酸不溶木质素含量（相对于原料绝干质量）；

ODW——样品的绝干质量，%；

W_f——酸不溶残渣与坩埚质量，%；

W_t——坩埚质量，%；

W_a——酸不溶残渣中灰分的质量，%；

W_p——酸不溶残渣中蛋白质质量，g；由《蛋白质含量测定方法》确定，只有含大量蛋白质的生物质才需要测定。

③ 计算酸溶木质素（ASL）的含量：

$$\mathrm{ASL}=\frac{\mathrm{UV}_{abs}\times V_f D}{\varepsilon\times \mathrm{ODW}\times P}\times 100\%$$

式中　UV_{abs}——在适当波长下（见表2-5-1），样品紫外-可见分光光度计检测的平均吸光度；

V_f——水解液体积，86.73mL；

ε——吸光度常数；

ODW——样品的绝干质量，%；

P——样品池宽度，cm。

D——稀释倍数，即：

$$D=\frac{V_s+V_d}{V_s}$$

式中　V_s——样品的体积，mL；

V_d——稀释后样品的体积，mL。

④ 计算木质素总含量：

$$木质素含量=AIL+ASL$$

式中　AIL——酸不溶木质素含量，%；

ASL——酸溶木质素含量，%。

⑤ 计算并记录每一个校准验证标准溶液 CVS 经过高效液相色谱的回收百分率（R_{CVS}）：

$$R_{CVS}=\frac{C_1}{C_2}\times 100\%$$

式中　C_1——校准验证标准溶液经高效液相色谱检测的浓度，mg/mL；

C_2——校准验证标准溶液中物质已知浓度，mg/mL。

⑥ 计算糖标准溶液校正系数 SRS 的回收率（R_{SRS}）：

$$R_{SRS}=\frac{C_1}{C_2}\times 100\%$$

式中　C_1——糖标准溶液酸处理后经高效液相色谱检测的浓度，mg/mL；

C_2——标准溶液中物质已知浓度，mg/mL。

⑦ 使用上述计算的 R_{SRS} 来校正高效液相色谱的测试结果，以获得每个水解样品对应的糖浓度值（C_x）：

$$C_x=\frac{C_H D}{R_{SRS}}\times 100\%$$

式中　C_x——水解样品中的某种糖类经校正后的浓度，mg/mL；

C_H——通过高效液相色谱测定的糖类浓度，mg/mL；

R_{SRS}——某种 SRS 组分的平均回收率；

D——稀释倍数，即：

$$D=\frac{V_s+V_d}{V_s}$$

式中　V_s——样品的体积，mL；

V_d——稀释后样品的体积，mL。

⑧ 通过单糖计算聚糖浓度时，需要经过校准。

$$C_{聚糖}=C_{单糖}\times 校准系数$$

式中　$C_{聚糖}$——聚糖浓度，mg/mL；

$C_{单糖}$——单糖浓度，mg/mL。

校准系数——对于 C_5 糖类（木糖和阿拉伯糖）校准系数为 0.88（或 132/150）；对于 C_6 糖类（葡萄糖、半乳糖和甘露糖）校准系数为 0.9（或 162/180）。

注意：严格来说，半纤维素支链的水解应计入木聚糖，因为官能团的损失会给木聚糖增加质子或氢氧化物。在本方法中，被量化的分支结构是乙酸和一些次要糖类，如半乳糖、阿拉伯糖和甘露糖。然而，对于生物质样品，典型乙酸盐和次要糖基对木聚糖值变化可忽略不计，因而无需进行校正。如有必要，可按下列公式进行校正。但这种校正实际上增加了木聚糖值的不确定性，因为它假设每种次要糖基和乙酸酯基团都是木聚糖骨架上的支链，而这种假设可能是错误的。

$$木聚糖浓度=[木糖检测浓度\times(1-木糖_{校准浓度}-木糖_{微量糖校准浓度})]\times 132/150$$

式中，

$$木糖_{校准浓度}=\frac{乙酸浓度}{木糖浓度}\times\frac{17}{132}$$

$$木糖_{微量糖校准浓度}=\frac{次要糖基浓度}{木糖浓度}\times\frac{1}{132}$$

⑨ 计算多糖含量：

$$多糖含量=\frac{C_{聚糖}V_f\times\frac{1g}{1000mg}}{ODW}\times100\%$$

式中　V_f——水解液体积，86.73mL；

$C_{聚糖}$——聚糖浓度，mg/mL；

ODW——样品的绝干质量，g。

⑩ 计算醋酸根含量：

$$醋酸根含量=\frac{C_{醋酸根}V_f\times\frac{59}{60}}{ODW}\times100\%$$

式中　V_f——水解液体积，86.73mL；

$C_{醋酸根}$——高效液相色谱测定的水解液中醋酸浓度，mg/mL；

ODW——样品的绝干质量，g。

六、蛋白质含量测定

生物质样品中可能含有蛋白质和其他含氮物质，但是生物质中的蛋白质难以直接测定。在大多数情况下，生物质样品中的氮含量通过凯氏定氮法或杜马斯燃烧定氮法测定，蛋白质的含量可由适当的氮因子（NF 值）估算。某些研究中建议对小麦谷粒使用 5.70 的 NF 值，其他类型的生物质使用 6.25 的 NF 值。

（一）适用范围

该方法适用于大多数类型的生物质，包括去除抽提物的样品（使用《抽提物含量测定》方法制备的样品）、未经抽提的样品（原料）和预处理的样品等。某些类型的生物质原料含有很少或不含蛋白质，如去除树皮的木片等。这些样品的蛋白质测定并不是必需的。本方法适用于含氮量为 0.2%～20%的固体样品。分析结果以生物质样品绝干质量（105℃下烘干）的百分比来表示。

（二）实验仪器及试剂

1. 实验仪器

① 分析天平：感量为 0.1mg。

② 手动定氮装置（如图 2-5-1 所示）或自动凯氏定氮仪。

③ 杜马斯定氮仪。

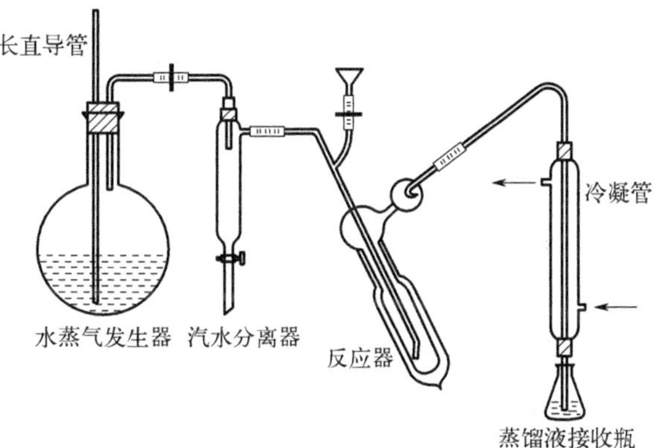

图 2-5-1　手动定氮装置示意图

2. 实验试剂

① 硫酸铜：分析纯。

② 硫酸钾：分析纯。

③ 硫酸标准滴定溶液(0.05mol/L) 或盐酸标准滴定溶液 (0.05mol/L)。

④ 硼酸溶液(20g/L)：称取 20g 硼酸，加水溶解后稀释至 1000mL。

⑤ 甲基红乙醇溶液(1g/L)：称取 0.1g 甲基红，溶于 95%乙醇，用 95%乙醇稀释至 100mL。

⑥ 溴甲酚绿乙醇溶液(1g/L)：称取 0.1g 溴甲酚绿，溶于 95%乙醇，用 95%乙醇稀释至 100mL。

⑦ 亚甲基蓝指示剂。

⑧ 氢氧化钠溶液 (400g/L)：称取 40g 氢氧化钠加水后稀释至 1000mL。

⑨ 混合指示液：1 份甲基红乙醇溶液与 5 份溴甲酚绿乙醇溶液临用时混合。

（三）操作步骤

1. 手动凯氏定氮法

生物质样品中的蛋白质在催化加热条件下被分解，产生的氨气与硫酸结合生成硫酸铵。碱化蒸馏使氨游离，用硼酸吸收后以硫酸或盐酸标准滴定溶液滴定，根据酸的消耗量确定氮含量。

(1) 试样处理　首先将生物质样品粉碎（参考《生物质样品处理方法》），干燥至水分绝干状态（参考《水分含量测定》）。称取充分混匀的固体样品 1～2g，精确至 0.1mg，转移到干燥的 250mL 定氮瓶中，加入 0.2g 硫酸铜、6g 硫酸钾及 20mL 硫酸，轻摇后于瓶口放一小漏斗，将瓶以 45°角斜支于有小孔的石棉网上。加热，待内容物全部炭化，泡沫完全停止后，加大火力，保持瓶内液体微沸，至液体呈蓝绿色并澄清透明后，再继续加热 0.5～1h。取下后小心加入 20mL 水。待装置冷却，将内容物移入 100mL 容量瓶中。用少量水清洗定氮瓶，洗液并入容量瓶中，再加水定容，混匀备用。同时做试剂空白试验。

(2) 测定　按照图 2-5-1 组装手动定氮装置。向水蒸气发生器内装水至 2/3 处，加入数粒玻璃珠，加甲基红乙醇溶液数滴，以及数毫升硫酸，以保持液体呈酸性。加热煮沸水蒸气发生器内的水，并保持沸腾。向接收瓶内加入 10.0mL 硼酸溶液及 1～2 滴混合指示液，并使冷凝管的下端插入液面下，根据样品中氮含量，准确吸收 2～10mL 样品处理液，用小玻璃杯注入反应室，以 10mL 水洗涤小玻璃杯，并使之流入反应室内，随后塞紧棒状玻璃塞。将 10.0mL 氢氧化钠溶液倒入小玻璃杯，提起玻璃塞使其缓缓流入反应室，立即将玻璃塞盖紧，并加水于小玻璃杯以防漏气。蒸馏 10min 后移动蒸馏液接收瓶，液面离开冷凝管下端，再蒸馏 1min。用少量水冲洗冷凝管下端外部，取下蒸馏液接收瓶。以硫酸或盐酸标准滴定溶液滴定至终点，其中混合指示剂颜色由酒红色变成绿色，pH 值为 5.1。同时做试剂空白。

2. 自动凯氏定氮仪法

将生物质样品粉碎（参考《生物质样品处理方法》），干燥至水分绝干状态（参考《水分含量测定》）。称取固体样品 1～2g，精确至 0.1mg。按照仪器说明书要求进行检测。

3. 杜马斯燃烧定氮法

生物质样品在 900～1200℃高温下燃烧产生混合气体。其中的碳、硫等干扰气体和盐类被吸收管吸收，氮氧化物被全部还原成氮气。形成的氮气气流通过热导检测仪进行检测，得到氮含量。

称取 0.1～1g 充分混匀的试样（精确至 0.1mg），用锡纸包裹后置于样品盘上。试样进入燃烧反应炉（900～1200℃）后，在高纯氧（99.99%）中充分燃烧。燃烧产生混合气体，其中的碳、硫等干扰气体和盐类物质被吸收管吸收，氮氧化物被全部还原成氮气。形成的氮气气流通过热导检测仪进行检测。燃烧炉中的氮氧化物被载气（氦气或二氧化碳，99.99%）运送至还原炉（800℃）中，经还原生成氮气后检测其含量。

（四）计算公式

① 基于凯氏定氮法计算蛋白质含量：

$$蛋白质含量=\frac{(V_1-V_2)\times c\times 0.014}{W_s\times TS\times V_3/100}\times 6.25\times 100\%$$

式中 V_1——试样消耗硫酸或盐酸标准滴定液的体积，mL；

V_2——试剂空白消耗硫酸或盐酸标准滴定液的体积，mL；

V_3——吸收消化液的体积，mL；

c——硫酸或盐酸标准滴定溶液浓度，mg/mL；

0.014——1.0mL 硫酸或盐酸标准滴定溶液相当的氮质量，g；

W_s——生物质样品风干后的质量，g；

TS——生物质样品总固体质量，g；

6.25——氮含量换算为蛋白质含量的转换系数。

② 基于杜马斯燃烧定氮法计算蛋白质含量：

$$蛋白质含量=C\times 6.25$$

式中 C——生物质样品中的氮含量，%；

6.25——氮含量换算为蛋白质含量的转换系数。

第三节　现代分析方法在木材组分表征中的应用

木材的性能是由其组分性质决定的，而各种组分的表征离不开各种仪器分析技术。近年来，随着科学技术的不断发展，木材组分的表征技术越来越成熟。液相/气相色谱、核磁共振、红外/拉曼光谱等现代分析技术对深入分析木材特性起着重要的作用。特别是在木材改良、改性、转化及利用等方面已成为研究木材组分的重要手段。本节将介绍一些常见的现代分析方法的原理，并简要概述这些方法在木材组分表征中的应用。

一、高效液相色谱

高效液相色谱法是在经典色谱法的基础上，引用了气相色谱的理论，将流动相改为高压输送（最高输送压力可达 4.9×10^7Pa）的一种新型分析方法。高效液相色谱法主要利用高效液相色谱仪对样品进行分析和检测。高效液相色谱仪由色谱泵、控制器、进样器、色谱柱、检测器和数据处理五大部分组成。其中，色谱柱采用小粒径填料填充，每米塔板数可达几万或几十万，柱效明显高于经典液相色谱。色谱柱后连有高灵敏检测器，可对流出物进行连续检测。采用高效液相色谱仪对化合物进行分析包括以下步骤。首先，流动相携带待分析化合物和其他共存物流过色谱柱，利用不同化合物在固定相上保留时间不同致使出峰时间不同而达到分离的目的。其次，利用不同的化合物的保留时间不同对化合物进行定性分析，采用峰高或者对峰面积进行积分计算实现定量分析。最后，将分离后的各个成分依次通过检测器检测出各化合物的浓度。当分析复杂样品时，需先将环境样品通过保护柱，除去干扰物质后再通过色谱柱，以免损坏色谱柱。此外，高效液相色谱仪在长时间的使用过程中也需做好日常的维护和保养[1-10]。

1. 高效液相色谱的分类

依据溶质（样品）在固定相和流动相分离过程的物理化学原理，高效液相色谱分为吸附色谱、分配色谱、离子色谱及亲和色谱四类[11]。吸附色谱使用固体吸附剂作固定相，固体吸附剂包括极性吸附剂（三氧化二铝、二氧化硅）和非极性吸附剂（石墨化炭黑、苯乙烯-二乙烯基苯共聚物），不同极性的有机溶剂作为流动相。依据样品中各组分在吸附剂上吸附性能的差别来实现分离。分配色谱使用在固相载体上表面化学键合非极性固定液（如在硅胶载体上键合十八烷基-二氧化硅）或在载体表面涂渍极性固定液（如用 β,β'-氧二丙腈涂渍二氧化硅）作固定相，不同极性溶剂作流动相，如用水和极性改性剂组成极性流动相，或用正己烷与极性改性剂组成弱极性流动相，再依据样品中各组分在固定相和流动相间分配性能的差别来实现分离。根据固定相和流动相相对极性的差别，又分为正相分配色谱和反相分配色谱。当固定相的极性大于流动相的极性时，可称为正相分配色谱或简称正相色谱；反之，则称为反相分配色谱或简称反相色谱。离子色谱使用高效微粒离子交换剂作为固定相，苯乙烯-二乙烯基苯共聚物作为阳离子或阴离子交换剂的载体，特定 pH 值缓冲液作为流动相。依据离子型化合物中各离子组分与离子交换剂表面基团可逆性交换能力的差别实现分离。亲和色谱使用葡聚糖、琼脂糖、硅胶、苯乙烯-二乙烯基苯高交联度共聚物、甲基丙烯酸酯共聚物作为基体，偶联不同极性的间隔臂再键合生物特效分子（酶、核苷酸）、染料分子（三嗪活性染料）、定位金属离子等不同特性的配位体作为固定相，以不同 pH 值的缓冲液作为流动相。依据生物分子（氨基酸、肽、蛋白质、核苷酸、核酸、酶等）与基体上键连的配位体之间存在的特异性亲和力差别来实现生物分子分离。

2. 高效液相色谱在木材组分分析中的应用

离子色谱是检测糖类物质的重要手段。离子色谱利用树脂对不同种类的糖在吸附作用上的差异，使混合物中各种糖彼此分离。糖在水溶液中虽不以离子形式存在，但可通过形成离子配合物的方式间接实现糖的分离。因此，具有某种结合型的强酸或弱酸性阳离子树脂，强碱、弱碱性或大孔球形阴离子树脂广泛用于糖的分离。

分配色谱也可用于对木材组分的分析。分配色谱中示差折光检测器存在对温度敏感、灵敏度低、不能用于梯度洗脱等问题。因此，研究人员提出了柱前、柱后衍生化的方法以解决上述问题。将待测样品在柱前或柱后制备成各种衍生物，使其或具荧光性能或对紫外线敏感，从而使色谱分离性质发生改变。如单糖与氨基吡啶反应生成具荧光的衍生物，然后以乙腈柠檬酸缓冲液作流动相在 C_{18} 反相柱上色谱分离，其洗脱液即可用荧光检测，灵敏度较示差折光检测提高 2 倍。异氰酸苯酯与各种单糖反应生成具有紫外吸收性能的衍生物，然后在 C_{18} 反相柱上用乙腈磷酸缓冲液展层，其敏感度也较非衍生物提高 3 倍。因此，柱后衍生化检测法适合于各种单糖的测试，且具有灵敏度高、操作简便、可直接根据峰面积进行定量计算的优点。

柱前衍生化法也可实现对糖的精确分析。比如，使用柱前衍生高效液相色谱可分离检测 8 种中性糖、2 种糖醛酸及 2 种糖胺[12]。首先，筛选出适合衍生物分离的色谱柱 XDB-C_{18}，以 0.1mol/L 磷酸盐缓冲液-乙腈为流动相，考察 pH 值和乙腈体积分数对各种糖衍生物的保留及分离的影响，确定最佳 pH 值为 6.7，最佳乙腈体积分数为 17%。然后，比较不同衍生反应时间和萃取除杂前不同量盐酸中和反应产物醛糖衍生物的峰面积大小变化，得到较优的样品衍生化条件。最后，采用优化的色谱条件和样品制备方法，测定出杜氏盐藻提取纯化的多糖级分由 PD4a 和 PD4b 单糖组成。PD4a 中主要含半乳糖、阿拉伯糖、木糖、葡萄糖和盐藻糖，还有少量糖醛酸；PD4b 含核糖、葡萄糖、半乳糖、阿拉伯糖及木糖，不含糖醛酸。测定结果与高效阴离子交换色谱法的结果基本一致。使用柱前衍生化高效液相色谱还可以测定多糖中单糖的组成[13]。采用的测试条件为：BOS-C_{18}（5μm，250mm×4mm）色谱柱；流动相为溶剂 A［15%（体积分数）乙腈＋50mmol/L 磷酸缓冲液（磷酸二氢钾-氢氧化钠，pH＝6.9）］，溶剂 B［40%（体积分数）乙腈＋50mmol/L 磷酸缓冲液（磷酸二氢钾-氢氧化钠，pH＝6.9）］，流速为 1.0mL/min；梯度模式，时间梯度为 0min-9min-25min，浓度梯度为 0%-10%-55%溶剂 B；检测波长 250nm（带宽 4nm）；参比波长 360nm（带宽 100nm）；进样体积 20μL。使用 1-苯基-3-甲基-5-吡唑啉酮对 6 种还原单糖进行了衍生化处理，实现了良好的分离并具有良好的峰形。进一步对单糖组成的定量测定进行了方法学考察，建立了单糖组成数据分析方法，并用所建立方法对多糖中的单糖组成进行了分析，获得了良好的重复性。衍生化处理法虽可实现糖的高灵敏度，但操作烦琐且不可避免地引入误差。

反相高效液相色谱可用于对木质素及其降解产物的分析。使用反相高效液相色谱可直接测试杨木预水解液中碳水化合物和木质素的降解产物[14]。结果表明，使用对称 C_{18} 色谱柱（4.6mm×250mm，5μm），5%的乙腈/0.02mol/L 磷酸二氢钠（用磷酸调节 pH 值至 2.9）和乙腈/甲醇 1∶1（体积比）混合液作为流动相，可同时检测出杨木预水解液中甲酸、乙酸、乙酰丙酸、5-羟甲基糠醛、糠醛、对羟基苯甲酸、香草醛、丁香醛和愈创木酚 9 种化合物。其加标回收率（在没有被测物质的样品基质中加入定量的标准物质，按样品的处理步骤分析，得到的结果与理论值的比值）分别为 99.16%、103.03%、101.85%、99.01%、102%、98.18%、105.26%、101.7%和 99.01%。该方法具有检测速度快、准确性高的优点。使用反相高效液相色谱还可以定量分析玉米秸秆蒸汽爆破预处理过程中产生的木质素主要降解产物[15]。测试条件：采用安捷伦 XDB-C_{18} 色谱柱，柱温 30℃，乙腈-水（含 1.5%的醋酸）作为流动相梯度洗脱，流速 0.8mL/min，在 254nm 和 280nm 波长下对样品进行紫外检测，可实现 4-羟基苯甲酸、香草酸、紫丁香酸、4-羟基苯甲醛、香草醛和紫丁香醛的有效分离。上述 6 种木质素主要降解产物线性回归方程的相关系数范围为 0.9999～1.0000，加标回收率均在 96%以上，相对标准偏差低于 2.5%（$n=6$），满足定量分析的要求。高效液相色谱还可与质谱联用对产物进行更精确的定性和定量分析。使用高效液相色谱/高分辨质谱联用仪检测木质素氧化降解产物中单酚类物质[16]。使用反相 C_{18} 色谱柱，柱温 30℃，0.1%（体积分数）甲酸溶液-10%（体积分数）甲醇/乙腈溶液为流动相二元梯度洗脱，流速为 0.2mL/min，280nm 波长下进行紫外检测，可实现木质素氧化降解获得的 9 种单酚类化合物的有效分离。进一步结合电喷雾离子源超高分辨质谱正离子模式可对单酚类降解产物进行定性分析；采用高分辨质谱离子流抽提实现定量分析。本方法的线性范围为 5.0～10000μg/L，线性相关系数大于 0.9998，相对标准偏差小于 1.7%，检出限和定量限分别为 0.1～0.3μg/L 和 0.3～0.5μg/L，平均加标回收率为 98.9%～105.1%。结果表明，采用酸性流动相体系下的正离子模式对单酚类产物进行质谱分析具有较好的色谱分离效果和较高的灵敏度。

二、凝胶色谱

凝胶色谱的分离机理比较复杂，目前有体积排阻理论、扩散理论和构象熵变理论等几种解释，其中最有影响力的是体积排阻理论。凝胶色谱的固定相采用表面和内部存在不同孔洞和通道的微球，这种微球可由高交联度的聚苯乙烯、聚丙烯酰胺、葡萄糖和琼脂凝胶以及多孔硅胶、多孔玻璃等材料来制备。当被分析的聚合物随着溶剂进入色谱柱后，由于浓度差作用，溶质分子都向填料内部渗透。在渗透过程中，溶质中的小分子物质除了能进入小孔外还能进入大孔；较大的分子只能进入较大的孔；而比最大的孔还要大的分子只能停留在填料颗粒之间的空隙中。随着溶剂洗提过程的进行，经过多次渗透-扩散平衡，分子量最大的聚合物分子首先从载体的粒间流出，然后流出的是较大的分子，小分子最后被洗提出来，从而达到根据分子体积进行分离的目的，得出分子尺寸大小随保留时间（或保留体积、淋出体积）变化的曲线，即分子量分布色谱图。高分子在溶液中的体积取决于分子量，高分子链的柔顺性、支化，溶剂种类和温度。当高分子链的结构、溶剂和温度确定后，高分子的体积主要依赖于分子量。此外，凝胶渗透色谱的每根色谱柱都是有极限的，即排阻极限和渗透极限。排阻极限是指不能进入凝胶颗粒孔内部的最小分子的分子量，所有大于排阻极限的分子都不能进入颗粒内部，直接从外流出。当样品分子量大于排阻极限时，不但达不到分离的目的还有堵塞凝胶孔的可能。渗透极限是指能够完全进入凝胶颗粒孔内部的最大分子的分子量，如果两种分子都能进入凝胶颗粒孔，即使它们的分子量大小有差别，也不会有好的分离效果。所以，在使用凝胶渗透色谱测定分子量时，必须首先选择与聚合物分子量范围相匹配的色谱柱。

使用凝胶渗透色谱可以对木材中聚合物组分如聚糖类、木质素进行研究。首先要对样品进行分离纯化以及纯度和分子量的测定。过去常用的测定方法有超速离心法、高压电泳法、渗透压法、黏度法和光散射法等。但是，这些方法步骤烦琐且误差较大。20 世纪 70 年代以后，由于耐高压合成凝胶的出现，液相色谱仪开始应用于多聚物的纯度和分子量的测定。所用的液相色谱仪多是高效体积排阻色谱或高效凝胶渗透色谱[17]。它具有速度快、分辨率高和重现性好的优点。使用这些方法，样品分子与固定相表面之间无相互作用，完全是按分子筛原理分离。凝胶渗透色谱测定多糖分子量所用柱填料多为刚性或半刚性的水溶性凝胶，填料表面孔径范围为 2～250nm。当样品分子量小于 1000 时用 60A，当表面孔径为 400nm 时，样品分子量为 7×10^6 也不被排阻。常用的凝胶填料有生物凝胶 P、生物凝胶 A、Porasil、Bondagel、Lonpak、Ohpak、Sephadex 和

TSK。常用水、缓冲液和含水的有机溶剂如二甲亚砜作为流动相。测试样品中如含较多盐类或蛋白质则必须提前除掉。

凝胶过滤色谱与蒸发光散射检测器联用测定商陆多糖重均分子量及分布[17]。测试使用 TSK 柱，水作为流动相，流速 1.0mL/min，氮气压力 2.0×10^5Pa，测得商陆多糖重均分子量约为 768964。采用沃特世化学工作站，色谱柱由 Styragel 柱(HR4 DMF，7.8×300mm 和 HR5 DMF，7.8×300mm)串联组成[18]，检测器为 2414 示差折光检测器并配有 W2707 自动进样器，以二甲基乙酰胺溶液为清洗溶剂，以 0.5%氯化锂/二甲基乙酰胺溶液为流动相，流速为 1.0mL/min，对溶解浆 α-纤维素重均和数均分子量、多分散性系数进行了测定。结果显示测试数据可靠，测量误差在允许范围内，重复性良好。使用 Shodex SB-804 H0 凝胶色谱柱，示差折光检测器，0.7%硫酸钠溶液（含 0.02%叠氮化钠）作为流动相，流速 0.5mL/min，柱温 35℃的高效凝胶色谱测定罗勒多糖分子量和分子量分布[19]。结果表明 6 批样品的重均分子量均分布在 80000～100000，精确度高、重现性良好，试验方法快速、准确，结果可靠，为质量控制提供了基础。使用凝胶渗透色谱对美国 Ketchiken 浆粕公司生产的化纤浆粕及开山屯化纤浆厂生产的浆粕进行了聚合度分布测定[20]。测试前先将硝化的纤维素浆粕用四氢呋喃溶液以 0.5%的浓度在振荡器上振荡溶解 2h，然后经 1G 砂芯滤斗过滤出杂质待测。结果显示开山屯浆平均聚合度为 958，多分散指数 27，Ketchiken 浆平均聚合度为 1090，多分散指数为 18。

凝胶色谱同样可用于木质素分子量的分析。在 Sephadex 凝胶柱（一种交联葡聚糖凝胶）上测定了制浆废液中木质素磺酸盐的分子量分布，并将结果与使用光散射法得到的数据进行比较，两者相差较小，表明凝胶色谱法是一种简便可靠的方法[21]。采用美国沃特世公司 150-C 型凝胶渗透色谱仪和 740 型数据处理机，将 E-500 和 E-125 两根色谱柱串联，采用二甲基酰胺溶剂加 0.1mol/L 硝酸钠作为流动相对造纸废水中木质素的分子量和分子量分布进行了测定[22]。结果显示，木质素的分子量在 3000～30000 的平均百分含量为 42%左右，这对纸浆中木质素的利用是极其重要的。使用配备水溶性凝胶柱和示差折光检测器的沃特世 ALC/GPC24 凝胶色谱仪，以聚乙二醇作为标样，测定了木质素磺酸钙电氧化降解产物的分子量及分子量分布[23]。研究了流动相的种类、离子强度和 pH 值对标样及标样色谱的影响。通过实验确定以 0.05mol/L 的氯化锂溶液作为流动相，在 pH=6.5 时，所建立的测定木质素降解产物分子量分布的方法简便、快速且稳定。利用凝胶渗透色谱法和元素分析法测定了尾叶桉酶解木质素在过氧化氢化学法和化学机械法制浆及漂白过程中分子量的变化[24]。结果表明在制浆和漂白后由于 HOO^- 的特殊作用，浆中剩余木质素的平均分子量有所增加。用水溶性流动相在凝胶色谱柱上测定了木质素磺酸盐和磺化碱木质素的分子量及分布[25]。流动相的离子强度和 pH 值对样品和标样的保留时间和峰面积都有显著的影响。根据色谱峰的位置、峰面积和样品的分离程度，确定以 pH 值为 7.0 的 0.1mol/L 的硝酸钠溶液为流动相最适宜。

三、气相色谱

气相色谱法也称气体色谱法或者气相层析法，是一种以气体为流动相，采用冲洗法的柱色谱分离技术。在气相色谱测试过程中，试样被气化随载气进入色谱柱中运行，不同组分会在两相间反复多次分配。这是由于各组分的吸附和溶解能力不同，导致其在色谱柱中的运行速度不同。经过一定的柱长后，各组分会彼此分离，按顺序离开色谱柱进入检测器，在检测器中各组分产生的离子流信号经过放大后会在记录器上显示出色谱峰。各组分能够实现分离的主要依据是样品中各组分在色谱柱中溶解度或吸附力不同。换言之，就是利用各组分在色谱柱中固相和气相分配系数不同来达到分离的目的[26-31]。

1. 气-固色谱分离过程

气-固色谱利用一种固体吸附剂作为固定相，惰性气体或永久性气体为流动相，以固定的速度流过色谱柱。测试过程中，预分析的气体组分在色谱柱中随载气在气相和固相之间进行吸附和解析，在吸附和解析之间组分被反复多次分配。这是由于固定相对各组分的吸附平衡常数不同，难吸附的组分会快速向前移动，容易吸附的组分则移动较慢。经过一定的柱长后，各组分彼此分离，依次离开色谱柱进入检测器，按照顺序进行测定。

2. 气-液色谱分离过程

气-液色谱是在色谱柱里填充具有惰性的多孔固体物质，在固体表面涂抹一层薄而不易挥发的多沸点化合物作为固定液，固定液会在固体表面形成一层液膜。载气携带样品组分进入色谱柱并向前流动，由于各组分在载气和固定液膜气液两相中分配系数不同，导致样品各组分在固定液中解析能力不同。被解析出的组分伴随着载气在柱中向前移动并再次溶解在固定液中，组分会在固定液中经过反复的溶解和解析过程。最后，各组分因分配系数的差异，在色谱柱中经过反复多次溶解和解析分配后，它们的移动速度就具有了明显的差异。固定液中溶解度小的组分移动速度快，相反，溶解度大的组分移动缓慢。在色谱柱的出口就可将待测试样各组分分离并且实现对各组分的分别测定。

3. 气相色谱分析植物组分

气相色谱可以用来分析植物多糖。它具有样品用量少、分辨率高、灵敏度高等优点。然而，由于糖类物质通常含有—NH、—OH、—SH 等极性基团，这些基团产生的氢键相互作用增强了分子内部的吸引力，使得糖类挥发性差。因此，必须在气相色谱分析前将多糖预先转化成易挥发、热稳定性好的衍生物。目前常用的糖类衍生物有三甲基硅醚衍生物、糖肟三甲基硅醚衍生物、糖腈乙酸酯衍生物等。然而，由于糖的异构化，在制备糖衍生物过程中会产生异构体，给色谱分析带来困难。因此，选择合适的衍生制备方法，使每种糖得到单一的色谱峰尤为重要。目前，一般采用氢火焰离子检测器分离鉴定衍生化糖[32]。以三氟乙酸水解植物多糖，然后衍生化生成糖腈乙酸酯衍生物，使用 OV-101 毛细管柱，在进样温度为 210℃、检测器温度为 240℃的程序下升温，得出多糖由木糖、甘露糖、葡萄糖等 7 种单糖组成的结论[33]。气相色谱和质谱联用技术在复杂糖类物质定性定量分析方面具有独特的优势。在对白术多糖的研究中，对生物质中水溶性多糖进行分析，结果表明其单糖组成为葡萄糖、半乳糖、鼠李糖和甘露糖，水溶性多糖经甲基化、水解、还原、乙酰化后得到甲基化糖醇乙酸酯，再进行气相色谱和质谱联机分析，推测出水溶性多糖中糖基的连接方式及各种连接键的比例[34]。采用糖腈衍生化和糖醇衍生化两种方法可以分析多糖组分，找出线性关系，计算物质的量之比，测定加样回收率、精密度、重复性等参数[35]。在糖醇衍生化中，果糖经过还原可得到山梨醇和甘露醇的混合物，这容易导致色谱峰混乱，不易定性分析。此外，该衍生化过程时间长，操作复杂。糖腈乙酸酯衍生物气相色谱法具有衍生物制备简便、试剂易得等优点，并且每种糖都能得到单一的色谱峰。通过对糖腈衍生化法和糖醇衍生化法的比较表明，糖腈衍生化法是气相色谱中研究食品多糖较为合适的方法。使用 OV-225 毛细管气相色谱柱分离了 11 种单糖的糖腈乙酸酯衍生物，在 0.2～1.68g/L 质量浓度范围内，11 种单糖定量校正曲线的线性关系良好。由于糖类的难挥发性，在进行气相色谱分析前需要对糖进行衍生化处理，操作复杂，容易引起误差。因此，相较于液相色谱，使用气相色谱对糖类进行定量分析更具有局限性。

气相色谱与其他技术联用可以用来研究木质素结构，如裂解-气-质联用[36]。热裂解是指生物质在无氧和高温状态下快速加热裂解为挥发性有机小分子，再经冷却后得到生物油的过程。木质素降解主要包括脱水、解聚、水解、氧化和脱羧基过程，产生具有不饱和侧链的酚羟基低分子物质，保留原本木质素大部分酚环取代位置，可用来识别单体来源。裂解-气相色谱-质谱联用仪被广泛用于 S 型木质素/G 型木质素/H 型木质素的分析。裂解技术的关键在于裂解温度的控制，温度不同，裂解产物及木质素单体得率有很大差异。纤维素裂解温度在很小（315～400℃）的范围内，而木质素的范围很大（100～900℃）[37]。在 260℃时木质素结构中支链上的脂肪族羟基断裂生成水和其他小分子挥发性物质，在 410℃时木质素结构中处于主导地位的醚键发生断裂，产物主要为各种酚类物质[38]。随着温度升高，木质素碎片化的程度增大，二次分解程度增加，生成稳定性更高的小分子物质。在 400℃时 S 型木质素/G 型木质素为 5.28，而 700℃时则降低到 2.28，因为木质素中 S 型木质素单元在低温下容易降解[39]。采用裂解气相色谱和质谱联用仪研究显示，工业碱木质素在不同升温速率下的热解过程主要分为4个阶段，在450℃下的热解产物以木质素大分子的热解构为主[40]。采用衍生化热裂解方式（如四甲基氢氧化铵法）可以提高气质联用仪对热裂解产物的分析能力，可以为推测木质素的结构提供更详细的信息。使用裂解-气相色谱-质谱联用仪与硝基苯氧化两种方法测定木质素单体，所得S型木质素/G型木质素相近。裂解-气相色谱-质谱联用仪的优点是直接采用木粉在高温无氧状态下瞬间裂解为木质素基本单元，无需复杂的降解衍生处理，仅需微量（100μg，常规降解法100mg）样品即可，具有快速、便捷的特点，近年来已被广泛用于木质素单元组成研究，但是对不同材料，裂解条件还需进一步探索[41]。

四、核磁共振波谱

核磁共振（NMR），是指核磁矩不为零的原子核，在外磁场的作用下，核自旋能级发生塞曼分裂共振吸收某一特定频率的射频辐射的物理过程。核磁共振的基本原理是：原子核在恒定的磁场中有自旋运动，自旋的原子核将绕外加磁场做回旋转动，叫进动。进动具有一定的频率，它与所加磁场的强度成正比。在此基础上再加一个固定频率的电磁波，并调节外加磁场的强度，使进动频率与电磁波频率相同，这时原子核进动与电磁波产生共振，叫作核磁共振。核磁共振时，原子核吸收电磁波的能量，记录下的吸收曲线就是核磁共振波谱。由于不同分子中原子核的化学环境不同，将会有不同的共振频率，产生不同的共振谱。记录这种波谱即可判断该原子在分子中所处的位置及相对数目，用以进行分子量的测定，并对有机化合物进行结构分析。核磁共振技术在木质素的结构表征和定量分析中越来越具有核心的地位。核磁共振技术在木质素研究领域的应用发展迅速，用于木质素研究的核磁共振波谱主要包括^{1}H-NMR谱、^{13}C-NMR谱、2D-HSQCNMR谱[42]。^{1}H-NMR谱也称质子核磁共振谱。木质素^{1}H-NMR谱的共振信号较宽、谱图粗钝，可以利用谱图中信号的化学位移定性分析特定的质子来自哪些官能团，但是仍然无法确认来自哪种特定的结构。可以采用乙酰化木质素的氢谱定量木质素的官能团，如每个苯环单元中的酚羟基和醇羟基含量。非乙酰化的木质素样品仅仅被用于样品结构的初步判定。^{13}C-NMR在木质素的结构分析中日趋成熟，目前已经发展为一种强大的木质素结构分析方法，可以用来确定木质素的基本成分、芳基醚键、缩合和非缩合的结构单元、甲氧基单元等信息。自从20世纪80年代以来，^{13}C-NMR在木质素的结构确认和制浆化学中得到了快速的发展。尽管如此，由于^{13}C的天然丰度很低，采集的图谱信噪比并不是特别高，这将影响谱图的定量分析。一般，若要实现木质素的准确归属分析，谱图的采集必须满足两点。首先是大量的扫描次数累计，一般大于20000次。其次是木质素样品的浓度要相当大，一般要在200mg木质素/mL DMSO-d_6，只有这样才能提高木质素核磁图谱的信噪比，得到较为满意的图谱。

1. 非乙酰化木质素的核磁分析

通常定量的^{13}C-NMR可以同时得到木质素定性和定量的信息。但是早期的碳谱均是非定量的模式，并且采集的图谱质量一般很差。自20世纪80年代以来，^{13}C-NMR就被用来辅助解析脱木质素机理和残留木质素的结构。表2-5-3中总结了非乙酰化木质素的详细归属，但是从木质素的结构研究进展来看，由于木质素的研究始于制浆过程，因此阔叶材和针叶材的木质素研究较多。但是禾本科原料木质素结构的复杂性（含有大量的羟基肉桂酸），致使草类原本木质素的结构分析及其定性定量一直为研究热点之一。

表2-5-3 非乙酰化木质素的^{13}C-NMR归属

化学位移/10^{-6}	归属	化学位移/10^{-6}	归属
166.5	对香豆酸C9	130.3	对香豆酸C2/C6
160.0	对香豆酸C4	125.1	对香豆酸C1
144.7	对香豆酸C7	116.0	对香豆酸中C3/C5

续表

化学位移/10^{-6}	归属	化学位移/10^{-6}	归属
115.0	对香豆酸中 C8	118.4	G 单元 C6
152.5	C3/C5，醚化 S 单元	115.1	G 单元 C5
149.7	C3，醚化 G 单元	114.7	G 单元 C5
148.4	C3，G 单元	111.1	G 单元 C2
148.0	C3，G 单元	110.4	G 单元 C2
146.8	C4，醚化 G	106.8	C2/C6，含 α-CO 的 S
145.8	C4，非醚化 G	104.3	C2/C6，S 单元
145.0	C4，醚化 5-5	86.6	G 型 β-5 单元 C_α
143.3	C4，非醚化 5-5	84.6	G 型 β-O-4 单位 C_β
138.2	C4，S 醚化	83.8	G 型 β-O-4 单位 C_β
134.6	C1，S 醚化；C1，G 醚化	72.4	β-β；C_γ，β-芳基醚 C_γ
133.4	C1，S 非醚化；C1，G 非醚化	71.8	G 型 β-O-4 单位 C_α
132.4	C5，醚化 5-5	71.2	G 型 β-O-4 单位 C_α
131.1	C1，非醚化 5-5	63.2	G 型 β-O-4 单位与 C_α ═OC_γ
129.3	C_β 在 Ar—CH ═CH—CHO	62.8	G 型 β-5、β-1 单元 C_γ
128.0	C_α 和 C_β 在 Ar—CH ═CH—CH_2OH	60.2	G 型 β-O-4 单元 C_γ
128.1	C2、C6 在 H 单元	55.6	Ar—OCH_3 的 C
125.9	C5/C5′在非醚化 5-5	53.9	β-β 单元 C_β
122.6	C1 和 C6 在 Ar—C(═O)C—C	53.4	β-5 单元 C_β
125.9	C5，非醚化 5-5	36.8	CH_3 基团，酮或脂肪族
123.0	C6，阿魏酸酯	29.2	脂肪族侧链上的 CH_2
122.6	Ar—C(C═O)C—C 单元 C1 和 C6	26.7	饱和侧链中的 CH_3 或 CH_2 基团
119.4	G 单元 C6	14.0	n-丙基侧链上 γ-CH_3

定量碳谱的采集，需要满足以下的条件：①样品中应该含有很少量的碳水化合物干扰；②样品的浓度尽量达到 280mg/mL 氘代二甲基亚砜；③需要在溶解的木质素样品中加入弛豫试剂，以减少弛豫时间；④需要在核磁操作时选择反转门控去耦法程序，在核磁的标准库中叫作“C13IG”。满足上述的要求，采集的图谱就可以用作木质素核磁的定量分析。

一般地，定量的碳谱可用于木质素特定官能团的定量。最多的一种定量方式是将木质素的苯环和甲氧基作为内标，以此来定量地积分其他官能团的相对数量。但是这种定量方式只适合于结构变化较小的木质素样品（如原本木质素的结构分析和生物质精炼中的木质素样品，可以定量地比较预处理过程中的木质素的官能团、连接键形式的变化规律和潜在的断裂机理）。但是对于严重降解和缩合的木质素，由于积分区域发生了较大的改变，此方法不太适合。

2. 乙酰化木质素样品的碳谱分析

乙酰化的木质素可以被用来分析归属不同的木质素信号并实现特定官能团的定量。在木质素结构分析方面，乙酰化的样品可能由于酰化而导致原本结构信息的解读失真。因此，建议采用非乙酰化的木质素样品进行研究。但是，乙酰化木质素的核磁碳谱可以用来定量木质素中的各类羟基，如伯醇羟基、仲醇羟基和酚式羟基。

二维异核单量子碳氢相关谱（2D-HSQC）已经成为木质素结构分析方面一种重要的方式。2D-HSQC 能将氢谱和碳谱中重叠的信号峰很好地区分开来，从而能提供更多重要的结构信息。木质素样品的 2D-HSQC 谱图可分为三个区域，分别为脂肪族区、侧链区和芳香环区。脂肪族区的相关信号主要来自侧链的 CH_2 和 CH_3 以及木质素的乙酰基的信号，不能提供更多的关于木质素成分和结构的信息，因此一般很少对其进行分析讨论。在木质素 2D-HSQC 谱图的侧链区（也叫连接键区域），木质素侧链连接键类型（例如 β-O-4、β-β、β-5、β-1 等连接键）、甲氧基及与木质素相连碳水化合物连接键（如苄基醚键，BE）的相关信号能够很好地区分清楚。在二维图谱的侧链区域，不同连接键的相对比例可以根据各连接键 α 位相关信号的积分强度进行计算；而在芳香环区，木质素基本化学组成单元及一些末端基（如对羟基肉桂醇末端基和肉桂醛末端基）以及一些连接键的相关信号能够很好地区分开。

3. 木质素的核磁定量方法

在木质素的结构分析中，木质素结构归属和确认是很重要的内容，但是对于特定官能团的定量更为重要，尤其是在预处理机理的研究中。例如，木质素中各种连接键的相对比例，甲氧基的相对比例，S/G 比例（通过 $0.5S_{2,6}/G_2$ 积分计算即可）等。目前主要有相对定量、芳环定量、基于^{13}C 和 2D-HSQC 的组合定量以及基于核磁共振和甲氧基测定的组合定量四种核磁定量方式来计算不同的连接键比例。

相对定量的方式是 2D-HSQC 的一种最为常见的定量方式（归一化法）。大部分木质素的二维定量分析采用的是这种方式，即可以通过每种单元的信号强度相对地计算每种连接单元在总的连接键中的相对比例。需要注意的是，这种定量方式不能用来比较不同的木质素样品中连接键含量的多寡，只能计算某一个木质素样品中的各种连接键的相对含量。

$$I_X=\frac{I_X}{I_A+I_B+I_C+I_D}\times 100\%$$

其中，I_A、I_B、I_C、I_D分别代表 β-O-4、β-β、β-5、β-1 在 α 位置的二维核磁信号。

芳环定量方式(内标物为芳环物质)。这种定量方式是认为木质素的芳环相对不变而提出的一种定量方法，这种定量方式在研究预处理中木质素的变化时具有较大的意义，可以根据木质素中各种连接键含量的变化推测木质素的结构转化机理。通常情况下，采用木质素的 G_2 和 $0.5S_{2,6}+G_2$ 作为针叶材和阔叶材的内标。而禾本科植物的木质素中，将内标定为 $0.5S_{2,6}+G_2+0.5H_{2,6}$。

$$I_{C9}\text{单元}=0.5I_{G_2}\text{（针叶材木质素）}$$

$$I_{C9}\text{单元}=0.5I_{SG_{2,6}}+I_{G_2}\text{（阔叶材木质素）}$$

$$I_{C9}\text{单元}=0.5I_{SG_{2,6}}+I_{G_2}+0.5I_{H_{2,6}}\text{（草类木质素）}$$

$$I_X=\frac{I_X}{I_{C9}}\times 100\%$$

将定量^{13}C 核磁共振技术和 2D-HSQC 核磁共振技术相结合，利用该方法对木质素的结构进行定量表征。其关键是找到各木质素类似结构间的一个合适的内标信号。这一内标能将 2D-HSQC 谱图上获得的相对积分值转化为绝对值。该方法最大的优点是能够防止碳水化合物对木质素信号的干扰。利用该方法能够很好地对三醋酸纤维素、MWL 和 LCC 样品进行定量表征。

基于核磁共振和甲氧基测定的组合定量方式的核心是先采用化学法对甲氧基进行测定，结果表示为毫摩尔甲氧基/克木材。详细的计算方法如下。首先，木质素中 β-O-4、β-β、β-5 的含量通过^{13}C-NMR 进行测定（表示为 X/芳环）。然后每种结构单元的 α 位置信号除以甲氧基的信号积分，这个值再乘以前面化学方法测定的数值。这个方法的本质是采用化学法进行数值校正。

对木质素进行结构表征时，除了对其连接键和基本结构单元进行定量的研究外，木质素中所含官能团的定量也是一个重要的研究内容。利用磷化试剂对木质素中羟基进行衍生化处理，接着利用定量磷谱（^{31}P）对衍生化后的木质素样品进行定量表征（图 2-5-2）。

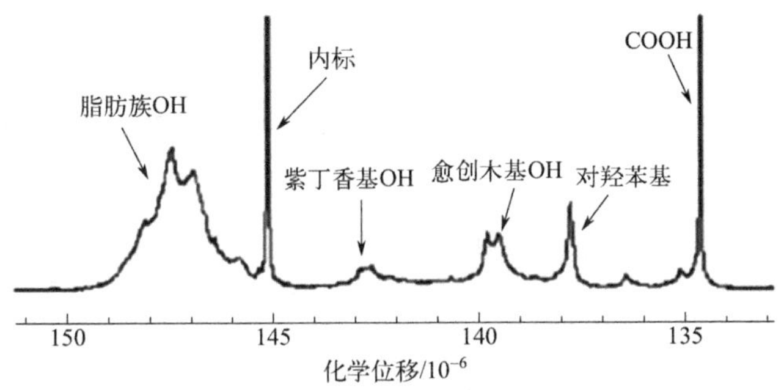

图 2-5-2 柳枝稷磨木木质素的磷谱

4. 全溶体系中木质素结构的解析

木质纤维素全溶体系指在一定条件下能够溶解细胞壁组分的单一或者复合溶剂体系。该体系一般具备对细胞壁组分间氢键的破坏能力，从而导致其溶解。木质纤维素全溶体系按照溶剂组成来讲可以分为有机溶剂全溶体系和离子液体全溶体系两大类。其中有机溶剂包括传统的纤维素溶剂体系，而离子液体则是一种比较新的溶解体系。木质纤维素全溶体系的日益兴起，使得在对木质纤维素进行结构鉴定时又出现了新的方法。目前，从前处理手段上来分，可以分为全溶体系下乙酰化处理的和非乙酰化处理的细胞壁全溶鉴定。

长久以来，由于木质素分离和纯化的复杂性，人们迫切地希望寻找到一种能够原位分析（不用分离即可分析木质素）细胞壁中木质素的方法。2003 年，美国威斯康星大学麦迪逊分校的研究人员发现，木质纤维原料可以溶解于 DMSO（二甲基亚砜）＋NMI（*N*-甲基咪唑）的混合体系中，并在这种均相体系中进行了乙酰化，实现了木质素的原位检测。这项研究工作是一项开创性的工作，使木质素的原位检测成了可能。在这些图谱中虽含有大量的碳水化合物的峰，影响了木质素某些连接键的观察，但总体来讲，并不妨碍木质素最主要的特征 S/G 比例的鉴定。此外，纤维素的信号也在图谱中清晰地呈现出来。因此，该方法可以用于原料中 S/G 含量的快速测定。但是该方法作为真正的核磁原位分析方法，还需要付出大量的努力。采用这个体系可以证明褐腐菌的降解是非选择性的，能够降解木质素之间的连接键形式。木材经过褐腐菌处理后，其中的芳醚键大量断裂，其他的连接键变化不大。

理想情况下，若球磨处理后的植物细胞壁能够在某种氘代试剂中溶解，即能实现对细胞壁组分的原位结构解析。然而，由于细胞壁的结构和组成成分复杂，将其全溶于单一溶剂中是极其困难的，必须采用特殊处理方法或选择适合的混合溶剂体系。此外，该氘代试剂还需满足核磁共振检测的技术要求。因此，只有通过核磁共振技术、溶剂体系选择以及样品处理技术等方面的综合创新和优化，才能促进对植物细胞壁复杂组成的精确解析，开拓细胞壁成分原位鉴定与功能研究的新方向。

五、红外光谱

电磁波的能量随波长的缩短（或频率的增大）而增大。当用不同波长的电磁波照射物质时，将会引起物质分子内部不同运动形式的改变，同时电磁波的能量被吸收，通过记录和分析被吸收电磁波的情况（如波长和被吸收的程度），即通过比较分析吸收前后“光谱”的变化，可以得到物质分子内部信息，这是分子吸收光谱学的基础。与分子吸收光谱有关的分子内部运动形式有 3 种，即改变键合状态的电子运动、改变键长或键角的原子或基团的振动以及分子或基团的转动。在某一运动形式下，物质分子以不同的能量状态存在，称为能级。处于低能级的分子吸收电磁波的能量后到达高能级，这一过程称为跃迁。吸收的电子波能量与跃迁前后能级差相匹配。电子能级差相当于紫外或可见光能量，振动能级差相当于红外线能量，而转动能级差则在远红外或微波范围。当用红外线照射物质时，物质分子吸收红外线后不但引起振动能级的变化，而且伴随一系列分子转动能级的跃迁，因此，所测得的吸收光谱——红外光谱，实际上是由连续谱带组成的振动-转动光谱[43]。

红外线的波长范围是 0.75～500μm，通常根据应用的不同分为三个区域：波长范围 0.75～2.5μm 的近红外区，波长 2.5～25μm 的中红外区和波长范围 25～500μm 的远红外区。光谱学中应用最广的是中红外区，“红外光谱”也常指中红外区的分子吸收光谱。在红外光谱学中，常用波数（单位 cm^{-1}，即以 cm 为单位的波长的倒数，表示电磁波在 1cm 距离内振动的次数）来描述红外线的频率特性。中红外区的波数范围是 400～4000cm^{-1}。

理论上红外光谱适用于任何气态、液态和固态样品的定性和定量分析。然而，红外光谱定量分析的灵敏度和准确度较差。当用于定性分析时，红外光谱具有高度的特征性——除光学异构体外，每一种化合物都有自己特有的红外光谱，因此红外光谱更多用于化合物鉴定和分子结构分析。对于组成和结构复杂的木材等植物原料而言，木材的红外光谱比小分子有机化合物甚至合成高分子的化合物更加复杂。高质量谱图采集、谱图解析等方面目前仍存在一定难度。尽管如此，近年来随着傅里叶变换红外光谱的发展及高性能红外光谱仪的投入使用，红外光谱在木材等植物原料研究中发挥了越来越大的作用，已成为不可或缺的研究手段。

木材主要由纤维素、半纤维素和木质素三种天然有机高分子物质组成，此外含有烃类、羧酸、酯类、多酚类等少量而种类繁多的抽提物，其化学组成和结构极为复杂。图 2-5-3 为澳大利亚产桉木及其主要组分的红外光谱图，图 2-5-4 为澳大利亚产辐射松的红外光谱图。可见，木材及其 3 种主要组分的红外光谱图极为复杂，多数吸收峰存在着严重的重叠[44]。

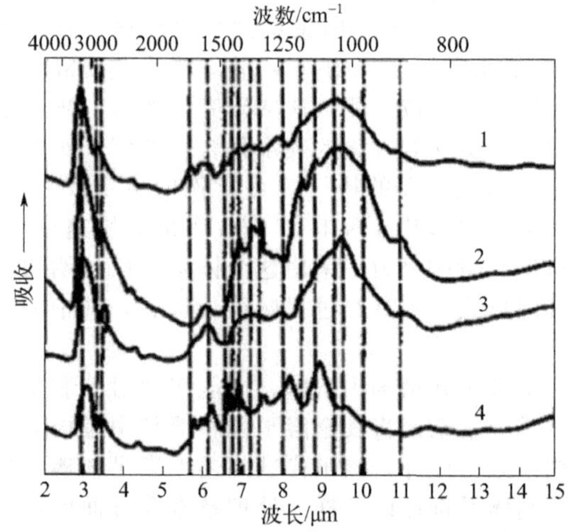

图 2-5-3 桉木及其主要组分的红外光谱图
1—桉木；2—纤维素；3—半纤维素；4—木质素

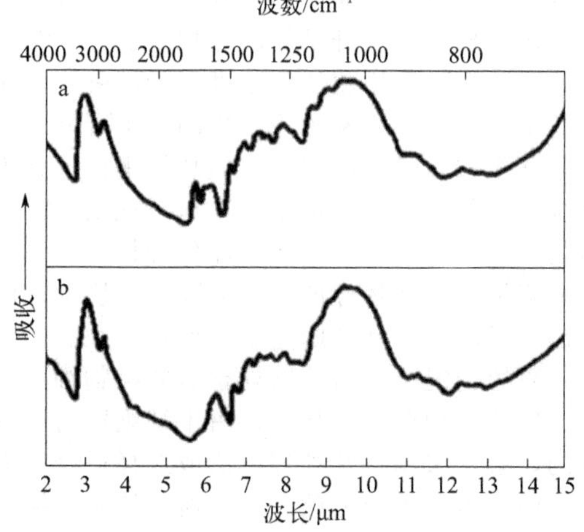

图 2-5-4 辐射松木材的红外光谱图
a—原木材；b—除去半纤维素后的木材

木材红外光谱比低分子有机化合物更难解析，通常将木材分离成单一组分进行红外光谱分析，然后再进行综合比对以推断吸收峰归属。纤维素结构比较简单，容易获得高纯度样品和高质量的红外光谱图。一般认为纤维素的特征吸收峰为 2900cm^{-1}、1425cm^{-1}、1370cm^{-1} 和 895cm^{-1}。根据这几个特征峰，可以计算纤维素结晶度。半纤维素的红外光谱因单糖和其他侧基的不同而异，但 1730cm^{-1} 附近的乙酰基和羧基上 C═O 伸缩振动吸收峰是半纤维素区别于其他组分的特征。木质素的红外光谱最为复杂，但同时也是研究最多的木材组分。几种典型的磨木木质素（MWL）吸收峰归属如表 2-5-4 所示。

表 2-5-4 几种典型的磨木木质素吸收峰归属

波数范围/cm^{-1}	吸收带归属	云杉 MWL		山毛榉 MWL		竹材 MWL	
		吸收波数/cm^{-1}	吸光度/%	吸收波数/cm^{-1}	吸光度/%	吸收波数/cm^{-1}	吸光度/%
3460～3412	O—H 伸缩振动	3412	(58)	3460	(49)	3428	(45)
3000～2842	C—H 伸缩振动(CH_3,CH_2)	3000 2937 2879 2840	(5) (24) (15) (12)	3000 2940 2880 2840	(7) (22) (12) (12)	3003 2942 2879 2840	(6) (22) (11) (11)
1738～1709	C═O 伸缩振动,非共轭酮、羰基化合物和酯基的特征(往往是多糖的吸收);共轭醛或羧酸的吸收在 1700cm^{-1} 以下	1722	(11)	1735	(18)	1709	(45)
1675～1655	C═O 伸缩振动,对位取代共轭芳酮的特征;强电负性取代基使波数降低	1663	(29)	1658	(23)		
1605～1593	C═O 伸缩振动和芳香族骨架振动;S>G;缩合 G>醚化 G	1596	(46)	1593	(54)	1601	(75)
1515～1505	芳香族骨架振动,G>S	1510	(95)	1505	(60)	1511	(77)
1470～1460	C—H 弯曲振动;CH_2、CH_3 不对称弯曲振动	1464	(60)	1462	(63)	1462	(68)
1430～1422	芳香族骨架振动与 C—H 面内弯曲振动	1423	(53)	1422	(53)	1423	(56)
1370～1365	C—H 弯曲振动,CH_3 而非 CH_3OH;酚羟基	1367	(33)	1367	(27)		
1330～1325	S 环和 5-取代 G 环	1326	(38)	1329	(48)	1329	(57)
1270～1266	G 环与酰氧键 O═C—O 伸缩振动	1269	(100)	1266	(48)	1267	(80)
1230～1221	C—C 与 C—O 伸缩振动;缩合 G>醚化 G	1221	(70)	1227	(67)	1229	(81)
1166	HGS 木质素特征,共轭伸缩酯基						
1140	C—H 芳香族面内弯曲,G 环的特征;缩合 G>醚化 G	1140	(78)				
1128～1125	C—H 芳香族面内弯曲,S 环的特征;与仲醇 C—O 伸缩振动重合			1126	(100)	1127	(100)
1086	C—O 伸缩,仲醇及脂肪族醚	1086	(45)				
1035～1030	C—H 芳香族面内弯曲,G>S;伯醇 C—O 伸缩;烷氧键伸缩	1032	(76)	1033	(54)	1032	(58)
990～966	C—H 面外弯曲振动,反式—HC═CH—						

续表

波数范围/ cm^{-1}	吸收带归属	云杉 MWL		山毛榉 MWL		竹材 MWL	
		吸收波数/ cm^{-1}	吸光度/%	吸收波数/ cm^{-1}	吸光度/%	吸收波数/ cm^{-1}	吸光度/%
925～915	C—H 面外弯曲振动，芳香族	919	(5)	925	(20)		
858～853	C—H 面外弯曲振动，G 环上 2、5、6 位	858	(11)				
835～834	C—H 面外弯曲振动，S 环上 2、6 位			835	(10)	834	(26)
832～817	C—H 面外弯曲振动，G 环上 2、5、6 位			817	(08)		

六、拉曼光谱

拉曼光谱反映分子振动的能量信息。当一束单色光照射到样品上时，部分光被分子透射或吸收，而另一部分则会被散射。光散射是一个二光子过程：分子首先吸收一个光子，再发射一个光子。分子吸收可见光能量后，凭借该能量可将其电子激发至较高能态。随后，一部分电子返回初始基态，而原子核的运动则不受任何影响。电子返回基态时向外发射与可见光频率相同的光子，实现瑞利散射，即弹性散射。在弹性散射中，光子与分子之间不发生能量交换，散射光与入射光频率相同而方向不同，强度约为入射光的 10^{-3}。另一部分电子与原子核的运动产生相互作用，导致该过程发生了能量转化，使散射的光子能量和入射光之间产生差异，发生拉曼效应，也称为非弹性散射。该过程中光子的一部分能量转移给分子，成为分子的振动或转动能量，另一部分从分子的转动或振动中获得能量。拉曼散射光的强度约为入射光的 10^{-7}。其中，散射光的频率减小被称为斯托克斯拉曼散射，频率增加则称为反斯托克斯拉曼散射[45]。

1. 木材细胞壁的拉曼光谱成像研究

显微拉曼光谱成像技术能观察到不同组织类型（如表皮组织、树皮和髓心）中主要组分的整体分布情况。近年来拉曼成像技术已开始逐步应用于木材组织细胞壁的研究。一般可采用 785nm、633nm 和 532nm 激发波长的高空间分辨率可见激光拉曼光谱仪。显微拉曼光谱成像技术用于植物学领域研究的一个主要优势在于，不仅可以得到直观的成像结果，还可以获取任意区域的平均光谱，对选定区域进行更为深入的光谱分析。而其他染色法或快速成像法的分析只能依赖于成像结果。另外，拉曼光谱成像技术以其较高的空间分辨率揭示了分子化学结构及取向的细微变化。这些细微的变化在光学显微图像中是无法观察到的。

采用 HR800 型共聚焦显微拉曼光谱仪，以 633nm 为激发波长，在 100 倍物镜下对云杉原位纤维细胞壁中纤维素及木质素分布进行了研究。木质素拉曼光谱中信号最强的两个特征峰出现在 $1600cm^{-1}$ 和 $1650cm^{-1}$ 处。$1600cm^{-1}$ 处归属于苯环的对称伸缩振动，$1650cm^{-1}$ 处信号峰来自松柏醇/紫丁香醇和松柏醛/紫丁香醛结构单元。因此，选择对 1519～$1712cm^{-1}$ 区域进行积分以获得木质素分布的拉曼成像，如图 2-5-5(a)所示。由图可知，云杉纤维细胞壁中木质素分布具有不均一性，其中细胞角隅 CC 的拉曼信号最强，表明该区域木质素浓度最高。为了进一步比较各形态学区域的木质素浓度，抽取了不同形态学区域的拉曼光谱，如图 2-5-5(b)所示。图中，除细胞腔外，其他区域的光谱图都包括木质素的两个特征峰 $1600cm^{-1}$ 和 $1650cm^{-1}$。对比木质素的特征峰强度，可得到木质素浓度的分布规律：细胞角隅＞复合胞间层＞次生壁。该分布规律与早期的研究结果类似。

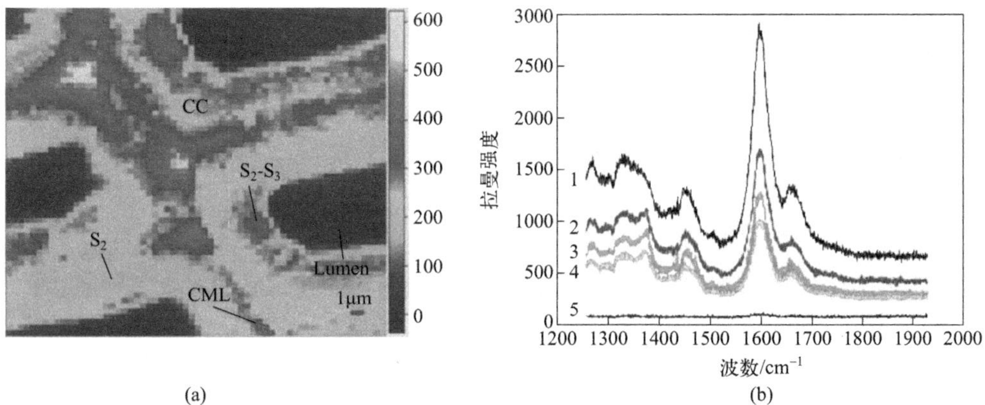

图 2-5-5　云杉纤维细胞壁中木质素分布的显微拉曼成像（a）和
云杉纤维细胞壁中不同形态学区域木质素的拉曼光谱图（b）
（a:CC—细胞角隅;CML—复合胞间层;S_2—次生壁 S_2 层;S_2-S_3—次生壁 S_2 及 S_3 层;Lumen—细胞腔）
（b:1—CC;2—CML;3—S_2;4—S_2-S_3;5—细胞腔 Lumen）

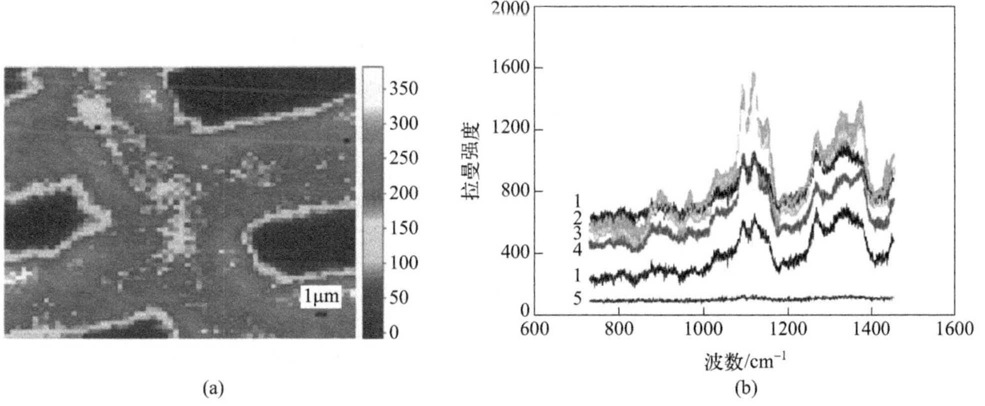

图 2-5-6　云杉纤维细胞壁中纤维素分布的显微拉曼成像（a）和
（b）云杉纤维细胞壁中不同形态学区域纤维素的拉曼光谱图
（1—CC；2—CML；3—S_2；4—S_2-S_3；5—细胞腔 Lumen）

图 2-5-6 为纤维素的拉曼成像图（积分区域 978～1178cm^{-1}）。与次生壁 S_2 层中木质素的分布相比，纤维素的分布相对均一。在次生壁中，纤维素浓度较高，微细纤维的取向近乎平行于纤维细胞轴方向。图中复合胞间层 CML 的纤维素浓度较低，细胞角隅 CC 的纤维素浓度最低。综上，细胞角隅 CC 木质素浓度最高而纤维素浓度最低，次生壁区域的纤维素浓度较高。

黑杨是一种重要的商业用阔叶材。图 2-5-7 为黑杨晚材纤维细胞壁和射线薄壁细胞中主要组分分布的拉曼成像图。其中，图 2-5-7（a）是木质素苯环上双键振动的特征峰 1600cm^{-1}（1550～1640cm^{-1}）处积分得到的拉曼图像。由图可知，细胞角隅 CC 和复合胞间层 CML 拉曼信号强度明显大于次生壁 S_2 层，表明二者木质素浓度高于次生壁 S_2 层。2780～3060cm^{-1} 区域归属于木质素和纤维素的 C—H 键伸缩振动，但其中木质素的贡献较少，利用该区域获得成像图 2-5-7（b），可用于探究纤维素的分布规律。图中纤维细胞次生壁 S_2 层的拉曼信号强度较大，而射线薄壁细胞的 S_2 层、细胞角隅 CC 以及纤维细胞内部拉曼信号强度较弱，且在射线薄壁细胞腔内发现球状颗粒物质。由于纤维素 1096cm^{-1} 处的特征峰对纤维素的分子方向极为敏感，因此选择 1090～1105cm^{-1} 区域积分得到图 2-5-7（c）可用于研究纤维素微纤丝方向。图中纤维细胞次生壁的拉曼信号较强，表明对应区域纤维素微纤丝与偏振光方向相同。表 2-5-5 为黑杨细胞壁中木质素与多糖的拉曼位移谱峰归属。

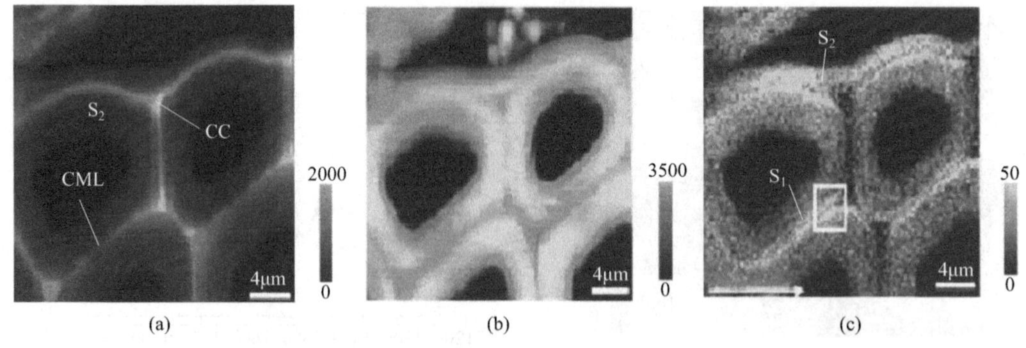

图 2-5-7　黑杨纤维细胞壁与射线薄壁细胞木质素与纤维素的显微拉曼成像

（a）木质素特征峰拉曼成像（1550～1640cm^{-1}）；（b）纤维素特征峰拉曼成像（2780～3060cm^{-1}）；
（c）对偏振光敏感的纤维素特征峰拉曼成像（1090～1105cm^{-1}），入射光偏振方向为水平方向

表 2-5-5　黑杨细胞壁中木质素和多糖的拉曼位移谱峰归属

拉曼位移/cm^{-1}	组分归属	特征峰归属
1096	C,H	C—C 和 C—O 伸缩振动
1123	C,H	C—C 和 C—O 伸缩振动
1150	C,H	C—C 和 C—O 伸缩振动,H—C—C 和 H—C—O 弯曲振动
1274	L	芳基—OH 和芳基甲氧基中的 O 振动,愈创木基中的双键单元振动
1333	L,C,H	H—C—C 和 H—C—O 弯曲振动
1376	C,H	H—C—C、H—C—O 和 H—O—C 弯曲振动
1462	L,C,H	H—C—H 和 H—O—C 弯曲振动
1601	L	苯环伸缩振动
1660	L	松柏醇和松柏醛中与苯环共轭的 C═C 伸缩振动
2898	C,H	C—H 和 CH_2 伸缩振动
2945	L,C,H	甲氧基中的 C—H 伸缩振动

注：C-纤维素；H-半纤维素；L-木质素。

图 2-5-8 为黑杨纤维细胞 S_2 层、细胞角隅 CC、复合胞间层 CML 和射线薄壁细胞 S_2 层的平均拉曼光谱图。由于黑杨纤维细胞复合胞间层 CML 和细胞角隅 CC 中的 1600cm^{-1} 拉曼信号强度较强，木质素浓度较高，因此复合胞间层 CML 和细胞角隅 CC 的拉曼光谱具有很强的荧光背景。2840～2945cm^{-1} 是 C—H 伸缩振动区域，在细胞角隅 CC 中，信号峰 2945cm^{-1} 主要归属于木质素甲氧基中的 C—H 伸缩振动，而在次生壁 S_2 层中，信号峰 2945cm^{-1} 主要归属于纤维素中 C—H 及 C—H_2 的伸缩振动。信号峰 1122cm^{-1} 和 1096cm^{-1} 归属于纤维素中 C—O—C 的对称和非对称伸缩振动，且它们在复合胞间层 CML 和次生壁 S_2 层中的拉曼信号强于细胞角隅 CC。1143cm^{-1} 处的信号峰在富含木质素的细胞角隅 CC 中拉曼信号最强，因此推测可能是木质素的特征峰。与纤维细胞次生壁 S_2 层相比，在射线薄壁细胞的 S_2 层中，信号峰 2896cm^{-1} 的拉曼信号强度较低，而信号峰 1096cm^{-1} 的拉曼信号强度较强，并在 994cm^{-1} 和 1423cm^{-1} 处出现拉曼信号。这些信号峰强度的变化主要与纤维素分子取向有关：与纤维素分子链垂直取向的 C—H 键的拉曼信号变弱，而与纤维素分子链平行取向的 C—O—C 键的拉曼信号变强。这两个化学键的拉曼信号对纤维素分子取向极为敏感，同时，994cm^{-1} 和 1423cm^{-1} 处的信号峰也表现出相似的特征。

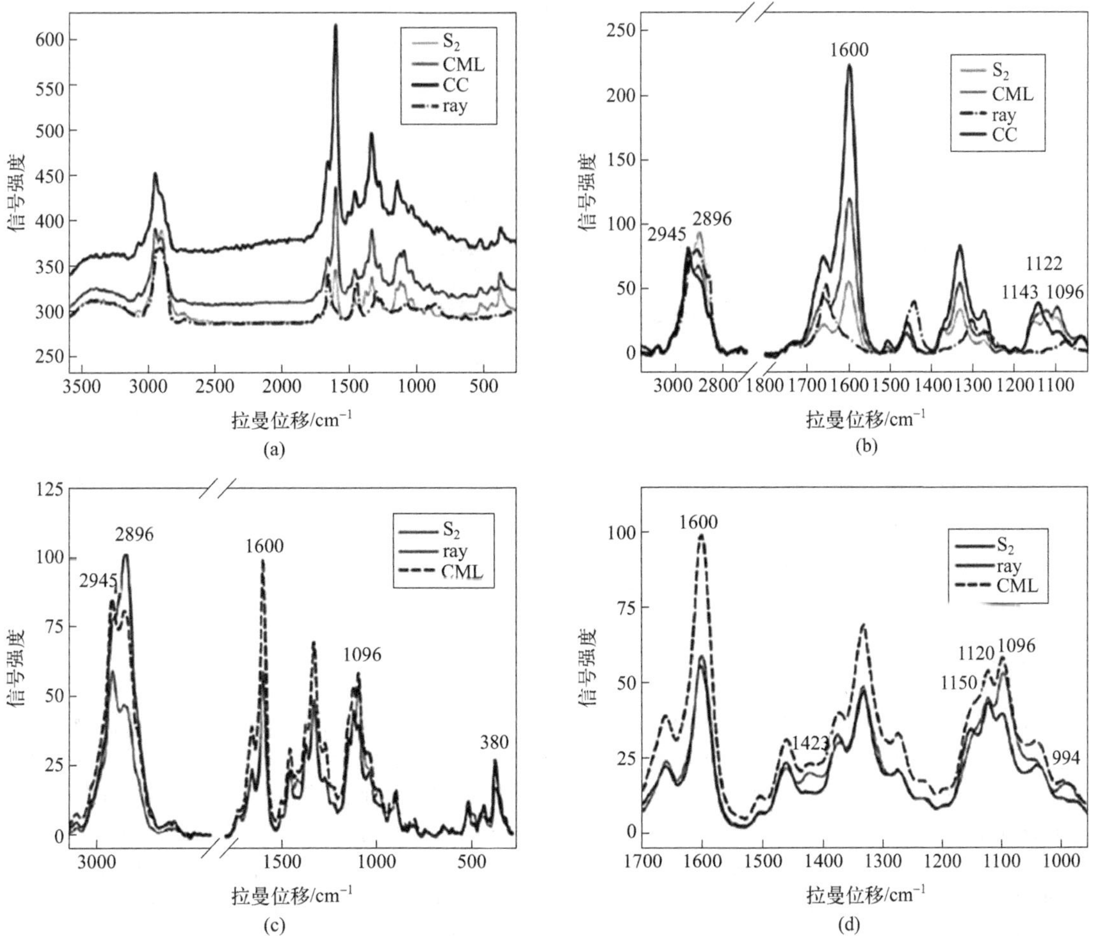

图 2-5-8　黑杨纤维细胞 S_2 层(S_2)、细胞角隅(CC)、复合胞间层(CML)和射线薄壁细胞 S_2 层(ray)的平均拉曼光谱

(a) 晚材细胞壁次生壁 S_2 层、细胞角隅 CC、复合胞间层 CML 和射线薄壁细胞 S_2 层平均拉曼光谱；(b) 主要谱带的局部放大；(c) 纤维细胞 S_1 层、S_2 层，薄壁细胞 S_2 层平均拉曼光谱；(d) 950～1700cm^{-1} 区域局部放大

2. 多元统计分析方法在木材拉曼光谱分析中的应用

近年来，多元统计分析方法已经成为拉曼光谱分析的重要工具之一，它能够揭示某些隐藏于光谱数据中复杂物理化学现象的原理。拉曼光谱的许多重要信息，例如组分之间的相互关系等，总是分散在光谱数据矩阵中。通过主成分分析方法（PCA），可以将这些重要信息提取到一个精简的数据集中，使隐藏信息直观显现。利用聚类分析方法（cluster analysis，CA）能够将独立的变量根据特征相似性分类，通过比对分类结果赋予各类别光谱实际意义。由于相同细胞壁层结构的拉曼光谱具有很大的相似性，因而不同细胞壁层的拉曼光谱有极大概率通过聚类分析方法被自动识别[46]。

以杨木应拉木的细胞壁拉曼光谱成像为例。选取杨木光谱中 11 个特征峰进行 PCA 分析，前三个主成分 PC_1、PC_2 和 PC_3 的累计方差达到 96.95%，表明前 3 个主成分已能表示 95%以上的信息。对这 3 个主成分进行聚类分析。理论上，细胞壁相同分层结构应具有类似的组分沉积，其拉曼光谱也应相似。考虑到杨木应拉木细胞壁至少有 4 层结构，再加上细胞腔内的非目标光谱，选定聚类数为 5 应较合适。因此，对光谱数据进行聚类数为 5 的聚类分析。如图 2-5-9 所示，聚类数为 5 的分析结果符合预期。参照光学显微镜图像，各类基本与细胞壁分层结构一致：第 1 类（C_1）对应细胞腔，第 2 类（C_2）对应凝胶层，第 3 类（C_3）对应细胞角隅，第 4 类（C_4）对应复合胞间层，第 5 类（C_5）对应次生壁。

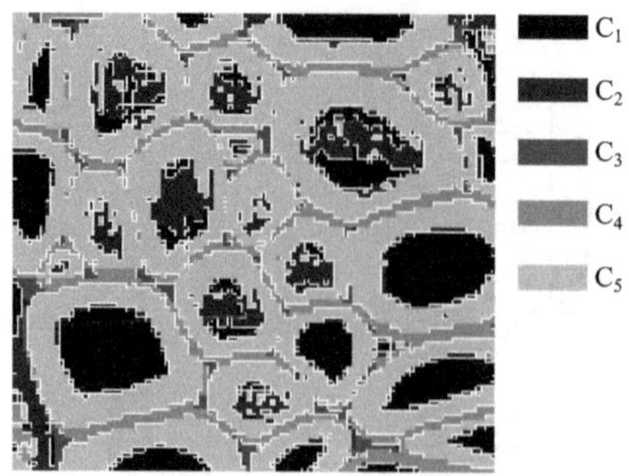

图 2-5-9　杨木应拉木细胞壁拉曼光谱数据的聚类分析结果成像图

多元统计分析方法还可用于研究组分对应特征峰之间的相关性。理论上，相关系数用于描述两个特征峰之间的相关性，其取值在－1 和 1 之间。相关系数的计算结果表明杨木应拉木细胞壁拉曼光谱之间存在相关性，这是由细胞壁主要组分纤维素、半纤维素和木质素拉曼谱峰存在大量重叠导致的。归属于同类物质的特征峰，其相关系数更接近 1。例如，同属于木质素的特征峰 $1275cm^{-1}$、$1603cm^{-1}$ 和 $1656cm^{-1}$，这三个特征峰之间的相关系数均大于 0.75。良好的相关性也能佐证这三个特征峰归属于木质素的正确性。

七、热重分析

热重分析（thermogravimetric analysis，TG 或 TGA）是指在程序控制温度下测量待测样品的质量与温度变化关系的一种热分析技术，用于测定物质的脱水、分解、蒸发、升华等在某一特定温度下所发生的质量（或重量）变化，可以研究材料的热稳定性和组分变化。TGA 在研发和质量控制方面都是比较常用的检测手段。热重分析设备一般测量精度高，具有快速、精确、实用等优点，能够满足石化行业、煤炭、金属、医学、食品、高分子科学、有机化学、无机化学等领域的研究开发、工艺优化与质量监控。热重分析在实际的材料分析中经常与其他分析方法联用，进行综合热分析，全面准确分析材料。热重分析中最引人注目的进展是联用技术和高解析热重分析。热重分析与气相色谱联用（TGA-GC）属于间歇联用技术，该方法能够同步测量样品在热过程中质量热熔和析出气体组成的变化，有利于解析物质的组成和结构以及热分解、热降解和热合成机理方面的研究。高分辨热重分析是传统热重分析技术的发展，其特征是计算机根据样品裂解速率的变化自动调节加热速率，以提高解析度。

热重分析通常可分为两类：动态法和静态法。静态法包括等压质量变化测定和等温质量变化测定。等压质量变化测定是指在程序控制温度下，测量物质在恒定挥发物分压下平衡质量与温度关系的一种方法。等温质量变化测定是指在恒温条件下测量物质质量与压力关系的一种方法。这种方法耗费大量时间，但是准确度高。动态法，即热重分析和微商热重分析，微商热重分析又称导数热重分析（derivative thermogravimetry，DTG），它是 TG 曲线对温度（或时间）的一阶导数。以物质的质量变化速率（dm/dt）对温度 T（或时间 t）作图，即得微商热重分析曲线。

升温速率快慢对热重分析测试结果的影响很大。升温速率越快，温度滞后越大，则开始分解温度 T_i 及终止分解温度 T_f 越高，分解温度区间也越宽。对于高聚物试样，宜采用的升温速率为 5～10℃/min。热重分析测试样品的用量不宜过大，在热天平测试灵敏度之内即可。测试样品的粒度应尽量小，装填的紧密程度应适中。热重分析时，样品所处气氛的不同对测试结果的影响非常明显。常用气氛有空气、氧气、氮气、氦气、氩气、氢气、一氧化碳、氯气和水蒸气等。热重分析曲线表示加热过程中样品失重累积量，为积分型曲线。微商热重分析曲线是热重分析曲线对温度的一阶导数，即质量变化率。微商热重分析曲线上出现的峰与热重分析曲线上两个“台阶”间质量发生变化的部分相对应；峰的面积与样品对应的质量变化成正比；峰顶与失重变化速率最大值相对应。

木材等生物质热裂解是将生物质资源转化为高品位能源和化工产品的核心技术之一。掌握其热解特性和机理，对相关研究具有基础性的指导意义。生物质燃烧时，热裂解也是一个重要的阶段。利用热重分析得到生物质燃烧的失重曲线与微商失重曲线，可获得部分动力学参数及燃料的着火温度，进而为分析生物质燃烧特征提供理论依据和数据支持。热重分析设备是生物质燃烧特征研究的重要保障。作为一种复杂的高聚物，生物质热裂解是非常复杂的物理化学过程。由于构成材料的组分的多样性，在热解过程中可能发生的化学反应也非常复杂。生物质热裂解行为可以认为是纤维素、半纤维素和木质素热裂解行为的综合表现。同时由于各个组分的热裂解途径随温度变化呈现不同规律。半纤维素最不稳定，在225～325℃分解；纤维素分解温度较窄，在300～375℃；木质素结构最复杂，表现出很明显的热稳定性，在250～500℃开始分解，在310～420℃分解最快。抽提物开始分解的温度较低，热解反应区间较宽，在151～600℃，与组成生物质的三大组分在相同的温度范围内热解，且具有较高的焦炭产率。纤维素和半纤维素主要产生挥发性物质，木质素主要产生炭。

1. 纤维素和半纤维素热重分析

纤维素因其容易获得且结构单一，又是木材等生物质组分中最主要的成分，在很大程度上体现了整体生物质的热解规律，因此常被作为代表进行生物质的热裂解行为研究。纤维素的热解过程大致分为4个阶段，如图2-5-10所示。第一阶段（25～150℃），主要为纤维素中水（自由水和结合水）的解吸。第二阶段（150～240℃），纤维素结构中部分葡萄糖基开始脱水，纤维素的热降解会导致纤维强度下降，但纤维素质量损失较少（小于10%）。此外，除了蒸发出水、二氧化碳和一氧化碳外，纤维素还形成羰基和羧基，氧的存在对羰基和羧基的形成以及二氧化碳、一氧化碳和水的挥发有较大的影响。第三阶段（240～400℃），纤维素结构中的糖苷键开环断裂，产生低分子量挥发性物质。第四阶段（400℃以上），纤维素结构的残余部分进行芳环化，并逐步形成石墨结构。在温度超过300℃后，纤维素会产生大量的1,6-β-D-脱水吡喃式葡萄糖，继而变成焦油，其得率为40%左右。此外还有一些少量的分解产物，如酮、有机酸等。在高温条件下热解，纤维素的质量损失较大，当温度达到370℃时，质量损失率高达40%～60%，结晶区遭到严重破坏，聚合度下降。纤维素热分解反应是十分复杂的，反应产物的种类与反应条件有关，如升温速率、是否在含氧或者惰性气体中热解，以及催化剂和反应产物的移除速度等都会对反应产生影响。

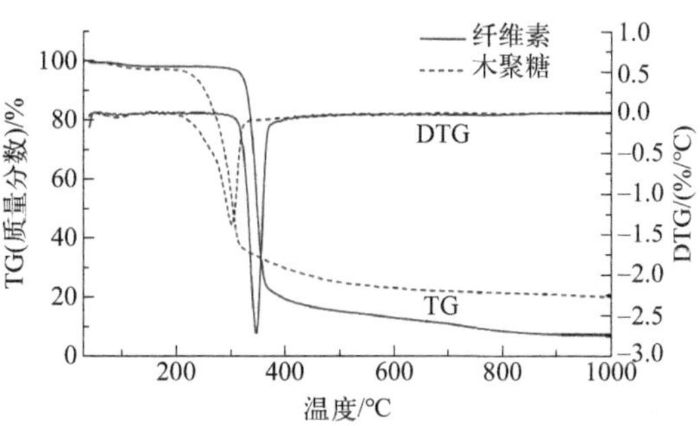

图2-5-10　纤维素和木聚糖的热解热重-微商热重曲线（TG-DTG）

半纤维素的热裂解是指半纤维素在受热过程中，尤其是在较高的温度下，其结构、物理和化学性质发生的变化，包括聚合度和强度的下降、挥发性成分的逸出、质量的损失以及结晶区的破坏。严重时还产生半纤维素的分解，甚至发生碳化或石墨化反应。由于半纤维素难以直接从自然界获取，且其成分较为复杂，因而针对植物原料半纤维素的热裂解特性及动力学的研究极少。木聚糖作为半纤维素的主要成分，被作为模型物来研究半纤维素的热解过程。半纤维素具有较多的侧链且具有非结晶结构，因此其反应活性在三组分中最强，其热解机理与纤维素相似，不同的是中间产物变为呋喃类化合物。半纤维素主失重阶段为190～315℃，达700℃时失重量为76%。Py-GC/MS结果发现，热解主要产物为醋酸、2-糠醛、环戊烯酮类化合物及少量芳香族化合物。

2. 木质素热重分析

木质素的热裂解机理比纤维素和半纤维素更复杂[47]。木质素以苯丙烷单元为主体，含有丰富的侧链。木质素中主要连接类型是β-O-4键，该键在阔叶材木质素中占比高达60%。由于不同木材中木质素结构存在显著差异，它们的热解规律也有所不同。木质素的热解是指木质素单纯在热的作用下发生的降解反应。严格来说，热降解应当在隔绝氧气和不使用溶剂的条件下进行，只有这样才能保证木质素不与其他物质发生化学反应。木质素比纤维素和半纤维素更难发生热解反应。对木质素的热重分析发现木质素的热失重温度范围很宽，为160～900℃，且残炭率高达40%。木质素的热解产物和纤维素、半纤维素相似，主要是氢气、二氧化碳、一氧化碳、甲烷、乙烷、乙烯和一些痕量的气态有机物，还包括水分。这些产物通常称为“合成气”。提高加热速率和反应的最高温度可以增加转化率以及提高合成气的产率。图2-5-11为典型的木质素和抽提物的热解热重-微商热重曲线。

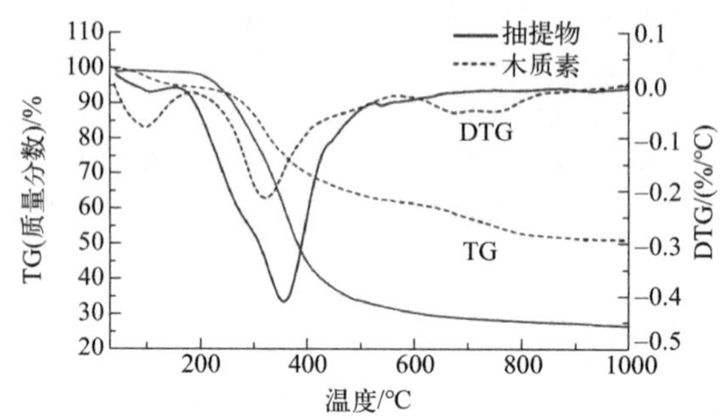

图2-5-11 木质素和抽提物热解热重-微商热重曲线（TG-DTG）

3. 木材原料热重分析

木材主要由纤维素、半纤维素和木质素组成。在热裂解的过程中，其热解性可以视作以上组分独立热解的线性叠加。但由于这三种组分的化学结构和物理特性差异，三者在热裂解过程中体现出来的规律不同，且三组分的热解温度区间有交互区。因此，为了全面深入地了解木材热裂解规律，人们研究了混合组分的热解过程，以此为依据分析热解过程中组分间的相互关系。

通过分析多种生物质样品的纤维素和木质素含量，对比热重分析结果，人们发现纤维素和木质素的含量是评价生物质的热解特性最重要的参数[48]。对比研究纤维素和半纤维素热失重结果发现，纤维素热失重迅速，是生物油产物的主要来源，而半纤维素失重过程较平稳，是残炭前体的重要来源[49]。为了模拟合成气生产过程，人们对合成气氛围下的生物质热解开展了研究，结果表明，木质素和半纤维素可能会影响纤维素的热解特性[50]。热重红外结果也表明，各组分在热解过程中并不是孤立进行的[51]。目前，人们无法通过主要组分热解情况来简单预测整体生物质的热解特性。纤维素热解产生左旋葡聚糖的温度范围受半纤维素和木质素的影响而变宽。在350～500℃，纤维素和木质素同时存在时会提高糠醛和醋酸的产率。半纤维素和木质素的相互影响有利于酚类物质的形成，而不利于形成碳氢化合物。综纤维素中的半纤维素，对焦炭产量和放热过程有非常重要的作用[52]。组分单独热解过程的活化能均高于生物质的热解活化能。

八、比表面积分析

比表面积是指单位质量物料所具有的总面积，单位为m^2/g，通常用于描述固体材料，如粉末、纤维、颗粒、片状和块状等。比表面积是衡量物质特性的重要参量，其大小与颗粒的粒径、形状、表面缺陷及孔结构密切相关。同时，比表面积对物质的物理和化学性质也会产生很大影响，特别是当颗粒粒径非常小时，比表面积是一个非常重要的参考量，例如目前广泛研究的纳米材料。

BET比表面积测试法（简称BET测试法）是目前使用最广泛的比表面积测定方法，测试结果可靠性强。它基于布鲁诺尔（Brunauer）、埃米特（Emmett）和泰勒（Teller）提出的多分子层吸附模型，并推导出单层吸附量V_m与多层吸附量V间的关系方程，即BET方程：

$$V=\frac{V_m pC}{(p_s-p)\left[1-\frac{p}{p_s}+C\left(\frac{p}{p_s}\right)\right]}\times 100\%$$

式中 V——平衡压力为p时，吸附气体的总体积；

V_m——固体材料表面覆盖第一层满时所需气体的体积；

p——被吸附气体在吸附温度下平衡的压力；

p_s——饱和蒸气压；

C——常数，与吸附质的汽化热有关。

吸附可分为物理吸附和化学吸附。化学吸附指被吸附的气体分子与固体之间以化学键力结合，并对它们的性质有一定影响的强吸附。物理吸附指被吸附的气体分子与固体之间以较弱的范德华力结合，而不影响它们各自特性的吸附。BET 测试法用气体分子作为度量的“标尺”，通过对固体材料表面的吸附量进行测定，实现对固体材料孔结构特征的描述。通常采用氮气吸附脱附法进行测定。在温度恒定条件下，气体的吸附量随相对压力（p/p_s）而变化，绘制等温吸附曲线。该曲线可以反映多孔材料的比表面积、孔体积、孔分布等多方面信息。相对压力小于 0.1 以下，可进行超微孔分布的测量与分析；相对压力在 0.05～0.35 范围内，进行比表面积的测试与计算；相对压力在 0.4 以上时，产生毛细凝聚现象，由此进行介孔与大孔的测量与分析。等温吸附曲线大致可分为 6 类，如图 2-5-12 所示。

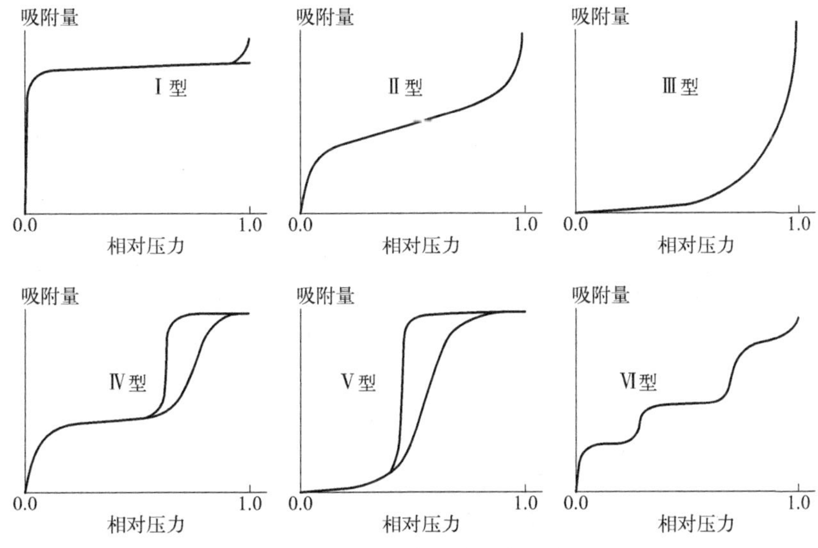

图 2-5-12　气体等温吸附曲线种类

Ⅰ型等温吸附曲线随着相对压力的增大，气体吸附量上升。当相对压力逐渐趋于 1 时，吸附量达到极限值，即趋于稳定，属于单分子层吸附等温吸附曲线。这种等温吸附线常见于微孔吸附材料中。Ⅱ型等温吸附曲线是非严格的单层等温吸附曲线。图中的拐点表示单层吸附结束，开始出现多层吸附现象。非多孔性固体表面或大孔固体材料的可逆物理吸附常出现此种线性。Ⅲ型等温吸附曲线与Ⅱ型等温吸附曲线相比，此种等温吸附曲线不存在拐点，在相对压力轴上，该曲线呈现凸形，其斜率逐渐增加，这种等温吸附曲线较为少见。当吸附材料和吸附质的吸附作用力小于吸附质分子间的作用力时，会出现此种曲率渐进的曲线。Ⅳ型等温吸附曲线在相对压力较低时，属于单层吸附阶段，与Ⅱ型等温吸附曲线相同。随着相对压力的升高，在介孔中发生毛细管凝聚现象。当所有介孔均发生毛细管凝聚后，吸附只发生在远小于内表面积的外表面上，曲线逐渐趋于平坦，吸附量出现极限值。由于毛细管凝聚现象的存在，产生脱附滞后，即吸附等温吸附曲线与脱附等温吸附曲线往往是不重合的，脱附等温吸附曲线在吸附等温吸附曲线的上方，从而产生滞留环。吸附滞后环与孔的形状及其大小有关，故可通过分析滞后环的形状来分析吸附剂孔径的大小及其分布。此种等温吸附曲线出现在中孔吸附剂材料中。Ⅴ型等温吸附曲线非常少见，由于微孔和介孔上的弱气固相互作用，当水蒸气吸附到微孔材料上时，会出现此种线型。Ⅵ型等温吸附曲线的显著特点是吸附量随相对压力的增大呈台阶状增加。阶梯的高度与系统和温度有关，该曲线用于对应均匀非孔材料表面的依次多层吸附。液氮温度下石墨化的炭黑对氩气或者氪气的吸附属于此种线型。

以马尾松为研究对象，分别在180℃、200℃、220℃条件下对其进行水蒸气处理。研究发现热处理后木材的比表面积降低，比表面积与其吸附性能呈正相关，而木材经热处理后对甲醛的吸附量增大，这说明热处理材对甲醛的吸附不仅仅是单纯的物理吸附，而是由热处理后材料表面化学成分的变化引起的化学吸附和比表面积变化引起的物理吸附共同决定的。未处理材的比表面积最大为12.09m^2/g，木材经高温热处理后，比表面积均低至8.73m^2/g；随热处理温度升高，其表面的接触角越大，最大为90.078°。随着热处理温度的提高，马尾松热处理材的吸水量降低[53]。

除了BET测试法外，可以使用汞压法（又称汞孔隙率法）测定中孔和大孔孔径分布。该方法依靠外加压力使汞克服表面张力进入样品气孔来测定气孔孔径和分布。外加压力越大，可使汞进入更小的气孔，进入样品气孔的汞量越多。根据汞在气孔中的表面张力与外加压力平衡的原理，可以得到样品孔径。压汞法要求所用的汞必须没有化学杂质且未受到物理污染，因为受污染的汞会改变自身的表面张力，导致其与样品的接触角发生变化。以毛竹和樟子松木材为例，采用汞压法测定了毛竹和樟子松的孔隙率、孔体积、孔径分布、比表面积等参数，以分析材料的孔隙结构特征[54]。孔隙率（樟子松67.16%、毛竹47.58%）及汞压入量（樟子松1.596mL/g、毛竹0.633mL/g）测试结果表明樟子松内部孔体积高于毛竹。总孔面积（樟子松18.16m^2/g、毛竹82.04m^2/g）及中孔孔径（平均值樟子松445.0nm、毛竹33.8nm）结果表明樟子松木材中孔隙的孔径相对较大，而毛竹中大部分孔隙集中在孔径较小区域，毛竹孔隙显著小于樟子松。

九、 X射线光电子能谱

X射线光电子能谱是利用X射线辐照样品，在样品表面发生光电效应，产生光电子。通过对出射光电子能量分布分析，得到电子结合能的分布信息，进而实现对样品表面元素组成及价态的分析。X射线光电子能谱的采样深度与光电子的能量和材料性质有关，最佳的采样深度为光电子平均自由程λ的3倍，其中金属约为0.5～2nm，无机物为1～3nm，有机物为1～10nm。运用X射线光电子能谱可对木质材料进行定性及定量分析。

（一）木材定性和定量分析

定性分析就是根据所测得谱的位置和形状来得到有关样品的组分、化学态、表面吸附、表面态、表面价电子结构、原子和分子的化学结构、化学键合情况等信息。元素定性的主要依据是组成元素光电子峰的特征能量值，由于每种元素都具备唯一能级，因此其结合能具有指纹特征，只要计算出光电子的结合能就可以判定元素的种类。X射线光电子能谱的扫描方式包括宽扫描和窄扫描两种[55]。

对一个未知其化学成分的样品，首先要进行宽扫描，以确定表面化学成分，如图2-5-13(a)。在宽扫描图中几乎包含了元素周期表中所有元素的主要特征能量的光电子峰，因此，可在一次宽扫描中检测出全部或大部分元素。在宽扫描图中，首先可明确辨识主要元素的特征峰。对于木材，主要为碳和氧两种元素。然后分析有关强峰及主要元素的次强峰，如O2p（氧原子的2p轨道）。接着分析弱峰，即不同木材可能存在的微量元素所形成的谱峰。

若对所研究的元素要细致分析（如价态分析）应进行窄扫描，以提高分辨率。在窄扫描分析中，首先对曲线进行平滑处理。然后对出现的重叠峰进行去卷积处理，即对曲线的峰数、峰位、峰高、峰宽进行人为的曲线拟合。接着对谱峰进行荷电校正，可用离子中和枪或采用内标元素峰（常用有机物的碳峰C1s）。最后，对样品中元素化学价态及化学结构进行准确的分析。利用X射线光电子能谱测定样品表面元素高度特征性的结合能，可实现对除氢元素和氦元素以外的所有元素的分析。宽扫描图2-5-13(a)中，可明显看出C1s和O1s两个强峰，另外，西南桤木中还含有少量的Ca、Si、N元素。其中OKLL为氧元素的俄歇峰，分析时注意不要与X射线光电子能谱的谱峰混淆。如若对其中某一元素峰做具体分析，可对该谱峰进行窄扫描，如图2-5-13（b）是对（a）的C1s峰做的窄扫描。由窄扫描可了解该谱峰的具体峰形，并做深入的解释。对

图 2-5-13 中（a）和（b）比较分析，宽扫描图各谱峰基本呈线状分布，谱图细节信息不明确，窄扫描可提高分辨率。图 2-5-13（b）中的 C1s 峰介于 283～290.5eV，显然，该谱峰不是单峰，这是由于 C 的不同状态化学位移相差不多而相互重叠而形成的“宽峰”。这时就需要对其进行解叠处理，还原成组成它的各个单峰。处理后，发现该谱峰由四个峰构成，按其结合能的位置分别归属于 C1～C4，由相对峰面积说明样品中主要由 C1 组成，其次是 C2～C4。

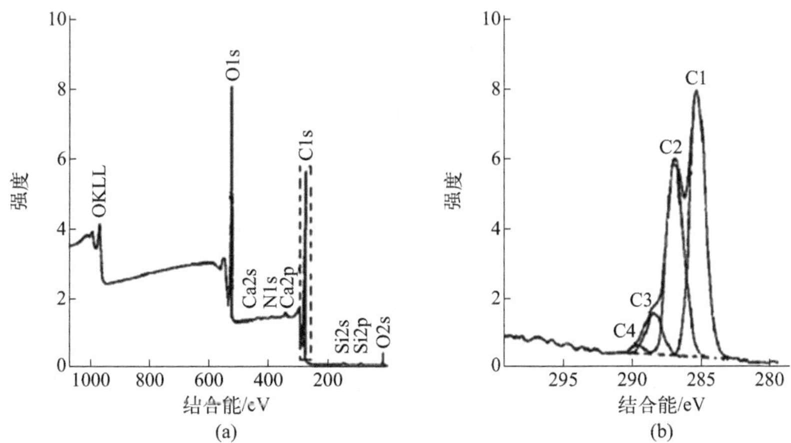

图 2-5-13　西南桤木表面 X 射线光电子能谱扫描图

（a）宽扫描图；（b）C1s 窄扫描图

在木材分析中，需要确定材料中各种元素含量或元素各价态的含量时，可通过谱线强度作定量解释。主要借助于能谱峰强度比率，将观测到的信号强度转变为元素的含量。Powell 将定量方法概括为三类：标样法、元素灵敏度因子法和一级原理模型[56]。目前 X 射线光电子能谱定量分析中大多采用元素灵敏度因子法，即以能谱中谱峰强度比率为基础，通过元素灵敏度因子（又称光电散射截面）将峰面积转换为相应元素的相对含量。所谓灵敏度因子是指运用标样得出的经验校准常数，对一固体试样中的两种元素 A 和 B，它们的原子密度之比为：

$$\frac{n_A}{n_B}=\frac{I_A/S_A}{I_B/S_B}$$

式中，n_A 和 n_B 为元素 A 和 B 的原子密度；I_A 和 I_B 为元素 A 和 B 特定正常光电子能量的谱线强度；S_A 和 S_B 为元素 A 和 B 的灵敏度因子。

（二）木材中主要元素的化学结构分析及应用

木材主要由纤维素、半纤维素、木质素和抽提物组成，其主要元素组成为 C、H、O。木材的化学性质分析中，C 的状态变化分析很重要，了解吸收峰的位置和强度即可知 C 原子的结合方式，从而推知木材表面的化学结构及结构变化。可以将木材中的 C 原子划分为 4 种结合形式[57]。

C1：仅与其他 C 原子或 H 原子结合，即—C—H、—C—C。这主要来自木质素苯基丙烷、脂肪酸、脂肪和蜡等碳氢化合物，其电子结合能较低，约为 285eV。

C2：与 1 个非羰基氧结合，即—C—O—。这种结合方式是纤维素和半纤维素的化学特征之一，电子结合能相应较大，约为 286.5eV。

C3：与 2 个非羰基氧或与 1 个羰基氧结合，即—O—C—O—或 C═O。主要为醛、酮、缩醛等，是木材表面化学组分被氧化的结果。这种 C 的氧化态较高，电子结合能约为 288～288.5eV。

C4：与 1 个羰基氧和 1 个非羰基氧结合，即—O—C═O—。这种结合方式来源于羧酸根，即木材中含有的或产生的有机酸。这种 C 的氧化态更高，其结合能在 289eV 以上。

在 C 的 4 种结合状态中，天然木材以前 3 种结合形式为主。

X 射线光电子能谱分析表面化学组成的优势在木材领域的研究中得到了大量的应用。利用 X 射线光电子能谱可阐述木材表面的耐候性和不同树种之间的胶合性能[58,59]。对微波等离子体处理的西南桤木表面进行 X 射线光电子能谱分析，得出经微波等离子体处理的木材表面 O/C（原子比）增加，C1 含量降低，而 C2、C3 含量增加，并有 C4 的出现，这些结果表明微波等离子体处理后木材表面产生了大量的含氧官能团或过氧化物[60]。

X 射线光电子能谱在木材科学领域的定性应用可以鉴别出材料元素组成，在定量分析中则能够判断出元素含量的变化情况，从而对木材的某些性能指标进行评价和分析。鉴于目前我国森林资源严重缺乏的现状，充分有效地利用林木资源已得到越来越广泛的重视，不少学者及研究人员从木材检测方面入手，利用计算机断层扫描技术等在不破坏原材的情况下，准确判断木材的缺陷形状、大小及位置，以达到对木材的充分利用。而利用 X 射线光电子能谱对木材和木质结构单元表面及界面的微观探测和分析，则能够从改善木材和木质结构单元的各项性能指标入手，提高木材和木质结构单元的质量及使用寿命，从另外一个角度实现了对现有短缺木材资源的有效利用。虽然目前 X 射线光电子能谱在木材科学领域的应用还不够广泛，但随着理论与技术的不断完善和创新，X 射线光电子能谱在木材科学研究领域的应用将不断得到扩展。

十、 X 射线技术

木质纤维因具有优良和独特的物理性能、化学性能和力学性能而被广泛应用。这些性能与木质纤维材料组成、结构有密切关系，因此，研究分析其结构及组成成分的性质具有重要意义。应用 X 射线衍射和散射技术研究木材中纤维素的微细结构、物理性质及其特性是木材科学领域备受关注的内容。

（一） X 射线衍射

木材的主要组分纤维素分子链间通过复杂的氢键相互连接、堆砌排列，形成了高度聚合和结晶的纤维素的聚集态结构[61-63]。X 射线衍射技术具有制样快捷、无损检测、穿透能力强、计算方法简便等优点，成为研究微纤丝聚集态结构的主要方法[64-66]。衍射是由存在某种相位关系的两个或两个以上的波相互叠加引起的物理现象。这些波是相干波，即频率、波长相同，振动方向相同，相位差恒定，也就是来自相位相等或相位差恒定的相干波源。这些相干波在空间某处相遇后，因相位不同，相互产生干涉作用，引起波的加强或减弱。纤维素的结晶结构在空间内有序排列，当 X 射线照射后，各晶面散射 X 射线。这些散射线符合相干波的条件，因此产生干涉现象。互相干涉所产生的加强的 X 射线衍射波最终产生清晰的衍射环或弧形，高度取向的结晶结构所产生的衍射图样为以弧形或斑点所组成的不连续同心圆（图 2-5-14）。从圆心由内而外积分即得到纤维素的 X 射线衍射谱图，谱图中包含大量纤维素样品的晶体信息。1925 年，X 射线衍射图样被首次用于木质纤维素的研究[67]。随后的几十年中，X 射线衍射法应用于木质纤维素的研究得到迅速发展，陆续出现广角、小角 X 射线散射等新技术，大大丰富了木质纤维生物质理论研究的手段[68-70]。X 射线技术对木质纤维生物质的检测范围可达到 0.02～500nm[71]。在微纳尺度的精确探测有利于深入理解植物细胞壁各层结构在不同生长或处理过程中产生的复杂变化。X 射线照射晶体产生的干涉波中，当两个相邻波源在某一方向的光程差（Δ）等于波长 λ 的整数倍时，波峰与波峰相互叠加，相干波得到加强，即发生衍射。其满足布拉格公式[72]：

$$2d\sin\theta = n\lambda \qquad (n=1,\ 2,\ 3\cdots)$$

式中，d 为晶面间距；θ 为 X 射线与平面间的夹角；λ 为 X 射线波长；n 为衍射级数。

1. 纤维素结晶度的计算

纤维素是由结晶区和非结晶区组成的两相结构。分子链排列规则的区域称为结晶区，结晶区在纤维素中占的比例被定义为结晶度。纤维素较高的结晶度是形成生物质抗降解屏障、阻碍酶水解的主要因素之一[73]。X 射线衍射法能清晰准确地反映结晶度数值[74,75]。利用布鲁克 AXS-D8 Advance X 射线衍射仪研究了化学处理前后洋麻纤维的结晶度变化。计算方法采用西格尔法[76]：

$$\mathrm{CrI} = \frac{(I_{200} - I_{am})}{I_{200}} \times 100\%$$

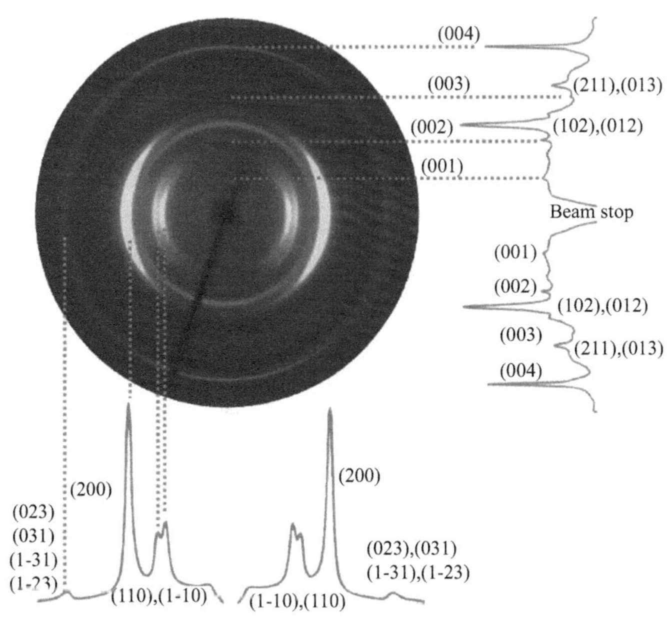

图 2-5-14 纤维素纤维衍射图样及圆弧积分

式中，I_{200} 为 200 平面衍射峰高；I_{am} 代表无定形区峰高。

衍射图谱显示，洋麻纤维素具有典型的纤维素Ⅰ型结构，其 200 平面对应 $2\theta=22.5°$，同时，$2\theta=16°$的宽峰代表纤维素Ⅰ型的无定形区。根据原料及经过酸、碱、漂白处理后样品的衍射谱图，计算得到结晶度分别为 60.8%、68.2%、72.8%、80.0%。这一结果表明，洋麻纤维素本身具有较高的结晶度，在化学预处理后，样品结晶度增加。在预处理过程中，纤维素微纤丝中无定形的部分被脱除，且结晶区域也会发生一定重排，从而产生了更高的结晶度[77]。氢氧化钠预处理木质纤维素的研究也得到了结晶度升高的结论[78,79]。同时，谱图中代表不同结晶平面的特征峰位也发生移动，证明了碱处理使纤维素发生丝光化作用，纤维素晶型由Ⅰ型转变为Ⅱ型[80,81]。但是离子液体处理木质纤维素的研究表明，虽然处理后同样发生了纤维素Ⅰ向纤维素Ⅱ的转变过程，但结晶度大大降低，且在较强的处理条件下降低更加显著[82,83]。因此，预处理方法和条件对纤维素结晶度变化的影响较大。表 2-5-6 概括了多种预处理方法作用于不同木质纤维原料前后结晶度的变化[84]。在酸、碱处理过程中，结晶度的升高可能是由于木质素、半纤维素以及纤维素无定形区的降解造成了纤维素结晶区相对含量的增加[85]。但预处理强度的增加可使纤维素发生更大程度的溶解和纤维素链的重排，纤维素结晶结构同时也被打破，导致结晶度降低。

表 2-5-6 多种预处理方法作用于不同本质纤维原料前后结晶度的变化

预处理方法	原料	结晶度/%		参考文献
		处理前	处理后	
稀硫酸	玉米秸秆	50.3	52.5	[86]
	柳枝稷	26.2	39.1	[87]
	混合阔叶木（90%桦木+10%枫木）	73.2	76.1	[88]
	蔗渣	32.6	56.1	[89]
液氨爆破	杨木	49.9	47.9	[90]
	稻草	40.7	42.9	[91]
	玉米秸秆	50.3	36.3	[92]

续表

预处理方法	原料	结晶度/%		参考文献
		处理前	处理后	
水热处理	阔叶木	71.6	85.8	[93]
碱处理	草类	33.1	56.0	[94]
	玉米秸秆	41.76	39.94	[95]
	杨木	43.9	49.8	[78]
离子液体	柳枝稷	26.2	2.6	[96]
	玉米秸秆	50.3	无定型	[97]
乙二醇	麦草	69.6	55.0	[98]
石灰	玉米秸秆	43	60	[99]

纤维素分子链在结晶区排列规则，形成结晶结构。晶胞中的晶粒尺寸是影响木质纤维素抗降解屏障的重要参数。X射线衍射图可用于分析纤维素的晶粒排列[100]。根据X射线衍射理论，在结晶尺寸小于100nm时，其对衍射峰宽影响显著，两者之间的关系满足谢乐公式[101]：

$$D_{200}=\frac{K\lambda}{B\cos\theta_{200}}$$

式中，D_{200} 为（200）平面的结晶尺寸，nm；K 为谢乐常数，一般取0.9；λ 为X射线波长，一般为0.1542nm；B 为（200）平面衍射峰的半峰宽；θ_{200} 为（200）平面衍射峰处的布拉格角。

在生物炼制领域，结晶尺寸的大小可影响结晶区纤维素链的暴露程度，影响纤维素酶的接触面积。对杨木样品进行液氨纤维爆破、蒸汽及稀酸预处理。结果表明三种预处理方法均提高了结晶尺寸，且（200）面的峰位发生右移。结晶尺寸的增加可能是由于相邻的纤丝在共晶面处发生了局部共结晶作用。液氨纤维爆破预处理后杨木中纤维素晶型转化为纤维素Ⅲ，且结晶尺寸为未处理样品的两倍，远超过稀酸处理后结晶尺寸的增加量。处理温度的不同是产生该差异的主要原因[102]。结晶尺寸的增加在纤维素的丝光作用中也有明显体现[103-105]。在丝光化过程中尽管纤维素的结晶尺寸有所增加，但是在碱浓度高于15%时，该数值略有降低，并最终保持不变。其原因可能是碱液浸透结晶区域，扰乱了纤维中的结晶排序[80]。在预处理过程中，纤维素表面的木质素与半纤维素的脱除使得更多的微纤丝暴露出来，在溶剂中发生润胀。纤维素链的氢键连接减弱，同时发生共结晶和重结晶作用，造成结晶尺寸增加。进一步研究了纤维素结晶尺寸变化和纤维素内部共结晶机理。发现在水热处理温度超过180℃时，木材样品中纤维素结晶尺寸增加一倍，该结论与杨木液氨纤维爆破的结果相似[106]。因此可以认为，高温或高压的强烈处理条件可显著增加纤维素结晶尺寸，有利于暴露出更多纤维素链。同时，高温打破了纤维间水分的结合，相邻纤维素晶胞的（1-10）和（110）平面靠近，发生聚集重排和共结晶作用，形成与纤维素链垂直的斜方晶系（图2-5-15）。

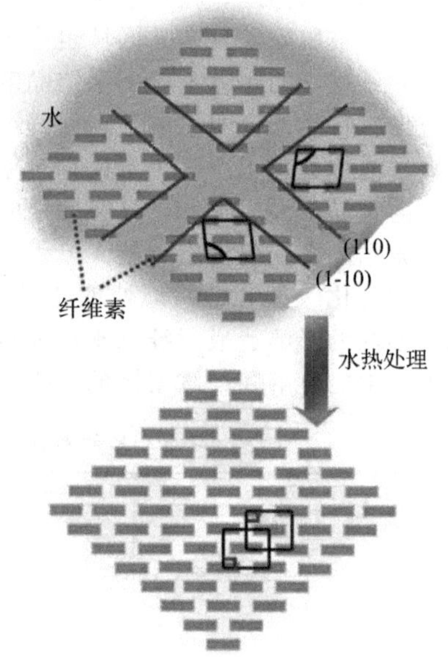

图2-5-15 水热处理前后纤维素Ⅰ晶格重排和共结晶机理

2. 纤维素微纤丝角的测定

微纤丝角指细胞壁微纤丝排列方向与细胞轴向形成的夹角。细胞次生壁 S_2 层纤维素微纤丝角被认为是影响抗拉强度、抗压强度、硬度等木材力学性能的重要因素，对保持木材尺寸稳定性起到重大作用[107]。根据 X 射线传播方向以及检测器与试样的距离不同，X 射线法分为 X 射线衍射法、小角 X 射线散射法和大角 X 射线衍射法，三种方法得到的衍射图样各不相同，但微纤丝测定结果差异不大[108-110]。其中，X 射线衍射法无需预处理、测样简便、测试结果为无数细胞中微纤丝的平均值，具有代表性，应用较为普遍。

X 射线衍射估算微纤丝角的方法称为（002）面衍射弧法[111]。X 射线衍射结果证明（002）面的衍射强度是最高的，因此该法测得的平均微纤丝角大小能够准确反映实际数值。其计算方法有 $0.4T$ 法、$0.5T$ 法、$0.6T$ 法和函数法四种。$0.4T$ 法测得结果与碘结晶法相近，常用作经验法。$0.6T$ 法测微纤丝角范围最大，其准确性也最高。运用 $0.6T$ 法检测了赤桉试样从髓心到树皮不同细胞内 S_2 层微纤丝角的变化。如图 2-5-16[112] 所示，角度 T 从（002）平面的衍射峰中计算获得。峰强分布曲线上确定两拐点，分别作切线，与谱图水平方向切线交点的 1/2 距离即被定义为角度 T。微纤丝角的值即为 T 的 0.6 倍。结果表明，随着髓心到外皮的位置变化，微纤丝角逐渐减小。此外，成熟植株的平均微纤丝角普遍低于幼苗植株，且具有较高的抗压性能。

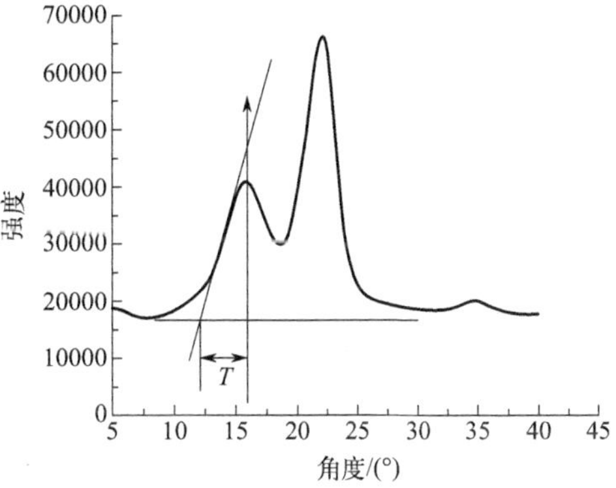

图 2-5-16　角度 T 在（002）平面计算方法

选取美国帕纳科公司的 X 射线粉末衍射仪，运用 $0.6T$ 法研究了梁山慈竹微纤丝角的变异特性，同时分析了其对拉伸力学的影响[113]。将 X 射线衍射谱图的数据导入 Origin 数据处理软件，通过高斯函数单峰拟合可以得到（002）平面的半峰宽 σ，拟合函数为：

$$y = a + b\exp\left[\frac{-(x-\mu)^2}{2\sigma^2}\right]$$

式中，a 为常数；μ 为峰值对应的中心；b 为峰高。拟合相关系数达到 0.99 以上；角度 $T = 2\sigma$。微纤丝角即为 $0.6T$。计算结果表明，慈竹微纤丝角随竹龄增长及纵向高度增加的变化不大，而在径向变化较为明显。由内而外，竹黄、竹肉、竹青的微纤丝角逐渐减小。可以推断，对于木质纤维原料中细胞壁微纤丝角，都存在由内而外逐渐降低的规律。同时木质纤维的力学性能也发生相应变化，且微纤丝角越小，拉伸强度和弹性模量越大，也更有利于保持木材的力学强度，提高材性[114-116]。因此，X 射线衍射光谱测定微纤丝角是纤丝聚集态研究和木质纤维利用价值评估的有效手段。

（二）小角 X 射线散射

木质纤维生物质结构复杂，具有不均一性，一般的化学检测手段无法在均一尺度上进行表征。小角 X 射线散射是指 X 射线角 2θ 小于 5°范围内发生的散射现象，能有效观察到微观和亚微观大小的微粒。其应用于木质纤维生物质研究，检测范围可从纤维素晶格平面扩展到细胞壁分层结构，即从 1nm 到几百纳米，可获得关于生物质组分尺寸、形状、角度和内部结构等多重信息。在散射实验中，通过样品散射的光线强度通常利用散射矢量 q 来计算。q 描述了入射波长和散射波矢量之间的关系：

$$q = \frac{4\pi\sin\theta}{\lambda}$$

式中，θ 为 X 射线入射角；λ 为入射波长。

纤维素是由细胞膜中的叫作终端复合体的蛋白质指导合成的。纤维素链从终端复合体中挤出，并相互交联结晶，形成单根微纤丝[117]。36条链的纤维模型以及纤维素不同晶面的平均晶胞尺寸已通过原子力显微镜和X射线衍射法成功解译[118]。微纤丝的直径、与纤维轴向形成的角度（微纤丝角）等是探究纤维素合成过程，了解纤维素聚集态结构及变化的重要参数。同时，由于检测手段、制样过程等限制，这也成为研究的一大难点。

小角X射线散射被应用于研究木质纤维细胞壁微纳尺度信息，包括微纤丝的聚集态结构以及纤维素链在不同结晶区域的排列顺序等。Jakob等[119]首次报道通过小角X射线散射法计算得出云杉的单根微纤丝直径为2.5nm。小角X射线散射结合核磁共振法测得芹菜厚角组织的微纤丝直径数值稍大，为2.4～3.6nm[120]。不同原料微纤丝间距、密度等差异都是造成小角X射线散射法检测纤丝直径偏差的原因。小角X射线散射法计算得到的微纤丝直径是样品的平均值，不受其他因素干扰。但小角X射线散射法计算出的直径普遍小于X射线衍射法和核磁共振法计算得到的数值。小角X射线散射测得的是内部结晶核的直径，而X射线衍射法可敏感检测到整个纤维素链的尺寸。外部无定形结构的存在也是核磁共振法估算纤丝直径的理论基础。因此，使用不同的计算方法得到的结果有所差异。通过小角X射线散射计算得到的数据更接近微纤丝内部纤维素结晶链的真实数值。

同时，微纤丝角也可通过小角X射线散射法估算得出。研究表明，影响木质纤维微纤丝角的因素众多，如原料、环境差异以及同种原料不同细胞壁层间的差异[119-122]。如云杉受拉木和应压木细胞壁中，微纤丝角也存在显著差异。表2-5-7是对小角X射线散射法检测木质纤维微纤丝直径及微纤丝角的文献总结。

表2-5-7　SAXS法检测不同原料微纤丝直径及微纤丝角

原料	微纤丝直径/nm	微纤丝角/(°)	参考文献
芹菜厚角组织	2.4～3.6	—	[120]
	2.6～3.0	—	[121]
云杉	2.5	4.6～19.8	[118]
	—	5～40	[122]
日本雪松	2.4～2.6	—	[123]
亚麻纤维	1.0～5.0	11～15	[124]
橡树	2.9～3.1	4～9	[125]

纤维素微纤丝在生物质预处理过程中的聚集和连接行为目前仍未完全解译。小角X射线散射是研究纤维表面粗糙度、孔径大小、纤丝聚集，甚至细胞壁中木质素聚集态结构的优良手段。研究不同预处理条件下山杨的小角X射线散射图样，发现未处理的散射图样呈现出纤维纵轴垂直的长条纹状（图2-5-17）。而经过稀酸、蒸汽爆破和液氨处理的样品图样具有宝石状结构，且图样颜色更深，说明含有更多的各向同性成分[101]。但在某些未处理的植物纤维样品的小角X射线散射谱图中也发现了宝石形状的厚条纹图样[126]。该现象是由于在沿着纤维排列的方向，未处理样品本身微纤丝排列存在有微孔隙。但在碱处理后，宝石状的图样向四周发散，变成了各向同性的散射形状。通过小角X射线散射谱图定量计算酸处理前后高粱纤维间的空隙尺寸，结果证明酸处理后纤维间隙增大，该现象与酸处理过程中半纤维素的脱除有关[127]。

根据小角X射线散射的散射图样可得到散射谱图，并可定量计算纤丝间表面形貌数据。利用小角X射线散射谱图计算得到芹菜厚角组织中纤维素相邻微纤丝中心间距为3.6nm，该数值大于计算得到的微纤丝平均直径，从而证明微纤丝之间存在一定的空隙[120]。这些空隙可能是结晶区纤维素链之间的半纤维素基质包覆较为宽松，可被X射线检测，造成微纤丝间距测量值略高。对机械和酶预处理的针叶材浆的小角X射线散射谱图研究，发现在散射矢量$q=0.1\text{Å}^{-1}$（$1\text{Å}=10^{-10}\text{m}$）处有宽的肩峰，如图2-5-18（a）[128]。同时利用Kratky法（积分Iq^2）计算得图2-5-18（b），从中可计算得到不同样品平均纤丝间距（$d=2\pi/q_{max}$）。通过不同样品q_{max}的位移变化，即

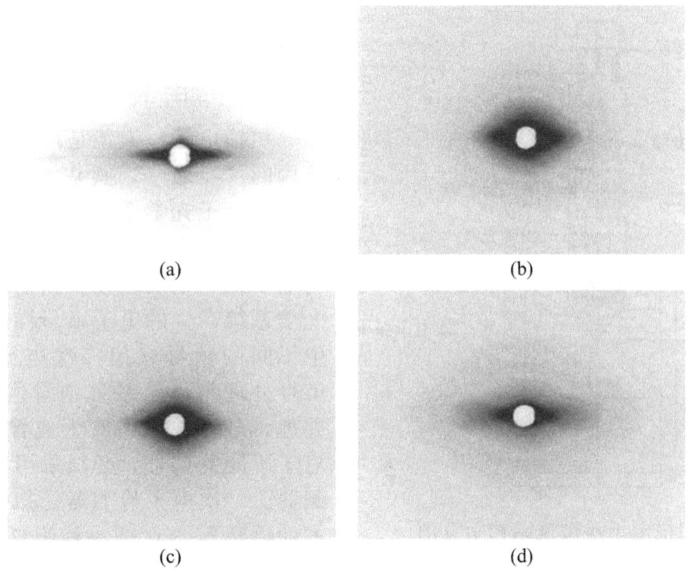

图 2-5-17　不同处理条件下山杨木片小角 X 射线散射图样

（a）未处理；（b）稀酸预处理；（c）蒸汽爆破预处理；（d）液氨预处理

可比较不同处理条件下纤丝间距的变化规律。结果证明酶预处理使微纤丝间的距离显著增加。在酶处理后，纤维素链外部无定形部分及多糖连接的氢键被打破，微纤丝束的结构变得疏松，且出现空隙，因此纤丝距离明显增加。半纤维素多糖含量不同，各方法对微纤丝空隙的破坏效果也有所差异[127]。木糖含量较低的纤维素样品在酶处理后，其小角 X 射线散射谱图中肩峰对应的散射矢量 q 值更低，从而具有更大的布拉格间距 d，即微纤丝间平均间距。因此，预处理后木质纤维素原料中半纤维素基质的含量变化对纤丝聚集态影响显著。半纤维素的减少更有利于微纤丝润胀和孔隙增加，从而促进后续的水解糖化。

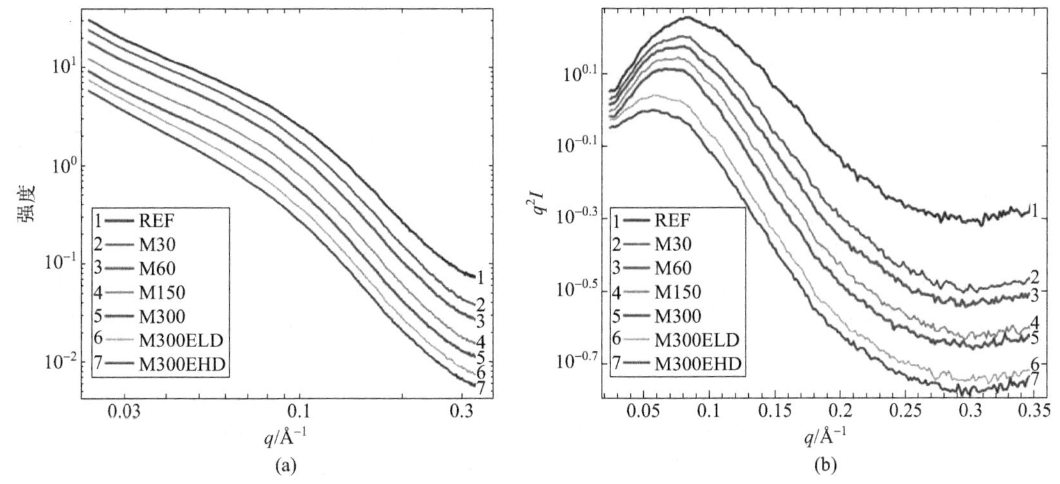

图 2-5-18　机械和酶处理后针叶木浆小角 X 射线散射图谱

（a）原始对数图谱；（b）Kratky 计算得到的半对数图谱

十一、电子显微镜

电子显微镜技术的应用建立在光学显微镜的基础之上，光学显微镜的分辨率为 0.2μm，电子显微镜的分辨率为 0.2nm，也就是说电子显微镜在光学显微镜的基础上放大了 1000 倍。电子显

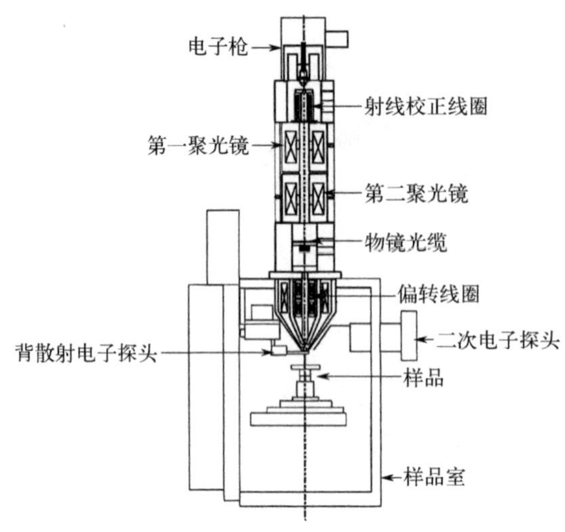

图 2-5-19 扫描电子显微镜结构示意图

微镜主要包括扫描电子显微镜和透射电子显微镜两种。

1. 扫描电子显微镜

扫描电子显微镜是最常用的观察物质表面结构的仪器之一，其基本装置如图 2-5-19，主要包括电子光学系统、样品室、信号处理与显示系统和真空系统四部分，电子光学系统主要由电子枪、电磁透镜和扫描线圈组成。由电子光学系统产生的电子束与样品表面相互作用产生不同的信号（如二次电子、背散射电子）。信号处理与显示系统则对这些信号进行收集、处理，最后在显像管上成像或用记录仪记录。对于不同的信号，必须采用各种相应的信号检测器。二次电子检测器是扫描电子显微镜最基本的检测器，它是一种闪烁体-光导管-光电倍增管复合结构形式。扫描电子显微镜的成像是用二次电子和背散射电子成像。其图像是按一定时间空间顺序逐点扫描形成，并在镜体外的显像管上显示出来。二次电子成像是扫描电子显微镜中应用最广泛、分辨率最高的一种图像，其成像过程为：由电子枪发射出电子束，并在电压的加速下射向样品，途中经物镜再次汇聚成很小的斑点聚焦。样品表面上的入射电子与样品相互作用，并激发出二次电子。二次电子收集极将各方向发射的二次电子汇集，经加速电极加速后射到闪烁体上转变成光信号，然后通过光电倍增管及视频放大器，在荧光屏上呈现出明暗程度不同的二次电子图像。

扫描电子显微镜的衬度主要有表面形貌衬度和原子序数衬度两种。前者二次电子发射量的多少取决于样品表面起伏的状况，尖棱、小粒子和坑穴边缘对二次电子产率有较大的贡献；后者二次电子发射量的多少也取决于元素的原子序数，序数高的元素产生的二次电子多。因此，对于都是由 C、H 等元素组成的高分子材料而言，为了增加二次电子的发射量，需要在样品表面溅射一层很薄的重金属（Au、Ag、Pt 等）导电层。扫描电子显微镜样品的一般制备过程是：干燥、黏台、喷金、观察。由于天然高分子材料大多数都是由低原子序数的 C、H、O、N 等元素组成，而且绝大多数是绝缘材料，所以，需要在样品表面喷镀一层导电层，一般采用 Au、Pt 或 C 等。扫描电子显微镜可以观测天然高分子材料表面和内部的结构和形态、微球和微纤维的表面形貌和尺寸、共混高聚物的两相以及材料连接情况等。

植物原料的显微结构是在显微镜下观察研究的各种植物原料的组成细胞类型、形态，以及它们在植物中组合构成植物组织的方式等。通过扫描电子显微镜对针、阔叶材的三切面进行观测，针叶材细胞类型较单一，细胞排列也较规律。管胞是组成针叶材的主要细胞，约占总材积的 90%以上；其次是薄壁细胞，约占总材积的 1%～7%。而阔叶材主要有导管分子、木纤维、轴向薄壁细胞、木射线等。

植物纤维的细胞结构主要为细胞壁结构，包括细胞壁的层状结构（细胞壁的超微结构）和细胞壁的纹孔结构等。植物纤维的细胞大多是中空纤维状，构成细胞壁纤维的更细微单元是微纤丝，在普通光学显微镜下是看不见的，只有在电子显微镜下才能观察到这种细丝状结构，它是构成细胞壁的物理形态单位。大部分的植物纤维细胞壁由胞间层、初生壁、次生壁组成。3 个或 4 个纤维细胞之间构成的共同区域称为细胞角隅区。胞间层是将两个单独的细胞粘连在一起的中间薄层。

细胞壁中纤维素的分布呈明显的规律性，纤维素的含量从外层到内层逐渐增加，次生壁 S_2、S_3 层中纤维素含量最高。在聚糖分布研究中，由于半纤维素结构复杂，因而其在细胞壁中分布的研究十分困难，长期以来人们对木材细胞半纤维素分布的研究没有给予充分重视。但仍有许多方法能直接或间接地证明聚糖的存在。通过扫描电子显微镜观察云杉综纤维素中半纤维素的原位分布特点发现，复合胞间层和细胞角隅染色最深，说明其半纤维素浓度最高，其次是 S_1 层和 S_3 层，S_2 层颜色最浅，半纤维素浓度最低。即说明，云杉管胞中胞间层和 S_1 层半纤维素浓度较高，S_2 层较低。

在纤维细胞壁化学组分分布的研究中木质素分布的研究最为引人关注，因为木质素在纤维细胞壁中的分布是研究植物纤维原料特性、制浆及漂白机理的基础。可根据木质素骨架的电子显微镜图像研究木质素的分布情况，即木材样品经过氢氟酸或碳水化合物酶等处理，使碳水化合物溶解，而保留细胞壁中的木质素骨架，然后样品经脱水、包埋、超薄切片后在电子显微镜下观察。对木质部和树皮中无机组分的研究表明，温带树种中，除碳、氢、氧、氮等元素外，其他元素含量很少，仅占木材质量的0.1%～0.5%，在热带树种中其含量可达到5%。尽管这个比例很小，但却包含了众多元素。扫描电子显微镜-X 射线能谱仪研究桦木细胞壁中无机组分的分布情况，共检测到 11 种不同元素，分别是钠、镁、铝、硅、磷、硫、氯、钾、钙、铁和锌元素。在木材纤维细胞、导管、射线薄壁细胞中通常可以检测到硫、氯和钙元素，而在木射线薄壁细胞的无定形区以及导管和木射线薄壁细胞之间的纹孔膜中聚集了几乎所有检测到的元素，而且浓度较高。

2. 透射电子显微镜

透射电子显微镜的结构包括照明系统、成像系统、观察和记录系统。照明系统由电子枪和聚光镜组成。电子枪相当于聚光镜中的光源，由阴极、阳极、栅极组成，其作用是发射具有一定能量的电子，这些电子经聚光镜（即电磁透镜）进一步汇聚为具有一定能量和一定直径的电子束。成像系统由物镜、中间镜和投射镜组成，物镜位于样品下方，对成像质量具有决定性作用。观察和记录系统包括观察室、荧光屏和照相底片暗盒等。图 2-5-20 是透射电子显微镜的结构示意图。

透射电子显微镜的样品很薄，为超薄切片。当电子束打在样品上时，电子易透过，透过的电子称为透射电子；而有的电子碰到原子核就透不过而被散射，而且运动方向和速度发生变化，这些电子被称为散射电子。透射电子显微镜是利用透射电子和部分散射电子成像，其像显示出不同的明暗程度，即衬度。成像的衬度主要有振幅衬度和相位衬度，而振幅衬度主要包括散射衬度和衍射衬度。散射衬度是非晶态形成衬度的主要原因，而衍射衬度是晶体样品的主要衬度。高分辨电子显微镜像给出的是相位衬度。

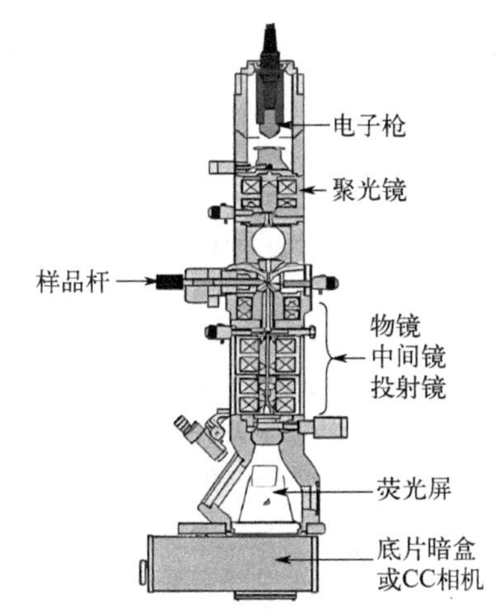

图 2-5-20　透射电子显微镜的结构示意图

对于植物细胞壁样品，一般用超薄切片机将其切割至 80nm 左右的厚度。在极端情况下，如做高分辨率透射电子显微镜或电子能谱分析，试样厚度需要＜50nm（甚至＜10nm）。通过透射电子显微镜可以清晰地观察细胞壁层级结构。由于木质素结构的特殊性，其可与高锰酸钾、氯、溴发生特异性反应。可以借助这些特异性反应，结合电子显微技术来定性或半定量研究木质素的分布。如利用高锰酸钾染色结合透射电子显微技术研究针叶材管胞时发现，细胞角隅胞间层木质化程度最高，其次是复合胞间层。胞间层和复合胞间层木质素浓度最高，而次生壁木质素浓度最低。阔叶材中次生壁和胞间层的木质素分布情况与针叶材类似。透射电子显微镜结合免疫金标记技术可获得木质化过程的信息。半纤维素与纤维素和木质素形成的物理和化学键对植物细胞三维结构的构建具有重要影响。半纤维素的结构精细，多样化地存在于不同种类细胞中。透射电子显微镜结合免疫标记可以提供关于半纤维素沉积的详细信息。

十二、原子力显微镜

原子力显微镜是将一个对微弱力极敏感的微悬臂一端固定，另一端有一个微小的针尖，其尖端原子与样品表面原子间存在极微弱的排斥力（10^{-8}～10^{-6}N），利用光学检测法或隧道电流检测法，通过测量针尖与样品表面原子间的作用力获得样品表面形貌的三维信息。当针尖接近样品时，将受到力的作用使悬臂发生偏转或振幅改变。悬臂的这种变化经检测系统检测后转变成电信号传递给反馈系统和成像系统，记录扫描过程中探针的一系列变化，可获得样品表面信息图像。原子力显微镜主要由检测系统、扫描系统和反馈控制系统组成，其结构见图 2-5-21。悬臂的偏转或振幅改变可以通过光反射法、光干涉法、隧道电流法、电容检测法等方法检测。目前，原子力显微镜系统中常用的是激光反射检测系统，由探针、激光发生器和光检测器组成。探针由悬臂和悬臂末端的针尖组成，悬臂的背面镀一层金属以达到镜面反射目的。在接触式原子力显微镜中 V 形悬臂是常见的一种类型。共振式原子力显微镜中则由单晶硅组成，探针末端的针尖一般呈金字塔形或圆锥形，针尖的曲率半径与原子力显微镜的分辨率有关。原子力显微镜的成像模式可分为“接触模式”“非接触模式”和“共振模式”三种。接触模式指探针与试样相互接触，探针与试样间相互作用力为斥力。非接触模式指原子力显微镜的探针与试样保持一定的空间距离，探针与试样间相互作用力保持一定的引力。共振模式指悬臂在 z 方向驱动共振，并记录 z 方向扫描器的移动而成像，适用于易形变的软质样品。共振模式可有效防止样品对针尖的黏滞现象和针尖对样品的损坏，并能得到真实反映形貌的图像，且能保证样品检测的重现性。

在原子力显微镜基本操作系统基础上，通过改变探针、成像模式或针尖与样品间的作用力，可测量样品的多种性质。目前原子力显微镜已有多种形式，主要有：a. 侧向力显微镜。测量悬臂受到水平方向的力（摩擦力）而发生的偏转运动，通过记录偏转程度获得样品表面摩擦力分布图像及凝聚形态。b. 扫描黏弹性显微镜。在扫描器 z 方向上加正弦振动（应变），悬臂受反作用力也产生周期振动（应力），从而测量样品表面的模量，评价样品表面的黏弹性。c. 磁力显微镜。其探针针尖包裹一层铁磁性材料，通过检测样品与针尖间磁场诱导的悬臂共振频率的变化，研究样品表面的空间磁场分布，可以研究表面磁场分布情况。d. 静电力显微镜。其探针带有电荷，用于研究表面电荷载体密度的空间变化。e. 化学力显微镜。其针尖表面用特殊的官能团修饰，通过检测针尖上功能基团和表面基团之间黏滞力的差别，研究黏性、润滑、高分子表面基团的性质和分布，以及生物体系中的键合识别作用等。其他还有诸如激光力显微镜、表面电位显微镜、力调制显微镜和相检测显微镜等。此外，还有采用金刚石针尖的金属悬臂的纳米压痕技术和纳米加工技术。

原子力显微镜的分辨率包括侧向分辨率和垂直分辨率。图像的侧向分辨率取决于采集图像的步宽和针尖形状。针尖影响主要表现在两个方面：针尖曲率半径和针尖侧面角。曲率半径决定最高侧向分辨率，而探针的侧面角决定最高表面比率特征的探测能力。通常，针尖曲率半径越小，则越能分辨精细结构。样品的陡峭面分辨程度取决于针尖的侧面角大小，侧面角越小，分辨陡峭样品表面的能力就越强。原子力显微镜的垂直分辨率与针尖无关，主要受噪声影响。此外，它还与扫描器分辨率和数值记录像素等因素有关。

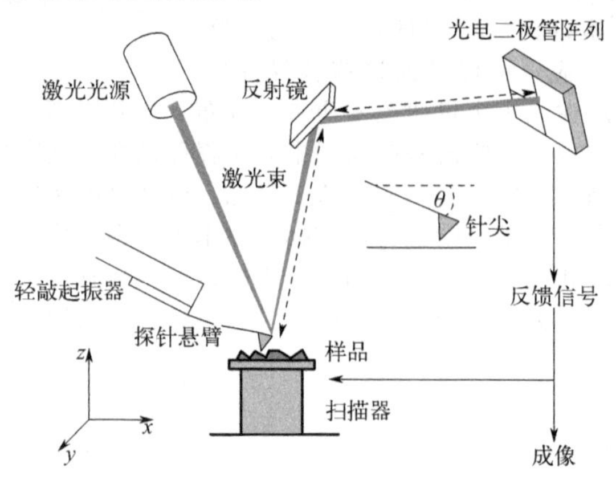

图 2-5-21　原子力显微镜工作原理示意图

与电子显微镜（如扫描电子显微镜和透射电子显微镜）相比，原子力显微镜样品制备简单、分辨率高，可提供真实的三维形貌以及可以在多种环境中进行测试。原子力显微镜的直接成像不仅提高了我们阐明天然细胞壁结构的能力，而且为理解其生物合成提供了新的见解。同时，原子力显微镜被证明是一种观察纤维素微纤丝结构的精确方法，可比较不同植物细胞壁中微纤丝的排列。基于原子力显微镜的纳米压痕技术是微纳米尺度下研究木材及木质材料硬度和弹性模量的重要方法，可以实现对木质材料细胞壁的力学性能（硬度、弹性模量、屈服强度）的测量。

参考文献

[1] 李延斌，徐晓宏. 消化道内镜的最新进展. 医疗设备信息，2007，22（2）：43-44.
[2] 冯念伦，孙铁军，刘文兰. 全自动微生物鉴定和药敏分析仪器的解析及应用. 中国医疗设备，2006，21（11）：91-93.
[3] 苏承昌. 分析仪器. 北京：军事医学科学出版社，2000.
[4] 刘密新，罗国安，张新荣，等. 仪器分析. 北京：清华大学出版社，2002.
[5] 邹汉法，张玉奎，卢佩章. 高效液相色谱法. 北京：科学出版社，1998.
[6] Harris D C. Quantitative chemical analysis. W H Freeman and Company，1995：53-60.
[7] Skoog D A，Holler F J，Nieman T A. Principles of instrument analysis. Philadephia：Cengage learning，1997：112-115.
[8] Williams D H，Fleming I. Spectroscopic methods in chemistry. Mc Graw-Hill Book Company，1995：20-26.
[9] Smith N W，Evans M B. The analysis of pharma ceutical compounds using electrochromatography. Springer-Verlag，1994，38（9）：649-657.
[10] Fujimoto C，Kino J，Sawada H. Capillary electrochromatography of small molecules in polyacrylamide gels with electroosmotic flow. J Chromatogr A，1995，716（1-2）：107-113.
[11] 于世林. 高效液相色谱方法及应用. 北京：化学工业出版社，2018.
[12] 戴军，朱松，汤坚，等. PMP柱前衍生高效液相色谱法分析杜氏盐藻多糖的单糖组成. 分析测试学报，2007，26（2）：206-210.
[13] 马定远，陈君，李萍，等. 柱前衍生化高效液相色谱法分析多糖中的单糖组成. 分析化学，2002，30（6）：702-705.
[14] 庄京顺，王晓军，王兆江，等. 液相色谱法同时测量杨木预水解液中木素和碳水化合物的降解产物. 造纸科学与技术，2016，32（2）：53-56.
[15] 江智婧. 反相高效液相色谱法定量分析木质素的主要降解产物. 色谱，2011，29（1）：59-62.
[16] 欧阳新平，陈子龙，邱学青. 超高效液相色谱/高分辨质谱法测定木质素氧化降解产物中单酚类化合物. 分析化学，2014，42（5）：723-728.
[17] 徐从立，陈海生，谭兴起，等. HPGFC-ELSD法测定商陆多糖的重均相对分子质量. 第二军医大学学报，2004，25（1）：116-117.
[18] 林珊，杨雪芳，曹石林，等. 凝胶色谱测定纤维素分子量. 纸和造纸，2015，34（10）：67-69.
[19] 吕雯，马迅，丁锐，等. 高效凝胶色谱法测定罗勒多糖的分子量与分子量分布. 中国药业，2012，21（8）：32-33.
[20] 许志强. 高效液相色谱法测定化纤浆粕纤维素聚合度分布研究. 中国造纸学会学术年会，1997.
[21] Forss K，Janson J，Sagfors P E. Influence of anthraquinone and sulphide on the alkaline degradation of the lignin macromolecule. Paperi Ja Puu，1984，66（2）：77-79.
[22] 陈贤苓，雷中方. 凝胶色谱法测定木素的分子量分布. 实验室研究与探索，1993（4）：72-74.
[23] 谌凡更. 凝胶色谱法测定木素磺酸盐电氧化降解产物的相对分子质量分布. 色谱，2000，18（5）：429-431.
[24] 李静，陈昌华. 凝胶渗透色谱法对桉木过氧化氢化学法化学机械浆制浆过程木素分子量变化的机理研究. 分析化学，1999，27（1）：51-54.
[25] 李静，左雄军. 测定木素磺酸盐和磺化碱木素相对分子质量分布的凝胶色谱法. 分析测试学报，1999，18（5）：47-49.
[26] 张晓燕. 气相色谱仪的发展轨迹与趋势. 工业计量，2007，17（A01）：119-120.
[27] 罗伟栋，张云，周浩林，等. 便携式气相色谱仪的模块化设计. 分析仪器，2011，5：18-19.
[28] 王海坤，杨丰庆，夏之宁. 制备气相色谱仪的改进及应用研究进展. 化学通报，2011，74（1）：3-5.
[29] 刘虎威. 气相色谱方法及应用. 北京：化学工业出版社，2007.
[30] 吴方迪，张庆合. 色谱仪器维护和故障排除. 北京：化学工业出版社，2008.
[31] 厉昌海，林隆海. 关于气相色谱仪原理组成及使用的思考. 现代制造技术与装备，2016（1）：29-31.
[32] 谭敏，邱细敏，陆艳艳，等. 植物多糖分析方法综述. 食品科学，2009，30（21）：420-423.
[33] 康学军，曲见松. 白芷多糖中单糖组成的气相色谱分析. 药物分析杂志，2006，26（7）：891-894.
[34] 梁中焕，郭志欣，张丽萍. 白术水溶性多糖的结构特征. 分子科学报，2007，23（3）：185-188.
[35] 白娣斯，张静. 气相色谱分析多糖衍生化方法的研究与比较. 食品工业科技，2011，32（2）：322-324.

[36] 付时雨，闵江马. 裂解-气质联用分析氧漂过程中木素结构的变化. 化工学报，2006，57（6）：1438-1441.

[37] 于海霞，庄晓伟，潘炘，等. 木质素单体结构分析方法及在木材研究中的应用. 西北林学院学报，2017，32（2）：256-258.

[38] 张斌，武书彬，阴秀丽，等. 酸水解木质素的结构及热解产物分析. 太阳能学报，2011，32（1）：19-22.

[39] Kim J Y，Oh S，Hwang H，et al. Structural features and thermal degradation properties of various lignin macromolecules obtained from poplar wood（Populus albaglandulosa）. Polym Degrad Stab，2013，98（9）：1671-1678.

[40] 武书彬，向冰莲，刘江燕，等. 工业碱木质素热裂解特性研究. 北京林业大学学报，2008，30（5）：143-145.

[41] Ohra-Aho T，Gomes F J B，Colodette J L，et al. S/G ratio and lignin structure among Eucalyptus hybrids determined by Py-GC/MS and nitrobenzene oxidation. J Anal Appl Pyrolysis，2013，101：166-171.

[42] 文甲龙. 生物质木质素结构解析及其预处理解离机制研究. 北京：北京林业大学，2014.

[43] 宁永成. 有机化合物结构鉴定与有机波谱学. 北京：科学出版社，2000.

[44] 李坚. 木材科学. 北京：科学出版社，2014.

[45] 许凤. 拉曼光谱在木材化学中的应用. 哈尔滨：东北林业大学出版社，2012.

[46] Zhang X，Ji Z，Zhou X，et al. Method for automatically identifying spectra of different wood cell wall layers in Raman imaging data set. Anal Chem，2014，87（2）：1344-1350.

[47] 姚燕，王树荣，郑赟，等. 基于热红联用分析的木质素热裂解动力学研究. 燃烧科学与技术，2007，13（1）：50-54.

[48] Gani A，Naruse I. Effect of cellulose and lignin content on pyrolysis and combustion characteristics for several types of biomass. Renewable Energy，2007，32（4）：649-661.

[49] Shen D K，Gu S，Bridgwater A V. The thermal performance of the polysaccharides extracted from hardwood：Cellulose and hemicellulose. Carbohyd Polym，2010，82（1）：39-45.

[50] Wang G，Li W，Li B Q，et al. TG study on pyrolysis of biomass and its three components under syngas. Fuel，2008，87（4-5）：552-558.

[51] Wang S，Guo X，Wang K，et al. Influence of the interaction of components on the pyrolysis behavior of biomass. J Anal Appl Pyrol，2011，91（1）：183-189.

[52] Haykiri-Acma H，Yaman S，Kucukbayrak S. Comparison of the thermal reactivities of isolated lignin and holocellulose during pyrolysis. Fuel Process Technol，2010，91（1）：759-764.

[53] 谢桂军，李腊梅，李兴伟. 马尾松热处理木材的表面特性研究. 广东林业科技，2018，34（1）：12-17.

[54] 何盛，徐军，吴再兴，等. 毛竹与樟子松木材孔隙结构的比较. 南京林业大学学报（自然科学版），2017（2）：157-162.

[55] 陆家和，陈长彦. 表面分析技术. 北京：电子工业出版社，1987.

[56] 于雷，戚大伟. 计算机断层扫描技术在木材科学领域的应用. 森林工程，2006，22（5）：13-16.

[57] Dorris G M，Gray D G. The surface analysis of paper and wood fibers by ESCA（electron spectroscopy for chemical analysis）. I：Application to cellulose and lignin. Cell Chem Technol，1978，61（3）：545-552.

[58] Hon D N S，Feist W S. Weathering characteristics of hardwood surface. Wood Sci Technol，1986，20（2）：169-183.

[59] Jaić M，Živanóvic R，Stevanóvic-Janeźsc T，et al. Comparison of surface properties of beech-and oakwood as determined by ESCA method. Holz als Roh-und Werkstoff，1996，54（1）：37-41.

[60] 杜官本，杨忠，邱坚. 微波等离子体处理西南桤木表面的 ESR 和 XPS 分析. 林业科学，2004，40（2）：148-151.

[61] Sun Q，Foston M，Sawada D，et al. Comparison of changes in cellulose ultrastructure during different pretreatments of poplar. Cellulose，2014，21（4）：2419-2431.

[62] Mosier N，Wyman C，Dale B，et al. Features of promising technologies for pretreatment of lignocellulosic biomass. Bioresour Technol，2005，96（6）：673-686.

[63] Ding S Y，Himmel M E. The maize primary cell wall microfibril：A new model derived from direct visualization. J Agr Food Chem，2006，54（3）：597-606.

[64] Wakelin J H，Virgin H S，Crystal E. Development and comparison of two X-ray methods for determining the crystallinity of cotton cellulose. J Appl Phys，1959，30（11）：1654-1662.

[65] Xu F，Shi Y C，Wang D. X-ray scattering studies of lignocellulosic biomass：A review. Carbohyd Polym，2013，94（2）：904-917.

[66] Langan P，Petridis L，O′ Neill H M，et al. Common processes drive the thermochemical pretreatment of lignocellulosic biomass. Green Chem，2014，16（1）：63-68.

[67] Sponsler O L. X-ray diffraction patterns from plant fibers. J Gen Physiol，1925，9（2）：221-233.

[68] Jellinek M H，Soloman E，Fankuchen I，et al. Measurement and analysis of small-angle X-ray scattering. Ind Eng Chem，Anal Ed，1946，18（3）：172-175.

[69] Walther T，Terzic K，Donath T，et al. Microstructural analysis of lignocellulosic fiber networks. SPIE，2006，6318：

631812.
[70] Míguez J L，Granada E，González L M L，et al. Prediction of the properties of Spanish lignocellulosic briquettes by means of dispersive X-ray fluorescence. Renew Energ，2002，27 (4)：575-584.
[71] Cheng G，Zhang X，Simmons B，et al. Theory，practice and prospects of X-ray and neutron scattering for lignocellulosic biomass characterization：Towards understanding biomass pretreatment. Energ Environ Sci，2015，8 (2)：436-455.
[72] James R W，West J，Bradley A J. Crystallography. Annu Rep Prog Chem，1927，24：273-291.
[73] Pu Y，Hu F，Huang F，et al. Assessing the molecular structure basis for biomass recalcitrance during dilute acid and hydrothermal pretreatments. Biotechnol Biofuels，2013，6 (1)：1-13.
[74] Ruland W. X-ray determination of crystallinity and diffuse disorder scattering. Acta Crystallogr，1961，14 (11)：1180-1185.
[75] Kargarzadeh H，Ahmad I，Abdullah I，et al. Effects of hydrolysis conditions on the morphology，crystallinity，and thermal stability of cellulose nanocrystals extracted from kenaf bast fibers. Cellulose，2012，19 (3)：855-866.
[76] Segal L，Creely J J，Martin Jr A E，et al. An empirical method for estimating the degree of crystallinity of native cellulose using the X-ray diffractometer. Text Res J，1959，29 (10)：786-794.
[77] Hattula T. Effect of kraft cooking on the ultrastructure of wood cellulose. Paperi ja puu，1986，68 (12)：926-931.
[78] Ji Z，Ling Z，Zhang X，et al. Impact of alkali pretreatment on the chemical component distribution and ultrastructure of poplar cell walls. Bio Resources，2014，9 (3)：4159-4172.
[79] Sghaier A E O B，Chaabouni Y，Msahli S，et al. Morphological and crystalline characterization of NaOH and NaOCl treated Agave americana L. fiber. Ind Crop Prod，2012，36 (1)：257-266.
[80] Chen J H，Wang K，Xu F，et al. Effect of hemicellulose removal on the structural and mechanical properties of regenerated fibers from bamboo. Cellulose，2015，22 (1)：63-72.
[81] Eronen P，Österberg M，Jääskeläinen A S. Effect of alkaline treatment on cellulose supramolecular structure studied with combined confocal Raman spectroscopy and atomic force microscopy. Cellulose，2009，16 (2)：167-178.
[82] Liu Z，Sun X，Hao M，et al. Preparation and characterization of regenerated cellulose from ionic liquid using different methods. Carbohyd polym，2015，117：99-105.
[83] Singh S，Simmons B A，Vogel K P. Visualization of biomass solubilization and cellulose regeneration during ionic liquid pretreatment of switchgrass. Biotechnol Bioeng，2009，104 (1)：68-75.
[84] Xu F，Shi Y C，Wang D. X-ray scattering studies of lignocellulosic biomass：A review. Carbohyd polym，2013，94 (2)：904-917.
[85] Penttilä P A，Kilpeläinen P，Tolonen L，et al. Effects of pressurized hot water extraction on the nanoscale structure of birch sawdust. Cellulose，2013，20 (5)：2335-2347.
[86] Kumar S，Gupta R B. Biocrude production from switchgrass using subcritical water. Energy Fuels，2009，23 (10)：5151-5159.
[87] Li C，Knierim B，Manisseri C，et al. Comparison of dilute acid and ionic liquid pretreatment of switchgrass：Biomass recalcitrance，delignification and enzymatic saccharification. Bioresour Technol，2010，101 (13)：4900-4906.
[88] Grethlein，Hans E. The effect of pore size distribution on the rate of enzymatic hydrolysis of cellulosic substrates. Nat Biotechnol，1985，3 (2)：155-160.
[89] Theerarattananoon K，Wu X，Staggenborg S，et al. Evaluation and characterization of sorghum biomass as feedstock for sugar production. T ASABE，2010，53 (2)：509-525.
[90] Kumar R，Mago G，Balan V，et al. Physical and chemical characterizations of corn stover and poplar solids resulting from leading pretreatment technologies. Bioresour Technol，2009，100 (17)：3948-3962.
[91] Gollapalli L E，Dale B E，Rivers D M. Predicting digestibility of ammonia fiber explosion (AFEX)-treated rice straw. Appl Biochem Biotech，2002，98 (1)：23-35.
[92] Laureano-Perez L，Teymouri F，Alizadeh H，et al. Understanding factors that limit enzymatic hydrolysis of biomass. Appl Biochem Biotech，2005，124 (1)：1081-1099.
[93] Thompson D N，Chen H C，Grethlein H E. Comparison of pretreatment methods on the basis of available surface area. Bioresour Technol，1992，39 (2)：155-163.
[94] Gabhane J，William S P M P，Vaidya A N，et al. Solar assisted alkali pretreatment of garden biomass：Effects on lignocellulose degradation，enzymatic hydrolysis，crystallinity and ultra-structural changes in lignocellulose. Waste Manage，2015，40：92-99.
[95] Song Y，Zhang J，Zhang X，et al. The correlation between cellulose allomorphs (Ⅰ and Ⅱ) and conversion after removal of hemicellulose and lignin of lignocellulose. Bioresour Technol，2015，193：164-170.
[96] Gharpuray M M，Lee Y H，Fan L T. Structural modification of lignocellulosics by pretreatments to enhance enzymatic

hydrolysis. Biotechnol Bioeng，1983，25（1）：157-172.

[97] Singh S，Cheng G，Sathitsuksanoh N，et al. Comparison of different biomass pretreatment techniques and their impact on chemistry and structure. Front Energy Res，2015，2：62.

[98] Gharpuray M M，Lee Y H，Fan L T. Structural modification of lignocellulosics by pretreatments to enhance enzymatic hydrolysis. Biotechnol Bioeng，1983，25（1）：157-172.

[99] Kim S，Holtzapple M T. Effect of structural features on enzyme digestibility of corn stover. Bioresour Technol，2006，97（4）：583-591.

[100] Sisson W A，Clark G L. X-ray method for quantitative comparison of crystalline orientation in cellulose fibers. Ind Eng Chem，Anal Ed，1933，5（5）：296-300.

[101] Patterson A L. The Scherrer formula for X-ray particle size determination. Phys Rev，1939，56（10）：978.

[102] Nishiyama Y，Langan P，O'Neill H，et al. Structural coarsening of aspen wood by hydrothermal pretreatment monitored by small-and wide-angle scattering of X-rays and neutrons on oriented specimens. Cellulose，2014，21（2）：1015-1024.

[103] Langan P，Nishiyama Y，Chanzy H. X-ray structure of mercerized cellulose Ⅱ at 1 Å resolution. Biomacromolecules，2001，2（2）：410-416.

[104] Oudiani A，Chaabouni Y，Msahli S，et al. Crystal transition from cellulose Ⅰ to cellulose Ⅱ in NaOH treated Agave americana L fibre. Carbohyd Polym，2011，86（3）：1221-1229.

[105] Kobayashi K，Kimura S，Togawa E，et al. Crystal transition from cellulose Ⅱ hydrate to cellulose Ⅱ. Carbohyd Polym，2011，86（2）：975-981.

[106] Kuribayashi T，Ogawa Y，Rochas C，et al. Hydrothermal transformation of wood cellulose crystals into pseudo-orthorhombic structure by cocrystallization. ACS Macro Lett，2016，5（6）：730-734.

[107] Jäger A，Bader T，Hofstetter K，et al. The relation between indentation modulus，microfibril angle，and elastic properties of wood cell walls. Compos Part A-Appl S，2011，42（6）：677-685.

[108] Toba K，Yamamoto H，Yoshida M. Crystallization of cellulose microfibrils in wood cell wall by repeated dry-and-wet treatment，using X-ray diffraction technique. Cellulose，2013，20（2）：633-643.

[109] Cheng G，Zhang X，Simmons B，et al. Theory，practice and prospects of X-ray and neutron scattering for lignocellulosic biomass characterization：Towards understanding biomass pretreatment. Energ Environ Sci，2015，8（2）：436-455.

[110] Svedström K，Lucenius J，Van den Bulcke J，et al. Hierarchical structure of juvenile hybrid aspen xylem revealed using X-ray scattering and microtomography. Trees，2012，26（6）：1793-1804.

[111] Stuart S A，Evans R. X-ray diffraction estimation of the microfibril angle variation in eucalypt wood. Appita J，1995，48（3）：197-200.

[112] Veenin T，Fujita M，Siripatanadilok S，et al. Radial variation of microfibril angle and cell wall thickness in Eucalyptus camaldulensis clones. Thai J For，2013，32（1）：24-34.

[113] 刘杏娥，杨喜，杨淑敏，等. 梁山慈竹微纤丝角的 X 射线衍射技术解析及对拉伸力学的影响. 光谱学与光谱分析，2014，34（6）：1698-1701.

[114] Gherardi Hein P R，Tarcísio Lima J. Relationships between microfibril angle，modulus of elasticity and compressive strength in Eucalyptus wood. Maderas- Cienc Tecnol，2012，14（3）：267-274.

[115] Brémaud I，Ruelle J，Thibaut A，et al. Changes in viscoelastic vibrational properties between compression and normal wood：Roles of microfibril angle and of lignin. Holzforschung，2013，67（1）：75-85.

[116] Sukmawan R，Takagi H，Nakagaito A N. Strength evaluation of cross-ply green composite laminates reinforced by bamboo fiber. Compos Part B-Eng，2016，84：9-16.

[117] Chu B，Hsiao B S. Small-angle X-ray scattering of polymers. Chem Rev，2001，101（6）：1727-1762.

[118] Martínez-Sanz M，Gidley M J，Gilbert E P. Application of X-ray and neutron small angle scattering techniques to study the hierarchical structure of plant cell walls：A review. Carbohyd pPolym，2015，125：120-134.

[119] Jakob H F，Fengel D，Tschegg S E，et al. The elementary cellulose fibril in Picea abies：Comparison of transmission electron microscopy，small-angle X-ray scattering，and wide-angle X-ray scattering results. Macromolecules，1995，28（26）：8782-8787.

[120] Kennedy C J，Cameron G J，Šturcová A，et al. Microfibril diameter in celery collenchyma cellulose：X-ray scattering and NMR evidence. Cellulose，2007，14（3）：235-246.

[121] Reiterer A，Jakob H F，Stanzl-Tschegg S E，et al. Spiral angle of elementary cellulose fibrils in cell walls of Picea abies determined by small-angle X-ray scattering. Wood Sci Technol，1998，32（5）：335-345.

[122] Kennedy C J，Šturcová A，Jarvis M C，et al. Hydration effects on spacing of primary-wall cellulose microfibrils：A small angle X-ray scattering study. Cellulose，2007，14（5）：401-408.

[123] Suzuki H, Kamiyama T. Structure of cellulose microfibrils and the hydration effect in Cryptomeria japonica: A small-angle X-ray scattering study. J Wood Sci, 2004, 50 (4): 351-357.
[124] Astley O M, Chanliaud E, Donald A M, et al. Structure of acetobacter cellulose composites in the hydrated state. Int J Biol Macromol, 2001, 29 (3): 193-202.
[125] Svedström K, Bjurhager I, Kallonen A, et al. Structure of oak wood from the Swedish warship Vasa revealed by X-ray scattering and microtomography. Holzforschung, 2012, 66 (3): 355-363.
[126] Xu F, Shi Y C, Wang D. Structural features and changes of lignocellulosic biomass during thermochemical pretreatments: A synchrotron X-ray scattering study on photoperiod-sensitive sorghum. Carbohyd Polym, 2012, 88 (4): 1149-1156.
[127] Xu F, Shi Y C, Wang D. Towards understanding structural changes of photoperiod-sensitive sorghum biomass during sulfuric acid pretreatment. Bioresour Technol, 2013, 135: 704-709.
[128] Virtanen T, Penttilä P A, Maloney T C, et al. Impact of mechanical and enzymatic pretreatments on softwood pulp fiber wall structure studied with NMR spectroscopy and X-ray scattering. Cellulose, 2015, 22 (3): 1565-1576.

（金永灿，许凤，杨益琴，张逊）

第三篇
植物纤维水解

本篇编写人员名单

主　　编　刘军利　中国林业科学研究院林产化学工业研究所

编写人员（按姓名汉语拼音排序）

李淑君　东北林业大学

李　铮　东北林业大学

林　鹿　厦门大学

刘军利　中国林业科学研究院林产化学工业研究所

马艳丽　东北林业大学

徐　勇　南京林业大学

曾宪海　厦门大学

周　鑫　南京林业大学

左　淼　厦门大学

目 录

第一章　绪论

植物纤维化学水解一般指采用酸或其他催化剂将木材和农副产品植物纤维中所含的纤维素、半纤维素降解成单糖或再加工成其他产品的过程。根据植物原料的化学组成和处理方法的不同，可制备出以不同单糖为主的水解糖及其副产品。利用这些水解糖可进一步加工生产乙醇、丁二醇、丁醇、糠醛、糠醇、羟甲基糠醛、脂肪酸、山梨醇、木糖醇、乙酰丙酸、单细胞蛋白等产品。随着生物技术的发展，化学水解主要作为生物质原料预处理的重要方法，与酶法技术联合使用制备单糖。绿色化、定向高效转化成为植物纤维化学水解的发展方向。

第一节　植物纤维化学水解历史进程

一、植物纤维化学水解技术发展史

植物纤维化学水解技术研究始于 19 世纪初期[1-3]。1819 年，法国化学家布拉克诺发现 91.5%浓硫酸水解纤维素可得到葡萄糖。1832 年，德国人德博雷涅尔（J. W. Doeberiener）利用硫酸水解糖和淀粉制取甲酸时发现了糠醛。1840 年，司梯恩豪兹从木屑和农业植物秸秆中制取出糠醛。1844 年，佩因在加压釜中进行了木材稀硫酸水解实验。1854 年，法国化学家伯路兹和阿鲁努使用浓硫酸催化水解木材获得葡萄糖作为乙醇发酵的原料。同年，米尔森在比利时使用 2.5%的稀硫酸于 100～170℃下水解木材制得葡萄糖和酒精。1856 年，G. F. 梅尔森斯采用木材稀硫酸高温水解法解决了浓硫酸回收困难的问题。同年，A. 贝尚根据盐酸是挥发酸，酸的催化活性比硫酸强且比硫酸容易回收的特点，研究浓盐酸水解工艺。1873 年，俄国化学家契尔文斯基用 0.5%～1%的稀硫酸和盐酸水解木屑糖化。1891 年，彼尔特兰和费舍尔利用钠汞齐还原木糖合成出木糖醇。1894 年，瑞典化学家希姆逊正式提出一段木材水解工艺，水解时间 25min，硫酸浓度 0.5%，温度 165～170℃，液比 5，单糖得率达木材重量的 22%～23%，硫酸消耗量 2.5%～3%，中试乙醇得率为 50～60L/t 绝干木材。

植物纤维化学水解技术应用于工业化生产是在 20 世纪初[1-3]。1899 年，克拉辛教授在德国提出浓硫酸水解木材方法，并在德国、英国和美国建立水解酒精厂，但由于技术问题而关闭。1900 年后，相继出现了普罗多法、贝尔古斯-赖诺法等工业生产方法。1922 年，美国的桂格燕麦公司（Quaker Oats Co.）以燕麦壳为原料生产出商品糠醛，这是世界上第一个糠醛制造厂。1926 年，法国化学家彼尔梯尔斯提出木材浓盐酸水解工艺，建成年产 6000～8000t 饲料糖的工厂，1934 年起生产葡萄糖和酒精，1939 年改产食用酵母。1926 年，德国化学家肖勒尔提出稀酸渗滤水解工艺，稀酸溶液从反应的物料中滤出并带出形成的糖，1931 年投产，至 1934 年生产出 6000t 糖，进而加工成 250 万升酒精。1934 年，苏联开始建设列宁格勒水解厂，采用一段水解工艺，温度 175～190℃，硫酸浓度 0.5%～0.7%，水解锅容积 18m^3。1953 年，意大利的雷德伽公司第一次采用塞佛法以木材为原料制造糠醛。

典型的水解糖化方法有[1-3]：①稀酸法，是以 0.5%～1%的稀硫酸为催化剂，在高温高压下进行糖化的方法，代表性方法有舒勒（Scholler）法（1920 年）、印芬他公司（Inventa Co.）法（1942 年）、麦迪生（Madison）法（1940 年）等。②浓硫酸法，是以 70%的浓硫酸为催化剂，在低温常压下进行糖化的方法，代表性方法有皮奥利法、焦尔达尼-列翁法、日本木材化学公司法（1945 年）、北海道法（1950 年）。③浓盐酸法，是以浓盐酸或氯化氢气体进行糖化的方法，代表性方法有贝尔古斯法、海伦法和野口研究所法（1947 年）。

第二次世界大战期间，为应对战争中食物短缺的难题，植物原料水解工业生产得到较快的发展。苏联、法国、德国、美国等都建立了木材水解工厂，生产酒精、食用和饲料酵母、饲料糖蜜和结晶葡萄糖等多种产品。战后由于粮食供应缓和等原因，除苏联外，其他各国的水解生产（除糠醛生产外）基本趋于停顿。

苏联是主要的木材水解生产国家，农林废弃物开发技术比较先进，列宁格勒水解厂、克拉诺达斯基水解厂、弗尔干水解厂的生产实践对中国水解工业的发展产生了巨大影响。曾有 46 个水解厂在运转。按产品分，生产酒精、酵母的有 18 个，生产酵母的有 16 个，生产糠醛、木糖和酵母的有 12 个。按照水解产品总产值占比，饲料酵母约占 50%，酒精占 15%，预混饲料、糠醛和呋喃化合物占 10%，木糖醇和脱水木糖醇占 2%，其他产品占 23%。

美国的水解工业主要生产糠醛及其衍生物，其产量在世界上占主导地位。美国桂格燕麦公司是世界上最大的糠醛生产公司，已有 100 多年的生产历史，曾占世界总产量的 40%以上，控制了国际糠醛市场。1940 年，美国采用麦迪生法建成日处理干材 220t 能力的酒精厂，战后因经济性差而停产。1963 年，美国建成世界上第一座年产 2500t 乙酰丙酸的工厂。

世界上生产糠醛的国家还有多米尼加、南非、法国、巴西、意大利、印度、匈牙利、罗马尼亚、捷克、古巴、波兰、德国、奥地利等。芬兰是世界上生产木糖醇最先进的国家，采用汽相连续水解，离子交换分离各种糖类，得率高，质量好。

中国的植物纤维水解研究可追溯到新中国成立前，1932 年，在天津建有以棉籽壳为原料每天生产几升糠醛的小试车间，除此以外，水解工业基本空白。新中国成立后，我国开始发展水解工业，1958 年，林业部门从苏联引进植物纤维水解技术及设备，建立了南岔木材水解厂，成为我国第一座以木材加工剩余物为原料生产工业酒精、饲料酵母的林产化工企业。该企业以木屑为原料，采用稀酸加压渗滤水解工艺，生产乙醇以及其他副产品，如饲料酵母、糠醛、木质素活性炭、石膏板等，从 1966 年至 1984 年共生产乙醇 2 万吨。1984 年该企业的乙醇最高年产量达 3245t，达到了绝干木材产糖率 41%、100kg 可发酵糖产乙醇 52.8L 的指标，后因该工艺生产成本高而停产。1971 年，广东东莞糖厂开始利用蔗渣水解糠醛残渣二次水解研制乙酰丙酸，并建成日产 40～70kg 的乙酰丙酸中试生产线，得率 18%。20 世纪 80 年代起，为应对全球气候变暖和环境污染等问题，木质纤维原料生产生物能源和化学品的研究得到广泛重视，先后建成多家木质纤维原料水解、发酵生产燃料乙醇的中试生产线。中国植物纤维化学水解产品以糠醛、木糖、木糖醇、乙酰丙酸为主，此外还有酒精、饲料酵母、干冰及木质素活性炭等。

二、植物纤维化学水解工业原料

1. 水解工业主要原料

富含纤维素、半纤维素的森林采伐剩余物、抚育和加工剩余物、农作物秸秆和农林产品加工剩余物等均可以进行水解生产化学品。资源的可收集程度、供给量及其原料性质等是决定其能否作为水解工业原料的重要因素。资源的可收集程度决定着原料的收储运成本，供给量决定着水解工厂的生产规模，原料性质如原料的基本结构、化学组成、水解难易程度、过滤性能和容积密度等均与水解工艺参数、产品得率、设备形式、生产能力和物料消耗有关，直接涉及水解生产的经济可行性和效益。

森林采伐剩余物占采伐木材的 15%～25%，包括树枝、伐根、树皮及其他剩余物。木材加工剩余物包括进锯原木 10%～20%的软材剩余物（锯末）和 20%的硬剩余物（树皮、板条和刨花）。2016 年，中国林业“三剩物”约 3.30 亿吨，灌木林平茬剩余物 1.85 亿吨，经济林抚育剩余物 1.48 亿吨，林产品生产加工剩余物 0.74 亿吨，废旧木材制品 0.60 亿吨。这些剩余物特别是木屑、板条和刨花，均适宜作为水解工业的原料[4]。

农作物及其加工剩余物，如玉米芯、秸秆、棉籽壳、油茶壳、葵花籽壳、稻壳等都可以作为水解生产的原料。2016 年，中国农作物秸秆达到了 9.65 亿吨，农产品加工废弃物产量 1.13 亿吨。其中玉米芯量达 4830 万吨；其次是稻壳，4140 万吨[4]。玉米芯是我国糠醛生产的主要原料。

2. 水解工业原料化学组成

水解生产所用的植物纤维原料主要包含纤维素、半纤维素、木质素三种成分。纤维素组成微细纤维，构成纤维细胞壁的网状骨架，而半纤维素和木质素则是填充在纤维之间和微细纤维之间的“黏合剂”和“填充剂”。植物纤维原料中，一般纤维素、半纤维素、木质素三种成分的质量占原料总质量的 80%～95%，故称之为植物纤维原料的主要化学成分。表 3-1-1 为主要植物纤维原料的纤维素、半纤维素和木质素含量[5]。针叶材含纤维素较多，阔叶材、农产品及其加工剩余物含半纤维素较多。

表 3-1-1　主要植物纤维原料中纤维素、半纤维素和木质素含量

序号	植物原料	纤维素/%	半纤维素/%	木质素/%
1	甘蔗渣	42	25	20
2	甜高粱秆	45	27	21
3	阔叶材	40～55	24～40	18～25
4	针叶材	45～50	25～35	25～35
5	玉米芯	45	35	15
6	玉米秸秆	38	26	19
7	稻秆	32	24	18
8	坚果壳	25～30	25～30	30～40
9	草	25～40	25～50	10～30
10	小麦秸秆	29～35	26～32	16～21
11	柳枝稷	45	31.4	12

植物纤维原料的基本化学组成如图 3-1-1，其组分和含量因原料种类不同而有差异。纤维素是均一的多聚糖，是由 β-D-吡喃型葡萄糖基通过 1→4 糖苷键连接而成的线型均一高聚糖，是植物细胞壁的骨架物质（约占细胞壁质量的 40%～50%）。半纤维素是非均一的多聚糖，由两种或两种以上糖基通过糖苷键连接而成常带有侧链或支链结构的非均一复合聚糖，大部分是戊糖和己糖聚合的高聚糖。针叶材中的半纤维素基本上是由半乳糖基、葡萄糖基、甘露糖基、阿拉伯糖基和葡萄糖醛酸基组成，主要以 *O*-乙酰基-半乳糖基-葡甘露聚糖为主，占原料的 20%左右，阿拉伯糖-4-*O*-甲基-葡萄糖醛酸基-木聚糖占原料的 5%～10%。阔叶材中的半纤维素主要是以 *O*-乙酰基-4-*O*-甲基-葡萄糖醛酸基-木聚糖为主，占木材量的 20%～25%，少量葡甘露聚糖，占木材量的 3%～5%。阔叶材半纤维素中的阿拉伯半乳聚糖的含量也与针叶材的不同。以糖类的总含量计，针叶材与阔叶材中的含量几乎是相等的，其水解单糖的理论得率为绝干原料量的 66%～72%。禾本科中主要为 *O*-乙酰基-阿拉伯糖-4-*O*-甲基葡萄糖醛酸基-木聚糖，占原料半纤维素的 95%以上，各种原料的差别主要是糖基的比例不同。

水解原料的化学组成按其水解性能可以分为易水解多糖组分和难水解多糖组分，针叶材中难水解多糖含量要比阔叶材中的高些，而阔叶材中的易水解多糖含量要比针叶材中的高些，易水解多糖（主要是戊聚糖）含量较高的阔叶材，采用较缓和的水解条件有利于获得高的糖得率，而对难水解多糖（主要是纤维素）含量较高的针叶材应采用较剧烈的水解条件方能获得高的糖得率。表 3-1-2 为不同去皮木材原料及其水解液的化学组成。

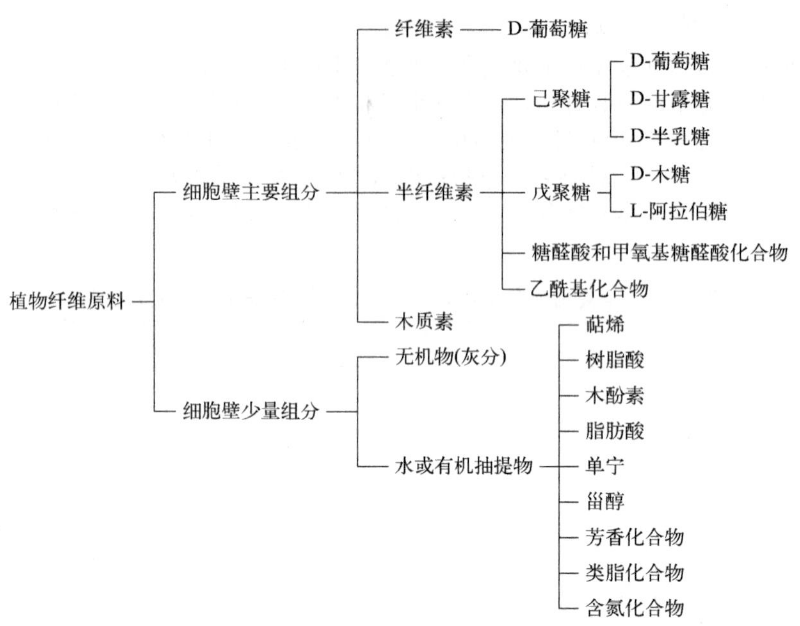

图 3-1-1 植物纤维原料基本化学组成

表 3-1-2 不同去皮木材原料及其水解液化学组成

组成		相对绝干物质含量/%					
		云杉	松树	冷杉	落叶松	白桦	山杨
高聚糖	易水解	17.3	17.8	14.9	27.2	26.5	20.3
	难水解	48.0	47.7	44.2	39.0	39.4	44.0
	总计	65.3	65.5	59.1	66.2	65.9	64.3
戊聚糖(不包括糖醛酸)		5.1	6.0	5.2	7.8	22.1	16.3
纤维素		46.1	44.1	41.2	34.5	35.4	41.8
木质素		28.1	24.7	29.9	26.1	19.7	21.8
糖醛酸		4.1	4.0	3.6	3.9	5.7	8.0
乙酰基化合物		1.3	2.2	0.8	1.4	5.8	5.6
灰分		0.3	0.2	0.5	0.1	0.1	0.3
树脂(乙醚萃取)		0.9	1.8	0.7	1.1	0.9	2.8
易水解高聚糖水解液中的单糖	D-半乳糖	1.2	2.0	0.8	16.7	1.3	0.8
	D-葡萄糖	2.0	2.8	2.9	1.0	1.9	1.7
	D-甘露糖	9.6	9.6	6.9	4.5	1.2	0.8
	D-木糖	4.1	3.9	3.1	4.2	20.7	16.7
	L-阿拉伯糖	0.8	1.5	1.5	3.6	0.9	0.7
难水解高聚糖水解液中的单糖	D-葡萄糖	51.2	49.0	45.8	36.3	39.3	46.4
	D-木糖	0.9	1.4	1.3	1.0	3.5	1.1
	D-甘露糖	1.3	2.5	2.0	2.3	1.0	0.7

水解生产化学品的得率取决于水解液中单糖的组成。木材酒精厂，优先选用针叶材，可保证酵母发酵取得高产率的酒精。糠醛、木糖醇是由戊聚糖生产的，要选用含戊聚糖多的原料，以玉米芯作为典型原料。

木材水解原料中通常含有大量的树皮，由于树皮中糖含量低，故原料中总糖量降低（见表 3-

1-3)，且会降低原料过滤性能，造成单糖得率降低，水解液质量下降。因此，对原料中树皮的含量要加以限制，或者提前进行去皮作业。

表 3-1-3　树皮的化学组成

组成		相对绝干物质含量/%	
		云杉树皮	松树树皮
多糖	易水解高聚糖	19.4	24.3
	难水解高聚糖	21.4	21.6
	总计	40.8	45.9
糖醛酸		10.4	14.5
乙酰基化合物		1.0	3.8
树脂(乙醇萃取)		10.7	7.5
灰分		2.1	4.6

组成			相对绝干物质含量/%	
			云杉树皮	松树树皮
高聚糖水解液	易水解高聚糖水解液	己糖	19.3	9.7
		戊糖	7.6	16.4
	难水解高聚糖水解液	己糖	19.8	18.1
		戊糖	0.5	2.0

玉米芯、棉籽壳、燕麦壳等是用于生产木糖醇、糠醛的含戊聚糖较多的原料(表 3-1-4)。

表 3-1-4　农作物加工剩余物的化学组成

组成		相对绝干物质的含量/%						
		玉米芯	棉籽壳	葵花籽壳	燕麦壳	稻壳	棉秆	麦秆
纤维素		31.5	31.4	22.6	28.9	27.9	40.8	38.2
戊聚糖		34.8	21.4	18.4	33.6	17.1	13.6	23.6
醛酸聚糖		7.4	7.7	10.1	5.4	4.4	9.7	4.6
易水解高聚糖单糖	D-半乳糖	2.1	0.8	0.9	1.3	1.0	2.0	0.8
	D-葡萄糖	3.4	1.6	0.8	1.1	3.5	3.1	1.1
	D-甘露糖	—	微量	0.5	—	—	0.1	0.5
	L-阿拉伯糖	3.8	0.8	4.2	3.2	2.0	1.2	1.6
	D-木糖	31.2	20.6	13.2	32.8	13.7	11.3	13.3
	L-鼠李糖	—	0.4	0.5	—	—	—	—
难水解高聚糖单糖	D-葡萄糖	34.9	34.9	25.1	32.2	31.0	40.0	35.0
	D-木糖	2.6	1.8	2.4	微量	1.9	2.5	3.1
	D-甘露糖	—	0.9	0.4	—	—	—	—
木质素		15.2	30.6	29.1	17.2	19.0	25.6	25.1
灰分		1.1	2.5	2.1	7.7	18.0	3.5	5.2

未去皮木材原料中的高聚糖总含量为 55%～65%，其产品得率低于相应的去皮木材，经过去皮处理后的原料其高聚糖含量不应低于 60%。

水解厂加工的阔叶材原料都或多或少包含了不同程度的腐朽木。高聚糖的含量随着木材腐朽降解程度的增加而降低。如桦木腐朽量从 4.2%增加到 22.4%时，戊聚糖含量从 22.4%下降到 19%，高聚糖含量从 64%下降到 58.9%。水解腐朽木材时，不仅还原糖 (reducing sugar，RS) 得率下降，而且水解液中非碳水化合物还原性物质的含量也会增加。

农作物加工剩余物长期贮存腐朽，也会降低碳水化合物组分含量。其中，玉米芯戊聚糖损失量达到 25%，使生产木糖醇的戊聚糖水解液质量下降。为提高水解液的质量，一般选用高聚糖含量在 65%～68%的原料。

原料中的灰分对水解生产的影响很大，特别是其中活性灰分的含量。活性灰分通常用与无机组分相作用而消耗的硫酸量来表示。葵花籽壳总灰分含量为3.7%，活性灰分为2.7%；玉米芯分别为3%和1.3%；木材的灰分通常为0.2%～0.5%。因此，木材水解时，硫酸附加消耗量比水解农产品加工剩余物少1/2～2/3。木材水解时，中和灰分和硫酸附加消耗量为5～12kg/t绝干原料；玉米芯水解时为24kg/t绝干原料，而葵花籽壳水解则为44kg/t绝干原料。

第二节　植物纤维化学水解发展现状

一、技术发展现状

水解技术是植物纤维生物质高效转化的核心关键技术，是木质纤维素资源开发利用的关键步骤之一，成为决定产品经济性的“卡脖子”环节。常用的纤维素水解方法可分为酸水解和酶水解两种。水解工艺主要有渗滤法水解工艺、纤维素酶水解工艺、浓酸水解工艺、高温水解工艺等，目前应用最广的是渗滤法水解工艺。

1. 化学水解技术

化学水解是植物纤维糖化利用的关键技术之一，出现最早的植物纤维化学水解技术是酸水解。根据酸浓度的不同，酸水解可以分为浓酸水解法和稀酸水解法[1-3]。浓酸水解法是以70%左右的浓硫酸为催化剂，在低温常压下进行水解反应的方法，具有代表性的方法有皮奥利亚法、焦尔达尼-列翁法、日本木材化学公司法和北海道法等。浓酸法具有以下特点：常压反应，产品分解现象少，得率高，反应时间短，但污染严重。稀酸水解法是以0.5%～1%的稀酸(主要是硫酸)为催化剂，在高温高压下进行水解反应的方法。稀酸法的特点是酸的消耗量少。但要在150～180℃的高温下进行处理，会发生目标产品的分解，使产品收率降低。当采用体积分数为0.1%以下的酸进行水解时，该水解过程又称为极低酸水解。极低酸水解由于所用的酸浓度极低，因此对设备腐蚀性小，对环境污染不大，是一种较环保的水解技术。

根据酸种类的不同，酸水解又可以分为有机酸（草酸、芳基磺酸、甲酸）水解法和无机酸（盐酸、硫酸、磷酸）水解法。近年来，有机酸水解成为酸水解研究的热点之一。Mosier等[6]研究发现，在相同的实验条件下，马来酸水解纤维素的葡萄糖产率高于H_2SO_4水解的产率，在马来酸水解纤维素过程中只有极少量的葡萄糖发生降解。动力学研究显示：在有机羧酸（马来酸等）水解纤维素过程中，葡萄糖的降解速率与其在水溶液中的降解速率相同，羧酸对葡萄糖的降解没有催化效果。

根据催化剂物理状态的不同，酸水解还可以分为液体酸水解法和固体酸水解法。与液体酸相比，固体酸催化具有明显的优势，如固体酸水解易实现连续化、产物与催化剂易分离、催化剂对设备腐蚀小等优点。目前，已经报道的固体酸种类很多，包括：金属氧化物、金属硫化物、复合金属氧化物、黏土矿物、沸石分子筛、杂多酸化合物、阳离子交换树脂、金属硫酸盐和磷酸盐、固体超强酸等。固体酸在纤维素生物质水解中的应用还处于起步阶段，作为一种新型的绿色水解技术具有非常广阔的应用前景。

2. 酶水解技术

植物纤维原料酶水解是指植物中的纤维素和半纤维素在酶催化下加水降解为单糖的过程，是植物原料生物炼制的关键步骤之一。1906年，纤维素酶在蜗牛消化道内被首次发现，1961年美国加利福尼亚大学利用木霉纤维素酶水解稻草、玉米芯，葡萄糖得率达到40%。木材酶水解通常在温度45～50℃、pH值4.5～5.0条件下反应48～72h，一般有纤维素酶和半纤维素酶参与。纤维素酶主要由内切-β-1,4-葡聚糖酶、外切-β-1,4-葡聚糖酶和β-葡萄糖苷酶组成。普遍认为的纤维素酶水解反应机理是内切-β-1,4-葡聚糖酶随机水解纤维素分子链中的β-1,4-糖苷键，生成短链纤维素和纤维低聚糖；外切-β-1,4-葡聚糖酶从纤维素链的还原末端或非还原末端，逐个水解释放纤维二糖；β-葡萄糖苷酶进一步水解纤维二糖和纤维低聚糖生成葡萄糖。半纤维素酶是降解木聚糖、甘露聚糖、半乳聚糖等半纤维素组分的一类酶的统称。以降解木聚糖为主的半纤维素酶主要由内切-β-1,4-木聚糖酶、β-1,4-木糖苷酶和支链降解酶组成。内切-β-1,4-木聚糖酶随机水解木聚糖分子链中的β-1,4-糖苷键，生成短链木聚糖和低聚木糖；β-1,4-木糖苷酶进一步水解低聚木糖生成木糖；木聚糖酯酶、α-葡糖醛酸酶、α-L-阿拉伯糖苷酶和乙酰酯酶等支链降解酶参与木聚糖的酶水解。与酸水解相比，木材酶水解反应条件温和、专一性强、副产物少、工艺简单、设备要求低，但存在原料预处理和酶成本较高、效率较低、酶水解速度缓慢、反应时间较长等问题，难以实现大规模工业化应用。

二、产业发展现状

木质纤维素是地球上最为丰富的可再生资源，其中的纤维素和半纤维素经水解可转化为糖，糖可用于生产化工产品，如多元醇化学品、能源化学品、新平台化学品。水解工业是利用植物纤维原料（包括木材）在催化剂作用下通过加水分解反应使其中的纤维素和半纤维素成为如酒精、饲料酵母、糠醛、木糖醇等各种产品的工业部门。第二次世界大战以来就形成了水解工业体系。第二次世界大战期间，主要用于缓解粮食短缺问题，生产葡萄糖、酒精等；第二次世界大战后，因为农产品生产过剩，水解生产酒精、葡萄糖的收益不大，美国着重于羟甲基糠醛、乙酰丙酸、多元醇和糠醛的生产；苏联主要侧重于饲料酵母、酒精、木糖醇的生产。

通过植物纤维化学水解工业可获得很多重要工业的产品。已糖及其衍生产品有：葡萄糖、N-葡萄糖苷、羟甲基糠醛、乙酰丙酸、己二酸、山梨醇、抗坏血酸、脱水山梨醇、衣康酸、谷氨酸、甘油、丁二醇、酒精、丙酮、丁醇、柠檬酸、各种抗生素等发酵制品；戊糖及其衍生产品有：木糖、木糖醇、脱水木糖醇、糠醛、尼龙 66、顺丁烯二酸酐、谷氨酸、赖氨酸、糠醇、呋喃树脂、酵母等；木质素及其衍生产品有：工业木质素、对甲酚、焦儿茶酚等。考虑经济性和生产成本，产业化生产的主要有木糖和木糖醇、糠醛及其衍生物、乙酰丙酸等。

1. 木糖和木糖醇

木糖是木质纤维素中具有代表性的戊糖，很容易由木材或秸秆木聚糖通过稀硫酸水解、酶水解、碱水解、酸碱混合水解等工艺获得。重要的木聚糖和木糖的加工工艺及其应用见表 3-1-5。

表 3-1-5 重要的木聚糖和木糖的加工工艺及其应用

序号	产品	来源	生产工艺	主要用途
1	D-木糖	木聚糖	酸水解	食品添加剂、酯化作用的去污剂、甲醚聚氨酯
2	木糖醇	木糖	还原反应	甜味剂、保湿剂、塑料增塑剂
3	木糖酸	木糖	亚硫酸盐制浆、废液氧化	黏合剂、掩蔽剂
4	糠醛	木聚糖、木糖	酸法脱水	塑料、溶剂、化学品

我国木糖生产始于 20 世纪 60 年代末，经过几十年的发展到 90 年代，最多时曾达到 60 余家企业，总生产能力近 3 万吨/年。1998 年以后，出口下降，价格下滑，许多企业纷纷停产、转产甚至破产。目前，仅有十几家企业能正常生产，总生产能力超过 10 万吨，主要以原料级木糖为主。用于生产木糖醇，需求量超过 8 万吨。国内主要生产企业有河北保硕集团、山东龙力生物、山东福田药业、浙江华康药业、河南豫鑫药业、黑龙江七台河泓辰、内蒙古洪源、河南濮阳研光鹏程等。国外木糖生产起步较早，主要有俄罗斯、美国、日本、荷兰等国家生产，生产厂家有日本的油脂公司、荷兰的阿克苏公司、美国的 Lucidol 公司等[7]。未来精制 D-木糖的市场前景好，呈现快速增长趋势，以每年约 25%的速度增长，随着经济的发展，人民生活逐渐由温饱型向营养型、保健型转变，精制 D-木糖因具有保健功效而成为未来发展的必然趋势。2013 年，我国木糖产量接近 11.8 万吨。随着国民经济的增长，人们对食品营养价值的重视，木糖市场不断增长，2018 年我国木糖市场产量接近 24 万吨。

我国木糖醇生产亦始于 20 世纪 60 年代末，在河北保定市化工二厂顺利建成一条以玉米芯为起始原料，经酸解、水提取、精制等工序最后得到结晶木糖醇的生产线，年产木糖醇 300 吨。

1978 年后，随着木糖醇提取工艺的成熟，广东、福建、河北、浙江、山东先后建成多家以玉米芯为起始原料的木糖醇生产企业。2003 年末，我国木糖醇总产量已达 2.6 万吨，全国木糖醇生产厂家多达 50～60 家，90%出口至欧美和日本市场。2019 年全球木糖醇市场需求量为 20 万吨，我国木糖醇产量 5.27 万吨，出口量为 4.39 万吨[8]。

2. 糠醛及其衍生物

糠醛是一种重要的生物质基平台化合物，由植物纤维原料中的多聚戊糖水解后形成的戊糖和糖醛酸经脱水而生成，是迄今为止唯一无法由石油化工产品合成，只能用植物纤维原料水解方法得到的产品。1821 年，德国化学家 Doebernier 首先发现了糠醛。随后，人们对其物理化学性质及其合成方法进行了深入研究；1922 年，美国 Quaker Oats 公司率先实现了糠醛的工业化，并应用于木松香脱色和润滑油精制方面，拓展了糠醛在工业领域的应用；20 世纪 40 年代，糠醛广泛应用于合成橡胶、医药、农药等领域；60 年代以后，随着糠醛衍生物的开发，特别是呋喃树脂在铸造业的广泛应用，极大地促进了糠醛工业的发展。表 3-1-6 为糠醛主要生产工艺方法[9]。

表 3-1-6 糠醛主要生产工艺方法

序号	方法	运行时间	原料	工艺条件	糠醛得率/%	规模
1	Quaker Oats	1922 年	糖渣/玉米芯	酸催化剂,蒸汽(153℃)	50	工业化
2	Supra Yield	2009 年	糖渣	酸催化剂,高温(180～240℃)	50～70	工业化
3	一步连续工艺	2000 年	糖渣/玉米芯	浓硫酸,蒸汽	75	工业化
4	CIMV	2008 年	麦秸秆	高温(230℃),加压	—	中试
5	MTC	2012 年	秸秆	酸水解,高温(200℃)	83	中试

中国是糠醛生产大国，由最初的年产 2000 吨到 2018 年的 40.34 万吨，年设计产能接近 70 万吨，但受原料制约，企业均无法满负荷生产。出口量从 2004 年开始保持在 2 万吨左右，2018 年出口量为 1.27 万吨，主要出口国为日本、韩国、泰国、比利时、美国等。我国糠醛生产以玉米芯原料为主，糠醛生产企业主要分布在玉米主产地区：山东、河南、河北、山西、辽宁、吉林、黑龙江、内蒙古、甘肃、宁夏等地区。2006 年以来，吉林、辽宁、黑龙江、内蒙古等地区糠醛企业数量发展较快。目前，我国共有糠醛企业近 162 家，总产能 68.5 万吨/年，具备生产条件的 144 家，2018 年开工生产的企业 130 家，实际产量 46.14 万吨/年。其中万吨以上规模 1 家，4000 吨以上规模 38 家。表 3-1-7 为 2014～2018 年中国糠醛产量分布情况[10]。

表 3-1-7 2014～2018 年中国糠醛产量分布情况[10] 单位：万吨

地区	2014 年	2015 年	2016 年	2017 年	2018 年
山东	5.7	5.4	5.2	7.3	9.53
山西	2.6	2.2	1.8	3.6	3.65
河北	6.3	6.1	5.4	7.73	10.28
河南	4.1	3.8	3.2	4.0	4.47
辽宁	2.1	1.8	1.2	1.45	1.79
吉林	2.3	2.1	1.4	5.0	5.16
其他	11.0	8.0	7.5	12.30	11.26
合计	34.1	29.4	25.7	41.38	46.14

糠醇于 1953 年开始进入应用阶段，1955 年进入工业化生产。中国既是糠醇消耗大国也是出口大国，年设计产能达到 40 万吨，但受糠醛产量及需求的制约，实际年产量在 23 万～25 万吨，

其中70%～80%的量内销，用于生产呋喃树脂，20%～30%的量出口，出口国主要为日本、韩国、比利时、德国等。我国糠醇生产集中在山东、山西、河南、河北、辽宁、吉林等地，其中年生产能力上2万吨的企业有七八家，其他糠醇企业年生产量在1000～15000吨。2012年至2014年，我国糠醇的产量呈逐年上涨的趋势，2012年达到33.5万吨，2013年达到35.9万吨，2014年达到38.6万吨[11]。

除糠醇外，以糠醛作为起始原料的衍生物还有呋喃、甲基呋喃、四氢呋喃、呋喃酸和己二腈等[12]。

3. 乙酰丙酸

乙酰丙酸可以由己糖或含己糖的原料经酸水解而得到。1840年，荷兰化学教授Mulder报道了采用果糖和盐酸共沸制备乙酰丙酸的方法。1878年，人们对乙酰丙酸的结构有了清晰鉴定。1929年，乙酰丙酸制备工艺出现，采用蔗糖或淀粉为原料在盐酸催化水解条件下得率仅为22%。表3-1-8为典型乙酰丙酸制备工艺条件与产品得率[13]。

表3-1-8 典型乙酰丙酸制备工艺条件与产品得率[13]

序号	原料	催化剂	反应条件	得率/%
1	纤维素	H_2SO_4(3%)	230℃,4h	54
2	纤维素	HCl(3%)	250℃,2h	40
3	报纸	H_2SO_4(10%)	150℃,8h	59
4	纸浆	H_2SO_4(3.5%)	196～232℃,20min	76
5	麦秸秆	H_2SO_4(3.5%)	209℃,37min	69
6	稻秸秆	HCl(4.45%)	220℃,45min	79.5
7	高粱谷粒	H_2SO_4	200℃,40min	45
8	糖渣	H_2SO_4(1.3%)	165℃,1h	61
9	木屑	HCl(1.5%)	190℃,30min	36
10	甘蔗渣	HCl(4.45%)	220℃,45min	82.5
11	玉米芯	HCl(37%)	100℃,3h;190℃,20min	81
12	海藻	H_2SO_4(3%)	160℃,43min	19.5

2017年全球乙酰丙酸产量达到了1.5万吨，预计到2025年将达到4.258万吨。随着产量的增加，乙酰丙酸价格呈下降趋势，2013年9.12美元/kg，到2017年降至8.56美元/kg。亚太地区是乙酰丙酸最大的生产地，占61.21%；南美次之，达到了26.37%。中国乙酰丙酸起步较晚，生产规模大约6000吨，生产企业不足10家，产业潜在的投资机会巨大[14]。

乙酰丙酸由于其高稳定性可作为液体燃料添加剂。同时，乙酰丙酸很容易转化成相应的衍生物，可作为制备染料、药用活性物质和香料等的起始原料，也是一种叶绿素合成的抑制剂。乙酰丙酸酯类可用作增塑剂和溶剂，也可用作燃料添加剂。乙酰丙酸还可作为溶剂、食品调味剂。乙酰丙酸的钠盐还可替代乙二醇用于防冻液中。

第三节 植物纤维化学水解发展趋势

一、新型高效催化剂制备

植物纤维化学水解技术的核心是高效催化剂，在水解新理论的指导下，成功开发高效水解催化剂，在更低的酸度下得到更高的纤维素水解成糖效率（包括转化率、选择性和转化速度）始终是该领域的研究热点，成为支撑植物纤维水解技术研究未来发展的关键所在。

1. 新型液体酸催化剂

液体酸能渗入纤维素颗粒内部，增加与糖苷键的接触并提升水解速度，在获取高转化率及高转化速度方面具有优势。但由于液体酸催化剂的酸性过强，容易造成糖产物的继续催化而发生副反应，导致水解选择性降低。如何利用液体酸对水解过程进行控制，实现高效水解纤维素成糖是研究人员关注的重点。

2. 高效固体酸催化剂

当使用固体催化剂时，水解只能在固体催化剂和反应物的界面处进行，为提升水解效率，需要大孔径和外部面积较大的固体材料。固体酸在催化纤维素水解时，由于界面效应常导致水解速率偏慢，使得水解转化率低，在纤维素水解成糖效率提升方面存在一定阻力。然而，固体酸催化剂在纤维素水解成糖选择性方面表现出极大优势，如何围绕纤维素结晶去除与再次结晶抑制的高效水解成糖机理开发适宜的水解体系，配合固体酸提升水解效率，成为纤维素水解研究的发展方向。

3. 杂多酸催化剂

杂多酸是由杂原子和多原子按一定结构通过氧原子配位形成的一种强酸性催化剂，主要包括 Keggin、Dawson 及 Silverton 等结构类型。由于杂多阴离子的笼状结构，导致表面电荷密度低且对氢离子作用小，因此表现出强酸性。与其他酸催化剂相比，杂多酸具有较强的催化能力，在提升水解转化率、选择性及速度方面均具有优势，只是由于杂多酸易溶于水、回收相对困难，成为其研究应用中存在的主要挑战。

二、新型水解反应体系构建

除了高效高选择性催化剂外，水解反应体系也是决定植物纤维水解进程的核心内容。传统反应体系为水相体系，水解产物选择性、稳定性较差，难以实现植物纤维的高效转化。离子液体、双液相体系等反应体系，在提高水解选择性和效率方面展现出巨大潜力，成为水解技术的发展趋势。

1. 双液相水解体系

双液相水解体系采用水相和无水有机相的新溶剂体系来提高水解产物的选择性和产率的方法，利用该技术能有效提高植物纤维原料水解的转化率，减少副反应，是一种具有发展潜力的新型水解技术。如植物纤维原料在持续水解时会导致一些产物，如糠醛、5-羟甲基糠醛(5-HMF)等的继续降解，造成这些产物得率的下降。为此，人们开发出新的溶剂体系来提高产物的选择性和产率。以 5-HMF 为例，在水相水解中，5-HMF 很容易降解生成乙酰丙酸和甲酸。为了减少副反应的发生，可以采用无水的有机溶剂，如 N,N'-二甲基甲酰胺、乙腈等作为溶剂，从而提高 5-HMF 的产率。然而，由于糖类在有机溶剂中的溶解性较差，需要大量的有机溶剂，这又给 5-HMF 的提纯带来了困难。通过构建双相的溶剂体系，能够有效缓解该问题。如在双相溶剂体系中，单糖的脱水反应发生在水相中，而生成的 5-HMF 能被及时萃取到有机相中，这样既减少了副反应的发生，又提高了单糖的转化率。

2. 离子液体水解体系

离子液体又称为室温离子液体、室温熔融盐、有机离子液体等，是一种室温下的熔融盐，一般由有机阳离子和无机或有机阴离子构成，常见的阳离子有季铵盐离子、季鏻盐离子、咪唑盐离子等，阴离子有卤素离子、四氟硼酸根离子、六氟磷酸根离子等。离子液体对纤维素具有良好的溶解性，能够有效去除其结晶结构，有助于纤维素水解效率的提升。与传统水解方法相比，采用离子液体水解的工艺，具有原料无需预处理、耗酸少、反应条件温和、水解活性高、反应快、对反应器的抗腐蚀性要求不高、还原糖得率高等一系列优点[15]。目前，已报道合成出十几种能够溶解纤维素的离子液体，并且溶解性能越来越强，可以在更低的温度下溶解更多的纤维素。生物质水解处理常见离子液体及其结构见表 3-1-9[16]。离子液体对糖类具有良好的溶解性，人们试图在均相溶液中降解糖类，得到更多的目标产物，如重要的降解产物 5-羟甲基糠醛(5-HMF)和乙酰丙酸(LA)等。研究较多的还是在咪唑类离子液体中降解果糖得到 5-HMF，因为在均相离子液体中，含水量很少，而且多数离子液体具有吸水性，生成的反应将被抑制，所以 5-HMF 收率比较高。利用离子液体独特的性质，通过与酶工程技术相结合，可以开发出新型的纤维素生物质水解工艺。

表 3-1-9　生物质水解处理常见离子液体及其结构[16]

序号	离子液体/缩写	结构
1	1-乙基-3-甲基咪唑氯化盐[Emim]Cl	
2	1-乙基-3-甲基咪唑醋酸盐[Emim][CH_3COO]	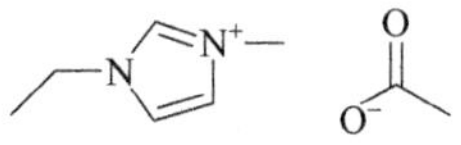
3	1-烯丙基-3-甲基氯化咪唑[Amim]Cl	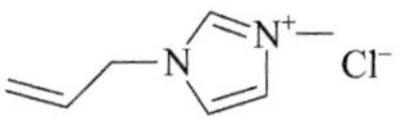
4	1-乙基-3-甲基咪唑二乙基磷酸盐[Emim][DEP]	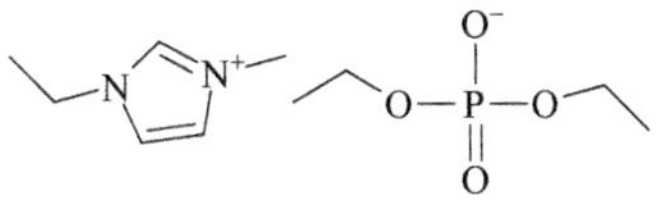
5	1-丁基-3-甲基咪唑氯化盐[Bmim]Cl	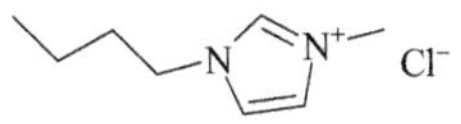
6	1-丁基-3-甲基咪唑乙酸盐[Bmim][CH_3COO]	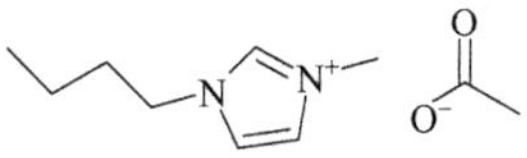
7	1-丁基-3-甲基咪唑硫酸甲酯[Bmim][$MeSO_4$]	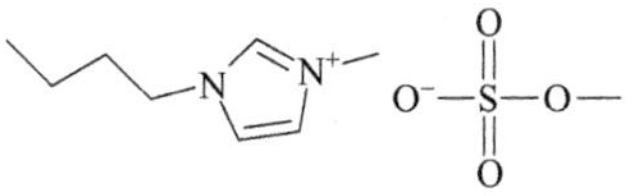

3. 超（亚）临界水解体系

超（亚）临界水解体系是以水为溶剂和反应介质，利用水在高温高压下本身具有强酸和强碱的性质，使植物原料发生解聚作用，该技术已成为一种环境友好、可持续发展的新型绿色水解技术。超临界水解的操作方式对水解结果有较大影响。连续操作过程的预热、反应和冷却时间较短，可有效减少热裂解产物的生成。产物中水解产物的总产率比间歇操作过程高，但是葡萄糖的产率较间歇反应低。间歇反应由于停留时间较长以及超临界水具有较大的离子积，促进了纤维素的酸催化水解，因而产物中葡萄糖的产率比连续反应高，同时也产生了较多的热裂解产物[17]。超临界水解相比于亚临界水解不仅具有较高的水解速率，而且具有较高的水解产物收率。在亚临界条件下，水的密度较超临界水的密度更大，有利于纤维素的水解。但亚临界水无法打破纤维素的结晶结构，而超临界水却有较好的效果。结合两种不同状态下的特点，将亚临界和超临界两种条件相结合，有利于纤维素的水解，还适用于木质纤维素中高效分离木质素和纤维素，生产可用于发酵的已糖[18]。木质纤维素在超临界水中经过预处理和水解后，剥离掉木质素并从纤维素中产生低聚糖，然后在亚临界水中进行二次水解，将低聚糖转化为可发酵糖。通常认为，超临界水中大量的 H^+ 能促进纤维素的水解，但为了进一步提高水解产物得率，人们尝试在超临界水中加入不同的催化剂。在一定的温度范围内加入稀酸对糖收率具有明显的协同促进作用。此外，稀酸的种类对糖收率有一定的影响。与酸碱处理、酶水解等传统工艺相比，超临界水解技术具有无需预处理、热效率高、反应时间短、副产物少、无污染、产物转化率高等优势，是一种绿色、高效的水解技术。表 3-1-10 为不同生物质超临界水解反应条件[19]。

表 3-1-10　不同生物质超临界水解反应条件[19]

生物质	产品	实验温度/℃	优化温度/℃	优化时间/min
马铃薯皮	葡萄糖	140～240	240	15
日本红松	有机酸	—	270	10
玉米秸秆	可发酵己糖	180～392	280	27
小麦秸秆	可发酵己糖	—	280	54
纤维素	低聚糖	—	380	16
小麦秸秆	还原糖	170～210	190	30
蔗糖渣	还原糖	200～240	240	2

三、辅助强化植物纤维水解

为增强催化剂水解效果，提高反应效率，增强水解选择性，在植物纤维水解过程中增加物理辅助催化手段，起到了显著效果，促进了纤维素水解反应的进程，成为水解技术发展的趋势。研究较多的有蒸汽爆破强化水解、微波强化水解和超声波预处理强化水解。

1. 蒸汽爆破强化水解

蒸汽爆破水解技术是利用水蒸气在高温高压下通过纤维素表面微孔渗入纤维素内部，蒸煮一段时间，在此过程中发生水解反应，然后突然降压，纤维素原料被内含水闪蒸产生的巨大爆破力、机械摩擦与碰撞力而破碎的方法。蒸汽爆破通过汽爆使物料发生化学分解、机械分裂和结构重排，从而实现纤维素原料组分的分离和结构变化，提高化学试剂对纤维素的作用。蒸汽爆破法不用或使用很少的化学药品，对环境无污染，可以间歇或连续操作，是植物纤维原料高温水解的新型水解技术，被视为是提高植物纤维原料资源酶可及性的有效手段之一[20]。在蒸汽爆破中加入 0.3%～3%的 H_2SO_4、SO_2 或 CO_2 能有效降低反应时间和温度，提高水解速率，减少抑制性化合物的产生，并导致半纤维素的完全去除[21]。影响蒸汽爆破的因素主要包括处理强度、原料的预浸、物料大小以及物料湿度等。在单纯水蒸气蒸爆的基础上相继出现其他新型的爆破技术，如氨纤维爆破法等。汽爆设备是蒸汽爆破水解技术中的核心设备。根据工艺操作的方式，汽爆设备形式主要分间歇式与连续式两种。由于间歇汽爆很难实现自动、连续生产，且因投资成本高、占地面积大等，在大生产中将受到限制。因此，连续化的蒸爆处理设备将是未来该水解技术广泛应用的关键设备。

2. 微波强化水解

利用微波辐照加速纤维素水解的技术是一种新型水解强化技术，通过微波能量与分子直接耦合产生有效的内部加热或堆芯内体积加热，极大地提升了加热效率，从而大大缩短了水解反应时间，更有利于提高水解反应的转化率、反应速度及选择性。Fan 等[22] 研究了在无催化剂条件下使用微波加热促进纤维素转化成糖的过程，通过改变微波功率密度/分布来控制葡萄糖产量。在 180℃以下，与无定形和微晶纤维素区域氢键结合的 CH_2OH 基团不能与微波相互作用，大部分纤维素不能转化，而在 180℃以上，纤维素链之间的氢键作用被削弱，并且极性 CH_2OH 基团将起类似于“分子辐射剂”的作用来引发多糖链的切割和葡萄糖的选择性形成。乔颖等通过微波加热进行再生纤维素的水解。与传统的电加热相比，微波辐照极大提升了再生纤维素的水解速率，葡萄糖产率由电加热 2h 的 57.8%增加到仅微波辐照 5min 的 73.3%[23]。

3. 超声波预处理强化水解

超声波是一种频率高于两万赫兹的声波。由于其频率非常高，会引起传播介质的剧烈振动。

在催化植物纤维水解过程中，通过向溶液中发射超声波，可以促进植物纤维在离子液体中溶解，而且超声波的功率越大，植物纤维的稳定性越弱。这种方法是一种物理催化溶解的方法，利用物理声波的传递，将能量由溶液中介质的振动传至纤维素分子上，并转化为纤维素分子的剧烈振动。这种方法属于典型物理活化分子的方法，对提高纤维素分子的活性和催化水解反应的速率具有作用[24]。

四、高端生物基化学品绿色生产

植物纤维化学水解技术是较早实现工业化的转化手段之一，已成为生物质转化利用的主要技术。由植物纤维原料出发，通过多种水解方式，可以获得多种产品。随着绿色、高效、新型的水解方法的不断涌现，极大地拓展了水解技术的应用领域，水解技术被广泛应用于生物质预处理，如稀酸、弱碱、臭氧分解、有机溶剂、离子液体、低共熔溶剂、水热等[25]。由于经济性和生产成本问题，植物纤维水解工业的发展相对缓慢。高端生物基化学品附加值高，特别是在“双碳”战略大背景下，将成为植物纤维化学水解发展的重要方向。

2016 年，全球生产化学品 5.5 亿吨，化学品价值链市场直接达到 11000 亿美元，连同下游部门，化学品市场占全球 GDP（国内生产总值）的 7%，约为 5.2 万亿～5.7 万亿美元。与乙烯、乙醇、丁二醇、乙二醇有关的生物基化学品需求量达 3.37 亿吨，市场价格达 5548 亿美元[26]。欧盟生物基工业计划到 2030 年，生物质化学品和材料的比例将达到 25%。生物基化学品如果能够成功地与传统化石基化学品竞争并取代它们，生物基化学品的市场前景将显著提高。利用丰富的植物纤维原料转化生产枢纽（平台）化学品和精细化学品受到日益关注。尽管由植物纤维原料生产转化化学品取得了重大进展，但存在产量低、工艺复杂、纯化困难、成本高和催化剂失活等大规模生产瓶颈，需要攻克高效和高选择性催化水解转化、纯化和分离技术，运用现代数据挖掘和自动化学路线搜索技术带动生物基化学品生产变革。针对学科交叉互补，发展生物-化学耦合催化转化，拓展新的绿色转化途径。

1. 多元醇高端化学品

多元醇是最具有前景的高端化学品。二元醇、三元醇及多元醇均可通过化学催化和生物催化的方法选择性地得到。二元醇（乙二醇、丙二醇）可直接由碳水化合物通过生物催化的方法得到；1,2-丙二醇可利用楔样梭状芽孢杆菌与单糖作用提取。还可对生物质衍生的含氧化合物进行加氢化学反应生产其他多元醇化学品。山梨醇在双功能金属催化剂（Pt/SiO_2-Al_2O_3）作用下水相氢化，首先脱氢产生 C_6 羟醛化合物，然后连续氢化转化为液态烷烃，或者发生逆醇醛缩合反应产生 C_3 多元醇。Fukoka 等[27]用 Pt/Al_2O_3 作催化剂将纤维素催化转化为多元醇，得到了 31% 的糖醇，其中山梨醇 25%、甘露醇 6%。由于纤维素转化率不高，Luo 等[28]进一步用 Ru/AC（AC 为活性炭）作为催化剂，大大提高了纤维素的转化率。由于他们所用催化剂都是贵金属催化剂，且用量达到了 4～10mg/g 纤维素，增加了大规模处理纤维素的成本，迫切开发一种便宜高效的催化剂。Ji 等[29]使用加入 2% Ni 的 W_2C/AC 催化剂，将纤维素转化为乙二醇，产率可达 61%，既降低了成本又提高了产物选择性和产率。表 3-1-11 为除乙醇以外多元醇市场需求、主要工艺、主要用途以及面临的挑战情况[26]。可以看出，9 种多元醇的市场需求高达 7286 万吨。

表 3-1-11　多元醇市场需求、主要工艺、主要用途以及面临的挑战情况[26]

化学品	传统生产工艺	生物基工艺	需求量/万吨	应用	挑战
1,2-丁二醇	气体（乙烷、丙烷、丁烷）和/或石脑油的催化或蒸汽裂化	山梨醇氢化	150	黏胶树脂、溶剂、制冷剂、精细化学品原料	山梨醇生产
1,3-丙二醇	Pro Degussa's tech.，3-羟基丙醛氢化	糖发酵	14.6	聚酯、聚醚、聚氨酯生产	纤维素糖的分离纯化
1,4-丁二醇	Reppe 工艺；氢化水解	琥珀酸氢化；糖发酵	200	聚合物、溶剂和化学品生产	琥珀酸生产；微生物和催化剂的优化

续表

化学品	传统生产工艺	生物基工艺	需求量/万吨	应用	挑战
2,3-丁二醇	氯醇化和水解	催化氢化；糖发酵	3200	香水、润湿软化剂	纤维素糖的分离纯化
丁醇	丙烯的氧代反应	丙酮-丁醇-乙醇联产工艺(ABE)	340	黏合剂、密封剂化学品、油漆添加剂、涂料添加剂、增塑剂和清洁产品	与乙醇和丙酮一起生产
乙二醇	环氧乙烷的水解	山梨醇氢化	3480	防冻剂、液压制动液、工业保湿剂以及安全炸药、增塑剂、合成纤维	依赖于山梨醇
异丁醇	丁醛加氢，低压羰基合成工艺和 Reppe 羰基化	糖发酵，综合生物加工(CBP)	50	燃料、异丁基酯、化学中间体、药物和汽车油漆清洁添加剂	纤维素糖的分离纯化
丙二醇	环氧丙烷的水合，甘油的催化氢化	山梨醇加氢裂化；木糖醇的氢化；乳酸氢化	200	不饱和聚酯树脂、冷却剂和防冻剂、飞机除冰液、传热液、油漆和涂层	由于甘油丰富，尽可能依赖甘油
山梨醇	—	葡萄糖加氢，果糖/葡萄糖发酵，一锅转化	16.4	甜味剂、增稠剂、湿润剂、赋形剂和分散剂	纤维素糖分离纯化

2. 生物基材料单体化学品

生物基材料单体是高端化学品发展的重要内容。1,3-丁二烯（BD）是生产聚丁二烯和苯乙烯丁二烯橡胶的单体，用于乘用车和轻型车辆轮胎的生产。生物基丁二烯主要通过将糖发酵中间产物丁二醇（1、4 或 2、3）催化转化为丁二烯。异戊二烯是聚异戊二烯橡胶、苯乙烯共聚物和丁基橡胶的单体。全球橡胶需求达 3.6 亿吨。生物基异戊二烯可由碳水化合物生物转化产生。此外，聚乳酸、对二甲苯等，均可通过糖平台发酵制备。

3. 平台化合物高端产品

平台化合物也是高端化学品发展的重要方向。生物基琥珀酸不仅是典型的平台化学品，也是合成许多高附加值化合物的前体，用于聚丁二酸丁二醇酯（PBS）、合成聚氨酯的聚酯多元醇、涂料与复合树脂的生产，最终可应用于包装材料。目前，生物基琥珀酸主要以淀粉、纤维素、乳清等生物质为原料，依靠以大肠杆菌、产琥珀酸厌氧螺菌、琥珀酸放线杆菌和曼海姆产琥珀酸菌为代表的微生物进行合成。5-羟甲基糠醛是一种典型的生物质衍生平台化合物，主要用于合成优质燃料以及高价值化学品。可以通过酯化、氧化、醚化以及加氢反应，产生不同的产品，使 5-HMF 进一步转化为高附加值的衍生物，如 2,5-呋喃二甲胺、2,5-呋喃二甲酸等，在医药、高分子领域有重要作用。Roman 等[30,31]研究了在酸催化、二甲基亚砜抑制副反应发生的情况下，由果糖进行选择性地脱水可以得到 80％的 HMF，果糖转化率为 90％。Zhang 等[32]将纤维素生物质转化为 HMF 的转化率高达 89％；Su 等[33]在双金属氯化物（$CuCl_2$ 和 $CrCl_2$）催化剂的 1-乙基-3-甲基咪唑氯溶液中，一步反应将纤维素转化为 HMF 且纯度达 96％。

本篇在阐述植物纤维化学水解理论、酸水解动力学与新技术基础上，分别论述了木糖和木糖醇、糠醛、乙酰丙酸等重要植物纤维化学水解产品的基本性质、主要用途、生产原理、技术工艺、关键装备、产品质量指标与分析检测方法，以及衍生产品制备等。

参考文献

[1] 李淑君. 植物纤维水解技术. 北京：化学工业出版社，2009.
[2] 化学工业部上海医药工业研究院. 植物纤维水解. 上海：上海市科学技术编译社，1963.
[3] 王体科. 世界植物纤维水解概况. 世界林业研究，1993，6：51-57.
[4] 宋湛谦，等. 农林纤维废弃物高值化利用发展战略研究. 北京：中国工程院咨询项目报告，2018.
[5] Zahid A，Muhammad G，Muhammad I. Agro-industrial lignocellulosic biomass a key to unlock the future bio-energy：A brief review. Journal of Radiation Research and Applied Sciences，2014，7：163-173.

[6] Mosier N，Sarikaya A，Ladisch C，et al. Characterization of dicarboxylic acids for cellulose hydrolysis. Biotechnol Progress，2001，17（3）：474-480.
[7] 木糖的产业化及市场应用前景，2011. https：//www. cnenzyme. com/news/show-845. html.
[8] 2019 年木糖醇行业现状及前景展望，2020. https：//www. sohu. com/a/416890603 _ 120113054.
[9] Mehdi D，Allan G，Pedram F. Production of furfural：overview and challenges. Journal of Science & Technology for Forest Products and Processes，2012，2（4）：44-53.
[10] 冯亭杰，张洁，张诗仪. 我国糠醛生产技术进展及市场分析. 河南化工，2019，36：7-11.
[11] Grosse Y，Loomis D，Guyton K Z，et al. Some chemicals that cause tumours of the urinary tract in rodents. Lancet Oncol，2017，18：1003-1004.
[12] Biddy M J，Scarlata C，Kinchin C. Chemicals from biomass：A market assessment of bioproducts with near-term potential. CO Golden，2016.
[13] Mark M，Saikat D. Chemical-catalytic approaches to the production of furfurals and levulinates from biomass. Topics in Current Chemistry，2014：536-579.
[14] 汪晓鹏. 生物质基平台型化合物乙酰丙酸的制备技术和应用. 西部皮革，2020，42（23）：2941.
[15] 郑勇，轩小朋，许爱荣，等. 室温离子液体溶解和分离木质纤维素. 化学进展，2009，21（9）：1807-1812.
[16] Reddy P. A critical review of ionic liquids for the pretreatment of lignocellulosic biomass. South African Journal of Science，2015，111.
[17] 汪利华，吕惠生，张敏华. 纤维素超临界水解反应的研究进展. 林产化学与工业，2006，26（4）：117-120.
[18] Zhao Y，Lu W J，W H T，et al. Combined supercritical and subcritical process for cellulose hydrolysis to fermentable hexoses. Environmental Science & Technology，2009，43（5）：1565-1570.
[19] Shitu A，Izhar S，Tahir T. Sub-critical water as a green solvent for production of valuable materials from agricultural waste biomass：A review of recent work. Global J Environ Sci Manage，2015，1（3）：255-264.
[20] Galbe M，Wallberg O. Pretreatment for biorefineries：A review of common methods for efficient utilisation of lignocellulosic materials. Biotechnology for Biofuels，2019，12：294.
[21] Bondesson P M，Galbe M，Zacchi G. Ethanol and biogas production after steam pretreatment of corn stover with or without the addition of sulphuric acid. Biotechnology for Biofuels，2013，6（1）：11.
[22] Fan Jiajun，Mario de Bruyn，Vitaliy L，et al. Direct microwave-assisted hydrothermal depolymerization of cellulose. Journal of the American Chemical Society，2013，135（32）：11728-11731.
[23] 乔颖，腾娜，翟承凯，等. 化学法催化纤维素高效水解成糖. 化学进展，2018，30（9）：1415-1423.
[24] Lan W，Liu C F，Yue F X，et al. Ultrasound-assisted dis-solution of cellulose in ionic liquid. Carbohyd Polym，2011，86（2）：672-677.
[25] Adepu K，Shaishav S. Recent updates on different methods of pretreatment of lignocellulosic feedstocks：A review. Bioresourand Bioprocess，2017，4：7.
[26] Rosales-Calderon O，Arantes V. A review on commercial-scale high-value products that can be produced alongside cellulosic ethanol. Biotechnology for Biofuels，2019，12：240.
[27] Fukoka A，Dhepe P L. Catalytic conversion of cellulose into sugar alcohols. Angewandte Chemie International Edition，2006，45（31）：5161-5163.
[28] Luo C，Wang S，Liu H C. Cellulose conversion into polyols catalyzed by reversibly formed acids and supported ruthenium clusters into hot water. Angewandte Chemie International Edition，2007，46（40）：7636-7639.
[29] Ji N，Zhang T，Zheng M Y，et al. Catalytic conversion of cellulose into ethylene glycol over supported carbide catalysts. Catalysis Today，2009，147（2）：77-85.
[30] Roman-Leshkov Y，Chheda J N，Dumesic J A. Phase modifiers promote efficient production of hydroxymethylfurfural from fructose. Science，2006，312（5782）：1933-1937.
[31] Roman -Leshkov Y，Barrett C J，Liu Z Y，et al. Production of dimethylfuran for liquid fuels from biomass-derived carbohydrates. Nature，2007，447：982-985.
[32] Zhang Y，Du H，Qian X，et al. Ionic liquid-water mixtures：Enhanced kW for efficient cellulosic biomass conversion. Engrgy Fuels，2010，24（4）：2410-2417.
[33] Su Y，Brown H M，Huang H W，et al. Single-step conversion of cellulose to 5-hydroxymethylfurfural（HMF），a versatile platform chemical. Applied Catalysis A：Genera，2009，361（1-2）：117-122.

（刘军利）

第二章 植物纤维化学水解理论与工艺

植物纤维的主要成分为纤维素、半纤维素和木质素，水解是主要成分降解的过程。本章仅介绍纤维素、半纤维素两种多糖的水解。纤维素和半纤维素这两种多糖可以通过水解的方式转变为低聚糖或单糖（最终水解产物为单糖）的机理，对于纤维素和半纤维素化学结构的研究和进一步加工利用等方面都具有非常重要的意义。

第一节 化学水解理论基础

植物纤维原料中多糖（纤维素和半纤维素）的水解过程很复杂，同时存在着各种化学的、物理-化学的和物理的现象。为了便于认识这个复杂的过程，找出影响水解过程的基本规律，人们人为地简化这些现象，来进行植物纤维水解理论的研究。

水解机理主要研究多糖的水解性质、催化剂对多糖水解和单糖分解的作用机理，以及水解过程中各种多糖表现出不同性能的原因等。多糖分子中的单元环按其结构来看是单糖基，单糖基之间以苷键连接。因此，水解机理就是苷键断开机理。

一、酸水解理论基础

苷键对酸不稳定。多糖分子链易被稀酸催化而水解，使其苷键发生断裂。反应一般在水或稀的醇溶液之中进行，所用的酸多为质子酸，无机酸类有盐酸、硫酸和硝酸等，有机酸类有甲酸、乙酸和草酸等；也可用阴离子交换树脂，一般应在加热条件下进行[1]。

糖苷键属于缩醛结构，苷原子易质子化，其反应历程以氧苷为例说明。如图 3-2-1，糖分子中的苷原子氧接受质子而形成了质子化的苷键，从而削弱了碳氧键，进而发生断裂，游离出 ROH，同时形成了 C1 碳阳离子的半椅式的中间体，该中间体在水溶剂中得到 OH 而产生游离的糖，这种游离的糖一般应为 α-构型和 β-构型的混合物[2]。

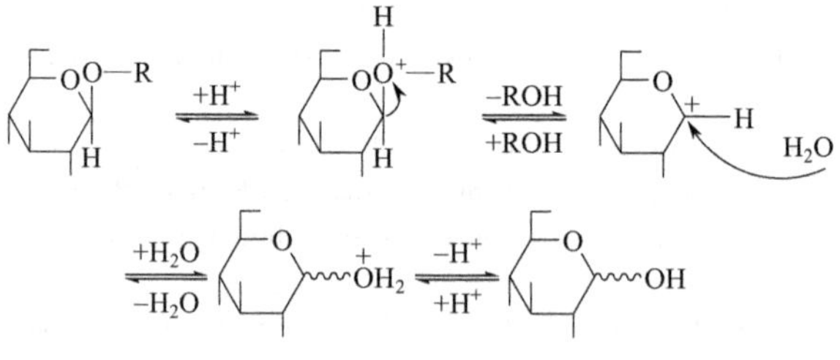

图 3-2-1 多糖的稀酸水解历程

苷键的断裂与苷原子的种类、空间环境、性质等有关。原则上认为，凡有利于苷原子质子化的因素，都易为酸所水解。如有利于苷原子电子云密度增高的结构，即苷原子碱度高的结构，或是空间位阻小的结构，均利于苷原子的质子化，形成碳阳离子中间体，以减小空间张力，使苷键易于水解。互变异构的正碳离子-氧离子以半椅式构象存在，如图 3-2-2 所示。

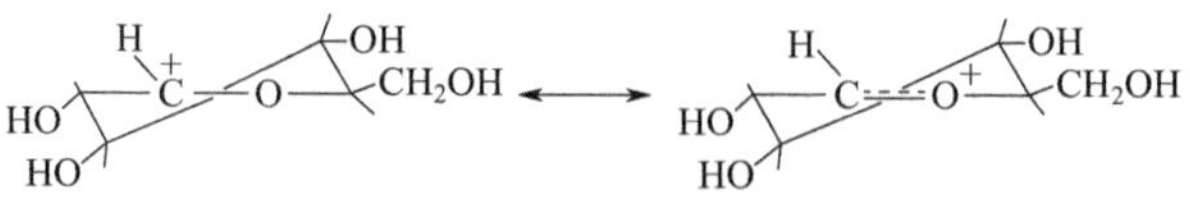

图 3-2-2 正碳离子-氧离子以半椅式构象互变[2]

多糖在酸性水溶液中受热，在酸催化作用下引起相邻两糖基环单元间的苷键断裂，聚合度降低。例如，在纤维素酸水解反应中，形成的中间产物有纤维二糖、纤维三糖、纤维四糖、纤维五糖、纤维六糖等低聚糖。然而，由于纤维素低聚糖的水解速度远远高于纤维素的水解速度，在反应介质中这些低聚糖的含量很低。它们很快进一步分解，最初形成 D-葡萄糖。

半纤维素的糖基组成复杂，不同结构的水解速度不同，常见醛糖的甲基配糖化物的相对水解速率见表 3-2-1[1]。

表 3-2-1　常见醛糖甲基配糖化物的相对水解速率①

配糖化物	相对速率②	配糖化物	相对速率②
甲基-α-D-葡萄糖配糖化物	1.0	甲基-β-D-葡萄糖配糖化物	1.9
甲基-α-D-甘露糖配糖化物	2.4	甲基-β-D-甘露糖配糖化物	5.7
甲基-α-D-半乳糖配糖化物	5.2	甲基-β-D-半乳糖配糖化物	9.3
甲基-α-D-木糖配糖化物	4.5	甲基-β-D-木糖配糖化物	9.0
甲基-α-L-阿拉伯糖配糖化物	13.1	甲基-β-L-阿拉伯糖配糖化物	9.0

① 水解条件为 0.5mol/L HCl，75℃。

② 相对速率为各配糖化物的速率常数（K）与甲基-α-D-葡萄糖配糖化物的速率常数（$k=1.98\times10^{-4}\mathrm{min}^{-1}$）之比。

在水溶液中，D-葡萄糖以变异的形式存在于平衡系统之中，见图 3-2-3。

在酸性介质中，这个平衡系统倾向于形成吡喃结构。在植物原料水解液中，D-葡萄糖在异头碳平衡系统中的基本形式是 β-D-吡喃式葡萄糖和 α-D-吡喃式葡萄糖。在溶液中，不能以异头碳的 α-异构或 β-异构形式存在，这是由于变旋作用，实际上在瞬间就建立了平衡。

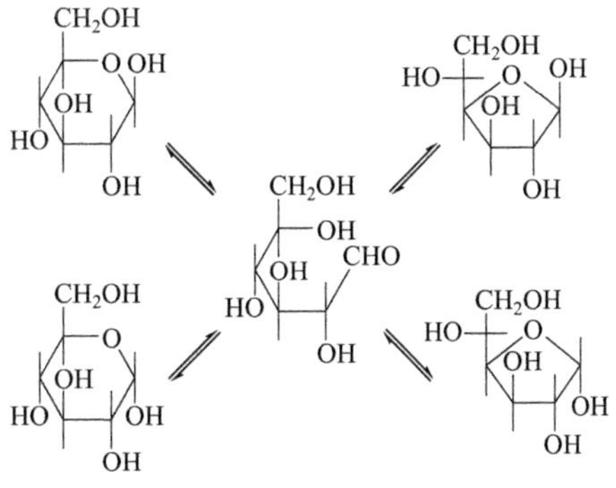

图 3-2-3　D-葡萄糖在水溶液中的平衡系统

在酸性介质中链式 D-葡萄糖的含量低于 10%，并随溶液 pH 值的升高而增加。呋喃形式的 D-葡萄糖含量（β-D-呋喃式葡萄糖和 α-D-呋喃式葡萄糖）在水解液中含量很低。

单糖异构物组成及新单糖异构转换对水解液生物化学加工有一定的意义。例如：在木糖醇生产中，用碱液处理水解液使平衡系统转向形成链式 D-木糖，在 5-HMF 生产中需促进水解液中葡萄糖向果糖转化。

二、碱水解理论基础

纤维素和半纤维素在稀碱液中会发生碱性水解降解，这些反应对于碱法制浆非常重要。在碱性水溶液中，较温和的条件下，纤维素和半纤维素分子链就能够从还原性首端基开始逐个脱落，称为剥皮反应；到高温阶段，纤维素和半纤维素糖苷键水解断裂，生成新的还原性端基，加剧剥皮反应，导致制浆过程中纸浆得率和纸浆强度下降，因此要尽量避免。温度在 150℃以下时，引起纤维素碱性降解的主要原因是剥皮反应。超过 150℃时碱性水解增多，在 170℃的高温下碱性水解反应激烈[3,4]。

（一）剥皮反应

1. 纤维素的剥皮反应

纤维素剥皮反应发生在分子链的还原性首端基。如图 3-2-4 所示，在碱性溶液中，纤维素链分子还原性首端基首先经过醛糖到酮糖的互变成为果糖基的形式，使 C1 羰基结构转变为 C2 羰基结构，C4 上的糖苷键成为 C2 羰基的 β-烷氧基，具备了发生 β-烷氧基消去反应的条件，使 1→4 糖苷键 C4 上的糖苷键断裂。此时，纤维素链分子又产生了新的还原性首端基，再继续发生醛糖酮糖互变和 β-烷氧基消去，原有的还原性首端基脱落又产生新的还原性首端基，导致纤维素分子的首端基逐个脱落，聚合度降低，苷键断裂。剥皮反应过程中苷键断裂后的单糖重排生成了 2,3-二酮结构，再重排生成葡萄糖异变糖酸，溶于碱溶液中。

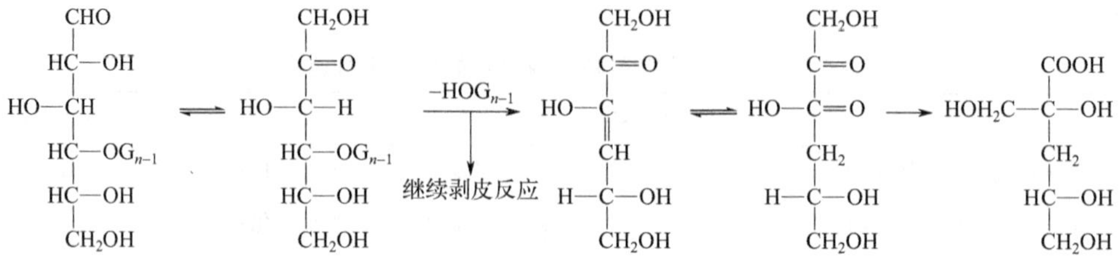

```
     CHO              CH2OH                          CH2OH          CH2OH
      |                 |                              |              |
    HC—OH              C=O                            C=O            C=O           COOH
      |                 |          -HOG(n-1)           |              |              |
HO—CH        ⇌   HO—C—H      ————————→    HO—C        ⇌  HO—C=O   →  HOH2C—C—OH
      |                 |              |               ‖              |              |
    HC—OG(n-1)       HC—OG(n-1)        ↓              CH             CH2            CH2
      |                 |         继续剥皮反应          |              |              |
    HC—OH            HC—OH                       H—C—OH         H—C—OH         HC—OH
      |                 |                              |              |              |
    CH2OH             CH2OH                          CH2OH          CH2OH          CH2OH
```

图 3-2-4　纤维素的剥皮反应(G 表示葡萄糖单元)

如图 3-2-5 所示，单糖重排生成的 2,3-二酮结构也可能通过反羟醛缩合重排生成甘油醛-3-酮中间体结构，经过甲酸消去反应及 β-羟基消去反应和重排，生成 3,4-二脱氧戊糖酸。

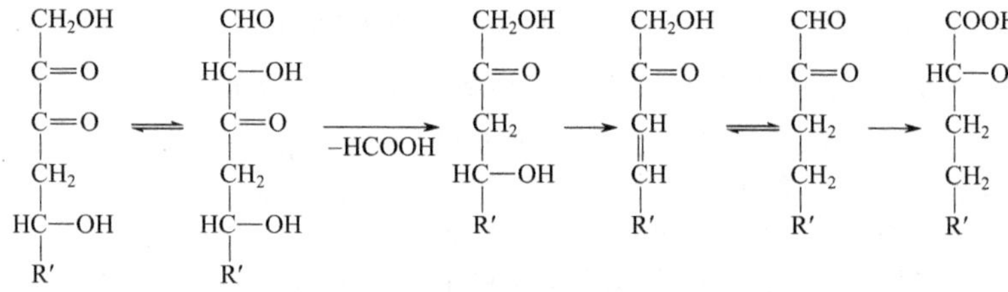

```
 CH2OH        CHO                     CH2OH      CH2OH      CHO        COOH
   |            |                       |          |          |          |
  C=O         HC—OH                    C=O        C=O        C=O       HC—OH
   |            |                       |          |          |          |
  C=O    ⇌    C=O     ——————————→     CH2   →    CH    ⇌   CH2   →    CH2
   |            |        -HCOOH         |          ‖          |          |
  CH2          CH2                    HC—OH       CH         CH2        CH2
   |            |                       |          |          |          |
 HC—OH        HC—OH                     R'         R'         R'         R'
   |            |
   R'           R'
```

图 3-2-5　纤维素剥皮反应脱落单糖可能的转化方式

2. 半纤维素的剥皮反应

与纤维素一样，半纤维素在较温和的碱性条件下也会发生剥皮反应，也是从分子链还原性首端基开始，逐个糖基脱落。由于半纤维素由多种糖基构成，半纤维素还原性首端基有多种糖基，而且还有支链，故其剥皮反应更复杂。这里分别以木聚糖 1→4 和 1→3 连接为例来说明半纤维素的剥皮反应，见图 3-2-6 和图 3-2-7。

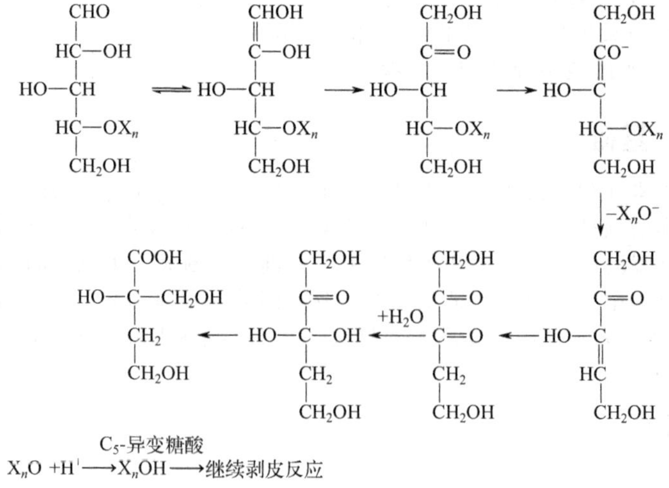

```
     CHO             CHOH            CH2OH           CH2OH
      |                ‖               |               |
    HC—OH            C—OH             C=O             CO⁻
      |                |               |               ‖
HO—CH       ⇌   HO—CH       →   HO—CH       →   HO—C
      |                |               |               |
    HC—OXn           HC—OXn          HC—OXn          HC—OXn
      |                |               |               |
    CH2OH            CH2OH           CH2OH           CH2OH
                                                       | -XnO⁻
                                                       ↓
      COOH           CH2OH           CH2OH           CH2OH
       |               |               |               |
HO—C—CH2OH          C=O             C=O             C=O
       |               |     +H2O      |               |
      CH2     ←   HO—C—OH    ←       C=O     ←   HO—C
       |               |               |               ‖
     CH2OH            CH2             CH2             HC
                       |               |               |
                     CH2OH           CH2OH           CH2OH
  C5-异变糖酸
```

$X_nO + H^+ \longrightarrow X_nOH \longrightarrow$ 继续剥皮反应

图 3-2-6　木聚糖 1→4 连接的剥皮反应

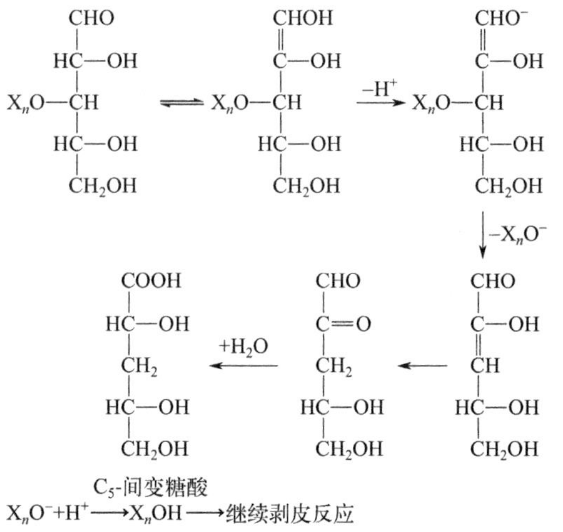

CHO　　　　　CHOH　　　　　CHO^-
HC—OH　　　　C—OH　　　　C—OH
X_nO—CH ⇌ X_nO—CH $\xrightarrow{-H^+}$ X_nO—CH
HC—OH　　　　HC—OH　　　　HC—OH
CH_2OH　　　　CH_2OH　　　　CH_2OH

↓ $-X_nO^-$

COOH　　　　CHO　　　　CHO
HC—OH　　　　C=O　　　　C—OH
CH_2 $\xleftarrow{+H_2O}$ CH_2 ← CH
HC—OH　　　　HC—OH　　　　HC—OH
CH_2OH　　　　CH_2OH　　　　CH_2OH

C_5-间变糖酸

$X_nO^-+H^+ \longrightarrow X_nOH \longrightarrow$继续剥皮反应

图 3-2-7 木聚糖 1→3 连接的剥皮反应

半纤维素中，除木糖基外还含有葡萄糖基、甘露糖基、半乳糖基等其他糖基，在剥皮反应中产生相应还原性首端基，继续剥皮反应。

（二）终止反应

1. 纤维素的终止反应

当纤维素链分子还原性首端基不发生醛糖向酮糖的转变时，该还原性首端基可从 C3（C1 的 β 位）上脱除羟基，形成烯醇结构，酮-烯醇互变为乙二酮结构，再通过分子重排为葡萄糖偏变糖酸基，反应如图 3-2-8 所示。首端基转变为偏变糖酸基，已不具备 β-烷氧基消去反应的条件，不能发生剥皮反应，故此反应称为终止反应。但是由于在碱性溶液中存在大量的羟基，C3 上的羟基脱除受到抑制，偏变糖酸基生成的速度仅为异变糖酸基生成速度的 1/90～1/70，不足以抑制剥皮反应的发生，所以在碱法蒸煮时剥皮反应总是存在的。

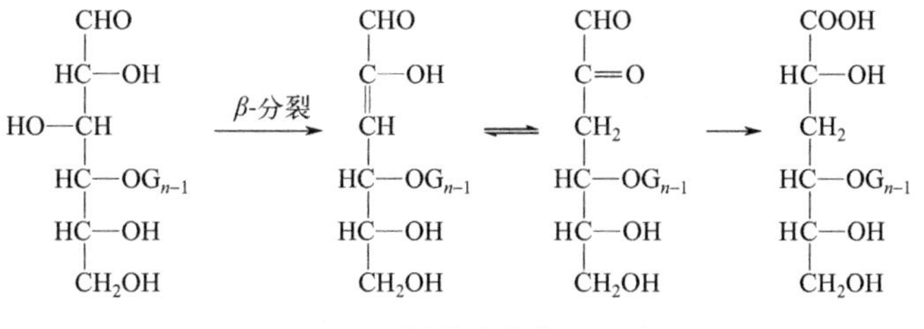

CHO　　　　CHO　　　　CHO　　　　COOH
HC—OH　　　　C—OH　　　　C=O　　　　HC—OH
HO—CH $\xrightarrow{\beta\text{-分裂}}$ CH ⇌ CH_2 ⟶ CH_2
HC—OG_{n-1}　　　　HC—OG_{n-1}　　　　HC—OG_{n-1}　　　　HC—OG_{n-1}
HC—OH　　　　HC—OH　　　　HC—OH　　　　HC—OH
CH_2OH　　　　CH_2OH　　　　CH_2OH　　　　CH_2OH

图 3-2-8 纤维素的终止反应

为了提高纸浆得率，碱法制浆过程中可采取措施抑制剥皮反应，如：把还原性首端基变成对碱比较稳定的基团，或控制蒸煮反应条件，使纤维素链分子稳定化。稳定化方法主要有：①用硼氢化钠等还原剂把还原性首端基还原成糖醇；②用氧化剂将还原性首端基氧化成糖酸；③将还原性首端基转变成糖苷。

2. 半纤维素的终止反应

与纤维素一样，半纤维素在碱性条件下也发生终止反应，也是还原性首端基转化成偏变糖酸基从而得以稳定化。

（三）碱性水解

1. 纤维素的碱性水解

碱性水解不需要还原性首端基，而是糖苷键在高温强碱下的任意断裂。碱性水解机理尚不十分清楚，可以认为如图 3-2-9 所示。纤维素（1）的某一葡萄糖基先生成中间体 1,2-糖苷（2），进而形成 1,6-糖苷（3）。在形成 1，2-糖苷时，由于发生反式葡萄糖苷化，因此有与其他糖再结合的可能性。关于 1,2-糖苷在高温强碱下的生成与开环及进一步反应，如图 3-2-10 所示。反应开始时，由于 C2 羟基的离子化和结构变化，使苷键开裂（烷氧基消去）的同时，生成三元含氧环（环氧乙烷）结构。环氧乙烷结构打开，生成游离还原性首端基，或者空间要求得到满足，能生成 1,6-糖苷（左旋葡萄糖苷）。

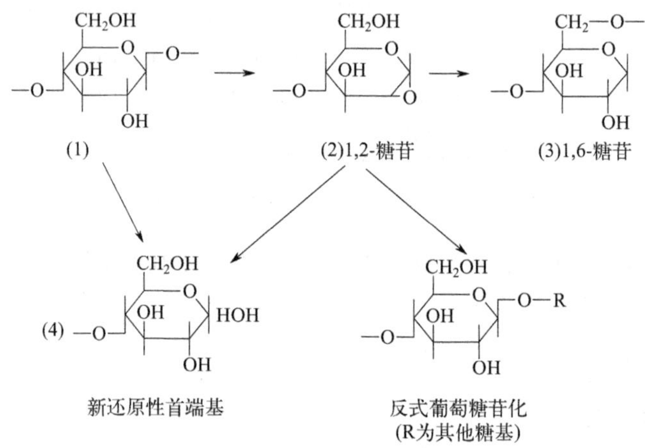

图 3-2-9　纤维素的碱性水解

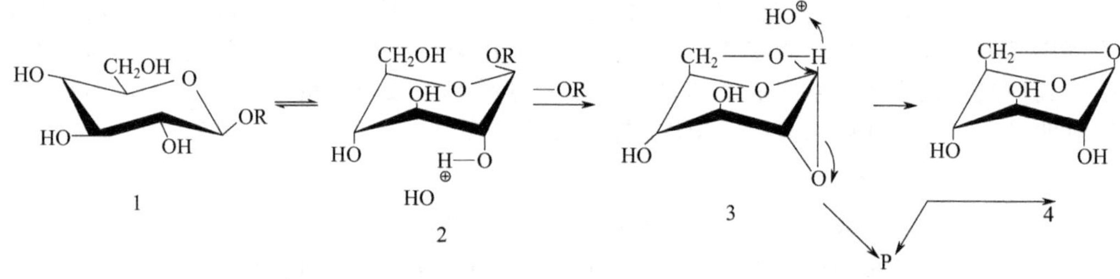

图 3-2-10　β-D-吡喃葡萄糖苷的碱性水解
（R 代表糖基或其他取代基）

2. 半纤维素的碱性水解

半纤维素中多种糖基的存在使其碱性水解反应更加复杂。表 3-2-2 中给出了常见糖基的甲基配糖化物在 10％NaOH 溶液、170℃时的碱性水解速率。由表可见，各配糖化物中，凡甲氧基与 2 位碳原子上的羟基成反位比顺位的碱性水解速率更高。呋喃式配糖化物的碱性水解速率比吡喃式配糖化物更高。

表 3-2-2　一些常见糖基甲基配糖化物的碱性水解速率　单位：h^{-1}

糖	苷键类型	C1 位—OCH_3 与 C2 位—OH 间的关系	呋喃式配糖化物 $K/\times10^3$	吡喃式配糖化物 $K/\times10^3$	糖	苷键类型	C1 位—OCH_3 与 C2 位—OH 间的关系	呋喃式配糖化物 $K/\times10^3$	吡喃式配糖化物 $K/\times10^3$
D-葡萄糖	α	顺		1.0	D-葡萄糖	β	反	＞100	2.5

续表

糖	苷键类型	C1 位—OCH_3 与 C2 位—OH 间的关系	呋喃式配糖化物 $K/\times10^3$	吡喃式配糖化物 $K/\times10^3$	糖	苷键类型	C1 位—OCH_3 与 C2 位—OH 间的关系	呋喃式配糖化物 $K/\times10^3$	吡喃式配糖化物 $K/\times10^3$
D-半乳糖	α	顺	7.8	1.0	D-木糖	α	顺	8.1	1.2
D-半乳糖	β	反	28	5.7	D-木糖	β	反	>100	5.8
D-甘露糖	α	反	30	2.8	L-阿拉伯糖	α	反	32	10.0
D-甘露糖	β	顺		1.1	L-阿拉伯糖	β	顺		1.0

注：速率常数 K 为 $60\ln(c_0/c)\times t^{-1}$（$h^{-1}$），$c_0$ 为初始浓度，c 为在 t 时刻的浓度，以一级反应计算。

多糖的碱性水解效率低，在生产上尚无应用，反而是碱性水解导致多糖聚合度降低、得率下降，在生产中需要避免[5-7]。

半纤维素与木质素有一定的化学结合，其中酯键连接具有重要地位。采用碱水解法，可将半纤维素与木质素中的酯键连接断开，获得相应物质。例如：玉米皮中富含阿魏酸低聚糖，易于水解，通过碱水解提取的方法可获得阿魏酸。在 NaOH 质量分数 1.3%、料液比 1∶13（g/mL）、温度 80℃、提取时间 72min 的条件下阿魏酸得率达 10.33mg/g[8]。

第二节 酸水解动力学

动力学是从反应速率的角度研究水解反应和产物分解反应。多糖的酸水解动力学就是研究这些反应速率与压力、温度、酸的种类与浓度、参与反应多糖的性质和单糖性质等因素之间的定量关系[9-11]。

宏观上，植物纤维原料酸水解动力学研究包括酸在原料颗粒厚度方向的扩散，水解产物单糖向周围介质的扩散，水解液从原料层排出（流体动力学），以及在蒸煮过程中水解锅中温度的分布等[12-14]。

一、纤维素酸水解动力学

Seaman 等[15-17]对纤维素水解的动力学进行过研究，其模型为：

$$C \xrightarrow{k_1} G \xrightarrow{k_2} D \tag{3-2-1}$$

式中，C 为纤维素；G 为葡萄糖；D 为葡萄糖降解物；k_1 为纤维素水解速率常数；k_2 为葡萄糖降解速率常数。这个模型认为纤维素水解为葡萄糖的同时，葡萄糖也发生降解。事实上，纤维素的水解反应是固液两相一级扩散反应，因此得纤维素水解速率方程式（3-2-2）[15-22]：

$$r_1 = k_1[C] \tag{3-2-2}$$

式中，r_1 为纤维素水解速率；k_1 为纤维素水解速率常数；[C] 为纤维素浓度。

葡萄糖在酸体系中不稳定，纤维素水解为葡萄糖的同时，葡萄糖也发生降解，因此在研究纤维素水解动力学的同时，必须研究葡萄糖的降解动力学，这样才能完整地描述纤维素的水解行为。研究表明，相对于纤维素的水解反应，葡萄糖的降解反应可近似认为是快速反应，近似认为只跟葡萄糖初始浓度有关，得葡萄糖的降解速率方程式（3-2-3）：

$$r_2 = k_2[G] \tag{3-2-3}$$

式中，r_2 为葡萄糖降解速率；k_2 为葡萄糖降解速率常数；[G] 为葡萄糖浓度。

纤维素水解和葡萄糖的降解是同时发生的，可认为是纤维素水解为葡萄糖和葡萄糖降解的串联反应。根据纤维素和葡萄糖的物料平衡可得式（3-2-4）和式（3-2-5）：

$$-\frac{d[C]}{dt} = r_1 = k_1[C] \tag{3-2-4}$$

$$\frac{\mathrm{d}[G]}{\mathrm{d}t}=r_1-r_2=k_1[C]-k_2[G] \tag{3-2-5}$$

积分式（3-2-4）和式（3-2-5）得方程式（3-2-6）[23-26]：

$$[G]=P_0\frac{k_1}{k_2-k_1}(e^{-k_1t}-e^{-k_2t})+M_0e^{-k_2t} \tag{3-2-6}$$

式中，P_0、M_0 为常数。边界条件为：$t=0$，[C] = [C_0]，[G] =0，[C_0] 为纤维素初始固体浓度。将 P_0= [C_0]，$M_0=0$ 代入式（3-2-6）得方程式（3-2-7）[27]：

$$[G]=\frac{k_1[C_0]}{k_2-k_1}(e^{-k_1t}-e^{-k_2t}) \tag{3-2-7}$$

葡萄糖得率可表示为式（3-2-8）[26-32]：

$$X_G=\frac{[G]}{[C_0]}=\frac{k_1}{k_2-k_1}(e^{-k_1t}-e^{-k_2t}) \tag{3-2-8}$$

式中，X_G 为葡萄糖得率。

通过某一时刻测得的实际葡萄糖得率 X_G 与模型计算值 $f(T,k_1,k_2)$可建立方差函数方程式（3-2-9）：

$$\sigma=\sum_{n=1}^{N}\frac{1}{N-1}[X_G-f(T,k_1,k_2)]^2 \tag{3-2-9}$$

计算方差最小时的 k_1、k_2 值及动力学方程参数值。对于一般的化学反应，其速率常数与温度之间的关系服从 Arrhenius 方程式（3-2-10）[28]：

$$k=A_0e^{-E_a/(RT)} \tag{3-2-10}$$

即 $\ln k=\ln A_0-E_a/(RT)$

式中，A_0 为指前因子；E_a 为活化能。

根据 $\ln k$-$1/T$ 呈线性关系以及表 3-2-3 中不同温度下的 k_1、k_2 数据，计算得出指前因子和活化能，见表 3-2-4。

表 3-2-3　微晶纤维素在含 4%盐酸的甲酸体系中的水解反应动力学参数

参数	55℃	65℃	75℃
k_1/h^{-1}	6.34×10^{-3}	2.94×10^{-2}	6.84×10^{-2}
k_2/h^{-1}	0.01	0.14	0.34
σ	0.06	0.28	0.38

表 3-2-4　微晶纤维素和葡萄糖在含 4%盐酸的甲酸体系中的水解 Arrhenius 参数

物质名称	参数	数值
微晶纤维素	A_1/h^{-1}	4.90×10^{14}
	$E_{a1}/(kJ/mol)$	105.61
	σ	0.03
葡萄糖	A_2/h^{-1}	1.56×10^{19}
	$E_{a2}/(kJ/mol)$	131.37
	σ	0.25

表 3-2-3 中的数据显示，在同样的温度下，葡萄糖的水解速率比纤维素的水解速率高。温度高时越发明显，55℃时，k_2/k_1 约为 1.6 倍，65℃时约为 4.8 倍，75℃时约为 5 倍，说明葡萄糖降解反应相对于纤维素水解反应来说可以认为是快速反应。从活化能看，葡萄糖降解的表观活化能稍高于纤维素水解的表观活化能，反应速率快，说明葡萄糖降解中可能受热力学因素控制。

硫酸、磷酸、硝酸、甲酸都不完全电离，且在溶液中易形成氢键而形成大分子[29]，氢键的形成也降低了有效的氢离子浓度，温度高能加快反应速率。因分子大不能有效地渗透到纤维素内部，减缓了纤维素的水解反应。葡萄糖的降解反应主要是羟基质子化重排降解反应[30]，氢离子浓度高则降解快。

如表 3-2-5 所示，纤维素和葡萄糖在甲酸中的水解和降解表观活化能与在 4%硫酸、4%盐酸、4%硝酸中的表观活化能相差不大，但是在 70%硫酸中的表观活化能却高出了许多。在反应过程中，浓酸中的反应温度低，一般都在 100℃以下；稀酸中的反应温度一般都在 120℃以上。浓硫酸很容易形成分子间氢键，防止渗透到纤维素内部和进攻葡萄糖上的羟基。同时，纤维素的种类也会影响到纤维素水解的表观活化能，麦草、甘蔗渣的聚合度和结晶度都比微晶纤维素的低，容易水解。这些都可能是纤维素在 70%硫酸中的表观活化能偏高的原因。尽管纤维素水解的表观活化能和葡萄糖降解的表观活化能都有一定的差异，但是总的来看，相差在合理的范围内。

从动力学研究的数据看，以甲酸为介质，纤维素的水解表观活化能基本一致，说明纤维素在有机酸和无机酸介质中水解的难易程度一样。但甲酸是有机酸，比 70%硫酸作为溶剂来说容易回收，腐蚀性低，和稀酸相比，反应温度低。

在很多情况下，水解过程与氢离子浓度 $[H^+]$ 有很大关系，因此将速率常数与 $[H^+]$ 相关联得方程式 (3-2-11)[31]：

$$k_j = k_0 C^n \tag{3-2-11}$$

式中，j 为 1 或 2；k_0 和 n 为常数，可由实验数据计算得到；C 为酸浓度。

众所周知，纤维素是由结晶区和无定形区构成，处于纤维表面和无定形区域的纤维素容易水解，而处于纤维内部和结晶区的纤维素则水解较慢。因此将纤维素分为快速水解部分和慢速水解部分，其中快速水解部分与整个纤维素的比例以 α 表示，在考虑纤维素水解难易程度因素的条件下，式 (3-2-6) 和式 (3-2-7) 可修正为式 (3-2-12) 和式 (3-2-13)[32]：

$$[G] = \alpha P_0 \frac{k_1}{k_2 - k_1}(e^{-k_1 t} - e^{-k_2 t}) + M_0 e^{-k_2 t} \tag{3-2-12}$$

$$[G] = \frac{k_1 \alpha [C_0]}{k_2 - k_1}(e^{-k_1 t} - e^{-k_2 t}) \tag{3-2-13}$$

表 3-2-5　纤维素和葡萄糖在酸水解中的水解参数

酸	材料	A_1/h^{-1}	E_{a1}/(kJ/mol)	A_2/h^{-1}	E_{a2}/(kJ/mol)	参考文献
70% H_2SO_4	微晶纤维素	4.91×10^{8}	127.20	1.33×10^{25}	166.90	[29]
4% H_2SO_4	甘蔗渣	6.48×10^{13}	107.30	9.58×10^{15}	125.50	[31]
4% HCl	甘蔗渣	6.48×10^{13}	105.00	2.39×10^{15}	117.60	[31]
4% HNO_3	甘蔗渣	5.80×10^{14}	100.00	—	—	[33]

二、半纤维素酸水解动力学

在酸水解过程中，断键机制是一个随机过程，这造成了水解过程的不确定性。不同种类植物中半纤维素的结构不相同，木聚糖是半纤维素（特别是阔叶木材和禾本科植物纤维原料）的主要成分之一。大多数情况下的半纤维素水解动力学研究都是基于木聚糖的水解过程。尽管半纤维素没有纤维素的结晶区和非结晶区之分、相对于纤维素容易水解，但半纤维素在生物质结构中伴生在纤维素与木质素之间，且与木质素有化学键结合，这导致暴露在表面的半纤维素更容易、更快速水解，而埋藏在生物质内部的半纤维素因酸渗透慢而水解较慢。水解过程中，木聚糖首先水解为寡聚糖，然后水解为木糖，同时木糖也会降解为糠醛等产物。

应用最多的是类似于纤维素水解的简化模型[33]：

$$\left.\begin{matrix}\text{半纤维素}\\ \text{寡聚糖}\end{matrix}\right\rangle(\mathrm{H}) \xrightarrow[\uparrow\ H_2O]{k_1} \text{木糖}(\mathrm{X}) \xrightarrow[\downarrow\ 3H_2O]{k_2} \text{降解产物}(\mathrm{D})$$

该模型将木聚糖水解为寡聚糖的过程进行了简化，模型中的 k_1 为半纤维素和寡聚糖水解为木糖的速率常数，k_2 为木糖的降解速率常数。设定半纤维素的水解反应和木糖的降解反应为一级反应，根据模型可建立速率方程式（3-2-14）和式（3-2-15）：

$$\frac{\mathrm{d}[\mathrm{H}]}{\mathrm{d}t}=-k_1[\mathrm{H}] \tag{3-2-14}$$

$$\frac{\mathrm{d}[\mathrm{X}]}{\mathrm{d}t}=k_1\frac{[\mathrm{H}]}{0.88}-k_2[\mathrm{X}] \tag{3-2-15}$$

式中，[H] 表示半纤维素和寡聚糖浓度；[X] 表示木糖浓度；0.88 为半纤维素木聚糖单元与木糖分子量之比。

当以木糖为底物研究木糖降解过程时，式（3-2-15）中的半纤维素浓度可忽略，得式（3-2-16）：

$$\frac{\mathrm{d}[\mathrm{X}]}{\mathrm{d}t}=-k_2[\mathrm{X}] \tag{3-2-16}$$

当 $t=0$、$[\mathrm{X}]=[\mathrm{X}]_{\max}$ 时，此时的 $[\mathrm{X}]_{\max}$ 为测量值，由式（3-2-16）可得式（3-2-17）：

$$\ln\frac{[\mathrm{X}]}{[\mathrm{X}]_{\max}}=-k_2t \tag{3-2-17}$$

式（3-2-17）中的 k_2 可由在 T_2 条件下的实验数据求得。木糖的降解动力学参数 A_2 和 E_2 可由 Arrhenius 方程在不同温度 T_2 条件的速率常数 k_2 通过线性回归计算得到。代入，得式（3-2-18）：

$$\ln k_2=\ln A_2-\frac{E_2}{R}\times\frac{1}{T_2} \tag{3-2-18}$$

通过对式（3-2-15）和式（3-2-18）进行积分，可得到反应过程中下一时刻木糖的浓度$[\mathrm{X}]_{i+1}$：

$$[\mathrm{X}]_{i+1}=[\mathrm{X}]_i+\frac{\Delta t}{2}\left[\frac{k_{1i}+k_{1(i+1)}[\mathrm{H}]_{i+1}}{0.88}-k_{2i}[\mathrm{X}]_i-k_{2(i+1)}[\mathrm{X}]_{i+1}\right] \tag{3-2-19}$$

式中，i 为当前时间；$i+1$ 为下一时刻；Δt 为间隔时间；$[\mathrm{H}]_{i+1}$ 为半纤维素在下一时刻的浓度［可由式（3-2-15）得到］；k_{1i}、$k_{1(i+1)}$、k_{2i}、$k_{2(i+1)}$ 可由实验值通过二次方程解析。

半纤维素虽比纤维素容易水解，但水解的过程中也存在快水解和慢水解的部分，因此对前面半纤维素的水解模型可变形为[34]：

$$\left.\begin{matrix}\text{半纤维素}(\mathrm{H_f})\ k_1\\ \text{半纤维素}(\mathrm{H_s})\ k_2\end{matrix}\right\rangle \text{木糖}(\mathrm{X}) \xrightarrow{k_3} \text{糠醛}(\mathrm{F})\text{和其他降解产物}(\mathrm{D})$$

其中，k_1～k_3 为速率常数。根据模型可得式（3-2-20）～式（3-2-22）：

$$\frac{\mathrm{d}[\mathrm{H_f}]}{\mathrm{d}t}=-k_1[\mathrm{H_f}] \tag{3-2-20}$$

$$\frac{\mathrm{d}[\mathrm{H_s}]}{\mathrm{d}t}=-k_2[\mathrm{H_s}] \tag{3-2-21}$$

$$\frac{\mathrm{d}[\mathrm{X}]}{\mathrm{d}t}=k_1[\mathrm{H_f}]+k_2[\mathrm{H_s}]-k_3[\mathrm{X}] \tag{3-2-22}$$

对式（3-2-20）～式（3-2-22）解方程得式（3-2-23）：

$$X=\frac{[\mathrm{H_f}]}{k_3-k_1}(\mathrm{e}^{-k_1t}-\mathrm{e}^{-k_3t})+\frac{(1-[\mathrm{H_f}])k_2H_0}{k_3-k_2}(\mathrm{e}^{-k_2t}-\mathrm{e}^{-k_3t}) \tag{3-2-23}$$

式中，H_0 为木聚糖的初始含量。

考虑到酸浓度因素的影响，Arrhenius 方程修正为式（3-2-24）：

$$k_i = k_{i0}(\mathrm{Ac})^{N_i}\exp\left[-E_i/(RT)\right] \tag{3-2-24}$$

式中，k_{i0} 为指前因子；Ac 为酸浓度；N_i 为速率常数指数；E_i 为活化能。

以上述动力学模型计算得到的玉米芯和葵花籽壳酸水解速率常数方程如表 3-2-6 所示[25]。

表 3-2-6　玉米芯和葵花籽壳酸水解速率常数方程[25]

速率常数	玉米芯	葵花籽壳
k_1/min^{-1}	$1.48\times10^{10}\mathrm{Ac}^{1.21}\exp[-80.34/(RT)]$	$9.642\times10^{10}\mathrm{Ac}^{1.55}\exp[-92.31/(RT)]$
k_2/min^{-1}	$2.00\times10^{10}\mathrm{Ac}^{1.86}\exp[-85.67/(RT)]$	$4.32\times10^{9}\mathrm{Ac}^{1.39}\exp[-78.35/(RT)]$
k_3/min^{-1}	$6.344\times10^{14}\mathrm{Ac}^{0.78}\exp[-133.7/(RT)]$	

三、葡萄糖酸水解动力学

化学反应动力学的研究对理解化学反应机理至关重要，同时能够指导实际生产过程中反应器的设计及工艺条件的优化。如图 3-2-11 所示，葡萄糖酸催化降解制乙酰丙酸的动力学模型可以分为四个部分：①葡萄糖脱水形成 5-羟甲基糠醛；②葡萄糖降解或聚合形成腐殖质（高度聚合的不溶性碳素物质）；③5-羟甲基糠醛水合反应形成乙酰丙酸和甲酸；④5-羟甲基糠醛发生聚合等副反应同样形成腐殖质。上述反应过程通常被认为是不可逆的。此外，大部分研究证明乙酰丙酸和甲酸在上述酸催化条件下相对稳定，二者之间或与其他产物一般不会发生副反应。但是，由于催化反应条件的不同，少数动力学研究也对乙酰丙酸的副反应进行了考察并给出了相应的副反应动力学数据。

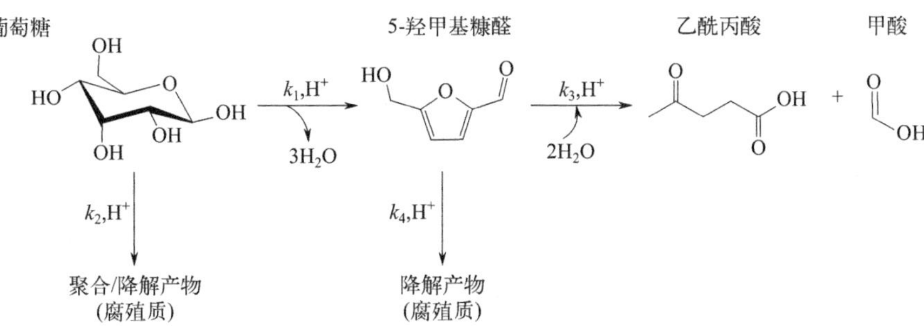

图 3-2-11　水相中酸催化葡萄糖降解制备乙酰丙酸的反应路径

葡萄糖在水溶液中降解的动力学研究通常基于一些假设，这些合理的假设有助于简化动力学模型。例如，由于水大大过量，所以可以认为反应过程中水的浓度始终保持不变，即反应相对于水浓度是零级反应；各步反应可假设为一级反应等。此外，研究发现葡萄糖降解产物中除了 5-羟甲基糠醛、乙酰丙酸、甲酸及腐殖质外，还可能存在糠醛、纤维二糖、左旋葡聚糖及果糖等副产物。糠醛可能是通过 5-羟甲基糠醛脱去羟甲基形成的，纤维二糖和左旋葡聚糖是通过葡萄糖的逆向聚合形成的，而葡萄糖经过异构化反应则可以转化为果糖。以上这些副产物的得率通常在 1%以下，因此在动力学模型中可以不做考虑。

根据图 3-2-11，催化降解葡萄糖到乙酰丙酸的主反应路径主要分为两步：①葡萄糖到 5-羟甲基糠醛的水解反应；②5-羟甲基糠醛到乙酰丙酸的再水合反应。由此可将葡萄糖降解制备乙酰丙酸的动力学方程表示为式（3-2-25）～式（3-2-27）：

$$\frac{\mathrm{d}[\mathrm{G}]}{\mathrm{d}t} = -(k_1+k_2)[\mathrm{G}] \tag{3-2-25}$$

$$\frac{\mathrm{d}[\mathrm{HMF}]}{\mathrm{d}t} = k_1[\mathrm{G}]-(k_3+k_4)[\mathrm{HMF}] \tag{3-2-26}$$

$$\frac{\mathrm{d}[\mathrm{LA}]}{\mathrm{d}t}=k_3[\mathrm{HMF}] \tag{3-2-27}$$

式中，[G] 为葡萄糖浓度；[HMF] 为 5-羟甲基糠醛浓度；[LA] 为乙酰丙酸浓度；$k_1 \sim k_4$ 为反应动力学常数。

通过实验数据拟合可以得到反应动力学常数及表观活化能等反应动力学参数，这些计算得到的参数一般会受到不同反应条件的影响，如催化剂的种类（HCl、H_2SO_4）、反应温度及反应器类型（间歇反应釜、柱塞流反应器及连续搅拌反应器）等的影响。

表 3-2-7 总结了在间歇反应釜中各种水相酸催化葡萄糖转化为乙酰丙酸的动力学模型及参数。这些报道的动力学模型中，有些只将中间产物 5-羟甲基糠醛和乙酰丙酸考虑在内，有些则将腐殖质的形成也纳入动力学模型。由表 3-2-7 可知各种动力学模型的反应活化能受反应条件的影响较大。其中，葡萄糖脱水反应的活化能在 86～160kJ/mol，5-羟甲基糠醛再水合反应的活化能在 56～111kJ/mol。

表 3-2-7 水相中酸催化葡萄糖转化为乙酰丙酸的动力学模型及参数[35-43]

动力学模型	反应条件	E_a/(kJ/mol)	k/min^{-1}
G ⇉ 聚合产物 G →(1) HMF HMF → D HMF →(2) LA+FA	T=100～150℃ [HCl]=0.35mol/L [G_0]=1%	E_{a1}=133 E_{a2}=95	
G ⇉ 二聚产物 G →(1) HMF HMF → D HMF → LA+FA	T=180～224℃ [H_2SO_4]=0.05～0.4mol/L [G_0]=0.4%～6%	E_{a1}=128	$k_1=2.6\times10^{12}$
G → D G →(1) HMF HMF → D HMF →(2) LA+FA	T=170～230℃ [H_3PO_4]：pH 1～4 [G_0]=0.6%～6% [HMF_0]=0.3%	E_{a1}=121 E_{a2}=56	$k_1=1.5\times10^{13}$ $k_2=4.1\times10^{6}$
G →(1) I → HMF →(2) LA+FA I, HMF → D	T=140～250℃ [H_2SO_4]=0.0125～0.4mol/L [G_0]=5%～17% [HMF_0]=1%～2%	E_{a1}=137 E_{a2}=97	
G →(1) HMF →(3) LA G →(2) D	T=170～190℃ [H_2SO_4]=0.1～0.5mol/L [G_0]=5%	E_{a1}=86 E_{a2}=210 E_{a3}=57	$k_1=4.6\times10^{9}$ $k_2=4.3\times10^{7}$ $k_3=1.2\times10^{23}$
G →(1) HMF →(3) LA+FA G →(2) D HMF →(4) D	T=98～200℃ [H_2SO_4]=0.05～1mol/L [G_0]=2%～15% [HMF_0]=1%～11%	E_{a1}=152 E_{a2}=165 E_{a3}=111 E_{a4}=111	
G →(1) HMF →(3) LA+FA G →(2) D HMF →(4) D	T=140～180℃ [HCl]=0～1.0mol/L [G_0]=2%～20% [HMF_0]=4%～16%	E_{a1}=160 E_{a2}=51 E_{a3}=95 E_{a4}=142	$k_1=2.8\times10^{18}$ $k_2=7.2\times10^{3}$ $k_3=3.2\times10^{11}$ $k_4=6.8\times10^{16}$

续表

动力学模型	反应条件	E_a/(kJ/mol)	k/min^{-1}
$G \xrightarrow{1} HMF \xrightarrow{3} LA \xrightarrow{5} D$；G $\downarrow 2$ D；HMF $\downarrow 4$ D	T=180～280℃ 无催化剂 $[G_0]$=1% $[HMF_0]$=0.75% $[LA_0]$=0.5%	E_{a1}=108 E_{a2}=136 E_{a3}=89 E_{a4}=109 E_{a5}=31	

注：G—葡萄糖；HMF—5-羟甲基糠醛；LA—乙酰丙酸；FA—甲酸；I—中间产物；D—降解产物（腐殖质）。

四、植物纤维酸水解过程结构变化

纤维素是β-1,4-糖苷键组成的长链分子，长链分子再进一步形成一种具有高度结晶区的超分子稳定结构，这种超稳定结构使得纤维素很难水解。如果能清楚地了解纤维素的结构在水解过程中的变化，这将能为纤维素的糖化过程提供理论基础，有效地将数量庞大的纤维素转化为可供利用的各种化学品。

将纤维素转化为化学品的关键是将其转化为葡萄糖，目前常用的方法为酸水解法和酶水解法。无论何种方法，纤维素的结晶区是目前最大的障碍。

纤维素材料在酸体系中的水解过程是先溶胀，然后逐渐水解的过程（图 3-2-12）。竹浆纤维放进含有 4%盐酸的甲酸溶液中 0.5h 后开始溶胀，1.0h 后逐渐溶解，并且颜色开始变深，呈浅墨绿色，2.0h 后已经基本溶解在溶剂中，溶液颜色也逐渐变深。结果显示甲酸溶液对竹浆纤维素有很好的溶解性能。溶液颜色最后比较深，原因可能：一是竹浆纤维中有部分未分离的木质素在酸的作用下溶解出来；二是纤维和水解的糖在酸的作用下碳化而显墨绿色。溶解过程中的 AFM（原子力显微镜）观察显示（图 3-2-13），处理前的纤维表面有清晰的纹理结构，而经过甲酸溶解反应 0.5h 后，这些清晰的纹理结构消失了，纤维表面显得膨胀和饱满[44,45]。

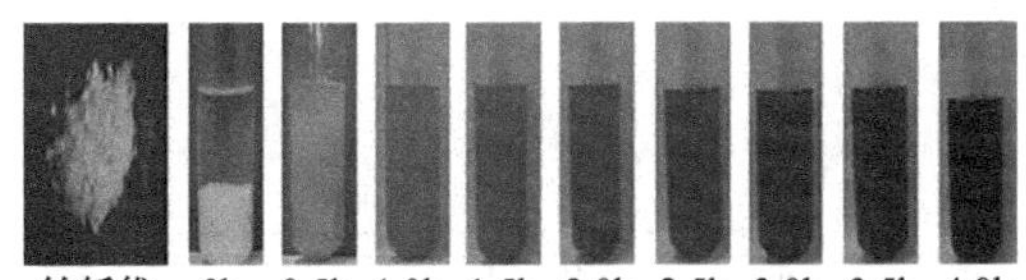

图 3-2-12　竹浆纤维在甲酸溶液中的溶解情况

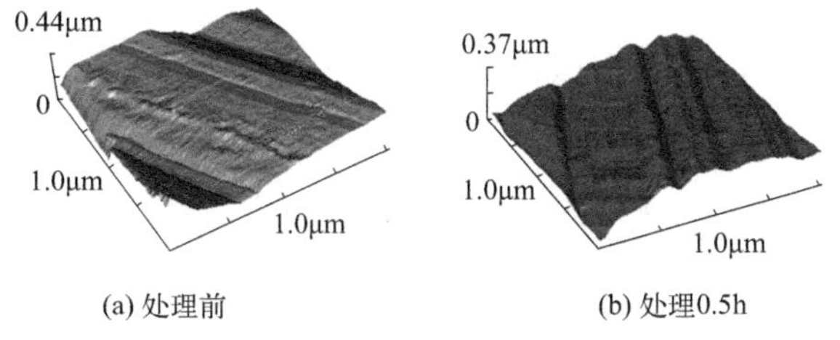

图 3-2-13　竹浆纤维在甲酸溶液中溶解的 AFM 观察

竹浆纤维在含盐酸的甲酸溶液中处理前后的 CP/MAS（交叉极化/魔角旋转）^{13}C-NMR（核磁共振）图谱（图 3-2-14）及化学位移归属（表 3-2-8）显示，处理前后峰型相差不大，但与微晶纤维素相比，还是有很大的区别，主要区别是在化学位移 105、75 和 65 附近。在化学位移 105 附近，微晶纤维素的共振谱线有 3 个特征峰，而竹浆纤维为 1 个特征峰；在化学位移 75 附近，微晶纤维素的共振谱线有 4 个特征峰，而竹浆纤维为 2 个特征峰；在化学位移 65 附近，微晶纤维素的共振谱线仅有 1 个特征峰，而竹浆纤维为 2 个特征峰。竹浆纤维为天然纤维素，属于纤维素Ⅰ，主要由纤维素 I_α 和 I_β 组成。竹浆纤维核磁共振谱线峰与许多天然纤维素的峰形相同，例如大豆壳、植物胚乳纤维、漂白桦木纤维、亚麻纤维、软木纤维等。如图 3-2-15 所示，将竹浆纤维素 C1、C4 的核磁共振谱线与微晶纤维素的对比，发现谱线峰重合更为严重，利用线性拟合分峰法对峰进行分离，竹浆纤维素 C1 和 C4 的共振谱线拟合后可以看出，水解过程中，无定形组分增加，说明竹浆纤维的结晶区被破坏，转化为无定形区。但同时纤维素表面降低，说明水解过程中纤维发生了黏结来降低表面能。竹浆纤维素的结晶指数为 30.54%，处理 3h 后，结晶指数为 40.22%，结果表明处理后结晶指数增加。竹浆纤维是经过制浆处理后的纤维，结构较微晶纤维素松散，比表面积大，结晶指数只有微晶纤维的一半也说明了这一点，但水解过程中发生了黏结，结晶指数增加的部分主要来自纤维表面的减少。竹浆纤维的水解研究表明水解同时发生在结晶区与非结晶区，在水解液中有葡萄糖和还原糖生成，表明竹浆纤维发生了水解，但是结晶指数增加、纤维表面积减少的事实表明水解是由表及里，逐步渗透的结果，对竹浆纤维表面和无定形区的影响较结晶区大。而微晶纤维素的结晶指数为 65.85%，处理 3h 后，结晶指数为 66.13%，处理前后，结晶指数几乎没发生变化（表 3-2-9）。微晶纤维素是高纯度、高结晶度纤维素，在水解液中有葡萄糖和还原糖生成，表明微晶纤维素发生了水解，但是结晶指数没有发生变化的事实表明水解同时发生在结晶区和无定形区，由纤维表面逐步向纤维内部渗透水解。

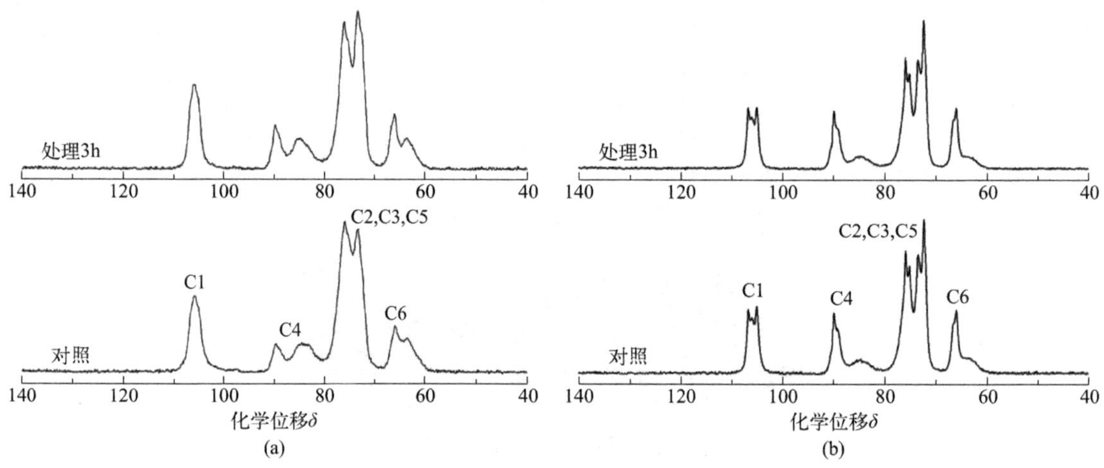

图 3-2-14 微晶纤维素（a）与竹浆纤维（b）CP/MAS ^{13}C-NMR 谱图

表 3-2-8 竹浆纤维素 ^{13}C-NMR 化学位移归属

<table>
<tr><th rowspan="2">材料</th><th colspan="4">对照</th><th colspan="4">处理 3h</th></tr>
<tr><th>C1</th><th>C4</th><th>C2,C3,C5</th><th>C6</th><th>C1</th><th>C4</th><th>C2,C3,C5</th><th>C6</th></tr>
<tr><td rowspan="4">微晶纤维素</td><td>106.722</td><td>89.881</td><td>75.926</td><td>65.944</td><td>106.741</td><td>89.856</td><td>75.927</td><td rowspan="4">65.936</td></tr>
<tr><td>106.065</td><td>85.422</td><td>75.155</td><td></td><td>106.087</td><td></td><td>75.170</td></tr>
<tr><td>105.046</td><td>84.665</td><td>73.445</td><td></td><td>105.059</td><td>84.773</td><td>73.462</td></tr>
<tr><td></td><td></td><td>72.362</td><td></td><td></td><td></td><td>72.370</td></tr>
<tr><td rowspan="2">竹浆纤维</td><td rowspan="2">105.853</td><td>84.375</td><td>75.917</td><td>65.844</td><td rowspan="2">106.005</td><td>89.825</td><td>75.948</td><td>65.917</td></tr>
<tr><td>89.682</td><td>73.308</td><td>63.419</td><td>84.807</td><td>73.196</td><td>63.524</td></tr>
</table>

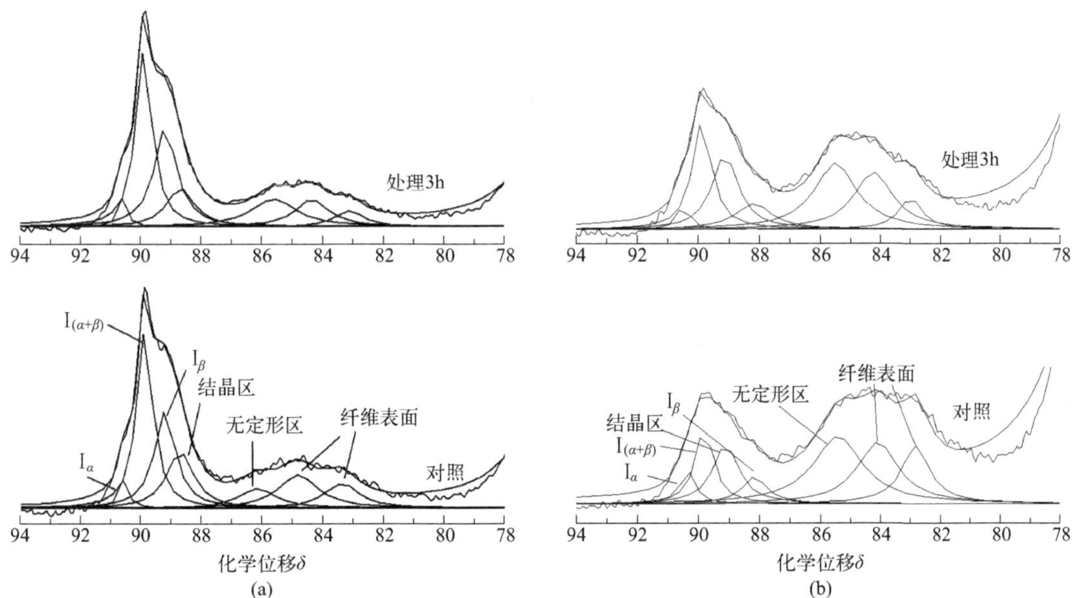

图 3-2-15 微晶纤维素（a）与竹浆纤维（b）CP/MAS^{13}C-NMR 图谱 C4 线性拟合情况

表 3-2-9 竹浆纤维 CP/MAS^{13}C-NMR 图谱 C4 线性拟合结果

材料	化学位移归属	处理前			处理 3h		
		化学位移 δ	相对强度/%	结晶指数/%	化学位移 δ	相对强度/%	结晶指数/%
微晶纤维素	$I_α$	90.59	2.92	65.85	90.60	2.92	66.13
	$I_{(α+β)}$	89.89	29.29		89.89	31.52	
	准晶态	89.22	21.42		89.18	24.81	
	$I_β$	88.72	15.76		88.68	11.60	
	无定形	86.17	7.79		85.61	14.01	
	纤维表面	84.83	13.92		84.36	10.18	
	纤维表面	83.40	8.90		83.12	4.96	
竹浆纤维	$I_α$	90.36	4.23	30.54	90.48	2.68	40.22
	$I_{(α+β)}$	89.81	11.52		89.87	18.54	
	准晶态	89.12	12.89		89.12	17.33	
	$I_β$	88.17	5.74		88.19	8.22	
	无定形	85.42	20.17		85.50	25.82	
	纤维表面	84.09	26.17		84.23	20.62	
	纤维表面	82.83	19.28		82.99	6.78	

竹浆纤维的红外光谱如图 3-2-16 所示。其典型振动吸收峰和微晶纤维素的一样，3340～3412cm^{-1} 处宽峰为 O—H 的伸缩振动吸收所引起的，属于纤维素的特征吸收峰。2968cm^{-1} 和 2900cm^{-1} 附近的吸收峰归属于—CH_2 中 C—H 的伸缩振动吸收峰。1630cm^{-1} 附近的吸收峰为纤维素吸收空气中的水所致。1431cm^{-1} 和 1316cm^{-1} 附近的吸收峰为—CH_2 中 C—H 的摇摆振动引起的。C—H 的弯曲振动吸收峰出现在 1373cm^{-1} 和 1281cm^{-1} 附近，1201cm^{-1} 处的吸收峰为葡萄糖环 C6 上 C—O—H 的面内弯曲振动吸收峰，1237cm^{-1} 为 O—H 的弯曲振动吸收峰，1158cm^{-1} 和 901cm^{-1} 为糖苷键 C—O—C 的伸缩振动吸收峰，葡萄糖环的面内振动吸收在波数 1114cm^{-1} 处。1061cm^{-1} 和 1033cm^{-1} 处的强吸收分别为 C3、C6 上 C—O 的吸收峰。672cm^{-1}、

711cm^{-1}处为C—O—H的面外弯曲吸收峰。竹浆纤维处理前后的红外图谱大体相同，但是在强度上有不同程度的差异，其变化和微晶纤维素水解过程中的变化大体相同。处理1h后的红外光谱变化和微晶纤维素处理1h的差别不大，处理3h后的红外光谱变化与微晶纤维素处理5h的变化相似。处理5h后，所有的吸收峰强度都有所下降。3400～3430cm^{-1}处的吸收在处理1h后下降，然后增加，表明氢键数量先减少然后增多，说明水解过程中发生聚结。同时，3400cm^{-1}左右的宽吸收峰向高波数有微弱迁移，表明纤维素在水解过程中氢键的断裂，纤维素结晶结构被破坏。处理过后的纤维，在1718cm^{-1}处有吸收峰出现，表明甲酸渗透到了纤维内部，且形成了新的键。竹浆纤维素红外光谱中，在712cm^{-1}处有明显的吸收峰，在760cm^{-1}处吸收较为微弱，但强度较微晶纤维素弱，760cm^{-1}、712cm^{-1}处分别代表纤维素I_α和I_β的典型吸收峰，这表明竹浆纤维素中富含纤维素I_β，但较微晶纤维素少。核磁共振的分析证明了这一点。

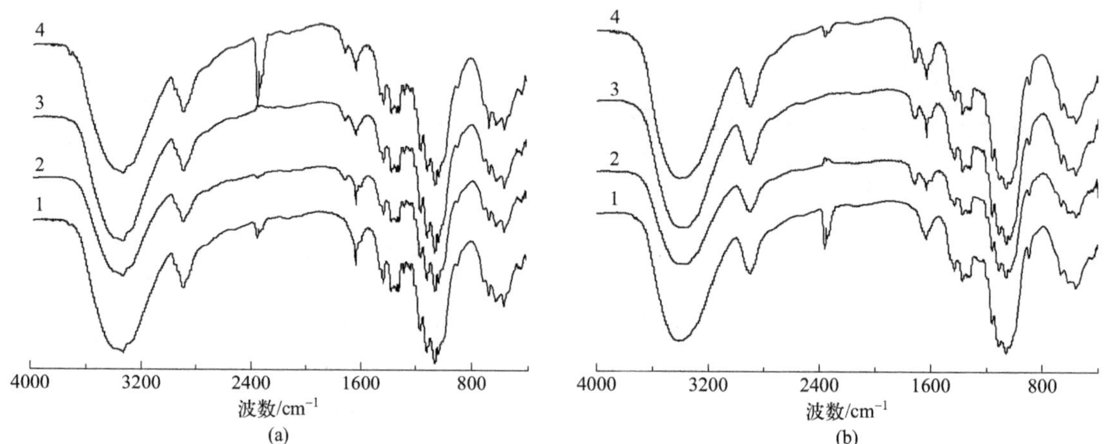

图3-2-16 微晶纤维素（a）与竹浆纤维（b）红外光谱图
（1～4分别表示对照样和处理1h、3h、5h）

第三节 化学水解主要工艺

一、多糖浓酸水解工艺

稀酸水解和无酸水解的缺点是单糖得率较低。而浓酸水解的缺点是耗酸量大，必须设法回收或再利用。

与稀酸水解相比，浓酸水解的优越性在于：①植物原料的多糖可以先转变成易水解状态和最终得到较高的单糖得率；②水解液中糖浓度高；③水解液的纯度高；④水解过程不需要高温，能耗低；⑤在常压下操作，便于在连续设备中进行。缺点是：①被加工的单位原料耗酸量高；②必须把少量的浓酸均匀地分散到水解原料的颗粒之间；③浓酸处理时多糖不能完全水解；④多糖最后解聚为单糖必须提高过程的温度；⑤原料必须预先干燥[46-49]。

含水率为5%～7%的木屑用75%硫酸在酸比为1.5、温度为50～55℃下进行水解。在这种情况下，预先加热到反应温度的酸与原料在专门的混合器中混合，得到的混合物送到连续碾压水解器。在该设备中由于机械的作用，原料颗粒变形。酸浸透到水解颗粒中，由此得到膏状水解物，其中含有未完全水解的多糖产物、木质素和酸。

在酸比为1.5时，酸耗较大，于是产生了酸再利用的问题。具体的再利用途径是：用水解液中的硫酸去分解天然磷矿粉，再用石灰乳去中和所形成的磷酸，最后得到沉淀磷酸钙（磷酸氢钙$CaHPO_4$），它可以作为肥料或饲料用的无机添加剂。酸的再利用导致工艺流程的复杂化，使其难以实施。尽管这种方法的还原糖得率达绝干材的62%～65%，水解液中糖浓度可达10%～18%，仍未能实现工业化。

浓硫酸小酸比木材水解流程见图 3-2-17。

木片或木屑先干燥到含水率 2%～3%，75%硫酸预热到 50℃，酸比 0.3，在混酸机中混酸，然后送碾压水解器，把难水解多糖变成易水解状态。为提高水解物料的水解深度，在 90℃下热处理。把水解物料用水稀释到酸浓为 10%，在 120℃下进行转化，转化后的水解液用石灰乳中和除去其中的酸，再进行过滤分离出木质素、石膏等，可得中和液，进一步加工利用。

浓盐酸木材水解制取葡萄糖流程见图 3-2-18。

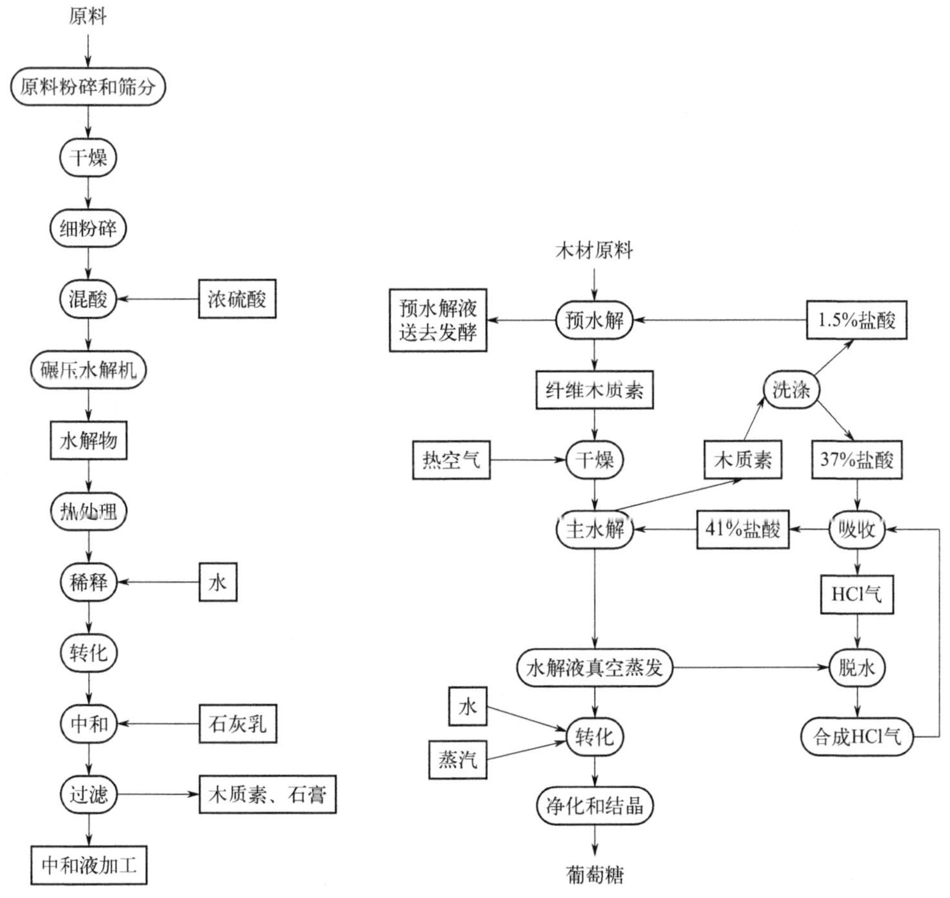

图 3-2-17　浓硫酸小酸比木材水解流程　　图 3-2-18　浓盐酸木材水解制取葡萄糖流程

原料预水解是为了除去原料中的半纤维素，以保证纤维木质素中的多糖基本上都是葡萄糖，便于以后的葡萄糖结晶。木片的预水解用 1.5%盐酸在 120～125℃下进行 30～60min，液比为 5.5。预水解液中含约为绝干木材量 20%的还原糖，把它用于糠醛生产或饲料酵母生产等加以综合利用。洗涤后的纤维木质素用热空气进行干燥，使其含水率从 75%～80%下降到 8%。

纤维木质素的水解是在扩散器组中，用 41%浓盐酸进行连续的水解浸提，在室温下使原料与酸接触 32h。获得的水解液含 23%碳水化合物，30% HCl 和 47%水分。在该阶段糖得率达绝干原料量的 40%左右，包括预水解液中单糖接近原料量的 60%。

在水解液真空蒸发阶段，干物质浓度可达到 65%～70%，蒸馏出的 HCl 气体经脱水后返回制备 41%盐酸的再循环系统。为进行浓缩水解液的转化，用热水稀释，使盐酸浓度达 0.5%～1.0%，碳水化合物浓度为 15%～20%。为此，用直接蒸汽加热，使温度达 125℃，并维持 60min，使低聚糖水解成葡萄糖。净化后的浓缩葡萄糖溶液送去结晶，是利用葡萄糖与 NaCl 形成的复盐完成的。

加工 1t 针叶材的结晶葡萄糖得率为 200～250kg，生产 1t 葡萄糖消耗木材 13m^3、1.7～2t

HCl 和 0.7t 石灰。

盐酸是最强的多糖水解催化剂，挥发性强，利于回收。然而没有得到实际应用，因为回收盐酸工艺复杂，且盐酸腐蚀性强，消耗指标也高，最后导致葡萄糖成本很高。

二、稀酸水解工艺

稀酸水解工艺所采用的硫酸浓度一般不会超过 2%～3%，常常是低于 1%，在这样低浓度酸的作用下，是难以使多糖水解成单糖的。为此，在稀酸水解的情况下，不能在常温下进行，而必须提高反应温度。在一定的反应温度和酸浓度的水解条件下，多糖才能经水解反应转变成单糖。同时，单糖在这样的反应条件下也会部分发生分解，使糖得率下降。为了得到高的单糖得率，对植物原料的稀酸水解工艺进行了许多研究，形成了多种稀酸水解方法，在此要特别加以讨论的是固定法水解工艺和渗滤法水解工艺[47-51]。

（一）固定法水解工艺

固定法是一种间歇式的水解方法，也是一种比较古老的水解方法。这种水解方法的实质是在整个水解反应的时间内，水解物料、稀酸溶液和水解反应的产物三者始终都是在反应器中。由此使得单糖分解反应的条件与多糖水解的条件是基本相同的。也就是说固定法水解过程中形成了一个封闭的系统，与外界没有物质的交换。但是“固定”这个术语的真正含义已有变化，因为在化学工艺学上把固定过程理解为整个反应过程中各种反应参数，如催化剂——酸的浓度、反应温度和压力等因素都是不变的，现在仅是历史习惯的延续而已。

固定法水解由于其自身存在缺点，如单糖得率低，而被其后发展起来的渗滤水解法所代替，但是这种古老的水解方法仍在一些生产中被应用，其基本水解理论对新的水解方法还具有指导意义。

在木糖和木糖醇的生产中，我国还采用固定法水解，这种水解方法简单，易于操作。生产中主要是利用半纤维素含量高的植物原料。

为了提纯某种原料，以利于后序加工得到比较纯净的产品时，也采用固定法水解。例如：预水解硫酸盐法制浆，预水解是使原料中的半纤维素在酸性条件下发生酸水解而被溶出，降低原料中半纤维素的含量，改变残留半纤维素的结构，以利于再蒸煮制浆时被溶出，保证得到合格的精制浆。

固定法水解工艺可分为稀酸常压水解工艺和稀酸高压水解工艺。

① 稀酸常压水解工艺。水解反应是在稀酸、常压和 100℃左右的温度条件下进行的。这种水解方法的缺点是水解时间长、酸耗量大，例如：当只把水解原料中半纤维素水解时，需要水解 4～6h，酸浓度为 2%～3%；而要进行稀酸高压水解时，只要 1～2h，酸浓度为 0.5%～1%。而这种水解方法的优点是工艺设备简单，水解液质量也比较高。

稀酸常压水解法的工艺过程：把经过预处理的原料和调制好的蒸煮酸液加入水解锅，然后从水解锅的底部接管通入蒸汽，直到水解锅中的物料达到沸腾为止。并从此时开始计算水解时间，水解锅的顶部放空阀一直开着，不使锅内产生压力，但温度则因物料溶液浓度的上升而从 100℃升至 106℃左右，并持续一定时间。水解完毕之后，打开水解锅底部的放料阀门使水解液和水解残渣一起排入卸料器，又通过过滤分离，分别得到水解液和残渣。残渣可进行水洗，以回收残糖和酸。

② 稀酸高压水解工艺。该工艺是在高于大气压力的压力条件下进行水解，其工艺流程如图 3-2-19 所示。原料经运输机从仓库送到水解锅 1 中，配制好的酸液也同时用酸泵 4 送入水解锅。酸液是由浓酸贮槽 3 送来的浓硫酸和热水槽 8 送来的热水在配酸槽 2 中配制的，常称配制的酸液为蒸煮酸。装料后，即从水解锅下锥部的接管通入蒸汽，把水解物料加热到设定的温度。在加热的过程中，应进行小放气，排出锅内的空气。水解结束后，利用锅内的余压把水解液送入自蒸发器 5，之后再送去中和器 6。水解液经自蒸发，温度降到 100～105℃，自蒸发器中形成的蒸汽进入混合式冷凝器 7，水是由热水槽 8 用泵 9 送来的，之后再返回热水槽 8，以回收自蒸发汽

的热量。回收的热水用于配酸，也可用于洗涤纤维木质素。

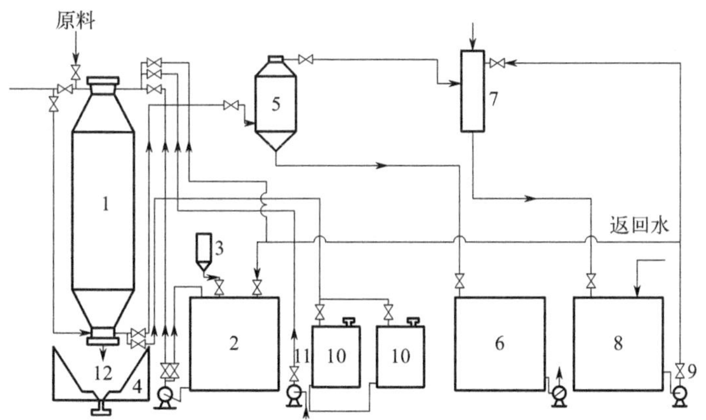

图 3-2-19　植物原料稀酸高压水解工艺流程

1—水解锅；2—配酸槽；3—浓酸贮槽；4—酸泵；5—自蒸发器；6—中和器；7—混合式冷凝器；8—热水槽；9，11—泵；10—洗涤水贮槽；12—料池

第一、二次洗涤纤维木质素，是用泵 11 由洗涤水贮槽 10 供给，第三、四次洗涤则用泵 9 由热水槽 8 供给热水。为了从水解锅中压出洗涤水，可由水解锅上部加料口送入蒸汽。第一次洗涤水送入中和器，以后几次的洗涤水则送入洗涤水贮槽 10，纤维木质素卸入带有假底的贮斗（料池）12，滤出的水排入水道，纤维木质素送去利用。

稀酸高压固定法水解比常压法能节约硫酸耗量，可将水解硫酸浓度降至 1%以下，而反应温度则需提高到 120℃。

我国某木糖醇生产车间，利用 $5m^3$ 水解锅，以玉米芯为原料。其基本工艺过程：装料 700kg 经过预处理的风干玉米芯，加入上次水解的洗液，补加水量 3.2t，加入浓硫酸 35kg（工业纯，含量 92%），水解时间总共 4h，前 2h 保温 100～116℃，后 2h 保温 116～125℃，平均每小时升温 5℃，排出水解液 3.5t，全部操作周期 14h，水解产糖率 33%，每台水解锅产 185kg，耗酸 0.2kg/kg 糖。水解液组成为：糖浓度 5%以上，总酸含量 1.2%，无机酸含量 0.6%～0.8%，灰分 0.2%～0.25%。

（二）渗滤法水解工艺

固定法水解时，由于多糖的水解时间与所形成单糖的分解时间是相等的，所以使得单糖大量分解，而使糖得率的提高受到一定的限制。

为了提高水解单糖的得率，首先应减少水解过程形成的单糖在反应区内停留的时间。为此，把上述的固定法水解，即一次加入蒸煮酸液，水解终了时一次排出水解液的一段法水解，改为阶段水解法，就是当第一批蒸煮酸加入后，水解一定时间，单糖得率仍处于上升阶段时，便放出水解液，之后再加入第二批蒸煮酸、第三批蒸煮酸……，一般水解段数为 3～5。按照这种水解方法，在每段水解之后，应把被水解原料中残留的单糖洗出，以增加单糖的得率。然而洗出单糖要稀释水解液，并会使水解锅冷却，这就增加了蒸汽的消耗。所以阶段水解不进行洗涤，每段水解之后残留在水解原料中的单糖在下段水解时被分解。一般二段水解时，糖得率为 27%～28%；三段水解时为 30%～31%；四段水解时为 33%～34%。

经过多次改良，终于形成了应用较广泛的基本水解方法——渗滤法水解。

渗滤法水解与固定法水解的不同之处在于渗滤法水解过程中水解液是连续地由水解锅中排出的，而固定法则是在蒸煮结束后一次排出的。此外，固定法单糖的分解时间与多糖水解时间相等（$t_1=t_2$），且其糖产率曲线有一最大值；渗滤法单糖分解时间则小于多糖水解时间（$t_2<t_1$），而且糖产率没有极大值，它是随着水解时间的延长而逐渐上升的。

1. 渗滤水解工艺流程

图 3-2-20 是植物原料渗滤水解工艺流程。制备好的原料经皮带传送机 1，又经加料料斗 2 装入水解锅 3。为提高装锅密度可同时加入 80～90℃的 0.5%～0.8%硫酸溶液，浸渍原料，热水来自水解液的三效自蒸发换热器，或糠醛蒸馏塔的塔底废水。浓硫酸从酸计量槽 4 用柱塞泵 5 经逆向阀送入酸水混合器 6，与送来的热水混合成需要的酸浓度。这里用的热水先是在水解液自蒸发系统的换热器加热到 130～140℃，然后在喷射式水加热器加热到 190℃左右。170～180℃的水解液从水解锅排出后直接送入三效自蒸发系统。自蒸发系统的压力分配为：Ⅰ效 0.5MPa，温度 151℃；Ⅱ效 0.28MPa，温度 130℃；Ⅲ效 0.12MPa，温度 104℃。其各效蒸发器的容积为 5m^3、10m^3 和 20m^3。水解液自蒸发时，其中所含糠醛的 50%转入汽相，同时还有其他挥发杂质，因此提高了水解液的纯度。在糠醛冷凝液贮槽 20 中，收集含糠醛的冷凝液，其得率为水解液量的 10%～12%，其中的糠醛浓度可达 0.30%～0.35%，经冷凝液蒸发器 19、冷凝器 21 送到糠醛冷凝液贮槽 20。在预热-蒸发系统应做到：把水解液从 170～180℃冷却到 98～102℃，合理利用水解液热量，加热渗滤用热水到 130～140℃；降低了水解液流量 10%～12%；部分除去水解液中糠醛及其他易挥发杂质；蒸发液可用作糠醛生产的原料。这里的冷却和部分净化水解液是水解液进行生化加工前的第一次预处理。水解残渣木质素的卸料在木质素分离器 9 中进行，在那里分离木质素与水分，木质素被刮板式运输机 10、皮带传送机 11 运出。分离的蒸汽也可考虑进行收集和冷凝后送到糠醛车间。以比较合理的工艺条件进行植物原料渗滤水解时，由 1t 绝干原料可得 450～460kg 糖，或为绝干原料量的 45%～46%，这个得率相当于多糖原料的 60%～70%，或理论得率的 57%～67%。某些企业的得率达原料的 44%～45%。然而按酒精-酵母厂的平均还原糖（可还原物）得率计，达绝干原料量的 40%。单位原料消耗，1t 还原糖需要 2.2～2.52t 或 5～6m^3 实积木材。木质素的得率为绝干原料的 35%～37%。硫酸消耗为绝干木材量的 6%～7%，当加工农业废料时，由于原料含灰分量增加，酸耗增至 10%。

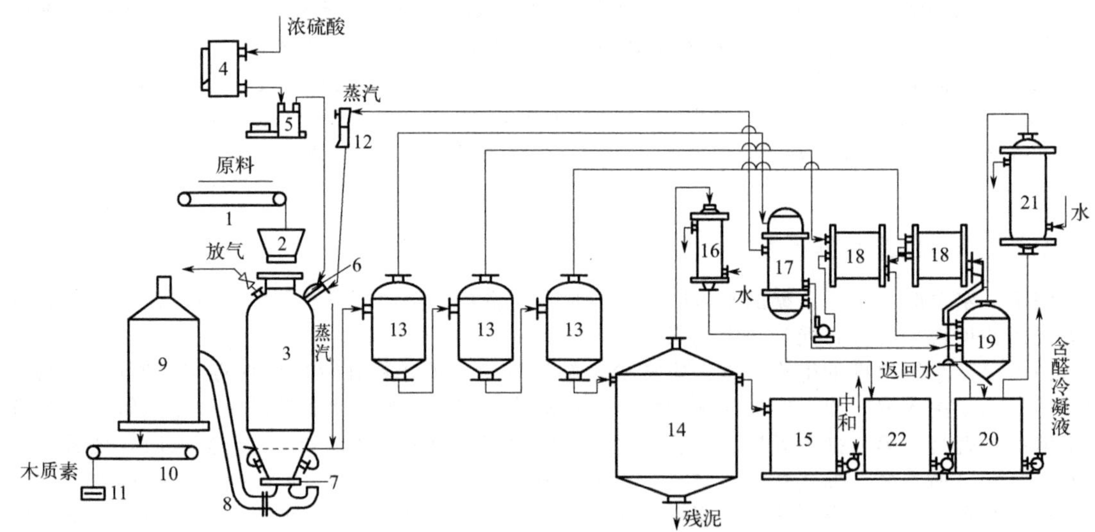

图 3-2-20　渗滤水解工艺流程

1，11—皮带传送机；2—加料料斗；3—水解锅；4—酸计量槽；5—柱塞泵；6—酸水混合器；7—快开阀；8—排木质素管；9—木质素分离器；10—刮板式运输机；12—喷射式水加热器；13—蒸发器；14—转化器；15—水解液贮槽；16，21—冷凝器；17—管式换热器；18—板式换热器；19—冷凝液蒸发器；20—糠醛冷凝液贮槽；22—返回水贮槽

2. 渗滤法水解的工艺操作、工艺规程和水解过程物料的变化

（1）工艺操作

① 装料。要求原料中树皮的含量不超过 5%～8%。因为树皮的产糖量为木材的 1/2。以林业加工剩余物削的木片长度不能大于 50mm。大木片因比表面积小，浸酸慢，糖的扩散速度也慢，

造成单糖分解而降低单糖得率。所以一般要求木片的长度不超过30mm，厚度不超过5mm。靠近过滤装置的木片中不能含木屑或能通过5mm筛孔的碎料。

装料应能保证较高的装料密度、良好的过滤性能，能防止蒸煮时带走木质素，以及能保证蒸煮酸浸透原料所必需的液体量。

装料时以蒸煮酸浸湿原料为宜，采用适宜的料比能增加装料的密度。

不同种类原料可以达到的装料密度见表3-2-10。由表可以看出，木片∶木屑为2∶1时可达到最大的装料密度。

表3-2-10 不同原料的装料密度

原料形式	绝干物质装料密度/(kg/m^3)	
	不浸湿	浸湿
木屑	120～125	130～135
刨花	100～105	115～120
木片	125～135	127～138
木片∶木屑=2∶1	140～150	145～160
木片∶木屑=1∶1	135～145	145～155

采用浸湿原料或蒸汽冲击，可以增加装料密度到170～190kg/m^3。但是这种装料法要增加水解锅的周转时间，降低其生产能力。

装料时供给浸湿原料的酸液，根据以后的升压操作，可以分成两种方法：不转尾液（其他水解锅的洗涤液）时，供给较大量的酸液；转尾液时，只供给少量或完全不供酸液，主要是转尾液。供酸液量应使得在升压终了时，对每吨绝干水解原料达4～5m^3。酸液量占水解锅容积的30%～50%。酸液的供给应与装料同时结束。

② 升压（预热）。此为水解原料中易水解多糖的糖化阶段。这个阶段是由以下单元过程完成的：蒸煮酸浸透原料，易水解多糖的溶解；溶解低聚糖转化为单糖，单糖从原料颗粒中扩散到其周围的液体中。

中等尺寸的木片在110～140℃下，经15～20min可以浸透，不会延迟升压进程。木屑浸透比较快，只需10～12min，也不会延迟升压进程。不合乎工艺规定的大块木片浸透得很慢，其中的半纤维素在升压终了时仍处于未水解状态。

半纤维素可以在不同的条件下完成溶解，如低温高酸浓度或高温低酸浓度下，以及在高温和长时间下水解，而不加酸使半纤维素溶解。

易水解多糖溶解时所形成的低聚糖进行转化时，必须在足够浓度的无机酸溶液中进行。在水解时，水解液中只发现了低聚糖，没发现单糖，这样的水解液不能进行发酵和生产酵母。在低(0.1%～0.3%)酸浓度下进行半纤维素水解时，甚至在较高的温度下，水解液中只发现20%～30%低聚糖形式的单糖。在较高(0.4%～0.5%)的酸浓度下进行转化效果较好。所以升压阶段酸浓度在0.4%～0.5%。木屑或其混合物采用的酸浓度为0.4%～0.45%，木片取0.5%～0.6%。

升压时间和温度决定着转化过程的速度和单糖分解速度。较高的温度对转化不利而加剧了单糖的分解。转化最佳的温度是100℃，但这需要很长的时间，所以升压一般是在逐渐升温的条件下进行，从100℃升至150～165℃经30～40min。

选择升压流程时，必须考虑到单糖的扩散速度，尤其是对木片的水解。当升压进行得很快(20～25min)时，在高温和高酸浓度条件下形成的单糖集中在木片水分中，其浓度可达8%～9%，而其周围液体中单糖浓度不超过2%～2.5%。为了使单糖能充分地扩散需要45～50min。木屑或其混合料，单糖的扩散是很快的，可以根据低聚糖转化选择升压条件。

在水解工业上应用转尾液和不转尾液两种升压方法。

a.不转尾液升压。装料时，供给全量蒸煮酸，以后加底汽，经30～40min使压力达到0.8～

1MPa。升压过程中放气3～5min，以排出空气。水解锅内的空气常常不能完全排出，而且在半纤维素水解时也产生不凝性气体（CO_2等）。这些气体在水解锅内造成假压，使其温度与压力不符，使温度差10～15℃（0.2～0.4MPa）。这样就不能以压力了解水解锅内的温度。

b.转尾液升压。其特点是供给少量或完全不供给蒸煮酸，主要是供给尾液，即从另一个刚刚结束蒸煮的水解锅转来含0.8%～1%糖的洗涤液。每吨绝干原料可以转出尾液2.5～3.5m^3。转尾液会使水解锅的生产能力降低8%～10%。

转尾液操作有以下几种方案：

a.缓和升压。对每立方米木材原料转尾液不少于3m^3，水解锅内温度上升到140～145℃，不加底汽，保温15～20min以后，开始渗滤。这种方法对于比较碎而又不好过滤的原料合适，因为这样操作会使排液速度大些。在缓和升压情况下，多糖不能进行完全的转化。

b.硬升压。转尾液后，加底汽20～30min，使压力达到0.8～0.9MPa。这种方法适用于木片或好过滤的木屑。

c.转尾液与加底汽相结合的方法。在某些情况下尾液转移时间过长，达40～45min以上，而加底汽时间也较长，达20～30min，那么总升温时间达60～75min。为了缩短该操作的时间，一般在开始转尾液10min后就开始加底汽，调节供汽速度使转尾液终了时的压力达到0.55～0.60MPa，之后快速地在10min内使压力达到0.8～0.9MPa，然后开始渗滤。

对所有的方案都必须放气3～5min。

③ 渗滤（常称蒸煮）。选择渗滤流程时，首先应考虑要保证使原料中的纤维素能达到所要求的水解深度。要想使纤维素完全被水解是不可能的，因为在理论上需要无限长的水解时间。对某种水解原料要达到一定的水解深度，必须保证相应的水解条件。通常以这种多糖的水解速度常数与水解时间的乘积——水解准数（R）表示。

例如：某种纤维素在一定的条件下水解，水解温度为190℃，酸浓度为0.5%，那么要达到不同的水解深度所需要的水解时间如表3-2-11所示。

表3-2-11　不同水解深度需要的水解时间

水解深度/%	水解准数(R)	水解时间/h
50	0.69	0.31
80	1.61	0.71
90	2.30	1.02
95	3.00	1.32
98	3.80	1.69
99	4.60	2.04

由此可见，水解深度不是正比于水解时间，纤维素水解随着时间的延长而减慢。

④ 洗涤。对水解的残渣——木质素进行洗涤是渗滤的继续，只是这时不再供蒸煮酸，只供温度等于渗滤阶段温度或稍高的热水。供水量一般为每吨原料加2～2.5m^3。这个值称为洗涤液比。洗涤阶段，纤维素的水解仍以渗滤阶段那样的速度进行着，这是因为停止供蒸煮酸时，水解锅中仍有大量的残酸。在洗涤过程中这部分残酸才被水置换出来，所以几乎在洗涤的过程中，水解反应还像在起初的酸浓度下进行一样。洗涤接近终了时，酸浓度开始下降，因为酸扩散到洗涤液中需要一些时间，首先就降低了向移动液体中扩散的速度，而在原料的水分中水解反应仍在进行，那里的浓度高于0.1%～0.2%。可见进行洗涤时，在一定的时间内水解反应还在进行，而这时不需要耗酸。

⑤ 压出水解液和排放木质素。洗涤终了时，水解锅内木质素中含大量的水分，带水的木质素直接排放是不行的，因为这会引起木质素分离器和分离器与水解锅之间管路的故障，以及木质素带的这部分水分中还含有单糖，应回收。所以洗涤之后，要把木质素压干才能排放。以木质素

被压干的程度把木质素排放分成：液态排放——木质素仍处于能流动的状态，其含水率超过75%；湿排放——木质素不能流动，而轻压就能出水；干排放——木质素已成为颗粒状态，用较大的压力才能压出水。排放的方式对从水解锅放出木质素的完全程度有直接的影响：液态排放在水解锅中残留木质素最少；干排放残留木质素量最多。尽管液态排放有这样的优点，在生产上也不能采用。如果工厂使用自动运输机或汽车从木质素分离器中运走木质素，可采用干排放。在水利运输木质素的情况下，可以采用湿排放。当水解锅中残留木质素多时也可以采用湿排放。

木质素被压干情况的检验是以水解锅的重量计或压力表进行的。在压干的末期，水解锅内的压力开始快速下降。木质素压干后在0.6～0.8MPa下排放。当压力高于0.8MPa时会引起水解锅内衬里的损坏，所以这是不可行的。

木质素排放后，应经水解锅上口放入低压灯泡检查衬里、过滤管和残留木质素量等，以决定是连续运行还是进行清洗。

(2) 工艺规程　把一个水解锅在一个工作周期中各个操作中所要严格控制的各种工艺参数都记录在表格中，形成一个在操作中必须遵守的带法律性的规定，即工艺规程。工艺规程不是固定不变的，应当根据原料材种、最终产品种类、季节对工艺参数的不同影响等，相应地改变工艺规程，优选出最佳的工艺条件，以能得到最好的生产效益。

表3-2-12是酵母生产和酒精生产的工艺规程。从这两个工艺规程中所采用的工艺参数可以看出：在酵母生产中需要生产高纯度和杂质含量最低的水解液，为此采用了较为缓和的升压工艺参数，液比也较大，达16～18；而在酒精生产中要求有较高的糖浓度，进而提高酒精浓度，降低酒精蒸馏的汽耗，所以其液比为12～14。

表3-2-12　酵母生产和酒精生产工艺规程

操作	酵母生产				
	时间/min	供酸(H_2SO_4)浓度/%	压力/MPa	温度/℃	排液液比
装锅	40	0.8～1.0	—	—	—
升压	50	—	0.6～0.7	160～165	—
渗滤	100	0.5～0.6	0.9	180	11.5
洗涤	10	—	1.1	185	2.5
压干	30	—	1.25	190	2.0
排木质素	10	—	0.6～0.7	160	—
总计	240	—	—	—	16.0
操作	酒精生产				
	时间/min	供酸(H_2SO_4)浓度/%	压力/MPa	温度/℃	排液液比
装锅	40	0.8～1.0	—	—	—
升压	30	—	0.9	175	—
渗滤	80	0.7～0.85	1.2	187	8.5
洗涤	10	—	1.25	190	2.0
压干	30	—	1.3	195	1.5
排木质素	10	—	0.6～0.7	160	—
总计	200	—	—	—	12.0

(3) 水解过程物料的变化

① 原料化学组成的变化。水解过程中，多糖不断转入溶液，而且原料中的其他组分也有些要转入浓液，如醋酸、糖醛酸、灰分，以及部分解聚的低分子木质素组成。水解后，单糖分解物——腐殖质聚积到水解残渣中。

升压后，木质素从原来为绝干原料量的40%上升到85%。糖醛酸和大部分醋酸、灰分等在水解开始时转入溶液。

② 原料解剖结构的变化。水解原料组成的变化引起解剖结构的变化，这关系到多糖水解后形成单糖的扩散过程和水解液渗滤过程的流体动力学。随着水解深度的增加，原料细胞壁变薄，内部多孔性增加，最后细胞壁破坏。

③ 水解原料体积的变化。水解过程，植物组织受到的破坏与其化学组成的变化有关，就是其中的一些物质转入溶液中。这不仅影响到水解物料组成的变化，而且在很大程度上影响到原料物理结构的变化，并决定着渗滤过程物料的可压缩能力。

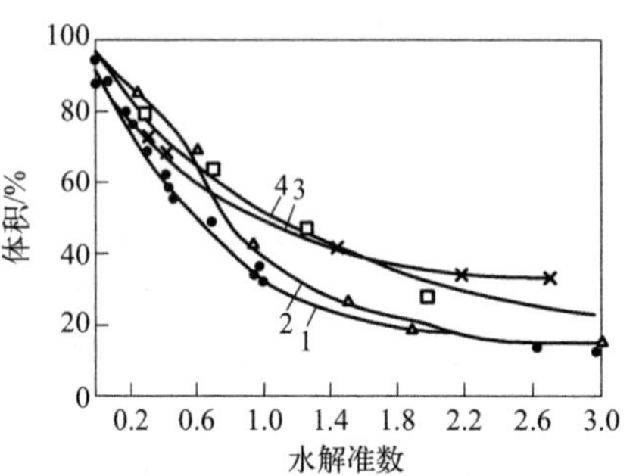

图 3-2-21 渗滤水解过程各种原料体积的变化
1—稻麦草和甘蔗渣；2—玉米芯；3—木屑；4—葵花籽壳

从图 3-2-21 中可见，甘蔗渣、稻麦草的体积变化特性是相似的，这些种类原料的曲线在图的下边位置；玉米芯在水解开始时仍保持其结构，体积变化很小，而后变化加剧，水解终了时其曲线与甘蔗渣和稻麦草曲线相一致；葵花籽壳有收缩，这与其有弹性相关。水解终了时水解原料的体积，木屑为其原体积的 32%，玉米芯、甘蔗渣和稻麦草为 16%左右，葵花籽壳为 28%。

④ 静止液体的变化。静止液体是原料内部孔隙中的液体。在木屑中的静止液体量等于一定液比数。在水解过程中这个数值实际上是不变的。表 3-2-13 中给出了针叶木片和玉米芯中静止液体的含量。

表 3-2-13 针叶木片和玉米芯中静止液体含量

原料名称	尺寸/mm	试样损失量/%	静止液体量(液比)
针叶木片	30×30×10	0	1.5
	30×30×10	17	1.5
	30×20×3.5	20	1.7
	30×20×3.5	25	2.0
	30×20×3.5	27	2.2
	30×20×3.5	30	2.8
玉米芯	—	0	1.5
	—	30～50	3.2
	—	58～65	5.3

在木片中的静止液体量随水解深度的增加从 1.5 增加到 2.8，而玉米芯从 1.5 增加到 5.3。可以设想：遭到深度水解的试样中静止液体量大大增加，这与试样比表面积的剧增有关。

3. 热量回收与高温热水的供应系统

渗滤过程中，从水解锅排出水解液的温度约为 180℃，含很高的热量。为回收其热量，可与温水进行热交换。显然不可能采用直接进行热交换的方法。因为水解液冷却时会沉淀出树脂物质，它会覆盖传热器表面和堵塞管路，所以只能采用使高温水解液降低压力，使之产生蒸汽，再用蒸汽加热水的方法。为此把水解液经过节流阀，直接送到蒸发器，并在蒸发器中进行汽液的分离，以后的热交换就是蒸汽与水之间的热交换了。

工业上多使用管式换热器，温水走管间，蒸汽走管内。这样的工艺也不是很理想，因为水走管间的流速低于管内蒸汽的流速。可见这样会相应地降低从蒸汽向水传导热量的传热系数。但是要使蒸汽走管间更是不可行的，会增加对设备的腐蚀和清理工作。

使用自蒸发换热回收水解液热量的方法，除了使用简单外，与直接换热法相比还有以下优点：①可使水解液的糖浓度提高 12%～15%。②能部分地除去水解液中对酵母生命活动有害的杂质，如糠醛、甲醇等。

经过自蒸发，水解液中约 50%糠醛转移到自蒸发蒸汽中，自蒸发蒸汽冷凝液中糠醛浓度达到 0.3%～0.4%，有利于以水解液自蒸发蒸汽冷凝液为原料生产糠醛。

只进行水解液的一次蒸发和换热是最简单的换热流程。但这也是对热量利用最有限的流程，因为在这样的情况下能够转移到水中的热量只是蒸汽温度与水最终温度之差。

为了提高对水解液所含热量的回收率，可采取二效蒸发，第一效压力为 0.35～0.40MPa（相应的温度为 138～145℃），第二效压力为 0.14～0.16MPa（相应的温度为 108～112℃）。这样的流程增加了热量的回收率，也能提高被热交换后热水的温度，可达到 125～130℃。应用三、四效蒸发，热效率还会提高。当效数高于三效时，其末效是在 0.05MPa，即是在真空下进行。在这样的流程中，水解液的温度可以降至 80℃，这正是水解液中和所要求的温度。水解液的热利用提高了，换热后热水的温度可达到 140℃。然而多效蒸发器的控制是复杂的，一般只采用二、三效。

为了正确地控制蒸发器，必须保持蒸发器内液位一定。如果器内的液体被蒸干，蒸汽会跑到转化器中；如果液位上升高于排出孔，那么汽液混合物会流出，破坏了正常的分离过程，并随蒸汽带走液体。为了观察蒸发器内的液位，在其外面装有液位计。

4. 硫酸库和酸站

水解工业常用的硫酸为 75%～76%塔式酸和 93%～94%的浓硫酸。含 65%的铅室硫酸不能使用，因为这种酸对钢和生铁都有强烈的腐蚀作用。

水解厂内设有酸库和酸站。酸库接收槽车运来的硫酸，并贮存必要数量的酸。酸库设置在工厂房的旁边。其容量以 20～40 昼夜的消耗量计算。

酸库由 3～4 个铁槽——酸槽及泵站组成。用离心泵将槽车的硫酸打入酸槽，使用时再用离心泵向酸站供给。

酸站一般设在水解锅操作场地的旁边，它由下列各部分组成。

① 酸高位槽。一或两个，每昼夜从酸库向这些高位槽供一次酸，供水解使用。高位槽应设在比其他设备高的位置上。

② 酸过滤器。它用于滤出酸中固体杂质，以避免酸塞泵的严密性被破坏。酸过滤在高位槽和计量槽之间进行。

③ 酸计量槽。是槽高与直径之比为 3∶1 或 4∶1 的钢圆筒，计量槽装有玻测管或浮子指示器和刻度尺，供酸工人按着它用一定的速度向水解锅供酸。从苏联引进的硫酸计量槽的容积为 $1m^3$，ϕ600mm×4470mm，并配有容积为 $0.008m^3$ 的隔离罐。

④ 酸泵。选用的酸泵应能在较宽的范围内调整供酸的速度。调整供酸量是通过改变泵柱塞的行程达到的。

在供酸的工艺流程上，常常是每个水解锅都配有一个酸泵。如果应用的泵数少于水解锅数，就应配置每个泵都可向任何一个水解锅供酸的管路，这样的供酸管路要复杂些。

酸与水相混合的部位是酸管路上最容易腐蚀之处。酸与水的混合不是立刻就发生，而是在管路中产生具有 10%～20%含量的中间浓度酸溶液。这样浓度的酸液在高温下对任何组成的铜合金都具有强烈的腐蚀作用。

经研究已能保证酸与水很好地混合，并采用了能大大降低腐蚀作用的新结构混合器。该混合器的内部构件是由专门塑料——聚四氟乙烯制成，在高温下具有绝对的耐酸性。

图 3-2-22 为我国某木材水解厂供酸系统的示意流程图。来自酸库的浓硫酸进入酸高位槽 1，根据需要经酸过滤器 2 进入酸计量槽 3，再通过酸泵 4 把硫酸沿专门的管路送到其固定的水解锅渗滤用酸水混合器。酸高位槽、酸过滤器及酸计量槽都有酸回流管线。

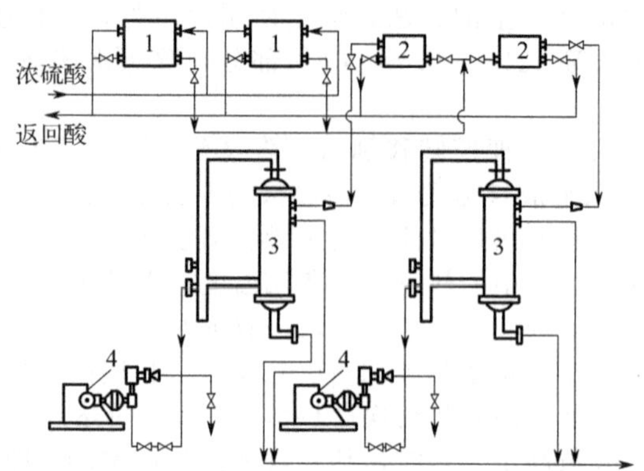

图 3-2-22　我国某木材水解厂供酸示意流程

1—酸高位槽；2—酸过滤器；3—酸计量槽；4—酸泵

5. 水解车间工艺过程的自动控制

为了保证生产过程的连续进行，提高产品质量和产量，降低能耗，降低原材料消耗，改善操作条件，保障安全，需要对各工段生产过程中的重要参数进行自动检测和自动调节。对有关流量计量，如原材料、工作液的流动，半成品的流动，成品的入库等都要进行显示和累算。为便于车间、工段的经济核算，要选用规定的产品质量、工艺额定指标等，避免引起物料损失；对于减轻操作人员劳动，便于集中操作和控制规定参数，对大部分带有工艺指标的参数都进行自动控制，对于有关安全生产的主要参数进行声光报警。

需要进行检测和调节的主要参数如下。

（1）蒸煮工段

① 原料（木屑、木片）记录、累算。

② 水解工段供水总管水流量记录、累算，水压记录。

③ 车间入户供汽流量记录、累算，蒸汽压力记录。

④ 酸泵出口压力指示，酸流量记录、累算、调节，并与水的比例调节，酸计量槽液位指示、信号。

⑤ 换热器入口水压、水量指示和调节，蒸汽流量、累算记录，出口温度记录和蒸汽调节。

⑥ 各截止阀门的远距离操作及自动联锁。

（2）蒸发换热工段

① 各蒸发器（一效、二效、戊糖及尾液）顶部蒸汽温度、压力指示；一效蒸发器内液位的记录，并调节出口液流量。

② 各效蒸发器对应的换热器出口液体温度与调节入口水量。

③ 与以上各设备相对应的泵的出口压力指示、信号。

④ 水解液贮槽液位记录，调节泵出口量，其他（尾液、冷水、热水）贮槽液位信号、指示。

⑤ 一效蒸发器的换热器出口水流量、累算。

⑥ 热水泵出口压力记录，并调节回流；尾液泵出口压力记录，并调节回流。

6. 渗滤水解法的改进

在植物原料渗滤水解的过程中，连续地进行着半纤维素和纤维素的水解、木质素的解聚和溶解。在细胞壁中多聚糖水解时逐渐被除去，从而使细胞壁变薄和变形，致使失去机械强度，并产生压实和收缩现象。针叶木屑到垂直渗滤水解的尾期，其未水解的残渣只有原料原体积的 32%，葵花籽壳为 28%，玉米芯为 16%。原料预热终了时，原料的收缩已达 30%，余下的 70%在水解过程结束时达到。

渗滤过程原料的收缩和压实导致原料单位水力阻力的增加和渗滤速度的下降，特别是洗涤和压干阶段流体流速的下降。渗滤速度的下降也促进把木质素压入水解锅的锥部，这就引起过滤表面的减少，并形成木质素渣块，减少了水解锅的有效容积。水力压差越大，这种现象越严重。对物理结构弱的原料这种现象更严重。

总之，在渗滤过程中，原料产生多种变化，最后集中表现为渗滤速度下降，单糖得率降低。为此，提出以下改进方法。

（1）水平渗滤法和结合渗滤法　为了克服原料的压实和渗滤速度的降低，曾出现改变蒸煮酸运动方向的方法：改用水平的流向部分代替原来从上向下的垂直流向。为此，把带孔的供酸管延伸到水解锅的圆柱体部分，引出水解液的过滤管也延长到圆筒部分（图 3-2-23）。这种方法的缺点是很难经水解锅圆筒部分的过滤器把高于供酸管上带孔部分原料中的糖洗出。

结合渗滤法先进行垂直渗滤，而后转入水平渗滤。由图 3-2-23 可见，结合渗滤法增加了供酸管带孔部分的长度，这样能保证供酸和从全部原料中置换出糖，减少圆筒部分过滤管长度。

从垂直渗滤转到水平渗滤能提高渗滤速度，也能保证对水解可调参数的调节。然而在生产实验上，渗滤速度还达不到计算的理想效果。渗滤速度降低导致水解锅周期增长，生产能力降低，单糖得率降低，水解液纯度降低。如在一个或两个过滤管附近形成滤层的停滞区，便会导致单糖分解的增加。不能保证蒸煮液以一致的渗滤速度，均匀地通过全部水解原料层，这是个很复杂的难题，至今还未能解决。

（2）上升液流渗滤法　该法是比较有发展前景的水解方法。图 3-2-24 表明了返回液流渗滤法水解锅的各种装置和液体流向的流程图。按这种方法装料，经接管 2 供水，经接管 3 供酸，经过滤管 10 用蒸汽预热反应混合物。在渗滤阶段经中央供酸管 9 供酸液，水解液经侧过滤管 8 排出。这些过滤管装在距颈口 1/3 水解锅高度处，装 4～8 个，以防止形成渗滤停滞区。

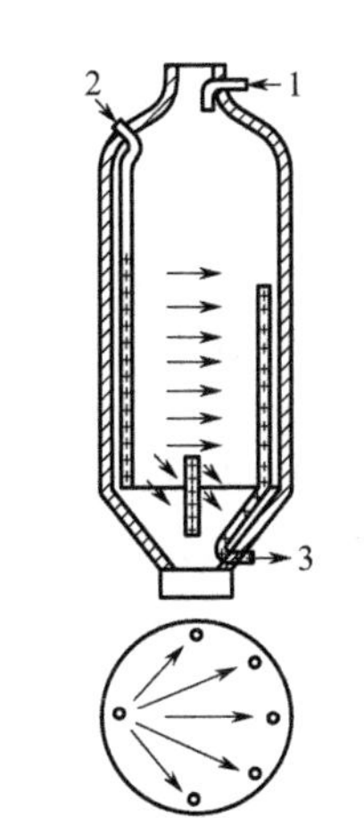

(a) 带有侧供酸管的垂直与水平相结合的渗滤法

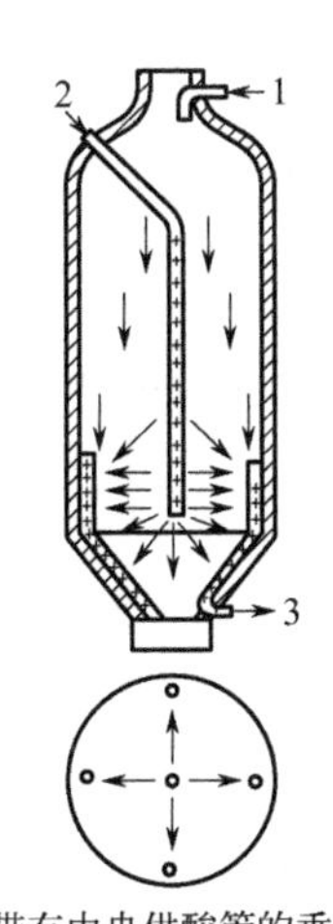

(b) 带有中央供酸管的垂直与水平相结合的渗滤法

图 3-2-23　结合渗滤法

1—装料和垂直渗滤供酸管；2—水平渗滤供酸管；3—排放水解液管

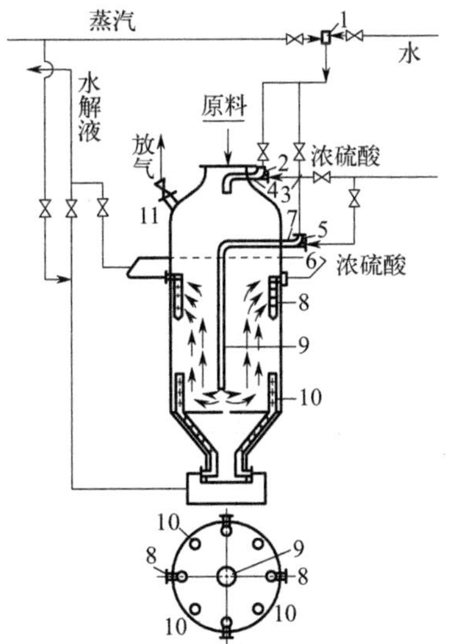

图 3-2-24　上升液流渗滤法

1—喷射预热器；2，5—供水接管；3，6—供浓硫酸接管；4，7—酸水混合器；8—侧过滤管；9—中央供酸管；10—下过滤管；11—放气管

上升液流渗滤法水解的工艺参数见表 3-2-14。在 $50m^3$ 的水解锅中，渗滤速度达 80～$120m^3/h$，水解的周转时间为 2.5～3h，按还原糖计昼夜达 25～28t，锅产量 16～$20m^3/(t \cdot h)$。由于减少了渗滤时间，特别是压干阶段，水解锅周转时间减少。水解锅锥部的木质素残留量减少，提高了水解锅容积。经未压实层的渗滤强化了传质过程，尤其是从原料颗粒内糖向外扩散。水解原料的流体阻力在蒸煮过程中变化不明显。原料的还原糖得率达 45%～48%。该法的缺点是水解锅锥部的原料未参加渗滤过程。

表 3-2-14　上升液流渗滤法水解的工艺参数（$50m^3$ 水解锅）

操作	时间/min	供水速度/(m^3/h)	H_2SO_4 浓度/%	压力/MPa	温度/℃	水解液引出液比
装锅	25	42	0.85	—	100	—
预热	40	—	—	0.9	170	—
渗滤	20	80	0.5	1.05	182	4.7
	25	80	0.5	1.1	185	5.8
洗涤	10	60	—	1.2	187	1.8
压干	30	—	—	1.2	191	2.2
放锅	10	—	—	0.7	161	—
总计	160	—	—	—	—	14.5

对图 3-2-24 流程进一步改进，强化其渗滤过程，就是在渗滤的前半期进行垂直渗滤，经混合器 4 供酸，经过滤管 10 引出水解液，后半期进行上升渗滤，经过滤管 8 引出水解液。

(3) 两段渗滤水解法　植物原料中多糖总量可达 60%～65%，针叶材含 16%～20%易水解多糖和 40%～50%难水解多糖，而阔叶材两种糖分别为 20%～28%和 35%～40%。在植物原料渗滤水解的条件下，半纤维素多糖基本上在加热到 145～160℃时就被水解了，而形成的水解液在这个阶段是不排放的，这样必然产生单糖的分解。从技术角度看，为降低半纤维素水解形成单糖的分解程度，在原料预热阶段应把水解液从水解锅中排出。于是产生把水解过程分成两段进行的设想，即两段渗滤水解法。经研究产生如下的各种方案：分别排放戊糖、己糖水解液用于酒精、酵母生产和共同排放水解液用于酵母生产的两段水解法；利用己糖水解液进行半纤维素渗滤水解的两段水解法；在木糖醇-酵母生产中含戊聚糖原料的戊糖-己糖水解；在糠醛-酵母生产中含戊聚糖原料的糠醛-己糖水解等。

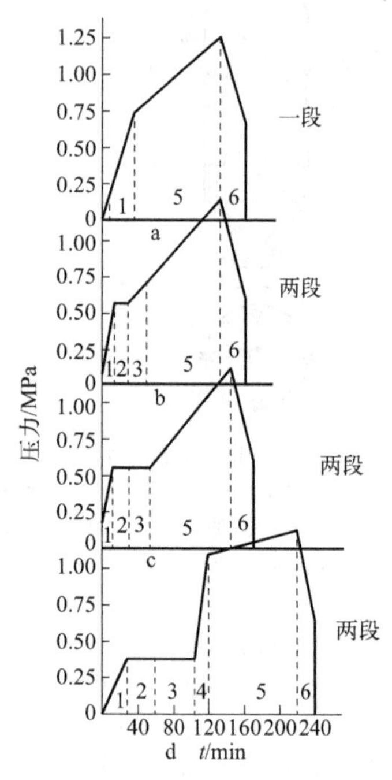

图 3-2-25　一段和两段渗滤法水解操作
1—第一段预热；2—保温；3—第一段渗滤；4—第二段预热；5—第二段渗滤；6—压干水解液

木材半纤维素以 0.5%硫酸水解时，理想的温度是 140～145℃(相应的压力为 0.35～0.4MPa)，而纤维素是 185～190℃(1.1～1.2MPa)。苏联的植物原料两段渗滤水解规程为：用 0.5%硫酸，第一段半纤维素的渗滤水解温度 145℃，30～50min，水解液引出液比为 6～7；然后加热 15min，进行难水解多糖的渗滤水解——第二段渗滤，温度为 185～190℃，时间为 100min，水解液引出液比为 10～12。总的还原糖得率由 43%～45%提高到 46%～50%，其水解液还原糖浓度为 2.5%～3.5%。在理想的两段渗滤水解条件下，半纤维素单糖得率接近理论值，难水解多糖的单糖得率可达其原料中含量的 75%。第一段渗滤得到的水解液组成中戊糖占其单糖总量的 70%，第二段渗滤纤维素水解液组成中已糖占 80%～85%，这样就可以分别在酵母与酒精生产中利用这两种水解液。两段渗滤水解法的优点是提高了水解液纯度。这是因为第一段半纤维素的水解在较缓和的条件下进行，减少了单糖的分解。两段渗滤水解法的缺点是与一段渗滤水解相比增加了水解过程的时间。

图 3-2-25 对一段渗滤与三种两段渗滤法的水解时间做了比较。由图可知：利用在基本渗滤阶段（第二次渗滤）进行第二次加热原料，以及缩短第一次加热、保温和第一次渗滤的时间（图 3-2-25 中 b、c）达到缩短两段水

解的时间。对此主要是依靠在较高的温度参数下提高半纤维素的水解速度达到的。实际上，两段渗滤的加速方案不仅在总的水解时间上，而且在其他过程参数方面都接近一段水解过程（图 3-2-25 中 a）。这种方法的基本差别在于分别排放半纤维素与纤维素水解时形成的水解液，以及获得较高的还原糖得率。酒精、酵母生产企业中分别排放水解液是合理的，而酵母生产中水解液可合并加工。

图 3-2-26 是两段水解法分别排放水解液的原则性工艺流程。渗滤的第一阶段在 130～145℃较缓和的温度下进行，半纤维素水解液的蒸发为一段自蒸发。在 150～160℃较高温度下进行第一段水解得到的半纤维素水解液，采用二段自蒸发。半纤维素水解液（戊糖水解液）中含 3.5%～4.2%还原糖，已糖水解液中含 2.5%～3.5%还原糖。

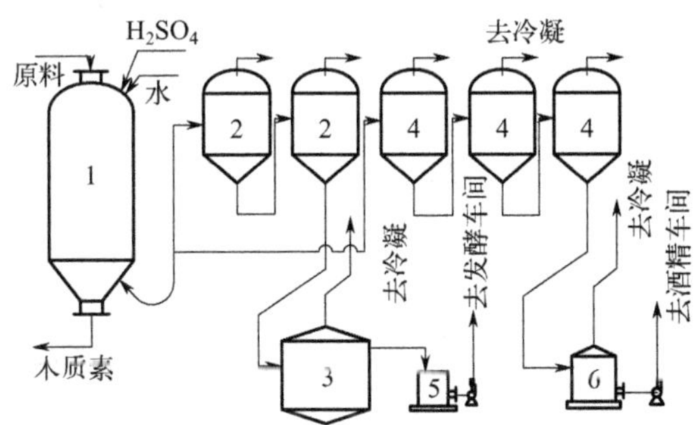

图 3-2-26　两段渗滤水解分别排放戊糖和已糖水解液的原则性工艺流程

1—水解锅；2—半纤维素水解液蒸发器；3—转化器；4—已糖水解液蒸发器；5,6—水解液贮槽

两段渗滤水解分别排放水解液的工业实验证实可用于酵母生产的水解液的纯度提高，糠醛含量减少 40%，溴化物减少 30%。已糖水解液中不可发酵糖含量由原来的 0.7%～0.9%降到 0.5%～0.6%；醪液中酒精浓度由原来的 1.1%～1.3%提高到 1.2%～1.5%。

对于水解酒精生产，进一步提高水解液中还原糖的浓度非常有意义。为此介绍在两段水解过程中，以已糖水解液作为半纤维素水解的蒸煮酸液。总的水解液引出液比为 17，第一段引出 8.5，并送去进行生物加工；第二段引出液比为 8.5 的已糖水解液，并把液比为 2.5 的水解液送去装锅，液比为 6 的水解液送去进行第一段渗滤。

送去进行装锅和第一段渗滤，会使水解液中的单糖又重新回到水解反应的条件下，会增加其分解量，这里所说的单糖指的是 D-葡萄糖，在半纤维素的第一段水解条件下较稳定，不会有大的分解。

由于把送去进行生化加工的水解液液比缩小到 8.5（减少一半），水解液中还原糖浓度提高到 4.5%～5.3%，醪液中酒精浓度达 1.5%～1.8%，大大减少了酒精蒸馏的蒸汽消耗，同时由于回用了已糖水解液中的硫酸，用于装锅，使第一段渗滤水解的用酸量降低 20%，缩小了水解液液流，提高了水解锅的生产能力，降低了废水量。

两段渗滤水解工艺的实例如下。

水解工段采用间歇式垂直渗滤水解工艺，水解过程是在五台有效容积为 18.1m^3 的间歇式钢制有耐酸衬里的水解锅内进行的。具体操作过程如下。

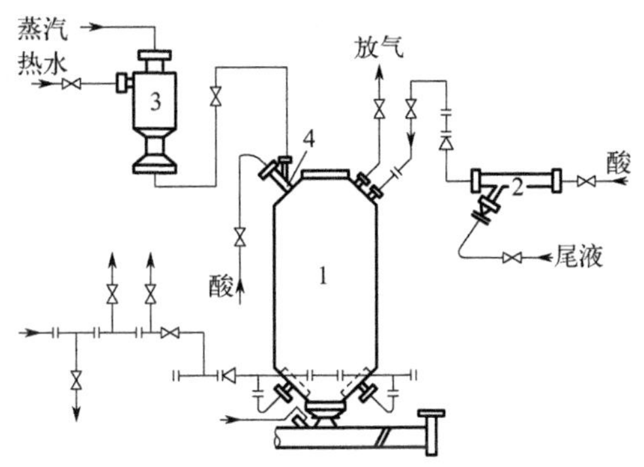

图 3-2-27　蒸煮工艺流程

1—水解锅；2,4—酸水混合器；3—蒸汽喷射器

① 装料和升压（见图 3-2-27）。由原料工序制备好的木片、木屑用皮带运输机运到水解锅 1 中，为了保证渗滤速度先加木片作为垫底料，然后加入木屑与木片混合料，装料的同时，为了润湿原料，往水解锅内加入温度为 90～100℃、酸浓度为 0.5%～0.8%的稀硫酸，为此，从尾液贮槽送

尾液到水解锅共用的酸水混合器 2，硫酸经定量泵将酸计量槽里 93%的硫酸也送到酸水混合器 2 进行混合而制备稀酸溶液。

装料结束后，关好上盖，从水解锅下部供 1.1MPa 的底汽加热，在 30min 内使锅内温度升至 145℃、绝对压力 0.5MPa，在此期间内间歇地排出惰性气体，时间为 3min。

② 渗滤。当锅内压力达到绝对压力 0.5MPa 时开始渗滤，连续由水解锅上部加入蒸煮酸，由水解锅下部过滤装置引出水解液。渗滤分为两段进行。第一段水解是在水解锅内压力为 0.5MPa 下进行 30min，锅内温度为 150℃，所得的水解液为戊糖水解液，排入戊糖水解液蒸发器 1 中（见图 3-2-28），使其温度降至 104℃，放入水解液贮槽 2。第二段水解是在锅内压力升到 1.2MPa 时开始，并在 0.8MPa 时放气 3min，水解温度为 185～187℃，时间为 50min，所得的水解液为已糖水解液。排入已糖水解液一效蒸发器 1 和二效蒸发器 2（见图 3-2-29），进行冷却，使温度降低到 104℃时排入水解液贮槽，以便低聚糖转化。

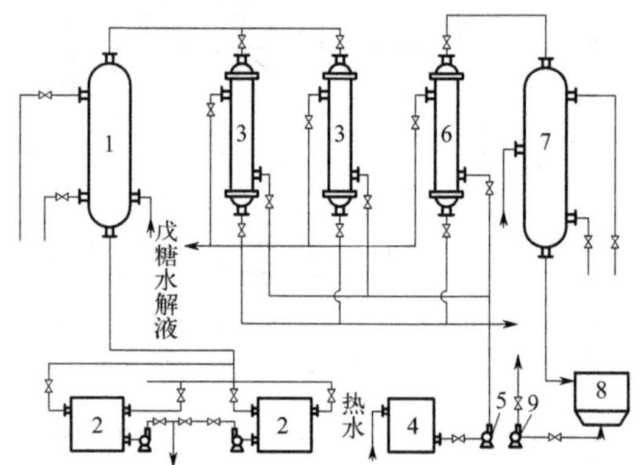

图 3-2-28 戊糖水解液蒸发换热工艺流程

1—戊糖水解液蒸发器；2—水解液贮槽；3—戊糖水解液蒸汽换热器；4—温水槽；5—温水泵；6—尾液蒸汽换热器；7—尾液蒸发器；8—尾液贮槽；9—尾液

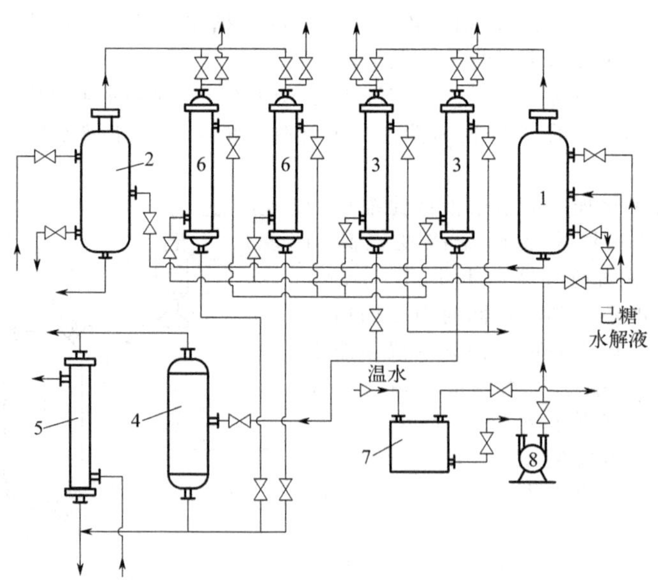

图 3-2-29 已糖水解液蒸发换热工艺流程

1—已糖水解液一效蒸发器；2—已糖水解液二效蒸发器；3—已糖水解液蒸汽一效换热器；4—糠醛冷凝液蒸发器；5—糠醛二次蒸汽换热器；6—已糖水解液蒸汽二效换热器；7—高温热水槽；8—高温热水泵

戊糖水解液蒸发器产生的二次蒸汽进入相应的戊糖水解液蒸汽换热器 3（见图 3-2-28）。所得的冷凝液进入糠醛冷凝液贮槽。已糖水解液一效蒸发器 1（见图 3-2-29）产生的二次蒸汽进入已糖水解液蒸汽一效换热器 3 进行蒸汽冷凝，其冷凝液进入糠醛冷凝液蒸发器 4 进行蒸发，蒸发后的糠醛冷凝液也进入糠醛冷凝液贮槽。已糖水解液二效蒸发器产生的二次蒸汽进入已糖水解液蒸汽二效换热器 6，所得的冷凝液也流到糠醛冷凝液的贮槽。

③ 蒸煮用高温热水的制备。戊糖水解由蒸馏工段送来的热水贮存在温水槽 4 中（见图 3-2-28），然后用温水泵 5 打入戊糖水解液蒸汽换热器 3 和尾液蒸汽换热器 6，加热到 67.2℃后收集。已糖水解由蒸馏工段送来的热水贮存在高温热水槽 7（见图 3-2-29）中，再用高温热水泵 8 将热水打入已糖水解液蒸汽一效换热器 3 和已糖水解液蒸汽二效换热器 6，将其温度提高到 114℃，然后进入蒸汽喷射器 3（见图 3-2-27），用 1.6MPa 的新蒸汽加热到 185～187℃后进入酸水混合器 4。

浓硫酸由计量槽用泵打入酸水混合器 4，与进入的高温热水混合成稀酸后加入水解锅 1。

④ 第二段渗滤结束后，洗涤 10min，即只往锅内供给无酸的热水，以便洗出木质素中残留的糖和酸。

⑤ 洗涤结束后停止供水，靠锅内余压把锅内木质素中的多余水分排出，使木质素含水率维持在 69%，并在 30min 内使锅内压力由 1.25MPa 降到 0.8MPa。重量计指示锅内物料净重为 3t 时即可放锅，打开快开阀，把木质素喷到木质素分离器中，使其含水率降到 65%，运走木质素。放锅后对锅进行检查，放锅和检查共计 10min。整个水解周期为 210min。压干时所得的水解液称为尾液，经过尾液蒸发器 7（见图 3-2-28）冷却后单独排放到尾液贮槽 8，然后用泵 9 打入共用的酸水混合器供装料时淋洒原料用。

⑥ 放料后要检查快开阀、锅内衬砖和残留木质素情况，再重新装料。

整个蒸煮操作都采用远距离集中控制，为了蒸煮操作的安全，采用自锁装置。典型的两段水解工艺规程见表 3-2-15。

表 3-2-15　典型两段水解工艺规程

操作过程	时间/min		供水			供酸(相对密度 1.82)				酸浓度/%	锅压力/MPa	温度/℃	排液(蒸发器后)/m^3		质量/t
	期间	累计	流量/(m^3/h)	期间/m^3	累计/m^3	期间/kg	累计/kg	期间/m^3	累计/m^3				期间	累计	
装料	30	30	12	6	6	32	32	17.5	17.5	0.5～0.8	—	—	—	—	—
加热-一段水解	30	60	—	—	—	—	—	—	—	—	0.4	150	—	—	11
渗滤-一段水解	30	90	12	6	12	32	64	17.5	35	0.5	0.4	150	12	12	5
加热-二段水解	20	110	24	8	20	42	106	23	58	0.5	1.1	185	3	15	10
渗滤-二段水解	50	160	14	11.5	31.5	62	168	34	92	0.5	1.15	187	12.5	27.5	9
洗涤	10	170	14	2.5	34	—	—	—	—	—	1.15	187	2.5	30.0	9
压干	30	200	—	—	—	—	—	—	—	—	0.7	—	6.0	36.0	3
放料	10	210	—	—		—		—	—	—	—	—	—	—	—
总计		210			34		168		92					36	

在 0.3MPa 压力时第一次排惰性气体 3min；在 0.7MPa 压力时第二次排惰性气体 3min。

为了清洗换热设备，设置苛性钠溶解槽，其浓度为 5%～10%，清洗换热器时将碱液打入换热器。

水解液贮槽 2（图 3-2-28），尾液贮槽 8 排出的二次蒸汽冷凝后送往糠醛冷凝液贮槽，不凝性气体用风机排入大气。

三、高温水解工艺

一般的植物原料稀酸水解的温度不超过 200℃，水解时间要达几十分钟。为缩短水解时间，提高水解温度成为主要手段，对连续水解尤为重要。水解温度高于 200℃时属于高温水解。高温水解是在稀无机酸催化下，或者是在不加无机酸催化剂的条件下（无酸水解，或称自动水解）进行的[52]。

1. 挤压法水解

随着温度的增加，水解速度比单糖分解速度增加更快。当温度高于 210℃时，可以不用渗滤水解工艺，即水解形成的单糖可以不必尽快地从反应区引出，而是把水解最终产物一起引出，这实际上是一段法的工艺。在工艺和技术上把渗滤法水解原理转到一段固定法原理上，可以大大地简化水解过程。

一段水解的单糖最高得率和水解时间取决于过程的温度和催化剂耗量。

图 3-2-30 介绍的是玉米芯在各种工艺参数下进行高温水解的试验结果。葡萄糖得率达原料中多糖含量的 60%；水解温度为 210～230℃；硫酸耗量为绝干原料量的 1.5%～3%；水解时间为 0.15～0.22min。

从多数植物原料高温水解工艺规程方案中可以看出，这些过程已接近实际实施阶段。

美国纽约大学研究了木屑和其他纤维原料的连续高温水解工艺。该工艺的基础是利用挤压机保证把细分散的原料供给压力下进行水解的区域，使水解原料产生变形。图 3-2-31 给出了设备示意流程。木屑状水解原料从料斗送入双蜗杆耐酸挤压机，挤压机分预热区和基本水解区。该设备可以从原料中除去多余的水分，或用水把原料润湿到合适的含水率（约 30%），预热区 100℃左右，水解区 220～250℃，压力 2.5～5.0MPa，水解前原料用 1%～3%硫酸溶液浸渍。用直接蒸汽将原料加热到水解温度 230℃，水解时间为 25s。设备内压力需保持在相应温度饱和蒸汽压力之上。在设备的入口和出口处靠压实的原料形成封闭，或者借助能保证设备密封的阀，保持反应区内压力和温度恒定。从设备排出产物的体积速度取决于排放孔（喷孔）的尺寸。水解液中单糖浓度为 10%左右。木屑水解（酸耗 30%，温度 237℃，压力 2.8MPa，固形物含量 33%）得到的产物对绝干原料的产品得率为：葡萄糖 30%、未水解纤维素 11.3%、木糖 11.3%、木质素 21.2%、羟甲基糠醛 9.7%、糠醛 5.3%、酸 3%、其他物质 8.2%。最终结果表明：纤维素转变成葡萄糖的转化率为 50%～55%。年产 1 亿升无水酒精，预计消耗木屑 66.6 万吨，葡萄糖对纤维素的得率为 60%，乙醇对葡萄糖的得率为 45%。试验表明，用选定的工艺参数能使 50%～55%的纤维素转变为葡萄糖。

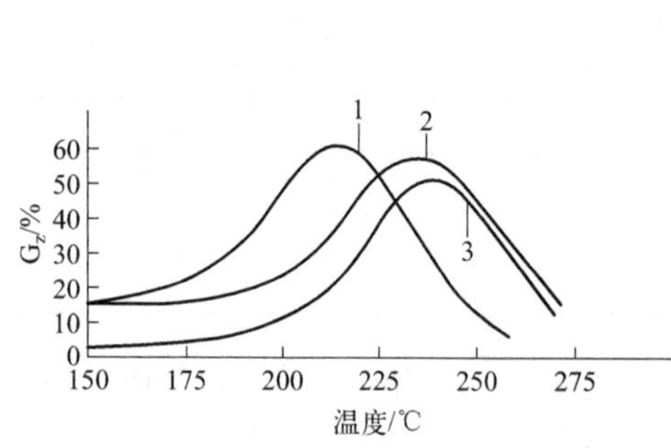

图 3-2-30 玉米芯水解时葡萄糖得率 G_z、H_2SO_4 用量与温度的关系

1—约 3%；2—约 1.5%；3—约 1%

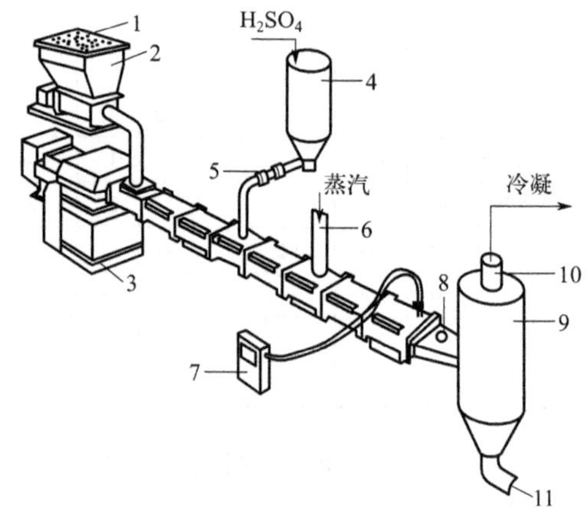

图 3-2-31 植物原料水解挤压设备流程

1—料斗；2—供料器；3—挤压机；4—硫酸液贮槽；5—泵；6—供汽管；7—压力表；8—阀；9—蒸发器；10—二次蒸汽管；11—水解物

高温水解过程要严格按照反应参数。因为原料在反应区的停留时间仅几秒或几分钟，若反应时间不足，会减小原料的水解深度和利用程度。而稍微超过规定的时间，又会导致单糖大量分

解，降低产品得率。

植物原料高温水解的特点是水解过程不可避免地形成糠醛、5-羟甲基糠醛和其他单糖降解产物，不利于水解液的生物转化。

2. 爆炸法水解

实现高温水解的另一种方法被称为“爆炸水解方法”。用这种方法进行多糖的高温水解只需要几秒钟。它是因为压力瞬间急降时，原料内部的水分沸腾，把多糖爆成细小纤维（蒸汽爆炸）。加拿大某公司工艺：反应温度240～250℃，压力3.5MPa，昼夜加工能力为250t木材。小液比水解，除去木质素之后得到滤液，其单糖浓度达10%～12%；发酵后醪液中酒精浓度可达5%左右，加工后可作为燃料酒精。

在高温（200～240℃）条件下，又有水（在液体或汽化状态）存在的条件下进行。半纤维素脱下的乙酰基形成了该过程的催化剂——醋酸。原料在该条件下放置0.5～5min之后，骤然降低压力，由于水降压沸腾，原料颗粒爆炸成细纤维（纤维分离），半纤维素、纤维素和木质素发生部分分离。在这种情况下，半纤维素几乎完全变成溶解的单糖、低聚糖和其分解产物，木质素转换为溶解组分（基本上是单酚和二酚）和不溶低分子组分。碳水化合物深度解聚产物（其中有呋喃衍生物）部分与木质素聚合，纤维素在这种情况下同样也会发生某些变化（纤维素端头水解）。纤维素经上述处理后，其酶水解速度大大增加，是由于木质素与碳水化合物间的键部分破坏和原料的物理结构破坏了。爆炸无酸水解法在研究中被认为是酶水解前原料预处理的最佳方法之一。

无酸水解可以用于各种原料的预处理。阔叶材木片（尤其是山杨）用蒸汽进行自动水解，温度为235℃，压力为4.34MPa，水解时间为0.5～2min。酶水解后，纤维素转化率达85%。用这种方法同样可以加工农业生产植物废料稻壳（195℃，2.6MPa）、麦秆（190℃）等。爆炸无酸水解葵花籽壳（200℃，2.6MPa，5min），酶水解24h使纤维素转化成葡萄糖的转化率达68%，而酶水解72h转化率达80%。

还可以进行两段和三段自动水解，连续地溶解植物原料中的多糖组分。此外，还提出了酸处理和无酸水解相结合的工艺。

将无酸水解最后阶段的温度提高到265℃，能使木材的转化率提高到90%～100%。这样的处理过程称为水热解（水热裂解）。其中，为了用水热解法制取酒精发酵的糖液，要将植物原料连续地进行处理，在180℃水解半纤维素，在270℃水解纤维素，在300℃解聚木质素。当提高温度到330～360℃时则发生植物生物质的液化。

无酸水解（尤其是水热解和热解）断裂多糖苷键的专一性不高是其特点。因此在反应混合物中含大量碳水化合物的分解产物。

在蒸汽处理前用H_2SO_4溶液浸渍原料，能使碳水化合物的分解程度降低30%～40%，有时接近50%。这样处理后，在进行酶水解时，增加了纤维素酶的可及度。因此，由植物原料制取生物化学加工的糖液时，采用酸催化剂的高温水解更具有实际意义。

四、固体酸水解工艺

与传统的质子酸催化剂相比，固体酸催化剂是一类非均相催化剂，它具有较好的催化水解效果且后续处理简单。固体酸催化剂种类很多，主要包括X型、Y型、ZSM-5等沸石分子筛，MCM41、SBA-15、MSU等介孔硅分子筛，SO_2-$4M_xO_y$系列固体超强酸以及强酸性离子交换树脂等[53-73]。

固体酸催化纤维素水解的原理不同于传统酸水解纤维素的原理，固体酸与纤维素的相互作用发生在固体酸表面而非溶液中。固体酸的水解过程大致可分为3步：①纤维素水解为可溶性葡聚糖；②可溶性葡聚糖的糖苷键吸附在固体酸活性位上；③葡聚糖进一步发生水解反应，得到葡萄糖并释放到液相中。磺酸化非晶型碳固体酸催化水解的机理：首先固体酸中的H^+攻击纤维素，使纤维素水解为纤维二糖，然后通过糖苷键与催化剂活性位点的吸附作用力，纤维二糖吸附到催化剂上，进而水解为葡萄糖。

固体酸催化水解纤维素工艺的优点：①大大简化产物与酸的分离过程，节省生产成本；②避免了传统液体酸催化水解过程中酸的后处理工序，更加符合环保节能的理念；③催化反应在固体酸表面发生，对设备的腐蚀性较小，大大减少设备资金的投入；④固体催化剂可重复利用。

但是由于固体酸催化水解反应为固体催化的固液反应，水解产率不高，所以近年来先后出现了提高固体酸催化水解纤维素产率的研究报道。研究方向主要包括：①合成新型可催化水解纤维素固体酸，从而提高糖化率；②改变固体酸物理结构，产生如纳米片、纳米管状固体酸催化剂，从而提高糖化率。Suganuma 等所开发的—SO_3H、—OH、—COOH 的非晶型碳固体催化剂，其催化能力远高于 Nafion、Amberlyst-15、H 型沸石等常用固体酸催化剂。此种碳材料的酸度为 4.3mmol/g，与酸度为 20.4mmol/g 的硫酸比较，在相同反应条件下，其水解纤维素得到葡聚糖的产率为硫酸的 2 倍。

西南大学开展了硅磺酸固体酸催化纤维素水解制备葡萄糖的工艺研究，在反应温度 138℃、反应时间 2.2h、催化剂用量 0.5g、加水量 12mL 的条件下，纤维素转化率和葡萄糖产率分别为 82.23%、51.15%。

固体酸催化剂对设备的腐蚀性较小，且易于再生，已经在许多酸催化反应中使用。伴随着高性能的固体酸催化剂的开发，固体酸催化剂将得到越来越多的关注，有望广泛应用到木质纤维素的化学转化利用过程中。

五、联合水解工艺

1. 酸酶联合水解

稀酸对植物纤维原料进行预处理可以使半纤维素有效降解，形成低分子糖类除去，从而显著提高纤维素对酶的可及性，提高纤维素水解生成葡萄糖的转化率。华东理工大学开发了一种通过酸酶联合水解处理玉米秸秆以得到可发酵单糖的工艺方法，进行了稀硫酸预处理玉米秸秆的研究。在反应温度为 155℃、反应时间为 6min 的条件下，用质量分数为 1%的硫酸处理后，木糖收率达到 84.90%，达到了去除半纤维素并以高收率获得产品的目的。用纤维素酶水解酸处理过的玉米秸秆，酶解温度为 50℃、pH 值为 4.8、水解时间为 60h 时，酶水解率达到 91.71%，达到了节能高效地转化玉米秸秆为可发酵单糖的目的[74]。兰州理工大学以富含纤维素、半纤维素的丢糟为原料，在温度为 100℃、固液比为 1∶12(g/mL) 和酸液浓度为 2.0%的条件下进行混合酸水解 120min，可获得 59.32g/L 还原糖和 6.49g/L 木糖，该酸解阶段的半纤维素和纤维素转化率分别为 77.38%和 62.50%。该酸解残渣在纤维素酶用量为 4000U/g 原料、温度为 45℃、pH 值为 4.8 的条件下水解 2.5h，可获得 13.27g/L 还原糖，酶解阶段的纤维素转化率为 66.67%，酶解率高达 90.73%[75]。

2. 微波-固体酸联合水解

植物纤维原料水解过程需要消耗大量热能，而微波加热绿色环保、简单快捷，比传统蒸煮法有较大优势，因此微波辅助植物纤维原料水解的研究受到关注。有研究报道，以半纤维素为原料时，在硫酸浓度 3%、微波功率 350W、反应时间 10min 的条件下，还原糖产率可高达 93.68%，证明微波技术有助于提高半纤维素水解效率；然而，以结晶度为 59.7%的纤维素为原料时，在硫酸浓度 7%、微波功率 350W、反应时间 25min 的条件下，由于结晶纤维素难以降解，还原糖产率仅为 10.65%；以玉米芯为原料时，优化参数为硫酸浓度 3.5%、微波功率 350W、反应时间 12min，还原糖产率为 28.87%，说明难降解的纤维素对易降解的半纤维素起到了一定的保护作用[76]。

为了提高纤维素的水解效率，很多研究对纤维素原料进行预处理以降低纤维素结晶度。例如离子液体可促进纤维素溶解。以微波辅助 [Bmim]$FeCl_3Br$ 催化稻草中纤维素水解生成还原糖的研究表明，在微波功率 240W、物料∶催化剂为 5∶4、加热时间 130min、物料∶水为 1∶40 的条件下，最高还原糖收率为 28.06%[77]。有研究以 85%浓磷酸室温溶解微晶纤维素，1h 后升为 50℃，再用冰乙醇再生获得低结晶度、低聚合度的再生纤维素，在微波辅助下稀酸水解 5min，葡萄糖的收率可高达73.3%[78]。以NaOH溶胀/HCl中和体系预处理纤维素得到的纤维素水凝胶，在微波辅助下160℃水解反应20min，葡萄糖产率可高达80.9%[79]。

采用微波-生物质碳磺酸固体酸联合催化水解微晶纤维素的研究[80]发现，微波不仅有加热的功能，同时还有助于纤维素结晶度降低，增大纤维素与固体酸碰撞概率的作用，显著加快了水解速率，提高了还原糖产率。以微波-生物质基磁性固体酸联合催化纤维素水解时，优化工艺为水解时间30min、水解温度80℃、催化剂量与纤维素的比例2∶1、微波功率450W，还原糖得率达57.4%[81]。以棉籽壳为原料，采用微波-固体酸协同水解制备还原糖。在微波功率461.91W、固体酸用量6.46%、反应时间2.99h、反应温度100℃、液固比为18∶1时，还原糖的得率可达到62.49%[82]。

参考文献

[1] 李忠正，孙润仓，金永灿. 植物资源化学. 北京：中国轻工业出版社，2012.

[2] 郭振楚. 糖类化学. 北京：化学工业出版社，2005.

[3] 陈嘉川，刘温霞，杨桂花，等. 造纸植物资源化学. 北京：科学出版社，2012.

[4] 詹怀宇. 纤维素化学与物理. 北京：科学出版社，2005.

[5] Pavasars I, Hagberg J, Borén H, et al. Alkaline degradation of cellulose: Mechanisms and kinetics. J Polym Environ, 2003, 11 (2): 39-47.

[6] Irklei V M, Kleiner Y Y, Vavrinyuk O S, et al. Kinetics of degradation of cellulose in basic medium. Fibre Chem, 2005, 37: 452-458.

[7] Glaus M A, Van Loon L R. Degradation of cellulose under alkaline conditions: New Insights from a 12 years degradation study. Environ Sci Technol, 2008, 42: 2906-2911.

[8] 赵战利，宁占国，李宁，等. 玉米皮中阿魏酸的提取工艺研究. 食品工业，2014, 35 (3): 37-40.

[9] 岑沛霖，张军. 植物纤维浓硫酸水解动力学研究. 化学反应工程与工艺，1993, 9 (1): 34-41.

[10] Maloney M T, Chapman T W, Baker A J. Dilute acid hydrolysis of paper birch: Kinetic study of xylan and acetyl-group hydrolysis. Biotechnol Bioeng, 1985, 27 (3): 355-361.

[11] Choi C H, Mathews A P. Two-step acid hydrolysis process kinetics in the saccharification of low-grade biomass. 1. Experimental studies on the formation and degradation of sugars. Bioresource Technol, 1996, 58 (2): 101-106.

[12] Abatzoglou N, Chornet E, Belkacemi K, et al. Phenomenological kinetics of complex systems: The development of a generalized severity parameter and its application to lignocellulosics fractionation. Chem Eng Sci, 1992, 47 (5): 1109-1122.

[13] Girisuta B, Janssen L, Heeres H. Green chemicals: A kinetic study on the conversion of glucose to levulinic acid. Chem Eng Res Des, 2006, 84 (5): 339-349.

[14] Girisuta B, Janssen L P B M, Heeres H J. Kinetic study on the acid-catalyzed hydrolysis of cellulose to levulinic acid. Ind Eng Chem Res, 2007, 46 (6): 1696-1708.

[15] Bustos G, Ramírez J A, Garrote G, et al. Modeling of the hydrolysis of sugar cane vagase with hydrochloric acid. Appl Biochem Biotechnol, 2003, 104 (1): 51-68.

[16] Liao W, Liu Y, Liu C, et al. Acid hydrolysis of fibers from dairy manure. Bioresource Technol, 2006, 97 (14): 1687-1695.

[17] Aguilar R, Ramírez J A, Garrote G, et al. Kinetic study of the acid hydrolysis of sugar cane bagasse. J Food Eng, 2002, 55 (4): 309-318.

[18] Lavarack B P, Griffin G J, Rodman D. The acid hydrolysis of sugarcane bagasse hemicellulose to produce xylose arabinose glucose and other products. Biomass Bioenerg, 2002, 23 (5): 367-380.

[19] Mcparland J J, Grethlein H E, Converse A O. Kinetics of acid hydrolysis of corn stove. Sol Energy, 1982, 28 (1): 55-63.

[20] Rodríguez C A, Ramírez J A, Garrote G, et al. Hydrolysis of sugar cane bagasse using nitric acid: A kinetic assessment. J Food Eng, 2004, 61 (2): 143-152.

[21] Herrera A, Téllez L S, González C J, et al. Effect of the hydrochloric acid concentration on the hydrolysis of sorghum straw at atmospheric pressure. J Food Eng, 2004, 63 (1): 103-109.

[22] Herrera A, Téllez L S, Ramírez J A, et al. Production of xylose from sorghum straw using hydrochloric acid. J Cereal Sci, 2003, 37 (3): 267-274.

[23] Gámez S, González C J, Ramírez J A, et al. Study of the hydrolysis of sugar cane bagasse using phosphoric acid. J Food Eng, 2006, 74 (1): 78-88.

[24] Téllez L S, Ramírez J A, Vázquez M. Mathematical modelling of hemicellulosic sugar production from sorghum straw. J Food Eng, 2002, 52 (3): 285-291.
[25] Eken S N, Mutlu S F, Dilmaç G, et al. A comparative kinetic study of acidic hemicellulose hydrolysis in corn cob and sunflower seed hull. Bioresource Technol, 1998, 65 (2): 29-33.
[26] Stein M, Sauer J. Formic acid tetramers: structure isomers in the gas phase. Chem Phys Lett, 1997, 67 (2): 111-115.
[27] Qian X, Nimlos M R, Davis M, et al. Ab initio molecular dynamics simulations of β-D-glucose and β-D-xylems degradation mechanisms in acidic aqueous solution. Carbohydr Res, 2005, 340 (14): 2319-2327.
[28] Tellez-Luis S J, Ramirez J A, Vazquez M. Mathematical modelling of hemicellulosic sugar production from sorghum straw. J Food Eng, 2002, 52 (3): 285-291.
[29] Rodriguez-Chong A, Ramirez J A, Garrote G, et al. Hydrolysis of sugar cane bagasse using nitric acid: A kinetic assessment. J Food Eng, 2004, 61 (2): 143-152.
[30] Jensen J, Morinelly J, Aglan A, et al. Kinetic characterization of biomass dilute sulfuric acid hydrolysis: Mixtures of hardwoods, softwood, and switchgrass. Aiche J, 2008, 54 (6): 1637-1645.
[31] Weingarten R, Cho J, Xing R, et al. Kinetics and reaction engineering of levulinic acid production from aqueous glucose solutions. Chem Sus Chem, 2012, 5 (7): 1280-1290.
[32] Baugh K D, Mccarty P L. Thermochemical pretreatment of lignocellulose to enhance methane fermentation: I. Monosaccharide and furfurals hydrothermal decomposition and product formation rates. Biotechnol Bioeng, 1988, 31 (1): 50-61.
[33] Chang C, Ma X J, Cen P L. Kinetics of levulinic acid formation from glucose decomposition at high temperature. Chinese J Chem Eng, 2006, 14 (5): 708-712.
[34] Girisuta B, Janssen L P B M, Heeres H J. A kinetic study on the decomposition of 5-hydroxymethylfurfural into levulinic acid. Green Chem, 2006, 8 (8): 701.
[35] Girisuta B, Janssen L P B M, Heeres H J. A kinetic study on the conversion of glucose to levulinic acid. Chem Eng Res Des, 2006, 84 (A5): 339-349.
[36] Heimlich K R, Martin A N. A kinetic study of glucose degradation in acid solution. J Am Pharm Assoc, 1960, 49 (9): 592-597.
[37] Jing Q, Lu X Y. Kinetics of non-catalyzed decomposition of glucose in high-temperature liquid water. Chinese J Chem Eng, 2008, 16 (6): 890-894.
[38] McKibbins S W. Kinetics of the acid catalyzed conversion of glucose to 5-hydroxymethyl-2-furaldehyde and levulinic acid. Forest Prod J, 1958, 12: 17-23.
[39] Smith P C, Grethlein H E, Converse A O. Glucose decomposition at high temperature, mild acid, and short residence times. Sol Energy, 1982, 28 (1): 41-48.
[40] Brandt A, Gräsvik J, Hallett J P, et al. Deconstruction of lignocellulosic biomass with ionic liquids. Green Chem, 2013, 15 (3): 550-583.
[41] Atalla R H, Vander H D L. Native cellulose: A composite of two distinct crystalline forms. Science, 1984, 223: 283-285.
[42] Vander H D L, Atalla R H. Studies of microstructure in native celluloses using solid-state carbon-13 NMR. Macromolecules, 1984, 17 (8): 1465-1472.
[43] Hayashi N, Sugiyama J, Okano T, et al. The enzymatic susceptibility of cellulose microfibrils of the algal-bacterial type and the cotton-ramie type. Carbohydr Res, 1997, 305 (2): 261-269.
[44] Sun Y, Lin L. Hydrolysis behavior of bamboo fiber in formic acid reaction system. J Agric Food Chem, 2010, 58 (4): 2253-2259.
[45] Camacho F, Gonzalez-Tello P, Jurado E, et al. Microcrystalline-cellulose hydrolysis with concentrated sulphuric acid. J Chem Technol Biot, 1996, 67 (4): 350-356.
[46] 王立纲. 纤维素物质浓硫酸水解工艺的进展. 国外林业, 1994, 24 (3): 48-51.
[47] 张失. 植物原料水解工艺学. 北京: 中国林业出版社, 1993.
[48] 李淑君. 植物纤维水解技术. 北京: 化学工业出版社, 2009.
[49] 左宋林, 李淑君, 张力平, 等. 林产化学工艺学. 北京: 中国林业出版社, 2019.
[50] Karimi K, Kheradmandinia S, Taherzadeh M J. Conversion of rice straw to sugars by dilute-acid hydrolysis. Biomass Bioenerg, 2006, 30 (3): 247-253.
[51] Pânzariu A E, Malutan T. Dilute sulphuric acid hydrolysis of vegetal biomass. Cell chem technol, 2015, 49 (1): 93-99.
[52] 杨洋, 张玉苍, 何连芳, 等. 纤维素类生物质废弃物水解方法的研究进展. 酿酒科技, 2009, 10 (184): 82-86.

[53] Hegner J, Pereira K C, DeBoef B, et al. Conversion of cellulose to glucose and levulinic acid via solid-supported acid catalysis. Tetrahedron Lett, 2010, 51 (17): 2356-2358.
[54] Vilcocq L, Castilho P C, Carvalheiro F, et al. Hydrolysis of oligosaccharides over solid acid catalysts: A review. Chem Sus Chem, 2014, 7 (4): 1010-1019.
[55] Rinaldi R, Meine N, vom Stein J, et al. Which controls the depolymerization of cellulose in ionic liquids: The solid acid catalyst or cellulose. Chem Sus Chem, 2010, 3 (2): 266-276.
[56] Kim S J, Dwiatmoko A A, Choi J W, et al. Cellulose pretreatment with 1-n-butyl-3-methylimidazolium chloride for solid acid-catalyzed hydrolysis. Bioresource Technol, 2010, 101 (21): 8273-8279.
[57] Shuai L, Pan X J. Hydrolysis of cellulose by cellulase-mimetic solid catalyst. Energ Environ Sci, 2012, 5 (5): 6889-6894.
[58] Li X T, Jiang Y J, Shuai L, et al. Sulfonated copolymers with SO_3H and COOH groups for the hydrolysis of polysaccharides. J Mater Chem, 2012, 22 (4): 1283-1289.
[59] Huang Y B, Fu Y. Hydrolysis of cellulose to glucose by solid acid catalysts. Green Chem, 2013, 15 (5): 1095-1111.
[60] Marzo M, Gervasini A, Carniti P. Hydrolysis of disaccharides over solid acid catalysts under green conditions. Carbohydr Res, 2012, 347 (1): 23-31.
[61] Tagusagawa C, Takagaki A, Takanabe K, et al. Layered and nanosheet tantalum molybdate as strong solid acid catalysts. J Catal, 2010, 270 (1): 206-212.
[62] Kourieh R, Bennici S, Marzo M, et al. Investigation of the WO_3/ZrO_2 surface acidic properties for the aqueous hydrolysis of cellobiose. Catal Commun, 2012, 19: 119-126.
[63] Tagusagawa C, Takagaki A, Iguchi A, et al. Highly active mesoporous Nb-W oxide solid-acid catalyst. Angew Chem Int Ed, 2010, 49 (6): 1128-1132.
[64] Takagaki A, Tagusagawa C, Domen K. Glucose production from saccharides using layered transition metal oxide and exfoliated nanosheets as a water-tolerant solid acid catalyst. Chem Commun, 2008, 42: 5363-5365.
[65] Zhang F, Deng X, Fang Z, et al. Hydrolysis of crystalline cellulose over Zn-Ca-Fe oxide catalyst. Petrochem Technol, 2011, 40 (1): 43-48.
[66] Gliozzi G, Innorta A, Mancini A, et al. Zr/P/O catalyst for the direct acid chemo-hydrolysis of non-pretreated microcrystalline cellulose and softwood sawdust. Appl Catal B: Environ, 2014, 145: 24-33.
[67] Perez-Ramirez J, Christensen C H, Egeblad K, et al. Hierarchical zeolites: Enhanced utilisation of microporous crystals in catalysis by advances in materials design. Chem Soc Rev, 2008, 37 (11): 2530-2542.
[68] Serrano D P, Escola J M, Pizarro P. Synthesis strategies in the search for hierarchical zeolites. Chem Soc Rev, 2013, 42 (9): 4004-4035.
[69] Qian X H, Lei J, Wickramasinghe S R. Novel polymeric solid acid catalysts for cellulose hydrolysis. RSC Adv, 2013, 3 (46): 24280-24287.
[70] 何柱生，赵立芳. 分子筛负载 TiO_2/SO_4^{2-} 催化合成乙酰丙酸乙酯的研究. 化学研究与应用，2001，13 (5): 537-539.
[71] 王树清，高崇，李亚芹. 强酸性阳离子交换树脂催化合成乙酰丙酸丁酯. 上海化工，2005，30 (4): 14-16.
[72] 吕秀阳，彭新文，卢崇兵，等. 强酸性树脂催化下六元糖降解反应动力学. 化工学报，2009，60 (3): 634-640.
[73] 张帆，邓欣，方真，等. Zn-Ca-Fe 氧化物催化水解微晶纤维素. 石油化工，2011，40 (1): 43-48.
[74] 章冬霞，张素平，许庆利，等. 醋酸联合水解玉米秸秆的实验研究. 太阳能学报，2010，31 (4): 478-481.
[75] 任海伟，李金平，张轶，等. 白酒丢糟的酸酶联合水解糖化工艺. 农业工程学报，2013，29 (5): 243-250.
[76] 胡耀波. 微波辅助玉米芯的稀酸水解研究. 武汉：华中科技大学，2018.
[77] 胡兴锋，唐祚姣，董新荣. 微波辅助 [Bmim] $FeCl_3Br$ 催化稻草秸秆纤维素水解为还原糖的研究. 化学工程师，2014，28 (4): 69-72，79.
[78] Ni J, Teng N, Chen H, et al. Hydrolysis behavior of regenerated celluloses with different degree of polymerization under microwave radiation. Bioresource Technol, 2015, 191: 229-233.
[79] 孙彬哲. 纤维素凝胶化预处理及其微波辅助酸水解的研究. 武汉：武汉纺织大学，2016.
[80] Wu Y, Fu Z, Yin D, et al. Microwave-assisted hydrolysis of crystalline cellulose catalyzed by biomass char sulfonic acids. Green Chem, 2010, 12 (4): 696-700.
[81] 李学琴，李翔宇，时君友，等. 微波辅助磁性固体酸催化纤维素水解的研究. 林产工业，2017，44 (3): 15-20.
[82] 余先纯，孙德林，李湘苏. 微波固体酸联合水解棉籽壳制备还原糖的研究. 食品工业科技，2011，32 (1): 207-212.

（李淑君，李铮）

第三章　木糖和木糖醇

第一节　木糖和木糖醇性质及用途

一、木糖基本性质

木糖（xylose）属多羟基醛糖，是自然界中仅次于葡萄糖的第二大糖平台化合物，它和阿拉伯糖、核糖等同属于五碳糖。除竹笋等少数植物以外，在自然界尚未发现其他以游离状态存在的木糖。木糖通常以缩聚状态即木聚糖大分子的形式存在于植物的半纤维素中，需要通过酸、碱、酶的催化或高温热水等条件使木聚糖水解生成木糖。

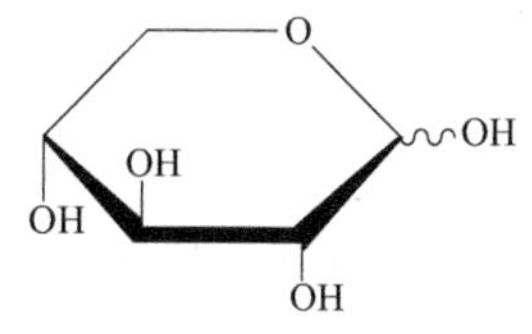

图 3-3-1　D-木糖结构式

工业生产的木糖产品为 D-木糖，为细针状无色晶体，味甜，甜度为蔗糖的 40%，易溶于水，微溶于乙醇，熔点 153～154℃，有右旋光性和变旋光性[1]，比旋光度 +18.6°～+92°。木糖的化学分子式为 $C_5H_{10}O_5$，分子量为 150.13，化学结构式见图 3-3-1。

二、木糖主要用途

木糖是重要的功能性五碳糖。不同于日常食品中的葡萄糖或果糖，木糖具有低热量和不易被人体分解代谢的特点，能使人体和动物肠道内的益生菌增殖，具有调节人和动物肠道微生态进而促进机体健康的功效。同时木糖也是制取功能性甜味剂木糖醇的原料，可应用于食品、医药、化工、皮革、染料等领域。工业木糖主要用于加氢制备木糖醇，同时木糖酸也成为了木糖利用的新出路。

（一）木糖在食品工业中的应用

1. 无热量甜味剂

国内外在无糖食品中采用的醇类甜味剂替代品主要包括木糖醇、山梨醇、麦芽糖醇和赤藓糖醇，但木糖也可用作价格相对低廉的甜味剂替代品，并具有以下特点：① 甜度和风味与葡萄糖类似，且口感良好，和其他甜味料混合使用时能改善口感，抑制异味；② 可代替葡萄糖生产适于糖尿病患者、肥胖病患者等特殊人群的低热量食品，并且不容易引起腹泻[2]。

2. 风味改良剂

在熟食品的烹饪和制备过程中，经过煮、蒸、炸、烤等加热处理会产生愉快的香味，其主要原因之一是食品中所含糖与氨基酸在烹饪和加热过程中产生了美拉德反应。而木糖具有敏感的反应性能，在烹饪加热过程中添加少量木糖就能够起到明显的增香效果，因而木糖作为加热食品增香剂，可广泛应用于焙烤食品、火腿、香肠、腊肉和人造肉等。

3. 肉类香精原料

肉类香精的生产可以肉类酶解提取物为基料，然后配以氨基酸和木糖[3]进行加热产生美拉德反应，以获得逼真的天然肉蛋类食品香味，如蛋黄味、海鲜味等，我国部分合成肉蛋类香料就采用木糖作为合成原料。

（二）木糖的深加工与转化

1. 木糖醇

木糖醇（xylitol）是指木糖C1位的醛基经加氢还原后生成的多羟基醇，作为一种非能量型甜味剂替代品应用于食品和医药等行业。天然木糖醇存在于部分水果、蔬菜、苔藓和酵母等中，但含量很低。木糖醇是当前木糖制备及其工业化利用的主要目标产品，2020年木糖醇的全球消费量为10万吨左右，主要应用于食品和医药。

木糖醇制备最早源于芬兰，由白桦树、橡树、玉米芯、甘蔗渣等原料中提取所得。当前商品化的木糖醇生产大多以玉米芯、甘蔗渣或黏胶纤维生产副产物木聚糖等为原料，主要采用镍系催化剂在6～8MPa的高压条件下木糖加氢制取，或者以热带假丝酵母（*Candida tropicalis*）、季也蒙假丝酵母（*Candida guillermondii*）以及酿酒酵母工程菌（*Saccharomyces cerevisiae*）等微生物发酵木糖制备[4]。

2. 糠醛

糠醛是另一种经典的木糖深加工化学品，是植物原料中木糖组分在高温和酸催化条件下分子内发生脱水和环化反应得到的呋喃型产物。糠醛是一种重要的合成树脂、农药、医药和涂料等生产原料。

糠醛工业化生产的酸催化剂主要采用液体硫酸或固体酸类。典型的生产工艺条件为硫酸浓度0.25%～4.50%、反应温度170～180℃、反应时间1～4 h，糠醛收率75%～80%。糠醛生产对无机酸和热能消耗大，“三废”污染处理难度高。

3. 生物乙醇

生物乙醇一般专指用于汽车燃料的乙醇，又称燃料乙醇。按照原料种类可分为第一代燃料乙醇（以蔗糖和淀粉为原料）和第二代燃料乙醇（以木质纤维素为原料）。随着全球对纤维素燃料乙醇需求的持续增长，木糖发酵产乙醇备受关注。自然界仅有休哈塔假丝酵母（*Candida shehatae*）和树干毕赤酵母（*Pichia stipitis*）等少数菌株能够发酵木糖产乙醇，但它们对糖、抑制物和乙醇的耐受能力均较弱，并且发酵过程中存在葡萄糖的抑制效应和需要限制性供氧，纯木糖发酵的乙醇发酵浓度为4%～5%，在木质纤维素预处理（木糖）水解液中乙醇发酵浓度急剧下降至1%～2%，生产效益与葡萄糖乙醇发酵水平差距显著，形成了生物乙醇工业化生产的关键性技术瓶颈。针对这一问题，自20世纪90年代以来，通过基因重组技术先后构建获得运动发酵单孢菌（*Zymomonas mobili*）、酿酒酵母（*Saccharomyces cerevisiae*）和大肠杆菌（*Escherichia coli*）等一系列工程菌株，尽管它们在木糖发酵等方面的生产性能有所提高，但仍然不能满足商业化生产要求[5]。

4. 木糖酸

木糖酸（xylonic acid）是指木糖C1位醛基氧化转变成羧基的多羟基一元酸。木糖酸作为一种环境友好、无毒、不挥发和温和的新型有机酸，被美国国家可再生能源实验室（National Renewable Energy Laboratory，NREL）、西北太平洋国家实验室（Pacific Northwest National Laboratory，PNNL）共同确定为生物质炼制最具发展前途的30种目标产品或平台化合物之一[6]，木糖酸的利用为木糖转化提供了新的途径。

木糖酸与葡萄糖酸的性能十分相近，可用作葡萄糖酸或柠檬酸等产品的替代品。作为一种新兴的生物基化工产品近年来其用途被不断地发掘和拓展，如水泥减水剂、分散剂和缓释剂、混凝土黏结剂、增塑剂、玻璃清洗剂、冶金除锈剂、金属离子螯合剂、纺织助漂剂、农药悬浮剂、鞣革剂和生物杀菌剂等[6,7]。木糖酸还是合成重要含能材料丁三醇硝酸酯前体物质1,2,4-丁三醇的中间体[8]。木糖酸还被用于黏胶纤维混纺以生产夏季冰爽纤维面料。利用木糖酸与水结合引起的吸水吸热反应，在黏胶纤维中揉进木糖酸从而使纺织面料产生降温效果，进而带来独特的清凉清爽感，可用于制作内衣、袜子、寝具和外衣等。最值得关注的是木糖酸（盐）在水泥减水剂及混凝土黏结剂领域的应用[6,9]。

南京林业大学[10-12]采用氧化葡萄糖酸杆菌（*Gluconobacter oxydans* NL71）创制了通氧加压全细胞催化技术（sealed and compressed oxygen supply-whole cell catalysis，SOS），显著提高了木糖发酵产木糖酸的浓度和产率，木糖发酵的木糖酸产品最高浓度超过 580g/L，产率达 30g/(L·h)，木糖利用率和转化率超过 98%，主要技术指标高出乙醇发酵 10 倍。由木质植物纤维素硫酸水解液发酵制备的木糖酸可用作水泥减水剂，添加 0.05%～0.30%木糖酸可减少水用量 6%～15%，同时显著增加混凝土的带气量和抗压强度[9]。巨大的混凝土及建材消费市场为木糖酸及木糖的深加工拓展了一条新出路。

三、木糖醇基本性质

（一）木糖醇理化性质

木糖醇是自然界天然存在的一种戊糖醇，也是人体正常代谢的中间产物。纯净的木糖醇为白色粉末状晶体，分子式 $C_5H_{12}O_5$，分子量 152.15，极易溶于水（约 160g/100mL），微溶于乙醇和甲醇，熔点 92～96℃，沸点 216℃，热值 16.72 kJ/g，10%水溶液 pH 5.0～7.0。木糖醇的化学结构式如图 3-3-2 所示。

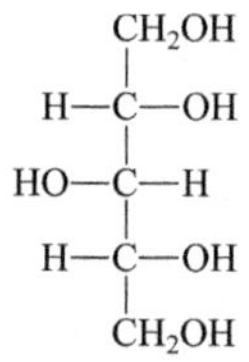

```
      CH2OH
        |
   H—C—OH
        |
 HO—C—H
        |
   H—C—OH
        |
      CH2OH
```

图 3-3-2　木糖醇的化学结构

木糖醇在常温下的甜度与蔗糖相当，低温下甜度达到蔗糖的 12 倍，是多元醇中最甜的品种之一，具有吸湿性、甜度高、口感清凉和热稳定性等特点，是蔗糖等甜味剂的理想替代品，主要用作高档食品中的甜味剂和增味剂等。

（二）木糖醇的特性

1. 清凉感

木糖醇的溶解热为 145.6 J/g，在水中溶解时会吸收大量的热，使介质温度降低。木糖醇在 37℃左右时溶解吸收热量比蔗糖高 10 倍，因而进入口腔溶解时会产生强烈的清凉感[13]，可以显著增加食品的爽口感和清凉感。

2. 吸湿性

由于木糖醇具有较强的吸湿性，添加木糖醇制作的烘烤食品在空气中存放时，会吸湿变软，一般不适用于制作松脆的食品。但利用这一特性，添加木糖醇制作软质食品时就更具优势，可以使食品长时间保持柔软的口感和质地[14]。

3. 美拉德反应惰性

不同于蔗糖或木糖等甜味剂，木糖醇在食物烹饪和加热过程中性能相对更为稳定，一般不容易产生美拉德反应从而导致所加工的食品颜色加深，因此以木糖醇作为甜味剂制作糕点或点心时，可以尽量保持食材的本色或者浅色、白色的感官。

4. 难发酵性

木糖醇强烈的吸水性等特点使它一般难以被酵母等食品腐败微生物发酵，这有利于延长食品的保存期和货架寿命，因而适用于制作甜味食品和奶制品等。

四、木糖醇主要用途

（一）食品

木糖醇是目前所有食用糖醇中生理活性最好的品种之一，在防龋齿、不增加血糖值等方面表现出比山梨醇、麦芽糖醇、甘露醇等更加优越的特性。

1. 酒类

在酒类饮料中添加适量的木糖醇，可以改善它们的香味、甜味和细腻度。如威士忌酒添加0.15%～2%的木糖醇，可使其酒味更加芳香纯正，同时进一步增强酒品抗腐败和长久保藏的稳定性；在白酒中加入1.15%的木糖醇，可以使白酒的口感更柔润细腻，香味醇厚丰满。我国保定地区酒厂将木糖醇作为调香剂添加到红粮大曲中，1%的添加量就可以使酒的色香味等主要品质明显提高，受到市场和消费者的欢迎。

2. 口香糖和牙膏

变异链球菌（*Streptococcus mutans*）是主要的牙齿致龋菌。它生长在牙垢中，发酵食品中的糖类物质产生乳酸等有机酸，腐蚀牙齿釉质，形成牙斑和牙洞。研究表明，添加木糖醇会抑制变形链球菌利用蔗糖生长和产酸，同时提高木糖醇浓度会引起变异链球菌细胞膜厚度减薄，细菌之间黏结性降低。欧洲儿童龋齿发生与防治的长期跟踪实验报道，添加木糖醇可显著减少儿童龋齿发生率，并且效果明显优于山梨糖醇对照组。在日常生活中有规律使用木糖醇可有效抑制口腔变异链球菌，从而减少和预防牙斑的发生，由此人们开发出含有木糖醇的口香糖、牙膏和糖果等产品。

3. 奶制品与饮料

木糖醇具有低或无能量、清爽口感的特点，同时木糖醇的分子结构降低了它与氨基酸发生美拉德反应的活性，使之成为一种理想的甜味剂替代品和氨基酸配剂。木糖醇能够以任意比例调和、添加到饮品中，制成无糖酸奶、无糖茶饮料和果汁饮料等，具有控制热量值、最大限度保护营养成分完整性的优势，可以满足糖尿病患者、肥胖者等一些特殊消费人群的饮用需求。

（二）医药

木糖醇是糖类代谢的中间体，能参与人体内的糖类代谢，每天由肝脏可以合成达十余克的木糖醇[15]。木糖醇在体内的代谢不需要胰岛素的促进作用，即使缺乏胰岛素时木糖醇也能透过细胞膜进入细胞，通过葡萄糖醛酸木酮糖途径与磷酸戊糖途径连接，合成糖原或进入糖分解代谢途径以获得能量。

木糖醇的代谢既不依赖胰岛素，也不会引起血糖值升高，同时具有良好的甜味等口感，使之成为适用于糖尿病患者的糖类替代品之一。临床研究表明，长期服用木糖醇，糖尿病患者的“三多”(多食、多饮、多尿)症状减轻[16]，口渴和饥饿感基本消失，尿糖减少，有效地控制了糖尿病并发症的发生，木糖醇因而被作为糖尿病患者的辅助治疗剂。另外，每克木糖醇仅含有2.4cal(1cal≈4.18J)热量，比其他大多数碳水化合物减少40%，因而它也被用于制备减肥药物辅料或治疗食谱。

木糖醇摄入还可以改善肝功能[17]。人体吸收木糖醇后，木糖醇能减慢血浆中脂肪酸的生成，血液中乳酸、丙酮酸和葡萄糖含量下降，胰岛素上升，同时肝脏中的肝糖原增加和转氨酶下降，对于乙型迁延性肝炎和肝硬化患者有明显的疗效，是肝炎病人的保肝药物。而对于糖尿病和肝炎并发症患者来说，木糖醇更是一种理想的备选药物。

采用木糖醇输液时人体血液成分更稳定[18]。4.56%的木糖醇溶液与血液等渗，不仅在糖代谢障碍时能使患者得到能量补充，而且木糖醇与其他糖质输液剂相比，红细胞的游动速率快，也能很好地维持红细胞的负电荷。因此，木糖醇可用于内科及外科的糖质补给，特别在外科麻醉时及术后，糖代谢受阻不宜使用葡萄糖，此时木糖醇是一种较理想的输液剂。

此外据临床研究报道，木糖醇可用于抗酮体药物生产。人体糖代谢异常时，脂肪不能完全氧化，血液中的酮体会产生积累，进而会引起酸中毒和中枢神经系统中毒，甚至致使昏迷和死亡，木糖醇药物组分能够起到良好的消酮治疗作用。

（三）化工

1. 炸药

木糖醇含有五个羟基，具有与甘油相似的化学结构，可与硝酸反应生成木糖醇五硝酸酯或者脱水木糖醇三硝酸酯类成分。脱水木糖醇硝酸酯具有很高的爆炸威力[19]，其爆炸速度达7000m/s，介于硝化甘油和三硝基甲苯（TNT）之间，但与硝化甘油相比，它的硝化反应和在储运过程中更加稳定和安全，同时木糖醇硝化反应毒性更低，因而可用作采矿和弹药生产的爆炸物原料。

2. 塑料

木糖醇可以直接作为聚氨乙烯树脂塑料的添加剂，增加塑料的相容性和提高塑料制品质量。它还能提高塑料的电阻用于高压电缆生产。另外，木糖醇和低碳脂肪酸合成酯具有很好的耐热性，可替代环氧大豆油等耐热型增塑剂使用[20]。

3. 造纸

一些纸产品生产需要加入适量的塑化剂以改善其弹性和柔性，含有丰富羟基的木糖醇可以替代甘油用于生产羊皮纸、铜版纸、玻璃纸等。

4. 油漆

利用木糖醇所含有的五个醇羟基可替代甘油等制备醇酸树脂，用于生产油漆涂料。大多数醇酸类树脂属中长油度醇酸树脂，需要消耗大量的甘油及食用油。采用富羟基的木糖醇与合成脂肪酸或桐油反应，以代替食用油及甘油可生产中油度醇酸树脂；木糖醇和丙烯酸合成酯具有良好的绝缘性，可用于绝缘涂料生产中。

5. 其他

木糖醇可替代甘油生产防冻剂和保湿剂；木糖醇和乙二酸合成的酯具有很强的黏结力，可用于生产胶黏剂；以木糖醇与C_5～C_9脂肪酸合成的酯可用于刹车液生产，或者轧钢的表面活性剂；以木糖醇、季铵盐和聚氧乙烯合成的木糖醇酯可制备抑菌剂。

第二节　生产原料种类和组成

一、木糖生产原料

木糖主要利用天然植物中所含有的木聚糖（戊聚糖）组分经过水解反应制取。木聚糖的主要植物来源包括：农业秸秆（玉米芯和玉米秸秆、麦秆、高粱秆、稻秆、甘蔗渣等）、种子或果壳（棉籽壳、花生壳、椰子壳等）和一些树木（木屑）等。

不同植物原料中戊聚糖的含量如表3-3-1所示。木糖生产原料的选取主要考虑以下两点：①木聚糖的含量高且干扰杂质少。如木屑的木聚糖含量不高且一般不容易水解，而油茶壳等原料含有的胶体类杂质高，都会造成木糖的水解，分离提纯难度大和成本高。②原料产量大且易供应。如秸秆和蔗渣的产量大并且生产相对集中，适宜用作木糖生产的原料。

表3-3-1　我国富含木聚糖的植物原料及主要成分

编号	原料名称	戊聚糖/%	纤维素/%	木质素/%	灰分/%
1	玉米芯	35～40	32～36	17～20	1.2～1.8
2	棉籽壳	24～25	37～48	28	2～3.5
3	甘蔗髓	22.07	35	19.07	8～10
4	甘蔗渣	24～25	45	18～20	2～4
5	稻壳	16～22	35.5～43	21～26	11.4～22
6	油茶壳	24～27	—	—	2～5
7	向日葵壳	26～28	30～40	27～29	1.8～2.0
8	蓖麻秆	17.4～19.6	40.10～53.4	21.10～22.80	3.70～4.70
9	稻草	19～24	38～43	14.21	12～24
10	小麦秆	25.56	40.40	22.34	6.04

续表

编号	原料名称	戊聚糖/%	纤维素/%	木质素/%	灰分/%
11	芦苇	18～25	43～58	21～24	3～6
12	高粱秆	22.03	48.83	20.12	7.56
13	荻	21.79	48.52	18.88	2.75
14	棉秆	20.76	41.42	23.16	9.47
15	粟秆	17.08	44.51	22.37	5.83
16	狼尾草	25.30	45.00	17.80	6.10
17	大豆秆	17.90	60.00	18.00	2.60
18	向日葵秆	21.5	53.67	16.91	4.89
19	乌拉草	15.04	36.55	15.25	3.58
20	芨芨草	25.98	49.15	16.52	2.95
21	龙须草	20.00～21.30	56～57	13.30～14.60	4.40～6.60
22	芮草	24.3～28.10	44	16.1～18.3	6.60～6.90
23	棉秆芯	23.51	36.49	21.57	4.45
24	棉秆皮	17.24	62.26	22.78	5.64
25	棉麻秆	—	52.31	19.42	2.07
26	大麻	4.91	69.51	4.03	2.85
27	黄麻	18.79	61.10～67.80	15.42～16.78	0.68～1.26
28	毛竹	21.12	45.50	30.67	1.10
29	青皮竹	18.87	58.48	20.19	2.24
30	马尾松	10.5～11.4	58～62	27.2～27.8	0.35～0.5
31	海松	10.46	53.12	27.69	0.42
32	辽东冷杉	10.18	49.27	30.06	0.47
33	鱼鳞松	11.45	48.45	29.12	0.31
34	落羽松	7.57	50.80	27.40	0.55
35	云南松	10.41	46.52	27.90	0.34
36	云杉	11.62	46.92	28.43	0.78
37	柏木	10.69	44.16	32.44	0.41
38	杉	11.86	48.37	32.47	0.35
39	垂柏	17.8	57.8	20.80	0.50
40	辽东桦	23.40	50.26	19.23	0.11
41	白杨	19.50	59.00	20.60	0.52
42	枞木	9～11	51～54	28	1.0
43	玉米秆	24.58	37.68	18.38	4.66

1. 玉米芯

玉米属旱地高产作物，是全球主要的粮食作物品种。我国玉米的种植面积大、分布广，年产量达 1.2 亿吨，居世界第 2 位。玉米芯是玉米果穗去籽脱粒后的穗轴部分，占玉米穗重量的 20.0%～30.0%，属玉米生产加工的副产物，具有组织均匀、硬度适宜、吸水性强和易加工等特色。我国玉米芯年产量在 3000 万吨左右，是一种重要的生物质资源[21]。

玉米芯富含纤维素和半纤维素，其中半纤维素约占 30%～40%，是所有植物原料中半纤维素含量最高的原料之一，因而被视为木糖生产的首选原料。随着品种、种植地区和年份的变化，玉米芯中木聚糖的含量也有所差异，一般北方地区的原料要高于南方地区，如苏联的玉米芯中戊聚糖含量可高达 42%，而我国东北地区含量在 40%左右，华北地区为 35%左右，南方地区一般不超过 33%。

2. 甘蔗渣

甘蔗渣是甘蔗制糖工业的主要废弃物，占甘蔗产量的 24%～27%。我国甘蔗渣主要产地在南方甘蔗土产区，包括广西、云南、广东和海南 4 省区，福建、江西、四川等地也有零星分布。其中南方蔗区甘蔗总产量达 7000 多万吨，每年产生甘蔗渣约 2000 万吨。广西的甘蔗种植面积、甘蔗和甘蔗渣产量均居全国首位，甘蔗渣年产量占全国总产量的 62%。

与玉米芯相比，甘蔗渣中的木聚糖含量相当。经过蔗糖榨汁和洗涤后，甘蔗渣中所含有的可溶性蛋白、糖类和无机盐等杂质少，更为重要的是原料更加集中，是一种理想的木糖生产原料。

二、半纤维素结构、性质及组成

木聚糖属于半纤维素类的杂多糖（非均一性多糖），广泛存在于高等植物的细胞壁中，是自然界中仅次于纤维素的第二大糖类物质，含量占植物原料干重的 20%～42%。1891 年 Schulze 等[22]从植物组织中分离并命名半纤维素（hemicellulose），1957 年 Aspinall 等[23]通过实验进一步确定了半纤维素的杂多糖属性及主要糖基组成。

（一）半纤维素结构

相比于纤维素，半纤维素的化学组成较为复杂。不同植物原料，如阔叶材、针叶材、禾本科植物和草本科植物中的半纤维素含量和结构均存在不同程度的差异。

天然半纤维素的平均聚合度为 80～200，是由多聚糖主链、糖基或糖醛酸基等支链组成的杂多糖。糖基包括五碳糖、六碳糖和糖醛酸等，如 D-木糖基、D-甘露糖基、D-葡萄糖基、D-半乳糖基、L-阿拉伯糖基、4-*O*-甲基葡萄糖醛酸基、D-半乳糖醛酸基和 D-葡萄糖醛酸基，以及少量的 L-鼠李糖基。大多数半纤维素是由 2～4 种糖基构成的。针叶材中半纤维素的组成单元主要是半乳糖、阿拉伯糖和甘露糖，阔叶材、禾本科植物和草本科植物中半纤维素的组成单元主要是木糖。同一种植物不同部位处的半纤维素组成和结构也不尽相同。

（二）半纤维素性质

与纤维素相比，半纤维素具有多支链的非结晶态结构和更低的聚合度，同时还含有甲氧基、乙酰基和羧基等，故后者更容易溶解和降解。纤维素一般被称为难水解多糖，而半纤维素称为易水解多糖。

半纤维素富含羟基以及支链分子上的活性反应基团，可进行水解、氧化、还原、酸化或酯化及交联化反应。大多数半纤维素能溶于碱液，其中分子量小和支链多的组分可直接溶于热水中。而纤维素则更加稳定，一般不溶于水和碱液。部分半纤维素在稀酸中加热至 100℃时就开始发生水解反应生成单糖，而纤维素则需要在更高浓度的酸和 160～180℃的条件下才能开始部分水解生成葡萄糖。不同植物原料的半纤维素溶解、提取及水解性能存在着品种、植物部位的差距，主要受半纤维素化学组成和结构的影响。一般情况下，葡萄糖醛酸基含量高有利于半纤维素组分的溶解与提取，分离出的半纤维素的溶解度高于天然半纤维素的溶解度。半纤维素的水解产物随着原料及反应条件的不同而变化，通过选择性的催化反应可控制半纤维素水解生成单糖用于糖平台制备，或生成功能性低聚糖用于医药、食品和动物养殖等。

（三）半纤维素组成

广义的半纤维素是指植物细胞壁中非纤维素或淀粉的其他多聚糖，但不包括果胶。根据半纤维素杂多糖化学结构的差异可分为：木聚糖类、葡甘露聚糖类、阿拉伯半乳聚糖类、木葡聚糖类

和 β-葡聚糖类，其中木聚糖类和木葡聚糖类中含有丰富的木糖基。

1. 木聚糖类

木聚糖（xylan）广泛存在于高等植物的半纤维素中，主链由 D-木糖构成，支链有 L-阿拉伯基、乙酰基和 D-葡萄糖醛酸基等。根据支链的不同，木聚糖类包括阿拉伯木聚糖、葡萄糖醛酸木聚糖、阿拉伯葡萄糖醛酸木聚糖等。葡萄糖醛酸木聚糖是阔叶木半纤维素的主要成分，主链由 D-木糖单元通过 β-1,4-糖苷键连接而成，支链由 D-葡萄糖醛酸基通过 1,2-糖苷键连接于主链木糖基的 C2 位上，糖单元上还可能连接乙酰基和甲氧基；阿拉伯木聚糖主要存在于小麦和水稻等禾本科植物中，主链由 D-木糖通过 β-1,4-糖苷键连接而成，L-阿拉伯糖基作为支链连接在主链木糖的 O2 和 O3 位；阿拉伯葡萄糖醛酸木聚糖存在于部分禾本科植物和针叶材中，主链由 D-木糖通过 β-1,4-糖苷键连接而成，L-阿拉伯糖基和 D-葡萄糖醛酸作为支链连接在木糖单元上，聚合度一般为 50～185。木聚糖类半纤维素因可用于生产高附加值的功能性低聚木糖而备受关注[24]。

2. 葡甘露聚糖类

葡甘露聚糖也称葡甘聚糖（gluconmannan）主链由 D-葡萄糖基和 D-甘露糖基以 β-1,4-糖苷键连接，支链一般为半乳糖基和乙酰基，含半乳糖的则被称为半乳葡甘聚糖。葡甘聚糖主要存在于阔叶材中，含量占干重的 2%～5%，可能含有乙酰基；半乳葡甘聚糖主要存在于针叶材中，D-半乳糖作为支链以 1,6-糖苷键与葡萄糖或甘露糖连接。受植物种类和生长阶段影响，葡甘聚糖类的化学结构也会发生变化。葡甘聚糖类半纤维素及其低聚糖也具有独特的生理活性，可用于制备医药、新资源食品和饲料添加剂等。

3. 阿拉伯半乳聚糖类

阿拉伯半乳聚糖（arabinogalactan）在落叶松中的含量可达 25%，是由 D-半乳糖和 L-阿拉伯糖通过 β-1,3-糖苷键或 β-1,6-糖苷键连接而成的一种具有高度支链结构的中性多糖，具有较好的水溶性。该糖可用于制备食品乳化剂和增稠剂，以及化妆品保湿剂、成膜剂和化工行业的稳定剂等。

4. 木葡聚糖类

木葡聚糖（xyloglucan）主链为 β-D-1,4-葡聚糖，其中 75% 的葡萄糖基 C6 位羟基连有 α-D-木糖基，部分木糖基的 C2 位羟基还连有 β-半乳糖基或 α-1,2-岩藻糖基-β-1,2-半乳糖基部分。木葡聚糖在高等植物细胞壁中可能与植物发育、代谢调控及防御机能诱导有关。

5. β-葡聚糖类

基于广义的半纤维素定义，β-葡聚糖类也可归入半纤维素。在植物界主要存在于燕麦和大麦等糊粉层和亚糊粉层细胞壁，是由 D-葡萄糖基通过 β-1,4-糖苷键和 β-1,3-糖苷键连接成的线性非淀粉多糖，分子量为 4×10^4～3×10^6，研究发现 β-葡聚糖及其低聚糖也具有特殊的营养和生理功能。

第三节　木糖和木糖醇生产

一、木糖生产

半纤维素在稀酸存在条件下加热至 100℃就开始发生水解反应生成单糖。在玉米芯、甘蔗渣及其他草类半纤维素中存在着丰富的木聚糖，适于水解制备木糖。目前的水解均采用稀酸或酶催化剂，水解方法可分为酸水解法（固体酸水解法）、微波辅助酸水解法和酶水解法，以酸水解法为主。木聚糖水解生成木糖的反应机理如下式所示。

$$(C_5H_8O_4)n + nH_2O \xrightarrow{H^+} nC_5H_{10}O_5$$

酸水解法制备木糖的主要生产工艺步骤为：植物原料（或木聚糖类半纤维素）稀酸水解→分离纯化（中和、脱色、脱盐、浓缩）→结晶→干燥与包装。

（一）半纤维素水解生成木糖

1. 酸水解法

酸水解法以稀酸溶液为催化剂，主要包括硫酸、磷酸、盐酸、硝酸、乙酸、甲酸和三氟乙酸等，在工业生产中大都选择廉价和难挥发的稀硫酸。

采用酸水解法制取木糖时，选取富含木聚糖的植物原料并粉碎至一定的颗粒度，然后加入稀硫酸充分浸渍物料，再直接通入蒸汽升温物料至100～140℃发生酸催化水解反应，维持0.5～4h（保持物料酸浓度0.5%～5.0%）。酸催化反应机理是在一定的温度下，游离的氢质子［H^+］进攻半纤维素木糖基与其他糖基间的糖苷键发生水解和断裂，进而释放出游离的木糖和糖配体。反应机理如图3-3-3所示。

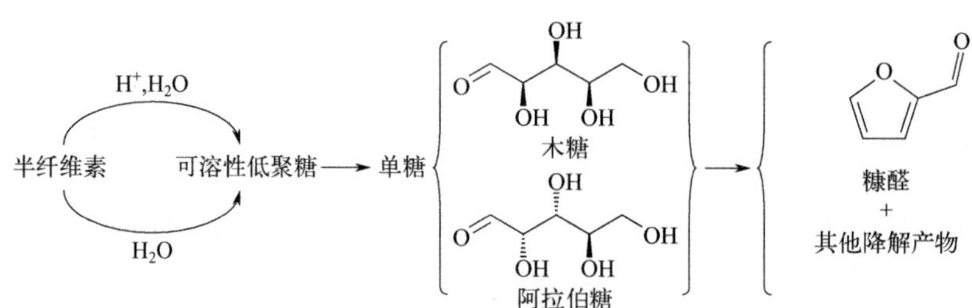

图3-3-3　半纤维素的稀酸水解反应机理

与其他的水解方法相比，酸水解法具有原料适应性强、反应速率快、木糖得率高和再现性好的优势，是普遍采用的木糖工业化生产方法，但也存在着设备制造材料的耐酸性能要求高、能耗大、无机酸回收、反应副产物多以及三废污染处理压力大等系列问题。酸水解生产木糖的产品得率及纯度的影响因素主要包括：酸种类和浓度、原料粒径、液固比、水解温度、水解时间及反应体系的传质等。酸水解法的副产物成分复杂，主要包括乙酸、甲酸、糠醛和木质素降解产物等。

采用硫酸水解麦秸制木糖的最优水解条件可选取：①0.3mol/L硫酸浓度、反应温度123℃和反应时间28min；②1mol/L硫酸浓度、反应温度100℃和反应时间3h，木糖得率可达到原料干重的18%～19%。而Eri等[25]认为用磷酸替代硫酸可生产磷酸盐肥料，因此更加环保和经济。他们以3%磷酸在160℃下水解紫狼尾草（Napiergras）15min，木糖产率达木聚糖的77.3%，且其他糖杂质少。刘仁成等[26]以0.2mol/L稀盐酸在100℃下水解椰壳6h，木糖得率可达原料干重的16%。吴真等[27]采用9∶1的甲酸和盐酸混合酸水解小麦秸秆，在65℃条件下水解0.5h可将98%的木聚糖水解成木糖。张宏喜等[28]通过正交实验提出了硫酸水解棉秆的最优工艺条件为5%硫酸、140℃水解2.5h，木糖得率达原料干重的11.6%。吴晓斌等[29]采用1.0%硝酸在150℃下水解玉米芯15min，木糖得率可超过95%。

固体酸水解法就是采用固体酸替代液态的酸催化剂，如三氯乙酸、高碘酸、二硝基苯甲酸和乙二胺四乙酸固体酸等粉末制剂。与液态酸相比，固体酸具有容易与溶解性木糖分离的潜力，但在实际水解过程中还存在着与固体颗粒原料间的传质阻碍、水解剩余固体残渣与固体酸的分离回用以及固体酸失活等一系列问题，尚未实现大规模工业化应用。

2. 微波辅助酸水解法

微波辅助是近年来备受关注的一种快速酸水解法。在微波作用下极性分子的取向随着外电场的变化而发生变化，从而引起分子的热运动和分子间的相互作用，产生了类似于摩擦的作用，从而将微波场能转化为介质的热能。与普通加热由外及里的加热方式不同，微波法消除了热传导，以从里向外的方式进行加热。当以微波法处理农林生物质原料时，原料中水分子吸收微波能，深层加热且使瞬时温度升高，致使原料结构发生断裂，从而起到快速降解作用。

Zuzana[30]采用微波辅助以高钼酸钠为催化剂水解木聚糖制备木糖时发现，采用微波照射 25s 后，木糖得率可达到 80%，但继续照射会使木糖向来苏糖发生转化。微波照射 75s 后木聚糖降解为木糖和来苏糖的比例（1.6∶1）基本达到恒定。边静等[31]用微波辅助也显著提高了稀酸水解木聚糖制取低聚木糖的单位时间产率。

传统加热模式下的稀酸水解一般需要数十分钟或数小时的水解反应，并导致更多木糖转化成来苏糖。微波辅助酸水解法兼具酸解法与微波水解法的优点，不仅能大大缩短水解时间，并显著提高了木糖的得率和减少了水解副产物的生成。

3. 酶水解法

半纤维素酶是催化半纤维素的主链和支链中的糖苷键、酯键和醚键等发生水解或裂解反应的一类酶的总称，其中木聚糖酶是专门催化木聚糖水解生成低聚糖和木糖的一类酶。

木聚糖酶广泛存在于细菌、真菌和蜗牛等中，来源不同的木聚糖酶的酶学性能存在差异。木聚糖酶主要分为 F/10 类和 G/11 类，其中 F/10 类木聚糖酶包括内切 β-1,3-木聚糖酶、内切 β-1,4-木聚糖酶等，此类木聚糖酶的分子量相对较大，水解木聚糖主要的产物为低木聚糖；G/11 类木聚糖酶的分子量相对较小，专一性更强，水解木聚糖时主要的产物为木糖。以木聚糖底物进行酶水解制备木糖时，需要上述两种酶的配合使用，如 Genencor-Danisco 公司所推出的多种木聚糖酶组分复配型 Multifect® Xylanase 商品木聚糖酶制剂。对于天然的植物原料，酶水解半纤维素制备木糖时，还必须针对半纤维素杂多糖的化学组成与结构添加脱支酶蛋白，以协助 F/10 类和 G/11 类酶蛋白的水解[32]。

影响木聚糖及此类半纤维素酶水解的主要因素包括：酶制剂的组成、原料的种类与预处理、酶用量、原料的底物浓度、反应体系 pH 值、水解温度、水解时间及反应体系传质状态等。一般木聚糖酶的最适水解温度为 50℃，另外一些高温木聚糖水解酶也受到了关注，其最适水解温度可提高至 80℃以上[33]。由于木聚糖类半纤维素化学结构的复杂性，目前对提取木聚糖的酶水解效率在 30%～70%，而天然植物原料的木聚糖酶水解效率仅为 20%～50%。

与酸水解法制取木糖相比较，酶水解法具有反应条件温和、水解程度可以调控以及产物木糖不会降解等优势，但也存在酶制剂成本高、酶水解耗时长、产物木糖浓度和得率低、酶水解体系需要无菌操作等实际生产问题，因此进一步提高酶水解效率和降低酶制剂成本是关键。

（二）木糖纯化

在木聚糖酸水解制备木糖的过程中除溶出植物色素类杂质外，会生成葡萄糖、阿拉伯糖、甘露糖、各种不同聚合度的低聚糖等非木糖组分，副产物糠醛、乙酸、甲酸以及木质素的降解产物等，同时还含有酸催化剂或中和生成的盐组分。其中多种溶解性有机物，尤其是单糖和低聚糖类杂质的理化性质与木糖相近，造成分离和提纯的困难，因此酸水解液的分离提纯是制备高品质木糖产品的必需且关键的工艺步骤之一。

1. 水解液脱色

水解液中的各种色素来源主要包括植物天然色素、含氮化合物以及在水解过程中生成的其他颜色物质。

植物天然色素根据溶解性可分为脂溶性色素和水溶性色素两大类。脂溶性色素主要为四萜类衍生物，一般易溶于乙醇、乙醚和氯仿等溶剂，常见的有叶绿素、叶黄素、胡萝卜素（难溶于乙醇）等；水溶性色素主要为酚类色素中的花色素（花青素、花色苷类）和单宁等，可溶于水或乙醇。这些色素及其在稀酸水解过程中生成的分解分子使木糖液呈红、蓝、紫等颜色。玉米芯、甘蔗渣等原料中所含天然色素主要是花色素，在稀酸水解过程中会分解和释放出非糖基（配糖体）加深了水解液的颜色。如采用稀盐酸水解花色苷会生成红色的氯化玉蜀黍素——花色素盐酸盐，属植物多酚类。在碱性条件下，花色素苯环上的羟基转化成苯醌衍生物会使之色泽由红色转变成紫色。另外，部分植物原料中还含有单宁类色素，它们本身或衍生的酚酸等分子结构会加深木糖水解液的颜色。

含氮化合物主要指植物中的蛋白质和氨基酸，它们本身就是木糖水解液颜色的主要来源，在稀酸水解及其他加工过程中会与还原物反应生成有色物质，同时超过一定浓度阈值时还会影响催化剂的活性。玉米芯含氮物的含量为0.3%～0.35%，其稀酸水解液中含氮物浓度可达0.03%。如在稀酸水解前采用加压热水浸提可溶出部分含氮物，而采用稀酸溶液浸提会进一步提高含氮物的溶出率，可以将稀酸水解液中含氮物减少至0.01%以下。研究表明，当水解液中含氮物占糖类组分的比例超过0.25%时会降低催化剂的活性。分析甘蔗原料中的氨基化合物发现其组分很复杂，一般以氨、氨基酸和酰胺形式存在，主要包括天冬酰胺、谷酰胺、天门冬氨酸、谷氨酸、酪氨酸等。在木糖液酸水解以及加热蒸发过程中，氨基酸和还原糖及其脱水产物羟甲基糠醛等之间会发生美拉德反应等生成暗色物质，如酪氨酸与还原糖之间的“黑蛋白反应”，同时赋予木糖液香味。这些暗物质在加热过程中由黄色然后转变成棕色或黑色无定形物质，即典型的拟黑色素。

除此之外，植物原料在稀酸水解、木糖液加热浓缩等后加工过程中，加热、pH变化、设备材料等均可能增加糖液的色泽，如葡萄糖和木糖等单糖组分在130℃以上的分解反应导致焦糖色等新色泽。实验显示，木糖在60～85℃和pH值超过4的条件下加热蒸发时，色泽显著加深，增加69.3%，在硫酸介质中处理，温度超过125℃就会脱水生成呈黄色和棕黄色的糠醛。设备材料中的金属元素可能会成为上述颜色反应的氧化剂、还原剂或催化剂，进一步加剧颜色物质的生成，如单宁类鞣质与金属离子反应生成褐色物质。

（1）活性炭脱色技术　活性炭是用烟煤、褐煤、果壳或木屑等多种原料经炭化和活化过程制成的黑色多孔颗粒，由微晶炭和无定形炭构成，具有发达的孔隙结构和巨大的比表面积（500～3000m^2/g），吸附性能良好。活性炭还具有丰富的表面官能团（如羧基、羰基、羟基、内酯等），对气体和溶液中的有机物、无机物以及胶体颗粒等都有很强的吸附作用和良好的化学稳定性，使它成为一种应用广泛的吸附剂和脱色剂。

一般使用粉状活性炭对木糖溶液进行脱色处理。活性炭对木糖溶液的色素脱除的原理是吸附，影响脱色效果的因素主要包括活性炭种类与用量、吸附物质类型与浓度、吸附时间、温度、溶液pH值和传质状态等。当木糖液pH值超出5.0以后活性炭的脱色效果呈下降趋势；提高活性炭用量必然会增强脱色效果，但会导致糖组分的吸附损失，一般活性炭用量控制在1.5%～5.0%的范围；温度对活性炭脱色效果的影响相对较小，可选取30～60℃进行吸附脱色；随着吸附处理时间延长色素的吸附量会趋于平衡，为了尽量减少木糖的吸附损失，吸附脱色处理时间一般选取10～30min。活性炭的产品品质对木糖溶液吸附脱色的影响较大，否则会引入新的杂质。

（2）树脂脱色技术　采用高分子合成的树脂作为脱色吸附剂被称为脱色树脂。对于包括木糖在内的食糖和葡萄糖液，脱色树脂的色素吸附效果一般低于活性炭，但通过树脂孔隙结构及表面基团的调控可以提高其吸附选择性。

树脂脱色主要用于木糖液脱色与纯化的前处理。研究表明，脱色树脂对木糖酸水解液中的天然色素，氨基酸和还原糖反应生成的类黑精，酚类和铁离子结合生成的色素，多酚和酶、空气反应生成的黑色素，鞣质与金属离子反应生成的褐色物质等都具有吸附脱除能力。吸附树脂的高效再生与回用可显著提高木糖脱色纯化生产工序的经济效益和环境效益。

2. 脱酸除盐工艺

基于稀酸水解法制备的木糖液中必然含有无机酸及中和生成的盐组分，脱除这些杂质对于后续的木糖结晶提纯以及废水处理和回用工艺十分必要。

（1）中和脱酸　中和脱酸的作用是采用工业碱中和稀酸水解液中的无机酸转化成无机盐并调节糖液pH值，主要采用过饱和氧化钙乳液中和硫酸根生成硫酸钙（石膏），包括二水石膏（$CaSO_4 \cdot 2H_2O$）和半水石膏（$2CaSO_4 \cdot H_2O$）两种形式，然后通过静置沉淀或过滤等方法从木糖液中分离出固体硫酸钙。两种石膏的溶解度受温度的影响，80℃以下温度易生成二水石膏且溶解度比半水石膏小，提高温度则二水石膏生成量小且溶解度增大。酸中和操作时，一般控制pH值在3.5左右和温度70～80℃。

中和脱酸法具有生产工艺、设备与操作简单，反应快和成本低的优点。一般控制由于硫酸钙为微溶性无机盐，在后续的木糖液蒸发过程中会在蒸发器管壁产生结垢沉积，形成隔热层，显著降低蒸发热效率和设备生产效率。化学溶液清洗法一般难以有效清除这些顽固的硫酸钙垢层，而机械法除垢的操作困难和劳动强度大，同时存在损坏设备材料和结构的风险。

（2）离子交换脱酸　离子交换脱酸主要采用离子树脂交换法或电渗析法。

离子交换树脂根据基体种类分为苯乙烯系树脂和丙烯酸系树脂两大类；根据化学活性基团种类又为阳离子树脂（与溶液中阳离子交换）和阴离子树脂（与溶液中阴离子交换）两大类，其中阳离子树脂再分为强酸性和弱酸性两类，阴离子树脂再分为强碱性和弱碱性两类。离子交换树脂的种类选择主要取决于植物原料种类、稀酸水解技术和木糖液的组成，一般采用阳离子和阴离子两种树脂的组合法，分步骤脱除木糖液中包括无机酸催化剂的阳离子和阴离子。树脂交换脱酸的设备投资较大，工艺及操作控制也较复杂，树脂再生存在着产生新废液污染的压力，因此，离子交换树脂一般不直接用于处理含有较高浓度无机酸的木糖稀酸水解液，大多用于碱中和脱酸后残余少量酸根及阳离子的深度脱除，同时起到脱色效果。

电渗析是利用电场的驱动力，通过半透膜的选择透过性来迁移和分离包括离子在内的不同带溶质粒子的技术。电渗析作为20世纪50年代发现起来的一种分离技术，具有分离效率高和操作控制简单的优势，被迅速推广应用于化工、冶金、医药溶液分离和水净化等行业，用于酸碱回收、电镀废液处理和海水淡化等。采用电渗析理论上可以实现从木糖酸水解液中分离和回收酸催化剂，但实际木糖酸水解液中同时含有多种有机酸、酚类等电解质或离子，会与硫酸根等催化剂离子在电渗析中伴随迁移和分离，同时还需要考虑设备投资、膜组件污染与更换、运行电耗等投资和生产成本问题。

（3）其他工艺　色谱分离和结晶是提高木糖产品纯度的经典技术。植物原料经过预处理、水解、中和、脱色、离子交换（或电渗析）、蒸发、木糖色谱分离、浓缩结晶，最后可制备得到高纯度的木糖晶体产品。另外，纳滤膜和反渗析膜技术应用于木糖液脱盐和脱水浓缩也受到了关注，其关键是膜组件的高投资和运行成本控制等问题。

二、木糖醇生产

木糖醇外观为结晶性白色粉末，普遍存在于水果和蔬菜中，如香蕉、葡萄、黄李子、草莓、覆盆子、生菜、胡萝卜、花椰菜、洋葱、蘑菇等中都发现了木糖醇（见表3-3-2）。天然原料中的木糖醇含量太低，人们开发了化学法或生物法来生产木糖醇。

表3-3-2　木糖醇在植物中的含量　　单位：mg/100g（干物质）

物质名称	木糖醇含量	物质名称	木糖醇含量
草莓	362	洋葱	89
黄梅	935	梅子	268
菊苣	258	南瓜	96.5
葛苣	131	韭菜	53
花椰菜	300	茴香	92
香蕉	21	菠菜	107
胡萝卜	86.5	茄子	180
蘑菇	128		

（一）木糖醇生产方法

木聚糖类半纤维素水解得到的木糖在一定条件下通过加氢还原反应可以转化生成木糖醇。目前以木糖制取木糖醇的主要方法有三种：化学催化加氢法、酶转化法、微生物发酵法。图3-3-4比较了三种技术方法的主要过程步骤及技术经济特点。

1. 化学催化加氢法

化学催化加氢法是全球普遍采用的木糖制取木糖醇的工业化生产方法，其原理是在金属催化剂的催化作用下，利用氢气还原木糖C1位的醛基生成醇羟基的过程。反应机理如图3-3-5所示。

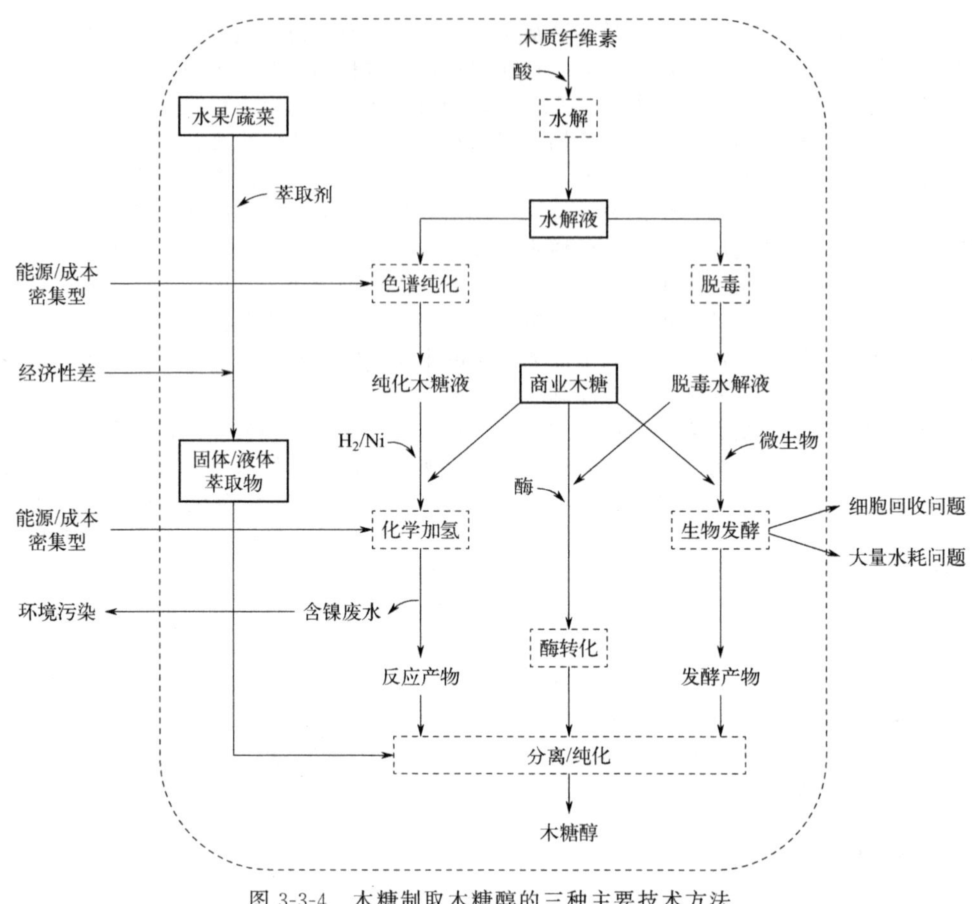

图 3-3-4　木糖制取木糖醇的三种主要技术方法

$$\underset{\text{木糖}}{C_2H_{10}O_5} + \underset{\text{氢气}}{H_2} \xrightarrow{\text{镍}} \underset{\text{木糖醇}}{C_2H_{12}O_5}$$

图 3-3-5　木糖化学催化加氢生成木糖醇的反应机理

从富含木聚糖类半纤维素的植物原料出发，经化学催化加氢法生产木糖醇需要经过四个关键工艺步骤：①植物原料水解制取木糖溶液的过程；②木糖溶液纯化、浓缩和结晶制取木糖晶体的过程；③木糖催化加氢的反应过程；④木糖醇纯化、浓缩和结晶制成成品的过程[34]，其中催化加氢是核心工艺步骤。

木糖化学催化加氢制取木糖醇的工业催化剂主要采用镍系及其合金（镍铜、镍钌、镍钴等）。木糖的催化加氢要求其纯度不低于 95%，反应条件为 115～140℃、6～10MPa 高压，木糖醇得率可超过 90%[35,36]。由于化学催化加氢法需要在高压和高温条件下进行氢气还原反应，对生产设备、厂房及操作调控的安全等级要求高。

2. 微生物发酵法

微生物发酵是当前生物转化制取木糖醇的主要生产方法。自然界存在着多种细菌、真菌能够发酵和转化木糖生成木糖醇，并且主要集中在酵母菌，如热带假丝酵母（*Candida tropicalis*）、季也蒙假丝酵母（*C. guilliermondii*）和酿酒酵母工程菌（*S. cerevisiae*）[4,5,37]。与化学催化加氢法相比，微生物发酵法对木糖液的纯度和浓度要求低，可以简化木糖液纯化、浓缩和结晶等工艺步骤，完全不需要高温和高压的加氢过程，因此具有设备投资和生产运行的成本优势以及安全性。

（1）细菌转化法　研究发现了一些能够发酵生成少量木糖醇的细菌，如液化肠杆菌（*Enterobacter liquefaciens* spp.）、棒状杆菌（*Corynebacterium* spp.）、分枝杆菌（*Mycobacterium* spp.）

和氧化葡萄糖杆菌（*Gluconobacter oxydans*）等。

Yoshitake 等[38]报道了一株发酵生成木糖醇的肠杆菌 *Enterobacter liqllejaciens* No. 533，通过 NADPH 依赖型木糖还原酶催化木糖生成木糖醇，这证明了酶催化转化木糖生成木糖醇并不局限于真菌和酵母。该菌株在 10% 木糖溶液中发酵 4d 可生成 33.3g/L 木糖醇，产率为 0.35g/(L・h)。Rangaswamy 和 Agblevor[39]对兼性细菌 3 属 17 个菌株进行了筛选，其中棒状杆菌属 B-4247 菌株产木糖醇量最高，在 75g/L 木糖液中发酵，24h 内木糖醇最高产率为 0.57g/g 木糖。Izumori 和 Tuzaki[40]利用固定化 D-木糖异构酶和分枝杆菌发酵木糖产木糖醇的产量可达 80%。Suzuki 等[41]筛选了利用阿拉伯糖醇发酵产木糖醇的 420 个菌株，发现氧化葡萄糖酸杆菌的效果最好，以 52.4g/L 阿拉伯糖醇为碳源培养 27h，木糖醇产率为 29.2g/L。总体而言，与真菌和酵母相比，细菌发酵木糖产木糖醇距离产业化尚有差距。

（2）真菌转化法　利用真菌生产木糖醇的研究较少。曲霉属（*Aspergillus* spp.）、青霉属（*Penicillium* spp.）和根霉属（*Rhizopus* spp.）等部分菌株在含木糖培养基中能够产生少量木糖醇。Ueng 和 Gong[42]从甘蔗渣半纤维素水解物的真菌发酵产物中检测出木糖醇。Suihko[43]报道了镰刀菌（*Fusarium* spp.）在 50g/L 木糖培养基中有氧培养 2d 可发酵生成 1g/L 木糖醇。Dahiya[44]报道了艾伯塔石座菌（*Petromyces albertensis*）在 100g/L 木糖培养基中发酵 10d 可生成 39.8g/L 木糖醇，木糖醇产率达 0.4g/g。

（3）酵母转化法　酵母的木糖代谢历程如图 3-3-6 所示。木糖醇作为一种代谢中间体存在于酵母菌中，由此研究人员一直坚持从酵母中选育木糖醇高效发酵菌株并发现了多个假丝酵母菌株，如 *Candida pelliculosa*、*C. boidinii*、*C. guilliermondii* 和 *C. tropicalis*，以及管囊酵母 *Pachysolen tannophilus*。15 株酵母菌株的发酵性能比较实验显示[45]，热带假丝酵母菌 *C. tropicalis* HPX2 的突变体菌株木糖醇产量最高，木糖醇产率可超过 0.90g/g 木糖；Gong 等[46]对 11 种假丝酵母 20 个菌株、8 种酵母菌 21 个菌株和裂殖酵母 8 个菌株进行对比测试，最高木糖醇发酵产量和产率分别达到理论值的 97% 和 3.2g/(L・h)。

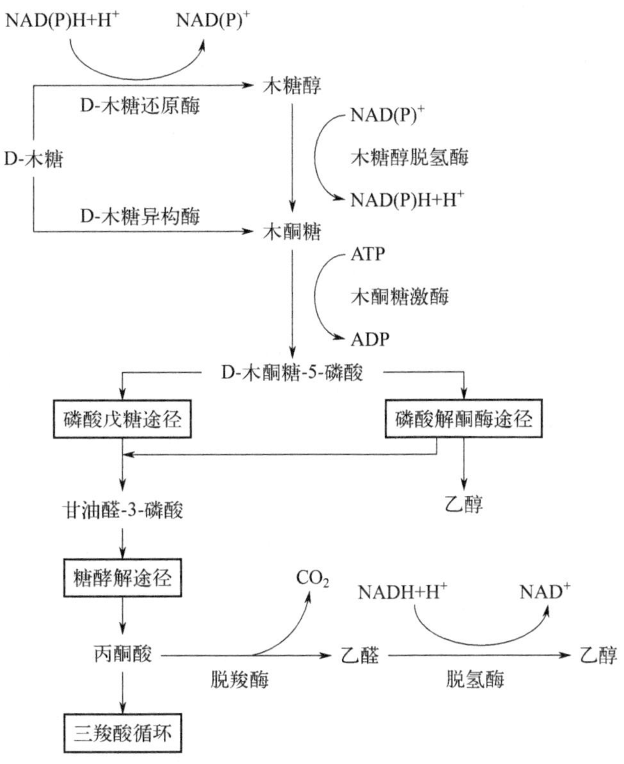

图 3-3-6　酵母的木糖代谢历程

3. 酶转化法

酶转化法是通过木糖醇脱氢酶（xylitol dehydrogenase，XDH）和木糖还原酶（xylose reductase，XR）催化木糖还原生成木糖醇。

Kitpreechavanich 等[47]通过等物质的量辅酶 NADPH 供给，XR 在 35℃和 pH 7.5 条件下催化还原 24h，90%的木糖可转化为木糖醇。Nidetzky 等[48]利用假丝酵母菌 XR 和蜡样芽孢杆菌的葡萄糖脱氢酶再生 NADH 进行耦合，在 300g/L 木糖中木糖醇的转化率和产率可分别达到 96%和 3.33g/(L·h)。由此可见，酶转化法制备木糖醇极具发展前景。

从众多菌株中已经成功分离出 XDH，尽管这些脱氢酶在酶学性质上存在差异，但是其蛋白序列和催化功能都具有相似性。这些酶属 NAD^+ 依赖型，且酶活大多数受金属离子的影响。普遍认为 XDH 属于中链脱氢酶家族（MDR），通常一个亚基由 300～400 个氨基酸组成，蛋白三级结构为两个相同亚基组成的二聚体结构，其辅酶结合区域和离子结合活性中心的氨基酸序列有较高的保守性。Rizzi 等[49]从毕赤树干酵母中也纯化得到 NAD^+-XDH 和 $NADP^+$-XDH，前者亚基分子量为 32000，在 pH 9 和 35℃时表现出最高酶活力。Phadtare 等[50]从粗糙脉孢菌中分离纯化出 XDH，也是由两个相同亚基组成的二聚体，每个亚基分子量 43600，在 pH 8.4 和 28℃条件下表现出最高酶活力。各种金属离子对酶活性的影响实验显示，Mg^{2+}、Ca^{2+} 和 Mn^{2+} 有利于酶活，而 Fe^{2+}、Cu^{2+} 和 Co^{2+} 抑制酶活。不含金属离子的酶几乎没有酶活力，添加 Mg^{2+} 可使酶活恢复。Panagiotou 等[51]从尖镰孢菌中提取和纯化出的 NAD^+-XDH，也为同型二聚体结构，每个亚基的分子量为 48000，酶活最适条件为 pH 9～10 和 45℃。添加 10mmol/L Mn^{2+} 使酶活加倍，10mmol/L Cu^{2+} 完全抑制酶活。Yang 等[52]从休哈塔假丝酵母中通过亲和纯化得到 NAD^+-XDH，也属于同型二聚体，分子量为 82000，pH 8.6 时的酶活是 pH 7.2 时的 4 倍。该酶属 NAD^+ 专一依赖型酶，以 $NADP^+$ 为辅酶时基本没有活性。

（二）木糖醇结晶技术

1. 化学法生产木糖醇结晶

关于化学法生产木糖醇结晶的研究较早。1976 年，Jaffe 等[53]申请了关于木糖醇连续结晶的专利。他们从木糖醇与木糖的混合水溶液（木糖醇 50%～70%，木糖 5%）中结晶获得纯度超过 90%的木糖醇晶体（木糖含量低于 0.1%）。具体结晶方法为：由木糖水溶液催化加氢制成含木糖醇 30%和木糖 0.3%～0.5%的混合水溶液，于 30～50℃下减压蒸发浓缩至木糖醇浓度 60%～75%和木糖含量低于 5%的浓液，再逐步冷却至 15℃以下结晶可制得木糖醇晶体，结晶母液返回至催化加氢工序。

除溶液结晶法外，木糖醇还可以通过粒化技术获得其固体产品，但是该方法难以得到高纯度的木糖醇单体。粒化方法：将木糖醇溶液带入结晶器中与木糖醇微晶相接触，鼓入热气流，湿粒子在一个循环气流中降落干燥，形成一个木糖醇微晶集聚的多孔层。附加的溶液喷到气流中悬浮的粒子上，直至粒子长成所需规格或重量从气流中带出。该技术主要用于食品等行业木糖醇产品的生产，不适合用于生产高纯度的木糖醇产品。

2. 发酵法生产木糖醇结晶

与化学法相比，发酵法生产中不可避免的两大主要问题是培养基中杂质多、木糖醇产物浓度低。由于发酵法得到的产物浓度较低，为了达到过饱和度必须进行大幅度的浓缩，但糖醇类组分在温度较高的条件下会发生美拉德反应或其他变化；微生物发酵生成木糖醇的同时可能产生木糖醇同分异构体，如阿拉伯糖醇和阿东糖醇等，这些同分异构体的性质与木糖醇相似，难以常规分离。另外，发酵液中的残糖也会不同程度地影响木糖醇结晶产率和纯度。因此，结晶前必须对木糖醇发酵液进行纯化。

木糖醇结晶的影响因素很多，如溶剂组成与性质、结晶温度、降温速度、初始木糖醇浓度、初始过饱和度值、晶种量及其颗粒大小、搅拌速率等都会直接影响晶体收率和纯度，其中初始木糖醇浓度及结晶温度是关键因素。Mussatto 等[54]用甘蔗渣半纤维素水解液发酵生产木糖醇，然后用乙酸乙酯、氯仿、二氯甲烷等有机溶剂来萃取除去发酵液中的杂质，其中乙酸乙酯除杂效果最佳，并且基本上不会造成木糖醇损失。以乙醇、丙酮和四氢呋喃分别沉淀杂质，仅四氢呋喃具有很好的除杂效果，但木糖醇损失达30%。Canilha等[55]采用A-860S和A-500PS两种阴离子树脂依次对麦草半纤维素水解液发酵木糖醇进行纯化，可溶性杂质去除率达97.5%，脱色率达99.5%。Wei等[56]采用玉米芯半纤维素水解液发酵生产木糖醇液，再以1%的M-1型活性炭对发酵液进行脱色，以732和D301两种离子交换树脂脱盐，以UBK-555（Ca^{2+}）型树脂吸附去除残糖组分，然后将木糖醇液真空浓缩至过饱和（750g/L），加入晶种并冷却至－20℃结晶48h，最终得到外形规则的四面体的木糖醇晶体，晶体得率为60.2%，木糖醇纯度达95%。

第四节　木糖和木糖醇生产工程案例

一、木糖生产典型工程

（一）木糖酸水解生产工艺

植物原料酸水解制取木糖及其净化的典型生产工艺流程见图3-3-7[57]。原料装入间歇式水解锅3，进行缓和渗滤法木聚糖类半纤维素水解（120～130℃），木糖水解液在蒸发器5中冷却，自蒸发的蒸汽在水预热器6中冷凝。在中和器8中加入石灰乳中和木糖水解液，生成石膏，再经压力过滤机11分离出木糖液。然后经蒸发器系统13～17浓缩木糖液，在浓缩中和液搅拌槽中加入焦木素净化，经压力过滤机19分离出净化木糖液，送入木糖液贮槽20，离子交换净化后进入后续工序。

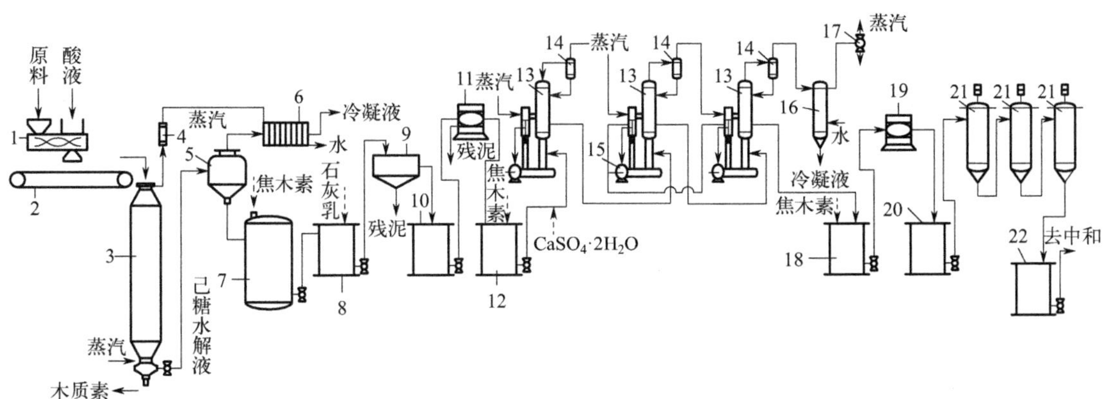

图3-3-7　酸水解法制木糖及其净化工艺流程[57]

1—混合器；2—传送带；3—水解锅；4—喷射式预热器；5—蒸发器；6—预热器；7—转化器；8—中和器；9—澄清器；10—澄清液贮槽；11，19—压力过滤机；12—搅拌贮槽；13—蒸发器；14—飞沫分离器；15—循环泵；16—冷凝器；17—蒸汽喷射泵；18—浓缩中和液搅拌槽；20—贮槽；21—离子交换器；22—木糖液贮槽

（二）玉米芯原料酸水解制备结晶木糖生产工艺

玉米芯原料酸水解制备结晶木糖生产工艺参见CN101029061[58]。

1. 工艺流程

玉米芯酸水解生产木糖工艺流程见图3-3-8[58]。

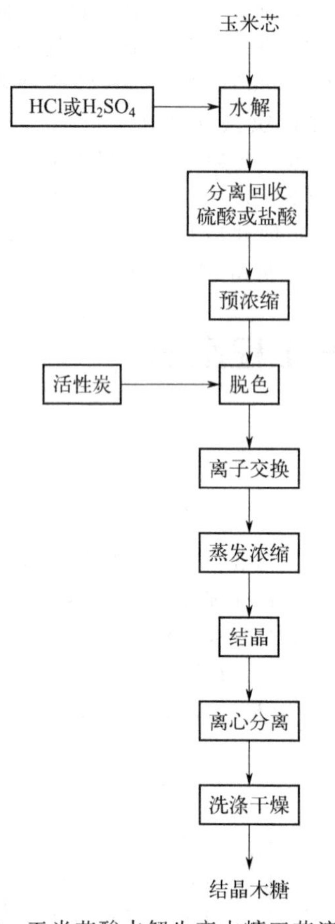

图 3-3-8　玉米芯酸水解生产木糖工艺流程[58]

2. 工艺说明

① 将玉米芯用浓度 1.5%～3.0%的硫酸或盐酸于 105～125℃沸腾水解 2.5～5h，获得木糖水解液，木糖水解液浓度为 6%～10%。

② 用模拟移动床分离回收玉米芯水解液中的硫酸或盐酸，分离收率≥90%，分离后糖液 pH 值 4.0～6.5，然后用三效蒸发器预浓缩至浓度 25%～30%，得浓缩液Ⅰ。

③ 向上述浓缩液Ⅰ中加入活性炭脱色，得脱色后糖液。

④ 将脱色后糖液通过阴阳离子交换树脂实施连续离子交换，得精制糖液。

⑤ 将上述精制糖液用三效蒸发器浓缩至浓度 75%～80%，木糖纯度为 65%～85%，得精制浓缩糖液。

⑥ 将上述精制浓缩糖液温度由 55～65℃以 1～1.5℃/h 的速率降温至 45～52℃，以相对于溶液中木糖质量 0.5%～1.5%的比例添加纯木糖晶种，然后以 0.3～0.5℃/h 的速率降温至 40～42℃，再以 0.5～1.5℃/h 速率快速降温到 25～30℃，整个结晶周期为 36～60h，然后经离心分离、晶体洗涤、干燥得到结晶木糖。

3. 操作实例

① 用 2.0%硫酸充分浸渍玉米芯，升温至 116℃水解 3h 制得木糖液（浓度为 8.3%），总还原糖溶出率 60.3%，木糖纯度 68.3%。

② 用模拟移动床分离水解液中的硫酸（分离收率 93.0%），分离后木糖液 pH 值 4.9，然后用三效蒸发器预浓缩至浓度 26.1%，木糖纯度 68.3%。

③ 在 78℃下，加入相当于糖液中木糖质量 5.0%的活性炭脱色 30min。

④ 通过阳离子交换树脂、阴离子交换树脂进行连续纯化木糖操作，至木糖液电导率低于 8.7μS/cm。

⑤ 采用三效蒸发器将木糖液浓缩至 75.3%，木糖纯度 83%，进入结晶工序。

⑥ 将木糖液温度由 55～65℃以 1.5℃/h 的速率降温至 45～52℃，加入相当于糖液中木糖质量 1.0%的纯木糖晶种，以 0.4℃/h 的速率缓慢降温至 40～42℃，然后以 0.5℃/h 速率降温至 30℃，最后以 1.5℃/h 速率降温至 25℃进行木糖结晶。离心分离、晶体洗涤和干燥制得结晶木糖，木糖纯度 92.9%（水分 4.8%）。

（三）酸水解釜

酸水解釜参见 CN210646321U[59]。

1. 结构示意图

稀盐酸水解釜见图 3-3-9[59]。

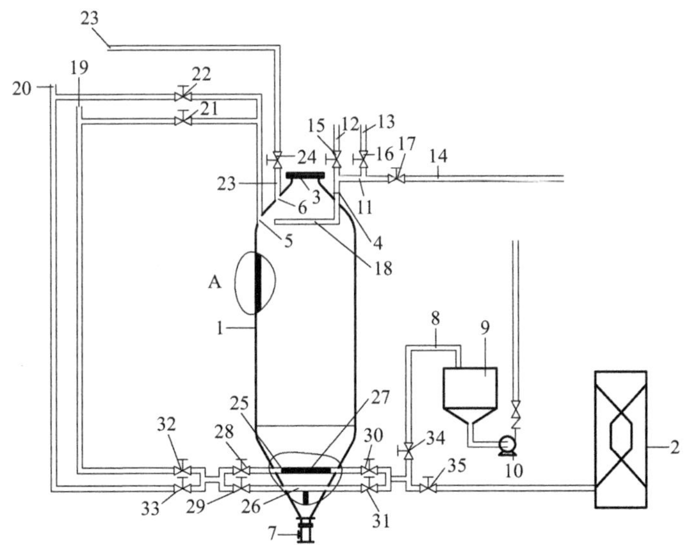

图 3-3-9　稀盐酸水解釜[59]

1—水解釜本体；2—换热器；3—固体进料口；4—液体进料口；5—气体进料口；6—气体排空口；7—卸料阀；8—排液管；9—集液罐；10—耐腐蚀泵；11—进液管；12—酸液管；13—水洗管；14—外循环管；15—酸液阀；16—水洗阀；17—外循环阀；18—布液器；19—压缩空气管路；20—高温蒸汽管路；21—第一压缩空气阀；22—第一高温蒸汽阀；23—气体排空管；24—排空阀；25—上汽液传输管；26—下汽液传输管；27—开孔；28—上进气控制阀；29—下进气控制阀；30—上排液控制阀；31—下排液控制阀；32—第二压缩空气阀；33—第二高温蒸汽阀；34—排液阀；35—换热阀

2. 设备说明

水解釜用于以稀盐酸为催化剂生产木糖酸水解反应装置，包括水解釜本体、外循环系统、换热器及各种管路和阀门。水解釜本体的顶部分别设有固体进料口、液体进料口、气体进料口及气体排空口；水解釜本体的下部呈漏斗状，底部设有泄料阀。外循环系统包括排液管、集液罐和耐腐蚀泵，排液管与集液罐的上端相连通，集液罐的底部出口与耐腐蚀泵的入口相连通。通过汽液传输管和外循环系统的使用，强化了水解釜本体内的水解原料、蒸汽与酸液的有效传质和混合效果，促进酸水解反应更加均匀，进而提高反应效率和均一度，并减少副反应发生。

3. 操作实例

（1）上料　经固体进料口 3 向水解釜内加入适当体积的固体物料，后关闭顶部端盖；开启排空阀 24，开启酸液阀 15，经酸液管 12 和进液管 11 加入适当体积的稀盐酸溶液，稀盐酸溶液经布液器 18 后均匀下落，与固体物料充分接触。

（2）排空升温　关闭排空阀 24、酸液阀 15，开启水解釜本体左侧的上进气控制阀 28、下进气控制阀 29 和第二高温蒸汽阀 33 进行蒸汽加热升温，升温至指定温度后关闭上进气控制阀 28，开启排空阀 24，排尽系统内的空气，然后关闭排空阀、下进气控制阀和第二高温蒸汽阀。

（3）保温　开启水解釜本体右侧的上排液控制阀 30、下排液控制阀 31、排液阀 34 和外循环阀 17；水解液经排液管 8 进入集液罐 9，经耐腐蚀泵 10 将水解液自水解釜的底部抽出后经外循环系统提升至顶部布液器完成循环。

（4）排液　水解反应完成后，开启顶部的第一压缩空气阀 21，开启水解釜本体右侧的上排液控制阀和下排液控制阀，水解液经换热阀 35 进入换热器 2 换热，降温至指定温度后排出至下游工序，余热回收系统的冷介质为后续反应所需的稀盐酸溶液。

（5）洗料　开启水洗阀 16，将指定体积的渣浆工序滤液透过水洗管 13 泵入水解釜；关闭水洗阀，开启水解釜本体左侧的上进气控制阀 28 和下进气控制阀 29、第二压缩空气阀和顶部排空阀，搅拌均匀后，关闭所有阀门。

（6）排渣工序　打开顶部的第一压缩空气阀 21，水解釜升压至指定压力，开启底部的卸料阀 7，排渣至固液分离工序。

二、木糖醇生产典型工程

（一）木糖加氢制备木糖醇生产工艺

木糖加氢和木糖醇溶液净化的工艺流程见图 3-3-10[57]。

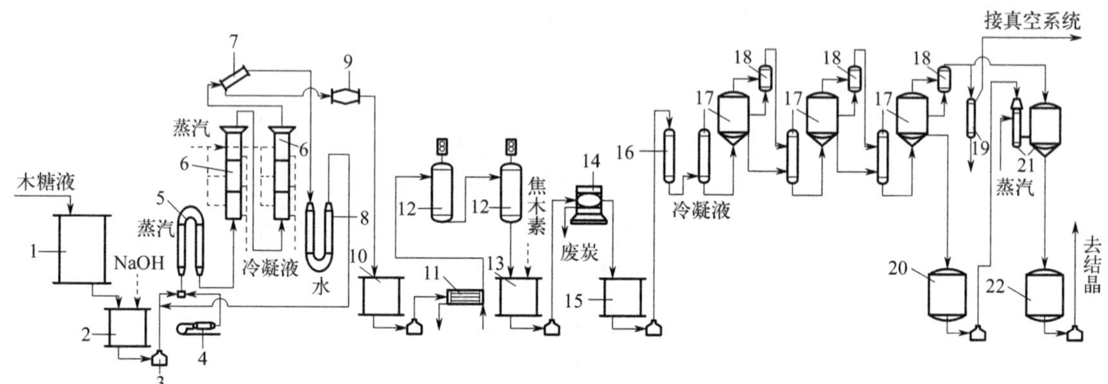

图 3-3-10　木糖加氢和木糖醇溶液净化的工艺流程[57]

1—木糖液贮槽；2—搅拌贮槽；3-缓冲容器；4—压缩机；5，16—预热器；6—反应器；7—高压分离器；8，11—冷却器；9—低压分离器；10—贮槽；12—离子交换柱；13—澄清液贮槽；14—压力过滤机；15—搅拌贮槽；16～19—减压蒸发浓缩系统；20，22—木糖醇浆贮槽；21—降膜式蒸发器

我国镍基催化剂催化加氢生产木糖醇主要有两种方式：一种是粉末状催化剂与木糖液混合，使催化剂在加氢装置中处于悬浮状态加氢反应；另一种是使用块状催化剂并固定在反应器中，木糖溶液通过时完成催化加氢反应，由于这种催化剂可连续使用且操作简便，成为主要的生产操作方式。

典型生产操作工艺[57]：净化木糖液从贮槽 1 送至搅拌贮槽 2，以 2%NaOH 溶液进行碱化至 pH 8～9，在缓冲容器 3 中糖液与氢气混合，采用压缩机 4 压入 10～12MPa 氢气，在预热器 5 中加热反应液到反应温度并送至加氢催化反应器 6（间接蒸汽夹套加热）。控制液相加氢温度 115～120℃完成加氢反应，然后将物料转入高压分离器 7 中分离出氢气，在冷却器 8 中冷却并回用。

每吨木糖醇产品生产的氢气耗量为 350～400m^3，催化剂耗量为 24kg/t。氢化后木糖醇溶液含 9%～12%的干物质，其中灰分占 1.5%；多元醇杂质占干物质的 10%。木糖醇纯度 89.5%～94%。木糖酸等酸性杂质使木糖醇溶液 pH 值降至 4～6。

木糖醇液经低压分离器 9 送至贮槽 10 及离子交换柱 12 进行净化，以脱除无机盐及有机酸杂质。离子交换器组循环时间为 18h，离子交换及再生时间为 4h。焦木素在澄清液贮槽 13 中进行吸附净化，焦木素的耗量为干物质含量的 2%。

净化脱色后木糖醇溶液含干物质 5.2%，输送至减压蒸发浓缩系统 16～19 浓缩至 45%～65%，再蒸发至干物质 92%（多元醇总纯度 90%～95%）。三效蒸发器的操作条件分别为：第Ⅰ效 108℃，0.13MPa；第Ⅱ效 90℃，0.065MPa；第Ⅲ效 64℃，0.016MPa。可采用降膜式蒸发器 21 进行补充浓缩，操作条件为：沸点 92℃，二次蒸汽 55℃，0.016MPa。

木糖醇的结晶和干燥生产工艺流程见图 3-3-11[57]。在结晶槽 1 中缓慢冷却木糖醇糖浆降至 40～45℃以形成过饱和溶液，并进行结晶。结晶槽采用夹套冷却，并进行搅拌，以保障结晶槽内均匀冷却，结晶时间 24h 左右。控制结晶体系冷却速度为 0.5～1.0℃/h 有利于结晶过程。当结晶槽内温度为 55～58℃时，按 0.2%～0.3%加入木糖醇晶种。

结晶过程形成的醇膏为木糖醇晶体高黏度悬浮物。为了降低醇膏黏度，通常将废醇膏计量槽 2 中的废醇浆加入结晶槽，并在 40℃下离心分离晶体和母液。

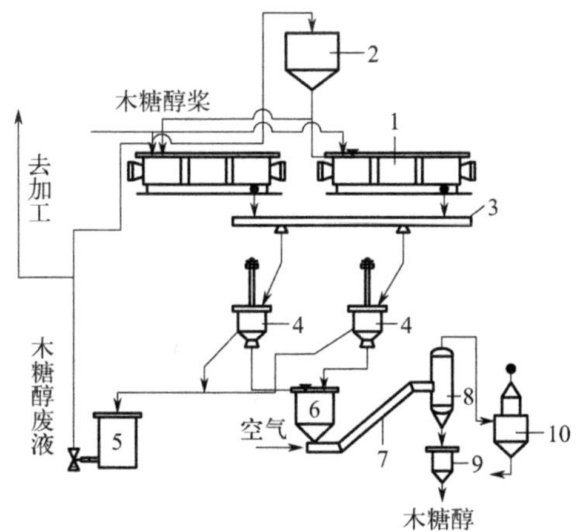

图 3-3-11　木糖醇的结晶和干燥生产工艺流程[57]

1—结晶槽；2—废醇膏计量槽；3—醇膏分配器；4—离心机；5—废醇膏贮槽；6—结晶木糖醇贮斗；7—气流干燥器；8—旋风分离器；9—商品木糖醇贮斗室；10—集尘室

分离出的木糖醇晶体湿度为 2%～4%，采用气流式或滚筒式干燥机，以 60℃的空气为干燥介质干燥木糖醇晶体至湿度低于 1.5%，即制得木糖醇产品。

木糖醇一次结晶得率约为木糖醇浆干物质的 50%。废醇液浓缩后进行二次结晶：先把废醇液浓缩至干物质 89%～92%，再降温至 35℃结晶 40～50h。在温度降至 45～50℃时加入占废醇液量 0.3%～0.4%的晶种。

（二）甘蔗渣原料生产木糖醇

甘蔗渣原料生产木糖醇参见 CN1805969A[60]。

1. 工艺流程

甘蔗渣原料生产木糖醇晶体的工艺流程见图 3-3-12。

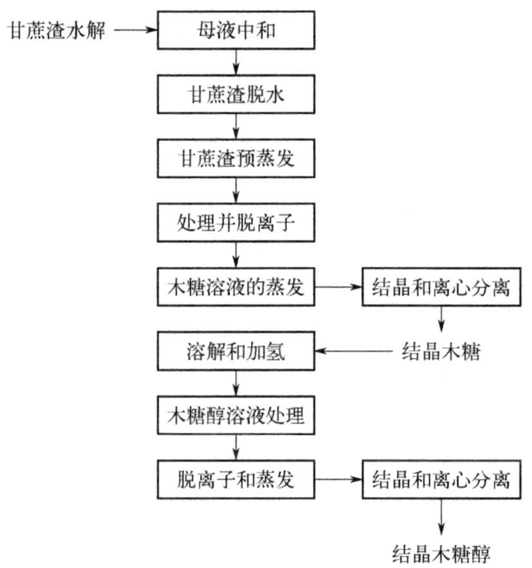

图 3-3-12　甘蔗渣原料生产木糖醇晶体的工艺流程[60]

2. 工艺说明

由甘蔗渣原料生产结晶木糖醇主要包括六个工艺步骤：①甘蔗渣酸水解制取木糖溶液；②木糖溶液纯化；③通过糖溶液冷却结晶制取木糖晶体（木糖含量高于 99.0%）；④木糖晶体加氢反应转化成木糖醇；⑤木糖醇溶液的处理和蒸发浓缩；⑥木糖醇溶液冷却结晶（木糖醇含量不低于 99.5%）。

3. 操作实例

（1）酸水解　磨碎甘蔗渣（95%的颗粒尺寸小于 3mm），以 80℃热水按 1：(5～10) 洗涤甘蔗渣粉后脱水。然后将粉料装进水解釜，加入 98%硫酸液和水搅拌至物料 pH 1.0～2.0、固体质量分数 10%～20%，加热物料至 120～150℃反应 2h 后得水解液（固体质量浓度 2%～6%，木糖纯度 60%～75%）。

（2）木糖液纯化　采用 5%～10%氢氧化钙悬浮液中和水解液至 pH 6.0～7.0，加入氯化铁和阴离子电解质处理后分离固体残渣制得木糖液，在 700mmHg（1mmHg＝133.322Pa）左右真空下蒸发浓缩木糖液至固体质量分数 10%～20%（木糖纯度 60%～75%）。在 70～80℃温度下，按 10g/100mL 比例加入活性炭净化 60min，再用阳离子、阴离子和混合树脂床连续操作纯化木糖液至电阻率不低于 300000Ω·cm。

（3）木糖结晶　在 700mmHg 左右真空条件下继续蒸发浓缩木糖液至固形物质量分数 75%～85%（木糖纯度 65%～85%），进行木糖结晶操作。木糖结晶按四个阶段进行：以 1～2.5℃/h 降温速率将木糖液从 55～65℃降至 45～52℃；在 30～60min 内，按相对于溶液中木糖质量 0.8%～1.2%加入 20～40μm 颗粒分布均匀的纯木糖晶体作为晶种；控制 0.2～0.6℃/h 的热梯度，将糖液温度由 45～52℃降至 40～42℃；再以 0.5～1.5℃/h 的热梯度快速降温至稳定的 25～30℃完成木糖结晶，结晶操作周期控制在 36～60h。离心分离和洗涤制得木糖晶体，采用 100℃干空气直接接触干燥至固体木糖水分含量 0.5%。

（4）木糖加氢转化生成木糖醇　将结晶木糖溶于去离子水中制成 54%～56%的木糖液，调节 pH 值至 4.5～5.5。采用雷尼镍（Raney Nickel）催化剂，在压力 4MPa、温度 145～155℃下进行木糖加氢反应，加氢时间 80～90min，直至木糖转化生成木糖醇的得率达到 98%～99%，制得木糖醇溶液。

（5）木糖醇纯化　过滤除去木糖醇溶液中的催化剂微粒，并在 65～75℃的温度下通过粒状活性炭净化塔，将糖液温度降低至 43～47℃，通过阳离子、阴离子和混合树脂床脱除离子杂质至电阻率 800000～1000000Ω·cm。在 700mmHg 的真空下蒸发浓缩至固形物质量浓度 70%～75%，保持木糖醇纯度 96%～98%。

（6）木糖醇结晶　控制木糖醇溶液 48～52℃，在 1.0～2.0℃/h 的传热速率下，降温结晶。以相对于溶液中木糖醇质量 1.0%～1.5%加入 20～40μm 颗粒分布均匀的纯木糖醇晶种，并保持 30～60min。以 0.7～1.0℃/h 的热梯度使结晶糖液的温度从 48～52℃缓慢降低至 35～40℃。再以 1.5～2.0℃/h 的传热速率使温度快速降低并稳定在 19～23℃，直至完成木糖醇结晶，操作周期控制在 30～50h。离心分离并洗涤木糖醇晶体，在 90℃的温度下以干空气直接接触干燥，至木糖醇含水率降低到 0.1%制得木糖醇产品。

（三）木糖加氢反应釜搅拌装置

木糖加氢反应釜搅拌装置参见 CN208786383U[61]。

1. 结构示意图

木糖加氢反应釜搅拌装置结构见图 3-3-13。

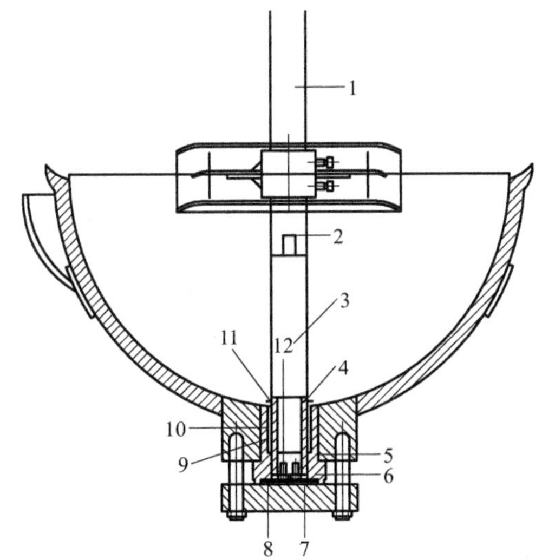

图 3-3-13　木糖加氢反应釜搅拌装置结构

1—主搅拌轴；2—螺纹；3—轴头；4—轴头耐磨套；5—防摆柱；6—轴头防摆座；7—固定装置；8—底座；9—防摆座耐磨套；10—第二固定装置；11—凸缘；12—顶丝孔

2. 设备说明

加氢反应釜是木糖加氢反应制取木糖醇的关键生产设备。加氢反应釜搅拌轴带有下轴套，它们之间的磨损会导致反应釜振动和生产安全隐患，需要定期维修，而常规设备的维修需要拉出搅拌轴维修和更换下轴套，维修操作困难、周期长和工作量大。本反应釜搅拌装置包括主搅拌轴和轴头，主搅拌轴与轴头为拆卸式连接，轴头外设置有固定式轴头耐磨套。此装置可有效减少轴头更换频次，并且更换时卸载方便快捷。

第五节　分析检测方法和标准

一、木糖分析检测方法

（一）还原法

根据木糖还原糖的特性，采用费林试剂法和 DNS（3,5-二硝基水杨酸）法来测定木糖，为单糖类分析的常规化学方法。

费林试剂法的原理是费林溶液混合后生成蓝色氢氧化铜沉淀，该沉淀又与酒石酸钾生成深蓝色的络合物，络合物可被木糖还原成红色的氧化亚铜沉淀，利用这种氧化还原反应即可测定出木糖的含量。但在沸腾条件下，当木糖含量低于 0.3%时费林试剂法测定木糖难以判断终点。

DNS（3,5-二硝基水杨酸）法也是依据木糖的还原性来测定木糖，因其操作简便、快捷而被广泛采用。在利用 DNS 法测定木糖的含量时，使用的测定波长没有统一的标准，王文玲等[62] 针对检测的灵敏度、精确度和稳定性等指标，比较了测定波长对木糖含量测定的影响，木糖与 DNS 试剂反应液在紫外-可见吸收光谱测定木糖含量时，选择 480nm 为测定波长的灵敏度和精确度最高，木糖浓度在 150～600μg/mL 范围内可保持良好的线性关系（$r=0.99997$）；在 500～560nm 波长范围内测定的灵敏度低，并且易受生物样品中所含其他糖组分的干扰。

无论是费林试剂法还是 DNS 法，不适于含有其他颜色或还原性物质（尤其是糖类杂质）的样品检测，这些杂质可能会与显色试剂发生和木糖类似的显色反应，因此会影响木糖分析检测结果的准确性。

（二）色谱法

色谱法的原理是利用不同物质在不同相态的选择性分配差异，以流动相对固定相中的混合物进行洗脱与分离，最后由检测器检测出物质组分的存在和浓度。与化学法相比，色谱法对木糖与其他糖组分的分离效率和检测灵敏度均极显著提高，适用于木糖的精准分析与检测。常用的色谱法包括气相色谱法、高效液相色谱法和高效阴离子交换色谱法。

1. 气相色谱法

气相色谱法（gas chromatography，GC）是利用气体作流动相的色谱分离分析方法。根据固定相的不同分气固色谱和气液色谱；根据色谱分离原理又分为吸附色谱和分配色谱。一般气固色谱属于吸附色谱，气液色谱属于分配色谱。气相色谱法具有分离效能高、测定速度快、灵敏度高等特点，可对各种易挥发的有机物进行直接分析。对于木糖等挥发性或热稳定性较低的高沸点物质，需要通过硅烷化法和乙酰化法制成相应的低沸点衍生物，然后进行 GC 分析才能得到较好的分离与检测效果。常用的 GC 检测器包括火焰电离检测器（FID）、热导检测器（TCD）和电子捕获检测器（ECD）等，还可与红外光谱仪或质谱仪进行联用。GC 分析与检测准确性的关键在于改进化学修饰及柱后检测法。由于 GC 法对样品的衍生化处理过程比较烦琐和操作费时，在木糖的分析检测中实际使用较少，逐渐被高效液相色谱法和高效阴离子色谱法所代替。

李波等[63]采用硅烷衍生化法，在 GC 上检测了含木糖的 13 种糖和醇等混合物，结果见图 3-3-14。色谱条件为：氢火焰检测器，EC-1 毛细管柱（30m×0.25mm），温度 140～250℃（升温速率 8℃/min），进样量 1μL，分流比 20∶1。

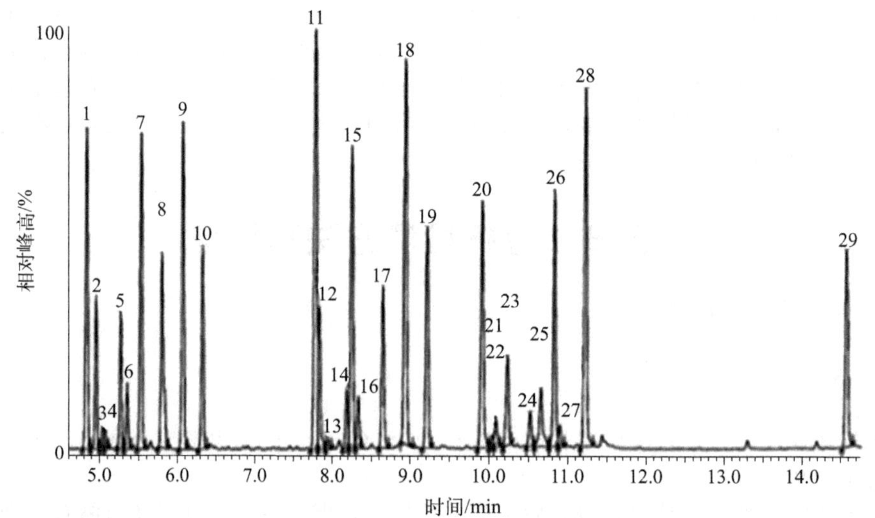

图 3-3-14 GC 法检测含木糖混合物结果[63]

1，2—阿拉伯糖；3，4—鼠李糖；5～8—岩藻糖；9，10—木糖；11，13，14—甘露糖；12，15～17—半乳糖；18，19—半乳糖；20—甘露醇；21，24—葡萄糖；22，25，28—*N*-乙酰葡萄糖；23，26，27—*N*-乙酰半乳糖；29—*N*-乙酰唾液酸

2. 高效液相色谱法

液相色谱是以液体为流动相的色谱分离方法。根据固定相的不同分为纸色谱、薄板色谱和柱液相色谱；根据分离机理又分为四种类型：吸附色谱、凝胶色谱、分配色谱和离子色谱。目前在木糖分析与检测中使用最多的是高效液相色谱和高效液相离子交换色谱。

高效液相色谱法（high performance liquid chromatograpy，HPLC）又称高压液相色谱法，使用封闭式色谱柱和高压输液泵，集分离与定性定量检测于一体，可排除共存物的干扰，并能同时在同一柱上进行数百次的进样操作，因而分析快速、处理方便、灵敏度高，是一种较理想的分析方法。只要被分析物质在流动相溶剂中具有溶解性便可以进行分析检测，因此对样品前处理的要求低和适用性强。

通过色谱柱和色谱分离条件的选择，HPLC可以有效分离和检测木质纤维素水解液中的多种糖组分，如葡萄糖、甘露糖、半乳糖、木糖和阿拉伯糖等，色谱柱和流动相是影响木糖HPLC分析与检测效果的重要因素，适用于木糖的色谱柱如Bio-Rad的HPX-87H和HPX-87P等，流动相如5mmol/L硫酸溶液或乙腈溶液等，检测器如示差折光（RI）检测器和紫外（UV）检测器等。针对RI检测器灵敏度较低的不足，Cheng提出了高效液相色谱与固定化酶反应器组合测定木质纤维素水解液的方法。

南京林业大学采用HPLC同步分析包括木糖在内的6种糖及其他组分的混合物，结果见图3-3-15。色谱条件为：Bio-Radminex HPX-87H（300mm×7.8mm）色谱柱，示差折光（RI）检测器，柱温55℃，流动相5mmol/L H_2SO_4，流速0.6mL/min，进样量10μL。

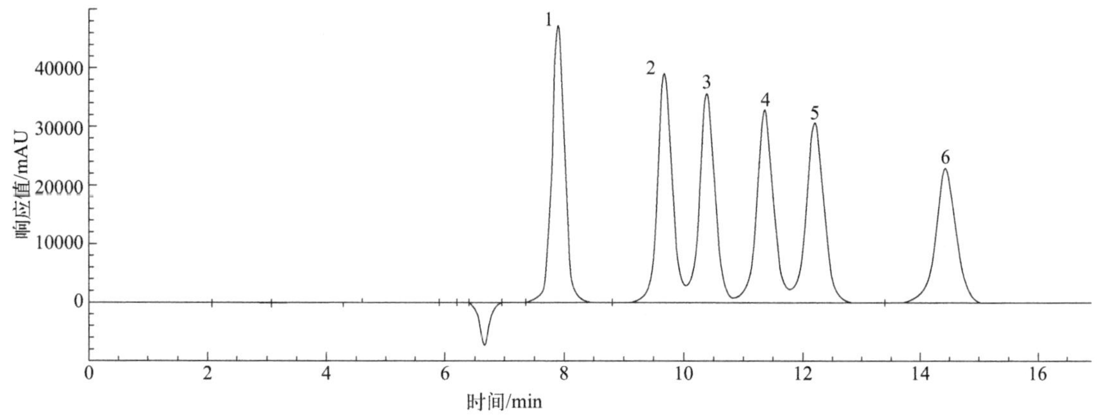

图3-3-15 HPLC法检测含木糖混合物结果

1—纤维二糖；2—葡萄糖；3—木糖；4—阿拉伯糖；5—木糖醇；6—甘油

3. 高效阴离子交换色谱法

高效阴离子交换色谱法（high performance anion-exchange chromatography，HPAEC）是一种改进的高效液相色谱技术，利用强碱性环境促进糖类等分子产生一定程度的解离，再基于离子交换色谱的原理进行更加高效的组分分离与检测，与常规的HPLC相比，HPAEC显著提高了对结构和物化性质相似糖组分的分离与检测效率。采用HPAEC分析和检测木糖时，可选用如CarbonPac PA10、CarbonPac PA200等色谱柱。由于糖氧化产物会对电极产生不可逆的污染，直流安培检测器不适用于糖组分检测，而脉冲式安培检测器（PAD）解决了这一问题，并具有非常高的灵敏度。

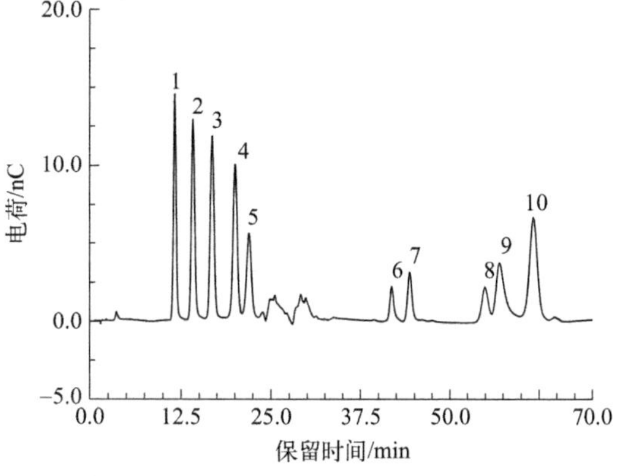

图3-3-16 HAPEC-PAD法检测含木糖混合物结果

1—阿拉伯糖；2—半乳糖；3—葡萄糖；4—木糖；5—甘露糖；6—木糖酸；7—阿拉伯糖酸；8—半乳糖酸；9—葡萄糖酸；10—甘露糖酸

Wang等[64]利用HPAEC-PAD建立了木质纤维素水解液的检测方法，实现了包括木糖在内10种糖和糖酸混合物的同步高效分离与定量检测，结果见图3-3-16。色谱方法：Dionex ICS-3000色谱仪，CarboPac™PA10（250mm×3mm）色谱柱，柱温30℃，进样量20μL，流动相A（高纯水），流动相B（100mmol/L NaOH），流动相洗脱速度0.25mL/min（0～

20min，94%流动相 A+6%流动相 B；20.1～65min，30%流动相 A+70%流动相 B；65.1～80min，94%流动相 A+6%流动相 B），PAD 检测方式（四电位脉冲安培检测法，E_1：+0.1V 运行 400ms，E_2：−2.0V 运行 1ms，E_3：+0.6V 运行 1ms，E_4：−0.1V 运行 6ms）。

二、木糖醇分析检测方法

1. 气相色谱法

与木糖相同，由于木糖醇为非挥发性多元醇，必须经过衍生化后才能进行 GC 检测。常用三甲基硅烷化（TMS）和乙酰化对木糖醇进行衍生化。采用气相色谱与质谱联用（GC-MS）技术可以显著提高对木糖醇分析与检测的准确性和灵敏度，尤其是对于精准确定木糖醇组分及结构具有重要作用。

张铁华等[65]采用醋酸酐衍生化糖醇等方法，利用 GC 检测了包括木糖醇和其他 5 种糖醇的氯化钠注射液，结果见图 3-3-17。色谱条件为：FID 检测器（250℃），DB-1701 毛细管柱（30m×0.32mm×0.2μm），温度 170℃/5min～210℃（升温速率 3℃/min）～240℃/10min，N_2 载气，进样量 1μL，分流比 5∶1。

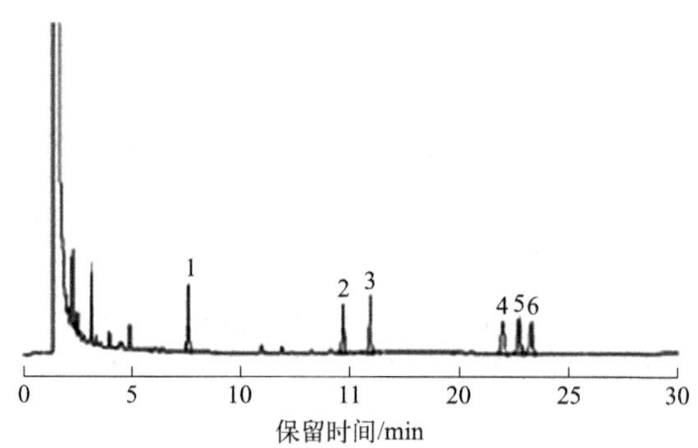

图 3-3-17 GC 法测定含木糖醇氯化钠注射液结果

1—赤藻糖醇；2—L-阿拉伯糖醇；3—木糖醇；4—半乳糖醇；5—甘露糖；6—山梨醇

2. 高效液相色谱法

适用于木糖醇等糖醇 HPLC 检测的色谱柱可选用氨基碳水化合物柱、HPX-87H 有机酸柱和 TSK 酰胺柱等。由于糖醇缺乏紫外和荧光检测所需要的显色性和荧光性基团，一般可选用折光示差（RI）检测器和蒸发光散射（ELS）检测器等。

针对 RI 检测器灵敏度不足，有学者提出木糖醇柱前衍生化的检测方法。Katayama[66]在测定血清中包括木糖醇的糖和糖醇组分时，在缩合剂 1-异丙基-3-(3-二甲基氨基丙基）碳二亚胺高氯酸盐（IDC)和 4-哌啶基吡啶存在的条件下，于 80℃用苯甲酸衍生样品 60min，使木糖生成苯甲酰酯，经 HPLC 的 TSK 酰胺柱分离和荧光检测(275nm/315nm)，将木糖醇检测限提高至 10ng/mL。同样通过柱前衍生化将木糖醇转化为硝基苯甲酰酯，可用于苯基柱和 UV 检测（260nm）。

韦升坚[67]采用高效液相色谱-蒸发光散射法（HPLC-ELS）检测无糖饮料中的 7 种糖类组分，结果见图 3-3-18。色谱条件为：Alltech LSD 3300 检测器（250℃），ES 5U 色谱柱（74.6mm×250mm×5μm），流动相 A（乙腈），流动相 B（0.04%氨水溶液），进样量 10μL。

3. 液相色谱-质谱联用法和液相色谱-核磁联用法

液相色谱联用质谱（LC-MS）或液相色谱联用质子核磁共振光谱（LC-NMR）实际上就是利用液相色谱对目标物质的分离功能，联合 MS 或 NMR 对物质的分子检测和结构分析功能。

与气相色谱-质谱联用（GC-MS）相比，LC-MS 无需样品衍生化，可简化样品预处理。采用

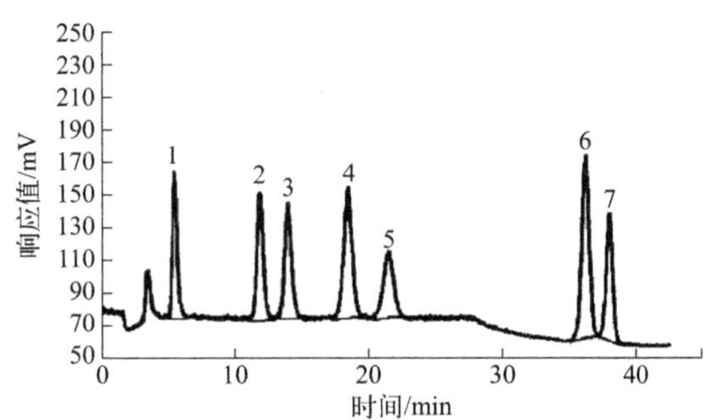

图 3-3-18　HPLC-ELS 测定含木糖醇混合物结果[67]

1—三氯蔗糖；2—木糖醇；3—果糖；4—甘露糖醇；5—葡萄糖；6—乳果糖；7—蔗糖

基于电喷雾离子检测器（ESI）的 LC-MS 法成功测定了大气气溶胶中 D-木糖醇及其他糖醇的含量。由于糖醇和糖分子结构中缺乏高酸性官能团，如果没有衍生化作用，糖和糖醇在 ESI 或常压化学电离（APCI）条件下电离无效，需要辅助处理。

质子核磁共振光谱（NMR）方法可以提供更加丰富的原子连接性以及未知分子立体化学结构等信息，已成为快速和全面表征复杂混合物的常规工具，然而由于存在信号重叠现象，单一的 NMR 难以有效检测混合物样品。在核磁共振测量之前连接高效液相色谱（HPLC-NMR），可以实现化合物的高效分离和分析，在线集成检测效果。利用 HPLC-NMR 分析和检测人体羊水代谢物成功鉴定出包括 D-木糖醇在内的 30 种化合物。

4. 毛细管电泳

毛细管电泳（capillary electrophoresis，CE）是基于弹性石英毛细管分离通道以高压直流电场驱动的新型液相分离技术，是电流与色谱融合的新型分离技术。CE 对物质的分离基于目标组分在毛细管及电场力作用下的淌度和分配行为的差异，将被检样品量由微升减少至纳升水平，并且可用于单个细胞或分子的分析，十分适用于复杂混合物的精确分离与检测。

由于多元糖醇既不带电荷又没有强的紫外显色团，因此需衍生化才能进行毛细管电泳分离及间接紫外检测。在碱性条件较差的条件下，用毛细管电泳 CE 法分析多元醇时，可采用硼酸原位衍生法。硼酸［$B(OH)_3$］与二醇迅速反应形成硼酸二酯络合物 $(RO)_2BOH$。络合物硼原子上剩余的羟基易于电离，使硼酸络合物能够电泳迁移。刘亚攀等[68]通过此方法对包括木糖醇在内的 7 种糖醇、糖进行了分析，结果见图 3-3-19。检测方法：北京华利民仪器公司 CL1020 高效毛细管电泳仪，石英毛细管（87cm×75μm），电泳缓冲液 100mmol/L 硼砂［0.05mmol/L 十六烷基三甲基溴化铵（CTAB）］，分离电压－5kV，分离温度 25℃，重力进样高度 20cm，进样时间 10s，UV 检测波长 195nm。

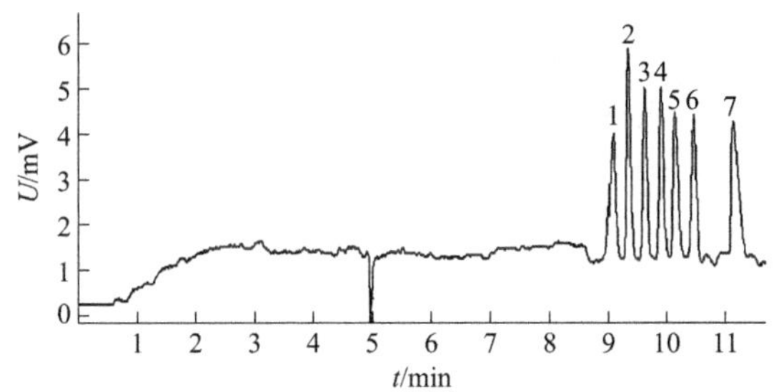

图 3-3-19　CE 测定木糖醇和其他糖醇-糖的混合物的结果[68]

1—葡萄糖；2—半乳糖醇；3—甘露醇；4—山梨醇；5—赤藓糖醇；6—木糖醇；7—麦芽糖醇

5. 太赫兹光谱法

太赫兹（THz）辐射是频率 0.1～10THz（波长 30μm～3mm）之间的电磁波，属远红外波段。太赫兹具有瞬态性、宽带性、相干性和低能性等特点，各种有机分子的弱相互作用、大分子骨架振动、偶极子转动和振动跃迁、晶格低频振动等吸收频率都位于 THz 波段。THz 光谱对分子结构和空间构型非常敏感，可以鉴别出分子结构差别微小的物质，因此太赫兹时域光谱（THz-TDS）在无损检测方面备受关注。

利用 THz-TDS 对木糖醇检测的结果见图 3-3-20[69]。在 0.3～2.6THz 波段内，木糖醇在 1.62THz、1.87THz 和 2.51THz 三个频率位置处出现吸收峰。应用密度泛函理论，对两种样品的单分子结构进行几何优化和频率计算，并据此对实验测量的吸收峰进行了指认，说明一部分吸收峰源于单分子的振动模式，另一部分源于分子间相互作用的振动模式。

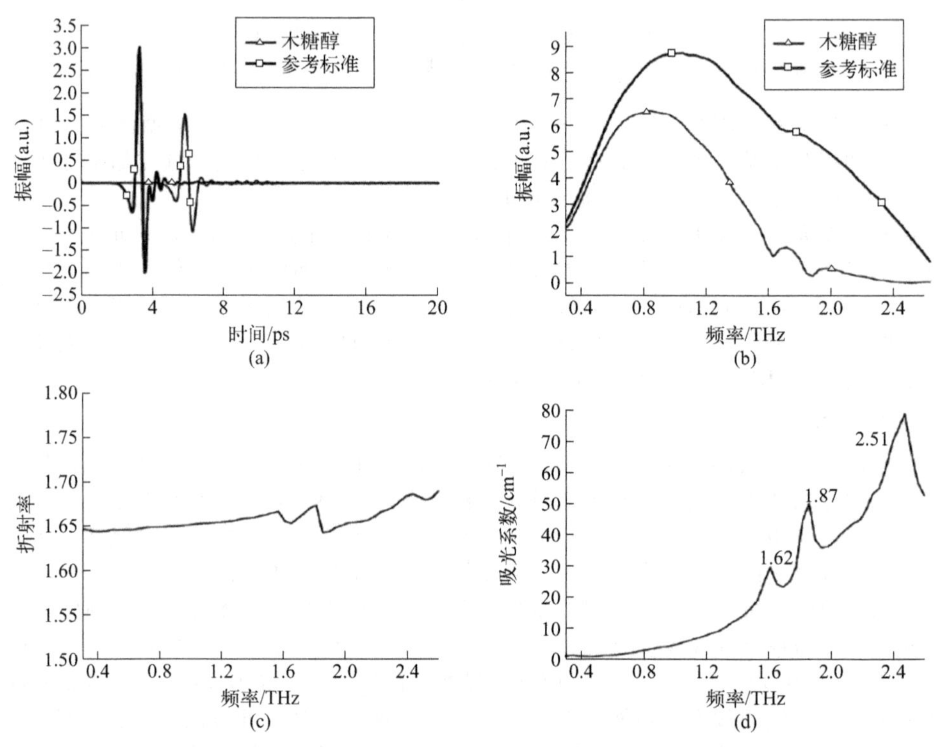

图 3-3-20 THz-TDS 测定室温条件下的木糖醇的结果[69]

（a）时域谱；（b）频域谱；（c）折光示差谱；（d）吸收谱

6. 生物检测方法

利用亲和纯化的特异性抗体技术检测和定量食品中的 D-木糖醇。还原胺化的 D-木糖醇-白蛋白结合物用作免疫原以产生 D-木糖醇特异的 IgG 和 IgE 抗体，这种酶联免疫吸附（enzyme linked immunosorbent assay，ELISA）技术可用于检测和定量各种生物样品和食品中的纳克量级 D-木糖醇。Takamizawa 等[70]报道了一种 D-木糖醇生物传感器，该传感器由部分纯化的木糖醇脱氢酶 IFO 0618 组成，最佳操作 pH 值为 8.0，最佳操作温度为 30℃。该生物传感器对 NAD^+ 的亲和力高，但对 D-木糖醇的亲和力中等，反应时间长（15min），对 D-木糖醇检测的线性范围较窄。

三、木糖质量标准

木糖质量标准参见国家标准《木糖》（GB/T 23532—2009）[71]。

（一）范围

本标准规定了木糖的要求、试验方法、检验规则、标志、包装、运输、贮存和保质期。

本标准适用于以玉米芯等为原料，在硫酸催化剂存在的条件下经水解、脱色、净化、蒸发、结晶、干燥等工艺加工生产的木糖的生产、检验与销售。

（二）要求

感官要求：为白色结晶体或结晶性粉末，无异味，易溶于水，无杂质。

理化要求：应符合表 3-3-3 规定。

卫生要求：按 GB 15203 执行。

表 3-3-3　理化要求

项目		指标	
		优级品	合格品
纯度/%	≥	99.0	98.5
透光率(10%水溶液)/%	≥	98.0	96.0
水分/%	≤	0.3	
灼烧残渣/%		0.05	
比旋光度/(°)		+18.5～+19.5	
pH 值		5.0～7.0	
氯化物/%		0.005	
硫酸盐/%		0.005	

（三）检测方法

以下为纯度检测方法步骤。

（1）原理　同一时刻进入色谱柱的各组分，由于在流动相和固定相之间溶解、吸附、渗透或离子交换等作用的不同，随流动相在色谱柱两相之间进行反复多次分配，由于各个组分在色谱柱中的移动速度不同，经过一定长度的色谱柱后，彼此分离开来，按顺序流出色谱柱，进入信号检测器，在记录仪上或数据处理装置上显示出各组分的谱峰数值，根据保留时间用外标法或面积归一化法定量，以外标法为仲裁法。

（2）仪器　高效液相色谱仪：配有示差检测器和柱恒温系统。色谱柱：REZAX 8μ 8%Ca·Monos（RCM）300mm×7.8mm（或同等分析效果的色谱柱）。超纯水处理器。分析天平：感量 0.001g。超声波溶解器。微孔滤膜：0.2μm 或 0.45μm。容量瓶：50mL。微量进样器：10μL。

（3）试剂　水：二次蒸馏水或超纯水（过 0.45μm 水系微孔滤膜）。木糖标准品：纯度≥99.0%。木糖标准溶液：用超纯水将木糖标准品配成 40mg/mL 的水溶液。

（4）色谱条件　流动相：超纯水。柱温：75℃。流速：0.6～0.8mL/min。

（5）分析步骤　样品制备：称取适量样品（木糖含量应在标准溶液线性范围内），用超纯水定容至 100mL，摇匀后，用 0.45μm 膜过滤，收集滤液，作为待测试样溶液。

测定：安上色谱柱，柱温为室温，接通示差折光检测器电源，预热稳定，以 0.1mL/min 的流速通入流动相平衡。正式进样分析前，将所用流动相以 0.1mL/min 的流速输入参比池 20min 以上，再恢复正常流路使流动相经过样品池，调节流速至 0.6～0.8mL/min 走基线，待基线走稳后即可进样，进样量为 5～10μL。

将标准溶液在 0.4～40mg/mL 范围内配制 6 个不同浓度的标准液系列，分别进样后，以标样浓度对峰面积作标准曲线。线性相关系数应为 0.9990 以上，否则需调整浓度范围。

将标准溶液和制备好的试样分别进样。根据标样的保留时间定性样品中各种糖组分的色谱峰，根据样品的峰面积，以外标法或峰面积归一化法计算各种糖分的百分含量。

计算结果：样品中木糖的百分含量（外标法）按式（3-3-1）计算：

$$X_1=\frac{A_i\times\dfrac{m_s}{V_s}}{A_s\times\dfrac{m}{V}}\times 100 \tag{3-3-1}$$

式中，X_1 为样品中木糖的百分含量（质量分数），%；A_i 为样品中木糖的峰面积；m_s 为木糖标准品的质量，g；V_s 为木糖标准品的稀释体积，mL；A_s 为木糖标准品的峰面积；m 为称取样品的质量，g；V 为样品的稀释体积，mL。

样品中木糖的百分含量（面积归一化法）按式（3-3-2）计算：

$$X_2=\frac{A_i}{\sum A_i}\times 100 \tag{3-3-2}$$

式中，X_2 为样品中木糖的百分含量（质量分数），%；A_i 为样品中木糖的峰面积；$\sum A_i$ 为样品中所有成分峰面积的总和。

计算结果保留至一位小数。

精密度：在重复性条件下获得的两次独立测定结果的绝对差值不应超过平均值的 5%。

四、食品添加剂木糖醇质量标准

参见《食品安全国家标准　食品添加剂木糖醇》（GB 1886.234—2016）[72]。

（一）范围

本标准适用于以玉米芯、甘蔗渣和木质等为原料经水解、净化制成木糖，再经加氢等工艺制成的食品添加剂木糖醇，或直接以木糖为原料经加氢等工艺制成的食品添加剂木糖醇。

（二）要求

感官要求应符合表 3-3-4 的规定，理化指标应符合表 3-3-5 的规定。

表 3-3-4　感官要求

项目	要求	检验方法
色泽	白色	取适量样品置于清洁、干燥的白瓷盘中，在自然光线下，观察其色泽和状态
状态	结晶或晶状粉末	

表 3-3-5　理化指标

项目		指标
木糖醇含量(以干基计)/%		98.5～101.0
干燥减量/%	≤	0.50
灼烧残渣/%	≤	0.10
还原糖(以葡萄糖计)/%	≤	0.20
其他多元醇/%	≤	1.0
镍(Ni)/(mg/kg)	≤	1.0
铅(Pb)/(mg/kg)	≤	1.0
总砷(以 As 计)/(mg/kg)	≤	3.0

（三）检验方法

1. 一般规定

所用试剂和水在没有注明其他要求时，均指分析纯试剂和 GB 6682 规定的三级水。所用标准滴定溶液、杂质测定用标准溶液、制剂及制品，在没有注明其他要求时，均按 GB/T 601、GB/T 602、GB/T 603 的规定制备。试验所用溶液在未注明用何种溶剂配制时，均指水溶液。

2. 鉴别试验

溶解性：极易溶于水，略溶于乙醇。熔点：按 GB/T 617—2006 中 4.2 仪器法进行测定。熔点范围为 92.0～96.0℃。红外吸收光谱：将溴化钾分散的试样谱图与木糖醇标准品谱图比较（图 3-3-21），两者应基本一致。

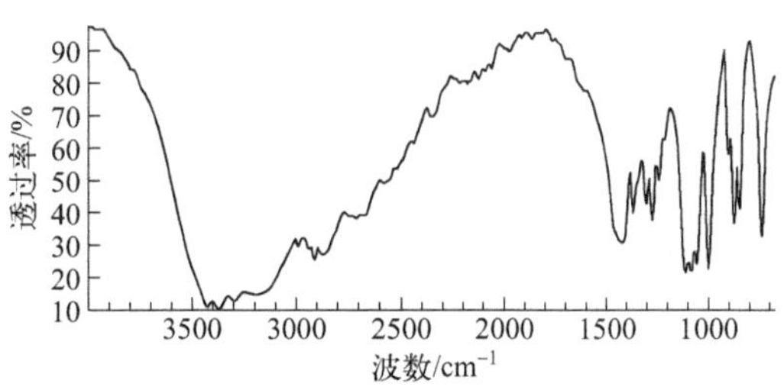

图 3-3-21　木糖醇的红外光谱图

3. 木糖醇含量及其他多元醇的测定

（1）气相色谱法

① 方法提要。试样经乙酰化后，用气相色谱法（配氢火焰离子化检测器）测定，与标样对照，根据保留时间定性，内标法定量。

② 试剂和材料。无水乙醇，吡啶，乙酸酐，木糖醇标准品，甘露糖醇标准品，半乳糖醇标准品，L-阿拉伯糖醇标准品，山梨糖醇标准品，赤藓糖醇标准品（内标物）。

③ 仪器和设备。气相色谱仪，配氢火焰离子化检测器；天平；水浴锅，干燥箱。

④ 参考色谱条件。色谱柱：(14％氰丙基苯基)-二甲基聚硅氧烷毛细管柱，30m×0.25mm×0.25μm；或等效色谱柱。升温程序：初始温度 170℃，维持 10min；以 1℃/min 的速率升至 180℃，维持 10min；再以 30℃/min 的速率升至 240℃，维持 5min。进样口温度：240℃。检测器温度：250℃。载气：氮气。载气流速：2.0mL/min。氢气：50mL/min。空气：50mL/min。分流比：1∶100。进样量：1.0μL。

⑤ 分析步骤

a. 内标溶液的制备。称取赤藓糖醇标准品（内标物）500mg，精确至 0.0001g，用水溶解，转入 25mL 容量瓶中，稀释至刻度，混匀。

b. 标准溶液的制备。各称取 25mg 甘露糖醇、半乳糖醇、L-阿拉伯糖醇、山梨糖醇和 4.9g 木糖醇标准品，精确至 0.0001g，用水溶解，分别转移到 100mL 容量瓶中，稀释至刻度，混匀。吸取 1mL 所得溶液到 100mL 圆底烧瓶中，加入 1.0mL 内标溶液，在 60℃水浴中旋转蒸干，再加入无水乙醇 1mL，振摇使溶解，在 60℃水浴中旋转蒸干。再加入吡啶 1mL 使残渣溶解，加入乙酸酐 1mL，盖紧盖子，涡旋混合 30 s，于 70℃干燥箱中放置 30min 取出，冷却。

c. 试样溶液的配制。取约 5g 试样，准确称量，精确至 0.0001g，用水溶解，转入 100mL 容量瓶中，稀释至刻度，混匀。吸取 1mL 所得溶液到 100mL 圆底烧瓶中，加入 1.0mL 内标溶液，在 60℃水浴中旋转蒸干，再加入 1mL 无水乙醇，振摇使溶解，在 60℃水浴中旋转蒸干。再加入 1mL 吡啶使残渣溶解，加入 1mL 乙酸酐，盖紧盖子，涡旋混合 30s，于 70℃干燥箱中放置 30min 取出，冷却。

d. 测定。在参考色谱条件下，注入标准溶液和试样溶液进行测定。各组分的参考保留时间和气相色谱图参见图 3-3-22。

⑥ 结果计算。木糖醇或其他多元醇含量的质量分数 w_i 按式（3-3-3）计算，其他多元醇为 L-阿拉伯糖醇、半乳糖醇、甘露糖醇和山梨糖醇含量的总和。

$$w_i=\frac{m_s R_u}{m_u R_s}\times 100\% \tag{3-3-3}$$

式中，m_s 为标准溶液中木糖醇或其他多元醇的质量，mg；m_u 为干燥减量后的试样质量，

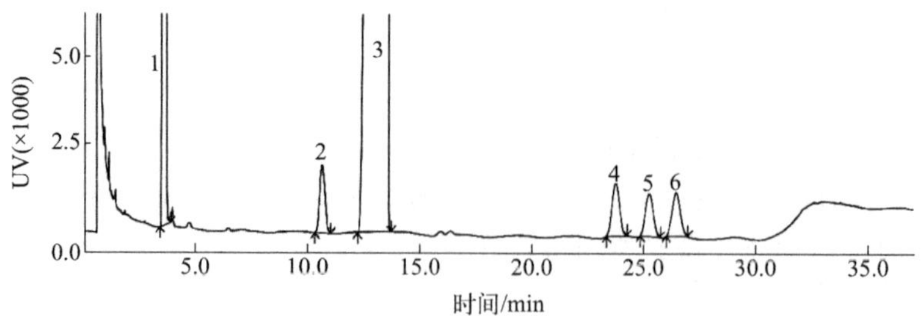

图 3-3-22　木糖醇及其他多元醇标准品各组分的参考保留时间和气相色谱图

1—赤藓糖醇；2—L-阿拉伯糖醇；3—木糖醇；4—半乳糖醇；5—甘露糖醇；6—山梨糖醇；
各组分的参考保留时间：赤藓糖醇 3.6min，L-阿拉伯糖醇 10.6min，木糖醇 13.5min，半乳糖醇 23.7min，甘露糖醇 25.2min，山梨糖醇 26.4min

mg；R_u 为试样中木糖醇或其他多元醇与赤藓糖醇衍生物响应值的比值；R_s 为标准溶液中木糖醇或其他多元醇与赤藓糖醇衍生物响应值的比值。

试验结果以平行测定结果的算术平均值为准。在重复性条件下获得木糖醇的两次独立测定结果的绝对差值不大于算术平均值的 2%，其他多元醇的两次独立测定结果的绝对差值不大于 0.1%。

（2）液相色谱法

① 方法提要。试样用水溶解，液相色谱法检测，外标法定量。

② 试剂和材料。水为一级水；乙腈为色谱纯；木糖醇标准品；L-阿拉伯糖醇标准品；山梨糖醇标准品；半乳糖醇标准品；甘露糖醇标准品。

③ 仪器和设备。高效液相色谱仪，配示差检测器。

④ 色谱条件。色谱柱：以聚苯乙烯二乙烯苯树脂为填料的分析柱，300mm×7.8mm；或等效色谱柱。流动相：乙腈-水（35%＋65%）。流速：0.6mL/min。柱温：75℃。检测室温度：45℃。进样量：20μL。

⑤ 分析步骤

a. 标准溶液的制备。准确称取甘露糖醇标准品、L-阿拉伯糖醇标准品、山梨糖醇标准品、半乳糖醇标准品各 0.1g 和木糖醇标准品 2.5g，精确至 0.0001g，用水定容至 100mL 容量瓶中。再分别吸取 2.0mL、4.0mL、6.0mL 和 8.0mL 该标准品溶液至 10mL 容量瓶中，用水定容，配制成含木糖醇 5.0mg/mL、10.0mg/mL、15.0mg/mL、20.0mg/mL 和 25.0mg/mL 和含甘露醇、L-阿拉伯醇、山梨醇、半乳糖醇 0.2mg/mL、0.4mg/mL、0.6mg/mL、0.8mg/mL 和 1.0mg/mL 的系列混合标准溶液。

b. 试样溶液的制备。取约 2g 干燥减量后的试样，准确称量，精确至 0.0001g，用水定容至 100mL 容量瓶中。

c. 测定。在参考色谱条件下，分别注入系列标准溶液、试样溶液进行测定，按外标法用系列标准溶液作校正表。各组分的参考保留时间和液相色谱图见图 3-3-23。

⑥ 结果计算。木糖醇或其他多元醇含量的质量分数 w_i 按式（3-3-4）计算，其他多元醇为 L-阿拉伯糖醇、半乳糖醇、甘露糖醇和山梨糖醇含量的总和。

$$w_i=\frac{m_i\times A_{si}}{m\times A_i}\times 100\% \tag{3-3-4}$$

式中，m_i 为标准溶液中某组分 i 的质量，g；A_{si} 为试样中某组分 i 的测量响应值；m 为干燥减量后的试样质量，g；A_i 为标准溶液中某组分 i 的测量响应值。

试验结果以平行测定结果的算术平均值为准。在重复性条件下获得木糖醇的两次独立测定结果的绝对差值不大于算术平均值的 2%，其他多元醇的两次独立测定结果的绝对差值不大于 0.1%。

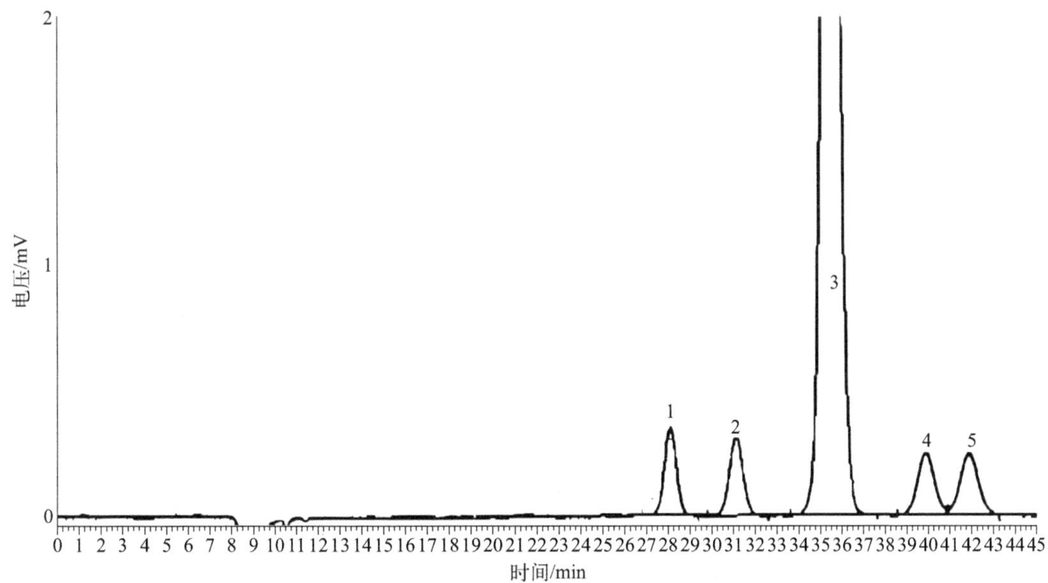

图 3-3-23 木糖醇及其他多元醇标准品各组分的参考保留时间液相色谱图

1—L-阿拉伯糖醇；2—甘露糖醇；3—木糖醇；4—半乳糖醇；5—山梨糖醇；各组分的参考保留时间：L-阿拉伯糖醇 28.0min，甘露糖醇 31.0min，木糖醇 35.3min，半乳糖醇 39.8min，山梨糖醇 41.7min

4. 灼烧残渣的测定

（1）分析步骤 准确称取试样 2g，精确到 0.0001g，放入已质量恒定的坩埚或铂皿中，加入约 0.5mL 的硫酸润湿试样，于电炉上加热炭化，然后移入高温炉中，在（600±25）℃下灼烧，使其完全灰化，然后称重至质量恒定。

（2）结果计算 灼烧残渣的质量分数 w_2，按式（3-3-5）计算。

$$w_2=\frac{m_1-m_2}{m}\times 100\% \tag{3-3-5}$$

式中，m_1 为坩埚加残渣质量，g；m_2 为空坩埚质量，g；m 为试样质量，g。

试验结果以平行测定结果的算术平均值为准。在重复性条件下获得的两次独立测定结果的绝对差值不大于 0.02%。

5. 还原糖（以葡萄糖计）的测定

（1）方法提要 试样中的还原糖与本尼特试剂中的二价铜离子反应，生成红色氧化亚铜，氧化亚铜遇碘被氧化，又变为二价的铜离子，过量的碘用硫代硫酸钠滴定，以氧化反应耗用的碘来计算还原糖含量。

（2）试剂和材料 盐酸溶液：$c(\mathrm{HCl})=1\mathrm{mol/L}$。碘标准溶液：$c(\frac{1}{2}\mathrm{I_2})=0.04\mathrm{mol/L}$。称 7.2g 碘化钾和 5.0762g 碘配成 1000mL 溶液，保存于棕色瓶中（需放置 24h 后摇匀使用）。硫代硫酸钠标准滴定溶液：$c(\mathrm{Na_2S_2O_3})=0.04\mathrm{mol/L}$。准确量取 400mL 已标定的 0.1mol/L 硫代硫酸钠标准溶液配成 1000mL。乙酸溶液：量取 48mL 冰醋酸，稀释至 1000mL。淀粉指示液：10g/L。本尼特试剂：溶液 A 为在 150mL 水中加入 16g 硫酸铜（$CuSO_4 \cdot 5H_2O$），搅拌溶解；溶液 B 为在 650mL 水中先后加入 150g 柠檬酸三钠、130g 无水碳酸钠、10g 碳酸氢钠，并加热溶解；将冷却的上述两种溶液 A 与 B 混合，用水稀释至 1000mL，过滤，放置 24h 后使用。

（3）分析步骤 准确称取试样 5g，精确至 0.001g，置于 250mL 锥形瓶中，加入本尼特试剂 20mL，加几粒玻璃珠，加热并控制温度刚好在（4±0.25）min 内沸腾，继续煮沸 3min 后用自来水快速冷却。在锥形瓶中先加入 50mL 水，再加乙酸溶液 50mL，用移液管准确加入碘标准溶液 20mL，加入盐酸溶液 25mL，充分摇晃使红色沉淀完全溶解，用硫代硫酸钠标准滴定溶液回滴过量的碘，临近终点（由棕黑色变青绿色）时，加约 5 滴淀粉指示剂指示终点，继续滴定至颜色转为亮蓝色为终点。同时做空白试验。

（4）结果计算　还原糖的质量分数 w_3 按式（3-3-6）计算。

$$w_3=\frac{(V_0-V_1)c\times 0.112}{0.04m} \tag{3-3-6}$$

式中，V_0 为空白试验所消耗硫代硫酸钠标准滴定溶液体积，mL；V_1 为试样所消耗硫代硫酸钠标准滴定溶液体积，mL；c 为硫代硫酸钠标准滴定溶液的实际浓度，mol/L；0.112 为 $0.04(\frac{1}{2}I_2)$mol/L 碘标准溶液（以葡萄糖计）1mL 相当于葡萄糖 0.112g；0.04 为碘标准溶液的浓度，mol/L；m 为试样的质量，g。

试验结果以平行测定结果的算术平均值为准。在重复性条件下获得的两次独立测定结果的绝对差值不大于 0.01%。

参考文献

[1] 王箴. 化工辞典. 北京：化学工业出版社，1992.

[2] 尤新，朱路甲. 无热量甜味料——结晶木糖的性质功能和应用前景. 中国食品添加剂，2009，20（1）：52-56.

[3] 岑泳延，曾庆孝. 葡萄糖和木糖对热反应鸡肉香精风味影响的研究. 广州食品工业科技，2003，19（3）：7-9.

[4] Maria F S B，Maria B de M，Ismael M de M，et al. Screening of yeasts for production of xylitol fromd-xylose and some factors which affect xylitol yield in *Candida guilliermondii*. J Ind Microbiol Biotechnol，1988，3：241-251.

[5] 徐勇，王荥，朱均均，等. 木糖高效生物转化的新出路. 中国生物工程杂志，2012，32（5）：113-119.

[6] Werpy T，Petersen G. Top value added chemicals from biomass. Volume 1-Results of screening for potential candidates from sugars and synthesis gas US Department of Energy，2004，11-12.

[7] Chun B Y，Dair B，Macuch P J. The development of cement and concrete additive. Appl Biochem Biotechnol，2006，129（132）：645-658.

[8] Niu W，Molefe M N，Frost J W. Microbial synthesis of the energetic material precursor 1，2，4-butanetriol. J Amer Chem Soc，2003，125（4）：12998-12999.

[9] Zhou X，Zhou X L，Tang X，et al. Process for calcium xylonate production as a concrete admixture derived from in-situ fermentation of wheat straw pre-hydrolysate. Bioresource Technol，2018，261：288-293.

[10] Zhou X，Lü S S，Xu Y. Improving the performance of cell biocatalysis and the productivity of xylonic acid using a compressed oxygen supply. Biochem Eng J，2015，93：196-199.

[11] Zhou X，Zhou X，Xu Y. Improvement of fermentation performance of Gluconobacter oxydans by combination of enhanced oxygen mass transfer in compressed-oxygen-supplied sealed system and cell-recycle technique. Bioresource Technol，2017，244：1137-1141.

[12] Hua X，Zhou X，Du G L，et al. Resolving the formidable barrier of oxygen transferring rate（OTR）in ultrahigh-titer bioconversion/biocatalysis by a sealed-oxygen supply biotechnology（SOS）. Biotechnol Biofuels，2020，13：1.

[13] Nakano K，Katsu R，Tada K，et al. Production of highly concentrated xylitol by *Candida magnoliae* under a microaerobic condition maintained by simple fuzzy control. J Biosci Bioeng，2000，89（4）：372-376.

[14] Shen P，Cai F，Nowicki A，et al. Remineralization of enamel subsurface lesions by sugar-free chewing gum containing casein phosphopeptide-amorphous calcium phosphate. J Dent Res，2001，80（12）：2066-2070.

[15] Makinen，K K . The rocky road of xylitol to its clinical application. Journal of Dent Res，2000，79（6）：1352-1355.

[16] 申延宏，田成功. 木糖醇对Ⅱ型糖尿病的疗效. 新药与临床，1995，14（1）：48-49.

[17] 尤新. 木糖醇及其功能. 食品工业科技，2003，24（8）：87-88.

[18] 翟丽杰，付秀娟，刘淑聪. 去甲万古霉素氨曲南和洛美沙星在木糖醇注射液中的稳定性考察. 中国药物与临床，2009，9（11）：1075.

[19] 汤业朋，董海山，陈森鸿. RM-123 型挤注炸药. 爆炸与冲击，1981，1（2）：110-112.

[20] 龚伟. 木糖醇芳香型聚氨酯的制备及性能研究. 长春：长春工业大学，2013.

[21] 吴宪玲，侯晓玉，王笑可. 玉米芯的综合利用研究现状. 农业科技与装备，2019，294（6）：59-60.

[22] Schulze E. Zur kenntnis der chemischen zusammensetzung der pflanzlichen zellmembranen. Ber Dtsch Chem Ges，1891，24：2277-2287.

[23] Aspinall G O，Fe Rrier R J. The constitution of barley husk hemicellulose. J Chem Soc，1957，4188.

[24] Palani A，Antony U，Emmambux M N. Current status of xylooligosaccharides：Production，characterization，health

benefits and food application. Trends Food Sci Technol，2021，111（115460）：506-519.
[25] Takata E，Tsuruoka T，Tsutsumi K，et al. Production of xylitol and tetrahydrofurfuryl alcohol from xylan in napier grass by a hydrothermal process with phosphorus oxoacids followed by aqueous phase hydrogenation. Bioresource Technol，2014，167：74-80.
[26] 刘仁成，黄广民，姚伯元，等. 椰壳常压酸水解制备木糖. 食品科学，2006，27（12）：263-267.
[27] 吴真，林鹿，孙勇，等. 甲酸/盐酸体系水解麦草产生木糖的研究. 食品科技，2008，2：90-93.
[28] 张宏喜，赵秀峰，魏玲，等. 棉秆水解制备木糖的研究. 安徽农业科学，2010，38（23）：12687-12689.
[29] 吴晓斌，刘晓娟，吕学斌，等. 采用稀盐酸和硝酸水解玉米芯产木糖及其优化. 化学工业与工程，2013，30(2)：1-6.
[30] Hricovíniová Z. Xylans are a valuable alternative resource：production of D-xylose，D-lyxose and furfural under microwave irradiation. Carbohyd Polym，2013，98（2）：1416-1421.
[31] 边静，肖霄，孙润仓，等. CN102965454A. 2013-03-13.
[32] Burlacu A，Israel-Roming F，Cornea C P. Microbial xylanase：A review. Scientific Bulletin Series F，Biotechnologies，2016，20：335-342.
[33] Hao S，Zhang Y，Zhong H，et al. Cloning，over-expression and characterization of a thermo-tolerant xylanase from *Thermotoga thermarum*. Biotechnol Lett，2014，36（3）.
[34] 刘永宁，史作清，何炳林. 脱色树脂性能研究. 离子交换与吸附，1993，9（5）：429-432.
[35] 贺东海，赵光辉，王关斌，等. 新型合金催化剂用于木糖加氢制木糖醇的正交试验研究. 工业催化，2005，13（5）：32-35.
[36] 江婷，章青，王铁军. Ni/HZSM-5 的结构及催化木糖醇水相加氢合成液体烷烃的性能研究. 无机化学学报，2012，28（5）：971.
[37] Chu B，Lee H. Genetic improvement of *Saccharomyces cerevisiae* for xylose fermentation. Biotechnol Adv，2007，25（5）：425-441.
[38] Yoshitake J，Ishizaki H，Shimamura M，et al. Xylitol Production by an *Enterobacter Species*. J Agr Chem Soc Japan，2014，37（10）：2261-2267.
[39] Rangaswamy S，Agblevor F. Screening of facultative anaerobic bacteria utilizing D-xylose for xylitol production. Appl Microbiol Biot，2002，60（1-2）：88.
[40] Izumori K，Tuzaki K. Production of xylitol from D -xylulose by *Mycobacterium smegmatis*. J Ferment Technol，1988，66（1）：33-36.
[41] Shun-Ichi S，Masakazu S，Yasuhiro M，et al. Novel enzymatic method for the production of xylitol from D-arabitol by *Gluconobacter oxydans*（microbiology & fermentation technology）. Biosci Biotechnol Biochem，2002，66（12）：2614-2620.
[42] Ueng P P，Gong C S. Ethanol production from pentoses and sugar-cane bagasse hemicellulose hydrolysate by *Mucor* and *Fusarium* species. Enzyme Microb Tech，1982，4（3）：169-171.
[43] Suihko M L. The fermentation of different carbon sources by *Fusarium oxysporum*. Biotechnol Lett，1983，5（11）：721-724.
[44] Dahiya J S. Xylitol production by *Petromyces albertensis* grown on medium containing D-xylose. Revue Canadienne De Microbiologie，1991，37（37）：14-18.
[45] Gong C S，Li F C，Tsao G T. Quantitative production of xylitol from D-xylose by a high-xylitol producing yeast mutant *Candida tropicalis* HXP2. Biotechnol Lett，1981，3（3）：125-130.
[46] Gong C S，Claypool T A，Mccracken L D，et al. Conversion of pentoses by yeasts. Biotechnol Bioeng，1983，25（1）：85-102.
[47] Kitpreechavanich V，Hayashi M，Nishio N，et al. Conversion of D-xylose into xylitol by xylose reductase from *Candida pelliculosa* coupled with the oxidoreductase system of methanogen strain HU. Biotechnol Lett，1984，6（10）：651-656.
[48] Nidetzky B，Neuhauser W，Haltrich D，et al. Continuous enzymatic production of xylitol with simultaneous coenzyme regeneration in a charged membrane reactor. Biotechnol Bioeng，2015，52（3）：387-396.
[49] Rizzi M，Harwart K，Erlemann P，et al. Purification and properties of the NAD^+-xylitol dehydrogenase from the yeast *Pichia stipitis*. J Ferment Bioeng，1989，67（1）：20-24.
[50] Phadtare S U，Rawat U B，Rao M B. Purification and characterisation of xylitol dehydrogenase from *Neurospora crassa* 1. Fems Microbiol Lett，2010，146（1）：79-83.
[51] Panagiotou G K D，Macris B J，Christakopoulos P. Purification and characterisation of NAD（＋）-dependent xylitol dehydrogenase from *Fusarium oxysporum*. Biotechnol Lett，2002，24（24）：2089-2092.
[52] Yang V W，Jeffries T W. Purification and properties of xylitol dehydrogenase from the xylose-fermenting yeast

Candida shehatae. Appl Biochem Biotech，1990，26（2）：197-206.
[53] Jaffe G M，Weinert P H. Aqueous crystallization of xylitol：US3985815 A，1976.
[54] Mussatto S I，Roberto I C. Evaluation of nutrient supplementation to charcoal-treated and untreated rice straw hydrolysate for xylitol production by *Candida guilliermondii*. Braz Arch Biol Techn，2005，48（3）：497-502.
[55] Canilha L，Carvalho W，Giulietti M. Clarification of a wheat straw-derived medium with ion-exchange resins for xylitol crystallization. J ChemTechnol Biot，2010，83（5）：715-721.
[56] Wei J，Yuan Q，Wang T. Purification and crystallization of xylitol from fermentation broth of corncob hydrolysates. Front ChemEng China，2010，4（1）：57-64.
[57] 左宋林，李淑君，张力平，等. 林产化学加工工艺学. 北京：中国林业出版社，2019：539.
[58] 赵玉斌，牛继星，葛建亭，等. CN101029061. 2007-09-05.
[59] 朱有权，罗希韬，黄涛，等. CN210646321U. 2020-06-02.
[60] 费雷拉 J A，特谢拉 CO，苏亚雷斯 SM. CN1805969A. 2006-07-19.
[61] 雷天埌，刁功科，李学伟，等. CN208786383U. 2019-04-26.
[62] 王文玲，黄雪松. DNS 法测定木糖含量时最佳测定波长的选择. 食品科学，2006，27（4）：196-198.
[63] 李波，芦菲，田素玉. 气相色谱法同时测定多糖中的中性糖、糖醛酸、氨基糖和唾液酸. 食品与发酵工业，2011，37（9）：208-211.
[64] Wang X，Xu Y，Lian Z N，et al. One-step method for the simultaneous determination of five wood monosaccharides and the corresponding aldonic acid in fermentation broth using high-performance anion-exchange chromatography coupled with a pulsed amperometric detector. Journal of Wood Chemistry and Technology. 2014，34：67-76.
[65] 张铁华，姜建国，韩学静，等. 气相色谱法同时测定木糖醇氯化钠注射液中 4 种多元醇的含量. 药物分析杂志，2011，31（7）：1341-1344.
[66] Masatoki K，Yoshifumi M，Kensuke K，et al. Simultaneous determination of glucose，1，5-anhydro-d-glucitol and related sugar alcohols in serum by high-performance liquid chromatography with benzoic acid derivatization. Biomed Chromatogr，2010，20（5）：440-445.
[67] 韦升坚. 高效液相色谱-蒸发光散射法检测无糖饮料中 7 种糖类物质的含量. 食品安全质量检测学报. 2019，10（19）：6519-6526.
[68] 刘亚攀，陈璐莹，张静，等. 毛细管电泳-紫外检测法同时测定食品中的葡萄糖和多种糖醇. 分析试验室，2014，33（9）：1034.
[69] 梁承森，赵国忠. 木糖醇和 D-木糖的太赫兹光谱检测与分析. 光谱学与光谱分析，2011，31（2）：323-327.
[70] Takamizawa K，Uchida S，Hatsu M，et al. Development of a xylitol biosensor composed of xylitol dehydrogenase and diaphorase. Can J Microbiol，2000，46（4）：350-357.
[71] GB/T 23532—2009，木糖国家标准. 北京：中国标准出版社，2009.
[72] GB 1886. 234—2016，食品添加剂木糖醇国家标准. 北京：中国标准出版社，2016.

（周鑫，徐勇）

第四章　糠醛

糠醛生产是利用植物原料中的戊聚糖，通过水解的方法得到戊糖单糖，然后脱水获得。生成的糠醛与水蒸气一起排出，经过蒸馏、精制，获得糠醛产品[1,2]。国民经济对糠醛及其衍生物的需求量很大，并且逐年增加，中国糠醛在世界糠醛的贸易中占有举足轻重的地位[3-7]。

第一节　糠醛主要性质和用途

糠醛的加工和利用都是基于其基本特性，本节将分别讨论它的物理性质和化学性质，并在此基础上再讨论其用途。

一、糠醛的物理化学性质

（一）糠醛的物理性质

糠醛的一般物理常数如表 3-4-1 所示[1]。糠醛能溶于很多有机溶剂，如乙醇、丙酮、乙醚、乙酸、苯和四氯化碳等。

表 3-4-1　糠醛的一般物理常数[1]

指标名称		性能
分子量		96.08
外观	新品 陈品	无色透明油状液体 黄色至琥珀色油状液体
沸点(101.3kPa)/℃		161.7
冰点/℃		—36.5
折射率(钠-D线,589.26nm)	n_d^{20}	1.5261
	n_d^{25}	1.5235
相对密度	d_4^{20}	1.1598
	d_4^{25}	1.1545
	d_4^t	1.1811(1—0.000895t)
密度温度系数		0.001057
临界压力/MPa		5.62
临界温度/℃		397
蒸汽相对密度(空气为 1.00)		3.31
蒸汽扩散系数/(cm^2/s)	17℃ 25℃ 50℃	0.076 0.087 0.107
闪点/℃	闭口杯	60.0
	开口杯	68.3
着火点(自燃点)/℃		393
空气中爆炸极限(体积分数)下限(125℃/98.6kPa)/%		2.1

糠醛具有一定毒性，口服半数致死量 LD_{50}，对大鼠为 127mg/kg，对小鼠为 400mg/kg，对狗为 2300mg/kg。静脉注射，对小鼠为 152mg/kg，对狗为 250mg/kg。空气中 1h 持续吸入，对大鼠为 1037mg/kg。

糠醛蒸气刺激黏膜，但是由于糠醛的挥发性不高而使这种危害减小。糠醛能够迅速地被代谢，在尿中以糠酰氨基乙酸和少量2-呋喃丙烯尿酸的形式排出。

糠醛能够渗透兔子的皮肤，但是在500mg/kg以下没有致命影响。在标准滴眼试验中，几滴糠醛会对兔子引起明显的刺激，但是无不可恢复的危害。

（二）糠醛的化学性质

糠醛有类似杏仁油的刺激性气味，是一种无色至琥珀色的透明油状液体，与空气接触，特别是在糠醛中含有酸时，会自动氧化变成深棕色，甚至变成黑褐色树脂状物质[4-6]。

糠醛又名呋喃甲醛，结构如下。

由于在环电子结构中包含杂原子氧的2个电子，呋喃具有苯芳香族特性。而呋喃环的反应能力高于苯，呋喃的大多数化学反应像二烯烃，因此呋喃可以看作环二烯醚。在呋喃分子中引入 α-取代基—CHO、—CH_2OH、—CH=CH_2、—CHCH—、—CO—CH_3 等可形成反应能力很强的呋喃化物。在化学反应中呋喃化物的取代基和含氧杂环都可以参加反应。糠醛反应能力强首先就是因为它有醛基，由此而进行以糠醛为基础的大量工业合成。

1. 醛基上的反应

（1）氧化反应　醛基能发生自动氧化和催化氧化反应。糠醛在有氧（空气或氧气）存在时，可自动吸收氧而被氧化为糠酸等物质或树脂，同时颜色变暗或变黑。实际上，变色了的糠醛中产生颜色的物质非常少，染色物质浓度达到 10^{-5}mol/L 就能够被肉眼识别。当纯度为98%的成品糠醛完全变黑时，采用真空蒸馏的办法能够回收97%以上的糠醛，也就是说，染色物质的含量还不到1%。即便商品糠醛由于长期放置已经变成胶状，真空蒸馏也能回收90%的糠醛。

① 自动氧化。糠醛自动氧化的机理尚未完全明确。有些学者认为首先是氧与呋喃环起作用，同时也局部氧化醛基而形成糠酸。

也有的学者认为是氧游离基引发的游离基聚合反应。

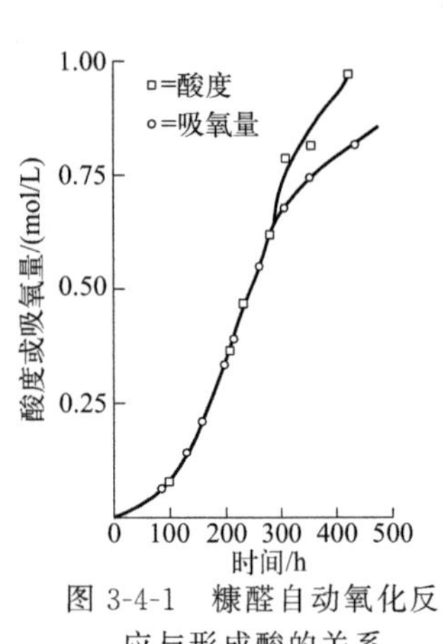

图 3-4-1　糠醛自动氧化反应与形成酸的关系

糠醛自动氧化反应与形成酸的关系见图3-4-1。氧吸收曲线表示最初吸收氧很慢，随后曲线突变为急升。氧化所产生的酸度曲线与氧吸收曲线相似，且两条曲线在相当长的一段是重合的。这说明是糠醛吸收氧发生氧化反应形成酸性物质造成了酸度变化。

糠醛的自动氧化作用可以加入抗氧剂使其氧化诱导期延长，即延缓氧化过程，但并不能完全阻止氧化。当糠醛氧化达到7%～8%之后，便可停止吸收氧气，产生阻止自动氧化的作用。把糠醛保存在惰性气体中，不与空气接触，能够避免糠醛自动氧化。糠醛在贮存和运输过程中，常将容器中空气抽出，注入氮气，或加入抗氧化剂。

② 催化氧化。在催化剂如 Ag_2O 作用下，氧化糠醛制取糠酸。

（2）氢化反应　糠醛的氢化反应在不同的反应条件下，可得到不同的氢化产物。当无水存在，以 Cu-Cr 为催化剂时，在较缓和的条件下，不会氢化呋喃环，仅能使醛基氢化生成糠醇。

$$\text{C}_4\text{H}_3\text{O—CHO} \xrightarrow[\substack{(\text{Cu-Cr})\\ 7\sim10.5\text{MPa},175^\circ\text{C}}]{+\text{H}_2} \text{C}_4\text{H}_3\text{O—CH}_2\text{OH}$$

氢化可在气相或液相中进行：气相反应是在常压、200℃左右下进行；液相反应在 10MPa 和 160℃左右下进行。

当以铬酸铜为催化剂时，糠醛可很快地氢化为甲基呋喃：

$$\text{C}_4\text{H}_3\text{O—CHO} \xrightarrow[220\sim250^\circ\text{C}]{\text{CuCrO}_3} \text{C}_4\text{H}_3\text{O—CH}_3$$

（3）康尼查罗（Cannizzaro）歧化反应　糠醛可与 5%浓度的 NaOH 水溶液作用，一个糠醛分子被氧化为糠酸（盐），另一个糠醛分子被还原为糠醇。

$$\text{C}_4\text{H}_3\text{O—CHO}+\text{NaOH} \xrightarrow{\text{H}_2\text{O}} \text{C}_4\text{H}_3\text{O—CH}_2\text{OH} + \text{C}_4\text{H}_3\text{O—COONa}$$

（4）柏琴(Perkin)反应　糠醛可在脂肪酸盐或有机碱的作用下同酸酐缩合，生成 α-呋喃丙烯酸。

$$\text{C}_4\text{H}_3\text{O—CHO} + (\text{CH}_3\text{CO})_2\text{O} \xrightarrow[150^\circ\text{C},\text{回流7h}]{\text{CH}_3\text{COOK}} \text{C}_4\text{H}_3\text{O—CH═CH—COOH} + \text{CH}_3\text{COOH}$$

（5）缩合反应

① 安息香缩合反应。糠醛的沸腾溶液用氰化钠水溶液处理，随后在冰上冷却可生成 1,2-二呋喃乙醇酮。

$$\text{C}_4\text{H}_3\text{O—CHO} + \text{C}_4\text{H}_3\text{O—CHO} \xrightarrow{\text{NaCN}} \text{C}_4\text{H}_3\text{O—CH(OH)—C(=O)—C}_4\text{H}_3\text{O}$$

② 树脂（糠酮）缩合。糠醛与丙酮作用，脱除一分子水，形成亚糠基丙酮，再脱除一分子水，形成二亚糠基丙酮。

$$\text{C}_4\text{H}_3\text{O—CHO} + \text{H}_3\text{CCOCH}_3 \xrightarrow[\text{NaOH}]{-\text{H}_2\text{O}} \text{C}_4\text{H}_3\text{O—CH═CH—CO—CH}_3$$

$$\xrightarrow[-\text{H}_2\text{O}]{+\text{C}_4\text{H}_3\text{O—CHO}} \text{C}_4\text{H}_3\text{O—CH═CH—CO—CH═CH—C}_4\text{H}_3\text{O}$$

③ 醇醛缩合。糠醛在酸存在时，可和醇类发生醇醛缩合反应。

$$\text{C}_4\text{H}_3\text{O—CHO} + 2\text{C}_2\text{H}_5\text{OH} \xrightarrow[-\text{H}_2\text{O}]{\text{HCl}} \text{C}_4\text{H}_3\text{O—CH(OC}_2\text{H}_5)_2$$

（6）与氨反应　糠醛在氨液中，在高压和镍的催化作用下，进行还原性烷化时，可生成呋喃甲胺。

$$\text{C}_4\text{H}_3\text{O—CHO} + \text{NH}_3 \xrightarrow[\text{Ni}]{+\text{H}_2} \text{C}_4\text{H}_3\text{O—CH}_2\text{NH}_2 + \text{H}_2\text{O}$$

糠醛与氨作用，还可得到偶氮三甲呋喃。

$$3\,\text{C}_4\text{H}_3\text{O—CHO} + 2\text{NH}_3 \longrightarrow [\text{C}_4\text{H}_3\text{O—CH}]_3\text{N}_2 + 3\text{H}_2\text{O}$$

（7）脱羰反应　糠醛在气相中同水蒸气相作用，在催化剂（硅酸铝、碱和碱土金属等氧化物和氢氧化物等）存在下，可脱去羰基生成呋喃。

$$\text{C}_4\text{H}_3\text{O—CHO} \xrightarrow[\substack{-\text{CrO}_3,-\text{MnO}_2\\ 400\sim415^\circ\text{C}}]{+\text{H}_2\text{O}} \text{C}_4\text{H}_4\text{O} + \text{CO}_2 + \text{H}_2$$

也可采用 Ru、Pd、Cu、Ni、Pt 等单金属催化脱羰反应，其中以 Ru 为催化剂，在 40℃、氢气压力为 2MPa 的条件下，糠醛转化率可达 100%[8]。

2. 呋喃环上的反应

（1）加成反应　在催化剂镍催化下，糠醛呋喃环可发生氢化加成，转化为四氢糠醛。

$$\text{糠醛(-CHO)} \xrightarrow{\text{镍催化剂}} \text{四氢糠醛(-CHO)}$$

无水存在时，糠醛在 Ni-Re 和 Cu-Cr 催化下，醛基和呋喃环均可被氢化，可得四氢糠醇。

$$\text{糠醛(-CHO)} \xrightarrow[\text{Ni-Re + Cu-Cr},\ 170\sim180℃,7\sim10.5\text{MPa}]{+3H_2} \text{四氢糠醇(-}CH_2OH\text{)}$$

（2）取代反应

① 卤化。糠醛在 CS_2 里，在有苯甲酰基的过氧化物存在时，可被氯化生成 5-氯糠醛。

$$\text{糠醛(-CHO)} + Cl_2 \xrightarrow[(C_6H_5CO)_2O_2]{CS_2} \text{Cl-呋喃-CHO} + HCl$$

糠醛在 CS_2 或氯仿中，可被溴化为 5-溴糠醛。

$$\text{糠醛(-CHO)} + Br_2 \xrightarrow[\text{或}CHCl_3]{CS_2} \text{Br-呋喃-CHO} + HBr$$

② 硝化。糠醛用发烟硝酸在乙酸酐中硝化，可得 5-硝基糠醛或 5-硝基糠醛二乙酯。

$$\text{糠醛(-CHO)} \xrightarrow[(CH_3CO)_2O]{HNO_3} O_2N\text{-呋喃-CHO}$$

$$\text{糠醛(-CHO)} \xrightarrow[HNO_3]{(CH_3CO)_2O} \left[\text{二氢呋喃(2-}OCOCH_3\text{, 2-}CH(OCOCH_3)_2\text{)}\right] \text{(中间体)} \xrightarrow[H_2O]{Na_3PO_4} O_2N\text{-呋喃-}CH(OCOCH_3)_2$$

（3）开环反应

① 氧化。气相催化氧化，糠醛在高温下转变成丁烯二酸。

$$\text{糠醛(-CHO)} \xrightarrow[V_2O_5\text{-}MnO_2\text{-}P_2O_5\text{-}TiO_2,\ \text{铝粒载体},320\sim350℃]{4[O]} \text{马来酸酐} + H_2O + CO_2 \xrightarrow{H_2O} HC(COOH){=}HC(COOH)$$

液相催化氧化，得反丁烯二酸。

$$\text{糠醛(-CHO)} \xrightarrow[V_2O_5]{KClO_3} HOOC\text{—}C(H){=}C(H)\text{—}COOH$$

② 氢化。在有水和氢离子存在之下，进行糠醛的氢化时，由于有水分子作用，环开裂，生成二元醇和三元醇的混合物。

$$\text{糠醛(-CHO)} \xrightarrow[H^+,\text{Ni-Rt},\ 160℃,7\text{MPa}]{+H_2,\ H_2O} HO\text{—}CH_2CH_2CH_2CH(OH)\text{—}CH_3 + OH\text{—}CH_2CH_2CH_2CH(OH)\text{—}CH_2OH$$

③ 氯化。糠醛氯化可得糠氯酸，即 2,3-二氯丁烯醛酸，它常以内酯的形式存在。

$$\text{糠醛(-CHO)} \xrightarrow[70\sim75℃]{Cl_2(\text{或}MnO+HCl)} Cl\text{—}C(COH){=}C(Cl)\text{—}COOH \longleftrightarrow \text{5-羟基-3,4-二氯-2(5H)-呋喃酮}$$

二、糠醛的主要用途

糠醛的实际应用范围很广，这首先与其反应活性高、能合成各种化合物有关。糠醛及其衍生物广泛用作有机溶剂[9]，例如：1926 年糠醛开始用于木松香的提取，1933 年糠醛开始用于润滑油的精制。合成呋喃型聚合物也是工业上利用糠醛的重要方向，1922 年美国开始小批量生产糠醛之后的几年里，就开始了树脂合成和树脂冷塑成型的应用。1942 年合成橡胶工业兴起，对糠醛的需求大幅增加。1949 年糠醛被用于合成己二腈来生产尼龙 66。1958 年呋喃树脂开始应用于铸造业。1975 年，糠醛、糠醇产业开始在发展中国家大规模发展，应用也越来越广泛。2014 年美国英派尔科技开发有限公司在中国申请了多项将糠醛用于生产尼龙 6、尼龙 66、尼龙 7 等的发明专利[10-13]。目前，世界上糠醛生产总量 2/3 左右用于合成糠醇，并进一步合成铸造用树脂，而生产其他用途的呋喃树脂只占糠醛产量的 15%，用作净化润滑油选择性溶剂的糠醛量约占 15%，其余糠醛用于合成衍生物、各种农药、医药等等[1]。

（一）糠醛自身的用途

1. 选择性溶剂

糠醛是选择性溶剂。它对于芳香烃、烯烃、极性物质和某些高分子物质的溶解能力大，而对于脂肪烃等饱和物质以及高级脂肪酸等的溶解能力小。石油工业上精制润滑油，就是利用这种性质，将润滑油中芳香族和不饱和物质提炼除去，以提高润滑油的黏度和抗氧化性能，同时还可以降低硫和炭渣的含量。此外，糠醛还可以改进柴油机燃料的质量，同样也应用于动植物油脂的精炼和从鳕鱼肝油中提炼维生素 A 等。

糠醛也应用在沸点相近化合物的萃取蒸馏中，如四个碳(C_4)的碳氢化合物中加入糠醛后，可以改变组分间的相对挥发度，而将 1,3-丁二烯提取和精制出来。同样，还可以从石油中提取芳香族化合物。

糠醛的良好选择性和耐热性以及易于回收等优点，使它在木松香、浮油松香以及动植物油脂精制等方面也有广泛应用。

此外，糠醛还可以作为树脂和蜡的溶剂，例如用作聚乙烯铜线(电器漆包线)树脂漆的溶剂。

2. 杀菌剂

早在 1923 年，人们就已经发现糠醛是一种非常有效的杀菌剂。即使 10%～15%的甲醛不能抑制的青霉菌，0.5%的糠醛就能够抑制。研究发现，糠醛对于抑制小麦黑穗病非常有效。小麦在 0.05%糠醛水溶液中浸泡 3h，就能够杀死这种病菌。如果要用同样浓度的甲醛浸泡来获得同样的效果，则需要 12h。更重要的是，用糠醛处理不会明显降低种子的萌发能力，然而用甲醛处理，种子会受到严重的毒害。例如：小麦用 0.5%糠醛浸泡 6h，种子萌发能力降低 4%，而用 0.5%甲醛浸泡同样的时间，则种子萌发能力被完全破坏。

3. 线虫抑制剂

线虫，透明圆柱形，一般长 0.5～3.0mm。它们通过真空探针刺穿植物细胞，注入唾液，吸出细胞内含物。最重要的是，线虫破坏土壤内的植物组织。受感染的植物长势变差，并逐渐枯萎。据估计，全世界每年线虫会引起约 600 亿美元的损失。主要的受害对象有土豆、甜菜、花生、黄豆、西红柿、香蕉、烟草、草莓、柑橘和棉花。据报道，糠醛和其他简单芳香族化合物（如苯甲醛、百里酚）都是非常有效的线虫抑制剂。它们不直接杀死线虫，而是改变土壤的生物菌落，使抑制线虫的菌落迅速繁殖，间接使线虫减少，从而达到抑制线虫的作用。研究表明，以每千克土壤用 1mL 糠醛处理的土壤种植黄豆后达到了高产。处理 8 周后线虫数量仍然为 0。在南非对花生进行的大规模试验也证明了这一点。每亩(1 亩≈667m^2)施用 8gal(1gal≈0.00379m^3)糠醛后，花生质量从很差转变为非常好，产量也大大提高。

与那些有毒的杀线虫剂相比，糠醛具有如下优点。

① 达到相同的效果，糠醛花费少。

② 所使用剂量的糠醛对人类基本无毒。糠醛在果汁、啤酒和面包中都存在。糠醛对狗的半数致死量 LD_{50} 是 2300mg/kg。

③ 糠醛使用安全，且便于应用（20℃糠醛水溶液的饱和浓度是 7.9mL/100mL 水）。

④ 糠醛对环境无害，而广泛使用的杀线虫药剂甲基溴（沸点 4.5℃）则危害臭氧层。

基于以上优点，糠醛用作线虫抑制剂可能会成为糠醛自身应用的重要方向。

（二）糠醛的再加工产品

1. 糠醛氢化产品

糠醛氢化反应按其催化剂、反应压力、反应温度等条件的不同，可以在醛基或呋喃环进行，分别得到糠醇、四氢糠醇、甲基呋喃等重要化工原料。

（1）糠醇生产　糠醇是以糠醛为原料，醛基催化加氢而得。其主要用途是：经酸性催化缩合成糠醇树脂，用作汽车、拖拉机等内燃机铸造工业的砂芯黏合剂，还可用作耐酸、耐碱和耐热的防腐蚀涂料。

（2）四氢糠醇生产　一般以糠醇为原料，呋喃环催化加氢制得。用作树脂和染料的溶剂、除莠剂及增塑剂等。

（3）甲基呋喃生产　以糠醛为原料，通过醛基催化脱羰而得。是很好的溶剂，常用于溶液的聚合过程。

（4）呋喃和四氢呋喃生产　以糠醛为原料，催化醛基脱羰和呋喃环加氢而得。四氢呋喃是良好的溶剂。

2. 糠醛树脂生产

糠醛可以直接用作合成树脂的原料，例如与丙酮和甲醛相作用合成糠醛丙酮甲醛树脂。用作玻璃钢等黏合剂和防腐涂料，还可与苯酚、甲醛相作用而得到糠醛苯酚甲醛树脂，用于木制品生产。

3. 其他方面

糠醛进行催化氧化制顺丁烯二酸（马来酸），用作农药、不饱和聚酯树脂、水溶性漆、医药等生产的重要原料。

糠醛还用于生产医药和兽药，如硝基呋喃类药物，可用于某些细菌性感染的治疗。同样，还可以用作防腐剂、消毒剂、杀虫剂和除莠剂等。

第二节　糠醛生产基本原理

一、糠醛生成机理

糠醛的生成主要有两个途径：a. 戊糖脱水；b. 糖醛酸脱水和 CO_2。

戊糖脱水一般以酸为催化剂，在一定温度下发生脱水反应，环化而成。机理有很多种，目前较受公认的是[1,2]：木糖的 C2 羟基在氢质子的作用下脱去，形成碳正离子，继而导致吡喃环开环，形成醛基和烯醇式结构。C3 和 C4 的羟基也分别在氢质子的作用下脱去，形成 C3═C4 的碳正离子，然后形成呋喃环结构，得产物糠醛。

有研究认为上述机理只说明了首先生成中间体，然后得到糠醛，没有解释酸的催化作用。认为木糖在酸的催化作用下有两种路径可以脱水得到糠醛。一种是氢质子作为亲核试剂与木糖中C1—OH的氧原子结合，脱去一分子水，同时正电荷向吡喃环O原子转移并形成碳氧双键，C2—OH氧的电子转移到C5位，断开吡喃环碳氧单键而生成带有醛基的呋喃环化合物，再脱去两分子的水生成糠醛。另一种路径是氢质子亲核试剂与木糖中C2—OH氧结合，脱去一分子水，同时吡喃环O原子上的电子向C2位转移生成带有醛基的呋喃环化合物，再脱去两分子的水生成糠醛[3]。

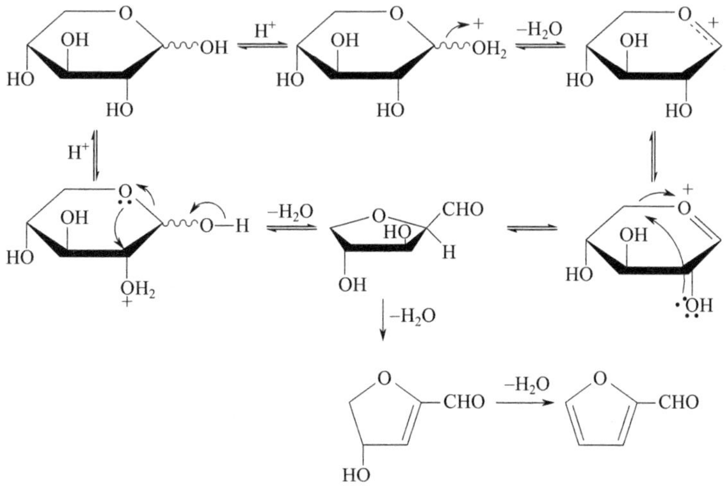

糖醛酸脱水和CO_2法也是在酸催化下，在一定温度下脱去3分子H_2O和1分子CO_2，生成糠醛。由于戊糖在自然界中大量存在，而糖醛酸含量很少，因此水解工业中都是采用戊糖脱水的途径生产糠醛。

戊糖（$C_5H_{10}O_5$）在植物纤维原料中以戊聚糖[$(C_5H_8O_4)_n$]形式存在，经过如下的水解、脱水形成糠醛。

$$(C_5H_8O_4)_n + nH_2O \xrightarrow{H^+} n\,C_5H_{10}O_5$$

$$n\times 132.114 + n\times 18.016 \xrightarrow{H^+} n\times 150.130\text{g/mol}$$

$$C_5H_{10}O_5 \xrightarrow{H^+} C_5H_4O_2 + 3H_2O$$

$$150.130 \xrightarrow{H^+} 96.082 + 54.048(\text{g/mol})$$

从化学计量学角度来看，由戊聚糖到糠醛，每个戊糖基环脱去两分子的水。

$$(C_5H_8O_4)_n - 2nH_2O \longrightarrow nC_5H_4O_2$$

$$132.114 - 36.032 \longrightarrow 96.082(\text{g/mol})$$

因此，理论得率$Y_{th}=96.082/132.114=0.72727$[1]。

二、原料

顾名思义，糠醛是以糠为原料制得的醛。实际上米糠、棉籽壳、玉米芯、木屑等农林废料都可以作为糠醛的原料。糠醛生产主要是利用植物纤维原料中的戊聚糖，所以糠醛生产对原料的最基本要求就是戊聚糖含量较高。满足这个基本要求的原料有很多，例如表3-4-2给出的原料[4,5]，其中戊聚糖含量介于16%～35%。

表 3-4-2　常见的生产糠醛的原料中戊聚糖含量及其糠醛得率[4,5]

原料	戊聚糖含量/%	糠醛对绝干原料的平均得率/%	
		理论得率	实际得率
玉米芯	30～35	23.4	11
燕麦皮	32～35	22.4	11
棉籽壳	21～27	18.6	9
葵花籽壳	18～25	16	9
稻壳	17～20	15	8
甘蔗渣	23～25	17.4	9
桦木＋	22～25	18.0	8
栗木＋	16～17	11.2	5～6
橡木＋	20～21	11.7	5～6
橄榄渣	21～23	16.6	5～6
白杨木	16～20	13	7
栲胶渣	19～20	14	6

注：“＋”为提取单宁后的物料。

戊聚糖含量的分析方法，就是控制反应条件，使原料中的戊聚糖100%转化成糠醛，对所获得的糠醛的量进行定量测定后，再反过来计算戊聚糖含量。工业上常不进行换算，直接用含醛量来表示，数值上与表3-4-2中的理论得率相等。只是由于工业生产条件限制，戊聚糖不能完全定向转化为糠醛，实际得率较低。

戊聚糖（主要糖基为木糖、阿拉伯糖）以半纤维素的形式，广泛分布于自然界。玉米芯、棉籽壳、稻壳、甘蔗渣、木材废料等都是富含戊聚糖的糠醛生产原料。在这些原料中，戊聚糖主要以木聚糖（xylan）形态存在，在谷类作物的废料中的含量为25%～30%，阔叶树木材中为15%～25%，针叶树木材中为5%～10%。理论上讲，所有含戊聚糖的物质都可用来制造糠醛，实际上考虑生产效率、原料成本等因素，只限于少数几种，如玉米芯、燕麦壳、稻壳和甘蔗渣等是糠醛工业的主要原料[4]。

我国糠醛生产的原料主要有：玉米芯、葵花籽壳、棉籽壳、甘蔗渣、稻壳、阔叶材等。不同种类的原料其戊聚糖含量不相同，而同种原料，由于产地不同、气候条件不同，其戊聚糖含量也不相同，如玉米芯的戊聚糖含量，从我国的中原到东北各省，其戊聚糖含量有逐渐增加的趋势。由于玉米芯中戊聚糖含量较高，这些地区的大多数糠醛生产厂家是以玉米芯为原料，而在一些热带地区常以甘蔗渣为原料。与玉米芯相比，甘蔗渣的戊聚糖含量低且密度低。因此，同样体积的生产设备，以甘蔗渣为原料生产糠醛时产量相对较低。

从表3-4-2可以看出：各种含戊聚糖的植物原料用于糠醛生产，其实际得率都低于理论得率。造成这种结果的原因有：a.原料贮存过程中常会发热自燃或霉烂变质，使戊聚糖含量下降；b.原料中的戊聚糖没有完全转化成糠醛；c.在水解器中形成的糠醛还未排出就发生部分分解，影响糠醛的产率。

除戊聚糖含量外，原料的物理性能对糠醛产率也有很大影响，如含水率、颗粒大小、酸的渗透性、装锅密度等因素都应考虑。原料含水率过大，在混酸后不能保证酸浓，降低酸催化能力。有研究表明，以每100kg原料加入约2.246kg硫酸计算，当原料初始含水率为13.50%时，硫酸催化剂的初始浓度为12.34%；当原料初始含水率提高为43.09%时，硫酸催化剂的初始浓度降为2.82%。原料初始含水率在这之间变化时，蒸馏产物糠醛占总理论得率的40.27%～52.26%。当原料含水率很低时，蒸馏产物糠醛得率较低。随着原料含水率增加，蒸馏产物糠醛得率也略有增加。当原料含水率达到25.4%时，蒸馏产物糠醛得率达到最大值52.26%，此时硫酸催化剂的初始浓度为6.05%。原料含水率继续增加则蒸馏产物糠醛得率大大下降，因此，含水率过大的原料应进行干燥。颗粒过大的原料必须粉碎至适当大小。原料颗粒过大不但输送困难，而且在混酸时影响酸液在原料中的充分渗透，混酸不均，也会影响糠醛产率。原料装锅密度影响劳动生产率、蒸汽消耗以及设备利用率等。表 3-4-3 列出常用植物纤维水解原料的装锅密度。原料中戊聚糖含量以及装锅密度是确定水解锅体积和糠醛生产能力的主要因素。因此，在进行糠醛厂的生产规模和水解锅设计时，应考虑原料的这些因素。

目前我国糠醛生产的主要原料是玉米芯。虽然玉米芯中戊聚糖含量高，是糠醛生产的最佳原料之一，但是我国这种原料多是在农户家，比较分散，而且季节性强，在建厂时应充分考虑到该地区是否能稳定供给原料、运输距离是否适宜、贮存中能否保证原料质量不降低等因素。

表 3-4-3　常用植物纤维水解原料的装锅密度

原料名称	装锅密度/(kg/m^3)
棉籽壳	200～220
玉米芯	180～220
葵花籽壳	150～180
稻壳	115～120
木屑	120～150
麦秆	110～120

三、催化剂

植物原料中戊聚糖的水解反应，以及水解形成的单糖（戊糖）转化成糠醛的脱水反应，都要采用一定催化剂加速其反应的进行。在糠醛生产中常用的催化剂有硫酸、过磷酸钙、盐酸和无外加酸的自生酸催化水解。

酸的催化活性取决于酸在水解环境中电离出的 H^+ 浓度。盐酸的催化活性最高，硫酸的催化活性只相当于盐酸的一半，而磷酸盐也能使反应介质产生酸性。以盐酸为催化剂生产糠醛，虽然醛得率高（12%～18%），但设备腐蚀严重。糠醛生产中传统的催化剂是硫酸，采用中压小酸比的工艺方法，醛得率较低（8%～9%）。为了提高醛得率，国内外都进行了重过磷酸钙为催化剂制取糠醛的试验和生产，醛得率可达 13%以上，对设备无腐蚀，且副产品为腐殖酸肥料，如法国农业呋喃法。无外加酸的工艺是靠原料在水解过程中形成的有机酸（如乙酰基脱落形成的乙酸）起催化作用，如芬兰罗森柳法。

四、反应动力学

木糖几乎能定量地转化成糠醛，而其他戊糖制糠醛收率都较低。单纯的戊糖和己糖醛酸很少天然存在，当用强酸处理植物纤维原料（例如木材糖化）时，多糖被糖化生成水溶性单糖，将所得的单糖溶液与强酸共热时戊糖及己糖醛酸转化成糠醛，部分己糖可转化成羟甲基糠醛。在稀酸溶液中，D-木糖催化转变为糠醛的动力学可用一级反应动力学方程式来描述。

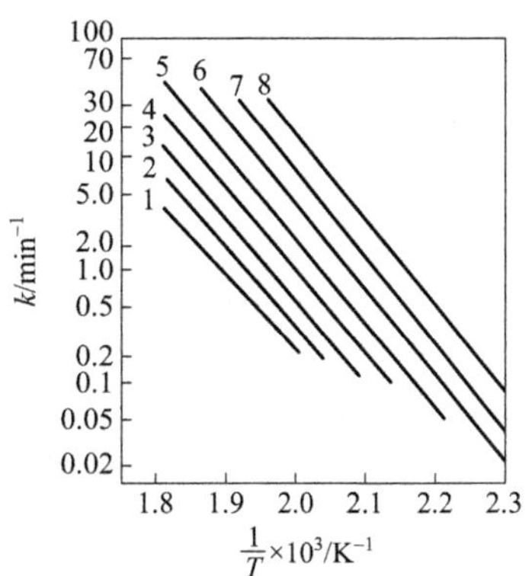

图 3-4-2　温度及硫酸浓度对 D-木糖分解速率常数的影响

H_2SO_4 浓度（mol/L）：1—0.00312；2—0.00625；3—0.0125；4—0.025；5—0.05；6—0.1；7—0.2；8—0.4

图 3-4-2 表明了单糖分解速率常数 k_2 与反应温度、催化剂 H_2SO_4 浓度的关系。D-木糖的原始含量（G_0）为 0.666mol/L，按其直线斜率计算，过程活化能 $E=140$kJ/mol。按不同学者的实验数据，其平均值 $E=110\sim140$kJ/mol[6]。

温度与 H^+ 浓度对木糖分解速率常数 k_2(min^{-1}) 的经验公式如下。

$$k_2=\frac{[H^+]}{0.05}\times 10^{-\frac{700}{T+14.17}} \tag{3-4-1}$$

式中，$[H^+]$ 为 H^+ 浓度，mol/L；T 为热力学温度，K。

图 3-4-3 给出了在较缓和的温度条件下，催化剂浓度为 10%～15%时，木糖脱水动力学研究的结果。动力学曲线在半对数坐标上的直线表明，在所研究的情况下应用一级方程式是正确的。

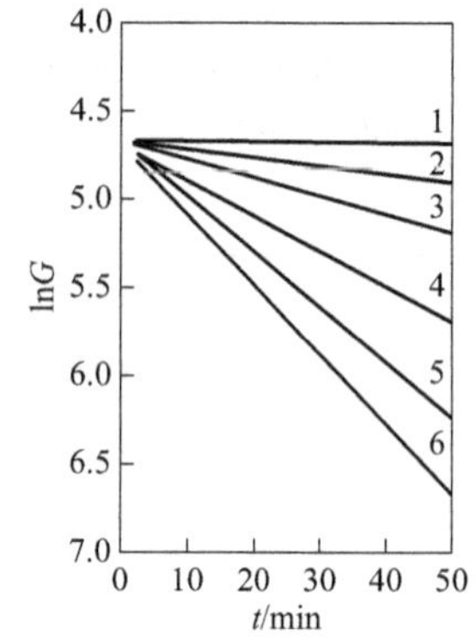

图 3-4-3 D-木糖分解动力曲线的半对数坐标

温度 373K，H_2SO_4 浓度(mol/L)：1—0.00312；2—0.00625；3—0.0125；4—0.025；5—0.05；6—0.1

在 t 瞬时内，糠醛的理论得率 F_X 按式（3-4-2）计算。

$$F_X=\mu G_0(1-e^{-k_2}) \tag{3-4-2}$$

式中，$\mu=\frac{M_{C_5H_4O_2}}{M_{C_5H_{10}O_5}}=0.64$，$M_{C_5H_4O_2}$ 和 $M_{C_5H_{10}O_5}$ 为糠醛和戊糖相应的分子量；G_0 为戊糖原始含量。

式（3-4-2）没有考虑糠醛的损失，实际上在反应区形成糠醛的条件下，总会有糠醛损失反应存在，为此要以式（3-4-3）计算其实际得率 F_Z。

$$F_Z=\frac{\mu G_0 k_2}{k_3-k_2}\left(e^{-k_2 t}-e^{-k_3 t}\right) \tag{3-4-3}$$

式中，k_3 为糠醛分解速率常数。

糠醛实际得率取决于单糖反应能力，各种单糖的反应能力顺序为：木糖＞阿拉伯糖＞糖醛酸。考虑到多糖的水解速率常数 k_1，原料中戊聚糖的糠醛得率以式（3-4-4）计算。

$$F_Z=k_1k_2P\left[\frac{e^{-k_1 t}}{(k_2-k_1)(k_3-k_1)}-\frac{e^{-k_2 t}}{(k_2-k_1)(k_3-k_2)}+\frac{e^{-k_3 t}}{(k_3-k_1)(k_3-k_2)}\right] \tag{3-4-4}$$

式中，P 为原料中戊聚糖含量。

戊糖脱水形成糠醛的速度低于聚戊糖水解速度，所以脱水反应是该过程中起限制作用的阶段。温度升高，k_1～k_3 均升高，而 k_2 比 k_3 升高的幅度大，所以提高温度能够提高糠醛得率，也能提高设备的生产能力。利用该值，按公式（3-4-4）可以近似计算糠醛得率。当以含戊聚糖原料制备糠醛时，糠醛同戊糖的相互作用会明显地影响到 k_2 和 k_3。当在最优化的工艺参数下制备糠醛时，除了化学动力学因素外，还要考虑流体力学、传热和传质等宏观动力学因素的影响。

制备糠醛的复杂系统有如下特点[7]。

① 在水解原料的内部和表面存在催化剂的浓度梯度；

② 化学反应从表面到内部一层一层地进行，随原料颗粒的孔隙率和吸附能力的增加而增加；

③ 溶液中单糖的扩散和液相中糠醛向气相中的扩散，都取决于水解原料的物理结构、含水率及工艺参数。

动力学因素影响到水解和脱水过程的速度、形成的糠醛在反应区滞留的时间 t_3，以及糠醛二次反应深度。糠醛损失量约 80%是由原料颗粒内分子扩散速度低造成的，20%是由从水解锅排出糠醛蒸气时输送过程造成的。因此，对实际应用不需要确定形成糠醛量 F_X 和在反应器中存在的量 F_Z，而是要确定从反应器排出的和输送到冷凝器的量 F_Z'。为了计算 F_Z'，库罗利柯夫考虑了宏观动力学因素对糠醛得率的影响，提出了下面的计算式。

$$F_Z'=F_Z\left(1-e^{-vfD_F S\frac{1}{Q}t}\right) \tag{3-4-5}$$

式中，v 为蒸汽冷凝液排出速度（液比 1）；f 为糠醛挥发系数；D_F 为原料颗粒度对糠醛扩散速度的影响系数；S 为蒸汽流动的流体力学对从反应器排出糠醛的影响系数；Q 为水解锅中糠醛的贮液量对糠醛得率的影响；t 为水解时间，h。

把整个水解过程分成许多时间间隔 Δt（如 15min），借助公式（3-4-5），可以将各动力学因素 v、D_F、S、Q 值代入上式，并作曲线 $F_Z'=f(t)$。该式同样可以估计动力学因素（k_2、k_3）对

F_Z'的影响。k_2、k_3 决定着 F_Z 值（形成糠醛的量），见公式（3-4-3）。

图 3-4-4 给出了水解锅中贮液量对糠醛得率的影响。反应条件：170℃，0.8% H_2SO_4，阔叶木片为原料。各种不同贮液量对从水解锅排出糠醛得率的影响，糠醛得率以原料中理论含醛量的百分数表示。从图中曲线可见：水解时间为 90～120min，戊糖几乎完全脱水而形成糠醛，糠醛在反应区贮量很小。随着水解锅中贮液的增加，糠醛得率大大降低。锅中水量越多，糠醛分子向水解物料表面扩散的速度越慢，到物料表面之后被转移到气相。原料颗粒的尺寸也影响糠醛分子扩散的时间：当增加木片尺寸，从反应锅排出糠醛的得率下降。流体力学因素和排出含醛冷凝液的速度都影响糠醛得率。因此，用含戊聚糖原料水解制备糠醛时，必须采用细分散的原料，水解锅中贮液尽可能少，并尽快地从反应区排出糠醛，以确保其高得率。

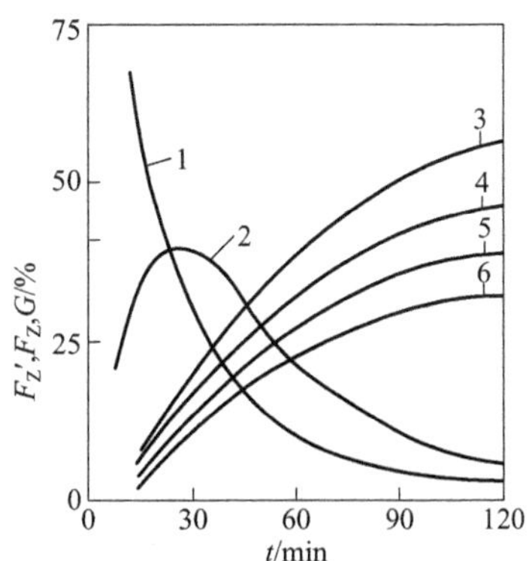

图 3-4-4　反应介质中贮液量对糠醛得率的影响

1—未反应木糖量对原含量的百分比 G；
2—糠醛在反应区的平均含量 F_Z；
3～6—不同贮液量下，从反应器排出糠醛的得率 F_Z'
（液比：3—1.0；4—1.5；5—2.0；6—2.5）

五、影响因素

根据式（3-4-4）和式（3-4-5），可归纳出以下影响糠醛实际得率（F_Z'）的主要因素[6]。

（1）原料的种类和质量　糠醛的得率受原料中戊聚糖含量影响最大，不同种类原料的戊聚糖含量不同，因此其糠醛得率也不相同（见表 3-4-2）。糠醛生产的原料一般都是秋冬季节收购，贮存期长，所以必须妥善保存、通风良好，防止雨淋霉烂造成戊聚糖含量降低。此外，还必须清除原料中夹带的各种无机杂质，如泥砂等。还要通过原料的预加工使其颗粒匀整度达到规定标准。

（2）催化剂的种类和浓度　我国糠醛生产中多采用硫酸作为催化剂，虽然不同种类的酸有不同的催化活性，而硫酸容易获得、要求不高，比较经济，故被普遍采用。硫酸的浓度直接影响 k_1～k_3，最后反映在糠醛得率上。酸浓度低时，反应速度下降，甚至多糖水解不完全，致使糠醛得率下降；若酸浓度过高，反应剧烈，原料焦化，形成的糠醛易被分解，糠醛得率也降低。糠醛生产上常采用 1：（0.3～0.5）（即 100kg 风干植物原料加酸 30～50kg），硫酸浓度 5%～8%。

（3）反应温度　反应温度也是最主要的影响因素之一，它不仅影响糠醛的得率，也影响反应速度，即影响设备的生产能力。糠醛的分解速率常数随温度的升高而增加；糠醛的损失随温度的升高和反应时间的增长而增加。反应温度同时影响戊聚糖的水解速率常数（k_1）、戊糖脱水形成糠醛的速率常数（k_2）和糠醛的分解速率常数（k_3），但反应温度对它们影响的程度是不一样的。在同一温度下，戊聚糖的水解速率常数高于戊糖脱水形成糠醛的速率常数，糠醛分解速率常数低于形成糠醛的速率常数，并随着温度的增加比值 k_2/k_3 也增加。因此，在高温下，戊糖脱水形成糠醛所需时间缩短，糠醛损失减少。

（4）醛汽抽出速度　糠醛在水解锅中形成以后，应使它尽快离开反应区，减少分解。实际上总是难免有部分糠醛残留在反应区内，发生分解。如果能加速排出糠醛，就可以减少其损失而提高得率。加快醛汽抽出速度，普遍采用的具体方法就是增加蒸汽通入量。但是过大的蒸汽通入量会导致水解锅中积水量过多，影响糠醛的蒸发从而增加糠醛的残留量，造成糠醛损失的增加，降低糠醛得率。

（5）氧化反应　糠醛与氧气接触，在室温下也会被氧化，这是一种自动氧化反应。如果有酸等杂质存在，温度又较高，这种自动氧化反应会更加剧烈，最终生成甲酸等有机酸和酸性聚合物。

在间歇水解锅装料中，必然会带进空气，形成的糠醛在气相被氧化，木糖也会被氧化，而且木糖的氧化速度是糠醛的 1.5 倍。糠醛因氧化而分解的损失约占糠醛形成量的 30%～35%。如果用惰性气体取代空气可以提高糠醛得率。生产上可用先抽空气，然后利用吹水蒸气的办法赶除原料颗粒间和毛细管里的空气，也可达到降低氧化损失的效果。

第三节　糠醛生产工艺与装备

按水解原理和形成糠醛的过程可把糠醛的生产方法分为直接法和间接法。直接法是把含戊聚糖的原料装入水解锅中，在催化剂和热的作用下，使戊聚糖水解成戊糖，同时戊糖又被脱水形成糠醛。间接法是戊聚糖的水解反应和戊糖的脱水反应分成两步，分别在不同的设备中完成。间接法生产糠醛的目的主要就是提高糠醛得率，还可以生产木糖，根据市场需要灵活调整产品种类及产量。此外，以戊糖水解液为原料生产糠醛更易于实现连续化操作。目前的糠醛生产大都采用直接法。

除了上述分类法之外，还可依据对水解原料利用的程度分类，分为一段水解法和二段水解法。

一段水解法：只对原料中的半纤维素进行一段水解，水解的残渣（纤维木质素）作为燃料。这种水解方法多是以硫酸和盐类作为催化剂，也有的无外加酸，进行自生酸催化水解。

二段水解法：先对原料中的半纤维素进行第一段水解，之后再升温进行第二段水解——纤维素水解，以使植物原料中的多糖得到充分利用[7,14]。

一、一段水解法

1. 基本工艺流程

直接法糠醛生产的原料中戊聚糖水解和戊糖脱水生成糠醛的反应是在同一个水解锅中进行的，这种工艺操作过程可称为蒸醛。其中包括混酸装料、升压、排空、再升压、排醛（串锅）、降压、排渣、检查等操作步骤。这一全部蒸煮操作过程所需用的时间又称为水解周期或操作周期。水解工段是生产糠醛过程中最重要的部分。我国比较典型的水解工艺流程就是间歇式中压串联水解工艺，如图 3-4-5 所示。

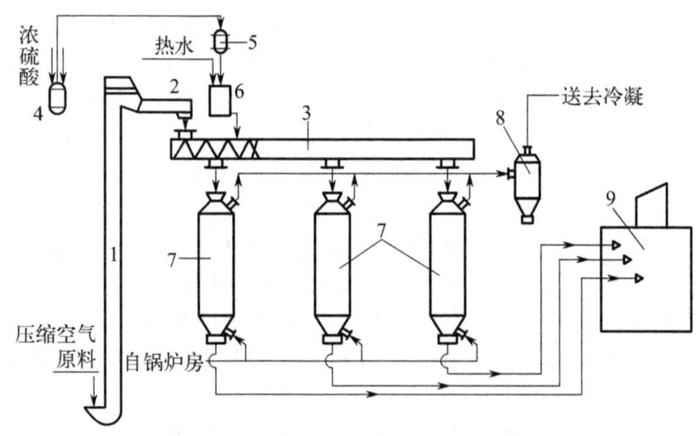

图 3-4-5　我国典型糠醛生产工艺流程

1—斗式提升机；2—螺旋输送机；3—混酸机；4—酸槽；5—酸计量槽；6—配酸槽；7—水解锅；8—分离器；9—喷放器

生产糠醛的植物原料通过自然干燥和预处理，进行混酸，通过串联蒸煮，获得含糠醛的冷凝液。水解压力多为 0.5MPa，醛汽经气相中和后可采用废热回收装置回收热能，然后通过蒸馏、精制得到糠醛成品。

在图 3-4-5 的糠醛生产工艺流程中，玉米芯等植物原料从备料工段经斗式提升机 1 和螺旋输送机 2，送到混酸机 3。浓硫酸由酸槽 4 经酸管压至酸计量槽 5，计量后慢慢送入已放好温水的配酸槽 6 中，配成 6%～8%的稀酸，在混酸机 3 中以固液比 1∶0.4 进行均匀混合后送入水解锅 7。经分离器 8 分离杂质后，送去冷凝。排醛后，借水解锅内余压排出锅内残渣，到喷放器 9 中。

混酸装料过程中常采用“带汽装锅”，即在装料同时也向锅内通入蒸汽。这是因为“带汽装锅”可以提高装锅密度、装锅量、单锅产醛量和设备利用率，在预热原料、减少升温时间的同时，驱赶锅内空气和装料时带入的空气，避免蒸煮时造成锅内假压，减少糠醛的氧化损失，还可以降低原料中毛细管系统的内压，利于酸液的渗透。除“带汽装锅”外，采用机械或人工搅动也可提高装锅量。另外，在装料时要避免大颗粒原料多滑向水解锅的四周，使装料均匀，有利于加热蒸汽均匀通过料层，使物料均匀水解。

装料结束后，关闭上盖进行升压。升压期间再排除锅内空气，可减少对产品的氧化作用，并使锅内蒸汽压力和温度相对应，避免假压。通气速度应逐渐由小到大，使蒸汽能自下而上全面均匀地通过料层上升。开始时通气速度不能太快，否则会造成蒸汽短路、物料受热不均、远处物料形成醛后不能及时被蒸汽带出、原料被蒸汽逐渐压紧而不易排渣，以及延长蒸煮时间和整个水解周期等弊病。在升压过程未达到预定的水解压力（约 $3kg/cm^2$）之前，打开水解锅上部排气管进行排空约 0.5～1min，并可在继续升压之后再如此排空一次。排空的目的是排出锅内原料间和原料内可能存在的空气，一方面可以减少氧化损失，另一方面还可以避免造成假压，使压力与温度不符。另外，锅内压力升高后再降低时，也可使原料内部毛细管系统内压降低，有利于酸液的渗透。排空后再继续通入蒸汽升压直至设定的水解压力。

当排空后继续升压至设定水解压力和温度时，即可算作正式进行原料的水解和脱水过程，开始从水解锅上部排气管排出含醛水蒸气，同时仍不断从水解锅下部通入蒸汽并保持锅内的压力稳定。较适宜的水解温度为 175～180℃，相应的绝对压力为 0.9～1.0MPa（表压 0.8～0.9MPa），我国多数厂家采用 0.5～0.7MPa 绝对压力（表压 0.4～0.6MPa），其相应温度为 150～164℃。蒸煮加热一般用饱和水蒸气，但为保持蒸煮温度，减少锅内积水和糠醛的损失，特别是对含水率高的原料蒸煮时，可采用低过热蒸汽（200～240℃）加热。

蒸煮排醛时间（或水解时间）应根据原料种类、水解锅容积、酸的浓度、液比和出醛的浓度等各种条件因素而确定，生产中常根据蒸煮的糠醛浓度曲线加以确定。

在间歇式单锅蒸煮的条件下，各种原料在蒸煮排醛过程中所排出含醛水蒸气中的糠醛浓度都是随时间按一定规律变化的。在固定醛汽流量时，测定醛的浓度，即可得出单锅蒸煮的糠醛浓度变化曲线。

对不同原料，其蒸煮糠醛浓度曲线形状、各阶段糠醛浓度和时间都有所差别，但曲线的基本形状都很相似。图 3-4-6 给出了蒸煮反应过程排出的水蒸气中糠醛和乙酸浓度随时间变化的曲线，其中糠醛浓度变化曲线可分为增浓、高峰、降浓和尾浓四个阶段。但这四个阶段曲线的形状，如各阶段所占时间的长短、可能达到的糠醛浓度等，随原料的种类和蒸煮条件而改变。提高反应温度和硫酸浓度，都可使高峰阶段提前，但温度的影响更显著。

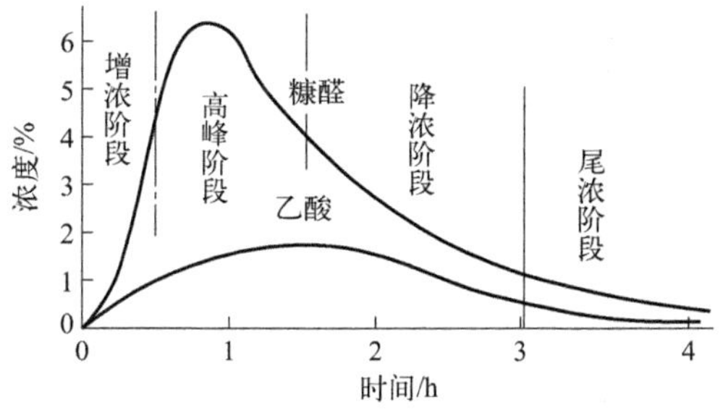

图 3-4-6　糠醛和乙酸浓度随时间的变化

对于某种原料和蒸煮工艺条件，都能绘出出醛浓度随时间变化的曲线，用于选择适宜的蒸煮时间，以求得到糠醛得率高、蒸煮时间适宜、水解锅生产能力大、糠醛浓度高和水蒸气消耗量低的最适宜工艺条件。

单锅操作时，糠醛平均浓度低，蒸煮和蒸馏水蒸气消耗都较大，而且蒸汽用量不平稳，高峰阶段出醛多需要加大用汽量，降浓阶段为保证糠醛浓度则要减少水蒸气用量，这样就影响到蒸馏和气相中和等操作。

生产上通常采用双锅或多锅串联，即将前一台水解锅后半期（降浓阶段）抽出的含醛较少的蒸汽通到后一台水解锅，作为该水解锅出醛时的加热蒸汽。采用双锅串联可以提高并稳定糠醛浓度，一般平均可由 4%提高到 5%～6%。这样，蒸煮工序生产每吨糠醛的蒸汽用量由 25t 降到 17t，同时也节省蒸馏加热蒸汽。此外，还可提高并稳定有机酸（以乙酸为主）浓度，既可以发挥有机酸的催化作用，同时又为管道气相中和创造了良好条件。但是，串联锅数多了，虽然醛汽中糠醛浓度提高，但前一台水解锅排出的醛汽中糠醛在反应区停留时间增长，分解量会增多。而且，串联操作每一锅压力降约为0.05～0.1MPa。串联锅数越多，压力降也越大，反应温度随压力降的增大而下降，影响到正常的蒸煮操作所要求的温度条件。因此，一般采用双锅串联。采用双锅串联，还可改进锅炉车间的生产操作和适当延长出醛时间，增加一部分糠醛得率。对于有机酸得率较高的原料和燃料价格较高的地区，可考虑增加串联的锅数，如改用三锅串联。

蒸煮水解时间终了之后，停止排醛汽，即可关闭阀门，然后开启喷放器的阀门，利用水解锅内的剩余压力进行喷放排渣。每个蒸煮周期结束后要对相关设备进行检查。

2. 蒸煮工艺条件

常用的蒸煮工艺条件见表3-4-4。蒸煮时间随原料种类、蒸煮条件和水解锅容积的不同而变化。

表3-4-4　常用的蒸煮工艺条件

控制项目		工艺要求	
		油茶壳	其他原料
水解压力/MPa		0.5～0.7	0.4～0.8
水解温度/℃		150～160	140～170
硫酸浓度/%		9～10	5～8
液比	气干原料计	1∶0.4	1∶(0.3～0.5)
	绝干原料计	1∶0.5	1∶(0.4～0.6)
蒸煮周期	总计/min	240	240～480
	装锅时间/min	30	
	升温时间/min	40	
	出醛时间/min	160	
	排渣和检查/min	10	
排渣时锅内压力/MPa		0.3	
快开阀开启压力/MPa		0.4	

蒸煮用的蒸汽，一般采用饱和蒸汽，为了降低锅底积水，也可用过热度较低的蒸汽，以防止蒸汽温度过高而使锅底原料焦化。水解压力（温度）是最重要的蒸煮参数，它直接影响排醛的时间、排醛的浓度、蒸煮周期、醛得率、水蒸气消耗量和残渣中的醛含量等。

排醛时间随水解压力的不同而不同，不同水解压力的排醛时间见表3-4-5。其条件为水解锅容积5m^3、原料为棉籽壳（含水率13.49%，绝干原料含醛率15.5%）、单锅蒸煮。

为了得出水解压力与醛浓的关系，分别选用0.75MPa和1.0MPa的水解操作压力进行试验。在保证足够蒸煮出醛时间的前提下，根据醛汽分析结果，做出醛浓和乙酸浓度变化曲线，见图3-4-7。从糠醛浓度变化曲线可以看出：出醛的浓度随着水解操作压力的提高而增加，醛浓的高峰随着水解操作压力的提高而提前，出醛时间随着水解操作压力的提高而缩短。

表3-4-5　不同水解压力下排醛时间

水解操作压力/MPa	蒸煮出醛时间/min
0.50	240
0.75	130
1.00	80

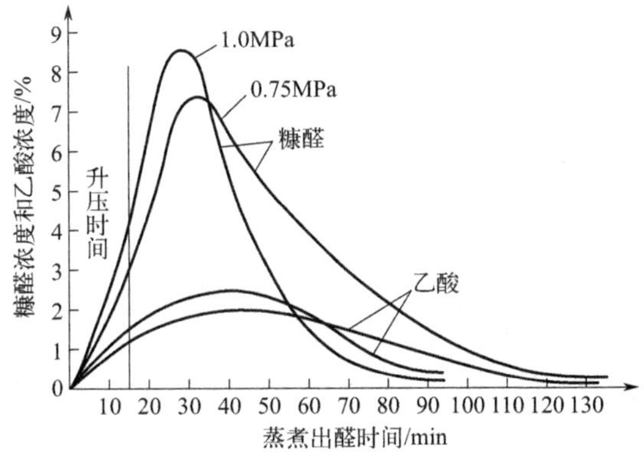

图 3-4-7　不同压力下出醛时间和糠醛、乙酸浓度的关系

为了得出蒸煮压力与蒸煮周期的关系，取醛汽尾浓 0.4%为水解出醛结束时间进行试验，得出在不同水解蒸煮操作压力下糠醛的生产周期，见表 3-4-6。生产操作周期随着水解操作压力的提高而缩短。

表 3-4-6　不同水解蒸煮操作压力下糠醛的生产周期

水解操作压力/MPa	出醛时间/min	糠醛生产操作周期/min
0.50	240	280
0.75	105～110	140～150
1.00	60～75	100～115

为了得出蒸煮压力与醛产量和得率的关系，进行了不同水解操作压力下糠醛产率的分析，结果列于表 3-4-7。提高蒸煮压力即提高蒸煮温度，大大提高戊糖脱水形成糠醛的速度，缩短反应时间，有助于减少糠醛的分解，提高得率。实践结果证明，提高水解操作压力，能大幅度地缩短水解出醛时间，对糠醛的产量和产率有所提高，可达理论产醛率的 55%以上。

表 3-4-7　不同水解操作压力下糠醛产率

锅次	水解操作压力/MPa	绝干原料含醛率/%	绝干原料精醛产率/%	绝干原料精醛产率/绝干原料含醛率/%
1	0.50	18.54	9.25	49.9
2	0.50	18.54	9.66	52.1
3	0.75	15.50	8.51	54.9
4	0.75	15.50	9.05	58.4
5	1.00	15.50	8.38	54.1
6	1.00	15.50	8.90	57.4

为了得出蒸煮压力与蒸汽消耗的关系，进行了 0.5MPa 压力下水解棉籽壳的试验，结果见表 3-4-8。由于提高压力缩短了蒸煮周期，而蒸汽流速增加的倍数比蒸煮时间缩短的倍数要小。糠醛生产蒸汽消耗随着蒸煮压力的提高而降低。

表 3-4-8　各种不同水解蒸煮压力下糠醛生产蒸汽消耗情况

锅次	水解操作压力/MPa	出醛阀开度/圈	出醛时间/min	醛液流量/(kg/min)	蒸汽用量/kg	粗糠醛产量/kg	糠醛单位蒸汽消耗/(t/t)
1	0.50	1	240	17.65	4230	101.5	36.6
2	0.50	1	240	17.60	4224	107.0	39.0
3	0.75	1	105	22.35	2347	79.4	32.0
4	0.75	1	110	21.21	2333	84.6	30.0
5	1.00	1	75	25.91	2013	78.8	27.0
6	1.00	1	60	31.69	1901	83.6	26.0

为了得出蒸煮压力对残渣中纤维素含量的影响规律，还分析了不同蒸煮压力条件下残渣的纤维素含量。结果表明，提高糠醛生产蒸煮压力，在使用饱和蒸汽的条件下，对残渣纤维木质素中纤维素的含量没有影响。

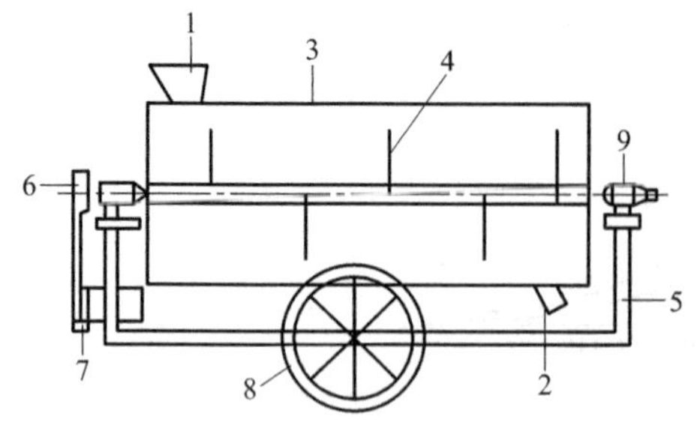

图 3-4-8　酸料搅拌器

1—原料入口；2—酸料出口；3—机壳；4—拨辊；5—机架；6—皮带轮；7—电动机；8—车轮；9—轴瓦

3. 蒸煮工段主要设备

蒸煮工段又称水解工段，主要设备有酸料搅拌器和水解锅。

（1）酸料搅拌器　酸料搅拌器又称混酸机，生产上常用的液比是 1∶(0.3～0.5)。均匀混酸是提高醛得率的关键因素之一。由于植物原料密度小、体积大、酸液量少，为了保证混酸效果，使酸液均匀分布在植物原料表面，并能渗透到原料内部，对酸料搅拌器的要求较高。酸料搅拌器设有酸液分配装置（一般用喷淋方式）和搅拌器，见图 3-4-8。

（2）水解锅　水解锅是糠醛生产的重要设备。根据工艺操作特点，要求水解锅能承受操作压力和高温作用下 5%～10%硫酸的腐蚀，结构上有利于水解残渣的顺利排放，使排放后锅内的残渣量很少。糠醛生产上的水解锅有蒸球、立式水解锅、带搅拌的立式水解锅等。蒸球和带搅拌的立式水解锅都具有搅拌原料的作用，可以强化水解反应过程。常用的有立式间歇水解锅和立式连续水解锅两种。

二、二段水解法

糠醛-己糖二段水解法，有利于水解原料的综合利用。

（一）二段水解工艺流程

图 3-4-9 介绍的是制备含醛冷凝液的工艺流程。经过预处理的棉籽壳，在混酸机 3 中用 8%～10%浓度的硫酸溶液浸渍，酸比 0.3～0.5，酸液经雾化后喷到原料上。

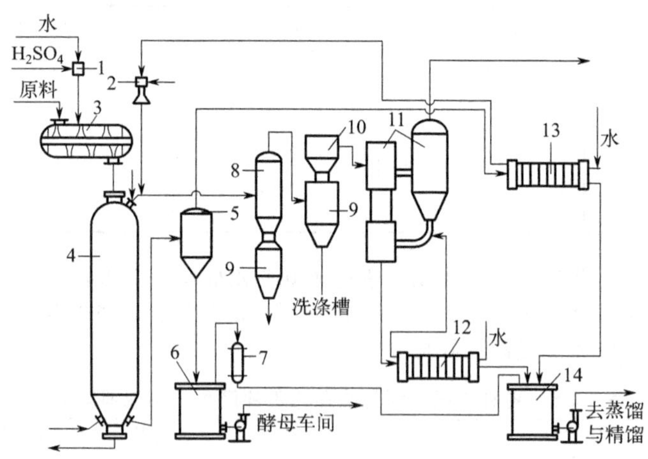

图 3-4-9　糠醛-己糖水解制备含醛冷凝液工艺流程

1—酸水混合器；2—喷射式水加热器；3—混酸机；4—水解锅；5—蒸发器；6—己糖水解液贮槽；7—冷凝器；8，10—分离器；9—过滤器；11—蒸汽发生器；12—换热器；13—预热器；14—含醛冷凝液贮槽

混酸原料装入水解锅 4（约 37m^3）之后，从水解锅底部采用直接蒸汽加热 3～5min，进行排空，以排出不凝性气体，水解锅内压力从 0.3MPa 降到 0.12MPa。所排出气体的组成，对 1t 绝干原料为 1～2kg 糠醛、2～3kg 乙酸和 0.5kg 甲醇。将混合气体冷凝后送到含醛冷凝液贮槽。

糠醛生产中使用饱和蒸汽会提高冷凝液量。在预热原料和糠醛蒸煮时一般采用240℃的过热蒸汽，其热焓为2900kJ/kg，压力为1.4～1.5MPa。在进行气相糠醛蒸煮的同时，从水解锅底部供给直接蒸汽、从上部排出含醛蒸汽，并经分离器8和过滤器9除去原料中的碎屑和纤维木质素，之后收集在贮槽中。分离出去的蒸汽进入蒸汽发生器11，以便回收热量和生产具有0.3～0.4MPa压力的二次蒸汽，并进一步用于加热蒸馏塔，剩余的蒸汽送到酵母车间。含醛冷凝液从贮槽14送到蒸馏浓缩和净化工段。有的流程要进行有机酸冷凝液的中和，以便降低对设备的腐蚀和糠醛的树脂化。

糠醛蒸煮在150～160℃下进行90min，通过过滤管通入蒸汽来吹出含醛蒸汽，适宜的排醛速度取决于原料颗粒度和水解锅大小。对于1m^{3}水解锅，排出醛汽的速度约为1.45kg/h。

完成糠醛蒸煮之后，要用水洗涤纤维木质素，洗涤水送去中和。纤维木质素中难水解多糖的渗滤水解一般在185℃、1.15MPa下进行，水解锅的周转时间为8h。纤维木质素的渗滤水解可以采用垂直渗滤或垂直-水平法进行。所得水解液用于酵母生产，但这种水解液中含有较高的糠醛和其他抑制生物活动的杂质。所以这种水解液要与生物纯度较高的水解液混合使用，渗滤水解后得到绝干原料量30%～40%的水解工业木质素，其含水率为70%左右，木质素中含硫酸6%～8%。

（二）二段水解的工艺参数

1. 酸催化二段水解参数

表3-4-9给出了棉籽壳二段硫酸催化水解的主要参数。

表3-4-9　棉籽壳二段硫酸催化水解的主要参数

操作名称	时间/min	压力/MPa	温度/℃	硫酸浓度/%	排出液比
酸料混合	—	—	—	10.0	—
装料	45	—	—	—	—
加热排放不凝气体	45	0.1～0.15	100～110	—	
糠醛蒸煮	150	0.15～0.75	110～170	—	1.5～2.0
排醛	15	0.75～0.3	170～135	—	0.2～0.3
升压	15	0.3～0.8	135～170	—	—
供酸	40	0.8～0.9	170～175	0.6～0.7	—
渗滤排水解液	120	0.9～1.1	175～185	0.6～0.7	0.6
洗涤与压液	50	1.1～1.2	185～190	—	2.0
排放木质素	10	0.2～0.3	120～130	—	—

以棉籽壳为原料，经糠醛-己糖酸催化二段水解，糠醛得率为7%～8%，还原糖得率为绝干原料的23%。同样也可以葵花籽壳为原料，进行糠醛-己糖酸催化二段水解，第一段水解的参数为：拌酸比为0.33m^3/t，10.5% H_2SO_4，酸液雾化喷洒在原料上；水解锅预热30min，压力达0.7MPa，排醛终了时压力达0.8MPa，排醛时间为60min，而后压力降至0.2MPa，含醛冷凝液的排出液比为2.2，醛得率为绝干原料的6.5%。

2. 盐催化制备糠醛

第一段糠醛蒸煮除了以无机酸为催化剂之外还可以用酸式盐、强酸弱碱盐，在水解过程中能起催化作用。实际应用的有磷酸盐、含$Ca(H_2PO_4)_2$盐（过磷酸钙、重过磷酸钙），以及硝酸盐和氯化铵。固体$Ca(H_2PO_4)_2$经粉碎，计量后与含水率为30%～50%的阔叶材混合，送去水解。表3-4-10给出了阔叶材在80m^{3}水解锅中进行糠醛-己糖$Ca(H_2PO_4)_2$催化二段水解的参数。

$Ca(H_2PO_4)_2$ 消耗量为原料量的 4%。

表 3-4-10 阔叶材糠醛-己糖 $Ca(H_2PO_4)_2$ 催化二段水解参数

操作	时间/min	压力/MPa	温度/℃	酸浓/%	冷凝液/水解液排量	
					m^3	液比
盐催化的装锅	40		—	—	—	—
预热(放大气 4min)	50	0.9	175	—	—	—
醛气馏出	180	0.9～1.0	175～180	—	33.5	3.35
排醛	10	1.0～0.4	180～145	—	1.0	0.1
供酸和升压	30	0.4～0.9	145～175	1.0	—	—
渗滤	120	0.9～1.3	175～190	0.6	62.0	6.2
洗涤	30	1.3	190	—	16.0	1.6
压干	40	1.3～0.9	190～165	—	19.0	1.9
排木质素	10	0.7～0.1	165～100	—	—	—
总计	510				34.5/97	3.45/9.7

三、有机酸中和

原料在水解过程中产生了一定量的有机酸（乙酸、甲酸），其生成量与原料种类和水解条件有关。以棉籽壳、玉米芯为原料时约 2%，以油茶壳为原料时约 4%。为了回收有机酸，提高糠醛成品的纯度，以及减少后续生产设备的腐蚀，有必要对有机酸进行中和除去并回收。中和方式有 2 种，即：a. 醛汽的气相中和；b. 蒸馏液的液相中和。

中和试剂常用石灰乳或纯碱（Na_2CO_3）溶液。

1. 醛汽的气相中和

醛汽的气相中和是在醛汽从水解器中蒸出后使其进入中和管或中和塔内进行。通常采用石灰乳或纯碱溶液进行管式连续气相中和，中和至中和液 pH=7.5～8.0。以纯碱溶液进行中和的主要反应为：

$$Na_2CO_3+2CH_3COOH \longrightarrow 2CH_3COONa+H_2O+CO_2$$

纯碱一般配成 12%～13%（以纯干 Na_2CO_3 计）的溶液，并应预热到 80～90℃，用压缩空气压入中和管进行中和，以防止中和时醛汽冷凝及在碱液中分解。为此，中和管道和中和后的溶液分离器都需要保温。压缩空气的压力维持在气相中和操作的压力，且需根据水解操作压力而定。

中和后，溶质主要为乙酸钠的中和液可送往乙酸钠车间回收生产结晶乙酸钠。中和后的醛汽进行热回收利用或直接冷凝为原液。气相中和的优点是可使糠醛生产过程连续化，减少后续生产设备的酸腐蚀，且中和液中乙酸钠浓度高（可达 15%，而从塔底废水中和回收的乙酸钠浓度约 2%～3%），便于加工利用，碱液与醛汽接触时间短（0.1～0.5 s），糠醛破坏少，设备简单，操作方便。

2. 蒸馏液的液相中和

当不进行醛汽气相中和时，大部分有机酸将进入原液蒸馏塔下余馏水之中（浓度 1%～2%），回收难度大大增加，且在粗糠醛中仍含一定量（0.3%～0.4%），降低糠醛品质。为此，可进行蒸馏液的液相中和（也有的是在气相中和之后进行补充中和）。中和采用 10%左右纯碱溶液（用碱量为粗醛 3%），在中和槽内进行，同时加搅拌，也有在分醛罐中进行中和的工艺。中和后含有乙酸钠的水溶液浮于上层，可分离出来送去回收乙酸钠。

3. 水洗法

采用中和法，碱对糠醛有一定的破坏作用，因而产生了水洗脱酸的工艺。其原理是依据酸在水与糠醛中分配率的不同，从而把糠醛中的酸分洗去。水洗后的粗糠醛，不仅酸分含量很低，而且沸点与杂质的含量也降低。水洗后的含醛饱和水溶液，最后必须回到初馏塔，以回收其中的糠醛。国内现行的水洗工艺是在填料塔内进行，两股液流（粗糠醛与水）在塔内多次逆流接触与分离，其粗醛与水的质量流速比约为 1∶(1.0～1.5)，依设备的效率高低而不同。水洗后可使乙酸含量降低至水洗前的 0.3～0.5 倍，低沸物降低为水洗前的 0.2 倍，糠醛含量由 85%～86%提高到 92%～93%，并可缩短间歇真空精制时头馏分蒸馏时间 1.5～2 h。水洗液含醛约 30%，可送回到初馏塔回收。水用量约为粗醛的 3 倍。水洗后也可再进行补充中和，用碱量减少。

四、蒸馏与净化

（一）糠醛蒸馏的基本原理

在糠醛生产中，含醛冷凝液是中间产物，中和后的含醛冷凝液称为原液。按一段水解或二段水解工艺加工含戊聚糖原料时，得到含 4%～6%糠醛的冷凝液，其中含水 90%以上，低沸点杂质的含量约为糠醛含量的 5%～15%，其中主要是甲醇、丙酮、乙醛等，以及残留的有机酸（乙酸和甲酸）。由于冷凝液中杂质特性差异较大，采用不同工艺流程、设备和工作参数达到糠醛浓度的增浓和提纯，最后得到商品糠醛。为此，要研究与蒸馏净化有关的各种特性。

1. 糠醛及其杂质的主要特性

表 3-4-11 给出了糠醛及其伴生杂质的主要特性。其中 2-糠基甲基酮（又名乙酰基呋喃）和 5-甲基糠醛的沸点高于糠醛，在蒸馏过程中成为尾馏分，其他杂质的沸点都低于糠醛，成为头馏分。在实际生产中，有机酸的蒸馏特性随着糠醛浓度的变化而改变，乙酸在稀糠醛溶液中蒸馏成为尾馏分，在浓糠醛溶液蒸馏时成为头馏分。

表 3-4-11 糠醛及其伴生杂质的主要特性

组成	分子量	沸点(常压)/℃	冰点/℃	闪点/℃	密度(20℃)/(10^3kg/m^3)	折射率(n_d^{20})	比热容/[J/(g·℃)]	汽化潜热/(kJ/kg)
甲醇	32.0	64.7	−97.8	−1	0.793	1.3312	2.512	1129.43
甲酸	46.0	100.8	8.6	66	1.220	1.3714	2.181	494.04
乙酸	60.1	118.1	16.7	38	1.046	1.3715	2.043	405.07
乙醛	44.1	20.2	−123.5	−38	0.783	1.3392	—	570.24
丙酮	58.1	56.5	−94.6	−18	0.791	1.3591	—	523.35
糠醛	98.1	161.7	−36.5	60	1.160	1.5261	2.152	450.08
2-糠基甲基酮	110.0	175.0	33	71	1.098	1.502	—	—
5-甲基糠醛	110.0	187.0	—	—	1.109	1.5300	1.742	—

2. 糠醛-水溶液蒸馏平衡组成

常压下糠醛-水溶液蒸馏平衡组成见表 3-4-12。糠醛-水溶液的沸点随着混合液组成的变化而改变。混合液的沸点低于该两组分中任一纯组分的沸点。当糠醛质量分数达到 35.2%（相当于物质的量浓度 9.2%）时，混合物即形成共沸物。因此，糠醛-水溶液有一最低沸点的共沸物，常压下为 97.8℃。

表 3-4-12　常压下糠醛-水溶液蒸馏平衡组成

沸点/℃	糠醛浓度(质量分数)/%		沸点/℃	糠醛浓度(质量分数)/%	
	液相	气相		液相	气相
99.90	0.2	1.5	98.13	9.0	30.5
99.82	0.4	3.0	98.07	10.0	31.7
99.74	0.6	4.4	98.02	11.0	32.6
99.67	0.8	5.8	97.98	12.0	33.3
99.60	1.0	7.0	97.95	13.0	33.9
99.42	1.5	10.0	97.93	14.0	34.4
99.25	2.0	12.7	97.92	15.0	34.7
99.11	2.5	15.0	97.91	16.0	34.8
98.99	3.0	17.1	97.91	17.0	34.9
98.87	3.5	19.0	97.90	18.0	35.0
98.76	4.0	20.7	97.80	18.4	35.2
98.66	4.5	22.2	97.80	18.4～84.2	35.2
98.58	5.0	23.6	98.70	92.5	35.8
98.50	5.5	24.8	100.60	95.5	39.7
98.43	6.0	25.8	109.5	97.7	55.6
98.37	6.5	26.8	122.5	98.4	71.7
98.31	7.0	27.7	146.00	98.8	90.5
98.26	7.5	28.5	154.80	99.2	95.7
98.21	8.0	29.2	158.80	99.6	97.7
98.17	8.5	29.9	161.70	100.0	100.0

当糠醛原液（浓度5%～6%含醛冷凝液）蒸馏时得到有最低沸点（97.8℃）的恒沸物，物质的量浓度为9.2%，质量分数为35.2%。当物质的量浓度超过9.2%（或质量分数超过35.2%）的糠醛溶液蒸馏时，气相中糠醛浓度低于液相中糠醛浓度，糠醛比水难挥发。因此，糠醛蒸馏是分两步进行的，先得到粗糠醛，再得到精糠醛。

实际上，糠醛原液是含有水、糠醛、甲醇、乙酸等的多元混合物。多元混合物的蒸馏问题非常复杂，一般拆成若干组三元混合物来剖析其蒸馏规律。

3. 糠醛在水中的溶解度

糠醛和水部分互溶，它们的相互溶解度随温度的不同而改变，见表3-4-13。糠醛在水中的溶解度随温度的上升而增加，其临界温度为120.9℃，在这个温度下糠醛和水不再分层。

表 3-4-13　糠醛在水中的溶解度

温度/℃	水层中糠醛浓度(质量分数)/%	糠醛层中浓度(质量分数)/%	温度/℃	水层中糠醛浓度(质量分数)/%	糠醛层中浓度(质量分数)/%
10	7.9	96.1	70	13.2	90.3
20	8.3	95.2	80	14.8	88.7
30	8.8	94.2	90	16.6	86.5
40	9.5	93.3	97.9	18.4	84.1
50	10.4	92.4	120.9	50.7	50.7
60	11.7	91.4			

蒸馏得到的恒沸物，冷却后即分成两层，上层为糠醛的水溶液，下层为水的糠醛溶液。低沸点杂质的存在会增大糠醛与水的互溶度。

4. 糠醛水溶液的组成与密度和折射率的关系

稀糠醛水溶液的组成与密度的关系见表3-4-14。浓糠醛水溶液的组成与密度和折射率的关系见表3-4-15。随着糠醛浓度的增加，糠醛水溶液的密度也增加。浓糠醛水溶液的折射率也随着糠醛纯度的增加而增加。生产上常通过折射率的测定来判断产品纯度。

表 3-4-14　稀糠醛水溶液的组成与密度的关系

糠醛浓度（质量分数）/%	密度/(10^3kg/m^3)		糠醛浓度（质量分数）/%	密度/(10^3kg/m^3)	
	20℃	25℃		20℃	25℃
0	0.9982	0.9971	4.6	1.0068	1.0054
0.2	0.9986	0.9974	4.8	1.0072	1.0058
0.4	0.9990	0.9978	5.0	1.0075	1.0062
0.6	0.9993	0.9982	5.2	1.0079	1.0065
0.8	0.9997	0.9985	5.4	1.0083	1.0069
1.0	1.0001	0.9989	5.6	1.0086	1.0073
1.2	1.0005	0.9993	5.8	1.0090	1.0086
1.4	1.0008	0.9996	6.0	1.0094	1.0080
1.6	1.0012	1.0000	6.2	1.0098	1.0084
1.8	1.0016	1.0003	6.4	1.0101	1.0087
2.0	1.0020	1.0007	6.6	1.0105	1.0091
2.2	1.0023	1.0011	6.8	1.0109	1.0094
2.4	1.0027	1.0014	7.0	1.0113	1.0098
2.6	1.0031	1.0018	7.2	1.0116	1.0102
2.8	1.0034	1.0022	7.4	1.0120	1.0105
3.0	1.0038	1.0025	7.6	1.0124	1.0109
3.2	1.0042	1.0029	7.8	1.0127	1.0113
3.4	1.0046	1.0033	8.0	1.0131	1.0116
3.6	1.0049	1.0036	8.2	1.0135	1.0120
3.8	1.0053	1.0040	8.3	1.0137	—
4.0	1.0057	1.0044	8.4	—	1.0124
4.2	1.0060	1.0047	8.6	—	1.0127
4.4	1.0064	1.0051			

表 3-4-15　浓糠醛水溶液的组成与密度和折射率的关系

糠醛浓度（质量分数）/%	密度/(10^3kg/m^3)	折射率(n_d^{20})	糠醛浓度（质量分数）/%	密度/(10^3kg/m^3)	折射率(n_d^{20})
100	1.1600	1.5260	96.8	1.1563	1.5204
99.8	1.1598	1.5256	96.6	1.1560	1.5201
99.6	1.1595	1.5252	96.4	1.1558	1.5198
99.4	1.1593	1.5250	96.2	1.1556	1.5194
99.2	1.1590	1.5246	96.2	1.1554	1.5191
99.0	1.1588	1.5244	95.8	1.1552	1.5188
98.8	1.1585	1.5238	95.6	1.1550	1.5184
98.6	1.1583	1.5234	95.4	1.1549	1.5181
98.4	1.1580	1.5230	95.2	1.1548	1.5176
98.2	1.1578	1.5227	95.0	1.1547	1.5171
98.0	1.1576	1.5224	94.8	1.1546	1.5167
97.8	1.1574	1.5220	94.6	1.1545	1.5163
97.6	1.1572	1.5217	94.4	1.1544	1.5160
97.4	1.1569	1.5213	94.2	1.1543	1.5157
97.2	1.1567	1.5210	94.0	1.1542	1.5154
97.0	1.1565	1.5207			

5. 糠醛-水恒沸组分与蒸汽压和沸点的关系

糠醛-水恒沸组分与蒸汽压和沸点的关系见表 3-4-16。糠醛为少量组分时，随着糠醛浓度的增加，糠醛-水恒沸组分的沸点增高。

表 3-4-16　糠醛-水恒沸组分与蒸汽压和沸点的关系

沸点/℃	蒸汽压/kPa	糠醛含量(质量分数)/%	沸点/℃	蒸汽压/kPa	糠醛含量(质量分数)/%
30	3.76	29.45	70	34.15	34.30
35	5.09	30.50	75	42.23	34.60
40	7.07	31.30	80	52.15	34.80
45	9.29	31.95	85	63.31	35.00
50	12.43	32.55	90	76.11	35.10
55	16.37	33.10	95	90.69	35.17
60	21.24	33.55	97.8	101.3	35.20
65	27.12	33.95	100.0	107.44	35.22

（二）糠醛蒸馏工艺流程和工艺条件

糠醛的蒸馏是在初馏塔（或称糠醛塔）中完成的，其任务就是把原液中的大量水分在塔釜中除去，同时除去所含的少量乙酸。应尽可能减少随塔底废水带走的糠醛量。

糠醛蒸馏操作可以在一个塔或两个塔中完成。而在设计糠醛原液的蒸馏时，在决定采用的蒸馏塔板数目时，要考虑下面的原则。

① 设计蒸馏塔的提馏段时，以糠醛作为易挥发组分，用一般方法计算。其他低沸点杂质，如甲醇、丙酮等都具有不小于糠醛的挥发系数，显然能提馏糠醛的塔板数，也足够提馏其他低沸点杂质。

② 蒸馏塔的精馏段按甲醇计算，把它精馏到一定程度。用这种方法确定的塔板数，足够把糠醛浓缩到最大浓度。

③ 从具有最高浓度的精馏段塔板上，排出送往分醛罐的糠醛馏分。对浓缩糠醛到最大浓度(35%左右)所必需的塔板数，一般根据加料板上面蒸汽中糠醛含量确定。确定了上排醛塔板，其下还有几块塔板亦可排醛，低沸点杂质在糠醛浓度最大区域附近会有混合。

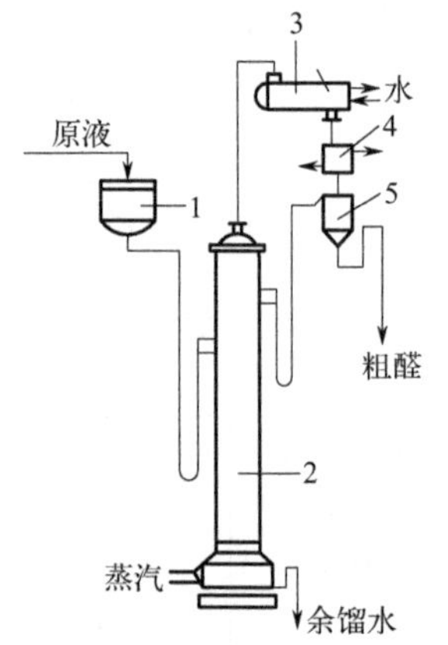

图 3-4-10　糠醛蒸馏工艺流程

1—糠醛原液高位槽；2—蒸馏塔；3—冷凝器；4—冷却器；5—分醛罐

在具体确定蒸馏工艺流程时势必还要考虑到生产规模和对产品质量标准的要求。我国糠醛生产中，虽然也有些工厂采用较完善的多塔流程，但小厂是采用较简易的工艺流程即一塔一釜的流程，一塔用于原液的蒸馏，一釜用于粗糠醛的净制，见图 3-4-10。

蒸馏塔操作条件：正常操作时，要求严格控制原料进料量、供水供汽量、塔顶温度、塔釜温度、塔釜中液位和塔底废水中含醛量等，以保证在得到接近恒沸组分的情况下，节约蒸汽量和减少塔底废水跑醛损失。其正常操作条件见表 3-4-17。

表 3-4-17　蒸馏塔正常操作条件

指标名称	工艺要求	备注
糠醛原液入塔温度/℃	大于 60	
塔顶温度/℃	98	保证糠醛浓度接近恒沸组成
塔釜温度/℃	104	保证塔底废水中糠醛含量小于 0.05%
塔釜压力/MPa	0.02	
塔釜液位高度	标志线范围	保证传热面浸没在余馏水中以及控制水封
分层温度/℃	60 左右	

上述糠醛蒸馏工艺是国内应用最多的流程。这个流程的特点是：设有糠醛原液高位槽，易于控制进料量，使塔工作稳定，塔顶馏出含轻组分（甲醇、丙酮等）的糠醛蒸汽，经过冷凝冷却后，在分醛罐中分层，轻组分随水层回流入塔。该流程的缺点是未单独分离轻组分。

在糠醛原液蒸馏过程中，最后浓缩糠醛不是靠增加塔板数达到的，而是利用倾析的方法，把含醛蒸汽（恒沸物）冷凝冷却到一定温度后，在分醛罐（倾析器）中分层，使醛层含醛达 90％以上，达到浓缩糠醛的目的。轻组分的存在会增大醛水的互溶度，不利于分层，为了提高醛层的含醛量和减少水层的含醛量，在一般工艺流程中都是在含醛冷凝液进入分醛罐之前，尽量把轻组分分离出去。可以单独分离轻组分的一塔流程如图 3-4-11 所示。该流程是同时既能浓缩糠醛，又能分离轻组分的简单蒸馏工艺流程。轻组分从塔顶气相中引出，经冷凝器后部分回流入塔，部分送去进一步加工，得甲醇产品和回收带走的糠醛。含有恒沸物组分的糠醛液从精馏段相应的塔板上引出。在这块塔板的上面塔段中，易挥发组分浓度增加，在其气液相中糠醛含量都减少。从塔顶可馏出易挥发杂质（轻组分）。

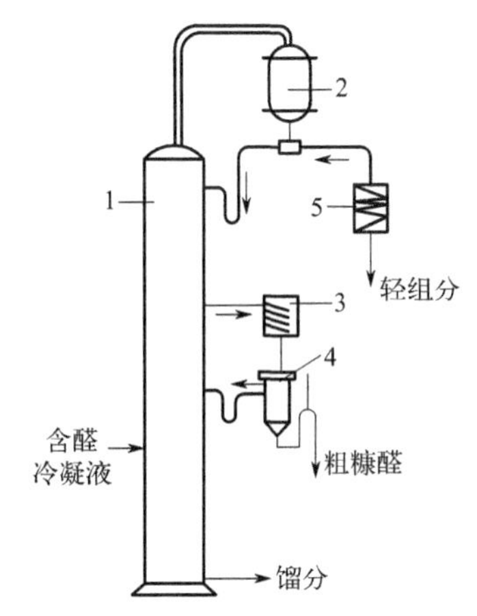

图 3-4-11　单独分离轻组分的一塔流程
1—蒸馏塔；2—分凝器；3—冷凝器；4—分醛罐；5—轻组分冷却器

糠醛原液中含 0.5％～0.8％低沸点物质，其中主要是甲醇。甲醇的沸点和真空度的关系如表 3-4-18 所示。

表 3-4-18　甲醇的沸点和真空度的关系

沸点/℃	压力/kPa		沸点/℃	压力/kPa	
	绝对压力	真空度		绝对压力	真空度
－20	0.34	100.46	40	32.39	69.91
－10	1.8	99.5	50	50.74	50.56
0	3.56	97.74	60	77.13	24.17
10	6.66	94.64	80	164.72	
20	11.8	89.5	100	319.88	
30	19.95	81.35			

带有低沸物回收的糠醛原液蒸馏二塔流程如图 3-4-12 所示。采用两塔流程，糠醛蒸馏时可以回收甲醇等低沸物。工艺流程为：糠醛原液送入初馏塔，在其塔顶馏出物经冷凝冷却后，分流部分回塔，部分进入分醛罐分层。下层为粗糠醛，送去精制；上层为醛水，内含低沸点馏分，被送入低沸点馏分蒸馏塔，从其塔顶提取低沸点馏分，塔底余馏水送回初馏塔。

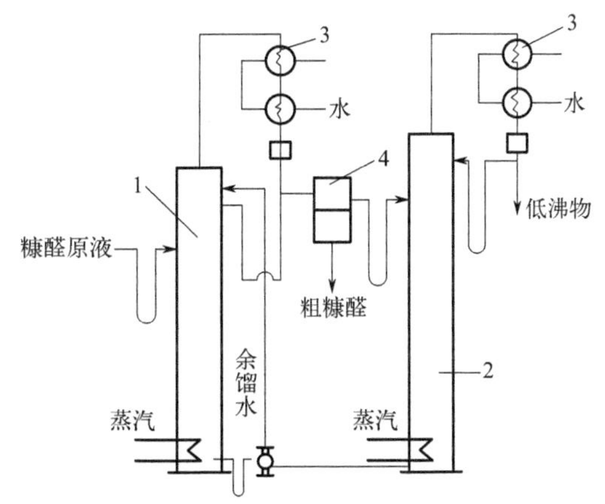

图 3-4-12　糠醛原液的二塔蒸馏流程
1—主蒸馏塔；2—低沸点馏分蒸馏塔；3—冷凝器；4—分醛罐

我国糠醛生产中，初馏塔多采用泡罩塔，塔内有 20～30 块塔板，板间距为 280mm 左右。这种塔板结构复杂、造价高，板上容易积累污垢。有些厂家转向使用浮阀塔，其结构较简单，操作范围大。还有的在大型塔板或真空操作情况下选用导向筛板塔。相比之下，筛板塔为上述几种塔板中最简单的一种。它不仅省材料、造价低，且易于当地加工制造。

（三）粗糠醛的精制

粗糠醛含醛量约90%，其余是水和少量的杂质，如5-甲基糠醛、有机酸等。需要进一步进行精制才能达到商品糠醛的质量标准。

糠醛在常压下沸点为161.7℃，在这样的温度下，加热糠醛会产生树脂化反应，从而影响糠醛的纯度和得率。为此，糠醛的精制要在真空下进行。纯糠醛的沸点与绝对压力和真空度的关系如表3-4-19所示。生产上常采用84.8～85.12kPa，其相应的沸点为99～100℃。

表3-4-19 纯糠醛的沸点与绝对压力和真空度的关系

沸点/℃	绝对压力/kPa	真空度/kPa	沸点/℃	绝对压力/kPa	真空度/kPa
39.9	1.06	100.24	105.08	16.97	84.33
55.86	1.76	99.54	116.24	24.67	76.63
64.57	2.78	98.52	116.24	24.67	76.63
67.69	3.31	97.99	124.74	34.06	67.24
75.04	4.67	96.63	126.34	36.04	65.26
81.5	5.85	95.45	131.6	41.23	60.07
84.3	6.92	94.38	135.94	48.82	52.48
86.2	7.45	93.85	146.84	68.87	32.43
88.9	8.11	93.19	153.94	82.27	19.03
92.1	9.18	92.12	154.4	83.13	18.17
95.1	10.77	90.53	159	94.03	7.27
96.1	11.03	90.27	160.9	98.95	2.35
96.76	12.03	89.27	161.7	101.3	0

在精馏过程中，甲醇、乙酸和水都是头馏分，糠醛是主馏分，在间歇精馏时，待头馏分取出之后，才能得到纯度高的糠醛，而乙酰基呋喃、甲基糠醛是尾馏分，到精馏末尾才能分离。糠醛精馏的工艺，可以采取间歇式或连续式工艺。

1. 粗糠醛间歇精馏工艺流程

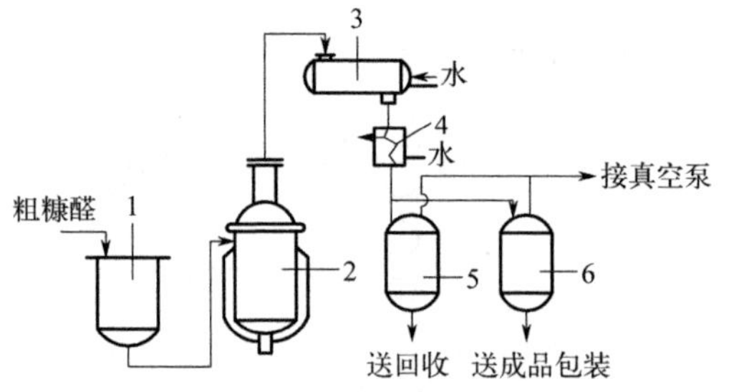

图3-4-13 粗糠醛间歇精馏工艺流程
1—补充中和槽；2—真空精制釜；3—冷凝器；4—冷却器；5—头馏分贮槽；6—成品贮槽

我国糠醛生产中多采用如图3-4-13所示的工艺。该工艺流程简单，投资少，易操作，但产品质量不稳定，粗糠醛含水量高，馏程范围不好控制，要重复蒸馏较多次。

粗糠醛开始蒸馏时，头馏分中有低沸点物质，溶液容易沸腾，低沸点物质逐渐分离完毕，真空度由66.5kPa逐步升到83.79kPa，温度由60℃逐步升到100℃左右。待真空度和温度都达到规定的指标时，窥视镜中流动的液体是澄清透明的，一般再过10min后才改罐取成品。改罐前，将管道用符合要求的商品糠醛洗两三次，管道内残留的头馏分靠压力差压到头馏分贮槽5，然后，收入成品贮槽6。收集成品的过程中，当真空度逐渐升到95.97kPa，温度下降后又开始回升，即停止。

精制釜是普通钢板焊接而成的，中间为圆筒形，上、下为椭圆形，上盖用法兰螺栓固定在釜体上，盖上开有人孔和精制糠醛气体出口管，在管上接分馏柱，其内装瓷环。分馏柱顶接冷凝冷却器。釜体外装有加热夹套。一般釜容为 1.5～2.5m^3，釜体高径比为 1.1～1.20。釜底装排污管口，在糠醛精制结束后排污清洗用。

2. 粗糠醛连续精制工艺流程

连续操作有利于保证糠醛产品的纯度和提高收率。图 3-4-14 介绍的是粗糠醛单塔连续精制工艺流程。来自高位计量槽 1 的粗糠醛，通过预热器 2 和流量计 3，从精馏塔 4 的第 16 块塔板进料，用塔外加热器 12 加热。塔内低沸点物质、水和糠醛形成共沸物——头馏分，上升到塔顶，入冷凝器 5 和辅助冷凝器 6，全部回流入塔，从塔顶的塔板上液相中取出醛水混合物，经醛水冷却器 7，入醛水贮槽 8，冷却分层后，粗糠醛送回高位计量槽 1，醛水送回原液蒸馏塔高位槽。精糠醛则从塔的下部第 4、6、8 块塔板上液相中取出，经过精糠醛冷却器 9 入精糠醛贮槽 10。从塔釜外加热器的循环管道取出尾馏分（包括树脂杂质等）入贮槽 13。

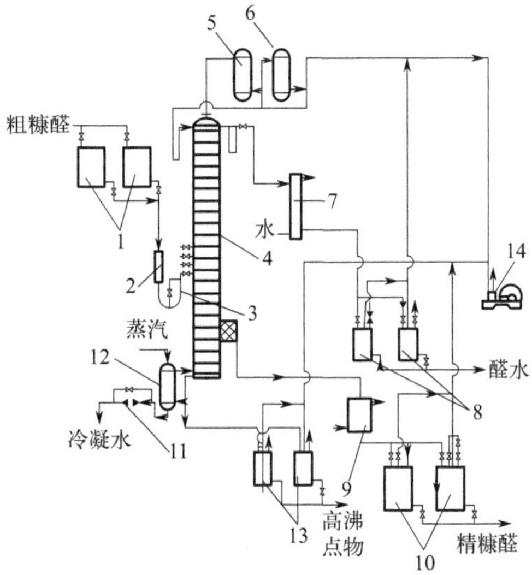

图 3-4-14　粗糠醛单塔连续精制工艺流程

1—粗糠醛高位计量槽；2—预热器；3—流量计；4—精馏塔；5—头馏分冷凝器；6—头馏分辅助冷凝器；7—醛水冷却器；8—醛水贮槽；9—精糠醛冷却器；10—精糠醛贮槽；11—疏水器；12—塔外加热器；13—尾馏分贮槽；14—真空泵

该系统控制真空度 82.6～84kPa，塔顶气相温度为 52～53℃，取精糠醛处温度为 113～114℃，塔釜温度为 115～116℃。塔底取出尾馏分质量约占粗糠醛质量 10%，其中含糠醛 60%～70%，可用糠醛原液或水稀释，除去树脂状物质后再回收利用。

粗醛精制时，树脂化损失约 1%。设备要求严密，操作时，上、下各处真空度和温度应控制稳定。精制塔多为泡罩塔，塔径为 250～300mm，由 36 块塔板组成，也可以用筛板塔或填料塔。

（四）糠醛的蒸馏精制流程

1. 简单蒸馏精制流程

简单蒸馏精制流程，即一塔一釜流程，是 20 世纪我国大部分糠醛厂采用的流程，如图 3-4-15 所示。

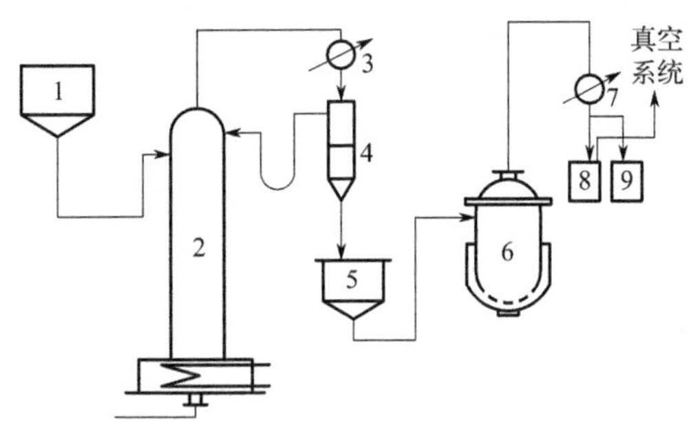

图 3-4-15　简单蒸馏精制流程

1—原液罐；2—初馏塔；3—冷凝器；4—分醛罐；5—中和罐；6—真空蒸馏釜；7—冷凝器；8—头馏分贮槽；9—精醛贮罐

该精制流程的特点如下。

① 设备简单，投资少，适宜中、小型糠醛厂；

② 釜液与蒸汽冷凝液的浓度及操作温度随精馏时间而变化，过程不稳定，产品纯度不稳定；

③ 由于需装卸物料及控制物料升温过程，因而劳动强度较大，有效生产时间短。

有的厂家在简单蒸馏釜上设置一段填料，但并没有外回流，所起的作用是雾沫捕集及蒸汽的自然冷凝，产生微小的内回流，这种措施并不能从根本上改变简单蒸馏的性质。

2. 间歇精馏的精制流程

有些糠醛厂将粗醛的精制由简单蒸馏改为间歇蒸馏，如图 3-4-16 所示。流程的主要变革是在简单蒸馏釜上附加一塔体，称为间歇精馏塔。该塔可以是填料塔，也可以是板式塔。由流程图可以看出，初馏塔的塔顶冷凝液在进入分醛罐的同时，被碱液罐 4 中的稀碱液中和，然后在分醛罐 5 中分层，水层回流，糠醛层取出，送入间歇精馏塔 6 中进行精馏。

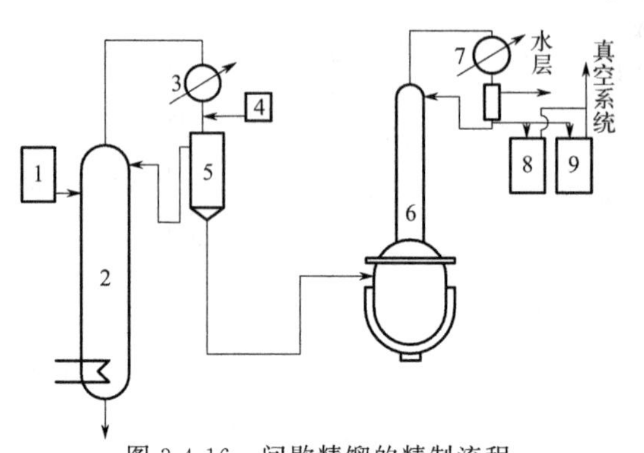

图 3-4-16　间歇精馏的精制流程

1—原液罐；2—初馏塔；3—冷凝器；4—碱液罐；5—分醛罐；6—间歇精馏塔；7—冷凝器；8—头馏分贮罐；9—精醛贮罐

间歇精馏塔塔顶冷凝液在蒸馏的初始阶段会分层，醛层作为间歇精馏塔的塔顶回流，水层取出，随着蒸馏的进行，釜内水的含量不断降低，直至塔顶冷凝液不分层。此时应部分回流，部分取出，取出部分送入头馏分贮罐。当塔顶馏出液清澈透明时，作为产品糠醛送至精醛贮罐，直到蒸馏釜内只有少量醛泥时停止蒸馏。

有的糠醛厂用这种间歇精馏塔进行半连续操作，即：在脱水阶段，连续地把粗糠醛加入塔顶，从塔顶分醛罐取出水层，而塔釜积存脱水醛；当塔顶脱水醛达到一定液位时，停止进料，而转入精制阶段，在此阶段，把釜内的脱水醛精制为精醛。这种操作方法能使糠醛在塔内的停留时间减少。

间歇精馏仍然是对粗醛一釜一釜地减压间歇处理，因此这种流程同样存在着产品质量不稳定、生产不稳定的特点。然而，间歇精馏的头馏分和尾馏分比简单蒸馏相应地减少，也就是说一次精制率有所提高。

3. 连续精馏的精制流程

我国糠醛连续精制流程有图 3-4-17 所示的四塔式流程和图 3-4-18 所示的三塔式流程。

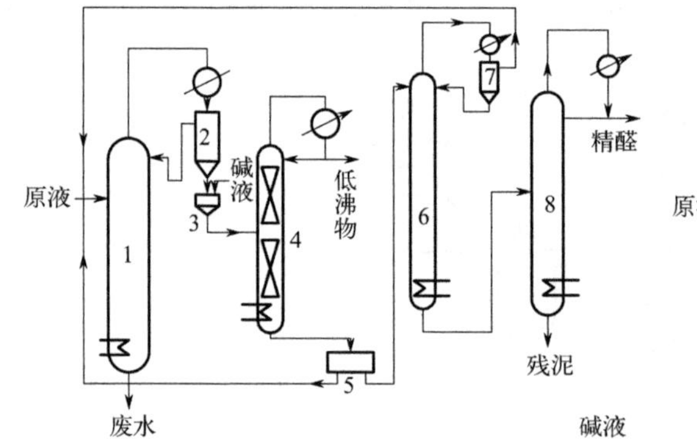

图 3-4-17　四塔式连续精馏流程

1—初馏塔；2，5，7—分醛罐；3—中和器；4—头馏分塔；6—脱水塔；8—精制塔

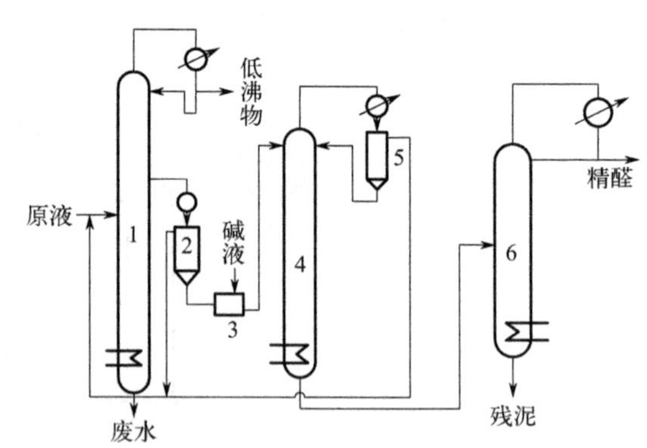

图 3-4-18　三塔式连续精馏流程

1—初馏塔；2，5—分醛罐；3—中和罐；4—脱水塔；6—精制塔

四塔式流程的初馏塔与前述的初馏塔相同，初馏塔 1 的塔顶冷凝液经分醛罐 2 分层，水层回流，醛层取出。醛层经中和器 3 中和，送入头馏分塔 4，头馏分塔塔顶取出低沸物，塔底取出脱去轻组分的粗糠醛，冷却后在分醛罐 5 中分层，水层返至初馏塔进料，醛层再送到脱水塔 6 进料，该塔可不设精馏塔，即塔顶进料。脱水塔的塔顶冷凝液仍会分层，分醛罐 7 中的水层亦回到

初馏塔进料。醛层可流至分醛罐 5 和其中的醛层合并在一起作为脱水塔 6 的进料，也可以直接回流到脱水塔塔顶。脱水塔的塔底取出液作为精制塔 8 的进料。精制塔的进料液已是脱除了微量水分后比较纯净的糠醛，通过该塔的分离，塔顶获得色泽清澈的成品精醛，塔底排出含高沸点物质较多的糠醛残液。糠醛残液通过间歇精馏或其他途径可回收其中的糠醛。四塔式流程的初馏塔和低沸物塔为常压操作，脱水塔和精制塔为减压蒸馏塔。

四塔式糠醛连续精馏流程的特点是：糠醛初馏塔塔顶冷凝液进一步冷却后，在分醛罐分层，糠醛层经碱液中和，而后作为头馏分塔的进料。由于糠醛层的量相对于初馏塔的进料量要小得多，因而头馏分塔的直径要比初馏塔大大减小，且物料经过中和，该塔可用价廉的碳钢材料制造，然而却要增加头馏分塔这部分热负荷。

三塔式流程和四塔式流程的主要区别在初馏塔上。三塔式流程的初馏塔塔顶取出头馏分，在进料板上边的某一块板处侧管线液相采出糠醛-水的恒沸物。因而该塔是带有侧管线的初馏塔，起着四塔式流程中初馏塔和低沸物塔的作用。

三塔式流程的特点是，初馏塔为带有侧管线液相采出的塔，因而可以节省单独设置低沸物塔所消耗的加热蒸汽和冷凝水量。但是，由于侧管线取出的是液相，要求塔精馏段的回流比很大，侧管线以上塔段的直径与提馏段塔径相等，塔顶馏出液的量却很少，因而在塔的设备费用方面不够经济合理。

图 3-4-19 为苏联的糠醛连续精制流程。该流程可以得到一级和特级的糠醛。

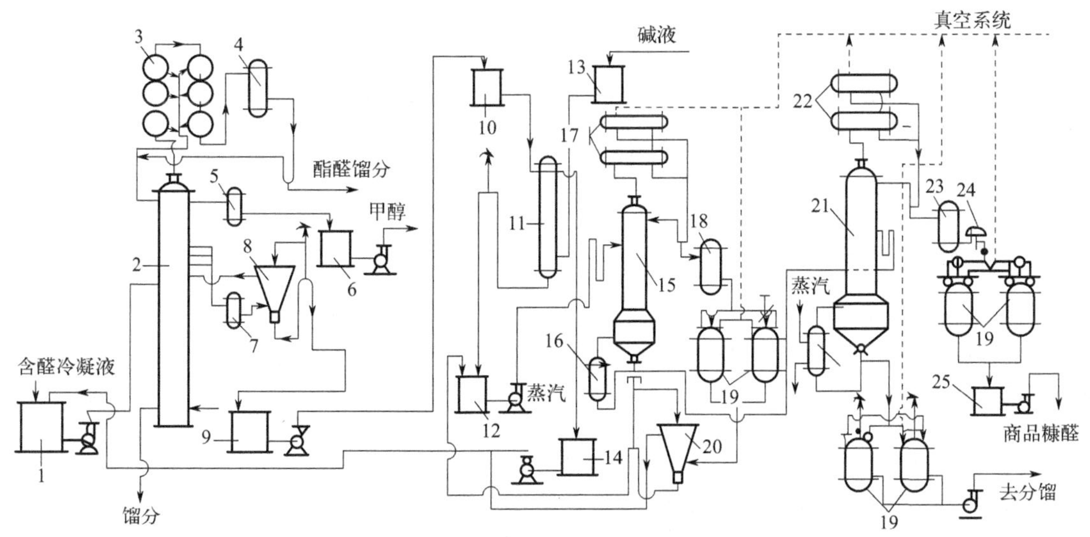

图 3-4-19　苏联的糠醛连续精制流程

1—含醛冷凝液贮槽；2—初馏塔；3，17，22—分凝器；4—冷醛罐；5，18，23—冷却器；6—甲醇馏分贮槽；7—热交换器；8，20—倾析器（分醛罐）；9，12—粗醛贮槽；10—压力槽；11—中和槽；13—碱液贮槽；14—含醛液贮槽；15—脱水塔；16—塔外预热器；19—真空贮槽；21—精制塔；24—观察罩；25—商品糠醛贮槽

按该流程，含醛冷凝液贮槽 1 中的糠醛冷凝液在初馏塔 2 中把糠醛浓度提高到 30%～35%和除去易挥发组分，以及从塔底排出含 0.01%糠醛和大约 1%有机酸的尾馏分。易挥发组分一般是以甲醇馏分排除，其得率为商品糠醛的 6%左右。初馏塔的提馏段塔板数一般为 22～24，排出水-糠醛恒沸物是从 27～29 块塔板进行，甲醇从第 40 块上引出。初馏塔一般为泡罩塔，塔径 1.6～2.4m，塔高 15～28m。

水-糠醛馏分冷却到 20℃，经分醛罐 8 分为含醛 8%的水层和含水 5%～8%的醛层。水层返回初馏塔，醛层在粗醛贮槽 9 暂存后送去中和槽 11 用 1%～1.5%浓度的 Na_2CO_3 溶液中和，使其中有机酸含量从 0.2%～0.3%下降到 0.05%，在粗醛贮槽 12 暂存后送脱水塔 15。含 8%糠醛的废碱液送到含醛液贮槽 14，再转入含醛冷凝液贮槽 1 中。脱水塔 15 在真空下进行糠醛脱水和去除易挥发杂质，含醛30%的馏出物经冷却器18冷凝后收集在真空贮槽19中，在分醛罐20中分层，醛层送到粗醛贮槽12中，水层送回含醛冷凝液贮槽1。脱水塔直径0.4～0.6m（也有的为1.8m），塔高5～10m。

精制塔21的高沸物主要是甲基糠醛和乙酰基呋喃，转入锅渣。商品糠醛的含醛量不可少于99.5%，从塔的上部排入真空贮槽19。该塔为泡罩塔，塔径0.5～1.4m，塔高7～13m。蒸馏塔的工艺参数见表3-4-20。

表3-4-20 蒸馏塔基本工艺参数

工艺参数		初馏塔	脱水塔	蒸馏塔
压力/MPa	上部	0.1	0.01～0.012	0.01～0.012
	锅部	0.12～0.14	0.013～0.015	0.018～0.02
温度/℃	分凝器前	65～66	50～54	94～96
	加料塔板	100～101	70～75	100～103
	锅釜	103～105	100～105	106～112
糠醛浓度/%	引出口	30～35	30～35	99.5～99.8
	加料塔板	2.5～3.5	92～95	97～98
	锅釜	0.01～0.02	97～98	70～80
单位装载/[$m^3/(m^2 \cdot h)$]		8.0～8.5	2.5～3.0	0.20～0.22

锅渣含醛70%，当把它进行真空蒸馏时可得到质量为二级品的糠醛，还可得到副产品甲基糠醛。当糠醛平均得率为8%～9%时，1t产品原料耗量为11.2～12.5t。

五、其他生产途径

1. 热解法制取糠醛

形成糠醛的速度和得率随着反应温度的提高而增加。因此，在硫酸催化条件下，进行高温水解或者进行缓和热解（220～230℃）引起了人们的重视。在热处理木材时，总是形成糠醛和碳水化合物深度转化的产物。但是在这种情况下，分离糠醛不经济，得率太低，可以运用水解和热解相结合的工艺处理含戊聚糖的原料来提高糠醛得率。

有研究将粉碎的木材原料预先用9%～10% H_2SO_4 溶液浸润，预热到50～60℃，其含水率不高于30%，送入连续反应器，以混合气体加热，进行木材原料的热解，从而制备糠醛。在工业条件下实验，采伐废料的耗酸量为绝干材的1.8%，处理温度为210～220℃，糠醛得率为原料的5.9%。还有强化热解过程的工艺，增加木炭得率的同时，在木片干燥阶段（220℃，10min）得到原料量4%～4.2%的糠醛，但是对单位产品投资额高于相应的水解工业。因此，还必须进一步完善低温催化木材热解工艺。

20世纪末期，欧洲一些木材工业较发达的国家兴起了高温热处理木材（因颜色较深，在我国市场上俗称炭化木）的研究。通常是在控制缺氧条件下将木材在160～220℃的环境中，通过半纤维素等缓慢地热解，减少木材中游离羟基含量，提高木材尺寸稳定性。同时，热处理使木材中低聚糖等微生物营养物质减少，并产生了糠醛等抑菌物质，赋予产品一定耐腐朽性能。炭化木因其特有的高稳定性、高防腐性和无需化学药剂处理等优点，迅速商业化。在木材热处理过程中挥发的小分子物质中含有糠醛，冷凝后即为含醛冷凝液，可用于提取糠醛。

2. 水解液自蒸发蒸汽冷凝液用于生产糠醛

在酵母与酒精生产中，水解液自蒸发蒸汽和中和液真空冷却冷凝液总的糠醛含量为水解形成量的20%。在水解条件下，形成的糠醛大约有一半发生树脂化而损失。当水解液自蒸发时大约所含糠醛的50%转入冷凝液。这种含醛冷凝液中的醛含量很低（0.5%左右），且含有松节油，生产的经济效益不高。

水解液自蒸发蒸汽制取糠醛的工艺流程如图3-4-20所示。从含醛冷凝液中分离糠醛并使其浓度增加到18%～20%，在净化塔中除去醛水中的杂质；在分凝器和冷凝器之后除去甲醇馏分；在塔的精馏段除去松节油馏分。糠醛馏分在进料塔板和放出松节油馏分塔之间引出，经分醛罐得到的粗醛在间歇操作的填充塔中进行真空分馏。各塔的基本工艺参数见表3-4-21。

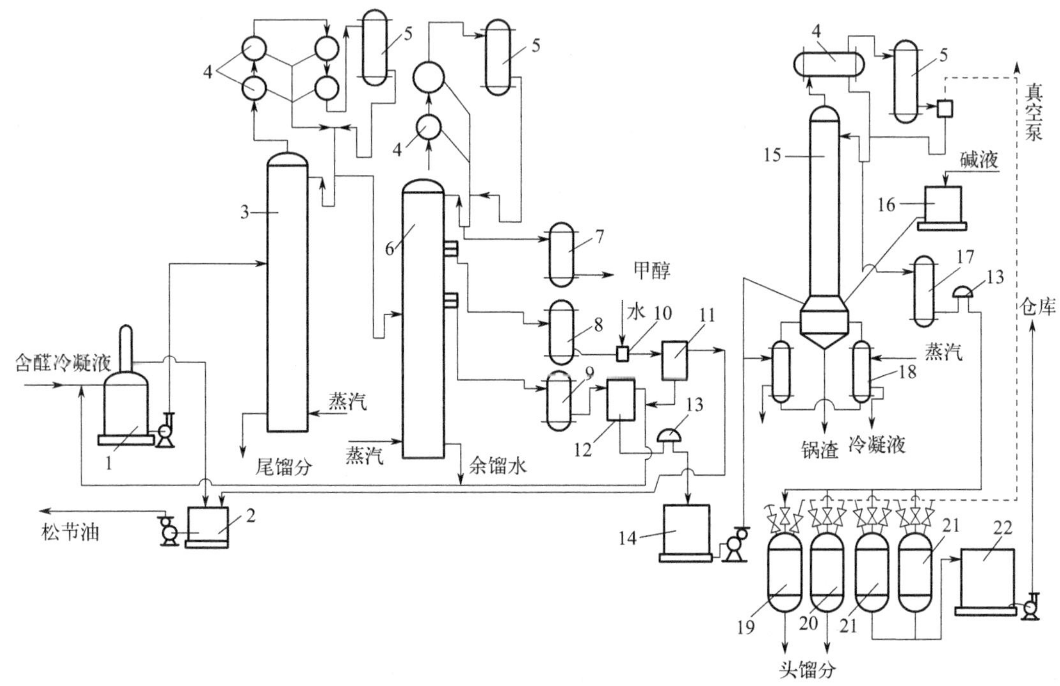

图3-4-20　针叶材水解液自蒸发蒸汽制取糠醛的工艺流程

1—冷凝液贮槽；2—松节油馏分贮槽；3—初馏塔；4—分凝器；5—冷凝器；6—净化塔；7—甲醇馏分冷凝器；8—松节油-甲醇馏分冷却器；9—水-糠醛馏分冷却器；10—混合器；11，12—分醛罐；13—观测罩；14—粗醛贮槽；15—真空精制塔；16—碱液槽；17—冷却器；18—塔外加热器；19—头馏分真空贮槽；20—中间馏分真空贮槽；21—商品糠醛的真空贮槽；22—商品糠醛贮槽

表3-4-21　各塔的基本工艺参数

工艺参数		初馏塔	净化塔	真空精制塔
塔板数	精馏段	4	18	填料
	提馏段	23	23	无
温度/℃	塔上部	98～99	65～67	116～118
	锅部	102～103	102～103	125～135
糠醛浓度/%	加料塔板	0.25～0.35	18～20	90～95
	上部塔板	18～20	28～30	>99.5(一级) >97(二级)
	锅部	0.02～0.03	0.02～0.03	约70

糠醛的获取量基本上取决于萜烯的含量，它与糠醛形成恒沸物。加工针叶材水解液自蒸发蒸汽冷凝液时，一般得到二级糠醛。

精馏塔和净化塔是在大气压力下工作，用直接蒸汽加热。甲醇馏分从净化塔的上层塔板（41

块）排出，松节油-甲醇馏分在 84～86℃下从 32～33 块塔板排出，水-糠醛馏分在 97～98℃下从 27～28 块塔板排出。真空分馏粗糠醛用间接蒸汽加热，多用间歇操作的填充塔。

六、热能和副产物回收

（一）热能回收和利用

生产 1t 糠醛大约需要 40t 水蒸气。其中一半用于蒸煮，压力要求 0.8～1MPa；另一半用于蒸馏、精制，压力 0.3MPa。从水解锅引出的醛汽带有大量的热能，曾尝试用气相入塔蒸馏，但因浓度波动大、操作不稳定、蒸馏设备庞大等原因而放弃，现仍用液相入塔，醛汽冷凝冷却耗用大量水。如果回收和利用醛汽的热能，可以节省大量蒸汽，这是节约燃料和解决锅炉生产能力不足的有力措施。

1. 利用醛汽废热生产二次蒸汽

水解锅中排出的压力在 0.8～1MPa 的醛汽，在废热锅炉内可以产生压力为 0.3MPa 的二次蒸汽，供糠醛蒸馏和精制。废热锅炉由换热器和汽包两部分组成，亦可用外加热式蒸发器结构。换热部分因醛汽中含乙酸，应采用耐酸材料，一般管内走醛汽，管间走软水。

2. 将醛汽废热作为蒸馏塔的热源

水解压力为 0.4～0.6MPa 所得的醛汽，不值得通过废热锅炉产生二次蒸汽，可直接送往蒸馏塔底作为加热用蒸汽，同样可以达到节约蒸汽的目的。由于醛汽含酸，又易堵塞，用醛汽加热时，往往采用外加热釜式。

（二）副产物回收

1. 结晶乙酸钠生产

（1）醛汽的气相中和工艺　植物原料水解中，半纤维素脱乙酰基形成乙酸，木质素脱甲氧基形成甲酸[15]，其得率随原料种类和水解条件而变化，玉米芯和棉籽壳分别约为 2% 和 4%。这些有机酸转入醛汽中，使醛汽变为酸性，会腐蚀设备，因此要用纯碱溶液中和醛汽中的有机酸，其中和反应过程（以乙酸为例）中产生 CO_2 会形成大量泡沫，如果在高速气流范围气相中和，泡沫可自行灭掉。为此，多采用管道气相中和，其流程如图 3-4-21 所示。

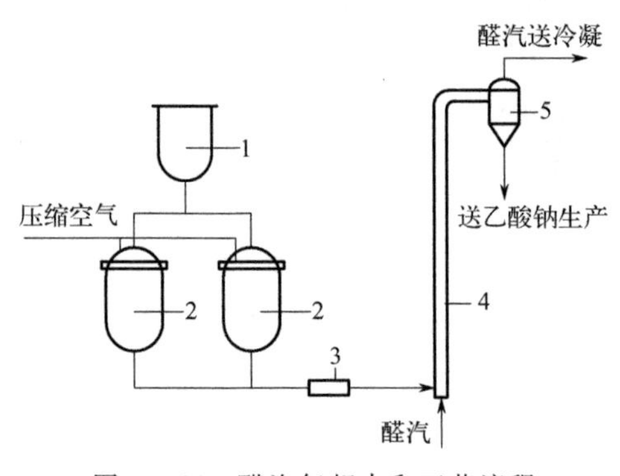

图 3-4-21　醛汽气相中和工艺流程

1—化碱锅；2—压碱罐；3—预热器；4—气相中和管；5—旋风分离器

在化碱锅 1 内配好的 10%～12% 碳酸钠溶液，过滤后送至压碱罐 2，两台压碱罐交替使用。压碱罐依靠空气压缩机送来的压缩空气将碱液送到气相中和管 4。中和后的醛汽和中和液在旋风分离器 5 中分离。醛汽送去回收热能或冷凝，中和液送去制造结晶乙酸钠。中和效率可达 85%。

由于热醛汽遇到冷碱液会使部分糠醛冷凝，糠醛在碱性介质中又会分解，既影响糠醛得率，又影响乙酸钠生产。因此，建议先经预热器 3 预热到 90℃左右再送入中和管。而且，中和管和旋风分离器都需保温。

碱液用量少，一般用针形阀调节。如碱液中杂质较多，易于堵塞，应设置备用管路，以便拆洗修理。碱液腐蚀铜材，阀门应耐碱，最好用耐碱的不锈钢材制造。

（2）精制结晶乙酸钠生产工艺　乙酸钠是一种化工原料，应用于印染、医药等工业部门，用于制取冰醋酸、丙酮、呋喃丙烯酸、乙酸酯、氯乙酸和三氯乙酸等化工产品。乙酸钠有两种：三结晶水乙酸钠（$CH_3COONa \cdot 3H_2O$）和无水乙酸钠（CH_3COONa）。在不同温度下其溶解度见表 3-4-22。

表 3-4-22　不同温度下乙酸钠的溶解度

乙酸钠种类	乙酸钠溶解度/(g/100g)										
	0℃	10℃	20℃	30℃	40℃	50℃	60℃	70℃	80℃	90℃	100℃
三结晶水乙酸钠	36.3	40.8	46.5	54.5	65.5	83	139				
无水乙酸钠	119	121	123.5	126	129.5	134	139.5	146	153	161	170

以玉米芯和棉籽壳为原料，每生产 1t 糠醛可得约 0.5t 乙酸钠。精制结晶乙酸钠生产工艺流程框图见图 3-4-22。中和液约含乙酸钠 17%，经过滤除去树脂状物质后，进入真空蒸发器浓缩到约含乙酸钠 27%～30%。然后，在脱色槽中先用稀乙酸调节 pH 值 6.0～6.5，并用间接蒸汽加热到 80℃后，加入活性炭，用量视其脱色效率和溶液质量而定，一般占总浓缩液量 2%～3%，可以一次（或分批）加入。然后用压缩空气搅拌 20min，取样比色合格后，送去过滤（真空吸滤或板框压滤）以除去杂质。清液再经第二次蒸发，浓度达到约含乙酸钠 45%时，即可送入结晶罐。结晶罐应有搅拌和冷却装置，边搅拌边冷却，精制结晶乙酸钠慢慢析出，结晶大约一昼夜结束（随气温而变化，气温低时结晶快）。取出后进行离心分离。如果因夹带母液造成颜色较深，在离心分离机上用清水洗涤，即得成品，其中含乙酸钠 59%左右。母液一般返回脱色罐重新加工，循环若干次后，颜色较深的废母液用浓硫酸处理，使其分解成乙酸，通过蒸馏可得稀乙酸，供调节酸度用。

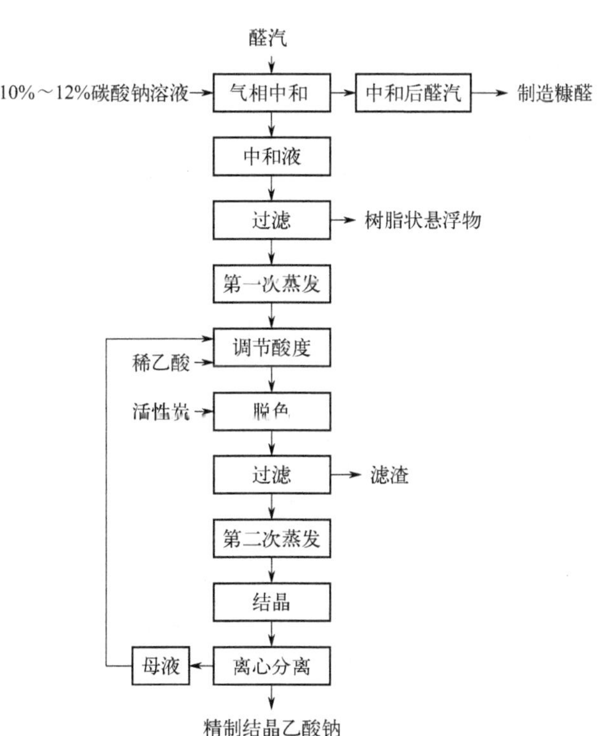

图 3-4-22　精制结晶乙酸钠生产工艺流程

2. 糠醛渣——纤维木质素的二次水解利用

植物原料经过糠醛蒸煮之后，其化学组成产生了变化。玉米芯糠醛渣干燥后为棕褐色松散颗粒，化学组成见表 3-4-23。

表 3-4-23　玉米芯糠醛渣化学组成（对绝干水解原料）

戊聚糖/%	纤维素/%	木质素/%	灰分/%	酸含量/%	水分/%湿基
4.59	31.08	28.29	6.74	7.70	66.75

我国糠醛生产中原料费占产品成本的 1/3 以上，经糠醛蒸煮后水解锅中的纤维木质素仍含多糖达 35%以上。对这些多糖进行进一步的水解利用，是提高原料的综合利用率、降低产品成本、提高经济效益的有效途径之一。

醛渣二次水解利用，首先要进行再水解，其方法是按糠醛-己糖二段水解方法进行之后再进行水解液的转化、中和，中和液的净化和冷却。如果要把得到的水解液用于微生物加工，就需要添加微生物所需要的营养盐和进一步净化糖液。所得糖液可用于饲料酵母、酒精和乙酰丙酸等产品的生产[5,6,13]。

3. 水稻增肥调酸剂的生产

水稻增肥调酸剂是以糠醛生产的醛渣为主要原料而生产的，作为种植水稻时土壤的调酸和增肥剂。

水稻生长喜酸性土壤，中性或稍偏酸性的土壤还不能完全满足水稻的生长需要。为此，常常要施加调酸剂。醛渣中残留有硫酸，其 pH 值为 2 左右，把这样的醛渣再添加一定量农作物生长需要的肥料和微量元素，经过调制后，施加到土壤中便能调节土壤的酸性，还能均匀地把肥料和微量元素施加于土壤，醛渣中的酸被利用的同时，又起到微量元素载体的作用，同时使土壤变得疏松，增加土壤的保持能力。水稻增肥调酸剂能调整秧苗生理功能，刺激秧苗生长，育出的秧苗根系发达、分蘖多、苗壮、抗病能力强，在育苗过程中无需追肥。0.5kg 调酸剂可使 35～37.5kg 土壤降低一个 pH 值。

水稻增肥调酸剂的生产过程：将醛渣过筛（5mm×5mm）后送入生产车间，经贮料斗，用皮带传送机送到螺旋搅拌器，同时把硫酸和铵、钾、锌等硫酸盐和补加肥料调制的溶液，用喷头喷到搅拌器中的醛渣上，掩拌均匀后，即为成品，包装后便可出售。

4. 活性炭生产

利用糠醛渣生产活性炭，早已受到关注，提出过多种生产路线，如：以醛渣为原料用焖烧法制造粉状活性炭，用氯化锌法制造粉状活性炭。据测算：年产量为 1000t 的糠醛厂每年可产生 10000～12000t 醛渣。玉米芯醛渣的化学组成，主要是含碳量较高的纤维素、木质素等有机物，因此是生产活性炭的较好原料。

工艺流程包括糠醛渣的精选、干燥、混合、成型、炭化、活化。

（1）糠醛渣的精选　过筛除去砂石等机械杂质以降低灰分含量。

（2）干燥　采用自然干燥或干燥设备干燥，使其水分降至 35%～45%以内。

（3）混合　经过预处理好的糠醛渣与适量的黏合剂，如羟甲基纤维素、纸浆废液等混合，混合时注意配料比，糠醛渣(干基)：黏合剂：水＝100：(2～3)：(35～45)。

（4）成型　混合好的醛渣，在单螺杆挤压机中直接挤压成型。

（5）炭化　加料温度 200℃，以 10℃/min 的速度升温至 400℃，在此温度下保温 30min 后出料。

（6）活化　活化温度为 850℃。

5. 以渣代煤

以渣代煤，就是把醛渣作为供汽锅炉的燃料，也是醛渣综合利用的途径之一。我国大部分糠醛厂都是以玉米芯为原料，吨醛耗玉米芯（含水率为 15%以下）11～12t，耗 0.6MPa 饱和蒸汽 35～40t，而醛渣（含水 25%～40%）的产量达糠醛产量的 10 倍之多。目前在我国糠醛生产中，醛渣的利用主要是用作燃料，补充工厂热能。该方法简单易行，但未实现原料的高附加值利用。

从燃料角度对某厂醛渣进行分析，其组成为：全水分（风干水分＋烘干水分）为 28.57%，灰分为 2.97%，挥发分为 49.53%，含硫 1.08%，含碳 38.98%，含氢 2.54%。由醛渣的组成可见，有利条件是挥发分高，灰分低，发热值（13.95MJ/kg）接近低质煤。最不利的条件是含水率特别高。

醛渣燃烧过程有如下技术问题。

① 新排出的醛渣含水率高达 45%～50%，这样的湿醛渣不能直接去燃烧，必须进行干燥，使含水率降至 20%～30%。一般都是利用锅炉烟道气进行干燥，之后送到锅炉供料斗。

② 从烧渣技术的发展过程看，有两种以渣代煤的燃烧方式：一种是将适量的煤和醛渣混合后进行燃烧，一般混合比例为 2：1（煤：渣）左右。这种烧法，煤耗下降幅度低，且煤需要预先粉碎。另一种方法是全烧渣炉，这是广泛采用的方法。

③ 其他有待逐渐予以解决的问题：醛渣含有泥砂等杂质，炉温太高将泥砂烧至熔融状，遇

冷后凝结在对流管等部位形成结焦，影响锅炉正常运行；炉内燃烧剧烈，形成正压运行，热量从炉门及炉墙缝隙大量喷出，热损增大，降低热效率，醛渣因质轻和沸腾燃烧造成燃烧不完全，从而增大损失。

第四节　典型糠醛生产工艺

一、美国桂格燕麦公司间歇式糠醛生产工艺

桂格法属一段直接水解法，以硫酸为催化剂，以间歇操作的回转式蒸煮锅或蒸球为水解器，原料为玉米芯、燕麦壳、蔗渣等[1]。

美国桂格燕麦公司的间歇式糠醛生产工艺流程见图 3-4-23，是世界上第一个糠醛生产工艺。该工艺于 1921 年构思并实现，当时是为了将燕麦生产废弃的蒸煮锅利用起来。这些蒸煮锅为长 3.66m、直径 2.44m 的圆柱形，水平放置，沿着轴线可以旋转，高温高压水蒸气由一侧耳轴送入，产品醛汽由另一侧耳轴输出。以气干燕麦壳为原料，与硫酸混合后装锅，盖紧盖子，蒸煮锅开始旋转，通入高温高压水蒸气，使物料维持在 153℃，蒸煮时间为 5h。

当使用蒸球作为水解器时，与制浆的蒸球不完全一样，这种蒸球直径 4m，外壳为碳钢，内衬树脂制成的石墨砖，用呋喃树脂胶黏而成。蒸球用电动机带动旋转。每台蒸球年生产糠醛 1500t。

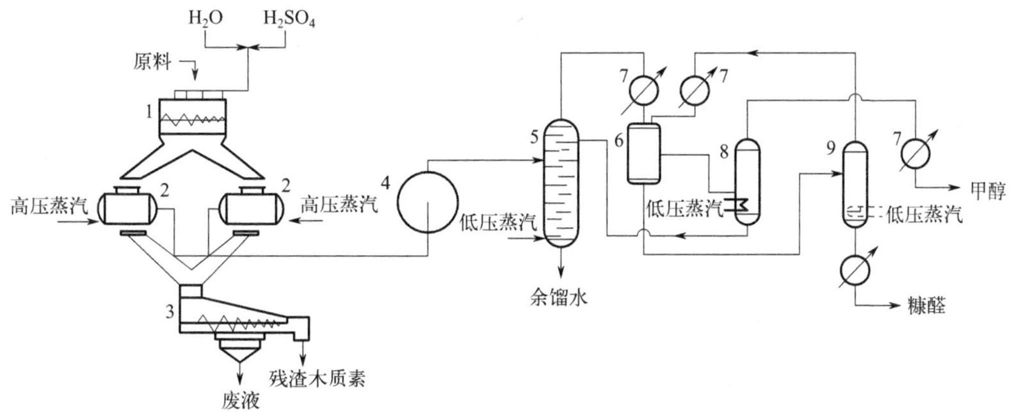

图 3-4-23　美国桂格燕麦公司间歇式糠醛生产工艺流程

1—混酸机；2—水解器；3—螺旋压榨机；4—二次蒸汽发生器；5—初馏塔；6—分醛罐；7—冷凝器；8—低沸物回收塔；9—脱水塔

工艺流程：原料经过混酸机 1 混酸后装入水解器 2。有的工艺直接将合格的原料装入蒸球，同时加入配制好的酸液，不设专门的混酸设备，利用水解器的回转使酸液与原料混合。装料量 13t，装料时间 20min。之后，通汽加热和排醛汽，含醛蒸汽在二次蒸汽发生器 4 中被冷凝，同时产生二次蒸汽，可送去作为蒸馏糠醛原液的加热蒸汽。冷凝下来的糠醛原液送去初馏塔 5 与脱水塔 9 制成商品糠醛。水解终了，水解器内压力降到常压，并打开料口盖，把装料口转到向下位置放料，经螺旋压榨机 3 挤出废液，剩余木质素残渣经气流干燥后送往锅炉房作燃料。

糠醛得率为原料量的 7%～11%，为理论得率的 40%～50%；硫酸耗量为糠醛量的 30%；每吨糠醛的耗汽量为 20t。

这种方法应用在美国桂格燕麦公司所属的孟菲斯（Memphis）糠醛厂。

多米尼加的一座糠醛厂也采用这种方法，但具体情况有所不同：原料为蔗渣，要先用烟道气干燥使其含水率降至 30%左右。原料拌酸量为原料量的 0.7%，其他情况与上述工艺相同。糠醛得率为绝干原料的 9.1%。

糠醛精制采用三塔精馏流程。含醛蒸汽经废热锅炉产生二次蒸汽，用于初馏塔釜加热。初馏

塔顶蒸汽冷凝后，在分醛罐里分为两层，上层为水层，含饱和的糠醛及低沸点馏分甲醇、丙酮等，送往头馏分蒸馏塔，低沸物在该塔塔顶分离出来，作为副产品回收，头馏分蒸馏塔的塔底馏分作为初馏塔塔顶的回流液。分醛罐下部为醛层，送入脱水塔。在脱水塔中用间接低压蒸汽蒸出少量水分，由塔底获得商品糠醛。

该流程中将初馏塔塔底废水的一部分在加入适量硫酸之后，重新用作原料的拌酸。水解后排出的木质素残渣可作为锅炉燃料。

尽管这个流程作为世界上第一个糠醛生产流程具有非常重要的意义，但仍然存在以下不足之处。

① 在蒸煮锅内由于温度较低，需要较长的蒸煮时间。

② 为了弥补低温水解速度慢的缺陷，对催化剂硫酸的浓度要求较高。

③ 需采取专门措施抵抗酸腐蚀。

④ 残渣中有较多的酸残余。

⑤ 充蒸汽时，物料翻滚易使细小纤维被醛汽带出。

⑥ 蒸煮器旋转的同时通入蒸汽，设计麻烦。

⑦ 进入分醛罐的恒沸混合物分为两层，由于初馏塔塔顶馏出物含有较多的轻组分，使得糠醛与水的相互溶解度提高，因而糠醛在水层中的浓度增大，使糠醛在系统中的循环量加大。这种情况下，当低沸点组成在进料中含量较高时，糠醛在系统中的循环量更大。

⑧ 送去脱水的糠醛层中同样含有较多的轻组分，从而使脱水过程复杂化。最理想的情况是，到了真空精制阶段，物料中就已经全部除去了低沸点物质。

⑨ 该流程仅除去了水层中的低沸物，但没有考虑除去产品中的高沸点物质，实际上高沸物留在了糠醛产品中。

二、罗西法间歇式糠醛生产工艺

该法制取含醛冷凝液的工艺特点是采用高浓硫酸、小酸比，分批拌酸以提高其均匀性，应用小容积水解锅。

原料含水率约为10%，粉碎到10～20mm以下，送到混酸机，大颗粒从一端进入，小颗粒从中间进入，使大颗粒拌酸距离长，可提高其均匀性。拌酸后的原料送入水解锅中，从锅底通入蒸汽加热，当锅内压力达到0.9～0.95MPa（表压）时开动搅拌器，并开始出醛，锅内温度为170～180℃。醛汽经分离器送入二次蒸汽发生器，产生的二次蒸汽送去供糠醛蒸馏和精制，含醛冷凝液送去蒸馏。

水解锅是钢板制成的圆柱体容器，直径0.8m，高4～4.5m，壁厚12～15mm，总容积约2m^3，锅内装立轴，在轴上隔500～600mm设一搅拌器，立轴通过联轴节与主驱动轴相接。每锅装料480～500kg，醛得率为9.5%，为理论得率的60%，水解周期40～45min。每生产1t糠醛产品消耗电力250～270kW·h、软水30～32m^3、工业用水1000m^3，该法多以橄榄渣为原料。

三、罗森柳（赛佛）法间歇式糠醛生产工艺

该法生产糠醛最重要的特征是：不加催化剂，以原料水解过程产生的有机酸为催化剂。采用立式连续水解锅，一段直接法生产糠醛，醛渣作锅炉燃料。

芬兰罗森柳法间歇式糠醛生产工艺见图3-4-24。混有15%木屑的桦木或橡木木片送去预浸器1进行预蒸与贮存，通过螺旋输送机2和回转加料器3送入立式水解锅4的上部，在水解锅底部通入1.2～1.3MPa的过热蒸汽，锅内维持220～240℃，原料自上而下与蒸汽对流接触。锅底部装有螺旋式和S形阀排渣器。锅内料位是以γ射线器控制并自动调节残渣排放装置。正常操作情况下，原料在锅内停留1～2h。原料受压力急剧下降的作用被粉碎成细粉。含醛蒸汽从锅顶排出，经冷凝器6和二次蒸汽发生器7冷凝后送去蒸馏。

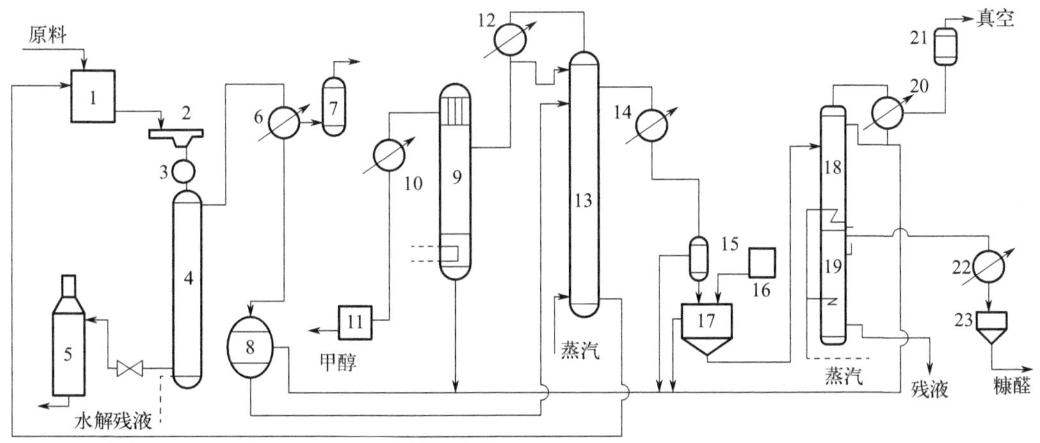

图 3-4-24　芬兰罗森柳法间歇式糠醛生产工艺流程

1—预浸器；2—螺旋输送机；3—回转加料器；4—水解锅；5—螺旋式卸料器；6，10，12，20，22—冷凝器；7—二次蒸汽发生器；8—冷凝液贮槽；9—甲醇蒸馏塔；11—甲醇贮罐；13—初馏塔；14—冷却器；15—分醛罐；16—碳酸钠溶解槽；17—中和槽；18—脱水塔；19—精制塔；21—分离器；23—成品糠醛贮槽

水解锅是用耐酸钢板制成的，板厚 12mm，水解锅高 7.5m，下部直径 1.6m，上部 1.4m，总体积 $12m^3$，供汽一般为 1.2MPa，供热到 250℃。

罗森柳法糠醛得率（%）见表 3-4-24。

表 3-4-24　罗森柳法糠醛得率

原料	桦木	松木	栗木	玉米芯	稻草	蔗渣	稻壳
得率/%	10	6	8	12	6～8	12	8

水蒸气与糠醛蒸气的混合物在 1.5MPa 左右的压力下从水解锅顶部排出，经冷凝器冷凝，并产生压力为 0.2MPa 的二次蒸汽。含有 5%～7%糠醛的冷凝液，送入初馏塔 13，该塔为侧管线液相取出糠醛的初馏塔，既能在塔顶取出头馏分，还能在精馏段的适宜位置取出糠醛-水溶液的共沸物。糠醛共沸物在分醛罐 15 中分层，糠醛层经碱液中和后，进脱水塔 18，脱除微量水分，再进入精制塔 19 脱除高沸点组分，最后由精制塔 19 塔顶获得成品糠醛。

四、农业呋喃法间歇式糠醛生产工艺

农业呋喃法间歇式糠醛生产工艺以磷酸盐为催化剂，如含 P_2O_5 约 45%的重过磷酸钙 [$Ca(H_2PO_4)_2$]，也可用过磷酸钙。水解残渣——纤维木质素含 P_2O_5 1%～1.2%、有机物 36%，可作肥料。用多个串联的间歇式水解器进行蒸醛，以燕麦壳、葵花籽壳等为原料，生产工艺如图 3-4-25 所示。

原料与带式压滤机压榨残渣所得滤液混合，形成固液质量比为 1∶6 的浆料。糠醛蒸煮部分由 12 个水解锅组成，分排成两列，一列 6 个水解锅为一组（5 个工作，1 个备用），直接用管路串联。如向第 1 锅装料，同时加入用塔底废水调制的重过磷酸钙溶液，并且后面 4 个水解锅装料时加入的重过磷酸钙溶液量要逐渐减少，因为含醛蒸汽中有机酸的含量是逐渐增加的，起到了辅助催化作用。第一个水解器用生蒸汽和二次蒸汽的混合物加热并维持在 177℃。其他水解器主要靠前一个水解器的二次蒸汽为热源，生蒸汽作为补充。由于水解器间存在压力降，最后一个水解器的温度仅为 161℃。含醛蒸汽经分离器、二次蒸汽发生器及冷凝器之后，送去蒸馏，醛渣排放压力为 0.2MPa。水解时间为 120min，酸液比为 5，含醛冷凝液浓度为 60g/L。从水解锅出来的蒸汽-糠醛混合物经冷凝器冷凝，得到含 5%～7%糠醛的冷凝液，送入第一个蒸馏塔——初馏塔，从该塔塔顶排出含 9%～25%糠醛的蒸汽，经冷凝后分为两层，其中下层约含 95%的糠醛，上层

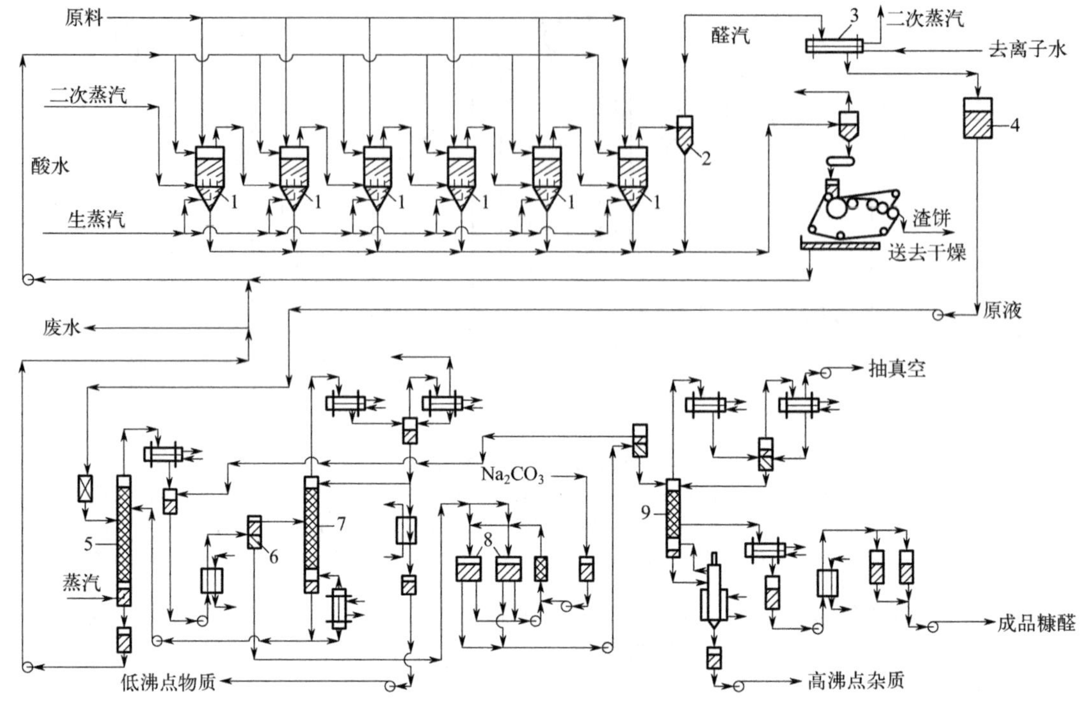

图 3-4-25　农业呋喃法间歇式糠醛生产工艺流程

1—水解器；2—旋风分离器；3—换热器；4—贮液槽；5—初馏塔；6—分醛罐；7—低沸物回收塔；8—中和罐；9—脱水塔

约含 8%～10%的糠醛。

糠醛层用碳酸钠稀溶液中和后，送往脱水塔进行真空脱水，由该塔一般可得工业规格的糠醛。水层送入低沸物蒸馏塔，以分离低沸物回收糠醛。除去了低沸物的含糠醛的釜液，通常回到初馏塔作为塔顶的回流液。从初馏塔塔底排出的废水约含 0.02%～0.05%的糠醛，一般返回用作原料的拌酸。

由于这种方法是以磷酸盐为催化剂，它对钢板无腐蚀作用，水解锅以钢板制成，无衬里。水解锅的容积为 $9m^3$，每次装料 1.3t。原料被制成浆料送入水解器，使细小纤维也能很好地被利用。

每吨商品糠醛经济指标为：玉米芯（绝干）8.4t，蒸汽（1.2MPa）18t，重过磷酸钙（含 P_2O_5 45%）0.55t。副产品——肥料的组成为：木质素 38.23%，纤维素残渣 36.22%，单糖 8.10%，酸 5.11%，氮 0.44%，磷 3.05%，钾 1.68%，其他 7.17%。

农业呋喃法除在法国应用外，苏联也引进了这种技术。然而，该方法也有严重的缺点：需要复杂的管路开关来控制多个水解器串联，用于残渣脱水的带式压滤机价格较高、增加设备投入，还必须有干燥设备使压滤后的渣饼干燥后方可用作燃料。

五、美国桂格燕麦公司连续水解工艺

20 世纪 60 年代，美国桂格燕麦公司的间歇式水解工艺运行了 40 年后，在佛罗里达州创新采用了连续水解工艺。尽管这个连续水解厂在 1997 年停工，它仍然是糠醛生产技术发展的一个里程碑。

该工艺的水解系统见图 3-4-26。它由三个成列的水解器组成，两个运行，一个备用或维修维护。原料为来自相邻糖厂的甘蔗渣。甘蔗渣首先经低压水蒸气的预处理，以增加原料含水率，软化原料，避免发生堵塞。预处理是在直径 3m、长 5m 的混合器中进行的，混合器装有两个水平放置的短螺旋桨和底部蒸汽分配装置。

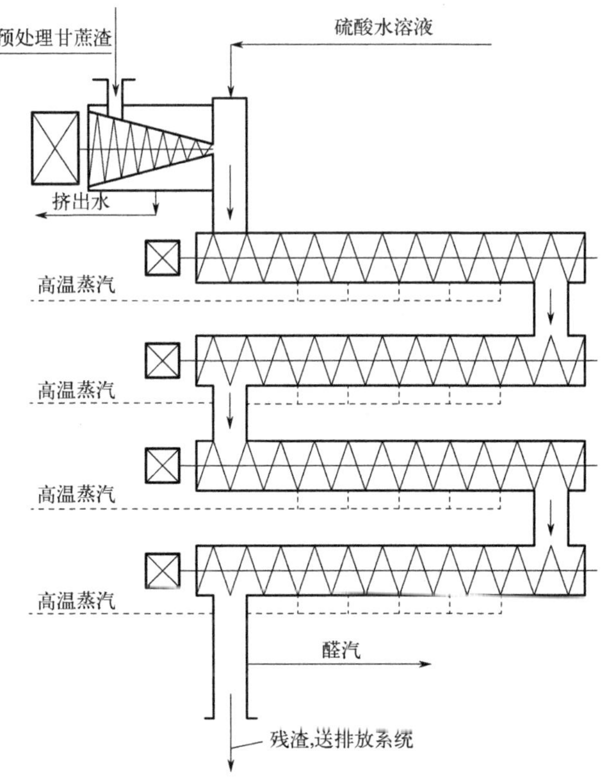

图 3-4-26　美国桂格燕麦公司连续水解器示意图

在锥形压榨进料口内，进料能力为 60t/h，能够挤出浸渍物料中的部分水分，使物料进入水解器内部时的含水率为 45%左右。水解器由四个水平放置的反应器连接成一列，锥形压榨进料口为不锈钢制。反应器直径 1.8m，每部分长 16m，由中碳钢制成，内部铺设耐酸砖。输送用的短螺旋桨也是由不锈钢制成的。

蒸汽和硫酸通过多个喷嘴送入水解器。蒸汽压力超过 1MPa，过热到 250℃。该蒸汽还有干燥效果。尽管要随硫酸给物料加入一定量的水，但是残渣离开水解器时的含水率仅为 40%左右。

残渣间歇性地由如图 3-4-27 所示的双门排料系统排出。它由两个活塞控制的羊角阀和中间仓构成。第一个阀门打开时，第二个阀门关闭，中间仓就充满了物料和操作压力下的蒸汽。然后第一个阀门关闭，第二个阀门打开，中间仓内的物料和蒸汽就被排放至旋风分离器，使其中的固体残渣和醛汽分离。

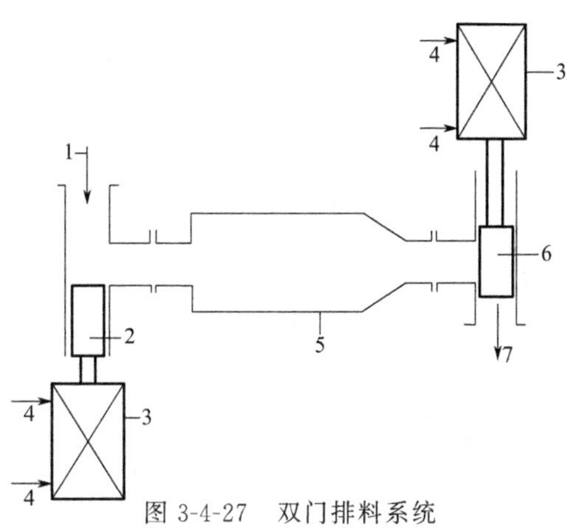

图 3-4-27　双门排料系统

1—来自水解器的残渣和醛汽；2，6—羊角阀；3—气动装置；4—压缩空气；5—中间仓；7—排渣至旋风分离器

该工艺中物料在水解器内的停留时间为 1h，糠醛得率为 55%。曾经设想不用硫酸催化，但是由于原料甘蔗渣软化不够易造成进料口堵塞，最终没有实现。

该连续水解工艺是糠醛生产的巨大进步，仅有如下一些小问题，而且这些问题都可以通过改善控制装备来弥补或消除：a. 如果原料甘蔗渣进料中断，锥形进料口处就没有压力封住内部物料，内部物料就在高压作用下发生“回吹”，由锥形进料口排出；b. 甘蔗渣的含水率需均匀，如果原料太干，会造成进料口剧烈振动而导致驱动齿轮的寿命缩短；c. 原料中如果含有钉子等金属杂质，也会导致堵塞。

但是这个连续水解厂最终还是关闭了，原因很多，如：a. 维护成本高，特别是锥形压榨进料器，详细检查要1200h，占整个维护费用的1/3；b. 甘蔗渣原料供应不足；c. 总公司对糠醛市场兴趣降低。

六、埃斯彻尔-维斯连续水解工艺

埃斯彻尔-维斯连续水解装置是如图3-4-28所示的流化床式设备。该设备上部有一个旋转进料器，原料加入后通过一个中心进料管，在那里有硫酸水溶液喷入，使催化剂初始浓度达到3%。在反应器的下半部，由蒸汽分布器送入蒸汽，并使原料处于悬浮状态，同时进行水解和脱水。流化床的高度用γ射线测量，卸料阀也是由γ射线信号控制。物料在水解器中维持在170℃，停留45min。

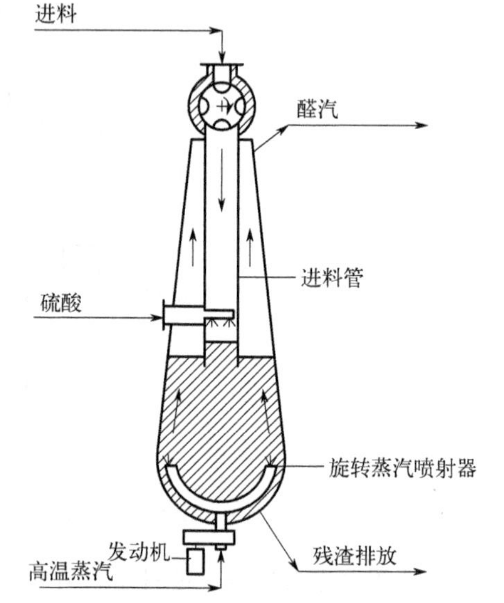

图3-4-28　埃斯彻尔-维斯连续水解器结构示意图

埃斯彻尔-维斯连续水解工艺也有一些不足之处：a. 由于物料在流化床内随机运动而无法保证固定的停留时间，导致有些物料颗粒进入体系后随即离开，而有些则毫无意义地停留过长时间；b. 旋转进料器极易被砂粒磨损；c. 高温下喷入酸水溶液，即使是高度耐腐蚀的合金钢也会发生严重的腐蚀，而混酸原料则对材料的腐蚀能力低得多；d. 在流化床水解器内，蒸汽的输入量相对较固定，因为流量太低会造成流化床坍塌，流量太高会导致原料颗粒被带出体系。因此，该水解工艺容易带出细小纤维造成损失，还会危害后续设备。

在较好的实例中，以玉米芯为原料，该水解器可以采用“自生酸催化水解”的方法，以自身产生的羧酸（以乙酸、甲酸为主）为催化剂，但是，这样会要求较长的停留时间。

七、罗森柳连续水解工艺

以甘蔗渣为原料的典型罗森柳连续水解工艺见图3-4-29。原料经振动筛1筛分，除去细小纤维。一般来说，这一步除去的细小纤维会占原料的40%。合格物料由水解器的顶端加入，经过两个交替打开的水力阀门进入水解器3，物料依靠重力缓慢下降，在水解器中的保留时间约120min，残渣在水解器的底端也是通过几个卸料阀周期性排出。同时，大约1MPa的过热蒸汽由水解器底端送入，向上流动，与原料发生反应，带着挥发性产物由水解器顶端引出。由于物料向下运动，蒸汽向上运动，整个过程为逆流操作。

该工艺无外加酸，催化剂为原料水解自身产生的乙酸、甲酸以及少量其他羧酸[4-7]，即“自动催化”。罗森柳水解器的传质现象很复杂，原因如下。

① 酸浓不均一，沿直立方向呈抛物线状分布。刚送入的原料中无酸，但是由于原料本身温度低，水解器中先前物料水解产生的酸蒸气会在原料颗粒表面冷凝，使原料具有酸性，并进一步向原料颗粒内部扩散。酸冷凝并催化原料水解产生更多的酸，使酸浓沿着下降的方向逐渐增加，直到在水解器高度大约1/3处达到某一最大值。当物料继续向下移动时，物料中的部分挥发性酸被底部送入的蒸汽带走，从而使酸浓下降。在水解器的底部，物料中酸浓度接近0。

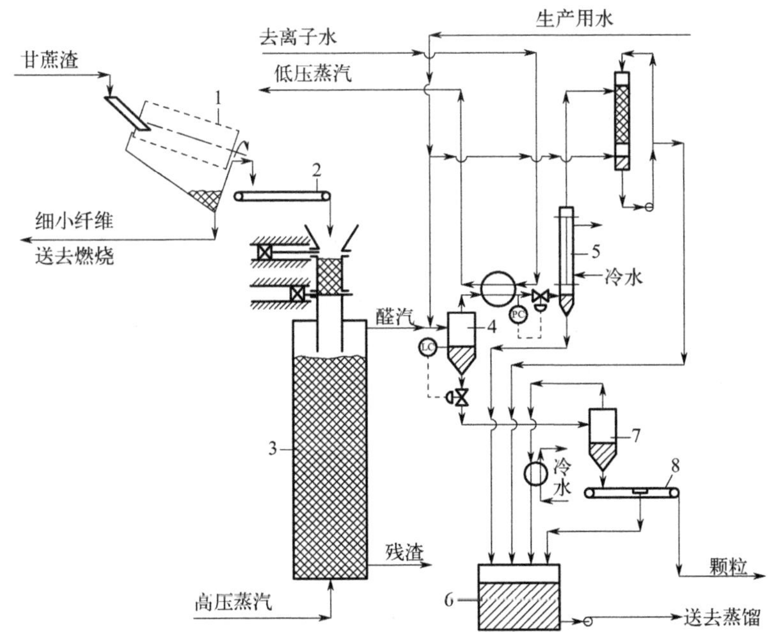

图 3-4-29 罗森柳连续水解工艺

1—振动筛；2—皮带运输机；3—水解器；4—旋风分离器；5—换热器；6—原液贮槽；7—旋液分离器；8—带式压滤机

② 糠醛浓度不均一，它取决于酸催化剂的浓度，也沿直立方向呈抛物线状分布。刚送入的原料中当然也没有糠醛，但是同样因为温度低，水解器中先前物料水解产生的糠醛蒸气也会在原料颗粒表面冷凝，并进一步向颗粒内部扩散。随着物料向下移动，其酸度逐渐增加，原料内部所产生的糠醛也逐渐增加，颗粒表面的糠醛被蒸汽带走，糠醛就因浓度差的存在而由物料内部向颗粒表面扩散。

③ 水解启动慢。由于原料中自身产生酸也需要酸催化剂，在水解器最初开始工作时就有个问题：原料中不含酸，水解器内也没有酸蒸气。因此，在初始阶段，如果不外加酸去促进原料自身产生酸，水解反应的启动非常缓慢，缓慢水解产生非常少量的羧酸，这少量的酸也只有非常弱的催化作用去产生羧酸，直至达到稳定状态。这样的启动可能要用很多天，而且一旦这个连续水解工艺因为缺乏原料或其他等原因而中断，就会发生启动缓慢的问题。

④ 蒸汽通入量影响大。如果蒸汽通入量低，物料颗粒中所形成的糠醛没有被及时带出，那么就会有较多的糠醛自身、糠醛与戊糖脱水形成糠醛的中间体发生损失反应。在很大范围内糠醛产率随着蒸汽通入量的增加而增加，但是当蒸汽通入量过大时，糠醛被及时带出的同时产生的羧酸也被带出，从而导致水解器内酸性下降，催化活性减弱。因此，当水蒸气通入量超过一定值时，糠醛产率会因催化剂被带走而迅速下降。当采用硫酸作为催化剂时，由于硫酸不挥发，而且硫酸的酸性远远大于羧酸，即便水解反应产生的羧酸被蒸汽带出，也不会导致如此的复杂性。因此，可以认为整个水解器内酸度是均匀的。在稳定状态下，罗森柳水解器可以被看作是一个直接水蒸气加热的蒸馏塔，其中充满的物料可以看作是随机填料，羧酸在水解器的上部产生，可以看成是在水解器的上部有羧酸加入。通过把这样的塔沿塔高方向分成无数多个薄片，应用蒸馏规律和一些动力学假设，可以对反应器的操作和浓度曲线等进行模拟，阐明糠醛产率和蒸汽输入量之间的关系。

八、糠醛生产新工艺

温度升高，木糖的转化速率成指数倍提高，水解器尺寸因此可以急剧减小。150℃下操作需要巨大的水解器，如果温度提高到 200℃，同样产量则只需要一根管子大小的水解器。而且，目前所采用的水解工艺都是在非沸腾状态下的水解液中进行转化，时间越长则损失越大，升高温度还可以缩短原料在水解液内的停留时间，显著提高糠醛得率。

1. 超高温水解工艺

超高温水解工艺流程如图 3-4-30 所示。温度控制在 200～240℃之间连续水解，水解器减小为简单的管子。将甘蔗渣或蔗髓与水解残渣压榨产生的回收液及稀硫酸在混合器 1 中混合成可流动的渣浆，渣浆又被高速旋转的粉碎机 2 制成较均匀、平滑的浆料，一部分返回混合器 1，另一部分用蠕动泵 3 送入连续水解器 4。在水解器的入口侧通入高温高压水蒸气，将物料加热至 230℃，物料开始快速水解。水解后的物料首先经过换热器 5 回收热能，然后经过压力控制阀 6 送入旋风分离器 7。在旋风分离器中为减压操作，水解后的浆料被分成富含糠醛的蒸汽相和代表残渣浆料的底流。由于控制阀 6 突然减压，物料颗粒中形成的糠醛爆炸性地释放出来。这种方法释放出的糠醛，比传统法的水蒸气蒸馏法更完全。此外，高温减小了糠醛的损失反应，使糠醛得率明显增加。

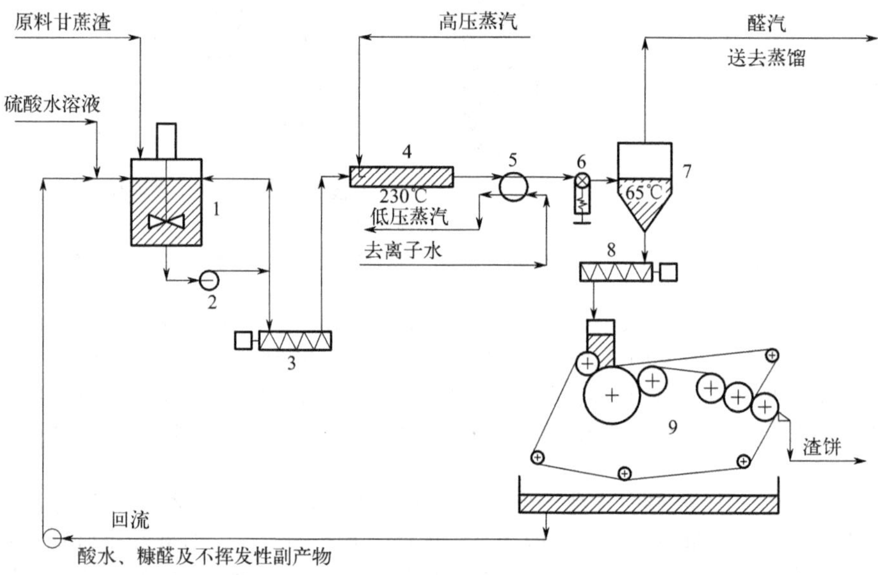

图 3-4-30　超高温水解工艺流程

1—混合器；2—粉碎机；3—蠕动泵；4—水解器；5—换热器；6—压力控制阀；7—旋风分离器；8—螺旋输送机；9—带式压滤机

换热器 5 和低压操作的旋风分离器 7 都使糠醛在气相中浓度增加，通过旋风分离器分离除去颗粒后以气相送入蒸馏塔。和传统方法相比，该方法不存在糠醛被埋于颗粒内部，需缓慢扩散至颗粒表面而导致损失的问题。

在旋风分离器 7 的底部由螺旋输送机 8 引出物料并送至带式压滤机 9，压制成渣饼。滤液中含少量硫酸、糠醛和其他副产物，返回至混合器 1 去制备水解原料渣浆。在这个工艺中，大部分硫酸被回收利用，仅在渣饼中残留少量而损失。因此在混合器 1 中仅需补充少量硫酸。

由于该循环体系中糠醛损失少，旋风分离器内气相中糠醛浓度逐渐增加直至达到一稳定值，蔗糖等其他非挥发性副产物会随渣饼排出而不会累积，也就是说，渣饼在整个工艺中起到了稳定的作用。

和传统工艺比较，超高温工艺有如下优点。

① 真正的连续操作，避免了间歇开启的进料、出渣阀门的问题；

② 很短的保留时间，只需很小体积的反应器；

③ 高温反应，减少损失，提高得率；

④ 原料颗粒中生成的糠醛爆炸性地释放，进一步提高得率；

⑤ 醛汽中糠醛含量高；

⑥ 醛汽中无固体颗粒；

⑦ 酸催化剂回收利用率高；

⑧ 工艺简单，几秒钟即可启动。

缺点：由于制可燃性渣饼的需要，带式压滤机的设备投入和维护成本较高。

该超高温水解工艺于1988年构思并试验，当时认为必须以硫酸为催化剂才可以使水解反应足够快，而带式压滤机必须能够耐这种强酸，导致成本增加。如果无外加酸的自生酸催化能够在该工艺中实现，无疑会更具吸引力。

接下来的斯忒克水解工艺就是在230℃下操作，无外加酸，只依靠自生酸催化，保留时间6.3min，普通的不锈钢就可以满足要求。

2. 斯忒克水解工艺

该工艺是加拿大斯忒克技术（Stake Technology）建立的，是将木材、甘蔗渣以及其他木质纤维原料转化成纤维素、木质素和木糖糖浆的连续工艺。该工艺又称为“斯忒克生物质转化”（Stake Biomass Conversion）工艺，包括以下三个阶段。

① 无外加催化剂的高温高压水解工艺，在230℃下进行水解，然后迅速降至常压（“蒸汽爆破”）。

② 水解原料首先经水提取，获得粗木糖——木聚糖溶液。

③ 稀碱液提取去除木质素，只留下纤维素。

原本该工艺的主要目的是制取纤维素，但是步骤①非常适合制取糠醛。

斯忒克水解工艺的核心内容是“进料枪”的专利技术，见图3-4-31。

粉碎的物料由原料入口加入，经由螺旋输送器送进水平的圆柱形仓内。左侧是水力控制的以每分钟120次往复运动的活塞，将物料保持在水解室内与大气隔绝。由于活塞的高频操作，使该进料器如同一把机械手枪。右侧是一个能够对水解室中物料施加可调整压力的堵头，当该堵头部分开启时使仓中原料排入水解室。

斯忒克进料枪最大的优点在于能够处理近乎干的物料。在糠醛生产中，只是在戊聚糖水解和将戊糖溶解时需要水，戊糖转化成糠醛的过程中实际上产生水。过量的水会稀释酸催化剂，减少残渣燃烧热值。从这一点来说，将斯忒克进料枪用于糠醛生产具有重要意义。

操作温度230℃下的斯忒克水解工艺中，实测戊糖、糠醛及其他损失产物随时间的变化，见图3-4-32。从图中可以看出该水解过程在6.3min后基本结束。由于该工艺没有任何外加酸催化剂，证实了原料水解产生羧酸的催化效果。

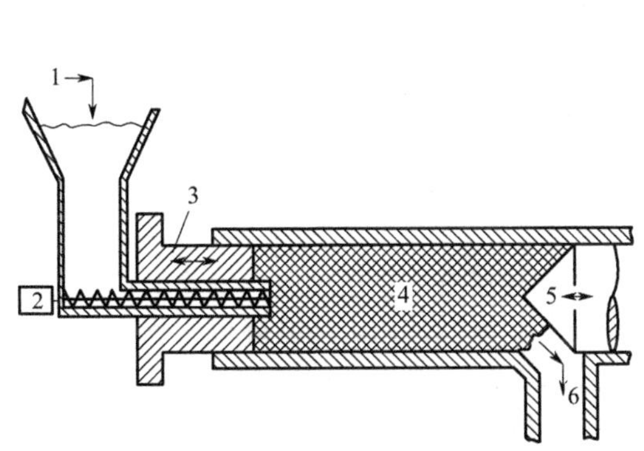

图3-4-31　斯忒克进料枪示意图

1—原料入口；2—螺旋输送器电动机；3—往复活塞；4—压缩物料；5—堵头；6—送往水解室

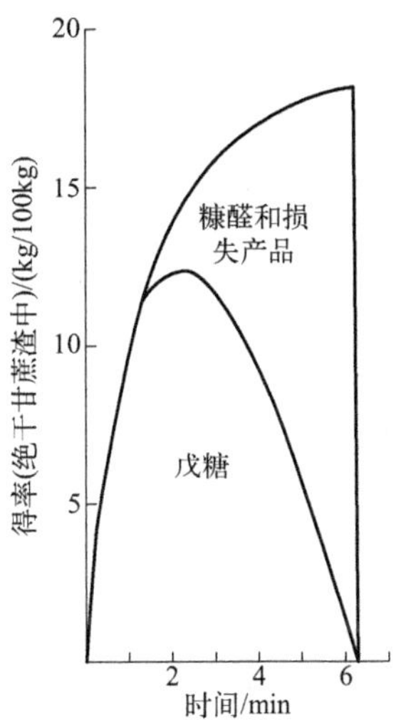

图3-4-32　斯忒克水解工艺物料组成变化

斯忒克水解工艺流程如图 3-4-33 所示。采用该工艺，糠醛得率接近 66%。在螺旋输送机 1 中加入少量水使原料甘蔗渣湿润、软化，然后由进料枪 2 送入水解器 3，在这里由水蒸气加热到 230℃，操作压力 2.77MPa。一旦原料不足，进料枪就不再能封住水解室，蒸汽和物料颗粒会发生回吹现象，进入缓冲仓 4，直到进料枪的密封作用重新恢复。

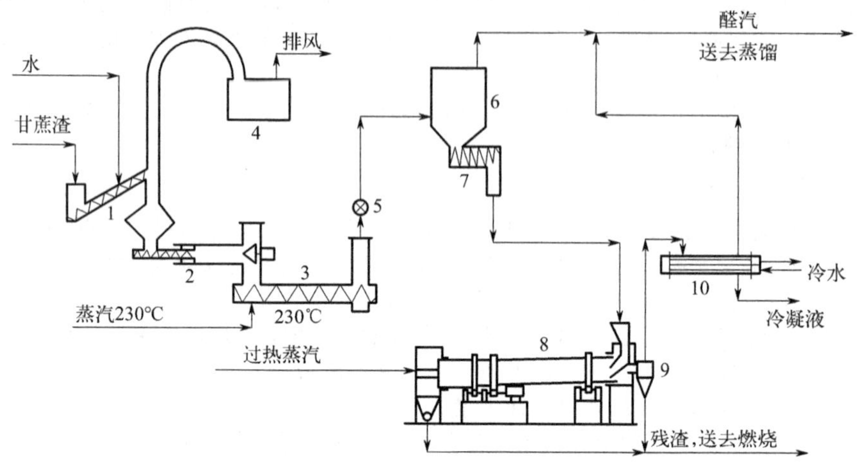

图 3-4-33　斯忒克水解工艺流程

1—螺旋输送机；2—进料枪；3—水解器；4—缓冲仓；5—减压阀；
6，9—旋风分离器；7—螺旋排渣器；8—滚筒干燥器；10—分凝器

在水解器 3 中，原料经历水解脱水形成糠醛，然后通过减压阀 5 进入旋风分离器 6，使富含糠醛的蒸汽与残渣分离。螺旋排渣器 7 把残渣送去滚筒干燥器 8，干燥时排出的气相又经旋风分离器 9 处理，除去其中固体物质，然后经分凝器 10 冷凝其中大部分水分，保留一小部分含醛气体。这部分气体与由旋风分离器 6 引出的醛汽合并。干燥后的残渣含水率较低，可用作燃料。

3. 超高得率水解工艺

上述两个水解工艺都通过高温提高得率，但是并没有采取任何措施从根本上解决或降低损失反应，即非沸腾的反应介质。与这两个水解工艺相比，在南非实现了一个更新的水解工艺，称作“超高得率水解工艺”，复制了实验室糠醛得率 100%的戊聚糖含量分析过程。如前所述，实验室中戊聚糖含量分析方法能够实现 100%的糠醛得率，关键原因是它保持反应介质为气相状态。根据相图，在沸腾液相中产生的糠醛被及时排入气相。而直接水蒸气加热不可能实现这种沸腾状态，无论直接水蒸气的压力多少，蒸汽冷凝释放的热量不可能把处在同样压力下的戊糖水溶液加热至沸腾。所以，上面提到的所有直接水蒸气加热并将醛汽引出的糠醛水解工艺都是在非沸腾状态下进行的，都将水解所产生的糠醛暂时留在液相中，也就是在液相中停留的短暂时间内，糠醛发生了与其自身、与反应中间体的损失反应。在实验室分析方法中，采用间接加热避免了这些损失反应，而不是将直接蒸汽冷凝在反应介质中。但是，糠醛生产中采用任何换热器进行间接加热都会使换热器表面结垢。因此，超高得率水解工艺需要反应介质处于一个完全不同的沸腾状态，即减压沸腾状态。

该水解工艺采用了“延迟减压”的过程来实现在沸腾反应介质中进行操作，还避免了间接加热表面结垢的问题。该工艺中为此所付出的代价就是：减压沸腾，体系降温，反应速度下降。好处是：该工艺过程如同实验室的分析方法，获得了原料中所有潜在的糠醛，糠醛得率为 100%。

在这个超高得率水解工艺中，“延迟减压”过程从高温高压开始，逐渐降低到低温低压，生产过程逐渐减慢，以保证戊糖脱水形成糠醛的反应时间。为了使整个工艺具有实际的生产意义，初始温度必须较高，如 240℃，终温不能低于 180℃，否则反应速率会过低。

当把物料加热到初始温度时，水解器内压力很高，“延迟减压”过程可以很快开始，通过简单的减压阀控制。有些情况下，受生蒸汽压力限制，初始温度低，就需要采用几次“延迟减压”

过程来完成戊糖向糠醛的转化。

在这个工艺中，损失反应仅在反应介质尚未沸腾时的加热过程中发生。为此，应尽可能快速加热物料至初始温度。

超高得率水解工艺简图见图 3-4-34。热绝缘较好的水解器 1 装满预酸化或不加酸的原料，打开蒸汽阀 2，通入蒸汽加热到温度 T_1，此时醛汽阀 3 和排渣阀 4 关闭。在短暂的加热过程中，蒸汽冷凝，增加了物料的含水率。然后蒸汽阀 2 关闭，醛汽阀 3 打开，逐渐减压以产生稳定的蒸汽流，同时引起温度缓慢下降。当达到既定的终温 T_2 时，醛汽阀 3 关闭，结束第一次"延迟减压"过程。如果此时水解完成，将排渣阀 4 打开排渣。如果此时水解没有完成，还继续有大量糠醛产生，就重复进行"延迟减压"过程。这只是一个重复过程，所有阀门操作均由自控单元 5 来控制。

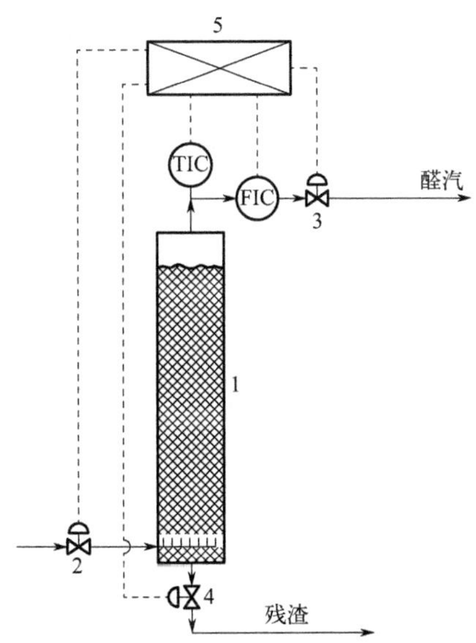

图 3-4-34　超高得率水解工艺简图

1—水解器；2—蒸汽阀；3—醛汽阀；
4—排渣阀；5—自控单元；
TIC—技术信息中心；FIC—流动情况指示控制器

这个过程是否需要外加酸，需要外加多少酸，取决于初始温度。初始温度越高，所需外加酸越少。如果需要外加酸，应该采用哪种酸为催化剂？硫酸不适用，因为硫酸会产生磺化作用而降低糠醛得率。实验室分析方法采用盐酸为催化剂，糠醛得率 100%，如果采用硫酸为催化剂，糠醛得率就达不到 100%。但是由于腐蚀问题，盐酸适于在实验室中使用，而不适于在工厂中使用。硝酸也因为硝化作用而不适用。比较好的选择是正磷酸，因为它不会引发副反应。虽然正磷酸不是强酸，但是对于水解反应的催化作用已经足够。

九、其他糠醛制备相关研究

传统的糠醛生产工艺大多能耗高、收率较低，无机酸催化对环境污染严重[2]。针对上述缺点，科学家们从改进催化剂、分离方法、溶剂体系等方面进行了大量的研究，取得了较好的进展[16]。

1. 催化剂

为了使酸催化剂便于回收，很多固体酸催化剂[17-20]用于戊糖脱水制备糠醛的液相反应。有研究表明，Bronsted 酸与 Lewis 酸催化机理不同（图 3-4-35）[21]，Bronsted 酸位点和 Lewis 酸位点的比值与糠醛的选择性成正比，可据此对应性地开发固体酸催化剂[22]。

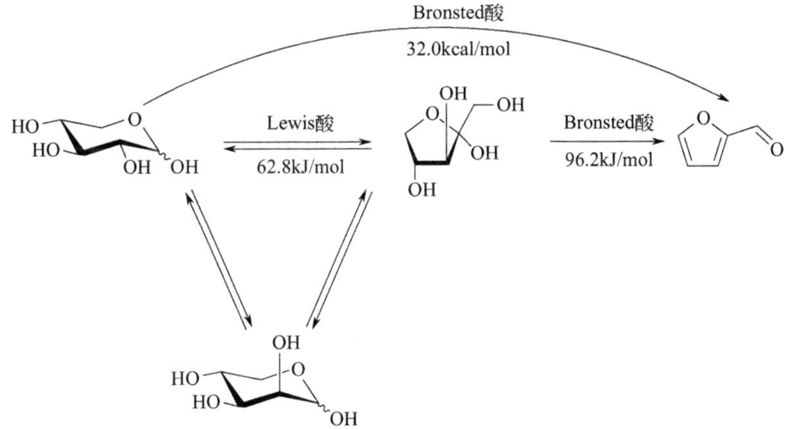

图 3-4-35　Bronsted 酸与 Lewis 酸催化机理示意图

固体酸催化剂催化效果好，但价格昂贵，催化剂制备相对复杂，而且容易失活。其酸性强，不仅催化糠醛的生成反应，还会催化糠醛转化的副反应，因此酸催化剂的选择性也非常重要。

氯化物无机盐[23,24]已被证实具有催化木糖脱水生成糠醛的作用，见图 3-4-36。氯离子能够促进异构化，提高脱水反应速率，缩短反应时间[24,25]。

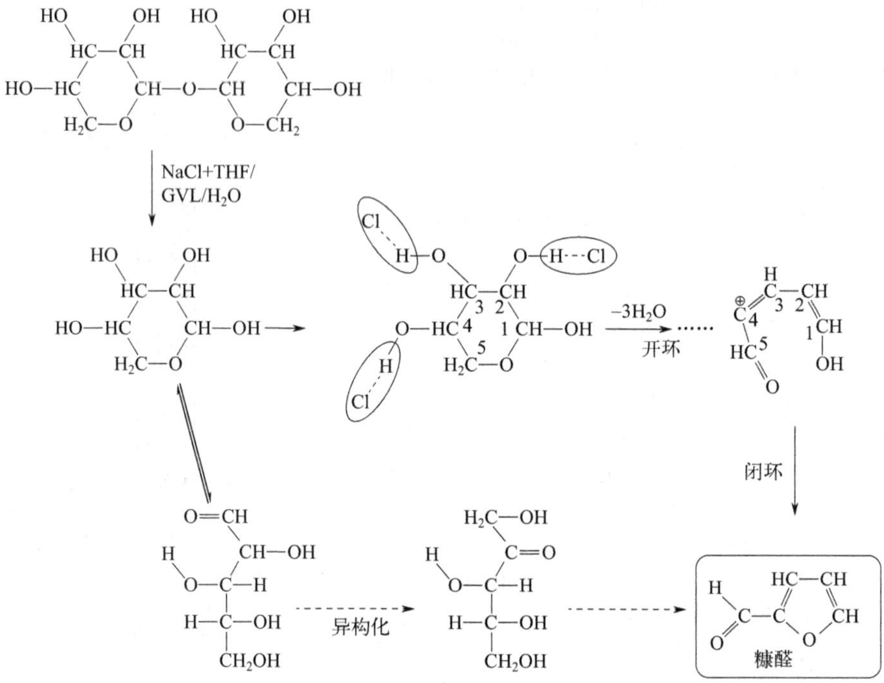

图 3-4-36　氯化钠催化木糖脱水生成糠醛示意图

但有研究认为，Lewis 酸对生成糠醛反应催化的选择性不高，对糠醛转化反应的催化能力较强。

金属氧化物[26]也用于制备糠醛，但催化效果需进一步提升。

2. 分离方法

如前所述，生成的糠醛在反应体系中会发生转化而损失。因此，及时将生成的糠醛从反应体系中分离，成为提高糠醛得率的一个重要途径。有研究采用 N_2 同步分离[27-30]、采用高分子吸附剂[31]、采用超临界 CO_2 萃取[32]等方法及时将生成的糠醛与反应体系分离，提高糠醛得率。

3. 溶剂体系

糠醛的生产和研究所用溶剂可分为单相体系和双相体系。水是最绿色、最廉价的溶剂，无论是生产还是研究，单相体系时水总是第一选择，但是由于副反应的发生，以水为溶剂的体系糠醛产率大都小于 50%。另外，由于水的沸点较低，反应体系需要高温时，往往需高压才能实现。有研究采用二甲基亚砜（DMSO）[33]、离子液体[34-37]、γ-戊内酯[25]等为溶剂的单相体系，也有研究采用以甲基四氢呋喃（MTHF）-水、THF-水等为代表的双相体系制备糠醛[23,38-40]。与单相水体系相比，反应生成的糠醛可迅速转移至有机相中，减少了各种副反应的发生，从而可提高糠醛的收率，减少废水排放。

第五节　糠醛衍生物

糠醛在实际应用上最主要的衍生物是通过加氢和脱羰基而形成的产品，见下式。糠醛转化的程度和衍生物的得率取决于所用催化剂和过程工艺参数。

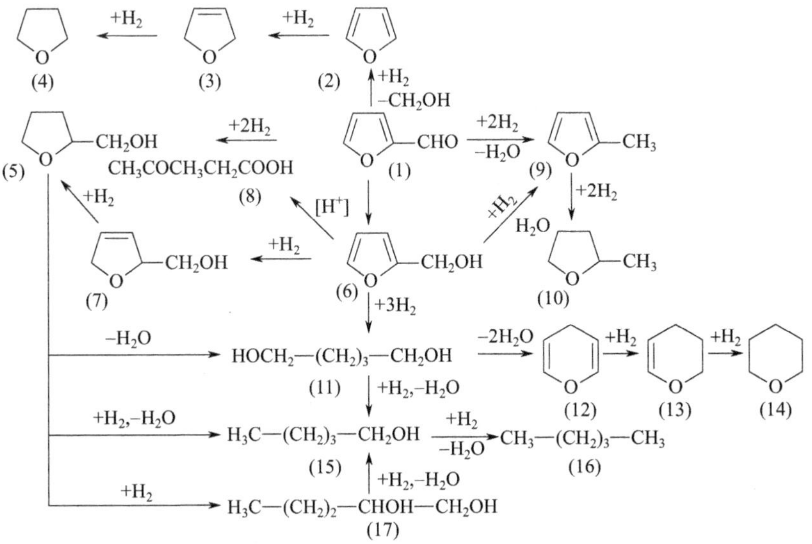

式中，（1）为糠醛；（2）为呋喃；（3）为二氢呋喃；（4）为四氢呋喃；（5）为四氢糠醇；（6）为糠醇；（7）为二氢糠醇；（8）为乙酰丙酸；（9）为2-甲基呋喃（糠烷）；（10）为2-甲基四氢呋喃（四氢糠烷）；（11）为戊二醇；（12）为吡喃；（13）为二氢吡喃；（14）为四氢吡喃；（15）为戊醇；（16）为正戊烷；（17）为1,2-戊二醇。

一、糠醇

（一）糠醇的主要性质

糠醇又称呋喃甲醇，分子式为 $C_5H_6O_2$，分子量 98.10，呈无色透明油状，具有微弱芳香气味和苦辣味。在日光或空气中可发生自动氧化，颜色逐渐变为黄至棕黄或深红色。常温下可以与水互溶，但在水中不稳定，溶于乙醇、乙醚、苯和氯仿等多种有机溶剂，不溶于石油烃类物质，与亚麻油可部分混合。糠醇遇酸可发生放热爆炸性反应，生成不易熔化黄褐色或黑色树脂；糠醇蒸气与空气能形成爆炸性混合物，在盐酸、磷酸和顺丁烯二酸酐等酸性物质催化下能缩合成树脂。

（二）糠醇生产工艺

由于糠醛分子结构中具有侧链醛基，呋喃环中有两个双键和环状醚型氧原子，因而具有很强的氧化性，即可在不同条件下被氢化还原为糠醇、甲基呋喃或四氢糠醇等产品。以镍为催化剂时，呋喃环型分子中各种键氢化所需的活化能如表 3-4-25 所示。

表 3-4-25　呋喃环型分子中各种键氢化所需的活化能（镍为催化剂）

键的类型	活化能/kJ
侧键上的烯烃型键	9.2
羰基型键	31.8
呋喃环上的双键	34.3
呋喃环上的醚键	37.3
从糠醛形成螺环	49.4
碳和氧之间的键，伴有水解反应	52.8
碳和氧之间的键	152.4

可见，要进行糠醛侧链上羰基型键的氢化来制取糠醇，需要的活化能很低，且与呋喃环氢化反应相差不大。因此，必须在比较缓和的条件下进行选择性反应，即可以在比较低的温度和压力下采用适当的选择性催化剂进行。其一般反应式如下。

$$\text{(呋喃环)—CHO} + H_2 \xrightarrow[\triangle]{\text{催化剂}} \text{(呋喃环)—}CH_2OH + Q(18.16kJ)$$

在不同的催化剂或反应温度和压力条件下，还可得到四氢糠醇或甲基呋喃等氢化物。

根据原料进行催化氢化时所处物态的不同，可分为液相催化加氢和气相催化加氢两种工艺。根据加氢反应压力的不同，又可分为常压、低压、中压和高压加氢法。

1. 催化剂的选择和制备

催化剂能改变化学反应的历程，降低反应活化能，增加活化分子百分数，加快反应速度。催化剂有专一性和选择性，而其选择性又与催化剂本身组分和含量以及反应条件有关。糠醛氢化的催化剂有很多，应用较多的是镍或铜铬固体催化剂，而且各自又有不同的组成和制备方法。镍催化剂反应条件温和，但有副反应，形成四氢糠醛，后续加工困难。Cu-Cr 催化剂对糠醛氢化为糠醇的选择性要比镍高，对羰基化合物的氢化有极好的催化能力，糠醛-糠醇的定向反应良好，但反应条件比较苛刻，设备复杂，动力消耗大，如果在 Cu-Cr 催化剂中加入少量的钠、钙、镁，或沸石、氧化铝等作载体，情况就会明显改善。碱金属或碱土金属则活性更大。

催化剂可在固定床或悬浮床状态下使用，但固定床活性降低较快，所以常用悬浮催化剂。Cu-Cr 催化剂通常以硫酸铜和重铬酸钠等按如下反应式自行制备。

$$2CuSO_4 + Na_2Cr_2O_7 + 4NH_4OH \longrightarrow 2Cu(OH)NH_4CrO_4 + Na_2SO_4 + (NH_4)_2SO_4 + H_2O$$

$$2Cu(OH)NH_4CrO_4 \longrightarrow CrO_3 \cdot 2CuO + N_2\uparrow + 5H_2O$$

制备时，先将硫酸铜和重铬酸钠分别溶于蒸馏水，混合搅匀，慢慢加入浓氨水，直到不再继续生成沉淀为止。冷却到室温后过滤。滤饼是碱式铬酸铜铵，用蒸馏水洗至无色，在 110℃烘箱中烘干，得率接近理论值。然后在马弗炉中加热至 360℃，使其分解成铜铬氧化物。催化剂是片状颗粒，压片时要加 10%左右氧化钙（CaO）作稳定剂，另加 3%～5%石墨粉。

2. 原材料特性

工业糠醛：含量不少于 99.3%，水含量不大于 0.15%，折算成乙酸后的酸含量不大于 0.04%。

工业氢气：体积分数不少于 99.9%，氧和氮的总体积分数不超过 0.05%。

工业氮气：氧气体积分数不超过 0.001%，氮气体积分数不少于 99.99%。

碳酸钠：其含量不少于 99.2%。

工业氢氧化钠：含量不少于 42%。

工业氢氧化钾：含量不少于 95%，氯化物含量不超过 0.7%。

3. 糠醇生产工艺流程

（1）中压液相加氢糠醇生产工艺　其流程见图 3-4-37。糠醛用打料泵 13 经预热器 5（蒸汽压力 0.3～0.4MPa）和节流阀 4 送到混合器 3，同时又经空压机 12、缓冲器 1 和节流阀 2 送来氢气，混合后从氢化反应器 6 底部进入反应器，并将那里的催化剂吹起使之处于悬浮状态，边打料边升温，待温度稳定在 190～200℃时，每隔 0.5h 放料一次。放出的料经冷凝器 7 冷凝后，在第一分离器 8 和第二分离器 9 分离出粗糠醇放入粗糠醇贮槽 11，分离的氢气经流量计 10 送回氢气供给系统。

粗糠醇中常混有部分催化剂，应进行过滤以除去催化剂，或进行沉淀除去催化剂。粗糠醇送入真空精制釜 14，先蒸出头馏分，待温度达到 90～95℃时，视镜中流体清晰，可开始收集商品糠醇，当馏出物逐渐减少，塔顶温度下降时，即可停车。

工艺条件：反应温度 200～210℃，压力 5～7MPa，反应时间 30～45min（反应釜 70L），催化剂为 Cu-Cr 悬浮床催化剂。

主要工艺设备如下。

① 氢化反应釜：低合金钢制造，2 台串联使用，ϕ180mm×20mm×500mm（二段），70L。

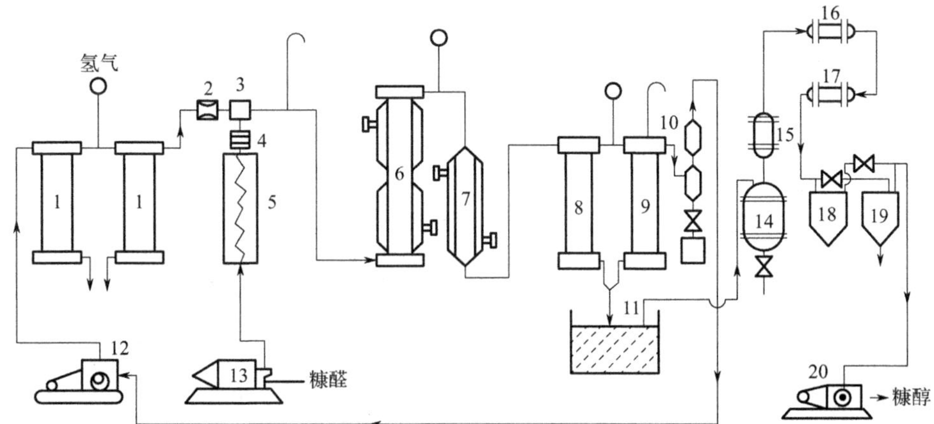

图 3-4-37　中压液相加氢糠醇生产工艺流程

1—缓冲器；2，4—节流阀；3—混合器；5—预热器；6—反应器；7，16—冷凝器；8—第一分离器；9—第二分离器；10—流量计；11—粗糠醇贮槽；12—空压机；13—打料泵；14—真空精制釜；15—填充塔；17—冷却器；18—头馏分贮槽；19—精糠醇贮槽；20—输送泵

② 缓冲器：ϕ180mm×20mm×250mm，350L。

③ 分离器：ϕ180mm×20mm×250mm，350L。

④ 真空精制釜：1.2m^3。

(2) 匈牙利高压液相加氢糠醇生产工艺　其流程见图 3-4-38。糠醛与催化剂经高压泵送入预热器 1，同时氢气也由空压机送来，预热后一起送入氢化反应器 2。糠醛被氢化后，氢化物经冷却器 3 冷却，再送入气液分离器 5，分离出氢气送回去重新参加氢化反应，而分离出的氢化物液体在离心过滤机 6 中除去催化剂，之后把液体氢化物送去进行真空蒸馏精制，除去副反应物，得到商品糠醇。

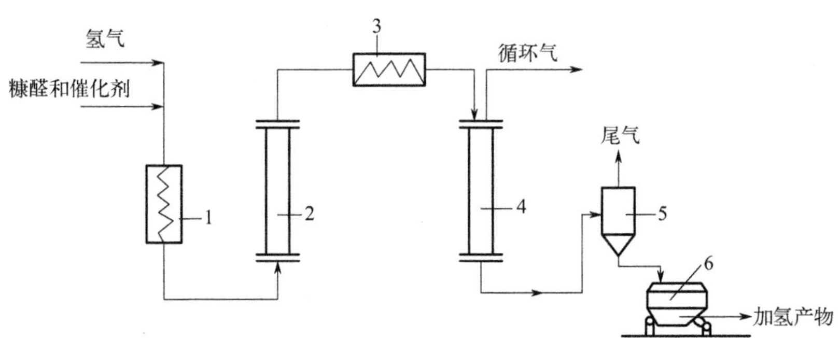

图 3-4-38　匈牙利高压液相加氢糠醇生产工艺流程

1—预热器；2—反应器；3—冷却器；4—骤冷槽；5—气液分离器；6—离心过滤机

工艺条件：压力 25MPa，温度 170～220℃，Cu-Cr 催化剂，悬浮状态，催化剂用量为糠醛量的 2%，产率 97%。

特点：产率高，质量高，反应器设计简单。

(3) 苏联中压气液相加氢糠醇生产工艺　所用催化剂为 Cu-Cr 粒状催化剂，含 CuO 和 CrO_3 不少于 39%，此外还含有氧化钡和亚铬酸铜等。由于催化剂以氧化物形式制得，所以在使用之前要用氮和氢的混合物（9∶1）还原，缓慢升温到 250℃，随后用氢逐渐取代氮，有水排出时，结束催化剂的还原。

苏联中压气液相加氢糠醇生产工艺流程见图 3-4-39。糠醛从贮槽 1，经泵送到糠醛计量槽 2，又通过高压泵 3 送到混合器，同时送来经氢气预热器 4 预热的氢气，一起送入氢化反应塔 5，氢气可进行循环，保证造成气液相。氢化物从氢化反应塔送入氢化物冷却器 6，之后经高压分离器 7 和低压分离器 8，排入氢化物贮槽 9，再送真空精制工段。

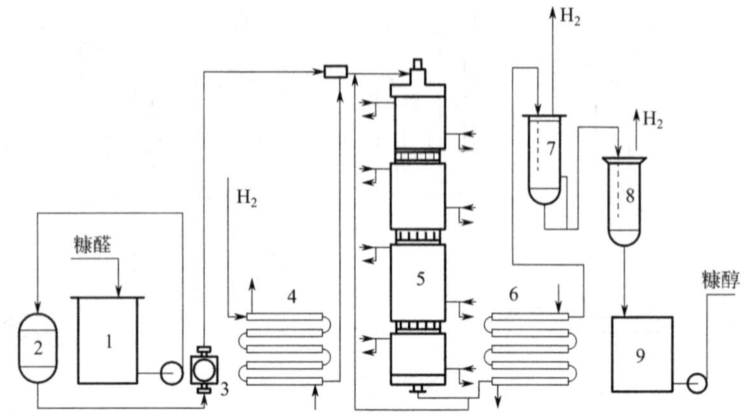

图 3-4-39　苏联中压气液相加氢糠醇生产工艺流程

1—糠醛贮槽；2—糠醛计量槽；3—高压泵；4—氢气预热器；5—氢化反应塔；6—氢化物冷却器；7—高压分离器；8—低压分离器；9—氢化物贮槽

工艺条件：反应温度为 55～140℃，压力为 6.5MPa。糠醇得率为糠醛量的 96%～98%。主要设备特性有：氢化反应塔，容积 $3m^3$；氢气预热器，换热面积 $59.4m^2$；氢化物冷却器，换热面积 $145.2m^2$；糠醛计量槽，容积 $1m^3$。

糠醛催化加氢过程形成的主要杂质为糠烷、四氢糠醇，还有大量的水和未反应的糠醛，此外还有甲基糠醇、戊二醇和其他杂质。糠醇挥发性比糠醛低，常压下沸点为 170℃（糠醛为 161.7℃），一般在减压条件下进行蒸馏精制。糠醇的沸点和真空度的关系见表 3-4-26。

表 3-4-26　糠醇的沸点和真空度的关系

沸点/℃	绝对压力/kPa	真空度/kPa	沸点/℃	绝对压力/kPa	真空度/kPa
40	0.24	101.04	100	7.12	94.18
60	0.84	100.46	120	16.91	84.39
80	2.7	98.6	140	36.04	65.26

苏联粗糠醇精制的工艺流程见图 3-4-40。反应过程中副反应使粗糠醇的酸性提高。因此，要在中和槽 1 中用碳酸钠溶液进行中和，被中和过的粗糠醇送到计量槽 2，再经预热器 3 送入脱水塔 4，馏出物为含 40%糠醛的低沸杂质——头馏分，冷凝后部分回流，部分入头馏分真空贮槽 7，待送去分馏回收糠醇。脱水的糠醇从脱水塔塔底排出，并送入蒸馏塔 8，商品糠醇以低沸组分在塔顶排出，经分凝器 5 冷凝后部分回流，部分进入糠醇真空贮槽 10，又经冷却器 11 冷却后排入商品糠醇贮槽 12。脱水塔的头馏分送到头馏分分馏塔 14，蒸出的低沸物经分凝器 5 部分回流，部分取出，送糠烷真空贮槽 15，再送糠烷贮槽 16，一般送去燃烧。含 95%糠醇的锅残返回脱水塔再蒸馏。

主要设备特点如下。

① 糠醇预热器：换热面积 $2m^2$。

② 脱水塔：泡罩塔，塔径 600mm，32 块塔板；脱水塔，分凝器换热面积 $26m^2$。

③ 蒸馏塔：泡罩塔，26 块塔板，塔径 1000mm；蒸馏塔，分凝器换热面积 $62m^2$。

除以上介绍的液相和气液相糠醛催化加氢工艺之外，还有气相加氢，其特点是首先要把糠醛气化，之后在气相条件下进行糠醛的催化加氢。目前最先进的生产工艺是常压气相加氢法，糠醇得率高，成本低。

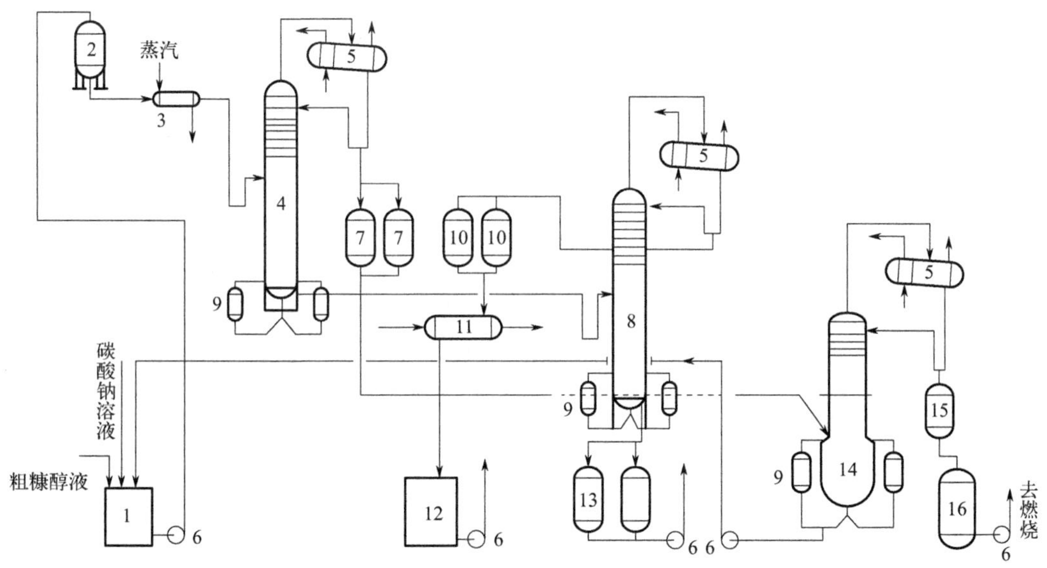

图 3-4-40　苏联粗糠醇精制工艺流程

1—中和槽；2—计量槽；3—预热器；4—脱水塔；5—分凝器；6—泵；7—头馏分真空贮槽；8—蒸馏塔；9—沸腾加热器；10—糠醇真空贮槽；11—糠醇冷却器；12—商品糠醇贮槽；13—锅残真空贮槽；14—头馏分分馏塔；15—糠烷真空贮槽；16—糠烷贮槽

4. 影响糠醇得率的因素

糠醛的催化加氢反应过程，由于选用催化剂和反应条件的不同，可发生不同的加氢反应（醛基上加氢、呋喃环上加氢或者呋喃环的断裂）。应根据催化剂的不同特性去选择工艺条件（温度、压力、溶剂、催化剂的状态及设备结构等）。糠醛醛基加氢制取糠醇应选取比较缓和的还原条件，在工业上一般选用 100～150℃的温度、8～10MPa 的压力。但在这样的条件下催化剂失效快，影响得率，又增加后续加工量，所以必须综合各种因素去选择工艺条件。

（1）催化剂选择　选择具有高度专一性的催化剂，不产生或少产生副反应产品。如 Cu-Cr 催化剂，当氢化温度高于 220℃时，反应的选择性下降，副反应速度加快，产生四氢糠醇或甲基呋喃等。

（2）氢气压力　根据糠醛加氢反应方程式可知，增大氢气浓度可使反应速度加快，向生成糠醇的方向进行。在液相反应中，就是要使溶解氢的浓度增大。在 0～30MPa 压力范围内，氢的溶解度与压力成正比。使用压力的大小又与催化剂的选择性有关，如在选用 Cu-Cr 催化剂固定床液相反应情况下，氢气压力不能太高，也不可太低，一般选在 5MPa 以上，太低则催化转化率下降，会延长反应时间。

（3）糠醛浓度　增加糠醛浓度，即增大糠醛的单位时间进料量，可使反应向生成糠醇的方向进行，加快反应速度，同时还可以缩短反应时间。

（4）反应温度　糠醛氢化反应需要一定的温度。当液相氢化时，氢气在液体糠醛中的扩散速度随反应温度的升高而加快。提高反应温度可加快反应速度，缩短反应时间。当温度因反应放热而高于反应温度时，要通过反应器内的冷却装置调节反应温度，使其控制在反应温度上下 20～50℃范围内。

（5）糠醇浓度　增加间歇放料次数或加大连续进料量可以减小生成物浓度，能提高反应速度和产量，并降低反应温度，起到防止糠醇树脂化的作用。

（6）生产方式　有研究表明，间歇式糠醛氢化生产糠醇时，氢气压力 2MPa 可实现糠醛转化率 100%、生成糠醇的选择性 100%。而连续式生产时要实现糠醛转化率 100%则需要 6MPa 的氢气压力，且生成糠醇的选择性仅 92%。但是，从单位体积反应器单位时间产率来看，连续法是间歇法的 2 倍多[41]。

（三）糠醇用途

糠醇用酸性催化剂可以缩合成树脂。这种糠醇树脂又称呋喃树脂，主要用作汽车、拖拉机等内燃机铸造工业的砂芯黏合剂。它不仅可以节约亚麻仁油等植物油，而且还可以提高铸层件的质量，促进铸造过程的机械化和自动化。使用时，直接和砂子掺和，用量只占砂子的 2%。根据使用单位的要求，可以生产各种型号的树脂。

糠醇树脂还可用于制造耐酸、耐碱和耐热的防腐蚀涂料。浸渍这种树脂后进行固化是另一种重要用途。例如，用黏度较低的呋喃树脂浸渍多孔材料（如岩石、混凝土等），可以延长地下混凝土管道的寿命，在有涌水危险的矿井中将岩石用树脂浸渍后就地固化，可以消除岩层的渗水现象。此外，糠醇还可用作环氧树脂中降低黏度的组成物等。

二、糠醇合成树脂

以糠醇为原料合成的呋喃树脂具有良好的工艺性质，得到了极其广泛的应用。糠醇在有机酸（草酸、甲酸）或无机酸（正磷酸）的催化作用下进行缩聚，得到糠醇的均聚物称为 PFR 树脂，为可溶性低聚物：

$$\text{C}_4\text{H}_3\text{O}{-}\left[\text{CH}_2{-}\text{C}_4\text{H}_2\text{O}\right]_n{-}\text{CH}_2\text{OH}$$

通过糠醇缩聚反应制成的呋喃树脂中，通常含游离糠醇 20%～30%。缩聚呋喃树脂常用作生产碳精电极的胶黏剂，以及耐腐蚀涂料和油灰的填料等。

尿素呋喃树脂是由糠醇、尿素及甲醛相互作用而形成的，在该树脂合成的第一阶段形成下列衍生物：

$$\text{CO(NH}_2)_2+\text{HCHO}\rightarrow\text{NH}_2\text{CONHCH}_2\text{OH}$$

$$\text{C}_4\text{H}_3\text{O}{-}\text{CH}_2\text{OH}+\text{NH}_2\text{CONHCH}_2\text{OH}\xrightarrow{-\text{H}_2\text{O}}\begin{cases}\text{C}_4\text{H}_3\text{O}{-}\text{CH}_2\text{OCH}_2\text{NHCONH}_2\\ \text{C}_4\text{H}_3\text{O}{-}\text{CH}_2\text{NHCONHCH}_2\text{OH}\\ \text{HOH}_2\text{C}{-}\text{C}_4\text{H}_2\text{O}{-}\text{CH}_2\text{NHCONH}_2\end{cases}$$

这种树脂是用糠醇改性的脲醛树脂，糠醇耗量为 230～390kg/t 树脂。还有糠醇与酚醛树脂缩合的产品：

$$\text{HOC}_6\text{H}_4{-}\text{CH}_2\text{OH}+\text{C}_4\text{H}_3\text{O}{-}\text{CH}_2\text{OH}\longrightarrow\text{HOC}_6\text{H}_4{-}\text{CH}_2{-}\text{C}_4\text{H}_2\text{O}{-}\text{CH}_2{-}\text{C}_6\text{H}_3\text{(OH)}{-}\text{CH}_2{-}$$

尿素呋喃树脂和呋喃树脂主要作为砂芯的胶黏剂用于铸造业，成型的砂模能适应于热和冷固化条件，具有很高的热稳定性和机械强度，可以用于铸铁、钢和有色金属等的铸造。

三、四氢糠醇

（一）四氢糠醇主要物理性质

四氢糠醇是无色或黄色透明液体，分子量 102.135，和水可以任意比例混合，低毒性，对皮肤有中等刺激，对金属无腐蚀。四氢呋喃衍生物与呋喃类化合物不同，具有高度的稳定性，其中四氢糠醇的保存期为 5 年。

（二）四氢糠醇的生产工艺

1. 催化剂的制备

以糠醛为原料催化加氢制备四氢糠醇时，苏联采用骨架镍催化剂。制备时首先以 45.5：

52.5∶2.5的比例将Ni、Al和Ti（或Cr）熔融制成长约5～15mm的合金不定形颗粒。之后在90～95℃下，通入10%浓度的NaOH溶液，通过如下反应溶出部分Al（合金量的40%），将催化剂活化。

$$Ni_2Al_3+3NaOH+3H_2O \longrightarrow 2Ni+3NaAlO_2+4.5H_2\uparrow$$

钛提高了催化剂的强度。活化后的催化剂用蒸馏水洗出碱液，至洗涤水残碱量达0.025%为止。溶出铝后剩下的镍具有活性很高的表面，在空气中能自燃，需要在水中贮存。使用之前，要先用氮气把水排出，而后通入氢气。

2. 四氢糠醇的生产工艺流程

把糠醛和粗四氢糠醇按1∶1配成混合物，从装有催化剂的反应塔下部加入，氢化温度为150℃（当温度达到160℃时其活性要下降），氢气压力为15MPa。催化剂的工作时间为2000h，之后要进行再生。催化剂消耗量一般为8～10kg/t商品。

粗四氢糠醇精制时多采用双塔真空蒸馏精制的工艺，在脱水塔塔顶分离出低沸点的头馏分，塔底取出四氢糠醇送入蒸馏塔。从蒸馏塔顶排出商品四氢糠醇，从塔底取出高沸点的尾馏分，其颜色为深褐色，基本上是由多元醇组成，包括戊醇、戊二醇和戊三醇及其衍生物，还含有糠醛、糠醇，以及含有40%以上的四氢糠醇，可用作油漆颜料和油溶性干燥剂的溶剂。

（二）四氢糠醇的用途

四氢糠醇应用广泛，可用作树脂和燃料的溶剂，塑料工业的增塑剂，发动机燃料的填充剂、防冻剂，印染工业的润湿剂和分散剂等。

四、其他产品

（一）四氢呋喃

四氢呋喃的生产用二段法，即：先把糠醛脱羰基变成呋喃，然后把呋喃氢化成四氢呋喃。

糠醛气相脱羰基是以钯为催化剂，在氢气存在下进行，糠醛转化率达99%。糠醛中的有机酸对呋喃得率和催化剂的活性都有不良影响。中和糠醛中的酸和利用碱性助催化剂都能提高中和效果。呋喃氢化成四氢呋喃一般以Ni为催化剂。

四氢呋喃是万能溶剂，已广泛应用于国民经济的诸多方面，如：作合成树脂、纤维、有机玻璃的原料；合成咳必清、黄体酮等医药；作为合成树脂、高分子聚合材料的溶剂，以及生物化学试剂等。

（二）糠烷（2-甲基呋喃）

糠烷生产一般以糠醛为原料进行气相氢化，在Cu-Cr催化剂作用下，反应温度为210～220℃；还有的用含Cu更高的催化剂，其反应温度为220～240℃。氢气与糠醛的比例范围为10∶1到30∶1，糠醛转化率可达99.7%。

糠烷是合成γ-乙酰基丙醇$CH_3COCH_2CH_2CH_2OH$的原料，它是用于合成维生素B_1和其他药剂的原料，还用于合成甲基环丙酮，进一步生产环丙基化合物。

（三）5-羟甲基糠醛（5-HMF）

准确地说，5-羟甲基糠醛是糠醛的同系物，而不是衍生物。5-羟甲基糠醛（5-Hydroxymethyl furfural，5-HMF），又称5-羟甲基-2-呋喃甲醛，一般呈黄色液体或固体，结晶度高时为米色结晶固体，熔点28～34℃，常压下沸点187.0℃，气味与甘菊类似。5-HMF一般由葡萄糖或果糖脱水生成，分子结构比糠醛多一个羟甲基，化学性质较为活泼[1,42]。

在植物纤维原料中戊聚糖与己聚糖伴生，在戊聚糖经历水解、脱水生成糠醛时，常常会有部分己聚糖也经历水解和脱水，生成5-HMF[1]。在生产高纯度糠醛时，5-HMF常作为高沸点杂质在精制过程中除去。进入21世纪以来，随着世界各国对生态环保问题的日益重视，世界各国纷纷以可再生的植物资源为原料加工产品，以减少化石资源消耗。5-HMF氧化生成的2，5-呋喃二甲酸具有与石油加工产物对苯二甲酸相似的结构和性质，可用于生成生物塑料等。因此，5-HMF已成为重要的平台化合物和优良的中间体，可以通过氧化、氢化和缩合等反应制备多种衍生物，是重要的精细化工原料[43]。

此外，5-HMF具有一定的生理活性（既有毒理活性，又有一定药理活性），在中药和食品中较为广泛存在[44-46]。据报道，5-HMF能有效防治神经退行性疾病、认知损害和抗心肌缺血的心血管病等[47]，受到研究人员的广泛关注。

2014年初，位于瑞士穆滕茨的AVA Biochem公司成为全球首家利用生物生产5-HMF的工业化工厂，该公司采用在水热碳化（HTC）工艺改进版基础上全新创新的生产工艺，第一阶段年产量达20t，可提供各种纯度的5-HMF产品，纯度最高可达99.9%[48]。

（四）呋喃树脂

以糠醛、糠醇和四氢呋喃为原料，可进行呋喃树脂低聚物和高聚物的生产。商品树脂通常以低聚物的形式生产，这些低聚物在固化时形成三维网状不溶聚合物，机械强度很高，对溶剂、化学试剂稳定。

制造呋喃树脂的反应受多种因素影响，包括：反应物的结构、比例和纯度，催化剂的活性和数量，溶剂稳定剂，介质pH值、反应温度、反应时间等。虽然原料相同，但是改变任何参数都会导致产品具有不同性质和特点。由此可见，采用不同的生产方法，能生产出多种树脂，具有多方面的实际应用。

用于合成呋喃树脂的催化剂种类很多，如苯磺酸、对-甲苯磺酸、对-苯氨基甲酸甲酯磺酰氯、磷酸等化合物。

糠醇树脂前面已经介绍过，下面介绍几种糠醛合成树脂。

1. 糠醛合成树脂的生产工艺

在酸催化剂作用下，糠醛很容易树脂化，形成深色的低聚物和聚合物。随着反应温度和酸浓度的增加，糠醛的聚合速度急剧地增加，形成三维结构的不溶聚合物。由于糠醛自身合成的聚合物机械强度不高，没有得到实际的应用。而以糠醛与丙酮、苯酚、尿素和甲醛缩合的产物为基础合成的树脂具有重要的意义。

（1）糠醛-丙酮单体（furfural acetone，FA）及树脂　工业糠醛-丙酮单体的制备，是糠醛和丙酮在碱性介质中的缩合反应。该工业产物主要由呋喃亚甲基丙酮及杂质二呋喃亚甲基丙酮和呋喃亚甲基二丙酮组成。

$$\text{(Fur)}-CHO + CH_3COCH_3 \xrightarrow{-H_2O} \text{(Fur)}-CH{=}CH-CO-CH_3$$
$$\text{(Fur)}-CHO + CH_3COCH_3 \xrightarrow{-2H_2O} \text{(Fur)}-CH{=}CH-CO-CH{=}CH-\text{(Fur)}$$
$$\text{(Fur)}-CHO + CH_3COCH_3 \xrightarrow{-H_2O} \text{(Fur)}-CH(CH_2-CO-CH_3)_2$$

在酸催化剂（苯磺酸占单体量的2%）作用下，呋喃亚甲基丙酮发生乙烯基均聚反应，经过可溶性低聚物的中间产物形成阶段，最终形成不溶性的聚合物。

$$\text{(Fur)}-CH{=}CH-CO-CH_3 \longrightarrow \left[-\underset{\text{(Fur)}}{CH}-\underset{COCH_3}{CH}-\right]_n$$

缩合反应过程是在C═O基的参与下进行的，形成三维（体型）结构，同时分离出水。该单体在高于100℃时能完全硬化。

糠醛-丙酮单体在制造无水泥聚合混凝土、胶黏剂涂料和聚合溶液等方面广泛应用，在木材改性方面也有应用，呋喃聚合物能与木材高分子组分形成牢固结合的复合体。糠醛-丙酮单体树脂能与环氧树脂相结合，形成呋喃环氧树脂。

（2）酚糠醛甲醛合成树脂　该低聚树脂是由糠醛同羟甲基酚在马来酸酐催化剂作用下，以脱水木糖醇或双苷醇为增塑剂，在96～98℃下反应4～5h缩聚而形成的。获得的产品是低聚物的混合物。这种类型的树脂在酚醛阶段的结构式可以用下式表示。

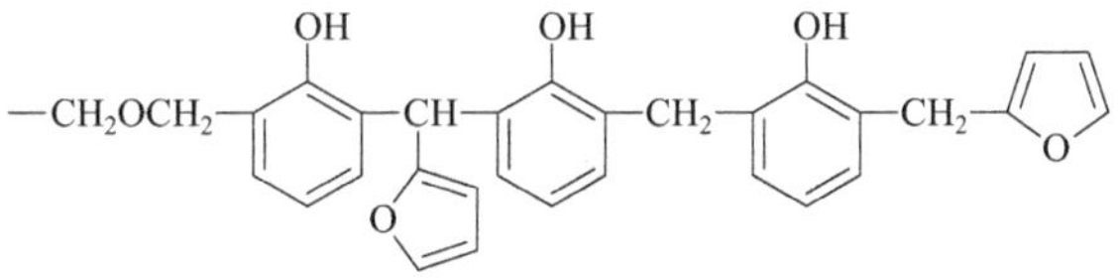

该树脂应用在各种压制塑料生产中，如层压塑料、电工用纸质电木和其他聚合材料。用这种树脂改性桦木可以制得物理力学性能良好的材料。一些木质材料的无胶胶合本质上也是利用半纤维素降解产生的糠醛与木质材料中酚类物质的反应来起到胶结、固定的作用。利用糠醛同样可以生产尿素糠醛树脂、木质素糠醛树脂等。

2. 四氢呋喃合成树脂的生产工艺

以四氢呋喃为单体，能制备出高弹性和高机械强度的聚合物。

苏联生产的聚四亚甲基乙二醇氧化物或聚丁烯氧化物的均聚物，是四氢呋喃在乙酸酐介质中，与盐酸反应，经缩聚作用而形成的。

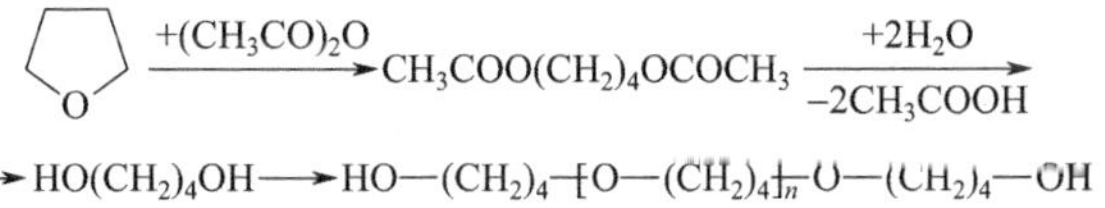

$$\xrightarrow{+(CH_3CO)_2O} CH_3COO(CH_2)_4OCOCH_3 \xrightarrow[-2CH_3COOH]{+2H_2O}$$

$$\longrightarrow HO(CH_2)_4OH \longrightarrow HO-(CH_2)_4-[O-(CH_2)_4]_n-O-(CH_2)_4-OH$$

合成时形成1,4-丁二醇的二乙酸酯和1,4-丁二醇（四甲基乙二醇）等中间产物。四氢呋喃的均聚物和共聚物可用于制备轮胎工业中的弹性耐寒泡沫聚氨酯等。

以上仅列举出一些较为重要的糠醛及其衍生物的实际应用，其应用范围还正在逐渐地扩大。

第六节　分析检测方法和标准

一、戊聚糖含量分析方法

戊聚糖含量分析方法参见国家标准GB/T 745—2003。

（一）测定方法

1. 二溴化法

含糠醛的溶液在0～2℃下作用5min，则1mol糠醛可与2mol溴原子化合，称为二溴化法。

2. 四溴化法

含糠醛的溶液在室温下与过量溴作用1h，则1mol糠醛可与4.05mol溴原子化合，称为四溴化法。

（二）原理

将植物纤维原料与12%盐酸共同加热，使植物纤维原料中的多戊糖转化为糠醛，并用容量法测定蒸馏出来的糠醛。

（三）反应式

① 试样与盐酸共同加热，试样中的戊聚糖水解成多戊糖，进而脱去3分子水，转化成糠醛。

$$(C_5H_8O)_n + nH_2O \xrightarrow{H^+} nC_5H_{10}O_5 \xrightarrow{-3H_2O} nC_5H_4O_2$$

② 蒸馏完成后的实验反应方程式如下。

$$5KBr+KBrO_3+6HCl \longrightarrow 3Br_2+6KCl+3H_2O$$

$$C_5H_4O_2+2Br_2 \longrightarrow C_5H_4O_2Br_4$$

$$C_5H_4O_2+Br_2 \longrightarrow C_5H_4O_2Br_2$$

$$3Br_2+6KI \longrightarrow 3I_2+6KBr$$

$$3I_2+6Na_2S_2O_3 \longrightarrow 6NaI+3Na_2S_4O_6$$

（四）试剂准备

1. 溴化钠-溴酸钠（$NaBr-NaBrO_3$）混合液的制备

称取 $NaBrO_3$ 2.5g 及 NaBr 12g（或称取 $KBrO_3$ 2.8g 及 KBr 15g）溶解于水中，然后移入 1000mL 容量瓶中，用水稀释至刻度。

2. 12%盐酸（HCl）

量取 HCl（$\rho_{20}=1.19g/mL$）307mL 于水中，并稀释至 1000mL，然后加稀 HCl 或水，调节温度至 20℃时，$\rho_{20}=1.057g/mL$。

3. 10%碘化钾（KI）溶液

溶解碘化钾 10g 于 100mL 水中。

4. 1mol/L 氢氧化钠（NaOH）溶液

溶解氢氧化钠 2g 于水中，加水稀释至 50mL。

5. 0.1mol/L 硫代硫酸钠（$Na_2S_2O_3$）标准溶液

（1）溶液的配制　称取 5 个结晶水的硫代硫酸钠（$Na_2S_2O_3 \cdot 5H_2O$）25g 及无水碳酸钠（Na_2CO_3）0.19g，溶解于 1000mL 水中，并慢慢煮沸 10min。冷却后，将溶液保存于有玻璃塞的棕色试剂瓶中，放置数日后过滤备用。

（2）溶液的标定　将已在 120℃下干燥至恒重的基准碘酸钾 0.2g（称准至 0.0001g）置于 500mL 碘量瓶中，加入 200mL 水使之溶解，然后加入 1.5mL 分析纯盐酸（密度 1.19g/mL），再加入 10%碘化钾溶液 10mL，摇匀后塞紧瓶塞，静置 5min，用 0.1mol/L 待标定的硫代硫酸钠溶液滴定。在接近滴定终点时，加入新配制的 0.5%淀粉溶液 3mL，然后继续滴定至蓝色刚好消失。

（3）结果计算　硫代硫酸钠标准溶液的浓度按下式计算。

$$C_{Na_2S_2O_3}=\frac{m}{V\times 0.0357} \tag{3-4-6}$$

式中，$C_{Na_2S_2O_3}$ 为硫代硫酸钠标准溶液的浓度，mol/L；m 为基准碘酸钾的质量，g；V 为硫代硫酸钠（$Na_2S_2O_3 \cdot 5H_2O$）溶液的用量，mL；0.0357 为碘酸钾的毫克当量，mg/mol。

6. 氯化钠（NaCl）

选用氯化钠为分析纯。

7. 乙酸苯胺溶液

量取新蒸馏的苯胺 1mL 于小烧杯中，加入冰醋酸 9mL，搅拌均匀。

8. 0.5%淀粉溶液

称取 0.5g 可溶性淀粉溶于 100mL 水中，煮沸，冷却后备用。

9. 0.1%酚酞指示剂

称取 0.1g 酚酞溶于 100mL 乙醇中。

（五）仪器

糠醛蒸馏装置见图 3-4-41。

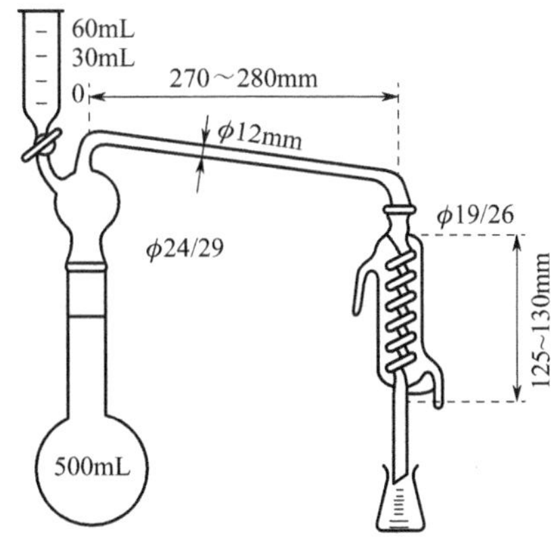

图 3-4-41　糠醛蒸馏装置

（六）试验步骤

1. 二溴化法

（1）蒸馏　精确称取一定量（多戊糖含量高于10%的植物纤维原料称取0.5g，低于10%的植物纤维原料称取1g）试样（称准至0.0001g），置于洁净、平滑的纸上（同时另称取试样测定水分含量），然后将其移入糠醛蒸馏装置的500mL圆底烧瓶中，加入NaCl 10g，12%的HCl 100mL。装上冷凝器及滴液漏斗，漏斗中应盛有一定量的12% HCl。调节烧瓶下面的万能电炉温度，或用调压器控制电炉温度，使烧瓶的内容物沸腾，并将蒸馏速度控制为每10min馏出30mL馏出液。此后每馏出30mL馏出液，即从滴液漏斗中加入12%的HCl溶液30mL于烧瓶中。直至总共蒸馏出300mL馏出液后，用乙酸苯胺溶液检验糠醛是否蒸馏完全。即用一试管从冷凝器的下端取1mL馏出液，加入1～2滴酚酞指示剂，滴入1mol/L NaOH溶液，使之中和至恰显微红色，然后加入1mL新配制的乙酸苯胺溶液。放置1min后，如显红色，则证实糠醛尚未蒸馏完毕，仍应继续蒸馏；如不显红色，则表示蒸馏完毕。

当安装蒸馏装置时，应特别注意滴液漏斗与圆底烧瓶和冷凝管的接口。在确保接口密闭后，方可进行试验，以防气体逸出，影响测定结果。另外，需严格控制蒸馏速度，及时补充HCl。

（2）配制试样　糠醛蒸馏完毕后，将馏出液移入500mL容量瓶中，用少量12%的HCl漂洗锥形瓶两次。并将全部洗液倒入容量瓶中，然后加入12%的HCl至其刻度，塞紧摇匀。

（3）测定　用移液管吸取200mL馏出液，置于1000mL带有磨口玻璃塞的锥形瓶中，加入250g用蒸馏水制成的碎冰。当锥形瓶中的溶液温度降至0℃时，用移液管准确加入$NaBr\text{-}NaBrO_3$混合液25mL。然后迅速塞紧瓶塞，放置暗处，用计时器计时5min，且溶液温度应保持为0℃，当到达规定时间后，加10%KI溶液10mL于锥形瓶中，塞紧瓶塞，摇匀，放置暗处5min，然后用0.1mol/L硫代硫酸钠（$Na_2S_2O_3 \cdot 5H_2O$）标准溶液滴定析出的碘。当滴定至溶液呈淡黄色时，加入0.5%淀粉溶液3mL，并继续滴定直至蓝色消失。另吸取12%的HCl溶液200mL，按以上步骤进行空白试验。

2. 四溴化法

蒸馏及配制试样溶液的步骤与二溴化法中的步骤（1）和（2）完全相同。

用移液管自容量瓶中吸取200mL馏出液，置于500mL带有磨口玻璃塞的锥形瓶中，加入$NaBr\text{-}NaBrO_3$混合液25mL，然后迅速塞紧瓶塞，在暗处静置1h，此时室温应为20～25℃。当到达规定时间后，加10%KI溶液10mL于锥形瓶中，塞紧瓶塞，摇匀，放在暗处静置5min。然后用0.1mol/L硫代硫酸钠（$Na_2S_2O_3 \cdot 5H_2O$）标准溶液滴定析出的碘。当滴定至溶液呈淡黄色时，加入0.5%淀粉溶液2～3mL，并继续滴定直至蓝色消失。另吸取12%的HCl溶液200mL，按以上步骤进行空白试验。

（七）计算方法

1. 二溴化法中的糠醛含量 X_1（%）

二溴化法中糠醛含量 X_1 按式（3-4-7）进行计算。

$$X_1=\frac{(V_1-V_2)\times 0.048\times c\times 500}{200m}\times 100\% \tag{3-4-7}$$

式中，0.048 为与 1mL 的 1mol/L 硫代硫酸钠溶液相当的糠醛量；V_1 为空白试验时耗用的硫代硫酸钠的体积，mL；V_2 为滴定试样时耗用的硫代硫酸钠的体积，mL；c 为硫代硫酸钠标准溶液的浓度，mol/L；m 为绝干试样质量，g。

2. 四溴化法中的糠醛含量 X_2（%）

四溴化法中糠醛含量 X_2 按式（3-4-8）进行计算。

$$X_1=\frac{(V_1-V_2)\times 0.024\times c\times 500}{200m}\times 100\% \tag{3-4-8}$$

式中，0.024 为与 1mL 的 1mol/L 硫代硫酸钠溶液相当的糠醛量；V_1 为空白试验时耗用的硫代硫酸钠的体积，mL；V_2 为滴定试样时耗用的硫代硫酸钠的体积，mL；c 为硫代硫酸钠标准溶液的浓度，mol/L；m 为绝干试样质量，g。

3. 多戊糖含量 X_3（%）

多戊糖含量 X_3 按式（3-4-9）进行计算。

$$X_3=1.375X_{1,2} \tag{3-4-9}$$

式中，1.375 为糠醛换算为多戊糖的理论换算因数；$X_{1,2}$ 为二溴化法或四溴化法测定得出的糠醛含量，%。

两种方法均应同时进行两次测定，取其算术平均值作为测定结果，且测定结果应修约至小数点后两位。如果两次测定结果的绝对误差超过 0.1，应重新进行测定。

二、工业糠醛质量标准

对于以农林原料通过水解法制取的工业糠醛，国家标准 GB/T 1926.1—2009 规定了优级、一级和二级 3 个不同等级的技术要求，详见表 3-4-27。

表 3-4-27　工业糠醛技术要求

项目	优级	一级	二级
外观	浅黄色至琥珀色透明液体，无悬浮物及机械杂质		
密度(ρ_{20})/(g/cm^3)	1.158～1.161		
折射率(n_d^{20})	1.524～1.527		
水分/% ≤	0.05	0.10	0.20
酸度/(mol/L) ≤	0.008	0.016	0.016
糠醛含量/% ≥	99.0	98.5	98.5
初馏点/℃ ≥	155	150	—
158℃前馏分/% ≤	2	—	—
总馏出物/% ≥	99.0	98.5	—
终馏点/℃ ≤	170	170	—
残留物/% ≤	1.0	—	—

三、工业糠醛分析方法

工业糠醛分析方法参见国家标准 GB/T 1926.2—1988。

（一）密度的测定

1. 密度瓶法

在 20℃恒温条件下，用蒸馏水标定密度瓶的体积，然后测定同体积样品的质量，求其密度。结果以 ρ_{20}（g/cm^3）表示。

2. 密度计法

用清洁干燥的量筒取约 200mL 糠醛。当糠醛温度在（20±5）℃时，缓缓放入密度计，其下端离筒底需 2cm 以上，不能与筒壁接触。密度计露出液面外部分，被黏液体高度不得超过 2～3 分度。待密度计在样品中稳定后，视线与糠醛液面保持同一水平，读取密度计弯月面下缘的刻度值，即为该温度下的糠醛密度（ρ_t）。

（二）折射率的测定

使用测量范围为 1.300～1.700、测量精度为 0.0003 的阿贝型折光仪进行测定，折光仪使用前应以二次蒸馏水校正，20℃时水折射率为 1.3330。样品需在温度控制为（20±0.1）℃的超级恒温水浴中使温度恒定。

（三）水分含量的测定

采用甲苯蒸馏法进行水分含量的测定。称取糠醛样品 100g，准确至 0.1g，注入清洁干燥的圆底烧瓶中。再量取与样品等体积的甲苯（约 87mL），先将其大部分加入烧瓶，并向瓶中投入几枚清洁干燥的浮石、无釉瓷片或一端封闭的玻璃毛细管。置于电热套上，装妥预先干燥的全套测定器。再由冷凝管加入剩余甲苯，注满接受器。在冷凝管上口接干燥管或塞以棉花。接通冷却水，加热并控制蒸馏速度。蒸馏开始时，要求从冷凝管斜口每秒滴出 2 滴，待水分大部分蒸出后，每秒可增至 4 滴。当接受器内水分体积不再增加时停止加热（约需 1h）。用甲苯彻底冲洗冷凝管。如仍有水滴黏附管壁时，可用金属丝或带橡皮头的玻璃棒将其刮入接受器中。待接受器冷至室温后，读记水分体积，视线应与水液面保持同一水平。

（四）酸度的测定

采用以酚酞为指示剂的氢氧化钠标准溶液滴定法，结果以 mol/L 表示。取 300mL 蒸馏水注入锥形瓶，加酚酞指示剂 4 滴，用氢氧化钠标准溶液调至微红色，保持 10～15s 不褪色。再用移液管吸取糠醛样品 10mL 加入锥形瓶，振摇至全溶。用 0.05mol/L 氢氧化钠标准溶液滴定至微红色，保持 10～15s 不褪色即为终点。如糠醛样品颜色深暗，则应采用电位滴定法确定终点。

（五）糠醛含量的测定

糠醛含量的测定采用盐酸羟胺肟化法，测得的总羰基化合物按糠醛计算其质量分数。减量法称取糠醛样品 0.5～0.7g（准确至 0.0002g）于已加有 30mL 盐酸羟胺乙醇溶液的定碘烧瓶中，拧紧瓶塞，摇匀。放置 15min（保持温度 20～25℃），用 0.25mol/L 氢氧化钠标准溶液滴定到与标准色（原盐酸羟胺乙醇溶液颜色）相同为止。为了便于观察滴定终点，接近终点时补加指示剂一滴。

如糠醛样品颜色深暗，则应采用电位滴定法确定终点（pH 3.7～3.8）。在此情况下，配制盐酸羟胺溶液不用乙醇，应以等体积的蒸馏水代替。配制及滴定中均不加指示剂。

（六）初馏点、158℃前馏分、总馏出物、终馏点、残留物的测定

初馏点、158℃前馏分、总馏出物、终馏点、残留物均指在 101.325kPa 标准大气压力下糠醛

蒸馏时馏分与温度关系的有关指标。

蒸馏装置见图 3-4-42。测定步骤如下。

① 指定温度 158℃校正成试验条件下的实际温度。

② 用清洁干燥的 100mL 量筒量取糠醛样品 100mL，倒入已称重的内放干燥浮石或无釉瓷片数片的蒸馏烧瓶中，勿使样品流入瓶的支管。

③ 插有温度计的软木塞紧密地塞入蒸馏烧瓶口内，使温度计轴心线与瓶轴心线重合，温度计毛细管的底端与支管内壁下边缘的最高点齐平。

④ 蒸馏烧瓶底部垫以孔径为 30mm 的石棉板或瓷板。用软木塞把支管与冷凝器上口紧密连接，伸入冷凝管内的长度要达到 25～50mm，但不得与其内壁接触。

⑤ 接通冷却水，开始加热，确保热源不触及蒸馏烧瓶侧面及颈部。把 10mL 小量筒放在冷凝管下口。调节火力，使开始加热到流出第一滴馏出液的时间控制在 10～15min 内。记录从冷凝管下口滴下第一滴馏出液时所观察到的温度计读数，经校正即为初馏点。

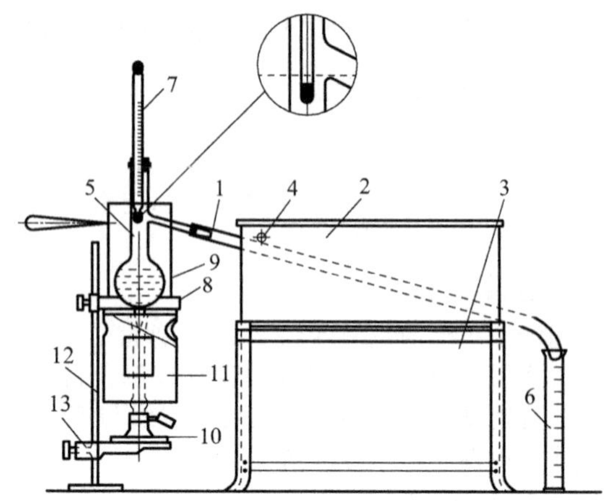

图 3-4-42　糠醛馏程测定装置图

1—冷凝管；2—冷凝器；3—进水支管；4—排水支管；5—蒸馏烧瓶；6—量筒；7—温度计；8—石棉垫；9—上罩；10—喷灯；11—下罩；12—支柱；13—托架

⑥ 其后按每分钟 4～6mL 的馏出速度进行蒸馏，控制馏出液温度与样品温度相一致。用原 100mL 量筒（不必洗烘）接取馏出液。冷凝管的弯管口应沿筒壁伸入量筒至少 25mm，但不得低于 100mL 刻度线。

⑦ 当全部液体从蒸馏烧瓶底部蒸发后所观察到的温度计最高读数经校正即为终馏点。立即停止加热，让馏出液流出 5min，累加大、小量筒中馏出液总体积即为总馏出量。称量并记录冷却后的蒸馏烧瓶质量，准确至 0.01g。

（七）工业糠醛气相色谱分析法

以硅藻土类载体涂渍聚乙二醇-20M 为固定相，糠醛样品直接气化流经色谱柱，使其各组分分离，然后通过检测器检测，用面积归一法定量计算。工业糠醛标准气相色谱图见图 3-4-43。

气相色谱分离典型条件如下。

① 柱温：125℃，稳定在±1℃内。

② 气化温度：200℃，稳定在±2℃内。

③ 检测器温度：200℃，稳定在±2℃内。

④ 载气：氮气，流量为 20mL/min。

⑤ 氢气流量：30mL/min。

⑥ 空气流量：150mL/min。

在满足分离度 R 要求的情况下，允许适当调节操作条件。

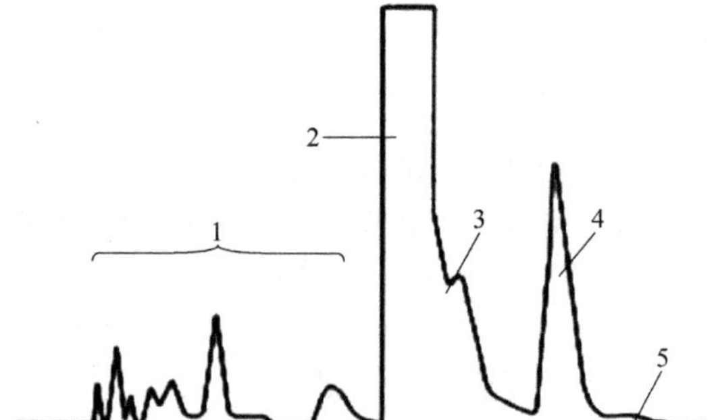

图 3-4-43　工业糠醛标准气相色谱图

1—低沸物；2—糠醛；3—未知物；4—甲基糠醛；5—高沸物

（八）工业糠醛气相色谱分析法改进

按照国家标准 GB/T 1926.2—1988 的色谱分离典型条件对盐酸法气相水解制备的糠醛进行分析，结果目标产物糠醛为一个峰，并且该峰有拖尾现象，是乙酸和糠醛的叠加峰。样品中含有少量乙酸的出峰时间和糠醛的出峰时间间隔较短，导致乙酸的小峰被糠醛的大峰所覆盖。由于峰型叠加，无法准确测出目标产物糠醛的精确含量，需改进分析方法。以 0.25mm×0.50μm×30.0m 的 RTX-WAX 毛细柱，进样量为 1μL，吹扫填充柱进样口温度为 220℃，柱箱温度为 180℃，检测器温度为 220℃，分流比为 10，测得乙酸和糠醛两峰部分分离，但仍有重合，还需进一步优化。改为进样量 1μL，吹扫填充柱进样口 200℃，柱箱温度 130℃，检测器温度 200℃，分流比 20，流速 38.5mL/min，色谱柱流量 1.48mL/min，线速 38.5cm/s，在该条件下，副产物乙酸和主产物糠醛的保留时间分别为 4.37min 和 4.98min，两个峰的峰型无叠加，见图 3-4-44[49]。

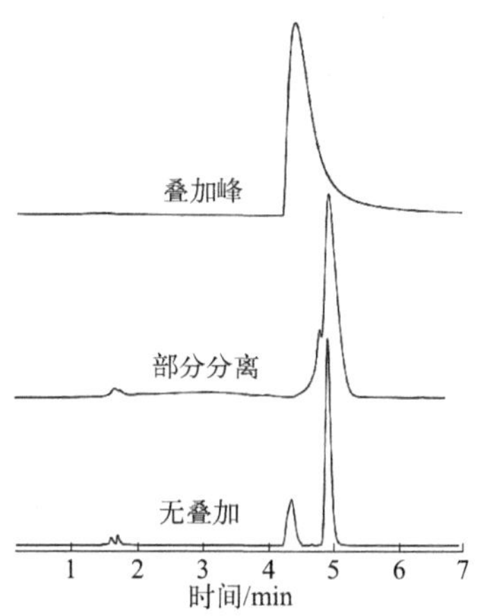

图 3-4-44　盐酸法气相水解制备糠醛气相色谱谱图[49]

四、工业糠醇质量标准

对于以工业糠醛为原料通过催化加氢制取的工业糠醇，国家标准 GB/T 14022.1—2009 规定了优级品和一级品的技术要求，详见表 3-4-28。

表 3-4-28　工业糠醇技术要求

项目		优级品	一级品
外观		无色至浅黄色透明液体，无机械杂质	
密度(ρ_{20})/(g/cm^3)		1.129～1.135	
折射率(n_d^{20})		1.485～1.488	
水分含量/%	≤	0.3	0.6
浊点/℃	≤	10.0	—
酸度/(mol/L)	≤	0.01	0.01
醛含量(以糠醛计)/%	≤	0.7	1.0
糠醇含量/%	≥	98.0	97.5

五、工业糠醇分析方法

工业糠醇分析方法参见国家标准 GB/T 14022.2—2009。

（一）密度的测定

工业糠醇的密度测定方法有密度瓶法和密度计法，具体操作方法与工业糠醛相应的密度测定方法相同。

（二）折射率的测定

工业糠醇折射率的测定与工业糠醛折射率的测定相同。

（三）水分含量的测定

工业糠醇水分含量的测定与工业糠醛水分含量的测定相同。

（四）浊点的测定

根据不同温度下工业糠醇在水中的溶解特性来测定浊点，结果以温度（℃）表示。分别量取蒸馏水 30mL（准确至 0.1mL）和糠醇样品 15mL（准确至 0.1mL），加入试管中，插入温度计并搅拌均匀。将试管置于冰水浴中边冷却边搅拌至溶液出现乳白色浑浊后继续冷却，使温度再下降1～2℃。然后将试管从冰水浴中取出，在室温下边搅拌边缓慢升温。当溶液乳白色浑浊消失转为清澈时，读记温度计上的温度值，即为浊点，结果以℃表示。

（五）酸度的测定

工业糠醇酸度的测定与工业糠醛酸度的测定相同。

（六）糠醛含量的测定

糠醛含量的测定采用盐酸羟胺肟化法，测得的总羰基化合物按糠醛计算其质量分数。称取糠醇样品约2g（准确至0.01g）于已加有30mL盐酸羟胺乙醇溶液的具塞磨口锥形瓶中，塞紧瓶塞，摇匀。放置15min（保持温度20～25℃），用 $c(NaOH)=0.1mol/L$ 标准溶液滴定到与标准色（原盐酸羟胺乙醇溶液颜色）相同为止。

（七）糠醇含量的测定

1. 气相色谱法

与糠醛气相色谱法测定类似，以硅藻土类载体涂渍聚乙二醇-20M为固定相，糠醇样品直接气化流经色谱柱，使其各组分分离，然后通过检测器检测，用面积归一法定量计算。工业糠醇标准色谱图见图3-4-45。

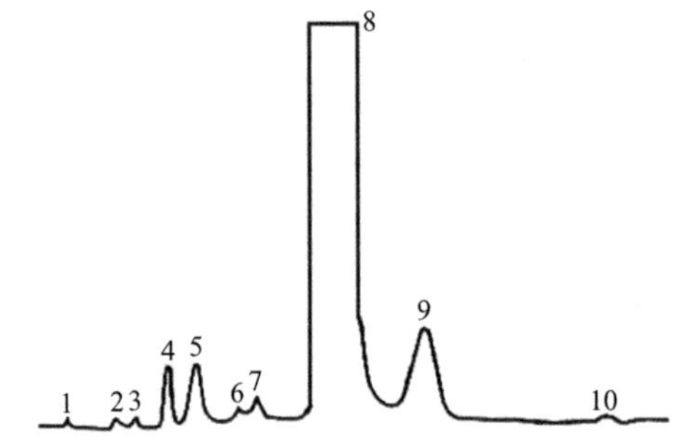

图3-4-45　工业糠醇标准色谱图

1—甲基呋喃；2，3，7，10—未知物；4—糠醛；5—四氢糠醇；6—甲基糠醛；8—糠醇；9—甲基糠醇

色谱分离典型条件如下。

① 色谱仪：岛津GC-7A。

② 检测器：氢火焰离子化检测器。

③ 色谱柱内径：3mm。

④ 柱长：1.5m。

⑤ 柱温：110℃。

⑥ 气化温度：200℃。

⑦ 检测器温度：200℃。

⑧ 载气：氮气，流量为50mL/min。

⑨ 氢气：0.06MPa。

⑩ 空气：0.05MPa。

⑪ 进样量：0.1μL。

在满足分离度 R 要求的情况下，允许适当调节操作条件。

2. 化学法

采用羟基高氯酸催化乙酰化法，测得的总醇量按糠醇计算其质量分数。减量法称取糠醇样品0.45～0.50g（准确至0.0002g）于清洁干燥的具塞磨口锥形瓶中，用移液管准确加入高氯酸乙酸酐吡啶溶液 5mL，摇匀后放置 10min，加入蒸馏水 2mL，再加入吡啶溶液 10mL，摇匀后放置 5min，加酚酞指示剂 2 滴，用 c(NaOH)＝0.6mol/L 标准溶液滴定至微红色，保持 10～15s 不褪色即为终点。同样条件下做空白试验。该测定需在通风橱内进行。

参考文献

[1] Zeitsch K J. The chemistry and technology of furfural and its many by-products. Amsterdam: Elsevier, 2000.

[2] Mamman A S, Lee J M, Kim Y C, et al. Furfural: Hemicellulose/xylose-derived biochemical. Biofuel Bioprod Bior, 2008, 2: 438-454.

[3] 陈文明. 生物质基木糖制备糠醛的研究. 淮南：安徽理工大学，2007.

[4] 张失. 植物原料水解工艺学. 北京：中国林业出版社，1993.

[5] 李淑君. 植物纤维水解技术. 北京：化学工业出版社，2009.

[6] 贺近恪，李启基. 林产化工工业全书（第 2 卷）. 北京：中国林业出版社，2001.

[7] Fele-Žilnik L, Grilc V, Mirt I, et al. Study of the influence of key process parameters on furfural production. Acta Chim Slov, 2016, 63 (2): 298-308.

[8] 钱梦丹，薛继龙，夏盛杰，等. Pd /Cu (111) 双金属表面催化糠醛脱碳及加氢的反应机理. 燃料化学学报，2017，45 (1): 34-42.

[9] 隋光辉. 糠醛洁净生产工艺及生物质综合利用研究. 长春：吉林大学，2019.

[10] 英派尔科技开发有限公司. 用于产生尼龙 6 的化合物和方法. CN 201380080411. X，2013-10-22.

[11] 英派尔科技开发有限公司. 用于生产尼龙 6,6 的方法和化合物. CN 201380080425. 1，2013-10-22.

[12] 英派尔科技开发有限公司. 生产尼龙 7 的方法. CN 201480076447. 5，2014-03-10.

[13] 英派尔科技开发有限公司. 产生尼龙 12 的 3 法和化合物. CN 201480076348. 7，2014-03-10.

[14] 刘保健，黄宁选，李文清. 糠醛和呋喃的生产、合成进展. 化工时刊，2007，21 (2): 66-69.

[15] 左宋林，李淑君，张力平，等. 林产化学工艺学. 北京：中国林业出版社，2019.

[16] 张璐鑫，于宏兵. 糠醛生产工艺及制备方法研究进展. 化工进展，2013，32 (2): 425-432.

[17] Bhaumik P, Dhepe P L. Effects of careful designing of SAPO-44 catalysts on the efficient synthesis of furfural. Catal Today, 2015, 251: 66-72.

[18] Chen H, Qin L, Yu B. Furfural production from steam explosion liquor of rice straw by solid acid catalysts (HZSM-5). Biomass and Bioenerg, 2015, 73: 77-83.

[19] Zhu Y, Li W, Lu Y, et al. Production of furfural from xylose and corn stover catalyzed by a novel porous carbon solid acid in γ-valerolactone. RSC Adv, 2017, 7 (48): 29916-29924.

[20] Zhang L, He Y, Zhu Y, et al. Camellia oleifera shell as an alternative feedstock for furfural production using a high surface acidity solid acid catalyst. Bioresource Technol, 2018, 249: 536-541.

[21] Delbecq F, Wang Y, Muralidhara A, et al. Hydrolysis of hemicellulose and derivatives-A review of recent advances in the production of furfural. Front Chem, 2018, 6: 146.

[22] Weingarten R, Tompsett G A, Conner W C. Design of solid acid catalysts for aqueous-phase dehydration of carbohydrates: The role of Lewis and Brønsted acid sites. J Catal, 2011, 279 (1): 174-182.

[23] Wang W, Ren J, Li H, et al. Direct transformation of xylan-type hemicelluloses to furfural via $SnCl_4$ catalysts in aqueous and biphasic systems. Bioresource Technol, 2015, 183: 188-194.

[24] Lopes M, Dussan K, Leahy J J. Enhancing the conversion of D-xylose into furfural at low temperatures using chloride salts as co-catalysts: Catalytic combination of $AlCl_3$ and formic acid. Chem Eng J, 2017, 323: 278-286.

[25] Luo Y, Li Z, Li X, et al. The production of furfural directly from hemicellulose in lignocellulosic biomass: A review. Catal Today, 2019, 319: 14-24.

[26] Molina M J C, Granados M L, Gervasini A, et al. Exploitment of niobium oxide effective acidity for xylose dehydration to furfural. Catal Today, 2015, 254: 90-98.

[27] Agirrezabal-Telleria I, Larreategui A, Requies J, et al. Furfural production from xylose using sulfonic ion-exchange resins (Amberlyst) and simultaneous stripping with nitrogen. Bioresource Technol, 2011, 102 (16): 7478-7485.

[28] Agirrezabal-Telleria I, Requies J, Gemez M B, et al. Furfural production from xylose + glucose feedings and simultaneous N_2-stripping. Green Chem, 2012, 14 (11): 3132.

[29] Agirrezabal-Telleria I, Garcia-Sancho C, Maireles-Torres P, et al. Dehydration of xylose to furfural using a Lewis or Brönsted acid catalyst and N_2 stripping. Chinese J Catal, 2013, 34 (7): 1402-1406.

[30] Agirrezabal-Telleria I, Guo Y, Hemmann F, et al. Dehydration of xylose and glucose to furan derivatives using bifunctional partially hydroxylated MgF_2 catalysts and N_2-stripping. Catal Sci Technol, 2014, 4 (5): 1357-1368.

[31] Jerabek K, Hankova L, Prokop Z. Post-cross linked polymer adsorbents and their properties for separation of furfural

from aqueous solutions. React Polym, 1994, 23 (2-3): 107-117.
[32] Sangarunlert W, Piumsomboon P, Ngamprasertsith S, et al. Furfural production by acid hydrolysis and supercritical carbon dioxide extraction from rice husk. Korean J Chem Eng, 2007, 24 (6): 936-941.
[33] Dias A S, Pillinger M, Valente A A. Liquid phase dehydration of D-xylose in the presence of Keggin-type heteropolyacids. Appl Catal A: Gen, 2005, 285 (1-2): 126-131.
[34] Lima S, Neves P, Antunes M M, et al. Conversion of mono/di/polysaccharides into furan compounds using 1-alkyl-3-methylimidazolium ionic liquids. Appl Catal A: Gen, 2009, 363 (1-2): 93-99.
[35] Serranoruiz J C, Campelo J M, Francavilla M, et al. Efficient microwave-assisted production of furfural from C5 sugars in aqueous media catalysed by Brönsted acidic ionic liquids. Catal Sci Technol, 2012, 2 (9): 1828-1832.
[36] Zhang L, Yu H, Wang P, et al. Conversion of xylan, D-xylose and lignocellulosic biomass into furfural using $AlCl_3$ as catalyst in ionic liquid. Bioresource Technol, 2013, 130 (2): 110-116.
[37] Matsagar B M, Hossain S A, Islam T, et al. Direct production of furfural in one-pot fashion from raw biomass using bronsted acidic ionic liquids. Sci Rep, 2017, 7: 13508.
[38] Amiri H, Karimi K, Roodpeyma S. Production of furans from rice straw by single-phase and biphasic systems. Carbohyd Res, 2010, 345 (15): 2133-2138.
[39] Vom S T, Grande P M, Leitner W, et al. Iron-catalyzed furfural production in biobased biphasic systems: From pure sugars to direct use of crude xylose effluents as feedstock. Chemsuschem, 2011, 4 (11): 1592-1594.
[40] Xu S, Pan D, Wu Y, et al. Efficient production of furfural from xylose and wheat straw by bifunctional chromium phosphate catalyst in biphasic systems. Fuel Process Technol, 2018, 175: 90-96.
[41] Audemar M, Wang Y, Zhao D, et al. Synthesis of furfuryl alcohol from furfural: A comparison between batch and continuous flow reactors. Energy, 2020, 13 (4): 1002.
[42] 张听伟. 碳基固体酸催化生物质制取糠醛、5-羟甲基糠醛的研究. 合肥：中国科学技术大学，2019.
[43] 杜雅东. 双相体系炭基固体酸催化水热转化葡萄糖制备5-羟甲基糠醛. 哈尔滨：东北林业大学，2021.
[44] 向萍，王晓琴，马超美. RP-HPLC法同时测定广枣中5种活性成分含量. 中药新药与临床药理 2018, 29 (2): 189-191.
[45] 王聪聪，郑振佳，卢晓明，等. 黑蒜中5-羟甲基糠醛的生成规律及安全性评价. 食品科学，2022, 43 (3): 100-105.
[46] 范智毅，周洪凉，姜誉弘，等. 补肾助孕颗粒特征图谱和含量测定方法研究. 药物分析杂志，2020, 40 (1): 111-113.
[47] 关贵彬，张瑜，刘迪. 中药与食品中共性成分5-羟甲基-2-糠醛的生物活性及其安全性研究进展. 中国药师，2018, 21 (8): 1456-1459.
[48] AVA BioChem Press Release. Sulzer Chemtech partners with AVA Biochem to expand its portfolio of sustainable chemical production technologies. 2021-05-06 (https://ava-biochem.com/sulzer-chemtech-partners-with-ava-biochem-to-expand-its-portfolio-of-sustainable-chemical-production-technologies/)
[49] 杨延涛，雷廷宙，任素霞，等. 工业糠醛气相色谱分析方法改进. 太阳能学报，2016, 37 (7): 1660-1663.

（李淑君，马艳丽）

第五章　乙酰丙酸

第一节　乙酰丙酸性质与用途

一、乙酰丙酸基本性质

乙酰丙酸（levulinic acid，LA），又名4-氧化戊酸、果糖酸、左旋糖酸，或称戊隔酮酸，是一种短链非挥发性脂肪酸。纯乙酰丙酸为叶状体结晶或白色片状，无毒，有吸湿性，其分子量为116.12，熔点33～35℃，沸点（1.33kPa）137～139℃。

乙酰丙酸分子式为 $C_5H_8O_3$，结构式如图3-5-1所示。由乙酰丙酸的分子结构式可以看到，其分子中含有一个羰基、一个羧基。其C4位羰基上氧原子的吸电子效应，使得乙酰丙酸的离解常数比一般的饱和酸大，酸性更强。乙酰丙酸C4号位羰基上的碳氧双键为强极性键，碳原子为正电荷中心，当羰基发生反应时，碳原子的亲电中心就起着决定性的作用。乙酰丙酸的羰基结构使其能异构化得到烯醇式异构体。因此乙酰丙酸具有良好的反应活性，能发生酯化、卤化、加氢、氧化脱氢、缩合、成盐等[1-4]化学反应。此外，乙酰丙酸还是一种具有生物活性的分子。在绿色植物或光合细菌中，乙酰丙酸是5-氨基乙酰丙酸的合成前体及5-氨基-4-酮基戊酸脱氢酶的抑制剂，在血色素生物合成及光合作用调节中起着非常重要的作用。

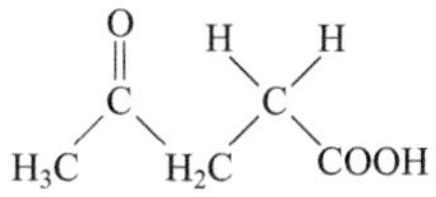

图3-5-1　乙酰丙酸分子结构式

乙酰丙酸是含有一个羰基的低级脂肪酸，因此它能完全或部分地溶于水、乙醇、酮、乙醛、有机酸、酯、乙醚、乙二醇、乙二醇酯、乙缩醛、苯酚等，不溶于己二酸、癸二酸、邻苯二甲酸酐、高级脂肪酸、蒽、硫脲、纤维素衍生物等，微溶于矿物油、烷基氯、二硫化碳、油酸等。

二、乙酰丙酸主要用途

乙酰丙酸是一种用途广泛的新型平台化合物，可以作为中间体制备多种有用的化合物。如图3-5-2所示，乙酰丙酸目前主要用于医药、农药、有机合成中间体、香料原料、塑料改性剂、聚合物、润滑油、树脂、涂料的添加剂、印刷油墨、橡胶助剂等方面。

1. 香料和食品中间体

以乙酰丙酸为原料合成的乙酰丙酸乙酯，被称为等同天然香料的人造香料，具有新鲜水果的香气，在工业上作为烟草香精，在农业上用于水果保鲜。乙酰丙酸的加氢环化产物 γ-戊内酯具有新鲜果香、药香和甜香香气，且柔和持久，被广泛用于食用香精和烟用香精中。乙酰丙酸脱水产物 α-当归内酯能与烟香、焦糖香、巧克力香等混合发出协调一致的香气，被用作卷烟添加剂。

2. 医药中间体

在医学上，以乙酰丙酸为原料可制备中药九节菖蒲的化学成分之一1,6,9,13-四氧双螺-4,2,4,2-十四烷-2,10-二酮（又称阿尔泰内酯）。乙酰丙酸钙（又称果糖酸钙）常与维生素 D_2 制成复合注射液，对治疗钙质代谢障碍、保持骨骼生长和维持神经肌肉兴奋性等有很好的疗效。以乙酰丙酸为原料合成的吲哚美辛能消炎、解热、镇痛，是抑制前列腺素合成酶作用的非甾体类药物。

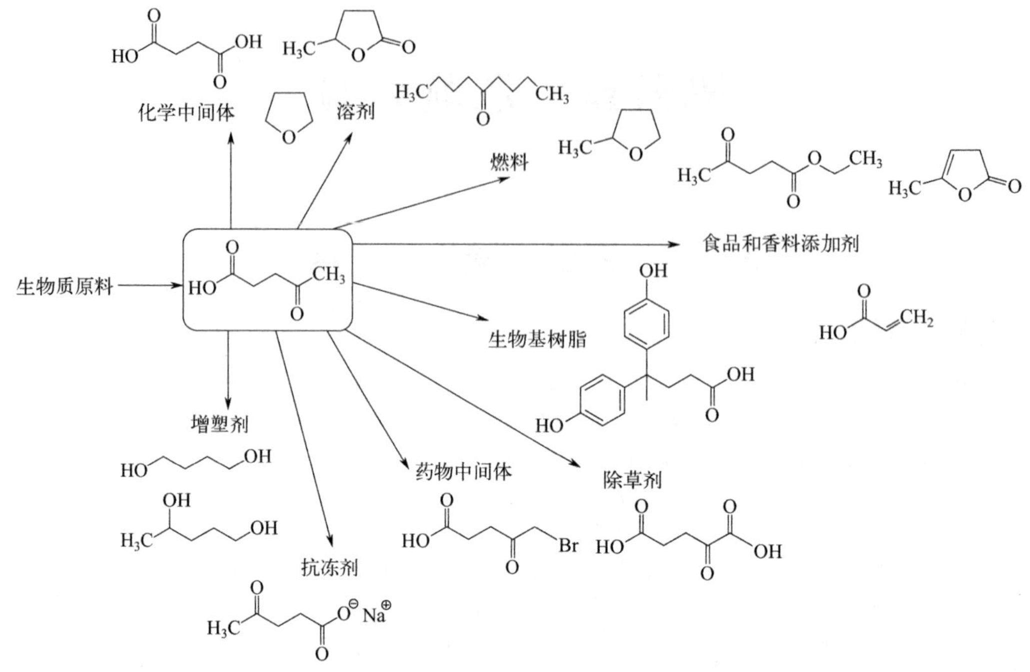

图 3-5-2　基于乙酰丙酸的生物炼制制备一系列生物基产品

以乙酰丙酸为原料合成的 5-氨基乙酰丙酸（5-aminolevulinic acid，5-ALA）在医学上有广泛的用途，如对治疗卵巢癌有一定功效，同时在美容医疗上也能发挥很大的作用。

3. 农用化合物中间体

5-ALA 同时是一种重要的可生物降解的新型除草剂，具有极高的环境相容性和选择性、生物降解性，也可以被用作杀虫剂。乙酰丙酸衍生物有机钾肥是一种新型高效钾肥，具有较强的抗寒、抗旱及抗虫作用，对所有植物有机体都有效果，适用性广、无毒、无残留，是一种环保型肥料。5-ALA 是植物生命活动必需的生理活性物质，在农业生产上具有广阔前景。以乙酰丙酸为原料合成的 2-甲基-3-吲哚乙酸、乙酰丙酸环己酯可用作农药中间体或植物生产激素和驱虫剂，其中 2-甲基-3-吲哚乙酸是植物体内常见的生长激素之一，能够促进根和茎的生长。

4. 部分轻工行业的原料中间体

乙酰丙酸及其衍生物是化妆品的重要添加物，具有抑制皮脂分泌和杀菌消炎的双重作用，在洗发剂、毛发染色剂、毛发喷雾剂等毛发化妆品中加入乙酰丙酸、乙酰丙酸乙醇胺盐、乙酰丙酸胍盐和乙酰丙酸酯后，能够有效改善产品的质量。

5. 树脂和橡胶的原料

乙酰丙酸的衍生物双酚酸（diphenolicacid，DPA）是合成水溶性滤油纸树脂、亮光油墨树脂以及电泳漆和涂料的重要中间体。水溶性树脂适用于空气、机油、柴油滤纸的树脂涂布处理以及工业微孔滤纸。乙酰丙酸的衍生物 1,3-戊二烯则是合成橡胶的原料。

6. 良好的有机溶剂

乙酰丙酸及其酯类是非常优良的有机溶剂，如乙二醇酯可用于分离性质极其相似的烷烃类化合物。乙酰丙酸的烷基酯与芳香烃具有极好的互溶性，常用于萃取芳香化合物。乙酰丙酸的加氢产物 γ-戊内酯是一种很好的涂料清洗剂，乙酰丙酸酯是纤维素衍生物的增塑剂[5]。

这些优良的性质和广泛的用途使乙酰丙酸具备了成为一种新型平台化合物的潜力，能够合成许多高附加值产品，具有广阔的应用前景。

第二节　酸水解生产乙酰丙酸工艺过程

纤维素转化为清洁燃料以及化学品的关键一步是通过水解的方式将大分子纤维素分解为葡萄糖等可溶性还原糖[6-8]。其中，酸水解法主要分为稀酸水解和浓酸水解，酸的种类可分为无机酸和有机酸[9]。在水解过程中，纤维素链中的 β-1,4 糖苷键在 H^+ 的作用下断键生成葡萄糖，葡萄糖继续在酸的作用下脱水经中间产物 5-羟甲基糠醛最终生成乙酰丙酸[10]。

一、液体酸水解过程

1. 无机酸和金属盐催化纤维素酸水解

高浓度的酸能提供高浓度的 H^+，对纤维素的结晶结构具有较好的解聚作用。纤维素能溶解于 72%的硫酸、42%的盐酸和 77%～83%的磷酸中，且能在较低的反应温度下发生水解，反应速率快，糖得率较高，有时甚至在超过 90%的浓酸条件下可实现纤维素的均相水解。浓酸水解的特点是酸浓度高，反应温度则可适当降低，反之亦然。但其重要缺陷在于高酸浓度对设备腐蚀严重，酸回收困难，特别是高浓度盐酸[11-14]。

稀酸水解一般是指用 10%以内的硫酸或盐酸等无机酸作为催化剂将纤维素、半纤维素水解成单糖的方法[15]。稀酸水解工艺主要是针对浓酸水解应用过程中的酸浓度过高，回收成本大而提出的，其主要优点在于反应进程快，适合连续生产，酸液不用回收；缺点是所需温度和压力较高，副产物较多，反应器腐蚀也很严重[16]。目前生物质的稀酸水解主要有两个用途：一是作为生物质水解糖化或制备化学品的方法；二是作为一种解聚生物质结晶结构的预处理方法，有利于进一步的生物质炼制需求。就稀酸水解而言，在反应时间、生产成本等方面较其他纤维素水解方式具有较明显的优势[17]。

超低酸水解是稀酸水解工艺的一种，是指以质量分数 0.1%以下的酸为催化剂，在较高温度下对生物质进行水解的一种工艺技术。超低浓度酸对设备的腐蚀性低，减少了水解后酸中和试剂的用量和废弃物排放，从而在减少环境污染、降低处理成本方面有很大的优势[18-20]。缺点是需要高温、高压的反应条件，造成生物质水解糖在高温下进一步水解，影响后续工艺。表 3-5-1 中总结了近年来各种均相催化剂在水相中催化纤维素和生物质原料制备乙酰丙酸的研究进展。

表 3-5-1　各种均相酸催化剂在水相中催化纤维素和各种生物质原料制备乙酰丙酸的情况[21]

原料	浓度/%	催化剂	加热方式	反应温度/℃	反应时间	乙酰丙酸得率/%
纤维素	1.6	HCl	常规加热	180	20min	44
纤维素	5	HCl	微波加热	170	50min	31
纤维素	5	H_2SO_4	微波加热	170	50min	23
纤维素	8.7	H_2SO_4	常规加热	150	6h	40.8
纤维素	2	$CrCl_3$	常规加热	200	3h	47.3
纤维素	20	$CuSO_4$	常规加热	240	0.5h	17.5
芦竹	7	HCl	常规加热	190	1h	24
芦竹	7	HCl	微波加热	190	20min	22
水葫芦	1	H_2SO_4	常规加热	175	0.5h	9.2
玉米秸秆	10	$FeCl_3$	常规加热	180	40min	35
高粱秆	10	H_2SO_4	常规加热	200	40min	32.6
小麦秸秆	6.4	H_2SO_4	常规加热	209.3	37.6min	19.9
小麦秸秆	7	HCl	微波加热	200	15min	20.6
稻谷壳	10	HCl	常规加热	170	1h	59.4
甘蔗渣	11	H_2SO_4	常规加热	150	6h	19.4
甘蔗渣	10.5	HCl	常规加热	220	45min	22.8

续表

原料	浓度/%	催化剂	加热方式	反应温度/℃	反应时间	乙酰丙酸得率/%
稻草	10.5	HCl	常规加热	220	45min	23.7
橄榄树枝	7	HCl	微波加热	200	15min	20.1
杨树木屑	7	HCl	微波加热	200	15min	26.4
烟草片	7	HCl	常规加热	200	1h	5.2
造纸污泥	7	HCl	常规加热	200	1h	31.4

无机酸是木质纤维素原料降解制备乙酰丙酸最常用的催化剂。如表 3-5-1 所示，采用传统的加热方式时，Shen 等发现在 180℃、20min 的反应条件下 HCl 催化纤维素降解制备乙酰丙酸的得率可以达到 44%（质量分数）[22]；而 Girisuta 等发现在 150℃、2h 的反应条件下 H_2SO_4 同样可以催化纤维素得到类似的乙酰丙酸得率（43%）[23]。此外，原料投加量对反应也有较大影响。一般来说，在同样的反应条件下，相对低的固体原料用量会得到更高的乙酰丙酸得率。尽管相对高的固体原料用量会导致乙酰丙酸得率下降，但最后液体产物中乙酰丙酸的浓度能够维持在一个相对高的水平，有利于后续乙酰丙酸的分离提纯。因为相对高的乙酰丙酸浓度能够降低分离提纯的能耗，并减少废水的排放[24]。然而，无限增加原料投入量会导致纤维素水解反应不充分，并在高温下炭化结焦。因此，太高或太低的投料固液比都不利于纤维素的水解过程，选择合适的固体投料量对于乙酰丙酸的生产非常重要[25]。

微波辐射加热同样被广泛应用于乙酰丙酸制备过程中。例如，Licursi 等研究了 HCl 催化芦竹转化乙酰丙酸，在 190℃、1h 的反应条件下乙酰丙酸的得率可以达到 24%（质量分数）[26]。在微波辐射加热的条件下，在同样温度下反应 20min，HCl 催化芦竹制备乙酰丙酸的得率就可以达到 22%（质量分数），这说明微波加热对上述催化反应具有极大的促进作用[27]。小麦秸秆是一种非常重要的生物质资源，同样是制备乙酰丙酸的重要原料。例如，Chang 等详细研究了各种反应参数对 H_2SO_4 催化小麦秸秆制备乙酰丙酸的影响，最终乙酰丙酸的优化（209.3℃，37.6min）得率可以达到 19.9%（质量分数）[28]。在 200℃、1h 的反应条件下，HCl 催化小麦秸秆制备乙酰丙酸的得率可以达到 20%（质量分数）左右，但在微波辐射加热的协助下，反应时间可以大大缩短至 15min[29]。

稻壳也可以用作生产乙酰丙酸的原料[30]。Yan 等已经研究了 220℃、45min 的反应条件下，HCl 催化甘蔗渣和稻草制备乙酰丙酸的得率分别可以达到 22.8%和 23.7%（质量分数）[25]。其他还可以用于乙酰丙酸生产的废弃生物质原料包括橄榄树枝、杨树木屑以及造纸污泥等。

相对于单糖原料，利用原生木质生物质作为制备乙酰丙酸的原料具有以下明显的优势：一是可以以一种低成本的方式解决处置这些农林废弃生物质所可能导致的环境问题；二是这些农林废弃物的利用有助于偏远地区的农业经济发展和就业。然而，利用这些原生生物质作为原料还存在一些目前无法避免的缺点或需要解决的问题。例如，生物质原料的季节性、区域性、多样性以及运输成本等都是制约以原生生物质作为原料制备乙酰丙酸工艺经济性的瓶颈。其中，原料的运输成本不仅仅受到运输距离的影响，而且还与生物质的种类及运输形式密切相关。就此而论，整合生物质原料的预处理和合理的物流及原料供应链也许可以克服上述这些生物质原料利用的困境。此外，以这些廉价可再生的原料制备乙酰丙酸的得率通常较低，需要通过合理地优化生产工艺以提高乙酰丙酸的得率，原料的预处理是生产制备乙酰丙酸必不可少的步骤。另外，预处理工艺的选择对于后续的转化也至关重要，这主要取决于生物质原料自身的性质[31]。

由于木质生物质成分复杂，酸催化降解原生木质生物质的产物除了乙酰丙酸、糠醛以及甲酸等主要产物外，还伴随产生很多其他的有机物（如乙酸、氨基酸、可溶性木质素及聚合的杂质等）和无机盐类，造成产物分离困难。Girisuta 等深入调查酸催化水葫芦水解制备乙酰丙酸过程中的副产物，研究结果发现在水解产物中包含乙酸、丙酸和甲酸，以及大量来源于水葫芦中纤维素和半纤维素组分的中间产物，包括葡萄糖、阿拉伯糖、5-羟甲基呋喃及糠醛等[32]。其中深棕色的固体物质包括葡萄糖和 5-羟甲基糠醛酸催化降解形成的腐殖质、五碳糖和糠醛的缩合产物，以及不溶性的木质素残留物和灰分[33,34]。最近，糠醛被用作萃取剂从生物质的酸水解液中萃取分离乙酰丙酸和甲酸。例如，Lee 等提出了一种高能效的混合纯化工艺，在这一工艺中通过糠醛液液萃取分离反应液中的乙酰丙酸和甲酸，再通过精馏制得纯的乙酰丙酸产品[35]。

2. 在双相溶剂体系和离子液体中催化纤维素酸水解

双相溶剂体系通常由水相和另一与水不相溶的有机相组成，同时乙酰丙酸在有机相中将具有更高的分配系数，有利于其分离回收。Wettstein 等研究了在 γ-戊内酯与饱和食盐水组成的两相中，HCl 催化纤维素转化制备乙酰丙酸：在 155℃、1.5h 的反应条件下，纤维素在水相中经过酸催化降解得到乙酰丙酸，并不断被萃取至有机相 γ-戊内酯中，最终乙酰丙酸的得率可以达到 51.6%（质量分数）[36]。

由于需要与水相形成不相溶的两相体系，因此可供选择的能够有利于分离乙酰丙酸的有机溶剂是比较有限的。当乙酰丙酸在有机溶剂中相对于水相中的分配系数不高时，仍然会有相当量的产物会被留在水相中，造成乙酰丙酸的回收得率下降。对乙酰丙酸分配系数低的有机溶剂会极大地增加后续产品和溶剂回收步骤的能耗。此外，涉及多种溶剂的反应工艺通常要求相对复杂的工厂设计，这样不可避免地会使投资成本增加。因此，需要选用乙酰丙酸分配系数高的有机溶剂，这样可以减少有机溶剂的使用量，进而降低后续分离提纯乙酰丙酸的总体能耗。

近年来，应用离子液体作为反应溶剂或催化剂的研究受到了极大的关注。离子液体通常指的是在室温至 100℃范围内呈液态的一类盐类[37]。离子液体具有众多常规溶剂所不具备的特性，如稳定性、低蒸气压以及根据离子不同广泛可调的物理化学性质。离子液体这些与众不同的特性使得其非常适合作为由生物质原料制备高附加值产物的溶剂[38,39]。需要特别强调的是，离子液体能够有效地溶解纤维素甚至生物质原料，因此能极大地促进催化活性位点与反应底物之间的相互作用。例如，在离子液体［Emim］Cl 中，$CrCl_3$ 和 HY 分子筛共同催化纤维素降解乙酰丙酸，得率可以达到 46%(61.8℃，14.2min)，同样条件下以空果壳为原料的乙酰丙酸得率可达 20%（质量分数）[40]。微波加热也被应用于离子液体中催化转化制备乙酰丙酸。例如，在微波加热的条件下，纤维素在磺酸化的离子液体中制备乙酰丙酸的得率可以达到 39.4%（160℃，30min）[41]。

然而，目前离子液体的“绿色溶剂”属性还受到一定程度的质疑。这主要是由于难保证离子液体的制备工艺及其性能都是环境友好的[42]。离子液体的高黏度性能不利于催化反应过程中的质量传递。此外，离子液体的低挥发性限制了通过简单的精馏等方法回收使用过的离子液体，因而需要开发其他方法分离反应物质和离子液体。目前，离子液体的制备工艺相对复杂，且导致离子液体成本也较高。上述这些问题都限制了离子液体在工业规模上的应用。

二、固体酸水解过程

固体酸是一类表面上存在具有催化活性的酸性中心的酸性催化剂，从绿色化学和工业化的角度来看，固体酸具有容易分离、可回收再利用的优势，从而被广泛关注。将固体酸催化剂应用到纤维素水解糖化过程中，在解决均相酸水解过程中酸回收、设备腐蚀和废水处理等问题方面有明显优势。近年来，固体酸水解技术发展迅速，显示出良好的工业化应用前景。典型的固体酸催化剂有酸性树脂、金属氧化物、H 型分子筛、杂多酸、改性二氧化硅、负载型金属等[43]。

在酸性树脂中，Amberlyst-15（苯乙烯-二乙烯基苯基聚合物）在 100℃条件下可选择性地催化纤维素水解成聚合度为 30 的纤维低聚物，收率高达 90.0%；Amberlyst-15 树脂的主要缺点是热稳定性差，其设计使用温度低于 130℃，温度过高会导致酸性位点的丢失[44-49]。与 Amberlyst-15 树脂相比，Nafion-NR-50 和 Nafion-SAC-13（四氟乙烯基聚合物）具有相似的酸性特征，然而它们具有更高的热稳定性。使用 Nafion-NR-50 和 Nafion-SAC-13 在水体系中水解纤维素，在 160℃、4h 和 190℃、24h 的条件下葡萄糖的收率分别达到 16.0%和 9.0%。

许多金属氧化物[50-53]被报道可用于水解纤维二糖，然而只有少数金属氧化物可以直接用于水解纤维素。层状氧化物（$HNbMoO_6$）可用于水解纤维素[54]，相比 Amberlyst-15，在 130℃下水解 12h，还原糖的收率是其两倍。Zr/P/O 表现出高选择性地将纤维素水解成葡萄糖，在 200℃下反应 2h，葡萄糖的收率为 21.0%。当用 Zr/P/O 水解纤维二糖时，在 150℃下水解 2h，葡萄糖收率达到 97.0%，这种对纤维二糖的高催化活性归因于催化剂对 β-1,4 糖苷键具有很好的亲和力。

分子筛是一类具有独特结晶架构的硅铝酸盐晶体，由四面体的 SiO_4 和 AlO_4 通过角共享氧原子连接，形成具有一定孔道的三维框架架构[55-59]。分子筛中的桥联键 Si—OH—Al 和三重配位引起 Al 中心分别使分子筛具有 Bronsted 碱位点和 Lewis 酸位点。使用催化剂负载量为 11.1%的 HY 在 [Bmim]Cl 中催化纤维素水解，在 150℃下和外加水条件下反应 2h，葡萄糖的收率达到 50%。杂多酸中的磷钨酸、磷钼酸、硅钨酸等在纤维素水解反应中有优异的催化活性。以 $H_3PW_{12}O_{40}$ 为催化剂，当纤维素与催化剂的质量比为 0.42，在 180℃水溶液中反应 2h 后，葡萄糖的产率和选择性分别高达 50.5%和 92.3%。

尽管固体酸具有可回收再利用和对环境负面影响小等优点，然而固体酸在水相中催化不溶于水的聚糖和生物质原料转化制备乙酰丙酸仍具有挑战性。迄今为止，只有少数研究报道了以固体酸催化生物质原料转化制备乙酰丙酸，但这类催化体系中原料与催化剂之间相互作用力弱，传质阻力大，因此表现出原料反应活性低、催化反应效率低，且乙酰丙酸得率通常较低。此外，催化反应过程中固体催化剂表面容易沉积如腐殖质和木质素来源的残渣等固体副产物，进而导致固体酸催化剂失活。表 3-5-2 中总结了近年来应用固体酸在水相中催化生物质原料降解制备乙酰丙酸的实验结果。

表 3-5-2 各种固体酸在水相中催化生物质原料降解制备乙酰丙酸的实验结果

原料	催化剂	浓度/%	加热方式	反应温度/℃	反应时间/h	乙酰丙酸得率/%
纤维二糖	磺化氯甲基聚苯乙烯树脂	5	常规	170	5	12.9
蔗糖	磺化氯甲基聚苯乙烯树脂	5	常规	170	10	16.5
纤维素	磺化氯甲基聚苯乙烯树脂	5	常规	170	10	24
纤维素	Al-$NbOPO_4$	5	常规	180	24	38
纤维素	磺化碳	2.5	常规	190	24	1.8
纤维素	ZrO_2	2	常规	180	3	39
纤维素	磷酸锆	4	常规	220	2	12
菊粉	磷酸铌	6	微波	200	0.25	28.1
小麦秸秆	磷酸铌	6	微波	200	0.25	10.1
水稻秸秆	$S_2O_8^{2-}/ZrO_2$-SiO_2-Sm_2O_3	6.6	常规	200	0.17	14.2

由于固体酸和生物质原料都不溶于水，因此在水溶液中固体酸表面的催化活性位点很难接触到固体生物质原料。最近，Zuo 等研究了磺化氯甲基聚苯乙烯树脂在水相中催化纤维素转化制备乙酰丙酸，在 170℃、10h 的反应条件下乙酰丙酸得率可以达到 24%（质量分数）[60]。当以纤维二糖和蔗糖作为原料时，在 170℃、5h 或 10h 的反应条件下磺化氯甲基聚苯乙烯树脂在水相中催化制备乙酰丙酸的得率分别可以达到 12.9%或 16.5%（质量分数）[60]。Joshi 等制备了一种 ZrO_2 固体酸催化剂，在 180℃、3h 的条件下催化乙酰丙酸得率可以提高至 39%[61]。Weingarten 等制备了一种磷酸锆固体酸催化剂，并研究了其在水相中催化纤维素制备乙酰丙酸的性能，在 220℃、2h 的反应条件下纤维素制备乙酰丙酸的得率可以达到 12%（质量分数）[62]。最近，Ding 等制备了一种 Al 掺杂的磷酸铌固体酸催化剂（Al-$NbOPO_4$），Al 的掺杂能够调节固体酸催化剂酸性位点和强度，使之有利于催化纤维素降解制备乙酰丙酸[63]。

众所周知，固体酸合适的酸强度对于催化纤维素制备乙酰丙酸至关重要，特别是在破坏纤维素结构中氢键的结合方面。Ding 等发现随着 Al 的掺杂量提高至 2.49%，催化剂的 Bronsted 和 Lewis 酸性都不断增强，最终催化制备乙酰丙酸的得率最高可以达到 38%（质量分数）[63]。磷酸铌也被应用于在微波加热条件下催化菊粉或小麦秸秆降解制备乙酰丙酸，在 200℃、15min 的反应条件下菊粉和小麦秸秆制备乙酰丙酸的得率分别达到 28.1%和 10.1%（质量分数），且不会产生大量不溶的固体副产物[29]。由于这些固体酸催化剂具有强极性，因此通常也是能与微波场发生强相互作用的强微波吸收体。从这个角度来说，不仅极性的液相溶剂能够在微波作用下高效快速地加热，固体酸催化剂表面的催化位点同样也可以。除了上述介绍的固体酸外，Chen 等合成了一种超强固体酸催化剂 $S_2O_8^{2-}/ZrO_2\text{-}SiO_2\text{-}Sm_2O_3$，并用于催化蒸汽爆破小麦秸秆制备乙酰丙酸，200℃、10min 的反应条件下乙酰丙酸得率为 14.2%（质量分数）[64]。

由表 3-5-3 可知，无论是以可溶性糖作为原料，还是以不溶的纤维素或生物质原料作为反应底物制备乙酰丙酸，绝大部分底物的浓度都未超过 10%（质量分数）。这主要是由于高的底物浓度下，不仅会导致大量副产物的形成，而且高的固液比还会导致反应器的搅拌困难。这会进一步造成反应器内传热不均，导致反应底物结焦炭化，这一现象在可溶性糖作为反应底物的研究中尤为明显。

由于纤维素等碳水化合物酸催化降解制备乙酰丙酸反应过程中涉及多步水解反应，因此在纯的有机溶剂中纤维素或生物质原料降解乙酰丙酸的效果较差。通常在有机溶剂中掺混少量水分促进水解过程，如水（10%）与 γ-戊内酯（90%）的混合溶液（表 3-5-3）。

表 3-5-3　纤维素和原始生物质在有机溶剂中转化制备乙酰丙酸的结果

原料	催化剂	浓度/%	反应温度/℃	反应时间/h	溶剂体系	乙酰丙酸得率/%
纤维素	$[C_4H_6N_2(CH_2)_3SO_3H]_{3-n}H_nPW_{12}O_{40}$ ($n=1,2,3$)	2	140	12	H_2O/MIBK(1/10)	63.1
纤维素	磺化氯甲基聚苯乙烯树脂	4	170	10	H_2O/GVL(1/9)	47
纤维素	磺化的 Amberlyst-70	2	160	16	H_2O/GVL(1/9)	49.4
玉米秸秆	磺化的 Amberlyst-70	6	160	16	H_2O/GVL(1/9)	38.7

注：MIBK 为甲基异丁基甲酮溶剂；GVL 为 γ-戊内酯。

在 γ-戊内酯与水组成的混合体系中，Zuo 等研究了磺化氯甲基聚苯乙烯树脂催化微晶纤维素降解制备乙酰丙酸，在 170℃、10h 的条件下，乙酰丙酸得率可以达到 47%[60]。作者认为 γ-戊内酯能够溶解纤维素，因此增强了纤维素与固体酸之间的相互作用，进而促进纤维素高选择性地转化为乙酰丙酸。然而，作者实际上并未给出 γ-戊内酯能够溶解纤维素的直接证据，可能 γ-戊内酯只是能比较有效地溶胀纤维素。同样在 γ-戊内酯与水组成的混合体系中，Alonso 等在类似的反应条件（160℃，16h）下研究了磺化的 Amberlyst-70 催化纤维素转化制备乙酰丙酸，目标产物得率最高可达 49.4%[65]。而在纯水体系中，在同样条件下磺化的 Amberlyst-70 催化纤维素转化为乙酰丙酸的得率只有 13.6%（质量分数），这充分说明了 γ-戊内酯能够促进不溶的固体酸催化剂和纤维素之间的相互作用，进而促进纤维素降解制备乙酰丙酸。Alonso 等进一步研究了在 γ-戊内酯与水混合体系中磺化 Amberlyst-70 催化玉米秸秆制备乙酰丙酸，在同样的反应条件下乙酰丙酸得率可以达到 38.7%[65]。作者认为 γ-戊内酯也可以溶胀 Amberlyst-70 树脂，进而增加催化活性位点并促进反应底物在催化剂孔道内的扩散。

此外，全氟己烷等氟代试剂也被用于生物质转化制备乙酰丙酸的研究[66]。然而，这类溶剂的高毒性和高成本限制了其的大规模使用。因此，选择绿色可持续的溶剂对于通过生物炼制转化生物质原料生产化学品是至关重要的，还需充分考虑溶剂对环境的影响以及其分离回收的效率。

鉴于固体酸目前所存在的上述问题，在工业规模上利用固体酸催化制备乙酰丙酸还不具备现实可行的条件。需要进一步深入研究固体酸催化剂表面特性、酸性位点密度、催化选择性、孔结构等理化结构性质，以促进对于固体酸催化效能的理解并提高乙酰丙酸得率。此外，固体酸制备使用过程中可能涉及的重金属的毒性可能在一定程度上限制了固体酸催化剂的应用。但是相对于均相催化剂，固体酸催化剂能够实现催化剂回收再利用，因此研究固体酸催化剂催化制备乙酰丙酸是非常有意义的。

三、亚临界和超临界水解过程

当水所处体系超过水的临界温度（374℃）和临界压力（22.1MPa）时，称其为超临界水（supercritical water，SCW）。超临界水的物理、化学性质较常态下的水发生了非常显著的变化。如水的离子积在高温高压下由 10^{-14} 增至 10^{-11}，使其本身就具有强酸和强碱的性质；超临界水的介电常数与一般有机物很接近，使纤维素在超临界水中的溶解度增大；通过控制压力可以操控反应环境，增强反应物和产物的溶解度，消除相间传质对反应速率的限制，超临界水中进行的纤维素化学反应的速度比液相反应要快得多。超临界水液化技术是利用超临界水具有的不同寻常的性质，使得纤维素在超临界流体中快速反应的新方法[67, 68]。该方法的显著特点是不需要加入任何催化剂，反应时间短，反应选择性高，且对环境无污染，极具现实意义和应用前景。

没有催化剂的条件下，纤维素及其水解产物在亚临界和超临界水中反应转化率相当高。高效液相色谱（HPLC）分析结果表明其主要产物是赤藓糖、二羟基丙酮、果糖、葡萄糖、甘油醛、丙酮醛及低聚糖等[69]。其中，纤维素首先被分解成低聚糖和葡萄糖并异构为果糖。葡萄糖和果糖均可被分解为乙醇醛、二羟基丙酮或甘油醛等。甘油醛能进一步转化为二羟基丙酮，而这两种化合物均可脱水转化为丙酮醛。丙酮醛可进一步分解成更小的分子，主要是1～3个碳的酸、醛和醇。纤维素超临界液体水解产物的主要类型如图3-5-3所示。

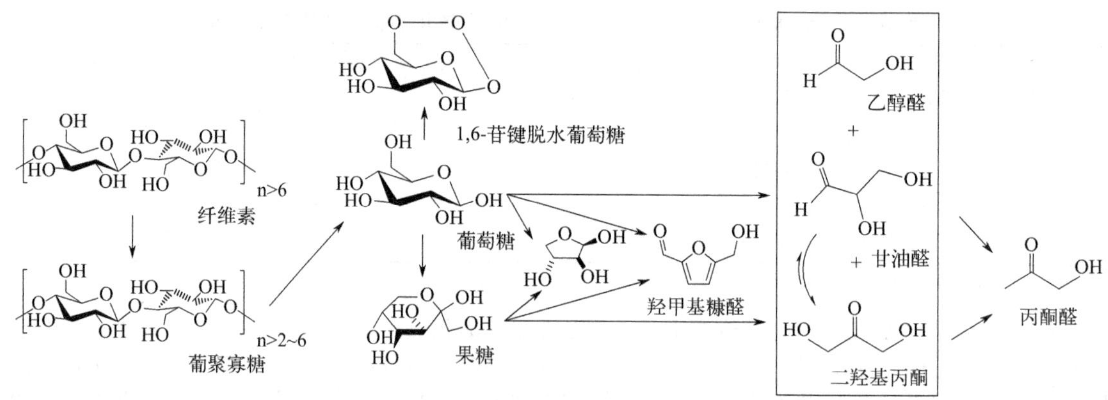

图 3-5-3　纤维素超临界液体水解产物的主要类型

第三节　乙酰丙酸其他生产工艺

木质纤维素生物质中的纤维素和半纤维素组分都可以用作制备乙酰丙酸的原料。半纤维素中的木聚糖部分在酸催化作用下先后经过水解和脱水依次可以得到木糖和糠醛，糠醛再经过催化加氢可以还原制备糠醇，最终糠醇经酸催化水解开环后可得到乙酰丙酸。另外，纤维素经酸催化水解可得到葡萄糖单元，葡萄糖可以异构化为果糖并发生酸催化脱水制备中间产物5-羟甲基糠醛。理论上，5-羟甲基糠醛在酸催化剂作用下进一步再水合可以开环得到等物质的量的乙酰丙酸和甲酸，如图3-5-4所示。因此，本节主要从不同的原料出发，介绍其转化制备乙酰丙酸的工艺技术。

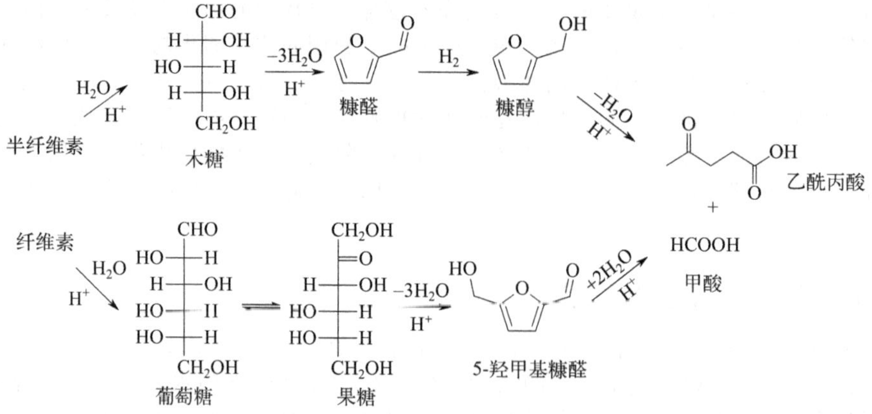

半纤维素 —(H_2O, H^+)→ 木糖 —($-3H_2O$, H^+)→ 糠醛 —(H_2)→ 糠醇 —($-H_2O$, H^+)→ 乙酰丙酸 + HCOOH 甲酸

纤维素 —(H_2O, H^+)→ 葡萄糖 ⇌ 果糖 —($-3H_2O$, H^+)→ 5-羟甲基糠醛 —($+2H_2O$, H^+)→ 乙酰丙酸 + HCOOH 甲酸

图 3-5-4　纤维素和半纤维素制备乙酰丙酸的反应路径

一、纤维素及糖类制备乙酰丙酸

1. 均相水溶液体系中制备乙酰丙酸

以葡萄糖和果糖制备乙酰丙酸最常使用的均相催化剂包括液体无机酸、有机酸和金属盐类（主要是氯盐和硫酸盐），如 HCl、HNO_3、H_2SO_4、H_3PO_4、对甲苯磺酸（PTSA）、三氟乙酸（TFA）、$AlCl_3$ 及 $CrCl_3$ 等[23,70-77]，这些均相酸催化剂的优势在于价格低廉、易于获得。此外，由于均相催化剂在水相中与反应底物如葡萄糖形成均相的溶液（二者之间传质阻力小），所以均相催化剂催化己糖水解转化乙酰丙酸的得率一般都比较高。酸催化己糖水解通常涉及 H^+ 对反应底物的进攻所导致的脱水及异构化等反应。此外，氯盐和硫酸盐属于强酸弱碱盐，其水溶液能够解离出 H^+ 使溶液呈酸性，所以这些均相酸催化己糖水解转化乙酰丙酸的效率在很大程度上取决于反应使用的酸浓度及无机酸初级解离常数的强度。表 3-5-4 中总结了近年来各种均相催化剂在水相中催化己糖转化制备乙酰丙酸的研究进展。

表 3-5-4 各种均相酸催化剂在水相中催化己糖转化制备乙酰丙酸的结果[78]

底物	质量浓度/%	催化剂	温度/℃	时间	转化率/%	得率/%
果糖	8	PTSA	88	8h 20min	80	23
果糖	8	高氯酸	88	8h 20min	78	24
果糖	4	HCl	95	1h 36min	96	39
果糖	2	TFA	180	1h	—	45
果糖	9	Amberlyst XN-1010	100	9h	—	16
葡萄糖	5	H_2SO_4	170	2h	100	34
葡萄糖	12	H_2SO_4	100	24h	100	30
葡萄糖	30	HCl	162	1h	—	24.4
葡萄糖	2	TFA	180	1h	100	37
葡萄糖	2	甲磺酸	180	15min	—	41
葡萄糖	10	HCl；$CrCl_3$	140	6h	97	46
葡萄糖	1	$CrCl_3$+HY	145.2	147min	100	47
葡萄糖	13	磺化石墨烯	200	2h	89	50

由表 3-5-4 可知，HCl 和 H_2SO_4 是催化己糖转化制备乙酰丙酸最常用的无机酸催化剂，并且乙酰丙酸的最高得率可以达到近 40%。尤其值得注意的是，HCl 催化己糖制备乙酰丙酸已经具有数十年的历史。早在 1931 年，Thomas 和 Schuette 就研究了利用 HCl 催化各种碳水化合物降解制备乙酰丙酸。到了 1962 年，Carlson 的专利也声称 HCl 是催化各种碳水化合物转化制备乙酰丙酸的最佳催化剂，因为 HCl 容易回收再利用，并且 Carlson 认为乙酰丙酸容易通过减压精馏实现分离纯化[79]。Szabolcs 等研究了在微波辐射加热条件（170℃，30min）下催化果糖降解制备乙酰丙酸，HCl 和 H_2SO_4 催化作用下乙酰丙酸得率分别达到 49.3% 和 42.7%[80]。值得注意的是，Rackemann 等研究发现在 180℃、15min 的反应条件下，H_2SO_4 催化葡萄糖在水溶液中转化制备乙酰丙酸的得率可以达到 65.2%[81]。此外，在同样的反应条件下，甲磺酸也能达到接近硫酸的催化效果。

金属盐也能高效地催化己糖降解制备乙酰丙酸。最近，Peng 等研究了 $FeCl_3$、$CrCl_3$ 及 $AlCl_3$ 等氯盐在水相中催化葡萄糖转化制备乙酰丙酸[82]。其中，氯化铝催化葡萄糖制备乙酰丙酸的效果最好，最高得率可达 71.1%（180℃、2h）。这些金属盐的催化作用可以从两个方面理解：一是金属阳离子的Lewis酸性能够催化葡萄糖-果糖异构反应；二是金属盐自身水解释放的Bronsted酸能够催化已糖继续降解形成乙酰丙酸。Choudhary等研究了以HCl和$CrCl_3$分别作为Bronsted酸和Lewis酸，催化葡萄糖在水相中降解制备乙酰丙酸[83]。如图3-5-5所示，Cr^{3+}与葡萄糖分子间能够形成强的相互作用，并促进葡萄糖开环和异构化为果糖。$CrCl_3$配位的水分子能够作为亲核试剂进攻糖苷键并形成葡萄糖单体分子。另外，$CrCl_3$水合物中Cl^-能继续与葡萄糖β-异头碳上羟基发生氢键作用，并促进其经过旋光异构转化为β-异头物，形成β-吡喃葡萄糖形式[84]。然后，β-吡喃葡萄糖中半缩醛部分能与$CrCl_3$水合物形成一种烯醇中间体，并进一步异构化葡萄糖为果糖。随后果糖在酸催化剂作用下脱水形成5-羟甲基糠醛。在酸催化剂和高温反应条件下，5-羟甲基糠醛会继续经过再水合反应降解形成乙酰丙酸和甲酸。因而，即使在较温和的反应温度如140℃条件下，HCl和$CrCl_3$催化葡萄糖降解转化乙酰丙酸的得率也可以达到46%。此外，$SnCl_4$和HCl也被证明具有类似的Lewis-Bronsted酸协同催化作用，并能催化葡萄糖经过连续的异构化、脱水和再水合反应得到乙酰丙酸和甲酸[85]。

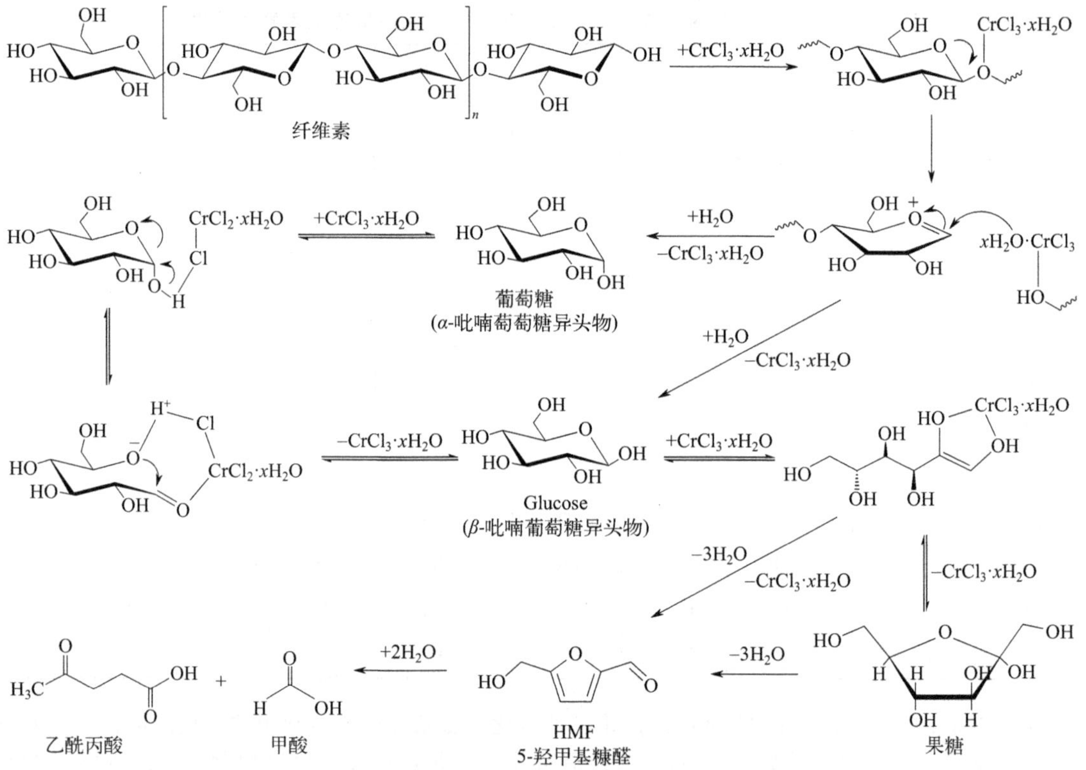

图3-5-5　$CrCl_3$催化纤维素酸降解制备乙酰丙酸可能的反应机理

这些均相酸催化剂同样可以导致副产物的形成，因而降低了最终产物中乙酰丙酸的得率。为了实现由木质纤维素生物质大规模地制备乙酰丙酸，研究酸浓度、工艺操作条件中不同参数的优化仍然十分必要。另外，均相酸催化剂的使用也面临其他一些难以避免的缺点，包括酸催化剂难以回收、严重的设备腐蚀及环境污染、重金属离子的毒性等。因此，很多研究开始关注于开发便于回收再利用的固体酸催化剂代替均相酸催化剂，催化葡萄糖等碳水化合物降解制备乙酰丙酸。

2. 固体酸催化制备乙酰丙酸

固体酸催化剂的优势在于便于回收再利用，以及没有腐蚀性问题。如表3-5-5所示，目前经常使用的固体酸催化剂包括金属氧化物负载酸根离子催化剂（如$S_2O_8^{2-}/ZrO_2$-SiO_2等）、酸性树脂（如Amberlyst-70、Amberlite IR-120及Nafion SAC-13等）、酸性分子筛（如LZY型分子筛、

ZSM-5 及 HY 分子筛等）以及氧化石墨烯等[62,70,86-88]。然而，相对于均相酸催化剂，固体酸催化剂的研究和应用还相对受限。一方面，由于固体酸催化剂的催化活性位点位于催化剂表面和内部孔洞，因此反应底物需要克服扩散阻力才能到达催化活性位点并发生相应的催化反应；另一方面，在反应过程中催化活性位点可能吸附其他有机质甚至积炭，使之不能参与催化主反应，甚至造成催化剂活性位点流失，导致催化剂不可逆性地失活，而且很难通过煅烧将使用过的催化剂活性恢复到新制催化剂的水平。

表 3-5-5 固体酸的分类

类型	实例
固载化液体酸	HF/Al_2O_3，BF_3/Al_2O_3，H_3PO_4/硅藻土
氧化物	简单：ZnO，Al_2O_3，B_2O_3，Nb_2O_5，CdO，TiO_2
	复合：Al_2O_3-SiO_2，TiO_2-SiO_2，Al_2O_3-B_2O_3
硫化物	CdS，ZnS
金属盐	磷酸盐：$FePO_4$，$Cu_3(PO_4)_2$，$Zn_3(PO_4)_2$，$Mg_3(PO_4)_2$
分子筛	沸石分子筛：ZSM-5 沸石，*X*-沸石，*Y*-沸石，*β*-沸石丝光沸石
	非沸石分子筛：AlPO、SAPO 系列
杂多酸	$H_3PW_{12}O_{40}$，H_4SiWO_{40}，$H_3PMo_{12}O_{40}$
阳离子交换树脂	苯乙烯-二乙烯基苯共聚物、Nafiona-H
天然黏土矿	高岭土，膨润土，白土
固体超强酸	SO_4^{2-}/ZrO_2，WO_3/ZrO_2，MoO_3/ZrO_2

固体酸一般分为如下三种：一般固体酸、超强固体酸及复合型固体酸。按负载的性质又可分为无机固体酸和有机固体酸，目前绝大多数固体酸为无机固体酸，其中比较系统的分类方法是将固体酸分为 9 大类[89]。

① SO_4^{2-}/M_xO_y 型固体酸催化剂。自日本学者 Hino[90] 在 1979 年首次报道了 SO_4^{2-}/M_xO_y 型固体超强酸的研究之后，人们对其进行了更多的开发和应用。SO_4^{2-}/M_xO_y 型固体酸催化剂相比于含卤素的催化剂，具有不腐蚀设备、污染小、耐高温、可重复利用及回收方法简易等优点。此类催化剂的缺点是寿命短，易失活。失活的主要原因是 SO_4^{2-} 的流失和表面积炭，催化剂失活后可重新进行洗涤、干燥、酸化和焙烧处理，补充催化剂的酸性位，烧去积炭，露出强酸点，以恢复催化剂的活性[91]。李小保等[92]首次将 SO_4^{2-}/ZrO_2 应用于葡萄糖水解制备乙酰丙酸的反应，并采用正交实验确定了适宜的反应条件。随后，李小保等[93]对 SO_4^{2-}/ZrO_2 催化剂进行了金属复合和改性研究，发现 SO_4^{2-}/ZrO_2-Fe_2O_3 对葡萄糖水解生成 5-羟甲基糠醛的反应有利，而 SO_4^{2-}/ZrO_2-Al_2O_3 对 5-羟甲基糠醛脱羧生成乙酰丙酸的反应有利，此项研究对提高乙酰丙酸合成反应的催化剂活性具有重要意义。王攀等[94]用 SO_4^{2-}/TiO_2 催化纤维素水解制备乙酰丙酸，探讨了反应时间、温度、催化剂用量和固液比等因素对产率的影响，乙酰丙酸最高产率为 25.51%。王春英等[95]利用硫酸浸渍制备的 SO_4^{2-}/Al_2O_3-TiO_2 催化纤维素水解制备乙酰丙酸，在较优条件下乙酰丙酸产率为 19.34%。Watanabe 等[96]的研究表明，以 ZrO_2 为碱性催化剂对异构化反应有促进作用，而 TiO_2 为酸碱两性催化剂，对 5-HMF 的生成有促进作用。

② 杂多酸催化剂。杂多化合物（HPC）作为性能优异的酸碱、氧化还原或双功能催化剂被人们所熟知。刘欣颖[97]发现杂多酸及其盐类对果糖脱水生成 5-羟甲基糠醛的反应有较好的催化活性，且杂多酸的盐类化合物比其相应的杂多酸活性高。Zhao 等[98]用固体杂多酸盐 $Cs_{2.5}H_{0.5}PW_{12}O_{40}$ 作为催化剂，5-羟甲基糠醛的得率为 74.0%，选择性高达 94.7%。Fan 等[99]用固体杂多酸盐 $Ag_3PW_{12}O_{40}$ 作催化剂转化果糖生成 5-羟甲基糠醛，5-羟甲基糠醛得率为 77.7%，选择性为 93.8%。并且，$Ag_3PW_{12}O_{40}$ 在转化葡萄糖生成 5-羟甲基糠醛的反应中也显示出一定

活性。

③ 分子筛催化剂。分子筛是一类由硅（或磷等原子）铝酸盐组成的多孔性固体。沸石分子筛对许多酸催化反应具有高活性和异常的选择性，主要是由于分子筛的酸性[100]。但是分子筛的酸性较弱，在酸催化反应时催化活性不够好，因此对分子筛进行负载改性可作为今后的研究方向。Khavinet 等[101]在 110～160℃温度下使用 HY 沸石分子筛对 12%葡萄糖溶液进行水解反应。考察了温度、时间、搅拌速率对葡萄糖转化率的影响，LA 最高得率为 20%，且葡萄糖转化的表观活化能为 23.25kcal/mol。Morcau 等[102]考察了蔗糖在 H 型沸石分子筛上的水解，发现当 HY 沸石分子筛的硅铝比为 15 时，在反应温度为 75～100℃时，可以使蔗糖水解转化率最大化，而 HMF 的产率最小化。Moreau 等[103,104]使用 H-丝光沸石作为催化剂研究果糖在两相体系中脱水生成 HMF。当硅铝比为 11 时，果糖的转化率最大，果糖生成 HMF 近似为一级反应。张欢欢[105]研究了硅铝比为 20～25 的 ZRP-5 分子筛催化葡萄糖制备乙酰丙酸，结果表明 ZRP-5 分子筛对乙酰丙酸有良好的选择性，反应 12h 时葡萄糖转化接近完全，乙酰丙酸产率为 35%。

④ 离子交换树脂。离子交换树脂也可避免使用液体酸所遇到的诸如设备腐蚀、副反应多以及环境污染的问题，缺点是其耐温性和耐磨性不好，而且价格比较昂贵。吕秀阳等[106]测定了在 130～160℃范围内 Amberlyst 35W 和 36W 树脂催化六元糖的降解反应动力学，得出 Amberlyst 35W 和 36W 具有相似的催化活性，35W 树脂对葡萄糖的异构化影响较小，但可提高果糖脱水生成中间产物 5-羟甲基糠醛和 5-羟甲基糠醛脱羧生成乙酰丙酸的速率，从而提高乙酰丙酸的产率。有研究人员使用四种不同酸性的离子交换树脂催化蔗糖水解，乙酰丙酸得率在 10%～25%[107]。研究发现大孔离子交换树脂对 HMF 选择性好，但不利于生成乙酰丙酸。而小孔离子交换树脂可以将 HMF 截留在孔内，有利于进一步生成乙酰丙酸。

⑤ 固体磷酸盐。Carlini 等[108]用磷酸铌催化果糖在 110℃下水解生成乙酰丙酸，果糖在 1h 时转化率为 30%，选择性高达 90%；3h 时转化率为 80%，而选择性降低为 70%～80%。当使用磷酸的锆盐和钛盐催化糖类物质时[109]，果糖生成 5-羟甲基糠醛的选择性高达 95%。Asghari 等[110]表明磷酸锆的晶型和表面积对催化效果有显著影响。在 240℃条件下，大孔磷酸锆可使果糖转化率达 80%，5-羟甲基糠醛的选择性为 61%。Mednick[111]使用磷酸铵、三乙胺磷酸盐和吡啶磷酸盐为催化剂时，5-羟甲基糠醛产率分别为 23%、36%和 44%。

3. 均相和非均相催化剂在有机溶剂中催化制备乙酰丙酸

除了水溶液外，很多有机溶剂也被用于研究由糖类制备乙酰丙酸。这其中包括极性非质子溶剂，如二甲亚砜、二甲基甲酰胺、二甲基乙酰胺、四氢呋喃、甲基异丁基酮及乙酸乙酯等[21]。然而，以二甲亚砜为代表的极性非质子溶剂是糖类脱水制备 5-羟甲基糠醛的良溶剂，因为在这种溶剂中可以抑制 5-羟甲基糠醛再水合形成乙酰丙酸和甲酸。Sanborn 等研究发现以 Amberlyst-35 酸性树脂和端基封闭的聚乙二醇分别作为催化剂和溶剂，在 100℃和 4h 的反应条件下甜玉米糖浆转化制备乙酰丙酸的得率可以达到 45.3%[21]。Mascal 等报道了一种两步法转化葡萄糖经 5-氯甲基糠醛制备乙酰丙酸的方法[112,113]，乙酰丙酸得率可达 79%。

少量的研究也报道了在极性质子溶剂中催化转化己糖制备乙酰丙酸。例如，Brasholz 等研究了在水/甲醇（1∶2）混合溶剂中 HCl 催化果糖转化制备乙酰丙酸，在 140℃、1.33h 反应条件下乙酰丙酸得率达到 72%[114]。在绝大多数极性质子溶剂如乙醇、丁醇等及其与水的混合溶剂中，果糖很容易脱水形成 5-羟甲基糠醛[115]。另外，极性质子溶剂尤其是醇类被广泛用作制备乙酰丙酸酯的溶剂，因为生物质在酸催化作用下可以在醇溶剂中直接醇解得到乙酰丙酸酯。

由于溶剂性质对催化反应有重大的影响。首先，底物在溶液中的溶解性是一个非常重要的议题。尤其是溶剂的极性起着关键性作用，因为根据相似相溶原理，与溶质极性相近的溶剂对溶质的溶解能力高。因此，很多极性溶剂如二甲亚砜、二甲基甲酰胺、二甲基乙酰胺、四氢呋喃及甲基异丁基酮等被用作研究糖类水解制乙酰丙酸的溶剂。其次，其他参数如溶质尺寸、比表面积、分子的电极化率以及溶质溶剂间的氢键强度等都会影响溶质在溶剂中的溶解度[116]。另外，溶剂可以影响催化反应的选择性。例如，在二甲亚砜中有助于促进糖类选择性地转化为 5-羟甲基糠醛，因为在二甲亚砜中 5-羟甲基糠醛水解乙酰丙酸和甲酸以及形成腐殖质的反应会受到抑制[117]。

这主要是由于5-羟甲基糠醛中的醛基能够与二甲亚砜形成强的相互作用，这就限制了5-羟甲基糠醛的水解和缩合反应[118]。此外，从经济性、技术及安全性等方面考虑，绝大多数有机溶剂都存在以下明显的缺点：a.高成本；b.高沸点，增加了回收溶剂的成本；c.反应稳定性，如在大量水和酸催化剂存在的条件下四氢呋喃容易发生水解反应；d.安全问题，如四氢呋喃能在空气中被氧化为易燃易爆的过氧化物；e.溶剂的毒性。由于这些原因，有机溶剂还没有大规模用于催化糖类转化制备5-羟甲基糠醛或乙酰丙酸。总的来说，水仍然是催化糖类转化制备乙酰丙酸最好的溶剂，因为它比有机溶剂更绿色、更廉价以及低毒性。

二、糠醇转化乙酰丙酸工艺

目前，乙酰丙酸生产多数采用木质纤维或葡萄糖酸水解工艺路线。由于此路线以六元碳链原料生产五元碳链的产品，因此副反应多，能耗大，收率一般低于30%。利用生物质纤维中的五碳糖如半纤维素水解产生糠醛，糠醛还原后产物糠醇可进一步转化为乙酰丙酸[119-123]。

糠醇价格虽然高于葡萄糖，但糠醇水解重排工艺副反应少，能耗低，若能获得一定的收率，是一条有竞争力的乙酰丙酸生产工艺路线。糠醇水解重排反应一般以盐酸为催化剂，在有机溶剂中进行。常用的溶剂有酮类、醇类和有机酸类等。

有研究探索了以糠醇为原料，以乙醇为溶剂及以盐酸为催化剂合成了乙酰丙酸，产品的单程收率达到74.8%，具有较好的工业应用前景。同时，在不加水的工艺途径中会合成大量的乙酰丙酸乙酯，但可以通过乙酰丙酸乙酯水解生成乙酰丙酸（图3-5-6）。影响乙酰丙酸收率的因素有很多，在本实验中，固定水/糠醇用量的物质的量之比为10/1，反应温度为回流温度。蒸馏真空度为15mmHg（绝压），无回流。选取乙醇用量（A）、盐酸用量（B）、反应时间（C）、抗凝剂用量（D）为实验因素。研究显示，极差R的大小排列顺序为B＞C＞A＞D，最优的工艺条件为$A_2B_3C_3C_2$，在此最优条件下，乙酰丙酸的收率可达74.8%。糠醇转化为乙酰丙酸过程中，常会转化为乙酰丙酸类环状缩酮。利用FT-IR（傅里叶变换红外光谱仪）可测定乙酰丙酸缩酮类物质的形成，可比较缩合反应（没有用氮气保护）前后的折射率、沸点来推断。FT-IR谱图中，酮的特征吸收峰为1705～1720cm^{-1}，缩酮的特征吸收峰为1000～1250cm^{-1}和800～900cm^{-1}，如有吸收峰存在，说明存在缩酮基。此外，酯的特征吸收峰为1735～1750cm^{-1}和1000～1300cm^{-1}（两个峰），如在谱图上1728cm^{-1}处出现一个吸收峰（由于基团间的相互作用或空间结构的影响，吸收峰有所位移）和在300～1000cm^{-1}间出现两个峰，说明产品中存在酯基，这些峰的存在可说明这种新物质是乙酰丙酸酯类环状缩酮（表3-5-6）。

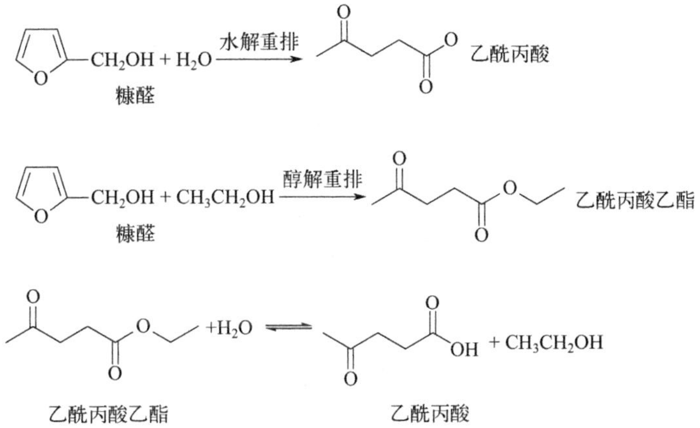

糠醛 $-CH_2OH + H_2O$ —水解重排→ 乙酰丙酸

糠醛 $-CH_2OH + CH_3CH_2OH$ —醇解重排→ 乙酰丙酸乙酯

乙酰丙酸乙酯 $+H_2O$ ⇌ 乙酰丙酸 $+ CH_3CH_2OH$

图3-5-6　以糠醛为原料制备乙酰丙酸

表 3-5-6 糠醇转化为乙酰丙酸过程中生成的乙酰丙酸酯类环状缩酮类型

序号	分子式	状态	$m/\%$	$\theta/℃$	p/Pa	n
1			74.4	165	1200	14340
2	Bu-t	无色液体且久置会变成浅黄色	75.4	180	1200	14390
3	Bu-n		75.3	184	1200	14414

第四节　乙酰丙酸商业化生产典型工艺

一、传统乙酰丙酸商业生产工艺

1. “Biofine”生产工艺

LA 商业化生产的最初尝试是基于经典的“Biofine”技术[124]。20 世纪 90 年代，位于美国马萨诸塞州的“Biofine”公司开发出了一种利用造纸厂废纤维为原料生产乙酰丙酸，随后合成甲基四氢呋喃的技术，可以实现经济、高效、连续地生产乙酰丙酸以及其他高附加值产物。该技术自 1988 年提出以来一直在改进开发中。在“Biofine”工艺概念中，生物质原料需要有合适的颗粒大小（约 0.5～1cm）以确保高效水解和最佳产量。因此，在生物质颗粒由高压空气喷射系统输送到混合罐之前，原料首先被粉碎并与稀硫酸（1.5%～3%，取决于原料的可滴定碱度）混合，随后经由两个不同的酸催化阶段转化为乙酰丙酸、甲酸以及糠醛等产品[125]。

根据图 3-5-7 中的具体操作工艺，首先将富含碳水化合物的原料和硫酸在搅拌器 1 中进行均匀混合，通过运输管道加入第一个反应器 2 中，在 210～220℃、压力 2.5MPa 的条件下进行反应，平均停留时间为 12s，该步骤的目的为有效地将多糖水解成可溶性糖单体和低聚物。快速性的水解反应意味着水解产物需要连续移除，要求反应器的直径较小，因此管式反应器有利于该反应。原料经第一反应器处理后直接通入第二反应器 3，即连续搅拌釜式反应器，该反应器的运行温度和压力较低（190～200℃，1.4MPa），但比第一反应器的平均停留时间更长（20min），该反应条件更有利于合成 LA，在这一阶段，糠醛和其他挥发性产物如 FA 以气体从蒸汽流中回收，而 LA 和残留物的焦油混合物会被传递到重力分离器。随后，LA 作为液体产品从第二反应器中分离，而固体副产物用压滤机 4 从 LA 水溶液中分离出来。

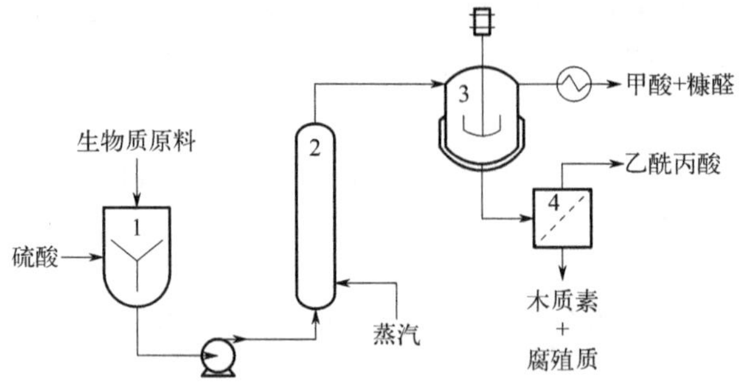

图 3-5-7　传统“Biofine”方法生产 LA 的工艺

1—搅拌机；2—管式反应器；3—釜式反应器；4—压滤机

目前，基于“Biofine”技术在美国纽约已经建立了一个1t/d的试验工厂。另外，2013年Segetis公司在明尼苏达州的Golden Valley建立了另一个生产LA的试验工厂，该试验厂的设计容量为每年160t LA，并使用玉米糖浆作为主要原料，而且设计允许使用广泛的其他生物质作为原料。此外，Segetis公司计划利用LA与从植物油中提取的醇（如甘油）高选择性合成乙酰丙酸酮。2016年，Segetis公司被GFBiochemicals收购，后者早于2009年在位于意大利卡塞塔的试验工厂开始生产LA，年产量为2000t（图3-5-8）[126]。2015年，GFBiochemicals宣布开始LA的商业规模生产，目标是到2017年每年生产多达1万吨的LA。然而，以“Biofine”工艺进行商业化LA生产的现状尚不清楚，截止到2017年尚无商业化大规模生产LA的工厂在运行[127]。

图3-5-8 位于意大利卡塞塔的试验工厂[126]

管式反应器（上）；建筑物外（左下）；搅拌槽（上、中）；第二反应器（下中）；总体视图（右）

2. “Nebraska”双螺杆挤压机法

Nebraska大学开发了双螺杆挤压机法来连续生产乙酰丙酸，该工艺流程如图3-5-9所示[128]。该工艺采用双螺杆挤压机作为反应器，在其内部有多个温度段。原料和稀酸混合后经过挤压机时，在挤压机内经过100℃—120℃—150℃的多阶段加热，经过80～100s的反应时间后，能够连续地完成加热和催化反应过程。随后，含有乙酰丙酸的混合溶液通过过滤器首先分离出不溶解的固体腐殖质，然后在精馏塔中分离出焦油，最终气态的乙酰丙酸通过冷凝器进行冷却、分离和回收。该工艺具有连续性强、反应步数少、反应时间短等优点，收率可达48%以上，非常适合商业化生产。然而，目前尚未有工厂通过该方法进行乙酰丙酸的商业化生产。

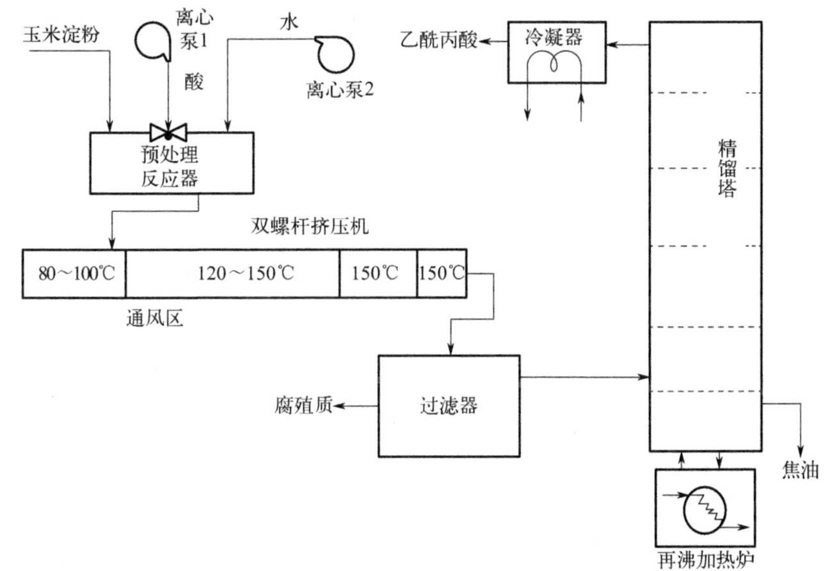

图3-5-9 “Nebraska”双螺杆挤压机法工艺流程[128]

二、典型乙酰丙酸生产工艺的对比

基于学者对乙酰丙酸生产和应用的广泛兴趣，促进了以纤维素和多种生物质为原料生产乙酰丙酸的若干工艺的实现。Weingarten 等通过“投入产出分析法”比较了包含经典“Biofine”法在内的数种不同乙酰丙酸生产工艺，并对各工艺方案的经济可行性做出了分析[129]。如图 3-5-10 所示，研究比较了基于 100kg 纤维素为原料的四种乙酰丙酸生产工艺的投入产出分析，其中所有工艺产出的无用分解产物或聚合产物在图中统称为腐殖质。

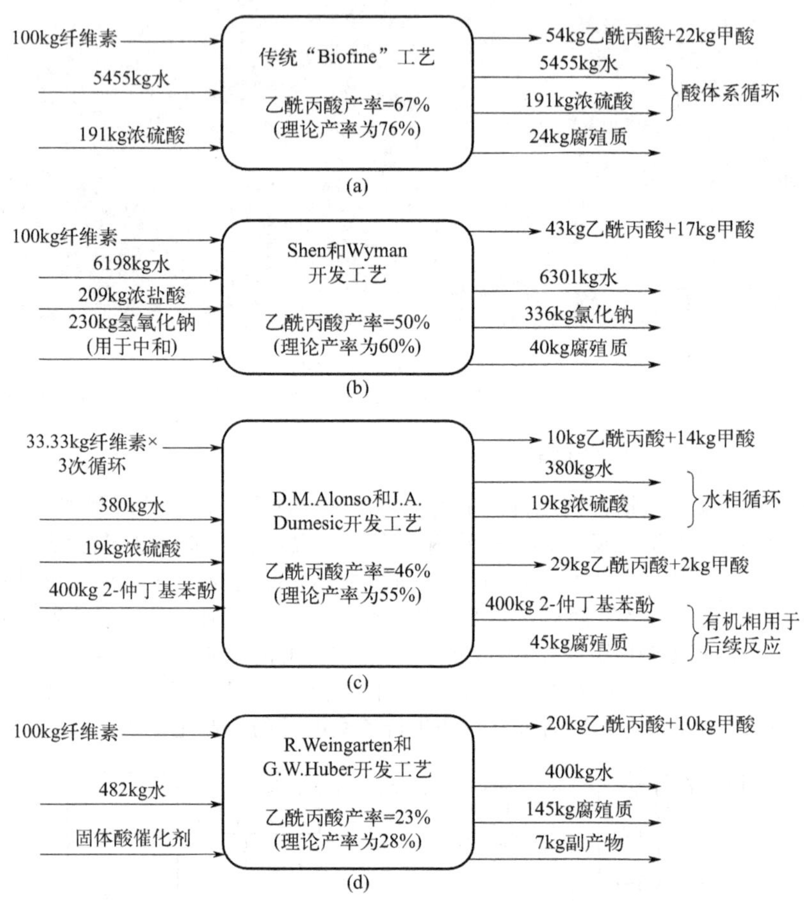

图 3-5-10　四种乙酰丙酸生产工艺投入产出分析

（a）“Biofine”工艺纤维素生产乙酰丙酸的投入产出分析[124]；（b）Shen 等以盐酸水解制备 LA 的工艺[130]；（c）由 Alonso 等开发的有机溶剂参与的 LA 生产工艺[131]；（d）由 Weingarten 等开发的固体酸催化剂合成 LA 的生产工艺[129]

首先，图 3-5-10（a）所示的“Biofine”两步连续工艺中以木质纤维素为原料使用硫酸水解生产乙酰丙酸、甲酸和糠醛，该工艺的理论 LA 产率据称可高于 70%。根据参考文献［124］，该工艺原料中的纤维素投料量小于反应体系总体的 5%，硫酸浓度范围为 1.15%～5%，这使得在反应完成后从酸性水溶液中分离和纯化乙酰丙酸变得十分困难。由于乙酰丙酸的酸功能性，简单通过碱中和的方法是不可行的。可行的解决方案是使用有机溶剂提取乙酰丙酸或蒸发最终产品，通过萃取乙酰丙酸，含有均相酸催化剂的水溶液可以被中和或循环使用。而这些解决方案必须进行额外的纯化步骤，即在汽提塔中通过进行能量密集的净化步骤，以从有机溶剂中净化乙酰丙酸水溶液，随后将乙酰丙酸从萃取的有机溶剂中分离出来。此外，有机溶剂的回收还需要额外的净化步骤。另外，在“Biofine”工艺过程中，乙酰丙酸通过蒸馏从水和硫酸中分离出来，这是同样一个能源密集型路线，包括一个两阶段的蒸发过程。由于乙酰丙酸的沸点（245℃）高于水（100℃），因此必须先从反应产物中蒸发出水，然后从硫酸中蒸发出乙酰丙酸。假设过程热量由1.7MPa的饱和蒸汽提供，相关能源成本约为每生产1kg乙酰丙酸需0.24kg蒸汽。根据图3-5-10（a）提供的数据，离开第二个反应器的乙酰丙酸浓度约为1%，水占95%。因此，双蒸发步骤所需的总蒸汽量是每生产1kg乙酰丙酸需要130kg蒸汽。

除了使用浓硫酸作为酸水解催化剂之外，盐酸也被作为一种廉价而且有效的酸性催化剂应用于乙酰丙酸的商业生产尝试中。根据Shen和Wyman报道的以盐酸为催化剂的乙酰丙酸合成路径[130]，图3-5-10（b）对纤维素产乙酰丙酸的最佳反应条件进行了投入产出分析。当纤维素含量为1.5%，酸浓度为3.2%时，理论上乙酰丙酸的最大产率为60%。根据该工艺方案，反应所需的酸催化剂量是纤维素重量的两倍多，因此，为了工艺之间的比较，加入了化学计量数的氢氧化钠以进行反应完成后的盐酸中和，最后获得的中和废物由水和氯化钠组成。此外，如果没有预先的纯化步骤，乙酰丙酸和甲酸也会与碱反应形成相应的盐，从而使下游应用更加复杂。因此，处理回收步骤中产生的氯化钠是该乙酰丙酸生产工艺中的另外一个难点。

基于前人的研究基础，Alonso等[131]开发了一种有机溶剂参与的，以纤维素为原料生产乙酰丙酸，并回收含硫酸水溶液的新方法[图3-5-10(c)]。结果表明，烷基酚溶剂（2-仲丁基苯酚）可选择性地从硫酸水溶液中萃取乙酰丙酸，其中没有观察到硫酸损失到有机相中。在萃取步骤之后，有机相中的乙酰丙酸可以通过进一步加氢步骤直接合成GVL。该研究还提出，在反应器中逐级加入纤维素有助于纤维素的完全降解。这种技术确保了反应器中葡萄糖持续的低浓度，从而最大限度地减少了腐殖质的形成。然而，该项工艺中乙酰丙酸的产量随着每次纤维素的循环添加而略有下降，而且乙酰丙酸分配系数随着有机相中GVL的增加而降低。当纤维素原料在反应器中的添加含量为7.7%时，使用0.5mol/L硫酸连续三次纤维素分解循环后，乙酰丙酸的理论产率最高可达55%。值得注意的是，这些结果是在没有对水系进行再循环的情况下获得的，因此经过连续循环利用水系后获得实际乙酰丙酸的产率明显低于理论产率，约为46%。另外值得一提的是，该工艺中萃取乙酰丙酸的有机溶剂为2-仲丁基苯酚，有机溶剂用量的质量比为1∶1。尽管这类有机溶剂目前已经取得较为有前景的结果，但是烷基酚化合物的毒性及环境危害性依然是不容忽视的。

Weingarten和Huber等开发出了一种以商业离子交换树脂固体酸为催化剂，用两步法由纤维素生产乙酰丙酸的工艺，该工艺的最大优点为初始原料质量负载相对高达29%，而且采用了容易回收的非均相固体酸催化体系[129]。该工艺通过一个循环回路来处理未反应的原料，从而最大限度地提高纤维素的转化率，同时保持高选择性的水溶性化合物在水溶液中。在整个处理过程中，纤维素第一步在反应器中的非催化预处理十分有利于循环过程。

该工艺具体的工艺和流程如图3-5-11所示。表3-5-7给出了该工艺流程总物料流的具体成分。物料流1～13的产物检测和数据是基于实时监测的实验结果，其中通过在每个反应器周围进行氧平衡来实现该过程的水平衡。为此，研究假设由于1号反应器温度相对较低，在反应过程中不会发生汽化。在这个过程中，水（1）和新鲜纤维素（2）在搅拌器中首先被混合，形成含有29%固体的纤维素水浆溶液（3）。然后将此流与回收流（13）混合，组成流（4）。循环流由纤维素水浆溶液、未反应的纤维素和不溶于水的腐殖质组成，其中固体物质仍然占总重量的29%。在该工艺中，循环比定义为循环流（13）与新鲜原料流（3）的比例，并根据最佳实验优化结果设置为0.56。在后续处理过程中，将混合的浆液溶液（4）送入反应器1，在该反应器中纤维素首先在无催化剂条件下进行水热分解。然后，产物流（5）被分离成由未反应的纤维素和不溶于水的腐殖质组成的混合流（6）和固体流（10），随后固体流（10）与水（11）混合形成通往循环过程的混合循环流（13），并经随后的分离过程分离出无法利用的腐殖质（14）。

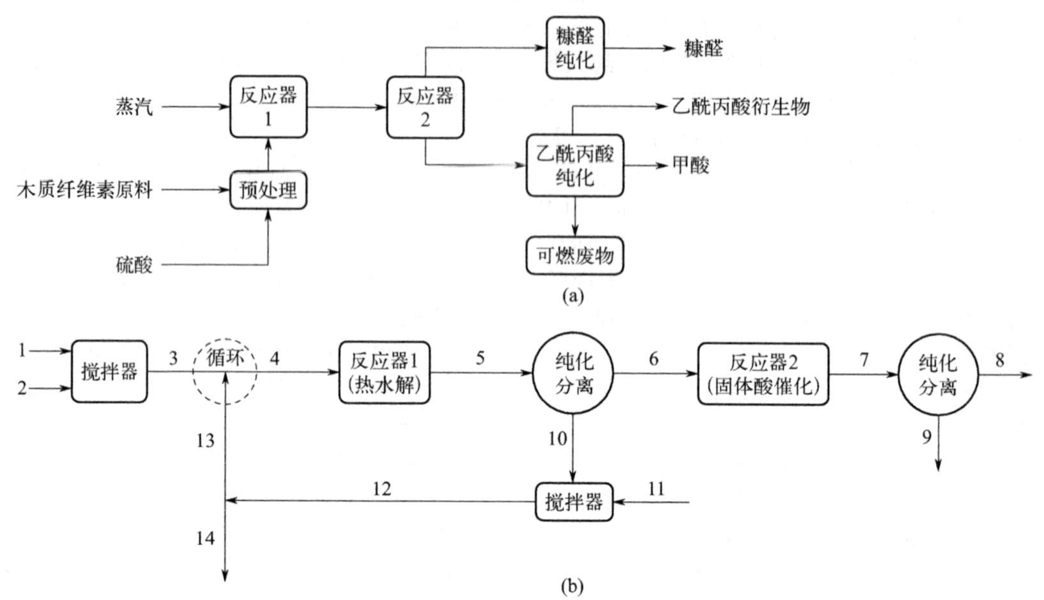

图 3-5-11　固体酸法生产乙酰丙酸工艺和流程

(a) 工艺；(b) 流程

表 3-5-7　固体酸催化剂合成 LA 工艺中物料流的具体成分表[129]　　单位：kg/h

物料流	水	纤维素	循环纤维素①	水溶性有机物						不溶性腐殖质	总量 2
				葡萄糖	HMF	LA	FA	可溶腐殖质	总量 1		
1	250										250
2		100									100
3	250	100									350
4	389	100	41							15	545
5	394		68	34	9	2	4	5	58	25	545
6	394		68	34	9	2	4	5	58		452
7	400			3	2	20	10	1	37	14	452
8	100			3	2	20	10	1	37		437
9										14	14
10			68							25	93
11	232										232
12	232		68							25	325
13	139		41							15	195
14	93		27							10	130

① 循环率=物料流 13/物料流 3。

第五节　乙酰丙酸衍生物

一、乙酰丙酸酯

生物质经乙酰丙酸酯化合成乙酰丙酸酯的路线如图 3-5-12 所示。两种合成路线由中间体乙酰丙酸决定。目前，由生物质转化合成乙酰丙酸主要有两种途径：第一种是纤维原料中的多缩戊糖先水解成糠醛，然后加氢生成糠醇，再在酸催化下，通过水解、开环、重排得到乙酰丙酸；第二种是纤维素等己糖类生物质在酸催化作用下加热水解，经中间产物葡萄糖和 5-羟甲基糠醛直接转化合成乙酰丙酸。第一种生产途径尽管糠醇催化水解可以达到较高的乙酰丙酸收率，但整个生产过程步骤多、工艺复杂，导致总收率低、经济性差。而第二种生产途径工艺过程简单，反应条件容易控制，目前已能达较满意的收率，生产成本低，将成为今后生物质转化合成乙酰丙酸的主要方法。

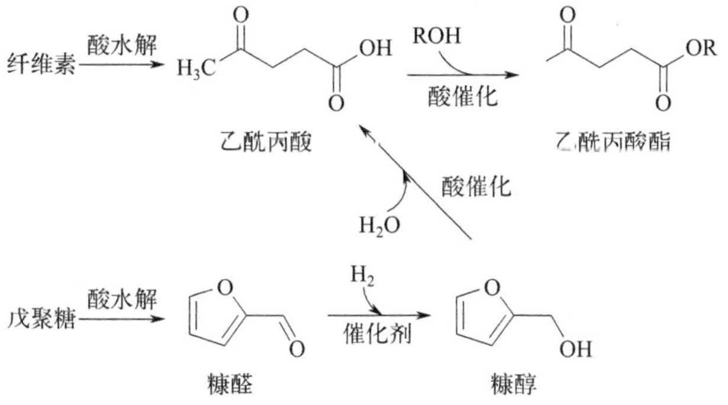

图 3-5-12　生物质经乙酰丙酸酯化合成乙酰丙酸酯的路线

羧酸跟醇生成酯和水的反应是典型的酯化反应。乙酰丙酸经酯化合成乙酰丙酸酯的过程技术总结如表 3-5-8 所示。工业上常以硫酸作为催化剂，同时吸收反应过程中生成的水，使酯化反应更彻底。以硫酸作为催化剂，Bart 等[132]考察了反应物物质的量之比、硫酸浓度和反应温度对乙酰丙酸与正丁醇酯化的反应速率和平衡转化的影响，基于酯化反应机理，对数据进行了动力学拟合：在硫酸作用下乙酰丙酸的羧基首先质子化形成反应中间体，质子化的酸然后与正丁醇可逆反应生成乙酰丙酸丁酯和水，结果发现整个反应过程遵循一阶速率反应方程。

表 3-5-8　乙酰丙酸酯化合成乙酰丙酸酯的催化调控技术

反应介质	催化剂	温度/℃	时间/h	乙酰丙酸酯得率/%	文献来源
乙醇	TiO_2/SO_4^{2-}	110	2	乙酯,97%	[134]
正丁醇	强酸性阳离子交换树脂	100～105	3	丁酯,91%	[135]
正丁醇	十二钨磷酸负载的酸化黏土	120	4	丁酯,97%	[136]
乙醇	十二钨磷酸负载的 H-ZSM-5	78	4	乙酯,94%	[137]
乙醇	脱硅 H-ZSM-5	120	5	乙酯,95%	[138]
丁醇	介孔修饰 H-ZSM-5	120	5	丁酯,98%	[139]
乙醇	Novozym 435	51	0.7	乙酯,96%	[140]

近年来，由于全球对环境保护的日益重视，采用清洁的固体酸替代传统的无机酸作为催化剂引起了众多研究人员的关注。何柱生等[133]研究了以分子筛负载 TiO_2/SO_4^{2-} 的固体超强酸催化乙酰丙酸和乙醇合成乙酰丙酸乙酯，反应条件温和、副反应少，优化条件下，乙酰丙酸乙酯收率高

达 97%。王树清等[134]采用强酸性阳离子交换树脂作为催化剂，以环己烷为带水剂，以乙酰丙酸和正丁醇为原料合成乙酰丙酸丁酯，最高收率可达 91%。Dharne 等[135]用多种杂多酸负载的酸化黏土催化乙酰丙酸酯化合成乙酰丙酸丁酯，发现负载 20%十二钨磷酸的酸化黏土具有明显高的催化活性，120℃下反应 4h，乙酰丙酸转化率可达 97%，乙酰丙酸丁酯选择性为 100%。分子筛 H-ZSM-5 上负载 15%的十二钨磷酸在更低的反应温度（78℃）下催化乙酰丙酸与乙醇反应 4h，乙酰丙酸乙酯得率可高达 94%[136]。此外，研究发现脱硅或介孔修饰的分子筛 H-ZSM-5 自身对乙酰丙酸酯化也具有非常好的催化活性，乙酰丙酸酯得率可达 95%～98%[137,138]。

除酸催化外，生物酶也被应用于乙酰丙酸酯化过程中，它具有反应条件更加温和、能耗低等优点。Yadav 等[139]研究了多种固定化脂肪酶用于催化乙酰丙酸和正丁醇酯化合成乙酰丙酸丁酯，发现南极假丝酵母脂肪酶（Novozym 435）催化效果最好。Lee 等[140]采用四因素五水平中心组合旋转设计及响应面分析法对乙酰丙酸和乙醇在无溶剂体系中酯化合成乙酰丙酸乙酯的反应条件进行了优化，发现温度、固定化酶用量和反应物物质的量之比三个因素对乙酰丙酸乙酯的生成影响高度显著，转化得率可达 96%。

总的看来，由乙酰丙酸与醇酯化转化合成乙酰丙酸酯相对容易，具有工艺简单、反应条件温和、副反应少、产物收率高等优点，是目前工业上常采用的转化合成方法。然而，作为原料的乙酰丙酸现阶段转化合成成本仍然较高，从而限制了该转化途径合成乙酰丙酸酯的大规模工业化。

二、戊内酯

γ-戊内酯（GVL）被认为是最有应用前景的平台化合物之一，可用作溶剂和燃油添加剂，同时也是多种高附加值化学品的前驱体，市场需求量巨大。γ-戊内酯可通过乙酰丙酸加氢制得，依据氢源的差异可以将这些催化反应体系分为 H_2 外部氢源的体系、甲酸原位氢源的体系及醇类原位氢源的体系三类。

（一）H_2 作为外部氢源

图 3-5-13 中描述了分子 H_2 催化体系中乙酰丙酸选择性加氢还原制备 γ-戊内酯的两种可能机理。一般认为在液相加氢体系中，乙酰丙酸分子中的 4 位羰基首先被还原成羟基得到 4-羟基戊酸（4-hydroxyvaleric acid，HVA），4-羟基戊酸对热不稳定，很容易继续环化脱去一分子水形成更稳定的 γ-戊内酯[133]；而在气相加氢途径中，较高的气化温度会导致乙酰丙酸发生烯醇化并脱水环化形成 α-当归内酯(α-angelica lactone，AAL)，α-当归内酯进一步加氢还原可以生成 γ-戊内酯[142]。

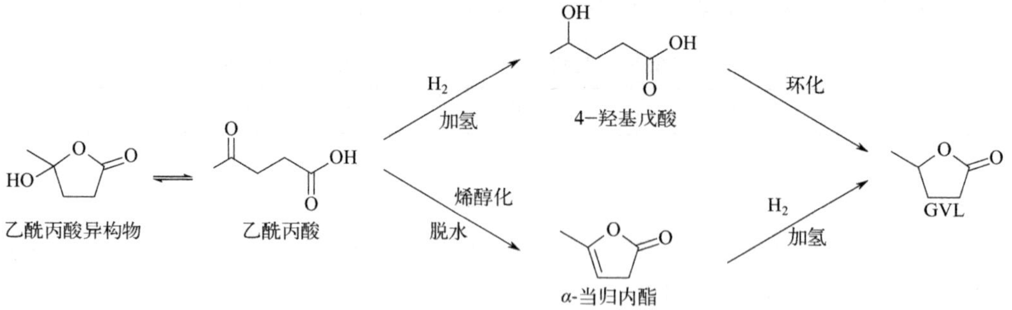

图 3-5-13　乙酰丙酸选择性加氢还原制备 γ-戊内酯的反应机理

1. 非均相催化体系

分子 H_2 一般需要在催化剂的作用下才能展现出高效的还原能力，目前用于还原乙酰丙酸合成 γ-戊内酯的催化剂主要以含过渡态活性金属的多相催化剂为主。这类加氢催化剂一般都以贵金属为活性组分，从经济性的角度考虑，高度分散的负载型催化剂是必然的选择。

在非均相系统中利用分子 H_2 作为氢源还原乙酰丙酸制备 γ-戊内酯的报道最早可以追溯到

1930 年，Schuette 和 Thomas 等[143]在比较低的 H_2 压力和较长反应时间条件下以 PtO_2 定量催化乙酰丙酸还原合成 γ-戊内酯。到了 20 世纪 40 年代，相继有人有利用 Raney Ni 在高温高压、无溶剂条件下催化合成 γ-戊内酯的方法，γ-戊内酯的得率都在 90%以上[144,145]。在之后的 50 年代，Dunlop 和 Madden 等[146]以乙酰丙酸在高温（200℃）常压气相条件下进料，用还原过的 CuO 和 Cr_2O_3 的混合物成功地将乙酰丙酸转化为 γ-戊内酯。而 Broadbent 等[147]用 Re_2O_7 作为催化剂，在无溶剂、氢气压力高达 15MPa 的条件下连续反应 18h 得到 71%的 γ-戊内酯。

近年来，多种负载型的贵金属催化剂已被应用于催化乙酰丙酸的选择性还原。这其中以 Ru 基催化剂效果最好，Manzer 等[148]最早发现负载型的 Ru/C 比 Pt/C 等其他负载型催化剂对乙酰丙酸的选择性还原具有更高的活性，Yan 等[149]在反应条件相对温和的甲醇体系中也发现了类似的规律。因而，之后大多数研究者都倾向于应用各种 Ru 基催化剂催化还原乙酰丙酸制备 γ-戊内酯。最近，Palkovits 等[150]在各种醇和水及其混合体系中，检验了不同载体的 Ru 基催化剂加氢还原乙酰丙酸的能力，其中以 Ru/C 的催化效果最好。即使是在无溶剂、室温条件下经过 50h 的反应，Ru/C 仍能将全部乙酰丙酸选择性还原得到 γ-戊内酯，而同样条件下 Ru/Al_2O_3 和 Ru/SiO_2 催化合成 γ-戊内酯的得率都低于 10%。这一结果表明 Ru 基负载型催化剂的载体对催化剂活性有着不可忽视的影响，但是 Palkovits 等并未就载体的影响做进一步深入的表征和分析。而 Corma 等[151]通过透射电镜发现，相对于其他载体，Ru 纳米颗粒在活性炭上具有更高的分散度。这说明不同的载体分散活性组分的能力有差异，而活性金属在载体上的分散程度极大地影响着 Ru 基负载型催化剂的活性。基于这一发现，Corma 等[151]通过降低 TiO_2 表面 Ru 的负载量以提高其分散程度，使载体表面 Ru 纳米颗粒的粒度由原来的大于 5nm 降至 2nm 左右，因而 Ru/TiO_2 展现出比 Ru/C 更好的催化活性。在此基础上，García 等[152]以［$Ru_3(CO)_{12}$］为前体原位合成粒度在 2～3nm 的纳米 Ru 颗粒（Ru-NPs）。在无溶剂和水体系中，γ-戊内酯的得率都在 95%以上。但是，这种原位合成的 Ru-NPs 容易失活，循环使用三次后催化活性急剧下降[152]。

开发便宜的非贵金属加氢催化剂一直是众多研究者努力的方向之一，Rode 等[153]发现 ZrO_2 和 Al_2O_3 负载的纳米 Cu 具有高效催化乙酰丙酸还原合成 γ-戊内酯的能力，而且不会出现过度还原的产物。

最近几种便于产物和催化剂分离的催化体系相继被开发出来，研究者[154]用 Ru/SiO_2 在水和超临界 CO_2($scCO_2$）的两相体系中同步完成乙酰丙酸的加氢和 γ-戊内酯的分离。在这种体系中，乙酰丙酸和 γ-戊内酯能自动分离并分别进入水相和 $scCO_2$ 相中，从而实现了 γ-戊内酯的高效分离。最近，Dumesic 等[155,156]应用双金属催化剂 RuSn/C 在 2-丁基苯酚（SBP）和水的双相体系中实现了乙酰丙酸的选择性还原和 γ-戊内酯的同步分离，而 SBP 中的碳碳双键几乎不受影响。这一工艺在未来可能具有一定的工业应用潜能：一方面，SBP 可由木质素衍生制得[157]，是便宜可再生的溶剂；另一方面，在水和 SBP 形成的两相体系中，γ-戊内酯在 SBP 中具有比较大的分配系数，因而在水相中加氢还原得到的 γ-戊内酯可以迅速地转移到有机层中，从而实现产物的快速分离。但是 RuSn/C 的催化活性相比于 Ru/C 较弱。

除了上述间歇的液相非均相加氢体系外，气相的连续加氢反应也被应用于乙酰丙酸的选择性还原。最近，Upare 等[158]在固定床反应器中以乙酰丙酸的 1,4-二氧六环溶液为原料，在 265℃下以 Ru/C 催化还原乙酰丙酸，γ-戊内酯的得率达到了 100%，而且催化剂的活性在经历 240h 的反应后没有出现明显的降低。连续的气相加氢具有加氢效率高、贴近实际生产的特点，但是其需要在比液相反应高得多的温度下进行，而且如何避免过度加氢仍是亟需解决的难题之一。

2. 均相催化体系

均相催化剂是加氢催化剂另一重要的研究方向。均相催化剂一般具有用量少、加氢效率高等特点。缺点则是结构复杂、回收困难。乙酰丙酸的均相催化加氢可以追溯到 1991 年，Braca 等[159]应用多种 Ru 基配合物催化剂在水相中实现乙酰丙酸的还原，其中以 $Ru(CO)_4I_2$ 的催化效果最为突出，但是必须要同时以 HI 或 NaI 作为促进剂时 Ru 配合物才能稳定存在。研究发现，$Ru(CO)_4I_2$ 在水中主要以 $HRu(CO)_3I_3$ 的形式存在，这种形式的 Ru 配合物不但具有酸性，而且有很强的加氢能力。Braca 等便利用 $Ru(CO)_4I_2$ 在水中的这种性质，用一种催化剂同步实现了以葡萄糖和果糖为原料降解转化乙酰丙酸进而加氢制得 γ-戊内酯[159]，但是催化剂回收困难且容易失活。

近年来，研究者相继开发了多种均相催化剂（见表 3-5-9），其中仍以 Ru 基催化剂效果最为突出。Vinogradov 等[160]在 60℃下，用手性的 Ru^{II}-BINAP 在乙醇中催化还原乙酰丙酸乙酯合成 γ-戊内酯，γ-戊内酯的得率在 95%以上。Horváth 等[161]则分别以 $Ru(acac)_3$/TPPTS 在水相中和 $Ru(acac)_3/PBu_3/NH_4PF_6$ 在无溶剂的条件下催化还原乙酰丙酸，γ-戊内酯的得率分别达到了 95%和 100%。Kühn 等[162]考察了各种水溶性的膦配体对 Ru（acac）$_3$ 加氢活性的影响，发现 $Ru(acac)_3$＋TPPTS 的催化效果最佳。Kühn 认为配体的重要作用之一是稳定 $Ru(acac)_3$，在没有配体存在的情况下，催化剂容易分解为不溶的黑色颗粒。

表 3-5-9　各种均相条件下催化乙酰丙酸选择性还原合成 γ-戊内酯的参数

催化剂	溶剂	H_2/MPa	T/℃	t/h	得率/%
Re_2O_7	无溶剂	15	106	18	71
$Ru(CO)_4I_2$	水	10	150	8	87
Ru^{II}-BINAP	乙醇	6	60	5	95
$Ru(acac)_3$＋TPPTS	水	6.9	140	12	95
$Ru(acac)_3+PBu_3+NH_4PF_6$	无溶剂	10	135	8	100
$RuCl_3$＋TPPTS	二氯甲烷/水	4.5	90	1.3	100
$Ru(acac)_3$＋PTA	水	5	140	5	3
$Ru(acac)_3$＋TXTPS	水	5	140	5	21.85
$Ru(acac)_3$＋TPPMS	水	5	140	5	88.36
$Ru(acac)_3$＋TPPTS	水	5	140	5	96.03
$Ru(acac)_3$	水	5	140	5	98
$Ir(COE)_2Cl_2$＋KOH	乙醇	5	100	15	96
$Ru(acac)_3$＋Bu-DPPDS	无溶剂	1	140	4.5	99.9
$Ru(acac)_3$＋Pr-DPPDS	无溶剂	1	140	4.5	98.9

上述均相催化体系都需要在较高的 H_2 压力（通常大于 5MPa）下才能保证 γ-戊内酯的高得率。Mika 等[163]以 $Ru(acac)_3$ 结合烷基取代的苯基膦磺酸盐$[R_nP(C_6H_4\text{-}m\text{-}SO_3Na)_{3-n}$，$n=1$ 或 2，R＝Me，Pr，iPr，Bu，Cp] 为配体，在无溶剂 1MPa 的 H_2 条件下即完成了乙酰丙酸的定量还原。而同等条件下直接以没有烷基取代的 TPPTS 作为配体时，γ-戊内酯的得率只有 26.9%。为了避开高能耗的乙酰丙酸分离，Heeres 等[164]以三氟乙酸和原位生成的 Ru/TPPTS 分别作为糖水解和乙酰丙酸加氢的催化剂，以一锅法催化转化葡萄糖制备 γ-戊内酯，最终产物中乙酰丙酸和 γ-戊内酯的得率分别达到 19%和 23%。

除了 Ru 基催化剂以外，Zhou 等[165]开发了以 Ir{$[Ir(COE)_2Cl]_2$}为活性中心的螯合配合物，在乙醇体系中催化还原乙酰丙酸。含不同螯合配位体的催化剂的活性差别比较大，且都需要加入 KOH 等碱促进剂才能实现较高的催化活性。这种催化剂的结构同样比较复杂，而且需要在配体和碱促进剂的共同作用下才具备高活性。

总之，无论是非均相催化剂还是均相催化剂，都需要具有高效、选择性的催化还原能力和长期的稳定性才有可能在未来应用于实际生产中，这是未来催化剂研究努力的方向。

（二）甲酸作为原位氢源

甲酸作为一种极有前景的储氢化合物已经被广泛地研究[166]，甲酸可以在各种均相和非均相的催化剂作用下分解为 H_2 和 CO_2[167,168]。根据葡萄糖酸水解的机理，葡萄糖在降解生成乙酰丙酸的同时伴随着等物质的量的甲酸产生[169,170]。实际上，由于副反应的存在，最终的水解产物中甲酸的物质的量总要稍多于乙酰丙酸[171,172]，这就可以保证仅以上一步水解所生成的甲酸作为原位氢源就能将乙酰丙酸还原得到 γ-戊内酯。从原子经济性和资源充分利用的角度来考虑，如果能开发合适的催化剂将这部分甲酸充分利用起来，对于由生物质直接选择性合成 γ-戊内酯具有重大的现实意义。

近年来，在以甲酸作为原位氢源选择性还原乙酰丙酸合成 γ-戊内酯的研究方面已经取得了一些进展。最近 Horváth 等[161]在 pH＝4 的 HCOONa 水溶液中以 $[(\eta^6\text{-}C_6Me_6)Ru(bpy)(H_2O)][SO_4]$ 催化乙酰丙酸定量还原合成 γ-戊内酯。但是反应需要在惰性气氛中进行，γ-戊内酯的得率也只有 25%，另外还发现 25%的过度加氢产物 1,4-戊二醇。然而 HCOONa 的加氢机理需要进一步研究。Heeres 等[164]则以果糖和甲酸为原料，联合三氟乙酸（糖水解催化剂）和 Ru/C（乙酰丙酸加氢催化剂）一锅法直接制备 γ-戊内酯，γ-戊内酯得率达到 52%。但是，文中也并未阐明甲酸在 Ru/C 催化下是以直接氢转移的方式还是以分解为 H_2 和 CO_2 的方式作为氢供体的。

基于 Horváth 等的研究，Fu 等[171]通过在碱促进剂和配体可调的 Ru 基催化剂体系中，以甲酸为氢源选择性还原乙酰丙酸合成 γ-戊内酯。Fu 等证明在 Ru 基催化剂的作用下甲酸是通过先分解成 H_2 和 CO_2 然后再完成对乙酰丙酸的还原。该 Ru 基催化剂既催化甲酸分解，同时也催化乙酰丙酸还原，但是这种催化剂对水不稳定。当直接以中和后的葡萄糖酸水解产物浓缩液为原料时，不向反应系统中添加任何外部氢源的条件下，γ-戊内酯的得率可达 48%（按葡萄糖的物质的量算）。为了方便催化剂的回收，Fu 等[173]将 $RuCl_3$ 固定到功能化的 SiO_2 表面，发现这些固定化的 Ru 基催化剂催化甲酸分解的效率比催化乙酰丙酸加氢还原的效率要高，而且在加氢还原过程中活性金属 Ru 容易流失和失活。

除了 Ru 基的催化剂之外，负载型的纳米 Au 也被应用于甲酸的分解和乙酰丙酸的加氢反应。Du 等[172,174]用 Au/ZrO_2 催化剂同时实现了高效的甲酸分解和乙酰丙酸加氢还原。Au/ZrO_2 不但具有很好的耐酸耐水性，而且 Au/ZrO_2 分解甲酸的产物中只含有 CO_2 和 H_2，CO 并未出现在分解产物中，这是因为 Au/ZrO_2 还能催化 CO 跟 H_2O 生成 CO_2 和 H_2[175]。直接以中和过的生物质酸水解的混合液为原料时，Au/ZrO_2 仍展现出高度的催化活性。以果糖为例，在经历酸水解和 Au/ZrO_2 催化加氢后，γ-戊内酯的得率能达到 60%。除纳米 Au 催化剂外，García 等[152]以原位合成的 Ru-NPs 在 Et_3N 促进下催化甲酸分解和乙酰丙酸还原合成 γ-戊内酯，但是 Ru-NPs 的催化活性及其稳定性都不如 Au/ZrO_2。

甲酸除了能在催化剂作用下分解提供分子 H_2 外，在适当的条件下还能直接通过 H 负离子转移还原乙酰丙酸。Kopetzki 等[176]在水热（175～300℃）条件下实现了以 Na_2SO_4 等盐类催化甲酸氢转移还原乙酰丙酸。Na_2SO_4 在高温水热条件下的解离常数较常温下发生了变化，使得 Na_2SO_4 变成一种温度控制的碱，从而可把反应液的 pH 值调整到有利于甲酸氢转移的发生。相较于贵金属催化剂而言，硫酸盐的价格非常便宜，但是这种转移加氢工艺的效率比较低，γ-戊内酯的得率只有 11.0%。

在以上这些研究中，催化剂的活性金属扮演着双重催化作用，即同时催化了甲酸分解产氢和乙酰丙酸加氢还原。以甲酸作为氢源，其本质上还是以分子 H_2 加氢还原乙酰丙酸合成 γ-戊内酯，只是这里的 H_2 来自制备乙酰丙酸过程中所产生的副产物甲酸。目前，将甲酸作为储氢载体的研究已广泛开展，但是以甲酸作为原位氢源还原乙酰丙酸制备 γ-戊内酯的研究还不是很多，值得深入探讨研究。

（三）醇类作为原位氢源

乙酰丙酸及其酯类加氢还原合成 γ-戊内酯的反应本质上是一个羰基选择性还原的过程。除了分子 H_2 外，脂肪醇类也可以作为氢供体，并通过 meerwein-ponndorf-verley（MPV）反应催化羰基化合物转移加氢合成相应的醇类。MPV 转移加氢反应对羰基具有专一的选择性，所以 MPV 反应在不饱和醛酮的选择性还原反应中具有广泛的应用[177,178]。

Dumesic 等以金属氧化物催化醇类（乙醇、2-丁醇、异丙醇等）氢转移还原乙酰丙酸酯，γ-戊内酯的得率可达到 90%以上[179]。在众多的金属氧化物中，以 ZrO_2 的催化活性最佳。然而，当乙酰丙酸作为反应底物时，即使在 220℃下经过长达 16h 的反应后，γ-戊内酯得率也只有

71%。这主要是由于 ZrO_2 的催化活性与催化剂表面酸碱活性位点密切相关，而乙酰丙酸属于酸性较强的有机酸，因而可能与催化剂表面的碱性位点发生相互作用并导致催化剂部分失活[180,181]。Zr-Beta 分子筛也能有效地催化乙酰丙酸酯经 MPV 转移加氢反应合成 γ-戊内酯[182,183]，但是 Zr-Beta 分子筛的制备工艺要比金属氧化物复杂。值得注意的是，Tang 等开发的原位催化剂体系能够高效地催化乙酰丙酸在醇体系中转移加氢合成 γ-戊内酯[184]。在这种催化剂体系中，催化剂前体 $ZrOCl_2 \cdot 8H_2O$ 在乙酰丙酸的醇溶液中受热自发分解为 HCl 和 $ZrO(OH)_2$，并分别有效地催化了乙酰丙酸的酯化和后续酯化产物的转移加氢。这种原位催化剂体系避免了烦琐的催化剂制备过程，特别是原位形成的催化剂具有比传统沉淀法制备的氢氧化物更高的比表面积，并且对腐殖质也具有较好的耐受性。

此外，Guo 等制备的 Raney Ni 在室温条件下就能催化乙酰丙酸乙酯在异丙醇中转移加氢，GVL 的最高得率接近 100%[185]。不同于 MPV 还原，Raney Ni 催化氢转移机理更类似于催化 H_2 加氢的机理。这种自制的 Raney Ni 在室温条件下的优异催化性能主要得益于其制备过程中残留的酸性组分 γ-Al_2O_3，因为酸性组分能够极大地促进加氢中间产物的环化反应在低温下进行[186]。Pd、Ru 等贵金属基催化剂也能催化乙酰丙酸酯在醇溶液中转移加氢合成 γ-戊内酯[187-189]，但从催化剂成本方面考虑，贵金属催化剂不是最理想的选择。Tang 等发现纳米 Cu 催化剂能够同时有效地催化甲醇重整制氢和乙酰丙酸甲酯还原加氢合成 γ-戊内酯，并且在腐殖质存在的情况下纳米 Cu 催化剂也能表现出比较稳定的催化性能[190]。因此，通过纤维素甲醇醇解制备的乙酰丙酸甲酯粗产品的加氢还原可以直接以溶剂甲醇作为原位氢源，从而省去了乙酰丙酸甲酯的分离提纯过程，极大地简化了生产工艺。

三、乙酰丙酸制备含氮化合物

1. 乙酰丙酸制备吡咯烷酮类化合物

由于乙酰丙酸 γ 位有活泼的羰基基团，可发生取代等亲核反应，氨基中氮原子上的孤对电子具有较强的碱性和亲核能力，从而使乙酰丙酸的还原胺化反应易于进行，进而使分子内的氨基与羧基自发脱水成环形成稳定的五元环-吡咯烷酮类化合物，如图 3-5-14 所示。合成所采用的胺包括氨气、脂肪胺和芳香胺等，可合成具有不同功能特性的吡咯烷酮类化合物，广泛应用于制备医药中间体、个人护肤品、精细化学品、农药，以及用于家居行业等，作为表面活性剂、清洁剂、增溶剂以及工业溶剂使用。

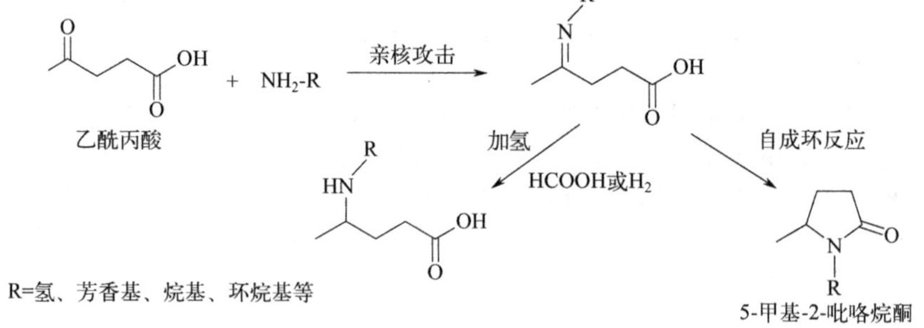

图 3-5-14 乙酰丙酸还原胺化制备吡咯烷酮化合物的流程图

乙酰丙酸还原胺化制备吡咯烷酮类化合物最先由 Shilling 和 Crook 在发明专利中提出，Manzer[191,192] 在此基础上开发了一系列由乙酰丙酸或乙酰丙酸盐为原料，以氢气作为还原剂，以金属氧化物负载的贵金属 Pt、Ru、Pd、Rh、Re、Ir 等作为催化剂，以水、醇、醚或吡咯烷酮为溶剂并采用伯胺、硝基化合物、氰基化合物和氨等作为氮源制备吡咯烷酮类化合物的合成路径，丰富了合成该类化合物的原料来源。P. Dunlop 等[193] 发明了一种非贵金属催化合成 5-甲基-2-吡咯烷酮的方法。该方法以乙酰丙酸、氢气、氨气为原料，以水和不多于 4 个碳的饱和脂肪醇为溶剂，在碱金属（镍、钴）催化剂的催化作用下合成5-甲基-2-吡咯烷酮，最高得率为77%。

木质纤维素酸水解理论上可产生等物质的量的乙酰丙酸和甲酸，且甲酸已被广泛应用于生物基平台化合物的还原反应，如羟甲基糠醛制备己二醇（HDO）[194]，乙酰丙酸制备戊酸[195]和γ-戊内酯[196-198]等，因此，以甲酸原位加氢的乙酰丙酸还原胺化反应引起科研工作者的广泛关注。

Huang等[199]研究了不同膦配体的Ru系催化剂对乙酰丙酸还原胺化的反应效果，发现用三叔丁基膦作配体，无水条件下，乙酰丙酸、甲酸与伯胺的物质的量之比为1∶1∶1，反应温度为120℃和反应时间为12h条件下，可得到95%的目标产物5-甲基-*N*-苯甲基-2-吡咯烷酮。另外，以糖水解浓缩液为反应原液时产物收率为62%，为吡咯烷酮类产品的工业化应用提供了可行的反应途径。但由于反应所需催化剂较为昂贵且为均相反应，不利于催化剂的重复利用，反应条件有待于进一步优化。

杜贤龙[200]研究了 Au/ZrO_2-VS催化剂对乙酰丙酸的还原胺化。将乙酰丙酸、甲酸与苯胺按1∶1∶1的比例混合，以水为溶剂在130℃下反应10h后乙酰丙酸的转化率为60%，其中反应产物5-甲基-*N*-苯基-2-吡咯烷酮的选择性为85%，该反应同时伴有γ-戊内酯生成。其提出该反应的可能机理是苯胺和甲酸首先反应生成甲酰苯胺，在高温下甲酰苯胺又重新分解为甲酸和苯胺（图3-5-15）。同时乙酰丙酸和苯胺发生亲核取代反应，生成亚胺中间体（传统的胺化过程），进而关环形成5-甲基-*N*-苯基-2-吡咯烷酮（PhMP）的前驱体，最后在 Au/ZrO_2 催化剂的作用下被甲酸还原为PhMP[201]。

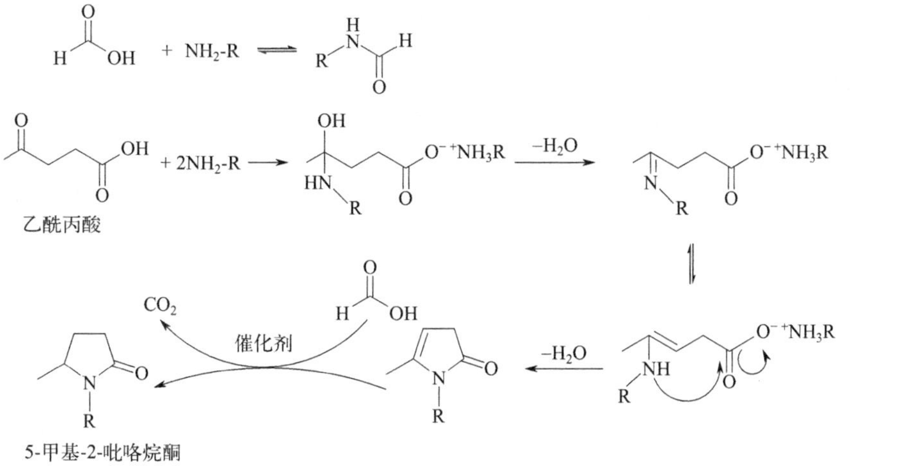

图3-5-15　Au/ZrO_2-VS催化乙酰丙酸还原制备吡咯烷酮化合物反应机理

Wei等[202]制备了贵金属Ir的配合物作为均相催化剂，在水相体系中较低温度（80℃）下利用甲酸的转移加氢还原胺化乙酰丙酸制备吡咯烷酮类化合物，此反应需在较窄的pH（pH=3～4）范围内进行且催化剂无法回收再利用。此外，Wei等[203]也开发出无催化剂的二甲基亚砜溶剂反应体系，通过三乙胺来调节反应的pH，在100℃的温度下反应12h，得到带芳香基、烷基、环烷基的吡咯烷酮类化合物的得率超过90%。二甲基亚砜作为高效的溶剂体系有利于伯胺的亲核反应，甲酸的转移加氢是反应速率的决定步骤，伯胺的取代基类型（吸电子基或者推电子基）亦会对反应进行的难易产生影响。

Touchy等[204]开发了以 $Pt-MoO_x/TiO_2$ 为催化剂在无溶剂条件下以 H_2 为还原剂的高效合成体系。乙酰丙酸与正辛胺等物质的量混合后，在100℃下反应20h，5-甲基-*N*-正辛基-2-吡咯烷酮的得率超过99%。该研究首次回收使用了固体催化剂，经过5次循环使用后，催化效果并未有明显下降，目标产物得率超过90%。作者在与其他金属氧化物载体如 MoO_x/SiO_2、Al_2O_3、TiO_2、C等比较后发现，MoO_x/TiO_2 载体通过Lewis酸位点与乙酰丙酸分子γ位羰基中的氧结合，增强了羰基的极性，从而有利于胺基的进攻取代[205]。Vidal等[206]详细探究了以 Pt/TiO_2 为催化剂，以乙酰丙酸乙酯、苯胺和 H_2 为原料的还原胺化反应过程。通过一系列催化剂表征证明：a.纳米

Pt 活性位点会优先结合 C═N 双键进行还原，而苯环不被还原；b. 形成亚胺为反应的决定步骤，当乙酰丙酸酯转化为亚胺后可迅速还原加氢与成环。

A. Ledoux 等[207]报道了将乙酰丙酸、甲酸与伯胺按照 1∶1∶1 等比例混合后在密闭反应器中直接反应得到吡咯烷酮类化合物，E-factor（每千克产品产生的废物）低至 0.2kg，实现了体系的清洁高效化。该体系方法通过监测反应过程中甲酸分解产生的 CO_2 的压力，可计算出反应进行的程度，并可在高温（160℃）下有效抑制甲酸与伯胺反应生成酰胺（图 3-5-16），反应时间缩短至 4.2h。但过高的甲酸浓度对反应器提出了更高的要求，且反应过程中压力较大，安全控制有待于进一步优化。

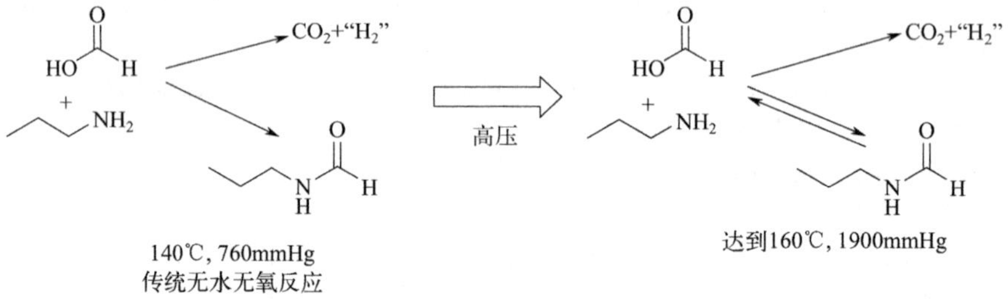

图 3-5-16　升温加压反应可有效抑制酰胺的生成[207]

Gianpaolo Chieffi 等[208]通过浸渍法制备了负载在活性炭上的 Fe-Ni 合金催化剂，实验证明纳米粒径的 Fe-Ni 合金具有高效的催化活性，在连续反应器中不易流失到反应液中，且催化活性随反应时间的延长并没有明显地降低。Carmen Ortiz-Cervantes 等[201]研究了以［$Ru_3(CO)_{12}$］在反应中热解形成的纳米 Ru 离子为催化剂原位催化乙酰丙酸还原胺化合成吡咯烷酮，进一步合成喹啉类化合物，创新性地开发出一条由乙酰丙酸合成喹啉类化合物的路径（图 3-5-17）。笔者同样分析了乙酰丙酸还原胺化的可能机理，乙酰丙酸转化为亚胺后可以先成环，然后在甲酸分解加氢条件下生成吡咯烷酮。

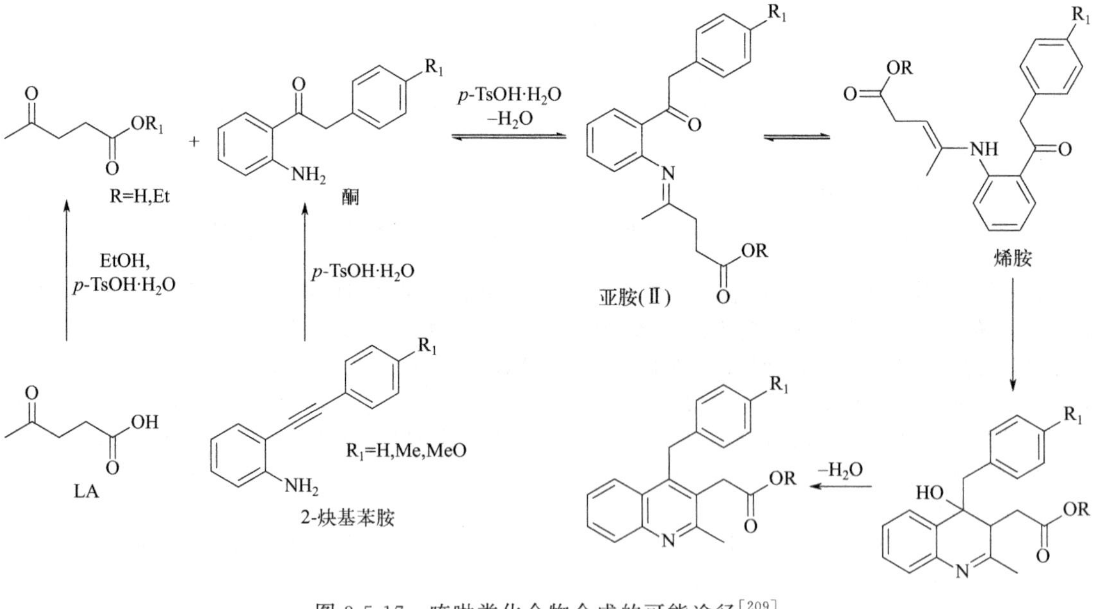

图 3-5-17　喹啉类化合物合成的可能途径[209]

甲酸铵常在 Leuckart 反应中作为酮类物质的还原胺化剂[210,211]，目前还未有报道其应用于乙酰丙酸的还原胺化。笔者课题组建立了以甲酸铵（AF）作为胺源和氢源，在无催化剂存在下，DMF 体系中常压直接还原胺化乙酰丙酸制备 5-甲基-2-吡咯烷酮（5-MeP）[212]。重点探究了反应时间、温度、底物浓度、物质的量之比、体系酸度等因素对产物得率的影响，为乙酰丙酸及其衍生物的还原胺化提供了更简便和安全的合成方法。研究表明，升高温度和延长反应时间有利于提高 5-MeP 的得率。当底物浓度在 3.9%～55.6%时，5-甲基-2-吡咯烷酮的得率相对稳定，但底物浓度过高会导致副反应的发生，而且不利于后期的分离提纯。在 130℃条件下反应 8h，5-MeP 的得率超过 40%。

2. 乙酰丙酸还原氨化制备 4-二甲氨基戊酸

4-二甲氨基戊酸（4-DAPA）是直连氨基酸化合物，因 4-二甲氨基分子中氮原子上连有两个甲基，从而避免与羧基脱水成环，进而保留直链分子的特性，使其同时具备氨基和羧基，具备氨基酸的功能属性，其功能有待于进一步发掘。与其分子结构相似的化合物如 4-二甲氨基丁酸、5-二甲氨基戊酸已广泛用于合成精细化学品，也可作为生物医药和材料中间体，分子内活性高的碱性基团二甲氨基和酸性基团羧基，使得该类化合物可应用于生物抗菌性等特性的研究和医药的合成。γ-氨基丁酸更是一种常用的神经抑制药品。通过利用生物基乙酰丙酸合成新型化合物 4-二甲氨基戊酸，可进一步丰富乙酰丙酸还原胺化的产物，为制备高附加值生物质基产品提供了新途径。

第六节　乙酰丙酸检测方法

一、乙酰丙酸检测的国家标准

关于乙酰丙酸的检测，可依据现行有效的国家标准 GB 5009.252—2016《食品安全国家标准 食品中乙酰丙酸的测定》[213]。该标准规定了使用气相色谱法测定食品中的乙酰丙酸含量，适用于酱油、饮料、面制品等多种食品中乙酰丙酸的测定。该标准所用的测试方法有内标法与外标法，具体步骤如下。

（一）内标法

检测的原理为样品经过酸化后，用乙醚提取乙酰丙酸，以正庚酸作为内标物，用配有氢火焰离子化检测器的气相色谱仪进行测定，以内标法进行定量。

1. 标准溶液的配制

正庚酸标准储备溶液（5.00mg/mL）：称取 0.5g（精确至 0.0001g）正庚酸，用乙酸乙酯溶解并定容于 100mL 容量瓶中，混匀。

乙酰丙酸标准储备溶液（5.00mg/mL）：称取 0.5g（精确至 0.0001g）乙酰丙酸，用乙酸乙酯溶解并定容于 100mL 容量瓶中，混匀。

乙酰丙酸标准系列工作溶液：分别准确吸取配制好的乙酰丙酸标准储备液 0.025mL、0.05mL、0.1mL、0.5mL、1.0mL 和 1.5mL 于 6 个 10mL 容量瓶中，各加入 1.0mL 正庚酸标准储备液，用乙酸乙酯定容，即得标准系列工作液，相当于每毫升含 12.5μg、25.0μg、50.0μg、250.0μg、500.0μg 和 750.0μg 的乙酰丙酸。

2. 分析步骤

试样制备：准确称取 5g（精确至 0.001g）试样于 100mL 的具塞试管中，加入 10mL 饱和氯化钠溶液、1.0mL 正庚酸标准储备液、3.0mL 盐酸，充分振摇 1min 后，加入 50mL 乙醚，振摇萃取 3～5min，静置约 10～15min。待分层后，吸取上层乙醚萃取液于 250mL 分液漏斗中，再重复萃取两次，每次用乙醚 50mL，合并乙醚萃取液，用 10mL 饱和氯化钠溶液洗涤两次，弃去下层。乙醚层用 30g 无水硫酸钠脱水，在 45℃左右浓缩至近干，用乙酸乙酯定容至 10mL，充分摇匀，待气相色谱进样检测。

标准曲线的制作：将标准系列工作溶液分别注入气相色谱仪中，测定乙酰丙酸与内标物质的相应峰面积。以乙酰丙酸峰面积/内标物峰面积为纵坐标，以乙酰丙酸质量浓度为横坐标，绘制标准曲线。乙酰丙酸标准溶液的气相色谱图如图 3-5-18 所示。

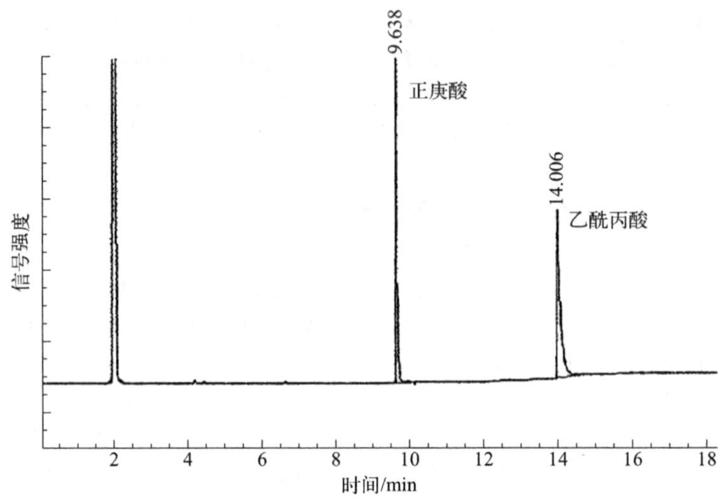

图 3-5-18　内标法乙酰丙酸标准溶液气相色谱图

试样溶液的测定：将试样溶液注入气相色谱仪中，得到乙酰丙酸和内标物质的相应峰面积，根据标准曲线得到待测液中乙酰丙酸的质量浓度。

空白试验：用 5.0mL 水代替试样，按上述步骤做空白试验。

3. 分析结果的表述

乙酰丙酸的含量按式（3-5-1）计算：

$$X=\frac{\rho V\times 1000}{m\times 1000} \tag{3-5-1}$$

式中　X——样品中乙酰丙酸含量，mg/kg；

ρ——测定用样品中乙酰丙酸质量浓度，μg/mL；

V——样品体积，mL；

1000——换算系数；

m——试样质量，g。

计算结果以重复性条件下获得的两次独立测定结果的算术平均值表示，结果保留三位有效数字。在重复性条件下获得的两次独立测定结果的绝对差值不得超过算术平均值的 10%。

（二）外标法

检测的原理为样品经过酸化后，用乙醚提取乙酰丙酸，用配有氢火焰离子化检测器的气相色谱仪进行分离测定，以外标法进行定量。

1. 标准溶液的配制

乙酰丙酸标准储备溶液（5.00mg/mL）：准确称取 0.5g（精确至 0.0001g）乙酰丙酸，用乙酸乙酯溶解并定容于 100mL 容量瓶中，混匀。

乙酰丙酸标准系列工作溶液：分别准确吸取配制好的乙酰丙酸标准储备溶液 0.0mL、0.05mL、0.1mL、0.5mL、1.0mL 和 1.5mL 于 6 个 10mL 容量瓶中，用乙酸乙酯定容至刻度后混匀。此标准系列工作液相当于每毫升含 0.0μg、25.0μg、50.0μg、250.0μg、500.0μg 和 750.0μg 的乙酰丙酸。

2. 分析步骤

试样制备：准确称取 5g（精确至 0.001g）试样于 50mL 离心管中，加入 1mL 盐酸溶液，充分振摇均匀，再加入 25mL 乙醚，振摇萃取 1min，静置分层，以 4000r/min 离心 5～10min，吸取上层乙醚萃取液于 250mL 分液漏斗中，再重复萃取两次，每次用乙醚 20mL，合并乙醚提取液，乙醚层用15g无水硫酸钠脱水，将滤液浓缩至近干，用乙酸乙酯定容至5.0mL，充分摇匀，待气相色谱进样检测。

标准曲线的制作：将标准系列工作液分别注入气相色谱仪中，测定相应的峰面积，以标准工作液的质量浓度为横坐标，以响应峰面积为纵坐标，绘制标准曲线。乙酰丙酸标准溶液的气相色谱图如图3-5-19所示。

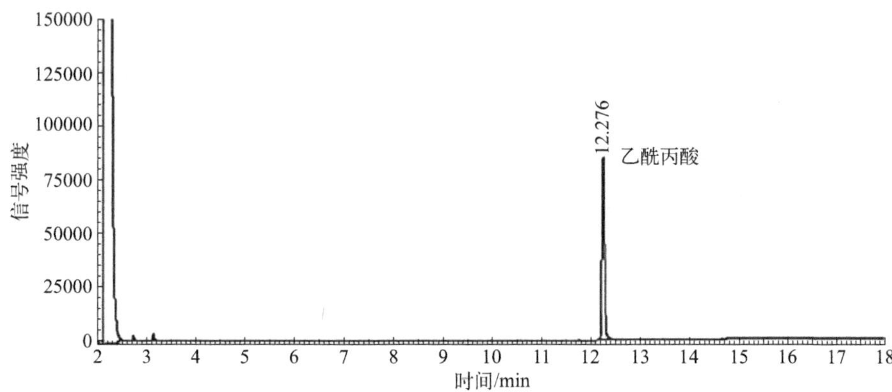

图3-5-19 外标法乙酰丙酸标准溶液气相色谱图

试样溶液的测定：将试样溶液注入气相色谱仪中，得到响应峰面积，根据标准曲线得到待测液中乙酰丙酸的质量浓度。

3. 分析结果的表述

乙酰丙酸含量按式（3-5-2）计算：

$$X=\frac{\rho V\times 1000}{m\times 1000} \tag{3-5-2}$$

式中 X——样品中乙酰丙酸含量，mg/kg；

ρ——测定用样品中乙酰丙酸质量浓度，μg/mL；

V——样品的定容体积，mL；

1000——换算系数；

m——试样质量，g。

计算结果以重复性条件下获得的两次独立测定结果的算术平均值表示，结果保留三位有效数字。在重复性条件下获得的两次独立测定结果的绝对差值不得超过算术平均值的10%。

二、气相色谱内标法

蔡磊等采用苯甲酸作为内标物，用气相色谱仪测定乙酰丙酸，以内标法进行定量，此法适用于经过酸水解后的生物质样品[214]。

1. 溶液的配制

内标溶液的配制：准确称取内标物苯甲酸6.0625g（准确至0.001g，下同）于250mL容量瓶中，用甲醇定容至刻度，质量浓度为24.25mg/mL，摇匀，备用。

乙酰丙酸溶液的配制：准确称取乙酰丙酸0.5127g于25mL容量瓶中，用去离子水定容，移取2mL乙酰丙酸水溶液至10mL容量瓶中，加入2mL的内标溶液，用甲醇定容，摇匀，待测。

样品溶液的配制：取一定量的生物质水解样品，过滤，移取2mL滤液至10mL容量瓶中，加入2mL内标溶液，用甲醇定容，摇匀，待测。

2. 标准工作曲线的制作

按LA和苯甲酸质量浓度比分别为0.424、0.846、1.269、1.679及2.083配制标准溶液。以

LA与内标物的峰面积比（A_s/A_i）为横坐标 X，以质量浓度比（ρ_s/ρ_i）为纵坐标 Y 作标准曲线，可得到回归方程 $Y=aX+b$。

3. 实际样品的测定

将处理好的水解样品进行气相色谱分析，将所得到的峰面积之比代入回归方程，即可得到样品中乙酰丙酸的含量。

三、紫外光谱双波长法

Zhang 等发现乙酰丙酸与羟甲基糠醛分别在波长 266nm 和 284nm 处具有最大吸收值，遵循朗伯-比尔定律，可以通过双波长的方法定量二者，适用于生物质水解产物的检测[215]。

1. 溶液配制

乙酰丙酸溶液的配制：按 9mmol/L 的浓度梯度配制五种乙酰丙酸标准溶液，浓度范围 20～65mmol/L。

羟甲基糠醛溶液的配制：按 0.02mmol/L 的浓度梯度配制五种羟甲基糠醛标准溶液，浓度范围 0～0.1mmol/L。

2. 分析步骤

校准：将上述标准溶液进行检测，记录在 284nm 和 266nm 波长处的吸收光谱中。

处理样品：将生物质水解产物与一定量的活性炭混合，加热至沸腾，保持 1min。

样品检测：将混合物过滤后所得的滤液，在 284nm 和 266nm 波长处进行检测。

3. 分析结果

标准校准曲线，得到标准校准曲线。

$$A_{\mathrm{HMF},266}=-0.0055\ (\pm 0.021)\ +12.38\ (\pm 0.37)\ C \tag{3-5-3}$$

$$A_{\mathrm{HMF},284}=0.006\ (\pm 0.029)\ +22.7\ (\pm 0.5)\ C \tag{3-5-4}$$

$$A_{\mathrm{LA},266}=0.0096\ (\pm 0.0077)\ +0.023\ (\pm 0.0002)\ C \tag{3-5-5}$$

$$A_{\mathrm{LA},284}=0.0075\ (\pm 0.0058)\ +0.014\ (\pm 0.0001)\ C \tag{3-5-6}$$

$A_{\mathrm{HMF},266}$、$A_{\mathrm{HMF},284}$、$A_{\mathrm{LA},266}$、$A_{\mathrm{LA},284}$ 和 C 分别表示羟甲基糠醛和乙酰丙酸在波长 266nm 和 284nm 处的紫外信号响应以及标准溶液中羟甲基糠醛或乙酰丙酸的浓度（mmol/L）。

乙酰丙酸与羟甲基糠醛的谱图见图 3-5-20，HMF 和 LA 的校准曲线见图 3-5-21。

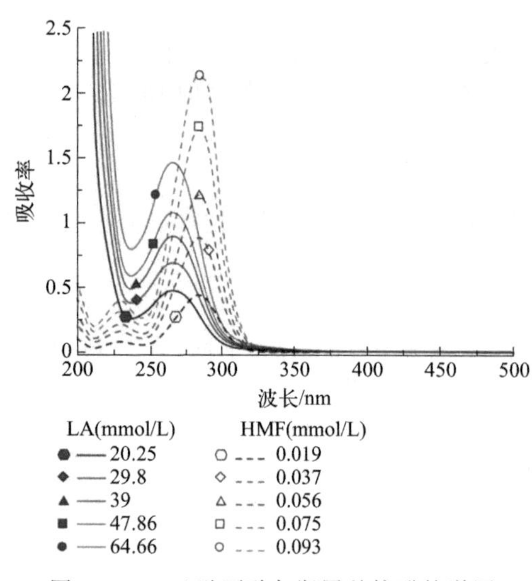

图 3-5-20 乙酰丙酸与羟甲基糠醛的谱图

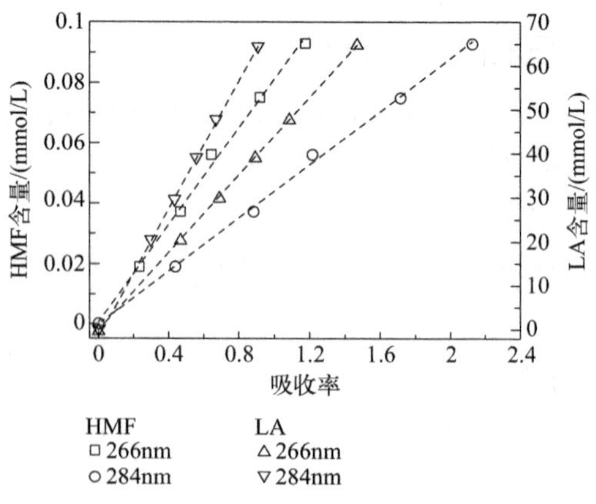

图 3-5-21 HMF 和 LA 的校准曲线

校准系数：$K_{HMF}=\frac{A_{b,284}}{A_{a,284}}$；$K_{LA}=\frac{A_{b,266}}{A_{a,266}}$。$K_{HMF}$ 和 K_{LA} 的含义分别是 HMF 和 LA 分别在 284nm 和 266nm 处的校准系数；$A_{b,284}$ 和 $A_{a,284}$ 的含义分别是 HMF 于 284nm 波长处在经过活性炭处理前和处理后的吸收值；$A_{b,266}$ 和 $A_{a,266}$ 的含义分别是 LA 于 266nm 波长处在经过活性炭处理前和处理后的吸收值。

基于比尔定律：

$$A_{266}=\varepsilon_{LA}^{266}C_{LA}+\varepsilon_{LA}^{284}C_{HMF} \tag{3-5-7}$$

$$A_{284}=\varepsilon_{HMF}^{266}C_{LA}+\varepsilon_{HMF}^{284}C_{HMF} \tag{3-5-8}$$

式中，A_{266} 和 A_{284} 分别为样品在经过活性炭处理后于波长 266nm 和 284nm 处的吸收值；C_{LA} 和 C_{HMF} 为样品中 LA 和 HMF 的浓度；ε_{LA}^{266}、ε_{HMF}^{266}、ε_{LA}^{284} 和 ε_{HMF}^{284} 为 LA 和 HMF 在 266nm 和 284nm 处的摩尔吸收率（在标准校准曲线中可得到）。

可得 LA 和 HMF 的浓度公式：

$$C_{LA}=\frac{\varepsilon_{HMF}^{284}A_{266}-\varepsilon_{LA}^{284}A_{284}}{\varepsilon_{LA}^{266}\varepsilon_{HMF}^{284}-\varepsilon_{LA}^{284}\varepsilon_{HMF}^{266}} \tag{3-5-9}$$

$$C_{HMF}=\frac{A_{266}-\varepsilon_{LA}^{266}C_{LA}}{\varepsilon_{LA}^{284}} \tag{3-5-10}$$

原酸解溶液中乙酰丙酸的含量为：

$$W_{LA}=C_{LA}M_{LA}K_{LA}R \tag{3-5-11}$$

式中，W_{LA} 为乙酰丙酸的质量浓度，mg/L；M_{LA} 为乙酰丙酸的摩尔质量；K_{LA} 为校准系数；R 为稀释次数。

四、高效液相色谱法

高效液相色谱法具有操作简便、快速、定量准确的特点，是目前较为常用的乙酰丙酸含量检测的方法之一，具体方法根据检测成分和流动相不同分为多种。

① 段文仲等提出了使用甲醇/水作为流动相通过高效液相色谱法检测乙酰丙酸的方法[216]，具体如下。

仪器：WATERS 510 液相色谱泵；484 紫外检测器，810 色谱工作站。色谱柱为 250mm×4.6mm、5μm ODS 柱。

试剂：甲醇（高效液相色谱专用）；二次离子交换水；乙酰丙酸标准品（含量 99.95%）。

测定条件：流动相，甲醇∶水＝（12∶88）；流速为 1.3mL/min；柱温为 40℃。紫外吸收波长 268nm；灵敏度 0.05，测定样品进样量 5μL。

标准工作液的配制：称取乙酰丙酸标准品 0.25g、0.50g、0.75g、1.00g（精确至 0.0002g）分别置于四个 50mL 容量瓶中，用水稀释至刻度，摇匀。标准工作液浓度分别是 5.0mg/mL、10.0mg/mL、15.0mg/mL、20.0mg/mL。

标准工作曲线的绘制：仪器稳定后，各标准工作液分别进样 5μL，以乙酰丙酸的峰高对标准工作液的浓度绘制标准曲线。

样品溶液的制备：称取样品 5～20g（精确至 0.0002g）于盛有 10mL 水的 50mL 容量瓶中，用水定容到刻度，摇匀。此溶液经中速滤纸过滤，弃去最初 10mL，收集滤液作为待测溶液。

测定：待仪器稳定后，进样 5μL，用标准品定性，进样两次，取峰高的平均值，用外标法定量。

结果计算：样品中乙酰丙酸的浓度由色谱工作站或按下式计算。

$$X=\frac{c\times 50}{M\times 1000}\times 100 \tag{3-5-12}$$

式中，X 为样品中乙酰丙酸的质量分数，%；c 为由样品溶液的平均峰高从工作曲线上查得的乙酰丙酸的含量，mg/mL；M 为样品质量，g。

检测波长的选择：一般有机酸在采用液相色谱测定时，采用的紫外检测波长是 214nm。在此波长下，许多组分及溶剂都会有吸收，不利于被测组分的准确定量。经过乙酰丙酸的水溶液进行波长扫描，证实乙酰丙酸水溶液的光谱图有 214nm 和 268nm 两个吸收峰。摩尔吸光系数 $\varepsilon_{268} \geqslant \varepsilon_{214}$。为保证测定的灵敏度及准确性，本方法选择了 268nm 作为检测波长。

② 贺才珍等报道了使用乙酸铵/甲醇溶剂作为混合流动相使用高效液相色谱（HPLC）法测定乙酰丙酸的方法[217]，具体如下。

仪器：液相色谱仪 SPD-10A VP（UV-Vis Detector），色谱柱 C18（250mm×4.5mm，直径 5μm）。

试剂：乙酰丙酸标准原液，甲醇，乙酸铵，二次重蒸水，盐酸，无水硫酸钠，无水乙醚，待测样品。

操作条件：流动相，乙酸铵(0.02mol/L)：甲醇＝95：5，pH＝4.5，流速＝1.0mL/min，室温操作，检测波长 268nm。

分析方法：称取样品 10g 于烧瓶中，加入 1mL 盐酸酸化后倒入梨形分液漏斗中，分别用 40mL、40mL、20mL 和 20mL 的无水乙醚分 4 次提取，每次提取后静置 20min 分层，弃去水层后，将乙醚层移入装有 20～30g 无水硫酸钠的砂芯漏斗中过滤，滤液置于磨口锥形瓶中，然后将锥形瓶置于水浴锅中 40℃蒸去乙醚残留液后在水浴上蒸至近干，用 5mL 水溶解后定容到 50mL 容量瓶中，以 0.45μm 膜过滤后为待测溶液用 HPLC 检测。

③ 刘柳等提出了一种同时分离、测定砂糖水解产物中乙酰丙酸、5-羟甲基糠醛和甲酸的高效液相色谱法，使用的流动相为乙腈/磷酸-磷酸二氢钠缓冲溶液[218]。具体方法如下。

仪器：Aglilent 1200 series 高效液相色谱仪；Agilent 1200 series VWD 紫外检测器。

试剂：乙酰丙酸标准品、5-羟甲基糠醛标准品；乙腈；甲酸、磷酸二氢钠；磷酸；三次蒸馏水。

色谱条件：色谱柱为 Agilent TC-C18 柱（4.6mm×250mm，5μm）；流动相；乙腈：磷酸-磷酸二氢钠缓冲溶液（pH 2.6）＝15：85（体积比）；流速 1.0mL/min；检测波长 210nm；柱温 30℃；进样量 20μL。

分析方法：盐酸催化赤砂糖水解液的 pH 值小于 1，且组分中乙酰丙酸浓度较高，分别取一定量的赤砂糖水解液，先用旋转蒸发仪除去部分盐酸和水，再用 pH 2.6 的磷酸-磷酸二氢钠缓冲溶液稀释 5 倍，经 0.22μm 的滤膜过滤，在上述色谱条件下进行 HPLC 分析。若催化完成后赤砂糖水解液的 pH 值在 3 左右，不需要流动相进行稀释，直接经 0.22μm 的滤膜过滤，在上述色谱条件下进行 HPLC 分析。

参考文献

[1] Li Z F，Wang Z W，Xu H Y，et al. Production of levulinic acid and furfural from biomass hydrolysis through a demonstration project. J Biobased Mater Bio，2016，10（4）：279-283.

[2] Kang S，Fu J，Zhang G. From lignocellulosic biomass to levulinic acid：A review on acid-catalyzed hydrolysis. Renew Sust Energ Rev，2018，94：340-362.

[3] 国家发展和改革委员会. 可再生能源十三五规划. 2016.

[4] Yan L，Yao Q，Fu Y. Conversion of levulinic acid and alkyl levulinates into biofuels and high-value chemicals. Green Chem，2017，19（23）：5527-5547.

[5] Adeleye A T，Louis H，Akakuru O U，et al. A Review on the conversion of levulinic acid and its esters to various useful chemicals. Aims Energy，2019，7（2）：165-185.

[6] 杨洋，张玉苍，何连芳，等. 纤维素类生物质废弃物水解方法的研究进展. 酿酒科技，2009，10（184）：82-86.

[7] 马淑玲，彭红. 有机酸催化水解纤维低聚糖的研究. 粮食与油脂，2014，27（12）：24-27.

[8] Yan L，Yao Q，Fu Y. Conversion of levulinic acid and alkyl levulinates into biofuels and high-value chemicals. Green Chem，2017，19（23）：5527-5547.

[9] 张毅民，杨静，吕学斌，等. 木质纤维素类生物质酸水解研究进展. 世界科技研究与发展，2007，29（1）：48-54.

[10] Sun Y，Lin L. Hydrolysis behavior of bamboo fiber in formic acid reaction system. J Agric Food Chem，2010，58（4）：2253-2259.

[11] Liu W，Du H，Liu H，et al. Highly efficient and sustainable preparation of carboxylic and thermostable cellulose nanocrystals via $FeCl_3$-catalyzed innocuous citric acid hydrolysis. ACS Sustain Chem Eng，2020，8（44）：

16691-16700.
[12] 王立纲. 纤维素物质浓硫酸水解工艺的进展. 国外林业，1994，24 (3)：48-51.
[13] 岑沛霖，张军. 植物纤维浓硫酸水解动力学研究. 化学反应工程与工艺，1993，9 (1)：34-41.
[14] Jordan J H，Easson M W，Condon B D. Cellulose hydrolysis using ionic liquids and inorganic acids under dilute conditions：Morphological comparison of nanocellulose. RSC Adv，2020，10 (65)：39413-39424.
[15] Karimi K，Kheradmandinia S，Taherzadeh M J. Conversion of rice straw to sugars by dilute-acid hydrolysis. Biomass Bioenergy，2006，30 (3)：247-253.
[16] Pânzariu A E，Malutan T. Dilute sulphuric acid hydrolysis of vegetal biomass. Cellul Chem Technol，2015，49 (1)：93-99.
[17] Choi C H，Mathews A P. Two-step acid hydrolysis process kinetics in the saccharification of low-grade biomass . 1. Experimental studies on the formation and degradation of sugars. Bioresour Technol，1996，58 (2)：101-106.
[18] Yu Z，Du Y，Shang X，et al. Enhancing fermentable sugar yield from cassava residue using a two-step dilute ultra-low acid pretreatment process. Ind Crop Prod，2018，124：555-562.
[19] Xu W P，Chen X F，Guo H J，et al. Conversion of levulinic acid to valuable chemicals：A review. J Chem Technol Biot，2021，96 (11)：3009-3024.
[20] Kang S，Fu J，Zhang G. From lignocellulosic biomass to levulinic acid：A review on acid-catalyzed hydrolysis. Renew Sust Energ Rev，2018，94：340-362.
[21] Antonetti C，Licursi D，Fulignati S，et al. New frontiers in the catalytic synthesis of levulinic acid：From sugars to raw and waste biomass as starting feedstock. Catalysts，2016，6 (12)：196.
[22] Shen J，Wyman C E. Hydrochloric acid-catalyzed levulinic acid formation from cellulose：Data and kinetic model to maximize yields. AIChE Journal，2012，58 (1)：236-246.
[23] Girisuta B，Janssen M，Heeres H J. Kinetic study on the acid-catalyzed hydrolysis of cellulose to levulinic acid. Ind Eng Chem Res，2007，46 (6)：1696-1708.
[24] Peng L，Lin L，Zhang J，et al. Catalytic conversion of cellulose to levulinic acid by metal chlorides. Molecules，2010，15 (8)：5258-5272.
[25] Yan L，Yang N，Pang H，et al. Production of levulinic acid from bagasse and paddy straw by liquefaction in the presence of hydrochloride acid. CLEAN—Soil Air Water，2008，36 (2)：158-163.
[26] Licursi D，Antonetti C，Bernardini J，et al. Characterization of the Arundo Donax L. solid residue from hydrothermal conversion：Comparison with technical lignins and application perspectives. Ind Crop Prod，2015，76：1008-1024.
[27] Antonetti C，Bonari E，Licursi D，et al. Hydrothermal conversion of giant reed to furfural and levulinic acid：Optimization of the process under microwave irradiation and investigation of distinctive agronomic parameters. Molecules，2015，20 (12)：21232-21253.
[28] Chang C，Cen P，Ma X. Levulinic acid production from wheat straw. Bioresour Technol，2007，98 (7)：1448-1453.
[29] Galletti R，Antonetti C，De L V，et al. Levulinic acid production from waste biomass. Bioresources，2012，7 (2)：1824-1835.
[30] Bevilaqua D B，Rambo M K，Rizzetti T M，et al. Cleaner production：Levulinic acid from rice husks. J Clean Prod，2013，47：96-101.
[31] Pang C，Xie T，Lin L，et al. Changes of the surface structure of corn stalk in the cooking process with active oxygen and MgO-based solid alkali as a pretreatment of its biomass conversion. Bioresour Technol，2012，103 (1)：432-439.
[32] Girisuta B，Danon B，Manurung R，et al. Experimental and kinetic modelling studies on the acid-catalysed hydrolysis of the water hyacinth plant to levulinic acid. Bioresour Technol，2008，99 (17)：8367-8375.
[33] Al Ghatta A，Zhou X，Casarano G，et al. Characterization and valorization of humins produced by HMF degradation in ionic liquids：A valuable carbonaceous material for antimony removal. ACS Sustain Chem Eng，2021，9 (5)：2212-2223.
[34] Xu Z，Yang Y，Yan P，et al. Mechanistic understanding of humin formation in the conversion of glucose and fructose to 5-hydroxymethylfurfural in [Bmim] Cl ionic liquid. RSC Adv，2020，10 (57)：34732-34737.
[35] Nhien L C，Long D，Kim S，et al. Design and assessment of hybrid purification processes through a systematic solvent screening for the production of levulinic acid from lignocellulosic biomass. Ind Eng Chem Res，2016，55 (18)：5180-5189.
[36] Wettstein S，Martin A D，Chong Y，et al. Production of levulinic acid and gamma-valerolactone (GVL) from cellulose using GVL as a solvent in biphasic systems. Energ Environ Sci，2012，5 (8)：8199-8203.
[37] Liu L，Li Z，Hou W，et al. Direct conversion of lignocellulose to levulinic acid catalyzed by ionic liquid. Carbohyd polym，2018，181：778-784.
[38] Hou W，Liu L，Shen H. Selective conversion of chitosan to levulinic acid catalysed by acidic ionic liquid：Intriguing

NH_2 effect in comparison with cellulose. Carbohyd polym，2018，195：267-274.

[39] Nordness O，Brennecke J F. Ion dissociation in ionic liquids and ionic liquid solutions. Chem Rev，2020，120（23）：12873-12902.

[40] Kang M，Kim S W，Kim J W，et al. Optimization of levulinic acid production from Gelidium amansii. Renew Energ，2013，54：173-179.

[41] Ren H，Zhou Y，Liu L. Selective conversion of cellulose to levulinic acid via microwave-assisted synthesis in ionic liquids. Bioresour Technol，2013，129：616-619.

[42] Berthod A，Ruiz-Ángel M J，Carda-Broch S. Recent advances on ionic liquid uses in separation techniques. J Chromatogr A，2018，1559：2-16.

[43] Rinaldi R，Meine N，vom Stein J，et al. Which controls the depolymerization of cellulose in ionic liquids：The solid acid catalyst or cellulose. Chem Sus Chem，2010，3（2）：266-276.

[44] Kuchukulla R R，Li F，He Z，et al. A recyclable amberlyst-15-catalyzed three-component reaction in water to synthesize diarylmethyl sulfones. Green Chem，2019，21（21）：5808-5812.

[45] Bui N Q，Mascunan P，Vu T T H，et al. Esterification of aqueous lactic acid solutions with ethanol using carbon solid acid catalysts：Amberlyst 15，sulfonated pyrolyzed wood and graphene oxide. Appl Catal A-Gen，2018，552：184-191.

[46] Zuo M，Le K，Feng Y，et al. An effective pathway for converting carbohydrates to biofuel 5-ethoxymethylfurfural via 5-hydroxymethylfurfural with deep eutectic solvents（DESs）. Ind Crop Prod，2018，112：18-23.

[47] Ünlü A E，Arikaya A，Altundağ A，et al. Remarkable effects of deep eutectic solvents on the esterification of lactic acid with ethanol over Amberlyst-15. Korean J Chem Eng，2020，37（1）：46-53.

[48] Lamba R，Kumar S，Sarkar S. Esterification of decanoic acid with methanol using amberlyst 15：Reaction kinetics. Chem Eng Commun，2018，205（3）：281-294.

[49] Heydari-Turkmani A，Zakavi S，Nikfarjam N. Novel metal free porphyrinic photosensitizers supported on solvent-induced Amberlyst-15 nanoparticles with a porous structure. New J Chem，2017，41（12）：5012-5020.

[50] Marzo M，Gervasini A，Carniti P. Hydrolysis of disaccharides over solid acid catalysts under green conditions. Carbohydr Res，2012，347（1）：23-31.

[51] Zeng M，Pan X. Insights into solid acid catalysts for efficient cellulose hydrolysis to glucose：Progress，challenges，and future opportunities. Catal Rev，2020：1-46.

[52] Takagaki A. Rational design of metal oxide solid acids for sugar conversion. Catalysts，2019，9（11）：907.

[53] Gordillo C E，Gómez L D，Valdés M O U，et al. Corn starch hydrolysis by alumina and silica - alumina oxides solid acid catalysts. Starch-Stärke，2019，71（1-2）：1800144.

[54] Takagaki A，Tagusagawa C，Domen K. Glucose production from saccharides using layered transition metal oxide and exfoliated nanosheets as a water-tolerant solid acid catalyst. Chem Commun，2008，42：5363-5365.

[55] Zhang F，Deng X，Fang Z，et al. Hydrolysis of crystalline cellulose over Zn-Ca-Fe oxide catalyst. Petrochem Technol，2011，40（1）：43-48.

[56] Gliozzi G，Innorta A，Mancini A，et al. Zr/P/O catalyst for the direct acid chemo-hydrolysis of non-pretreated microcrystalline cellulose and softwood sawdust. Appl Catal B-Environ，2014，145：24-33.

[57] Perez-Ramirez J，Christensen C H，Egeblad K，et al. Hierarchical zeolites：Enhanced utilisation of microporous crystals in catalysis by advances in materials design. Chem Soc Rev，2008，37（11）：2530-2542.

[58] Serrano D P，Escola J M，Pizarro P. Synthesis strategies in the search for hierarchical zeolites. Chem Soc Rev，2013，42（9）：4004-4035.

[59] Wang Z P，Yu J H，Xu R R. Needs and trends in rational synthesis of zeolitic materials. Chem Soc Rev，2012，41（5）：1729-1741.

[60] Zuo Y，Zhang Y，Fu Y. Catalytic conversion of cellulose into levulinic acid by a sulfonated chloromethyl polystyrene solid acid catalyst. Chem Cat Chem，2014，6（3）：753-757.

[61] Joshi S S，Zodge A D，Pandare K V，et al. Efficient conversion of cellulose to levulinic acid by hydrothermal treatment using zirconium dioxide as a recyclable solid acid catalyst. Ind Eng Chem Res，2014，53（49）：18796-18805.

[62] Weingarten R，Conner W C，Huber G W. Production of levulinic acid from cellulose by hydrothermal decomposition combined with aqueous phase dehydration with a solid acid catalyst. Energ Environ Sci，2012，5（6）：7559-7574.

[63] Ding D，Xi J，Wang J，et al. Production of methyl levulinate from cellulose：Selectivity and mechanism study. Green Chem，2015，17（7）：4037.

[64] Chen H，Yu B，Jin S. Production of levulinic acid from steam exploded rice straw via solid superacid. Bioresour Technol，2011，102（3）：3568-3570.

[65] Alonso D M，Gallo J M R，Mellmer M A，et al. Direct conversion of cellulose to levulinic acid and gamma-

valerolactone using solid acid catalysts. Catal Sci Technol，2013，3 (4)：927-931.

[66] Rackemann D W，Doherty W O S. The conversion of lignocellulosics to levulinic acid. Biofuel Bioprod Bior，2011，5 (2)：198-214.

[67] Qian X H，Lei J，Wickramasinghe S R. Novel polymeric solid acid catalysts for cellulose hydrolysis. RSC Adv，2013，3 (46)：24280-24287.

[68] 朱道飞，王华，包桂蓉. 纤维素亚临界和超临界水液化实验研究. 能源工程，2004，5：6-10.

[69] Kabyemela B M，Adschiri T. Rapid and selective conversion of glucose to erythrose in supercritical water. Ind Eng Chem Res，1997，36 (12)：5063-5067.

[70] Kupila R，Lappalainen K，Hu T，et al. Lignin-based activated carbon-supported metal oxide catalysts in lactic acid production from glucose. Appl Catal A-Gen，2021：118011.

[71] Qu Y，Zhao Y，Xiong S，et al. Conversion of glucose into 5-hydroxymethylfurfural and levulinic acid catalyzed by SO/ZrO in a biphasic solvent system. Energy Fuels，2020，34 (9)：11041-11049.

[72] Kang S，Fu J，Zhang G. From lignocellulosic biomass to levulinic acid：A review on acid-catalyzed hydrolysis. Renew Sust Energ Rev，2018，94：340-362.

[73] Wei W，Wu S. Experimental and kinetic study of glucose conversion to levulinic acid in aqueous medium over Cr/HZSM-5 catalyst. Fuel，2018，225：311-321.

[74] Garcés A D，Faba P L，Díaz F E，et al. Aqueous-phase transformation of glucose into hydroxymethylfurfural and levulinic acid by combining homogeneous and heterogeneous catalysis. Chem Sus Chem，2019，12：1-12.

[75] Qu H，Liu B，Gao G，et al. Metal-organic framework containing Bronsted acidity and Lewis acidity for efficient conversion glucose to levulinic acid. Fuel Process Technol，2019，193：1-6.

[76] Di Fidio N，Fulignati S，De Bari I，et al. Optimisation of glucose and levulinic acid production from the cellulose fraction of giant reed (Arundo donax L.) performed in the presence of ferric chloride under microwave heating. Bioresource technol，2020，313：123650.

[77] Kumar K，Pathak S，Upadhyayula S. 2nd generation biomass derived glucose conversion to 5-hydroxymethylfurfural and levulinic acid catalyzed by ionic liquid and transition metal sulfate：Elucidation of kinetics and mechanism. J Clean Prod，2020，256：120292.

[78] Mukherjee A，Dumont M J，Raghauan V. Sustainable production of hydroxymethylfurfural and levulinic acid：Challenges and opportunities. Biomass Bioenerg，2015，72：143-183.

[79] Carlson L J. US 3065263A，1962-11-20.

[80] Szabolcs Á，Molnár M，Dibó G，et al. Microwave-assisted conversion of carbohydrates to levulinic acid：An essential step in biomass conversion. Green Chem，2013，15 (2)：439-445.

[81] Rackemann D W，Bartley J P，Doherty W O. Methanesulfonic acid-catalyzed conversion of glucose and xylose mixtures to levulinic acid and furfural. Ind Crop Prod，2014，52：46-57.

[82] Peng L C，Lin L，Zhang J H，et al. Catalytic conversion of cellulose to levulinic acid by metal chlorides. Molecules，2010，15 (8)：5258-5272.

[83] Choudhary V，Mushrif S H，Ho C，et al. Insights into the interplay of Lewis and Bronsted acid catalysts in glucose and fructose conversion to 5-(hydroxymethyl) furfural and levulinic acid in aqueous media. J Am Chem Soc，2013，135 (10)：3997-4006.

[84] Amarasekara A S，Ebede C C. Zinc chloride mediated degradation of cellulose at 200℃ and identification of the products. Bioresour Technol，2009，100 (21)：5301-5304.

[85] Qiao Y，Pedersen C M，Huang D，et al. NMR study of the hydrolysis and dehydration of inulin in water：Comparison of the catalytic effect of Lewis acid $SnCl_4$ and Bronsted acid HCl. ACS Sustain Chem Eng，2016，4 (6)：3327-3333.

[86] Han Y，Ye L，Gu X，et al. Lignin-based solid acid catalyst for the conversion of cellulose to levulinic acid using γ-valerolactone as solvent. Ind Crop Prod，2019，127：88-93.

[87] Wang X，Zhang C，Lin Q，et al. Solid acid-induced hydrothermal treatment of bagasse for production of furfural and levulinic acid by a two-step process. Ind Crop Prod，2018，123：118-127.

[88] Acharjee T C，Lee Y Y. Production of levulinic acid from glucose by dual solid-acid catalysts. Environ Prog Sustain，2018，37 (1)：471-480.

[89] 毛东森，卢文奎，陈庆龄，等. 固体酸代替液体酸催化剂的环境友好新工艺. 石油化工，2001，30 (2)：152-156.

[90] Arata K，Hino M，Matsuhashi H. Solid catalysts treated with anions：XXI. Zirconia-supported chromium catalyst for dehydrocyclization of hexane to benzene. Appl Catal A-Gen，1993，100 (1)：19-26.

[91] 战永复，战瑞瑞. 纳米固体超酸 SO_4^{2-}/TiO_2 的研究. 无机化学学报，2002，18 (5)：505-508.

[92] 李小保，宴宇宏，叶菊娣，等. SO_4^{2-}/ZrO_2 催化葡萄糖水解制乙酰丙酸研究. 广东化工，2009，36 (11)：10-11.

[93] 李小保，黄秋萍，罗公平，等. SO_4^{2-}/ZrO_2 固体超强酸催化剂金属离子复合，改性及在乙酰丙酸制备中的研究. 广东

化工，2010，37（10）：244-245.

[94] 王攀，王春英，漆新华，等. SO_4^{2-}/TiO_2 催化纤维素水解制乙酰丙酸的研究. 现代化工，2008，28（2）：194-196.

[95] 王春英，王攀，漆新华，等. SO_4^{2-}/Al_2O_3-TiO_2 转化纤维素生成乙酰丙酸. 化工进展，2009，28（1）：126-129.

[96] Watanabe M，Aizawa Y，Iida T，et al. Glucose reactions with acid and base catalysts in hot compressed water at 473 K. Carbohydr Res，2005，340（12）：1925-1930.

[97] 刘欣颖. 固体酸催化果糖选择性合成5-羟甲基糠醛（HMF）. 大连：大连理工大学，2007.

[98] Zhao Q A，Wang L，Zhao S，et al. High selective production of 5-hydroymethylfurfural from fructose by a solid heteropolyacid catalyst. Fuel，2011，90（6）：2289-2293.

[99] Fan C Y，Guan H Y，Zhang H，et al. Conversion of fructose and glucose into 5-hydroxymethylfurfural catalyzed by a solid heteropolyacid salt. Biomass Bioenerg，2011，35（7）：2659-2665.

[100] 陈同云. 陈化温度及掺杂对分子筛负载 SO_4^{2-}/ZrO_2-Co_2O_3 固体超强酸性能影响的研究. 分子催化，2006，20（4）：311-315.

[101] Lourvanij K，Rorrer G L. Reactions of aqueous glucose solutions over solid-acid Y-zeolite catalyst at 110-160 degrees-C. Ind Eng Chem Res，1993，32（1）：11-19.

[102] Moreau C，Durand R，Aliès F，et al. Hydrolysis of sucrose in the presence of H-form zeolites. Ind Crop Prod，2000，11（2）：237-242.

[103] Moreau C，Durand R，Razigade S，et al. Dehydration of fructose to 5-hydroxymethylfurfural over H-mordenites. Appl Catal A-Gen，1996，145：211-224.

[104] Buttersack C，Laketic D. Hydrolysis of sucrose by dealuminated Y-Zeolites. J Mol Catal，1994，94（3）：283-290.

[105] 张欢欢. 环境友好催化剂作用下葡萄糖水解反应行为研究. 杭州：浙江大学，2006.

[106] 吕秀阳，彭新文，卢崇兵，等. 强酸性树脂催化下六元糖降解反应动力学. 化工学报，2009，60（3）：634-640.

[107] Bozell J J，Moens L，Elliott D，et al. Production of levulinic acid and use as a platform chemical for derived products. Resour Conserve Rery，2000，28（3）：227-239.

[108] Carlini C，Giuttari M，Galletti A M R，et al. Selective saccharides dehydration to 5-hydroxymethyl-2-furaldehyde by heterogeneous niobium catalysts. Appl Catal A-Gen，1999，183（2）：295-302.

[109] Benvenuti F，Carlini C，Patrono P，et al. Heterogeneous zirconium and titanium catalysts for the selective synthesis of 5-hydroxymethyl-2-furaldehyde from carbohydrates. Appl Catal A-Gen，2000，193（1-2）：147-153.

[110] Asghari F S，Yoshida H. Dehydration of fructose to 5-hydroxymethylfurfural in sub-critical water over heterogeneous zirconium phosphate catalysts. Carbohydr Res，2006，341（14）：2379-2387.

[111] Mednick M. The acid-base-catalyzed conversion of aldohexose into 5-(Hydroxymethyl)-2-furfural2. J Org Chem，1962，27（2）：398-403.

[112] Mascal M，Nikitin E B. Dramatic advancements in the saccharide to 5-(chloromethyl) furfural conversion reaction. Chem Sus Chem，2009，2（9）：859-861.

[113] Mascal M，Nikitin E B. High-yield conversion of plant biomass into the key value-added feedstocks 5-(hydroxymethyl) furfural，levulinic acid and levulinic esters via 5-(chloromethyl) furfural. Green Chem，2010，12（3）：370-373.

[114] Brasholz M，Von Kaenel K，Hornung C H，et al. Highly efficient dehydration of carbohydrates to 5-(chloromethyl) furfural（CMF），5-(hydroxymethyl) furfural（HMF）and levulinic acid by biphasic continuous flow processing. Green Chem，2011，13（5）：1114-1117.

[115] Qu Y，Huang C，Zhang J，et al. Efficient dehydration of fructose to 5-hydroxymethylfurfural catalyzed by a recyclable sulfonated organic heteropolyacid salt. Bioresour Technol，2012，106：170-172.

[116] Shuai L，Luterbacher J. Organic solvent effects in biomass conversion reactions. Chem Sus Chem，2016，9（2）：133-155.

[117] Morone A，Apte M，Pandey R A. Levulinic acid production from renewable waste resources：Bottlenecks，potential remedies，advancements and applications. Renew Sust Energ Rev，2015，51：548-565.

[118] Tsilomelekis G，Josephson T R，Nikolakis V，et al. Origin of 5-Hydroxymethylfurfural stability in water/dimethyl sulfoxide mixtures. Chem Sus Chem，2014，7（1）：117-126.

[119] 吴翠玲，蔡振元. 糠醇为原料合成乙酰丙酸酯类缩酮. 华侨大学学报（自然科学版），2002，23（3）：257-259.

[120] 张玉兰，丁彦. 4-氧代戊酸酯类缩酮的合成研究. 兰州大学学报（自然科学版），1994，30（2）：66-70.

[121] 张维成，孙宝国. 糠酸和糠醇酯类香料的研究. 精细化工，1994，11（6）：19-22.

[122] 谢晶曦，常俊标，王绪明. 红外光谱在有机化学和药物化学中的应用. 北京：科学出版社，2001.

[123] 杜小英，祖桂荣. 乙酰丙酸的制备. 天津化工，1996，10（3）：32-33.

[124] Fitzpatrick S W. U. S. Patent 5608105，1997-3-4.

[125] Girisuta B，Heeres H J. Levulinic acid from biomass：Synthesis and applications. Production of platform chemicals from sustainable resources. Springer，Singapore，2017：143-169.

[126] Hayes D J, Fitzpatrick S, Hayes M H B, et al. The biofine process-production of levulinic acid, furfural and formic acid from lignocellulosic feedstocks. Biorefineries-Industrial Processes and Product, 2006, 1: 139-164.
[127] Gozan M, Ryan B, Krisnandi Y. Techno-economic assessment of levulinic acid plant from Sorghum Bicolor in Indonesia. IOP Conference Series: Materials Science and Engineering. IOP Publishing, 2018, 345 (1): 012012.
[128] Ghorpade V, Hanna M. US 5859263, 1999-1-12.
[129] Weingarten R, Conner W C, Huber G W. Production of levulinic acid from cellulose by hydrothermal decomposition combined with aqueous phase dehydration with a solid acid catalyst. Energy & Environmental Science, 2012, 5 (6): 7559-7574.
[130] Shen J, Wyman C E. Hydrochloric acid-catalyzed levulinic acid formation from cellulose: Data and kinetic model to maximize yields. AIChE Journal, 2012, 58 (1): 236-246.
[131] Alonso D M, Wettstein S G, Bond J Q, et al. Production of biofuels from cellulose and corn stover using alkylphenol solvents. Chem Sus Chem, 2011, 4 (8): 1078-1081.
[132] Bart H J, Reidetschlager J, Schatka K, et al. Kinetics of esterification of levulinic acid with *n*-butanol by homogeneous catalysis. Ind Eng Chem Res, 1994, 33 (1): 21-25.
[133] 何柱生，赵立芳. 分子筛负载 TiO_2/SO_4^{2-} 催化合成乙酰丙酸乙酯的研究. 化学研究与应用，2001，13 (5)：537.
[134] 王树清，高崇，李亚芹. 强酸性阳离子交换树脂催化合成乙酰丙酸丁酯. 上海化工，2005，30 (4)：14-16.
[135] Dharne S, Bokade V V. Esterification of levulinic acid to n-butyl levulinate over heteropolyacid supported on acid-treated clay. J Nat Gas Chem, 2011, 20 (1): 18-24.
[136] Nandiwale K Y, Sonar S K, Niphadkar P S, et al. Catalytic upgrading of renewable levulinic acid to ethyl levulinate biodiesel using dodecatungstophosphoric acid supported on desilicated H-ZSM-5 as catalyst. Appl Catal A-Gen, 2013, 460: 90-98.
[137] Nandiwale K Y, Niphadkar P S, Deshpande S S, et al. Esterification of renewable levulinic acid to ethyl levulinate biodiesel catalyzed by highly active and reusable desilicated H-ZSM-5. J Chem Technol Biot, 2014, 89 (10): 1507-1515.
[138] Nandiwale K Y, Bokade V V. Esterification of renewable levulinic acid to n-butyl levulinate over modified H-ZSM 5. Chem Eng Technol, 2015, 38 (2): 246-252.
[139] Yadav G D, Borkar I V. Kinetic modeling of immobilized lipase catalysis in synthesis of n-butyl levulinate. Ind Eng Chem Res, 2008, 47 (10): 3358-3363.
[140] Lee A, Chaibakhsh N, Rahman M B A, et al. Optimized enzymatic synthesis of levulinate ester in solvent-free system. Ind Crop Prod, 2010, 32 (3): 246-251.
[141] Luo H Y, Consoli D F, Gunther W R, et al. Investigation of the reaction kinetics of isolated Lewis acid sites in Beta zeolites for the Meerwein-Ponndorf-Verley reduction of methyl levulinate to γ-valerolactone. J Catal, 2014, 320: 198-207.
[142] Upare P P, Lee J M, Hwang Y K, et al. Direct hydrocyclization of biomass-derived levulinic acid to 2-methyltetrahydrofuran over nanocomposite copper/silica catalysts. Chem Sus Chem, 2011, 4 (12): 1749-1752.
[143] Schuette H A, Thomas R W. Normal valerolactone. Ⅲ. Its preparation by the catalytic reduction of levulinic acid with hydrogen in the presence of platinum oxide. J Am Chem Soc, 1930, 52 (7): 3010-3012.
[144] Kyrides L, Craver J. US 2368366, 1945-01-30.
[145] Christian Jr R V, Brown H D, Hixon R M. Derivatives of γ-valerolactone, 1,4-pentanediol and 1,4-di-(β-cyanoethoxy)-pentane. J Am Chem Soc, 1947, 69 (8): 1961-1963.
[146] Dunlop A, Madden J. US 2786852, 1957-03-26.
[147] Broadbent H S, Campbell G C, Bartley W J, et al. Rhenium and its compounds as hydrogenation catalysts. Ⅲ. rhenium heptoxide. J Org Chem, 1959, 24 (12): 1847-1854.
[148] Manzer L E. Catalytic synthesis of α-methylene-γ-valerolactone: a biomass-derived acrylic monomer. Appl Catal A-Gen, 2004, 272 (1-2): 249-256.
[149] Yan Z, Lin L, Liu S. Synthesis of γ-valerolactone by hydrogenation of biomass-derived levulinic acid over RuC catalyst. Energ Fuel, 2009, 23 (8): 3853-3858.
[150] Al-Shaal M G, Wright W R H, Palkovits R. Exploring the ruthenium catalysed synthesis of γ-valerolactone in alcohols and utilisation of mild solvent-free reaction conditions. Green Chem, 2012, 14 (5): 1260-1263.
[151] Primo A, Concepcion P, Corma A. Synergy between the metal nanoparticles and the support for the hydrogenation of functionalized carboxylic acids to diols on Ru/TiO_2. Chem Commun, 2011, 47 (12): 3613-3615.
[152] Ortiz-Cervantes C, García J J. Hydrogenation of levulinic acid to γ-valerolactone using ruthenium nanoparticles. Inorg Chim Acta, 2013, 397: 124-128.
[153] Hengne A M, Rode C V. Cu ZrO_2 nanocomposite catalyst for selective hydrogenation of levulinic acid and its ester to

γ-valerolactone. Green Chem, 2012, 14 (4): 1064-1072.

[154] Bourne R A, Stevens J G, Ke J, et al. Maximising opportunities in supercritical chemistry: The continuous conversion of levulinic acid to gamma-valerolactone in CO_2. Chem Commun, 2007, (44): 4632-4634.

[155] Alonso D M, Wettstein S G, Bond J Q, et al. Production of biofuels from cellulose and corn stover using alkylphenol solvents. Chem Sus Chem, 2011, 4 (8): 1078-1081.

[156] Wettstein S G, Bond J Q, Alonso D M, et al. Ru-Sn bimetallic catalysts for selective hydrogenation of levulinic acid to γ-valerolactone. Appl Catal B-Environ, 2012, 117: 321-329.

[157] Azadi P, Carrasquillo-Flores R, Pagán-Torres Y J, et al. Catalytic conversion of biomass using solvents derived from lignin. Green Chem, 2012, 14: 1573-1576.

[158] Upare P P, Lee J M, Hwang D W, et al. Selective hydrogenation of levulinic acid to γ-valerolactone over carbon-supported noble metal catalysts. J Ind Eng Chem, 2011, 17 (2): 287-292.

[159] Braca G, Raspolli G A M, Sbrana G. Anionic ruthenium iodorcarbonyl complexes as selective dehydroxylation catalysts in aqueous solution. J Organomet Chem, 1991, 417 (1-2): 41-49.

[160] Starodubtseva E V, Turova O V, Vinogradov M G, et al. Enantioselective hydrogenation of levulinic acid esters in the presence of the Ru(Ⅱ)-BINAP-HCl catalytic system. Russ Chem B+, 2005, 54 (10): 2374-2378.

[161] Mehdi H, Fábos V, Tuba R, et al. Integration of homogeneous and heterogeneous catalytic processes for a multi-step conversion of biomass: From sucrose to levulinic acid, γ-valerolactone, 1,4-pentanediol, 2-methyl-tetrahydrofuran, and alkanes. Top Catal, 2008, 48 (1-4): 49-54.

[162] Delhomme C, Schaper L A, Zhang P M, et al. Catalytic hydrogenation of levulinic acid in aqueous phase. J Organomet Chem, 2013, 724: 297-299.

[163] Tukacs J M, Király D, Strádi A, et al. Efficient catalytic hydrogenation of levulinic acid: A key step in biomass conversion. Green Chem, 2012, 14 (7): 2057-2065.

[164] Heeres H, Handana R, Chunai D, et al. Combined dehydration/(transfer)-hydrogenation of C6-sugars (D-glucose and D-fructose) to γ-valerolactone using ruthenium catalysts. Green Chem, 2009, 11 (8): 1247-1255.

[165] Li W, Xie J H, Lin H, et al. Highly efficient hydrogenation of biomass-derived levulinic acid to gamma-valerolactone catalyzed by iridium pincer complexes. Green Chem, 2012, 14 (9): 2388-2390.

[166] Laurenczy G, Grasemann M. Formic acid as hydrogen source-recent developments and future trends. Energ Environ Sci, 2012, 5: 8171-8181.

[167] Johnson T C, Morris D J, Wills M. Hydrogen generation from formic acid and alcohols using homogeneous catalysts. Chem Soc Rev, 2010, 39 (1): 81-88.

[168] Gu X, Lu Z H, Jiang H L, et al. Synergistic catalysis of metal-organic framework-immobilized Au-Pd nanoparticles in dehydrogenation of formic acid for chemical hydrogen storage. J Am Chem Soc, 2011, 133 (31): 11822-11825.

[169] Girisuta B, Janssen L P B M, Heeres H J. A kinetic study on the conversion of glucose to levulinic acid. Chem Eng Res Des, 2006, 84 (A5): 339-349.

[170] Weingarten R, Cho J, et al. Kinetics and reaction engineering of levulinic acid production from aqueous glucose solutions. Chem Sus Chem, 2012, 5 (7): 1280-1290.

[171] Deng L, Li J, Lai D M, et al. Catalytic conversion of biomass-derived carbohydrates into γ-valerolactone without using an external H_2 supply. Angewandte Chemie International Edition, 2009, 48 (35): 6529-6532.

[172] Du X L, He L, Zhao S, et al. Hydrogen-independent reductive transformation of carbohydrate biomass into γ-valerolactone and pyrrolidone derivatives with supported gold catalysts. Angew Chem Int Ed, 2011, 50 (34): 7815-7819.

[173] Deng L, Zhao Y, Li J, et al. Conversion of levulinic acid and formic acid into γ-valerolactone over heterogeneous catalysts. Chem Sus Chem, 2010, 3 (10): 1172-1175.

[174] Du X L, Bi Q Y, Liu Y M, et al. Conversion of biomass-derived levulinate and formate esters into γ-valerolactone over supported gold catalysts. Chem Sus Chem, 2011, 4 (12): 1838.

[175] Yu L, Du X L, Yuan J, et al. A versatile aqueous reduction of bio-based carboxylic acids using syngas as a hydrogen source. Chem Sus Chem, 2013, 6 (1): 42-46.

[176] Kopetzki D, Antonietti M. Transfer hydrogenation of levulinic acid under hydrothermal conditions catalyzed by sulfate as a temperature-switchable base. Green Chem, 2010, 12 (4): 656-660.

[177] Ruiz J R, Jiménez-Sanchidrián C. Heterogeneous catalysis in the meerwein-ponndorf-verley reduction of carbonyl compounds. Curr Org Chem, 2007, 11: 1113-1125.

[178] de Graauw C F, Peters J A, van Bekkum H, et al. Meerwein-ponndorf-verley reductions and oppenauer oxidations an integrated approach. Synthesis, 1994, 10: 1007-1017.

[179] Chia M, Dumesic J A. Liquid-phase catalytic transfer hydrogenation and cyclization of levulinic acid and its esters to γ-

valerolactone over metal oxide catalysts. Chem Commun，2011，47（44）：12233-12235.

[180] Tang X，Hu L，Sun Y，et al. Conversion of biomass-derived ethyl levulinate into γ-valerolactone via hydrogen transfer from supercritical ethanol over ZrO_2 catalyst. RSC Adv，2013，3（26）：10277-10284.

[181] Tang X，Chen H，Hu L，et al. Conversion of biomass to γ-valerolactone by catalytic transfer hydrogenation of ethyl levulinate over metal hydroxides. Appl Catal B-Environ，2014，147：827-834.

[182] Bui L，Luo H，Gunther W R，et al. Domino reaction catalyzed by zeolites with bronsted and lewis acid sites for the production of gamma-valerolactone from furfural. Angew Chem Int Ed Engl，2013，52（31）：8022-8025.

[183] Wang J，Jaenicke S，Chuah G K. Zirconium-Beta zeolite as a robust catalyst for the transformation of levulinic acid to γ-valerolactone via Meerwein-Ponndorf-Verley reduction. RSC Adv，2014，4（26）：13481-13489.

[184] Tang X，Zeng X，Li Z，et al. In situ generated catalyst system to convert biomass-derived levulinic acid to γ-valerolactone. Chem Cat Chem，2015，7（8）：1372-1379.

[185] Yang Z，Huang Y B，Guo Q，et al. Raney Ni catalyzed transfer hydrogenation of levulinate esters to γ-valerolactone at room temperature. Chem Commun，2013，49（46）：5328-5330.

[186] Geboers J，Wang X，Carvalho A B，et al. Densification of biorefinery schemes by H-transfer with Raney Ni and 2-propanol：A case study of a potential avenue for valorization of alkyl levulinates to alkyl γ-hydroxypentanoates and γ-valerolactone. J Mol Catal A-Chem，2013，388：106-115.

[187] Gopiraman M，Babu S G，Karvembu R，et al. Nanostructured RuO_2 on MWCNTs：Efficient catalyst for transfer hydrogenation of carbonyl compounds and aerial oxidation of alcohols. Appl Catal A-Gen，2014，484：84-96.

[188] Kuwahara Y，Kaburagi W，Fujitani T. Catalytic transfer hydrogenation of levulinate esters to γ-valerolactone over supported ruthenium hydroxide catalysts. RSC Adv，2014，4（86）. 45848-45855.

[189] Amarasekara A S，Hasan M A. Pd/C catalyzed conversion of levulinic acid to γ-valerolactone using alcohol as a hydrogen donor under microwave conditions. Catal Commun，2014，60：5-7.

[190] Tang X，Li Z，Zeng X，et al. In-situ catalytic hydrogenation of biomass-derived methyl levulinate to γ-valerolactone in methanol medium. Chem Sus Chem，2015，8（9）：1601-1607.

[191] Manzer. US 20040192933A1，2004-03-23.

[192] Manzer US 7314962B2，2005-04-15.

[193] P. Dunlop，A. US 2780588A，1957-02-05.

[194] Tuteja J，Choudhary H，Nishimura S，et al. Direct synthesis of 1，6-Hexanediol from HMF over a heterogeneous Pd/ZrP catalyst using formic acid as hydrogen source. Chem Sus Chem，2014，7（1）：96-100.

[195] Qiu Y，Xin L，Chadderdon D J，et al. Integrated electrocatalytic processing of levulinic acid and formic acid to produce biofuel intermediate valeric acid. Green Chem，2014，16（3）：1305-1315.

[196] Fabos V，Mika L T，Horvath I T. Selective conversion of levulinic and formic acids to gamma-valerolactone with the Shvo catalyst. Organometallics，2014，33（1）：181-187.

[197] Assary R S，Curtiss L A. Theoretical studies for the formation of gamma-valero-lactone from levulinic acid and formic acid by homogeneous catalysis. Chem Phys Lett，2012，541：21-26.

[198] Tang X，Zeng X H，Li Z，et al. Production of gamma-valerolactone from lignocellulosic biomass for sustainable fuels and chemicals supply. Renew Sust Energ Rev，2014，40：608-620.

[199] Huang Y B，Dai J J，Deng X J，et al. Ruthenium-catalyzed conversion of levulinic acid to pyrrolidines by reductive amination. Chem Sus Chem，2011，4（11）：1578-1581.

[200] 杜贤龙. 催化转化生物质基乙酰丙酸制备高附加值化学品研究. 上海：复旦大学，2012.

[201] Du X L，He L，Zhao S，et al. Hydrogen-independent reductive transformation of carbohydrate biomass into gamma-valerolactone and pyrrolidone derivatives with supported gold catalysts. Angew Chem Int Ed，2011，50（34）：7815-7819.

[202] Wei Y W，Wang C，Jiang X，et al. Highly efficient transformation of levulinic acid into pyrrolidinones by iridium catalysed transfer hydrogenation. Chem Commun，2013，49（47）：5408-5410.

[203] Wei Y W，Wang C，Jiang X，et al. Catalyst-free transformation of levulinic acid into pyrrolidinones with formic acid. Green Chem，2014，16（3）：1093-1096.

[204] Touchy A S，Siddiki S，Kon K，et al. Heterogeneous Pt catalysts for reductive amination of levulinic acid to pyrrolidones. ACS Catal，2014，4（9）：3045-3050.

[205] Kon K，Siddiki S，Onodera W，et al. Sustainable heterogeneous platinum catalyst for direct methylation of secondary amines by carbon dioxide and hydrogen. Chem Eur J，2014，20（21）：6264-6267.

[206] Vidal J D，Climent M J，Concepcion P，et al. Chemicals from biomass：Chemoselective reductive amination of ethyl levulinate with amines. ACS Catal，2015，5（10）：5812-5821.

[207] Ledoux A，Kuigwa L S，Framery E，et al. A highly sustainable route to pyrrolidone derivatives-direct access to

biosourced solvents. Green Chem，2015，17（6）：3251-3254.

[208] Chieffi G，Braun M，Esposito D. Continuous reductive amination of biomass-derived molecules over carbonized filter paper-supported FeNi alloy. Chem Sus Chem，2015，8（21）：3590-3594.

[209] Ortiz C C，Flores A M，Garcia J J. Synthesis of pyrrolidones and quinolines from the known biomass feedstock levulinic acid and amines. Tetrahedron Lett，2016，57（7）：766-771.

[210] Kitamura M，Lee D，Hayashi S，et al. Catalytic leuckart-wallach-type reductive amination of ketones. J Org Chem，2002，67（24）：8685-8687.

[211] Ogo S，Uehara K，Abura T，et al. pH-dependent chemoselective synthesis of alpha-amino acids. Reductive amination of alpha-keto acids with ammonia catalyzed by acid-stable iridium hydride complexes in water. J Am Chem Soc，2004，126（10）：3020-3021.

[212] 王彦钧，李铮，蒋叶涛，等. 乙酰丙酸还原胺化制备5-甲基-2-吡咯烷酮. 生物质化学工程，2017，51（2）：19-25.

[213] GB 5009.252—2016. 食品安全国家标准　食品中乙酰丙酸的测定.

[214] 蔡磊，吕秀阳，何龙，等. 气相色谱法直接分析生物质水解产物中的乙酰丙酸. 分析测试学报，2004，23（6）：104-105.

[215] Zhang，J H，Li，J K，Tang，Y J，et al. Rapid method for the determination of 5-Hydroxymethylfurfural and levulinic acid using a double-wavelength UV spectroscopy. Sci World J，2013，2013：1-6.

[216] 段文仲，郭春海，李真. 高效液相色谱法测定乙酰丙酸的含量. 河北化工，1998，21（3）：56-57.

[217] 贺才珍，傅一敏，胡艾莉. 高效液相色谱法测定酱油乙酰丙酸含量. 上海师范大学学报（自然科学版），2004，33（3）：106-108.

[218] 刘柳，李果，李利军，等. 高效液相色谱法对赤砂糖水解液中三种物质的分离和测定. 化学研究与应用，2012，24（7）：1036-1040.

（曾宪海，左淼，林鹿）

第四篇
热解与活性炭

本篇编写人员名单

主　　编　刘守新　东北林业大学

编写人员（按姓名汉语拼音排序）

蔡政汉　福建农林大学
陈　超　中国林业科学研究院林产化学工业研究所
陈翠霞　福建农林大学
黄　彪　福建农林大学
黄元波　集美大学
李　伟　东北林业大学
林冠烽　福建农林大学
刘守庆　西南林业大学
刘守新　东北林业大学
卢辛成　中国林业科学研究院林产化学工业研究所
孙　昊　中国林业科学研究院林产化学工业研究所
孙　康　中国林业科学研究院林产化学工业研究所
王　傲　中国林业科学研究院林产化学工业研究所
王德超　厦门大学
张　坤　东北林业大学
郑志锋　厦门大学
左宋林　南京林业大学

目　录

第一章 绪 论

木材热解技术是一种将以木材为代表的林产原料转化为化学品和材料的传统技术。自从采用木材等林产原料作为燃料应用开始，人类就开始了木材热解利用的探索。在石油和煤等化石资源大量开采和应用之前，利用林产原料热解炭化生产木炭等固体燃料已经得到广泛应用。在 20 世纪末和 21 世纪初期，由于化石能源资源的日益匮乏，能源价格上涨和环境污染等问题的日益突出，由林产原料热解技术获取生物质能源、化学品和材料重新受到广泛关注和高度重视。热解技术成为林产原料高效利用的主要化学加工方法之一。

第一节 发展历史

一、木材热解发展历史

木材热解在中国已有三千年以上的历史，早期主要用于烧制木炭。商代的青铜器制造和春秋战国时代的铁器冶炼，都使用木炭作为燃料。19 世纪初，俄国出现木材干馏技术制造醋酸及其盐类，用作印染织物的媒染剂（铝盐和铁盐）及颜料（铜盐）。进入 20 世纪，因木材价格上涨以及化石基合成甲醇、醋酸和发酵法丙酮生产的发展，以液体产品为主的木材干馏工业又转向生产木炭为主。1918 年，瑞典 Axel Swedlund 设计了第一台上吸式木炭气化炉，1924 年又制造了第一台下吸式木炭气化炉，用于木材热解气化。第一次和第二次世界大战期间，燃油用于战争导致民用燃料匮乏，以木炭为燃料的气化炉开始用于驱动汽车、船、火车和小型发电机。德国等国家大力开发车载生物质气化器用于民用汽车。第二次世界大战期间，超过 100 万辆运输工具装备了生物质气化炉。1958 年，中国从波兰引进了木材干馏技术，在黑龙江建设了“铁力木材干馏厂”，采用传统的木材热解工艺制备醋酸、甲醇、木焦油及军用活性炭产品。20 世纪 60 年代，中国林业科学研究院林产化学工业研究所自行设计建设了芜湖干馏厂，采用立式连续干馏釜和传统木材热解工艺。自从 1973 年第一次世界石油危机以来，以木材等为原料生产气体燃料和液体燃料的木材气化和液化技术开始受到重视。木材的热解、液化、气化可获得源源不断的能源，各种活性炭尤其是纤维活性炭的开发为人类提供了崭新的材料和产品，在节约资源、能源和净化空气、水、保护环境上起着重要作用。

二、木炭发展历史

木炭是木材或其他木质原料（如竹材、木屑、农林废弃物）在隔绝空气条件下热解所获得的高碳含量生物质炭产品。我国自古就有筑窑烧炭事业，主要集中在浙江、江西、福建、云南、贵州等地的山区。人们将木材放入炭窑点燃后控制适量的空气进行炭化，使木材在热作用下析出挥发分而形成木炭。木炭除了作为燃料之外，还有很多重要的用途。比如木炭有很好的吸附性，可以用来作为建筑或者墓穴的防潮剂。比较著名的是马王堆一号墓出土的女尸，经过 2000 多年依然保存得非常好。原因是在墓穴木撑的四周和上下填塞了一万多斤的木炭，木炭外面又用白膏泥填塞封固，这样才能让这个墓穴保持干燥，让女尸不腐。另外一个典型的应用就是火药，配制黑色火药的大体成分是“一硫、二硝、三木炭”，木炭作为构成黑色火药的主要成分，是必不可少的。火药在人类发展进程中所起到的作用更是不言而喻的。除此之外，木炭在古代绘画、化妆、制香等方面都有重要应用。甚至于人类的金属文明都是以木炭的使用为起点的。在古代已使用木炭作为燃料和还原剂将铜从铜的氧化物中提炼出来。商周时期我国进入青铜时代，而青铜发展的基础是木炭的大量使用，《周礼》中记载，木炭是一种百姓向官府缴纳的重要物资，有专人负责征收木炭。木炭作为一种重要的生产、生活原料，在工业生产和家庭生活中有广泛的应用。木炭可作为民用和工业用燃料、工业硅冶炼的还原剂、金属精制时的覆盖剂以保护金属不被氧化；在化学工业中常作二硫化碳和活性炭等的原料；也用于水的过滤、液体的脱色和制备黑色火药等；还在研磨、绘画、化妆、医药、火药、渗碳、粉末合金等各方面广泛应用。

三、活性炭发展历史

活性炭主要是以木炭、木屑、各种果壳（椰子壳、杏壳、核桃壳等）等高含碳物质为原料，经炭化活化而制得的多孔性吸附剂，主要由六碳环堆积而成[1-4]。与其他吸附剂（如漂白土、酸性白土、硅凝胶、活性氧化铝等）相比，活性炭具有比表面积大、孔隙结构发达、选择性吸附能力强、物理和化学性质稳定、耐酸碱、耐高温等优点，且具有催化作用和可再生等特性，被广泛应用于国民经济各领域。在一定的条件下，活性炭可对液体或气体中的某一或某些物质进行吸附脱除、净化或回收，实现产品的精制和环境的净化。Rapheal von Ostrejko 于 1900 年申请了英国专利 B. P. 14224 和 B. P. 18040，首先研究开发了 CO_2 或者水蒸气活化反应生产具有吸附能力的活性炭，并且成功应用于防毒面具中。1911 年，奥地利的 Fanto 公司和荷兰 Norit 公司首先生产糖液脱色用粉状活性炭。在食品工业方面都要用活性炭进行脱色精制，去除杂质和异味，如制糖、味精、调味品、果胶、酒类、饮料、食用油等，我国食品工业总产值 17000 亿元，在食品方面活性炭消费占总量的 30%，未来五年的年用量估计约 10 万吨。在制药工业方面，为脱色、除臭、提高药物纯度、避免副作用，原料药、针剂类都要经活性炭处理。在防治大气污染方面，国外很多大型电厂采用活性炭脱硫工艺，美、日、西欧早就用活性炭吸附的燃油蒸发装置控制汽车尾气污染。时至今日，活性炭已广泛应用于军工、化工、食品、轻工、医药、农业、环保和水处理等工业和生活的各个方面。随着科学技术的发展和人们生活水平的提高，活性炭已经成为现代工业、生态环境和人们生活中不可或缺的炭质吸附材料。

第二节　活性炭行业现状及主要生产方法

活性炭是一种具有超大比表面积和孔体积、可调孔径分布和表面化学基团的多孔材料，因此活性炭在环境保护领域的应用将越来越多，典型的应用有：室内空气净化、饮用水深度净化、有机溶剂回收、脱硫脱硝脱汞、污水集中处理、土壤修复等。同时，活性炭还可以应用于医学、辐射防护、电子行业等新领域。

一、国内外活性炭行业现状

2018 年，全球活性炭需求量约 165.0 万吨，同比增长 6.7%；2013～2017 年的年均复合增长率为 6.3%[3]；预计到 2025 年全球活性炭需求量接近 210.0 万吨。2018 年全球活性炭市场总额为 54 亿美元，其中水处理应用市场产值为 16 亿美元，空气净化应用市场产值为 11 亿美元，亚太地区活性炭市场在 2017 年度超过 12 亿美元，中国继续主导市场，其次是日本和韩国。在世界范围内，美国卡博特（Cabot）收购荷兰诺瑞特（Norit）后成为全球最大的活性炭生产商，日本大阪天然气有限公司收购瑞典雅可比以来跃升至第二位，美国英杰维特（Ingevity Corporation）为世界第三大活性炭生产商。目前国际上其他主要活性炭生产和销售企业有可乐丽（Kuraray）、HayCalb PLC（斯里兰卡）、吴羽化学（KUREHA 日本）、Donau Carbon GmbH（德国）、Silcarbon Akilotonivkohle GmbH（德国）、Oxbow Activated Carbon（美国）、莱茵集团（RWE Group）、阿科玛（Arkema SA）、美国雅宝公司（Albemarle Corporation）、懿华水处理技术公司（Evoqua Water Technologies Llc）等。

中国是世界上活性炭第一生产大国，产量约占世界活性炭总产量的 1/2。2018 年中国活性炭产量约 89.7 万吨，其中煤质活性炭产量约 43.0 万吨，木质活性炭产量 46.7 万吨，预计到 2025

年活性炭产量接近 100.0 万吨。中国是世界第二大活性炭消费国，仅次于美国，2018 年中国活性炭需求量在 44 万吨左右，全球占比约 26.7%[1-4]。随着国家对活性炭在环保、医药、能源、军工等领域的应用持续增加，2021 年中国活性炭需求量接近 60.0 万吨[5]。

在木质活性炭方面，国内生产企业主要位于福建、江西、浙江、贵州等有丰富森林资源的省份（见图 4-1-1），其中福建、江西和浙江三省的产量占全国木质活性炭总产量的 70%以上。在煤质活性炭方面，国内生产企业主要位于山西、宁夏及新疆等煤炭资源丰富的省份，其中山西、宁夏、新疆三地的产量占全国煤质活性炭总产量的 80%以上[6]。2018 年，中国木质活性炭领域的龙头企业福建元力活性炭股份有限公司，在木质活性炭市场占比 15%以上[7]。虽然中国活性炭企业数量已由 20 世纪 80 年代初的几十家增加到目前的近 500 家，但年产量万吨规模以上的企业不足 10 家。

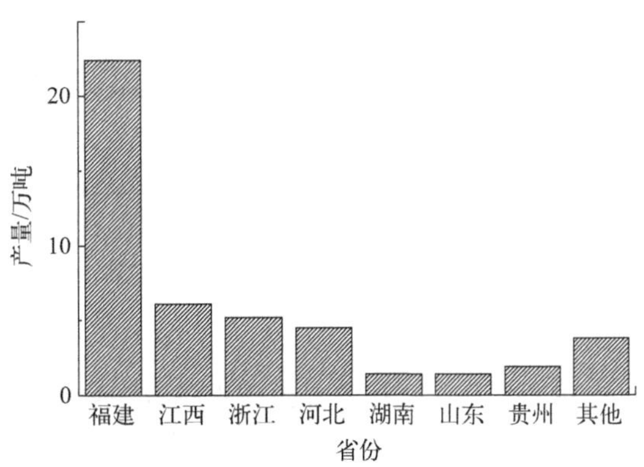

图 4-1-1　2018 年木质活性炭产量分布

未来，受环保及煤炭行业供给侧结构性改革的影响，煤质活性炭的产量将出现下滑；而木质活性炭、椰壳活性炭等产品的产量将稳步提升[6]。由于公众对于空气及水污染会对健康造成危害的意识越来越强，使得全球对活性炭的需求持续增长，因此活性炭产品价格会逐渐上升。

二、活性炭主要生产方法

1. 化学活化法

化学活化法是将各种含碳原料与化学药品均匀地混合后，在一定温度下，经炭化、活化、回收化学药品、漂洗、烘干等过程制备活性炭。常用的化学活化试剂有磷酸、氯化锌、氢氧化钾等。

经过多年的快速发展，我国木质磷酸法粉状活性炭实现了规模化、自动化和清洁化生产，整体技术达到国际领先水平。

氯化锌法活性炭由于其孔径分布集中、选择性吸附力强等特点，在大输液和抗生素等医药产品生产过程中无法由其他吸附剂取代，需求量逐年增加。传统的氯化锌法平板炉活化方式环境污染严重、能耗高，已被明确淘汰。目前，经过技术改进，国内已有多家企业实现了环保排放达标生产，这些企业主要集中在江西和安徽。日本使用外热式回转炉生产氯化锌法活性炭，生产能力大、机械化程度高、产品质量较稳定，是目前国外生产氯化锌法活性炭的主体设备。

氢氧化钾活化法是 20 世纪 70 年代兴起的一种制备高比表面积活性炭的活化工艺，其活化过程是将原料炭与数倍质量的氢氧化钾混合，在不超过 500℃下脱水后于 800℃左右煅烧若干时间，冷却后将产品洗涤至中性即可得到活性炭。用氢氧化钾活化法制备的活性炭通常具有较大的比表面积和孔容积，产品主要应用在超级电容器领域。但由于活化过程中对设备的腐蚀较为严重，尾气处理困难，需要采用特殊的耐腐蚀装置，且连续化程度不高，产业主要集中于制备高端的超级电容器用活性炭。

2. 物理活化法

物理活化法是将含碳原料先炭化，在一定的温度下置于水蒸气、CO_2、空气或烟道气等气体环境中进行活化制备活性炭。常用的物理活化法有水蒸气活化法、CO_2 活化法、热解自活化法等。物理活化法工艺流程相对简单，产生的废气以 CO_2 和水蒸气为主，对环境污染较小，而且最终得到的活性炭产品比表面积高、孔隙结构发达、应用范围广，因此世界范围内的活性炭生产厂家中 70%以上都采用物理活化法生产活性炭[7,8]。物理活化法的基本工艺过程如图 4-1-2 所示，主要包括炭化、活化、除杂、破碎（球磨）、精制等工艺，制备过程清洁，液相污染少。

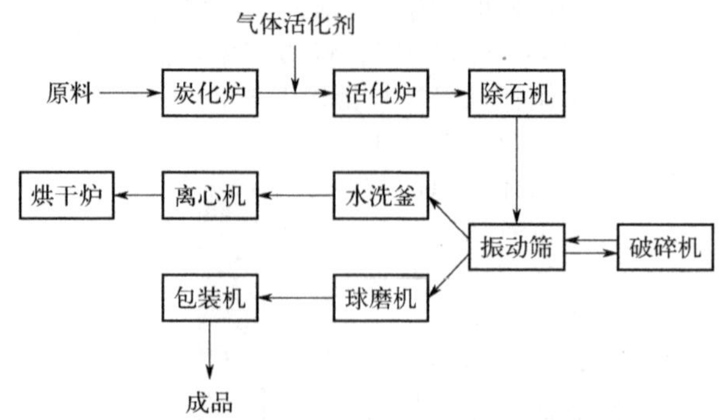

图 4-1-2　物理活化法生产工艺流程示意图

水蒸气活化法的主要生产设备有焖烧活化设备（焖烧炉）、移动床活化设备（多管式炉、斯列普炉和回转炉）和流化床活化设备（卧式和立式流化床）。由于焖烧法能耗大且生产条件差，目前多采用移动床和流化床活化法。回转炉是普遍采用的炉型，生产规模大、可自动控制，需注意蒸汽管排布和设备的密封问题。卧式流化床可使活化过程中气固接触良好，活化均匀，活化速度快，可用于生产高吸附性能活性炭。

因炭与 CO_2 反应的速率比与水蒸气反应的速率慢，而且该反应需要在 800～1100℃的较高温度下进行，在工业生产中一般多采用主要成分为 CO_2 和水蒸气的烟道气作为活化气体，很少单独使用 CO_2 气体进行活化。CO_2 活化法生产的活性炭的特点是 1nm 以下的极微孔发达，适合用于无机气体的吸附分离。

常规物理活化法的活化气体用量大，要经过炭化和活化两步，产品得率低，一般在 10％以下。中国林业科学研究院（简称林科院）林产化学工业研究所开发了生物质原料“热解自活化”的新工艺。具有操作简便、生产周期短、效率高而能耗低等优点[8-10]。此外，该工艺无需任何化学试剂，降低成本的同时还不会污染环境，具有非常好的工业应用前景。

3. 物理-化学活化法

物理-化学活化法顾名思义就是结合应用物理活化和化学活化的方法，即炭先经化学法处理，随后再进一步用物理法（水蒸气或 CO_2）活化。国外研究人员通过 H_3PO_4 和 CO_2 联合活化法制得了比表面积高达 $3700m^2/g$ 的超级活性炭[11]，具体步骤是在 85℃下先用 H_3PO_4 浸泡木质原料，经 450℃炭化 4h 后再用 CO_2 活化。也有研究将物理法和化学法联合，利用物理法的炭化尾气为化学法生产供热，实现生产过程无燃煤消耗，同时得到物理法活性炭和化学法活性炭，该项技术已由中国林科院林产化学工业研究所开发，并在福建元力活性炭股份有限公司建成年产 8000t 的生产线，技术路线如图 4-1-3 所示。

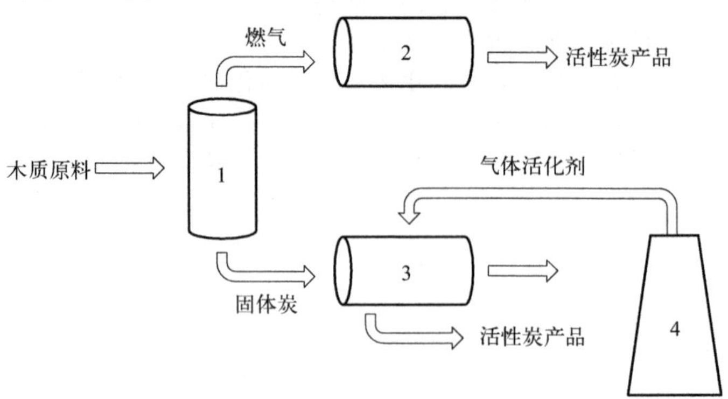

图 4-1-3　物理-化学活化法活性炭一体化制备技术路线

1—热解气化炉；2—化学法转炉；3—物理法转炉；4—余热锅炉

第三节 活性炭产业发展趋势

我国虽然是世界上活性炭生产和出口第一大国，但仍存在生产过程污染较大、产品质量不稳定、应用领域窄、高性能产品主要依赖进口等问题。

（1）国内万吨/年规模以上的企业较少 高性能的物理法活性炭的原料主要为果壳、核桃壳、竹材等。由于我国此类原料资源分布不均，以及原料的季节性和分散性，原料的收集、贮存、运输难度大、成本高，供给不稳定，导致了国内物理法活性炭生产企业数量多且分散，生产规模较小。同时，国内万吨/年规模以上的化学法活性炭生产企业也主要分布在福建、江西、浙江等有丰富森林资源的省份。

（2）活性炭绿色制造技术和产品性能控制手段有待提升 活化剂是化学法制造活性炭的关键，传统的技术不仅需要消耗大量的活化剂，且因为活化剂难以回收而危害环境[10-14]。近些年来，随着科技的发展和活化工艺的进步，活化剂低消耗制造工艺被越来越多地应用。如美国企业通过活化剂低消耗工艺，以磷酸法制备活性炭，每吨活性炭磷酸消耗低于20%；日本企业采用回转炉两段法，在较低温度和较少氯化锌用量下制备高端活性炭[15]。活化剂的低消耗不仅会降低生产成本，还能够实现清洁生产，保护环境。目前，国内仅有福建元力活性炭股份有限公司等几家企业可以将磷酸法活性炭生产的酸耗降至20%以下。

此外，国外企业通过对活性炭微孔结构和表面化学基团的精准调控进行研究，实现了活性炭产品的多样化、专用化和高端化。而国内活性炭企业主要通过碘吸附值、亚甲基蓝吸附值、甲苯吸附率、甲醛吸附率等综合指标来评价活性炭产品的优劣，缺乏活性炭产品结构、性质与其在应用领域的关键性能的构效关系研究，进而导致了部分高端活性炭产品依赖进口的现状。

参考文献

[1] 蒋剑春，孙康. 活性炭制备技术及应用研究综述. 林产化学与工业，2017（1）：1-13.
[2] 古可隆，李国君，古政荣. 活性炭. 北京：教育科学出版社，2008.
[3] 左宋林，王永芳，张秋红. 活性炭作为电能储存与能源转化材料的研究进展. 林业工程学报，2018，3（4）：1-11.
[4] 孙昊，孙云娟，缪存标，等. 我国活性炭产业发展典型案例分析——以福建元力活性炭股份有限公司为例. 生物质化学工程，2021，55（1）：1-9.
[5] 国家林业和草原局. 中国林业和草原统计年鉴（2018）. 北京：中国林业出版社，2019.
[6] 杨旋，何晨露，熊永志，等. 基于碱/尿素溶解体系的自黏结颗粒活性炭的制备. 林产化学与工业，2020，40（3）：130-134.
[7] 孙昊，孙康，蒋剑春，等. 竹材微正压热解自活化制备高吸附性能活性炭的机制研究. 林产化学与工业，2019，39（5）：19-25.
[8] 邓荣俤，伍清亮. 中国木质活性炭产业发展情况报告. 福建林业，2013（4）：14-16.
[9] 蒋剑春. 活性炭制造与应用技术. 北京：化学工业出版社，2017.
[10] 黄博林，陈小阁，张义堃. 木炭生产技术研究进展. 化工进展，2015，34（8）：3003-3008.
[11] Stanton R. The charcoal dilemma：Finding a sustainable solution for brazilian industry. Bioresource Technology，1996，58（1）：97.
[12] 左宋林. 磷酸活化法活性炭孔隙结构的调控机制. 新型炭材料，2018，33（4）：289-302.
[13] 吴艳姣，李伟，吴琼，等. 水热炭的制备、性质及应用. 化学进展，2016，28（1）：121-130.
[14] 刘雪梅，蒋剑春，孙康，等. 热解活化法制备微孔发达椰壳活性炭及其吸附性能研究. 林产化学与工业，2012（2）：126-130.
[15] 孙昊，孙康，蒋剑春，等. 竹材微正压热解自活化制备高吸附性能活性炭的机制研究. 林产化学与工业，2019，39（5）：19-25.

（刘守新）

第二章　木材热解基础

传统上，木材热解是指在隔绝空气或通入少量空气的条件下，将木材（如薪炭材、森林采伐或木材加工剩余物等）加热，使其分解并制取各种热解产品的方法。木材热解包括木材干馏、木材炭化、木材气化、松根干馏等。近年来，作为林化专业三大支柱之一的木材热解工艺得到了长足发展。热解加工工艺适用的原料从木材扩展到了生物质，在生物质能源领域即生物油的制备方向受到了广泛关注。

第一节　木材热解概述及其过程

一、木材热解概述

热解（pyrolysis，thermal decomposition 或 thermal degradation）是一种热化学转化技术，其理论基础是热化学。热解是指在无氧或缺氧条件下，含碳有机高分子在较高温度下所发生的复杂物理化学变化[1]。在加热过程中，高分子有机化合物首先分解成种类繁多的小分子产物，随后这些小分子产物之间能发生包括缩合或聚合在内的一系列复杂化学反应，即二次反应[2]。在热解过程中，高分子有机化合物也会发生形态与相变等物理变化，引起高分子强度等性能的变化。高分子有机物包括人工合成高分子和天然高分子。从化学本质上来看，木材热解的原料是天然高分子，因为它们主要是由纤维素、半纤维素、木质素等高分子所组成。

热解产物通常包括固体、液体和气体三类。固体产物为炭，液体产物是热解过程中所产生的可冷凝性气体小分子，气体产物则来源于热解产生的不可冷凝性小分子产物。不同形态的热解产物可以进一步加工成气体或液体燃料、化学品和材料。因此，热解是一种高效的化学转化技术。它适合加工利用的原料种类繁多，分布范围很广，地域性限制少，只要是含碳的物质，几乎都可以利用；其次，热解方法能够较彻底地加工利用各种含碳原料。林产原料是来源非常丰富的可再生资源，因此，林产原料热解是热解技术的主要应用领域。

木材热解原料主要包括：a. 木材、竹材等森林资源及其采伐与加工剩余物，如树皮、锯屑、板皮、刨花等木质加工剩余物；b. 椰子壳、核桃壳、油茶壳、杏核、桃核及橄榄核等果壳和果核；c. 竹木材料和制品使用后的废弃物，拆除旧建筑物的废旧门、窗、地板等所产生的大量木质废弃物；d. 林产原料工业加工过程中产生的含碳有机废渣，如栲胶渣、糠醛渣、水解木质素和浸提松香生产中的废明子木片等。木材热解原料也可以是农作物及其加工剩余物，如农业生产中产生的稻草、玉米秆等秸秆剩余物，以及甘蔗渣、谷壳等加工剩余物。

这些林产原料种类多、来源丰富，同时性质差异大，分布范围广，不够集中，且大多数体积大、密度小、不利于运输。因此，一方面，要针对林产原料的特点进行开发利用；另一方面，由于林产原料的工业利用，尤其是热解消耗的原料量大，对林产原料的持续性供应能力要求较高。在实际的工业化利用过程中，应深入细致调查原料资源的来源和特点，确定合理的生产规模，以保证生产能正常地进行，才能取得较好的经济效益。

二、木材热解过程

林产原料热解已有很长的应用历史。古代木材干馏制备木炭以及林产原料作为燃料使用的燃烧技术，其理论基础都是林产原料热解。因此，以木材为代表的林产原料的热解研究很早就得到了人们的关注。其中最突出的研究成果是 1909 年 Klason 等进行的木材干馏实验，该成果奠定了林产原料热解的理论基础，其结论至今仍被广泛认可和应用[1]。他们通过测定外热式干馏釜的木材干馏过程中的釜外温度、釜内温度以及生成不凝性气体和馏出液的速率，分析了木材干馏过程中气体和液体生成量以及反应热的变化情况，其结果见图 4-2-1。该图被称为木材干馏的 Klason 曲线。根据该曲线，木材干馏被大体划分为四个阶段。

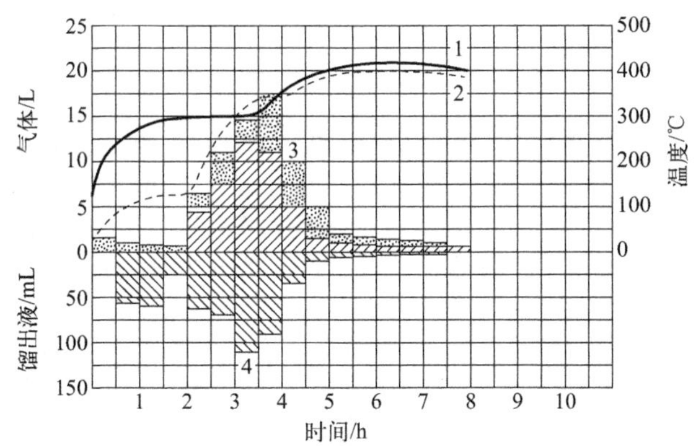

图 4-2-1　在外热式干馏釜中木材热解温度、时间与产物的关系

1—釜外温度；2—釜内温度；3—气体产物；4—馏出液

1. 干燥阶段

当加热升温至 150℃之前，木材等林产原料主要发生水分的蒸发，即干燥阶段，馏出液中基本上是水。同时，有少量气体产物逸出，主要来源于林产原料颗粒内部毛细管道里的空气及加热原料产生的少量二氧化碳。在图 4-2-1 所示的 Klason 热解曲线中，该阶段主要发生在最初的 2h 内。

在该阶段，木材中的水分蒸发需要消耗大量的热量，抑制了干馏釜内温度的升高，导致干馏釜内温度明显低于干馏釜外温度。Klason 热解曲线显示，当加热到 2h 时，干馏釜内温度低于 150℃，但干馏釜外的温度已升高到 290℃左右。

在干燥阶段，木材的化学组成基本不变。在隔绝空气的条件下将木材加热到 160℃时，木材的重量损失率仅为 2%。

2. 预炭化阶段

当加热温度升高到 150～275℃时，木材等林产原料中化学性质相对不稳定的高分子组分发生较明显的分解，这些成分主要是半纤维素、部分无定形区域的纤维素及其他糖类物质。反应产生的馏出液中除了水以外，还含有少量的醋酸、甲醇等有机物质；生成的不凝性气体中除了二氧化碳以外，还有一氧化碳等可燃性成分，且随着温度的升高而逐渐增加。在 Klason 热解曲线中，预炭化阶段处于加热时间为 2～3h 的范围内。

从 Klason 热解曲线上可以看出，在该阶段，木材热解所产生的气体和液体产物明显增加，干馏釜内的升温速率高于釜外的升温速率。这主要是由于干馏釜内木材已干燥完毕，导致木材的热容显著减少，木材升温速率提高。但这一阶段仍需要外界提供能量才能保证预炭化的顺利进行。

在木材等林产原料的预炭化阶段，原料的化学组成开始发生较明显变化，其颜色转变为褐色，但尚未转变成木炭。

3. 炭化阶段

当加热温度达到 275℃以后，木材等林产原料中的纤维素和木质素组分剧烈分解，产生大量的气体和液体产物。气体产物中除二氧化碳外，还有一氧化碳、甲烷、氢气等可燃性成分，且它们的比例随着热解温度的升高逐渐上升；热解液体产物中除含有较多的水分外，还含有较高含量的醋酸、甲醇、木焦油等有机物。在 400～450℃，生成的液态和气态产物逐渐减少，但气体产物中的氢气和甲烷等可燃性气体成分比例继续增加。在450℃，热分解过程基本结束，木材的固体残留物基本转变为木炭。

在图4-2-1的Klason热解曲线中，该阶段处于加热时间为3～5h的范围内。可以观察到，木材热解的炭化阶段有两个显著特点：a. 产生了大量的气体和液体产物；b. 干馏釜内温度超过釜外温度。这表明，在这一阶段，木材的急剧热解产生了大量的热。因此，木材热解的炭化阶段基本不需要外界提供额外热量。

4. 煅烧阶段

当加热温度达到450℃后，林产原料中的纤维素、半纤维素和木质素等主要高分子组分的热分解基本完成，所产生的液体和气体产物急剧减少，固体残留物已经转变为炭的基本结构。Klason热解曲线显示，在这一阶段，干馏釜外加热温度又超过了釜内温度，因此，煅烧是一个吸热阶段，需要吸收外界供给的热量。而且可以观察到，釜内外的温度差基本保持不变，表明釜内物质的热容、传热速率以及反应所需的热量变化不大。

尽管上述木材热解的四个阶段是Klason利用干馏实验观察和分析得到的，但其结论被广泛地应用于各种生物质原料的热解研究[3,4]，也不断被后来的研究工作者采用更加精密的仪器和更加详细的研究结果所证实。因此，把林产原料热解分为四个基本阶段成为林产原料热解的主要基础知识。

第二节　木材热解的主要产物与用途

从形态来看，林产原料热解有固体、液体和气体三种产物。木材热解可以得到固态产物木炭、液态产物粗木醋液和气态产物木煤气，它们的得率随原料种类、热解条件和设备的不同而有较大差异。表4-2-1是在400℃下，在外热式固定床炭化炉中，1～1.5kg三种木材热解得到的不同状态产物的得率以及液体和气体产物的主要组成[2]。

表4-2-1　400℃下三种木材常规热解（慢速与常压）的产物组成及其得率　单位：%

产物类型	产物名称	产物得率(占绝干原料质量)		
		桦木	松木	云杉
木炭		33.66	36.40	37.43
粗木醋液	沉淀木焦油	3.75	10.81	10.19
	溶解木焦油	10.42	5.90	5.13
	挥发酸(以醋酸计)	7.66	3.70	3.95
	醇(以甲醇计)	1.83	0.89	0.88
	醛(以甲醛计)	0.50	0.19	0.22
	酮(以丙酮计)	1.13	0.26	0.29
	酯(以乙酸甲酯计)	1.63	1.22	1.30
	反应水	21.42	22.61	23.44
	合计	48.34	45.58	45.40
气体	二氧化碳	11.19	11.07	10.95
	一氧化碳	4.12	4.10	4.07
	甲烷	1.51	1.49	1.58
	乙烯	0.21	0.14	0.15
	氢气	0.03	0.03	0.04
	合计	17.06	16.93	16.79
损失		0.94	1.09	0.38
总计		100	100	100

一、固体产物

在较高的热解温度下，林产原料都可以转化为炭。它们通常是按照原料的种类进行命名。木材、竹材和稻草热解生成的固体产物可以分别叫作木炭、竹炭和稻草炭。值得说明的是，通常情况下，生物质炭指的是秸秆等农作物加工剩余物原料热解炭化生产得到的固体产物炭。但从原料来源来看，所有生物质原料制备的炭都可以称为生物质炭[1]。木材热解得到的炭得率通常在30%左右（占绝干原料木材质量），它与热解温度、树种、树龄、取材部位及来源都有关[2]。木炭的组成与性能是其应用的基础。

（一）木炭的组成与性能

1. 木炭的元素组成

碳元素是木炭的主要元素，一般约占80%以上。除此以外，还含有少量的氧、氢、氮、磷、硅等非金属元素和钙、镁、铁、钾、钠等金属元素。在炭化过程中，随着炭化温度的不断升高，木炭中的氢、氧及氮元素不断形成气态物质而挥发，导致它们含量的逐渐下降和碳元素含量的逐渐升高，表现为木炭挥发分的降低和固定碳含量的升高。木炭中的硅、钙、镁、铁、钾、钠等元素，在炭化过程中不能形成挥发性物质，因此，它们随着炭得率的降低而升高[2]。与黑炭相比，白炭的挥发分含量较低，固定碳含量较高，这与其烧制温度比黑炭高有关。表4-2-2为炭化温度对木炭元素组成的影响。

表 4-2-2　炭化温度对木炭元素组成的影响

炭化温度/℃	得率(质量分数)/%		元素组成(质量分数)/%					
			桦木炭			松木炭		
	桦木炭	松木炭	C	H	O+N	C	H	O+N
350	39.5	40.0	73.3	5.2	21.5	73.2	5.2	21.5
400	35.3	36.0	77.2	4.9	17.9	77.5	4.7	17.8
450	31.5	32.5	80.9	4.8	14.3	80.4	4.2	14.4
500	29.3	30.0	85.4	4.3	10.4	86.3	3.9	9.8
600	26.8	27.3	90.3	3.3	6.4	90.2	3.4	6.4
700	24.5	24.9	92.3	2.8	4.0	92.9	2.9	4.2
800	23.1	23.8	94.9	1.8	3.3	94.7	1.8	3.6
900	23.5	22.6	96.4	1.3	2.3	96.2	1.2	2.6

木炭中硫、磷等元素含量很少。木炭含磷量比树皮炭少，其含磷量都小于0.08%；针叶材炭含磷量更少，在0.02%以内，最少的仅0.0004%。因此，炭化前剥去树皮能降低炭化物中磷元素含量。

2. 挥发分

炭化料经高温缺氧煅烧释放出的一氧化碳、二氧化碳、氢气、甲烷及其他不凝性气体产物，导致炭化料质量减少的部分统称为挥发分。挥发分的测定方法是将干燥至恒重的炭化试样置于带盖的挥发分坩埚内，放入650℃的马弗炉中煅烧7min，求出试样在煅烧前后的质量减少分数，即为挥发分含量。

从挥发分的含义和测试方法来看，木炭中的挥发分主要来源于炭化料中未完全炭化的脂肪族碳链、部分没有形成类石墨微晶的芳环碳等。制备木炭的炭化温度越低，木炭的炭化程度也越低，木炭的氢、氧含量越高，碳元素含量越小，则木炭的挥发分越高。表4-2-3显示，随着炭化温度的升高，木炭的挥发分含量减少；挥发分组成中的二氧化碳、一氧化碳、甲烷、乙烯的含量下降，氢气含量上升。因此，挥发分是衡量木炭等植物纤维原料基炭的一个非常重要的质量指标[5]。

表 4-2-3　炭化温度对木炭挥发分含量与组成等性质的影响

炭化温度/℃	挥发分含量/%	木炭挥发分产量/(m^3/100kg)	挥发分组成(体积分数)/%					木炭热值/(kJ/kg)
			CO_2	CO	CH_4	C_2H_4	H_2	
280	28.09	35.20	10.09	24.58	33.77	0.57	29.95	29565
330	26.66	35.51	8.60	24.89	33.42	0.25	32.72	29816
375	25.87	34.9	8.89	25.22	31.27	0.31	34.18	30274
400	23.93	32.79	8.91	24.24	32.66	0.25	33.77	31025
475	18.72	29.31	7.69	20.32	27.16	0	44.69	33777
500	16.79	28.32	7.01	18.34	25.83	0	48.68	33944
600	10.24	20.22	4.71	16.75	22.24	0	56.16	34778
700	6.42	12.21	6.51	17.76	17.79	0	57.78	35070

3. 灰分

炭在空气中完全燃烧后，剩下的灰白色至淡红色固体残留物是灰分，又称作灼烧残渣或强热残分。灰分由多种金属氧化物和盐类组成，主要来源于原料中的无机成分。植物纤维原料炭的灰分包括二氧化硅、金属氧化物和一些盐类物质，一些木炭的灰分组成及其含量如表 4-2-4 所示。值得注意的是，高温灼烧会引起这些无机物质发生化学变化，灰分的无机物存在状态并不一定能反映它们在炭化物及生物质原料中的原始状态。灰分中的金属元素对木炭的应用（如木炭活化制备活性炭）有一定的影响，需要引起重视。

表 4-2-4　木炭的灰分组成及其含量

树种	灰分/%	灰分的元素组成及含量(质量分数)/%									
		Si	Fe	Al	Ca	Mg	Mn	P	Ti	B	As
桦木	2.78	4.37	1.240	0.56	31.48	4.71	1.36	0.84	1.141	0.030	0.0007
山毛榉	2.42	2.73	0.283	0.17	30.15	5.25	1.37	1.53	0.048	0.017	0.0008
千金榆	2.18	1.41	0.231	0.06	41.92	6.34	3.10	2.54	0.034	0.034	0.0014
硬阔叶材	2.71	2.72	0.715	0.55	23.39	5.34	1.14	1.71	0.056	0.028	0.0012
阔叶材	2.45	2.61	0.500	0.31	22.38	5.71	1.18	1.61	0.049	0.030	0.0009
松树	0.75	11.50	1.290	2.03	26.84	2.29	2.20	0.96	0.158	0.046	0.0002

随着植物纤维原料的种类和生长条件的不同，植物纤维原料制备的炭的灰分含量变化很大。如木炭或竹炭的灰分含量通常在 1%～4%，但秸秆、稻壳等农作物加工剩余物植物纤维原料的灰分含量通常大于 10%，有的可以高达 30%。木材不同部位所制备的木炭的灰分含量也有较大差异，如表 4-2-5 所示。

表 4-2-5　木材不同部位烧制的木炭的灰分含量

树种	灰分(质量分数)/%					
	树桩	树干	树梢	枝桠	小枝条	树皮
松树	0.53	0.55	1.03	1.05	1.70	1.88
山杨	0.98	1.27	2.08	5.54	10.06	10.14
桦木	0.57	0.56	1.21	1.00	2.79	4.07

4. 固定碳

固定碳是一个假定的概念，它代表在高温缺氧条件下煅烧炭化料时，木炭及其他生物质炭中保留的不含灰分的物质。固定碳含量可以用下式计算得到：

$$C=(1-V-A)\times 100\%$$

式中，C 为固定碳含量，%；V 为挥发分含量，%；A 为灰分含量，%。

实际上，木炭中固定碳的含量在较大程度上反映了木材等生物质原料的炭化程度。炭化温度越高，碳元素含量越高，氢和氧等元素含量越低，则固定碳含量越高，反之亦然[6]。因此，固定碳是了解炭的结构和应用性能的重要指标。

5. 机械强度

对于具有固定形状的炭或其成型物，它们的强度是非常重要的性能指标。炭的机械强度分为耐压强度和耐磨强度两种，分别反映其抵抗压碎和磨损的能力。例如，耐压强度小于 8.83MPa 的木炭不适于作冶金工业的还原剂；椰壳炭、杏核壳炭、橄榄核炭、核桃壳炭等具有较好的机械强度，尤其是椰壳炭具有极好的耐压强度和耐磨强度，因此，它们是生产颗粒活性炭的优质原料。在贮存、运输过程中，机械强度大的炭损失少。

由于木材本身的力学性能具有各向异性，因此木炭的机械强度也显示出各向异性，其耐压强度沿纤维方向的纵向最大、径向次之、弦向最小[7]。如表 4-2-6 所示，木炭强度随树种、炭化温度和时间等炭化工艺的不同而不同。桦木炭的耐压强度大于松木炭；400℃烧制的木炭耐压强度最小；炭化时间长、升温速率缓慢能提高木炭的耐压强度。表 4-2-7 列出了三种木材生产的木炭的密度。可以看出，木材的种类对木炭的密度有明显的影响。而且生产木炭采用的炭化设备也影响木炭的密度。

表 4-2-6 松木炭及桦木炭的耐压强度 单位：MPa

炭化温度/℃	松木炭						桦木炭					
	炭化 3h			炭化 12h			炭化 3h			炭化 12h		
	纵向	径向	弦向	纵向	径向	弦向	纵向	径向	弦向	纵向	径向	弦向
300	10.02	1.89	1.49	13.06	2.19	1.63	18.67	1.93	1.34	19.42	2.60	2.16
400	7.80	1.47	1.11	9.75	1.74	1.28	15.10	1.78	1.34	14.86	2.40	1.81
500	9.02	2.35	1.81	11.08	2.43	1.92	15.74	1.99	1.45	17.31	2.65	2.27
550	9.81	2.61	2.24	10.38	2.36	2.29	16.57	2.28	1.62	17.62	2.66	2.28
600	10.20	2.86	2.44	11.33	2.62	2.34	18.85	2.93	1.92	19.81	3.60	2.66

表 4-2-7 木炭密度与树种的关系

树种	木材密度/(kg/m^3)	木炭密度/(kg/m^3)	
		隧道窑	室式窑
桦木	610	185～206	160～170
松木	570	141～147	130～132
云杉	480	118～125	110～120

6. 密度

多孔质材料的密度通常需要用堆积密度、颗粒密度和真密度来表示。

堆积密度又叫充填密度或松密度，是在规定条件下以试样的充填体积为基准所表示的密度。堆积密度通常用量筒法测定。充填体积包括颗粒之间的空隙、颗粒内部孔隙和颗粒无孔真实体积三部分，堆积密度的计算式为：

$$\rho_b = m/V_{充} = m/(V_{真}+V_{孔}+V_{隙})$$

式中，ρ_b 为充填密度，g/cm^3；m 为试样的质量，g；$V_{充}$ 为试样的充填体积，cm^3；$V_{真}$ 为试样的真实体积，cm^3；$V_{孔}$ 为试样颗粒内部的孔隙体积，cm^3；$V_{隙}$ 为试样颗粒间的空隙体积，cm^3。

颗粒密度又叫块密度、汞置换密度，是在规定条件下以试样的颗粒体积为基准所表示的密度。颗粒密度通常用压汞液体置换法测定。计算颗粒密度的体积包括试样颗粒内部的孔隙和颗粒无孔真实体积两部分，不包括颗粒间的空隙体积。颗粒密度的计算式为：

$$\rho_p = m/V_{颗} = m/(V_{真}+V_{孔})$$

式中，ρ_p 为颗粒密度，g/cm^3；$V_{颗}$ 为试样的颗粒体积，cm^3。

真密度又叫绝对密度，是在规定条件下以试样的无孔真实体积为基准所表示的密度，即仅仅包括试样颗粒的无孔真实体积，不包括试样颗粒之间的空隙体积和颗粒内部的孔隙体积，因此真密度为：

$$\rho_t = m/V_{真}$$

式中，ρ_t 为真密度，g/cm^3。

多孔质炭材料的真密度通常采用小分子气体（如氮气、氩气等）置换法测定。这些气体分子体积小，能够渗透到多孔质炭材料内部的孔隙，而且不发生化学吸附，因此，可以全部脱附出来，对多孔质炭材料的孔隙结构影响很小。但由于用于置换的气体分子种类不同，其分子尺寸大小不同，因此能够吸附到多孔质炭材料内部的孔隙大小也有差异。不同置换分子所测定的多孔质炭材料的真密度也有差异，如表 4-2-8 所示。

表 4-2-8　椰子壳活性炭的某些液体置换密度

液体	置换密度/(g/cm³)	液体	置换密度/(g/cm³)
汞	0.865	石油醚	2.042
水	1.843	二硫化碳	2.057
丙醇	1.960	丙酮	2.112
氯仿	1.992	乙醚	2.120
苯	2.008	戊烷	2.129

上述三种密度是木炭、竹炭等植物纤维原料炭常用的密度表示方法。一般来说，它们取决于原料的种类、炭化或活化工艺等因素[8]。表 4-2-9 显示了炭化温度对木炭密度及孔隙率的影响。木炭的真密度主要受炭化温度的影响，与树种的关系不大，其数值在 1.4～1.8g/cm^3。

表 4-2-9　炭化温度对木炭密度及孔隙率的影响

炭化温度/℃	堆积密度/(g/cm³)	真密度/(g/cm³)	孔隙率(体积分数)/%		
			总孔隙率	微孔部分	过渡孔部分
400	0.365	1.398	73.9	1.16	1.38
450	0.363	1.428	74.6	1.36	2.21
500	0.362	1.435	74.8	2.57	2.53
600	0.348	1.447	76.0	4.13	1.38
700	0.354	1.491	76.3	4.42	1.27
800	0.382	1.666	77.1	5.31	1.14
900	0.400	1.746	77.1	5.36	1.04

7. 孔隙率

孔隙率是多孔质材料中颗粒内部孔隙体积占颗粒总体积的百分率。它表示孔隙发达程度。其数值可以由多孔材料的颗粒密度与真密度的数值计算求得。孔隙率的计算式如下：

$$\theta=V_g/V_{颗}=1-(\rho_p/\rho_t)$$

式中，θ 为孔隙率；V_g 为孔容积；$V_{颗}$ 为颗粒体积。

木炭、活性炭等多孔炭材料的孔隙率是反映它们应用性能的重要指标，它们的孔隙率不仅与其吸附应用有关，而且与其反应速率有关。孔隙率越高，吸附能力越强，参与反应的表面积越大，因此反应速率也越快。

8. 导电性能

随着炭化温度的升高，木炭和竹炭能由绝缘体转变为半导体[5]。这种转变通常发生在600～700℃，即在这一炭化温度范围内，木炭和竹炭的电阻率急剧下降，最终转变为半导体[9]。表4-2-10显示了桦木炭的电阻率随炭化温度的变化情况。木炭和竹炭的导电性能也具有各向异性，其中木炭和竹炭的轴向导电性能最好，径向次之，弦向最小。

表 4-2-10 桦木炭的电阻率与炭化温度的关系

炭化温度/℃	木炭纵向比电阻/(Ω·cm)	桦木炭元素组成(不计灰分)/%		
		C	H	O+N
400	1×10^9	77.2	4.9	17.9
450	0.8×10^8	80.9	4.8	14.3
500	0.5×10^2	85.0	4.3	10.7
600	0.7×10	91.3	3.3	5.4
700	0.4×10	93.3	2.8	3.9
800	0.6	94.8	1.8	3.4
900	0.4	96.5	1.3	2.2
100	0.3	97.6	0.6	1.8
1200	0.2	98.8	0.2	1.0

9. 炭的反应能力与自燃

众所周知，炭是一种优良的还原剂。因此，炭的反应能力通常是指在高温下，将二氧化碳还原成一氧化碳的能力。对于二氧化碳被炭还原成一氧化碳的反应，木炭中的某些金属元素具有催化这一反应的能力，因此，木炭的灰分也是影响木炭反应能力的一个不可忽视的因素。

木炭等植物纤维原料炭的还原反应速率不仅和炭本身的还原能力有关，而且还与炭的孔隙发达程度有关。反应速率常数主要取决于两相之间相互接触发生反应的表面积的大小和反应温度。植物纤维原料通常都有较发达的天然孔隙结构，因此，所制备的炭也具有一定的孔隙结构，是一种多孔材料，测定多孔性物质的反应表面积比较困难，因而常使用以单位质量的炭为基准的表观反应速率常数来衡量其反应速率[2]。一些木炭的表观反应速率常数见表4-2-11。由于不同原料的天然孔隙结构与灰分不同，因此，树种对炭的表观反应速率常数有较大的影响，且随着反应温度的升高而增加。

表 4-2-11 一些木炭的表观反应速率常数

树种	炭化设备	不同反应温度下的表观反应速率常数/[cm^3/(g·s)]	
		800℃	900℃
千金榆	卧式干馏釜	1.2385	2.9572
水青冈	卧式干馏釜	3.6195	4.3310

续表

树种	炭化设备	不同反应温度下的表观反应速率常数/[cm^3/(g·s)]	
		800℃	900℃
桦木	立式干馏釜	2.3117	4.1692
桦木	隧道窑	2.0147	4.3310
杨木	隧道窑	5.4246	7.5066

由于木材具有天然孔隙结构，因此，木材等植物纤维原料制备的炭的孔隙结构比较发达，孔隙率一般在70%以上，比表面积有时可达200～300m^2/g，具有较强的吸附能力。炭容易化学吸附空气中的氧气，发生某些氧化还原反应，放出热量，致使木炭、竹炭和生物质炭等的温度升高，达到其着火点时便发生自燃。腐朽材烧制的木炭质地疏松、孔隙率大，运输及贮存时易形成碎块和炭粉，不利于通风、散热，比正常木炭容易自燃。

由木材所制备的炭的自燃容易造成安全事故，需要预防避免。从炭化炉中取出的新鲜炭或者长期堆积的炭容易发生自燃。因此，新鲜炭尽量在较低温度下取出，或者取出后立即在密闭容器中进行冷却，尽量避免炭样与氧气的接触。储存时应尽量筛除炭屑，除去细小炭粉颗粒，堆放在通风、遮雨、无阳光直射的场所，不宜堆得太大，并远离火种等。在木炭生产过程中应严格限制使用腐朽材，并力求原料木材的大小及含水率均匀一致，以保证生产出质量均匀的木炭；提高炭化温度，提高木炭着火点。

10. 热值

木炭等植物纤维原料炭在燃烧过程中能放出大量的热，这是它们作为固体燃料使用的基础[10]。木炭等燃料的热值是将它们完全燃烧时所放出的热量，通常使用量热仪进行测定。

木炭等植物纤维原料炭的热值与它们的元素组成有关，其中碳和氢含量越高，则热值越大。因此，炭化温度越高，制备的炭的热值也越大，如表4-2-12所示。

表4-2-12 炭化温度对木炭热值的影响

炭化温度/℃	炭得率/%	元素组成(不计灰分)/%			高位热值/(kJ/kg)	木炭发热量/(kJ/kg)
		C	H	O		
100	100.0	47.41	6.54	46.05	19810	19810
200	92.6	59.40	6.12	34.48	20790	19250
300	53.6	72.36	5.38	22.26	26650	15400
350	46.8	73.90	5.11	20.98	31070	14540
400	39.2	76.10	4.90	19.00	32610	12780
450	35.0	82.25	4.15	13.60	32990	11740
500	33.2	87.70	3.90	8.40	34080	11310
550	29.5	90.10	3.20	6.70	34280	10110
600	28.6	93.80	2.65	3.55	34360	9830
650	28.1	94.90	2.30	2.80	34570	9710
700	27.2	95.15	2.15	2.70	34740	9450

11. 导热性能及热容

木炭、竹炭等的导热性能随着炭化温度的升高而增大，且随树种不同而有所差异。它们的导热性能也呈现出各向异性。其中轴向的导热性能最好。木炭的纵向热导率通常为0.8～1.1kJ/(m·

h·℃)，横向热导率为 0.3～0.5kJ/(m·h·℃)。

(二)木炭的用途

人类应用木炭等林产原料热解所产生的炭已有几千年的历史，它广泛应用于人类生活和生产的许多方面，是一类重要的产品与制品。生物质炭是通过包括许多林产原料在内的生物质原料通过热解炭化或气化所生产的炭化产物或副产物，它们来源丰富，在工业、环保和农业领域都显示出较强的应用潜力[1]。

1. 作为燃料使用

木炭等直接作为燃料使用可以追溯到大约 60 万年以前，人类开始使用火的时期。目前木炭和薪材仍是许多第三世界国家的主要民用燃料。在发达国家则主要作为烧烤具有独特风味的食品与壁炉等的燃料。与煤等燃料相比，林产原料制备的炭的硫与氮含量很低。因此，林产原料所制备的燃料炭环保安全，是一种绿色燃料。在过去几十年中，把各类林产原料如农林加工废料压制成型再经炭化制备炭棒，已受到越来越多的关注。这种方法不仅可以充分利用农林废弃物，而且可以生产出高性能的燃料炭。炭的燃料性能与炭的化学组成密切相关，碳含量越高，其热值越高，炭的燃烧性能越好。

2. 在冶炼行业的应用

用木炭炼铁已有几千年的历史。木炭等在冶炼领域的应用主要有两个方面：一是炭作为还原剂还原金属氧化物和盐，从而达到生产各种金属、非金属或合金的目的；二是作为表面的保护剂，或与金属形成金属碳化物来提高金属的抗腐蚀或被氧化的能力或力学性能。

与煤和焦炭相比较，用木炭冶炼的生铁杂质含量少，质地紧密均匀，质量好，更适于生产优质钢。木炭还用于生产硅铁合金、铬铁合金及钼铁合金等多种铁合金。例如，生产 1t 97%的硅铁合金，要消耗约 1.2t 木炭。

结晶硅是将破碎至一定规格的石英矿石、木炭及焦炭，按照一定比例放在电炉中通电加热到 2000℃生产出来的。用于生产结晶硅的木炭应该强度大，灰分少，不得含有炭头等杂质。木炭是生产结晶硅的优良还原剂。每生产 1t 结晶硅，约需 1.4t 木炭。其反应过程如下：

$$SiO_2+C \longrightarrow SiO+CO$$
$$SiO+C \longrightarrow Si+CO$$

在有色冶金工业中，木炭还用作表面助熔剂，广泛应用于铜及铜合金（铜磷合金、铜硅合金、铍青铜合金)、锡合金、铝合金、锰合金及硅合金等合金的生产过程。木炭在熔融的金属表面形成保护层，使金属表面与气体介质隔离。以减少熔融金属的飞溅损失，并可减少金属中气体杂质的含量。

木炭是制造渗碳剂的原料。渗碳剂用于钢质零件表面渗碳，提高表面硬度。渗碳的原理是高温下木炭氧化生成一氧化碳，一氧化碳在转变成二氧化碳的同时，放出原子态的碳。原子态碳与钢铁零件表面的铁接触，生成 Fe_3C 并溶于奥氏体中，再逐渐向零件内部渗透，从而使钢铁零件表面的碳含量增加。桦木炭渗碳剂的质量标准见表 4-2-13。

表 4-2-13　桦木炭渗碳剂的质量标准

名称	一级	二级	名称		一级	二级
碳酸钡含量(质量分数)/%	20±2	20±2	水分(质量分数)/%		≤4.0	≤4.0
碳酸钙含量(质量分数)/%	≤2.0	≤2.0	粒度组成	<3.5mm	≤2	≤2
硫含量(质量分数)/%	≤0.04	≤0.06		3.5～10mm	≥92	≥92
二氧化硅含量(质量分数)/%	≤0.2	≤0.3				
挥发分(质量分数)/%	≤8	≤9		>10mm	≤6	≤6

3. 制造二硫化碳

二硫化碳是挥发性无色液体，易燃、有毒、具强折光性。沸点46℃，凝固点−109℃。对硫、磷、碘、生橡胶、各种油脂及树脂类物质等具有良好的溶解性能，常用作溶剂，广泛应用于人造丝、玻璃纸、橡胶轮胎、帘子线等制品以及四氯化碳和黄原酸盐等化学品的生产中。制造二硫化碳的木炭要求密度及机械强度大，挥发分含量少，固定碳含量高，灰分及水分含量低。因此，常用阔叶材木炭作原料。每生产1t二硫化碳，需要木炭约0.5t，硫黄约1.2t。

工业上是在800℃高温下，将硫黄蒸气与木炭层反应合成二硫化碳。为了提高二硫化碳的纯度，减少杂质含量，宜用不含有机物质的棒状硫黄作原料；木炭要破碎成2～5cm的颗粒，并预先在500～600℃下煅烧除去水分及降低挥发分含量。否则，会有副反应发生而生成硫化氢、硫氧化碳及硫醇等杂质。

4. 生产活性炭

现代工业中，林产原料热解得到的固体炭产物是生产活性炭的主要原料之一。如木炭、竹炭与椰壳炭等各种果壳炭是生产活性炭的优质原料。生产活性炭的原料炭要求具有一定的挥发分、较低灰分和一定的强度。如果采用水蒸气活化，1t原料炭通常可以生产出0.3～0.5t活性炭。

5. 在农林业中的应用

林产原料炭孔隙结构发达，吸附性能好，化学性质稳定，灰分中还含有多种微量元素。因此，土壤中施用少量的木炭与生物质炭以后，能提高土壤通气性能和保持水分的性能；能促进微生物的繁殖，提高土壤的肥力，具有改良土壤的作用。并且，它们还起到农药、肥料的缓释作用，延长农药、肥料效力。

试验结果表明，土壤中施用适量的木炭或生物质炭粉末，能提高豆类作物、菠菜等叶类蔬菜，以及胡萝卜、萝卜、洋葱、芋头等的产量；在林业方面能提高茶叶的产量和质量，促进果树萌发新根，有助于恢复老树的树势等。

在寒冷的高纬度地区，撒布木炭粉还具有促进冰雪融化、提高地温的作用。

6. 其他用途

在民间，木炭作为药已有很长的历史。尤其是在东亚地区，包括古代的中国、日本和韩国，都有使用木炭解毒、治疗胃病等方面的历史。同时，木炭粉作为饲料添加剂用于养猪、鸡、鱼等。试验结果表明，木炭具有防治动物腹泻、痢疾的作用，还能促进生长，提高鸡的产蛋量。木炭和竹炭还具有调湿功能，应用于室内空气湿度调节和家庭装修中。木炭还具有防腐功能，如中国长沙马王堆出土的木乃伊，其能保持2000多年就是由于使用了很厚的木炭作为防腐剂。木炭还可以作为研磨剂，用于工艺品景泰蓝及漆器的研磨抛光作业，以增加它们的美观。

二、液体产物

热解液体产物是林产原料热解生成的可冷凝性气体产物经过冷凝得到的产物的总称。林产原料的热解液体产物通常含有较多的醋酸，呈酸性。通常把木材热解液体产物称为粗木醋液，由竹材或稻草热解得到的液体产物称为竹醋液或草醋液。经几天静置后，这些粗醋液通常会分成两层，上层是澄清醋液，下层是沉淀焦油。例外的情况是，由于针叶材有发达的树脂道，含有较多树脂分泌物，因此，针叶材热解得到的粗木醋液有三层，上层是粗松节油，中层是澄清木醋液，下层是沉淀木焦油。林产原料热解得到的液体产物得率与原料种类、加热速率和热解压力等条件有关[1,2]。在常规热解条件下，其产率约占绝干木材质量的45%～50%。

1. 澄清木醋液

澄清木醋液是黄色至红棕色液体，显酸性，对水的相对密度为1.02～1.05（20℃）。其化学组成和性质随原料树种及热解温度而异。常规热解方法得到的澄清木醋液通常含有80%～90%的水分和10%～20%的有机物质[11,12]。有机化合物的种类很多，有时达200多种，包括羧酸、醛、酮、醇、酚、酯和芳烃等各类有机化合物。其中羧酸主要有醋酸、甲酸、丙酸等饱和脂肪酸，丙烯酸等不饱和脂肪酸，乙醇酸等醇酸，糠酸等杂环酸；醛类主要包括甲醛、乙醛、糠醛等；酮类主要包括丙酮、甲乙酮、甲丙酮、环戊酮等；醇类主要包括甲醇、丙烯醇等；酚类主要包括苯酚、甲酚、邻苯二甲酚、愈创木酚、邻苯三酚等；酯类主要包括甲酸甲酯、乙酸甲酯、丁内酯等；芳烃主要包括苯、甲苯、二甲苯和萘等；还包括呋喃、甲基呋喃等杂环化合物和甲胺等胺类物质。

木材等林产原料热解所得到的醋液含有较多水分，且有机物质种类非常多。在我国石油化工不发达的20世纪50～70年代，曾采用分离提纯的方法，从澄清木醋液中提取过甲醇、醋酸、丙酮、愈创木酚等多种有机化合物产品，但由于其中有机物含量低，分离成本非常高，因此，对其中组分进行分离提纯得到化学物质后再利用的途径不可取。目前，主要是把醋液作为一种有机水溶液直接利用，或者通过简单加工，把澄清醋液分离成几部分水溶液后再利用。澄清醋液可以用作杀菌剂、土壤改良剂及作物生长促进剂等。

2. 沉淀木焦油（木焦油）

林产原料热解焦油的主要组分是酚类成分。沉淀木焦油是黑色、黏稠的油状液体，相对密度为1.05～1.15，通常含有10%左右的水分。酚类化合物主要有苯酚、甲苯酚、二甲苯酚等一元酚，邻苯二酚、愈创木酚及其衍生物等二元酚，邻苯三酚及其衍生物等三元酚[13]。针叶材热解木焦油中酚类含量大于阔叶材。

木焦油通过减压蒸馏可以得到不同的馏分，其中愈创木酚等物质是较珍贵的医药原料。木焦油经过加工以后，可以得到药用木馏油、杂酚油、抗聚剂、抗氧剂、浮选剂、水泥防潮剂、杀虫剂、除莠剂等产品，用于工业和农业领域。沉淀木焦油也可以作为黏结剂和炭材料的原料。包括木焦油在内的各类热解焦油的高效利用还有待进一步研究开发。

3. 粗松节油

针叶材干馏的粗木醋液澄清后分离出来的粗松节油，为红褐色液体，相对密度为0.95～1.02。主要成分是萜烯类与萜烯醇类物质，如蒎烯、莰烯、双戊烯、雄刈萱醇等。此外，还含有少量的醛、酮类物质。粗松节油可以作为精油加以开发利用。

上述热解液体产物，有的来源于木材热分解的初级产物，有的来源于初级产物相互间发生二次反应生成的次级产物。但有的产物来源于初级热分解与二次反应两条途径[14]。例如，醋酸来源于木材组分中乙酰基和低聚糖的热分解，以及按下式进行的二次反应两种途径。

$$CH_3OH + CO \longrightarrow CH_3COOH$$

与羧酸类物质类似，甲醛、乙醛、糠醛等醛类物质也源自木材组分的热分解和二次反应两条途径。

甲醇主要来自于木材中所含有的甲氧基。甲氧基主要存在于木质素、果胶及全纤维素中，阔叶材热解时甲醇产量较高与阔叶材木质素的甲氧基含量较高有关。但是，木材中仅部分甲氧基在热解时转变成甲醇，其余甲氧基部分进入木焦油、木煤气及木炭之中。

丙酮等酮类产物主要是由二次反应生成的。如醋酸按下式分解生成丙酮，真空热解木材时未观察到丙酮的生成也能证实这一观点。

$$2CH_3COOH \longrightarrow CH_3COCH_3 + CO_2 + H_2O$$

酯类物质也是由二次反应生成的。木材干馏生成的醇类物质及酸类物质相互作用生成酯类。

三、气体产物

木材等林产原料热解都会产生不可冷凝性的气体产物，主要包括CO_2、CO、CH_4、H_2以及少量乙烯等组分[15,16]。它们来源于木材等林产原料初级热解产物和二次反应产物。其中二次反应对气体产物的得率与组分都有非常显著的影响[17,18]。因此，林产原料热解气体产物的得率与组成取决于原料的种类、热解温度、热解压力和升温速率等热解条件。随着热解温度的升高，气体产物中CO_2及CO的含量减少，CH_4、C_2H_4及H_2的含量增加。

木材常规热解生成的不凝性气体称作木煤气，其产率约占绝干原料木材质量的16%～18%。

桦木、松木和云杉在400℃下常规热解所收集到的木煤气的气体组成见表4-2-1。木煤气可以作为燃料燃烧直接提供热量或发电，也可以经过精制作为合成甲醇、乙醇和烃类气体等燃料的合成气使用。

第三节 木材主要组分的热解机理

纤维素、半纤维素和木质素是林产原料的主要组分，林产原料的热解是这些高分子组分热解的综合体现，因此，掌握纤维素、半纤维素和木质素热解的基本规律是深入了解林产原料热解的基础。

一、纤维素的热解

纤维素是由D-葡萄糖以1,4-β-苷键连接起来的链状高分子化合物，大分子结构简单、清晰。因此，在林产原料组分热解机理的研究中，与半纤维素和木质素相比，纤维素热解机理的研究工作开展早，已有半个多世纪的历史。目前，人们普遍接受的纤维素热分解机理是形成左旋葡萄糖酐的β-苷键断裂方式[19,20]。一般认为，该纤维素热分解过程可以分为如下四个阶段，其反应式见图4-2-2。

第一阶段：干燥阶段。纤维素含有较多的羟基，能吸附较多的自由水。在100～150℃，纤维素吸附的自由水蒸发。纤维素大分子的化学性质不变。但纤维素大分子的结晶度发生了一定的变化。

第二阶段：葡萄糖基脱水阶段。纤维素大分子的葡萄糖基脱水反应发生在150～240℃，纤维素的化学性质随之发生变化。该阶段反应生成的产物是反应水，主要来源于两类反应：一是纤维素大分子之间氢键上的氢和羟基之间发生的脱水反应，即氢键的断裂；二是葡萄糖环内的氢与氢氧根之间的脱水反应，生成了具有羰基官能团的糖类分子。但纤维素大分子的聚合度基本不发生变化，大分子结构未受到显著破坏。

第三阶段：热裂解阶段。当热解温度超过240℃以后，纤维素的热分解反应逐渐变得剧烈。在300～375℃，纤维素的热分解反应最激烈，在400℃左右纤维素热解基本结束。在该阶段，首先发生的是纤维素大分子中苷键的断裂反应，纤维素大分子结构遭到破坏发生降解。结果生成比较稳定的左旋葡萄糖酐（即1,6-脱水-β-D-吡喃葡萄糖），以及单糖、脱水低聚糖和多糖等初级降解产物。

随着热解温度的进一步升高，脱水低聚糖及多糖等初级降解产物结构中的碳碳键及碳氧键发生断裂，裂解成一氧化碳、二氧化碳、水及其他产物。并且，初级裂解产物还会通过脱水、热裂解、歧化等多种化学反应转化成醋酸、甲醇、木焦油及木炭等复杂的热解产物。

第四阶段：聚合及芳构化阶段。当热解温度达到400℃后，纤维素热分解产生的初级降解产物的碳碳键和碳氧键断裂，释放出一氧化碳等低分子产物，残留的碳碳键通过芳构化反应形成稠合芳环结构并最终转变成固体产物炭。同时，上述苷键断裂生成的左旋葡萄糖酐进一步转变成液态木焦油。

纤维素热分解的开始阶段主要发生纤维素的脱水和苷键的断裂反应，当添加其他化学试剂影响这一反应历程时，纤维素热分解反应产物就会发生显著的变化。表4-2-14显示了在添加化学药品的情况下，纤维素在600℃下热分解主要产物的组成及得率情况[21]。由表4-2-14可见，当添加了质量分数为5%的磷酸、磷酸氢二钠或氯化锌时，纤维素热分解产物的得率明显发生变化。其中最显著的变化是固体炭及反应水的得率大大增加，而焦油及其他有机产物的产率明显下降。这是由于这些质子酸和路易斯酸促进了纤维素的脱水反应，生成了更多的水，从而降低了纤维素中的氢和氧元素与碳反应生成焦油及其他有机化合物的概率，使原料中的碳元素能更多地转化成固态的炭产物[22,23]。

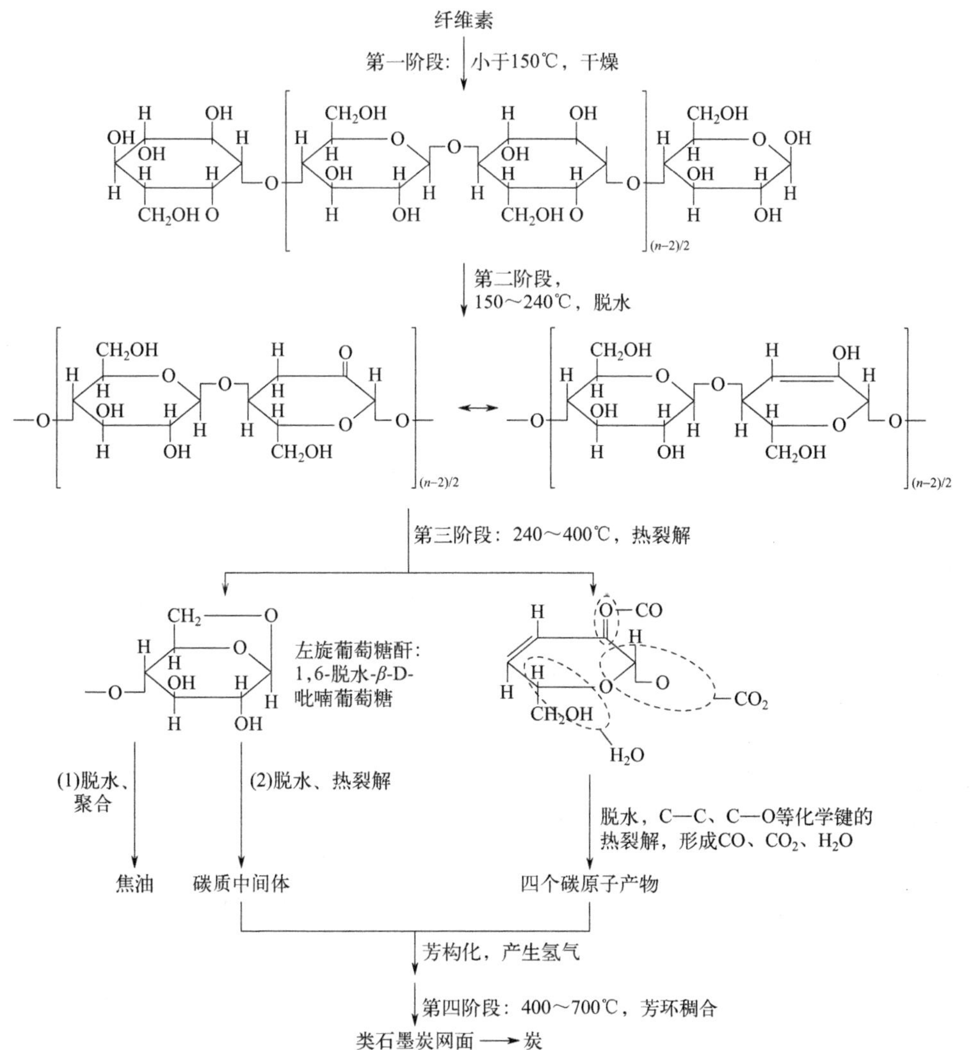

图 4-2-2　纤维素热解机理示意图

表 4-2-14　600℃下纤维素的热解产物组成及得率

产物名称	用以下化学溶液处理过的纤维素的得率(占绝干原料质量)/%			
	纯纤维素	5% H_3PO_4	5% $(NH_4)_2PO_4$	5% $ZnCl_2$
木炭	5	24	35	30
反应水	11	21	26	23
乙醛	1.5	0.9	0.4	1.0
呋喃	0.7	0.7	0.9	3.2
丙烯醛	0.8	0.4	0.2	痕量
甲醇	1.1	0.7	0.9	0.5
2-甲基呋喃	痕量	0.5	0.5	2.1
2,3-丁二酮	2.0	2.0	1.6	1.2

续表

产物名称	用以下化学溶液处理过的纤维素的得率(占绝干原料质量)/%			
	纯纤维素	5% H_3PO_4	5% $(NH_4)_2PO_4$	5% $ZnCl_2$
1-羟基-2-丙酮,乙二醛	2.8	0.2	痕量	0.4
醋酸	1.0	1.0	0.9	0.8
2-糠醛	1.3	1.3	1.3	2.1
5-甲基-2-糠醛	0.5	1.1	1.0	0.3
二氧化碳	6	5	6	3
焦油及损失	66	41	26	31

二、半纤维素的热解

半纤维素与纤维素都属于高聚糖，其热分解反应过程与纤维素相似。同样，在热解过程中，半纤维素先后经过脱水、苷键断裂、热裂解、缩聚及芳构化等反应过程。比较表 4-2-14 和表 4-2-15 可以看出，半纤维素与纤维素的热分解产物类似。同样，与纤维素类似，在半纤维素中添加质量分数为 5% 的 $ZnCl_2$ 时，热解所产生的固体炭及反应水的得率显著增加，焦油等有机化合物的得率显著减少，这也是由于路易斯酸 $ZnCl_2$ 促进了半纤维素的脱水作用。

由于半纤维素的化学性质没有纤维素稳定，因此半纤维素发生热分解的温度较低。微分热重量分析（TGA）及示差热分析（DTA）的研究结果表明，半纤维素热分解温度在木材的三种主要组分中是最低的[24]。例如，半纤维素中的脱乙酰化半乳糖基葡甘露聚糖，在 145℃时就开始热分解，比纤维素开始热分解的温度低。并且，半纤维素发生剧烈热分解的温度范围是 225～325℃，低于纤维素的剧烈热分解温度范围。

表 4-2-15　500℃下某些半纤维素的热解产物组成及得率

产物名称	产物得率(占绝干原料质量)/%			
	木聚糖		邻乙酰基木聚糖	
	未处理	5% $ZnCl_2$	未处理	5% $ZnCl_2$
木炭	10	26	10	23
反应水	7	21	14	15
乙醛	2.4	0.1	1.0	1.9
呋喃	痕量	2.0	2.2	3.5
丙酮,丙醛	0.3	痕量	1.4	痕量
甲醇	1.3	1.0	1.0	1.0
2,3-丁二酮	痕量	痕量	痕量	痕量
1-羟基-2-丙酮	0.4	痕量	0.5	痕量
1-羟基-2-丁酮	0.6	痕量	0.6	痕量
醋酸	1.5	痕量	10.3	9.3
2-糠醛	4.5	10.4	2.2	5.0
二氧化碳	8	7	8	6
焦油及损失	64	32	49	35

三、木质素的热解

木质素的化学结构复杂，且木质素的结构随原料来源、分离方法的不同而有较大差异，导致木质素热解机理的研究变得非常复杂，且难以得到一致的结论。与纤维素和半纤维素是一种直链线性高分子不同，木质素是由苯丙烷结构单元构成的三维交联高分子。因此，木质素的热解温度范围比纤维素和半纤维素都宽，热解完成的温度要高[25,26]。研究结果表明，木质素热分解反应发生在250～500℃之间。从气态及液态产物的生成速率来看，其热分解反应在310～420℃比较剧烈。

当木质素被加热到250℃时，开始放出二氧化碳及一氧化碳等含氧气体。当温度升高到310℃后，其热分解反应变得剧烈，进入放热反应阶段，生成大量的挥发性气体产物。生成的可冷凝性产物中有醋酸、甲醇、木焦油及其他有机化合物；不凝性气体中开始有甲烷等烃类物质出现[27]。当热解温度超过420℃以后，生成的气量逐渐减少，热解反应基本完成。

表4-2-16列出了水解木质素及用盐酸法从松树、云杉、杨木3种木材中提取出来的木质素的热分解产物的组成状况。由表4-2-16可知，与纤维素及半纤维素相比较，木质素热分解的木炭得率要高得多。

表4-2-16 几种木质素的热解产物组成和得率

产物名称	产物得率(占绝干原料重量)/%			
	水解木质素	盐酸法木质素		
		松木	云杉	杨木
木炭	55.80	50.60	45.66	44.30
反应水	—	15.75	29.15	30.50
酸类	0.48	1.29	1.28	1.28
甲醇	1.92	0.90	0.83	0.87
丙酮	—	0.29	0.18	0.27
气体	24.70	14.00	8.04	7.05
木焦油	7.15	13.00	13.83	14.25
损失	—	4.13	1.03	1.48

四、林产原料的热解

从许多木材的热重分析曲线来看，木材等林产原料热解的质量损失是综合各组成高分子热解的结果，其剧烈热分解的温度范围大致处于250～400℃。原料种类不同，其剧烈热分解范围有所变化。图4-2-3显示了杨木及其3种主要组分的热重分析结果，从这些热重分析曲线可以看出杨木及其组分高分子的热分解温度和失重变化趋势。

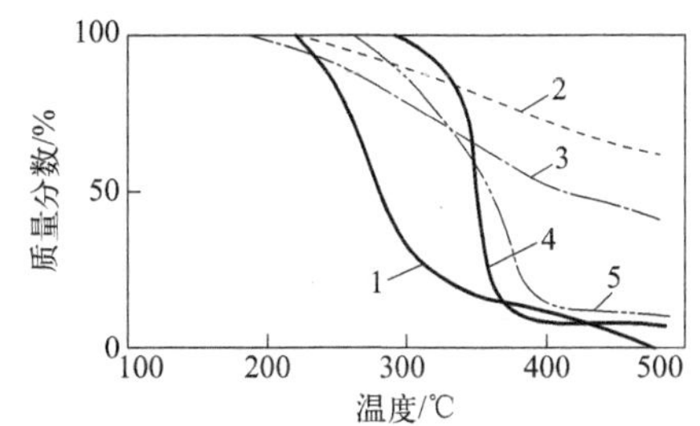

图4-2-3 杨木及其主要高分子组分的热重分析结果

1—木聚糖；2—酸法木质素；3—磨木木质素；4—纤维素；5—杨木

由于林产原料与其各组分的初级热解反应是固相分解反应，因此，它们的初级热解及其产物的相互影响不明显，这也导致它们的固体产物得率是各组分热分解的综合结果[28]。然后，在热解产物之间发生的二次反应过程中，由于它们是气相反应和固气相之间的反应，因此，它们所发生的二次反应无疑要受到热解产物各组分的影响，尤其是液体和气体产物的得率、组成以及反应热。有人根据木材在高度真空（绝对压力 1.33Pa）下热分解时不发生放热反应，而在高压（3.2MPa）下热分解时发生非常剧烈的放热反应推测，发生放热反应与木材热分解生成的初级产物之间进行的二次反应有关。

第四节　林产原料热解的主要影响因素

一、林产原料的性质

1. 含水率

林产原料的含水率影响林产原料热解的时间和能耗，并对产品质量有一定的影响。含水率大时，增加干燥阶段需要的时间和能源消耗，增加热解液体产物中水分含量，降低了有机产物浓度；含水率太低时，升温速率提高，热解速率加快，放热反应更加剧烈。

不同的热解方法对林产原料的含水率有不同的要求。例如，内热式连续热解炉要求原料具有较低的含水率，通常为10％～20％；外热式热解炉次之，为15％～25％；而使用炭窑、移动式炭化炉等炭化装置时，原料含水率的允许范围则较宽。生物质热解气化要求的原料含水率随气化装置的不同而不同。生物质热解液化通常要求使用含水率低的原料。林产原料的炭化对含水率的要求则随炭的用途不同而有所不同。在实际热解技术应用中，考虑到干燥的能耗问题，需要综合考虑干燥需要的能耗和具体的热解技术来选择合适的原料含水率。

2. 原料尺寸

林产原料的导热性通常比较差，且具有各向异性。因此，通过锯断、劈开甚至粉碎原料，以缩短传热距离，促进传热，提高热解速率和节省热解时间。而且原料粒度越大，原料内部热分解产物逸出的距离增长，导致二次反应发生的概率显著增大，影响产物的组成和性质。

另外，木片、木屑、果壳和秸秆等原料的颗粒度过小，则通气阻力大，不利于传热。合适的颗粒粒度需要根据原料的性状与热解设备的种类而变化。

3. 原料灰分

林产原料通常有一定含量的灰分，其主要成分是钾、钠、钙、镁、铁等金属的氧化物或碳酸盐，硫、氮、磷和硅等非金属氧化物和其他化合物。灰分中的部分金属化合物有时会催化林产原料热解反应的进行，影响热解反应历程与产物；有的金属或非金属氧化物在高温热解过程中会熔化或挥发，影响设备的正常运行和产物的纯度。尤其是秸秆和农作物果壳类林产原料具有较高的灰分含量，需要更加重视这些灰分对热解过程所造成的不利影响。

4. 原料组成与结构

林产原料的组成与结构有时会由于人为或天然的因素受到影响或破坏。如研磨、化学或生物降解和蒸煮等，不同程度地破坏林产原料的细胞壁结构，或者降解纤维素、半纤维素和木质素高分子，它们都会明显影响这些林产原料热解的基本特征与热解产物的组成，甚至影响热解技术的运用。

木材腐朽是在微生物的作用下，木材中的生物高分子发生降解而引起原料化学组成和结构的变化，从而改变林产原料热解过程和产物的组成。木材腐朽是由于木材感染了木腐菌。常见的木腐菌有白腐菌和褐腐菌两类，都属于真菌。白腐菌主要降解木质素，对纤维素的破坏较少，腐朽后的木材因含有较多的纤维素而呈白色。相反地，褐腐菌主要破坏纤维素，腐朽的木材因含较多的木质素而呈褐色。有的真菌会使纤维素和木质素均被破坏，从而彻底损坏木材的结构。用腐朽木材进行原料干馏时，得到的木炭质地疏松、易碎、易自燃；液态有机物的得率降低；木煤气得率增加。腐朽的木材不适于作为炭化原料，但适于进行热解气化和液化。

二、热解温度

林产原料的热解温度是指加热原料达到的最高温度，它是影响热解产物组成和性质的主要因素之一。在林产原料的热分解没有完成之前，热解温度决定了某一热解条件下林产原料断裂的化学键种类；热解对二次反应发生的范围和基本内容有决定性的影响。图 4-2-4 和图 4-2-5 显示了热解温度对松木和桦木常规热解产物得率的影响。由图 4-2-4 和图 4-2-5 可见，随着热解温度的升高，固体残留物木炭的得率下降，并且在 270～400℃下降幅度最大，而酸类、木焦油、各种有机物质、反应水及不凝性气体的得率都增大。

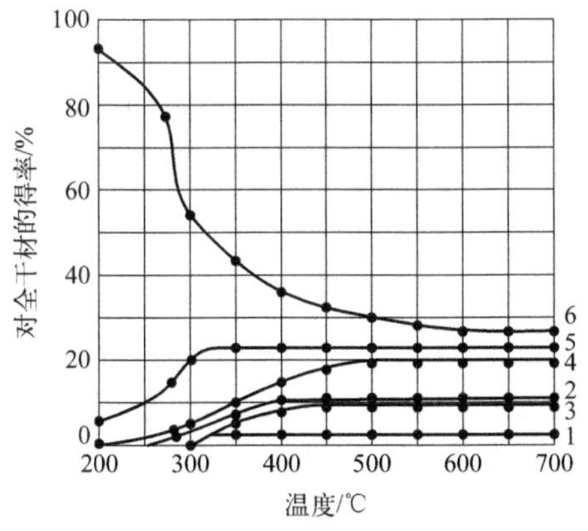

图 4-2-4 松木热解温度与产物得率的关系

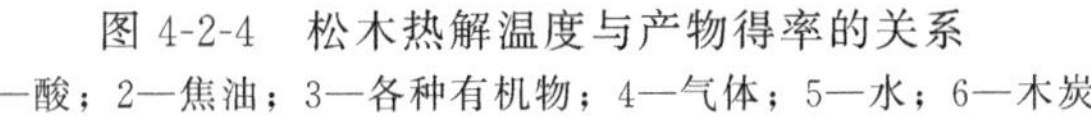
1—酸；2—焦油；3—各种有机物；4—气体；5—水；6—木炭

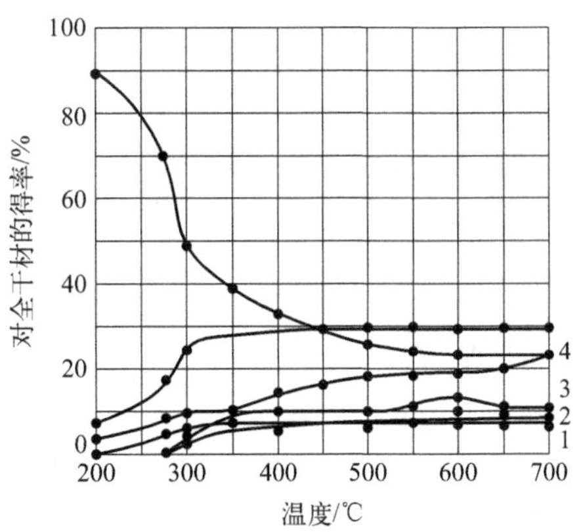

图 4-2-5 桦木热解温度与产物得率的关系

1—酸；2—焦油；3—各种有机物；4—气体

表 4-2-17 列出了松木和桦木在不同热解温度下得到的木醋液的主要成分。由表 4-2-17 可以看出，在 200℃时，热解松木和桦木得到的液体产物中，仅有少量的酸类物质存在；280℃时开始出现木焦油及其他有机物；到达 400℃时，在粗木醋液中，除木焦油外，酸类及其他有机物的浓度已经达到或者接近最大值；在 550℃左右，木醋液中木焦油的浓度达到最大。这表明，随着热解温度的升高，首先生成反应水及酸类物质，在较高的温度下逐渐生成其他各种有机物和木焦油。热解温度决定固体炭的得率和性质，包括炭的元素组成、导电性和强度等性质。

表 4-2-17 热解温度对粗木醋液组成的影响

热解温度/℃	粗木醋液的组成(质量分数)/%							
	酸类		木焦油		其他有机物		反应水	
	松木	桦木	松木	桦木	松木	桦木	松木	桦木
200	3.57	5.77	—	—	—	—	96.43	94.23
280	12.24	19.88	10.30	5.60	6.0	4.87	71.46	69.66
300	9.41	16.02	21.38	12.07	7.92	9.56	61.39	62.35
350	8.49	9.01	20.89	12.59	15.92	18.49	54.70	59.91
400	7.70	13.51	20.60	13.08	20.29	19.23	51.41	54.18
450	7.64	13.68	21.57	13.15	20.38	18.57	50.41	50.60
500	7.54	13.54	21.95	13.16	21.03	18.89	49.28	54.40
550	6.98	12.60	23.13	13.90	21.84	21.40	48.39	52.26
600	7.18	13.06	23.03	13.95	20.96	20.54	48.83	53.45
650	7.07	12.98	23.33	14.28	21.35	19.61	48.24	53.20
700	6.96	13.17	23.23	14.64	21.47	20.31	48.34	51.88

三、升温速率

升温速率是影响林产原料热解的主要因素之一。由于林产原料的初级热分解是一个固相反应，而且林产原料结构疏松，导热能力差，因此，升温速率是影响林产原料热解产物得率和组成的重要因素，同时也影响林产原料热解装置的生产能力。

在实际的热解过程中，升温速率由加热功率、加热方式、物料的种类和性状（如堆积密度、粒度等）、热解装置等因素综合决定。升温速率是设计热解装置时的一个主要考虑因素，其尺寸大小和结构、加热方式、材料都与最终设备的升温速率有关。目前，在采用快速和闪速热解技术进行生物质液化过程中，要求在几秒钟内，将原料快速升温至500～600℃，如此高的升温速率对快速和闪速热解设备的设计提出了很高的要求，这也已经成为这些热解技术应用的关键技术和难题。

四、热解压力

林产原料热解产生大量的挥发性气体物质，显然热解压力对林产原料的热分解会产生明显的影响。已有研究发现，在真空状态下木材热分解没有产生明显的放热现象，而在高压下放热则异常剧烈。这可能是由于降低热解压力，大大减小了二次反应发生的概率。在试验室条件下常规热解100kg桦木时，压力对产物得率的影响状况见表4-2-18。

表4-2-18　压力对桦木热解产物得率的影响

热解釜内压力/MPa	产物得率(占绝干木材质量)/%						
	木炭	酸类	甲醇	甲醛	木焦油	反应水	木煤气
0.0007	19.54	9.35	1.20	1.20	37.18	21.00	9.00
0.1	36.51	6.32	1.42	—	16.96	22.64	16.03
0.84	40.48	5.44	1.53	—	9.28	22.28	21.21
9.0	44.00	4.23	2.57	—	—	—	—
20.0	33.60	5.67	3.11	—	—	—	—

然而，不论是真空热解还是加压热解，都对热解装置的强度和密封性能提出了更高的要求，增加了操作的复杂性。特别是在真空热解时，如果设备密封性不佳，外界空气容易吸入热解设备中，与热解产生的富含CO和H_2的气体产物混合，易发生爆炸。因此，工业上林产原料热解基本上是在常压下进行的。

五、热解气氛

在热解过程中，为了提高原料的传热速率或提高某一类产物的产率，通常都要通入某种气体作为热解气氛，它们可能参与或影响热解挥发性气体产物之间或与炭之间发生的二次反应，从而影响最终产物的种类和组分含量。目前，林产原料所采用的热解气氛主要有惰性气氛、氧化性气氛、还原性气氛和自发性气氛。根据基本的化学知识，可以推断气氛气体的化学性质影响热解产物的基本规律。

1. 惰性气氛

通常是采用氮气或氩气作为反应气氛，它们在通常所使用的热解条件下都显示出惰性，不发生化学反应。因此，采用这些气体作为气氛基本不会影响林产原料的热解过程。

2. 氧化性气氛

氧化性气氛包括氧气、空气、二氧化碳和过热水蒸气。显然，这些气体容易氧化一些具有还原性的林产原料热解产物，包括固体产物炭，因此，氧化性气氛能显著增加林产原料热解气体产物的得率。

3. 还原性气氛

还原性气氛主要是指氢气。氢气气氛可以将一些小分子有机物还原成含氧量较低的有机化合物，尤其是在一些金属催化剂的作用下。因此，当有镍、钴、钼等催化剂存在，在 250～300℃、压力 15～20MPa 的条件下，木材在氢气介质中进行热解时，绝大部分转化成液体及气体产物，固体残留物木炭的得率降低至 4%以下。由于氢气的使用对设备的要求很高，因此，在林产原料热解技术中氢气气氛的使用和研究都不太多。

4. 自发性气氛

自发性气氛指林产原料在热解过程中产生了气体组分，形成了使原料进一步热解的气氛。这种热解气氛的组成随着热解阶段的不同而不同。

六、热解溶剂

溶剂热解方式是生物质热解液化的一种方式。研究表明，在高温、高压及适当的有机溶剂中，松木屑能通过热解几乎全部转变成液态及气态产物，不溶性的固体残渣仅占绝干原料质量的 0～0.13%。

热解所使用的溶剂通常有两类：一类是高沸点溶剂，如萘等多环芳烃，这些溶剂富含氢原子，同时有利于提高热解产物的氢含量，这类溶剂可以在常压下或较低的压力下直接使用；另一类是普通的溶剂，如苯、苯酚、乙醇等具有较低沸点的溶剂，热解时，这类溶剂通常需要在高压下或超临界状态下使用。

目前采用离子液体作为林产原料或其组分的热解溶剂也受到较多的关注。离子液体是一类在常温下以离子状态存在的有机液体，化学性质比较稳定，有的离子液体需要在 350℃以上才能开始分解，蒸气压很低，是一种新型的液体溶剂。因此，使用离子液体作为林产原料热解的溶剂，不仅不需要高压设备，而且可以实现溶剂的重复利用，实现热解产物与溶剂的有效分离。但离子液体的成本较高，这是影响其在林产原料热解领域应用的主要原因之一。

七、催化剂或添加剂

林产原料热解的催化剂有两类。第一类催化剂以溶液或形成溶液的形式存在，通过浸渍的方法，将催化剂与林产原料混合，使催化剂渗透到林产原料内部，与纤维素、半纤维素和木质素中的化学基团结合，从而改变林产原料热分解反应途径和热解产物组成。例如磷酸、硫酸、碳酸钠、氢氧化钾等酸和碱。第二类催化剂主要是一些金属催化剂，它们通常是以固相的形式与林产原料混合或放置在原料的上层。它们主要催化林产原料热解初级小分子产物之间发生的二次反应，从而改变反应产物的种类与组成。这类催化剂常用的金属是镍、钴、钼等[29,30]。在还原性气氛条件下，催化热解可以大大提高林产原料热解液化的效率。作为例子，表 4-2-19 和表 4-2-20 说明了氯化锌、磷酸及碳酸钠对林产原料热解产物的影响。

表 4-2-19　在 600℃下杨木与用 $ZnCl_2$ 溶液处理过的杨木的热分解产物

产物名称	产物得率(占绝干原料质量)/%	
	杨木	用浓度 5% $ZnCl_2$ 溶液处理过的杨木
木炭	15	24
反应水	18	18
乙醛	2.3	4.4
呋喃	1.6	7.9

续表

产物名称	产物得率(占绝干原料质量)/%	
	杨木	用浓度5% $ZnCl_2$ 溶液处理过的杨木
丙酮,丙醛	1.5	0.9
丙烯醛	3.2	0.9
甲醇	2.1	2.7
2,3-丁二酮	2.0	1.0
1-羟基-2-丙酮	2.1	痕量
乙二醛	2.2	痕量
醋酸	6.7	5.4
2-糠醛	1.1	5.2
蚁酸	0.9	0.5
5-羟甲基-2-糠醛	0.7	0.9
二氧化碳	12	6
木焦油及损失	28	22

表 4-2-20　磷酸和碳酸钠对槭木常规热解产物的影响

添加剂	用量(质量分数)/%	产物得率(质量分数)/%						
		木炭	溶解木焦油	沉淀木焦油	总酸	甲醇	气体	反应水及其他
磷酸	0.0	39.15	5.36	3.14	5.81	1.37	22.66	22.51
	7.59	44.90	1.86	0.00	5.05	2.18	13.85	32.17
碳酸钠	0.0	38.7	9.0	5.0	7.7	1.7	17.5	20.5
	3.15	37.1	5.4	6.2	4.4	1.8	24.8	20.4

参考文献

[1] 左宋林. 林产化学工艺学. 北京：中国林业出版社，2019.

[2] 黄律先. 木材热解工艺学. 2版. 北京：中国林业出版社，1996.

[3] 蒋剑春，沈兆邦. 生物质热解动力学的研究. 林产化学与工业，2003，23（4）：1-6.

[4] 肖志良，左宋林. 几种植物纤维原料热解产物的研究. 林产化学与工业，2012，32（2）：1-8.

[5] 左宋林. 毛竹竹材炭化机理的研究. 南京：南京林业大学，2003.

[6] 黄彪. 杉木间伐材的炭化理论及其炭化物在环境保护中应用的研究. 南京：南京林业大学，2004.

[7] Zuo S L，Gao S Y，Ruan X G，et al. A study on shrinkages during the carbonization of bamboo. Journal of Nanjing Forestry University（Natural Science Edition），2003，27（3）：15-20.

[8] 左宋林，高尚愚，徐柏森，等. 炭化过程中竹材内部形态结构的变化. 林产化学与工业，2004（4）：56-60.

[9] 左宋林，封维忠，高尚愚. 不同炭化条件下竹炭的电子顺磁共振. 南京林业大学学报（自然科学版），2005（6）：77-80.

[10] 蒋剑春. 林业生物质热化学转化利用研究现状. 生物质化学工程，2006，40（S）：211-216.

[11] 卢辛成，蒋剑春，何静，等. 杉木屑分段热解制备木醋液及其特性研究. 林产化学与工业，2019，39（2）：96-102.

[12] 卢辛成，蒋剑春，孙康，等. 热解工艺对木醋液制备及性质的影响. 林产化学与工业，2018，38（5）：61-69.

[13] 左宋林，于佳，车颂伟. 热解温度对酸沉淀工业木质素快速热解液体产物的研究. 燃料化学学报，2008，36（2）：144-148.

[14] Jegers H，Klein M. Primary and secondary lignin pyrolysis reaction pathways. Industrial & Engineering Chemistry Research，1985，24（1）：173-183.

[15] 蒋剑春，金淳.气相色谱分析木煤气组分.林产化工通讯，1995 (3)：34-36.
[16] 蒋剑春，金淳.木质原料催化气化机理和动力学研究.林产化学与工业，1999，19 (4)：43-48.
[17] 肖志良.杉木屑热解气相产物的金属/炭催化裂解的研究.南京：南京林业大学，2012.
[18] 邵晴莉.三段式生物质热解制合成气的基础研究.南京：南京林业大学，2014.
[19] Tang M M，Bacon R. Carbonization of cellulose fibers——I. Low temperature pyrolysis. Carbon，1964，2：211-220.
[20] Morterra C，Low M J D. The vacuum pyrolysis of cellulose. Carbon，1983，21 (3)：283-288.
[21] Zuo S L，Gao S Y，Ruan X G，et al. Carbonization mechanism of bamboo (*phyllostachys*) by means of fourier transform infrared and elemental analysis. Journal of Forestry Research，2003，14 (1)：59-75.
[22] Liu J L，Jiang J C，et al. Selective pyrolysis behaviors of willow catalyzed via phosphoric acid. Energy & Fuels，2013，724-725：413-418.
[23] 刘军利，蒋剑春，杨卫红.木质素原料高温蒸汽热解固体产物研究.林产化学与工业，2013，33 (6)：19-24.
[24] Jiang J C，Xu J M，Song Z. Review of the direct thermochemical conversion of lignocellulosic biomass for liquid fuels. Frontiers of Agricultural Science & Engineering，2015，2：13-27.
[25] Wang H，Pu Y，Ragauskas A，et al. From lignin to valuable products——strategies，challenges，and prospects. Bioresource Technology，2019，271 (78)：449-461.
[26] Jiang X X，Ellis N，Shen D K，et al. Thermogravimetry-FTIR analysis of pyrolysis of pyrolytic lignin extracted from bio-oil. Chemical Engineering & Technology，2012，35 (5)：827-833.
[27] Kuroda K. Analytical pyrolysis of lignin：Products stemming from substructures. Organic Geochemistry，2006，37 (6)：665-673.
[28] Prabir B. Biomass gasification and pyrolysis：Practical design and theory. Academic Press，2010.
[29] Cheng Y T，Jae J，Shi J，et al. Production of renewable aromatic compounds by catalytic fast pyrolysis of lignocellulosic biomass with bifunctional Ga/ZSM5 catalysts. Angewandte Chemie-International Edition，2012，51 (6)：1387-1390.
[30] Wang W，Ren X，Li L，et al. catalytic effect of metal chlorides on analytical pyrolysis of alkali lignin. Fuel Processing Technology，2015，134：345-351.

（左宋林）

第三章　木材热解工艺和设备

第一节　木材热解工艺

利用木材热解技术，可以将林产原料转变为气体、液体或固体产物，进一步转化为燃料、化学品和材料，因此，热解技术是实现林产原料高效利用的主要途径。按照最终转化的主要产物分类，林产原料热解利用技术分为热解气化、热解液化和热解炭化[1]。

木材热解炭化是由林产原料生产热解固体产物炭的一种热解方式。在林产原料炭化过程中，液体副产物也是可以开发利用的产物。实现热解炭化主要是采用常压慢速热解。固体炭不仅可以作为固体燃料使用，而且是生产先进生物质基炭材料的原料。生物质基炭材料具有天然的生物结构，它的研究、开发与利用值得关注与重视[2,3]。随着研究开发的深入与发展，生物质基炭材料也必然成为炭材料领域的一个重要分支。

木材热解气化是在林产原料热解基础上，通过气化剂的作用，将林产原料转化为气体燃料或以合成化学品（如甲醇）为目的的合成气的热解技术。林产原料热解气化生产的气体产物主要由 CO 和 H_2 组成。

木材热解液化是由林产原料生产液体燃料或某些化工产品的一种热解方式。实现林产原料热解液化的主要方法有快速热解、闪速热解以及溶剂热解等。林产原料热解液化所生产的热解油中通常有不同含量的水分，化学性质比较活泼，组分非常复杂，不能直接作为能源或化学品使用，需要进一步催化精炼和提质，才能达到实际应用的要求。因此，热解液化不仅涉及热解液化技术本身，而且涉及热解油的精炼与提质等主要技术。

我国在 20 世纪 50～70 年代，曾采用常压慢速热解方式，在惰性气氛或自发性热解气氛条件下，由林产原料生产醋酸或焦油，同时产生热解气体和固体炭等副产物。这种热解方式称为干馏。在机理与方法上，干馏与普通的热解没有显著差异。在我国石油化工还没有建立起来之前，我国主要通过木材热解生产澄清木醋液和焦油，再经分离生产醋酸和焦油，以满足工业生产和日常生活需要。为了提高醋酸和焦油的生产效率，干馏采用的原料通常是松木或明子（松明子）。目前，以生产醋酸和焦油为主的干馏方式已很少应用。

一、木材热解炭化

从现代科学技术角度来看，炭化是一种热解技术。林产原料的炭化是在贫氧和慢速升温条件下，在炭化装置中进行热解，以制取固体炭为目的的操作。炭化是一门古老的技术，在古代，就有利用木材炭化生产木炭，作为燃料与防腐材料使用的例子。例如，长沙马王堆出土的大量木炭，其主要作用是作为尸体的防腐剂。在林产原料的炭化过程中，炭的形态结构仍能保持林产原料的基本结构，如木材的维管束结构。

以慢速加热为主要特征的木材热解炭化技术，在过去为同时制取炭、液态和气态产物都做出了重要贡献。在隔绝空气的条件下加热木材以制取木炭及液态、气态产物的操作叫作木材干馏。木材干馏与木材炭化的区别在于空气的供给状况不同，因此产物的种类也不一样。木材干馏是应用较为成熟的木材热解技术，20 世纪 50～60 年代，在制取大宗化学品方面，曾经为我国国民经济做出了较大贡献[4,5]。目前，木材干馏技术已较少应用。

木材干馏的设备叫作干馏釜，有内热式与外热式两种，都是用较厚的钢板制造而成的密闭式容器。我国木材干馏和明子干馏工业中使用的是外热式间歇干馏釜。

供干馏用的木材原料，需要根据干馏釜的尺寸截断、劈裂至一定大小，并干燥到规定的含水率。干馏时生成的蒸汽气体混合物导出干馏釜以后，经冷凝冷却回收得到粗木醋液，剩下的不凝性气体便是木煤气；固体产物木炭残留在干馏釜中，冷却后卸出。

间歇式木材干馏作业，通常由将木材原料加入干馏釜中的加料、加热升温干馏以及冷却出炭三个步骤构成。整个干馏过程的操作周期因干馏釜种类和生产能力而异，一般为20～24h。干馏的最终温度通常为400～450℃，如果以制取木焦油为主要目的，则应提高至550～600℃。干馏釜内的压力应保持略正压的状态，防止从外界吸入空气。木材干馏的主要优点是木炭得率高、质量好，无炭化不完全的“炭头”存在。

松树砍伐后留在林地上的根株，或者因灾害而倒在林地上的松木，在土壤中微生物作用下边材部分逐渐腐烂，留下的富含树脂物质的部分称作明子。通常，由树根得到的明子称为根株明子，由树干得到的则称为树干明子。明子中的树脂含量受许多因素影响，差别很大。例如，根株明子的树脂含量主要受树种、树龄、生长状况、伐后的年龄及土壤性质等影响。以含水率20％的明子质量为基准计算时，树脂含量＞21％的称作肥明子，16％～21％的为中等明子，＜16％的叫瘦明子。含水率低的肥明子是明子干馏的优质原料。明子干馏常用外热立式间歇干馏釜。其结构与平常的木材干馏釜的不同之处在于，釜顶及釜底均设有蒸汽气体混合物导出管。目的是让焦油尽快地导出釜外，减少在二次反应中的损失。

干馏釜底部导出的焦油与焦油分离器中回收的焦油都贮存在焦油贮槽中。冷凝器中冷凝的木醋液和原油由其底部流入贮槽中贮存，用齿轮泵送入油水分离器分离。分离出的原油与焦油贮槽中的焦油用另一台齿轮泵送至后续工段加工，剩下的木醋液另行处理。明子干馏得到的焦油与原油的混合物称为混合原油，经加工以后，便可得到松焦油、干馏松节油、选矿油及其他产品。

二、木材热解气化

以林产原料为主的生物质气化是生产以一氧化碳和氢气为主要组分的可燃性气体产物的生物质热解技术，它是实现生物质能源化的主要方式之一。有记载的以林产原料为主的生物质气化的商业应用可以追溯到18世纪30年代。19世纪50年代，以煤和木炭为原料的民用气化炉产生的燃气（即气灯）在英国伦敦广泛应用。19世纪80年代，民用气化炉装置被开发应用于固定式的内燃机中，由此诞生了“动力气化炉”。到20世纪20年代，生物质动力气化系统的应用已由固定式的内燃机拓展到移动式的内燃机如汽车拖拉机等，应用范围遍布全世界许多国家。第二次世界大战期间，由于民用燃料短缺，林产原料的热解气化技术迅猛发展，仅欧洲就装载了一百多万辆生物质动力气化系统交通运载工具，形成了成熟的以固定床气化为主，以木炭和优质硬木为原料的生物质热解气化技术[4]。第二次世界大战后，由于廉价石油的大量开采，化石燃料基本取代了生物质燃料，生物质热解气化技术的发展在较长时期内停滞不前。

最近30多年时间内，由于化石能源危机对经济所表现出的严重影响，生物质热解气化技术重新受到广泛的重视并快速发展。目前生物质热解气化技术的原料已从木炭和硬木扩大到几乎所有的生物质；气化装置也由单一的固定床式发展到流化床等多种；产生的燃气不仅可以直接作为燃料，而且可以用作合成气，生产甲醇和烃类等液体燃料[6]。

（一）气化技术分类

林产原料的热解气化按是否使用气化剂可以分为使用气化剂和不使用气化剂两种，干馏可以认为是一种不使用气化剂的气化方式；按照气化剂的种类可分为空气气化、氧气气化、水蒸气气化、氢气气化和复合式气化等。

按设备运行方式可以将热解气化分为固定床气化、流化床气化和旋转床气化三种方式。固定床热解气化炉可分为上吸式、下吸式、横吸式和开心式四种，如图4-3-1所示。固定床气化炉具有制造简便、成本低、运动部件少、热效率高和操作简单等优点，主要缺点是气化过程难以控制，气化强度和单机最大气化能力相对较低。流化床分为单流化床、循环流化床和双循环流化床等，流化床主要用于粒度较小的生物质原料的热解气化。

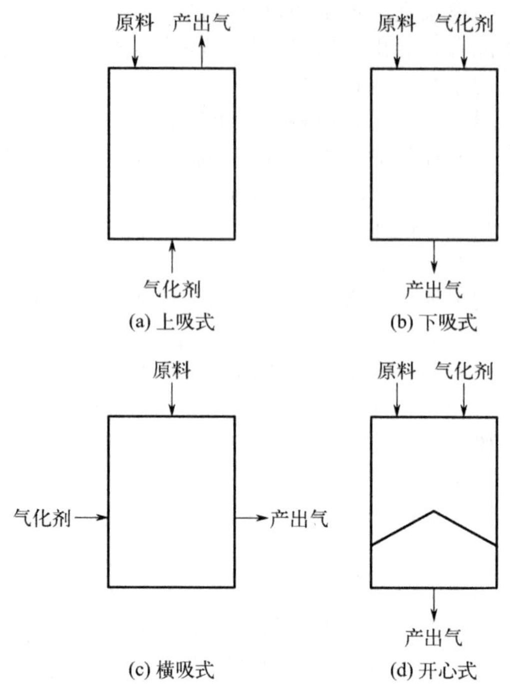

图 4-3-1　固定床热解气化炉的主要种类

1. 上吸式固定床气化炉

如图 4-3-1(a) 所示，原料从气化炉的顶部加入，依靠重力逐渐向底部移动。在向下移动的过程中，原料与从下部上升的热气流接触，发生干燥、热解、还原和氧化反应，最后产生一氧化碳、氢气和甲烷等可燃性气体。这些可燃性气体与热解层产生的挥发性气体混合，由气化炉顶部排出。由于原料移动方向与气流方向相反，所以上吸式固定床气化炉也叫逆流式气化炉。在气化过程中，可以采用罗茨风机将气化剂空气从下部引入气化炉，并通过改变进风量的大小控制气化剂的供应量。

固定床上吸式气化的主要优点：a. 气化效率高，可以充分利用氧化层产生的热量干燥和热解原料；b. 燃气热值较高，燃气中含有一些挥发性的有机物组分；c. 炉排受到进风的冷却，不易损坏。其最大缺点是生产的燃气中焦油含量高，一般高达 $100g/m^3$（标）以上，其原因是生成的可燃气在排出过程中与原料热解产生的挥发性有机物气流逆流接触，带入了热解产生的焦油。可燃气中焦油冷却后会沉积在管道、阀门、仪表和灶具等设备和仪器上，严重影响系统的正常运行。因此，上吸式固定床气化炉一般应用在粗燃气不需要冷却和净化就可以直接使用的场合，如直接作为锅炉等热力设备的燃料气等。

2. 下吸式固定床气化炉

如图 4-3-1(b) 所示，下吸式固定床气化炉的气化剂引入方式是采用罗茨风机或真空泵将空气从上部吸入气化炉，气化炉内的工作环境为微负压。与上吸式固定床气化炉相比，下吸式固定床气化炉的最大优点是其生产的可燃气体中焦油含量低，且较易实现连续气化。其最大的缺点是炉排处于高温氧化区，容易黏结熔融的灰渣，缩短使用寿命。尤其是在使用高灰分含量的林产原料时，这一缺点显得更加严重。

对于木炭和木材等优质原料来说，下吸式固定床气化炉的运行稳定。但在使用秸秆和草类等原料的情况下，这些原料在热解过程中，体积会迅速缩小，使其依靠自重而向下移动的能力变得很差，因此，热解层、氧化层极易发生局部穿透。为了及时填充穿透空间并阻止气流短路，合理设计加料装置和炉膛形状，并辅以合理的拨火方式非常重要。

3. 循环流化床热解气化炉

图 4-3-2 是循环流化床热解气化炉的工作示意图。如图所示，循环流化床热解气化炉具有流化床热解反应器、旋风分离器和反应后固体物料的返回输送装置。流化床反应器的上部为气固稀相段，下部为气固密相段。在气固密相段，气化剂从底部经气体分布板进入流化床，原料从气体分布板上部被输送到流化床，与气化剂混合后一起向上运动，发生干燥、热解、氧化和还原等复杂反应。在气固密相段，反应温度控制在 800℃左右。在稀相段，炉膛体积增大，气体流速降低，使没有转化完全的炭有足够的时间发生气相反应。

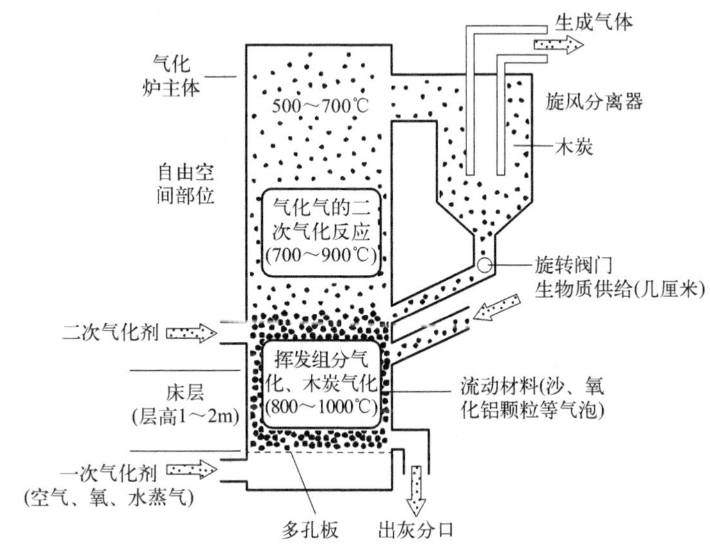

图 4-3-2 循环流化床热解气化炉的工作示意图

与固定床相比，流化床的优点有：a. 气化炉的床层内传热传质效果好，气化强度高，是固定床的 2～3 倍以上；b. 床层温度不是很高但比较均匀，大大降低灰分熔融结渣的可能性；c. 物料的适用性较宽；d. 适于生物质气化产物的大规模化工业生产。其主要缺点是燃料气的出口温度较高，气体的显热损失较大；燃料气体中的固体颗粒较多；气化炉的启动控制复杂。循环流化床热解气化炉的操作特性见表 4-3-1。

表 4-3-1 循环流化床热解气化炉的操作特性

颗粒直径/μm	运行速度/(m/s)	当量比	反应温度/℃	固相滞留时间/min	气相滞留时间/s
150～360	3～5	018～0.25	700～900	5～8	2～4

4. 双循环流化床热解气化炉

图 4-3-3 是双循环流化床气化炉的结构示意图。实质上，双循环流化床气化炉是把热解气化和炭的氧化反应分别在两个流化床反应器中进行。如图 4-3-3 所示，左边的第一级流化床反应器中，在气化剂的作用下，林产原料发生热解、气化反应，生成气携带炭颗粒和沙子等床层物料进入旋风分离器，生成气进入燃气输送系统，而炭颗粒与床层物料进入右边的第二级流化床反应器。在第二级反应器中，炭颗粒与空气氧化剂发生氧化反应，产生了高温床层物料与高温烟气，然后一起进入分离器。高温床层物料进入第一级流化床反应器，而高温烟气则可以加热水为过热水蒸气，为第一级流化床反应器提供气化剂。

由于气化反应和炭颗粒的氧化是在不同的反应器中进行的，因此炭的氧化剂和气化剂可以不同。在第一级流化床反应器中，如果气化剂采用水蒸气，则林产原料的热解气化可以生产出高纯度的合成气，作为合成化学品和液体燃料的原料。

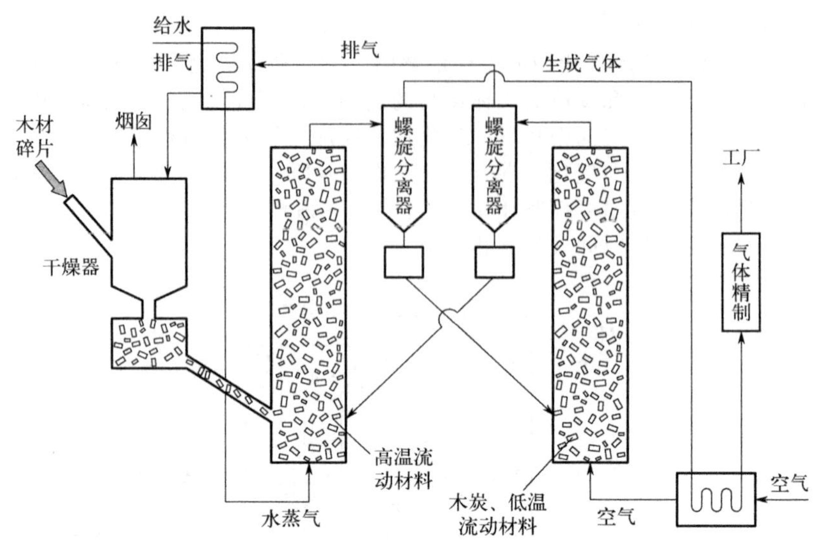

图 4-3-3　双循环流化床气化炉的结构示意图

（二）气化原理

下面以下吸式气化炉和空气气化剂为例说明林产原料热解气化的基本原理，如图 4-3-4 所示。在生物质热解气化炉中，林产原料的热解气化经历了干燥、热解、氧化和还原四个阶段[7]。在气化炉中，原料不仅发生了复杂的化学反应，而且经历了复杂的传质和传热过程。

1. 干燥和热解

如图 4-3-4 所示，木材等林产原料和气化剂由气化炉的顶部进入，含有水分的原料与从下面上升的热气流进行热交换，形成干燥区域，使原料干燥；物料在重力作用下继续往下移动，水蒸气也由于气体抽吸而克服热浮力向下移动。物料干燥后发生热解，生成炭、二氧化碳、一氧化碳、氢气、水蒸气以及各种小分子有机挥发性物质，这些热解产物随气流向下移动。

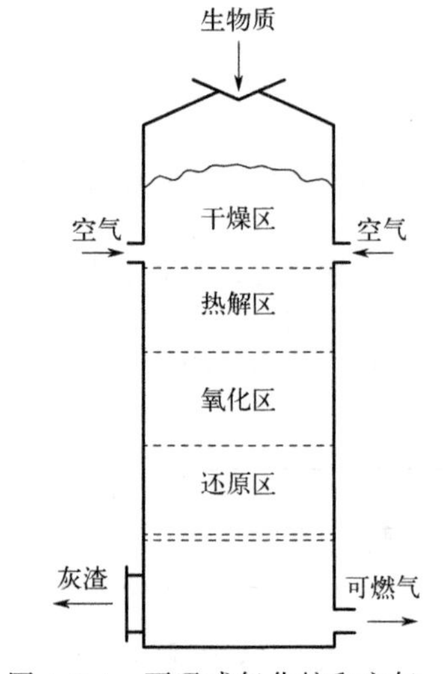

图 4-3-4　下吸式气化炉和空气气化剂的气化原理示意图

2. 氧化反应

当气化剂空气与原料热解产生的炭颗粒和挥发性有机物质一起进入气流中时，混合气流中的氧气浓度较高，将氧化林产原料热解产生的有机小分子物质，生成一氧化碳、二氧化碳和水蒸气，热解产生的固体炭也会被部分氧化，生成一氧化碳和二氧化碳。这些氧化反应都是放热反应，它们所放出的大量热会导致该区域的温度快速上升，达到 1000～1200℃，因此，把这一区域称为氧化区域，主要发生如下氧化反应。

$$C+O_2 \longrightarrow CO_2+393.51\text{kJ/mol}$$

$$2C+O_2 \longrightarrow 2CO+221.34\text{kJ/mol}$$

$$2CO+O_2 \longrightarrow 2CO_2+565.94\text{kJ/mol}$$

$$2H_2+O_2 \longrightarrow 2H_2O+483.68\text{kJ/mol}$$

$$CH_4+2O_2 \longrightarrow CO_2+2H_2O+890.36\text{kJ/mol}$$

3. 还原反应

在氧化区域发生的大量氧化反应将消耗气流中的大部分氧气，使氧气浓度降低到很低的程度，此时，气化进入还原反应过程，即固体炭还原气流中的二氧化碳、一氧化碳、水蒸气等气体生成以一氧化碳和氢气为主要组分的气化气。由于这些还原反应主要是吸热反应，因此，还原区域的气流温度下降，在600～900℃范围[8,9]。发生的主要还原反应如下。

$$CO_2+C \longrightarrow 2CO-172.43kJ/mol$$

$$C+H_2O \longrightarrow CO+H_2-131.72kJ/mol$$

$$C+2H_2O \longrightarrow CO_2+2H_2-90.18kJ/mol$$

$$CO+H_2O \longrightarrow CO_2+H_2-41.13kJ/mol$$

（三）木材热解气化过程的当量比

林产原料热解气化的影响因素很多，包括原料的种类和预处理、原料的进料速率与气化剂的供给速率、气化炉内的温度和压力等。但在热解气化炉系统中，当量比（ER）是最重要的影响因素，它不仅直接决定了原料进料速率与气化剂供给速率之间的匹配关系，而且还间接决定了气化反应器内的温度、压力、气化气的热值与气体组分等。如果以空气作为气化剂，则当量比ER可以定义为在热解气化过程中实际供给的空气量与原料完全燃烧需要的空气理论量之比。

$$ER=AR/SR \tag{4-3-1}$$

式中，AR为热解气化时实际供给的空气量与燃料量之比，kg/kg，简称实际空燃比，其值取决于运行参数；SR为完全燃烧所需的最低空气量与燃料量之比，kg/kg，简称化学当量比，其值取决于燃料特性。根据经验，生物质气化最佳当量比总是在0.2～0.4。气化当量比实际是由生物质燃料特性所决定的一个参数。

三、木材热解液化

木材等林产原料热解液化是生物质热解液化的主要内容。按照热解升温速率不同，热解可以分为慢速热解和快速热解或闪速热解；按照热解压力不同，可以分为真空热解、常压热解和高压热解；按照溶剂的性质，可以分为溶剂热解、超临界流体热解。另外，按照是否使用催化剂，可分为非催化热解和催化热解。快速热解是升温速率在500～600℃/s，且反应的挥发性产物在加热区停留时间不超过2s的条件下所进行的热解。快速热解是为制备高得率的热解液体产物而发展起来的一种热解技术。木材热解液化主要包括快速热解或闪速热解、溶剂热解、催化热解等方法，木材热解液化制备的产物是热解油[10,11]。

（一）快速热解液化技术

木材等林产原料快速热解液化是在中温（500～650℃）、高加热速率（100～200℃/s）和极短的气体停留时间（小于2s）的条件下，木材快速热分解形成挥发性小分子有机物产物，然后将产物快速冷凝得到高得率热解油的过程。因此，升温速率、热解温度、热解挥发性气体在热解区域的停留时间等是林产原料快速热解液化的关键参数。

（二）高压热解液化技术

木材的高压热解液化需要的热解温度通常低于400℃，显著低于高压热解气化所使用的温度。高压热解液化技术通常需要将林产原料进行预处理，例如碱水解、酸水解和水热处理等预处理方法，然后在几兆帕到几十兆帕的高压条件下，升温至一定温度，将木材等林产原料热解制得热解油。

1. 碱水解高压热解液化

美国矿山局于20世纪60年代末期研究开发了一种木材的碳酸钠催化水解和一氧化碳加压热解液化技术，简称PERC法。该技术已实现了商业化生产。

其基本步骤是：将原料木材干燥至含水率4%并粉碎至35目（0.495mm）后，加入质量分数5%的碳酸钠催化剂，再用木材液化得到的液化油调节至三者混合物中干物质含量达到20%～

30%的状态，混合均匀以后加入高压釜中，通入91%的高压一氧化碳气体，在340～360℃的温度和28MPa的压力下进行高压液化。用该法液化木材制得的液化油得率可以达到绝干原料木材质量的42%左右。

2. 酸预水解液化法

美国能源部与加利福尼亚大学联合研究开发了一种酸水解预处理条件下的一氧化碳高压液化。其基本步骤是：在干燥粉碎的木材中，加入质量分数0.17%的硫酸催化剂，在180℃和1.0MPa条件下预水解45min。将得到的预水解产物中和后，加入占原料木材质量5%的碳酸钠作催化剂，而后在28MPa和360℃条件下，用一氧化碳进行高压液化。该法的木材液化油得率为绝干木材质量的35%左右。

（三）水热液化法

水热液化法是用水作为溶剂，在高压和较高温度（300℃左右）下，将林产原料进行热解液化。在木材等林产原料的水热液化过程中，常加入少量酸或碱作为催化剂，促进原料的转化。例如，将粉碎后的木材100份（以质量计，下同），与500～1000份的水以及2～5份碱类催化剂碳酸钠混合成淤浆状，然后放入不锈钢反应器中，通入氮气，液化的温度和压力分别为300℃和10MPa。温度达到300℃后降温冷却。用丙酮等有机溶剂溶解反应器内的混合物，过滤除去固体残渣后，蒸馏除去有机溶剂，便得到黑褐色的液化油。该法液化油得率占绝干原料木材质量的50%～60%，其发热量为29300kJ/kg。

（四）木材热解油的组成

木材快速热解得到的热解油是一种由水分和含氧有机化合物以及少量固体颗粒所组成的复杂混合物。其中水分的含量通常为15%～25%，来源于原料中的水分和原料热解反应生成的水。热解油中水分的测量方法有卡尔费休法、甲苯夹带蒸馏法、气相色谱法和迪安斯塔克蒸馏法等，其中卡尔费休法最为快捷方便，是热解油水分测定的标准方法。

含氧有机化合物是由林产原料热分解得到的，成分复杂，包括醇、醛、酮、羧酸、酚类、糖类和芳香烃等物质[11]。由于成分种类多，其分析检测难度很大。典型的分离和分析方法是先将热解油通过水洗分为水相和油相，然后用乙醚和二氯甲烷的混合溶液对水相进行萃取，用二氯甲烷萃取油相，采用n-己烷提取热解油中的一些非极性物质。采用这种方法可以将热解油分离为七部分，它们分别是水、小分子酸和醇、水溶和醚溶部分（主要是醛、酮和木质素单体）、水溶但醚不溶部分（主要是糖类）、水不溶但二氯甲烷可溶部分（主要是木质素单体和二聚物）、水不溶且二氯甲烷不溶部分（木质素热解得到的高分子物质）和非极性提取物[12]。然后采用气相色谱、气相色谱-质谱和核磁共振等技术分析检测其成分。

热解油中的固体颗粒主要是炭粉和灰分。在快速热解装置中所采用的旋风分离器对于尺寸大于10μm的固体颗粒的分离效率可达90%，而对10μm以下的颗粒的分离效率较差，因此，热解油中通常含有少量的固体颗粒，有时其含量可以达到0.3%。灰分中含有金属元素，它们会使热解油中含有少量的金属化合物。在热解油的使用过程中，这些固体颗粒和金属元素会磨损管道、腐蚀内燃机，并形成污染物。林产原料热解油中的固体颗粒含量一般采用乙醇溶解法测定。

（五）热解油的特性与提质

研究表明，木材热解油是一种潜在优势明显的液体燃料以及提取和合成化学品的优质原料。由于林产原料的水分和含氧量较高，而且还含有金属元素以及微细颗粒，因此，热解油的化学性质不稳定，在储存、运输和直接应用过程中，存在容易分层、黏度较大、着火点高、容易发生聚合导致其稳定性较差以及腐蚀性较强等许多缺点。在应用之前，需要采用物理和化学方法对木材热解油进行改性提质[13,14]。热解油的改性和提质是影响林产原料热解液化技术工业化应用的技术难题。

目前林产原料热解油的改性和提质主要有乳化法、催化加氢法、催化裂解法和高温有机蒸气过滤等方法[15,16]。乳化法是将热解油与柴油等混合，并通过表面活性剂进行乳化，以提高其燃烧性能。催化加氢法是在高压和供氢溶剂下进行催化加氢，以降低热解油中的含氧量，提高其化学稳定性和燃烧性能。催化裂解法是在沸石等催化剂作用下，将热解油进一步催化离解形成以芳烃为主要组分的液体燃料或化学品。高温有机蒸气过滤是在热解油中通入高温有机蒸气，既可以降低热解油的分子量，又能显著降低热解油中固体颗粒和金属含量，提高热解油的品质。

第二节　典型设备

一、炭化窑炉

1. 炭窑

炭窑烧炭历史悠久。因其结构简单、易于建造、不受地理条件限制、生产的木炭质量好，至今仍在个别地区使用。炭窑种类很多，生产能力相差较大，但其主要结构基本类似。图 4-3-5 为我国南方常见的炭窑结构[4]。

炭窑通常建筑在原料来源丰富、运输方便、土壤黏性好、靠近水源、坡度较小的场所。筑窑时，先向下挖出边长 2～2.5m、深 1m 左右的正三角形炭化室，并使进火孔顶角部位地平略高于后方。再挖直径约 15cm 的烟道口及扩大的烟道，通过排烟孔烟道与炭化室相通。最后在进火孔顶角的另一侧挖出燃烧室，并使其地平向点火通气口侧倾斜，通过进火孔与炭化室相贯通。

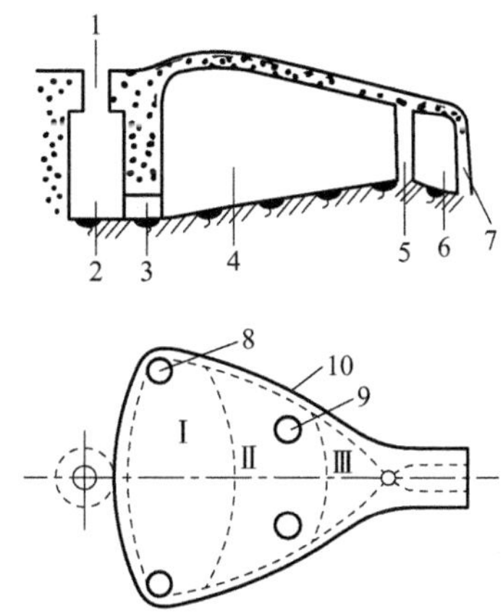

此炭窑只适合炭化棒状原料或木材、竹材等。在装窑时，木材要截成一定长度的薪材，使其小头向下直立地紧密排列，并注意使全部薪材的上端形成中央部位略高于四周的拱状，以便构筑窑盖。

新建的炭窑在装料完毕后，要进行筑窑盖，其基本步骤是：先在炭化室薪材上端铺上一层草或树叶，并在前后烟孔位置放置 4 个直径 15cm 左右的藤圈；而后均匀地覆盖一层黏土夯实，形成厚约 20cm 的窑盖；再挖出 4 个藤圈中夯实的黏土并换成松土即可准备点火烧炭。

图 4-3-5　常见炭窑的结构示意图

1—烟道口；2—烟道；3—排烟口；4—炭化室；5—进火孔；6—燃烧室；7—点火通气口；8—后烟孔；9—前烟孔；10—出炭门

新筑成的炭窑第一次烧炭时，要经历烘窑过程，需要缓慢而均匀地加热升温，使窑体的水分蒸发干燥、材料烧结。否则，会降低窑体强度甚至造成窑体开裂损坏，严重影响炭窑寿命。

燃烧室的作用是燃烧燃料加热炭化室。燃烧过程中火焰逐渐进入炭化室，此时应控制火力不要太猛，当前后烟孔藤圈中的松土干燥后，挖去松土让烟气冒出并注意观察烟气的状态。当前后烟孔冒出的烟气由灰白转变成青烟以后，用泥土盖实烟孔，使烟气由烟道口排出。如此操作，使炭化室中薪材的炭化由Ⅲ区逐渐移至Ⅱ区、Ⅰ区。随着炭化的进行，烟道口排出的烟气由最初的灰白色逐渐转变成黄色，最后变成青烟。此时标志着Ⅰ区薪材已炭化完毕，随即将点火通风口、烟道口等所有与外界相通的孔口用泥土封死，防止空气进入窑内。让窑体自然冷却 2 天左右，使木炭冷却以后，在窑体侧面开挖出炭门出炭。

炭窑筑成以后可以一直使用。从第二窑开始转入正常的烧炭作业。方法是由出炭门将炭化室中装满薪材后，封闭出炭门即可在燃烧室点火烧炭。正常烧制一窑木炭的周期约 3～5 天，木炭的得率为绝干原料薪材质量的 18%～22%。按照上述方法让木炭在窑内冷却以后卸出的木炭称作黑炭。若在炭化结束后，随即将木炭扒出窑外，用潮湿的灰或砂闷熄降温所制成的木炭称作白炭。

2. 移动式炭化炉

移动式炭化炉是为了克服建造炭窑时劳动强度大、建造后无法搬迁的缺点而研制的一种简便炭化装置。炉体用钢制作，有圆台状及长方体状等多种类型。图 4-3-6 为常见的圆台状移动式炭化炉的主要结构。

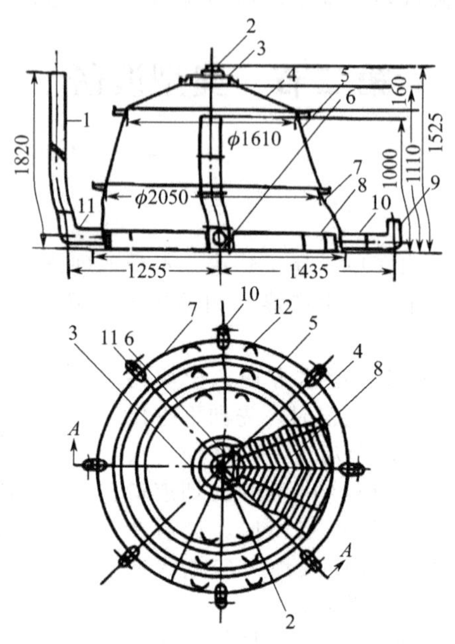

图 4-3-6 圆台状移动式炭化炉的结构示意图

1—烟囱；2—点火口盖；3—点火口；4—炉顶盖；5—炉上体；6—点火通风架；7—炉下体；8—炉栅；9—通风管；10—通口；11—烟道；12—手柄

这种移动式炭化炉由炉体、炉顶盖、炉栅、点火通风架及烟囱等部分构成。炉体的下口直径略大于上口圆台状的直径，用 1～2mm 厚的不锈钢板卷制而成。为便于搬运及装卸，常分成上、下两段或上、中、下三段，相互间采用承插式结构。下口沿圆周方向等距离、相互间隔地设有直径约 10cm 的通风口及烟道口各 4 个。

碟形炉顶盖也由薄钢板制作，顶部中央设带盖的点火口。炉栅也是钢制，4 块，呈扇形。点火通风架用圆钢焊成，框架状，烟囱用白铁皮卷制，4 根，每根长约 3m。

移动式炭化炉应安装在地势较高、地表干燥的空旷处。安装前清除地表杂物，铲平夯实地面。将炉栅牢固地支承在砖块或石块上呈水平状态以后，平稳地安放好下段炉体。而后将点火通风架直立地放置在炉栅中心，再将中、上段炉体承插好。承插部位用细砂土密封，以防漏气。

在点火通风架上水平放置锯成一定长度的点火材，烧炭用薪材则直立地排列在炉内，大径级及含水率较大的薪材装填在炉体中央以利完全炭化。装满后，在炉体上部薪材顶端横铺一层燃料材并盖上炉顶盖，承插部位也用细砂土密封。

点火烧炭时，打开点火口盖，把点燃的引火物质从点火口投入炉内，引燃炉内的燃料材及点火材。此后不断地从点火口向炉内添加燃料材以保证炉内正常燃烧，直至烟囱温度升高到 60℃左右时，盖上点火口盖并用细砂土密封。此后注意观察烟气的颜色并进行相应的操作。经过大约 4～5h 以后，烟气由灰白色变成黄色，表示进入炭化阶段。此时应逐渐关闭通风口以减少吸入空气的数量，当通风口出现火焰、烟囱冒青烟并伴有嗡嗡声时，表示炭化已经完成，应立即用泥土封闭通风口。30min 后除去烟囱并封闭烟道口，让炉体自然冷却至室温后出炭。

移动式炭化炉生产一炉炭的操作周期约 24h，木炭得率为 15%～20%。

二、果壳炭化炉

椰子壳、杏核壳、核桃壳、橄榄核等质地坚硬的果壳、果核，是生产颗粒活性炭的良好原料。果壳炭化炉是适用于果壳等粒度较小而质地坚硬的原料的一种炭化炉型。果壳炭化炉用耐火材料砌筑，是一种横断面呈长方形的立式炭化炉，结构见图 4-3-7。炉体内由两个狭长的立式炭化槽及环绕四周的烟道组成。

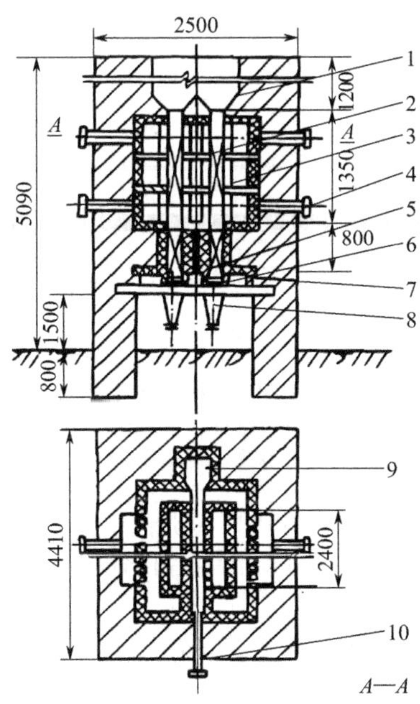

图 4-3-7　果壳炭化炉

1—预热段；2—炭化段；3—耐热混凝土预制板；4—进风口；5—冷却段；6—出料器；7—支架；8—卸料斗；9—烟道；10—测温口

如图 4-3-7 所示，炭化槽由上而下分成高度不等的三部分，包括 1200mm 的预热段、1350～1800mm 的炭化段和 800mm 的冷却段。原料果壳由炉顶加入炭化槽的预热段，利用炉体的热量预热干燥，而后进入炭化段炭化。炭化段的料槽用具横向条状倾斜栅孔的耐热混凝土预制件砌成。其横断面呈长条状，长×宽为 2400mm×180mm。其外侧的烟道用隔板分隔成多层，控制烟气的流向以利传热。烟道外侧炉墙上设进风口供吸入空气助燃。炭化段的温度达 450～500℃，果壳炭化后生成的蒸气气体混合物通过炭化槽上的栅孔渗入烟道，与吸入的空气接触燃烧。生成的高温烟道气在烟道内曲折流动加热炭化槽后，被烟囱抽吸排出。生成的果壳炭落入冷却段自然冷却后，定期由炉底部的出料装置卸出。

通常，每 8 小时加料一次，每 1 小时出料一次，物料在炉内停留时间为 4～5h，炭化连续进行。炉内炭化区域温度通过调节进风口吸入气量进行控制。

果壳炭化炉操作方便，劳动强度小；正常操作时不需要外加燃料；果壳炭得率高，为 25%～30%；炭化尾气不污染环境。

三、回转式炭化炉

回转炉的结构类似于回转式干燥装置，适用于颗粒或小块状物料的炭化，采用内热式的较多，其结构如图 4-3-8 所示。

内热式回转炭化炉的基本作业过程是：由炉尾进入回转炉炉膛中的原料，在随炉体转动过程中，被炉壁带到一定高度以后落下，从而改善了与从炉头燃烧室进入的高温烟道气的接触状态，

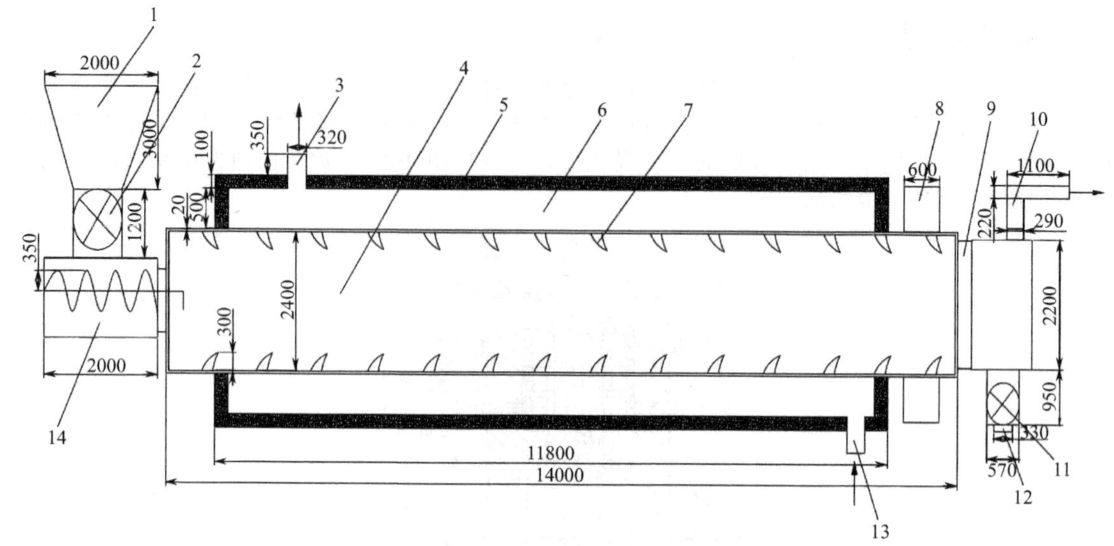

图 4-3-8　内热式回转炭化炉

1—加料斗；2—进料器；3—出风口；4—回转炉；5—保温层；6—加热层；7—抄板；8—带动轮；9—机械密封；10—热解气出口；11—出料关风器；12—出料口；13—进气口；14—螺旋蛟龙

使炭化能够均匀地进行。炭化后的固体物料从炉头出料装置卸出；产生的蒸汽气体混合物随烟气从炉尾导出，经燃烧后可以回收热量，实现炭化过程的能量自供。燃烧后的尾气主要含有二氧化碳和水蒸气，可以排出。

回转式炭化炉结构简单、运行稳定、操作容易，已成为一种常用的炭化装置。

四、流态化热解装置

1. 流态化炭化炉

流态化炉又称沸腾炉，是使微小颗粒状林产原料流态化并进行炭化的炉型。有外热、内热两种加热方式，按操作又可分为间歇式及连续式两类。现以外热连续式流态化炉为例简述其操作过程。

用螺旋加料器将颗粒状原料送入立式圆锥形或圆筒形炉膛下部，从炉膛底部进入的空气鼓动使原料呈流态化状态进行炭化，生成的蒸汽气体混合物和木炭颗粒随气流由炉膛顶部出料管进入旋风分离器中捕集木炭，然后气体混合物通过冷却器冷凝回收木醋液，不凝性气体导入加热炉中燃烧作为炭化的辅助热源。

流态化炉炭化时间短，产品木炭质量均匀。但操作不够稳定，“焦油”问题有待解决。

2. 鼓泡流化床气化炉

鼓泡流化床指当气流速度超过临界流化速度时，料层内出现气泡，不断上升聚集成更大的气泡穿过料层并破裂，整个料层呈沸腾状态的流化床。

德国科学家温克勒（Fritz Winkler）于 1926 年在洛伊纳（Leuna）建成第一台实用的常压流化床气化发生炉，是人们公认的流态化技术首次较大规模的工业应用。20 世纪 50 年代中期，将新型的风帽式全沸腾流态化技术用于固体煤颗粒的燃烧，被称为“第一代沸腾炉”（也称鼓泡床燃烧炉）[17-20]。我国从 20 世纪 50 年代初期开始对流态化技术及其应用开展研究工作，最早用于流态化焙烧。1965 年研制出我国第一台鼓泡流化床锅炉。20 世纪 90 年代开始进行鼓泡流化床用于生物质气化的研究，2004 年湖北武汉建成了商业化的鼓泡流化床生物质气化系统，用于稻壳气化发电。

鼓泡流化床结构简单。其气流速度工作在低速区域，通常为 2～3 倍左右的临界流化速度到自由沉降速度，固体颗粒不被流体带出。鼓泡流化床气化炉的结构如图 4-3-9 所示，气化介质从底部气体分布板吹入，生物质原料在布风板上部被送入床层发生热解气化反应，生成的高温燃气由气化炉上部排出，反应温度一般控制在 700～900℃[21-23]。

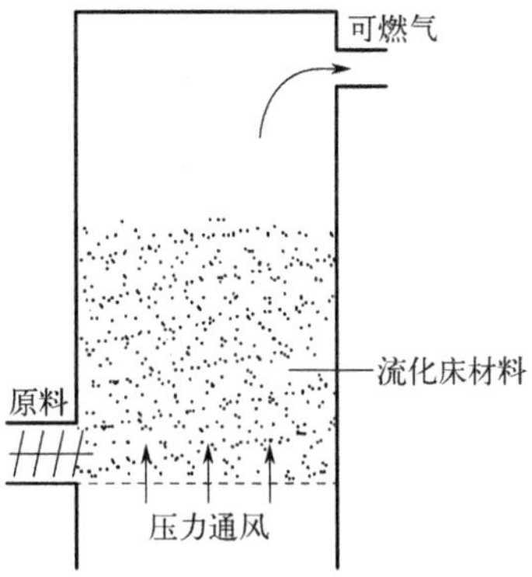

鼓泡流化床流化速度较慢，比较适合于颗粒较大的生物质原料，一般情况下必须增加热载体。鼓泡流化床存在飞灰和炭颗粒夹带严重、运行费用较高等问题。

图 4-3-9　鼓泡流化床气化炉的结构示意图

3. 内循环锥形流化床

内循环锥形流化床指炉体成一定锥度，使不同粒径的原料实现流态化的装置，其结构示意图如图 4-3-10 所示。内循环锥形流化床由中国林业科学研究院林产化学工业研究所开发并应用于生物质气化行业。2004 年，第一台商业化内循环锥形流化床在安徽进行了工业化应用，以稻壳为原料生产生物质燃气替代燃油用于粮食干燥。2008 年在菲律宾建成了 3MW 内循环锥形流化床气化发电系统。

木质纤维原料形状大多不规则，表面粗糙，进行生物质单独流化必须先经粉碎预处理或者选用本身粒径较小的生物质（如稻壳、木屑等），而原料颗粒的大小和均一程度对流化效果均有较大影响。内循环锥形流化床的截面随高度变化，形成速度梯度。底部截面积小，导致流化介质流速高，保证了大颗粒物料的流态化；顶部截面积较大，导致流化介质流速低，防止了小颗粒物料逸出[24,25]。因此，在一定的流体流量下，内循环锥形流化床可使大小不同的生物质颗粒都在床层中流态化。

内循环锥形流化床具有原料粒径适应范围分布宽、操作性强、压力低等优点，尤其适用于秸秆粉碎料[26]。

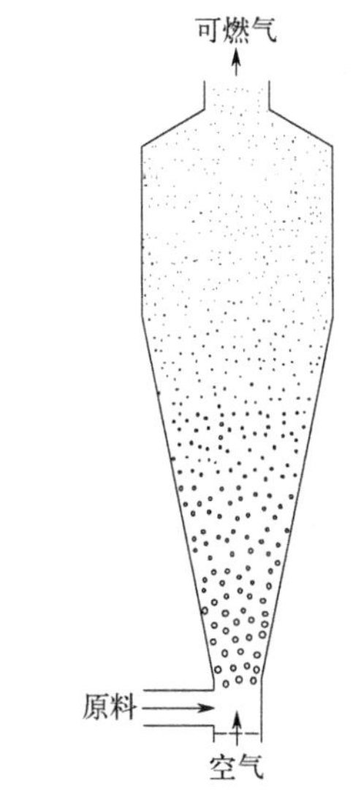

图 4-3-10　内循环锥形流化床结构示意图

4. 流化床液化装置

木材等林产原料的热解液化一般包括原料破碎和烘干、热解液化、气固分离、快速冷却和气体输送。其中热解液化反应器是核心装置，它的运行方式决定了液化技术的种类。快速热解液化反应器主要分为两大类：一类是流化床式；另一类是非流化床式。流化床式的方法主要是依靠热载体与林产原料颗粒实现快速热交换和快速热解；非流化床式是依靠林产原料颗粒与高温反应容器器壁接触，实现快速升温和快速热解，制备出热解油。

流化床快速热解装置与热解气化装置类似，图 4-3-11 是一种流化床快速热解液化装置示意图。在快速热解液化过程中，需要保证热解温度不超过 600℃，否则林产原料热解液化产率会显著降低。

五、旋转锥式快速热解装置

旋转锥式快速热解装置的结构和原理如图 4-3-12 所示。旋转锥式热解反应器由内外两个同心锥共同组成，内锥固定不动，外锥绕轴旋转。原料颗粒和经外部加热的沙子等热载体从内锥中部的孔道喂入两锥的底部后，由于旋转离心力的作用，它们均会沿着锥壁做螺旋上升运动。同时，由于原料和沙子的质量密度

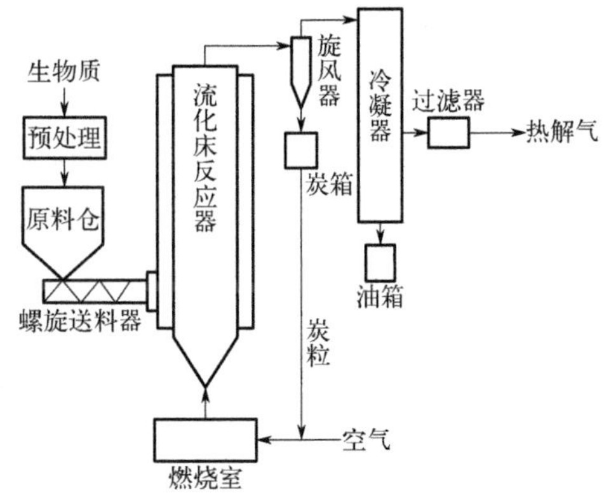

图 4-3-11　一种流化床快速热解液化装置

差异较大，所以，它们做离心运动的速度也会相差很大，两者之间进行强烈的动量交换和热量交换，使原料颗粒在沿着锥壁做离心运动的同时，也不断地发生热解；当到达锥顶时刚好热解反应结束，原料颗粒转变为炭粒，然后和沙子旋离锥壁后落入反应器底部，热解气被引出反应器后立即进行淬冷而获得热解油。旋转锥式热解反应器结构紧凑，它不需要惰性高温载气，避免了载气对热解气体的稀释，从而有效降低了工艺能耗和液化成本[27]。缺点是外旋转锥必须由一悬臂的外伸轴支撑做旋转运动，而支持外轴的轴承必须能够在高温和高粉尘工况下长时间可靠地工作，磨损相当大。此外，沙子等惰性热载体不停地在两锥壁面之间做螺旋运动，它对高温壁面的摩擦磨损也非常严重。

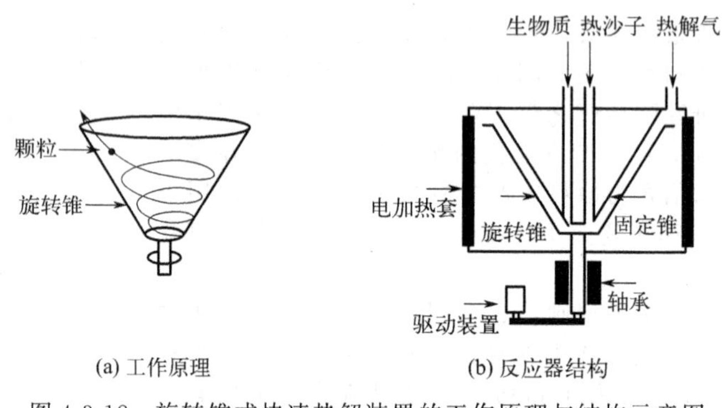

图 4-3-12　旋转锥式快速热解装置的工作原理与结构示意图

参考文献

[1] 蒋剑春，应浩. 中国林业生物质能源转化技术产业化趋势. 林产化学与工业，2005，25（S）：5-10.

[2] 左宋林. 毛竹竹材炭化机理的研究. 南京：南京林业大学，2003.

[3] 黄彪. 杉木间伐材的炭化理论及其炭化物在环境保护中应用的研究. 南京：南京林业大学，2004.

[4] 左宋林. 林产化学工艺学. 北京：中国林业出版社，2019.

[5] 黄律先. 木材热解工艺学. 2 版. 北京：中国林业出版社，1996.

[6] 应浩，蒋剑春. 生物质能源转化技术与应用（Ⅳ）. 生物质化学工程，2007，41（6）：47-55.

[7] 蒋剑春，金淳. 木质原料催化气化机理和动力学研究. 林产化学与工业，1999，19（4）：43-48.

[8] de Lasa H，Salaices E，Mazumder J，et al. Catalytic steam gasification of biomass：Catalysts，thermodynamics and kinetics. Chemical Review，2011，111：5404-5433.

[9] 朱锡锋. 生物质热解原理与技术. 合肥：中国科学技术大学出版社，2006.

[10] Xu J M，Jiang J C，Hse C Y，et al. Renewable chemical feedstocks from integrated liquefaction processing of lignocellulosic materials using microwave energy. Green Chemistry，2012，14：2821-2830.

[11] Xu J，Xie X，Wang J. Directional liquefaction coupling fractionation of lignocellulosic biomass for platform chemicals. Green Chemistry，2016，18（10）：3124-3138.

[12] Xu J M，Jiang J C，Chen J，et al. Biofuel production from catalytic cracking of woody oils. Bioresource Technology，2010，101：5586-5591.

[13] Xu J M，Jiang J C，Dai W D，et al. Liquefaction of sawdust in hot compressed ethanol for the production of bio-oils. Process Safety and Environmental Protection，2012，90（4）：333-338.

[14] Xu J M，Jiang J C，Dai W D，et al. Bio-oil upgrading by means of ozone oxidation and esterification to remove water and to improve fuel characteristics. Energy Fuels，2011，25：1798-1801.

[15] Xu J M，Jiang J C，Sun Y J，et al. Production of hydrocarbon fuels from pyrolysis of soybean oils using a basic catalyst. Bioresource Technology，2010，101：9803-9806.

[16] Xu J M，Jiang J C，Sun Y J，et al. A novel method of upgrading bio-oil by reactive rectification. Journal of Fuel Chemistry and Technology，2008，36（4）：421-425.

[17] Demirbas A. Political，economic and environmental impacts of biofuels：A reviews. Applied Energy，2009，86：S108-S117.

[18] 蒋剑春，应浩，戴伟娣，等. 生物质流态化催化气化技术工程化研究. 太阳能学报，2004，25（5）：678-684.

[19] Zhang K，Brandani S，Bi J C，et al. CFD simulation of fluidization quality in the three-dimensional fluidized bed. Progress in Nature Science，2008，18（6）：729-733.

[20] 蒋剑春，张进平，金淳，等.内循环锥形流化床秸秆富氧气化技术研究.林产化学与工业，2002，22（1）：25-29.
[21] 蒋剑春，应浩，戴伟娣，等.锥形流化床生物质气化技术和工程.农业工程学报，2006，22（S1）：211-216.
[22] Wang Q C，Zhang K，Brandani S，et al. Scale-up strategy for the jetting fluidized bed using a CFD model based on two-fluid theory. Can J of Chem Eng，2009，87（2）：204-210.
[23] 杨宽利，王其成，张锴，等.鼓泡流化床内颗粒速度分布的研究.石油化工高等学校学报，2008，21（3）：5-8.
[24] 刘宝亮，蒋剑春，岳金方.细颗粒木屑在鼓泡流化床中流化速度的研究.可再生能源，2007，25（4）：38-39.
[25] 马隆龙，吴创之，孙立.生物质气化技术及其应用.北京：化学工业出版社，2003.
[26] 陈洁，蒋剑春.旋转锥式反应器催化大豆油裂解制备可再生生物燃料油.太阳能学报，2011，32（3）：354-357.

（左宋林，孙康）

第四章　活性炭的结构和性质

活性炭是由含碳物质制成的外观黑色、内部孔隙结构发达、比表面积大、吸附能力强的一类微晶质碳。其性质稳定，不溶于水或有机溶剂，能在多种条件下和广泛的 pH 值范围内使用，并且容易再生，具有多种用途。

活性炭的种类很多。根据原料的不同，可分为木质原料等植物性原料活性炭、煤炭等矿物性原料活性炭，以及其他含碳原料活性炭。根据制造方法的不同，又可分为气体活化法（简称物理法）活性炭、化学药品活化法（简称化学法）活性炭及混合活化法活性炭。按其外观形状则可分成粉末状活性炭、颗粒状活性炭（包括不定型破碎状活性炭及成型颗粒活性炭两类）以及纤维状活性炭（又称活性炭纤维）等[1]。此外，根据用途的不同，又可以分为气相吸附活性炭、液相吸附活性炭、催化剂及催化剂载体活性炭等等。

第一节　活性炭的种类与应用

一、活性炭的种类

根据制造方法、外观形状、用途功能以及孔径大小的不同，可以将活性炭分为不同种类。从形态来看，可以分为颗粒状活性炭和粉末状活性炭，而颗粒状活性炭又可分为不定型和成型两大类；依据原料的不同，可以将活性炭分为焦木质、石油、煤质和树脂活性炭；根据使用功能的不同又可以分为液体吸附活性炭、催化性能活性炭、气体吸附活性炭；按制造方法划分，又分为物理法活性炭、化学法活性炭和物理化学法活性炭。

从外观形状上分类，目前常见的活性炭分类如表 4-4-1 所示[2]。

表 4-4-1　不同外观形状市售的活性炭分类

形状	特征
粉末状活性炭	外观尺寸小于 0.18nm(约 80 目)的粒子占多数的活性炭。除了以木屑为原料生产的粉末状活性炭以外,还包括颗粒状活性炭的粉化产物等
颗粒状活性炭	外观尺寸大于 0.18nm(约 80 目)的粒子占多数的活性炭。从形状上分为破碎状、球状、中空微球状等几种
破碎状炭	椰壳活性炭、煤质活性炭属于此类。活性炭外表面因破碎而有棱角
球状炭	将炭化物做成球形以后再活化及以球形树脂为原料生产的活性炭
中空微球状炭	大多以树脂为原料,有时直径在 50μm 以下,使用时生成的粉末少
纤维状活性炭	指以纤维状的原料制成的纤维直径为 8～10μm 的活性炭,有丝状、布状、毡状几种
蜂巢状活性炭	挤压成型为蜂巢状的活性炭
活性炭成型物	有将活性炭粉末附着在纸、非织造布或海绵等基材上的产品,以及将活性炭单独或者与其他材料一起复合加工成各种形状的成型物

根据原料的不同，活性炭分类如表 4-4-2 所示[2]。

表 4-4-2　不同原料的市售活性炭分类

种类	原料
木质活性炭	以木屑、木炭等制成的活性炭
果壳活性炭	以椰子壳、核桃壳、杏核等制成的活性炭
煤质活性炭	以褐煤、泥煤、烟煤、无烟煤等制成的活性炭
石油类活性炭	以沥青等为原料制成的沥青基球状活性炭
再生炭	以用过的废炭为原料，进行再活化处理的再生炭，与原生炭相区别

根据制造方法的不同，活性炭分类如表 4-4-3 所示[3]。

表 4-4-3　不同制造方法的活性炭分类

种类	活化剂
化学药品活化法活性炭	氯化锌、磷酸、氢氧化钾、氢氧化钠等化学药品
碱活化法活性炭	氢氧化钾、氢氧化钠等
气体活化法活性炭	水蒸气、二氧化碳、空气等
水蒸气活化法活性炭	水蒸气

根据使用场所的不同，活性炭分类如表 4-4-4 所示[3]。

表 4-4-4　不同使用场所的活性炭分类

种类	主要用途
气相用活性炭	排气的处理、净化空气、溶剂回收、脱臭、气体的分离、脱硫脱硝、工艺气体(二氧化碳、压缩空气等)的精制、半导体用气体的精制、分子筛、放射性气体的保持、调湿、调香、气相色谱的充填剂、气体分析捕集剂、保鲜、去除臭氧、香烟过滤嘴、天然气的吸附储藏等
液相用活性炭	上水的处理、高度净化水的处理、超纯水的处理、净水器、下水的处理、工厂排水的处理、脱色精制、去除异臭异味、净化血液、去除游离氯、回收黄金、用于酿造、用于解毒等
催化剂用活性炭	催化剂、催化剂载体等

也可以根据活性炭的机能进行分类，如表 4-4-5 所示。

表 4-4-5　不同机能的活性炭分类

活性炭	机能
高比表面积活性炭	比表面积为 $2500m^2/g$ 以上的高比表面积活性炭，用强碱活化法制造
添载活性炭	在活性炭表面添载金属盐等化学药品，用于脱臭、作催化剂等场合
生物活性炭	水处理的方法之一。使活性炭表面形成微生物膜，通过微生物的分解作用进行净化。与臭氧处理配合，用于净水的高度处理

二、活性炭的主要应用

活性炭作为吸附剂发展到今天，其吸附性能和催化性能已经扩展到更广泛的领域，其用途也更加广阔[4-6]。

1. 作为气相吸附剂的应用

用活性炭吸附气体是空气净化、去除臭气、回收产品等的一种重要方法。随着人们环保意识的增强，在治理空气污染方面活性炭的需求量将越来越大。通常，颗粒状活性炭用于气体吸附，其较强的吸附能力主要源于发达的微孔结构[4]。活性炭不仅吸附的气体种类多、速度快，废弃活性炭大多数可以再生，而且本身污染小，因此活性炭在室内空气净化方面得到很快的发展。

2. 作为液相吸附剂的应用

活性炭作为液相吸附剂，最初在工业上作为脱色剂应用于精制糖。目前在液相吸附中，活性炭主要用于食品工业中的脱色和调整香味，水处理（处理各种污水、净化自来水等）中的水质改善，在医药行业中用于药剂的脱色和净化（如青霉素生产等），在石油化工和橡胶生产等方面也都有十分广泛的用途。几乎所有的生物和化学合成生产过程，都会选择活性炭作为精制吸附材料。所以对于活性炭在分离、精制、净化等方面的开发和推广应用是当前研究的一项主要课题[5]。

3. 作为催化剂和催化剂载体的应用

由于活性中心的存在，大多数金属和金属氧化物才具有催化活性，而结晶缺陷是活性中心形成的主要因素。活性炭中结晶缺陷的现象，一般是由于有无定形碳、石墨碳及不饱和键的存在。因此在很多情况下，特别是氧化还原反应中，活性炭都是理想的催化剂材料。活性炭在烟道气脱硫、光气的合成、硫化氖的氧化、酣的水解、氯化硫酰的合成、工业上氯化二氮的合成、臭氧的分解、电池中氧的去极化作用等方面都有着广泛的应用。同时活性炭丰富的内表面积，发达的孔隙结构，便于物质进入其内部并被负载在表面，所以它是一种优良的催化剂载体。在对挥发性有机物的处理中，不仅可以作为载体，还可以给催化剂提供一个高浓度的场所，有利于催化的进行[6-8]。

4. 活性炭的其他应用

随着研究的逐渐深入，活性炭在其他领域出现一些特殊的应用，它的开发和利用给我们的生活带来了许多积极的影响。

① 药用、医用：活性炭作为高吸附材料，可以吸附药物，口服进入人体后缓释药物成分，降低服药频率；也可将活性炭用作解毒剂和降血脂药物等，如治疗胃肠失调、腹部脓毒症、血液过滤、血液渗析等，用于吸附对人体有害有毒的物质。

② 金属的精选：如利用其与氢氧化铝和氢氧化铁混合物共同沉淀可以从海水中分离铀。

③ 烟气过滤净化：香烟和烟斗的过滤嘴。

④ 分析技术：如高真空技术中用来吸附痕量残余气体。

⑤ 温度控制：用来制造吸附恒温器和获取超低温。

⑥ 农林种植：用于缓释土壤中的农肥和农药，改良土壤，调理土壤性能，提高土质和地温。

⑦ 能源领域：用作储氢材料，作为电池、超级电容器的电极材料。

第二节　活性炭的微观结构

一、研究碳类物质微观结构的主要方法

碳类物质的物理性质受其微观结构的影响。这种影响包括宏观的原子或分子集团排列状态的影响，以及微观的单个原子或分子排列状态的影响。乌黑的煤炭和耀眼的金刚石同属自然界中以游离状态存在的碳类物质，两者之间呈现如此巨大差异的原因就在于此。因此，弄清楚碳类物质的微观结构，是从本质上把握碳类物质性质的最佳手段。随着科学的进步，对碳类物质的研究手段也在不断发展。目前，研究碳类物质以及炭化过程中的碳类物质微观结构的主要方法及其特征见表 4-4-6[2,9-11]。

表 4-4-6 研究碳类物质微观结构的主要方法及其特征

方法	特征
光学(偏光)显微镜	观察宏观的原子、分子集团的排列状态
扫描电子显微镜	观察宏观的原子、分子集团的排列状态
高分解能电子显微镜	观察原子、分子的微观排列状态
X射线衍射法	观察原子、分子的微观排列状态
电子物性测定法	从电子运动观察物质的结构
IR、UV、NMR①	仅适用于炭化过程的初期
元素分析	仅适用于炭化过程的初期
拉曼光谱	仅适用于非平面碳类结构的解析
测定密度、比表面积	观察碳类的综合特性

① IR (infrared) 为红外光谱法；UV (ultraviolet) 为紫外光谱法；NMR (nuclear magnetic resonance) 为核磁共振法。

二、游离态碳的三种存在方式

(一) 结晶态碳

属于结晶态的碳类物质有三种：金刚石、石墨和卡宾碳。常见的金刚石及石墨的主要结构特征如下。

1. 金刚石

金刚石为无色透明的晶体，密度 3.51g/cm^3。金刚石中碳原子以等轴晶系方式排列，所有碳原子都以共价键相连接，键长相等，为 0.145nm。每个碳原子的 4 个价电子都与相邻的碳原子构成了共价键，即将位于正四面体中心的 1 个碳原子与位于该正四面体 4 个顶角上的碳原子用共价键相连接的方式，构成了一个三维立体结构的巨大分子，见图 4-4-1。

金刚石结构中的碳原子没有自由价电子，不能导电，化学性质稳定，能耐酸、碱。

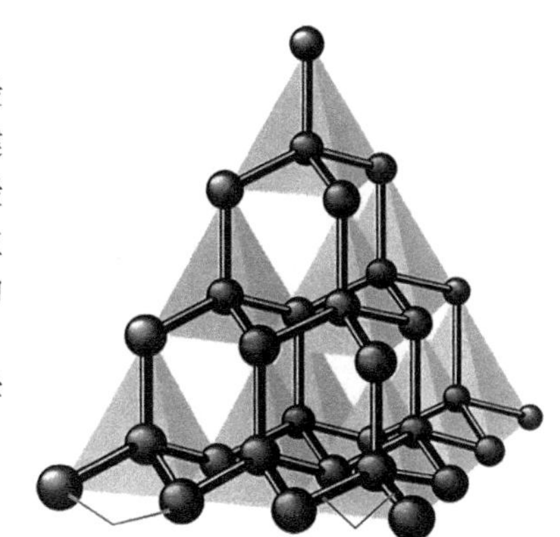

图 4-4-1 金刚石结晶结构

2. 石墨

石墨是黑灰色结晶体，属六方晶系[12]。其密度 2.26g/cm^3。其结晶体内碳原子排列成层状结构。在同一层中，碳原子排列成正六角形网状平面结构，并位于正六角形的顶角上。每个碳原子都与相邻的 3 个碳原子间形成了共价键，键长相等，为 0.143nm。相邻两层间相互排列得十分规则、整齐，各层之间距离相等，为 0.335nm，以分子间的引力相连接，未形成化学键，石墨结晶就是许多层由无数碳原子排列成的正六角形巨大网状平面结构，很规则地相互重叠而成，见图 4-4-2 中 (a)、(b)。

石墨结构中的碳原子带有 1 个自由价电子，能导电、传热。石墨的质地柔软，许多性质具有方向性，都是由其层状结构所决定的。

石墨状微晶是微晶质碳的结构主体。构成微晶的碳六角形网平面层的间距因微晶质碳的种类而异，活性炭为 0.37nm，炭黑为 0.344nm，都略大于石墨结晶的层间距 0.335nm。

石墨状微晶的体积随热处理温度的升高而增大。通常，其高度为 0.9～1.2nm，相当于由 3～4 层碳六角形网平面层重叠而成，宽度为 2.0～2.3nm，约等于单个碳六角形宽度的 9～10 倍。

由此可见，与石墨微晶相比较，石墨状微晶的体积要小得多。

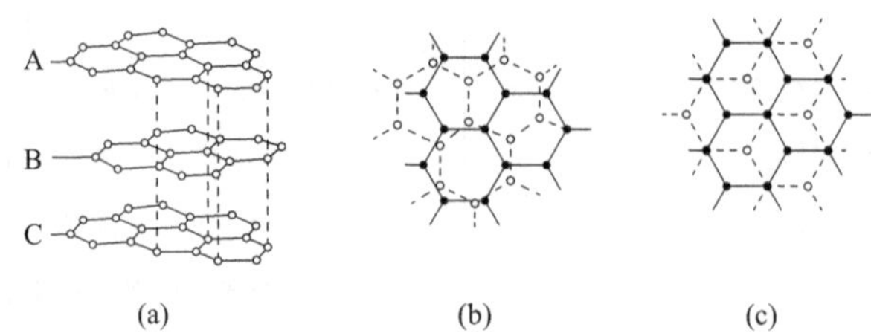

图 4-4-2　石墨结晶结构［(a) 和 (b)］与乱层结构 (c)

（二）微晶质碳

以石墨状微晶为结构主体的游离态碳类物质统称作微晶质碳。属于微晶质碳的物质比较多，例如炭黑、木炭、活性炭、焦炭、无烟煤等。以前曾把它们称作无定形碳。但是，近代的研究改变了这种看法，因为在它们的结构中存在着碳的基本结晶，即石墨状微晶。

1942 年，沃伦（Warren）等研究了炭黑等无定形碳的 X 射线衍射图后，首先提出在它们的结构中含有碳的基本微晶，即石墨状微晶，但不是石墨状微晶的集合体[13]。

富兰克林（Franklin）对碳的基本微晶进行研究，于 1951 年提出如图 4-4-2(c) 所示的结构模型。认为在碳的基本微晶中，碳原子排列成与石墨结晶相类似的层状结晶结构。在同一层中，碳原子排列的方式与石墨完全相同，形成正六角形网状平面结构，但相邻两层之间则不像石墨那样规则，并将其称作乱层结构。

富兰克林通过对一些热处理过的无定形碳类物质的研究，认为它们可以分成易石墨化炭（即石墨化炭、软质炭或石墨型结构）和难石墨化炭（即非石墨化炭、硬质炭或非石墨型结构）两大类，并提出了如图 4-4-3 所示的结构模型。属于前者的有石油焦炭、煤沥青焦炭及粘接性煤焦炭等；属于后者的有炭黑、木炭及活性炭等。

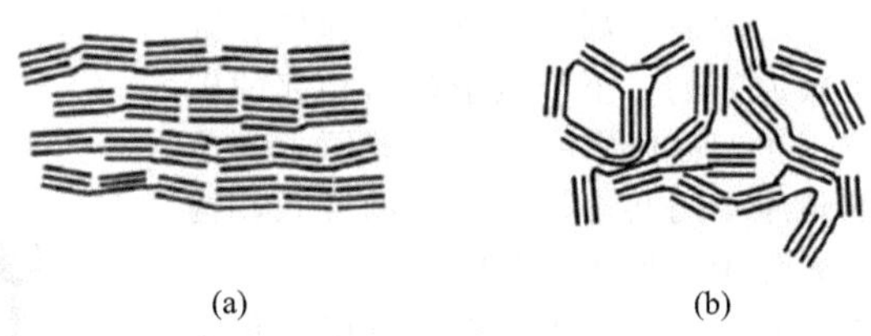

图 4-4-3　富兰克林的结构模型

(a) 易石墨化碳；(b) 难石墨化碳

（三）无定形碳

严格地说，目前认为真正属于无定形碳的物质仅有沥青。但是在习惯上，很多场合仍将上述微晶质碳称作无定形碳。

三、活性炭的晶体结构

活性炭是以碳为主要成分的吸附材料，结构复杂，既不像石墨、金刚石那样具有碳原子按一定规律排列的分子结构，又不像一般炭化物那样具有复杂的大分子结构。一般认为活性炭是由类似石墨的碳微晶和非晶质碳相互连接构筑成其块体和孔隙结构。可以认为，活性炭等微晶质碳是由数层平行的碳六角形网平面层组成的石墨状微晶、未组成石墨状微晶的单个碳六角形网状平面和非组织碳三部分构成的[9,10]。

在富兰克林的结构模型提出以前，赖利（Riley）曾于 1942 年提出过如图 4-4-4(a) 所示的结构模型。认为活性炭等物质的结构，是由邻四亚苯基的立体结构［图 4-4-4(b)］三维地反复交联而成的仅由苯环构成的芳香族立体结构。当考虑到苯环π电子云厚度时，这种结构是充填得相当紧密的，不能期望它具有活性炭那样大的比表面积。

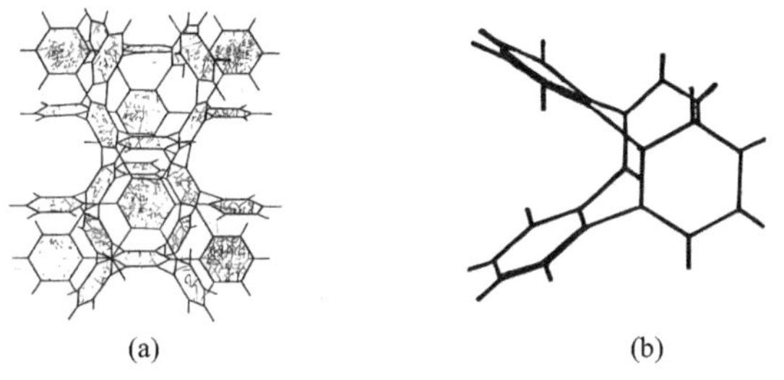
(a)　　(b)

图 4-4-4　赖利的结构模型（a）和邻四亚苯基的立体结构（b）

X射线衍射分析表明，活性炭的结构中包含石墨微晶，这些微晶排列不规则，尺寸为1～3nm。除了石墨微晶外，活性炭还含有无定形碳，由石墨微晶和无定形碳所构成的多相物质决定着活性炭独特的结构。Riley认为[14]，在大部分碳材料（包括活性炭）中均含有这两种结构类型，而活性炭的最终特性则取决于它是以哪种类型的结构为主。

在石墨结构中，碳原子以 sp^2 杂化成键，剩余的一个p轨道相互平行重叠，形成大π键，进而形成石墨的平面网状结构，平面结构平行而规律地排列着（面网之间的作用力为范德华力），形成规整的三维结构，其中，C—C键的长度为0.142nm，面网间距为0.355nm，其结构如图4-4-5(a)所示[15]。

活性炭基本上是非结晶性碳，它由微细的石墨状微晶和将它们连接在一起的碳氢化合物组成。活性炭最初的原料如木材、煤等，经炭化、活化等过程后，活性炭中部分碳原子之间已形成了微晶碳（活性炭的基本结晶），但是其面网结构却没有采取石墨那样规则性的积层结构，而是形成图4-4-5（b）那样的乱层结构。

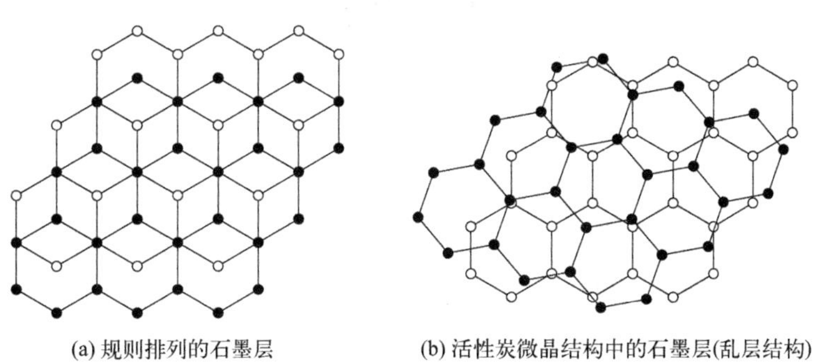
(a) 规则排列的石墨层　　(b) 活性炭微晶结构中的石墨层(乱层结构)

图 4-4-5　石墨与活性炭的基本结构和区别

第三节　活性炭的孔隙结构

活性炭的孔隙是在活化过程中，基本微晶之间清除了各种含碳化合物和无序碳（有时也从基本微晶的石墨层中除去部分碳）之后产生的孔隙，孔隙的大小、形状和分布等因制备活性炭的原料、炭化及活化过程和方法等不同而有所差异，不同的孔隙结构能发挥出相应的功能。

在活性炭等难石墨化炭的结构中，石墨状微晶不规则排列的结果是微晶之间形成了许多空隙，即孔隙。值得指出的是，活性炭与其他微晶质碳的不同之处在于通过制造活性炭过程中的活化反应，使微晶质碳结构中的一些非组织碳、单个碳六角形网平面层以及部分石墨状微晶边缘上的碳被活化除去，从而生成了一些新的孔隙，使活性炭的孔隙结构更加发达。此外，用气体活化法生产出来的活性炭，多孔质原料中原有的部分孔隙也会残留在活性炭中，也是孔隙的组成部分，但是这类孔隙通常都比较大[16,17]。

孔隙是形态各异的，使用不同的研究方法发现，有些是一端封闭的毛细管孔或两端敞开的毛细管孔，有些孔隙具有缩小的入口（瓶状孔），还有一些是两平面之间或多或少比较规则的狭缝状孔、V形孔等。

一、活性炭孔隙的大小及作用

（一）活性炭孔隙的大小

1960年杜比宁把活性炭的孔分为大孔（孔径大于50nm）、中孔（或称过渡孔，孔径2～50nm）和微孔（孔径小于2nm）三类，这个方案已被国际纯粹与应用化学联合会（International Union of Pure and Applied Chemistry，IUPAC）所接受。在活性炭中这三类大小不同的孔隙是互通的，呈树状结构，如图4-4-6所示。

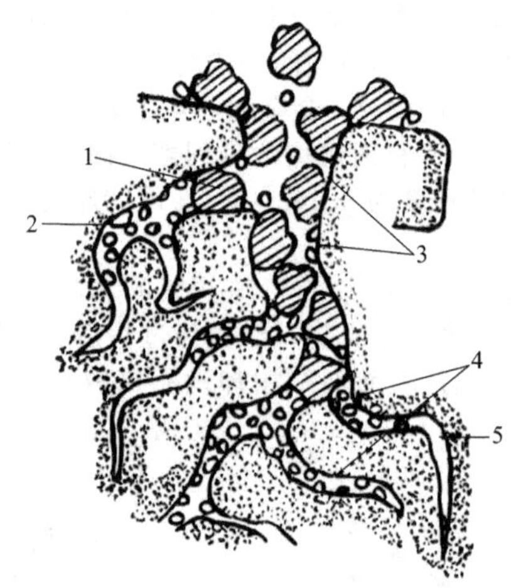

图4-4-6　孔隙筛分作用示意图

1—吸附质；2—溶剂；3—溶剂和吸附质能够进入的孔隙；
4—溶剂和小吸附质能够进入的孔隙；5—只有溶剂能够进入的孔隙

（二）活性炭孔隙的作用

1. 大孔

通常活性炭中大孔的比孔容积为0.2～0.8cm^3/g，比表面积为0.5～2m^2/g。大孔中进行的是多分子层吸附，但其比表面积不大，吸附量有限。大孔还有吸附质经过它而进入其内部的过渡孔、微孔的通道作用。而且，当活性炭用作催化剂载体时，较大的孔隙作为催化剂附着的部位可能是比较重要的。

2. 过渡孔

在一般的活性炭中，过渡孔的比孔容积较小，为0.02～0.10cm^3/g，比表面积为20～70m^2/g，不超过其总比表面积的5%。用延长活化时间、减慢升温速度或化学药品活化等特殊方法，可生产出过渡孔特别发达的活性炭，使其比孔容积可高达0.7cm^3/g，比表面积达200～450m^2/g。

在气相吸附中，当吸附质气体的分压比较高时，过渡孔通过毛细凝聚作用吸附并将吸附质凝聚成液体状态。在液相吸附中，特别是在吸附焦糖色等大分子物质时，过渡孔具有重要作用。液相吸附中常用过渡孔发达的活性炭。此外，与大孔类似，过渡孔也具有吸附质通过它而进入其内部微孔的通道作用。

3. 微孔

与其他种类的吸附剂相比较，活性炭的特点是微孔特别发达。通常，活性炭中微孔的比孔容积为 0.20～0.60cm^3/g，比表面积约占总比表面积的 95％。

巨大的比表面积赋予微孔很大的吸附容量，微小的孔径决定了其对于浓度极低的吸附质仍具有良好的吸附能力。微孔是吸附的主要场所，在吸附质分压比较低的气相吸附中显得更加重要。因此，气相吸附中常用微孔发达的活性炭。

微孔的孔径很小，其大小与吸附质分子的大小相当，导致吸附质分子无法在微孔中发生毛细凝聚，而是通过容积充填进行吸附。

活性炭中孔径大小不同的孔隙，对分子大小不同的多种吸附质的混合物具有选择性吸附作用，因为大分子类吸附质无法进入孔径比它还小的孔隙之中。图 4-4-6 是表示这种选择性吸附作用的示意图。表 4-4-7 中列示了能够对几种常见的吸附质进行吸附的最小孔径[2,3]。

表 4-4-7　对吸附质能够进行吸附的最小孔径

吸附质名称	能进入的最小孔径/nm
碘	1.0
高锰酸钾	1.0
亚甲基蓝	1.5
赤藓红	1.9
焦糖色	约 2.8

二、活性炭的孔隙结构参数

（一）密度

单位体积的物质所具有的质量称作密度。对多孔性物质活性炭及木炭而言，因计算体积的方法不同，密度有下述三种不同的表示方法。相关内容参见本篇第二章第二节。

此外，有时用某些液体渗入活性炭的孔隙中的方法测定活性炭的密度，这样测得的密度称作置换密度或有效密度、实际密度。用某些液体测定的椰子壳活性炭的置换密度见表 4-4-8[2,3]。

表 4-4-8　椰子壳活性炭的某些液体置换密度

液体	置换密度/(g/cm^3)
汞	0.865
水	1.843
丙醇	1.960
氯仿	1.992
苯	2.008
对二甲苯	2.018
石油醚	2.042
二硫化碳	2.057
丙酮	2.112
乙醚	2.120
戊烷	2.129

（二）比孔容积和孔隙率

1. 比孔容积

1g 活性炭所含有的颗粒内部孔隙的总体积称作比孔容积，简称比孔容，比孔容积大的活性炭其孔隙结构发达。

比孔容积可以由颗粒密度与真密度按下式计算：

$$V_g = \frac{1}{\rho_p} - \frac{1}{\rho_t} \tag{4-4-1}$$

式中　V_g——比孔容积，cm^3/g。

活性炭的比孔容积也可以用在接近饱和压力的条件下吸附气体的方法求得，因为在这种条件下，气体吸附质是以接近液体状态吸附并充满在孔隙中的。把吸附质体积换算成吸附温度下吸附质液体的体积，便可求得比孔容积。此时常用氦气或氮气作吸附质。

此外，生产上常用水作吸附质来测定活性炭的比孔容积，并将其称作水容量。水容量越大的活性炭其比孔容积越大。

2. 孔隙率

孔隙率表示活性炭颗粒内部孔隙体积占颗粒体积的比率，常用百分率表示。孔隙率大的活性炭其孔隙结构发达。孔隙率按下式计算：

$$\theta = \frac{V_g}{V_{颗}} = 1 - \frac{\rho_p}{\rho_t} \tag{4-4-2}$$

式中　θ——孔隙率。

（三）比表面积

1g 活性炭所具有的颗粒外表面积与颗粒内部孔隙的内表面积的总和称作比表面积。

由于吸附是在表面上发生的现象，因此比表面积是反映活性炭孔隙发达程度和吸附能力的重要指标。有人认为，活性炭性质的一半可以用比表面积表示。比表面积大的活性炭的孔隙结构发达，吸附能力大。在各种吸附剂中，活性炭的比表面积最大，通常为 $800 \sim 1500m^2/g$；用特殊方法制造的活性炭，比表面积可以高达 $3000m^2/g$ 以上。

比表面积常用吸附气体的方法测定。例如在液氮温度下吸附氮气的 BET 法就是常用的方法之一。该法的测定原理是求出试样吸附等温线上的单分子层吸附量，再将吸附质分子截面积的大小换算成试样的比表面积。

（四）平均孔隙半径

平均孔隙半径是活性炭孔隙半径大小的平均值。它能在一定程度上宏观地反映活性炭孔隙的大小。

一般而言，平均孔隙半径比较小的活性炭中微孔比较发达，适用于吸附分子较小的吸附质；平均孔隙半径较大的活性炭中，孔径小的孔隙欠发达，适用于吸附分子比较大的吸附质。但是，由于各种活性炭的孔径分布的差别很大，平均孔隙半径只有一定的参考价值。实际上，活性炭中半径等于或接近平均孔隙半径的孔隙很少的情况也不少。

活性炭的平均孔隙半径由比孔容积和比表面积按下式计算求得：

$$\bar{r} = n\frac{V_g}{S} \tag{4-4-3}$$

式中　$\bar{r}$——平均孔隙半径；

V_g——比孔容积；

S——比表面积；

n——孔隙形状系数，球形孔隙 $n=3$，圆筒状孔隙 $n=2$，狭缝状孔隙 $n=1$。

（五）孔径分布

孔径分布表示随着孔隙有效半径大小而变化的孔容积分布状况，是掌握活性炭孔隙结构的最佳手段[18]。由各种活性炭的孔径分布状况，可以了解其孔隙结构的特点。即哪一类孔隙比较发达，从而确定其最佳应用方向，充分发挥各种活性炭的特色功能，避免盲目使用。

活性炭孔径分布的测定方法有压汞法、毛细凝聚法、X 射线小角散射法、电子显微镜法及分子筛法等。但由于活性炭的孔径分布范围很广，用哪一种方法都不能完整地测定出全部孔隙的孔径分布状况。通常，压汞法用于测定半径大于 10nm 的孔隙；毛细凝聚法可以测定半径 2～30nm 的孔隙；X 射线小角散射法虽然能测定半径小于 0.5nm 的孔隙，但难以测定半径 90nm 以上的孔隙，并且测定不出绝对数值。因此，实际上常常是将压汞法、毛细凝聚法和 X 射线小角散射法三者相配合，以测定出整个孔径分布状况，并用曲线进行表示。杜比宁测定的活性炭孔径分布曲线之一见图 4-4-7。

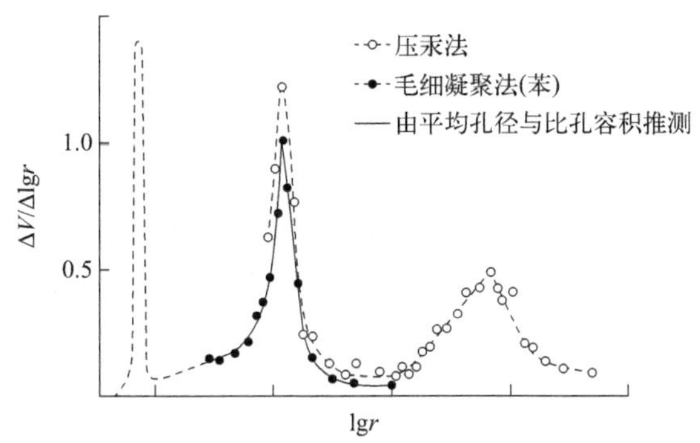

图 4-4-7　活性炭的孔径分布曲线

表示孔径分布的方法除了孔径分布曲线以外，也可用孔容积累积曲线表示。图 4-4-8 中表示了两种活性炭的孔容积累积曲线及分布曲线。由于微小孔隙的半径下限大小尚不明确，因此孔容积累积曲线通常都以大孔半径的上限为基准开始累积孔隙容积。

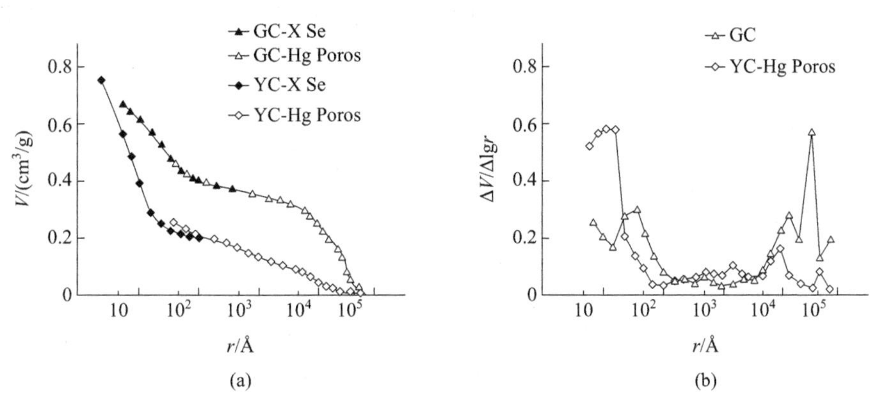

图 4-4-8　市售活性炭的孔径分布（$1Å=10^{-10}m$）

（a）孔容积累积曲线；（b）孔径分布曲线

GC：水处理或成型颗粒活性炭；YC：椰子壳不定形颗粒活性炭；

X Se：X 射线小角衍射法；Hg Poros：压汞法

第四节　活性炭的表面化学结构

在活性炭及木炭、煤焦炭、炭黑等微晶质碳结构中石墨状微晶的端面，碳原子有规则性地排列中断，形成非常富有反应性的自由原子价。通常，这些原子价大多一刻也不游离存在，而是与周围的适当的元素形成化合物。另外，微晶质碳结构中的碳网片层及非晶态结构中，也存在非碳元素。这些非碳元素的数量及存在方式，对活性炭的性能有一定的影响。

一、活性炭的元素组成

除碳以外，活性炭中还含有两类非碳元素。一类是与碳化学结合的元素，主要是氧和氢，有时还有少量的氯。它们主要来自原料及生产过程，或者是新生产出来的活性炭对周围环境中存在的气体发生化学吸附的结果。另一类是无机物质灰分，主要来自活性炭的原料或生产过程。

碳是活性炭的主要元素成分。以扣除灰分后的总质量为基准计算，通常碳含量在90%以上，氧含量在5%以下，氢含量小于2%。随着制造活性炭时活化温度的提高，产品活性炭的碳含量增加，氢和氧的含量减少。

1. 工业分析

对于活性炭及其原料炭化物中所含有的挥发分数量的测定，通常采用的方法是将试样放在铂金坩埚中，避免与空气接触，在900℃下加热7min，求出加热减量占原试样的百分比，并从该百分比中减去同时进行测定得到的水分值（干燥减量）以后，便得到试样的挥发分含量。灰分（强热残分）的测定方法是将干燥过的试样放在瓷坩埚中，并置于高温电炉内，将其温度调至800～900℃对样品进行灰化，残留物质的质量分数作为灰分。固定碳的确定是以干燥试样作为100%，减去灰分与挥发分所得到的数值。

通常，活性炭生产过程中已经经历900℃以上的高温活化过程，所以挥发分很少。另外，炭化温度对原料炭化物的挥发具有很大影响。实验表明，挥发分的含量随着温度的上升而减少；炭化反应在500℃以下剧烈进行，在600～700℃基本结束。固定碳含量在炭化反应结束的700℃以上基本不会再增加，该变化基本上与挥发分相对应。

灰分随炭化得率的降低而增加。灰分是活性炭原料选择方面的一个重要指标。原料中的无机成分在炭化过程中几乎不减少而最后残留于木炭中。原料中的灰分含量即使只有1%，活性炭的灰分含量也将达到10%。由于灰分不具有吸附能力，因此该单位质量的活性炭的吸附能力比灰分含量为零的活性炭的吸附能力下降10%左右。所以在活性炭的选择过程中，尽可能选择灰分含量最低的。

活性炭的灰分含量受原料及生产工艺的影响很大。木质原料生产的活性炭灰分含量都较低，一般为2%～5%；以煤为原料生产的活性炭灰分含量较高，通常都大于5%，有时高达20%；用特殊原料如砂糖或酚醛树脂等制造的活性炭，灰分含量可低至0.01%以下。

灰分的组成比较复杂，是多种金属氧化物、碳酸盐等的混合物。它们在活性炭中的存在状态尚不清楚，在高温灼烧转变成灰分的过程中它们很可能已经改变了原来的存在状态。灰分中常见的元素有钙、镁、硅、锰、铁、磷、铝、钾、钠、硼等。

用水洗涤可以除去灰分中的水溶性物质，因此能在一定程度上减少活性炭的灰分含量。采用加入盐酸等酸类以后加热煮沸的方法，能使灰分中一部分不溶于水的物质转变成可以溶解的状态，因此能在更大程度上减少活性炭的灰分含量。生产上常用这种方法降低活性炭的灰分含量，称作酸洗及水洗。

2. 元素分析

通过元素分析装置可以对活性炭的元素组成进行测定（表4-4-9）。活性炭中碳元素的含量达到90%以上，这在很大程度上决定了活性炭是疏水性吸附剂。氧元素的含量一般为百分之几，其存在方式有两种：一部分存在于灰分中；另一部分以羧基等表面官能团的形式存在于碳的表面。含氧官能团使活性炭具有一定的亲水性，而并非完全的疏水性[19]。活性炭的亲水性使得其能够将自身孔隙内的空气置换为水，进而吸附溶解于水中的有机物，使活性炭用于水处理成为可能。

表 4-4-9　活性炭的元素组成

活性炭	碳/%	氢/%	硫/%	氧/%	灰分/%
水蒸气法活性炭 A	93.31	0.93	0.00	3.25	2.51
水蒸气法活性炭 B	91.12	0.68	0.02	4.48	3.70
氯化锌法活性炭 C	90.88	1.55	0.00	6.27	1.30
氯化锌法活性炭 D	93.88	1.71	0.00	4.37	0.05
氯化锌法活性炭 E①	92.20	1.66	0.21	5.61	0.04

注：氮含量均为痕量。

① 试验性的、试制的加硫炭。

植物类原料中氮与硫的含量通常非常少。原料中含有的蛋白质以及硫化物，在炭化及活化过程中，大部分会热解转化为气体挥发掉，然而有时会有微量的残留。残存的微量氮原子，在某些条件下会提高活性炭的催化性能。

由于原料和制备过程的不同，活性炭中的灰分含量也有显著的差异。一般木质类活性炭的灰分含量较少（一般＜5%）。当原料灰分含量较大时，需要先对原料进行脱灰处理，再制备活性炭。

二、活性炭的表面官能团结构

在活性炭一类的无定形碳中，微晶的大小和相互取向各不相同。在无定形碳中还含有碳四面体，微晶层晶格和其他层之间形成了桥键。并且，相当数量的杂原子能由通常的化学分析检查出来。这些杂原子或者结合在微晶的端部形成表面氧化物，或者进入碳原子的层内形成杂环化合物。在各种形态的碳的结晶或微晶的表面，碳原子有规律性地排列中断，形成非常富有反应性的自由原子价。通常，这些原子价大多一刻也不游离存在，而是和周围的适当元素形成化合物[20]。

1. 活性炭的表面官能团

活性炭所含的杂原子中，含量最多的是氧和氢，它们大部分是以化学键和碳原子结合形成有机官能团，是活性炭组成的有机部分。活性炭表面可能存在的几种含氧官能团如图 4-4-9 所示：并排的羧基（a）有可能脱水形成酸酐（b）；若与羧基或羰基相邻，羰基有可能形成内酯基（c）或芳醇基（d）；单独位于“芳香”层边缘的单个羟基（e）具有酚的特征；羰基（f）有可能单独存在或形成醌基（g）；氧原子有可能简单地替换边缘的碳原子从而形成醚基（h）。通过与重氮甲烷的交换化反应，与甲醇的酯化反应以及其他反应，已成功地测定了这些官能团的化学结构。官能团（a）～（e）表现出不同的酸性。一般说来，活性炭的氧含量越高，其酸性也越强[14-17]。含有酸性表面基团的活性炭具有阳离子交换特性，氧含量低的活性炭表面表现出碱性特征以及阴离子交换特征。除了含氧基团以外，含氮官能团也对活性炭的性能产生显著影响。活性炭表面的含氮官能团主要取决于活性炭的制备方式。活性炭表面的氮原子可以通过活性炭与含氮试剂反应和用含氮原料制备两种方式引入。活性炭表面可能存在的几种含氮官能团如图 4-4-10 所示[2,3]。

2. 活性炭表面化学结构的分析表征

活性炭上的主要杂原子是氧原子，最常见的官能团为羧基、内酯基、羟基和酚羟基。这些基团使活性炭在水中呈两性。利用这种酸碱特性可以测定出表面的含氧基团。

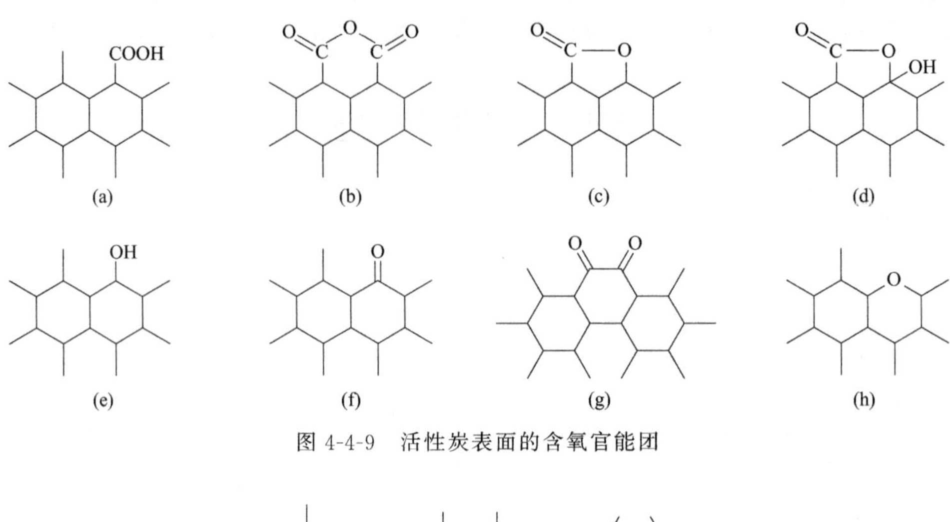

图 4-4-9　活性炭表面的含氧官能团

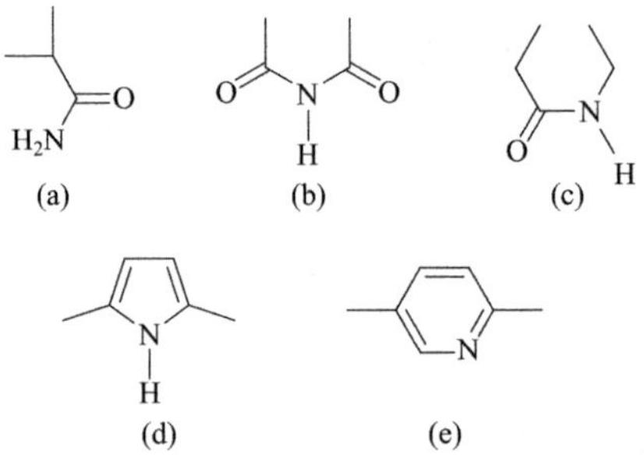

图 4-4-10　活性炭表面的含氮官能团

（1）Boehm 滴定法　它根据不同强度的碱性与酸性表面氧化基团反应的可能性对含氧官能团进行定性与定量分析。一般认为，$NaHCO_3$（pK=6.37）仅中和炭表面的羧基，Na_2CO_3（pK=10.25）可中和炭表面的羧基及内酯基，而 NaOH（pK=15.74）可中和炭表面的羧基、内酯基和酚羟基。根据碱消耗量的不同，可计算出相应的官能团的量。

（2）零电荷点　水溶液中固体表面净电荷为零时的 pH 值，称为零电荷点（point of zero charge，PZC）。PZC 为表征活性炭表面酸碱性的一个重要参数。而 IEP 为水溶液中固体表面电势为零时的 pH 值，称为等电点（isoelectric point）。如果不存在除 H^+、OH^- 之外的吸附离子，则 $pH_{PZC}=pH_{IEP}$。如果发生非电势决定离子的特殊吸附，则两者向相反的方向偏移。PZC 与活性炭酸性表面氧化物特别是羧基有密切的关系，它与 Boehm 滴定存在着很好的相关关系。IEP 一般通过电泳法测定。有研究认为通过电泳法测得的 IEP 为活性炭的外表面特征，因为 OH^- 和 H^+ 比活性炭的微孔要小。因此，通过滴定法测定出的 PZC，对应的是活性炭的全部表面特征或绝大部分表面特征。

（3）X 射线光电子能谱　XPS（X-ray photoelectron spectroscopy）是一种有效的监测表面化学结构的分析手段，采用 Gaussion/Lorentizian 函数所得谱图进行曲线拟合，该技术依据爱因斯坦的光电效应来测定表面元素的原子的价电子或内层电子的结合能。原子被高能 X 射线轰击，能发射出的光电子其平均逃逸深度为 0.5～2nm，故只能探测位于表面的物种。其主要用途是用于测定由表面元素引起发射光电子的结合能发生位移的化学环境的变化。通过对特定的原子（如 C、N、O）的键能进行扫描不仅可以定量测定样品表面的元素组成，而且可以分析元素的结合形式。

（4）傅里叶变换红外光谱法　红外光谱可以测量分子的转动态和振动态，从而可以得出关于被吸附物质中心及被吸附物质表面之间键合的性质。由于活性炭为黑色，对红外辐射吸收强，同时表面不均匀的物理结构又加大了红外光的散射，因此极易采用红外光谱分析。而傅里叶变换红外技术（Fourier transform infrared spectroscopy，FTIR），由于采取了干涉光装置，来自全光谱的辐射在整个扫描期间始终照射在检测器上，使光通量增大，分辨率提高。FTIR 偏振性较小，可以累加多次，快速扫描后进行记录，已成为活性炭表面官能团定性分析的有力工具[21,22]。

（5）热重分析 根据不同官能团的热稳定性不同，在惰性气体中进行热分析，得到样品失重的微分曲线和积分曲线。失重曲线可间接反映出活性炭的表面结构，尤其是表面官能团的种类。

3. 活性炭的氧含量及其分布分析

几种炭的氧含量和分布情况见表 4-4-10。从表 4-4-10 中可以看出，松烟和活性炭中的氧含量较多，而且含有以各种形态结合的氧，而焦炭和炭黑几乎不含以醚类形式结合的氧。在松烟和炭黑的试样中，常含有挥发物质，这些物质能和重氮甲烷及格林试剂起反应，所以，它的数值有偏大的情况。

几种炭的氢含量及其分布情况见表 4-4-11[2,3]。

表 4-4-10 几种炭的氧含量及其分布情况

试样	（全氧含量/碳）/%	（氧含量/全氧含量）/%		
		—OH+—COOH	—C═O	其他—O—
焦炭	0.89	11.2	88.8	无
炭黑 A	0.06	83.3	>100	无
炭黑 B	0.14	50.0	>100	无
松烟	8.22	26.0	15.3	38.1～58.7
水蒸气法炭 A	3.72	38.3	21.8	22.6～39.9
水蒸气法炭 B	3.25	45.5	23.1	20.3～31.4
氯化锌法炭 A	5.05	20.2	40.6	27.9～39.2
氯化锌法炭 B	4.82	22.8	42.9	31.4～38.3

表 4-4-11 几种炭的氢含量及其分布情况

试样	（活性炭氢含量/碳）/%	（氢含量/全氢含量）/%	
		活性氢/全氢	与碳原子结合的氢/全氢
焦炭	0.015	4.7	95.3
炭黑 A	0.004	3.6	96.4
炭黑 B	0.008	1.7	98.3
松烟	0.18	14.1	85.9
水蒸气法炭 A	0.13	11.1	88.9
水蒸气法炭 B	0.12	12	88
氯化锌法炭 A	0.1	7.3	92.7
氯化锌法炭 B	0.08	5.1	94.9

从表 4-4-11 中可以看出，大部分的氢是同碳原子直接结合的。据研究，炭中的氧、氢和其他原子是与基本微晶的边缘或角上的碳原子相结合，因为这些碳原子的化合价没有被周围的碳原子所饱和，因此，它们的反应性较大。同样，在晶格有缺陷的位置上的碳原子，例如在扭曲或不完

整的碳的六角环上的碳原子，也有更大的反应性，因而趋向于和氧、氢等元素结合[23]。

活化时，随着温度的上升和活化的进行，炭中原来的氧以二氧化碳或一氧化碳的形式释放出来，这是由于生成的表面氧化物发生热分解。表面氧化物对活性炭吸附酸或碱的影响很大。如果把活性炭加入电解质溶液中，能引起溶液碱度的变化，这就是很好的说明。

在活性炭的生产过程中，炭化、活化工艺发生的同时，氧不断吸附在炭表面，其中一部分是化学吸附，在炭表面形成的氧化物分解时，又以二氧化碳的形式释放。根据对活性炭表面化学进行的研究，推测碳氧化合物、活性炭氧化物的表面模式分为表面氧化物 A、表面氧化物 B、表面氧化物 C 和 D 三种，如图 4-4-11 所示，其模式如下。

① 表面氧化物 A 在 700℃以上生成，它在氧分压为 0.00013～266.6Pa 时稳定存在。

② 表面氧化物 B 在 300℃以上生成，在 700℃以上时，它同二氧化碳反应放出一氧化碳或二氧化碳。在液相吸附时，它吸收酸的能力比氧化物 A 大，在一般活性炭中，常含有这种类型的表面氧化物。

③ 表面氧化物 C 和 D 由氧化物 B 转变而来，在 300～850℃，由于氧化物 B 的分解，氧化物 C 和 D 含量增加。它的压力稳定，能吸收碱。但由于氧化物 B 的不完全分解所形成的分子内化合物能吸收酸。

总之，表面氧化物 A 和 B 属于碱性氧化物，氧化物 C 和 D 属于酸性氧化物。

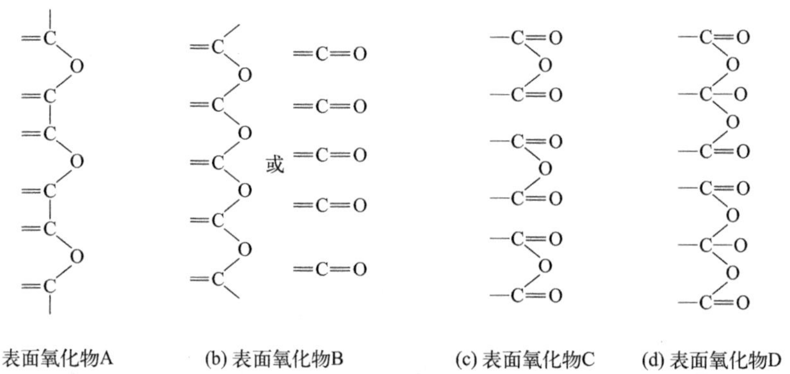

(a) 表面氧化物A　(b) 表面氧化物B　(c) 表面氧化物C　(d) 表面氧化物D

图 4-4-11　表面氧化物结构

关于无定形碳的表面化学构造，曾进行过许多研究。已经查明，它们有不少的共同结构。其中，研究得最深入的是炭黑。对无定形碳中在表面化学结构方面最具有代表性的炭黑进行研究的结果是，其和活性炭的表面化学结构有密切的关系。

在活性炭的表面，以含氧官能团的形式，分别存在着酸性官能团、中性官能团和碱性官能团。酸性官能团里有羧基（—COOH）、羟基（—OH）和羰基（—C=O）；中性官能团里有醌型羰基；碱性官能团为—CH_2 或者—CHR。—CH_2 或者—CHR 能与强酸和氧反应。炭的表面不仅可以和氧结合，而且也可能和其他的元素结合，除含氧官能团以外，也存在着含硫、氢、氯的官能团。

在大约 400℃下让氧作用于无定形碳（微结晶碳）而得到的表面氧化物中，有四种官能团。能检测出来的有羧基、酚羟基及羰基，更进一步的是一个羧基和一个羰基结合而成的内酯（见图 4-4-12）。在完全氧化的试样中，这四种官能团被定量地得到。室温下用强氧化剂的水溶液处理炭时，平均每有一个另一种官能团就能形成两个羧基，其中的一个羧基在加热到大约 200℃时就放出二氧化碳而分解。图 4-4-13 表示包括已被确认的所有官能团在内的结构模型。这种官能团能被各种碱中和，但它们有如下区别[2,3]。

碳酸氢钠：组别Ⅰ。

碳酸钠：组别Ⅰ＋Ⅱ。

氢氧化钠：组别Ⅰ＋Ⅱ＋Ⅲ。

乙醇钠：组别Ⅰ＋Ⅱ＋Ⅲ＋Ⅳ。

可以认为，这四种官能团最初以内酯形式存在，Ⅱ组和Ⅳ组采取了一种邻位羟基内醚的结构，由于碱的作用才变成敞开型。

活性炭的表面官能团参与有机化学中已知的那些通常的化学反应，即羧基和重氮甲烷、醇、乙酰氯、亚硫酰二氯反应；苯酚和对硝基氯化苯甲酰及2,4-二硝基氟代苯反应；乙醇盐和羰基反应，再和羟胺反应形成肟。

关于活性炭表面官能团的鉴定，由于难以使用红外光谱等测定手段，所以使用已知的化学反应对这些官能团进行鉴定。这类鉴定是利用有机化合物的羧基、醇、醌等的反应性。鉴定氢氧根的方法和鉴定二氧化硅、氧化铝等金属氧化物的表面氢氧根的简单方法相同。

有机官能团和表面氧化物由于其极性和本身的酸碱性，影响活性炭的疏水性，也影响活性炭的某些吸附性能。如影响活性炭对酸和碱的吸附。据日本报道，通过在活性炭表面导入有机官能团或表面氧化物制得了具有特殊吸附性能的亲水性活性炭。

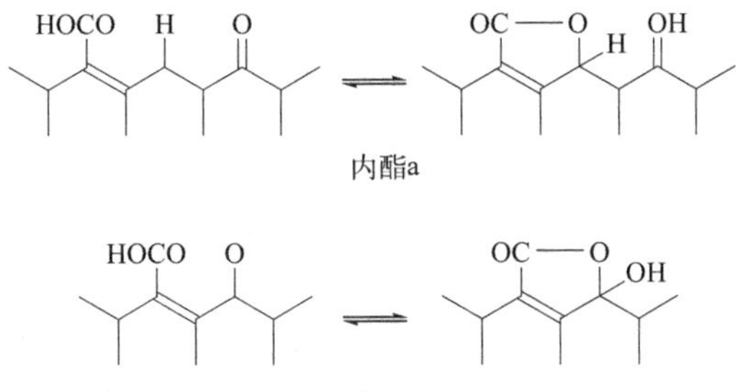

内酯a

内酯b

图 4-4-12　内酯 a 和 b

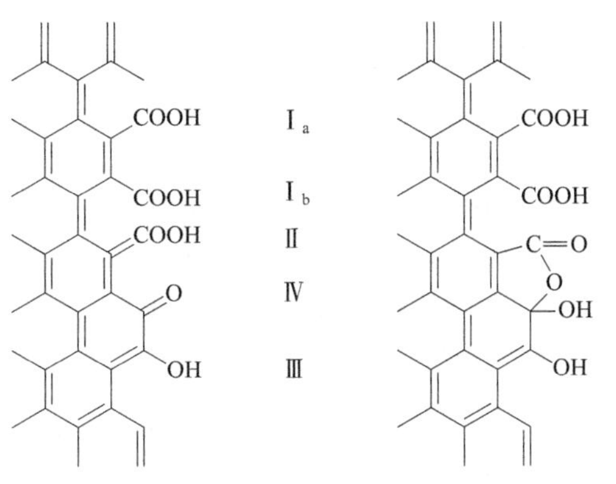

图 4-4-13　包含在炭内的酸性表面氧化物中能检查出来的所有官能团的结构模型

第五节　活性炭的吸附性能

活性炭是一种广泛使用的吸附剂。其孔隙结构发达，比表面积大，具有卓越的吸附性能。

吸附是发生在相互接触两相界面上的现象。当两相接触时，两相的界面上出现一个组成不同于两相中任何一相的区域的现象叫作吸附。界面上物质浓度增加的现象叫作正吸附，反之为负吸附。通常所说的吸附是指正吸附。相互接触的两相有三种情况，即固相与液相、固相与气相或者液相与气相。活性炭是固体，因此，活性炭的吸附有液相吸附和气相吸附两种类型。

吸附时，能将其他物质聚集到自己表面上的物质叫作吸附剂，聚集在吸附剂表面上的物质叫作吸附质；吸附在吸附剂表面上的物质脱离吸附剂表面的过程叫作脱附或解吸。当吸附质的分子不是停留在固体吸附剂的表面（包括颗粒的外表面和颗粒内孔隙的内表面），而是渗入吸附剂的内部，有时甚至进入固体晶格的原子之间的过程叫作吸收。

活性炭发生吸附作用的部位是孔隙的表面以及孔隙内的空间。吸附质在孔隙表面或孔隙内空间中的浓度，是由其与活性炭颗粒外部浓度的平衡关系所决定的。通常用单位质量的活性炭所吸附的气体成分或者溶质的量表示吸附量。吸附量受温度、压力（或浓度）等因素的影响。

一、吸附的作用力和吸附热

（一）吸附的作用力

活性炭等固体吸附剂的吸附作用，源于其表面的离子或原子所处的状态与内部不同。处于固体内部的离子或原子，通过与周围其他的离子或原子的相互作用，价键力呈饱和状态。而处于固体表面的离子或原子，有一部分裸露在外界空间，价键力没有达到饱和状态，即具有剩余价键力，因此，外界存在的其他分子就会被固体表面吸引聚集在表面上，即发生了吸附作用。

固体吸附剂与吸附质之间的作用力有分子间的引力和化学键力两种。根据作用力性质的不同，吸附作用有物理吸附和化学吸附两种类型。

1. 物理吸附

当吸附剂与吸附质之间的作用力是分子间的引力（即范德华力）时，称作物理吸附。物理吸附是可逆性吸附，即在一定条件下达到吸附平衡状态的体系，当外界条件改变时，已经吸附在吸附剂表面的吸附质又可以从吸附剂表面离开而脱附。也就是说，物理吸附时，活性炭的表面在吸附、脱附过程中与吸附质不发生化学反应，脱附后的吸附剂（活性炭）表面又恢复到原来的状态，吸附质的性质也不发生变化。工业上用活性炭回收有机溶剂就是物理吸附方面的例子。活性炭在气相中的吸附，大多数属于物理吸附。

分子之间的范德华力由色散力、诱导力和取向力三部分组成。考虑到活性炭是一种非极性的吸附剂，杜比宁认为色散力在吸附中起主要作用；但是德波尔（De Boer）指出，诱导力在活性炭的物理吸附中也很重要。

2. 化学吸附

当吸附剂与吸附质之间的作用力是化学键力时发生化学吸附。此时，吸附质与吸附剂表面的离子或原子之间通过化学键而形成化学结合，即发生了化学反应。化学吸附是不可逆吸附，脱附以后，活性炭的表面状况不能恢复到原来的状态，吸附质的化学性质也发生了变化。活性炭在高温下吸附气体物质或者吸附水溶液中的物质时，往往发生化学吸附。活性炭对氧气吸附的初期，发生的是化学吸附。氧分子与活性炭表面发生化学反应，生成羰基、羧酐等表面含氧官能团。脱附时，它们不是以氧气分子的形态，而是以一氧化碳、二氧化碳等气体的形态从活性炭中脱离，同时，活性炭的表面也无法恢复到吸附以前的状态。

氧气在活性炭上的吸附有物理吸附和化学吸附两种状态，哪一种占主导地位主要取决于吸附时的温度。在−195℃的温度下，活性炭对氧气大部分属于物理吸附；此后随着温度的提高，对氧气的化学吸附量增加，并在350℃左右达到最大值。

物理吸附与化学吸附的主要特点见表 4-4-12。

表 4-4-12 物理吸附与化学吸附的主要特点

项目	物理吸附	化学吸附
吸附的作用力	分子间引力	化学键力
吸附热	较小，约每摩尔数十千焦	较大，约每摩尔数百万焦
吸附层状态	单分子层或多分子层	仅能形成单分子层

续表

项目	物理吸附	化学吸附
温度对吸附的影响	低温有利于吸附；温度比吸附质沸点高得多时不发生吸附	高温有利于吸附；温度比吸附质沸点高得多时能发生吸附
吸附速度	快	较慢
吸附的选择性	小	大
吸附的可逆性	可逆	绝大多数不可逆
脱附状况	容易脱附，脱附后吸附质的性质不变	难脱附，脱附后吸附质的性质发生了变化

（二）吸附热

通常，吸附是放热过程，脱附是吸热过程。吸附时放出的热量叫作吸附热。吸附热数值的大小，是吸附剂与吸附质两者之间作用力大小状况的直接反映，因此能反映吸附的强弱程度。吸附热有下列两种表示方法。

1. 积分吸附热

吸附剂吸附吸附质的数量从零开始到某一定值为止，所放出热量的总和叫作积分吸附热。它表示已被吸附质所覆盖的那部分吸附剂表面，在吸附过程中吸附吸附质时所放出热量的平均值。积分吸附热数值的大小是区分物理吸附与化学吸附的重要依据。通常所说的吸附热就是积分吸附热。活性炭对一些气态物质的积分吸附热见表 4-4-13[24]。有人认为，当吸附量较小时，活性炭对这些物质的积分吸附热数值大约是它们气化潜热的 2 倍[25]。

表 4-4-13 活性炭对一些气态物质的积分吸附热

吸附质名称	积分吸附热(吸附温度)/(kJ/mol)	气化潜热/(kJ/mol)
CH_4	19.2(20℃)	—
C_2H_6	31.5(20℃)	—
C_3H_8	40.78(20℃)	—
C_4H_{10}	48.37(20℃)	—
C_2H_4	28.94(20℃)	—
CO_2	30.86(20℃)	—
CS_2	53.38(25℃)	28.60
CH_3OH	57.13(25℃)	39.06
$CHCl_3$	62.55(25℃)	—
CCl_4	70.47(25℃)	33.49
$(C_2H_5)_2O$	61.3(25℃)	28.89
C_6H_6	67.14(25℃)	32.7
C_2H_4	28.94(25℃)	—
C_3H_7OH	68.39	—
C_2H_5Br	57.96	28.68
C_2H_5I	58.38	32.7
CH_4	18.77	—

积分吸附热的数值通常用量热计测定。方法是将一定量的气体吸附质导入装有一定质量的吸附剂的量热计中进行吸附，直接测定吸附时放出的热量。

2. 微分吸附热

微分吸附热又叫作等量吸附热。它表示吸附剂吸附微量吸附质的瞬间所放出的热量。微分吸附热反映在某一特定的吸附体系中，随着吸附过程的进行，吸附强弱程度的变化情况。通常，活性炭对各种吸附质的微分吸附热随着吸附量的增加而减少，并且逐渐地趋近于比吸附质的冷凝热稍大的一个数值。例如，在0℃时活性炭对氧气的吸附，初期的微分吸附热为300～540kJ/mol，而吸附的后期则降至15～16kJ/mol[19]。

在理想状态下，微分吸附热的大小与表面覆盖度无关，是一个固定不变的数值。当吸附体系的吸附等温线方程符合朗格缪尔吸附等温线方程时，就属于这种情况。

微分吸附热通常利用图4-4-14中所示的测定相近温度下的2～3条吸附等温线的方法，再用下述克拉普龙-克劳修斯方程式（4-4-4）计算求得：

$$Q = RT^2 \frac{\mathrm{d}\ln p}{\mathrm{d}T} \tag{4-4-4}$$

式中　Q——覆盖度为 θ 时的微分吸附热；

R——气体常数；

T——热力学温度；

p——吸附平衡时气体吸附质的压力。

图4-4-14中，覆盖度 θ 可用平衡吸附量 V 与饱和吸附量 V_m 的比值来表示。当计算某一覆盖度 θ_1 下的微分吸附热时，首先从 θ_1 作一水平线与两条吸附等温线 T_2、T_1 相交，读出两个交点处的吸附质压力 p_2 与 p_1，代入上式即可算出在该覆盖度 θ_1 下的微分吸附热。以此类推，便可计算出任一覆盖度下的微分吸附热。

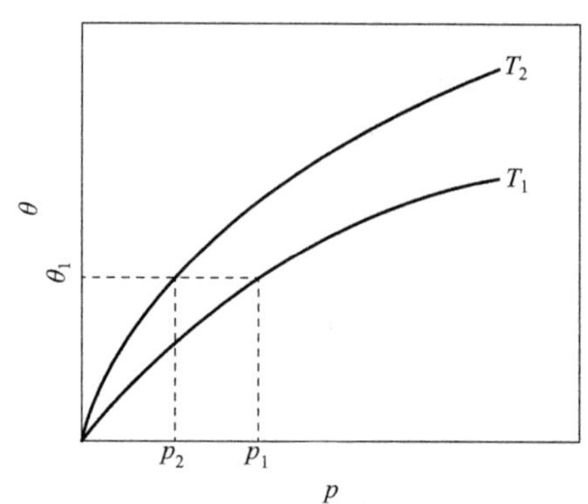

图4-4-14　在两种吸附温度（$T_2 > T_1$）下的吸附等温线

二、吸附曲线和吸附等温线方程

（一）吸附曲线

在一定的吸附体系中，活性炭等吸附剂对气态或者液态吸附质的吸附能力，取决于体系的温度以及吸附质在气相中的压力或者在液相中的浓度。即平衡吸附量 W 是温度 T、吸附质压力 p 或者浓度 C 的函数：

或
$$W = f(p,\ T) \quad W = f(C,\ T) \tag{4-4-5}$$

表示平衡吸附量、温度、压力或者浓度之间关系的曲线叫作吸附曲线。其表示方法有如下三种。

1. 吸附等温线

在一定温度下，平衡吸附量与吸附质的压力（或浓度）之间关系的曲线称作吸附等温线。吸附等温线由实验的方法测定。

根据吸附等温线的形状与典型的吸附等温线比较，可以判断某个吸附体系的类型，确定吸附的种类以及吸附剂的有关性质。例如，根据吸附等温线可以求出吸附剂的比表面积、比孔容积、孔径分布以及对吸附质的微分吸附热等性质。吸附等温线是最常用的一种吸附曲线。

典型的吸附等温线有图 4-4-15 中所示的几种类型。它们的纵坐标均表示平衡吸附量，横坐标表示吸附质的压力或者浓度。

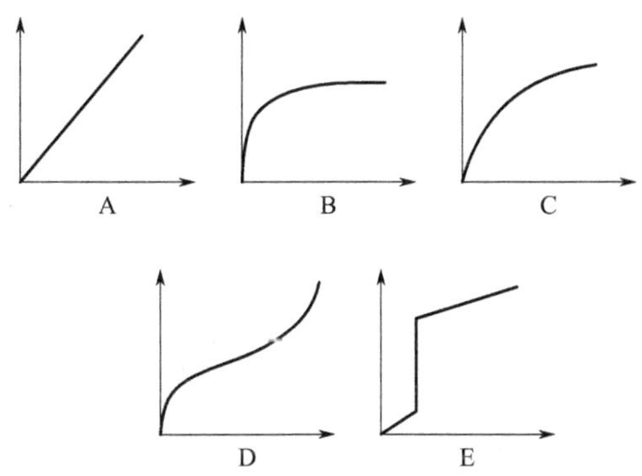

图 4-4-15 吸附等温线的模型

A 型为亨利（Henry）型吸附等温线。适用于吸附非常小、吸附质对吸附剂的单分子层覆盖度在 10%以内时的多种气相吸附体系。例如，在室温条件下，活性炭或硅胶对压力 0.1MPa 以内的氮气、氧气、氩气，以及对低压下的二氧化碳、低级烃类和氖气的吸附等温线是这种形状。

B 型为朗格缪尔（Langmuir）型吸附等温线。活性炭对一氧化氮气体的吸附，以及对接近沸点温度下的氮气、二氧化碳、一氧化碳、氩气及氧气的吸附等温线呈现该形状。

C 型为弗罗因德利希（Freundlich）型吸附等温线。活性炭对二氧化硫、氯气、三氯化磷及水蒸气的吸附等温线是这种形状。

D 型为 BET（Brunauer-Emmet-Teller）型吸附等温线。许多种吸附剂对蒸气气体混合物的吸附都呈现这种形状。

E 型为阶梯形吸附等温线。石墨化炭黑对氪气的吸附，以及氧化钠对苯、甲烷、乙烷气体的吸附符合这种类型。

值得注意的是，不同温度下同一个吸附体系的吸附等温线会呈现不同的形状。图 4-4-16(a) 所示的氨气在炭上的吸附等温线就属于这种情况。

对于固定的吸附体系而言，在吸附等温线上，一定的吸附质气体的压力对应于一定的吸附量。从理论上讲，压力逐渐升高时的吸附等温线与压力逐渐降低时的脱附等温线应该重合成一条曲线。但实际上，在中等压力范围内，许多吸附体系中的脱附等温线与吸附等温线不重合，而是形成一条封闭的回线，即滞后回线。在滞后回线中，同一压力下，脱附时的平衡吸附量比吸附时大。图 4-4-16(b) 表示苯蒸气在氧化铁上吸附与脱附时形成的滞后回线。即在中等压力范围内的吸附支 *ABC* 与脱附支 *CDA* 不重合而形成了滞后回线。类似的滞后现象在活性炭吸附各种蒸气气体混合物时也很常见。滞后现象形成的原因可以用毛细管凝聚现象解释，此处略去不叙。

2. 吸附等压线

在一定压力下，平衡吸附量与温度之间的关系曲线称作吸附等压线。炭对氨气的吸附等压线见图 4-4-17(a)。

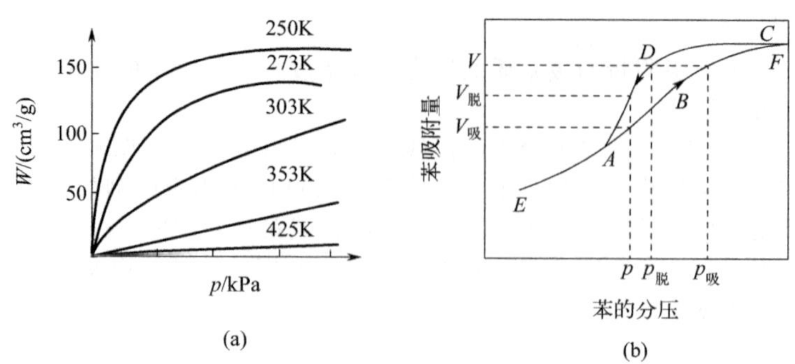

图 4-4-16　氨气在炭上的吸附等温线（a）和氧化铁吸附苯蒸气的滞后回线（b）

3. 吸附等量线

当平衡吸附量固定不变时，吸附质压力与温度之间的关系曲线称作吸附等量线。炭对氨气的吸附等量线见图 4-4-17(b)。

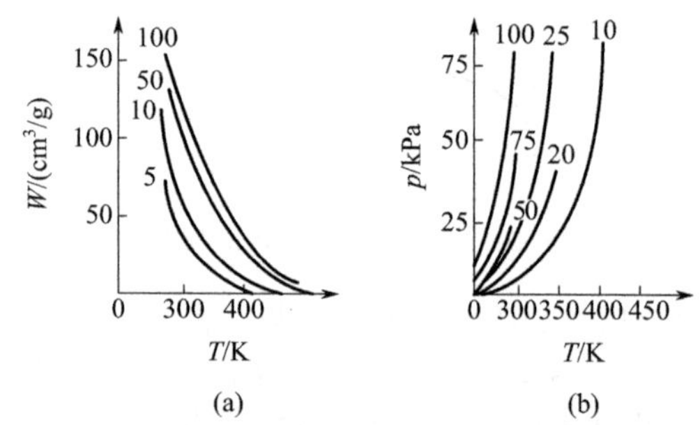

图 4-4-17　炭对氨气的吸附等压线（a）和炭对氨气的吸附等量线（b）

（二）吸附等温线方程

吸附等温线方程是吸附等温线的数学解析式。目前有多种描述吸附等温线的方程式，其中最常用的有弗罗因德利希方程、朗格缪尔方程及 BET 方程三种。前两者适用于化学吸附，也适用于多孔质吸附剂对气体或蒸气的物理吸附；后者适用于物理吸附。

1. 弗罗因德利希方程

该吸附等温线方程是一个经验式。1814 年迪·邵谢尔（De Sausser）在整理实验数据时就已经使用了该方程。后来，弗罗因德利希因经商使用该方程而被广泛承认。该方程所代表的吸附等温线的形状如图 4-4-15 中 C 所示，即吸附量的增加速率随气相吸附质平衡压力的增加而降低。因此，吸附量与压力的小于 1 大于零的乘方呈正比：

$$V = kp^{\frac{1}{n}} \tag{4-4-6}$$

式中　V——吸附量，mg/g；

p——吸附质气体的压力，Pa；

k——常数，取决于温度及吸附体系的性质等；

n——常数，大于 1。

该方程式可以用于单分子层吸附体系，如平衡压力处于中等压力 U 下的化学吸附和一些物理吸附中。平衡压力很大时不适用。因为该方程式表示吸附量可以随着平衡压力的增加而无限增加，这实际上是不可能的。它适用于气相吸附，如活性炭对二氧化硫、氮气、三氧化磷及水蒸气的吸附，也适用于液相吸附，如活性炭对水溶液中的醋酸、苯酚、苯磺酸的吸附等。

式（4-4-6）的对数形式为下式：

$$\lg V = \lg k + \frac{1}{n}\lg p \tag{4-4-7}$$

式（4-4-7）用于检验弗罗因德利希方程是否适用于某个吸附体系。方法是通过实验测定该吸附体系在一系列平衡压力 p 下的吸附量 V。若此方程适用于该体系，那么，以 $\lg p$ 为横坐标、$\lg V$ 为纵坐标作图即可得到一条直线。该直线在纵坐标上的截距为 $\lg k$，斜率为$\frac{1}{n}$。据此可以求出符合该吸附体系的此方程的常数 k 及 n 的具体数值。

2. 朗格缪尔方程

1918 年，朗格缪尔为了解释 B 型吸附等温线提出了该方程。它是通过理论推导出来的第一个吸附等温线方程。推导该方程的理论基础是吸附平衡是一种动态的平衡，处于吸附平衡状态时的吸附速度与脱附速度相等。推导该方程时作出下列假设：

① 吸附剂表面存在吸附点，当吸附点上吸附了吸附质以后便不再发生吸附，即吸附是单分子层吸附；

② 吸附剂的表面性质相同、均匀一致、无差异；

③ 吸附在吸附剂表面上的吸附质分子相互之间无作用力，处于吸附状态的吸附质分子从吸附剂表面脱附的概率与其周围是否被吸附质占据无关。

朗格缪尔方程如下：

$$V = V_m \frac{kp}{1+kp} \tag{4-4-8}$$

式中 V——吸附量，cm^3/g；

V_m——单分子层饱和吸附量，cm^3/g；

p——吸附质气体的压力，Pa；

k——常数，取决于温度及吸附体系的性质等。

当吸附质气体压力很小时，式（4-4-11）中 kp 值远远小于 1，分母中 $1+kp$ 项可以简化成 1，式（4-4-8）变为式（4-4-9）：

$$V = V_m kp \tag{4-4-9}$$

式（4-4-9）表示吸附量与吸附质气体的压力呈正比，即吸附等温线在低压段是一条直线，呈图 4-4-15 中 A 所示的亨利型吸附等温线的状态。

相反，当吸附质气体的压力很大时，式（4-4-8）中的 kp 值远远大于 1，分母中 $1+kp$ 项可以简化成 kp，式（4-4-8）可以简化成式（4-4-10）：

$$V = V_m \tag{4-4-10}$$

式（4-4-10）表示吸附量达到单分子层饱和吸附量以后，不再受压力的影响，平衡压力再继续增加，吸附量仍维持不变，即为定值，即吸附等温线在高压段变成与横坐标平行的一条直线。

式（4-4-8）还可以改写成式（4-4-11）：

$$\frac{p}{V} = \frac{1}{V_m k} + \frac{p}{V_m} \tag{4-4-11}$$

式（4-4-11）用于检验朗格缪尔方程是否适用于某个吸附体系。方法是测定一系列的 p、y 值后，以 p/y 为纵坐标、p 为横坐标作图，如能得到一条直线，则表示朗格缪尔方程适用于该吸附体系。并且，由直线斜率等于 $1/V_m$ 及直线在纵坐标上的截距等于 $1/(V_m k)$ 的关系，可以求出符合该吸附体系的常数V_m 和 k。

朗格缪尔吸附等温线方程适用于化学吸附，也适用于微细孔隙占绝对优势的吸附剂对蒸气的物理吸附。

3. BET 方程

1938 年，布鲁瑙尔（Brunauer）、爱梅特（Emmet）和泰勒（Teller）三人对朗格缪尔的观点有所发展，提出了多分子层吸附理论并推导出 BET 方程。

该理论认为，吸附剂表面吸附了一层吸附质分子以后，由于吸附质分子之间存在范德华力而继续进行吸附，结果在吸附剂表面形成了吸附质分子的多分子层。吸附剂表面吸附的第一层吸附质分子，依靠的是吸附剂与吸附质之间的吸附力；而第二层以后，则依靠吸附质分子之间的范德华力进行吸附。因此，第一层与以后各层的吸附热也不同；而第二层以后各层的吸附热彼此都相同，接近吸附质的液化热。吸附量等于各层吸附量的总和，吸附达到平衡以后，各吸附层都处于动态平衡状态，即存在下列 BET 方程：

$$V = V_m \frac{Cp}{(p-p_0)\left[1+(C-1)\frac{p}{p_0}\right]} \tag{4-4-12}$$

式中　V——吸附量，cm^3/g；

V_m——单分子层饱和吸附量，cm^3/g；

p——吸附质气体的压力，Pa；

p_0——常数，取决于温度及吸附体系的性质等；

C——与吸附热有关的常数。

常数 C 由下式计算：

$$C = A e^{(E_1-E_2)/(RT)} \tag{4-4-13}$$

式中　A——常数；

E_1——第一层的平均吸附热；

E_2——吸附质气体的液化热；

R——气体常数；

T——热力学温度。

式（4-4-13）可以改写成下式：

$$\frac{p}{V(p_0-p)} = \frac{1}{V_m C} + \frac{C-1}{V_m C} \times \frac{p}{p_0} \tag{4-4-14}$$

式（4-4-14）用于检验 BET 方程是否适用于某一吸附体系。在测定一系列的 p、V 值以后，以 $p/[V(p_0-p)]$ 为纵坐标、p/p_0 为横坐标作图，如能得到一条直线，则表示 BET 方程适用于该吸附体系。并且，由直线的斜率等于 $(C-1)/(V_m C)$ 及直线在纵坐标上的截距等于 $1/(V_m C)$ 的关系，按下式求出 V_m 值以后，再求出常数 C 值。

$$V_m = \frac{1}{\text{截距}+\text{斜率}} \tag{4-4-15}$$

通常，通过活性炭在液氮温度下对氮气的吸附等温线，用 BET 方程计算活性炭的比表面积。方法是按上述方法测定出活性炭试样对氮气的单分子层饱和吸附量 V_m 以后，按下式计算比表面积：

$$S = \frac{V_m N A_m}{22400G} \tag{4-4-16}$$

式中　S——试样的比表面积，m^2/g；

V_m——试样被一层氮气分子完全覆盖时所需氮气的体积（标准状态下），cm^3；

N——阿伏伽德罗常数（6.023×10^{23}）；

A_m——吸附质分子的截面积（液氮温度下氮气分子的截面积为 $0.162nm^2$），m^2；

G——试样的质量，g；

22400——标准状态下 1mol 气体的体积，mL。

式（4-4-14）所示的 BET 方程适用于物理吸附与多分子层吸附，特别是非常适用于无孔或大孔表面的吸附体系，但在微孔质吸附剂上的应用存在一些问题。例如，对于从结构和能量两方面来看，表面都有明显的不均匀性的活性炭来说，偏离 BET 理论较大。

在 BET 坐标上，相对压力处于 0.05～0.35 时，吸附等温线经常是线性的。压力低于该范围时，由于出现吸附剂表面能量的不均匀性，BET 方程不适用；压力高于该范围时，由于物理吸附与毛细凝聚相结合，BET 理论中关于除了第一层以外的其余各层吸附热的假设不能实现，因此也不适用。

三、活性炭吸附的主要特点

与其他亲水性吸附剂不同，活性炭被认为是疏水性吸附剂。图 4-4-18 以吸附剂的比表面积、平均孔径以及亲水性与疏水性的程度三个基本物理性质为基础进行了分类。由图可见，活性炭的比表面积大、孔径小，呈疏水性[20-23]。

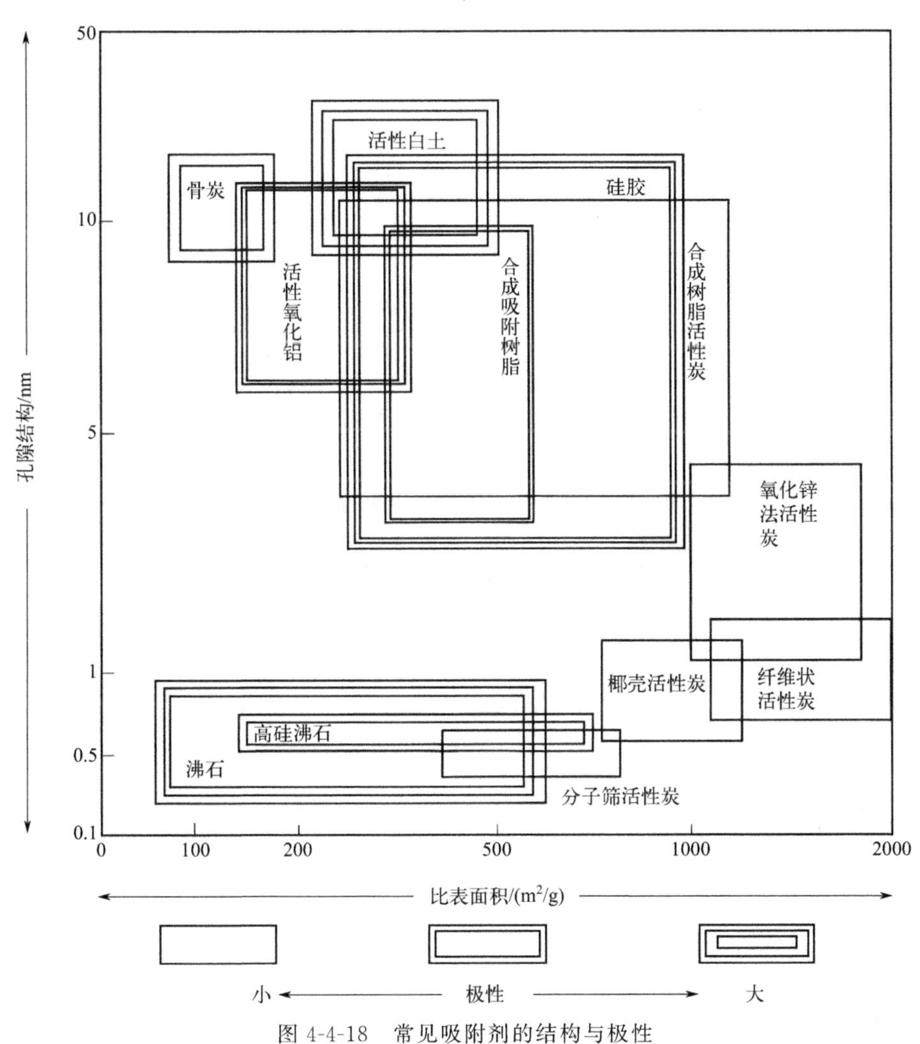

图 4-4-18　常见吸附剂的结构与极性

（一）活性炭吸附剂的特点

吸附剂的种类很多，性质各异。活性炭吸附剂的主要特点如下。

1. 非极性与疏水性

活性炭是非极性吸附剂，表面呈疏水性，因此适于吸附非极性物质，而对极性物质的吸附能力较差。活性炭对空气中的有机溶剂以及溶解在水中的有机物质具有良好的吸附性能，而对水溶液中的大多数金属离子的吸附能力较差，就与活性炭的这一性质有关。

2. 微孔发达、比表面积大、吸附能力强

在所有的吸附剂中，活性炭的比表面积最大（表 4-4-14）。并且，其微孔特别发达。比表面积大，表示活性炭的孔隙结构发达，吸附能力强[24]。

活性炭的孔隙结构发达，孔径分布范围广，从而使得活性炭能够吸附直径大小不同的多种吸附质，即能应用于多种场合。尤其是其微孔特别发达，使活性炭对气相或液相中低浓度的微量物质也能有效地进行吸附，即能应用于对产品的纯度要求高的场合，作为高度处理用的吸附剂使用。

表 4-4-14　几种吸附剂的主要性质

主要性质		真密度 $/(g/cm^3)$	颗粒密度 $/(g/cm^3)$	填充密度 $/(g/cm^3)$	孔隙率 /%	比孔容 $/(cm^3/g)$	比表面积 $/(m^2/g)$	平均孔径 $/10^{-10}m$
规格	颗粒活性炭	2.0～2.2	0.6～1.0	0.35～0.6	33～45	0.5～1.1	700～1500	1.2～2
	硅胶	2.0～2.3	0.8～1.3	0.50～0.85	40～45	0.3～0.8	200～600	2～12
	矾土	3.0～3.3	0.9～1.9	0.5～1.0	40～45	0.3～0.8	150～350	4～15
	粒装活性白土	2.4～2.6	0.8～1.2	0.45～0.55	40～45	0.6～0.8	100～250	8～18

此外，活性炭表面含有一些有机官能团，使活性炭表面形成了部分极性区域。必要时还可以通过表面改性处理来提高极性区域的比例，以提高活性炭对某些极性物质的吸附能力。

3. 具有催化性质

活性炭作为催化剂或催化剂载体，可以应用于多种场合。当活性炭作为吸附剂使用时，除了吸附性本身发挥作用以外，活性炭的催化性能以及炭本身所具有的反应性能等，也会起作用。表 4-4-15 中列出了活性炭用作吸附剂及催化剂时，能发挥作用的一些性能[2,3]。

表 4-4-15　活性炭性能在各种用途中的应用

应用场合	所利用的活性炭性能			
	吸附性	物质在微小孔隙中的积聚性	催化性	炭的反应性
回收二硫化碳	+	+	+	
除去气体中的油类	+	+		
除去硫化氢	+	+	+	
除去二氧化硫	+	+	+	+
除去氮氧化物	+		+	
除去臭氧	+		+	+
除去游离氯	+		+	+
除去过氧化氢	+		+	
催化剂及其载体	+		+	

4. 性质稳定、可以再生

活性炭的化学性质稳定，不溶于水及有机溶剂，能耐酸、碱，并能承受较高的温度和压力的作用，因此能够应用在多种场合。但是，高温和强氧化剂能使活性炭发生氧化分解。

使用后失去吸附能力的活性炭，能够通过再生反复使用。

（二）活性炭吸附过程的主要影响因素

1. 气相吸附

物质由液态经过汽化转变成气态时体积变大；汽化后的液态物质吸附到活性炭上以后体积缩小，并以几乎等于原来液体体积的状态被吸附。因此可以认为，吸附是与汽化的逆过程液化相类似的现象，影响液化的因素对吸附也有影响。

（1）吸附体系的温度　气体分子的热运动状况受温度的影响。温度高，气体分子的动能大，运动速度快，不利于吸附；反之，低温有利于吸附。当吸附过程是可逆的物理吸附时遵循此规律；在不可逆的化学吸附中，由于温度高有利于提高化学反应速率，则会出现相反的情况。通常，气相吸附中物理吸附较多，化学吸附较少。

几种活性炭在20～30℃时，对相对压力为0.20的苯、甲苯蒸气的吸附能力见表4-4-16。

表4-4-16　不同温度下活性炭（AC）对苯、甲苯蒸气的吸附能力

吸附质	吸附温度/℃	吸附率/%			
		AC-11	AC-12	AC-21	AC-32
苯	20	37.58	58.25	38.65	22.75
	25	36.93	58.18	37.12	22.01
	30	36.78	58.01	36.59	21.33
甲苯	20	37.32	61.08	37.82	21.05
	25	36.09	60.85	37.40	20.50
	30	34.91	60.11	37.32	20.39

（2）吸附质的沸点和临界温度　沸点和临界温度高的物质通常容易被吸附。在15℃时，活性炭对一些气体的吸附能力见表4-4-17。随着沸点和临界温度的升高，活性炭对其吸附量增加。

表4-4-17　15℃时活性炭对一些气体的吸附能力

气体名称	吸附量(15℃)/(cm^3/g)	沸点/℃	临界温度/℃	分子量
光气	440	8.3	182.0	98.9
二氧化硫	380	−10.0	157.5	64.0
氯化甲烷	277	−24.1	143.1	50.5
氨气	181	−33.3	132.3	17.0
硫化氢	99	−61.8	100.4	34.0
氯化氢	72	−83.7	51.4	36.5
一氧化氮	54	−88.7	36.5	44.0
乙炔	49	−83.5	36.0	26.0
二氧化碳	48	−78.5	31.0	44.0
甲烷	16	−161.5	−82.1	16.0
一氧化碳	9	−192.0	−140.0	28.0
氧气	8	−183.0	−118.4	32.0
氮气	8	−195.8	−147.0	28.8
氢气	5	−252.8	−239.9	2.0

（3）吸附质的压力　吸附质的相对压力提高，吸附量增加；反之，吸附量减少。吸附质的压力大小对其在活性炭上的吸附量有直接的影响。

但是，在相同的相对压力下，活性炭对不同吸附质的吸附量随吸附质的性质而异。

（4）吸附质分子的大小　通常，吸附质的压力比较低时，活性炭对同族有机化合物的吸附量随分子量的上升而增加。例如，当压力小于0.13kPa时，活性炭对醚类物质的吸附量，由大到小的顺序是二丙基醚、二乙基醚、二甲基醚。但是，当压力增大到一定程度时，该顺序会变成二甲基醚、二乙基醚、二丙基醚。

值得注意的是，随着表示吸附量的单位是吸附质的质量还是物质的量的不同，有时吸附量的大小顺序会发生变化。例如，某种活性炭对四氯化碳和三氯甲烷的吸附量，以克为单位表示时，前者比后者大；而用摩尔表示时，两者却几乎相等。

此外，当活性炭的种类不同，孔径分布不同时，吸附质分子大小对吸附的影响状况也不一样。

（5）多种气体吸附质共存　活性炭吸附多种气体吸附质共存的混合气体时，对单独存在时吸附量大的组分的吸附量仍然大，反之亦然。但是，活性炭对混合气体中某一组分的吸附量，通常小于对其单独存在时的吸附量。

2. 液相吸附

气相吸附是在吸附剂与吸附质两组分系统中进行的，情况比较单纯。在液相吸附中，还有第三种成分即溶剂的存在，情况比较复杂，必须考虑到溶剂对吸附的影响问题。

（1）吸附质的溶解度　在液相吸附中，溶剂与吸附剂及吸附质之间都存在着相互作用。其中，溶剂与吸附质之间的相互作用，即吸附质在溶剂中的溶解度，对吸附的影响最大。溶解度大的吸附质比较难吸附。溶解度大，表示溶剂与吸附质之间的亲合力大，吸附质在溶液中能稳定地存在，吸附性就差。因此，任何能够增加溶解度的因素的存在，都将导致吸附性能的下降；反之，有利于吸附的进行。从这一点来看，活性炭在液相中的吸附现象可以看作是溶解的逆过程，即吸附质从溶液中析出，吸附到活性炭表面上的过程。

但是，有一些溶解度较大的物质，仍能很好地用活性炭吸附。例如，极易溶解于水的氯醋酸就是如此。这可能与发生了化学吸附有关。

（2）溶剂的种类和性质　溶剂的种类和性质影响到吸附质在溶剂中的溶解度及溶剂本身在吸附剂上的吸附量，因此对吸附也有影响。

表4-4-18中列出了当平衡浓度为0.1mmol/L时，活性炭对溶解在水中和乙醇中的三种有机化合物的吸附量。活性炭对水溶液中的这三种有机化合物的吸附量，都比对乙醇溶液中的吸附量大。这就是与有机化合物在水中的溶解度比乙醇中小，以及活性炭对乙醇的吸附量比对水的吸附量大有关系。当活性炭对溶剂的吸附量大时，就相对地减少了吸附溶质时的表面积。

表4-4-18　溶剂种类对吸附的影响

活性炭代号	吸附量/(mmol/g)					
	亚甲基蓝		孔雀绿		茜素红	
	水溶液	乙醇溶液	水溶液	乙醇溶液	水溶液	乙醇溶液
A	0.84	0.26	1.07	0.11	1.25	0.35
C	0.70	0.15	0.74	0.03	1.00	0.43
D	0.37	0.07	0.45	0.02	0.62	0.14
E	0.30	0.08	0.34	0.01	0.45	0.17
F	0.44	0.12	0.19	0.02	0.39	0.12
H	0.73	0.07	1.10	0.05	0.95	0.24

当溶剂是由两种以上物质组成的混合溶剂时，情况更加复杂，需要根据具体情况进行分析。

(3) 吸附质的种类和性质　通常，活性炭对溶液中的有机物质的吸附能力比较大，对无机物质的吸附能力比较小。

有机物质的分子大小及结构状况，对活性炭的吸附能力也有一定的影响。通常，对同族有机化合物而言，分子量大的物质容易吸附，分子量小的难吸附。当分子量相近时，芳香族化合物通常比脂肪族化合物容易吸附；有侧链的化合物一般比直链化合物容易吸附。有时，有机化合物的立体异构及旋光性对吸附性能也有影响。例如，反-丁烯二酸就比顺-丁烯二酸容易吸附，而反-均二苯基乙二醇则比顺-均二苯基乙二醇难吸附等。

对于一些无机盐类，如氮化钾、硫酸钠等，活性炭的吸附能力很小，实际应用时往往不吸附处理。碘也可能是无机物中的一个例外情况，活性炭对其具有很好的吸附能力。活性炭对其他无机物质的吸附能力介于上述两者之间，但一般都不太大。

(4) 多种吸附质共存的混合溶液　活性炭对多种吸附质共存的混合溶液的吸附，情况比较复杂，需要谨慎对待。通常，在一种吸附质单独构成的纯溶液中易于吸附的物质，在混合溶液中往往也能优先吸附，但也常有例外。

某些吸附质能够改变其他特定吸附质在混合溶液中的溶解状态，从而对其吸附性产生影响。这是导致混合溶液中各种吸附质的吸附性能发生变化的原因之一。例如，碘化钾能增加碘在水中的溶解度，使活性炭对碘的吸附能力减小；氯化钠能减小脂肪酸在水中的溶解度，使其吸附量增加等。

(5) 吸附质的电离作用和溶液的 pH 值　吸附质的电离作用不利于吸附。因此，在溶液中能够电离的物质通常比不能电离的物质难吸附。但是，氢离子例外，其在某些条件下能被活性炭吸附较大的数量。

溶液的 pH 值对吸附也有一定的影响。用活性炭进行液相吸附时，对每一种吸附质都具有一定的最佳 pH 值范围。例如，pH 值小时有利于对有机酸类物质的吸附；pH 值大时有利于对有机碱类物质的吸附等。

参考文献

[1] 黄律先. 木材热解工艺学. 2 版. 北京：中国林业出版社，1996.
[2] 蒋剑春. 活性炭应用理论与技术. 北京：化学工业出版社，2010.
[3] 蒋剑春. 活性炭制造与应用技术. 北京：化学工业出版社，2018.
[4] 梁大明，孙仲超，等. 煤基炭材料. 北京：化学工业出版社，2011.
[5] 刘守新. 新型生物质基多孔炭. 北京：科学出版社，2015.
[6] 立本英机，安部郁夫. 活性炭的应用技术——其维持管理及存在的问题. 高尚愚，译. 南京：东南大学出版社，2002.
[7] 蒋剑春，孙康. 活性炭制备技术及应用研究综述. 林产化学与工业，2017 (1)：1-13.
[8] 左宋林，王永芳，张秋红. 活性炭作为电能储存与能源转化材料的研究进展. 林业工程学报，2018，3 (4)：1-11.
[9] 左宋林. 磷酸活化法活性炭孔隙结构的调控机制. 新型炭材料，2018，33 (4)：289-302.
[10] 吴艳姣，李伟，吴琼，等. 水热炭的制备、性质及应用. 化学进展，2016，28 (1)：121-130.
[11] 左宋林. 林产化学工艺学. 北京：中国林业出版社，2019.
[12] Gregg S J. Adsorption，surface area and porosity of activated carbon. London：Academic Press，1982.
[13] 贺近恪，李启基. 林产化学工业全书（第二卷）. 北京：中国林业出版社，2001.
[14] Riley K E，Pitonak M，Jurecka P，et al. Stabilization and structure calculations for noncovalent interactions in extended molecular systems based on wave function and density functional theories. Chem Rev，2010，110 (9)：5023-5063.
[15] Mohamad Nor N，Lau L C，Lee K T，et al. Synthesis of activated carbon from lignocellulosic biomass and its applications in air pollution control：A review. J Environ Chem Eng，2013，1：658-666.
[16] Gurten I I，Ozmak M，Yagmur E，et al. Preparation and characterisation of activated carbon from waste tea using K_2CO_3. Biomass Bioenergy，2012，37：73-81.
[17] Uysal T，Duman G，Onal Y，et al. Production of activated carbon and fungicidal oil from peach stone by two-stage process. J Anal Appl Pyrolysis，2014，108：47-55.
[18] Pereira R G，Veloso C M，da Silva N M，et al. Preparation of activated carbons from cocoa shells and siriguela seeds using H_3PO_4 and $ZnCl_2$ as activating agents for BSA and α-lactalbumin adsorption. Fuel Process Technol，2014，126：

476-486.

[19] Prahas D，Kartika Y，Indraswati N，et al. Activated carbon from jackfruit peel waste by H_3PO_4 chemical activation：Pore structure and surface chemistry characterization. Chem Eng J，2008，140：32-42.

[20] Suarez-García F，Martínez-Alonso A，et al. Pyrolysis of apple pulp：effect of operation conditions and chemical additives. J Anal Appl Pyrolysis，2002，62：93-109.

[21] Largitte L，Brudey T，Tant T，et al. Comparison of the adsorption of lead by activated carbons from three lignocellulosic precursors. Microporous Mesoporous Mater，2015：1-11.

[22] Gonzalez J F，Roman S，Encinar J M，et al. Pyrolysis of various biomass residues and char utilization for the production of activated carbons. J Anal Appl Pyrolysis，2009，85：134-141.

[23] Derbyshire F，Jagtoyen M，Thwaites M. Porosity in carbons. London：Eduar Arnold，1995.

[24] Zoha H，Mohammad H D，Mohsen H，et al. Methods for preparation and activation of activated carbon：A review. Environmental Chemistry Letters，2020，18：393-415.

[25] Brudey T，Largitte L，Jean-Marius C. Adsorption of lead by chemically activated carbons from three lignocellulosic precursors. J Anal Appl Pyrolysis，2016，120：450-463.

[26] Erdem M，Orhan R，Şahin M，et al. Preparation and characterization of a novel activated carbon from vine shoots by $ZnCl_2$ activation and investigation of its rifampicine removal capability. Water Air Soil Pollut，2016，227：226.

[27] 张宇航，李伟，马春慧，等. 多孔炭材料吸附 CO_2 研究进展. 林产化学与工业，2021，41（1）：107-122.

[28] Zhang Y H，Sun J M，Tan J，et al. Multi-walled carbon nanotubes/carbon foam nanocomposites derived from biomass for CO_2 capture and supercapacitor applications. Fuel，2021，305：121622.

（刘守新，张坤）

第五章　物理活化法制备活性炭技术与装备

第一节　物理活化方法

物理活化法主要是以水蒸气、CO_2、空气或烟道气（水蒸气、CO_2、N_2 等的混合气体）等氧化性气体作为活化气体，在800～1000℃的温度下对炭化料进行活化[1,2]。在这个过程中，炭化料表面受到活化气体的侵蚀，原本闭塞的孔隙被打开并逐步扩大，一些结构也因选择性氧化产生新孔隙，同时未炭化物和焦油等也被除去。物理法通常以气体作为活化剂，工艺流程较简单，产生的废气以水蒸气和 CO_2 为主，对环境污染小。因此，世界上70%以上的活性炭厂家采用物理法生产活性炭。下面对物理法的活化机理、影响因素、工艺流程和生产装置等进行阐述。

一、物理法活化反应过程

1. 原料炭化

在400～600℃下，将原料进行炭化处理，使原料中的氢、氧等元素以气体形式脱除，部分碳元素以 CO_2、CO 的形式释放，残留的碳元素则以类石墨微晶等碳微晶的形态存在。与石墨微晶不同的是，类石墨微晶的排列是杂乱无序的，仅经过炭化处理，碳微晶的周围以及碳微晶之间的缝隙仍被热解产生的焦油或者无定形碳堵塞，需进一步活化除去，才能得到孔隙结构发达的活性炭。

2. 气体活化

活化过程首先是炭化料中的无定形碳与活化气体反应，使微晶表面逐渐暴露。然后是碳微晶与活化气体反应，但碳网平面平行方向的活化反应速率大于垂直方向。有观点认为，活化过程包括开孔、扩孔和造孔三个阶段。开孔阶段是指“活性点”（由于碳微晶边角和缺陷位置上的碳原子的化合价未被相邻碳原子饱和，化学性质更活泼，易于与活化气体反应，这类碳原子称为“活性点”）与活化气体反应后以 CO 和 CO_2 等形式逸出，使新的“活性点”又暴露出来参与反应，微晶表面的碳元素的脱离与不均匀气化共同形成新的孔隙结构。扩孔阶段是指随着活化反应的进行，生成的孔隙进一步扩大加宽，或相邻的微孔的孔壁烧蚀而形成中孔和大孔。造孔阶段虽然不断产生新微孔，但由于扩孔效应的影响，中孔和大孔数量增多，因此微孔容积和比表面积逐渐减小[3]。Rodrgíuez-Reinoso 等[4] 指出 CO_2 活化需经历开孔、扩孔和造孔阶段。而水蒸气活化在早期阶段直接是对炭化料微孔结构的扩大（即扩孔），而没有开孔过程。苏联学者杜比宁（Dubinin）认为，气化损失率小于50%时得到以微孔为主的活性炭，气化损失率大于75%时则得到以大孔为主的活性炭，气化损失率介于二者之间时则得到的活性炭兼具微孔和大孔结构[5]。

3. 活化程度的测定

活化程度可通过活化得率（A）和气化量（B）进行测定[6]。活化得率即活化后的活性炭质量占活化前炭化料质量的百分率；气化量即活化期间炭化料的质量比活化前原料炭质量减少的百分率。活化得率与气化量之间的关系如下：

$$A = 100 - B \tag{4-5-1}$$

式中　A——活化得率，%；

B——气化量，%。

二、水蒸气活化法

碳与水蒸气的基本反应如下：

$$C+H_2O \longrightarrow H_2+CO-129.3kJ \tag{4-5-2}$$

$$C+2H_2O \longrightarrow 2H_2+CO_2-79.8kJ \tag{4-5-3}$$

该反应为吸热反应，需要在800℃以上才能进行，反应可能是按如下过程进行的：

$$C+H_2O \longrightarrow C(H_2O) \tag{4-5-4}$$

$$C(H_2O) \longrightarrow H_2+C(O) \tag{4-5-5}$$

$$C(O) \longrightarrow CO \tag{4-5-6}$$

$$C+H_2 \longrightarrow C(H_2) \tag{4-5-7}$$

其中，() 表示结合在炭表面的状态。炭表面吸附水蒸气以后，水蒸气分解，放出氢气。接着，吸附的氧以一氧化碳的形式从炭表面脱离。一般认为，在这个过程中，由于生成的氢被炭吸附后堵塞了活性点，故氢气对反应存在妨碍作用。而一氧化碳不影响反应的进行，生成的CO与炭表面上的氧发生反应变成CO_2。炭表面与水蒸气可按下式进一步反应：

$$CO+C(O) \longrightarrow 2C+O_2 \tag{4-5-8}$$

$$CO+(H_2O) \longrightarrow CO_2+H_2+40.3kJ \tag{4-5-9}$$

其中，碳与水蒸气的气化速率υ可表示为：

$$\upsilon=\frac{k_1 p_{H_2O}}{1+k_2 p_{H_2}+k_3 p_{H_2}} \tag{4-5-10}$$

其中，p表示气体分压，$k_1 \sim k_3$是实验得到的速率常数。

三、二氧化碳活化法

与碳和水蒸气的反应速率相比，碳与二氧化碳的反应速率较慢，而且需要在800～1100℃下进行。一般而言，较少单独使用二氧化碳作为活化气体，大部分用以二氧化碳和水蒸气为主要成分的烟道气作为活化气体。该反应受一氧化碳和氢的妨碍。其反应机理一般认为有以下两种观点。

观点一：

$$C+CO_2 \longrightarrow C(O)+CO \tag{4-5-11}$$

$$C(O) \longrightarrow CO \tag{4-5-12}$$

$$CO+C \rightleftharpoons CC(O) \tag{4-5-13}$$

观点二：

$$C+CO_2 \rightleftharpoons C(O)+CO \tag{4-5-14}$$

$$C(O) \longrightarrow CO \tag{4-5-15}$$

从反应式中可知，观点一认为碳与二氧化碳之间的反应是不可逆的，生成的一氧化碳吸附于碳的活性位点上，阻碍了反应进行；观点二认为碳与二氧化碳之间的反应是可逆的，一氧化碳的浓度增加时，可逆反应达到平衡，反应不能继续进行。

反应速率υ见下式：

$$\upsilon=\frac{k_1 p_{CO_2}}{1+k_2 p_{CO}+k_3 p_{CO_2}} \tag{4-5-16}$$

其中，p表示气体分压；$k_1 \sim k_3$是实验得到的速率常数。

日本学者北川等[6] 的研究表明活化温度在900℃以上时，水蒸气在炭化物中扩散速率的影响开始变得显著，不均匀的扩散速率使得活化反应在不同部位也不能均匀地进行，即在一定范围内，活化温度越低则越利于水蒸气充分扩散到孔隙中，对整个炭化物颗粒进行均匀活化。但温度过高则反应速率太大，水蒸气在孔隙入口处即迅速地与碳反应消耗掉，难以扩散至孔隙内部，因此活化便不均匀。

四、热解自活化法

中国林业科学研究院林产化学工业研究所研究开发出了一种木质原料热解自活化的工艺。该工艺可以提高产品得率，降低生产过程中的能源消耗，其基本原理是：在密闭的反应容器中，原料在高温下热分解产生大量气体，这些气体可作为反应所需的活化剂。同时由于气体的大量逸出，体系的压力升高，木质原料细胞内的气体强制逸出，将对其组织结构产生一定冲击，促进活性炭孔隙结构的形成与发展。孙康等[7-9]以椰壳为原料，通过热解活化法于900℃下密闭处理4h制备活性炭，结果表明，该法制得活性炭的比表面积、微孔容积、碘吸附值和亚甲基蓝吸附值分别为1723m^2/g、0.68cm^3/g、1628mg/g和375mg/g。研究认为高温下物料在密闭空间中发生热分解产生大量的CO_2、CO、H_2、H_2O等气体，气体从原料内部逸出时，将产生一定量的孔隙。同时由于是在密闭空间，这些气体与炭化料进行活化反应，有利于生成孔隙结构发达的活性炭。与传统物理活化法和化学活化法相比（表4-5-1），该工艺操作简便，而且不使用任何化学试剂和活化气体，因此该工艺降低了能耗，降低了环境污染和生产成本，具有良好的工业化应用前景。

表4-5-1　热解自活化工艺与传统物理活化法和化学活化法的比较

制备方法	工艺过程	工艺特点	活化时间	能耗	活化剂消耗	气、液相污染
热解自活化工艺	椰壳—热解—活性炭	工艺简便	4h	低	无活化剂	无气、液相污染
物理法工艺	椰壳—炭化—活化—活性炭	工艺复杂	8h	高	消耗大量水蒸气、烟道气等气体活化剂	粉尘污染
化学法工艺	椰壳—炭化—粉碎—与活化剂混合—活化—洗涤—活性炭	工艺复杂	6h	低	消耗数倍的磷酸、氯化锌、氢氧化钾	气、液相污染大

五、其他物理活化法

1. 氧气（空气）活化法

氧气（空气）活化反应式如下：

$$C+O_2 \longrightarrow CO_2+385.3kJ \tag{4-5-17}$$

$$2C+O_2 \longrightarrow 2CO+255.0kJ \tag{4-5-18}$$

这两个反应均为放热反应，控制合适的反应温度极为不易，局部过热很难避免，因此不易得到活化均匀的产品，在工业化生产中极少使用。同时，该反应速率很快，气化过程不仅生成了发达的孔隙，也造成了很大的气化损失，并且制得的活性炭表面有丰富的含氧官能团[10]。黄彪等[11-13]以杉木屑为原料，采用二步炭化法，在空气氛围内制备高活性木炭。结果表明，该法可制得比表面积、总孔容积、微孔容积和碘吸附值分别为1288.4m^2/g、0.784cm^3/g、0.407cm^3/g和1038.2mg/g的活性木炭。

2. 混合气体活化法

活性炭的实际生产中，经常以烟道气（CO_2、水蒸气和O_2是主要成分）作为活化气体。水蒸气与碳的吸热反应，可防止碳与O_2反应时急剧放热造成的局部过热现象，同时碳与O_2的放热反应又可维持活化所需的温度。因此，只要混合气体各成分的比例合适，便可有效地控制活化温度，使反应均匀进行。此外，也有观点认为原料中含有不同的活化位点，这些活化位点对不同的活化气体的反应活性也不一样，有的更易与水蒸气反应，有的更易与CO_2反应，因此采用混合气体更有利于制备高性能活性炭。但有研究指出若原料中钾含量较高则会与含氧的混合气体发生剧烈的燃烧反应，而非活化反应，这是由于钾等一些金属化合物对气体活化具有催化加速作用。

3. 超临界水活化法

超临界态指的是温度和压力均高于水的临界点（374℃、22.1MPa）的状态，超临界水兼具液态水和气态的特点，具有黏度低、扩散性好、密度高和溶解度高的特性[14,15]。超临界水作为一种新的高温高压状态的液体，具有广泛的融合能力和很强的反应活性。西班牙学者 Salvador 等[16]以木炭、煤、果壳等为原料，采用超临界状态水取代水蒸气进行活性炭的制备。结果表明，超临界水可以提升反应速率，活化更均匀，效果优于水蒸气。Montane 等[17] 研究指出，与水蒸气活化相比，超临界水活化可加快活化速率，降低烧蚀率，而且可以调控活性炭的孔隙结构。康飞宇等[18] 以酚醛树脂为原料，比较了超临界水和水蒸气活化法制备活性炭的效果。结果表明，超临界水活化法可在较低的温度（650℃）下进行，有利于活性炭中孔结构的形成和降低烧蚀率，水蒸气活化法有利于微孔结构的形成。程乐明等[19] 以褐煤为原料，通过超临界水活化法制备中孔（38%左右）发达的活性炭，同时该法制备的活性炭内部孔隙结构发达，使灰分容易暴露出来，从而被洗脱。然而，超临界水活化反应的造孔机理、反应选择性及动力学等尚未有深入的研究。

4. 其他活化方法

采用物理法制备活性炭时加入一定量的过渡金属如 Fe、Co、Ni 等作为催化剂，可降低反应活化能和活化温度，提高反应速率，利于中孔的形成，使孔径分布更集中。但是，反应速率太快也将导致微孔孔壁烧蚀，结构破坏[20-22]。刘植昌等[23] 在沥青球原料中加入二茂铁，然后采用水蒸气在 900℃下进行活化，得到孔径分布集中在 3～5nm 和 30～50nm 的中孔活性炭，其中孔比率高达 44%。杨晓霞等[24]以神府半焦为原料，并与氧化铁和氧化钙等金属氧化物混合，然后通入水蒸气进行活化，制备活性炭。结果表明，氧化物对活性炭吸附性能的影响很大。杨娇萍[25]以氯化铁为催化剂，二氧化碳为活化剂，采用催化活化法改性原料炭。结果表明，在压力 20kPa、活化温度 900℃、活化时间 2.5h、铁碳摩尔比 0.04 条件下，活性炭的乙醇吸附量和亚甲基蓝吸附量可达 2828mg/g 和 441mg/g。

物理法通常指气体活化法，但除此之外还有其他方法，如模板法。模板法一般是将具有特定空间结构和基团的模板剂与活性炭的制备原料混合共热，再以强酸将模板溶解制得活性炭。常以硅溶胶、沸石等为模板，酚醛树脂等有机物为炭源[26-28]。该方法制得的中孔活性炭具有孔径分布窄、选择性吸附高等特点[29-31]。Kamegawa 和 Yoshida[32] 利用硅凝胶微粒（比表面积 $470m^2/g$，粒度 75～147μm，孔径 4.7nm）作为模板，制得比表面积 1100～$2000m^2/g$，孔径 1～10nm 并集中在 2nm 的活性炭。赵家昌等[33]将模板法与二氧化碳活化法相结合制备中孔炭材料，制得的活性炭中孔率高达 81%，比电容为 85F/g。模板法可以通过改变模板控制活性炭的孔径分布，但该法制备工艺复杂，并且需要用酸（由于模板通常是含硅化合物，往往需要用到有剧毒的 HF）除去模板，成本较高。

六、物理活化法的影响因素

1. 活化气体

在相同温度下，不同活化气体与碳反应的速率不同。研究表明在 800℃和 0.8kPa 条件下，若将 CO_2 与碳反应的速率定为 1，水蒸气与碳的反应速率则为 3，而 O_2 与碳的反应速率则可达到 1×10^5[34]。这是因为采用 CO_2 活化时，反应体系中存在的 CO 会在炭的外部阻滞活化反应的进行从而使反应速率变慢，但这种阻滞作用却可以使微孔容积增加，从而使活化效果较均匀。由于反应速率的差异，采用空气作为活化气体时反应温度控制在 600℃左右即可，而以水蒸气为活化气体时则需要将活化温度提高至 800～950℃才能达到较为理想的活化效果。此外，水蒸气易于均匀扩散进入炭化料的内部使活化反应均匀进行，从而得到比表面积大、吸附能力强的活性炭，而氧则对炭有很大的烧蚀作用，容易发生炭表面氧化，因此一般认为水蒸气的活化效果相对较好。

Rodríguez-Reinoso等以焦炭为原料，分别采用水蒸气和CO_2进行活化，结果表明CO_2主要起制造微孔的作用，而水蒸气则在活化开始阶段就表现出对微孔的扩孔作用，使得产物的微孔容积较低，同时作者认为两种活化气体所得到的产物孔结构的不同是由表面含氧官能团的不同造成的[4]；Zhu等对比了水蒸气和CO_2对无烟煤活化效果的影响，结果也表明，与CO_2活化法相比，水蒸气活化法得到的产物具有更大的比表面积和微孔容积，但CO_2活化则利于超微孔结构的形成[35]；Zhang等以竹材废料为原料、水蒸气为活化气体制备活性炭，研究认为水蒸气的活化仅使活性炭中的碱性含氧官能团数量增加而并未改变其种类[36]。

2. 活化温度

不同的活化温度将得到具有不同孔结构的活性炭，若活化温度较低则以微孔结构为主且孔径分布较均匀，这是因为此时孔隙内和颗粒之间的活化气体浓度易于达到动态平衡，从而利于均匀孔隙结构的产生。进一步提高温度时则活化反应速率的升高比扩散作用的升高增加得快，使得气体更容易与炭表面反应而使扩孔作用变得越来越明显，导致中大孔比率明显升高，同时比表面积和得率显著下降。表4-5-2列出了不同活化温度下制得的松木基活性炭的吸附性能[34]。表4-5-3列出了某厂不同温度下以水蒸气活化法制得的杏壳活性炭的相关参数。

表4-5-2　不同活化温度对松木基活性炭吸附性能的影响[34]

活化气体	温度/℃	吸附量/(g/g)			
		2,4-二氨基偶氮苯R	丽春红	苯胺蓝	碘
空气	600	0.34	0.10	0.05	0.36
空气	740	0.16	0.08	0.05	0.40
空气	790	0.15	0.08	0.06	0.42
空气	860	0.14	0.08	0.06	0.42
空气	910	0.13	0.10	0.06	0.40
水蒸气	770	0.37	0.19	0.06	0.60
水蒸气	825	0.37	0.17	0.17	0.60
水蒸气	880	0.36	0.16	0.21	0.62
CO_2	880	0.32	0.12	—	—

表4-5-3　不同活化温度对杏壳活性炭孔隙结构的影响

活化温度/℃	得率/%	比表面积/(m^2/g)	总孔容积/(m^3/g)	微孔容积/(m^3/g)	中孔容积/(m^3/g)	大孔容积/(m^3/g)	平均孔径/nm
720～740	74.20	733.22	0.270	0.250	—	0.020	0.52
840～860	38.70	929.44	0.548	0.376	0.152	0.019	2.36

因此，可以通过调控温度来控制活性炭产品的孔隙分布，从而实现不同的用途。一般而言，水蒸气活化法的温度控制在800～950℃，烟道气活化法的温度控制在900～950℃，空气活化法的温度控制在600℃左右。此外，对于不同的原料，活化温度的影响也不同。例如，以泥炭为原料生产活性炭时，较高的活化温度（1040℃）反而有利于提高微孔容积，低温有利于中大孔的形成[37]。因此在生产过程中，应根据原料、活性炭的用途以及活化气体来确定活化温度。

3. 活化时间

气体活化按照造孔—扩孔步骤进行，即先开始在炭化料内部形成大量的微孔，相邻碳微晶之间原本闭塞的微孔也被打开，从而使活性炭比表面积增大，吸附能力增强，而随着反应的进一步进行，碳微晶层面上的碳开始被消耗，使微孔变大、塌陷，直到相邻微孔之间的孔壁被完全烧蚀形成中大孔结构，导致活性炭比表面积降低。由于反应速率随温度的变化而变化，不同原料活化的难易程度也不一样，因此若活化温度较低或者原料活化反应性较差时则活化时间应适当延长，反之亦然。

例如，以煤为原料、水蒸气为活化气体，活化温度为900℃，水蒸气流量为1.2kg/(kg·h)，实验结果表明活化时间在2～5h范围内所得到的活性炭的碘吸附值随时间的延长先升高后降低，活化时间为3h时吸附量最大。

4. 活化气体流量

活化气体流量增加则反应速率增大，但当活化剂流速达到一定值后反应速率将为一常数而不再增加。当流速较低时，所制得的活性炭微孔容积大，而流速高时微孔容积反而减小，这是由于高流速使炭的外表面烧蚀，产生不均匀活化，从而使微孔容积降低。Manocha等在以松木为原料制备活性炭的过程中发现水蒸气流量这一因素对活性炭表面化学性质和形貌有十分重要的影响，可以通过控制水蒸气的流量控制孔径和微孔率[38]。

5. 原料中灰分含量

碱金属、铁、铜等氧化物和碳酸盐在水蒸气活化过程中可起到催化作用，因此在活化物料中加入少量此类物质可以加快活化反应速率。国内有专利采用Ca为催化剂，使水蒸气与碳反应的活化能由185kJ/mol下降到164～169kJ/mol，所得活性炭孔径分布集中于5～10nm。表4-5-4为几种无机盐在1000℃下对水蒸气与石墨反应速率的影响[34]。

表4-5-4　几种无机盐在1000℃下对水蒸气与石墨反应速率的影响

处理条件	灰分/%	相对气化速度
无	0.005	1
0.10mol/L $Co(NO_3)_2$	0.14	27
0.10mol/L $Fe(NO_3)_2$	0.14	32
0.10mol/L $Ni(NO_3)_2$	0.14	18
0.02mol/L NH_4NO_3	0.03	22

注：水蒸气流量为0.52×10^{-5}mol/s。

6. 原料炭化温度

炭化料的反应活性与其挥发分的含量密切相关，而挥发分的含量又由炭化温度决定。图4-5-1给出了炭化温度对碳与CO_2反应活性的影响，可看出当炭化温度为600℃左右时所得到的炭化料显示出最高的反应活性，若炭化温度进一步升高则反应活性明显下降。

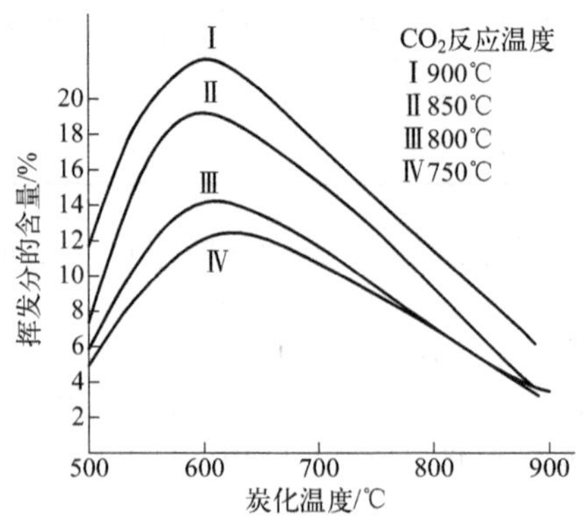

图4-5-1　炭化温度对反应活性的影响

7. 原料粒径大小

原料的粒径也是影响活化效果的因素之一，原料的粒径会对反应速率和活化均匀度产生影响。若原料粒径大，会导致活化气体不易向内扩散，减慢了反应速率，也造成了里外活化不均匀，而原料粒径小则易于达到均匀活化。表 4-5-5 列出了在不同炉膛中原料粒径与活化质量的关系。表 4-5-6 列出了大粒径原料在相同活化条件下表、里活化质量的差异[34]。

表 4-5-5　不同炉膛中原料粒径与活化质量的关系

炉型	粒度/mm	亚甲基蓝吸附力/(mL/0.1g)
多管炉①	15～45	8.76
	15～25	11.0
	25～35	8
	35～45	6
沸腾炉②	1～3	10.0
	3～6	8
	6～10	5
斯列普炉③	2.5～5	7
	1.6～2.5	8

注：亚甲基蓝溶液浓度为 0.15%。

① 火道温度：1100～1200℃；活化剂：水蒸气；活化时间：2h。

② 原料：木炭；活化剂：水蒸气；活化温度：820～850℃。

③ 原料：杏核；活化剂：水蒸气；活化温度：820～860℃。

表 4-5-6　大粒径原料表、里活化质量差异

原料	亚甲基蓝吸附力/(mL/0.1g)	
	外部	内部
桦木	10.5	9.5
榆木	6.5	4

注：炉型为多管炉，亚甲基蓝溶液浓度为 0.15%。

由此可见，不管何种炉型，原料的粒径对产物性能的影响都不可忽视，因此对原料的粒径分布要求比较均匀，有条件时可适当按不同的粒度范围分别进行活化。

以上是单个因素对活化过程的影响，实际上活化是一个复杂的物理化学反应过程，活化的效果往往由多个因素共同决定，因此在实际生产过程中必须综合考虑各因素的影响才能确定最适宜的生产工艺。

第二节　物理法工艺过程及生产装置

一、物理活化法工艺过程

物理法生产活性炭的主要工段为：原料预处理工段、活化工段、后处理工段和成品工段，其基本工艺流程见图 4-5-2 和图 4-5-3。其中，图 4-5-2 是粉末状活性炭生产流程，图 4-5-3 是不定型活性炭和成型活性炭生产流程[39]。

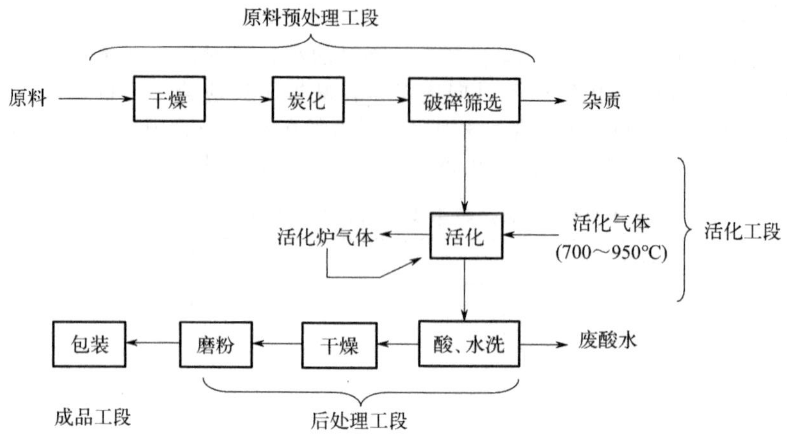

图 4-5-2　物理法生产粉末状活性炭工艺流程

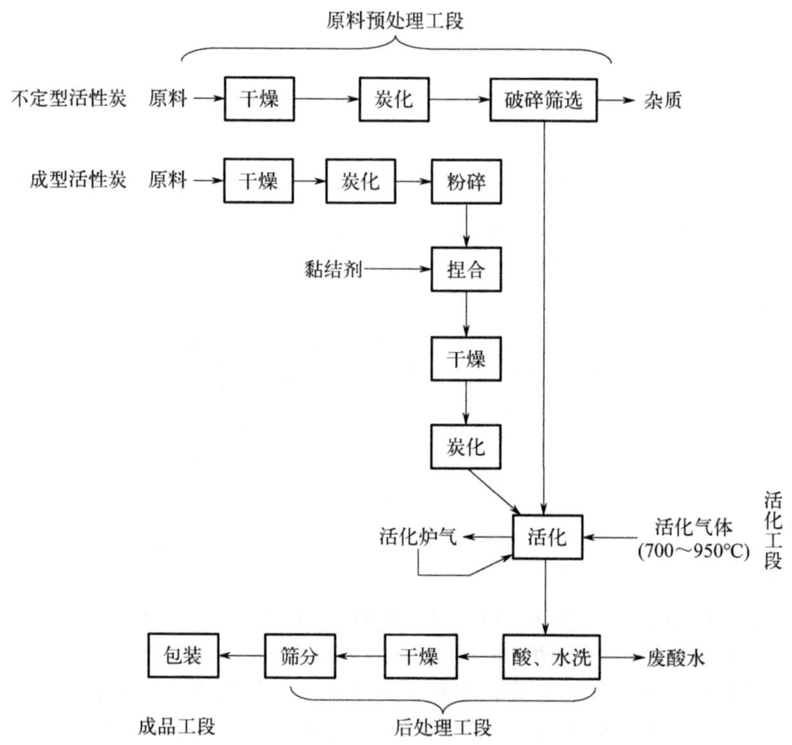

图 4-5-3　物理法生产不定型活性炭和成型活性炭工艺流程

二、物理活化法生产装置

（一）原料预处理工段

活性炭的生产原料范围很广，各种含碳的物质如木质材料、煤、沥青和人造材料等均可使用。由于各种原料的物理化学性质不同，包括灰分、挥发分、粒度和粒径分布等，因此需要不同的预处理工艺。

原料预处理的目的主要有以下 3 方面：a. 可使原料的外观和粒度适合炭化和活化工艺，满足产品的使用要求；b. 可除去部分对活化反应及产品性能不利的杂质；c. 可减少原料发生石墨化的趋势，有利于生产出吸附性能优良的活性炭。因此，可通过破碎、筛分、扬析和除铁等预处理工艺，得到粒度适合和去除杂质的生产原料。需特别强调的是，原料中杂质的种类和含量可能对活化过程和活性炭性能产生影响，炭化料的除杂处理极其有必要，可使活性炭的灰分降至 0.5% 以下。

送至活化工段的原料必须预先进行炭化。炭化工艺对活化炭性能的优劣有重要的影响，这是由于炭化过程会影响炭化料的基本微晶结构。因此，在炭化过程中，把易石墨化的物质转化为难石墨化状态，将提高活化效果。苏联学者杜比宁指出，原料中氧元素的含量将影响活性炭的基本微晶排列和大小。如木屑、椰壳和煤等原料的氧含量较高，炭化过程中发生石墨化结晶的趋势较小，可适当提高炭化温度，得到性能较优的活性炭。而氧含量较少的石油焦即使在较低的炭化温度（例如 350℃）下也易于石墨化，形成大颗粒的结晶，较难得到性能优良的活性炭。炭化设备主要有立式炭化炉、回转炉、流态化炉和多层炉等，不同的原料应采用不同的炭化装置。

过去一般认为，炭化的目的主要是除去原料的挥发分得到炭化料，一般没有考虑炭化过程中气相和液相产物的收集和利用，造成资源的巨大浪费。然而，对炭化过程中固、液、气三相产物的收集、加工和利用，有利于保护环境，提高原料的综合利用率，提升经济效益。例如，在物理法生产的尾气中含有 CO、H_2 等高热值气体，并且温度也很高，对其进行综合利用，可降低成本，实现能量循环利用和节能减排，增加经济效益；同时，可将炭化过程中产生的木醋液用于护肤产品、有机农药、有机化肥、土壤改良等方面市场的开发。因此，炭化过程能量和产物的综合利用已成为研究者和企业家的关注热点。

（二）活化工段

活化工段是决定活性炭的得率、质量和生产成本最重要的工段，应根据原料的特性选择最适合的活化设备和条件。下面对相应的活化设备及其优缺点进行介绍。

1. 焖烧炉活化法

这种方法是将经过酸、水洗并干燥处理的炭化料（通常粒度小于 0.1mm）装入具有一定透气性的活化罐里，再把罐料置于焖烧炉中通入活化气体进行活化。这种活化方式的特点是炭化料是固定不动的，活化气体从罐壁渗入与炭化料接触进行活化反应，从气固接触情况来看属于固定床式。所采用的焖烧炉有平顶和拱顶两种样式，结构分别如图 4-5-4 和图 4-5-5 所示。据工厂的实际生产经验来看，拱顶式焖烧炉比平顶式可节省燃煤量 20%～40%。

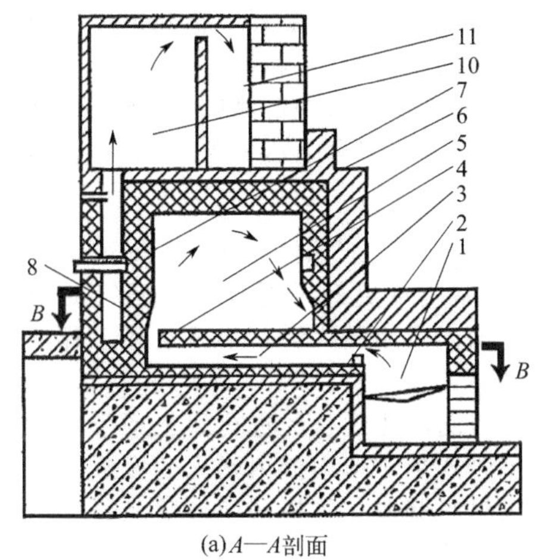

(a)A—A剖面

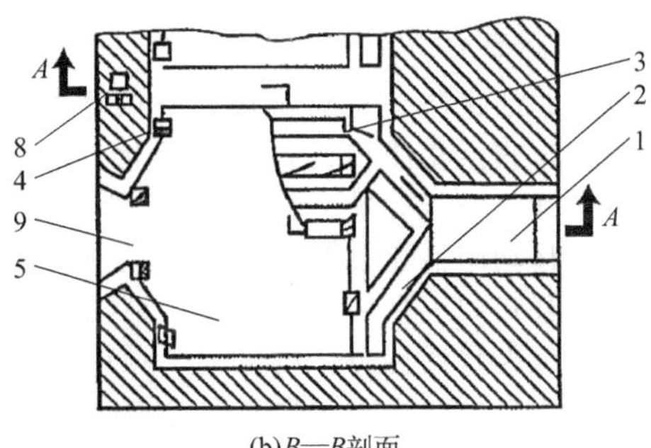

(b)B—B剖面

图 4-5-4　平顶式焖烧炉结构图

1—燃烧室；2—火口；3—火道；4—火孔；5—活化室；6—插板；7—水平烟道；8—垂直烟道；9—炉门；10—干燥室；11—火墙

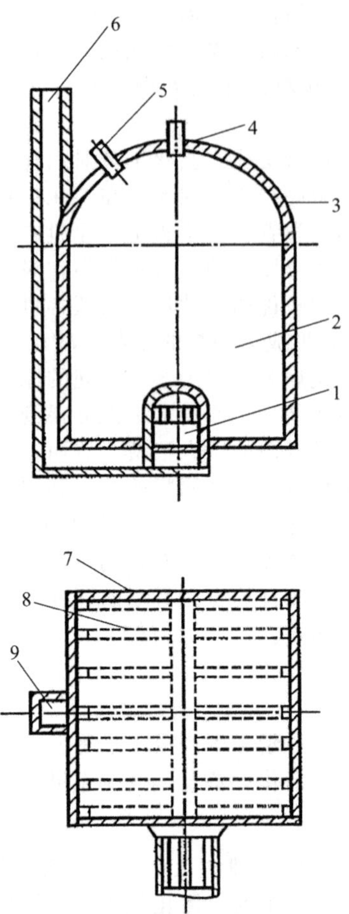

图 4-5-5　拱顶式焖烧炉结构图

1—燃烧室兼炉门；2—活化室；3—拱顶；4—蒸气进口；5—热电偶插口；6—烟囱；7—主地下烟道；8—横向地下烟道；9—烟气口

在焖烧活化过程中，焖烧炉的火道布置和气体流动情况直接影响能耗。活化温度、时间、活化气体中的空气量和活化罐的透气性是活性炭产量和质量的主要影响因素。

焖烧炉虽然设备简单，相应投资较少，可生产粉状炭，得到的活性炭产品质量也较好，但是也存在能耗高、污染严重、劳动强度大、生产条件差等缺点，因此目前只有个别小型企业仍在使用。

2. 移动床式活化法

移动床式活化法是指原料在间歇或连续式移动过程中与活化气体接触，从而实现活化的方法。与固定床式活化法相比，该法活化效果更均匀，产品质量更好，更有利于尾气的回收和利用，具有良好的节能效果。因此，移动床式活化装置在国内应用最广泛，形式也最多样。下面对几种常见的移动床活化装置的炉膛形式分别进行介绍。

（1）多管式炉　在多管式炉内，物料借助自身重力，随活化过程的进行自上而下移动。该方法既可生产粉末状活性炭，也可生产颗粒状活性炭。多管式炉炉体内壁由耐火砖砌成，外壁由普通红砖砌成，内外壁之间用保温层分隔。活化管由耐火材料制成，按横截面形状又可分为矩形炉（图 4-5-6）和圆管炉（图 4-5-7），圆管炉活化管的结构见图 4-5-8。

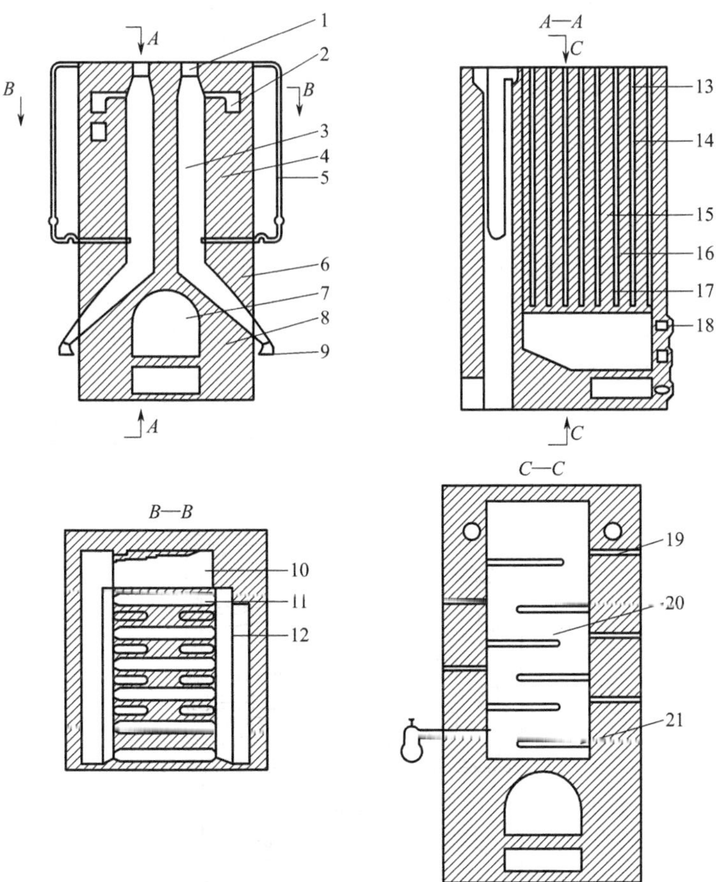

图 4-5-6　矩形炉结构

1—加料口；2—气体出口管；3—活化管；4—活化炉；5—过热蒸气管；6—空气进口；7—燃烧室；8—卸料管；9—卸料口水封；10—垂直烟道；11—水平烟道；12—水平气体通道；13—气体出口；14—活化管壁；15—过热蒸气进口；16—空气进口；17—气体进口；18—炉门；19—扒灰口；20—隔板；21—烟道孔

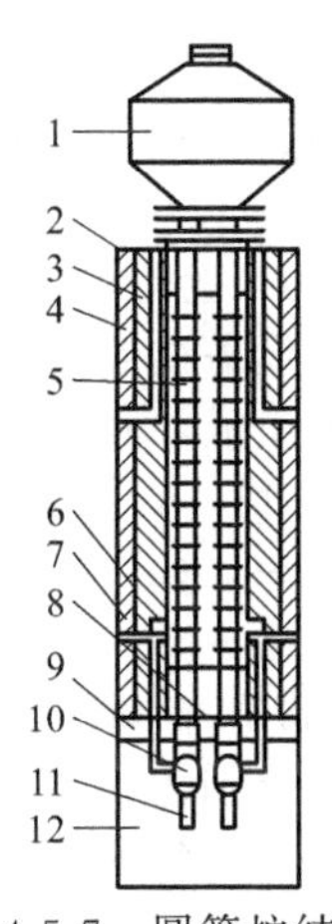

图 4-5-7　圆管炉结构

1—料仓；2—蒸气过热室；3—内墙；4—外墙；5—活化管；6—气体管；7—空气通道；8—活化管底座；9—工字梁；10—气体分离器；11—冷却器；12—炉脚

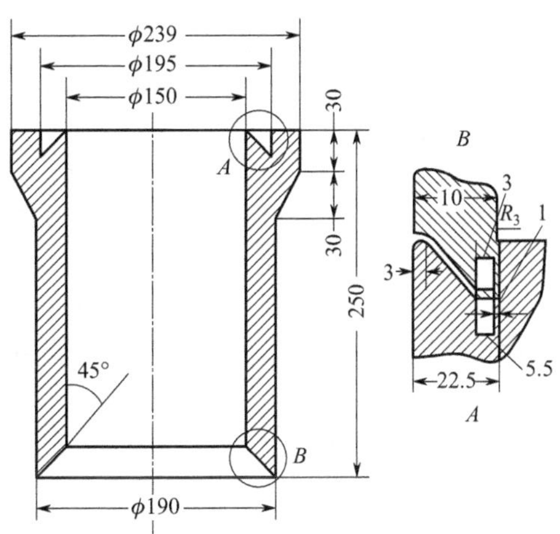

图 4-5-8　圆管炉活化管结构

多管式炉结构简单，易于进行操作，且产品质量稳定，也可将活化过程产生的可燃尾气引入炉膛进行燃烧供热，有利于降低能耗。但多管式炉由于活化气体和物料采用顺流接触的方式（特别是圆管炉），对木炭、果壳炭和煤质成型炭的活化效果较差，并且活化管容易因上下温差及内外温差而损坏。因此，开发气固逆流式接触多管炉，延长活化管使用寿命以及对活化尾气的进一步利用将是今后的研究热点。

（2）多段炉　又称多膛炉，因其内部有用于搅动炭层的耙齿，故又称为耙式炉（图 4-5-9）。多段炉是欧美、日本等地的主流活化炉，1939 年美国的 Nichols 公司设计了第一台多段炉设备。多段炉于 1950 年开始用于活性炭行业，最早是用于木炭制造，然后用于煤基活性炭生产。多段炉属于移动床气固相反应装置，外壳体为钢制圆筒形，内壁砌耐火砖衬层，中间用耐火砖拱砌形成数段（多为 4～12 段）炉床。炉体的中心装有伞形齿轮带动旋转的耐高温钢轴，轴的两侧配装耙臂，臂下装有若干耙齿，起到搅拌作用[40,41]。通常，第一层床板上的耙齿使物料往中心移动，并从中心的开口落入第二层床板；第二层的耙齿方向与第一层相反，物料被推向外沿，落入第三层床板上，依此类推，直至底层炉板，由卸料装置卸出，从而得到最终的活性炭产品。

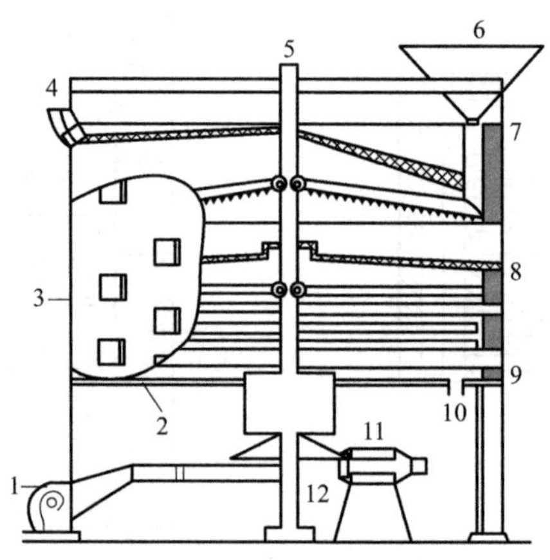

图 4-5-9　多段炉结构示意图

1—送冷却空气的鼓风机；2—砂封；3—钢板外壳；4—燃料气体出口；5—热风；6—原料斗；7—进料器；8—空气；9—燃烧室；10—出风口；11—传动；12—冷风

多段炉自动化、机械化程度高，设备产能高，生产环境好，调整工艺反馈快，开炉及停炉时间较短，能够精确地控制炉内温度、蒸气量等工艺参数，是目前最先进的活性炭加工设备。但多段炉投资大、建造要求高，并且物料在炉内存在死角，有一定磨损、粉化，不适于小颗粒或粉末状活性炭的生产。

（3）斯列普炉　斯列普炉（SLEP Furace）原为法国专利，于 20 世纪 50 年代由苏联引入我国。因其活化带的耐火材料砌块形状类似马鞍，又称鞍式炉。这种设备主要由炉本体、两个蓄热室、水封、卸料器、空气和蒸气管系、仪器仪表、烟道烟囱等部分组成，其中炉本体又分为左右两个半炉，先后以水蒸气和烟道气交替进行活化，原料在炉内混合均匀，因此活化质量也较好，可生产各种中高级活性炭产品。其结构如图 4-5-10 所示。其中图 4-5-10(a) 是斯列普炉的整体结构示意图，图 4-5-10(b) 是活化蓄热室结构示意图。

斯列普炉的炉本体自上而下分为预热带、补充炭化带、活化带和冷却带。依靠自身重力作用，炭化料加入后依次经过炉本体的 4 个部分。这 4 个部分的作用分别为：预热带，装入足够的炭化料并使之缓慢升温；补充炭化带，利用高温气流对耐火砖加热，并将热量辐射给炭化料使其得以补充炭化，此时炭化料并未与活化气体直接接触；活化带，炭化料与活化气体接触发生活化反应，炭化料按“之”字形路线自上而下移动，增加了活化反应时间；冷却带，物料不再与活化气体接触，并开始缓慢降温，避免卸出后与空气接触发生燃烧。

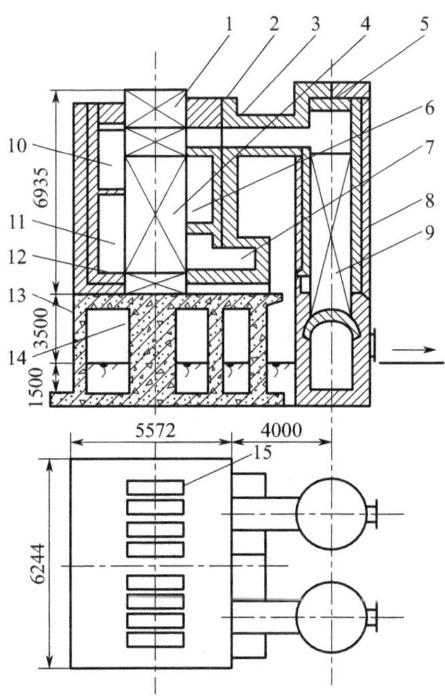

(a) 整体结构示意图

1—预热段；2—补充炭化段；3—上近烟道；4—活化段；5—上连烟道；6—中部烟道；7—燃烧室；8—蓄热室；9—格子砖层；10—上远烟道；11—下远烟道；12—冷却段；13—基础；14—下料口；15—加料槽

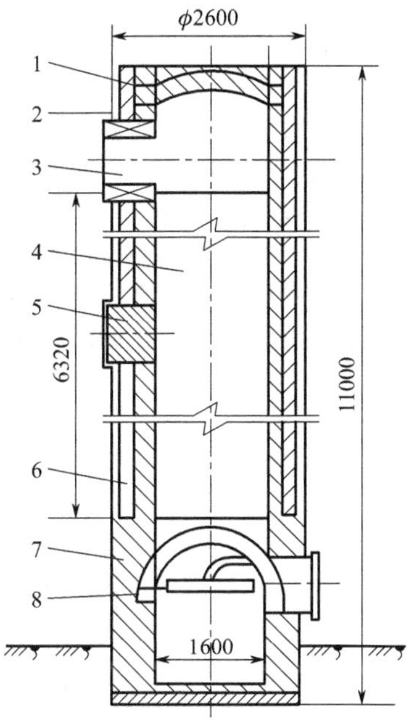

(b) 活化蓄热室结构示意图

1—耐热混凝土拱顶；2—铁壳；3—连烟道；4—格子砖层；5—人孔；6—保温层；7—耐火砖；8—蒸气出口

图 4-5-10　斯列普炉结构示意图

在斯列普炉里，水蒸气经蓄热室加热后，进入炉膛内与炭化料发生活化反应，产生的高温烟道气则通入另一半炉膛中与炭化料反应，热量由蓄热室储存，流程见图 4-5-11。通常，0.5h 后活化气体开始反向流动，如此反复多次，两个半炉膛内的炭化料均得到水蒸气和烟道气的交替活化。同时，高温烟道气冷却释放的热量可以对反向流动的水蒸气进行加热，实现能量的高效利用。

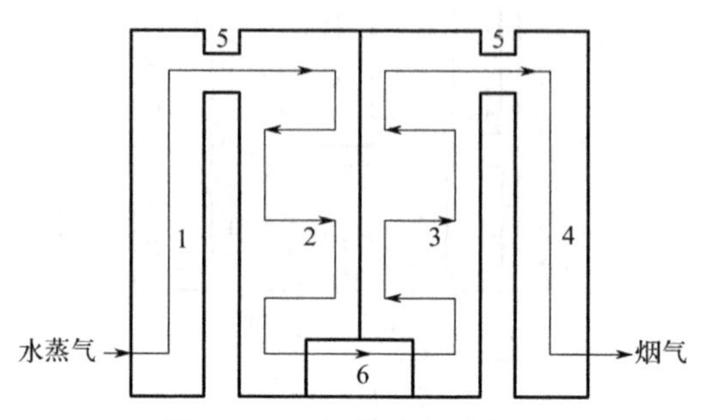

图 4-5-11　气体流程示意图

1—左蓄热室；2—左半炉；3—右半炉；4—右蓄热室；5—上连烟道；6—下连烟道

斯列普炉具有炉温稳定、水蒸气和烟道气交替活化、产品质量较好、单台设备产量大且使用寿命长的优点。因此，目前在国内斯列普炉是使用最多的气体活化法炉型，然而它炉体庞大、造价昂贵且修建精度要求高，例如年产量 500t 的设备需投入 60 万～70 万元，而且修建完成需要一年以上的时间。同时，斯列普炉也存在体积庞大、造价昂贵，并且修建精度要求高、活化周期长、原料粒度要求高、开停炉困难等不足。目前，国内研究者已对斯列普炉进行改进，降低筑炉精度与技术要求，简化炉内外结构，设置余热锅炉，使水蒸气无需经过蓄热室加热等，以期保证产品质量的同时，最大限度降低投资和运行成本。

（4）回转炉　回转炉作为一种常规炉型已存在了上百年。20 世纪中期，中国开始研制适用于工业化生产的回转炉。回转炉炉体为一长的钢质圆筒，内衬以耐火材料，炉体支承在数对托轮上，安装倾斜度 2°～5°。回转炉有内热式、外热式及内外兼热式三种，有连续式和间歇式两种形式。内热式回转炉结构头尾密封困难，易造成烟道气泄漏，活性炭产品得率较低。外热式回转炉从炉体外侧加热，炉体常用耐热金属板制作。回转活化炉利用高温烟道气和水蒸气作为活化气体，由炉头向炉尾流动，与物料逆流直接接触，使物料得到活化。因涉及通入水蒸气作为活化气体，需注意蒸汽管排布和设备密封的问题。其装置结构见图 4-5-12。

回转炉具有投资较少、生产能力大、机械化程度高、产品质量稳定、物料适应性较强、蒸汽消耗量较小等优点。但回转炉也存在耗电量大的不足。同时，也应重点考虑活化产生的可燃尾气的充分利用，进一步减少能耗。

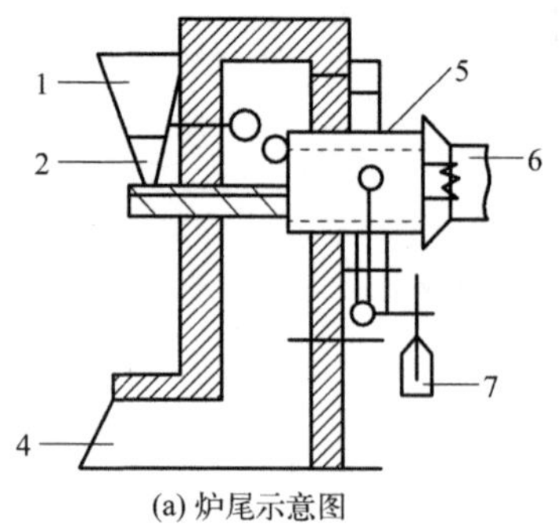

(a) 炉尾示意图

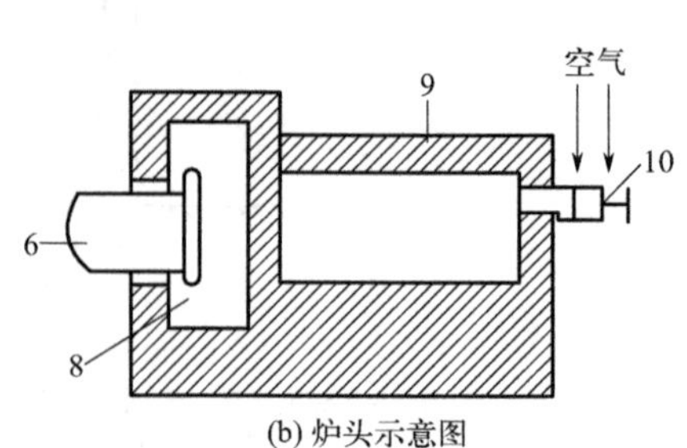

(b) 炉头示意图

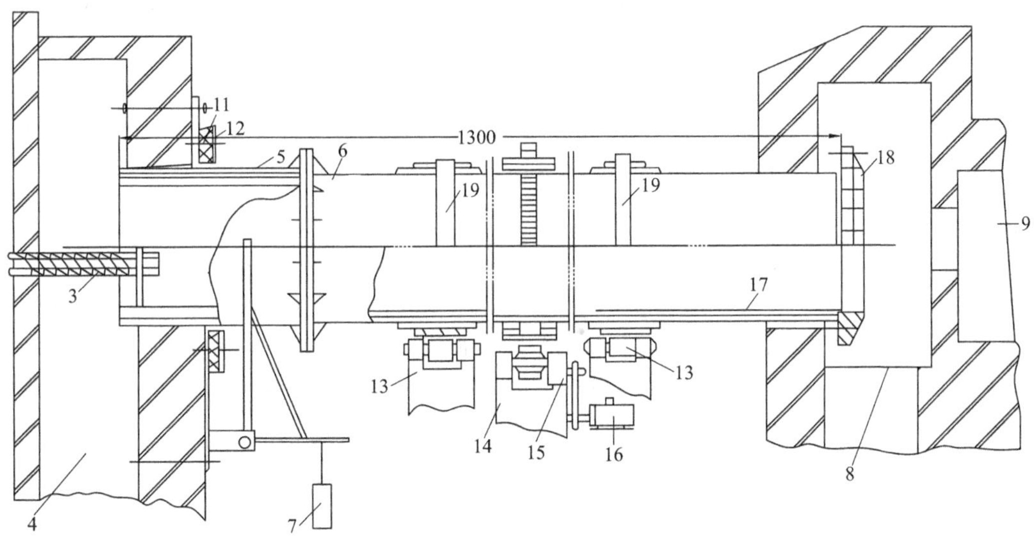

(c) 炉体示意图

图 4-5-12　回转炉结构

1—料斗；2—圆盘加料器；3—螺旋进料器；4—烟道；5—套筒；6—炉体；7—平衡锤；8—出料室；9—燃烧室；10—喷嘴；11—填料；12—压圈；13—拖轮；14—齿轮；15—变速箱；16—电动机；17—耐火砖；18—炉头异形耐火砖；19—导轮

为更严格地控制活化条件从而得到更高质量的活性炭产品，中国林业科学研究院林产化学工业研究所的古可隆教授研制出了一种电加热内外并热式回转炉，炉膛内的活化温度偏差可控制在±(2～5)℃，反应尾气又可在炉膛内燃烧供热，从而实现了节约能源、提高产品质量的目的。该设备示意图见图 4-5-13，其与斯列普炉生产的杏壳活性炭的数据对比见表 4-5-7。

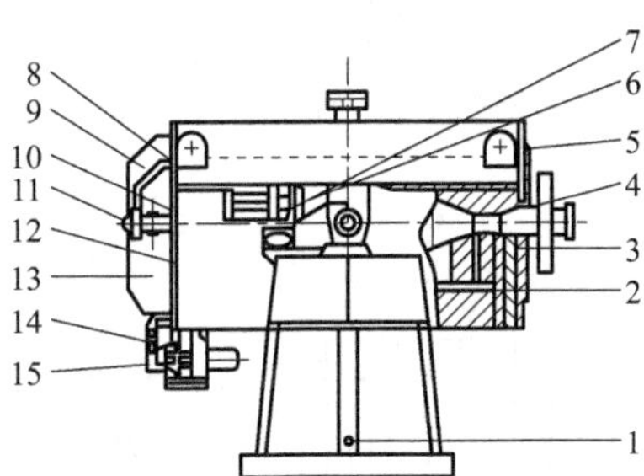

图 4-5-13　电热式回转活化炉结构

1—支架和接地；2—电加热元件；3—密封衬；4—回转炉膛；5—密封盖板；6，7—轴向倾斜动力装置；8—尾部支架；9—尾部外罩；10—尾部固定螺栓；11—尾部底座；12—托轮；13—传动链条；14—链罩；15—回转动力装置

表 4-5-7　电热式回转炉与斯列普炉生产数据比较

炉型	活化得率 /%	碘吸附值 /(mg/g)	亚甲基蓝吸附值 /(mL/0.1g)	强度 /%	煤消耗量 /(t/t)	耗电量 /(kW·h/t)
电热式回转炉	63.0	1100	14	98	1.0	3840①
斯列普炉	38.12	1060	13	95	3.45	100

① 是指试生产中未利用尾气的耗电量。

从表 4-5-7 中可看出虽然该设备生产的活性炭性能及活化得率等有较为明显的优势，但该设

备耗电量大，因此在今后的研究中应重点设法将活化产生的可燃尾气充分利用从而进一步减少能耗。

3. 流化床活化法

流态化炉是以流态化技术为基础与工业加热相结合而形成的一种工业炉，炉体为一圆柱/圆锥体，钢制外壳，内由异形砖和普通耐火砖砌成。炉内自下而上流经粉料的气体，达到一定速度时，会将粉体颗粒悬浮，使之不断运动，犹如流体，故称流态化炉，又名流态粒子炉、流态化床炉、沸腾炉，分为内燃式和外燃式两种，有连续式和间歇式。按床的结构分为单层床式、多层床式和多管床式，其中单层床式和多管床式应用较广，其结构如图 4-5-14 和图 4-5-15 所示。

流态化炉利用流态化技术，用烟道气与部分过热水蒸气作为活化介质和流化介质，使炭颗粒在流态化状态下进行活化反应，实现它们之间最快的传质、传热和动量传递速度，获得最大的设备生产能力。20 世纪 70 年代中期，多种形式的流态化炉应用于活性炭的生产，其原料一般为木炭、果壳炭、煤等，流化介质为水蒸气或烟道气。为保证被一定流速的气流吹起，原料粒径一般小于 3mm。

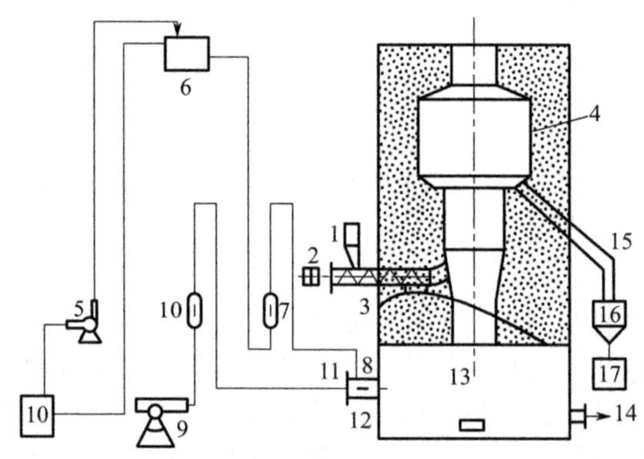

图 4-5-14　单层床式流化活化工艺流程

1—料斗；2—调速电动机；3—螺旋加料器；4—活化炉；5—油泵；6—高位槽；7—油流量计；8—燃油入口；9—罗茨鼓风机；10—空气流量计；11—空气入口；12—喷嘴；13—燃烧室；14—蒸气入口；15—溢流管；16，17—贮斗

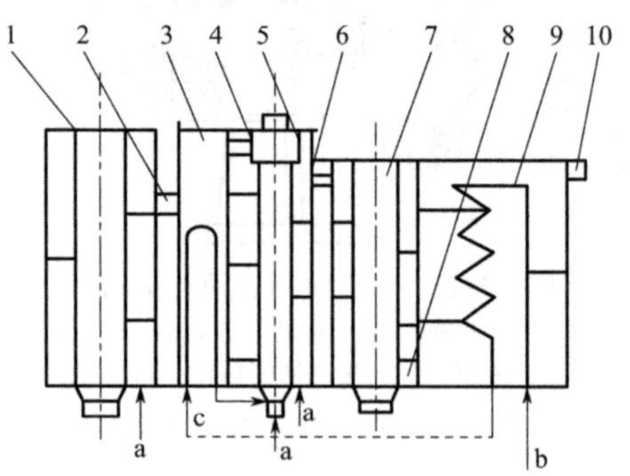

图 4-5-15　多管床式流化活化工艺流程

1—槽式果壳炭化炉；2—炭化尾气出口；3—水蒸气过热室；4—活化尾气出口；5—多管流化活化床；6—活化加热废气出口；7—干燥器；8—干燥加热废气出口；9—废热锅炉；10—烟囱接口；a—空气入口；b—进水口；c—水蒸气进口

流态化炉具有气固接触好、传热快、活化均匀、活化时间短、反应气体成分易于控制等优点，在生产活性炭的同时实现了反应过程尾气余热的回收利用，有效地提高了热能利用率。然而，流态化炉仍存在一些不足，如操作精确度高，气流速度变化范围较窄，颗粒会受到其他颗粒、炉内壁等的碰擦变成粉末被吹走，在一定程度上影响了产品得率。

（三）后处理工段

后处理工段通常包括酸洗和干燥，目的是除去灰分，是活性炭的精制和均质过程。通常气体活化法制备的气相吸附用和废水处理用活性炭可以不用进行后处理，但如果产品对杂质含量的要求较严格则需要进行后处理。

酸洗一般采用盐酸，其用量是活性炭质量的10%～30%，待活性炭的杂质含量达到要求后，再进行充分水洗以除去盐酸[34]。洗涤的方法通常有间歇式搅拌法、粉末悬浊法、喷流浮游法和流通循环法等。为保护环境，酸洗中排出的酸雾和酸性废水均需进行中和处理，方可排放。

干燥的目的是控制产品含水量。干燥设备主要有回转干燥炉、烘房式干燥器等。干燥过程，尤其是粉末状活性炭的干燥，应重视粉尘的收集。粉尘的收集既可消除粉尘污染又可降低产品损失。

（四）成品工段

对于粉末状活性炭，成品工段包括磨粉和包装，同时应注意对粉尘的控制和收集；对于颗粒炭产品，成品工段包括筛分和包装。

参考文献

[1] Lin G，Jiang J，Wu K，et al. Effects of heat pretreatment during impregnation on the preparation of activated carbon from Chinese fir wood by phosphoric acid activation. BioEnergy Research，2013，6（4）：1237-1242.

[2] Lin G，Wu K，Huang B. Effects of small amounts of phosphoric acid as additive in the preparation of microporous activated carbons. Materials Science，2018，24（4）：362-366.

[3] 杨国华. 炭素材料. 下册. 北京：中国物资出版社，1999：299-336.

[4] Rodrgí uez-Reinoso F，Molina-sabio M，González M T. The use of steam and CO_2 as activating agents in the preparation of activated carbons. Carbon，1995，33（1）：15-23.

[5] Smisek M. 活性炭. 国营新华化工厂设计研究所，翻译组，译. 1981.

[6] 立本英机，安部郁夫. 活性炭的应用技术——其维持管理及存在的问题. 高尚愚，译. 南京：东南大学出版社，2002：34-37.

[7] Sun K，Leng C，Jiang J，et al. Microporous activated carbons from coconut shells produced by self-activation using the pyrolysis gases produced from them. New Carbon Materials，2017，32（5）：451-459.

[8] 刘雪梅，蒋剑春，孙康，等. 热解活化法制备高吸附性能椰壳活性炭. 生物质化学工程，2012，46（3）：5-8.

[9] 刘雪梅，蒋剑春，孙康，等. 热解活化法制备微孔发达椰壳活性炭及其吸附性能研究. 林产化学与工业，2012，32（2）：126-130.

[10] 贺近恪，李启基. 林产化学工业全书. 北京：中国林业出版社，2001：987-990.

[11] 黄彪，林冠烽，唐丽荣，等. 二步炭化制备高活性木炭的特性表征. 林产化学与工业，2009，29（S1）：125-128.

[12] 林冠烽，程捷，黄彪，等. 炭化工艺对高活性木炭性能的影响. 林业科学，2009，45（4）：112-116.

[13] 林冠烽，程捷，黄彪，等. 高活性木炭的制备与孔结构表征. 化工进展，2007，26（7）：986-989.

[14] Zhang H，Chen F，Zhang J，et al. Supercritical water gasification of fuel gas production from waste lignin：The effect mechanism of different oxidized iron-based catalysts. International Journal of Hydrogen Energy，2021，46（59）：30288-30299.

[15] Chen Y，Yi L，Wei W，et al. Hydrogen production by sewage sludge gasification in supercritical water with high heating rate batch reactor. Energy，2022，238：121740.

[16] Salvador F，Sanchez M J，Martin A，et al. Preparation of active carbon from charcoal by activation with supercritical water. U S Patent No. 09/209439.

[17] Montane D，Fierro V，Mareche J F，et al. Activation of biomass-derived charcoal with supercritical water. Microporous and Mesoporous Materials，2009，119：53-59.

[18] 蔡琼，黄正宏，康飞宇. 超临界水和水蒸气活化制备酚醛树脂基活性炭的对比研究. 新型炭材料，2005，20（2）：122-128.

[19] 程乐明，姜炜，张荣，等. 超临界水活化褐煤制取活性炭. 新型炭材料，2007，22（3）：264-270.

[20] 田芷齐. 煤基活性炭孔结构调控及超级电容高体积储能特性研究. 哈尔滨：哈尔滨工业大学，2020.

[21] Wang A，Sun K，Xu R，et al. Cleanly synthesizing rotten potato-based activated carbon for supercapacitor by self-catalytic activation. Journal of Cleaner Production，2021，283：125385.

[22] 张亚婷，李萌，李可可，等. 半焦基多孔石墨化炭可控制备及其吸附性能研究. 炭素技术，2020，39（4）：36-40.

[23] 刘植昌，凌立成. 铁催化活化制备沥青基球状活性炭中孔形成机理的研究. 燃料化学学报，2000，28（4）：320-323.

[24] 杨晓霞，李晶，周安宁. 水蒸气催化活化半焦制活性炭和氢气的研究. 应用化工，2012，41（8）：1364-1367.

[25] 杨娇萍. 超级电容器用多孔活性炭材料的研究. 北京：北京化工大学，2005.

[26] 焦帅，杨磊，武婷婷，等. 混合盐模板法制备超级电容器用氮掺杂分级多孔碳纳米片. 化工学报，2021，72（5）：2869-2877.

[27] 张伟，程荣荣，毕宏晖，等. 模板法制备超级电容器用多孔炭的研究进展. 新型炭材料，2021，36（1）：69-81.

[28] 张本镔，刘运权，叶跃元. 活性炭制备及其活化机理研究进展. 现代化工，2014，34（3）：34-39.

[29] Liu D，Yuan W，Yuan P，et al. Physical activation of diatomite-templated carbons and its effect on the adsorption of methylene blue（MB）. Applied Surface Science，2013，282：838-843.

[30] Awadallah-F A，Al-Muhtaseb S A. Effect of gas templating of resorcinol-formaldehyde xerogels on characteristics and performances of subsequent activated carbons. Materials Chemistry and Physics，2019.

[31] 林子胜. 基于模板法和热解油制备的多孔炭及电化学性能分析. 南京：南京师范大学，2020.

[32] Kamegawa K，Yoshida K. Preparation and characterization of swelling porous carbon beads. Carbon，1997，35（5）：631-633.

[33] 赵家昌，陈思浩，解晶莹. 模板-物理活化法制备高性能中孔炭材料. 电源技术，2007，31（12）：1000-1003.

[34] 南京林产工业学院. 木材热解工艺学. 北京：中国林业出版社，1983：101-103.

[35] Zhu Y，Gao J，Sun Y，et al. Preparation of activated carbons for SO_2 adsorption by CO_2 and steam activation. Journal of the Taiwan Institute of Chemical Engineers，2012，43（1）：112-119.

[36] Zhang Y，Xing Z，Duan Z，et al. Effects of steam activation on the pore structure and surface chemistry of activated carbon derived from bamboo waste. Applied Surface Science，2014，315：279-286.

[37] Uraki Y，Tamai Y，Ogawa M，et al. Preparation of activated carbon from peat. Bioresources，2008，4（1）：205-213.

[38] Manocha S M，Hemang P，Manocha L M. Effect of steam activation parameters on characteristics of pine based activated carbon. Carbon Letters，2010，11（3）：201-205.

[39] Bouchelta C，Medjram M S，Bertrand O，et al. Preparation and characterization of activated carbon from date stones by physical activation with steam. Journal of Analytical and Applied Pyrolysis，2008，82（1）：70-77.

[40] 蒋剑春. 活性炭制造与应用技术. 北京：化学工业出版社，2017：55-56.

[41] 黄振兴. 活性炭技术基础. 北京：兵器工业出版社，2006：389-394.

（黄彪，林冠烽，蔡政汉）

第六章 化学活化法制备活性炭技术与装备

第一节 磷酸活化法生产活性炭技术

一、磷酸活化法生产活性炭的原理

磷酸活化法是指以磷酸作为活化剂的一种化学药品活化法，它是一种生产粉状活性炭的主要方法，其原料主要是木材、竹材以及它们的加工剩余物木屑或竹屑等。自 20 世纪 90 年代初以来，磷酸活化法逐渐得到较广泛的工业化应用，生产技术不断改进和完善，目前已经取代氯化锌活化法，成为化学活化林产原料生产粉状活性炭的主要工业生产技术[1]。在磷酸活化法制备活性炭过程中，活化剂磷酸不仅是形成孔隙的主要原因，而且作为一种中强酸，与木材等原料发生复杂的化学变化过程，主要起着以下几种作用。

1. 促进水解作用

根据植物纤维化学基础知识可以推断，磷酸溶液可以显著促进纤维素和半纤维素等高聚糖的水解，形成低分子量的低聚糖或单糖产物。在磷酸催化木材植物纤维原料水解的同时，引起了植物细胞壁结晶度的显著变化。当磷酸开始与植物纤维原料接触时，磷酸的渗透降低了植物纤维原料细胞壁的结晶度；当浸渍时间进一步延长时，木材植物纤维原料的结晶度显著下降，表明磷酸大量渗透到细胞壁内部。

经过详细的研究和分析发现，在磷酸活化过程中，磷酸渗透到植物纤维原料内部需要经历快速扩散、水解与再扩散三个阶段，水解是磷酸渗透到植物纤维原料内部必不可少的过程[2]。因此，磷酸需要通过催化植物纤维原料高聚糖的水解，才能逐渐渗透到植物结构内部，这是磷酸活化法的基本特征。磷酸不仅可以促进植物纤维原料中高聚糖的水解，而且在 50℃开始就会与木质素作用改变木质素的结构。正是由于磷酸在较低温度下就可以与植物纤维原料中的纤维素、半纤维素和木质素作用，促进水解或改变木质素结构，从而可以在较低温度下使植物纤维的细胞壁结构塑化，因此，采用磷酸活化法可以在不添加黏结剂的情况下制备出成型颗粒活性炭，扩大磷酸法活性炭的应用领域。

2. 催化脱水作用

由于纤维素和半纤维素等高聚糖含有丰富的羟基，因此脱水反应是植物纤维原料热解必然经历的反应。磷酸是质子酸，能够催化高聚糖及其降解产物的脱水。与植物纤维原料的热解过程相比，在磷酸的作用下，植物纤维原料热解的固体产物得率随热解温度不同呈现显著不同的变化规律[3,4]。在 350℃之前，磷酸作用下的固体产物得率明显低于植物纤维原料的直接热解结果；在 350℃之后，磷酸作用下的得率明显高于后者。因此，可以得出，在木材等植物纤维原料的炭化过程中，在较低温度下，磷酸显著促进了生物高分子的脱水，导致在较高温度下炭化得率明显高于植物纤维原料热解的结果。在磷酸活化过程中，磷酸的脱水作用导致活性炭得率的提高。工业上，磷酸活化通常所采用的活化温度是 450～500℃，其活化得率在 40%左右，明显高于木材植物纤维原料直接热解的炭得率。

3. 交联作用

在磷酸活化过程中，磷酸能与生物高分子发生明显的交联反应。从化学本质上容易理解，磷酸所具有的三个羟基与高聚糖及其降解产物中的羟基能缩合形成磷酸酯键，其反应式如图 4-6-1 所示。

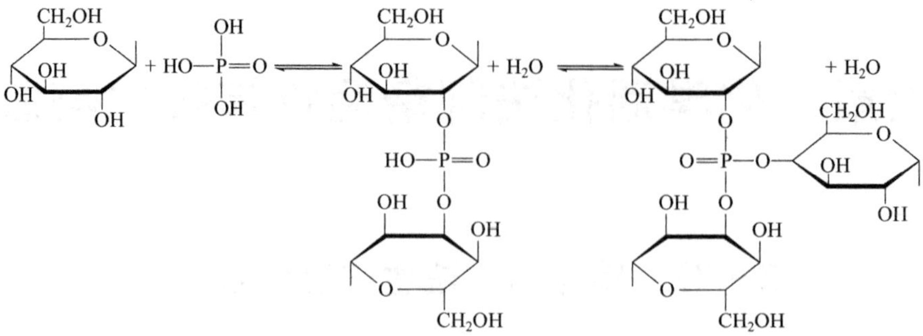

图 4-6-1　磷酸与糖类分子的交联反应

在磷酸活化过程中，磷酸与纤维素、半纤维素等生物高分子通过磷酸酯键交联阻止了热处理过程中细胞壁的收缩，这是磷酸法活性炭形成发达孔隙结构的重要基础。这种交联在150～200℃开始发生，随着温度升高至450℃，这种交联作用不断增强；此后，可能由于磷酸酯键的破坏，交联作用较小，活性炭的孔隙收缩，比表面积与比孔容积下降。然而，当活化温度超过750℃后，活性炭的比表面积与比孔容积又会出现显著增加的趋势，这主要是由于磷酸高温分解生成的 P_2O_5 具有氧化作用[5,6]。

4. 造孔作用

从化学活化的过程来看，水洗含有大量磷酸及其衍生物的活化料，去除磷酸后留下的空隙就成为活性炭的孔隙。可以理解，在复合体中磷酸的含量与分散状态对活性炭的孔隙发达程度与孔径分布具有决定性的作用。大量的相关研究与工业化生产结果都表明，在一定范围内，磷酸用量或浸渍比（100％的磷酸与绝干原料的质量之比）越大，活性炭的孔隙结构越发达。随着浸渍比的逐渐增加，首先是微孔得到显著发展，而中孔的发展缓慢；当浸渍比达到某一值时，活性炭的微孔孔容不再增加，有时还会有所降低，但中孔得到较显著发展。这也表明，随着浸渍比的增大，活性炭的孔隙尺寸增大。当然，浸渍比增大到一定值后，它对活性炭孔隙结构的促进作用就变得不再明显，有时反而不利于孔隙的发展[7-9]。活性炭的碘吸附值、亚甲基蓝吸附值和焦糖脱色力等吸附性能指标随浸渍比的变化规律，也体现了这一变化过程[10]。

二、磷酸活化法的影响因素

（一）浸渍比

在磷酸活化过程中，磷酸的使用量，即纯磷酸与原料的质量之比（浸渍比）是影响磷酸活化法的最重要的因素。随着浸渍比的增加，磷酸法活性炭的比表面积和比孔容积逐渐增大；当浸渍比增加到某一值时，它们不再增大。在浸渍比增大的过程中，微孔首先得到显著的发展，然后中孔孔容不断增大。从吸附能力来看，随着浸渍比的增大，所制备的活性炭对尺寸较小的吸附质分子的吸附量（如碘吸附值）达到最大值后基本不变，对尺寸较大的吸附质分子的吸附量，如亚甲基蓝吸附值和焦糖脱色力，则在较大的浸渍比后不断增加[7-10]。

浸渍比取决于磷酸溶液的浓度与体积，因此，可以通过改变磷酸溶液的浓度或者体积来调整浸渍比。木屑原料所吸附的磷酸溶液量是制备高性能活性炭的前提条件。因此，木屑等植物纤维原料的磷酸溶液吸附量越高，则浸渍比就能达到更高的值，制备的活性炭的孔隙结构就越发达，吸附能力越强。木屑等植物纤维原料对磷酸溶液的吸附量不仅与原料的孔隙率有关，而且与原料的含水率和粒度有关[11]。因此，在实际的工业生产过程中，木屑的破碎、筛选和干燥等工艺步骤也会影响浸渍效果，从而影响活性炭的品质。

（二）浸渍温度

在较低温度下磷酸可以通过水解和脱水反应降解或影响纤维素、半纤维素和木质素等生物高分子的聚合度和化学结构，因此，浸渍温度是影响磷酸与生物质高分子之间的相互作用和生物质高分子改性效果的关键因素之一。研究指出，磷酸活化过程中浸渍温度为140℃时制备的活性炭的比表面积与比孔容积达到最高，过高的浸渍温度不利于活性炭孔隙结构的发展[12]。工业上，磷酸活化所采用的浸渍温度也随工艺和设备的不同而有所不同。

（三）加热历程

在磷酸活化过程中，加热炭化浸渍阶段形成的木屑含碳原料是活化的关键步骤。活化温度、升温速率、升温过程等加热历程的综合因素影响磷酸活化的最终效果。

1. 活化温度

大量的研究和生产经验表明，活化温度是热处理过程中影响活性炭孔隙结构的最重要的因素。在磷酸活化过程中，活性炭的微孔和中孔在200℃就开始形成，随着炭化温度的升高[13]，尤其是350℃以后，孔隙结构显著发展，微孔的发展在400℃左右达到最大，而中孔则在450℃时达到最大；此后，随着活化温度的升高，活性炭的微孔和中孔比表面积又分别不断减小。在450℃左右，磷酸活化植物纤维原料所制备的活性炭的孔隙结构最发达。工业上，磷酸活化的常用活化温度是450～500℃，可以制得吸附能力强的磷酸法活性炭产品。

2. 升温速率和升温过程

在加热升温过程中，升温速率和升温过程也会显著影响磷酸法活性炭孔隙结构的发展。左宋林等研究发现[14]，如果整个活化过程采用同一种升温速率，当升温速率从1℃/min增大到7.5℃/min时，磷酸活化制备的活性炭的微孔和中孔都变得更加发达，其中中孔孔容增加非常显著，从0.333cm^3/g增大到1.163cm^3/g。在磷酸活化过程中，当程序升温至150～300℃时，停止升温并保温一段时间，有利于活性炭中微孔和中孔的发展，尤其是当停留在200℃时效果最为显著，磷酸活化制备的活性炭比表面积可以达到2500m^2/g，比孔容积可以达到2.3cm^3/g以上。同时发现，如果采用两段式升温过程，在300℃前，采用较低的升温速率有利于孔隙的发展；但在300℃后，如果采用过低的升温速率，如1℃/min，则不利于活性炭孔隙结构的发展。因此，在磷酸活化过程中，采用两段式或多段式的升温过程，并通过优化升温速率和中间保温温度与时间，可以制备出高比表面积和吸附能力强的活性炭产品。因此，在磷酸活化过程中，建议采用多步炭活化。目前，我国的部分磷酸活化法生产工艺技术已采用了多步炭活化这一建议。

3. 活化气氛

磷酸活化过程中，围绕在物料周围的气体环境也对活化过程产生影响[15]。气氛通常包括自发性气氛、空气和氧气等氧化性气氛、氮气等惰性气氛和氢气等还原性气氛。

在较低磷酸使用量（磷元素的质量与原料之比小于0.3）下，在空气气氛下所制备的活性炭得率、堆积密度和得率都小于氮气气氛下所制备的活性炭；在较高的磷酸使用量情况下，在空气气氛下制备的活性炭的得率稍高于氮气气氛下制备的，但其堆积密度却稍低于氮气气氛下制备的活性炭[16]。在较低的磷酸使用量情况下，空气中的氧气阻止了原料的芳构化，从而降低了磷酸在促进水解、脱水和交联等反应中的作用效果；而增大磷酸使用量则减弱了空气的这种作用。

空气和氮气气氛下制备的活性炭的微孔比中孔发达，其中空气气氛下制备的活性炭的比表面积最高，可以达到2200m^2/g；在二氧化碳和水蒸气气氛下制备的活性炭的比表面积相对较小（分别为1500m^2/g和1700m^2/g），它们的微孔和中孔都较发达，但微孔孔容比另外两种气氛下制备的活性炭的要小得多，而中孔孔容相差不大[16,17]。

三、磷酸活化法生产活性炭工艺与装备

（一）磷酸活化法生产粉状活性炭

1. 工艺流程

磷酸活化法生产粉状活性炭的流程如图4-6-2所示。其生产工艺流程以及所采用的设备与氯

化锌活化法基本相同。磷酸活化法的生产工艺流程分为原料的筛选与干燥、磷酸溶液的配制、磷酸溶液与木屑的浸渍、炭活化、磷酸回收、漂洗、干燥、粉碎与包装[17]。但它们的操作工艺有所差异。

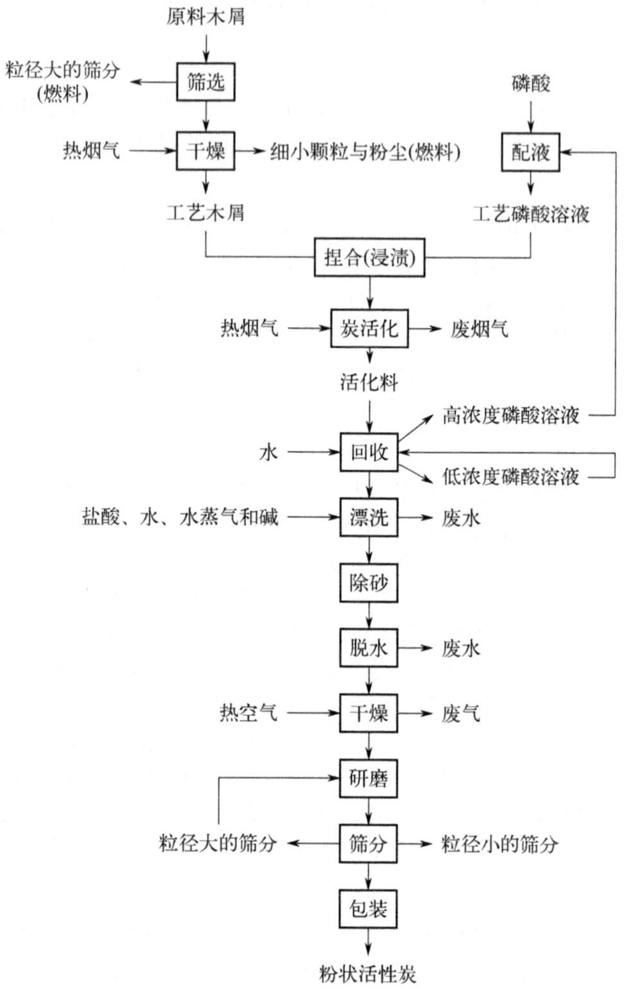

图 4-6-2　磷酸活化法生产粉状活性炭的流程

2. 工艺木屑

目前，磷酸活化法所用的原料通常是木屑或竹屑，活性炭生产企业在木材或竹材加工企业收购木屑和竹屑后，通过筛选、干燥等过程除去大块径的原料，并尽可能去除砂砾、树皮、铁屑等杂质，得到工艺木屑或竹屑。木屑或竹屑的筛选和干燥工艺条件以及设备与氯化锌活化法相同。得到的工艺木屑或竹屑的含水率在 14%～30%，具体的含水率大小主要取决于浸渍和炭活化工艺与设备。工艺木屑粒度通常是 6～40 目。

3. 浸渍

在浸渍过程中，首先要配制工艺磷酸溶液。工艺磷酸溶液是由商品磷酸、水及工业硫酸配制的具有特定浓度和 pH 值的磷酸水溶液，其浓度和 pH 值需要根据生产的活性炭品种进行调整。工艺磷酸溶液的配制方法是将高浓度的磷酸和回收工段回收得到的磷酸溶液混合配制得到合适浓度的磷酸溶液，有时可以用工业硫酸调节磷酸溶液的 pH 值。工艺中要求磷酸规格为：波美度为 48°Bé(60℃)，pH 值为 1.10。浸渍比通常在（1～3）∶1 之间。

工艺木屑原料和磷酸溶液可以采用两种方式进行浸渍。一种是在搅拌桶中将工艺木屑与磷酸溶液进行分批搅拌浸渍。另一种是连续式的混合浸渍，这种方式是在螺旋输送木屑原料至活化炉过程中，喷洒工艺磷酸溶液，通过螺旋搅拌达到浸渍的目的。为了稳定活性炭的质量，控制浸渍温度可以达到更好的效果，浸渍温度一般控制在60～100℃。

4. 炭活化

磷酸炭活化都采用回转炉，其结构与氯化锌活化法类似，其结构示意图见氯化锌活化部分，主要为内热式转炉。与20世纪90年代相比，目前，我国磷酸活化法的生产水平取得非常显著的进展，尤其是在磷酸活化转炉结构的改进和应用水平上，转炉中抄板的使用以及转炉长度（有的达到40m以上）的增加，使磷酸活化法生产活性炭的转炉的生产能力提高了将近一倍，且活性炭的质量指标得到显著提高。

磷酸活化法的活化温度为450～500℃，比氯化锌活化法的温度稍低。在内热式转炉中，含有一定空气量的燃气与浸渍磷酸的木屑等物料直接接触，可以达到较好的活化效果。目前，工业上，采用磷酸活化法可以生产出灰分低于4%，亚甲基蓝吸附值达到170mL/g，焦糖脱色力达到100%的活性炭产品，可以用于糖液、食品和医药脱色。

5. 磷酸的回收

从转炉卸出的炭化料，稍加冷却后，可以直接用料车或密封的输送带运送到回收桶，加入磷酸“梯度液”萃取回收磷酸。回收桶的结构与氯化锌活化法中所采用的回收桶相似，回收的方法也是采用梯度回收方法。经炭活化后，部分磷酸转变为焦磷酸和偏磷酸，在回收过程中与水反应转变为正磷酸。但磷酸中少量与炭结合形成的含磷基团，则难以再转变为磷酸回收；同时，少量与木屑原料中的钙、镁、铁等金属结合形成的磷酸盐，也难以实现回收。

木屑等原料的灰分在磷酸的作用下能溶解转移到回收的磷酸溶液中，因此，新鲜的磷酸溶液循环使用几次后，磷酸溶液中累积的金属离子会明显降低活性炭的品质，降低亚甲基蓝吸附值和焦糖脱色力，增加活性炭灰分含量，此时，需要处理回收磷酸中金属离子。处理回收磷酸溶液中金属离子所使用的方法主要有两种：第一种是采用与氯化锌活化法中类似的方法，即在回收的磷酸溶液中加入工业硫酸，然后通过板框过滤除去硫酸钙等沉淀物质，达到除去金属离子的效果；第二种是采用阳离子交换树脂除去金属离子。第一种方法简单易行，成本较低，但处理效果不佳；第二种方法处理效果好，但技术要求和成本较高。因此，第二种方法通常是在生产量大的磷酸活化生产线上应用。

磷酸回收工序完成后，整个磷酸活化过程中的磷酸消耗基本就可以确定。在磷酸活化过程中，磷酸的消耗量取决于炭活化过程磷酸的挥发量、磷酸回收的效率以及活性炭中残留的磷酸量，其中磷酸的挥发和磷酸回收效率是影响磷酸消耗的主要因素。单位重量活性炭所消耗的磷酸量对活性炭的成本会产生明显的影响，因此，降低磷酸活化过程中磷酸的消耗量是活性炭生产企业降低活性炭生产成本的重要技术之一。目前，国内活性炭生产企业的磷酸消耗水平用每吨活性炭产品的磷酸消耗量来衡量，其消耗量通常在0.10～0.25t。

6. 漂洗、脱水、干燥、混合和包装

磷酸活化法的漂洗、脱水、干燥、混合和包装所采用的工艺和设备，完全可以采用与氯化锌活化法相同的工艺和设备。

（二）磷酸活化法生产成型颗粒活性炭

磷酸活化技术可以用于生产成型颗粒活性炭。生产颗粒活性炭的原料可以采用木屑、竹屑以及质地坚硬的椰壳或其他果壳类原料[18]。磷酸法成型颗粒活性炭主要应用于有机蒸气吸附以及汽车碳罐中，用于汽油的捕集与回收。用磷酸活化法生产成型颗粒活性炭，可以不加胶黏剂而直接依靠植物纤维原料本身的塑化进行成型[18,19]。有时为了提高活性炭的强度，也可以添加少量的胶黏剂，如硅胶、聚乙烯醇等。

1. 生产工艺流程

磷酸活化法生产成型颗粒活性炭的工艺流程见图4-6-3。

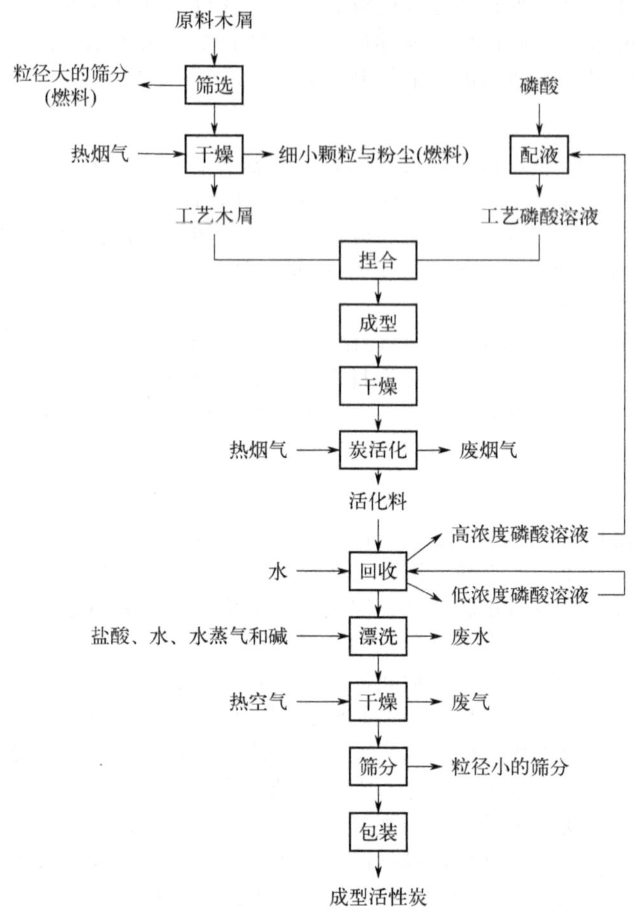

图 4-6-3　磷酸活化法生产成型颗粒活性炭的工艺流程

2. 工艺操作

（1）原料的筛选、干燥和粉碎　不管是木屑还是果壳原料，都需要经过筛选除去大块杂质及细小的尘埃，然后根据原料的大小进行粉碎和干燥。

原料的粒度对成型颗粒活性炭的强度有很大的影响，粒度越小则强度越大。因此，原料通常需要粉碎至 180 目以上。可以采用自由式粉碎机粉碎。自由式粉碎机主要由两只平行的固定式圆盘及处于两者之间的回转式圆盘构成。圆盘皆用铸铁制造，表面镶有互相交错的几圈同心圆状磨齿。当回转式圆盘以高速（2471r/min）回转时，原料被磨齿击碎，并由风选机筛选出符合粒度要求的原料。

原料的含水率显著影响塑化过程，其含水率通常要低于 15%。常用的干燥设备为回转炉和气流式干燥器等。根据原料的形貌和干燥方式，可以先粉碎再干燥，也可以先干燥再粉碎。

（2）工艺磷酸溶液的配制　工艺磷酸溶液的配制方法与磷酸法生产粉状活性炭的工艺过程类似。

（3）原料和工艺磷酸溶液的拌料、捏合、碾压　由于经粉碎干燥的木屑、果壳和工艺磷酸溶液的配制用量比例，即浸渍比，是产品活性炭的孔隙结构的决定性影响因素，且会显著影响其强度等其他性能[20]。例如，生产醋酸乙烯合成催化剂载体用成型颗粒活性炭比生产聚乙烯催化剂载体用成型颗粒活性炭需要更高的浸渍比。通常情况下，生产成型颗粒活性炭所采用的浸渍比在 1∶(0.5～2) 之间[21]。

捏合的作用是将原料与磷酸溶液充分混合渗透；碾压工艺的主要作用是使物料进一步均匀软

化和熟化。捏合是在捏合机中进行。碾压采用的设备通常是双滚筒或多滚筒碾压器，或带槽的滚筒碾压器。捏合和碾压工艺需要控制温度和时间，直到物料软化成熟为止。也可以采用连续捏合机，定时定量加入原料和磷酸溶液。输送物料一般用双螺旋输送机。

(4) 塑化　塑化是将原料木屑浸渍料加热水解糖化，产生浆状的水解糖醛混合物的过程。

浸渍有磷酸溶液的植物纤维原料经过捏合、充分碾压混合均匀后，磷酸溶液已深度渗透到原料内部，且使原料颗粒之间较为紧密，但物料还缺乏一定的粘接性，即可塑性，这样的物料在挤压成型时易断裂，且成型得到的颗粒表面粗糙，从而影响产品的质量。为了获得光滑且高强度的产品，必须进行物料的塑化。塑化可在捏合机或碾压设备中进行，物料在150℃左右（有的要求在180℃），经过反复的捏合和碾压，最后得到的物料要具有粘接可塑性，手感细腻，富有浆性，手捏能成型。塑化后物料的含水率不能太大，要求在12%～15%，太高或太低都不利于成型[22]。

塑化工序中，最重要的工艺参数是塑化温度和时间，其中塑化温度是关键。对于植物纤维原料来说，塑化温度一般选择在130～160℃。塑化时间则要根据物料的性质、塑化温度、塑化设备等因素确定。当工艺磷酸溶液的浓度和浸渍比以及塑化温度一定时，塑化时间短则塑性不够，而塑化时间过长则导致物料焦化，两者都不利于成型。塑化时间，短可以为0.5h左右，长可以达2h左右。在塑化过程中，既要保证物料搅拌均匀，又要提高捏合或碾压的物料温度，因此要采取加热和保温设施，以大大缩短塑化的时间，这样对设备在加热密封、保温和耐腐蚀等方面提出了更高的技术要求。

(5) 成型　成型工艺是制造成型活性炭的关键工序，它直接影响成型颗粒活性炭产品的外观和质量。强度是颗粒活性炭的关键性指标。一般需要采用较大的挤压成型压力才能获得高强度的成型活性炭[22]。因此，正确选择成型机非常重要。

成型设备主要有螺旋挤压机和油压挤压机两种。前者有单螺旋挤压机和双螺旋不等距螺旋挤压机，后者有间歇式立式油压挤压机和卧式油压挤压机。过去使用的是单螺旋挤压机，但它在成型过程中，由于压力小以致经常出现堵孔现象，所以被淘汰而改用油压机成型。现在也用双螺旋不等距螺旋挤压机。目前使用的油压机的总压力为$(1\sim3)\times10^6$N，使用的成型压力在30～50MPa，开孔率占总承受面积的15%～40%。由于油压机所产生的压力与受压面积和开孔率，模头的孔径大小、形状、孔长度都有密切关系，因此，模头的设计和开孔率以及它们所需达到的成型压力都要通过实验才能得到和完善。在设计时，模头开孔直径应比需要生产的颗粒活性炭的直径略大一点，克服在干燥和炭活化过程中引起的颗粒收缩的问题。目前生产的颗粒活性炭的直径主要有2.0mm、2.0～5.0mm等几种。

活性炭成型后，按照要求，可用切割机将成型的物料切断成一定长度的活性炭。若用回转炉进行干燥炭化时，则不需要切断，因为颗粒在旋转干燥的运动过程中会产生扭力而自行折断成粒，其产生的颗粒长度一般为颗粒直径的2～3倍。

另外，塑化料的含水率对成型质量有很大的影响。含水率过高，成型颗粒易变形且易黏成饼，难以操作；过低则挤压困难。挤压成型的颗粒应表面光滑致密，有一定的强度，搬运时不易破碎。

(6) 干燥　塑化成型后得到的成型颗粒中含有大量的水分，如果直接进行炭活化，容易造成颗粒表面产生裂缝、粉化等问题，严重影响颗粒活性炭的强度和表观形貌。因此，必须在炭活化之前对颗粒成型料进行干燥。在成型物料的干燥过程中，需要缓慢升温，防止高温快速干燥，干燥温度一般为120～150℃。工艺上一般用缓慢通风长时间干燥的方法。手工操作以烘房热空气干燥，也可采用隧道形干燥室，颗粒成型料在链式料盘中移动干燥。

(7) 炭活化　在生产成型颗粒活性炭时，炭化阶段的升温速率对产品活性炭质量的影响很大。因此，在炭活化阶段，要严格控制升温速度和炭活化温度。如果升温过快过高，容易导致产品表面粗糙和裂缝的产生，并容易损坏生产设备。

在炭化阶段要求采用低温缓慢炭化工艺，炭化温度不能超过450℃，并严防炉内烧料。若采用回转炉进行炭活化，则回转炉的倾斜角不宜过大，一般要小于生产粉状活性炭时的倾斜角；转速要慢，以获得优质的炭化成型颗粒。活化温度控制在600℃以下，活化时间为1h左右。在成型颗粒活性炭的质量控制中，颗粒活性炭的比表面积用水容量来控制，强度用磨损强度来控制。

炭活化常用内热式回转炉。其尺寸通常为外径2.3m、内径1.9m、长20m，倾斜度2°，转速1.75r/min，电机功率55kW。主要操作条件见表4-6-1。

表4-6-1　炭活化内热式回转炉制备成型颗粒活性炭的主要操作条件

项目	指标
进料量/(m^3/h)	1.5
出料量/(m^3/h)	0.46
物料在炉内经过的时间/h	2
烟道气进口温度/℃	550
烟道气出口温度/℃	150
煤气用量/(m^3/h)	300
空气用量/(m^3/h)	400

(8) 回收及漂洗　回收及漂洗的原理和方法与磷酸活化法生产粉状活性炭的相同。但为了减少活化料移动过程中的破碎损失，成型颗粒活化料的回收和漂洗在回收桶中进行。回收工艺与磷酸活化法生产粉状活性炭的也基本相同，不同的是用磷酸溶液的“梯度液”浸提成型颗粒活化料时，浸提时间需要大大延长，回收次数需要8～10次，时间长达几十个小时。回收得到的磷酸“梯度液”的贮存和使用也与粉状活性炭的生产工艺相同。

漂洗工艺、设备与磷酸活化法生产粉状活性炭的类似。

(9) 干燥　磷酸活化法成型颗粒活性炭的干燥不仅要使产品活性炭的含水率达到规定的标准，而且要通过干燥时的高温加热，改善产品活性炭的微观结构，导致成型颗粒的体积收缩，从而达到提高强度的目的。因此，干燥温度常提高到600℃左右，在该温度下进行干燥，产品成型颗粒活性炭的吸附能力和耐磨强度均较好。干燥设备一般采用内热式回转炉。其尺寸可以是长20m、外径1.9m，内衬耐火砖，倾斜度2°，转速1.9r/min。物料在炉内的干燥时间为1.5～2h。

(10) 破碎、筛选和包装　干燥后，成品成型颗粒活性炭要通过一定规格的筛子进行筛选，以除去细小颗粒以及粉炭，并使成型颗粒活性炭产品的粒度达到规定要求，然后进行包装。筛分设备使用双层的振动平筛或回转圆筛。粒径合格的颗粒活性炭就进行包装，粒径大的筛分返回破碎机进行破碎，粒径小的筛分加工成粉状活性炭或返回捏合工序作为原料炭使用。

为了得到使用过程中所需要的粒度，有时需要把干燥后的成型颗粒活性炭破碎，然后进行筛选，筛选出符合粒径要求的筛分进行包装。例如，生产醋酸乙烯载体用活性炭及合成聚乙烯催化剂载体用活性炭时，分别要求粒度范围在0.3～0.6mm及0.3～0.7mm，则要进行破碎和筛选。

破碎用双辊式破碎机。为了提高合格颗粒活性炭的得率，分三级进行破碎。各级两辊之间的距离，分别调节成3mm、1.5mm和0.7mm，合格颗粒活性炭的得率可达60%～70%。

（三）磷酸活化生产活性炭过程的废水废气处理

在磷酸活化过程中产生的尾气中含有原料热分解产生的挥发性有机物质、燃料燃烧所产生的烟气，还有磷酸回收以及漂洗工序产生的废水。因此，需要对磷酸活化生产线产生的废水和废气进行处理，使其达到国家排放标准[23]。与氯化锌活化生产线相比，磷酸活化对环境所产生的污染要低得多，生产车间环境明显改善。在磷酸活化过程中，尾气中不会形成如氯化锌活化所产生的气凝胶，尾气处理比氯化锌活化法的相对容易实现。

磷酸活化产生的废气可以采用多级水喷淋、除尘等方式净化，并回收挥发至尾气中的磷酸，降低生产成本。废水可以采用多级沉降的方式处理。通常是首先采用多个沉降池将废水中的细炭沉降回收，然后加入石灰中和搅拌废水，再多级沉降处理废水与石灰反应产生的沉淀，最终实现废水的处理，达到排放标准。

第二节　氯化锌活化法生产活性炭技术

氯化锌活化法是最早工业化应用的活性炭生产方法。1900 年首次由奥司脱里杰（Ostrejko）公开氯化锌活化生产活性炭的专利，随后在德国和荷兰开始应用氯化锌活化法生产商品活性炭。然而，由于氯化锌活化生产过程造成的环境污染问题一直没得到有效解决，中国、欧洲国家和美国等主要活性炭生产国都已较少使用该法生产活性炭。但在长期的研究与生产实践过程中，氯化锌活化法的活化机理和生产工艺、设备等方面的知识已成为活性炭生产技术的主要内容和掌握化学药品活化法的基础[24]。

一、活化原理

氯化锌是一种路易斯酸，而且对植物纤维具有很强的润胀能力。因此，在氯化锌活化过程中，氯化锌起到如下几种主要作用，从而制备出孔隙结构发达的活性炭。

1. 润胀作用

当木屑等植物纤维原料中浸渍了一定比例的氯化锌（锌屑比）时，氯化锌的电离作用能使植物纤维原料中大量的纤维素和半纤维素发生润胀。随着温度的升高和水分的不断蒸发，在植物纤维原料中氯化锌溶液浓度不断提高，润胀作用不断增强，最终导致氯化锌高度分散在植物纤维原料的细胞壁中，使纤维素等组分转变成胶体状态。

当植物纤维原料浸渍了较高比例的氯化锌溶液时，在低于 100℃下，氯化锌就能润胀植物纤维原料；在较小锌屑比的情况下，在 150～200℃润胀作用发生。在氯化锌润胀植物纤维原料的过程中能产生热，导致物料温度升高，促进了润胀作用。

2. 催化水解作用

氯化锌作为一种强的路易斯酸，在润胀木屑等植物纤维原料的同时，还显著催化原料中半纤维素和纤维素的水解，降解这些高分子化合物。例如，用纤维素、木屑作原料，用浓度为 15%～65%的氯化锌溶液浸渍后，在 140℃以内这些原料就能水解得到葡萄糖、戊醛糖、糖醛酸和糖醛等，它们的分子量都在 160～240。最终使植物纤维原料与氯化锌形成较均匀的塑性物料。

3. 催化脱水和催化炭化

根据一般的化学反应机理可知，由于纤维素和半纤维素中含有大量的羟基，作为路易斯酸的氯化锌能够促进植物纤维原料中纤维素和半纤维素的脱水。实验证明，在 150℃以上，氯化锌能显著催化含碳原料中氢和氧之间发生的脱水反应，使它们更多地以水分子的形态从原料中脱除，从而减小了它们在热解过程中与碳元素生成许多不同的有机化合物如焦油等的概率，使原料中更多的碳原子被保留在固体产物炭中，显著提高活性炭的得率。因此，用氯化锌法生产活性炭时，活性炭的产率高达原料质量的 40%左右。也就是说，大多数植物原料中碳元素质量的 80%左右都转变成了活性炭。与气体活化法相比，大大地提高了原料的利用率。

依靠氯化锌溶液的润胀作用、催化水解和催化脱水的共同作用，改变了木屑等植物性原料的炭化反应历程，显著降低炭化温度，即催化了植物纤维原料的炭化过程。根据 X 射线衍射分析和拉曼光谱分析，在氯化锌的作用下，木屑等植物原料炭化所形成的炭的微晶质结构较未加任何添加剂的情况下提前出现。

4. 强化传热过程

与气体活化法中使用的气体传热介质相比，液态和固体氯化锌的热导率高十几倍以上。因此，浸渍了氯化锌溶液的木屑等植物原料经润胀与水解作用形成的均匀塑性物料，其传热性能大大加强，结果使物料能快速且均匀受热，不致发生局部过热，大大缩短了炭活化时间。

5. 骨架造孔作用

在氯化锌的润胀、水解等作用下，植物纤维原料能形成塑性物料，氯化锌高度分散在原料中。

当升高温度进行炭化时，原料热解产生的新生炭沉积在氯化锌骨架上，炭化完毕后形成了高度分散有氯化锌的炭，工业上称为活化料。洗出活化料中的氯化锌所留下的空隙，是活性炭孔隙结构的主要来源。氯化锌的骨架造孔作用决定了在氯化锌活化过程中，锌屑比是影响氯化锌活化法生产活性炭的关键因素。活化剂氯化锌的用量增加，产品活性炭的孔隙容积也能不断增大。研究表明，炭活化后的活化料，在回收过程中溶解出的氯化锌的体积近似等于所得产品活性炭的孔容。

二、氯化锌活化法的影响因素

（一）浸渍比

由于氯化锌活化法使用的原料主要是木屑，因此，浸渍比也称为锌屑比。锌屑比是氯化锌法生产活性炭配料时所使用的无水氯化锌与绝干原料的质量之比。如前所述，氯化锌法生产活性炭时，活化料中氯化锌所占有的体积近似等于产品活性炭的孔隙容积。可以看出，锌屑比是影响氯化锌活化法活性炭孔隙结构的最重要因素，改变锌屑比是调控氯化锌活化法活性炭孔隙结构的主要方法。在工业生产过程中，锌屑比通常用料液比（物料与氯化锌溶液的体积比）来控制。

如表 4-6-2 所示，当锌屑比在 100%～350%变动时，产品活性炭的孔隙结构、吸附性能及强度都随之发生有规律的变化。在该锌屑比范围内制得的产品活性炭的颗粒密度、比表面积及强度，均随锌屑比的增加而减小；平均孔隙半径及最大分布孔隙半径都随着锌屑比的增加而变大。活性炭对苯蒸气的吸附能力却出现两种截然相反的状况：在吸附过程中，当苯蒸气的相对压力较低时，活性炭的苯吸附量随着锌屑比的增加而减少；相反，在苯蒸气的相对压力较大时，随着锌屑比的增加而增加。这主要是由于在不同的相对压力下苯的吸附机理不同。

表 4-6-2　锌屑比对产品活性炭性质的影响

锌屑比/%	颗粒密度/(g/cm^3)	比表面积/(m^2/g)	平均孔隙半径/nm	最大分布孔隙半径/nm	强度/%	在下列相对压力下的吸苯率/(mg/g)			
						0.12	0.20	0.90	1.0
100	0.527	1567	0.75	1.6	85	431	448	516	519
150	0.491	1499	0.93	—	83	409	428	605	612
200	0.419	1367	1.11	2.9	76	376	391	659	669
250	0.391	1341	1.37	—	73	337	383	795	808
350	0.346	1299	1.76	4.5	63	310	323	986	1002

（二）原料的种类和性质

1. 原料种类

不同的植物纤维原料具有不同的孔道结构、强度以及天然树脂含量，影响活化剂氯化锌溶液向植物纤维原料内部的渗透，最终影响氯化锌的活化效果和活性炭的孔隙结构与吸附能力。例如，松木屑的树脂含量比杉木屑高，不利于氯化锌溶液的渗透。生产上通常将其存放一段时间，使树脂自然挥发一部分以后再使用。同样地，质地坚硬的硬杂木屑也比质地疏松的木屑难浸透，需要更长时间的浸渍。

在氯化锌活化法的工业生产过程中，不同的植物纤维原料采用的工艺参数会有所差异，需要做出相应的调整。经验表明，用氯化锌法生产糖液脱色用活性炭时，由于需要使用比较大的锌屑比，结果原料种类对产品活性炭的焦糖脱色力的影响很显著，通常用杉木屑最好，松木屑次之，而硬杂木屑生产出来的活性炭的焦糖脱色力则较差。但是，通过调整工艺条件，现在已经能使用各种木屑，以及甘蔗渣、油茶壳等其他植物纤维原料，用化学药品活化法生产出各种合格的活性炭产品。

2. 原料含水率

工艺木屑含水率影响氯化锌溶液向木屑颗粒内部的渗透速率，影响浸渍或捏合需要的时间。当木屑含水率处于纤维饱和点以上时，渗透缓慢。例如，采用间歇法生产活性炭工艺中，在浸渍池中用氯化锌溶液浸渍含水率大于30%的木屑时，浸渍时间需要8h以上；连续法生产活性炭时要求木屑的含水率在15%以下，在捏合机中木屑和氯化锌溶液捏合15～30min便能达到充分浸渍。木屑含水率较大时，可以适当提高氯化锌溶液的浓度以保证所规定的锌屑比。但是，如果木屑含水率过大，就无法采用提高锌屑比的方法来生产孔径大的活性炭品种。

此外，用氯化锌法生产成型颗粒活性炭时，工艺木屑的含水率对成型性能及产品活性炭的强度也有一定的影响。

3. 原料粒度

用氯化锌法生产粉状活性炭时，木屑的粒度在3.33～0.38mm（6～40目）范围内对产品质量未观察到显著的影响。原料粒度过大，则活化剂氯化锌不容易渗透至原料颗粒内部，导致活化不均匀，影响产品质量；当原料颗粒粒度分布较宽时，不利于确定浸渍工艺参数，导致活化效果不佳，同样影响产品性能。原料木屑粒度大小对氯化锌法生产成型颗粒活性炭的影响状况见表4-6-3。

表4-6-3　木屑粒度对氯化锌法生产成型颗粒活性炭性能的影响

木屑的粒度/mm	锌屑比80%		锌屑比200%	
	耐磨强度/%	颗粒密度/(g/cm^3)	耐磨强度/%	颗粒密度/(g/cm^3)
<0.25	93	0.732	83	0.464
0.4～0.6	91	0.728	86	0.458
0.8～1.0	91	0.726	85	0.472
1.6～2.0	86	0.658	85	0.475

由表4-6-3可见，在锌屑比较小（80%）时，产品活性炭的耐磨强度和颗粒密度随着木屑粒度的增大而减小；在锌屑比较大（200%）时，木屑粒度在0.25～2.0mm（60～9目）范围内对产品活性炭的耐磨强度和颗粒密度的影响不显著。

（三）活化温度和时间

活化温度是影响氯化锌活化的另一个关键因素。它不仅显著影响活性炭的性质，而且决定活化过程中氯化锌的消耗量。表4-6-4为活化温度对氯化锌法生产的颗粒活性炭性能的影响。随着活化温度的提高，活化反应速度加快，活化需要的时间减少。活化需要的时间随活化装置的种类而异。通常，采用间歇式平板炉的氯化锌活化法生产活性炭时，炭活化时间需要2.5～4h，用连续式回转炉则仅需要30～45min。

表4-6-4　活化温度对氯化锌法活性炭性质的影响

锌屑比/%	活化温度/℃	在下列相对压力下的吸苯率/(mg/g)		耐磨强度/%	颗粒密度/(g/cm^3)	比孔容积/(cm^3/g)			
		0.12	0.91			微孔	过渡孔	大孔	合计
80	400	451	538	88	0.634	0.513	0.099	0.384	0.996
	500	588	544	87	0.615	0.555	0.063	0.425	1.043
	600	466	612	88	0.630	0.529	0.053	0.430	1.012
	700	421	454	92	0.658	0.478	0.038	0.454	0.970
	800	409	430	93	0.709	0.462	0.024	0.398	0.884

续表

锌屑比/%	活化温度/℃	在下列相对压力下的吸苯率/(mg/g)		耐磨强度/%	颗粒密度/(g/cm³)	比孔容积/(cm³/g)			
		0.12	0.91			微孔	过渡孔	大孔	合计
200	400	476	825	88	0.499	0.542	0.390	0.430	1.362
	500	596	956	76	0.405	0.678	0.410	0.789	1.877
	600	592	910	80	0.427	0.674	0.361	0.756	1.791
	700	562	820	85	0.451	0.638	0.294	0.738	1.670
	800	500	756	87	0.501	0.606	0.254	0.568	1.428

由表 4-6-4 可以看出，无论锌屑比的大小，500℃左右制得的活性炭的吸苯率及比孔容积都最大，而耐磨强度及颗粒密度都最小。因此，生产吸附能力好的活性炭产品时，活化温度选 500℃左右最适宜；若需提高活性炭的耐磨强度，则应适当提高活化温度。

三、氯化锌活化法生产粉状活性炭的工艺与装备

（一）氯化锌活化法生产粉状活性炭工艺操作

氯化锌活化法生产粉状活性炭的工艺流程如图 4-6-4 所示。其工艺流程主要分为工艺木屑的准备、工艺氯化锌溶液的配制、浸渍（捏合）、炭活化、氯化锌的回收、漂洗、脱水、干燥、粉碎、混合和包装等工序。

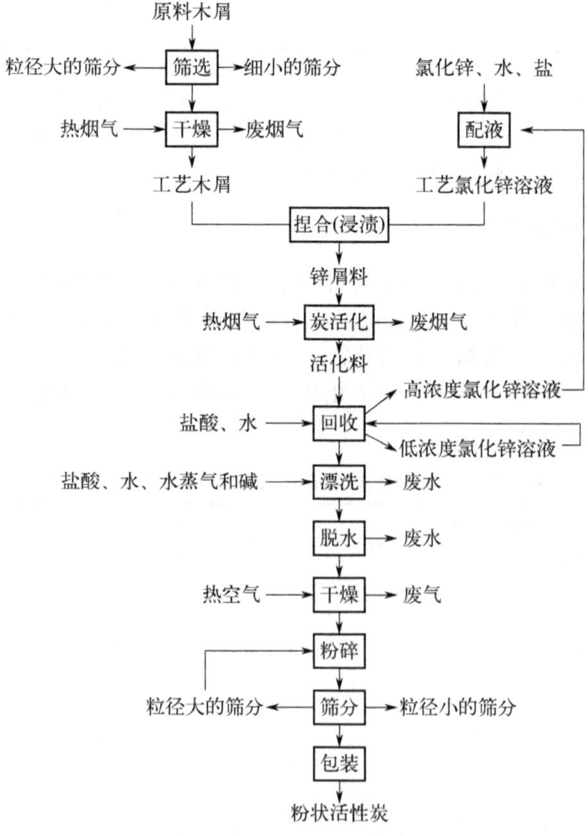

图 4-6-4　氯化锌活化法生产活性炭的工艺流程图

1. 工艺木屑的准备

木屑是氯化锌活化法生产活性炭的主要原料，主要包括杉木屑、松木屑及杂木屑等，不同种类的木屑需要分别存放。收购的原料木屑需经过除杂、筛选和干燥，制得工艺木屑。

通常使用双层振动筛筛选原料木屑，得到合适粒径如 6～40 目（3.33～0.38mm）的木屑。在筛选的同时，除去原料木屑中的沙砾、细粉末、树皮及木块等杂质。若采用油茶壳和枝条材等还需用粉碎机将原料粉碎。

筛选除杂的木屑通常需要干燥，使其达到工艺要求的含水率。木屑干燥采用的设备常为回转炉和气流干燥装置。在回转炉中，木屑与干燥介质气流直接接触，通过热交换达到干燥的目的。用于干燥的转炉可采用钢板卷焊制成，当采用的圆筒体为 ϕ916×100mm，转速为 4r/min 时，其加工能力为 4m^3/h（折算为 500～600kg/h），全套装置动力为 10kW/h。气流式干燥装置一般都用热风管进行热交换干燥。前者干燥木屑易自燃着火，后者不易自燃。例如，用钢板卷焊制成 ϕ500mm、长 55m 排列成 Ω 形的几组连接的干燥管，一般入口处的管径小些，为 ϕ400mm。用煤气和重油燃烧炉供热，使含水率 25％的木屑经气流干燥成为含水率为 5％的备用原料，直接送入贮料仓，烟气温度由 230℃降至 110℃进入旋风分离器排放废气，干燥木屑温度不能过高，否则易自燃着火。使用的热气量为 3500m^3/h。由于砂石、泥等杂物的密度较高，沉积在干燥管下端，必须定期清除。

工艺木屑含水率的高低取决于所采取的工艺条件，需要灵活掌握。如果采用捏合工艺，则木屑含水率需要低于 30％，甚至达到 20％以下；如果采用浸渍工艺，则木屑的含水率达到 35％时，也可以不干燥，而通过提高氯化锌溶液的浓度达到良好的渗透效果。同时要注意，木屑的含水率不要太低，否则由于木屑颗粒的内部孔隙组织受到干燥而收缩从而劣化渗透效果。

经筛选和干燥处理的木屑为工艺木屑。干燥后的木屑通常需要经旋风分离器分离得到工艺木屑，然后集中收集在贮料仓，用风送或人工搬运到料仓，便于浸渍或捏合配料。

2. 工艺氯化锌溶液的配制

工艺氯化锌溶液是由工业氯化锌、水及工业盐酸配制成的具有一定浓度和 pH 值的氯化锌水溶液，其浓度和 pH 值随生产的活性炭品种的不同而异。在实际的工业操作过程中，工艺氯化锌溶液的配制方法是，首先按照一定的浓度要求，将工业氯化锌粉末溶解在水中或回收工段回收得到的高浓度氯化锌溶液中，然后再用工业盐酸将溶液的 pH 值调节到规定的数值。

工业氯化锌是白色粉末状固体，相对密度为 2.91（25℃），熔点为 313℃，沸点为 732℃，易溶于水，暴露在空气中时易吸湿潮解，在 20℃时 100g 水能溶解 368g 氯化锌，100℃时能溶解 614g。除水以外，氯化锌还可以溶解在甲醇和乙醇等有机溶剂中。作为活化剂使用的氯化锌规格见表 4-6-5。

表 4-6-5　氯化锌活化剂的规格

项目	规格	项目	规格
氯化锌/％	≥96	碱金属/％	≤1
重金属/％	≤0.001	水不溶物/％	≤0.5
铁盐/％	≤0.01	次氯酸根	无反应
硫酸盐/％	≤0.01		

工艺氯化锌溶液的浓度大小取决于生产的活性炭品种。通常，生产吸附大分子用的活性炭（主要的活性炭指标为焦糖脱色力），即平均孔隙半径比较大的活性炭，需要使用浓度较高的氯化锌溶液；反之，则用浓度较低的氯化锌溶液。例如，生产糖用脱色活性炭时，配制成氯化锌溶液的浓度为 50％～58％（相当于 50～57°Bé/60℃，一般用 50％）、pH 值为 3～3.5 的工艺氯化锌溶液；生产药品类脱色精制用活性炭时，则要求使用浓度为 45％～47％（相当于 45～47°Bé/60℃）、pH 值为 1～1.5 的工艺氯化锌溶液；生产植物油脱色用活性炭则使用波美度为 40～

45°Bé/40℃，一般采用42°Bé、pH值为1～1.5的氯化锌溶液浓度。

为了便于测定，生产上常用波美度（°Bé）表示氯化锌溶液的浓度。由于溶液的波美度大小取决于溶液的浓度和温度，波美度数值随溶液温度的上升而减小。表4-6-6列出了在15.6℃下氯化锌溶液的波美度、相对密度和百分比浓度之间的对应值。用波美度表示溶液的浓度时，必须标记上测量时的溶液实际温度。例如，45～46°Bé/60℃的氯化锌溶液的浓度，与46～47°Bé/30℃的氯化锌溶液的浓度实际上是等同的，而不是前者比后者的浓度低。

表4-6-6　15.6℃下氯化锌溶液的波美度、相对密度和百分比浓度

波美度/°Bé	相对密度	百分比浓度/%	波美度/°Bé	相对密度	百分比浓度/%
0	1.000	0	51	1.5426	48.48
1	1.0069	0.76	52	1.5591	49.54
10	1.0741	7.91	53	1.5761	50.60
20	1.1600	16.98	54	1.5934	51.66
30	1.2609	26.90	55	1.6111	52.72
35	1.3182	31.93	56	1.6292	53.80
36	1.3303	32.94	57	1.6477	54.88
37	1.3426	33.95	58	1.6667	55.97
38	1.3551	34.96	59	1.6860	57.06
39	1.3679	35.97	60	1.7059	58.15
40	1.3810	36.98	61	1.7262	59.23
41	1.3942	38.02	62	1.7470	60.30
42	1.4078	39.05	63	1.7683	61.37
43	1.4216	40.09	64	1.7901	62.44
44	1.4356	41.12	65	1.8125	63.52
45	1.4500	42.16	66	1.8354	64.68
46	1.4645	43.21	67	1.8590	65.86
47	1.4796	44.26	68	1.8831	67.72
48	1.4948	45.32	69	1.9079	68.19
49	1.5104	46.37	70	1.9333	69.36
50	1.5263	47.43			

氯化锌和盐酸都具有毒性和腐蚀性。吸入氯化锌或氯化氢的蒸气或烟雾会导致鼻膜和呼吸道的损伤；人体直接接触氯化锌固体、氯化锌水溶液或盐酸时，都会造成皮肤灼伤或溃烂。因此，在进行有关作业时，应穿戴好劳保防护用品，并谨慎操作。

3. 浸渍（捏合）

浸渍（捏合）是工艺木屑与工艺氯化锌溶液的混合方式，目的是使氯化锌溶液扩散渗透到木屑颗粒内部，从而使氯化锌分散在木屑颗粒中。捏合或浸渍后的物料称作锌屑料。

浸渍是在耐酸材料制作的浸渍池中，用工艺氯化锌溶液浸渍工艺木屑数小时（通常8h以上），有时会辅助人工拌和以缩短浸渍时间。浸渍方式主要为人工操作，劳动强度大，浸渍时间长，但可以直接使用含水率较高的原料木屑生产活性炭。

捏合是通过捏合机的挤压和剪切力，使工艺木屑与工艺氯化锌水溶液搅拌混合均匀，并加速溶液向木屑颗粒内部渗透的操作。在捏合机的捏合过程中，通过机壳内一对平行的“之”字状搅拌臂，以相反的方向转动混合物料，依靠捏合机的挤压和剪切力，加速氯化锌溶液向木屑颗粒内部的渗透。捏合方式需要的时间短，通常可在十几分钟内达到要求。

浸渍方式适合于间歇式的炭活化过程，而捏合方式则主要应用于连续式的生产过程。捏合或浸渍时，使用的工艺木屑的质量与工艺氯化锌溶液的体积之比称作料液比。工业中规定的锌屑比就是通过控制料液比达到的。表 4-6-7 列出了一种糖用脱色活性炭的捏合工艺条件。

表 4-6-7 一种生产糖液脱色用活性炭及工业用活性炭的捏合操作工艺

项目	工艺氯化锌溶液		工艺木屑含水率/%	料液比	捏合时间/min
	浓度/(°Bé/60℃)	pH 值			
糖液脱色用活性炭	50～57	3～3.5	15	1∶(4～5)	10～15
工业用活性炭	45～47	1～1.5	15	1∶3	10～15

在捏合或浸渍工艺中，捏合或浸渍的温度和时间是两个主要的工艺参数，它们直接影响氯化锌溶液在工艺木屑等植物原料中的渗透好坏，从而直接影响产品活性炭的质量。一般情况下，适宜的浸渍或捏合温度为 60℃，在此温度下，10min 已满足渗透效果，但生产中常用 10～15min 为宜。

4. 炭活化

炭活化是氯化锌活化法产生活性炭工艺的关键过程，它决定了氯化锌的损耗、炭的得率、产品活性炭的质量和对环境的污染程度等。常用的炭活化装置有连续式回转炉和间歇式的平板炉。

在炭活化过程中，随着炭活化温度的不断升高，由于木屑中的高分子组分不断水解以及氯化锌的不断熔融及其在木屑颗粒内部的渗透，大约 250℃开始，锌屑料逐渐转变为黏稠状的塑化物料；在 270～330℃氯化锌熔化导致剧烈起泡，由于放热和物料的导热性能提高，物料升温很快，在 10～15min 内物料就可升至 350℃，此时，黏状物料就变成了松散乌黑的含锌炭化料，起泡现象消失。

在炭活化过程中，锌屑料中的氯化锌发生形态上的变化以及化学反应。首先，锌屑料中的氯化锌会不断地熔融。随着温度的升高，氯化锌的蒸气压不断上升，氯化锌的挥发性不断增强从而不断挥发逸出到废气中，不仅显著增加氯化锌活化过程中氯化锌的损耗，而且将大大增大尾气净化处理难度，污染环境。在物料温度升高到 600℃之前，氯化锌主要发生水解反应，氯化锌转变为锌的氢氧化物，同时放出氯化氢气体，大大增加了对设备的腐蚀和环境的污染。

$$ZnCl_2 + H_2O \longrightarrow Zn(OH)Cl + HCl\uparrow$$

当物料升高到 600℃后，氯化锌主要发生锌的氢氧化物的分解反应，导致氯化锌转变为氧化锌，并放出氯化氢气体。

$$Zn(OH)Cl \longrightarrow ZnO + HCl\uparrow$$

值得注意的是，当温度超过 400℃时，氯化锌的饱和蒸气压随着温度的升高而迅速增大，如表 4-6-8 所示。因此，在实际生产过程中，炭活化温度应控制在 500～600℃。

表 4-6-8 氯化锌的饱和蒸气压与温度的关系

温度/℃	428	508	584	610	689	732
饱和蒸气压/×133.32Pa(1mmHg)	1	10	60	100	400	762

5. 氯化锌的回收

在活化料中，氯化锌类含锌化合物含量高达 70%～90%，它们是氯化锌、氯化锌水解产生的氢氧化物及其高温下分解形成的氧化锌，活性炭仅占活化料质量的 10%～30%，必须在炭活化之后进行氯化锌的回收操作。

回收工序的主要评价指标是氯化锌的回收效率，即活化料经回收工序得到的氯化锌占活化料中含锌化合物质量的百分比。回收的氯化锌一般可达浸渍或捏合前所加入的氯化锌总质量的70%～90%。提高氯化锌的回收效率，有利于减少整个生产过程中氯化锌的消耗量，显著降低生产成本，且减少产品活性炭中锌杂质含量，有利于提高产品活性炭质量。工艺上要求最终湿炭的锌含量要低于1%或回收液的波美度小于1°Bé为止。另外，活化料中氯化锌类化合物的含量越高，则回收得率就会越高，说明在炭活化过程中，氯化锌由于蒸发所导致的损失就越小。

回收的基本原理是氯化锌易溶于水，氯化锌水解形成的氢氧化物和氧化锌易与盐酸反应，通过活化料与稀盐酸的混合浸渍，将活化料中的含锌化合物转变为氯化锌溶液，再通过过滤等固液分离方法实现氯化锌的回收。在这一过程中所发生的化学反应主要有：

$$Zn(OH)_2 + 2HCl \longrightarrow ZnCl_2 + 2H_2O$$

$$ZnO + 2HCl \longrightarrow ZnCl_2 + H_2O$$

回收设备是回收桶或回收池，两者的操作方法相似。回收桶的结构如图4-6-5所示。它是由钢板外壳制作的圆桶体，钢板内外用耐酸纤维封涂贴面，内衬辉绿岩板类耐酸材料以防腐蚀；上部设有排气罩管，下部有滤孔板、出料口、回收液排出口等，底部为锥形，具有假底。典型的钢制回收桶的尺寸为ϕ2m，高1.3m。外设真空泵和抽水泵、真空罐、加热蒸汽喷管等。另外，还需要配置回收氯化锌液贮槽、送液泵、盐酸高位槽等。

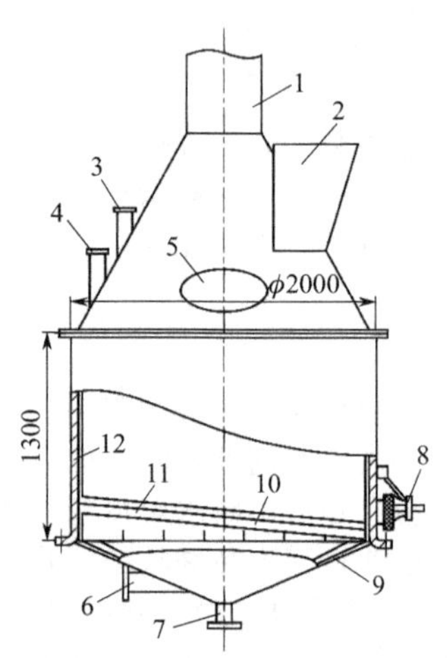

图4-6-5　回收桶的结构示意图

1—排空管；2—加料口；3—加酸口；4—低浓度氯化锌溶液入口；5—搅拌孔；6—回收的氯化锌溶液出口；7—排污口；8—出炭口；9—钢板壳体；10—过滤板；11—耐火砖；12—辉绿岩板

为了提高抽出效果，可采用逆向连续浸提器，加大过滤面积，改进过滤材质，可用聚乙烯多孔烧结凹凸板或波纹板、管等为过滤板，装配活动搅拌器，既可减轻劳动强度，又可提高浸提效果。进出液管设置程序控制启闭阀门，提高抽提效率。这个方案既省钱又可行，是一个比较好的方法。

为了高效率回收氯化锌，实现回收工艺的零排放，同时达到氯化锌的循环利用，废水排放，采用氯化锌"梯度液"的多次回收工艺，具体步骤如下。第一次回收：从回收桶的加料口加入仍有余热的活化料，再加入上一批回收时送去配制工艺氯化锌溶液后留下来的浓度一般为20%～30%的高浓度氯化锌回收液，直至浸没活化料料面，而后加入少量的工业盐酸或不加盐酸，并使溶液温度达到70～80℃。与活化料充分搅拌接触、沉降并抽滤干净，所得的回收液返回前一工序供配制工艺氯化锌溶液使用。第一次回收得到的氯化锌溶液的浓度可达40～56°Bé/60℃。第二次回收：可将余下的工业盐酸（总量控制在活化料质量的4%～5%）全部加入回收桶中，然后加入上一批活化料回收时留下来的氯化锌"梯度液"（即前一批次的第三次回收液），并加热到70～80℃，充分搅拌，使活化料中所有的氧化锌和氢氧化锌全部转化成氯化锌。并将回收得到的氯化锌溶液贮存在梯度贮存池中，以供下一批活化料回收使用。同样，用上一批回收时保存下来的其他氯化锌"梯度液"，按照浓度由高到低的顺序，对同一批的活化料进行反复回收，并将回收得到的氯化锌溶液也按回收的顺序分别贮存在贮槽中，以供下一批活化料回收使用。最后，用热水进行洗涤浸提，直到滤液的波美度达到零为止。

每一批活化料通常需要回收6～8次，共需1.5～4h。

在回收过程中，其他一些金属化合物也会与盐酸反应成可溶性的金属盐，以及活化料中已存在的可溶性金属盐都会溶解到回收得到的氯化锌溶液中。且随着循环使用次数的增加，它们在回收的氯化锌溶液中的含量会不断累积增大，导致回收液的波美度值逐渐不能反映氯化锌的真实含量，并造成浑浊。这种现象被称作"假波美度"现象。若使用这种氯化锌溶液配制工业氯化锌溶液，必然使产品活性炭的质量变差，最终导致生产不能正常进行。这种"假波美度"现象应及时注意并进行处理。目前较好的处理方法是在产生"假波美度"现象的回收液中加入一定比例的硫酸锌（慢慢加入固体硫酸锌并不断搅拌），让它与可溶性的氯化钙和氯化镁反应生成相应的硫酸钙和硫酸镁沉淀，再过滤除去即可消除“假波美度”现象。在实际操作中，需再加少量盐酸，使锌转化成氯化锌。

6. 漂洗

漂洗包括酸洗、水洗和调节 pH 值三个步骤。目的是降低活化料中的铁及其他杂质的含量，提高纯度，使产品活性炭的铁盐、氯化物、灰分及 pH 值等质量指标达到要求。

酸洗操作是用一定量的工业盐酸和蒸汽对回收过氯化锌的活化料进行蒸煮的工艺过程。其目的是除去活化料中的铁氧化物、灰分、长期贮运过程中积存的灰尘及钙、镁等无机物可溶性盐类，其主要的反应式为：

$$Fe_2O_3+6HCl \longrightarrow 2FeCl_3+3H_2O$$

$$CaO+2HCl \longrightarrow CaCl_2+H_2O$$

$$MgO+2HCl \longrightarrow MgCl_2+H_2O$$

在工业生产过程中，酸洗的主要工艺是，将占物料 5%的工业盐酸加入物料中，并加热水至浸没物料面为止，然后用蒸汽加热至 90℃以上，并保持 2h 以上，再用水抽泵抽干漂洗液排放。

一般氯化锌法生产的粉状活性炭主要用于液相吸附。考虑到在液相吸附过程中，活性炭中的金属及非金属杂质可能溶解在需吸附处理的溶液体系中，从而影响最终产品质量，因此对液相吸附用活性炭的铁含量及灰分含量都有较严格的要求。如活性炭用于葡萄糖、维生素 C、柠檬酸等产品的脱色时，其铁含量有严格要求。维生素 C 生产工艺要求活性炭的铁含量不能高于 100mg/L，否则就要发生粉红色的结晶，直接降低维生素 C 的质量；在金霉素生产工艺中要求活性炭的铁含量不能超过 200mg/L，否则就会有蓝色出现。

水洗的目的主要是降低物料的酸性和氯根的含量。在氯化锌活化生产活性炭过程中，水洗工艺一般是用水并通入蒸汽得到温度超过 90℃的热水进行漂洗，另外也用山区水质好且水源充足的山水进行漂洗。漂洗的时间由生产过程中对氯根含量的要求所确定。

活性炭的 pH 值对氯化锌法活性炭的过滤速度、脱色力高低以及吸附速度都有明显的影响。因此，在水洗后通常要调整活性炭的 pH 值。一般情况下，若活性炭的 pH 值要求小于 5，通过水洗的方式就可达到目的；若活性炭的 pH 值要求大于 5，直至显碱性，则要用其他碱性试剂进行调整。目前调整活性炭 pH 值的主要试剂有碳酸钠、碳酸氢钠、氨水，有时也用碳酸氢铵。在使用固体碱性试剂进行调整时，一般首先要把碱性试剂溶解在水中再利用。如果活性炭的 pH 值要求准确度高，则可用缓冲溶液进行调节。如在调节针剂活性炭的 pH 值时，就可采用醋酸和氨水的混合溶液进行调节。

一般活性炭的 pH 值由它的用途所决定。如葡萄糖液脱色用活性炭的 pH 值要求在 4.5～6.5，是酸性炭；药用活性炭的 pH 值要求为 7，是中性炭；味精用及其他用活性炭要求 pH 值在 8 以上。总之，调节活性炭的 pH 值是许多液相用活性炭都必须进行的工序。

漂洗的设备与回收所使用的设备一样，都是同样大小的内衬耐酸胶泥砖带滤底的圆形桶，附加设施有盐酸加入管道、蒸汽管、真空贮罐和连接水抽泵等。

7. 脱水和干燥

漂洗后的物料中含有 80%～90%的水分，为了便于干燥操作，降低干燥阶段的能量消耗，提高干燥速度，必须在干燥之前进行物料脱水。物料脱水一般采用高速离心机。

离心机脱水分为间歇式和连续式。采用间歇式离心机时，带水的物料需装袋后才能放入离心转盘中；采用连续式离心机脱水则不需装袋，直接送入转盘中即可。一般前者的脱水方式较后者所导致的流失炭较少，湿炭的含水率较低。因为活性炭的孔隙中能吸附大量的水，因此采用离心机脱水得到的湿炭含水率为 50%～65%。但含水率为 50%的湿粉状活性炭已适合脱色活性炭的要求，且经过长期存放的湿活性炭未发现有变质。因此，有时脱水后得到的湿活性炭即可作为产品销售。

在湿活性炭的干燥过程中，干燥温度对产品活性炭的质量有较大的影响。因此，在干燥过程中，除达到产品活性炭的含水率要求外，还要注意干燥温度对产品活性炭性能的影响。干燥温度一般在120～140℃。当干燥温度超过140℃时，在剧烈翻动活性炭的过程中，大量空气会被带入干燥炉膛，导致炭的燃烧，从而降低产品活性炭的得率和质量；如果干燥温度超过250℃，少量空气的进入也会导致活性炭的氧化燃烧。尽管干燥温度达到300℃左右时，活性炭既能实现快速干燥的目的，提高干燥效果，又能进一步除去氯根，但一定要防止空气进入干燥炉膛中。如果采用120℃左右的低温干燥，采用犁田式的翻动，这样可避免活性炭的烧失和飞扬，可得到性能良好的糖用脱色粉状活性炭。

活性炭的干燥设备有隧道式烘房、平板烘炉、回转烘炉、沸腾干燥炉、强化干燥装置等。平板烘炉的热效率很低，劳动强度和操作条件恶劣，已基本淘汰。隧道烘炉使用者也不多。活性炭生产中常用的干燥设备为内热式或外热式回转炉。为了充分利用热能，可在转炉中通入烟囱用热烟道气，加热烟囱壁干燥物料。为了改善和提高烟囱壁热量的利用效率，可尽量放大烟囱直径，并在筒壁上加上一定数量的翘板，将烟囱固定装在炉体上，使其随着炉体的转动而转动。间歇式热空气沸腾干燥炉在粉状活性炭，尤其是化学药品活化法生产活性炭过程中很少使用，它主要应用于不定型颗粒活性炭的干燥。

强化干燥装置是干燥与粉碎相结合的工艺设备，干燥速度快。设备由燃烧炉、棒状沸腾干燥粉碎器、旋风分离器、袋滤器、空气压缩机和螺旋装料包装器等组成，技术复杂，投资大，效能较好。其结构见图4-6-6。在它的沸腾干燥粉碎器中有多层钢棒磨齿，磨齿间距为2cm。干燥介质采用热烟道气（一般可用优质煤、重油等产生的烟道气）。用螺旋输送器输送至干燥炉内后，湿炭被热烟道气吹浮并分散，湿炭在干燥的同时受到高速转动的钢棒的打击和通过磨齿间隙时的研磨，不定型的颗粒可以粉碎至200目左右，粉状活性炭经旋风分离器集中到袋滤器中，即可收集到70%的细炭，粗炭粒就留在强化干燥器内反复加热干燥磨碎。强化干燥装置对湿炭的干燥时间较短，因此可以采用经空气调整到温度为350～400℃的高温烟道气作为干燥介质，可取得良好的效果。

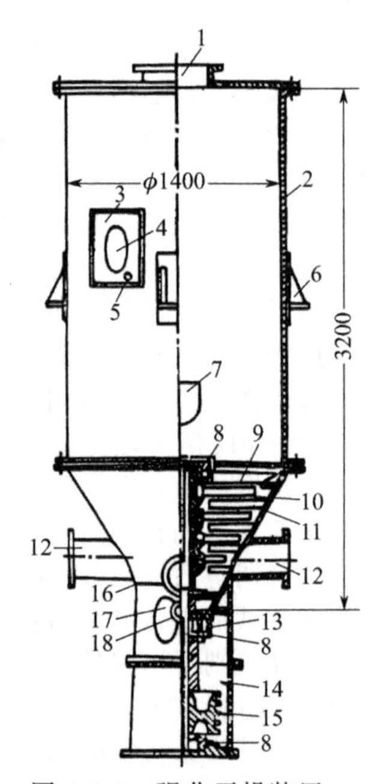

图4-6-6　强化干燥装置

1—出口；2—壳体；3—人孔；4—视孔；5—测温孔；6—支座；7—湿炭进口；8—轴承；9—轴支架；10—动齿；11—固定齿；12—热烟气进口；13—冷却水环；14—联轴器；15—皮带轮；16—排渣孔；17—联轴器装卸孔；18—冷风进口（冷水出口和冷风出口分别在其进口的对面）

8. 粉碎

为了提高粉状活性炭的比表面积和吸附能力、吸附速率，一般尽可能减小活性炭颗粒的粒径。因此，若不采用强化干燥设备，在干燥之后要进行粉碎。但由于活性炭的粒度太小（即目数太大），在液相吸附场合的过滤速度严重下降，造成活性炭在实际使用过程中的困难。同时，活性炭的pH值和颗粒形状也会影响活性炭的过滤速度。在粉碎过程中，不同粉碎方式得到的粉状活性炭颗粒的形状不同，如球磨机磨出的炭粒呈片状，强化干燥装置和振动磨磨出的呈球形，雷蒙磨磨出的呈橄榄形。呈片状的活性炭颗粒形成的滤饼的过滤速度不及球形和橄榄形的颗粒形成的滤饼。由此可见，活性炭的粉碎必须慎重选择粉碎方法和机械装置。

9. 混合

将不同批量或不同方法生产的产品活性炭进行较大规模的混合，可以提高实际生产过程中活性炭产品质量的稳定性，也可以将不同性能的活性炭调整为新的活性炭品种。在实际生产过程中，有时会由于设备和工艺的问题无法保证每一批量的活性炭产品质量达到均匀稳定，这样既影响活性炭生产企业的声誉，又给用户带来使用上的困难。因此，在很多活性炭生产工艺中，混合工序是必要的。

混合工序所需的设备一般要求容积大，结构复杂，且操作麻烦。在没有混合器的情况下，可采用搅拌混合和气流喷动搅拌装置，但这种装置的混合效果不太明显。目前较好的混合装置采用Y形大容量，容积达 $5m^3$，甚至更大的容积，转动混合，使物料不断改变料层位置以达到充分混合。有时，为了调整混合前活性炭的 pH 值，经常在混合设备的横轴中通入一根能通入稀酸或稀碱等溶液的喷液管。但一般这种设备的转速较慢，装卸料既麻烦又慢。

10. 包装

一般是在混合器的出口处，经质量检验合格后，就进行包装。在粉状活性炭的包装过程中，一般先用牛皮纸袋包装，再用塑料袋，最后用涂胶编织袋或纸箱进行包装。每包一般装 20～25kg。也有客户需要大包装，例如 500kg 和 1000kg 的规格。包装后的产品仍需经质量检测合格后才能作为活性炭商品供客户使用。目前主要采用的活性炭包装过程如下：首先将活性炭产品贮存在大料仓内，用螺旋输送机输送到套有不留有空间和空气的包装袋的给料管中，给料管中贮存的压缩粉状活性炭就压入包装袋中，包装袋随着装入的成品活性炭向下移动，待称量达到包装量时就可关闭螺旋输送机，再封口，完成包装。

（二）炭活化设备

氯化锌活化法生产活性炭常用的炭活化装置有连续式回转炉和间歇式的平板炉。间歇操作的平板炉具有结构简单、容易建造等优点，且其外热式的加热方式有利于减少炭活化过程的氯化锌损耗；其缺点是依靠手工操作，劳动强度大，且炭活化过程中生成的废气难以集中处理，环境污染严重。因此，采用平板炉的氯化锌活化法生产活性炭的方式已经被我国政府明令禁止。

用于化学药品活化法生产活性炭的回转炉有内热式和外热式两种。两者的主要区别是外热式回转炉内高温加热气流与物料不直接接触，是靠炉壁辐射加热物料，因此对制造回转炉的材料有严格要求，但可以有效防止气相氯化锌和氯化氢气体在高温下逸出炉外，大大降低氯化锌的损耗，缓解对环境造成的污染，且有利于提高产品质量。内热式回转炉是通过热气流与物料直接接触来加热物料，热效应高，水分干燥快，物料易炭化，但装置的密封性能相对较差，不利于废气收集，废气的处理量大。目前，日本较多使用外热式回转炉，而我国主要使用内热式回转炉。图 4-6-7 为内热式回转炉的结构，它主要由炉头、炉尾及炉本体三部分组成。

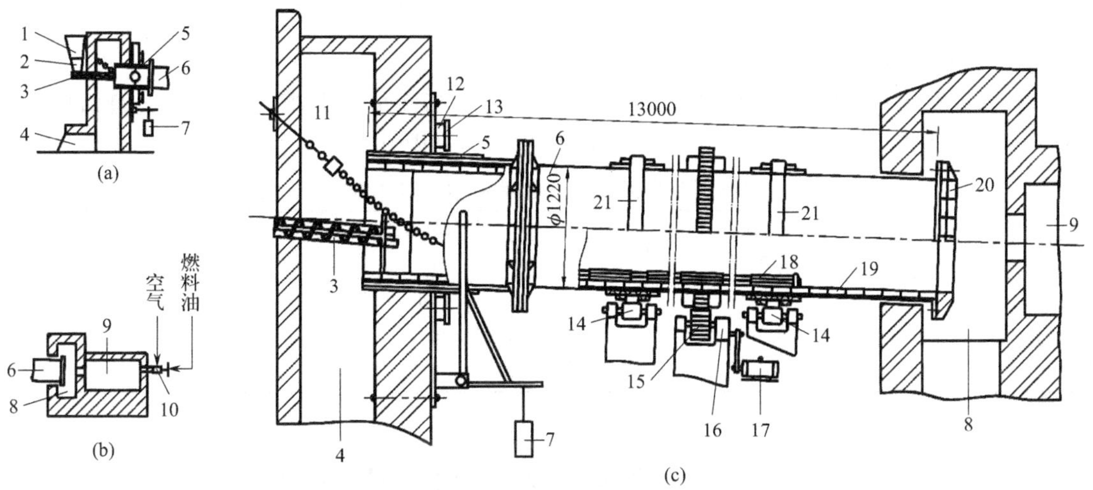

图 4-6-7　化学药品活化法生产活性炭的内热式回转炉的结构

（a）炉尾全貌；（b）炉头全貌；（c）炉本体及其安装

1—加料斗；2—圆盘加料器；3—螺旋进料器；4—烟道；5—套筒；6—炉本体；7—平衡锤；8—出料室；9—燃烧室；10—烧嘴；11—链条；12—密封填料；13—压圈；14—托轮；15—回转齿轮；16—变速器；17—电动机；18—刮刀；19—耐火砖；20—炉头异形耐火砖；21—支承轮

在采用回转炉进行炭活化时，浸渍或捏合后的锌屑料从加料斗经圆盘加料器计量后，用螺旋进料器连续不断地输送到炉本体的炉膛中，随着炉本体的转动而逐渐从炉尾向炉头运动。在运动过程中，与炉头燃烧室生成的高温烟道气接触升温并完成炭活化，转变成活化料，最后落入炉头出料室，定期取出送至回收车间。炭活化过程生成的废烟气从炉尾烟道导出，经废气处理系统处理后排放。内热式回转炉进行炭活化时的主要操作条件见表 4-6-9。

表 4-6-9　内热式回转炉生产氯化锌法活性炭的主要操作条件

项目	指标	项目	指标
炉头热烟道气温度/℃	700～800	炉膛的物料容积充填系数/%	15～20
活化区物料温度/℃	500～600	物料在炉膛内经过的时间/min	30～45
炉尾废烟气温度/℃	200～300	炉本体回转速度/(r/min)	1～3
炉膛内的压力/Pa	略呈负压		

由于生产针剂活性炭等产品仅需要使用较低锌屑比，有利于采用回转炉的氯化锌活化工业生产技术。对于糖用活性炭等产品，由于需要使用较高的浸渍比，造成锌屑料在炭活化过程中易黏结结块，黏附在回转炉的炉壁上，容易造成堵塞事故或大大缩短回转炉的使用寿命，难以实现稳定的工业化应用。目前，在我国，氯化锌活化法生产糖用活性炭的回转炉工业生产技术还有待于进一步研发。

（三）主要原材料消耗定额及产品质量标准

1. 主要原材料消耗定额

氯化锌活化法生产 1t 粉状活性炭时，内热式回转炉活化法与平板炉活化法的主要原材料消耗定额见表 4-6-10。

表 4-6-10　氯化锌活化法生产 1t 粉状活性炭的主要原材料消耗定额

项目	木屑(含水率＜40%)/t	工业氯化锌/t	工业盐酸/t	水蒸气/t	燃料煤/t	电/(kW·h)	水/t
回转炉	约 3.5	0.5～0.6	1	1～1.5	5	500～800	60～100
平板炉	约 3.5	0.25～0.4	1	1～1.5	7.5	300～500	60～100

2. 产品质量标准

氯化锌活化木屑可以生产糖液脱色用活性炭、工业用活性炭、针剂活性炭和水处理活性炭等品种。以糖液脱色用活性炭为例，其质量标准见国家标准 GB/T 13803.3—1999，见表 4-6-11。

表 4-6-11　糖液脱色用活性炭质量标准（GB/T 13803.3—1999）

项目	A 法焦糖脱色率/%	B 法焦糖脱色率/%	水分/%	pH 值	灰分含量/%	酸溶物/%	铁含量/%	氯化物含量/%
优级品	≥100	≥100	≤10	3.0～5.0	≤3.0	≤1.00	≤0.05	≤0.20
一级品	≥90	≥90	≤10	3.0～5.0	≤4.0	≤1.50	≤0.10	≤0.25
二级品	≥80	≥80	≤10	3.0～5.0	≤5.0	≤2.00	≤0.15	≤0.30

第三节　碱金属化合物活化技术

一、碱金属化合物活化法概述

碱金属化合物活化法是指将碱金属化合物作为活化剂的活性炭制备方法。所采用的碱金属化合物活化剂主要是 KOH、NaOH、K_2CO_3、Na_2CO_3 四种，其中以 KOH 最常见，其活化效果最好。碱金属化合物活化法的应用起源于高比表面积活性炭的制备与开发。美国石油公司最早用KOH活化法开发出了比表面积大于2500m^2/g的高比表面积活性炭的生产工艺[25]。此后，开展了碱金属化合物活化制备活性炭的机理、工艺和活化剂种类等方面的大量研究工作。目前，美国、日本等个别发达国家实现了KOH活化生产高比表面积活性炭的工业化生产，我国已实现了中试规模的生产。

高比表面积活性炭通常是指比表面积大于2000m^2/g的活性炭品种。高比表面积活性炭由于具有比普通活性炭高得多的比表面积，孔隙结构高度发达，因此，在超级电容器电极材料、催化剂载体、气体储存以及一些要求很高的吸附领域有广阔的应用前景，受到世界各国的普遍关注，是一种高附加值活性炭产品[26]。

二、氢氧化钾活化原理

在碱金属化合物活化法中，KOH活化效果最好，KOH活化的研究最多，其他碱金属化合物的活化原理与KOH的类似。

KOH活化可以采用木炭、竹炭、果壳炭、煤、石油焦以及各种含碳原料的炭化物等作为原料。在活化过程中，KOH主要发生以下反应[27,28]。

KOH的脱水反应及其与原料、二氧化碳发生的反应：

$$4KOH + {=}CH_2 \longrightarrow K_2CO_3 + K_2O + 3H_2 \tag{1}$$

$$2KOH + CO_2 \longrightarrow K_2CO_3 + H_2O \tag{2}$$

$$2KOH \longrightarrow K_2O + H_2O \tag{3}$$

钾化合物与炭的反应：

$$K_2CO_3 + 2C \longrightarrow 2K + 3CO \tag{4}$$

$$4KOH + C \rightleftharpoons 4K + CO_2 + 2H_2O \tag{5}$$

$$6KOH + 2C \rightleftharpoons 2K + 3H_2 + 2K_2CO_3 \tag{6}$$

$$K_2O + C \longrightarrow 2K + CO \tag{7}$$

上述反应（1）和（2）主要发生在温度低于500℃的条件下。原料中未完全炭化的组分与KOH发生反应（1），原料热解产生的二氧化碳与KOH易发生反应（2）。KOH的脱水反应需要较高的温度，通常大于700℃。随着活化温度的升高，KOH及其衍生物将与炭发生氧化还原反应（4）～(7)，导致原料炭的烧蚀，形成了孔隙。钾化合物与炭发生反应的温度通常高于650℃。在KOH活化过程中，孔隙的形成也与活化过程产生的单质钾渗透到炭结构的内部有关。因此，KOH活化机理是炭的烧蚀和钾的渗透。

在碱金属化合物活化法中，NaOH作为活化剂所发生的其他活化反应与KOH类似。使用K_2CO_3或Na_2CO_3作为活化剂时，则发生上述（1)～(7）反应中与碳酸盐有关的反应。

三、氢氧化钾活化法的影响因素

1. 原料

氢氧化钾活化采用的原料主要是中间相沥青、煤、焦炭、各种含碳原料炭化得到的炭，如木炭、竹炭等。炭原料的来源不同，其活化效果有区别，但有关原料炭种类对活化效果的影响，目前还没有一致的结论。例如对于不同级别的煤原料来说，煤的级别越高，则氢氧化钾活化所制得的活性炭的比表面积越高。制备炭的炭化温度对活化效果也有影响。

2. 活化温度

活化温度是氢氧化钾活化的关键影响因素之一。氢氧化钾活化温度在700～900℃之间，通常在800℃较适宜。氢氧化钾与炭的活化反应一般需要达到700℃以上才有活化效果。因此，过低的温度不具有活化效果；活化温度太高，炭烧蚀严重，且产生较多的单质钾，加剧了生产的危险性。在700～900℃，随着活化温度的提高，活性炭的比表面积和比孔容积都显著提高，在800～850℃提高尤为显著[29]。

3. 碱炭比

碱炭比是指活化剂氢氧化钾与原料炭的质量之比。与其他化学活化法相似，氢氧化钾活化剂与原料的质量比是影响活化效果的关键因素。氢氧化钾活化法的碱炭比在（1～10）∶1之间，通常（3～5）∶1较为合适[30]。根据许多原料炭的KOH活化研究结果，最为合适的碱炭比为4∶1，此时活性炭的比表面积最大。表4-6-12显示了不同碱炭比下氢氧化钾活化石油焦制备的活性炭的孔隙结构与得率。

表4-6-12　不同碱炭比下氢氧化钾活化石油焦的活化效果

氢氧化钾与石油焦的质量之比	BET比表面积/(m^2/g)	微孔孔容/(cm^3/g)	中孔孔容/(cm^3/g)	活性炭得率/%
1∶1	1040	0.533	0.0231	87
2∶1	1008	0.515	1.1241	80
3∶1	1715	0.860	0.0449	78
5∶1	3006	1.537	0.0291	62
7∶1	4150	2.300	0.2599	43
10∶1	4578	2.630	0.2366	35

另外，氢氧化钾活化过程中的气氛种类与气体流量对活化效果都有影响，具体的影响规律可以参阅相关文献了解。

四、氢氧化钾活化工艺流程

目前，在我国，包括氢氧化钾在内的碱金属化合物活化法都还没有实现大规模的工业化生产；美国和日本等国已经实现了KOH活化石油焦等原料的小规模化工业生产，其主要的工艺流程如图4-6-8所示。

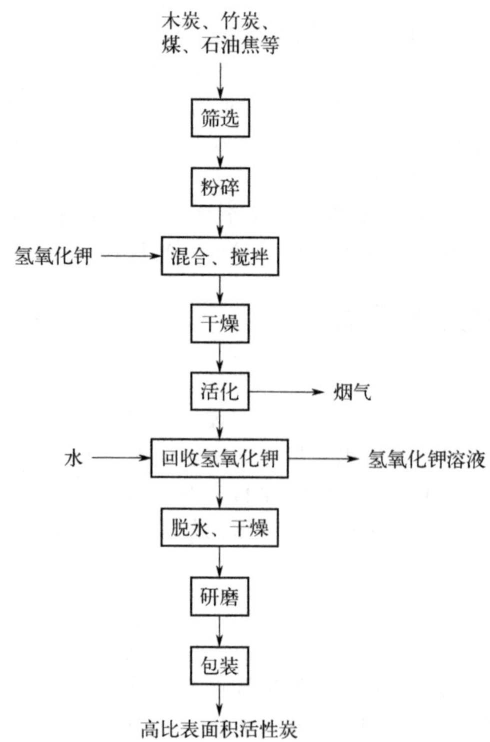

图4-6-8　氢氧化钾活化法生产活性炭的工艺流程示意图

为了除去杂质，提高活性炭产品的纯度，需要对原料进行筛选和除杂，其工艺和方法与气体活化法类似。

经筛选和除杂的原料需要进一步粉碎达到一定的粒度，以提高氢氧化钾与原料颗粒的接触面积，提高活化效果。粉碎达到的粒度通常在60～120目范围内。粒度过大，不利于活化；粒度过小，则不利于后续的过滤等操作。

研究发现[30]，原料与氢氧化钾的混合可以采用两种方式，这两种混合方式对活化效果有较明显的影响。第一种是粉状原料与固体氢氧化钾直接混合；第二种是KOH溶液与粉状原料浸渍混合。混合方式的选择与原料形状有关。混合的碱炭比取决于对活性炭比表面积的要求。要求活性炭比表面积越高，其碱炭比也要求越高，通常是（3～4）∶1。

混合后得到的物料需要进行干燥。其干燥温度大约为100～200℃。干燥后的物料进行升温活化，活化温度通常是800～850℃。温度过高，不仅容易造成炭的严重烧蚀，而且会导致较多的氢氧化钾及其衍生物的挥发，增大氢氧化钾的损耗，提高生产的危险性。在氮气气氛下进行活化有利于提高活化效果[31]。

活化料中含有大量的氢氧化钾，必须回收氢氧化钾。可以采用水洗的方式进行回收，然后用水进行漂洗。

脱水、干燥和研磨的方式、设备与活性炭的其他生产方法类似。

第四节　其他化学活化法

在化学药品活化法的研究历史中，已有许多无机酸、碱和盐类化合物作为活化剂使用。这些化学试剂有的具有良好的活化效果，但有的不具有活化效果，不能制备出具有发达孔隙结构的活性炭产品。除了磷酸和氯化锌以外，硫化钾、硫酸钾等化学药品也具有良好的活化效果[32]。用硫化钾和硫酸钾的水溶液浸渍木屑，在800～900℃下进行炭活化，再经过回收、盐酸脱硫、水洗、二氧化碳脱硫、水洗、干燥等处理以后，也能生产出纯度很高的药用活性炭，但由于该法工艺步骤多、操作复杂，活性炭得率仅8%左右，成本高，难以商业化应用。

研究发现[33]，采用K_2S作为活化剂，以木质素为原料，在800℃下制备出了得率接近40%、比表面积超过1500m^2/g的中孔活性炭，在许多应用领域显示出较广阔的应用前景。

参考文献

[1] 左宋林. 磷酸活化法制备活性炭综述（Ⅰ）——磷酸的作用机理. 林产化学与工业，2017，37（3）：1-9.

[2] Zuo S L，Liu J L，Yang J X，et al. Effects of the crystallinity of lignocellulosic material on the porosity of phosphoric acid activated carbon. Carbon，2009，47（15）：3578-3580.

[3] 胡淑宜，黄碧中，林启模. 热分析法研究磷酸活化法的热解过程. 林产化学与工业，1998，18（2）：53-58.

[4] 左宋林，江小华. 磷酸催化竹材炭化的FT-IR分析. 林产化学与工业，2005（4）：21-25.

[5] 张会平，叶李艺，杨立春. 磷酸活化法制备木质活性炭研究. 林产化学与工业，2004，24（4）：49-52.

[6] 左宋林. 磷酸活化法活性炭孔隙结构的调控机制. 新型炭材料，2018，33（4）：289-302.

[7] 谢新苹，蒋剑春，孙康，等. 磷酸活化剑麻纤维制备活性炭试验研究. 林产化学与工业，2013，33（3）：105-109.

[8] 左宋林，森田光博. 空气-磷酸活化木炭制备酸性颗粒活性炭的研究. 林产化学与工业，2010，30（6）：13-16.

[9] 郭昊，邓先伦，朱光真，等. 磷酸活化制备高吸附性能活性炭的研究. 林产化学与工业，2013，33（6）：55-58.

[10] 左宋林，倪传根，高尚愚. 磷酸活化工艺条件对活性炭性质的影响. 林产化学与工业，2005，42（4）：29-31.

[11] 左宋林，倪传根，姜正灯. 磷酸活化法制备棉秆活性炭的研究. 林业科技开发，2005，19（4）：46-47.

[12] 符若文，刘玲，陆耘，等. 活性碳纤维吸附的研究Ⅱ——磷酸活化活性碳纤维的制备工艺与吸附性能关系. 新型炭材料，1997，12（4）：39-44.

[13] 左宋林，刘军利，倪传根. 低温磷酸活化棉秆制备活性炭的研究. 林产化学与工业，2008，28（6）：44-48.

[14] Zuo S L，Yang J X，Liu J L，et al. Effect of the heating history of impregnated lignocellulosic material on Pore development during phosphoric acid activation. Carbon，2010，48（11）：3293-3295.

[15] Zuo S L，Yang J X，Liu J L，et al. Significance of the carbonization of volatile pyrolytic products on the properties of activated carbon by phosphoric acid activation. Fuel Processing Technology，2009，90（7-8）：994-1000.

[16] Wang Y F，Zuo S L，Zhu Y，et al. Role of oxidant during phosphoric acid activation of lignocellulosic

material. Carbon，2014，66：734-737.

[17] Sun K，Jiang J C，Lu X C. Activated carbon with tubular structure and high mesoporosity made from sticky snakeroot by H_3PO_4 activation. Journal of Bioprocess Engineering and Biorefinery，2014，3（2）：139-143.

[18] 林冠烽，蒋剑春，吴开金，等. 磷酸法自成型木质颗粒活性炭孔隙结构分析及其甲烷吸附性能. 林产化学与工业，2016，36（5）：101-106.

[19] 蒋剑春，王志高，邓先伦，等. 丁烷吸附用颗粒活性炭的制备研究. 林产化学与工业，2005，25（3）：5-8.

[20] 林冠烽，蒋剑春，吴开金，等. 磷酸活化法制备纤维素基颗粒活性炭. 林产化学与工业，2014，34（1）：101-106.

[21] 王志高，蒋剑春，邓先伦，等. 脱色用木质颗粒活性炭的制备研究. 林产化学与工业，2005，25（2）：39-42.

[22] 卢辛成，蒋剑春，孙康，等. 氯化锌法制备杉木屑活性炭的研究. 林产化学与工业，2013，33（3）：60-63.

[23] 左宋林. 林产化学工艺学. 北京：中国林业出版社，2019.

[24] 朱芸，左宋林，孙康，等. 磷酸活化法制备糖用活性炭的物料和热量衡算. 林业科技开发，2013，27（2）：100-104.

[25] Lillo-Rodenas M A，Cazorla-Amoros D，Linares-Solano A. Understanding chemical reactions between carbons and NaOH and KOH：An insight into the chemical activation mechanism. Carbon，2003，41：267-275.

[26] 左宋林，王永芳，张秋红. 活性炭作为电能储存与能源转化材料的研究进展. 林业工程学报，2018，3（4）：1-11.

[27] Lillo-Rodenas M A，Lozano-Castello D，Cazorla-Amoros D，et al. Preparation of activated carbons from Spanish anthracite Ⅱ. Activation by KOH. Carbon，2001，39：741-749.

[28] Diaz-Teran J，Nevskaia D M，Fierro J L G. Study of chemical activation process of a lignocellulosic material with KOH by XPS and XRD. Microporous and Mesoporous Materials，2003，60：173-181.

[29] 张红波，伍恢和，刘洪波. 氢氧化钾/石油焦质量配比对活性炭性能的影响. 功能材料，1996，27（6）：565-568.

[30] 左宋林，滕勇升. KOH 活化石油焦制备工艺对活性炭吸附性能的影响. 南京林业大学学报（自然科学版），2008（3）：48-52.

[31] 李坤权，郑正，罗兴章，等. KOH 活化微孔活性炭对对硝基苯胺的吸附动力学. 中国环境科学，2010（2）：174-179.

[32] 钟蒙恩. 含硫活性炭制备及其汞吸附能力研究. 南京：南京林业大学，2017.

[33] 蒋剑春，孙康. 活性炭制备技术及应用研究综述. 林产化学与工业，2017，37（1）：1-13.

（左宋林）

第七章　活性炭在液相中的应用

第一节　活性炭液相吸附特性与评价

一、活性炭液相吸附特征

液相吸附活性炭按照外观形状可以分为粉状活性炭和颗粒活性炭。粉状活性炭是由毫米级的颗粒活性炭研磨而成，与颗粒活性炭相比，它具有更快的动力学性和更强的污染物去除能力，无需吸附设备，应用更加灵活[1]，但对污染负荷的变化适应性较差，且吸附饱和污泥处置困难；颗粒活性炭可分为定型颗粒活性炭和不定型颗粒活性炭，它可以将污染物浓度降至分析检测阈值以下，且在使用过程中不会产生粉尘，容易再生[2]。因此，在液相处理领域，用户更倾向于选用颗粒活性炭。

粉状活性炭适用于在混合池中通过吸附降低污染物浓度，可用于较大面积水体污染的治理，例如藻华现象[3] 和工业废液或石油外溢等，亦可应用于生活用水澄清工艺单元。此外，它还可以保护固定式活性颗粒炭床免受突然的进水污染。在处理厂缺少基于颗粒活性炭的基础设施，或者在特定时间内滤池缺乏足够的颗粒活性炭来应对一些偶然性的污染事件的条件下，使用粉状活性炭是比较经济的替代方案。粉状活性炭可以批量式处理污染，将污染降至特定的可接受水平，但不一定是零污染或者低至检测阈值以下。

颗粒活性炭适用于吸附塔内去除进水中的污染物，使得出水符合国家标准。有研究表明，大多数情况下，使用颗粒活性炭吸附处理废水比使用粉状活性炭更便宜且处理效果更好。颗粒活性炭吸附法相比于微生物降解法和化学氧化法具有以下优势：a. 该工艺可以彻底去除废水中的污染物，且不会产生其他反应副产物，出水中的持久性有机污染物浓度可以符合国家规定；b. 它可以按照要求增加处理单元，节约建设费用及场地；c. 吸附塔内活性炭表面的微生物可能在长期驯化后产生去除有机污染物的能力[4]，转变为生物活性炭。

活性炭滤池过滤吸附的使用方式有三种：一是用颗粒活性炭部分替换砂粒；二是用颗粒活性炭全部替换砂层；三是在砂层过滤之后单独建立活性炭滤池。

二、活性炭液相吸附影响因素

活性炭吸附通常遵循特劳伯规则，即：在同一溶液中，表面张力小的成分会被优先吸附；在多元系统中，溶解度小和极性小的成分容易被吸附；同一物质在溶解度小的溶剂中优先被吸附；同一族化合物，分子量大的成分易被吸附。但是在吸附某些无法进入微孔的大分子化合物时，特劳伯规则就无法适用[5]。

因此，活性炭液相吸附的影响因素较多，主要包括吸附质性质、吸附温度、溶液 pH 值、时间、活性炭用量、作业方式等。

1. 吸附质性质

吸附质性质对活性炭吸附性能的影响主要有两方面：第一，吸附质的溶解度是吸附平衡的主要决定性因素；第二，吸附质分子大小等性质是决定吸附动力学的主要因素[6]。

溶解度对于活性炭吸附性能影响的主要原因是：在吸附开始前，需要先破坏吸附质与溶剂的结合，溶解度大导致结合力增强，吸附能力减弱；活性炭吸附通常属于物理吸附，温度降低一般会导致溶解度下降，吸附能力增加；吸附质分子对活性炭吸附性能的影响主要表现为当大分子量吸附质较多时，液相的黏度会变化，从而影响吸附质在活性炭中的扩散作用，且吸附质分子量过大则不利于其进入和填满活性炭孔隙结构，导致活性炭对其吸附性能不佳。

2. 吸附温度

诸多研究表明，活性炭在液相中的吸附过程是放热的，因此降低温度有利于吸附性能的提高。但是，在液相中，升高温度有助于促进液相分子的活度和扩散，有利于其在活性炭孔隙结构中的吸附。在实际应用中，温度的确定不仅应考虑上述因素，还需要兼顾液体自身特性，比如黏度大的液体需要通过提高温度来增加其流动性，对于某些熔点高的物质也需要确保温度高于熔点，而热敏性差的物质就需要考虑温度对其有效成分的影响。总之，温度对于活性炭液相吸附的影响，需同时考虑吸附性能和实际应用状况，无法简单地通过温度变化来提高其吸附量，需视情况而定。表 4-7-1 为三种色素的吸附量随温度变化的情况（时间为 60min）。

表 4-7-1　温度对活性炭吸附性能的影响

种类	色素	吸附量/(mmol/g)	
		25℃	80℃
1	亚甲基蓝	0.83	0.85
2		0.37	0.39
3		0.46	0.56
1	孔雀绿	1.07	1.08
2		0.45	0.53
3		0.30	0.42
1	茜素红	1.25	1.15
2		0.60	0.55
3		0.56	0.66

3. 溶液 pH 值

pH 对活性炭液相吸附有着显著的影响（表 4-7-2）。一般而言，随着溶液 pH 值增加，活性炭吸附性能增加，但是 pH 值不宜过高。这主要是由于活性炭表面存在各类含氧官能团，他们通常是活性炭吸附的活性位。当溶液 pH 值较低时，活性炭表面性质改变，其亲和性也改变，活性炭有效中心被 H^+ 占据，导致金属离子难以被充分吸附，吸附量降低；pH 值升高，与官能团结合的 H^+ 解离，产生大量暴露在外面的活性中心，有助于提高其吸附性能[7]。

表 4-7-2　溶液 pH 值的变化对活性炭吸附苯胺的影响

溶液 pH 值	吸附量/(g/g)
1	0.038
2	0.04
3	0.05
4	0.06
5	0.115
6	0.147
7	0.15
8	0.16

4. 时间

脱色或精制所需的时间受许多因素影响，如炭的粒度、炭的用量、液体温度和黏度等，一般需要 10～60min[8]。炭越细或用炭量越多则时间缩短，当液体黏度大或用炭量很少时则时间延长。对给定的色素和活性炭种类，在同一条件下，随着时间的延长，单位重量的活性炭对色素的吸附变化并不大。表 4-7-3 为 25℃时，活性炭对三种平衡浓度为 0.1mmol/L 的色素的吸附量随时间变化的情况。

表 4-7-3　时间对活性炭吸附性能的影响

种类	色素	吸附量/(mmol/g)		
		5min	10min	60min
1	亚甲基蓝	0.82	0.82	0.83
2			0.44	0.46
3		0.63	0.66	0.70
1	孔雀绿	0.95	1.04	1.07
2			0.27	0.30
3		0.59		0.81
1	茜素红	1.21	1.25	1.25
2			0.55	0.60
3			0.52	0.59

所有活性炭的吸附速率是不相同的，因此，生产车间的脱色作业时间应由实验室或车间操作经验确定以保障最高的生产效率。

5. 活性炭用量

活性炭用量是影响活性炭液相吸附性能的一个重要因素。增大活性炭的添加量，有助于增加吸附活性位，提高吸附效果，但是也会增加吸附过程中的吸附阻力。因此，需确定最佳添加量，从而最大限度发挥活性炭的吸附性能，达到理想的吸附效果。

最佳添加量可以通过实验研究确定，但生产过程中的实际添加量通常比理论添加量要少。因此，对于活性炭添加量的确定，通常是根据实践经验来确定。由于每次使用的工况不一样，且每批活性炭的性能也不同，这就需要构建实验研究和实践使用之间的比例关系，同时辅以操作者的成熟经验。通常可在添加炭样 5～10min 后进行取样观察，判断添加量是否合理。

6. 作业方式

活性炭在液相吸附中的应用工艺主要包括间歇式工艺和连续式工艺，工艺的选择取决于物料性质和使用状况。使用粉炭脱色多采用间歇作业，即粉炭用水调和后用泵抽到脱色缸，脱色后的溶液过滤后，滤饼经洗涤后再生。使用颗粒状活性炭则多采用连续式作业，处理工艺由装填活性炭的多个串联的脱色塔组成，实现连续脱色和分步再生。在待处理水样色素负荷大、溶液杂质多的情况下则可先用粉炭脱色，滤液再经颗粒炭脱色精制。

随着技术的不断发展，目前使用较多的是双阶段法。该方法是将已用过一次的脱色活性炭重新用在色素负荷重的溶液中，然后投入新炭再脱色一次，而经过使用的活性炭重新用于粗品脱色。某些溶液在脱色后要经蒸发浓缩，蒸发浓缩前后都经脱色处理。

三、液相吸附活性炭指标与评价方法

（一）液相吸附活性炭指标

因原料、生产工艺的不同，活性炭的性能也不同。评价活性炭好坏有多个指标，包括灰分、水分、吸附值、强度、酸溶物、各种金属含量等。不同功能的活性炭通常会通过不同的性能指标来评价它是否适用。在液相处理过程中，影响活性炭性能的主要指标包括吸附值、强度、pH 值、灰分、COD_{Mn} 去除率、UV_{254} 去除率等。活性炭性能指标测定是活性炭选型时简单有效的初选方法。

1. 吸附值

活性炭吸附值的测定方法有很多，包括四氯化碳吸附率、碘吸附值、亚甲基蓝吸附值、焦糖脱色率、单宁酸值等，不同吸附值分别代表活性炭对不同分子量化合物的吸附能力。

四氯化碳吸附率是对活性炭样品孔容的量度，也是测定活性炭活化程度的手段。碘吸附值表示活性炭中大于 1.0nm 微孔的发达程度，是活性炭对小分子杂质吸附能力的表现，可以用来估算活性炭的比表面积。在实际应用中，当吸附分子量在 250 左右的非极性分子对称物质时，可以使用碘吸附值来表征活性炭对它们的吸附能力。亚甲基蓝吸附值主要反映的是活性炭的脱色能力，此外，该吸附值也反映了中孔的数量。

但是有研究表明，活性炭的四氯化碳吸附值、亚甲基蓝吸附值、碘吸附值等与其对液相大分子吸附质的吸附容量之间的相关性不好[9]，这是因为天然水中有机物的分子量远远大于这些吸附指标中的分子量（碘、亚甲基蓝、四氯化碳等）。因此，若仅仅使用上述指标可能会导致错误地选择活性炭，造成浪费。当活性炭需要吸附大分子吸附质时，还需要测试焦糖脱色率，它主要反映了活性炭对大分子有机物的去除能力，可以反映出中大孔、中孔的比例。此外，苯酚值、单宁酸值、碘值、亚甲基蓝吸附值组合也普遍被用来表征液相处理用活性炭吸附性能的好坏，有研究者通过实验验证了这四种活性炭性能指标在选炭过程中具有良好的预测功效[10]，也是一种简单有效的液相活性炭选型方法。

2. 强度

在液相处理中，活性炭的强度指标也是很重要的。例如在饮用水的深度处理工艺中，若活性炭在运输、反冲洗、再生时发生破碎，则出口浊度升高，达不到国家或地方的标准要求。因此，在颗粒活性炭的实际应用中，要尽量选取高强度的活性炭，若强度低，很容易发生脱落。

3. pH 值

pH 值是指活性炭水提液的 pH 值，是活性炭表面化学性质的表征。活性炭的酸碱度会影响其吸附性能和脱色效果，也会影响用户脱色液的酸碱度，因此 pH 值是控制吸附效果的重要因素之一。当活性炭表面酸性增加时，含氧官能团的数量增加，表面极性也就增强，有利于活性炭对亲水分子的吸附，不利于对疏水分子的吸附；当活性炭表面碱性增强时，即可水解出更多的碱性基团，在水体中，表面带正电荷，这有利于对带负电荷的有机物的吸附。但过高的 pH 值会导致活性炭表面亲水性增加，不利于对疏水性分子的吸附。

4. 灰分

灰分是评价活性炭性能的常用指标之一，它代表活性炭中无机矿物质的含量，含量越低越好。通常情况下灰分不会直接影响活性炭的吸附能力。它一般由 SiO_2、Al_2O_3、Fe_2O_3 及其他金属化合物组成，在液相处理过程中，可能会影响某些安全性要求。

5. 化学需氧量（COD_{Mn}）去除率

化学需氧量是利用化学方法测量的水中需要被氧化的还原性物质的总量。用高锰酸钾作为氧化剂测定时，COD 可表示为 COD_{Mn}。若使用活性炭对废水进行处理，该指标是十分重要的。该值越小，表明水中污染物越少，水质污染程度越轻。

6. UV_{254} 去除率

UV_{254} 指波长为 254nm 处的单位比色皿光程下的紫外吸光度，是饮用水中表征有机物（带共轭双键、不饱和键的化合物）的指标之一，其中，芳香类有机物占比较大。它可以作为 TOC（总有机碳）、DOC（可溶性有机碳）、THMs（三卤甲烷）的前驱物等指标的替代参数。有机物分子量越大，其 UV_{254} 的吸收越强。

（二）液相吸附活性炭评价方法

1. 静态吸附性能测试

活性炭静态吸附性能测试可以得出活性炭的吸附容量、吸附平衡时间、吸附速率等参数。虽然该测试简单、应用范围广，但是与活性炭的实际应用工艺还是有很大的差别，可以与活性炭动态吸附性能测试联用。

活性炭的吸附容量即为当吸附达到平衡时，活性炭所吸附溶质的量。达到平衡后，活性炭不能继续吸附溶质。当温度一定时，吸附容量与平衡浓度存在一定的关系，可以用吸附等温方程表示，常见的有 Freundlich 等温方程、Langmuir 等温方程等。下面以 Freundlich 等温方程为例：

$$\lg q_e = \lg k_F + \frac{1}{n}\lg C_e \tag{4-7-1}$$

式中，q_e 是活性炭的吸附容量；k_F 是 Freundlich 常数；C_e 是吸附平衡浓度；n 是组分因素，可以表示吸附的难易程度。通过该方程作图，可以对比不同活性炭样品的相对吸附速率、吸附容量等指标，如图 4-7-1 所示。由图 4-7-1 可以看出，C 炭的吸附容量一直比 A 炭和 B 炭高，因此 C 炭优于 A 炭、B 炭。将 A 炭和 B 炭进行对比，在低浓度范围内，B 炭的吸附容量比 A 炭高；而在高浓度范围内，A 炭的吸附容量比 B 炭高。

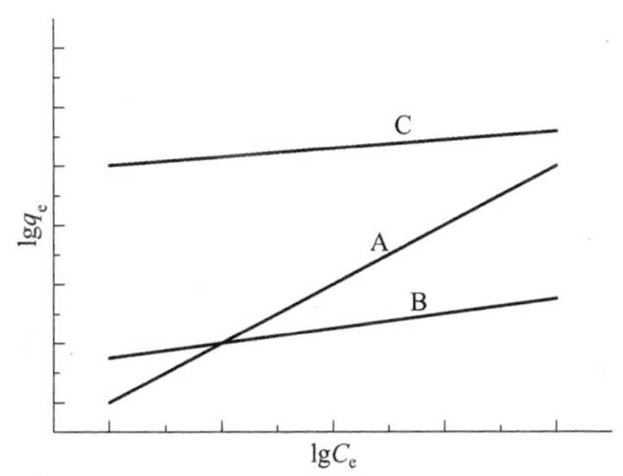

图 4-7-1　A、B、C 活性炭吸附等温方程拟合图

2. 动态吸附性能测试

活性炭动态吸附性能测试也被称为快速小规模柱测试法（PSSCT），就是利用固定床反应器，将活性炭放在有机玻璃柱内，在动态实验条件下模拟它真实的使用环境，可以较为准确地反映活性炭的实际应用效果。因此，当需要大量使用活性炭时，可以通过动态吸附实验来评价活性炭性能。该方法可以得到固定床高度、进口吸附质浓度、进口流量等参数对吸附效果的影响，从而对实际应用过程提供数据指导。

为了改善性能和降低成本，串联式的多滤床是典型的配置方法。这种前后式串联确保前段滤床都会完全使用，后段的模块可以用于对出水做进一步优化，例如去除一些微量污染物等。整体上，这样只需对前段的模块做更换，延长后段模块的使用寿命，在一定程度上可以降低维护成本。活性炭动态吸附性能测试简易装置如图 4-7-2 所示。工业上，活性炭固定床的床层高度一般为 1～3m。

虽然该方法具有静态吸附性能测试所不具备的优点，但是工程量大、耗时等特点限制了其应用，只在大型工程中选用活性炭时使用该方法。

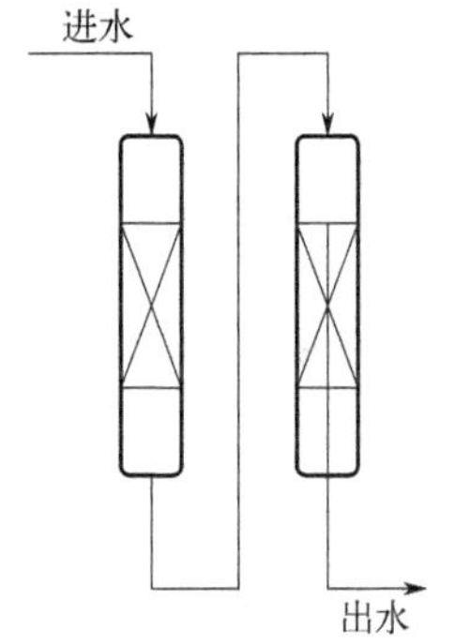

图 4-7-2　活性炭动态吸附性能测试简易装置

四、液相吸附活性炭应用选型

1. 液相吸附活性炭选型原则

以上几种活性炭性能评价方法各有优劣，是从不同方面对活性炭的性能进行测试，若需要选择合适的液相用活性炭，可以对以上几种方法综合考虑。首先，根据粉状活性炭和颗粒活性炭的特点选出几种备选用活性炭，然后再通过活性炭性能指标测试、静态吸附实验、动态吸附实验等从不同方面对被选用活性炭进行评价，进而才能得到最适合客户需求的活性炭。活性炭选型过程可见图 4-7-3。

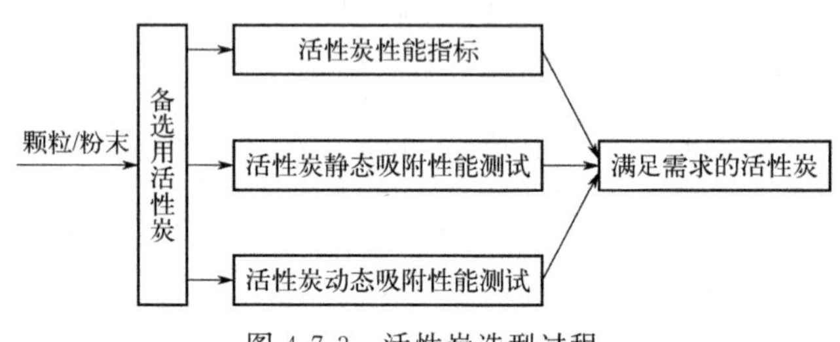

图 4-7-3　活性炭选型过程

2. 液相吸附活性炭选型实例

活性炭吸附是去除饮用水中余氯最常见的方法之一，朱建华等[11] 通过使用不同粒径和不同工艺制备的活性炭对饮用水余氯去除性能、耗氧量和三氯甲烷、四氯化碳的去除效率进行对比。结果表明：采用挤出工艺的活性炭颗粒粒径越小，对余氯的去除效果越好，去除率可以达到95%以上；同时，耗氧量和三氯甲烷、四氯化碳的去除率也是最好的。他们还发现活性炭碘吸附值对自由氯去除速率没有直接影响，氧元素含量较高的煤质活性炭去除自由氯的效果较好；原料相同的活性炭，比表面积是影响余氯去除速率的重要因素；pH 值的降低和升温均有利于提高活性炭对自由氯和一氯氨的去除速率。

高浓度有机废水具有难降解、高 COD、成分复杂、排放量大等特点，活性炭可用于这类废水的处理。田宇红等[12] 发现活性炭粒度对 COD 去除效果有很大影响，在 60～100 目的活性炭粒度越细，对 COD 的去除率越高；当粒径大于 100 目时，对 COD 的去除率反而降低。处理焦化废水的活性炭的最适宜粒度为 100 目。制药废水也是一种高 COD 废水，曹蓉等[13] 通过实验发现使用碘吸附值为 900mg/g、粒度为 50 目的活性炭对 COD 的去除效果最好。

第二节　活性炭在制药与食品生产过程中的应用

医药和食品工业与人类的生活和健康息息相关，此类产品往往对纯度要求极高，且在生产过程中存在杂质或易产生难与主要成分分离的副产物，不仅影响产品的品质，在医药使用中甚至可能导致生命危险。活性炭具有良好的吸附性能，控制吸附条件即可有效地将主产物与杂质和副产物分离，得到高纯度的产品。

一、药物除杂提纯

（一）维生素

1. 维生素 A

维生素 A 的主要来源为胡萝卜和鱼肝油。当来源为胡萝卜时，可利用活性炭对胡萝卜素的吸附特性，将维生素 A 与胡萝卜素分离；当来源为鱼肝油时，可将鱼肝油浓缩物溶解于庚烷中

（同时含有维生素 A 和维生素 D），通过活性炭吸附柱过滤，再以新鲜庚烷洗提吸附柱，则浓缩物中的维生素 D 首先被洗脱，其次为维生素 A，从而达到分离的效果。

2. 维生素 B_1（硫胺素）

维生素 B_1 在酵母中含量丰富。将酵母用水抽提后，加入中性乙酸铅使部分杂质沉淀，过滤后加入氢氧化钡使胶质沉淀，加入硫酸除去过量的氢氧化钡，并用硫酸汞除去其他杂质，所得滤液即可通过活性炭吸附其中的维生素 B_1，最后用含 0.1mol/L 盐酸的 50％乙醇溶液洗涤即可得到产品。

3. 维生素 B_2（核黄素）

工业上采用乳清为原料生产维生素 B_2。首先在低温下采用白土吸附，经热水洗涤后，其中的维生素 B_2 即可通过活性炭吸附富集，进一步用苯醇溶液洗脱，将溶剂蒸发后即得产品。

4. 维生素 C

维生素 C 在工业上以山梨醇为生产原料，但粗品需经活性炭脱色处理后再结晶。但维生素 C 是强还原剂，而活性炭自身可能带有一定的氧化性官能团，将在脱色过程中在一定程度上使维生素 C 被氧化，因此对炭的选择十分关键，尤其需要避免含有氮、铁等杂元素。此外，在脱色过程中通入氮气、使用浸水活性炭或者加入硫化钠、硫代硫酸钠等还原剂浸渍的活性炭亦可减弱维生素 C 的氧化。

5. 维生素 D

采用活性炭可将维生素 D 从自溶酵母中吸附出来，之后采用乙酸将其洗涤脱附。

6. 维生素 H

维生素 H 为维生素 B_5 和维生素 B_6 的混合物，来源于米糠。其生产路线为：米糠酸化后经过白土将其中的维生素 B_1 吸附，滤液经中和后蒸干，进而用无水乙醇进行萃取，萃取物加水稀释后即可使用活性炭将其中的维生素 H 吸附，最后用正丁醇或其他适宜溶剂洗脱。

（二）抗生素

1. 青霉素

将青霉菌接种于无菌培养基内完成发酵后过滤，将滤液冷却至适宜温度，加入足量活性炭，混合搅拌约 10min 后过滤，加入丙酮等适当溶剂洗涤滤饼，适宜蒸发即可得到青霉素浓缩液，进一步酸化、中和、去水即可得到用于注射的青霉素钠盐。此方法主要应用于早期生产工艺，现已基本被其他方法所代替。

2. 链霉素

将链霉菌接种在无菌培养基中，发酵后调节酸度至 pH＝7（仅此 pH 条件下活性炭才可吸附链霉素），加入活性炭吸附后过滤，用乙醇洗涤滤饼以除去杂质，再加入乙酸酸化的甲醇将链霉素洗脱得到粗品。进一步在 pH＝2 时加入活性炭以除去其他杂质，再次调节滤液 pH＝7 后加入活性炭吸附富集链霉素，最后加入酸化的稀丙酮将炭上的链霉素洗脱，浓缩后得到纯品链霉素。

（三）致热源

静脉注射药物的水溶液在消毒时，其中的细菌形成了一些副产物总称为致热源，若直接注射则将发生发热、呕吐、头痛、蛋白尿等一系列可能危害生命安全的生理反应。普通蒸馏水中可能含大量致热源，但仅需加入极少（例如 0.1％）的粉状活性炭处理数分钟后即可将致热源除去，再经专用滤器将活性炭过滤后即可达到注射要求。

在去致热源的过程中，需解决药物亦可能同时被活性炭吸附而导致有效成分降低的问题，亦应保证所用活性炭杂质含量极低，因此，此类活性炭本身的精制非常重要。通常此类活性炭以木质材料为原料，经炭化和高温水蒸气活化后，进一步酸洗除杂而制得。

（四）激素

1. 胰岛素

将已初步净化的胰岛素溶液用盐酸调至 pH＝2.5，加入活性炭处理 12h 后过滤，水洗滤饼，再加入含 5%乙酸的 60%乙醇溶液处理，使某些杂质洗脱而不影响胰岛素。经上述处理后的滤饼，于室温下用含 12%苯甲酸的 60%乙醇溶液浸提数小时，洗脱其中的胰岛素。滤液中的乙醇用蒸发方式除去，再以乙醚萃取浓缩液中的苯甲酸，最后得到胰岛素结晶体。

2. 肾上腺皮质激素

制备此激素的方法是用丙酮提取肾上腺，在 35～40℃及真空中用蒸馏法除去丙酮，将余下的浓缩液过滤，加入氢氧化钠调节 pH 值至 7，再加入活性炭吸附激素，最后用盐酸洗提得到肾上腺皮质激素。

3. 垂体后叶催产激素

将垂体后叶粉的酸性提取液调至 pH 值为 11，先用白土处理去除杂质，再用活性炭吸附溶液中的活性成分，最后用冰醋酸提取得到该激素。

二、制糖工业

1. 蔗糖

蔗糖是重要的食品甜味剂。我国每年消耗蔗糖约 1750 万吨，占全球总产量的 10.08%，居世界第三位；我国每年生产蔗糖约 953 万吨，占同期全球总产量的 5.06%。蔗糖生产过程中，色素和杂质的去除是必不可少的一个环节，常通过澄清工艺来实现，对于产品质量的提高具有十分重要的作用。众多澄清工艺中，吸附是十分重要的一种，而活性炭是目前最为常用的吸附剂。

活性炭出现之前，制糖行业一般使用骨炭作为脱色剂，据记载早在 1815 年大部分的制糖行业就已开始使用颗粒状骨炭。然而骨炭的含碳量低，灰分大，脱色设备复杂且脱色效果差，对 5-羟甲基糠醛等杂质几乎不吸收，现在已基本被活性炭所取代。

20 世纪初活性炭出现之后，最早进入的应用领域就是蔗糖的脱色。1916 年商品活性炭 Carboraffin 在食糖厂大规模脱色试用成功，开启了活性炭在蔗糖精制中应用的新时代。蔗糖精制主要包含以下步骤：石灰澄清、浓缩结晶、加入磷酸后石灰中和、活性炭脱色[14]。

我国蔗糖主要产于广西、云南、广东、海南等地，其中广西蔗糖产量约占全国蔗糖总产量的 2/3。我国蔗糖的生产主要采用二氧化硫漂白还原色素的方法，较少通过红糖脱色精制蔗糖。然而，二氧化硫漂白法制备的蔗糖在与空气接触氧化后又会泛黄，影响产品质量。另外，二氧化硫的过量使用还会导致二氧化硫超标，不环保且对人体也有危害。国外糖厂一般使用活性炭脱色以提高产品质量。利用活性炭脱色时，影响脱色效果的因素包括活性炭用量、溶液 pH 值、脱色温度、脱色时间等。研究发现，当用椰壳活性炭作为脱色剂时，活性炭用量为 1.5%、溶液 pH 值为 3.5、脱色温度为 70℃、脱色时间为 20min 时可以获得最佳的脱色效果。一般来说，虽然 pH 值越低活性炭的脱色效果越好，但过低的 pH 值会引起糖的转化，因此一般控制溶液 pH 值在 3.5 左右较为适宜，且脱色后还需用碱中和溶液并实时监测 pH 值[15]。

早期用于蔗糖脱色的一般是粉状活性炭，从 20 世纪五六十年代开始，主要产糖国家纷纷采用颗粒活性炭进行连续脱色，使得蔗糖脱色的规模化和连续化生产成为可能。颗粒活性炭一般采用固定床吸附方式，即糖液自上而下通过装满颗粒活性炭的吸附塔。这种方法具有脱色效率高、脱色效果好的特点。除此之外，还有移动床吸附和脉冲塔吸附等蔗糖脱色装置。吸附饱和的废炭一般经洗涤后干燥到水分 45%左右送入再生炉中高温再生，也有通过碱处理再生的方式[16]。

2. 葡萄糖

葡萄糖的生产工艺主要包括淀粉乳液化、糖化（酶法或酸法）和脱色除杂等。其中，脱色除杂工序都是利用活性炭作为吸附剂，活性炭是葡萄糖工业中不可或缺的材料。目前，世界上每年用于葡萄糖净化脱色的活性炭高达数万吨。活性炭在葡萄糖脱色净化过程中除了去除高分子和低分子色素外，还具有减少蛋白质、发泡物质、铁等金属杂质和5-羟甲基糠醛（HMF）的作用。

生产1t葡萄糖需要消耗的活性炭量根据糖化工艺的不同而有所差异。一般来说，酸法糖液颜色比酶法糖液更深，因此需要更多的活性炭来脱色[17]。据估计，我国每生产1t葡萄糖大约需活性炭3～5t。目前，国内各大葡萄糖生产企业大部分是利用粉状活性炭经过板框压滤机工序进行脱色净化。采用粉状活性炭进行脱色的优势是设备简易、操作简单、脱色时间快、脱色率高；缺点是不能连续化生产，粉状活性炭再生困难。近年来出现通过颗粒活性炭进行糖脱色的生产工艺。颗粒活性炭可以连续化进行糖脱色，废弃活性炭再生后可重复利用，是葡萄糖脱色用活性炭未来的发展趋势[18]。

葡萄糖脱色用活性炭选择的主要依据是色素等杂质分子的尺寸大小。色素分子的尺寸一般较大，因此需要富含中孔和大孔的活性炭予以脱除。化学法（磷酸、氯化锌法）活性炭含有丰富的中孔和大孔结构，用于色素脱除时效果良好。金属离子和5-羟甲基糠醛的分子直径较小，需要微孔发达的活性炭予以脱除。物理法（水蒸气活化）活性炭含有大量的微孔，对小分子杂质具有良好的脱除效果。

三、发酵工业

1. 乳酸

乳酸，学名为2-羟基丙酸，是一种天然的有机酸，因分子中有手性碳原子而具有旋光性，有L-乳酸和D-乳酸两种旋光异构体。其中L-乳酸可被人体吸收，被广泛应用于食品、制药、农业和环保工业中；D-乳酸主要用于化工、农药、医药领域[19]。乳酸的生产主要有发酵法和化学法两类，其中发酵法是目前国内外工业化生产乳酸的主要方法。

活性炭在乳酸生产中的作用主要有两种：一种是作为脱色除杂试剂；另一种是作为乳酸吸附剂。钙盐法是发酵法生产乳酸的主要工艺，其中间产物乳酸钙需要进行净化。活性炭是用于净化的一种重要物质。乳酸钙过滤除杂后加活性炭脱色，过滤分离后调节pH为酸性，再次用活性炭处理，溶液浓缩结晶后溶于水再次用活性炭脱色处理。除脱色外，活性炭还可以去除乳酸生产过程中的钙盐和硫酸盐等杂质。随着近年来原位分离技术的发展，活性炭作为该技术中重要的吸附剂，在发酵过程中从培养介质中及时吸附移走乳酸，减少产物抑制，控制pH，提高原料的利用率和产品产率。

2. 柠檬酸

柠檬酸，学名为3-羟基-3-羧基戊二酸，是目前世界上需求量最大的有机酸，被广泛应用于食品、医药、有机材料、清洗、化妆品等行业[20]。柠檬酸的生产方法主要有生物发酵、提取和化学合成三种。其中生物发酵是当前最主要的柠檬酸生产方法，其工艺流程包括发酵、中和、酸解、脱色、过滤、结晶、干燥筛选等。活性炭主要在脱色工艺段起作用，用于柠檬酸发酵液胶质、蛋白质等杂质的去除以及脱色。

柠檬酸发酵液中的色素主要有罗维邦红色素和黄色素两种。化学法活性炭具有较大比例的介孔和大孔，对罗维邦红色素有较好的脱除效果。然而，普通活性炭对黄色素的吸附脱除效果并不理想，需要对活性炭进行改性才能达到较好的效果[21]。

3. 味精

味精的主要成分是谷氨酸钠，于1909年被日本味之素公司发现并申请专利。我国的味精生产起源于20世纪20年代吴蕴初先生在上海创办的天厨味精厂。20世纪80年代，我国味精生产进入高速发展时期，并于1992年成为世界第一大味精生产国。

活性炭是味精工业中不可或缺的净化材料，在味精生产中的主要作用是脱色除杂、帮助过滤和促进结晶。据统计，我国味精行业年需活性炭约5万吨。活性炭不仅可以脱除类黑精、褐色素和焦糖色，还可以脱除发酵过程中菌类产生的色素。一般来说，影响活性炭对味精发酵液脱色除杂效果的因素主要有发酵液浓度、色素含量、脱除温度、溶液pH和脱色时间等。研究发现，上述任一因素的改变均会影响活性炭的脱色效果。

目前，味精用活性炭多为木质活性炭。2006 年之前，我国味精行业使用的活性炭大都由水蒸气法生产。此类活性炭的平均孔径小，微孔发达，对小分子色素具有非常好的吸附效果，但对大分子色素如焦糖色素、硫化物等则难以去除。化学法活性炭具有丰富的大孔和中孔，对大分子色素有较好的吸附效果，但要用于味精生产还需要满足小分子杂质吸附的需要。活性炭在味精脱色除杂过程中可以一次全部加入（单次吸附法），也可以多次投料（多次吸附法）。单次吸附法简单易操作，但对发酵液质量有较高要求；多次吸附法用炭量少且脱色率高，但工艺较为烦琐[22]。

味精用活性炭一般为粉末状，但 20 世纪 70 年代开始使用颗粒状活性炭用于味精发酵液脱色除杂。目前，也存在将粉状活性炭和颗粒状活性炭组合起来使用的味精精制工艺。

四、油脂工业

食用油脂与人们的生活息息相关，随着我国人民生活水平的不断提高，食用油脂的安全受到越来越多的关注。脂肪酸甘油酯是食用油脂的主要成分，色素和苯并芘、黄曲霉毒素等杂质对人体有害，是加工过程中需要去除的部分。食用油脂中杂质的去除通常分为中和、脱色和除臭三个步骤。中和主要针对食用油脂中的游离脂肪酸杂质，一般通过氢氧化钠去除。除此之外，中和工艺也会降低油脂杂色，去除蛋白和胶状物。脱色和除臭主要通过吸附剂吸附去除。活性炭是食用油脂工业最为重要的吸附剂，起着脱色、除臭和除杂等作用[21,23]。

对食用油脂进行脱色除杂，活性炭的选择十分重要。不同活化方法制得的活性炭产品性能各异，适用的油脂也不同，使用前需根据油脂杂质和色素的特点进行筛选试验。

1. 大豆油

供食用的大豆油在提纯时单纯靠活性炭脱色除杂成本高昂且效果不佳，一般需要与活性白土联用方能达到最佳的效果。活性炭与白土的比例一般为 1∶(3～5)，具体比例要视大豆油的质量而定。白土可以去除黄色色素，活性炭则对红、绿两种色素和苯并芘等杂质有较好的脱除效果。此外，白土的加入使得活性炭更易过滤，而活性炭则能消除白土的土腥味，两者可以实现优势互补。

2. 橄榄油

橄榄油具有天然保健、美容功效，在西方被誉为“液体黄金”。食用橄榄油是用油橄榄物理冷压榨而得，因此初榨橄榄油并不需要脱色除杂。再榨橄榄油往往需要用白土和活性炭混合吸附处理，活性炭与白土的比例为 1∶(10～20)，提纯后的橄榄油呈金黄色。

3. 花生油

花生油的品质一般较好，仅需用少量活性炭进行脱色就可以达到很好的效果。对于久置、暗深色花生油才需要使用白土和活性炭混合脱色。

4. 玉米油

玉米油由玉米胚加工而成，主要成分是不饱和脂肪酸。玉米油精制时也可以用白土和活性炭混合物处理，但活性炭的用量较其他油脂要少。

5. 椰油

椰油的提纯单独使用活性炭就可以，不需要与白土混用。活性炭的用量根据椰油的质量来确定，一般添加小于 1% 的活性炭就能达到很好的脱色效果，但对于质量较差的粗油则需要增加活性炭的用量。

6. 棉籽油

棉籽油的成分复杂，单独使用活性炭难以达到理想的效果，一般联合使用活性炭与白土的混合物，比例为活性炭∶白土＝1∶(4～5)。

使用活性炭对食用油脂进行脱色除杂时，活性炭的 pH 值较为重要，偏酸或偏碱都会导致油脂质量的变化。应用实践证明，活性炭 pH 值控制在 5～8 之间较为适宜。

五、制酒工业

活性炭在制酒工业中的应用主要包括白酒降度、除浊，啤酒中嘌呤的去除和酵母液的精制[24-26]。除此之外，活性炭在对酒类进行处理时还有促使白酒/啤酒陈化的功能[24]。

高级脂肪酸酯（油酸乙酯、亚油酸乙酯等）的存在是导致白酒浑浊的主要原因，这类物质会随酒精度和温度的下降而析出。活性炭可以有效吸附高级脂肪酸酯，但对己酸乙酯等有益成分却吸附较少。在此过程中，活性炭还能吸附、催化醛类物质，促进醇和酸的酯化，从而使白酒具有老熟感。实际应用过程中，活性炭选型十分重要，一般中孔发达的活性炭在吸附杂质的同时不会过多减少有益成分，更为适宜。活性炭加入量也要根据酒的种类和质量进行控制，否则有可能损害酒的天然香味，从而失去了酒的特色。

酿造啤酒时，活性炭处理可以有效降低未发酵浸汁中的蛋白含量，从而改善啤酒的香型和泡沫特性。发酵结束后，用活性炭处理啤酒液，不仅可以吸附除去其中的嘌呤，还能加速啤酒陈化[26]。

活性炭在制酒工业中的使用方法主要有直接加入法和装柱使用法两种。其中直接加入法是大多酒厂采用的方法，具有操作简单、效果好的优点。装柱法可以连续化生产，使用后的活性炭可再生，有助于降低成本。

近年来，随着活性炭制备工艺的不断进步，出现了系列酒类活性炭专用品种，如浓香型曲酒处理专用活性炭、清酒型酒类专用活性炭等，这为酒类品质的提升提供了有力的保障。

第三节 活性炭在水处理中的应用

活性炭在液相中最为广泛的应用即为水处理，包括对家庭饮用水的深度净化，对日常生活用水、工农业用水等的处理和对污染废水的治理。每种用途对活性炭的要求不一，需根据实际情况选择适宜的活性炭产品以达到最佳效果。

一、家庭饮用水净化

近年来，随着生活水平的提高和健康意识的增强，人们对家庭饮用水质量的要求不断提高，不仅应符合饮用水标准，还应实现自来水的直饮，因此，需要对自来水进行进一步深度净化除杂，净水器应运而生。

净水器的核心是其滤芯，应满足能对水中污染物实现快速和有效去除的要求。因此，滤芯材料为多孔质，其中又以价格相对低廉的活性炭使用最多。滤芯活性炭又可按制备工艺的差异分为颗粒活性炭、烧结活性炭、压缩活性炭、炭纤维和复合活性炭等[27]，简介如下。

1. 颗粒活性炭

颗粒活性炭是净水器中最常用的炭材料，主要由椰壳、坚果壳、煤等原料经批量生产加工而成，具有孔隙发达、吸附性能好、强度高、经济耐用的优点。一般来说，颗粒越小，过滤效果越好，但在处理流动水的情况下则因流动阻力较大，导致进水口压力较高，从而易产生漏炭现象，在出水口形成“黑水”，因此需要根据实际情况选择合适的粒径。通常，家用净水器炭柱短，水流较快，选用 16～32 目（直径 1.3～0.6mm）的颗粒活性炭较为适宜。

2. 烧结活性炭

烧结活性炭滤芯又称炭棒滤芯、压缩活性炭滤芯，是将活性炭（粉末与颗粒均可）与聚乙烯等聚合物热熔成孔材料混合，浇注到特殊模具中，在 200～300℃ 的高温下烧结而制成，外部往往还包覆白色聚丙烯无纺布，因此，其兼具过滤和吸附两种功能，并且在使用过程中可显著延长水和活性炭的接触时间。此外，使用烧结活性炭滤芯相较于颗粒活性炭而言可有效减少“黑水”

现象，且吸附质不会因水流冲洗而解吸。

3. 压缩活性炭

压缩活性炭是以椰壳活性炭或者煤质为原料和无机液体黏结剂混合后，灌入特制模具，用压力机高压压缩成型，出模后烘干。此工艺活性炭含量高，过滤效果好，但使用无机黏结材料时需外加高压成型，使滤芯孔径难以控制，滤芯压降过大，影响使用。一般来说，这种活性炭的过滤精度为 5～30nm。

4. 炭纤维

炭纤维滤芯是由纤维素及活性炭粉末构成的复合深度过滤，结合活性炭吸附的双重功能的滤芯材料，滤芯的中柱外层是以精密的纤维滤材包覆内衬，再辅以活性炭纤维布环绕成型。液体流经滤材时，外层的深度纤维滤材结构可阻拦污染颗粒，滤布中的活性炭可以去除滤液中的各类污染物，滤材最内层的纤维滤材可防止炭末颗粒和细小的污染物流出，保证滤液最终的品质。炭纤维滤芯具有吸附速率快、比表面积大、加工成型性好、环境友好等优点。

二、生活用水净化

生活用水包括自来水、工业用水、农业用水等经过人工处理后供使用的水源，其质量对生命健康、工农业生产成本与产品质量有重要影响，因此，生活用水处理技术受到人们的广泛关注。常规的水处理方法“混凝—沉淀和澄清—过滤—加氯消毒技术”[28] 存在明显不足，对于氨氮、藻毒素等常见污染物无法有效去除，且在消毒过程中亦可能产生有毒副产物，对生活用水安全产生威胁。活性炭具有优异的吸附性能，可以有效去除水中污染物，适宜于生活用水的深度净化，尤其是将活性炭与其他技术相结合后可更好地达到净化水质的效果。

（一）臭氧-生物活性炭处理技术

臭氧-生物活性炭处理技术是综合利用 O_3 化学氧化、O_3 灭菌消毒、活性炭吸附、生物降解技术的一种工艺，对水中微量有机污染物具有优异的去除性能，已经成为全球各国进行生活用水深度净化的主要工艺之一。图 4-7-4 为臭氧-生物活性炭处理技术的工艺流程。该工艺以预臭氧化代替预氯化，不仅可将水中一些不易生物降解的有机物转化成易生物降解的有机物，还可以提高水中溶解氧含量。

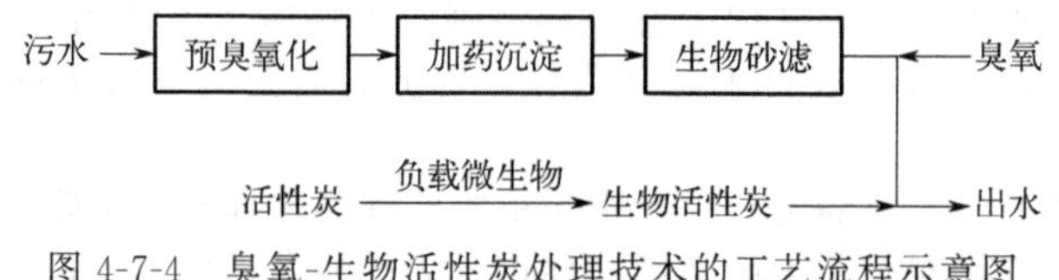

图 4-7-4　臭氧-生物活性炭处理技术的工艺流程示意图

臭氧-生物活性炭处理技术最早应用于德国的杜塞尔多夫水厂。我国自 20 世纪 70 年代对臭氧-生物活性炭工艺进行大量的研究并应用。昆山泾河水厂、昆山第三水厂采用了臭氧-生物活性炭处理工艺，NH_3-N 去除率比普通工艺提高 28%，COD 去除率提高 33%，出口 COD≤3.0mg/L，出口水质达到《生活饮用水卫生标准》的要求。

（二）固定化生物活性炭处理技术

固定化生物活性炭处理技术可以看成是臭氧-生物活性炭处理技术的改进工艺。传统的生物活性炭是在长期运行中自然形成的，但是自然形成的生物膜中生物相比较复杂，水质条件对生物作用影响比较大，不能保证稳定的净化效率。而人工固定化生物活性炭采用间歇式循环物理吸附法将工程菌固定在活性炭上，从而延长了生物活性炭的使用寿命，也提高了净化效率[29]。

安东等[30] 比较了固定化生物炭处理技术与臭氧-生物活性炭处理技术，取某水厂的滤后水为原水进行实验，实验结果表明固定化生物炭处理技术对 TOC 的去除率能稳定在 40%～50%，可以提高氨氮去除率30%，对三卤甲烷生成势的去除率相比普通工艺提高了11%～31%，对臭氧化副产物具有长期的去除效果。

（三）负载型活性炭处理技术

近年来，以活性炭为载体的负载型活性炭催化技术得到了较好的发展，如活性炭负载金属催化剂、活性炭负载二氧化钛光催化剂等在生活用水处理中具有较好的应用前景。

王振旗等[31]以活性炭为载体，负载TiO_2颗粒后可在紫外线作用下实现对水体中微囊藻毒素的降解；张慧书等[32]以椰壳活性炭为原料，采用酸催化水解法在活性炭表面合成TiO_2前驱体，制备了可见光响应杀菌功能活性炭。以大肠杆菌为实验菌种，4h后杀菌率可达67%。

（四）活性炭与其他工艺相结合的水处理技术

对于部分地区的污染水源，仅仅通过上述技术处理可能还会存在问题，在传统的净水工艺基础上不断引入新的技术是提高净水效率的途径之一。

1. 超/纳滤膜技术

盐城市某水厂使用臭氧生物活性炭与膜组合工艺用于饮用水深度处理。超滤膜过滤饮用水净化工艺是近些年发展起来的新工艺，它能够有效去除水中的各种病原菌。但是超滤膜净水工艺在应用过程中最重要的问题是膜阻塞和膜污染问题。而活性炭-超滤膜组合工艺解决了这个问题。在组合工艺中，首先使用活性炭对进水进行前处理，去除水中大部分的浊度、各种类型的有机化合物和色度，这些物质的去除为后续的膜过滤提供了必要的保障，从而缓解了膜阻塞和膜污染问题，延长了膜的使用寿命。用膜进行后处理可以解决出水中含有一定量细菌的问题，保障了出水水质。

纳滤膜作为一种新型的膜分离技术，和活性炭组合应用于饮用水净化工艺。工艺流程为：水厂出水→活性炭吸附→水箱→保安过滤→加压泵→纳滤膜→出水。实验结果表明活性炭可以去除水中少量的TOC和致突变物，能作为下一步纳滤的预处理步骤，保证了膜进水能符合要求，减少了膜污染的概率，利用活性炭-纳滤膜组合工艺可以获得安全的饮用水。

2. 电化学氧化技术

中国科学院生态环境研究中心发明了一种利用活性炭和电化学氧化组合去除饮用水中藻毒素的工艺，该工艺首先利用活性炭的吸附性能去除水中藻毒素的伴随有机物和少量藻毒素，然后利用电化学氧化将水中的氯离子转化为活性氯混合氧化剂，同时快速降解去除水中全部藻毒素，最后利用活性炭吸附去除藻毒素的降解产物。

3. 紫外协同处理技术

相较于传统的消毒方式，紫外线杀菌装置是一种高效、无副产物的杀菌消毒技术，上海某公司利用某小区净水处理项目，设计了一套紫外协同生物活性炭净水处理技术工艺。对实验结果进行分析可得，紫外臭氧协同生物活性炭技术可以进一步提高饮用水的物理指标，如pH值、浊度、色度等；紫外杀菌功能可以抑制饮用水中细菌的滋生，且提高了活性炭余氯去除率；紫外协同生物活性炭净水处理技术可以催化O_3在水中的分解，提高了水中溶解氧的含量，有助于活性炭去除水中的有机污染物。

三、工业废水处理

工业快速发展产生了大量工业废水。据统计，我国每年排出的工业废水约为$8\times10^8m^3$，其中不仅含有氰化物等剧毒成分，而且含有铬、锌、镍等金属离子。工业废水的治理逐渐受到人们的关注。

（一）无机废水

1. 含铬废水

铬是电镀行业中用量较大的金属原料。废水中含有大量的六价铬，通常认为六价铬的毒性是三价铬的100倍，对水体和鱼类危害很大，它随着pH的不同以不同价态存在。

活性炭具有发达的孔隙结构、丰富的表面官能团、巨大的比表面积，因而具有较强的吸附能力。活性炭吸附处理含铬废水主要利用其吸附作用和还原作用，具有操作简单、去除效率高、再生简单等优点。工艺流程分为活性炭预处理、废水过滤、吸附六价铬、净化、活性炭再生等，涉及物理吸附、化学吸附、化学还原等过程。

采用活性炭吸附/还原联用处理含铬废水，直接以含铬废水代替清水对酸再生活性炭进行反冲洗，可利用六价铬在酸性条件下的强氧化性，使其自身被活性炭还原为低毒且易于沉淀的三价铬，处理后的含铬废水可以达到国家排放标准的要求。工艺流程如图4-7-5所示。与利用简单的吸附过程和还原过程处理含铬废水相比，活性炭吸附/还原联用工艺的优势明显，不仅节约了反冲的清水用量、反冲时间，也提高了废水处理能力。

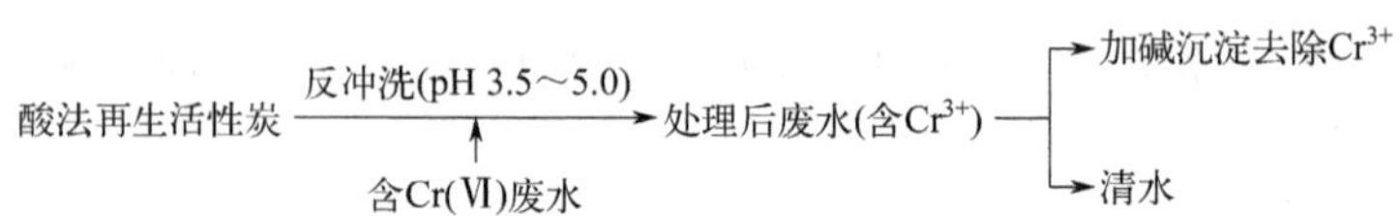

图4-7-5　活性炭吸附/还原联用处理含铬废水流程示意图

用于处理含铬废水的活性炭通常比表面积在1000m^2/g左右，孔径在2nm左右，颗粒在20～60目范围内。含铬废水中六价铬浓度通常控制在55～120mg/L，最佳pH值为3.5～5.0。

还有研究者利用铁板电絮凝联合活性炭吸附工艺处理含铬废水，实验结果表明当电流密度为20mA/cm^2、絮凝时间为40min、初始pH值为4～6、活性炭添加量为2g/L、活性炭吸附时间为30min时，废水中的铬浓度可以满足《电镀污染物排放标准》。

2. 含氰废水

随着黄金产量的逐年增加，含氰废水也越来越多。对废水氰化物构成分析可知，水中含有简单氰化物和络合氰化物。常见的处理含氰废水的方法有酸化回收法、碱性氯化法、离子交换法、自然降解法、SO_2-空气法、过氧化氢氧化法、臭氧氧化法、吸附法、电解氧化法、催化氧化法、生物法等。其中，活性炭在吸附法、催化氧化法、臭氧氧化法、生物法中都发挥着重要作用。

研究表明，当活性炭作为吸附剂吸附处理含氰废水时，活性炭对水中氰化物的吸附过程符合Langmuir等温吸附方程，对氰化物的去除率可达99.8%～99.9%，废水中氰化物的浓度可降到排放标准0.5mg/L以下。并且，研究者发现活性炭对络合氰化物的吸附效果强于简单氰化物。

在实际生产应用中，经酸性氯化法处理后的含氰废水按照10～15g/L加入活性炭，搅拌4h以上，吸附后的废水中总氰化物含量可降低至0.04mg/L，可循环使用，减少工业废水排放量，且活性炭可以通过高温再生重复利用。当活性炭再生多次，吸附效果降低明显时，可以倒入中频炉熔炼，回收贵金属。

活性炭吸附法处理含氰废水不仅效果好，使用成本低，还可以回收废水中的贵金属。

3. 含汞废水

随着氯碱行业、有色金属冶炼、塑料制造等行业的快速发展，越来越多的汞被排放到水中，汞和汞的化合物有剧毒，对生态系统和生物健康造成巨大威胁，因此对含汞废水处理很有必要。常见的含汞废水处理方法有化学沉淀法、铁屑还原法、电解法、离子交换法、活性炭吸附法、微生物法等。

其中活性炭吸附法适用于低浓度的含汞废水，或者经过预处理后的含汞废水（浓度不超过5mg/L）。含汞废水经活性炭吸附后，进一步通过焙烧、再生回收汞。经活性炭吸附法处理后的废水汞含量可降低至0.05mg/L。

若废水中汞含量较高，可使用混凝沉淀-活性炭吸附组合工艺处理。研究结果表明使用该工艺处理汞含量高达800μg/L的废水，出水浓度可降低至5.7μg/L，远远低于国家规定的20μg/L，去除率为99%，运行成本为2.71元/t。

4. 含铅废水

含铅废水主要来源于电池车间、化工厂、选矿厂、废铅蓄电池回收等行业，其中，电池行业是含铅废水最主要的来源。在铅酸蓄电池生产过程中，每生产一块电池就会有4.54～6.81mg的铅损失，而这些铅最终以离子形式存在于废水中。铅在人体内可以积蓄到骨髓中，摄入过量的铅可使血液、消化系统、神经等产生中毒反应。按照国家相关文件的规定，含铅废水总铅含量在排放时最高不能超过1mg/L。

某企业采用中和-混凝沉淀-活性炭吸附组合工艺处理含铅废水，先用碱性化合物中和可以使Pd^{2+}生成氢氧化铅沉淀，再用活性炭吸附剂对沉淀后的废水进行深度处理。实验发现，当溶液pH值控制在9.2～9.8时，氢氧化铅沉淀最完全，后续用活性炭吸附后的出水含铅量在0.01～0.03mg/L。

5. 含硫废水

炼油、石化、天然气加工行业会产生的含硫废水不仅有毒、酸度较高、有臭味且难被生物降解，对环境造成极大的污染，因此，含硫废水需要妥善地处理。目前国内外处理含硫废水的主要方法有活性炭吸附法、加氯法、中和法、曝气法、氧化法、沉淀法、汽提法、超临界水氧化法等。其中活性炭吸附法及其组合工艺因处理含硫废水的效果较好，被广泛应用。

臭氧-活性炭组合工艺可以处理含硫废水，氧化产物主要是硫酸盐和硫代硫酸盐，不仅减少了臭氧投加量和反应时间，也提高了处理效率，具有时间短、氧化程度高、经济等特点。

（二）有机废水

1. 含酚废水

化工、制药、印染工业都会产生含酚废水，通常含酚废水中以苯酚和甲酚的含量最高，这类废水若不经过处理就排放，会对大气、水体、人类健康、土壤等造成危害。常见的含酚废水处理方法有萃取法、化学氧化法、化学沉淀法、吸附法、电解法、生化法等。其中，吸附法研究和应用较多，常见的吸附剂有活性炭、树脂、黏土、沸石等，活性炭因其较强的吸附能力、稳定的化学性质，被广泛应用于含酚废水的处理。通常认为，活性炭对酚类物质的吸附与其表面含氧官能团和含氮官能团有关。

原材料的种类和活化方法对活性炭的比表面积和对苯酚的吸附能力有很大的影响，Ma等分别使用竹质活性炭、椰壳活性炭、煤质活性炭吸附含酚废水，并发现这三种活性炭对苯酚的吸附能力由大到小分别为竹质活性炭＞椰壳活性炭＞煤质活性炭。

张萌等[33] 使用经特殊孔径调节工艺处理的特种活性炭吸附处理含酚废水，实验结果表明，当处理150mL的焦化废水时，活性炭投加量为10g，pH值为6～7，在室温下吸附2h后，出水酚浓度可以降至0.296mg/L，苯酚去除率高达99.79%，出水水质满足国家《城镇污水处理厂污染物排放标准》的要求。

2. 含甲醇废水

甲醇是一种重要的有机化工产品，国内许多行业如化工、医药、农药等都会产生大量甲醇废水，活性炭作为吸附剂可以吸附废水中的甲醇，但是吸附容量比较小。因此，活性炭吸附仅适用于低浓度含甲醇废水的处理。

中国石油天然气股份有限公司大庆石化分公司排放的工艺冷凝液和尿素水解水中含有低浓度甲醇，该公司使用固定化生物活性炭去除废水中的甲醇等有机物，不仅利用活性炭吸附水中甲醇分子等有机污染物，也利用吸附在活性炭孔道内的生物工程菌氧化甲醇等有机污染物，使甲醇等有机物降解。该工艺可以将废水中的甲醇含量从5.90～6.89mg/L降至0.39mg/L，去除率达到93.6%，COD从40mg/L降至12mg/L，去除率达到70%以上。

3. 含硝基苯类废水

硝基苯类物质是工业上很重要的硝化产物，具有结构稳定、难降解、生物毒性大等特点。随着工业生产的发展，大量的硝基苯类化合物随之产生，对环境、生物危害很大，因此，如何处理含硝基苯类废水引起人们的关注。目前，处理硝基苯类废水的主要方法有萃取法、生化法、吸附法、氧化法等，其中，吸附法中多选用活性炭作为吸附剂。例如，2005 年松花江曾发生水污染事件，其主要污染物为硝基苯，该事件应急处理过程中选择了使用活性炭吸附技术并取得很好的效果[34]。

对硝基苯酚（PNP）是工业生产中使用广泛的酚类物质，已被我国列入优先控制污染物黑名单中。使用活性炭处理对硝基苯酚含量为 150mg/L 的废水，当活性炭添加量为 60mg 时，出水对硝基苯酚的浓度降低至 1.36mg/L，总有机碳含量从 86.4%降低至 0.97%，对硝基苯酚去除率高达 99.09%，达到国家综合污水一级排放标准。

4. 含甲醛废水

甲醛对人体有很大危害，主要表现为对皮肤黏膜的刺激作用，若人类长期饮用被甲醛污染的水源，可能会头痛、免疫力降低、记忆力减退、神经衰弱等。目前常见的处理含甲醛废水的方法主要有 Fenton 法、光催化氧化法、二氧化氯法、SBR（序批式活性污泥法）工艺等，其中二氧化钛光催化法因氧化能力强、无二次污染等优点成为最有前景的方法之一，但是在使用过程中存在容易流失等问题，因此很多研究者选择使用活性炭作为载体制备负载型纳米二氧化钛。

李小红等[35]采用溶胶-凝胶法制备了负载型纳米 TiO_2 光催化活性炭复合材料，对甲醛废水有较好的降解效果，当甲醛的初始浓度为 30mg/L，纳米 TiO_2 光催化剂用量为 4g/L，40W 紫外灯光照 3h 时，对甲醛的降解率可以达到 96.9%。

（三）含油污水

工业含油污水作为难降解工业废水之一，来源十分广泛，如油田、油品贮存、油轮事故、食品加工等行业或场合，其种类和性质比较复杂，若直接将其排放，对环境、人类健康、生态平衡会造成很大的危害。

目前，处理含油污水的常用方法有重力分离法、空气浮选法、粗粒化法、过滤法、吸附法、超声波法等。吸附法是使用亲油材料吸附废水中的油类物质，最常用的材料是活性炭，它可以吸附废水中的分散油、乳化油、溶解油等。但是活性炭对油类物质的吸附能力有限，且成本较高，因此通常都作为最后一级处理方法，处理后水中含油量可以降低到 0.1～0.2mg/L。

王伟燕等[36] 利用 A（厌氧生物处理）-MBR（膜生物反应器）-Fenton-活性炭吸附组合工艺对渤海某钻井平台的钻井盐屑含油废水进行处理，该工艺流程如图 4-7-6 所示。结果表明，当进水 COD 为 3930～5119mg/L、NH_3-N 和油的浓度分别为 203～232mg/L 和 903～937mg/L 时，使用该工艺处理后，出水 COD 降至 57mg/L，NH_3-N 和油的浓度降至 5mg/L 和 6mg/L，对废水中 COD、NH_3-N 和油的去除率分别达到了 98.8%、97.7%和 99.6%，出口水质达到了相关规定的标准。

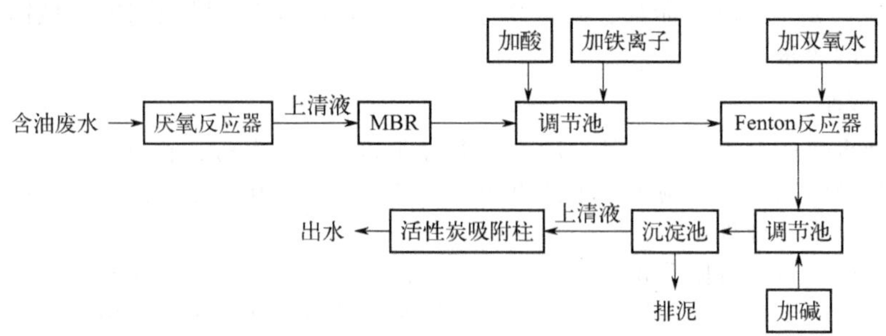

图 4-7-6 A-MBR-Fenton-活性炭吸附组合工艺流程

（四）印染废水

染料废水的排放量占工业总排量的 10%，具有色度深、难处理、成分复杂、有机物含量高等特点，若直接排放会对环境造成严重污染。常见的处理印染废水的方法有化学氧化法、物理化学法、生物法、吸附法、内电解法等，其中吸附法具有经济、效果好等优势。活性炭作为吸附剂被广泛应用于处理印染废水。

张晋峰等[37] 使用花生壳活性炭吸附废水中的结晶紫，结果表明活性炭对结晶紫的最大去除率可高达 96%，吸附过程符合二级动力学模型和 Freundlich 等温吸附方程，花生壳活性炭吸附废水中的结晶紫染料具有一定的可行性。杨素霞等[38] 使用混凝-沉淀-臭氧氧化-活性炭吸附组合工艺处理含酸性红的染料废水，实验结果表明对 COD 和色度的去除有显著效果，最佳条件为臭氧氧化 30min，活性炭吸附 40min，pH 值为 9。殷钟意等[39] 使用活性炭作为载体负载纳米 TiO_2 催化剂，电催化氧化处理含甲基橙的染料废水。董磊等[40] 使用粉状活性炭作为催化剂，采用微波协同活性炭工艺处理偶氮染料（酸性芷青 GGR 和酸性嫩黄 G）废水，实验结果表明：当酸性芷青 GGR 浓度为 100mg/L，活性炭添加量为 12.5g/L，微波时间为 10min，微波功率为 500W 时，粉状活性炭可以去除废水中 90.28%的酸性芷青；当酸性嫩黄 G 浓度为 100mg/L，活性炭添加量为 10.0g/L，微波时间为 8min，微波功率为 500W 时，粉状活性炭可以去除废水中 95.87%的酸性嫩黄 G。说明微波协同活性炭工艺处理偶氮染料具有独特的优越性。赵冰等[41] 使用臭氧-活性炭-过氧化氢组合工艺处理染料废水，结果表明，该方法对染料中的 COD、色度、挥发酚以及氰化物的去除率均可达到 96%以上，臭氧-活性炭-过氧化氢组合工艺能有效去除染料废水中的大部分有机物。

（五）含农药废水

目前，我国农药产量越来越高，农药废水处理也越来越紧迫。我国农药工业的污染主要是农药废水，农药工业的废水有机物含量高、毒性大、成分复杂、难生物降解、有刺激性气味等。农药废水常见的处理方法主要有吸附法、汽提法、吹脱法、重力分离法、催化氧化法、生物法、超声波技术处理法等。其中活性炭吸附法及其组合工艺处理农药废水可以达到满意效果。

朱丹等[42] 使用 UV 光照-TiO_2-Fenton-活性炭处理敌百虫农药废水，敌百虫农药废水 COD 质量浓度由 16675.7mg/L 变为 6987.1mg/L，COD 去除率达 58.1%；邱俊等[43] 使用 Fe/C 微电解-超声波/Fenton 氧化-活性炭吸附处理高色度、高 COD、高盐分、高毒性的仲丁灵农药废水，处理后废水的 COD、色度均可达到国家标准《污水综合排放标准》规定的一级指标。

参考文献

[1] 刘成. 粉末活性炭在微污染源水处理中的应用研究. 西安：西安建筑科技大学，2004.

[2] 蒋应梯，潘炘，庄晓伟. 利用木屑制备油气回收和液相脱色颗粒活性炭的研究. 浙江林业科技，2016，36（5）：56-60.

[3] 唐铭，丁亮，吴强，等. 预氯化-粉末活性炭工艺处理藻类水的应用. 给水排水，2005，31（9）：40-43.

[4] 段蕾，高乃云，隋铭皓，等. 生物强化在颗粒活性炭处理微污染水源水中的作用. 水处理技术，2010，36（4）：60-63.

[5] 高德霖. 活性炭的孔隙结构与吸附性能. 化学工业与工程，1990，7（3）：48-54.

[6] 卢敬科. 改性活性炭的制备及其吸附重金属性能的研究. 杭州：浙江工业大学，2009.

[7] 姜言欣，黄祥，蒋文举. 活性炭处理重金属废水的研究与应用进展. 安徽农业科学，2012，40（7）：4156-4158.

[8] Abdel-Halim S H，Shehata A M A，El-Shahat M F. Removal of lead ions from industrial waste water by different types of natural materials. Water Res，2003，37（7）：1678-1683.

[9] 李学艳，高乃云，沈吉敏，等. 活性炭吸附性能新指标在实际水处理工艺中的应用. 给水排水，2010，36（5）：13-18.

[10] 张巍，常启刚，应维琪，等. 新型水处理活性炭选型技术. 环境污染与防治，2006，28（7）：499-504.

[11] 朱建华，王时雄. 不同活性炭滤芯去除饮用水中余氯性能的研究. 当代化工研究，2017，3：62-64.

[12] 田宇红，兰新哲，宋永辉，等. 兰炭粉基活性炭处理高 COD 焦化废水的研究. 煤炭技术，2010，29（10）：189-190.

[13] 曹蓉，王志娟，张晓强. 臭氧-活性炭处理制药废水试验研究. 给水排水，2014（s1）：292-294.

[14] 王立升，郭鑫，刘力恒，等. 医药级蔗糖制备工艺研究. 食品科技，2008，7：148-150.

[15] 李瑞，陈华，夏秋瑜，等. 椰壳活性炭脱色蔗糖溶液的研究. 现代食品科技，2007，23：54-55.

[16] 霍汉镇，谭必明. 活性炭-高效的糖液脱色剂. 广西轻工业，2003，3：16-19.

[17] 王建一，林松毅，张旺，等. 玉米葡萄糖全糖粉制备过程中的糖化及脱色技术研究. 食品科学，2008，29（10）：263-266.

[18] 李兴才. 颗粒活性炭在葡萄糖生产中的应用研究. 济南：齐鲁工业大学，2012.

[19] 张鹏，张兴龙. 乳酸生产应用现状与发展趋势. 创新科技，2013 (10)：36-37.
[20] 潘玉霖. 黑曲霉柠檬酸发酵过程代谢动力学模型研究. 上海：上海交通大学，2014.
[21] 蒋剑春. 活性炭制造与应用技术. 北京：化学工业出版社，2017.
[22] 李晓红，熊英莹，刘世斌，等. 煤质活性炭用于味精脱色的可行性研究. 浙江化工，2008，39 (9)：27-31.
[23] 张军，岑新光，解强，等. 废食用油活性炭脱色工艺的研究. 环境工程学报，2008，2 (5)：716-720.
[24] 段延萍，潘红艳，张煜，等. 低度白酒用活性炭制备工艺研究. 酿酒科技，2013，3：54-57.
[25] 何志平，刘畅，汪益锋，等. 活性炭在啤酒酵母提取液精制中的应用. 食品工业，2004，4：13-14.
[26] 吴斌. 不同吸附剂对啤酒中嘌呤类物质吸附作用的研究. 商品与质量，2012，S3：7-8.
[27] 张巍，常启刚，应维琪，等. 新型水处理活性炭选型技术. 环境污染与防治，2006，28 (7)：499-504.
[28] 李利霞，王红果，吕利光. 饮用水传统净化方法研究进展. 能源环境保护，2009，23 (1)：31-34，57.
[29] 储雪松，陈孟林，宿程远，等. 生物活性炭技术在水处理中的研究与应用进展. 水处理技术，2018 (11)：5-10.
[30] 安东，李伟光，崔福义，等. 固定化生物活性炭强化饮用水深度处理. 中国给水排水，2005，21 (4)：9-12.
[31] 王振旗，朱江，闵浩，等. 负载 TiO_2 颗粒活性炭去除微囊藻毒素-LR 的动力学. 安全与环境学报，2011，11 (5)：32-36.
[32] 张慧书，王自强，王锐，等. 可见光响应杀菌功能活性炭的制备及表征. 环境科学，2011，32 (1)：140-144.
[33] 张茼，尹连庆，李若征，等. 特种活性炭处理含酚废水的实验研究. 煤炭工程，2010，1 (6)：82-84.
[34] 张晓健. 松花江和北江水污染事件中的城市供水应急处理技术. 给水排水，2006，32 (6)：6-12.
[35] 李小红，郑旭煦，殷钟意，等. 活性炭负载纳米 TiO_2 光催化降解甲醛废水研究. 化学研究与应用，2009，21 (4)：594-596.
[36] 王伟燕，杨宗政，曹井国，等. A-MBR-Fenton-活性炭吸附组合工艺处理海上钻井含油废水的初步研究. 天津科技大学学报，2014 (4)：72-77.
[37] 张晋峰，张莹琪. 花生壳活性炭吸附染料废水中结晶紫的研究. 节水灌溉，2015，4：52-54.
[38] 杨素霞，刘鲁建，张岚欣. 臭氧-粉末活性炭对染料废水深度处理的研究. 山东化工，2018，47 (3)：149-152.
[39] 殷钟意，李小红，侯苛山，等. 活性炭负载纳米 TiO_2 电催化氧化处理染料废水. 环境科学与技术，2010，33 (1)：150-153.
[40] 董磊，乔俊莲，闫丽，等. 微波协同活性炭处理蒽醌类染料废水研究. 水处理技术，2010，36 (1)：40-43.
[41] 赵冰，徐君. 臭氧-活性炭-过氧化氢法处理染料废水的研究. 中国资源综合利用，2011，29 (4)：27-30.
[42] 朱丹，王瑛瑛，廖绍华，等. UV-TiO_2-Fenton-活性炭处理敌百虫农药废水的研究. 云南大学学报（自然科学版），2012，35 (1)：87-92.
[43] 邱俊，朱乐辉，裴浩言，等. Fe/C 微电解-超声波/Fenton 氧化-活性炭吸附处理仲丁灵农药废水. 环境污染与防治，2009，31 (4)：53-56.

（孙康，卢辛成，孙昊）

第八章　活性炭在气相中的应用

18 世纪末，谢勒和方塔纳科学证明了木炭对有机气体具有吸附能力。第一次世界大战时，德军向英法联军使用了化学武器，军事科学家发明了防护氯气毒害的武器——活性炭，这不仅促进了气相吸附用活性炭的工业生产，而且通过各种金属盐类浸渍活性炭来分解有毒气体的研究，开创了活性炭作为催化剂或催化剂载体的研究[1]。到了 1917 年，交战双方的防毒面具里都已装上了活性炭，毒气对交战士兵的危害程度大大降低了，活性炭因为能高效防止人们遭受毒气侵害而被广泛运用于战争中。随后，活性炭又从战争进入普通百姓的生活中。

活性炭的应用范围不断扩大。时至今日，活性炭不但在国防、制药、化工、电子、环境保护及能源储存等方面获得了广泛应用，而且作为家用净水剂、食品、饮料、冰箱除臭剂、防臭鞋垫和香烟过滤嘴等制品的核心材料，已经和人们的生活建立了密切的关系。本章主要讲述活性炭在气相吸附领域的应用。

第一节　工业气体分离精制

一、工业气体分离精制方法

分离是将几种成分组成的气体或液体，利用活性炭的吸附作用分离成不同成分或成分组合的操作；精制是在含有多种成分的气体或液体中，用活性炭吸附除去不需要的杂质成分，以提高产品价值的操作。

气体分离精制技术从 21 世纪初开始发展，目前已广泛应用。如空气分离以制取氧、氮及稀有气体；合成氨驰放气分离回收氢、氩及其他稀有气体；天然气分离提取氦气；焦炉气及水煤气分离获得氢或氢氮混合气等。科学技术的发展对气体分离技术不断提出新的要求，如经济合理地提供各种纯度的气体，综合利用工业废气以及进一步提纯中间产品等。常用的分离精制方法有：薄膜渗透法、吸收法、分凝法、精馏分离法、吸附法[1-3]。

1. 薄膜渗透法

薄膜渗透法是利用混合气体中各组分对有机聚合膜的渗透性差别而使混合气体分离的方法。这种分离过程不需要发生相态的变化，不需要高温或深冷，设备简单，占地面积小，操作方便。一般认为气体通过聚合膜的渗透过程主要经过以下三步[4]：

① 气体以分子状态在膜表面溶解；

② 溶解气体分子在膜的内部向自由能降低的方向扩散；

③ 气体分子在膜的另一表面解析或蒸发。

薄膜渗透法的应用有：从天然气中提氦，是目前世界上膜分离应用研究较多的一个领域；分离空气制富氧，具有装置简单、操作方便等优点。

2. 吸收法

吸收法是用适当的液体溶剂来处理气体混合物，使其中一种或几种组分溶解于溶剂中，从而达到分离的目的。在吸收过程中，我们称被溶解的气体组分为溶质（或吸收质），所用的液体溶剂为吸收剂，不被溶解的气体为惰性气体。气体与液体接触，则气体溶解在液体中。在气液两相经过相当长时间接触后，达到平衡，气体溶解过程终止。这时单位量液体所溶解的气体量叫平衡溶解度，它的数值通常由实验测定。气体的平衡溶解度受温度的影响，温度上升，气体的溶解度将显著下降，因此控制吸收操作的温度是非常重要的。对于吸收剂的选择，常遵循以下几点：a. 对于被吸收的气体具有较大的溶解度；b. 选择性能好；c. 具有蒸气压低、不发泡、冰点低的特性；d.腐蚀性小，尽可能无毒，不易燃烧，黏度较低，化学稳定性好；e.价廉，容易得到。

3. 分凝法

分凝法亦称部分冷凝法，它是根据混合气体中各组分冷凝温度的不同，当混合气体冷却到某一温度后，高沸点组分凝结成液体，而低沸点组分仍然为气体，这时将气体和液体分离，也就将混合气中组分分离。天然气、石油气、焦炉气以及合成氨驰放气都是多组分混合气，实现它们的分离往往需要在若干个分离级中分阶段进行，在每一级中组分摩尔分数将发生显著变化。如图 4-8-1 所示，当多组分气体混合物被冷却到某一温度水平时，进入分离器，将已冷凝组分分离出去，然后再进入下一级冷凝器，继续降温并分凝。

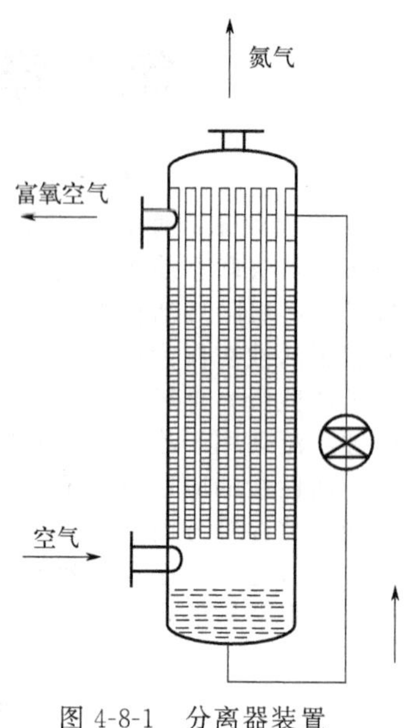

图 4-8-1　分离器装置

4. 精馏分离法

气体混合物冷凝为液体后成为均匀的溶液，虽然各组分均能挥发，但有的组分易挥发，有的组分难挥发，在溶液部分气化时，气相中含有的易挥发组分将比液相中的多，使原来的混合液达到某种程度的分离；而当混合气体部分冷凝时，冷凝液中所含的难挥发组分将比气相中的多，也能达到一定程度的分离。虽然这种分离是不完全的，与所要求的纯度相差很多，但可利用上述方法反复进行，逐步达到所要求的纯度。这种分离气体的方法称为精馏。在工业中，用精馏方法分离液体混合物的应用是很广泛的，如石油炼制中，将原油分为汽油、煤油、柴油等一系列产品。精馏方法特别适宜于被分离组分沸点相近的情况，因为用这种分离方法通常是大规模生产中最经济的。

5. 吸附法

吸附法是依靠各组分在固体中吸附能力的差异来实现气体混合物的吸附分离[4-7]。用来吸附可吸附组分的固体物质称为吸附剂，被吸附的组分称为吸附质，不被吸附剂吸附的气体叫惰性气体。吸附剂需要具备以下特点：对吸附质有高的吸附能力；有高的选择性；有足够的机械强度；化学性质稳定；供应量大；能多次再生；价格低廉。目前广泛使用的吸附剂有活性炭、硅胶、活性氧化铝、沸石分子筛。表 4-8-1 为气体分离精制常用吸附剂的特性[1,2]。

表 4-8-1　气体分离精制常用吸附剂的特性

吸附剂 性能	球型硅胶		活性氧化铝	活性炭	沸石分子筛 4A/5A/13X
	细孔	粗孔			
堆密度/(g/cm³)	670	450	780～850	400～540	500～800
视密度/(g/cm³)	1.2～1.3	—	1.5～1.7	0.7～0.9	0.9～1.2
真密度/(g/cm³)	2.1～2.3	—	2.6～3.3	1.6～2.1	2～2.5
空隙率/%	43	50	44～50	44～52	—
孔隙率/%	24	30	40～50	50～60	47/47/50
孔径/nm	25～40	80～100	72	12～32	4.8/5.5/10
粒度/nm	2.5～7	4～8	3～6	1～7	3～5
比表面积/(m²/g)	500～600	100～300	300	800～1050	800/700～800/800～1000
热导率/[W/(m·K)]	0.198	0.198	0.13	0.14	0.589
比热容/[J/(kg·K)]	1	1	0.879	0.837	0.879
再生温度/℃	453～473		533	378～393	423～573
机械强度	94～98	80～95	95	—	>90
pH 值	—	7～9	—	—	9～11.5

二、活性炭在气体精制中的应用

活性炭在气体分离精制中的主要应用具体见表 4-8-2[1,2]。

表 4-8-2　活性炭在气体分离精制工业化中的主要应用

目的	过程
痕量杂质的去除	TSA
溶剂蒸气的去除与回收	TSA、PSA
气体分离	PSA
从生物气体中分离 CO_2 和 CH_4	PSA
从烟道气中分离 CO_2	PSA
从蒸气、甲烷、重整气、焦炉气、乙烯尾气中回收氢气与 CO_2	PSA

注：TSA（temperature swing adsorption），变温吸附；PSA（pressure swing adsorption），变压吸附。

1. 痕量杂质的去除

利用变温吸附法可以去除痕量杂质。变温吸附法（temperature swing adsorption，TSA）或变温变压吸附法（简称 PTSA）[5] 是根据待分离组分在不同温度下的吸附容量差异实现分离的。由于采用温度涨落的循环操作，低温下被吸附的强吸附组分在高温下得以脱附，吸附剂得以再生，冷却后可再次于低温下吸附强吸附组分。填充活性炭的吸附柱经常在室温时被用来从空气或其他工业气体中选择性吸附除去痕量或低浓度的有机杂质、溶剂蒸气、有臭味的化合物，可容易地生成杂质含量低于 10×10^{-6} 的洁净流出液，被吸附的杂质通过加热吸附柱和用惰性气体或蒸气逆吹解吸。图 4-8-2 为从惰性气体（B）中除去痕量杂质（A）的传统三柱变温吸附流程示意图。一部分经纯化的惰性气体被用来连续地冷却与加热其中的两个柱子，同时，第三个柱子从新添气中吸附杂质 A。

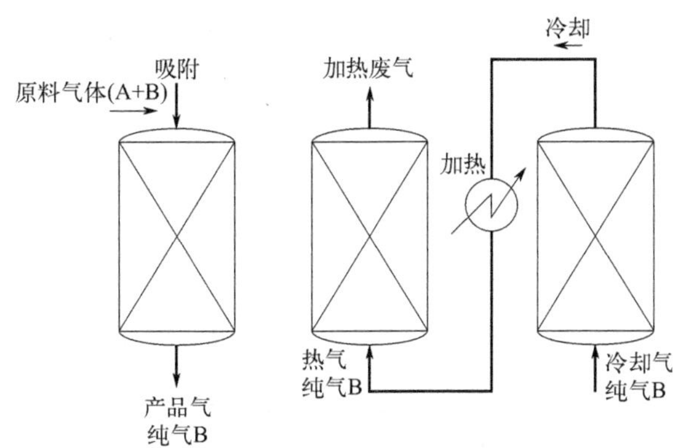

图 4-8-2　用变温吸附除去痕量杂质流程示意

因具有相对憎水性，活性炭对这类吸附特别优良，即使原料气湿度很大，活性炭对杂质亦具有很大的吸附容量。例如，工业上使用大量的有机溶剂，相当剂量的溶剂蒸气污染了被水蒸气饱和了的排出气。

2. 变压吸附制氢气

变压吸附（pressure swing adsorption，PSA）法精制或分离是根据恒定温度下混合气体中不同组分在吸附剂上吸附容量或吸附速率的差异以及不同压力下组分在吸附剂上的吸附容量的差异而实现的[8]。普通的制 H_2 法是用水蒸气催化重整天然气或粗汽油。由联合炭公司开发的多柱变压吸附过程可由这种原始蒸气生产纯度高达 99.999%的 H_2，H_2 的回收率达 75%～85%。图 4-8-3 为采用九个平行吸附柱制备 H_2 的工艺流程[9]。变压吸附过程含 11 个连续的步骤，包括：a. 原料气压力下的吸附；b. 四个顺流降压过程；c. 逆流降压；d. 用纯压逆流驱气；e. 四个逆流加压过程。

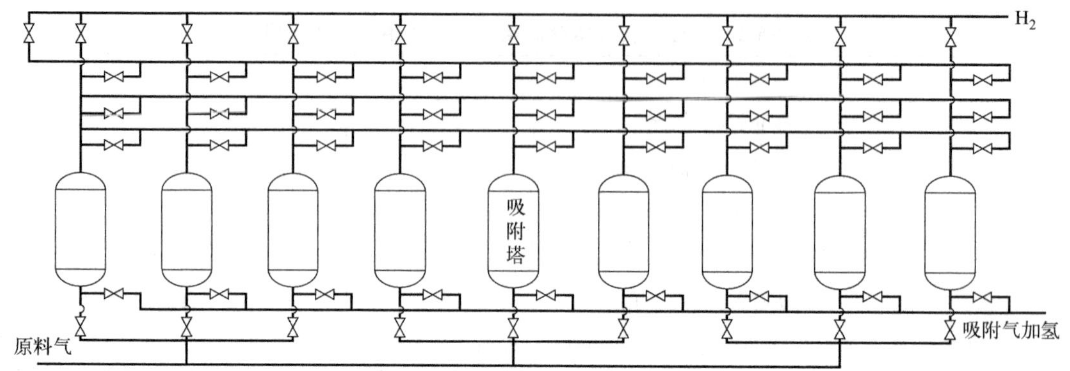

图 4-8-3　用变压吸附从蒸气-甲烷重整气中生产高纯度 H_2 的工艺流程

3. 去除空气中痕量 VOC（挥发性有机化合物）

通常，空气中痕量烃杂质经加热或催化燃烧方法氧化为 CO_2 和 H_2O 而除去，这需要大量的燃料。通过吸附-反应（SR）循环过程可使净化空气所需的能量大幅度地降低。图 4-8-4 给出了这一流程的示意图。该体系包括两个平行的吸附柱，内部填充经物理混合的活性炭与氧化性催化剂，吸附柱含有列管换热器，从而吸附剂-催化剂混合物可被间接加热。典型的 SR 循环包括：a. 室温下活性炭吸附痕量烃直至杂质穿透为止；b. 通过间接或直接加热吸附剂-催化剂混合物到 423K 对烃进行在位氧化；c. 将吸附剂-催化剂混合物直接或间接冷却至室温，并排出燃烧产物。仅对吸附容器和它的内部物质加热至反应温度，就可使脱除和降解烃所需的能量大幅度降低。表 4-8-3 比较了氯乙烯含量为 260mg/L 的 lMMSCFD 的空气经 SR 循环净化到 1mg/L 时的性能与 600K 时使用标准氧化催化剂的性能。该例中的吸附剂-催化剂体系是含 1.5%（质量分数）$PdCl_2$ 的 RB 炭。从表 4-8-3 中可知，用 SR 过程可使所需能量减少一个数量级。

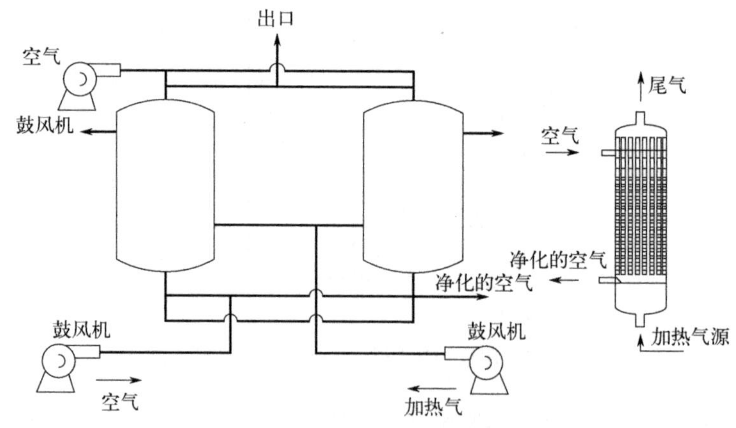

图 4-8-4　通过 SR 过程从空气中除去痕量杂质的流程

表 4-8-3　SR 过程中能量的节省

类别	SR 过程	催化燃烧
能量/(MM BTU/h)	0.012	0.47
吸附剂-催化剂	5700	800

4. 精制氢气

活性炭难以吸附氢气，精制时是用活性炭从原料气体中吸附氢以外的气体，把未吸附的氢气作为产品取出[10]。吸附槽的结构是下部充填除去水的氧化铝，中部是沸石，最上部是活性炭。标准吸附周期是 5min。

在羰基合成气体的场合，反应副产物尽管微量，但在反应过程中成为阻碍反应的物质，作为吸附剂保护床的形态设置的预期处理装置活性炭槽，将吸附除去这种反应副产物，所以，结果能够提高反应得率和催化剂的寿命。

5. 精制氦气

氦气与上述的氢气一样是难以被活性炭吸附的气体，因此，氦气的精制也是用活性炭从原料气体中吸附氦气以外的气体后，把未吸附的气体作为产品收集起来。氦气是稀有气体，价格昂贵。氦气精制主要应用于吸附除去氦气在循环使用过程中以杂质形态而混入的空气，提高再次循环使用的纯度。通常原气体中的空气含量为 5%～10%，用压力回转吸附装置将空气含量降低到 10×10^{-6} 以下，吸附槽至少有 2 个，吸附周期为 5min，由于要避开高压气体管理法，吸附压力多数小于 10kg/cm。

三、活性炭在气体分离中的应用

压力回转吸附法分离气体是通过在比较短的周期时间内，将压力下吸附与减压下吸附再生操作反复进行来实现吸附成分与易吸附成分的分离操作。

1. 氮气的压力回转吸附

氮气的压力回转吸附是从原料空气中吸附除去氯气、二氧化碳及水分而获得氮气产品的分离过程，常使用分子筛活性炭。该法是利用不同气体被分子筛活性炭吸附的速度差异进行分离的[3-5]，工艺流程见图 4-8-5。在相同的压力下，氮气、氢气、氧气的平衡吸附量差别并不大，但与分子筛活性炭的吸附速度相差 40 倍左右。因此，通过采用适当的吸附时间的方法，便能进行高度分离。现在，在压力回转吸附装置中，吸附时间为 12min 的场合，使用吸附速度大的短周期型分子活性炭有利，在重视得率的场合，使用吸附小的长周期型分子筛活性炭有利。此外，吸附速度及平衡吸附量都受温度的影响较大，可以分别在寒冷地区使用前一种分子筛活性炭，在温暖的地方使用后一种分子筛活性炭。

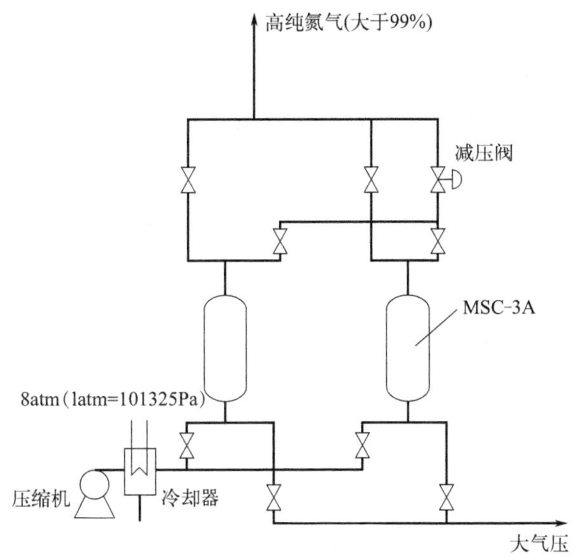

图 4-8-5 压力回转吸附法分离氮气的流程

随着分子筛活性炭性能的提高，使用比较普遍的是简单装置的第一种方式。压力回转吸附中，最简单的是两塔切换装置，均压工序也是上下同时进行均压。再生产是在均压后的减压下进行，此时把一部分产品氮气作为载气的形式逆流具有一定的效果，逆流量有最佳价值，10%左右经济性好，再生后，接在均压后面的是用供给的原料气体升压[11]。在制造高纯度氮气时，用产品氮气将均压时在塔内出口一侧生产的不纯气体回流压入入口侧，是一种升压的有效方法。作为一种廉价而又容易操作、方便的氮气发生装置，它的用途已经确立，并逐渐普及。

2. 二氧化碳气体分离

二氧化碳排放量大，是导致地球变暖的一种气体。通常使用的除去、回收二氧化碳气体的方法是氨气吸收等方法。正在研究操作简单的压力回转吸附法在回收各种排气中二氧化碳气体方面的应用[12]。正在研究的可使用的吸附剂有活性炭、分子筛活性炭、分子沸石和硅胶等。现在已经在压力回转吸附装置中实际使用的是活性炭或沸石，两者都是通过平衡吸附分离机能分离二氧化碳。活性炭与分子筛沸石比较，从平衡吸附特性来看，下列三种场合使用活性炭更加有利：二氧化碳气体浓度大；温度低；水分含量大。从吸附方面的特征来看，活性炭压力回转吸附法的吸附压力越大效果越好；而加压对分子沸石的效果却不大，在常压下吸附就足够了[7]。分子筛与活性炭相比，平衡吸附量较小，但具有与活性炭同样的其他性质。

火力发电站的锅炉排气等大量产生的化石燃料的燃烧排气，其中二氧化碳气体的浓度稍低，为15%左右，用活性炭、沸石的压力回转吸附法分离二氧化碳还处于研究性阶段。回收二氧化碳的利用方法，或者用于生物工程进行固定、储存、在深海中等方面的研究工作正在进行之中。二氧化碳的这些利用技术确立以后，二氧化碳压力回转吸附法在治理环境的二氧化碳问题上，将大显身手。

第二节　有毒有害气体的净化处理

人类活动大量排放各种有毒有害气体，这些有毒有害气体受到各种物理的、化学的、生物的、地球过程的作用并参与生物地球化学的循环，对全球大气环境及生态造成重大的影响，例如光化学烟雾、酸雨、温室效应、臭氧层破坏等无不与有毒有害气体有关。常见有毒有害气体按其毒害性质不同，可分为以下两种[3-7]。

刺激性气体——是指对眼和呼吸道黏膜有刺激作用的气体。它是化学工业中常遇到的有毒气体。刺激性气体的种类甚多，最常见的有氯、氨、氮氧化物、光气、氟化氢、二氧化硫、三氧化硫和硫酸二甲酯等[13-15]。

窒息性气体——是指能造成机体缺氧的有毒气体。窒息性气体可分为单纯窒息性气体、血液窒息性气体和细胞窒息性气体，如氮气、甲烷、乙烷、乙烯、一氧化碳、硝基苯的蒸气、氰化氢、硫化氢等。

有毒有害气体的治理中，活性炭吸附法或催化法使用普遍。废气与具有大表面的多孔性活性炭接触，其中的污染物被吸附，使其与气体混合物分离，气体得到净化。用于气体吸附的活性炭是颗粒状的，微孔结构较发达，采用固定吸附床或流动吸附床[14-19]。

活性炭具有发达的孔隙结构，其孔隙中大孔、中孔、微孔并存的结构特点使其具有广谱吸附性，对燃煤烟气中含有的多种有害物质（如 SO_2、NO_x、汞、二噁英等）可同时进行脱除净化，与其他烟气净化技术相比具有较高的竞争力和较大的发展空间，是一种发展前景较好的烟气净化技术。

一、烟气治理

1. 烟气脱硫

空气中的二氧化硫是形成酸雨的主要因素。燃烧燃料和工业生产排放的二氧化硫废气可分为两类：有色冶炼厂等排放的高浓度废气，都以接触氧化法回收硫酸；火电厂等锅炉烟气量大、浓度低，大都为0.1%～0.5%，如不予治理排放，严重污染空气。

烟气脱硫技术有两百多种，目前火电厂应用的仅约十种，最常用的有湿式石灰石-石膏工艺、喷雾干燥工艺、炉内喷钙和炉后增湿工艺、循环流化床工艺等。活性炭治理工艺已广为应用。活性炭对烟气中二氧化硫的吸附，在低温（20～100℃）时主要是物理吸附；在中温（100～160℃）时主要是化学吸附，活性炭表面对二氧化硫和氧的反应具有催化作用，生成三氧化硫，从而与水生成硫酸；在高温（>250℃）时几乎全是化学吸附，活性炭吸附二氧化硫而生成硫酸，回取、浓缩成70%的硫酸。

活性炭烟气脱硫技术开始于20世纪60年代，20世纪90年代在德国、日本等工业发达国家开始推广应用。该技术脱除 SO_2 的原理是将烟气中的 SO_2、O_2 和 H_2O 吸附后在活性炭表面反应生成硫酸从而达到脱除的目的，一般认为，脱硫的总反应方程式如下：

$$SO_2+\frac{1}{2}O_2+H_2O \longrightarrow H_2SO_4$$

目前，活性炭烟气净化工艺中，脱除装置主要为固定床和移动床，再生方法则有水洗和加热两种方式。固定床操作简单，脱除效率高，但设备庞大，连续性较差；移动床反应器占地空间小，连续性好，但结构相对复杂，吸附剂移动过程中会造成一定的机械磨损，需要连续补给新鲜吸附剂。在吸附剂再生方法方面，水洗再生法操作简单，再生效率较高，但需消耗一定量的水，水洗液中含酸，易造成二次污染，而且再生过程中易产生设备腐蚀问题；加热再生法是将活性炭加热到300～500℃，使吸附的硫酸与活性炭表面的碳发生反应，生成 SO_2、CO_2 和 H_2O 等，可以节省水资源，不会造成二次污染，再生产生的 SO_2 可以加工成硫酸、单质硫等多种产品，但再生过程中能量消耗较大，并且会造成活性炭的消耗。

活性炭浸渍含碘物作为催化剂用于烟气脱硫的优点是：反应过程中的碘能将二氧化硫催化氧化为硫酸，碘还原为碘化氢，碘化氢在活性炭上氧化为碘，从而循环反应，大大提高了活性炭对二氧化硫的吸附量。炭表面形成了活性中心，从而促进催化氧化的进行。通过测定不同时间活性炭上三氧化硫的蓄积量的研究，发现整个过程可分为两个不同反应机理的阶段：在三氧化硫蓄积量小的情况下，三氧化硫对二氧化硫和氧的吸附不产生影响；在三氧化硫蓄积量达到一定程度后，则成为一种阻抑物。

2. 烟气脱硝

氮氧化物（NO_x）种类很多，最主要的是一氧化氮和二氧化氮，其也是形成酸雨和光化学烟雾前体的污染物。污染源来自燃料的燃烧、机动车和硝酸氮肥等化工厂。大部分燃烧方式中排放物的主要成分为NO，占 NO_x 总量的90%以上。

烟气中脱除氮氧化物，即烟气脱氮或烟气脱硝的方法很多，可分为催化还原法、液体吸收法和吸附法。吸附法中常用的吸附剂是活性炭，活性炭对低浓度氮氧化物具有较高的吸附 NO_2 的能力和使NO成为 NO_2 的氧化能力；也有特殊的活性炭，有使 NO_x 成为NO的还原能力。活性炭的吸附量比分子筛或硅胶的大。不过活性炭在300℃以上有自燃的可能，值得注意。活性炭净化氮氧化物的工艺是：将 NO_x 废气通入活性炭固定床被吸附，净化后尾气排空，活性炭用碱液处理再生，并从亚硝酸钠中回收硝酸钠。也可将硝酸吸收塔尾气以活性炭吸附，用水或稀硝酸喷淋，回收硝酸，有费用较省和体积较小的优点。

同一反应器内同时脱硝、脱硫的技术，目前国内外尚处于开发和研究阶段。1976～1984年日本住友重机械株式会社研究成功活性炭脱硫、脱硝技术，1985年有人用活性炭对氮氧化物和硫氧化物进行同时脱除，脱硫效率较高，脱氮效率却很低。迄今为止，国内外没有在常温下能同时脱除这两种气体的理想吸附剂。对活性炭来说，最重要的是要研究出脱硫脱氮性能高、耐磨强度大、着火点高、成本低的专用活性炭。由活性炭、氢氧化钙、硫酸钙、含水氢氧化钾和无机黏结剂组成的蜂窝状结构的吸附剂，适用于脱除烟囱中排出的氮氧化物和硫氧化物。

3. 烟气脱汞气

汞污染已经引起人们的重视。对于含汞废气除了高锰酸钾溶液、次氯酸钠溶液、热浓硫酸、软锰矿硫酸悬浮液、碘化钾溶液等进行吸收的方法外，还有活性炭吸附法。该法是先用活性炭吸附易与汞反应的氯气，当含汞废气通过这些预处理的活性炭时，汞与活性炭上的氯反应生成氯化汞附着在活性炭表面，从而将废气中的汞去除。

经过化学处理的活性炭，可净化空气或载气中的汞蒸气，例如：饱和吸附氯气的活性炭可催化汞蒸气和氯气成为氯化汞；浸渍碘化钾和硫酸铜混合溶液的活性炭所产生的碘化铜和汞蒸气形成碘化汞铜沉淀；载有硫黄的活性炭可与汞蒸气生成硫化汞沉淀。

有从模拟的和实际的烟道气中去除汞的研究，认为活性炭能去除元素汞和一氯化汞，其吸附效力取决于汞的类型、烟道气的组成、吸附温度。

4. 治理含二噁英废气

二噁英是一类化合物，包括多氯代二丙苯二噁英和多氯代二丙苯二呋喃，现又将多氯联苯并入，共有二百多种，毒性都很大。

将含有二噁英的燃烧尾气通过活性炭柱吸附，可达排放标准。用过的废炭经高温再生再用，吸附的二噁英高温分解为二氧化碳、水，少量氯或氯化物以水喷淋。有一种去除二噁英的设备，由活性炭加料器、圆筒接触器和旋风分离器所组成，成本低、效率高。新近有个方法，将温度400～500℃的烧炉排出气体直接送到有催化剂的反应塔，塔内装有一定功率的紫外线灯管，排出气体通过催化反应，会迅速分解二噁英。二噁英不仅存在于废气中，还存在填埋场滤液中，也可应用活性炭来吸附。

二、有毒有害气体治理

1. 防毒防护

防毒保护是活性炭最早的气相应用领域之一，从第一次世界大战时起，活性炭就被用于防毒面具中，至今仍被广泛应用。与早期相比，现在防毒保护用活性炭的性能已有很大提高，除防护毒气外，还应用于原子反应堆或应用放射性物质的一些领域，用于吸附清除放射性气体和蒸气，防止放射性污染[20]。

防毒保护用的活性炭必须具有以下性质：吸附速率快，能迅速除去有毒气体；具有尽可能大的吸附量；受温度、湿度的影响不大；压力损失小；机械强度大，耐磨性好；吸附剂之间不发生化学反应，不腐蚀装填容器[21]。

颗粒活性炭很好地符合以上要求，因而在防毒保护方面应用较多。为提高防毒保护性能，多对活性炭进行浸渍处理，添加不同的催化剂使之具有对不同毒气选择吸附的特性。浸渍常用的是Cu、Zn、Cr、Ag、Mn、Co、V和Mo的化合物及吡啶等，浸渍时选用大孔和中孔较发达的颗粒活性炭。根据防护对象的不同，浸渍剂可以是上述化合物的一种或多种。迄今为止，最成熟、最具有广谱防护能力的防护用炭仍是以Cu、Cr、Ag三种金属氧化物作负载组分。近年来，该领域的一些专家拟采用Mo、V、Zn等过渡金属元素取代可能会影响人体健康的Cr元素[13]。

一般来讲，活性炭防护毒气的机理可以分为以下三种：物理吸附——一般活性炭；化学吸附——浸渍活性炭；催化反应——Co、Cu、Ag、Mn等氧化物的混合物。

核辐射、生物制剂和化学制剂的防护（NBC防护），一直是颗粒活性炭的主要应用领域之一。目前最成熟、应用最广泛的是一种负载了适当比例铬酸盐、铜盐及银盐的活性炭产品，这种浸渍活性炭经过热处理后在炭表面形成CuO、Cu_2O、CrO_3、Ag_2O等各种金属氧化物，可同时提供物理吸附、化学吸附及催化反应作用，对于目前列为化学毒剂的毒剂如光气、苯氯乙酮、氯化氰、亚当氏气等能很好地防护。在活性炭的选择方面，中国及苏联多采用粒径0.7～1.5mm的柱状炭作基炭，欧美国家及日本则多采用12×30目压块破碎炭作基炭。

在工业领域，防毒保护更为普遍。与军用防毒强调全效多功能而采用多组分浸渍活性炭不同，工业防毒要求更为有针对性地选用活性炭或浸渍活性炭。例如，防护工厂中的有机溶剂蒸气，常用一般活性炭；防护酸性气体，采用碱浸渍活性炭；防护氢氰酸，采用铜盐浸渍活性炭；防护二硫化碳，采用碳酸氢钾浸渍活性炭；防护氨气和硫化氢，采用锌盐浸渍活性炭；防护汞蒸气，采用含碘的浸渍活性炭。此外，也有一些场合需要进行复方浸渍，例如，防护氯化氢和氢氰酸的浸渍活性炭采用复方浸渍，将重铬酸钾溶液、硝酸银溶液和碱式碳酸铜＋碳酸铵＋氨水三种溶液混合后浸入活性炭，再经干燥、热处理而得。

在核电站中，为避免产生的氙气、氪气及放射性碘（大部分为无机碘，少量为碘甲烷）等放射性物质泄漏造成危害，稀有气体阻滞装置中装填有厚度为几十米、质量达数千吨的活性炭进行脱除，以保证对放射性气体的100%捕集，并在装置中有充分的时间衰变为不具放射性的同系物。另外，为避免出现核泄漏危险，工作室中央空调系统的集中部在各通风口处还设有装填浸渍活性炭（多浸渍碘化钾）的放射性气体捕集过滤器，用来去除放射性气体。

此外，目前市售的民用防护器材中，也普遍采用煤质活性炭作为吸附剂实现对特定气体的防护目的。例如，如果居民住宅装修不当（如使用了不当石材），可能会引起放射性气体氙气、氪气、氡气超标，导致居住者出现健康问题，安装装有煤质颗粒活性炭的空气净化器后，能够降低危险。

工业、民用防护中常见的浸渍物质及防护对象见表4-8-4[7]。

表4-8-4　工业、民用防护中常见的浸渍物质及防护对象

浸渍物质	防护对象
$CuSO_4$	NH_3
$KHCO_3$	SO_2
Zn盐	NH_3、H_2S
强碱(NaOH、KOH)	卤素气体
Cu系和Fe系金属盐类氧化物	硅烷气体
膦系化合物	NH_3
CuO、Cu_2O	氢氰酸、光气
ZnO、Na_2ZnO_2	砷化氢、氢氰酸、光气
Ag_2O	砷化氢

2. 硫化氢废气治理

污染空气的硫化氢主要来自天然气净化、石油精炼、煤气和炼焦工厂或化工厂以及含硫废物的微生物分解。治理方法有氧化铁法、乙醇胺法、对苯二酚法、氨水吸收苦味酸催化法和活性炭催化氧化法等，其中活性炭催化氧化法操作简便，被普遍采用[15-18]。

可用有机溶剂萃取或用蒸气蒸馏办法回收元素硫，也可用硫化铵水溶液提取。该过程硫化氢氧化生成元素硫，但也可能发生副反应，生成二氧化硫，因此，有必要选择反应条件和采用促进剂避免或减少这些副反应。当含硫化氢的气体混合物中，氧含量从1∶1提高到1∶6时，硫化氢的氧化率从25%提高到30%。活性炭量增大，硫化氢的氧化率会提高到90%以上。当温度在120℃时，氧化速度很快，并随温度升高而增大。活性炭床温度以低于60℃为妥。因反应热效应大，不宜用本法处理硫化氢浓度大于900g/m^{3}的废气。一般活性炭中含有相当多的化学吸附氧，将活性炭进行除气处理后排去吸附氧，从而使活性部位化学吸附硫。当活性炭的活性部位由于吸附氧、硫而被堵塞时氧化效率大为降低，这说明活性炭的活性部位与催化活性有关。活性炭的表面积与催化活性无关。因为脱气处理的活性炭，虽然与未脱气处理的活性炭有大致相同的表面积，却是更有效的催化剂。活性炭通过酸洗处理，会去掉一些能促进硫化氢氧化铁或钠等的杂质，从而降低了活性炭的催化活性。添加促进剂会提高活性部位的效率，并减少生成硫酸的副反应。

3. 一氧化碳废气治理

一般来说，活性炭有很好的吸附能力，但对一氧化碳的净化效果很差。研究发现，通过浸渍铜盐和氯化锡能够有效地提高活性炭吸附一氧化碳的性能。

近年发现光催化技术可用于难处理污染物的治理。国内外研究成果显示，活性炭与纳米二氧化钛结合可增强催化净化性能。将二氧化钛通过浸渍的方法负载于活性炭表面，在紫外线的照射下，能够增强其光催化作用，从而增强其净化性能。由于被吸附的污染物被光催化氧化降解后活性炭并未吸附等量的污染物，通过不断原位再生可获得更多的吸附容量，从而增强活性炭的吸附净化性能。

4. 治理含砷废气

炼铜厂煅烧含硫的黄铜矿或辉铜矿时，逸出大量二氧化硫，以此制造硫酸，同时铜矿还含有砷，经煅烧生成三氧化二砷，会引起制硫酸的催化剂五氧化二砷的中毒，而且砷进入大气造成污染。

针对炼铜时的砷害和硫害，曾经用过湿法脱砷，此法既易使砷进入水中，造成二次污染，又易使硫酸被冲淡。近年使用活性炭法，先用活性炭吸附脱砷，继以活性炭脱硫或以接触法制造硫酸。活性炭吸附的砷用热空气解吸回收，然后再生活性炭，反复使用，尾气脱砷后延长制酸的催化剂寿命，提高硫酸的得率。

5. 治理含碳氮化合物废气

碳氮化合物的污染源有：石油化工的生产过程；使用有机溶剂的工厂；汽车、轮船、飞机油类的燃烧等。其不仅对人体有害，有的还有致癌和致突变作用，而且在日光下，会和氮氧化物生成导致二次污染的光化学烟雾。含碳氮化合物的废气，常用净化方法有窑炉直接燃烧、火炬燃烧、催化燃烧以及活性炭吸附。用颗粒活性炭净化废气，大都联合固定床吸附器。

用活性炭可从一种烃类或石油类中分离出聚合烃类。对空气中七种有机物甲苯、丙酮、乙醇、乙氛、乙酸乙酯、氯乙烯、乙酸，以不同原料如椰子、橄榄和枣子制成的活性炭分别做吸附测试，均有良好的吸附力，而以橄榄为原料的活性炭最佳[19]。分子筛有筛选一定大小分子的作用，原由 Saran 脂制成，现在也可用煤，经适当方法处理，再经均匀活化而得到活性炭，两个平行的平面层间距约为 50nm，可筛选性地吸附 50nm 以下的分子。

碳氟化合物蒸气中如含有全氟异丁烯也可用活性炭去除。

6. 治理含“三苯”废气

“三苯”是指苯、甲苯和二甲苯三种有毒、易燃，与空气混合能爆炸的芳香烃。其废气常出现在制鞋、油漆（涂料）、印刷等行业，例如福建福清市鞋用胶水中“三苯”溶剂年用量曾在 1000t 以上。活性炭用于“三苯”废气吸附净化，有以下三种工艺。

（1）活性炭吸附脱附回收　活性炭吸附一定量污染物后，用水蒸气进行脱附，并进行冷凝分离，回收溶剂。该工艺适合处理单一组分废气，但耗资较大，不适于小厂使用。

（2）活性炭吸附催化燃烧　活性炭吸附污染物后，用热风解吸，解吸下来的污染物进行催化燃烧[20]。该工艺适合处理大风量有机废气，无二次污染，自动控制能力高。但由于活性炭层厚，容易因为热量堆积引发自燃，安全性差。

（3）活性炭分散吸附、集中再生　这种方法适用于废气排放点多、面广、规模小、资金少的厂家。吸附器结构设计是关键，该设备外形是环形，占地面积小，主要是考虑到颗粒活性炭层厚度、气流分布、阻力处理能力、活性炭的装卸更换。再生全过程是在活化炉内预热、脱附、煅烧活化和炉内废气燃烧及冷却出料。这种活性炭净化废气装置已有许多小型厂投入使用。

活性炭吸附法工艺过程包括：活性炭吸附废气中的“三苯”溶剂；吸附饱和后的活性炭脱附和溶剂回收；活性炭活化再生。用活性炭回收苯类溶剂，一般在常温下吸附，以蒸汽在 110℃ 以下解吸，冷凝分离回收。例如，天津石油化纤厂回收对二甲苯，西安石棉制品厂回收汽油和苯。合成纤维厂的废气中有对苯二甲酸二甲酯装置的氧化尾气，主要含对二甲苯，采用活性炭立式吸附器，将氧化尾气通过后经冷却分离，回收对二甲苯。活性炭吸附饱和后用热空气再生。脱附的有机物送入焚烧炉焚燃，效果好，成本高。

7. 治理恶臭

恶臭是空气中的异味物质刺激嗅觉器官而引起不愉快和损害生活环境的污染物，污染源来自含硫等烃类化合物，常出现在饲料厂、皮革厂、纸浆厂、化工厂、垃圾污水处理厂、水产加工厂、农场等。我国在《恶臭污染物排放标准》（GB 14554—1993）中对八种恶臭污染物（氨、二甲胺、硫化氢、甲硫醇、甲硫酰、二甲二硫、二硫化碳、苯乙烯）规定了一项最大排放限值。

恶臭的治理方法因臭气性质而异，有用水、酸或碱的吸收法，有直接燃烧脱臭法或催化燃烧脱臭法，有活性炭脱臭法。对低浓度的恶臭气体的处理，通常采用活性炭脱臭法，效果良好。活性炭品种型号的选择，应经实验室试验其吸附能力、吸附速度、机械强度、再生难易、价格高低而定。针对恶臭的性质，可以对活性炭进行定向处理，提高其使用效果；吸附温度控制在 40℃以下为宜，以利提高吸附效果[21,22]。

将活性炭和活性氧化铝、二氧化硅、沸石和（或）重金属，再加黏结剂组成制品，可有效地除去空气中臭味、细菌和真菌孢子，适用于冰箱、冷冻器等。将 0.1%～20%铁、铬、镍、钴、锰、锌、铜、镁的氧化物和（或）钙载在 100 份的活性炭上，在水蒸气的气氛下加热处理，再以有机黏结剂成型。这种蜂窝状活性炭具有高的催化氧化活性和低的压力损耗，适用于作冰箱、厕所和空气净化器中的防臭剂，可迅速去除低浓度的甲硫醇或三甲胺等臭味物质。蜂窝状活性炭也可用于处理空气中臭气的过滤器中，通过颗粒活性炭和酚醛树脂黏结剂制成的吸附剂在多层床中的过滤作用，密闭室内或厕所里的臭味可有效地脱除。将活性炭层夹入两片透气片中制成三明治式结构的除臭片，透气片之一以阳离子去臭剂浸渍，透气片之二以阴离子去臭剂浸渍，除臭效率更大。以旋转混合装置将有臭气的空气与活性炭吸附剂接触，再以微波辐射装置处理用过的废炭，再用含有臭氧的催化分解装置处理被吸附杂质。

8. 治理放射性气体和蒸气

随着我国核能工业的发展，排放的放射性气体对环境造成的污染引起了人们的重视，放射性污染治理成为研究的热点之一。

（1）碘化物　在原子反应堆的放射性蜕变过程中，主要排出两种碘的同位素：^{131}I（半衰期 8.04d）和 ^{133}I（半衰期 21h）。含碘的气体经燃料电池薄膜中的裂缝逸出，并首先污染热载体的第一回路。当状态失调时，这些放射性的碘化物可落入反应堆的锅炉中，但这些碘化物不应该落入室外空气中。因此，原子能发电站应安装清除这些杂质所需的相应过滤系统。除单质碘外，在悬浮微粒过滤器上还可收集部分杂质，可分离出甲基碘。如果在细孔活性炭上，甚至可从湿空气中很容易地清除单质碘蒸气，而甲基碘却恰恰相反，它具有较高的蒸气压力。表 4-8-5 为甲基碘蒸气压力随温度变化的关系[16]。直接使用活性炭吸附净化效果较差[1,2]。

表 4-8-5　甲基碘蒸气压力随温度变化的关系

温度/℃	甲基碘蒸气压力/kPa
−45.8	1.3
−24.2	5.3
−7	13.3
25.2	53.3
42.4	100

浸渍活性炭在同位素交换或化学结合过程中净化甲基碘是当前较为满意的解决办法。

同位素交换利用的是没有放射性和不挥发的无机碳化物浸渍的活性炭，在放射性甲基碘于炭料层中短暂的停留时间内，在吸附剂上发生碘同位素的交换，因此由于无放射性碘的大量过剩，所以可达到良好的交换效率。过滤装置是在相对湿度为 99%～100%条件下，能保证净化程度大于 99%的炭层长度不小于 20cm 的矩形截面的特殊结构过滤器。为了预先防止放射性炭尘埃的放出，悬浮微粒过滤器可设置在用活性炭制成的过滤器之后。在原子能发电站中空气不断地经过活性炭过滤器而循环。因为在这种情况下，浸渍活性炭的吸附能力由于吸收了在过滤器操作期间内必须严格控制的有机蒸气而有所降低。

化学结合是在利用叔胺浸渍的活性炭时，甲基碘可与其化合而生成季铵盐，它与其他胺相比具有较小的挥发性和较强的碱性而显得特别有效。然而胺易挥发，并降低活性炭的燃点温度，因此，像这样的浸渍组成在许多国家均不使用。

上海活性炭厂经筛选以2%TEDA（三亚乙基二胺）和2%KI浸渍的油棕炭制成专用活性炭，与复旦大学和上海原子核研究所合作研究应用，结果说明该浸渍活性炭可用作核电站中除碘过滤器的吸附材料。

(2) 放射性稀有气体　水反应堆废气中含有极少量的长衰期的同位素氪，主要含短衰期的同位素氪和氙。在吸附剂上长时间以大浓度保留这些稀有气体是不可能的。然而，如果在装有活性炭的一个吸附器中的持留时间与同位素的半衰期相比较相当长的话，那么在活性炭上可积聚着由这些稀有气体短衰期的同位素所生成的固体产物。为了保证相当长的持留时间，可以用几个吸附器构成的系统。废空气应当利用干燥剂或者冷凝法进一步进行精细的干燥，为的是消除水分对吸附能力较差的稀有气体在吸附过程中产生的不良影响。在这一系统中运行，主要是采用成型的微孔活性炭。

长衰期同位素氪，在废空气中仅有极少量，普通净化装置难以回收。利用活性炭作吸附剂在特制的吸附装备中可有效解决该问题。由于^{235}U、^{135}Xe物的积聚会降低反应堆效率，废气必须处理，可收集起来储藏越过衰变期，也可用厚层活性炭过滤，在炭层中衰变，使气体中污染物明显减少，然后排入大气。

第三节　挥发性有机溶剂的吸附回收利用

有机溶剂在工业生产中被广泛使用，比如在橡胶、塑料、纺织、印刷、涂料、军工等领域。有机溶剂在产品生产中主要用于溶解某些物质，但需要在产品成型之后去除掉，因此就会产生大量有机废气[23]。有机废气大量无节制排放，不仅提高生产成本，也会污染环境，引发事故。所以，回收并利用有机废气，不但能够保证安全生产，净化环境，同时也能降低生产成本，是化工生产中重要的一环。

一、有机溶剂回收方法

目前，有机废气处理方法主要有吸收法、冷凝法、膜分离法和吸附法等。在实际应用中也可联合应用两种或多种方法，取得更好的处理效果和经济效益。

1. 吸收法

吸收法是用适宜的溶液或溶剂吸收有害气体实现回收和分离[24,25]。此法适用面广，并可获得有用产品，但净化效率不高，吸收液需要处理。

2. 冷凝法

冷凝法是根据物质在不同温度下具有不同的饱和蒸气压，通过降低工业生产排出的废气的温度，使一些有害气体或蒸气态的物质冷凝成液体而分离出的方法。冷凝法一般用作吸附或化学转化等处理技术的前处理，冷却温度越低，有害气体去除程度越高。冷凝法有一次冷凝法和多次冷凝法。冷凝法设备简单，操作方便，可得到较纯的产品，且不引起二次污染，但用于去除低浓度有害气体则不经济。

3. 膜分离法

膜分离法是利用膜的选择性和膜微孔的毛细管冷凝作用将废气中的有机溶剂富集分离的方法[26]，是近年来开发出来的新技术。由于其流程简单、能耗低、无二次污染等特点，针对高分子膜和无机膜在回收有机溶剂方面的应用均有研究。但由于高分子膜耐温和耐有机溶剂性能较差，且渗透率低，处理量小，而选择性差和渗透率低限制了无机膜在工业中的应用。从已有研究来看[26]，采用无机多孔膜回收空气中的有机溶剂是具有应用前景的，提高分离效率是首先要解决的问题。

4. 吸附法

吸附法是用多孔性的固体吸附有害气体。吸附剂有一定的吸附容量，吸附达到饱和时，可用加热、减压等方法使吸附剂再生。吸附法主要用于低浓度、低温度、低湿度有机废气的净化与回收，具有去除效率高、净化彻底、能耗较低、工艺成熟、易于推广、实用性强、经济效益高的特点，而且吸附工艺对环境造成的影响较小，不会引起二次污染。常用的吸附剂有活性炭、硅胶、离子交换树脂等。在处理有机废气的工艺中，吸附法的应用极为广泛。

二、用活性炭吸附的溶剂回收

活性炭有大量微孔，比表面积大，对废气的吸附容量较大，而对水分的吸附量小，因此最适用于有机废气净化，且当活性炭吸附达到饱和时，可用水蒸气再生，回收有用成分。活性炭吸附法几乎对所有溶剂都能进行有效的处理。特别是低浓度溶剂的活性炭吸附法中，可以比较容易地净化到毫克每千克程度。这种倾向，在以防治公害为目的的回收中，显示出活性炭吸附法的优越性。

1. 活性炭溶剂回收原理

溶剂回收，旨在通过一定的回收工艺将有机废气回收并可以重复应用到生产中，减少大气污染、降低生产成本。活性炭吸附法用于溶剂回收，是通过将有机溶剂蒸气通入活性炭吸附塔中，利用活性炭优良的吸附性能吸附并脱除有机蒸气，净化空气。吸附饱和的活性炭，可以采用水蒸气进行再生，再生后的活性炭可以循环使用。

活性炭溶剂回收技术适合于溶剂蒸气浓度为 1～20g/cm^3 的气体回收溶剂，而且其回收效率大于 90%；溶剂蒸气浓度与空气混合物的浓度能够保持低于爆炸下限，所以生产比较安全；活性炭回收溶剂成本低，工艺简单，适用范围广。

2. 活性炭的质量要求

活性炭用于溶剂吸附回收，需要循环使用，所以要求活性炭具有良好的化学稳定性、耐磨性、吸附容量以及较小的床层阻力。目前我国溶剂回收用活性炭已大量生产，其中煤基溶剂回收用活性炭生产主要集中在我国西北宁夏回族自治区及周边地区，年生产能力已超过 8 万吨，产品主要质量指标见表 4-8-6[1,2]。与球形活性炭相比，柱状活性炭存在床层阻力大、气固接触面积小等问题，国外开发生产了球形活性炭用于溶剂回收，显著提高了溶剂回收效率。但国内活性炭生产企业，由于没有解决球形活性炭的强度问题，所以没有大规模生产。

表 4-8-6　煤基柱状溶剂回收活性炭主要质量指标

项目	指标
直径/mm	1.5～5
堆密度/(g/L)	380～520
灰分/%	4～14
CCl_4 吸附值/%	60～90
碘值/%	900～1050

除用于溶剂回收的煤基活性炭外，各种常用溶剂回收用活性炭性质见表 4-8-7。

表 4-8-7 常用的各种溶剂回收用活性炭的性质

项目	成型颗粒炭	破碎炭	粉末炭	纤维状炭	球形炭
制造原料	煤、石油系、木材、果壳、果核	煤、木材	煤、木材、果壳、果核	合成纤维、石油系、煤沥青等	煤、石油系
真密度/(g/mL)	2.0～2.2		0.9～2.2	2.0～2.2	1.9～2.1
充填密度/(g/mL)	0.35～0.60	0.35～0.60	0.15～0.60	0.03～0.10	0.50～0.65
床层空隙率/%	33～45	33～45	45～75	90～98	33～42
孔容积/(cm^3/g)	0.5～1.1		0.5～1.2	0.4～1.0	
比表面积/(m^2/g)	700～1500	700～1500	700～1600	1000	800～1200
平均孔径/nm	1.2～3.0	1.5～3.0	1.5～3.0	0.3～4.5	1.5～2.5
热导率/[kJ/(m·h·K)]	0.42～0.84				
比热容/[kJ/(kg·K)]	0.84～1.05				

3. 活性炭溶剂回收操作过程

活性炭溶剂回收过程主要由以下 4 个基本阶段构成。

（1）吸附　吸附过程可从炭层持续到吸附区出口，使之达到极限的放空浓度。这样来选择吸附器的尺寸和物流速度，到放空前，炭层的操作时间与操作周期相吻合（例如：8h 白天操作，夜晚进行再生）。然而，在很多情况下是临近放空时就必须转换到第二个吸附器（并联设备），转换过程最好利用浓度传感器控制的自动控制系统。

（2）解吸　吸附饱和的活性炭是在 120～140℃下利用水蒸气进行再生；对于高沸点溶剂，则需要提高蒸汽温度。解吸时，可以萃取洗提部分溶剂，直到炭层的终温。对于容易分解的溶剂，解吸过程需要谨慎。有些需要在炭层中增加加热装置，这样可以减少蒸汽用量，增加冷凝液的浓度。使用的蒸汽，一部分用于解吸，另一部分用于洗脱。而对于湿活性炭来说，用于解吸和用于洗脱的量有所不同，因为解吸活性炭吸附的水需要大量的能量。因此，在从具有较高相对湿度的空气中回收溶剂时或者在利用湿蒸汽作为解吸剂时，装有炭层的吸附器的生产能力会有所降低。因此，蒸汽耗量与被提取的溶剂量之比，仅在评价解吸程度时才有意义。通常从经济性角度出发，解吸过程可在达到一定残余容量的条件下终止；在二次回收循环中，应考虑到原始吸附能力的降低。在大多数情况下，以蒸汽来解吸 30～40min 就足够了，极少见到用 60min 的情况，在某种程度上，这与所用蒸汽的湿度有关。

（3）干燥　在以蒸汽置换解吸过程结束时，活性炭的孔隙和炭料颗粒的间隙均被水蒸气所饱和。这就大大降低了在二次循环中大量溶剂的吸附。因此，炭层应当干燥，这通常以热空气和干蒸气来实现。因为在设备的死角和炭料颗粒间的空间内仍有残留溶剂，尽管已被解吸，但还没有从吸附器中逸出，所以在干燥时应进行短时间的溶剂排空（几秒，最长不超过 12min）。溶剂放空的尾气可利用设备结构改进措施来实现回收（封闭空气回路，多级吸附装置）。为实现深度回收必须注意从炭层中排出全部剩余的湿气。在有剩余湿气体存在的情况下，潮湿的炭显示出影响排空量的趋势，这对易挥发溶剂的回收来说是特别重要的。

（4）冷却　在干燥之后，是炭料层的冷却阶段，至少要冷却到 40℃。溶剂与热炭的接触可导致裂解或氧化的放热反应，在极限情况下，这些放热反应可引起炭料层的局部过热和自燃。冷空气的耗量与吸附器结构的关系是 1t 活性炭需耗用 50～200m^3 冷空气。

4. 活性炭溶剂回收吸附设备

图 4-8-6 是溶剂回收基本工艺。吸附装置按活性炭的种类、性质、装填方法等不同而有所差异。

溶剂回收通常应用小容量固定床吸附器，在大多数情况下均是立式圆筒形过滤器。炭料层高度多为 50cm，更高的炭层则不常见。活性炭料层常常堆积在由石英砾石或者其他陶瓷材料构成的支撑层之上。这样可使活性炭与置于设备底部的金属丝网或多孔筛网直接接触，从而使被净化的空气能较为均匀地分配。这样支撑层具有蓄热器的功能，它可在水蒸气再生的过程中使其加热，而后又把热量传给空气，再传热使炭层干燥。众所周知，惰性陶瓷球同时可作为不固定的罗底织物层的支承设备。

常用柱形活性炭颗粒作填料，因为这种形状可以使之建立没有通路形成的密实层。在大多数情况下，被净化气体的流向是自下而上。为了快速吸附蒸气（例如氯代烃类），物流的线速度约为 50cm/s，而吸附其他溶剂的蒸气时，其线速度约为 30cm/s。在回收极易挥发的溶剂时，可降低物流速度，同时需要转移空气流中的热量，热量的转移通常是借助于在炭料中配置冷却蛇管来实现。

某些溶剂在同热的或者潮湿的活性炭接触的情况下，会发生局部分解。例如在用水蒸气再生时，如含氯烃类可分解出盐酸，醚类可被水解，而丙酮、丁酮或者甲基异丁基酮这样的酮类可生成乙酸、二乙酰或者其他的裂解产物。在这些场合必须利用优质钢制成的设备或是由陶瓷砌成的或者用合成涂料涂层的吸附器。如果空气中含有腐蚀性组分，需在吸附之前去除掉。

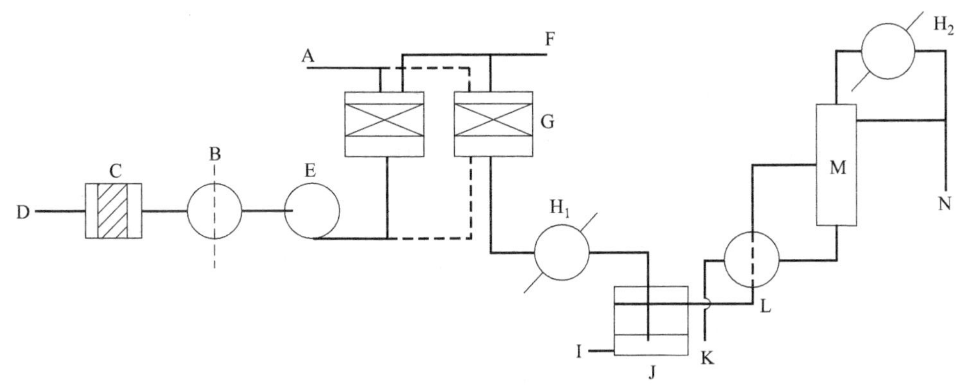

图 4-8-6　溶剂回收的基本工艺

A—处理排气；B—气体冷却器；C—过滤器；D—含溶剂的气体；E—风机；F—解吸用水蒸气；G—活性炭填充塔；H_1，H_2—冷凝器；I—排水；J—分离器；K—回收溶剂 B；L—换热器；M—蒸馏塔；N—产品溶剂 A

三、活性炭回收溶剂技术的工业应用

随着科技的发展和全球工业化进程的推进，溶剂在各个行业的使用越来越广泛。如合成树脂、合成纤维、印刷业使用大量芳香族溶剂以及醇类和醚类溶剂，精密仪器制造中用氯烃类溶剂、摄影胶片制造用的二氯甲烷等，这些溶剂的使用在给工业化生产带来有益效果的同时也带来了环境问题。因此，防止溶剂蒸发、回收和无害化处理溶剂，无论从环境保护还是节约能源的角度来看，都是必须和必要的。

活性炭溶剂回收技术已经在印刷、涂料、橡胶、火炸药、胶片、石棉制品、造纸和合成纤维等领域成功应用，取得显著效益。采用活性炭进行溶剂回收的行业和回收的溶剂见表 4-8-8[1,2]。

表 4-8-8　活性炭回收溶剂技术在我国的应用

应用范围	回收的溶剂
火炸药生产	乙醇、乙醚、丙酮
印刷和油墨	二甲苯、甲苯、苯、乙醇、粗汽油
干洗、金属脱脂	汽油、苯、四氯乙烯
合成纤维生产	乙醚、乙醇、丙酮、二硫化碳

续表

应用范围	回收的溶剂
橡胶工业	汽油、苯、甲苯
塑料	乙醇
胶片生产	乙醚、乙醇、丙酮、二氯甲烷
涂料生产	苯、甲苯、二甲苯
箔材生产	乙醚、乙醇、丙酮、二氯甲烷
汽车	油气回收

四、活性炭用于油气回收

汽油等轻质油品挥发性强，在存储、运输及使用过程中存在较为严重的油气蒸发损耗问题。油品储运过程中的损耗量一般为其加工量的1‰～4‰，既浪费了宝贵的石油资源，又降低了油品质量，逸散的油气还是形成光化学烟雾的主要成分，严重影响大气环境[7]。

利用性能优良的吸附剂对油气进行选择性吸附，实现油品蒸气的吸附回收，是一种有效的油气回收技术，而吸附剂的选取是此项技术的关键。活性炭是一种疏水性吸附剂，具有非极性的表面结构，特别适合于从气体或液体混合物中进行油气的吸附回收。活性炭吸附油气主要为范德华力引起的非极性物理吸附过程，吸附能力与活性炭的比表面积、孔容、孔径分布等主要物理结构参数有关，碳氢分子直径与活性炭的孔径尺寸愈接近，吸附能力愈强。油气回收用活性炭一般要求中孔发达，在具有强吸附能力的同时，还要具有较高的脱附能力，此外还要具有较高的强度、耐磨性及透气性。

为防止汽油挥发而浪费燃料和污染环境，欧美国家早在20世纪70年代就制定法规，要求在汽车上安装装填活性炭的炭罐对汽油蒸气进行吸附，以防止燃油的挥发污染。

活性炭罐是车辆燃油蒸发排放控制系统中的核心部件，该系统是为了避免发动机停止运转后燃油蒸气逸入大气而被引入的。它主要起存储燃油蒸气的作用，对整个燃油蒸发系统的性能起着至关重要的作用。从1995年开始，我国规定所有新出厂的汽车必须装备炭罐。炭罐利用活性炭的物理特性，吸附并储存油箱内部汽油挥发产生的油蒸气，并将油蒸气脱附至发动机进行燃烧，有效防止了油蒸气进入大气中对环境造成污染，保护环境的同时，提高了燃油经济性和燃油利用率。与此同时，燃油箱通过炭罐与大气相通，平衡了燃油系统内部的压力，确保车辆在适宜的工况下运转。

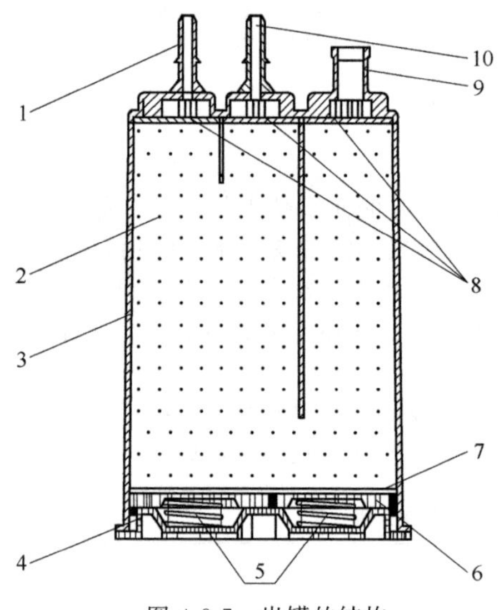

图 4-8-7　炭罐的结构

1—吸附口；2—活性炭；3—罐体；4—底盖；5—圆柱簧；6—挡板；7—泡沫块；8—滤网；9—通气口；10—脱附口

炭罐的结构如图4-8-7所示。主要包括：吸附口、罐体、底盖、圆柱簧、挡板、泡沫块、活性炭、滤网、通气口和脱附口。炭罐通过活性炭的吸附功能以及发动机进气歧管内的负压，实现对燃油蒸气的吸附和脱附性能。

炭罐的工作原理如图4-8-8所示。炭罐是燃油蒸发系统中用于储存燃油蒸气的部件。炭罐内部装有对油蒸气吸附和脱附能力很强的活性炭，通过吸附口与油箱连接，用于收集油箱内部燃油蒸发产生的油蒸气。通过脱附口与发动机相连，将吸附的油蒸气脱附至发动机内部进行燃烧。通过通气口与大气相通，给发动机提供新鲜空气。

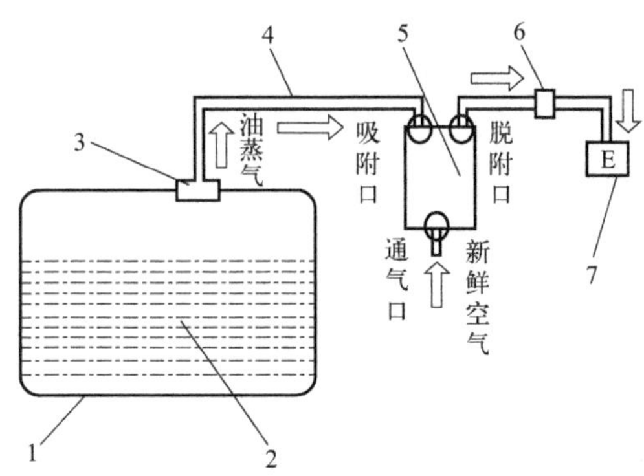

图 4-8-8 炭罐的工作原理

1—燃油箱；2—燃油；3—重力阀；4—燃油蒸发管；5—炭罐；6—炭罐电磁阀；7—发动机

决定炭罐性能的关键指标为炭罐的工作能力，而影响炭罐工作能力的因素包括活性炭的选择、长径比的设计和结构设计等，且炭罐工作能力的大小也与炭罐额定容积的大小密切相关。

由于活性炭的吸附能力和脱附能力之间没有必然联系，常用的吸附指标如碘值、亚甲基蓝值、CCl_4 吸附值等无法准确表征活性炭对汽油的回收能力，因此目前国际上通用的检测指标是丁烷有效吸附工作容量（BWC）。研究表明，活性炭对丁烷的吸附受活性炭比表面积和孔容（特别是中孔孔容）的影响，提高活性炭的微孔比表面积和中孔孔容是改进其丁烷吸附性能的关键因素，理想的孔径范围为微孔上限至中孔下限。丁烷吸附过程具有微孔填充和毛细凝聚双重特征：在吸附前期，吸附过程是与比表面有关的微孔填充吸附，而在吸附后期是受孔容控制的毛细凝聚过程。因此，提高活性炭的中孔率是提高其解吸率的有效途径。汽车燃油蒸发控制用活性炭的主要技术指标见表 4-8-9。

表 4-8-9 汽车燃油蒸发控制用活性炭的主要性能指标

强度/%	堆密度/(g/L)	CCl_4 吸附值/%	亚甲基蓝吸附值/%	丁烷有效吸附工作容量/(g/100mL)
>70	250～450	80～100	>240	>9

油气回收用活性炭一般采用压块破碎炭，且制备工艺不同于普通活性炭，制备前需在原料煤粉中加入适量添加剂，再经压块成型、炭化、活化制得。影响活性炭性能的主要因素为原料煤性质、添加剂和成型压力。

从 20 世纪 60 年代起，美国等工业发达国家开始将油气回收处理作为降低油品蒸发损耗的重点措施加以研究推广。我国从 20 世纪 80 年代起开始这一方面的研究开发及设备引进，并于 2006 年制定了国家标准，对石油和成品油储运销售业及加油站的大气污染物排放进行严格限制，北京等地也制定了地方标准对储油罐、加油站等地的油气排放进行严格控制。随着国家对环保及节能减排的逐步重视，油气回收活性炭将得到极大发展。

第四节 室内空气净化

人们在室内停留的时间约占全天时间的 80%～92%，室内环境污染对健康的危害更为直接，危害程度更大。室内污染则是继烟煤型污染和光化学烟雾污染之后的第三代具有标志性的空气污染。目前，室内空气污染的治理方法主要有吸附法、化学喷涂法、光催化氧化法等，其中活性炭吸附法由于治理效果好、使用方便、成本低等优点而被广泛应用。

一、室内污染源种类、来源及危害

室内空气污染物种类繁多，主要有生物性污染物（细菌）、化学性污染物（甲醛、甲苯、苯等挥发性有机物）、放射性污染物（氡及其子体）。这些污染物来源广泛，但是浓度较低，属于低浓度污染物[21]。活性炭用于室内污染物治理主要是针对化学性污染物。

（一）甲醛污染

甲醛以其来源广、危害大、持续时间长等特点成为室内污染气体的主要成分。

1. 甲醛的理化性质

化学式 HCHO 或 CH_2O，分子量为 30.03，又称蚁醛，熔点－92℃，沸点－19.5℃。气相甲醛是一种无色气体，含有特殊的刺激气味，对人眼、鼻等有刺激作用。气体相对密度 1.067，液体密度 0.815g/cm^3（－20℃）。2017 年 10 月世界卫生组织国际癌症研究机构公布的致癌物清单中，甲醛是一类致癌物。

2. 室内甲醛的来源

（1）装饰装潢材料及木质家具　现代室内装潢多用人造板材。常用作室内装饰的人造板材有胶合板、细木工板、中密度纤维板和刨花板等。生产人造板使用的胶黏剂以甲醛为主要成分，甲醛具有良好的溶剂性和较强的黏合性，可以强化板材的坚硬度，还具有防虫、防腐的功效，可以合成酚醛树脂、脲醛树脂等多种黏合剂。其中脲醛树脂是合成人造板材最常用的黏合剂，且被确认为是甲醛释放量最高的黏合剂材料。板材中残留的和未参与反应的甲醛会逐渐向周围环境释放，是形成室内空气甲醛污染的主体。其他装潢装饰材料，如贴墙布、贴墙纸、化纤地毯、油漆（涂料）等也是造成室内甲醛污染的重要原因。

（2）室内燃料不完全燃烧　室内甲醛的另一个来源是厨房，人们在取暖、烹饪时使用的燃料液化气、煤气、木炭、煤等不完全燃烧后会产生大量包含甲醛的污染物。人们吸烟产生的烟雾中也含有甲醛，一支香烟的烟雾中大约含有 0.4mg 甲醛。

（3）清洁剂、消毒剂和防腐剂等生活用品　清洁剂、化妆品、化纤纺织品等生活用品中也含有甲醛，尤其是作为消毒剂和防腐剂使用的福尔马林溶液在使用时会释放出大量甲醛，这也是导致室内甲醛污染的原因之一。

（4）其他　室内甲醛也有可能来自室外。在我国某些地区，室外车辆尾气大量排放，含甲醛物质的燃烧等都会使室外空气中含有过量甲醛气体。若开窗通风则会使室外污染进入室内，导致室内甲醛含量超标。

3. 甲醛的危害

甲醛在室内污染中具有普遍性、严重性、隐蔽性和长期性等特性，严重影响人体健康，其主要表现为：室内较低浓度的甲醛会对人体产生刺激作用并使其嗅觉异常，长期接触低浓度甲醛可以引起慢性呼吸道疾病、女性月经紊乱、妊娠综合征，使新生儿体质降低，染色体异常，甚至引起鼻咽癌；而当其浓度稍高时则会导致人体过敏，肺功能、肝功能和免疫功能等异常；若长期处于甲醛浓度较高的环境中则可能诱发致癌，甚至会导致死亡。

甲醛对生物具有毒性。通过吸入染毒的方法来观察甲醛对小鼠免疫系统的影响，发现甲醛使小鼠的免疫器官发生病变，并引起小鼠 T 淋巴细胞数目明显减少，而高剂量（≥5mg/mL）的甲醛可引起抗体形成细胞明显减少，甲醛对小鼠的体液免疫、细胞免疫以及巨噬细胞吞噬功能均有明显的抑制作用。由此可见甲醛影响并降低动物的免疫力。

毒理学研究表明，甲醛对人体健康有负面影响，当人体接触的甲醛达到一定浓度时，便会产生一定的不适反应，具体情况见表 4-8-10。甲醛主要通过呼吸道进入人体，并在人体内快速代谢。甲酸及其代谢物还可与氨基酸、蛋白质、核酸等形成不稳定化合物，转移至肾、肝和造血组织发挥作用，影响机体功能。

表 4-8-10　甲醛对人体的危害[3]

浓度/(mg/m^3)	对人体的影响
0.06～0.07	使人感到臭味
0.12～0.25	50%的人闻到臭味，黏膜受刺激
1.5～6.0	眼睛、器官受刺激，打喷嚏，咳嗽，起催眠作用
＞12	上述刺激加强，呼吸困难
＞60	引发肺炎、肺水肿，导致死亡

4. 甲醛的去除方法

当前去除甲醛的主要方法有通风换气法、等离子体技术、植物净化降解法、吸附法、光催化氧化法等。通风换气法以易操作、无成本等优点被广泛使用，但此方法净化室内污染具有暂时性，甚至会产生二次污染。植物净化降解法能持续脱除污染气体，但脱除速率缓慢，受环境因素影响大。等离子体技术和光催化氧化法去除甲醛效果良好，但成本高、难操作，不适于推广使用[1,3]。吸附法以易操作、成本低、效果好等优点成为当前使用广泛的去除室内甲醛污染的方法。活性炭是吸附法所用到的主要吸附剂。

（二）苯及其同系物污染

苯于1993年被世界卫生组织（WHO）确定为致癌物，国际癌症研究机构（IARC）将其划分为Ⅰ类致癌物。我国GB/T 18883—2002规定室内苯的允许浓度为0.11mg/m^3。苯和甲苯为挥发性有机物中的有毒物质，常存在于装修装饰材料的涂料中，使用后具有存在周期长、释放浓度低等特点，危害巨大。

1. 苯及其同系物的理化性质。

苯的沸点为80.1℃，熔点为5.5℃，密度为0.88g/mL，在常温下是一种无色、有芳香气味的透明液体，挥发性大，容易扩散。甲苯的熔点为－95℃，沸点为111℃，密度为0.866g/mL。甲苯带有一种特殊的芳香味，在常温常压下是一种无色透明液体，易挥发。

2. 苯及其同系物的危害

苯、甲苯、二甲苯对人的中枢神经系统及血液系统具有毒害作用。室内空气中低浓度的苯系物会刺激皮肤黏膜，使人感到全身不适、头昏、恶心。短期接触苯会对中枢神经系统产生麻痹作用。长期接触苯会对血液造成极大伤害，使红细胞、白细胞、血小板数量减少，引起慢性中毒和神经衰弱综合征，甚至出现再生障碍性贫血。短时间内吸入较高浓度甲苯可出现眼及上呼吸道明显的刺激症状、眼结膜及咽部充血、头晕、头痛、恶心、呕吐、胸闷，重症者可有躁动、抽搐、昏迷，长期接触可发生神经衰弱综合征，肝肿大，皮肤干燥、皮炎等。长期吸入较高浓度的苯类气体会出现头痛、头晕、失眠及记忆力衰退现象，并导致血液系统疾病；吸入高浓度的苯类物质会使人昏迷，甚至死亡。

3. 苯及其同系物的来源

室内苯及其同系物主要来源于以下几个方面：机动车尾气；某些工业源；建筑装饰材料黏合剂、油漆（涂料）和防水材料的溶剂或稀释剂；油漆（涂料）、人造板及胶水等。

4. 苯及其同系物的去除

气相苯污染净化治理方法主要包括吸附法、吸收法、燃烧法等。吸附法被广泛使用。常用的吸附剂有活性炭、沸石分子筛等。活性炭则因其比表面积巨大、孔隙结构发达、吸附容量大、化学性质稳定、失效易再生、原料来源丰富等优点，在苯治理方面表现出明显优势，是目前使用范围最广的吸附剂。然而一般未经改性处理的活性炭有效比表面积小、孔径分布不均匀，作为防毒面具中吸附芯材对苯的防护时间无法达到实际应用的要求。

活性炭的孔结构和表面化学性质对其吸附性能有重要影响，改性处理可以有效提高活性炭的苯吸附性能，如聚二甲基硅氧烷改性、N_2 和 NH_3 改性、ε-己内酰胺改性、硅烷改性，所得改性活性炭对苯的吸附性能提高。

（三）氨气污染

1. 氨的理化性质

氨在常温下为气体，无色，有刺激性恶臭。分子式为 NH_3，每个 N 原子可以和 3 个 H 原子通过极性共价键结合成氨分子，氨分子里的 N 原子还有一个孤对电子。氨分子的空间结构为三角锥形，N 处在锥顶，H 处在锥底。氨分子为极性分子。氨分子易于和水反应生成氨水，使酚酞试液变成红色。由于氨显碱性，所以可以和许多酸发生酸碱反应，生成铵盐。

2. 氨的主要来源

在建筑施工过程中使用的混凝土添加剂是室内空气中氨的主要来源。在北方，这种混凝土添加剂中还会特别加入尿素和氨水作为主要原料的防冻剂，随着室内温度等环境因素发生变化，在混凝土添加剂中的氨类物质由于还原作用转化成氨气，成为室内氨气污染的主要来源。

3. 氨的危害

氨对人体的危害主要通过吸收人体组织里的水，造成对上呼吸道的腐蚀和刺激，使人体对疾病的抵抗力降低。若是吸入高浓度的氨气，通过三叉神经末梢的反射作用可引起心脏跳动停止，进而对人体构成严重威胁。在人体吸入氨后，通过肺部进入血液，与血液中的血红蛋白结合，使人体运氧功能降低。短期内吸入大量的氨会导致流泪反应、咳嗽、恶心，严重时会导致肺水肿，并产生呼吸道刺激的症状。

（四）烹调油烟污染

油烟污染已经成为仅次于工业污染和交通污染的第三大空气污染，引起了公众的关注。烹调油烟是一组混合性污染物，成分复杂，有 200～300 种之多，主要有脂肪酸、烷烃、烯烃、醛、酮、醇、酣等芳香化合物和杂环化合物，其中至少有数十种危害人体。烹调油烟对人体呼吸道有较强的刺激作用，另外还具有遗传毒性、致突变毒性和潜在的致癌危险性。

常见的油烟治理方法包括冷凝法、旋风分离法、活性炭吸附法和液体洗涤法。活性炭吸附多作为多级油烟净化中的最后一级，能够有效去除油烟、异味以及致癌物等有害物质。这种方法不仅能去除污染物，还对油烟的气味有明显的净化作用，应用这种方法的设备结构简单，油烟去除率高达 85%～95%。

（五）氡气污染

氡是空气中主要的天然放射性元素，是一种比空气重 7.5 倍的无色无味的放射性气体。它是由土壤、岩石、水、天然气、建材等环境介质中的镭-226 衰变而成的，并通过介质的空隙透析到空气中。

由于氡与人体的脂肪有很高的亲和力，氡能在脂肪组织、神经系统、网状内皮系统和血液中广泛分布，对细胞造成损伤，最终诱发癌变。氡被世界卫生组织（WHO）公布为 19 种主要环境致癌物之一，且被国际癌症研究机构列为室内主要致癌物[30]。

目前处理氡气的通用装置主要为两种：一种是机械通风降氡装置，该方法在我国已经广泛使用且趋于成熟，并逐步引进了国外较为先进的技术；另一种就是活性炭吸附装置，南华大学氡实验室曾研制出一种基于活性炭变温吸附技术的除氡装置，取得了较好的效果，但我国该类型装置的研究水平与国外相比仍然有一定的差距，而差距则主要表现在处理量和处理效率这两方面。因此，有必要在此前的经验基础之上对活性炭的吸附氡气规律进行更深入的研究。

二、常用室内空气处理方法

室内低浓度有害气体的处理有以下几种方式。

1. 开窗通风法

自然通风是人们改善室内环境的一种重要手段。自然通风由室外引入的新鲜空气能稀释室内空间的污染物，并使部分室内污染物随通风气流排出到室外，从而有效提高室内空气质量。但该方法只能散发气体而不能吸附气体。

2. 植物去除法

绿色植物可降低室内 CO、CO_2、SO_2、甲醛等污染物的浓度。关于植物吸收有毒气体能力和实际效果的说法不一，有报道认为室内摆放绿色植物可以吸纳甲醛、苯等有害气体，但同时有报道认为室内摆放绿色植物对室内环境并无明显的改善作用。对居室园艺植物净化污染空气实际能力，尤其是对室内的实用种类品种进行定量分析和判断，成为目前急需解决的首要问题。

3. 化学喷除法

有的是用气味遮盖，不但消除不了有害气体还会造成二次污染；有的是同部分有害气体产生了化学反应，但产生的产物是否对人体有害缺乏深入研究，另外，有害气体的种类很多，成分不同，化学喷剂不可能与所有的有害气体产生化学反应。

4. 吸附法

吸附法是最成熟的方法，活性炭是常用的吸附剂。由于活性炭主要依靠物理吸附的作用来达到净化有机物的作用，当吸附达到饱和时，很容易脱附，从而给环境造成二次污染，因此限制了其在去除有机污染物方面的应用。

装饰装修所造成的室内污染，其污染源挥发甲酸、苯、甲苯、氨气、酚等是一个缓慢释放过程，甚至将会持续 3～15 年，开窗通风法、化学喷除法、花卉去除法等只能迅速遮盖或驱散已挥发的有害气体，不能从根本上去除缓慢释放的有害气体，而活性炭的吸附过程是一个长效稳定过程，基本与有害气体的释放过程相吻合，从而达到完全去除的效果。

另外，活性炭能对室内所有有害气体分子进行吸附，同时具有调节催化等性能，能够有效地吸附形成空气中各种有害气体与气味的苯系物、卤代烷烃、醛、酮、酸等有机物成分及空气中的浮游细菌，杀灭霉菌、大肠杆菌、金黄色葡萄球菌、脓菌等致病菌，抑制流行性病原的传播，有去毒、吸味、除臭、去湿、防霉、杀菌、净化等综合功能，如表 4-8-11 所示。

表 4-8-11　活性炭室内使用功能

使用场所	具体功效
居室、家具	有效吸附新装居室及新购家具中的甲醛、苯、甲苯、二甲苯、氨气及氡等毒害气体，快速消除装修异味，均匀调节空间湿度
衣橱、书柜	去味、除湿、防霉蛀
鞋柜、鞋内	除臭、去湿、杀菌
冰箱	除异味，抑菌杀菌，保持食物新鲜
汽车	吸附车内有害气体，去异味、烟味
卫生间	除臭杀菌，净化空气，消除污染
地板	去味除湿，防霉防虫，避免地板变形
鱼缸、泳池	水质净化，消除异味
空调、电脑	辐射气体的吸附与隔离
办公、宾馆及娱乐场所	吸附有害气体，净化空间

为了增强活性炭的吸附能力，常常对其进行改性处理。经过孔径调节工艺，使其具备与室内有害气体分子大小相匹配的孔隙结构；通过化学氧化、还原以及负载等改性方法可使活性炭表面的化学性质发生改变，增加酸碱基团的相对含量可使其选择性吸附极性不同的物质，或通过增加

特定的表面杂原子或化合物来增强其对特定物质的吸附。

5. 光催化氧化降解法

光催化氧化降解是利用半导体 TiO_2 的光催化氧化特性，在光源照射下降解挥发性有机物为二氧化碳和水的一种污染物治理方法。将二氧化钛负载于活性炭表面，发挥活性炭的物理吸附作用和二氧化钛的光催化作用的协同效应，能够有效地提高降解性能。

三、活性炭产品用于室内空气净化

1. 活性炭过滤器

采用颗粒活性炭结合其他化学吸附材料，用于工业通风系统和中央空调，清除空气中的有毒、有害气体和异味。活性炭过滤器和空气调节设备及换气设备同时设置，可做以下几方面的处理：将污染外气吸入室内时的处理；将污染气体由室内排出室外时的处理；室内发生的污染气体的处理（再循环方式）。上述中的任何一个处理过程，在活性炭过滤器的前方都必须设置高效灰尘过滤器，以免活性炭过滤器因覆盖灰尘而失效。活性炭过滤器的过滤效果因处理对象、浓度、温度等条件不同而异。

表 4-8-12 是在 2.4m×3.6m×2.4m 的两个同样构造的实验室内发生同量的臭气物质，其中一个实验室用活性炭过滤器脱臭，与另一个实验室的臭气等级的变动相比较的数据。可以明显看到用活性炭脱臭的效果很显著，强度指数减小 1～2。

表 4-8-12　活性炭过滤器对吸烟臭的去除效果

空气净化器运转经过的时间/min	无空气净化器时的吸烟臭强度	有空气净化器时的吸烟臭强度
12.5	3.8	2.9
17.5	3.6	2.9
22.5	4.1	2.1
27.5	3.2	1.9
32.5	3.1	1.0

注：1. 臭气强度的观测值，是 6～8 个观测者的平均值。

2. 空气净化器的再循环风量 $1.2m^3/min$，实验室气体体积 $21.8m^3$。

2. 微粒状活性炭薄膜用于室内空气净化滤器

空气净化器要求压力损失要小，且吸附气体的速度要快。减小粒径可以提高活性炭的吸附速度，但是当粒径小于 500μm 时，操作性能非常差，同时压力损失也变大，普通活性炭填充方式不能使用。

微粒状活性炭薄膜，是将吸附速度和压力损失在高水平上统一起来的可以作为空气净化滤器使用的产物。薄膜中的活性炭含量可高达 80%。如此成型而成的薄膜厚度为 0.3～2mm，能进行褶皱成型加工，能够同时满足压力损失小、吸附速度快两个矛盾的性质并能加工成空气净化滤器。

3. 新型室内空气净化器

新型室内空气净化器的基本原理见图 4-8-9。其由纤维过滤层和活性炭-纳米 TiO_2 复合光催化净化层组成。其中，纤维过滤层与一般空气过滤器的功能相似，主要用于去除室内空气中的固体颗粒污染物及附着于其上的微生物，活性炭-纳米 TiO_2 复合光催化净化层用于去除挥发性有机物[1-3]。

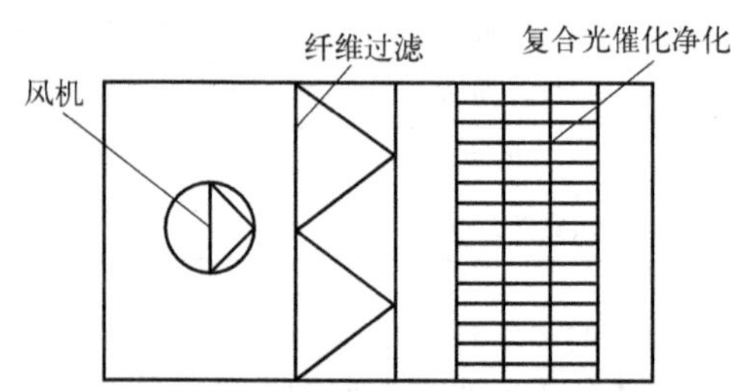

图 4-8-9　新型室内空气净化器基本原理

参考文献

[1] 蒋剑春. 活性炭制造与应用技术. 北京：化学工业出版社，2018.

[2] 蒋剑春. 活性炭应用理论与技术. 北京：化学工业出版社，2010.

[3] 刘守新. 活性炭-TiO_2 复合材料的合成、性质及应用. 北京：科学出版社，2014.

[4] 黄振兴. 活性炭技术基础. 北京：兵器工业出版社，2006.

[5] 刘守新. 新型生物质基多孔炭. 北京：科学出版社，2015.

[6] 立本英机，安部郁夫. 活性炭的应用技术——其维持管理及存在的问题. 高尚愚，译. 南京：东南大学出版社，2002.

[7] 梁大明，孙仲超，等. 煤基炭材料. 北京：化学工业出版社，2011.

[8] Qiu K，Yang L，Lin J，et al. Historical industrialemissions of non-methane volatile organic compounds in China for theperiod of 1980-2010. Atmos Environ，2014，86：102-112.

[9] Ma X C，Li L Q，Chen R F，et al. Porous carbon materials based on biomass for acetone adsorption：Effect of surface chemistry and porous structure. Appl Surf Sci，2018，459：657-664.

[10] Riboldi L，Bolland O. Overview on pressure swing adsorption（PSA）as CO_2 capture technology：State-of-the-art Limits and Potentials. Energy Procedia，2017，114：2390-2400.

[11] Vilella P C，Lira J A，Azevedo D C S，et al. Preparation of biomass-based activated carbons and their evaluation for biogas upgrading purposes. Ind Crops Prod，2017，109：134-140.

[12] Prauchner M J，da C Oliveira S，et al. Tailoring low-cost granular activated carbons intended for CO_2 adsorption. Front Chem，2020，8：1-16.

[13] Bernardo M，Lapa N，Fonseca I，et al. Biomass valorization to produce porous carbons：Applications in CO_2 capture and biogas upgrading to biomethane——A mini-review. Front Energy Res，2021，9：1-6.

[14] Cheng H R，Sun Y H，Wang X H，et al. Hierarchical porous carbon fabricated from cellulose-degrading fungus modified rice husks：Ultrahigh surface area and impressive improvement in toluene adsorption. J Hazard Mater，2020，392：122298.

[15] 左宋林. 林产化学工艺学. 北京：中国林业出版社，2019.

[16] Dilokekunakul W，Teerachawanwong P，Klomkliang N，et al. Effects of nitrogen and oxygen functional groups and pore width of activated carbon on carbon dioxide capture：Temperature dependence. Chem Eng J，2020，389：124413.

[17] Gil R R，Ruiz B，Lozano M S，et al. VOCs removal by adsorption onto activated carbons from biocollagenic wastes of vegetable tanning. Chem Eng J，2014，245：80-88.

[18] Mitsui T，Tsutsui K，Matsui T，et al. Catalytic abatement of acetaldehyde over oxide-supported precious metal catalysts. Appl Catal B：Environ，2008，78 ：158-165.

[19] Klett C，Duten X，Tieng S，et al. Acetaldehyde removal using an atmospheric non-thermalplasma combined with a packed bed：Role of the adsorption process. J Hazard Mater，2014，279：356-364.

[20] Kamal M S，Razzak S A，Hossain M M. Catalytic oxidation of volatile organic compounds（vocs）：A review. Atmos Environ，2016，140：117-134.

[21] Kim S C，Shim W G. Catalytic combustion of vocs over a series of manganese oxide catalysts. Appl Catal B：Environ，2010，98：180-185.

[22] Huang C C，Li H S，Chen C H. Effect of surface acidic oxides of activated carbon on adsorption of ammonia. J Hazard Mater，2008，159：523-527.

[23] Lei B M，Liu B Y，Xie H，et al. CuO-modified activated carbon for the improvement of toluene removal in air. J Environ Sci，2020，88：122-132.

[24] Li X Q，Zhang L，Yang Z Q，et al. Adsorption materials for volatile organic compounds（VOCs）and the key factors for vocs adsorption process：A review. Separ Purif Technol，2020，235：116213.

[25] Hu S C，Chen Y C，Lin X Z，et al. Characterization and adsorption capacity of potassium permanganate used to modify activated carbon filter media for indoor formaldehyde removal. Environ Sci Pollut Res，2018，25：28525-28545.

[26] Suresh S，Bandosz T J. Removal of formaldehyde on carbon-based materials：A review of the recent approaches and findings. Carbon，2018，137：207-221.

（刘守新，李伟）

第九章　活性炭催化剂和催化剂载体

活性炭具有发达的孔道结构、较高的比表面积和较好的机械强度，已广泛用作吸附剂，以达到吸附脱除、净化或回收液体或气体中的某一或某些组分的目的；与分子筛和氧化铝一样，活性炭还被用作催化剂和催化剂载体等，具有经济、绿色和表面化学性质容易调控等优点。

第一次世界大战期间，氯气被应用于战争，致使世界各国开始研究防毒面具用活性炭。其间，发现了通过金属盐类浸渍的活性炭可以加快对有毒气体的分解，从而开创了活性炭作为催化剂载体的研究。

活性炭作为催化剂应用于各种异构化、聚合、氧化和卤化反应中。它的催化活性主要与炭的表面、表面化合物、灰分等的作用有关。

活性炭在化学工业中常用作催化剂载体，即将有催化活性的物质负载在活性炭上。活性炭的作用并不限于负载催化剂，它对催化剂的活性、选择性和使用寿命都有重大影响。本章就活性炭作为催化剂与催化剂载体的制备、应用等进行系统阐述。

第一节　催化剂及其载体用活性炭的基本特性

活性炭具有石墨微晶结构，使其具有导电性，虽然其微晶堆积是无序的（乱石堆积），导电性也有限，但也正是由于这种无序的微晶堆积，构成了活性炭孔道结构的多样性、较好的强度和外观的多样性。活性炭的密度一般在 $1.0g/cm^3$ 左右，因此用作催化剂或催化剂载体时在溶液介质中容易搅动，使用方便。活性炭的主要特点如下。

其一，活性炭特有的高比表面积、孔道结构和微晶结构，决定了其可以作为催化剂。首先具有优异的吸附能力，特别是对芳香化合物（如苯、甲苯、二甲苯和苯酚）等具有优异的吸附性能。现有研究结果表明，活性炭对气体的吸附主要与其结构相关，气体的吸附主要是活性炭的毛细管凝聚。因此，活性炭的微孔对气体物质的吸附起着重要的作用。此外，活性炭的比表面积对活性炭的吸附也有重要影响。但是，活性炭在液相中的吸附则完全不同。对物质的吸附，与活性炭的表面及表面化学性质密切相关[1]。

其二，活性炭丰富的表面化学基团及其可调变性，可以根据催化活性组分或催化活性的要求进行剪裁。活性炭表面炭质具有一定的惰性，是疏水亲油的。因此，有机溶剂对活性炭具有很好的亲和润湿性，使用活性炭作为载体负载催化剂活性组分后，在有机介质中反应非常有利。同时，通过对活性炭进行化学处理，又可由“疏水亲油性”变为“疏油亲水性”。

其三，活性炭具有很好的耐酸碱性，如在以使用贵金属为催化剂的精细化学品合成中，活性炭就作为载体被广泛使用。

其四，活性炭具有较好的离子交换能力。由于表面有各种化学基团，活性炭能够像离子交换树脂一样对金属离子具有交换能力。如使用活性炭吸附净化水体、吸附金属离子、回收贵金属等。

第二节　活性炭催化剂的制备与应用

一、活性炭的催化作用

活性炭对多种反应具有催化活性，其催化活性取决于活性中心的存在，而活性中心大多是结晶的缺陷。活性炭中的微晶由大量的不饱和价键构成（特别是沿着晶格的边缘），这些不饱和价键具有类似于结晶缺陷的结构，从而使活性炭具有了催化活性。如果从活性炭催化的作用点（主要是生成物）解释活性炭的作用，大概可分为电子传导性和基于电子传导性的表面游离基，以及表面含氧化物官能团（包括酸性官能团、中性官能团和碱性官能团）等作用。这些官能团的存在也对活性炭的催化性能有重要的影响[2]。

1. 电子传导作用

经 800～1700℃热处理的炭，结晶大小为 15～80Å（$1Å=10^{-10}m$），电阻为 0.005Ω·cm，导带和 π-区域的能量范围是 0.15～0.03eV，即位于所谓的半导体区域。它和一般无机物载体之间的区别在于吸附物之间、载体之间或载体和吸附物之间，变得可以进行电子授受。此外，在由活性炭进行金属离子的氧化反应中，表面含氧化物不参与反应，而是通过电子从低原子价状态的金属离子向吸附氧或质子的移动而进行氧化的。

2. 表面游离基

活性炭表面存在不对称电子，除用氯化锌等活化方法制得的活性炭以外，可以看到电子自旋共振信号强度和炭的热处理温度之间存在着密切的关系。另外，活性炭上游离基的 g（波谱分裂因子）值和自由电子的 g 值极其接近。但是，如果用浓硝酸氧化活性炭，同时添加碱金属、白金族金属，结果能够看到数量相当多的游离基。

另外，活性炭催化反应中有很多是无催化性也能进行的反应（多数是游离基反应），例如卤化置换反应，脱卤化氢反应，环己烯的氧化反应，链烷烃的氧化脱氢反应、脱氢反应等。从表 4-9-1 中看不出在活性炭催化剂上有存在于离子反应中特征性的生成烯烃类的碳链异构化作用，可以认为基本上进行的是游离基反应，且反应分解物比较少、脱氢产物多，以及分解物的碳分布是一样的，表明分子内不对称电子的移动快，即所谓吸附了的游离基成为反应中间体的这一作用。一般认为，在脱氢反应中最初反应如下式所示：

$$RH+2X\cdot \longrightarrow R{-}X+H{-}X \quad (X\text{表示表面游离基}) \tag{4-9-1}$$

表 4-9-1　正庚烷的转化反应

催化剂	反应中间体	反应温度/℃	产物	
			脱氢产物	主分解产物
热反应	游离基	500～800	庚烯、甲苯(微量)	乙烯、丙烯
固体酸	碳鎓离子	400～500	几乎不生成	丙烯、异丁烯
活性炭	不明	400～500	庚烯、甲苯(多量)	C_1～C_6 的链烷烃

事实上，在添加了碱金属的活性炭上，氢是可逆性的化学吸附。游离基随着氢的吸附而减少，随着氢的解吸而增加，这表明在表面游离基上发生了氢的离解吸附。

另外，在氧化反应中，吸附氧起着重要的作用。由于氧的吸附，表面游离基减少，并按下式的吸附进行：

$$O_2+X\cdot \longrightarrow X{-}O{-}O\cdot \ (\text{或}\ X^+{-}O{-}O^-) \tag{4-9-2}$$

此外，也有报道指出[3]，通过 γ 射线的照射，活性炭上不对称电子的浓度增大，从而使催化活性增强，因此活性炭可作为固体游离基催化剂使用。

3. 化学吸附和超溢现象

在常温下，平均 1g 活性炭可吸附几毫升的氧，且吸附的氧有一部分是不可逆的，通过加热到高温以后才以碳的氧化物形式脱离，这表明氧在活性炭上发生了化学吸附。氢在室温至 400℃的温度范围内，几乎不吸附在活性炭上。在 450℃以上可缓缓吸附，但速度极小。然而，在 350～450℃下，活性炭将从碳氢化合物或醇类等化合物上极其迅速地夺取氢并吸附在其表面上，其数量达到 10^{20}～10^{21} 原子/g 活性炭，大体和活性炭上游离基的数目相当。另外，活性炭如果负载了微量的过渡性金属，特别是第Ⅷ族金属，在 250℃左右温度下，就迅速而可逆地吸附氢，并且其数量可达 10^{21} 原子/g 活性炭，达到吸附金属数量的几十倍至几百倍，这就叫超溢现象，可以理解为以金属作窗口，氢流至活性炭上并发生吸附。如果存在让 $H_2 \rightleftharpoons 2H$ 过程进行的催化剂，活性炭将是氢的有效授受体。而且一般认为，活性炭上的氢已被活化至将使乙烯氢化的程度，在活性炭上进行的氢化、氢化分解等与氢有关的反应中，这种氢将有效地发挥作用。在脱氢反应中，金属的催化作用在于从碳氢化合物上被夺取下来的氢，通过金属而迅速地脱附，就是利用了这种逆超溢现象[4]。

4. 表面氧化物及离子交换能力

活性炭磺化，可在其表面上生成磺酸基，并具有离子交换能力。在活性炭本身的表面上，有酸性氧化物及碱性氧化物，其中特别是羧基、羟基（酚羟基）等是酸性的，并表现出作为固体酸的催化作用。特别是当用硝酸氧化时，其表面上生成大量的羧基，离子交换容量也激增，同时醇的脱水活性也显著增加。但是，活性炭表面的氧化物活泼地参与反应的例子并不太多。而且，如果离子交换负载金属以后，可以重新形成新的络合物催化剂（活性炭负载型催化剂）；若离子交换过渡性金属后，再用适当的方法还原，便能得到金属以 10～60Å 的微细而均一的粒径分布分散在活性炭上而形成负载金属的活性炭催化剂，这类催化剂具有特异的催化作用。

二、活性炭催化剂的制备

活性炭催化剂的制备主要可分为物理活化制备、化学活化制备及其联合活化制备等方法，与通用活性炭产品的制备方法相同。物理活化制备主要选用水蒸气、气体为活化剂在高温下对活性炭前驱体进行活化；化学活化制备主要选用氢氧化钾、磷酸、氯化锌等为活化剂，通过活化剂与炭前驱体发生化学反应从而制备出活性炭催化剂。化学物理法则是结合了化学活化和物理活化的特点，即让原料先进行化学改性浸渍处理，再进行活化，这样不仅可以提高原料的活性，还可以在内部形成传输通道，这些传输通道的形成对炭材料的气体刻蚀有利。其他制备方法还有催化活化法、界面活化法、聚合物炭化法、铸型炭化法等，这些方法虽收率较高，但往往毒性较大，价格昂贵且污染环境。

在这些方法中，活性炭催化剂的制备主要采用化学活化法，它是选择恰当的活化剂与炭材料按照一定的比例直接均匀混合，然后在氮气等惰性气体的保护下，程序升温至设定温度后恒温加热一段时间进行制备。活化剂在高温下与炭材料发生反应，刻蚀材料的内部结构，通过一系列的交联缩聚反应形成丰富的孔结构。目前广泛使用的活化剂主要有酸（H_3PO_4）、碱（KOH、NaOH）、盐（$ZnCl_2$、Na_2CO_3、K_2CO_3 等）三类。不同的活化剂对原料的作用各不相同。磷酸是常用的酸类活化剂，中孔偏多，其优点是活化温度较低，缺点是磷酸易挥发且产品灰分含量较高。碱类活化剂中 KOH 的应用相对更多，因为 KOH 的活化造孔作用比 NaOH 更好，得到材料的孔隙结构更发达。盐类中最常见的是 $ZnCl_2$，可在较低的温度下进行活化。

三、活性炭催化剂的改性

将活性炭在隔绝空气或惰性气体的保护下进行热处理，是对活性炭进行改性的重要方法之一。在高温下，活性炭的石墨化程度增加，同时表面杂原子基团将会裂解，活性炭的疏水性和碱性增加。一般而言，活性炭表面羧酸基团在较低的温度下分解，同时释放出二氧化碳，而酚羟基、醚、羰基等基团在较高的温度下分解释放出一氧化碳。图 4-9-1 为活性炭表面基团分解时释放的基团及相应的分解温度。

活性炭的化学改性主要是改变活性炭表面的基团及基团分布，从而改变活性炭的吸附、催化等性质[5]。其改性方法主要包括表面氧化改性、表面还原改性、负载金属改性、化合物改性、吸附剂复合改性等[6]。

四、活性炭催化剂的应用

现有研究表明，活性炭表面具有的官能团赋予了其催化活性。活性炭的物理性质和化学性质受原料的种类及制备条件的影响而呈现多样性，由此制备的活性炭表面官能团的种类与数量，石墨状微晶的结晶化程度、大小及微晶相互之间集合状态等也不同。其中，以活性炭作为催化剂进

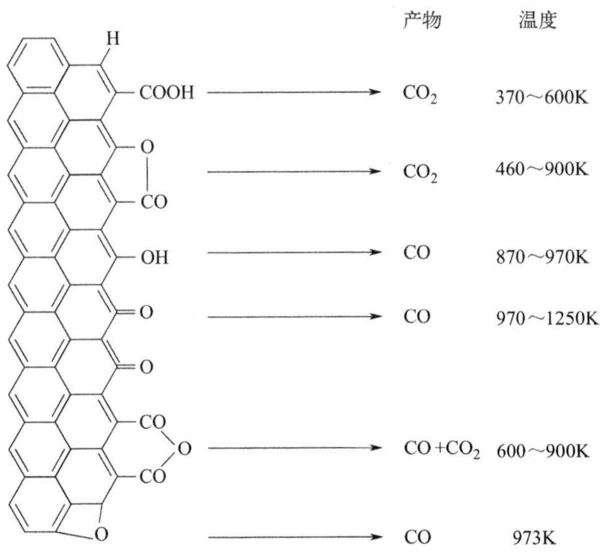

图 4-9-1 活性炭表面基团的裂解及裂解的大致温度

行的光气合成是最重要的反应。光气（碳酰氯，$COCl_2$）是一种合成聚氨酯类化合物的原料，后者广泛用于塑料、涂料、皮革、包装材料等方面，它以前是用一氧化碳和氯气在紫外线下合成，其产率和速度都比较低，现在都使用氯和稍过量的一氧化碳通过装有活性炭催化剂的反应器，在80～150℃和1～10atm（1atm＝101325Pa）下，可合成得到高转化率（90％）的光气，1t活性炭可产2t光气。类似的卤化加成反应还有活性炭催化氯和二氧化硫，合成硫酰氯。此外，活性炭还用于催化卤代烃的氢解、脱除煤烟中的硫、醇类的脱水反应及乙烯、丙烯、丁烯、苯乙烯的聚合反应等。表4-9-2列出了活性炭作为催化剂的主要应用领域。

表 4-9-2 活性炭作为催化剂的主要应用领域

反应的类型	具体的反应种类
含卤素的反应	由一氧化碳制造光气的反应、制造氰尿酰氯的反应、制造三氯乙烯及四氯乙烯的反应、制造氯磺酸酰及氟磺酰的反应；一氧化碳的氟化反应；乙醇的氯化反应；由乙烯制造二氯乙烷的氯化反应
氧化反应	氧化水溶液中的硫化钠制造多硫化合物的反应；由二氧化硫气体制造硫酸的氧化反应；由硫化氢制造单体硫黄的氧化反应；一氧化氮的氧化反应；草酸的氧化反应；乙醇的氧化反应
脱氢反应	由链烷烃制造链烯烃的脱氢反应；由环烷烃制造芳香族化合物的脱氢反应
氧化脱氢反应	由链烷烃制造链烯烃的氧化脱氢反应
还原反应	链烯烃、双烯烃的还原反应；通过羰基的还原制造甲醇的反应；油脂的氢化反应；芳香族羧酸的还原反应；过氧化物的分解反应；一氧化氮还原成氨的反应
单体的合成反应	氯乙烯单体的合成反应；醋酸乙烯单体的合成反应
异构化反应	丁二烯的异构化反应；甲酚的异构化反应；松香及油脂等的异构化反应
聚合反应	乙烯、丙烯、丁烯、苯乙烯等的聚合反应
其他反应	醇类的脱水反应、重氢交换反应

（一）卤化及脱卤化反应

1. 卤化加成反应

卤化加成反应基本上都可以认为是游离基加成反应。烯烃的 π 键具有供电性，卤素分子受 π 键影响发生极化，其正电部分作为亲电试剂，对烯烃的双键进行亲电进攻，生成三元环卤鎓离子。然后，卤负离子从环的背面向缺电子的碳正离子做亲核进攻，结果生成反式加成产物。目前，以氯、溴进行卤化加成反应最为常见。一般认为活性炭在开始发生的 $Cl_2 \longrightarrow 2Cl\cdot$ 反应中是有效的，反应最高温度为 150℃。由于出现了卤化铁等离子系催化剂，活性炭对烯烃的卤化加成反应逐渐没有研究。在一氧化碳和氯气合成光气的反应中，工业上仍普遍使用活性炭作为催化剂。工业上一般利用焦炭、木炭造气制得一氧化碳，再在活性炭的存在下与氯气进行反应。该反应在 80～150℃、1～10atm 下进行，且产物得率非常高。

Xu 等[7] 研究了活性炭（AC）的表面化学与乙炔氢氯化反应中各金属载体催化剂性能之间的关系。实验首先采用浓 HNO_3 溶液液相氧化工艺，在不同温度下对活性炭进行热处理，选择性地引入和去除表面含氧官能团（SOGs），制备了一组表面含氧基团不同，但结构参数无明显差异的改性活性炭。之后采用改性活性炭负载 $AuCl_3$ 作为乙炔氢氯化反应的催化剂。采用了 C-TPD 方法表征表面化学性质，利用多重高斯函数反褶积方法估计各类型 SOG 的含量。DFT（离散傅里叶变换）计算结合反应结果表明，活性炭的表面化学性质对 Au/AC 催化剂的催化活性有明显影响，其中活性炭表面的苯酚、醚和羰基是控制 Au^{3+} 催化剂独特催化活性和稳定性的关键因素；SOGs 可以稳定 Au 粒子和 Au^{3+}，且随着 SOGs 特别是苯酚、醚和羰基的加入，Au/AC 催化剂的活性和稳定性等催化性能均有所提高。

2. 卤化取代反应

该类反应可用 $RH+Cl_2 \longrightarrow RCl+HCl$ 表示，其原料是芳香族碳氢化合物、甲烷、卤化乙烯、氢气等。其中，芳环上的取代氯化反应常用的催化剂为 Lewis 酸（路易斯酸），如金属卤化物三氯化铁、三氯化铝等，通常在溶液中进行；而芳烃侧链上的氯化反应，则通常在光照下与氯气发生自由基反应而实现。例如，采用气相氯化法实现对甲苯侧链的氯化，通过 300℃高温实现链引发，催化剂为活性炭，反应的转化率可以达到 70%。

用活性炭作催化剂时的反应通常在 200～400℃下进行，也可在加热条件下完成，但温度要比活性炭作催化剂时高 100～300℃。这主要是因为在本反应中活性炭的催化作用在于使氯气离解，或起到从碳氢化合物上夺取氢的作用。

3. 脱卤化氢反应

该类反应有代表性的例子是由 1，2-二氯乙烷脱氯化氢生成氯化烯的反应。该反应在加热时也能进行，在固体酸等催化剂上也能进行，但在活性炭催化下的反应要比加热反应的温度低 150～200℃，而且选择率显著提高。由各种反应系统进行二氯乙烷热分解，反应的副产物是乙烯、乙炔等，可以认为，只要催化剂的寿命足够长，该反应就可用于实际生产中。向该反应系统中添加在加热反应系统中有催化效果的氯气、氧气或四氯化碳，没有什么效果，而且对于加热反应表观活化能大约为 50kcal/g 分子（1kcal≈4.1868kJ），而在活性炭催化下可降至大约 30kcal/g 分子。二氯乙烷的分解反应见式（4-9-3），由于活性炭接受游离基的作用而促进反应的进行，并通过表面的氯进行如式（4-9-4）的反应。此外，由氢引起的脱卤化氢反应中，活性炭也有催化作用。

$$CH_2Cl—CH_2Cl \longrightarrow \cdot CH_2—CH_2Cla+Cla\cdot \tag{4-9-3}$$

$$\cdot CH_2—CH_2Cla+Cla\cdot \longrightarrow CH_2=CHCl+HCl \tag{4-9-4}$$

（二）氧化及氧化脱氢反应

1. 氧化反应

（1）活性炭催化剂在柴油脱硫中的应用　目前，由于更加严格的环境法规，柴油超深度脱硫已成为非常紧迫而且急需解决的世界性研究课题；在氢燃料电池系统中，如果氢来源于燃料油，那么必须使用超低硫或无硫燃料油。尽管传统的加氢脱硫能非常有效地脱除大部分含硫化合物，但是加氢脱硫技术要求高温、高压、氢环境以及贵金属催化剂等苛刻条件，设备投资和操作费用相对比较昂贵，且对于稠环噻吩类硫化物（二苯并噻吩）及其衍生物的脱除比较困难。吸附脱硫是新的有效脱除催化裂化（FCC）柴油中硫化物的方法，具有操作简单、投资费用少、无污染、适合于深度脱硫等优点，它是一项具有广阔发展空间及应用前景的新技术。活性炭氧化改性对脱硫率的影响按下列顺序变化：浓硫酸＞浓硝酸＞过二硫酸铵＞过氧化氢（30%）＞高锰酸钾水溶液。在所考察的改性方法中，以硫酸（或硫酸组合其他方法）改性活性炭的脱硫效果最佳，活性炭的硫容量从改性前的0.0240g硫/g吸附剂提高到0.0529g硫/g吸附剂。对所研究的加氢处理柴油，硫的脱除率从未改性活性炭的23.3%上升到硫酸改性活性炭的32.5%，说明硫酸改性也有利于柴油中硫化物的吸附。利用低温氮吸附、碱滴定、红外光谱、不同大小和极性分子吸附等实验方法，考察了活性炭孔结构、表面性质与二苯并噻吩吸附容量之间的关系，结果表明，二苯并噻吩在改性活性炭上的吸附容量的增加主要与活性炭的中孔孔容和表面含氧基团量的增加有关。此外，通过选择催化氧化将柴油中的硫化物转化成相应的砜后，再通过萃取（吸附），可以实现柴油的超深度脱硫，而油品性质不发生改变[8,9]。

（2）一氧化氮的氧化　一氧化氮的氧化即使在常温下也可以进行，因反应速率很大，经常用它作为硝酸制造过程或排烟脱硝过程的基本反应。但是水蒸气对该反应有明显的毒害作用。能发生从低原子价向高原子价的氧化反应的金属离子有 Fe^{2+}、Sn^{2+}、Ce^{2+}、Pd^{0}、Hg^{1+} 等。

2. 氧化脱氢反应

由活性炭进行的氧化脱氢反应的基本特征是反应的温度低（250～400℃），且无论是用烯烃还是烷烃，其反应性不受影响、变化不大。特别是烷烃的氧化脱氢反应，在金属或金属氧化物催化剂上进行是相当困难的，而活性炭对此却有特异的催化作用。在活性炭上进行的氧化脱氢反应，虽然选择性不太高（约80%），但若能抑制完全氧化的副反应，则在实用性方面是很有意义的。

（三）脱氢反应

关于脂环式碳氢化合物的催化脱氢反应很早就有研究的报道，而且脂肪族碳氢化合物或醇的脱氢反应也逐渐引起人们的注意。活性炭催化剂在这类反应中虽不像白金族金属那样具有很高的活性，但比氧化铬系催化剂的活性要高得多，即使在450℃温度下，也能得到相当快的反应速度。表4-9-3为各种碳氢化合物的脱氢反应结果。而且，如果在活性炭中添加各种过渡性金属，即使该过渡金属本身没有脱氢活性，活性炭催化剂的脱氢能力也会上升数倍。活性炭催化剂的特征是从这种碳氢化合物上夺取氢的能力很强。一般认为，决定反应的步骤（即反应的控速步骤）是催化剂上氢的脱离速度。因此，其反应的历程可以推断为式（4-9-5）～式（4-9-7）。所以，如果让氧、乙烯、二氧化硫、一氧化氮等氢的接收体共同存在于脱氢反应系统中，反应将会被显著地催化，同时表观活化能也从大约25kcal/g分子降低到15kcal/g分子。

$$RH + 2X\cdot \longrightarrow R{-}X + X{-}H \tag{4-9-5}$$

$$R{-}X \longrightarrow R'\text{（烯烃）} + X{-}H \tag{4-9-6}$$

$$2X{-}H \longrightarrow 2X\cdot + H_2 \quad \text{（律速阶段）} \tag{4-9-7}$$

表4-9-3　各种碳氢化合物用活性炭催化剂的脱氢反应

原料碳氢化合物	转化率/%	产物选择率/%		
		芳香族	烯烃	分解物
正辛烷	41.4	乙基苯 14.3 邻二甲苯 17.0	14.9	49.9
正庚烷	21.4	甲苯 34.6	21.4	44.0
正己烷	13.8	苯 24.3	37.2	37.4
正戊烷	13.8	0	单烯 76.1 二烯 2.6	21.3
异戊烷	13.9	0	单烯 87.7 二烯 0.7	11.6
甲基环己烷	27.8	甲苯 86.0	3.3	10.7
环己烷	15.8	苯 80.0	5.2	14.8

注：反应温度为455℃。

（四）其他反应

除了上述一些反应外，活性炭还在醇的脱水反应、氢-氘交换反应、外消旋（作用）反应、加氢裂化反应和酯化反应等反应中得到应用[10,11]。

第三节 活性炭载体和生物活性炭的制备与应用

将活性炭作为载体使用，其应用范围就比活性炭本身作为催化剂的应用广得多。活性炭可以负载贵金属（如 Pt、Pd、Pu、Ph、Re、Os、Ir 等）、硫化物（如 MnS、MoS_2、WS_2、HgS、ZnS、CuS、CdS）、卤化物（$AlCl_3$、碱土金属、氯化物等）、无机酸类等，主要用于农药、医药、香料中的加氢或合成，塑料及化纤中的聚酯、聚氨基甲酸酯等的生产及脂环族化合物脱氢制芳环化合物等领域[12,13]。其中，使用活性炭负载稀有贵金属的应用较多，因为使用活性炭负载贵金属，如果将使用后的催化剂加热燃烧处理，可以方便地将贵金属回收。以活性炭作为载体时，一般的过程是先将金属盐浸渍负载到活性炭上，然后将载有贵金属的活性炭加热处理，如 Pt 的负载就是先将铂酸盐负载，然后热解分解，Pt 以微小颗粒负载在活性炭上，但对于其他过渡金属盐如铁盐，高温热处理后则得到相应金属氧化物。在酸碱强度较大的催化环境中如硝基苯的还原中，氧化铝、氧化硅分子筛载体的结构将会被破坏，活性炭载体则不存在此类问题。而且，活性炭在甲醇羰基合成醋酸、乙醇羰基合成丙酸中，具有比 SiO_2、Al_2O_3、分子筛及高分子载体更好的活性。

一、活性炭载体的作用与要求

载体是固体催化剂中主催化剂和助催化剂的分散剂、黏合剂和支撑体。载体的作用是多方面的，可以归纳如下。

(1) 分散作用　多相催化是一种界面现象，因此要求催化剂的活性组分具有足够的比表面积，这就需要提高活性组分的分散度，使其处于微米级或原子级的分散状态，这样可以提供足够多的活性位点。而载体可以使活性组分分散为很小的粒子，并保持其稳定性。例如将贵金属 Pt 负载于 Al_2O_3 载体上，使 Pt 分散为纳米级颗粒，成为高活性催化剂，从而大大提高贵金属的利用率。

(2) 稳定化作用　载体可以对催化剂起到稳定化作用，防止活性组分的微晶发生半熔或再结晶。载体能把微晶阻隔开，防止微晶在高温条件下迁移。例如，烃类蒸气转化制氢催化剂，选用铝镁尖晶石作载体时，可以防止活性组分 Ni 微晶在高温（1073K）下长大。

(3) 支撑作用　载体可赋予固体催化剂一定的形状和大小，使之符合工业反应对其流体力学条件的要求。载体还可以使催化剂具有一定的机械强度，在使用过程中使之不破碎或粉化，以避免催化剂床层阻力增大，从而使流体分布均匀，保持工艺操作条件稳定。

(4) 传热和稀释作用　对于强放热或强吸热反应，通过选用导热性好的催化剂载体，可以及时移走反应热量，防止催化剂表面温度过高。对于高活性的活性组分，加入适量载体可起稀释作用，降低单位容积催化剂的活性，以保证热平衡。载体的这两种作用都可以使催化剂床层反应温度恒定，同时也可以提高活性组分的热稳定性。

(5) 助催化作用　载体除上述物理作用外，还有化学作用。载体和活性组分或助催化剂产生化学作用，会导致催化剂的活性、选择性和稳定性发生变化。在高分散负载型催化剂中，氧化物载体可对金属原子或离子活性组分发生强相互作用或诱导效应，这将起到助催化作用。载体的酸碱性还可与金属活性组分产生多功能催化作用，使载体也成为活性组分的一部分，组成双功能催化剂。

活性炭作为载体有以下优点：价格低廉，能耐酸碱，性质稳定，具有发达的孔隙结构，较大的比表面积和优良的吸附性能。另外，负载在活性炭上的贵金属通过炭载体的燃烧较易回收，而且活性炭的表面积、孔结构及表面官能团都会影响催化剂的性质，而炭载体的这些参数可以通过物理及化学处理的方法加以修饰，使催化剂具有更大的调整和适应范围。因此，活性炭作为载体的应用日益广泛。以活性炭作为载体的催化剂催化的反应种类包括：卤化、氧化还原、树脂单体制造、聚合、异构化以及其他各种反应。活性炭作为催化剂载体的一些催化反应见表 4-9-4。

表 4-9-4　以活性炭作催化剂载体的催化反应

类别	反应	活性组分
单体制造	醋酸乙烯酯合成	醋酸锌
	氯乙烯	升汞、以碱金属及碱土金属氯化物作助催化剂
	醋酸乙烯基酯	醋酸锌
卤化及脱卤化反应	氰尿酰氯制造	金属卤化物
	盐酸、氢溴酸合成	氯化铁、氯化铜、氯化铬
	氟利昂类制造	金属卤化物
	三氯乙烯合成	氯化亚铁、氯化钡
	六氯苯合成	氯化铝
	烃的氯化	金属氯化物
	醇的氯化	磷酸、氯化钙、氯化锌
氧化	醇的氧化	铂、钯、铜、硝酸银、氧化银
	烯烃氧化	铂
	对异丙基苯甲烷氧化	钯
	类固醇氧化	钯
	乙烯氧化制乙醛	钛、钯、钒、铬、钼、银
还原	羧酸还原	钌
	不饱和酸还原	镍
	烯烃还原	镍、钴
	硝基、亚硝基化合物还原	铑
	吡啶衍生物还原	铑
	咔唑类还原	铑、钌
异构化	甲酸异构化	磷酸
	松香异构化	氯化锌、钯
	植物油异构化	镍
	烯烃异构化	磷酸
	烃类异构化	铂
水合	乙炔水合	汞、锌、铜、镉、锰的硫化物或磷酸盐
	乙烯水合	氧化钍、磷酸、磷酸盐、硫酸、氧化镁、铁、碳酸钾
脱氢	烷烃及环烷烃脱氢	铂、镍
	烃类脱氢	①钠盐、锂盐；②镍
聚合	乙烯聚合	钴、镍、氧化镍、碱金属
	丙烯聚合	固体磷酸
	烯烃聚合	钛、锆、钴、镍、磷酸、氧化镍
	丁二烯聚合	钴、镍
加氢裂化	焦油加氢裂化	钼、钨的氧化物及硫化物
	油脂加氢裂化	钼、钨的硫化物
其他反应	羰基化合物合成	铬、镍、铁、锰、汞、钴、铂、钌
	醛、醇制造	硫化钼
	醋酸合成	磷酸
	二硫化碳合成	氧化锌
	烯烃合成	铁、钴
	酯合成	氧化铝、硅酸
	丙烯腈制造	碱、碱土金属的碳酸盐、氰化物
	苯烷基化	氯化锌、氯化硼、磷酸
	醇的胺化	铂
	四氢呋喃衍生物制造	铂
	烃类缩合、聚合、烷基化	磷酸
	丙烯醛制造	碳酸钠、碳酸钾
	甲基乙烯基醚制造	50%氢氧化钾
	由醚制醇	磷酸

活性炭的比表面积和孔结构及表面基团对负载的催化剂活性均有重要影响。早期使用活性炭作为载体的研究，并未了解到活性炭表面化学性质对催化活性的影响，到了20世纪70年代中期，人们发现，很多活性炭负载的催化剂的性质已经不能仅仅用活性炭的比表面和孔结构得到解释，直到20世纪80年代后期，人们才开始认识到活性炭表面化学基团对催化活性的重要作用，对活性炭表面化学环境的重要性才有了较为深入的研究和了解。

（一）活性炭结构对催化剂活性的影响

活性炭比表面积的大小和孔结构在以活性炭为载体的催化剂中起着重要的作用。炭材料的比表面积越大，催化剂在炭材料表面的分散越好。活性炭载体负载的催化剂活性远远高于氧化铝等载体负载的催化剂，其原因是活性炭表面裂缝状的空隙通过对硫化氢的吸附，对噻吩脱硫起到了很好的催化作用。

在接近工业生产条件下，以乙炔和HAc为原料进行气相合成VAc的反应中，发现以超高比表面积的活性炭为载体的催化剂与以普通活性炭为载体的催化剂具有相似的宏观动力学方程，该合成反应的机理没有因为催化剂的载体比表面积和结构的改变而改变。但是，以超高比表面积活性炭为载体的催化剂表现出比以普通比表面积活性炭为载体的催化剂高得多的催化活性。此外，以超高比表面积活性炭为载体的催化剂在高温段时具有较低的反应活化能，即此时该催化反应过程受扩散的影响更明显。反应处于高温度段时，以超高比表面积活性炭为载体的催化剂随温度升高HAc的转化率增加的幅度较小。

（二）活性炭表面化学环境对催化剂负载活性组分的影响

1. 活性炭表面基团的影响

自1986年Derbyshire发现含氧基团对所负载的活性组分具有重要的影响以后，一系列关于活性炭含氧官能团与所负载活性组分之间相互作用的研究，使得活性炭表面含氧基团对催化剂活性的影响的研究达到了较深的程度。

2. 静电相互作用的影响

由于活性炭表面基团的离解性，活性炭在不同pH下，其表面的电荷不同，这将极大地影响到活性炭负载催化剂的性质。当活性炭表面为正电荷时，活性炭表面所带的正电荷将排斥对金属离子的吸附；当活性炭表面为负电荷时，活性炭表面则有利于金属离子的吸附，其吸附量将比电中性时高，对金属的吸附负载量也将增加。

通过测定金属离子在不同pH、温度等条件下的吸附，发现当溶液的pH大于pH_{pze}（活性炭表面零点电荷）时，活性炭对金属离子的吸附与金属离子的电负性密切相关。在金属离子浓度较低时，活性炭吸附金属离子是一个金属离子与活性炭表面质子氢相交换的过程；但当金属离子的浓度较高时，吸附变为一个复杂的过程。

3. 石墨化程度的影响

活性炭表面石墨层的π吸附位会与负载的Pt作用，这将有利于活性炭所负载的金属Pt的稳定，负载的Pt与活性炭之间的作用会随活性炭石墨化程度的增加而增强。例如经2000℃处理的活性炭与Pt的作用就比1600℃处理的作用强，因为在2000℃下处理，活性炭的石墨化程度要比1600℃下处理的高。

4. 基团稳定性的影响

以三个表面含有不同氧物种的活性炭为载体，在pH值为9.5的介质中负载$[Pt(NH_3)_4]Cl_2$，结果发现，表面含氧基团较多的硝酸氧化活性炭负载Pt催化活性组分以后其催化活性最小，究其原因，是由于硝酸处理的活性炭表面含氧基团在氢气气氛下会还原分解，这时原本负载金属离子的部位分解后将造成负载的Pt迁移与聚集。

利用HNO_3氧化处理活性炭后其孔结构性质及表面基团发生变化，研究活性炭表面含氧基团对负载组分的影响。结果表明，活性炭较发达的介孔结构可显著提高其与Ru的相互作用，活性炭表面含氧官能团是其与 Ru 作用的关键。活性炭经硝酸处理虽然可以使含氧基团的量增加，但同时也使不稳定基团的量增加，这些不稳定基团在催化剂还原过程中分解，不利于活性炭与 Ru 的相互作用。活性炭的气相热处理可以调节其表面结构及表面基团，从而提高 Ru 与活性炭的作用，进而提高催化剂的活性。

（三）活性炭的稳定性对催化剂活性的影响

除前述活性炭的耐酸碱等优点以外，活性炭用作催化剂载体的另外一个重要优点是活性炭负载的催化剂比其他载体负载的催化剂的稳定性高、使用寿命也较长，因为活性炭载体具有较好的抗结炭性能。

以活性炭和三氧化二铝分别为载体负载的 Mo 为催化剂，无论是从增加金属的负载量还是延长催化反应的时间来看，活性炭负载的 Mo 催化剂都具有少得多的结炭和较长的使用寿命，其原因在于活性炭载体具有小得多的酸性，因此防止了催化剂的快速结炭。

（四）双金属负载

以活性炭为载体负载的双金属催化剂如 Pt-Sn/AC，在 CO 的催化氧化、对卤代硝基苯的选择性还原等方面是一个有效的催化体系。卤代苯胺是重要的医药和农药中间体，由卤代硝基苯的选择性还原而来，现在工业中使用的活性炭负载的 Pt-Ir 等双金属催化剂取得了很好的效果，但如仅使用活性炭负载的 Pt 催化剂还原，催化剂会将卤素脱离下来，导致产品选择性降低，同时反应器的污染腐蚀加重。此外，活性炭负载的双金属还是一种防止金属粒子烧结、提高金属分散度的有效方法。

二、活性炭负载型催化剂的制备方法

用活性炭作载体制备负载型催化剂的方法主要有浸渍法、化学共沉淀法及离子交换法等。

1. 浸渍法

浸渍法是制备负载型金属催化剂的常用方法，尤其对于贵金属催化剂，可以在载量低的情况下达到金属的均匀分布，载体也可改善催化剂的传热性，防止金属颗粒的烧结等。Pt 的可溶性化合物溶解后，与载体混合，再加入各种还原剂（如 $NaBH_4$、甲醛溶液、柠檬酸钠、甲酸钠、肼等），使 Pt 还原并吸附在载体上，然后干燥，制得 Pt/C 催化剂。最典型的有以 $NaBH_4$ 作还原剂的 Brown 法和以肼作还原剂的 Kaffer 法等。这种方法的优点是单步完成，过程简单，可用于从一元到多元电催化剂的制备，可在水相中操作。Abdedayem 等[14] 用湿润浸渍法研究了基于（Cu/AC）的活性炭负载铜多相催化剂，并研究制备条件对催化剂特性的影响。结果表明，载体（活性炭）的结构对浸渍效果影响不大，制备条件对催化剂的性能起着重要作用，浸渍后活性炭的吸附能力有明显改善，而且与单纯臭氧化和不添加金属的 AC 催化臭氧氧化相比，（Cu/AC）的活性炭负载铜多相催化臭氧氧化对硝基苯（NB）的降解效率有显著提高。

2. 化学共沉淀法

共沉淀法也是制备负载型金属催化剂的常用方法。Watanabe 等[15] 采用共沉淀法制备 Pt-Ru/C 催化剂，此法的特点是使用双氧水氧化铂和钌金属盐，形成 PtO_2 和 RuO_2 的溶胶，然后用炭黑浸渍，在液相中鼓入氢气还原，最后得到担载型的 Pt-Ru 合金。该过程的主要优点为可在较高金属载量下制备出高分散的 Pt/C 及 Rt-Ru/C 电催化剂（对于 10%Pt/C，其金属粒子粒径大小约为 2nm）；可以由含氯的贵金属盐前驱体制备出几乎不含氯离子的 Pt/C 及 Pt-Ru/C 催化剂；可在水相中操作，且过程对环境较友好。

3. 离子交换法

炭载体表面含有不同程度的各种类型的结构缺陷，缺陷处的碳原子可以和羟基、酚基等官能团结合，这些表面基团能与溶液中的离子进行交换。离子交换法即是利用此原理制备高分散性的催化剂。

4. 气相还原法

Pt 的化合物被浸渍或沉淀在活性炭上，后经干燥，由 H_2 高温还原获得催化剂。Alerasool 等[16] 将 $Pt(NH_3)_4(NO_3)_2$ 和 $Ru(NH_3)_6Cl_3$ 负载在 SiO_2 上，以 H_2 在 400℃下还原 4h，结果获得金属粒径为 2.5～3.0nm 的 Pt-Ru/SiO_2 催化剂。在 O_2 气氛中热处理 1h，随后在同样的条件下由 H_2 还原，可获得大小为 1.0～1.5nm 的金属粒子。

5. 电化学方法

利用循环伏安、恒电位、欠电位沉积、方波扫描技术等电化学方法将 Pt 或其他金属还原。Silva 等[17] 采用电化学阳极沉积法制备了金属有机骨架铜（MOF-Cu）并将其应用于 CO_2 的光电催化还原，优化了直接影响到光电催化活性的电流密度、时间、温度等参数。研究发现，电极在 110℃下选用 2.5mA/cm^2 的电流密度和反应时间 6.5min 时得到的光电催化效果最好。

6. 高温合金化法

用高温技术使多元金属合金化，从而获得高性能的催化剂。Ley 等[18] 利用氩弧熔（Arc-melt）技术，获得 Pt-Ru-Os 三元合金，该合金有利于降低 Pt 表面的 CO 覆盖率，显示出优良的电催化性能。在 90℃、0.4V 下，对甲醇的电催化氧化电流密度可以达到 340mA/cm^2，而普通的 Pt-Ru 催化剂只有 260mA/cm^2。

7. 溶胶凝胶法

溶胶凝胶法是制备纳米级催化剂颗粒的有效方法，最典型的为 Bonnemann 法，它是一种在有机溶剂中利用 $N(C_4H_{17})_4BEt_3H$（tetraalkylammonium hydrotriorganoborates，四烷基-三硼氢化铵，四烷基硼氢化铵）与金属盐溶液反应生成金属溶胶的方法，其中 $N(C_4H_{17})_4^+$ 保持溶胶的稳定，BEt_3H^- 是还原剂。在溶胶中加入炭黑，随后过滤、洗涤、干燥得到平均粒径为 2.1nm 左右的炭载催化剂。

8. 其他方法

微波加热的方法也被用于快速制备 Pt-Ru/C 阳极电催化剂。通过采用 Pt-Ru 同源分子作为 Pt-Ru 金属的前驱体，加入载体后，在微波场中加热分解该前驱体，然后，在微波场中导入氢氮混合气加以还原。尽管采用微波加热的过程较快，但其同源分子的制备过程非常复杂。而且还原过程在微波场中进行，反应温度较难控制，一般温度较高，有一定的危险性。组合化学技术也被应用于燃料电池电催化剂化学组分的筛选与制备。Choi 等[19] 巧妙地利用了一台普通的彩色打印机，将 $H_2PtCl_6 \cdot xH_2O$、$RuCl_3$、$(NH_4)_6W_{12}O_{39} \cdot xH_2O$、$MoCl_5$ 分别装入四个不同的墨盒中，然后将四种贵金属含量连续变化地打印到炭纸上，采用 $NaBH_4$ 还原，而后将该电极作为工作电极，在添加了指示剂的甲醇中进行电位步进扫描，在低过电位下，高活性的电催化剂区域的甲醇首先反应产生氢质子，指示剂在酸性介质中能发出荧光，很好地筛选了催化剂。

三、活性炭负载型催化剂的应用

（一）活性炭负载酸催化剂及其应用

采用活性炭负载酸作为催化剂，具有催化活性高、选择性好、操作方便等优点，并且有利于减少设备腐蚀和环境污染。活性炭负载酸催化剂可用于酯化反应等。

活性炭负载对甲苯磺酸催化剂的制备可采用以下过程：取 400～600 目的活性炭，首先用 10%的稀硝酸淋洗，水洗至中性，蒸馏水浸泡后再用去离子水回流 2h，减压过滤，150℃下干燥 3h，将所得干净的活性炭与一定浓度的对甲苯磺酸（TsOH）溶液回流吸附 12h，减压过滤后晾干，最后在（120±2）℃下活化 2h，就可得到一系列不同固载量的催化剂 TsOH/C。

乙酸乙酯是化工、医药生产的基本原料，也是重要的染料、香料中间体，传统的制备方法是在浓硫酸催化下，由乙酸与乙醇酯化而成。该酯化工艺虽然速度快，但酯收率低（70%～80%），而且反应后处理工序复杂，有“三废”污染，且浓硫酸在工业生产中不仅腐蚀设备，还会引起醇的脱水、聚合等副反应。用对甲苯磺酸代替浓硫酸制备乙酸乙酯，虽然可提高酯收率，避免对设备的腐蚀，但因对甲苯磺酸在反应中易随乙酸乙酯流失，使得催化成本大为提高，且该工艺的后处理仍十分复杂。而采用廉价易得的活性炭负载对甲苯磺酸作为催化剂，与非固载型对甲苯磺酸工艺相比，具有催化剂用量少、使用寿命长、酯收率高、反应后处理工序简单、不污染环境、不腐蚀设备、酯化反应既可间歇操作又可连续操作等优点，逐渐受到广泛关注。

（二）活性炭负载金属催化剂及其应用

在活性炭上负载的金属主要有钒（V）、锰（Mn）、铜（Cu）、铁（Fe）、钴（Co）、镍（Ni）、铂（Pt）、钛（Ti）等，到目前为止，已有不同种类活性炭载体的金属类催化剂实现了工业应用。

1. 活性炭负载铁催化剂及其应用

铁作为日常生活中最常见的金属并且廉价易得而被广泛研究，在烟气脱硫领域也不例外。研究表明[20]：AC 在炭化前负载铁时，随着铁含量的增加，AC 表面的碱性基团数量显著增加，而酸性官能团却减少（不是很显著）；而对于活化后负载铁的材料，表面的酸、碱性官能团的数量没有明显变化。低温（373K）下，SO_2 的吸附容量随铁含量的增加而提高，并且，铁良好的分散性有益于提高材料对 SO_2 的吸附氧化。有研究证实，当反应气体中有 NO_x 同时存在时，材料对 SO_2 的吸附容量有所提高。

2. 活性炭负载 Cu 催化剂及其应用

在活性炭上负载 CuO 催化剂的研究也受到重视。Tseng 等[21] 在相同的实验条件下对负载于 AC 上的 CuO、Fe_2O_3 和 V_2O_5 对于同时脱除烟气中的 SO_2、NO 和 HCl 的性能进行了对比研究。SO_2 在金属氧化物上的催化过程包括三个阶段：SO_2 吸附形成亚硫酸盐、亚硫酸盐氧化形成硫酸盐、硫酸盐分解放出 SO_2。而且，在实验中 CuO/AC 仅仅作为吸附剂，并在实验中发现氧化铜在催化过程中生成了硫酸铜，使催化剂失活。

3. 活性炭负载 Ti 催化剂及其应用

TiO_2 的光催化性能受到全球的密切关注，是近些年来的研究热点，它能大大降低能耗，节约资源。目前对 TiO_2 的研究基本上集中在光催化方面，而对它参与的热力学反应的研究并不多。在环境保护方面，TiO_2 的研究以废水处理为主导，TiO_2 的光催化功能没有选择性，因此它适用于多种废水的处理，比如含酚废水、染料废水等等。

4. 活性炭负载 Pt 催化剂及其应用

（1）在加氢-脱氢中的应用　近几年来，随着氢能经济的发展，甲基环己烷（MCH）脱氢反应是常用的探针反应之一，作为一种通过加氢-脱氢循环来储存、运输氢气的有效方法，受到国际上的广泛重视。以炭材料作为载体的 Pt 催化剂表现出了一些不同的性质。

中国科学院大连化学物理研究所包信和团队[22] 在不同方法处理的活性炭上采用传统浸渍方法制备了负载 Pt 的催化剂，并考察了其在甲基环己烷脱氢反应中的催化性能。对炭载体的氮吸附和程序升温脱附的表征结果表明，活性炭经过硝酸氧化处理和氢气高温处理后，其孔结构基本不变，但表面含氧官能团的数量和种类发生了变化，这些不同的表面基团直接影响了 Pt 粒子在载体上的分散度，进而使催化剂在反应中表现出不同的活性。

（2）在甲醇燃料电池中的应用　直接甲醇燃料电池（direct methanol fuel cell，DMFC），是以离子交换膜为电解质、以甲醇为阳极燃料、以空气为氧化剂的燃料电池。与气体燃料相比，甲醇易于储备与运输，能量转化效率高，反应产物主要是水和少量的二氧化碳，是环境友好的绿色能源。DMFC 具有体积小、重量轻、效率高等突出优点，被认为是最具有潜力的可移动电源之一，在交通、通信、航天等方面具有广阔的应用前景和巨大的潜在市场。Pt/C 催化剂是目前 DMFC 使用最多的阴极电催化剂，无论是在酸性介质还是碱性介质中，对氧化还原反应都表现出较高的催化活性[23]。

20 世纪 60 年代初期，主要使用 Pt 炭黑作为燃料电池阴极电催化剂，但是其易烧结、利用率低、用量大。为了降低成本，通过将 Pt 负载到高比表面积的活性炭上，降低了 Pt 的粒径，提高了 Pt 的有效比表面积，大大提高了 Pt 的利用率，降低了 Pt 载量。其中公认较好的活性炭载体为美国 Cabot 公司的 Vulan XC-72 活性炭，其比表面积约 $250m^2/g$，含氧量低、电导率高、抗腐蚀能力强，并且能有效地通过静电作用吸附 Pt 颗粒[24]。

尽管 Pt 对于氧还原反应有较高的催化活性和稳定性，但是其价格昂贵，资源有限，要实现燃料电池的商业化，还必须进一步降低 Pt 载量，其中 Pt 基合金催化剂较单体 Pt 表现出更高的活性。在过去的 20 年中，各种 Pt 基合金已经被用作氧还原反应的电催化剂。

5. 活性炭负载 Co 催化剂及其应用

Co 基催化剂在 F-T 合成（费托合成）反应中具有较强的链增长能力，且性能稳定、不易积炭、几乎不发生水煤气变换反应，是 F-T 合成常用的催化剂。近年来，中国科学院大连化学物理研究所[25] 采用固定床工艺开发了 Co/活性炭催化剂，可高选择性地合成石脑油和柴油馏分，产品中基本没有蜡生成，催化剂与产品易分离，是一种有特色的通过 F-T 合成一步制备液体燃料的 Co 基催化剂。

6. 活性炭负载 V 催化剂及其应用

钒是烟气脱硫脱氮最常用的催化剂，也是目前研究最多的催化剂。通常钒类催化剂在 AC 上的氧化形态为 V_2O_5。针对 V_2O_5/AC 烟气脱硫催化剂，国内外均有一些研究。不少研究表明，当 SO_2 和 H_2O 同时存在时，硫酸铵盐的沉积往往会堵塞催化剂部分孔道，造成其失活，而 180℃以上无 H_2O 存在时，催化剂能够促进硫酸铵盐与 NO 之间的反应[26]，并且硫酸根的形成使催化剂表面产生新的酸性位，提高了对 NH_3 的吸附能力。

四、生物活性炭的制备与应用

（一）生物活性炭的制备方法

生物活性炭（biological active carbon，BAC）作为活性炭载体应用的典型例子之一，是指在活性炭的孔内使微生物繁殖（即活性炭负载生物催化剂），使这些微生物产生活性的水质净化法（生物活性炭法）中所用的炭材料。可以认为是指同时利用在活性炭表面上生息的微生物的机能与活性炭的机能的水处理方法。而且，在生物脱臭的领域也有利用活性炭作为微生物载体的，有时它也称作生物活性炭。这一概念于 1978 年由美国学者 Miller 和瑞士学者 Rice 提出[27]。但早在 20 世纪 60 年代，欧洲的一些国家就开始利用此技术进行废水的深度处理，我国对 BAC 技术的研究与应用也有 30 余年，技术已相对成熟，被广泛运用于微污染原水、工业废水和生活污水的处理过程中，取得了令人满意的处理效果[27]。活性炭吸附技术在实际应用中，依靠吸附去除有机物的使用寿命只有 3～6 个月，并且再生困难，生物活性炭是以活性炭为载体，用生长在炭表面的微生物，在水处理中同时发挥活性炭的物理吸附和微生物的生物降解作用，因此既能有效去除水中微量有机污染物，又能延长活性炭的使用寿命。依靠活性炭自然形成的生物活性炭，其生物相较为复杂，生物降解的速率不高，通过人工强化技术如投加高活性微生物；采用人工固定化技术形成的生物活性炭，则具有高效、长效、运行稳定和出水无病原微生物等优点，因此以人工固定化技术为代表的活性炭生物强化工艺也越来越受到人们的重视[28]。

生物活性炭的制备原料与通用活性炭相同，通常情况下由各种含碳材料制备，分为如下几类：植物类，包括木材、稻壳、竹子、烟秆以及椰子壳、核桃壳等各种果壳；矿物质类、煤及其混合物，如煤沥青、煤的半焦等；石油沥青、石油焦等。

人工形成的生物活性炭中的微生物，是采用新型生物菌种筛选和驯化技术，使得生物菌种针对水中微量有机物具有高效降解性，同时也保证了生物菌种的生物安全性；对生物菌种采用人工固定化方法，最大限度地提高了活性炭上固定生物菌种的数量，增加了生物菌种与活性炭结合的紧密程度，保证微生物菌种的高活性，使得生物活性炭能够快速有效地降解水中微量有机污染物。固定化生物活性炭是以活性炭为载体，人为采用吸附载体法将工程菌吸附在活性炭表面形成生物膜，通过工程菌的生物降解作用和活性炭纤维的物理吸附作用对污染物进行去除，而工程菌是经过针对性筛选、驯化得到活性极高的微生物[29,30]。生物活性炭改性是将生物活性炭与金属离子、臭氧等结合，改变其表面官能团种类和数量，或优化其物理化学性质，使其具有更优秀的吸附性能。

（二）生物活性炭的应用

从生物活性炭技术发现至今，其已在许多国家成功地应用于污染水源净化、工业废水处理和污水的深度净化等。生物活性炭技术的应用研究有以下几个方面。

1. 饮用水处理

生物活性炭目前在日本、西欧等国家的水厂有着较为广泛的应用，其中有代表性的应用实例有：法国鲁昂市夏佩尔水厂，该厂是世界上运行最久的生物活性炭处理厂，是 BAC 工艺最具有代表性的生产应用，其处理流程为：源水→预臭氧化→砂滤→粒状生物炭滤池→二次臭氧化→后氯化出水。该厂处理量为 $5\times10^4m^3/d$，采用生物活性炭主要是去除氨及合成有机物。进水 COD_{Mn} 为 0.15mg/L，去除率为 20%左右。运转到 26 个月时出水水质仍然很好，活性炭不必再生。

2. 污水处理

生物活性炭对水中有机物有较好的吸附性能，可以促进有机物在炭表面集中，减缓高冲击负荷的压力，提高微生物的降解速率，有效地去除有机污染物。活性炭对溶解氧的吸附，可保持微生物的活性，促进微生物对有机物的降解，提高活性炭的吸附容量，大大延长活性炭使用周期，起到对活性炭生物再生的作用。生物活性炭法处理有机废水时，不仅运行稳定，去除率高，同时可去除活性炭和微生物单独作用时不能去除的污染物。目前，生物活性炭技术已经在饮用水、工业燃料废水、生活污水的处理中得到了广泛的应用研究。

目前，臭氧-生物活性炭（O_3-BAC）工艺在水的深度处理上应用较为广泛，国内外对其也开展了大量的研究工作。在微污染源水处理中，生物活性炭用于去除源水中有机物和部分消毒副产物。给水处理中常采用臭氧预氧化，发挥臭氧的强氧化能力，提高有机物的可生化性。而臭氧分解后产生的氧保持滤柱内有好的好氧条件，好氧微生物在活性炭表面繁殖生长，对吸附的有机物生物降解。侯宝芹等[31] 研究了臭氧-生物活性炭深度处理工艺对钱塘江原水的净水效果和工艺原理，结果表明臭氧-生物活性炭深度处理工艺对有机物及其感观指标的去除效果较好，该工艺对 COD_{Mn}、三氯甲烷以及感观指标等仍有很好的去除效果，活性炭处于稳定的运行阶段。在臭氧-生物活性炭技术中，活性炭、微生物和臭氧是其构成的三个基本部分，各部分对于去除有机物所起的作用是不一样的。臭氧主要是使水中难降解的有机物氧化，改善进水水质的可生化性，并为微生物提供充足的氧气；活性炭主要是利用其吸附性能吸附水中的有机物质，为微生物生长提供载体和食物；而微生物主要是对水中和活性炭吸附的有机物质进行生物氧化，实现活性炭的生物再生。这几部分相互补充，扬长避短，共同构成了生物活性炭净水技术。

从微观角度分析，活性炭吸附和微生物降解的协同作用，不是二者简单的叠加[32]。微生物主要集中在活性炭颗粒外表面及邻近的大孔中，而不能进入微孔中，能直接将炭表面和大孔中吸附的有机物降解掉，从而使得活性炭表面的有机物浓度相对较低，使炭粒内存在由内向外的浓度梯度，有机物就会向活性炭表面扩散，吸附的有机物会被微生物利用，另外，细胞分泌的胞外酶和其他酶能直接进入活性炭的过渡孔和微孔中，与孔隙内吸附的有机物结合，使其解脱下来，并被微生物降解，综合两种作用，构成了吸附和降解的协同作用。总的来说，活性炭为微生物的生存提供了良好的栖息环境，并通过吸附为微生物提供了营养物质，而微生物的生物降解作用又使活性炭的吸附作用得以长期存在。

参考文献

[1] 范延臻，王宝贞．活性炭表面化学．煤炭转化，2000，23（4）：26-30.

[2] Macdermid-Watts K，Pradhan R，Dutta A. Catalytic hydrothermal carbonization treatment of biomass for enhanced activated carbon：A veview. Waste and Biomass Valorization，2021，12（5）：2171-2186.

[3] Szymanski G S，Grzybek T，Papp H. Influence of nitrogen surface functionalities on the catalytic activity of activated

carbon in low temperature SCR of NO_x with NH_3. Catalysis Today，2004，90：51-59.

[4] 赵振国. 吸附作用应用原理. 北京：化学工业出版社，2005.

[5] Daud W M A W，Houshamnd A H. Textural characteristics，surface chemistry and oxidation of activated carbon. Journal of Natural Gas Chemistry，2010，19 (3)：267-279.

[6] 郑婧，乔俊莲，林志芬. 活性炭的改性及吸附应用进展. 现代化工，2019，39 (S1)：53-57.

[7] Xu J，Zhao J，Xu J，et al. Influence of surface chemistry of activated carbon on the activity of gold/activated carbon catalyst in acetylene hydrochlorination. Industrial & Engineering Chemistry Research，2014，53 (37)：14272-14281.

[8] 刘守军，刘振宇，朱珍平，等. 高活性炭载金属脱硫剂的制备与筛选. 煤炭转化，2000 (2)：53-58.

[9] 王广建，刘影，付信涛，等. 改性活性炭负载铈吸附剂的制备及其脱硫性能. 石油化工，2014，43 (6)：625-630.

[10] Fernandez-Ruiz C，Bedia J，Andreoli S，et al. Selectivity to olefins in the hydrodechlorination of chloroform with activated carbon-supported palladium catalysts. Industrial & Engineering Chemistry Research，2019，58 (45)：20592-20600.

[11] Gerber I C，Serp P. A Theory/experience description of support effects in carbon-supported catalysts. Chemical Reviews，2020，120 (2)：1250-1349.

[12] 李欣. 改性活性炭催化脱硝性能研究. 山东化工，2021，50 (9)：248-249.

[13] Song X，Jiang W，Zhang J. Sodium hypochlorite and Cu-O-Mn/ columnar activated carbon catalytic oxidation for treatment of ultra-high concentration polyvinyl alcohol wastewater. Chemosphere，2021，285：131526.

[14] Abdedayem A，Guiza M，Ouederni A. Copper supported on porous activated carbon obtained by wetness impregnation：Effect of preparation conditions on the ozonation catalyst's characteristics. Comptes Rendus Chimie，2015，18 (1)：100-109.

[15] Watanabe M，Motoo M U S. Preparation of highly dispersed Pt + Ru alloy clusters and the activity for the electro-oxidation of methanol. Journal of Electroanalytical Chemistry and Interfacial Electrochemistry，1987，229 (1-2)：395-406.

[16] Alerasool S，Gonzalez R D. Preparation and characterization of supported Pt-Ru bimetallic clusters：strong precursor-support interactions. Journal of Catalysis，1990，124 (1)：204-216.

[17] Silva B C E，Irikura K，Flor J B S，et al. Electrochemical preparation of Cu/Cu_2O-Cu(BDC) metal-organic framework electrodes for photoelectrocatalytic reduction of CO_2. Journal of CO_2 Utilization，2020，42：101299.

[18] Ley K L，Liu R，Pu C，et al. Methanol oxidation on single-phase Pt-Ru-Os ternary alloys. Journal of the Electrochemical Society，1997，144 (5)：1543-1548.

[19] Choi W C，Kim J D，Woo S I. Quaternary Pt-based electrocatalyst for methanol oxidation by combinatorial electrochemistry. Catalysis Today，2002，74 (3)：235-240.

[20] Ma J，Liu Z，Liu S，et al. A regenerable Fe/AC desulfurizer for SO_2 adsorption at low temperatures. Applied Catalysis B：Environmental，2003，45 (4)：301-309.

[21] Tseng H，Wey M，Liang Y，et al. Catalytic removal of SO_2，NO and HCl from incineration flue gas over activated carbon-supported metal oxides. Carbon，2003，41 (5)：1079-1085.

[22] 李晓芸，马丁，包信和. 不同活性炭上 Pt 催化剂的分散性及其在甲基环己烷脱氢反应中的催化性能. 催化学报，2008 (3)：259-263.

[23] Kaur A，Kaur G，Singh P P，et al. Supported bimetallic nanoparticles as anode catalysts for direct methanol fuel cells：A review. International Journal of Hydrogen Energy，2021，46 (29)：15820-15849.

[24] 李庆刚，张新恩，刘硕. 直接甲醇燃料电池碳载铂基电催化剂的研究进展. 材料导报，2015，29 (S1)：148-150.

[25] Pei Y，Ding Y，Zhu H，et al. One-step production of $C_1 \sim C_{18}$ alcohols via Fischer-Tropsch reaction over activated carbon-supported cobalt catalysts：Promotional effect of modification by SiO_2. Chinese Journal of Catalysis，2015，36 (3)：355-361.

[26] Valdessolis T. Low-temperature SCR of NO_x with NH_3 over carbon-ceramic supported catalysts. Applied Catalysis B：Environmental，2003，46 (2)：261-271.

[27] 储雪松，陈孟林，宿程远，等. 生物活性炭技术在水处理中的研究与应用进展. 水处理技术，2018，44 (11)：5-10.

[28] 张楠，高山雪，陈蕾. 生物活性炭工艺在水处理中的应用进展. 应用化工，2021，50 (1)：200-203.

[29] 储雪松，陈孟林，宿程远，等. 生物活性炭技术在水处理中的研究与应用进展. 水处理技术，2018，44 (11)：5-10.

[30] 丛俏，丛孚奇，曲蛟，等. 固定化生物活性炭纤维处理餐饮废水的研究. 环境科学与技术，2008，31 (6)：125-126.

[31] 侯宝芹，韩卫，倪杭娟. 臭氧生物活性炭深度处理工艺机理及其净水效果研究. 城镇供水，2018 (5)：21-25.

[32] Lin C K，Tsai T Y，Liu J C，et al. Enhanced biodegradation of petrochemical wastewater using ozonation and BAC advanced treatment system. Water Research，2001，35 (3)：699-704.

（郑志锋，黄元波，王德超，刘守庆）

第十章　新型炭材料

第一节　能源气体储存炭材料

能源危机被认为是21世纪人类面临的重大挑战，目前世界能源的80%来源于化石燃料。随着社会经济的发展，化石燃料逐渐枯竭，全球能源供应日趋紧缺，因此加速新旧能源的转换是迫切需要解决的问题。近年来世界各国纷纷把科技力量和资金转向新能源的开发和能源存储。在新能源领域中，储能技术正在以惊人的速度发展，其中含能气体的有效储存受到工业界的密切关注。含能气体主要包括氢能、天然气、页岩气、煤层气、煤制甲烷、可燃冰、生物质气等可燃性清洁气体，它们热值高，燃烧能放出大量热能，燃烧产物清洁、污染少，是化石燃料的有效替代品。由于含能气体储存方式不理想，储量较低，来源依赖化石资源，制约了含能气体的推广使用。研制新型储能材料，破解能源气体存储难题，成为科技工作者研究的热点。多孔炭质材料具有超大的比表面积和发达的孔结构，吸附力强，储能容量大，是含能气体储存的理想材料。活性炭是多孔炭的代表，炭材料经深度活化处理后可形成发达的微细孔，从而使活性炭具有更大的比表面积和更发达的孔结构，赋予了活性炭优异的储能特性。

一、活性炭储存能源气体的原理

吸附是物质在相的界面上浓度发生变化的现象。物质在表面层的浓度大于内部浓度的吸附称为正吸附，反之，表面层的浓度小于内部的吸附称为负吸附。已被吸附的原子或分子返回到气相中的现象称为解吸或脱附。吸附作用仅仅发生在两相交界面上，它是一种表面现象。一切固体都具有不同程度地将周围介质的分子、原子或离子吸附到自己表面上的能力。固体表面之所以能够吸附其他介质，就是因为固体表面具有过剩的能量，即表面自由焓[1]。吸附其他物质是朝降低表面自由焓的方向进行的，它是一个自发过程。活性炭对吸附质的吸附可分为物理吸附和化学吸附。

(1) 物理吸附　在物理吸附过程中，吸附剂与吸附质表面之间的力是范德华力。当活性炭和吸附质分子间距大于二者零位能的分子间距时，范德华力发生作用，使吸附质分子落入活性炭的浅位阱 q_p 处，放出吸附热，发生物理吸附。由于分子间具有相互吸引的作用力，当一个分子被活性炭内孔捕捉进入活性炭孔隙中后，通过分子间的相互作用力，会导致更多的分子被不断吸附，直至填满活性炭内部的孔隙为止。物理吸附的特点是，吸附作用比较小，吸附热小，可以对多层吸附质产生作用。

(2) 化学吸附　发生化学吸附时，被吸附分子与活性炭表面原子发生化学作用，这是生成表面络合物的过程。在化学吸附中，吸附质和吸附剂之间产生离子键、共价键等化学键。它们比范德华力大一个或两个数量级。因此，吸附质分子必须克服浅位阱 q_p 和深位阱 q_c 之间的位垒 E_a，也就是化学吸附的活化能，然后进入深位阱 q_c。此时吸附反应放出较大的化学热而产生化学吸附[2]。活性炭表面含有大量的羟基、羧基、内酯基等官能团，不同种类的官能团是活性炭上的主要活性位，使得活性炭表面呈现酸性、碱性、氧化性、还原性、亲水和疏水性等，影响活性炭与吸附质的作用能力。一般而言，活性炭表面酸性官能团越多，对极性分子的吸附效果越好；活性炭表面碱性官能团越多，则更有利于对弱极性的分子进行吸附。化学吸附的特点是吸附作用强，吸附热大，吸附具有选择性，需要克服活化能。一般只吸附单层，吸附和解吸的速度比较慢。

二、活性炭储氢

氢是宇宙中最丰富的元素，它的质量最小，在常温下无色、无味；它的热值高，燃烧 1kg 氢气可产生的热量（1.25×10^6kJ）相当于 3kg 汽油或 45kg 焦炭完全燃烧所产生的热量。氢燃烧的产物是水，环境友好，被看作未来理想的洁净能源，受到各国政府和科学家的高度重视。氢能源在宇航事业中的应用已有相当长的历史，且使用效果相当显著。由于氢气极易着火、爆炸，因此解决氢能的储存和运输问题是开发利用氢能的核心技术。传统储氢方法有两种：一是压缩储氢，此法虽可在常温下使用，但是成本较高，体积与质量密度均较低，同时存在高压容器的危险性；二是液化储氢，此法能耗大、成本高，而且还存在液氢储存容器的绝热问题。在航天领域中应用的氢，都是在高压下液化储存，这样不仅费用昂贵，而且非常不安全，因此研制在较低温度和压力下，方便、高效地储存和释放氢能的材料是科学工作者一直追求的目标。氢气的存储可分为物理和化学两种方法。物理法有液氢存储、高压氢气存储、活性炭吸附存储、纳米碳存储。化学法主要有金属氢化物吸附存储、无机物存储等。相比较而言，液化储氢能耗较大，而金属氢化物单位重量的储氢能力较低，新型吸附剂如碳纳米技术的难点在于选用合适的催化剂。此外，优化碳纳米的制造方法和降低成本，都是尚未解决的问题。

自第一次世界大战中防毒面具出现后，活性炭的分离和储存气体能力开始受到高度重视。活性炭具有发达的比表面积和孔容积，具有像石墨晶粒却无规则排列的微晶，在活化过程中微晶间产生了形状不同、大小不一的孔隙，这些孔隙特别是小于 2nm 的微孔，提供了巨大的比表面积，微孔的孔隙容积一般为 0.25～0.9cm^3/g，全部微孔表面积约为 500～1500m^2/g，微孔是决定活性炭吸附性能高低的重要因素。在低温吸附系统中活性炭作为吸附剂，其优点是尺寸、质量适中，但由于活性炭的孔径分布宽，微孔容积小，为维持氢的物理吸附要求的条件较苛刻，即使在低温下储氢量也很低，不到 1%，室温下更低。因此，活性炭作为储氢材料的应用受到限制。

氢气在活性炭上的吸附属于物理吸附，它基于范德华力。温度恒定时，加压吸附，减压脱附。在给定的压力区间内，增压时的吸氢量与减压时的放氢量相等，吸氢与放氢仅仅取决于压力的变化。高比表面积活性炭储氢始于 20 世纪 70 年代末，是在中低温（77～273K）、中高压（1～10MPa）下利用超高比表面积的活性炭作吸附剂的吸附储氢技术。与其他储氢技术相比，超级活性炭储氢具有经济、储氢量高、解吸快、循环使用寿命长和容易实现规模化生产等优点，是一种很具潜力的储氢方法。周理[3] 用比表面积高达 3000m^2/g 的超级活性炭储氢，在－196℃、3MPa 下储氢密度可达 5%（质量分数），但随着温度的升高，储氢密度降低，室温 6MPa 下的储氢密度仅 0.4%（质量分数）。研究发现氢气的吸附量与活性炭的比表面积和微孔孔容呈线性关系，即吸附量随着活性炭的比表面积和微孔孔容的增加而增加。Xu 等[4] 研究了活性炭、碳纳米管、活性炭纤维的储氢特性，发现在 77K 和 303K 条件下储氢量与比表面积和微孔孔容都呈线性关系。Strobel 等[5] 测量了 12.5MPa、296K 条件下活性炭对氢的吸附，发现活性炭的储氢量与比表面积成正比。孔径和孔径分布对氢气的物理吸附产生重要的影响，不同研究发现活性炭对氢气吸附的最佳孔径范围是 0.5～0.7nm[6,7]。由于具有较大的吸附能，小于 1nm 的孔径对氢气的吸附效率更高。Gadiou 等[8] 研究了中孔和微孔活性炭的储氢性能，发现 1～2nm 的孔径对氢气的吸附同样具有重要的贡献。

活性炭由于原料丰富、比表面积高、微孔孔容大和孔径可控等优点，成为极具潜力和竞争力的储氢材料。如何优化控制工艺参数，得到具有适宜比表面积和孔径的活性炭，并进一步对其表面改性，从而提高储氢量是活性炭储氢领域研究的热点和难点。

三、活性炭储存天然气技术

天然气是当今世界能源的三大支柱之一，是一种清洁环保的化石能源。与煤炭相比，天然气不但使用方便、燃烧效率高，而且不产生废渣。同时，CO_2 的排放量减少 52%，SO_2 减少 98%。中国天然气储量极为丰富。据第三轮油气资源评价，我国天然气可采资源量为 22 万亿立方米。

天然气在我国能源消费结构中的比例日益提高，吸附存储天然气技术是对天然气高效存储的新技术，高容量吸附材料的制备是技术核心。天然气的存储密度和能量密度偏低，直接影响到其采收、储存、运输以及综合利用。1L汽油燃烧产生的热量是34.8MJ，而1L标准状态下的天然气燃烧得到0.04MJ的热量，体积能量密度仅为汽油的0.11%[9]。对于车用燃气，气体存储装置要有可移动性，故要求存储装置重量和体积较小，同时要求储气的能量密度高，添加方便、安全，这就使其存储成为整个系统中的重要环节，也使存储技术成为制约燃气汽车发展的重要因素。

天然气的主要成分是甲烷（含量>95%），而甲烷的临界温度为190K，故常温下无法将其加压液化。液化天然气使用时工作温度为112K、压力为1atm左右，其密度为标准状态下甲烷的600多倍，液化天然气技术的能量密度约为相同体积石油的72%，但其因高成本而不能被市场采纳。吸附存储天然气技术是一项对天然气高效存储的新技术。早期吸附存储天然气的研究只是针对天然气汽车，其目的是用来取代压缩天然气技术，所以，吸附存储天然气技术的工作压力在中低压，即可获得接近于高压20MPa下压缩天然气技术的存储能量密度。这就省去压缩天然气技术昂贵的多级压缩设备，同时简化车用燃料存储系统。除了车用外，吸附存储天然气技术在船舶运输、取代液化石油气为远距离天然气管线的用户供气及取代压缩天然气技术为发电机提供紧急燃料供应等方面显示了广阔的应用前景。我国一大批天然气气井的井口压力在5MPa以上，输气管干线的压力在4MPa以上。若采用吸附存储天然气技术，可直接用管道向吸附剂储罐充气，既可节省资金，降低投资成本，也可减少电耗，降低操作成本。因此，吸附存储天然气技术极具市场潜力，是具有研究和应用价值的新技术。

吸附存储天然气技术的核心是吸附剂的选择和开发。沸石、活性炭、活性炭纤维、活性氧化铝、炭分子筛、硅胶和碳纳米管等大部分多孔材料都曾作为吸附剂进行吸附/脱附存储天然气的性能研究。综合考虑吸附能力、生产成本以及循环寿命等因素，高比表面积活性炭因其对天然气吸附容量大、循环性能好，被认为是最有推广前景和应用价值的天然气存储用吸附剂。由于甲烷是非极性分子，因此活性炭表面极性对吸附过程影响较小，吸附量主要取决于活性炭的孔结构和比表面积。Yeon等[10] 发现当吸附剂的比表面积达到3360m^2/g时，在3.5MPa、298K条件下吸附量可以达到16%（质量分数），体积吸附量达到145cm^3/cm^3。陈进富等[11] 制备的成型活性炭比表面积为1722m^2/g，在3.5MPa下体积吸附量可以达到130cm^3/cm^3。日本大阪气体公司采用煤焦油沥青作原料生产出高活性、光学上为内消旋的炭微球，再经KOH活化后制得的活性炭对天然气的吸附储存量可达150cm^3/cm^3[12]。Matranga等[13] 对活性炭吸附行为做了计算机模拟。假设活性炭由平行的单层石墨组成，层间缝隙可以吸附甲烷分子，由此首先确定最适宜甲烷储存的孔径为1.14nm，约为甲烷分子直径（0.382nm）的2～3倍，还预测3.5MPa时甲烷的存储容量为209cm^3/cm^3，最大释放容量为195cm^3/cm^3。周桂林等[14] 的研究发现活性炭的中孔百分率是影响天然气吸附储存能力的重要因素，中孔所占的百分率越高，天然气脱附量受吸附压力的影响越大，且中孔百分率越高越有利于天然气的吸附储存。温度和压力也会对活性炭的吸附性能产生一定的影响。由于吸附过程是自由能降低的自发的放热过程，当温度升高时，对吸附过程不利，提高压力对吸附过程有利；反之，升高温度和降低压力对脱附过程有利。因此，天然气吸附过程中通常需要添加一定的冷却装置以消除部分因吸附而产生的热效应，进而提高活性炭对甲烷的吸附量。脱附过程温降过大不利于脱附，采取合适的加热装置，使之能及时脱附出来。

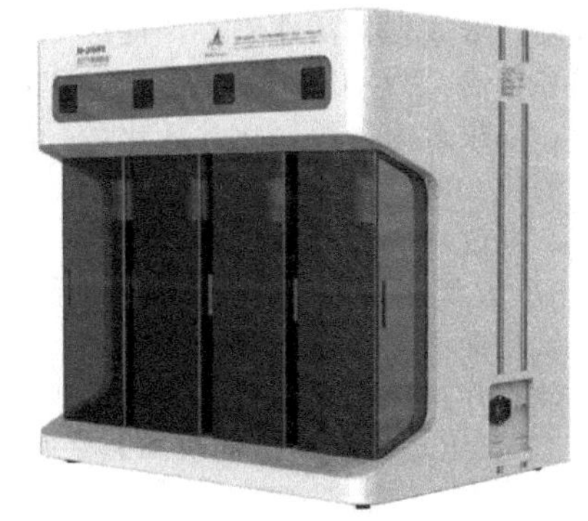

图4-10-1 全自动超高压气体吸附测试仪

全自动超高压气体吸附测试仪（图4-10-1）属于研究级仪器，专门针对超高压地层模拟油气贮存研究的测试要求定制，可测试材料对氢气、天然气等在超高压下的总吸附量、吸附常数等参数，适用于油气贮存、高压地层研究开发的科研单位和企业用户。全不锈钢气路系统，采用

VCR（真空连接径向密封）硬连接，保证仪器高真空度和高密封性，是高性能和高稳定性的典型产品。全自动超高压气体吸附测试仪测试温度77～673K，压力0～15MPa，压力准确度1%，检测限3μg，可对氢气、甲烷、二氧化碳等多种气体进行等温吸附及等压变温吸附分析，并给出温度压力曲线。

天然气吸附技术是先进的储气技术，有望应用于天然气存储替代高压法或液化法作民用或车用燃料、天然气吸附存储调峰、汽油灌装车间和加油站挥发烃的吸附回收。随着对活性炭的不断深入研究，其各方面性能都将得到不断提升。要使之更好地实现工业产业化，需结合活性炭对天然气的吸附储量、活性炭的强度、活性炭的寿命以及在充气过程中的热效应等性能进行改进或深入研究。

第二节　新型电池专用炭材料

21世纪，面对能源危机和环境污染问题，活性炭在能量储存和转化方面的应用受到广泛关注，在燃料电池、金属空气电池、铅炭电池、直接碳燃料电池、锂离子电池等新能源电池领域展现出巨大应用前景。

一、燃料电池阴极催化材料

燃料电池是通过氧化还原反应将燃料中的化学能直接转化为电能的装置，具有能量利用率高、环保无污染、噪声低、适用范围广等优点，是具有可持续发展潜力的新能源电池。根据电池所使用电解质的种类，可将燃料电池分为碱性燃料电池、质子交换膜燃料电池和微生物燃料电池[15]。上述燃料电池由阳极、阴极和电解质组成。燃料在阳极催化剂作用下发生氧化反应，释放出电子，电子通过外电路输出电能；氧气分子在阴极催化剂作用下，发生氧还原反应（ORR），生成水并产生热量。与阳极氧化反应相比，ORR在动力学上更加缓慢，提高ORR速率是燃料电池技术发展的一大挑战。商业所用Pt/C催化剂，催化活性强，但其储量少、价格高、易发生一氧化碳中毒、稳定性能差。研究者致力于开发储量丰富、低成本、高稳定性、高活性的催化剂以替代Pt/C催化剂。杂原子或金属改性的纳米碳材料展现出作为ORR催化剂的潜力，但石墨烯和碳纳米管等炭材料的制备工艺依赖于由化石燃料进行碳—氢键活化而脱氢碳化，合成条件苛刻、能耗高、密度低，制备成本高且工艺对环境有一定危害，制约了它们作为燃料电池阴极催化材料的应用。

活性炭生产工艺简单、成本低，表面改性（杂原子改性、金属改性、复合改性）后催化ORR性能良好，作为燃料电池阴极材料具有巨大潜力。杂原子（N、P、S）具有较高电负性，可以诱导邻近的碳原子产生局部正电荷，有利于氧分子的吸附，促进ORR进行；还可以使碳形成多方位的边缘或者结构缺陷，裸露出更多活性位点，提升ORR活性。金属可以和碳、杂原子结合、配位，有效改变局部的电荷和自旋分布，导致不均匀电子态区域，从而优化对反应物种的吸附，形成催化活性中心，促进ORR反应；活性炭的多级孔结构有利于反应物和溶剂分子的渗透和传输，为ORR反应提供了良好通道。Borghei等[16]以椰壳为原料，以磷酸为活化剂和磷源，以尿素为氮源，化学活化后，高温热解制备了N、P掺杂多孔活性炭催化剂，在碱性电解质中催化ORR性能良好；Zhang等[17]以紫菜为原料，KOH活化后吸附铁离子高温热解，制得Fe、N改性的多孔活性炭，其中SA-Fe/NHPC在碱性环境下催化ORR性能最好，半波电位为0.87V，优于商业Pt/C的催化性能；Zhang等[18]使用固体废弃物香蕉皮为原料，通过热处理和氢氧化钾活化合成N掺杂的活性炭材料（BP-K-A），在碱性和酸性环境下均表现出高ORR催化活性，并且稳定性优良。通过合理的改性设计，活性炭可以达到理想的催化ORR效果，有望替代Pt/C用作燃料电池阴极材料。但现有活性炭在酸性体系中的催化性能仍有待进一步提高，应加强研究。

二、金属-空气电池正极催化材料

金属-空气电池（MAB）以锂、钠、镁、锌、铝等活泼金属为负极，以氧气为氧化剂，在负极发生反应生成金属氧化物或者氢氧化物，在正极发生ORR反应输出电能。MAB催化剂要同时具有催化ORR和OER（析氧反应）的活性，整个电池才能实现良好的再充性能。ORR过程中表现优异的活性炭材料经过适当微结构调控，可表现出良好的可逆氧转化（ORR/OER）催化性能，提高价格便宜的MAB的应用可能性。Yuan等[19]以污泥为原料，在NH_3氛围下直接热解制备了N、Fe、S共掺杂的多孔活性炭，由于掺杂元素和碳骨架之间的协同作用，该材料表现出良好的催化可逆氧转化反应性能；Wan等[20]以含氮的生物质为原料，经水热法金属改性热解，制备了CoNi合金颗粒负载的活性炭，由于导电性好，活性中心高度分散，该材料催化OER/ORR性能良好，用作锌空电池正极时，开路电压达到1.44V，最大功率密度为155.1mW/cm^2，可以循环180次不衰减。目前，同时具有ORR和OER高催化活性的可逆氧转化反应催化剂仍是亟待解决的问题。

三、铅炭电池负极添加剂

铅炭电池是电容型铅酸电池，是以PbO_2为正极，以铅、炭混合材料为负极的新型化学电源。与传统铅酸电池相比，铅炭电池在安全性能、比能量/功率、经济性能和循环寿命等方面均有大幅度提升，是混合动力汽车、光伏电站储能、风电储能和电网调峰等储能领域的研究热点。目前用作铅炭电池添加剂的炭材料有炭黑、活性炭和乙炔黑等。活性炭制备方法简单、原材料资源丰富，更适合用作铅炭电池添加剂。活性炭不仅可以提高铅基活性物质的分散性和利用率，抑制硫酸铅结晶长大，延长电池寿命，而且可以发挥其超级电容瞬间大容量充电的优点，在高倍率充/放电期间起到缓冲器的作用，减弱大电流对电极材料的冲击，并提供较多的铅沉积反应位点，增加负极板电化学活性表面积；分级孔结构活性炭中除了丰富的介孔外，还具有发达的微米级孔隙结构，能够有效构建电极内部与外部电解液之间的传输通道，提高反应离子的迁移速率，有效抑制电极表面硫酸盐化，改善电池高功率充放电性能及循环寿命。陈冬等以分级孔结构活性炭作为添加剂制备铅炭电极，电池0.5C和1C放电容量较普通负极分别提高了24.5%和43%，其在HRPSOC（高倍率充放电）模式循环可达20000次，较普通负极增长了3.3倍[21]。在关于炭材料添加剂的研究上，研究者们从单一的活性炭逐渐转向复合炭材料。铅炭复合材料可以使炭添加剂更好地与铅膏混合均匀，发挥炭材料的表面特性及多孔结构，进一步分散沉积铅活性物质及抑制炭材料的析氢行为。Tong等通过吸附法使活性炭吸附Pb^{2+}，然后将材料用于铅炭电池负极，此复合材料相对于原炭材料，比电容提升将近一倍[22]；Saravanan等[23]将葡萄糖溶液与铅粉混合，原位合成掺有SDC（固体氧化物电解质）炭材料的负极活性物质，并将其与膨胀剂等混合，组装成铅炭电池。SDC材料可以并入负极活性物质的骨架并提高负极板的导电性，进一步提高电池在HRPSOC下的充放电能力，延长电池寿命。Yang等[24]将炭黑的乙醇溶液与硝酸铅溶液混合，并加入氨水，通过预处理—热解—酸洗等步骤合成了新型的Pb-C-N500-25℃和Pb-C-N500-50℃材料，进行各种表征和电池测试，与空白电池、掺有炭黑的电池进行对比。结果表明，氨基基团含量高、乙酸根含量低的材料更能有效地抑制氢气的析出，并且能加速铅与硫酸铅之间的转化，以有效延长电池的HRPSOC寿命。

不同炭材料对铅炭电池的影响机制不同，作用效果不同，且炭材料的加入也会带来一些副作用，如加重负极析氢以及使合膏变得更加困难等。为了解决这些问题，具有独特结构与特性的各种炭材料是今后的研究重点，随着炭材料各项物化参数在电池中具体应用的明确与细化，高性能炭的制备与应用将进一步提高铅炭电池的综合性能，从而扩大其在储能、交通运输、通信及航天等领域的应用。

四、直接碳燃料电池阳极材料

直接碳燃料电池（DCFC）是目前唯一使用固体燃料的燃料电池，以固体炭（如煤、石墨、活性炭、生物质炭等）为燃料，通过其直接电化学氧化反应输出电能，具有原料来源广、效率高、污染低、安全性能好、能量密度高［以氧气为氧化剂时，能量密度约 20kW/(h·L)］等优点，被认为是 21 世纪最有发展前景的高效清洁发电技术[13]。DCFC 不受卡诺循环限制，理论效率可达 100%，实际电效率也高达 80%，而普通燃煤发电站最终能量效率只有约 30%，氢燃料电池的实际效率只有约 47%，采用天然气的燃料电池的实际电效率尚未超过 61%[25]。直接碳燃料电池主要由阳极、电解质、阴极以及燃料和气体供应部分组成。输送至阴极的氧气得到电子被还原为氧负离子，氧负离子通过电解质传导到阳极，阳极的碳燃料与氧负离子反应，生成二氧化碳，同时释放电子，电子又通过外电路传导到阴极，如此构成了一个电流的回路，不断向外界输出电能。总体上看，是外界向 DCFC 系统输入燃料和氧气，系统向外界提供电能和产物二氧化碳的过程。

DCFC 所用燃料碳的结晶化紊乱程度、导电性、表面含氧官能团、灰分、硫分、颗粒尺寸、比表面积以及孔结构等因素均会对电池阳极反应产生一定影响。碳原子的反应活性位主要存在于棱角、缺陷处和其他表面不完美处。表面缺陷越多，结晶化程度越低，阳极反应越容易进行；提高燃料的导电性能可以降低阳极欧姆损耗，提高电池效率。然而结构紊乱和导电性良好存在一定矛盾，这就存在欧姆损耗和活化损耗之间的冲突。因此，在制作燃料碳时，既要保证足够的紊乱程度，又要保证具有一定的导电性能。含氧官能团的存在有利于 DCFC 反应进行，利用酸浸泡和等离子体处理的方法改性，可以增大炭材料表面的含氧官能团，特别是采用 HNO_3 处理后，效果突出；灰分积累到一定程度，将会减少 DCFC 电池的寿命；碳燃料含有杂质硫时，由于硫会与阳极集流层的镍反应生成不导电的硫化镍，使其逐渐丧失集流能力，导致电池性能降低；颗粒尺寸减小，比表面积增大，孔隙率增大，反应面积增大，会增加阳极燃料反应的概率。

活性炭因具有较高的碳含量、丰富的孔隙结构和一定的电导率，被广泛用作 DCFC 燃料。刘国阳等[26] 分别以活性炭（AC）、神府半焦（SC）、石墨（G）作为燃料，以氧化钇稳定的氧化锆（YSZ）为电解质组装成 DCFC。研究结果表明，三种碳燃料在空气、CO_2 气氛中氧化反应活性顺序为 AC＞SC＞G，以活性炭作为燃料的 DCFC 性能最好，半焦燃料次之，石墨最差。仲兆平等[27] 使用 KOH 活化竹子制备 DCFC 用活性炭，采用镍负载降低活性炭电阻率，并用 HNO_3 浸渍来实现活性炭表面改性和除灰，测试结果表明，竹子活性炭在 DCFC 半电池中的性能优于活性炭纤维和石墨，竹子活性炭是一种能够满足 DCFC 要求的燃料。郭厚煜等[28] 以橡木锯屑为原料，采用 K_2CO_3 为活化剂制备生物质活性炭，随后对其进行镍负载，改善导电性能，然后再通过 HNO_3 进行表面改性处理和除灰，最终得到适用于 DCFC 的优质燃料碳。

DCFC 的燃料来源比较广泛，但从可持续发展角度出发，寻找能够替代化石能源的可再生能源将是未来 DCFC 燃料研究中必须关注的核心任务之一。生物质是重要的可再生能源，且生物质燃料含硫量大多小于 0.20%，与煤炭相比几乎可以忽略，因此生物质活性炭有望成为 DCFC 燃料碳的理想选择。高性能 DCFC 的构建，对燃料的物理、化学特性具有一些特殊要求，DCFC 性能的进一步提升，依赖于对燃料特性的调控，这是一个需要继续深入研究的重要课题。

五、锂离子电池负极材料

锂离子电池的正极为含锂离子金属氧化物（钴酸锂、锰酸锂、镍酸锂、三元材料和磷酸铁锂），负极为炭素材料，主要依靠锂离子在正负极之间的移动来实现化学能到电能的转变。与传统的二次电池相比较，锂离子电池具有能量密度高、工作电压高、重量轻、使用过程绿色环保、循环寿命长及安全性能高等优势，可用作汽车、手机和笔记本电脑等产品的电源，发展前景广阔。电极材料控制着锂离子电池的能量存储过程，高性能的电极材料保证了电池具有高的能量密度和功率密度。理想的锂离子电池负极材料应满足：化学稳定性和结构稳定性好，以保证良好的安全性和循环稳定性；嵌脱锂反应具有低的氧化还原电位，以保证锂离子电池较高的输出电压；可逆比容量高；离子导电性和电子导电性良好，以获得优良的倍率性能和低温充放电性能；制备工艺简单，易于规模化，制造成本低，环境友好。近年来，锂离子电池负极材料的研究集中于多孔炭、碳纳米管、纳米纤维和石墨烯，通过降低尺寸和设计特定结构提高它们在锂离子电池中的储存性能。

相比于碳纳米管和石墨烯等常见炭材料，多孔炭材料具有较大的比表面积、高孔隙率和良好的机械强度等，可以作为载体，制备出金属氧化物/多孔炭复合材料，以兼顾负极材料的高容量和循环稳定性。Shi[29] 探讨了活性炭比表面积、孔结构以及孔径对锂离子电池储能性能的影响，发现离子在具有介孔结构的活性炭中移动得较快；李艳红等[30] 制备出 Sb-AC 复合材料用作锂离子电池负极，在电流密度为 0.16mA/cm^2 下循环后，仍具有较高的容量保持率，高于活性炭的理论比容量。Zhi 等[31] 使用蛋白为原料，通过模板法合成了一系列氮掺杂的介孔炭作为锂离子电池负极材料，其中 PMC-650 性能最优，在 0.1A/g 的电流密度下，循环 100 次后，可逆容量为 1365mA・h/g，是商业石墨电极的 3 倍。

锂离子电池自商业化以来发展十分迅猛，需求量和生产量日益增加。研发性能优异的锂离子电池，必须对负极材料的制备原料、工艺进行优化，调整理化性能。如何有效控制炭材料孔尺寸、孔结构、孔径分布及表面化学性质等，以及组装具有高能量密度、功率密度和长循环稳定性的优良炭基电化学电源，仍然是目前研究领域的难题。

第三节　超级电容炭材料

超级电容器是一种兼具电池和传统电容器特点的新型储能系统，具有功率密度高、使用寿命长、维护成本低、环境适应性好等特点，已被用于重型车辆、新能源汽车、太阳能和风力发电等间歇式可再生能源系统、智能分布式电网、分布式储能系统、车辆和轻轨等。超级电容器主要由集流体、电极、电解液和隔膜四部分组成，其中电极是核心组件，电极材料又是决定其储能性能的关键。超级电容器电极材料主要分为炭材料、金属氧化物、导电聚合物以及它们组成的复合材料，其中，炭材料独特的结构特点使其具有电导率高、比表面积大、孔隙可调、成本低等优点，并且炭材料来源广泛，使其在能源存储领域广受关注，是目前应用最为广泛的超级电容器电极材料。一般来说，具有优异储能性能的超级电容炭材料应该具备以下特点：高比表面积、层级贯穿孔道结构、与电解液离子相匹配的孔径尺寸、高电导率、低灰分、高孔道可浸润性、适中的粒径和适度的电化学稳定的表面官能团。目前，受限于储能机理和模式，超级电容炭材料的能量密度仅为传统电池的 1/10，因此，如何提高其能量密度是未来研究的重点。此外，与其他能源存储技术相比，超级电容器的价格仍显昂贵，如何在提升炭材料储能性能的同时显著降低其生产成本也是超级电容炭材料工业化应用研究的主要方向之一。

一、超级电容炭材料储能机理

超级电容器的储能机理主要分为界面双电层储能和赝电容储能两大类，其中赝电容储能又分为欠电位沉积赝电容、氧化还原赝电容和嵌插赝电容三类[32]。炭材料应用于超级电容器时主要以界面双电层形式来进行储能，具体工作原理如图 4-10-2 所示[32]。外界电场存在条件下，涂有炭材料的导电电极浸入电解液时，在电极材料和电解液的界面处自发形成稳定且符号相反的双层电荷，称为界面双电层。双电层超级电容器的电荷是通过静电作用吸附在电极材料和电解液之间的界面，其间并没有电荷转移发生，即没有发生法拉第反应，因此是一种可逆的物理储能方式。

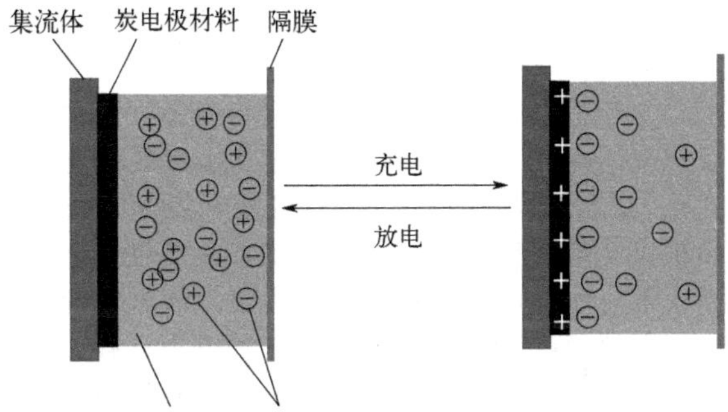

集流体　炭电极材料　隔膜

充电

放电

电解液　电解质离子

图 4-10-2　超级电容炭材料双电层储能示意图

此外，由于表面氧、氮等杂原子的存在，因此除双电层电容外，炭材料作为超级电容器电极材料时往往还存在着一定的氧化还原赝电容，但总体仍以双电层电容为主。

超级电容炭材料通过界面双电层储存的电容量 C 可以通过式（4-10-1）来表示：

$$C=\frac{\varepsilon_r\varepsilon_0 A}{d} \tag{4-10-1}$$

式中，ε_r 和 ε_0 分别为电解液的相对介电常数和真空介电常数，F/m；d 为双电层的有效厚度，nm；A 为界面的表面积，cm^2。

由式（4-10-1）可知，要增大超级电容炭材料的电容量，设法提高界面比表面积是非常必要的。

炭基双电层超级电容器的主要电化学储能性质是能量密度和功率密度，可以分别通过式（4-10-2）和式（4-10-3）计算而得[33]。

$$E=\frac{1}{2}CV^2 \tag{4-10-2}$$

$$P=\frac{V^2}{4R}\text{ 或 }P=\frac{E}{\Delta t} \tag{4-10-3}$$

式中，E 为能量密度，W·h/g；C 为电容，F/g；V 为最大工作电压，V；P 为功率密度，mW/cm^2；R 为串联电阻，Ω；Δt 为放电时间，s。

二、超级电容炭材料分类

1957 年，全球首个电容器专利由美国的 Becker 等申请，该专利就是以多孔炭材料作为电极材料。随着时代的进步和科技的发展，越来越多的炭材料应用于超级电容器中，常见的主要有活性炭、碳气凝胶、石墨烯、碳纳米管等。

（一）活性炭

活性炭是最早应用于超级电容器的电极材料，首个超级电容器就是基于活性炭组装而成的[34]。最初，工业上应用于超级电容器的活性炭并非专为储能而研发，存在纯度低、粒度分布不均、表面基团含量高等问题。然而，随着超级电容器技术的不断发展，目前应用的活性炭大都是专门开发或改良的。此外，活性炭因为具有比表面积大、电导率高、价格低廉等优点，还是双电层电容器中应用最广泛的电极材料，目前绝大部分商品化双电层电容器均是基于活性炭制作的。

1. 制备原料

从实验室规模来说，所有含碳物质均可作为碳源，用于制备活性炭。然而，在实际应用领域，综合考虑成本和性能，真正用于工业化生产的活性炭原料主要有木材、椰壳、石油残渣、碳水化合物和树脂，其中椰壳和石油残渣又最为常用。

2. 制备技术

文献报道的超级电容活性炭的制备方法很多，大体分为物理活化法、化学活化法、模板法以及混合活化法等。物理活化法包括水蒸气活化、二氧化碳活化、烟道气活化、一步炭化活化、自活化、自催化活化等；化学活化法包括氢氧化钾活化、磷酸活化、氯化锌活化等；模板法包括硬模板法、软模板法等；混合活化法主要包括上述活化方法的一种或多种方法的自由组合。工业上超级电容活性炭的制备方法则主要为氢氧化钾活化和水蒸气活化两大类。根据工业化所用原料的不同，超级电容活性炭的制备方法也不一样，如：当以椰壳为原料时，通常采用水蒸气来活化；当以石油残渣为原料时，通常采用氢氧化钾来活化。

中国林业科学研究院林产化学工业研究所蒋剑春院士团队创新木质原料梯级反应调控制备大容量储能活性炭关键技术，以椰壳为原料，突破水蒸气梯级活化调控活性炭分级孔道、氧化超声深度除杂、绿色氧化剂对活性炭表面进行修饰改性等系列新技术，研制出高品质超级电容活性炭，1～5nm 孔容占总孔容的 85%以上，比表面积超过 $2700m^2/g$，灰分低于 0.1%，成功应用于电子器件和动力电源[35]。

虽然活性炭目前仍是商业化应用最为广泛的超级电容器电极材料，但其也存在很多问题，尤其是制备过程中孔道结构和孔径分布的定向调控仍面临很大的挑战。具有适合电解液浸润、扩散的窄孔分布，孔道贯通，电解液离子扩散路径短，表面化学性质适宜的活性炭的设计和构建是未来超级电容炭材料的发展方向。

（二）碳气凝胶

碳气凝胶是一种新型的多孔材料，最早由 Pekala 于 20 世纪 80 年代末制备而得[36]，且很早就被应用于超级电容器。碳气凝胶一般通过溶胶-凝胶法制备而得，具有密度低、电导率高、中孔结构均匀可控、孔道贯穿等特点，成为超级电容器的理想电极材料。由于层级、贯穿的多孔结构特点，一般认为碳气凝胶用于超级电容器时具备较高的功率密度。然而，与活性炭相比，碳气凝胶的比表面积较小，这使得以碳气凝胶为电极材料的超级电容器的比电容量往往较小，能量密度也比较低。通过活化处理可以提高碳气凝胶的比表面积，进而提高其比电容量。如王芳等[37]通过二氧化碳活化得到比表面积达 2201m^2/g 的碳气凝胶，在 6mol/L KOH 电解液中比电容量可达 190F/g；Yang 等[38] 通过 KOH 活化纤维素碳气凝胶，在 6mol/L KOH 电解液中比电容量高达 381F/g。然而，由于碳气凝胶的密度很低，再次活化会导致其密度进一步下降，这会导致其体积比电容量小，从而限制了其在超级电容器中的应用。

（三）石墨烯

作为一种新型的二维碳纳米材料，石墨烯具有高电导率、高表面体积比、优异的化学稳定性等优点，是一种极具应用潜力的超级电容器电极材料。据报道，根据理论计算结果，如果石墨烯的比表面积被充分应用，其比电容量可以达到 550F/g[39]。然而，由于石墨烯价格昂贵，且密度低，导致体积比电容量小，这些都限制了其在超级电容器中的应用。

（四）碳纳米管

碳纳米管是一种一维炭材料，一般通过碳氢化合物分解得到。碳纳米管具有良好的导电性、较大的比表面积和纳米级的管状结构，被认为是超级电容器电极材料的潜在应用材料。然而，由于碳纳米管的比表面积相对活性炭要小得多，且微孔体积较小，因此纯碳纳米管的电容值往往较低，这限制了其在超级电容器领域的广泛应用。通过自组装、毛细管压缩等增密手段构建致密、纳米有序、与集流体垂直定向的碳纳米管阵列，可以调控碳纳米管的间距进而增大电容，这是目前很多研究的重点。然而，烦琐的制备步骤和相对高昂的价格仍导致碳纳米管在超级电容器中的应用前景较小。

（五）活性炭纤维

活性炭纤维具有活性炭的大部分优点，如比表面积大、导电率高、化学稳定性好等。同时，与活性炭相比，活性炭纤维的离子扩散路径短，不需要任何黏结剂就能制成活性材料膜，因此具有更高的功率密度和能量密度。然而，活性炭纤维的售价较高，这成为其规模化应用的主要障碍。

除上述炭材料之外，有序介孔炭材料、炭纳米片等也有应用于超级电容器的报道。虽然有种类如此众多的超级电容炭材料，但活性炭由于其低廉的价格、优化的电化学储能性能仍然最具吸引力。

三、炭材料结构特性与超级电容器性能的关系

1. 比表面积

根据公式（4-10-1）可知，炭材料所能储存的电荷量，即比电容量与其和电解液之间形成的

界面面积大小呈正比。因此，最初人们认为炭材料的比表面积越大其比电容量就会越高。然而，大量的实验结果证明炭材料的比电容量与其比表面积并不完全呈线性关系。之所以出现这种现象，主要是因为人们将通过氮气吸脱附实验测得的炭材料的比表面积与其和电解液之间形成的界面面积等同了，而实际上测量的比表面积往往高于所形成的界面面积。一般认为超微孔的存在、电解液离子溶剂化以及孔道的可及性差等导致了上述两种面积差异。陈永胜等[40] 根据氮气吸脱附实验测得的孔径分布数据以及所用电解液的尺寸大小，构建了一种可计算电解液与炭材料固液界面面积的理论模型，称之为有效比表面积。他们根据所构建的理论模型，通过计算得到了不同比表面积和孔径分布炭材料的有效比表面积，进而预测了相关炭材料的比电容量，并通过实验进行了验证。然而，受孔型、电解液及其他因素的影响，目前有效比表面积的精确预测仍比较困难，尤其对于活化程度很高的炭材料更是如此，这导致人们对最优比表面积的认识也各不相同。Morimoto 等[41] 认为，炭材料形成双电层最优的比表面积范围应为 $2000\sim2500m^2/g$。Kureha 等认为比表面积应在 $800\sim2000m^2/g$，尤其是 $1050\sim1800m^2/g$ 最为合适。许多专利则认为比表面积限制在 $1000\sim1500m^2/g$ 比较合适。总结来说，大量实验结果已经证实，炭材料的比电容量与其比表面积之间并不存在比例关系，而是在炭的孔径分布和电解液离子大小之间存在某种折中。

2. 孔径分布

根据直径大小不同活性炭的孔可以分为大孔（$d>50nm$）、中孔（$2nm<d\leqslant50nm$）和微孔（$d<2nm$）三类[7]。一般认为，炭材料作为电极材料储能过程中，大孔可以作为电解液离子缓冲，中孔作为离子通道，微孔是双电层电容的主要来源。因此，要想获得大的比电容量需要拥有尽量多的微孔。然而，要想在大的电流密度下仍获得大的比电容量，需要同时有一定量的大孔和中孔存在，即层级孔道的存在有利于炭材料获得优异的倍率性能。然而，关于何种孔径分布才能获得最优的电容性能仍难以获得明确的结论。日本的 Asahi Glass 公司发表的专利认为，优异的超级电容炭材料大孔的孔容不应大于全部孔容的 10%，而微孔的孔容应占总孔容的 50%以上[42]。Chmiola 等[43] 的实验结果表明，当以 NEt_4BF_4 为电解液时，炭材料的平均孔径在 0.7～0.8nm 时电容能达到最大值。然而，一方面，电解液体系不同导致对炭材料的孔径分布要求不同；另一方面，对活性炭性能的需求不同，也会导致对炭材料最优化孔径分布的要求不同。

3. 表面官能团

对于超级电容炭材料而言，表面官能团是一把双刃剑：一方面氮、氧等官能团的存在可以改善炭材料表面的可浸润性，增加法拉第赝电容；另一方面这类官能团的存在也可能导致炭材料电导率的降低和漏电流的发生，尤其在大功率下反而会导致电容量的降低和循环寿命变短。表面官能团的类型对于炭材料电容量的影响也至关重要。蹇锡高等[44] 通过实验证明，吡啶氮、吡咯氮以及醌氧才是产生赝电容的主要基团；Zhang 等[45] 则认为酚羟基、羧基氧和酮基氧均能产生赝电容。除此之外，电解液的类型也会影响官能团性能的发挥。Frackowiak 等[46] 发现在水系电解液中炭材料的电容量与氮含量呈比例关系，而在有机系电解液中却为常数，这表明质子在表面官能团的赝电容效应中起着至关重要的作用。

4. 粒径大小

炭材料颗粒大小是影响其比电容量的重要参数。颗粒太大会导致颗粒间的孔隙过大，影响炭材料的堆积密度，进而影响其体积比电容量。此外，大颗粒还会导致孔隙变深，进而导致电解液离子扩散路径延长，影响孔径的有效利用率和大功率下炭材料的比电容量。颗粒过小会导致颗粒间的间隙过小，也会影响电解液离子的快速扩散。针对此，工业上一般要求超级电容炭材料的 D_{50} 值应在 $5\sim12\mu m$ 范围内。Kuraray 公司则建议超级电容炭材料粒径 D_{50} 值要限制在 $4\sim8\mu m$，且要求要有 10%的颗粒粒径小于 $2\mu m$[47]。

5. 灰分

超级电容炭材料的灰分与短路、自放电和使用寿命等性能密切相关。日本 Asahi Glass 公司建议超级电容活性炭的灰分要低于 0.5%[47]。目前市售的超级电容炭材料的灰分含量一般均低于这一数值。Kuraray 公司提出如果炭材料中重金属等灰分的含量超过 0.05%就会引起短路和自放电。因此，仅从电容储能角度来讲，超级电容炭材料的灰分含量越低越好。中国林业科学研究院林产化学工业研究所蒋剑春院士团队创新超声-氧化耦合精制活性炭新技术，研制的超级电容活性炭材料灰分低至0.045%，显著减少自放电和短路现象，具有广阔的应用前景[35]。

除上述因素外，炭材料的形貌、孔型、密度、电导率等都会影响其用于超级电容器时的电容性能。由于炭材料的这些性能往往呈相互矛盾、此消彼长的关系，如比表面积和密度之间、电导率与表面官能团之间等均是如此，因此在对超级电容炭材料进行设计和制备时要综合考虑各方面因素的影响，同时还要考虑成本及需求，从而做出合理的选择。

第四节　现代医用活性炭

活性炭出现之前，炭在医学领域已有应用。我国明代医书《本草纲目》中已有果壳煅炭治疗痢疾和烂疮的记载。活性炭发明之后，因孔隙结构发达、吸附能力强、化学稳定性好、生物相容性佳、毒副作用小等优点而被广泛应用于医疗领域，主要包括外伤治疗、口服药治疗、癌症治疗、血液净化等。近年来，随着科技的进步和活性炭制备技术的不断提高，活性炭在医疗领域有许多新的应用，如动物饲料中毒预防、麻醉苏醒和过敏治疗等。

一、外伤治疗

我国传统医学中就有“血见黑止，红见黑止”的炭止血理论。随着医学理论研究的不断深入，现在基本明确具有止血功能的主要是制炭过程中产生的活性炭。活性炭具有吸附和收敛的作用，能够促进止血过程。此外，活性炭还能吸附伤口处的异味气体、脓血体液、炎症因子和细菌等，从而促进伤口愈合。刘艳红等[48] 以含活性炭纤维的敷料对烧伤病人进行治疗，用生理盐水和1%苯扎溴铵溶液清洗创面后再用该敷料包扎，结果显示活性炭纤维敷贴有显著的消炎、止痛、愈合和抗感染的作用。在绷带中掺入5%～12%的粉状活性炭用于脓疮、烂疮和坏疽等伤口包扎，消臭的同时还可以促进伤口愈合。

除常见的皮肤创伤外，有研究表明活性炭对芥子气刺激受伤的皮肤也有治疗效果。

二、口服药治疗

活性炭具有强大的吸附能力，无毒无害，可以随排泄物排出体外，因此作为口服药广泛用于药物中毒以及胃肠道等疾病的治疗。在日本药典中也很早就有口服活性炭治疗胃肠道疾病的记载。此外，口服活性炭对支气管炎症、醉酒等也有非常好的疗效，受到广泛关注。

1. 经口药物中毒治疗

目前我国经口药物中毒抢救的第一手段是洗胃。然而，洗胃一方面可能会导致组织缺氧、喉头狭窄、消化道和咽部穿孔及吸入性肺炎等并发症，另一方面对过量服药患者临床治疗并无有益效果。近年来随着医疗经验的不断积累，人们发现口服活性炭可以有效减少服毒患者对毒物的吸收，增加毒物排泄清除，提高中毒患者生存率，因此其逐渐成为最重要的基本救治措施之一，尤其是在毒物不明的情况下，活性炭更是中毒治疗不可替代的药物。在欧美等发达国家，活性炭在中毒救治中的应用广泛，每3～5年就有相关的学术研讨会。我国香港特别行政区更是将口服活性炭作为中毒患者治疗的首选方法。

活性炭解毒具有广谱性，常规的口服中毒药物均可通过口服活性炭进行治疗。然而，活性炭对强碱、强酸等腐蚀性物质，氰化物、铁盐、马拉松杀虫剂以及甲醇等有机溶剂吸附效果不佳，不能用于此类中毒患者的治疗。

影响口服活性炭解毒效果的因素很多，其中口服时间十分重要。一般来说，活性炭服用越早，对毒物的吸附效果就越好，毒物摄入1h内口服活性炭往往可以吸附毒物的45%～60%。然而，对于在肝肠内可循环的药物如茶碱和地高辛等，数小时后口服活性炭仍可能有效。活性炭的用量一般以毒物量的5～10倍为宜。如果毒物量不明，幼龄儿童（<5岁）可服用活性炭10～

25g，大龄儿童和成人可服用50～100g活性炭（可按1g/1kg体重服用）。口服活性炭可以根据所需剂量一次全部服用，也可分次重复服用以加快被吸收药物在体内的排出。

活性炭色泽黑，口服具有砂砾感，口感差且吞咽困难，这成为其作为口服药接受性低的主要原因之一。目前常通过制成悬浮液，添加甜味剂等手段改善活性炭口感，但可能会影响活性炭的吸附效果。较为理想的添加剂是70%的山梨醇，降低砂砾感的同时还有利于胃肠蠕动，加快排泄。此外，活性炭胶囊也是十分理想的改善方法。

2. 胃肠道疾病治疗

活性炭具有发达的孔隙和强吸附作用，口服后可以吸附胃肠道内的毒性和刺激性物质以及发酵产生的气体，从而减轻对消化系统的刺激，实现胃肠道疾病的治疗。如活性炭可以吸附肠胃中的毒性胺类、有机酸以及细菌代谢产物等，从而常作为治疗腹泻、胃肠胀气的药物。此外，还有一种“精制浸膏活性炭散”的药物，主要成分为具有镇痛作用的膏体药物，吸附去除消化道内毒性物质、黏液和气体等的活性炭，以及天然硅酸铝，在治疗胃炎、肠炎等消化道疾病中具有极佳的效果。

3. 醉酒治疗

口服活性炭对醉酒治疗一般具有显著效果。一方面口服活性炭可以吸附肠胃中未被吸收的酒精，减少被人体吸收的酒精量；另一方面对酒精代谢产物如乙醛等也有较好的吸附效果，可以减轻对胃肠的刺激。此外，还有研究表明，消化道内的活性炭还会吸附血液反流的酒精和代谢产物，进而减轻醉酒的生理反应。

口服活性炭预防或治疗醉酒时，口服活性炭剂量和服用方法十分重要。口服活性炭剂量随饮酒者体重、饮酒量和时间的不同而各异，通常剂量为每千克体重5～15mg活性炭为宜。服用方法以分次服用为佳。

4. 慢性肾病治疗

研究表明，口服活性炭可以改善肾功能，延缓慢性肾病的病情。活性炭改善肾功能的机制可能是吸附肌酐、尿素和吲哚等尿毒症毒素，降低肾病进展。刘红燕等[49]联用大黄和药用活性炭粉治疗尿毒症，与对照组相比，治疗组血肌酐和尿酸明显改善，治疗效果明显优于对照组。王金表等[50]通过不同活化方式制备了具有不同孔结构的活性炭，详细研究了活性炭表面积、孔道结构与肌酐吸附性能的关系，为口服活性炭治疗慢性肾病提供了理论依据与科学指导。

口服活性炭还可以改善钙磷代谢，减轻瘙痒症状。研究发现，碳酸钙联合口服活性炭可以提高氯化钙结合磷的能力，从而有效降低透析患者高磷血症并发的概率。瘙痒可能与炎症因子增加和阿片类物质失衡相关。口服活性炭可以吸附尿毒症毒素和血磷，消除引发炎症和阿片类物质失衡的因子，进而彻底缓解或改善肾病患者瘙痒症状。

5. 急性黄疸性肝炎治疗

活性炭可有效吸附肠道及血液内的胆红素，从而缓解肝炎症状。丁宁育等[51]以活性炭悬浮液、维生素C和食母生的混合药剂治疗急性黄疸性肝炎，取得了良好效果，治疗周期也明显缩短。

6. 卟啉病治疗

活性炭可以通过吸附固定肠内的内源性卟啉，阻止其吸收，从而控制其对皮肤的不良反应和肝脏的损害。此外，口服活性炭还能降低血浆中卟啉的水平。然而，口服活性炭可能会导致维生素吸收障碍，这可以通过口服叶酸和维生素D等予以克服。

7. 降血脂

活性炭可以吸附血清中的甘油三酯和血清胆甾醇，且无不良反应，比目前的降血脂药物疗效好。

三、癌症治疗

活性炭应用于癌症治疗时多呈纳米态，其应用基础是纳米活性炭吸附抗癌药物后的缓释性、对肿瘤细胞的亲和性以及在肿瘤部位的滞留性和淋巴导向性。因纳米活性炭的上述特点以及生物相容性、本身无毒、使用方便安全、价格低廉、来源广泛等优点，其在癌症治疗领域具有广阔的应用前景。

1. 活性炭的强吸附性

活性炭具有发达的孔隙和巨大的比表面积，这使得其对抗癌药物有很强的吸附性。活性炭对抗癌药物的吸附主要为物理吸附，不会与抗癌药剂发生化学作用，因此可以保证其被活性炭吸附后物化性质不会改变。

2. 活性炭的功能缓释性

活性炭实现抗癌药物缓释控制主要是利用渗透作用。活性炭吸附的抗癌药物与病灶组织液中抗癌药物之间始终保持着动态平衡，当周围药物被细胞吸收而浓度降低时，根据渗透压和吸附等温曲线的相关理论，活性炭内的药物则释放出来从而维持一定的药物浓度和渗透压。通过渗透作用控制，活性炭不单单可以携带释放药物，还可通过药物的可控缓慢释放使病灶部位抗癌药长时间维持在一定浓度，从而实现更好的疗效。

3. 纳米活性炭的淋巴靶向性

肿瘤组织周围有丰富的毛细淋巴管。毛细淋巴管与毛细血管的区别在于毛细血管内皮细胞间紧密连接，细胞底面有基膜，其电子密度较大，大分子物质难以通过，而毛细淋巴管则没有基膜或基膜不完整，细胞间连接疏松，有 30～120nm 的开放孔隙。纳米活性炭尺寸恰好在淋巴孔隙的范围内，在血液传输过程中可以进入毛细淋巴管而不能进入毛细血管。此外，淋巴管内皮细胞还具有主动吞噬和胞饮微粒的作用，这也是纳米活性炭淋巴靶向性的基础。

4. 活性炭对肿瘤部位的亲和性

纳米活性炭具有易于附着在肿瘤表面的性质，这一方面与纳米活性炭的淋巴靶向性有关，另一方面可能是因为活性炭为疏水性材料，而肿瘤细胞表层为磷脂双分子层，易与活性炭相结合。

5. 活性炭的局部滞留性

毛细血管有致密的基底膜，无类似淋巴管的缺陷孔隙。活性炭吸附抗癌药物后不能从毛细血管壁进入血液系统，因此可以在病灶部位保持较高浓度，这是活性炭的局部滞留性。

6. 应用实例

（1）肺癌　孙愚等[52] 评价了国产纳米活性炭在肺癌病灶切除手术中淋巴示踪作用。通过对比实验组和对照组淋巴结清扫数目、转移度、淋巴结黑染情况和使用纳米活性炭后的不良反应，发现实验组清扫淋巴结数目明显高于对照组，淋巴黑染度高达 81.2%，也明显高于对照组，在不延长手术时间和不增加不良反应的前提下，实现了肺癌病灶切除术中转移淋巴结的清除。

（2）胃癌　Takahashi 等[53] 研究了纳米活性炭吸附丝裂霉素对胃癌患者的治疗效果。实验组在腹腔化疗结束时注入纳米活性炭吸附的丝裂霉素，而对照组不用腹腔化疗。通过对比术后 2～3 年患者的生存率发现，实验组成活率为 42%，而对照组为 28%，纳米活性炭负载丝裂霉素的复合化疗药物取得了更积极的治疗效果。

（3）食管癌和直肠癌　Hagiwara 等[54] 对限于黏膜及黏膜下层，不能进行手术的食管癌患者的病灶部位注射纳米活性炭吸附派来霉素的化疗药物。治疗结果显示，除 1 例患者死于脑出血外，有 3 例患者生存 33～72 月，还有 2 例生存 22～44 月。此外，他们还报道了 2 例不能进行手术的直肠癌患者，通过注射活性炭吸附甲氨蝶呤和丝裂霉素的化疗药物，延长了寿命。

（4）结肠癌　鲍传庆等[55] 将纳米活性炭-丝裂霉素的混悬液注入结肠癌患者肿瘤组织处，很快可见被活性炭染黑的淋巴结，进行切除手术后，实验组生存率 79.2%，而对照组仅为 54.5%。

（5）腹腔化疗　张李等[56] 探讨了纳米活性炭吸附丝裂霉素 C 后用于腹腔化疗的药物代谢动力学特征。实验结果表明纳米活性炭吸附丝裂霉素 C 后可以在淋巴、肠系膜和腹腔液内形成高药物浓度，并持续较长时间，是一种预防治疗进展期癌症腹腔转移的有效方法。

7. 纳米活性炭的制备

纳米活性炭的制备方法有气流粉碎法、球磨法和溶胶凝胶法等。气流粉碎法的缺点是活性炭孔径分布宽，粒子形态不规则；溶胶凝胶法制备的纳米活性炭大小均匀，分散良好，但比表面积较小，吸附性能差；球磨法需将干磨、过筛和湿磨相结合，步骤烦琐，但制备的活性炭粒径可小至 21nm，形态均匀似球形，是当前纳米活性炭制备的主流方法。

四、血液净化

血液净化的治疗方式包括血液透析、血液灌流和血浆置换等。活性炭作为一种强吸附剂，在血液透析和血液灌流中均有广泛应用，主要包括透析液的再生和血液灌流器的装填。

1. 血液灌流

血液灌流（HP）是将患者的血液从体内引入体外装有固态吸附剂的灌流器中，通过灌流器中吸附剂的非特异性吸附作用清除血液内的毒素、药物和代谢产物等的血液净化治疗方法或技术。活性炭主要作为血液灌流器中的固态吸附剂使用。除活性炭外，树脂是另外一种临床上最为常用的吸附剂。

以活性炭作为灌流器装填的固态吸附剂的优点是吸附效率高、安全、吸附容量大，与同质量的树脂相比活性炭的比表面积更大。然而，活性炭的颗粒形状一般不规则，血液经过时发生摩擦容易脱落炭灰，可能会堵塞微血管。为减轻炭灰脱落和改善血液相容性，一般以活性炭作为灌流器装填吸附剂时要对活性炭进行严格的筛选、预处理和包膜。活性炭包膜的方法很多：加拿大以硝酸纤维和白蛋白包覆粒状活性炭形成具有半透明性的薄膜；美国用聚甲基丙烯酸羟乙酯来包覆活性炭；我国使用明胶包覆活性炭形成子母囊型。

包膜活性炭在我国有很好的应用。如实验证明，明胶子母囊型活性炭对尿酸、肌酐、水杨酸、氯丙嗪等药物有很好的吸附效果，对安眠药中毒病例也有良好的解毒效果。

2. 血液透析

血液透析（HD）也称人工肾，它是通过将体内血液引至体外，经由透析器，通过扩散、吸附、超滤、对流等原理进行物质交换，清除血液内代谢废物和毒素，补充电解质，维持酸碱平衡，并将净化后血液回输的血液净化技术。

活性炭在血液透析中的作用主要是透析液的原位再生。常规的血液透析的透析膜使用纤维素制造，但该透析膜无法去除大分子量杂质。近年来开发出一种基于活性炭的吸附型血液透析器。该透析器使用包覆的球状活性炭为吸附剂，其不溶于透析液也不会穿过透析膜，但是可以吸附透析液中患者血液交换出的代谢废物和毒素，从而减少透析液的使用量。

五、药物缓释

许多药物，如抗癌化疗药物、镇痛药物等，具有副作用强、半衰期短的特点，对正常细胞的损害大，容易成瘾。活性炭具有良好的吸附性能，可以吸附大量药物，在人体内起到很好的药物成分缓释作用，有效延长药品半衰期，降低用药频率。

活性炭是典型的非极性吸附剂，其吸附机理主要是物理吸附。以活性炭作为载体吸附药物，药物不会受到活性炭影响而发生改性现象。同时，活性炭特有的孔径结构和分布可以根据药物分子的不同而选择性地吸附，能够有效地提高吸附效率。

活性炭作为载体吸附药物进入人体后根据热动力学平衡逐渐地缓释药物，不仅在短时间内迅速释放药物达到有效浓度，还可以以较低释放量长时间稳定维持药物的浓度。以活性炭对抗癌药物丝裂霉素 C 吸附和缓释为例，该药物应用于人体内后，由于人体是恒温体，当丝裂霉素 C 由于稀释或代谢而浓度降低时，活性炭吸附丝裂霉素 C 的制剂马上释放药物，恢复其浓度，延长药物半衰期，达到降低病人服药频率、提高药物利用率的目的。

六、用作解毒剂

活性炭作为强吸附剂，可使有毒物质吸附于其表面与孔隙中而失去活性，达到解毒的目的。明代时期，我国就开始利用木炭治疗胃肠道疾病；20 世纪，活性炭逐渐取代木炭。活性炭用作解毒剂，是因为：a. 活性炭与有毒物质形成复合物，之后通过排泄或洗胃排出；b. 活性炭吸附有毒物质，使消化道内的毒素浓度降低，产生浓度差，进入循环系统的毒素便向消化道内扩散；c. 活性炭吸附可以阻断有毒物质被吸收器官的吸收，加速毒素排出。

活性炭在临床医疗中的应用主要有口服清除经口药物毒物中毒、血液灌流治疗严重中毒、肠胃灌洗促进毒物排出以及辅助进行恶性肿瘤手术等。

1. 口服清除经口药物毒物中毒

洗胃是抢救中毒的主要手段，被广泛使用。但是美国临床独立医学会指出，洗胃不应该作为中毒治疗中的常规方法。研究表明，洗胃对于清除毒物的差别较大，并且随时间消失；同时对于过量服药患者的临床治疗也并无有益效果，还会产生严重的并发症风险。随着催吐和洗胃的负面报告和循证研究，口服活性炭成为减少毒物吸收的有效手段。研究表明，面对中毒指征，尽快服用活性炭，在服毒的 30～60min 后服用活性炭，其可集合 45%～60%的毒物；每服毒 1g 应使用活性炭 10g 进行吸收。单剂量活性炭的治疗一般没有不良反应，此外还可以多剂量服用活性炭。

2. 血液灌流治疗严重中毒

血液灌流是公认的治疗药物中毒、挽救生命的有效方法，主要是通过灌流液中吸附剂的吸附作用清除溶解于血液中的毒物。常用的吸附剂主要有树脂和活性炭。活性炭对无畸形、疏水性分子吸附能力强，而树脂对亲脂性和带有疏水基团的物质吸附性强。

3. 肠胃灌洗促进毒物排出

活性炭用于肠胃灌洗的机制主要是利用活性炭的吸附作用来清除毒物，同时没有肝肾功能和造血功能的损伤，尤其适用于安眠药类中毒的清除。与传统洗胃术相比，更有利于去除毒物、阻止毒物吸收，从而减少毒物对重要器官的损害，防止并发症的发生。有报道显示，采用活性炭肠胃灌洗，按照服药量 1∶1 的剂量给予活性炭，之后用 250mL 20%的甘露醇进行导泄。

七、医学上的其他应用

1. 动物饲料中毒预防

动物饲料中常会残留杀虫剂、除味剂等有毒物质，动物长期食用会造成慢性/急性中毒。活性炭是防治动物中毒的良好吸附剂，通过在动物饲料中添加活性炭可以预防动物中毒。

2. 麻醉苏醒

张铁民等[57] 利用活性炭吸附全麻手术中多余的麻醉药物，对比实验组和对照组的治疗结果，两组患者的麻醉时间并无显著差异，但实验组的苏醒时间明显短于对照组的苏醒时间。

3. 医学检验

如某种药物在体液中的浓度低于检测限，可以通过活性炭吸附富集，然后用有机溶剂洗提活性炭，最后通过常规方法进行检测。利用该方法可使吗啡、奎宁等药物的检测限低至 1μg/mL。

4. 身体保健

欧美及俄罗斯等国常让幼儿口服活性炭以增强其身体对疾病的抵抗力。此外，活性炭还可作为心脏和心血管的保健药。

近年来，随着医疗技术的不断进步和对活性炭功效认识的深入，活性炭在医疗领域的应用得到了一定程度的发展，在身体保健、癌变示踪和麻醉苏醒等方面有了新应用，但总体来说仍局限于传统的外伤治疗、口服药物、血液净化、药物缓释等领域。随着膜、分子筛等分离吸附材料的推出和应用，活性炭在医疗领域的应用也存在很大的竞争压力。

面对活性炭在医疗领域的应用现状，一方面要加大活性炭的宣传力度，使人们尤其是医疗工作者更深入地了解活性炭的特点和功效，克服谨慎心理；另一方面要针对活性炭在医疗领域应用中存在的问题，加大活性炭制备和应用技术的研究和开发；充分利用活性炭纳米球、活性炭纤维和活性炭纳米片等新兴形貌活性炭材料的特点，开发拓展其在医疗领域的应用。相信随着对活性炭研究的不断深入，活性炭必将在医疗领域迎来突飞猛进的发展，为人们的健康做出更大贡献。

第五节　防核辐射用活性炭

核反应堆在核反应时会放出有害物质，如放射性碘、氪、氙等，防止核裂变产生的气体污染是原子能工业中的一大重要技术。原子能设施中产生的放射性气体与通常的化学工业生产中产生的有害气体的浓度相比要小得多，而捕集或除去的效率要求却非常高。近年来，处理裂变气体的合适且安全的方法——吸附技术，引起了人们的注意。该方法除了用吸附法来分离除去裂变气体外，活性炭还起滞留床的作用，给裂变气体一定的停留时间，通过衰变使放射能衰减，从而有效地把放射性污染除去，控制放射性污染。

一、碘化物

在原子反应堆中的放射性蜕变过程中，主要排出两种碘的同位素，即^{131}I（半衰期 8.04d）和^{133}I（半衰期 21h），含碘的气体经燃料电池薄膜中的裂缝而逸出，并首先污染热载体的第一回路。当状态失调时，这些放射性的碘化物可落入反应堆的锅炉中，但这些碘化物不应该落入室外空气中。因此，原子能发电站应安装清除这些杂质所需的相应过滤系统。除单质碘外，在防悬浮微粒过滤器上还可收集部分杂质，分离出甲基碘。如果在细孔活性炭上，甚至可从湿空气中很容易地清除单质碘蒸气的话，那么甲基碘却恰恰相反，它具有较高的蒸气压力，以致用吸附方法都不可能获得较为满意的净化结果。表 4-10-1 为甲基碘蒸气压力随温度变化的关系[12]。

表 4-10-1　甲基碘蒸气压力随温度变化的关系

温度/℃	−45.8	−24.2	−7.0	25.2	42.4
甲基碘蒸气压力/kPa	1.3	5.3	13.3	53.3	100

对气态放射性碘的捕集材料研究最多、应用最为广泛的是各种类型的活性炭及其浸渍炭，所用的基炭有椰壳炭、山核桃炭、油棕壳炭、杏核炭等。各类非浸渍活性炭对气态元素碘均有较高的捕集效率。活性炭柱吸附气态^{131}I分子的效率为（99.99±0.01）%。由于甲基碘有较高的蒸气压力，非浸渍活性炭对甲基碘的捕集能力均较差，不能有效地去除气流中放射性甲基碘，因此利用浸渍活性炭在同位素交换或化学结合过程中予以净化是当前较为满意的解决办法。在所用的浸渍剂中 TEDA（三乙烯二胺）性能较好，被广泛采用，也有人将 TEDA 与 KI 联合使用以达到更理想的捕集效果。长时间通气实验表明，通气 300h 后，3cm 厚的浸渍活性炭对气态元素碘的吸附效率仍达 99.99%；通气 260h 后，5cm 厚的浸渍活性炭对甲基碘的吸附率为 99.90%。卢玉楷等[58] 研究了杏核炭吸附碘及 TEDA-杏核炭吸附 CH_3I 的性能，都取得了较好的效果，并给出了实验条件对动态饱和、吸附容量影响的关系曲线。黄子瀚等[59]采用井型取样盒微机控制实现了核设施正常运行情况下及一般事故发生时放射性碘的连续监测，取样盒内装核级活性炭 132g，该活性炭由柚棕壳基炭浸渍 2%TEDA 和 2%KI 制成，对元素碘和有机碘的吸附率均在 99%以上。

过滤装置是在相对湿度为 99%～100%条件下，能保证净化程度大于 99%，炭层长度不小于 20cm 矩形截面的特殊结构的过滤器。为了预先防止放射性炭尘埃的放出，悬浮微粒过滤器可设置在用活性炭制成的过滤器之后。在原子能发电站中空气不断地经过活性炭过滤器而循环。因为在这种情况下，浸渍活性炭的吸附能力由于吸收了在过滤器操作期间内必须严格控制的有机蒸气而有所降低。

日本福岛核泄漏主要造成水体放射性碘-131的污染，为防控对中国水域的污染，中国林业科学研究院林产化学工业研究所研究了以碘化钾、硝酸银等浸渍改性的微孔型椰壳活性炭对碘-131的捕集作用，按每升水投1g炭量，碘-131的去除率达到99.9%，结果表明该浸渍活性炭可用作水除碘过滤器的吸附材料[15]。

二、放射性稀有气体

在核反应堆的废气中，含有放射性稀有气体^{85m}Kr（半衰期4.4h）、^{87}Kr（半衰期78min）、^{88}Kr（半衰期2.77h）、^{133}Xe（半衰期5.27d）、^{133m}Xe（半衰期2.3d）、^{135}Xe（半衰期9.13h）、^{138}Xe（半衰期17min）等。以往，为使核反应堆排气中稀有气体的放射能水平下降，一般将废气在衰减贮槽中贮藏一定时间，使短衰变期的放射性原子核素衰减。然而，若某种同位素原子在活性炭中的滞留时间显著长于其半衰期，则在活性炭上将积聚由这些同位素原子衰变过程中所生成的固体产物，影响其吸附性能。可将核反应堆排气通入装填了粒状活性炭的吸附塔内，空气成分迅速通过，稀有气体成分被可逆吸附，在塔内移动较为缓慢。为了保证放射性成分较长的持留时间，可使用由若干吸附器串联的系统。废气应预先利用干燥剂或者冷凝法进一步进行精细的干燥，从而消除水分对某些吸附能力较弱的稀有气体在吸附过程中产生的不良影响。在这一系统中宜采用成型的微孔活性炭，且活性炭的运行期限较长。

长衰变期同位素氪，在废气中含量极低，通过常规净化装置难以回收。为提高回收效率，可利用活性炭作吸附剂，净化所加的空气流，在并联设备内其中的一个设备先净化直到氪放空，而后再转换到第二个设备。大量的放射性稀有气体可利用空气流动方向同向被抽空，并在抽气时从吸附层中析出的少量含氪气体被送至第二个吸附器。大量的放射性稀有气体可利用抽空和以少量水蒸气置换而从炭层中除去。水冷凝之后，氪可以很高的浓度而析出。抽空过的反应堆加入空气，重新调至正压。由于^{235}铀、^{135}氙衰变产物的积聚会降低反应堆效率，因此废气必须处理。可收集起来贮藏越过衰变期，也可用厚层活性炭过滤，在炭层中衰变，使气体中污染物明显减少，然后排入大气。图4-10-3是实用规模试验装置流程图，表4-10-2中表示装置的详细规格。

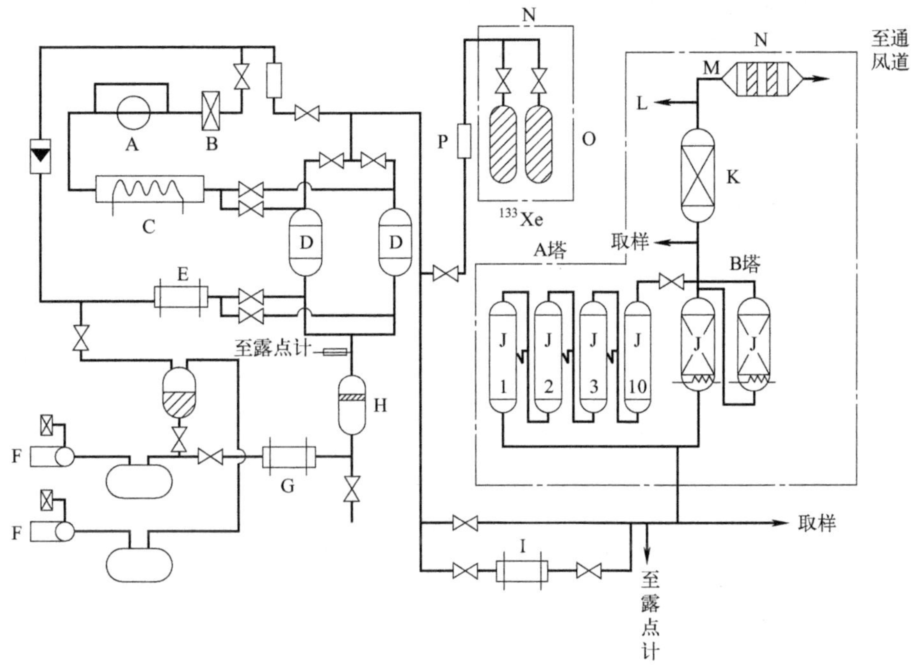

图4-10-3 实用规模试验装置流程图

A—风机；B—过滤器；C—再生加热器；D—脱湿塔；E—再生冷却器；F—压缩机；G—除湿冷却计；H—汽水分离器；I—冷却器；J—吸附塔；K—备用吸附塔；L—至入射双脚检测器；M—高效过滤器；N—生物防护屏；O—试样钢瓶；P—流量计

表 4-10-2 实用规模装置规格一览表

项目	实用试验装置	
	A塔	B塔
通气流量(排气量)/(m^3/h)	6	6
稀有气体种类	Xe,Kr	Xe,Kr
放射性稀有气体浓度/(μCi/L)	0.5	0.5
气体的湿度(露点)/℃	<−30	<−30
气体线速度/(cm/s)	0.47	0.11
吸附塔操作温度/℃	常温	0以及常温
吸附塔操作压力/atm	1	1
滞留时间/d	约40	约30
活性炭粒径/目	4～6	4～6
活性炭装填量/(t/座)	0.52	1.7
活性炭装填高度/mm	3200	2600
吸附塔内径/mm	680	1400
吸附塔数/座	10	2
吸附塔冷却方式	无	内冷式
气体干燥方式	脱湿材料	吸湿材料

三、使用活性炭类捕集材料存在的问题

使用活性炭是可以去除放射性气体的有效手段，但是考虑到活性炭的物质特性，因此在实际使用方面还有一些问题。今后活性炭在原子能方面的应用还将继续下去，笔者认为应该改进的事项有下述几点。

1. 活性炭的价格高

在非常用气体处理系统、中央控制系统中使用的活性炭，是改善在高温度状况下对放射性碘甲烷的吸附能力的添载活性炭。由于依赖进口，因此单价较高。因而，充填量大的非常用气体处理系统每更换一次，仅活性炭的花费就约100万元以上。而且，非常用气体处理系统中的活性炭使用寿命长，加之性能检查基准严格，在国内进行长期保管，在质量管理上不现实。但是，若在每次需要时再进口，又要花费很长的时间，存在发生紧急事故时无法迅速地进行相应处理的危险性。

2. 活性炭的使用寿命与更换标准不合理

根据迄今为止的实际运转情况，非常用气体处理系统平均每个系统大约可以十年以上不进行更换还能继续使用。但是，检查用的滤器（试验用的滤毒罐），在设计时每个系统仅设置了10个，即只能检查10次。而且，检查的目的是确定活性炭是否有经年劣化。因此，检查用的滤器与运转用的滤器必须是同一种活性炭。当检查用的滤器全部用完时，活性炭只能提前更换。因此，设计上试验用的滤毒罐的数量应重新考虑，要研究对现在运转中的滤器增设试验用滤毒罐的问题。

3. 活性炭产生的废弃物数量增加

关于更换以后使用过的废弃活性炭的处理问题，现状是只要没有放射性污染，存在通过再生

处理等方法再次使用的可能性。但是，在非常用气体处理系统的场合，使用场所由于是管理区域，更换下来的活性炭必须作为难燃性的放射性废弃物进行贮存处理。希望制定这样的法律，根据放射性物质的浓度，若可以进行再生处理时，即使成为废弃物质也可以作为有放射性的废弃物进行处理。

第六节 纳米活性炭纤维

纳米活性炭纤维是由炭纤维活化而成。炭纤维为多晶乱层石墨结构，转化成纳米活性炭纤维后，结构基元不发生变化。纳米活性炭纤维是非均匀性的多相结构。由于高温水蒸气将部分原子脱去后形成微孔结构，使之生成羧基、羰基等含氧活性基团，使其表面的酸性增加。比表面积约为 1200m^2/g，远大于炭纤维，在苛刻条件下活化时可达 3000m^2/g。纳米活性炭纤维为分布狭窄单一孔径的微孔结构，其孔可以产生毛细管的凝聚作用。由于具有微孔，其吸附、脱附速率远大于两个数量级，吸附量大。在填充床中流体的床层阻力小，可作为催化剂与催化剂载体使用。在纳米活性炭纤维分子内的痕量杂原子为磷、氮、氯等，在活化时，部分杂原子被脱去后，表面的杂质大大减少。由于活化中氧化气体的作用，表面含氧基团增强，主要有酸性基团如羧基等，中性基团如羰基、内酯基等，碱性基团如过氧化基等。纳米活性炭纤维会因活化的方法不同，而生成不同表面含氧基与表面酸碱性不同的产物。在水的作用下，其氧化还原能力更强。由于水的存在可以使一些基团氧化成羟基，因此在表面含氧基团数目增加后，表面氧化还原容量增大[60]。

根据原料纤维种类，纳米活性炭纤维的制备工艺及条件等有所不同，但从原理上讲其原料纤维的成芯与化学纤维类似，纺丝后需对纤维进行预处理、量化、活化等。

一、预处理

预处理有两种方式，即盐浸渍预处理和预氧化处理。前者是黏胶基纳米活性炭纤维生产中的重要工序，后者主要是防止聚丙烯腈纤维、沥青纤维炭化时发生熔化或黏结。

盐浸渍是将原料纤维充分浸渍在盐（如磷酸盐、碳酸盐、硫酸盐等）溶液中，然后甩干或滴干及干燥。预氧化处理则多采用空气预氧化的方法，温度控制在 200～400℃，原料纤维缓慢预氧化一定时间，或者按一定升温程序进行预氧化[61]。若将盐浸渍与预氧化处理结合起来，则往往可获得更好的效果。纳米活性炭纤维是将炭纤维活化制成。纤维状的活性炭纤维可以用四种方法生产：

① 由烃或一氧化碳在高温下进行裂解，在石墨或陶瓷板下生成结晶质的胡须状炭。

② 高温高压下，石墨电极间在电作用下生成石墨晶须。

③ 高能炭黑在非氧化气氛中，经高温处理后生成石墨化单晶。

④ 在保持高分子纤维形状的前提下将其炭化。

这是生产纳米活性炭纤维最重要的方法。生产的基材以聚丙烯腈纤维为主要原料[62]，或是以沥青基纤维为原料及以黏胶纤维为原料。在生产纳米活性炭纤维之前，应先将有机原纤维在 300℃下进行稳定化处理。纳米活性炭纤维不用单独炭化，其炭化与表面功能化可同时进行。在碳含量增加的同时进行活化，可以用氯化锌、磷酸、氢氧化钾等活化剂进行活化处理，方法有物理活化法与化学活化法两种。物理活化法是用二氧化碳或水作为活化介质，在惰性气体氮气的保护下于 800℃的温度下进行处理。化学活化法是用氯化锌、氢氧化钾、碳酸盐、硫酸盐、磷酸盐等浸渍或混入原料炭中，在惰性气体保护下加热并同时进行炭化与活化。

二、功能化

可以通过调节工艺过程中的操作条件，控制纳米活性炭纤维内部的孔结构与孔径分布。其主要方法如下。

（1）活化法　可选用不同的活化工艺或改变活化程度以生成纳米级的分子筛炭纤维至纳米级

的通用纳米活性炭纤维。活化法制备的纳米活性炭纤维以微孔为主[63]。

（2）催化活化法　此法可使纳米活性炭纤维形成中孔，并在原纤维中添加金属化合物或其他物质，再进行炭化活化。也可采用纳米活性炭纤维添加金属化合物后再进行活化的方法。在活化时，金属离子或其他物质对结构性比较高的炭起选择气化作用，催化活化法是生成中孔的最好途径。为使纳米活性炭纤维具有大孔，最好使原料纤维预先具有接近大孔的孔径。

（3）蒸镀法　在加热条件下使纳米活性炭纤维与含烃气体（如甲烷等）接触。由于烃类发生热解，产生的炭在细孔壁上蒸镀，使细孔的孔径变小，可进一步提高吸附的选择性。

（4）热收缩法　将纳米活性炭纤维进行高温处理以调节其孔隙结构，使其孔径变小和增大比表面积。在吸附剂微孔大小为吸附质分子临界尺寸的 2 倍时，吸附质易被吸附，这时吸附质分子能有效地接受微孔表面叠加的吸附场，从而充分发挥微孔的作用，可调节孔径以使纳米活性炭纤维细孔与吸附质的分子尺寸相当，由此获得最佳的吸附效果。

三、表面改性

在纳米活性炭纤维表面存在着一定量的亲水性含氧基团，基团极大地影响吸附性能，可通过处理改变纳米活性炭纤维的表面亲水性与疏水性。

纳米活性炭纤维在经 900℃的高温处理或氢处理后可脱除含氧基团使之还原，其亲水基减少，可提高其对含水气流或水溶液的吸附能力。反之，也可经过气相氧化和液相氧化的方法获得高酸性表面。气相氧化法是在 330℃左右的温度下，用空气进行氧化，在纳米活性炭纤维表面导入含氧基团。液相氧化法是用双氧水等氧化剂，在酸性条件下与纳米活性炭纤维进行反应，随着酸浓度的增高，纳米活性炭纤维的表面酸性增加，对酸性有机物吸附性能降低，从而改善对水的吸附力。在使纳米活性炭纤维与氯气反应时可使其表面由非极性转化为极性，提高对极性分子的吸附能力。通过浸渍法或混炼法，在有机物前驱体纤维中添加重金属离子后，由于配价吸附作用可改善其对硫化氢等恶臭物质的吸附，在纳米活性炭纤维中引入酸性基团或碱性基团后可改善其对香烟臭的吸附等。在纳米活性炭纤维表面上添加银离子后，对大肠杆菌、黄色葡萄状球菌等具有极好的杀菌作用。其载银工艺是在用硝酸银溶液浸渍时采用加热工艺，使银充分浸入炭体内，减少银液损失。加热载银牢固、均匀、寿命长和灭菌效果好，可用于水的净化处理等。

在制造纳米活性炭纤维之前，有机原纤维一般要在空气中低温（200～400℃）进行几十分钟乃至几小时的不熔化处理，随后进行（炭化）活化处理，也可以炭化和活化同时进行。活化方法主要包括物理活化（水蒸气和二氧化碳活化法）、化学活化（用化学试剂如 KOH、H_3PO_4、$ZnCl_2$ 等进行处理）。工业上纳米活性炭纤维的活化多以气相活化法为主，用 H_2、O_2/CO_2 为活化介质，在惰性气体如氮气的保护下，处理温度一般在 600～1000℃。具体的处理过程根据原材料和实际要求的不同而有所差异。

聚丙烯腈（PAN）系纳米活性炭纤维最主要的优点是结构中含有氮，对硫系、氮系化合物有高的吸附性能，而由其他原料制造含氮的纳米活性炭纤维还需要进行氨化或氮化。沥青系的优点是原材料便宜、炭化收率高，但是它不易制得连续长丝，给深加工带来很大的困难。纤维素系（人造丝）的价格低，但是炭化收率低、工艺复杂，所制得的纳米活性炭纤维强度比较低。酚醛系纤维中因为酚醛树脂具有苯环样的耐热交联结构，可以直接进行炭化活化而不必预氧化，其工艺简单而且易制得表面积大的纳米活性炭纤维[64]。

纳米活性炭纤维在经表面处理后，生成新的含氧基团，各种不同的基团使之具有酸性、碱性、氧化性、还原性、亲水性、疏水性等不同的性能。作为催化剂用的纳米活性炭纤维的前驱体表面处理是一个相当重要的环节，通常可以用氧化法如气相氧化、液相氧化、电极氧化等，也可以用等离子体处理、气相沉积法等。在经氧化和适当的高温处理后，可使两种活性位得到恰当的匹配，获得高活性的催化剂[65]。

第七节　纳米炭复合材料

将纳米概念及纳米技术引入炭材料领域，就得到“纳米炭材料”概念。纳米炭材料是指分散相尺度至少有一维小于100nm的炭材料。分散相既可以由碳原子组成，也可以由异种原子（非碳原子）组成，甚至可以是纳米孔。加入异种原子的目的是改善炭材料的性能或赋予炭材料以新的功能[66]。纳米炭材料可分为2类：纳米纯炭材料和纳米碳合金。

纳米纯炭材料包括纳米炭粉、纳米碳纤维和碳纳米管等。纳米炭粉包括纳米炭粉和纳米石墨粉。未纯化的碳纳米管黏附有大量炭纳米颗粒，研究这些颗粒的结构与用途（如用于橡胶补强等）具有特别重要的意义。纳米碳纤维很难吸附普通吸附质（如 N_2），但它是一种高容量储氢材料，氢的储存主要是吸附在纳米碳纤维石墨层片的层间。由于纳米碳纤维的高强度、高模量，其可作为先进复合材料的增强体。按照“碳合金”的定义，碳纳米管中碳原子有 sp^2 和 sp^3 两种杂化形式，应属于“碳合金”。但考虑到人们的习惯，且其 sp^2 杂化形式占主导地位，故归类于纳米纯炭材料更为合适[67]。

所谓“碳合金”，是由以碳原子的集合体为主体的多成分系构成，在它们的构成单位之间，有物理的、化学的相互作用的材料，但认为不同的杂化轨道的碳是不同的成分系。简单地说，就是指将不同化学键合的碳组合而成的炭材料，或炭晶体中导入异类原子后的炭材料。像C/C复合材料一类的微观复合材料，其实质是用化学性质改变界面来控制其力学行为，不能说是独立存在的。因而复合材料也是碳合金的成员。若碳合金中有纳米单元，则可认为是纳米碳合金。目前研究的纳米碳合金有以下几类。

一、含纳米孔的碳合金

用内部合金化的方法可以进行纳米结构控制，聚合物在石墨层间合金化，创造纳米空间。如在层间化合物 CsC_{24} 中插入 C_2H_4，氧化除去Cs后得到具有纳米空间的碳合金。以表面和内部选择性的化学修饰可以得到具有活性炭纤维（ACF）细孔的功能材料。用离子束在活性炭纤维细孔内表面粘接 TiO_2 薄膜，这样可综合利用活性炭的浓缩作用和 TiO_2 薄膜的光催化作用，所得到的 TiO_2/ACF复合材料可有效地除去水中的有机物，是一种新的环境净化材料[68]。

控制多孔炭材料的微孔结构的技术主要有铸型炭化和化学变换两种。铸型炭化是在无机物纳米尺度控制的空间内进行炭化，之后除去铸型的无机物而得到炭材料。通过精密控制铸型的结构，就能准确控制炭的细孔结构。还有一种方法是利用碳原料聚合物的化学变换，把设计好的纳米尺度的不均匀结构引入聚合物，利用二者反应性的差异，控制细孔的结构。此时若利用含异种元素的聚合物进行合金化，则可能在多孔炭材料的纳米尺度上控制细孔结构。

二、富勒烯内包异种原子

纳米碳合金还包括富勒烯包覆单原子和纳米囊内包多原子（如内包金属Fe、Co、La等）等情况。Zinnermann等[69]合成了像 $C_{60}M_x$ 和 $C_{70}M_x$（$x=0$，…，500；M代表Ca、Sr、Ba）以及 $(C_{60})_nM_x$、$(C_{70})_nM_x$（M代表Li、Na、K、Rb、Cs）一类的新型金属富勒烯（metal fullerides）材料。这使人联想到人体血红素的卟啉环内包二价铁离子的情况，这种结合使血红蛋白具有运输氧的功能。卟啉环由碳原子及少量氮原子组成，若将卟啉环与二价铁离子的结合产物看作碳合金的话，则这种“碳合金”对维持人体的生理功能是非常重要的。

三、类金刚石碳膜

类金刚石碳膜（diamond-like carbon films，DLC films）是一类硬度、光学、电学、化学和摩擦学等特性类似于金刚石的非晶碳膜。自20世纪80年代以来其作为新型保护材料一直是各国镀膜技术领域研究的热点之一。类金刚石碳膜内部含有金刚石结构的 sp^3 杂化键和石墨结构的 sp^2

杂化键，这些键呈短程有序排列，一般由 sp^2 键连接成单个的或者破碎的环，构成类似于石墨层状结构的小“聚束”（cluster）。在这些聚束的边界存在无规则排列的具有碳—碳电子轨道的 sp^3 杂化结构[70]。但从整体结构来看，类金刚石碳膜仍然表现为典型的非晶结构。类金刚石碳膜的表面非常光滑，可在基本不改变基体表面粗糙度的情况下直接用于最终加工工序。

四、金属/炭复合体

如果将空气中稳定且具有可溶性的有机金属化合物及高分子络合物在惰性气氛下炭化，可得到粒径排列整齐的纳米级金属粒子（160nm 以下）均匀分散的金属/炭复合体。在这种纳米金属/炭复合材料中，金属与炭层完全分离，在空气中不易氧化，长期稳定，耐热性好，炭中金属含有率可以调节。由于前驱体可溶于溶剂中，故可成型为薄膜、粉末、纤维及粒料等各种形状。这种材料一出现即引起有机化学界、炭材料界和企业界的极大兴趣，被认为是一种有着广泛前景的新型特殊材料，可作为电子电工材料、电波屏蔽材料及新型吸附材料等使用。另外，它也为解决纳米金属粒子在空气中极易氧化的问题提供了一种使金属粒子稳定存在的方法，对金属的抗氧化性研究具有重要意义[71]。

由于金属粒子的存在，活性炭的比表面积大量增加，而且更易生成以中孔为主的活性炭，使之对蛋白质等有机大分子的吸附性能大大提高。由于金属与酸性气体能发生化学反应，因此这种材料对酸性气体的吸附性能也有很大的提高。金属/炭复合体可望用作脱色剂、脱氧剂、除臭剂等。

五、纳米复合薄膜

采用常压化学气相沉积（CVD）法以 SiH_4 和 C_2H_4 为原料气体，精确控制沉积参数，可以制备得到硅/碳化硅纳米复合薄膜。薄膜由大量 5nm 大小的硅晶粒和少量碳化硅晶粒组成，晶态部分含量为 50%左右，其中纳米硅晶粒占 90%，薄膜呈现较好的纳米镶嵌复合结构[7]。根据复合薄膜具有大的可见光吸收系数和合适的可见光反射率的特点，把这种新型的硅/碳化硅纳米复合薄膜沉积到浮法玻璃基板上可开发出新型的节能镀膜玻璃。

纳米复合薄膜由于具有传统复合材料和现代纳米材料二者的优越性，正成为纳米材料的重要分支，越来越引起广泛的重视和深入的研究。当前的研究重点是纳米复合薄膜的制备科学问题，如何精确控制纳米复合相粒子的大小、结构和分布是获得优质纳米复合薄膜的关键。今后的研究重点应是探索新现象、新效应以及它们的物理起因。

参考文献

[1] 蒋剑春. 活性炭制造与应用技术. 北京：化学工业出版社，2018.

[2] 王加璇. 动力工程热经济学. 北京：水利电力出版社，1995.

[3] 周理. 关于氢在活性炭上吸附特性的实验研究. 科技导报，1999，1 (12)：1-3.

[4] Vicente J，Paula S，José A D，et al. Hydrogen storage capacity on different carbon materials. Chemical Physics Letters，2010，485 (1-3)：152-155.

[5] Strobel R，Garche J，Moseley P T，et al. Hydrogen storage by carbon materials. Journal of Power Sources，2006，159 (2)：781-801.

[6] Celzard A，Fierro V，Marêché J F，et al. Advanced preparative strategies for activated carbons designed for the adsorptive storage of hydrogen. Adsorption Science & Technology，2007，25 (3)：129-142.

[7] 张靖，张存满，辛海峰，等. 活性炭储氢材料研究进展. 太阳能学报，2012，33 (9)：1634-1640.

[8] Gadiou R，Saadallah S E，Piquero T，et al. The influence of textural properties on the adsorption of hydrogen on ordered nanostructured carbons. Microporous and Mesoporous Materials，2005，79 (1-3)：121-128.

[9] Cracknell R F，Gordon P，Gubbins K E. Influence of pore geometry on the design of microporous materials for methane storage. The Journal of Physical Chemistry B，1993，97 (2)：494-499.

[10] Yeon S H，Osswald S，Gogotsi Y，et al. Enhanced methane storage of chemically and physically activated carbide-derived carbon. Journal of Power Sources，2009，191 (2)：560-567.

[11] 陈进富，刘晓君，冯英明. 粘接剂对天然气型炭吸附剂的作用机理研究. 天然气工业，2004，24 (12).

[12] 唐晓东，陈进富.用作天然吸附贮存的新型活性炭吸附剂的开发研究.炭素，1997（3）：39-43.

[13] Matranga K R，Myers A L，Glandt E D. Storage of natural gas by adsorption on activated carbon. Chemical Engineering Science，1992，47（7）：1569-1579.

[14] 周桂林，谢红梅，蒋毅，等.超高比表面积活性炭孔分布对天然气脱附量的影响.林产化学与工业，2008，28（6）：88-92.

[15] 左宋林，王永芳，张秋红.活性炭作为电能储存与能源转化材料的研究进展.林业工程学报，2018，3（4）：1-11.

[16] Borghei M，Laocharoen N，Kibena-Põldsepp E，et al. Porous N，P-doped carbon from coconut shells with high electrocatalytic activity for oxygen reduction：Alternative to Pt-C for alkaline fuel cells . Appl Catal B-Environ，2017，204：394-402.

[17] Zhang Z P，Gao X J，Dou M L，et al. Biomass derived N-doped porous carbon supported single Fe atoms as superior electrocatalysts for oxygen reduction. Small，2017，13（22）：1604290.

[18] Zhang J，Zhang C，Zhao Y，et al. Three dimensional few-layer porous carbon nanosheets towards oxygen reduction. Appl Catal B-Environ，2017，211：148-156.

[19] Yuan S J，Dai X H. An efficient sewage sludge-derived bi-functional electrocatalyst for oxygen reduction and evolution reaction. Green Chem，2016，18（14）：4004-4011.

[20] Wan W J，Liu X J，Li H Y，et al. 3D carbon framework-supported CoNi nanoparticles as bifunctional oxygen electrocatalyst for rechargeable Zn-air batteries. Appl Catal B-Environ，2019，240：193-200.

[21] 陈冬，刘皓，相佳媛，等.活性炭孔结构对铅酸电池负极性能的影响.电源技术，2017，41（10）：1441-1445.

[22] Tong P Y，Zhao R R，Zhang R B，et al. Characterization of lead（Ⅱ）-containing activated carbon and its excellent performance of extending lead-acid battery cycle life for high-rate partial-state-of-charge operation. J Power Sources，2015，286：91-102.

[23] Saravanan M，Ganesan M，Ambalavanan S. An in situ generated carbon as integrated conductive additive for hierarchical negative plate of lead-acid battery. J Power Sources，2014，251：20-29.

[24] Yang H，Qiu Y B，Guo X P. Lead oxide/carbon black composites prepared with a new pyrolysis-pickling method and their effects on the high-rate partial-state-of-charge performance of lead-acid batteries. Electrochimica Acta，2017，235：409-421.

[25] 郭厚焜，仲兆平，张居兵.关于直接碳燃料电池燃料碳的探讨.能源研究与利用，2009，4：13-16.

[26] 刘国阳，周安宁，张亚婷，等.固体氧化物直接碳燃料电池阳极反应过程分析.燃料化学学报，2015，43（9）：1100-1105.

[27] 仲兆平，张居兵，郭厚焜，等. KOH 活化制备直接碳燃料电池用竹炭.工程热物理学报，2011，32（12）：2156-2159.

[28] 郭厚焜，仲兆平，张居兵，等.橡木锯屑制备直接碳燃料电池活性炭.太阳能学报，2011，32（3）：402-407.

[29] Shi H. Activated carbons and double layer capacitance. Electrochimica Acta，1996，41：1633-1639.

[30] 李艳红，吴峰，吴川，等.锂离子电池负极用 Sb-活性炭复合材料的制备及其性能表征 .过程工程学报，2008，8（5）：993-997.

[31] Li Z，Xu Z W，Tan H，et al. Mesoporous nitrogen-rich carbons derived from protein for ultra-high capacity battery anodes and supercapacitors. Energy Environ Sci，2013，6（3）：871-878.

[32] Shao Y，El-Kady M F，Sun J，et al. Design and mechanisms of asymmetric supercapacitors. Chem Rev，2018，118，9233-9280.

[33] Ding C，Liu T，Yan X，et al. An ultra microporous carbon materialboosting integrated capacitance for cellulose based supercapacitors. Nano-Micro Lett，2020，12：63.

[34] 张步涵，王云玲，曾杰.超级电容器储能技术及其应用.水电能源科学，2006，24：50-52.

[35] 木质原料梯级反应调控制备大容量储能活性炭关键技术.高科技与产业化，2019，277：68.

[36] Pekala R W. Organic aerogels from the polycondensation of resorcinol with formaldehyde. J Mater Sci，1989，24：3221-3227.

[37] 王芳，姚兰芳，开至诚，等. CO_2 活化温度对碳气凝胶超级电容器性能的影响.上海理工大学学报，2016，38：93-97.

[38] Yang X，Fei B，Ma J，et al. Porous nanoplatelets wrapped carbon aerogels by pyrolysis of regenerated bamboo cellulose aerogels as supercapacitor electrodes. Carbohyd Polym，2017，180：385-392.

[39] Chen L F，Zhang X D，Liang H W，et al. Synthesis of nitrogen-doped porous carbon nanofibers as an efficient electrode material for supercapacitors. ACS Nano，2012，6：7092-7102.

[40] Zhang L，Yang X，Zhang F，et al. Controlling the effective surface area and pore size distribution of sp^2 carbon materials and their impact on the capacitance performance of these materials. J Am Chem Soc，2013，135：5921-5925.

[41] Morimoto T，Hiratsuka K，Sanada Y，et al. Electric double-layer capacitor using organic electrolyte. J Power Sources，1996，60：239-247.

[42] Beguin F，Frackowiak E. Supercapacitors：materials，systems，and application. 张治安，等译. 北京：机械工业出版社，2014：261.
[43] Chmiola J，Largeot C，Taberna P L，et al. Desolvation of ions in subnanometer pores and its effect on capacitance and double. Angew Chem Int Ed，2008，47：3392-3395.
[44] Kim T，Jo C，Lim W G，et al. Facile conversion of activated carbon to battery anode material using microwave graphitization. Carbon，2016，104：106-111.
[45] Hu F，Zhang T，Wang J，et al. Constructing N，O-Containing micro/mesoporous covalent triazine-based frameworks toward a detailed analysis of the combined effect of N，O heteroatoms on electrochemical performance. Nano Energy，2020，74：104789.
[46] Frackowiak E，Beguin F. Recent advances in supercapacitors. Ed V Gupta，Transworld Research Network，Kerala，2016：79-114.
[47] Beguin F，Frackowiak E. Supercapacitors：materials，systems，and application. 张治安，等译. 北京：机械工业出版社，2014：262.
[48] 刘艳红，陈向军，周玉海. 伤安素敷料在烧伤病人门诊治疗中的应用. 华北国防医药，2009，21.
[49] 刘红燕，王瑞. 大黄与药用炭保留灌肠治疗慢性肾衰竭的临床疗效. 医药导报，2009（3）：313-315.
[50] 王金表，蒋剑春，孙康，等. 椰壳活性炭孔结构对肌酐吸附性能影响及吸附动力学研究. 林产化学与工业，2015，35（3）：85-90.
[51] 丁宁育，熊农沙，傅朗林. 活性碳治疗急性病毒性肝炎疗效观察. 临床荟萃杂志，1989（1）：28.
[52] 孙愚，段林灿，张勇，等. 纳米活性炭在肺癌外科手术中的应用. 重庆医学，2016，45（12）：1678-1680.
[53] Takahashi T，Hagiwara A，Shimotsuma M，et al. Prophylaxis and treatment of peritoneal carcinomatosis：intraperitoneal chemotherapy with mitomycin C bound to activated carbon particles. World journal of surgery，1995，19（4）：565-569.
[54] Hagiwara A，Takahashi T，Kojima O，et al. Endoscopic local injection of a new drug-delivery format of peplomycin for superficial esophageal cancer：A pilot study. Gastroenterology，1993，104（4）：1037-1043.
[55] 鲍传庆，许炳华，沈晓明，等. 载药纳米炭在结肠癌手术中的应用. 江苏医药杂志，2007，33（10）：1004-1005.
[56] 张李，王晓娜，詹宏杰，等. 纳米炭吸附丝裂霉素 C 腹腔化疗的药代学研究. 中华实验外科杂志，2008（5）：576.
[57] 张铁民，吴川，赵明新，等. 吸入全麻活性炭过滤法苏醒的临床观察. 中国煤炭工业医学杂志，2000（2）：109-110.
[58] 卢玉楷，高家禄，尹远淑，等. 放射性碘-131 废气净化研究Ⅱ. 吸附条件对吸附剂吸附性能影响的研究. 原子能科学技术，1987（2）：173-179.
[59] 黄子瀚，姚琬元，刘迎一，等. 空气中 ^{131}I 宽量程连续监测仪. 核电子学与探测技术，1995（4）：197-204.
[60] 汪多仁. 纳米活性炭纤维的开发与应用进展. 炭素，2003，000（1）：35-41.
[61] 娄婷. 复合纳米活性碳纤维的制备与吸附动力学研究. 大连：大连交通大学，2013.
[62] 沈翔，于运花，李鹏，等. 聚丙烯腈/二氧化钛杂化纳米活性碳纤维制备与结构变化规律. 化工进展，2007，26（7）：974-979.
[63] 吴艺琼. 纤维素基活性碳纤维的制备和性能研究. 福州：福建师范大学，2012.
[64] 仇群仁. 静电纺 PAN 纳米活性碳纤维吸附性能研究. 南通：南通大学，2010.
[65] 刘会雪，马晓星. 气体净化中活性碳纤维表面改性应用. 现代工业经济和信息化，2017，7（13）：15-17.
[66] 余雪平，兰竹瑶，姜春阳，等. 纳米碳复合材料的结构设计和功能仿生. 科学通报，2016（23）：2544-2556.
[67] 李玉. 碳合金——一个新兴的研究领域. 炭素技术，1999（5）：4.
[68] 刘建华，杨蓉，李松梅. TiO_2/ACF 光催化再生复合材料的研究进展. 材料工程，2006（8）：61-65.
[69] Zimmermann U，Burkhardt A，Martin T P，et al. Metal-coated fullerenes. Carbon，1995，33（7）：995-1006.
[70] 崔龙辰，余伟杰. 类金刚石碳薄膜的高温摩擦学研究进展. 表面技术，2019，48（12）：162-171.
[71] 陈学刚，宋怀河，陈晓红，等. 纳米金属粒子/炭复合材料及其研究进展. 炭素技术，2000，000（5）：16-21.

（孙康，王傲，陈超，左宋林）

第十一章　活性炭的再生

活性炭的再生（regeneration）是指将已使用过的活性炭经过物理、化学或生物化学等方法的处理，使其恢复吸附能力，达到再次使用状态的过程。受生产原料稀缺和成本等影响，活性炭的生产有一定的限制，使用后的活性炭如果直接废弃，会引起二次污染，同时其再生产也会造成资源浪费。对活性炭进行再生处理，可以回收其所吸附的某些具有利用价值的物质，避免了因丢弃未处理的活性炭而造成二次污染的风险，并且可以节约运行成本，减少资源的浪费。因此对活性炭进行再生处理无论从环境保护还是经济、资源节约角度来考虑都具有非常重要的意义[1,2]。活性炭本身具有耐热性、耐酸碱性、耐氧化性，还具有一定的强度[3]，因此再生处理除了应尽量保证活性炭的以上性质以外，还要使再生后活性炭的吸附性能达到原炭的90%以上，同时尽可能降低再生处理过程中炭的机械磨损和破碎，使再生得率达到90%以上[4]。另外，必须考虑再生过程的经济性，以现在广泛使用的加热再生法为例，据报道每天活性炭的使用量大致在100kg以上时进行再生才有利[5]。因此，再生经济性能方面也是考察活性炭再生的一个重要因素。

活性炭的吸附过程就是活性炭与吸附质之间相互作用形成一定吸附关系的平衡过程，而活性炭的再生就是通过各种方法破坏活性炭与吸附质原有平衡条件，从而使吸附在活性炭上的物质（吸附质）产生脱附或者分解进行再生，使活性炭解吸，恢复吸附性能，以达到重新利用的目的。主要方式有：a.改变吸附质的化学性质，降低吸附质与活性炭表面的亲和力；b.用对吸附质亲和力更强的溶剂萃取吸附质；c.用对活性炭亲和力强于吸附质且相对更易脱除的物质将吸附质置换出来，然后将置换物质脱附，从而使活性炭再生；d.用外部加热、升高温度的办法改变平衡条件，使吸附质脱除；e.降低溶剂中溶质浓度（或压力）使吸附质脱附；f.用分解或氧化的方法，除去吸附质（有机质）[6-11]。

对于气相吸附常用在高压下进行吸附、在低压下进行脱附的方式（称作压力循环吸附，pressure swing adsorption，PSA），使活性炭恢复吸附性能。从节约能量的观点出发，PSA近几年来受到关注，在空气分离及除湿等场合经常使用。

对于液相吸附，常用化学药品使吸附质的化学性质变化，降低与活性炭表面亲和力进行脱附。例如从水溶液中吸附了有机酸或者酚类物质的活性炭用碱脱附，通过酸及碱使铀从含水氧化钛及螯合树脂上脱附就是这方面的例子。或者使用溶剂萃取，比较常见的有通过醇类使氨基酸及抗生素从合成的吸附性树脂上脱附，以及用苯使酚类从活性炭上脱附。在溶剂回收中，使用过的活性炭使用高温惰性气体或水蒸气进行脱附再生。

在水处理等场合中使用过的活性炭，吸附了分子量大、沸点高的多种物质，有时不能通过脱附进行再生。因此，通常使用分解的方法进行再生。水处理中使用过的活性炭，现在主要使用热再生法进行再生。此外，还可通过高温液相氧化（湿式氧化法）或使用过氧化氢、高锰酸钾及臭氧等氧化剂，进行液相氧化分解吸附质。更甚，还可以考虑微生物分解（生物再生）、电化学性分解（电化学再生）等各种方法。下面将详细说明活性炭热再生、化学药剂再生及生物再生的原理及技术。

第一节　活性炭热再生技术

一、热再生法的原理

热再生法的发展和应用历史比较悠久，它是工业上活性炭再生中应用最多且最成熟的一种方法。热再生法主要是通过加热的方式，使活性炭上吸附的物质在高温条件下被解吸、炭化和氧化分解，最终变为气体从活性炭上逸出，达到再生目的的方法。

热再生的原理[12] 如图 4-11-1 所示。

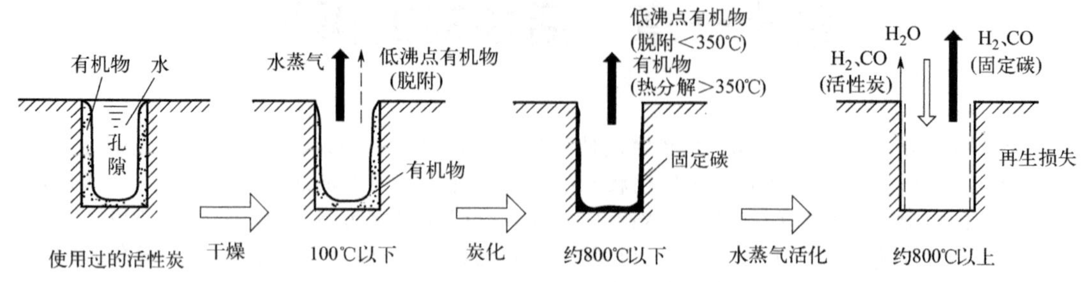

图 4-11-1 活性炭热再生的原理

一般认为活性炭的加热再生过程主要有以下三个阶段[13-17]。

1. 干燥阶段

一般使用过的活性炭含水率约为 50%。在 100℃以下，活性炭孔隙中的水分就会蒸发，同时一部分低沸点有机物也会随水分的蒸发而脱离。因水的比热容大，该过程需要大量的蒸发潜热。因此整个热再生过程所需热量中的 50%是在干燥阶段消耗掉的。此外，干燥过程将占用再生炉容积的 1/3 以上。因此，为了降低再生成本，设定适当的干燥条件非常重要。

2. 炭化阶段

将水分和部分低沸点有机物蒸发后进一步升高温度，在 350℃以下，其余低沸点有机物便可脱离除去，当温度进一步升高到大约 800℃时，挥发性低且热稳定性相对较高的高沸点有机物则将在吸附状态下被分解，一部分分解成小分子而除去，其余部分最终以固定碳的形式残留于活性炭孔内。值得注意的是炭化阶段的升温速度和持续时间应控制在一个合理的范围内，若升温速率过快则所吸附的有机物将在短时间内大量释放，这些气体的冲击作用将在一定程度上导致颗粒活性炭的强度下降。若在高温下的炭化过程持续较长的时间，非晶质的固定碳便石墨化，使后续的活化阶段变得困难，影响活性炭再生。

3. 活化阶段

在 800～1000℃下，使用水蒸气、二氧化碳、氧气等氧化性气体将炭化过程中部分有机物残留于活性炭孔隙内的固定碳除去，从而重新打开被堵塞的孔隙，使活性炭的吸附能力得到基本恢复：

$$C + H_2O \longrightarrow CO + H_2 \tag{4-11-1}$$

$$C + CO_2 \longrightarrow 2CO \tag{4-11-2}$$

$$C + O_2 \longrightarrow CO_2 \tag{4-11-3}$$

水蒸气的活化效果优于二氧化碳，能够显著地恢复活性炭的微孔容积。一般水蒸气用量为饱和炭质量的 80%～100%。氧气的氧化性强，易造成活性炭本体过多消耗。同时，用氧气活化时，活性炭表面的含氧官能团增加，使活性炭在水溶液中对有机物质的吸附能力下降。因此较少采用，或者用空气替代。但 MSA 的研究报道指出氧气含量在 1%～2%范围内对再生效果影响不大[18]。

在活化过程中，需要利用炭化过程中所生成的固定碳与活性炭本身的气化反应速度的差异，选择性地将固定碳气化[19]。图 4-11-2 为 4 种市售活性炭用过热水蒸气（1atm，即 101.3kPa）活化时的气化速度与温度的关系。在实际活化再生过程中，需严格控制活化阶段的最终温度和停留时间，将活性炭的损失控制在 5%～10%左右[20]。例如，对水处理用煤质活性炭用 900℃的过热水蒸气活化再生时，为了使活性炭的损失低于 5%，必须把滞留时间控制在 8min 以内[21,22]。此外，要注意活性炭的装卸运输，并合理地选择气流速度以减少活性炭的物理性消耗及粉化。

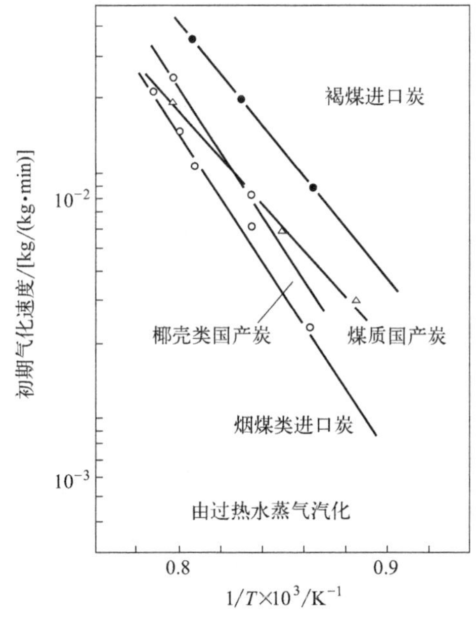

图 4-11-2 4 种市售活性炭的气化速度与温度的关系（1atm）

二、热再生技术特点

20 世纪 70 年代，活性炭在水处理中获得了广泛的应用。与化学药品再生法相比较，热再生由于能够分解多种多样的吸附质而具有通用性，成为主流的再生方法。它有其自身独特的优点[23]：能够在短时间内完成再生，再生效率高；与其他再生方法相比，基本无特殊选择性，通用性能良好，应用范围广泛；通过加热再生，不采用其他溶剂，没有再生废液产生。但它也有一些缺点[17,24]：热再生法是通过加热方式使吸附在活性炭上的吸附质脱附或分解，每再生 1 次，活性炭要损失 3%～10%，再生后活性炭的机械强度下降，表面的化学结构和比表面积也发生改变。如果经过多次再生处理，其吸附性能就会下降甚至消失。另外，加热再生过程需要增加外部能量进行加热，对再生装置的要求严格，设备费用大。再生过程必须严格控制运转条件（温度、时间及氧化性气体的量），材料消耗大，运行成本比较高。同时，高温加热造成活性炭炭粒黏结、烧结成块，导致局部通道堵塞，甚至还可能造成系统瘫痪等。

第二节 活性炭化学再生法

现在，作为水处理中使用过的活性炭的再生方法，热再生得到了广泛的应用。但由于在高温下进行处理，活性炭损失达 5%～10%，还具有不能回收吸附质的缺点。作为补救这些缺点的方法，可以考虑使用化学药品再生法。化学药品再生法的原理是利用活性炭、溶剂与吸附质三者之间的相平衡关系，通过改变化学条件（如温度、溶剂 pH 值等）或使吸附质发生化学反应，破坏原有吸附平衡，从而使吸附质从活性炭上脱附。根据所用溶剂类别可分为无机溶剂再生法（酸碱药剂再生法）和有机溶剂再生法，本节主要叙述活性炭酸碱药剂再生。

一、酸碱药剂再生法

酸碱药剂再生法是采用无机酸（如 HCl、H_2SO_4）或碱（NaOH）等作为再生试剂。使用酸碱再生剂一方面改变溶液 pH 值，降低吸附质与活性炭的亲和力，增加吸附质在溶剂中的溶解度，从而使吸附质从活性炭表面脱离，达到良好的再生效果。另一方面，酸碱再生法有针对性地选用酸、碱洗涤活性炭，与吸附质产生化学反应生成易溶于水的盐类，从炭表面脱附，再生处理后的活性炭用水洗净即可重新投入吸附应用。该法特别适用于吸附量受 pH 值影响很大的场合。利用酸碱再生法回收苯酚就是很典型的一个例子。图 4-11-3 是以 NaOH 为再生剂，对吸附苯酚达饱和的活性炭进行再生处理的工艺流程[3,25]。这个过程的主要优点是苯酚钠溶液可直接送到苯酚生产厂进行苯酚的回收处理，而不需另外的辅助加工，NaOH 还可重新用于净化循环。

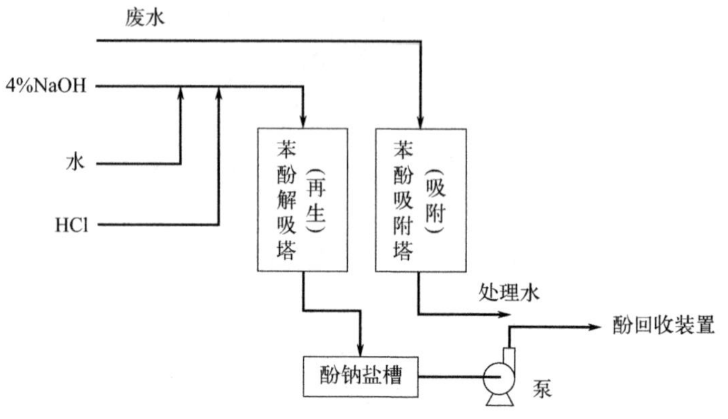

图 4-11-3　苯酚回收的工艺流程

活性炭用碱处理脱附的另一个例子是吸附柠檬酸发酵液达饱和的活性炭的再生[26,27]。当色素在水里形成离子型可溶物时，即说明活性炭吸附已达饱和，可开始对活性炭进行再生处理。图 4-11-4、图 4-11-5 是使用 NaOH 溶液对饱和柠檬酸炭进行再生过程中碱液浓度和再生时间对再生效率（RE）的影响。

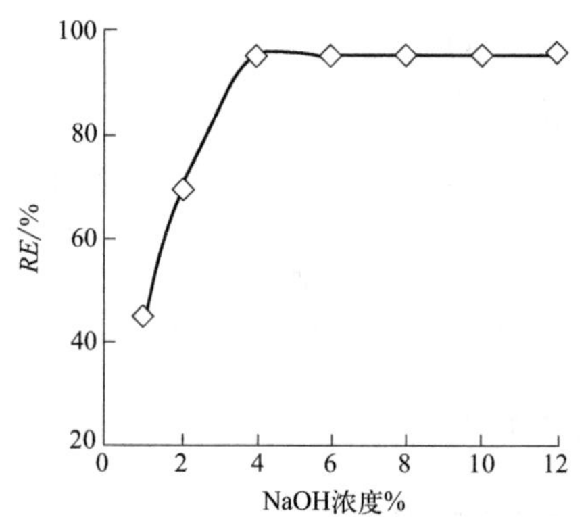

图 4-11-4　NaOH 溶液浓度对再生效率的影响

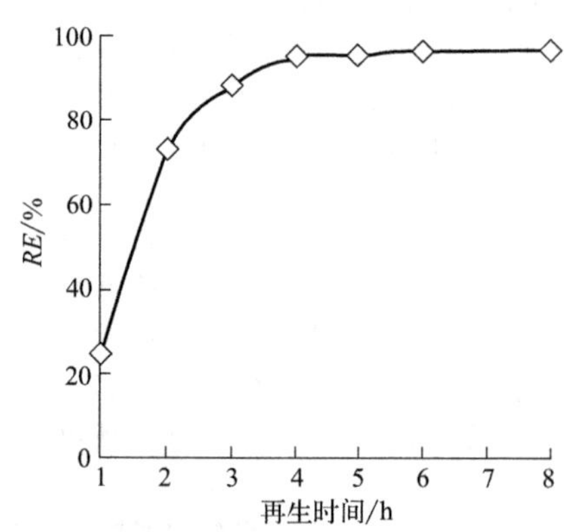

图 4-11-5　再生效率与再生时间的关系

一方面，NaOH 可与一些吸附在活性炭表面上的吸附质，特别是有机酸或者酚类物质发生反应生成极易溶于水的钠盐，从而大大有利于吸附质的脱除；另一方面，NaOH 的存在形成高 pH 值环境，改变了活性炭表面官能团的极性，从而降低了吸附质和活性炭之间的相互作用，有利于吸附质的脱除。由图 4-11-4 可知，浓度为 4%的氢氧化钠溶液即可达到接近 100%的再生效率；由图 4-11-5 可知，再生操作时间进行 4h 即可基本达到再生目的。同时需要注意的是再生过程的温度也是影响再生效率的关键因素之一。一方面，活性炭中有机吸附质的脱附是吸热过程，温度升高，则脱附量加大；另一方面，温度的升高会增强再生剂向活性炭孔隙内部的扩散能力，使接触面积大大增加，脱附量加大。在实际生产中，需结合实际操作来选择不同的再生温度，例如处理柠檬酸脱色工艺中吸附饱和的活性炭时以 60～80℃为宜[28]。

酸碱药剂再生法相较于热再生法有如下优点：

① 药剂再生法针对性较强，一般适用于可逆吸附，如高浓度、低沸点有机废水的吸附[29,30]；

② 由于不经过热解步骤，炭损失较小；

③ 此法可直接在活性炭吸附装置中进行再生，无需卸载、运输、再包装的操作，设备和运行管理均较方便；

④ 可回收有价值的吸附质；

⑤ 用恰当的回收方法可将化学再生剂加以重复使用。

但是，化学药品再生法亦有其不足之处：

① 它的针对性较强，往往一种溶剂只对某些特定类别的污染物具有较好的脱附效果，因此其应用范围相对较窄；

② 由于物理吸附和化学吸附同时存在，再生率低，随着再生次数的增加，再生炭的吸附率渐次降低；

③ 再生不彻底，易导致微孔堵塞；

④ 某些试剂还会腐蚀活性炭表面，破坏其结构，降低吸附性能；

⑤ 容易造成二次污染、分离困难等[31]。

二、湿式氧化再生法

湿式氧化再生法是指在高温、高压的条件下，利用氧气或空气作氧化剂，将处于液相状态下的活性炭上吸附的有机物氧化分解成小分子的一种再生法。该法是 20 世纪 70 年代发展起来的一种新工艺，主要在美国、日本研究和应用较多。其工艺流程如图 4-11-6 所示。

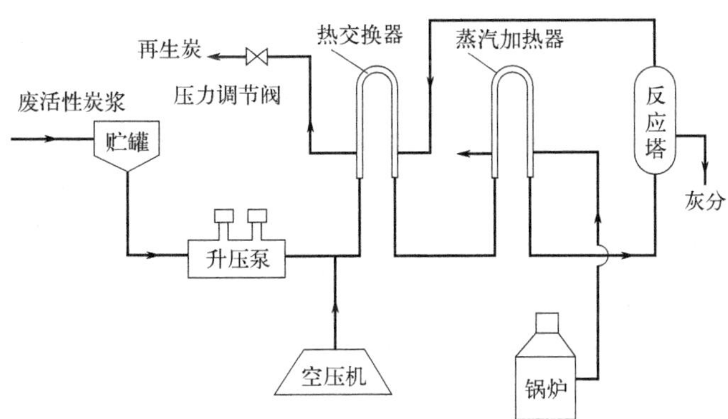

图 4-11-6　湿式氧化再生工艺流程

该方法的操作简单、再生效率高、炭损失率低、无二次污染、投资和能耗相对较低，适宜处理毒性高、难生物降解的吸附质，常用于粉末状活性炭的再生。但是该技术再生的温度和压力将直接影响活性炭的脱附率和炭的损失，因此，它们的大小需根据吸附质的特性而定。此方法的再生系统附属设施多，操作较烦琐。

Ding 等[32] 研究了再生温度、再生时间、吸附质的不同等因素对活性炭湿式氧化再生过程的影响。作者认为在湿式氧化过程中，活性炭表面虽然也会有一部分被氧化，但对于饱和活性炭而言，氧化反应将会优先针对有机吸附质进行。另外，在再生过程中，活性炭对吸附质的氧化有一定的催化作用[33]。美国的 Zimpro 公司于 20 世纪 70 年代在威斯康星州罗斯谢尔德的一个污水处理厂进行了 50 多天的该项技术的生产试验，取得了良好的效果[34]。

由于湿式氧化法条件苛刻，所以通过在反应塔中加入高效催化剂，以提高氧化反应的效率，从而提高活性炭再生效率，这便是催化湿式氧化再生法。催化湿式氧化法亦具有催化快速、能耗相对较低、二次污染小等优点。但是，此法用于粉末状活性炭的再生时，时间的延长加强了活性炭表面的氧化程度，使其孔隙被氧化物堵塞而出现再生效率下降的现象。

三、臭氧氧化再生法

臭氧氧化再生法是用强氧化剂臭氧将活性炭所吸附的有机物进行氧化分解，从而实现活性炭再生的方法[35]。臭氧再生的装置如图 4-11-7 所示[17]，将放电反应器中间做成活性炭的吸附床，废水通过活性炭吸附床时有机物即被吸附。当活性炭吸附饱和需要再生时，炭床外面的放电反应器就以空气流制造臭氧，随冲洗水将臭氧带入活性炭床实现再生[36]。

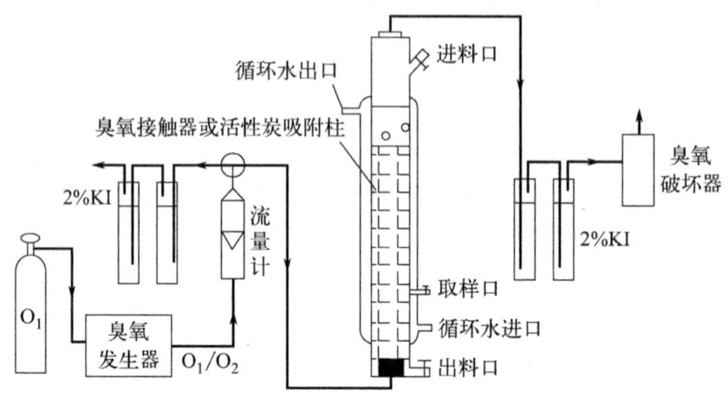

图 4-11-7　臭氧氧化再生活性炭装置

四、电化学再生法

电化学再生法是一种正在研究的新型活性炭再生技术[37]，主要用于颗粒活性炭的再生。电化学再生的工作原理如同电解池的电解，在电解质存在的条件下将吸附质脱附并氧化，从而使活性炭再生。该方法将吸附饱和的活性炭填充在两个主电极之间，在电解液中，加以直流电场，活性炭在电场作用下极化，一端呈阳极，另一端呈阴极，形成微电解槽，在活性炭的阳极部位和阴极部位可分别发生氧化反应和还原反应，大部分吸附在活性炭上的有机物因此而分解，少部分则因电泳力的作用发生脱附，其工艺流程见图 4-11-8。

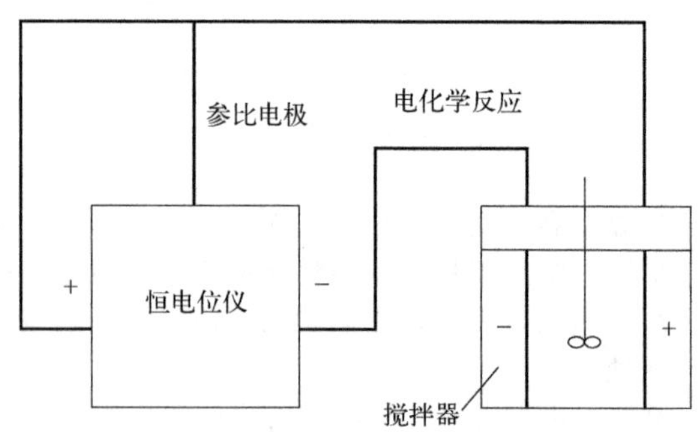

图 4-11-8　电化学再生活性炭工艺流程

厦门大学化学工程系张会平、傅志鸿等研究分析认为[38,39]，活性炭的电化学再生过程中包括电脱附、NaOH 再生、NaClO 化学氧化等过程。实验结果表明，电化学法再生活性炭效率可达到 90%。此外，还有研究表明[40,41] 再生位置、电解质浓度、再生电流和再生时间对再生效果都有不同程度的影响。

与传统再生法相比，电化学再生法操作简单，再生效率高且再生均匀，多次反复再生后再生效率降幅小，环境友好，可避免二次污染，但电解过程再生耗能较高，暂未实现工业化，是今后值得大力开发的新型再生方法[17]。

第三节 生物再生法

一、生物再生法原理

生物再生法是利用微生物将吸附在活性炭上的污染物质氧化降解，并进一步消化分解成 H_2O 和 CO_2，从而实现活性炭再生[42]。微生物的分解效果在于：在活性炭颗粒周围生长了一层嫌气性生物膜，分解被吸附的高分子物质或者生物分解度低的物质。通过这种作用使难以被吸附的分解产物解吸，再通过外侧的好气性微生物而被氧化。生物再生法与污水处理中的生物法相类似，也有好氧法与厌氧法之分。

活性炭中的孔隙大部分是微孔，孔径很小，有的只有几纳米，微生物（细菌）能进入的孔隙仅限于极少量的大孔。因此，附着在活性炭外表面上的微生物或者在活性炭充填层中繁殖的微生物，在分解吸附在活性炭上的有机物方面就发挥了一定作用[43]。有人认为，是微生物分泌的体外酵素（酶）进入了活性炭的微孔之中，并把吸附的有机物消化、分解，即通常认为的在再生过程中会发生细胞自溶现象，即细胞酶流至胞外，而活性炭对酶有吸附作用，因此在炭表面形成酶促中心，从而促进污染物分解，达到再生的目的。也有人认为，在吸附了细菌的活性炭上，如苯酚被活性炭吸附的同时，在活性炭的外表面也被细菌氧化生成生物质、二氧化碳和水。图 4-11-9 表示了这一原理，提出了间歇式吸附苯酚时简单的数学模型。根据模型计算，生物分解掉的苯酚量，等于或者大于活性炭对苯酚的吸附量。生物法具有简单易行，投资和运行费用较低、再生化学试剂的使用少、能耗低等特点，但所需时间较长，受水质和温度的影响很大。微生物处理污染物的针对性很强，需特定物质专门驯化，且在降解过程中一般不能将所有的有机物彻底分解成 H_2O 和 CO_2，其中间产物仍残留在活性炭上，积累在微孔中，多次循环后再生效率会明显降低[44]。

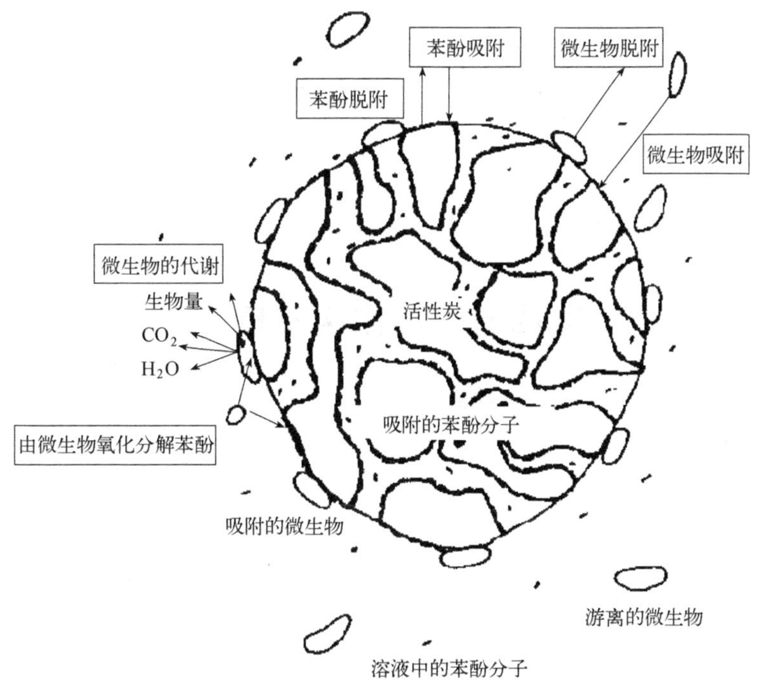

图 4-11-9 生物再生法原理

二、生物再生法应用

生物再生法的应用就是将驯化培养的菌种应用到饱和炭的解吸上，吸附的有机物被分解成水和CO_2，使饱和炭再生。再生工艺包括非原位生物再生、原位生物再生（包括生物活性炭处理和固定床反应器生物再生工艺）。非原位生物再生是指将吸附饱和的活性炭加入再生菌液中，进行活性炭的解吸再生。当微生物存在时，从活性炭上解吸进入液相主体中的物质不断地被微生物的代谢过程所消耗，从而使被处理物质不断地从活性炭转移到液相主体中。近年来有许多研究者将活性炭表面作为微生物繁衍的场所，在活性炭吸附水中有机物的同时，微生物也发挥着生物降解作用[45]。这种具有协同作用的水处理技术和相对简单的活性炭吸附作用相结合，可使活性炭使用周期延长。

在使用活性炭吸附塔处理水时，由于微生物的作用，吸附塔的吸附容量往往比理论值大得多。据认为，这是由于在活性炭颗粒的表面滋生了嫌气性生物膜及好气性生物膜，使扩散并吸附在活性炭表面上的大分子有机物吸附质，首先被嫌气性微生物分解成小分子吸附质，而后发生小分子吸附质的脱附、扩散，并进一步被好气性微生物分解成二氧化碳和水[46]。结果，活性炭获得再生，重新具备了吸附大分子有机物吸附质的能力。

利用这一原理，对处理印染工厂废水的活性炭吸附塔，采用吸附 10h，用好气性活性污泥混合液再生 14h 的方法运转，取得了比较满意的结果。图 4-11-10 为采用微生物再生的四塔式活性炭处理印染废水的流程。

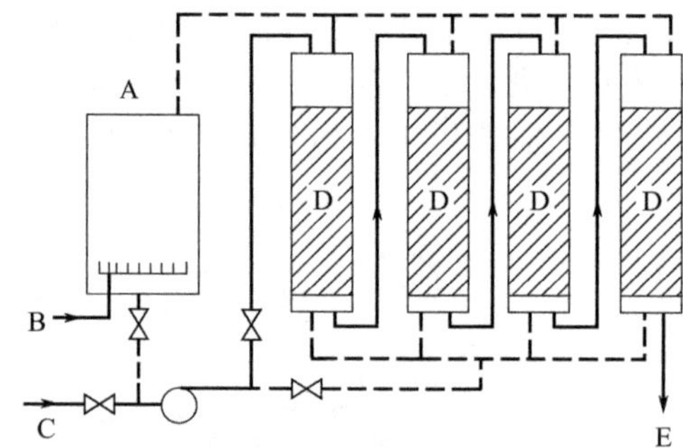

图 4-11-10　微生物再生的四塔式活性炭处理印染废水流程

A—菌种槽；B—空气；C—废水；D—活性炭；E—处理水

第四节　其他再生技术

随着可持续发展观念深入人心，活性炭再生工艺与技术日益得到人们的重视。一些传统的活性炭再生技术与工艺在近几年有了新的改进与突破，同时新兴再生技术也在不断涌现。

一、溶剂再生法

有机溶剂再生法是用苯、丙酮或甲醇等有机溶剂将吸附在活性炭上的有机物在溶剂的萃取作用下进行解吸的方法，此工艺流程如图 4-11-11 所示。

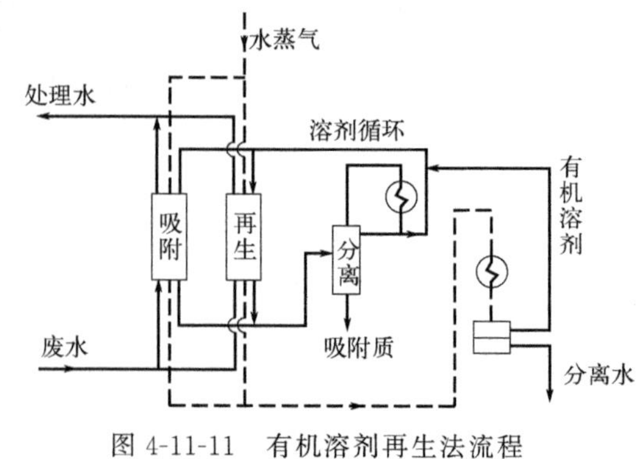

图 4-11-11　有机溶剂再生法流程

溶剂再生法一般适用于可逆吸附，使用溶剂时，能把吸附在活性炭上的有机物质脱附下来[3,47]。图 4-11-12 为活性炭在各种溶剂中对苯酚的吸附平衡状态图[12]。当使用除了环已烷以外的溶剂时，与在水溶液中相比较，都能够大大地减少苯酚的平衡吸附量。从而，通过把溶剂由水换成有机溶剂的方法，就可以使吸附质脱附。此外，分析可知溶剂对在水处理中使用过的活性炭的再生率，与吸附质和溶剂的种类有着很大的关系。

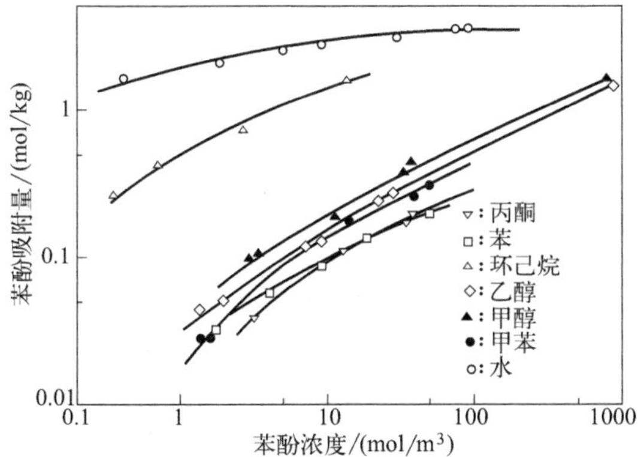

图 4-11-12 活性炭在各种溶剂中对苯酚的吸附平衡状态图

溶剂再生中使用的溶剂，必须能够满足如下要求：

① 再生率高；

② 溶剂容易从活性炭上除去；

③ 容易回收吸附质；

④ 溶剂的价格便宜且安全性好。

表 4-11-1[3,12,16] 列出了活性炭吸附了 10 种有机物中的 1 种后，用 9 种溶剂对其进行再生的效果。由表中数据可知，在 9 种溶剂中，N,N-二甲基甲酰胺（DMF）再生率最高。同时也给出了表示溶剂性质的经济性参数给予体数（DN）和接受体数（AN）。为了提高再生率，采用给予体数大、接受体数小的溶剂为好。

表 4-11-1 9 种溶剂对活性炭吸附的 10 种物质的再生率

溶剂	再生率 q/q_0										DN	AN
	A	B	C	D	E	F	G	H	I	J		
乙醇	0.58	0.48	0.60	0.68	0.48	0.42	0.99	0.70	0.58	1.01	20.0	37.1
DMF	0.77	0.61	0.78	0.82	0.88	0.94	1.02	1.19	0.78	0.94	26.6	16.0
2,4-二噁烷	0.62	0.58	0.17	0.75	0.09	0.04	1.01	0.77	—	0.77	14.8	10.8
丙酮	0.63	0.55	0.26	0.70	0.21	0.26	—		—	—	17.0	12.5
DMA	0.65	0.51	0.64	0.73	0.73	0.81	—	—	—	—	27.8	13.6
甲醇	0.65	0.46	0.43	0.70	0.50	0.49	—	—	—	—	19.0	41.3
苯	0.64	0.53	0.00	0.75	0.06	0.01	—		—	—	0.1	8.2
四氢呋喃	0.63	0.48	0.16	0.68	0.16	0.09		—	—	—	20.0	8.0
三乙胺	0.46	0.48	0.19	0.54	0.06	—	0.88	0.74		0.72	61.0	—

注：DMF 为 N,N-二甲基甲酰胺；DMA 为 N,N-二甲基乙酰胺；DN 为给予体数；AN 为接受体数；A 为对甲氧基甲酚；B 为苯胺；C 为苯磺酸；D 为苯酚；E 为二号橙；F 为蒽醌-2-磺酸钠；G 为硝基苯；H 为对甲氧基苯甲醇；I 为木质素；J 为化工厂废水。

二、光催化再生法

光催化再生法[48] 是指在一定波长范围内的光和某种光催化剂的作用下，光催化剂产生具有强氧化能力的活性物质，通过光化学反应使吸附在活性炭上的有机物被氧化分解为二氧化碳、水以及其他无机物，从而使吸附饱和的活性炭的吸附性能得到恢复。借助光催化剂表面受光子激发产生的高活性强氧化剂·OH自由基，将水体中绝大多数的有机物及部分无机污染物逐步氧化降解，最终生成CO_2、H_2O等无害或低毒物质[49]。这种方法所使用的催化剂主要是固态氧化物半导体，且通常是高价的氧化物，因为高价的氧化物具有较高的稳定性。目前用于研究的催化剂主要是TiO_2，在太阳光作用下即可实现光催化反应。但在使用过程中，由于错杂原子、高温以及某些基团的积累造成光催化剂的失活，所以研究人员开展了很多关于催化失活的研究。目前，光催化剂再生的方法主要有水洗、醇洗、高温氧化处理、氢气还原处理等[50]。光催化再生型活性炭在其吸附达到饱和后，不需要其他步骤，直接在紫外线照射下即可实现原位再生，再生工艺简单，设备操作容易，生产规模可以随意控制。因此，光催化再生的研究具有重要意义，其不足之处是：再生周期耗时长，对光的要求较多，处理效果尚不十分令人满意。

叶景等[51]利用水热-浸渍烧结法制备了负载I-TiO_2的活性炭样品。以空气为介质，对饱和吸附甲苯的负载活性炭进行光催化再生。考察了气体流量、活性炭粒径和再生次数对再生效果的影响。实验结果表明，气体体积流量的增加有利于活性炭的光催化再生，但活性炭的损失率也相应增大；活性炭的粒径越小越有利于活性炭的光催化再生。在300W紫外灯照射下，活性炭粒径为60～80目，气体体积流量为8L/min，饱和吸附甲苯的负载活性炭的再生率可达88.03%。

三、超临界流体再生法

超临界流体（SCF）是指温度和压力都处于临界点以上的液体，具有密度大、表面张力小、溶解度大、扩散性能好等特点。许多常温常压下溶解度极低的物质在亚临界或超临界状态下却具有极强的溶解力，并且在超临界状态下时，压力的微小改变可造成溶解度数量级的改变[52]。利用这种性质，可将超临界流体作为萃取剂，通过调节操作压力来实现溶质的分离，即超临界流体萃取技术（SFE）。利用超临界萃取法再生活性炭是20世纪70年代末开始发展的一项新技术。利用SCF作为溶剂将吸附在活性炭上的有机污染物溶解于SCF之中，根据流体性质对温度和压力的依赖，将有机物与SCF有效分离，达到再生的目的。通过理论分析与实验结果，已证明超临界流体再生法优于传统的活性炭再生方法[53,54]：a.温度低，不改变吸附质的物理性质、化学性质和活性炭原有结构，活性炭没有任何损耗；b.可收集吸附质，利于重新利用或集中焚烧，减少二次污染；c.SCF再生设备占地小、操作周期短、节约能源。但仍存在一些不足：a.再生所研究的有机污染物十分有限，难以证明该技术应用的广泛性；b.研究中的超临界流体仅限于CO_2，活性炭再生过程受到限制；c.目前，再生仅限于实验研究，中试和工业规模研究亟待进行。

同济大学陈皓等[55]以工业废水中的典型污染物苯作为单一吸附质，进行了超临界二氧化碳萃取再生活性炭研究，探讨了操作温度、操作压力、CO_2流速、活性炭粒度、循环再生次数等因素对再生效率及再生速率的影响。实验结果表明，超临界CO_2对活性炭中的苯具有良好的再生效果。

四、超声波再生法

由于活性炭热再生需要将全部活性炭、被吸附物质及大量的水分都加热到较高的温度，有时甚至达到气化温度，因此能量消耗很大，且工艺设备复杂。其实，如在活性炭的吸附表面上施加能量，使被吸附物质得到足以脱离吸附表面重新回到溶液中去的能量，就可以达到再生活性炭的目的。超声波再生就是针对这一点而提出的。超声波是一种弹性波，其频率范围在20kHz～10MHz，在溶液中以一种球面波的形式传递。超声再生的最大特点是只在局部施加能量，而不需将大量的水溶液和活性炭加热，因而施加的能量很小[56]。通过超声的作用可以使活性炭和吸附质之间的物理结合减弱。在“空化泡”爆裂产生冲击波的作用下，吸附于活性炭表面的物质得到快速解吸，从而实现有效分离。研究表明[57]，经超声波再生后，再生排出液的温度仅增加2～3℃。每处理1L活性炭采用功率为50W的超声发生器120min，相当于每立方米活性炭再生时耗电 100 kW·h，每再生一次的活性炭损耗仅为干燥质量的 0.6%～0.8%，耗水为活性炭体积的 10 倍。

该再生技术的能耗较小、工艺设备简单、炭损失小，且不会改变吸附质的结构和形态，因而可用于有用物质的再生。其不足之处就是再生效率较低。目前该技术还处于实验室研究阶段，如何实现将实验室结果转变成工业应用值得探索。

五、微波辐射再生法

微波是介于红外和无线电波之间的电磁波谱，其频率在 0.3～300GHz（波长 1mm～1m），用于加热技术的微波频率固定在 2450MHz 或 900MHz。微波辐射再生法是利用微波产生高温，使活性炭上的吸附质在高温条件下分解脱附，恢复其吸附能力的一种新兴方法。因为微波辐射在很短的时间内就能达到很高的温度，从而使活性炭上的吸附质克服范德华力开始脱附，并燃烧分解，最终全部分解。微波加热不同于传统的加热方法，具有操作简单、炭损失小、加热均匀、选择性加热、加热时间短、再生效率高、能耗低等优点，从而可以大幅度提高处理效率，降低能耗。但是微波再生的活性炭其比表面积和微孔比表面积都有所减小，中孔空隙增大。微波再生法主要考虑微波时间、微波功率对再生活性炭的影响[58-60]，要控制好微波功率，防止炭质灰化。目前大部分微波再生法还处于实验阶段，相信在不久的将来随着微波技术的发展以及人们对低能耗要求的提高，微波技术再生活性炭会有很好的应用前景[58]。

张威等[61] 通过三因素四水平的正交实验，探讨了活性炭的再生效果与微波辐照的功率、时间以及活性炭吸附量等因素的关系。结果证明，微波功率低，辐照时间短，碘值变化不明显；微波功率大，辐照时间长，活性炭存在烧损现象。微波辐照几分钟内活性炭表面可达 1000℃。对再生后活性炭碘值影响最大的因素是辐照时间，从碘值来看 400W、2min 再生效果好。蔡道飞等[62] 通过比较真空加热再生、加热再生和微波真空加热再生三种不同工艺下的活性炭吸附解吸实验，以吸附容量和再生率为指标，对 3 种再生方法进行表征。得出结论：3 种工艺均对活性炭结构有所破坏，但微波真空再生后，其活性炭的净吸附容量最大，明显优于真空加热再生和加热再生后的活性炭。

吸附剂的再生在很大程度上决定了吸附系统的经济性能。再生操作与吸附操作同样重要，甚至在某些场合下更加重要，例如药品等有价值的吸附质的回收。高温热再生法是国内再生工厂采用的主要方法；酸碱再生法和溶剂再生法是已成功应用于活性炭工业的再生技术；而生物再生法、超临界萃取再生法、电化学再生法、催化和湿式氧化再生法及光催化再生法等新兴技术虽然在工艺路线上还不成熟，目前尚无法投入工业使用，但它们的出现为活性炭的再生带来了新思路与新探讨。

参考文献

[1] 刘守新，王岩，郑文超. 活性炭再生技术研究进展. 东北林业大学学报，2001，29（3）：61-63.

[2] 吴文艳. 活性炭再生方法研究. 轻工科技，2014，11：75-76.

[3] 蒋剑春. 活性炭制造与应用技术. 北京：化学工业出版社，2016：75-104.

[4] 江洪龙，王志伟，孙强. 废活性炭再生技术研究进展. 绿色科技，2020（22）：136-138，140.

[5] 张会平，钟辉，叶李艺. 不同化学方法再生活性炭的对比研究. 化工进展，1999（5）：31-35.

[6] Garcia-Rodriguez O，Villot A，Olvera-Vargas H，et al. Impact of the saturation level on the electrochemical regeneration of activated carbon in a single sequential reactor. Carbon，2020，163：265-275.

[7] Byrne T M，Gu X，Hou P，et al. Quaternary nitrogen activated carbons for removal of perchlorate with electrochemical regeneration. Carbon，2014，73：1-12.

[8] 韩天竹，王晶，李欣，等. 烟气脱硫活性炭再生技术. 化工管理，2018（25）：97-100.

[9] 韩庭苇，王郑，朱垠光，等. 活性炭的再生方法比较及其发展趋势研究. 化工技术与开发，2016，45（10）：44-48.

[10] Sabio E，Gonzalez E，Gonzalez J F，et al. Thermal regeneration of activated carbon saturated with p-nitrophenol. Carbon，2004，42（11）：2285-2293.

[11] 胡莹. 活性炭再生技术研究与发展. 煤炭与化工，2018，41（4）：136-139.

[12] 立本英机，安部郁夫. 活性炭的应用技术：其维持管理及存在问题. 高尚愚，译. 南京：东南大学出版社，2002：

115-134.
[13] Samiran M，Pratik N，Jyoti A，et al. Studies of thermal behavior on activated carbons for the selection of regeneration scheme. Materials Today：Proceedings，2015，2：1225-1229.
[14] Ledesma B，Román S，Álvarez-Murillo A，et al. Cyclic adsorption/thermal regeneration of activated carbons. Journal of Analytical and Applied Pyrolysis，2014，106：112-117.
[15] Sarah S，Frank-Dieter K，Barbara W. Hydrothermal treatment for regeneration of activated carbon loaded with organic micropollutants. Science of the Total Environment，2018，644：854-861.
[16] 高尚愚，陈维译. 活性炭基础与应用. 北京：中国林业出版社，1984：184-190.
[17] 蒋剑春. 活性炭应用理论与技术. 北京：化学工业出版社，2010：238-263.
[18] Overholser L G，Blakely J P. Oxidation of graphite by low concentrations of water vapor and carbon dioxide in helium. Carbon，1965，2（4）：385-394.
[19] Marsh H，Rodríguez-Reinoso F. Activated carbon. Holland：Elsevier Science，2006：243-321.
[20] 叶华明，王孝青，王红萍. 活性炭的循环再生. 染料与染色，2018，55（3）：56-57，61.
[21] 杜尔登，张玉先，沈亚辉. 活性炭电热原位再生技术研究. 给水排水，2008，10（34）：28-34.
[22] 聂欣，刘成龙，钟俊锋，等. 水处理中煤基颗粒活性炭再生研究进展. 热力发电，2018，47（3）：1-11，75.
[23] 韩庭苇，王郑，朱根光，等. 活性炭的再生方法比较及其发展趋势研究. 化工技术与开发，2016，45（10）：44-48.
[24] 段东平. 活性炭的再生及改性进展研究. 环境与发展，2019，31（6）：78-79.
[25] 王树平，王占平. 活性炭溶剂再生的研究. 中国机械工程学会，中国环境保护学会，2003：395-401.
[26] 孙康，蒋剑春，邓先伦，等. 柠檬酸用颗粒活性炭化学法再生的研究. 林业科学，2005，3（25）：93-97.
[27] 杨志远，张桂军. 柠檬酸钠生产工艺中脱色后的活性炭再生研究. 广东化工，2011，2：62-63.
[28] 时运铭，段书德. 木质粉状活性炭的微波加热再生研究. 河北化工，2002，6：31-32.
[29] Zhang Y，He L，Wang G，et al. Defluorination and regeneration study of lanthanum-doped sewage sludge-based activated carbon. Journal of Environmental Chemical Engineering，2021，9（4）：105740.
[30] 王天舒. 粉末活性炭的改性、再生方法与吸附性能的研究. 通辽：内蒙古民族大学，2014.
[31] 梁月宏. 活性炭再生技术. 城市建设理论研究，2012，12：2095-2104.
[32] Ding J，Soneyink V L，Larson R A，et al. Effects of temperature，time and biomass on wet air regeneration of carbon. Journal (Water Pollution Control Federation)，1987，59（3）：139-144.
[33] 陈岳松，陈玲，赵建福. 湿式氧化再生活性炭研究进展. 上海环境科学，1998，17（9）：5-7.
[34] Knopp P V，Gitchel W B. Wastewater teatment with powdered activated carbon regenaration by wet airoxidation. 25th Industrial Waste Conference，Purdue University，1970.
[35] He X，Elkouz M，Inyang M，et al. Ozone regeneration of granular activated carbon for trihalomethane control. Journal of Hazardous Materials，2016，326：101-109.
[36] 向红，杨国华，吴陶樱，等. 船舶柴油机选择性催化还原积碳臭氧直接氧化再生. 环境工程学报，2015，9（2）：878-882.
[37] 林冠烽，牟大庆，程捷，等. 活性炭再生技术研究进展. 林业科学，2008，44（2）：150-154.
[38] 张会平，傅志鸿，叶李艺，等. 活性炭的电化学再生机理. 厦门大学学报（自然科学版），2000，1：150-154.
[39] 张会平，叶李艺，傅志鸿，等. 活性炭的电化学再生技术研究. 化工进展，2001，10：17-20.
[40] 田湉，王佳豪，李家成，等. 活性炭材料电化学再生的研究进展. 应用化工，2021，50（7）：1909-1915.
[41] Mcquillan R V，Stevens G W，Mumford K A. The electrochemical regeneration of granular activated carbons：A review. Journal of Hazardous Materials，2018，355：34-49.
[42] 伏晓林，贾彪，王占鑫，等. 活性炭再生方法及其在水处理中的应用研究进展. 工业用水与废水，2020，51（3）：1-5.
[43] Abromaitis V，Racys V，Van D，et al. Effect of shear stress and carbon surface roughness on bioregeneration and performance of suspended versus attached biomass in metoprolol-loaded biological activated carbon systems. Chemical Engineering Journal，2017，317：503-511.
[44] 张治权，李彦樟，陈建利，等. 活性炭再生方法比较及废核级活性炭再生现状研究. 科技视界，2020（15）：177-178.
[45] Oh W D，Lim P E，Seng C E，et al. Bioregeneration of granular activated carbon in simultaneous adsorption and biodegradation of chlorophenols. Bioresource Technology，2011，102（20）：9497-9502.
[46] 田晴，陈季华. BAC 生物活性炭法及其在水处理中的应用. 环境工程，2006（1）：6，84-86.
[47] 吉中伟. 几种活性炭再生技术的比较. 科学技术创新，2017，36：195-196.
[48] 刘守新，张世润，孙承林. 木质活性炭的光催化再生. 林产化学与工业，2003，2：12-16.
[49] 刘守新，陈广胜，孙承林. 活性炭的光催化再生机理. 环境化学，2005，4：405-408.
[50] 严晓菊，李力争. 失效光催化剂的再生方法综述. 环境保护前沿，2015，5（5）：113-118.
[51] 叶景，李海利，李秋明，等. I-TiO_2 负载活性炭的制备及其光催化再生. 南京师大学报（自然科学版），2016，39

(2)：22-27.
[52] 孙宪航，朱忠泉，黄维秋，等. 超临界 CO_2 法再生油气回收用活性炭机理研究进展. 化工进展，2020，39 (S2)：346.
[53] 李惠民，邓兵杰，李晨曦. 几种活性炭再生方法的特点. 化工技术与开发，2006，11：21-24.
[54] Sanchez-Montero M J，Pelaz J，Martin-Sanchez N，et al. Supercritical regeneration of an activated carbon fiber exhausted with phenol. Applied Sciences，2018，8 (1)：81.
[55] 陈皓，向阳，赵建夫. 超临界 CO_2 萃取再生活性炭技术研究进展. 上海环境科学，1997，16 (12)：26-29.
[56] Liu C，Sun Z，Chen W. Variation in the biological characteristics of BAC during ultrasonic regeneration. Ultrasonics Sonochemistry，2019，61：104689.
[57] 王三反. 超声波再生活性炭的初步研究. 中国给水排水杂志，1998，14 (2)：24-27.
[58] 周琴，沈健，黄敏. 活性炭的制备及再生研究进展. 化学与生物工程，2013，30 (12)：10-13.
[59] 陈红英，骆建军，罗鹏辉，等. 再生方式对活性炭表面特性的影响. 浙江工业大学学报，2021，49 (4)：459-465.
[60] Gagliano E，Falciglia P P，Zaker Y，et al. Microwave regeneration of granular activated carbon saturated with PFAS. Water Research，2021，198：117121.
[61] 张威，王鹏，赵姗姗，等. 微波辐照再生颗粒活性炭 (GAC) 的研究. 材料科学与工艺，2009，1：31-35.
[62] 蔡道飞，黄维秋，王丹莉，等. 不同再生工艺对活性炭吸附性能的影响分析. 环境工程学报，2014，3：1139-1144.

（黄彪，林冠烽，陈翠霞）

第五篇
制浆造纸

本篇编写人员名单

主　　编　房桂干　中国林业科学研究院林产化学工业研究所

编写人员（按姓名汉语拼音排序）

陈务平　南京林业大学

邓拥军　中国林业科学研究院林产化学工业研究所

丁来保　中国林业科学研究院林产化学工业研究所

房桂干　中国林业科学研究院林产化学工业研究所

韩　卿　陕西科技大学

韩善明　中国林业科学研究院林产化学工业研究所

黄六莲　福建农林大学

吉兴香　齐鲁工业大学

焦　健　中国林业科学研究院林产化学工业研究所

李红斌　中国林业科学研究院林产化学工业研究所

梁　龙　中国林业科学研究院林产化学工业研究所

盘爱享　中国林业科学研究院林产化学工业研究所

钱学仁　东北林业大学

沈葵忠　中国林业科学研究院林产化学工业研究所

施英乔　中国林业科学研究院林产化学工业研究所

田中建　齐鲁工业大学

童国林　南京林业大学

吴　珽　中国林业科学研究院林产化学工业研究所

目　录

第一章　绪　论

第一节　制浆造纸技术发展简史

制浆造纸工业是重要的基础原材料产业，其产品广泛应用于教育、农业、纺织、医疗、环保、食品、国防以及人们的日常生活等各个领域，对林业、农业、机械制造、印刷、包装、化工、物流、电力、自动控制等上下游产业具有重要的拉动效应。纸和纸板的生产和消费量是衡量一个国家国民经济发展水平的重要标志。

“纸”的英文拼写为“paper”，源于纸莎草的拉丁文“papyrus”。约公元前3000年，古埃及人就开始将纸莎草经过一定的加工作为书写材料，被称为纸莎草纸[1]。纸莎草纸并不是真正意义上的纸，将其称为纸莎草片更为确切。因为它只是人们对纸莎草这种植物做了一定的处理和裁切而做成的书写介质，类似于我国古代的竹简和木牍。历史上古墨西哥还曾出现过“阿玛特纸”。墨西哥南部亚热带林区，生长着一种叫阿玛特的阔叶树，玛雅人发现这种树皮中有很长的纤维。玛雅人将树皮剖开晒干，与石灰水一起煮沸，剥出纤维，纤维经漂洗后填进一种土制黏合物，用光滑的石头反复捶打，使其厚薄均匀，晒干后即成为“阿玛特纸”[2]。从制作工艺看，“阿玛特纸”也不是真正意义上的纸。古代的书写载体还有很多（图5-1-1）。在欧洲，人们直接利用皮革作为书写材料，比如用羊皮、牛皮来书写文字。在中国，造纸术发明以前，甲骨、金石、竹简、木牍和绢帛常被用作书写、记载的材料，“简重而缣贵”，仅官宦之家能用得起，十分不利于文化的传播。

蔡伦（公元61或63—121年），字敬仲，东汉桂阳郡人（现湖南耒阳）。东汉明帝永平末年入宫给事。章和二年（公元88年），蔡伦因有功于太后而升为中常侍，又以位尊九卿之身兼任尚方令。“尚方”是主管皇宫制造业的机构，集中了天下的能工巧匠，代表那个时代制造业的最高水准。蔡伦掌管尚方期间，用树皮、麻头及破布、旧渔网等原料，经过水浸、切碎、洗涤、蒸煮、漂洗、舂捣等工序处理，加水配成悬浮浆液，用竹帘捞取形成湿纸页，经过压榨、脱水、干燥等工序制成纸张（图5-1-2）[3]。真正意义上的“纸”首次出现了，较之前的书写介质，这种纸有着原料易得、价格低廉、质量稳定等优点。蔡伦于东汉元兴元年（公元105年）向汉和帝献纸，他将造纸的方法写成奏折，连同纸张呈献皇帝，得到皇帝的赞赏，汉和帝便诏令天下朝廷内外使用并推广，朝廷各官署、全国各地都视作奇迹。为纪念蔡伦的功绩，后人把这种纸叫作“蔡侯纸”。造纸术的发明在我国典籍《东观汉记》和《后汉书》中均有明确记载，国内外以蔡伦献纸的公元105年，作为造纸术的发明年代[4]。

继蔡伦之后，其弟子孔丹、左伯等对造纸技术进行了进一步改进、完善，制成了著称于世的宣纸和左伯纸，纸张质量进一步提升，主要制造工艺基本成型。其过程大致可归纳为四个步骤：第一步是原料的分离，就是用沤浸或蒸煮的方法让原料在碱液中脱胶，并分散成纤维状；第二步是打浆，就是用切割和舂捣的方法切断纤维，并使纤维帚化，而成为纸浆；第三步是抄造，即把纸浆与水混合制成浆液，然后用捞纸器（笆帘）捞浆，使纸浆在捞纸器上交织成薄片状的湿纸页；第四步是压榨干燥，即把湿纸压榨脱水，然后晒干或晾干，揭下就成为纸张[5]。这四个基本工艺步骤至今仍是现代造纸技术的基础。

公元4世纪起（两晋时期），造纸技术东经朝鲜半岛传入日本，西经中东地区传到非洲和欧洲。公元16世纪起，欧洲通过新航路开辟，将中国的造纸技术传到了美洲和大洋洲。“造纸术”作为我国古代四大发明之一，对世界文化的传播以及人类社会的文明与进步做出了重大的贡献[6]。

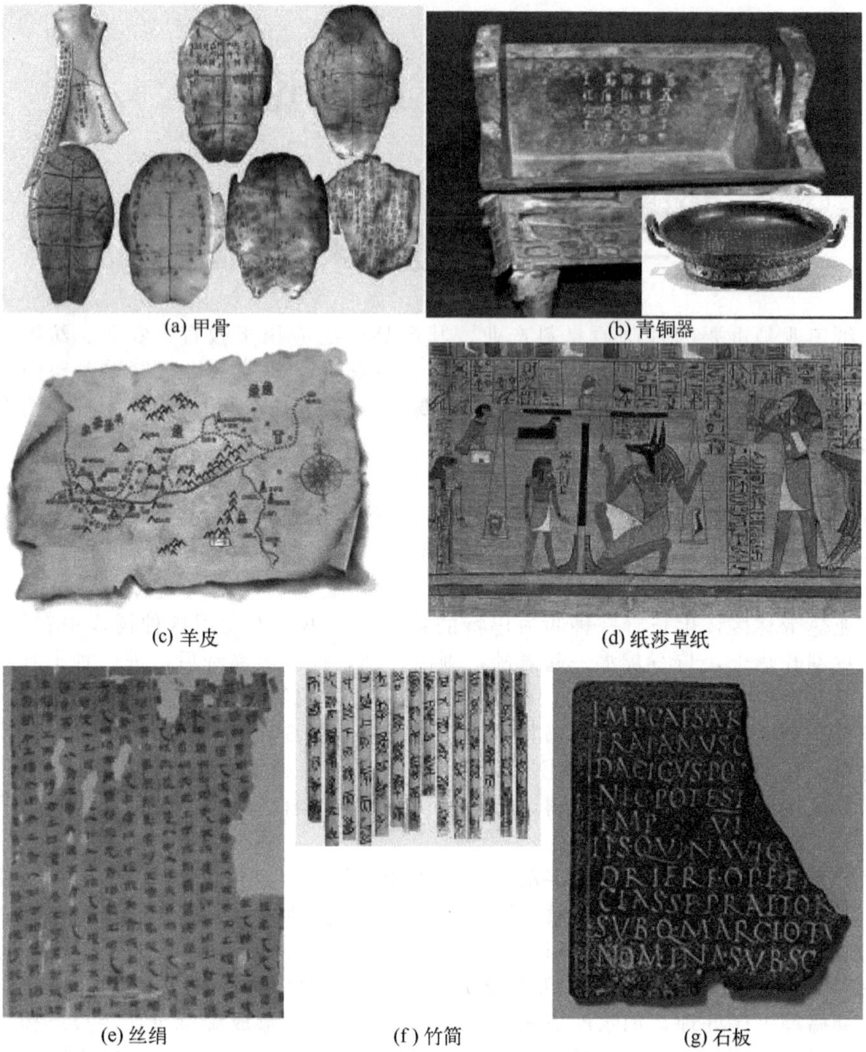

(a) 甲骨　(b) 青铜器

(c) 羊皮　(d) 纸莎草纸

(e) 丝绢　(f) 竹简　(g) 石板

图 5-1-1　古代记录文字的载体

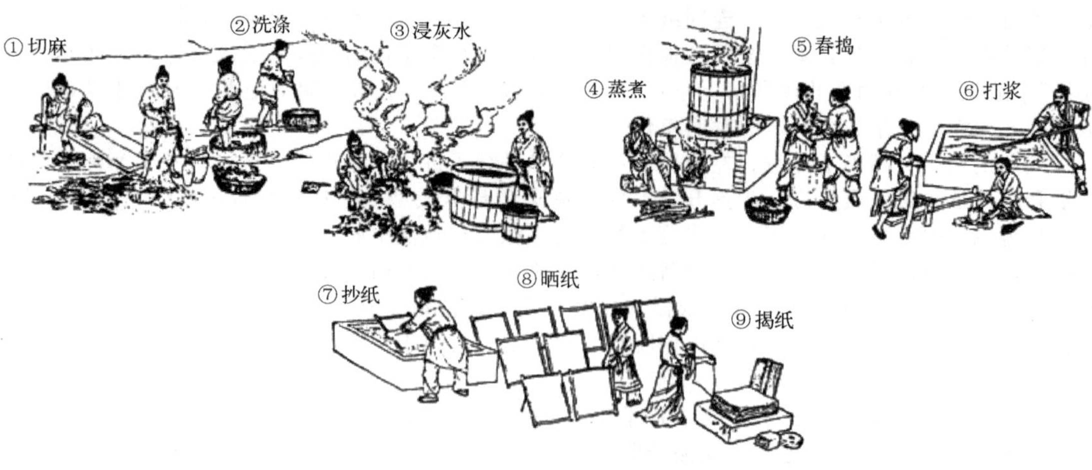

图 5-1-2　中国古代造纸工艺流程

造纸术在晋代（公元266—420年）和南北朝（公元420—589年）得到了进一步的发展，唐宋期间进入了全盛时期。宋代出现了历史上最负盛名的澄心堂纸。宣州皮纸（宣纸）则先继承了以澄心堂纸为代表的宋代皖南皮纸的制造技术，在元明两代经工匠们不断地改进，成为中国皮纸的杰出代表。竹子属于多年生禾本植物，在中国南方储量丰富，价廉易得，使竹纸成本降低，产量后来居上，竹手工纸有赶超皮纸和麻纸的趋势。因竹子纤维平均长度不及麻和树皮纤维，宋代发明了将竹料与其他原料混合制纸的技术，将树皮、麻料等其他造纸浆料按一定比例掺入竹浆中，生产的竹纸能兼顾纸的成本和性能，使手工制纸技术前进了一大步[7]。明崇祯十年（1637年），宋应星在其著作《天工开物》中对竹纸和皮纸生产工艺做了详细的描述，并附有造纸操作图，是当时世界上关于造纸工艺技术最详尽的记载。

中国历史上的“加工纸技术”也极具特色，加工纸是对原抄纸张进行再加工而得到的外观更为精美、性能更为优良的纸张。从晋代起，时人在左伯纸基础上逐步摸索出了施胶、涂布等其他有效的方法，改进原抄纸张在书写过程中存在的不足，同时出于防蠹和美学效果的考虑，摸索并改进了染纸技术。随着施蜡法、明胶施胶、纸面洒金等新兴技术的广泛应用，加工纸技术在唐宋时期得到了全面发展，至明清两代达到高峰，产生了“宣德纸”“羊脑笺”“梅花玉版笺”等著名加工纸种[8]。

18世纪末，欧洲发生产业革命，机器大规模取代人力，手工造纸转为机器生产，机制纸大量涌入中国，中国传统造纸业受到严重冲击。清朝晚期，我国开始引进造纸设备和技术，组织生产机制纸。机制纸指在各种类型的造纸机上抄造而成的纸和纸板，具有定量稳定、匀度好、强度较高的特点。采用化学法制浆、机械化生产，过去叫洋纸，进入中国后叫道林纸，1884年及1890年在上海和广州创办投产的两家小机制纸厂成为我国机制纸的发端。但随着延绵不断的战争，尤其是在抗日战争期间，造纸业发展异常艰难。到1949年新中国成立前，全国机制纸年产量仅有10.8万吨[9]。

中华人民共和国成立后，中国的造纸工业开始崛起。1949年至1957年，从三年恢复期到第一个五年计划期间，国家把造纸工业作为轻工业建设重点，建成一批生产新闻纸和工业技术用纸骨干企业。提出了“从长远来看，应以木为主，以草为辅，要注意利用草类、竹植物纤维”的造纸原料方针，生产技术管理水平有较大的提高，造纸工业得到了较大的发展，1957年纸和纸板产量达到91.3万吨。1958年起，确定了“以非木材纤维为主”的原料方针，木浆造纸技术和产业的发展受到了限制。随着针对非木纤维形态和性能的深入研究，造纸工作者在制浆技术方面有了突出的改进和革新，主要为芦苇亚硫酸盐蒸煮采用交叉装锅送液、快速升温、药液转注、适当提高蒸煮温度和压力、保持保温期的恒温恒压等，使蒸煮时间大大缩短，充分挖掘和提高了原设备的生产能力，同时应用了芦苇与部分小叶樟、高粱秆、麦（稻）草混煮，并采用圆盘磨与封闭式螺旋打浆，获得较好的纸浆，用于抄造凸版印刷纸、书写纸、单面胶版印刷纸、打字纸等，在非木纤维制浆方面获得了明显的技术进步[10]。

改革开放初期，因造纸纤维原料结构不尽合理，木浆比重和商品木浆产量逐年下降，为缓解木浆供应紧张局面，国家首先调整了造纸工业的发展方针，主张“草木并举，逐步提高木材比重，加速原料基地建设”。此后经过各方多年努力，国家正式将“林纸一体化”作为我国造纸工业的发展战略。2007年，国家正式颁布《造纸产业发展政策》，明确造纸工业的原料方针是“充分利用国内外两种资源，提高木浆比重，扩大废纸回收利用，合理利用非木浆，逐步形成以木纤维、废纸为主，非木纤维为辅的造纸原料结构”。同时为提高纸产品质量、保护环境、实现资源综合利用和可持续发展，中国造纸工业陆续引进国外先进制浆造纸技术和装备，关停大量小型浆纸厂，投入大量资金和技术力量，进行技术难点攻关，经过40余年的发展，取得的成就主要表现在以下几方面。

① 消费和生产同步快速增长。2020年中国纸和纸板产量11260万吨，是1978年439万吨的25.6倍；消费量11827万吨，是1978年462万吨的25.6倍；进口量1154万吨，是1978年36万吨的32.0倍；出口量587万吨，是1978年8.48万吨的69.2倍[11]。自2009年起，中国已成为世界纸张生产和消费第一大国，产品质量显著提高，花色品种增加，出口产品数量逐年增加，出口趋势明显增长。

② 中国造纸工业国际化、集中化格局初步形成。改革开放以来，造纸工业引进部分国外资本、国外先进技术装备，从国外购入商品木片、木浆和废纸，并对外输出纸产品，已完全与国际接轨，多年的探索奠定了中国造纸工业国际化发展的深厚基础。另外，当前造纸产业集中程度越来越高，由于产业发展要求契合我国经济优势地域，规模化造纸企业主要聚集于珠江三角洲、长江三角洲、山东半岛三大区域[12]。

③ 中国造纸企业的结构发生变化。早期为了保护环境、减少污染，各地小草浆厂纷纷关停，国内造纸企业总数减至 3000 家以下。在“双碳”“双控”等新时期的新要求下，造纸工业已经全面完成清洁生产升级，污染物排放量大幅度削减，大大改善了行业对生态环境的影响。

④ 中国制浆造纸设备制造业迅速崛起，已形成了具有相当规模和技术水平的专业设备制造体系。20 世纪 80 年代，通过创新研发和成套引进关键部件的方法，提高了中国制浆造纸设备制造能力和水平，缩小了中国与国际同类产品的差距，推动了中国造纸工业的发展[13]。

⑤ 国内高校、科研院所和造纸企业的广大科技人员，充分发挥主观能动性，在制浆造纸各领域研究开发出大量科研成果。通过产学研结合，使国内制浆造纸技术如高得率清洁制浆技术等迈居世界前列，实现技术输出。

⑥ 国内龙头企业与世界纸业巨头“强强联合”，加快了中国造纸工业现代化进程。面对造纸工业发展乃至中国经济发展的巨大空间，世界纸业巨头如亚洲浆纸（APP）、芬欧汇川（UPM）、斯道拉恩索（Stora Enso）等加快了在中国的投资步伐，投资项目不再局限于高端纸品领域。同时，在国内市场的激烈竞争中，国内龙头企业与国外纸业巨头都有合作要求，谋求“强强联合”，一大批世界领先的制浆造纸技术和装备投入应用，加速了中国造纸工业的现代化进程。

第二节　制浆造纸技术和清洁生产技术

一、制浆造纸技术

制浆造纸生产系统主要包括制浆、造纸及化学品回收过程，还包括固体废物、废液和废气“三废”处理和资源化利用等附属设施。制浆，指采用机械、化学或化学机械结合的方法使植物原料中纤维细胞分离形成纸浆的过程。造纸，是以水分散介质，将经打浆处理的纸浆纤维和其他辅料（颜料、填料、胶料等）制成的纸料，经压榨脱水、烘干、压光、卷取等工序制成纸张或纸板的过程。

1. 制浆过程

制浆方法分为机械法制浆和化学法制浆。机械法制浆主要包括机械法和化学机械法等；化学法制浆主要包括碱法制浆［烧碱法、烧碱-AQ（蒽醌）法、硫酸盐法］、亚硫酸盐法（酸法）制浆，硫酸盐法（碱法）和亚硫酸盐法（酸法）是两种基本的化学制浆方法。硫酸盐法由于在化学品回收和纸浆强度方面的优势而居于统治地位[14]。半化学法制浆，是介于化学法制浆和机械法制浆之间的一种制浆工艺，有亚硫酸盐法、亚硫酸氢盐法、碱性硫酸盐法、绿液制浆法、无硫制浆法等，生产工艺和浆料强度性能更接近化学浆，纸浆得率约为 60%～75%，较多用于本色包装纸和纸板的生产，在原生浆生产中所占比例较低。

（1）碱法制浆　碱法制浆主要包括烧碱法和硫酸盐法两种，还派生出烧碱-AQ 法、多硫化钠法等。

烧碱法蒸煮液的组成主要是 NaOH，还可能存在一些未苛化或由于 NaOH 吸收空气中的 CO_2 而形成的 Na_2CO_3。烧碱-AQ 法在我国应用较多，在烧碱法和硫酸盐法的蒸煮药剂中掺加少量蒽醌及其衍生物进行蒸煮，可降低碱耗，加速脱木质素和稳定碳水化合物，提高纸浆得率。

硫酸盐法，以氢氧化钠、硫化钠为主要成分的药液在一定温度压力下蒸煮纤维原料（各种木材、草类、质量较差的废材等）而制得的纸浆，因其颜色为棕褐色，成纸强度大如牛皮而得名牛皮纸浆。硫酸盐浆用途很广，本色浆多用于生产包装纸、纸袋纸、箱纸板及电气等方面的工业技术用纸，其漂白浆多用于抄造高级文化用纸，其精制浆可作溶解浆。

（2）亚硫酸盐法制浆　亚硫酸盐法制浆是重要的化学法制浆方法之一。根据蒸煮液 pH 值的不同，亚硫酸盐法的蒸煮药液组成不同，一般可分为酸性亚硫酸盐法、亚硫酸氢盐法、中性亚硫酸盐法和碱性亚硫酸盐法。蒸煮液也可使用不同的盐基，主要有钙、镁、钠、铵等。

中性亚硫酸盐法也是重要的制浆方法之一。采用中性亚硫酸钠盐（或铵盐）为主要成分，以少量的碳酸钠、碳酸氢钠或氢氧化钠为缓冲剂，控制蒸煮液的 pH 值在 6～9，在蒸煮中添加蒽醌，它可以提高纸浆的得率，缩短蒸煮时间，防止了剥皮反应。

（3）机械法制浆　广义的机械法制浆，包括纯机械法制浆和化学机械法制浆。因制浆得率高，较普通化学法制浆高近 1 倍，20 世纪 90 年代后，又称高得率制浆。未经化学处理，主要依靠机械处理制得的浆称为机械法制浆，有磨石磨木浆、压力磨石磨木浆、盘磨机械浆和预热盘磨机械浆等。加入化学处理后即为化学机械法制浆，有化学盘磨机械浆、化学预热机械浆、强化化学预热机械浆、碱性过氧化氢化学机械浆和 P-RC APMP 机械浆。化学机械法制浆可以较好地利用植物纤维原料，以木材为原料的化学机械浆对原料的利用率为 85%～94%。

（4）漂白　纸浆的漂白分两大类：一类是使用适当漂白剂，通过氧化作用使木质素溶出以实现漂白的目的，称“溶出木质素式漂白”；另一类漂白是保留而不是溶出木质素，仅使发色基团脱色，称“保留木质素式漂白”。漂白的流程有常规含氯漂白、ClO_2 漂白、无元素氯漂白（ECF）和全无氯漂白（TCF）。漂白工艺有：①氧漂；②氯化和碱抽提；③次氯酸盐漂白；④二氧化氯漂白；⑤过氧化氢漂白；⑥臭氧漂白。置换漂白将多段漂白和洗涤集中在一个塔内，既缩短了漂白时间，又节省了水和蒸汽。为彻底解决漂白废液污染问题，可将 OZEOD 无元素氯漂白系统改为 OZEOP 全无氯漂白系统。由于全无氯漂白废液中不含氯元素，废液可以并入蒸煮黑液中进行碱回收。

（5）制浆装备　大型木片及竹片的超级间歇蒸煮主体设备已基本国产化，如大型超级间歇蒸煮锅（250m^3）等，以草类原料为主的 150～300t/d 横管式连续蒸煮系统设备和自动控制系统也已全部实现国产化。国产波纹滤板、小平面阀洗浆机现可适应各种非木浆的洗涤和黑液提取，最大规格的真空洗浆机转鼓面积可达 120m^2，可配套 20 万吨/年硫酸盐纸浆（KP）项目[15]。

2. 造纸过程

造纸就是把悬浮在水中的纸浆纤维，经过加工结合成合乎各种要求的纸页。现代造纸分为机制和手工两种形式，且以机制为主。机制是在造纸机上连续进行，将适合于纸张质量的纸浆，用水稀释至一定浓度，在造纸机的网部初步脱水，形成湿的纸页，再经压榨脱水，然后烘干成纸。按用途纸张通常分为六大类：印刷用纸及纸板类；书写、制图及复制用纸及纸板类；包装用纸及纸板类；生活、卫生及装饰用纸及纸板类；技术用纸及纸板类；加工纸原纸类[16]。

（1）纸的抄造方法　纸的抄造方法分干法和湿法，前者以空气为分散介质，后者以水分为分散介质，目前以湿法为主。在抄造前要加入大量的水，制成均匀的纤维悬浮液，再脱去大量的水。抄造设备分三大类，即长网造纸机、圆网造纸机和夹网造纸机。

（2）抄造前纸料的处理　造纸机纸料系统从造纸车间的成浆池开始至造纸机流浆箱布浆器的进浆口为止，由调量、稀释、除气、净化、消除压力脉冲和纸浆输送等部分组成。其主要作用是通过供浆系统的处理向造纸机提供符合造纸机抄造要求的纸料，为造纸机高效率地正常运行和生产优质的产品提供重要的前期条件。

（3）纸料上网前的流送　作为纸料流送系统和纸页成形结合部的纸料上网系统是造纸机的第一部分，也是造纸机最重要的部分。纸料上网系统的作用是按照造纸机车速和产品的质量要求，将纸料流送系统送来的大股纸料流，经上网系统处理，均匀、稳定地沿着造纸机横幅全宽流送上网，为纸页成形以至生产优质的产品创造良好的前期条件。

（4）纸页的成形与脱水　成形的目的是将纸料通过适当的工艺转化为湿纸幅。纸页成形的作用，是通过合理控制纸料在网上的留着和脱水工艺，使形成的湿纸幅有优良的匀度和所需的纸页物理性能。从造纸工艺的角度讲，纸页成形过程是一个纸料在网上留着和脱水的过程。

（5）白水回收　在抄纸前需加入大量的水，制成均匀的纤维悬浮液，而在抄造过程中又要脱去大量的水。通过白水循环系统和水封闭循环系统，以达到节约用水，回收纤维、填料、化学品和热量，减少废水排放的目的。

（6）压榨干燥　湿纸页在网部脱去部分水分，并产生一定的强度。从伏辊引来的纸，约含80%的水分，湿纸幅的强度不高，需经机械压榨，然后去干燥部。压榨后纸页干度约50%，剩余水分需要借助烘缸蒸发除去，使成纸干度提高至92%～95%。

（7）压光卷取　纸机的干燥部后常安装压光机，用以提高纸的平滑度、光泽度、厚度和纸幅的均应性。但电容器纸、卷烟纸和吸收性纸等不用压光机。卷纸机上卷成的卷筒两边不太整齐，且纸幅太宽，必须纵切复卷成卷筒纸，或横切成平板纸。

世界上已有70万吨涂布机，60万吨箱板机。国内有最大规格的国产纸板机，幅宽7000mm、车速800m/min、产能30万吨/年以上；最大规格国产文化纸机，纸机幅宽5280mm、工作车速1300m/min、产量约790t/d；幅宽5600mm、1300m/min以上新月形卫生纸机。主要用于长纤维或混合纤维超低浓度成形生产特种纸的斜网纸机也从无到有，国产机型最大幅宽3300mm、车速200m/min[17]。

二、清洁生产技术

节能减排就是节约能源、降低能源消耗、减少污染物排放。采取技术上可行、经济上合理以及环境和社会可以承受的措施，从能源生产到消费的各个环节，降低消耗、减少损失和污染物排放、制止浪费，有效、合理地利用能源。

（一）节能

1. 制浆节能

（1）间歇式置换蒸煮　蒸煮过程中有大量的能量损失，一般大型竹木浆厂的蒸煮利用低固形物立式连续蒸煮技术，草类浆厂的蒸煮利用横管式连续蒸煮技术，能保证浆质量均匀、耗气量小、用气负荷稳定。生产能力在20万吨以下的制浆厂可以优先采用新一代低能耗间歇式置换（DDS）蒸煮技术，有良好的节能效果。节能效果主要体现在：均一液相循环蒸煮气耗低；有利于后序工艺的节能，蒸煮综合效率高；冷喷放、置换回收黑液热量节能。

（2）连蒸　连蒸工艺技术取得了很大的发展，出现了改良连续蒸煮（MCC）、等温连续蒸煮（ITC）、低固形物连续蒸煮（lo-solids cooking）等。其中改良连续蒸煮技术的创新主要表现在：使用不同的蒸煮系统，包括单体汽/液相蒸煮系统、单体液相蒸煮系统、双体汽/液相蒸煮系统、双体液相蒸煮系统；改进蒸煮工艺技术设备，这些技术设备循序渐进，如等温蒸煮是在改良连续蒸煮的基础上进一步优化而得。

（3）蒸煮工序乏汽回收　间断蒸煮喷放仓里放出的乏汽可以加热冷水，或加热下一个蒸球。连续蒸煮的乏汽是连续喷放的，回收比较容易，也可以用加热冷水的方法进行回收。

（4）变频调速应用于磨浆　可以节电30%以上，同时提高电机功率因数和电机效率，降低车间环境噪声。变频技术使电机软启动，降低启动冲击，延长机器设备寿命，保障设备性能稳定。用变频技术把粗磨和精磨单独分开，优化生产流程，在保证浆料质量的同时，为主设备让出增加产量的空间，实现增产降耗。

（5）中浓打浆　自吸式供料的中浓液压盘磨机，是高效节能中浓打浆技术的关键设备，在浆料浓度6%～15%范围内进行打浆操作，改变了传统落后的低浓打浆工艺。盘磨机经过特殊设计后，可以减少纤维切断，降低短纤维含量。打浆过程发生“纤维间内摩擦效应”，可节省打浆电耗30%～40%。

2. 碱回收工段节能

碱回收节能已创新出很多新方法，例如：碱回收炉采用大型超高压、超高温的锅炉，直接燃烧高浓度黑液，提高了碱回收炉的热效率和蒸汽量；利用板式结晶蒸发技术提高黑液出蒸发站的浓度；使用连续苛化器，用CD压力过滤机过滤白液，提高白液的内在质量；采用盘式真空过滤机或预挂式真空过滤机使白泥脱水，提高了脱水效率。

3. 造纸过程节能

（1）热泵供热　创新设计了新热泵供热系统，该系统由热泵、汽水分离罐、专用排水器优化组合，解决了传统烘缸积存蒸汽冷凝水等难题，吨纸汽耗降低 20%，同时提高了产品质量。

（2）自由半浮球式蒸汽疏水　自由半浮球式蒸汽疏水阀系列的工作范围大，可解决多种疏水问题参数，如工作压力、排水量等。新型疏水阀漏汽率低、排水速度快、工作稳定、寿命长。另外，由于该疏水阀高背压率的性能，可实施凝结水无泵背压闭路回收，进一步节能。

（3）热压榨　改进造纸机湿部压榨以降低干燥费用、改善纸张组织是造纸业的重点课题，热压技术是其中有较好成效的工作。新应用热压榨装置，明显提高了压榨部的纸页干度。如是 $120g/m^2$ 的卡纸，出压榨部的纸页干度从 40%提高到 46%，使烘干部蒸发水量负荷减少 22%，节省烘干用汽 17%。

（4）新型量调节多喷嘴热泵　我国造纸行业在引进国外先进纸机的基础上，改进应用蒸汽喷射式热泵，用于纸机烘干部，充分利用锅炉新蒸汽引射烘缸回水的闪蒸汽，升高压力后再次回用。降低了烘缸凝结水背压，通畅回水，烘缸积水减少，烘缸产量明显提高。另外，利用回水凝结水的闪蒸汽，能减少新蒸汽用量。

（二）节水

白水含大量细小纤维、填料、施胶剂和其他助剂。充分利用白水，可减少清水用量，减少原料和药品的损失，回收白水中的热能，降低废水处理负荷，减少化学需氧量（COD）的排放。主要节水措施有网下白水的三级循环利用和白水的封闭循环。制浆造纸生产排放废水经三级处理后，水质得到很大改善，可部分甚至全部被回用。

（三）清洁生产

清洁生产是指既可满足人们的需要又可合理使用自然资源和能源并保护环境的实用生产方法和措施，其实质是一种物料和能耗最少的人类生产活动的规划和管理，将废物减量化、资源化和无害化，或消灭于生产过程之中。同时对人体和环境无害的绿色产品的生产，亦将随着可持续发展进程的深入而日益成为今后产品生产的主导方向。

原环境保护部（现生态环境部）推荐了制浆造纸工业的清洁生产技术，为制浆造纸工程设计、建造、改造、工艺优化和生产运行提供了指导性原则[18]，包括：

① 备料，木材原料可干法剥皮，竹原料可采用干法备料，芦苇和麦草原料可用干湿法备料，蔗渣原料可用半干法除髓及湿法堆存备料，废纸原料可根据产品要求合理配料和分离杂质。

② 化学制浆可用低能耗置换蒸煮和氧脱木质素方法。

③ 废纸脱墨制浆可采用中高浓碎浆方法，采用浮选法脱墨，可辅以生物酶促进脱墨；废纸非脱墨制浆宜采用纤维分级技术。废纸制浆宜采用轻质、重质组合除杂技术或高效筛选技术。

④ 非木材化学制浆宜采用高效多段逆流洗涤及封闭筛选技术。

⑤ 支持企业改造元素氯漂白工艺，采用 ECF（无元素氯）漂白或 TCF（全无氯）漂白技术。

⑥ 碱法制浆应配置碱回收系统，亚硫酸盐法制浆应配置废液综合利用技术。

⑦ 造纸生产线可配套白水回收利用和余热回收系统，大中型纸机可配置全封闭密闭设施。

⑧ 制浆造纸可采用生产水分质回用、蒸汽梯级利用等节能节水降耗生产工艺，提倡利用变频电机、透平机等先进节能设备；提倡采用热电联产等节能降耗技术，利用黑液、废料和生物质气体等生物质能源。

⑨ 纸制品生产宜采用低污染先进工艺，不使用含甲醛、苯类等有毒物质的生产原料。

第三节　造纸工业发展趋势

改革开放以后特别是加入世界贸易组织（WTO）以后，中国造纸工业发展提速。一大批世界先进的制浆造纸技术和装备获得应用，一批现代化制浆造纸规模化生产线先后建成，生产量和消费量基本实现平衡，造纸工业由数量和规模快速扩张的发展成长期进入以节能减排为主调的发展成熟期。2009 年起中国纸和纸板产量和消费量居世界第一位，人均消费量也超过世界平均值，但与发达国家平均水平还存在较大距离[19]。伴随国民经济的快速发展，中国造纸工业纸和纸板的产量和消费量仍存在较大增长空间，行业的节能减排领域存在诸多问题需要解决。

一、纤维原料结构和纸浆生产

中国纸浆生产情况见图 5-1-3。可以看出纸浆结构组成中，废纸浆和木浆产量持续增加，非木浆占比持续下降[20]。2000 年后废纸浆产量超过非木浆，造纸工业纸浆产量从高到低的顺序为：废纸浆＞非木浆＞木浆。至 2013 年非木浆产量第一次低于木浆。废纸浆在支撑造纸工业快速发展中起到了举足轻重的作用。虽然如此，但竹浆、蔗渣浆等非木浆产量仍保持一定的产量。1994～2012 年非木浆产量基本稳定在 1000 万～1200 万吨（见表 5-1-1），2013 年以后才有所下降[13]，可以预见今后相当长时间内非木纤维原料仍将是我国造纸用纤维原料的重要组成之一。

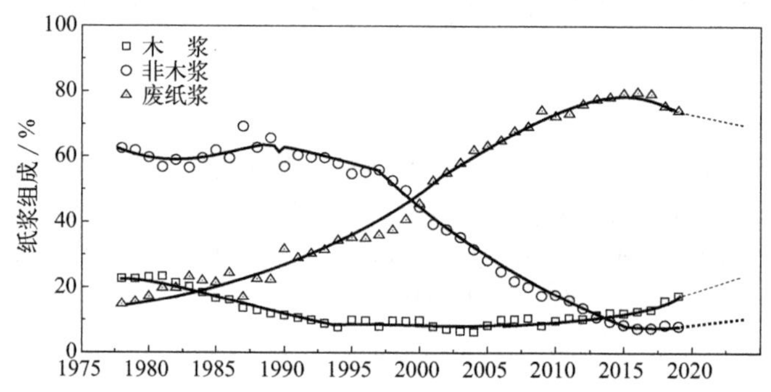

图 5-1-3　1978～2020 年中国纸浆生产结构组成

表 5-1-1　1990～2021 年中国纸浆的生产情况　　单位：万吨

年份		1990	1991	1992	1993	1994	1995	1996	1997	1998	1999	2000	2001	2002	2003	2004	2005
总纸浆产量		1239	1324	1549	1646	1874	2076	2265	2300	2383	2443	2501	2490	2944	3307	3723	4441
其中	木浆	141	141	154	147	146	208	221	184	232	234	246	200	214	217	238	371
	废纸浆	392	384	469	518	644	732	793	830	896	997	1140	1310	1620	1920	2305	2810
	非木浆	705	799	925	981	1084	1136	1251	1286	1255	1212	1115	980	1110	1170	1180	1260
年份		2006	2007	2008	2009	2010	2011	2012	2013	2014	2015	2016	2017	2018	2019	2020	2021
总纸浆产量		5204	5924	6414	6732	7318	7723	7867	7651	7906	7984	7925	7949	7201	7207	7378	8177
其中	木浆	526	605	679	560	716	823	810	882	962	966	1005	1050	1147	1268	1490	1809
	废纸浆	3380	4017	4439	4997	5305	5660	5983	5940	6189	6338	6329	6302	5444	5351	5363	5814
	非木浆	1298	1302	1296	1175	1297	1240	1074	829	755	680	591	597	610	588	525	554

2017 年以后，在禁止固废进口政策下，造纸纤维原料供应日趋紧张，废纸停止进口造成的年纤维供应缺口近 2000 万～3000 万吨，对进口木浆的依赖增加[21]。随着限塑政策的实施，包装类纸和纸板产品市场需求持续增加，国内废纸回收已达极限情况下，对非木浆的需求预期将出现增加趋势。

中国造纸工业须转变原料供应结构，减少废纸浆和木浆的进口依赖，才能实现可持续健康发展。造纸企业开拓纤维原料供应途径，可从以下几个方面进行考虑。

① 增加自制浆供应。有条件的企业，继续扩大林浆纸一体化优势，增加自制木浆供应；走国际化发展路线，向东南亚、南美和北美等森林资源丰富的地区拓展建浆厂。

② 发展竹浆、蔗渣浆、秸秆浆生产，提高非木浆产能。不同区域根据自身纤维资源供应特

点发展特色非木浆生产，既解决农业废弃物处置问题，同时增加造纸纤维供应，例如四川发展竹浆产业，广西利用蔗渣制浆，新疆利用棉秆和芦苇制浆等。

③ 增加国内废纸供应。实行废纸分类分级回收，提高废纸回收质量。

④ 积极发展高得率制浆，提高纤维原料利用率。

二、纸和纸板的生产及消费

纸和纸板消费水平是衡量国家现代化水平和文明程度的重要标志，是社会经济发展的晴雨表。图 5-1-4 比较了中国与东亚、北美、欧洲等造纸生产发达区域的纸和纸板生产情况。1961～2020 年，东亚、北美和欧洲一直是世界上纸和纸板的主要生产区域，集中了世界上 80%～96%的纸和纸板产量。东亚（主要是中国、日本和韩国）是产量持续增长速度最快的区域，占世界纸和纸板产量的比重由 1961 年的 10.7%增长到 2020 年的 37.2%，其中中国贡献了 2/3 的增长量。2020 年中国纸和纸板的产量达到 11260 万吨，占世界纸和纸板总产量 40129 万吨的 28.1%，占比超过世界总产量的 1/4。2010～2020 年，世界范围内纸和纸板的生产进入停滞增长阶段，纸和纸板产量徘徊在 3.9 亿～4.15 亿吨，但东亚区域特别是中国仍显现一定增速。

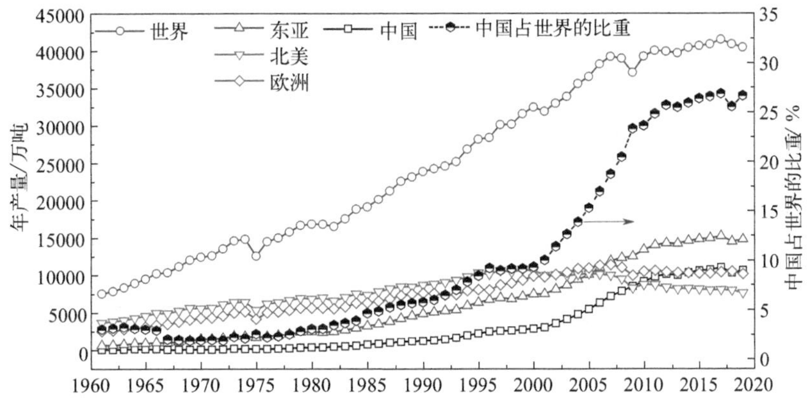

图 5-1-4 1961～2020 年中国和世界主要区域纸和纸板产量

改革开放以来，随着国民经济的发展，我国纸及纸板的消费量呈现快速增长趋势。特别是 2001 年加入 WTO 后，国际贸易对包装类纸和纸板的需求迅速增加，国内纸及纸板的消费量加速增长，引领亚洲成为世界上纸和纸板产量增长最快的地区，纸及纸板产量约占世界总产量的 45%，北美和欧洲约各占 22%和 26%[19]。2009 年起，我国成为世界上最大的纸和纸板生产国和消费国，纸和纸板产量约占世界总产量的 1/4。中国、美国和日本的纸及纸板消费量位列前三名。中国、印度、巴西和七国集团（G7）十国的纸和纸板产量、消费量见图 5-1-5、图 5-1-6。

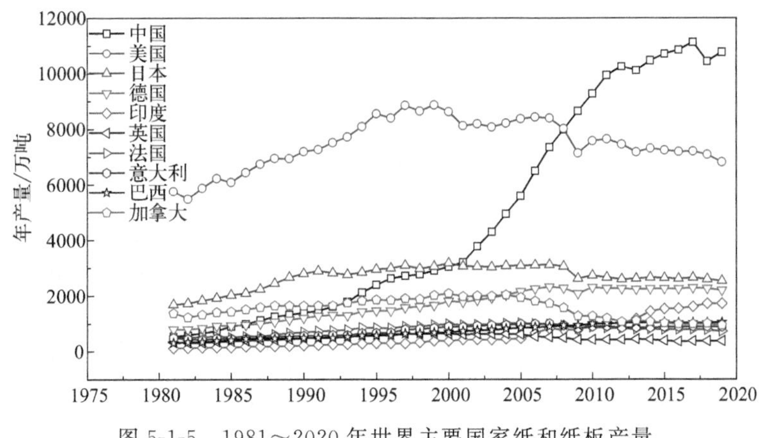

图 5-1-5 1981～2020 年世界主要国家纸和纸板产量

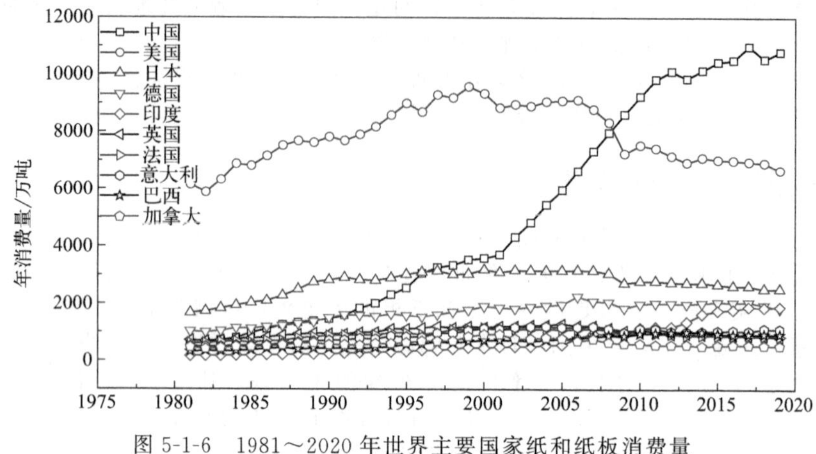

图 5-1-6　1981～2020 年世界主要国家纸和纸板消费量

回顾中国纸和纸板产量发展历程，2009 年超越美国居全球第 1 位（图 5-1-5）。分析原因主要有：①1990 年日本发生的金融危机对其整个经济造成了重创，也给日本造纸工业生产带来了长期负面影响；②美国纸及纸板产量于 1999 年达到高峰，随后一直处于停滞增长甚至下降状态；③中国于 2001 年加入 WTO，促使国民经济包括造纸工业进入了急剧增长阶段。但是与其他几个发达国家不同，德国的纸及纸板产量和消费量一直呈现持续增长趋势，德国制造业在国民经济中占重要权重[19,20]。

中国是纸及纸板生产和消费大国，但是由于人口基数大，人均年消费量长期一直低于世界平均水平，到 2008 年才超过世界平均水平[19]。2020 年中国纸及纸板人均年消费量为 84kg，高于世界平均水平（52kg）约 32kg，但远低于 G7 发达国家（2020 年平均值为 170kg/人）（见图 5-1-7）。可以预见，伴随着中国经济的快速发展，国内纸和纸板的产量和消费量仍将有很大的增长空间。

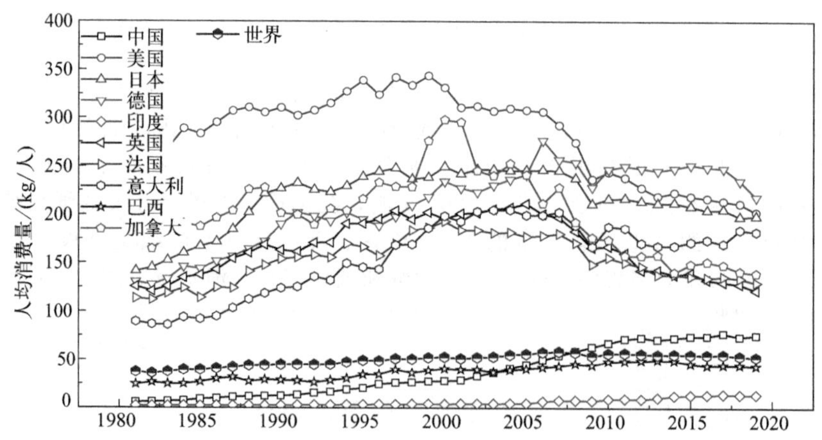

图 5-1-7　1981～2020 年世界主要国家纸和纸板人均消费量

1978 年以来，中国造纸工业的纸张品种消费结构发生了显著变化。造纸工业生产的各类包装及纸箱用纸（简称包装用纸），是与人民生活、农副产品和工业生产紧密相关的基础原材料。随着国民经济的发展，包装用纸的产量和需求量不断增加。以纸和纸板为材料的包装不仅为与人民生活息息相关的日用品提供方便，也为家电、手机等多种耐用消费品提供了有效保护和品牌塑造等作用，并在工农业制成品出口包装中发挥了重要作用。生活用纸是纸张品种中与消费者关系最为密切的日常生活用品，产品主要包括生活用纸和一次性护卫用品等。伴随着国民经济的发展和消费习惯上的变化，人们对生活用纸的需求不断提高，为满足人民群众美好而便利的生活提供了物质基础。此外，造纸产品也与高新技术产业密切相关，为其发展提供所需的必不可少的基础材料之一，例如电力行业所需新型干式变压器的电气绝缘纸，汽车工业和军事工业所需的高效空气过滤材料，航天航空器所需的轻质、高强度结构材料，IT 行业所需的印制电路板纸、过滤纸、无尘纸等。1992～2020 年期间，文化用纸的消费量由 1992 年的 448 万吨，增加到 2020 年的 2529 万吨，增加 5.6 倍；包装用纸的消费量由 1992 年的 830 万吨增加到 2020 年的 7704 万吨，在纸张消费结构中占比由原来的 43%提高到 65%；生活用纸的消费量由 98.6 万吨增加到 996 万吨，增加 10 倍，在纸张消费结构中占比由 5.1%提高到 8.4%。未来包装用纸和生活用纸的消费量仍将有增长空间。

21 世纪以来，世界上最先进的制浆和造纸技术装备先后在中国获得应用。造纸工业是技术密集型产业。现代化的制浆造纸装备体现了高技术含量、高度自动化、超高制造精度和材料要求，并正在向信息化、数据化、智能化方向发展[15-17]，确保了高速运转条件下实现高可靠性和高产品质量性能，同时还要满足节能环保、降低成本的要求。

国内造纸工业为满足经济发展对纸及纸板的需求，通过引进国际先进生产装备，生产线一改过去产量小、效率低的状况，提升了造纸工业技术装备的整体水平。世界上最大产能化学法制浆生产线、BCTMP 和 P-RC APMP 化学机械法制浆生产线，以及世界上幅宽最大、车速最高的各类大型造纸机系统，在国内重点制浆造纸企业中均有引进和应用。大型造纸机系统有车速 2000m/min、幅宽 11m 的新闻纸机，车速 1000m/min、幅宽 8.1m 的白纸板机，车速 1500m/min，幅宽 7.92m 的箱板纸机，车速 1700m/min、幅宽 10.6m 的文化纸机，车速 2000m/min、幅宽 5.6m 的卫生纸机等[13]。这些大型制浆造纸装备系统，均配备有先进的在线监测检验装置和智能化控制系统，为中国制浆造纸企业向大型化、规模化和自动化发展提供了保障。随着造纸工业的发展，国产造纸装备的技术水平和国际竞争力也有了一定程度的提升。例如卫生纸机从原料车速 250m/min、幅宽 2.5m 以下的圆网纸机发展到车速超过 1000m/min、幅宽超过 3.6m 的新月形夹网纸机。中等规模、中档制浆造纸生产线在国际上已经具备一定的竞争力，未来更多型号、更大规模的国产制浆造纸装备将出现在国际市场上。

三、造纸工业的节能减排和碳中和

造纸工业已由一个传统的以电能、新鲜水和化学品消耗为显著特征的产业逐步发展成为能够实现化学品、电力供应内部平衡，并能够向外部持续提供纸和纸板产品、电力、蒸汽的现代化绿色产业，已经将对周边水体、大气等环境生态的影响降到最低。

进入 21 世纪以来，随着人们环境保护意识的提高，中国造纸行业逐步还清了环保的历史欠账，应用了一大批国际先进的环保技术和装备，执行的排放标准也是全球最严格的[13]。大量在发达国家采用的或尚未采用的先进清洁生产设施，以及碱回收设施、挥发性有机化合物（VOC）收集处理设施、物化絮凝—好氧—厌氧—深度氧化处理的高效废水处理设施、污泥等固体废弃物处理设施，在造纸行业内得到了普遍使用。新建的大型企业的各项主要污染物单位排放量在国际上已处于先进或领先水平，尤其单位产品排水中化学需氧量已由 2000 年初的 332kg/t 产品降低到 2015 年末的 4.7kg/t 产品以下，减少了 98.5%。烟气中二氧化硫单位产品排放量由 10.6kg/t 产品降低到 3.5kg/t 产品，减少 67%。单位产品排水量由平均 $103m^3/t$ 产品降低到 $22m^3/t$ 产品，降低了 79%[22]。行业的平均排放指标已达到国际领先水平。造纸行业已经脱离了高污染行业的队伍，70%造纸产业已建成了干净整洁的花园式工厂，实现了大量采用清洁生产技术的绿色产业的跨越。

碱回收是制浆生产过程中的一个重要的工序，相当于一个独立的化工厂，具有资源循环利用、降低生产成本、减少温室气体排放、消除制浆过程绝大部分有机污染物的功能特点。作为碱法制浆企业达标排放的必备工序，碱回收的作用是从碱法制浆废液中提取还原制浆化学品，同时将废液中的有机物转化成生物质能。制浆造纸工厂的碱回收炉，以及树皮树节锅炉、废渣锅炉、废水厌氧处理产生的沼气利用装置等，将生产过程产生的或剩余的有机物高效地转化为生物质能源，大幅度削减了工厂的化石能源消耗，减少了温室气体的排放。例如在欧洲，造纸厂通过将造纸剩余的有机物转化为生物质能源，使得非化石能源消费比例达到57%以上甚至更高，例如：芬兰芬欧汇川利用纸浆生产的副产物生产的生物柴油，可以降低80%的碳排放；日本的一些造纸企业在充分利用自身生物质资源的同时，通过购买社会上的废木材、处理城市垃圾，做到了所用能源消耗100%来自生物质能源。中国造纸工业生产所用主要原料77%来源于木材加工剩余物、农业秸秆、废纸，以及生产过程自身产生的树皮、碱回收白泥、废纸制浆污泥、废水处理污泥等各类固体废弃物；20%的能源来自生产过程固体废物；70%～99%的制浆化学品来源于蒸煮黑液的化学品回收系统，通过清洁生产系列措施的应用，已形成了“纤维原料—纸浆和生物质能源—纸产品—废纸—再生纸浆—造纸和生物质能源”一套完整的良性循环经济产业链。

造纸工业具有典型的循环经济特征。制浆造纸以天然植物纤维为原料，兼具循环再生优势和固碳作用，表现为：①能够形成森林碳汇。植物生长过程通过光合作用吸收二氧化碳形成纤维材料，碳以纤维形态被固定，达到固定二氧化碳的作用，从而可发挥出森林碳汇功能。②生产过程属于低碳排放。制浆造纸过程中黑液、废渣、污泥和沼气等可作为生物质能源回收利用，进而降低化石能源消耗，减少二氧化碳排放。③制成品可实现循环再利用。纸和纸板产品使用后可以回收利用，经处理后可代替原生纤维原料加以利用，降低或避免了碳排放。

有报道认为造纸工业可能是能够率先实现碳中和的现代工业之一。纸张来自植物，植物生长本身就是吸收二氧化碳的过程。纸张是绿色产品，可降解、可回收及可再生。纸产品的生产、使用和储存过程也是一个持续的固碳过程。木材制浆造纸利用产生资金流促使林业部门营造出更多的用材林，并使整片林龄实现平衡和年轻化，固碳效果更佳，形成森林碳汇。速生材制浆造纸利用过程，不仅不会影响森林面积，相反会促使人工林面积不断增加。例如我国最大的竹浆厂建厂初期周边竹林面积仅有1万亩（1亩≈667m^2），不到10年发展为100多万亩。森林中沉积的碳随着树木制成纸产品得到储存，废纸的回收利用进一步延长了这些碳的储存周期。纸张本身就是储存的碳。根据碳足迹计算，沉淀在印刷纸中的碳，比如书籍、文献和档案，储存5年之后减碳量约相当于其生产阶段造成的5%的碳排放量，储存100年后大约相当于减少75%。

参考文献

[1] 孙宝国，郭丹彤. 论纸莎草纸的兴衰及其历史影响. 史学集刊，2005（3）：107-110，112.
[2] 朱友胜. 探秘蚕丝纸及蚕丝在书画纸中的应用. 纸和造纸，2019，38（6）：50-55.
[3] 魏哲铭. 试论造纸术的发明. 西北大学学报（哲学社会科学版），1999（2）：163-167.
[4] 汤书昆，汤雨眉，罗文伯. 西汉有纸与蔡伦发明权的认知与认定. 中国造纸，2020，39（6）：83-87.
[5] 刘仁庆. 手工纸的纸名来源简析. 中华纸业，2019，40（17）：91-94.
[6] 万安伦，王剑飞，杜建君. 中国造纸术在“一带一路”上的传播节点、路径及逻辑探源. 现代出版，2018（6）：72-77.
[7] 曹天生. 中国宣纸研究百年. 合肥师范学院学报，2012，30（1）：45-56.
[8] 赵权利. 纸史述略. 美术研究，2005（2）：51-60.
[9] 韩海蛟. 产品层次与技术演变——近代中国造纸业之发展（1884—1937）. 武汉：华中师范大学，2015.
[10] 中国造纸工业技术与装备六十年的发展和进步系列报道之——非木纤维的制浆技术. 中华纸业，2009，30（21）：162-170.
[11] 中国造纸协会. 中国造纸工业2020年度报告. 中华纸业，2021，42（9）：11-21.
[12] 胡宗渊. 激荡六十年，中国造纸工业的“建国大业”. 中华纸业，2009，30（19）：20-27.
[13] 中国造纸工业可持续发展白皮书. 造纸信息，2019（3）：10-19.
[14] 龚木荣. 制浆造纸概论. 北京：中国轻工业出版社，2019.
[15] 张洪成，陈永林，许银川，等. “十二五”自主装备创新成果（之二）：制浆装备技术. 第三届造纸装备发展论坛，山东潍坊，2016.
[16] 刘忠. 制浆造纸概论. 北京：中国轻工业出版社，2006.
[17] 张洪成，陈永林，许银川，等. “十二五”自主装备创新成果（之五）：纸机关键装备技术. 第三届造纸装备发展论坛，中华纸业，2016，37（16）：6-11.
[18] 环境保护部. 造纸工业污染防治技术政策. 2017.
[19] 沈葵忠，房桂干. 从世界发展看中国未来——世界纸业30年发展暨2020年中国纸及纸板产销量预测. 中华纸业，

2013 (3)：8-12.
[20] 国际粮农组织. 2020FAOSTAT [DB/OL]. (2021.01) [2021.02]. http：//www.fao.org/faostat/en/#data/FO 6.
[21] 沈葵忠，陈远航，房桂干，等. 世界各国废纸利用情况分析及中国造纸企业纤维供需预测. 中华纸业，2019，40 (21)：54-60.
[22] 践行循环经济理念坚持可持续发展必将跻身世界纸业强国之林. 造纸信息，2019 (9)：6-24.

（房桂干，沈葵忠，施英乔，吴珽）

第二章　备料

第一节　制浆造纸原料

造纸工业纤维主要来源于植物纤维原料。纤维是构成植物纤维原料的主体，也是制浆利用的主要成分。可应用于制浆造纸的纤维原料种类繁多。按照传统的分类方法，造纸植物纤维原料可分为木材、竹类、韧皮类、草类、叶类和种毛类等，见表 5-2-1。除植物纤维外，有时在生产某些特种纸时，还配用少量其他纤维，如动物纤维羊毛、蚕丝，矿物纤维石棉、玻璃纤维，合成纤维尼龙、聚丙烯腈、聚酯等。不同植物原料的化学组成（纤维素、半纤维素、木质素、抽出物、灰分等）差异较大，纤维（管胞）的形态（长度、宽度、壁厚、腔径、壁腔比、长宽比等）各异，因此，各类原料的综合利用技术途径、价值也有所不同。2010 年以后，竹材、农业秸秆制浆造纸利用也得到了高度关注，已经取得了较快的发展。

表 5-2-1　制浆造纸原料种类

纤维种类		植物种类
木材纤维	针叶木	云杉、冷杉、马尾松、落叶松、红松等
	阔叶木	白杨、青杨、桦木、枫木、榉木、桉木等
	林业“三剩物”	采伐剩余物、造材剩余物和加工剩余物等
竹类纤维		慈竹、毛竹、白夹竹、撑绿竹等
韧皮类纤维		大麻、亚麻、黄麻、桑皮、棉秆皮、构树皮等
草类纤维		稻草、麦草、芦苇、甘蔗渣、高粱秆、玉米秆等
叶类纤维		龙须草、剑麻、菠萝叶、香蕉叶、甘蔗叶等
种毛类纤维		棉花、棉短绒、棉质破布等

一、木（竹）材资源

传统制浆造纸过程都采用成熟的原木（针叶材 100 年以上、阔叶材 50 年以上），经过扒皮、削片、制浆、造纸等过程生产各类纸和纸板产品。随着生态环境保护的需要，定向培育的速生人工林（针叶材：马尾松、辐射松、湿地松；阔叶材：杨木、桉树、相思树、桦木等）和林业“三剩物（抚育剩余物、采伐剩余物和加工剩余物等）”已经成为造纸工业原料的重要来源。

我国主要针叶材和阔叶材化学组成见表 5-2-2、表 5-2-3，纤维形态见表 5-2-4 和表 5-2-5。针叶材与阔叶材具有各自的特征，在生物结构、化学成分和纤维形态上均存在显著差异，对其制浆性能和造纸性能产生不同的影响。除南方的热带地区外，我国大部分地区生长的针叶材都有明显的年轮。与阔叶材比较，针叶材木质部结构较简单，细胞类型较少，管胞约占 90%～95%，仅含少量木射线薄壁细胞；横切面中纤维排列规则性强，木材结构较均匀；纤维较粗且长，纹孔明显，部分材种有树脂道、树脂含量高。阔叶材的年轮不如针叶材明显，但环孔材和半环孔材存在明显的年轮。阔叶材木质部结构较为复杂。与针叶材比较，细胞类型种类多，木纤维含量低，存在导管、木射线及纵向薄壁细胞，纤维细胞含量明显低于针叶材，多数树种的纤维细胞含量仅为 60%～80%；纤维较短且细，多数纤维的纹孔不明显；受导管影响，纤维排列的规则性较弱，且不同材种的排列存在明显差异。

表 5-2-2　中国主要针叶材化学组成　　单位：%

树种	灰分	冷水抽提物	热水抽提物	1%NaOH抽提物	苯-乙醇抽提物	克-贝纤维素	克-贝纤维素中α-纤维素	木质素	戊聚糖	木材中α-纤维素	产地
落叶松	0.38	9.75	10.84	20.67	2.58	52.63	76.33	26.46	12.18	40.17	黑龙江带岭北列林场
黄花落叶松	0.28	10.14	11.48	20.98	3.37	52.11	76.71	26.21	11.96	39.97	黑龙江大海林
辐射松	0.31	1.96	5.42	16.84	2.37	50.2	—	28.96	14.56	—	澳大利亚
湿地松	0.32	0.68	1.84	13.59	2.07	—	76.18	27.08	13.27	—	广东
马尾松	0.18	1.61	2.90	10.32	3.20	51.94	70.15	26.84	10.09	43.45	安徽霍山
马尾松	0.42	1.78	2.68	12.67	2.79	58.75	73.36	26.86	12.52	43.10	广州龙眼洞
马尾松	0.27	2.46	4.05	21.57	9.93	56.14	77.48	24.59	9.78	43.47	广东乳源五指山
马尾松	0.29	1.14	2.28	12.36	1.78	—	—	29.43	12.40	—	浙江鄞县
马尾松	0.19	1.01	2.31	13.13	2.04	—	—	28.56	12.42	—	江西安福
马尾松	0.27	0.90	2.25	12.73	1.66	—	—	28.60	12.11	—	广西南宁
东陵冷杉	0.50	3.06	3.86	13.34	3.37	59.21	59.82	28.96	10.04	41.34	黑龙江大海林
柳杉	0.66	2.18	3.45	12.68	2.47	55.27	77.86	34.24	11.18	43.03	安徽休宁
杉木	0.26	1.19	2.66	11.09	3.51	55.82	78.90	33.51	8.54	44.04	福建三明忠山伐木场
杉木	0.26	0.99	1.94	11.58	2.87	55.88	76.01	32.44	9.48	42.47	安徽霍山
杉木	0.21	—	2.37	10.84	1.52	—	—	33.21	8.87	—	广西柳州
杉木	0.17	—	2.17	10.31	0.88	—	—	32.83	8.71	—	江西武功山
杉木	0.37	—	2.48	11.28	1.44	—	—	33.68	9.41	—	四川邛崃
杉木	0.22	—	2.17	10.23	1.12	—	—	33.55	8.98	—	江苏句容
水杉	0.40	—	2.49	22.35	2.08	—	—	32.92	9.05	—	南京林业大学校园
鱼鳞云杉	0.29	1.69	2.47	12.37	1.63	59.85	70.95	28.58	10.28	42.48	黑龙江带岭北列林场
红皮云杉	0.24	1.75	2.79	13.44	3.54	58.96	72.18	25.98	9.97	42.56	黑龙江大海林

表 5-2-3　中国主要阔叶材化学组成　　单位：%

树种	灰分	冷水抽提物	热水抽提物	1%NaOH抽提物	苯-乙醇抽提物	克-贝纤维素	克-贝纤维素中α-纤维素	木质素	戊聚糖	木材中α-纤维素	产地
窿缘桉	0.18	—	5.87	15.69	2.46	—	—	28.16	16.33	—	广东雷州
雷林1号桉	0.30	—	3.60	12.26	1.88	—	—	26.73	16.42	—	广东雷州
雷林1号桉	0.35	—	3.69	12.61	1.90	—	—	26.53	18.55	—	广东雷州
大叶桉	0.56	4.09	6.13	20.94	3.23	52.05	77.49	30.68	20.65	40.33	福建龙溪
尾巨桉	0.35	—	15.24	3.43	1.87	—	79.75	—	21.55	—	—
巨尾桉	0.42	—	17.32	5.25	1.94	—	77.96	—	22.40	—	—
蓝桉	0.51	—	13.58	3.01	0.98	—	80.80	—	21.08	—	—
尾叶桉	0.49	—	15.77	3.57	1.45	—	78.15	—	22.65	—	—
小叶桉	0.32	—	13.84	2.32	0.86	—	81.36	—	21.85	—	—
香樟	0.12	5.12	5.63	18.62	4.92	53.64	80.17	24.52	22.71	43.00	福建顺昌
香樟	0.89	4.29	5.80	15.74	4.02	55.70	72.44	25.08	20.09	40.35	安徽黟县
响叶杨	0.48	1.55	2.47	15.66	3.49	62.52	72.45	25.06	22.44	45.29	安徽东至
加杨	0.78	2.45	3.20	19.37	1.99	63.85	74.11	21.19	23.47	47.32	北京
加杨	0.58	0.54	2.22	19.36	1.19	64.10	72.11	22.16	23.20	46.27	北京
青杨	1.50	1.70	3.20	22.09	3.33	61.48	72.49	24.28	21.54	44.57	—
大关杨	0.82	2.30	2.66	21.44	2.58	59.71	71.96	25.11	24.38	42.97	河南中牟
钻天杨	0.88	1.45	2.65	21.07	4.06	60.18	71.02	23.70	20.53	42.74	—
小叶杨	0.84	1.73	2.73	18.80	2.93	59.47	73.89	25.22	22.62	43.94	河南中牟
毛白杨	0.54	3.36	4.76	19.62	4.45	59.36	76.70	21.38	24.15	45.33	北京西郊
毛白杨	0.49	3.96	4.44	18.88	4.65	60.02	74.22	23.03	24.61	44.55	安徽萧县
大青杨	0.45	2.30	3.57	21.21	3.97	61.80	74.49	18.49	26.60	46.03	黑龙江
光皮桦	0.27	1.34	2.04	15.37	2.23	58.00	73.17	26.24	24.94	42.44	湖南莽山
棘皮桦	0.32	1.56	2.22	23.24	3.39	59.72	71.84	18.57	30.12	42.90	黑龙江带岭
白桦	0.33	1.80	2.11	16.48	3.08	60.00	69.70	20.37	30.37	41.82	黑龙江大海林
马占相思	0.31	—	4.07	15.44	4.07	—	—	23.15	20.35	—	—
厚荚相思	0.28	—	6.03	13.61	3.62	—	—	23.20	21.28	—	—
大叶相思	0.68	—	—	14.03	2.97	—	—	23.22	23.74	—	—

表 5-2-4　中国针叶材的纤维形态

树种	平均长度			弦向平均宽度			径向平均厚度			弦壁平均厚度			径壁平均厚度			壁腔比		腔径比		长宽比		密度/(g/cm³)	
	早材/mm	晚材/mm	晚/早	早材/μm	晚材/μm	晚/早	早材/μm	晚材/μm	晚/早	早材/μm	晚材/μm	晚/早	早材/μm	晚材/μm	晚/早	早材	晚材	早材	晚材	早材	晚材	基本	气干
秦岭冷杉	2.184	2.707	1.24	31	30	0.97	46	19	0.41	2.5	3.4	1.36	2.2	3.6	1.64	0.17	0.32	0.86	0.76	70	90	—	—
苍山冷杉	4.094	4.333	1.06	40	39	0.98	46	19	0.41	2.5	3.3	1.32	2.6	4.0	1.54	0.14	0.26	0.88	0.79	102	111	0.401	0.439
黄果冷杉	4.149	4.418	1.06	45	40	0.89	48	19	0.40	2.6	4.0	1.54	2.4	5.2	2.17	0.12	0.35	0.89	0.74	92	103	0.355	0.425
冷杉	2.930	3.312	1.13	34	31	0.91	45	18	0.40	2.1	3.6	1.71	2.1	3.8	1.81	0.14	0.32	0.88	0.75	86	107	—	0.433
巴山冷杉	1.928	2.317	1.20	25	24	0.96	36	17	0.47	1.8	3.0	1.67	1.7	3.3	1.94	0.16	0.38	0.86	0.73	69	97	0.319	0.391
岷江冷杉	3.626	3.995	1.10	31	30	0.97	36	23	0.64	3.4	4.3	1.26	3.3	4.4	1.33	0.27	0.42	0.79	0.71	117	133	—	0.447
川滇冷杉	4.137	4.487	1.08	38	35	0.92	44	24	0.55	3.2	5.4	1.69	3.0	6.0	2.00	0.19	0.52	0.84	0.66	109	128	0.353	0.436
长苞冷杉	2.857	3.238	1.13	31	31	1.00	40	23	0.58	2.9	4.6	1.59	2.9	4.4	1.52	0.23	0.40	0.81	0.72	92	104	0.425	0.512
杉松	3.514	3.948	1.12	36	36	1.00	43	21	0.49	2.4	4.0	1.67	2.2	4.4	2.00	0.14	0.32	0.88	0.76	98	110	—	0.390
臭冷杉	3.036	3.276	1.08	32	31	0.97	48	24	0.50	2.9	4.4	1.52	2.7	4.2	1.56	0.20	0.37	0.83	0.73	98	106	0.316	0.384
紫果冷杉	2.766	3.245	1.17	28	31	1.11	47	21	0.45	2.5	4.4	1.76	2.4	4.1	1.71	0.21	0.36	0.83	0.74	99	105	—	—
西伯利亚冷杉	3.234	3.441	1.06	36	32	0.89	48	24	0.50	3.2	4.8	1.50	3.8	5.1	1.34	0.27	0.47	0.79	0.68	90	108		—
急尖长苞冷杉	3.317	4.083	1.23	34	32	0.94	40	21	0.53	3.6	4.6	1.28	3.2	5.2	1.63	0.23	0.48	0.81	0.68	98	128		—
银杉	3.938	4.370	1.11	33	30	0.91	40	21	0.53	4.4	4.0	0.91	3.9	4.0	1.03	0.35	0.36	0.74	0.73	91	94	0.694	0.748
雪松	2.666	2.934	1.10	27	25	0.93	39	21	0.54	2.4	4.0	1.67	2.2	5.5	2.50	0.15	0.58	0.87	0.63	119	146	—	0.633
柳杉	3.262	3.596	1.10	31	30	0.97	39	21	0.54	2.3	4.1	1.78	2.4	3.9	1.63	0.22	0.45	0.82	0.69	99	117	—	—
台湾杉木	3.443	3.794	1.10	38	36	0.95	46	23	0.50	2.5	4.2	1.68	2.5	4.3	1.72	0.19	0.40	0.84	0.71	105	120	0.294	0.352
杉木	4.409	4.858	1.10	37	34	0.92	41	23	0.56	3.5	5.4	1.54	3.1	5.9	1.90	0.19	0.49	0.84	0.67	91	105	—	—
翠柏	2.936	3.374	1.15	34	30	0.88	35	19	0.54	2.8	4.3	1.54	2.8	4.4	1.57	0.18	0.35	0.85	0.74	119	143	0.300	0.369
台湾翠柏	4.337	4.613	1.06	37	39	1.05	39	23	0.59	2.9	3.5	1.21	2.9	3.6	1.24	0.21	0.32	0.83	0.76	86	112	0.445	0.533
红桧	4.243	4.748	1.12	47	46	0.98	47	21	0.45	3.9	5.1	1.31	3.9	6.1	1.56	0.27	0.46	0.79	0.68	117	118	—	—

续表

树种	平均长度			弦向平均宽度			径向平均厚度			弦壁平均厚度			径壁平均厚度			壁腔比		腔径比		长宽比		密度/(g/cm^3)	
	早材/mm	晚材/mm	晚/早	早材/μm	晚材/μm	晚/早	早材/μm	晚材/μm	晚/早	早材/μm	晚材/μm	晚/早	早材/μm	晚材/μm	晚/早	早材	晚材	早材	晚材	早材	晚材	基本	气干
日本扁柏	4.007	4.285	1.07	37	33	0.89	35	17	0.49	2.6	4.5	1.73	2.7	5.3	1.96	0.13	0.30	0.89	0.77	90	103	—	—
台湾扁柏	4.330	4.473	1.03	31	33	1.06	38	22	0.58	2.3	3.0	1.30	2.6	3.9	1.50	0.16	0.31	0.86	0.76	108	130	—	
日本花柏	2.098	2.320	1.11	28	24	0.86	32	16	0.50	3.4	4.2	1.24	4.0	5.2	1.30	0.35	0.46	0.74	0.68	140	136	—	—
冲天柏	2.139	2.286	1.07	26	25	0.96	27	17	0.63	2.3	3.2	1.39	2.4	3.0	1.25	0.21	0.33	0.83	0.75	75	97	—	—
柏木	2.251	2.488	1.11	33	30	0.91	38	24	0.63	3.0	3.0	1.00	2.7	3.4	1.26	0.26	0.37	0.79	0.73	82	91	0.430	0.518
三尖杉	2.370	2.798	1.18	27	26	0.96	27	24	0.89	4.0	4.5	1.13	3.7	4.6	1.24	0.29	0.44	0.78	0.69	68	83	0.474	0.567
陆均松	3.065	3.637	1.19	35	35	1.00	36	26	0.72	3.8	4.2	1.11	3.2	3.9	1.22	0.31	0.43	0.76	0.70	88	108	0.522	0.629
福建柏	4.010	4.380	1.09	41	38	0.93	46	30	0.65	3.1	3.1	1.00	3.0	3.6	1.20	0.22	0.32	0.82	0.76	72	95	—	—
银杏	3.884	4.482	1.15	35	34	0.97	35	24	0.69	4.3	4.3	1.00	4.3	4.8	1.12	0.33	0.38	0.75	0.73	88	107	0.534	0.643
刺柏	1.640	1.839	1.12	23	23	1.00	21	13	0.62	3.2	5.9	1.84	3.4	5.4	1.59	0.20	0.40	0.83	0.72	98	115	—	0.452
杜松	1.481	1.709	1.15	24	23	0.96	23	15	0.65	3.2	3.9	1.22	3.7	4.2	1.14	0.27	0.33	0.79	0.75	111	132	0.451	0.532
江南油杉	2.958	3.499	1.18	30	31	1.03	43	26	0.60	2.1	2.3	1.10	2.3	2.8	1.22	0.25	0.32	0.80	0.76	71	80	—	—
铁坚油杉	4.610	5.200	1.13	38	35	0.92	53	27	0.51	2.4	2.5	1.04	2.3	2.5	1.09	0.24	0.28	0.81	0.78	62	74	—	—
青岩油杉	4.588	5.148	1.12	41	38	0.93	54	29	0.54	3.0	5.7	1.90	2.7	5.6	2.07	0.22	0.57	0.82	0.64	99	113	—	—
云南油杉	6.280	6.820	1.09	49	49	1.00	56	29	0.52	2.4	5.2	2.17	2.4	6.6	2.75	0.14	061	0.87	0.62	121	149	—	—
油杉	4.796	5.155	1.07	45	42	0.93	54	29	0.54	2.8	5.7	2.04	2.3	5.8	2.55	0.13	0.44	0.89	0.69	112	135	—	—
太白红杉	2.607	2.810	1.08	28	27	0.96	53	19	0.36	2.0	3.7	1.85	1.9	3.7	1.95	0.16	0.38	0.86	0.73	93	104	0.464	
落叶松	4.254	4.901	1.15	44	42	0.95	67	35	0.52	2.3	6.2	2.70	2.1	6.2	2.95	0.11	0.42	0.90	0.70	97	117	0.528	
西藏红杉	4.195	4.593	1.09	41	38	0.93	63	21	0.33	2.4	6.3	2.63	2.3	6.1	2.65	0.13	0.47	0.89	0.68	102	121	—	
四川红杉	3.957	4.541	1.15	45	43	0.93	61	23	0.38	2.3	6.0	2.61	2.3	5.8	2.52	0.11	0.37	0.90	0.73	86	106	—	
黄花松	4.415	4.774	1.08	35	33	0.94	62	24	0.39	2.1	7.1	3.38	2.1	6.5	3.10	0.14	0.65	0.88	0.61	126	145	—	

续表

树种	平均长度			弦向平均宽度			径向平均厚度			弦壁平均厚度			径壁平均厚度			壁腔比		腔径比		长宽比		密度/(g/cm^3)	
	早材/mm	晚材/mm	晚/早	早材/μm	晚材/μm	晚/早	早材/μm	晚材/μm	晚/早	早材/μm	晚材/μm	晚/早	早材/μm	晚材/μm	晚/早	早材	晚材	早材	晚材	早材	晚材	基本	气干
红杉	4.287	4.648	1.08	37	35	0.95	54	20	0.37	2.2	6.1	2.77	2.1	5.5	2.62	0.13	0.46	0.89	0.69	116	133	0.428	
大果红杉	4.500	4.888	1.09	46	41	0.89	50	25	0.50	2.5	7.4	2.96	2.7	8.2	3.04	0.13	0.67	0.88	0.60	98	119	—	
华北落叶松	2.501	3.077	1.23	34	31	0.91	63	24	0.38	3.3	5.8	1.76	2.9	6.0	2.07	0.21	0.63	0.83	0.61	74	99	—	
西伯利亚落叶松	3.430	3.781	1.10	33	33	1.00	60	26	0.43	3.0	8.7	2.90	2.6	7.5	2.88	0.19	0.83	0.84	0.55	104	115	—	
怒江红杉	3.747	4.257	1.14	43	40	0.93	62	23	0.37	2.7	5.0	1.85	2.6	6.3	2.42	0.14	0.46	0.88	0.69	87	106	0.414	0.505
水杉	3.770	4.242	1.13	49	44	0.90	55	26	0.47	2.6	5.2	2.00	2.5	6.0	2.31	0.12	0.38	0.89	0.73	77	96	0.278	0.342
白皮云杉	2.473	2.641	1.07	30	28	0.93	43	22	0.51	2.3	4.6	2.00	2.5	4.4	1.76	0.20	0.46	0.83	0.69	82	94	—	—
云杉	3.850	4.461	1.16	35	33	0.94	37	21	0.57	2.3	4.0	1.74	2.3	4.7	2.04	0.15	0.40	0.87	0.72	110	135	0.278	0.381
麦吊云杉	3.554	3.973	1.12	34	30	0.88	45	18	0.40	2.2	3.5	1.59	2.0	4.5	2.25	0.13	0.43	0.88	0.70	105	132		0.508
油麦吊云杉	3.677	4.072	1.11	37	34	0.92	49	22	0.45	2.0	4.4	2.20	2.2	5.4	2.45	0.13	0.47	0.88	0.68	99	120	—	—
丽江云杉	3.263	3.620	1.11	33	31	0.94	53	24	0.45	3.2	5.5	1.72	2.7	5.7	2.11	0.20	0.58	0.84	0.63	99	117	0.360	0.441
巴秦云杉	4.031	4.545	1.13	40	35	0.88	48	25	0.52	2.3	5.2	2.26	2.2	5.8	2.64	0.12	0.50	0.89	0.67	101	130	—	0.490
紫果云杉	3.399	3.787	1.11	39	36	0.92	48	24	0.50	2.2	4.8	2.18	2.1	5.5	2.62	0.12	0.44	0.89	0.69	87	105	0.353	0.444
天山云杉	3.270	3.633	1.11	35	34	0.97	33	21	0.64	2.0	3.9	1.95	2.0	4.4	2.20	0.13	0.35	0.89	0.74	93	107	0.352	0.432
长叶云杉	3.893	4.206	1.08	41	36	0.88	41	22	0.54	2.4	4.5	1.88	2.6	5.3	2.04	0.15	0.42	0.87	0.71	95	117	—	—
青杆云杉	3.163	3.744	1.18	38	33	0.87	38	27	0.71	2.6	5.5	2.12	3.1	6.5	2.10	0.20	0.65	0.84	0.61	83	113	—	—
华山松	3.855	4.230	1.10	47	43	0.91	53	23	0.43	3.8	4.3	1.13	3.3	5.0	1.52	0.16	0.30	0.86	0.77	82	98	0.394	0.468
白皮松	2.003	2.510	1.25	30	27	0.90	35	18	0.51	2.5	2.8	1.12	2.3	3.7	1.61	0.18	0.38	0.85	0.73	67	93	—	—
高山松	2.193	2.619	1.19	42	39	0.93	46	22	0.48	2.5	4.3	1.72	2.4	4.9	2.04	0.13	0.34	0.89	0.75	52	67	0.413	0.509
赤松	3.882	4.291	1.11	42	40	0.95	50	26	0.52	2.8	5.5	1.96	2.4	5.8	2.42	0.13	0.41	0.89	0.71	92	107	0.412	0.517
乔松	3.447	3.963	1.15	42	38	0.90	51	20	0.39	3.3	4.1	1.24	2.8	5.2	1.86	0.15	0.38	0.87	0.73	82	104	—	—

续表

树种	平均长度			弦向平均宽度			径向平均厚度			弦壁平均厚度			径壁平均厚度			壁腔比		腔径比		长宽比		密度/(g/cm^3)	
	早材/mm	晚材/mm	晚/早	早材/μm	晚材/μm	晚/早	早材/μm	晚材/μm	晚/早	早材/μm	晚材/μm	晚/早	早材/μm	晚材/μm	晚/早	早材	晚材	早材	晚材	早材	晚材	基本	气干
黄山松	3.650	4.148	1.14	41	39	0.95	47	24	0.51	2.6	5.4	2.08	2.4	6.2	2.58	0.13	0.47	0.88	0.68	39	106	0.435	5.534
思茅松	4.564	5.086	1.11	52	49	0.94	52	27	0.52	3.4	7.1	2.09	3.1	8.8	2.84	0.14	0.56	0.88	0.64	88	104	0.444	5.555
红松	3.753	3.941	1.05	42	39	0.93	57	23	0.40	3.1	4.4	1.42	2.9	5.5	1.90	0.16	0.39	0.86	0.72	89	101	—	0.440
广东松	3.733	4.012	1.07	45	43	6.96	57	30	0.53	3.3	6.3	1.91	3.1	5.8	1.87	0.16	0.37	0.86	0.73	83	93	0.429	0.501
南亚松	3.373	3.627	1.08	44	42	0.95	57	29	0.51	3.3	6.7	2.03	4.0	7.0	1.75	0.22	0.50	0.82	0.67	77	78	0.530	0.656
马尾松	4.399	4.956	1.13	45	42	0.93	58	29	0.50	3.0	6.2	2.07	2.5	5.9	2.36	0.13	0.39	0.89	0.72	98	118	0.430	0.536
西藏长叶松	4.236	4.652	1.10	51	44	0.86	60	29	0.48	3.1	5.6	1.81	3.3	6.0	1.82	0.15	0.38	0.87	0.73	63	106	—	
西伯利亚五针松	2.122	2.200	1.04	35	30	0.86	44	15	0.34	2.3	2.5	1.09	2.1	2.7	1.29	0.14	0.22	0.88	0.82	61	73	—	—
樟子松	3.783	4.225	1.12	41	39	0.95	44	20	0.45	2.0	3.5	1.75	2.0	5.3	2.65	0.11	0.37	0.90	0.73	92	108	0.376	0.467
油松	3.199	3.956	1.24	44	41	0.93	47	24	0.51	2.6	4.6	1.77	2.6	5.4	2.08	0.13	0.36	0.88	0.74	73	96	0.360	0.485
台湾松	3.954	4.451	1.13	41	39	0.95	46	24	0.52	3.4	5.3	1.56	3.3	6.2	1.88	0.19	0.47	0.84	0.68	96	114	—	—
黑松	3.549	4.020	1.13	42	39	0.93	59	30	0.51	3.0	6.5	2.17	2.7	5.7	2.11	0.15	0.52	0.87	0.66	85	103	0.450	0.557
云南松	3.053	3.505	1.15	37	33	0.89	37	26	0.70	2.8	6.1	2.18	3.1	6.2	2.00	0.20	0.60	0.83	0.62	83	106	0.483	0.594
金钱松	3.599	4.089	1.14	43	39	0.91	64	29	0.45	2.3	6.5	2.83	2.2	6.0	2.73	0.11	0.44	0.90	0.69	84	105	0.415	0.497
华东黄杉	2.505	2.812	1.12	31	28	0.90	37	19	0.51	1.8	4.0	2.22	2.0	4.3	2.15	0.17	0.44	0.86	0.69	81	100	—	—
黄杉	5.084	5.531	1.09	48	45	0.94	50	25	0.50	2.1	5.9	2.81	2.3	7.2	3.13	0.11	0.47	0.91	0.68	106	123	0.470	0.582
铁杉	2.765	3.100	1.12	34	32	0.94	45	22	0.49	1.9	4.7	2.47	2.0	5.1	2.55	0.13	0.47	0.88	0.68	81	97	0.460	0.526
云南铁杉	3.564	3.993	1.12	40	38	0.95	46	25	0.54	2.4	4.8	2.00	2.5	5.0	2.00	0.14	0.36	0.88	0.74	89	105	0.377	0.471
丽江铁杉	4.160	4.491	1.08	39	34	0.87	51	27	0.53	2.7	5.8	2.15	2.4	6.5	2.71	0.14	0.62	0.88	0.62	107	132	0.466	0.564
长苞铁杉	3.166	3.421	1.08	37	35	0.95	48	23	0.48	2.3	5.0	2.17	2.3	5.6	2.43	0.14	0.47	0.88	0.68	86	98	0.542	0.661
侧柏	1.967	2.228	1.13	26	24	0.92	27	18	0.67	2.2	3.4	1.55	2.2	3.1	1.41	0.20	0.35	0.83	0.74	76	93	0.507	0.615

续表

树种	平均长度			弦向平均宽度			径向平均厚度			弦壁平均厚度			径壁平均厚度			壁腔比		腔径比		长宽比		密度/(g/cm^3)	
	早材/mm	晚材/mm	晚/早	早材/μm	晚材/μm	晚/早	早材/μm	晚材/μm	晚/早	早材/μm	晚材/μm	晚/早	早材/μm	晚材/μm	晚/早	早材	晚材	早材	晚材	早材	晚材	基本	气干
鸡毛松	3.541	3.992	1.13	38	34	0.89	42	21	0.50	3.8	3.8	1.00	3.3	4.1	1.24	0.28	0.32	0.78	0.76	93	117	0.429	0.516
罗汉松	2.425	2.807	1.16	25	26	1.04	31	18	0.58	2.6	2.9	1.12	2.7	3.1	1.15	0.28	0.31	0.78	0.76	97	108	—	—
竹柏	3.637	4.345	1.19	33	29	0.88	38	23	0.61	3.2	4.2	1.31	3.5	4.5	1.29	0.27	0.45	0.79	0.69	110	150	0.419	0.529
竹叶松	2.543	2.866	1.13	27	27	1.00	30	30	1.00	2.8	3.8	1.36	3.1	4.1	1.32	0.30	0.44	0.77	0.70	94	106	—	—
白豆杉	2.736	2.857	1.04	27	27	1.00	31	23	0.74	3.2	4.3	1.34	3.2	4.4	1.38	0.31	0.48	0.76	0.67	101	106	—	—
圆柏	1.888	2.198	1.16	25	24	0.96	29	20	0.69	3.2	3.4	1.06	2.8	3.4	1.21	0.29	0.40	0.78	0.72	76	92	0.513	0.609
方枝柏	1.910	2.304	1.21	20	23	1.15	24	16	0.67	2.1	2.7	1.29	2.6	3.1	1.19	0.35	0.37	0.74	0.73	96	100	—	—
高山柏	4.475	5.033	1.12	33	31	0.94	35	17	0.49	2.4	2.9	1.21	2.8	3.7	1.32	0.20	0.31	0.83	0.76	132	162	—	—
罗汉柏	2.194	2.333	1.06	25	22	0.88	26	17	0.65	2.8	2.9	1.04	2.1	3.1	1.48	0.20	0.39	0.83	0.72	88	106	—	—
秃杉	3.459	3.651	1.06	43	39	0.91	48	23	0.48	3.0	4.0	1.33	2.7	4.2	1.56	0.14	0.28	0.87	0.78	80	94	0.295	0.358
台湾杉	5.346	5.532	1.03	54	48	0.89	67	27	0.40	3.9	6.3	1.62	3.8	8.1	2.13	0.16	0.51	0.86	0.66	99	115	—	—
落羽杉	2.654	2.823	1.06	34	31	0.91	42	18	0.43	3.3	3.5	1.06	3.1	4.0	1.29	0.22	0.35	0.82	0.74	78	91	—	—
红豆杉	2.660	3.051	1.15	29	28	0.97	30	23	0.77	2.8	3.6	1.29	3.0	4.5	1.50	0.26	0.47	0.79	0.68	92	109	0.582	0.692
南方红豆杉	2.994	3.307	1.10	32	31	0.97	31	26	0.84	3.6	5.0	1.39	3.5	4.7	1.34	0.28	0.44	0.78	0.70	94	107	—	—
东北红豆杉	2.858	2.941	1.03	33	30	0.91	43	21	0.49	2.3	4.6	2.00	2.4	4.5	1.88	0.17	0.43	0.85	0.70	87	98	—	—
云南红豆杉	1.926	2.037	1.06	22	21	0.95	24	20	0.83	4.1	3.8	0.93	3.4	3.7	1.09	0.46	0.55	0.69	0.65	88	97	—	—
榧树	3.554	3.829	1.08	33	32	0.97	36	24	0.67	3.6	4.4	1.22	3.0	4.7	1.57	0.22	0.42	0.82	0.71	108	102	0.417	0.499
水松	3.942	4.470	1.13	38	40	1.05	61	27	0.44	2.4	6.0	2.50	2.5	7.1	2.84	0.15	0.55	0.87	0.65	104	112	0.469	0.578

表 5-2-5 中国阔叶材的纤维形态

树种	平均长度/mm	平均宽度/μm	平均壁厚/μm	长宽比	壁腔比	腔径比	密度/(g/cm³)	
							基本	气干
相思树	0.79～1.16	15.0～22.0	—	52.6～52.7	—	—	0.732	0.854
色木槭	0.76	18.1	4.1	42.0	0.82	0.55	0.616	0.749
白牛槭	0.71	16.4	3.1	43.3	0.60	0.62	—	0.680
紫花槭	0.64	16.3	4.0	39.3	0.96	0.51	—	0.740
青楷槭	0.68	19.2	2.8	35.4	0.41	0.71	—	0.490
花楷槭	0.68	17.4	3.1	39.1	0.55	0.64	—	0.590
拧筋槭	0.73	15.0	3.9	48.7	1.08	0.48	—	0.810
水团花	1.06～1.72	17.0～25.0	—	62.4～68.8	—	—	0.917	1.005
臭椿	1.00	21.1	3.48	47.4	0.56	0.58	0.524	0.656
八角枫	1.20～1.65	20.0～37.0	—	44.5～60.0	—	—	0.432	0.479
大叶合欢	0.80～1.15	18.0～24.0	—	44.4～47.9	—	—	0.417	0.517
油桐	1.05～1.68	20.0～28.0	—	52.5～60.0	—	—	—	0.526
木油树	1.21～1.50	27.0～38.0	—	39.5～44.8	—	—	0.321	0.367
拟赤杨	1.60～2.54	30.0～37.0	—	53.3～68.6	—	—	0.359	0.445
辽东桤木	1.04	25.4	4.30	40.9	0.51	0.67	—	0.490
江南桤木	0.73～1.28	12.5～31.5	—	40.6～58.4	—	—	0.410	0.503
细柄阿丁枫	1.71～2.19	20.0～28.0	—	78.2～85.5	—	—	—	0.727
黄梁木	1.20～2.30	30～35	—	40～65.7	—	—	0.308	0.372
糙叶树	1.05～1.34	15.0～21.0	—	63.8～70	—	—	0.525	0.647
枫桦	1.35	20.8	4.6	64.9	0.79	0.50	0.570	0.698
黑桦	1.55	24.2	5.8	64.0	0.92	0.52	—	0.720
岳桦	1.28	19.4	4.4	66.0	0.83	0.55	—	0.620
白桦	1.27	22.3	4.3	57.0	0.62	0.61	0.450	0.620
旱莲(喜树)	2.02	20～25	—	—	—	—	0.412	0.516
千金榆	1.19	18.2	4.2	65.4	0.85	0.54	—	0.710
板栗	0.80～1.19	15.0～27.0	—	44.0～53.3	—	—	0.565	0.689
锥栗	0.82～1.35	18.0～24.0	—	45.5～56.3	—	—	0.536	0.634
茅栗	0.90～1.99	14.0～33.0	—	60.3～64.3	—	—	0.505	0.598
米槠	1.07～1.31	17.0～18.0	—	62.9～72.8	—	—	0.431	0.547
香杨	1.15	31.8	3.8	36.2	0.31	0.71	0.333	0.417
小叶杨	1.25	24.4	3.35	51.2	0.54	0.50	0.321	0.393
毛白杨	1.18	21.0	2.42	56.2	0.37	0.62	0.442	0.519
大青杨	1.27	29.3	3.8	43.3	0.35	0.74	0.336	0.390
枫杨	1.02～1.22	17.0～28.0	—	43.5～60.1	—	—	0.355	0.419

续表

树种	平均长度/mm	平均宽度/μm	平均壁厚/μm	长宽比	壁腔比	腔径比	密度/(g/cm³)	
							基本	气干
鼠李	0.85	15.3	2.8	55.6	0.57	0.64	—	0.640
大白柳	1.06	21.5	3.7	49.3	0.52	0.65	—	0.430
粉枝柳	0.93	19.7	3.0	47.2	0.43	0.69		0.470
蒿柳	0.88	19.1	3.1	46.1	0.48	0.68	—	—
山乌桕	1.17～1.69	26.0～39.0	—	43.3～45.0	—	—	0.427	—
乌桕	1.07～1.50	25.0～30.0	—	42.8～50.0	—	—	0.458	0.561
香椿	0.78～1.07	18.0～27.0	3.3	39.6～43.3	0.51	—	0.477	0.591
加杨	1.10	18.5	2.19	59.5	0.33	0.71	0.379	0.458
小钻杨(大关杨)	1.16	22.1	3.12	52.5	0.45	0.62	0.406	—
山杨	1.34	29.1	4.3	46.0	0.41	0.71	0.392	0.486

木材的生长量、基本密度、化学成分、纤维形态、制浆得率、浆料的光学性能和强度质量指标是评价该品种木材制浆性能的重要指标。适用于制浆造纸的木材品种其基本密度需要在一定的范围，一般范围为 300～600kg/m³，其中高得率制浆要求木材的基本密度为 300～500kg/m³，化学制浆基本密度可以稍高些，但一般不宜超过 650kg/m³。因制浆方法不同，木材木质部的白度对纸浆白度的影响程度不同。木材木质部白度对漂白化学浆的白度影响不大，但对机械浆的白度影响较大。一般来说，颜色较浅的木材所制成的机械浆白度也较浅，漂白后能够达到更高的白度。

我国主要竹材化学组成、纤维形态和组织比量见表 5-2-6 和表 5-2-7。不同竹材品种的制浆性能差异较大，有的竹材品种制成的纸浆无论是光学性能还是强度性能，能够满足各种纸及纸板产品的抄造要求，有的竹材品种是生产溶解浆的良好原料。竹浆已广泛用于包括卫生纸、书画纸、书写印刷纸、电容器纸、箱板纸等纸及纸板产品的抄造。

表 5-2-6 中国主要竹材化学组成 单位：%

树种	部位或生长年龄	灰分	冷水抽提物	热水抽提物	1%NaOH抽提物	苯-乙醇抽提物	克-贝纤维素	克-贝纤维素中 α-纤维素	木质素	戊聚糖	α-纤维素	综纤维素	产地
单竹	梢部	1.54	8.81	12.84	29.53	8.18	51.38	79.01	21.10	25.66	40.50	—	广东清远
	中部	1.62	8.75	11.94	27.61	8.10	53.86	82.29	21.08	25.23	44.32		
	基部	0.98	8.28	2.34	26.24	7.98	54.76	80.10	22.71	25.26	43.86		
刚竹	梢部	1.12	4.91	6.57	30.02	5.17	52.96	80.22	24.86	32.00	42.48	—	浙江临安
	中部	1.30	7.61	8.90	29.97	7.45	54.43	79.91	23.62	28.72	43.50	—	
	基部	1.80	9.65	10.55	30.52	8.08	54.03	81.19	23.69	28.69	43.87	—	
	半年生	2.22	4.62	5.93	27.60	1.81	—	—	24.51	22.69	48.92	76.11	浙江安吉
	1 年生	1.25	10.49	8.97	29.93	7.31	—	—	22.39	22.46	56.74	72.65	
	3 年生	0.98	6.11	7.32	31.33	5.86	—	—	25.15	22.65	42.92	65.39	
台湾石竹	梢部	0.80	6.99	8.70	29.11	8.46	52.25	76.12	25.08	30.63	39.77	—	浙江临安
	中部	1.28	5.58	7.38	27.52	7.00	52.72	79.29	24.86	29.98	42.59		
	基部	2.40	4.02	8.70	25.86	6.41	53.51	81.11	26.03	31.21	43.04	—	

续表

树种	部位或生长年龄	灰分	冷水抽提物	热水抽提物	1%NaOH抽提物	苯-乙醇抽提物	克-贝纤维素	克-贝纤维素中 α-纤维素	木质素	戊聚糖	α-纤维素	综纤维素	产地
淡竹	梢部	2.06	5.35	7.05	25.70	6.59	52.06	79.98	25.63	32.79	41.64	—	浙江临安
	中部	1.30	6.11	7.53	25.50	6.88	55.68	76.90	24.57	32.40	42.82	—	
	基部	1.10	5.00	6.37	23.34	6.15	53.29	79.27	25.65	27.30	42.24	—	
	半年生	1.68	3.69	5.15	27.27	1.81	—	—	23.58	21.95	49.97	78.47	浙江安吉
	1年生	1.29	10.79	8.91	34.28	7.04	—	—	23.62	22.35	57.88	72.84	
	3年生	1.85	8.81	12.71	35.32	7.52	—	—	23.35	22.19	39.05	62.40	
毛竹	梢部	1.22	5.59	7.00	25.26	5.99	54.14	76.13	24.73	31.84	41.22	—	浙江临安
	中部	1.20	7.10	8.48	27.62	7.35	53.62	78.98	24.49	30.80	42.35	—	
	基部	1.10	7.82	9.25	28.75	7.35	54.39	78.86	23.97	32.84	42.89	—	
	半年生	1.77	5.41	3.26	27.34	1.60	—	—	26.36	22.19	61.97	76.62	浙江安吉
	1年生	1.13	8.13	6.34	29.34	3.37	—	—	24.77	22.97	59.82	75.07	
	3年生	0.69	7.10	5.41	26.91	3.88	—	—	26.20	22.11	60.55	75.09	
	7年生	0.52	7.14	5.47	26.83	4.78	—	—	26.75	22.04	59.09	74.98	
紫竹	1年生	1.84	10.69	8.53	33.24	5.29	—	—	23.99	22.08	58.85	73.61	浙江安吉
	3年生	1.71	6.50	8.36	33.65	5.58	—	—	25.00	22.39	43.70	68.64	
	半年生	3.24	6.72	8.57	33.36	2.25	—	—	26.74	21.98	42.23	72.83	
旱竹	1年生	1.96	11.21	7.68	32.84	3.80	—		24.68	22.24	56.13	73.31	浙江安吉
	3年生	2.38	7.18	9.09	33.26	5.64	—	—	25.65	22.39	40.81	55.77	
箭竹	杆	1.76	—	7.78	28.12	3.46	44.99	—	22.33	14.93	—	—	四川
慈竹	3年生	3.30	—	—	32.32	4.31	—	—	21.58	21.39	—	74.21	成都望江公园
	1年生	3.37	—	—	29.30	3.09	—	—	24.60	23.29	—	69.70	—
斑苦竹	2年生	1.45	—	—	26.06	2.56	—	—	26.53	21.26	—	71.86	南京林业大学竹类标本园
	3年生	1.36	—	—	25.85	3.08	—	—	25.45	23.38	—	70.80	
中华大节竹	3年生	2.13	—	—	27.68	3.81	—	—	25.21	21.83	—	72.84	南京林业大学竹类标本园
唐竹	3年生	5.04	—	—	28.47	4.20	—	—	26.33	19.88	—	72.07	南京林业大学竹类标本园
毛金竹	3年生	1.35	—	—	26.78	5.45	—	—	24.59	22.59	—	72.55	南京林业大学竹类标本园
孝顺竹	3年生	1.72	—	—	26.47	3.96	—	—	22.25	20.56	—	75.27	南京林业大学竹类标本园
牡竹	杆壁	1.80	5.15	7.85	23.18	1.80	59.99	—	23.89	15.84	—	—	广东
方竹	杆壁	1.59	10.58	12.24	37.66	3.41	57.69	—	21.49	30.75	—	—	浙江杭州
芦竹	—	3.30	14.01	15.07	37.55	3.71	58.20	—	19.19	27.86	—	—	北京

表 5-2-7 中国竹材的纤维形态和组织比量

树种	茎壁厚度/cm	维管束/(个/cm²)	导管分子						韧皮纤维										基本密度/(g/cm³)	组织比量/%		
			平均长度/mm			平均宽度/μm			平均长度/mm			平均宽度/μm			长宽比	平均腔径/μm	平均壁厚/μm	壁腔比		纤维	导管及原生木质部	筛管及薄壁组织
			外部	中部	内部	外部	中部	内部	外部	中部	内部	外部	中部	内部								
长枝竹	—	—	—	—	—	—	—	—	—	2.84	—	—	17.4	163.22	—	—	—	—	—	—	—	—
油筋竹(马蹄竹)	12.25	6.6	0.61	0.57	0.59	57	97	161	2.37	2.36	2.43	9.4	13.0	10.0	221.29	5.59	11.46	2.05	0.64	44.4	6.1	49.5
孝顺竹	3.60	8.1	0.48	0.65	0.82	18	66	110	1.95	2.40	2.25	14.0	15.75	12.3	157.10	2.78	13.02	4.68	0.51	29.6	4.9	66.1
凤尾竹	—	—	—	—	—	—	—	—	1.95	2.25	2.25	12.3	12.3	12.3	—		—	—	—		—	—
撑篙竹	6.85	6.7	0.43	1.02	0.90	24	112	100	2.32	2.33	2.36	9.8	16.50	9.5	196.14	4.18	14.04	3.36	0.61	44.1	5.1	50.8
硬头竹	4.35	7.3	0.45	0.63	0.62	27	89	169	1.90	2.15	2.14	10.8	12.8	11.2	177.58	5.77	7.06	1.22	0.36	35.4	9.0	55.6
簕楠竹	8.35	5.3	0.55	0.51	0.59	40	114	207	2.36	2.53	2.46	12.75	18.0	17.2	153.31	7.34	10.06	1.37	0.49	50.9	4.9	44.7
簕竹	—	—	—	—	—	—	—	—	—	2.77	—	—	20.2	137.1	—	—	—	—	—	—	—	—
青皮竹	3.25	7.9	0.75	0.79	1.49	41	93	132	3.02	3.22	2.89	9.7	17.40	14.1	221.34	3.37	15.60	4.63	0.75	47.5	10.3	42.2
短穗竹	—	—	—	—	—	—	—	—	2.03	2.25	2.25	15.8	17.5	17.5	128.50		5.3		—	—	—	—
刺黑竹	3.95	4.4	0.64	0.69	0.66	49	81	90	2.36	2.56	2.27	14.3	15.1	11.2	177.38	3.33	14.98	4.50	0.60	42.2	4.2	53.6
方竹	3.60	8.3	0.65	0.80	0.75	45	69	72	1.75	1.65	1.65	15.75	14.0	14.0	115.02	3.48	12.64	3.63	0.51	39.7	4.8	55.5
金佛山方竹	6.15	5.1	0.61	0.79	0.72	41	90	100	0.35	2.43	1.92	11.45	13.4	10.9	187.08	4.67	11.25	2.41	0.58	43.9	4.0	52.1
牡竹	6.20	7.3	0.35	0.60	0.57	36	100	150	2.40	3.04	2.95	9.8	11.0	9.0	281.97	4.31	9.26	2.15	0.50	39.2	5.7	55.1
单竹	3.10	4.2	0.80	0.96	1.10	31	108	153	2.70	2.74	2.52	12.9	17.20	14.0	180.27	3.54	12.40	3.50	0.69	46.8	7.2	46.0
粉单竹	4.65	6.3	0.60	0.80	0.81	32	98	164	3.08	2.91	2.72	12.0	12.0	10.0	255.95	3.80	11.05	2.91	0.50	42.4	8.5	49.1
黄苦竹(石竹)	5.30	8.8	0.57	0.67	0.71	39	69	97	1.81	2.20	2.13	10.9	12.4	9.8	186.76	3.12	11.71	3.75	0.74	37.8	9.8	45.0
黄苦竹(木竹)	11.45	5.9	0.69	0.81	0.80	37	77	60	1.88	2.21	1.88	10.8	14.1	11.7	163.11	2.82	11.33	4.02	0.65	27.6	4.3	68.0
桂竹	5.80	3.8	0.76	0.71	0.91	57	108	156	1.95	2.33	2.18	15.0	17.1	15.1	136.68	5.63	11.80	2.10	0.61	43.4	6.2	—

续表

树种	茎壁厚度/cm	维管束/(个/cm²)	导管分子						韧皮纤维										基本密度/(g/cm³)	组织比量/%		
			平均长度/mm			平均宽度/μm			平均长度/mm			平均宽度/μm			长宽比	平均腔径/μm	平均壁厚/μm	壁腔比		纤维	导管及原生木质部	筛管及薄壁组织
			外部	中部	内部	外部	中部	内部	外部	中部	内部	外部	中部	内部								
人面竹	—	—	—	—	—	—	—	—	—	1.51	—	—	10.8	—	140.3	—	—	—	—	—	—	49.5
黄金间碧玉竹	—	—	—	—	—	—	—	—	—	2.74	—	—	16.2	—	169.0	—	—	—	—	—	—	66.1
水竹	3.80	5.9	0.58	0.67	0.61	31	71	93	2.16	2.64	2.46	13.2	13.7	11.1	207.36	4.09	13.40	3.28	0.65	38.4	5.7	—
台湾桂竹	—	—	—	—	—	—	—	—	—	3.02	—	—	19.4	155.7	—	—	—	—	—		—	50.8
紫竹	—	—	—	—	—	—	—	—	—	2.21	—	—	12.3	178.9	—	—	—	—	—	—	—	55.6
淡竹	3.12	5.5	0.91	1.02	1.04	28	91	116	1.95	2.25	2.10	13.3	14.91	14.0	149.25	3.17	12.50	3.94	0.67	44.3	5.4	44.7
毛竹	8.50	3.6	0.71	0.93	0.74	25	122	147	2.03	2.48	2.25	12.2	14.70	14.0	165.07	4.14	11.89	2.87	0.62	31.6	5.4	—
刚竹	—	—	—	—	—	—	—	—	—	1.67	—	—	13.9	—	119.8	—	—	—	—	—		42.2
粉绿竹	2.95	7.4	0.44	0.52	0.73	34	88	105	2.05	2.20	2.21	10.6	12.9	11.4	184.87	3.18	13.81	4.34	0.83	44.5	8.6	—
苦竹	4.45	4.2	0.75	0.69	0.82	65	100	108	2.10	2.33	2.10	13.7	17.2	14.4	144.33	2.49	14.39	5.78	0.64	40.6	5.2	53.6
茶秆竹	4.80	2.6	0.54	0.88	0.69	41	105	120	2.91	3.01	2.57	13.0	20.0	13.0	184.60	3.81	19.93	5.23	0.73	53.2	5.1	55.5
矢竹	3.35	7.0	0.80	0.73	0.65	31	63	65	1.88	2.10	2.10	15.8	15.8	15.8	125.95	2.57	15.87	6.18	0.63	48.1	2.4	49.1
沙罗单竹	5.98	5.0	0.60	0.80	0.81	41	103	178	2.72	2.94	2.86	12.0	18.0	11.0	207.75	4.74	11.03	2.33	0.55	38.4	5.2	45.0
山骨罗竹	3.25	5.7	0.75	0.68	0.85	45	93	140	2.82	3.43	3.31	11.7	16.9	17.0	209.87	5.04	10.35	2.05	0.46	38.5	6.8	68.0

二、林业“三剩物”资源

林业“三剩物”，是指采伐剩余物、抚育剩余物和加工剩余物等。我国林业“三剩物”年产生量近2亿吨，其中仅抚育和采伐产生的剩余物就达1亿吨以上，是木材加工和制浆造纸纤维原料的重要来源[1]。

林业“三剩物”的利用已引起人们的重视，但在世界各国的利用水平存在差异。中国等发展中国家的木材综合利用率仅为50%～60%，而发达国家的木材综合利用率已达80%～90%。早期国外就利用林区枝桠材木片制浆造纸，罗马尼亚利用枝桠材木片采用硫酸盐法制浆，成功抄造出水泥袋纸和220g/m^{2}的箱纸板产品。20世纪末90年代，世界各国在制浆造纸原料结构中，普遍取消或削减使用原木木片，而扩大到使用林区枝桠材木片。加拿大木材造纸生产中，木材剩余物用量达到每年1600万立方米，枝桠材木片（包括去皮木片）广泛地应用到制造各种商品木浆和本色浆等方面。20世纪70年代初，我国邻近林区的黑龙江省哈尔滨造纸厂首先扩大造纸原料途径，开始采用枝桠材木片生产木浆，从而取代了历年传统苇浆生产，生产多品种纸张，包括包装纸、各类文化用纸、单胶和双胶印刷纸等。为了充分合理利用森林资源，近年国内掀起利用森林采伐、抚育、加工的“三剩物”及速生丰产林（桉、杨）和抚育间伐的“次小薪材”为原料，生产制浆造纸和“三板”用木片，以山东、广西、海南、河南、广东、福建等省区为主，占全国木片总产量的60%以上。

国内林业木材资源匮乏，林业“三剩物”资源储量丰富。林业“三剩物”通常堆积密度低、体积大，且分布松散，不便收集、储藏和运输，因此传统的“三剩物”处理方式大多以就地抛弃、焚烧或填埋等简单方式为主，造成了环境污染和资源的极大浪费。每年产生抚育、小径材、枝桠材、单板旋切废弃物达1000多万吨，以上废弃物没有能够得到有效利用。另外，我国纸浆纤维严重短缺，每年从国外进口的纸浆高达600万吨以上。木材工业与制浆造纸工业原料竞争和优质木材原料的供应短缺，且林业“三剩物”与木材“同根同源”，作为木材的替代资源具有先天优势。目前和今后较长时间内，制浆工业只能利用大量的加工剩余物、低质混合材和其他低质材进行生产。利用小径材及剩余物作为造纸用纤维原料，不仅提高纤维资源利用率，避免木材资源的浪费，而且对改变造纸企业原料结构起到积极作用。

三、禾草类纤维原料

禾草类纤维原料包括一年生草本植物（龙须草、麦草、稻草、棉秆、玉米秸秆、甘蔗渣、皇竹草、田菁等）和多年生草本植物（竹子、巨菌草等）。据不完全统计，我国每年可以产生的禾草类植物生物量可达15亿吨以上，但具有能够收集和利用潜力的约有6亿吨以上。

我国是农业大国，每年可产生丰富的农业秸秆。事实上稻麦草用于制浆造纸在我国具有十分悠久的历史，稻草浆是宣纸生产的重要组分之一。我国仍然有企业将甘蔗渣、麦草等作为原料生产纸和纸板产品。研究开发禾草类原料清洁制浆关键技术和核心装备，将是放在制浆造纸科技工作者和工程技术人员面前的重要任务。

第二节　制浆材材性

制浆材，亦称纸浆材，通常是指适于制浆造纸的木材。理论上讲，所有的木材种类均能制浆造纸。但在实践中，某种木材是否适于制浆造纸，取决于其资源储量或速生丰产特性。作为优良的制浆材，通常应具有较高的纤维素含量、较低的木质素和抽提物含量及适宜的密度等。比较典型的制浆材，针叶材主要有北方的落叶松和南方的马尾松、杉木等品种，阔叶材主要有北方的杨木和南方的桉木、相思木。

我国森林资源相对匮乏，制浆木材纤维原料将在较长时间内短缺。但我国有丰富的竹类资源，素有“竹子王国”之称，现有竹类植物39个属、370多个种，竹林面积420万公顷，居世界之首。竹材具有种类多、适应性广、生长快、生物量大的特点，其纤维长度介于阔叶材和针叶材之间，平均纤维长度为2～3mm、长宽比为150～200，同时竹材的纤维素含量也较高，是一种优良的造纸原料。以竹代木制浆造纸，是解决我国制浆木材短缺、促进纸业发展的一条重要途径。因此，在我国制浆材的概念可进行拓展，即包括制浆木材和制浆竹材。

一、典型制浆材的材性

1. 落叶松

我国落叶松森林面积占森林总面积的10.1%，而蓄积量占森林总蓄积量的11.4%。因此，合理开发利用落叶松木材资源，是制浆造纸工业迫切需要解决的一个问题。落叶松是我国北方的重要造林针叶树种，它早期速生、成林快而且适应性广，木材可用于制浆造纸。落叶松的纤维形态和化学组成分别见表5-2-8和表5-2-9。

表 5-2-8 落叶松的纤维形态[2]

树种	树龄/年	基本密度/(g/cm^3)	晚材率/%	平均长度/mm	长宽比	壁腔比	
						早材	晚材
兴安落叶松	15	0.410	30.02	2.57	66.8	0.27	1.14
	25	0.454	60.99	2.77	76.3	0.19	1.49
	38	0.483	63.53	1.59	61.7	0.22	1.05
	107	0.564	85.73	3.38	88.4	0.21	1.41
长白落叶松	17	0.350	36.3	1.98	51.0	0.21	0.81
	30	0.424	57.6	2.40	69.0	0.18	0.94
日本落叶松	8	0.370	1.52	1.57	57.0	0.17	0.62
	15	0.410	19.60	2.01	70.0	0.15	0.55
	20	0.440	20.50	2.29	73.0	0.14	0.62
	25	0.450	21.60	2.41	63.0	0.15	0.61

表 5-2-9 落叶松的化学组成[2]

树种	树龄/年	灰分/%	抽提物/%			木质素/%	戊聚糖/%	综纤维素/%
			热水	苯-乙醇	1%NaOH			
兴安落叶松	15	0.29	6.27	2.34	16.62	27.81	12.12	71.11
	25	0.26	7.40	1.94	17.15	27.25	11.94	70.26
	38	0.37	10.09	2.58	19.92	26.39	11.36	67.66
	107	0.18	9.29	3.20	19.60	27.01	10.44	68.53
长白落叶松	17	0.32	4.93	1.81	14.96	28.82	12.40	72.14
	25	0.38	8.24	3.04	18.40	27.77	12.16	67.46
	30	0.55	14.09	3.28	25.58	26.83	11.97	62.76
日本落叶松	8	0.34	5.31	2.72	17.65	27.57	13.42	71.25
	15	0.28	5.06	2.09	16.34	26.52	12.14	72.57
	20	0.20	3.93	1.35	13.56	26.92	12.45	74.46
	25	0.16	4.70	2.25	14.62	27.17	10.76	75.92

树龄对落叶松的基本密度、晚材率和纤维形态有较大影响。譬如，晚材率随树龄增大而提

高，幼龄材纤维较短。落叶松纤维比较长而粗，但纤维细胞腔小而壁厚，胞腔呈多角形，纤维比较挺硬，致使落叶松纸浆在打浆过程中不易弯曲变形，纤维之间接触面积小，结合力小，这是落叶松纤维的一个根本性弱点。而较长的纤维导致其具有高的撕裂强度，这为生产纸袋纸创造了有利条件[2]。

落叶松是针叶木中抽提物含量最高的树种，尤其是心材含有较多的水溶性阿拉伯半乳聚糖及较多的单宁和多酚类双氢栎精。这些物质的存在严重影响了落叶松木材的化学制浆性能，主要表现在纸浆得率低、用碱量高、纸浆难漂白等。这些物质的含量又随着树龄的增加而增加（表 5-2-9）。因此，对于落叶松而言，树龄大的木材比树龄小的木材更难制浆。落叶松种间的化学组成也存在一定程度的差异，如日本落叶松的热水抽提物、1%NaOH 抽提物与戊聚糖含量略低，而综纤维素含量较高，利于制浆造纸[2]。研究表明，落叶松幼龄材的制浆造纸性能优于成熟材。而落叶松的树种特性之一正是早期速生，因此落叶松幼龄材制浆造纸具有广阔的发展前景。

2. 马尾松

马尾松林是我国东南部湿润亚热带地区分布最广、资源储量最丰富的森林类型，也是该地区森林的典型代表之一。马尾松广泛应用于国民经济各个领域，也是我国制浆造纸主要用材之一。不同树龄马尾松的纤维形态和化学组成分别见表 5-2-10 和表 5-2-11。与落叶松相比，马尾松的热水抽提物和 1%NaOH 抽提物含量较低，而综纤维素含量较高，而且纤维较长，晚材率较低，这些特性均对制浆造纸有利。

表 5-2-10 不同树龄马尾松的纤维形态[3,4]

产地	树龄/年	基本密度/(g/cm^3)	晚材率/%	平均长度/mm	平均宽度/μm	长宽比	壁腔比	
							早材	晚材
贵州	10	0.334	22.52	2.90	33.9	85.5	0.30	0.51
	21	0.391	25.44	3.04	37.9	80.2	0.33	0.74
	29	0.431	40.10	3.29	43.4	75.8	0.23	0.61
福建	10	0.458	48.44	2.63	38.5	68.3	0.23	0.61
	20	0.454	49.61	2.87	39.1	73.4	0.25	0.70
	30	0.542	55.48	3.20	41.2	77.7	0.27	0.86

表 5-2-11 不同树龄马尾松的化学组成[3,4]

产地	树龄/年	灰分/%	抽提物/%				木质素/%			戊聚糖/%	综纤维素/%
			冷水	热水	苯-乙醇	1%NaOH	酸不溶	酸溶	总计		
贵州	10	0.28	0.59	2.52	1.66	12.79	28.89	0.33	29.22	13.92	75.71
	21	0.27	0.34	1.90	1.44	12.19	29.69	0.31	30.00	13.27	73.54
	29	0.28	0.70	1.97	1.62	12.41	29.22	0.30	29.52	12.41	73.94
福建	10	0.22	1.38	2.72	1.40	13.29	28.58	0.48	29.06	13.53	75.19
	20	0.28	0.80	2.64	1.34	13.18	28.66	0.34	29.00	12.33	74.41
	30	0.30	1.49	2.75	1.35	13.87	27.39	0.39	27.78	11.16	74.01

3. 杨木

杨树在我国主要分布于华中、华北、西北、东北等广大地区，是我国北方最主要的速生阔叶材种。杨树培育周期短，纤维形态好，原木白度高，基本密度和硬度较小，对药液吸收和机械磨浆有利。因此，杨木是很好的制浆造纸原料。我国用于制浆造纸的主要杨木种类有：欧美杨（*Populus* × *canadensis* Moench）、意大利杨（*Populus euramevicana*）、河北杨（*Populus* × *hopeiensis* Hu & Chow）、黑杨（*Populus nigra*）等。21 世纪以来，我国开发出的杨树新品种——三倍体毛白杨（*Triploid populus tomentosa*）具有超短周期5年轮伐、木材利用价值高、生态适应性强等优点，成为制浆造纸的重要原料之一。

几种杨木的纤维形态见表5-2-12。一般杨木的基本密度较其他木材低，纤维平均长度在1mm左右，但纤维长宽比差异较大，中林三北一号杨的纤维壁较欧美杨略厚，纤维的柔软性稍差。几种杨木的化学成分见表5-2-13。与针叶材相比，杨木具有综纤维素含量较高、木质素含量较低等特性。

表5-2-12　几种杨木的纤维形态[5]

树种	树龄/年	基本密度/(g/cm^3)	平均长度/mm	长宽比	壁腔比
欧美Ⅰ-69	6	0.395	0.98	52.1	0.45
欧美366	6	0.324	0.97	43.7	0.45
欧美370	6	0.324	1.07	46.5	0.41
欧美Ⅰ-63	6	0.380	1.04	47.2	—
三倍体102	5	0.40	1.09	41.0	0.19
中林三北一号	12	0.330	1.02	38.9	0.52

表5-2-13　几种杨木的化学成分[6]

树种	树龄/年	灰分/%	抽提物/%			综纤维素/%	木质素/%	戊聚糖/%
			热水	苯-乙醇	1%NaOH			
欧美杨	6	0.75	2.36	1.60	16.16	82.05	20.93	21.31
意大利杨	6	0.61	2.14	1.84	17.84	80.62	23.10	26.87
河北杨	6	0.32	2.46	—	15.61	—	17.10	22.61
毛白杨	6	0.84	3.10	2.23	17.82	78.85	23.75	20.91
三倍体毛白杨	5	0.34	—	2.60	22.75	81.20	21.76	24.90
黑杨	6	1.03	3.15	2.01	20.12	77.64	22.37	27.17

4. 桉木

桉树是一种生长快、适应性强的阔叶树种。桉树于19世纪末引种至我国。桉树成为发展人工速生丰产林最重要的树种之一，同时也是我国制浆造纸工业重要的木材纤维原料之一。经筛选、育种栽培后适用于制浆造纸的桉树树种主要有：尾巨桉（*E. urophylla* × *E. grandis*）、尾叶桉（*E. urophylla*）、蓝桉（*E. globulus*）、柠檬桉（*Eucalyptus citriodora* Hook.）及雷林一号等。

几种桉木的纤维形态见表5-2-14。桉木纤维的平均长度一般为0.9mm左右，相对较短，但纤维较细，其长宽比在阔叶材中较大，细胞壁也较薄，这有利于制浆造纸。常见桉木的化学成分见表5-2-15。桉木的化学组成随树种有较大差别，在同一树种中，又与树龄有关，树龄大者，抽提物含量高，纸浆色深，难漂白，同时黑液黏度大，造成碱回收障碍。

表5-2-14　几种桉木的纤维形态[5]

树种	树龄/年	平均长度/mm	平均宽度/μm	长宽比	壁腔比
柠檬桉	7	1.01	18.09	55.8	0.60
柠檬桉	17	1.25	17.74	70.5	0.57

续表

树种	树龄/年	平均长度/mm	平均宽度/μm	长宽比	壁腔比
尾叶桉	6	0.81	16.20	50.0	0.64
刚果-12 桉	11	0.83	14.50	57.2	0.85
史密斯桉	4	0.81	15.60	51.9	0.70
蓝桉	4	0.81	16.10	50.3	0.48
亮果桉	4	0.84	15.40	54.5	0.46

表 5-2-15　几种桉木的化学成分[6]

树种	树龄/年	灰分/%	抽提物/%			综纤维素/%	木质素/%	戊聚糖/%
			热水	苯-乙醇	1%NaOH			
尾巨桉	6	0.35	3.43	1.87	15.24	79.75	23.18	21.55
巨尾桉	6	0.42	5.25	1.94	17.32	77.96	26.45	22.40
蓝桉	5	0.51	3.01	0.98	13.58	80.80	24.12	21.08
尾叶桉	5	0.49	3.57	1.45	15.77	78.15	26.62	22.65
细叶桉	5	0.32	2.32	0.86	13.84	81.36	24.26	21.85
柠檬桉	6	—	3.25	1.96	14.94	77.00	23.07	25.15
柠檬桉	13	—	3.22	2.39	14.24	79.95	19.27	22.85
雷林一号	7	—	3.60	1.88	12.26	77.67	26.73	16.42

5. 相思木

相思树原产于热带及亚热带地区，我国相思树种为台湾相思树。相思树有很强的土壤适应性，生长迅速，能自肥土壤，是较好的经济树种。相思树于 20 世纪 70 年代引入我国，在广东、福建、广西等地大规模种植，目前已成为我国重要的速生短轮伐期树种之一。用于制浆造纸原料的相思树种主要有：马占相思（*Acacia mangium*）、厚荚相思（*A. crassicarpa*）、纹荚相思（*A. aulacocarpa*）、大叶相思（*A. auriculiformis*）、杂交相思（*A. auriculiformis*×*A. mangium*）等。常见相思木的纤维形态和化学成分分别见表 5-2-16 和表 5-2-17。

表 5-2-16　几种 6 年生相思木的纤维形态[7]

树种	基本密度/(g/cm^3)	平均长度/mm	平均宽度/μm	长宽比	壁腔比
马占相思	0.47	0.93	21.4	43.2	0.51
厚荚相思	0.47	0.89	15.8	56.4	0.53
大叶相思	0.49	0.96	17.9	53.8	0.55

表 5-2-17　几种相思木的化学成分[6]

树种	树龄/年	灰分/%	抽提物/%			综纤维素/%	木质素/%	戊聚糖/%
			热水	苯-乙醇	1%NaOH			
马占相思	6	0.31	4.07	4.07	15.44	80.45	23.15	20.35
	9	0.34	3.35	4.11	14.30	78.19	23.66	20.04

续表

树种	树龄/年	灰分/%	抽提物/%			综纤维素/%	木质素/%	戊聚糖/%
			热水	苯-乙醇	1%NaOH			
厚荚相思	6	0.28	6.03	3.62	13.61	77.18	23.20	21.28
	9	0.23	4.02	4.07	16.28	76.05	24.58	21.60
大叶相思	6	0.68	—	2.97	14.03	78.21	23.22	23.74
	9	0.35	4.53	5.02	13.04	75.35	25.81	23.61
纹荚相思	13	0.33	6.00	4.86	14.75	73.50	27.60	21.58
杂交相思	5	—	—	2.25	—	78.21	19.85	25.15
	6	—	—	2.88	—	78.82	19.75	—
	7	—	—	1.87	—	81.63	17.73	—

6. 竹子

我国是世界竹子分布中心产区之一，是世界上竹子资源最丰富、竹林面积最大、蓄积量最高、竹子栽培和利用历史最悠久的国家。我国竹类资源主要集中分布于福建、浙江、江西、湖南、四川、安徽、湖北、广东等省区，其中以长江以南的福建、浙江、江西、湖南 4 省最多，约占全国竹林总面积的 70%[8]。

竹子细胞主要含纤维细胞、薄壁细胞、石细胞、导管、表皮细胞等。竹纤维细胞约占细胞总面积的 60%～70%，低于针叶木而高于一般草类。竹子纤维细长，呈纺锤状，两端尖锐，其平均长度为 1.5～2.1mm，平均宽度 15μm 左右，长宽比为 110～200（表 5-2-18）。竹纤维内外壁较平滑，胞壁厚（约 5μm），胞腔小。也有部分短而宽的纤维，两端钝尖，胞腔较大，多生长于节部。综上，竹子纤维的形态特征为：纤维细长、壁厚腔小、相对密度大、纤维较挺硬、透明度高[9]。

表 5-2-18　竹子原料的纤维形态[9]

竹种	长度/mm		宽度/μm		长宽比	重均长度/mm
	平均	一般	平均	一般		
黄竹	1.55	0.94～2.06	13.7	8.3～19.6	113	1.83
绿竹	1.94	1.30～2.76	14.7	9.8～20.6	132	2.24
慈竹	1.99	1.10～2.91	15.0	8.4～23.1	133	2.36
水竹	1.75	0.92～2.59	14.2	10.8～19.6	123	1.92
青皮竹	1.92	1.20～2.72	16.0	9.8～22.1	120	2.21
毛竹	2.00	1.23～2.71	16.2	12.3～19.6	123	2.31
西风竹	1.87	0.92～2.76	13.2	8.3～16.8	142	2.22

竹子原料的化学成分如表 5-2-19 所示。各种竹材中纤维素含量为 43%～50%，木质素含量为 20%～30%，1% NaOH 抽提物含量较高，为 25%～30%。

丛生竹材纤维长度为 1.88～3.04mm，平均 2.37mm；纤维宽度为 12.4～20.8μm，平均 16.6μm；长宽比在 101～210 之间，平均 145；纤维素含量为 42.33%～52.08%，平均 48.05%。与散生竹类相比，丛生竹类生长更快，产量更高，纤维更长，纤维素含量更高。因此，制浆竹材的竹种应以丛生竹类的竹种为主，如青皮竹、慈竹、料慈竹、粉单竹、撑篙竹、刺楠竹、麻竹、绿竹、孝顺竹、龙竹、刺竹、黄竹、云香竹、撑绿杂交竹等[9]。

表 5-2-19　竹子原料的化学成分[9]

竹种	产地	灰分/%	苯-乙醇抽提物/%	纤维素/%	木质素/%	戊聚糖/%	1%NaOH抽提物/%
黄竹	广西	1.82	3.12	47.12	21.85	20.66	27.75
丹竹	广西	1.24	2.96	47.40	23.49	20.57	27.49
苦竹	湖南	1.51	—	44.55	25.33	20.77	26.38
篙竹	广西	2.54	3.66	49.20	22.05	19.23	29.85
金竹	广西	1.19	1.64	46.52	26.23	20.79	25.34
毛竹	福建	1.10	—	45.50	30.67	21.12	30.98
云香竹	广西	1.53	2.76	45.35	22.70	21.31	—
甜竹	广西	3.46	—	49.22	25.16	19.56	21.55
白荚竹	四川	1.43	—	46.47	33.46	22.64	28.65
水竹	湖南	1.38	—	43.01	24.69	21.15	26.33
绿竹	广东	1.78	6.60	49.55	23.00	17.45	26.86
慈竹	四川	1.20	—	44.35	31.28	25.41	31.24

竹材中硅的含量一般为1.5%～2.5%，高于木材。原料中硅含量高会引起黑液中 SiO_2 含量高，这对黑液蒸发有一定的不利影响。对于石灰回收，入窑白泥中高硅含量将降低煅烧产品中活性灰的可用性。因此，硅是竹浆厂各工段均应考虑的问题[10]。

竹子纤维属于中长纤维，其长度介于针叶木和阔叶木之间，具有良好的制浆造纸特性，属于上等的造纸纤维原料之一。现代化大型竹浆厂应走林浆纸一体化道路，有计划因地制宜地建设造纸竹林基地，以确保竹子纤维原料的持续供应[9]。

二、制浆材材性快速分析

制浆材材性的差异对制浆造纸过程有一定影响。对制浆材材性实现快速测定，从而选择合适的制浆条件，以降低能耗，避免浪费资源。传统的制浆材材性的测定方法过程烦琐，无法满足现代化生产的需求。近红外光谱能够反映木材原料中含氢基团的吸收信息，结合化学计量学方法建立模型，可快速、高效、无损地进行制浆材材性测定[11]。采用近红外光谱法测定制浆材材性时，分别使用偏最小二乘法（PLS）、LASSO 算法、支持向量机法（SVR）和人工神经网络法（BP-ANN），针对制浆材的基本密度、水分含量、综纤维素含量、木质素含量和苯-乙醇抽提物含量建立模型，发现 LASSO 算法建立的基本密度和综纤维素含量模型最优，PLS 建立的水分含量和苯-乙醇抽提物含量模型最优，SVR 建立的木质素含量模型最优。首次证明 LASSO 算法在制浆材材性分析中具有良好的建模能力，这为制浆造纸行业应用近红外技术时的精确度优化提供了新的可能[11]。

三、制浆材材性对制浆造纸性能的影响

制浆材的材性与终纸产品的质量关系密切。木材中纤维素的含量直接决定纸浆得率，半纤维素的含量对磨浆过程中的化学品用量、纤维分丝帚化和纸浆的不透明度等均有影响。抽提物和木质素的含量高将导致难以制浆。木材的基本密度和水分含量、新鲜度等因素决定了磨浆能耗和化学品用量。而纤维的长宽比和壁腔比等纤维形态特征则对纸浆的强度性能有重要影响。因此，使用材种单一、质量稳定的木材纤维原料可保证工艺条件和纸浆质量的稳定性。但随着我国纸浆市场需求扩大和木材资源日益短缺，使用单一的优质木材原料制浆已无法满足实际生产需求，而利

用低等级木材或多种混合木材制浆已成为必然趋势。此外，制浆材原料在收集、贮存、转运等过程中不断混合、分装，到达生产线时材性特征必然存在较大的波动和差异，最终会影响到生产工艺参数的设定和纸浆性能及终纸产品的稳定性[6]。

第三节　木片和木材加工剩余物

一、木片

1. 造纸木片的质量要求

造纸木片的定义是“以木材为原料，通过机械加工方式获得的具有一定规格尺寸用于制浆造纸的木片”。其中的木材可以是小径原木、速生木材、枝桠材或制材板边材，常见的机械加工方式一般是削片。

合格木片是指木片尺寸、各筛层存留木片比率达到要求且木片等级至少达到三等的木片。合格木片比率是振动测定筛某些特定孔径（ϕ28.6mm、ϕ22.2mm 和 ϕ9.5mm）筛板上留存的木片比率之和。GB/T 7909—2017《造纸木片》对合格木片尺寸及各筛层留存木片比率限值的详细要求见表 5-2-20。

表 5-2-20　合格木片尺寸及各筛层留存木片比率限值[12]

木片用途	合格木片尺寸/mm		各筛层留存木片比率/%			
	长度	厚度	ϕ31.8mm	ϕ28.6mm、ϕ2.2mm、ϕ9.5mm 之和	ϕ4.8mm	木屑
硫酸盐法或亚硫酸盐法制浆	7～45	3～5	≤5	≥80	≤8	≤2
半化学法或化学机械法或机械法制浆	7～45	3～5	≤5	≥70	≤8	≤2

几乎所有树种的木片均可用于制浆造纸，因此新的《造纸木片》标准对树种未作规定，但建议最好使用单一树种的木片。我国制浆造纸企业一般根据资源情况就近选择树种，北方地区既有针叶材又有阔叶材，南方地区则主要是阔叶材。

2. 进口木片的检疫及处理

随着进口木片数量的逐年增加，其携带的植物疫情也日益严峻。譬如，福州新港进境木片多来自美国佐治亚州和南卡罗来纳州等松材线虫疫区。树种多为美国黄松（*Pinus ponderosa*），是北美西部分布最广的树种之一。该树种为松材线虫的主要寄主，也是西部松小蠹（*Dendroctonus brevicomis*）、西部白松小蠹（*D. ponderosae*）、圆头松小蠹（*D. adjunctus*）以及齿小蠹属（*Ips*）等的寄主。因此，进境木片具有很高的疫情风险[13]。

（1）现场检疫及处理　对进境木片应在锚地做表层检疫。由于木片运输船的中下层温度特别高，不适合昆虫的生存，昆虫通常爬到船舱的表层和舱盖的边缘活动。木片的检疫工作首先要在舱盖的四周边缘进行检疫，再对各个货舱进行取样，最后用孔径不同的 2 个筛子套在一起，把木片放在上层筛子里，下面铺一层白纸，前后左右地摇动筛子，小的虫子就会落在白纸上面，稍大的虫子就会留在第二层筛子里，最大的虫子将留在上层筛子里，然后用镊子和试管将其捕获[13,14]。

发现有害生物后，应及时向货主下发《检验检疫处理通知书》，通知货主对其货物携带的有害生物进行除虫处理[14]。熏蒸是目前主要的检疫处理措施，可结合当地当时的气候条件，确定合理的投药量和密封时间。譬如，采用帐幕覆盖溴甲烷密封熏蒸的方法，在气温较低及木片对熏蒸药剂吸附性大的情况下，采用溴甲烷 80g/m^3 处理 24h。一般要求熏蒸 24h 后溴甲烷浓度应大于 40g/m³。在监测药剂浓度时，适量投放 CO_2 吸收剂（如小苏打等）以避免因 CO_2 量过高对测定数据产生影响[13]。

(2) 产地检疫　最好前往进口国的树木种植地和木材削片厂进行产地检疫，了解当地的树木以及木片的有害生物，从而提出风险管理措施。建议供货商在木片装船前后用杀虫剂或杀螨剂进行除虫处理，从而降低有害生物入侵的风险[14]。

3. 进口木片的卸船工艺

影响木片专用码头卸船工艺选择的因素较多。主要依货运量、到港运木片船型、码头前沿是否有空旷的境域、可否直接向纸厂卸木片等具体情况，因地制宜确定其卸船工艺。通常有下列几种木片运输船的卸船工艺[15]。

(1)"木片运输船→堆场"工艺　对于码头前沿具有广阔的境域作为木片堆场的情况，可采用"木片运输船→堆场"卸船工艺[15]。采用带抓斗的浮式起重机，自船舱向岸上的木片堆场卸木片。采用推土机分移堆场内木片并从栈桥坡道向厂内运输车装载木片；用自行式抓斗起重机向厂内运输车装木片运往纸厂；利用厂内运输机具向加工车间输送木片。供给生产需要的木片，运送距离在 200m 以内可采用带式输送机。

(2)"木片运输船→运木片汽车→堆场"工艺　对于拥有机械化木片专用码头的制浆造纸企业，可采用"木片运输船→运木片汽车→堆场"工艺[15]。采用高架抓斗起重机从船舱卸木片；通过车厢随即将木片运到堆场，或由运木片汽车或专用的铁路活底车厢运走。如缺少专用抓斗卸木片时，可采用散货抓斗进行。

该工艺亦可采用专用的运输机卸货并从码头转运木片，进入铁路和公路站台的木片接收器，由站台上的刮板式、螺旋式和带式输送机将木片输送到车间或木片贮存场。用推土机、铲式输送机或螺旋风筒机将木片整理成堆。

(3)"木片运输船→料斗输送车→带式输送机"工艺　这是一种很有前途的木片卸船方式[15]。采用高生产率抓斗并配合与其相适应的起重机。根据连续输送机械的生产力选取输送机或以具有一定流量的鼓风机为基础所构成的气力输送机。

4. 木片露天堆场

国外大型纸浆厂普遍采用木片露天堆场进行木片贮存[16,17]。我国一些大型纸浆厂先后引进了国外木片露天堆场的关键技术及装备。现代化木片露天贮存系统采用"先进先出"的存料周转原则，以提供足够的贮存能力，而且使用全自动系统以控制贮存时间。由新型堆贮系统供给的木片均匀性，比由常规仓贮系统供给的木片更好。主要表现为：①木片水分含量较均匀；②木片密度变化较小；③木片尺寸分布的均一性提高。这种均匀性较高的木片保证了一个稳定的蒸煮过程，使得蒸煮后纸浆卡伯值的波动减小，并且提高细浆得率约 1%。因此，对于木片质量波动较大的工厂，木片露天堆贮系统的确是解决该问题的有效办法。

(1) 贮存系统的混合作用　在现代化木片露天贮存系统中，垛顶上的堆料输送机每一次新的加料，都要在原料层上面形成又一薄层，这些料层都以物料的自然安息角呈倾斜状态存在。垛底中的螺旋出料器则以贯穿这些料层的方式逐层提取物料。因此，所提取物料就呈现为一种由数层物料均匀搅拌所得的混合物料。贮存系统的这种混合作用，使得所提取物料的质量波动较小（图 5-2-1）。

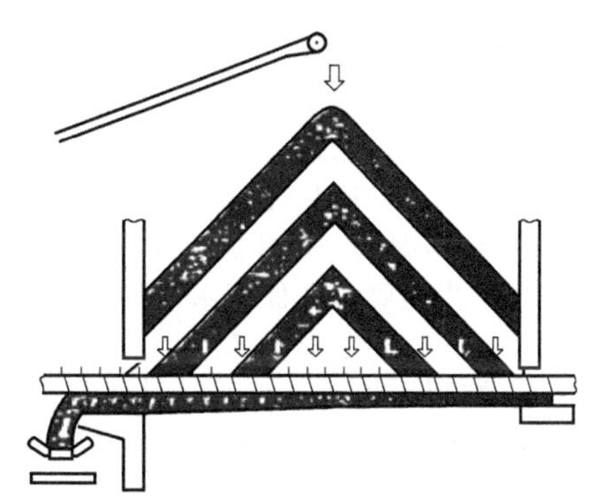

图 5-2-1　移动式螺旋出料器的混合作用原理[16]

(2) 露天贮存的木片质量　经露天贮存后，木片质量会发生如下变化。

① 化学组分。在正常的木片贮存过程中，木质素、纤维素及半纤维素的含量一般受贮存时间的影响较小（表 5-2-21）。

表 5-2-21　贮存时间对云杉化学组分的影响[16]

贮存时间/月	抽提物/%	木质素/%	纤维素/%	葡甘露聚糖/%	木聚糖/%	乳聚糖/%	阿拉伯半乳聚糖/%
0	1.7	26.7	44.2	15.4	9.0	1.8	1.3
1	1.7	26.9	42.7	15.8	9.0	2.3	1.5
4	1.6	26.8	44.3	14.6	9.5	2.3	0.9
13	1.6	27.0	44.3	15.2	9.9	1.4	0.7

② 树脂含量。在木片贮存期间，最主要的反应之一是木材树脂迅速风化，从而引起树脂含量的降低（图 5-2-2）。这是由木材活细胞的呼吸作用所致，其呼吸作用由于温度的升高而增强。这种树脂含量的降低是木片露天贮存所独有的，而在相同程度的原木贮存中并不显著。剩余的树脂部分被水解并氧化，这些反应使得其在蒸煮过程中的亲水性增强，从而更利于溶出。

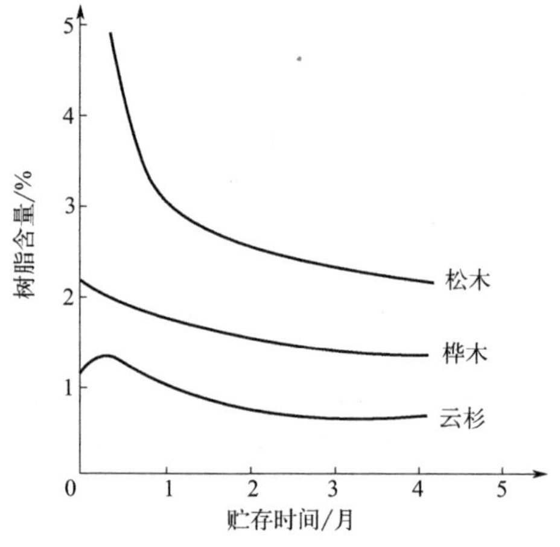

图 5-2-2　木片树脂含量与贮存时间的关系[16]

③ 水分含量。在正常的木片贮存条件下，中底部木片由于压实作用通常无法得到充分干燥，这与剥皮原木贮存所发生的情形相反。

④ 木片变色。在木片露天贮存过程中，另一个重要的变化是木片显著变色。引起木片变色的原因，可能与生物化学和纯化学因素有关。

（3）木片露天堆场的设计要点　木片露天堆场的设计应遵循如下要点。

① 木片先堆存后筛选。木片露天堆场应按“先堆存后筛选”的原则布置于削片工段与筛选工段之间。这样能保证木片经筛选归仓后直接送往蒸煮工段，避免二次污染。

② 一个堆场多座料垛。木片露天堆场应按“一个堆场多座料垛”的原则进行布置。这既能满足进场木片按树种及其来源的不同实现分类堆存，又可单独或配比使用。即使对于相同种类的木片，为避免大堆过量贮存所引起的木质损失，亦应分垛堆存，尽量缩短单垛的贮存时间，同时有利于防火安全。

③ 木片堆存后按“先进先出”排料。木片露天堆场在设备选型时，应按“先进先出”的原则，优先选用连续式堆料出料的工艺设备。对于长形垛而言，堆顶上的堆料设备可选用可逆配仓带式输送机或带卸料小车的带式输送机，堆底部的出料设备可选用移动式螺旋出料器。螺旋取料长度一般为 6～10m（悬臂式），大于 10m 时宜采用简支式。根据垛顶长度选取螺旋移动距离，这样可利用螺旋出料器的搅拌混合作用及定量取料功能而使木片的质量保持均匀，有利于蒸煮过程控制。

④ 木片垛尺寸。木片露天堆场的料垛尺寸，一般由贮存总量和料垛数量所决定。建议长形料垛的尺寸为：垛顶长度 100～120m，堆垛高度 20～30m。按照堆积角度 45°计算，其垛底宽度为 40～60m，垛底长度为 120～150m。

⑤ 贮存周期。木片露天堆场的贮存周期与制浆规模及料垛几何容积有关。一般应首先从满足制浆工艺的要求和保证木片的质量方面考虑，尽量缩短贮存周期。通常贮存周期不宜超过：夏季 40～50 d，冬季 50～70d。

⑥ 控制系统。一般可采用可编程逻辑控制器（PLC）自动控制。为了进一步提升自动化管理水平，宜采用分散控制系统（DCS）自动控制。在生产过程中，从削片至堆料部分应由削片工段控制室控制；从出料至筛选部分应由筛选工段控制室控制。此外，整条生产线应设置现场摄像与电视监控设备，以实现现场无人化。

⑦ 安全设施。在设计木片露天堆场时，应首先考虑通风条件和防火安全。在通风条件方面，应在木片垛底部的出料地道中设置通风换气装置，保证地道中空气的质量。

木片是可燃性固体，含水率约40%，其火灾危险性为丙类。新建大型木片露天堆场，可参照我国现有大型木片露天堆场实例和木片露天堆场的堆高、容积等情况进行消防设计。例如，我国某企业木片露天堆场，共规划3个木片堆（2堆为针叶木片，1堆为阔叶木片），每堆尺寸为直径133m、高26m、堆间间距30m，每堆贮存能力为125000m^3（虚积）。木片露天堆场除设有低压制室外消火栓和灭火器外，还增设临时高压消防系统。临时高压系统由消防泵、专用管网和水炮三部分组成。低压制室外消火栓系统和临时高压消防系统管网的总供水能力达到155L/s。此外，与木片露天堆场衔接的木片皮带走廊设干式自动喷淋消防系统[17]。

二、木材加工剩余物

木材加工剩余物是指森林采伐、造材、木材加工利用后的剩余物。木材加工剩余物主要有来自制材工业的原木截头、成材截断剩余物、树皮、锯末、板皮及板条等；来自家具工业的锯材加工剩余物、各种人造板裁边剩余物、锯末、刨花、木粉等碎料；来自胶合板工业的原木剥皮剩余物、旋切及刨切加工剩余物、胶合板齐边废料等[18]。

木材加工剩余物不但具有木材的热绝缘和电绝缘性、环境友好性、可生物降解性、可回收性和可再生性等一般特性，还具有来源广泛、成本低廉、经济性好、易于收集和加工等特征。以木材加工剩余物为原料制浆造纸具有巨大的潜力[18]。

随着社会发展对木材需求的不断增加以及森林资源的锐减，木材加工剩余物的利用日益受到关注。近年来，我国开始以森林采伐、造材、加工的“三剩物”及速生丰产林木（如桉木、杨木）和抚育间伐的“次小薪材”为原料，生产制浆造纸用木片，以山东、广西、海南、河南、广东、福建等省区为主，占全国木片总产量的60%以上[19]。

由于木材加工剩余物多为从浆纸厂周边的板材加工厂购入，贮存条件不一，原料质量差异很大。在收购时，应先将变质霉烂的料片和一些石块、塑料等杂物拣出，再根据原料的情况进行分类贮存，合理安排生产，较为新鲜、水分较大的木片一般要存放60天左右方可使用。原料质量控制得好，既可保证纸浆的质量，又可避免化学药品的浪费[20]。

木材加工剩余物通常由一些木片、木屑、刨花、碎木块组成，长短不一。为了提高蒸煮的均匀性，提高成浆得率，必须进行切料。切料机要严格喂料操作，保证切料的合格率大于80%，不合格的料片要用振动筛筛出，进行回切。筛选木片时，应将木片均匀地分配到筛子中，并定期清理筛子，以提高筛选效率。如果发现木片合格率下降，要及时对刀或换刀。除尘器的孔径要合适，并定期检查除尘器的筛板，保证筛孔通畅[20]。

第四节 备料工艺过程和装备

一、备料工艺过程

1. 备料工段常见工艺

（1）木片生产系统 对于自产木片生产系统，备料典型工艺流程如图5-2-3(a) 所示，而对于商品木片生产系统，备料典型工艺流程如图5-2-3(b) 所示。

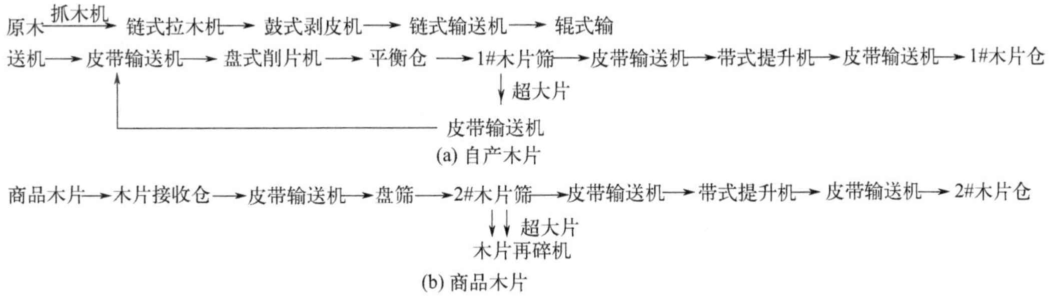

原木 —抓木机→ 链式拉木机 → 鼓式剥皮机 → 链式输送机 → 辊式输送机 → 皮带输送机 → 盘式削片机 → 平衡仓 → 1#木片筛 → 皮带输送机 → 带式提升机 → 皮带输送机 → 1#木片仓
1#木片筛 ↓ 超大片 → 皮带输送机 → （返回）皮带输送机

(a) 自产木片

商品木片 → 木片接收仓 → 皮带输送机 → 盘筛 → 2#木片筛 → 皮带输送机 → 带式提升机 → 皮带输送机 → 2#木片仓
盘筛、2#木片筛 ↓↓ 超大片 → 木片再碎机

(b) 商品木片

图5-2-3 木片备料典型工艺流程[21]

（2）树皮和木屑处理　树皮处理的典型工艺流程如图 5-2-4(a) 所示，木屑处理的典型工艺流程如图 5-2-4(b) 所示。

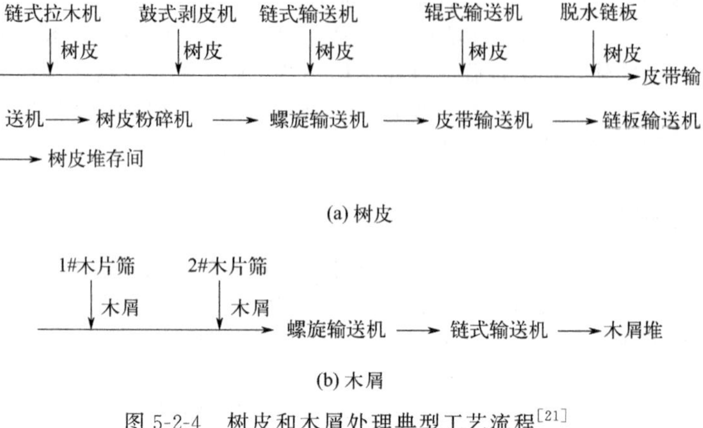

(a) 树皮

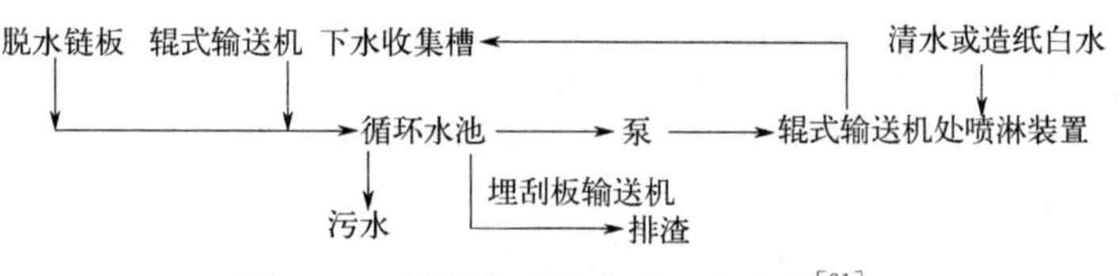

(b) 木屑

图 5-2-4　树皮和木屑处理典型工艺流程[21]

（3）循环水系统　循环水系统典型工艺流程如图 5-2-5 所示。

图 5-2-5　循环水系统典型工艺流程[21]

（4）优化的木片生产系统　前面提到的商品木片生产系统与自产木片生产系统是两个独立的系统。对于只有一种原料的浆纸厂，通常是将商品木片与自产木片合用一个木片筛，这样可以简化流程并节省投资。目前较典型的工艺流程如图 5-2-6 所示。

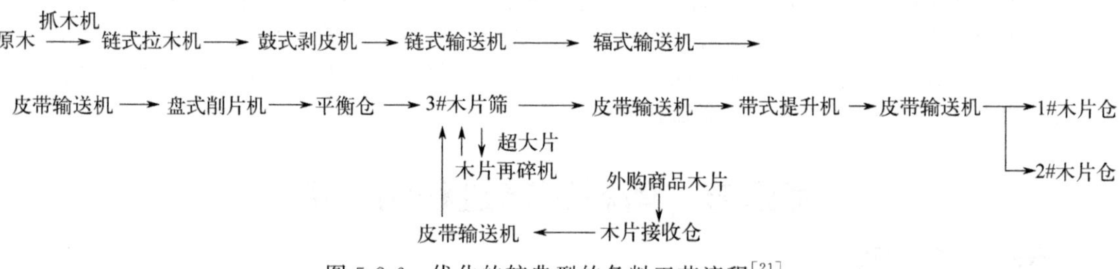

图 5-2-6　优化的较典型的备料工艺流程[21]

2. 备料系统设计原则

（1）自产木片生产系统　该系统主要包括原木上料、原木剥皮、原木削片、超大片再处理等[21]。

① 原木上料。原木上料有 3 种形式：a. 采用 1 台拉木机，一端置于地下的低位上料方式；b. 采用 2 台拉木机，地面以上的低位上料方式；c. 采用强制喂料器，高位进料的上料方式。原木是用抓木机上料。采用高位进料还是低位进料，主要由抓木机最大抬升高度决定。

② 原木剥皮。原木剥皮所使用的设备多为鼓式剥皮机。树皮呈片状的原料选用有条形缝的鼓式剥皮机较合适，因为片状的树皮可从条形缝中出来，以保证剥皮效率。树皮较长且呈条状的选用无条形缝的鼓式剥皮机更适宜。

③ 原木削片。原木削片多采用盘式削片机。削片机倾斜安装，其平衡仓中的斜螺旋输送机可直接将物料送至木片筛，还可降低原木对削片机刀盘的冲击载荷，延长削片机使用寿命；削片

机水平安装，需要在斜螺旋输送机后加 1 台立式螺旋输送机，否则输送距离过长，水平占地面积增加。此外，由于在刀盘的两端都有支撑轴承，设备运行更平稳。

④ 超大片再处理。木片筛筛出的超大片有 2 种处理方式，即采用皮带输送机回送至主削片机进行再削和采用再碎机进行复削。从生产角度讲，这些超大片回送至主削片机后会增加木屑的排出量，但采用再碎机则会增加能耗。产能较小的企业采用第一种方式，这样既可降低能耗，又可减少设备维护。

（2）商品木片生产系统　该系统主要包括盘筛的添加、再碎机的使用等。

① 盘筛的添加。盘筛是木片进入木片筛之前的把关设备，可去除体积很大的杂质。是否设置盘筛应根据原料品质决定。

② 再碎机的使用。一般情况下，商品木片生产系统和自产木片生产系统只有 1 条线运行，在商品木片生产线运行时，主削片机通常是停开的。位于商品木片生产线上的木片筛产生的超大片不能回送至主削片机，必须用再碎机处理。

（3）树皮的处理　需根据实际情况决定是否使用树皮粉碎机。如果产生的树皮量少，且树皮外卖时无需粉碎，树皮可直接用皮带输送机送到车间外堆存。如果使用树皮粉碎机，建议粉碎后的树皮采用螺旋输送机送料。螺旋输送机是密闭的，可减少车间内的粉尘。在螺旋输送机之后，由于运行较平稳，故输送设备可选用皮带输送机。

（4）木屑的处理　木片筛筛选出的木屑也用螺旋输送机输送。因为木屑对皮带有一定的附着性，所以其后的输送设备选用链板输送机为宜。

（5）循环水系统补充水加入点　备料车间循环水系统要有适量的清水或白水加入，以取代部分污水。补充水量约为总循环水量的 10%，可在循环水池或辊式输送机的喷淋装置处加入。循环水池加入时对水泵的要求不高，但清洁水不能得到优先使用，不够合理；后一种方案对水泵的扬程有一定要求，因为喷淋水的压力不能过低。

3. 备料新工艺

国外十分注重通过木片品质的改善来增加整体效益，木片合格率也相对较高，泥砂等硬物杂质含量较少，并采用木片洗涤、木片厚度分级筛选、过厚木片挤压碎裂等较先进的工艺流程，从而有效地解决了蒸煮均匀性和浆料品质问题，木耗通常比普通流程低 2%～3%，而且设备使用寿命长，运行效率高[22]。目前，我国部分工厂借鉴国际先进经验，优化和改进现有木片备料处理工艺，自主创新研发备料设备，达到改善木片质量、提高资源利用效率以及节木、节能、节水等目的。

为了回收原木剥皮后树皮中夹杂的短小木材，在一些大型制浆厂的原木削片生产线中也设计和应用了原木回收系统。实践表明，原木回收系统显著提高了木材利用率，并降低了木材对下一道工序中树皮粉碎机的损坏风险，具有较高的推广和应用价值[23]。

随着制浆企业产能的增长，备料工段需要更大的生产能力以满足产能需要。现小规模制浆企业大都使用装载机将原料推送至输送机，此方法不仅效率低、产能小，而且运行成本较高。大型制浆企业大都使用环形贮木系统，该系统自动化程度高，可同时堆料和取料，产能高，常见的贮木系统有奥地利安德里茨集团的木片处理和堆存系统以及奥地利 FMW 运输设备公司的回转堆取料机系统。但系统一次性投资成本较高，且后期维护成本高。为了节省投资成本，国内某制浆造纸企业尝试将自主设计的移动式悬臂堆料机应用于备料工段，试用效果良好[24]。

二、备料装备

1. 备料输送设备

（1）链式输送机　它在备料系统中应用较多，主要用于原木、木片、木屑、树皮等的输送。需要根据物料的特点和工艺要求设计和选用链式输送机。例如，在设计鼓式剥皮机的喂料输送机时，应考虑两种喂料方式：一种是链式输送机将原木强制性送入鼓式剥皮机；另一种是链式输送机将原木送到一定高度后，通过原木的自重经溜槽落入鼓式剥皮机。这两种喂料方式由于输送角度不同，输送机链条上飞齿的设计形式也不同[25]。第一种采用的是异形齿［图 5-2-7(a)］，第二种主要采用方钢条［图 5-2-7(b)］。

(a) 异形齿

(b) 方钢条

图 5-2-7　链式输送机的链条[25]

对于从木片筛、树皮粉碎机出来的飞扬性木屑、树皮等粉状或小颗粒散状物料，可以采用另一种链式输送机，它主要由封闭断面的壳体、链条、驱动装置及尾轮张紧装置等部件组成，其结构简单、密封性好、安装维修较方便，亦可起到改善工作条件、减小环境污染的作用。

此外，在备料系统的设计中，也将此类链式输送机用于备料冲洗水的处理。此时，将两链间的钢制刮板改为尼龙板，用不锈钢做机壳。如果用于脱水，就将输送机底板改为筛板。这样，备料系统的冲洗水进入输送机后，大的物料从输送机端部送出，水从筛板流出，从而实现冲洗水的初步过滤。如果将其安装于沉淀水池底部，就可以将水池底部的沉淀物从池底取出，变成了一个提渣机。

(2) 辊式输送机　这是一种结构简单、运转可靠、维护方便的输送机，它可以沿水平或较小的倾角输送具有平直底部的成件物品。在备料生产中，其主要用来输送竹子、原木、商品木片等。在输送这些物料的过程中，兼可起到冲洗、分离杂物的作用[25]。

备木系统中所用的辊式输送机如图 5-2-8 所示，它一般设置在削片机之前或鼓式剥皮机之后，用于分离原木中的树皮，实现原木的冲洗净化。在输送原木过程中，原木可不停地左右摇摆，从而实现树皮的快速分离。对于某些树种（如桉木），树皮与原木通过剥皮机剥离后，较长的树皮不容易与原木分离，在设计辊式输送机时，各辊子的间距要加大，同时要增加 2～3 个反转光面辊。

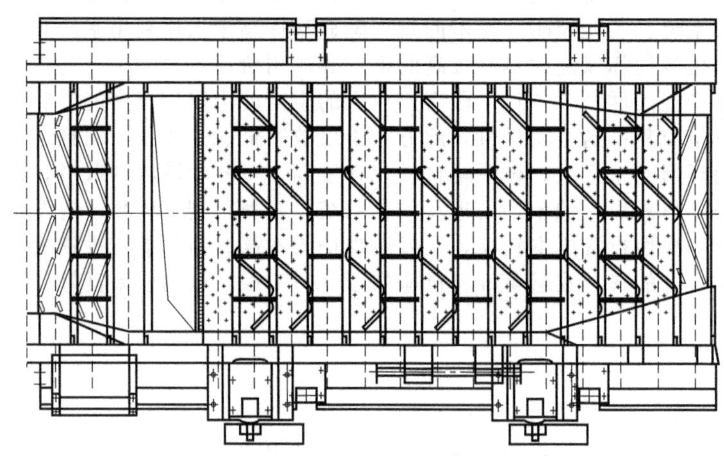

图 5-2-8　辊式输送机[25]

图 5-2-9 是用于处理商品木片的盘筛，通常设置于木片筛之前，主要用来分离木片中的大块

杂物以保护木片筛，其工作原理与辊式输送机相同。木片进入盘筛后，合格木片从盘片辊中的间隙进入下一输送机，过大杂物从盘筛端部分离出来。盘片辊的盘片一般为等边六边形。第一组和最后一组辊子设计成“人”字纹花辊，以保护盘片辊。

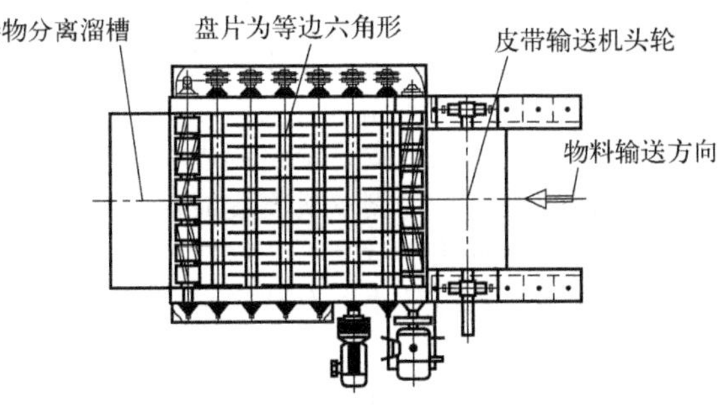

图 5-2-9　盘筛[25]

（3）带式输送机　这是一种成熟的输送设备，具有结构简单、制作容易、使用性能可靠等优点，在备料中应用较多。

① 托辊带式输送机。当采用托辊带式输送机输送木片、竹片等物料时，上托辊一般采用槽角为 45°的槽形托辊，下托辊一般采用梳形托辊，胶带采用花纹胶带。托辊带式输送机的输送倾角通常为 16°～23°。

② 气垫带式输送机。它的基本原理是空气经过气室盘槽后形成一层很薄的气膜（即气垫）浮托输送带，替代传统的托辊支撑输送带。由于承载带在气膜上运行，降低了运行摩擦阻力，改善了运行条件。与托辊带式输送机相比，它具有运行平稳、结构简单、维修方便、寿命长等特点。

③ 管状带式输送机。这种带式输送机在承载段和回程段均采用封闭管筒，用于输送木片、树皮、木屑等散状物料，具有环保、噪声小、无污染、无公害运输的特点。

（4）料仓及料仓卸料系统　备料料仓主要有如下几种形式：①带中心出料螺旋的圆形料仓（图 5-2-10）；②带水平行走螺旋的露天堆场（图 5-2-11），其螺旋有 2 种形式，一种是悬臂式，另一种是两端支撑式；③带推位滑架的活底料仓（图 5-2-12）。

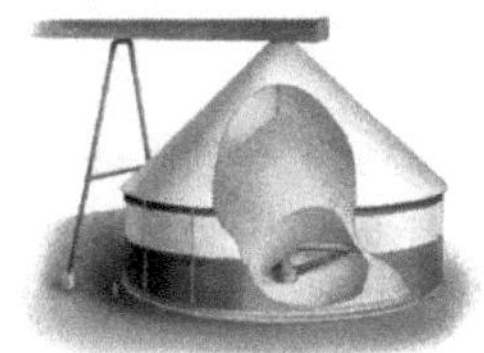

图 5-2-10　圆形料仓及其出料螺旋[25]

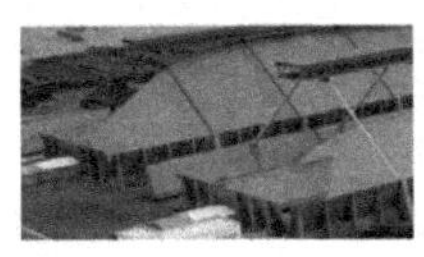

图 5-2-11　露天堆场及其出料螺旋[25]

图 5-2-12　滑架式活底料仓[25]

2. 剥皮机

按剥皮原理，剥皮机可分为机械式剥皮机和非机械式剥皮机。机械式剥皮机因技术成熟而使用最广泛，以滚筒式、环式及铣刀式为主。滚筒式和环式剥皮机均已实现系列化。非机械式剥皮机主要是利用放电、压缩空气、水流及热能等对原木进行剥皮的装置，包括电力水冲击波剥皮装置、气力剥皮装置、水力剥皮装置、热爆破剥皮装置等。非机械式剥皮机目前因技术尚不十分成熟而使用较少[26]。

（1）滚筒式剥皮机　在剥皮筒的内表面装有剥皮梁或其他剥皮器具。当圆筒转动时，原木在剥皮梁等的作用下，在圆筒内不断翻滚，使原木之间、原木与剥皮梁之间互相摩擦，导致树皮沿结合最薄弱的形成层或韧皮部分裂，实现剥皮。滚筒剥皮机具有生产率高、使用寿命长、维护保养简单以及故障少等优点。早期的湿法滚筒剥皮机剥皮时需要洒水，或将滚筒的一部分浸在水中进行。这种洒水式或水浸式滚筒剥皮机耗水量高，环境污染大，且不能剥冻材。后来的干法滚筒剥皮机去皮率高，剥皮时无需水，环境污染小，对枝桠材剥皮效果较理想，并可在冬季对冻木进行剥皮。

（2）环式剥皮机　它的主要工作部件是旋转的刀环，亦称转子。刀环经滚珠轴承支撑在定环上，由电机经皮带驱动。刀环装在定环的内部或外部。如果定环在内刀环在外，剥下的树皮不会因离心力而粘在转子内表面，有利于排皮。刀环上均布着剥皮刀，剥皮刀对原木表面的压力由弹簧、橡胶环、汽缸或油缸实现。当原木由进料机构送入旋转的刀环时，在剥皮刀的摩擦力及挤压力的作用下进行剥皮。环式剥皮机的剥皮效果不够理想，设备故障较多，使用寿命较短。

（3）铣刀式剥皮机　当纵向铣削时，刀头轴线与原木轴线垂直，剥皮时可由刀头或原木实现刀头与原木的相对轴向运动。每当铣刀沿原木轴向剥去一条树皮后，原木翻转一个角度再进行剥皮，直到剥光为止，剥皮过程是持续的。当横向铣削时，刀头轴线与原木平行，剥皮时原木绕自身轴线旋转，可由刀头进给或原木进给实现原木与刀头的相对轴向运动。铣刀对原木表面的运动轨迹为螺旋线。铣刀式剥皮机具有结构简单、制造成本低等优点，因而得到较广泛的应用。其缺点是木质损失较大，木材表面不够光洁，生产率低，剥皮时刀头振动较大。

前述机械式剥皮机均采用刀具旋切的方式进行剥皮。因为木材质地较坚硬，能使用夹紧装置，所以采用机械旋切剥皮，加工速度快，剥皮也较充分。机械式剥皮机的缺点是能耗高，操作维修复杂。此外，机械式剥皮机对原料的适应性较小，例如无法加工木材的板皮料，只能加工一定径级的原木[26]。

3. 削片机

削片机是切削木片的一种最基本的设备，用于将原木、采伐剩余物和木材加工剩余物（板皮、板条、碎单板片等）加工成生产需要的一定规格的木片[27]。

按切削机构不同，削片机可分为鼓式和盘式两类。鼓式削片机的切削机构由一个旋转的鼓轮、飞刀和底刀组成，鼓轮上安装若干把飞刀，底刀固定在底座上；盘式削片机的切削机构由一个旋转的刀盘、飞刀和底刀组成，在刀盘上沿半径方向安装若干把飞刀。对于以木材加工剩余物为主的原料，选用鼓式削片机较适合；而对于枝桠材、小径木等较好的原料，则选用盘式削片机为宜。通常制浆造纸厂多选用盘式削片机，因为盘式削片机加工出来的木片质量较好[28]。

盘式削片机按刀盘上的刀数分为普通削片机（4～6 把刀）和多刀削片机（8～16 把刀）两种。这两种削片机的喂料方式又有斜口喂料和平口喂料（或称水平喂料）两种。长原木的削片，一般采用平口喂料，短原木和板皮的削片可采用斜口喂料，亦可采用平口喂料。盘式削片机主要由机座、进料口、刀盘、机壳、削切刀片和电控等组成，可根据需要调整削切刀片，以生产不同规格和厚度的木片。木料由进料口送入，当木料接触到削切刀片时，随着削切刀盘的高速旋转进行削切，所削切的木片在削切室内由削切刀盘上的风叶所产生的高速气流送出。

21 世纪以来，削片机研发取得了一些新进展，主要表现在研制多刀平面盘式削片机、设计翻转式进料口和多方位出料口、增加进料槽截面积、降低机床噪声等方面[29]。

4. 木片洗涤设备

木片洗涤系统主要包括木片洗涤、过滤脱水、洗涤水循环、污水杂质处理等（图 5-2-13）。筛选后的木片经螺旋输送机送入木片洗涤器中经水力作用洗涤，溢流入斜螺旋脱水机，其中的砂、石等杂质沉入洗涤器底部定时排出。经斜螺旋脱水机过滤脱水后，木片可以达到工艺要求的干度。合格木片通过皮带输送机送至蒸煮系统。斜螺旋脱水机脱出的水进入木片洗涤水槽进行折流沉淀澄清，澄清后的水经泵送回木片洗涤器循环使用，沉淀后的杂质定期排入沉淀池进一步沉淀分离出重杂质，沉淀池中澄清后的水经泵送回木片洗涤水槽循环使用[30]。

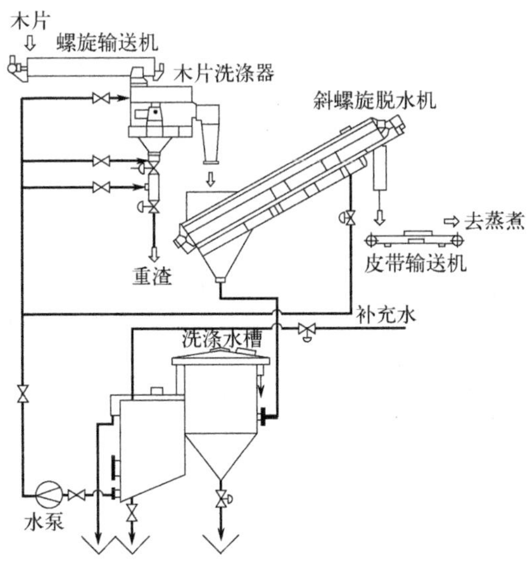

图 5-2-13　木片洗涤系统的工艺流程[30]

木片洗涤器用于去除木片中的砂石、金属等杂物，并分离出不利于制浆造纸的杂质及可溶性物质。木片洗涤器主要由传动、轴承、轴端密封、壳体、沉渣罐、转鼓等部分组成（图 5-2-14），其中转鼓是木片洗涤器的关键。木片经输送设备送入木片洗涤器，注入洗涤水，利用木片洗涤器中的转鼓将水和木片混合搅拌，木片中混有的砂石和金属等重杂质借重力作用沉降到底部的管状沉渣罐（收集室）定时排出。洗涤后的水和木片混合物溢流入斜螺旋脱水机进行脱水。

斜螺旋脱水机用于将洗涤后的木片通过过滤元件借助重力作用过滤脱水，并将脱水至一定干度的木片由输送设备送至制浆工段。它主要由传动装置、螺旋装置、槽体、筛网装置、冲洗装置、支架等部分组成（图 5-2-15），其关键部件是螺旋轴。

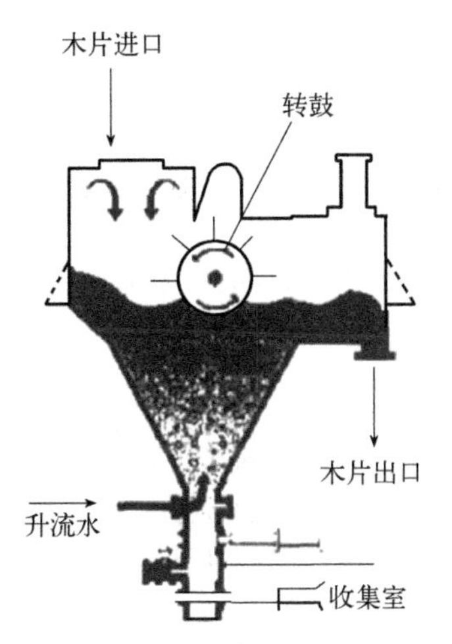

图 5-2-14　木片洗涤器的结构[30]

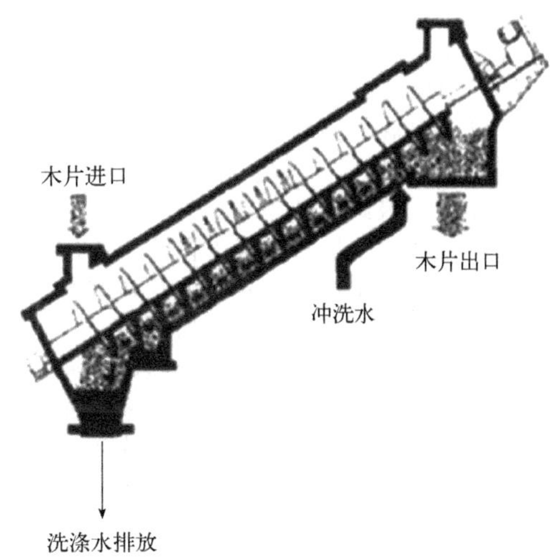

图 5-2-15　斜螺旋脱水机的结构[30]

在木片洗涤系统中，洗涤水槽是沉淀循环水中的重杂质和缓冲稳定供水的辅助设备，为钢制折流式结构，由沉淀槽和清水槽两部分组成。从斜螺旋脱水机脱出的水首先流入沉淀槽，使重杂物借重力沉降于槽的底部而定期排放，澄清液从沉淀槽的上部溢流到清水槽，然后由离心泵供给木片洗涤器循环使用。

5. 木片筛选设备

木片筛选设备主要有盘筛、振动筛、袋辊筛等。盘筛可有效去除木片中所含的木节、朽木块、石块等粗重杂质；振动筛属于常规木片筛选设备，装有 3 种不同规格孔径的筛板，可将大片、合格片、木屑分别筛出；袋辊筛可将振动筛筛出的木屑中的细小纤维回收。鉴于木片含杂质较多、质量较差等特点，现代木片筛选系统通常采用盘筛→振动筛→袋辊筛的串联筛选工艺。经过三段串联筛选，可有效改善木片质量，并可使备料损失降至 2%左右，达到充分利用纤维原料、降低生产成本的目的[31]。

木片振动筛一般采用单轴惯性激振的方法，在保证木片输送能力的前提下，去除洗涤木片中的水分。木片振动筛主要由筛体、激振装置、传动组件和弹簧组件等组成。筛体以某一倾角安装在弹簧组件上，在激振装置的作用下，落在筛体筛板上的洗涤木片在筛板上不断产生抛掷和滑行运动并向下移动，洗涤木片中的游离水在下移过程中不断减少，直至达到洗涤木片设定的含水量。最后，合格洗涤木片送往带式输送机。脱出的洗涤水落入循环水槽内，由泵送往木片洗涤器循环使用[32]。

三、竹子的贮存与备料

由于竹子砍伐具有季节性，为保证连续生产，工厂必须贮存一定数量的竹料，一般为 3～6 个月的用量。同时，刚收获的生竹子也需要贮存一段时间使其风干、脱青。竹捆的堆垛可采用移动式皮带机，拆垛可采用装载机。竹子备料的工艺流程如图 5-2-16 所示[9]。

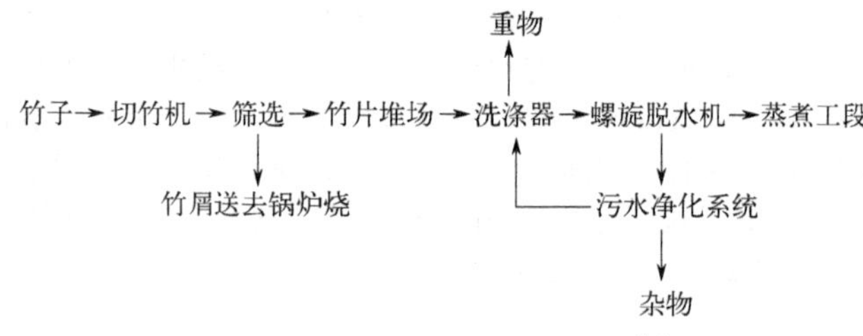

图 5-2-16　竹子备料工艺流程[9]

竹捆进入厂内堆场后，送到竹子切片设备切成竹片。一般竹片长 10～25mm。竹子切片设备有刀辊式切竹机、刀盘式切竹机和鼓式削片机等几种形式，通常鼓式削片机好于刀辊式和刀盘式切竹机。中型竹浆厂（<10 万吨/年）可选用国产鼓式削片机，大型竹浆厂可采用进口（如德国 Pallmann 公司生产）鼓式削片机[9,33]。

竹片露天贮存堆场在整个生产工艺流程中的位置，应按“先筛选后堆存”的原则布置，这样能使竹片先通过筛选去除竹屑，避免竹片在堆存过程中发酵或霉变。筛选后得到的合格竹片送去堆存，长条竹片送回竹子切片设备重切[9]。

有的工厂在筛选系统中增加了一个盘筛。原竹切成竹片后经输送进入盘筛，在盘筛筛选作用下，过大片和过大杂质从盘筛大片出口出来，通过人工收集清除石头等杂质，送到鼓式削片机与竹子一起切削。通过盘筛的竹片再送到竹片筛筛选，从竹片筛上层出来的少量过大片进入再碎机再碎，经旋风分离器返回竹片筛。合格竹片送到洗涤系统清除石头、泥砂和残余竹屑等杂质并脱水后，送至蒸煮车间[34]。

竹片堆存后应按“先进先出”的原则排料。其堆顶上的堆料设备可选用可逆配仓带式输送机或带卸料小车的带式输送机，堆底部的出料设备可选用移动式螺旋出料器，这样可保证先堆的竹片先用，避免竹片因存放时间过长而变质[9]。

竹片的洁净度是备料工段主要的控制指标之一。竹片应高度净化，尽可能除去含灰分高的竹屑、泥砂等杂质，从而有利于改善纸浆质量并降低药品消耗，也有利于碱回收和白泥回收。对竹片进行充分洗涤，可降低竹片中灰分和游离硅的含量，一般可去除 30%～50%的硅。这样，可减少进入系统中的硅量以及需要清出的白泥量，也有助于提高粗浆得率和减少黑液中 SiO_2 的含量[10]。

第五节　备料废弃物资源化利用

一、木材备料废弃物资源化利用

1. 用作树皮锅炉的燃料

木浆厂的备料废弃物主要是树皮和木屑。国外 95%以上木材备料废弃物用作树皮锅炉的燃料[35]。国内以前很少将木材备料废弃物用作树皮锅炉的燃料。松木等多数已在林区剥皮，厂内树皮量不大。有的工厂将树皮作为燃料出售给本厂职工或附近居民，但个别工厂贪图方便，将部分树皮直接冲入地沟，造成较大的环境污染。国内大型木浆厂已开始使用树皮锅炉，用来燃烧树皮和木屑[36]。

树皮锅炉主要有流化床树皮锅炉和带炉条的树皮锅炉。带炉条的树皮锅炉的燃烧效率比流化床树皮锅炉的低，其原因主要是带炉条的树皮锅炉燃烧不稳定且管理困难，燃烧条件更难控制。流化床树皮锅炉燃烧时有良好的热传递和空气与燃料的彻底混合，燃烧条件要比带炉条的树皮锅炉好得多，有害烟气排放也较少[36]。

2. 制取燃料乙醇

如前所述，木材备料废弃物一般通过燃烧来获取热能。但这显然是一种较低端的利用方式。若将此类制浆造纸废弃物通过生物质炼制来获取生物燃料乙醇，可以实现生物质资源的高值化利用，并在一定程度上降低生产成本，提高经济效益。

为了进一步增加生物质转化燃料乙醇工业化的可行性，探索木材备料废弃物的利用价值，刘姗姗以制浆备料工段的筛渣——杨木废弃物为研究对象，通过预处理、水解和发酵过程制取燃料乙醇，重点研究了预处理和水解工艺。选择的预处理方式包括化学法、机械法及生物法，通过比较预处理物料的酶水解效率的差异对预处理工艺进行了评价。选择的水解方式包括浓酸水解、稀酸水解和纤维素酶水解，建立了不同水解方式的动力学模型，分析了水解液和水解残渣的物化性能。最后，探讨了水解液的发酵工艺，并成功制取了乙醇[37]。

3. 生产聚氨酯泡沫塑料

通常将高分子主链上含有许多重复—NHCOO—基团的聚合物统称为聚氨基甲酸酯，简称聚氨酯。聚氨酯一般由二元或多元有机异氰酸酯与多元醇化合物（如聚醚多元醇或聚酯多元醇）相互作用而制备。依据所用原料官能团数量的不同，可制得线型结构或体型结构的聚合物；依据所用原料和配方的不同，可制得软质、半硬质和硬质聚氨酯泡沫塑料；按所用多元醇品种的不同，可制得聚酯型或聚醚型聚氨酯泡沫塑料；按发泡方法的不同，又可制得块状、模塑和喷涂聚氨酯泡沫塑料[38]。

随着石油化工和塑料工业的迅猛发展，聚氨酯泡沫塑料在工业、农业、建筑业和日常生活中得到广泛应用。国外硬质聚氨酯泡沫塑料 50%以上应用于建筑业，而我国多用于冰箱、冷库等，用于建筑业的保温材料尚处于初级阶段。随着我国汽车和摩托车产业的快速崛起，聚氨酯泡沫塑料业必将迎来巨大的发展机遇，其潜在市场非常广阔[38]。

蔡群欢以硫酸为催化剂、乙二醇及聚乙二醇为溶剂，研究了制浆备料过程中产生的杨木废料的液化工艺，使液化产物的羟值和黏度达到聚氨酯泡沫塑料合成工艺的要求。并以液化产物替代部分聚醚多元醇，采用一步全水发泡方式制取聚氨酯泡沫塑料。结果表明，所制得的聚氨酯泡沫材料具有一定的强度和隔热性能。此产品制备条件温和，制备工艺简单，具有较高的实用价值[38]。

二、竹材备料废弃物资源化利用

竹浆厂废弃物产生量大，获取容易。若按我国每年200万吨竹浆产能计，每年将产生60万～100万吨竹材废弃物，主要来源于轧竹、切竹和筛片等工序及浆渣，多数填埋或作为锅炉燃料直接焚烧，造成资源浪费。通过科学合理利用，可制备多种高附加值产品，改善工厂的盈利能力。

1. 制备阻燃型聚氨酯发泡材料

以竹浆备料废弃物竹屑为原料，开发具有保温、阻燃等功能的新材料，用于建筑和装修等领域。以聚乙二醇-400和丙三醇为液化剂、浓硫酸为催化剂，在150℃下对竹屑液化1.5h，液化率达97%以上，液化产物呈黑褐色黏稠状，其黏度为750mPa·s，酸值（以KOH计）为43.2mg/g，羟值为350mg /g。添加40%的阻燃剂液化产物替代聚醚，可制得具有良好的刚性、热稳定性和生物可降解性的阻燃型聚氨酯发泡材料，用作建筑物外墙、宾馆中央空调系统输送管道等工业保温材料[39-41]。

2. 生产生物液体燃料

通过高效低成本的生物质预处理技术，以竹浆厂的纤维类废弃物为原料生产生物液体燃料，可为工厂提供另一种产品，实现废料的高值化利用。竹屑是一种优质木质纤维素生物质，通过预处理、糖化和发酵可制备生物乙醇、生物丁醇等液体燃料。以竹浆生产为主同时提供多种高附加值产品的综合生物质加工厂，将是竹浆企业走出困境、获得生存和发展的可行模式[39]。

3. 生产竹塑复合材料

汪义华等以竹浆备料废弃物竹屑为研究对象，利用竹屑与高密度聚乙烯（HDPE）生产竹塑复合材料（图5-2-17），其性能见表5-2-22。竹屑、塑料、助剂的质量分数分别为70%、25%、5%，产品各项性能指标均能满足室内外装饰装修使用要求，可实现竹浆企业对备料废弃物竹屑变废为宝、发展循环经济的目标。

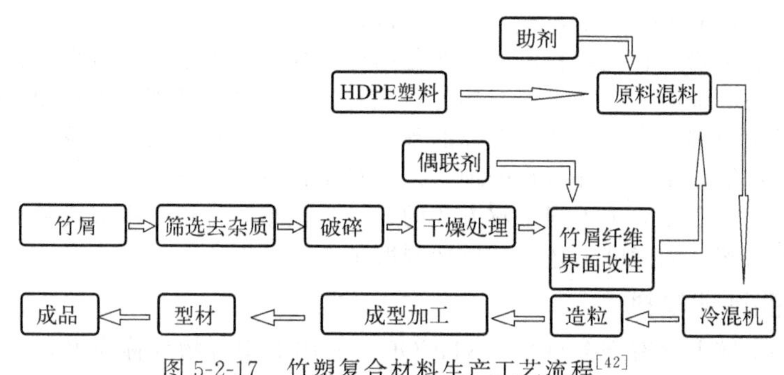

图5-2-17　竹塑复合材料生产工艺流程[42]

表5-2-22　竹塑复合材料的性能[42]

检测项目		标准值	检测结果	结论
吸水厚度膨胀率/%		≤1	0.5/0.82	合格
弯曲强度模量/MPa		≥1800	2540/3160	合格
静曲强度/MPa		≥20	23/25	合格
吸水尺寸变化率/%	宽度	≤0.4	0.4	合格
	厚度	≤0.5	0.4	
	长度	≤0.3	0.2	
甲醛释放量/(mg/L)		E_0≤0.5	0.06	合格
弯曲破坏载荷/N		公共场所用≥2500	2600	合格

注：E_0指一个甲醛释放限量等级的环保标准，E_0级不超过0.5mg/L。

4. 生产糠醛

糠醛是一种由戊糖脱水环化得到的呋喃基化学品。糠醛特殊的分子结构使其成为化学工业的重要原料。糠醛结构中含有二烯基、醛基和醚官能团，化学性质十分活泼，可发生氢化、氧化、氯化和缩合等多种化学反应，生成的衍生物达1600余种，较重要的有糠醇、四氢呋喃、呋喃树脂、糠醛树脂、糠酮树脂等，这些衍生物在化工领域应用广泛[43]。

糠醛是无法通过化学方法合成的基础化工原料，只能由植物原料中的半纤维素经水解和脱水环化而获得。理论上，任何含有半纤维素的植物原料均可作为糠醛制备的原料。但在实际工业生产中，糠醛主要是以半纤维素含量较高的农林废弃物为原料，半纤维素经水解生成戊糖，戊糖再经脱水环化而制得[43]。

别士霞以竹浆厂备料废弃物竹屑为原料，研究了具有节水减污特点的两步法糠醛制备工艺，分析了稀酸预处理和酸性亚硫酸氢钠预处理两种工艺对半纤维素水解效果的影响，优化了戊糖脱水环化条件，并初步探讨了竹屑预处理底物中纤维素的再利用[43]。采用竹浆厂备料废弃物竹屑为原料制备高附加值产品，有利于浆厂的多元化生产，改善企业盈利水平。

参考文献

[1] 刘曼红. 林业“三剩物”的开发利用现状和前景概述. 林业调查规划，2010，35（3）：62-67.

[2] 王军辉，陆熙娴，张守攻. 落叶松制浆造纸适应性及开发利用前景. 中国造纸，2004，23（6）：47-52.

[3] 尤纪雪，刘学斌，纪文兰，等. 不同树龄贵州马尾松用于纸浆造纸的研究. 林产工业，1996，23（4）：21-25.

[4] 尤纪雪，王章荣. 不同树龄福建马尾松KP法制浆性能的评价. 林产化学与工业，1996，16（4）：29-35.

[5] 李忠正. 林纸一体化与中国主要速生人工造纸树种的制浆造纸性能. 中华纸业，2001，22（7）：6-12.

[6] 吴珽. 基于NIR的制浆材材性快速检测方法研究. 北京：中国林业科学研究院，2018：1-7.

[7] 龚木荣，李忠正. 值得大力推广的造纸速生材——相思木. 中华纸业，2001，22（12）：42-44.

[8] 吴继林，郭起荣. 中国竹类资源与分布. 纺织科学研究，2017（3）：76-78.

[9] 徐萃声. 竹子原料与制浆造纸. 造纸科学与技术，2006，25（4）：1-6，28.

[10] 欧阳晓嘉，任西茜，赵云. 竹子制浆工艺技术及污染控制. 西南造纸，2002（6）：4-6.

[11] 吴珽，房桂干，梁龙，等. 四种算法用于近红外测定制浆材材性的对比研究. 林产化学与工业，2016，36（6）：63-70.

[12] 周志芳，王齐，沈静，等.《造纸木片》标准的修订内容介绍与解读. 中华纸业，2016，37（6）：72-74.

[13] 林谷园，董文勇，郑麟毅. 进境木片检疫处理与监管. 植物检疫，2009，23（3）：59-60.

[14] 陈义群，黄炳均，徐卫，等. 谈进口造纸原料——木片的检疫及处理. 植物检疫，2006，20（2）：122.

[15] 祁济棠，张大中. 进口木片码头工程及其工艺设备研究. 林业建设，2003（6）：7-10.

[16] 刘燕秋. 大型KP浆厂的木片露天堆场. 中国造纸，2003，22（1）：25-29.

[17] 高志远，翟荣生. 日照木浆工程木片露天堆场的消防设计. 中华纸业，1999（5）：46-47.

[18] 徐杨，杜祥哲，齐英杰，等. 浅析木材加工剩余物的利用途径. 林产工业，2015，42（5）：40-44.

[19] 黄润斌. 近年制浆造纸工业木材利用及资源来源概况. 纸和造纸，2011，30（9）：1-3.

[20] 巩洪让. 杨木加工剩余物制浆的生产实践. 中国造纸，2007，26（1）：59.

[21] 李文龙. 木材备料方案的选择. 中国造纸，2005，24（6）：32-34.

[22] 周海东，周鲲鹏，万政，等. 木浆备料新工艺技术装备研发及应用. 中华纸业，2011，32（23）：54-61.

[23] 陈建伟. 备料系统树皮中短小原木的回收工艺. 中华纸业，2020，41（4）：46-49.

[24] 周忠超，刘中奇，李智. 移动式悬臂堆料机在制浆造纸备料工段的应用. 纸和造纸，2017，36（4）：15-18.

[25] 周明. 备料输送设备的选型、设计与应用. 中华纸业，2011，32（23）：68-72.

[26] 张亚伟. 木材板皮去皮机的研制. 杭州：浙江林学院，2009：13-16.

[27] 商庆清，蒋天天，杨逸. 削片机喂料机构的改进设计. 林产工业，2014，41（3）：32-33.

[28] 张晓文. 盘式木材削片机动态载荷特性及均衡切削的研究. 北京：北京林业大学，1999，9.

[29] 张绍群，卢文超，张西洋. 盘式削片机优化研究与分析. 科技创新导报，2015（9）：2.

[30] 王月洁，刘志刚，范团结，等. 国产大型木片洗涤系统的配套设计与生产运行. 中国造纸，2007，26（12）：35-38.

[31] 彭华. 日照森博浆纸有限责任公司备料系统设计//中国造纸学会第11届学术年会论文集. 中国造纸学报，2003，18（z）：47-54.

[32] 严晓云，刘向红. 300m^3/h（虚积）木片洗涤生产线的开发和应用. 中国造纸，2007，26（10）：26-28.

[33] 詹怀宇，付时雨，刘秋娟. 制浆原理与工程. 4版. 北京：中国轻工业出版社，2019.

[34] 王国富. 制浆竹片备料筛选系统的优化. 中华纸业，2012，33（22）：75-77.

[35] Smook G A. Handbook for pulp and paper technologists. 4th Edition. Atlanta：TAPPI Press，2016.
[36] 曹邦威. 重视制浆造纸厂固体废物的处理. 纸和造纸，2009，28（7）：47-51.
[37] 刘姗姗. 杨木废弃物预处理技术和水解反应动力学的研究. 北京：中国林业科学研究院，2012.
[38] 蔡群欢. 制浆过程备料废弃物液化制备聚氨酯泡沫塑料. 北京：中国林业科学研究院，2010.
[39] 沈葵忠，房桂干，林艳. 中国竹材制浆造纸及高值化加工利用现状及展望. 世界林业研究，2018，31（3）：68-73.
[40] 卢婷婷，房桂干，沈葵忠，等. 竹材废料多元醇液化的工艺研究. 化工新型材料，2014，42（10）：97-101.
[41] 卢婷婷. 竹材制浆备料废弃物液化及产物制备聚氨酯阻燃保温材料研究. 北京：中国林业科学研究院，2014.
[42] 汪义华，杨军. 用竹子制浆备料废弃物生产竹塑复合材料. 中国造纸，2013，32（9）：67-70.
[43] 别士霞. 竹材废弃物预处理制备糠醛的工艺研究. 北京：中国林业科学研究院，2014.

（钱学仁，李红斌）

第三章　制浆

第一节　制浆化学

一、化学法制浆

化学法制浆分离纤维的原理是从木材结构特点出发，利用化学反应的方式处理木材纤维原料，溶出足够多的木质素，使纤维细胞分离形成纸浆。化学法制浆的目的是去除木质素，不仅从纤维细胞壁内脱除木质素，还要脱除胞间层木质素，这样才有利于纤维分离。因此，所有化学法制浆的共同目的是通过脱除木质素来分离纤维，为实现这一目标，脱木质素反应可以在碱性和酸性条件下进行，其作用原理存在一定差异，主要有碱法制浆和亚硫酸盐法制浆。

1. 碱法制浆原理

碱法制浆主要是利用碱性化学试剂与木材组分进行蒸煮化学反应的过程，主要木质素在碱液中随着反应进行不断溶出的同时，伴随着碳水化合物的降解和溶出。现代碱法制浆主要是硫酸盐法制浆和烧碱法制浆。

（1）碱法制浆过程木材组分溶出规律　采用烧碱法和硫酸盐法两种方法对云杉在相同活性碱和浓度条件下进行蒸煮研究，结果如图 5-3-1、图 5-3-2 所示[1]。在蒸煮温度 100℃时木材都有 6%～8%的物质溶解，溶出物质主要是果胶、低分子多糖类及有机酸性成分，而木质素溶出量相对较小。当蒸煮升温至 160℃时，硫酸盐法木质素溶出量约为 60%，得率为 54%，说明此时伴随着碳水化合物的降解溶出，而烧碱法蒸煮其木质素才刚刚开始溶出，得率为 73%，显然，得率降低主要是碳水化合物降解导致的。随后缓慢升温至最高温度 170℃时，两种方法木质素均迅速溶出，在最高温度保温后期木质素溶出量相对缓慢。

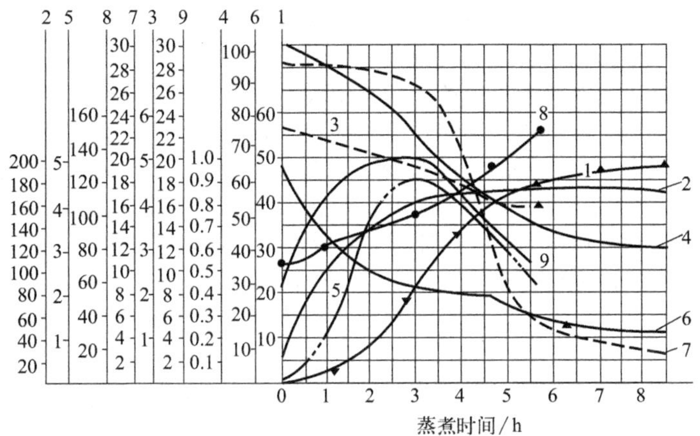

图 5-3-1　云杉烧碱法蒸煮中纸浆成分和蒸煮液成分的变化

1—蒸煮液中木质素含量，%；2—蒸煮温度，℃；3—纸浆中戊聚糖含量，%；
4—纸浆得率，%；5—蒸煮液中戊聚糖含量，%；6—蒸煮液中活性碱浓度，%；
7—纸浆中木质素含量，%；8—黑液中干物质量，g/kg；9—纸浆中灰分含量，%

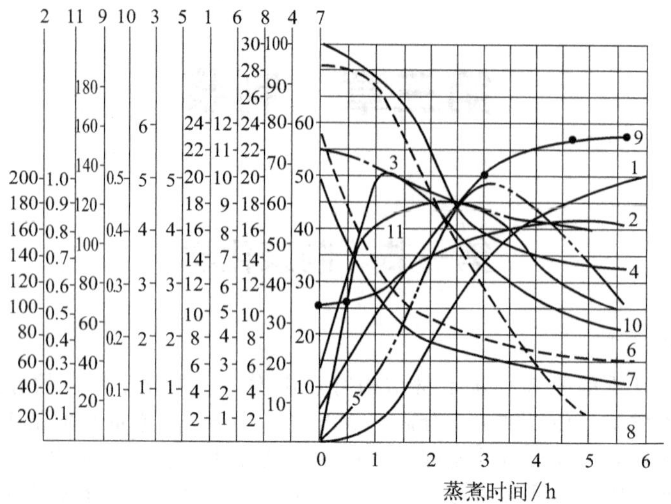

图 5-3-2　云杉硫酸盐法蒸煮中纸浆成分和蒸煮液成分的变化（考虑变换表达方式）

1—蒸煮液中木质素含量，%；2—蒸煮温度，℃；3—纸浆中戊聚糖含量，%；4—纸浆得率，%；5—蒸煮液中戊聚糖含量，%；6—蒸煮液中硫化钠含量，%；7—蒸煮液中活性碱浓度，%；8—纸浆中木质素含量，%；9—黑液中干物质量，g/kg；10—纸浆中硫含量，%；11—纸浆中灰分含量，%

因此，在碱法蒸煮中，木材主要组分的溶出顺序，首先是酸性成分及易溶半纤维素，然后是木质素，在木质素溶出的同时半纤维素和纤维素也有一定量的降解。在蒸煮条件相同时，硫酸盐法蒸煮木质素溶出速度远比烧碱法快，因而蒸煮时间短，蒸煮残余木质素含量相同时纸浆得率高，纸浆强度好。蒸煮过程活性碱的变化曲线与纸浆得率变化相类似，说明活性碱在蒸煮过程中主要消耗在碳水化合物的降解过程。硫酸盐法蒸煮过程中，硫化钠在蒸煮初期消耗较快，随后变化变慢。

在整个蒸煮过程中木质素溶出速度具有明显的阶段性，即初始脱木质素阶段、主要脱木质素阶段和残余脱木质素阶段。初始脱木质素阶段大约发生在 140℃以前的升温阶段，此时木质素的溶出量约为木材原料中木质素总量的 20%～25%，此阶段的耗碱量为总耗碱量的 60%。主要脱木质素阶段为 140～170℃升温阶段及 170℃保温前期，约脱除 60%～70%木质素。残余脱木质素阶段为 170℃保温后期，木质素溶出速度很慢，木质素溶出量为总木质素量的 10%～15%。因此，木材碱法脱木质素速度在蒸煮不同阶段相差很大，特别是在残余脱木质素阶段，木质素溶出速度很慢，而碳水化合物在此阶段却降解严重，使得纸浆得率下降、强度降低。蒸煮过程中从碳水化合物降解速率与脱木质素速率的情况来看，当蒸煮温度为 160℃时，主要脱木质素阶段碳水化合物降解速率与脱木质素速率之比为 0.187，而在残余脱木质素时为 0.429，碳水化合物溶出速度增加了 2.3 倍。当蒸煮温度为 170℃时，主要脱木质素阶段碳水化合物降解速率与脱木质素速率之比为 0.665，而残余脱木质素时为 7.455，碳水化合物溶出速度增加了 11 倍，脱木质素的选择性变差。因此提高脱木质素的选择性、合理选择蒸煮温度和蒸煮工艺可以有效避免纸浆得率和强度损失。

（2）碱法蒸煮脱木质素化学　木质素在碱性介质中的反应，除分子量相对较小的酚型木质素可直接溶解于碱液外，木质素大分子结构单元间的化学键（特别是醚键）断裂而产生碎片化和引入亲水性基团，提高木质素分子在碱液中的溶解性能。木材原料中木质素结构单元间的键型：针叶材木质素结构单元间的连接键型中约 48%为 β-芳醚键，6%～8%为 α-芳醚键（非环状）；阔叶材约 60%的键型为 β-芳醚键，约 6%～8%为 α-芳醚键（非环状）。这些醚键可以在碱法制浆过程中断裂，使木质素大分子碎片化，并形成亲水性基团——酚钠，提高木质素的碱可溶性。由于木质素大分子中 β-芳醚键含量较大，因此该键型的断裂是碱法蒸煮的重要反应。在烧碱法和硫酸盐法蒸煮过程中主要发生亲核反应，由于亲核试剂的类型不同，两者木质素溶出情况存在一定差异。

在碱性溶液中酚型 β-芳醚结构的木质素很容易在 OH^- 作用下形成亚甲基醌中间体而断裂 α-芳醚键，形成新的酚型木质素结构。

在烧碱法蒸煮中木质素侧链 β 位消除质子和甲醛，生成稳定的二苯乙烯结构及碱性条件下稳定的乙烯基醚，此时木质素大分子并没有产生 β-芳醚键的断裂，也就是木质素未产生碎片化反应。与此同时，OH^- 也可以作为亲核试剂进攻 α-碳原子，在碱性条件下电离为 O^-，邻基参与形成环氧化反应使 β-芳醚键断裂，但该反应在烧碱法蒸煮中为副反应，反应速度慢，约为 20%～30%，其主反应为 β 位消除反应，约占 70%～80%（图 5-3-3）。这就是烧碱法蒸煮脱木质素慢的原因。

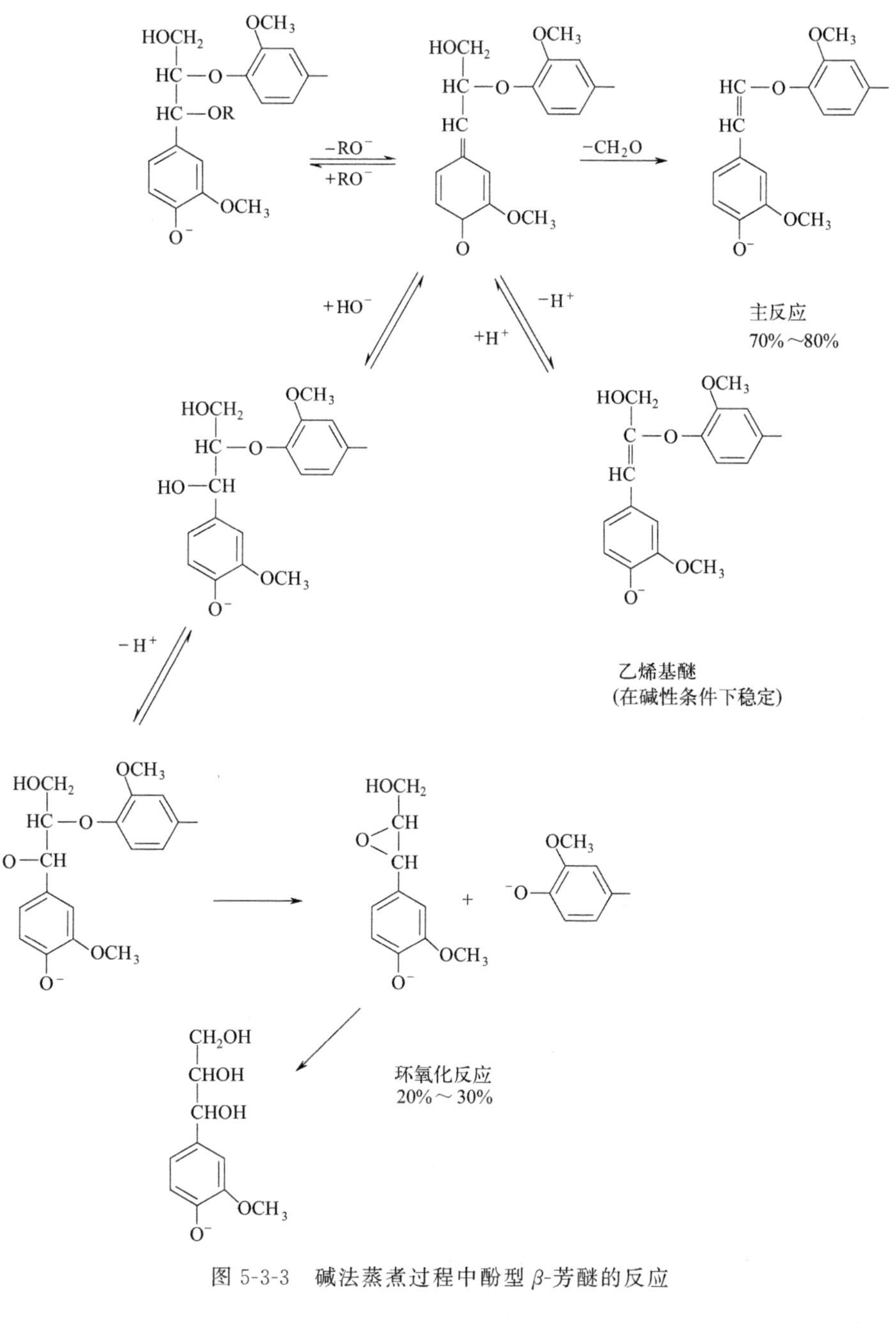

图 5-3-3　碱法蒸煮过程中酚型 β-芳醚的反应

在硫酸盐法蒸煮过程中，蒸煮液中除了有 OH^- 外，还有亲核能力较强的 HS^-，因此，在硫酸盐法蒸煮中除了有烧碱法的木质素化学反应外，HS^- 还可以与酚型 β-芳醚结构木质素形成的亚甲基醌中间体的 α-碳原子反应，再形成环硫化合物，从而抑制 OH^- 对亚甲基醌的烯醇化，促进 β-芳醚键的断裂，加速脱木质素反应的进行，如图 5-3-4 所示。

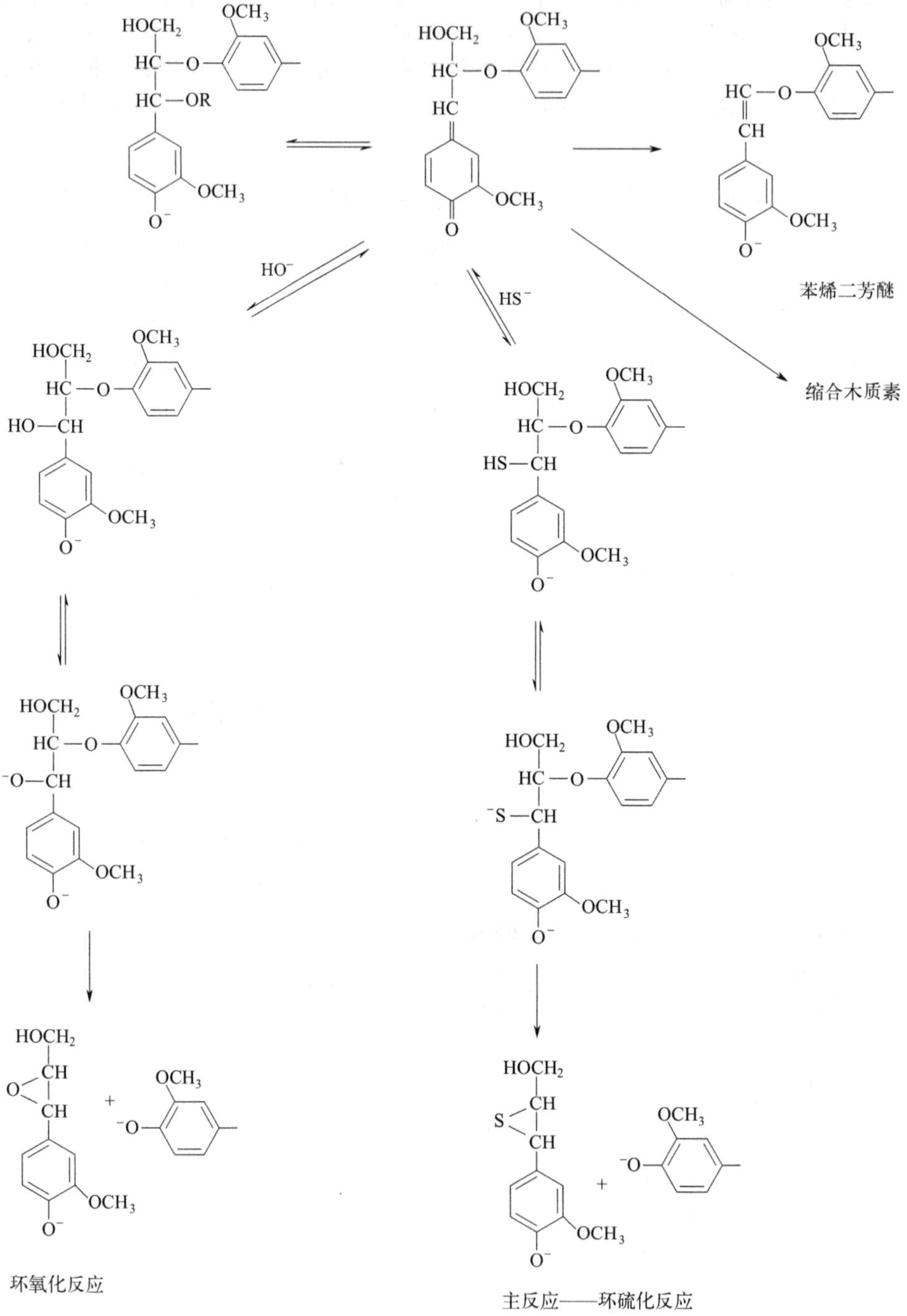

图 5-3-4　硫酸盐法蒸煮过程中酚型 β-芳醚的反应

在碱性条件下，非酚型 β-芳醚结构的木质素，仅 α-碳原子上有醇—OH 存在，蒸煮温度 150℃以上时才会发生环氧化反应，导致 β-芳醚键的断裂，如图 5-3-5 所示。

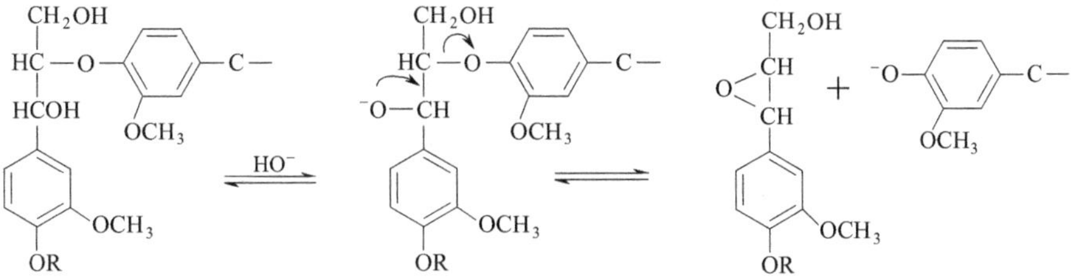

图 5-3-5　碱法蒸煮过程中非酚型 β-芳醚的反应

在烧碱法和硫酸盐法蒸煮过程中，木质素苯环上的甲氧基还会与亲核试剂 OH^- 和 SH^- 等反应生成甲醇、甲硫醇、硫醚等，如图 5-3-6 所示。

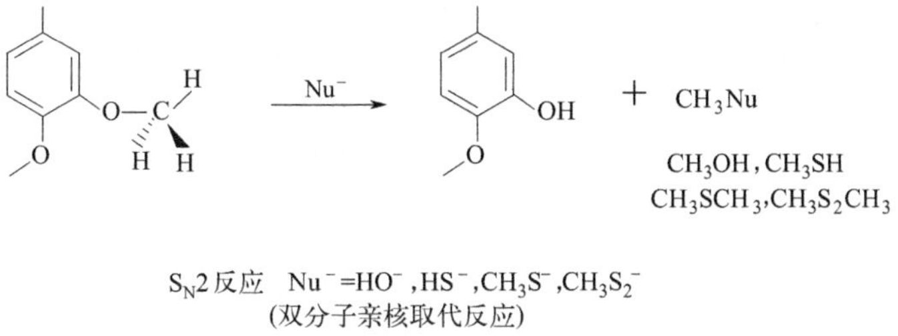

S_N2 反应　$Nu^- = HO^-, HS^-, CH_3S^-, CH_3S_2^-$
(双分子亲核取代反应)

图 5-3-6　碱法蒸煮过程中甲氧基的反应

在碱法蒸煮过程中，在脱木质素反应的同时，除了蒸煮中脱木质素的亲核试剂 OH^-、SH^-、等外，已经降解的木质素本身由于电荷分布差异，也可以作为亲核基团与纸浆中木质素发生反应形成缩合木质素，其构成蒸煮过程中脱木质素反应的逆反应，如图 5-3-7 所示。

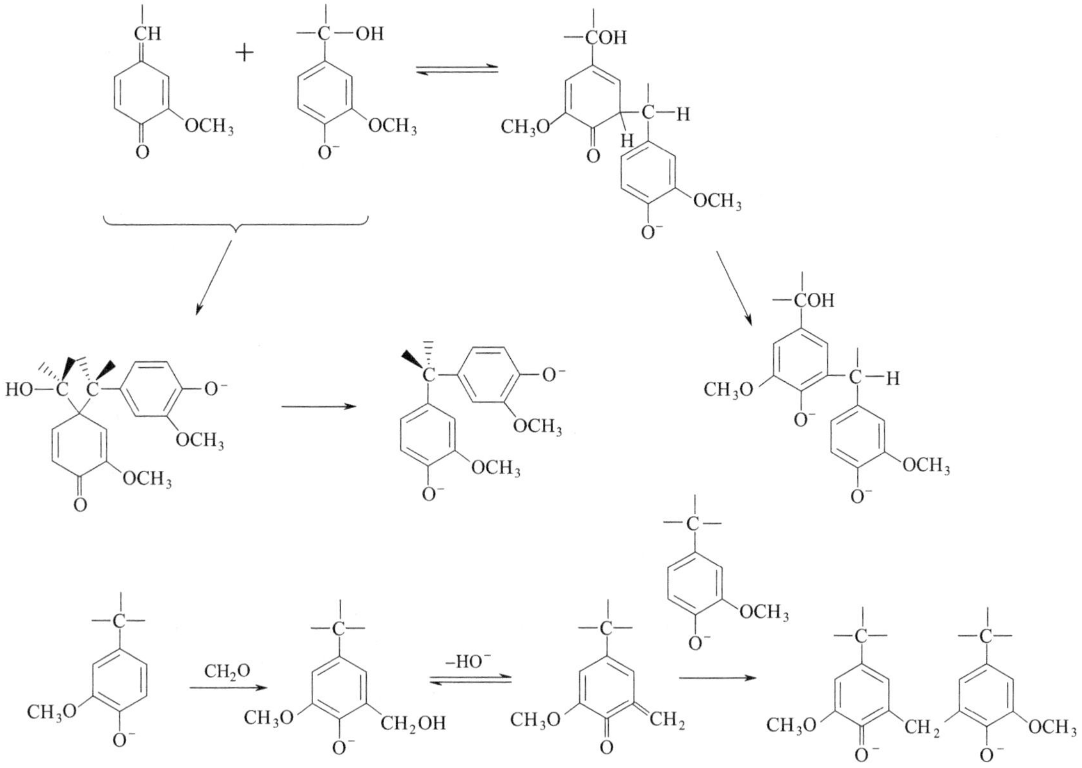

图 5-3-7　碱法蒸煮过程中木质素缩合反应

针对木质素模型物醚键断裂反应研究，认为在硫酸盐法蒸煮初期初始脱木质素阶段主要是木质素结构中的酚型 α-芳醚键和 β-芳醚键的断裂，这些键型的键能较低，在较低温度下即可反应且反应速度快。因此，初始脱木质素阶段木质素的降解仅涉及酚型木质素结构，反应过程中由于醚键断裂又产生新的酚型结构，为大量脱木质素阶段木质素的溶出创造条件。非酚型 β-醚键断裂需要更剧烈的条件，并且该反应后产生新的酚型结构，成为大量脱木质素阶段的主要反应，增加木质素溶解性。残余脱木质素阶段的木质素溶出速度很慢，主要是木质素结构中的碳-碳键的开裂、木质素的缩合反应以及缩合木质素的碱性降解反应等。

（3）碱法蒸煮碳水化合物反应　碱法蒸煮过程中，脱木质素反应还伴随着大量的碳水化合物的降解反应，其包含了半纤维素和纤维素降解反应，该反应导致蒸煮过程得率降低、纸浆强度的损失以及碱耗的增加。碱法蒸煮过程中碳水化合物的降解反应主要是葡萄糖苷键的碱性水解和还原型末端基开始的剥皮反应。

剥皮反应：起始于高聚糖分子的还原性末端基，在碱性介质中导致还原性末端逐个剥落单糖的降解反应，与此同时，也发生还原性末端基稳定反应，如图 5-3-8 所示。由于剥皮反应速度较终止反应速度快 70～90 倍，纤维素大分子在不同温度下平均大约剥离 65～70 个葡萄糖基可产生一次终止反应。蒸煮温度 150℃以下，剥皮反应是引起聚糖降解和得率损失的主要原因。因此防止剥皮反应是提高纸浆得率的重要依据。

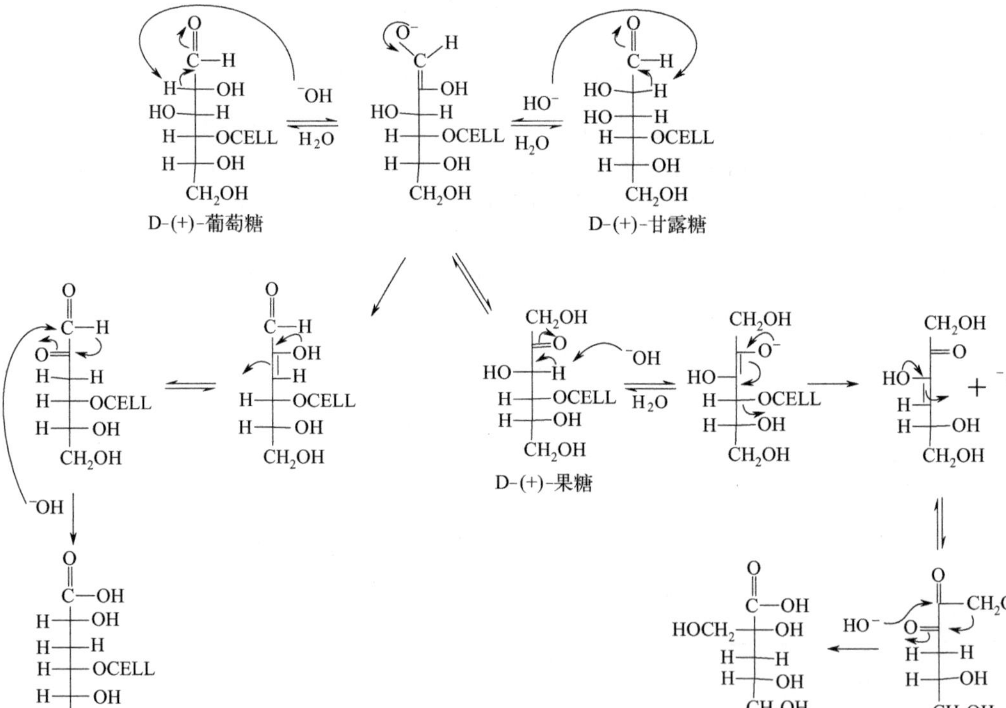

D-(+)-葡萄糖　D-(+)-甘露糖　D-(+)-果糖　终止反应　剥皮反应

图 5-3-8　碱法蒸煮过程中碳水化合物剥皮反应和终止反应

碱性水解：一般发生在蒸煮温度 150℃以上时，高聚糖苷键无序断裂，导致高聚糖分子链缩短，同时产生新的还原性末端基并形成新的剥皮反应。碱性水解一般认为是葡萄糖单元 C2 位在碱性条件下羟基形成—O^-，与 C1 位形成环氧化反应，导致糖苷键的断裂，如图 5-3-9 所示。

2. 亚硫酸盐法制浆原理

亚硫酸盐法制浆主要是在木材中木质素大分子上引入亲水性基团——磺酸基，增加木质素的

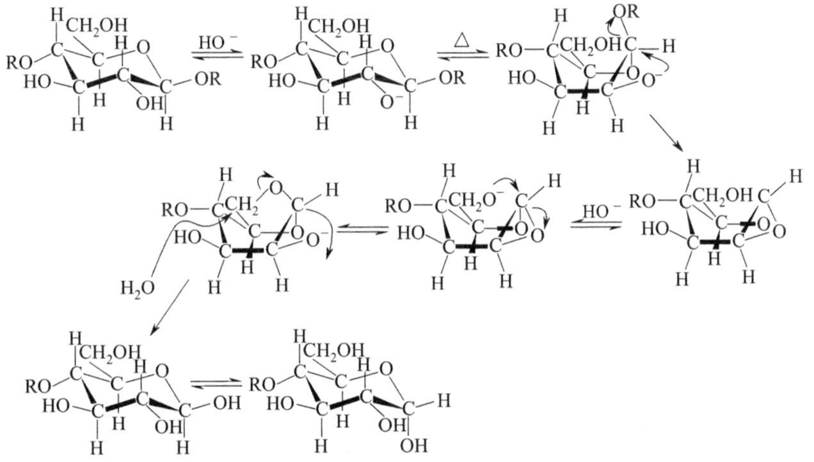

图 5-3-9　碱法蒸煮过程中碳水化合物碱性水解反应

亲水性能而溶解，实现脱木质素作用，解离纤维成纸浆。

（1）亚硫酸盐法脱木质素反应　在酸性亚硫酸盐蒸煮过程中，蒸煮液浸透扩散、木质素磺化、磺化后木质素磺酸盐溶出构成亚硫酸盐法脱木质素过程。整个过程可分为在预浸渍时木质素磺化反应为固态木质素磺酸盐阶段，当达到每 2 个木质素结构单元 1 个磺酸基时磺化木质素大量溶出至蒸煮液中形成木质素磺酸盐溶出阶段。

酸性亚硫酸盐法，pH 值 1～3，蒸煮液主要成分为 SO_2、H_2O、H_2SO_3 及盐基 Ca^{2+}；酸性亚硫酸氢盐法，pH 值 3～6，蒸煮液主要成分为 $Mg(HSO_3)_2$；在酸性条件下，质子 H^+ 与木质素 α-碳上的醇羟基或者 α-芳醚形成“鲜盐”，再水解形成 α-碳正离子，即在酸性条件下木质素结构单元形成稳定的苯亚甲基离子，再与亚硫酸氢根离子发生磺化反应，形成木质素磺酸盐，如图 5-3-10 所示。亚硫酸盐法蒸煮中与磺化反应相竞争的是缩合反应，其阻碍脱木质素作用，导致纸浆颜色加深难以降解，常称为“黑煮”。

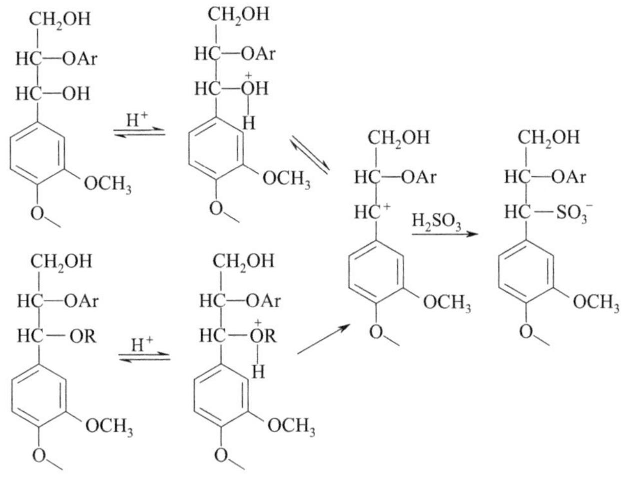

图 5-3-10　酸性亚硫酸盐法蒸煮过程中木质素磺化反应

中性和碱性亚硫酸盐法蒸煮过程中，脱木质素反应主要发生在酚型木质素分子上。酚型木质素在 OH^- 作用下形成亚甲基醌中间体结构，再发生 α-碳原子位亚硫酸根离子（SO_3^{2-}）亲核反应，引入亲水性磺酸基。在碱性条件较强时，也可以发生木质素碱性条件下的反应：酚型 β-芳醚型木质素与碱反应 β 位质子消除和甲醛脱除反应，生成苯乙烯芳醚；150℃时，α 位羟基电离成氧负离子，发生环氧化亲核反应，β-芳醚键断裂，木质素降解。碱性亚硫酸盐法木质素的反应如图 5-3-11 所示。

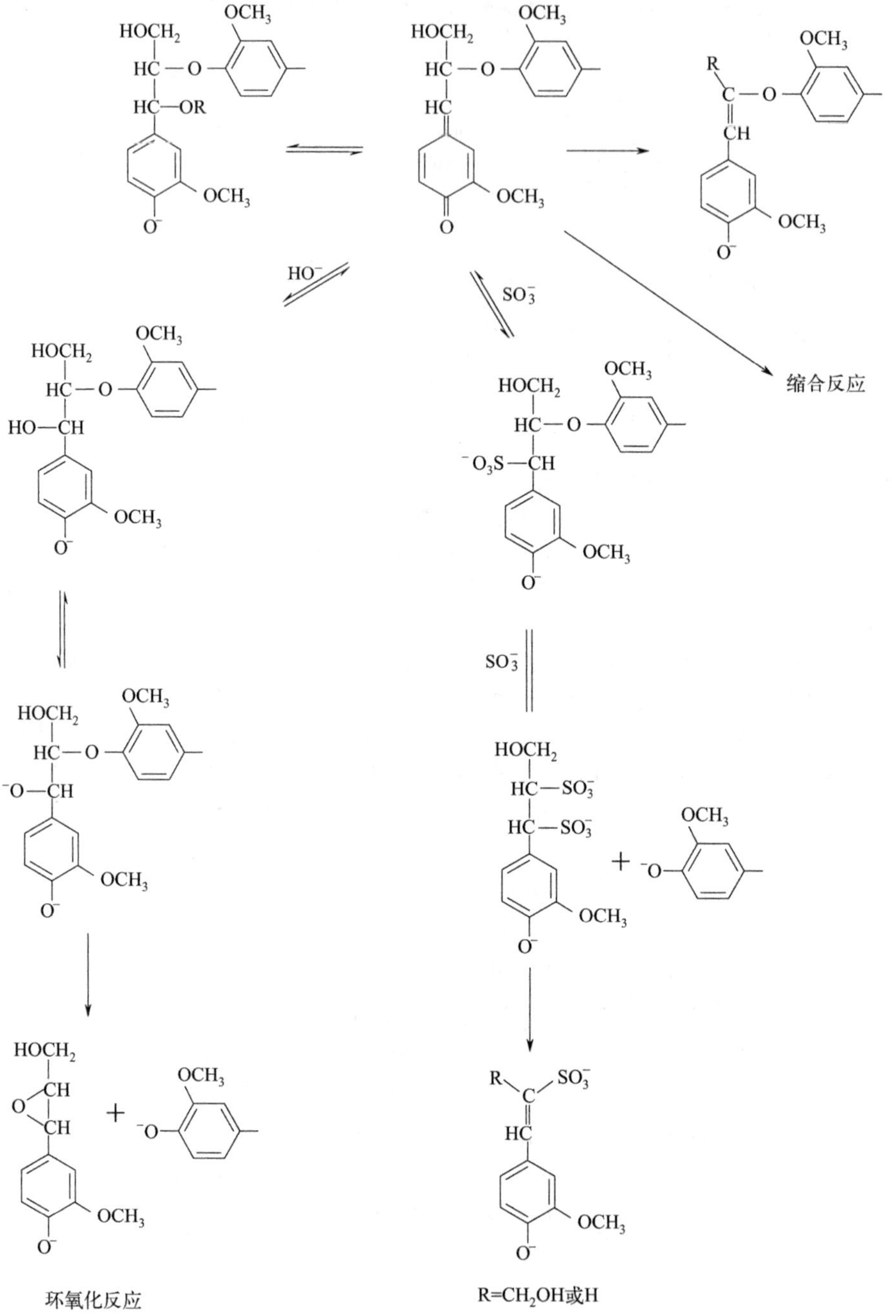

缩合反应

环氧化反应

R=CH_2OH或H

图 5-3-11　碱性亚硫酸盐法木质素的反应

（2）亚硫酸盐法碳水化合物反应　亚硫酸盐法蒸煮过程中碳水化合物主要根据 pH 不同存在一定差异。在碱性条件下与碱法一致，主要发生剥皮反应、终止反应和碱性水解反应。在酸性条件下，主要发生酸性水解，而木材原料中半纤维素结构的差异导致酸性亚硫酸盐法蒸煮后碳水化合物的差异。戊糖中的糖苷键对酸水解很敏感，在酸性亚硫酸盐法蒸煮过程中很容易断裂，使其聚合度下降。而乙酰基和葡萄糖醛酸-木聚糖链却比较稳定。葡甘聚糖和半乳葡甘聚糖是针叶材半纤维素的主要成分，其比木聚糖酸水解较为稳定。因此，酸性亚硫酸盐法针叶木浆中的半纤维素含量比碱法多。而阔叶材木聚糖含量较多，在酸性亚硫酸盐法蒸煮过程中溶出较多，因此，阔叶材亚硫酸盐法纸浆中半纤维素比碱法蒸煮纸浆少。

pH 值在 1～3 的酸性亚硫酸盐法蒸煮得到的云杉纸浆纤维素聚合度由 2400 降低到 1400，而 pH 值在 4～7 时的亚硫酸氢盐蒸煮所得纸浆聚合度仅降至 2000。因此，酸性强弱对纤维素和半纤维素的水解和聚合度影响较大。

二、机械法制浆

原木在磨木浆中解离或木片在盘磨机中磨解制成的机械浆分别被称为磨木浆（SGW）和热磨机械浆（TMP）。为了获得在液体包装纸板、吸收类纸等产品中的应用，在磨浆机前的适当位置采用少量的化学品对木片进行预浸软化处理，可以显著改善纸浆的物理力学和光学性能，这类方法统称为化学机械法制浆。依据原材料的品种和化学预处理程度的不同，纸浆得率约在 75%～95%之间，与 50%左右的化学浆得率比较，故又称为“高得率制浆”。

化学机械法制浆过程涉及的化学反应，主要在化学预浸、纸浆漂白和抑制纸浆返色等过程中。

1. 氢氧化钠预浸

氢氧化钠（NaOH，俗称烧碱）是机械浆化学浸渍主要的化学品之一，主要用于磨浆前对木片进行温和的化学预处理，也有用于段间和段后处理的。氢氧化钠预浸最早用于冷碱法化学机械浆生产。因 NaOH 处理对木片的深色反应，化学浸渍时往往与 H_2O_2 或 Na_2SO_3 联合使用。由于阔叶木材质紧密、木质素结构特点，NaOH 预浸可以取得较好的润胀和提高纤维解离质量。碱性介质的化学处理中，半纤维素所含乙酰基与碱作用，生成乙酸钠而溶解，伴随易溶于碱的糖醛酸类低聚物的溶出，在纤维细胞壁与胞间层表面形成微小孔道，促使水及化学浸渍试剂易于进入纤维组织内部而发生润胀及化学反应；木质素大分子的弱酸性基团也与碱作用，形成离子，增加了其吸水能力。由于上述碱与半纤维素、木质素的化学作用，增加了木片水分含量，降低了木片软化温度，促进了纤维润胀，提高了纤维弹性和柔韧性，为后续磨浆时的纤维离解创造了有利条件。

木材在碱液中能很快润胀，木材纤维细胞因木质化程度不高的 S_2 层体积的增加而使胞腔缩小约 25%。木材纤维碱润胀的特点是在纤维结构内部产生作用，在磨解时木质化程度较高的纤维外层易于脱落下来，暴露出 S_2 层表面，为良好的纤维间结合提供了活性表面。一般认为，氢氧化钠预浸更适合用于阔叶木化学机械法制浆的预处理，主要原因是其木质素含量相对较低并且主要集中在胞间层[1]。

2. 磺化反应

化学热磨机械法制浆（CTMP）过程中，木片在磨浆之前通常用 1%～4%（对木片）用量的药剂（Na_2SO_3 或 Na_2SO_3 + NaOH）在较高温度下进行浸渍，在采用温和中性或碱性条件下，可以使纤维完整地从木材组织中解离出来，同时高效去除树脂成分。此外，因亚硫酸钠/亚硫酸氢钠药剂系统对发色基团的还原作用，对浆料产生一定漂白效果。

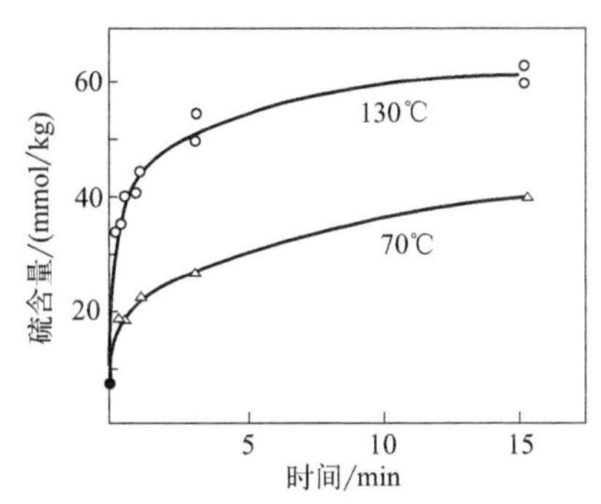

图 5-3-12　两种不同温度下 3%亚硫酸钠处理云杉木片的硫含量变化情况[2]

木片在温度 130℃的中性或弱碱性条件下用亚硫酸钠处理会发生非常快速的化学反应，几分钟内每 100 个苯丙烷单元约生成 3 个磺酸基（约 50mmol/kg）且木材组分无明显降解溶出（见图 5-3-12）[2]。较高亚硫酸钠用量反应时间 5～30min，发生进一步的磺化反应，每 100 个苯丙烷单元约生成 15～20 个磺酸基，高度磺化的木片经磨浆后的化学机械浆（CMP）得率为 90%左右。

CTMP 生产中温和的反应条件仅使木材中大部分活性化学结构发生磺化反应。CTMP 浆料纤维不同区域纤维细胞壁形态研究表明，磺化反应是高度非均一的反应，与次生壁或胞间层比较，较高的磺化度发生在初生壁（见图 5-3-13）[2]。

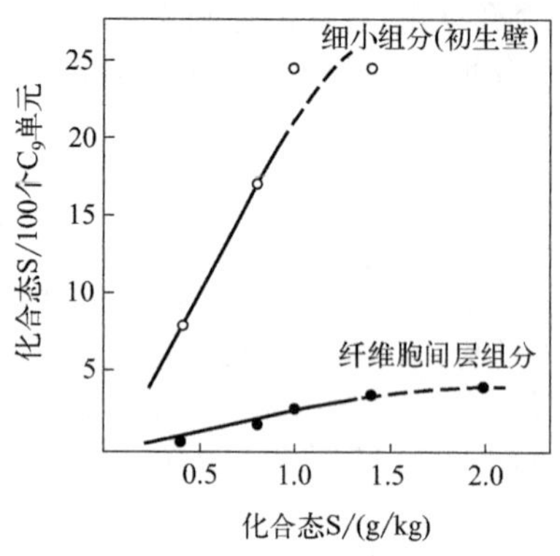

图 5-3-13　细小组分和纤维胞间层组分中每 100 个苯丙烷单元中磺酸基数量与浆料总磺酸基含量的关系[2]

在 CTMP 温和的制浆条件下，各种木质素分子结构中几种结构能够与亚硫酸钠发生反应。其中最重要的是松柏醛结构，它含有一个缺电子的 α-碳原子，因此会与一个强的亲核试剂，如亚硫酸盐阴离子发生化学反应；在一个竞争性或连续反应中，亚硫酸盐阴离子也可与松柏醛结构的 γ-醛基反应，形成羟基磺酸结构（图 5-3-14）。CTMP 制浆实际条件中，仅有一小部分松柏醛结构发生消除反应而脱除，在未漂白和漂白 CTMP 浆料中仍然可以检测到这种结构。初生壁物质的较高磺化反应性显示木材纤维初生壁中富含这种松柏醛结构，这样磺化反应就使木材纤维初生壁的亲水性和润胀性增加，促进了纤维与纤维的选择性分离。

其他的木质素反应性结构，例如邻醌或对醌，作为 α-、β-不饱和羰基型结构，也可能与亚硫酸钠发生反应而破坏浆料中发色基团。此外，木片解离过程中少量亚硫酸钠的存在可使过渡金属离子还原成最低价态（图 5-3-15）。这是亚硫酸钠化学浸渍处理的一个优势。同时添加的金属螯合剂如 DTPA（二乙基三胺五乙酸），与过渡金属离子螯合而增加了纸浆的白度。

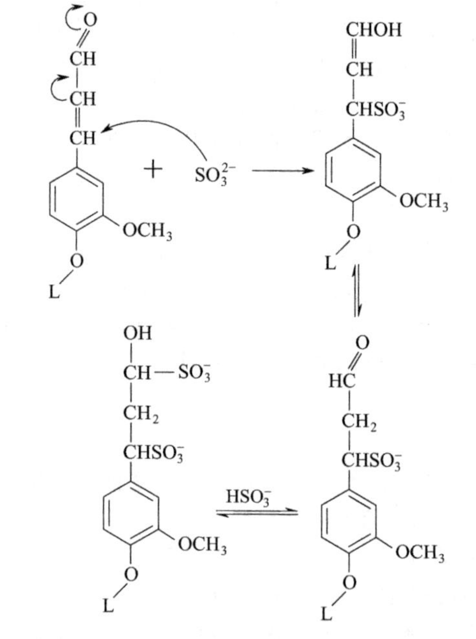

图 5-3-14　松柏醛结构与亚硫酸钠的反应

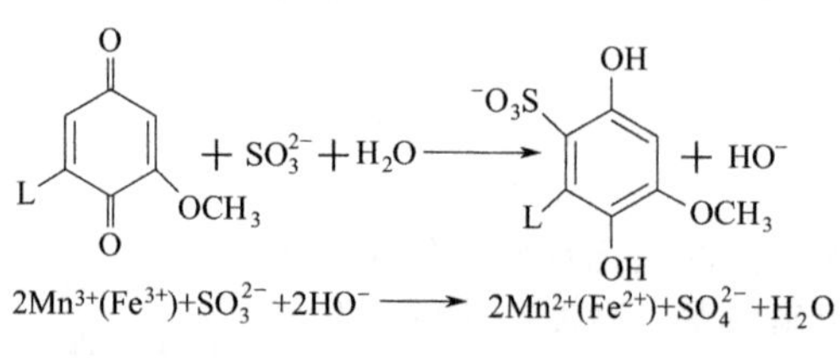

$$2Mn^{3+}(Fe^{3+})+SO_3^{2-}+2HO^- \longrightarrow 2Mn^{2+}(Fe^{2+})+SO_4^{2-}+H_2O$$

图 5-3-15　醌型结构的磺化和亚硫酸钠对过渡金属离子的还原反应

3. 漂白化学

漂白机械浆时，希望增加纸浆白度而不发生纸浆的得率损失，这可以通过用碱性过氧化氢氧化反应或在近中性的 pH 下发生连二亚硫酸钠还原反应等保留木质素的漂白方法来实现。其他机械浆的漂白剂，如硼氢化钠和二氧化硫脲（FAS）也已尝试，但因成本高导致商业化应用还没有或很少。用连二亚硫酸钠漂白可使白度提高约 10 个白度单位，而用过氧化氢漂白可使机械浆的 ISO 白度提高到 80%甚至 85%以上。在多数情况下，连二亚硫酸钠漂白用于对浆料白度要求不高的情形，漂白时只需在纸浆悬浮液中加入连二亚硫酸钠即可进行化学反应，但纸浆最好事先经脱气处理。过氧化氢漂白可以大幅度增加机械浆的白度，漂白前通常需要用螯合剂对纸浆进行预处理，以尽可能有效地消除过渡金属离子，然后添加漂白化学品。过氧化氢漂白时，除需要加入 H_2O_2 和 NaOH 外，还需要加入硅酸钠和螯合剂（例如 DTPA），用作 H_2O_2 的稳定剂，以减少 H_2O_2 无效分解。

（1）纸浆白度　不同类型机械浆的光散射系数有很大区别。按照 Kubelka-Munk 等式（5-3-1），浆料的白度依赖于浆料的光散射和光吸收两方面，不能由浆料中发色物质的量（导致光吸收）单独决定浆料白度值。一种理论计算示例见图 5-3-16。以浆料 55%～80%的 ISO 白度为纵轴，在两种相等光散射系数（s）下，对通过 Kubelka-Munk 等式计算的光吸收系数（k）作图。很显然，发色物质含量相同的浆料（即光吸收系数相同），其白度可能存在几个白度单位差异；浆料白度值相同，其含有的发色物质量也可能不同。

$$\frac{k}{s}=\frac{(1-R_0)^2}{2R_0} \tag{5-3-1}$$

式中　k——光吸收系数，m^2/kg；

s——光散射系数，m^2/kg；

R_0——光反射值（457nm 处光反射值 R_{457} 为纸浆白度）。

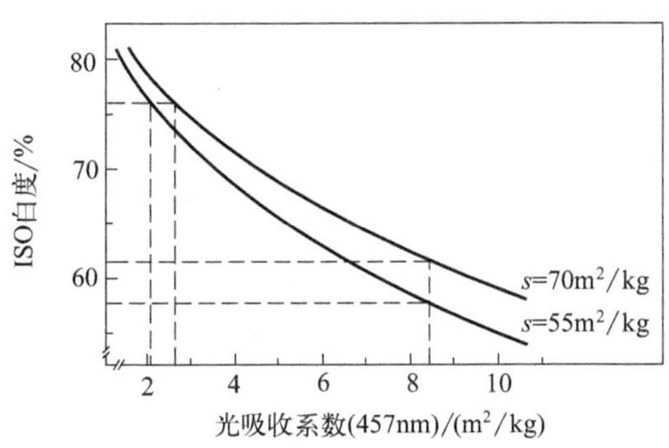

图 5-3-16　浆料白度与 Kubelka-Munk 等式计算的光吸收系数的关系

北欧的云杉是一种白度高的树种，其新鲜材木质部的光吸收系数约 $5m^2/kg$（457nm 蓝光下检测，k_{457}）。木材解离过程中因新发色物质的形成，导致其对光的吸收增加。生产线对浆料的进一步处理会产生新的发色物质，导致未漂浆料最终的光吸收系数 k_{457} 约为 7～$8m^2/kg$。在机械浆的过氧化氢漂白段，大部分发色基团被破坏，但随后因浆料或纸张受热或光照的影响，白度呈现较大幅度的损失。由木材转变为机械浆过程中浆料的白度变化（用 k_{457} 表示）见示意图 5-3-17。

（2）过氧化氢漂白　氧化氢漂白是机械浆主要的漂白方法，在 4% ～ 6%的漂白药剂用量下可以将针叶木机械浆漂白至 ISO 76%以上，将阔叶木（例如杨木）漂白至 ISO 80%甚至 85%以上。因 NaOH 会导致深色反应，过氧化氢漂白时通常需要进行 NaOH 用量的优化。浆料中存在例如 Mn^{2+}、Fe^{2+}、Fe^{3+} 和 Cu^{2+} 等过渡金属离子时，H_2O_2 易于发生分解反应。因此，机械浆漂白时必须用 DTPA 等金属螯合剂进行预处理，并通过随后的洗涤除去（见图 5-3-18）。尽管采取了防止 H_2O_2 分解的方法，过氧化氢在漂白条件下，仍然发生某种程度的分解（见图 5-3-19）。

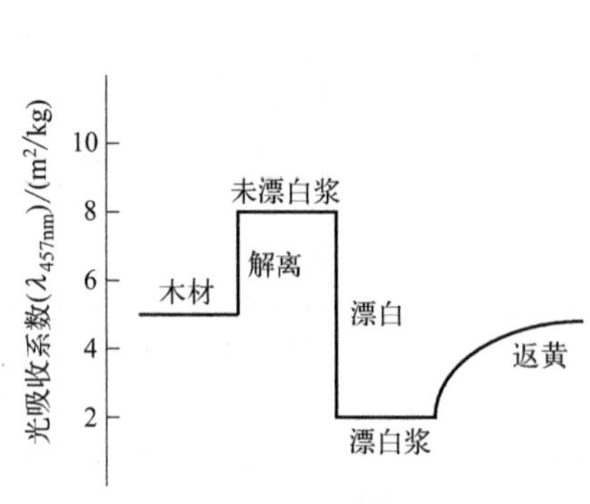

图 5-3-17　由木材制成机械浆过程中的白度变化示意图

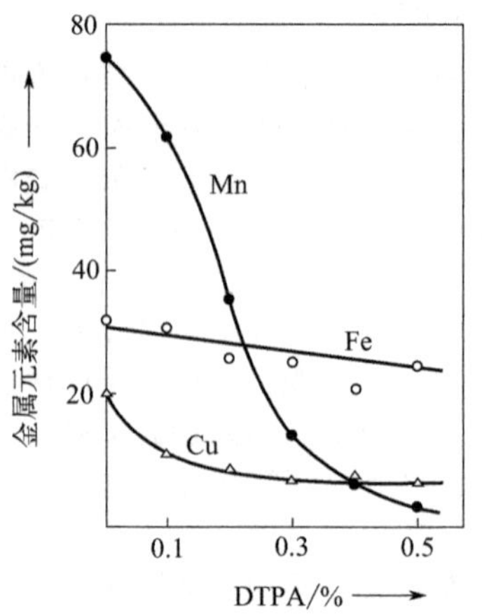

图 5-3-18　机械浆中金属离子含量与DTPA用量的关系

$$H_2O_2 + HO_2^- \longrightarrow \cdot O_2^- + HO\cdot + H_2O\ (\text{Fe、Mn等离子催化})$$

$$HO\cdot + \cdot O_2^- \longrightarrow O_2 + HO^-$$

$$HO\cdot + HO_2^- \longrightarrow O_2^- + H_2O$$

$$HO^- + R \longrightarrow \text{氧化降解产物}$$

$$2\cdot O_2^- + H_2O \longrightarrow O_2 + HO_2^- + HO^-$$

图 5-3-19　过氧化氢的分解反应

碱性过氧化氢漂白机械浆时，在漂白开始阶段，漂白液的起始 pH 值通常在 12 左右，建立了过氧化氢与其阴离子之间的平衡（图 5-3-20）。由于纸浆中（半乳糖基）-葡甘聚糖乙酸的快速释放，以及木质素与过氧化氢反应生成的酸性基团，漂白体系的 pH 值将在几分钟内降至 10.5 左右。由于漂白液中的硅酸盐的缓冲作用，减缓了漂白体系 pH 值的快速下降（到漂白终点时 pH＝8.5～9.0 左右），而使漂白体系保持一定的漂白能力。机械浆漂白过程中 pH 值不可避免的下降不利于浆料漂白反应的发生，因为实际起到漂白作用的是过氧化氢阴离子。

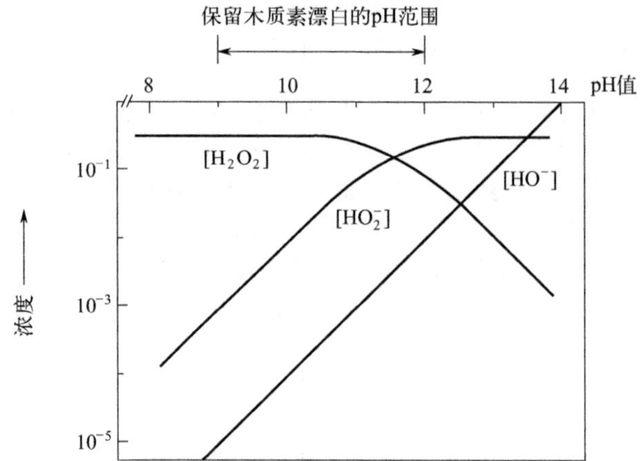

图 5-3-20　过氧化氢漂白体系的离子平衡及对机械浆起漂白作用的 pH 值范围

机械浆漂白时在所选择的漂白条件下，由于只是将木质素中的发色基团消除，木质素结构不发生解聚，因而纸浆得率损失很小。比较未漂白和过氧化氢漂白机械浆反射光谱可以看出，纸浆中吸光的发色结构的消除主要发生在光谱的紫外线和可见光区域（图 5-3-21），其中 375nm 左右的吸收峰值源于木质素松柏醛类型结构中延伸发色团的消除，可见光区域约 457nm 峰附近宽而平的吸收至少部分源于醌型结构的消除。

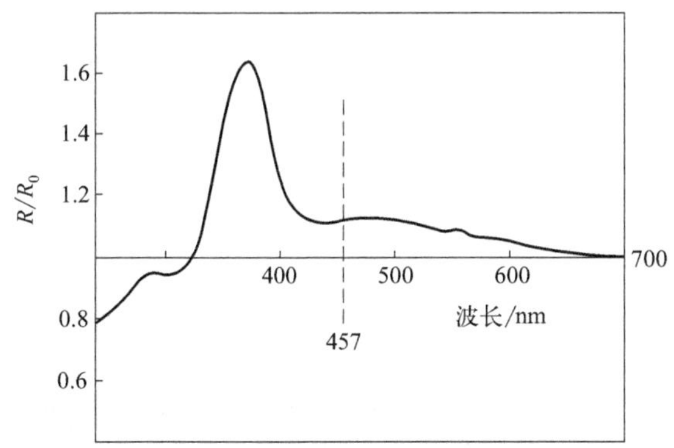

图 5-3-21　未漂白（R_0）和过氧化物漂白（R）机械浆在 240～700nm 范围的反射光谱

过氧化氢阴离子是一种强亲核物质。与亚硫酸盐的反应类同，纸浆中含有缺电子碳原子的结构最容易发生类似反应。在木质素大分子的松柏醛这类主要结构以及其他类型的共轭羰基结构中都可以发现这种缺电子碳原子。松柏醛本身容易受到过氧化氢阴离子的攻击，形成一种 α-过氧化羟基结构（图 5-3-22）。这将通过环氧化物进一步反应形成新的过氧化羟基中间体，最终分解成芳香醛结构和 2mol 甲酸。如果原来的松柏醛结构中含有游离的酚羟基，则芳香醛可进一步转化为对醌型结构和 1mol 甲酸，此反应通常称为“达金反应”，其机理见图 5-3-23。

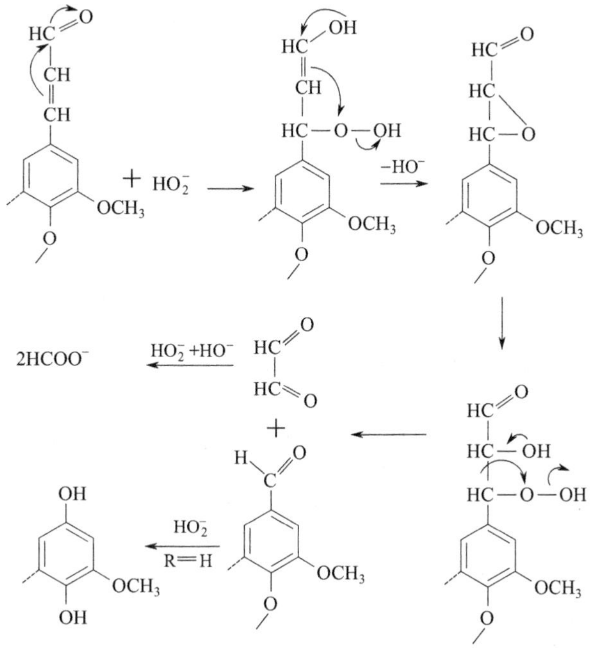

图 5-3-22　木质素中松柏醛结构与碱性过氧化氢的氧化反应

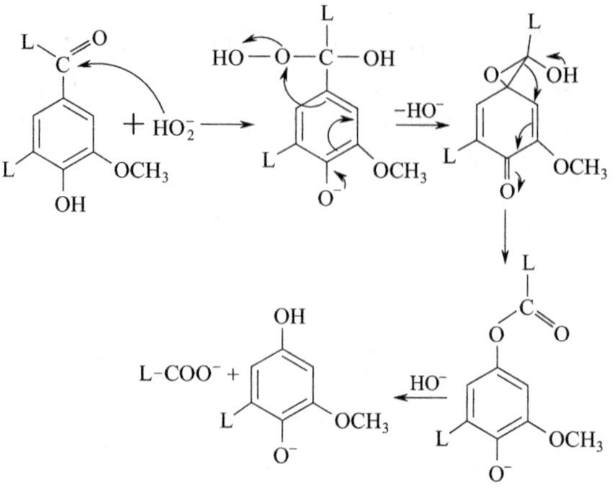

图 5-3-23　木质素中芳基-α-羰基结构与碱性过氧化氢的氧化反应——达金反应

机械浆中另一种重要的羰基结构是醌类。虽然机械浆中仅含痕量的醌类结构，但它们在可见光区域的强发色使其成为纸浆整体颜色的主要贡献来源。然而，大多数类型的“简单”醌类发色基团对碱性过氧化氢反应强烈，容易氧化成无色端基（通常含有羧基），形成甲醇和低分子量酸，见图 5-3-24。然而，当过氧化氢阴离子的浓度较低时，如在漂白的最后阶段，醌也在竞争反应中发生反应，形成羟基化醌结构。一小部分原来的醌类由此可以转化为低反应活性的产物，阻止其与过氧化氢进一步发生反应，在可见光范围内这类反应产物具有强烈的颜色。

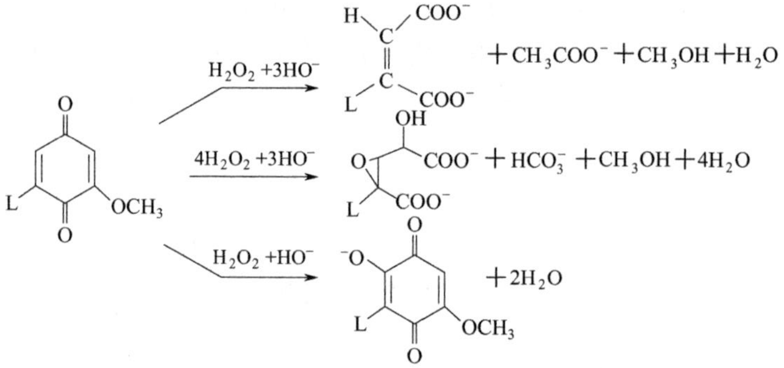

图 5-3-24　醌类结构与碱性过氧化氢的氧化反应

（3）连二亚硫酸钠漂白　纸浆与连二亚硫酸钠的反应仅限于还原某些类型的羰基结构，如邻醌和醌结构。在某种程度上，松柏醛结构上的双键结构也可能发生还原，但在机械浆漂白条件下发生具有一定难度。因此用连二亚硫酸钠还原只能起到部分漂白作用，因为源于松柏醛结构的大部分发色体系将仍然存在于纸浆中而使纸浆呈现黄色底色。连二亚硫酸钠在水溶液中稳定性并不好，配制漂白药液时除了加入连二亚硫酸盐外，还加入亚硫酸氢盐以提高漂白药剂的稳定性。但由于亚硫酸氢盐离子是一种较弱的还原剂，因此在长时间储存时这将导致漂白溶液的漂白性降低。此外，连二亚硫酸盐因发生分解反应而产生硫代硫酸根和硫酸根离子（见图 5-3-25）。

（4）二氧化硫脲漂白　二氧化硫脲（FAS，又称甲脒亚磺酸），分子式 $CH_4N_2SO_2$。加热至 117℃分解，不溶于有机溶剂，能溶于水，在水中的溶解度为 26.7g/L（20℃），饱和水溶液的 pH 值为 5.0，具有还原电位高（还原电位 1230mV）、热稳定性好、储存运输方便等特点。广泛应用于纺织行业、造纸工业的漂白脱色；在有机合成感光材料、药剂、医药、香料等精细化工中及贵重金属的回收与分离中也有应用。FAS 漂白纤维的最终分解物为尿素、硫酸氢盐，尿素是植物生长的氮源，硫酸氢盐是植物生长调节剂。FAS 是一种有发展前途的新型环保漂白剂[3]。

FAS 漂白（F 漂）已用于废纸浆漂白，对于机械浆的漂白处于探索阶段。文献报道称[4]，将

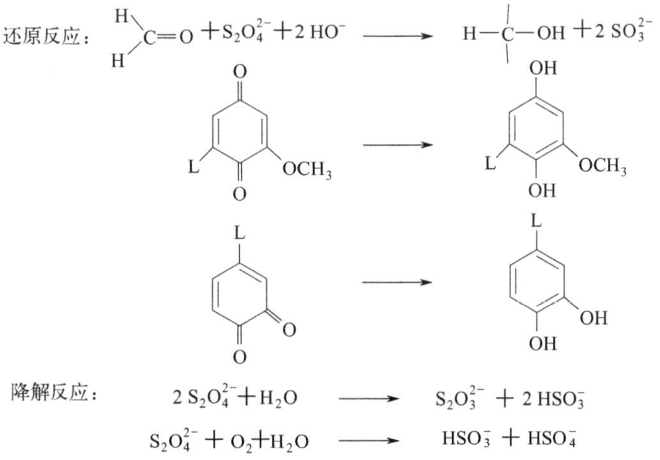

还原反应：$HCHO + S_2O_4^{2-} + 2\,HO^- \longrightarrow H-\overset{|}{\underset{|}{C}}-OH + 2\,SO_3^{2-}$

L-取代甲氧基对苯醌 $\longrightarrow$ L-取代甲氧基对苯二酚（O / L / OCH_3 / O → OH / L / OCH_3 / OH）

L-取代邻苯醌 $\longrightarrow$ L-取代邻苯二酚（L / O / O → L / OH / OH）

降解反应：

$$2\,S_2O_4^{2-} + H_2O \longrightarrow S_2O_3^{2-} + 2\,HSO_3^-$$

$$S_2O_4^{2-} + O_2 + H_2O \longrightarrow HSO_3^- + HSO_4^-$$

图 5-3-25　连二亚硫酸钠溶液与纸浆的主要还原反应和降解反应

FAS 粉末制成水溶液加入纸浆中，在碱性条件下进行漂白，用量为 0.3%～0.6%，NaOH/FAS 为 1/2（质量比），pH 值 8.8～9.0，漂白温度 80℃，漂白时间最短可取 30min。如果采取温度低的漂白条件，可通过延长漂白时间来补偿。

在 Andritz 公司制造的 400t/d 脱墨生产线上，采用 FAS 漂白技术对废新闻纸（ONP）和废杂志纸（OMP）的混合废纸浆进行漂白[4]，结果表明使用 PF（H_2O_2-FAS）漂白工艺可以将废纸浆漂白至 65%（ISO）以上。对非接触印刷废纸（ISO 白度 82.7%）脱墨浆进行过氧化氢漂白（P 漂白）和二氧化硫脲漂白（F 漂白）的对比试验[5]，结果表明单段 F 漂白优于单段 P 漂白，两段 PF 流程（成浆 ISO 白度可达到 89.6%）优于 FP 流程（成浆 ISO 白度为 89.1%）。

废纸浆两段组合漂白（PF），漂白效率很高，其漂白效果优于 PT 漂白、PH 漂白［H 为 $Ca(ClO)_2$ 漂白］和 PP 漂白，可以把经 1% H_2O_2 漂白后 ISO 白度为 65.8%的废纸浆漂白至 83.6%的高白度[6]。

FAS 用于 CTMP 和 SGW 漂白尚处于研究阶段[7,8]，1%FAS 用量，机械浆的白度分别增加 6 个和 10 个白度单位。H_2O_2-FAS 两段漂白的优势是，由于漂后 pH 近中性，漂白段间或漂后浆料无需酸化[7]。

FAS 用于马尾松 SGW 漂白，可以实现一定的漂白效果[8]。用量为 1%的 FAS 漂白可以把浆料漂白至 56.8%（ISO）。FAS 漂白浆料的松厚度较好。FAS 漂白可用于杨木 APMP 浆料的研究结果表明[9]，FAS 漂白与过氧化氢漂白白度接近，均为 62%（ISO）。

漂白至相同的目标白度，FAS 漂白与连二亚硫酸钠漂白化学品费用相当，但 FAS 具有操作条件要求不高的优点[3,10]。与过氧化氢漂白比较，FAS 漂白使用辅助化学药品少，仅需加入 NaOH，工艺简单，设备投资少。

FAS 在 20～30℃的水溶液中十分稳定，但在加热或碱作用下会发生分解，游离出亚磺酸，因此表现出较强的还原活性。水溶液加热至 100℃时迅速分解，放出 SO_2 和 H_2S，并在水溶液中析出无定形的硫黄，从而使溶液呈乳白色；在酸性溶液中稳定；加热时分解成尿素和强还原性的次硫酸；在碱性溶液中分解成尿素和次硫酸钠。其分解化学式见式（5-3-2）和式（5-3-3）。

$$(NH)(NH_2)CSOOH + H_2O \longrightarrow (NH)(NH_2)CSOO^- + H_3O^+ \tag{5-3-2}$$

$$(NH)(NH_2)CSOO^- + OH^- \longrightarrow (NH_2)_2CO + SO_2^{2-} \tag{5-3-3}$$

FAS 在温度 80℃、pH 值为 10.6 的水溶液中反应 45min，几乎完全分解，含量几乎为零。在高碱性条件下（NaOH/FAS 为 0.5/1），温度 30℃、时间 60min，约有 30%的 FAS 分解，此时木质素与 FAS 的漂白反应受 FAS 的分解速率控制；温度 60℃以上、时间 60min，约有 80%的 FAS 分解，FAS 的漂白反应受木质素与次硫酸根（SO_2^{2-}）的反应速率控制[3,10]。

典型的 FAS 漂白条件为：FAS 用量 0.5%，NaOH 用量 0.25%，DTPA（二乙烯三胺五乙酸）

用量 0.1%，温度 70℃，时间 60min。FAS 漂白作为 CTMP 纸浆的多段漂白结束段可改善漂白效率，提高白度增限。在杉木 CTMP 浆料三段 P^{*} PF［其中，P^{*} 为 TAED（四乙酰乙二胺）强化过氧化氢漂白］漂白时，可将浆料的 ISO 白度由 42%提高到 83%，漂白后浆料的稳定性也较好[11]。

（5）硼氢化钠漂白　硼氢化钠，化学式为 $NaBH_4$，白色至灰白色细结晶粉末或块状，吸湿性强，其碱性溶液呈棕黄色，是最常用的还原剂之一。在干空气中稳定，但在湿空气中或 400℃加热下易于分解。溶于水、液氨、胺类；易溶于甲醇，微溶于乙醇、四氢呋喃；不溶于乙醚、苯、烃。通常情况下，硼氢化钠无法还原酯、酰胺、羧酸及腈类化合物，但当酯的羰基 α 位有杂原子存在时可以被其还原。硼氢化钠会与水和醇等含有羟基的物质发生较缓慢的反应释放出氢气［见式（5-3-4）、式（5-3-5）］，同时因为反应较缓慢，短时间内硼氢化钠的损失量很少，因此硼氢化钠可以用甲醇、乙醇等作为溶剂。由于硼氢化钠中的氢带有部分负电荷（B 的电负性比 H 小），醇和胺类物质中—OH、—NH—和—NH_2 中的氢都带有较多的部分正电荷，所以硼氢化钠中的 BH_4^- 能与构成这些物质的分子之间形成双氢键，因此硼氢化钠能溶于水、液氨、醇和胺类物质。

$$NaBH_4 + 2H_2O \longrightarrow NaBO_2 + 4H_2\uparrow \tag{5-3-4}$$

$$NaBH_4 + 4HO{-}R \longrightarrow B(OR)_3 + 4H_2\uparrow + NaOR \tag{5-3-5}$$

硼氢化钠是在化学浆漂白中已获得商业化应用的还原剂，主要用于热碱提取或臭氧处理后的碳水化合物稳定处理，对纸浆黏度具有一定的保护作用，同时有轻微的增白作用。但因试剂成本较高，硼氢化钠在机械浆漂白中还未获得应用。研究表明硼氢化钠漂白用于杨木 APMP 的后段漂白，ISO 白度由 72.8%提高到 77.61%，紫外线（UV）辐照后白度提高近 9 个白度单位。硼氢化钠漂白不仅可以提高纸浆白度，同时可提高机械浆的白度稳定性（见图 5-3-26）[12]。提高杨木浆白度稳定性，抑制其返黄的适宜处理条件为：0.8%～1.2%硼氢化钠与 1.2%～0.8%亚硫酸氢钠的混合液，在温度 70～75℃下反应 20～30min 或者在室温下反应 80min 以上，pH 值 10～11，浆浓 20%[12]。

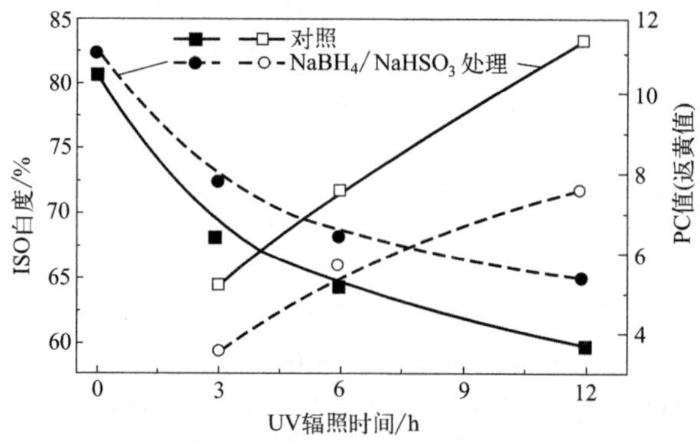

图 5-3-26　硼氢化钠/亚硫酸酸氢钠处理杨木 APMP 浆的白度稳定性[12]

4. 纸浆返色

机械浆因光和热诱导引起的返黄问题，阻止了其在很多纸产品中的大量应用。特别是机械浆的光诱导返色现象非常迅速，其主要原因为木质素能够吸收日光中紫外区域的光线而发生降解，从而生成有色物质（见图 5-3-27）。

木材或机械浆的天然木质素中含有几大类能够吸收波长在 300～500nm 范围内光的发色基团，包括松柏醇末端基以及可直接吸收太阳光谱低波长区域光的芳香环结构（见图 5-3-28）。

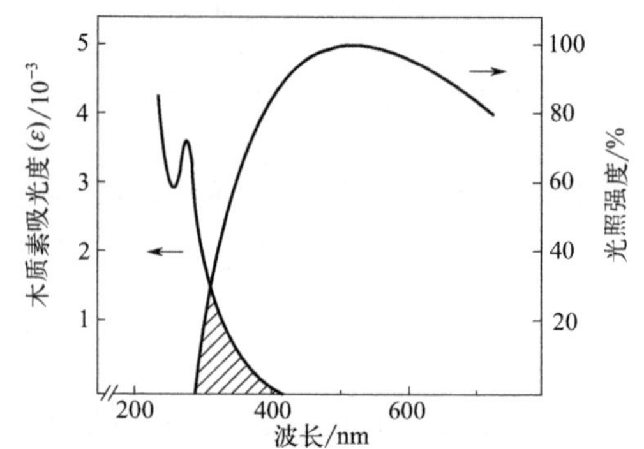

图 5-3-27　木质素的光吸收光谱和日光的发射光谱（标识阴影部分为光吸收发生区域）

（1）光诱导返色　光化学反应发生时一次吸收

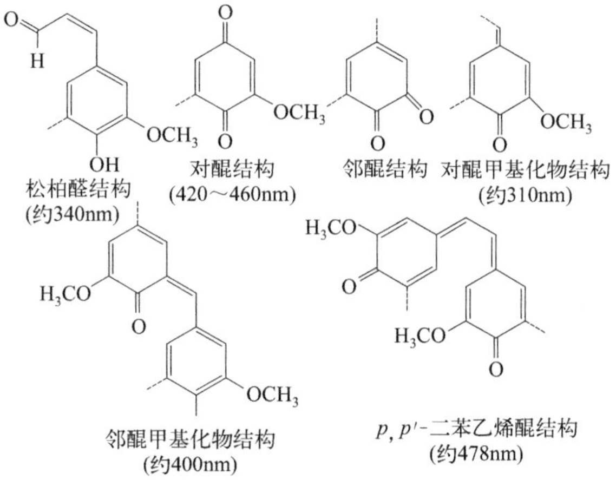

OCH3
OH
松柏醛结构
(约340nm)
对醌结构
(420～460nm)
邻醌结构
对醌甲基化物结构
(约310nm)
H3CO
邻醌甲基化物结构
(约400nm)
p, p′-二苯乙烯醌结构
(约478nm)

(a) 发色基团结构

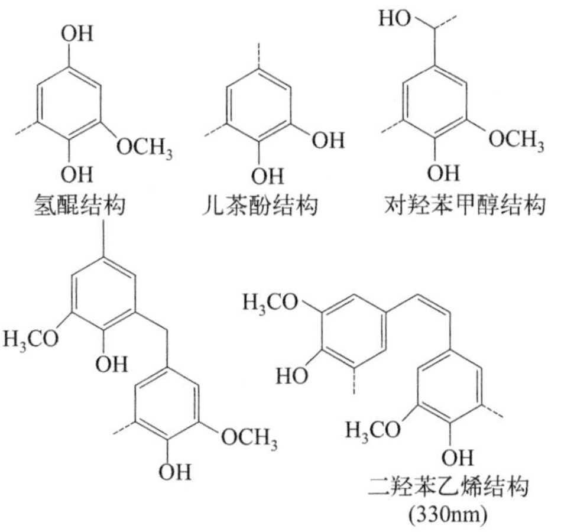

OH
HO
OCH3
H3CO
氢醌结构
儿茶酚结构
对羟苯甲醇结构
二羟苯乙烯结构
(330nm)

(b) 光发色基团结构

图 5-3-28　吸收波长在 300～500nm 范围的木质素主要发色基团结构

一个光子，从而激发一个电子，使其从单重态基态跃迁到激发的单重态。吸收的能量可以经不同路径进行释放，如图 5-3-29 所示。如果被激发电子发生自旋反转，经由系间窜越产生一个位于较低能级的三重态。由于三重态的寿命通常比激发的单重态长，因此三重态发生化学反应的概率也更高。被激发的羰基通常是以这种方式进行进一步的化学反应。

能量增加
激发单重态
内部转换
系间窜越
激发
三重态
吸收
荧光
磷光
单重态基态

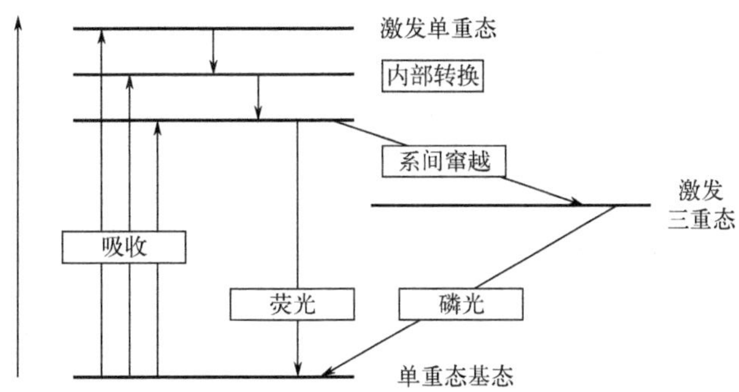

图 5-3-29　光化学反应过程分子能级和能量的吸收释放示意

机械浆在日光辐照下，迅速形成新的紫外线和可见光区域中的发色基团，如图 5-3-30 所示。增加的最强光吸收集中在 330nm 左右，可归因于木质素中形成例如芳基-α-羰基结构。在较长的波长下，可以看到一个宽的光吸收，延伸到光谱的可见光区域，最大值约为 430nm。很明显，醌型结构与更多未识别的发色结构逐渐形成。

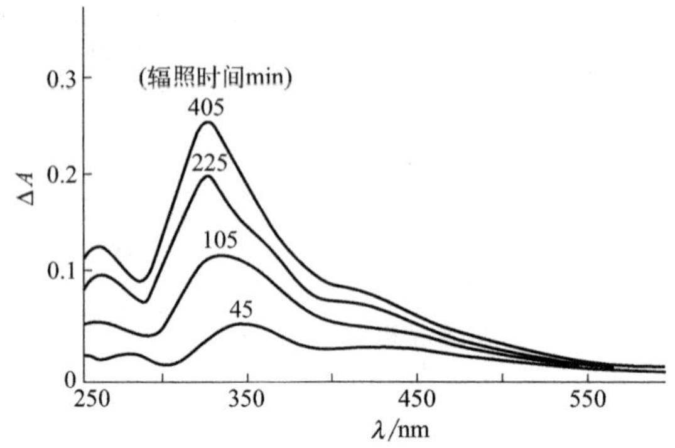

图 5-3-30　在日光辐照下 H_2O_2 漂白机械浆光吸收系数随光波长的变化

这一类木质素氧化的一般机理涉及木质素中的羰基对光的吸收。通过系间窜越，形成一个激发的三重态，这样相应地将从木质素中的苯甲醇或苯酚结构中提取氢，因此形成两个自由基，在随后的反应步骤中，在氧的作用下转化为羰基（图 5-3-31）。原则上，图 5-3-31 中所示的反应可以在纸浆中任何可用的醇结构上发生，唯一的先决条件是原来存在的羰基能够吸收光。

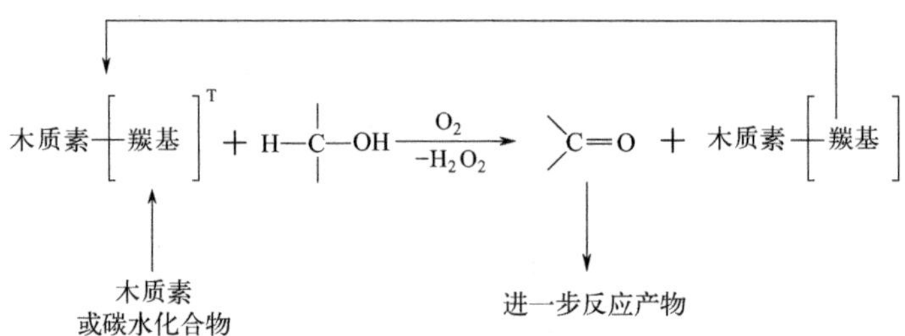

图 5-3-31　木质素或碳水化合物中醇或苯酚结构通过光化学氧化为羰基结构的过程
（以一个光敏剂和一个羰基结构为例）

在长时间的日光照射下，机械浆的白度不断下降，但下降的速度比开始的光诱导返黄要慢得多。可能会发生几种光化学反应，包括含游离酚羟基芳香端基的非特定氧化以及苯甲醇基的氧化，其机理见图 5-3-32。后一种情形下，氧化形成的 β-O-4 结构中的 α-羰基形成一种结构，该结构单元在光的作用下直接发生光化学反应，导致 β-芳基醚裂解并形成有色产物（见图 5-3-32），该反应可能是导致机械浆“缓慢”变黄的原因。

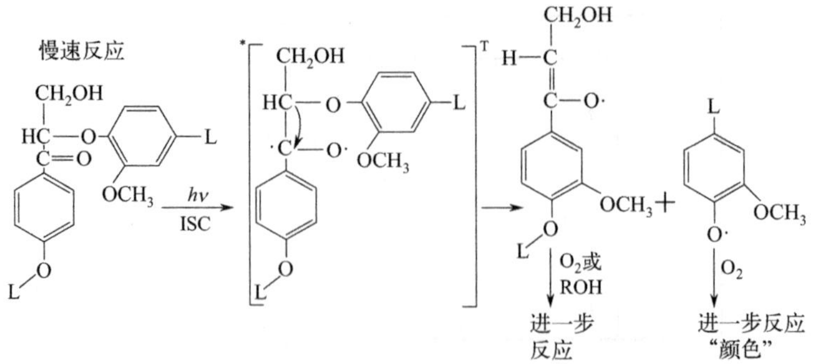

图 5-3-32　含 α-羰基木质素中的 β-O-4 结构的光诱导裂解（intersystem crossing，简写 ISC，为系间窜越）

（2）热诱导返色　在没有光照的情况下，机械浆也会发生一定程度的返黄，这也是阻碍其大量用于高档纸张品种生产的原因。在高温下，返黄迅速发生，可以用制浆过程中的白度变化来测量，见图 5-3-33。在储存条件下，无论是纸浆还是纸张，都可能会发生白度的降低，对漂白类纸浆或纸张品种尤其如此。这种返黄涉及一种木质素中活性酚末端基（如邻苯二酚和对苯二酚）的自氧化反应，一种木质素氢醌结构的自氧化和在氧、水和反应物活性酚羟基存在下进一步转化为羟基化醌或缩合醌的过程，类似于图 5-3-34 所示的反应途径。这些反应在过渡金属离子的存在下被催化，并且在碱性 pH 下进行得更快。

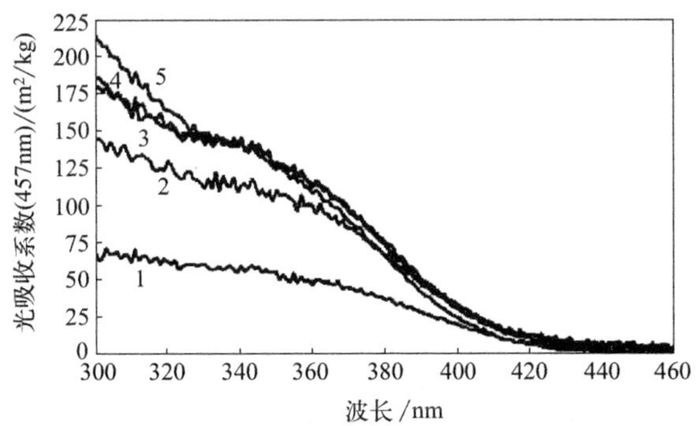

图5-3-33　云杉 TMP 制浆过程中浆料光吸收系数的变化

1—木粉；2—粉一段磨后 TMP；3—粉二段磨后 TMP；4—消潜后 TMP；5—TMP 成浆

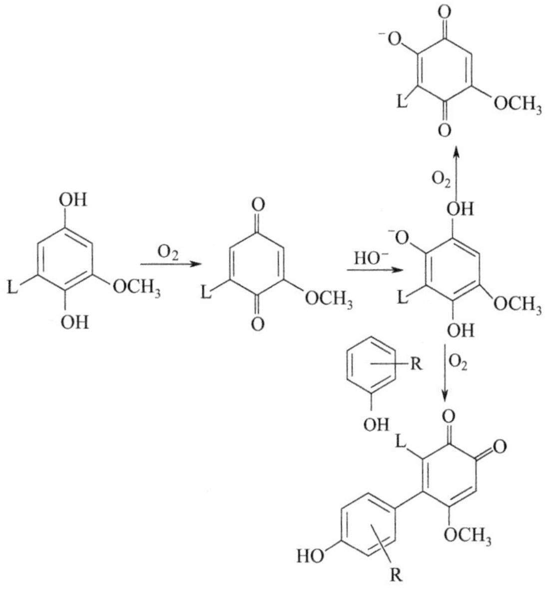

图 5-3-34　高温和水存在下木质素氢醌结构的自氧化以及进一步转化为羟基化醌和缩合醌型结构的过程

5. 木材组分和机械浆得率

机械法制浆过程中，木材的主要组分在磨浆和漂白之后都保留在机械浆纤维中。云杉 TMP 浆通常会有 3%～5%的得率损失，主要来源于半纤维素的溶出，其中，以乙酰化半乳甘露聚糖的溶出为主，但也溶解了少量木聚糖和果胶（见表 5-3-1）。过氧化氢漂白段的碱性条件下，半乳甘露聚糖中以酯键连接的乙酸基发生快速水解，约 20kg/t TMP，浆中的物质以乙酸形式溶出。大量脱乙酰基、低水溶性的半纤维素会再沉积在纤维表面，部分抵消脱乙酰基造成的浆料得率损失。另外，果胶的碱性水解会释放出甲醇并伴随半乳糖醛酸（不含甲酯基的果胶）的溶出。上述这些化学反应导致过氧化氢漂白过程中浆料发生约3%（对木材）的得率损失。

表 5-3-1　TMP 生产中木材组分的溶出

木材组分	含量/(kg/t)
乙酸	1～2
木脂素(lignans)	2～3
抽出物	4～6
半纤维素、果胶	18～21
木质素	3～5
其他成分	6～8

浆料中存在的酸性基团对浆料性质产生重要作用，一方面影响浆料的润胀能力，另一方面为阳离子提供结合位点。无论是漂白的还是未漂白的机械浆料，都含有大量的酸性基团。未漂白TMP浆纤维中，酸性基团主要存在于半纤维素中，少量存在于果胶中。过氧化氢漂白后，浆料中的羰基含量呈现较大幅度的增加，主要来源于半纤维素和以聚半乳糖醛酸形式存在的果胶。此外，漂白后木质素中大量羰基的形成也是羰基基团的来源（见表5-3-2）。对于漂白CTMP浆，浆料中还存在与木质素结合的磺酸基。

表 5-3-2　TMP 浆料组成中的羰基含量

浆种	浆料组成/(mmol/kg)			总量/(mmol/kg)
	半纤维素	果胶	木质素	
TMP 浆	75	20	约 0	95
过氧化氢漂白 TMP 浆	70	80	70	220

第二节　化学法制浆及设备

化学法制浆，从碱性到酸性包含了诸多不同工艺。碱性的硫酸盐法制浆工艺及其改良技术，是在现代制浆企业中占主导地位的化学法制浆工艺，适用于所有木质纤维素原料的制浆生产，且其化学药品和热能可以实现封闭循环回收，易于实现清洁生产，环境影响小。因此，本节主要讨论硫酸盐法化学制浆工艺及设备。

一、制浆工艺

化学法制浆从木材结构上分离纤维的原理是从胞间层中溶出足够多的木质素，纤维就能够彼此分离。在木材制浆时，木片浸没在高温和高压的蒸煮液中。木材成分的化学反应是在固-液界面的非均相反应，为了确保反应均匀，木片中药液和温度的均匀分布至关重要。蒸煮过程有两个主要阶段：①浸渍阶段，在脱木质素反应开始之前，木片中浸满蒸煮液；②蒸煮阶段，蒸煮液不断向反应部位运动。木材及木片特性、蒸煮方法、蒸煮液性质、蒸煮温度、蒸煮时间等工艺参数对蒸煮和纸浆影响较大。

1. 木材性质及木片质量

与木材相关的影响化学法制浆的因素包括木材品种、木材密度、水分、木材化学组成成分、木片规格、木材腐朽程度和树皮含量等。

针叶材的木质素含量较多，其木质素结构单元主要是愈创木基类型木质素，且结构复杂，不易蒸煮，但其纤维较长，成浆强度较好。阔叶材的木质素含量相对较低，且木质素结构单元含有较多的紫丁香基类型木质素，一般比较容易蒸煮，但纤维相对较短，成浆强度较差。此外，由于树种的不同，其物理和化学性质不同，主要表现在：纤维形态结构，如纤维平均长度、宽度、细胞壁厚度、壁腔比等；化学组成和化学结构，如木质素、半纤维素含量及其化学结构特征，纤维素含量，抽提物含量和特征等；木材相对密度，心材比例等。即使是同一树种、同一产地，甚至同一棵树，其不同部位，成浆产量、质量仍有不同，边材比心材容易蒸煮。不同木材原料物理性能差别还表现在纤维的平均长度上，阔叶材一般纤维平均长度为 0.9～1.5mm，而针叶材为 3～5mm，纤维长度对纸张的物理强度，特别是撕裂因子，有较大影响。纤维的细胞壁厚度和壁腔比对纸浆性质也有影响，特别是细胞壁比较厚，会造成打浆困难。木材密度是影响制浆造纸工业的重要经济指标，不同材种的木材相对密度有很大差别，对制浆设备及工程的生产能力有重大影响，特别是蒸煮设备的装锅量。心材率较大的木材或晚材率较高的木材相对密度比较大，心材含有较多的抽提物，晚材的细胞壁较厚、壁腔比大，相对密度大的木材蒸煮药液的浸透困难，因此相对密度大的木材蒸煮时需要强化药液的渗透措施。相对密度大的木材装锅量大，如采用相同的液比则必须提高药液浓度，如保持相同的药液浓度则需增大液比，提高用碱量，或者相应调整其他蒸煮条件。

木片质量包括木片规格、木片腐朽程度、树皮含量以及水分等。木片规格大小对蒸煮速度和蒸煮均匀性有重要影响。在蒸煮反应之前，蒸煮液中的氢氧根离子和硫氢根离子需要均匀渗透到木片内部，才能获得均一的蒸煮结果。在碱性蒸煮条件下，药液渗透速度在木材径向、弦向、纵向 3 个方向相等，大量化学药剂通过木片最小尺寸方向向内部渗透，即木片厚度方向。如果药液渗透速率太慢或木片太厚，木片中心部位就难以蒸煮而形成生片，纤维无法解离形成筛渣。因此，药液渗透速率、木片厚度与蒸煮化学反应速率之间应保持平衡关系。木片蒸煮反应均匀性与木片规格、蒸煮温度、蒸煮药液浓度以及促进药液渗透措施等相关。木片尺寸中以厚度对蒸煮均匀性影响最大，短而薄的木片，药液易于渗透，有利于蒸煮，有研究认为木片的临界厚度为 3mm。

木片中腐朽木和树皮含量大时会增加碱的消耗，同时降低纸浆质量。另外，木片水分均匀程度会影响药液的渗透速度。

2. 蒸煮工艺条件

化学法蒸煮工艺条件主要是化学药品的组成和用量、液比、蒸煮最高温度、升温和保温时间以及助剂使用等等。蒸煮工艺条件的选择应根据原料种类和质量、蒸煮方法、产品用途等确定。

（1）用碱量　用碱量是指活性碱用量对绝干木片质量的百分比。用碱量的大小会影响脱木质素速率和程度，也会影响碳水化合物的降解程度。一般在其他蒸煮条件不变的情况下，用碱量增加，脱木质素速率加快，脱木质素程度增加，纸浆硬度降低，可漂性提升。同时碳水化合物的降解速率和降解程度增加，纸浆得率下降。

蒸煮用碱量的大小主要取决于：①木材原料的种类；②纸浆的质量要求；③其他蒸煮条件，如蒸煮温度、时间、液比及助剂使用等。

一般来说，原料组织结构紧密，木质素、树脂、树皮、糖醛酸基和乙酰基含量多的原料，新鲜或霉烂的原料，用碱量要增加一些；木质素含量高的针叶材其用碱量较多，阔叶材则相对低一些；漂白浆用碱量较高，本色浆则减少用碱量。蒸煮过程中碱的消耗大部分在碳水化合物的降解及其降解产物的进一步分解方面，木质素的降解和溶出仅消耗其中的少部分。蒸煮终了时蒸煮液中还必须保留一定量的残碱，以维持溶出木质素的溶解性能。

（2）液比　液比指蒸煮器内绝干原料质量（t）与蒸煮总液量体积（m^3）之比。实际生产中，总液量包括原料中的水分和加入蒸煮器内的全部蒸煮液。

液比与用碱量共同决定蒸煮器内药液浓度，当用碱量一定时，液比减小，药液浓度增大，可以加快脱木质素，缩短蒸煮时间。同时也加大碳水化合物的降解速率，降低纸浆得率；蒸汽消耗量减少。但液比过小，药液与木片混合均匀性降低，蒸煮均一性下降。一般，直接通汽加热液比可小些，间接加热液比大一些；快速蒸煮可以适当缩小液比，提高蒸煮液浓度，缩短脱木质素时间，但需确保药液循环和蒸煮均匀；密度高的原料可适当降低液比；对于蒸煮均一性要求较高的，可以适当加大液比。

（3）硫化度　硫化度是指蒸煮液中 Na_2S 含量占活性碱 NaOH 和 Na_2S 含量的百分比。

硫化度是硫酸盐法化学制浆特有的名词。Na_2S 在蒸煮液中水解为 OH^- 和 SH^-，由于 SH^- 的亲核性能优于 OH^-，可以促进酚型木质素的 β-芳醚键的断裂，因此，硫酸盐法蒸煮比烧碱法蒸煮脱木质素快。硫化度的大小对硫酸盐法蒸煮脱木质素和纸浆质量均匀性有较大影响。

在一定范围内，硫化度增加可加快脱木质素速率，但超过适宜的范围，效果就不明显，甚至蒸煮速率降低，这是由于 SH^- 的亲核反应需要在一定碱性条件下酚型木质素形成亚甲基醌中间体结构，才能促进 β-芳醚键的断裂。

适宜的硫化度除了可以加速脱木质素外，还能在一定范围内保护碳水化合物，提高纸浆得率。用碱量一定时，适当提高硫化度可增加纸浆得率，但硫化度过高会影响脱木质素，同时，过高的硫化度增加了甲硫醇、硫醚等挥发性有机硫化物的产生，臭气量增加，主要在蒸煮、洗涤、蒸发、燃烧等过程中以气体硫化物的形式发生损失。在工厂实际操作中，蒸煮液的硫化钠受碱回收工段药品回收平衡的限制，其损失量通过添加芒硝（硫酸钠）与浓黑液一起至碱炉燃烧得到补充。

工业生产中，针叶材的硫化度较阔叶材高。一般针叶材的硫化度为 25%～30%，阔叶材为 15%～20%。也有工厂为了降低臭气产生量而降低硫化度。

（4）蒸煮温度与时间　蒸煮温度指蒸煮过程最高温度，蒸煮时间包括升温时间和保温时间。蒸煮温度和蒸煮时间是蒸煮过程中两个相互关联的参数。最高温度是影响纸浆得率和脱木质素的最敏感的因素。最高温度的选择是保证原料分离成所需硬度纸浆的关键。温度升高，蒸煮反应速率加快，促进木质素的溶出。温度提高和保温时间的延长，虽有利于脱木质素，降低纸浆硬度，但也加剧了碳水化合物的损失，造成纸浆得率降低、物理强度降低。木材原料蒸煮最高温度一般采用 155～175℃。

升温时间的长短与原料性质、生产条件和蒸煮过程渗透难易程度等有关，一般多在 1～2.5h。保温时间长短取决于原料性质、用碱量、蒸煮温度和成浆质量要求等。实际生产中因纤维原料、设备、生产工艺、产品质量等要求不同，保温时间有较大差异。

二、制浆过程与设备

化学法制浆是在蒸煮器内加入木片和蒸煮药液进行加热反应，使纤维解离的过程。一般过程包含：木片的输送和装锅，蒸煮药液的输送，蒸煮器内进行的化学反应，以及浆料的喷放和热回收等。蒸煮的主体设备是蒸煮器，可分为间歇式和连续式两大类[2]。

1. 间歇式蒸煮过程

（1）传统间歇蒸煮　碱法蒸煮的基本过程包括装料、送液、升温、小放汽、保温、放料等步骤。在间歇式蒸煮过程中，这些操作按顺序周期性进行，每个周期完成一次蒸煮。

① 装料与送液。装料与送液是将植物纤维原料与蒸煮液装入蒸煮器内的过程。木片经过皮带输送器至木片仓，木片仓中的木片直接或者通过输送器经计量后装锅，同时蒸煮液经过计量槽或者计量装置泵送至蒸煮器上部，并由蒸煮锅下部通入少量蒸汽，木片装锅后由蒸煮锅下部按所需药液泵入白液和黑液，或预先将白液和黑液在计量槽内混合后泵入，当药液液位达到中部循环过滤带时开启药液循环泵循环药液。

② 升温与小放汽、保温。装料与送液完毕需要进行升温蒸煮。升温蒸汽通入方式一般可分为直接通汽和间接通汽两种方式。直接通汽是将蒸汽由蒸煮锅底部通入锅内升温；将蒸汽通入药液循环换热器加热药液进行升温的方式为间接通汽。木材蒸煮一般多采用间接通汽。在升温到一定温度或者压力时，需要进行小放汽。小放汽的作用：排出蒸煮器内的空气等，消除假压；有利于药液的渗透和均匀蒸煮；实现松木原料等中易挥发性物质如松节油等的回收。升温过程可根据

工艺需求设置一定温度条件下的短时间保温，以确保蒸煮液的渗透均匀。待升温至蒸煮最高温度时可以根据工艺要求或者H-因子确定保温时间。不同原料、不同蒸煮工艺，在最高温度下保温时间不同，需要根据具体情况进行确定。

③ 放料。蒸煮终了的放料方式有喷放、泵抽吸放料和倒料等。采用较多的方式为喷放，喷放方式有全压喷放、降压喷放和冷喷放。全压喷放是指蒸煮终了时不进行放气而直接进行喷放的方式。降压喷放是蒸煮终了时进行适当降压后喷放的方式。冷喷放是蒸煮终了时利用洗涤系统的低温黑液进行置换，降低蒸煮器内浆料温度后再利用压缩空气进行喷放，也可以采用浆泵进行抽放的方式。

喷放会使纸浆的强度不同程度地降低，温度和压力越高，损伤越大。

(2) 置换间歇蒸煮　置换间歇蒸煮系统是20世纪80年代发展起来的，其目的是减少蒸煮热能消耗。通过洗涤系统稀黑液置换蒸煮终点蒸煮锅内的热黑液，将热量置换出来加以利用。置换出来的热黑液送至热黑液槽用于下一次白液加热和预浸渍处理；蒸煮采用两次黑液处理，即温黑液和热黑液置换及热白液置换，再加热至最高温度保温。终点用洗涤液置换降温后用泵抽放或者空气加压喷放。

置换蒸煮较传统蒸煮具有蒸汽消耗低、蒸煮均匀性高、筛渣量低、纸浆性能得到改善等优点，还可以达到深度脱木质素的目的。其改良硫酸盐法蒸煮的5个原则为：①在蒸煮初期，氢氧根离子浓度相对低一些。②硫氢根离子浓度应该高一些，特别是蒸煮初期。③溶出物质的浓度在蒸煮后期应该低些。④蒸煮温度在蒸煮后期应该相对低一些。⑤蒸煮终了浆料应该采用冷喷放。

蒸煮初期的低碱浓度可以有效减少碳水化合物的降解，使得大量脱木质素阶段和蒸煮后期的碱维持一定的浓度；蒸煮初期高硫氢化物含量促进了硫化物的吸附，加快大量脱木质素阶段木质素的脱除。降低蒸煮液中的溶质浓度可以提高木质素的溶出速度和减少缩合反应的产生，提高脱木质素选择性。置换后浆料温度的降低有利于维持纸浆的强度性能。

目前间歇式置换蒸煮工艺主要有快速热置换蒸煮（RDH）、超级蒸煮器（Super Batch）、置换蒸煮系统（DDS）等。

2. 间歇式蒸煮设备

间歇式蒸煮设备主要有蒸球和立式蒸煮锅（简称立锅）。

(1) 蒸球　蒸球结构如图5-3-35所示。蒸球由回转式的薄壁球体容器构成。原料和蒸煮液从装料口加入，蒸汽可以从传动侧轴端蒸汽入口通入，其回转结构有利于原料和蒸煮药液的混合。当喷放弯管转至上部位置时可用于小放汽。蒸煮终了可以在喷放弯管位于底部时进行浆料喷放，也可以利用喷放弯管大放汽后进行球下倒料。

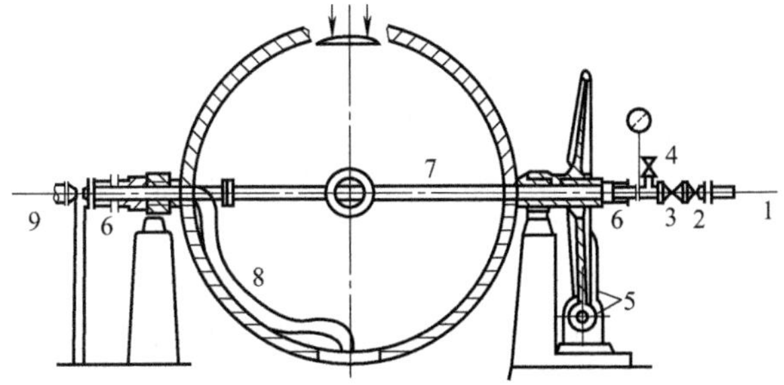

图5-3-35　蒸球结构示意图
1，7—进汽管；2，3—截止阀；4—安全阀；5—蜗轮蜗杆传动系统；6—止逆阀；8—喷放弯管；9—喷放管

蒸球的规格有$14m^3$、$25m^3$和$40m^3$三种。目前现代化企业使用相对较少。

(2) 立式蒸煮锅　立式蒸煮锅通常是圆柱形薄壁压力容器，具有一个锥形底和半球形或锥形的锅顶，外覆保温层结构。容积按工厂规模一般为$70\sim350m^3$，如图5-3-36所示。

蒸煮锅上部有一个大的带有法兰盘的开口及一个可移动的锅盖，用于装入原料。蒸煮锅分为上锅体和下锅体，锅体中部设有抽液滤带，用于蒸煮液循环。

药液循环系统由换热器、循环泵、循环管道等组成。循环液经加热后由蒸煮器上下部的入口返回蒸煮器。

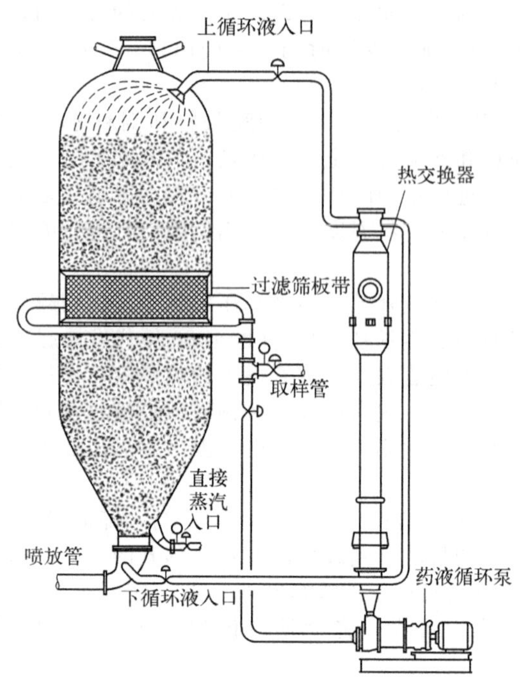

图 5-3-36　立式蒸煮锅示意图

3. 连续式蒸煮过程

全球大多数的硫酸盐浆是由连续蒸煮设备生产的。现代化连续蒸煮过程主要包括木片输送与常压汽蒸、木片计量与低压喂料、低压预汽蒸、高压喂料、蒸煮、洗涤等。

典型的单塔液相型蒸煮过程为：木片从备料工段输送至木片仓，在木片仓内利用蒸煮塔抽出黑液送蒸发前的第二次闪蒸罐分离出的蒸汽进行常压预汽蒸。由计量料斗控制木片仓输出木片的速率，经木片计量装置送出的木片进入低压喂料器，将木片送至水平压力汽蒸器，其蒸汽来自蒸煮塔抽出黑液送蒸发前的第一次闪蒸罐分离出的蒸汽或新鲜低压蒸汽，其压力为 100～150kPa。连续蒸煮过程的第一道工序是木片预汽蒸。木片用新鲜蒸汽或闪蒸蒸汽进行汽蒸，预汽蒸具有 3 个重要作用：①木片预热；②回收热能；③去除木片中的空气。除去木片中夹带的空气非常重要，其可促进蒸煮浸渍阶段蒸煮液均匀渗透至木片内部，有利于蒸煮均匀。汽蒸主要作用：加热，使得空气膨胀而排除；加热木片内水分，从而增加木片内部的蒸汽压力，有助于去除空气；在木片外部创造饱和蒸汽环境，可以产生空气分压梯度，使空气由木片内部向外扩散。

汽蒸器为水平螺旋输送装置，其将木片输送至木片溜槽，在溜槽内控制蒸煮液液位，木片通过溜槽进入高压喂料器入口。木片在溜槽内首次与蒸煮器接触，蒸煮液循环路线是由溜槽流经高压喂料器及其在线过滤器，由循环泵返回溜槽。木片靠重力和循环液的曳力共同作用进入高压喂料器。其通过管道将木片与蒸煮液送至蒸煮塔顶部，实现由低压 100～150kPa 到高压 1Mpa 的输送。在蒸煮塔的顶部利用螺旋分离器将蒸煮液和木片分离，液体返回至高压喂料器入口处进行下一次循环，木片分散于蒸煮器顶部，在喂料系统中加入部分或全部蒸煮化学品。蒸煮器顶部可以补充部分新鲜蒸汽进行加热。

木片进入蒸煮器顶部之后形成木片柱垂直向下移动，液相型蒸煮系统（图 5-3-37），蒸煮器内充满液体从而产生液压。蒸煮器内除少量木片带入气体外，主要是固-液两相系统，液压使系统压力增加，液相占据木片的空隙。在喷放之前，木片仍然保留其原有尺寸，并没有发生纤维化。随着蒸煮的进行，木片各组分溶解到周围的液相中，木片中固态物料的质量在逐渐降低。木片向下移动的推动力是木片柱流与蒸煮液之间的密度差，木片始终垂直向下流动，而周围的液体可以向任意方向运动。在蒸煮器内有 4 组环形抽液滤带，第一组位于浸渍区下方，第二、三组位于顺流蒸煮区，另外一组在抽提区。在蒸煮器内的逆流洗涤区，抽出蒸煮废液，进入闪蒸罐，闪蒸液送碱回收工段蒸发工序。经洗涤后的木片与滤液混合用刮料装置从蒸煮器底部的出口排出，排放温度通常为 85～90℃。经过喷放阀的减压作用将蒸煮的木片分散为纸浆送下一段洗涤或喷放锅。

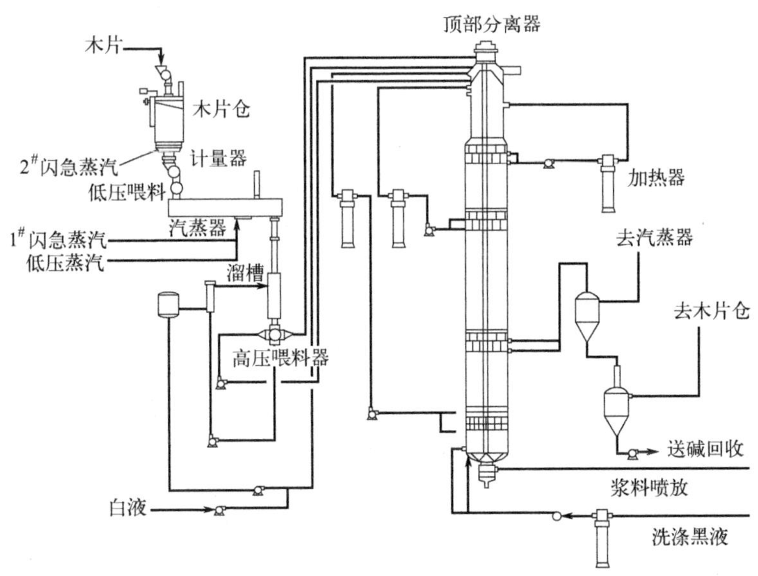

图 5-3-37　单塔液相型蒸煮器示意图

传统连续蒸煮采用一开始就将所需要的蒸煮化学药品全部加入蒸煮器的方式，也就是在连续蒸煮器的木片喂料系统加入所有的白液，在顺流蒸煮区药液浸渍和蒸煮同时发生。在该条件下，浸渍开始阶段氢氧根离子浓度最高，随着蒸煮进行氢氧根离子浓度逐渐降低，不利于木质素的脱除。改良的蒸煮系统在 20 世纪 80 年代开始使用，改良的原则是选择性脱除木质素，并尽量减少木片中碳水化合物的降解和溶出。改良型蒸煮目的的实现是通过使用分散式或多次添加白液的方式来改变碱液浓度梯度，使用逆流蒸煮方式减小蒸煮末期蒸煮液中木质素溶出浓度。因此，根据碱液分部添加、黑液抽出次数和位置等不同、蒸煮温度变化等，改良蒸煮可分为改良连续蒸煮（MCC）、深度改良的连续蒸煮（EMCC）、等温蒸煮（ITC）、低固形物蒸煮（lo-solids）等，如图 5-3-38 所示。

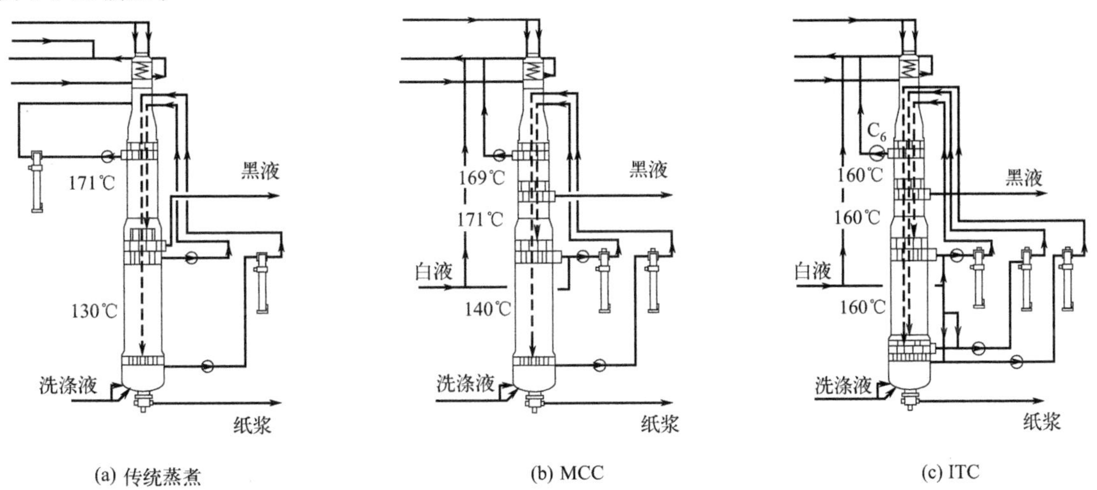

图 5-3-38　传统蒸煮与改良蒸煮（MCC、ITC）比较

与传统蒸煮相比，改良的蒸煮技术能够获得较低卡伯值、较高黏度的纸浆，提高纸浆的可漂性，减少漂白化学品的用量。

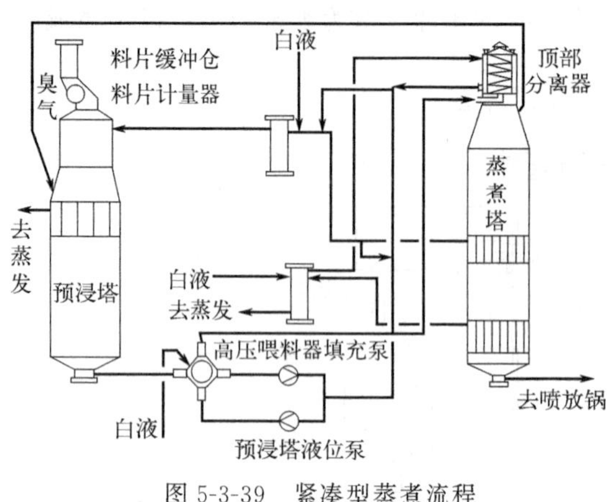

图 5-3-39　紧凑型蒸煮流程

紧凑型蒸煮是显著简化了的连续蒸煮系统，如图 5-3-39 所示。其由双塔汽-液相型蒸煮器构成。木片进入料片缓冲仓，再经料片计量器落入预浸塔，浸渍塔的上部将木片料片缓冲仓、闪蒸罐和预浸塔融为一体。浸渍后木片沉到预浸塔底部由排料装置和稀释液从预浸塔排出，经高压喂料器将木片送至蒸煮塔顶部的分离器。白液和中压蒸汽加到塔顶以调节碱液浓度和温度。木片与碱液混合后形成木片柱在蒸煮塔中向下移动。一部分蒸煮液从上部抽提滤板中抽出，余下的蒸煮液和由底部加入的洗涤液一起由下部抽出，浆料由底部放浆装置从蒸煮器放出至喷放锅。

紧凑型蒸煮由于减少了泵、热交换器、槽罐和一些机械设备的数量，与同等规模的连续蒸煮相比，电耗和蒸汽消耗均有明显降低，动力消耗比等温蒸煮降低 60%，蒸汽消耗节约 30%左右。

4. 连续式蒸煮设备

在工业上已经应用的连续式蒸煮器有卡米尔（Kamyr）连续蒸煮器、紧凑型连续蒸煮器等立式连续蒸煮器和横管连续蒸煮器。

（1）立式连续蒸煮器　立式连续蒸煮器有 4 种类型：单塔液相型、单塔汽-液两相型、双塔汽-液两相型和双塔液相型。如果蒸煮木片需要进行浸渍，有两种主要类型的连续蒸煮器能够配置预浸渍塔。

单塔液相型连续蒸煮器包括压力浸渍区（蒸煮器顶部）、蒸煮区（蒸煮器中部）和洗涤区（蒸煮器底部）。蒸煮器内充满了蒸煮液，通过药液循环用外部加热器进行间接加热，如图 5-3-40 所示。双塔汽-液两相型连续蒸煮器顶部充满蒸汽，并采用新鲜蒸汽进行加热，有一个独立的浸渍塔作为浸渍区，另一个用于蒸煮和洗涤，如图 5-3-41 所示。

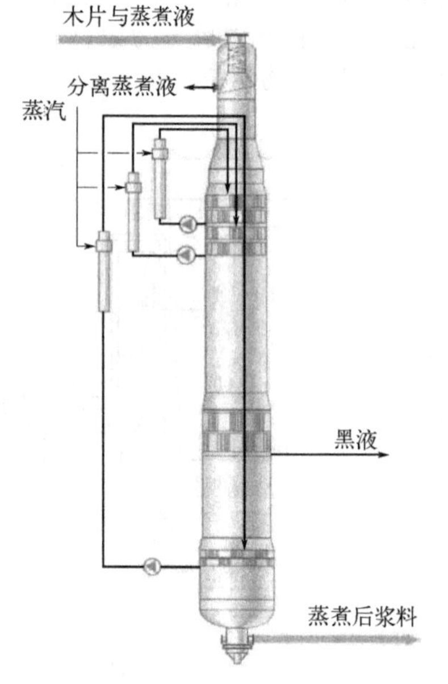

图 5-3-40　单塔液相型蒸煮塔

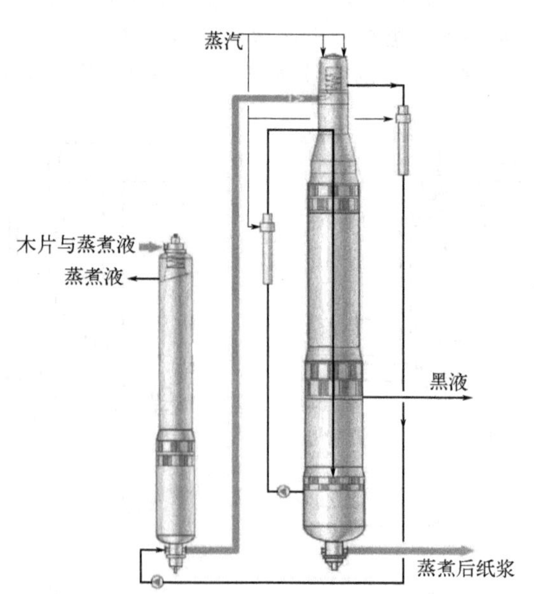

5-3-41　双塔汽-液两相型蒸煮塔

(2) 横管连续蒸煮器　横管连续蒸煮器是由 2～8 根蒸煮罐组成，其蒸煮管的直径最大达 1.5m，长度超过 15m。其蒸煮特点是可以进行气相高温快速蒸煮。蒸煮横管的数量和长度根据蒸煮工艺条件和蒸煮时间进行选择。

横管连续蒸煮器由进料装置、双螺旋预浸渍器、挤入料塞管、蒸煮管、喷放装置等组成，如图 5-3-42 所示。

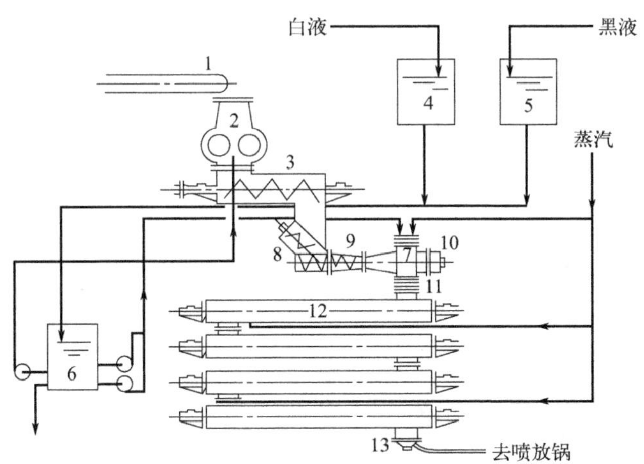

图 5-3-42　横管连续蒸煮器

1—皮带输送机；2—双辊计量器；3—双螺旋预浸渍器；4—白液槽；5—黑液槽；6—药液混合槽；7—竖管；8—预压螺旋；9—螺旋进料器；10—气动止逆阀；11—补偿器；12—蒸煮管；13—翼式放料器

横管蒸煮器的蒸煮横管内有螺旋输送器，不仅可以输送原料，同时还可以进行搅拌和混合。翼式放料器中装有翼式搅拌器，用以将浆料分散并刮送至喷放阀，喷放至喷放锅。利用蒸煮管内压力进行喷放，为了改善浆料的物理强度，在蒸煮管与翼式放料器之间增加竖管，以注入 85℃ 的稀黑液稀释降温，实现冷喷放，提高纸浆物理强度。

横管蒸煮一般适用于相对密度低、药液渗透容易、蒸煮时间相对较短的物料。其缺点是喂料过程需要起密封作用的料塞，对料塞螺旋耐磨性能、动力消耗均提出更高要求。

改良型横管连续蒸煮器采用立式汽蒸仓取代了卧式螺旋预热器，以压力浸渍器取代了 T 形管，以利于结构紧密、密度较高原料的蒸煮液快速渗透。卸料器内增加重物分离器，防止底部浆料堵塞，有利于浆料顺利排出。

第三节　机械法制浆及设备

弗里德里希·凯勒（Friedrich Gottlob Keller，1816—1895 年）于 1844 年发明磨石磨木浆（SGW），开启了机械浆的生产。1960 年以前，磨石磨木浆一直是机械浆的主要生产方法。1975 年，SGW 浆产能仍然占机械浆产量的 90%以上。20 世纪 60 年代以后，林产品工业面临如何有效处理锯材厂产生的多余边角废弃物的问题，为盘磨机械法制浆提供了一个利用这类廉价纤维原料的机会，同时盘磨法制浆可以生产出强度性能较好的纸浆，可减少抄纸时成本较高的化学浆配抄量[13]。盘磨机械法制浆，产能规模更大，生产工艺灵活多样，能够利用阔叶材制造出各种性能的纸浆，较好地满足不同纸和纸板产品抄造的需要。使用盘磨机代替磨木机解离纤维，是机械法制浆技术发展过程中的一大进步，具有如下优势：①拓展了纤维原料来源，用小径材、枝桠材、木材加工剩余物代替原木，同样可以生产出性能良好的纸浆；②提高了浆料强度性能；③减少了刻石等人工费用；④大幅度提高了单线产能和劳动生产率。20 世纪 90 年代以后，磨木浆在机械浆中所占比重已大幅度降低，盘磨机械浆（广义，包括化学机械浆、化学热磨机械浆）占比达到 50%以上，到 21 世纪初更是达到 80%以上。

一、制浆工艺

机械法制浆，是主要利用机械处理把植物纤维分离为纸浆的一类制浆方法。与化学法制浆相比，机械法制浆具有较高的纸浆得率、良好的松厚度和不透明度。依据化学预处理程度的不同，分为：纯机械法制浆，得率一般为93%～96%；化学机械法制浆，得率为85%～93%。机械法制浆的分支树见图5-3-43。按照制浆时所使用纤维磨解设备和制浆条件的不同，可分为磨石磨木法制浆（SGW）、压力磨石磨木法制浆（PGW）、高温磨石磨木法制浆（TGW）等磨木法制浆，以及盘磨机械法制浆（RMP）、热磨机械法制浆（TMP）和压力盘磨机械法制浆（PRMP）等盘磨机械法制浆两类[14]。纸浆主要用于生产新闻纸，也可用于配抄文化用纸及用作某些纸板的芯层。

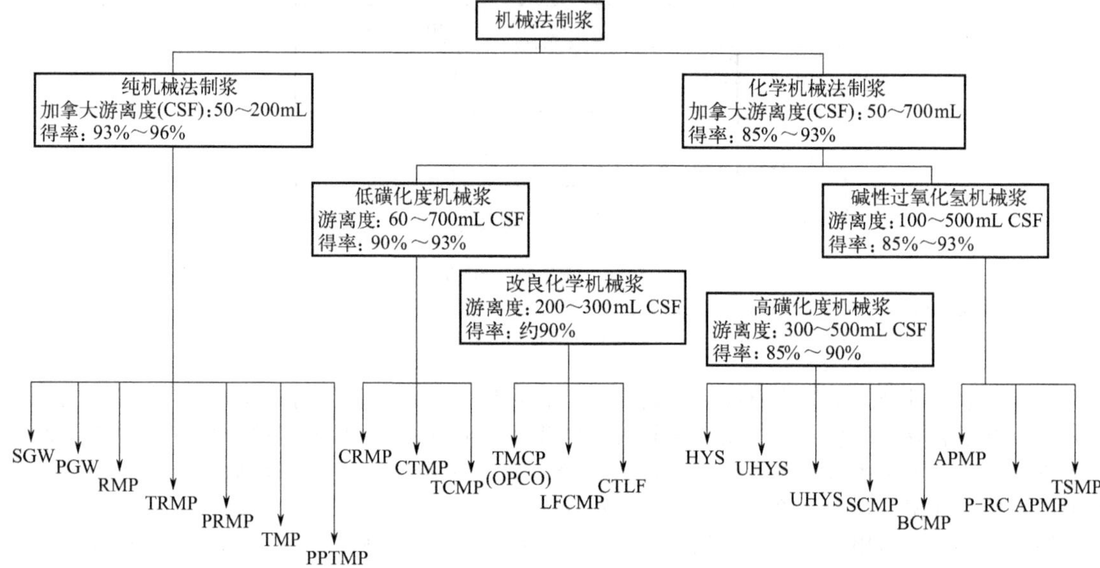

图5-3-43　机械法制浆方法分支树

狭义的盘磨机械法制浆，仅指RMP和TMP等[15]。广义的盘磨机械法制浆概念，与磨木法制浆相对应，指基于盘磨机解离纤维的一类机械制浆方法，不仅包括RMP、TMP，还包括化学机械法制浆（CMP）和化学热磨机械法制浆（CTMP）、碱性过氧化氢机械法制浆（APMP、APTMP和P-RC APMP）等。机械法制浆的发展历程见表5-3-3[16]。

表5-3-3　机械法制浆工艺的发展历程

年份	制浆工艺名称	主要纤维原料	可生产的纸产品	制浆得率/%	备注
1852年	磨石磨木法制浆(SGW)	云杉、松木、杨木、白杨	新闻纸、超级压光纸、特种纸	>95	1844年F. Keller发明磨石磨木机，1846年德国Voith公司生产磨木机
1960年	盘磨机械法制浆(RMP)	云杉、松木、机械浆渣	纸板、瓦楞芯层浆	90～95	瑞典Asplund公司发明盘磨机，老RMP不多，工厂大多已经改造
1970年	热磨机械法制浆(TMP)	云杉、松木、杨木、白杨	新闻纸、特种纸	90～95	加拿大Ontario公司改进TMP开发了OPCO(热磨机械化学浆)工艺

续表

年份	制浆工艺名称	主要纤维原料	可生产的纸产品	制浆得率/%	备注
1975年	化学机械法制浆(CMP)	云杉、松木、杨木、桦木、桉木	纸板、书写印刷纸、生活用纸、瓦楞芯层浆	85～90	CMP经后续漂白后用于漂白纸种
1978年	化学热磨机械法制浆(CTMP,BCTMP)	云杉、松木、杨木、桦木、桉木	书写印刷纸、生活用纸、纸板、高档纸种	88～93	瑞典Rockhammer公司开发,1979年生产出CTMP商品浆
1980年	压力磨石磨木法制浆(PGW)	云杉、松木、杨木、白杨	书写印刷纸、生活用纸、纸板、高档纸种	>90	由芬兰Tampella公司开发,1990年CPGW投产
1990年	碱性过氧化氢机械法制浆(APTMP,APMP)	云杉、松木、杨木、桦木、桉木	书写印刷纸、生活用纸、纸板、高档纸种	88～92	1989年,赫尔辛基IMPC会议Andritz Sprout-Bauer公司提出APMP制浆
2003年	P-RC APMP[17]	云杉、松木、杨木、桦木、桉木	书写印刷纸、生活用纸、纸板,以及其他高档纸和纸板品种	88～92	1999年,美国云丝顿IMPC会议Andritz Sprout-Bauer公司提出P-RC APMP制浆,2003年世界上第一条生产线在中国岳阳投产
2010年	新一代BCTMP	云杉、松木、杨木、桦木、桉木	白卡纸、书写印刷纸、纸板,以及其他高档纸和纸板品种	88～92	2013年新一代BCTMP生产线在广西金桂投产

1. 机械法制浆的发展

机械法制浆是近50年来发展最快的一种制浆方法，特别是化学热磨机械法制浆（CTMP和BCTMP）和碱性过氧化氢机械法制浆（APMP和P-RC APMP），其所得浆与化学机械浆和其他机械浆比较，具有好的白度和强度性能，可取代化学浆用于多种纸和纸板的生产[16,17]

2. 机械法制浆工艺

机械法制浆是指木材原料经一定程度的物理或化学预处理后利用高速旋转的磨石或磨盘的机械作用分离成纸浆纤维并使之分丝帚化的过程。磨浆采用的设备主要是磨木机和盘磨机，并根据所使用木材原料特性和终端产品的质量要求选择适宜的磨浆设备。

磨木法制浆中，剥皮后一定长度的原木段被送入磨木机内，利用原木与高速旋转磨石工作面间的摩擦作用，使原木磨解撕裂分离为单根纤维或纤维碎片，再用水将纤维从磨石表面冲刷下来制成纸浆。采用磨木机磨浆可将其看作是一个能量传递和转换的过程。首先将磨木机动能转化为摩擦能和振动能，再转化为使木材塑化的热能，使木材温度升高，胞间层木质素软化，最后实现纤维的解离和分丝帚化。影响磨木机磨浆质量的因素主要有：原木的品种和质量、磨浆机的形式、磨石的种类、磨石表面结构形式和状态、磨木比压、磨石的线速度、磨木温度和浓度以及磨石的浸润深度等。采用磨木机制浆的优点是得率最高、成本最低、污染最小，纸浆具有优良的不透明度和吸墨性能；缺点是纸浆的纤维长度短，成纸强度低，且成纸的白度稳定性差，易返黄。

以木片为原料进行的机械法制浆，主要包括预浸软化和磨浆两个过程。

（1）预浸软化　预浸软化（impregnation and softening）是指磨浆之前木片在汽蒸仓、化学预浸器和木片预热器中进行的热软化或化学软化处理[17]。汽蒸对木片的软化效果是暂时的，而化学预浸软化的效果是持久性的。木片经化学预浸处理，木质素由憎水性变成亲水性，有利于增加纤维间结合力，提高纸页物理强度。充分的预浸软化可以提高纸浆中长纤维组分含量。图 5-3-44 是一种典型的 CTMP 生产线使用的 Prex 化学预浸器。

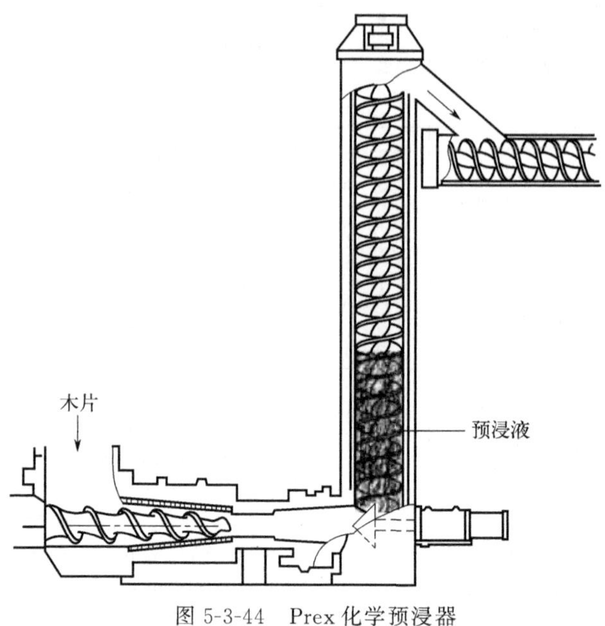

图 5-3-44　Prex 化学预浸器

早在 20 世纪 30 年代人们就知道加热软化可以制取高强度机械浆，但加热引起的热返色效应（thermal darkening）阻碍了其在机械浆生产中的应用；20 世纪 70 年代初开发的 TMP 工艺，改进了木片加热方法，软化木片使纤维解离效果改善，同时控制纸浆颜色不致下降太多；20 世纪 70 年代后期开发的 CTMP 工艺，作为 TMP 工艺的改进方法，在预浸器中对木片进行适度的化学预浸，改进了纸浆的结合性能，降低了纤维碎片含量，拓展了机械浆的应用范围[13]，浸渍化学品主要使用亚硫酸钠（对针叶木）或碱性亚硫酸钠（对阔叶木）；20 世纪 90 年代以来开发的 APMP 和 P-RC APMP 工艺，使用碱性过氧化氢对挤压后的木片进行浸渍软化，主要用于生产阔叶木机械浆；21 世纪初开发的高温 CTMP 工艺（HT CTMP），是 CTMP 工艺的改进方法，预热器的温度达到 170℃ 以上，可以生产较高长纤维含量的纸浆，并显著降低磨浆能耗。

（2）磨浆原理　以木片为原料的磨浆在盘磨机中进行。根据磨盘结构可把磨浆过程分为三个阶段：木片首先从磨盘中心进入磨齿少而厚、间隙大的破碎区，将木片破碎撕裂成火柴杆状；然后破碎后的物料进入磨齿数量相对较多且较细、间隙由内向外逐渐变窄的粗磨区，并逐渐被磨解成纤维束和部分单根纤维；最后进入磨盘外围磨齿数量更多更细的精磨区，使纤维束进一步离解，单根纤维产生一定程度的分丝帚化。

木片在盘磨机中磨浆时，纤维从木材组织中分离成纸浆纤维涉及如下三种软化作用。

① 机械软化作用。在盘磨机磨齿频繁的剪切压力和应力负荷作用下木材纤维胞间层和初生壁中木质素的软化。

② 热软化作用。在磨浆系统中热蒸汽的作用下木材纤维胞间层和初生壁中木质素的软化。

③ 化学软化作用。在化学预处理的作用下木材纤维胞间层和初生壁中木质素的软化。

影响机械浆特征和性能的工艺参数很多，主要有：a. 预热处理的压力和温度；b. 预热处理的停留时间；c. 预浸渍处理的化学品用量；d. 磨浆比能耗（the specific energy consumption，SEC）；e. 磨浆段间的电能分配；f. 第一段磨浆磨区中的浆料浓度；g. 木片的质量；h. 盘磨机的结构；i. 依赖于齿型和转速的磨浆强度等。

磨浆系统的解离温度非常重要，影响磨浆机对纤维的解离行为，通常为 100 ～ 130℃。解离温度增加到 140℃，木质素充分软化，纤维从木材组织中解离需要很少的机械能，但此时获得的机械浆低劣和粗糙，不适合纸页抄造。软化的木质素附着于纤维表面，冷却后形成玻璃状木质素覆盖层，造成磨浆障碍，使纤维难以细纤维化。解离温度低于木质素软化温度时，获得的机械浆粗糙、强度性能较低。在温度非常接近木质素软化温度时进行磨浆解离，可使大量纤维获得无损伤解离，并破除纤维外层的初生壁，利于纤维次生壁的细纤维化。

盘磨机磨浆一般采用两段磨浆工艺，其中第一段主要采用高浓磨浆，即将未经或经少量化学品软化预处理后的木片送入两个相对旋转的磨盘间，利用磨盘与木片及木片与木片间的摩擦作用，将木片分离成纸浆纤维。影响第一段盘磨机磨浆的主要因素有：木材种类和木片质量、磨盘齿型、木片预热温度和预热时间、木片化学预处理程度和均匀性、磨浆浓度等。第二段磨浆既可以采用高浓磨浆也可以采用低浓磨浆，该段磨浆主要是调整纸浆的游离度并使纸浆纤维进一步分丝帚化，以满足后续产品抄造要求的滤水性能和强度性能。

(3) 磨浆的影响因素

① 材种与料片规格。盘磨机械浆使用的木材种类不同，会带来物理性质、纤维形态及化学组成上的差异，由此造成磨出纸浆性质的变化。例如针叶木中掺入阔叶木生产 TMP，会导致浆料中长纤维组分减少、纸浆强度降低。通常使用密度低、生长快、秋材含量高以及抽出物含量低的材种，可生产出强度较高的浆料。

② 磨浆浓度。磨浆浓度是盘磨机械浆生产的重要影响参数，一般认为应在 20%～45%范围。当采用分段磨浆时，第一段磨浆的目的在于分离纤维（thc fiber separation stage），主要应依靠纤维间的相互摩擦作用使纤维分离，尽量避免纤维切断。木片在此阶段分离为单根纤维或尺寸较小的纤维束。以磨浆浓度高为宜，生产上磨浆浓度可以高达 30%～45%。第二段磨浆主要用于发展纤维强度（the fiber development stage），此阶段纤维和纤维束进一步得到磨解，获得具有适当性能的纸浆纤维，磨浆浓度可在 20%左右。有研究表明，对于针叶木第二段磨浆浓度可以采用中低浓度磨浆，可取得在相同磨浆质量下的节能效果。

③ 预热时间和预热温度。预热时间对 TMP 浆的磨浆质量有一定的影响。TMP 生产线上木片的预热时间一般控制在 1～3min，以保证木片获得适当的预热软化效果。

预热温度（或预热压力）对 TMP 浆的质量有很大影响。高聚物的软化温度与剪切频率相关。剪切频率降低为原来的 1/10，软化温度需提高 7℃。磨浆机中的剪切频率约为 10kHz 到 1MHz，Giertz 据此计算湿木片的木质素在磨浆温度为 120～135℃时发生软化。磨浆机的剪切频率可以根据磨浆机转速、磨盘直径和齿型进行估算。另外，磨浆机的类型，即单盘磨、双盘磨或锥形磨也非常重要。如果磨浆温度略高于木材的软化温度，纤维解离主要发生在木材的高木质素含量区域（即胞间层）。此种方式可使大量纤维发生无损伤解离，胞间层和初生壁从纤维表面移除并磨成较小碎片，而次生壁外层发生细纤维化。

④ 磨浆能耗与能量分配。如何降低磨浆能耗一直是机械浆的重要课题。纤维的解离与细纤维化都需要耗能。一般情况下，生产上 RMP 与 TMP 较 SGW 消耗更多的能量。对于针叶木原料，RMP 能耗一般为 1600kW・h/t，TMP 为 1800～2300kW・h/t，而 SGW 仅为 1100～1300kW・h/t。不同木材种类磨解至相同游离度的磨浆能耗差异很大，一般来说针叶木的磨浆能耗高于阔叶木。

机械制浆过程中，磨浆能耗主要用于实现纤维的解离和纤维的精磨，其中纤维解离能耗较少。有研究表明，RMP 制浆用于解离纤维的能耗一般不超过 360kW・h/t，而精磨消耗大部分能量，大约占总能耗的 70%以上。

⑤ 磨盘间隙。使用盘磨机磨浆时，需要控制 3 个重要的工艺参数，即磨浆浓度、磨浆能耗和磨盘间隙等。这 3 个工艺参数是相互关联和制约的关系。维持一定磨浆电能输入，提高磨浆浓度则磨盘间隙就要加大；如果磨浆浓度一定，减少磨盘间隙则磨浆电能输入增加。如果磨盘间隙降低到 200μm 以下，达到磨盘的振动范围，此时纤维长度急剧下降，撕裂指数随之快速降低。RMP 生产中用浆料浓度来调整磨盘间隙，TMP 生产中可用压力差来控制磨盘间隙。磨浆时可依据浆料需要达到的解离目标来控制，解离纤维用较大的磨盘间隙，发展纤维结合强度和细纤维化时用较小的磨盘间隙。

⑥ 磨盘特性。磨盘特性主要包括齿型、磨盘锥度与齿盘材料等。齿型包括齿的长短、粗细、数量，齿的排列与分布，齿沟的深度与宽窄，浆档的设置，磨盘齿区的划分与面积。齿型与磨浆产量、质量及能耗关系很大。纤维与磨齿刀缘的接触频率，与纤维强度发展关系密切，可用磨浆时纤维与刀缘的接触次数即单位时间内的接触长度（IC/M，in/min，1in＝0.0254m）来表示。纤维与刀缘的接触频率越高，表明纤维经受盘齿刀缘处理的次数越多，磨浆强度越低，纤维强度发展越好。可用磨盘齿数和转速来控制纤维的接触频率。但齿数一定，提高转速可使 IC/M 增大，但同时增加了浆料的流动阻力，无效负荷呈 3 次方增加，将增加磨浆的无效能耗。标准磨盘转速为线速度 1400～1800m/min。

磨片齿型设计应兼顾磨浆质量与降低能耗的需求。增加磨齿齿数，齿纹变细、齿沟变窄，浆料通过量降低，增加盘磨无效负荷，降低生产能力。一般来说，宽齿主要用于解离纤维，窄齿用于发展纤维强度。

磨盘破碎区设计成一定锥度的目的是使原料易于进入，同时避免磨浆时机械负荷剧增。磨盘锥度是磨盘单位径向上坡度的大小，随材种、得率、齿型结构而变化。磨浆浓度不同，磨盘锥度也有差别。提高磨浆浓度，磨盘锥度相应加大。不同磨浆浓度范围推荐的磨盘锥度见表 5-3-4。磨片寿命与金属材质、齿型设计及木材品种有关。

表 5-3-4　磨浆浓度与磨盘锥度的关系

磨浆浓度/%	磨盘锥度/(mm/m)
1～9	1.5
9～14	1.5～5.0
14～20	5.0～15
>20	>15

二、制浆过程与设备

1. 机械法制浆过程

（1）盘磨机械法制浆（RMP）　图 5-3-45 为典型的 RMP 生产流程，生产能力 80t/d 风干浆，生产原料为杨木，浆料供配抄印刷类纸种[18]。

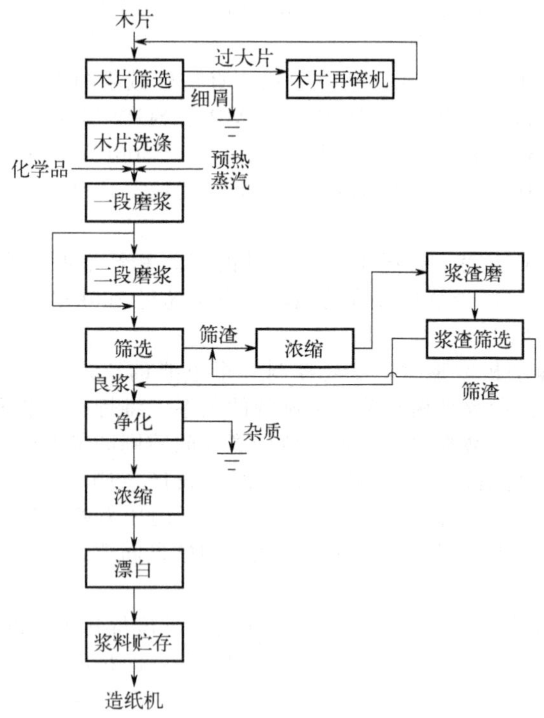

图 5-3-45　典型 RMP 生产流程（美国 Escaba 公司 1971 年建，产能 80t/d 风干浆）

贮存于木片仓的木片用螺旋输送器卸出，经称重后用风力送至旋风分离器，然后送入木片洗涤器。用 50℃白水洗涤后，经格栅式脱水机脱水，木片水分含量约 65%。洗后木片用螺旋输送机送至一段盘磨机的木片仓，仓中设置料位指示器，用以控制木片仓的开启和关闭。变速螺旋进料从木片仓底部计量输送至第一段各台盘磨机的进料器。磨浆使用3台盘磨机，盘磨机型号Sprout Waldron，转速1800r/min，主电机功率1838.75kW；一段磨浆用2台，磨浆浓度24%；二段磨浆用1台，磨浆浓度18%～20%。二段磨后浆料落入盘磨机下浆槽中，用白水稀释至浆料浓度4.5%左右，用循环白水维持浆料温度70℃进行消潜。浆料经筛选、除渣和浓缩后送配抄。

RMP与SGW比较（表5-3-5），原料成本低廉，可充分利用磨木机不能使用的枝桠、小径材和木材加工剩余物，且强度好，生产能力大，占地面积小。但RMP的磨浆能耗较SGW高50%～100%，不透明度及印刷性能略低。TMP工艺工业化应用后，就不再新建RMP生产线，原有的RMP也多数改造为TMP生产系统。

表5-3-5　RMP与SGW性能的比较

项目	云杉		短叶松		铁杉		火炬松	
	SGW	RMP	SGW	RMP	SGW	RMP	SGW	RMP
游离度/mL	115	101	100	145	115	122	90	87
耐破因子	12	18	8	10	11	14	4	10
撕裂因子	57	86	44	69	48	86	38	73
裂断长/km	2.9	3.2	2.3	2.5	3.3	3.3	2.0	3.9
白度/%GE	61	61	57	56	55	52	56	69

(2) 热磨机械法制浆（TMP）

① TMP生产流程。图5-3-46为具有代表性的TMP生产系统，由木片洗涤、木片预热、磨浆、精磨等部分组成[19]。

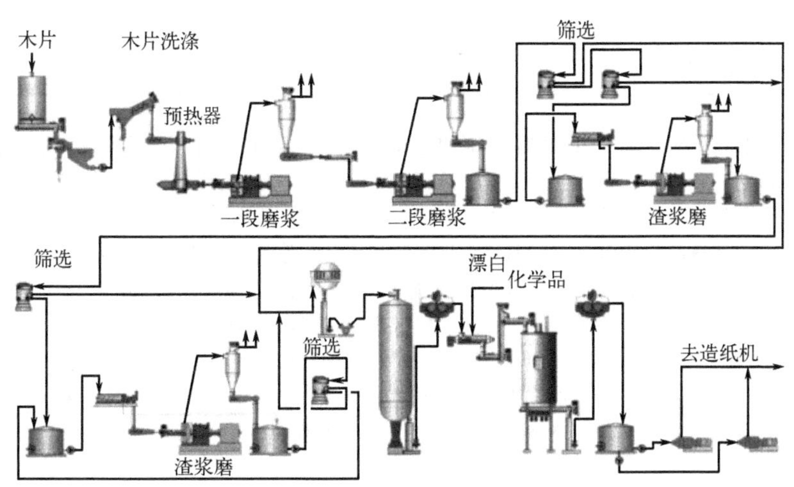

图5-3-46　生产LWC（低定量涂布）纸的两段TMP生产线（Metso公司）

a. 木片洗涤。木片自木片仓送至旋风分离器分离杂质后，依靠重力落到分离器下部的皮带运输机上，经电子秤计量后送入木片洗涤器。在搅拌器搅拌下，将木片强制浸入水中洗涤。沉淀于分离器槽底的砂石、金属等杂物需定期排放。洗涤后的木片落到斜式螺旋输送器中，多余的水由外壳的筛孔排出。木片洗涤用水采用封闭循环系统，螺旋输送器排出的水用泵送至除渣器分离杂质后，一部分送往圆筛，把小木屑筛出，另一部分送回洗涤器。木片洗涤时间1～2min，洗涤水温30～50℃。

b. 木片预热。木片洗涤后，送入振动式木片仓，通过仓下部变速螺旋进料器，可调节进入木片预热器的木片量，木片在螺旋进料器中被挤出多余水分及空气，形成密封料塞，以保持预热器内压力。木片在一定压力（147～196 kPa）和温度（115～135℃）的预热器中停留适当时间，以获得必要的软化效果并为磨浆机稳定操作提供条件。

c. 磨浆。预热后木片经螺旋输送机，以与预热器内相同的压力喂入第一段压力盘磨机中磨浆，浆料在压力下喷放至浆汽分离器。浆料经分离蒸汽后送至第二段盘磨机常压磨浆。磨浆浓度第一段为 20%～25%。

d. 精磨。精磨是对经精选、除渣和浓缩后的浆料，做最后一次磨解，目的在于降低浆中纤维束含量。

② TMP 的特性与应用。表 5-3-6 为 TMP 与 RMP、SGW 浆料性能比较。

a. TMP 的主要特性。TMP 由于增加了木片预热处理，其浆的性能有了很大改进，与 SGW 及 RMP 相比，具有强度高、纤维束含量低的特点。TMP 在纤维形态上，保留了较多的中长纤维组分，其碎片含量也远较 SGW 及 RMP 低。TMP 的抗张、耐破、撕裂等强度性能也较 RMP 有了较大改善，但纤维较挺硬、柔韧性差。与 SGW 相比，TMP 浆料的松厚度较高，抄出的纸页纸面较粗糙；光散射系数略低于 SGW，但优于 RMP。

表 5-3-6　SGW、RMP 和 TMP 浆料性能比较

项目	SGW	RMP	TMP
耐破指数/($kPa \cdot m^2/g$)	1.4	1.9	2.3
撕裂指数/($mN \cdot m^2/g$)	4.1	7.5	9.0
松厚度/(cm^3/g)	1.5	3.9	2.7
48 目组分含量/%	28	50	55
伸长率/%	1.2	1.8	2.7
光散射系数/(cm^2/g)	720	640	700
Sommerville 纤维束含量/%	3.0	2.0	0.5
漂白浆最高白度/%	80^+	80^-	80^-

b. TMP 的应用。TMP 工业化以后产能增长较快，逐步取代了 RMP，是机械浆的重要浆种之一。TMP 首先应用于新闻纸的生产，随着 TMP 生产工艺的改进，在配抄产品中的应用逐步扩大。20 世纪 70 年代，TMP 总量中有 54%用于新闻纸，20%用于杂志纸和涂布原纸，15%用于纸板，其余 11%作为商品浆出售。TMP 用于抄造其他印刷纸、低定量涂布纸、薄纸和吸收性纸种的例子也越来越多。与 SGW 相比，TMP 具有高的干、湿强度，可以降低化学浆的用量。

生产新闻纸是 TMP 最大的应用。由于 TMP 含有较高的长纤维组分、较少的细小纤维，很适合用作新闻纸的配料。TMP 浆料以接近 100%加入比例生产新闻纸时，浆料需磨浆至低游离度，以减少结合性较差、长而未细纤维化的纤维，否则会对纸张平滑度及表面结合强度不利。TMP 强度较高的优势，使之可较多地取代化学浆，已有使用 70%的 TMP 生产低级涂布纸的应用。

TMP 用于纸板生产有利于提高纸板的两个重要指标，即松厚度与挺度。但 TMP 浆料纤维之间的结合力差，不利于抄造多层纸板，可通过进一步磨浆改善其结合强度，但随着游离度的降低，会对纸板的挺度与松厚度产生一定的影响。TMP 浆因滤水性好、碎片含量低，在薄型纸的抄造中的应用逐渐增加。经温和的化学预处理，可以制得滤水性好、吸水性优良和相当柔软的长纤维浆，可降低面巾纸的原料成本。高质量 TMP 浆料在面巾纸中的抄造配用比例最高可达 50%～60%。

2. 机械法制浆主要设备

(1) 木片预热和喂料系统　汽蒸和喂料系统是 TMP 制浆生产线的必要组成部分，在保证压力磨浆机稳定运行的同时，可以对压力磨浆系统产生蒸汽的热能进行回收。

图 5-3-47 是一套流程简单紧凑的木片预热和喂料系统。由预汽蒸仓来木片经计量后送入预热

器，在此处用压力回收磨浆机蒸汽加热到90℃以上，木片在预汽蒸仓和带压的预热器中应停留充分的时间，以保证去除木片中所有空气和获得必要的软化效果，并使木片的中心温度达到磨浆要求。

图5-3-47中的木片预热和喂料系统较为复杂。预热器为一直立锥形圆筒，上部直径ϕ900mm，下部直径ϕ1200mm，高约9m，内有搅拌器，经压缩的木片进入预热器后，立即吸热膨胀，很快被加热到相当于饱和蒸汽压力的温度。预热器内压力147～196kPa，温度115～135℃，木片在预热器内停留2～5min。

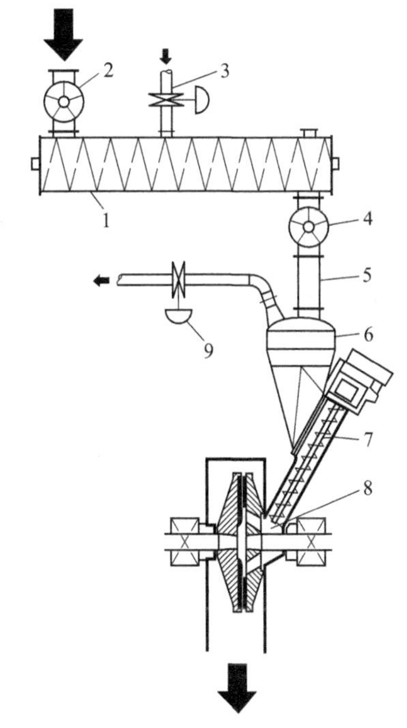

图5-3-47　一种用于TMP生产线的木片预热和喂料系统（Sunds公司）
1—预热器；2，4—旋转阀；3—蒸汽进管；5—进料管；6—平衡仓；7—喂料螺旋；8—双盘磨；9—蒸汽出管

预热器中部装有同位素料位指示器，可控制螺旋进料器的电机控制器。当料位过低时，自动调节进料螺旋转速，增大进料量，以保证木片必要的预热时间。

（2）盘磨机　不同结构的盘磨机广泛用于各种机械法制浆的磨浆工序中，主要类型有单盘磨或双盘磨，以及其他类型的大产量磨浆机，例如有属于概念型的双磨区盘磨机和锥形盘磨机等。几种工业上获得应用的大尺寸磨浆机的主要特征参数见表5-3-7。

单盘磨由一定盘和一动盘组成（见图5-3-48），双盘磨由两个反方向运行的动盘组成（见图5-3-49）。属于概念型的大产量磨浆机在TMP（包括CTMP/BCTMP、P-RC APMP）生产线上获得应用的有：①双磨区磨浆机（twin refiner）。概念由斯宝特（Sprout，即现在的安德里茨Andritz）引入，可视作由2个平行的单盘磨组成，也即三盘磨，由中间的一个动盘和外侧的两个定盘组成（见图5-3-50）。②锥盘磨浆机（conical-disc refine）。概念由顺智公司（Sunds Defiberator，即现在的维美德Valmet）引入。磨浆机的磨室内磨浆工作面由一个单盘磨磨浆区和一个紧接着的锥形磨区组成（见图5-3-51）。

几种新型磨浆机，例如锥盘磨浆机和圆筒磨浆机也有开发和应用。一款锥盘磨浆机（见图5-3-52），设备紧凑、易于安装，主要用于磨浆浓度为3%～6%的场合，用于浆料的发展强度和游离度调整时显示了一定的节能效果；另一款三锥体磨浆机，例如TriConic®（见图5-3-53），可以视作由两套中等倾角、双流送通道的锥盘磨浆机组成，具有磨浆强度低和空载负载小的特点。圆筒磨浆机结合了荷兰打浆机和连续磨浆原理的优点（见图5-3-54）。

表5-3-7　几种大尺寸磨浆机主要特征参数

磨浆机型号	特征参数
RGP 268 SD	单盘磨浆机(Metso) 电机功率15MW,磨盘直径1728mm(68in),转速1500r/min
RGP 68 DD	双盘磨浆机(Metso) 电机功率30MW,磨盘直径1730mm(68in),转速1500r/min(50Hz)或1800r/min (60Hz),设计压力1.4MPa
RGP 82 CD	锥盘磨浆机(Metso) 电机功率30MW,磨盘直径2080mm(82 in),转速1500r/min(50Hz)或1800r/min (60Hz),设计压力1.4MPa

续表

磨浆机型号	特征参数
Twin 66	双磨区磨浆机(Andritz) 电机功率 24MW,转速 1800r/min 时的标称磨盘直径 1680mm(66in)
Papillon CC-600	中心进料的圆筒磨浆机(Andritz) 电机功率 2000kW,磨区直径 600mm(66in),空载功率 160kW
TriConic RTC6000	三锥体盘磨浆机(Pilao) 电机功率 880～1470kW,产能 200～1800t/d
BM1115/15/58	单盘磨浆机(ZhongFoma) 电机功率 7200kW,磨盘直径 1474mm(58in),转速 1500r/min
ZGM1626 EX	单盘磨浆机(ZhongFoma) 电机功率 10MW,磨盘直径 1626mm(64in),转速 1500r/min,设计压力 1.0MPa

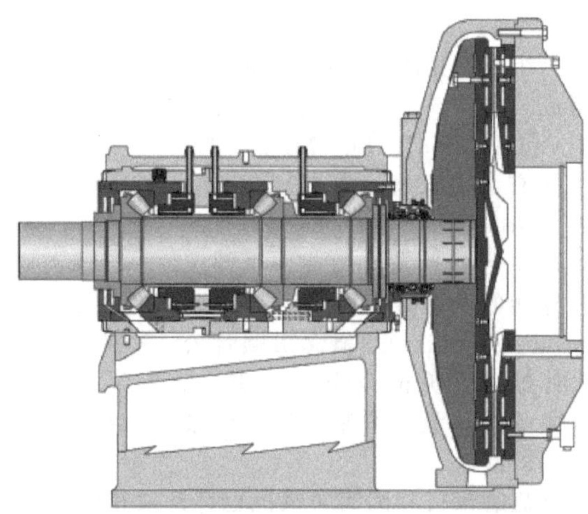

图 5-3-48　单盘磨（Metso RGP268 SD）

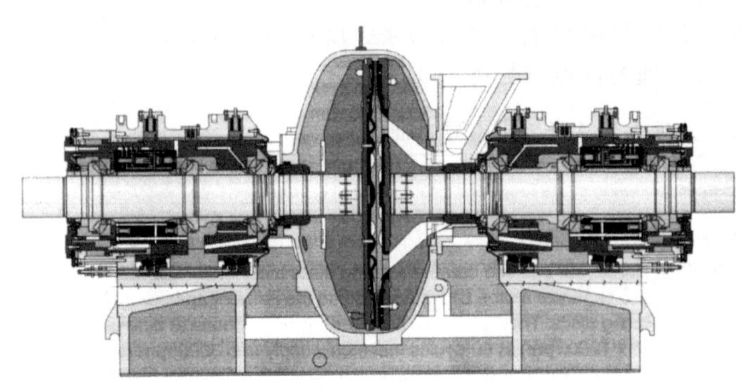

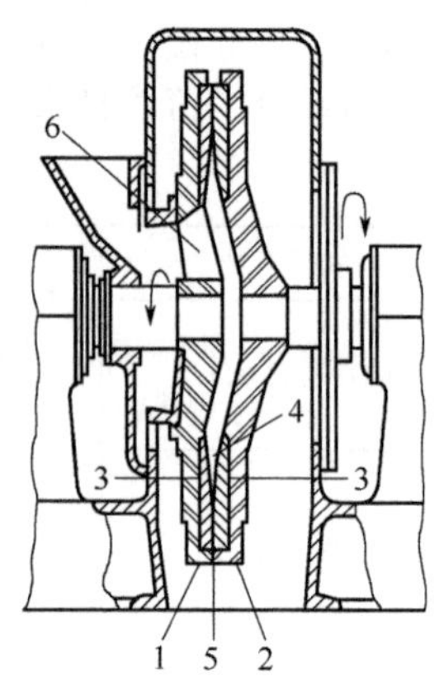

图 5-3-49　双盘磨（Metso RGP 68 DD）

1，2—磨盘；3—盘磨的磨片；4—盘磨磨区入口；5—盘磨磨区出口；6—木片喂料口

图 5-3-50　双磨区磨浆机（Andritz TwinFlo^{TM}）

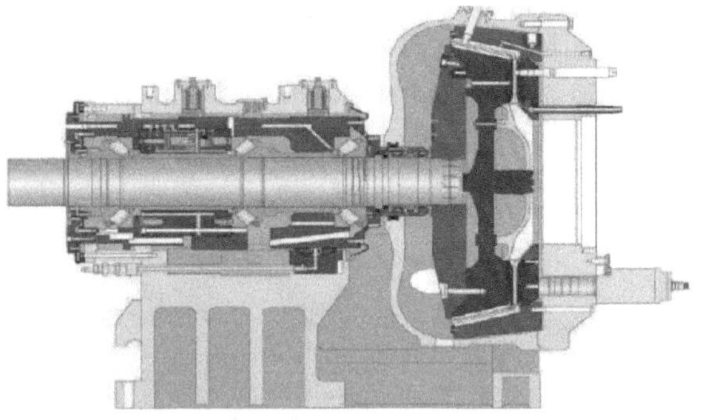

图 5-3-51　锥盘磨浆机（Metso RPG 82 CD）

图 5-3-52　低浓锥盘磨浆机

图 5-3-53　三锥体磨浆机（Pilao）

图 5-3-54　圆筒磨浆机（Andritz Papillon CC-600）

国内已研制开发出多款用于机械法制浆的高浓磨浆机。主要生产厂家有镇江中福马、北京春辉、福建轻机、山西轻机等。镇江中福马的 BM 和 EX 系列磨浆机，磨盘直径分别达 ϕ1474mm (58in) 和 ϕ1626mm (64in)，能够满足 10 万 t/a 机械浆生产线的配置需要，见图 5-3-55 和图 5-3-56。

图 5-3-55　国产高浓磨浆机
（镇江中福马，BM1115/15/58）

图 5-3-56　国产高浓磨浆机
（镇江中福马，ZGM1626 EX）

第四节　化学机械法制浆及设备

化学机械法制浆，指采用少量的化学品对木片进行预处理，再利用盘磨的解离作用将木片原料分离成纸浆纤维的制浆方式，是在传统的热磨机械法制浆（TMP）的基础上发展起来的。针对传统纯机械法制浆（包括 SGW、PGW、RMP 和 TMP 等）存在原料适应性窄、能耗高、纸浆强度差和产品适用范围窄等缺陷，在机械磨浆前对木片进行化学预处理，可适度软化木片，使纤维在磨浆过程中更易于分离和分丝帚化，显著降低磨浆电耗和改善纸浆的强度性能。此外，在化学机械法制浆中，通过调节原料预处理条件，可灵活调整化学机械浆的物理性质、力学强度和光学性能，以适应终端纸和纸板产品用浆的质量要求，从而为拓展制浆原料选用范围、降低生产成本和提高产品质量提供更多的选择。

一、发展历程

1874 年，德国化学家 A. 密切利希首先提出将木片用亚硫酸或亚硫酸氢盐处理后磨解成浆，世界上首次出现了化学预处理和机械解离结合的制浆理念。1921 年，美国林产实验室工作人员发现，在亚硫酸钠溶液中加入少量的烧碱或碳酸钠调节 pH 值处理木片结合机械解离能将木片分离成纸浆，且利于防止设备腐蚀。美国于 1925 年建立了第一个以中性亚硫酸钠药液（Na_2SO_3 + Na_2CO_3）进行蒸煮化学预处理，再磨解成浆的化学机械法制浆厂。1955 年发明了在常压下用烧碱（NaOH）溶液对木片进行化学预处理，再磨解成浆的冷碱法制浆工艺（cold soda）。此后出现了多种不同类型的化学预处理和磨解方式组合的机械制浆方法。1978 年，瑞典 Rockhammer 公司在 TMP 工艺基础上，开发了化学热磨机械法制浆工艺（CTMP）。此后，加拿大和北欧的挪威、芬兰等造纸业发达国家建成了大量的漂白化学机械法制浆生产线。1989 年，奥地利 Andritz 公司收购了加拿大 Kvaerner Hymac 公司的机械法制浆业务，开发了碱性过氧化氢机械法制浆工艺（APMP）。APMP 工艺提高了木片化学和机械处理效果，有效降低了磨浆电耗和改善了纸浆的光学性能。1999 年，奥地利 Andritz 公司在此基础上进一步开发出木片温和预处理加盘磨化学处理的碱性过氧化氢漂白机械法制浆工艺（P-RC APMP）。2003 年，世界上第一条 P-RC APMP

生产线在中国湖南岳阳造纸厂投产运行。P-RC APMP 工艺将化学浸渍和漂白进行了有机融合，简化了生产流程，降低了投资成本，且具有磨浆能耗低、成浆结合强度好以及废水易于处理等优点。2010 年，中国林业科学研究院林产化学工业研究所房桂干研发团队，针对从国外引进的化学机械法制浆生产线在以混合木片或木材加工剩余物等为原料的制浆过程中，存在木片药液渗透难、化学品用量大、磨浆电耗高等问题，开发出一种新型化学机械法制浆工艺——双螺旋挤压浸渍化学机械浆（TSMP）。通过强化磨前木片的机械和化学预处理，实现对混合木片和加工剩余物等低质原料的均质浸渍和高效软化，化学品用量和磨浆电耗进一步降低，纸浆筛分分布和纤维结合强度显著改善，拓展了原料的供应来源。

二、化学机械法制浆的分类及特点

化学机械法制浆，主要包括冷碱法化学机械法制浆（cold-soda）、中性亚硫酸盐化学机械法制浆（neutral sulfite semi-chemical pulping，NSSC）、磺化化学机械法制浆（sulfite chemi-mechanical pulping，SCMP）、化学热磨机械法制浆（chemi-thermomechanical pulping，CTMP）、碱性过氧化物机械法制浆（alkaline peroxide mechanical pulping，APMP）以及在此基础上发展起来的 P-RC APMP 工艺（preconditioning followed by refiner-chemical treatment alkaline peroxide mechanical pulping）等。

与传统机械法制浆相比，化学机械法制浆的特点主要有以下几个方面。

① 生产原料适应性广。针叶木、阔叶木、非木原料及林区次、小、薪材和木材加工剩余物都可用于化学机械法制浆生产。

② 纸浆质量优良。由于采用了少量的化学品对木片进行预处理，化学机械浆的强度较好，且纸浆中仍保留了原料中的大部分木质素，纤维较为挺硬，可以赋予成纸更高的松厚度、不透明度和更好的形稳性。另外，化学机械浆含有较少的长纤维组分和较高的细小纤维组分，利于提高纸张的光学性能和印刷适印性能。

③ 产品应用范围广。化学机械浆成功结合了化学浆高强度、机械浆高松厚度及对木材高利用率（制浆得率达 80%～95%）等优点。此外，在化学机械浆生产中，还可以通过控制和优化化学预处理工艺、机械磨解条件和后续漂白工艺，灵活调节纸浆的强度性能和光学性能，以适应后续纸产品用浆质量的要求。

④ 可以根据终端纸产品生产的要求，采用本色浆或漂白浆工艺进行生产，进一步扩大了化学机械浆的应用范围。

与传统化学法制浆相比，化学机械法制浆的特点如下。

① 流程简单，投资省。同样规模的工厂，化学机械浆生产线的投资仅为化学浆厂的一半，而且生产线流程紧凑，工序简单，易于实现连续化生产。

② 生产成本低。由于化学机械法制浆中化学品用量少（仅为化学法制浆的 25%左右），主要依赖盘磨的研磨作用分离成纸浆，使得化学机械浆的得率比化学浆高 1 倍左右，原材料消耗低。此外，化学机械浆生产中清水和蒸汽的消耗也远低于化学法制浆，因此化学机械浆的综合成本远低于化学法制浆。

③ 生产过程清洁。由于化学机械法制浆使用的化学药品量少，且浸渍软化温度较低，制浆产生的废水量少、污染负荷低，且污染物主要是低分子有机物，易于生化处理。而且漂白过程以双氧水和烧碱为漂剂，生产过程中无大气污染，不产生有毒有害物质，生产过程清洁，抄造的纸品卫生无毒无害。

化学机械法制浆发展过程中，SCMP、cold-soda 以及 NSSC 等工艺使用较多的化学药品，并需要在较强烈的条件下对木片进行处理，虽然其成浆的物理强度较好，但由于污染发生量大、废水难治理，故而应用受到限制。20 世纪 70 年代开发的化学热磨机械浆（CTMP/BCTMP）技术，以及在 80 年代后期和 90 年代初相继开发出的 APMP/P-RC APMP 技术，由于制浆工艺更为灵活，且制浆过程使用的化学品是环境相对友好的碱性过氧化氢，废水污染负荷较低、可生化性好、易治理，因而得到了进一步的发展，并成为当前主流制浆技术之一。CTMP/BCTMP、

APMP/P-RC APMP 等两类工艺由于制浆得率高（80%～90%），又被统称为高得率制浆工艺（HYP）。

三、主要化学机械法制浆工艺

化学机械法制浆主要以木材为原料。其中北欧或北美等造纸业发达国家主要以云杉、冷杉等针叶木为主，也有部分使用杨木、枫木等阔叶木[20,21]，在中国则主要以杨木和桉木等阔叶木为主[22]。虽然化学机械法制浆都是通过对磨浆前物料进行软化预处理，然后再利用盘磨将物料磨解成纸浆纤维，但采用不同的制浆工艺，所选用的设备、流程、浸渍化学品种类、浸渍条件均会导致成浆质量存在差异。因此，化学机械法制浆工艺需要根据原料的特性和终端纸产品的用浆质量要求来进行选择。目前，化学机械法制浆实际生产工艺以 CTMP/BCTMP、APMP /P-RC APMP 和 TSMP 等技术为主。

1. 化学热磨机械法制浆

化学热磨机械法制浆，CTMP 或 BCTMP，是在 TMP 的基础上引进化学预处理工艺发展起来的一种制浆方法。与 TMP 或 BTMP 比较，化学热磨机械法制浆的磨浆能耗降低，纸浆质量显著改善，已发展成了一种较为成熟、可靠和灵活的工艺。典型 BCTMP 工艺流程如图 5-3-57 所示。

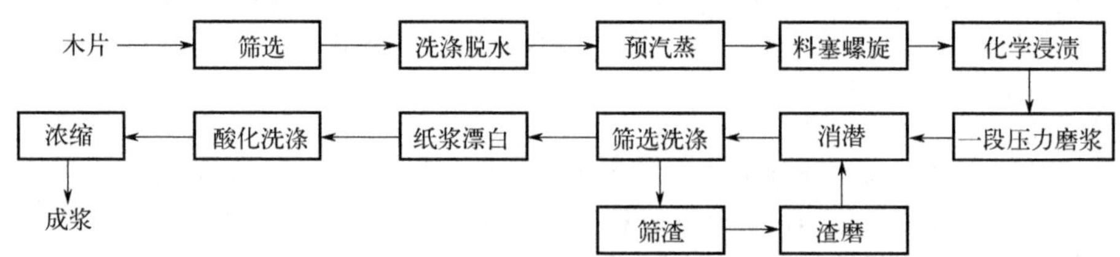

图 5-3-57　典型 BCTMP 工艺流程

在 BCTMP 工艺制浆中，木片首先经筛选，合格木片再进行洗涤和脱水后，送入汽蒸仓进行常压预汽蒸，然后温热的木片通过螺旋送入注有浸渍化学品的浸渍器，药液浸渍过的木片经蒸汽加热至 80～90℃，再送入反应仓停留 30～60min 直至反应完全，随后经料塞螺旋送入压力预热器中加热 3～5min，温度达到 120～140℃，然后进行压力磨浆。磨后浆料经过消潜、筛选和浓缩，然后送入漂白工段，漂后纸浆经酸化、洗涤和浓缩后成浆。BCTMP 工艺采用的是先制浆后漂白的方式，工艺较为灵活，既可以用于针叶木制浆，也可以用于阔叶木制浆。木片浸渍只使用少量的碱性亚硫酸钠或烧碱，磨后纸浆经过洗涤，再采用碱性过氧化氢进行漂白。并可以根据纸浆白度的高低要求，通过增减过氧化氢用量或漂白段条件进行灵活调整。对于低白度纸浆，采用一段碱性过氧化氢漂白足够满足要求，而高白度浆，则需要采用二段碱性过氧化氢漂白，或者最后一段采用连二亚硫酸钠进行还原漂白。生产纸浆的加拿大游离度范围在 100～600mL，ISO 白度在 60%～85%。纸浆可广泛用于绒毛浆、卫生纸、餐巾纸、纸板、新闻纸和高级纸等纸品的生产。

随着生产设备的改进和生产流程的优化，CTMP/BCTMP 制浆工艺在生产技术上日臻完善，具备了与其他制浆方法竞争的能力，但还不能完全取代化学法制浆[23]。这不仅是因为浆料的物理强度、纤维柔韧性不如化学浆，还因为二者在光学性能方面差距较大，化学浆的白度可至 90%以上，且稳定性好，而大部分针叶木材 CTMP 纸浆难以漂至高白度，阔叶材 BCTMP 浆白度可以达 80%以上，但漂后浆料的白度稳定性仍较差。此外，在 CTMP/BCTMP 工艺制浆中，因为磨浆前木片的机械处理程度较低，浸渍段使用的化学品量较少，且化学品主要集中在磨好后纸浆的漂白段，所以磨浆前物料的浸渍软化程度不足，造成后续磨浆纤维损伤较为严重、电耗偏高和纸浆结合强度偏低等问题。

2. 碱性过氧化氢机械法制浆

碱性过氧化氢机械法制浆（APMP）是针对 BCTMP 制浆存在磨浆能耗偏高、成浆结合强度差，且浸渍段常使用含硫化合物，废水处理困难等问题而发展起来的新型高得率制浆方法，汇集 CTMP/BCTMP 等制浆工艺及设备优点，被誉为“90 年代最具发展潜力”的制浆工艺[24]。典型 APMP 工艺制浆流程如 5-3-58 所示。

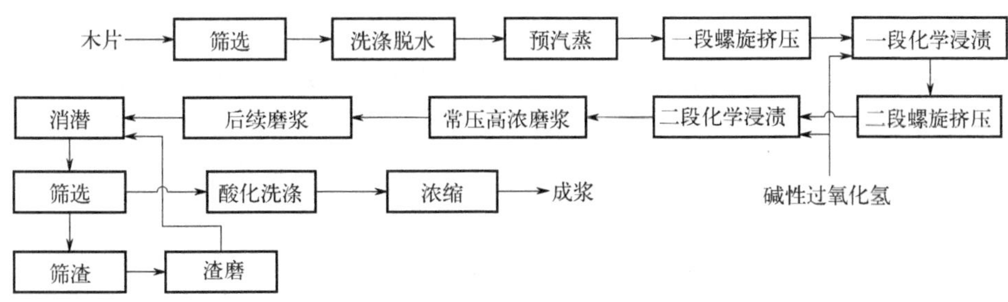

图 5-3-58　典型 APMP 工艺制浆流程

APP/APMP 制浆中，木片首先经筛选，合格木片再进行洗涤和脱水后，送入汽蒸仓进行常压预汽蒸，汽蒸后的木片采用挤压螺旋（MSD）进行第一段挤压（压缩比为（2.8～4）∶1），挤压后的物料加入含有 DTPA 或 EDTA（乙二胺四乙酸）的浸渍液进行一段预浸，浸渍温度为 70～80℃，时间约为 30min，随后完成第一段浸渍的木片进行第二段螺旋挤压，再送入注有碱性过氧化氢浸渍液的螺旋浸渍器，然后送入反应仓，在 70～80℃的温度下停留 60min 左右至完成漂白反应。之后木片送入高浓盘磨进行磨浆，磨后浆料再经过消潜、筛选、洗涤和浓缩后成浆。

与 CTMP/BCTMP 制浆相比，APP/APMP 制浆采用碱性过氧化氢预处理，将浸渍软化和漂白过程合二为一，简化了生产流程，降低了投资及生产成本。而且，制浆在磨浆前采用较高压缩比的螺旋挤压机对木片进行挤压，可强化磨浆前木片的机械处理程度，去除原料中大部分的低分子抽出物，并破坏木片的空间组织结构，提高药液在木片中的渗透和扩散性能，使得制浆所需化学品全部都在磨浆前加入，可同时完成全部浸渍和漂白反应，提高磨浆前木片的软化程度，纤维分离较为容易，所需磨浆电耗更低，生产的纸浆强度也更优。但是，实际生产过程中，由于受挤压螺旋压缩比的限制，木片结构破坏程度仍显不足，且浸渍、漂白化学品实际上与木片在常压和高浓条件下进行反应，化学反应效率较低，木片的浸渍软化和漂白程度不足[25]。因此 APP/APMP 制浆总体还存在化学品用量偏大和纸浆白度偏低等缺陷，也限制了其进一步发展。

3. P-RC 碱性过氧化氢机械法制浆

P-RC 碱性过氧化氢机械法制浆（P-RC APMP），是 Andritz 公司针对 APMP 工艺存在的问题进行了重大改进，克服了传统 APMP 制浆存在的化学品用量偏大和纸浆白度偏低等缺陷而发明的新型碱性过氧化氢制浆技术。由于 P-RC APMP 技术使用的原料适应性更广、工艺更为灵活、成浆质量更优，到 21 世纪初，传统 APMP 制浆已基本被 P-RC APMP 制浆工艺所替代。P-RC APMP 制浆流程如图 5-3-59 所示。

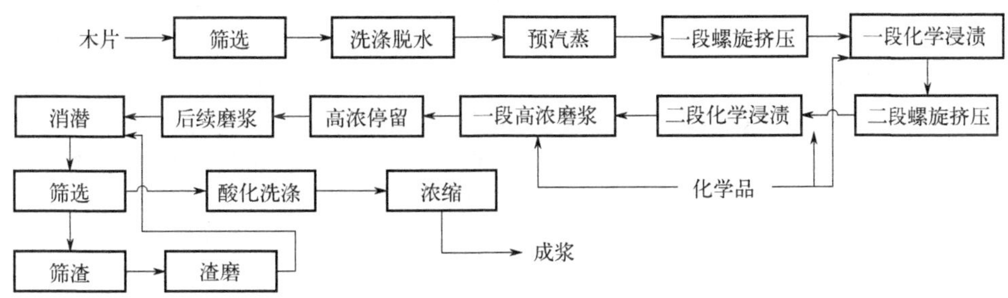

图 5-3-59　P-RC APMP 工艺制浆流程

P-RC APMP 制浆与传统 APMP 制浆流程相近，木片都需要经过筛选、洗涤、脱水、预汽蒸、挤压螺旋和碱性过氧化氢浸渍，然后再进行高浓磨浆，磨后浆料经过消潜、筛选、洗涤和浓缩后成浆。两者最主要的差异在于 P-RC APMP 制浆流程在第一段高浓磨浆后设置了高浓停留仓。大部分碱性过氧化氢都在第一段高浓磨浆前的浸渍器、一段磨的稀释孔和喷放管单独或组合加入，充分利用后续高浓磨浆的混合作用和磨浆产生的热能，使碱性过氧化氢与纸浆纤维均匀混合后在高浓停留仓中完成漂白反应。由于将传统 APP/APMP 工艺中的木片漂白改为了纸浆纤维漂白，大幅提高了过氧化氢的漂白效率，克服了 APP/APMP 制浆漂白效率低的问题，制得纸浆的白度和强度都有较为显著的改善，进一步拓展了化学机械浆在纸品中的应用范围。世界上第一条采用 P-RC APMP 工艺的制浆生产线（产能为 12 万 t/a）是 2003 年由湖南岳阳造纸厂从 Andritz 公司引进建成的，随后相继有河南濮阳龙丰纸业、宁夏美利纸业、河南焦作瑞丰纸业、山东华泰纸业、广西金桂纸业和江苏金东纸业等 10 多家企业引进了 P-RC APMP 生产线，最高单线产能可以达到 30 万 t/a[26]。

4. 双螺旋挤压浸渍化学机械法制浆

引进的 BCTMP 和 APMP/P-RC APMP 制浆技术主要以新鲜木片原料制浆进行流程设计和设备配置，在森林资源丰富的北欧或北美等造纸业发达国家，化学机械浆生产企业可以获得充足的新鲜木片，无论采用 BCTMP 还是 P-RC APMP 工艺都可以运行良好。而中国绝大部分高得率制浆企业自身没有足够的林地，无法保证有充足的新鲜木片供应，需要依赖采购混合商品木片或木材加工剩余物来进行生产，由于原料来源不稳、品种繁杂、材性各异及储存周期不一，与新鲜木片相比制浆性能有很大的差异，且企业对原料的特性给化机浆生产造成的影响缺乏正确的认识，导致化机浆生产存在诸多问题。双螺旋挤压浸渍化学机械浆技术（TSMP）通过进一步强化磨前木片的机械和化学预处理，实现了对商品混合木片和木材加工剩余物等低质纤维原料的高效均质浸渍软化，使化学品和电能消耗进一步降低[27]。典型双螺杆挤压浸渍化学机械法制浆流程如图 5-3-60 所示。

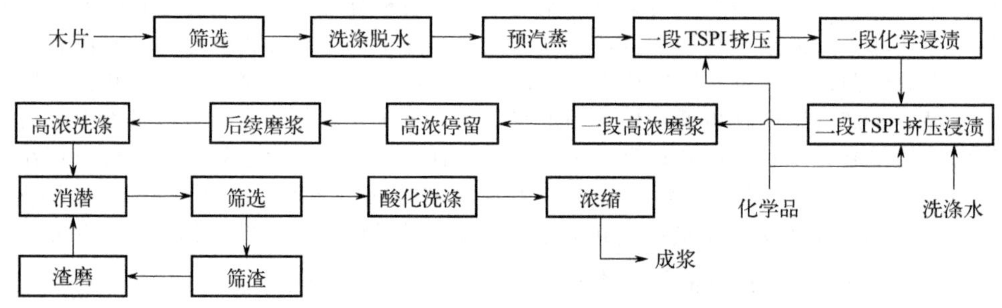

图 5-3-60　TSMP 工艺制浆流程

与 BCTMP 和 P-RC APMP 技术相比，TSMP 技术最大的特点是采用两段带有洗涤和加药功能的双螺旋挤压浸渍机（TSPI，图 5-3-62 所示）替代了螺旋挤压机（MSD，图 5-3-61 所示）对木片进行机械处理。采用 TSPI 处理，主要利用浸渍机内部设置的 2～4 道开口程度逐渐变小的反向螺旋对正向输送木片进行“挤压揉搓—疏松”的交替作用，使木片变成丝状或棒状，显著提高了木片的挤压均匀程度和药液吸液能力（较螺旋挤压木片的吸液能力提高 150%以上）。同时，利用 TSPI 的洗涤功能，可以有效去除木片原料汽蒸过程中产生的热水抽出物或第一段浸渍过程产生的反应产物，大幅降低这些物质给后续浸渍反应带来的不利影响，并显著降低浸渍化学品的用量。此外，在 TSPI 浸渍机最后一道反向螺旋前加入浸渍药液，利用反向螺旋的挤压揉搓过程对木片产生的混合作用和摩擦热能，将浸渍药液与物料充分均匀混合，并将温度迅速提高到后续浸渍所需的温度（85℃以上），大幅度提高了物料的浸渍软化程度，有效降低了后续的磨浆电耗，并显著改善了成浆的物理强度和光学性能。

世界上首条 3 万 t/a 杨木加工剩余物 TSMP 漂白化学机械浆生产线于 2010 年在江苏天瑞新材料科技有限公司建成（图 5-3-63 所示），随后四川达江装饰材料有限公司、安徽砀山禾鑫纸业等企业相继建成了木材加工剩余物的 TSMP 漂白化学机械浆生产线。目前 TSMP 制浆技术已发展为不仅限于利用混合商品木片、小径材和木材加工剩余物等低质木材纤维原料生产漂白化学机械浆，还可以利用稻/麦草、棉秆和玉米秸秆等农业剩余物制备用于替代废纸浆抄造包装纸板的本色化学机械浆[28]。TSMP 制浆技术是针对中国造纸原料的特点研发的新型化学机械法制浆产业化技术，不仅进一步拓展了化学机械法制浆原料的选择范围，也打破了我国化学机械法制浆技术与装备长期被国外垄断的局面，市场应用前景广阔。

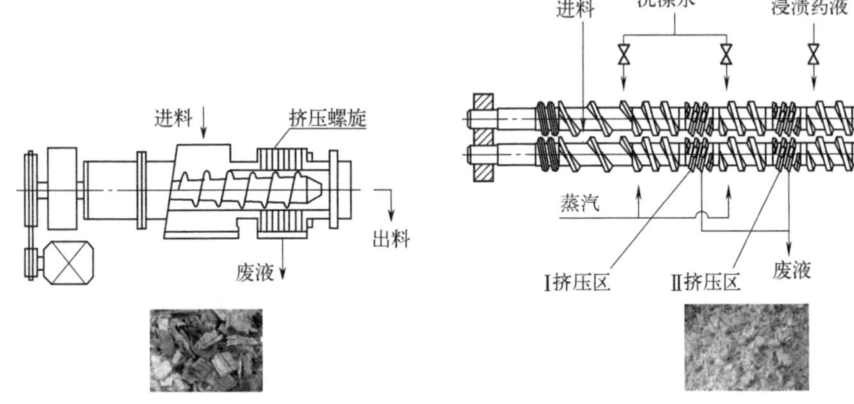

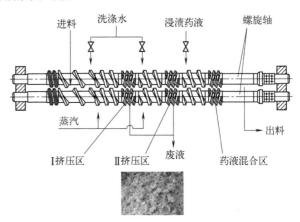

图 5-3-61　螺旋挤压机结构原理　　图 5-3-62　多级差速挤压浸渍机结构原理

图 5-3-63　TSMP 工艺制浆流程

四、主要工艺过程

化学机械法制浆中，包括 BCTMP、P-RC APMP 和 TSMP 工艺，一般都包括木片洗涤、预汽蒸、挤压、化学浸渍、漂白、磨浆、消潜、洗涤筛选和渣浆处理等工序，通过发挥每道工序各自的作用才能确保成浆质量满足终端纸产品配抄要求。

1. 木片洗涤

化学机械法制浆过程中，无论是木材还是非木原料，经过筛选的合格物料首先都要经过洗涤，其目的主要是去除原料中的泥沙、石块或金属类硬杂质，以避免这些硬杂质进入后续工段给螺旋挤压或高浓盘磨等设备带来损伤。同时，通过洗涤可以提高原料的含水率并使原料水分分布更为均匀，有利于促进后续预汽蒸过程原料中抽出物的溶出。原料洗涤一般用热水，温度为60℃左右。在实际生产中往往是使用后段含有一定残余化学品且温度较高的洗浆水，这样有利于发挥洗浆水中残余化学品的作用，促进原料中抽出物的溶出。

2. 预汽蒸

洗涤脱水后的木片要进行预汽蒸，主要去除木片中的空气和抽出物，以改善木片的药液渗透性能。去除原料内部空气的方法有很多，如对木片进行抽真空，使用二氧化硫或氨气等可凝气体来置换木片中的空气，以及预汽蒸等。由于抽真空或使用可凝气体对设备的密闭性要求较高，可操作性较差，实际生产中难以应用。因此目前去除木片中空气最常用且可操作性较好的方法是预汽蒸。通过高压或常压的流动水蒸气对木片进行汽蒸，提高木片温度，使内部空气受热膨胀被驱赶去除，并改善木片的药液渗透性能。由于预汽蒸对木片预处理效果好、设备要求低且操作简单易于实现，因此被广泛应用于化学机械法制浆生产过程。

影响预汽蒸效果的因素包括汽蒸时间、温度和压力等。主要由于木片在汽蒸过程中，空气的排除不仅与传热效率有关，还受木片毛细管内压力阻力的影响。此外，增加汽蒸的压力或温度也可以提高木片浸渍中液体的渗透速率。因此，要达到良好的预汽蒸效果，需要保证有足够的汽蒸时间使木片中的空气去除，同时还需要有适宜的蒸汽温度和压力。

3. 化学浸渍

木片的浸渍主要指使用化学品对木片进行化学预处理的过程。由于化学机械法制浆只是采用少量的化学品对木片进行适当的软化，然后依靠盘磨的磨解作用将纸浆纤维进行分离。因此，木片浸渍效果的好坏对磨浆电能消耗和最终成浆质量都有重要影响。良好的木片预浸效果不仅可以有效降低磨浆电耗，还可以减少磨浆过程对纤维的损伤、降低纤维束含量和改善纸浆的质量性能[28-30]。

(1) 影响浸渍效果的主要因素　木片浸渍效果的优劣主要取决于浸渍化学品与木片的化学反应程度。木片的良好浸渍效果主要通过消除或避免影响浸渍的不利因素，使浸渍药液在木片内均匀分布，并使木片得到充分软化和润胀来实现。影响因素主要包括如下三个方面[31]。

① 木片原料本身的特性影响。主要包括木片尺寸规格、木材化学组成、木片毛细管结构，以及木片中空气和水分含量等。由于木材的种类繁多，材性各异，如针叶材和阔叶材、正常木和应力木、早材和晚材、心材和边材等；不同树种的材性结构、毛细管类型、纤维分布和可及度均有较大的差异。由于针叶木主要依靠管胞及管胞间的纹孔通道来实现，而阔叶木则主要依靠导管及细胞间的各类纹孔来实现，因此，木片药液渗透性能受木片毛细管结构的影响最大。另外，木材的结构具有各向异性，液体渗透速率在不同方向存在差异。通常情况下，木材中绝大多数的细胞都是呈纵向排列，且液体主要是通过细胞腔来实现纵向渗透，因此液体在木材中的纵向渗透较为畅通；对于木材的横向渗透，尤其是实现弦向渗透，液体必需通过细胞壁或纹孔膜，因此相比较而言，液体在木材中的横向渗透比纵向渗透要困难得多。有关研究表明，木材的纵向液体渗透速率可以达到横向或径向的 5～200 倍[32-34]。因此，通过减小木片的长度和降低厚度，可以缩短药液扩散流动路径，改善液体对木片的渗透效果。

木片药液浸渍过程中所发生的木片润胀、软化、毛细管上升及化学反应等，都与木材原料的化学组成直接相关。由于液体在木材中的流动途径主要包括纹孔和细胞壁毛细管两个系统。当木材的抽提物含量较高时，会出现降低木材表面的润湿性能、堵塞木材结构中的毛细管、产生胶状液体及影响木材的润胀速率等现象，给木材的液体渗透性能带来不利影响。通过减少木材中的抽出物含量，改善木材内纹孔和细胞壁毛细管两个系统的流体流动，使液体在木材内传导畅通，可以改善木片的浸渍效果。

木材中空气含量和含水率对木材的药液渗透性能有一定的影响。当木片的含水量比纤维细胞的饱和吸附水量低时，细胞壁将因吸收液体产生润胀，液体的流动阻力减小，可以提高液体的渗透速率。但当木片的孔隙中含水量过大时，水分会阻碍药液的流动渗透性能，降低药液的渗透速率。此外，浸渍化学品主要是以水为介质进入木片的组织细胞中的。在化学浸渍前，使木片原料保持一定的含水率，有利于促进木片的药液渗透。木片孔隙中的空气会对药液渗透产生影响，是因为木片进行药液浸渍时，毛细管作用力会造成孔隙内的空气压力上升，药液渗透阻力增大，导致药液的渗透性能下降。因此，对浸渍前木片进行洗涤，适当提高木片含水率，以及通过预汽蒸减少木片中的空气含量，都可以改善木片的浸渍效果。

② 浸渍药液的特性。主要包括药液的品种组成、药液的表面张力以及药液的黏度和溶解度等。浸渍药液的表面张力和黏度主要对药液在木材内的流动和毛细管效应产生较大影响。浸渍药液的化学组成、空气含量及对气体的溶解能力，也对渗透过程有一定的影响。由于浸渍化学品和木材的化学成分发生化学反应时，反应产物的类型会对木片的毛细管作用产生影响。例如，当浸渍药液的化学物质与空气中的二氧化碳或氧气发生化学反应时，会减少毛细管内的空气含量，使毛细管内部压力降低，有利于药液渗透的进行。另外，有较强氢键结合能力的液体容易与木片结合，使木片产生润胀。浸渍药液的润湿能力越强，液体被木材吸收的量就越大，对木片的浸渍也就越有利[35]。

③ 浸渍条件。主要包括浸渍化学品用量、温度、压力、液比及时间等。一般来说，提高浸渍化学品的用量，可以改善木片的浸渍软化效果。常压条件下提高浸渍药液的温度，可以使药液的黏度降低，提高药液的渗透速率。但是温度过高，木片孔隙里的气体受热膨胀，会使木片内气体溶解度降低和药液表面张力下降，造成药液渗透性能的下降。在选择药液浸渍的温度时，需综合考虑木片原料的种类、药液的性质以及压力等因素的影响。木片内外压差是药液渗透的主要动力。通过增加木片浸渍压力，提高木片的内外压差，使木片纤维的纹孔膜产生延伸和膨胀后开口增大，还能促进木材孔隙内的空气溶解，减小孔隙内的空气阻力，进而提高木片中药液的渗透速率。此外，由于浸渍药液无论是通过渗透作用还是扩散作用进入木片内的，流动均会受到渗透或扩散速率的影响，因此，充足的浸渍时间也是确保浸渍效果的一个重要因素。

(2) 改善木片浸渍效果的措施　现有改善措施主要围绕改变木片本身结构和调整浸渍药液性能参数来进行。主要包括排除木片中的空气、木片的机械预处理、生物预处理及表面活性剂处理等[31]。

① 排除木片中的空气。木片中的空气是影响浸渍化学药液渗透最不利的因素之一。理论上讲，在渗透前把木片内的空气尽可能地去除后，可以使药液完全渗透到木片的内部。排出木片中空气的方法主要包括抽真空、利用可凝气体对木片中的空气进行置换或预汽蒸等。抽真空被认为是去除木片中空气的最佳方式，但需要在较高的真空度下木片内空气才能够被去除，且会受到木材毛细管特性及木材含水率影响。在实际生产中，受生产设备条件的限制，抽真空排出空气实施较为困难。采用氨气或二氧化硫等可凝气体来对木片中的空气进行置换，也是排除木片中空气的方法之一。该方法主要利用可溶气体与木片孔隙中的空气进行置换，使木片孔隙中的可凝气体在木片浸渍时可以迅速溶解在药液中，木片空隙产生负压，促使药液快速浸满木片。当所使用的可凝气体在浸渍药液中的溶解度足够高时，木片就可以被浸渍药液快速完全渗透。但实际应用中因需要设备的密闭性能较高，应用前景并不乐观。目前最常用且可操作性较好的是预气蒸。该方法主要是利用穿透能力较强的高压或常压流动水蒸气对木片进行汽蒸，使木片温度升高，使木片中的空气膨胀，达到将木片内空气去除的目的。由于预汽蒸对木片预处理效果好、设备要求低、操作简单，易于实现，被广泛应用于化学机械浆生产。影响预汽蒸效果的因素包括汽蒸时间、温度和压力等，其中，最重要的影响因素是汽蒸时间。

② 木片的机械预处理。木材削片时，木片的长度方向通常是木材纵向，厚度方向则正好是木材的径向。由于浸渍药液在木材纵向的渗透速率要比径向和弦向的快，因此，通过机械处理，降低木片厚度，使其木片发生扭曲变形，产生更多的裂缝，可以提高木片的药液吸收性能和改善木片药液渗透的均匀性。实际生产中主要采用变径、变距或同时具有变径变距的螺旋挤压机对木片进行连续动态挤压。在挤压过程中，木片因受到各个方向多种机械应力的作用而结构破损，纤维的纹孔膜产生裂缝，部分纹孔膜从纹孔缘上脱落，纹孔裸露，木片缝隙及空隙体积增大，药液传输通道增加。当木片离开螺旋挤压机时，其体积会迅速膨胀，产生更多的裂缝和空隙，大幅度增加了木片的比表面积和毛细管抽吸力，显著改善木片药液浸渍性能。木片的挤压效果主要与挤压前木片的预处理及挤压设备的压缩比有关。此外，在木片进行螺旋挤压过程中，木片原料中含有的一些抽出物大部分也可以被去除，减少了这些抽出物对后续化学浸渍产生的不利影响，可以促进浸渍药液的吸收和减少浸渍化学品的消耗。

③ 木片的表面活性剂处理。添加表面活性剂可以降低木材表面的接触角，提高木材的润湿性能，减小木材原料与液体之间的表面张力及传质阻力，因此能够改善浸渍化学品对木材纤维原料的润湿、扩散和渗透效果。邓拥军等研究显示，桉木化学机械法制浆浸渍段添加0.4%的磺化琥珀酸二辛酯钠盐类渗透剂，制取游离度300mL纸浆，磨浆电耗比对照样可减少10%以上，纤维束含量可减少46%，纸浆的抗张强度、耐破强度及撕裂强度可分别提高11.4%、14.3%及15.6%[32]。在棉秆高得率制浆的浸渍段加入渗透剂，可以改善棉秆的软化效果和成浆性能。制浆过程中常用的表面活性剂，主要有非离子型、阴离子型以及阴离子和非离子型表面活性剂的复合物等多种类型。在选用表面活性剂时，应该综合考虑木材原料的化学组成和木材的毛细管结构等因素对使用效果产生的影响。

④ 木片的生物预处理。采用特定的细菌或生物酶进行预处理，可以改善木片的渗透性能。研究显示，纤维素酶、果胶酶、木聚糖酶或半纤维素酶等能够攻击木材纤维的纹孔膜，使纹孔膜上的物质溶解脱落，可以增加药液的渗透通道和显著改善木片的渗透性能[36-39]。生物酶对木片渗透性能的改善程度与木材种类及木材的材性特征等有一定的关系。此外，由于生物酶自身分子较大，对木片的预处理效果还会受到生物酶自身渗透进入木片效率的影响。研究发现有多种细菌可以促进木材毛细管内抽提物的降解，使纤维的纹孔膜产生裂缝，木材内的药液输送孔隙通道更为顺畅，能够显著提高木片的药液渗透性能。研究显示，采用白腐菌对木片进行预处理两周后，可以使后续磨浆电耗减少20%～40%[40]。但是，由于生物预处理的浓度、温度和pH值等条件与化学机械法制浆条件有冲突，而真菌处理时间过长，也难以与化学机械浆生产流程配套，生物预处理还停留在实验室研究阶段。

4. 漂白

化学机械浆漂白，是利用不脱除木质素的漂白药剂来改变或破坏木质素发色基团结构，使纸浆脱色以提高光反射能力的过程。用于化学机械浆漂白的药剂主要包括过氧化氢（H_2O_2）、过氧乙酸、臭氧（O_3）等氧化型漂白剂，以及连二亚硫酸钠、硼氢化钠、二氧化硫脲（FAS）等还原型漂白剂。这些药剂发生漂白反应的条件大多较为苛刻，且漂白效果不理想。碱性过氧化氢对木质素发色基团的选择性好，漂白浆白度增值高、白度稳定性好、得率损失小且不产生有毒有害副产物。目前BCTMP、APMP/P-RC APMP以及TSMP工艺制浆都主要使用碱性过氧化氢来进行漂白。

碱性过氧化氢漂白属于保留木质素的漂白方法。可以采用先制浆后漂白方式，如CMP、TMP或CTMP；也可以采用浸渍软化和漂白同时进行的方式，如APMP/P-RC APMP和TSMP等。其作用原理主要是在碱性条件下，过氧化氢可以电离出具有亲核性的过氧氢根离子（HOO^-），通过与木质素中的发色物质进行亲核反应，生成无色物质或使木质素和其他有色物质共轭侧链发生碱性断裂反应，增加反应产物的亲水性，使其在随后的洗涤过程中易于去除。过氧化氢氧化木质素时并不会改变其分子结构和骨架，只和发色基团诸如羰基、共轭羰基、醌型或亚甲基醌等基团产生脱色反应实现漂白目的。

采用碱性过氧化氢对化学机械浆进行漂白，会受到化学机械浆原料种类、漂白反应的温度、浆浓度、时间、pH值及浆中的过渡金属离子含量和漂白药剂的用量等诸多因素的影响。例如，化学机械浆过氧化氢漂白需要在碱性条件下进行，且漂白体系的pH值波动过大，会造成过氧化氢的过度无效分解，因此需要加入硅酸钠作为pH缓冲剂和漂白稳定剂，适宜的pH值为10～11。如果浆中含有过量的过渡金属离子（主要指MnO_2、Mn^{2+}、Cu^{2+}、Fe^{2+}等），会对过氧化氢起催化分解作用，加速过氧化氢的无效分解，影响漂白效果，因此需要添加乙二胺四乙酸（EDTA）或二乙基三胺五乙酸（DTPA）等螯合剂，减轻或消除过渡金属离子给漂白带来的不利影响。另外，提高温度可以加速漂白反应，同时也会造成H_2O_2的分解反应加快。过氧化氢适宜的漂白温度为70～90℃；漂白时间一般控制在60～180min。漂白条件根据木材品种、化学预浸方式和浆料目标白度等进行调整。漂白时的浆料浓度也是影响漂白效率的一个重要因素。碱性过氧化氢漂白一般在高浓度下进行，漂白浆浓度控制在20%～30%。成浆的白度取决于适宜漂白条件下的过氧化氢用量。

5. 磨浆

磨浆是对完成化学浸渍的纤维原料利用盘磨的研磨作用分离成纸浆纤维的过程。磨浆过程不仅需要将原料分离成单根纤维，并要求在尽量少切断的情况下使纤维获得充分的分丝帚化，以保障纸浆纤维满足后续产品抄造所需的结合强度性能。磨浆效果的优劣对化学机械法制浆最终成浆质量有重要影响。影响磨浆效果的因素主要包括：磨前纤维原料尺寸规格和浸渍效果、磨浆段数、磨浆浓度、磨浆压力、温度和磨盘齿型等。

磨前纤维原料尺寸规格和浸渍效果对磨浆效果的影响最大。磨前纤维原料的尺寸规格均匀性和浸渍效果良好，不仅可以减少磨浆能耗，还可以使盘磨机的磨盘运行平稳，磨解的纤维均匀性好、损伤少，成浆质量好。磨浆段数对最终成浆质量有重要影响。常采用一段、二段或多段盘磨组合进行磨浆。采用的磨浆段数主要取决于终端配抄纸品用浆的磨浆程度，或者成浆所需加拿大游离度的要求。对于结合强度要求较低的包装纸板配抄用高加拿大游离度化学机械浆，可以采用一段磨浆来实现，而对于结合强度要求较高的文化用纸配抄用低游离度化学机械浆，则需要二段或多段磨浆来实现。由于纤维分离和分丝帚化都需要盘磨提供能量，其中纤维分离过程所需的能量较少，大部分能量消耗主要集中在纤维的分丝帚化和发展强度上。采用单段盘磨磨浆达到纸浆的目标游离度（磨浆程度）时，需要在实现纤维分离的同时还要发展强度，磨浆所需能量要全部加在一段磨中，磨浆强度较高，容易造成纤维的损伤和过度切断，增加化学机械浆中的细小组分含量，并降低纸浆的强度性能。采用二段或多段磨浆时，第一段主要是进行粗磨，输入能量只需要将纤维分离，磨浆强度不用太高，后段进行精磨，需要较高的磨浆强度，以使纤维得到充分的分丝帚化并获得足够的强度性能[41]。因此，采用两段或多段磨浆，有利于通过灵活分配磨浆各段能量输入，减少磨浆过程对纤维的损伤和过度切断，并使纸浆具有较好的强度性能。磨浆浓度也是影响磨浆效果的一个重要参数，对纸浆的纤维形态、成浆纤维特性及结合强度等均有重要影响。化学机械浆磨浆常采用高浓磨浆的方式。由于高浓磨浆可以提高盘磨效率，将尽可能多的能量施加到纤维束和纤维上，邓拥军等对桉木化学机械浆第二段进行不同浆浓磨浆研究显示（表 5-3-8），低浓磨浆可以降低磨浆电耗，显著减少浆中纤维束含量，但也会增加纸浆的细小组分含量，降低纤维的平均长度和纸浆的结合强度；而在同等的电能消耗下高浓磨浆比中浓和低浓磨浆制得纸浆的抗张强度可提高 7.2%和 13.8%，且可以实现纸浆的高松厚度和高强度[42]。目前，BCTMP 工艺、P-RC APMP 和 TSMP 工艺制浆的第一段磨浆普遍采用高浓度磨浆方式，磨浆浓度一般控制在 25%～35%，低浓度（5%左右）磨浆主要用于纸浆精磨工段。

表 5-3-8 不同浆浓磨浆成浆的纤维形态比较

第二段磨浆浓度/%	加拿大游离度(CSF)/mL	纤维平均长度(0.20～10.00mm)/mm			细小组分含量(0.07～0.20mm)/%		纤维束含量/%
		数学平均 L_n	长度加权 L_w	重量加权 L_{ww}	数学平均 F_n	长度加权 F_w	
5	370	0.519	0.644	0.766	46.41	16.87	0.05
10	365	0.523	0.651	0.775	44.93	15.92	0.14
20	368	0.535	0.678	0.834	44.68	15.23	0.77
30	372	0.539	0.676	0.838	43.91	14.89	0.98

进入 21 世纪以来，欧美多家造纸企业的机械浆、化学机械浆均尝试进行中低浓磨浆来降低磨浆能耗，提高生产效率。主要因为欧美企业的制浆原料主要来源于天然林或次生林，并多为针叶木树种，生长周期长，纤维质量好，其木材纤维长度普遍高于 2.0mm。采用低浓磨浆发展强度完全可以满足后续产品的抄造质量要求。而国内由于主要采用速生材和外购混合木片并以阔叶木为主，原料纤维平均长度多低于 0.8mm，采用低浓磨浆容易造成原本不长的纤维被进一步切断，会显著降低纸浆纤维强度。

磨浆温度和压力对磨浆效果也有较重要的影响。当在温度和压力较高，即木质素软化点以上条件下磨浆时，由于木质素可以得到较充分的软化，纤维较容易分离，且纤维的分离发生在木质素浓度高的胞间层和初生壁之间，但也会出现软化了的木质素附着在纤维上，磨后浆料冷却，就凝结成玻璃状的木质素覆盖层，产生所谓的纤维“玻璃化”现象，从而造成二段磨浆障碍，使纸浆难以细纤维化和发展强度。与之相反，在较低的温度条件下磨浆，木质素大部分没有充分软化，纸浆纤维容易被切断，强度低。因此，化学机械浆磨浆温度一般控制在 120～135℃。此外，磨盘的齿型对磨浆效果也会产生较大影响，如磨齿的长短、数量、粗细，齿槽的深浅、宽窄和分布，浆挡的分布，齿纹排列与分布特性及齿盘的锥度，破碎区、粗磨区、精磨区的磨浆面积等，均对磨浆产量、质量和能耗有很大影响。

6. 消潜

消潜是化学机械浆生产过程中不可缺少的重要工序。将高浓磨后纸浆用热水稀释到较低浓度，在较高温度下对纸浆进行机械疏解作用，消除高浓磨浆对纤维产生的扭结、卷曲等性状影响，可以使纸浆纤维变得柔顺，改善成纸性能。

高浓磨浆时，纸浆纤维受到热、挤压、揉搓和剪切等作用，使纤维产生扭结、卷曲等变形，纸浆冷却后，纤维会保持扭结卷曲状态，失去其应有的舒展性和交织能力，妨碍成纸过程中纤维间的氢键形成，影响纸张强度和匀度。消潜可以促进纤维吸水润胀，释放舒展纤维的扭结卷曲区域，恢复纤维的柔顺状态，利于纸浆后续的筛选和抄造。影响消潜效果的主要因素有温度、浆料浓度、疏解强度和处理时间等。消潜一般在高浓磨浆之后的消潜池内进行，浆浓控制在 4%～5%，根据纤维原料种类的不同，一般控制消潜温度在 70～90℃左右和处理时间在 10 ～ 40min 范围内。

7. 洗涤筛选

洗涤是通过对纸浆加水稀释和挤压浓缩，去除纸浆中残留的木片与药液在浸渍过程中发生化学反应的产物和残余化学品等可溶性物质的过程，可以降低这些物质给后续抄纸系统带来的不利影响。由于化学浸渍过程中木片原料与化学药液发生化学反应，会释放出抽出物、半纤维束、低分子量木质素、果胶以及树脂等带有较高负电性的反应产物（也称为阴离子垃圾），这些高负电性阴离子垃圾随化学机械浆进入后续的抄纸系统时，会导致造纸湿部加入的各种阳离子助留助滤剂、增强剂和施胶剂等化学品的失效，造成这些造纸助剂用量的增加。化学机械浆洗涤主要是通过对纸浆用水稀释，使浆中的可溶性物质充分溶解扩散到水里，然后再采用螺旋挤压机或双网挤浆机进行机械挤压脱水浓缩，使浆料达到洗涤净化的目的。一般来说，纸浆洗净度与稀释水用量、洗涤次数和洗涤温度有关。相同的用水量下，洗涤次数越多，纸浆的洗净度就越高；洗涤次数一定，用水量越大，纸浆的洗净程度也就越高；较高的洗涤温度有利于浆中残余物质的扩散和提高洗净度。但化学机械浆实际生产中，需要考虑设备投资、操作流程的简化和操作成本，因此，纸浆的洗净度往往只需要达到洗后纸浆中阴离子等残留物质不影响后续抄纸系统湿部化学的稳定性即可。

筛选是利用筛浆机去除磨浆过程中未磨解成单根纤维的纤维束的过程，可以避免浆中纤维束含量过高对终端抄造纸产品的强度和表面性能产生不利影响。由于纤维束的尺寸大于正常纤维，且纤维表面没有得到充分分丝帚化，纤维束与相邻纤维之间的结合强度较弱，纸浆用于高速纸机抄造纸产品和纸页在高速印刷机中运行时，纤维束的存在容易造成纸幅“断头”、纸张表面平滑度下降而粗糙度上升以及印刷的掉毛掉粉等问题。因此，化学机械浆需要控制纤维束的含量，在成浆前需要经过筛选过程。化学机械浆筛选一般采用条缝压力筛来进行，利用压力筛转子上旋翼沿筛鼓表面运动时，筛鼓内外产生的压差，使合格纸浆纤维能够顺利通过筛缝从良浆口排出，纤维束由于尺寸较大则无法通过筛缝而从筛渣孔排出，从而达到纸浆筛选的目的。纸浆筛选质量主要与压力筛的筛缝尺寸、筛浆浓度等有关。因此，需要根据终端纸产品用浆对纤维束含量的要求，选择合适的筛缝尺寸和筛浆浓度，以控制纸浆中的纤维束含量。

8. 渣浆处理

渣浆处理主要是指对化学机械浆筛选过程中分离出来的纤维束进行进一步机械处理，使之进一步分离成单根纸浆纤维的过程。化学机械浆的磨浆主要是为了将木片分离纤维和达到适当的分丝帚化，为避免纸浆纤维的过度磨解和切断，并不需要将所有原料一次性直接磨解成单根纤维。磨后纸浆中一般含有一定量的纤维束，还达不到纸张抄造或浆料出厂的要求，需要对浆料进行处理，将这些纤维束筛选分离出来。渣浆一般都需要进行单独处理，主要采用双盘磨在低浓下进行磨解，磨浆浓度约为3%～5%。磨后渣浆再经过筛选和净化处理，良浆直接与主流程的良浆汇合，少量渣浆再回到渣浆处理系统进行循环处理，由此可以控制化学机械浆中的纤维束含量。

五、化学机械浆的性质与用途

与化学浆相对应，使用化学机械法制浆制取的纸浆称为化学机械浆，包括本色浆和漂白浆。化学机械法制浆通过选择不同的化学品种类来进行化学预处理，既可以生产本色浆，也可以生产漂白浆，并能够通过调节化学品的用量和预处理工艺，灵活控制浆料的物理性质、力学强度和光学性能，使纸浆可以满足各种终端纸产品用浆的质量要求。

对于本色化学机械浆而言，由于制浆过程只是使用少量的氢氧化钠或碱性亚硫酸钠对木片进行浸渍软化处理，纸浆保留了原料中的大部分木质素，成浆纤维较为挺硬，纸浆的松厚度好。纸浆良好的松厚性能可以赋予成纸更高的环压强度和挺度，使本色浆能够广泛用于瓦楞原纸、箱板纸和纱管纸等产品的生产。

漂白化学机械浆生产时由于采用的是保留木质素的漂白方法，只是改变或消除木质素的发色基团，并没有脱除纸浆中的木质素，浆料的松厚度较好。此外，漂白化学机械浆还具有较高的不透明度和光散射系数，且含较多的细小纤维组分，有利于改善纸张的形稳性和印刷适印性能。杨木漂白化学机械浆的性能见表5-3-9，其松厚度、强度和白度可以根据终端产品的指标需要进行控制。漂白化学机械浆可以广泛用于白板/卡纸、液体包装纸、新闻纸、文化印刷纸和涂布加工原纸等产品的抄造。但是，漂白化学机械浆因含有大量的木质素，而木质素结构容易受到光或者热的影响，被空气中的氧气氧化形成新的发色基团，故漂白化学机械浆会产生光返黄和热返黄现象。

表5-3-9　杨木P-RC APMP制浆性能

项目	JE1-1	JE1-2	JE1-3	JE1-4
加拿大游离度(CSF)/mL	490	355	285	150
磨浆能耗/(kW·h/t)	1107	1503	1812	2255
松厚度/(cm^3/g)	2.54	2.22	2.11	1.92
耐破指数/(kPa·m^2/g)	0.83	1.18	1.43	2.01
撕裂指数/(mN·m^2/g)	2.91	3.13	3.34	3.51
伸长率/%	1.2	1.4	1.6	2.0
抗张能量吸收/(J/m^2)	8.29	16.73	18.82	34.76
抗张指数/(N·m/g)	20.24	28.39	32.31	40.41
纸浆白度/%	79.47	80.47	81.08	81.08
不透明度/%	80.89	82.45	82.76	83.68
光散射系数/(m^2/kg)	40.14	42.86	43.54	44.09
光吸收系数/(m^2/kg)	0.31	0.28	0.34	0.35

六、化学机械法制浆的主要设备

化学机械法制浆的工艺和设备研究开发始于欧洲和北美洲国家。20世纪80年代以前，国际制浆造纸装备供应商数量较多，无序竞争现象较多。20 世纪 90 年代以后，国际制浆造纸装备供应商采用并购、重整等方式提高行业集中度，降低生产成本和竞争压力。进入 21 世纪以来，国际化学机械浆装备领域主要供应商为瑞典的美卓公司（Mesto）和奥地利的安德里兹公司（Adritz）。其中，唯美德公司主推 BCTMP 工艺，安德里茨主推 P-RC APMP 工艺，但因为两种工艺的区别不是根本性的，设备更是基本通用的，两公司针对用户的要求也会做出不同的调整，一直竞争激烈。国内众多制浆设备生产商及科研院所对化学机械法制浆装备开展了研发工作，已取得一定进展。

化学机械法制浆一般都包括原料洗涤、预汽蒸、挤压、化学浸渍、漂白、高浓磨浆、消潜、筛选和渣浆处理等工序，其中洗涤、挤压、浸渍设备对成浆质量具有重要作用。典型的木片水洗机、TSPI 挤压浸渍机、螺旋挤浆机及浸渍反应仓分别如图 5-3-64～图 5-3-67 所示。

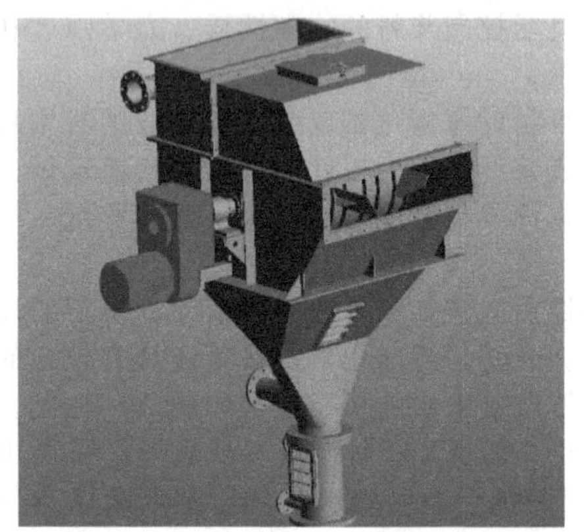

图 5-3-64　木片水洗机

图 5-3-65　TSPI 挤压浸渍机

图 5-3-66　螺旋挤浆机

图 5-3-67　浸渍反应仓

第五节　浆料洗涤、筛选和净化

一、浆料洗涤、筛选和净化原理

浆料洗涤与黑液提取是化学制浆过程同一阶段两个不同的概念。浆料洗涤主要是针对化学制浆而言，化学制浆蒸煮后的废液中有约 50% 的溶解性物质，这些物质主要包括有机物和无机物两种，需要通过洗涤将废液从浆料中分离出来，从而获得洁净的纸浆。黑液提取是从黑液碱回收角度出发的一个概念，指在浆料洗涤的同时需要考虑黑液回收系统对黑液浓度、温度等指标的要求，将两者有机结合起来。

洗涤后的洁净浆料还需进一步通过筛选和净化去除浆料中的各类杂质，才能满足纸张抄造对浆料的基本要求。制浆来的粗浆中含有未解离开的纤维束、节子等纤维类杂质，以及原料中夹带的砂砾、金属颗粒等非纤维类杂质，必须通过筛选和净化的方式加以去除，保护后续生产设备不因浆中含有杂质而被破坏，同时满足浆料的质量要求。

(一) 浆料洗涤与黑液提取

1. 浆料洗涤目的和要求

浆料洗涤的目的是把浆料洗涤干净，提高浆料的洁净度，同时，提取更多的黑液，减少 NaOH 和含 S 化学品的损失。浆料洗涤不干净，会带来一些不利的影响，如增加后期浆料漂白药剂用量、浆料中形成泡沫造成生产困难、影响浆料的打浆及施胶等。

浆料洗涤基本要求：①提高废液提取率；②用较少的水洗净浆料；③减少纤维流失。

2. 浆料洗涤原理

蒸煮后浆料中废液主要分布于纤维之间、纤维细胞腔中和纤维细胞壁内。通过洗涤把这些废液从纤维中分离出来，通常采用过滤、挤压、扩散（置换）等方法来完成。图 5-3-68 为废液在浆料中分布示意图。

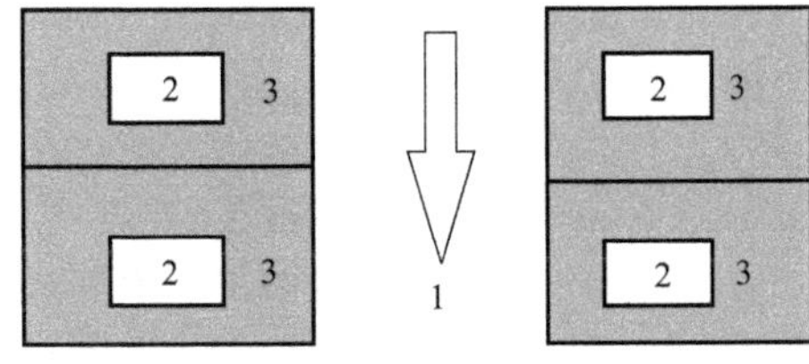

图 5-3-68　废液在浆料中分布示意图
1—纤维之间；2—细胞腔；3—细胞壁

(1) 过滤作用　过滤是指利用有许多毛细孔道的浆层作介质，在浆层两侧压强差的推动下，使洗涤液与纤维分离的过程。通常浓度低于 10% 的浆料，采用过滤的方法来洗涤并提取废液[44]。过滤速度可由式 (5-3-6) 表示[45]。

$$V=\frac{n\pi r^4\Delta p\eta}{8\mu ah} \tag{5-3-6}$$

式中　V——过滤速度，$m^3/(m^2 \cdot s)$；

n——过滤面积上的毛细管个数；

r——毛细管半径（平均值），m；

Δp——浆层上下压力差，Pa；

η——黑液黏度，Pa·s；

a——毛细管弯曲半径，m；

h——滤层（浆层）厚度，m；

μ——过滤系数。

从上式中可以看出，影响过滤速度的主要因素包括：

① 浆料特性。浆层越紧，毛细管半径越小，过滤越困难；毛细管数量越多，过滤能力越强。

② 压差。压差是过滤推动力，对过滤起重要作用。压差越大，过滤速度越快。

③ 滤层厚度。刚开始过滤时，滤层较薄，过滤速度快。随着浆层不断加厚，滤网阻力越来越大，过滤速度下降。因此，过滤网目数选择很重要，通常过滤网目数为 60～100 目。目数过低，纤维流失率高；目数过高，过滤阻力增加，过滤能力下降，影响过滤效率。

④ 黑液黏度。黑液黏度越大，过滤阻力越大，过滤越困难，过滤速度越慢。一般来说，草浆黑液半纤维素含量高，灰分含量高，黏度大，较木浆黑液过滤难度大。通过提高洗涤温度的方法可以降低黑液黏度，但温度太高，黑液会产生大量泡沫，不利于回收。

(2) 挤压作用　挤压是指利用挤压设备对浆料进行挤压，把浆料中黑液挤压出来，达到浆料与黑液分离的目的。通常浓度高于 10% 的浆料，采用挤压的方法把浆料内部的废液挤压出来。挤压作用效果是由毛细管压力大小来决定的，毛细管压力可由式 (5-3-7) 表示。

$$p=H\rho=\frac{4\gamma}{d} \tag{5-3-7}$$

式中　p——毛细管压力，Pa；
　　γ——黑液表面张力，N/m；
　　H——黑液在毛细管中上升高度，m；
　　ρ——黑液密度，N/m^3；
　　d——毛细管直径，m。

从上式中可以看出，影响毛细管压力的主要因素包括：

① 黑液特性。黑液表面张力越大，毛细管压力越大，挤压效果越明显。

② 浆料特性。浆料毛细管直径越小，毛细管压力越大，挤压效果越好；反之，浆料毛细管直径越大，毛细管压力越小，挤压效果越差。

（3）扩散（置换）作用　扩散（置换）是指利用浆料中残留黑液浓度和洗涤液浓度不一致，浆料中浓度高的残留黑液向浓度低的洗涤液中自由转移（即发生置换），直至达到平衡为止。扩散速率可由式（5-3-8）表示。

$$G = DF\frac{C_1 - C_2}{x} \tag{5-3-8}$$

式中　G——扩散速率，kg/h；
　　D——扩散系数，m^2/h；
　　F——扩散面积，m^2；
　　C_1——纤维内黑液的溶质浓度，kg/m^3；
　　C_2——纤维外液体的溶质浓度，kg/m^3；
　　x——扩散物（黑液中溶解物）经过的路程，m。

从上式中可以看出，纤维内外废液和洗涤液浓度差是扩散的推动力，对扩散速率影响较大。扩散面积与浆料种类及其浆硬度有关。扩散系数取决于纤维内黑液中溶解的固形物向外扩散时的渗透能力，此能力又与浆料洗涤温度、黏度和压力有关。

（二）浆料筛选和净化

1. 浆料筛选和净化目的及要求

（1）浆料筛选和净化目的

① 去除浆料中不符合要求的组分（各种纤维类杂质和非纤维类杂质）；

② 降低浆料的尘埃度；

③ 保证浆料质量。

（2）浆料筛选和净化要求

① 得到符合质量要求的浆料；

② 筛选和净化效率高（尾渣损失少）；

③ 设备简单、操作方便；

④ 纤维损失少、工艺流程合理。

2. 浆料筛选和净化原理

筛选是利用粗浆料中杂质与纤维几何尺寸大小和形状不同，利用带有孔或缝的筛板，在一定的压力作用下使细浆通过筛板，杂质被截留在筛板另外一侧，从而使杂质和纤维分离的过程。

筛选主要动力来源：a. 筛板两侧静压差；b. 筛鼓转动产生的动压差。

净化是利用粗浆料中杂质和纤维相对密度不同，利用自然重力作用或离心净化设备，通过离心力的作用，使杂质和纤维分离的过程。

二、浆料洗涤、筛选和净化方式

（一）浆料洗涤方式

浆料洗涤分为单段洗涤和多段洗涤两种方式，多段洗涤又分为多段单向洗涤和多段逆流洗涤两种。浆料洗涤时需要利用洗涤水进行稀释或置换，因此，利用稀释因子表示洗涤提取的废液稀释程度，也称稀释度，指单位质量浆料洗涤时引入提取液系统的洗涤水量，常以 t/t 绝干浆或 m^3/t 绝干浆来表示。

1. 单段洗涤

单段洗涤是指采用一段加水洗涤浆料。优点：操作简单。缺点：浆料难以洗涤干净或把浆料洗涤干净需要消耗大量的清水，稀释因子大，提取黑液浓度低，不利于后续黑液回收。图 5-3-69 为单段洗涤流程示意图。

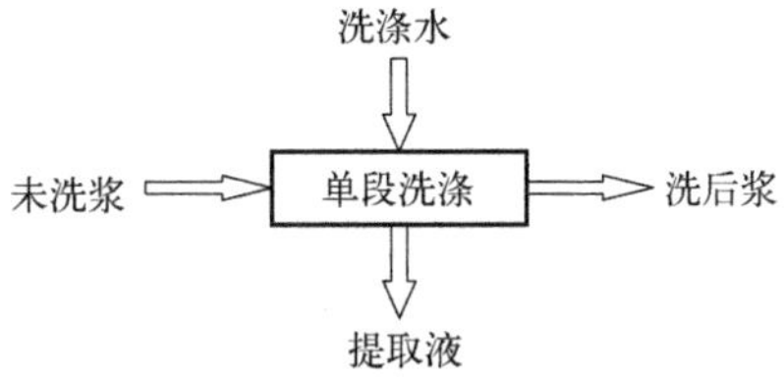

洗涤水
未洗浆　单段洗涤　洗后浆
提取液

图 5-3-69　单段洗涤流程示意图

2. 多段洗涤

多段洗涤是指采用多段加清水或洗涤水来洗涤浆料。优点：经过多次洗涤，浆料洁净度高，在洗涤用水量一定（即控制稀释因子）的前提下，提取黑液浓度高，有利于后续黑液回收。缺点：设备投入大，投资增加，操作复杂。图 5-3-70 和图 5-3-71 分别为四段单向洗涤和四段逆流洗涤流程示意图。

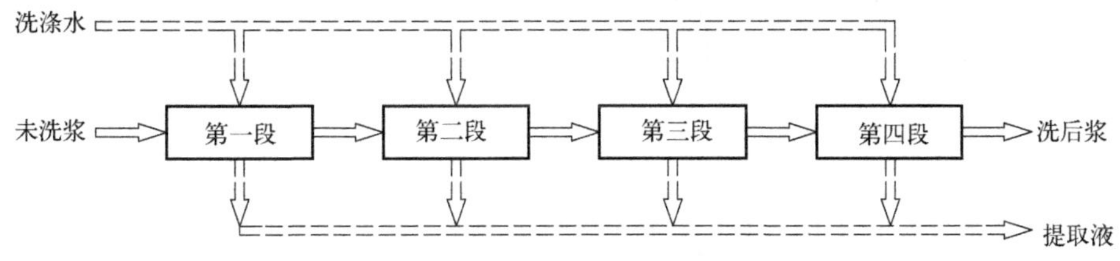

图 5-3-70　四段单向洗涤流程示意图

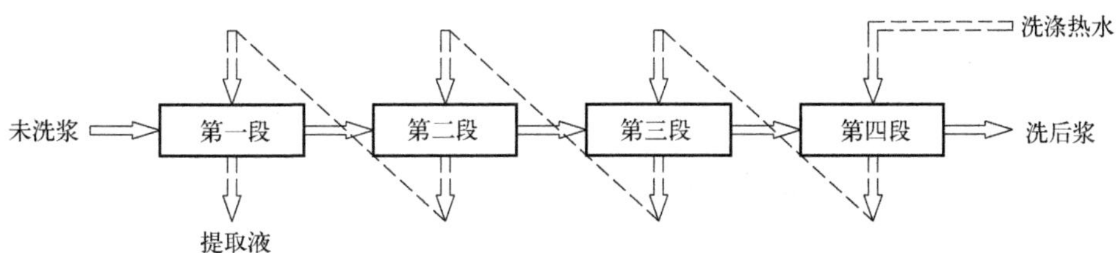

图 5-3-71　四段逆流洗涤流程示意图

为了使浆料达到洁净度要求，废液提取率高，而且稀释因子小，提取废液浓度高，采用多段逆流洗涤才能充分发挥扩散作用，取得较好的洗涤效果。

多段逆流洗涤通常是由多台设备组成的多段洗浆机组，浆料由第一台设备进入，依次通过每台设备，洗涤液（通常采用热水）从最后一段进入洗涤设备，且洗涤液溶质浓度总是低于浆料中溶质浓度；洗涤后废液逆流向依次进入上一段，第一段提取的废液浓度最高，送至碱回收车间蒸发工段回收黑液。

合理的段数选择应考虑以下因素：

① 洗涤后浆料的质量；

② 浆料的硬度和滤水性；

③ 生产能力；

④ 废液性质；

⑤ 对碱回收和污染的影响；

⑥ 设备投资及动力消耗。

通常洗涤段数越多，浆料洗涤越干净，但考虑到洗涤段数越多，设备投资费用增加，操作费用也会增加等，因此，通常情况下，洗涤段数以 3～5 段为宜。

（二）浆料筛选方式

筛选是根据纤维与杂质的体积或形状大小不同，采用筛选设备使纤维和杂质分离的一种方法。筛选通常分为一次筛选和多次筛选，根据浆料质量要求以及纤维流失率要低，多次筛选又分为一级多段筛选和多级多段筛选。

1. 一次筛选

一次筛选是指浆料一次性通过筛选设备分离出良浆纤维和杂质的筛选方式。优点：操作简单，能耗低。缺点：很难保证良浆质量或为了保证良浆质量，纤维流失率高。因此，一般情况下，工厂不使用一次筛选。图 5-3-72 为一次筛选流程示意图。

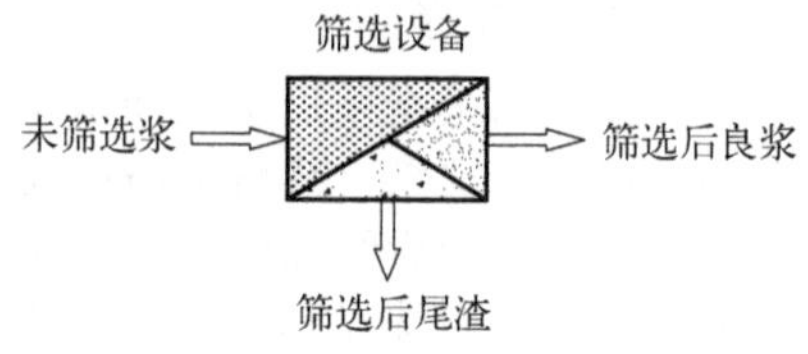

图 5-3-72　一次筛选流程示意图

2. 多次筛选

多次筛选是指浆料多次通过筛选设备最终分离出良浆纤维和杂质的筛选方式。优点：经过多次筛选，良浆中杂质含量低，良浆质量好，能够很好地将浆料中良浆纤维和杂质分离开来。缺点：设备投入多，投资增加，能源消耗高，运行成本高，操作复杂。图 5-3-73 和图 5-3-74 分别为一级三段筛选和三级一段筛选流程示意图。

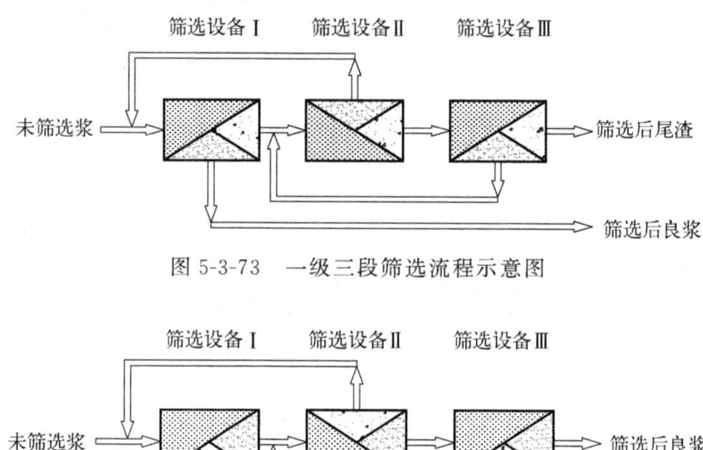

图 5-3-73　一级三段筛选流程示意图

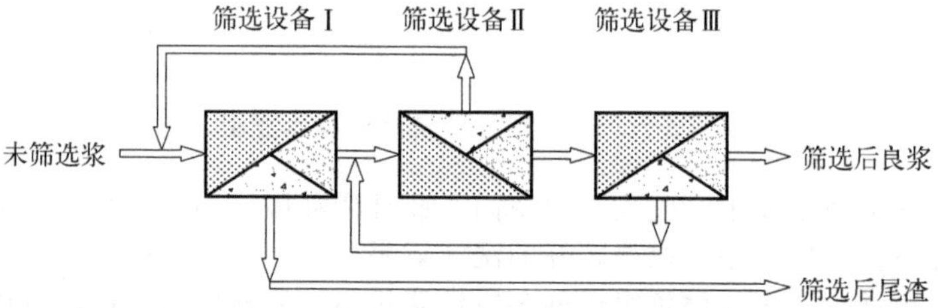

图 5-3-74　三级一段筛选流程示意图

从图 5-3-73 和图 5-3-74 中可以看出，为了使浆料筛选后获得的良浆质量好，纤维和杂质分离效果好，采用一级多段或多级多段筛选才能充分发挥分级或分段作用，取得较好的筛选效果。

一级多段或多级多段筛选通常是由多台筛选设备组成的筛选组合，浆料由第一台筛选设备进入依次通过每台设备，良浆（或尾渣）经过一次分离或多次分离，每一次分离的良浆（或尾渣）进入上一级浆料入口与进口来的浆料一起进一步分离，分离出的良浆中不含或含有极少量的尾渣，良浆质量好，尾渣也被彻底分离出来，因此，实际工厂操作都是采用一级多段或多级多段筛选流程。

（三）浆料净化方式

净化是根据纤维与杂质的密度大小不同，采用净化设备使纤维和杂质分离的一种方法。与筛选相似，净化通常分为一次净化和多次净化，根据浆料质量要求以及纤维流失率要低，多次净化又分为一级多段净化和多级多段净化。

1. 一次净化

一次净化是指浆料一次性通过净化设备分离出良浆纤维和杂质的净化方式。优点：操作简单，能耗低。缺点：很难保证良浆质量或为了保证良浆质量，纤维流失率高。因此，一般情况下，工厂不使用一次净化。图 5-3-75 为一次净化流程示意图。

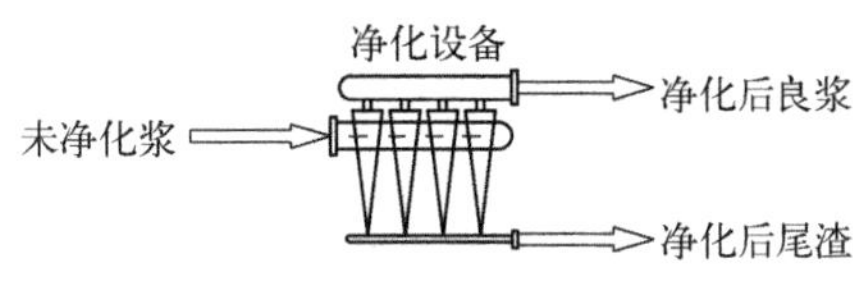

图 5-3-75　一次净化流程示意图

2. 多次净化

多次净化是指浆料多次通过净化设备最终分离出良浆纤维和杂质的净化方式。优点：经过多次净化，良浆中杂质含量低，良浆质量好，能够很好地将浆料中纤维和杂质分离开来。缺点：设备投入大，投资增加，能源消耗高，运行成本高，操作复杂。图 5-3-76 和图 5-3-77 分别为一级三段净化和三级一段净化流程示意图。

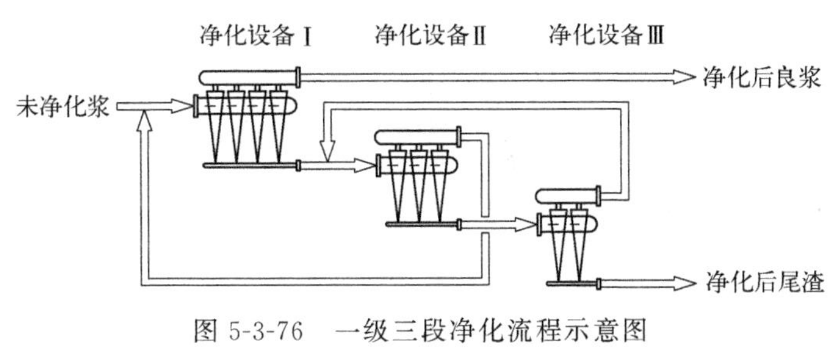

图 5-3-76　一级三段净化流程示意图

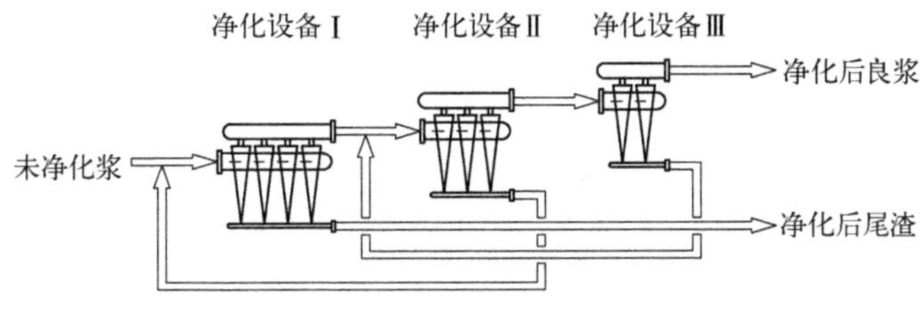

图 5-3-77　三级一段净化流程示意图

从图 5-3-77 中可以看出，为了使浆料净化后获得的良浆质量好，良浆纤维和杂质分离效果好，一级多段或多级多段净化才能充分发挥分级或分段作用，取得较好的净化效果。

一级多段或多级多段净化通常是由多台（组）净化设备组成的净化组合，浆料由第一台（组）净化设备进入，依次通过每台（组）设备，良浆（或尾渣）经过一次分离或多次分离，每一次分离的良浆（或尾渣）进入上一级浆料入口与进口来的浆料一起进一步进行分离，分离出的良浆中不含或含有极少量的杂质，良浆质量好，杂质也被彻底分离出来。实际工厂操作都是采用一级多段或多级多段净化流程。

三、浆料洗涤、筛选和净化影响因素

（一）浆料洗涤影响因素

影响浆料洗涤干净程度的因素很多，主要包括以下六个方面。

1. 原料种类

原料种类不同，其化学组成不同，各种不同的化学组成其滤水性能不同。此外，不同原料纤维长短不同，杂质含量及种类不同，导致浆料的洗涤效果不同。通常情况下，纤维含量高、半纤维素含量低、灰分和树脂含量低的原料，滤水性能好，容易洗涤，如棉浆、木浆等；而纤维含量低、半纤维素含量高、灰分和树脂含量高的原料，滤水性能差，难以洗涤，如荻苇、蔗渣、麦草、稻草等。

2. 蒸煮方法、浆的种类及纸浆硬度

酸法制浆制得的浆料，在相同得率情况下，溶出木质素多，细胞孔隙大，其滤水性较碱法制浆要好，酸法制浆浆料容易洗涤干净。此外，木浆比草浆容易洗涤，因木浆中含杂细胞量少，滤水性比草浆好。硬度大的浆料比软浆容易洗涤，其滤水性好，但其细胞壁孔隙少，扩散效果较差。

3. 洗涤用水量与洗涤次数

在洗涤设备不变的情况下，洗涤水量越多，浆料洗涤越干净，废液提取率也越高。但提取的废液浓度会降低，送往碱回收系统的废液量增加，需要蒸发的废水量增加，蒸发器蒸发面积增大，蒸汽消耗增加，不利于节约能源。

在洗涤水量一定时，增加洗涤次数可以提高洗涤效果。但洗涤设备增加，投资和运行费用相应增加。因此，通常情况下，应根据不同浆料的特性和质量要求来确定洗涤次数。

4. 洗涤温度

洗涤温度高，废液的黏度下降，有利于废液的过滤和扩散作用，提高浆料的洗涤效果。但温度不宜过高，否则，会产生泡沫，同时会使滤液沸腾。对于真空洗涤设备而言，洗涤温度高不利于洗涤，会影响真空洗涤设备的真空度，导致洗涤效果差。通常情况下，浆料洗涤温度控制在70～80℃。

5. 洗涤压差

洗涤压差越大，过滤速度越快，浆料干度也越大，洗涤效果也越好。但洗涤时压差过高，浆料滤层会被压紧，过滤阻力增加，过滤速度下降，同时纤维流失率增加，滤网也容易损坏。对于真空洗浆机而言，最大真空度一般不能大于50kPa；对于挤浆设备而言，最大压力一般为200kPa左右。

6. 上浆浓度、出浆浓度及浆层厚度

上浆浓度提高，浆层厚度增加，产量提高，但浆料不容易洗涤干净，洗涤效率下降，同时，废液提取率也低。

出浆浓度越高，洗涤效果越好，洗涤纤维流失率越小，废液提取率也越高。

浆层厚度增加，过滤阻力增大，过滤速度下降，废液扩散程度降低，但产量会增加。

上浆浓度、出浆浓度及浆层厚度大小应根据浆料特性、洗涤温度、压力及产量等因素而定。对于滤水性好的浆料，浆层厚度大；滤水性差的浆料，浆料容易打滑，不易上网，上网浓度可以适当提高。

（二）浆料筛选影响因素

影响浆料筛选效果的因素也很多，主要包括以下六个方面。

1. 筛板结构、孔径、孔间距及开孔率

筛板结构主要有普通光滑面筛板、齿形筛板和波形筛板三种形式。

普通光滑面筛板一般筛选浓度低（通常在1.5%以下）。筛选浓度高时，筛鼓内纤维层逐渐增厚，浆料通过筛孔时的阻力增加，导致浆料流速降低，良浆浓度下降，筛选能力下降，因此，常用于纸机前浆料的精选。

波纹筛的筛选浓度高（一般可达2%～5%）。浆料进入波纹筛内，会产生湍流或涡流，破坏纤维层的形成，使浆料纤维层网络分散，通过筛孔的浆料量会大大增加，筛选能力大、电耗低。

筛孔（或缝）选择应根据需要筛选的浆料种类、杂质含量、杂质形状大小、进浆量以及筛选后浆料的质量要求等来确定。通常情况下，粗筛选的浆料，由于杂质含量高、形状和体积大，为了防止筛孔（或缝）堵塞，选用孔型筛，筛孔大小ϕ2～4mm之间；用于浆料精筛选时，为了保证良浆的质量，选用缝型筛，筛缝大小0.1～0.3mm。

孔间距一般要大于纤维平均长度，这样会很少产生挂浆或糊板现象，但孔间距太大使产量降低、排渣量增大。筛板开孔率一般在15%～25%。

2. 进浆浓度与进浆量

首先，浆料进入筛选设备浓度和流量稳定是保证筛选效果的重要因素之一。

浆料浓度大，进入筛选设备后良浆与杂质难以分离，导致尾渣中良浆纤维量增加，且容易堵塞筛板或糊板，良浆纤维流失率大；浆料进入筛选设备浓度低，生产能力下降，且浆料中杂质容易通过筛孔进入良浆中，筛选效果降低。

当浆料进入筛选设备，浓度一定时，进入筛选设备的浆料量越大，生产量也越高，筛选效率也越高，而且电力消耗不会明显增加。因此，通常情况下，筛选设备尽可能在满负荷下运行。

3. 稀释水量与水压

稀释水量大小取决于浆料进浆浓度。当进浆浓度较低时，稀释水量应适当降低；进浆浓度较高时，稀释水量也应提高。稀释水量要控制在适当大小，否则，稀释水量大，容易使细小杂质通过筛孔，筛选效率降低。稀释水量过小，筛孔容易堵塞。稀释水压一般控制在50～150kPa范围内。

4. 压力差

浆料进口不仅要有一定的压力，良浆出口也必须保持一定的压力，确保进口和出口有适当的压力差。浆料进出口压力差越大，浆料通过筛孔的作用力增大，筛选产量提高，但浆料进出口压力差也不宜过大，否则，会有少量浆渣通过筛孔，使筛选效率降低。通常情况下，浆料进入筛选设备时，进出口压力差控制在0.05～0.10kPa。

5. 转速

通常情况下，离心筛转速越低，惯性作用所产生的离心力小，良浆纤维与粗渣的分离作用力小，筛板容易堵塞，且生产能力低，良浆纤维损失大；离心筛转速太高，虽然由于惯性作用所产生的离心力大，生产能力提高，但杂质也容易通过筛孔，降低筛选效率，动力消耗也会相应增加。应根据不同浆料特性选择适当的转速。

6. 排渣率

当筛选设备的筛板开孔率一定时，提高排渣率，筛选效率也会提高，但纤维流失率增加；减小排渣率，筛选效率越低，良浆中含有一定量的筛渣，筛选效果差。应根据浆料中粗渣含量选择筛选段数及控制排渣率的大小。

（三）浆料净化影响因素

影响浆料净化效果的因素很多，主要包括以下四个方面。

1. 进浆浓度

当浆料进口和出口压力差一定时，进浆浓度增加，浆料中纤维悬浮量增加，影响杂质在离心力作用下的运动，会使净化效率下降。尤其浓度超过0.8%以上，净化效果下降明显。但过低的进浆浓度会导致产量下降，增加动力消耗。通常情况下，进浆浓度控制在0.5%～0.8%，有利于提高净化效果。

2. 压力差

压力差是指浆料进入净化设备入口压力与良浆出口压力之差。在其他条件不变的情况下，进出口浆料的压力差增大，浆料旋转速度增大，离心力增大，净化效率提高，产量增加。同时减小排渣率，纤维流失率降低，除渣效率得以提高。但压力差增大，动力消耗增加，净化效率不会出现显著增加，而生产能力增强。

3. 通过量

一般来说，锥形除渣器要求在满载下工作，而且通过量要稳定，才能取得好的净化效果。

通过量越大，除渣效率越低，纤维流失率越高；反之，通过量越小，除渣效率越高，纤维流失率也越低，但除渣器个数增加，动力消耗大。

4. 排渣率

排渣率提高，净化效率会提高，浆渣由排渣口顺利排出，但增加良浆纤维流失率。

排渣率大小与排渣口直径大小有关，通常情况下，锥形除渣器排渣率控制在10%～30%，对于多段除渣器系统，越往高段，杂质含量也越来越多，排渣率（对本段进口端而言）也应逐渐加大，即选择除渣器的排渣口直径较大些，防止因为排渣量大而排渣口堵塞的现象。

四、浆料洗涤、筛选和净化主要设备

（一）浆料洗涤主要设备

按照洗涤作用原理及洗涤后浆料出浆浓度等指标来划分，浆料洗涤设备主要分为低浓洗涤设备、中浓洗涤设备、高浓洗涤设备和扩散洗涤设备等四大类型。

1. 低浓洗涤设备

低浓洗涤设备一般进浆浓度为1%～3%，出浆浓度低于8%，常见的有圆网浓缩机、侧压浓缩机和斜网浓缩机等设备。

低浓洗涤设备是利用浆料液位差过滤洗涤，出浆浓度较低，且洗后浆中仍含有较多的溶质，需要用较多的水才能把浆料完全洗涤干净，洗涤效率低，目前大、中型规模的工厂很少使用，只有少数小型规模的工厂仍在使用。

2. 中浓洗涤设备

中浓洗涤设备一般进浆浓度为1%～3%，出浆浓度为10%～20%，常见的有鼓式真空洗浆机、压力洗浆机和水平带式真空洗浆机等设备。

中浓洗涤设备主要是利用洗涤液与浆料废液浓度差，采用扩散作用达到浆料洗涤的目的，主要特点是出浆浓度较高，废液提取率较高，可达96%～99%，设备的挤压作用较强，一般情况下，可采用多台设备串联，逆流洗涤效果更佳。

(1) 鼓式真空洗浆机　目前国内大中型造纸企业均使用鼓式真空洗浆机，用于浆料洗涤和废液提取，该设备主要优点：a. 黑液提取率高，一般可达83%～85%；b. 生产效率高，操作方便，洗涤直观；c. 通常需要多台设备串联，流程长、占地面积大、动力消耗大、投资大；d. 设备布置位置高，依靠水腿产生真空，有时辅以真空泵，但易产生泡沫；e. 进浆浓度0.8%～1.5%，出浆浓度10%～16%。图5-3-78为真空洗浆机结构示意图。

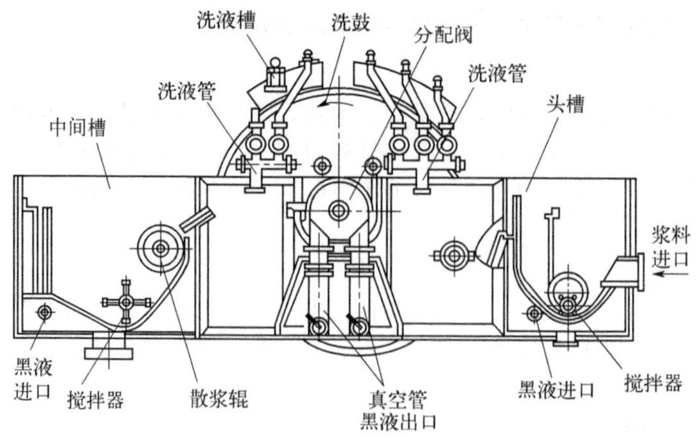

图5-3-78　真空洗浆机结构示意图

真空洗浆机主要是由转鼓和浆槽组成。转鼓鼓面是带有锥度的小室，用不锈钢板焊接而成，防止因滤液增加而超过正常流速使阻力增大；转鼓表面铺设有一层孔径 $\phi 8\sim12$mm 多孔滤板，再铺上 5～15 目内网和 40～60 目不锈钢网或聚酯网。

转鼓的鼓体沿辐射方向用隔板分成若干个不同的小室，随着转鼓的转动，小室通过分配阀依次连接自然过滤区Ⅳ、真空过滤区Ⅰ、真空洗涤区Ⅱ、通气剥离区Ⅲ，逐一完成过滤上网、真空抽吸、洗涤和浆料剥离等过程。图 5-3-79 为真空洗浆机工作原理图。

如图 5-3-79 所示，当小室 1 逐渐浸入稀释的浆料中时，通过浆液的液位差产生的静压力使滤液进入小室，小室内的空气被挤出，浆料附着在网面上形成浆层；当小室 1 转动到真空过滤区Ⅰ时，在高压差作用下强制吸滤，滤网上形成的浆层厚度进一步增加，待小室 1 转出液面后，依靠水腿真空作用，浆层被逐步抽吸干。转鼓上方设有喷淋和洗涤装置，当转鼓继续向上旋转至真空洗涤区Ⅱ时，转鼓面上的浆料层被喷淋水和洗涤水进行洗涤，完成浆料的置换洗涤操作，同时，洗涤液被吸入转鼓内。当小室 1 继续转动至通气剥浆区Ⅲ时，小室 1 与大气相通，空气进入室内，真空消失，浆料从滤网上被剥离下来。这样不断轮回，完成浆料的洗涤和浓缩过程。

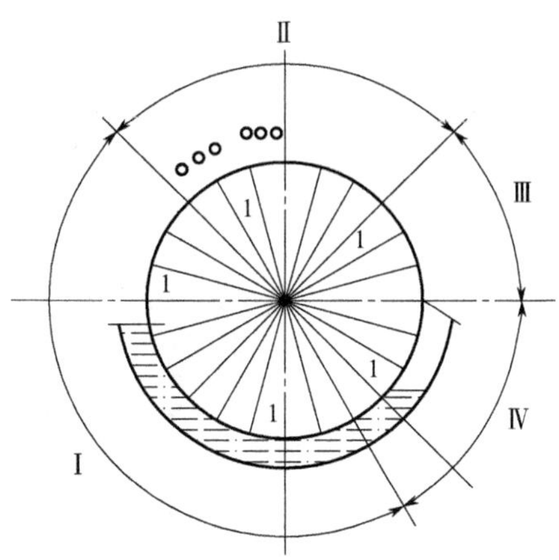

图 5-3-79　真空洗浆机工作原理图

真空洗浆机水腿至水封池液面高度必须大于 10m 水柱，通常真空洗浆机安装高度超过 12m，真空过滤区Ⅰ产生的滤液通过主真空水腿排出，真空洗涤区Ⅱ洗涤液可以与主真空水腿合并，也可以设单独水腿，但必须保证主真空水腿垂直向下，副水腿可以适当倾斜后插入水封池液面下。对于滤水性较差的草类浆料，滤液量少，通常可使用离心泵向真空水腿内注入滤液，以加大水腿的流量或用真空泵直接在水腿上部抽真空。

(2) 压力洗浆机　压力洗浆机是在封闭状态下依靠鼓风机作用产生正压，使洗浆机的洗鼓内外产生压力差，浆料在洗鼓滤网上受到来自鼓风机的正压压滤作用脱除废液。其主要特点：a. 洗涤效果好，废液提取率高，可达 75%～85%；b. 安装时不需要一定标高；c. 进浆浓度适应性大；d. 洗涤温度高，热损失少；e. 操作条件好，不易掉网，泡沫少；f. 动力消耗大。图 5-3-80 为压力洗浆机结构简图。

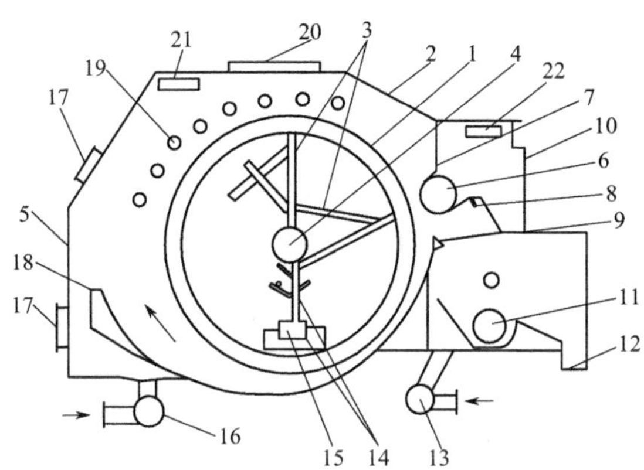

图 5-3-80　压力洗浆机结构简图

1—洗鼓；2—上壳；3—黑液盘和拉杆；4—轴和轴承；5—下壳；6—密封辊；7—胶带；8—刮刀和喷水管；9—刮刀；10—挂板；11—打散器；12—纸浆出口；13—黑液进口；14—黑液出口；15—平衡锤；16—纸浆进口；17—人孔；18—溜浆板；19—喷洗管；20—检修口；21—进风口；22—出风口

压力洗浆机也是由洗鼓和浆槽组成，洗鼓封闭在上下壳构成的浆槽中。洗鼓由具有 $\phi 8$mm

孔眼的不锈钢板制成，外包滤网，洗鼓两端边缘焊有经过加工的不锈钢圈，使边缘形成倒角，与浆槽两壁上同样大小的不锈钢圈同心。洗鼓与浆槽槽壁间用粗尼龙绳密封，洗鼓出浆一侧有密封辊，与固定在机壳上的胶带一起，将洗鼓分成压力区和卸料区。鼓风机将卸料区上部的热空气抽至压力区，形成约 1.5m 水柱的风压。

浆料进入浆槽后，在进料侧受洗鼓内外液压差，在洗鼓表面过滤形成浆层，洗鼓旋转至脱离液面后，浆层受到压滤作用，进而受到喷淋液的洗涤压滤，然后转入密封辊后，由于卸料区受鼓风机抽吸作用，洗鼓上的浆层脱离，进入卸料槽，完成单台压力洗浆机的洗涤。洗鼓内有一滤液盆，可收集喷淋洗涤后较稀的废液，供多段逆流洗涤之用。图 5-3-81 为压力洗浆机工作原理图。

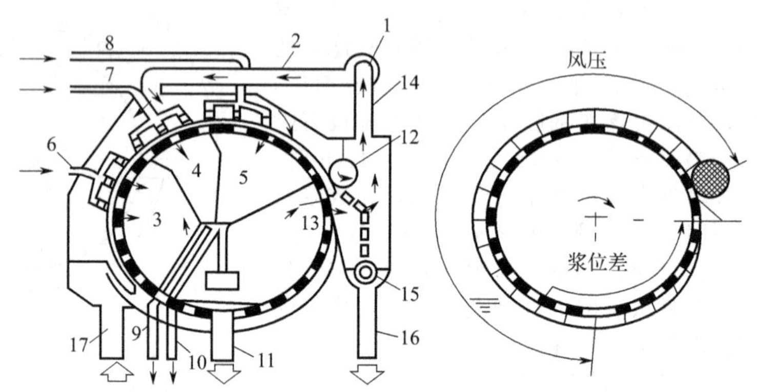

图 5-3-81　压力洗浆机工作原理图

1—风机；2—风管；3～5—洗涤区滤液槽；6～8—洗涤液；9～11—滤液排出管；12—密封辊；13—剥浆口；14—回风口；15—破碎螺旋；16—出浆管；17—进浆管

(3) 水平带式真空洗浆机　水平带式真空洗浆机由滤网、传动辊和导网辊组成，滤网下水平安装有真空吸水箱，真空吸水箱除支撑网的作用外，还承接网孔滤下的水，每个吸水箱都与单独的真空泵相连。吸水箱数量根据需要过滤的浆料量及浆料特性确定。一般进浆浓度 2%～4%，出浆浓度 12%～17%。其主要特点：a. 提取率高，可达 95%；b. 稀释因子小，提取废液浓度高；c. 占地面积小；d. 浆料上网容易，泡沫少；e. 网带磨损大，更换网带较麻烦，热损失大。图 5-3-82 为水平带式真空洗浆机结构原理图。

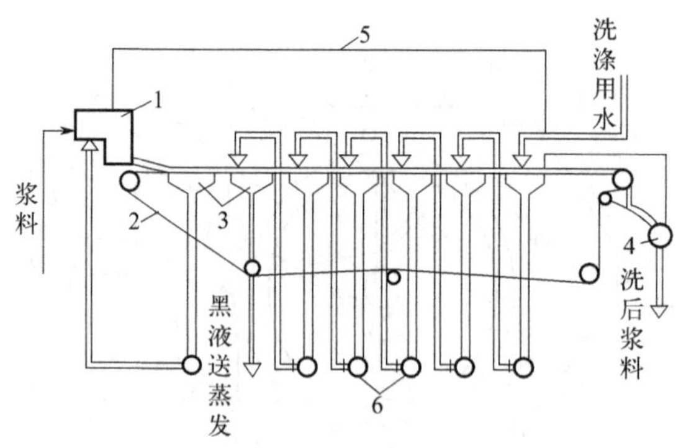

图 5-3-82　水平带式真空洗浆机结构原理图

1—头箱；2—滤网；3—真空吸水箱；4—洗后浆输送机；5—洗浆机机罩；6—滤液泵

3. 高浓洗涤设备

高浓洗涤设备主要是通过变径螺旋的挤压作用将浆料挤压，脱去浆料中的废液，扩散作用较小，一般情况下，单台设备废液提取率不高于 50%。实际生产中通常采用多台设备串联使用，使用热水进行逆流洗涤，增加扩散作用，提高废液提取率。通常高浓洗涤设备进浆浓度 10%左右，出浆浓度可达 30%以上。高浓洗浆设备主要有螺旋挤浆机、双辊挤浆机、双网挤浆机等类型。

（1）螺旋挤浆机 螺旋挤浆机通常分为单螺旋挤浆机和双螺旋挤浆机。

单螺旋挤浆机由一根变径螺旋、带孔的筛板、轴承和传动装置等组成。变径螺旋压缩比越大，挤压力也越大，通常可达 1∶6 或 1∶7.5。其进浆浓度 4%～8%，出浆浓度 30%～40%。

双螺旋挤浆机由两根同向转动的螺旋组成，通过改变螺旋螺距对浆料起挤压脱水作用。

图 5-3-83 为单螺旋挤浆机结构简图。

进料口

排水口 出料口

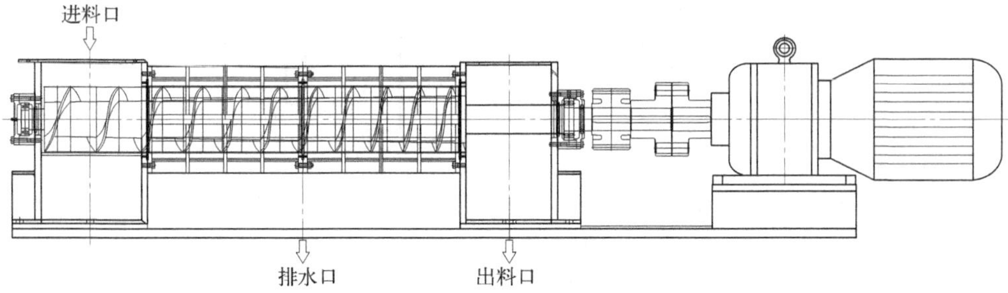

图 5-3-83 单螺旋挤浆机结构简图

螺旋挤浆机进浆浓度宽，对浆料浓度波动适应性强，占地面积小，附属设备少，能耗低，操作及维修简单方便。

（2）双辊挤浆机 双辊挤浆机由两个压辊、浆槽、螺旋喂料机、刮刀、疏刀及传动装置组成，两个辊子带有排液孔槽，在机械压力作用下将浆料挤压而脱出其水分。其进浆浓度 8%～12%，出浆浓度 20%～30%。

目前工厂使用较多的是具有置换洗涤作用的双辊挤浆机，其工作原理为：浓度 2%～5%的浆料以一定压力送入浆槽，在进浆压力和液位压差双重作用下，首先在压辊脱水区Ⅰ进行脱水，废液挤压出后，通过辊面上滤孔进入辊内，经压辊两端的开孔排出。辊面上形成连续的浆层，随压榨辊转动至置换区Ⅱ，浆层浓度约为 10%。浆料中废液在置换区Ⅱ与洗涤液进行置换洗涤，直至浆料进入压榨区Ⅲ才结束，此时浆料干度达到 30%～40%，浆料经上部螺旋输送除去。

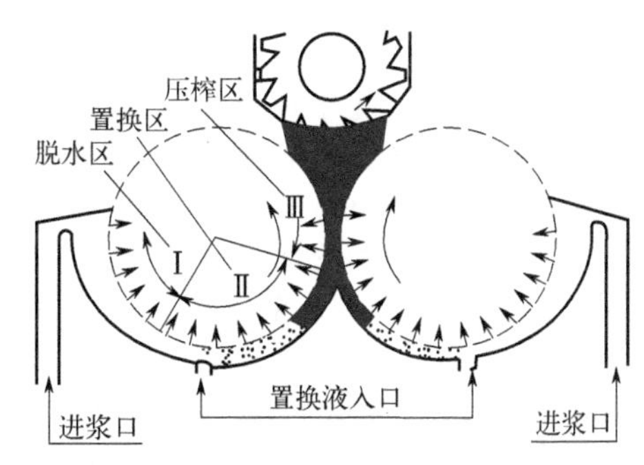

图 5-3-84 双辊置换压榨挤浆机工作原理图

图 5-3-84 为双辊置换压榨挤浆机工作原理图。

该设备的最大优点是置换洗涤和压榨一体，能高效地将浆液中难以去除的可溶性固形物去除；洗涤用水量低，污染小；生产能力大，操作方便，结构紧凑；占地面积小，建筑投资费用低。

（3）双网挤浆机 双网挤浆机也叫双网压滤机，该设备工作原理为：浆料以一定流速进入网前箱，通过网前箱的唇口喷射至网面上，堰口开口大小可以调节，浆料在网面上依靠浆料本身的重力作用自然脱水，至一定的干度后，进入双网之间的楔形区，在双网之间受挤压和真空抽吸作用脱除浆料中的水分，并利用网在导辊的包覆段张力较低，逐渐增大挤浆压力，进一步脱除浆料中的水分，最后通过压辊形成宽压区，进行压榨脱水。一般进浆浓度 1.5%～4%，出浆浓度 15%～30%。

为获得良好的洗涤效果，双网挤浆机将洗涤和压榨组合为一体，洗涤区采用多段逆流洗涤。浆料以 3%～10%进浆浓度从网前箱唇口流送至网面上，经自然预脱水段后，浆层通过 2～4 段逆流置换洗涤区洗涤；再经 2～4 道压榨后，浆料出浆浓度可达 35%以上，在压榨区置换洗涤最后一段加入洗涤用的清水，洗涤出来的滤液送入前面一段置换洗涤区域，采用多段逆流洗涤，清水用量少，稀释因子低，洗涤效率高。自然预脱水区和置换区由风机吸力产生，真空度低，以利于脱水。

双网置换压榨洗浆机工作原理见图 5-3-85。

双网挤浆机主要特点：采用双网布置，利用双网的两面接触挤压脱水，浆料经单网置换洗涤后进入双网之间的压区进行挤压，脱水区长，生产能力大；浆料出浆浓度高，废液提取率高，尤其对黏度大的草类浆废液提取率可达 90％以上；该设备结构简单，造价低，占地面积小，不需要安装在很高的位置，建筑费用也低。

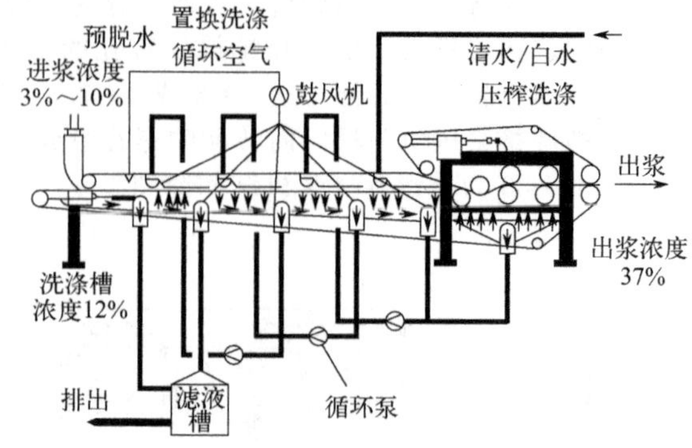

图 5-3-85　双网置换压榨洗浆机工作原理图

4. 扩散洗涤设备

扩散洗涤是指利用洗涤液与浆料中废液之间压力差的置换洗涤过程。吸附于纤维上的溶质向洗涤液中横向扩散，洗涤效果要优于稀释、扩散过滤。扩散洗涤主要分为常压扩散洗涤和压力扩散洗涤两种方式。

（1）常压扩散洗涤器　常压扩散洗涤器是 1965 年瑞典卡米尔公司发明的，可用于浆料蒸煮后或漂白后的洗涤。常压扩散洗涤器结构示意图见图 5-3-86。在外压作用下，浆料从洗涤器的底部进入洗涤器，并缓慢上升。洗涤水由上部的轴芯进入，并由分配管流入浆层中，分配管围绕轴心转动，洗涤水沿筛环均匀分布。浆层中废液被洗涤液置换出来，废液穿过两侧筛板上的孔，进入筛环的中心夹层中，并由连接筛环的径向排液管排出。洗涤好的浆料上升至超过筛环上边缘时，被安装在悬臂上的卸料刮刀刮落到浆槽中，浆料从浆槽出口处排出。

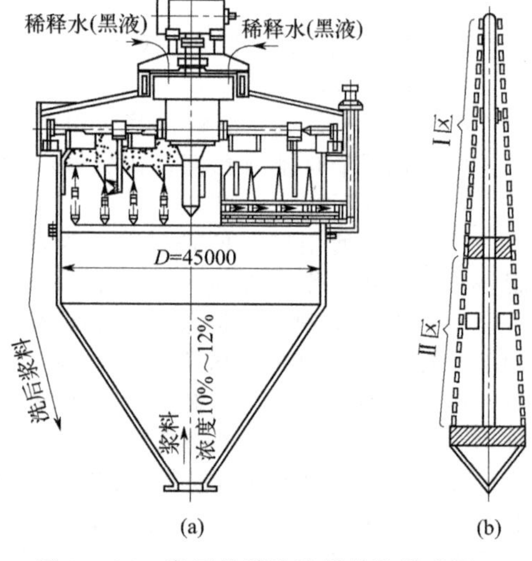

图 5-3-86　常压扩散洗涤器结构示意图

常压扩散洗涤器的优点：a. 浆料在洗涤器内洗涤时间长，洗涤效率高，效果好；b. 设备全部密封操作，洗涤时浆料与空气不接触，不会产生泡沫，也不会有臭味散发出来，不会对周边的环境造成污染；c. 设备价格较高，但可以安装在贮浆塔顶部或室外，从而节省建筑占地面积，工程总投资减少，同时动力消耗低。缺点：耗水量大，稀释因子较高；油压控制系统比较复杂，一旦局部产生故障会影响整个系统的运行。

（2）压力扩散洗涤器　根据浆料进入洗涤器的位置，压力扩散洗涤器分为内流式和外流式、升流式和降流式等形式。图 5-3-87 为内流式扩散洗涤器的结构示意图。

浆料在筛环外侧从下向上流动，与洗涤器分配管和导流板来的洗涤液相接触，在高压作用下洗涤液穿过浆层，置换出的浆料中的滤液向内流动，经过滤板向下流出洗涤器。

压力扩散洗涤器是一种在压力下操作的全封闭洗涤设备，其洗涤压力差大，洗浆温度高，洗涤浓度可达 10％～11％，因此，稀释因子小，生产能力大。压力扩散洗涤器通常用作提取浓废液的第一段洗涤设备。

（3）鼓式置换洗涤机　鼓式置换洗浆机简称 DD 洗浆机，该设备可在一台设备上实现多段逆流洗涤。图 5-3-88 为 4 段置换洗涤的 DD 洗浆机结构简图。

未洗涤的浆料进入成形段后，快速成形脱水，浓缩至 10％～12％浓度时进入置换洗涤段；转鼓两端的分配阀将滤液收集于管中流入黑液槽。为保证洗涤效果，第 4 段的浆料使用热水置换洗涤，置换出的滤液用泵送至第 3 段洗涤，第 3 段置换出的滤液用泵送至第 2 段洗涤，第 2 段置

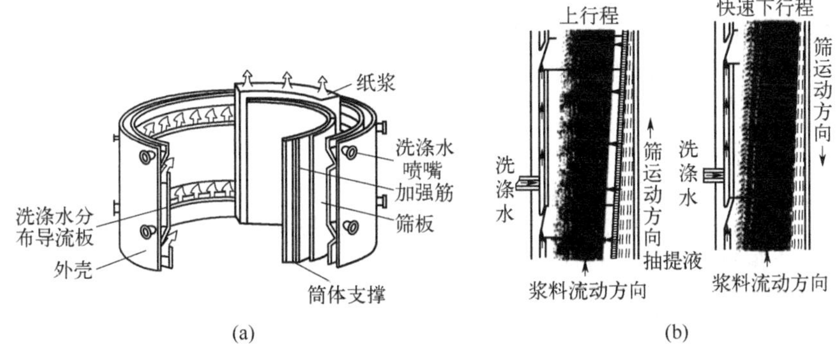

图 5-3-87　内流式扩散洗涤器的结构示意图

(a) 压力扩散洗涤器内部结构；(b) 浆料和筛板的运动方向

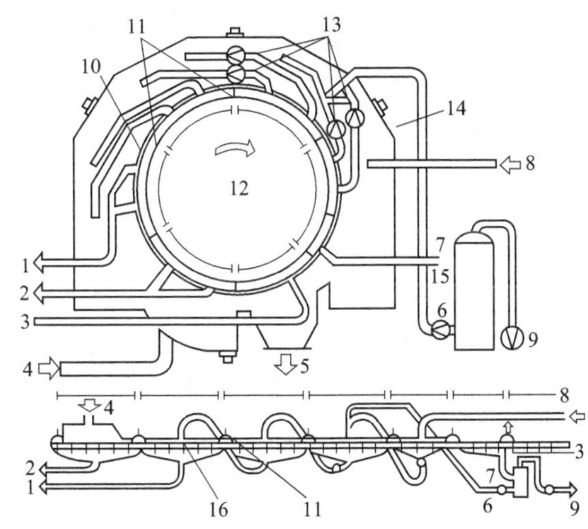

图 5-3-88　4 段置换洗涤的 DD 洗浆机结构简图

1—从第一洗涤段排出的滤液；2—从成形区排出的滤液；3—加压空气入口；4—进浆；5—出浆口；6—从真空箱回流的滤液；7—从第四洗浆段流入真空箱的滤液；8—洗涤水入口；9—空气入口；10—密封挡板；11—隔板；12—转鼓；13—增压泵；14—密封罩；15—气水分离器；16—滤板

换出的滤液用泵送至第 1 段洗涤，从而实现了逆流洗涤。随着转鼓的旋转，浆层仍以 10％～12％的浓度进入真空吸滤段，浆层浓度增至 15％～16％，成为块状浆料，在出料段受到压缩空气脉冲压力的作用，被吹落至下方的破碎螺旋，输送至下道工序。

鼓式洗浆机主要优点：a. 投资少，设备所占空间小；b. 置换洗涤效果好；c. 全封闭洗浆，不需要消泡；d. 能耗和热损失低。

鼓式洗浆机主要工艺参数：a. 进浆浓度 2.5％～3.5％；b. 洗涤水温度不低于 60℃；c. 洗涤浆料卡伯值不超过 55；d. 压缩空气压力不低于 0.5MPa；e. 密封水压力不低于 0.6MPa，而且水的洁净度要高。

（二）浆料筛选主要设备

浆料筛选设备主要分为振动筛、离心筛和压力筛三种。

1. 振动筛

振动筛主要用于浆料筛选系统的末段处理，减少良浆的损失。图 5-3-89 为振动筛结构示意图。

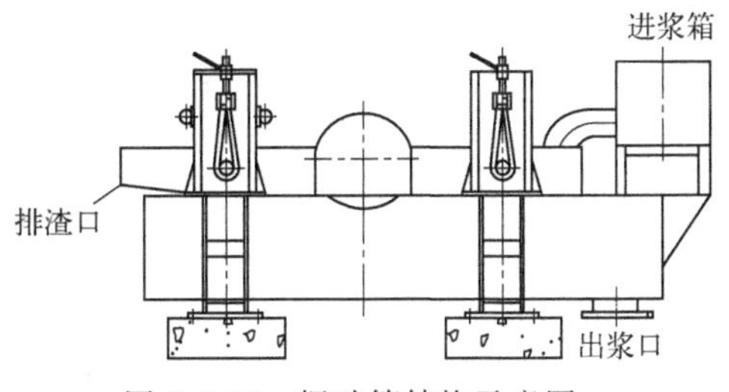

图 5-3-89　振动筛结构示意图

浆料通过进浆箱流入振动筛。通过筛板的振动，使纤维顺利通过筛孔，浆料在移动过程中浓度增加，在出口处装有两排喷水管冲喷筛板上的粗渣，使附着的好纤维冲下通过筛孔。其主要特点：a. 结构简单，操作方便，占地少；b. 除节能力高，动力消耗低；c. 纤维流失多，易糊网；d. 设备易坏，操作环境差。

2. 离心筛

离心筛种类很多，国内使用较多的是 CX 筛和改进的 ZSL 型离心筛。

CX 筛产生的离心力小，容易堵塞，排渣不畅，叶片容易挂浆，同时，叶片之间的死角容易积浆，导致叶片产生偏重而损坏，目前，该设备已基本淘汰。ZSL 型筛从结构上做了改进，解决了挂浆和积浆的问题。图 5-3-90 为 ZSL 型离心筛结构简图。

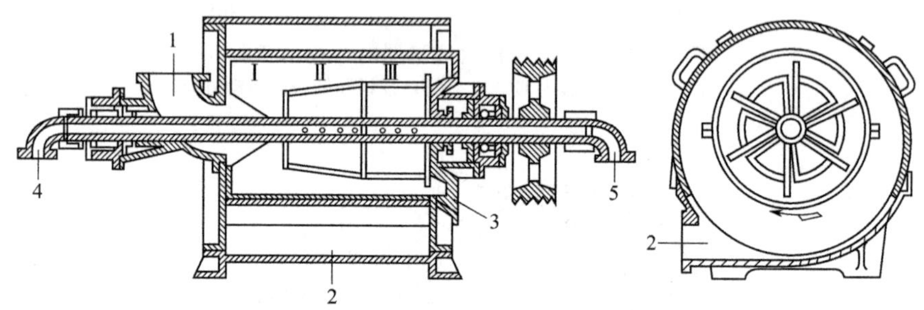

图 5-3-90　ZSL 型离心筛结构简图

1—进浆口；2—良浆出口；3—粗渣出口；4—Ⅱ区稀释水进口；5—Ⅲ区稀释水进口

离心筛是利用转动的转子产生的离心力，以及筛板内外的浆位差，使良浆通过一定规格的筛孔，并与浆渣分离。浆料从离心筛一端进浆口进入离心筛的筛板内，在离心筛转子叶片作用下做旋转运动，当离心力大于重力时，浆料在筛鼓内形成略带偏心的环流，导致离心筛筛鼓上部浆环较薄，下部浆环较厚。良浆迅速靠近浆环的外圈随水穿过筛孔，从筛浆机底部侧管流出，粗渣悬浮于浆环内层，从另一端底部流出。浆料稀释水从空心轴两端送进离心筛，通过离心筛叶片的夹层喷淋到筛板上，对筛板进行冲洗，并使筛鼓内的浆层保持适当的浓度和厚度，避免浆料浓度过高和排渣量过大造成离心筛筛孔堵塞。

离心筛主要特点：a. 生产能力较大；b. 筛选效率高；c. 结构简单，占地少；d. 电耗低，纤维流失少；e. 排渣不畅。

3. 压力筛

压力筛种类也很多，国内使用较多的是旋翼筛（因旋转叶片的断面与机翼相似而得名）。根据旋翼在筛鼓中的分布位置不同，分为单鼓和双鼓、内流和外流。图 5-3-91 是四种常见的压力筛类型。

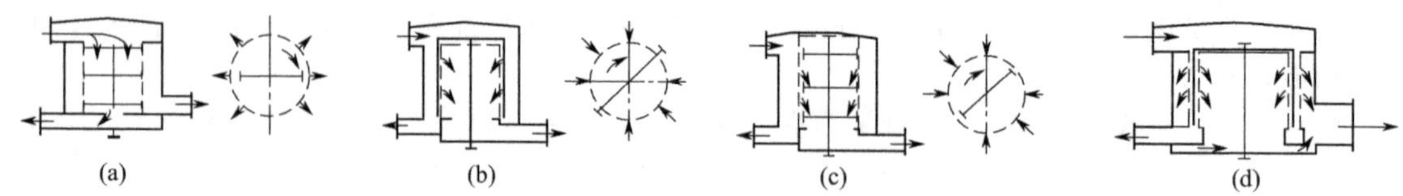

图 5-3-91　四种常见的压力筛类型

（a）单鼓外流式旋翼筛（旋翼在筛鼓内）；（b）单鼓内流式旋翼筛（旋翼在筛鼓外）；

（c）单鼓内流式旋翼筛（旋翼在筛鼓内）；（d）双鼓内外流式旋翼筛（旋翼在两筛鼓间）

未筛选的浆料以较高压力沿切线方向进入筛内，合格纤维依靠筛内外压力差通过筛孔，粗渣被阻留在筛板表面，并向下移动排出。依靠压力筛的脉冲实现筛板的清洗，当旋翼旋转时，其前端与筛板的间隙很小，将浆料挤压向筛板外；旋翼的后部分与筛板的间隙逐渐增大，在旋翼高速旋转下形成局部的负压，使筛板外侧的浆料反冲回来，黏附于筛孔上的浆团和粗大的纤维被定时冲离筛板。旋翼经过后正压恢复，良浆又依靠筛板内外的压力差及另一个旋翼的推动，再次向外流出，开始下一个循环。

压力筛主要特点：a.浆料进出口压力差大，可达几米水柱，生产能力大；b.占地面积少，结构紧凑，易操作；c.压力筛是全封闭式，不与空气混合，不产生泡沫。

（三）浆料净化主要设备

浆料净化设备主要为锥形除渣器，分为高浓除渣器和低浓除渣器两种。

高浓除渣器一般用于浆料的粗净化段。在此阶段，由于浆料中杂质含量较高，而且杂质体积和密度相对较大，采用高浓除渣器主要用于除去浆料中像旧铁器、书钉、灰块、砂粒、碎玻璃块等密度较大的各种杂质，达到减轻后续设备的磨损、净化浆料、提高产品质量的目的。图 5-3-92 为高浓除渣器结构示意图。

对于高浓除渣器来说，一般进浆浓度较高，可达 2%～4%，排渣时间根据排渣量设定，采用自动阀门（气动或电动）实行定时控制排放。

低浓除渣器主要用于浆料的进一步净化。通常浆料经过高浓除渣器处理后，浆料中一些密度较大的非纤维杂质得以去除，但浆料中仍然会含有少量的密度大于纸浆纤维的纤维束需要通过低浓除渣器加以去除，以满足浆料洁净度和纸张抄造的要求。图 5-3-93 为低浓除渣器结构示意图。

低浓除渣器进浆浓度较低，通常控制在 0.5%～0.8%范围内除渣效果较好。单个低浓除渣器通过量相对较小，不能满足现代造纸工业大规模生产量的要求，往往需要采用多组除渣器串联或并联的方式。

浆料种类不同，杂质含量和特性也不同，除渣器的组合组数和级数也不完全相同。

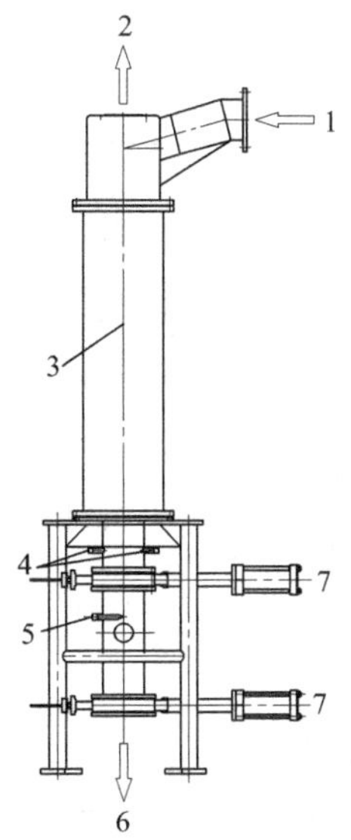

图 5-3-92　高浓除渣器结构示意图

1—进浆口；2—出浆口；3—筒体；4—平衡管；5—冲洗管；6—排渣口；7—气动阀

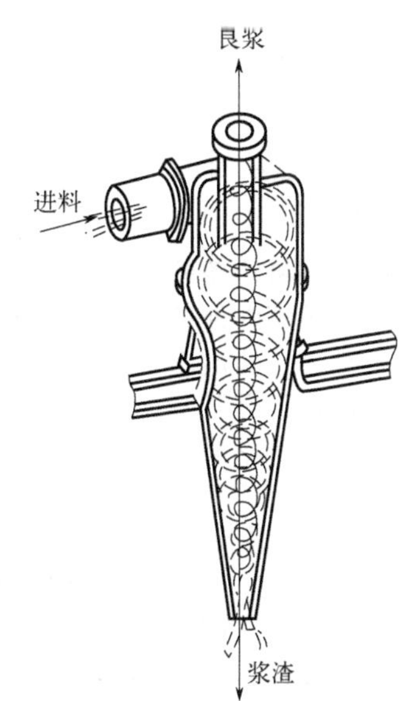

图 5-3-93　低浓除渣器结构示意图

第六节　浆料浓缩与贮存

一、浆料浓缩与贮存目的及作用

经过洗涤、筛选和净化后的浆料，洁净度较高，杂质含量低，基本能满足纸张抄造对浆料质量的要求。但浆料的浓度低，且浓度变化较大，对后续生产有一定的影响。为了保证后续生产稳定性，需进一步对洗涤、筛选和净化后的浆料进行浓缩处理。浓缩后浆料贮存于浆塔或浆池中备用。

1. 浆料浓缩目的

浆料筛选和净化后的浓度一般在1%以下，需要浓缩至4%～5%，减少后续贮存设备的容积和动力消耗。

① 满足浆料贮存的需要。浆料浓度低，需要贮存设备体积大，而且为了防止浆料沉淀，浆料贮存设备需要配备搅拌器，搅拌器24小时连续运转，消耗动力增加。

② 满足后续漂白或抄纸工艺需要。浆料漂白要求浓度在8%～16%，浆料浓度低，漂白剂消耗量增加，漂白时间延长，漂白效果差，因此，浆料漂白前需要对浆料进行浓缩处理。同时，抄纸过程要求上网浆料浓度稳定，减少上网后纸的纵向和横向定量波动，也需要制浆车间送来的浆料浓度保持稳定。

2. 浆料贮存作用

为了满足后续生产的连续性要求，浓缩后的浆料需要有足够的贮存时间，将浓缩后的浆料贮存起来。

① 贮存足够的浆料，满足连续生产需要。

② 保证个别设备发生故障或设备维修等局部停机时，系统有足够的浆料供应能力。

③ 浆料贮存一定时间可以起到稳定浆料浓度和浆料质量，减少浆料波动的作用。

二、浆料浓缩与贮存设备

（一）浆料浓缩设备

通常用于浆料浓缩的设备主要有圆网浓缩机、侧压浓缩机、鼓式真空浓缩机和多圆盘浓缩机等。

1. 圆网浓缩机

该机主要由圆网槽和转动的圆网笼组成。浓度较低的浆料进入圆网槽后，在圆网槽内外的液位压力差作用下，浆料中水流入网笼内，从圆网笼一端出水口排出，浆料浓缩后附着在圆网面上，随着圆网笼旋转离开浆面，并转移到压辊上，受压辊挤压后，由刮刀或喷水管冲下，经出料口排出。图5-3-94为圆网浓缩机结构简图。

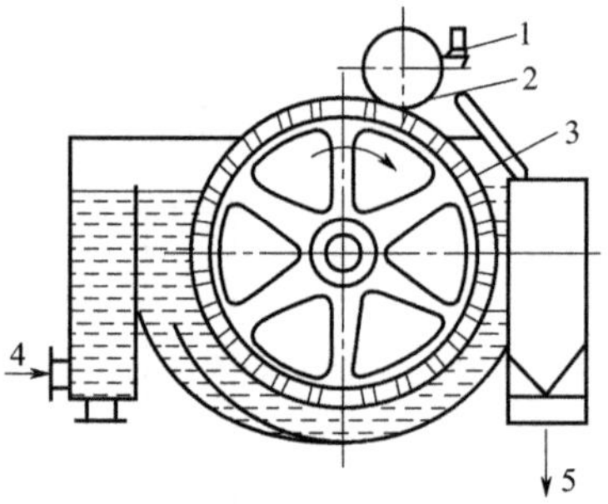

图5-3-94 圆网浓缩机结构简图
1—刮浆刀；2—压辊；3—圆网；4—进浆口；5—出浆口

圆网浓缩机具有结构紧凑、单位面积产量高、浓缩效果好、安装简单、维修方便等优点，适用于各种浆料的浓缩。

圆网浓缩机工艺操作参数为进浆浓度0.5%～1.0%，出浆浓度4.0%～6.0%。生产能力随浆料性质而不同：一般木浆滤水性好，过滤能力大；草类浆滤水性差，过滤能力小。

2. 侧压浓缩机

侧压浓缩机主要由浆槽、圆网笼、压辊和刮刀等组成。浆料从浆槽进入，随圆网笼转动，浆料附着在网上，滤出的水流入圆网笼内，随一端出水口流出，浆料离开浆槽后随压辊的挤压黏附到压辊上，在刮浆刀作用下把浆料刮下即完成了浆料的浓缩过程。图5-3-95为侧压浓缩机结构简图。

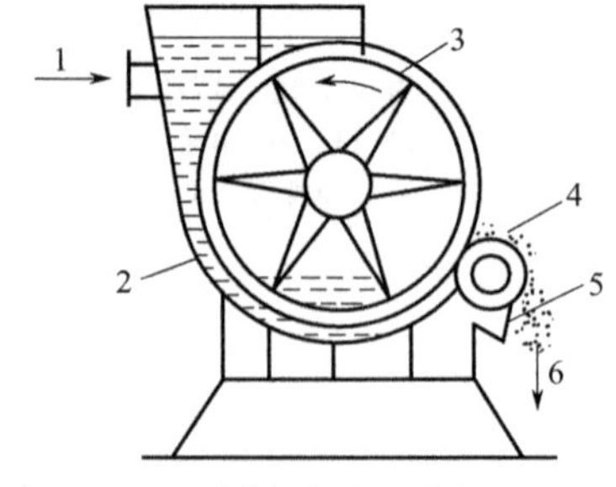

图5-3-95 侧压浓缩机结构简图
1—进浆口；2—浆槽；3—圆网笼；4—压辊；5—刮浆刀；6—卸料处

侧压浓缩机工艺操作参数为进浆浓度1%～4%，出浆浓度7%～14%，浓缩后白水浓度0.03%～0.04%。产量：化学木浆5～7t/(m^2・t)；稻麦草浆1.5～3t/(m^2・t)。

3. 鼓式真空浓缩机

该设备与纸浆洗涤和废液提取用的鼓式真空洗浆机的工作原理和结构基本相似，与圆网浓缩机和侧压浓缩机相比，其生产能力大，出浆浓度可达 12%～15%。详见图 5-3-78 真空洗浆机结构示意图。

4. 多圆盘浓缩机

多圆盘过滤机主要由机罩、槽体、过滤盘、分配阀、剥浆喷水装置、洗网喷水装置、冲浆管、传动装置、出浆装置等构成。图 5-3-96 为多圆盘浓缩机结构简图。

该机采用平面接触式分配阀，把滤盘分成自然过滤区、真空过滤区、剥浆区和洗网区等不同的过滤区域，使各滤盘处在不同工作状态。

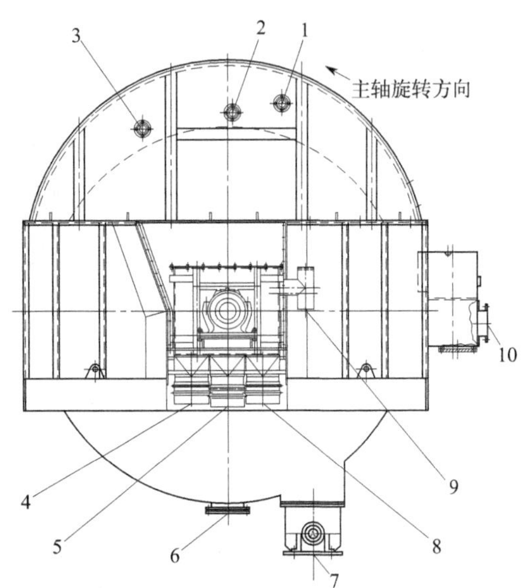

图 5-3-96　多圆盘浓缩机结构简图

1—剥浆管；2—冲浆管；3—洗网管；4—浊水出口；5—澄清水出口；6—排污口；7—出浆口；8—超清水出口；9—排气口；10—浆料入口

① 自然过滤区。滤盘随主轴转动，当扇形过滤盘转到液面下时，滤盘进入自然过滤区，浓度低的浆料吸附到过滤网上形成纤维垫层，少量短小纤维和滤液穿过滤网，形成一种浑浊的滤液，称为浊滤液，通过排液管排至浊滤液池。

② 真空过滤区。滤盘随主轴继续转动，当滤盘进入真空过滤区时，滤盘上的纤维垫层已达到一定厚度（约 2～3mm），在真空抽吸力作用下，滤液中的纤维被吸附到垫层上。垫层阻隔作用使得浆料中的固形物穿过滤网的数量会大大降低，通过垫层滤网的滤液较为澄清，称为清滤液，通过排液管排到清滤液池。当扇形板转出液面后，真空作用随之消失，滤网上的浆层脱水，浓度增高。

③ 剥浆区。滤盘随主轴继续转动，进入剥浆区后，滤盘两侧的剥浆嘴喷出的扇形水柱将浆层剥落，浓缩后浆料落入接料斗中，真空作用消失，由喷水管将浆料稀释，并将浆料冲入过滤机下部连接的螺旋输送机。

④ 洗网区。滤盘随主轴转到最后的洗网区，由摆动洗网装置的喷嘴喷出的高压水柱将网面清洗干净后进入下一个过滤周期。由于滤盘随主轴不断转动，滤盘扇形网在不同的区间产生连续的过滤、浓缩和清洗作用，使进入多盘浓缩机较低浓度的浆料得到浓缩和洗涤。

上述浆料浓缩设备是目前工厂较常用的浓缩设备。除此之外，还有如斜网浓缩机、斜螺旋脱水机、螺旋挤浆机等多种类型的浓缩机，在此不一一赘述。

（二）浆料贮存设备

浆料贮存设备主要有浆池和浆塔。浆池有立式浆池和卧式浆池两种，浆池和浆塔根据制造材料分为钢筋混凝土结构和不锈钢板结构两种。

浆池贮浆浓度一般为 3%～5%，浓度太低需要的浆池（或浆塔）容积大，动力消耗增加。浆池（或浆塔）容积可按下式计算：

$$V=\frac{tQ}{10c}(\mathrm{m}^3) \qquad (5\text{-}3\text{-}9)$$

式中　t——贮存时间，h，一般为 4～8h；

Q——单位时间贮存浆料量，kg/h；

c——贮存浆料浓度，%。

1. 浆池

浆池分为立式浆池和卧式浆池两种。卧式浆池施工制作麻烦，占地面积大，目前工厂很少使用，使用较多的是立式浆池。

立式浆池有两种：一种是圆形浆池，多采用不锈钢制作；另一种是方形浆池，浆池长、宽、高方向尺寸基本一致，以满足浆池推进器的使用要求。图 5-3-97 为浆池结构示意图。

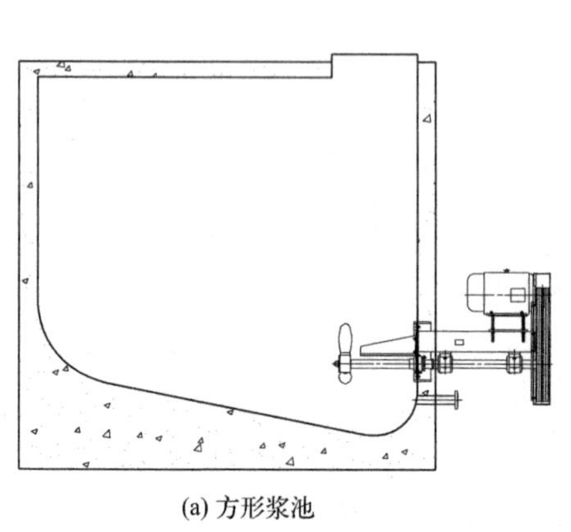
(a) 方形浆池

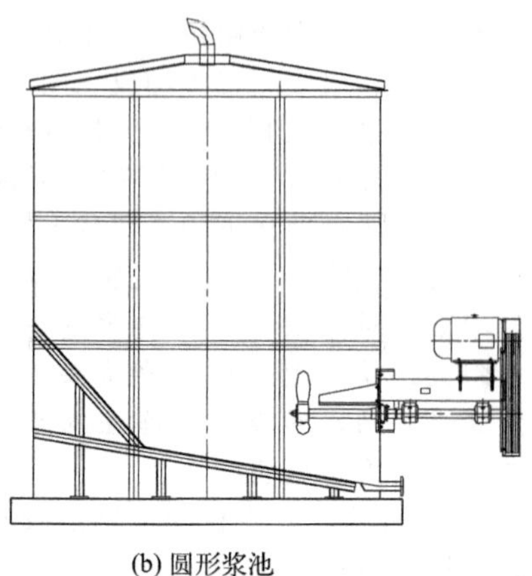
(b) 圆形浆池

图 5-3-97　浆池结构示意图

2. 浆塔

通常浆池的容积都比较小，不能满足大型制浆造纸生产线的要求，需要有能够贮存足够多浆料量的贮存设备才能满足后续连续生产的需求。大型工厂大都使用浆塔作为浆料的贮存设备，浆塔具有容积大、贮存时间长、占地面积小、露天布置等特点。

根据制作的材料来分，浆塔通常也有两种结构形式：一种采用钢筋混凝土制作；另一种采用不锈钢材料制作。二者外形结构上基本相似，都是采用圆柱形结构，以满足浆塔推进器的使用要求。图 5-3-98（a）和（b）分别为钢筋混凝土结构和不锈钢结构浆塔示意图。

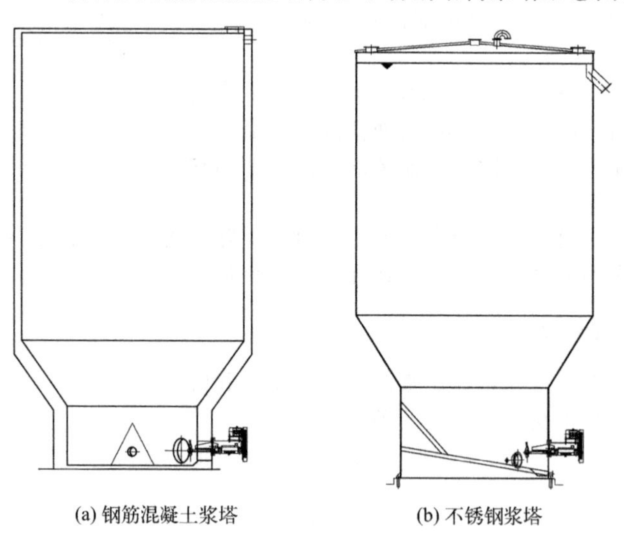
(a) 钢筋混凝土浆塔　(b) 不锈钢浆塔

图 5-3-98　浆塔结构示意图

此外，还有浆料输送泵、浆池搅拌器等附属设备，在此就不一一赘述了。

第七节　生物技术在制浆中的应用

生物技术在制浆中的应用，主要集中在生物法制浆、生物酶辅助漂白、生物酶促打浆与消潜、胶黏物的生物控制等方面。生物技术和传统制浆造纸技术的结合具有革命性与创新性，是一种全新的绿色制浆造纸技术，使整个造纸工业实现零排放、无污染、无臭味、无悬浮物、节能降耗、节约原材料、降低生产成本成为可能。随着相关技术难题的逐步解决，未来生物技术在制浆中将有更为广阔的应用前景，甚至完全取代传统制浆技术。

一、生物法制浆

生物法制浆源于 20 世纪 50 年代一家美国制浆造纸公司的清洁生产构想。与传统制浆方法比较，生物法制浆因具有浆得率高、节能、废水排放量少或零排放、成浆性能好、纤维长等优点，20 世纪 80 年代，逐渐成为国际造纸界研究的热点。1987 年 4 月，生物制浆联合研究协会成立是生物技术在造纸工业中应用的标志性事件[46]。

生物法制浆，狭义上指利用特定微生物或生物酶所具有的选择性降解植物（木材和非木材）原料中木质素的能力，除去原料中的部分木质素，使纤维素与其他植物组分（半纤维素、木质素）部分或完全彼此分离而制成纸浆的过程，简称生物制浆。鉴于现有技术条件的限制，狭义上的生物法制浆仍处于实验室研究阶段。目前所说的生物法制浆是一种广义的概念，指利用微生物或生物酶制剂处理植物原料，再结合机械、化学机械或化学法，使原料离解成浆的复合制浆技术，具有清洁、环保、低生产成本、高纸浆品质等优点。

生物法制浆是生物工程与技术和制浆造纸工程与技术交叉融合的结果。其最初设想是通过微生物分泌木质素降解酶降解植物原料中的木质素，实现纤维与植物组织的分离，期望原料经过微生物处理后能直接成为纸浆。自然界中能使植物发生腐烂降解的真菌主要有三类：褐腐菌、软腐菌和白腐菌[47]。生物法制浆对选用真菌的主要要求是其要具有强降解木质素能力、较小的或没有纤维分解能力和菌株能迅速繁殖生长等。白腐菌是自然界中降解木质素能力最强的一类微生物，因此对其在生物制浆中的应用研究也较为集中[48]。白腐菌对造纸原料木质素的降解能力主要来源于其产生的木质素降解酶的作用。木质素降解酶是一种复合酶系，由木质素过氧化物酶（LiP)、漆酶（Lac）和锰过氧化物酶（MnP）等胞外酶组成[49-53]。白腐菌降解木质素的机理尚不完全清楚，一般认为白腐菌所产生的生物酶通过催化氧化作用破坏 C_α—C_β 和 β-O-4，从而使木质素从植物组织中降解脱除，同时白腐菌对木质素还有脱甲氧基作用[54]。由于微生物或酶制剂的应用条件苛刻、效率低下，微生物繁殖生长环境条件难控制、处理周期过长，不能满足连续生产的要求。虽然科研工作者围绕菌株的筛选和优化、生物酶制剂的优化、真菌或生物酶预处理工艺、生物处理对造纸原料的微观结构形态和化学组分的改变及机理等展开了大量的研究[55-59]，但是一直未能实现工业化生产。目前生物法制浆一般是指其广义上的概念，即生物处理与机械、化学机械或化学法相结合的制浆方法，也即下面介绍的生物机械法制浆、生物化学机械法制浆和生物化学机械法制浆。

1. 生物机械法制浆

生物机械法制浆是一种用微生物或生物酶制剂对造纸原料进行预处理，然后再利用机械磨解方法将纤维原料分离成纸浆的过程。机械法制浆虽然在制浆过程中一般可以达到 95%左右的高得率，但是磨浆能耗较大，纸浆料中含有大量细小纤维、纤维束和纤维碎片，成纸强度差，漂白纸浆易返黄，这是困扰机械制浆的一系列难题。将生物技术引入机械法制浆可能是解决上述问题的有效途径。例如白腐菌处理机械浆可以有效地提高成纸的强度和可漂性，并且可以降低磨浆和打浆的能耗[60-65]。同样，使用纤维素酶、半纤维素酶和木质素降解酶处理纸浆，在提高浆料的打浆性能、改善纤维的性质、提高浆料的滤水性等方面均有明显的效果，且效率高于白腐菌等处理。生物预处理可以在制浆前、运输和贮藏过程中或制浆过程中等不同工序中进行。

2. 生物化学法制浆

生物化学法制浆，是一种微生物或生物酶制剂处理与化学法处理相结合的制浆方法。在生物化学法制浆过程中，首先使用微生物或生物酶预处理原料，降低原料中木质素和抽出物的含量[66]，使原料的后续蒸煮时间缩短，蒸煮所需要的化学品和能耗减少。使用微生物或生物酶预处理原料还可以提高纸浆的白度、亮度和成纸强度[67-69]，减少废水 BOD 和 COD 负荷[70,71]。与生物机械法制浆相似，生物预处理也可以在制浆前、运输和贮藏过程中或制浆过程中等不同工序中进行。

3. 生物化学机械法制浆

传统化学机械法制浆是采用化学处理与机械磨浆相结合的制浆方法[72]，其具有成浆得率高、污染少、成本低的优点。并且化学机械浆有较高的不透明度、光散射系数、松厚度和良好的适印性，因此化学机械浆被广泛用于制作包装纸板、卫生纸、面巾纸、新闻纸、低定量涂布纸等多种纸种。对于木材纤维资源相对短缺的我国，发展化学机械法高得率浆，具有特别的重要意义。2000 年以来，化学机械法制浆已成为我国造纸原料的重要组成部分。但化学机械浆的纤维较短，木质素含量高，对于一些结合强度和表面性能要求较高的纸种，一般的化学机械浆难以达到要求，成为制约化学机械法制浆发展的重要因素[73]。

生物化学机械法制浆，指将微生物或生物酶制剂处理与化学机械法相结合，使造纸原料离解成浆的过程。通过生物处理与传统化学机械法制浆相结合可以提高成浆强度[74,75]，优化磨浆后纸浆性能，改善纤维间的结合性能，扩大化学机械浆的应用范围，提高成纸的产品质量。生物化学机械法制浆对于我国造纸工业调整原料结构、改善产品质量、提高资源利用率具有重要的现实意义。

二、酶促打浆

能耗高是造纸工业亟须解决的问题。在打（磨）浆前加入一种或多种生物酶对原料进行生物预处理，能够提升打（磨）浆效率，降低打（磨）浆能耗。通过生物酶预处理纸浆以提高纸浆的打浆效率的过程称为酶促打（磨）浆。在酶促打（磨）浆过程中，生物酶会使纤维胞间层中木质素-碳水化合物复合体（LCC）发生降解，既导致木材纤维进行有限降解又可软化木片纤维，从而实现纤维细胞壁的潜态层离，降低纤维弹性模量，使得纤维易于分离。酶促打（磨）浆会使制浆过程中磨浆能耗降低 20%以上，纸浆得率提高约 3%，COD 减少 15%以上。

生物预处理除了会降低打（磨）浆过程中的能耗外还能降低打（磨）浆后续处理的能耗。在高浓磨浆过程中，由于热和高温脉冲的作用，会使纤维扭结弯曲，导致纤维出现潜态，从而影响纸张的物理性能。为了去除纤维的潜态，通常采用高温低浓加机械搅拌处理来对纤维进行消潜。传统的消潜过程因为要采用高温和机械搅拌处理，导致纤维消潜耗能较高。通过采用纤维素酶和木聚糖酶等酶制剂对纸浆纤维进行生物消潜，不仅可以有效降低消潜能耗，还可以更好地消除纤维应力，使卷曲纤维伸展，可以明显改善纤维品质，通常纸浆抗张指数能提高 18%左右，撕裂指数提高 14%左右。

三、胶黏物生物控制

除纤维素、半纤维素和木质素外，纸浆中还含有大量的胶黏性物质。原生浆中的胶黏物主要是树脂，是植物纤维原料中的一些能溶于中性有机溶剂的物质。二次纤维（废纸）原料中胶黏物主要来源于各种涂布黏合剂、胶黏剂和油墨黏结料等杂质。这些物质会以各种形式沉积在制浆造纸设备的表面上，从而形成胶黏沉积物。而胶黏沉积物会对设备的可运行性和成纸质量产生较大的影响。

胶黏物的生物控制，指在制浆前或制浆过程中用微生物或者生物酶对植物原料中的树脂或废纸原料中的各种涂布黏合剂、胶黏剂和油墨黏结料等杂质的含量，减轻或消除制浆造纸过程中胶黏物不利影响的技术方法。

生物法控制原生浆中胶黏物的主要途径有两种：一是利用脂肪酶处理纸浆，使其中的甘油三酸酯水解变为游离的脂肪酸和水溶性的甘油，达到控制胶黏物沉积的目的；二是利用真菌处理木片，通过降低木片中树脂含量抑制胶黏物有害影响的产生；三是利用真菌处理白水，降低白水系统中胶黏物含量，以减少胶黏沉积物的产生。与传统控制原生浆中胶黏物的方法相比，生物控制法具有效果好、使用成本低、能从根本上减轻或解决胶黏物危害等优点。生物法胶黏物控制将是未来胶黏物控制的发展方向，并将为造纸工业和环境保护事业带来良好的经济效益和社会效益。

除原生浆外，生物法还用于控制废纸浆中的胶黏物。生物法控制废纸原料中的胶黏物主要体现在废纸的脱墨处理过程中。传统脱墨方法有洗涤法和浮选法两大类，均属于化学法，需耗用大量的碱、硅酸钠或工业皂等化学品及大量的水资源，对环境污染严重。采用传统脱墨法的废纸纸浆还易产生“碱性发黑”现象，影响纸浆和成纸的质量。生物酶脱墨可以很好地解决上述问题。生物酶的脱墨机理尚无定论。一般认为生物酶的脱墨作用是机械作用与酶水解作用的综合性结果，并发生解聚、水化膨胀和断裂等一系列物理化学变化，使油墨从纤维表面剥离，从而使之脱除。相比于传统脱墨方法，生物酶脱墨具有以下优点：a. 适用范围广，可用于任何油墨印刷废纸；b. 油墨脱除彻底，脱墨浆白度较高、尘埃度低；c. 纸浆得率高；d. 化学品用量少，废水负荷小。在众多生物酶中，脂肪酶对油墨的脱除效果最好，而纤维素酶可以很好地辅助脂肪酶完成脱墨[76,77]。

参考文献

[1] 詹怀宇，陈嘉翔. 制浆原理与工程. 3 版. 北京：中国轻工业出版社，2015：144.

[2] Ek M，Gellerstedt G，Henriksson G. Pulp and paper chemistry and technology Volume 2. Pulping chemistry and technology. Berlin：Walter de Gruyter GmbH & Co KG，2000：35-56.

[3] 郭启程，王辉，张志敏，等. FAS 代替保险粉对废纸脱墨浆补充漂白的研究. 造纸化学品，2018（1）：12-14.

[4] 李尚武，周利霞，宋圆圆. 废纸脱墨浆 H_2O_2 ＋漂白处理剂单段漂白替代 H_2O_2 ＋FAS 二段漂白的实践. 中华纸业，2019，40（20）：54-56.

[5] 谢庆娇. FAS 漂白混合废纸脱墨浆的工艺研究. 中华纸业，2012，33（14）：45-46.

[6] 王正顺，王凤艳. 混合办公废纸脱墨及 FAS 漂白. 山东轻工业学院学报，2004，18（1）：66-68.

[7] 闫英，徐永建. 杨木化学浆甲脒亚磺酸-过氧化氢的漂白工艺. 纸和造纸，2013，32（1）：24-27.

[8] 韦黎，曹云峰，熊林根，等. 废报纸脱墨浆甲脒亚磺酸单段漂白工艺研究. 纤维素科学与技术，2011，19（3）：50-54.

[9] 赵年珍，刘成良，谭湘云. 脱墨浆 FAS 漂白工艺与成本的优化. 中国造纸，2012，31（6）：19-22.

[10] 黄六莲，余水洪. FAS 漂白效能的影响因素. 福建林学院学报，2006，26（2）：140-143.

[11] 沈葵忠. 杉木 CTMP 高白度漂白技术及机理研究. 北京：中国林业科学研究院，2008：61-91.

[12] 房桂干. 杨木 APMP 纸浆光诱导返色机理及抑制技术研究. 北京：中国林业科学研究院，2002：91-100.

[13] Smook G A. Handbook for pulp & paper technologies. Vancouver：Angus Wilde Publications Inc，1997：35-64.

[14] 房桂干，沈葵忠. 我国竹材制浆造纸生产及高值化利用技术展望//中国造纸学会第十八届学术年会论文集. 2018.

[15] 詹怀宇，陈嘉翔. 制浆原料与工程. 3 版. 北京：中国轻工业出版社，2015：108-133.

[16] 沈葵忠，房桂干. 机械浆漂白技术现状及最新进展. 中国造纸学报，2014，29（S1）：13-20.

[17] Xu E C. P-RC alkaline peroxide mechanical pulping of hardwood，Part 1：aspen，beech，birch，cottonwood and marple. Pulp and Paper Canada，2001，102（2）：44-48.

[18] 房桂干，沈葵忠，李晓亮. 中国化学机械法制浆的生产现状、存在问题及发展趋势. 中国造纸，2020，39（5）：55-62.

[19] Sixta H. Ⅱ Mechanical pulping，handbook of pulp. New York：Wiley-VCH，2006：11.

[20] 房桂干. 化学机械法制浆技术发展趋势——浅析化机浆生产过程影响因素. 中华纸业，2019，40（23）：34-40.

[21] 房桂干，沈葵忠，李晓亮. 中国化学机械法制浆的生产现状、存在问题及发展趋势. 中国造纸，2020，39（5）：55-62.

[22] Hosseinpour R，Fatehi P，Latibari A J，et al. Canola straw chemimechanical pulping for pulp and paper production. Bioresources Technology，2010，101（11）：4193-4197.

[23] Law K N，Lapointe M. Chemimechanical pulping of boles and branches of white spruce，white birch，and trembling aspen. Canadian Journal of Forest Research，1983，13（3）：412-419.

[24] 邓拥军，房桂干，韩善明，等. 不同桉木化学机械法制浆性能的研究. 林产化学与工业，2015，35（1）：63-69.

[25] 李元禄. 高得率制浆技术在我国的发展前景. 国际造纸，1997，（4）：3-7.

[26] Fang G G，Alain C，De Jéso B，et al. Chemical modification of lignin in poplar APMP pulps to prevent light-induced yellowing. Chemistry and Industry of Forest Products，2000，20（3）：51-59.

[27] Gullichsen J，Sundqvist H. On the importance of impregnation and chip dimensions on the homogeneity of kraft pulping. Proceedings of the 1995 Pulping Conference，Chicago，1995：227-234.
[28] 林友峰，房桂干，杨淑惠. 制浆过程中木片浸渍机理及改善措施. 中国造纸，2007，26（2）：50-55.
[29] Stone J E，Green H V. Penetration and diffusion into hardwoods. Tappi，1959，42：700-709.
[30] Stamm A J. Diffusion and penetration mechanism of liquids into wood. Pulp and Paper Magazine of Canada，1953，54（2）：54-63.
[31] O'Leary P，Hodges P A. The relationship between full penetration uptake and swelling of different fluids. Wood Science and Technology，2001，35：217-227.
[32] 邓拥军，房桂干，韩善明，等. 渗透剂对桉木化学机械法制浆性能的影响. 林产化学与工业，2016，36（3）：23-28.
[33] 魏录录，严振宇，邓拥军，等. 挤压预处理对杨木 APMP 浆纤维形态及制浆性能的影响. 林产化学与工业，2019，39（6）：109-114.
[34] 解存欣，邓拥军，焦健，等. 超声波预处理对改善桉木机械浆漂白性能的探究. 现代化工，2019，39（2）：108-111，113.
[35] 解存欣，邓拥军，焦健，等. 超声波辅助木片常压浸渍及其漂白. 生物质化学工程，2019，39（5）：34-38.
[36] Meyer R W. Effect of enzyme treatment on bordered-pit ultrastructure，permeability，and toughness of the sapwood of three western conifers. Wood Science，1974，6（3）：220-230.
[37] Tschernitz J L. Enzyme mixture improves creosote treatment of kiln-dried rocky mountain Douglas-fir. Forest Product Journal，1973，23（3）：30-38.
[38] Sahare P，Singh R，Seeta Laxman R，et al. Effect of alkali pretreatment on the structural properties and enzymatic hydrolysis of corn cob. Biochemistry and Biotechnology，2012，168（7）：1806-1819.
[39] Jacobs-Young C J，Venditti R A，et al. Effect of enzymatic pretreatment on the diffusion of sodium hydroxide in wood. Tappi Journal，1998，81（1）：260-266.
[40] Gutierrez A，Rio J D，Martinez M J，et al. Fungal degradation of lipophilic extractives in eucalyptus globulus wood. Applied and Environmental Microbiology，1999，65（4）：1367-1371.
[41] 邓拥军，房桂干，韩善明，等. 第一段盘磨转速对 P-RC APMP 制浆性能的影响. 中国造纸，2009，28（10）：1-4.
[42] 邓拥军，房桂干，韩善明，等. 不同浓度二段磨浆对 P-RC APMP 制浆性能的影响. 造纸科学与技术，2011（3）：1-5.
[43] 邓拥军，李红斌，房桂干，等. JXM 预浸渍系统磨浆机与 P-RC APMP 制浆技术的比较. 造纸科学与技术，2014，33（6）：16-20.
[44] 詹怀宇. 制浆原理与工程. 3 版. 北京：中国轻工业出版社，2010：162-190.
[45] 詹怀宇，刘秋娟，靳福明. 制浆技术. 北京：中国轻工业出版社，2012：202-225.
[46] 佚名. 1987 年美国组建生物制浆技术联合开发集团. 国际造纸，1988（2）：52.
[47] 佘集锋. 生物技术在制浆造纸中的应用. 轻工科技，2011（10）：31-32.
[48] 王承亮，苏振华，冯文英. 生物技术在制浆造纸工业中的应用. 湖北造纸，2010（2）：9-12.
[49] Kirk T K，Tien M. Lignin-degrading enzyme from Phanerochaete chrysosporium. Applied Biochemistry & Biotechnology，1983，221（4611）：661-663.
[50] Glenn J K，Morgan M A，Mayfield M B，et al. An extracellular H_2O_2-requiring enzyme preparation involved in lignin biodegradation by the white rot basidiomycete Phanerochaete chrysosporium. Biochemical & Biophysical Research Communications，1983，114（3）：1077-1083.
[51] Leonowicz A，Cho N S，Luterek J，et al. Fungal laccase：Properties and activity on lignin. Journal of Basic Microbiology，2001，41（3-4）：185-227.
[52] Kirk T K，Cullen D. Roles for microbial enzymes in pulp and paper processing. Enzymes for Pulp and Paper Processing Acs Symposium Series，1996，655：2-14.
[53] Hakala T K，Lundell T，Galkin S，et al. Manganese peroxidases，laccases and oxalic acid from the selective white-rot fungus Physisporinus rivulosus grown on spruce wood chips. Enzyme & Microbial Technology，2005，36（4）：461-468.
[54] 韩善明. 木质素生物降解机理及其在清洁高效制浆过程中的作用. 北京：中国林业科学研究院，2008.
[55] 段传人，朱丽平，姚月良. 三种白腐菌及其组合菌种木质素降解酶比较研究. 菌物学报，2009，28（4）：577-583.
[56] 李雪芝. 造纸工业用菌株的选育和相关酶的研究及应用. 济南：山东大学，2006.
[57] 张祥胜，曾娟，邹学东. 紫外诱变木质素降解菌株的初步研究. 中华纸业，2013（24）：27-30.
[58] 刘庆玉，姚影，张敏，等. 紫外诱变筛选高效木质素降解菌株的研究. 可再生能源，2010，28（4）：58-61.
[59] 傅恺，付时雨，李雪云，等. 产漆酶白腐菌的诱变选育及其液体发酵的研究. 造纸科学与技术，2009，28（5）：21-24.
[60] Ahmed A，Akhtar M，Myers G C，et al. Biomechanical pulping of kenaf. World Pulp & Paper，1994，77（12）：105-112.

[61] Sabharwal H S, Akhtar M, Blanchette R A, et al. Refiner mechanical and biomechanical pulping of jute. Holzforschung, 1995, 49 (6): 537-544.
[62] 隋晓飞. 微生物酶对机械法制浆磨浆能耗的影响. 济南：山东轻工业学院，2008.
[63] 卢雪梅，胡明，高培基. 生物预处理麦草化学机械法制浆的研究. 微生物生态学术研讨会，2003：136-139.
[64] Maijala P, Kleen M, Westin C, et al. Biomechanical pulping of softwood with enzymes and white-rot fungus Physisporinus rivulosus. Enzyme and Microbial Technology, 2008, 43 (2): 169-177.
[65] 刘俊华，张美云，罗清，等. 生物酶预处理对高得率浆纸张性能和磨浆能耗的影响研究. 造纸科学与技术，2012 (1): 13-15.
[66] Bajpai P, Mishra S P, Mishra O P, et al. Biochemical pulping of wheat straw. Tappi Journal, 2004, 3 (8): 3-6.
[67] Gautam A, Kumar A, Dutt D. Effects of ethanol addition and biological pretreatment on soda pulping of eulaliopsis binata. Journal of Biomaterials & Nanobiotechnology, 2016, 7: 78.
[68] 姚光裕. 黄麻全秆生物-化学制浆. 黑龙江造纸，2006，34 (3)：22.
[69] 李春鸣. 预处理对麦草生物化学制浆的影响. 济南：山东轻工业学院，2006.
[70] 艾尼瓦尔，付时雨，詹怀宇. 芦苇的生物化学制浆及漂白研究. 中国造纸学报，2003，18 (2)：51-55.
[71] 彭源德，刘正初，邹冬生，等. 龙须草生物化学制浆的中试研究. 中国造纸学报，2004，19 (2)：121-123.
[72] 詹怀宇. 制浆原理与工程. 3 版. 北京：中国轻工业出版社，2009.
[73] 李录云，李文龙. 化机浆在我国的应用与发展. 中国造纸，2012，31 (8)：66-69.
[74] 王勇霞，许士玉，张静，等. 生产 ECMP 浆的杨木原料生物预处理方法的初探. 黑龙江造纸，2011，39 (4)：3.
[75] 雷晓春，赵宇，林鹿. U6 桉木生物化学热磨机械法制浆对成纸性能的影响. 纸和造纸，2009，28 (1)：22-26.
[76] 尤纪雪，杨益琴，赵艳荣. 办公废纸漆酶脱墨的研究. 中华纸业，2006，27 (2)：34-37.
[77] 常江，巩雪. 新闻纸酶法脱墨的试验研究. 2015 第四届中国印刷与包装学术会议.

（房桂干，童国林，沈葵忠，邓拥军，陈务平，吉兴香，焦健）

第四章　纸浆漂白

第一节　纸浆漂白的基本原理

漂白的主要目的是去除木质素等发色与助色基团或物质，以此提高纸浆的白度及白度稳定性，同时改善纸浆的物理化学性质。此外，提高纸浆的洁净度也是漂白的一个重要目的。在漂白过程中，在特定的温度与时间下，化学品的氧化或还原作用将破坏纸浆的木质素或者改变木质素发色基团的化学结构，以此达到漂白的目的。化学浆的漂白主要以去除木质素为主，因此可以看作是蒸煮的继续。必须指出的是蒸煮过程不可能达到满意的脱木质素程度，获得满意的白度，否则纸浆的黏度与得率将大幅度下降。漂白也必须除去一些不需要的除木质素外的其他化合物，例如在亚硫酸盐浆的漂白过程中，还需要同步移除树脂、脂肪酸、脂肪酸酯及其他抽出物。

纸浆漂白要达到的白度是由产品的质量和用途决定的。生产一般文化用纸（新闻纸、凸版纸、胶印书刊纸等）所用的纸浆，白度要求一般是在60%～75%的范围内；生产高级文化用纸所用的纸浆，白度要求一般是在80%～90%的范围内；生产黏胶级、Lyocell纤维级溶解浆，不仅要求纸浆具有高白度的特征，同时还要求具有较高的纤维素含量与反应性能或溶解性能[1]。

一、漂白方法和漂白化学品

纸浆漂白的方法可分为两大类。一是通过化学品的作用溶解纸浆中的木质素使其结构上的发色基团和其他有色物质受到彻底的破坏和溶出，称为“溶出木质素式漂白”，常用于化学浆的漂白。此类溶出木质素的漂白方法常用的漂白剂包括氧、臭氧、过氧化物、二氧化氯、氯、次氯酸盐等，这些化学品为氧化型漂白剂，通过单独使用或相互结合可实现移除大部分木质素的目的。二是在不脱除木质素的条件下，改变或破坏纸浆中发色基团的结构（如醌类、酚类、螯合物、羰基或碳碳双键等结构），以此降低纸浆的吸光性，提高纸浆对光的反射能力，增强纸浆的白度，这类漂白被称为“保留木质素式漂白”。保留木质素式漂白不是以木质素的降解溶出为主，而是以发色基团的脱色为主，因此这类漂白的纸浆漂白损失很小。这类漂白常用于机械浆和化学机械浆的漂白，常用的氧化性漂白试剂为过氧化氢，常用的还原性漂白试剂为硼氢化钠、连二亚硫酸盐和亚硫酸等[2-5]。

用于漂白的化学品除氧化性漂白试剂、还原性漂白试剂外，还包括氢氧化钠抽提、螯合处理和生物酶处理，上述化学品单独或结合使用组成多种漂段，常用的漂白段和漂白化学品如表5-4-1所示。纸浆的漂白可以是次氯酸盐、过氧化氢或连二亚硫酸盐等单段漂白，但更多的是采用多种漂段组合而成的漂白流程。在选择漂白流程时，最主要的是如何在保证漂白目标的同时降低漂白的成本，提高漂白的选择性，降低漂白对环境的影响。与单段漂白相比，多段漂白的灵活性更大，有利于纸浆品质与生产成品的调控，能将卡伯值高、难漂白的纸浆漂到目标白度。在合理的工艺条件下，多段漂白能够达到提高纸浆的白度、改善强度、节省漂白剂等多重目标。当然，漂白段数并非越多越好，漂白段数增多意味着漂白设备投资大幅增加，因此在达到目的和要求的前提下应尽量采用短序漂白流程。

表 5-4-1　漂白段和漂白化学品

类别	符号	段名	化学品
含氯漂段	C	氯化段	Cl_2
	CD	氯和二氧化氯混合氯化段（二氧化氯部分取代的氯化）	Cl_2+ClO_2
	H	次氯酸盐漂白段	NaOCl、$Ca(OCl)_2$
无元素氯漂段	D	ClO_2 漂白段	ClO_2
	DN	在漂白终点加碱中和的 ClO_2 漂白	ClO_2+NaOH
	D_{HT}	高温 ClO_2 漂白	ClO_2
全无氯漂段（含氧漂白）	P	H_2O_2 漂白段	H_2O_2+NaOH
	O	氧脱木质素段或氧漂段	O_2+NaOH
	EO	氧强化的碱抽提段	$NaOH+O_2$
	OP	加 H_2O_2 的氧脱木质素段	$O_2+NaOH+H_2O_2$
	PO	用氧加压的 H_2O_2 漂白段	$H_2O_2+NaOH+O_2$
	EOP	氧和 H_2O_2 强化的碱抽提段	$NaOH+O_2+H_2O_2$
	Z	臭氧漂白段	O_3
	Pa	过氧醋酸漂白段	CH_3COOOH
	Px	过氧硫酸漂白段	H_2SO_5
	Pxa	混合过氧酸漂白段	$CH_3COOOH+H_2SO_5$
全无氯漂段（辅助性漂白）	E	碱抽提或碱处理段	NaOH
	Y	$Na_2S_2O_4$ 漂白段	$Na_2S_2O_4$、ZnS_2O_4
	A	酸处理段	H_2SO_4
	Q	螯合处理段	EDTA、DTPA、STPP
	X	木聚糖酶辅助漂白段	Xylanase

漂白有关名词术语如下。

(1) 有效氯 (active chlorine)　指含氯漂剂中能与未漂浆中残余木质素和其他有色物质起化学反应，具有漂白作用的那部分氯的含量，以此表征含氯漂剂的氧化能力。有效氯含量通常是用碘量法来测定的，一般用 g/L 或百分比来表示。

(2) 有效氯用量 (active chlorine charge)　有效氯质量与纸浆的绝干质量之比，百分率。

(3) 漂率 (bleachibility)　将浆漂到一个指定的白度所需的有效氯量与纸浆绝干质量之比，百分率。

(4) 卡伯因子 (kappa-factor)　有效氯用量（%）与含氯漂白前纸浆卡伯值之比，也可称为有效氯氯比，按式 (5-4-1) 计算。

$$\text{卡伯因子}=\frac{Cl_2\text{ 与 }ClO_2\text{ 施加量(\%，以有效氯计)}}{\text{含氯漂白前纸浆卡伯值}} \tag{5-4-1}$$

(5) 残氯 (residue chlorine)　漂白终点时残存在漂液中（未消耗）的有效氯浓度，通常用 g/L 或百分比来表示。

(6) 漂损 (the yield loss in bleaching)　漂白过程中纤维的质量损失，百分率，按式 (5-4-2) 计算。

$$\text{漂损}=\frac{\text{漂前纤维质量}-\text{漂后纤维质量}}{\text{漂前纤维质量}}\times 100\% \tag{5-4-2}$$

二、纸浆的发色基团和漂白原理

木质素是由苯基丙烷单元组成的大分子。从光谱的观点来看，苯基丙烷是属于苯环 π 轨道的简单电子光谱，最大特征峰接近 280nm 和 210nm，在可见光区没有吸收，因而木质素自身是没有颜色的。然而，木质素的侧链通常含有一定量的发色功能基团，或者含有可与苯环形成共轭结构的基团，使吸收波长增加。在苯基丙烷单元恰当位置的助色基团可与发色基团发生协同效应，这将进一步增加木质素的吸收，并使光谱范围拓宽至可见光谱区。木质素丙烷结构侧链上的双键、共轭羰基以及两者的结合使苯环与酚羟基、发色基团相连接，因此它们是纸浆中最重要的发色基团。而且，醌式结构对纸浆的白度具有重要影响，它们不仅具有不饱和酮的性质，而且由于碳碳双键和羰基处于共轭体系中，故而也具有共轭双键的性质。此外，金属离子可与纤维组分中的某些基团发生络合作用生成深色的络合物，而且纸浆的抽出物和单宁也有着色反应。

木质素大分子含有不同的发色基团、发色-发色基团之间和发色-助色基团之间各种可能的联合，构成了复杂的发色体系，形成宽阔的吸收光带。因此，从理论上来说，漂白脱色的主要途径包括阻止发色基团间的共轭连接、改变发色基团的化学结构、消除助色基团、防止助色-发色基团之间的联合等。目前，无论是使用氧化性漂白剂还是使用还原性漂白剂，纸浆的漂白都是以上述理论为基础的。

漂白的作用是从纸浆中去除木质素或改变木质素的化学结构。从反应类型上看，漂白化学反应可分为亲电反应和亲核反应两类。亲电反应的主要作用是促使木质素降解，亲电反应试剂（Cl^+、ClO_2、HO·、HOO·等阳离子和游离基）主要进攻木质素中富含电子的酚式结构和烯烃结构；亲核反应试剂（ClO^-、HOO^-、SO_2^-·、HSO_3^- 等阴离子和少许游离基）则主要进攻木质素的侧链羰基和共轭羰基结构，除还原反应外，也会发生木质素的降解。具体到原子层面，亲电试剂主要进攻非共轭木质素结构中羰基的对位碳原子、与烷氧基连接的碳原子，同时也攻击邻位碳原子以及与环共轭的烯即 β-碳原子；亲核试剂则主要攻击木质素结构中羰基及与羰基共轭的碳原子。此外，亲电试剂对纤维素的作用主要发生在 C2、C3 和末端 C 原子上。

第二节　化学浆漂白

在所有漂段中，采用氯漂与碱抽提相结合的方法是漂白硫酸盐浆最经济、最有效的方法。但是，含氯漂白会生成大量的氯化有机物。已鉴别出氯化有机化合物有氯酚类、伞花烃、氯仿、氯化二噁英和呋喃、氯丙酮、氯乙醛和氯乙酸等。这类物质很多是有毒且可生物积累的，不仅对环境的污染十分严重，而且会对人体和其他生命体构成严重威胁。因此，目前采用较多的化学浆漂白方法是无元素氯漂白（ECF）和全无氯漂白（TCF）[6]。

一、氧脱木质素

氧脱木质素是利用分子氧作为反应物的纸浆脱木质素技术，主要是利用其具有两个未成对的电子对有机物具有强烈的反应性，在碱性介质中使纸浆中木质素发生氧化降解而溶出。蒸煮和漂白之间采用氧脱木质素被认为是进一步脱出纸浆中残余木质素的最有效的方法。氧脱木质素具有生产成本低，白度稳定性好，废水可以直接送废液回收系统集中处理的特点，已被广泛应用于蒸煮之后的脱木质素阶段。氧脱木质素已被实践证实是 TCF 漂白不可缺少的组成部分，也是大多数 ECF 漂白流程的重要组成部分[7,8]。

（一）氧脱木质素的基本原理

分子氧在氧化木质素时，通过一系列电子转移，起氧化作用而被逐步还原时，根据 pH 值的不同生成过氧离子游离基（O_2^-·）、氢过氧阴离子（HOO^-）、氢氧游离基（HO·）和过氧离子（O_2^-）。这些氧衍生的基团，在木质素降解中起着重要的作用。氧脱木质素过程中的反应，既有亲电反应，又有亲核反应；既有离子反应，也有游离基反应。游离基反应快，主要作用是脱木质素，使木质素碎片化。离子反应慢，主要作用是破坏发色结构，提高纸浆白度。

氧化降解过程是从木质素的酚羟基开始的。在碱性介质中，木质素酚羟基变成酚氧负离子获得一个电子后使木质素形成酚氧游离基；分子氧在氧化木质素时，通过一系列电子转移，本身被逐步还原，氧在起氧化作用时，根据 pH 值的不同而生成过氧离子游离基、氢过氧阴离子、氢氧游离基和过氧离子。其中的各种游离基与木质素酚氧游离基反应，导致脱甲基、开环和降解成水溶性的有机酸。

氧脱木质素反应动力学可分为两个明显的阶段：第一个阶段主要是蒸煮和洗涤后存在于纤维壁中可及的木质素参与反应，这类木质素易于在氧脱木质素第一阶段溶出。第二阶段木质素溶出速度慢，与残余的木质素结构如丙基愈创木酚、酚型 *β-O*-4 结构和 5-5′-双丙基愈创木酚结构的相对反应性较低有关。氧脱木质素后浆中残余木质素的化学结构与木材木质素有所不同。硫酸盐蒸煮过程中木质素的 *β-O*-4 结构断裂，使蒸煮后浆中木质素的 *β-O*-4 结构比例（频率）大大下降。但氧脱木质素后浆中残余木质素的 *β-O*-4 结构的比例又有所增加，*β*-5、5-5′结构的比例也有所增加。

氧脱木质素时碳水化合物的降解化学反应主要是碱性氧化降解反应，其次是剥皮反应和还原性末端基的氧化。未漂硫酸盐浆氧脱木质素的废液中，60%～75%为溶出的木质素。除了少量的低分子量木质素产物外，如乙酰香草酮，这些木质素仍以聚合物形式存在。碳水化合物的溶出要少得多。溶出的木质素和碳水化合物碎片会发生一定程度的氧化反应，产生各种脂肪酸、甲醇和二氧化碳。

（二）影响氧脱木质素的因素

1. 用碱量

氧脱木质素是在碱性介质中进行的，碱和氧同纸浆中的木质素反应使纸浆中的木质素溶出。所以，采用合适的用碱量对氧脱木质素的反应是十分重要的。在氧压 0.5MPa、$MgSO_4$ 用量 0.5%、浆浓 10%、温度 100℃、时间 60min 条件的基础上，研究用碱量对竹材未漂浆氧脱木质素效果的影响，如表 5-4-2 所示。可以看出，随着用碱量的增加，所漂浆的卡伯值不断降低，即浆中残余木质素量在不断降低，浆中木质素的脱除量增加；当用碱量低于 2.5%时，随着用碱量的增加，卡伯值的下降和白度增加的趋势非常明显，说明木质素脱除的效果比较显著；当用碱量高于 2.5%时，尽管用碱量持续增加，但是卡伯值的曲线变化趋向于水平。另外，随着用碱量的增加，所漂浆的特性黏度也不断降低，这说明纤维素降解增加。因此，为了减少碳水化合物的降解，在氧漂段深度脱木质素受到一定的限制。所以必须控制用碱量的大小，来保持纸浆特性黏度不至于太低，脱木质素选择性不至于太差。在实际生产中，用碱量应根据浆种和氧脱木质素其他条件而定，一般为 2%～5%。

表 5-4-2　用碱量对氧脱木质素的影响

用碱量/%	卡伯值	白度/%	黏度/（mL/g）	木质素脱除率/%	黏度下降率/%
未漂浆	22.7	23.6	1064	—	—
1.0	16.6	30.4	984.6	27.02	7.48
2.5	12.1	34.8	963.0	46.70	9.49
5.0	11.5	35.5	944.3	49.14	11.25
7.5	11.3	36.9	927.0	50.24	12.88

2. 氧压

氧脱木质素的反应是在气、液、固三相物质中进行，氧压的大小直接关系到氧脱木质素过程中分子氧在气、液、固三相物质中的浓度和传质速度。由于氧气在水相溶液中的溶解度很低，所以通常需要高压氧气来提高反应溶液中的分子氧含量。

在 NaOH 用量 2.5%、$MgSO_4$ 用量 0.5%、浆浓 10%、温度 100℃、时间 60min 的工艺条件下，研究氧压对竹材氧脱木质素效果的影响，结果如表 5-4-3 所示。

表 5-4-3　氧压对氧脱木质素的影响

氧压/MPa	卡伯值	白度/%	黏度/（mL/g)	木质素脱除率/%	黏度下降率/%
未漂浆	22.7	23.6	1064	—	—
0.3	16.0	30.6	981.8	29.62	7.73
0.5	12.1	34.8	963.0	46.70	9.49
0.7	10.9	35.8	921.2	51.96	13.42
0.9	8.8	36.6	903.4	61.08	15.09

可以看出，随着氧压的升高，卡伯值在不断降低，即所漂浆中木质素的脱除量在增加，纸浆白度不断升高；当氧压高于 0.5～0.7MPa 时，随着氧压的继续升高，卡伯值的下降和白度的提升逐渐趋向平缓，变化减小，这表明当氧压升高到一定数值后，再提高氧压对氧脱木质素效果的影响减小。另外，随着氧压的升高，纸浆的特性黏度也不断下降，这说明氧压增高，碳水化合物的降解也增大。生产上使用的氧压多为 0.5～0.7 MPa。

3. 温度

温度影响氧脱木质素过程中反应的效率，提高温度可以加速反应。在其他条件不变的情况下，温度的提高，将会使木质素脱除率提高，能够快速增加纸浆白度，但温度过高也会导致纤维素的严重剧烈降解，生产上采用的温度一般在 90～105℃。

表 5-4-4 为预水解硫酸盐未漂浆氧脱木质素过程中温度对浆料性质的影响。可以看出，随着温度的升高，卡伯值和黏度呈现下降趋势，白度和 α-纤维素含量不断增加；戊聚糖呈先下降后上升的趋势，残碱含量呈下降趋势。

表 5-4-4　温度对预水解硫酸盐法针叶木未漂浆氧脱木质素浆料性质的影响

温度/℃	卡伯值	黏度/(mL/g)	戊聚糖/%	α-纤维素/%	白度/%	残碱/(g/L)	溶出木质素/(g/L)
80	5.2	433.62	4.27	91.23	42.5	2.43	3.55
90	4.4	433.19	3.01	91.97	45.2	2.26	3.64
95	4.4	430.69	3.03	92.04	45.8	1.95	3.30
100	4.1	425.43	3.16	92.24	47.6	1.95	3.28

注：其他实验条件为用碱量 2.5%，氧压 0.7 MPa，时间 45min，$MgSO_4$ 0.5%，浆浓 10%。

采用 NaOH 2.5%、$MgSO_4$ 0.5%、浆浓 10%、氧压 0.5MPa、时间 60min 的工艺条件，研究温度对竹材硫酸盐浆氧脱木质素的影响，结果如表 5-4-5 所示。可以看出，随着温度的升高，所漂浆的卡伯值和特性黏度都呈现出下降的趋势，而白度在逐渐上升；当温度低于 100℃时，随着温度的升高，卡伯值下降较快，纸浆的黏度下降不很明显，说明木质素的脱除效果比较显著，而碳水化合物的降解率较小；当温度高于 100℃时，随着温度的继续升高，卡伯值继续下降，但纸浆的黏度下降更快。

表 5-4-5　温度对竹材硫酸盐浆氧脱木质素的影响

温度/℃	卡伯值	白度/%	黏度/（mL/g)	木质素脱除率/%	黏度下降率/%
未漂浆	22.7	23.6	1064	—	—
80	15.5	31.9	978.9	31.72	8.00
100	12.1	34.8	963.0	46.70	9.49
120	9.7	40.9	932.4	57.27	12.37

4. 时间

氧脱木质素时，反应时间的长短将影响木质素的脱除和碳水化合物的降解。在固定其他条件（如 NaOH 2.5%、$MgSO_4$ 0.5%、浆浓 10%、氧压 0.5MPa）的基础上，研究时间对竹材未漂浆氧脱木质素的影响，结果如表 5-4-6 所示。可以看出，卡伯值随着保温时间的延长而不断下降，当保温时间为 60min 时，卡伯值的下降率达到 46.7%；但当保温时间超过 60min 后，随着时间的延长，卡伯值的下降趋于平缓，基本上没有较大的变化。因此，可以看出主要的木质素脱除阶段是 60min 以前的阶段，尽管后一阶段的保温时间有明显的延长，但是对木质素脱除的贡献却比较小。黏度随着保温时间的延长逐渐下降，当保温时间超过 60min 后，随着时间的延长，由于溶液中碱的消耗严重，所以黏度的下降也趋于平缓。保温时间对白度的影响也是随着时间的延长而增大，但随着保温时间的不断延长，白度随时间延长的增长量也在逐渐降低。

表 5-4-6　时间对竹材未漂浆氧脱木质素的影响

时间/min	卡伯值	白度/%	黏度/(mL/g)	木质素脱除率/%	黏度下降率/%
未漂浆	22.7	23.6	1064	—	—
30	15.3	31.7	995.7	31.30	6.42
60	12.1	34.8	963.0	46.70	9.49
90	11.3	35.4	937.0	50.33	11.94
120	10.8	38.3	924.8	54.74	13.08

因此，在一定的碱浓下，卡伯值的降低可以分为初始快速下降和后续缓慢下降两个阶段，大部分氧化反应可在 30min 内完成。时间过长，碳水化合物降解严重，所以反应时间一般在 1h 以内。

5. 浆浓

纸浆浓度（浆浓）将影响碱液浓度，也即影响反应速率，同时影响蒸汽的消耗和反应器的大小等。在一定用碱量下，降低浆浓，碱液浓度下降，木质素脱除和碳水化合物降解均减慢。在固定其他条件（如 NaOH 2.5%、温度 100℃、时间 60min、氧压 0.7MPa）的基础上，研究浆浓对麦草未漂浆氧脱木质素的影响，结果如表 5-4-7 所示。可以看出，提高浆浓，由于碱液浓度的提高、氧气扩散液膜厚度的降低，纸浆的脱木质素效率和纸浆白度逐渐升高，纸浆黏度也随之下降。此外，提高浆浓，也可节约蒸汽、增加生产能力，生产上均采用高浓或中浓氧脱木质素。

表 5-4-7　浆浓对麦草未漂浆氧脱木质素的影响

浆浓/%	卡伯值	白度/%	黏度/(mL/g)	残碱/(g/L)
5	7.99	45.9	983.0	0.89
10	7.45	49.5	971.4	1.60
15	6.74	50.9	966.7	2.38
20	6.61	51.2	937.2	3.07
25	6.39	52.6	922.9	3.96

注：未漂浆卡伯值 10.90，黏度 950mL/g。

6. 氧脱木质素保护剂

纸浆中存在的过渡金属离子（锰、铁、铜等）对氢氧游离基的形成有催化作用，因而会加速碳水化合物的降解。为了保护碳水化合物，纸浆在氧脱木质素前进行酸预处理，以除去过渡金属离子。另一途径是加保护剂，抑制碳水化合物的降解。工业上最重要的保护剂是镁的化合物，如 $MgCO_3$、$MgSO_4$、$Mg(OH)_2$、MgO 或镁盐络合物，如羟酸和糖酸的镁盐络合物。镁的化合物作为碳水化合物保护剂的作用机理还不完全清楚。有人认为，$Mg(OH)_2$ 或镁盐在碱性介质中形成

的 $Mg(OH)_2$ 沉淀会吸附过渡金属离子或形成络合物。

二、二氧化氯漂白

传统元素氯漂白对环境的污染严重，因此当前含氯漂白的主要技术是二氧化氯漂白。二氯化氯具有很强的氧化性，是一种高效的漂白剂，它的特点是能够高选择性地氧化木质素和其他色素，但是对纤维素的损伤却很少。因此，二氧化氯漂白后的纸浆，不仅具有高白度、返黄少，而且纸浆的强度也很好。二氧化氯漂白的缺点是 ClO_2 必须现场制备，因此生产成本较高，而且对设备的耐腐蚀要求也高。

（一）二氧化氯漂白的基本原理

ClO_2 是一种游离基型漂白剂，很容易攻击木质素的酚羟基使之成为游离基，然后进行一系列的氧化反应。ClO_2 与木质素结构的化学反应，首先是形成酚氧游离基及其他中介游离基，这些游离基与 ClO_2 形成亚氯酸酯，进一步转变为邻醌或邻苯二酸、对醌和黏糠酸单酯或其内酯，并释放出亚氯酸或次氯酸。在反应过程中，黏糠酸结构及其内酯进一步氧化成二元羧酸碎片；木质素上的甲氧基可通过氧化脱甲基反应生成邻醌衍生物，并进一步氧化降解。上述反应增加了浆中残余木质素的水溶性和碱溶性，从而可以将木质素从纸浆中直接脱除或在后续碱处理漂段溶出。需要指出的是，酚型木质素相对于非酚型木质素更容易生成酚氧游离基，因此其反应速率高于非酚型木质素。

二氧化氯漂白脱除纸浆木质素的选择性很好，除非 pH 值很低或温度很高，ClO_2 对碳水化合物的降解比起含氧漂白和其他含氯漂白要小得多。但 ClO_2 在酸性（pH<3～4）条件下，受酸性降解和氧化反应两种反应的影响，对纸浆中的碳水化合物有少许的降解作用。

（二）影响二氧化氯漂白的因素

1. ClO_2 用量与 pH 值

在无元素氯漂白中，含二氧化氯漂白的典型漂白流程为 ODEDEP，白度要求 90% 以上。在此系统中，D_1 段的 ClO_2 用量一般为 0.5%～2.0%，D_2 段的 ClO_2 用量一般为 0.4%～0.6%。

ClO_2 漂白时，pH 值若在碱性范围内，ClO_2 会与 OH^- 反应生成氯酸盐离子和亚氯酸盐离子，这导致 ClO_2 的有效作用减弱。由于 ClO_2 漂白时有 HCl 和有机酸产生，漂白过程中，pH 值不断下降。为了维持漂终 pH 值为 3.5～4.0，就必须在漂白过程中添加 NaOH，其添加量大约是每使用 1% ClO_2（对浆），需添加 0.5%～0.6% 的 NaOH（对浆）。

以福建省中小径竹硫酸盐法制浆-氧脱木质素后纸浆为例，在温度 75℃、时间 3h、浆浓 10% 的条件下，按 ClO_2 ∶ NaOH ＝2∶1，对二氧化氯用量的影响进行研究，结果如表 5-4-8 所示。随着二氧化氯用量的增加，纸浆的卡伯值不断降低，即浆中木质素的残余量在不断降低，浆中木质素脱除量增加，但当二氧化氯用量达到一定值（1.90%）后，卡伯值的下降率逐渐变小，这时继续增加二氧化氯用量，并不能有效地提高脱木质素量。然而，随着二氧化氯用量的增加漂后 pH 值逐渐下降，此时碳水化合物的酸性降解和氧化反应逐渐加重，因而纸浆黏度下降的速度越来越快。

表 5-4-8 ClO_2 用量对漂白效果的影响

NaOH/%	ClO_2/%	卡伯值	白度/%	黏度/（mL/g)	残余 ClO_2/(g/L)	漂前 pH 值	漂后 pH 值
0.76	1.52	6.1	52.2	919.8	0.0000	5.12	5.18
0.95	1.90	4.8	63.2	899.6	0.0056	5.45	4.54
1.14	2.28	3.1	66.7	876.3	0.0197	5.88	3.86
1.33	2.66	2.6	68.5	853.6	0.0789	5.88	3.86

注：氧脱木质素浆的性能为卡伯值 12.1、白度 34.8%、黏度 963.0mL/g。

以针叶木预汽蒸-硫酸盐法制浆-氧脱木质素后纸浆为例，在温度 65℃、时间 60min、浆浓 10%的条件下，对二氧化氯用量的影响进行研究，结果如表 5-4-9 所示。随着 ClO_2 用量的增加，卡伯值不断下降，纸浆黏度有略微下降，纸浆白度不断上升，但当 ClO_2 用量超过 1.8%时，纸浆白度增长幅度变小，几乎不再上升，这是因为漂白过程中酚型结构的木质素不断被 ClO_2 氧化，生成可溶性黏糠酸衍生物，过量的 ClO_2 不是与酚型结构木质素继续反应，而是与形成的黏糠酸衍生物发生副反应，这时会造成化学品的浪费。纸浆黏度随 ClO_2 用量的增加有所下降，但幅度不大，这是因为在 ClO_2 漂白过程中不断有有机酸产生，会对碳水化合物产生酸性水解，造成纸浆黏度的下降。戊聚糖含量和 α-纤维素含量变化不大。

表 5-4-9 ClO_2 用量对二氧化氯漂白浆性能的影响

ClO_2 用量%	卡伯值	黏度/(mL/g)	戊聚糖/%	α-纤维素/%	白度/%	漂后 pH 值
0.8	3.1	415.19	3.86	92.29	52.9	2.13
1.0	2.7	414.70	3.59	92.46	56.6	2.07
1.2	2.8	414.74	3.57	92.63	56.1	2.11
1.4	2.3	412.28	3.63	92.71	61.8	2.05
1.6	2.1	409.16	3.61	92.99	65.8	2.02
1.8	1.4	408.86	3.37	92.63	71.5	1.96
2.0	1.2	409.14	3.78	92.26	72.2	1.96

注：氧脱木质素浆的性能为卡伯值 7.5、白度 41.7%、黏度 436.0mL/g。

2. 温度

ClO_2 漂白有代表性的温度是 70℃。在 ClO_2 用量一定的情况下，提高温度，可以提高白度，但残氯减少。为了提高 ClO_2 漂白效率、缩短漂白时间，并有利于浆中己烯糖醛酸的脱除，工业生产中采用高温（90～95℃）二氧化氯漂白。

表 5-4-10 是温度对针叶木溶解浆二氧化氯漂白效果的影响的结果。由表可知：随着漂白温度的上升，所漂纸浆的卡伯值和残余 ClO_2 均呈下降的趋势。因为 ClO_2 与木质素的反应速率随温度的升高而升高，温度较高的浆料在极短的时间内消耗掉大部分 ClO_2，木质素被降解最多，所以温度较高的 ClO_2 漂白，其卡伯值较低，残余 ClO_2 较少，而温度较低的反应，ClO_2 与木质素的反应速率较低，ClO_2 与木质素反应不是很完全，因而卡伯值就较高，残余 ClO_2 较多。所漂纸浆的黏度随着漂白温度的上升而下降，这是因为温度较高时，ClO_2 与木质素反应较快，生成较多的有机酸，降低了漂白的 pH 值，使得碳水化合物发生酸性水解，从而导致黏度下降。随着漂白温度的上升，所漂纸浆的白度不断提高，说明提高温度，有利于 ClO_2 与木质素的反应，从而使纸浆的白度得到提高。

表 5-4-10 温度对二氧化氯漂白浆性能的影响

温度/℃	卡伯值	白度/%	黏度/(mL/g)	残余 ClO_2/(g/L)	漂前 pH 值	漂后 pH 值
55	6.0	61.1	926.0	0.0902	5.65	4.12
65	5.6	62.4	918.7	0.0704	5.87	4.37
75	4.8	63.2	899.6	0.0056	5.45	4.54
85	3.3	63.6	881.6	0.0000	5.74	3.54

注：氧脱木质素浆的性能为卡伯值 12.1、白度 34.8%、黏度 963.0mL/g。

3. 时间

ClO_2 与纸浆的反应速度很快，在开始 5min 内就可消耗 75%的 ClO_2，白度也很快提高，其后反应速度变慢。在 NaOH 用量 0.95%、ClO_2 用量 1.90%、浆浓 10%、温度 75℃条件下对漂白时间进行研究，实验结果见表 5-4-11。可以看出，随着漂白时间的延长，所漂浆的卡伯值逐渐下降，漂后浆的白度逐渐上升，特性黏度和残余二氧化氯逐渐下降，纸浆的卡伯值、残余二氧化氯、纸浆黏度在漂白时间 1h 之前变化较大，这说明二氧化氯与木质素的反应非常迅速，在漂白初期，随着漂白时间的延长，浆中的残余木质素量在不断降低，即浆中木质素的脱除量增加。传统设计的 CEDED 漂白流程，ClO_2 漂白温度为 70℃，每段漂白时间为 3h。

表 5-4-11 时间对二氧化氯漂白效果的影响

时间/h	卡伯值	白度/%	黏度/(mL/g)	残余 ClO_2/(g/L)	漂前 pH 值	漂后 pH 值
1	6.1	54.5	917.2	0.0676	6.08	4.71
2	5.3	60.5	910.3	0.0141	6.12	4.32
3	4.8	63.2	899.6	0.0056	5.45	4.54
4	4.2	65.1	891.5	0.0000	5.65	3.13

注：氧脱木质素浆的性能为卡伯值 12.1、白度 34.8%、黏度 963.0mL/g。

4. 浆浓

ClO_2 用量 1.90%、NaOH 用量 0.95%、漂白温度 75℃、漂白时间 2h 时，纸浆浓度对漂白效果的影响见表 5-4-12。可以看出，浆浓对 ClO_2 漂白的影响较大，随着浆浓的提高，所漂纸浆的卡伯值先下降，到浆浓为 10%以后，又开始慢慢上升，说明随着漂白浆浓的提高，纸浆中 ClO_2 含量增加，木质素的脱除量在不断增加，但当浆浓大于 10%时，实验室条件下的混合不及时、不够均匀，将造成木质素的脱除量反而下降。在实际生产中，纸浆浓度在 10%～16%对 ClO_2 漂白反应和漂白效率几乎没有影响。

表 5-4-12 浆浓对二氧化氯漂白效果的影响

浓度/%	卡伯值	白度/%	黏度/(mL/g)	残余 ClO_2/(g/L)	漂前 pH 值	漂后 pH 值
5	6.4	56.4	933.8	0.0451	6.56	4.78
7.5	5.6	58.5	920.3	0.0395	6.46	4.66
10	5.3	60.5	910.3	0.0141	6.12	4.32
12.5	5.5	59.6	912.9	0.0282	6.54	3.61

注：氧脱木质素浆的性能为卡伯值 12.1、白度 34.8%、黏度 963.0mL/g。

ClO_2 漂白，浆浓低，纸浆在漂白塔中停留时间短，且加热的蒸汽耗量增大，产生流量较多的废水。从节约蒸汽、提高设备生产能力、减少废液排放量等方面来考虑，应尽可能提高浆浓，通常为 11%～12%。

三、碱抽提

二氧化氯漂白和氯漂白产生的木质素降解产物，只有部分能溶于漂白酸性溶液中，还有相当比例的木质素难以溶解于酸性溶液中，需要在热碱溶液中溶解去除。碱处理的主要作用是除去纸浆中的木质素和其他有色物质，溶出部分树脂。在温和的碱性条件下，碱抽提对纤维素的聚合度几乎无影响，溶出的半纤维素也不多。对于某些特殊要求的纸浆，如溶解浆，通常采用高强度的碱处理，即碱精制，将半纤维素溶解于高浓的碱液中，以此提高纸浆的 α-纤维素含量和黏度。此外，热碱处理可有效降低溶解浆中的 SiO_2 型灰分，因此也具有降低灰分的作用。在典型的 ECF 和 TCF 漂序中，常采用氧强化（EO）、过氧化氢强化（EP）、氧和过氧化氢强化（EOP）的碱抽提，以此提高碱抽提的脱木质素效率和纸浆白度。

1. 碱抽提概述

碱抽提最初是用于溶出氯漂后的氯化木质素。用碱量取决于制浆方法、未漂浆的硬度和氯化用氯量等。一般氢氧化钠的用量为1%～5%，漂终 pH 值为 9.5～11。在未漂浆充分洗涤的情况下，针叶木硫酸盐浆碱处理段 NaOH 用量一般为氯化段有效氯用量的 50%，再额外增加 0.3%；阔叶木硫酸盐浆则为氯化段有效氯用量的 50%，再额外增加 0.2%。

碱抽提的温度上升可提高氯化木质素的溶解速度和溶解量，但温度高、热能消耗也大，同时也会增加半纤维素类碳水化合物的溶出，碱抽提的温度一般控制在 60～70℃。

碱抽提过程中，纸浆的浓度一般控制在 8%～15%。浆浓增大，不仅可缩小碱处理塔容积，减少废液排放量，节省蒸汽，而且在相同用碱量下的碱浓更高，故而反应速度也将随之提高。因此，碱抽提一般趋向于使用高浆浓。

碱抽提的用碱量、温度和浆浓共同决定了碱抽提时间，提高温度可缩短反应时间。一般而言，氯化后的碱处理时间在 60～90min。

此外，添加助剂（如 KBH_4、Na_2SO_3 或 H_2O_2）可以减少碱抽提过程中碳水化合物的降解，添加剂的作用主要是还原或氧化碳水化合物的羧基末端基，以此减少碳水化合物的碱性剥皮反应，有些助剂还有增强脱木质素的作用。

2. 碱抽提的强化

氧强化的碱提抽（EO），是在碱抽提时通入氧气，以此强化碱抽提的脱木质素作用，进一步降低纸浆的卡伯值。1980 年之前，人们已经认识到在碱抽提段加入成本低廉的氧气，可降低后续二氧化氯漂白过程中 ClO_2 的用量，但是由于氧气与纸浆充分混合技术的缺失，一直没有实施。1980 年以后，随着高强度中浓混合器的出现，氧强化碱抽提逐渐实现工业化，并取得迅速的发展。与常规的碱抽提相比，氧强化的碱抽提在降低纸浆卡伯值的同时也保障了纤维的强度，而且 EO 段后，随着纸浆卡伯值的降低，其后的 D 段可减少 ClO_2 的用量，亦或者可在 EO 段前的氯化段减少用氯量，以减少漂白废水中的有机氯化物，降低对环境的污染，并同时降低了漂白成本。

（1）反应时间　H_2O_2 强化氧碱抽提时，反应时间的长短将影响木质素的脱除和碳水化合物的降解。在固定其他条件（如 H_2O_2 用量 0.5%、NaOH 用量 2.5%、氧压 0.4MPa、反应温度 75℃、$MgSO_4$ 用量 0.5%、浆浓 10%）的基础上，时间对竹浆 EOP 处理效果的影响如表 5-4-13 所示。可以看出，随着反应时间的延长，漂白纸浆的卡伯值逐渐降低，白度逐渐升高；反应前期，卡伯值降低的幅度和白度的提升幅度较大，当反应时间超过 60min 后，卡伯值降低幅度和白度提升幅度渐趋平缓。因此，过度延长反应时间对脱除木质素效果不大。

表 5-4-13　漂白时间对 EOP 漂白的影响

时间/min	卡伯值	白度/%	黏度/（mL/g）
30	2.4	72.1	841.9
60	1.8	75.9	825.6
90	1.7	76.5	819.5
120	1.6	77.1	808.5

注：D_1 段处理浆卡伯值 5.3，白度 60.5%，黏度 910.3mL/g。

（2）用碱量　二氧化氯处理后碱抽提是在碱性条件下借溶解作用除去残余木质素，因此用碱量大小对残余木质素的去除有很大的影响。在固定其他工艺条件（如 H_2O_2 用量 0.5%、氧压 0.4MPa、反应温度 75℃、反应时间 60min 、$MgSO_4$ 用量 0.5%、浆浓 10%）的基础上，用碱量大小对 EOP 处理效果的影响如表 5-4-14 所示。可以看出，随着用碱量的增加，所漂浆的卡伯值不断降低，即浆中残余木质素量在不断降低，浆中木质素的脱除量增加；当用碱量低于 2.5%时，随着用碱量的增加，卡伯值下降的趋势非常明显，说明木质素脱除的效果比较显著；当用碱量高于 2.5%时，尽管用碱量持续增加，但是卡伯值的曲线变化趋向于水平，这说明用碱量超过

2.5%后，再增加用碱量，并不能有效提高脱木质素的量。

表 5-4-14　用碱量对 EOP 漂白的影响

用碱量/%	卡伯值	白度/%	黏度/（mL/g）
1.0	2.3	74.1	841.0
2.5	1.8	75.9	825.6
4.0	1.7	76.2	809.0

注：D_1 段处理浆卡伯值 5.3，白度 60.5%，黏度 910.3mL/g。

（3）氧压　氧压的大小直接关系到 EOP 处理过程中氧量的多少及氧在气、液、固三相物质中的质量传递。所以，采用合适的氧压对强化氧碱抽提的反应是十分重要的。在固定其他条件（如 H_2O_2 用量 0.5%、NaOH 用量 2.5%、反应温度 75℃、反应时间 60min 、$MgSO_4$ 用量 0.5%、浆浓 10%）的情况下，研究氧压对 H_2O_2 加强氧碱抽提的影响，结果见表 5-4-15。由表可知，随着氧压的升高，纸浆卡伯值不断降低，即所漂浆中木质素含量在不断降低，木质素脱除量在增加。当氧压低于 0.4MPa 时，随着氧压的升高，卡伯值下降幅度较大；当氧压高于 0.4MPa 时，随着氧压继续升高，卡伯值下降逐渐趋向平缓，变化不大，这表明当氧压升高到一定数值后，再提高氧压对氧脱木质素效果的影响不大。

表 5-4-15　氧压对 EOP 漂白的影响

氧压/MPa	卡伯值	白度/%	黏度/(mL/g)
0.3	2.1	72.9	844.9
0.4	1.8	75.9	825.6
0.5	1.7	76.6	808.5
0.6	1.6	77.2	793.0

注：D_1 段处理浆卡伯值 5.3，白度 60.5%，黏度 910.3mL/g。

（4）过氧化氢　过氧化氢是一种氧化性较弱的试剂，它与木质素的反应主要是氧化木质素侧链上羰基和双键反应，从而改变木质素的侧链化学结构、断裂侧链。过氧化氢处理过程中形成的各种游离基也能与木质素反应，将木质素降解成低分子量化合物。然而在 EOP 处理过程中，H_2O_2 分解形成的 HO・和 HOO・都能与碳水化合物反应，使碳水化合物发生剥皮反应和降解，使纸浆黏度和强度都下降。如果处理条件比较强烈，又没有有效除去浆中的过渡金属离子，处理过程中形成的氢氧游离基过多，碳水化合物会强烈地降解。因而必须严格控制好工艺条件，特别是 H_2O_2 用量。固定其他工艺条件为 NaOH 用量 2.5%、时间 60min、温度 75℃、浆浓 10%、氧压 0.4MPa、$MgSO_4$ 用量 0.5%，研究过氧化氢用量对 EOP 漂白的影响，结果如表 5-4-16 所示。由表可以，随着过氧化氢用量的增加，所漂浆的卡伯值不断降低，即浆中残余木质素量在不断降低，木质素脱除量增加，这说明过氧化氢能有效减少和消除木质素及浆中的有色基团；当 H_2O_2 用量超过一定数值时，卡伯值的下降趋势减缓，而纸浆黏度却一直逐渐下降。

表 5-4-16　H_2O_2 用量对 EOP 漂白的影响

H_2O_2用量/%	卡伯值	白度/%	黏度/(mL/g)
0.25	2.1	73.7	842.2
0.50	1.8	75.9	825.6
0.75	1.6	76.3	805.3
1.00	1.5	77.1	794.8
1.50	1.4	77.7	784.0

注：D_1 段处理浆卡伯值 5.3，白度 60.5%，黏度 910.3mL/g。

（5）反应温度　反应温度对EOP漂白具有很大的影响，它不仅决定氧和过氧化氢降解木质素的效率，而且影响降解产物的溶出速率。在固定其他工艺条件（如 H_2O_2 用量0.5%、NaOH用量2.5%、氧压0.4MPa、反应时间60min 、$MgSO_4$ 用量0.5%、浆浓10%）的基础上，研究温度对EOP段漂白效果的影响，结果见表5-4-17。可以看出，随着温度的升高，所漂浆的卡伯值和特性黏度都呈现出下降的趋势，而白度在逐渐上升，这说明温度的升高有利于氧和过氧化氢强化的碱抽提；但随着温度的继续升高，卡伯值变化趋于平缓，所以此时再升高温度对木质素的脱除意义不大，相反会导致纸浆黏度的过度下降，同时温度高，能耗也高，会增加纸浆的生产成本。

表5-4-17　温度对EOP漂白的影响

温度/℃	卡伯值	白度/%	黏度/(mL/g)
65	2.2	74.7	878.8
75	1.8	75.9	825.6
85	1.7	76.6	805.6
95	1.6	77.6	787.2

注：D_1 段处理浆卡伯值5.3，白度60.5%，黏度910.3mL/g。

（6）三种典型的强化碱抽提工艺的比较　不同碱抽提的强化方式对漂后浆的性质有重要的影响。对未漂硫酸盐竹浆经氧脱木质素、D_1 段二氧化氯处理后，分别采用氧气强化碱抽提（EO）、过氧化氢强化碱抽提（EP）、氧气和过氧化氢强化碱抽提（EOP）进行处理，结果如表5-4-18所示。可以看出，氧气强化碱抽提（EO）和过氧化氢强化碱抽提（EP）的卡伯值分别为2.5和3.0，比氧气和过氧化氢强化碱抽提（EOP）处理的卡伯值（1.8）都高；经过氧气和过氧化氢强化碱抽提（EOP）处理的白度要比经过氧气强化碱抽提（EO）和过氧化氢强化碱抽提（EP）的白度高2%～3%左右，而且黏度变化不大。从而表明，氧气和过氧化氢都有明显的强化碱抽提效果，而且氧气和过氧化氢具有较好的协同效应。

表5-4-18　EO、EP、EOP处理后纸浆性能的比较

处理方法	氧压/MPa	H_2O_2/%	$MgSO_4$/%	卡伯值	白度/%	黏度/(mL/g)
EO	0.4	0	0.5	2.5	71.9	850.9
EP	0	0.5	0.5	3.0	69.0	840.9
EOP	0.4	0.5	0.5	1.8	75.9	825.6

四、过氧化氢漂白

过氧化氢漂白应用于企业的实际生产可追溯到1940年，主要是应用于机械浆的漂白。后续，过氧化氢逐渐应用于化学浆的漂白；在相当长的时间内，过氧化氢漂白主要是作为多段漂白的最后一段，在获得更高白度的同时，提高纸浆白度的稳定性。随着生态环境的恶化，含氯漂白剂的应用引起各国政府与产业界的高度重视。因此，在20世纪80年代后期，过氧化氢作为一种环境友好的漂白剂，在化学浆漂白中所占比例迅速增长。必须指出的是，过氧化氢漂白既能够以脱除木质素为主提升纸浆白度，也能够以保留木质素为主作为漂白剂。因此，过氧化氢已成为TCF漂白序列中不可缺少的漂白试剂，而且在ECF漂白流程中大多数情况下也含有过氧化氢漂白段[9]。

（一）过氧化氢漂白的基本原理

作为一种弱氧化剂，过氧化氢主要是与木质素侧链上的羰基和双键反应，通过氧化作用改变侧链结构，甚至将侧链碎解。木质素结构单元的苯环，其自身是无色的，但是在蒸煮过程中木质素会产生各种醌式结构，从而使其成为有色体。因此，过氧化氢与木质素结构单元苯环反应的关键是破坏醌式结构，使其转变为其他无色结构；在更强的反应条件下，还将导致苯环的氧化开裂，形成二元羧酸和芳香酸等物质。除氧化作用外，过氧化氢在漂白过程中会形成各种游离基，这些自由基也能与木质素发生化学反应。例如，氢氧游离基与纸浆中的木质素反应会形成酚氧游离基，过氧阴离子自由基（O_2^-·）继续与酚氧游离基的中间产物反应生成有机氧化物，有机氧化物再继续降解，则生成低分子量的有机化合物。由此可见，过氧化氢漂白既能减少或消除木质素的发色基团，也能将木质素骨架碎解，使其溶解至漂白液中。除木质素外，过氧化氢漂段的溶出物还包括低分子量的脂肪酸（3,4-二羟基丁酸、羟基乙酸、甲酸等），以及以木聚糖为主的聚糖。但是，碱性过氧化氢不能降解碱法蒸煮过程中产生的已烯糖醛酸，该物质被认为是造成纸浆假卡伯值的重要因素。

从碳水化合物的角度来看，在控制良好的温和条件下，过氧化氢与碳水化合物的反应是较弱的，这可以保障纸浆具有较高的强度与较低的漂损。尽管如此，过氧化氢分解生成的氢氧游离基（HO·）和氢过氧游离基（HOO·）仍能降解碳水化合物。氢过氧游离基与碳水化合物的反应主要是将其还原性末端基氧化为羧基，氢氧游离基则既能氧化还原性末端基，也能将醇羟基氧化为羰基，后者生成的乙酮醇结构将促使碳水化合物的糖苷键在热碱溶液中断裂，从而造成纸浆聚合度下降。此外，在高温碱性条件下，过氧化氢分解生成的氧气也能与碳水化合物发生化学反应。因此，化学浆经过氧化氢漂白后，纸浆黏度和强度均会有一定程度的下降。若漂白条件强烈（例如高温过氧化氢漂白），又没有有效地除去纸或稳定浆中的过渡金属离子，漂白过程中形成的氢氧游离基会剧烈增加，导致碳水化合物发生严重降解。因此，过氧化氢漂白过程中应严格控制好温度、pH 值、助剂加入量等工艺条件，在必要的情况下还需要事先通过螯合处理移除纸浆中的过渡金属离子。

（二）过氧化氢漂白的影响因素

1. 过氧化氢用量

随着过氧化氢用量的增加，纸浆的白度逐渐增加，但用量过高，白度不再显著升高，因此采用过高的过氧化氢用量在经济上是不合理的。一般而言，在化学浆的多段漂白流程中，若仅使用一段过氧化氢漂白段，其用量不超过 2.5%；若使用多个过氧化氢漂白段，则一段过氧化氢漂白的漂剂用量不超过 1.5%，并控制过氧化氢的总用量不高于 4.5%。

2. 漂白温度和时间

漂白温度和时间是决定漂白效果的两个关键相关因素。在其他条件相同的情况下，漂白温度越高，漂白时间则可以更短，从而可以减小漂白设备的尺寸。然而，过高的漂白温度将导致过氧化氢分解速度加快；而采用过长的漂白时间，则漂液中的残余过氧化氢含量将可能为零，从而发生纸浆的“碱性变暗”现象，导致纸浆返黄程度增加。相对于过去的低温（40～60℃）过氧化氢漂白，当前的发展趋势是提高漂白的温度，以此强化过氧化氢的漂白作用，提高脱木质素的反应速率。在温度选择上，常压下最高温度一般为 90℃，加压漂白的温度则一般不超过 120℃，否则将引起 H_2O_2 的氧氧键均裂，产生过多的氢氧游离基。

3. pH 值

pH 值的控制对过氧化氢漂白具有非常重要的作用。漂液的 pH 值不能过低，否则漂液中的游离基浓度显著下降，漂白效果变差。但是，漂液的碱度过高，将导致过氧化氢的电离速度过快，造成过氧化氢的无效降解。研究表明，过氧化氢漂白的漂初 pH 值一般控制在 10.5～11.0，漂白结束时漂液中仍需要含有约 10%～20%的残余过氧化氢，pH 值一般控制在 9.0～10.0，此时的漂白效果较好。

pH 值的调节主要由加入的 NaOH 量来实现，一般是控制合适的 NaOH/ H_2O_2 值。对于中浓（9%～12%）漂白而言，该比值控制在 1 左右；在高浓（20%～30%）漂白时，该比值一般在 0.25 左右。

4. 纸浆浓度

在上述工艺参数确定的条件下，提高漂白的浆浓有助于提高纸浆的白度。不仅如此，高浓漂白还有利于节约漂白的蒸汽消耗，NaOH 用量也随之减少。但是，相对于高浓漂白，中浓漂白的设备投资较少、操作较易，因此近年来得到了迅速发展。

5. 材种和浆种

针对不同的材种和制浆方法，过氧化氢漂白的效果有明显的差异，这主要与纸浆中抽出物含量有关。就材种而言，阔叶木浆易漂，而针叶木浆难漂；就制浆方法而言，相比于硫酸盐法浆，亚硫酸盐法浆更容易漂白。

（三）过氧化氢漂白的改进与发展

1. 金属离子分布的控制

纸浆中的金属离子对过氧化氢漂白效果有重要影响。铁、锰、铜等过渡金属离子对过氧化氢的分解具有明显的催化效应，从而会催化分解 H_2O_2，产生过量的游离基。尽管游离基的生成有利于脱除木质素，但是过量游离基的产生将引起 H_2O_2 的无效分解及碳水化合物的降解。与之相反，镁、钙等碱土金属离子能稳定过氧化氢，从而防止碳水化合物的降解。因此，控制纸浆中金属离子的分布对过氧化氢漂白十分重要，一方面是尽量去除纸浆中的过渡金属离子，另一方面是适度保留纸浆中的碱土金属离子。

（1）螯合处理　螯合处理是控制纸浆中过渡金属离子的重要方式。一般是采用螯合剂，在适宜的温度和 pH 等条件下处理一段时间，以螯合的方式溶解过渡金属离子或者使其脱离纸浆纤维表面，然后再采用洗涤的方式将游离的金属离子螯合物去除。常用的螯合剂有二亚乙基三胺五乙酸（DTPA）和乙二胺四乙酸（EDTA），且 DTPA 的处理效果更胜一筹。螯合处理时，由于体系的氢离子浓度对金属离子的溶解和螯合剂的螯合能力有显著影响，所以控制体系的 pH 值是必要的，对 DTPA 和 EDTA 而言，较佳的 pH 值在 4～6。在反应温度和时间上，一般控制螯合温度在 60～90℃之间，处理时间以 30～60min 为宜。

（2）酸处理　酸处理是控制纸浆中金属离子含量的另一种重要的方式，通过调节纸浆悬浮液的酸性，可以使金属离子尤其是过渡金属离子由纸浆纤维溶出至水中，后续继续采用洗涤的方式将其移除，常用的无机酸包括硫酸和盐酸。在酸处理过程中，所使用的 pH 值、温度和时间需要根据纸浆的种类进行优化。一般而言，在 pH 值为 3 时，需要使用较高的处理温度（75℃）提高金属离子的溶解度，进而才能更加有效地去除纸浆中的过渡金属离子；当 pH 值为 2 时，由于氢氧根离子浓度显著下降，故处理温度可以降低一些，时间也可以相应缩短。此外，在酸处理过程中，可加入 SO_2 或 $NaHSO_3$ 等还原剂，将高价过渡金属离子溶解，因此提高金属离子的移除率，从而改善后续过氧化氢漂段的漂白效果。

然而，酸处理过程中不可避免地也除去了镁离子和钙离子，因此为了稳定过氧化氢，保护碳水化合物，常根据纸浆中残余的镁离子和钙离子含量，在后续过氧化氢漂白时补加适量的镁（如硫酸镁和氢氧化镁）。

（3）酸化与螯合相结合　在特殊情况下，为了尽量降低纸浆中的过渡金属离子含量，可以采用先酸化再螯合处理的方式调控过渡金属离子含量。若两段之间未进行洗涤，一般称为（AQ）处理；若两段之间有洗涤步骤，则称为 AQ 处理。

2. 压力高温过氧化氢漂白

过氧化氢是一种弱氧化剂。为了增强过氧化氢的脱木质素和漂白作用，可以采用加压氧气强化的过氧化氢漂白，称为（PO）漂白。加压氧气强化的过氧化氢漂白结合了碱氧漂白和过氧化氢漂白的优点，因此明显改善了纸浆的漂白效果。结果表明，在 95～120℃范围内，随着温度的升高，H_2O_2 和 NaOH 消耗速度增大，pH 值下降，纸浆白度提高，卡伯值降低，黏度也相应下降。在任一恒定温度下，随着压力的升高，纸浆卡伯值的下降略有增加，而白度明显提高。加压能增加氧的溶解度和强化传质过程。理论上，较高的氧压可以防止过氧化氢漂白时所不希望发生的副反应，防止过氧化氢无效降解为氧气或降解为具有很强反应性的氢氧游离基。（PO）段的工艺条件一般为：H_2O_2 用量 5～40kg/t，O_2 用量 5～10kg/t，压力 0.3～0.8 MPa，浆浓 9%～13%，pH 值 10.5～11.0，温度 80～110℃，时间 1～3h。

五、纸浆漂白装备

纸浆多段漂白的设备包括输送设备、混合设备、反应器和洗涤设备。其中，浆与化学品、蒸汽混合的设备对反应的均一性具有重要的影响，而漂白反应塔是漂白进行的主要装备，因此两者在漂白设备中占有重要的地位。随着中高浓漂白工艺的发展，现代漂白对混合设备和输送设备有很高的要求，而科技的快速发展催生出多种高效的中高浓混合和输送设备，这反过来也促进了中高浓漂白技术的发展。

（一）单辊和双辊混合器

单辊和双辊混合器是浆料与药液和蒸汽混合的主要设备，能推动浆料通过混合器，在螺旋搅拌的作用下使三者混合均匀。

单辊混合器为一圆筒形机壳，内装一根搅拌辊。浆料从顶部进入，在搅拌辊前端的螺旋推进下送入；搅拌辊由若干对搅拌杆焊接而成，筒体中部内壁一般焊有三对固定片，以此强化搅拌混合效果。单辊混合器一般应用于碱处理和次氯酸盐漂白段的料、液、汽混合过程。

单辊混合器的浆浓一般在 8%以下，当浆浓度高于此值时，常采用双辊混合器。如图 5-4-1 所示，双辊混合器一般呈椭圆形，沿进浆口向出浆口的方向，体积逐渐增大；机内有两根搅拌辊，彼此沿相反的方向旋转，搅拌辊上焊有搅拌臂，以强化混合效果，在进浆口处焊有两条叶板，起推动浆料的作用；为使浆料和药液、蒸汽混合得更加均匀，其余的搅拌臂均焊成交叉状。双辊混合器适用的浆浓一般在 10%～15%，工作温度低于 100℃。

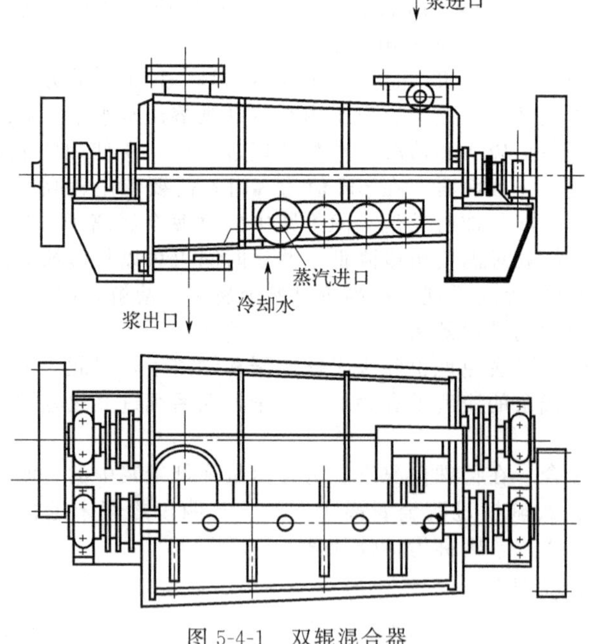

图 5-4-1　双辊混合器

（二）漂白反应器

漂白反应器是进行漂白过程的反应容器，根据反应器内浆料的流动方向，可分为升流式漂白塔、降流式漂白塔和升降流式漂白塔三类。

1. 升流式漂白塔

若漂段采用的漂白剂为氯气、二氧化氯等气相漂白剂，一般需采用升流式漂白塔，浆料从塔底进入漂白塔，逐渐上升。在升流塔内，由于塔内浆料存在静压强，所以可防止氯气、二氧化氯等气体的逸出。随着浆料上升漂剂被大量消耗，而底部上升的气相反应剂可与上部的浆料继续接触反应，从而减少漂剂的损耗，防止对大气的污染。

（1）低浓升流塔　低浓升流塔主要用于氯化段，浆料以切线方向从塔底进入，在泵的作用下浆料逐渐上升；塔内设 1～2 个循环器，对浆料进行回旋搅拌，以免局部停浆，产生漂白死角。浆料出塔时，塔顶设有环形喷水管，喷出的水与浆料混合均匀后出塔。

目前国内使用的氯化塔有 ZPT1～ZPT5 五种型号，浆浓一般在 3%左右，生产能力 30～120t/d，漂白塔容积在 40～162m^3，塔径在 2200～3500mm 的范围内，漂白塔的高度一般在 11.5～18.8m，材质可采用水泥衬酸砖、钢板衬胶或内涂环氧树脂。

（2）高浓升流塔　高浓升流塔适用于二氧化氯漂白，高浓浆料在泵的推进下从塔底进入。高浓塔的塔底中央一般设有导流锥体，使浆料在塔底分布均匀，逐渐上升的浆料到达塔顶后被刮料器刮出。在材质方面，用于二氧化氯漂白的升流塔一般内衬钛板，如图 5-4-2 所示。

2. 降流式漂白塔

降流塔多用于浆料的碱处理、过氧化氢漂白和次氯酸盐漂白。浆料经双辊混合器混合均匀后，由塔顶进塔，向下流动。在正常运转情况下，反应时间可以通过改变浆料液面和反应容积的方式来调节。其结构如图 5-4-3 所示。塔的下部装有环形喷水管，用于调节浆料出塔浓度，塔的下部另设有循环器，且装有导流板，以此实现水与浆料的充分混合，调节浆浓。目前，国内常用的碱处理降流塔为钢制敞开式，包括 ZPT 11、ZPT 12、ZPT 14 和 ZPT 19 四种型号，生产能力 30～120t/d，浆浓在 8%～10%，塔径为 2200～4800mm，塔高 9.0～11.0m，塔容积 26～85m^3。次氯酸盐漂白降流塔包括 ZPT 21～ZPT 24 和 ZPT 24A 五种型号，浆浓 7%～8%或 10%～12%，生产能力 30～120t/d。根据加热及耐腐蚀要求，塔体用混凝土、耐腐蚀金属制作，若为混凝土则需衬瓷砖或涂覆树脂。

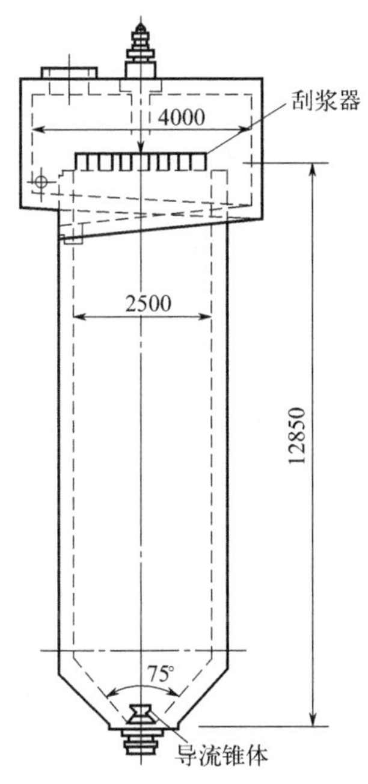

图 5-4-2　高浓升流塔

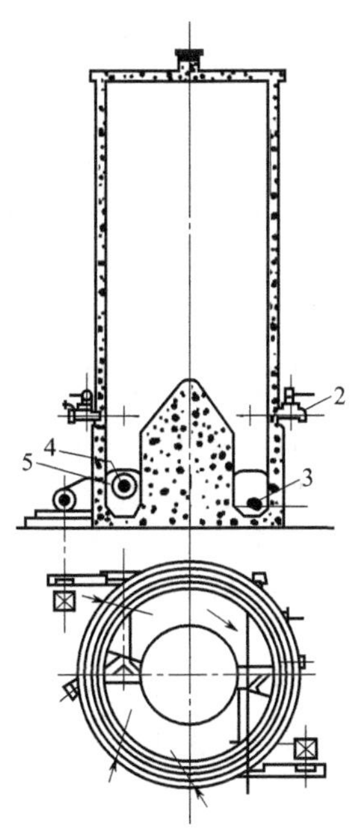

图 5-4-3　降流式漂白塔

1—进浆口；2—稀释水进口；3—出浆口；4—导流环；5—循环器

3. 升降流式漂白塔

升降流式漂白塔是吸收了升流式和降流式漂白塔的优点组合而成的漂白塔，适用于二氧化氯漂白。这种漂白塔又分为两种类型，即升降流在同一塔内和升流部分在塔外两种。

第三节　高得率浆的漂白工艺过程和装备

高得率浆根据木质纤维原料机械处理程度不同分为机械浆、化学机械浆和半化学浆。单纯利用机械磨解作用使纤维分离的浆料，称为机械浆，包括磨石磨木浆（SGW）、盘磨机械浆（RMP）和热磨机械浆（TMP）。通过化学预处理和机械磨解使得纤维分离的浆料，称为化学机械浆，主要是指化学热磨机械浆（CTMP 或 BCTMP）和过氧化氢机械浆（APMP 或 P-RC APMP）。半化学浆与化学机械浆制浆一样，包括化学预处理和机械后处理两个阶段。利用工业上通用的化学制浆方法，原则上都能生产出半化学浆，如硫酸盐半化学浆（SCP）、中性亚硫酸盐半化学浆（NSSC）、酸性亚硫酸盐或亚硫酸氢盐半化学浆等。

为了保持高的制浆得率，高得率浆一般采用保留木质素的漂白方式。一般采用氧化性漂白剂如过氧化氢，或还原性漂白剂如连二亚硫酸钠、硼氢化钠等来改变木质素发色基团的结构，或者减少发色基团与助色基团之间的作用进而达到脱色的目的。这类漂白过程中不会有大量木质素的溶出，木质素的发色基团也未彻底破坏，因此漂白纸浆容易受光或热的诱导和氧化作用而返黄。

目前用于高得率浆漂白的化学品主要有过氧化氢（H_2O_2）、连二亚硫酸钠（$Na_2S_2O_4$）、亚硫酸钠或亚硫酸氢钠、硼氢化钠（$NaBH_4$）、过氧乙酸、二氧化硫脲（甲脒亚磺酸 FAS）和臭氧（O_3）等[10-12]。本部分主要讲述过氧化氢、连二亚硫酸盐、FAS 漂白及硼氢化钠漂白等工艺流程及装备。

一、过氧化氢漂白

（一）过氧化氢漂白原理

H_2O_2 是一种弱氧化剂。H_2O_2 漂白高得率浆主要是靠 H_2O_2 电离产生的氢过氧阴离子（HOO^-），HOO^- 与木质素发色基团发生化学反应，从而使纸浆褪色，提高浆料白度。

H_2O_2 氧化木质素模型物的研究表明，H_2O_2 可以氧化木质素大分子侧链上的发色基团 α,β-不饱和醛基，从而使双链断裂；木质素大分子侧链的对位有羟基存在时，α-酮基也会受到作用。破坏或减少木质素分子链上的发色基团是 H_2O_2 漂白高得率浆提高白度的主要原因。也有人提出，H_2O_2 漂白高得率浆是靠 HOO^- 与木质素烯酮共轭系统作用破坏发色基团，而且剧烈的漂白条件还会引起木质素苯环的开环和溶解。

（二）过氧化氢漂白工艺

不同原料生产的高得率浆的白度和可漂性有所不同；同一种原料采用不同的制浆方法，漂后浆料的白度和漂白性能也有一定的差别。一般来说，对于相同的原料，高得率浆的白度和可漂性的顺序是：磨石磨木浆＞压力磨石磨木浆＞化学热磨机械浆＞热磨机械浆＞盘磨机械浆。对于同一原料，其工艺参数包括以下几个。

1. H_2O_2 用量

H_2O_2 用量对浆料白度的影响受到浆种、浆浓、初漂 pH、漂白温度和时间的制约。一般来讲，在其他条件相同的情况下，提高 H_2O_2 用量有利于浆料白度的提高。生产实践表明，为了获取满意的高得率浆漂后白度，H_2O_2 用量应该控制在 1%～3%。需要注意的是，漂白结束时，浆中应残留 10%～20%的 H_2O_2，不然浆料会发生“碱性发黄”现象。

2. NaOH 和 Na_2SiO_3 用量

H_2O_2 漂白时，需添加适量的 NaOH 和 Na_2SiO_3 控制合适的漂白 pH 值。pH 值通常用总碱

（TA）和 H_2O_2 的用量来调节，见式（5-4-3）。

$$TA(\%)=NaOH(\%)+0.115\times Na_2SiO_3\%(41^{\circ}Be') \tag{5-4-3}$$

3. 漂白浓度

H_2O_2 漂白可以在 4%～35%的浓度下进行，在混合均匀的情况下，可尽可能提高浆浓，从而加快反应速度，节约蒸汽，提高白度。目前常用高浓（25%～35%）和中浓（10%～15%）漂白。

4. 漂白温度和时间

提高漂白温度有利于加速漂白反应，缩短反应时间，减少 H_2O_2 的用量。但温度太高会加速 H_2O_2 的分解，增加蒸汽消耗量。漂白温度、碱度和时间需要一个匹配的关系，一般来讲，低温（35～44℃）、中或高碱度漂白时，所需时间较长（4～6h）；中温（60～79℃）、中等碱度漂白时，所需时间较短（2～3h）；高温（93～98℃）、低碱度漂白时，5～20min 即可达到满意的漂白效果。

5. 助剂使用

当浆中有锰、铜、铁、钴等过渡金属离子存在时，这些金属离子不仅会催化分解 H_2O_2，还会与浆中多酚类物质发生反应生成有色的物质，降低浆料的白度。浆中的铁、锰、铜等过渡金属离子主要来自木材、设备或生产用水。为了减轻这些过渡金属离子对 H_2O_2 的分解作用，在 H_2O_2 漂白之前，浆料需要经过螯合剂 EDTA（乙二胺四乙酸）、DTPA（二乙基三胺五乙酸）、STPP（三聚磷酸钠）的预处理，以除去浆中的过渡金属离子，从而提高漂后浆料的白度及白度稳定性。除了上述所讲的螯合剂以外，$MgSO_4$ 也有良好的稳定 H_2O_2 的作用，可以有效地防止 H_2O_2 的分解。

（三）过氧化氢漂白流程

1. 中浓 H_2O_2 单段漂白

浆料在送往浓缩机之前，先要对浆料进行螯合处理。一般在贮浆池对浆料进行螯合处理，处理工艺为使用螯合剂 DTPA，处理时间 15min，处理温度 40～54℃。螯合处理后的浆料经真空洗浆机洗涤浓缩后送至混合器，与漂液及蒸汽混合，然后进入漂白塔，漂白塔的停留时间为 2h 或更长一些。漂白结束后，大部分工厂会在漂后浆料中加入 H_2SO_4 或 SO_2 调节浆料 pH（酸化），以防浆料返黄。

2. 高浓 H_2O_2 单段漂白

与中浓 H_2O_2 单段漂白相似，浆料在进入漂白塔之前首先要进行预处理以除去过渡金属离子。通常浆料在消潜池中用 DTPA 处理 15min，温度控制在 60～74℃。预处理后的浆料经过双网压榨机或双辊压榨机浓缩至 35%的浓度，然后在高浓混合器中与漂液混合，此时浓度为 28%左右，最后进入高浓漂白塔反应 1～3h（大多数 1.5～2h）。漂白结束后，漂后浆料经螺旋输送器送出，酸化后送去造纸。如果废液需要回收，则需在漂白塔后另设一浓缩机脱除废液。

3. 中浓-高浓 H_2O_2 两段漂白

两段漂白采用逆流漂白。其中二段漂白加入新鲜漂液，一段则采用二段的漂白废液。这样循环使用残余漂白化学品，不仅可以提高漂后浆料的白度，还可以减少废水排放，降低成本、减少污染。

4. 非常规 H_2O_2 漂白

（1）盘磨机漂白　木片在磨浆之前先用 Na_2SiO_3 和 DTPA 进行预处理，然后，在一段盘磨或二段盘磨之前加入碱性 H_2O_2 漂液。浆料在盘磨磨区的温度高，湍流速度快，因此漂白反应速度很快。与常规 H_2O_2 塔内漂白相比，盘磨机 H_2O_2 漂白时，当 H_2O_2 用量为 2%时，浆料白度就可提高 11%。此外，当浆料磨至同等打浆度时，磨浆能耗可降低 10%，而且浆料强度相对于未漂浆也有所提高。与常规塔内漂白相比，盘磨机漂白可节省设备投资和运行成本，减少漂损与排污量。但需要注意的是，盘磨机内温度较高，浆料在机内停留时间较短，导致漂白效率欠佳。此外，漂白过程中使用的 Na_2SiO_3 还会引起磨盘结垢。

（2）闪击干燥漂白　闪击干燥是干燥商品高得率浆的一个简便方法。闪击干燥漂白指的是 H_2O_2 漂白与闪击干燥同时进行，这样的处理可以节省漂白工段投资。闪击干燥漂白过程中，H_2O_2 漂液喷洒在进入闪击干燥器的浆表面，近 60%的漂白反应在此过程中完成，这个过程仅需 45s，余下的漂白反应则是在贮存的浆捆中完成。采用这种方法必须严格控制用碱量，保持 H_2O_2 耗尽时，纸浆呈中性或微酸性，以免纸浆发生“碱性返黄”。

（3）浸渍漂白　用 H_2O_2 漂液浸渍干度 50%左右的湿浆板，然后在室温条件下贮存几天即可达到漂白的作用。和闪击干燥漂白一样，浸渍漂白也需要严格控制用碱量，使 H_2O_2 反应结束时，纸浆呈中性或微酸性，防止浆料的“碱性返黄”。根据实际需要还可以加入杀菌剂以防止霉菌生长。杀菌剂可以直接添加在漂液中，也可喷洒在贮存的湿浆表面。

二、连二亚硫酸盐漂白

（一）连二亚硫酸盐漂白原理

连二亚硫酸盐（$Na_2S_2O_4$）是具有还原性的一类漂白剂。在漂白过程中，$S_2O_4^{2-}$ 离解产生二氧化硫游离基离子：

$$S_2O_4^{2-} \rightleftharpoons 2SO_2^- \cdot$$

$SO_2^- \cdot$ 通过电子转移变成 SO_2 和 SO_2^{2-}：

$$2SO_2^- \cdot \rightleftharpoons SO_2^{2-} + SO_2$$

在此反应过程中，SO_2^-、$S_2O_4^{2-}$ 和 SO_2 都属于还原性物质，可作为纸浆的还原性漂白剂。$Na_2S_2O_4$ 能还原木质素中的苯醌结构、松柏醛（双键）结构，使之变成无色的产物，$Na_2S_2O_4$ 本身则被氧化为亚硫酸氢盐。亚硫酸氢盐本身也能破坏与苯环共轭的双键。此外，连二亚硫酸盐还原和分解的产物 SO_2 和 HSO_3^-，也具有使醌型结构脱色的能力。

（二）连二亚硫酸盐漂白工艺

1. $Na_2S_2O_4$ 用量

提高 $Na_2S_2O_4$ 用量有助于纸浆白度的增加，但是当 $Na_2S_2O_4$ 的用量到达一定值时，白度不再提高。因此，在漂白过程中，要严格控制 $Na_2S_2O_4$ 的用量。生产过程中，$Na_2S_2O_4$ 用量一般为 0.25%～1.0%。一些研究结果显示，如果在 $Na_2S_2O_4$ 溶液中加入 25%～100%的 $NaHSO_3$，则 $Na_2S_2O_4$ 漂白的效果更好。添加 $NaHSO_3$ 可以对漂白 pH 值进行优化调整，使漂剂达到最佳的还原能力，而且还能减少 $Na_2S_2O_4$ 的分解。

2. pH 值

漂白 pH 值不仅影响漂液的稳定性，还影响漂白效率。用 $Na_2S_2O_4$ 漂白高得率浆，pH 值在 4.5～6.5 为宜，但是 pH 值在 5.5～6.0 漂白效果会更好。图 5-4-4 为 $Na_2S_2O_4$ 漂白磨木浆时，pH 值对漂后浆料白度的影响。从图 5-4-4 中可看出，最佳 pH 值与漂白温度有关。为了达到较佳的纸浆白度，低温（如 35℃）漂白时，pH 值宜低一些；高温（如 80℃）漂白时，pH 值则应高一些。

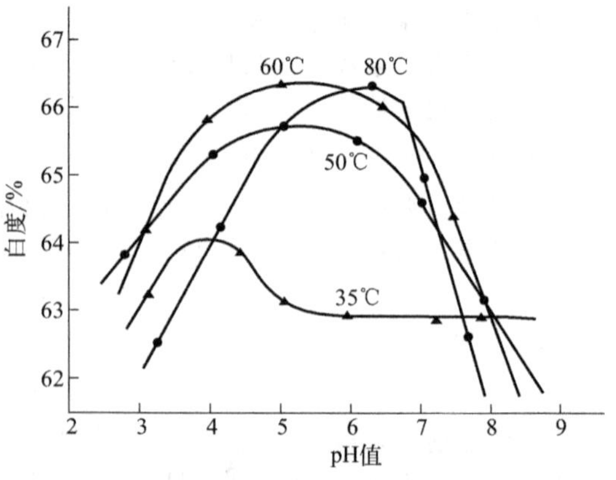

图 5-4-4　$Na_2S_2O_4$ 漂白时 pH 值对漂后浆料白度的影响

3. 浆料浓度

$Na_2S_2O_4$ 漂白高得率浆时，较适宜的浆料浓度为3%～5%。提高漂白浆浓（6%～10%），有利于纸浆白度的提高。但是，提高浆浓需要强化浆料与漂液的混合，这样会带入大量的空气，从而增加 $Na_2S_2O_4$ 的分解。如果漂白浆浓过低，则会增加水中的溶解氧，增加 $Na_2S_2O_4$ 的损失。

4. 漂白温度

提高漂白温度，能加快漂白反应并增加漂后浆料的白度。图5-4-5为南方松TMP $Na_2S_2O_4$ 漂白时温度对漂后浆料白度增值的影响。漂白温度为60℃时，浆料的白度增值最大。考虑蒸汽加热的能耗、漂剂在高温下的分解以及温度过高引起的纸浆返黄，连二亚硫酸盐的漂白温度一般应控制在45～60℃。

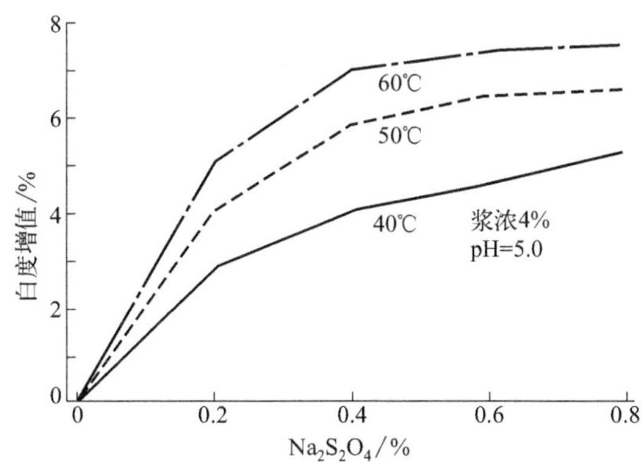

图5-4-5　南方松TMP $Na_2S_2O_4$ 漂白时温度对漂后浆料白度增值的影响

5. 漂白时间

漂白温度和漂剂用量决定了漂白时间。提高漂白温度，就可以相应降低漂剂用量，缩短漂白时间。一般来讲，大部分的漂白作用是在漂剂加入后的10～15min内完成的。为了充分利用漂剂的还原能力，漂白时间一般为30～60min。

6. 螯合剂

铁、锰、铜等过渡金属离子不仅会催化分解 H_2O_2，对 $Na_2S_2O_4$ 也有催化分解作用，此外还会与纸浆中的多酚类物质生成有色的络合物，降低浆料的白度。因此，同 H_2O_2 漂白类似，在 $Na_2S_2O_4$ 漂白之前或在漂白过程中必须加入螯合剂对浆料进行处理。常用的螯合剂有STPP、EDTA和DTPA，还有柠檬酸钠和硅酸钠。

（三）连二亚硫酸盐漂白流程

1. 贮浆池漂白

漂白剂直接加入贮浆池中进行漂白。此法简单，但在贮浆池中，$Na_2S_2O_4$ 接触空气的机会多，因此被空气氧化分解的多，漂白的效率较低。

2. 漂白塔漂白

采用升流式漂白塔，浆料浓度为4.5%，可防止浆料与空气接触。在漂白塔浆泵入口处施加漂白剂，尽量避免空气的进入。因此，漂白效果较好，白度增值可达8%～10%。

3. 盘磨机漂白

漂白剂在盘磨机入口处加入，由于磨浆是在高浓和高温条件下进行的，浆料与漂白剂混合得好，漂白反应很快，当浆料离开磨浆区时，漂白作用几乎全部完成。如经盘磨机漂白后，再在升流塔进行第二段 $Na_2S_2O_4$ 漂白，漂白效果会更好。

4. H_2O_2-$Na_2S_2O_4$ 两段漂白

浆料先进行一段 H_2O_2 中浓漂白，一段漂白结束后，浆料用 SO_2 中和和酸化，调节浆料 pH 值和浆浓。然后，一段漂白后的浆料与 $Na_2S_2O_4$ 混合后进入升流塔进行二段漂白。H_2O_2-$Na_2S_2O_4$ 这种氧化性漂白剂-还原性漂白剂组合的两段漂白，对浆料兼有氧化和还原作用，能更有效地改变或破坏木质素的发色基团的结构，漂后浆料白度可提高 10%～20%。

三、甲脒亚磺酸漂白

（一）甲脒亚磺酸漂白原理

甲脒亚磺酸（FAS）和 $Na_2S_2O_4$ 一样，属于还原性漂白剂。FAS 与水及碱作用产生亚硫酸和亚硫酸钠。亚硫酸和亚硫酸钠是强还原剂，可以与木质素发生化学反应，改变纸浆中发色基团的结构，减少对光的吸收，提高浆料白度。FAS 的脱色效果特别好，相对于 H_2O_2 和 $Na_2S_2O_4$，它对空气的氧化以及过渡金属离子的催化分解不敏感，使用时也不必酸化，使用方便，易生物降解[13-16]。

$$H_2N(NH)CSO_2H + H_2O \longrightarrow H_2NC(O)NH_2 + H_2SO_2$$

$$H_2N(NH)CSO_2H + 2NaOH \longrightarrow H_2NC(O)NH_2 + Na_2SO_2 + H_2O$$

（二）甲脒亚磺酸漂白工艺

1. FAS 用量

FAS 用量较低时，随着 FAS 用量的增加，化学热磨机械浆的白度显著提高；当 FAS 用量达到 2.0%～2.5%时，浆料白度则增加缓慢。因此，FAS 用量一般以 1.5%～2.5%为宜。浆料种类不同，FAS 漂白效果也不同。比如，马尾松磨石磨木浆采用 FAS 单段漂白的最佳工艺条件为：FAS 用量 1.0%，浆浓 8%，漂白时间 60min，漂白温度 70℃。在此条件下，纸浆白度达 56.84%，白度增值为 8.28%。热磨机械浆在最佳 FAS 漂白工艺条件下，白度增值为 10%。

2. NaOH 用量

如前所述，FAS 与碱反应产生具有高还原能力的亚硫酸和亚硫酸盐，因此，用碱量对 FAS 漂白效果影响很大。用 FAS 漂白化学热磨机械浆时，当 FAS 用量为 2.5%时，NaOH 用量在 0.625%～2.5%时，漂后浆料白度基本相同。NaOH 用量过高或过低（高于或低于上述范围），FAS 漂白浆的白度均会下降。表 5-4-19 是 FAS 与 NaOH 比例对马尾松热磨机械浆漂白效果的影响。结果显示 FAS 用量与 NaOH 比例在 4∶1 时，漂白效果最好。

表 5-4-19　FAS 与 NaOH 不同比例对马尾松热磨机械浆漂白效果的影响

FAS 用量/%	2.5	2.5	2.5	2.5	2.5
FAS∶NaOH	4∶0	4∶1	4∶2	4∶3	4∶4
NaOH 用量/%	0	0.625	1.25	1.875	2.5
漂前 pH 值	5.61	8.56	9.27	9.80	9.80
漂后 pH 值	3.72	4.07	5.93	6.88	7.68
漂后浆白度/%	48.4	54.5	54.3	54.2	55.2

3. 漂白温度

提高温度可以加速 FAS 漂白过程，进而缩短漂白时间。温度如果过低，FAS 漂白反应速率低，在一定的漂白时间内浆料白度提高不大；温度过高则会造成漂后浆料返黄。由表5-4-20可知，当漂白温度低于80℃时，浆料白度随温度上升而明显提高，当温度超过80℃时，白度反而有下降趋势。因此，FAS漂白温度一般控制在70～80℃。

表5-4-20 漂白温度对马尾松热磨机械浆漂白效果的影响

漂白温度/℃	60	70	80	90
漂前pH值	9.22	9.33	9.18	9.18
漂后pH值	4.63	4.72	5.25	5.56
漂后浆白度/%	55.1	55.5	58.2	57.3

4. 漂白时间

温度越高，漂白反应速度越快，漂白时间可以缩短。化学机械浆的白度也随时间的延长而上升。漂白时间超过60min，白度增加趋于平缓。当温度为70～80℃时，建议漂白时间为60min左右。

5. 漂白浆浓

纸浆与药液的混合程度对FAS漂白效果有很大的影响。一般来说，提高漂白浆浓，对应的漂白化学药品有效浓度需提高，这样有利于漂白效率的提高。由表5-4-21可知，在相同的FAS用量、NaOH用量、漂白温度、时间的条件下，纸浆白度随浆浓增加而提高，当漂白浓度为20%时，白度最高。但是，当浆浓从15%提高到20%，浆料白度增值不到1%，白度提高并不明显。高浓漂白对浆料脱水设备及纸浆混合设备有较高的要求，动力消耗也相应增大，因此，在生产上应根据设备情况确定漂白浓度，建议漂白浓度范围为5%～15%。

表5-4-21 漂白浓度对马尾松热磨机械浆漂白效果的影响

漂白浓度/%	2	5	10	15	20
漂前pH值	9.28	9.08	8.78	9.27	9.25
漂后pH值	3.94	4.31	4.50	4.68	4.68
漂后浆白度/%	54.1	54.9	55.0	56.4	57.2

注：FAS用量2.5 %，NaOH用量0.625 %，漂白温度70℃，漂白时间75min，EDTA 0.2%。

6. 助剂使用

一些金属离子会加速FAS的无效分解。金属离子的存在不利于FAS对纸浆的漂白作用，螯合剂的使用可阻止金属离子对FAS的无效分解，其中DTPA的螯合作用最好。

四、硼氢化钠漂白

（一）硼氢化钠漂白原理

硼氢化钠（$NaBH_4$）是一种还原性亲核漂白试剂，具有高选择性、漂白温和等特点。漂白时，硼氢化钠释放具有还原作用的BH_4^-，能够还原木质素结构中的醛、酮、酰氯等生成醇类物质；且浆料中存在金属氯化物时，其还原性显著提高；在水浴环境中，其还能还原Fe^{3+}、Ni^{2+}、HSO_3^-、IO_3^-等离子。

单段$NaBH_4$漂白并不能显著提高高得率浆的白度，因此$NaBH_4$漂白只能用于预处理阶段或者后续处理阶段。

（二）硼氢化钠漂白工艺

1. $NaBH_4$ 用量

麦草 APMP 浆在 $NaBH_4$ 漂白过程中，随着 $NaBH_4$ 用量的增加，漂后浆的白度增加，但是当 $NaBH_4$ 用量增加到 1%时成浆白度增加缓慢，所以 $NaBH_4$ 用于麦草高得率浆预处理阶段时，较适宜的用量为 1%以内。

2. 漂白温度

温度对 $NaBH_4$ 漂白效果的影响很大。$NaBH_4$ 还原处理麦草 APMP 时，温度 60℃时成浆白度达到最高，而继续升高温度，浆料白度则呈下降的趋势，这主要是因为 $NaBH_4$ 与水也起化学反应。

3. 浆浓

浆浓对 $NaBH_4$ 漂白的影响不大，但当浆浓超过 10%时，成浆白度有下降趋势，$NaBH_4$ 在高浓漂白时，漂液与浆料混合不均导致 $NaBH_4$ 漂白效果下降。建议漂白浆浓在 10%左右。

五、 H_2O_2、 $Na_2S_2O_4$ 或甲脒亚磺酸的组合漂白

一般来讲，连二亚硫酸钠和甲脒亚磺酸的单段漂白效果远远低于过氧化氢的漂白效果。因此，连二亚硫酸钠和甲脒亚磺酸在很多情况下不适合于单段漂白，都要和 H_2O_2 配合使用。

1. 化学热磨机械浆 H_2O_2-FAS（$Na_2S_2O_4$）两段漂白

经过氧化氢漂后的 CTMP，要继续提高白度，其第二段漂白采用连二亚硫酸钠或甲脒亚磺酸还原漂白的效果往往优于再次使用过氧化氢漂白。而且，第二段采用甲脒亚磺酸漂白，其漂白效果要比用连二亚硫酸钠更好。

2. 马尾松热磨机械浆 H_2O_2-FAS 两段漂白

H_2O_2 属于氧化性漂白剂，因此 H_2O_2 漂白时会使木质素部分潜在的发色基团转变为发色的氧化型结构。若浆料在 H_2O_2 氧化性漂白后，再使用 FAS 进行还原性漂白，就可以使有色的氧化型结构转变为无色的还原型结构，从而提高浆料的白度和白度稳定性。

马尾松热磨机械浆 H_2O_2(P)、FAS(F)、H_2O_2-FAS(P-F) 两段漂白结果见表 5-4-22。由表 5-4-22 可知，FAS 对高得率浆脱色效果明显，但其效果低于过氧化氢漂白，即 H_2O_2 单段漂白效果优于 FAS 单段漂白效果。H_2O_2-FAS 两段漂白则可以显著地提高浆料白度，纸浆白度比原浆提高了 33.4%。

表 5-4-22　不同漂白方式对马尾松热磨机械浆漂白效果的影响

段数	P	F	P-F	原浆
白度/%	72.6	58.2	76.3	42.9

注：P 条件为 H_2O_2 用量 2.5%，NaOH 用量 1.3%，Na_2SiO_3 用量 2.5%，漂白浓度 20%，漂白时间 60min，漂白温度 80℃。F 条件为 FAS∶NaOH=4∶1，即 FAS 用量 2.5% 、NaOH 用量 0.625%，漂白浆浓 15%，漂白温度 80℃，漂白时间 75min。

3. 硼氢化钠预处理辅助过氧化氢漂白

$NaBH_4$ 预处理不仅可以提高 H_2O_2 漂后浆料的白度，还可以降低 H_2O_2 的用量，而且对漂后浆料的返黄也有一定的改善。总之，$NaBH_4$ 预处理可以改善 H_2O_2 漂段的漂白效率和效益。

表 5-4-23 的结果显示 $NaBH_4$ 辅助 H_2O_2 漂白可以改善机械浆的漂白效果。在相同 H_2O_2 用量的条件下，经 $NaBH_4$ 预处理的浆料白度比单独采用 H_2O_2 漂白的浆料白度高 2%～3%，同时漂白浆的物理强度也有所提高。$NaBH_4$ 用量一般在 0.05%～0.1%，即可获得理想结果，处理时间短，过程简单。

表 5-4-23　$NaBH_4$ 预处理对 H_2O_2 漂白浆白度的影响

条件	$NaBH_4$/%	终点 pH 值	白度/%
2% H_2O_2，0.9% NaOH	0	9.08	73.7
0.05% $MgSO_4$，3% Na_2SiO_3	0.1	9.02	77.1
4% H_2O_2，2.0% NaOH	0	10.08	78.6
0.05% MgSO，4% Na_2SiO_3	0.1	10.18	81.5

表 5-4-24 是漂序对麦草 APMP 漂后浆料白度的影响。$NaBH_4$ 用于 H_2O_2 漂白的后处理阶段能够有效地提高麦草机械浆白度，成浆白度可以提高 3%～5%。

表 5-4-24　漂序对麦草 APMP 浆料白度的影响

漂序 P/B	白度/%	漂序 B/P	白度/%
P5.0	53.6	—	—
P5.0，B0.8	57.0	B0.2，P10	54.8
P6.5	56.4	B0.4，P10	55.1
P6.5，B0.8	60.0	B0.6，P10	55.4
P10	60.8	B0.8，P10	55.6
P10，B0.8	65.1	—	

注：P 为 H_2O_2；B 为 $NaBH_4$。

第四节　纸浆的生物漂白

随着绿色环保可持续发展观念日益深入人心，社会对环保的要求也日益严格，制浆造纸企业纸浆漂白含氯废水的排放受到更加严苛的限制，迫使制浆造纸企业寻求和发展低污染或无污染的清洁漂白生产技术。环境友好的生物漂白技术应运而生。

生物漂白与传统含氯漂白方式相比，具有环境污染小、化学漂剂消耗量少等优点，使实现无污染漂白目标成为可能，是未来纸浆漂白的重要发展方向之一。虽然生物酶漂白目前已部分实现工业化应用，但依然存在使用条件严苛、效率较低等问题。生物漂白作用机理等基础理论尚不明确，处理工艺有待优化。未来生物漂白技术的研究将主要集中在酶基因资源挖掘、酶功能特性改良和高效表达体系建立等方面。

一、生物漂白的概念

生物漂白，是在纸浆漂白过程中，利用微生物或其产生的酶作用于纸浆中的某些成分，使浆中残余木质素脱除或有利于脱除，从而提高纸浆的白度或可漂性的技术方法。因微生物作用时间长、效率低，难以适应规模化生产的要求，目前微生物漂白应用及研究主要集中在生物酶漂白方面。生物漂白技术的研究最早源于 1979 年，美国的 Kirk 和 Yang[17] 用白腐菌直接处理硫酸盐浆，然后再对纸浆进行碱抽提，结果显示浆中部分木质素被降解，白腐菌处理虽然没有直接提高纸浆白度，但却减少了后续漂白用氯量 27%。从此，生物漂白的相关研究陆续展开。生物酶漂白能够节省化学漂剂用量、减少污染物产生量，具有提高纸浆白度、改善纸浆性能、提高产品质量等多种效果[18]，是一种节能减排、绿色环保、具有很大发展潜力的漂白技术。

二、生物酶漂白

按照漂白过程中所用生物酶种类的不同，酶（辅助）漂白主要分为半纤维素酶（hemicellulase）

漂白和木质素降解酶（ligninase）漂白两大类。半纤维素酶是对半纤维素进行选择性分解的酶的总称，是催化切断半纤维素主链并在生物漂白中最常用的一类酶，主要有木聚糖酶（xylanases）和甘露聚糖酶（mannanases），用于纸浆的漂白预处理能提高纸浆的可漂性，对浆的黏度和成纸强度无不利影响或能改善纸浆性能。木聚糖酶处理的纸浆纤维变得疏松、柔软，纤维表面出现空洞、缝隙和似游离状态的细小纤维，纤维的表面积增大[19-22]。木质素降解酶系主要由白腐菌和少数细菌产生。已知白腐菌产生的木质素降解酶有木质素过氧化物酶（lignin peroxidase）、锰过氧化物酶（manganese peroxidase）、多功能过氧化物酶（versatile peroxidase）、漆酶（laccase）和多种辅助酶等[23-27]。木质素降解酶可以直接降解纸浆中的残余木质素，进而提高漂白效果。复合酶（两种或两种以上的酶构成）的处理效果要远优于单纯使用一种酶的效果，例如用木聚糖酶与漆酶/介体体系的协同漂白[28]。目前生物酶漂白在化学浆、化学机械浆和机械浆等漂白中都有研究或应用。

1. 木聚糖酶漂白

木聚糖酶广泛存在于自然界中，主要来源于微生物，其中研究和应用得最多的是细菌和真菌来源的木聚糖酶[29]。木聚糖酶，广义上是指可将木聚糖降解成低聚糖和木糖的一类酶的总称，主要包括β-1,4-内切木聚糖酶、β-木糖苷酶、α-L-阿拉伯糖苷酶、α-D-葡糖苷酸酶、乙酰基木聚糖酶和酚酸酯酶，狭义上的木聚糖酶是指β-1,4-内切木聚糖酶[30,31]。木聚糖酶降解半纤维素时，β-1,4-内切木聚糖酶发挥关键作用。这种酶以内切的方式作用于木聚糖主链的内部β-1,4-糖苷键，使其断裂降解成低聚木糖和少量木糖。

研究表明木聚糖酶预处理能够降低卡伯值、漂剂用量，提高纸浆漂白效果。1984 年由 Paice 和 Jurasek[32] 提出，他们用木聚糖酶选择性地除去化学浆中的半纤维素来生产醋酸纤维素。芬兰科学家 Viikari 于 1986 年发现用木聚糖酶预处理未漂松木和桦木硫酸盐浆可增强其可漂性，减少氯气的使用量，并且可以提高纸浆的白度[32]。1989 年，芬兰进行了木聚糖酶漂白硫酸盐浆的工业化实验，北欧和北美地区的一些制浆厂随后开始应用生物酶漂白技术。随着生物酶学研究的不断深入，可用于制浆造纸工业的木聚糖酶品种数量不断增加，并且实现部分工业化应用。木聚糖酶在制浆造纸中的工业化应用主要是在硫酸盐浆的预漂白方面。有文献报道[33]，木聚糖酶处理可使纸浆白度提高 2%，漂剂氯用量降低 15%，漂白废水中的可吸收有机卤化物（AOX）减少 20%～25%。吉兴香[34] 研发了分段木聚糖酶处理协同过氧化氢强化氧脱木质素技术，使 TCF 漂白纸浆白度可达到 83.5%，并在保证纸浆白度的同时，最大限度地减小纸浆强度的损失。

木聚糖酶提高漂白效果的机理尚不确定。一般认为，木聚糖酶是通过降解半纤维，破坏 LCC，增加木质素溶出，提高化学漂剂的可及性，以达到提高漂白效果的作用。木聚糖酶并不直接作用于纸浆中的残余木质素，其漂白作用是间接和有限的，要达到较高白度还需加入化学漂剂，所以在现有技术条件下还无法实现纯生物漂白，还无法从根本上解决纸浆漂白废水的产生。对于含氯元素漂白，木聚糖酶处理能使氯化木质素更容易溶出；对于过氧化氢漂白，具有发色基团的木糖衍生物是降低纸浆白度的重要因素，木聚糖酶处理能除去这些木糖衍生物，从而使纸浆白度得到有效提高。

2. 漆酶漂白

漆酶是一种含铜多酚氧化酶，属于木质素降解酶，最早是从漆树的分泌物中发现的，因此而得名。漆酶广泛存在于自然界中的昆虫、植物和一些真菌中，特别是白腐菌中。漆酶中有 4 个铜离子处于漆酶的活性部位，在发生的氧化还原反应中起协同传递电子的作用，并将单质氧还原成 O^{2-}。由于漆酶的氧化还原电势较低，所以只能氧化降解酚型的木质素结构单元，不能氧化降解木质素中 90%左右的非酚型结构[35,36]。所以，漆酶需要一定的低氧化还原电势的化合物作为电子传递媒介体组成漆酶/介体体系（lacease-mediator system，LMS），才能氧化木质素中的非酚型结构单元化合物。

通常认为，LMS 漂白过程是一个氧化还原过程。LMS 中介体在漆酶的作用下会形成活性高且具有一定稳定性的中介体，它们从 O_2 中得到电子，并传递给木质素分子，使木质素氧化降解，从而使纸浆卡伯值大幅下降，提高纸浆的白度。因此，LMS漂白机理是漆酶首先氧化中介物产生具有强氧化能力的物质，氧化后的中介物才是真正的漂剂[37]。最适合的漆酶/介体是一些酚型化合物与杂环化合物，如叶琳化合物等[38]。郑志强[39] 用基因重组漆酶 Tthlaccase 与介体 ABTS［2,2′-联氮基双-(3-乙基苯并噻唑啉-6-磺酸)二铵盐］构成的LMS漂白麦草浆，可以使纸浆的终漂白度提高 4.8%。Andreu 等[40]将LMS用于红麻浆TCF漂白，相对于常规TCF漂白，脱木质素率提高约16%，白度提高 2.7%。

参考文献

［1］詹怀宇．制浆原理与工程．北京：中国轻工业出版社，2019.

［2］窦正远．机械浆用硼氮化钠预处理的过氧化氮漂白．造纸化学品，2015，5：24-25.

［3］任国庆，等．稻草高得率浆硼氢化钠预处理漂白的研究．黑龙江造纸，2012，2：14-16.

［4］宋燕婷，等．硼氢化钠预处理对桉木浆漂白过程中过氧化氢无效分解及纸浆性能的影响．造纸科学与技术，2014，33（6）：21-24.

［5］阳玉琴，等．硼氢化钠预处理在纸浆过氧化氢漂白过程中的作用机制．造纸科学与技术，2015，4：6-10.

［6］胡会超，等．热水预抽提对竹子硫酸盐纸浆无元素氯漂白性能的影响．中国工程科学，2014，16（4）：96-100.

［7］宁登文，等．$Mg(OH)_2$ 粒径对辐射松氧脱木素的影响．中国造纸学报，2019，34（3）：13-17.

［8］张春云，等．描述桉木硫酸盐浆氧脱木素过程动力学的新模型．中国造纸，2012，31（6）：1-4.

［9］金慧君，等．$Mg(OH)_2$ 引入方式对纸浆过氧化氢漂白工艺的影响．化工学报，2013，64（8）：3039-3044.

［10］沈葵忠，房桂干．机械浆漂白技术现状及最新进展．中国造纸学会第十六届学术年会论文集，2014：13-19.

［11］李红斌，等．麦草APMP浆高白度漂白的研究Ⅱ——硼氢化钠的应用．中华纸业，2008，24：44-48.

［12］陈秋艳，等．马尾松热磨机械浆漂白性能的研究．中国林学会木材科学分会第十一次学术研讨会论文集，2007：297-302.

［13］沈葵忠，等．FAS在杉木CTMP漂白中的应用研究．中国造纸，2009，28（11）：1-5.

［14］闫瑛，等．杨木化学浆甲脒亚磺酸-过氧化氢的漂白工艺．纸和造纸，2013，32（1）：24-27.

［15］林涛，等．甲脒亚磺酸（FAS）用于磨木机械浆漂白的研究．西南造纸，2004，33：23-25.

［16］黄六莲，等．FAS漂白效能的影响因素．福建林学院学报，2006，26（2）：140-443.

［17］Kirk T K . Partial deligninfication of unbleached kraft pulp with ligninolytic fungi. Biotechnol Lett，1979，1（9）：347-352.

［18］王之晖，宋乾武，白璐，等．化学苇浆木聚糖酶辅助漂白的应用研究．纸和造纸，2013，32（9）：29-31.

［19］吉兴香．木聚糖酶在速生杨化学浆漂白中的应用及机理研究．南宁：广西大学，2013.

［20］成显波，吉兴香，陈桂光，等．辅助漂白木聚糖酶在硫酸盐桉木浆ECF漂白中的应用设计及其研究进展．中华纸业，2015（18）.

［21］陈艳希，黄六莲，吴姣平，等．碱性木聚糖酶辅助漂白马尾松硫酸盐浆的研究．福建林学院学报，2013，33（1）：93-96.

［22］杨少杰，高海有，李晞，等．甘露聚糖酶和木聚糖酶在纸浆漂白中的应用．造纸科学与技术，2016（4）：71-76.

［23］吴淑芳，尤纪雪，叶汉玲，等．漆酶/木聚糖酶体系预处理促进马尾松硫酸盐浆漂白的研究．中国造纸，2010，29（6）：10-13.

［24］周生飞，詹怀宇，黄周坤，等．漆酶-天然介体体系用于硫酸盐竹浆漂白．纸和造纸，2011，30（7）：48-51.

［25］马淑杰，金小娟．生物漂白技术的研究现状及进展．纸和造纸，2010，29（10）：55-59.

［26］姚光裕．锰过氧化物酶对桉木硫酸盐浆漂白的影响．造纸信息，2009（10）：42.

［27］王燕蓬，秦梦华．木质素降解酶在制浆漂白中的应用．华东纸业，2008，39（1）：14-17.

［28］王习文，詹怀宇，李兵云．麦草烧碱-AQ浆的漆酶/介体体系与木聚糖酶协同漂白．中国造纸，2004，23（1）：7-9.

［29］怀文辉，何秀萍，郭文杰，等．微生物木聚糖酶降解酶研究进展及应用前景．微生物学通报，2000，27（2）：137-139.

［30］邹永龙，王国强．木聚糖降解酶系统．植物生理学通报，1999，35（5）：404-410.

［31］方洛云，邹晓庭，许梓荣．木聚糖酶基因的分子生物学与基因工程．畜禽业，2002，（2）：2-3.

［32］Paice M G，Jurasek L. Removing hemicellulose from pulps by specific enzymic hydrolysis. Journal of Wood Chemistry and Technology，Volume 4，1984：187-198.

［33］Viikari L，Ranua M，Kantelinen A，et al. Bleaching with enzymes. Proceedings of 3rd International Conference on Biotechnology in the Pulp and Paper Industry，STFI，Stockholm. 1986：76-69.

［34］Thakur V V，Kumar J R，Mohan M R. Studies on xylanase and laccase enzymatic prebleaching to reduce chlorine-based chemicals during CEH and ECF bleaching. Bio Resources，2012，7（2）：2220-2235.

［35］王习文，詹怀宇．麦草NaOH-AQ浆的漆酶/介体体系与木聚糖酶协同漂白．中国造纸，2004，23（1）：7-9.

[36] Moreira M T，Feijoo G，Sierra-Alvarez R，et al. Biobleaching of oxygen delignified kraft pulp by several white rot fungal strains. Journal of Biotechnology，1997，53（2-3）：237-251.
[37] 龚关. 生物漂白技术的应用及发展. 天津造纸，2009，31（3）：21-24.
[38] 徐志兵，张群，夏万燕. 酶在纸浆漂白中的应用. 工业微生物，2002，32（1）：54-56.
[39] 郑志强. 耐热性细菌漆酶的高效表达及其在纸浆生物漂白中的应用. 无锡：江南大学，2015.
[40] Andreu G，Vidal T. An improved TCF sequence for biobleaching kenaf pulp：Influence of the hexenuronic acid content and the use of xylanase. Bioresource Technology，2014，152（1）：253-258.

（黄六莲，吉兴香，房桂干）

第五章　化学品回收

第一节　制浆黑液

纸浆生产过程中会产生一定量的废水，通常称之为制浆废液。在化学法制浆过程中，植物纤维原料的化学组分如木质素、纤维素、半纤维素、脂肪、树脂及色素等都会不同程度地降解并溶解到水相体系中，形成蒸煮废液。在机械法制浆过程中，上述化学组分的溶解量一般比较小，但仍然会产生制浆废液。制浆方法不同，废液产生量、废液浓度及其组分特性会有较大不同。根据制浆方法不同，制浆废液可以分为化学浆废液、机械浆废液和化学机械浆废液等。

化学浆废液应该是产生量最大、浓度最高和环境污染性负荷最重的一类废液，其中，碱法制浆废液是制浆领域中最主要的一类废液，因其颜色呈黑褐色而被称为黑液。业内在述及制浆废液的回收和利用问题时，除了特别说明，“制浆废液”“制浆黑液”和“黑液”一般都是指一类物质。

一、黑液的特征

通常，生产1t化学浆即可产生相当于1.2～1.5t固形物的制浆废液，废液产生量比对应的制浆产量要大一些。可见，化学浆生产过程中废液的产生量是非常可观的。黑液的特征一般可以从污染性和资源性两个方面加以理解。

1. 污染性

黑液的污染性主要是指其对体系外环境产生的危害性。由于黑液中含有大量从植物纤维原料中降解和溶解出来的有机物，如降解木质素、聚糖、脂肪、树脂及色素等，同时还含有残余制浆化学药品和植物纤维原料中的无机物等，这些有机物和无机物的存在使黑液富含化学需氧量（COD）、生化需氧量（BOD）、色度、生物质腐败物等环境污染负荷。化学浆废液的COD可高达十几万COD单位，BOD可高达数万BOD单位，且色度值和pH值都比较高。一般而言，黑液的污染特性随其种类的不同而不同，制浆过程中木质素脱除程度越高，则黑液的污染性就越大。

2. 资源性

由于黑液中含有从植物纤维原料中降解和溶解出来的大量有机物和制浆化学药品，为对其进行资源化利用创造了条件。其中，有机物可作为燃料焚烧而产生热量，通过锅炉产汽来实现热能回收；也可以把黑液所含的木质素、聚糖和树脂等通过分离、提纯等处理后，作为化工原料制备有特定应用性能的精细化工产品等。

将黑液所含的有机物和无机物进行回收利用，可解决黑液对环境的污染问题，同时可以变废为宝，使企业获得一定的经济效益。

二、黑液的回收利用

黑液的回收利用，一直以来是制浆造纸行业中最为关注的研究课题之一。国内外学者就黑液回收利用相关问题的研究一直以来方兴未艾，并取得了诸多研究成果，但真正意义上具有工业化应用价值的技术尚不是很多。目前对黑液进行回收利用的技术主要有两大类：一是燃烧法；二是综合利用法。

燃烧法可以说是一种回收利用黑液的传统方法，也是目前回收利用黑液最主要的方法。燃烧法是把低浓度黑液采用蒸发技术浓缩到较高浓度值后，在专门设计的燃烧炉内作为燃料进行燃烧处理。期间，黑液中有机物燃烧产生的热量可通过使锅炉产生蒸汽，蒸汽可供给企业用汽部门或用于汽轮机发电，实现热能回收。黑液中的无机物在燃烧过程中得以分离后，经专门工序处理可制成蒸煮化学药品，实现化学品回收。燃烧法回收利用黑液的工艺过程，主要包括蒸发、燃烧、苛化和白泥回收等环节。

综合利用法，是把黑液中的木质素、聚糖和树脂等组分采用专门技术进行分离、提纯并加以利用的一类技术。目前，对黑液进行综合利用的技术主要有以下几种：一是把木质素分离和提纯后，作为原料制备有特定应用性能的木质素产品，如分散剂、黏合剂、农药缓释剂等[1-3]；二是采用热解和发酵技术制备燃料气体和生物质油等[4,5]；三是制备复合肥料[6-8]。

由于黑液化学组分的复杂性，诸多对黑液综合利用的研究成果目前还处于实验室阶段，有些成果可能只是一个科学概念而已，离工业化应用还有很长的路要走。科研成果的工业化应用，不但要考虑技术可行性，更要考虑经济实用性。由于黑液回收利用问题的必要性和重要性，对黑液综合利用技术的研究一直以来是学术界的热点课题。

三、黑液的基本特性

1. 组成与组分

组成与组分是黑液最重要的物理特性之一。组成是指构成黑液的主要物质种类，属于宏观概念。通常说黑液为多相物质，就是对其物质组成而言。组分是指形成黑液的具体化合物和元素的种类及含量，属于微观概念。

黑液主要由水和溶解或分散于水中的固体物质（俗称固形物）构成，固形物有可溶性固形物和不溶性固形物之分。黑液种类不同，其固形物种类及含量会有较大不同，相应的组分及含量也会有较大不同。

化学浆黑液固形物中，无机物占比一般为30%～35%，有机物占比一般为65%～70%。黑液无机物主要来自蒸煮化学品（如 NaOH 和 Na_2S 等）和植物纤维原料的灰分物质（如 Si、K、Na、Ca 等的化合物），无机物是燃烧法黑液回收过程中产生再生蒸煮液（白液）的主要物质来源。黑液有机物主要为植物纤维原料中的木质素、纤维素、半纤维素、脂肪酸和树脂酸、淀粉、色素等在蒸煮过程中的降解产物和溶出物等，有机物是燃烧法黑液回收过程中产生热值的主要物质来源。

分析黑液组分对分析和评价其回收利用性能有重要的指导意义。表 5-5-1 和表 5-5-2 中分别给出了不同黑液的组成和组分[9]。

表 5-5-1　不同黑液的组成[9]

原料		红松	落叶松	马尾松	慈竹	棉秆	蔗渣	芦苇	麦草
固形物/%	有机物	71.49	69.22	70.33	68.05	65.60	68.36	69.72	69.00
	木质素	29.20	30.40	26.18	22.30	21.50	23.40	29.60	23.90
	挥发物	5.61	7.95	8.00	10.85	11.60	11.08	8.80	9.40
	无机物	28.31	30.78	29.67	31.95	34.40	31.64	30.28	31.00
	总钠	21.80	23.20	22.80	25.50	26.00	24.19	21.30	—
	总硫	2.28	2.51	2.90	2.78	3.46	2.59	2.08	—
	总碱	25.60	22.08	25.80	22.20	30.42	19.20	25.65	28.20
	Na_2SO_4	1.84	1.03	1.79	2.16	1.79	1.86	2.84	—
	SiO_2	0.21	0.58	0.22	0.52	0.21	2.36	2.68	7.48
	有机物/无机物	2.50	2.26	2.37	2.13	1.91	2.14	2.30	2.22

续表

原料		红松	落叶松	马尾松	慈竹	棉秆	蔗渣	芦苇	麦草
有机物/%	木质素	41.00	43.90	37.00	32.70	32.75	34.10	42.40	34.60
	挥发酸	7.84	11.48	11.35	15.95	17.70	16.20	12.68	13.30
	其他	51.16	44.62	51.02	51.53	49.55	49.70	45.02	52.70
无机物/%	总碱	89.60	90.60	87.00	69.50	88.70	60.80	85.00	—
	Na_2SO_4	3.64	1.89	2.25	3.81	2.92	3.30	5.30	—
	SiO_2	0.75	1.89	0.75	1.73	0.62	7.44	8.83	23.90
	其他	6.01	7.51	10.00	24.96	7.76	28.46	0.87	—
蒸煮条件	用碱量/%	22.6	24.5	22.0	25.8	28.8	18	22.0	18
	硫化度/%	25	25	25	25	25	22	18	—
	液比	1∶2.5	1∶2.5	1∶2.5	1∶3.0	1∶3.0	1∶4.0	1∶3.0	1∶2.8
	最高温度/℃	150	150	150	160	160	150	150	160
	原料产地	吉林	内蒙古	福建	四川	河北	广东	江苏	浙江

注：无机物、总碱、Na_2SO_4 及用碱量均以 NaOH 表示。除麦草采用烧碱法蒸煮外，其余原料均采用硫酸盐法蒸煮。

表 5-5-2 几种黑液的组分[9] 单位：%（质量分数）

原料	马尾松 1	马尾松 2	桉木 1	桉木 2	杨木	撑绿竹	芦苇	麦草
Na	16.7	19	19.4	20.2	17.37	17.8	22.2	16.43
H	4.17	3.8	3.5	3.7	3.84	3.6	4.06	3.69
C	38.92	37.5	35.5	33.8	37.56	36	37.68	33.93
O	36.2	34.5	34.4	34.8	24.55	37	33.46	39.93
S	3.82	3.6	4.3	3.8	2.73	2.9	—	0.59
K	—	0.6	1.9	2.4	0.26	1.0	0.56	2.87
Cl	—	0.4	0.9	1.0	—	0.7	—	—
Si	0.09	—	—	0.2	—	0.6	1.84	1.46
N	0.096	0.1	0.1	0.1	0.06	0.2	—	0.90
惰性物	0.004	0.5	—	—	—	0.2	0.2	0.20
HHV①/(MJ/kg)	15.07	15.1	14	13.5	14.2	13.7	13.4	12.42

① HHV 为高位发热量。

黑液的组成与组分随纤维原料种类、制浆工艺的不同而不同。其中，有机物和无机物的质量比以及具体化学组分对黑液碱回收性能可能有较大影响。

2. 浓度

浓度是表示某种液相体系如溶液中所含溶质多少的物理量。在分析化学中，浓度一般指单位体积或质量的液相体系如溶液中所含溶质的量，其中，溶质量可以用物质的量或质量单位表示。

黑液浓度反映了其中所含固形物的多少，可采用质量分数浓度、波美度和相对密度表示。

浓度是影响黑液碱回收过程中对黑液进行蒸发和燃烧操作的一项特性参数。

质量分数浓度是一般意义上的浓度概念，有分析结果准确性和可靠性好的特点，但测试仪器较多，测试过程较烦琐。质量分数浓度可用符号“S”表示，单位有“%”“%（质量分数）”或“DS %”几种表示方法，此处 DS 为溶解性固形物，即 dissolved solid。

波美度和相对密度可采用波美度计和密度计直接测定，具有测试迅速、方法简便和生产指导性强等特点，因而在实际生产中被广泛采用。值得注意的是，波美度和相对密度会随温度的变化而变化，所以在其测定结果中应标明测试温度值。

生产中，把15℃下的波美度称为“标准波美度”，其他温度下测得的波美度可采用经验公式换算成标准波美度。

对于黑液，波美度的换算公式如下：

$$°Bé_{15℃}=°Bé_t+0.052(t-15) \tag{5-5-1}$$

式中，$°Bé_t$ 表示温度为 t℃时的波美度；$°Bé_{15℃}$ 表示标准波美度。

黑液的相对密度和波美度间可以进行换算，公式如下：

$$d=144.3/(144.3-°Bé_{15℃}) \tag{5-5-2}$$

式中，d 表示相对密度；$°Bé_{15℃}$ 表示标准波美度。

黑液的浓度和波美度间可以进行换算，公式如下：

$$S=1.51°Bé_{15℃}-0.64$$

或

$$S=1.52°Bé_t+0.079t-1.82 \tag{5-5-3}$$

式中，S 表示浓度；$°Bé_t$ 表示温度为 t℃时的波美度。

黑液的浓度和相对密度及其测试温度间存在一定的函数关系。当黑液浓度≤50%时，其相对密度和浓度间的换算公式如下：

$$d=0.9982+0.006S-0.0054t \tag{5-5-4}$$

式中，d 为相对密度；S 为浓度；t 为温度。

当黑液浓度>50 %时，上述公式不适用。

3. 黏度

黏度反映了流体受外部应力如剪切力或压力作用时自身产生应变的特性，是流体在流动过程中产生内摩擦阻力或内聚力大小的反映。根据测定方法不同，黏度通常有动力黏度、运动黏度和条件黏度之分。黏度一般用符号“η”表示，单位有 Pa·s、mPa·s 或 cP。

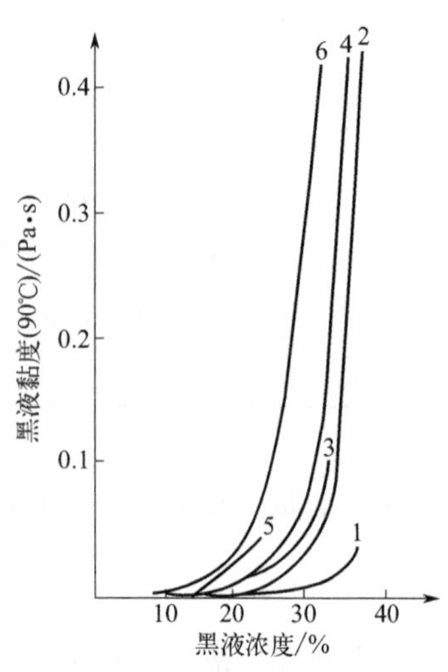

图 5-5-1　黑液浓度对黏度的影响

1—木浆黑液；2—荻苇浆黑液；3—麦草浆黑液；4—蔗渣浆黑液；5—稻草浆黑液；6—龙须草浆黑液

黏度是黑液重要的流体力学特性之一，也是影响黑液碱回收性能的重要特性参数，具体对黑液提取、流送和蒸发、燃烧等过程会产生显著影响。生产实践中，黏度可作为制订和优化黑液蒸发工艺方案的依据。

影响黑液黏度的因素很多，如蒸煮方法、纤维原料、黑液组成及组分、浓度、温度等。其中，浓度和温度对黑液黏度的影响最大。

温度一定时，流体黏度一般会随着浓度的提高而增大。当黑液浓度较低时，其黏度随浓度变化较小，低浓度黑液的黏度与水近似。当浓度较高时，黑液黏度就会骤然上升，通常把此浓度值叫作“临界浓度”。临界浓度反映了黑液的蒸发性能或蒸发易性，可用来估算黑液进行蒸发操作的最高浓度值。图 5-5-1 给出了几种黑液的黏度随浓度的变化情况。

通常草浆黑液由于含硅量较高等原因，其“临界浓度”较木浆黑液低，这就使草浆黑液的蒸发过程较木浆黑液难度大，从而导致草浆黑液的碱回收性能较差。

黑液黏度会随温度的升高而下降，高温处理有利于降低黑液黏度值。所以，在生产实践中可通过提高温度和进行高温预处理来实现降低黑液黏度的目的。图 5-5-2 给出了不同温度下某种黑液的黏度随浓度变化的情况。表 5-5-3 中给出了某种黑液的黏度随温度变化的数据[9]。

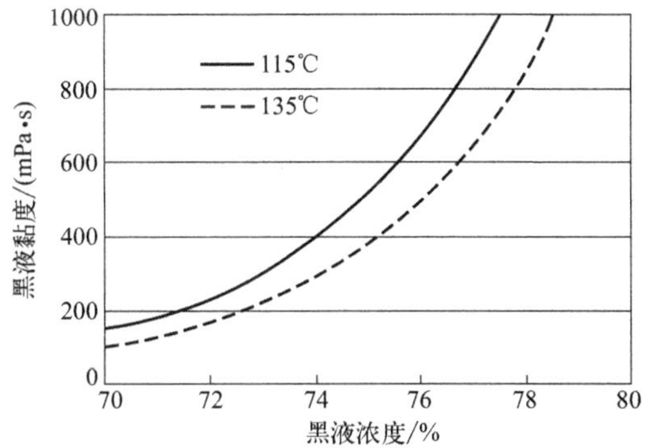

图 5-5-2　温度和浓度对黑液黏度的影响

表 5-5-3　不同温度下混合热带阔叶木硫酸盐法蒸煮黑液的黏度值[9]

浓度/%	温度/℃	密度/(t/m³)	黏度/(10^{-3}Pa·s)	动力黏度/(10^{-2}m²/s)
70	130	1.41	137	97
68	130	1.39	97	70
57.3	125	1.31	21	16
70	100	1.43	989	691
68	100	1.41	605	429
57.3	100	1.33	53	40
52	100	1.29	14	10.8
42	95	1.22	4	3.3
40.6	90	1.21	7	5.8
30	80	1.15	3	2.6
24	70	1.11	2	1.8
20	60	1.09	1	0.9

残碱量较低时，黑液会转变为非牛顿型流体而呈现出高黏度状态，所以，残碱量对黑液黏度有显著影响。为了降低黏度，一般黑液残碱量宜保持在 3.0%（质量分数）以上。生产实践中可通过在黑液中添加白液以提高有效碱量的方法，达到降低黑液黏度和改善黑液蒸发性能的目的。

4. 沸点升高

沸点升高反映了黑液沸点随浓度变化的性质。沸点升高可用符号 ΔT_b 表示，单位为℃或 K。

图 5-5-3 给出了几种黑液的沸点与浓度的关系。

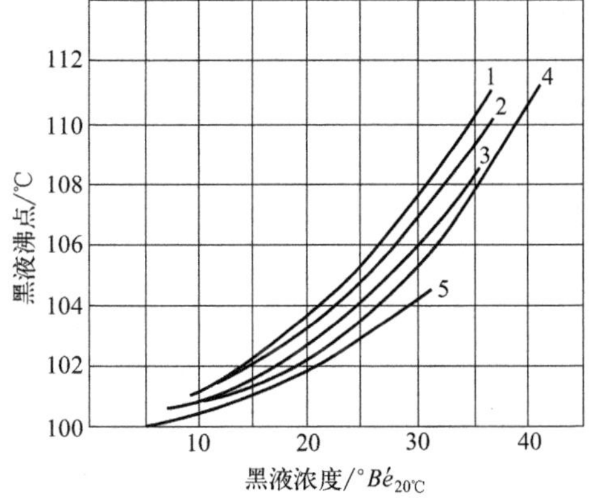

图 5-5-3　黑液沸点与浓度的关系

1—木浆黑液；2—竹浆黑液；3—蔗渣浆黑液；4—麦草浆黑液；5—龙须草浆黑液

一般来说，黑液沸点升高与黑液浓度成正比关系，黑液浓度越高，其沸点就会越高。一般认为，黑液中无机物含量及其溶解度对黑液沸点升高特性有重要影响，特别是黑液中的钠、钾类物质含量与黑液的沸点升高成正比关系。

沸点升高特性对黑液蒸发操作有重要的指导意义。

黑液浓度在50%以下时，其沸点升高值可采用下列公式进行估算：

$$\Delta T=\Delta T_{50}S/(1-S) \tag{5-5-5}$$

式中，S 为黑液浓度；ΔT 为沸点升高值；ΔT_{50} 为浓度为50%的黑液的沸点升高值。

在常压情况下，黑液的沸点升高值可采用下列公式估算：

$$\Delta T=6.17S-7.48S(S)^{0.5}+32.75S^{2} \tag{5-5-6}$$

式中，ΔT 为沸点升高值；S 为黑液浓度。

在不同压力情况下，沸点升高值可采用相同压力下水的沸点按下列公式进行校正：

$$\Delta T_{p}/\Delta T=1+0.6(T_{p}-3.73)/100 \tag{5-5-7}$$

式中，ΔT 为常压下沸点升高值，K；ΔT_{p} 为压力 p 下的沸点升高值，K；T_{p} 为指定压力下水的沸点，K。

生产实践中，通过研究黑液沸点升高与浓度的关系，得出相应的函数关系式，借此可实现对黑液浓度进行软测量操作。

5. 热值

热值也叫燃烧值，反映了物质在燃烧过程中化学能转化为热能的特性，是单位质量的物质在完全燃烧时可释放的热量值。热值可用符号 Q 或 q 表示，其单位一般采用 MJ/kg。

黑液热值通常以其高位发热量（HHV）为依据进行测定计算。黑液热值一般为12.56～15.35MJ/kg，黑液中的有机物和还原硫均可在燃烧过程中产生热量，其他无机物如稀释剂会降低黑液热值。黑液的有机物组分和含量对其热值有较大影响。阔叶木木质素的热值约为25MJ/kg，而碳水化合物的热值约为13.5MJ/kg，所以木质素含量高的黑液（如木浆黑液）的热值较木质素含量低的黑液（如草浆黑液）高一些。

热值是影响黑液燃烧性能的重要物理特性，具体与黑液中的无机物与有机物质量比、木质素和碳水化合物含量等关系较大。表5-5-4给出了几种黑液的组成及热值[9]。

表 5-5-4 几种黑液的组成及热值[9]

纸浆种类	有机物量/(kg/t)	无机物量/(kg/t)	总固形物/(kg/t)	有机物含量/%	无机物含量/%	热值/(MJ/kg)
高得率浆	648	274	922	70.3	29.7	16.720
硬浆	859	392	1251	68.7	31.3	16.302
绝缘浆	968	475	1443	67.1	32.9	15.884
中等软浆	1188	595	1783	66.6	33.4	15.048
预水解浆	1134	645	1779	63.8	36.2	14.630

黑液的高位发热量主要与固形物中的碳含量有关，下式为分析了500多种黑液得出的经验公式，可用来估算黑液的热值：

$$\text{HHV}=29.35C_{\text{C}}+3.959\pm 0.42 \tag{5-5-8}$$

式中，HHV为黑液高位热值；C_{C} 为固形物中碳元素含量。

根据黑液固形物的元素组成及其含量，可采用下式计算其热值：

$$\text{HHV}=25.04C_{\text{C}}+0.18C_{\text{S}}-2.58C_{\text{Na}}+48.92C_{\text{H}}+4.23\pm 0.41 \tag{5-5-9}$$

式中，C_{C}、C_{S}、C_{Na} 和 C_{H} 分别为黑液中碳、硫、钠和氢元素含量。

研究黑液的热值特性，对制订和优化黑液的燃烧工艺过程有重要的指导意义。

6. 比热容

比热容又称比热容量，简称比热，指单位质量的物质在单位温度下吸收或释放的热量。比热容反映了物质的热性质，可用符号 c 表示，单位为 kJ/(kg·℃) 或 kcal/(kg·℃)。

比热容是黑液蒸发系统中进行热平衡计算的重要热力学参数。

一般认为，在100℃的范围内，黑液比热容随温度变化较小。黑液比热容可采用下式进行计算：

$$c=0.98-0.52S \tag{5-5-10}$$

式中，c 为黑液比热容；S 为黑液浓度。

7. 热导率

热导率反映了物质的热传导性能，即物质在单位时间单位面积的传热量。热导率用符号 λ 表示，单位为 W/(m·℃)。

热导率是考量黑液蒸发器热效率的重要依据，也是设计蒸发系统时进行热平衡计算的重要依据。热导率受溶解性无机物影响较小，而受有机物的影响较大。黑液热导率可采用下列经验公式计算：

$$1.73K=0.823\times10^{-3}T-1.93\times10^{-3}S+0.32 \tag{5-5-11}$$

式中，K 为黑液热导率；T 为温度；S 为黑液浓度。

8. 膨胀性

膨胀性是物质在受热时其结构尺寸如长度或体积出现变化的一种特性，一般用等温膨胀容积指数（volumetric isothermal expansive，VIE）表示。膨胀性对黑液燃烧性能有重要影响。

黑液膨胀性随黑液种类不同有较大不同。烧碱杨木浆黑液的 VIE 值远高于麦草浆黑液，麦草浆黑液的 VIE 值高于稻草浆黑液；杨木硫酸盐法浆黑液的 VIE 值高于烧碱法，且蒸煮过程中硫化度越高，黑液的 VIE 值越高；稻麦草碱性亚硫酸钠法黑液的 VIE 值高于同等用碱量的碱法黑液；黑液中硅含量是影响 VIE 值的重要因素，硅含量越高，VIE 值就越低。

对不同蒸煮黑液燃烧性能的分析发现：在蒸发干燥和热分解时间相近时，不同黑液的燃烧时间可能会有较大差别，最高可达 5～6 倍。总体发现，燃烧时间短的黑液其膨胀程度较大，说明黑液燃烧性能与其膨胀性密切相关。

9. 起泡性

起泡性是含表面活性物质水溶液的物理化学特性。植物纤维原料中的木质素、树脂酸或脂肪酸等组分在碱法蒸煮过程中与蒸煮化学品发生反应从而生成木质素钠盐和皂化物，使黑液具有一定的表面活性特性。

表面活性特性使黑液具有起泡性，导致黑液在受到机械搅拌等外力作用时产生泡沫。泡沫会使黑液在蒸发过程中发生“跑冒滴漏”和“跑黑水”等现象，对黑液蒸发操作产生不利影响，也会引起蒸发器结垢和蒸发效率下降等问题。

起泡性与黑液种类有关，与黑液所含皂化物的种类及含量有关，具体与纤维原料和蒸煮方法等因素有关。一般而言，树脂含量较高的针叶木产生的黑液中皂化物含量较高，导致其表面活性较其他黑液要高一些，黑液起泡性自然也就强一些。

基于黑液泡沫物质主要是皂化物的特性，可以采取适当的工艺方案对其进行提取和回收，实践上叫作“皂化物回收”。回收的皂化物可进一步进行精细化处理，得到有一定应用价值的产品如松香和表面活性剂等，该工艺属于皂化物回收的技术范畴。

黑液碱回收过程中，一般要控制进蒸发站黑液的树脂量低于 10kg/m^3，而出蒸发站黑液的树脂量须低于 23kg/m^3。蒸发过程中，当黑液相对密度达到 1.15～1.16 时静置，黑液泡沫即可上浮于黑液表面，可通过专用装置把 50%～80%的皂化物分离，得到粗皂化物产品。

10. 腐蚀性

腐蚀性是指某种物质与金属材料表面发生化学或电化学反应，导致金属材料表面和结构受到破坏的一种现象。

黑液对金属设备有腐蚀性，主要是黑液产生的酸性气体与金属发生腐蚀性反应所致。黑液中的固形物在黑液流送过程中对设备部件产生的机械摩擦作用可能会加剧腐蚀现象的发生。

一般而言，碱性物质对金属设备的腐蚀性较弱，而酸性物质对金属设备的腐蚀性较强。所以，保持黑液具有较高碱度对抑制其对金属设备的腐蚀性可能有积极的意义。

生产实践表明，浓黑液对金属设备的腐蚀性更强。所以，贮存或输送浓度低于 45%黑液的设备可使用相对廉价的碳钢材质制作，贮存或输送浓度高于45%黑液的设备应采用耐腐蚀性较强的不锈钢材质制作，经混合碱灰并结晶蒸发后浓度在70%以上的高浓度黑液设备通常需要采用耐腐蚀性更强的双相钢材料制作。

黑液对金属设备的腐蚀性主要发生在蒸发系统中。在黑液蒸发过程中，二次蒸汽及其冷凝水中含有的挥发性有机酸（如甲酸、乙酸）以及酸性硫化物（如硫化氢、甲硫醇）等是造成黑液腐蚀性的主要原因。所以，在黑液蒸发系统中凡是接触二次蒸汽及其冷凝水的地方均属于腐蚀隐患部位，对相关设备采取一定的耐腐蚀措施是很有必要的。

11. 胶体性

植物纤维原料在碱法蒸煮过程中产生的降解木质素、抽提物、皂化物等物质大多以胶体微粒的形式分散于黑液中，其分散稳定性受黑液pH和浓度的影响较大。改变黑液的pH或提高黑液浓度，都有可能使黑液的分散稳定性受到破坏，出现所谓“失稳”现象，发生某些物质如木质素、皂化物的沉淀或析出反应。在生产实践中，可利用上述特性进行碱木质素和皂化物等物质的分离和回收操作。

研究黑液的胶体性，对于改善黑液在流送、蒸发以及存储过程中的热力学稳定性具有指导意义，同时，可以为从黑液中分离木质素和皂化物等副产物的技术研究提供依据。

12. 黏结性

黑液中含有大量的降解木质素组分，木质素分子中以苯丙烷单元通过C—C和C—O—C键联结形成的三维结构具有与酚醛树脂相似的分子结构特征，且木质素分子的苯环上均有发生交联反应的游离空位（酚羟基的邻、对位）。所以，经浓缩和化学改性后的黑液具有一定的黏结特性。

木质素苯环上的取代基较多，酚羟基和可交联反应的游离空位较少，加上木质素苯环处于预缩合刚性状态以及取代基的空间位阻效应，采用甲醛等交联试剂对木质素直接进行交联的反应能力低于苯酚类物质，所以未经改性的木质素制备黏合剂的胶黏性能一般较酚醛树脂差一些。

黏结性强弱与黑液种类有关，该特性使黑液具有制备黏合剂的应用潜质。

13. 润湿分散性

黑液中含有碱木质素、硫化/磺化木质素以及脂肪酸、树脂酸类皂化物等组分，这些组分的存在使黑液具有表面活性特性，也为黑液赋予了一定的润湿分散性。

润湿分散性强弱与黑液种类有关，该特性为以黑液为原料制备分散剂（如木质素磺酸盐）提供了依据。

14. 发酵性

黑液中含有大量可发酵组分如聚糖化合物，使黑液具有一定的可发酵特性。

发酵性与黑液中可发酵物质种类和含量有关，此特性为发酵法综合利用黑液提供了依据。

15. 腐败性

黑液的腐败性是指黑液在一定的环境条件下可能发生生物降解和腐败变质的特性。

黑液中含有一定量的腐殖质、硫化物等物质，这些物质的存在会使黑液在一定的环境条件下受微生物作用而产生氨气、硫化氢、甲硫醇等嗅觉不良物。同时，黑液的发酵性也可能对其腐败性产生加剧作用。

第二节　黑液预处理

为了改善黑液的碱回收性能，生产过程中根据需要对进入蒸发、燃烧工序的黑液进行预处理，以减轻或消除对黑液碱回收过程的不利影响。黑液预处理一般包括除渣、氧化、除硅、除皂、降黏以及压力贮存等环节。

一、除渣

来自提取工段的黑液中往往含有一定量的细小纤维和各种残渣，其含量可达150～200mg/L。这些物质如不能有效去除，就会在黑液蒸发系统中形成垢化物，对蒸发操作产生不利影响。为此，生产中一般对进入蒸发系统的黑液进行除渣预处理。除渣应该是各类黑液进行回收利用前必要的预处理环节，黑液除渣一般可采用各种过滤设备进行。

二、氧化

黑液中的 Na_2S 在蒸发、燃烧过程中容易形成 H_2S 而释放出来，会造成硫元素损失，同时也会产生臭气污染物和腐蚀设备等问题。黑液氧化是将黑液中的 Na_2S 通过氧化反应转化为相对稳定的 Na_2SO_4 和 $Na_2S_2O_3$ 等物质，从而为黑液中硫元素的稳定创造条件。

黑液氧化的原理如下列化学反应式所示：

$$Na_2S+2H_2O \longrightarrow 2NaOH+H_2S\uparrow$$

$$2Na_2S+2O_2+H_2O \longrightarrow Na_2S_2O_3+2NaOH$$

$$Na_2S+2O_2 \longrightarrow Na_2SO_4$$

必须指出的是，氧化会引起黑液热值下降、木质素和硅化物沉淀以及蒸发器结垢等负面问题。所以，对于硫化度不高、含硅量较高而热值又较低的草浆黑液而言，生产中不宜进行氧化处理。

在现代碱回收工艺中，由于采用了结晶蒸发等黑液的高效浓缩技术，使入炉黑液浓度进一步得到提高，结合采用高效燃烧技术使硫元素损失大为降低，特别是对含硫化物的高浓臭气和低浓臭气回收技术的推广应用，使硫元素回收率显著提高，黑液氧化过程已逐步淘汰。

三、除硅

与木材原料相比较，草类原料中硅元素含量一般较高，使草浆黑液的硅化物含量较木浆黑液更高。黑液中大量硅化物的存在会对碱回收过程的诸多工艺环节如蒸发、燃烧、苛化和白泥回收等都产生不良影响，产生所谓“硅干扰”问题。

硅干扰会影响碱回收过程的正常操作，严重影响黑液碱回收效能。硅干扰对碱回收工艺环节的影响如下。

① 对黑液蒸发。使黑液黏度值增高，降低黑液的“临界浓度”值，对黑液的蒸发传热产生不利影响，并可能会引起或加剧蒸发系统中结垢问题的产生。

② 对黑液燃烧。引起无机熔融物熔点升高，增加无机物熔融的热能消耗，增大黑液燃烧难度。

③ 对绿液苛化。降低苛化效率，降低白液澄清速度，降低回收白液的质量。

④ 对白泥回收。白泥含硅量增加，煅烧法回收的石灰不易消化，石灰利用价值低，导致煅烧石灰法回收白泥技术失败。

通过除硅预处理，可以在一定程度上克服硅干扰问题，对于改善黑液的碱回收易性和提高碱回收率有积极的意义。为防止或减轻“硅干扰”问题，可采用专门技术对黑液进行预处理，以达到除硅或抑制硅干扰的目的。

生产中进行除硅的技术包括“除硅”和“抑硅”（抑制硅干扰）两个方面，具体有以下几种方法。

1. 提高 pH 值法

在黑液中添加商品烧碱或蒸煮白液，以提高黑液体系的 pH 值。此法可使黑液中的硅化物处于游离状态，有助于降低黑液黏度，防止硅化物从黑液中析出和沉淀。这种方法可在一定程度上减少蒸发过程的硅干扰问题，但由于硅化物依然存在于黑液中，不能从根本上起到除硅效果。

2. 二氧化碳法

在黑液中通入 CO_2，由于酸化作用使黑液 pH 值降低，部分硅化物会以硅酸的形式沉淀析出，经后序分离加以去除。主要化学反应为：

$$Na_2SiO_3 + 2CO_2 + 2H_2O \longrightarrow H_2SiO_3 \downarrow + 2NaHCO_3$$

实际生产中，可将黑液燃烧产生的烟道气与黑液混合，产生 CO_2 除硅的作用效果。沉淀物可通过适当技术加以分离，回收其中夹带的黑液。

3. 石灰法

在黑液中加入 CaO，与黑液中的 Na_2SiO_3 反应生成硅酸钙沉淀，经后序分离加以去除。主要化学反应为：

$$Na_2SiO_3 + CaO + H_2O \longrightarrow CaSiO_3 \downarrow + 2NaOH$$

此法产生的大量 $CaSiO_3$ 副产物有待处理。

4. 铝土矿法

将适量的铝土矿混入黑液中，在燃烧过程中形成的铝酸钠与绿液中的 Na_2SiO_3 反应生成硅铝酸钠复合体沉淀物，通过后序分离加以去除。主要化学反应为：

$$2Al(OH)_3 + Na_2CO_3 \longrightarrow 2NaAlO_2 + CO_2 + 3H_2O$$

$$4Na_2SiO_3 + 2NaAlO_2 + 4H_2O \longrightarrow Na_2O \cdot Al_2O_3 \cdot 4SiO_2 \downarrow + 8NaOH$$

此法产生的大量 $Na_2O \cdot Al_2O_3 \cdot 4SiO_2$ 副产物有待处理。

5. 生物法

生物法即在黑液中加入某种微生物制剂，通过生化作用使黑液中的硅化物得以析出并去除。

在上述除硅方法中，除了补加烧碱法在实践中有一定的可行性外，其他方法均存在一些实际问题有待解决。

6. 同步除硅法

同步除硅是一种在植物纤维原料蒸煮过程中实现除硅的方法，其作用原理为：在植物纤维原料蒸煮过程中，加入一种叫“留硅剂”的化学品，纤维原料中的硅化物可与留硅剂反应生成一种难溶沉淀物。该沉淀物可附着在纸浆纤维上，从而使进入黑液中的硅化物含量降低，从而达到了除硅的效果。

除硅剂一般采用铝盐化合物，资料数据表明：采用 2.5%（对纤维原料）除硅剂进行同步除硅时，黑液除硅率可达到 90%以上，可获得显著的黑液除硅效果。

表 5-5-5 和表 5-5-6 给出了同步除硅法的作用效果[9]。

表 5-5-5 同步除硅法对麦草浆黑液碱回收性能的影响

项目	蒸发强度 /(kg/kg)	蒸发效率 /[kg/(m^2·h)]	燃烧能力 /(t/d)	碱回收率/%	成本/(元/t)
常规蒸煮	2.61	10.719	40.6	55.52	1194.8
同步除硅蒸煮	3.15	11.465	44.8	64.98	1072.9

注：TS 表示总固体含量。

表 5-5-6 同步除硅法对麦草浆黑液性质的影响

项目	TS/%	SiO_2/(g/kg)	黏度(80℃)/(mPa·S)	VIE/(mL/g)
常规蒸煮	40.17	15.30	160.83	1.94
同步除硅蒸煮	42.33	6.93	96.29	3.46

四、除皂

黑液中大量皂化物的存在，会造成黑液泡沫和蒸发器结垢问题。除皂就是采用适当的工艺将皂化物泡沫从黑液中分离出来，实现塔罗油回收。回收的塔罗油可通过分馏等化工手段制得脂肪酸、松香等产品。

黑液除皂的目的，一方面是解决黑液蒸发过程中的泡沫干扰问题，另一方面可实现皂化物回收。黑液除皂方法主要有静置法和充气法等。其中，静置法最为简单，适合于各种浓度黑液的除皂，因而应用较为广泛。

黑液中的皂化物可采用盐析法原理进行分离，即在多种电解质如 Na_2SO_4、Na_2CO_3 和 NaCl 等的作用下，使皂化物发生凝聚。由于皂化物密度较小，会悬浮于黑液表面，可进一步由专用装置进行回收。

由于皂化物在黑液中的溶解性与黑液浓度有关，所以不同浓度黑液进行皂化物回收的除皂率会有一定的差异。例如，稀黑液和浓黑液的除皂率一般较低（约 20%），而半浓黑液的除皂率较高（约 40%以上），所以实际生产中大多采用半浓黑液除皂法。

五、降黏

黏度对蒸发效果的影响尤为显著。因此，如何对较高浓度的黑液进行降黏处理，一直以来是黑液蒸发技术的重要研究课题。目前，热处理和钝化两种方案可实现黑液降黏的目的，已成为黑液蒸发操作过程中的重要技术。

对黑液进行热处理降黏的原理是：较高浓度的黑液在高温度下处理一定时间，黑液中的高分子聚合物如聚糖得以降解，可使黑液黏度得以降低，从而有利于对黑液进行蒸发浓缩和获得更高浓度。

热处理黑液产生的降黏效果是不可逆的，且降黏程度与黑液种类有较大关系。经热处理后的黑液，就可以在较高浓度如 75%～80%下进行常压贮存和输送。

由某企业开发和运行的黑液热处理系统中，将浓度 45%的黑液加热到 180～185℃并保温 30min，黏度降幅可达 65%～75%。所以，经热处理降黏后黑液可采用普通板式降膜蒸发器进一步增浓至 80%左右，此高浓黑液可以进行常压贮存和输送。

对黑液进行钝化降黏的原理是：黑液中的钙盐、镁盐和硅酸盐等物质的溶解度具有随温度升高而降低的特性。因此，可对进入临界蒸发器（易产生结垢问题）的黑液进行加热处理，由于溶解度降低，黑液中的钙盐、镁盐和硅酸盐析出和沉淀，进一步将这些析出物进行分离，可实现降低黑液黏度的目的。

高温钝化后的黑液可采用闪蒸技术进行降温和热量回收。

黑液钝化操作会增加一定的设备投资和运行费用，但可显著提高黑液蒸发系统的运行效能。

黑液钝化技术具有下列优点：

① 降低黑液黏度；

② 降低蒸发系统中产生无机盐垢的可能性；

③ 降低蒸发系统中形成硅酸盐垢的可能性，有利于减少硅干扰问题。

六、压力贮存

压力贮存也是一种热降黏技术，是一种基于在高温下黑液黏度会显著降低的特性而开发的高温高压条件下贮存黑液达到降低黑液黏度目的的工艺技术。一般认为，80%超浓黑液在 140℃时可泵送的安全黏度范围为 200～300cP，通过使用中压蒸汽把最终增浓的黑液加热到足够高的温度以降低其黏度，并可补偿超高浓度黑液的沸点升高。从黑液增浓器最终出来的黑液，通过闪蒸降低压力和温度后，即可在压力贮存槽中进行压力贮存。通过控制贮存槽的压力，使黑液保持一定的温度以达到降低黏度的目的。值得注意的是，在黑液增浓的同时，该系统还可控制黑液中无机盐结晶问题，以保持蒸发器加热面的清洁。

一般认为，木浆黑液进行常压贮存的最高浓度为 73%～75%，当黑液浓度高于该浓度范围值时，可采用压力贮存方式。

第三节　蒸发浓缩

一、黑液浓缩的目的、意义和方法

黑液浓缩的目的是把来自提取工段的稀黑液通过一定的技术手段变成浓黑液，即提高其浓度值，达到可以在碱回收炉内进行燃烧的要求。

黑液浓缩的意义在于：一是提高黑液浓度，为实现黑液碱回收创造条件；二是分离皂化物和臭气，为皂化物回收和臭气处理创造条件。

黑液浓缩一般采用多效蒸发系统，即所谓“间接蒸发”技术结合“直接蒸发”技术进行。间接蒸发是采用新蒸汽为热源对稀黑液进行蒸发处理，浓缩后黑液浓度一般可达到40%～55%，此浓度值尚难满足黑液燃烧炉的要求。直接蒸发采用燃烧炉内产生的高温烟气为热源，将烟气通入间接蒸发后得到的浓黑液中进行接触式蒸发，烟气中的粉尘物（主要为未充分燃烧的炭粒和碱灰等）被黑液黏附，实现黑液烟气的净化目的。经直接蒸发后，木浆黑液浓度可达到60%～65%，草浆黑液可达到50%～55%，此浓度值即可满足黑液燃烧的要求。

考虑到直接蒸发过程产生臭气对大气环境造成污染的问题，目前已逐步取消了“直接蒸发”系统。现代碱回收技术中，通过采用“自由流板式降膜蒸发器”“管式降膜蒸发器”和“结晶蒸发”等新设备和新工艺，使黑液蒸发增浓水平较传统蒸发系统大为提升。所以，现代黑液蒸发过程中，采用多效蒸发系统即可实现得到高浓度黑液的目的，在很大程度上可降低黑液碱回收过程的臭气释放量。

二、黑液多效蒸发系统

（一）名词和术语

1. 稀黑液、浓黑液和重黑液

稀黑液是指来自黑液提取工段的低浓度黑液。一般而言，木浆稀黑液浓度为14%～18%，草浆稀黑液浓度为8%～13%。浓黑液是指经常规蒸发技术浓缩后得到的浓度为45%～65%的黑液。重黑液是指采用结晶蒸发等技术浓缩后得到的浓度为65%～80%的黑液。

2. 新蒸汽和二次蒸汽

新蒸汽也称为新鲜蒸汽，是指直接由蒸汽锅炉送来的蒸汽；二次蒸汽是指黑液蒸发过程中自身产生的蒸汽，其洁净度较差，可能含有一定量的杂质和污染物成分。

3. 体数和效数

体数是指多效蒸发系统中蒸发器台数，有时也包括黑液预热器。

效数是指黑液经不同质量等级的蒸汽如新蒸汽和二次蒸汽等蒸发的次数，一般可采用大写罗马字母（Ⅰ、Ⅱ、Ⅲ等）表示。通常以新蒸汽作热源的蒸发器为Ⅰ效，用Ⅰ效蒸发器产生的二次蒸汽作热源的蒸发器为Ⅱ效，以此类推。

4. 清洁冷凝水和污冷凝水

清洁冷凝水是指新蒸汽产生的冷凝水，该冷凝水洁净度高，可作为锅炉用水回用。

污冷凝水为二次蒸汽产生的冷凝水。根据不同蒸发器中产生污冷凝水的浓度不同，污冷凝水又可分为一次轻污冷凝水、二次轻污冷凝水和重污冷凝水。一次轻污冷凝水可回用于制浆系统；二次轻污冷凝水可回用于苛化工段及蒸发器、除雾器洗涤；重污冷凝水需经汽提塔处分离出臭气后，与一次轻污冷凝水回用于制浆系统。

5. 不凝结气体

不凝结气体简称为不凝气，是指在常规冷却条件下不能被冷凝的气体，如空气、硫化氢、甲硫醇和二甲硫醚等。不凝结气体对蒸发传热有不利影响，同时含有大量臭气污染物。所以，对不凝结气体应及时排除并进行无害化处理。

6. 蒸发强度和蒸发效率

蒸发强度是指蒸发器的单位加热面积在单位时间内蒸发出的水量，单位为 kg/（m^2·h）。蒸发强度可用来表示蒸发器的运行效能即蒸发能力。

蒸发效率是指单位质量的新蒸汽从黑液中蒸发出的水量，单位为 kg/kg 或 t/t。蒸发效率与所谓“蒸发比”概念的含义相同，可用以表示蒸发系统的蒸汽利用效率。

7. 总温差

总温差是指蒸发系统中初效新蒸汽的温度与末效二次蒸汽冷凝温度间的差值，具体与新蒸汽压力和末效蒸发器的真空度大小有关。总温差被视为多效蒸发系统的蒸发“总动力”，可用以调控蒸发强度和蒸发效率。

（二）蒸发工艺流程及操作原理

黑液蒸发系统的工艺流程如图 5-5-4 所示。按介质不同，可分为蒸汽流程、黑液流程、冷凝水流程和不凝结气体流程等。

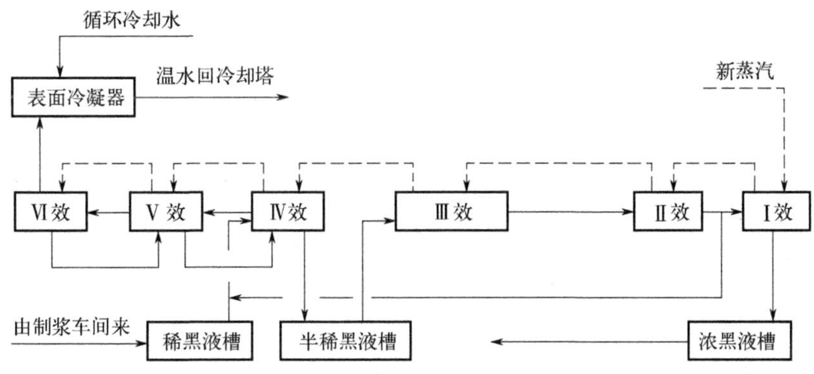

图 5-5-4 黑液蒸发系统工艺流程

1. 蒸汽流程

蒸汽流程可分为新蒸汽流程和二次蒸汽流程。通常将新蒸汽加入Ⅰ效蒸发器，Ⅰ效蒸发器中产生的二次蒸汽进入Ⅱ效蒸发器，Ⅱ效蒸发器中产生的二次蒸汽进入Ⅲ效蒸发器，依次类推。最后一效蒸发器产生的二次蒸汽进入二次蒸汽冷凝系统。

为了提高蒸发强度，有时在两台或多台相邻的蒸发器中同时使用新蒸汽作热源，形成所谓“同效多体”蒸发系统，生产中常见的为“双Ⅰ效”蒸发系统。双Ⅰ效蒸发系统中，两台同时使用新蒸汽的蒸发器分别表示为ⅠA 和ⅠB 或Ⅰa 和Ⅰb，ⅠA 和ⅠB 蒸发器中产生的二次蒸汽合并后进入Ⅱ效蒸发器，后续蒸汽流程与常规系统相同。

“多体同效”蒸发技术已成为现代黑液蒸发系统的重要特征之一。目前，黑液蒸发采用的 11 体六效蒸发系统中，Ⅰ效蒸发器为组合四体（ⅠA、ⅠB、ⅠC 和ⅠD），Ⅱ效蒸发器为组合三体（ⅡA、ⅡB 和ⅡC）；而五体四效或六体五效蒸发系统都属于双Ⅰ效蒸发方式。

2. 黑液流程

多效蒸发系统中，根据与蒸汽流程的走向关系，黑液流程一般可采用 3 种方式，即顺流式、逆流式以及两种方式结合形成的混流式。

（1）顺流式　黑液的流向与蒸汽流向（即Ⅰ、Ⅱ、Ⅲ……）完全一致。稀黑液经过预热器预热后，先进入Ⅰ效蒸发器，然后按顺序流向下一效，直至达到浓缩要求。对黑液蒸发而言，目前尚无采用此种流程的生产实例。

顺流式流程中，黑液可利用各效之间产生的压差自动流入下一效，各效之间无需设计黑液输送泵和预热器。顺流式流程的优点是：辅助设备少、动力消耗低和流程结构紧凑等。顺流式流程的缺点是：随着黑液浓度的逐效增加，蒸发温度逐效降低，随之黑液黏度增高，黑液沸点升高，传热系数下降，最终导致蒸发系统的蒸发能力减小，达到规定浓度时蒸汽消耗量较大。

（2）逆流式　与顺流式相反，稀黑液首先泵送至蒸发系统的最后一效，然后以与蒸汽流向相反的方向进行流送。

逆流式的优点是：蒸发传热条件佳，增浓效果好，生产能力大，蒸汽消耗量低。逆流式的缺点是：由于蒸发器中黑液侧的温度和压力呈逆效升高和增大的趋势，所以各效蒸发器间必须设计输送泵和预热器，整个蒸发系统中辅助设备增多，工艺操作复杂，运行成本较高。

（3）混流式　黑液流送既采用顺流式，又采用逆流式。混流式兼有顺流式和逆流式的优点，并有利于将半浓黑液提取进行皂化物分离。所以，混流式是普遍采用的一种黑液流程。混流式供液流程可以有多种方式，现以目前较普遍的六效九体蒸发系统为例，说明具体的流程走向。

稀黑液首先进入稀黑液槽，然后依Ⅳ→Ⅴ→Ⅵ→Ⅲ→Ⅱ→Ⅰ的流程走向通过各效蒸发器，其中，Ⅰ效由三台常规蒸发器（a、b、c）和一台结晶蒸发器（d）组成。

不同的黑液流程各有特点，具体选择哪一种流程，不仅要从减少设备投资、节约蒸汽消耗和降低操作费用方面考虑，还必须考虑不同黑液的蒸发特性和需要达到的蒸发浓度等问题。生产实践中，定期或不定期采用不同黑液流程转换的蒸发操作，可在一定程度上减缓或预防蒸发系统的结垢问题。

为了进一步提高蒸发效率和黑液浓度，现代黑液蒸发过程一般采用全逆流式黑液流程。

3. 冷凝水流程

新蒸汽产生的冷凝水属于软水，洁净度高，经闪蒸回收热量后可回用至蒸汽锅炉系统。

二次蒸汽产生的污冷凝水，利用各效汽室之间的压力差，通过U形管、节流孔板或节流阀形成压差依次送入下一效，经闪蒸逐效回收热量。最后一效排出的污冷凝水进入污冷凝水收集系统。污冷凝水可在生产系统中直接回用或送至废水处理系统进行清洁化处理。

4. 不凝结气体流程

Ⅰ效蒸发器中的不凝结气体因其洁净度较高，可送到Ⅱ效蒸发器进行热能利用。老式的升膜蒸发器一般将Ⅰ效蒸发器中的不凝结气体直接排放，造成热能损失。

各效蒸发器产生的二次蒸汽中有少量不凝结气体。以六效蒸发系统为例，Ⅱ～Ⅵ效的不凝结气体经孔板收集到不凝结气体总管后进入表面冷凝器处理，Ⅵ效产生的不凝结气体直接进入表面冷凝器。不凝结气体中含有的蒸汽大部分可以在表面冷凝器中冷凝，最终不凝结气体由真空泵从表面冷凝器中抽出。由于最终不凝结气体有臭气污染性，须进行后序清洁化处理（如稀白液吸收或焚烧等）。

将黑液蒸发过程中产生的最终不凝结气体进行清洁化处理，是现代碱回收技术发展的重要特征。

5. 重污冷凝水流程

重污冷凝水槽中的重污冷凝水经过滤后，在汽提器中通过热交换汽提原理分离出臭气，经冷凝后送至臭气处理系统进行清洁化处理。

（三）典型工艺流程

图 5-5-5 为五效长管升膜蒸发站混流进料流程。稀黑液首先经加热后泵送到Ⅲ效蒸发器，同时，将不同比例的稀黑液补充到Ⅳ效蒸发器和Ⅴ效蒸发器。从Ⅲ效出来的黑液依次送到Ⅳ效和Ⅴ效中去，由Ⅴ效出来的半浓黑液可以送入半浓黑液槽进行皂化物分离（无需皂化物分离时可直接进入螺旋换热器）。系统中产生的半浓黑液送至螺旋换热器中，采用Ⅱ～Ⅳ效二次蒸汽作为热源进行热交换。经换热后的黑液再经半浓黑液预热器预热后进入Ⅰ效蒸发器，出Ⅰ效的黑液再顺流经过Ⅱ效蒸发器，出Ⅱ效黑液可送至浓黑液槽贮存。Ⅰ效冷凝水送到燃烧工段作为锅炉给水回

用，Ⅱ～Ⅴ效污冷凝水经逐级闪蒸利用后送到污冷凝水槽。出Ⅴ效的二次蒸汽以及各效排出的不凝气（从螺旋换热器排出）进入表面冷凝器冷凝，最终的不凝气体由真空泵抽出，进行后续清洁化处理或排空。该系统中黑液流程为：稀黑液→Ⅲ→Ⅳ→Ⅴ→半浓黑液→Ⅰ→Ⅱ→浓黑液。

图 5-5-6 为三管两板蒸发站混流进料流程。其中，Ⅰ、Ⅱ效采用板式降膜蒸发器，该系统被广泛应用于草浆黑液蒸发。Ⅲ～Ⅴ效中黑液流程与图 5-5-5 相同，不同之处在于采用预热器代替了螺旋换热器。来自半浓黑液槽或出Ⅴ效黑液泵的热黑液被送到黑液换热器，然后进入Ⅱ效蒸发器，经循环蒸发后送Ⅰ效蒸发器，出Ⅰ效蒸发器黑液经浓黑液闪蒸罐后送到浓黑液槽中贮存。为调整出蒸发系统黑液的温度，浓黑液闪蒸罐中的蒸汽采用阀门控制后被送到Ⅱ效蒸发器的黑液室中。黑液在Ⅰ、Ⅱ效按逆流式流程运行。该系统中黑液流程为：稀黑液→Ⅲ→Ⅳ→Ⅴ→半浓黑液→Ⅱ→Ⅰ→浓黑液。

图 5-5-7 为五效全板式降膜蒸发器系统。稀黑液首先送入稀黑液贮存槽，再泵送至Ⅳ效闪蒸室，闪蒸后的黑液依Ⅴ→Ⅳ→Ⅲ→Ⅱ→Ⅰ流程进行全逆流蒸发。新蒸汽冷凝水泵送至燃烧工段作为锅炉给水回用。表面冷凝器将清冷水换热成温水后送洗选、苛化等工段使用。各效蒸发器产生的污冷凝水分为轻污冷凝水和重污冷凝水。轻污冷凝水送纸浆洗选和苛化工段等处使用，重污冷凝水送至废水处理厂进行清洁化处理。现代碱回收过程中，一般将重污冷凝水采用汽提塔技术进行汽提处理，将分离出的汽提塔臭气送碱回收炉进行焚烧处理，汽提后污冷凝水可回用于其他生产工序中。

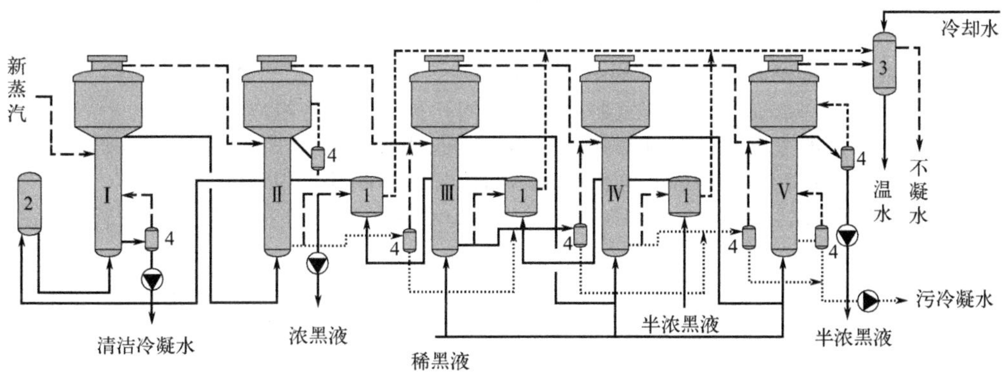

图 5-5-5　五效长管升膜蒸发站混流进料流程

1—螺旋换热器；2—黑液加热器；3—表面冷凝器；4—闪蒸液位罐

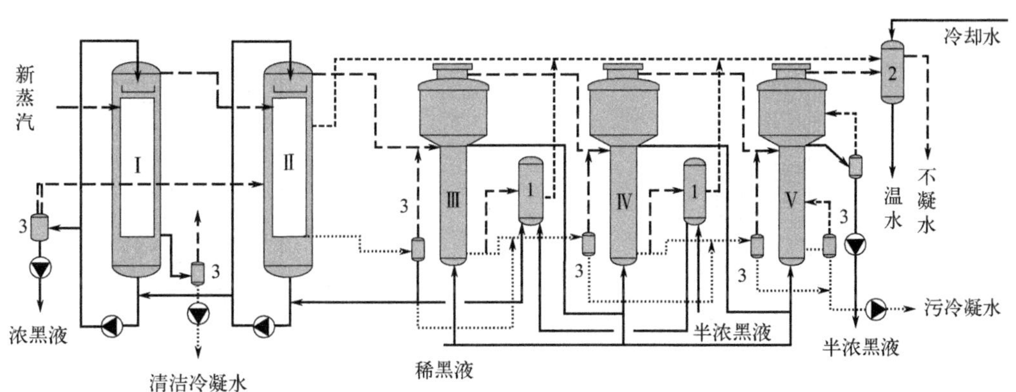

图 5-5-6　三管两板蒸发站混流进料流程

1—黑液加热器；2—表面冷凝器；3—闪蒸液位罐

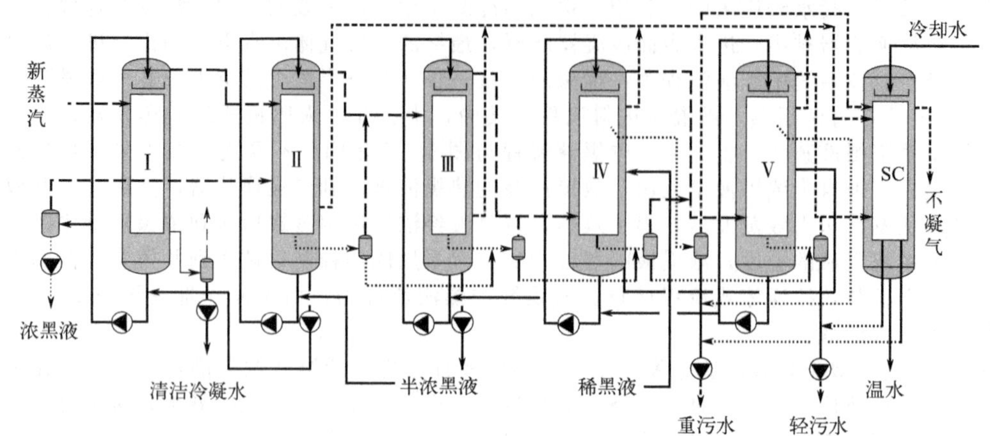

图 5-5-7　五效全板式降膜蒸发器系统

SC—二次蒸汽冷凝器

（四）蒸发设备

蒸发设备中，蒸发器是黑液多效蒸发系统的主体设备，此外还包括其他辅助设备。

1. 蒸发器

多效蒸发系统的蒸发器属于间接给热式蒸发器，主要由黑液室、加热室、沸腾室、分离室、循环管和循环泵等部件组成。根据蒸发器种类的不同，具体的设备组成有所不同。

目前，常见的黑液蒸发器主要有升膜蒸发器（含长管式和短管式）、降膜蒸发器（含管式和板式）等类型，这些蒸发器因结构和工作原理不同而具有不同的应用性能。

（1）长管升膜蒸发器　图 5-5-8 和图 5-5-9 分别为单程长管式升膜蒸发器和双程长管式升膜蒸发器结构示意图。

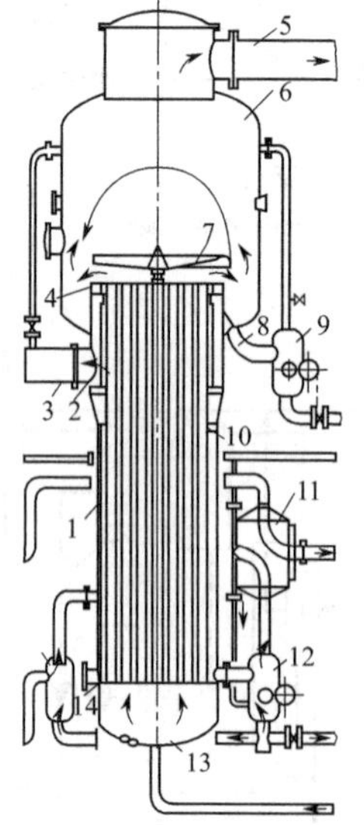

图 5-5-8　单程长管式升膜蒸发器结构示意图

1—沸腾器壳体；2—反射板；3—蒸汽输入管；4—上管板；5—二次蒸汽排出管；6—分离器；7—折转板；8—浓黑液排出管；9—液位控制器；10—沸腾管；11—螺旋换热器；12—冷凝水排出器；13—下黑液室；14—下管板

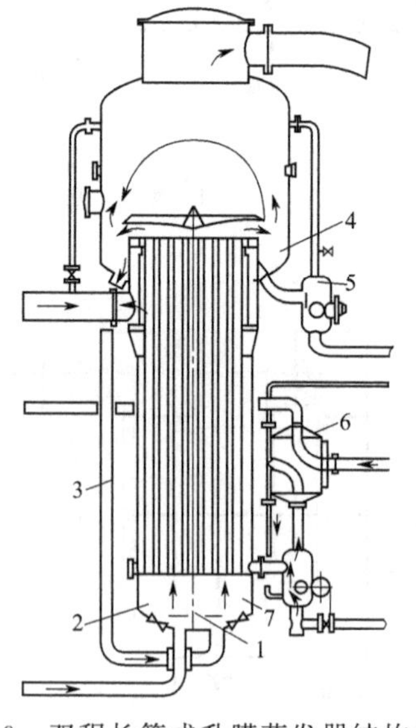

图 5-5-9　双程长管式升膜蒸发器结构示意图

1—隔板；2—黑液室；3—去黑液室第二半部分的管路；4—分离器；5—液位控制器；6—螺旋换热器；7—黑液室的第二半部分

根据黑液加热管的长度不同，长管升膜蒸发器可分为普通长管（约7m）式和超长管（9～10m）式两种类型。该蒸发器通常由一组或多组垂直长管作为黑液换热元件，黑液由蒸发器底部进入管内，而蒸汽则由蒸发室进入管外。黑液在长管内预热后沸腾，进一步蒸发产生二次蒸汽。黑液在管内二次蒸汽流作用下，附管内壁呈膜状上升至分离室。蒸发器内黑液流程有单程、双程和三程之分；黑液循环方式有自然循环和强制循环之分。

长管式升膜蒸发器曾经是一种广泛应用的黑液蒸发器。该蒸发器的应用特点是：传热效率高，蒸发速度快，生产能力大，适合于蒸发易起泡的黑液。由于黑液在沸腾管内呈液膜状上升，当黑液流送速度不高时，蒸发管内易产生结垢现象。超长管式升膜蒸发器内黑液流速较高，有利于提高传热效率和减轻蒸发管内结垢现象。

（2）短管蒸发器　短管蒸发器的结构与长管升膜蒸发器相似，其黑液分离室安装在加热室之上，只是黑液加热管较短（一般为2～4m）。

短管蒸发器中黑液在蒸发管内基本呈满流状上升，基本无升膜式蒸发效果。所以，该类蒸发器加热管内不易产生黑液结垢现象，被认为是一种非常适合于高黏度草浆黑液的蒸发设备。但由于短管蒸发器蒸发强度较低，综合蒸发效能较差，目前在实际产生中已很少采用。

（3）管式降膜蒸发器　图5-5-10为典型管式降膜蒸发器的结构示意图。管式降膜蒸发器在结构上好比是一个“头脚”倒置的升膜蒸发器。黑液加热和沸腾室位于蒸发器顶部，而黑液分离室位于蒸发器底部。管式降膜蒸发器中，黑液经内部循环管预热后被输送至上部配液盘中，由配液盘均匀分布后，沿管壁成膜状下降并进行蒸发。黑液采用中间循环管预热，缩短了预热时间，提高了蒸发效率。由于二次蒸汽快速向下流动时，会将黑液液膜层“吹刷”变薄，并使黑液流速加快，进一步使传热阻力减小和传热系数提高。由于蒸发过程为降膜状态，有利于克服静压力引起的沸点升高问题，更有利于黑液的蒸发增浓，同时蒸发器内结垢现象减少。

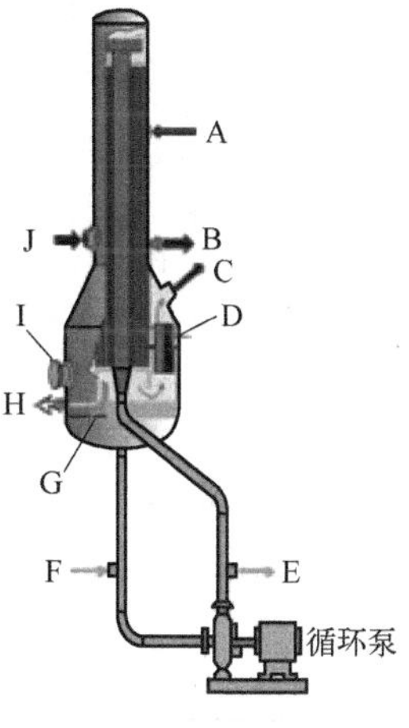

图5-5-10　管式降膜蒸发器结构示意图
A—加热室；B—冷凝水出口；
C—二次蒸汽出口；D—雾沫分离器；
E—黑液出口；F—黑液进口；
G—蒸发器汽室；H—冷凝水出口；
I—人孔；J—蒸汽进口

管式降膜蒸发器由于传热效能好，蒸发效率高，结垢问题较少，因而在实际生产中得到了广泛应用。该设备通常被应用于黑液多效蒸发系统的后增浓过程。

另外，管式降膜蒸发器将换热区设计成前冷凝段和后冷凝段，可实现二次蒸汽冷凝水的分级，实现冷凝水自汽提效果。由前冷凝段排出的冷凝水为轻污染冷凝水，由后冷凝段排出的冷凝水为重污染冷凝水。

通过自汽提作用，可使冷凝水中的重污染成分从液相转化为气相。有资料报道，自汽提作用可将约80%的BOD负荷集中在约10%～20%的重污冷凝水中，从而有利于污冷凝水的清洁化处理。

（4）板式降膜蒸发器　板式降膜蒸发器的蒸发原理与管式降膜蒸发器基本相同，只是黑液的换热元件由管式改成了板式，即所谓的“片状波纹板”。黑液自蒸发器的上部降流时，在加热板表面形成液膜从而进行蒸发。采用板式结构，比管式具有更高的传热效率和更大的流通面积，不仅蒸发能力增大，而且可以降低黑液循环泵的动力消耗。同时，加热板表面上的结垢现象大为减轻，产生的结垢也更易于清除。板式蒸发器加工过程中采用了整体焊接方式，因而维修难度较大。

将板式换热元件设计成预冷凝段和后冷凝段，也可实现二次蒸汽冷凝水分级，形成所谓的“冷凝水自汽提”结构，可应用于蒸发系统中后增浓效黑液的蒸发操作中。

板式降膜蒸发器的结构如图5-5-11所示。图5-5-12为自汽提板式降膜蒸发器的结构简图，采用该设备处理二次蒸汽达到的作用效果如表5-5-7所示。

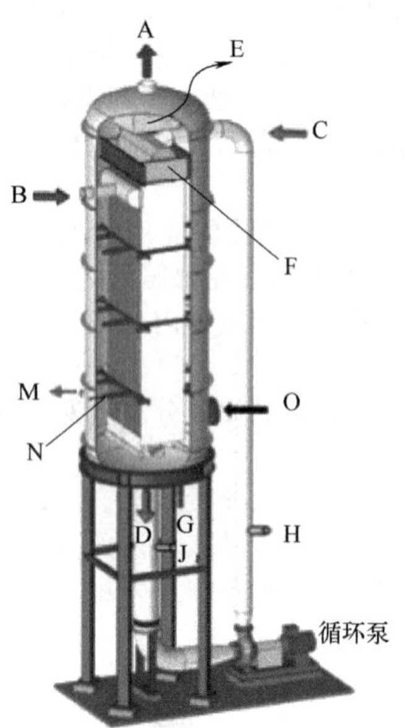

图 5-5-11　板式降膜蒸发器结构简图

A—蒸汽出口；B—蒸汽入口；C—循环液入口；D—循环液出口；E—雾沫分离器；F—分配箱；G—冷凝水出口；H—黑液出口；J—黑液进口；M—不凝气出口；N—内部钢结构；O—人孔

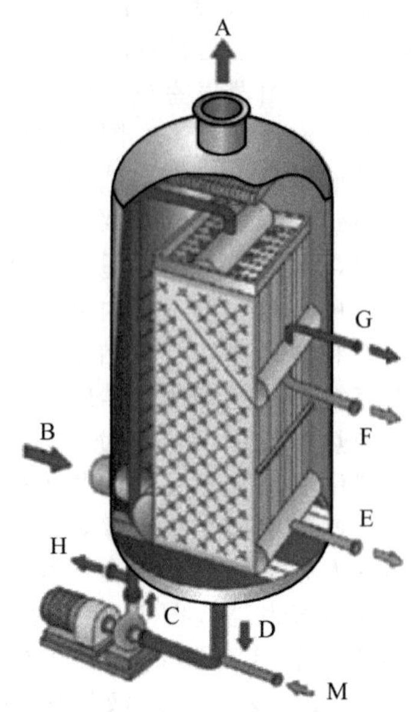

图 5-5-12　自汽提板式降膜蒸发器结构简图

A—二次汽出口；B—二次汽入口；C—循环液进口；D—循环液出口；E—轻污水出口；F—重污水出口；M—稀黑液进口；G—不凝气出口；H—黑液送出口

表 5-5-7　自汽提板式降膜蒸发器应用效果[9]

项目	轻污冷凝水/%	重污冷凝水/%	不凝结气体/%
流量	89	10	1
甲醇含量	10	80	10

2. 蒸发辅助设备

多效蒸发系统的辅助设备主要有预热器、冷凝器、液位罐、闪蒸罐、泵类和汽提塔等。

(1) 预热器　预热器的作用是加热黑液和提高进效黑液的温度，以满足该效蒸发器的操作要求。常见的预热器有列管式和螺旋式两种类型。

列管式预热器根据其结构不同可分为卧式和立式两种，根据黑液流程不同又可分为单程和多程。卧式预热效果较好，但结构不够紧凑，占地面积较大，维修不便，生产中不常选用。立式克服了卧式的缺点，因而应用较为广泛。单程式预热器结构简单，但加热面积相当的情况下占地面积较大，因而在生产中不常应用。

螺旋式预热器一般是由两块不锈钢薄板按螺旋线卷制而成的圆筒设备，利用圆筒内形成的两条螺旋通道进行热交换。该设备结构紧凑，占地面积小，传热效率高，但由于黑液通道狭小，易于堵塞和结垢。

(2) 冷凝器　冷凝器的作用是对最后一效产生的二次蒸汽进行冷凝。由于二次蒸汽冷凝过程中产生的减容效应，在系统内可形成一定的真空度，同时实现对二次蒸汽废热的回收。冷凝器一般采用表面式和混合式两种类型。

表面式冷凝器大多采用列管式，其热量回收效果较好，也有采用螺旋式冷凝器的情况，其结构与前述的螺旋预热器结构相似。在板式降膜蒸发系统中，可采用与板式降膜蒸发器结构相同的板式降膜表面冷凝器。

混合式冷凝器有多种形式，主要为大气压冷凝器，其工作原理是：二次蒸汽和冷却水进行充分接触式混合，在密封情况下排入水封槽，而不凝结气体由真空泵抽出。

生产中也有采用表面式冷凝器和混合式冷凝器结合的方式。由于混合式冷凝器会产生更多的污水量，因此，现代黑液蒸发系统已很少选用混合式冷凝器进行二次蒸汽冷凝。

（3）液位罐　液位罐的作用是排水阻汽，该设备实际上是一个封闭的容器罐，与它配套设置有液位测量装置，通过变送器将液位信号传递给液位罐出口或与其连接的泵出口管线，实现对液位罐内液位的控制。

（4）闪蒸罐　闪蒸罐包括黑液闪蒸罐和冷凝水闪蒸罐，使用目的是回收热黑液和热冷凝水中的蒸汽热量。闪蒸罐的结构与液位罐相同，但由于该容器内温度及压力低于进口黑液或冷凝水的温度及压力，当黑液或冷凝水进入该容器后压力下降，成为汽液混合物，进而自行蒸发产生蒸汽。

（5）输送泵及真空泵等　输送泵主要用来输送蒸发系统内的黑液、冷凝水、温水等，通常为离心泵。黑液输送泵多采用双端面机械密封式，每台泵的机械密封水流量为 3～5L/min。

黑液输送泵特别是降膜蒸发器的黑液循环泵，应特别注意其热膨胀的补偿问题。可采用波纹管补偿器或将循环泵安装在弹簧底座上的方式进行热膨胀补偿。

有时也选用螺杆泵输送高浓黑液，但螺杆泵存在维护费用高、操作不灵活等缺点。因此，蒸发操作中达到的最高黑液浓度一般以离心泵可输送的最高黏度来确定，以免使用螺杆泵。

真空泵的主要作用是抽出末效二次蒸汽冷凝器中的不凝结气体，其流程如图 5-5-13 所示。生产中一般多采用水环式真空泵和水环喷射式真空泵。为降低重污冷凝水量，目前普遍采用的是带自身冷却水循环系统的水环式真空泵。

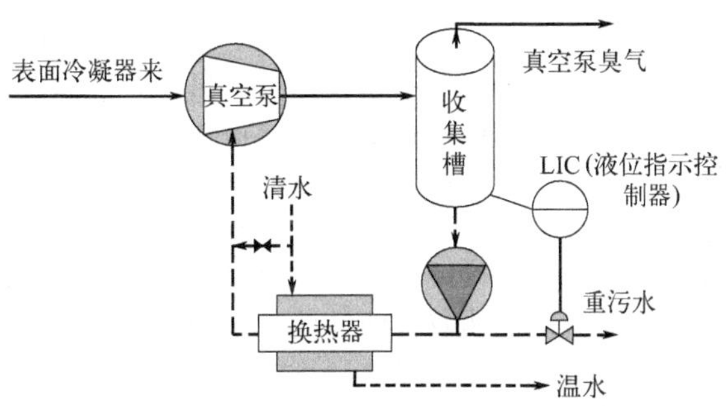

图 5-5-13　黑液多效蒸发系统抽真空流程示意图

蒸发工段有时需选用一些特殊物料的输送泵，如皂化物和松节油的输送泵。皂化物输送泵通常为容积泵，松节油输送需要使用具有防爆电机和无泄漏功能的泵体等。

在现代黑液多效蒸发系统中，可采用蒸汽喷射器来代替常规真空泵。蒸汽喷射器的设备投资费用低于真空泵，但运行费用可能高于真空泵。为满足表面冷凝器的操作要求，生产中一般采用两级蒸汽喷射器进行抽真空操作，而两级喷射器之间需要配置直接或间接冷凝器。此外，为缩短开机时间，通常还需要配置一台启动喷射器。

（6）汽提塔　汽提塔的主要作用是分离汽水混合物中的气体。

蒸煮和蒸发过程产生的污冷凝水可泵送到汽提塔进行臭气分离处理。最常用的汽提装置是盘式洗涤塔，在塔内可空气吹洗冷凝水，使其中的恶臭物质发生部分氧化，如硫化氢氧化生成元素硫，进一步从污冷凝水中有效分离出来。从汽提塔中分离出的恶臭气体等物质可进行后序无害化处理。

（五）黑液多效蒸发过程影响因素

1. 黑液种类

黑液的成分与组分、浓度及黏度等参数对其蒸发性能会产生重要影响，蒸发工艺方案的制订与实施从根本上来说与黑液种类有关。蒸发系统的工艺设计、蒸发工艺和运行参数的确定都必须考虑黑液的种类特性。所以，黑液种类是影响其多效蒸发过程的首要因素。

具体而言，由于木浆黑液和草浆黑液在理化性质方面差异较大，对其采取的蒸发工艺就应该与之相适应。

2. 蒸发效数

增加蒸发效数会使蒸发效率提高，但蒸发强度可能会随之下降。多效蒸发系统的运行经济性，不但要看其蒸发效率，也要看蒸发强度。单台蒸发器的蒸发强度取决于设备类型、传热面积、有效温差和传热系数等，两套蒸发器种类及其总传热面积相同的蒸发系统因效数不同，其蒸发强度不一定相同。例如，总换热面积相同的六效蒸发系统的蒸发强度可能低于五效蒸发系统，即增加蒸发效数仅能提高蒸发效率，而不一定能提高蒸发强度。

蒸发效数的确定原则：充分考虑节约新蒸汽与减少设备投资和运行费用间的平衡问题，既要保持较高的蒸发效率，也要保持较高的蒸发强度，使多效蒸发系统具有良好的运行效能。

3. 蒸汽压力

新蒸汽是黑液蒸发系统的热能来源，新蒸汽的压力是影响蒸发强度和蒸发效率的主要工艺因素。在一定范围内，适度提高新蒸汽压力可以增加总温差，有利于提高蒸发效能和蒸发效率。但是，过高的蒸汽压力可能会使黑液结垢问题加剧；反之，过低的蒸汽压力会延长蒸发时间，对蒸发效能不利，也可能会导致黑液结垢问题的发生。生产过程中，黑液蒸发使用的新蒸汽一般为低压饱和蒸汽，通常把进初效新蒸汽的压力控制在 0.35～0.45MPa，对应温度为 139～148℃。

在多效蒸发系统中，Ⅰ效蒸发器中新蒸汽的压力最高，以后各效中使用前效二次蒸汽的压力会逐步降低，进一步呈负压状态。

4. 供液特性（浓度、温度、黏度和流量）

稀黑液的进效浓度是影响蒸发器运行效能的重要参数。由提取工段送来的稀黑液中一般会混合一些从其他工序溢液中回收的稀黑液，使稀黑液浓度降低。为使蒸发系统稳定运行，稀黑液进入蒸发器前一般需要进行配浓处理，即在稀黑液中配入一定量的浓黑液或半浓黑液，以提高进效浓度和降低稀黑液的起泡性，也有利于减少二次蒸汽中夹带黑液即所谓“跑黑水”问题的发生。如果稀黑液起泡性较弱，则进效黑液浓度可适当低一些。

对于含皂化物较多的针叶木浆黑液，一般需要将浓度调整至 18%～22%，并在进料槽或稀黑液槽中进行静置除皂处理，然后方可进效蒸发。

供液温度一般要求以比进效蒸发器内的黑液沸腾温度适当低一点（如 2～3℃）为宜。温度过低，会延长黑液在加热管中加热至沸腾的时间，降低蒸发强度；温度过高，可能会使进入蒸发器的黑液发生骤然蒸发现象，引起蒸发器振动即所谓的“振效”和蒸发器结垢等问题。

进效黑液黏度宜保持在较低水平。高黏度会对黑液的蒸发传热产生不利影响，所以在条件允许的情况下，尽可能降低进效黑液的黏度，这对于提高蒸发强度和蒸发效率都具有重要影响。

供液流量宜保持在满负荷水平，以使蒸发产能最大化。同时，应该尽可能保持流量稳定化。流量不足可能会造成蒸发器内产生“黑液焦化”从而形成“焦化垢”，造成蒸发传热效率下降等问题；流量过大会造成蒸发器内黑液形成液膜的面积降低，沸腾区减少，造成传热系数降低，蒸发面积减小，进一步可能会使黑液蒸发不及而造成二次蒸汽中夹带黑液的所谓“跑黑水”现象。

供液特性的确定，应根据蒸发设备状况和黑液特性等因素进行。

5. 总温差

总温差即初效新蒸汽温度与末效二次蒸汽冷凝温度间的差值，对多效蒸发系统在真空条件下运行有重要影响，会进一步影响蒸发效率。总温差主要与新蒸汽压力、末效二次蒸汽的冷凝温度等因素有关。在新蒸汽压力一定的情况下，适度提高总温差，会使系统真空度增高，从而有利于蒸发操作；但总温差过大，又可能会使后效蒸发器中温度下降太多，对蒸发操作也会造成不利影响。

6. 真空度

多效蒸发系统的主要特征就是在真空条件下进行蒸发操作，所以，真空度对蒸发强度和蒸发效率都有显著影响。多效蒸发系统中真空度的产生主要是由于末效蒸发器二次蒸汽被及时抽出并充分冷凝。系统中真空泵的主要作用是抽取未被冷凝的气体即不凝结气体，对系统内真空度的形成起到了辅助作用。一方面，减小真空度会使黑液沸点降低，有利于进行低温蒸发；另一方面，低温会导致黑液黏度升高，对蒸发操作也会产生不利影响。

末效蒸发器的真空度一般为 600～700mmHg（1mmHg=133.322Pa），对应温度为 62～42℃。

7. 冷凝水排出

多效蒸发系统内产生的冷凝水应及时排出，否则就会导致蒸汽加热面积减小和进入蒸发器的蒸汽量降低。其中新蒸汽产生的清洁冷凝水可直接送锅炉系统回用，二次蒸汽产生的污冷凝水根据来源或污染程度的不同，可直接回用于纸浆洗涤和苛化工段等处，或进行汽提处理后回用。

（六）黑液蒸发系统的结垢与控制

1. 结垢成因

黑液在蒸发系统中进行蒸发时，由于沉淀或结晶析出、焦化等原因，在黑液预热器、分配器、换热管或换热板壁面上会产生难溶性附着物，即所谓的“垢化物”，此现象即为蒸发器结垢。蒸发器结垢是一种普遍现象，但结垢程度与黑液种类、工艺参数控制等因素有关。蒸发器结垢主要会对蒸发强度和蒸发效率产生不利影响，结垢严重时会导致蒸发操作失败。

蒸发器结垢一般是指在黑液侧设备表面上产生的垢化物。

蒸发器结垢的危害性主要体现在以下几个方面：

① 降低蒸发强度和蒸发效率，增大蒸发难度和增加蒸汽能耗；

② 降低蒸发流量和蒸发产能；

③ 增加停机除垢次数，降低生产效率；

④ 腐蚀换热元件，影响设备使用年限。

由于蒸发器结垢是一种普遍现象，考虑到结垢问题的诸多危害性，从了解结垢的成因入手，研究制定必要的防垢和除垢措施，应该是黑液蒸发过程中一项非常重要的技术工作。

生产实践表明，导致黑液蒸发器结垢的原因非常复杂，可从以下几个方面进行分析：

① 稀黑液除渣预处理效果差，纤维性物质含量过高（如≥30mg/L）；

② 黑液中皂化物的分离效果差，皂化物含量过高；

③ 黑液燃烧过程中芒硝还原率低，绿液和白液澄清效果差，苛化过程中石灰用量过高和苛化率过低，植物纤维原料备料时杂质分离不充分和料片洗涤时采用纸机白水或漂白中段废水等，导致黑液中 Na_2SO_4、Na_2CO_3、$CaCO_3$、CaO 及非工艺元素 Si、Al、Ca、Mg 等含量过高；

④ 稀黑液中残碱量过低（如≤6g/L，Na_2O 计），导致稀黑液 pH 值过低（如≤12）；

⑤ 进效蒸汽温度过高（如≥148℃）。

2. 蒸发器结垢的种类

蒸发器黑液侧结垢主要有无机物垢和有机物垢两种类型。其中，无机物垢主要有钙盐垢（$CaCO_3$ 等）、铝硅垢（$Al_2O_3 \cdot SiO_2$ 等）、钠盐垢（Na_2CO_3 或 Na_2S）等，有机物垢主要有皂化物垢、木质素垢或纤维垢等。

实际生产过程中，黑液蒸发器中形成的垢化物应该是上述几种结垢物质的复合物，只是各类结垢物质的含量会随黑液种类和操作条件控制情况有所不同。

蒸发器的蒸汽侧设备表面上也可能会产生结垢问题，该问题尤其在低温效中更加突出。蒸汽侧结垢主要为二次蒸汽中含有的硫化物或飞沫夹带物等在传热面上形成的附着物，以及高温条件下酸性物质腐蚀碳钢材料形成的硫化铁、氧化铁等锈化垢。蒸发器蒸汽侧结垢的形成，一方面会对蒸发强度和蒸发效率产生不利影响，另一方面会对设备机体结构产生破坏作用，也应该给予重视。在低温效蒸发器中，若采用耐腐蚀材料如不锈钢制作换热面，可减少传热面蒸汽侧锈化垢的产生。

3. 蒸发器的防垢与除垢措施

生产中诸多问题的解决应该遵循“预防为主，防治结合”的原则，蒸发器结垢问题的解决也不例外。

蒸发器结垢较严重时，会导致蒸发能力的下降。在现代黑液多效蒸发系统中，各效蒸发器上一般都装有温差测量仪和 U 值表，用以检测和判断蒸发器的结垢程度。在蒸发能力稳定的情况下，如发现温差有上升现象，则表明该效蒸发器存在结垢的可能性。为克服蒸发器结垢对正常蒸发操作的不利影响，生产过程中通常会采取必要的防垢和除垢措施来解决黑液蒸发器的结垢问题。

（1）防垢措施

① 强化黑液预处理操作。通过除渣、除硅和除皂等预处理手段，对黑液进行“净化”处理，使黑液中可能引起蒸发器结垢的诸多不利因素得以有效减少或消除。所以，对黑液进行有效预处理，是防止蒸发器结垢的重要措施之一。另外，适当提高黑液残碱量，使其保持较高 pH 值，可降低黑液黏度和防止黑液木质素等物质发生沉淀析出反应，可在一定程度上起到预防黑液在蒸发器中结垢的作用。

② 合理使用阻垢剂。在黑液中添加适量所谓“阻垢剂”的化学助剂，可在一定程度上防止黑液中有关物质发生沉淀从而引起蒸发器结垢。这种方法具有简单易行和经济有效的特点，所以，在实际生产中易于推广应用。

③ 优化碱回收工艺。适当降低Ⅰ效蒸发器的蒸汽温度，对于蒸发器结垢有一定的预防作用。同时，通过对黑液燃烧和绿液苛化工艺进行优化，提高芒硝还原率和绿液苛化率，强化绿液和白液澄清效果，降低白液中石灰含量，使黑液中的 Na_2SO_4、Na_2CO_3、$CaCO_3$、CaO 等的含量尽可能降低，以减少上述物质产生的“致垢”因素。

④ 强化备料和生产用水管理。通过植物纤维原料的备料操作，尽可能将有关杂质如皮、节、泥沙等分离充分。同时，加强生产过程中回用水的质量管理，使黑液中非工艺元素 Si、Al、Ca、Mg 等的含量尽可能降低，以减少上述物质产生的“致垢”因素。

⑤ 转换蒸发流程。蒸发过程中通过黑液流程的转换，将低浓黑液输送至高浓效蒸发器中，使低浓度黑液对高浓效蒸发器的黑液侧设备表面的结垢物产生冲刷作用，从而将结垢物予以清除。这种方法在生产中易于实施，对生产过程的影响性较小，且防垢效果较好。

⑥ 强制循环。通过加快黑液在蒸发器内流速的方法，对附着在传热面的“软质”结垢进行冲刷并清除，也是一种行之有效的防垢措施。

（2）除垢方法　定期清洗蒸发器以达到一定的除垢效果，是解决结垢问题的有效途径。采用水或一定浓度的碱液对已经形成的垢化物进行蒸煮和清洗处理，是常用的除垢措施。但是，当定期清洗方法不再有效时，可采取其他除垢措施。

① 水洗法。在一定温度和压力下，采用水或稀黑液定期（如每周一次）对蒸发器黑液侧结垢物进行蒸煮一定时间（如 4h 左右）的蒸煮处理，可使结垢物分散于水中得以清除，此法对于水溶性和质地较为松软的结垢物质具有比较显著的清除效果。值得注意的是，水洗过程中必须防止水和稀黑液量不足或温度过高，以免使原有松软垢加热干燥后变为硬化垢。

② 碱洗法。当水煮清洗法除垢效果不是很好时，生产上可采用碱煮清洗法。在一定温度和压力下，采用苛化白液或浓度为 10%～15%NaOH 溶液对蒸发器黑液侧结垢进行蒸煮处理，可使结垢物溶解和分散于碱液中得以清除，此法对纤维性有机垢和碱溶性无机垢较为有效。

对于蒸发系统后几效蒸发器蒸汽侧结垢物的清除，此法也较为常用。通常将蒸汽室内装满碱液，通汽加热至一定温度并浸泡一定时间，可使蒸汽侧结垢物溶解和分散于碱液中得以清除。

③ 酸洗法。对于采用碱洗法除垢不很有效的结垢物，通常可采用酸洗法进行除垢处理。酸洗法习惯上也叫化学法。一般以一定浓度的硝酸或盐酸对结垢面进行浸泡和清洗处理，为防止酸洗液对金属设备的腐蚀，通常必须在酸洗液中加入一定量的缓蚀剂。缓蚀剂一般为若丁、乌洛托品或其他更为高效的缓蚀剂。酸洗法除垢时间较短，除垢较为彻底，但存在对金属设备的腐蚀风险和增加试剂成本等问题，同时对除垢产生的废酸液需要进行清洁化处理。酸洗液浓度和缓蚀剂选用得当的情况下，可使设备腐蚀性减轻。

④ 机械法。机械法是一种利用机械作用原理清除蒸发器结垢物的方法，一般为机械刷管法。该法采用动力锅炉除垢用的电动软轴刷管器，按加热管直径配备专用的刷管头，然后进行机械振动式除垢操作。机械刷管法无需使用化学试剂特别是酸类试剂，化学安全性较好。但是，该法除垢时间较长，劳动强度较大，同时对加热管壁可能会产生一定的机械破坏。所以，其应用性受到一定的限制。

生产过程中，具体采用哪种除垢方法，应根据具体的工况而定。但无论采用哪种除垢方法，事后都应对蒸发器进行水压试验，以保证蒸发器运行的压力安全性。

(3) 蒸发系统稳定运行要点　在多效蒸发系统中，黑液和蒸汽的稳定供给、真空度和相关管槽液位的稳定性对于蒸发系统的稳定运行具有重要影响，具体要求如下。

① 黑液。尽可能使黑液的流量、温度和浓度保持稳定。

② 蒸汽。尽可能使新蒸汽和二次蒸汽的压力、温度和流量保持稳定。

③ 真空度。末效真空度波动范围宜≤2.5kPa。末效真空度的稳定对于其他各效蒸发器的温差稳定性有重要影响，进一步影响蒸发操作的稳定性。

④ 液位。黑液液位、冷凝水液位等需保持稳定。液位稳定性与蒸发系统中各处阀门的开度以及输送泵的运行稳定性相关。

(4) 黑液多效蒸发系统的技术进展　黑液多效蒸发技术的发展，曾经历了多次革新。20世纪70年代，蒸发器主要是以等面积或不等面积的管式升膜蒸发器为主，出蒸发站黑液浓度一般为45%～55%，该浓度黑液需要在燃烧工段中利用碱回收炉烟气的余热，采用直接蒸发技术浓缩到可满足燃烧要求的浓度水平（49%～60%）。20世纪80年代以来，随着节能和环保要求的日益严格化，自由流板式降膜蒸发器成为黑液多效蒸发系统的主流蒸发器，出蒸发站黑液浓度可达到65%～72%的水平，随之直接蒸发装置被取消。近20年，板式降膜蒸发站和管式降膜蒸发站几乎平分了全部黑液蒸发市场，采用如图5-5-14所示的所谓“结晶蒸发及高温压力贮存”技术可进一步将出蒸发站的黑液浓度提高到80%的水平。目前，黑液蒸发系统的技术进步集中体现在与环保相关的污冷凝水处理和臭气处理技术的研究和设备开发方面。

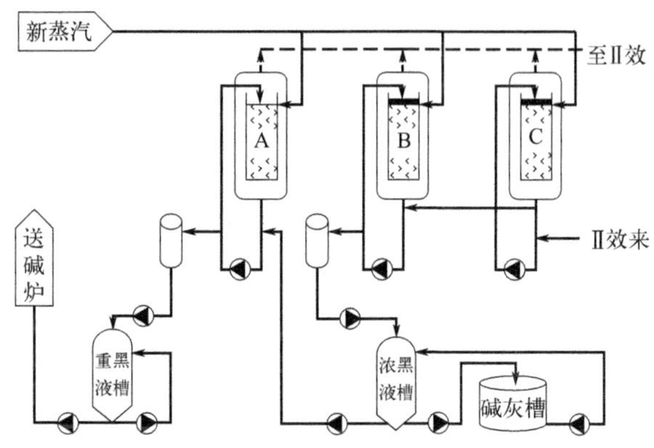

图5-5-14　结晶蒸发及高温压力贮存工艺流程示意图

三、黑液直接蒸发系统

直接蒸发是一种采用黑液燃烧过程中产生的高温烟气对来自多效蒸发系统的黑液进行直接接触式蒸发的工艺方法，通常可以将浓度为50%～55%的浓黑液增浓至60%～65%。一方面可使烟气温度从350～400℃降低到160～180℃，达到烟气降温的目的；另一方面，烟气中所含的炭粒、碱尘等物质被黑液黏附，达到回收烟气中粉尘物和净化烟气的目的。

目前，生产中尚在使用的直接蒸发系统主要有圆盘蒸发器系统和文丘里-旋风蒸发器系统。圆盘蒸发器和文丘里-旋风蒸发器的结构如图5-5-15和图5-5-16所示。

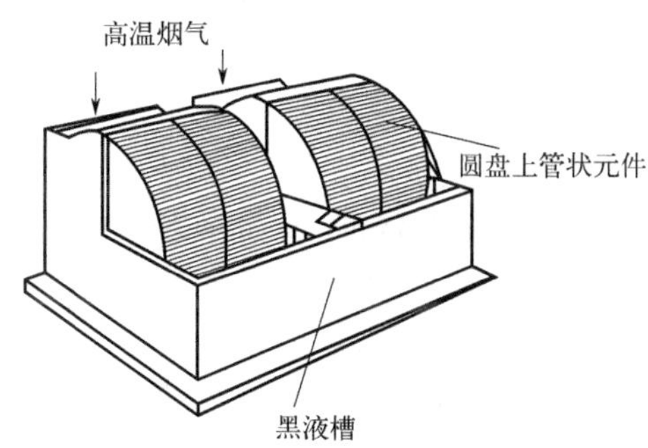

图5-5-15　圆盘蒸发器示意图

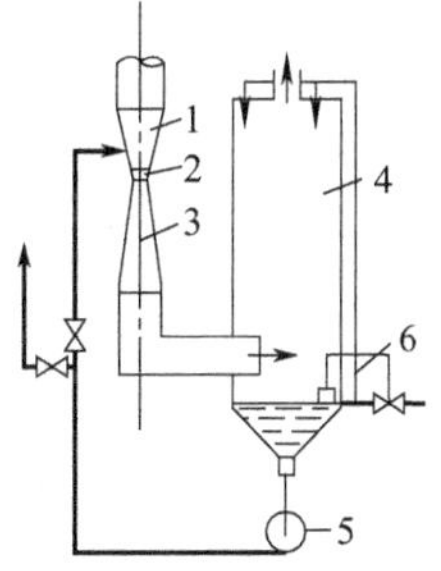

图5-5-16　文丘里-旋风蒸发器结构示意图

1—收缩管；2—喉管；3—扩散管；4—旋风分离器；5—循环泵；6—浮动阀

圆盘蒸发器主要由一个圆盘间轴向装配许多短管的蒸发单元及封闭黑液槽组成，当圆盘转动时，附着在短管上的黑液与高温烟气接触并进行蒸发。

文丘里-旋风蒸发器主要由文丘里黑液烟气混合器和旋风分离器组成，当烟气和黑液在文丘里混合器中充分接触后，黑液被烟气加热并进行蒸发，然后在旋风分离器中将烟气和黑液分离。

直接蒸发由于存在臭气污染等问题，属于一种相对落后的黑液蒸发工艺，在传统碱回收系统中较为常见，但在现代碱回收系统中已不再采用。

第四节　黑液燃烧

黑液燃烧的目的在于通过燃烧对黑液中的有机物和无机物进行有效分离并得到充分回收和利用。黑液有机物燃烧产生的热量通常采用蒸汽锅炉进行回收，中低压蒸汽可用于其他用汽工序（如蒸煮、蒸发等），中高压蒸汽可用于发电。黑液无机物在高温下产生的熔融物溶解于水或稀白液中形成绿液，绿液经后续苛化后产生蒸煮白液，白液再回用于植物纤维原料的蒸煮过程。

黑液燃烧的意义在于燃烧是黑液实现热能利用和化学品回收最关键的工艺环节，燃烧过程中黑液的燃烧效能和化学品转化效率（如碳酸盐化、芒硝还原等）对黑液的热能利用和化学品回收乃至其他生产环节（如蒸发、苛化和蒸煮等）都会产生影响。黑液燃烧工艺设计合理与否，对黑液碱回收的可行性和碱回收系统的运行经济性都有重要影响。

下面以硫酸盐法蒸煮黑液为例，介绍黑液碱回收的相关知识。

一、黑液燃烧过程及基本原理

（一）名词和术语

1. 黑液提取率

黑液提取率是指生产1t粗浆时，由黑液提取工段送往碱回收系统蒸发工段的黑液量占本期蒸煮过程中产生的黑液量的百分数。黑液提取率是影响碱回收率的重要因素，根据计算基准不同，黑液提取率的表示方法可以有多种。一般有以总碱和黑液固形物变化量为计算基准两种表示方法，分别称为“总碱黑液提取率”和“固形物黑液提取率”。其中，固形物黑液提取率的测定和计算相对较为简单，可操作性较强。

固形物黑液提取率可用下列公式计算：

$$R=\frac{TS}{\frac{1000}{Y}\times(1-Y)+A}\times 100\% \tag{5-5-12}$$

式中，R 为吨粗浆对应的黑液提取率，%；TS 为黑液固形物质量，kg；Y 为粗浆得率，%；A 为蒸煮用碱量（总碱），kg。

2. 总钠盐、全碱和总碱

总钠盐是指碱液中全部的钠盐量的总和，通常以 Na_2O 表示。

全碱是指碱液中 $NaOH$、Na_2S、Na_2SO_3 和 Na_2SO_4 含量的总和，通常以 Na_2O 表示。

总碱是指碱液中可滴定的碱如 $NaOH$、Na_2S 和 Na_2CO_3 的总和，通常以 Na_2O 表示。

3. 绿液和稀绿液

绿液是指将黑液燃烧产生的无机熔融物溶于稀白液或水后形成的一种暗绿色液体。绿液之所以呈绿色，是因为其中含有一定量的二价铁盐物质。

稀绿液是指对绿液澄清过程中形成的沉淀物（绿泥）进行洗涤时得到的低浓度绿液。

4. 绿泥和绿渣

绿泥是指对绿液进行澄清或过滤时产生的泥渣。

绿渣是指绿液与石灰发生硝化反应时，主要由石灰中的难硝化物形成的残渣。

5. 芒硝还原率

黑液燃烧过程中，加入碱炉内的芒硝（$Na_2SO_4 \cdot 10H_2O$）在高温下发生还原反应生成 Na_2S。其中，Na_2SO_4 和 Na_2S 体系中 Na_2S 的占比百分数称为芒硝还原率，可用下列公式表示：

$$R=\frac{Na_2S}{Na_2S+Na_2SO_4}\times 100\% \tag{5-5-13}$$

式中，Na_2S 和 Na_2SO_4 以 Na_2O 或 NaOH 表示。

6. 碱回收率和碱自给率

碱回收率是指在一个生产周期中，经碱回收得到的总碱量占制浆过程（含蒸煮和氧脱木质素）总用碱量（总碱）的百分数，不包括补充芒硝。碱回收率可用下列公式表示：

$$R_a=\frac{Q_r-Q_g}{Q_p}\times 100\% \tag{5-5-14}$$

式中，R_a 为碱回收率，%；Q_r 为回收碱量，kg；Q_g 为补充芒硝碱量，kg；Q_p 为制浆过程（含氧脱木质素）总用碱量，kg。

碱自给率是指在一个生产周期中，经碱回收得到的总碱量占制浆过程（含蒸煮和氧脱木质素）总用碱量（总碱）的百分数，包括补充芒硝。碱自给率可用下列公式表示：

$$R_s=\frac{Q_r}{Q_p}\times 100\% \tag{5-5-15}$$

式中，R_s 为碱自给率，%；Q_r 为回收碱量，kg；Q_p 为制浆过程总用碱量，kg。

（二）黑液燃烧的三个阶段及化学反应原理

硫酸盐黑液燃烧过程大致可分为如下三个阶段。

① 黑液蒸发干燥段。此阶段中，送入碱炉的浓黑液在高温烟气流的作用下进行进一步蒸发干燥。当黑液水分达到 10%～15%时形成所谓的“黑灰”，黑灰降落在燃烧垫层上发生后序热解和燃烧反应。

② 黑液热解和燃烧段。此阶段中，黑灰在燃烧垫层上发生燃烧和热解反应。其中，有机物燃烧并裂解为 CH_3OH、CH_3CH_2CHO、CH_3SH、H_2S 等可燃气体，这些可燃气体与供风系统送来的空气混合并发生燃烧反应，生成 CO_2、CO、H_2O、SO_2 和 SO_3 等气体，同时释放大量热量。

在此阶段中，黑液中的 NaOH、Na_2S 和有机钠盐等与烟气组分发生下列化学反应：

$$2NaOH+CO_2 \longrightarrow Na_2CO_3+H_2O$$

$$2NaOH+SO_2 \longrightarrow Na_2SO_3+H_2O$$

$$2NaOH+SO_3 \longrightarrow Na_2SO_4+H_2O$$

$$Na_2S+CO_2+H_2O \longrightarrow Na_2CO_3+H_2S$$

$$Na_2S+SO_2+H_2O \longrightarrow Na_2SO_3+H_2S$$

$$Na_2S+SO_3+H_2O \longrightarrow Na_2SO_4+H_2S$$

$$2RCOONa+SO_2+H_2O \longrightarrow Na_2SO_3+2RCOOH$$

$$2RCOONa+SO_3+H_2O \longrightarrow Na_2SO_4+2RCOOH$$

黑液中的 NaOH 和 Na_2S 基本转化成 Na_2CO_3、Na_2SO_3、$Na_2S_2O_3$ 和 Na_2SO_4，而黑液中的有机钠盐转化成 Na_2SO_3 和 Na_2SO_4。

此阶段中，黑液中部分有机物会发生碳化反应生成元素碳，在燃烧垫层上进行燃烧并释放大量热量，进一步为无机盐熔融和芒硝还原提供了热能和碳元素条件。另外，部分有机钠盐会发生热分解反应而生成 Na_2CO_3。

黑液中与有机物结合的钠和硫经过燃烧反应后生成 Na_2CO_3、Na_2S、Na_2SO_3 和 $Na_2S_2O_3$ 等。一般认为，即使在碱炉操作条件控制适当时，也仅有 50%的有机结合硫会转化为无机硫化物，其余有机结合硫会随烟气流失。因此，在燃烧过程中硫元素的损失量较大，减少硫元素流失和对流失的硫元素进行有效回收是黑液碱回收过程的重要任务。

③ 无机物熔融和芒硝还原段。此阶段中，当燃烧垫层温度达到1000℃左右时，黑液无机盐和补加芒硝被熔化形成所谓的“熔融物”。同时，补加芒硝与元素碳会发生还原反应生成 Na_2S，化学反应式如下：

$$Na_2SO_4+2C \longrightarrow Na_2S+2CO_2-224kJ$$
$$Na_2SO_4+4C \longrightarrow Na_2S+4CO-568.5kJ$$
$$Na_2SO_4+4CO \longrightarrow Na_2S+4CO_2+120.4kJ$$

芒硝还原以上述第二个反应为主。

还原1kg的芒硝，约需消耗7120kJ的热量和2.4kg的元素碳。所以，足够高的反应温度和足量的元素碳，是保证芒硝还原反应发生的重要条件。

此阶段中，燃烧垫层处空气量（即一次风量）不宜过大，具体以保证黑灰在还原条件下充分燃烧为准。在空气量不足的情况下，元素碳会发生还原反应生成CO，而 CO_2 也可能会被还原成CO，这也可为芒硝还原创造条件。值得注意的是，当温度较高和空气量不足时，Na_2CO_3 可能会分解成 Na_2O，进一步还原成元素钠。

就提高芒硝还原率而言，反应温度高一些为好，但由于 Na_2O 和元素钠在高温下挥发性强，温度过高会造成元素钠的升华损失。化学反应式如下：

$$Na_2CO_3 \longrightarrow Na_2O+CO_2$$
$$Na_2CO_3+2C \longrightarrow 2Na+3CO$$

在高温条件下，熔融态的 Na_2CO_3 和 Na_2S 等还会与碱炉的炉衬材料发生化学反应，导致化学品损失和炉衬破坏现象发生。化学反应式如下：

$$Na_2CO_3+SiO_2 \longrightarrow Na_2SiO_3+CO_2$$
$$Na_2CO_3+Al_2O_3 \longrightarrow 2NaAlO_2+CO_2$$
$$Na_2CO_3+MgO \longrightarrow MgCO_3+Na_2O$$
$$Na_2CO_3+Cr_2O_3 \longrightarrow 2NaCrO_2+CO_2$$

二、黑液燃烧工艺流程与操作原理

黑液燃烧目前基本上采用喷射炉燃烧工艺。与硫酸盐法黑液燃烧过程相比较，烧碱法黑液燃烧时无需补加芒硝系统，所以工艺流程相对简单。

硫酸盐法黑液喷射炉燃烧工艺过程如图5-5-17所示。

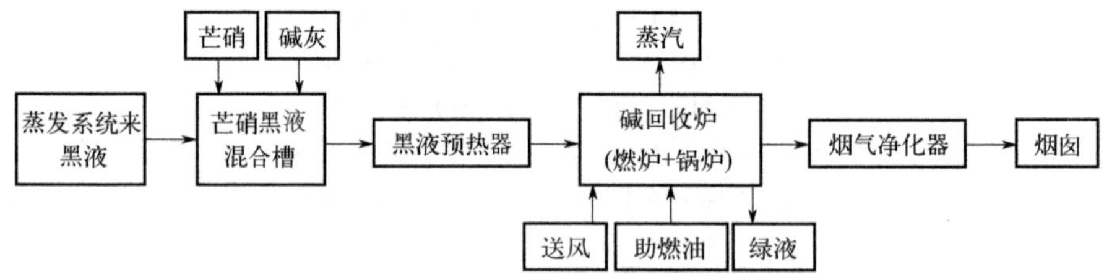

图5-5-17　硫酸盐法黑液喷射炉燃烧工艺过程

硫酸盐法黑液喷射炉燃烧工艺系统主要由黑液系统、碱灰芒硝系统、供风系统、烟气系统、锅炉给水系统、吹灰系统、助燃系统、绿液系统和臭气处理系统组成。

1. 黑液系统

黑液系统的作用是将一定温度、流量和压力的黑液喷射到碱回收炉内，为实现热能和化学品回收创造条件。黑液系统包括供给和燃烧两个环节。其中，供给是将蒸发系统送来的浓黑液与碱灰和芒硝混合后，泵送至碱回收炉。燃烧是将进入碱炉的黑液充分燃烧后，产生蒸汽和绿液。根据碱回收过程所配置黑液蒸发系统和碱回收炉形式的不同，黑液系统的工艺流程也有所不同。

现代碱回收过程中，通过采用高温降黏、强制循环蒸发和结晶蒸发等技术可使黑液进一步增浓至更高浓度，从而取消了黑液直接蒸发操作。同时，配置了低臭型碱回收炉，可避免由于黑液直接蒸发而产生臭气逸散的现象。此时，出多效蒸发系统浓黑液先送入芒硝混合槽进行混合，再送回结晶蒸发器等高浓蒸发系统中进一步增浓后进行压力贮存，再经中压蒸汽直接加热泵送至碱回收炉。

黑液喷枪上通常设置了蒸汽管路，用于冲扫枪头中的堵塞物及停炉时黑液管路清洁。同时，黑液喷枪上还设置有蒸汽汽封装置，以防止烟气外泄。

2. 碱灰芒硝系统

碱灰芒硝系统的作用是将回收碱灰、芒硝与黑液充分混合后送往碱回收炉，主要由碱灰集运、芒硝供给以及黑液混合等设备组成。

碱灰是黑液碱回收炉内产生的积灰副产物，应该进行有效回收。通常，在锅炉管束、省煤器及静电除尘器等处都会产生碱尘积灰现象，其中，大颗粒碱尘可采用吹灰器将其从传热面上吹落至位于锅炉管束和省煤器下部位的灰斗中进行收集，小颗粒碱灰则可通过烟气净化装置如静电除尘器进行收集。收集后碱灰由总刮板输送机将其运送到芒硝混合槽中与黑液混合。

烧碱法黑液产生的碱灰成分主要为 Na_2CO_3，所以经水或稀白液溶解后可直接泵送至绿液系统。

3. 供风系统

供风系统的作用是为黑液燃烧提供必要的氧气，主要由鼓风机、空气预热器、风道和风嘴等装置组成。供风系统一般在黑液燃烧炉体上采用自下而上多处供风的方式进行设计，以满足黑液在碱回收炉内有效燃烧时的氧气需求。供风系统是保证碱回收炉能够安全、连续和高效运行的重要工艺配置。现代碱回收炉一般采用多层供风方式，自下而上分为一次风、二次风、三次风甚至四次风。

一次风一般在炉底上方约 0.7～1.0m 处的燃烧垫层上加入，其作用是为垫层燃烧提供足量的氧气，以保证垫层中黑灰燃烧良好和保持垫层活度、无机物熔融和芒硝还原，同时起到稳定垫层的作用。

二次风一般在黑液喷枪附近处加入，其作用是为炉膛内可燃气燃烧提供氧气，同时有加速入炉黑液蒸发干燥和控制垫层高度等作用。现代碱回收炉设计中，为了将从其他生产工序中收集的低浓度臭气送入碱回收炉燃烧，将二次风分为高、低两层布置，称为高二次风和低二次风。

三次风一般由位于喷枪上方的适当位置处加入，其作用是为炉膛内可燃气体的充分燃烧提供氧气，同时具有减少飞灰流失和调节、均匀烟气温度的作用。

为了降低碱回收炉燃烧过程中氮氧化物（NO_x）的产生量，现代碱回收炉在三次风入口上方又设计了四次风（又称为“火上风”）流程。设计四次风势必会提高碱回收炉膛总高度，增加投资费用。所以，在氮氧化物要求满足环保要求的条件下，尽可能不采用四次风流程。

4. 烟气系统

烟气系统的作用是将碱回收炉内的高温烟气经热能回收（锅炉产汽、直接蒸发等）和净化（直接蒸发、静电除尘等）后，达标排放。

传统碱回收过程中，烟气中热能利用主要靠锅炉产汽和直接蒸发等方式进行，而烟气的净化主要靠黑液的直接蒸发和静电除尘等方式进行。

传统碱回收系统中，由于黑液与高温烟气的直接接触式蒸发会释放出大量恶臭气体（主要为硫化物），现代碱回收系统中已取消了黑液的直接蒸发操作，采用了“除臭式燃烧工艺”技术。除臭式燃烧工艺采用了系列高效蒸发技术使黑液浓度较常规蒸发技术达到更高水平，并采用了大面积高效省煤器等装置对烟气余热进行有效利用，彻底取消了黑液的直接蒸发系统。

5. 锅炉给水系统

锅炉给水的作用是将符合碱回收炉附属锅炉用水质量要求的水提供给锅炉并产生蒸汽，蒸汽按压力不同可输送到其他生产工序如黑液蒸发、纤维原料蒸煮以及汽轮机发电等使用。

为防止在锅炉系统中产生氧化腐蚀、结垢等问题，锅炉给水一般需进行除氧和软化处理。

除氧一般采用热力除氧法，即把水加热至沸腾时，水中溶解氧会自动从水中逸出，从而达到除氧效果。

软化一般采用离子交换法结合外加药剂法。离子交换法是一种以离子交换树脂为介体以钠离子置换水中钙、镁离子的方法。外加药剂法是一种在水中添加磷酸钠盐等“防垢剂”将水中钙、镁离子通过沉淀而去除的方法。

锅炉给水在循环使用过程中，其中溶解盐浓度会随着蒸汽的持续外排而升高，当该浓度达到某一限定值后，炉水蒸发面上会产生大量泡沫，形成“汽水共腾”现象。出现此类问题时，水中盐分会随蒸汽溢出而进入蒸汽过热器和其他管道，从而导致在蒸汽管路中产生积盐性结垢问题。为此，生产中通常对高盐浓度炉水采用连续排污或表面排污的方式加以去除。

6. 吹灰系统

吹灰系统的作用是清除碱回收炉运行过程中沉积在过热器、管屏、省煤器及空气预热器（仅对于采用烟气加热空气的碱回收炉）等处的碱灰。

吹灰器一般以由低温过热器出口集箱上引出的减压蒸汽为动力，在其蒸汽管路系统的最低标高位置处配备自动疏水阀和疏水管道，可将吹灰管路中产生的凝结水自动排放至疏水系统。

大型碱回收炉由于吹灰用汽量较大，可单独采用外网蒸汽提供吹灰动力。

带水洗功能的吹灰器还可用于停炉维修时进行碱炉水洗，热洗涤水由与除氧水箱相接的给水泵提供。

7. 助燃系统

助燃系统的作用是为碱回收炉的正常运行提供助燃保证。碱回收炉在开、停机时，需要外加重油或天然气进行助燃。对于草浆黑液，由于其含硅量较高及燃烧性能较差等原因，在其燃烧过程中也可能需要进行助燃，助燃系统一般以重油或柴油为燃料。

助燃系统在二次风口处配置启动燃烧器，由二次风箱提供助燃空气。助燃系统的主要作用是将碱炉预热至入炉黑液着火点，为入炉黑液燃烧创造温度条件。当黑液燃烧过程发生不稳定情况时，助燃系统可起到稳定碱炉燃烧的作用。在停炉期间，助燃系统还可用于烧除炉内结焦物等。

8. 绿液系统

绿液系统的作用是将黑液燃烧形成的熔融物从碱回收炉内及时排出并有效溶解。通常，碱回收炉中的熔融物在其出口处通过“溜槽”送入溶解槽，在溶解槽中采用苛化工段送来的稀白液或清水进行溶解后形成绿液，绿液可送至苛化工段进行白液回收。

考虑到绿液管道会由于绿液中 Na_2CO_3 结晶析出而被堵塞的情况，一般可将绿液和稀白液管道设计成可切换运行模式。采用稀白液对绿液管道进行洗涤，可达到清除绿液管道中堵塞物的效果。

9. 臭气处理系统

臭气处理系统的作用是将其他生产工序如蒸煮、蒸发等产生的臭气收集后在碱回收炉中进行焚烧处理，这是现代制浆企业中正在推行的一项臭气无害化处理技术。

制浆厂产生的臭气可分为低浓臭气和高浓臭气。

低浓臭气收集后采用冷却洗涤器、液滴分离器或再热器去除多余水分后，与二次风（一般在高二次风机进口处）混合并采用蒸汽预热器预热至规定温度，由高二次风嘴送入炉膛进行焚烧。

高浓臭气收集后采用蒸汽喷射器和液滴分离器去除多余水分后，送入专门的燃烧器进行焚烧。通常，燃烧器安装于碱回收炉二次风进口位置处。汽提塔系统产生的臭气、液化甲醇也可送至燃烧器中进行焚烧。

高浓臭气管道须配置防爆膜和阻火器。液滴分离器和收集槽中的冷凝水经集中收集后，可送回蒸发工段的污冷凝水槽进行回用或无害化处理。

三、黑液燃烧过程影响因素

1. 黑液种类

黑液中有机物与无机物含量及其比例、元素组成、燃烧值、黏度、含硅量等参数对其燃烧性能会产生重要影响。与草浆黑液相比较，木浆黑液具有热值较高、含硅量较少等优势，所以，在相同浓度下其黏度值较低，流动性较好，具有更好的燃烧性能。

2. 黑液浓度

低浓度黑液由于水分含量高，在碱回收炉内燃烧时需要消耗更多热量，因而会影响炉温和燃烧热效率。当浓度过低时，还可能由于大量水蒸气集聚导致炉衬脱落、熄火甚至爆炸等事故。一般而言，在不影响流动性和入炉喷雾性的前提下，黑液浓度越高，其燃烧性能就越好。

传统碱回收系统由于蒸发设备能力所限，入炉黑液浓度一般最高为65%左右，现代碱回收系统由于采用了高温降黏和结晶蒸发等技术，入炉黑液浓度提高至80%，极大地改善了黑液燃烧性能。

3. 入炉喷液状态

首先，入炉喷液量应保持合适和稳定，同时应与碱回收炉供风量相适应。喷液量过高，会使碱炉超负荷运行，产生燃烧不完全和热效率低等问题，同时，会使烟气中的臭气量增加，导致硫损失和大气污染，还会造成锅炉系统中熔融性积灰量增加和排烟温度过高等问题。喷液量过低，会影响碱炉运行效率。造成喷液量不稳定的原因主要有：黑液输送泵或管路不畅，由于温度过高使黑液沸腾，在输送管路中出现“喘气现象”等。

其次，喷液颗粒大小要适当。颗粒太小，容易被炉内烟气带走，导致机械性飞失问题，从而加重对过热器的腐蚀及锅炉管壁等处的积灰，同时，不利于保持燃烧垫层应有的高度。喷液颗粒过大，黑液难以快速干燥，会使燃烧垫层的水分含量过高，使黑液在垫层上燃烧不充分以致产生“死灰层”问题，同样会影响正常燃烧。一般认为，较为适宜的喷液颗粒直径为4～5mm。喷液颗粒的大小可通过调整黑液喷枪的喷液压力及喷孔大小来实现。

4. 送风量

黑液燃烧过程中所需总空气量与黑液的种类有关，具体送风量可根据下列公式计算：

$$L_0 = 4.31 \times (2.67C + 8H + S - O) \tag{5-5-16}$$

式中，L_0 为燃烧1kg黑液固形物所需的理论空气量，kg/kg；C、H、S、O 为黑液固形物的四种元素含量,%；4.31、2.67和8分别为单位质量的分子氧与空气的换算系数、完全燃烧1kg碳和1kg氢的需氧量。

实际生产过程中，供风量通常为理论空气量的1.05～1.10倍。

一次风量一般为总风量的45%～50%。一次风量过大，会使垫层温度过高和黑灰燃烧过快，难以保持垫层应有的高度，同时还会导致芒硝还原用碳量和一氧化碳量减少，不利于芒硝还原，也会促使钠盐分解和升华，降低芒硝还原率和碱回收率。一次风量过低，会引起炉温降低及硫挥发性损失增大，也不利于芒硝还原。

一次风和二次风需预热至150℃左右，三次风一般无需预热。一次风压力一般为0.8～1.2 kPa；二、三次风压力一般为1.5～3.0 kPa 。另外，燃烧过程中炉膛必须保持10～20 Pa的负压，以使碱炉在负压状态下安全运行。

5. 燃烧温度

为保证黑液在碱回收炉内进行正常燃烧、无机物熔融和补充芒硝有较高的还原率，碱炉内应保持较高的温度。通常，燃烧温度宜保持在950～1050℃。草浆黑液由于燃烧值较低，加之硅含量较高使其无机熔融物熔点值提高，导致其燃烧性能较差，生产中一般可通过碱炉设计优化以及助燃等方式加以补偿。

6. 垫层特征

垫层对于黑液燃烧过程而言是一个非常重要的影响因素，主要起到燃烧黑液、蓄热和稳定碱回收炉内温度的作用。一方面，垫层应该保持完好并具有 1.0～1.5m 的高度，为此，入炉黑液干燥后形成的黑灰应保持 10％～15％的水分含量。另一方面，垫层应该保持一定的“活度”，以保证黑灰不断被燃烧、芒硝还原和熔融物持续排出碱炉。有时，由于入炉黑液黏度较大和水分较高等原因，会导致燃烧不良而形成“死垫层”，造成黑液燃烧困难。一旦出现“死灰层”现象，生产中需通过减少入炉黑液量和助燃等方法，及时提高炉温，尽快解决死垫层问题。

四、碱回收炉及辅助设备

（一）碱回收炉

碱回收炉是黑液燃烧工段的主要设备，也是一种以黑液为燃料的特殊锅炉。与常规锅炉相比较，由于燃料的特殊性，碱回收炉可能结构更为复杂，运行条件更为恶劣，爆炸危险性更大。因此，对碱回收炉的设计和操作要求可能更高一些。

生产中使用的碱回收炉主要可分为带圆盘蒸发器的普通炉型和不带圆盘蒸发器的现代低臭炉型两大类。按汽包配置情况，可分为双汽包碱回收炉和单汽包碱回收炉，均为全水冷壁型喷射炉。其他的黑液燃烧设备如回转炉、简易喷射炉、移动式圆形夹套熔炉半水冷或半风冷壁喷射炉等均已淘汰和停止使用。

双汽包碱回收炉属于常规炉型，其结构如图 5-5-18 所示，也称为全水冷壁喷射炉或称为方形喷射炉，一般由炉膛、汽包、锅炉管束、水冷壁管、水冷屏、凝渣管、过热器、省煤器、吹灰器等部件组成。该炉型具有自动化程度较高、碱与热回收率较高等优点，但其结构较为复杂，设备投资费用较高。目前，除部分小型非木浆碱回收系统中选用外，已不再使用。

单汽包低臭型碱回收炉属于现代碱回收炉型，其结构如图 5-5-19 所示。单汽包低臭型碱回收炉的主要结构与双汽包碱回收炉相似，也主要由炉膛、汽包、锅炉管束、水冷屏、过热器、省煤器、吹灰器等组成。

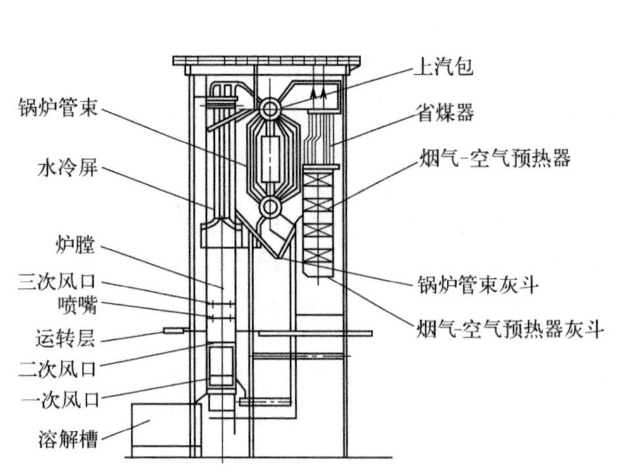

图 5-5-18　双汽包碱回收炉结构示意图

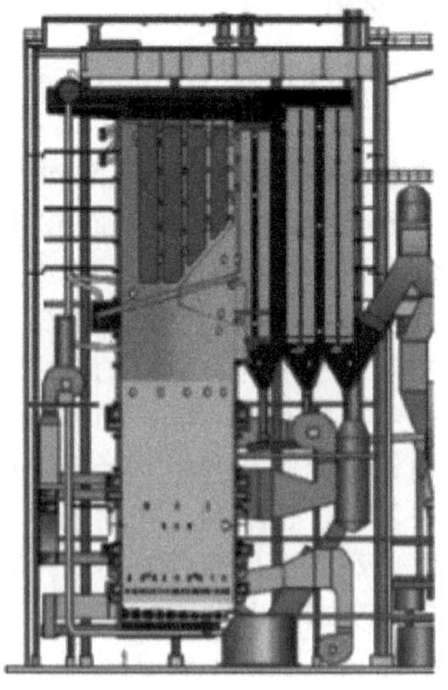
图 5-5-19　单汽包低臭型碱回收炉结构简图

下面介绍碱回收炉的结构组成及工作原理。

1. 炉膛

炉膛是由炉底及四面炉壁、炉顶组成的方形密封空腔。炉底、炉壁、炉顶均由水冷壁管组成的炉型，称为全水冷壁碱回收炉。膛壁上适当标高处设有一、二、三次乃至四次风孔，黑液喷液枪孔和观火孔等，在适当部位还设有防爆孔。在前水冷壁接近炉底处设有熔融物出口，也称溜子口。熔融物会顺着溜子口经溜槽流入熔融物溶解槽进行溶解。

在炉膛内，黑液燃烧可大致分为三个不可分割的过程，即：靠炉内热量干燥入炉黑液；有机物热分解和可燃气体的完全燃烧；垫层黑灰充分燃烧和无机物熔融并发生芒硝还原反应。据此，可将炉膛划分为干燥区、燃烧区（氧化区）、熔融区（还原区）。与煤炭等燃料相比较，黑液具有水分大、热值低、飞尘多、钠升华等特点，容易在碱炉各部位产生积灰现象，同时对炉膛和其他部位的腐蚀更严重。因此，碱回收炉在结构设计、材质选择等方面都应该避免上述不足。

炉膛断面尺寸要满足以下要求：一方面，要有合理的断面热负荷，能保持熔融区有较高温度，使燃烧过程稳定运行；另一方面，能容纳额定负荷时垫层的燃烧体积。断面尺寸过大时，会因炉膛“太冷”而无法维持正常燃烧。由于一次风口标高一般变化不大，为了一次风口不易堵塞，垫层的高度也不宜太高，此时，垫层容积量的多少就取决于断面大小。因此，只有同时满足上述两方面要求的炉膛断面才是合理的。

炉膛高度也要满足相关要求。从炉底到黑液喷枪处，此段高度要满足黑液液滴进行悬浮干燥的要求。通常，麦草浆黑液入炉后干燥所需的热量一般为木浆黑液的3倍左右，比竹、苇浆黑液也高出许多，因此麦草浆黑液碱炉此段高度的选取应比其他浆种黑液高1.5～2.5m，一般距离炉底6.8m以上。

从黑液喷枪到炉膛出口，即水冷屏入口处高度的选取也应满足两方面要求。一方面，便于控制炉膛出口处的烟气温度，避免在水冷屏及管束进口处发生结焦问题；另一方面，使烟气夹带黑灰能够在三次风作用下充分燃烧。炉膛上部设有水冷屏，该处高度以满足水冷屏布置要求即可。

炉膛四周及炉底、炉顶的水冷壁有翅片式和膜式两种结构形式。翅片式水冷壁是由两侧带有翅翼的内径和壁厚相同的无缝锅炉钢管并排组成的，翅片之间有缝隙。一旦向火面侧的耐火涂料有裂缝，烟气会渗漏到管排后面即炉膛之外，就会发生腐蚀现象。所以新设计的碱炉均采用膜式水冷壁。膜式结构的主要特点是把水冷壁管的翅片直接对焊起来，中间不留缝隙而连接成膜屏结构。

2. 水冷屏

水冷屏通常布置在炉膛上部，连接至炉膛后墙，将过热器与燃烧区分开，起到保护过热器免受炉膛下部直接辐射的作用，同时也起到冷却烟气并保证其后的受热面不会产生结焦堵灰现象的作用。水冷屏的结构有“人”形和“L”形两种。在仅产生饱和蒸汽的黑液喷射炉中，水冷屏通常布置成“人”形。

为了有利于热膨胀和安装方便，水冷屏一般不做成膜式壁形式，而采用紧密管排的结构形式，即管子之间为切圆布置，管间不留间隙。为了避免屏间结渣“搭桥”，每片屏间的距离不宜太小。由于水冷屏泄漏与水冷壁一样会给碱炉带来致命的危险，对其材质选择及焊接质量必须严格把关。

目前大多数现代碱回收炉均采用水冷屏设计，较少采用汽冷屏。

3. 凝渣管

锅炉管束前的受热面包括水冷凝渣管和过热器，或者只有过热器。凝渣管是布置在炉膛上部出口处的一组管束，通常安装在过热器前面。其主要作用是降低进入过热器烟气的温度，并使烟气具有均匀的温度和流速。同时，使过热器免受炉膛高温辐射而起到保护过热器的作用。由于碱炉中飞灰粒子的软点及黏点温度较低，所以，当凝渣管降温能力不足而烟气温度较高时，飞灰粒子就可能在锅炉管束等部件处黏附形成结垢层，严重影响传热效率。此时，就需要增加水冷屏作为烟气降温的补充部件。

4. 过热器

过热器一般布置在锅炉管束前面，以充分吸收烟气温度，其作用是将上汽包来的饱和蒸汽加热成过热蒸汽，供汽轮机发电使用等。对于低压碱回收炉而言，其产生的低压饱和蒸汽直接供其他生产工序使用，也就无需配置过热器。对于中、高压碱回收炉而言，过热器应该是其标准配置。

过热器通常有分管式和屏式两种。其中，分管式过热器的管子间存在一定的间距，因而容易产生积灰现象；屏式过热器的管子间相互切接，交错排列，因而积灰现象较轻，也易于清除。

5. 汽包

汽包是碱回收炉附属锅炉的主要配件。从外观结构看，汽包为一个两端有封头的圆筒形高压容器。双汽包碱回收炉中，上汽包连接锅炉给水管道、蒸汽管道、对流管束、凝渣管等受热部件，其结构如图 5-5-20 所示。上汽包内储存有一定数量的饱和蒸汽，以便外界负荷发生变化时，减少锅炉运行参数的波动，并增加锅炉运行的安全性。汽包内安装有净化蒸汽阀、压力表、水位表以及高水位警报器等。下汽包结构与上汽包相似，与若干管束接连，一方面起到供给和循环炉水的作用，另一方面起到定期排污的作用。单、双汽包碱回收炉的汽包结构基本相似，内设旋风分离器或隔板，以便进行汽水分离，尽可能减少蒸汽中夹带的水分。

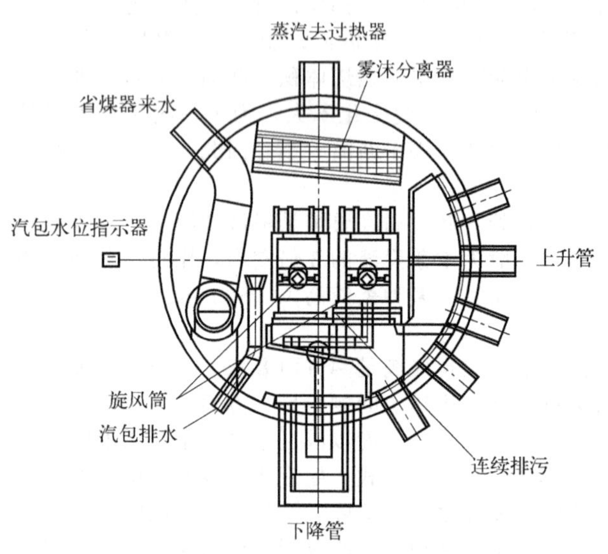

图 5-5-20　上汽包结构简图

6. 锅炉管束

锅炉管束也叫对流管束，是碱回收炉产生蒸汽的主要部件。锅炉管束与水冷壁和凝渣管有机结合，起到平衡生产蒸汽所需传热面积的作用。在双汽包型碱回收炉中，锅炉管束的上部与上汽包相连，下部与下汽包相连（均采用胀接方式）。烟气流动采用单通道错流式。由于受热情况不同，锅炉管束可分为上升管和下降管。

靠近炉膛处在高温烟气中受热较强的管束为上升管，而远离炉膛处在降温烟气中受热较弱的管束为下降管。由此，在对流管束中形成了上汽包—下降管—下汽包—上升管—上汽包的炉水循环流程。

为了减少积灰和便于吹灰，锅炉管束的间距一般保持在 120mm 以上。单汽包型碱炉的管束采用管屏式设计，与上、下联箱焊接在一起。与汽包连接的管子也无须胀接，这种设计避免了炉水通过胀接口漏入炉膛的风险。单汽包对流管束像水冷壁和凝渣管一样，直接由汽包的下降管供水，炉水进入下联箱后靠自然循环作用流送到上联箱中。

凝渣管和过热器主要靠辐射效应进行传热，而锅炉管束和省煤器则主要靠对流效应进行传热，故其管子比较密集，以保证有足够的烟气流速；管束与烟气流向呈垂直设计，以获得良好的传热效果。管束也是碱回收炉最易积灰的地方。

单汽包碱回收炉采用了烟气流向与管束管子相平行的设计，在一定程度上减少了积灰现象。

7. 省煤器

省煤器的作用是利用锅炉尾部烟气的余热加热锅炉给水，进一步降低烟气温度和提高热能利用效率。省煤器一般采用纵向立式直管结构，配有烟气直接接触式蒸发器的碱回收炉由于大部分烟气余热被黑液所吸收，所以其省煤器面积较小。而现代低臭式碱回收炉则采用较大面积的省煤器达到烟气降温和余热利用的目的，且采用多程烟气通道型省煤器。一般而言，排出碱回收炉的烟气温度越低，热能利用率就越高。但低温情况下会使省煤器腐蚀较严重，为此，省煤器排烟温度不能过低，一般宜保持在 176～190℃。对于麦草浆黑液而言，设定其低臭型碱回收炉省煤器的出口烟气温度时，还必须充分考虑空气预热器出口热风可否达到预定温度的问题。排烟温度较低时，消除省煤器低温腐蚀现象的有效方法是将其给水温度控制在较高水平，如121～135℃。

（二）辅助设备

1. 黑液喷枪

黑液喷枪的作用是将预热至一定温度的浓黑液喷入碱炉燃烧区，在工艺操作上应满足如下要求：a. 流量稳定性，这对稳定黑液燃烧操作有重要影响；b. 分布均匀性，这对入炉黑液的均匀干燥乃至形成稳定垫层有重要影响；c. 粒度均整性，这对入炉黑液形成符合质量要求的黑灰并减少碱尘飞失有重要影响。

黑液喷枪主要由枪杆和喷嘴两部分组成，通常有摇摆式和固定式两类，摇摆式喷枪配置传动机构。喷枪的枪杆由普通钢材或不锈钢制成，而喷嘴要用耐高温和耐腐蚀材料制成。喷枪进入燃烧炉的位置、喷枪的数量以及喷嘴的设计参数与碱炉形式、黑液干燥方式（射壁干燥或悬浮干燥）以及黑液性质等因素有关。现代大型碱炉多采用固定式黑液喷枪。

2. 熔融物溜槽

熔融物溜槽安装在炉膛底部，其作用是将炉膛内熔融物连续流送到溶解槽。溜槽配置水冷却装置，以减缓熔融物对溜槽的高温腐蚀和摩擦性破坏。

熔融物溜槽冷却水必须进行化学处理，以减少对溜槽材料产生腐蚀和结垢影响。

3. 溶解槽

溶解槽的作用是将熔融物用稀白液或水进行溶解，产生一定浓度的绿液。溶解槽一般采用钢板焊接而成，配置搅拌器、消声装置等。溶解槽的消声通常有循环绿液喷射熔融物消声法和蒸汽喷射熔融物消声法，其中，蒸汽法效果较好，为大型碱炉普遍采用。

大型碱炉溶解槽为椭圆形，宽度与炉膛宽度一致。溶解槽的搅拌器必须保证熔融物进行有效混合和溶解，在溶解槽上熔融物溜槽开孔应最小化设计。溶解槽设计还应充分考虑排气烟囱和爆炸释放装置的尺寸和位置，使槽内烟气和蒸汽能够排放至烟囱而不影响操作环境。

4. 溶解槽排气洗涤器

溶解槽排气洗涤器的作用是将溶解槽排气中的空气、蒸汽、碱和硫化合物粉尘进行有效分离，达到净化排气和回收化学药品的目的。

通常，采用洗涤器和冷凝器相结合的方式对溶解槽排气进行“洗涤”处理，洗涤后排气经预热至一定温度如90℃后送至碱回收炉的二次风和高二次风系统或直接送入锅炉排气烟囱。

排气中大部分粉尘物可在洗涤器内清洗出来。在冷凝系统中，排气经冷却后可去除多余水分，有利于降低进入锅炉送风系统的排气含水率，冷凝水则可直接送入溶解槽。

5. 放空槽

放空槽的作用是收集碱炉运行过程中来自黑液喷枪、黑液加热器和芒硝混合槽的黑液，实现收集化学品和避免下水道污染的目的。放空槽位于芒硝混合槽的底部。芒硝混合槽排气可通过放空槽进入溶解槽排气洗涤器，放空槽内收集的黑液可泵送至蒸发工段的溢液槽。

6. 吹灰器

碱回收炉内产生的碱灰具有低黏附温度的特点，随具体成分不同，低黏附温度为650～700℃，在碱灰中氯、钾含量较高的情况下该温度甚至可以低到500℃。当碱灰黏附沉积在换热设备的受热面上时，将严重影响传热效果和锅炉热效率。

吹灰器的作用是清除沉积在碱回收炉各部位的积灰，一方面使传热面保持清洁以提高碱炉热效率，另一方面为回收积灰中所含的化学品和未燃尽炭粒创造条件。

吹灰方式有定期和不定期之分，吹灰设备有蒸汽式和机械式之分。

水冷屏区是炉膛烟气首先接触的地方，此处积灰具有塑性特性，而后段积灰会出现由塑性到硬性的转化，同时会形成颗粒状的 Na_2CO_3 和 Na_2SO_4 积灰。

常用的机械吹灰器有固定式和伸缩式两种形式。固定式吹灰器通常固定安装在烟气通道里，长期受高温影响会损坏，一般最好不采用固定式吹灰器。目前大多采用横跨炉体的伸缩式吹灰器，该设备具有自动运行和在线清灰能力。在不能采用机械吹灰器的地方，可采用过热蒸汽吹灰器。

7. 圆盘蒸发器

圆盘蒸发器的作用是将多效蒸发系统浓黑液与高温碱炉烟气进行混合，一方面可利用烟气余热对黑液进行直接接触式蒸发，另一方面可利用黑液的黏附作用对烟气中所含粉尘物（主要为碱、硫化物和炭粒等）进行回收。

圆盘蒸发器蒸发系统与文丘里蒸发系统相比较，由于烟气和黑液的接触不是很充分，所以无论除尘、降温还是黑液增浓其效果均不如后者好。但由于圆盘蒸发器具有结构较为简单、动力消耗较低、维护方便等优势，是传统碱回收系统中对黑液直接蒸发的标准配置。圆盘蒸发器与静电除尘器配合使用时，兼有蒸发黑液、净化烟气和使烟气降温的多重作用效果。

圆盘蒸发器主要由蒸发圆盘、圆盘槽、密封盖和传动装置等组成。蒸发圆盘通常是由安装在轴上的圆盘组以及盘间短管组组成，蒸发圆盘组安装在圆盘槽中。整个圆盘蒸发器除了黑液进出口和烟气进出口外，处于全密封状态。

在现代碱回收系统中，由于取消了黑液的直接蒸发系统，所以圆盘蒸发器已不再选用。

8. 静电除尘器

静电除尘器的作用是净化烟气和回收碱尘化学品，合理使用该设备对于减少烟气污染负荷和提高碱回收率都有重要影响。由于静电除尘器具有烟气除尘高效的特点，目前已成为净化锅炉烟气的标配设备。

静电除尘器主要由电场和电源两部分组成，电场由正、负极组成，电源采用可自动控制的高压整流器。除尘器内部有匀流器、电场和集尘装置等。根据电场结构的不同，静电除尘器可分为立式和卧式两种形式。黑液碱回收过程中大多采用干法卧式静电除尘器。

静电除尘器的负极接高压直流电源，正极接地。当含尘烟气通过除尘器电场时，负极产生的“电晕”使粉尘粒子产生充电效应。被充电后的粉尘粒子在电场的作用下向正极方向运动，最终沉积在正极板上，经振打处理后脱落并得以收集。影响静电除尘器除尘效果的主要因素有电压、烟气温度、烟气水分以及烟气含尘量等。静电除尘器对颗粒直径小的尘埃有较高的集尘和除尘效率，依据电场配置情况不同，其总除尘效率可达 90%～99.8%。

静电除尘器具有烟气阻力较小、电耗较低以及除尘效率较高等优势，但其不具备回收烟气热量的作用，且设备投资费用较高。

五、碱回收炉安全运行要点

由于碱回收炉所用燃料和燃烧产生熔融物性质的特殊性，在运行安全性方面较常规锅炉有着更高的要求。碱回收炉除具有一般动力锅炉的安全性要求外，宜制定与之相适应的专门安全标准和要求。碱回收炉最为突出的安全问题主要包括腐蚀问题和熔融物-水接触爆炸性问题，此类问题一旦发生，就可能会产生破坏性和灾难性的后果。碱回收炉安全运行必须注意的问题主要有下列几个方面。

（一）腐蚀问题

1. 向火侧腐蚀

由于黑液燃烧过程中硫化物等物质的存在，碱回收炉向火侧的金属（一般为碳钢）部件表面上会产生腐蚀问题，其中，炉膛下部最为常见。一般而言，最主要的腐蚀是由元素硫和铁反应生成硫化亚铁引起的。主要的腐蚀化学反应如下：

$$2H_2S+2O_2 \longrightarrow S+SO_2+2H_2O$$

$$Na_2S+2CO_2 \longrightarrow S+Na_2CO_3+CO$$

$$S+Fe \longrightarrow FeS$$

当温度超过 310℃时，上述腐蚀化学反应速度会加剧。为此，控制金属表面温度是一项重要的防腐技术。另外，熔融物流经时也会对金属表面产生高温摩擦性侵蚀问题，但由于熔融物首先会在金属表面形成一层凝固层，对金属表面的高温摩擦性侵蚀起到一定的阻隔作用。针对上述腐蚀问题，生产中可采取如下措施。

① 强化保护措施。可以在碱回收炉下部密集安装栓钉，一方面可增加加热面积，另一方面易于形成坚固的熔融物保护层，可起到保护金属部件免受侵蚀或腐蚀的作用。

② 加强碱回收炉金属部件的耐蚀性。采用耐蚀性较好的复合钢材料制造金属部件，或在金属部件表面采用火焰或等离子喷涂高温耐蚀材料。同时，保持水循环系统良好运行和加强排污操作等。

③ 控制垫层稳定性。垫层宜保持应有的高度，避免完全焚烧。同时使水冷壁上熔融物凝固层保持完好，从而防止水冷壁表面的腐蚀风险。

④ 控制好一次风压及避免插风枪现象。控制好一次风压及避免插风枪现象，可防止由高温及局部高温点引起的高温腐蚀或侵蚀。

2. 省煤器腐蚀

省煤器的腐蚀部位通常在其入口联箱以及烟气出口处，因为在这些部位容易发生水中溶解氧的积聚，从而对金属管子内部造成氧腐蚀，此类腐蚀与炉水水质密切相关。另外，省煤器出口烟气温度较低时，烟气中的 SO_3 会与碱灰中的 Na_2SO_4 反应生成 $NaHSO_4$，在潮湿环境中会对金属管子外壁发生酸性腐蚀。

所以，严格控制炉水水质，优化黑液燃烧工艺以减少烟气中 SO_3 含量，加强保温措施，并及时清除省煤器各部位的积灰，是预防省煤器发生腐蚀问题的有效举措。

3. 停炉腐蚀

长期停炉时，炉内存水会对碱回收炉金属部件表面产生腐蚀。为此，在停炉时，宜将炉内存水及时排空，并采取湿法和干法措施将炉内沉积物和水分予以清除。

（二）水质问题

与动力锅炉相比较，碱回收锅炉由于运行条件更为恶劣，发生故障的危险性更大。因此，对给水水质的要求应该更高一些。如果水质不良，就会造成炉内结垢问题，致使换热部件传热不佳，进一步会导致引起爆管等严重事故的风险发生，也会加剧对省煤器的氧腐蚀性。可以说严格控制炉水水质，是碱回收炉安全运行的重要保证。

（三）水接触性爆炸问题

碱回收炉运行过程中最为严重的事故就是熔融物与水的接触性爆炸。在 850～950℃的高温下，熔融物和水接触会发生如下化学反应：

$$Na_2S+4H_2O \longrightarrow Na_2SO_4+4H_2$$

$$Na_2S+2H_2O \longrightarrow 2NaOH+H_2S$$

$$Na_2CO_3+H_2O \longrightarrow 2NaOH+CO_2$$

上述反应会生成大量 H_2 等可燃性气体，具有发生化学爆炸的危险性。

通常认为，熔融物与水的接触性爆炸主要还是物理性爆炸。当水接触到高温熔融物时，会发生极度过热效应，水分会被瞬即蒸发产生大量蒸汽，导致系统内蒸汽压力突然增大，以致对密闭系统产生破坏性冲击。据估算，1kg 的水在 0.001s 内汽化成蒸汽后，所释放出的能量相当于 0.5kg 的 TNT 炸药的爆炸力。因此，发生熔融物与水接触性爆炸时决定爆炸强度和爆炸损伤性的重要因素是接触熔融物并被汽化的水量。

熔融物与水的接触性爆炸通常发生在燃烧炉和熔融物溶解槽内。

1. 炉内爆炸

当炉内水管发生泄漏时，就可能会发生炉内爆炸现象。为此，唯一的办法就是防止炉内水管尤其是水冷壁和水冷屏管发生泄漏。通常需要注意以下几个方面。

① 定期或不定期检查炉内有关炉水管件的完好程度，减少对炉水管件的机械性损伤如钢钎捅熔融物溜槽等。重点部位的炉水管件宜定期检查，如空气预热器及熔融物溜槽冷却水系统的泄漏问题，发现问题应及时解决。

② 避免入炉黑液浓度过低。入炉黑液浓度过低时，会使大量水进入炉膛，严重时会引起熔融物与水的接触性爆炸。因此，生产中要求入炉黑液浓度不得低于55%。

③ 相关部位安装紧急事故排水阀，一旦漏水，可迅速进行排水，减少泄水量。

2. 炉外爆炸

炉外爆炸通常是指进入溶解槽的熔融物和水接触发生的爆炸。由于熔融物溶解必须和水进行接触，通常可将熔融物首先分散成较小颗粒，以避免由于热能集中造成爆炸性安全隐患。为防止此类爆炸问题，生产中可采取如下措施。

① 熔融物溶解过程中注意保持适当的绿液浓度和溶解槽液位，并及时排除溶解槽内产生的水蒸气，通常绿液浓度宜控制为95～115g/L。绿液浓度过高时，会发生沉淀或结晶现象，不仅影响消声，严重时还会在绿液液面上结成硬壳层，熔融物会堆积在硬壳层上面，增加发生爆炸事故的隐患。

② 定期检查消声装置以保证良好的消声效果，发现结垢等问题宜及时解决。

③ 定期检查搅拌装置以保证良好的搅拌效果，防止熔融物沉积和局部浓度过大而引起爆炸事故。

④ 加强碱炉运行管理以保证熔融物能够连续、稳定排出，减少瞬间大量熔融物流出现象。

（四）可燃气体爆炸问题

黑液燃烧不正常时，由于黑液发生热解反应在炉膛内产生大量可燃气体，若不能及时燃烧就会发生爆炸事故。此类爆炸事故严重时，可能会造成炉内管件的损伤，从而引起熔融物与水的接触性爆炸事故。生产中应注意以下几个方面。

① 入炉黑液宜充分预热，并使其流量稳定和喷雾良好，以使其在炉膛内充分燃烧。同时，要控制燃烧室出口烟气中有1.0%～2.0%的过剩氧量，以保证炉内可燃性气体能够充分燃烧。另外，保证烟道畅通，以利于炉内烟气及时排出。

② 开、停炉时要使引风负压适当，以便将炉内积存的可燃气体及时抽出。

③ 如发生爆炸事故，可采用大量黑液窒息燃烧垫层。此时需注意调整好引风负压，以保证大量可燃气体及时抽出。

④ 点油枪时，如发现点火不良宜间隔一段时间，让可燃气体排出后再行点火操作，且不宜将油枪内存油直接喷入炉膛。同时，要保证油枪雾化良好。

碱回收炉关联的工艺系统较为复杂，其安全运行性涉及工艺设计、设备制造与安装、运行检查以及维护等各个环节，所以，实际操作过程中加强对每个环节的管理是保证其安全运行的重要前提。

六、黑液燃烧技术进展

（一）非工艺元素控制技术

由于现代制浆厂生产用水系统封闭程度的提高，导致非工艺元素（NPE）如氯、钾在生产系统中的累积度增加。氯、钾元素的存在，会使碱灰黏附温度降低，进一步影响碱回收炉的正常运行。

氯、钾元素对碱回收操作的影响主要有：加重碱炉积灰现象，需增加吹灰次数和蒸汽消耗，也使洗炉频次增加；降低碱炉产汽能力；导致换热部件特别是过热器的腐蚀等。所以，有效控制碱回收过程系统中的氯、钾元素含量，对于碱回收炉的正常运行有重要意义。

氯、钾元素主要来自植物纤维原料，原料种类不同，其含量会有差异，表 5-5-8 中给出了不同纤维原料制浆黑液中氯和钾的含量情况[9]。植物纤维原料不同，上述元素含量会有所差异，如钾元素更富集于树皮中。上述元素也可由外加化学药品和生产用水带入。所以，优选制浆纤维原料，提高纤维原料的备料质量，尽可能减少外加化学品和生产用水中这些元素的含量，都是控制此类元素含量的重要举措。

表 5-5-8　不同纤维原料制浆黑液中氯、钾元素的含量[9]

元素含量	北欧木材黑液		北美木材黑液		热带木材黑液	
	松木	桦木	松木	阔叶木	松木	混合阔叶木
K/%	2.2	2.0	1.6	2	1.8	2.3
Cl/%	0.5	0.5	0.6	0.6	0.7	0.8

黑液中氯、钾元素的含量已成为现代碱回收炉设计中确定碱回收炉最高过热蒸汽温度的重要依据，也是限制碱回收炉进一步提高蒸汽参数和增加发电量的主要障碍。

国外对氯、钾元素的富集和去除进行了大量的研究，相继提出了三种去除钾盐和氯化物的方法，包括碱灰沥清法、结晶法和膜法。其中，碱灰沥清法和结晶法已实现工业化生产。

1. 碱灰沥清法

碱灰沥清法是最先进入工业化生产的一种非工艺元素去除方法，是一种利用 Na_2SO_4、NaCl、K_2SO_4 等在一定温度和 pH 值条件下在水中的溶解度有差异的特性，将碱灰中的钾、钠元素通过溶解、结晶析出等方法加以分离的技术。图 5-5-21 给出了碱灰沥清法系统的工艺流程简图。

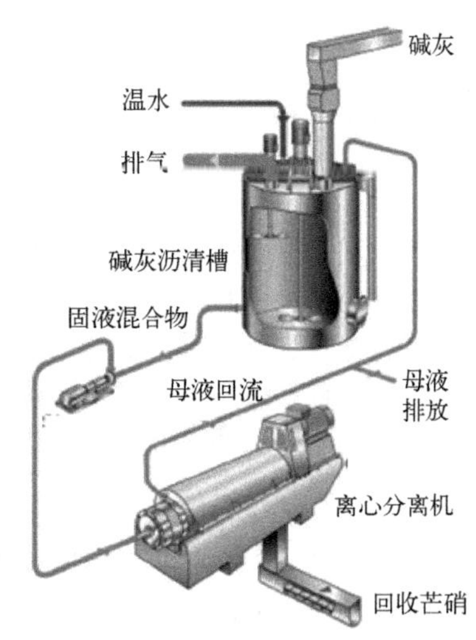

图 5-5-21　碱灰沥清法工艺流程简图

碱灰沥清法的具体工艺案例：将电除尘碱灰首先溶解在 90℃热水中，控制灰水比为 1.2～1.6kg(灰)：1kg(水)，使溶液接近饱和状态。此时，有较高溶解性的氯化钠和氯化钾处于完全溶解状态，而溶解性较差的 Na_2SO_4 则会以晶体形式析出来。

该方法投资和运行费用较低，操作简单，但分离效率还有待提高。

2. 冷却结晶法

冷却结晶法是一种利用 Na_2SO_4 可以在温度低于 20℃时从溶液中析出的特性，将电除尘碱灰在 40～50℃温水中溶解，同时加入硫酸，将大部分 Na_2CO_3 转变为 Na_2SO_4，然后降低温度至 10～15℃，使 Na_2SO_4 形成含水晶体（$Na_2SO_4 \cdot 10H_2O$），进一步进行分离。图 5-5-22 给出了典型冷却结晶法的工艺流程简图。

某公司安装了 6 套冷却结晶法碱灰处理系统，用于 2400t DS/d 碱回收炉系统（蒸汽压力 10.8MPa）。处理碱灰能力 1.8t/h，除钾效率 75%，除氯效率 90%，回收 Na_2SO_4 效率 96.6%。

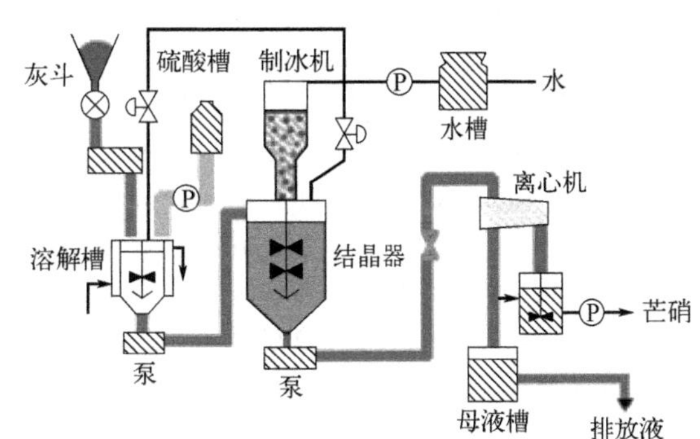

图 5-5-22　典型冷却结晶法工艺流程简图

3. 蒸发结晶法

蒸发结晶法也是一种基于钾、钠盐类在水中溶解度的差异性对其进行分离的技术。首先将碱灰用大量热水溶解（0.4kg 灰/kg 水），然后使用结晶蒸发器将溶液浓缩，使其中的 Na_2SO_4 和

Na_2CO_3 及碳酸钠矾（$Na_2CO_3 \cdot 2Na_2SO_4$）结晶出来，当溶液中的氯、钾达到一定浓度时，可将结晶体进行有效分离，排放母液，达到分离氯、钾元素的目的。图 5-5-23 是某公司开发的典型蒸发结晶法工艺流程简图。

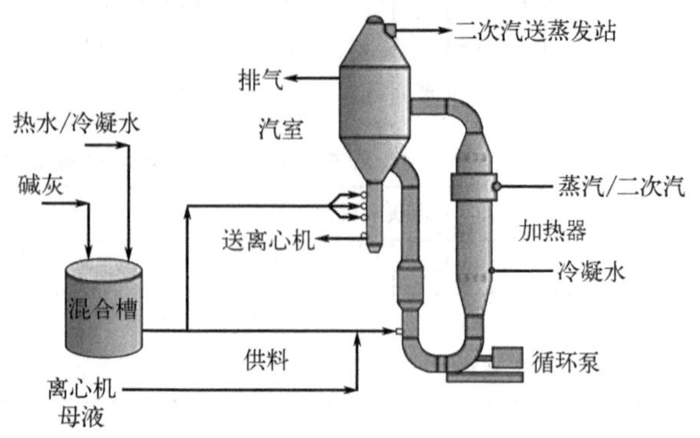

图 5-5-23　典型蒸发结晶法工艺流程简图

4. 离子交换法

离子交换法是一种利用离子交换、选择性吸附等原理分离碱灰中非工艺元素的方法。首先，将电除尘碱灰溶于水中，经过滤后进入离子交换塔，使用对 NaCl 有高选择性的常压树脂对其吸附，该交换塔包括阳离子和阴离子交换单元，通过吸附和解吸操作将 NaCl 去除。该方法投资、操作和维修成本较低，氯离子去除率高且安装空间需求小，但存在钾去除率较低、Na_2SO_4 回收率较高和离子交换塔内树脂易被堵塞等操作问题。

5. 膜电解法

膜电解法是一种利用阴、阳离子膜对氯离子和钾离子存在选择性吸附的原理，对这些元素进行分离和去除的方法。某制浆厂选用一价阴离子选择性膜处理电除尘碱灰，在几乎不损失硫酸盐的情况下，氯离子去除率可达 50%以上。由于阳离子选择性膜对去除钾有较好的选择性，可使处理后的元素钾含量大大降低，同时对重金属离子以及高分子有机物也能起到较好的去除效果。

（二）高浓黑液燃烧技术

高浓黑液燃烧技术是现代碱回收炉生产工艺方面的重大进展。通过对黑液蒸发技术的改进，采用高温降黏、结晶蒸发等高效蒸发技术可以将黑液浓度提升至 80%，为实施高浓黑液燃烧创造了重要条件。采用高浓黑液燃烧技术，会显著提高蒸汽产量和改善燃烧稳定性，有利于提高碱回收产能和碱回收率，并使烟气中的总还原硫（TRS）和二氧化硫含量大为降低，同时还会减少碱炉积灰和堵灰现象。

（三）高参数碱回收炉技术

针对利用黑液燃烧过程产生过热蒸汽用于发电的问题，在传统碱回收炉的基础上，开发出了“高参数碱回收炉技术”。出于碱炉运行过程中过热器腐蚀及高制造成本等问题的考虑，对黑液氯、钾含量的控制提出了更高要求，同时提出了不能单方面追求过高的过热蒸汽参数的设计思想。目前，较先进的碱炉蒸汽压力为 8.9MPa，温度为 480℃；国内碱炉蒸汽压力最高为 9.2MPa，温度最高为 490℃；国外碱炉蒸汽压力可达 10.9MPa，温度可达 510℃，蒸汽产量可达 3.8kg 汽/kg 固形物，发电量可达 2.16MJ/kg 固形物。

（四）碱炉大气污染物控制技术

为满足日益严格的环保要求，控制大气污染物排放已成为碱回收炉运行过程中必须考虑的问题。碱炉产生的大气污染物主要有粉尘颗粒物、总还原硫和 SO_2、NO_x、CO、HCl 和 NH_3 等。

碱炉粉尘颗粒物一般可采用除尘效率大于 99.5%的多电场干法静电除尘器进行捕集，溶解槽及芒硝混合槽排汽中的颗粒物可采用湿式洗涤器进行洗涤捕集。

现代碱回收炉中产生的总还原硫可控制在 $5cm^3/m^3$ 以下，其他生产系统如蒸煮、洗选漂、蒸发和苛化工段中产生的硫化物臭气可送入碱炉进行焚烧。碱炉中产生的 SO_2 浓度主要取决于碱炉的运行工况，如果碱炉垫层温度足够高，就可使 SO_2 浓度降低至不可测的水平。图 5-5-24 反映了垫层温度对碱炉烟气中 SO_2 和 NO_x 排放的影响。可见，合理控制垫层温度，可有效控制

烟气中 SO_2 和 NO_x 的含量。

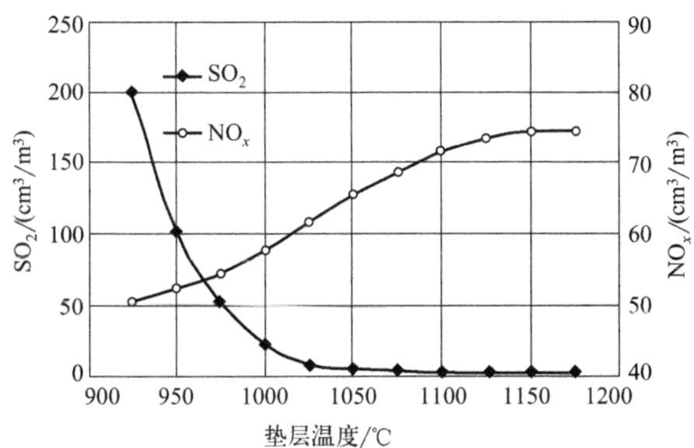

图 5-5-24　垫层温度对碱炉烟气中 SO_2 和 NO_x 排放的影响

碱炉产生的 NO_x 浓度相对较低，一般为 50～100 cm^3/m^3。现代碱回收炉通过增加四次供风设计，可有效降低 NO_x 产生量。

碱炉中 CO 的排放通常易于控制，通常在万分之一范围内，但在碱炉运行不正常时，CO 的排放量将会增加。

如果黑液中氯化物含量较高，同时烟气中 SO_2 浓度较高时，由于氯化物与 SO_2 会发生化学反应，烟气中 HCl 的排放浓度就会增加。所以，降低烟气中 SO_2 浓度以及除去炉水中氯离子含量是降低烟气中氯化氢浓度的关键所在。

NH_3 及氨盐仅在溶解槽排气中可检测到，主要来源于木材等纤维原料中与有机物结合的氮元素。从汽提塔送来的臭气中通常含有一定量的 NH_3 成分，会在碱回收炉中焚烧时生成 NO_x。在黑液蒸发过程时，黑液中约 20%的氮元素可被除去，大部分氮元素会进入蒸发系统的冷凝水中。

（五）臭气处理技术

硫酸盐制浆厂产生的臭气中一般含有 H_2S、CH_3SH（甲硫醇）、C_2H_6S（二甲硫醚）和 $C_2H_6S_2$（二甲二硫醚）等[10]。由于臭气中大量硫化物（即所谓“总还原性硫”）的存在，若不加以有效处置，就会对大气环境造成严重污染。当臭气浓度达到某一临界值后，还会在密闭状态下发生爆炸。所以，结合黑液碱回收过程，对生产过程中产生的臭气进行焚烧处理，已成为目前制浆行业中一项重要的技术。

制浆生产过程中产生的臭气主要会在蒸煮器、蒸发器、松节油回收系统、汽提塔、未漂纸浆洗浆机和黑液槽、污水槽等处散发出来。所以，生产中首先对这些臭气收集后，经阻火、冷却及雾沫分离、洗涤及预热等处理后送入碱回收炉、动力锅炉以及石灰窑等处进行焚烧。

硫酸盐制浆厂产生的臭气一般可分为高浓臭气（CNCG）、低浓臭气（DNCG）和汽提臭气（SOG）。

1. 高浓臭气处理

高浓臭气具有高浓少量的特点，主要来源于硫酸盐制浆厂连续蒸煮器的木片溜槽和蒸发工段的热井处。

来自木片溜槽的气体经细沫分离器分离出细碎木屑后，进入初级冷凝器进行松节油分离。从初级冷凝器排出的气体送至不凝气冷却器，被冷却的不凝气经过阻火器后同蒸发工段热井（冷凝水收集装置）的不凝气混合，再经过阻火器后一起进入浓白液涤气器以吸收部分不凝气，经洗涤后气体经蒸汽喷射器和雾沫分离器分离出液体后经阻火器和火焰喷嘴在石灰窑等处进行焚烧。

2. 低浓臭气处理

图 5-5-25 给出了低浓臭气（DNCG）处理系统的工艺流程简图。低浓臭气具有低浓量大的特

点，主要来源于硫酸盐制浆厂连续蒸煮器的木片仓、洗浆机气罩、洗浆机滤液槽、黑液槽、污冷凝水槽及其他污水槽、绿液稳定槽和澄清槽等处。由于木片仓气体中松节油含量较多，在送入臭气处理系统前可在冷凝器中进行松节油分离，排气再经冷却器冷却至较低温度（如 40℃）后，由蒸汽喷射器送往 DNCG 气体处理系统。

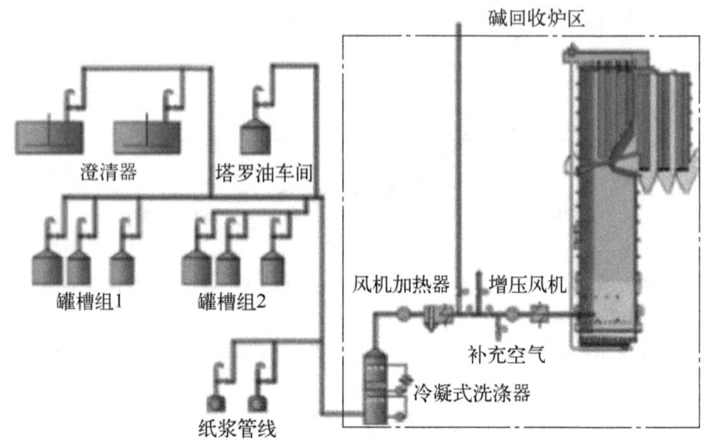

图 5-5-25　低浓臭气处理工艺流程简图

将其他部位产生的低浓臭气收集后，与木片仓臭气混合进入冷却器冷却至一定温度（如 50℃）并去除多余水分，送至 DNCG 系统的加热器预热至一定温度（如 80℃），可作为三次风送入碱回收炉焚烧。

3. 汽提臭气处理

汽提臭气主要来源于蒸发工段的汽提塔和污水输送过程，其主要组分中约 50%为甲醇，其余为水蒸气和少量硫化物。从汽提塔汽提的臭气一般温度和压力较高（约 90℃，30kPa），所以在输送过程中无需动力源。臭气经阻火器、雾沫分离器后和高浓臭气一起送至石灰窑或动力锅炉中焚烧。

为防止汽提臭气中大量甲醇产生冷凝问题，操作过程中须采用独立管道对其进行输送。

第五节　绿液苛化

黑液燃烧产生的绿液其主要成分为 Na_2CO_3，尚不能作为碱法蒸煮药液使用。为此，需要将绿液中的 Na_2CO_3 转化为 NaOH 后，方可回用于蒸煮工段。绿液苛化的目的就是将其中的 Na_2CO_3 转化为 NaOH，制得一定有效碱浓度的蒸煮药液，实现真正意义上的碱回收。绿液苛化是碱回收系统的重要组成部分，其运行效能对于碱回收系统的运行经济性有重要影响。

绿液苛化过程中，除了产生蒸煮药液外，还会产生白泥副产物。

一、苛化反应原理

（一）化学反应过程

绿液苛化实际上就是绿液中的 Na_2CO_3 与苛化剂（石灰）发生化学反应生成 NaOH 的过程，主要包括石灰消化和绿液苛化两种反应，方程式如下：

石灰消化：$CaO + H_2O \longrightarrow Ca(OH)_2 + 65\ kJ/mol$

绿液苛化：$Ca(OH)_2 + Na_2CO_3 \rightleftharpoons 2NaOH + CaCO_3 \downarrow$

首先将 CaO 加入绿液中发生消化反应生成 $Ca(OH)_2$，$Ca(OH)_2$ 再与绿液中的 Na_2CO_3 发生苛化反应生成 NaOH 与 $CaCO_3$ 沉淀（白泥）。其中，消化反应属于放热反应，且反应速率较高；苛化反应属于可逆反应，存在化学反应平衡问题。合理调整反应过程的相关工艺参数如反应物和生成物浓度等，对于促进苛化向正反应方向进行有积极的意义。

（二）名词术语

1. 白液和稀白液

白液是指绿液采用石灰进行苛化过程中，得到的苛化反应液经过滤和澄清后得到的液体，因其中含有少量白泥成分而呈浊液态。白液是黑液碱回收得到的碱性药液，可回用于植物纤维原料的蒸煮过程。

稀白液是指白液澄清或过滤过程中得到的白泥进行洗涤以回收白泥中夹带的白液成分时，产生的低浓度白液。

2. 苛化度

苛化度也叫苛化率，是指苛化反应过程中生成 NaOH 的浓度与反应体系中 NaOH 和 Na_2CO_3 浓度加和之比。苛化度反映了绿液中 Na_2CO_3 转化为 NaOH 的比率，可用下列公式计算：

$$C=\frac{[NaOH]}{[NaOH]+[Na_2CO_3]}\times 100\% \tag{5-5-17}$$

式中，[NaOH] 和 [Na_2CO_3] 的浓度以 Na_2O 或 NaOH 计。

二、工艺流程及操作原理

生产中采用的绿液苛化工艺可分为两类：一类是以绿液澄清器和白液澄清器为主要设备的传统连续苛化工艺；另一类是以高效固液分离器为主要设备的现代连续苛化工艺。老式苛化工艺大多采用第一类苛化技术，而新式苛化工艺则采用第二类苛化技术。

（一）传统连续苛化工艺

图 5-5-26 为采用单层澄清器的传统连续苛化系统工艺流程简图。该工艺大致可分为如下过程：绿液澄清、石灰消化和绿液苛化、白液澄清和过滤、绿泥和白泥洗涤、辅助苛化（图中未显示）等。

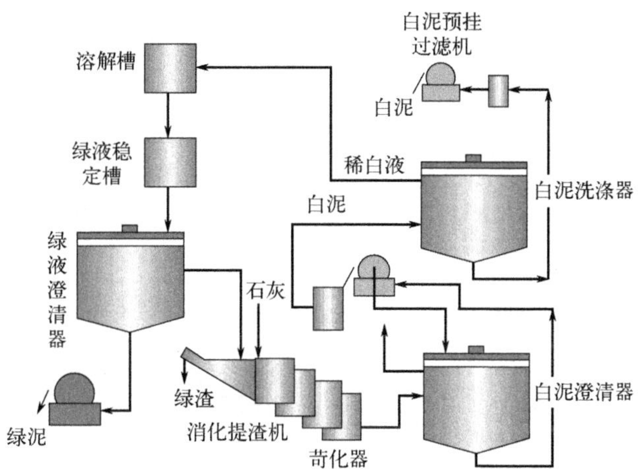

图 5-5-26　传统连续苛化流程简图

1. 绿液澄清

绿液中通常含有一些水不溶性的绿泥杂质，对后续生产过程会造成不良影响。绿液澄清的目的就是去除绿液中的绿泥，得到相对洁净的绿液和粗绿泥副产品。澄清后绿液送至石灰消化器进行石灰消化和绿液苛化反应，粗绿泥送至绿泥洗涤器洗涤后采用过滤机进行脱水处理。粗绿泥脱水得到的绿泥可送至绿泥处置系统或直排，而稀绿液则可送至辅助苛化系统与白泥经洗涤和脱水得到的稀白液混合进行辅助苛化。

2. 石灰消化和绿液苛化

绿液苛化采用的生石灰与绿液在石灰消化器中进行消化和苛化反应，生成的初级白液（含白液和白泥）进入多级苛化反应器（一般为 3～4 级）继续进行苛化反应，生石灰消化产生的灰渣（绿渣）经提取后可送至灰渣处理系统。

初级白液在多级苛化反应器中的苛化反应宜在低速搅拌和适当温度条件下进行，反应过程中相关工艺参数的控制应该以提高苛化反应效率和有利于白液澄清为前提。

3. 白液澄清和过滤

将从多级苛化反应器得到的白液送到白液澄清器中，以除去白液中的沉淀物。澄清后白液经进一步过滤后送至浓白液槽，浓白液可送至蒸煮工段回用。白液澄清产生的粗白泥送至白液过滤机过滤以回收白液，产生的白泥送至白泥洗涤器中，经热水稀释、洗涤和混合均匀并澄清后得到稀白液和白泥，此处白泥与辅助苛化系统来的白泥一起送入白泥脱水机进行脱水得到白泥饼和稀白液。

4. 绿泥和白泥洗涤

绿液和白液澄清产生的初级绿泥和初级白泥中尚含有一定量的绿液和白液成分，考虑到回收利用的重要性，一般对初级绿泥和初级白泥采用热水在洗涤系统中进行洗涤处理，以回收其中的有效成分。回收的稀绿液和稀白液可送至辅助苛化系统继续进行苛化反应。

5. 辅助苛化

利用从浓白液中分离出来的粗白泥和白泥洗涤系统产生的稀白液中含有的未经充分苛化的 Na_2CO_3 和 CaO，与粗绿泥洗涤过程中回收的稀绿液一起进行苛化反应得到稀白液，即所谓的“辅助苛化”。辅助苛化的目的是提高白液回收率，辅助苛化系统中回收的稀白液一般可送至燃烧工段的熔融物溶解槽中。

（二）现代连续苛化工艺

图 5-5-27 为具有代表性的现代连续苛化系统工艺流程简图。

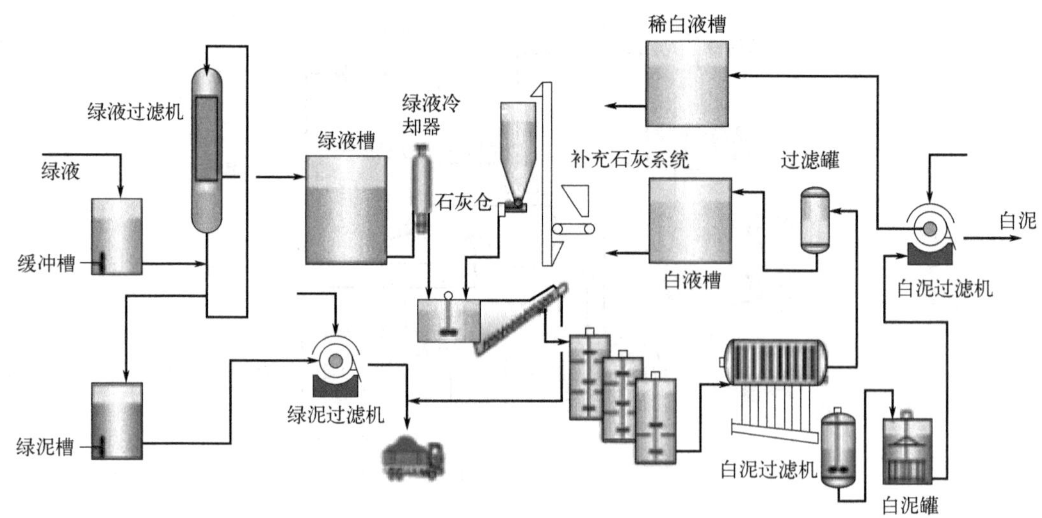

图 5-5-27　现代连续苛化工艺流程简图

现代连续苛化工艺的核心技术是采用高效固液分离设备代替传统苛化工艺中的澄清器和过滤

机，包括采用绿液过滤机（X过滤机或卡式过滤机）代替绿液澄清器、预挂过滤机代替真空过滤机、压力管式或盘式过滤机代替白液澄清器及白泥洗涤器和真空盘式过滤机代替白泥预挂过滤机等。

与传统苛化工艺相比较，现代苛化工艺系统具有运行效能更高、设备布置更紧凑等特点。

三、苛化过程的影响因素

1. 绿液浓度和组成

绿液浓度可以绿液中总碱或 Na_2CO_3 含量表示。绿液浓度增加时，绿液中相关物质的浓度尤其 OH^- 浓度会增加，在一定程度上会对苛化平衡反应向正方向进行起到阻滞作用；浓度较低时，制得白液浓度也较低，不利于蒸煮液比的控制。为此，综合考虑各因素，绿液总碱浓度一般控制为100～110g/L（NaOH计）。

绿液中 NaOH、Na_2S、Na_2SiO_3、Na_2SO_3 等成分在苛化反应体系中均会直接或间接地产生 OH^-，因而上述各组分的存在对苛化反应会产生一定的阻滞作用，主要化学反应如下：

$$Na_2S + H_2O \longrightarrow NaOH + NaSH$$

$$Na_2S + Ca(OH)_2 \longrightarrow 2NaOH + CaS\downarrow$$

$$Na_2SiO_3 + Ca(OH)_2 \longrightarrow 2NaOH + CaSiO_3\downarrow$$

$$Na_2SO_3 + Ca(OH)_2 \longrightarrow 2NaOH + CaSO_3\downarrow$$

适当降低绿液浓度对于获得理想的苛化度是有利的，特别对草浆绿液苛化而言，绿液浓度宜严格控制。有时采用较高绿液浓度（如总碱浓度达130g/L，以NaOH计），其目的是得到高浓度白液，以便在蒸煮时可多配加一些黑液，实现蒸煮过程节能降耗的目的。

2. 温度

尽管石灰消化反应是放热反应，但提高温度有利于提高石灰消化率和消化速度，所以，消化温度以102～104℃为宜。绿液温度宜保持在85～90℃，石灰消化过程中该温度会提升至100℃以上，这对于提高消化和苛化效率都有好处。如果绿液温度过低（如小于60℃），则由于消化速度慢会使消化器中未消化的石灰颗粒数增加，从而对苛化效果产生不利影响。

苛化温度的影响具有两重性：一方面，提高苛化温度，会使 $Ca(OH)_2$ 溶解度下降和 $CaCO_3$ 溶解度增加，对苛化会产生不利影响；另一方面，温度升高，会加快苛化反应进程，缩短苛化反应时间和提高苛化过程的运行效能。生产过程中，可通过控制绿液温度来控制消化和苛化温度，并使苛化反应在苛化液沸点以下进行，以减少碱性蒸汽的产生。

3. 时间

石灰消化时间与石灰质量有关。如果石灰质量高，则消化时间只需1～2min即可；如果石灰质量差，消化时间有时会达到10min以上。所以，消化器设计时必须保证有20min左右的石灰消化时间。苛化反应时间与温度的关系较大，如苛化温度在100℃左右时，苛化时间为90min左右即可。提高反应温度有利于提高苛化反应速率，如温度每提高20℃，苛化反应速率就会提高2～3倍。生产过程中发现，适当延长苛化时间有利于生成澄清和滤水性良好的白泥颗粒。

4. 石灰质量及其用量

石灰中CaO含量越高，杂质含量越少，对苛化反应就越有利。石灰中含镁、铝、硅等物质的存在，对提高苛化率和白液澄清性能都会产生不利影响。另外，石灰烧结现象严重（如硬壳化）时，也会影响石灰消化和绿液苛化反应速率。

石灰用量对苛化反应效果的影响较大。石灰用量低于理论值时，会使苛化反应速率降低；石灰用量过高时，过量的 $Ca(OH)_2$ 会导致白液澄清速率下降，还会对苛化度产生不利影响。

实际生产过程中，一般控制石灰用量较理论值高5%～10%左右为宜。

5. 搅拌

选用合适的搅拌器对苛化反应体系进行适度搅拌，对于促进苛化反应进程具有积极的意义。

搅拌强度不宜过大，否则会使苛化反应产生的 $CaCO_3$ 颗粒尺寸过小，从而对白液澄清和白泥滤水产生不良影响。

四、苛化设备

（一）澄清器

澄清器包括绿液澄清器和白液澄清器，通常有单层和多层之分，其作用是从绿液和白液中分离去除绿泥和白泥杂质，以提高绿液和白液质量。澄清器主要由槽体、刮泥器、进液装置、出液出泥装置等部件组成。典型的单层澄清器结构如图 5-5-28 所示。

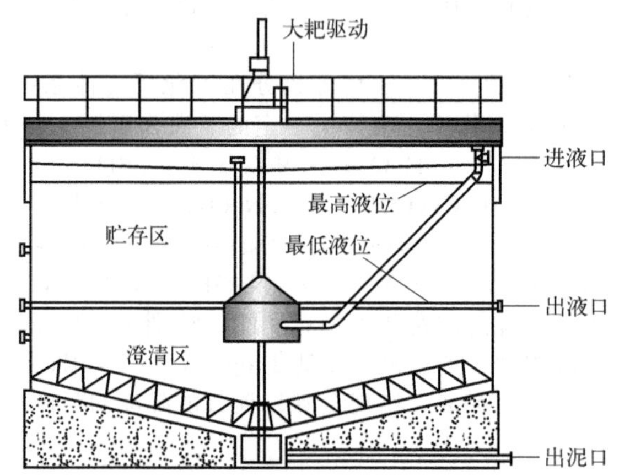

图 5-5-28 典型单层澄清器结构简图

传统制浆厂碱回收系统中，绿泥产量一般可达 10kg/t 浆；现代制浆厂碱回收系统中，绿泥产量可降至 2.45～6.58kg/t 浆。从绿液中有效分离出绿泥杂质，对于提高绿液苛化效率和白液质量都有重要影响。

白液澄清器的结构与绿液澄清器基本相同，只是使用目的有区别。

（二）绿液过滤机

绿液过滤机的作用是进一步除去绿液中的绿泥杂质。图 5-5-29 为 LimeGreen™ 型绿液过滤机的外形结构简图。该过滤机类似于板式降膜蒸发器，绿液由过滤机顶部，以均匀薄膜状沿过滤元件向下流动时，过滤元件内外压差使部分绿液横向穿过过滤层进入过滤元件内部收集并排出。绿液过滤机使用过程中不形成滤饼，绿液澄清效果良好。绿泥在循环液中富集后，可送至后序过滤器进一步浓缩脱除绿液和提高绿泥浓度。

图 5-5-29 绿液过滤机结构简图

（三）绿泥离心式脱水机

将绿泥浆夹带的绿液进行有效回收对于提高碱回收率有重要影响。传统的绿泥浆脱水采用鼓式预挂过滤机进行，但所得绿泥干度一般较低（约 40%），会造成绿液损失较多和绿泥运输量较大等问题。采用离心式脱水机对绿泥浆进行脱水处理，具有安装和运行费用低、绿液损失小、处理能力大和绿泥干度高等优点。

绿泥离心式脱水机结构如图 5-5-30 所示。

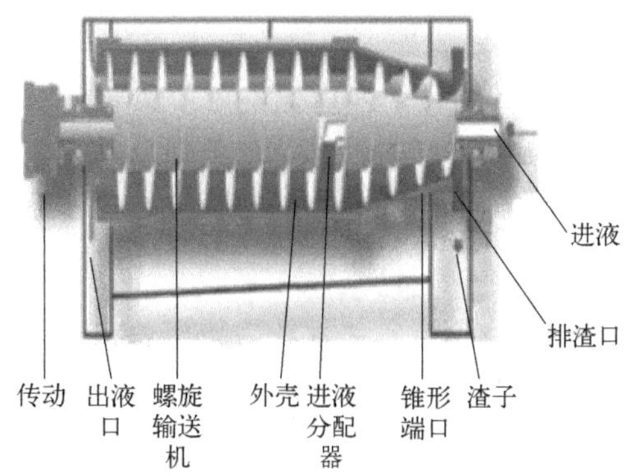

图 5-5-30　绿泥离心式脱水机结构简图

（四）石灰消化器

石灰消化器有鼓式、转筒式、耙式和螺旋分级式等类型。其中，鼓式和转筒式石灰消化器是早期使用的石灰消化设备，由于其消化质量较差，且化学药品损失较大，已被耙式石灰消化提渣机和螺旋分级式消化提渣机等设备所取代。

石灰消化器主要由消化器和提渣机两部分组成，提渣机可以采用耙式，也可以采用螺旋式。现代石灰消化过程多采用螺旋分级式消化提渣机，其结构如图 5-5-31 所示。

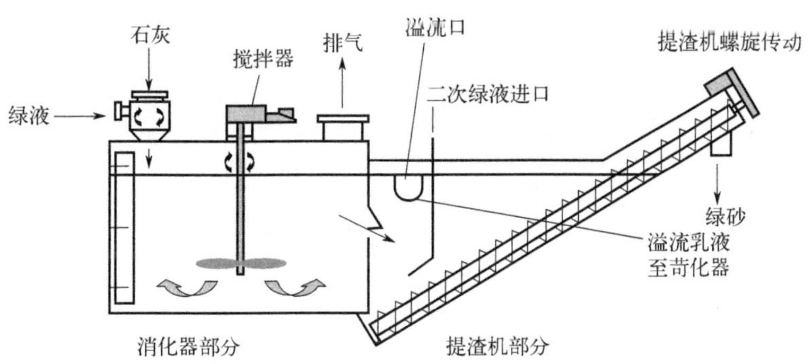

图 5-5-31　螺旋分级式石灰消化器结构示意图

（五）苛化器

苛化反应实际上从石灰消化过程就已经开始，苛化器的作用是为苛化提供进一步反应的空间和时间。现代连续苛化过程一般由多台苛化器串联进行，每台苛化器都是直立圆筒形结构，内设有立式搅拌器和蒸汽加热装置等。

在多台苛化器串联的流程中，苛化液主要靠溢流作用通过各台苛化器之间的安装高度差进行输送。苛化器设计有单室、双室或三室等形式，图 5-5-32 为典型的单室连续苛化器的结构示意图。消化乳液首先由苛化器顶部进入，反应后苛化液通过提升管送入下一台苛化器。

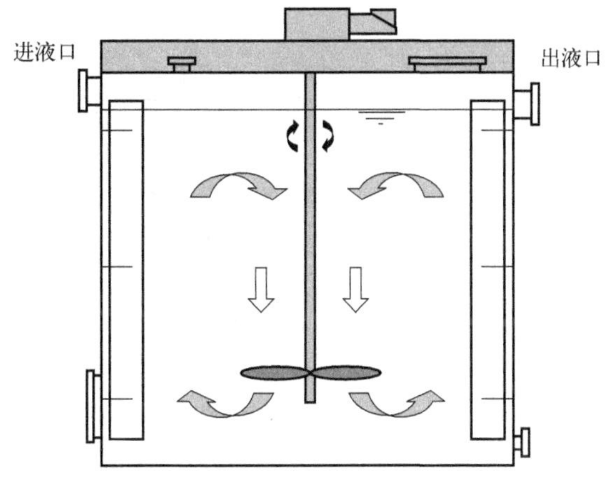

图 5-5-32　典型单室连续苛化器结构示意图

（六）白液过滤机

白液过滤机的作用是进一步去除白液中的白泥杂质。20 世纪 70 年代投入市场的管式压力过滤机是一种广泛应用的白液过滤设备，这种设备可避免白液温度降低，同时可连续获得高澄清度的白液，白液悬浮物浓度可低于 20mg/L。管式压力过滤机的结构如图 5-5-33 所示。

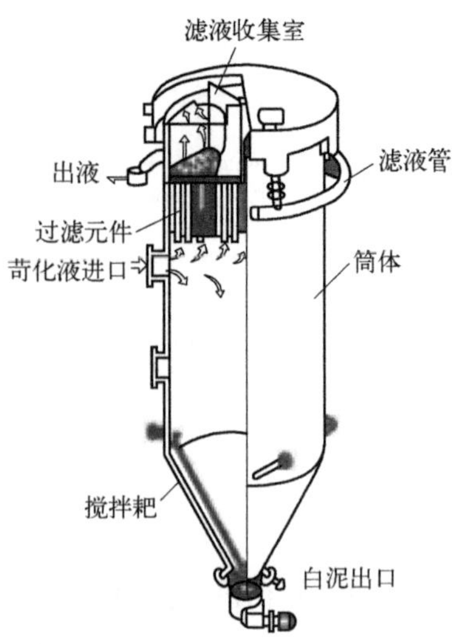

图 5-5-33　管式压力过滤机结构示意图

管式压力过滤机对白液中的硅、镁物质含量较为敏感，将其应用于硅含量较高以及采用外购石灰的草浆绿液苛化系统时，产能与木浆绿液苛化相比大大降低。在生产实践中，将该设备作为重力澄清后澄清液的后序过滤设备使用时，取得了较好的应用效果。

压力盘式过滤机是目前最先进的白液过滤设备，该设备兼有白液过滤和白泥洗涤的作用。压力盘式过滤机系统通常包括水平布置的压力过滤容器、带搅拌器的白泥打散槽、滤液收集槽、带分离器的过滤器及增压压缩机等设备，其结构如图 5-5-34 所示，脱水系统工艺流程如图 5-5-35 所示。

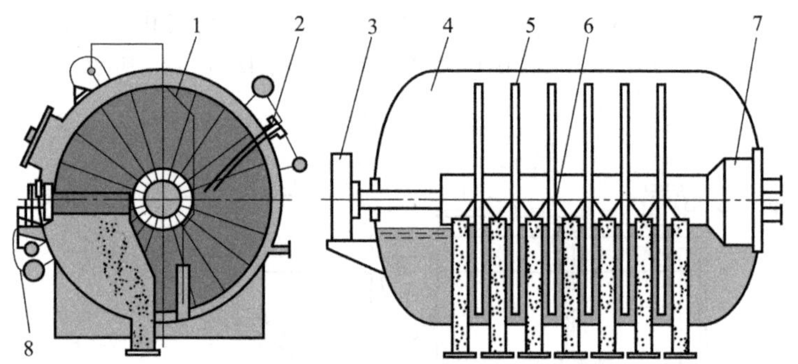

图 5-5-34　压力盘式过滤机结构示意图

1—清洗及空气搅拌装置；2—酸洗及泥饼清洗装置；3—传动装置；4—筒体；5—主轴及扇形板；6—刮刀装置；7—分配阀；8—刮刀及出料口清洗装置

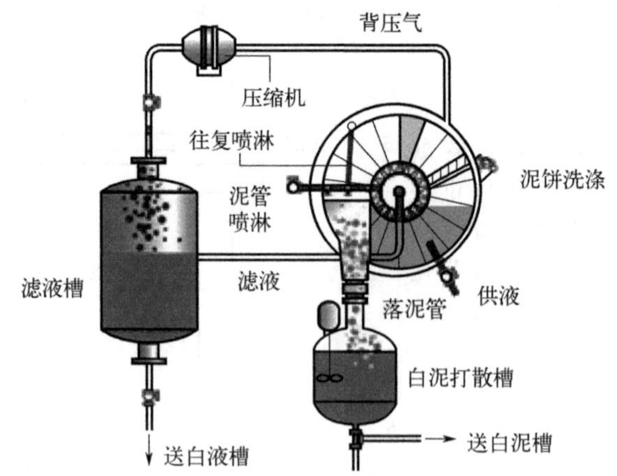

图 5-5-35　压力盘式过滤机脱水工艺流程示意图

压力盘式过滤机内主要由轴向垂直布置的多个过滤盘片组成，每个盘片由多个滤布包覆的扇形过滤元件构成，过滤盘片连接到中心轴上，轴内液体通道将通过滤扇片过滤出来的白液通过过滤阀输送到滤液收集槽，经汽液分离后泵送至白液贮存槽。

从滤液收集槽分离出的气体经压缩机增压后送回过滤容器内维持过滤单元的过滤压差。部分压缩气体采用压缩机送入过滤机底部，作为气体搅拌用。通过气体搅拌，保证乳液中白泥颗粒悬浮于液相中以避免沉积。

过滤元件内外有一定的压差，可促使白液通过滤布，分离出的白泥贴附在滤布表面上形成白泥饼，白泥饼经水洗后采用刮刀刮落。

过滤元件在使用一段时间后会结垢，为了除去“顽固性”白泥垢，需要对其进行酸洗，酸洗介质通常采用氨基磺酸。

（七）白泥脱水机

白泥脱水机的作用是将绿泥和白泥进行脱水浓缩，使其达到应有的干度，以便进行运输和后序处置。生产中用于白泥脱水的设备一般有带式过滤机、鼓式预挂过滤机、盘式预挂过滤机和离心机等，其中鼓式预挂过滤机和盘式预挂过滤机较为常见。

1. 鼓式预挂过滤机

鼓式预挂过滤机的结构与鼓式真空洗浆机相似，主要由转鼓、分配阀、槽体、刮刀、喷淋管、汽罩等几部分组成，其工作原理与鼓式真空洗浆机相似，是真空洗渣机的换代产品。该设备可用于绿泥和白泥脱水，是小规模苛化系统的首选设备。鼓式预挂过滤机的工作原理是：首先在转鼓面上预挂白泥层，然后进行洗涤和过滤，预挂层面上吸附形成的泥饼用刮刀连续刮除，转鼓内360°均设计真空度。用于白泥脱水时，白泥干度可达75%～85%，白泥残碱可达0.1%～0.4%（对白泥质量，以Na_2O计）。

鼓式预挂过滤机的预挂层已由原先的间歇式发展为连续式，预挂层可采用高压水喷嘴进行喷淋，通过调节水压可部分或全部去除预挂层。这种设计可减少脱水后白泥浓度波动，对提高生产运行的稳定性有利。

随着碱回收生产规模的扩大，鼓式预挂过滤机逐渐被其他更为高效的新式脱水设备如盘式预挂过滤机等替代。

2. 盘式预挂过滤机

盘式预挂过滤机的结构如图5-5-36所示。

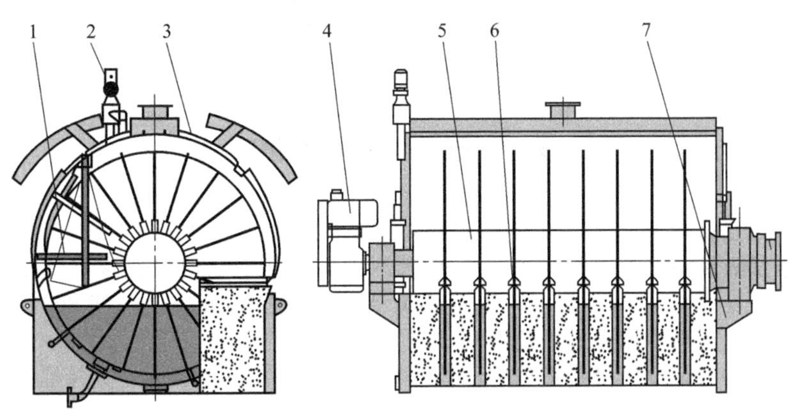

图5-5-36 盘式预挂过滤机结构示意图

1—白泥洗涤装置；2—预挂层更换装置；3—上罩；4—传动装置；5—主轴及扇形板；6—刮刀装置；7—下槽体

该设备是在白液压力盘式过滤机和白液鼓式预挂过滤机的基础上开发出来的一种高效脱水设备，兼有对白泥进行洗涤和浓缩的作用。相对于传统的鼓式预挂过滤机，盘式预挂过滤机具有更大的过滤面积和白泥处理能力。盘式预挂过滤机运行中，在真空系统辅助作用下，滤水圆盘首先将白泥吸附在滤板的滤袋上形成预挂层，稀白液通过由预挂层和滤袋组成的过滤介质进入扇形板内部，然后通过中心轴到达滤液收集槽，得到稀白液。脱水后白泥层经洗涤由刮刀刮下并由皮带输送机送出。

设备运行过程中，可通过预挂层更换装置冲洗更换预挂层。过滤机滤网可采用低压水进行清洗，必要时也可采用氨基磺酸进行酸洗。

与鼓式预挂过滤机相比较，盘式预挂过滤机具有产能大、白泥洗涤能力强、设备占地面积小和维修维护更为简便等优点。

五、苛化系统稳定运行要点

为保证绿液苛化达到理想的苛化度和白液澄清度，生产中除了遵守相关工艺规程外，应该满足下述条件。

1. 保证绿液和石灰的质量稳定

绿液和石灰质量是影响苛化反应的最主要因素，需保持一定的稳定性。生产过程中如发现绿液和石灰质量异常，必须采取相应措施对相关工艺参数做出适时调整。

2. 保证苛化工艺参数合理

苛化反应过程中，主要工艺参数有绿液流量、反应温度和时间、搅拌速度等。绿液流量、温度和时间是影响苛化反应速率的重要因素，控制不当会造成苛化度下降。搅拌速度对苛化反应均匀性和生成白泥的颗粒大小会产生重要影响，控制不当会导致白泥质量下降，也会影响白液澄清操作。生产过程中，应该严格控制苛化温度，防止温度过高造成苛化液沸腾，严重时会产生喷溅现象从而导致污染操作环境、造成化学药品流失和危害人身安全等问题。

3. 保证绿液和白液净化（澄清）设备运行稳定

绿液和白液的净化度（澄清度）对于保证绿液和白液质量而言至关重要，尽管在传统苛化工艺和现代苛化工艺过程中绿液和白液的净化设备可能有所不同，但净化设备的运行效率和操作稳定性是获得理想苛化度和白液质量的关键所在，生产中需特别注意。

4. 保证操作过程人身安全

苛化过程中，绿液与苛化白液均具有较高的温度和碱度，发生飞溅和泄漏都可能会对操作人员造成腐蚀性伤害。因此，必须制订相应的安全防护规定，强化人员安全防护意识，随时认真检查易于发生飞溅和泄漏的设备部位，发现问题必须及时处理。同时，必须要求按规定合理配置劳保设施。

第六节　白泥回收

白泥是绿液苛化过程中产生的固体副产物，其主要化学组分为 $CaCO_3$。据统计，以平衡 1t 绝干纸浆计，木浆黑液碱回收过程可产生干度 75% 白泥 0.985t。白泥通常可采用煅烧石灰法进行回收，石灰可以在系统内循环使用；麦草浆黑液碱回收过程可产生干度 60% 的白泥 0.578t，由于硅干扰问题，目前尚不能采用煅烧石灰法进行回收。

白泥属于制浆造纸行业中最为重要的固体废物之一，对其进行合理处置并综合利用是制浆企业实施清洁生产的重要内容。

目前，白泥的回收和利用方法主要有煅烧石灰法和综合利用法如制备碳酸钙填料、烟气脱硫剂等。

一、煅烧石灰法

煅烧石灰法是一种将白泥在高温下进行焙烧处理，以制得石灰实现白泥回收的方法。煅烧石灰法的化学反应式如下：

$$CaCO_3 \xrightarrow{\triangle} CaO + CO_2 - 177.8kJ/mol$$

煅烧石灰法适合于硫酸盐木浆厂碱回收白泥的处理，该类白泥中由于硅元素含量较低，制得石灰的品质较高，可直接回用于绿液苛化等工序。白泥煅烧产生的石灰就其经济性而言，尚难以与商品石灰相抗衡，一般认为，白泥烧制石灰的成本是商品石灰的2～3倍，但考虑到对固体废物进行有效处置并资源化利用的问题，煅烧石灰法仍具有一定的推广价值。在草浆碱回收系统中，煅烧石灰法回收白泥技术的应用还存在许多问题需要解决，如煅烧过程成本过高、石灰品质难以保证、在高温煅烧时白泥中的硅酸盐会腐蚀石灰窑壁等，所以，此技术尚难以推广应用。

煅烧石灰工艺按其主要设备不同可分为回转石灰窑法、流化床沸腾炉法和闪急炉法等，实际生产中以回转炉法为主。下面简要介绍采用回转石灰窑系统回收白泥的工艺流程和主要设备特征。

（一）工艺流程

回转石灰窑也称为回转炉，一般可分为干法窑（短窑）和湿法窑（长窑）。当白泥干度≤60%时，最好采用湿法窑（长窑）对其进行回收处理。回转炉煅烧石灰系统的工艺流程如图5-5-37所示。

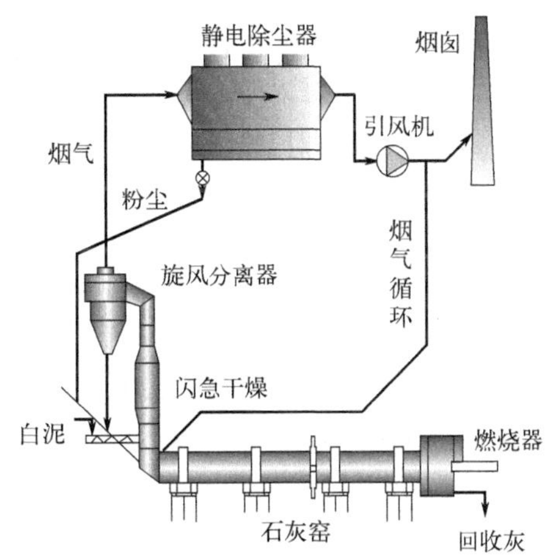

图5-5-37　白泥采用回转炉煅烧石灰工艺流程示意图

湿法窑可分为4个功能区，分别表示了由白泥转化为石灰的四个主要阶段。第一段为白泥干燥段，此阶段的作用是将湿白泥（干度>55%）进行干燥处理，使白泥干度达到95%以上；第二段为白泥加热段，此阶段的作用是将白泥与热烟气充分接触，提高白泥温度；第三段为白泥煅烧区，此阶段的作用是对白泥进行热分解，通过煅烧化学反应生产CaO（石灰）和CO_2。第四段为冷却段，此阶段的作用是将石灰颗粒由高温度逐渐冷却至低温度，并排出石灰窑。出窑石灰还必须采用冷却器进一步冷却至220℃以下的温度后，经破碎和分选处理后送至石灰仓备用。

采用干法窑煅烧白泥时，将干度大于60%的白泥首先送入闪急干燥器中与高温烟气进行直接接触式干燥，使白泥干度达到95%以上；干燥后白泥送入旋风分离器进行烟气分离，分离出的白泥送至石灰窑内进行煅烧反应至生成石灰产品。出窑石灰（也称为回收灰）也须经冷却器冷却至220℃以下的温度后，经破碎和分选处理后送至石灰仓备用。

煅烧石灰过程中使用的燃料有液体或气体燃料。其中，液体燃料可以是重油、甲醇、松节油或塔罗油等，而气体燃料可以是天然气、煤气、生物质燃气以及制浆厂臭气等。常用的燃料为重油或天然气。

煅烧石灰过程中产生的烟气需要进行净化处理。从旋风分离器分离出的烟气采用静电除尘器分离粉尘后，经引风机排至烟囱；从旋风分离器和烟气静电除尘器分离出的粉尘可送回窑内进行煅烧处理。

外购石灰可经破碎机、皮带输送机、斗式提升机等设备送至石灰仓备用。石灰仓顶部应该设置一套袋式除尘器，用于逸出粉尘物的收集和降低排放烟气的空气污染指数。

（二）主要设备

1. 回转石灰窑

回转石灰窑是煅烧法回收白泥过程的主体设备。回转石灰窑一般由窑体（筒体）、窑衬、传动和支承装置、冷却器、燃烧器和液压挡轮等部件组成。图5-5-38为典型回转石灰窑的结构及部件组成情况。

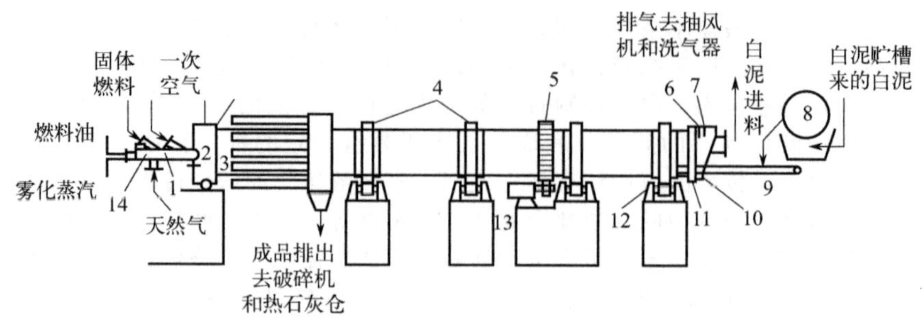

图 5-5-38　回转式石灰窑结构及部件组成示意图

1—燃烧罩；2，11—气封装置；3—成品冷却器；4—环圈；5—主传动齿轮；6—后部测氧仪；7—后部湿度计；8—预挂过滤机；9—皮带输送机；10—进料端外罩；12—承压轮；13—电机和减速器；14—燃料器

窑体是横卧倾斜安装和两头开敞的钢筒，低的一端称为窑头，高的一端称为窑尾，倾斜度一般为 2.0%～4.0%。现代回转炉长度达 100m 以上，其长度与直径的比例为 40∶1 左右；窑体安装在 3 个以上的支座上，石灰生产能力为 150～350t/d。适度增加窑体长度，有利于减少燃料消耗，但窑体长度过大时会造成炉尾温度大幅下降、进料不畅通和产生结圈现象等问题。

2. 回收灰冷却器

煅烧后的成品回收灰呈高温状态，需要通过冷却器进行热能回收，回收的热量可用于加热石灰窑送风。回收灰冷却器有传统的多筒冷却器（也称为管式冷却器）、现代扇形冷却器或复式冷却器之分。

3. 闪急干燥器

干法石灰窑回收白泥工艺中，一般设计有闪急干燥器系统，主要由换热筒、旋风分离器等组成。闪急干燥器的作用是对入窑白泥进行强制干燥处理，以适应后续煅烧反应对白泥干度的要求。

（三）煅烧石灰过程影响因素

1. 白泥特性

作为煅烧法回收石灰的主要原料，白泥的特性如含水率、杂质含量等参数对煅烧过程及石灰质量有重要影响。

首先，白泥含碱量宜保持在 0.5%～1.0%范围内，含碱量过高时会产生以下不良影响：a. 高温下碱与耐火材料中的某些成分发生化学反应从而产生窑衬腐蚀问题，严重时会导致炉衬脱落；b. 在窑炉出料端易产生结圈和炉瘤现象，造成操作困难；c. 石灰钠盐含量高，对其消化过程产生不利影响。白泥含碱过低时，会使窑内粉尘物增多，飞失现象严重。其次，白泥杂质含量不宜超过 10%。杂质过多，炉内易产生硬块结圈现象。

为了补充系统中的石灰损失，一般在白泥煅烧过程中会外加部分商品石灰石进行补偿。此时，石灰石质量也是影响煅烧过程的重要因素。

2. 煅烧温度

石灰窑内煅烧温度必须严格控制，一般不宜进行高温快速煅烧，以免造成煅烧不均匀或局部过烧现象。过烧石灰的消化难度较大，甚至不能消化，所以其利用价值不高。温度过低时，白泥烧制不充分，会导致回收石灰质量下降。

采用长窑煅烧白泥时，窑内物料停留时间较长，温度宜控制低一些，一般为 1090℃左右。采用短窑煅烧白泥时，窑内物料停留时间较短，温度宜控制高一些，一般为 1250℃左右。窑尾温度一般控制在 105～150℃的范围内，最高不宜超过 260℃，以防止链条等装置被烧坏。

（四）煅烧石灰系统稳定运行要点

回转窑煅烧白泥制备石灰过程中，通常出现的生产故障是“结圈”问题。所谓“结圈”，就是白泥在回转窑内某一部位处沿窑内壁形成一个越积越厚的环形圈，导致窑内通风和排烟不畅。

一般圈前温度较高，圈后温度较低，对正常生产会造成不利影响。生产中可通过检查出料均匀性和热、湿端温度变化以及排烟是否正常等方面判断是否已产生“结圈”问题，发现问题宜及时排除。

二、综合利用法

1. 制备碳酸钙填料

以白泥为原料制备轻质碳酸钙，用作造纸、塑料、橡胶及建筑涂料等产品制造过程中的填料，是对白泥进行综合利用的实用技术。

白泥制备碳酸钙技术一般基于三段苛化法原理，即对绿液采用预苛化、苛化和辅助苛化等技术处理。通过对相关工艺参数如绿液浓度、苛化反应温度和搅拌强度等的优化控制，使白泥获得理想的晶形和理化性能，再通过研磨、筛选和干燥等处理后，制得轻质碳酸钙产品。

某公司采用苇浆黑液碱回收白泥制备造纸用碳酸钙，主要流程为：白泥过滤机→粗白泥→粗白泥槽→粗筛选→白泥解絮机→细筛选→白泥槽→填料浆。其中，在白泥解絮机中通入来自石灰立窑的烟气或外购 CO_2，目的是使白泥进一步碳酸化，以提高白泥中碳酸盐的含量。某公司制得白泥填料的性能指标如表 5-5-9 所示[9]。

表 5-5-9 白泥填料性能指标[9]

化学组分	$CaCO_3$/%	Na_2O/%	CaO/%	SiO_2/%	Fe_2O_3/%	其他/%
	83.39	1.21	4.58	7.96	1.93	0.93
物理性质	沉降体积/(mL/g)	120 目筛余物/%	白度/%	粒径分布/%		
				>50μm	20～30μm	5～10μm
	2.0	2.5	78.8	10	60	30

在对白泥制备碳酸钙工艺进行优化研究的基础上，人们提出了从改善原料质量着手如增设对绿液和石灰的净化环节、控制苛化工艺以提高白泥质量的技术方案，制备的白泥碳酸钙的性能指标如表 5-5-10 所示[9]。

表 5-5-10 白泥碳酸钙性能指标[9]

项目	硫酸盐木浆	烧碱法蔗渣浆	硫酸盐法苇浆	烧碱法麦草浆
$CaCO_3$ 干基/%	98.18	98.56	90.35	88.84
盐酸不溶物/%	0.085	0.10	8.28	8.86
pH 值	9.76	9.92	9.86	9.67
铁/%	0.048	0.056	0.086	0.064
锰/%	0.0042	0.0038	0.0036	0.0039
沉降体积/(mL/g)	4.6	5.6	3.5	3.2
筛余物(45μm)/%	0	0	0.01	0.1
白度/%	92.6	96.3	91.8	95.0

与商品碳酸钙相比较，目前国内制备的白泥碳酸钙填料在纯度、白度、粒度和沉降体积等质

量性能方面可能还存在着一定的差距。所以，如何通过工艺优化和技术进步，使白泥碳酸钙填料满足更多领域的应用要求，是该项技术拥有广阔发展前景的关键所在。

由于草浆黑液碱回收白泥中硅含量一般较高，目前尚难以采用煅烧石灰法进行回收，制备碳酸钙填料技术无疑为该类白泥的资源化利用提供了途径。由于生产工况不同，针对不同种类白泥的理化特性，宜在充分试验研究的基础上制定相应的碳酸钙填料的制备技术方案。

2. 制备烟气脱硫剂

为减轻燃煤、燃气锅炉烟气的大气污染性，锅炉烟气脱硫已成为一项惯用技术。白泥中的 $CaCO_3$、NaOH 和 $Ca(OH)_2$ 等物质可有效吸收烟气中的 SO_2 并发生化学反应，所以，白泥可作为商品石灰石脱硫剂的替代品。采用白泥进行烟气脱硫，可大幅降低烟气湿法脱硫的成本（如50%左右），实现“以废治废”的目的。

白泥法烟气脱硫的作用原理可用下列化学反应式表示：

$$SO_2 + H_2O \longrightarrow H_2SO_3$$

$$CaCO_3 + H_2SO_3 \longrightarrow CaSO_3 + CO_2 + H_2O$$

$$CaSO_3 + H_2SO_3 \longrightarrow Ca(HSO_3)_2$$

$$2NaOH + SO_2 \longrightarrow Na_2SO_3 + H_2O$$

$$Ca(OH)_2 + SO_2 \longrightarrow CaSO_3 + H_2O$$

$$CaSO_3 + SO_2 + H_2O \longrightarrow Ca(HSO_3)_2$$

白泥进行烟气脱硫的工艺过程为：白泥浆液经除砂后泵送至白泥浆液池，再由浆液池泵送至脱硫塔；烟气进入脱硫塔后经烟气分配装置形成分布均匀的烟气流，在塔内采用白泥浆液对烟气进行多层喷淋和洗涤，烟气与白泥喷淋液充分接触后发生吸收和化学反应，生成石膏。通过控制塔内烟气流速（如 3.5～5m/s）等工艺参数，使烟气中的二氧化硫被脱除，脱硫后烟气再经除雾器脱水后进入烟囱排放。表 5-5-11 中给出了某企业采用白泥进行烟气脱硫的环保监测数据[9]。

表 5-5-11 白泥法烟气脱硫环保监测数据[9]

烟气流量/(m^3/h)		SO_2 浓度/(mg/m^3)		含氧量/%	脱硫效率/%
进口	出口	进口	出口		
191003	171273	1411	68	8.5	95.7
270045	242666	2635	118	8.6	96.0

白泥脱硫在国内外已得到广泛应用，正常运行的白泥脱硫装置其脱硫效率可达 90%以上。但根据国内部分企业采用白泥湿法脱硫的经验，白泥用于湿法脱硫时尚存在一些技术上的不足，如：白泥中难溶性杂质含量过多会造成白泥浆泵频繁堵塞的问题，脱硫过程中生成的石膏含水量过高造成脱水难度大的问题，石膏浆液中铝盐等杂质含量高以及石膏粒径分布范围广和平均粒径小等问题。上述问题的存在，在一定程度上阻碍了白泥在烟气脱硫方面的推广和应用。

3. 其他方法

将白泥进行综合利用的其他方法主要有制备水泥、涂料、腻子粉、塑料和其他建材等，表 5-5-12 中列出了对白泥在其他方面进行综合利用的一些实例[9]。

表 5-5-12 综合利用白泥实例[9]

产品	应用方式	限制条件
水泥	替代石灰石掺烧普通硅酸盐水泥，此法适合于湿法回转窑水泥生产	对掺烧量和白泥残碱均有较高要求，且需要对水泥生产工艺和配方进行适当调整
涂料	以白泥为填料，配合基料、颜料和其他助剂制备出合格的涂料产品	不能生产高白度涂料，且白泥需要预研磨处理。生产固体建筑涂料时，需要对白泥进行干燥处理

续表

产品	应用方式	限制条件
腻子粉	与基料和其他配料混合制成腻子粉，用于涂料施工前的工作面找平	对残碱含量有较高要求，且需要对白泥进行干燥处理
塑料	作为填料碳酸钙的替代品，用于地板革、钙塑型包装箱、管材、异型材及其他塑料制件的制备过程	需要对白泥进行干燥和研磨处理。白泥吸油值偏高，可能会增加增塑剂用量，从而提高生产成本
建材	制备混凝土砖和玻璃等	白泥中残碱对砖材质量影响较大，导致白泥利用率较低

参考文献

[1] 陈俊峰，李光荣. 碱法制浆造纸黑液的资源化利用. 广东化工，2018，45 (3)：94-95.

[2] 谭惠珊. 碱法制浆黑液中木质素的提取与纯化. 天津：天津科技大学，2017.

[3] 刘蒙. 造纸黑液和次黑液的处理及资源化利用现状. 节能与环保，2020 (5)：38-39.

[4] 郭大亮. 麦草碱法制浆黑液热解气化特性与产物形成规律研究. 广州：华南理工大学，2012.

[5] 宋璐，翟佳，马中正，等. 造纸黑液提取物在超临界乙醇中液化制取生物质油. 中国科技论文. 2018，13 (6)：686-691.

[6] 江启沛，王富伟，张越. 草浆黑液磷酸酸析最佳条件和肥料特性的研究. 中国造纸，2013，32 (2)：73-75.

[7] 王平，田长彦，张小勇. 黑液腐植酸肥料对棉花生长及土壤肥力的影响. 腐植酸，2013 (4)：44.

[8] 张玉. 基于制浆废液的植物生长调节剂调节机制研究. 南京：南京林业大学，2019.

[9] 詹怀宇. 制浆原理与工程. 北京：中国轻工业出版社，2019，8.

[10] 赵会山，卢兴奖，朱家山. 克瓦拉臭气处理系统及其运行经验. 纸和造纸，2004，23 (1)：21-23.

（韩卿）

第六章　造纸

第一节　纸料的制备

纸料的制备主要包括打浆、调料（施胶、加填和染色等）及配浆等工艺过程。纸浆经过上述处理过程变为纸料，满足抄纸要求。纸料的制备过程从制浆车间高浓贮浆池（或贮浆塔）排料口的浓浆料稀释部，或商品浆板水力碎浆并经筛选后的良浆开始，到纸机供浆系统前的成浆池结束。纸料制备的基本目的是：a. 使纸浆纤维分丝帚化，从而为成纸提供结合强度；b. 添加憎水性助剂，从而赋予纸一定的抗水性能；c. 添加非纤维性填料，从而节约纤维并赋予纸特定性质；d. 根据抄造纸的性质要求对不同浆种进行合理混配，形成均一的悬浮纸料。纸料的制备是保证纸的质量并保证造纸操作顺利进行和降低造纸成本的重要环节[1]。

一、打浆

1. 打浆的作用

经蒸煮、洗涤、筛选和漂白后的纸浆纤维缺乏必要的柔曲性，尚不能直接用来抄纸。否则，纸会疏松、多孔、表面粗糙而且强度低，无法满足使用要求。打浆就是利用机械方法处理纸浆纤维，使其满足纸机生产要求的特性，使抄造的纸达到预期的质量指标。因此，打浆是造纸过程中最重要的工段[1]。

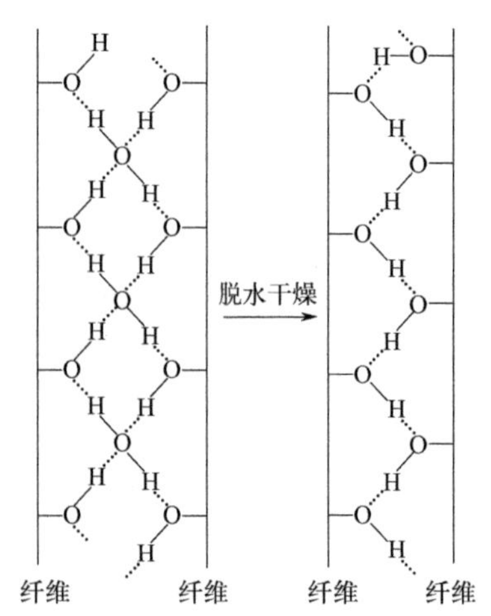

图 5-6-1　水桥与纤维间的氢键结合[1]

打浆的作用是使纸浆纤维细胞发生位移变形，破除初生壁和次生壁外层，纸浆纤维润胀和细纤维化，并受到部分切断。打浆过程中，这些作用是交错进行的。吸水润胀为纸浆纤维的细纤维化创造了有利条件；反过来，纸浆纤维的细纤维化又能促进纸浆纤维的进一步吸水润胀。纸浆纤维的细纤维化可分为外部细纤维化和内部细纤维化两种类型。外部细纤维化的结果是纸浆纤维表面和两端分丝，增加了纸浆纤维的比表面积，纸浆纤维表面游离出大量羟基，在水中形成水桥，干燥脱水后转化为纤维间的氢键结合（图 5-6-1）[1]。氢键只有在相邻羟基之间的距离小于 2.55～2.75μm 范围内才能形成。内部细纤维化使纤维变得高度柔软和可塑，从而有利于增加纤维之间的交织，干燥后纤维间形成更多的氢键。因此，打浆极大地增强了纤维间的结合力，提高了纸的强度[1]。

通常情况下，随着打浆的进行，纤维间结合力不断提高，除撕裂度外，抗张强度、耐破度和耐折度均不断提高，但打浆至一定程度后又开始降低。因此，控制一定的打浆度可获得所期望的纸强度。此外，打浆还会导致纸的平滑度和紧度提高，吸收性和不透明度降低。这些影响对于纸而言有的有利，有的则不利。只有根据纸的品种选择合适的打浆工艺，才能获得具有良好性能的纸。

2. 打浆理论

20 世纪 90 年代以来，人们在帚化理论的基础上，提出了比边缘负荷理论（SEL 理论）、比表面负荷理论（SSL 理论）等假说，主要从处理纸浆纤维的程度和强度方面描述磨浆和打浆过程，用比能量或叩击次数表示磨浆程度，用比负荷或叩击强度表示磨浆强度。SEL 理论和 SSL 理论均用处理单位绝干浆所消耗的有效功率衡量打浆程度，相应地分别用比边缘负荷和比表面负荷衡量打浆强度。其中，SEL 理论在工业生产中运用得更广泛[2]。

(1) SEL 理论　该理论假定，当动刀边缘与定刀边缘交错时叩击纤维，使得纤维变形，将有效磨浆能量传递给纸浆纤维。磨浆过程用叩击次数和叩击强度两个指标表示。叩击次数为刀的长度、流量和转数三者的乘积，即刀刃叩击总量；叩击强度由动刀与定刀的接触面积及轴向压力决定，可用每次叩击的功耗表示。SEL 理论仅考虑了动刀与定刀交错时对单根纸浆纤维的作用，未考虑磨片形状及刀宽对纸浆纤维的影响，因此比边缘负荷不能反映真实的叩击强度。

(2) SSL 理论　该理论给出了磨齿对纸浆纤维的作用过程（图 5-6-2）[2]。第一阶段（边缘-边缘）：对纸浆纤维的作用主要是切断，纸浆纤维受处理的程度最高。第二阶段（边缘-刀面）：对纸浆纤维的作用主要是挤压和帚化。第三阶段（刀面-刀面）：对纸浆纤维的作用主要是挤压，处理程度最低。

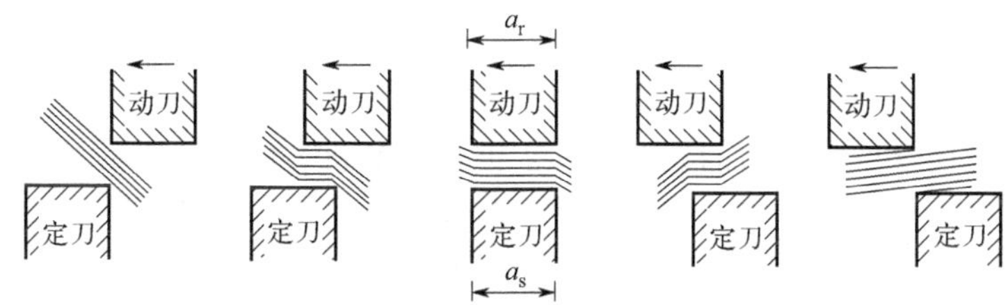

图 5-6-2　打浆过程的三个阶段[2]

SSL 理论考虑了刀齿宽度对打浆效果的影响，用比表面负荷描述打浆时的叩击强度。SSL 理论的比能量计算方法与 SEL 理论的相同。SSL 理论能很好地解释刀齿宽度对纸浆纤维的影响。在相同的原浆及相同的比表面负荷和比能量时，各种磨片的打浆质量基本相同。因此，SSL 理论有助于比较不同磨片齿形所得到的打浆效果。SSL 理论继承了 SEL 理论的优点，并弥补了 SEL 理论的某些不足。

(3) SBE 理论　工业应用上确定打浆性能的三个重要理论是 SEL 理论、SSL 理论和比打浆能量（SBE）理论，比打浆能量是指处理单位绝干浆所消耗的能量。在打浆过程中，抽取连续的、时间间隔相同的 n 个阶段，测定每个阶段所减少的绝干浆质量、消耗的总功率及空载功率。

(4) 摩擦形变理论（内摩擦效应）　刘士亮等[3] 发现，不同浓度的纸浆纤维通过磨盘齿纹间隙时，会得到不同的打浆效果。在 6%～15%的中浓条件下打浆，主要依赖于纸浆纤维的内部摩擦使之分丝帚化及细纤维化，齿纹的直接作用退居第二位，纸浆纤维少切断或避免切断。这种中浓打浆机理被称为“内摩擦效应”。根据该理论，纸浆纤维的分离过程包括两个方面：一是通过磨齿和纸浆纤维的作用实现分离；二是靠纸浆纤维的相互摩擦实现分离。该理论从微观角度解析了纸浆纤维分离的效能，并用单位纸浆纤维所承受的载荷来描述。该理论为发展中浓打浆技术奠定了基础[4]。

3. 打浆设备

盘磨机是使用最广泛的打浆设备。盘磨机主要由机座、磨室、主轴、磨盘、螺旋喂料器、间隙调节机构、轴承冷却系统、密封及润滑系统、电机及控制系统等组成。盘磨机一般可分为单盘磨、双盘磨和三盘磨（图 5-6-3）[5]。

单盘磨浆机由一个动盘和一个定盘组成（图 5-6-4）[5]，结构较简单，调节方便，对不同种类和浓度的浆料适应性较大。双盘磨浆机由两个转向相反的动盘组成。与相同规格的单盘磨浆机相比，双盘磨浆机的速度提高了一倍，这有利于纸浆纤维的分丝和帚化，提高成浆质量。三盘磨浆机由两个定盘和一个动盘组成，位于中间的磨盘为动盘，相当于两台单盘磨浆机组合而成，生产能力较大，无用功率消耗较低。此外，两边静止的定盘对中间的动盘加压，轴向推力互相抵消，因此延长了轴承寿命。

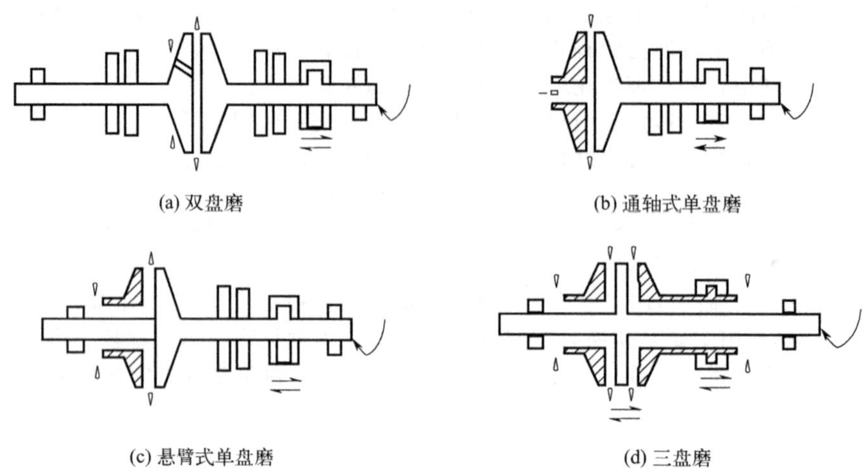

图 5-6-3　盘磨机的类型[5]

为了克服大直径磨盘所带来的问题，发展了锥形盘磨机，即在磨盘的外圈有一个与磨盘成75°的磨区。在锥形盘磨机中，中间平面磨浆部分的磨盘充分利用加速的离心力使浆料进入磨区，而浆料到了锥形区后离心力作用降低，从而延长了浆料在磨区的停留时间[5]。

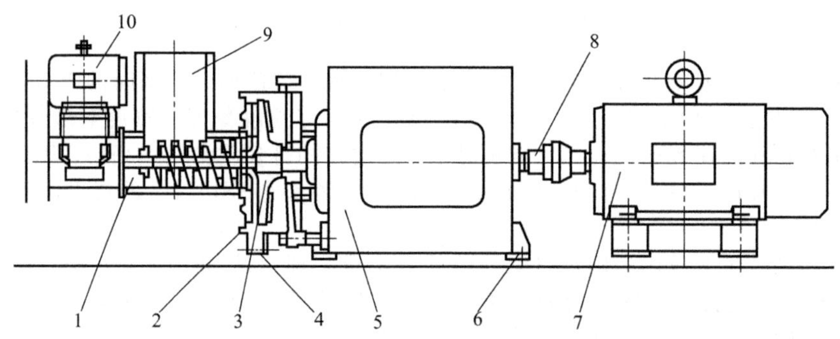

图 5-6-4　单盘磨浆机结构示意图[5]

1—螺旋喂料器；2—定盘；3—动盘；4—出料；5—盘磨主机；6—基础座；7—主电机；8—联轴器；9—进料；10—喂料器电机

磨片是盘磨机的核心，磨片齿形的合理设计与选择可提高打浆效率和打浆质量，对降低盘磨机功耗、延长磨片使用寿命具有重要意义[5]。

华南理工大学研制的大功率中浓液压双盘磨浆机，已成为新一代高效节能的打浆设备。山东晨钟机械股份有限公司研制的 DD-900 双盘磨浆机，已被证实为国产设备节能减排研究的应用案例[6]。

图 5-6-5 为某国产中浓液压盘磨机改进前的结构[7]。主体设备由定磨片 1、磨室 2、动磨片 3、主轴 4、前后滚动轴承座 5、油缸 6、调整螺帽 7、推力筒 8、前后滑座 9、联轴器 10、电机 11 和机座 12 等组成。此外，还配有电气控制系统和液压站。磨室里装有一对磨片：一个固定在磨室上，称为定磨片；另一个固定在轴端并随主轴旋转，称为动磨片。在液压系统和主电机的共同驱动下，转动的主轴可沿轴前后移动，从而使动磨片向定磨片靠近或离开。正常打浆时，两磨片之间必须保持一定的间隙，间隙大小由工艺要求决定。浆料进入磨区时，高速旋转的动磨片使浆料产生巨大的离心力并获得愈来愈高的线速度，浆料在两磨片间的运动轨迹呈近似螺旋线，同时经受扭转、剪切、摩擦、挤压等作用，引起纤维的疏解分离、横断纵裂、吸水膨胀、分丝起毛、帚化和细纤维化等各种变化，从而取得所期望的打浆或磨浆效果。

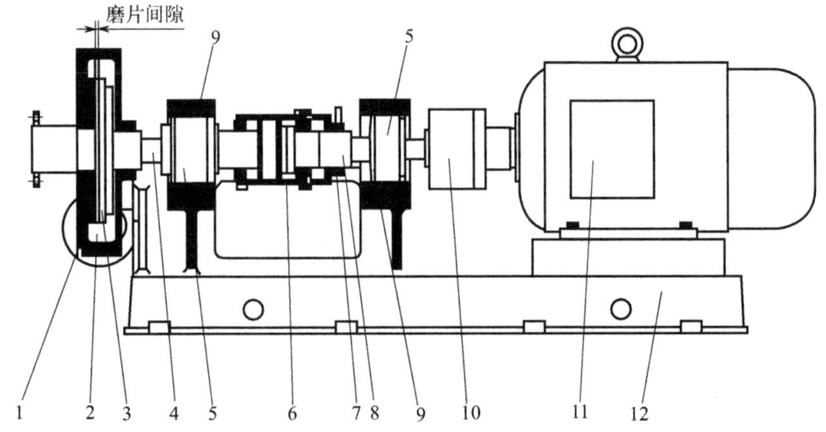

图 5-6-5　某国产中浓液压盘磨机改进前结构示意图[7]

1—定磨片；2—磨室；3—动磨片；4—主轴；5—前后滚动轴承座；6—油缸；
7—调整螺帽；8—推力筒；9—前后滑座；10—联轴器；11—电机；12—机座

该盘磨机存在手动调整磨片间隙、轴承温升异常易烧坏等问题。为此，研究人员对其结构进行了改进和升级（图 5-6-6）。改进后的盘磨机升级为自动化控制，并纳入造纸生产线的中央控制系统。实践表明，改进升级后的大功率中浓液压盘磨机的打浆效果与节能效果显著提高[7]。

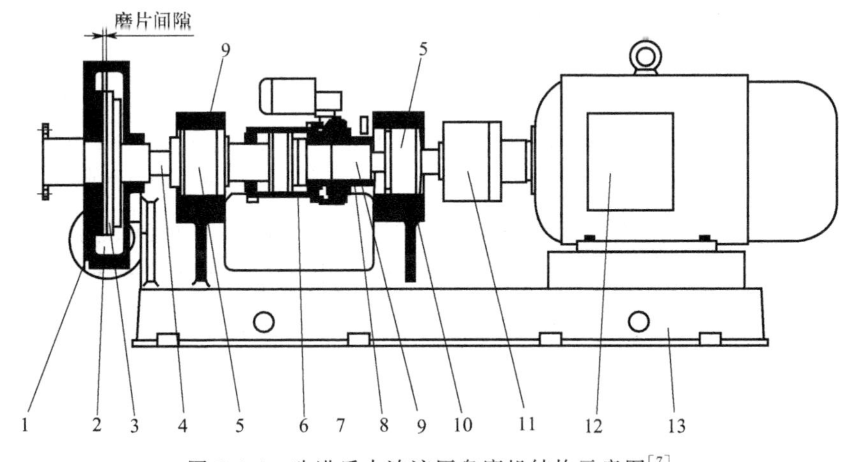

图 5-6-6　改进后中浓液压盘磨机结构示意图[7]

1—定磨片；2—磨室；3—动磨片；4—主轴；5—前后滚动轴承座；6—油缸；
7—电动调整装置；8—锁紧组件；9—推力筒；10—前后滑座；11—联轴器；12—电机；13—机座

盘磨机正朝着大型化、高速化、高浓化、低能耗及自动化等方向发展，重点侧重于盘磨机设备节能降耗方面的研究，以进一步改善打浆质量并降低能耗。此外，高耐磨磨片、圆钉结构型磨片、渐开式梯形磨片等新型磨片也在研发中[4]。

4. 高浓打浆

我国的造纸原料以阔叶木、竹、废纸等中短纤维为主，针叶木长纤维的用量较少。中短纤维原料采用切断较多的低浓打浆工艺，不能有效保持纤维的长度和强度。鉴于此，中短纤维的中高浓打浆工艺和设备的研发意义重大。

（1）高浓打浆概述　高浓打浆一般是指纸浆在浓度高于 15％条件下的打浆过程。具体地说，就是将浓度为 15％～25％的浆料由螺旋输送并强制喂入高浓盘磨机，在磨区内浆料依靠纤维间的相互揉搓、挤压和摩擦作用，使纤维充分分丝帚化的过程[8]。

图 5-6-7 为高浓打浆和低浓打浆过程受力分析示意图[8]。在常规的低浓打浆中，两个磨盘之

间的间隙较小，刀盘对纤维的作用力使纤维帚化；而在高浓打浆中，两个磨盘之间的间隙较大，高浓纸浆基本以固态存在于磨片中，虽然有磨盘对纤维的作用力，但更多的是纤维与纤维之间的摩擦力和挤压力。高浓打浆导致纸浆纤维非常明显地卷曲、扭结、微压缩以及内部分层。

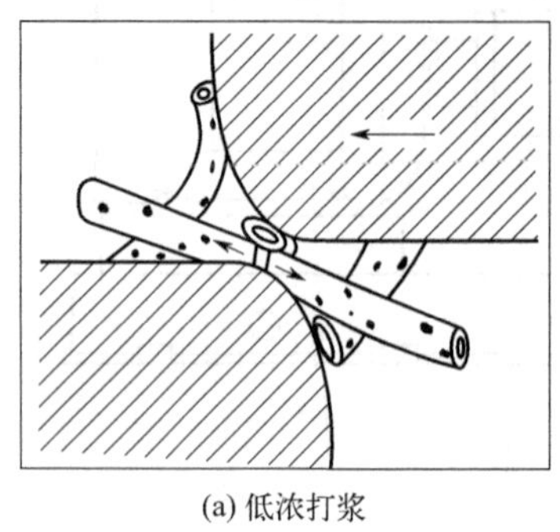
(a) 低浓打浆

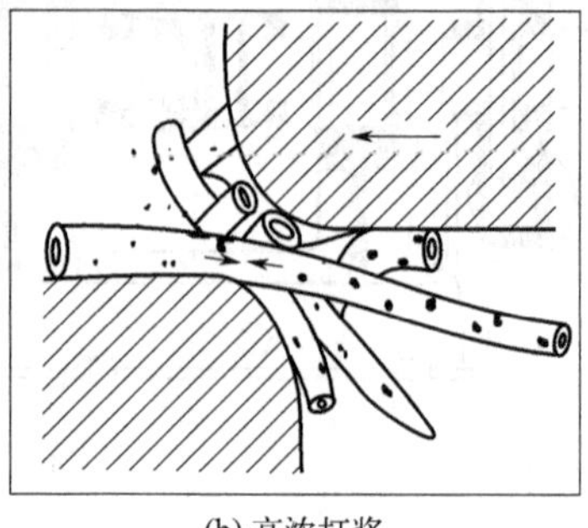
(b) 高浓打浆

图 5-6-7　打浆过程受力分析[8]

表 5-6-1 是不同打浆方式导致的纤维状态表现[8]。通过高浓打浆，纸浆纤维的长度保持得较好，既有纤维外部的分丝帚化，也有内部的分丝分层，且以内部的分丝分层为主。不同打浆方式下纤维扭结卷曲情况亦有显著差异（表 5-6-2），与低浓打浆相比，高浓打浆所特有的内部细纤维化导致纤维更柔韧，并产生更大的弯曲扭结形变。

表 5-6-1　高浓打浆与低浓打浆比较

指标	高浓打浆	低浓打浆
纤维长度	无明显切断，重均长度下降很小	以切断为主，重均长度下降较大
纤维化程度	纤维外部分丝帚化（外部细纤维化）为辅，纤维内部分丝分层（内部细纤维化）为主	纤维外部分丝帚化（外部细纤维化）为主，无明显纤维内部分丝分层（内部细纤维化）
纤维形态	纤维柔韧，扭结卷曲明显，使得在弯曲处氢键结合点增加	纤维挺硬，呈宽带状，切断明显

表 5-6-2　高浓打浆与低浓打浆纤维扭结卷曲情况比较[8]

浆料形态	纤维弯曲度/%			纤维扭结角度/(°)		
	原浆	低浓打浆	高浓打浆	原浆	低浓打浆	高浓打浆
长纤维	20.20	16.63	33.60	35.90	37.29	42.74
短纤维	22.50	16.43	40.71	36.13	36.85	42.15

高浓打浆对成纸性能的影响主要包括如下三个方面：一是纤维长度的保留显著提高了纸的耐破度、耐折度、撕裂度等强度指标；二是纤维的内外部细纤维化显著提高了纸的抗张强度、耐破度、内结合强度等强度指标；三是纤维的卷曲扭结显著改善了纸的柔韧性、耐折性、吸收性及松厚性。

(2) 高浓打浆应用　生活用纸、箱纸板及文化纸的生产实践表明，高浓打浆有如下优势：a. 有效提高纸的抗张强度、耐破度等强度性能，可降低长纤维的配比。b. 明显改善纸的柔韧性、吸收性及松厚性。c. 纤维和填料留着率提高，网下白水浓度降低（15%～25%），可有效降低生产成本，改善系统的清洁度。d. 提高纤维的结合强度，改善掉毛掉粉现象。e. 由于纤维长度得以有效保留，减少细小组分含量而改善纤维滤水性能（约 10%），提高车速（1%～5%）并降低干燥蒸汽压力。

5. 助剂促进打浆

打浆工段的能耗约占纸厂总能耗的15%～30%。因此，打浆过程的节能已成为造纸行业的一个重要课题。在打浆过程中加入一些化学助剂或生物助剂，可一定程度地促进纤维润胀，减少纤维切断，提高打浆效果，降低打浆能耗[9]。

（1）CMC促进打浆　羧甲基纤维素（CMC）具有保水、增稠、乳化、成膜、粘接、胶体保护及悬浮等作用，CMC在造纸工业中可用作纸的增强剂、施胶剂和涂料保水剂等。研究表明，在相同的打浆条件下，添加适量的CMC可提高纸浆的打浆度和成纸的强度性能。例如，与常规打浆相比，添加2%的CMC打浆，纸的抗张指数和撕裂指数都有所提高[9]。

（2）酶促打浆　利用生物酶对浆料进行预处理后再进行打浆，不但可以降低打浆能耗，而且能在一定程度上提高纸浆的滤水性能和成纸质量[10]。所用的生物酶主要是纤维素酶和半纤维素酶，它们能降解细胞壁中的纤维素和半纤维素，促进细胞壁结构松弛，增加细胞壁渗透性，降低纤维内聚力，有利于纤维细胞次生壁外层（S_1层）的剥离。纤维素酶和半纤维素酶的作用机理不同，将它们按一定比例配合使用效果更好。许多商品酶都是由多种酶互配而成，在生产实践中取得了令人满意的效果[10]。

二、配浆

1. 配浆的作用

配浆是指各种纤维性和非纤维性配料组分混合形成纸料的过程。配料组分的计量和充分混合是决定纸料制备效果的重要环节，将直接影响纸料在网部的成形行为，对成纸质量以及纸性能指标的稳定起到关键作用。

配浆的主要目的是使针叶木浆、阔叶木浆和损纸浆等各种纸浆以及各种造纸添加剂等按照一定的比例来混配，从而抄造出所需要的纸。只使用单一的纸浆纤维，或者不使用任何造纸添加剂，通常很难生产出符合质量要求的产品。

出于降低生产成本和提高产品质量的考虑，现代造纸的发展趋势是使用更多种类的纸浆纤维和更多种类的造纸添加剂。因此，配浆工序显得越来越重要。

2. 配浆方式

主要有两种配浆方式：间歇配浆和连续配浆。间歇配浆是计量浆池内各种纸浆的体积和浓度，按要求的比例分别送往混合浆池内配浆。该配浆方法方便灵活，一般适用于纸浆或纸的品种经常改变的中小型纸厂。连续配浆是将各种纸浆经浓度调节器稳定浓度后，连续通过配浆箱进行配浆。该配浆方法适用于纸浆品种和质量较稳定的大型纸厂。随着纸机车速的提高和设备的更新，配浆箱配浆方式已逐步被管道配浆方式取代[11]。

管道配浆主要有三种方式，可根据生产情况、技术要求和经济状况来选择。第一种为流量给定控制方式，利用人工给定参与配浆的各浆种流量的大小来控制到成浆池各种浆的比率。第二种为比率自动控制方式，利用成浆池液位控制的输出作为主要浆种的流量给定，并通过比率控制器决定其他浆种的流量给定。该方式的优点是能按纸机抄造状况自动控制瞬时配比的各种浆流量大小，保证成浆池液位稳定。第三种为绝干量比率自动控制方式，该方式按参与配浆的各浆种绝干纤维量来计算和控制各种浆的比率。它比流量控制更准确，能够稳定控制各种浆的配比。该方式的优点是配浆效果好，各种浆的配比更稳定，更改或调整更容易。该方式无需人工计算，只需给定各种浆的绝干配比[12]。

第二节　造纸添加剂

造纸业是以纤维为原料的化学加工业，在造纸过程中离不开造纸添加剂的使用。造纸添加剂能赋予纸各种优异的特殊性能，尤其是随着造纸技术的不断进步，纸的品种越来越多，质量要求越来越高，造纸添加剂的作用越发凸显。从某种意义上来说，没有造纸添加剂，就没有现代造纸[13]。

造纸添加剂主要包括过程添加剂（如助留助滤剂、消泡剂、树脂障碍控制剂及阴离子垃圾清除剂等）和功能性添加剂（如填料、施胶剂、增干强剂、增湿强剂、染料及色料等）。使用造纸添加剂的目的主要在于改进生产过程、提高产品质量和产量、减少物料流失及降低生产成本等[14]。

一、填料

造纸填料，一般指利用天然矿物经机械研磨和化学加工处理获得的无机非金属粉体或浆状制品（如高岭土、滑石粉、研磨碳酸钙等），或者经化学合成生产的无机非金属制品（如沉淀碳酸钙、钛白粉等），也包括由上述材料采用现代改性技术（如复合、包覆等）生产的各种高性能或功能性产品[15]。

造纸工业使用填料的意义是：a. 利用矿物填料自身具有的结构特性和物理化学特性改善纸的性能，如增加纸的不透明度及白度、提高纸的表面印刷性能及平滑度、赋予纸阻燃性等；b. 利用天然矿物制品的低廉价格降低生产成本；c. 降低天然纤维使用量，在满足日益增长的纸产品需求的同时，保护森林资源[15]。

加填就是向纸料中加入填料，以改进纸的性能或赋予纸新的功能，更好地满足使用要求，节省纸浆纤维，降低生产成本。填料使用量一般可占到纸料组分的 20%～40%，甚至更高。填料已成为现代造纸中不可或缺的重要原材料，且其使用量呈逐年增加的趋势[15]。

1. 填料的种类

造纸工业中常用的填料有高岭土、滑石粉、碳酸钙、二氧化钛、二氧化硅等，此外还有硫酸钙、硅藻土、硫化锌、硫酸钡、硅铝酸盐、硅酸钙等，一些有机填料也已应用于纸的生产中[16]。最常用的三大填料是碳酸钙、高岭土和滑石粉，占填料总使用量的 80%～90%。随着造纸系统由酸性转为中碱性，高岭土和滑石粉等填料正逐步被碳酸钙所替代[15]。

（1）高岭土　是指以高岭石族矿物为基本组成的软质黏土，其主要成分是高岭石和多水高岭石。高岭石由一层 SiO_4 四面体和一层 $AlO_2(OH)_4$ 八面体组成，其中 Si 是四配位，Al 是六配位，二者通过氧离子的共享交错堆积而成，属于 1∶1 型二八面体的层状硅酸盐。高岭土具有白度高、质软、悬浮性和可塑性好、黏结性高、电绝缘性和抗酸溶性优良、阳离子交换容量较低、耐火性能较高等特点。

高岭土是造纸工业中消耗量较大的填料之一。造纸用高岭土需满足以下要求：

① 具有较小的粒径且粒度均匀。一般理想粒径尺寸为 25μm（约为可见光波长的一半），这样可有效提高纸的不透明度和白度。

② 具有较高的白度。加工后的高岭土白度通常高于 75%（有的可达 85%），而印刷纸的白度一般为 75%～85%，因此高岭土的白度高于纸浆的白度时才能提高纸的白度。

③ 具有较高的纯度。高岭土中的某些杂质会不同程度地对造纸产生不利影响，例如氧化铁降低纸的白度和光泽度，长石和石英等导致造纸设备磨损。我国高岭土的原料多为风化型砂性高岭土，其自然白度较低，杂质含量较高。因此，我国高岭土精制产品多用作造纸颜料，较少用作造纸填料。

造纸用高岭土有水洗高岭土和煅烧高岭土两种。我国水洗高岭土质量较差，使用前常需进一步加工处理。煅烧高岭土是一种多孔的高白度结构性功能材料，根据烧成温度的不同可分为不完全煅烧高岭土（600～800℃）和完全煅烧高岭土（950～1050℃），前者主要用作造纸填料，后者多用作造纸颜料[16]。

高岭土作为造纸填料具有诸多优点：a. 不溶于水，在纸中的留着率较高，而且不会影响施胶；b. 相对密度比纸浆纤维的大，可有效提高纸的单位面积质量；c. 光散射系数及折射率高，可改善纸的光泽度和不透明度；d. 化学稳定性较好，常态下不与酸和碱反应，也不会发生氧化还原反应。

（2）滑石粉　即水合硅酸镁，属单斜晶系，为四面体层状结构，结构单元层内电荷平衡，层间域无离子充填，结构单元层间依靠弱范德华力结合。八面体片由［$MgO_4(OH)_2$］组成，属三八面体结构。扁平 SiO_2 暴露在平行面表面，SiO_2 的类四面体结构形成强亲油疏水性。滑石粉还具有电绝缘、耐高温、耐酸碱等特性，其超细粉具有良好的吸附性和遮盖性。

滑石在地壳中分布较广，产量较大。滑石具有化学稳定性、质软性、润滑性、亲油性和疏水性等特性，合理利用滑石的这些功能特性可有效改善纸的性能。在我国，大约 1/2 的滑石粉被应用于造纸工业，主要用作造纸填料、颜料和树脂控制剂等。

滑石粉作为造纸填料具有以下优点：a. 有利于改善纸的平滑度、不透明度和印刷适性；b. 对造纸网的磨损小；c. 化学性质稳定，既适用于酸性造纸，又可用于中碱性造纸；d. 与施胶剂有良好结合从而使之留着，防止印刷油墨渗透；e. 具有亲油性，可吸附树脂等有机物，使白水系统保持洁净，作为填料的同时也起到清除树脂障碍的作用；f. 具有一定的疏水性和润滑性，能降低纸的吸水性，提高纸的平滑度和柔软度，减少压光、整饰等操作障碍；g. 有利于在纸中留着，降低吨纸产品纤维消耗量。

由于滑石粉的亲油特性，在造纸工业中使用滑石粉可有效控制树脂和阴离子黏性物。一方面，它可吸附造纸系统中憎水的胶黏物，降低阴离子黏性物的表面能，使其失去特有黏性，从而抑制胶黏物的黏附、凝聚和沉积；另一方面，已发生凝聚的胶黏物也可吸附滑石，从而降低胶黏物表面的黏度，避免进一步凝聚和沉积。

（3）碳酸钙　碳酸钙资源极为丰富，并且无毒、无刺激性、纯度高、价格低廉。由于中碱性造纸的发展以及超细粉碎技术的进步，碳酸钙在造纸中的应用日益广泛，碳酸钙替代高岭土、滑石粉已成为必然趋势。碳酸钙应用于造纸中具有诸多优点，如纸的白度、透气性、松厚性、耐久性、柔软性、不透明度及油墨吸收性高等。造纸工业中使用的碳酸钙按加工制备方法分为两种：研磨碳酸钙（即重质碳酸钙）和沉淀碳酸钙（即轻质碳酸钙）。

研磨碳酸钙（GCC）由方解石、石灰石、大理石、白垩等矿物用机械方式粉碎研磨而成。研磨碳酸钙的生产主要有干法和湿法研磨工艺，相对于干法研磨工艺来说，湿法研磨工艺得到的研磨碳酸钙粒径更小，质量更好。与高岭土相比，研磨碳酸钙的价格更低，白度更高，油墨吸收性和通气性更好，纸的抗腐蚀性和耐久性更佳。研磨碳酸钙填料主要应用于印刷纸、书写纸、广告用纸、办公用纸等。

沉淀碳酸钙（PCC）系指化学合成方法制取的产品，由二氧化碳通入石灰水中或直接由碳酸钠溶液与石灰水作用沉淀而获得。沉淀碳酸钙的质量比研磨碳酸钙更佳，具有颗粒细、白度高、价格低、起泡性低和印刷适应性好等优点，非常适合用作造纸填料，可满足纸的印刷和光学性能要求，故而在有些高档纸中使用。

当前，造纸填料正朝着超细化和纳米化、中空化、表面改性、多功能化、纤维化、复合化及新型无机填料和有机填料的应用等方向发展[17]。此外，高加填已成为造纸技术重要的发展趋势之一[18]。

2. 填料的负面效应

由于加填的众多优点，造纸工业正朝着高加填方向发展。不过，随着加填量的提高，填料对造纸过程和产品质量的负面效应也日益突出[18]。

（1）对纸品性能的影响　填料的直接加填在纸成形过程中，会隔断纤维与纤维之间的结合，使纤维间的结合强度下降，导致加填纸的强度降低。同时，由于填料与纤维之间几乎无结合力，成纸易掉毛掉粉。在印刷过程中，纸的掉毛掉粉会影响纸的印刷效果。

（2）对纸机运行性能的影响　填料的磨蚀性表现在填料会与纸机网部产生摩擦，因而会缩短成形网的使用寿命。填料的磨蚀性随填料细度的减小和留着率的降低而加重。同时，填料会部分黏在纸机网部和毛毯上，降低网部的滤水性能并导致网部和毛毯清洗困难，降低纸机的运行性能。

（3）对白水循环系统的影响　由于抄纸脱水过程中较强的作用力，使填料在纸中的留着率较低，一般单程留着率为15%左右，大部分填料随网下白水流失，即便经过白水循环系统，总留着率也仅有40%左右，大量的细小填料流失，增加生产成本。此外，流失的填料颗粒会在白水系统中循环聚集，导致白水回用困难。

（4）对助剂使用效果的影响　由于填料的比表面积较大，加填会对施胶和染色过程产生一定负面影响，施胶剂和染料易吸附于填料颗粒的表面，在满足相同产品质量的前提下，使施胶剂和染色剂的用量增加。

3. 填料的改性

传统的加填技术具有一定的局限性，消除或减轻加填负面效应具有重要意义。造纸填料的改性及功能化是一个颇具发展潜力的领域[18]。

（1）无机物改性　造纸工业对碳酸钙的需求量较大，但在酸性造纸系统中使用会导致碳酸钙分解并释放二氧化碳，碳酸钙发生损耗的同时还会产生泡沫问题。因此，必须对碳酸钙进行酸溶解抑制改性，方能应用于酸性造纸系统。抑制碳酸钙酸溶解的无机改性剂有稀硫酸、磷酸、氯化钙、氯化钡、硫酸钠、硅酸钠、铝酸钠、六偏磷酸钠、硫酸铝等。

（2）水溶性聚合物改性　少量的水溶性聚合物可吸附于填料颗粒表面，从而改善填料与纤维的亲和力。例如，聚酰胺多胺类聚合物用于碳酸钙改性，可改善加填纸的抗张强度，降低施胶剂用量；聚乙烯醇/三聚氰胺甲醛树脂用于碳酸钙改性，可改善加填纸的抗张强度。当水溶性聚合物的用量较大或分子量较高时，会导致填料预絮聚，形成尺寸较大的填料颗粒。水溶性聚合物的用量不宜过大，否则大量的水溶性聚合物进入白水系统，会增加湿部环境的复杂性。部分水溶性聚合物对填料改性的同时，也可作为造纸湿部助剂，用来提高细小组分和填料的留着率，改善纸料的滤水性能和纸的性能。水溶性聚合物主要有聚乙烯醇、三聚氰胺-甲醛树脂、淀粉衍生物、纤维素衍生物、聚酰胺类聚合物等[18]。

（3）阳离子化改性　当某些填料暴露于空气中时，表面未饱和离子会吸收空气中的水分子而产生羟基。例如，研磨碳酸钙（GCC）表面存在未饱和的Ca^{2+}和CO_3^{2-}，CO_3^{2-}会与空气中的水分子反应生成许多羟基。羟基的电离使GCC表面带上负电荷，可利用它直接对GCC进行阳离子化改性。但由于羟基的负电性较弱，改性效果欠佳。采用多聚磷酸铝先与GCC的Ca^{2+}结合进行增负电改性，形成带有较强负电荷的多聚磷酸钙，然后再用阳离子表面改性剂处理，通过吸附和化学反应双重作用，使GCC表面阳离子化。由于填料表面结合上了阳离子高分子，与纤维产生了结合力，填料并非单纯通过絮凝和架桥作用留着在纤维网络上，因此留着率显著提高[18]。

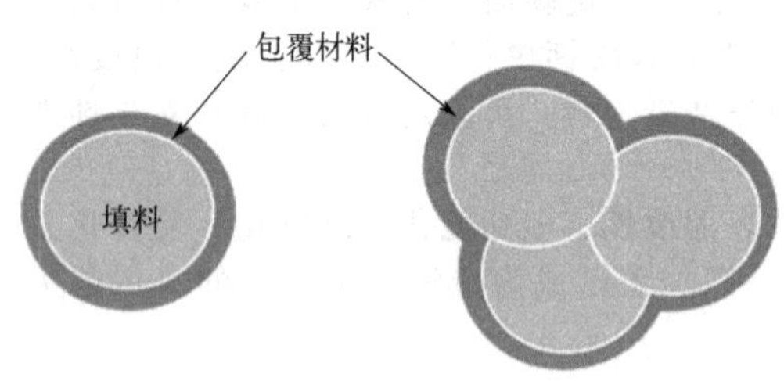

图 5-6-8　填料包覆改性示意图[18]

（4）天然高分子包覆改性　填料的包覆改性是利用与纸浆纤维具有亲和能力的天然高分子材料包覆填料，形成以填料为核、包覆材料为壳的填料复合体，包覆层作为媒介使填料与纤维之间产生结合力，从而降低加填的负面效应，提高填料的留着率和加填量。填料的包覆可以是对单个填料颗粒的包覆，也可以是对多个填料颗粒组成的颗粒簇进行包覆（图 5-6-8）[18]。填料包覆改性应满足以下条件：天然高分子与纸浆纤维有良好的亲和性；填料复合体有足够的稳定性；改性工艺简单易行。淀粉及其衍生物、壳聚糖、纤维素及其衍生物是填料包覆改性较常用的天然高分子[18]。

关于填料改性技术的研究较多，但真正能应用于生产实践的技术非常有限。其原因主要有：a. 填料改性工艺较复杂，成本偏高；b. 填料改性效果不够明显，特别是高加填时纸的强度性能改善程度不够理想；c. 改性填料的稳定性欠佳，导致纸机湿部负荷增加；d. 对纸的光学性能有不利影响。

4. 新型加填技术

（1）预絮聚技术　将絮凝剂直接加入填料悬浮液中对填料进行预絮聚处理，填料通过电中和作用絮凝成大颗粒，从而提高填料颗粒的表观粒度，增加纤维网络对填料的架桥作用和机械截留作用，进而提高填料留着率，提高抄造系统的洁净度，并在一定程度上降低填料对纸的不利影响。常用的絮凝剂有阳离子聚丙烯酰胺、淀粉类衍生物等。但由于填料与纤维间直接接触，预絮聚后的填料仍对纸的强度性能产生较大影响，纸容易掉毛掉粉。此外，由于预絮聚使填料颗粒尺寸有所增加，一定程度上会损害纸的光学性能[18]。

(2) 纤维细胞加填技术　在纸浆纤维的细胞腔和细胞壁中存在着大量的空隙，每克绝干浆约含 1.5mL 的空隙体积。纤维细胞加填使填料填充于纤维细胞腔或细胞壁内，从而对纸成形时纤维间的结合产生较小的影响。与传统加填技术相比，在相同的加填量下，纤维细胞加填的纸强度更高，并且填料的分布不受纸成形的影响，因而减轻了纸的两面差。细胞壁加填是通过原位沉淀法实现加填的，即先让离子通过扩散作用进入纤维细胞壁中，然后通过沉淀反应原位生成碳酸钙、四氧化三铁等填料颗粒。细胞腔加填则借助高速机械搅拌作用形成的真空，将粒径较小的填料通过纹孔填充于纤维细胞腔。细胞腔通过纹孔与外界相通，纹孔的直径一般在几微米至十几微米之间，而填料的直径通常小于 10μm，这使细胞腔加填成为可能。纤维细胞加填技术多处于实验研究阶段，鲜见有工业应用的案例[18]。

二、助留助滤剂

在纸的抄造过程中会加入各种助剂，这些助剂在赋予纸新性能的同时，也给生产过程带来不利影响。在纸页滤水成形过程中，纸浆中的细小组分以及加入的各种助剂和填料等会随白水流出，这样既降低了留着率，又增加了白水浓度。现代纸机车速日益提高，白水循环系统愈加封闭，这使造纸企业越来越重视助留助滤剂的应用[19]。

在造纸机湿部加入助留助滤剂对造纸生产有重要作用，高效的助留助滤系统能使纸料中的细小组分和填料等有效吸附于纤维上，从而提高它们的留着率、降低白水浓度并改善滤水性能，保证纸机的高速运行和纸的质量[19]。

常用的助留助滤剂有阳离子聚丙烯酰胺（CPAM）、阳离子淀粉（CS）、聚乙烯亚胺（PEI）、聚酰胺环氧树脂（PAE）等。其中，CPAM 和 CS 应用最普遍，而 PEI 则多用于高档纸的生产。随着造纸工业由酸性造纸系统向中碱性造纸系统转变，单元助留助滤剂已无法满足生产需要，因此二元助留助滤系统和微粒助留助滤系统正逐步取代单元助留助滤系统[19]。

多数留着和滤水作用模式都含有一定程度的絮凝作用，该絮凝作用可通过 3 种基本途径获得，即电荷中和、架桥结合和补丁作用（图 5-6-9）[20]。电荷中和是加入的电解质或低分子量聚电解质压迫带相反电荷颗粒的双电层，使其斥力减弱，依靠范德华力使胶体发生凝聚。架桥结合是某些高分子量、低电荷密度的聚电解质与胶体颗粒之间的作用。部分高分子量聚电解质首先吸附于胶体颗粒表面，未被吸附的聚电解质形成一些链节和链环伸向悬浮液介质，随后这些链节和链环吸附于其他颗粒上，从而形成絮聚物。补丁作用是具有较高阳电荷密度、中低分子量的聚电解质破坏纤维等物质的双电层，进而形成补丁，强烈吸附于细小组分等的表面，使其电荷被中和，从而失稳[20]。

常用的微粒助留助滤剂主要有阴离子型微粒助留助滤剂和阳离子型微粒助留助滤剂。前者主要由阳离子聚合物和阴离子微粒组成，典型的有 CS/胶体二氧化硅系统、CPAM/膨润土系统和 CS/胶体氧化铝系统；后者主要由阳离子微粒和阴离子聚合物组成，其中阳离子微粒又包括阳离子有机微粒和阳离子无机微粒。常用的阳离子有机微粒由苯乙烯及其同系物与烯基阳离子单体经反相微乳液聚合法制得，阳离子无机微粒主要由二氧化硅胶体和氢氧化铝胶体经适当的处理而制得。微粒助留助滤系统能有效提高细小组分和填料的留着率，改善网部滤水性能，降低白水浓度，进而提高资源利用率和纸机车速，保证纸品的质量并降低纸的两面差[19]。

新的微粒助留助滤系统的作用机理认为，微粒助留助滤系统中的阳离子组分加入纸料后，因其正电性可吸附于带负电的悬浮颗粒表面，进而形成大絮聚物。当受到强的剪切作用后，大絮聚物被打散成小絮聚物，阳离子组分在颗粒表面重聚，但因距离过大而不能形成架桥。然后加入阴离子组分，破坏胶体物质的稳定性，以便阳离子组分能够重新桥联近距离的小絮聚物，形成低

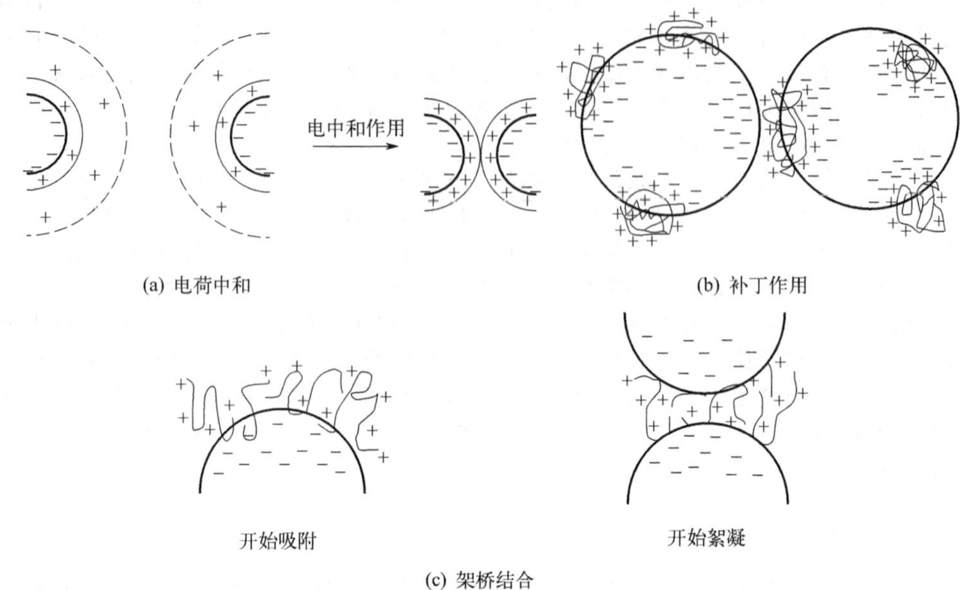

图 5-6-9 助留助滤剂的助留助滤机理[20]

稳定性的絮聚物。亦有学者指出，膨润土的分层性能影响细小组分和填料的絮聚性能，继而影响助留助滤系统的助留助滤效果，认为膨润土的分层性能愈好，愈有利于其在纤维上的沉积（图 5-6-10）[19]。

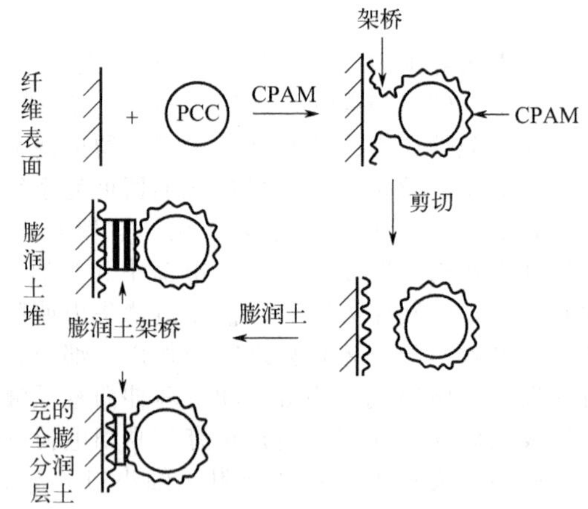

图 5-6-10 微粒助留助滤系统的作用机理[19]

三、增强剂

1. 增干强剂

纸的强度主要取决于纸中纤维间的结合和纤维自身的性质。纤维间结合的强度与所形成的氢键数量和质量密切相关。纸强度的改善可通过打浆、增加长纤维配比和使用增强剂来实现。随着造纸工业的高速发展，越来越多的高得率浆和废纸浆被应用于纸的生产。因此，造纸增强剂的使用对于改善纸的强度性质显得尤为重要[21]。

（1）增干强剂的增强机理 增干强剂的增强机理有以下 3 种[22]。

① 增强纤维的“化学水合作用”。增干强剂分子中的游离羟基与纤维表面的纤维素分子结合

形成氢键，增加结合区域纤维间形成的氢键数量，进而增加纤维间的结合面积，提高纤维间的内结合强度。

② 改善纸的成形。增干强剂分子具有分散纸料的作用，可提供更均匀分布的纤维间结合，从而提高纸的强度。

③ 改善湿纸的固结。增干强剂可加快纸料的滤水，提高细小组分和填料的留着，改善湿纸的固结，进而提高纸的强度。

（2）常用的增干强剂　常用的增干强剂有以下几种[22]。

① 淀粉衍生物（约占95%），是最主要的造纸增干强剂，包括阳离子淀粉、两性淀粉、双醛淀粉、阴离子淀粉以及通过复配制备的聚合物类淀粉等。

② 植物胶（约占2%），如瓜尔胶等。

③ 合成增干强剂（约占2%），如聚丙烯酰胺干强树脂等。

④ 其他增干强剂（约占1%），如聚乙烯醇、乳胶等，常用于生产特种纸。

2. 增湿强剂

通常，纸遇水或受潮后纤维会发生润胀，纤维间的结合力减弱，从而丧失其大部分强度，剩余强度一般被称为湿强度，表征纸遇水或受潮后纸纤维间的结合能力。普通纸的湿强度一般只有其干强度的5%～10%。对于纸袋纸、面巾纸、尿布纸等纸种来说，提高湿强度十分重要。使用增湿强剂之后，纸的湿强度多数可保持其干强度的20%～40%，并可为高速纸机的操作提供有利条件[23]。

（1）增湿强剂的增强机理　脲醛树脂（UF）和三聚氰胺树脂（MF）属于热固性甲醛树脂，通常认为其增湿强机理是：a. 相邻纸浆纤维间的部分羟基被抗水的亚甲基醚键所取代，从而使纸产生一定的湿强度；b. 部分树脂分子沉积于纸浆纤维上，相邻纸浆纤维间的树脂分子构成网状结构的无定形交织，由于熟化后的树脂具有持久不变且不溶于水的性质，因而限制了纸浆纤维间的活动，并减少了纸浆纤维的润胀和伸缩变形，使纸具有良好的湿强度。

聚酰胺环氧氯丙烷树脂（PAE）为水溶性阳离子热固性树脂，一般认为其增湿强机理是：由于PAE带有正电荷，极易吸附在带负电荷的纸浆纤维上，其环氧基可与纤维素的羟基反应生成醚键，树脂在纤维表面交联成网状结构，限制了纤维间的活动，并减少了纤维润胀，从而提高纸的湿强度。

（2）常用的增湿强剂　热固性增湿强树脂获得了广泛应用。在酸性条件下缩合或使用的增湿强树脂通常被称为酸熟化热固性增湿强树脂，而在中碱性条件下缩合或使用的增湿强树脂一般被称为碱熟化热固性增湿强树脂。常用的酸熟化热固性增湿强树脂有脲醛树脂（UF）、三聚氰胺树脂（MF）和聚乙烯亚胺（PEI）等，常用的碱熟化热固性增湿强树脂有聚酰胺环氧氯丙烷树脂（PAE或PPE）等。所有的增湿强树脂均通过电性吸引并锚定于水化的纸浆纤维上，含有增湿强树脂的湿纸页经干燥后，在较高温度下树脂发生交联，从而赋予纸较高的湿强度。

由于UF树脂和MF树脂使用时会有游离甲醛释放，对人类健康有害，21世纪以来应用不断减少。PAE树脂使用方便，效果良好，因而被广泛应用。PAE树脂可在中性条件下固化，无需高温熟化，不影响纸的吸水性并可增加纸的柔软性，所以常被应用于吸收性纸如餐巾纸、卫生纸、滤纸等的生产。PPE树脂则是一种可在碱性条件下熟化的高效增湿强剂，湿强度可高达其干强度的50%，且在提高湿强度的同时，并不损失成纸的柔软性和吸收性，成纸的白度返黄小，耐热性也较好，因而被广泛应用于毛巾纸、液体包装用纸等纸种的生产[23]。

四、施胶剂

施胶剂是指为了防止水质液体（如墨水）的扩散和渗透而添加的化学助剂。按其在造纸过程中施加方式的不同可分为两类：a. 在纸成形前将施胶剂添加于纸浆内的称为浆内施胶剂；b. 在纸成形后涂布于纸表面的称为表面施胶剂。除少数纸种（如面巾纸、卫生纸及吸收性用纸等）不需施胶外，多数纸均需施胶，所以施胶剂是一种用量较大的重要造纸添加剂[11]。

1. 浆内施胶剂

浆内施胶的化学机理与造纸系统的 pH 密切相关。中性造纸系统的发展促进了中性施胶剂的研发与应用。传统的松香胶用量大幅下降，新型的烷基烯酮二聚体（AKD）和烯基琥珀酸酐（ASA）用量大幅上升。有一种趋势是采用聚合氯化铝（PAC）代替传统的硫酸铝，在中性条件下使用松香胶[21]。

（1）松香胶　松香是一种浅黄色至红棕色、透明、热塑性的玻璃体物质。松香主要由树脂酸组成，还有少量脂肪酸和中性物质。松香是一种天然树脂，来自松树中的松脂。按原料来源和加工方法的不同，松香可分为脂松香、木松香和浮油松香。造纸工业中最早使用的松香胶为皂化松香，松香皂化的原理如图 5-6-11 所示[24]。皂化松香中的羧基能通过明矾（即硫酸铝）吸附于纤维表面。

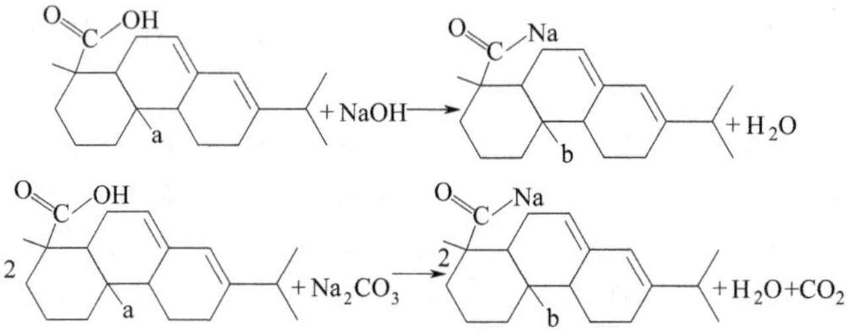

图 5-6-11　松香皂化的原理[24]

强化松香是一种改性松香，其制备原理如图 5-6-12 所示[24]。与皂化松香相比，强化松香结构中减少了 1 个双键，增加了 2 个羧基，使其更容易附着在纤维表面，从而减少了松香胶的用量，松香胶易被氧化和生物降解，经过顺丁烯二酸酐强化后提高了其贮存的稳定性。

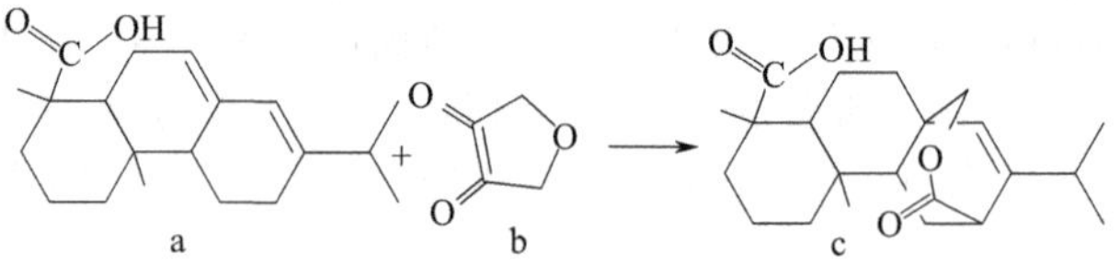

图 5-6-12　强化松香的制备原理[24]

在表面活性剂的帮助下，通过剧烈机械作用将松香分散于水中，可获得乳液型分散松香胶。因所使用的表面活性剂多为阴离子型，乳液呈负电性。阴离子分散松香胶一般采用逆向施胶，即先加入明矾使之呈正电性，再加入分散松香胶，在干燥阶段与铝离子反应产生疏水性。阴离子分散松香胶使用的 pH 值更高，范围更宽，通常纸料 pH＝4.0～5.3 便可实现有效施胶。

在松香施胶中，胶料借助明矾沉淀在纤维上，随后转变为松香酸铝而使纤维憎水。松香施胶对水的硬度敏感，如果水的硬度过高，松香胶会过早成团。酯化后的松香产品对水硬度的敏感程度显著降低。适应松香胶在中性条件下使用的沉淀剂不断涌现，如聚合氯化铝（PAC）、聚醚酰亚胺（PEI）、线性多胺等。

阳离子分散松香胶是新一代松香系施胶剂，其游离松香含量高达 100%，无需借助明矾等沉淀剂，依赖静电引力便可自留着于负电性的纤维表面。在干燥过程中，仅需极少量的铝离子使胶料与纤维素发生键合而取得良好的施胶效果，可在近中性（pH＝5～6.5）条件下应用，胶料用量比阴离子分散松香胶低，并可提高纸的强度和白度。

（2）烷基烯酮二聚体（AKD）　AKD 属于中碱性反应型施胶剂。AKD 一般由植物油脂硬脂酸和棕榈酸经酰氯化形成硬脂酰氯后缩合而成。主要的酰氯化试剂有三氯化磷、五氯化磷、光气和氯化亚砜等。AKD 的合成原理如图 5-6-13 所示[24]。

在乳化过程中通常使用阳离子淀粉和乳化剂，以保证 AKD 胶粒稳定。在低于 AKD 熔点的温度下高压乳化，可获得直径小于 0.3μm 的 AKD 胶粒。胶粒直径关系到 AKD 的用量和生产成

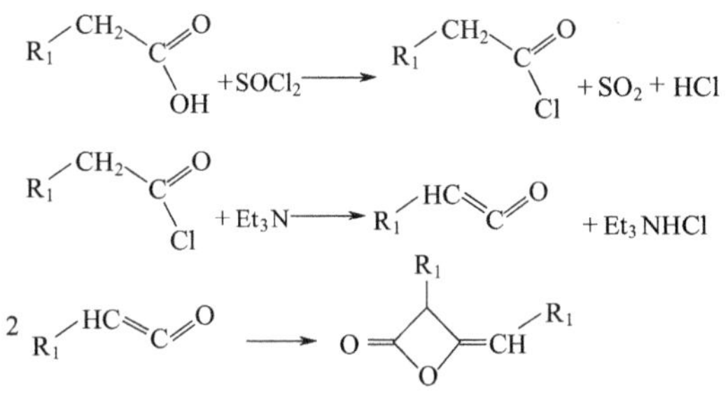

图 5-6-13　AKD 的合成原理[24]

本。制备 AKD 乳液的关键步骤是 AKD 原粉乳化。原粉乳化时加入阳离子淀粉等物质包裹住 AKD 胶粒，控制酸性条件并使 AKD 胶粒呈高度正电性，在稳定胶粒的同时，使 AKD 胶粒吸附于纤维素表面。干燥时乳化剂受热软化，暴露出内部的 AKD 胶粒，使之与纤维素反应。

采用 AKD 中性施胶剂取代传统的松香施胶剂造纸，可提高纸的强度和耐久性，增加廉价填料的用量，减少细小组分的流失，降低能耗，从而降低成本。此外，AKD 中性施胶剂的应用还能降低设备腐蚀，减少废水排放。不过，AKD 也存在施胶滞后和水解两大致命缺陷。AKD 在常温下即可发生水解，温度低于 70℃ 下在水中搅拌 12min 时，约有 80% 的 AKD 发生水解。AKD 与纸浆纤维的反应速率较低，需要一定的温度或足够的时间，在纸机正常运行的条件下纸无法获得完全的施胶效果，必须延迟一段时间方可获得满意的施胶效果[24]。

AKD 与纤维素能发生化学反应。50%～80% 的 AKD 与纤维素反应生成 β-酮酯。AKD 只要覆盖一部分纤维表面，即可产生足够的施胶效果。当 15% 的纤维表面被 AKD 覆盖时，AKD 层的厚度大约不到 3nm。AKD 的施胶机理如图 5-6-14 所示（k_1～k_6 为反应速率常数）[24]。

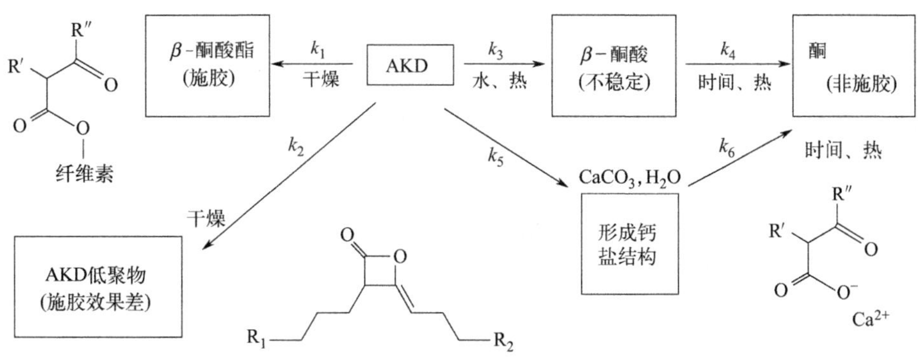

图 5-6-14　AKD 的施胶机理[24]

为了解决 AKD 的施胶滞后问题，AKD 快速熟化技术得到长足发展。主要从两方面入手实现 AKD 的快速熟化：a. 在 AKD 乳化过程中加入能够促进 AKD 开环的碱性物质来加速 AKD 与纤维的反应；b. 对 AKD 分子进行改性，促使 AKD 内酯开环，从而加快 AKD 熟化。含 HCO_3^- 的化合物和带氨基的阳离子聚合物对 AKD 和纤维的反应有催化作用，后者在起催化作用的同时，其带有的高密度正电荷还有助于 AKD 在纤维表面的吸附[24]。

(3) 烯基琥珀酸酐（ASA）　ASA 是除 AKD 外的另一种应用广泛的中碱性施胶剂。ASA 由石油衍生的烯烃与马来酸酐通过碳碳双键加成反应得到（图 5-6-15）[24]。

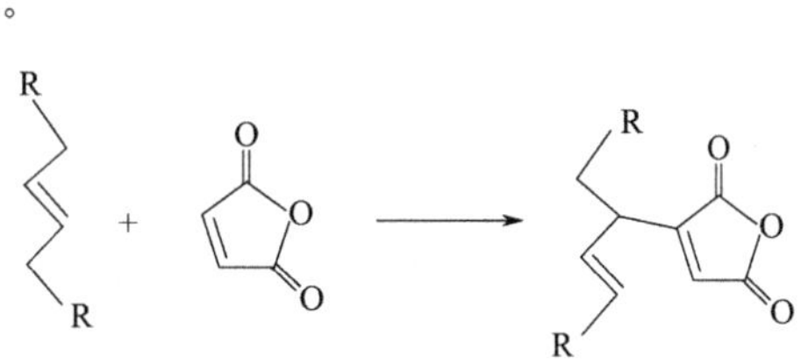

图 5-6-15　ASA 的合成原理[24]

ASA 的施胶机理如图 5-6-16 所示（k_1～k_3 为反应速率常数）[24]。ASA 结构中的酸酐容易与纤维上的羟基或水发生开环反应。ASA 与水反应形成羧酸，

在含有 Ca^{2+} 和 Mg^{2+} 的水中生成沉淀；ASA 与纤维反应形成酯键，其疏水端朝外，使纤维疏水。

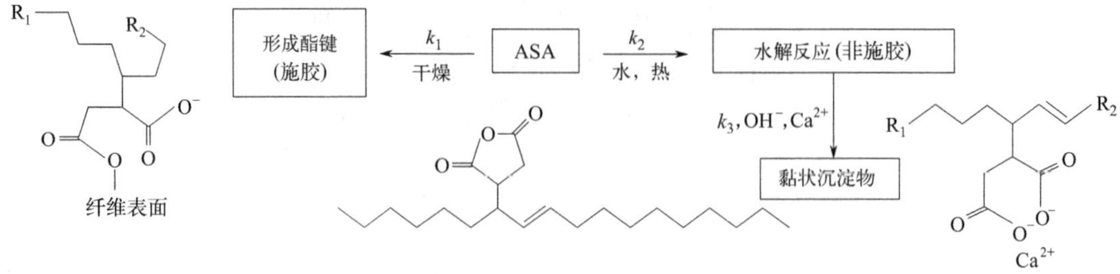

图 5-6-16　ASA 的施胶机理[24]

与 AKD 和阳离子分散松香胶相比，ASA 的优势是达到相同施胶度时施胶剂的用量最低。而且与 AKD 相比，ASA 的熟化非常快，下机后基本完全熟化，而 AKD 下机后通常只达 60%～80%的熟化。ASA 的缺点是，它与纤维反应和自身水解反应是平行的竞争反应。ASA 既能与纤维上的羟基反应，又能与水和淀粉上的羟基反应，而且淀粉中葡萄糖的螺旋形结构更容易与 ASA 反应。ASA 的水解不但影响施胶效果，而且水解产物在白水系统中富集还会妨碍生产。ASA 水解的两个最主要的影响因素是温度和 pH，ASA 施胶最佳 pH 值范围为 7.5～8.4。为了尽量避免水解反应的发生，ASA 通常在使用前现场乳化。

ASA 乳化时需要使用乳化剂以提高 ASA 乳液的稳定性。ASA 乳化剂必须能吸附或富集在两相界面上，以降低界面张力。同时，ASA 乳化剂必须带有电荷，不能带有活泼氢。天然聚糖（如氧化淀粉、羧甲基纤维素、壳聚糖、海藻酸钠等）是最常用的 ASA 乳化剂。此外，Pickering 乳化技术因其高稳定性、低泡沫以及低成本等优势而广受关注，该技术采用固体颗粒代替表面活性剂和高分子乳化剂形成稳定乳液，常用的固体颗粒有膨润土及改性膨润土、氢氧化镁铝、纳米硅酸镁锂等。

2. 表面施胶剂

表面施胶就是用施胶机向纸面施加胶液或者直接浸入胶液中，待施胶剂干燥后在纸面上形成一层抗液性胶膜，使纸具有一定的表面强度，同时获得较好的抗水性能。表面施胶还可提高纸的印刷适应性、耐磨性及耐久性，减少印刷过程中纸的掉毛掉粉现象。传统的浆内施胶，施胶剂在抄纸过程中流失较大，容易带来白水负荷增加、纸机沾污以及纸的强度下降等弊端。因此，造纸工业逐渐从浆内施胶转向表面施胶。

表面施胶的优点是：a. 降低生产成本，节约资源。b. 某种程度上避免浆内施胶剂引起的纸机沾污、白水负荷增加以及纸的强度下降等问题。c. 施胶效果稳定，不受抄纸的水质、水温、pH 等因素的影响。d. 施胶液利用率高，留着率接近 100%。e. 改善纸的表面性能。经表面施胶的纸，正反两面差别较小，纸的表面性能（如表面强度、挺度、平滑度、印刷适应性等）明显改善。f. 非常适用于某些特种纸的开发[25]。

（1）表面施胶剂的组成　表面施胶剂通常由施胶主剂和施胶助剂组成。

① 施胶主剂。施胶主剂就是在表面施胶剂中占主体地位的成分。常用的施胶主剂是淀粉，其中应用最广泛的是玉米淀粉和木薯淀粉。天然淀粉因黏度大、流动性和成膜性差、容易聚沉等缺点，通常需要改性处理后使用。淀粉改性的方法主要有氧化糊化、接枝等。改性淀粉具有良好的流动性、溶解性、成膜性及黏着力，用于表面施胶可显著改善纸的性能。

② 施胶助剂。施胶助剂主要包括环压增强剂和疏水剂。环压强度是衡量纸及纸板强度的重要指标之一，它直接影响包装纸箱的强度。常用的环压增强剂有改性淀粉、聚乙烯醇、明胶、聚丙烯酰胺等。疏水性是疏水物质排斥水的一种物理性质，是衡量纸及纸板的另一个重要指标。常用的疏水剂有 AKD、ASA、植物油乳液等。

（2）表面施胶剂的作用机理　通常认为，表面施胶剂的作用是基于吸附机理。在表面施胶剂的结构中既有亲水基（如氨基、羧基等），又有疏水基（如烃基、苯环等），当将施胶液涂于纸的表面时，部分施胶液会渗入纸的空隙，其余的则留在纸的表面。当纸干燥时，由于干燥温度高于施胶液中聚合物玻璃化转变温度，聚合物发生热塑性形变从而在纸的表面展开。按所带离子性质的不同，表面施胶剂有阴离子型和阳离子型两种。阳离子表面施胶剂由于自身带正电荷，可通过静电作用与带负电荷的纤维结合；阴离子表面施胶剂中的阴离子基团通常与纸中的硫酸铝等发生吸附作用，形成一层连续薄膜从而表现出施胶性能。表面施胶剂的作用机理如图 5-6-17 所示[25]。

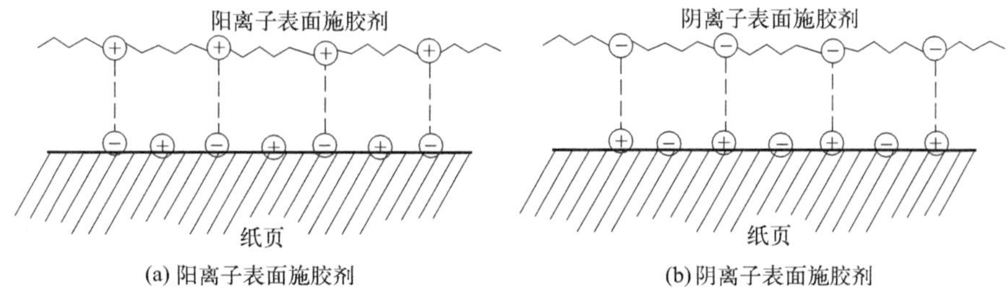

图 5-6-17　表面施胶剂的作用机理[25]

五、染料

染料广泛应用于纸品的生产过程，其目的是满足客户期望的纸品外观性能和质量。染色过程可分为两类：染色和调色。在有色纸的生产中，需要加入大量染料，通常吨浆需加入几公斤染料，此为染色[26]。纸的视觉效果不仅取决于纸的白度，而且取决于纸的色相。在相同的白度下，紫白或蓝白色相的纸要比黄色色相的纸视觉白度高许多。因此，在纸的生产过程尤其是高级文化纸的生产过程中常需对纸进行调色。常用于纸调色的方法是在纸浆中添加调色染料（如碱性染料、直接染料或颜料等）或荧光增白剂[27]。染料用量通常为 20～50g/t 浆[26]。

1. 碱性染料

碱性染料是指在水溶液中能直接离解生成阳离子或与酸成盐后生成阳离子的一类染料。碱性染料一般是具有氨基碱性基团的有机化合物。碱性染料可分为偶氮、二苯甲烷、三苯甲烷、噻嗪等类型，代表性品种有碱性品红、碱性嫩黄 O、碱性品蓝、碱性橙、碱性棕等。碱性染料能溶于水，着色力极强，易使纤维上色，色彩鲜艳，在造纸工业中应用得最广泛。其缺点是耐光性和耐热性差，对酸、碱、氯离子的抵抗力弱，故成品容易褪色。碱性染料不宜使用硬水和带有碱性的水溶解，否则会产生色斑，常用的方法是加 1%的稀醋酸调节 pH 值至 4.5～6.5，于 60～70℃下溶解后使用[27]。

碱性染料对木质素的亲和力大，因此对木质素含量高的浆种容易染色，但对漂白浆的染色亲和力较弱。故而在染混合浆尤其是漂白浆和未漂浆或机械浆时要注意此特性，否则会影响染色的均匀性。一般情况下，碱性染料在胶料和硫酸铝之后加入[27]。

2. 酸性染料

酸性染料是指在酸性介质中染色的一类染料。多数酸性染料含有磺酸基，少数含有羧基。依结构的差异，酸性染料可分为偶氮染料、蒽醌染料、三芳甲烷染料和硝基染料等；按染色方法的不同，酸性染料可分为强酸性、弱酸性、酸性媒介染料和酸性络合染料等。造纸工业中应用的酸性染料主要为偶氮类、三芳甲烷类及蒽醌类 3 种，代表性的酸性染料有酸性嫩黄 G、酸性蒽醌蓝、酸性湖蓝、酸性大红 G、酸性大红 GR、酸性金黄 G 等[27]。

酸性染料极易溶于水，水的硬度和浆料温度对染色效果的影响不显著。与碱性染料相比，酸性染料的着色力和色彩鲜艳度较差，但耐光性及耐热性强。由于其自身带有强负电性基团，酸性染料对纤维几乎无亲和力，在染色时需借助矾土作媒染剂，使染料留着于纤维上。因此，酸性染料需在加酸加矾前加入，使染料与纤维均匀混合后再加入松香和矾土。酸性染料的染色效果在 pH 值为 4.5 左右时最好。当染混合浆时，酸性染料着色均匀且不会产生色斑[27]。

3. 直接染料

直接染料是指在染色时无需媒染剂而能直接染色的一类染料。直接染料通常是含有磺酸基的偶氮化合物。直接染料不溶于冷水，但能溶于 50℃以上的热水，水的硬度对直接染料有一定影响。依化学结构的不同，直接染料可分为偶氮、二苯乙烯、酞菁和噁嗪等类型。常用的直接染料有直接品蓝、直接湖蓝、直接红棕、直接大红、直接冻黄、直接深棕、直接黑等[27]。

直接染料的染色是染料分子与纸浆纤维通过形成两个以上的氢键及范德华力来实现的。直接染料与纤维的亲和力强，可直接对纤维进行染色。但若直接染料与纸浆纤维混合不均匀，则会出现染色不匀和色斑现象。由于直接染料能与铝离子及硫酸根离子发生凝聚，降低染色效果，故直接染料一般在加矾前加入。由于磨木浆的木质素含量高，对直接染料的吸附差，直接染料一般不适于磨木浆的染色[27]。

直接染料的着色力和鲜艳度远不及碱性染料，但其耐热性和耐光性优于酸性染料和碱性染料。为了加强染色，直接染料可与碱性染料配合使用。在有些场合，个别色彩鲜艳的蓝色直接染料（如直接紫罗兰等）可作为纸的增白剂使用[27]。

4. 颜料

用于造纸染色和调色的颜料可分为两类，即不溶的无机复合物和不溶的有机复合物。颜料包含不溶基团，电荷呈中性，因此在水中不溶。在化学结构上，它们是偶氮颜料或酞菁颜料。颜料对纸浆纤维无吸附力，需借助固着剂留着于纤维上。颜料的优势是耐湿性和耐光性强，可用于对耐光性要求较高的环境中，劣势是价格较高。颜料主要用于对耐光性要求较高的纸种（如仿金属纸、装饰纸及封面纸等）的染色和调色[26]。

5. 荧光增白剂

荧光增白剂是一种荧光染料，多数为二氨基二苯乙烯衍生物。荧光增白剂通常含有激发荧光的氨基磺酸类基团、吸收紫外线的芳香胺基团及增强牢固性能的三聚氯氰基团。荧光增白剂不仅能反射可见光，还能吸收紫外线，并将其转化为可见的蓝色或红色的荧光。因此，经荧光增白剂增白的纤维能反射出比原来更多的可见光，所产生的荧光能抵消纤维中的微黄色，起到补色效应。荧光增白剂对漂白浆有显白效果，能取得更高的亮度。但荧光增白剂并非对浆料起漂白作用，而仅为一种光学作用。因此，对低白度（＜65％）或木质素含量高的浆种其增白效果非常有限或几乎无增白作用。最常用的荧光增白剂为二苯乙烯类增白剂，如二磺酸、四磺酸及六磺酸类[27]。

6. 其他染料

除上述染料外，造纸中应用的染料还有还原染料、媒介染料、冰染染料、硫化染料、活性染料、分散染料等。随着压敏、热敏记录纸的广泛应用，显黑色的压敏、热敏染料等功能染料正备受关注[27]。

六、其他造纸添加剂

1. 树脂障碍控制剂

纸浆中残留的树脂如不及时去除，会形成黏性物，黏附于设备、网、毯及烘缸上，导致造纸障碍，影响正常抄纸，还会产生纸病。由于废纸纤维的大量使用，再生纸浆的树脂障碍问题日益突出[28]。常用的树脂障碍控制剂有滑石粉、硫酸铝、表面活性剂及螯合剂等。滑石粉能吸附胶态树脂，使其留着于纸中，从而避免树脂沉积于设备表面。滑石粉虽较廉价，但用量较大。硫酸铝使用 pH 范围较窄。表面活性剂和螯合剂是良好的树脂障碍控制剂，但价格较高，且往往不能留着于纸中而进入白水循环系统，不利于白水封闭循环[29]。

2. 消泡剂

造纸白水中的泡沫是由于纸料中的木质素、脂肪酸、树脂酸以及表面活性剂受到空气的不断作用而产生的，并且由于其他化学助剂等稳泡剂的作用，使得泡沫难以快速消除。在生产中，造纸白水中的泡沫有较大危害，它不但会导致成纸中出现孔斑、针眼等问题，而且会引起断纸甚至会造成设备损坏。在生产中可以通过物理或化学方法来消除造纸白水中的泡沫。物理方法主要通过脱气器、防溅落设备改变纸料温度、系统压力、管路流向、物流混合或搅拌的速度等完成；化学方法主要通过添加消泡剂来完成[30]。

市面上的消泡剂有多种，但消泡原理基本相同，主要是使消泡剂进入泡沫的双分子定向膜，破坏其力学平衡并降低膜强度，导致泡沫破裂；或者是通过造成膜局部张力的差异，实现消泡或抑泡。消泡剂的消泡原理如图 5-6-18 所示[30]。消泡剂通过其核心组分中分散的颗粒发生作用，这些消泡颗粒先附着于气泡薄膜，然后渗入气泡薄膜并不断扩张，最终实现破泡和消泡。消泡颗粒的粒径必须大于气泡薄膜的厚度，而且粒径越大，效果越好，消泡越快。

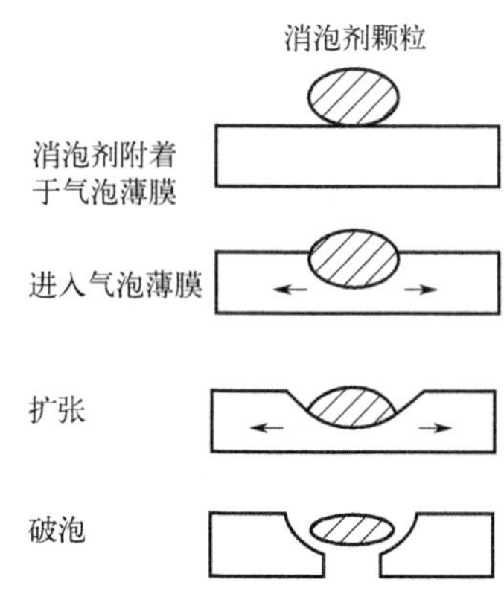

图 5-6-18　消泡剂的消泡原理[30]

制浆造纸中常用的消泡剂有有机硅类、醇类、醚类等。有机硅类消泡剂分为水性和油性两种，外观通常为乳白色。该类消泡剂持续时间长，分散性好，纸浆中附着少，可降低树脂障碍。但若乳化不理想，会导致硅油凝聚，产生斑点，附着于纸浆中，造成施胶不良及其他纸病。该类产品主要应用于制浆。醇类消泡剂外观为白色乳液，呈微负离子性，pH 偏中碱性。此类消泡剂仅用水作为载体，产品更易与水混合。此外，沉积物较少，不会影响施胶和纸强度，为绿色环保产品。但此类产品对温度较敏感，若系统温度过高（>55℃），则其消泡效果会受到严重影响。醚类消泡剂外观为琥珀色液体，属于疏水性非离子型表面活性剂，遇水快速乳化，对温度、pH 不敏感。该类产品破泡性强，成本较低。但在贮存过程中易发生降解，导致消泡性能下降。此外，过度添加该类产品会影响施胶[30]。

3. 杀菌剂

按分子结构的不同，杀菌剂可分为有机杀菌剂和无机杀菌剂两类。按作用原理的不同，无机杀菌剂可分为氧化型和还原型两类。还原型杀菌剂因其还原能力而具有杀菌作用，如亚硫酸及其盐类；氧化型杀菌剂因其氧化能力而具有杀菌作用，其杀菌能力强，但容易分解，作用不持久，多用于生产设备和过程水的杀菌，如次氯酸盐、二氧化氯等。有机杀菌剂具有低毒、高效、可生物降解等优点，在造纸工业中应用最多。造纸工业中常用的有机杀菌剂及其杀菌性能和用途见表 5-6-3[31]。

表 5-6-3　造纸工业中常用的有机杀菌剂及其杀菌性能和用途[31]

类别	代表物化学名称	杀菌性能	用途
有机硫杀菌剂	亚甲基双硫氰酸酯	灭菌谱较广，对细菌、真菌、藻类菌有杀灭作用	可用于涂料和纸浆防腐，适用系统的 pH 值小于 11
有机溴杀菌剂	2,2-二溴次氮基丙酰胺	对细菌、霉菌有杀灭和抑制作用	可用于纸浆和涂料防腐，易分解，适合于中性或酸性环境
杂环化合物杀菌剂	1,3,5-三羟乙基均三嗪	对产气杆菌、芽孢杆菌、强碱杆菌和大肠杆菌有强杀灭和抑制作用	主要用于涂料防腐，适用 pH 范围较广
	1,2-苯并异噻唑啉-3-酮	对细菌、霉菌、酵母及硫酸盐还原菌等有效，尤其对革兰氏阴性菌效果突出	可用于浆料和涂料防腐
	5-氯-2-甲基异噻唑啉-3-酮、2-甲基异噻唑啉-3-酮	对多种细菌、霉菌、酵母菌及藻类有优异的抗菌效果	主要用于纸浆防腐，适用 pH 值范围为 4～8

续表

类别	代表物化学名称	杀菌性能	用途
有机氮杀菌剂	三氯异氰尿酸	对细菌和真菌有较好的作用	用于纸浆防腐，适用于酸性系统
	阳离子表面活性剂	对细菌和病毒有较强的作用	用于涂料和纸浆
其他	山梨酸、去氢醋酸、尼泊金酯类	对细菌、霉菌有较强的杀灭和抑制作用	用于防腐包装纸

理想的杀菌剂应具备以下性质：a. 广谱性，对多种微生物有杀灭和抑制作用；b. 高效性，少量即可获得满意的杀菌或抑菌效果；c. 低毒性，对人和环境的安全性高；d. 长效性，药效持久；e. 稳定性，不受热、酸、碱、光等物化因素影响；f. 价格低廉，使用方便。

杀菌剂的作用机理主要有 3 种：a. 杀菌剂通过吸附在微生物的细胞膜上并穿过细胞膜进入原生质内而发挥作用；b. 杀菌剂通过使微生物中的蛋白质变性，消灭细胞的活性而杀死微生物；c. 杀菌剂通过干扰细胞内部酶的活力或者使微生物的细胞遗传基因变异，导致其难以生长和繁殖而达到抑菌效果。在造纸过程中使用杀菌剂，其目的并非全部杀死微生物，而是抑制微生物生长繁殖，不发生腐浆，这样做在经济上更有利。

杀菌剂的杀菌或抑菌效果通常随其浓度的增大而提高。因此，杀菌剂最好加入高浓浆料中，从而降低用量。杀菌剂的加入点通常选择在纸机抄前池、高位箱、调浆箱等处。若长期使用，最好两种或多种杀菌剂交替使用，这样可有效避免微生物产生抗药性。对于食品用包装纸和纸板的生产，使用杀菌剂时应特别注意杀菌剂的毒性及其最大容许使用浓度。

杀菌剂的加入方法主要有 3 种，即间歇加入法、连续加入法和一次加入法。一次加入法一般应用于涂料，可使涂料中的杀菌剂迅速达到最高浓度且维持在高水平，有利于杀菌和抑菌。间歇加入法通常应用于纸浆，以抑制微生物繁殖并维持在一定水平，不致危害生产。连续加入法因成本较高，一般很少采用。

4. 阴离子垃圾捕捉剂

随着造纸机湿部向中碱性系统的转变、高得率浆和废纸浆的大量使用及白水封闭程度的提高，阴离子垃圾积累问题日益突出。阴离子垃圾是指造纸机湿部存在的所有溶解性物质及胶体状物质。阴离子垃圾可消耗大量的阳离子助剂，甚至使阳离子助剂部分或完全失效，并可能导致一系列的纸机操作和纸质量问题。为了避免上述问题，在造纸机湿部加入阴离子垃圾捕捉剂，与阴离子杂质形成一对一的结构紧密且体积小的配对物并沉积于纤维上，从而从造纸系统中去除[32]。

较有效的阴离子垃圾捕捉剂一般为一些高正电荷、低分子量的聚合物，如聚胺（PA）、聚乙烯亚胺（PEI）、阳离子聚丙烯酰胺（CPAM）、聚二甲基二烯丙基氯化铵（PDADMAC）、聚环氧氯丙烷胺（EPI-DMA）、低分子量壳聚糖季铵盐（HACC）、高取代度阳离子淀粉（HS-CS）等。阴离子垃圾捕捉剂可添加于配浆池和纸机浆池中，也可直接添加于网下白水中。

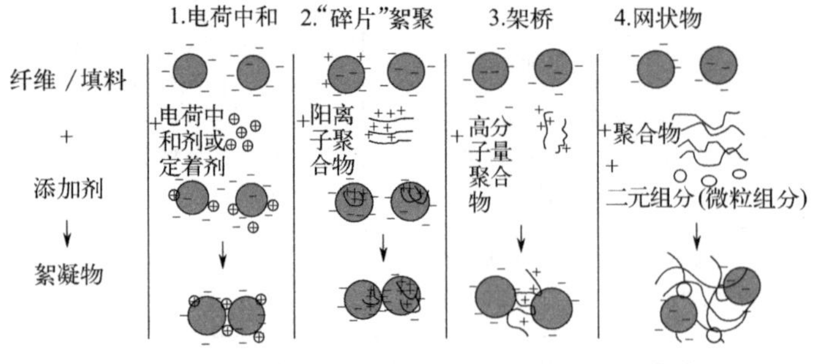

图 5-6-19　阴离子垃圾捕捉剂的作用机理[32]

阴离子垃圾捕捉剂的主要作用是电荷中和及“碎片”絮聚，其作用机理如图 5-6-19 所示[32]。电荷中和剂应将阴离子垃圾颗粒固着在纤维上，而剪切力难以将其剥离下来。同时，由于再生纤维阴离子垃圾的多样性，需要考虑阴离子垃圾捕捉剂的广谱性。阴离子垃圾捕捉剂除具有电荷中和、树脂固着等作用外，也可对助留助滤起辅助作用。

第三节　纸料的流送

纸料流送系统，是指从纸机浆池到流浆箱之间的设备及管道等系统。其主要作用是：a. 充分混合纸料；b. 稀释纸料至流浆箱的进浆浓度；c. 纸料除渣；d. 稳定浓度和流量。纸料流送系统设计不合理将直接影响纸的抄造，造成纸横幅定量不均、纵向定量不稳定、出现孔眼甚至断头等现象[33]。纸料流送系统的一般流程如图 5-6-20 所示[34]。

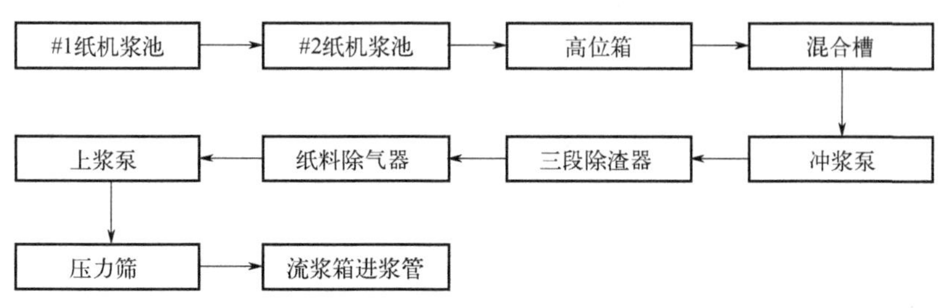

图 5-6-20　纸料流送系统的一般流程[34]

纸料流送系统的发展趋势是：流程力求简单高效，系统控制灵敏，适应高速、宽幅、自动控制的造纸生产线的纸机特征、产品特征及原辅料特征。主要表现在混合系统和除气系统的改进，白水经除气后再与纸浆混合。新型混合槽容积小，槽内无滞留区域，纸浆与浓白水混合均匀，避免了局部区域出现滞留和涡流现象，从而不易产生沉积物和絮聚物[34]。

一、纸机浆池和高位箱

利用纸机浆池和高位箱的溢流来改善纸料的稳定性，从而达到减少冲浆后浓度的波动，是纸机流送系统中经济实用且行之有效的方法[34]。

高位箱通常有 3 个功能：a. 消除纸料中大部分游离的空气；b. 尽可能降低系统中所产生的脉冲和变化的影响；c. 为料阀提供恒定的压头[34]。

也有些工厂不采用高位箱，而是采用复杂的设备来稳定进入定量阀前的纸料压力；也有一些工厂偏爱高位箱的简易性和稳定性。高位箱由分散控制系统（DCS）控制，通过调节自动阀，可使其溢流（回流）的量控制在最小范围[35]。

二、混合槽和冲浆泵

纸机上网浓度因纸种、定量、纤维分散性和纸料滤水性的变化而变化，一般在 0.2%～1.0%，而纸机浆池浓度一般为 2.5%～3.0%，这样就需要把纸料稀释至上网浓度。纸料稀释有一次稀释和二次稀释两种方式[34]。

一次稀释流程是应用最广的流程，其特点是：a. 适用范围广，可适应 100～1000m/min 的车速，并可适应多种文化用纸和工业用纸的生产；b. 根据车速及产品质量的要求决定是否配置除气装置，系统中用混合槽替代了白水池，低脉冲冲浆泵进出口压力稳定，纸浆与白水混合均匀；c. 系统适应性好；d. 系统基本封闭，流程较短，系统控制和调节较快捷[34]。

二次稀释流程是在三段除渣器后再增加一台二次冲浆泵，其主要特点是：a. 上网纸料浓度较低，可低至 0.3%以下；b. 除渣器和冲浆泵所产生的脉冲对系统的影响较小；c. 进入除渣器的纸料浓度高于上网浆浓。与一次稀释流程相比，除渣器的纸料流量减少，可降低除渣器的负荷和冲浆泵的流量，从而减小冲浆泵的装机功率[34]。

二次稀释可用于上网浓度较低、产量较大、产品档次不高的纸机流送系统，这样可降低电耗。但由于增加了二次冲浆泵，导致系统流程较长，控制相对滞后，二次稀释流程一般不适用于高速、宽幅、自动控制的造纸生产线[34]。

混合槽的作用如下。

① 有助于整个系统的稳定。混合槽和高位箱都是通过溢流来维持恒定的液位，白水液位又有相当的高度。当冲浆泵吸入阀门和高位箱进浆管阀门开度一定时，冲浆泵的流量和浓度相对稳定，也就使上网浓度稳定，从而保证了整个短流程系统的稳定。

② 充分利用纸机的浓白水，减少纤维流失。

③ 有助于白水和溢流纸料中气体的逸出。敞开的混合槽塔体和回流管，只要保证白水和溢流纸料在塔体中有足够的停留时间，即可充分排出混入白水和溢流纸料中的气体。加之管道的合理设计和阀门的合理布置，可有效防止空气进入短流程系统，既可避免冲浆泵产生气蚀现象，又能消除泡沫对纸匀度和外观的影响。

④ 使纸料流送系统除混合槽外处于全封闭状态。

⑤ 使纸料混合均匀。由于纸料和白水以一定速度同时进入冲浆泵并混合，比调浆箱的混合效果好。

⑥ 一次稀释流程和二次稀释流程均适用，灵活性高。

⑦ 普通白水池有死区，易产生腐浆，而且清洗困难。采用混合槽则无此现象，并可降低工作强度[34]。

冲浆泵是纸料流送的核心设备，也是整个稀纸料循环回路抽送动力的唯一来源。最常用的冲浆泵是双吸泵，因为它能为纸机提供稳定的流量和较小的压力脉动。当泵体功率太大、产品又经常调整时，仅需将泵体改为变速传动即可[36]。

三、除渣器

为了去除纸浆中残存的和在纸料制备过程中混入的砂石、尘埃和其他杂质，以利于纸的正常抄造，减少纸病和保护造纸网、毯及辊筒等，纸料在进流浆箱前必须除渣和筛选[34]。

纸料的除渣和筛选组合既能除掉小而重的杂质，又能除掉大而轻的杂质。将除渣设计在筛选前，其优点是：a. 密度较大而体积较小的杂质大多较坚硬，对设备有磨损，先净化可保护筛板；b. 避免了筛选后的纸料悬浮液在除渣器内涡旋运动时产生浆团及进入流浆箱的纸料分散不均[33]。

除渣设备主要有沉砂盘、离心除渣器及锥形除渣器。沉砂盘具有结构简单、造价低、无需动力等优点，但净化效果差，生产效率低，占地面积大，一般多用于纸板的生产；离心除渣器生产能力低，多已不用；锥形除渣器具有净化效果好、生产能力大、操作管理方便等优点，适用于各型纸机生产各种档次的纸品。锥形除渣器的排渣中含有好纤维，故需多段运行。通常采用三段除渣，纸机产量低时可采用二段除渣，纸机产量高时可采用四段以上除渣，以减少纤维流失[34]。

四、纸料除气器

系统不稳定的原因之一是纸料中夹带空气，主要表现在纸料的压头变化、纸的纵向定量波动、腐浆、泡沫等，直接影响到纸的质量（如洞眼、透明点、强度、外观等）、纸料的滤水性能以及造纸设备的正常运行和效率[34]。

纸料除气的好处有：a. 消除泡沫，有利于减少浆疙瘩和腐浆，并有可能取消流浆箱喷雾；b. 消除因纤维上浮导致的流浆箱浓度不均；c. 空气对纤维毛细管的阻塞作用不复存在，纸料滤水通畅，从而提高湿部的滤水能力；d. 纸层致密平滑，可改善烘缸的热传导，从而节省蒸汽；e. 消除导致流量波动的一个因素，有利于改善纸机抄造效率；f. 由不含空气的纸料抄造的纸紧度、匀度、湿强度及平滑度都高[34]。

纸料的正确输送有利于空气从纸料中分离，然后在适当的地方排气。最有效的排气方法是利用开放的表面，如高位箱、流浆箱或白水池，这对于低速纸机特别有效。低速纸机或生产普通品种的中速纸机一般无需配备纸料除气装置，仅通过设备的合理选型和管道的正确布置去除纸料中的游离气体，即可满足要求。但对于高速纸机或生产定量较低、强度要求较高纸种的纸机，需专门配备纸料除气装置。这些纸料除气装置形式各异，但其目的都是脱除纸料中的空气，同时还有溢流以稳定压头[34]。

纸料除气器的工作原理是：纸料通过支管形成高速旋转的液流，喷射到除气器内壁形成液膜，沿器壁下滑的同时分为多个微小的独立液滴并停留一段时间，在除气器内真空的作用下，产生射流撞击和沸腾等物理作用，有效脱除纸料中的空气[33]。

五、上浆泵

上浆泵通常采用变频泵，根据产量高低调节泵的流量，以节省能量。但需注意的是，由于泵的流量与转速成正比，压头与转速的平方成正比，采用该方法调节泵的流量时，当产量低至设计能力的70%时，其压头将减少5%以上。通过对上浆泵的变频控制来调节流浆箱的液位，通过控制压缩空气的调节阀来调节气垫式流浆箱的气压，从而控制流浆箱的总压头[34]。

六、压力筛

纸料筛选的主要设备是压力筛。压力筛的主要特征是，纸料以较高的压力沿切线方向进入压力筛内，合格纤维依靠筛鼓内外的压力差通过筛孔。压力筛的压力差较大，可达几米水柱。压力筛内充满纸料，进出管路密封，转子主要起高效净化筛孔的作用[34]。

现代纸机机前压力筛的筛选作用正在退化，取而代之的是其对纸料的解絮作用。故而，平稳无脉动才是选择压力筛的首要条件。对于纸料的解絮，通常认为缝筛好于孔筛，但由于缝筛的自清洁能力稍差，易导致长纤维无法通过筛缝，进而逐渐絮聚打结，堵塞筛鼓，需要经常停机清洗。不过，缝筛的自清洁问题已基本得到解决[36]。

七、浆流的波动

纸定量的波动可分为两类：a. 横向波动，通常以纸的横向定量差来表示；b. 纵向波动，通常以纸的纵向定量差来表示。横向定量波动会使纸产生压花、湿斑和横向拉力不均匀等纸病；纵向定量波动最显著的表现是纸沿纵向厚薄不匀，而且由于纸干燥时薄处比厚处干，导致较晚干燥的厚纸收缩起皱，严重时甚至造成纸机经常断头，影响正常操作[34]。

纸的横向定量波动是由于流送系统中存在浓度的波动，除了受流送系统混合设备的影响外，主要受流浆箱的设计和操作的影响。纸的纵向定量波动的主要原因是上网浆流的纵向压力波动。引起浆流纵向压力波动的因素较多，必须消除流送系统中浆流的纵向压力波动，从而保证浆流稳定地进入流浆箱。高位箱、纸料除气器及上浆泵的使用均能有效减少流送系统压力的波动，从而减少纸的纵向定量差。新型混合槽、冲浆泵、纸料除气装置、压力筛的使用能使纸料与白水更好地混合，保证纸料均一、稳定的上网浓度，从而减小纸的纵横向定量差[34]。

八、紧凑型纸机流送系统

传统的纸机流送系统通常选用大容积的纸机浆池、大功率的搅拌器等设备，认为大容量、低流速是系统稳定的关键，因而设计成一个烦琐、冗长、庞大的纸机流送系统。这不但使调节和控制滞后，而且使产品品种的更换费时，导致占空间和占地多、能耗和投资高。基于简洁、灵敏、高效的设计理念，紧凑型纸机流送系统通过简化湿部白水循环系统和降低纸料流量，建立一个易于产品更换和运行更稳定、灵敏、清洁的流送系统，使产品质量得到提高[37]。

紧凑型纸机流送系统是一个具有紧凑、简短、灵敏、高效特点的现代纸机流送系统，其工艺流程如图5-6-21所示[38]。它依据以下原则设计：a. 纸料应及时混合；b. 流速应尽可能地高，循环越快越好；c. 系统应采用液式封闭，不能让空气进入系统；d. 系统的压力应提高，压力通过溢流稳定；e. 纸料及各组分的流量应直接控制；f. 系统的设备、浆池尺寸和容积应尽可能小，管路应尽可能短，占空间和占地尽可能少[37]。

紧凑型纸机流送系统具有以下优点：缩短系统的响应时间；提高灵敏性和可控性；防止空气

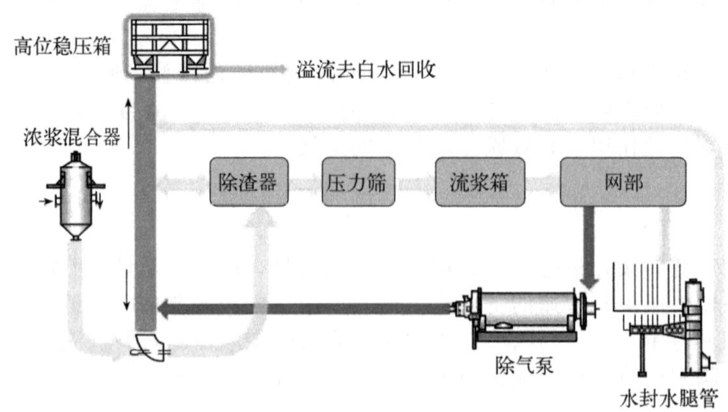

图 5-6-21 紧凑型纸机流送系统的工艺流程[38]

混入；加快纸料的混合并有效防止波动，提高系统的稳定性；既可快速改变纸料配比和产品品种，又可快速开停机；减少部分浆池以及缩短一些管路长度，原料流失少，能耗低，占地空间小，投资较低[37]。

第四节 造纸机湿部

一、纸页的成形

纸页成形是通过纸料在网上滤水而形成湿纸幅。我国造纸术的伟大发明，其中最重要的成就之一就是发明了纸页的成形方法。古代的手工抄纸是采用竹篾编织的成形网，在盛满纸料的浆槽中捞取纸料，而现代的造纸工艺则将纸料输送至用金属丝或者化学纤维编织的成形网上，进行机械化连续抄造。两千多年过去了，纸页抄造的工艺和装备均发生了翻天覆地的变化，但从纸页成形的本质来看，还是保留了纸料在网上过滤形成湿纸幅这一基本的方式。

（一）纸页成形概述

1. 纸页成形方法

纸页的成形方法分为湿法和干法两大类。湿法是以水为介质，干法则以空气为介质。湿法成形用水作为介质的主要原因有：a. 原料输送的需要。造纸用的纸料纤维只有在水中稀释成悬浮液，才能易于泵送和贮存。b. 纸页成形的需要。即纸料必须良好地稀释和分散在水溶液中，才能均匀分布上网，通过滤水形成湿纸幅，从而完成纸页成形并得到成形匀度良好的湿纸幅。c. 获得纸页强度的需要[1]。只有以水为纸料的稀释介质，植物纤维间才能在成形过程中形成氢键结合，从而使纸页获得必要的机械强度。干法成形，是用空气作为纤维的载体，在成形网上形成纤维薄层，再用黏合剂或加热熔融的方式将纤维黏合成纸的一种特殊的造纸方法。

2. 纸页成形过程

纸页成形一般指纸和纸板在网上形成湿纸幅的过程。纸和纸板成形的工艺过程基本相同，其主要差别在于纸一般是单层成形（也有某些特殊用途和功能的纸用多层成形抄造），而纸板则是多层成形。

一般情况下，纸的抄造主要由纸料上网前处理、纸浆流送与纸页成形、湿纸页的压榨脱水、干燥、纸页的压光、卷取等工艺过程组成。其主要过程和各部分的主要作用如图 5-6-22 所示。

3. 纸页成形目的

纸页成形的目的是通过合理控制纸料在网上的留着和滤水工艺，使上网的纸料形成具有良好

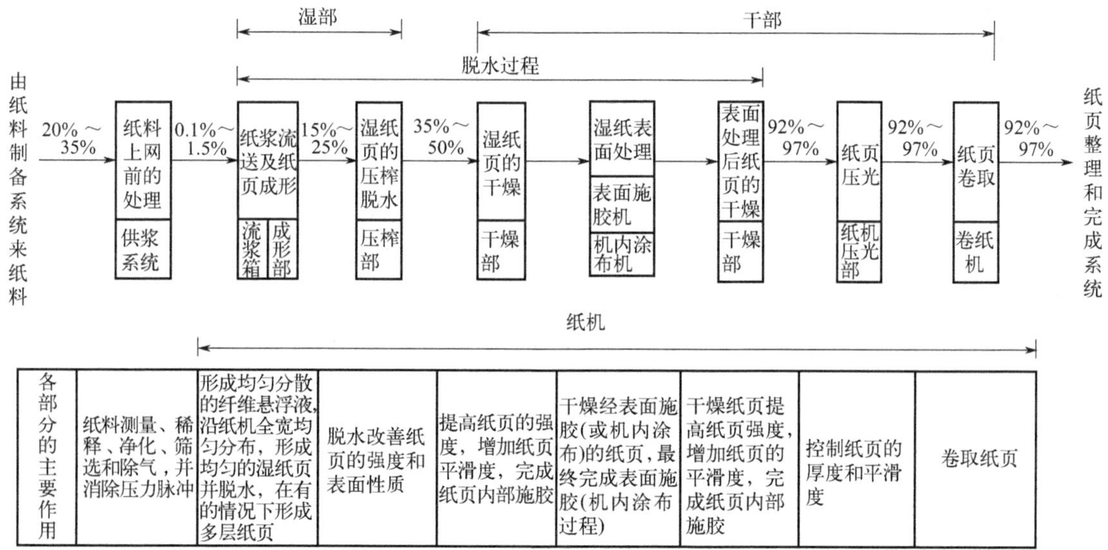

图 5-6-22　纸页抄造的主要过程

匀度和物理性能的湿纸幅。

4. 成形部任务和要求

纸页成形是通过纸料在网上脱水形成湿纸幅，因此造纸机的网部又称为成形部。成形部（网部）的主要任务是使纸料尽可能地保留在网上，较多地脱除水分形成全幅均匀一致的湿纸幅。

纸料在纸机网部脱水的同时，纸料中的纤维和非纤维添加物质等逐步沉积在网上，因此要求纸料在网上应该均匀分散，使全幅纸页的定量、厚度、匀度等均匀一致，为形成一张质量良好的湿纸幅打好基础。湿纸幅经网部脱水后应具有一定强度，以便将湿纸幅引入压榨部。

在抄造过程中，纸料的上网浓度为 0.1%～1.5%，出伏辊时纸页的干度为 15%～25%，而成纸的干度为 92%～95%，即每公斤绝干纸料上网时携带水分 67～1000kg，出伏辊时的水分只剩下 4～6kg，而成纸中只含水分 0.05～0.08kg。因此网部的脱水量很大，约占造纸机总脱水量的 80%～90%[1,39]。所以网部脱水的特点是脱水量大而集中。

5. 纸页成形过程的流体动力学

纸页成形的基本过程可以看作是 3 种主要流体动力过程的综合（图 5-6-23），即滤水（drainage）、定向剪切（oriented fluid shear）和湍动（turbulence）[40]。

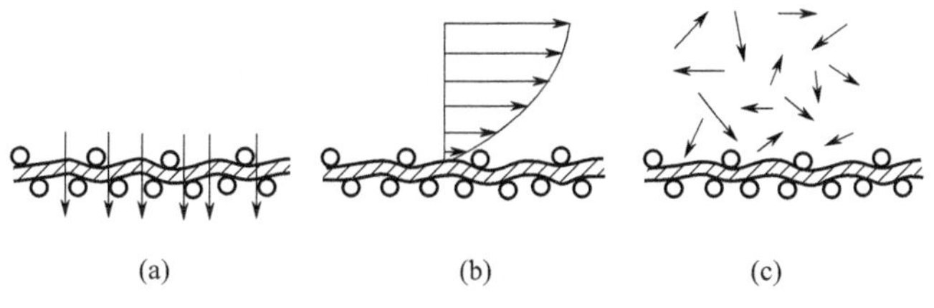

图 5-6-23　纸页成形中的 3 种流体动力过程

（a）滤水；（b）定向剪切；（c）湍动

滤水是指成形过程中的纤维悬浮液中的水分借助重力、离心力和真空吸力等排出的过程。滤水是水通过网的流动，其方向主要是（但不完全是）垂直于网面的，其特征是流速会随时间发生变化。

定向剪切是在未滤水的纤维悬浮体中具有可清楚识别形态的剪切流动。它以流动的方向性以及平均速度梯度为特征。最明显的例子就是在纸机纵向上，流浆箱的喷浆速度与网速之差和网案摇振时自由悬浮体中诱导的横向速度“摆动”所产生的流动形式。

湍动从理想意义上来说，就是在未滤水的纤维悬浮液中流速的无定向波动。实际上，在纸页成形过程中，流动扰动可列为湍动流型者，并非真是无定向的。只不过它不足以产生显著的定向剪切，因而对纸页结构的影响近似真正的湍流。

（二）纸机的基本术语

1. 纸机的有关速度

（1）车（抄）速 U　卷纸机上卷纸的线速度（m/min）。

（2）工作车速　一台纸机在使用时比较合适的速度。

（3）结构车速（极限车速 U_{max}）　在各项优化条件下，所能达到的最高车速。

$$U_{max}=120\%\sim130\%U=1.2\sim1.3U \tag{5-6-1}$$

（4）爬行车速　为了满足抄纸生产操作和维护检修所使用的慢车速，一般为 10～25m/min 。

2. 纸机的有关宽度

（1）毛纸宽度（抄宽、纸幅毛宽）　卷纸机上纸幅的宽度。

（2）公称净纸宽度　生产出来纸的宽度。

$$\text{毛纸宽度}=\text{公称净纸宽度}+\text{切边宽度}=\text{净纸宽度}+[2\times(20\sim25)\text{cm}] \tag{5-6-2}$$

（3）湿纸宽度　成形网上的湿纸页经截边后的宽度，以 mm 表示。

（4）定幅宽度　流浆箱喷口宽度。

$$\text{定幅宽度}=\text{湿纸宽度}+\text{截边宽度} \tag{5-6-3}$$

（5）网宽　成形网的宽度，以 mm 表示。

（6）轨距　造纸机前后两侧基础上底轨中心线的距离。

3. 操作侧和传动侧

（1）操作侧　纸机操作人员通常进行操作时所在的一侧称为操作侧。

（2）传动侧　纸机传动装置所在的一侧称为传统侧。

4. 左手造纸机和右手造纸机

（1）左手造纸机 Z　站在造纸机干燥部末端，面向湿部，如传动装置在左侧的，称为左手机[41]。

（2）右手造纸机 Y　站在造纸机干燥部末端，面向湿部，如传动装置在右侧的，称为右手机[41]。

5. 造纸机的“三率”

（1）抄造率　是指从纸机上得到的实际抄造量与理论抄造量之比的百分数。

$$\text{抄造率}=\frac{\text{纸机抄造量}}{\text{纸机抄造量}+\text{抄造损纸量}} \tag{5-6-4}$$

（2）成品率　是合格产品量与抄造量之比的百分数，即：

$$\text{成品率}=\frac{\text{合格产品量}}{\text{抄造量}} \tag{5-6-5}$$

（3）合格率　是指合格产品量与成品量之比的百分数，即：

$$\text{合格率}=\frac{\text{合格产品量}}{\text{成品量}} \tag{5-6-6}$$

6. 造纸机的生产能力

$$Q=\frac{1.44vB_{m}qK_{1}K_{2}K_{3}}{1000} \tag{5-6-7}$$

式中　Q——日生产能力，t/d；

v——纸机车速，m/min；

B_m——抄纸宽，m；

q——纸的定量，g/m^2；

K_1——每天平均生产时间（长网：22～22.5h；圆网：22.5～23h）；

K_2——抄造率，%；

K_3——成品率，%。

二、纸页成形器

1. 纸页成形器的分类

按其结构形式来分类，纸页成形器一般可分为三大类，即：

① 圆网成形器——单圆网和多圆网机、真空圆网和压力圆网成形器以及新型超级圆网成形器；

② 长网成形器——各种单长网造纸机；

③ 多网成形器——顶网成形器、夹网成形器、叠网成形器。

按成形方式来分类，也可分为两大类：

① 单层成形器——单圆网机、长网机、上网成形器、夹网成形器以及回转网成形器等；

② 多层成形器——多层流浆箱、多圆网成形器、叠网成形器等。

若按成形浓度来分类，还可以分为两大类：

① 低浓成形器——纸料上网浓度在1.5%以下的成形器；

② 高浓成形器——纸料上网浓度超过1.5%的成形器。

2. 长网成形器的纸页成形

长网成形器曾经是纸机的主流机型。图5-6-24是典型的长网纸机网部的示意简图。在长网部纸页成形和脱水的过程中，纸料从流浆箱堰板的喷浆口以一定的速度和角度喷到长网上，长网下面的脱水元件所产生的真空过滤作用，使纸料中的纤维和其他的添加物质沉积在网面上而形成纸页[42]。

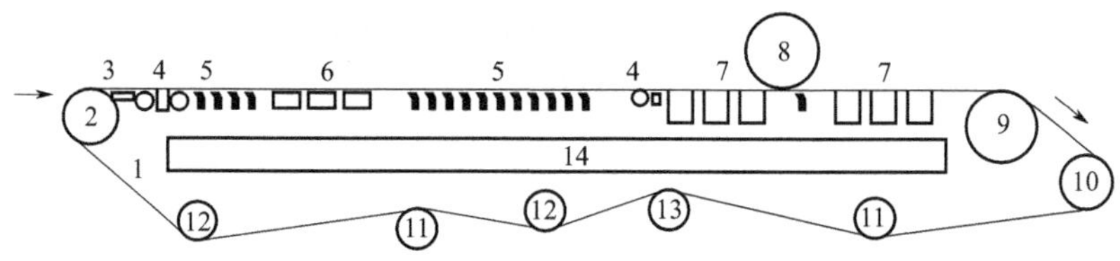

图5-6-24　典型的长网纸机网部

1—成形网；2—胸辊；3—成形板；4—案辊；5—脱水板；6—湿真空箱；7—干真空箱；8—整饰辊；9—伏辊；10—驱网辊；11—导网辊；12—舒展辊；13—紧网辊；14—白水盘

3. 圆网成形器的纸页成形

传统式圆网造纸机的网部由网笼、网槽和伏辊三部分所组成，如图5-6-25所示。圆网部纸页的成形是由于网内外的水位差（压力差）所产生的过滤作用，纸料在脱水过程中被吸附在网面上而形成纸页。

新型圆网纸机主要有两大类型：一类是指在传统圆网纸机的基础上，对圆网部进行了某种形式改造的机型，如压力式网槽、真空网笼、超成形圆网机等；另一类是指保留圆网作为成形部件，而对其他部分进行重新设计的新机型，如新月形薄页纸机等[43]。

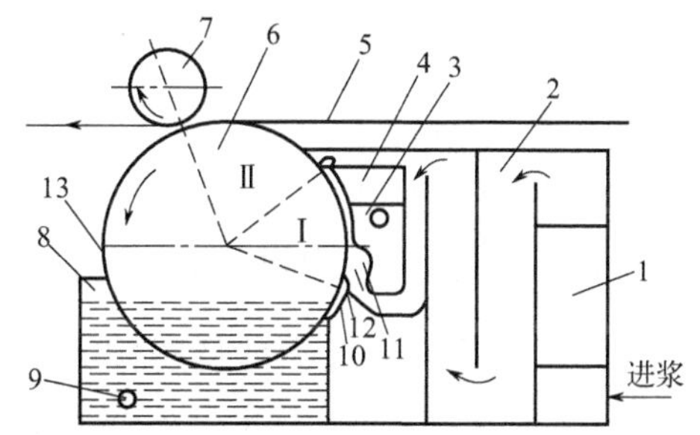

图5-6-25　传统式圆网造纸机的网部

1—扩散器；2—流浆箱；3—活动弧形板；4—溢流槽；5—毛毯；6—网笼；7—伏辊；8—白水槽；9—白水排出口；10—定向弧形板；11—匀浆沟；12—唇板；13—喷水管；Ⅰ-上浆区；Ⅱ—脱水区

4. 夹网成形器的纸页成形

夹网成形器是指在两张成形网间完成全部纸页成形过程的成形器。在夹网成形器中，流浆箱堰板的纸料喷入上、下两张成形网之间的楔形区进行脱水成形，纸料是从上、下网向上向下双面脱水。伴随着纸料的不断脱水，两张网之间的纤维层逐渐变厚，直到两网中间再有纸料悬浮液为止。之后湿纸的脱水，依靠两张网子的张力在逐渐缩小的楔形区产生的压力和网外脱水元件所引起的压力完成。成形区域的长度除与两网张力与脱水元件有关外，还与纸机速度、产品定量和浆料游离度有关[44]。

夹网成形器根据其脱水原理不同又可分为以下三种类型（见图 5-6-26）[45,46]。

（1）辊式夹网成形器（roll former）纸幅的成形是在成形辊上进行的。根据成形辊表面是否开孔，又有单面脱水和双面脱水的区别。在成形过程中纤维留着率最高，但成形质量较其他类型的夹网成形器差。

（2）脱水板式夹网成形器（blade former） 采用静止脱水元件——脱水板脱水，可抽真空或不抽真空。其成形过程的纤维留着率最低，但成形质量好。

（3）辊/脱水板结合式夹网成形器（roll-blade former） 综合了上述两种成形器的优点，兼顾了纸页成形质量和纸料留着率。

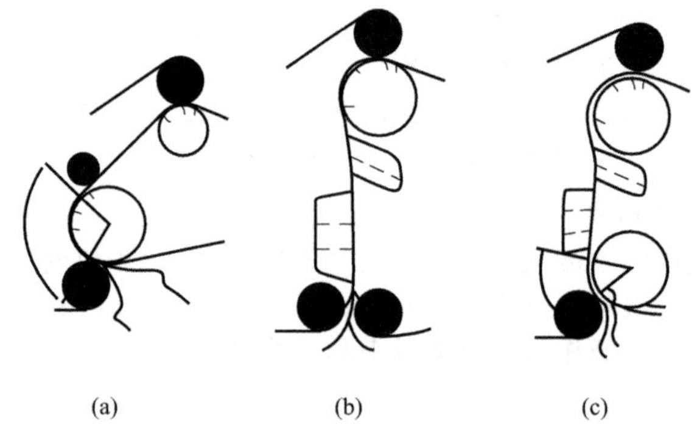

(a)　　(b)　　(c)

图 5-6-26　几种夹网成形器的成形区配置[45,46]

（a）辊式夹网成形器；（b）脱水板式夹网成形器；（c）辊/脱水板结合式夹网成形器

三、纸页的压榨

（一）压榨的作用

纸机压榨部的作用：

① 脱水，借助机械压力尽可能多地脱除湿纸幅水分。

② 传递纸幅，将网部揭下来的湿纸页送到干燥部去干燥。

③ 增加纸幅中纤维的结合力，提高纸页的紧度和强度。

④ 消除纸幅上的网痕，提高纸面的平滑度并减少纸页的两面性。

（二）压榨辊的类型及组合

1. 压榨辊的构造类型及压榨类型

（1）平压辊　平压辊由一对压辊组成，上辊为石辊，下辊为胶辊，两辊均具有平整光滑的辊面（图 5-6-27）。平压辊的缺点：压区中流体压力很高，既不利于压榨脱水，也容易引起湿纸的压花。

图 5-6-27　平辊压榨

（2）真空压辊　用于中高速纸机，上压辊为石辊，下压辊为真空压辊（图 5-6-28）。真空压辊上钻有直径为 4.0mm 左右的眼孔，开孔率为 15％～25％，为螺旋形排列。压榨线压力的大小根据湿纸水分、纸的定量、纸的种类和辊壳强度而有所不同。一压湿纸水分较多，容易压花，线压力较低，二压稍高些。真空辊的真空度，一般中速纸机用 0.4～0.5kg/cm^2，高速纸机用 0.6～0.65kg/cm^2[1,47]。

（3）沟纹压辊　上压辊为石辊，下压辊为刻有螺旋形沟纹（沟深 2.5mm）的包胶辊（图 5-6-29）。适合的车速：浆板 90m/min（线压 176kN/m），纸板 245m/min（线压 88 kN/m），纸 850m/min（线压 137kN/m）[39]。辊子挂面层上的沟纹极易接纳纸页排出的水，实心辊结构，可承受较高压力，辊子用喷水器和刮刀清洁。

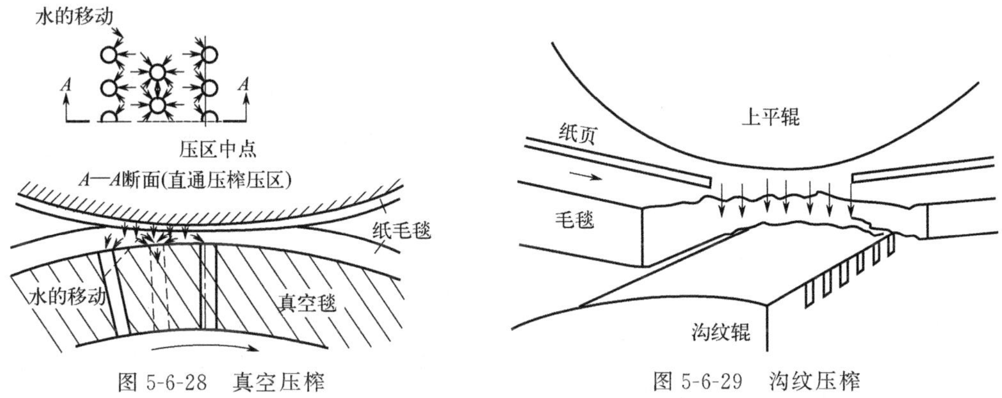

图 5-6-28　真空压榨　　图 5-6-29　沟纹压榨

（4）盲孔压辊　在普通压辊上钻两层不等深的盲孔，盲孔深 12～15mm，孔径 2mm，开孔率 25％～30％，可适用于上下压辊。盲孔辊有较大的孔隙容积，且很少像沟纹辊那样堵孔，可在较软的滚面上钻盲孔，盲孔可借离心力作用自净。示意图见图 5-6-30。

（5）衬毯压榨（fabric press）　欧洲较多使用衬毯压榨，多层编织不可压缩的编织带（衬毯），通过毛毯与挂胶辊之间的压区时，提供了可容纳挤出水的孔隙容积。在衬毯回程中借真空箱将衬毯中积存的水排出，示意图见图 5-6-31。

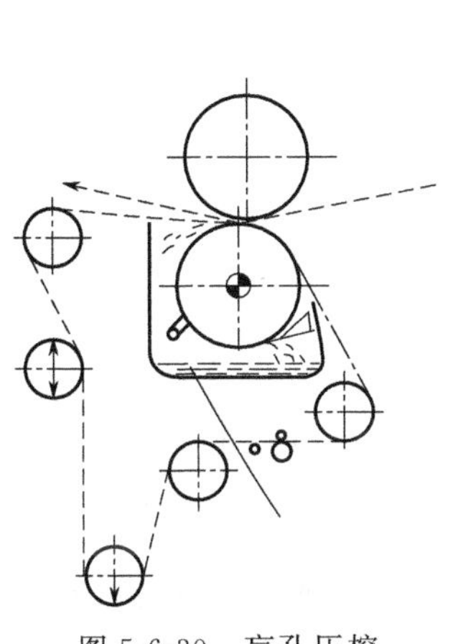

图 5-6-30　盲孔压榨

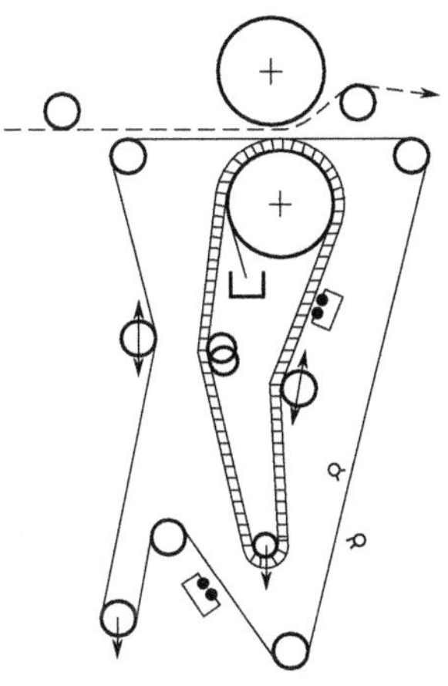

图 5-6-31　衬毯压榨

（6）高强压榨　压区是由花岗岩石辊和一个小直径的不锈钢沟纹辊组成，由于压区宽度很窄，能产生相当高的压强。同时，窄小的压区宽度有利于水分的排除和缩短压区后半部纸幅与毛毯的接触时间，从而减少毛毯对纸幅的回湿作用，示意图见图 5-6-32。

（7）平滑压榨　平滑压榨又称为光泽压榨，它没有压榨毛毯，不起脱水作用，如图5-6-33所示。平滑压榨的下辊通常包铜，上辊包胶。平滑压榨可以改善纸幅与烘缸表面之间的热传导，能够减少需用烘缸数量的3%～5%。

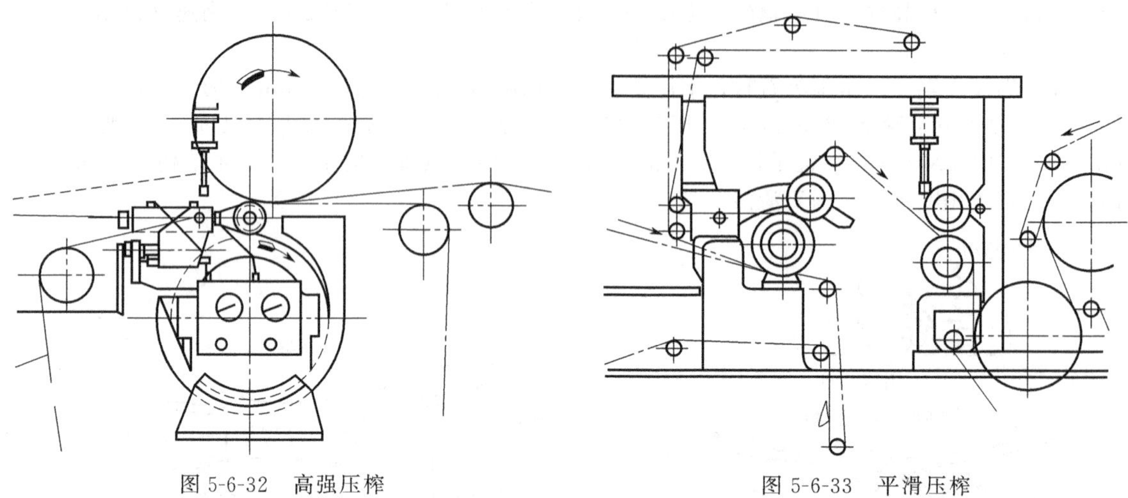

图5-6-32　高强压榨　　　　图5-6-33　平滑压榨

（8）宽压区压榨（extended-nip press）和靴型压榨　1981年推出的宽压区压榨，压区内有较长的停留时间，见图5-6-34。作为宽压区压榨的一种典型形式，靴形压榨其关键部件是固定的靴形加压板（pressure shoe）和不透水的合成胶带，靴形板用润滑油连续润滑，压力维持时间是传统压榨的8倍，实现了压榨脱水的重大跃进[48,49]。

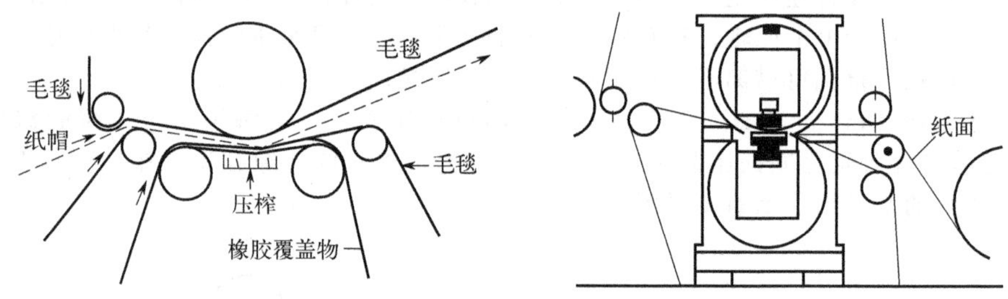

图5-6-34　宽压区压榨

2. 压榨部的压辊组合

按每道压榨的压辊数可分为：双辊压榨、多辊压榨。

按压榨的功能可分为：正压榨、反压榨、高强压榨、复合压榨、光泽压榨、挤水压榨、热压榨、引纸压榨等。

3. 湿纸幅的传递

将湿纸幅从伏辊处成形网上揭下来并传递到压榨部有两种方式：一种是开式引纸；另一种是闭式引纸。其中闭式引纸包括真空引纸和黏舐引纸。

（1）开式引纸

① 剥离角（take-of angle），是纸幅从网、毯或滚筒上被揭离时纸幅与网、毯或剥离点处滚筒切线之间的夹角。

最佳的剥离角在很大程度上取决于浆料的特性，剥离角与湿纸页剥离时的张力和应变密切相关，长网造纸机一般在35°～50°。

② 剥离点，即湿纸幅离开伏辊的位置（图5-6-35）。剥离点应该刚好在或略微超过真空伏辊内真空室后方边缘处。

为了克服老式纸机不适应真空伏辊对高速纸机的要求，发展了压缩空气引纸设备，如图 5-6-36 所示[1,50]。

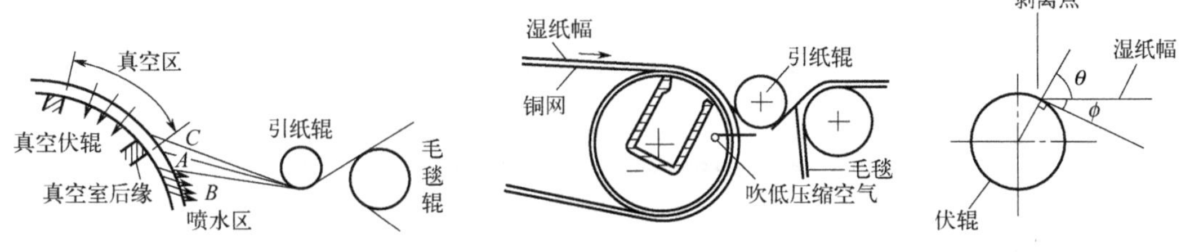

图 5-6-35　湿纸幅剥离点　　　　图 5-6-36　压缩空气引纸

(2) 真空引纸　依靠真空作用将湿纸由伏辊传递到一压，适用于高速和超高速纸机。真空吸引辊装在伏辊上方或真空伏辊两个真空室之间（图 5-6-37）。毯速略高于网速。

(3) 黏舐引纸　将伏辊上的湿纸粘贴在引纸毛毯下面进行传递（图 5-6-38），特别适合于中速和低定量纸机，多用在生产薄型纸的圆网纸机或长网单缸纸机中。

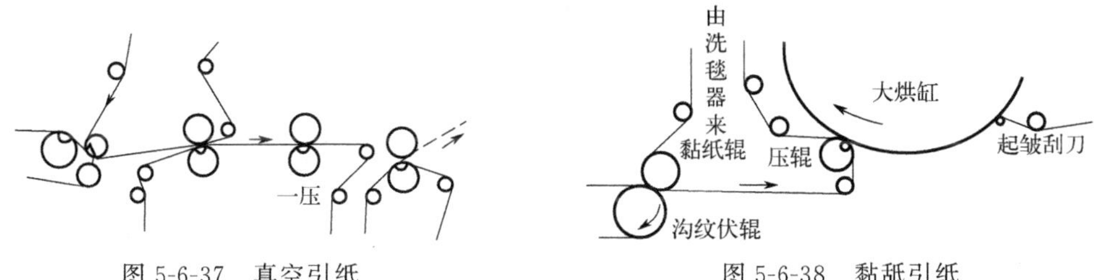

图 5-6-37　真空引纸　　　　图 5-6-38　黏舐引纸

4. 压辊中高及可控中高辊

(1) 压辊中高的影响与纸页脱水均匀性　压辊中高指的是上下压辊的中部直径较大，沿两侧直径逐渐减小的特性（图 5-6-39）。辊子中高度等于辊子中间的直径 D 减去辊子两端的直径 D_0：

$$K=D-D_0 \tag{5-6-8}$$

压辊的中高度取决于辊子的工作挠度。为了保证上下压辊间在横幅方向具有均匀的线压力，有中高的下压辊其中部直径应考虑到两个辊的挠度。

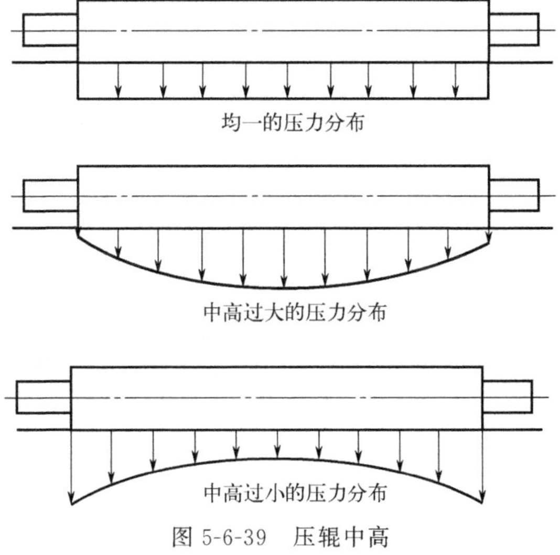

图 5-6-39　压辊中高

（2）可控中高辊　20 世纪 70 年代，辊子的挠度可根据生产需要加以控制和调整（图 5-6-40）。

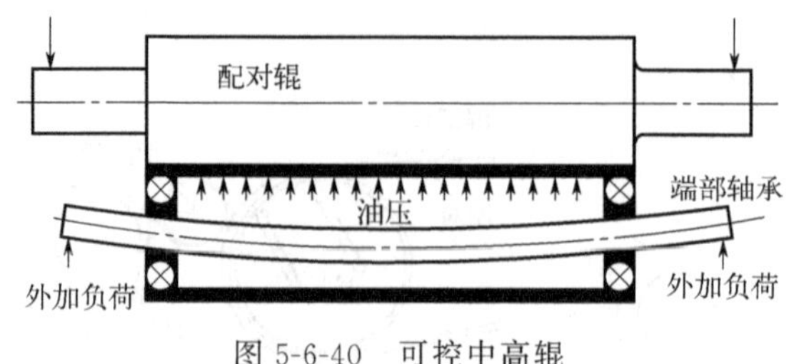

图 5-6-40　可控中高辊

（三）压榨脱水机理

压区：一对压辊在自重和外力下所形成的接触区域。

压区宽度：从湿纸和毛毯在进压缝一边开始接触的地方算起，到出压缝一边两者分开为止，这段水平距离为压区宽度。

压区中的压力由机械压力和流体压力两部分组成。

压区横断面见图 5-6-41。压区压力分布见图 5-6-42.

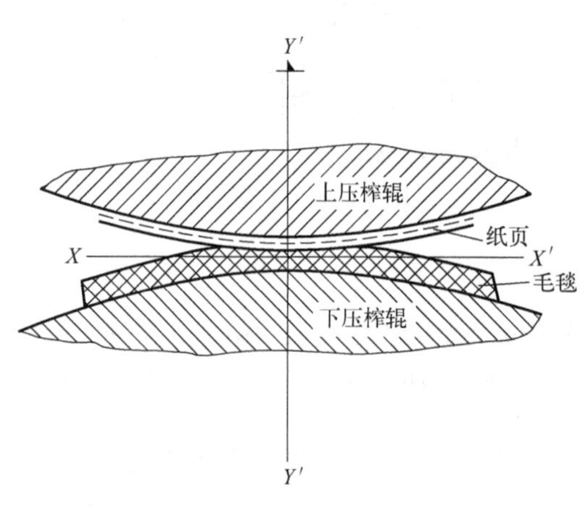

图 5-6-41　压区横断面

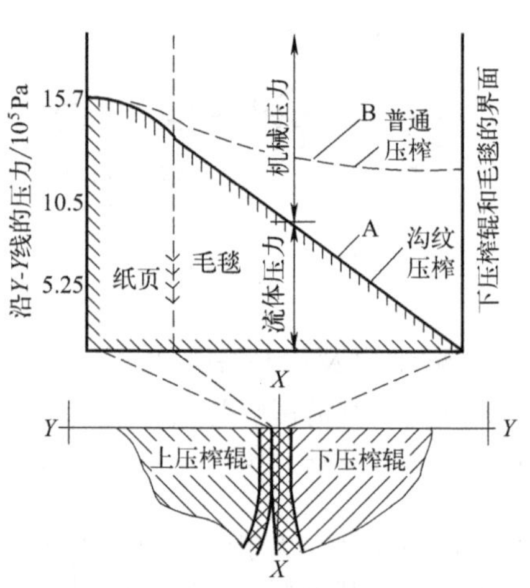

图 5-6-42　压区压力分布图

压榨时水从湿纸向毛毯流动，但是因为毛毯下压辊的垂直方向没有水的流动，所以水透过毛毯厚度上的流体减小，或者说，流体压力曲线的斜率在通过整个毛毯厚度过程中不断下降。

普通压榨中压区的压力梯度小，主要压力梯度存在于和压区相垂直的方向，湿纸中压出的水沿着水平方向流动。

不同的压榨类型及脱水机理不同。在此主要介绍两种典型的压榨脱水机理。

1. 横向脱水机理

横向脱水指的是平辊的压榨脱水原理。普通压榨压区中主要的压力梯度存在于和压区相垂直的方向（即 X-X 方向），因此从湿纸中压出的水是沿着水平方向流动，即只能横向反着毛毯运行的方向透过毛毯行走，如图 5-6-43 所示[1]。

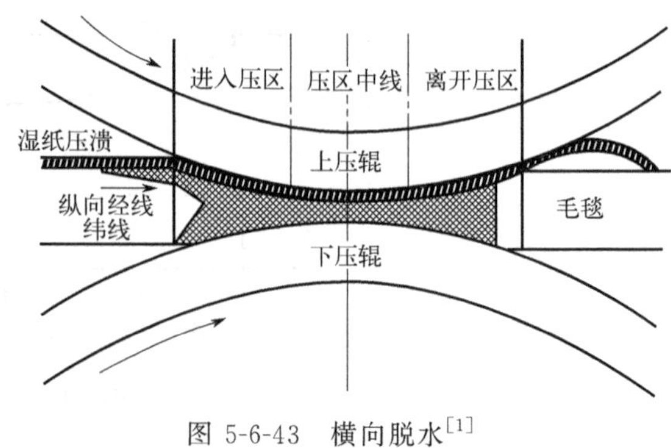

图 5-6-43　横向脱水[1]

特点：水流速度低，脱水距离长，阻力大，

脱水效果差，易产生压花（压溃）现象。

压花（压溃）压力：与刚刚出现压花压力时相对应的压力。

2. 垂直脱水机理

沟纹压榨、真空压榨、盲孔压榨等，这类压榨方式的压榨脱水不是横向脱水，而是垂直向下脱水，压榨出来的水沿毛毯垂直方向脱出[39]。

特点：垂直方向压力梯度大，脱水路径短，脱水快，对压榨效果起决定作用的是流体压力梯度，机械压力是条件。

20 世纪 60 年代，Mr. PB. Wahistrom、Mr. K. O. Lamson 和 Mr. P. Nilsson 等根据湿纸、毛毯的水分及其中的流体压力变化将垂直脱水的压区分为四个区，见图 5-6-44[1]。

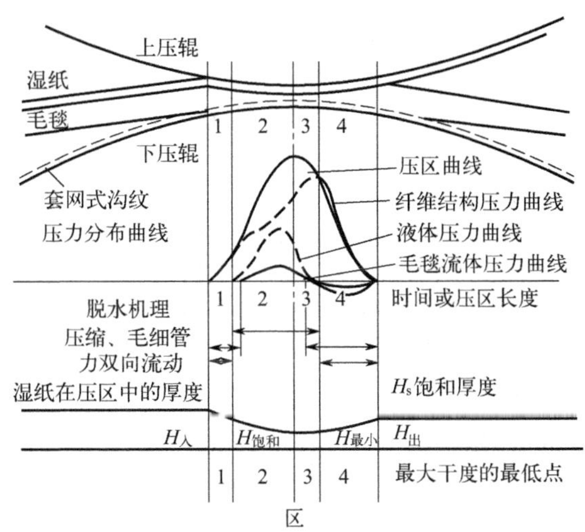

图 5-6-44　垂直脱水压区的分区[1]

第一区：从湿纸和毛毯进入压区开始，到湿纸水分达到饱和为止。从湿纸中压出来的主要是空气，不产生流体压力，湿纸的干度变化不大，压力都用于压缩湿纸和毛毯的纤维结构。

第二区：湿纸饱和点到压区中线，或者说总压区压力曲线的最高点。湿纸含水量达到饱和状态，流体压力增加，从湿纸中压榨出来的水进入毛毯，使毛毯含水量达到饱和，因而产生流体压力，把水压到毛毯下层的空隙中。

第三区：从总压区压力曲线的最高点到纸的最高干度点。总压力曲线下降。

第四区：从湿纸开始膨胀变为不饱和到它离开压区为止。压力解除，湿纸回湿。

3. 压控压榨与流控压榨

压区脱水分为压控和流控两个作用，即脱水由压控动力和流控阻力所决定。

压控压榨：压榨脱水主要由压榨力大小决定。如薄页纸、面巾纸等定量小和打浆度低的浆料所抄出的纸属压控压榨的范畴。

流控压榨：脱水过程主要取决于流体流动阻力。如挂面纸板等定量大和打浆度高的浆料所抄出的纸属流控压榨的范畴。

（四）压榨脱水的影响因素及强化途径

1. 压榨工艺的影响因素分析

纸幅压榨脱水的效率与压榨压力、压区宽度、水的黏度等因素有关。

(1) 压榨压力　压榨脱水效率与压榨比压成正比关系，随线压指数增加而增加；压榨压力与出纸干度间是一种非线性关系；要提高出纸干度，必须明显增加压榨压力。

(2) 加压时间、压区宽度和纸机车速　加压时间 t 是指湿纸在压区中受压的持续时间；压榨时间与压辊变形宽度 C 成正比，与车速 V 成反比。

普通压榨：

$$t = C/(2V)（只有前一半起到脱水作用） \tag{5-6-9}$$

真空压榨：

$$t=C/V \tag{5-6-10}$$

（3）进压区毛毯含水量　含水量越低，出压区的湿纸干度越大。

（4）进压区湿纸干度　湿纸进压区干度与出压区干度变化的比值约为（3∶1）～（2∶1）。

（5）纸的回湿　是一种毛细管水的转移。

① 压区中的回湿。在压区中当压榨压力开始下降时，立刻就会产生回湿作用。回湿量的大小主要受毛毯/湿纸界面的毛细管粗细、湿纸/毛毯膨胀复原速度及毛毯含水量的影响，也受毛毯毯面细小绒毛纤维的影响。选择毛毯的毛细管直径等于湿纸毛细管大小。

② 压区后的回湿。压区后纸的回湿水量是很大的，主要受压区后纸毯的接触时间、毛毯面组织结构和毛毯含水量的控制。加大毛毯的引出角，尽早让毛毯与纸页分开，可以提高纸的干度。

（6）湿纸温度　提高纸机压榨部湿纸的温度，可以降低水的黏度和表面张力，因此，在相同压榨压力下，湿纸的脱水速度加快。

（7）浆料性质　纸料的打浆度和配比决定纸料的黏度，因此对压榨脱水影响较大。

（8）纸的定量　纸的定量越大，湿纸出压区的干度越低。

（9）毛毯性质　压榨毛毯是影响压区中压力分布均匀性的最主要因素。粗毛毯有较大的透水性，适于高定量纸脱水；细毛毯的吸水性好，低定量纸脱水效果好。

2. 强化压榨脱水的途径和措施

（1）升温压榨——提高湿纸幅温度　在压榨部提高湿纸温度可以强化压榨脱水。其原因是提高湿纸温度可以减小压榨脱水的三种不利因素：减小流体流动阻力，减小纤维压缩阻力和减小回湿作用。

目前生产上采用的升温压榨（图 5-6-45）有：红外线升温压榨、喷气箱升温压榨和热缸升温压榨。

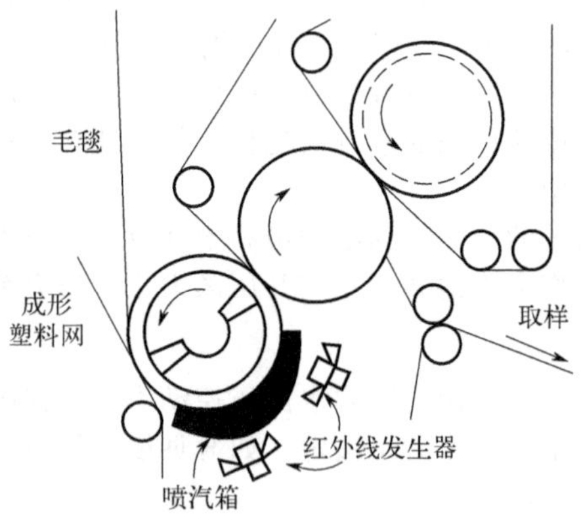

图 5-6-45　升温压榨

（2）双毯压榨——减小排水阻力　双毯压榨具有如下优点：有较宽的压区，纸在压区中受压时间较长；由于压区较宽，湿纸承受的压力较小，减少了湿纸被压溃的危险，并能改善纸和纸板的松厚度；可以减小成纸的两面差；因为压榨脱水能力的增加，提高压榨出纸干度，也增加了湿纸强度，因而减少了湿纸断头；高打浆度浆料抄定量大的纸板，双毯压榨脱水尤为有效。

（3）宽压区压榨——一个压脚顶着压辊形成的压区，压区宽度大（250mm），延长了湿纸在压区内受压的时间；压榨线压高（1700kN/m）[51]。

（4）长压区压榨　使用大直径的、硬度比较低的压榨胶辊，压榨时能有一较大的压区。

第五节　造纸机干燥部

一、纸机干燥部概述

对于长网纸机来说，整个干燥部的设备重量约为纸机总重量的 60%～70%，设备的总费用和动力消耗分别占整个造纸机的 50%以上，所用蒸汽约占纸张生产总成本的 5%～15%，干燥部占地面积约占整个纸机占地面积的 40%[1]。因此，纸机干燥部的合理设计、制造和操作对造纸企业建设投资纸张生产线、纸张产量和质量以及纸张生产成本有非常重要的影响，并对造纸工业的节能减排有非常重要的意义。

（一）干燥部的作用及其组成

干燥部的主要作用：

① 通过蒸发除去湿纸幅中的水分。

② 进一步完成纸页中纤维之间的结合并提高纸页强度。

③ 完成对某些纸种的表面施胶。

根据生产的纸种不同干燥部的组成也有所不同，主要组成为承担干燥任务的各种干燥元件，如烘缸、红外干燥器等，同时还包括蒸汽系统以及冷凝水排除和处理系统。部分纸机生产的纸张需要进行表面施胶，因此在干燥部的中间偏后位置还配备有表面施胶系统。

在造纸过程中最常用的干燥方法是利用多组烘缸进行多缸干燥，如图 5-6-46 所示。烘缸的直径通常有 1.2m、1.5m 和 1.8m 三种规格，现代化纸机多采用直径为 1.8m 的烘缸[52]。烘缸中的蒸汽热量通过铸铁外壳传递给纸幅，从而使湿的纸幅得到受热干燥。由于干毯或干网能将纸幅紧紧包覆在烘缸的表面，从而使湿纸幅与烘缸表面能更好地接触，从而强化了传热过程。

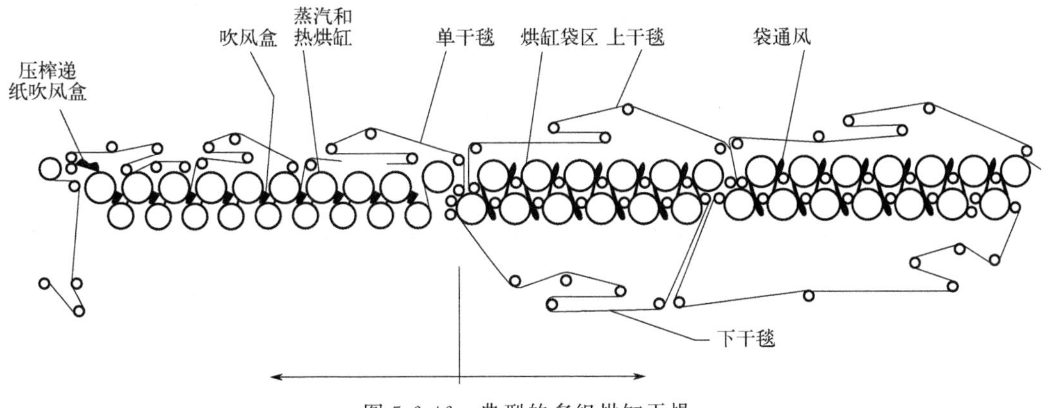

图 5-6-46　典型的多组烘缸干燥

（二）干燥部的类型

纸机干燥部一般多由烘缸构成，有传统的双排布置，也有新式的单排布置。

1. 双排多烘缸布置

双排多烘缸布置是目前最常见的一种传统干燥部的类型，见图 5-6-47。利用双排烘缸进行干燥可以有效减少干燥部的长度，降低设备投资。该类系统中的烘缸通常上下交错排放，上下排的烘缸分别使用各自的干毯。近几年来，也有企业采用单网代替干毯从而提高干燥效率[53]。

2. 单排多烘缸布置

单排多烘缸布置一般用在新式的现代高速纸机上，见图 5-6-48。单排烘缸布置一般上排为烘缸，下排的小辊为真空辊。这些真空辊主要是利用负压效应使纸幅贴紧辊面，进而稳定纸页以改善其在高速纸机上的抄造性能。单排烘缸既可以单独使用，也可以与双排烘缸组合使用。生产文化用纸时，利用单排烘缸的纸机其抄造车速最高可达 2000m/min[1]。

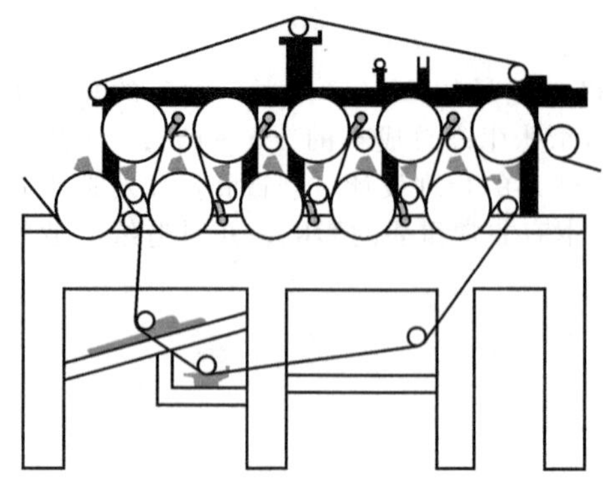

图 5-6-47 双排多烘缸布置的干燥方式

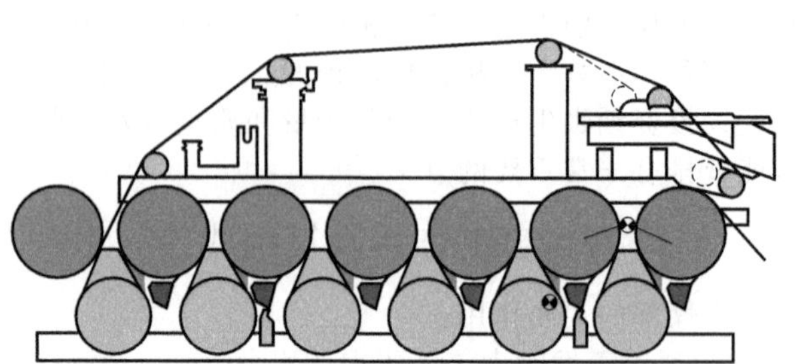

图 5-6-48 单排多烘缸布置的干燥方式

（三）干燥部的通汽方式

烘缸干燥部是通过将蒸汽通入烘缸内部提供热量使湿的纸幅脱除水分的。

根据纸机的生产能力、生产的纸种和烘缸的干燥曲线，纸机干燥部的通汽主要有两种方式，即无蒸汽循环的单独通汽和有蒸汽循环的分段通汽。

1. 单独通汽

单独通汽方式具体为：蒸汽是由总汽管分别引进各个烘缸，冷凝水是通过排水阻气阀沿着总排水管排出，然后收集在冷凝水槽内再用泵送回锅炉房。单独通汽方式的优点在于回收利用冷凝水中大量热能的同时不需要进行净水处理。但是单独通汽方式也有很多缺点：a. 由于没有进行蒸汽循环，空气会逐渐积蓄在烘缸内部，进而影响传热，因此必须定期打开烘缸的排气阀排除里面的空气；b. 由于需要较多的排水阻汽阀，增加了管理和维修工作量；c. 排水阻汽阀发生故障会引起蒸汽损失，或使冷凝水充满整个烘缸，大大降低烘缸的蒸发能力[39]。

2. 三段通汽

为了解决单独通汽存在的问题，目前造纸企业大多都采用分段通汽进行干燥。分段通汽的推动力主要是各段烘缸之间的压力差，或者借助最后一段烘缸连接的真空泵产生的负压通蒸汽。常用的分段方案为三段通汽，如图 5-6-49 所示。

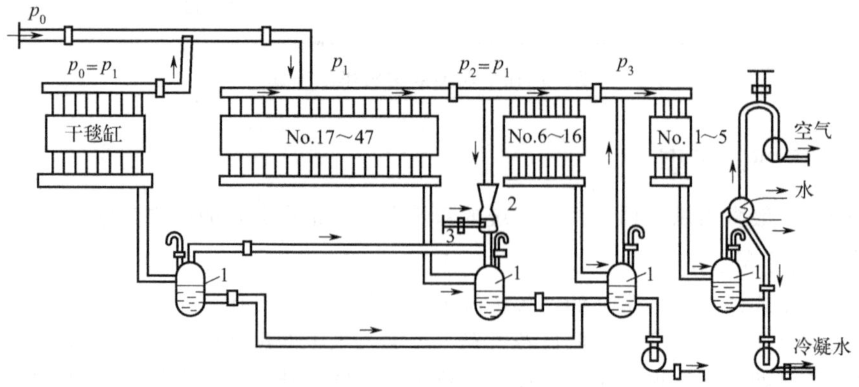

图 5-6-49 干燥部的三段通汽

1—汽水分离器；2—二次蒸汽；3—新鲜蒸汽阀门

二、干燥过程与纸页性能

进入干燥部的湿纸幅中通常含有三种不同形式的水分，即游离水、毛细管水和结合水。在干燥过程中，首先是纤维间的游离水被脱除，其次脱除的是纤维微孔中的毛细管水，最后才是存在于纤维细胞壁中的部分结合水。

干燥过程中纸幅的弹性、塑性和机械强度均会发生变化，并且产生如收缩、伸长等变形。游离水的脱除主要是在干燥初期。在干燥初期纤维彼此之间可以相对自由滑动，脱水时水的表面张力作用使纤维互相拉拢接近。当纸幅的干度小于40%时，纤维间的结合还不明显。当纸幅干度达到某一临界数值时，纸幅中的纤维接近达到一定距离，开始产生氢键结合。当湿纸幅干度达到55%时，随着纸幅中水分含量的减少，氢键数量迅速增加，纸幅的强度迅速提高[1,54]。

在烘缸上干燥湿纸幅时，纸幅被干毯或干网压在烘缸表面上，其横向收缩受到阻碍。但是纸幅的纵向由于受到牵引力的作用，不仅无法产生自由收缩，相反还会受到拉伸。这种通过拉伸加在纸幅上的牵引力使纸幅的内部产生应力，纸幅的刚性和作用力方向的抗张强度得到增强[39]。纸幅的刚性增加对于书写纸和目录纸来说是有利的，但却不利于有韧性要求的纸袋纸和新闻纸。

干燥时引起纸幅的纵向伸长和可伸长率减小，耐破度下降。

纸页耐折度的变化是随着纵向伸长先增加，达到最高值后，由于纸幅水分减小和纤维塑性下降而开始降低。当纸幅干度提高到75%左右时，随伸长率的增加纸幅的撕裂度开始大大降低[1]。干燥时纸幅受到的牵引力还会影响纸的尺寸稳定性。纸机上抄造的纸页，其纵向伸长率和湿变形性都小于手抄片。

干燥不仅影响纸页的机械强度，纸页的紧度、吸收性、透气性、平滑度和施胶度等指标也受到影响。采用快速升温的高温强化干燥能够提高纸页的松软性、气孔率、吸收性和透气度，但同时也会降低纸张的紧度和机械强度。如果采用缓慢升温的低温干燥，结果恰恰相反。通过真空干燥的纸张，其结构比较疏松，而且紧度、施胶度和机械强度都比较低[55]。

纸页的过度干燥会降低纤维的塑性，同时引起纤维素的氧化降解，从而降低纸页的强度。此外，纸页在干燥过程中还会引起植物纤维的表面发生角质化现象，从而导致在废纸回用过程中降低纤维间的结合力。因此在实际生产过程中要尽量避免过度干燥[55]。

三、干燥过程原理

（一）干燥过程中的传热原理

1. 烘缸的干燥过程

利用烘缸对纸页进行干燥，为便于分析烘缸的干燥过程，可以将每一个烘缸分为4个不同的干燥区，如图5-6-50所示：a. 贴缸干燥区（a-b），湿纸幅在此区从烘缸表面吸收热量用以提高湿纸幅的温度并进行水分的蒸发；b. 压纸干燥区（b-c），此干燥区中湿纸幅被干布或干网压在烘缸表面上，产生的传热量最多；c. 贴缸干燥区（c-d），此干燥区湿纸幅是在恒温下进行水分单面自由蒸发；d. 双面自由蒸发干燥区（d-e），纸幅在此区已离开烘缸，仅仅依靠湿纸幅本身的热量蒸发水分[39,54]。在蒸发水分的同时纸幅本身的温度下降，需要依靠下一个烘缸重新升高温度。高速纸机上，在双面自由蒸发干燥区纸幅的温度大约会下降4～5℃，一般的低速纸机纸幅的温度约下降12～15℃[1]。因此，每个烘缸在各个干燥区的传热效率是不一样的。

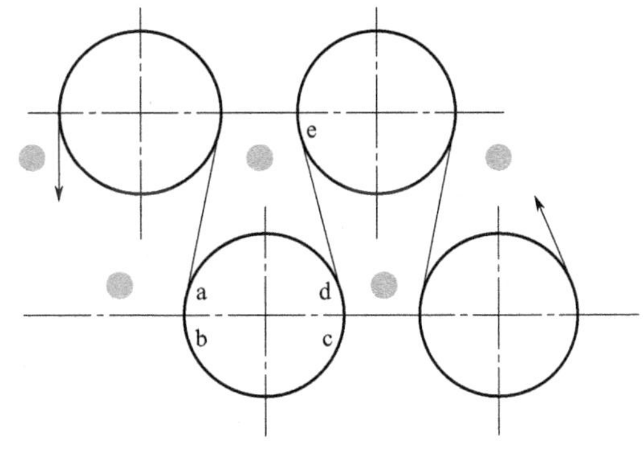

图5-6-50　造纸干燥部烘缸

由于每个烘缸上a-b和c-d两个干燥区不仅距

离很短，而且纸幅和烘缸的表面贴合不够紧密，因此其蒸发的水量比较少，只占干燥部总脱水量的5%～10%。b-c干燥区蒸发水量最多，普通低速纸机可达到80%～85%，高速纸机也有60%～65%。d-e干燥区的蒸发水量随纸机车速的增加而增加，可达到总蒸发水量的20%～30%或者更多。d-e干燥区的纸幅随着干燥过程的进行，其含水量逐渐减少[39]。所以，整个干燥过程排在最后的干燥区域其蒸发水分的能力最小。

d-e干燥区中纸幅在干燥部前端温度下降最大，后端下降最小。另外，纸幅温度的下降还受到纸机车速的影响。采用单烘缸干燥或只使用一个大直径烘缸进行干燥时，由于湿纸幅没有经过降温过程，所以其干燥效率通常大于多缸干燥。

2. 干燥方式和干燥过程的阶段性

在纸机的干燥部纸幅受到对流干燥与接触干燥两种方式的干燥。对流干燥作用主要发生在两个烘缸间的双面自由蒸发干燥区和低温烘缸上。其干燥过程包括恒速和降速两个阶段。湿纸幅经烘缸加热到外界空气的湿球温度以后，恒速干燥阶段开始。在恒速干燥阶段，湿纸幅的温度接近空气的湿球温度，水从纸幅的内部扩散到纸面的速度大于纸面水分蒸发的速度。当湿纸幅的水分降低到一定程度后，水从纸幅内部扩散到纸面的速度小于纸面水分蒸发的速度时，开始降速阶段，此时纸幅的干燥速率开始下降而纸幅的温度上升。一般认为，在恒速干燥阶段脱除的水分主要是游离水，在降速干燥阶段脱除的水分主要是毛细管水和结合水[1,56]。

实际上，纸幅进行干燥时，接触干燥和对流干燥都会发生。不仅仅是每个烘缸有4个不同特性的干燥区，纸机的整个干燥部每个烘缸的温度也有差异。而且，干燥时纸幅的两面都能够与烘缸接触。因此，上述因素导致纸幅在纸机干燥部的干燥过程更加复杂。

（二）干燥过程中的传质原理

纸机干燥部的传质以分子扩散、对流或湍流扩散和通风三种不同形式进行。分子扩散形式的传质主要发生在纸机干布包着烘缸的部分，产生于层流状态，水蒸气穿过干布并透过湍流界面的薄层，是分子级的混合作用。对流或湍流扩散产生于传质时存在湍流的情况，是一种大规模的湍流混合。通风是指利用空气流置换水蒸气。干燥时的分子扩散和对流扩散与传热中的传导和对流类似，而通风只是利用流体的流动带动水蒸气的脱除[39]。

在利用多组烘缸的纸机上，由于通入烘缸的热蒸汽冷凝时放热，热量被传递给湿纸幅使其温度升高，进而提高了湿纸幅中的蒸汽压力。湿纸幅附近的空气蒸汽分压可以采用干燥的空气进行通风。湿纸幅中的蒸汽受到水分蒸发和扩散之间压力差的作用而转入空气内。

湿纸幅被干布压在烘缸上的b-c干燥区时，传质受到阻碍。但在此区域，大量热量却从烘缸高速地传给湿纸幅，纸幅的温度和与之相应的蒸汽压力大大提高。但是一旦湿纸幅被转到没有干布压住的部位即c-d干燥区，水分扩散的主要阻力就会消失，大大增强了不贴烘缸一面的蒸发能力。湿纸幅转到烘缸之间即d-e干燥区时，纸幅的两面同时暴露在空气中，于是双面自由蒸发就会产生。由于没有热量提供给纸幅，使得纸幅在蒸发大量水的同时其本身温度下降，对应的蒸汽压力也减小[56]。

很多因素会影响传质的速率，首先是湿纸幅的温度。通常湿纸幅的温度发生小幅变化即能引起蒸汽压力发生较大的变化。通过提高通入烘缸的蒸汽压力，增加传给纸幅的热量，进而引起湿纸幅温度升高和传质速率的增加，最终提高了干燥能力。另一个影响干燥速率的重要因素是湿纸幅周围空气的水蒸气分压。空气中的水蒸气分压必须低于湿纸幅的蒸汽压力才能使湿纸幅中的水分顺利蒸发。烘缸干燥纸幅的速率随着空气中水蒸气分压的降低而增加。实际生产中，干燥部的通风决定了空气的水蒸气分压。另外，干布是影响传质的又一重要因素。当湿纸幅被干布压到烘缸表面上时，较低的干布温度，透气性不好，都不利于传质。采用开敞编织的干布或改用透气度高的塑料网代替普通干布可以提高传质速率[1,39]。

四、干燥部的运行控制

（一）烘缸干燥曲线

烘缸干燥曲线是指纸机干燥部中各个烘缸实际运行温度的变化曲线，是用于控制干燥部正常运行的重要参数[1]。一般纸机干燥部干燥温度曲线的形状如图 5-6-51 所示，开始时逐渐上升，然后平直，最后稍有下降。对于不同的纸张，烘缸从开始的温度 40～60℃逐渐升高到 80～110℃；对于大部分纸种来说，烘缸的最高表面温度为 110～115℃；对于高级纸和技术用纸来说，干燥时的最高温度应稍低一些，可为 80～110℃；干燥部末端的两三个烘缸其温度会比前面几组烘缸的温度下降 10～20℃左右[1,57]。因为此时纸幅的水分已经下降到很低，如果烘缸温度继续升高，将会降低纸张的强度等性能指标。但对于某些特殊的纸种（如采用 100%硫酸盐浆生产纸袋纸等），也可以不降低干燥部末端的烘缸温度。

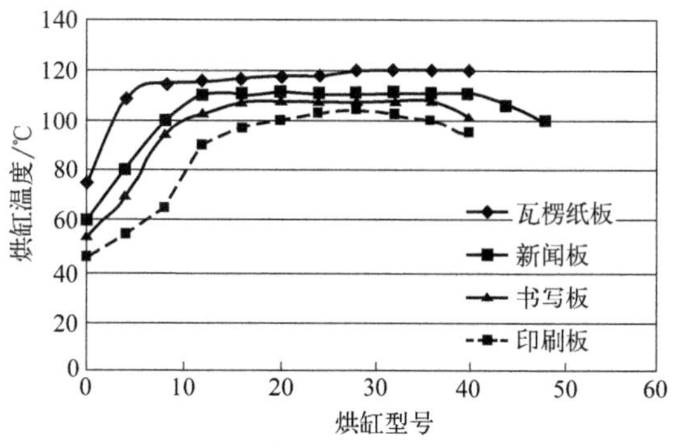

图 5-6-51 不同纸种的烘缸干燥温度曲线

在干燥初期如果烘缸升温过高过快，纸幅中会产生大量蒸汽，使得纸质结构疏松，气孔率高，加大纸张的皱缩，并导致纸页的强度和施胶度下降。

采用游离浆料生产不施胶或轻微施胶的纸种时，可以采用快速升温的方式。反之，如果生产施胶、紧度大的纸张，则宜采用缓慢升高温度的升温方式。

（二）冷凝水的排除

1. 水环的形成

烘缸内的冷凝水是影响热传递的主要原因。随着纸机车速的提高，为了满足纸机正常生产，必须连续、均匀、有效地排除冷凝水。随着纸机车速的提高，冷凝水沿着烘缸转动的方向上移。当纸机车速超过某一临界速度时，冷凝水在烘缸内形成水环并随着烘缸旋转。随着烘缸内冷凝水逐渐增多，水环越积越厚直到水环破裂。烘缸传动电机的负荷会受到烘缸内部水环的形成和破裂的变化而变化。图 5-6-52 为水环随着纸机车速增加而发生的变化。

当纸机车速较低时，形成的水环的临界厚度较小，容易破裂。随着车速的提高，水环也变得越厚，越不容易破裂。由于不能及时排出冷凝水进而导致水环的形成，将会大大影响蒸汽对烘缸内壁的传热。一旦水环破裂，冷凝水又会装满烘缸下部，占据大部分有效干燥面积，同样也会恶化下层烘缸的传热。

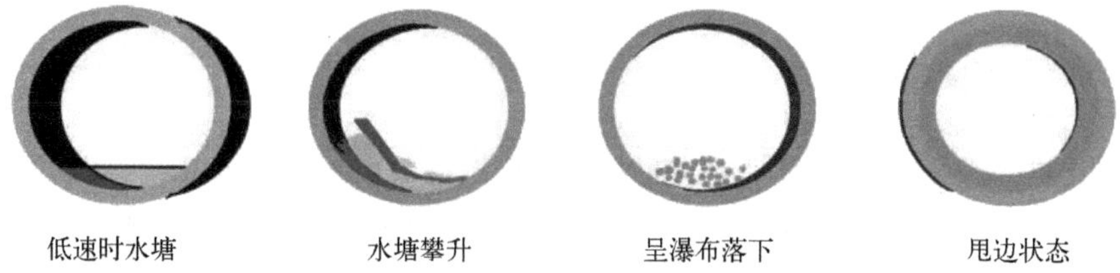

图 5-6-52 烘缸内部的水环随车速增加而发生的变化

2. 冷凝水排除方式和设备

排除烘缸内的冷凝水主要采用汲管和虹吸管两种方法。

排水汲管装在烘缸的内部，其随着烘缸的转动将缸内的水舀出并经过轴头和进汽管之间的环隙排出缸外。一般烘缸都是采用双汲管，每转一周排水两次。

固定虹吸管排水装置，虹吸管的一端固定在壳体上，另一端伸入烘缸内，不随烘缸的旋转而转动。当纸机车速超过 300～400m/min 时，烘缸内的冷凝水就会形成水环，此时需要使用活动虹吸管进行排水，虹吸管固定在烘缸内部随着烘缸一起旋转，如图 5-6-53 所示。其可以排出烘缸内水环状或聚集在烘缸下部的冷凝水。

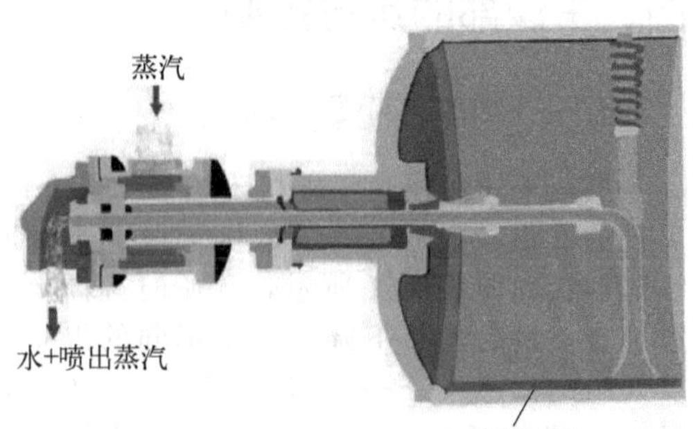

图 5-6-53　旋转式虹吸装置

（三）冷缸

纸幅经干燥后其含水量为 4%～6%，温度为 70～90℃，需要经过冷缸降温才能进入压光机压光[1]。冷缸具有如下作用：一方面是降低纸页的温度（如从 70～90℃降到 50～55℃）；另一方面是依靠外界空气冷凝附着在烘缸表面上的水，进而提高纸的含水率（约 1.5%～2.5%）以提高纸页的塑性，最后通过压光机提高纸张的紧度和平滑度，并减少纸页所带的静电。

为了使纸张的两面都得到冷却，在干燥部的末端通常装有两个冷缸，上下层各安装一个。但有的纸机也只在上层装一个冷缸。

五、干燥过程的主要影响因素和强化措施

（一）从传热原理分析

1. 提高传热推动力

由式（5-6-11）可知烘缸中蒸汽传给湿纸幅的总热量 Q 为：

$$Q=U(t_{\pi}-t_{b})A \quad (\mathrm{kJ/h}) \tag{5-6-11}$$

式中　U——总传热系数，kJ/(m^2·h·℃)；

t_{π}——缸内饱和蒸汽的温度，℃；

t_{b}——纸幅的平均温度，℃；

A——烘缸有效干燥面积，m^2。

由式（5-6-11）可知，要提高烘缸的总传热量，首先应提高传热推动力（$t_{\pi}-t_{b}$）。具体强化措施是可以通过提高饱和蒸汽的温度 t_{π} 来提高传热推动力[1,58]。

2. 提高干燥部总传热系数

由式（5-6-12）可知，要提高烘缸部的总传热系数 U，应该将各部分的传热系数或热导率都提高[1,58]。

$$U=(\alpha_1+\delta/\lambda+\alpha_2)^{-1} \quad [\mathrm{kg/(m^2 \cdot h \cdot ℃)}] \tag{5-6-12}$$

式中　δ——烘缸壁厚度，m；

λ——烘缸壁的热导率，kJ/(m^2·h·℃)。

（1）提高传热分系数 α_1　及时排除冷凝水和防止烘缸内壁形成水膜是提高传热系数 α_1 的关键。另外，还可采取烘缸树脂挂里、加设扰流装置、采用异形剖面烘缸等措施。

（2）提高热导率　具体强化措施为选择热导率更大的合金材料用于制造烘缸。

（3）提高传热系数 α_2　传热系数 α_2 是烘缸外壁对纸页的传热系数。具体强化措施为通过增加干网或干毯的张力，降低湿纸幅与烘缸表面间空气膜的厚度，使纸幅贴紧烘缸壁面。

（二）从传质原理分析

传质推动力是影响干燥部蒸发水量的重要因素。由于烘缸传热的饱和蒸汽压和水蒸发温度的

饱和蒸汽压都是确定的，因此要进一步提高传质推动力，外界空气的水蒸气分压应该降低。

具体强化措施[1,39]：

① 应用通风罩和高效通风箱。

② 气袋通风。应用气袋通风在提高烘缸干燥效率的同时使成纸横幅水分更加均匀一致。采用气袋通风，必须选用透气性大的干布与其相配合，如图5-6-54和图5-6-55所示。使用透气性较高的干网代替干布，可大大改善气袋通风的效率。

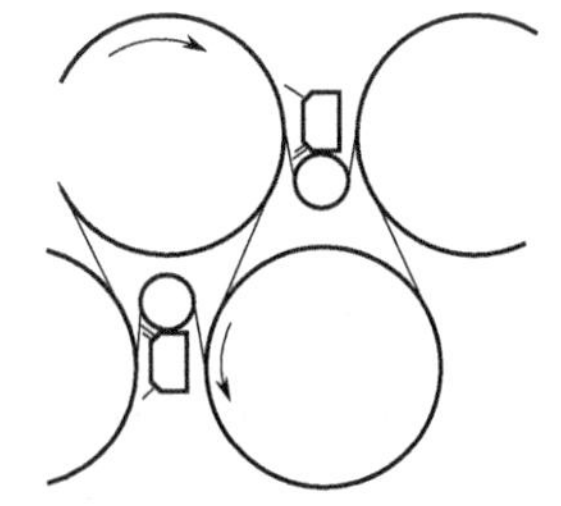

图 5-6-54　使用风管的袋区通风

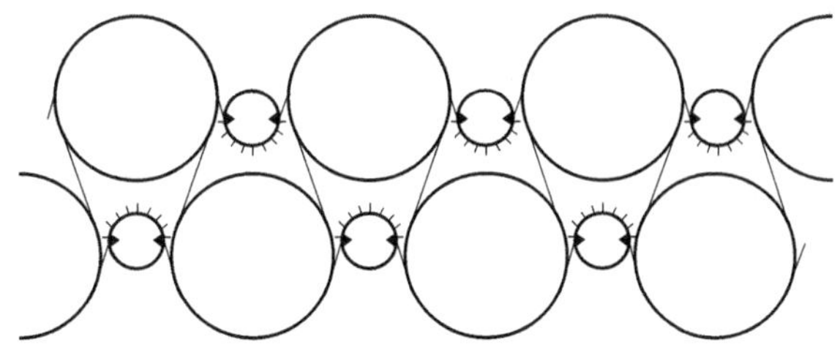

图 5-6-55　利用辊毯的袋区通风

第六节　纸页的表面处理

在整个造纸过程中，根据生产的纸种不同，干燥后的纸页有的需要进一步进行表面处理，以满足下游工段对纸张更高的表面性能要求，最后送入卷取和复卷工段；其他的纸种则可以直接进入卷取和完成工段，结束整个造纸过程并得到最终的纸张产品。

一般来说，纸页的表面处理包括表面施胶和压光等操作。前者是采用化学品涂覆在纸张表面，后者则是采用机械力对纸张进行施压，虽然两者的操作方法不同，但最终目的都是提高纸页的表面性能。

一、纸页的表面施胶

纸页的表面施胶是指湿纸幅经干燥部脱除部分水分后，在纸页表面均匀地涂覆一层胶料的工艺过程。一般施胶剂的涂覆量在0.3～2g/m^2[1,59]。

表面施胶的方法包括机内施胶和机外施胶两种。机内施胶通常是在纸机的干燥部完成，具有设备简单、操作方便的优点，得到广泛应用。机外施胶是指对从纸机上卸下的成品纸卷在纸机外设置的专门表面施胶装置上进行施胶。由于机外施胶设备投资较高，操作比较复杂，因此多用于某些要求施胶量高或者需要浸渍的特种纸。

表面施胶作为纸页表面处理的主要方法之一，其有以下主要作用[1]：

① 改善纸页的表面性能。通过在纸页表面涂覆一层胶料或涂料，填平纸页表面的一些孔隙，进而改善纸页的平滑度等表面性能。

② 改善纸页的孔隙结构和吸收性能。在纸页表面涂覆的胶料或涂料能封闭纸面的孔隙，并可通过选用合适的胶料或涂料使纸页表面憎水性或憎油性等憎液性能得到进一步提高。

③ 改善纸页的适印性能。在纸页表面涂覆一层胶料或涂料后，纸页的表面强度可以得到很大的提高，进而减少纸页印刷过程中的掉毛掉粉问题，并赋予纸和纸板良好的耐久性和耐磨性，以及较高的光泽度，最终改善纸页的印刷适性[60]。

此外，表面施胶还可以提高纸页的抗张强度、耐折度和耐破度等物理强度性能。

（一）常用的纸页表面施胶剂

常用的纸页表面施胶剂主要是淀粉及其衍生物、聚乙烯醇、动物胶、纤维素衍生物以及合成胶乳等。目前使用的施胶剂多为两种及以上表面施胶剂混合复配而成。

（二）表面施胶的方法

纸页表面施胶的方法有多种，目前常用的有以下几种。

1. 辊式表面施胶

辊式表面施胶作为目前使用最多的一类施胶方式，所采用的施胶设备主要分为水平式、垂直式、倾斜式和门辊式四种。

2. 其他表面施胶方式

（1）槽式表面施胶　槽式表面施胶是把胶料放在施胶槽内，利用弹簧辊将纸页送入施胶槽。通过施胶辊使纸页在施胶槽内浸入胶液从而达到纸面施胶的目的。

（2）烘缸表面施胶　对于单烘缸的纸机可采用烘缸表面施胶的方式，在取得良好施胶效果的同时还能提高纸张的光泽度。单烘缸表面施胶是通过烘缸表面的施胶辊来完成的。

（3）压光机表面施胶　压光机表面施胶一般适用于厚纸和纸板。所采用的装置一般是在压光机顶上的第二、第三或第四压光辊的侧面。利用固定在施胶槽槽底的橡皮布直接压靠在压光辊上。

（三）影响表面施胶的主要因素

影响表面施胶的主要因素有纸页特性及其水分、胶液组分、胶液浓度、施胶温度及施胶压力等。

1. 纸页特性及其水分

纸页特性包括纤维组成、原纸的结构特性、定量和紧度等，对纸张表面施胶效果有重要的影响。纸张吸收胶液是表面施胶的重要步骤。一般来说，纸页定量越大越容易吸收胶液，紧度高则不利于胶液的吸收[1]。进入施胶部的纸页水分对表面施胶效果具有更加重要的意义。原纸水分含量低，易于吸收胶液。原纸水分太高，不仅不利于纸页吸收胶液，还会导致纸页强度不足，容易断头。

2. 胶液组成

如果以提高纸页表面强度为目的进行表面施胶，则应选用如氧化淀粉、聚乙烯醇、合成乳胶类的表面施胶剂。对于以改善纸页抗拒液体渗透性能为目的的表面施胶，则选用的施胶剂应该具有较高或较低的比表面能。若为了取得上述两种效果，则应选用多种胶料进行复配。

3. 胶液浓度

胶液浓度的高低取决于纸页表面施胶的量和施胶设备的具体要求。对于施胶量大的表面施胶需要较高的胶液浓度，反之则应选用较低的胶液浓度。

4. 施胶温度

温度高的胶液具有良好的流动性，温度低的胶液容易产生凝结影响其流送。另外，温度高的胶液也易于向纸页内部进行渗透转移。

5. 施胶压力

施胶时胶辊的压力大小取决于纸页的施胶量和纸页的性质。压力高会减少进入纸页的相对胶液量。当然，压力大小还受设备要求的影响。

（四）表面施胶纸幅的处理和后干燥

在纸页表面施胶过程中，纸幅由于吸收了胶液导致其含水量增加，使得纸页纤维发生润胀和纸页变形，并降低了纸页的强度。另外，纸页表面胶料浓度和黏度的增加，赋予纸页黏性，可能导致纸页的质量出现问题。因此，必须对纸页表面施胶后的干燥等问题进行妥善处理。以下为一些表面施胶工艺问题的解决办法。

1. 弧形舒展辊

表面施胶后的纸页会发生膨胀变形，导致纸页出现起皱和断头的问题。其中一个解决办法就是在表面施胶和后干燥装置之间设置一个弧形舒展辊，如图 5-6-56 所示[1,59]。弧形舒展辊的表面为一层防黏材料，通过弧形舒展辊可消除由纸页变形引起的张力不均，并防止纸页起皱。

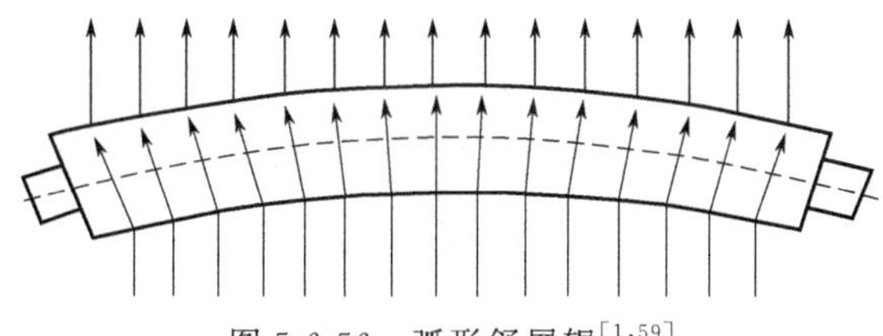

图 5-6-56 弧形舒展辊[1,59]

2. 纸页的后干燥

纸页经表面施胶后，一般被送到后干燥的烘缸组进行进一步干燥。通常情况下，后干燥部的前两个烘缸其表面为防黏材料，需要在低温下运行。不过，为了弥补后干燥部干燥能力的不足，也可以在表面施胶装置和后干燥部之间加一组非接触式的红外补充干燥设备，红外干燥可以在较短的运行距离内提供足够的热能。

二、纸页的压光处理

（一）纸页压光的作用及其影响

纸机中的压光机一般安置在干燥部之后和卷取之前，是纸页在纸机整个抄造过程中受到最大压力的工段。本部分所述的压光工序只针对未涂布的纸页，其主要作用包括：改善纸页成形的不均一性，提高纸页的平滑度、光泽度以及厚度的均一性。

根据所抄造的纸种不同，有的纸张需要压光，而部分纸种不需要压光。对于有些薄页纸种（如电容器纸、卷烟纸）和吸收性纸种（如滤纸、吸墨纸、钢纸原纸等）则基本上不需要进行压光。

压光操作会导致纸页的强度和物理性能发生一定的改变。纸页通过压光辊的次数（压缝数）对纸页性质的变化及其幅度具有重要的影响。一般来说，纸页纵向和横向的裂断长、撕裂度都会随着压光次数的增加而有所下降（如图 5-6-57 所示）。同时，还会降低纸页的吸收性，提高纸页的平滑度（如图 5-6-58 所示）[1]。

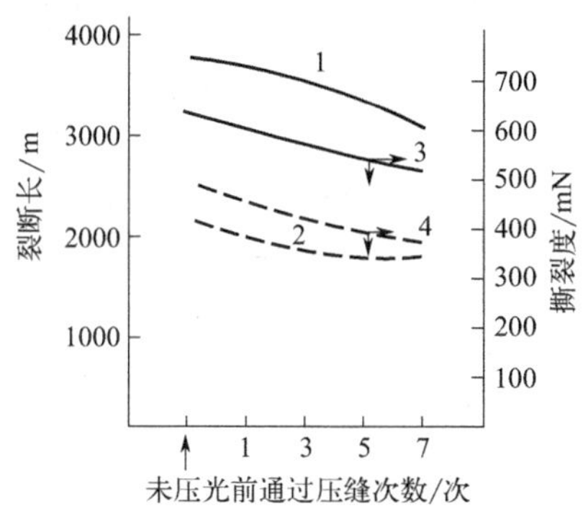

图 5-6-57 压缝数与纸页强度的关系

1—纵向裂断长；2—横向裂断长；3—横向撕裂度；4—纵向撕裂度

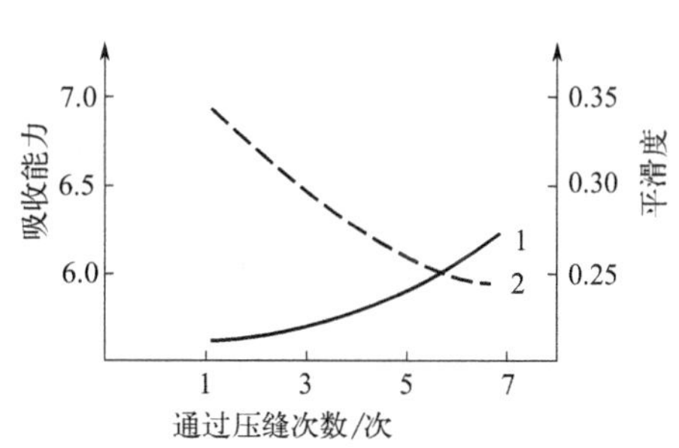

图 5-6-58 压缝数对纸页平滑度和紧度的影响

1—平滑度；2—吸收能力

（二）压光机的类型和结构

1. 多辊压光机

多辊压光机是现代纸机上的典型配置，一般被安装在干燥部和卷取之间的位置，如图 5-6-59 所示。多辊压光机通常配有 3～10 个压光辊，并垂直重叠安装在机架上，原动辊一般被安装在压光机最下面，其余辊子的运转则由相邻辊子的摩擦作用带动[61]。

图 5-6-59 多辊压光机

在最新设计的多辊压光机中，也有将多个压光辊进行倾斜布置的，具有便于引纸和更换压辊并改善支架的承重负荷等优点。

现代压光机上采用的浮游中高辊，为一种新式的可控中高压光辊，解决了传统中高辊存在的中高调整和分配等问题[62]。

2. 辊间线压分布的调控

压光操作的关键问题是如何调控压光辊辊间线压的分布。实际生产中一般采用改变压辊挠度和压辊外径两种方法。前者可采用可控挠度辊，后者使用横向分区控制热风装置。

3. 双辊压光机

多辊压光机压光容易导致纸页紧度过大等问题，而常用的胶版印刷要求纸页具有较高的油墨吸收能力、光泽度和紧度等指标，双辊压光机可以解决多辊压光机带来的这些问题，也是现代纸机压光技术的发展趋势之一[1,61]。

双辊压光机只有两个压光辊：一个是聚氨酯覆面辊；另一个是可调中高辊。图 5-6-60 为两台串联的双辊压光机。实际操作时可根据纸张平滑度的要求，选用一对压光辊或两对压光辊进行串联使用。

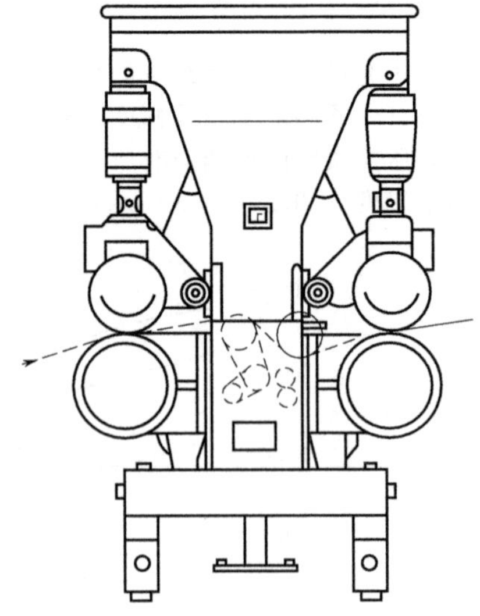

图 5-6-60 两台串联的双辊压光机

4. 宽压区压光新技术

宽压区压光技术是在宽区压榨基础上发展起来的一种新型压光技术。该技术是在 20 世纪 90 年代中期开发的，目的是进一步改善纸张的松厚度、挺度、表面性能和适印性能。宽压区压光机有两种类型：一种是靴式压光机；另一种是带式压光机。其中靴式压光机使用最为普遍。

靴式压光机主要由一根热辊和一根靴型辊组成（图 5-6-61）。其热辊作为上辊与软压光机的热辊相同，是用水、蒸汽、油或感应加热的金属辊。靴型辊作为下辊由靴式加压部件、润滑油系统和一个靴套组成。

靴式压光技术是建立在靴式压榨设计基础上的。由安装在软质衬套辊内的液压加压靴形成一个宽的压区，该压区的宽度可达50～270mm[1,61]。

靴式压光机的靴型衬套辊是利用液压加压靴将衬套辊压向上热辊，形成靴型压区。通过加压靴连续润滑衬套以消除运行时的摩擦力。在压区内，纸幅表面与软衬套和上热辊吻合全面接触，纸幅均匀受压，最终产生均匀一致的压光整饰效果。

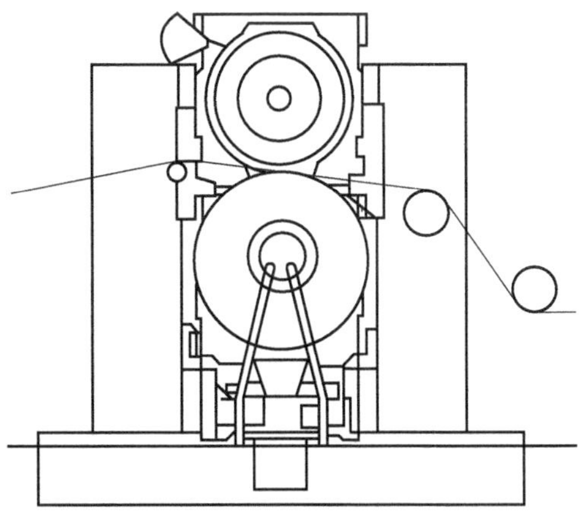

图 5-6-61 靴式压光机

5. 软压光技术

软压光（又称软辊压光）技术是一种新型压光技术，与传统的硬辊压光相比，其核心技术是将压力弹性变形与纸页高温塑化相结合[39,61]。

软辊压光机由一个可加热的铸铁辊和一个可控中高弹性辊（背辊）构成。可以使用一组、两组或多组软压光单元（图 5-6-62）。

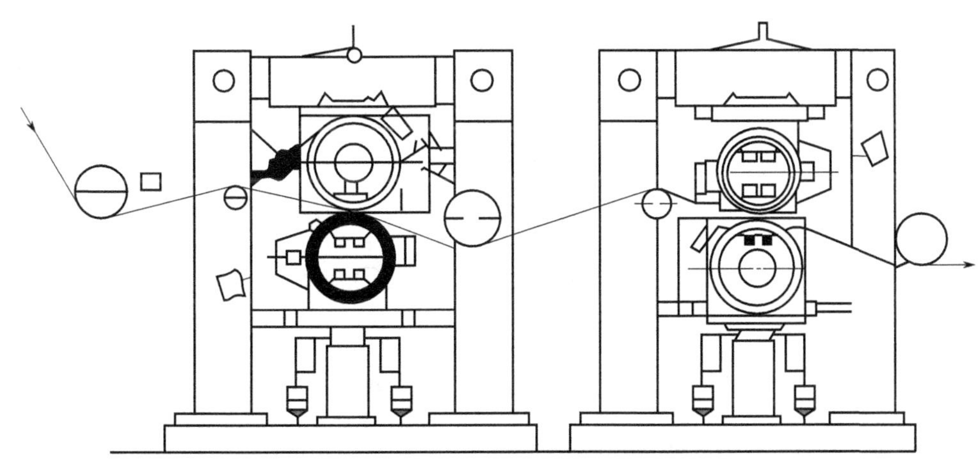

图 5-6-62 两组串联的软辊压光

软压光机的部件主要包括软辊（背辊）、加热辊、加压系统和一些辅助装置。软辊为可控中高辊，宽度在4m时多采用浮游辊，宽度在4m以上时可采用分区可控中高辊。辊面通常包覆一层12～13mm厚的具有较高耐热性、抗压性、硬度和耐磨性的塑性材料等。加热辊为辊面温度可高达200℃以上的冷硬铸铁辊。

6. 超级压光

超级压光也是用于纸页表面处理的一种工艺。利用超级压光可以在传统压光的基础上使纸的平滑度和光泽度得到进一步提高，同时纸幅的紧度得到增加，纸页的厚度均匀性得到改善。

超级压光机与多辊压光机相似，其主要区别是超级压光机具有更多的辊子、更大的线压、更快的车速。超级压光机的辊子除了钢辊外还有纸粕辊，其主动辊通常为下辊[1]。

超级压光机可分为单面和双面两种类型。单面超级压光机的铁辊和纸粕辊相间排列，辊子的总数为奇数。双面超级压光机有一对纸粕辊连续排列，辊子总数为偶数，如图 5-6-63 所示。

超级压光主要依靠压辊间的压力和摩擦两种作用。辊子间的压力作用可以使纸幅的紧度增加，厚度降低，并影响纸的平滑度。摩擦作用则主要是提高纸页的光泽度。

超级压光机的纸粕辊是用特殊的纸粕制成的。纸粕的主要成分是棉、麻、毛、硫酸盐木浆或石棉纤维。在进行压光时，纸粕辊会在径向和切线发生变形。径向变形使得铁辊和纸粕辊之间存在一定的变形速度差，产生摩擦作用。压光辊间的线压增加可导致纸粕辊的变形增大，使得辊子

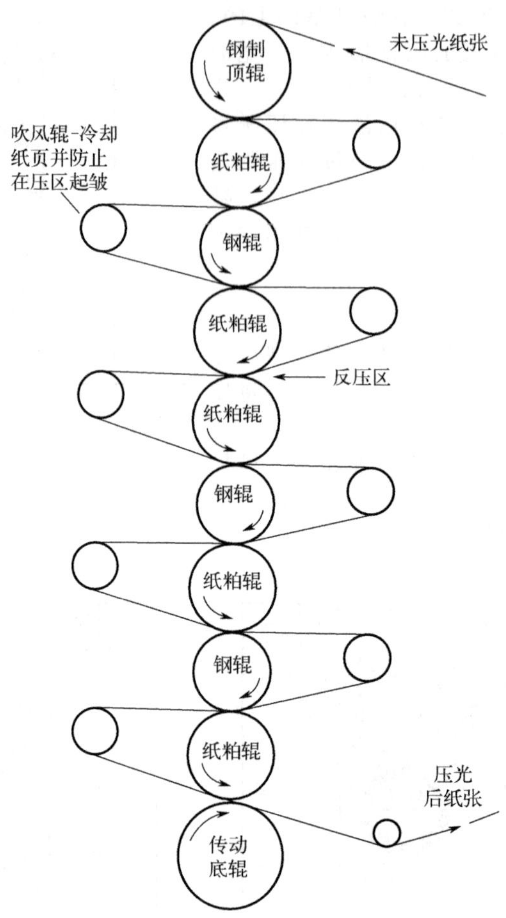

图 5-6-63　双面超级压光机

的相对滑动增加，从而有利于对纸页的表面整饰。

（三）压光机操作的影响因素

1. 浆料的性质

一般来说，浆料中的纤维配比对压光影响不大。但是，纸页的压光效果间接受到浆料打浆程度的影响。也即细长而润胀能力强的纤维，压光后容易获得紧密的纸面。无论何种纤维原料，纸料的打浆度增加，经过压光后都会引起纸幅的紧度、平滑度升高，原浆的打浆度越大，压光后纸的平滑度也越高。

2. 纸页的水分

纸页的水分对压光操作具有非常重要的影响。适当增加纸页水分，纤维吸湿润胀，可提高纸页的柔性和塑性，改善压光效果。如果纸机干燥部出纸含水量较低，则应将纸增湿到最合适的含水量，然后再进行压光操作。

对于水分含量大的纸页，压光可以提高纸页的紧度、强度、光泽度和抗油性，但会降低纸页的白度和不透明度。对于水分很高的纸页，不能进行过度压光，以免导致纸张变暗。反之，干度太大的纸页压光时容易卷曲。一般来说，建议压光前纸页的含水量控制在 6%～8%[1]。

3. 压光辊的温度

压光辊的温度适当高于纸页温度有利于提高压光效果。从辊面传递到纸页的热量可以使纸页表面的纤维变得更柔顺，在纸幅内部的松厚度还没有急剧减少前就达到了平滑度的要求，避免了由于松厚度减小而降低纸页的强度和挺度。

4. 压光辊的压力和辊数

压光辊间压力的增加可以提高纸页的紧度，降低纸页的厚度与透气度，并在一定程度上提高纸页的机械强度（裂断长和耐折度等）。

压光辊的数量增加，也即延长了纸页在压区的停留时间，可提高纸页的平滑度和紧度，并且使其纵向伸长。

第七节　纸页的卷取和完成

一、纸页的卷取

卷纸机是整条纸机系统的最后一个设备。卷纸的质量直接影响产品的最终质量。卷纸时要求卷筒必须松紧均匀，以避免卷筒的两端松紧不一和卷芯起皱。常用的卷纸机包括轴式和辊式两种。

在利用老式的轴式卷纸机卷纸的过程中，卷筒的直径不断增加，但其圆周速度需要固定不变，因此，随着纸卷的直径不断增加，卷筒的回转速度必须逐渐减小，否则无法保证卷筒松紧一致。轴式卷纸机仅限用于抄造卷烟纸、电容器纸等薄页纸的低速纸机[39]。

辊式卷纸机是目前广泛使用的一种卷纸设备。这种卷纸机对纸机的速度适应性广，利用其卷成的纸卷比较紧实，且纸幅受到的张力也比较小，在生产中不易产生断头问题[1]。辊式卷纸机主要由放在一对支杆上的卷纸轴和卷纸缸组成。卷纸缸以一定的速度回转，同时卷纸轴上的纸卷则被压在缸面上，被卷纸缸带着回转，实现连续卷纸。

辊式卷纸机可分为单辊式和双辊式两种。双辊式卷纸机有两套放置卷纸轴的装置，以方便换轴。单辊式卷纸机只有一对支杆放卷纸轴（图 5-6-64）。

上述两种辊式卷纸机更多地被用于低速纸机。对于高速纸机，多采用气动加压辊式卷纸机[63]。

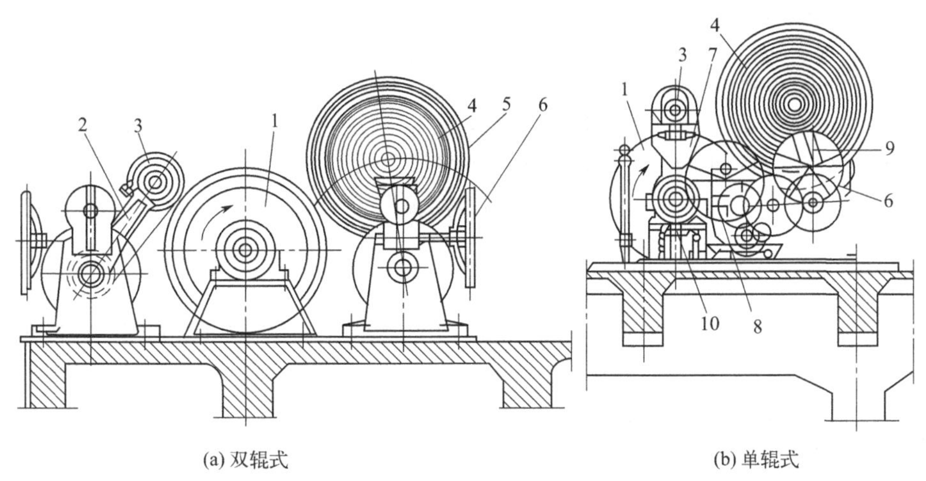

图 5-6-64　辊式卷纸机

1—冷缸；2，5，9—支杆；3—卷纸轴；4—纸卷；6，8—手轮；7—领纸支杆；10—冷水管

二、纸页的完成

纸页的完成按操作顺序通常包括复卷、切纸、选纸、数纸、打包和贮存等过程。纸张的最终产品分为平板和卷筒两种，因此完成的操作内容也不尽相同。经过机械压光的纸，不需要进行空

气调理，平板纸不需要复卷，但需要进行切纸、选纸和数纸。

1. 纸页的复卷和复卷机

一般经过卷纸机卷成的卷筒两边不够整齐，而且纸幅太宽，必须经过纵切并复卷成卷筒纸，以满足轮转印刷机和其他机械处理的需要。

复卷机根据领纸方式的不同可分为上领纸式和下领纸式。复卷机的领纸速度一般为 20～25m/min，领纸完成后即可提高到工作速度[1]。

复卷时应绝对避免纸卷被卷得过松或过紧。纸卷卷得过松，贮存时纸张易变形。纸卷卷得过紧则使纸幅过度伸长，容易引起纸页的断头。卷筒紧度可分为内紧度（即纸卷单位厚度内的径向压力）和外紧度（纸卷外层对内层的径向压力）。纸张复卷时主要是控制卷筒的内紧度。

支持辊的大小和排列的几何形状对卷筒的硬度有重要影响。一般利用小支持辊卷出的卷筒硬度比较大。对于普通复卷机，随着卷筒直径的增加，卷筒的硬度会出现波动；而利用变级卷纸机完成的卷筒其质量更加稳定，在很大一段直径范围内，卷筒的内外硬度基本上保持不变[1,64]。

2. 卷筒纸的包装和封头

卷筒纸可由人工包装，也可使用机械包装。

当卷筒纸被包装完毕后，其会被机械手自动从包装机上卸下，两头折好，贴上印有企业名称、产品名称、牌号、定量、等级、宽度、净重、毛重和接头个数等信息的标签纸，送到封头机上进行封头。

3. 平板纸的切纸、选纸、数纸和包装

对于书写纸、印刷纸和纸板等有时需要切成平板纸。随着印刷工业中轮转印刷机的发展，平板印刷纸的需求量相对减少。普通生产卷筒纸的工厂，将部分没有等次的卷筒纸改切成平板纸。因此在设计纸厂时，应按纸张总产量的 10%～20% 考虑生产平板纸。

平板切纸机的宽度应与纸机宽度相等，车速一般可达 120～180m/min[1]。

在机械化和自动化程度不高的纸厂，平板纸需要经过人工检查，挑选去除有纸病和不符合规格的纸张。

选纸是将成品纸分成一、二等及副产品。检查的精细程度取决于纸的等级高低。一般有大量尘埃、污点、破损、皱褶、眼孔、油迹、切口，以及歪斜、厚薄不匀的纸张需要被去除。选纸完毕，就按 500 张为一令进行数纸。

平板纸经选纸和数纸后，可用定量不小于 $40g/m^2$ 的包装纸分包成小包，每包里面有纸张 500 张、250 张或 125 张，但每个小包的质量不得超过 25kg。

参考文献

[1] 何北海，张美云，陈港. 造纸原理与工程. 4 版. 北京：中国轻工业出版社，2019.
[2] 苏昭友，王平. 盘磨机磨片的设计理论与方法. 纸和造纸，2011，30（8）：10-16.
[3] 刘士亮，李世杨，陈中豪，等. ZDPM 型液压盘磨机中浓打浆生产应用——草浆、废纸浆中浓打浆的使用效果及机理初探. 中国造纸，2000，19（4）：14-19.
[4] 王佳辉. 盘磨机打浆过程控制的研究进展. 轻工机械，2014，32（4）：110-113，118.
[5] 苏昭友. 盘磨机的计算机模拟和磨片设计理论与方法的研究. 天津：天津科技大学，2012：1-3.
[6] 王佳辉，王平. 盘磨机的研究现状与发展趋势. 中国造纸，2014，33（9）：51-55.
[7] 黄运贤. 中浓液压盘磨机的改进与升级. 中国造纸，2013，32（7）：51-54.
[8] 方敏. 高浓打浆的技术及其应用. 中华纸业，2016，37（23）：39-45.
[9] 文琼菊，邱先琴，毛建伟，等. 打浆过程中添加助剂 CMC 的初步研究. 黑龙江造纸，2013（3）：1-2.
[10] 万周原野，马乐凡，李宏. 酶辅助打浆的研究进展及其应用. 湖南造纸，2015（2）：25-28.
[11] 湛海波，李奇，朱海荣，等. 造纸配浆自动控制系统的设计与实现. 电机电器技术，2003（6）：43-46.
[12] 赵海娜. 造纸厂配浆控制系统——控制程序设计. 南京：河海大学，2007.
[13] 胡绍进，陈嘉川，杨桂花. 造纸助剂的开发与发展. 造纸化学品，2012，43（2）：49-54.
[14] 胡杰，常永杰. 助剂在造纸工业中的应用及其发展. 华东纸业，2012，43（6）：40-45.
[15] 李学明. 造纸填料及其改性. 天津造纸，2010（4）：33-36.

[16] 李凯华，程宏飞，杜贝贝，等.非金属矿物在造纸行业中的应用进展.中国非金属矿工业导刊，2016（1）：3-8.
[17] 吴士波，钱学仁，沈静，等.造纸颜填料的开发动向.纸和造纸，2008，27（2）：43-49.
[18] 郑斌.淀粉包覆改性碳酸钙填料及其在复印纸中的应用.福州：福建农林大学，2016：2-10.
[19] 余小藏.复合改性膨润土微粒助留助滤剂研发及作用机理.西安：陕西科技大学，2016：5-7.
[20] 谢章红.生物基助留助滤剂在废纸造纸中的应用及中试研究.大连：大连工业大学，2015：8-10.
[21] 王娇，张军.造纸干增强剂的应用现状及研究进展.热固性树脂，2014，29（3）：53-58.
[22] 王萍.双醛羧甲基壳聚糖的制备及其与阳离子淀粉复配物增强纸张研究.无锡：江南大学，2014：2.
[23] 程飞.改性玉米秸穰细胞及化学成分对纸制品增强作用的影响.大连：大连工业大学，2011：9-10.
[24] 徐媚，徐梦蝶，戴红旗，等.造纸浆内施胶剂研究的进展.造纸化学品，2013，25（2）：6-13.
[25] 李远友.淀粉基造纸表面施胶剂的制备与性能.福州：福建师范大学，2016：4-11.
[26] 刘洪斌，杨淑慧，倪永浩.制浆造纸工业中的染料.染料与染色，2008，45（2）：10-12.
[27] 陈港，刘松波，谢国辉，等.造纸工业常用染料特性及其应用技术.染料与染色：2002，39（4）：13-16.
[28] 姚献平，郑丽萍.国内造纸化学品的应用与发展趋势.纸和造纸，2006，25（3）：1-4.
[29] 吴玉英.中国造纸助剂的应用现状及发展趋势.北京林业大学学报，1999，21（6）：89-96.
[30] 蒙玲，郭秀强.消泡剂在造纸过程中的应用.中国造纸，2012，31（11）：51-55.
[31] 邱振权.造纸湿部助剂应用技术的优化.广州：华南理工大学，2014：17-19.
[32] 张江波，薛国新，王宏伟.一种新型阴离子垃圾捕捉剂在箱纸板系统中的应用中试.中华纸业，2018，39（2）：52-55.
[33] 杨玉彩，杨海，张栓江.高档文化用纸浆料流送系统工艺设计与体会.中国造纸，2009，28（2）：44-46.
[34] 左华芳.年产1万吨高档卷烟纸机供浆系统的工艺设计.南京：南京林业大学，2005：3-13.
[35] 包红亮.高级文化用纸流送系统工艺设计.中国造纸，2011，30（8）：73-75.
[36] 苗林，李洪菊.单泵机外白水池流送系统的设计探讨.中华纸业，2006，27（z）：78-80.
[37] 胡丁根，杨刚，王雪峰.紧凑型纸机流送系统浅析.陕西科技大学学报，2011，29（6）：161-163.
[38] Helin J. POM技术：清洁、快速和稳定的流送系统.中华纸业，2016，37（1）：48-51.
[39] 河北海.造纸原理与工程.3版.北京：中国轻工业出版社，2013.
[40] 卢谦和.造纸原理与工程.2版.北京：中国轻工业出版社，2004.
[41] 隆言泉.造纸原理与工程.北京：中国轻工业出版社，1994.
[42] BA绍帕.最新纸机抄造工艺.曹邦威，译.北京：中国轻工业出版社，1999.
[43] 杨树忠.圆网造纸机成形器的特点及其改进.天津造纸，2012（3）：16-23.
[44] 甘定能，王乐祥，许正茂，等.高速夹网纸机脱水成形对成纸质量影响的探讨.中华纸业，2014，35（22）：48-50.
[45] 刘文波，华承亮.纸页成形脱水进程及其相关技术参数的归纳.造纸科学与技术，2019，38（6）：23-25.
[46] 赵恺.夹网纸机抄造低定量工业包装纸的湿部运行管理探讨.中华纸业，2019，40（18）：6-11.
[47] 张洪成，戴传东，刘铸红，等.《"十二五"自主装备创新成果》系列报道之六：纸机关键装备技术（续）.中华纸业，2016，37（18）：6-14.
[48] 焦宁.NipcoFlex靴式压榨在纸机改造中的应用.中华纸业，2018，39（20）：36-40.
[49] 吴天从.纸机的发展技术.华东纸业，2017，48（1）：42-43.
[50] 张辉，王淑梅，程金兰，等.制浆造纸装备科学技术发展研究.制浆造纸科学技术学科发展报告，2017：93-120.
[51] 吕向阳，谢元松，吴强.提高压榨部脱水效率的途径.纸和造纸，2017，36（3）：15-16.
[52] 都津馨.纸机施胶压榨和干燥部的演进及最新技术.中华纸业，2017，38（14）：54-60.
[53] 孙京丹，王正顺.纸张干燥系统的发展现状.纸和造纸，2009，28（4）：47-49.
[54] Heo C H，Cho H，Kim J K，et al. Modeling and simulation of multi-cylinder paper drying processes. Journal of Chemical Engineering of Japan，2011，44（6）：437-446.
[55] 陈嘉翔.废纸浆和原浆的高温干燥对传热速率和纸页性质的影响.造纸科学与技术，2011，30（2）：16-21.
[56] 董继先，史韵，汤伟.造纸机多通道烘缸干燥机理的分析与研究.中华纸业，2016，37（6）：26-30.
[57] 陈晓彬，王宇航，何耀辉，等.纸张干燥特性曲线影响因素实验研究.中国造纸学报，2019，34（3）：50-53.
[58] 孔令波.纸页干燥过程传热传质数学模型的研究.广州：华南理工大学，2011.
[59] 刘士亮.造纸工业表面施胶机理、方法及技术进展简述.黑龙江造纸，2014（4）：7-11.
[60] 黄晖，胡丁根，胡晓东，等.提高高速长网纸机纸张表面强度的摸索.中国造纸，2020，39（4）：90-93.
[61] 余章书.压光机系统的技术改进.中国造纸，2015，34（6）：59-63.
[62] 季爱坤，陈圳，封彦鹏，等.辊子中高对特种纸质量的影响及其修正.中华纸业，2014，35（20）：16-19.
[63] 卓如飞.高速纸机卷取部的张力测量和控制.纸和造纸，2001（5）：23-24.
[64] 陈中明.复卷机无芯轴卷取机构的设计及其卷取策略的研究.上海：上海交通大学，2011.

（黄六莲，钱学仁）

第七章　纸和纸板

第一节　纸和纸板的定义

一、纸的定义

纸，读作 zhǐ，最早见于秦简[1]。东汉学者许慎在他的著作《说文解字》里曾经对“纸”（繁体为“紙”）字作过分析，认为纸与丝织业有关，同时给出了纸的最早定义。《说文解字》云：“纸，絮一苫也、丝滓也”，故而“纸”字从“糸”之意、从“滓”之音。“纸”字的左边是“系”旁，右边是“氏”字[2]。古意之一，氏字是妇女的代名词。由此引申，最原始的纸实际上是属于丝一类的絮，这种絮是丝织作坊的女工在水中漂絮以后得到的。清代段玉裁在《说文解字注》中说：“絮一箈也。箈各本讹笘。今正。箈下曰。潎絮簀也。潎下曰。于水中击絮也。”《后汉书》记载：“蔡伦造意。用树肤，麻头及敝布，鱼网以为纸……天下咸称蔡侯纸。”

清《康熙字典》中对“纸”描述[3]：

【广韵】【正韵】诸氏切【集韵】【韵会】掌氏切，从音只。

【说文】絮一苫也。

【韵会】古人书于帛，故裁其边幅，如絮之一苫。

【释名】纸，砥也，平滑如砥石也。

【东观汉记】黄门蔡伦造意，用树皮及敝布鱼网作纸。

【初学记】古者以缣帛依书长短随事截之，名曰幡纸，故其字从纟。至后汉，蔡伦剉故布捣抄作纸。又其字从巾。

【张揖·古今字诂】巾部云：纸今帋。则其字从巾之谓也。又姓。

【魏书·官氏志】渴侯氏，后改为纸氏。

《辞海》对纸的解释是[4]：①用于书写、印刷、绘画、包装、生活等方面的片状纤维制品。为中国古代四大发明之一。一般是以植物纤维的水悬浮液在网上过滤、交织、压榨、烘干而成。为满足某些质量和使用要求，常加入适量的胶料、填料、染料和化学助剂等。原料除植物纤维外，还可掺用玻璃纤维、合成纤维、金属纤维等。种类很多，按用途，分文化（印刷、书写）用纸、包装用纸、生活用纸、技术用纸、特种用纸等。②指文书的件数或张数。如：一纸空文。《颜氏家训·勉学》：“邺下谚云：‘博士买驴，书券三纸，未有驴字’。”

国家标准《纸、纸板、纸浆及相关术语》（GB/T 4687—2007）中对纸的定义为：纸是从悬浮液中将适当处理（如打浆）过的植物纤维、矿物纤维、动物纤维、化学纤维或这些纤维的混合物沉积到适当的成形设备上，经干燥制成的一页均匀的薄片（不包括纸板）。该定义明确了除植物纤维外的其他类纤维如果采用造纸所用成形设备，制成的薄片状材料也称为纸。

二、纸板的定义

国家标准《纸、纸板、纸浆及相关术语》（GB/T 4687—2007）中将纸板定义为刚性相对较高的一些纸种的通称。从广义上讲，纸包括“纸”和“纸板”，二者的主要差别在于它们的厚度或定量。通常将定量超过 250g/m^2、厚度大于 0.5mm 的称为纸板。民间一般把定量不超过 200g/m^2 的称为“纸”，高于 200g/m^2 的称为“纸板”，但在有些情况下也根据习惯、特征和/或最终用途来区分，国际标准组织（ISO）把区别纸与纸板的界限定量确定为 225g/m^2[4]。

第二节　纸和纸板的性质

纸和纸板的性质是由构成纸和纸板的纤维本身性能、纤维结合性能和纤维网络结构特性决定的，并能通过加入某些功能性物质使纸和纸板获得新的性质。纸和纸板的性质主要包括：表面与热、电和摩擦性能，光学性能，面内抗张性能，结构力学性能，水分和液体输送性能，尺寸稳定性等[5]。

一、表面与热、电和摩擦性能

纸张的表面性能和物理性能与纸张的结构有直接关系。纸张表面的粗糙度对纸张的印刷性能至关重要。同时，纸张的表面几何结构明显影响纸张的某些物理性能，如纸的电气性能和摩擦性能。因此，为了满足不同纸种表面性能的要求，纸张干燥后通常需要进一步进行表面处理。

1. 粗糙度

粗糙度是评价纸或纸板表面起伏程度的一个指标，是衡量纸张表面状态的常用指标。粗糙度对纸张的印刷质量有较大影响，印刷时纸与印版或橡皮布接触，较粗糙的纸张与印版或橡皮布接触不紧密，纸张表面深度比油膜厚度更大的表面凹坑就会漏印，印出的图文层次不分明[5,6]。

粗糙度根据面内分辨率可以分为光学粗糙度或称亚微粗糙度（$<1\mu m$）、微观粗糙度（$1\sim100\mu m$）和宏观粗糙度（$0.1\sim1mm$）。纸张的光学粗糙度主要取决于纸张中纤维的表面性质和填料粒子，微观粗糙度与纸张中纤维和细小纤维的形状和位置有关，宏观粗糙度的主要影响因素是纸张的匀度。

改善纸张表面粗糙度的方法可以分为表面施胶和压光两种工序。前者通过涂覆纸张表面改善纸张表面性能；后者通过机械压光改善纸张表面性能。常用的纸页表面施胶剂有淀粉及其改性产品、羧甲基纤维素、聚乙烯醇、松香胶、动物胶、石蜡乳液和合成胶乳施胶剂等。纸张抄造过程中的压光工序能使纸页受到最大的压力，从而可以改善纸页成形的不均一性，提高纸页厚度的均一性，降低纸页的粗糙度。

纸张粗糙度测定方法参见 GB/T 22881—2008《纸和纸板　粗糙度（平滑度）的测定（空气泄漏法）通用方法》。

2. 表面摩擦性能

纸张表面摩擦性能是接触面常见的一种界面性质。根据纸张加工要求和用途的不同，纸张需要的摩擦力也各有不同。纸张摩擦性能对纸张卷取、压光、印刷起皱等诸多过程都有一定的影响。

纸张之间的摩擦系数取决于纸张纤维特性、纸张种类及其表面性能，绝大多数情况下纸张间的静态摩擦系数大于动态摩擦系数。纸张的摩擦系数通常为 0.25～0.70。纸张间摩擦力受黏附力、接触压力、滑动速度和表面粗糙度等多种因素影响。其中，黏附力是影响纸张摩擦力的主要因素，其黏附强度取决于纤维表面的化学性质。此外，纸张的粗糙度、接触面的相对取向以及纸张湿度都会影响纸张间的摩擦力[5,7]。

造纸过程中压光、施胶、涂布和填料都会影响纸张的摩擦性能。压光可以少量改变纸张摩擦力，如本色挂面纸板压光会造成纸板间摩擦力变小。施胶能够改变纤维的表面性能，大部分施胶剂会使纸张间摩擦力减小，但部分施胶剂会导致纸张间摩擦力增大[8,9]。纸张涂布也会改变纸张的摩擦性能，涂层的黏弹性、表面能和纸张的挺硬及犁沟效应都会改变纸张的摩擦性能[10,11]。纸张填料也会改变纸张的摩擦系数，填料对纸张摩擦系数的影响主要受填料形态、表面积和多孔性的影响[1,12]。此外，纸张的摩擦性能也可以通过树脂浸渍、硫化处理等后加工方式加以改变[13-15]。

纸和纸板静态和动态摩擦系数的测定方法参见 GB/T 22895—2008《纸和纸板　静态和动态摩擦系数的测定 平面法》。

3. 热性能

纤维是构成纸张的最主要成分，因此其热性能对纸张热性能有重要影响。纸张的热性能包括纸张的比热容和热导率[16]。比热容与纸张的结构无关。热导率受纸张水分含量、紧度和填料的影响。纸张水分含量、水蒸气的扩散、填料和纤维的热导率各不相同，它们共同对纸张传热性能产生复杂的影响。纸张紧度的增加会导致纸页内孔隙减少，使纸页的热导率升高。

纸张热性能对纸张干燥、超级压光、印刷、隔热和后期的老化、保藏等产生较大影响[5,16]。在超级压光过程中，热量和水分会使纸页软化，通过控制纸张的传热和扩散使热量只作用于纸张表面，能够使纸张在不损失松厚度的情况下获得平滑的表面。印刷过程中油墨需要加热和干燥，纸张和墨粉在融合时温度越高，光泽度就越高。

纸张热导率测定方法可参考 GB/T 10297—2015《非金属固体材料导热系数的测定　热线法》。

4. 电性能

纸张的电性能包括纸张的电阻率和介电性能。电流是沿着纸张中的纤维通过纸张的，其传导机理尚不明确，可能是离子传导。纸张中电荷的载体是阳离子，阳离子是通过纤维素和半纤维素上与水缔合的羟基移动的，所以纸张中移动阳离子浓度和纸张湿度决定了其电性能。空隙、纤维、填料、助剂、涂料和湿度都是纸张电性能的影响因素[5,17,18]。普通纸张的介电常数 ε_r 为 2～3，在水中是 80。纸张温度和紧度与 ε_r 存在正向关系，二者升高会导致纸张 ε_r 升高。纸张的电性能会影响到其印刷性能、干纸页输送和一些特殊应用（电气绝缘和电容器纸）等。

纸张电性能测定方法参见 GB/T 12913—2008《电容器纸》。

二、光学性能

纸张的视觉外观是颜色、白度和光泽度的综合效果。纸张的基本光学性能包括光泽度、光散射系数、不透明度、白度、亮度等。制浆造纸过程中从纤维原料种类、打浆和压榨，再到填料和助剂、涂布和压光都会对纸张的光学性能产生较大影响[19-21]。

1. 光泽度

光泽度是指入射光通过镜面反射出的光线强度。纸张表面粗糙度越高，其光泽度越低。涂布或压光会降低纸张的粗糙度，使纸张获得较好的光学平坦面，达到高光泽度的效果。

光泽度可以以不同入射角进行测定，国内多采用 75°为入射角测定，也有少量使用 45°和 20°进行测定的特殊纸张。纸张表面的镜面反射光线会随着入射角的增大而增强。若入射角太小，会使镜面反射光线过少，难以测定纸张光泽度的差别。同理，若入射角过大，产生过多的镜面反射光线也会影响纸张光泽度差别的判定。

纸张光泽度测定方法参见 GB/T 8941—2013《纸和纸板　镜面光泽度的测定》。

2. 光散射系数

光散射是指入射光进入纸层后，经过多次反射后再离开纸页射向各个方向。光散射系数取决于单位质量的内表面积。纤维本身表面特性和纤维间结合面积是纸张光散射系数的重要影响因素。细小纤维比表面积大于长纤维，结合力也优于长纤维。纸张中细小纤维含量低于一定值时，纸张内表面积略有提高，纸张的光散射系数也稍有提升；其含量高于一定值后，细小纤维对降低纸张自由表面起主导作用，因此会降低纸张的光散射系数；减小细小纤维组分的尺寸，也会使纸张的光散射系数降低[22]。打浆和湿压榨对纸的自由表面积有一定的影响，但对不同纸浆的影响不同，如高得率浆在低程度湿压榨情况下光散射系数会增加，而对化学浆则会使其光散射系数降低。

填料的比表面积、粒径、形态和结构等因素对改变纸张光散射系数有显著的效果，纤维和填料的分布结构和聚集形态（分形维数、粒径跨度）与纸张光散射系数有明显的线性相关性[23]。

纸张光散射系数的测定方法参见 GB/T 10339—2018《纸、纸板和纸浆　光散射和光吸收系数的测定》。

3. 不透明度和透明度

不透明度和透明度都是反映纸张透光程度的指标。本质上决定纸张不透明度的关键因素是纸表面对光线的反射和纸层内光线的漫反射与吸收。纸张的光泽度、光散射系数和吸收系数是衡量其不透明度的重要指标。纸张的定量、紧度、纤维的结合面积、打浆、湿压榨、压光、填料/颜料等都是影响纸张不透明度的重要因素。不透明度/透明度是印刷纸、书写纸、拷贝纸等文化用纸、工业用纸的重要质量指标，在印刷或书写时需要一定的不透明度以保证印刷油墨或书写字迹不透过另一面，而拷贝纸则要求有较高的透明度。

透明度和不透明度相关，但是两者的测试方法不同。透明度的测试方法参见 GB/T 2679.1—2020《纸　透明度的测定 漫反射法》。不透明度的测试方法参见 GB/T 1543—2005《纸和纸板　不透明度（纸背衬）的测定（漫反射法）》、GB/T 24328.12—2020《卫生纸及其制品　第 12 部分：光学性能的测定 不透明度的测定 漫反射法》。

4. 白度和亮度

纸张的白度和亮度是衡量纸浆、纸和纸板的白色程度的指标，但是白度和亮度又是两个完全不同的概念。纸张的白度是纸样对白色光（380～780nm）光源照射后，漫反射出来的光量。而亮度则是纸样对波长 457nm 蓝光的反射率。影响纸张白度和亮度的因素有纸浆白度、纸浆中木质素含量、施胶、填料、干燥与压光等。

提升纸张白度的途径有提高纸浆白度，选用对白度负面影响小的施胶剂，加入一定量高白度填料或添加荧光增白剂、染料等，提高涂料白度等。荧光增白剂会吸收光线中的紫外线产生蓝光而使纸张的白度增大。但是木质素会吸收波长 400～500nm 的紫外线，导致荧光增白剂产生的蓝光较少，所以机械浆和高木质素含量的化学浆使用荧光增白剂提升纸张白度的效果可能会受到一定影响。但已有研究表明，高白度机械浆使用荧光增白剂也有一定的增白效果。

纸张白度和亮度的测定方法参见 GB/T 22879—2008《纸和纸板　CIE 白度的测定》、GB/T 7974—2013《纸、纸板和纸浆　蓝光漫反射因数 D65 亮度的测定》。

三、面内抗张性能

面内抗张性能是纸张在张紧状态下表现出的力学性能，这一性能对印刷或其他以卷筒形式使用的纸张非常重要。纸张面内抗张性能与纸张的纤维自身强度、纤维结合强度、纸张定量、纸张紧度和湿度等因素相关。在实际使用过程中，根据纸张形变状态的不同，纸张面内抗张性能可以用弹性、负载-伸长行为、抗张强度和断裂韧度等指标描述[5]。

1. 弹性

弹性是纸张面内抗张性能的表现之一。在持续增大的拉力作用下，纸张首先产生弹性形变（可逆形变），随后产生不可逆的蠕变，最后断裂。纸张弹性可以用弹性模量来衡量。弹性模量是单向应力状态下应力与该方向应变的比值。纸张的弹性模量具有各向异性，即纸机方向、纸幅横向和厚度方向。纸张的另外一个弹性性能为泊松比 υ，是指在纸幅横向收缩与纵向伸长之比。纸张应用过程中纵向伸展时横向就会收缩，如果这种收缩太大或收缩变化太大则会引起纸幅起皱或者印刷套印不准。

纸张弹性模量与纸浆的种类、浆料配比、打浆度、湿压榨和纸张水分相关[24,25]。随着打浆度和湿压榨的增加，纸张的弹性模量逐渐增大。纸张在干燥过程中如果限制收缩或者湿纸幅受到拉力作用，其弹性模量增加；收缩率高时，纸张的弹性模量与所允许的干燥压缩率呈反比例关系。

纸张弹性模量的测定方法参见 GB/T 22906.7—2008《纸芯的测定　第 7 部分：弹性模量的测定》。

2. 负载-伸长行为

纸张在外部拉力作用下的力学响应由负载-伸长曲线描述。负载-伸长曲线是了解纸张结构特性的重要手段，其反映了纸张从开始受力直到最终破裂过程中的应变，所以负载-伸长曲线的测试结果是一条曲线而不是单个数据点。

不同纸张的负载-伸长曲线差异较大。新闻纸的纵向负载-伸长曲线几乎是线性的，而其他情况下（尤其是横向），负载-伸长曲线多由两个线性部分组成。起皱袋纸由于纸页本身存在波纹，其曲线上形变大部分是向上弯曲的。半透明纸的纵向负载-伸长曲线的正切模量随着应变的增加逐渐减小。

造纸过程中干燥收缩、原料与浆料种类、纤维卷曲和扭结等都会影响纸张的负载-伸长曲线形状。在机制纸中，纵向和横向的负载-伸长曲线通常是不同的，其原因可能是纸张干燥过程中的干燥应力具有各向异性。化学浆和机械浆因为纤维形态和组成不同，其抄造的纸张负载-伸长曲线有较大差异。

纸张伸长率的测定方法参见 GB/T 12914—2018《纸和纸板　抗张强度的测定 恒速拉伸法（20mm/min）》。

3. 抗张强度和断裂韧度

纸张的抗张强度和断裂韧度是表征纸张力学性能的重要指标。抗张强度是指单位宽度的纸或纸板断裂前所能承受的最大张力负荷。断裂韧度是指在弹塑性条件下，纸张受应力影响，因裂纹失稳扩展而导致纸张断裂时应力的强度因子。通常情况下纸张断裂韧度低于抗张强度。其主要原因是纸张受应力时，纸张中原本存在的裂纹缺陷会导致整个纸幅断裂，其断裂时的应力水平小于抗张强度。

影响纸张抗张强度的因素很多，包括纤维间结合力、纤维平均长度、纤维长度分布、纤维在纸张中的排列方向、纤维本身强度、填料、助剂及纸的水分含量等，其中纤维结合力的大小和纤维本身强度是影响抗张强度最关键的因素[26,27]。纸张的匀度对抗张强度也有较大影响。纸张在拉伸过程中产生的损伤会导致其局部的应力或应变过大，成形不好的纸张往往会因为局部应力过大而提前破坏，导致断裂韧度降低。纸页结构的变化对纸张断裂韧度也有显著影响。

抗张强度和断裂韧度的测定方法参见 GB/T 12914—2018《纸和纸板　抗张强度的测定 恒速拉伸法（20mm/min）》。

四、结构力学性能

纸和纸板的结构力学性能包括弯曲挺度、压缩强度和面外强度等，这些力学性能对于纸和纸板的应用非常重要。挺度和压缩强度是纸板的基本特性；印刷纸和纸板对面外强度要求较高，以避免印刷过程中出现分层或干燥过程中起泡；适宜的弯曲挺度有助于提高读者对书籍等纸张的翻阅感受。纸和纸板的各结构力学性能之间存在较强的关联和依存关系，如弯曲挺度随着松厚度的增加而增加，但面外强度却大幅度下降。弯曲挺度和压缩强度之间相互影响，高的弯曲挺度会阻碍压缩应力在纸箱上的积累[5]。

1. 弯曲挺度

弯曲挺度又称弯曲强度，是指纸张在弹性形变范围内受力弯曲时所产生的单位阻力矩，是衡量纸张耐弯曲强度的一个基本物理性能指标，属于工程力学的基本物理量[28,29]。纸和纸板适宜的弯曲挺度是纸机、印刷机和后加工设备良好运行的基本保证。在印刷过程中，挺度高的纸和纸板更易于传送；在折叠纸板的生产中，高弯曲挺度能保证良好的压痕性能；纸板包装中，较高的弯曲挺度赋予纸箱、包装盒等较好的刚性和强度。对于纸张来说弯曲挺度过高或过低带来各种问题，但对于纸板来说，通常挺度越高越好。

影响纸张弯曲挺度的主要因素有定量、松厚度、紧度、浆料特性和纤维间结合面。因此，实际生产中，一般通过以下 3 种途径提高纸和纸板的弯曲挺度[5]：

① 提高厚度或松厚度。同时需要注意的是如何在获得高松厚度条件下仍能获得平滑的印刷表面。

② 提高弹性模量。在提高弹性模量的同时，必须采取措施避免降低松厚度，否则无法实现提高弯曲挺度的目标。

③ 使表面层的弹性模量高于中间层。如果每一表面层厚度占纸张总厚度的 5%，将表面层的

弹性模量增加一倍，相应纸张的弯曲挺度会增加27%。

纸张弯曲挺度的测定方法参见GB/T 22364—2018《纸和纸板　弯曲挺度的测定》。

2. 压缩强度

压缩强度是指单位宽度纸或纸板在压缩破坏前所能承受的最大压缩力，是纸和纸板重要的力学性能之一。为了更客观地描述纸和纸板的压缩强度，通常用压缩指数来表征。压缩强度和弯曲挺度是决定瓦楞纸板箱或箱纸板盒受压下性能的关键因素。

纸或纸板压缩强度的主要影响因素有：纤维原料种类与特性（包括纤维形态、粗度、柔软性、微纤丝角和结合能力）、制浆方法、打浆方式与程度、纤维网络结构性能（包括纤维取向、纤维网络紧度和结合力）、抄纸方式（包括网部、湿压榨、烘干方式）、施胶和纸张湿度[30-33]。

实际生产中，一般通过以下7种方法提高纸或纸板的压缩强度[30-33]：

① 选择密度小、生长周期长的北方针叶木作为原料。

② 选择适当的打浆方式和打浆度。

③ 调控流浆箱到网部上浆和脱水工艺条件以提高纸张中纤维z向排列，减少纤维纵向排列[30]。

④ 限制干燥收缩，选择合适的干燥曲线。

⑤ 适当提高湿压榨的压力或延迟湿压榨时间。

⑥ 合理选择增强型助剂，适度提高施胶度。

⑦ 控制好成纸水分，水分会使环压强度降低，最好控制在10%以下。

压缩强度的测定方法参见GB/T 2679.8—2016《纸和纸板　环压强度的测定》。

3. 面外强度

面外强度是反映纸或纸板在厚度方向或z向上抵抗抗张应力的能力性能[5]。纸或纸板在后加工或应用过程中均需要具有较高的面外强度，尤其是胶版印刷纸、纸芯纸板等对面外强度的要求更高。

纸或纸板面外强度的主要影响因素有：细小纤维含量，填料和/或施胶剂的z向分布，纸或纸板的紧度，层间强度或层间结合强度。

实际生产中，可用以下方法提高纸或纸板的面外强度：

① 高浓成形使纸或纸板形成交织或黏结结构，但这会对抗张强度产生明显的不利影响。

② 选择适当的打浆方式、打浆度和湿压榨压力。

③ 采用压榨干燥，例如双钢带法干燥，面外强度可以提高2～3倍。

④ 选择合适的施胶剂和施胶方式，适当添加细小纤维。

纸张面外强度的测定方法参见GB/T 26203—2010《纸和纸板　内结合强度的测定》、GB/T 31110—2014《纸和纸板 Z向抗张强度的测定》和GB/T 34444—2017《纸和纸板　层间剥离强度的测定》。

五、水分和液体输送性能

纸张是由不同成分构成的具有复杂网络结构的非惰性物质，其纤维网络特性和涂层等的存在使液体输送变得十分复杂。纸张对惰性和非惰性流体输送的能力显著不同，部分流体能与纤维相互作用，例如水和水蒸气，导致纤维网络结构改变，进一步影响纤维网络对流体流动的阻力作用。

（一）纸张中的水分

1. 纸张的水分含量

纸张的水分含量是指当纸张与周围环境处于平衡状态时，纸张中所吸附水分质量与纸张总质量的比值[34]。纸张的水分含量受干燥曲线、保存或使用时周围环境湿度和温度等影响。成纸水分含量会随着环境温度升高或相对湿度降低而减小，反之亦然。此外，浆料的种类和保水/吸湿特性也会影响纸张的水分含量，浆料中的细小纤维和无定形物（非结晶纤维素和半纤维素）对水分含量的影响尤为显著，通常情况下，用化学浆抄造的纸张水分含量低于机械浆纸张。此外，亲水性填料（黏土、高岭土、碳酸钙等）对水分含量也有明显影响。

纸、纸板和纸浆水分的测定方法参见 GB/T 462—2008《纸、纸板和纸浆　分析试样水分的测定》。

2. 吸湿滞后现象

吸湿滞后现象也称吸湿滞后效应，是在同一相对湿度下，纸张吸附过程的平衡含水量与解吸过程的平衡含水量存在差别的现象，即从干态条件下开始吸湿和从湿态条件下解吸的差别[5,34]。滞后现象与纸张纤维的吸湿性有关。滞后现象产生的机理目前尚无定论，相关理论主要有畴理论、纤维胶束理论、润胀应力与不可逆塑性变形理论等。

3. 水在纸张中的存在形式

纸张内部水分依据所受束缚力大小，以不同的形式存在。国外通常将纸页内部水分划分为两种存在形式，即自由水和结合水，并将纤维饱和点作为区分自由水和结合水的临界点。国内一般将纸页内水分划分为游离水、毛细管水和结合水三种存在形式，并以水分所处微孔道的孔径大小来划分[34,35]。

（二）纸张流体输送现象

纸张的用途对其流体输送性能提出了不同的要求。如面巾纸、卫生纸及滤纸等要求高渗透性，印刷用纸要求中渗透性，而诸多包装纸则通常要求低渗透性，尤其是一些防水防油纸，对流体输送提出了更高的要求。

1. 孔隙与流体输送

普通纸张的紧度一般为 0.15～1.0g /cm^3，远低于纤维素（1.5g /cm^3）的密度，二者相比较可知，纸张中约 30%～90% 都是孔隙。纸张中的孔隙形态有 3 种：贯通型孔隙、凹陷和空腔。其中贯通型孔隙所占比例极小[36,37]。孔隙结构特性（孔隙率、平均孔径、最大孔径和孔径分布）与其流体输送能力密切相关，但对于复杂的纸张纤维网络结构而言，只用某一种孔隙结果特性，例如孔隙率，并不能完全表征渗透或透过等流体输送性能。对于气体流体，通常关注的是气体透过纸张的情况，而对于液体流体，则更多考虑其渗透性。影响纸张孔隙结构特性的因素包括原料（纤维种类、形态）、制浆与抄造工艺（打浆、纸浆上网浓度、施胶和加填、脱水、压榨、干燥、压光等）和后加工工艺等。掌握纸张孔隙结构的形成过程与规律以及主要影响要素，有助于对有孔隙结构特性和流体输送要求的纸张生产进行工艺设计和过程控制[36]。

纸张透气度的测定方法参见 GB/T 22901—2008《纸和纸板　透气度的测定（中等范围）　通用方法》。纸张透油度的测定方法参见 GB/T 5406—2002《纸透油度的测定》。纸张边渗透的测定方法参见 GB/T 31905—2015《纸和纸板　边渗透的测定》。

2. 水蒸气透过性

纸张在高相对湿度条件下，水蒸气相较于空气透过性更强。在亚饱和蒸气压下，由于存在表面浓度梯度，水蒸气在纤维表面的亲水基团与孔径大于水分子直径的纤维素之间的孔隙中自由流动。通过提高纸浆打浆度，成纸的紧度增大，透气度值能够大幅度降低，最后可以得到透气度值非常低的类似防油纸的纸张，但这一方法对水蒸气渗透性的降低作用微乎其微[5]。在特定情况下，例如纸页烘干过程中，水的高蒸发速率取决于表面扩散和热传导两个因素。增强纸张水蒸气阻隔性能的主要方法是通过涂塑、淋膜、涂布、浸渍等工艺将纸与塑料、金属等气体阻隔性能优异的材料制成纸基复合材料。此外，纸张通过负载壳聚糖、纳米纤维素、纳米木质素、改性淀粉、无机纳米材料（如蒙脱土、纳米氧化锌、纳米银粒子、纳米二氧化钛等）也能有效改善其水蒸气阻隔效果，但与纸-塑、纸-金属复合材料相比较，在阻隔性能、生产成本等方面还存在一定的差距[38,39]。

纸张水蒸气透过率的测定方法参见 GB/T 22921—2008《纸和纸板　薄页材料水蒸气透过率

的测定　动态气流法和静态气体法》。

3. 润湿、润胀和超疏水

水对纸张的渗透存在水和纤维网络的相互作用，是一个复杂的过程。影响这一过程的因素包括润湿、动态接触角、孔隙结构和纤维润胀等。上述因素决定了纸张在涂布、印刷和后续加工中的表现[5]。

润湿指液体在与固体接触时，沿固体表面扩展的现象。它由表面单分子层化学组成决定。宏观上，常用静态接触角 θ 表征润湿性能。常压下，当 θ 为锐角时，液体在固体表面上扩展，润湿现象发生。当液体与固体被强制接触时，润湿现象一定会发生。影响液体润湿纸张性能的因素主要有以下 4 个[40]：

① 纸浆中的低表面能树脂和脂肪酸；

② 制浆造纸过程中添加的表面活性剂；

③ 纸张表面状况，如表面粗糙度、孔隙孔径、纤维和填料边缘；

④ 纤维壁的吸收性。

润胀是纸张中纤维吸收极性液体后，体积增大，内聚力下降，纤维变软，但仍然保持基本外观形态的现象[41]。纤维产生润胀的原因是纤维素和半纤维素分子结构中所含极性羟基与水分子产生极性吸引，使水分子进入纤维素的无定形区，使纤维素分子链之间距离增大，引起纤维变形[42,43]。纤维吸收液体产生润胀从而导致纸张润胀，并影响渗透性。

超疏水是一种材料表面极难被润湿的现象。超疏水的判定标准是水稳定接触角要大于 150°，滚动接触角小于 10°[44]。自然界中，真正具有本征超疏水的材料是不存在的，对于平整材料而言，最大的水接触角不过 119°。通过一定处理，纸或其他材料能获得超疏水性能。纸基超疏水材料获取途径无外乎两个：一是使其具有合适的表面粗糙形貌；二是对其进行低表面能物质修饰。

纸张抗透水性的测定方法参见 GB/T 22897—2008《纸和纸板　抗透水性的测定》；纸张过滤速度的测定方法参见 GB/T 10340—2008《纸和纸板　过滤速度的测定》；纸张施胶度的测定方法参见 GB/T 460—2008《纸施胶度的测定》。

六、尺寸稳定性

纸张的尺寸稳定性也称形稳性，是指水分变化引起纸张尺寸或形状发生变化的情况，以纸张水分变化前后的尺寸变化量对纸张原来尺寸的百分率表示[45]。纸和纸板基本上都存在吸水伸长，脱湿收缩的问题。变化快且程度大的纸张尺寸稳定性差；反之，则尺寸稳定性好。纸张尺寸稳定性关乎其应用性。例如，纸张尺寸稳定性差会使多色胶版套印时套印不准，或在印刷油墨干燥时出现严重的纸张卷曲、起皱、荷叶边等问题。纸张尺寸稳定性对卷筒纸和某些折叠硬纸板的影响尤其严重，微小或局部的水分变化往往就会引起严重的外观纸病[46,47]。

1. 湿膨胀性

普通纸张的主要组成成分是纤维素，纤维素上的羟基具有很强的亲水性，这一特性赋予了纸张较强的吸湿润胀和解吸脱湿的性能。纸张在存放、运输以及印刷过程中，由于温度和湿度的变化引起纸张水分变化，从而产生膨胀和收缩。湿润胀引起纸张尺寸变化的主要原因是：水分变化时，纸张中纤维吸水膨胀或失水收缩，使整个纤维形状发生变化，从而引起纸张的尺寸变化；纸张纤维间依靠氢键结合，纸张吸收或失水时，氢键的作用得到加强或削弱，使纤维互相靠拢或分开[46]。

影响湿膨胀性的主要因素有[40,46,47]：

① 浆料本身湿润胀性能。不同原料制备的纸浆具有不同的湿润胀特性。在其他条件相同的情况下，由于阔叶浆纸张半纤维素含量相对较高，湿润胀性更强，所以比针叶浆纸张的湿膨胀变形大。草浆纤维细胞非常细小，结构比较紧密，有利于纸张尺寸稳定性，但草浆中含有较多的半纤维素、杂细胞，它们容易吸水润胀，又会增加纸张的湿变形。废纸浆纤维在循环回用中会不断发生角质化，使纤维失去了部分润胀能力，在一定程度上提高了纸张的尺寸稳定性。制浆方法对

纸浆的湿润胀性能也有影响。机械浆纸张比化学浆纸张的形稳性要好，主要原因是机械浆中存在较多的疏水性木质素，能有效阻碍水分子的渗透，另外大量木质素的存在也削弱了纤维间的结合程度，使纸张内部有较大空隙，给纤维的湿润胀提供了相对大的膨胀空间，从而减弱了纤维润胀对纸张尺寸稳定性的影响。

② 打浆作用。打浆会使纤维被压溃，表面细纤维化，并伴随着纤维被切断，所以浆料无论采用何种打浆方式都会增加纤维的润胀性，从而使得纸张的尺寸稳定性变差。

③ 纤维网络的湿润胀性。纸张中纤维在水分含量变化时会产生润胀或收缩。室温下，当环境湿度在 0～100％变化时，纤维素细小纤维的轴向和径向膨胀分别约为 1％和 20％。纤维尺寸的变化会导致纤维网络尺寸的变化，并在宏观上表现为纸张尺寸的变化。

④ 抄纸过程。湿压榨能降低进入干燥部的纤维网络水分含量，并在一定程度上降低纸幅潜在的自由收缩。干燥过程纸幅受约束的程度对纸张湿润胀率有重要影响。在常规纸机干燥部，纸幅的收缩主要分为约束干燥收缩和自由干燥收缩两个过程。约束干燥过程中，纸幅收缩小，湿润胀率低。自由干燥收缩过程中，纸幅收缩大，湿润胀率高。抗水类施胶剂能够阻碍水分子向纸张内部的渗透，降低纸张湿润胀作用。填料可以降低纤维间的结合力，削弱纤维膨胀在纸张内的传递，提高纸张稳定性。与之相反，助留助滤剂会提高纤维之间的结合程度和细小纤维在纸张中的含量，使纸张的尺寸稳定性变差。

纸张湿膨胀率的测定方法参见 GB/T 22899.1—2008《纸和纸板　湿膨胀率的测定　第 1 部分：最大相对湿度增加到 68％过程的湿膨胀率》、GB/T 22899.2—2008《纸和纸板　湿膨胀率的测定　第 2 部分：最大相对湿度增加到 86％过程的湿膨胀率》。

2. 卷曲、起皱和起楞

卷曲、起皱和起楞是纸和纸板尺寸稳定性差的表观具体表现。几乎所有种类的纸和纸板都会发生卷曲，只是发生程度不同[5]。卷曲又有稳定性和不稳定性之分。稳定性卷曲是纸页结构和物理特性。不稳定性卷曲产生的原因比较复杂。面内应变的两面差是造成纸张卷曲的本质原因[25,26]。卷曲可以通过纵向、横向和对角卷曲来表征。

生产中解决纸或纸板卷曲的方法有以下 4 种[48-51]：

① 抄造多层纸板时适当降低打浆度，提高纤维湿重，尽量降低底面浆的打浆度，最好在底浆内掺入一定量的面浆，或在面浆内加入一定比例纤维卷曲率小的纸浆，如阔叶木半化学机械浆。

② 提高上网匀度，改变纤维排列方向，使正反两面纸张纤维纵横交错组织均匀，减少纸张的两面差。

③ 适当提高湿压榨压力，尽量降低进烘缸的湿纸水分。

④ 采用合理的干燥曲线，尽量避免强烈干燥。

起皱是纸张平整性变差的一种现象，在纸页上随机出现直径 5～50mm 的隆起。起皱现象在中低定量纸张中较为常见。起皱通常发生在纸机的干燥部、涂布、印刷机、激光打印机和静电复印机上。起楞是纸张沿纵向分布的规则的波浪形隆起，主要出现在印刷过程中。纸张有时会同时出现起皱和起楞，难以区分。起皱和起楞会影响纸张外观，同时影响印刷和复印质量。引起纸张起皱的根本因素有[5]：

① 高的湿膨胀性，主要是高湿收缩性。湿润胀率与起皱成正比。

② 纸张匀度差。纸张局部定量、纤维取向和两面差尤为重要。

③ 纸张挺度小。纸张挺度大会使褶皱变得更矮、更平、更大，从而阻止或减轻起皱，反之亦然。

纸张伸缩性的测定方法参见 GB/T 459—2002《纸和纸板伸缩性的测定》；纸张卷曲的测定方法参见 GB/T 22896—2008《纸和纸板　卷曲的测定　单个垂直悬挂试样法》。

3. 动态尺寸变化

在环境湿度突然改变时，纸和纸板中的水分含量并不能立刻随着环境变化而变化，往往会迟滞一段时间才能与环境湿度达成新的平衡。这一时段中，不均匀润胀产生应力变化，使纤维网络不断发生非弹性形变，反映在宏观上即是纸和纸板尺寸发生动态变化[5]。纸张动态尺寸变化是其伸缩性的过程表现。在印刷过程中，纸张动态尺寸变化往往比其静态伸缩率更为重要。纸张纵向快速膨胀会造成纸幅张力不足，影响印刷机的运行性，横向快速膨胀则会引起多色印刷中的套印偏差问题。

第三节　纸和纸板的分类

纸和纸板的分类方式没有一个统一的国际标准，各国有自己的纸和纸板分类原则和方法，甚至有的造纸企业给纸和纸板定名、定系列和分类。虽然“国际标准化组织（ISO）”曾试图结束这种混乱状况，并出台了一些相应的规定，但未得到世界各国的普遍认可。人们还是大多约定俗成地或用模拟数学的方法对纸和纸板进行分类，所以造成纸和纸板的种类很多，据统计全世界有5000多种。纸和纸板的分类方法并不固定，古今分类方法也不尽相同，但总的归纳起来主要有按照原料、产地、抄造方式、定量、规格尺寸、用途等多种方式，其中按纸或纸板用途分类是人们在生活中最为常用的分类方法。

一、国内外纸和纸板的分类

新中国成立以来，我国相关部门曾多次颁布关于纸及纸板的分类标准，其中包括[52]：

① 1956年，我国轻工业部制定的《造纸工业产品目录》将我国的机制纸和纸板分为17大类，包括印刷纸、书写纸、制图纸、电绝缘纸等。

② 1973年，由轻工业部造纸局草拟的《纸和纸板的分类及用途》中把纸划分为12大类：印刷纸；书写用纸；绘图用纸；电气绝缘纸；电讯、计算与记录用纸；工业技术用纸；过滤与医疗用纸；加工原纸；包装用纸；生活用纸；机制纸板；加工纸及纸板。

③ 1986年发行的《中国造纸年鉴》制定的分类标准，将我国国产机制纸及纸板按主要用途分为6大类：印刷用纸及纸板；书写、制图和复制用纸及纸板；包装用纸及纸板；生活、卫生和装饰用纸及纸板；技术用纸及纸板；加工原纸。

④ 1990年轻工业部造纸工业科学研究所编制的《造纸工业标准体系表》把纸和纸板分为4大类：印刷用纸及纸板；文化、艺术、生活用纸和纸板；包装用纸及纸板；技术用纸和纸板。

⑤ 2001年，中国造纸协会把纸和纸板分为8大类：新闻纸；印刷书写纸；生活用纸；包装用纸；白纸板；箱纸板；瓦楞原纸；特种纸及纸板。

国外各国与我国纸和纸板的分类既有相同之处又有所差异。俄罗斯把纸分为印刷纸类、书写打字及绘图纸类、电工纸类、包装纸类、感光纸和复印纸类、香烟纸和卷烟纸类、吸收性纸类、工业技术用纸类、原纸类、装饰纸类等10大类。日本把纸分为和纸、洋纸、纸板3大类。北欧造纸业曾提出过一种新的纸分类方法，将纸分为印刷及书写纸、纸板、薄纸、色纸、特种纸等5大类，这种分类方法介乎于纸的特性与用途之间[52,53]。

二、纸和纸板的常用分类

（一）按照生产原料分类

我国传统手工纸，根据造纸原料的不同可分为麻纸、棉纸、皮纸、竹纸等。现代机制纸以生产原料分类命名较为常见的有石棉纸、碳纤维纸、芳纶纸等。

1. 麻纸

麻纸是以麻类纤维为原料的纸张，一般有白麻纸和黄麻纸两种。白麻纸正面洁白、光滑，背面稍粗糙，有草秆、纸屑黏附，质地坚韧、耐久；黄麻纸呈淡黄色，一般比白麻纸略厚，性能与白麻纸相似，但略显粗糙[54]。

2. 竹纸

竹纸以竹为材，竹纸因为颜色略呈黄色，故又称“黄纸”。竹纸有良好的使用性能。

3. 藤纸

藤纸以藤皮为原料，纸质匀细光滑，洁白如玉，不留墨。

4. 皮纸

皮纸是以桑皮、山桠皮、青檀皮等韧皮纤维为原料制成的纸。纸质柔韧、薄而多孔，纤维细长，但交错均匀[55]。皮纸是中国古代图书典籍的用纸之一，与白纸、竹纸、白棉纸等同为线装书的纸张种类之一。

5. 石棉纸

石棉纸是指用石棉纤维制成的纸，具有隔热、防火、耐酸碱和电绝缘性能。主要用作天花板、地板、墙壁的隔热和防火材料，或用于高温车间作为绝热材料，也可用作耐热电绝缘材料。

6. 碳纤维纸

碳纤维纸是指具有一定碳纤维含量的功能纸，具有优异的电热性能、导电性、多孔性、轻量化、耐高温、耐腐蚀等性能[56]。其用途广泛，应用于抗静电包装材料、面状发热材料、新能源和电化学领域用材料、电磁波屏蔽材料、现代武器装备材料、高品质音响材料和人造骨骼等多个方面[57-60]。

（二）按照制造方式分类

1. 手工纸

手工纸是以手工方式抄造而成的纸。手工纸这一名词是在 19 世纪发明了造纸机，大量纸张使用机械化造纸机生产以后，为了区别采用不同方法生产出来的纸张才出现的。现代对凡是采用竹帘或框架滤网等简单工具，以手工操作抄制而得的纸，都可以称为手工纸[61]。

2. 机制纸

机制纸指在各种类型的造纸机上抄造而成的纸和纸板。其特点是定量稳定、匀度好、强度较高。机制纸最常用的方法是湿法造纸，而干法造纸则主要被用于特殊纸种（如烟卷过滤嘴用纸、电气绝缘纸等）的抄造。

（三）按照尺寸规格分类

现代机制纸尺寸规格通常采用国际标准纸张规格。如我们熟悉的 A4 纸就是来自这个系列。这套标准由国际标准组织（ISO）制定，也称为 ISO 纸度。

ISO 纸度分为 A、B、C 三个系列，非常精确和系统，具体如表 5-7-1 所示。

表 5-7-1　ISO 标准纸尺寸规格详表　　单位：mm

A 系列		B 系列		C 系列	
A0	841×1189	B0	1000×1414	C0	917×1297
A1	594×841	B1	707×1000	C1	648×917
A2	420×594	B2	500×707	C2	458×648
A3	297×420	B3	353×500	C3	324×458
A4	210×297	B4	250×353	C4	229×324
A5	148×210	B5	176×250	C5	162×229
A6	105×148	B6	125×176	C6	114×162
A7	74×105	B7	88×125	C7	81×114
A8	52×74	B8	62×88	C8	57×81

续表

A系列		B系列		C系列	
A9	37×52	B9	44×62	C9	40×57
A10	26×37	B10	31×44	C10	28×40

过去我国常用纸张规格采用传统尺、寸分类，如今这种分类方法大多在手工纸生产和销售中使用，例如宣纸的常用规格有三尺、四尺、六尺等，其与现代公制长度对照见表5-7-2。

表5-7-2　宣纸的常用规格与现代公制长度对照表

宣纸规格	三尺	四尺	五尺	六尺	七尺	八尺	丈二	丈六	丈八
对应公制规格/cm	100×55	138×69	153×84	180×97	238×129	248×129	367×144	503×193	600×248

（四）按照定量和厚度分类

从广义上讲，纸包含纸和纸板两个术语。纸和纸板的区别一般是从其定量和厚度来区别的。过去，我国纸和纸板的划分标准是：定量在150g/m^{2}以下的叫作纸；>200g/m^{2}的称为纸板；介于150～200g/m^{2}的称作卡纸[62]。民间一般把200g/m^{2}以内的纸称为纸；把200g/m^{2}以上的纸称为纸板。此外，人们还约定俗成地把厚度较小的薄纸称为纸，把厚度较大的纸称为纸板。现在我国按照国际标准组织的建议，把区别纸张与纸板标准的定量确定为225g/m^2[4]。

（五）按照用途分类

纸和纸板按照用途可以分为文化用纸和纸板、包装用纸和纸板、生活及装饰用纸和纸板、工农业用纸和纸板、特种纸（功能纸）等。

第四节　纸和纸板的用途

纸和纸板作为一种基础性材料在文化艺术、生活、工农业生产、医疗卫生、包装、军事和航空航天等众多领域中均有广泛应用。

一、文化艺术

作为文化艺术传播与传承的载体是纸被发明的主要目的。用于资讯传递、文化传承等方面的纸和纸板统称为文化纸。文化纸适用于书刊、教材、杂志、笔记本、彩色图片等印刷，主要包括涂布印刷纸、非涂布印刷纸、书写纸和复制纸等。根据中国造纸协会的数据显示，2019年文化纸占全国纸及纸板类消费量比重的23.22%。近年来，由于智能手机和电子媒体的迅猛发展，传统媒体用新闻纸的需求量和产量大幅下降，2019年新闻纸产量为150万吨，不及2012年产量的一半。而用于书写和书籍等的书写印刷纸产量相对稳定，一直保持在1700万～1800万吨。涂布印刷纸产需与经济状况密切相关，波动较大。

几类常见文化纸的特点及用途见表5-7-3。

表5-7-3　几类常见文化纸特点及用途

名称	主要原料	特点	主要用途
新闻纸	通常由机械木浆(比例80%以上)和化学木浆(比例20%以下)配抄；或以脱墨废纸浆、甘蔗渣浆、竹浆为主要原料搭配原生木浆配抄	优点：纸质松轻，有较好的弹性；吸墨性能好，不透明性能好。 缺点：纸张易发黄变脆，抗水性能差，不宜书写	用于报纸、期刊、课本、连环画等

续表

名称	主要原料	特点	主要用途
铜版纸	原纸：漂白化学木浆或漂白化学木浆配以部分漂白化学草浆。 涂料：高岭土、滑石粉、碳酸钙、二氧化钛等	优点：表面光滑、洁白度高、吸墨着墨性能很好。 缺点：遇潮后粉质容易粘搭、脱落，不能长期保存	用于高级书刊的封面和插图、彩色画片、商品广告、样本、商品包装、商标等
胶版纸	一般采用漂白针叶木化学浆和适量的竹浆制成	尺寸稳定性好，对油墨的吸收性均匀、平滑度好，质地紧密不透明，抗水性能强	印刷画册、彩色插图、商标、封面、环衬、高档书籍和本册等
书写纸	通常用漂白化学纸浆制成	洁白光滑、书写流利、耐水性好等	适用于表格、练习簿、账簿、记录本等供书写用
轻涂纸	原纸：机械木浆配以部分漂白针叶木化学浆。 涂料：碳酸钙、阳离子淀粉	轻涂纸不透明度、平滑度、光泽度和印刷适性好，成本低于铜版纸	用于印刷杂志、商品目录、广告、商标、报刊插页等

1. 涂布印刷纸和纸板

涂布印刷纸主要用于高端图书、资料、宣传材料等的制作、印刷，常见品种有胶版印刷涂布纸、压纹胶版印刷涂布纸、低定量胶版印刷涂布纸、涂布邮票纸、涂布白纸板、涂布卡纸（图 5-7-1）、铸涂纸（图 5-7-2）、铸涂白纸板、无光泽印刷涂布纸、低定量凹版印刷涂布纸等。

图 5-7-1　涂布卡纸

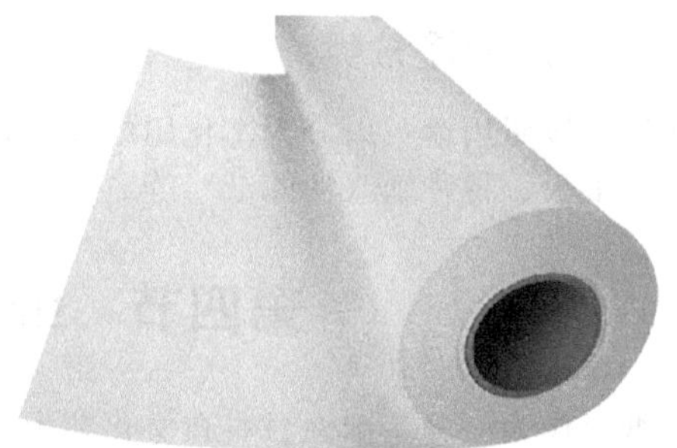

图 5-7-2　铸涂纸

2. 非涂布印刷纸和纸板

非涂布印刷纸及纸板主要用于报刊和普通书籍，常见品类有新闻纸（图 5-7-3）、字典纸、地图纸、胶印书刊纸、胶版纸、凸版印刷纸、凹版印刷纸、招贴纸、白卡纸、证券纸、钞票纸（图 5-7-4）、邮票纸、政文纸、盲文印刷纸、火车票纸板、票证纸、封面纸板、封套纸板等。

图 5-7-3　新闻纸

图 5-7-4　钞票纸

3. 书写用纸

书写纸主要用于书写、绘画、绘图等方面，常见书写纸有宣纸（图 5-7-5）、打字纸、制图纸（图 5-7-6）、有光纸、图画纸、水彩画纸、素描画纸、木炭画纸、双红纸、条纹书写纸、账页纸、水写纸、油画坯纸、吸墨纸、梅红纸等。

图 5-7-5　宣纸

图 5-7-6　制图纸

4. 复制用纸

复制纸要求外观平整、光滑、有光泽，匀变好，具有良好的干湿强度、耐久性和整饰性。通常使用棉浆和漂白化学木浆抄造，适当施胶，加填后再在长网造纸机上抄制。产品视终端用途的需要而决定是否需要涂布。主要用于复印、复制文献资料等。常见的品类有描图纸（图 5-7-7）、铁笔蜡纸原纸、静电复印纸（图 5-7-8）、晒图原纸、干法重氮感光纸、复写原纸、打字复写纸、静电复印描图纸、打字蜡纸原纸、誊印纸、打字蜡纸衬纸、热敏复印纸、静电制版纸、无碳复写纸、拷贝纸等。

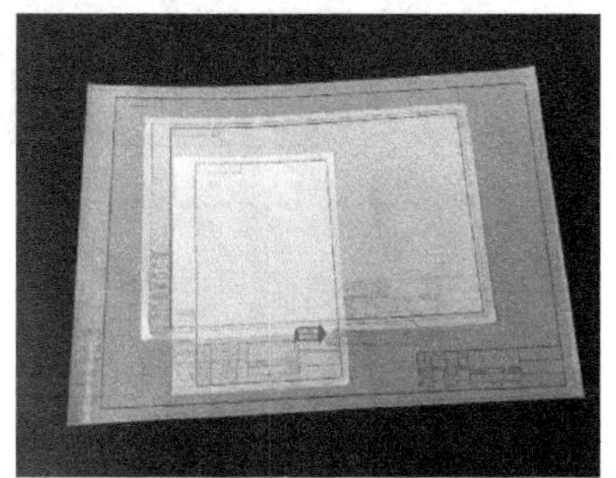

图 5-7-7　描图纸

图 5-7-8　静电复印纸

二、生活及装饰

生活用纸是指个人居家、外出等所使用的各类卫生擦拭用纸，是人们生活中不可或缺的纸种之一。它们通常由棉浆、木浆、草浆、废纸浆制造。根据使用目的不同，对生活用纸的吸水性、湿强度等性能有不同的要求。

装饰用纸是用于建材、装饰等方面的一类纸和纸板的统称。装饰纸一般要求具有良好的遮盖力、浸渍性、印刷性、表面平滑度、吸收性和适应性。

1. 卫生和生活用纸

卫生纸生产的常用浆种有木浆、竹浆、棉浆、草浆等。卫生纸一般要求安全卫生，无毒性，无对皮肤有刺激性的物质，无霉菌病毒性细菌残留，吸水性强，有一定的干湿强度，纸质柔软，厚薄均匀无孔洞，起皱均匀，色泽一致，不含杂质。常见卫生纸品类主要有皱纹卫生纸、纸巾纸

（图 5-7-9）、湿纸巾纸（图 5-7-10）、卫生巾、尿布纸、薄型无纺布、灭鼠纸、膏药纸、药棉纸、水溶性药纸等。

图 5-7-9　纸巾纸

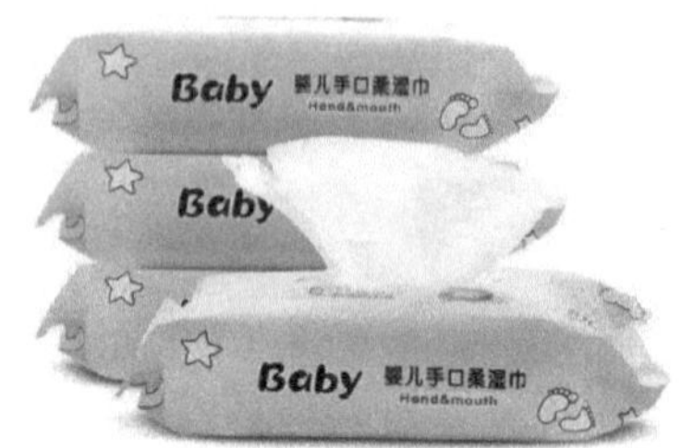

图 5-7-10　湿纸巾纸

2. 生活用纸

生活用纸主要有擦镜纸、桌布纸、纸杯纸、纸盘纸、餐具垫纸（图 5-7-11）、衬裙纸、制鞋纸板、编织原纸、纸鞋垫、摄影黑卡纸（图 5-7-12）、代布纸、香粉纸等。

图 5-7-11　餐具垫纸

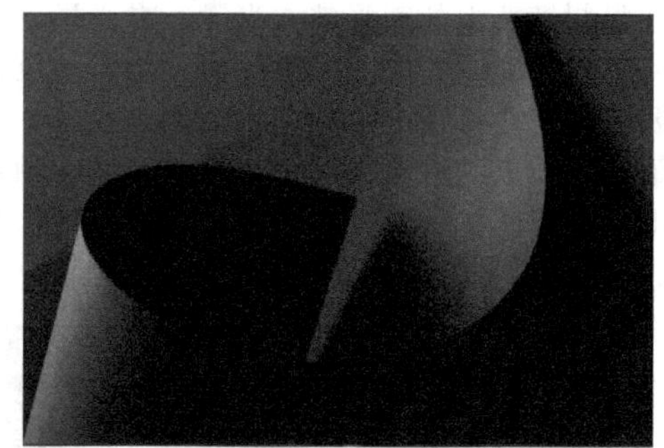
图 5-7-12　摄影黑卡纸

3. 装饰用纸

装饰用纸是家具、建材产品中常用纸基材料。常见装饰用纸有贴花面纸、贴花衬纸、蜡光纸（图 5-7-13）、蜡光原纸、装饰原纸、壁纸原纸、涂塑壁纸、皱纹原纸、不干胶原纸、塑料贴面纸板、石膏纸板、底层纸、表层纸、陶瓷薄膜贴花纸、陶瓷薄膜贴花衬纸、宝丽纸、预油漆纸、金属贴花纸（图 5-7-14）、金属贴花衬纸、搪瓷贴花纸等。

图 5-7-13　蜡光纸

图 5-7-14　金属贴花纸

三、医疗健康

医疗用纸是指用于医疗和护理过程中清创、擦拭或用于药品的内包装等的纸。根据用途可分为医用功能性纸和医用包装纸。广义上，化妆用纸也属于医疗用纸范畴。

医用功能性纸一般具有定量小（通常<40g/m^2），无菌、无杂质，纸质柔软，强度较高，吸收性较好等特点。抄造原料一般是漂白化学木浆或棉短绒浆，不施胶，不加填。医用功能性纸主要有无尘纸、止血纸、医用纸质胶片、消毒剂浓度测量纸、心电图纸（图 5-7-15）、吸油面纸（图 5-7-16）等。无尘纸具有高弹力，柔软，手感、垂感极佳，以及优良的吸水性和保水性能，被广泛应用于卫生护理用品、特种医用用品等领域。止血纸是以海藻类植物为原料制成的功能性纸，其中的藻朊酸具备一定的止血功能；医用纸质胶片主要用于 X 射线，临床 A 超、B 超、M 超等超声彩色照相胶片，图文报告，波拉片等的打印，除了能够满足普通医疗诊断的需求外，还有防潮、环保、耐磨等优点。心电图纸是一种与心电图机配套使用的加工纸，属于热敏纸。其是在原纸上涂布一层炭黑作为基层，再涂上一层白色涂料，然后印上坐标线格而成。当心电图机的“热头”与纸面接触后，涂层被熔解化开，显示出黑色线条，便得到相应的波纹线。吸油面纸主要用于面部油脂清洁。优质的吸油面纸，首先要做到吸油力强劲，能及时吸去脸上的油分，却不会失去水分，所以防水性最佳；其次要使肌肤感觉到光滑，它的纸质要求柔软舒适并有足够的韧度，不易撕破，大多数为麻纸。

随着医疗水平与材料技术的发展，医药领域用纸制品的创新发展成为新的发展方向。如 2017 年，中国科学院上海硅酸盐研究所研发出具有柔韧性和力学性能的新型羟基磷灰石超长纳米线基生物纸，可以作为皮肤创伤修复、骨裂或骨折包扎固定、骨缺损修复等用途的医用纸。

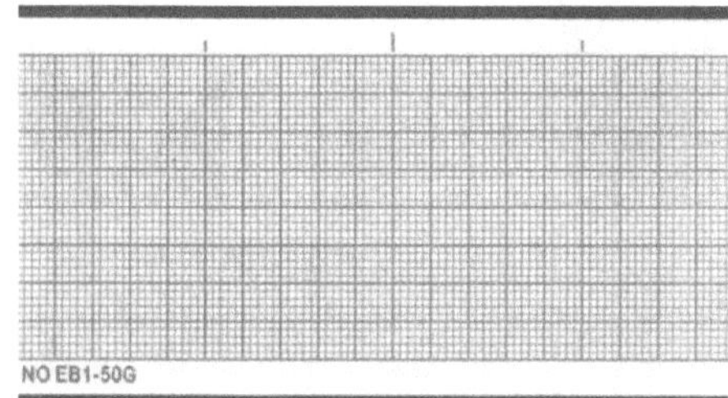

图 5-7-15 心电图纸

图 5-7-16 吸油面纸

医用包装纸和纸板主要有医用透析纸、医用纸塑类、医用皱纹纸（图 5-7-17）、医药瓦楞纸（图 5-7-18）和医药纸板类等产品。医用纸塑类纸主要用于包装体积小、重量轻的仪器。医用皱纹纸具有抗水、低纤维屑、阻燃、拉伸性能好等优点，主要用于低温环氧乙烷灭菌、压力蒸汽灭菌等领域。医用透析纸具有较小的孔径，具备一定的透气性，允许环氧乙烷气体或蒸汽透过，但能阻隔细菌和尘埃的进入，广泛应用于纸/纸板灭菌包装袋及纸/塑灭菌包装袋的生产中。透气度是医用透析纸最为重要的性能指标。

图 5-7-17 医用皱纹纸

图 5-7-18 医药瓦楞纸

四、工农业生产

工农业技术用纸和纸板是在现代科技发展、国防和工农业生产建设中广泛应用的纸张和纸板的统称。这类纸和纸板占总产量较小，但种类繁多，对工农业、科技的发展起着重要的配套作用。

1. 过滤用纸和纸板

过滤用纸（简称滤纸）是用于气、液过滤的纸和纸板的统称。滤纸要求纸质疏松多孔，根据不同用途对孔径大小和均一性有不同要求，对气/液滤过性好，对颗粒状物质的保留率高，湿强度高。原纸一般以棉浆或漂白精制硫酸盐木浆为原料抄造而成，或根据需要对原纸进行后加工处理。常见品类有定量滤纸（图 5-7-19）、定性滤纸、滤芯纸板、烟度计用滤纸、铅烟过滤纸、耐高温空气过滤纸、离子交换树脂填充滤纸、色谱分离滤纸、工业滤油纸（图 5-7-20）、机油滤纸原纸、柴油滤纸原纸、啤酒过滤纸、除菌滤纸、牛奶过滤纸、净水纸、癌细胞过滤纸、精密磨床用滤纸、液压油滤纸、活性炭滤纸、放射性气体测定专用活性炭滤纸、含合成纤维滤纸、油气分离过滤纸、缝隙过滤纸、阳离子交换纤维滤纸、涂膜除菌型液净滤板、未涂膜除菌型液净滤板、高效滤清器瓦楞原纸、防毒面具过滤纸、净化空气滤纸等。

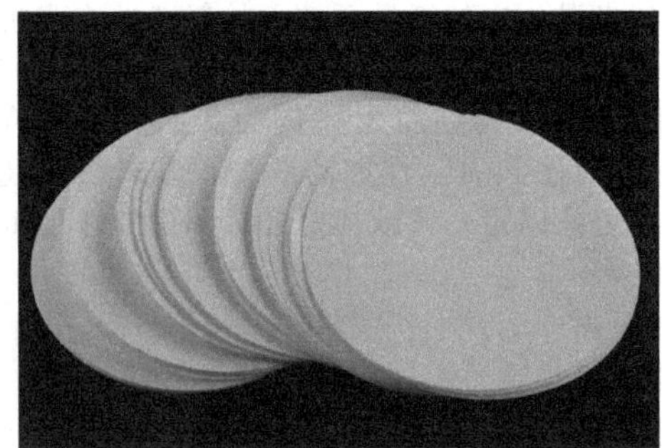

图 5-7-19　定量滤纸

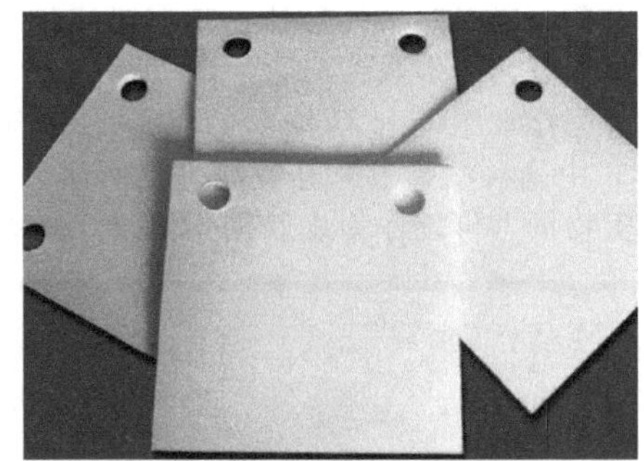

图 5-7-20　工业滤油纸

2. 农用地膜纸

农用地膜纸（图 5-7-21）属于一种后加工的功能性纸基材料。首先采用湿法造纸工艺抄制出原纸，造纸过程中通常在纸浆内添加湿强剂、防腐剂和/或透明剂等功能性助剂。随后根据性能要求，对原纸进行涂布等再加工处理，使其具有机械强度、透光/不透光、透水、保温、增温、保墒性或其他地膜所要求的功能。它除了具备传统塑料地膜的一般作用外，还具有一定的农作物侧根穿透性及抱土性能，既能保持水土、集中养分、防止土壤板结，又能预防病虫害、抑制和清除杂草[63,64]。因此，这种多功能纸质地膜的开发和使用，是解决长期使用聚乙烯地膜，造成土壤有机肥下降、农作物减产和白色环境污染这些问题的有效途径。纸地膜的干湿强度与透光性能是其生产技术的核心与关键。

图 5-7-21　农用地膜纸

3. 果蔬保鲜纸

果蔬保鲜纸（图 5-7-22）是一种果蔬专用的包装纸，具有紧密层和疏松层两层结构。紧密层的主要作用是抑制果蔬的呼吸作用，并阻止果蔬产生的二氧化碳和水外流；疏松层则可使袋外空气向袋内渗透，以保持果蔬鲜活。果蔬保鲜纸还应具有防湿、抑菌、调气的功能。果蔬保鲜纸通常由 100％的漂白化学木浆，再加入必要的化学药剂（如防腐剂）制成。为使果蔬保鲜纸更加安全环保，科研工作者通过涂布的方法将多种天然植物、草药粉液替代化学药剂涂覆在果蔬包装原纸上制成草药果蔬保鲜纸。所用草药粉液的原料主要有百部、甜茶、虎杖、甘草和良姜等。草药果蔬保鲜纸具有制造方法简单、取材方便、成本低廉、安全、易自然降解、不污染环境等特点。

图 5-7-22　果蔬保鲜纸

4. 水果套袋包装纸

水果套袋纸（图 5-7-23）分为内袋和外袋，袋纸又分为内层和外层。内层为黑色，外层一般为本色。为防止室外风霜雨雪等环境的破坏，水果套袋纸要有较高的湿抗张强度。为了使水果成长过程中能够获得良好的呼吸，水果套袋纸还要具备良好的透气度。纤维原料配比和合适的助剂选择，是水果套袋纸生产的技术要点[64]。水果套袋包装纸可以改善水果外观品质和减少农药残留。

图 5-7-23　水果套袋纸

5. 其他工农业生产配套用纸和纸板

工农业生产配套用纸和纸板种类繁多，主要有红电光炮纸、棉条筒钢纸板、弹药筒纸、导火线纸、砂石原纸、硬钢纸板、软钢纸板、钢纸管、钢纸原纸、油毡原纸、卷烟纸、蚕种纸、提花纸板、手风琴箱纸板、沥青防水纸板、塑料模型纸、金色热压复印纸、银色热压纸、唱片热压纸、雪茄烟纸、水松原纸、水松纸（图 5-7-24）、雪茄烟原纸、布轮纸、金相砂纸、耐水砂纸原纸、阻燃纸（图 5-7-25）、填炭隔热纸、水溶纸、速燃纸、细菌培养纸、耐高温隔热纸、钟面纸、附粘纸、吸湿纸、漆纸原纸、酒瓶瓶口密封衬垫纸、葱皮纸、育苗移栽纸、育苗纸（图 5-7-26）、育苗原纸、黑色热压纸、电容器纸（图 5-7-27）、聚氯乙烯热封纸、电池吸水纸、羊皮纸、感光胶片衬纸、毛纺专业纸、蜡梗火柴纸、磨片基纸等。

图 5-7-24 水松纸

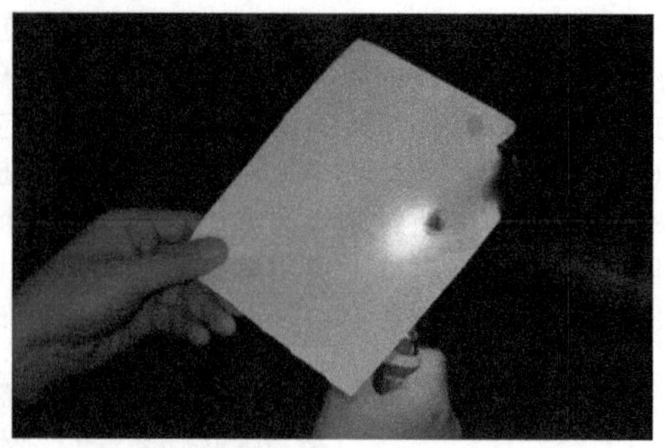

图 5-7-25 阻燃纸

图 5-7-26 育苗纸

图 5-7-27 电容器纸

五、航空航天及军事

高性能纸材料在航空航天、军事领域多用于飞机轻量化的关键架构减重材料、雷达罩材料等，包括碳纤维纸、导水纸、防泄密纸、防篡改纸、芳纶纸及防复印纸等。

1. 碳纤维纸

碳纤维纸（图 5-7-28）是指以碳纤维为增强剂的功能增强材料，基质为天然纸浆或合成纸浆，辅以黏合剂和填料，利用湿法或干法成形的方法抄造而成的纸状复合材料。纸浆可用天然纤维纸浆，也可用合成纤维纸浆。碳纤维纸具有优异的电热性能，其导电性能可以通过控制生产工艺调控。因为碳纤维具有均匀多孔、比表面积大等特点，可以作为过滤材料[57]。此外，碳纤维纸所具有的轻量化、耐高温、耐腐蚀等特性使其在防静电包纸、面状发热材料、电磁波屏蔽材料、导电纸、质子交换膜燃料电池用气体扩散层材料等方面都有广泛应用。

图 5-7-28 碳纤维纸

碳纤维表面仅含有少量的基团，在打浆过程中只能产生切断作用，不能像植物纤维一样产生分丝帚化现象，纸页成形后纤维间也不会产生氢键结合力，在碳纤维的成纸过程中需要解决的难题主要集中在分散和成纸强度两个方面[57,58]。对上述问题，在实际生产中，可以通过降低纤维分散浓度、添加表面活性剂和分散剂、对碳纤维改性和添加胶黏剂等方法解决。

2. 导水纸

导水纸是载人航天工程中航天员生命保障系统所需的重要材料之一，用于吸附和净化宇宙飞船舱内宇航员排出的湿与热，满足宇航员在太空生存和工作所需的环境条件要求。由中国制浆造纸研究院研制出的导水纸已经成功应用在我国载人航天飞船上[65]。

3. 防泄密纸

防泄密纸是一种表面经过特殊处理的纸。在需要保密的地方，只需用配套的专用钢笔——划线器划分出来即可。这种钢笔水透明无色，与纸面接触会产生一条复杂的花纹。花纹不妨碍文章的阅读，但会破坏复印机敏感元件的正常工作，使复印后文章中的保密地方出现一条黑带，从而达到保密的目的。

4. 防篡改纸

防篡改纸采用先进的压缩印刷技术，笔尖、点阵打印机或凸版印刷产生的压力作用于纸上时，会与纸张纤维的内部及纸背面引起化学反应，一分钟后即在纸背面上出现记号或文字图案。而在纸的正面，有一层化学制剂，可防止文件被涂、擦、划、刮和彩色复印。如果用有机溶剂、氧化还原剂、酸、碱等溶剂来涂改时，制剂会进入纸张纤维，并在其中留下一个彩色记号。该纸的表面还附有一层调色剂，如用橡皮擦或用刀刮划，也会在纸张表面对纸纤维内部产生一个彩色记号。

5. 芳纶纸

芳纶纸（图 5-7-29）又名“聚芳酰胺纤维纸”，以芳纶短纤维和芳纶沉析纤维为造纸原料，斜网抄造湿法成形，再经热压成形制得，具有强度高、质轻、耐高温、耐酸碱、阻燃和绝缘等特性[66]，是一种十分重要的基础原材料，可用于飞机、高铁、风力发电叶片、变压器和雷达罩等制造。近年来，我国科研工作者已打破国外技术垄断，研发并生产出了高性能芳纶纸。纳米对位芳纶纤维纸是用尺寸均匀的纳米芳纶纤维分散液通过真空辅助抽滤法制备而成。相比于商业化的锂离子电池 PP（聚丙烯）隔膜，纳米对位芳纶纤维纸力学性能优异、亲水性好，对电解液的浸润性好、热稳定性能好[67]。

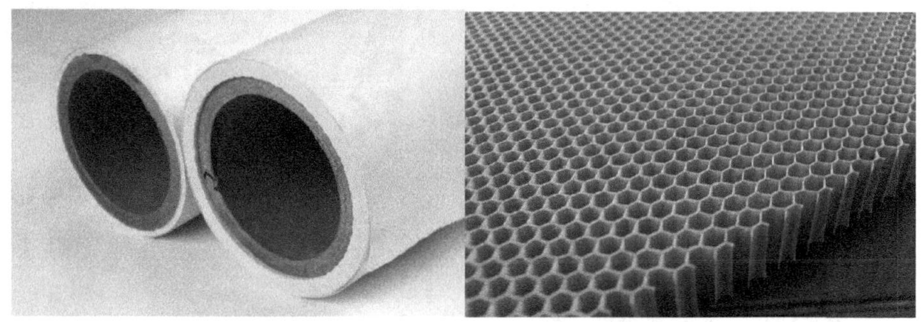

图 5-7-29　芳纶纸和芳纶纸蜂窝

6. 防复印纸

所谓防复印就是防止将原件经过复印机复印出和原件完全一样的仿品，避免达到伪造的目的。利用底色花纹印刷，隐藏文字、花纹、图案的防复印纸（图 5-7-30）的特点，是在纸上印有阅读或辨认时几乎没有任何障碍的底色花纹，这是一种极细的网点花纹或隐藏的文字、图案印刷。一旦复印后，花纹或隐藏的文字、图案就鲜明地显现出来。

图 5-7-30　防复印纸

六、物品包装

包装纸是主要用于包装目的的一类纸和纸板的统称，通常要求具有高的强度和韧性，能耐压、耐折，含水率低、透气性小、无腐蚀作用，且具有一定的抗水性。根据用途不同，各类包装纸又有各自有不同的特殊性能要求。比如：用于食品包装的纸还要求具有无菌、无污染杂质、防水防油等性能。包装纸主要包括普通包装纸、食品包装纸、特殊包装纸和商品印刷包装纸等。目前及今后相当长的时间内，物流、电子、日化、食品、饮料等行业对包装纸的需求巨大。

1. 通用包装纸和纸板

通用包装纸有纸袋纸（图 5-7-31）、鸡皮纸、铝箔衬纸、牛皮纸（图 5-7-32）、包针纸、半透明纸、条纹牛皮纸、胶卷保护原纸、火柴纸、中性包装纸、薄页包装纸、条纹包装纸、农用包装纸、香皂包装纸、皱纹轮胎包装纸、铝器包装纸、维纶布纸复合包装材料、再生牛皮纸、再生水泥袋纸、防水袋纸、磷肥袋纸、再生皱纹封袋纸、包装纸、牛皮卡纸、灰衬纸、蓝色包砂纸、复合皱纹原纸、真空镀铝原纸、真空镀铝纸、胶片衬纸、单面白纸板、厚纸板、中性纸板、箱纸板、牛皮箱纸板、瓦楞原纸（图 5-7-33）、标准纸板、提箱纸板、茶板纸、火柴外盒纸板、火柴内盒纸板、双面灰纸板、青灰纸板等。

图 5-7-31　纸袋纸

图 5-7-32　牛皮纸

图 5-7-33　瓦楞原纸

2. 食品包装纸

食品包装纸的品种规格最多，一般分为内、外两大类包装用纸。与食品直接接触的称为内包装纸，其主要性能要求清洁，无病菌和有毒有害物质，具有防潮、防油、防粘、防霉等性能。外包装纸主要作用为美化和保护食品，物理强度好和印刷性能好是其主要性能指标。液体饮料包装纸还必须具有防渗透性。

普通食品包装纸有糖果包装纸、冰棍包装纸（图 5-7-34）、仿羊皮纸、普通食品包装纸、防油纸、液体食品包装纸复合材料、挤塑糖果包装纸、糕点保鲜用隔氧纸复合包装材料、食品保鲜用除氧剂包装袋纸（图 5-7-35）等。

图 5-7-34　冰棍包装纸

图 5-7-35　除氧剂包装袋纸

近些年又发展出功能性食品包装用纸，这类纸除用于各类食品的包装外，还能保持食品的香味、鲜度和/或热度。如太阳能保温纸是一种可以将太阳能转化为热能的纸。其作用像太阳能集热器。用它包装食品，放在有阳光照射的地方，便不断集热，可将食物加热、保温，直到将纸张打开，热量才会散去。可食性包装纸是世界食品工业新科技发展的主要趋势，这类纸由可食用的改性无毒纤维，再加一些食品添加剂制成。

3. 特殊包装纸

特殊包装纸是对包装有特殊要求的各种纸的统称。常用特殊包装纸有工业羊皮纸、工业羊皮原纸、特细羊皮纸、玻璃纸（图 5-7-36）、肠衣纸（图 5-7-37）、条纹柏油纸、夹线柏油纸、沥青防潮纸、石蜡纸、普通防潮纸、防锈纸（图 5-7-38）、黑不透光纸、苯甲酸钠防锈纸等。

玻璃纸又称赛璐玢，透明度高，像玻璃一样明亮，主要适用于医药、食品、纺织品、精密仪器等商品的美化包装，因透明能直观商品。其特点是可见光线透过率达 100%，对氧气、氢气、二氧化碳等气体的阻隔能力强，有漂亮的光泽，适印性和印刷表现力好，防油，不产生静电现象，不易粘上灰尘，耐热性好。

肠衣纸也称为纤维素肠衣，是一种用经酯化改性的天然纤维素衍生物制成的无缝筒形薄膜状产品，其主要原料为木材和棉短绒。肠衣纸广泛应用于制作管状香肠的肠衣，是香肠类食品理想的绿色环保型包装材料。由于该肠衣需要在食用香肠前剥掉，所以又称为“去皮肠衣”或“剥皮肠衣”。无毒无味，在土壤中可自然降解，不会对环境造成二次污染。

防锈纸是可以有效防止金属锈蚀的包装纸，通常在纸的表面涂上某种既不容易挥发又不会腐蚀金属的化学药剂而制成。防锈纸有气相型和接触型两种，还有专门用于不锈钢的防锈纸。这种纸是在适宜不锈钢材料的“纸基”上加入了“不锈钢锈乱剂”，使纸对不锈钢锈蚀起专门的阻止和防护功能，防锈效果好。

图 5-7-36　玻璃纸

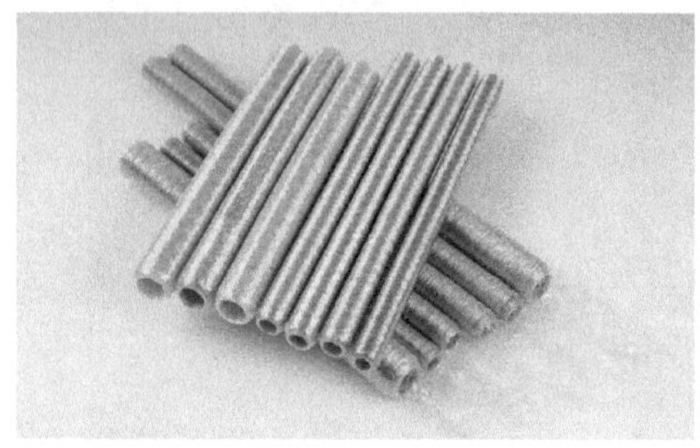

图 5-7-37　肠衣纸

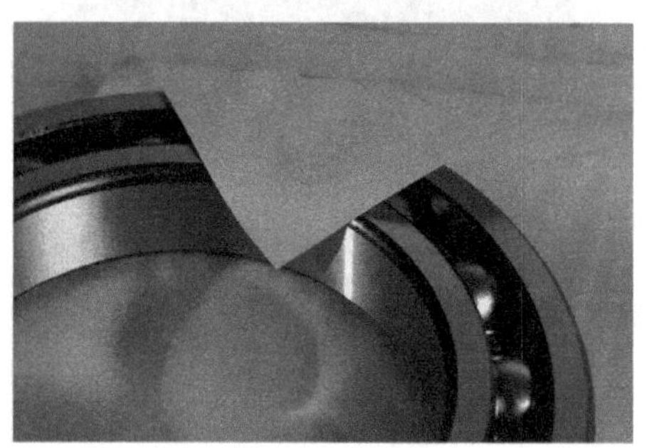

图 5-7-38　防锈纸

参考文献

[1] 李学勤. 字源. 天津：天津古籍出版社，2012：1149.

[2] 管理. 坂茂及其纸结构建造体系研究. 南京：南京大学，2014：7.

[3] 张玉书，等. 康熙字典（标点整理本）. 北京：汉语大词典出版社，2002：880.

[4] 辞海（第七版彩图本）. 上海：上海辞书出版社，2019.

[5] Niskanen K. 纸张物理性能. 刘金刚，苏艳群，杜艳芬，等译. 北京：中国轻工业出版社，2019：57-238.

[6] 于倩. 纸张粗糙度对喷墨印刷品质量影响研究. 科技经济导刊，2016（1）：18-21.

[7] 钟林新，付时雨，周雪松，等. 纸基摩擦材料的摩擦性能及其机理研究现状. 中国造纸学报，2010，25（1）：96-101.

[8] 周林杰，陈夫山，胡惠仁. AKD 施胶机理及其对纸页摩擦性能的影响. 黑龙江造纸，2005（2）：34-35.

[9] 张洪波，赵子怡，孙昊，等. 改性分散松香胶对纸模制品表观性能的影响. 包装工程，2016，37（15）：78-83.

[10] 范志婕，许文凯. 涂料性能对涂布纸间的摩擦性能的影响. 国际造纸，2013，32（6）：28-32.

[11] 滕铭辉，赵传山. 涂料性质对涂布纸摩擦性能的影响. 国际造纸，2008，27（5）：16-19.

[12] 李杰辉. 填料和松香胶对纸张摩擦性能的影响. 国际造纸，2002，5：45-47.

[13] 陆赵情，王贝贝，陈杰. 树脂浸渍对纸基摩擦材料摩擦磨损性能的影响. 纸和造纸，2015，34（7）：33-36.

[14] 谢茂青，王雷刚，罗怡沁，等. 纳米氧化铝改性酚醛树脂增强纸基摩擦材料的热学与力学性能. 粉末冶金材料科学与工程，2021，26（2）：182-188.

[15] 曹丽云，杨朝，费杰，等. 硫化温度对纸基摩擦材料性能的影响. 陕西科技大学学报（自然科学版），2014，32（4）：31-35.

[16] 陈港. 纸浆、纸张热性能及其评价方法研究. 广州：华南理工大学，2013.

[17] 于红梅. 油浸式变压器绝缘纸电气性能的影响因素研究. 北京：中国制浆造纸研究院，2018.

[18] 刘丹. 降温过程中微水对油纸绝缘介电性能影响的实验研究. 哈尔滨：哈尔滨理工大学，2015.

[19] 宋微，董荣业，刘洪斌. 染料与荧光增白剂、填料的相互作用对纸张光学性能的影响. 中国造纸，2008，27（11）：14-17.

[20] 许英，臧永华，任景慧. 涂布箱纸板的光学性能与印刷适性. 中国造纸，2012，31（4）：1-5.

[21] 吕志梅，司占军，张冬寒. 一种新型涂布纸涂料的制备方法与性能研究. 上海包装，2019（4）：30-33.

[22] Luukko K，Paulapuro H. Development of fines quality in the TMP Process. Pulp Paper Science，1999，25（8）：273.

[23] 李琳. 填料聚集体形态与分布特征对纸张性能的影响及其调控机制. 西安：陕西科技大学，2019.

[24] 王建，张美云，王静，等. 磨浆对 BCTMP 成纸性能的影响. 纸和造纸，2009，28（6）：27-28.
[25] 夏自由. 水分对纸张拉伸弹性模量的影响研究. 印刷质量与标准化，2014（9）：44-45.
[26] 林本平. 基于木素含量变化的针叶木浆纤维性质和纸页强度的研究. 广州：华南理工大学，2014.
[27] 张洪鑫. 纳米磁性 Fe_3O_4/TiO_2 复合体制备及在磁性纸中的应用. 广州：华南理工大学，2013.
[28] 翟骏. 纸和纸板的弯曲挺度测试简介. 上海包装，2014（8）：57-58.
[29] 司景航，王世伟. 对位芳纶浆粕对纸张的性能影响及其在扬声器纸盆中的应用. 造纸科学与技术，2020，39（5）：19-23.
[30] 肖大锋. 关于改进纸板压缩强度的探讨. 湖北造纸，2003，000（4）：11-15.
[31] 吴文慧. 关于瓦楞原纸环压强度提高途径的探讨. 华东纸业，2016，47（3）：10-12.
[32] 余慧忠. 瓦楞原纸环压强度的研究. 武汉：湖北工业大学，2016.
[33] 余章书. 提高瓦楞原纸环压强度的技术探讨. 湖南造纸，2014（2）：14-17.
[34] 陈晓彬，董云渊，郑启富，等. 纸张内部水分存在形式及其干燥特性研究. 中国造纸学报，2019（1）：55-59.
[35] 朱绪耀，钱军浩. 纸张印刷特性分析. 包装工程，2008，29（2）：61-63.
[36] 吕晓慧，阳路，刘文波. 纸张的孔隙及其结构性能. 中国造纸，2016，35（3）：64-70.
[37] 郝彦淇，黄文龙，刘文波. 纸张作为微流控技术芯片的结构性能与优势. 黑龙江造纸，2019（3）：11-14.
[38] 刘仁，NCC/AESO Pickering 乳液的制备及其改善纸张水蒸气阻隔性能的研究. 南宁：广西大学，2020.
[39] 王旺霞，谷峰，丁正青，等. 一种提高食品包装纸张水蒸气阻隔性能的方法，CN110205866A. 2019.
[40] 李红，刘文. 影响纸张湿润胀伸缩率的因素. 黑龙江造纸，2007（3）：11-14.
[41] 杨淑蕙. 植物纤维化学. 4 版. 北京：中国轻工业出版社，2014：162-163.
[42] 商宝强. 植物纤维基材料的研发及力学性能研究. 青岛：中国石油大学（华东），2014.
[43] 罗显星. NaOH/Urea 体系下纳米纤维素纤维的制备及应用. 广州：华南理工大学，2018.
[44] 李倩. 介孔硅纳米球制备自修复疏水棉织物. 上海：东华大学，2015.
[45] 刘烨，陈蕴智. 浅谈纸张的尺寸稳定性对印刷质量的影响. 中国印刷，2007（4）：74-76.
[46] 宋乃建，史水芹. 纸张尺寸稳定性的影响因素. 华东纸业，2009，40（2）：21-26.
[47] 杨伯钧. 纸张尺寸稳定性. 纸和造纸，2004，4：5-10.
[48] 黄敏. 纸张卷曲产生的原因及对策. 广西轻工业，2002（2）：22.
[49] 吴一民. 纸和纸板卷曲原因和解决途径浅谈. 浙江造纸，1990（4）：13-14.
[50] 肖大锋. 如何解决纸和纸板的卷曲. 湖北造纸，2003（1）：17-19.
[51] 吴学栋，陈鹏. 纸浆纤维的卷曲对纸和纸板性能的影响. 纸和造纸，2003（3）：70-71.
[52] 刘仁庆. 对纸的分类问题之思考. 天津造纸，2010，32（1）：42-45.
[53] 曹邦威. 国外纸和纸板的纤维组成及特性. 国外造纸，1994（3）：31-34.
[54] 黄震河. 浅谈古籍中常见的古纸种类与制法. 图书情报导刊，2005，15（13）：76-77.
[55] 沈雪晟. 纸本书画的全色. 上海工艺美术，2016（1）：90-92.
[56] 李灵忻. 高性能碳纤维纸及其应用. 高科技纤维与应用，2002，27（5）：15-16，40.
[57] 韩文佳，赵传山，李全朋. 浅谈碳纤维纸在燃料电池的应用及其制备工艺. 纸和造纸，2010，29（1）：63-67.
[58] 赵传山，韩文佳. 碳纤维纸的研究现状及其发展趋势. 全国特种纸技术交流会暨特种纸委员会第八届年会论文集，2013.
[59] 钟林新，张美云，陈均志，等. 碳纤维导电纸导电性能影响因素的研究. 中国造纸，2008，27（4）：1-4.
[60] 李红斌，房桂干，施英乔，等. 碳纤维纸的电热性能研究. 中国造纸，2018（3）：32-36.
[61] 白国应. 关于造纸工业文献分类的研究. 图书馆工作，2004（4）：15-19.
[62] 苏文. 造纸科普常识之日常生活篇（下）. 江苏造纸，2020（1）：46-48.
[63] 李辉，赵传山，姜亦飞，等. 环保型可降解棉秆纤维地膜纸的制备与研究. 2018 全国特种纸技术交流会暨特种纸委员会第十三届年会论文集，2018.
[64] 张运展. 加工纸与特种纸. 北京：中国轻工业出版社，2005.
[65] 赵璜，吕福荫，刘文. 中国制浆造纸研究院 50 年来军工特种纸的研究. 造纸信息，2006，5（5）：3.
[66] 徐帆. 三维石墨烯网络结构及其复合材料制备与性能研究. 哈尔滨：哈尔滨工业大学，2019.
[67] 庹星星. 对位芳纶纳米纤维复合膜的制备与性能研究. 武汉：武汉纺织大学，2017.

（吉兴香，田中建）

第八章　制浆造纸“三废”处理

最大限度实现制浆造纸生产过程废物的资源化综合利用，是造纸工业绿色发展和碳中和的必然要求。制浆造纸的“三废”处理主要涉及生产过程生物质固废的综合利用、废气和废液的治理和回收利用，包括废渣、污泥、黑液、生物质气体等典型生物质能源、化学品的回收利用，纤维类废弃物的综合利用，生产环节产生的余压、余热等能源的利用，制浆废液的三级处理回用，废水处理工程沼气的利用。

制浆造纸生产过程产生的固体废物、废水和废气的种类和数量因所使用工艺方法的不同存在差异。

① 固体废物。化学法制浆的固体废物主要为备料工段产生的树皮、木（竹）屑、草末、麦糠、苇叶、蔗髓及沙尘等废渣，筛选工段产生的节子和浆渣，碱回收工段产生的绿泥、白泥、石灰渣，污水处理厂的污泥等；化学机械法制浆的固体废物主要为备料工段产生的树皮和木屑等废渣，筛选工段产生的浆渣和污水处理厂的污泥。纸和纸板制造生产中固体废物主要为打浆、流送工段产生的各种浆渣，成形工段产生的废聚酯网等。

② 废水（或废液）。化学法制浆废水主要由备料、蒸煮、漂白、蒸发等工段产生，污染物主要为化学需氧量（COD）、生化需氧量（BOD）、悬浮物（SS）及氨氮（NH_3-N）。化学机械法制浆废水主要由备料、木片洗涤、浆料洗涤、筛选等工段产生。纸和纸板制造生产中废水主要由打浆、流送、成形、压榨、施胶或涂布等工段产生。

③ 废气。化学法制浆废气污染物主要为备料产生的粉尘，蒸煮、洗涤、筛选、黑液（废液）蒸发、污水处理厂等工段产生的臭气，碱回收炉、石灰窑产生的烟尘、二氧化硫及氮氧化物等。硫酸盐法制浆臭气主要为硫化氢、甲硫醇、甲硫醚及二甲二硫醚等，烧碱法制浆臭气主要为甲醇等挥发性有机物，亚硫酸盐法制浆臭气主要为氨等。化学机械法制浆废气污染物主要为备料产生的粉尘。污水处理厂臭气主要为氨、硫化氢等。

制浆造纸行业的固体废物大部分为纤维类生物质，有多种资源化利用方式可实现对其中有机物质资源和能源的综合利用。污泥处理，以前多采用带式压滤机脱水，脱水后的湿污泥干度仅15%左右，含水率太高，二次污染严重。采用更加高效的板框压滤机脱水，将污泥的干度提高至40%以上，能给后续合理处置和综合利用带来便利。干污泥混入煤中用作燃料，既利用了污泥热值又使污泥减量化，或将干污泥用作建筑材料或水泥原料。备料产生的树皮、禾草末、芦苇末、荻苇末以及生产过程产生的尾浆、浆渣等固废，已开发出专用焚烧锅炉，实现了减量化、无害化和资源化。

对蒸煮、碱回收蒸发工段及冷凝水汽提等排出的高浓臭气，洗涤机、塔、槽、反应器及容器等排出的低浓臭气，通过管道收集后进入碱回收炉、石灰窑、专用火炬或专用焚烧炉焚烧处置。对碱回收炉烟尘和石灰窑废气，采用电除尘，除尘效率可达99%以上。烟尘治理技术主要为袋式除尘，二氧化硫治理主要包括石灰石/石灰-石膏湿法脱硫及喷雾干燥法，氮氧化物治理主要为选择性非催化还原法（SNCR），控制二噁英采取过程控制及末端活性炭吸附的措施。沼气是废水厌氧处理过程中的副产物，通过厌氧反应器上部的气液分离器及管道将沼气送往脱硫装置脱硫后作为锅炉燃料或用于发电；沼气产生量较少时可采用火炬直接燃烧处理。

制浆造纸废水主要有生产废水（制浆黑液、漂白中段水等）、生活污水、初期雨水等来源，对其必须进行有效治理及控制，确保污染防治设施稳定运行，使废水达标排放。制浆企业碱回收系统的稳定运行，既回收了有用化学品和热能资源，同时解决了黑液污染难题。化学浆生产中用碱回收系统治理黑液污染积累了丰富的经验，现已开始用于化学机械法制浆的生产。国内制浆造纸企业的综合废水治理普遍采用三级处理工艺，排放水清澈透明，废水污染防治达到了国际先进水平，彻底改变了过去给予社会的负面形象。

为加大清洁生产力度，推动循环经济发展，充分发挥纸业的绿色属性优势，提高资源的高效和循环利用，推动造纸行业循环经济发展，工业和信息化部（工信部）每隔一段时间会向造纸工业推荐行业适用的清洁生产技术。按照减量化、再利用、资源化的原则，通过节约资源、减少能源消耗和污染物排放，努力建设资源节约型、环境友好型造纸产业。造纸行业积极推行的六项先进清洁生产技术包括：a. 本色麦草浆清洁制浆技术；b. 置换蒸煮工艺；c. 氧脱木质素技术；d. 无元素氯漂白技术；e. 镁碱漂白化学机械浆生产关键技术；f. 白水循环综合利用技术。

第一节　废水处理

制浆造纸废水，是以植物纤维或废纸等原料生产纸浆，及以纸浆为原料生产纸张、纸板的过程中产生的各种废水的统称。纸浆生产过程中产生的废水称为制浆废水，纸张、纸板等产品生产过程中产生的废水称为造纸废水[1]。

采用的原料种类、制浆工艺、制浆得率以及造纸品种不同，废水的污染特征差异较大[1]，见表 5-8-1。一般规模以上制浆造纸企业既有制浆工段，也有造纸工段，生产过程产生的废水以及污冷凝水、生活污水等合并收集后，形成综合废水，进入后续废水处理设施集中处理。造纸综合废水的处理，常用三级处理方案，即一级处理、二级处理（生物处理）和三级处理（深度处理）。对于高悬浮物、高浓度等废水有时候需要先进行预处理。典型处理工艺流程见图 5-8-1。

表 5-8-1　制浆造纸企业典型废水水质指标范围

废水类型	pH 值	悬浮物 /(mg/L)	COD_{Cr} /(mg/L)	BOD_5 /(mg/L)	AOX /(mg/L)	总氮③ /(mg/L)	氨氮③ /(mg/L)	总磷 /(mg/L)
化学浆①	5～10	250～1500	1200～2500	350～800	2～26	4～20	2～5	0.5～2
化学机械浆②	6～9	1800～380	6000～16000	1800～4000	0～3	5～10	3～5	1～3
机械浆	6～9	850～2000	3200～8000	1200～2800	0～1	4～8	2～5	0.5～1.5
废纸浆	6～9	800～1800	1500～5000	550～1500	0～1	5～20	4～15	0.5～1
脱墨废纸浆	6～9	450～3000	1200～6500	350～2000	0～1	3～10	2～6	0.5～1.5
造纸废水	6～9	250～1300	500～1800	180～800	0～1	2～4	1～3	0.5～1

① 化学浆水质指标为制浆废液经化学品或资源回收后的指标。
② 化学机械浆水质指标为高浓度制浆废水未进行蒸发燃烧处理的指标。
③ 氨法化学浆废水氨氮和总氮指标分别为 55～150mg/L 和 60～160mg/L。

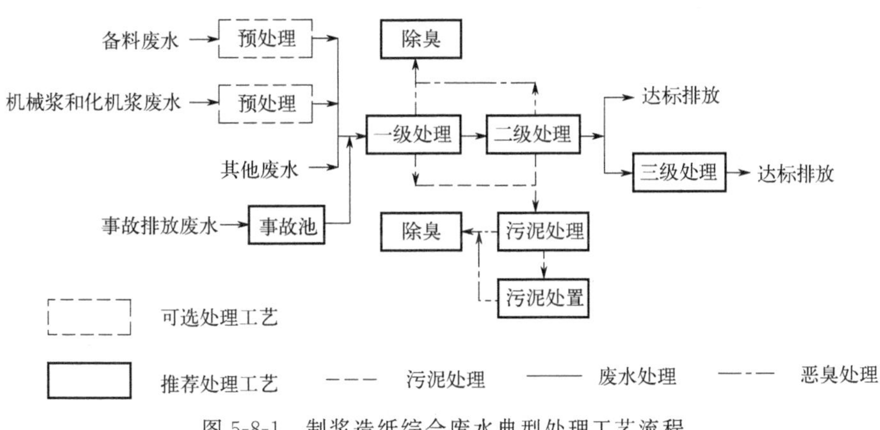

图 5-8-1　制浆造纸综合废水典型处理工艺流程

一、预处理

预处理的主要作用是去除制浆造纸废水中的大部分细小纤维、有毒物质等，为废水后续生物处理创造有利条件。实际应用的预处理技术主要包括纤维回收（过滤）、混凝等。近年来随着工业节水的发展，生产废水的浓度越来越高，而排放标准越来越严格，一些其他技术也在预处理中得到了应用，比如铁炭微电解、多效蒸发等。

（一）纤维回收

制浆造纸废水中含有大量的长约 1～200mm 的纤维类杂物，这类悬浮状的细小纤维不能通过格栅去除。如不清除，有可能堵塞管道或缠绕水泵叶轮影响水泵正常工作。

过滤是分离废水中细小纤维的一种有效方法。过滤时，含细小纤维的水流过具有一定孔隙率的滤网，水中细小纤维被截留在滤网表面（或内部）而去除。分离出的细小纤维可进行回收利用。

筛网一般采用金属丝或化学纤维编制而成，有转鼓式、转盘式、回转帘带式和固定式倾斜筛等多种形式。实际应用中常采用重力自流固定式倾斜筛，具有结构简单、操作灵活、便于清理及投资小等优点。倾斜角度一般取 55°～60°，筛网间隙采用 60～100 目，过水能力宜为 10～15m^3/(m^2·h)。

（二）混凝

1. 原理和功能

混凝是向水体中投加一定量的药剂，通常称为混凝剂或助凝剂，使水中胶粒电中和而脱稳，相互絮聚形成较小的微粒，再通过高分子聚合物产生的吸附架桥和卷扫作用，使聚集的絮体增大，在一定的沉淀条件下从水中分离去除的过程[2]。

混凝是废水物化处理中最常用的方法之一。可以有效降低水的色度、浊度，去除附着于胶粒和致浊杂质上的细菌和病毒，去除各种难降解有机物、某些重金属毒物和放射性物质，改善污泥的脱水性能。

混凝技术与其他技术相比，具有投资少、设备简单、易于操作维护和处理效果好等优点。其缺点是运行费用较高，产污泥量较大。

2. 常用混凝药剂

按化学成分分类，混凝药剂可分为无机混凝剂和有机混凝剂两大类，见表 5-8-2。

表 5-8-2　制浆造纸废水混凝剂常用品种

分类			常用品种
无机类	低分子	铝盐类	氯化铝、硫酸铝
		铁盐类	硫酸铁、硫酸亚铁、氯化铁、氯化亚铁
		复配型	硫酸铁铝、氯化铝铁
	高分子	阳离子型	聚合氯化铝、聚合硫酸铁、聚合硫酸铝
		复合型	聚合氯化铝铁、聚合硫酸铁铝、聚硅硫酸铁
		阴离子型	聚硅酸
有机类	高聚合度	阳离子型	阳离子型聚丙烯酰胺
		阴离子型	聚丙烯酸钠、水解聚丙烯酰胺
		非离子型	非离子型聚丙烯酰胺

常用的无机混凝剂，可分为铝盐类、铁盐类和复配型等，主要品种有聚合氯化铝（PAC）、

聚合硫酸铁（PFS）和聚合氯化铝铁（PACF）。聚合氯化铝（PAC）具有适用范围广、适温性好、腐蚀性小、处理效果好等优点。聚合硫酸铁（PFS）是有强电中和能力的无机高分子混凝剂，具有投加量小、处理成本低、处理效果好等优点，应用得越来越广泛。

3. 影响混凝效果的主要因素

影响混凝效果的因素比较复杂，主要有以下几个方面。

（1）水质　工业废水中的污染物成分及含量因行业、生产工艺的不同存在明显差异，在化学组成、带电性能、亲水性能、吸附性能等方面都可能不同，因此某一种混凝剂对不同废水的混凝效果可能相差较大。

（2）pH 值和水温　在不同的 pH 值条件下，铝盐与铁盐的水解产物形态不一样，产生的混凝效果也不同。pH 值较低时，水解反应不充分，对混凝过程不利。无机盐混凝剂的水解反应是吸热反应，水温低不利于混凝剂水解，而且水温低时水的黏度变大，不利于水中污染物质胶粒的脱稳和聚集，絮凝体形成困难。

（3）混凝剂品种　混凝剂的种类、投加量和投加顺序都可能对混凝效果产生影响。混凝处理都存在最佳品种和最佳用量的问题。制浆造纸废水常用药剂品种为聚合氯化铝和聚合硫酸铁。合理用药量见表 5-8-3。

表 5-8-3　生化出水混凝处理合理用药量取值（以液体 PAC，10% Al_2O_3 计）

生化出水 COD/(mg/L)	药剂投加量/(mg/L)
60～100	200～600
100～200	600～1500
200～300	1000～2500
300～500	2000～3000

（4）水力条件及混凝反应时间　混凝过程中的水力条件对絮凝体的形成影响较大。整个混凝过程可以分为两个阶段：凝聚和絮聚。凝聚就是混合过程，水力条件激烈，在尽可能短的时间内使药剂与水充分混合，混合时间一般几十秒至 2min。絮聚就是为产生的细小矾花提供相互碰撞接触和互相吸附的机会，使形成的絮聚体不断变大的过程。絮聚要求水力条件温和，避免结大的絮凝体被打碎，反应时间 10～20min。

4. 混凝过程和装备

混凝处理工艺流程包括药剂的配制与投加、混合、反应及沉淀分离。装备主要有溶解搅拌装置、投药装备、混合设备及配套反应装置。混凝沉淀工艺流程见图 5-8-2。

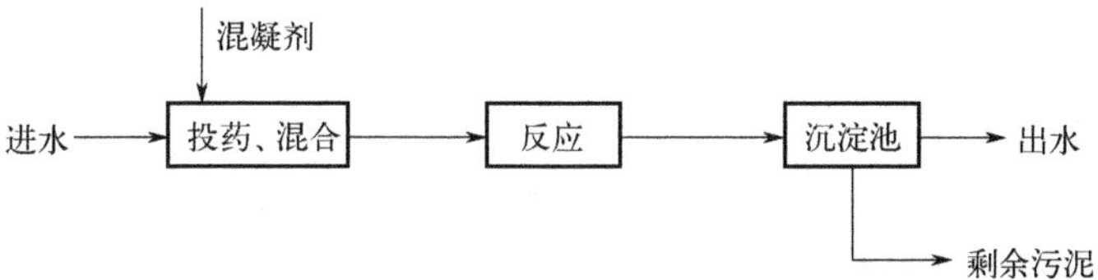

图 5-8-2　混凝沉淀工艺流程

（1）投药　投药是指将计量的混凝剂投加到一定量废水中的过程，分为干投法和湿投法。干投法是指投加固体药剂，湿投法是指药剂以液体形式投加，其中湿投法应用较多。固体药剂也可以通过配制成一定浓度的液体采用湿投法投加。

液体投加时一般采用计量泵投加，或者泵配套计量设备使用，并能随时调节投加量，计量设备主要有转子流量计、电磁流量计等。

混凝剂的投加量主要取决于药剂品种和废水浓度。在有条件时，应根据烧杯实验来确定合理的投加量；当没有实验条件时，用于生化出水的混凝处理，最佳用量可参考表 5-8-3 估算。

（2）混合　混合是指药剂投入废水中后发生水解，并与水中胶体和悬浮物接触形成细小絮凝体（俗称矾花）的过程。混合的作用是使药剂与废水在短时间内充分接触，以确保混凝剂的水解与聚合，使胶体颗粒脱稳，并互相聚集成细小的矾花。混合阶段需要剧烈短促地搅拌，混合时间要短，在10～30s内完成，一般不得超过2min。混合一般有两种基本形式：一种是借水泵的吸水管或压力管混合；另一种是在混合设备内进行混合。

在专用混合设备（表5-8-4）中进行混合，有机械和水力两种方法。采用机械搅拌的有机械搅拌混合槽、水泵混合槽等；利用水力混合的有管道式、穿孔板式、涡流式混合槽等。常用的混合设备见图5-8-3和图5-8-4，其中固定混合器也称静态混合器。

表5-8-4　造纸废水混凝处理中常用混合装置

名称	优缺点	适用条件
固定混合器	① 制作简单，有定型产品； ② 不占地，易于安装； ③ 混合效果好； ④ 水头损失较大	中、小型处理工程 （水量≤1000m^3/d）
机械搅拌混合池（槽）	① 混合效果较好； ② 可以设备化，也可以建构筑物； ③ 水头损失小； ④ 有一定的动力消耗，需定期维修保养	适用于各种规模
折板式混合池	① 宜与混凝沉淀池结合设计； ② 混凝效果一般； ③ 有一定的水头损失； ④ 常与其他混合装置（如固定混合器）配合使用	大、中型处理工程 （水量1000～30000m^3/d）

图5-8-3　固定混合器

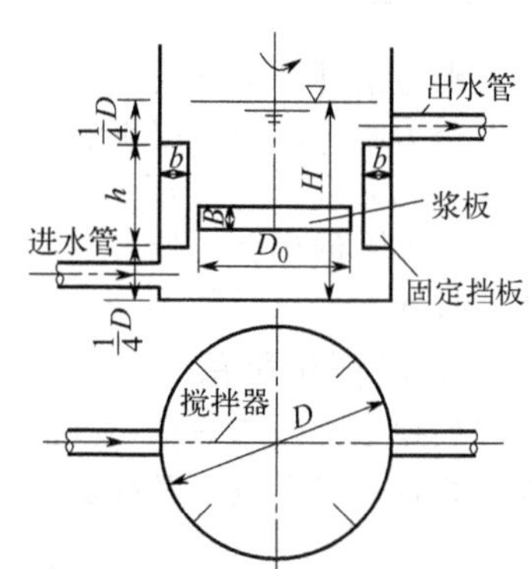

图5-8-4　机械搅拌混合池

（3）反应　混合完成时，水中已产生细小絮体，但此时絮体较小，沉降效果差，反应阶段的作用是让小絮体通过接触碰撞形成较大的、具有良好沉淀性能的絮凝体，工程上经常使用高分子助凝剂（如聚丙烯酰胺）促进在短时间内形成较大的絮凝体。在反应设备中，沿着水流方向搅拌强度应越来越小。反应池的类型也有机械搅拌和水力搅拌两类。反应完成后的废水进入后续沉淀池实现固液分离。

（三）预处理新技术

1. 铁炭微电解

针叶木和桉木化学机械浆废水（特别是CTMP废水）中含有明显抑制微生物活性的物质，常导致二级生物处理的效率低，生化出水COD等指标数值高，严重影响三级深度处理，存在处理困难、成本高、难达标等问题。普通预处理技术一般也不能取得较好的效果，此时采用铁炭微电解处理，往往能取得较好的效果，可明显改善废水的可生化性。

（1）工艺原理　铁炭微电解工艺是基于金属腐蚀原理，利用电解质溶液中铁屑晶体结构上形成的许多铁炭局部微电池处理废水的电化学处理技术[3]，被认为是环境友好和绿色型预处理技术[4]，是大多数高浓度难降解废水预处理的首选技术之一[5]。该技术可以使高分子有机物或者芳香烃等环状有机物开环断链，提高废水的可生化性；并且在破除重金属络合物以及置换重金属离子等方面具有良好表现[6,7]。

铁炭微电解一般采用铸铁屑和活性炭或焦炭做成填料床，当废水流过填料床时，发生内部和外部两方面的电解反应。一方面，在铸铁屑内部含有微量的碳化铁，可形成许多细微的原电池；另一方面，铁屑和其周围的炭又形成了较大的原电池，因此利用微电解进行废水处理的过程实际上是内部和外部双重电解的过程[8-14]。

（2）影响因素　对微电解的影响因素主要有反应 pH 值、反应时间、铁屑种类和粒径、曝气量等。

① 反应 pH 值。废水初始反应 pH 对微电解具有显著的影响，酸性条件下产生的电极电位差比中性或碱性下产生的高。虽然酸性越强反应越快，但是生成的 Fe^{2+} 过多会导致产生的污泥量增加，以及废水溶液 pH 回调至中性时产生额外的碱消耗，一般工业应用选择 pH 值为 4～5.5。

② 反应时间。反应时间是影响微电解效果的另一个重要因素，不同的废水有不同的最佳反应时间，而且溶液初始 pH 值也影响反应时间。工业应用中一般控制反应时间在 30～60min。

③ 铁屑种类和粒径。铁屑的种类决定了铁屑中碳含量，铁屑的粒径影响铁屑在反应过程中与废水的接触面积。铸铁屑比铁刨花和钢铁屑处理效果好，但铁刨花和钢铁屑易得且属于废物再利用。目前工业应用中为防止板结，一般选择重新煅炼的纳米级铁炭颗粒，粒径在 5～10cm。

④ 曝气量。在有 O_2 参与的情况下，微电解电位差很大，对处理效果有较大影响。一定程度的曝气可以增加铁屑与污泥物质的接触程度，避免出现板结现象，但曝气量过大，也会导致气泡阻止铁屑与污染物质的充分接触，从而影响处理效果。

（3）在制浆造纸废水处理中的应用　曲雪璟等[15] 对杨木 BCTMP 浆制浆废水进行微电解处理，发现微电解处理时的废水 pH 值对处理效果影响最大，其次是 Fe/C（质量比）和反应时间。在 pH＝3～4，Fe/C（质量比）为 0.5∶1，反应时间 15min，铁液比为 0.1～0.125 的条件下，废水色度去除率＞90％，COD 去除率＞70％，可生化性（BOD/COD）由原来的 0.3 上升到 0.35。

肖仙英等[16] 用微电解法处理造纸中段废水，采用的工艺条件为曝气量 0.4L/min，铁炭质量比 2∶1，pH 值 3，反应时间 10min。色度去除率可达到 96％，COD 去除率 58.4％。乔瑞平等[17] 采用铁炭微电解方法对制浆造纸工业生化处理后的废水进行了深度处理。发现最佳反应条件为溶液初始 pH＝3.0、8.0g/L 活性炭、40.0g/L 铸铁屑、H_2O_2 添加量 7.17mmol/L 以及反应时间 60min。适量 H_2O_2 的加入对铁炭微电解反应有明显的强化作用。强化微电解反应后再采用 8.0g/L 的氢氧化钙混凝处理，总的 COD_{Cr} 去除率可以达到 75％，色度去除率可高达 95％以上。出水水质达到国家造纸工业水污染物排放一级标准（GB 3544—2008）。

2. 多效蒸发

多效蒸发在制浆造纸废水处理中主要有两方面应用：化学浆制浆黑液的蒸发浓缩和化学机械浆制浆浓废液的蒸发浓缩。化学浆制浆黑液通过蒸发浓缩进入后续碱回收工艺回收能量和碱。化学机械浆制浆产生的浓废液（固含量大概 2％）通过蒸发浓缩至 50％左右浓度进行后续能量回收或用于制作生物质燃料的配料。工程上常采用四效蒸发，可以提高生蒸汽的利用率，见表 5-8-5[18]。四效蒸发的流程如图 5-8-5 所示。

表 5-8-5　蒸发 1kg 所需的加热蒸汽量[18]

效数	一效	二效	三效	四效	五效
(D/W)/min	1.10	0.57	0.40	0.30	0.27

注：D 为加热蒸汽消耗量，kg；W 为蒸发量，kg。

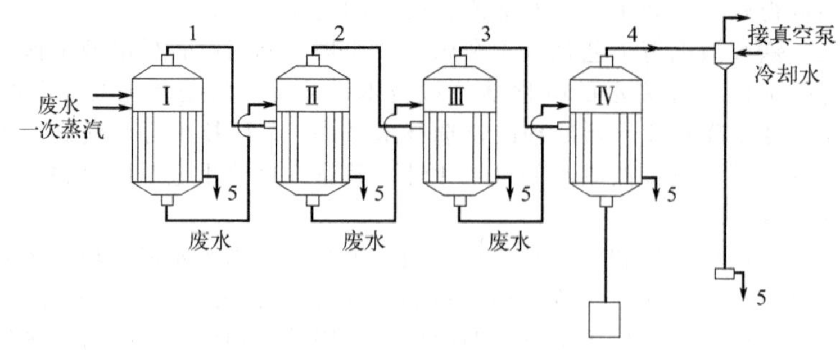

图 5-8-5　四效蒸发流程

1—一效二次蒸汽；2—二效二次蒸汽；3—三效二次蒸汽；4—四效二次蒸气；5—冷凝水

二、一级处理

（一）沉淀

1. 原理和功能

沉淀是利用废水中的悬浮物密度比水大，可在重力作用下自然沉降，实现废水固液分离的工艺过程。处理设施是沉淀池，主要用于去除废水中可以沉淀的固体悬浮物，生物处理前的沉淀池一般称为初沉池，可以降低废水中悬浮物含量，减轻生物处理负荷；在生物处理后的沉淀池一般称为二沉池，主要用于截留活性污泥；二沉池后设置的物化沉淀池，是通过在沉淀池中投加混凝剂，提高难生物降解的有机物和有色物质等的去除率。

2. 处理设施和装备

沉淀池按池内水流方向可分为平流式、竖流式、辐流式和斜板（管）式，几种沉淀池的比较见表 5-8-6。

表 5-8-6　不同沉淀池的特点及适用条件

类型	优点	缺点	适用条件
平流式	① 处理水量大小不限，沉淀效果好；② 对水量和温度变化的适应能力强；③ 平面布置紧凑，施工方便，造价低	① 进、出水不易均匀；② 多斗排泥时，每个斗均需设置排泥管(阀)，手动操作，工作繁杂；③ 采用机械刮泥时容易腐蚀	① 适用于地下水位高、地质条件较差的地区；② 大、中、小型废水处理工程均可采用
辐流式	① 沉淀效果较好；② 排泥设备成套性能好，排泥方便，管理较简单；③ 周边配水时容积利用率较高	① 中心进水时配水不易均匀；② 机械排泥设备复杂，运行管理要求较高；③ 池体较大，对施工质量要求高	① 适用于地下水位较高的地区；② 适用于大、中型废水处理厂
斜板(管)式	① 沉淀效率高、效果好，产水量大；② 水力条件好，停留时间短；③ 占地面积小；④ 排泥方便，维护方便	① 由于停留时间短，其缓冲能力差；② 易堵塞，不宜作为二次沉淀池；③ 构造较复杂，使用一段时间后需更换斜板(管)，造价高	① 适用于中、小型废水处理厂；② 可用于已有平流沉淀池的挖潜改造
竖流式	① 静压排泥系统简单，排泥容易；② 占地面积小；③ 运行管理简单	① 水池深度大，施工困难，造价高；② 池径大时易导致布水不均匀；③ 耐冲击负荷和温度变化的适应能力差	适用于小型废水处理厂

（1）平流式沉淀池　平流式沉淀池通常为矩形水池，废水从池一端流入，沿水平方向流过水池，从池的另一端流出，一般由进水装置、出水装置、沉淀区、缓冲区、污泥储存区及排泥装置等组成。排泥方式有机械排泥和多斗排泥两种，机械排泥装置主要有链带式刮泥机、桁车式刮泥机和行车式吸泥机。平流式沉淀池构造简单，管理方便，常用于中小型废水处理厂。图 5-8-6 为常见的一种平流式沉淀池示意图。

平流式沉淀池长宽比应大于 4∶1，长深比应大于 10∶1（池深一般为 2m 左右）。用于自然沉淀时，池内水流的水平流速一般为 3mm/s 以下；用于混凝沉淀时，水平流速一般应为 5～20mm/s。水在沉淀池内的停留时间，根据原水水质和对沉淀后的水质要求，通常为 1～3h。

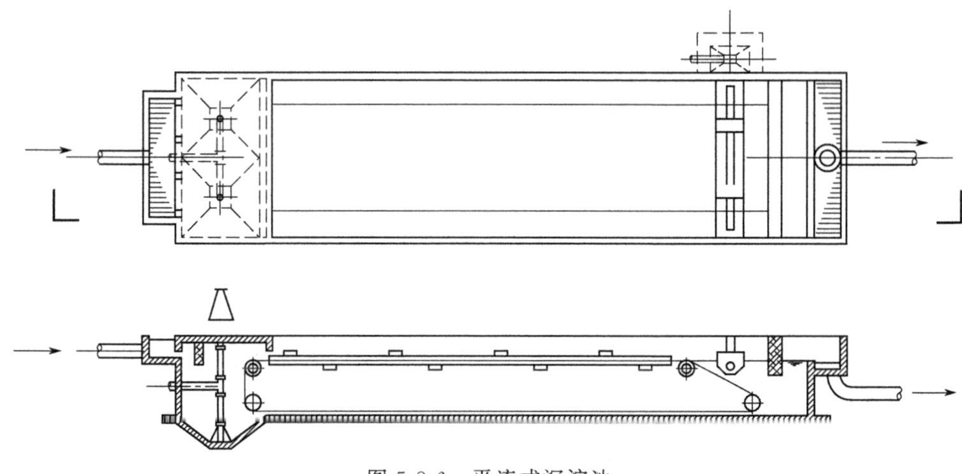

图 5-8-6　平流式沉淀池

（2）辐流式沉淀池　辐流式沉淀池一般呈圆形，其直径通常不大于 100m。其中以中心进水周边出水辐流式沉淀池最为常见。其结构见图 5-8-7。废水经中心进水管进入池中心，在挡板的作用下，平稳均匀地沿着池子半径流向周边出水堰，水流速度越来越小，水中絮体物逐渐分离下沉。按进出水的方式可分为中心进水周边出水、周边进水中心出水和周边进水周边出水三种形式。

辐流式沉淀池使用回转式刮泥机，其结构简单，管理环节少，故障率低。回转式刮泥机分为全跨式、半跨式、中心驱动式、周边驱动式，其中半跨式适用于直径 30m 以下的中小型沉淀池。

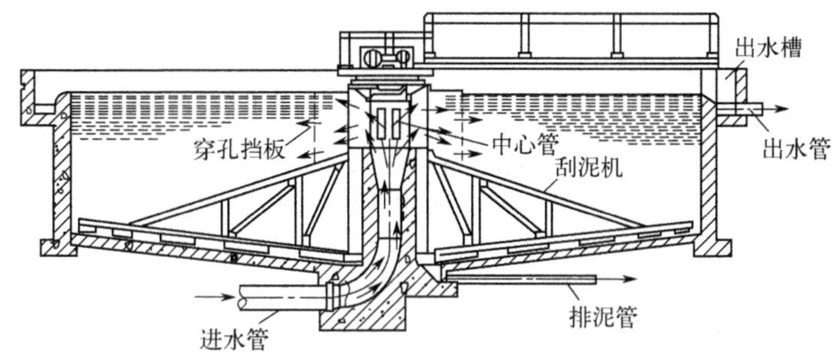

图 5-8-7　辐流式沉淀池

（3）斜板（管）式沉淀池　斜板（管）式沉淀池是根据“浅层沉淀”理论设计出的一种新型高效沉淀池，如图 5-8-8 所示。在沉降区放置与水平面成一定倾角（通常为 60°）的斜板或蜂窝斜管组件，使水中悬浮物在斜板或斜管中进行沉淀，水沿着斜板或斜管上升流动，分离出的泥渣在重力作用下沿着斜板（管）向下滑至池底，再利用静水压力排出。

这种池子可以提高沉淀效率 50%～60%，在同一面积上可提高处理能力 3～5 倍。按水流与污泥的相对运动方向，斜板（管）式沉淀池可分为异向流、同向流和侧向流三种。

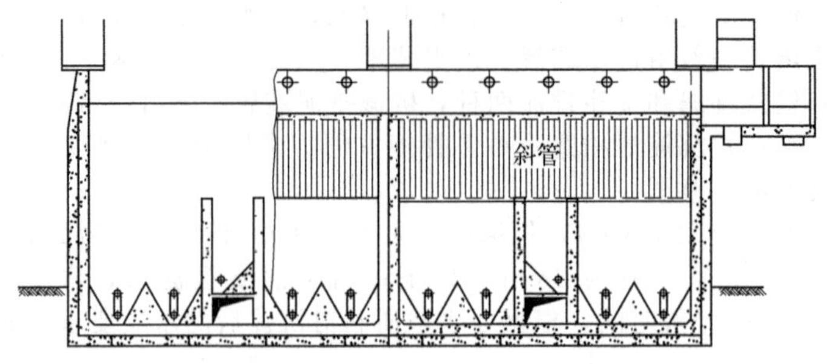

图 5-8-8　斜板（管）式沉淀池

（4）竖流式沉淀池　竖流式沉淀池一般以圆形或方形为主，直径一般在 8m 以下，由中心进水管、出水装置、沉淀区、污泥区及排泥装置组成。沉淀区呈柱状，污泥斗呈倒锥体。水由设在池中心的进水管自下而上经过反射板的阻拦向四周均匀分布，与颗粒沉淀方向相反，上升的小颗粒与下沉的大颗粒相互碰撞而絮凝，可形成更大的絮体从而加速沉淀，沉降进入池底锥形沉泥斗中，澄清水从池四周沿周边溢流堰流出。堰前设挡板及浮渣槽以截留浮渣，保证出水水质。池的一边靠池壁设排泥管，通过静水压将泥定期排出。图 5-8-9 为竖流式沉淀池示意图。

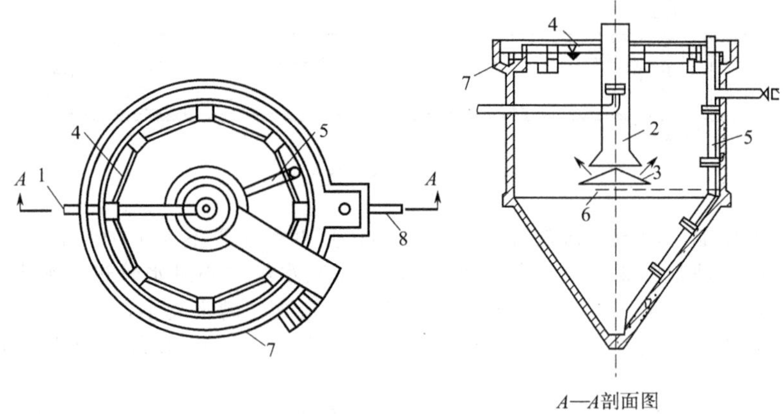

图 5-8-9　竖流式沉淀池

1—进水槽；2—中心管；3—反射板；4—挡板；5—排泥管；6—缓冲层；7—集水槽；8—出水管

3. 沉淀池设计一般原则

① 池（格）数。大型废水处理厂的沉淀池个数或分格数不应少于 2 个，且宜按并联设计。

② 设计参数。造纸废水初沉池表面负荷应为 0.8～1.2$m^3/(m^2 \cdot h)$，水力停留时间 2.5～4.0h[18]。

③ 有效水深、超高及缓冲层。沉淀池的有效水深宜采用 2～4m，辐流式沉淀池指池边水深；超高至少采用 0.3m；缓冲层一般采用 0.3～0.5m。

④ 沉淀池的入口和出口。初次沉淀池应设置撇渣设施。出入口均应采取整流措施。为减轻出水堰的负荷，或为改善水质，可采用多槽沿程出水布置。

⑤ 污泥区容积及泥斗构造。初次沉淀池的污泥区容积宜按不大于 2d 的污泥量计算，采用机械排泥时，可按 4h 污泥量计算，二次初沉池的污泥区容积宜按不大于 2h 的污泥量计算；污泥斗斜壁与水平的夹角，方斗宜为 60°，圆斗宜为 55°。

⑥ 污泥排放。采用机械排泥时可连续排泥或间歇排泥；不用机械排泥时应每日排泥。对于多斗排泥的沉淀池，每个泥斗均应设单独的闸阀和排泥管。采用静水压力排泥时，静水压力分别为：初次沉淀池不小于 1.5m；活性污泥后的二次沉淀池不小于 0.9m；生物膜后的二次沉淀池不小于 1.2m。排泥管直径不应小于 200mm。

（二）气浮

1. 原理和功能

气浮是一种有效的固液分离方法，也是造纸废水常用的一种处理方法[2]。它是向废水中注入大量微细气泡，使其与废水中固体污染物黏附形成密度小于水的气浮体，在浮力作用下上浮至水面从而实现固液分离，最终达到去除目的。

气浮法具有基建投资小、可连续操作、残渣含水量较低、杂质去除率高、设备简单和运行费用低、可以回收有用物质等优点。可用于沉淀不适用的场合，以分离密度接近水和难以沉淀的悬浮物，例如水中细小纤维、油脂，回收以分子或离子状态存在的表面活性物质和金属离子等。广泛应用于造纸、炼油、人造纤维、制革、制药、印染、电镀等行业的废水处理。

按产生微细气泡的方法，气浮法可分为散气气浮、电解气浮和溶气气浮。

2. 处理设施和装备

造纸废水一般采用加压溶气气浮。常用的回流加压溶气气浮装置如图 5-8-10 所示。

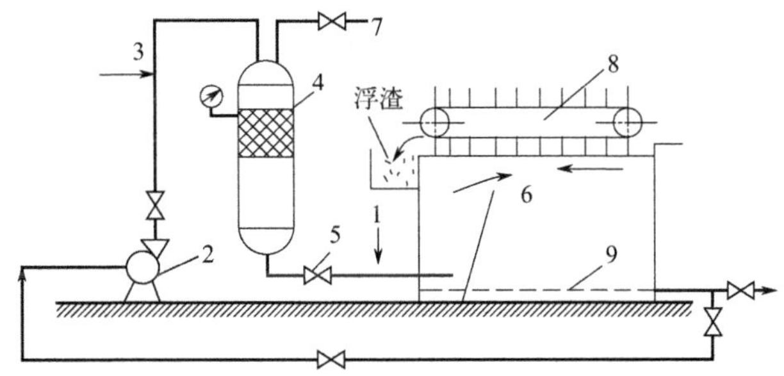

图 5-8-10　回流加压溶气气浮装置

1—废水；2—加压水泵；3—空气；4—压力溶气罐；5—减压阀；6—气浮池；7—泄气阀；8—刮渣机；9—出水

3. 设计计算原则

① 首先评估气浮处理可行性。研究待处理水的水质条件，确定是否适合采用气浮处理。

② 确定溶气压力和回流比（溶气水量/待处理水量）。在有条件的情况下，对废水进行小型试验或模拟试验，根据试验结果确定溶气压力和回流比（溶气水量/待处理水量）。通常溶气压力采用 0.2～0.4 MPa，回流比取 5%～25%。

③ 确定反应形式及反应时间。根据试验时选定的混凝剂及投加量和完成絮凝的时间及难易程度进行确定。一般比沉淀反应时间短，约 5～10min。

④ 确定气浮池的池型。应根据多方因素考虑，反应池宜与气浮池合建。为避免打碎絮体，应注意水流的衔接。进入气浮池接触室的流速宜控制在 0.1m/s 以下，水流上升速度一般取 10～20mm/s，水流在室内的停留时间不宜小于 60 s。

⑤ 气浮分离室需根据带气絮体上浮分离的难易程度选择水流流速，一般取 1.5～3.0mm/s，分离室的表面负荷率取 5.4～10.8$m^3/(m^2 \cdot h)$。

⑥ 气浮池的长宽比无严格要求，一般以单格宽度不超过 10m、池长不超过 15m 为宜。有效水深一般取 2.0～2.5m，池中水流停留时间一般为 10～20min。

⑦ 气浮池排渣，一般采用刮渣机定期排除。集渣槽可设置在池的一端、两端或径向。刮渣机的行车速度宜控制在 5m/min 以内。

⑧ 压力溶气罐一般采用阶梯环作为填料，填料层高度通常取 1～1.5m。这时罐直径一般根据过水截面负荷率 100～200$m^3/(m^2 \cdot h)$ 选取，罐高为 2.5～3.0m。

三、二级处理

二级处理，也称生物处理，是利用微生物代谢作用降解制浆造纸废水中有机物的过程，分为好氧生物处理和厌氧生物处理两大类。

（一）好氧生物处理

在有氧条件下，有机物在好氧微生物的作用下氧化分解，有机物浓度降低，微生物量增加。好氧生物处理工艺可分为悬浮生长工艺和生物膜（或称附着生长）工艺。悬浮生长工艺是有效降解有机物的微生物在液相中处于悬浮状态生长的处理工艺；生物膜工艺是有效降解有机物的微生物附着于某些惰性介质，例如碎石、炉渣及专门设计的塑料等材料上生长的处理工艺，也称为固定生物膜法。

随着工业节水技术的发展，废水的浓度越来越高，原有的传统好氧处理工艺逐步进行优化整合，比如悬浮生长和生物膜结合的工艺可以增加系统处理能力，提高除磷脱氮的效果。制浆造纸废水常用的处理方法有活性污泥法、SBR 法等。常用好氧生物处理工艺见表 5-8-7。

表 5-8-7　常用的好氧生物处理工艺种类

分类	处理方法	具体类型
悬浮生长工艺	活性污泥法	推流式、完全混合式，深水曝气、纯氧曝气
	AB 法	
	SBR 法	ICEAS、CASS、UNITANK、MSBR
	氧化沟法	卡鲁塞尔(Carrousel)、交替工作型、奥贝尔(Orbal)
	MBR 法	
生物膜法	生物滤池	普通型、高负荷型、塔式、曝气型
	生物转盘	
	生物接触氧化法	分流式、直流式
	生物流化床	液流动力流、气流动力流、机械搅拌型
复合型处理工艺	悬浮生长和生物膜复合	复合式生物膜反应器
	悬浮生长和生物膜联合	生物滤池/活性污泥工艺

1. 活性污泥法

（1）工艺原理　活性污泥法工艺是一种应用最广泛的废水好氧生化处理技术，其主要由曝气池、二次沉淀池、曝气系统以及污泥回流系统等组成（图 5-8-11）[19]。制浆造纸废水中的有机物在微生物及充足的氧气供给情况下好氧分解成无机物质，同时细菌得到增殖，废水由此得到净化。净化后废水与活性污泥在二沉池内分离，上清液排入下一道处理工序；池底经沉淀浓缩后的污泥一部分返回曝气池，以保证曝气池内持留一定浓度的活性污泥，其余为剩余污泥，由系统排出进入污泥处置工序。

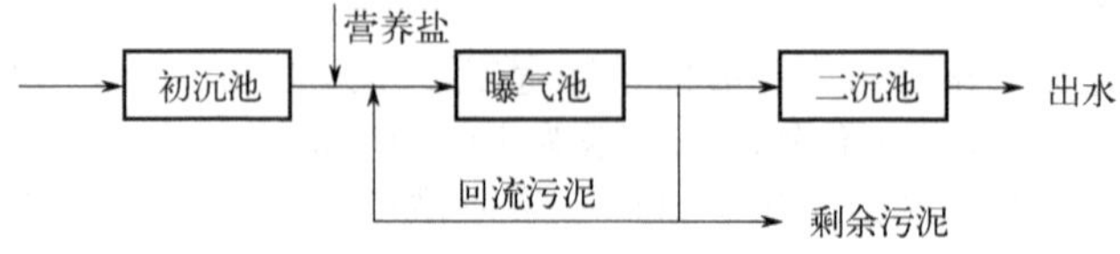

图 5-8-11　传统活性污泥法工艺流程

（2）活性污泥性能指标

① 混合液悬浮固体浓度（MLSS），表示活性污泥在曝气池混合液中的浓度，其单位为 mg/L 或 kg/m^3。

② 混合液挥发性悬浮固体浓度（MLVSS），表示有机悬浮固体的浓度，其单位为 mg/L 或

kg/m^3。

在确定的某个废水处理厂，MLVSS/MLSS 值一般比较稳定，如废纸造纸废水一般在 0.60～0.75，不同废水的 MLVSS/MLSS 值存在差异，有的纸厂废水其比值在 0.5 左右，只要 COD 等主要指标去除率不下降，都算是正常的[18]。

(3) 污泥沉降性能指标

① 污泥沉降比（SV），是指从曝气池出口处取出的混合液在量筒（一般选 100mL）中静置 30min 后，立即测得的污泥沉淀体积与原混合液体积的比值，一般以百分数（%）表示。SV 值可粗略反映出污泥浓度、污泥的凝聚和沉降性能，可用于控制排泥量并及时发现初期的污泥膨胀。造纸废水 SV 正常值一般为 30%～70%。由于 SV 值的测定方法简单快捷，故它是评定活性污泥质量的重要指标之一。

② 污泥体积指数（SVI），是指曝气池出口处的混合液经 30min 静置沉淀后，1g 干污泥所形成的沉淀污泥体积，单位为 mL/g。其计算公式为：

$$SVI = SV/MLSS \tag{5-8-1}$$

式中，SVI 为污泥体积指数，mL/g；SV 为污泥沉降比，%；MLSS 为悬浮物固体浓度，g/mL。

SVI 值比 SV 值更能够准确地评价污泥的凝聚性能及沉降性能。SVI 值一般为 50～150mL/g。若 SVI 值过低，表明污泥粒径小、密实、无机成分含量高；若 SVI 值过高，则表明污泥沉降性能不好，将要发生或已经发生污泥膨胀。

(4) 活性污泥法的影响因素　活性污泥法处理废水时有两个关键的操作：维持曝气池中适当的溶解氧和沉降性能稳定的污泥。影响活性污泥性能的主要因素有以下几个方面[17]。

① BOD 负荷率（F/M，也称有机负荷率）。F/M 值是影响活性污泥增长、有机基质降解的重要因素。它表示曝气池里单位质量的活性污泥（MLSS）在单位时间里承受的有机物（BOD）的量，单位为 kg/(kg·d)。提高 F/M 值，可加快活性污泥增长速率及有机基质的降解速率，缩小曝气池容积，有利于减少基建投资；但 F/M 值过高，往往难以达到排放标准的要求。反之，若 F/M 值过低，则有机基质的降解速率过低，从而处理能力降低，曝气池的容积加大，导致基建费用升高。因此，F/M 值应控制在合理的范围之内。在处理制浆造纸废水的工艺设计中，BOD 负荷率一般取 0.15～0.3kg/(kg·d)。

② 水温。活性污泥中微生物的生理活动与周围的温度关系密切。在 15～30℃ 温度范围内，微生物的生理活动旺盛。在此温度范围外，均会导致活性污泥反应受到不同程度的影响。因此，一般活性污泥反应进程的温度宜控制在 15～35℃ 范围内。

③ pH 值。活性污泥中微生物生长的最适宜 pH 值介于 6.5～8.5。当 pH 值低于 6.5 时，有利于真菌的生长繁殖；当 pH 值低于 4.5 时，原生动物完全消失，真菌将完全占优势，活性污泥絮体受到破坏，产生污泥膨胀现象，处理水质恶化；当 pH 值高于 9.0 时，菌胶团可能解体，活性污泥絮体将受到破坏，也会产生污泥膨胀现象。当 pH 值发生急剧变化时，在有冲击负荷的时候，活性污泥的净化效果将受到明显影响。

④ 溶解氧（DO）。活性污泥主要是由好氧微生物群体构成的絮凝体，为使活性污泥系统保持良好的净化功能，溶解氧需要维持在较高的水平。一般要求曝气池出口处溶解氧浓度不小于 2mg/L。溶解氧浓度过高，氧的转移效率降低，动力费用过高，运行不经济；溶解氧浓度过低，丝状菌容易在系统中占优势，微生物净化功能降低，容易诱发污泥膨胀。

⑤ 营养物质。活性污泥中的微生物在进行各项生命活动时，必须要利用废水中营养物质，并保持一定的比例关系。对于活性污泥系统，一般以 BOD∶N∶P 的值来表示废水中营养物质的平衡，可简单按 BOD∶N∶P＝100∶5∶1 来计算。当废水中缺乏营养元素 N、P 时，应向曝气池中补充 N、P，以保持废水中的营养平衡。可以投加氨水、磷酸铵、尿素等补充氮，投加磷酸盐、磷酸等补充磷。

⑥ 有毒物质。对微生物生理功能存在毒害作用的物质，如重金属及其盐类均可使蛋白质变性或使酶失活；醇、醛、酚等有机化合物能使蛋白质发生变性或使蛋白质脱水从而使微生物致

死。另外，某些元素超过一定浓度，就会对微生物产生毒害作用。因此影响因素较多，应慎重对待。

（5）曝气类型及曝气装置

① 曝气类型。曝气类型主要分为两类：鼓风曝气和机械曝气。工程应用中也偶见有两类相结合的案例。鼓风曝气是采用曝气器将微小气泡引入水中释放，通常由鼓风机、曝气器、空气输送管道等组成。机械曝气是利用叶轮等器械引入气泡的曝气方式，分为两种类型：表面曝气和叶轮曝气。

② 曝气装置。曝气设备均应满足下列两种功能：a. 持续供应气体，维持水中一定的溶解氧浓度；b. 在曝气区内产生足够的混合作用，维持水中活性污泥处于悬浮状态，确保泥水充分接触。

制浆造纸废水处理常用曝气设备的特点和用途参见表 5-8-8。

表 5-8-8　制浆造纸废水活性污泥法处理常用的曝气设备

类型	设备	特点	用途
鼓风曝气——细小气泡系统	鼓风机	用多孔扩散板或扩散管产生气泡，或用橡胶微孔膜或橡胶微孔板产生气泡	各种活性污泥法
机械曝气	叶轮分布器（射流式）	由叶轮及压缩空气注入系统组成，压缩空气与带压力的混合液在射流设备中混合	各种活性污泥法

（6）活性污泥法设计参数　活性污泥法有多种运行方式，常用的几个处理工艺设计运行参数见表 5-8-9[19]。

表 5-8-9　活性污泥法主要工艺参数

工艺	污泥浓度/(g/L)	污泥负荷/(kg/kg)	容积负荷/[kg/(m^3·d)]	水力停留时间/h	污泥回流比/%	污泥沉降比/%	泥龄/d
氧化沟	3.0～6.0	0.1～0.3	0.4～1.2	18～32	60～120	50～80	18～25
完全混合曝气	2.5～6.0	0.15～0.4	0.5～1.5	15～30	100～150	30～80	12～20
AO法	2.5～6.0	0.15～0.3	0.5～1.2	15～32	80～150	30～80	15～25

注：1. 当处理以商品浆和废纸浆为主的制浆造纸废水时，容积负荷取中高值，处理以化学浆和化学机械浆为主的制浆造纸废水或经厌氧处理后的废水时，容积负荷取低值。

2. 带选择区的完全混合曝气和两段生化处理的后段，其容积负荷按完全混合曝气池工艺选取。

2. SBR 工艺

（1）工艺原理及功能　间歇式活性污泥法（sequencing batch reactor），简称 SBR 工艺。它是近年来逐步得到重视发展起来的生物处理技术，其最主要的特征是曝气池集有机物降解与混合液沉淀于一体，将曝气池和二沉池的功能集中在该池上，兼有水质水量的调节、微生物降解有机物和固液分离等功能。整个系统主要包括反应池、曝气装置、排水装置和自动控制系统，与连续流式活性污泥法系统相比，无需设污泥回流设备，不设二次沉淀池。其基本操作运行模式见图 5-8-12。

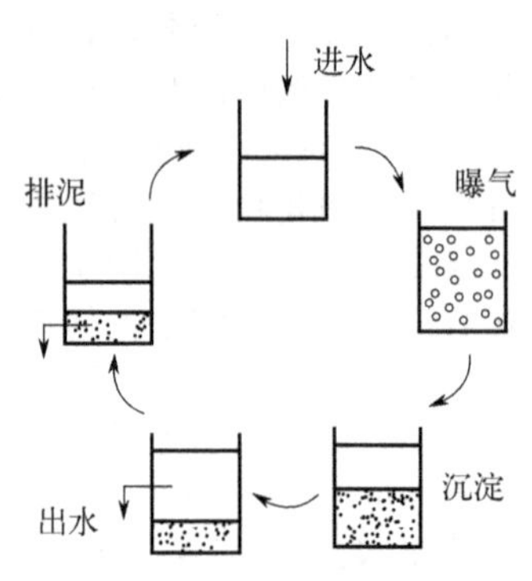

图 5-8-12　SBR 工艺的基本运行操作示意

SBR 工艺具有如下优点：a. 工艺流程简单，基建与运行费用低，b. 生化反应推动力大，速率快、效率高，出水水质好；c. SVI 值较低，沉淀效果好，不易产生污泥膨胀现象，是防止污泥膨胀的最好工艺；d. 通过对运行方式的调节，可在单一的曝气池内实现脱氮和除磷反应；e. 耐冲击负荷能力较强，提高处理能力；f. 处理过程可实现全自动化的操作与管理。

（2）工艺特征　SBR 法具有简易高效、低耗、全自动等优点，与其他活性污泥处理技术比较有以下特点[18]：a. SBR 系统处理构筑物少、布置紧凑、节省占地，系统操作简单、灵活。b. 投资省，运行费用低，比传统活性污泥法节省基建投资 30%左右。c. 运行效果稳定，污水在理想的静止状态下沉淀，时间短、效率高，出水水质好。d. 反应过程中基质浓度随时间发生梯度变化，有效抑制丝状菌过度增殖，防止污泥膨胀。e. 耐冲击负荷，池内有滞留的处理水，对污水有稀释、缓冲作用，有效抵抗水量和有机污染物的冲击。f. 系统通过好氧/厌氧交替运行，能在去除有机物的同时达到较好的脱氮除磷效果。g. 工艺过程中的各工序可根据水质、水量进行调整，运行灵活，适应性很强。

3. 改良型 SBR 工艺

（1）CASS 工艺

① 工艺概述。CASS（cyclic activated sludge system）工艺称为循环式活性污泥法，是在 ICEAS 工艺基础上开发出来的，将生物选择器与 SBR 反应器有机结合。与 ICEAS 相比，CASS 池主要进行了两点改进：a. 将主反应器的污泥回流到生物选择器中；b. 在沉淀阶段不进水，提高排水的稳定性。

CASS 反应器一般分三个组成部分（图 5-8-13）：生物选择区、缺氧区和好氧区（即主反应区）。各区容积之比为 1∶5∶30。

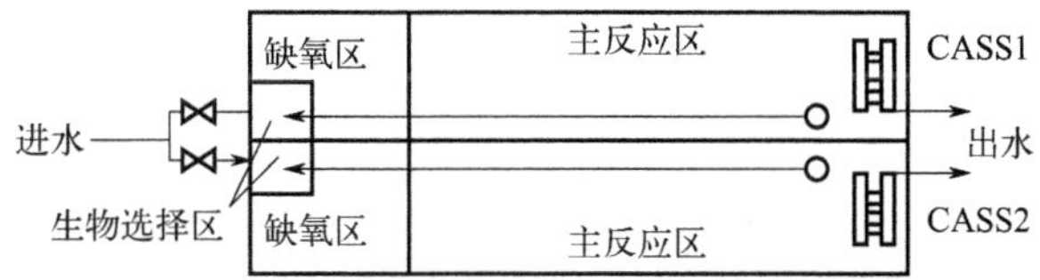

图 5-8-13　CASS 工艺示意

CASS 工艺主要有以下六个过程：a. 进水-曝气阶段。开始进水时池内为最低水位，进水的同时进行曝气和污泥回流。b. 曝气阶段。进水至池内最高水位，停止进水，曝气直到沉淀阶段开始。c. 沉淀阶段。曝气结束后，进入沉淀阶段，此时不进水、不曝气。d. 滗水阶段。沉淀阶段后，对处理水开始滗水并排出。e. 排泥阶段。此阶段滗水并排出处理水，不曝气、不进水。f. 进水-闲置（待机）阶段。滗水-排泥阶段结束时池内为最低水位，闲置（待机）阶段视具体情况而定。

CASS 工艺增加了污泥回流和缺氧区，提高了对溶解性底物的去除效率和对难降解有机物的水解作用，强化了脱氮除磷的效果。

② 设计计算。主反应池的工况与经典 SBR 反应池工况基本相同，经典 SBR 工艺的计算方法步骤基本适用于 CASS。其他设计参数见表 5-8-10。

表 5-8-10　CASS 反应器主要设计参数

工艺过程	工艺参数	数值
a	MLSS/(mg/L)	3500～4000
b	容积比(生物选择区∶缺氧区∶好氧区)	1∶(3～6)∶(30～40)
c	最大设计水深/m	5～6
d	充水比/%	30
e	上清液滗除最大速率/(mm/min)	30
f	一个运行周期/h	1、6、8

(2) UNITANK工艺　UNITANK废水处理工艺是一体化活性污泥法工艺，采用三个共壁池子，通过池壁上的开孔实现水力连通。一个运行周期按进水和曝气的不同分为四到六个阶段，每个周期时间的长短，取决于处理水的水量和水质。具体的运行时间周期应针对不同的废水在工程运行中通过不断优化的方式确定，以达到最佳的运行处理效果。常见运行方式如图5-8-14所示。

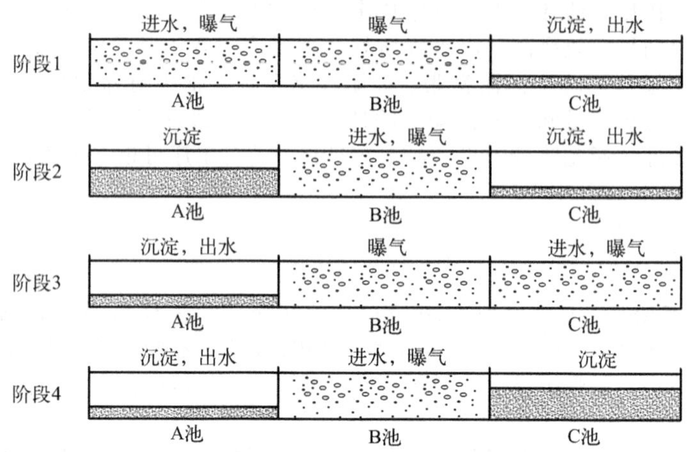

图5-8-14　UNITANK工艺运行方式示意图

① 阶段1、3。废水连续进入A池，同时A池进行曝气。泥水混合液连续通过导流孔进入B池（中间池），B池一般连续曝气，废水中有机物得到进一步的降解。处理后的混合液进入处于沉淀状态的C池，实现泥水分离，处理后的出水通过溢流堰排放。在整个流动过程中，同时实现污泥在各池的重新分配。阶段3废水进入C池，C池从沉淀池轮换为曝气池，开始曝气，其整个过程和阶段1相似，只是废水的流动方向与其相反。

② 阶段2、4。进水切换到B池，该池处于连续曝气状态，此时C（或A）池继续作为沉淀池，B池连续进水2.5h，A池继续曝气1.5h后停止曝气，在B池进水完成前1h，A（或C）池开始进入沉淀状态，为出水做准备，因此，可以认为阶段2、4是两个边池实现曝气和沉淀状态转换的过渡阶段。

反应池的工况与经典SBR反应池工况基本相同，经典SBR工艺的计算方法步骤同样适用于该池。其他设计参数见表5-8-11。

表5-8-11　UNITANK工艺主要设计参数

主要参数	设计值
污泥负荷/(kg/kg)	0.10～0.20
容积负荷/[kg/(m^3·d)]	0.5～1.0
一个运行周期/h	4、6、8
池容利用率	0.667

（二）缺氧-好氧生物脱氮工艺（A/O工艺）

1. 工艺概述

A/O工艺又称前置反硝化生物脱氮工艺，是目前制浆造纸废水处理实际工程中应用较多的一种工艺，具有流程简单、工程造价低、脱氮效率高和耐冲击负荷强等优点。

(1) 硝化反应　在硝化菌的作用下，将氨氮转化为亚硝态氮、硝态氮。将1g氨氮氧化为硝酸盐氮需耗氧4.57g，其中亚硝化反应需耗氧3.43g，硝化反应需氧1.14g，同时消耗7.07g重碳酸盐碱度（以 $CaCO_3$ 计）。

（2）反硝化反应　反硝化反应是将硝化过程产生的硝酸盐和亚硝酸盐还原成氮气的过程。反硝化菌是一类异养兼性缺氧性微生物，其反应需在缺氧条件下进行。反硝化菌需要有机碳源（如甲醇）作电子供体，利用 NO_3^- 中的氧进行缺氧呼吸。反硝化过程中每还原 1g NO_3^- 可提供 2.6g 的氧，消耗 2.47g 的甲醇（约为 3.7g COD），同时产生 3.75g 左右的重碳酸盐碱度（以 $CaCO_3$ 计）。

2. 工艺流程

经预处理后的废水进入缺氧段，废水中的淀粉、纤维、碳水化合物等悬浮污染物和可溶性有机物水解为有机酸，大分子有机物分解为小分子有机物，不溶性的有机物转化成可溶性有机物，一方面蛋白质、脂肪等污染物进行氨化释放出氨（NH_3、NH_4^+），另一方面反硝化作用将好氧池回流过来的 NO_3^- 还原为分子态氮（N_2）。之后废水进入好氧段（曝气池），经缺氧水解的废水，提高了废水可生化性和处理效率，在充足供氧条件下，通过硝化作用将 NH_3-N（NH_4^+）氧化为 NO_3^-，部分曝气池混合液回流到缺氧段实现反硝化脱氮，之后废水进入二沉池进行固液分离，部分二沉池污泥回流至缺氧段，见图 5-8-15[18]。

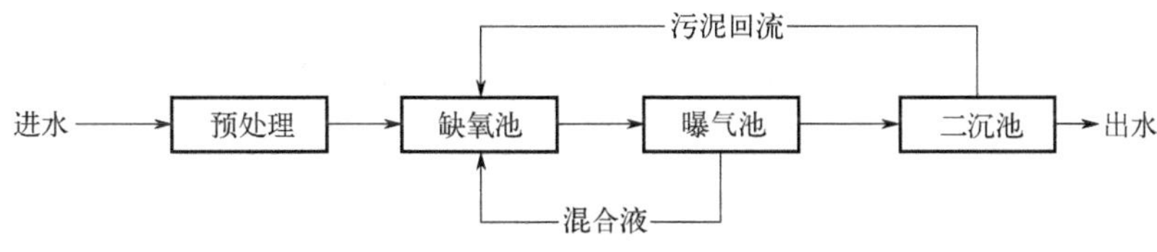

图 5-8-15　A/O 生物脱氮工艺流程

设计时所采用的硝化菌和反硝化菌的反应速度常数应取冬季水温时的数值。工艺设计参数见表 5-8-12 。

① 硝化段。a. 好氧池出口溶解氧在 1～2mg/L；b. 适宜温度为 20～30℃，最低水温应不小于 13℃，低于 13℃ 硝化速度明显降低；c. TKN（总凯氏氮）负荷＜ 0.05kg/(kg・d)；d. pH＝8.0～8.4。

② 反硝化段。a. 溶解氧不大于 0.2mg/L；b. 生化反应池进水溶解性 COD 与硝态氮浓度之比应大于 4，即 S-COD∶NO_3-N≥4，实测 BOD 消耗量为 1.88g/g；c. pH＝6.5～8.0。

表 5-8-12　A/O 工艺设计参数

项目	数值
水力停留时间 HRT/h	A 段 0.5～1.0，O 段 2.5～6.0，A∶O＝1∶(3～4)
污泥龄 θ_c/d	＞10
污泥负荷 N/[kg/(kg・d)]	0.1～0.7
污泥浓度 X/(mg/L)	2000～5000
总氮负荷率/[kg/(kg・d)]	≤0.05
混合液回流比 R_N/%	200～500
污泥回流比 R/%	50～100
反硝化池 S-COD∶NO_3-N	≥4

（三）生物膜法

主要是通过填料表面附着生长的生物膜处理废水的一类工艺，主要有生物接触氧化法、生物滤池、生物转盘、曝气生物滤池等。在制浆造纸废水处理中应用最为广泛的工艺主要是生物接触氧化法和曝气生物滤池。

1. 生物接触氧化法

（1）工艺概述　生物接触氧化法是在反应器内设置填料，经过充氧的废水与长满生物膜的填料相接触，在生物膜的作用下，废水得到净化。

生物接触氧化法在运行初期，填料表面开始逐步附着细菌，逐渐形成很薄的生物膜。在溶解氧和食物都充足的条件下，微生物的繁殖十分迅速，生物膜逐渐增厚。当生物膜达到一定厚度时，氧已经无法向生物膜内层扩散，好氧菌死亡，生物膜开始逐步脱落，新的生物膜又开始重新生长。在接触氧化池内，由于填料表面积较大，所以生物膜发展的每一个阶段都是同时存在的，可保持稳定的处理能力。

（2）工艺特点　a. 处理负荷高，节约占地面积。生物接触氧化法的容积负荷最高可达 3～6kg BOD/(m^3·d)，污水在池内停留时间相对较短。b. 微生物浓度高，生物活性高，出水水质好且耐冲击负荷。大多数微生物附着在填料上，微生物浓度可达 10～20g/L。曝气管设在填料下，不仅供氧充分，生物膜与废水也能充分接触，同时也可加速生物膜的更新，使生物膜活性提高。在毒物和 pH 值的冲击下，生物膜受影响小，恢复快。c. 污泥产量低，不需污泥回流。与活性污泥法相比，接触氧化法的容积负荷高，但污泥产量相对较低。生物膜的脱落和增长可以保持平衡，故无需污泥回流，管理方便。d. 不易发生污泥膨胀。丝状菌作为生物膜组成的一部分，具有较强的分解有机物的能力，附着在固定于池中的填料上，不会出现污泥难沉降的问题，从而不易产生污泥膨胀。

（3）设计要点　主要设计参数见表 5-8-13 所示。主要影响因素有 pH、BOD 负荷、接触停留时间、供气量等。

表 5-8-13　生物接触氧化法主要设计参数

指标	数值
pH 值	6.5～8.5
BOD 负荷/[kg/(m^3·d)]	0.8～2.0(可生化性好,可取中高值)
接触停留时间/h	4～8
供气量/(m^3/h)	15～25(工业废水) 3～5(城市污水)
水温/℃	10～35

2. 曝气生物滤池

（1）工艺概述　曝气生物滤池（biological aerated filter，BAF）是在生物膜法技术深入发展基础上开发的污水处理新工艺，在国内目前主要用于污水的三级处理，具有去除 SS、COD、BOD、硝化、脱氮除磷、去除 AOX 的作用。其最大特点是在生物反应器内装填高比表面积的颗粒填料，以提供微生物膜生长的载体，集曝气、高滤速、截留悬浮物、定期反冲洗等特点于一体，兼有活性污泥法和生物膜法两者的优点，节省了后续二次沉淀池。具有有机物容积负荷高、水力负荷大、水力停留时间短、出水水质高、所需基建投资少、能耗及运行成本低等优点。

（2）技术特点　BAF 一般由滤池池体、滤料层、承托层、布水系统、布气系统、反冲洗系统、出水系统、自控系统等部分构成。滤池池体的作用是容纳被处理水量和围挡滤料，并承托滤料和曝气装置，可采用正方形、矩形或圆形。

滤料是 BAF 的核心组成部分，滤料的作用是作为载体供微生物附着生长。目前，国内 BAF 常用滤料为生物陶粒滤料、火山岩滤料等无机滤料。滤料对曝气生物滤池效能造成影响的方面主要有：滤料的类型、滤料的粒径以及滤料层高度[2]。

滤料类型的要求：a. 表面要粗糙，适合为微生物提供理想的生长、繁殖场所；b. 密度要适中，避免影响反冲洗操作；c. 要有一定的强度；d. 安全无毒，化学性质稳定。

滤料粒径主要是对曝气生物滤池处理效能和运行周期有重要影响，滤料粒径越小，处理效果越好。但滤料粒径越小，滤池越容易堵塞，运行周期相对较短。因此，应根据滤池进水水质和处理要求进行优化选择。

滤料层高度与出水水质有关，在一定范围内，增加滤料层高度可提高滤池的处理效果，保证出水水质，但需提升扬程和反冲洗强度，会导致能耗升高。

（3）设计要点 通常以过滤速度为设计参数，确定所需过滤面积。负荷和滤速是重要的设计参数。

曝气生物滤池的容积负荷和水力负荷宜根据试验资料确定，无试验资料时，可采用经验数据或按表 5-8-14 的参数取值[18]。

表 5-8-14 BAF 的主要设计参数

类型	功能	容积负荷 /[kg/(m³·d)]	水力负荷(滤速) /(m/h)	空床 HRT/min
BAF-C	降解污水中含碳有机物	3.0～6.0kg/(m³·d)	2.0～10.0	40～60
BAF-C/N	降解污水中含碳有机物,并对氨氮进行部分硝化	1.0～3.0kg/(m³·d) 0.4～0.6kg/(m³·d)	1.5～3.5	80～100
深度处理 BAF	对二级处理出水进行含碳有机物降解及氨氮硝化	0.4～0.6kg/(m³·d)	0.3～0.6	35～45

（四）新型改良好氧生物处理

普通活性污泥法在应用过程中常出现处理负荷低、不耐受冲击和容易污泥膨胀等问题，近年来，逐步出现了一些新型改良好氧处理技术，在制浆造纸废水处理应用中有代表性的主要有移动床生物膜-活性污泥法、膜生物反应器和微生物增效技术。

1. 移动床生物膜-活性污泥法

（1）工艺概述 该技术是在活性污泥曝气池中投加可悬浮于水中的载体供微生物附着生长，悬浮生长的活性污泥和附着生长的生物膜共同承担着去除污水中有机物的任务。曝气池中有机物氧化分解的速率主要取决于溶解氧的水平、营养物质是否充分和活性污泥微生物的浓度，在满足前两个要求的前提下，微生物的浓度越高，有机物的氧化速率越大。因此，通过在曝气池中投加供微生物附着生长的载体，可大大提高曝气池中的生物量，从而提高生物处理效率。

（2）技术特点 本技术的关键是生物膜载体材料，材料应具备以下几个特点：密度接近水，轻微搅拌下易于随水自由运动；材料安全无毒；材料具有较大的表面积，适合微生物吸附生长。当曝气充氧时，气泡的上升浮力推动填料和周围的水体流动，填料被充分地搅拌并与水流混合，生物填料在生物池中的不规则运动，会不断地阻挡和破碎上升的气泡，将空气流分割成细小的气泡，增加了生物膜与氧气的接触，从而增大传氧效率。

（3）应用要点 本技术特别适合于原生物处理系统的能力不足，对原生物处理系统进行升级改造。不仅可用于去除碳污染物，也可以用于除磷脱氮处理。

2. 膜生物反应器

（1）工艺概述 膜生物反应器（membrane bio-reactor，MBR）是一种由膜分离单元与生物处理单元相结合的新形态废水处理系统。不使用沉淀池进行固液分离，而是以膜组件取代传统生物处理二沉池，使水力停留时间（HRT）和泥龄（STR）完全分离。反应器内活性污泥浓度（MLSS）可提升至 8000～10000mg/L，甚至更高；污泥龄（SRT）可延长至 30 天以上，反应器内保持高活性污泥浓度，提高了生物处理有机负荷能力，减少了污水处理设施占地面积。膜的种类繁多，按膜的结构类型分类，有平板形、管形、螺旋形及中空纤维形等。

（2）技术特点与传统生物反应器比较，膜生物反应器具有如下几方面优势[18]：a. 出水水质良好，出水悬浮物和浊度接近零，无需经三级处理即可直接回用，实现了污水资源化。b. 工艺简单，占地面积少。将传统污水处理的曝气池与二沉池合二为一，反应池内微生物浓度高且膜的分离作用高效，可以不必再设沉淀、过滤等固液装置，因此可大幅减少占地面积，节省土建投资。

c. 污泥排放量少，二次污染小。反应器在高容积负荷、低污泥负荷、长泥龄下运行，剩余污泥产量少，只有传统工艺的30%，污泥处理费用低。d. 系统抗冲击性强，适应范围广。泥龄长，有利于硝化细菌的截留和繁殖，系统硝化效率高，也大大提高难降解有机物的降解效率。通过运行方式的改变亦可有脱氮和除磷功能，运行控制灵活稳定。e. 系统实现 PLC（可编程逻辑控制器）控制，操作管理方便。大大缩短了工艺的流程，通过先进的电脑控制技术，使设备高度集成化、智能化。f. 节省运行成本。MBR 高效的氧利用效率和独特的间歇性运行方式，减少了曝气时间，节省电耗，减少运行成本。g. 模块化设计，高度集成化，MBR 形成了规格化、系列化的标准设备，用户可根据工程需要进行自由组合安装。

（3）设计与应用　前置生化池污泥浓度可以按 6～10g/L 设计，MBR 反应池容积一般按满足膜组的布置和槽内旋回流的要求设计，防止曝气死角。

MBR 反应池内的曝气量应同时满足生物需氧量和膜冲洗的要求。膜冲洗风量按不同厂家的膜组件设计（中空纤维膜按每支微滤膜组件曝气 5～7m^3/h 设计）。各膜组的曝气量应考虑均匀，以防个别膜组曝气冲刷气量不足，膜表面积泥从而影响膜通量。

处理量较小的可以不设专用在线清洗设备，采用定期清洗方式。几个膜组同时用 1 台或几台抽吸泵时，应考虑抽吸泵的均匀性，必要时应分设调节阀，以防各组膜通量不同。

3. 微生物增效技术

（1）工艺概述　该技术是在活性污泥曝气池中投加外源功能微生物和专性生物酶，提高系统降解纤维素、半纤维素和木质素的能力，提高好氧系统去除水中大分子难降解有机物的能力，达到提高处理效果的目的。因此，通过在曝气池中投加功能微生物和酶，可大大提高曝气池中的微生物种类和数量，从而提高生物处理效率。

（2）技术特点　本技术的关键是外源功能微生物和专性生物酶，添加的微生物能和原有的土著微生物形成互补关系，可迅速将水中各类污染物转化为易降解的小分子有机物，具有明显改善生化系统微生物的生存环境、大幅提升生化系统功能微生物的种群和数量、明显提高废水中难降解污染物的传质速度和优化代谢途径的功效。生化池的 COD 去除率可提高 30%以上，色度可以降到 20 倍以下，氨氮可以降到接近检测下限，总氮可以下降 30%以上，实现明显提高生化系统对难降解污染物的去除效率，显著提升生化系统的处理能力的目标。

（3）应用要点　提高生化池的耐冲击负荷；对各类难降解、有生物毒性的废水均能明显提高去除效率；生化系统出现污泥膨胀或系统崩溃时，可以作为生化系统稳定剂、恢复剂，能让生化系统保持较好的去除效率并快速恢复。

（五）厌氧生物处理

随着工业的飞速发展和人口的不断增长，资源、能源和环境等问题日趋突出。厌氧处理工艺用于处理有机废水和有机废物具有能源消耗少、效果好、污泥负荷高等特点，特别适用于处理中、高浓有机废水，不仅可把好氧生物法过高的能耗降下来，而且能把有机物转化为生物能——沼气，显示出厌氧处理工艺的突出优势，既节能又产能。为废水处理提供了一条既高效率、低能耗，又符合可持续发展原则的治理途径。

主要常用的工艺有内循环厌氧反应器（IC）和厌氧膨胀颗粒污泥床反应器（EGSB）。主要设计参数见表 5-8-15。

表 5-8-15　厌氧生化处理主要设计参数

厌氧单元类型	反应温度/℃	污泥浓度/(g/L)	容积负荷/[kg/(m^3·d)]	水力停留时间/h	污泥回流比/%	表面负荷/(m/h)	沼气产率/(m^3/kg)
升流式厌氧污泥床	32～35	10～20	5～8	12～20	～	0.5～1.5	0.4～0.5
内循环升流式厌氧反应器	32～35	20～40	10～25	6～12	～	3～8	0.4～0.6
完全混合式厌氧反应器	30～38	5～8	3～6	18～28	100～150	—	0.4～0.5

1. 内循环厌氧反应器（IC）

内循环厌氧反应器（IC）工艺是 20 世纪 80 年代荷兰 PAQUES 公司研究开发成功的，可用于处理啤酒、食品加工、造纸等废水。

在 IC 反应器内分为上、下两个部分，结构如图 5-8-16 所示。下部为高负荷区即第一反应室，上部为低负荷区即第二反应室，相当于两个 UASB 反应器（即第一厌氧反应室和第二厌氧反应室）一体化组合而成。

第一反应室的集气罩设有甲烷气提升管，连通 IC 反应器顶部的气、液分离器。进水由反应器底部进入第一反应室，经布水系统与厌氧颗粒污泥均匀混合，有机污染物通过厌氧菌得到降解，同时产生的甲烷气被第一厌氧反应室中的集气罩收集，随后甲烷气沿着提升管上升；同时把第一反应室的混合液提升至反应器顶部的气液分离器，被分离出的甲烷气从气液分离器顶部的导管排走，而分离出的泥水混合液将沿着回流管返回到第一厌氧反应室的底部，再与底部的颗粒污泥和进水充分混合。

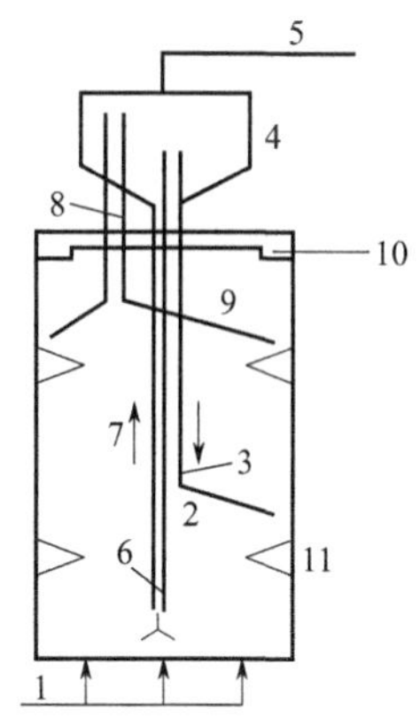

图 5-8-16　IC 厌氧反应器结构示意图

1—进水；2—第一厌氧反应室集气罩；3—生物气提升管；4—气液分离器；5—生物气；6—回流管；7—第二厌氧反应室集气罩；8—集气管；9—沉淀区；10—出水；11—气封

经过第一厌氧反应室处理的废水，自动流入第二厌氧反应室。废水中的剩余有机物被第二反应室内的厌氧颗粒污泥进一步降解，使废水得到进一步的净化，提高出水水质。产生的甲烷气由第二厌氧反应室的集气系统收集，通过集气管进入气液分离器，第二厌氧反应室的泥水在混合液沉淀区进行固液分离，处理过的上清液由出水管排走，沉淀颗粒污泥则自动返回第二厌氧反应室，再与底部的颗粒污泥和进水充分混合。循环以上操作过程，废水完成了处理的全过程。

2. 厌氧膨胀颗粒污泥床反应器（EGSB）

EGSB（expanded granular sludge blanket reactor）是一种向上流反应器，属第三代厌氧反应器，由进水系统、反应器的池体、三相分离器和回流系统组成。

废水从反应器底部进入反应器，在水流速度（10m/h）和气流速度（7m/h）条件下通过完全流化的厌氧颗粒污泥床，废水与污泥得以充分接触，水中有机物转化为沼气，颗粒污泥、沼气和出水在顶部的三相分离器内分离，处理后的水从出水槽流出，沼气从沼气管线排出，颗粒污泥返回颗粒污泥膨胀床内。

EGSB 用于以下几种情况具有技术优势：a. 高负荷处理［20～30kg/(m^3·d)］；b. 低温废水（10～20℃）；c. 低浓度废水（COD 低于 1000mg/L）。

与第二代厌氧技术（UASB 反应器）相比，EGSB 有以下几个优点[18]。

① EGSB 反应器内可维持高的上升流速（3～10m/h，最高 15m/h），可采用较大高径比（15～40）的细高型反应器构造，有效地减少占地面积。

② EGSB 的颗粒污泥床呈膨胀状态，颗粒污泥性能良好，在高水力负荷条件下，颗粒污泥的粒径可达 3～4mm，凝聚和沉降性能好（颗粒沉速可达 60～80m/h）。

③ EGSB 采用处理出水大比例回流，可增加反应器的搅拌强度，保证了良好的传质过程，保证了处理效果。对于高浓度或含有毒物质的有机废水，回流可稀释进入反应器内的基质浓度和有毒物质浓度，降低其对微生物的抑制和毒害。

3. 水解反应器

（1）工艺原理　厌氧发酵产生沼气的过程可分为水解阶段、酸化阶段和甲烷化阶段。水解池是把反应控制在第二阶段完成之前，不进入第三阶段。在水解反应器中实际上完成水解和酸化两个过程（酸化也可能不十分彻底），简称为水解[2]。水解、产酸阶段主要是利用水解和产酸菌的反应，将不溶性有机物水解成溶解性有机物，大分子物质分解成小分子物质，大大提高了污水的可生化性，减少反应时间和处理的能耗。

（2）工艺特点　采用水解池较全过程的厌氧池（消化池）具有以下优点：a. 无需密闭，无需搅拌，无需三相分离器，降低了造价，便于维护，可以用于大、中、小型废水处理厂；b. 由于反应控制在第二阶段完成前，出水无厌氧发酵的不良气味，改善了处理厂的环境；c. 水解反应迅速，水解池体积小，节省基建投资；d. 工艺仅产生很少的剩余活性污泥，减少了污泥量，具有消化池的功能，实现了污水、污泥一次处理。

（3）技术应用　水解工艺常与好氧处理联合使用，水解段 COD 去除率一般在 40%～50%，SS 去除率一般可达 80%以上，大大减轻后续好氧的处理负荷，可提高废水的处理效率，提高处理效果，降低处理成本。水解工艺设计参数[2] 见表 5-8-16。

表 5-8-16　水解工艺设计参数

废水种类	COD 去除率 /%	SS 去除率 /%	BOD/COD 比值变化	水力停留时间 /h	污泥水解率 /%
生活废水	30～50	>80	提高	2～4	30～50
造纸综合废水	30～50	>80	明显提高	4～6	—
印染废水	<10	很低	明显提高	6～10	50
焦化废水	<10	80	明显提高	4	—
啤酒废水	40～50	80～90	不变	2～4	30～50
屠宰废水	30～50	80～90	不变	2～4	30～50

四、三级处理

三级处理，也称为深度处理，一般是指对生物处理出水中的难降解物质进一步处理，以满足回用或排放要求。制浆造纸工业生产中已获应用的深度处理技术，主要有臭氧-曝气生物滤池、Fenton 氧化技术及膜处理回用技术等。

（一）臭氧-曝气生物滤池（BAF）

1. 工艺概述

首先通过臭氧破坏废水中残余的有机污染物，将大分子以断链、开环等方式转化成小分子能降解物质，改善废水的可生化性。之后，再通过 BAF 专性微生物进行生物处理，达到降低废水中污染物水平，提高出水水质的目的。具体处理工艺流程见图 5-8-17。

图 5-8-17　臭氧-BAF 处理流程

造纸废水中的主要污染物是木质素、纤维素和半纤维素及其降解产物和衍生物，其中，纤维素的主要降解产物是葡萄糖，木质素降解时主要产生各种酚类物质。一般经过生化处理的出水 BOD 值已经很低，水中污染物以溶解性生物难降解类污染物为主，已经不适合再用传统活性污泥法处理。臭氧是一种氧化性很强且反应产物对环境污染很小的强氧化剂（氧化性仅次于氟）。臭氧的氧化机理目前认为是臭氧离解产生 ·OH 自由基，可以将有毒、难生物降解有机物环状分子或长链分子的部分断裂，从而使大分子物质变成小分子物质，生成易于生化降解的物质。臭氧对难降解的纤维素、木质素的氧化没有选择性，木质素和纤维素降解的产物都可能被臭氧氧化。在去除 COD 和色度方面效果显著。

2. 技术特点与应用

臭氧的氧化还原电位为 2.07V，氯和过氧化氢的氧化还原电位分别为 1.36V 和 1.28V，可见在常用的水处理氧化剂中，臭氧具有极强的氧化性，臭氧的氧化作用导致不饱和的有机分子破裂，从而提高了废水的可生化性，再利用后段的曝气生物滤池低成本高效处理，即可实现达标排放。影响该技术的主要因素有以下几个方面：

① pH 值是影响废水氧化处理最重要的因素之一，也是运行控制的重要参数之一，只有在适宜的 pH 范围内才能保持最佳的氧化能力。pH 7.5～8.5 范围内都能取得较好的效果，也是生化处理出水 pH 所在的范围。

② 臭氧用量与反应时间。在臭氧氧化反应过程中，随着臭氧投加量和反应时间的增加，臭氧对有机物的氧化降解逐步达到平衡，难以达到有机物的完全矿化。臭氧作为预处理手段，主要是把大分子有机物变成小分子或断链破环，提高废水可生化性。因此，臭氧用量可以较小，根据生化出水浓度不同，一般用量控制在 20～50mg/L 为宜，反应时间应根据实际情况确定，一般控制在 10～20min。

③ BAF 水力停留时间（HRT）。对于特定的反应器而言，保证一定的水力停留时间是非常重要的，只有保证了污染物与微生物之间足够的接触时间，才有可能取得较好的出水水质。对于造纸废水的深度处理，HRT 根据处理程度要求控制在 2～4h 较合适。

④ BAF 容积负荷。在低水力负荷条件下，增加容积负荷可在一定程度上提高 F/M 值，增强微生物的活性，有利于改善出水水质。对于造纸废水的深度处理，容积负荷取 0.2～0.4kg/(m^3 · d) 较合适。

（二） Fenton 氧化技术

1. 工艺概述

Fenton 试剂处理有机物的实质就是 Fenton 试剂诱发产生 ·OH，并与有机物发生反应，·OH 的产生速率以及 ·OH 与有机物的反应速率的大小的主要影响因素有反应时间、反应 pH 值、催化剂种类、催化剂浓度等，反应无选择性，适合用于难降解废水、有毒废水等的处理。

Fenton 技术随着应用范围的扩展而不断取得发展，目前有标准 Fenton、光-Fenton、电-Fenton 等不同类型。是将声、光、电等引入标准 Fenton 试剂体系中，达到提高过氧化氢利用率、改善处理效果的目的。

2. 技术特点

Fenton 氧化法具有以下特点：

① 能产生大量非常活泼的羟基自由基 ·OH，其氧化能力（2.80V）仅次于氟（2.87V）；

② ·OH 无选择性地与废水中的污染物反应，将其降解为二氧化碳、水和无害物；

③ 作为化学反应，反应速度快，能在较短时间内达到处理要求。

在实际使用过程中，也发现了一些不足，主要表现在以下几个方面：

① 反应条件苛刻，必须在 pH 3～3.5 的酸性环境中进行，增加了处理成本；

② Fe^{2+} 作为催化剂，H_2O_2 的利用率不高，反应不充分，有机污染物降解不完全；

③ 使用危险化学品，安全操作要求高，必须采用自动控制加药系统，才能更好地控制处理效果。

3. 应用要点

Fenton 反应主要是产生 ·OH，通过 ·OH 实现对有机物的氧化降解。影响 Fenton 试剂处理难降解、难氧化有机废水的因素主要包括 pH 值、Fenton 试剂配比、反应时间和反应温度等。

① pH 值。H 值的变化直接影响到 Fe^{2+}、Fe^{3+} 的络合平衡体系，从而影响 Fenton 试剂的氧化能力。大量的实验和实际应用都证明，pH 值是影响 Fenton 试剂作用效果最重要的条件，对于不同的废水最佳 pH 值差别很大。于造纸废水处理，最佳反应 pH 值宜控制在 3.2～3.6，COD 去除率较高。

② Fenton 试剂配比。在 Fenton 反应中 Fe^{2+} 起到催化双氧水产生自由基的作用。Fe^{2+} 和双氧水之间存在最佳配比范围，超出这个范围，就会出现 Fe^{2+} 过量或双氧水过量的问题，导致处理

效果下降。

③ 反应时间。一般来说，在反应的开始阶段，COD的去除率随时间的延长而增大，一定时间后COD的去除率接近最大值，而后基本维持稳定。Fenton试剂作用时间的长短对于实际应用非常重要。作用时间太短，反应不充分，浪费试剂；反应时间太长则会增加运行成本，不利于实际应用。造纸废水处理一般控制反应时间在1～2h。

（三）膜处理回用技术

1. 工艺概述

膜技术是一门多学科交叉、融合的高新技术。膜是指一种可选择性透过不同物质的凝聚相，它把流体相分隔成互不相通的两部分，能允许某些物质通过，截留另一些物质[20]。据中国膜工业协会发布的数据显示，“十三五”以来，我国膜产业总产值的年均增速在15%左右；2019年，中国膜产业总产值已达2773亿元，较“十二五”期末翻了一番[21]，已经逐步发展出了多种膜分离技术，其中包含微滤（MF）、超滤（UF）、纳滤（NF）、反渗透（RO）和电渗析（ED）等方法。其应用领域已从早期脱盐，扩展到化工、医药等行业的溶液分离浓缩、纯水制备、废水处理与回用等。王森等[22]研究了超滤、纳滤和反渗透等膜集成方法处理造纸工业废水，TDS（溶解性总固体）、COD_{Cr}去除率均达到生产回用水质标准。赵炳军等[23]研究了由超滤膜和反渗透膜组成的混合膜法处理造纸废水工艺，能够实现废水脱盐率97%左右，出水的COD_{Cr}降至10～15mg/L，指标均达到了再生水利用的要求。膜分离技术虽然能去除废水中COD，解决大部分造纸废水清洁排放问题，但在实践过程中发现，膜法造纸废水处理过程中经常会遇到膜污染的问题，造成膜孔堵塞、电阻增加、电流密度降低，从而降低废水处理效率、增加处理成本[24]。

2. 技术特点

与常规分离方法相比，膜分离过程是一种无相变、低能耗、操作简单的物理分离过程，兼具分离、浓缩和纯化的功能，具有以下技术特点：

① 在处理过程中不会发生相变，能量转化效率高，在能源投入成本上较低。

② 对装备需求较简单，操作维护较容易，易于集成自动化系统，同时占地面积较小。

③ 处理效果好，针对不同的污染物有多种不同的膜可以选择，以达到最佳的效果。

④ 出水水质好，可实现废水的大比例回用。

虽然膜分离技术存在诸多优点，但也存在明显的缺点，主要表现在对处理废水的要求较高，对膜进水的水质存在严格的限制。未经处理的制浆造纸废水含有较多悬浮物，很容易引起膜污染问题，从而导致膜的渗透效果大大降低。另外就是膜分离技术投资成本往往较大，后期维护成本也不低。

3. 应用要点

膜分离技术的核心在于膜材料，影响膜分离效果的因素主要包括膜性能、工作条件、进水水质等。

① 膜性能。抗污染能力，膜用于水处理时，普遍存在污染物堵塞问题，影响其处理效果；膜通量，与处理效率和使用寿命密切相关；机械强度，部分应用场景的条件较为恶劣，如高温、高压等，只有通过提高机械强度，才能提高应用的适用性。

② 工作条件。主要包括操作压力、工作温度和pH等。根据水质情况和去除效果的要求，采用合适的工作压力、温度和pH等，才能取得理想的去除效果。

③ 进水水质。对于膜系统，一般都要对进水水质进行分析，特别是水中的有机物、微生物、氧化剂、SS、浊度和油脂等指标，不同的膜系统对进水水质的要求有所差别，并直接影响膜分离效果。

五、废水处理用化学品

制浆造纸废水常用的化学品主要有：聚合氯化铝（PAC）、硫酸铝、聚合硫酸铁（PFS）、复合铝铁、硫酸亚铁、双氧水、聚丙烯酰胺、微生物营养盐等。下面重点介绍常用的聚合氯化铝、硫酸铝、聚合硫酸铁以及几种应用较广泛的新型混凝剂产品。

1. 聚合氯化铝

聚合氯化铝（PAC）是造纸废水处理常用的混凝剂之一，分子表达式为 $[Al_2(OH)_nCl_{6-n}]_m$，产品包括液体和固体两种，主要用于生化处理前的混凝处理，降低废水浓度和SS含量，减轻后续生物处理的负荷。也可用于生化出水的混凝处理，进一步降低废水的各项指标。

（1）产品质量指标　外观为无色至黄色或黄褐色液体，或白色至黄色或黄褐色颗粒或粉末。主要质量指标见表5-8-17。聚合氯化铝中碱度对混凝效果有很大影响，一般碱化度要求为40%～60%。

表5-8-17　聚合氯化铝主要质量指标

指标名称		液体	固体
氧化铝（Al_2O_3）的质量分数/%	≥	6.0	28.0
盐基度/%		30.0～95.0	
水不溶物的质量分数/%	≤	0.4	
pH值（10g/L水溶液）		3.5～5.0	
铁（Fe）的质量分数/%	≤	3.5	
砷（As）的质量分数/%	≤	0.0005	
铅（Pb）的质量分数/%	≤	0.002	
镉（Cd）的质量分数/%	≤	0.001	
汞（Hg）的质量分数/%	≤	0.00005	
铬（Cr）的质量分数/%	≤	0.005	

（2）产品应用　聚合氯化铝是一种无机高分子混凝剂，主要作用表现为：对水中胶体物质的强烈电中和作用；水解产物对水中悬浮物的优良架桥吸附作用以及絮体对溶解性物质的选择性吸附作用。

聚合氯化铝主要用于各类废水的混凝处理。用于前端来水预处理时，主要去除水中悬浮物和部分COD，降低后续处理负荷，一般用量1000～2000mg/L。用于生化出水的混凝处理时，主要是通过混凝作用去除废水中难降解有机物，进一步降低排放水COD、色度和SS等指标，一般用量500～1000mg/L。

固体产品一般配制成10%～20%浓度的液体使用，液体产品可以直接投加或稀释投加。采用聚合氯化铝处理废水时，较硫酸铝等传统混凝剂有下列优点：

① 絮凝体形成快，沉降速度快，沉淀性能好，投药量一般比硫酸铝低。

② 对废水种类的适用性更广，特别对污染严重或低浊度、高浊度的水可以取得更好的混凝效果。

③ 对原水温度的适应性更优，即使水温较低，仍可保持稳定的混凝效果，在我国北方地区使用更具优势。

④ 适宜的pH值范围较宽，在pH值5～9范围内，均能取得较好的混凝效果，也不会出现硫酸铝过量投加导致水浑浊的情况。

⑤ 其碱化度比其他铝盐、铁盐高，消耗水中碱度较小，对处理水的pH值影响小。

2. 硫酸铝

硫酸铝是目前市面上最常见的混凝剂之一。当添加于水中时，能迅速溶解，铝离子与水发生水解反应进行聚合，对水中胶体类物质进行电中和、絮凝架桥和吸附等作用，从而使水质变清。

（1）产品质量指标　硫酸铝含有不同数量的结晶水，常用的是 $Al_2(SO_4)_3 \cdot 18H_2O$，分子量为666.41，相对密度1.61，外观为白色，结晶光泽。

硫酸铝易溶于水，水溶液呈酸性，室温时溶解度大致是50%。硫酸铝产品按照国家标准分为两类，每类都有固体和液体两种，用于废水处理的一般是Ⅱ类产品。Ⅱ类产品也称粗制硫酸铝，主要特点是不溶于水的物质含量较高，废渣较多，含有游离酸，酸度较高，腐蚀性强，溶解与投加设备应考虑防腐。

Ⅰ类产品固体为白色片状、块状、颗粒状或粉状，液体为无色透明状。Ⅱ类产品固体为灰绿色或黄色至褐色片状、块状、颗粒或粉状，液体呈浅蓝色或浅黄色至黄褐色。主要质量指标见表5-8-18。

表 5-8-18　硫酸铝质量指标

项目	Ⅰ类		Ⅱ类			
	固体	液体	固体		液体	
			一等品	合格品	一等品	合格品
氧化铝(Al_2O_3)含量/%	16.0	7.0	15.8	15.6	6.0	6.0
铁(Fe)/%	0.0050	0.0025	0.30	0.50	0.25	0.50
水不溶物/%	0.10	0.05	0.10	0.20	0.05	0.10
pH值	≥3.0	2.0～4.0	≥3.0	≥3.0	2.0～4.0	2.0～4.0

（2）产品应用　主要用于各类废水的混凝处理。可用于生产前端的给水处理，一般用量100～200mg/L。也可以用于废水的处理，主要是去除水中悬浮物和部分COD、色度，降低后续处理负荷，一般用量500～1000mg/L。对某些造纸废水效果优于聚合氯化铝，例如杉木BCTMP浆废水，硫酸铝处理效果明显优于PAC。

硫酸铝使用便利，混凝效果较好，但当水温低时硫酸铝水解困难，形成的絮体较松散。

硫酸铝易溶于水，可干式或湿式投加，工程上一般采用湿式投加，将固体产品配制成10%～20%的浓度。硫酸铝适用的有效pH值范围较窄，约在5.5～8。较低pH值时，铝盐无法产生絮体，导致出水变浑浊。

3.聚合硫酸铁

聚合硫酸铁（PFS），简称聚铁。由于聚铁对废水中COD、磷酸盐、各种重金属离子及有机污染物的去除效果优良，而且没有聚铝混凝后会残留铝离子的问题，越来越多的企业开始使用聚铁替代聚铝。其具有絮凝沉降速度快，脱色、除重金属离子、除磷效果好，处理成本低等优点。

（1）产品性能　聚铁有固体和液体两种形式，液体为红褐色黏稠液，固体为淡黄色或浅灰色的粉末。聚合硫酸铁（液体）全铁含量为11%～13%，盐基度为8%～16%，使用受pH值及温度的影响小，水不溶物不大于0.5%。具体质量指标如表5-8-19所示。

表 5-8-19　聚铁质量指标

项目		类别			
		Ⅰ类		Ⅱ类	
		液体	固体	液体	固体
密度（20℃）/(g/cm^3)	≥	1.45	—	1.45	—
全铁的质量分数/%	≥	11.0	19.0	11.0	19.0
还原性物质(Fe^{2+}计)的质量分数/%	≤	0.10	0.15	0.10	0.15
盐基度/%	≤	8.0～16.0	8.0～16.0	8.0～16.0	8.0～16.0
不溶物的质量分数/%	≤	0.3	0.5	0.3	0.5
pH值(1%水溶液)	≤	2.0～3.0	2.0～3.0	2.0～3.0	2.0～3.0

续表

项目		类别			
		Ⅰ类		Ⅱ类	
		液体	固体	液体	固体
镉(Cd)的质量分数/%	≤	0.0001	0.0002	—	—
汞(Hg)的质量分数/%	≤	0.00001	0.00001	—	—
铬[Cr(Ⅵ)]的质量分数/%	≤	0.0005	0.0005	—	—
砷(As)的质量分数/%	≤	0.0001	0.0002	—	—
铅(Pb)的质量分数/%	≤	0.0005	0.001	—	—

液体聚铁的稳定性与碱度和硫酸根浓度有关，在一定范围内，其稳定性随碱度和硫酸根浓度的增加而降低，因此，聚铁久置底部易出现沉淀，长期储存时要注意沉淀。

（2）产品应用　聚铁一般采用液体方式投加。固体产品先配制成10%～20%液体，再投加于废水中进行水解混凝。反应最佳pH值为6～9。水温低于10℃时，水的黏度增加，聚铁的水解速度也会放缓，造成絮体生成慢，沉降难等问题。

聚铁使用过程中，应注意以下几点：

① 水温不宜低于10℃，不高于90℃，反应pH值宜控制在6～9。

② 投加量一般根据小试情况确定，用于生化出水的处理时，用量一般在500～1000mg/L。适宜与PAM配合使用，可以提高处理效果。

③ 根据去除目标物不同，选择不同的加药点。以除磷或COD为主要目的时一般选择在生化处理出水中投加；以去除悬浮物为主要目的时，一般选择在初沉池中投加。

④ 当废水中存在硫化物时，铁离子会与硫化物反应生成黑色硫化铁，影响色度的去除，但投加量足够时一般对出水色度影响不大。

4. 新型复合混凝剂产品

随着经济的发展和工业节水水平的提高，工业废水和城市生活污水的水质变得越来越复杂，浓度越来越高，对水处理剂复合功能的要求也越来越高，以满足越来越严格的排放标准。通过引入多种离子或加入助凝剂的方法来制备多功能复合型絮凝剂成为今后一段时间这类絮凝剂研制和开发的主要方向。

无机高分子混凝剂的主流产品仍以聚合铝盐、聚合铁盐以及两者的复合物为代表，并有在此基础上复合一种或几种其他阳离子或阴离子基团来增强处理效果的发展趋势[25-29]。可通过交叉共聚，形成更大分子量的聚合物，得到混凝效果更好的复合混凝剂——聚合铝铁类无机高分子[30-35]。这类复合混凝剂兼有聚铝和聚铁的优点，既能克服铝盐处理矾花小、沉降慢的缺点，又能克服铁盐易“造色”的缺点。实际生产中这类产品多以铝盐为主，铁盐为辅。近些年来，在复合铝铁的基础上，通过聚硅酸阴离子来增强效果的研究越来越多，这类混凝剂由于其优良的性能受到了广泛的关注[36-39]。

复合混凝剂一般含有多种成分，其主要原料是铝盐、铁盐和硅酸盐等。它们可以预先分别经羟基化聚合后再加以混合，也可以先混合再加以羟基化聚合，但最终总是要形成羟基化的更高聚合度的无机高分子形态，才能达到优异的絮凝效能[40]。如何在加强一种效应的同时尽量把另一种不利效应控制在有限程度，应在发展和选用复合絮凝剂时着重考虑，取得综合的增净处理效果应是复合改型遵循的原则。絮凝剂及其形态的电荷正负、电性强弱和分子量，以及聚集体的粒度大小是决定其絮凝效能的主要因素。

（1）复合型混凝剂　复合型无机高分子絮凝剂是在普通无机高分子絮凝剂中引入其他活性离子，以提高药剂的电中和能力，最常见的产品主要包括聚合氯化铝铁（PAFC）、聚合硫酸铝铁（PAFS）、聚合硅酸氯化铝铁（PSAF）和聚合硫酸氯化铝铁（PAFCS）等。

① 产品性能。该类复合产品往往以某种金属盐为主，如聚合氯化铝铁就是以铝盐为主，辅以少量铁盐聚合而成，铝盐和铁盐的共聚物不同于两种盐的混合物，它是一种更有效地综合了铝盐和铁盐的优点，增强了去浊效果的絮凝剂。处理效果明显优于聚合氯化铝，具有絮凝物密度大、絮凝速度快、易过滤、出水率高等优点，其原料均为工业废渣，成本较低，适合用于造纸废水处理。

② 产品应用。复合型絮凝剂具有以下优点[40,41]：a. 复合型絮凝剂只是对传统絮凝剂做了很小的改进，但能大大改善处理效果（如提高 COD 或色度去除率）；b. 使用复合型絮凝剂，絮凝产生的固体物质会减少，减少量可达到 50% 左右；c. 由于 pH 的影响和各组分的协同作用，可取得更好的絮凝效果，改善对低温水的处理；d. 采用含铝的复合絮凝剂可减少铝的余留量。

（2）聚硅酸盐混凝剂　一种较新型的无机高分子凝聚剂，是以聚合氯化铝、聚合硫酸铁等作原料，配以一定比例聚硅酸制成。

① 产品性能。聚硅酸（PSi）作为阴离子型絮凝剂具有很强的絮凝架桥能力，聚硅酸盐是在聚硅酸及传统的铝盐、铁盐等凝聚剂的基础上发展起来的聚硅酸与金属盐的复合产物，是一类新型无机高分子凝聚剂，具有易于制备、价格便宜、絮凝效果好等优点。

② 产品应用。有聚硅酸硫酸铁、聚硅酸硫酸铝[42] 等，其中聚硅酸硫酸铝，聚合度适宜，不易形成凝胶，絮凝效果显著。用于处理低浊度水时，具有用量少、投料范围宽、絮团形成时间短且颗粒大而密实、对处理水的 pH 值影响小等优点，其效果优于 PAC 和 PFS。

聚硅酸硫酸铝是一种低温低浊度的净水剂，pH 值范围在 7～10 时混凝效果最佳。在水溶液中以多种络离子存在，具有优良的凝聚性能，絮体沉降速度快，有较强的去除水中 BOD、COD 及重金属的能力，能有效降低亚硝态氮和铁的含量。

（3）氧化型复合混凝剂（PFDAC）　随着造纸行业正式实施 GB 3544—2008 废水排放国家标准，大幅度提高了出水 COD 等主要指标的排放限值，原有的处理设施大多难以达到新的排放要求，使得几乎所有造纸企业均不同程度地面临提标改造，市售的 PAC 和 PFS 等无机高分子混凝剂基本不能满足新的深度处理要求。新型的深度处理技术已成为热点研究内容[43,44]。

① 产品性能。该类产品主要是以盐酸、铁盐、氧化物、镁盐、改性硅藻土、增效剂和高分子絮凝剂 PAM 等为原料，合成了一种无机-有机复合型深度处理剂，通过与有机高分子的复合，提高分子量并增强电荷密度，制得的复合絮凝剂既具有电中和能力，又具有长链网状大分子的吸附架桥网捕作用，其去除 COD 效果好，成本低，为制浆造纸废水深度处理提供了新的选择，处理流程与混凝技术相同。

② 产品应用。与 PAC、PFS 或复合铝铁等常用的药剂相比，本技术的关键是具备氧化能力，可以将普通混凝剂不能去除的难降解物质通过氧化去除一部分，另一部分通过改变特性而从水中失稳去除，大大提高了混凝去除效率。

在处理某废纸造纸废水生化出水（COD 值 156mg/L）时，随着药剂用量的增加，其药剂的降 COD 性能呈现出先上升后略有下降的趋势。用量在 700～1500mg/L 范围内，COD 去除率一直保持上升趋势。投加量在 1500mg/L 时可取得最佳的效果，COD 去除率近 75% 。当药剂投加量大于 1500mg/L 时，其 COD 去除率显现略有下降的趋势。对照组 PAC 和 PFS 投加量分别在 2000mg /L 时取得最佳的处理效果，PFS 最高 COD 去除率达到 56.4% ，PAC 最高 COD 去除率达到 50.6%。通过对比可以看出，在相同的用量下，氧化混凝剂的处理效果明显优于 PAC 和 PFS，PFDAC 在投加量 1500mg /L 时，COD 去除率达到近 75%，较 PAC 或 PFS 的 COD 去除率高约 50%，出水 COD 小于 60mg/L，能满足新的造纸废水排放标准。

六、典型制浆造纸废水处理工程

目前国内大型制浆造纸企业基本都有制浆生产线和造纸生产线，制浆生产线主要以废纸制浆和化学机械浆为主，形成制浆造纸综合废水，具有浓度高、色度高和水温高等特点。下面简单介绍典型制浆造纸废水处理工程的工艺选择及运行情况。

以废水处理厂设计水量 13000m^3/d 为例，日均实际进水量 10000～11000m^3/d，COD 值在

9500～10500mg/L 范围，BOD 值在 3000～3600mg/L 范围，SS 值在 1000～1500mg/L 范围，pH 值 7.8～8.5。

1. 工艺选择

制浆造纸废水属可生化性废水，一般以“厌氧-好氧”联合的生物处理工艺为主，为满足后续生物处理需要，先经初沉池去除悬浮物，经调节池和预酸化池后进入 IC 厌氧塔，处理后的水进入 A/O 处理，经生化处理后的水进入后续 Fenton（芬顿）氧化设施处理，处理出水再经沉淀达标排放。处理流程见图 5-8-18。

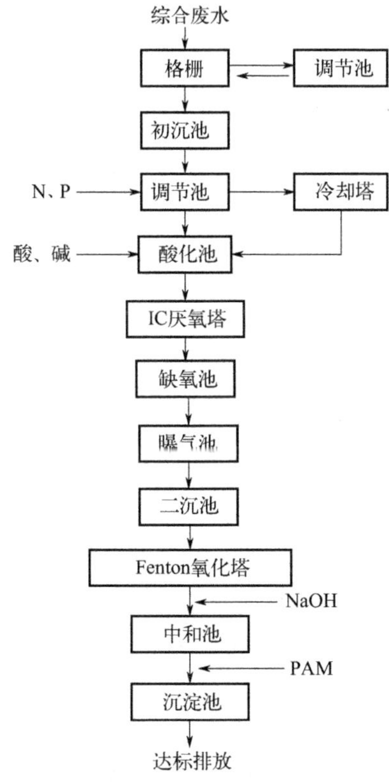

图 5-8-18 处理工艺流程

2. 主要构筑物及处理效果

主要构筑物见表 5-8-20。其中 IC 反应器根据处理负荷采用 3 座，好氧池水力停留时间 48h，通过延长生物处理时间尽可能降低好氧出水的浓度，减轻后续深度处理的难度和成本。IC 反应器出水 COD 一般在 2000～3800mg/L，好氧池出水 COD 一般在 800～1300mg/L，经芬顿深度处理后，出水 COD 一般在 90mg/L 以下，满足排放要求。各处理工段出水效果详见表 5-8-21。

表 5-8-20 主要构筑物一览表

名称	工艺参数
初沉池	$V=4400\text{m}^3$
预水解池	$V=1600\text{m}^3$
IC 反应器	ϕ12.5m×24m×3 座
缺氧池	HRT 3h
好氧池	HRT 48h
芬顿氧化塔	HRT 1h

表 5-8-21　生化出水水质和排放标准比较

处理工段	COD/(mg/L)	BOD/(mg/L)	SS/(mg/L)	色度/倍
进水	9500～10500	3000～4500	500～1000	1000～1200
初沉出水	9000～9800	3000～4300	200～300	1000～1200
IC 出水	2000～3800	300～500	200～400	800～1000
生化出水	800～1300	10～20	30～50	1000～1200
Fenton 出水	75～90	5～10	5～10	10～20
排放标准	90	20	30	50

3. 存在的问题及建议

（1）存在问题　主要有厌氧处理效率不高、好氧处理负荷偏高，以及 Fenton 处理化学品投用量大、运行成本高等问题。

① 某些制浆废水厌氧处理效率不高。比如桉木或松木化学机械浆废水具有“浓度高、温度高和色度高”等特点，含有对微生物有抑制性的成分，厌氧处理 COD 去除率只有 60%左右，导致厌氧出水浓度偏高，后续好氧处理负荷高。

② 好氧处理负荷往往偏高。当制浆废水所占比重较大时，特别是桉木或松木化学机械浆废水中含有对微生物有抑制性的成分时，导致好氧处理效率普遍不高，COD 去除率一般只有 60%左右，从而好氧出水浓度较高，后续深度处理存在处理难度大、处理成本高等问题。

③ Fenton 处理操作复杂，运行成本高。好氧出水 COD 浓度高。只有采用 Fenton 氧化工艺才能处理达标，深度处理系统处于满负荷状态，不利于稳定达标。同时也存在化学品使用数量大、运行费用高等缺点。投加的化学药品引入了大量硫酸根，也不利于处理水的循环回用。

（2）建议　针对制浆造纸废水处理存在上述诸多问题，建议加强桉木或松木化学机械浆废水的预处理，通过氧化或还原等手段对芳香族化合物等物质进行开环破链，改善废水的可生化性，从而提高生物处理效率，降低生物处理出水 COD 浓度，减轻深度处理负荷，实现高效低成本稳定处理。

第二节　废气处理

废气是指人类在生产和生活过程中排出的没有用的气体[45]，是含有颗粒物、硫氧化物、氮氧化物、碳氧化合物、卤素化合物、酸雾、重金属及其及化合物、有毒有机物等有害物质的气体统称。

长期以来，废水、废气、固体废物等“三废”处理中，造纸工业主要关注和研究生产过程中产生的废水和固体废物的处置，废气的关注度则较低。制浆造纸行业虽属低废气排放量行业，却是国民经济的支柱产业之一，其废气的污染治理不容轻视。由于废气中存在氯、其他挥发性有机化合物和氯仿，美国环境保护署最近将制浆造纸业列入“主要的有害空气污染物来源”类别[46]。在俄罗斯，由于当地纸浆和纸板生产厂释放的硫酸烟雾会损害支气管，西伯利亚东针叶林以东的布拉茨克地区曾被宣布为灾区[47]。因此，造纸工业废气治理，也是当下生态文明社会建设、打赢蓝天保卫战的重要任务之一。

一、造纸工业废气的产生环节

在多数情况下，回收锅炉和石灰窑仍然是空气污染物的重要来源，例如颗粒物、NO_x、SO_2、CO 和 H_2S。由于对热力和电力的需求，大多数纸浆和造纸厂都运行现场发电厂、辅助锅炉、蒸汽机组或热电联产电厂。即使通过有效的烟气净化，这些工厂对工业总排放量的贡献仍然不可忽视。制浆造纸行业属于传统行业，除了少数新型开发的造纸工艺外，大部分工艺技术都已固定，总的来说分为化学法制浆、化学机械法制浆、废纸制浆和造纸，其主要的废气产生环节详述如下。

1. 化学法制浆

化学法制浆是造纸工业废气的主要来源。根据制浆流程，备料过程中会有扬尘，主要污染物为粉尘，蒸煮、洗筛、浓缩、漂白过程中会产生废气，黑液（废液）处理过程中蒸发浓缩工段会产生臭气，碱回收炉、石灰窑会产生二氧化硫、烟尘、氮氧化物等，污水处理工段也会产生臭气。图 5-8-19、图 5-8-20 列出了主要的化学法制浆工艺过程及废气产生节点。硫酸盐法制浆工艺主要的化学物质为 NaOH 和 Na_2S，臭气主要为反应过程中生成的硫化氢气体、甲硫醇、甲硫醚及二甲二硫醚等，烧碱法制浆工艺主要的化学物质为 NaOH 和蒽醌，甲醇等挥发性有机物为废气的主要来源，亚硫酸盐法制浆主要添加亚硫酸盐或亚硫酸氢盐（铵、钙、镁、钠等盐基），臭气主要为氨、硫化氢等，污水处理厂臭气主要为氨、硫化氢。微污染物包括氯仿、二噁英和呋喃、其他有机氯和其他挥发性有机物。硫酸盐法蒸煮工段产生的废气，主要污染物是臭气，主要成分为硫化氢（H_2S）、甲硫醇（CH_3SH）、甲硫醚（CH_3SCH_3）、二甲二硫醚（$CH_3S_2CH_3$），统称为总还原硫（TRS，其量以 H_2S 的相当量表示）。TRS 具有酸性、可燃的特点，因此可通过碱液洗涤、燃烧来处理。一般臭气污染源主要有化学浆车间蒸煮系统、洗选系统、蒸发站、苛化工段、碱回收炉和石灰窑。

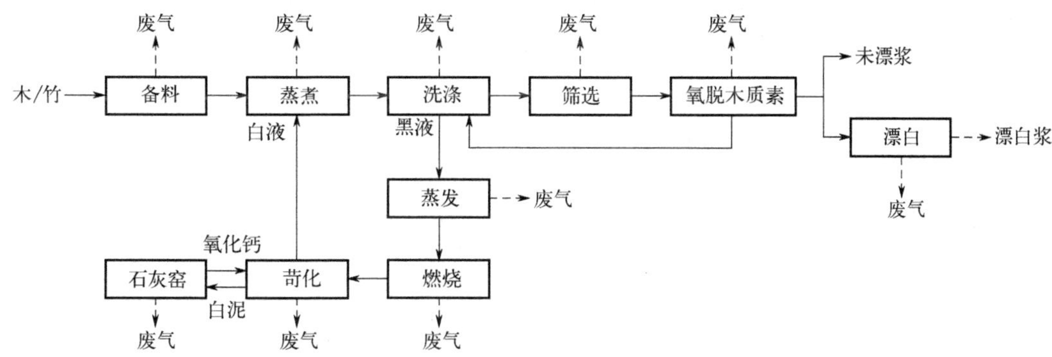

图 5-8-19 典型硫酸盐法化学木（竹）制浆工艺过程及废气产生节点

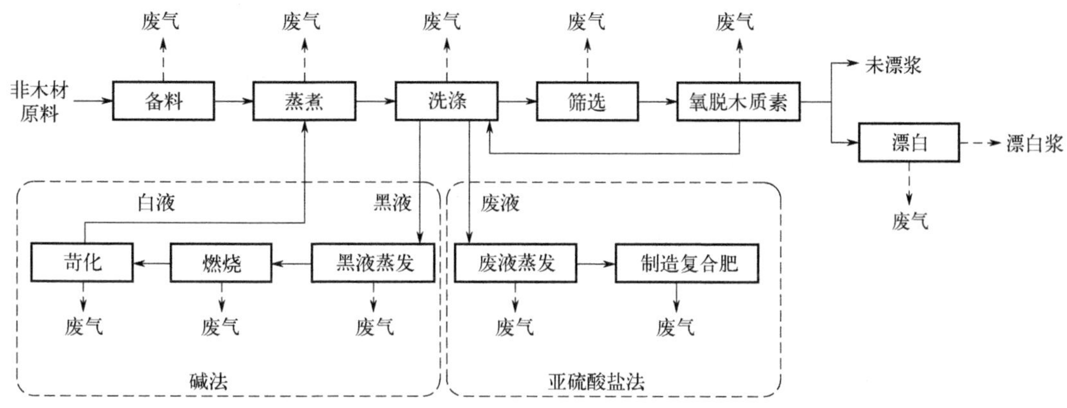

图 5-8-20 典型碱法或亚硫酸盐法非木材制浆工艺过程及废气产生节点

各工段使用化学品的情况直接影响其挥发性有机物浓度大小。其中，由于造纸工段生产环境相对密闭，空气流通少，环境温/湿度大，大量使用造纸化学品，这些是使该点挥发性有机物浓度远大于其他工段的重要原因。恶臭气体主要存在于蒸煮放气、多效蒸发器不凝气和碱回收炉排气中，其物理特性如表 5-8-22 所示。与废液排放一样，排放水平高度依赖于所采用的工艺技术类型和各个工厂的实际工况。还有一个重要因素是燃料类型和质量。虽然老旧的工厂造成了严重的空气污染，但现在有缓解技术，可以消除大多数有害气体和微粒排放。

表 5-8-22 制浆造纸厂排放主要恶臭气体的物理特性

污染气体	分子式	沸点/℃	嗅觉特征	颜色
二氧化硫	SO_2	59.6	强窒息性	无
硫化氢	H_2S	7.6	臭鸡蛋刺激味	无
有机硫醇类	CH_3SH,CH_3CH_2SH	37.5,34.7	烂洋葱味	无
有机硫醚类	CH_3SCH_3	38	大蒜味	无

一般情况下硫化物气体中含量最高的是 H_2S，但在制浆造纸工业中，制浆反应过程中的含碱量使 H_2S 较难生成。反应过程中硫化物经甲基化形成甲硫醇，由于弱酸性，其容易汽化，虽然二甲基硫醇更容易汽化，但由于需要进一步甲基化，使其生成速度缓慢。因此，在制浆造纸工业中，甲硫醇是硫化物恶臭气体中的最主要成分。

2. 化学机械法制浆

相较于典型的碱法或亚硫酸盐法，化学机械法制浆从源头上减少了废气的产生和处理需求（见图 5-8-21）。化学机械法制浆时，废气污染物主要为备料产生的烟尘；废液采用碱回收系统处理时，碱回收炉产生的烟尘、二氧化硫及氮氧化物等。在备料过程中也会排放出少量的挥发性有机物，属于无组织排放，量小、浓度低，难以计量[48]。高浓恶臭气体经收集后送碱回收炉燃烧，低浓臭气经收集处理后作为碱炉二次风入炉燃烧。造纸碱回收车间黑液浓缩焚烧后，从燃烧炉底部流出的熔融物的主要成分是碳酸钠和硫化钠，溶于稀白液后，称为绿液。在苛化工段，往绿液中加消石灰，使碳酸钠转化为氢氧化钠。澄清后的液体称为白液，即蒸煮用的碱液，沉淀出的碳酸钙称为白泥。白泥-石灰湿法烟气脱硫原理为白泥中含有碳酸钙和少量的氢氧化钠，可与石灰一同作为脱硫吸收剂。锅炉烟气经除尘、降温后进入吸收塔。烟气在吸收塔内向上流动且被向下流动的循环浆液以逆流方式洗涤。循环浆液则通过喷浆层内设置的喷嘴喷射到吸收塔中，以便脱除 SO_2、SO_3。

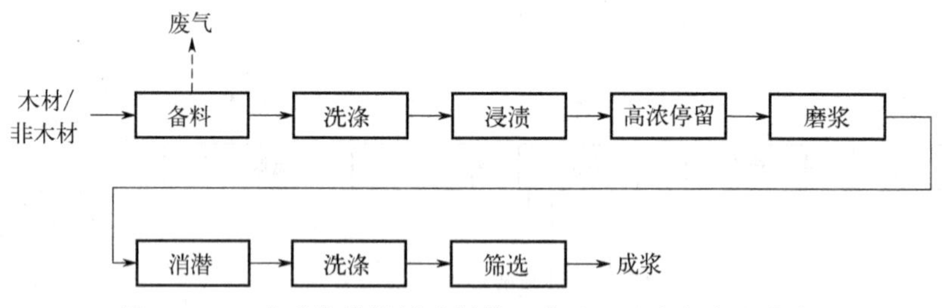

图 5-8-21 典型化学机械法制浆工艺过程及废气产生节点

3. 废纸制浆

废纸在回收打包运输过程中极易产生气味。这些气味来源于污染物沾染和微生物，以及回收后的储存环节。在废纸制浆造纸的脱墨和漂白过程中，需要添加各种化学品。这些化学试剂本身以及后续过程产生的副产物会挥发到空气中，并产生各种气态污染物，包括挥发性有机物（VOCs）、挥发性脂肪酸、还原性硫化物、呋喃物质等[49]。

4. 机制纸及纸板制造

通常制浆和造纸是一起的，所排的废气为制浆废气和造纸废气的叠加（见图 5-8-22）。抄纸车间排放的废气，主要是水蒸气及少量挥发性有机物（与涂料、助剂有关），一般采用冷凝和活性炭吸附方法去除。

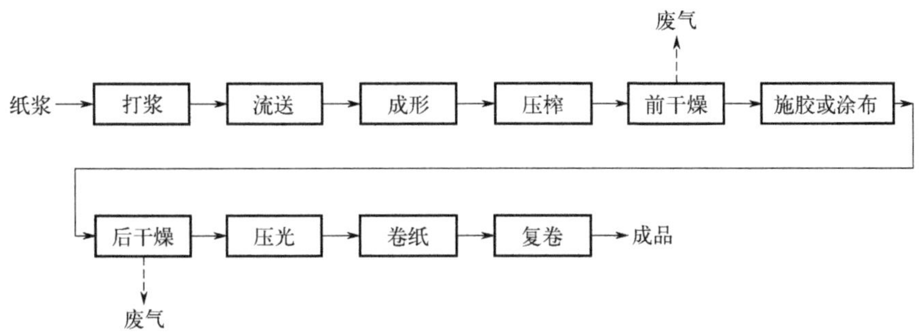

图 5-8-22　典型机制纸及纸板制造工艺过程及废气产生节点

5. 废水处理

污水（废水）处理厂产生的废气包括氨、硫化氢等臭气以及甲烷气等废气。污水在反应器中通过厌氧生物反应过程产生小分子烃、硫化氢、氨气、甲硫醇等有害废气，以及少量的存在于废水中的挥发性有机废气[50]。污泥在消化的过程中也会产生硫化氢、氨气、脂肪酸等气体。污水处理站调节池、预酸化池、厌氧脱气池、厌氧沉淀池、生物选择池、污泥调理池等产生臭气的构筑物可以进行加盖密封，并配置碱洗除臭系统，臭气经抽风管送至除臭系统，经喷淋洗涤后，可送至生产区碱炉内燃烧分解后，经过碱炉烟囱排放。

二、废气治理措施

国家出台了大气污染防治法，提出了废气污染治理的准则和指导方向，强调了坚持源头治理，实现从单一污染物控制向多污染协同控制，从末端治理向全过程控制和精细化管理的转变，以取得最大成效。

1. 源头治理

(1) 制浆造纸工艺改进用于源头污染减量　两种主要的制浆工艺当中，化学法制浆工艺排放的废气相对较多，而化学机械法制浆排放的废气则相对很少，与传统化学法制浆相比，化学机械法制浆的特点是：a. 流程简单，投资省；b. 生产成本低，得率高；c. 生产过程清洁。由于化学机械法制浆使用的化学药品量少，且浸渍软化温度较低，制浆产生的废水量少、污染负荷低，且污染物主要是低分子有机物，易于生化处理；而且漂白过程以双氧水和烧碱为漂剂，生产过程中大气污染少，不产生有毒有害物质，生产过程清洁，抄造的纸品卫生无毒无害。因此，在纸品的抄造过程中，通过抄造工艺的改进，更多地使用化学机械法制备浆料，则单位纸品的废气排放量会大幅下降。化学机械浆工艺经过几轮的技术革新，其工艺技术也在继续发展，以满足不同纸品的各类指标要求，从而推动该类浆种的更多使用，更多地减少废气排放。在我国，虽然废纸已经作为造纸的主要来源，但整体 44%的回收率与德国、日本等发达国家 70%以上的回收率相比仍然偏低，废纸造纸过程添加的化学品少，产生的废气少，因此提高废纸回收率、大量使用废纸造纸也是减少废气排放的有效途径。

相对于造纸原料，造纸添加剂技术的改进也有利于造纸过程中的废气减排[51]。在漂白化学机械浆、漂白亚硫酸盐纸浆的抄造纸张中添加适宜的纳米材料形成纳米复合涂层。与不添加纳米材料的造纸工艺相比，二氧化碳排放量分别减少了 10%和 75%。

(2) 减量及能源技术应用于总还原性硫化物（TRS）控制　将白泥洗净并用压力过滤器过滤后，再进入石灰窑，可以有效降低白泥中硫化钠的含量，减少白泥煅烧过程中石灰窑的 TRS 排放，也可使石灰窑运行更加稳定。

黑液汽化技术是资源化利用制浆黑液并减少 CO_2 排放的发展路子。黑液汽化，是将黑液在 600～1100℃的温度下汽化，黑液中的有机物转变成 H_2、CH_4 和 CO 等小分子气体，以及其他少量的挥发性气体，气化残留物为无机残渣，可以继续进行碱回收。造纸黑液是来自木材、非木材等纤维原料的蒸煮废液，其主要成分包括木质素和半纤维素降解产物、糖类、树脂等有机物和钠类、硅类无机盐等无机物。造纸黑液汽化综合利用过程包括原料液浓缩、高温汽化、气体处理、残留物处理、脱水脱硫、燃气发电或蒸汽发电等，整个流程除了可以推动透平机发电外，电厂发电后的乏汽还可以供给造纸工段供干燥用，汽化的残留物其无机物成分依然不变，可以进行苛化以回收生产用碱。黑液汽化技术应用于化学制浆厂中生产电能和发动机燃料，是一项能源利用技术，也能减少 CO_2 的排放[52]。

（3）杀菌剂用于抑制过程水的厌氧进程　造纸系统中原料会带入有机物，湿部化学中也会添加诸如淀粉之类的有机物，由于纸机系统封闭，浆料温度较高，无疑为厌氧细菌的繁殖提供了优良的条件，如果浆料在浆池中停留时间较长，或者浆池、坑道、排水沟存有滞留浆料，这些有机物会在厌氧菌作用下进行不完全发酵，产生挥发性有机物，其中包括挥发性脂肪酸。

在厌氧作用下，植物纤维中蛋白质等含硫有机物腐败分解，在同化作用下产生硫化氢。同时造纸系统中硫酸铝的添加，造成系统中硫酸根的累积，这些硫酸盐作为有机物的电子受体在硫酸盐还原菌的异化作用下被还原成硫化物，与利用细菌在生物膜内产生的氢反应生成硫化氢[53]。

通过杀菌剂的引入，在达到相应浓度后可以对过程水中的厌氧菌进行杀灭，能够有效抑制腐浆的形成，从源头上减少造纸车间废气的产生。在实践中，次氯酸钠、阳离子季铵盐、六氯(溴)二甲基砜、弱氧化型等杀菌剂均获得应用[54]。由于次氯酸钠会产生可吸收有机卤素(AOX)，其应用应受到控制。杀菌剂的生物抑制作用对废水处理的微生物同样具有抑制和杀灭作用，因此在实际应用中须控制其用量及残留量，以免对废水处理系统造成影响。

2. 末端治理

造纸厂空气污染物的末端治理技术是废气处理的主要方式，防治对策主要有以下几种：机械法、吸附法、生物法、光催化氧化法、燃烧法等。吸附法随着吸附的进程其吸附能力会达到饱和而逐渐下降，吸附剂使用一段时间后必须再生以恢复吸附效率；生物法需要培养驯化微生物，使用条件要求较高，生物降解单位效率低。随着光催化材料的持续研究，光催化氧化技术以其有机污染物矿化程度高、能耗低、不产生二次污染等诸多优点，已逐渐发展为一门新兴的废气处理技术[55]。

（1）吸附法　吸附法是使用天然或人工多孔性物质吸附气体混合物的方法，常用的吸附剂主要有活性炭、活性氧化铝、沸石分子筛等，但其中仍以活性炭吸附效果最好。该方法适用范围广，设备简单，操作方便，吸收效率高，适用于制浆造纸工业中空气中挥发性有机化合物、NH_3、H_2S 及其他气体污染物的净化。通过使用具有良好吸附性能的活性炭、银离子和其他固体吸附剂，在排气口可有效地吸附挥发性有机化合物并净化浓度较低的有机物。研究表明，通过使用九种比表面积为 700～1500m^2/g、堆积密度为 0.35～0.6g/cm^3、颗粒密度为 0.6～1g/cm^3 的活性炭，吸附能力可高达 0.5～2g/s，平均废气吸附量为 120mg/m^3。但是在采用这种废气处理方法的过程中，吸附与脱附达到平稳时，吸附剂会达到饱和，从而影响吸附效率。使用前必须将吸附剂再生或定期更换活性炭等吸附剂，以始终保持其良好的吸附性[56]。

（2）机械法　在制浆造纸厂的生产过程中，一部分废气本身是水溶性的，因此可进行喷水处理，即使废气中的水溶性污染物直接与水接触。但是由于废水中溶解的废气污染成分所造成的二次污染，水洗液还需要另外进行处理，因此已经有一些纸浆造纸厂试图将喷洒废气处理方法和生物曝气过滤技术有机整合。产生废气后，通过打开喷雾装置净化水溶性废气，产生的废水将通过排水口流入分离水箱，过滤后的废水将流入较高比表面积的填料中。在生物曝气过滤器中，安装在过滤层下方的鼓风机将使污水中的有机物与填料表面的生物膜发生反应，从而成功完成降解处理。处理后的废水可用于设备冲洗等。另外，在制浆造纸过程中，材料制备过程中产生的粉尘主要通过机械方法去除，例如旋风除尘器，而碱回收炉、石灰窑的烟尘一般采用静电除尘器去除，效率最高可达 99%以上。静电除尘器是利用静电力实现粒子与气流分离的一种除尘装置。静电除尘器的放电极（又称为电晕极）和收尘极（又称为集尘极）与高压直流电源相连接，当含尘气体通过两极间非均匀高压电场时，在放电极周围强电场力的作用下，气体首先被电离，并使尘粒荷电，荷电的尘粒在电场力的作用下在电场内向集尘极迁移并沉积在集尘极上，得以从气体中分离并被收集，从而达到除尘目的。静电除尘器具有除尘效率高、烟气处理量大、使用寿命长和维修费用低等优点。

（3）生物降解法　与传统的空气污染处理方法相比，生物法作为一种新兴的技术，具有设备简单、运行费用低、形成的二次污染较少等优点，尤其处理低浓度、生物可降解的气态污染物更显其经济实用性。生物过滤以生物膜形式固定在多孔过滤材料上的微生物，代谢空气中的污染物。滤料装填在生物滤塔中构成滤床，气流通过滤床时污染物从气流中转移到生物膜层上被微生物代谢（图 5-8-23）。近年来，生物过滤已在纸浆和造纸工业中越来越多地用于控制废气排放。研究人员将球形芽孢杆菌（*Bacillus sphaericus*）接种在生物过滤器中，二甲基硫化物可作为唯一碳源被降解，排放到空气中的二甲基硫化物的去除率可达到 62%～74%。针对复杂的制浆造纸工业空气污染治理，两步生物反应法具有更好的效果。第一步，将一种耐酸的甲醇降解酵母（*Candida boidinii*）接种到生物滴滤塔中；第二步，接种狭长长喙壳菌（*Ophiostoma stenoceras*）。在第一步中 H_2S 和甲醇的去除率分别为 48% 和 78%，α-松萜的去除率为 14%；在第二步反应中 α-松萜的去除率提高到 86%，而甲醇去除率可达 98%。与一步生物法相比，两步法能有效地去除混合气体污染物[57]。

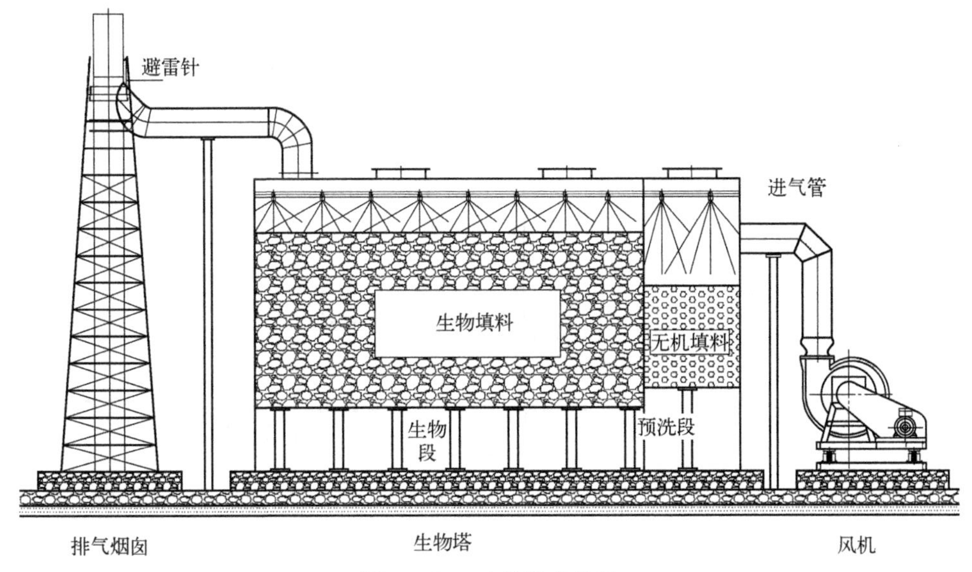

图 5-8-23　生物除臭装置

（4）光催化氧化净化技术　有研究发现光催化氧化技术能对甲醛、苯系物等有机污染物进行快速降解处理，从而实现对废气的净化处理。不仅如此，相比于其他普通的废气处理和回收技术，光催化氧化技术的操作相对比较简单，对反应条件没有严格的限制，不仅具有良好的应用价值，同时也不会在处理废气的同时造成二次污染[55]。在某制浆造纸厂对废气进行处理的过程中，便尝试通过采用纳米二氧化钛光催化氧化技术，利用其超大的比表面积，大量吸附众多废气中的有机污染物，同时利用纳米二氧化钛能够较好地吸收紫外线的特性，进而加快降解附着在其表面上的挥发性有机物。

（5）燃烧法　硫酸盐法化学浆生产过程中，蒸煮、碱回收蒸发工段及污冷凝水汽提等排出的高浓臭气，洗浆机、塔、槽、反应器及容器等排出的低浓臭气，可通过管道收集后进入碱回收炉、石灰窑、专用火炬或专用焚烧炉焚烧处置。制浆系统的臭气主要来源于化学浆生产线和碱回收系统。高浓恶臭气体经收集后送碱回收炉燃烧，低浓臭气经收集处理后作为碱炉二次风入炉燃烧。

燃（焚）烧法臭气治理技术特点见表 5-8-23。

表 5-8-23 燃（焚）烧法臭气治理技术特点

序号	治理技术	技术原理及特点
1	在碱回收炉中焚烧	高浓臭气通常通过碱回收炉中的燃烧系统直接焚烧，低浓臭气通过引风机输送到碱回收炉中作为二次风或三次风焚烧
2	在石灰窑中焚烧	工艺过程中臭气可引入石灰窑焚烧处置
3	火炬燃烧	在臭气放空管道头部安装火炬燃烧器，具有结构及操作简单、臭气去除效率高等特点，但会消耗液化气或柴油燃料，一般可用于事故状态下的臭气应急处置
4	在臭气专用焚烧炉中焚烧	高浓臭气经收集后采用专用焚烧炉焚烧，高温烟气可经余热锅炉回收热量，最终洗涤后排空

沼气是废水处理过程中厌氧反应的副产物，沼气中含有大量的甲烷，是一种温室气体和臭氧层破坏气体，然而沼气也是一种优质的能源，通过厌氧反应器上部的气液分离器及管道将沼气送往脱硫装置脱硫后作为锅炉燃料或用于发电（图 5-8-24）。沼气产生量较少时可采用火炬直接燃烧处理。

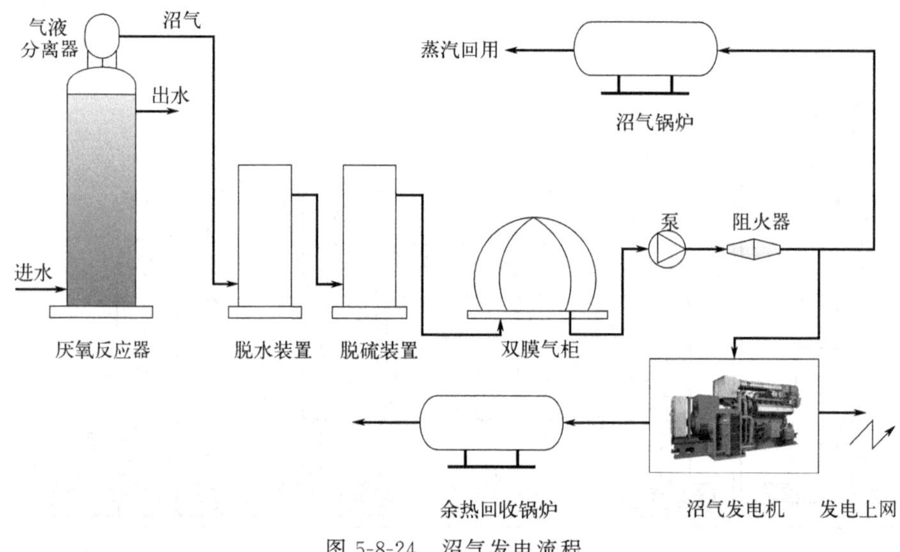

图 5-8-24 沼气发电流程

制浆造纸企业的污染物质经焚烧炉焚烧后，焚烧炉废气中污染物主要包括烟尘、二氧化硫、氮氧化物及二噁英。烟尘治理技术主要为袋式除尘，二氧化硫治理主要包括石灰石/石灰-石膏湿法脱硫及喷雾干燥法，氮氧化物治理主要为选择性非催化还原法（SNCR），二噁英采取过程控制及末端活性炭吸附的措施，主要技术参数见表 5-8-24。为实现超低排放，在湿法脱硫前对烟尘的高效脱除称为一次除尘，主流技术包括电除尘技术、电袋复合除尘技术和袋式除尘技术。烟气湿法脱硫过程中对颗粒物进行协同脱除，在烟气脱硫后采用湿式电除尘器进一步脱除颗粒物，称为二次除尘。石灰石-石膏湿法脱硫复合塔技术配套采用高效的除雾器或在脱硫系统内增加湿法除尘装置，协同除尘效率不低于 70%；湿法脱硫后加装湿式电除尘器，除尘效率不低于 70%且效果稳定。

表 5-8-24 焚烧炉烟气治理技术参数

序号	名称	技术原理	污泥物去除率	技术特点
1	袋式除尘	利用纤维织物的拦截、惯性、扩散、重力、静电等协同作用对含尘气体进行过滤	除尘效率 99.50%～99.99%	适用范围广，占地面积小，控制系统简单，达标稳定性高

续表

序号	名称	技术原理	污泥物去除率	技术特点
2	石灰石/石灰-石膏湿法脱硫	以含石灰石粉、生石灰或消石灰的浆液为吸收剂，吸收烟气中的二氧化硫	脱硫效率95%以上	对负荷变化具有较强适应性
3	喷雾干燥法脱硫	吸收剂喷入吸收塔后将二氧化硫吸收，同时吸收剂雾滴中的水分被烟气热量蒸发	脱硫效率90%以上	投资费用低，水耗低，电耗低，净化后的烟气不会对尾部烟道及烟囱产生腐蚀
4	SNCR 脱硝	在不使用催化剂的情况下，在炉膛烟气温度适宜处喷入含氨基的还原剂，与炉内 NO_x 反应	脱硝效率30%～40%	不需要催化剂和催化反应器，占地面积小，建设周期短
5	二噁英综合治理技术	在布袋除尘器前喷入粉状活性炭，通过活性炭吸附作用去除二噁英，焚烧炉炉膛内焚烧温度等参数满足 GB 18484 或 GB 18485 要求	—	污染物排放满足 GB 18484 或 GB 18485 要求

三、废气污染防治可行技术

为了规范制浆造纸工业废气处理，环境保护部（现生态环境部）发布了制浆造纸工业污染防治可行技术指南，造纸工业废气污染防治的可行技术主要涉及了碱回收炉、石灰窑、焚烧炉和废水处理工程的厌氧处理等工序，包括吸附和燃烧等技术（见表 5-8-25）[58]，指南也明确指出不适用于制浆造纸工业企业的自备热电站和工业锅炉。

表 5-8-25 废气污染防治可行技术[58]

序号	废气污染源		可行技术	技术适用性
1	工艺过程臭气		在碱回收炉中焚烧 在石灰窑中焚烧 火炬燃烧 臭气专用焚烧炉中焚烧	适用于硫酸盐法化学制浆企业
2	碱回收废气	烟尘	电除尘	适用于制浆企业
3	石灰窑废气	烟尘	电除尘	适用于硫酸盐法化学木浆企业
		TRS	白泥洗涤及过滤	
4	焚烧炉废气	烟尘	袋式除尘	适用于制浆造纸企业
		二氧化硫	石灰石/石灰-石膏湿法脱硫	
		氮氧化物	SNCR 脱硝	
		二噁英	过程控制、活性炭吸附	
5	厌氧沼气		锅炉燃烧或用于发电 火炬燃烧	适用于废水采用厌氧处理的制浆造纸企业

表 5-8-25 中未涵盖的地方，制浆造纸的备料工段引起的粉尘通常采用袋式除尘处理，适用于各种类型制浆造纸企业。废水处理厂的废水通常采用生物除臭技术处理，初沉池、水解池、厌氧塔顶部、脱水机房等处的臭气经耐腐蚀管道收集后进入生物除臭装置处理，除此之外，装

填有填料的吸收塔也是可以采用的，这两种方法适用于各种类型制浆造纸企业废水处理厂的臭气治理。

四、制浆造纸废气排放标准

国家对大气污染治理工作日益重视，对包括造纸工业在内的工业废气排放提出了严格的排放要求[59]。制浆造纸工业废气排放量少，没有单独的废气排放标准，一般仍采用通用的标准，主要采用《环境空气质量标准》和《恶臭污染物排放标准》。《环境空气质量标准》一级或二级标准，对废气中的主要污染物颗粒物（PM_{10} 和 $PM_{2.5}$）、二氧化硫、氮氧化物、一氧化碳、铅、氟化物、苯并及臭氧等气体规定了排放要求。《恶臭污染物排放标准》规定了氨、三甲胺、硫化氢、甲硫醇、甲硫醚、二甲二硫、二硫化碳、苯乙烯等的排放要求。

碱回收炉废气一般经过电场静电除尘器处理达到《火电厂大气污染物排放标准》（GB 13223—2011）和《恶臭污染物排放标准》（GB 14554—93）要求后经烟囱排放。石灰窑废气处理后达到《工业炉窑大气污染物排放标准》（GB 9078—1996）和《恶臭污染物排放标准》（GB 14554—93）要求后排放。固废综合利用锅炉废气经 SNCR/SCR 联合脱硝＋布袋除尘器＋活性炭吸附＋炉外石灰石/石膏湿法脱硫＋高效除雾器处理达到锅炉废气超低排放标准限值和《生活垃圾焚烧污染控制标准》（GB 18485—2014）要求后排放。

第三节　固体废物处置

一、固体废物的处理方法

造纸工业固体废物治理主要有非危险固体废物的资源化利用、填埋等途径，以及危险固体废物的安全处置等。

1. 固体废物种类和利用

① 制浆造纸生产过程中产生的热值较高的废渣，如备料废渣、浆渣及污水处理厂污泥等，可直接或通过干化处理后送入锅炉或焚烧炉燃烧。

② 非木浆尤其是草浆生产过程中产生的备料废渣可还田。

③ 筛选净化分离出的可利用浆渣及污水处理厂细格栅截留的细小纤维经处理后，可厂内回用或用于配抄低价值纸板、纸浆模塑产品。

④ 化学木浆生产过程中产生的白泥经过石灰窑煅烧生产石灰，回用于碱回收苛化工段。化学非木浆或化学机械浆生产过程中产生的白泥可作为生产轻质碳酸钙的原料或作为脱硫剂。

⑤ 在废纸浆生产过程中，原材料中的塑料、金属等固体废物，机制纸及纸板生产过程中产生的废聚酯网，均可回收实现资源化利用。

2. 填埋

制浆造纸企业碱回收工段产生的绿泥、白泥，污水处理厂污泥等经过脱水处理后，可进行填埋处置，在厂内暂存及填埋处置应符合 GB 18599 的要求。

3. 危险固体废弃物的安全处置

在《国家危险废物名录（2021 年版）》中，公布了制浆造纸行业碱法制浆过程中蒸煮制浆产生的废碱液，具有腐蚀性（corrosivity，C）、毒性（toxicity，T），其危险废物类别 HW35，废物代码 221-002-35 T/C，该类废碱液通过碱回收技术已得到妥善处置。

4. 固体废物污染防治技术

环境保护部（现生态环境部）发布的制浆造纸工业固体废弃物污染防治技术[60]，主要内容见表 5-8-26。

表 5-8-26　造纸工业固体废物污染防治技术

固体废物		可行技术	技术适用性
备料废渣（树皮、木屑、草屑等）		焚烧	适用于木材及非木材制浆企业
		堆肥	
废纸浆原料中的废渣		回收利用	适用于废纸制浆企业
浆渣		造纸原料	适用于制浆造纸企业
		焚烧	
碱回收工段废渣	白泥	煅烧石灰回用	适用于硫酸盐法化学木浆企业
		生产碳酸钙	适用于碱法非木材制浆及化学机械法制浆企业
		作为脱硫剂	
		填埋	
	绿泥	填埋	适用于制浆企业
		焚烧	适用于硫酸盐法化学木浆及化学机械法制浆企业
	石灰渣	填埋	适用于制浆企业
		焚烧	适用于硫酸盐法化学木浆及化学机械法制浆企业
脱墨渣		焚烧	适用于废纸制浆企业
		安全处置	
污水处理厂污泥		焚烧	适用于制浆造纸企业
		填埋	适用于制浆造纸企业
废聚酯网		回收利用	适用于机制纸及纸板生产企业

二、秸秆制浆黑液制有机肥

山东某纸业开发的秸秆清洁制浆及其废液资源化利用技术适用于制浆造纸、有机肥、秸秆资源化利用。主要技术关键：a. 新式备料，用锤式破碎机和圆筒筛相结合替代切草机，备料方式由切变搓，使秸秆分丝、杂质分离。从源头上控制黑液的黏度。b. 置换蒸煮热黑液循环利用，尽量保留半纤维素，对黑液在制浆过程中进行热处理，改善黑液黏度，提高提取率，降低中段水的负荷。c. 高硬度制浆＋机械疏解＋氧脱木质素组合。在制浆过程中将化学反应转变为化学＋物理反应，提高制得率和强度。d. 利用秸秆制浆废液生产颗粒木质素来制造有机肥，解决了黑液治理的难题，并回收了秸秆中具有使用价值的钾、氮、磷、木质素、木糖醇等物质。秸秆制浆废液的再利用，一方面实现了黑液零排放；另一方面，有机肥料和基质的有效成分是秸秆中的木质素，有机质含量高，富含黄腐酸，可增强土壤团粒结构，提高土壤保肥、保水能力，抗旱、保墒作用效果显著，经过高温、高压灭菌处理，可使植物生长必需的钾元素充分还原到土壤中，具有无病杂菌、无重金属残留、抗病、抗重茬等特点，是实施国家“沃土工程”较好的解决方案。

主要设备有锤式粉碎机、圆筒筛、真空洗浆机、立式连续蒸煮锅、氧脱木质素塔、流化床除尘器、单螺旋挤浆机、降膜蒸发器、喷浆造粒烘干机、文丘里洗涤塔。生产过程采用自动控制，自动控制系统采用 DCS 集散控制系统，辅以部分就地指示仪表，生产车间内设置控制室，通过计算机显示并控制工艺过程参数，实现了生产过程及生产管理的全部自动化。典型规模年产 10 万吨纸浆，15 万吨有机肥。降低纤维原料消耗 10%，降低蒸煮化学药品用量 5%，降低蒸煮耗汽量 20%，降低清水用量 50%，污染物排放稳定达标。

至 2012 年，该工程技术应用 5 年后，累计生产草浆 64.6 万吨、木质素有机肥 100 万吨，实现利税 6.78 亿元，替代进口木浆为国家节约外汇 4.5 亿美元，为农民增收 8 亿元。将农作物秸秆纤维原料（主要为麦秆、稻秆、玉米秸秆、棉秆）制浆造纸，黑液经资源化处理后生产木质素有机肥，实现了农作物秸秆的资源化利用，避免了秸秆焚烧造成的环境污染，黑液的循环使用还降低了中段水的污染负荷。利用黑液制造有机肥，不含有毒有害物质，为农业生产提供了高效有机肥，并解决了制浆黑液的治理难题，环境效益显著。该技术获 2012 年“国家技术发明二等奖”。

三、纤维类固体废物的利用

造纸工业每年产生大量的植物纤维类固体废物，包括备料车间的木屑、树皮、草末等，过去任其堆放，占用土地并污染环境。现在对植物纤维废物应进行资源化利用，利用途径多种多样，例如用于生物质锅炉回收热能，还可以通过基质化、基料化和饲料化等途径加以利用。

（一）木屑利用

随着纸业生产规模的扩大，制浆厂产生的木屑量也越来越大，木屑已成为生物质利用的重要资源。

1. 用于燃料

湖南某纸业生产规模由 7 万吨/年发展到 100 万吨/年，生产过程中产生的木屑量逐年增加。为充分利用资源，解决环保问题，该公司将热电锅炉由以燃烧原煤为主改为“原煤＋生物质”混合燃烧方式，新建的运输皮带将木屑连续送入锅炉炉膛，与煤炭混合燃烧发电，热值高，效益可观，环保经济。据初步测算，该公司通过掺烧生物质发电，年增效益在 1000 万元以上[61]。

山东科技大学开发的生物质热解生产燃料油技术，以木屑、秸秆、稻壳为原料生产液体燃料油，木屑产油率可达 65％以上，秸秆产油率可达 40％以上，生产的燃料油成本大约 700 元/t，热值 18～20MJ/kg，销售价格约为 1500 元/t，用它替代柴油和重油，单位热值的成本相当于柴油的 57.4％和重油的 94.7％。

美国 Battelle 研究所开发出利用催化热分解反应将木材碎片或农业废弃物等生物质转化成生物油的装置，这种装置每处理 1t 松树锯末，可生产出 130gal（$1gal=0.00379m^3$）生物油，该生物油经过加氢处理可以升级为汽油、柴油或喷气机燃料，广泛的试验证明可以与普通的汽油混合使用。Battelle 生物油的另一种使用方法是，将其转化成生物多元醇，可以代替石油基多元醇生产化工产品。

2. 培养食用菌

利用肉桂木屑栽培刺芹侧耳、白黄侧耳、灵芝、猴头菌、柱状田头菇、秀珍菇等食用菌，通过与采用阔叶树木屑栽培的同种食用菌的菌丝生长速度、菌丝生长势和子实体整齐度及生物转化率作比较，结果表明：白黄侧耳在肉桂木屑培养料上菌丝生长速度为 4.52mm/d，而在普通阔叶树木屑上则为 4.03mm/d；秀珍菇在肉桂木屑培养料上菌丝生长速度为 3.94mm/d，而在普通阔叶树木屑上则为 2.65mm/d。猴头菌在肉桂木屑培养料上生物转化率达 25.5％，而在普通阔叶树木屑上则为 20.5％；秀珍菇在肉桂木屑培养料上生物转化率达 82.8％，而在普通阔叶树木屑上只有 77.6％。6 种食用菌均能在肉桂木屑培养料上生长出菌丝及子实体[62]。

利用桑木屑栽培木耳培养料配方之一：桑木屑 80％，麦麸 18％，白糖 1％，石膏 0.5％，过磷酸钙 0.5％，pH 值 6～6.5。常食用木耳可降低血脂，防止冠状动脉粥样硬化[63]。利用橡胶木屑可种植木耳、金针菇、平菇等。用橡胶木屑栽培杏鲍菇培养料配方：木屑 20％，麦麸 25％，玉米粉 5％，豆粕 5％，甘蔗渣 25％，玉米芯 20％，另加石灰 1％，含水率 64.5％。杏鲍菇菌肉肥厚，质地脆嫩，口感极佳，且具有降血压、血脂、胆固醇，提高免疫力等多种功效，广受市场欢迎[64]。

巨尾桉木屑和经粉碎后的巨尾桉边角料可作为原料栽培白背毛木耳，产品出口日本以及中国台湾地区。不仅是巨尾桉木屑可以作木耳栽培原料，经切碎的小片状边角料、树皮也可作木耳栽培原料。巨尾桉锯末不含芳香类物质，无需清水反复淋溶（这有利于杜绝由淋溶造成的污染）。种植木耳后的废菌包，可用于作有机肥和育苗轻基质，实现循环经济[65]。

以桉树木屑为主料栽培榆黄蘑配方：桉树木屑 68%，棉籽壳 17%，米糠 12%，过磷酸钙 1%，石膏粉 1%，石灰 1%。菌丝长速快，鲜菇产量高，经济效益好，其平均单袋产量 345.12g，生物学效率为 84.18%，分别比对照高 25.04g 和 6.11%，平均单袋纯利润为 2.569 元，产出投入比 2∶91[66]。

3. 制活性炭

利用杉木屑制备的颗粒活性炭，比表面积较大，孔隙的孔径分布较窄，可吸附的被吸附物分子大小范围较窄，适合用于吸附回收分子大小差别较小的汽油蒸气。杉木屑与不同浓度的磷酸混合，经磷酸的催化作用在较低温度下塑化，发生脱水、热解从而自身产生焦油作黏结剂，用适当的模具挤压成形制成柱状料，在一定温度下干燥硬化成柱状颗粒，再经炭化和活化制成适合吸附汽油蒸气或液相脱色的颗粒活性炭。杉木屑制备吸附汽油蒸气和液相脱色的颗粒活性炭的最佳工艺条件为：磷酸浓度 85%，磷酸与木屑的质量比 1∶9，活化温度 430℃，活化时间 90min[67]。

4. 其他用途

近年来研究人员对落叶松木屑中主要化合物的理化性质、应用、提取工艺、检测方法进行了研究，表明落叶松木屑中含有阿拉伯半乳聚糖、二氢槲皮素等生物质，阿拉伯半乳聚糖可用于治疗肿瘤，二氢槲皮素有抑制细胞老化的功效，具有珍贵的药用价值[68]。

以木屑和黑液木质素为原料，加入废旧聚丙烯塑料和相容剂马来酸酐接枝聚丙烯 MAH-G-PP，经搅拌混合、造粒、螺杆挤出从而制得仿木复合材料。当混合料总量为 100 份，木粉和木质素的加入量均为混合料质量分数的 30%，废旧聚丙烯塑料为 35%，相容剂为 5%时，其抗压强度和抗拉强度分别为 22.4 MPa 和 7.3 MPa[69]。

木屑具有轻巧透气、吸湿保水性强、缓冲能力好等特点，是花卉无土栽培的重要基质。用于花卉栽培的木屑，选用中等粗细的木屑为好。如是细锯末，可添加适度比例的刨木花混合使用。木屑过细，易蓄水太多，影响花卉生长。木屑先应发酵，否则栽植后容易烧根死苗。不能混有石灰质碱性物质，以防木屑 pH 值过高。对木屑需进行消毒处理，以防病害发生。

（二）下脚料的热值利用

1. 树皮热值利用

树皮是数量最多的林业废料之一，从环境保护和最大限度地利用森林资源的角度出发深入探讨充分、合理地利用树皮的有效途径是十分必要的。在木材用量大的制浆造纸厂，废料主要为树皮和锯末，如任由木材废料大量堆积，会造成严重的环境污染。以东北某纸业公司为例，采用芬兰木材处理设备，木片得率为 90%～92%，树皮、锯末等废料约 5%。按 1t 纸 4m^3 木材计，如果满负荷生产，年产 26 万吨机制纸，大约需 108 万立方米木材，同时产生树皮、锯末等废料 6 万立方米。广西某纸业公司年产 10 万吨木浆，同时产生树皮、木屑 2 万吨。如将这些树皮、锯末转化的能量折合成标煤的价格，其经济性相当可观。树皮完全燃烧时放出的热量，在很多情况下甚至略高于木材。通常针叶树树皮的发热量约高于阔叶树树皮，针叶树树皮的发热量约为 4560～5660kcal/kg(1kcal＝4.184kJ)，阔叶树树皮的发热量约为 3850～4400kcal/kg。在该公司现场测定，干度为 65%的树皮和木屑，其平均发热量约为 2800kcal/kg，折成热值 7000kcal/kg 的标煤，则 1kg 树皮与木屑的发热量与 0.4kg 标煤的热值相当，树皮和木屑具有非常高的利用价值。

树皮直接燃烧产生蒸汽作工厂热源或动力之用，也可加工成树皮丸、树皮砖等成形燃料。树皮通过干馏可得到许多化工产品，树皮活化后可得到吸附性能良好的活性炭。桦树的树皮可提取桦皮焦油，桦皮焦油可加工成木馏油、润滑油、保革油；落叶松树皮焦油可生产除锈剂等，树皮气化还可获得木煤气等产品。

山东某纸业将树皮废料用于锅炉燃烧后带来如下效益：变废为宝，回收燃烧热，日产 3.9MPa 过热蒸汽 1800t，节煤 360t；消除树皮等易燃废弃物大量堆放于贮木场附近带来的火险隐患；避免大量废料运输人员、车辆等频繁出入贮木场，使贮木场的管理井然有序；避免大量树皮、木屑等废料被居民作为取暖燃料，因不能充分燃烧而造成大气污染。

2. 草末热值利用

我国有很多禾草制浆厂，备料产生大量的禾草末。稻草或麦草等农作物秸秆的热值可达标准煤的一半。非木纤维原料主要包括麦草、竹子、荻苇、蔗渣等，在制浆生产中主要利用的是各类植物的茎，在备料工序段还会产生许多叶、节、穗等固体废物，这些固体废物也可以当作燃料在废料锅炉里燃烧[70]。

（1）荻尘锅炉　以荻苇为原料的造纸厂，在备料时的除尘损失量约为10%。生产1t苇浆约需2.2t原苇，对于日产200t浆的造纸厂，每天可产生44t苇尘。苇尘的密度小，约为46kg/m^3，低位发热量为11.227 MJ/kg。

苇尘燃烧炉可采用立式切向旋风炉，炉膛热载为5016MJ/(m^3·h)，炉膛容积为4.08m^3，受热面积不小于150m^2。旋风炉直径1m，高5.2m，其蒸发量为6t/h，生产1.3 MPa饱和蒸汽。苇屑供应量为1833kg/h，半日储存量为480m^3。风机可选用风压5kPa、理论供风量为7700m^3/h（标准情况）的风机。为利于旋风燃烧，苇屑在进炉前，要用螺旋压缩机，以3∶1的压缩比，把46kg/m^{3}苇尘压缩为138kg/m^{3}送入炉内。

（2）草末锅炉　辽宁某纸业的草末锅炉在炉内布置了卧式旋风燃尽室，实现了炉内除尘，降低了原始烟尘排放浓度。草末锅炉把草末焚烧成灰渣，送入炉内的空气经燃烧后变为烟气，具体工艺流程见图5-8-25。

含水率为29.6%的草末，人工送上运输带，经过抛料机，被吹入链条炉排上；草末中的有机物与氧气剧烈燃烧，部分草末在鼓风机及二次风的作用下未落下时已燃尽。烧后灰烬（约占草末质量的13.86%）及未被燃尽的炭被刮板除渣机刮到灰车里，排出灰渣的温度约120℃，由人工推走排渣。常温的空气通过鼓风机送入空气预热器，由热的烟气加热到大约116℃后，通过风嘴被送入炉膛与草末混合燃烧，而燃烧生成的约900℃的高温烟气从炉膛排出。烟气依次通过对流管束、省煤器、空气预热器，利用热的烟气加热锅炉给水和助燃的空气，热烟气放出热量，约降低到150℃，再经除尘器除去烟气中的灰分后，由引风机从烟囱排出，排出烟气的温度为150℃。

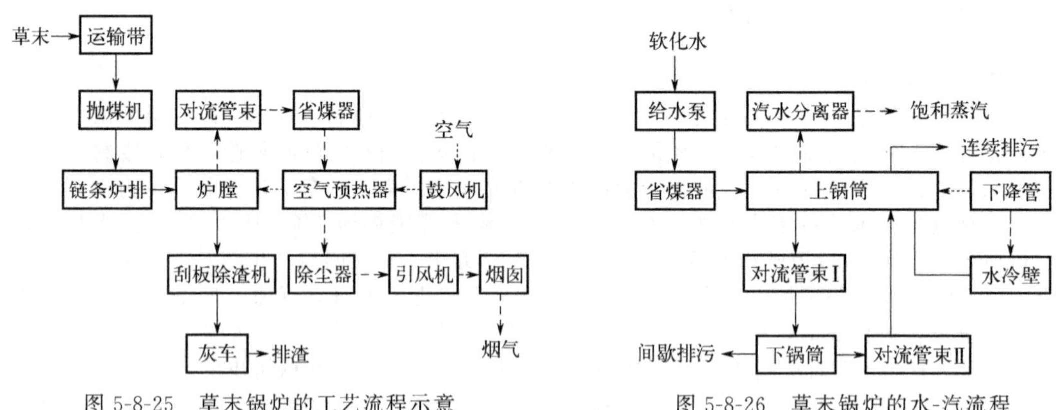

图5-8-25　草末锅炉的工艺流程示意

图5-8-26　草末锅炉的水-汽流程

草末锅炉的水-汽流程如图5-8-26所示。来自动力车间的软化水首先通过给水泵送进省煤器，软化水吸收烟气的热量，从60℃加热到130℃，在这里水几乎被加热到0.3MPa、133℃下的饱和温度。经过省煤器预热的软化水，被给水的压力强制送入上锅筒。

通过对草末锅炉系统进行能量衡算，可知其热效率达到68.8%。草末锅炉每天生产0.8MPa、170℃的饱和蒸汽86.4t，相当于8.73t标煤生产的蒸汽量。按照每吨标煤价格680元计，每天可节约5930元。配置一台草末锅炉需要投资45万元，仅76d就可以回收锅炉投资，草末锅炉的使用具有极大的经济价值。

（3）浆渣热值利用　山东某纸业有限公司用废纸制浆，日产几十吨浆渣。运用城市生活垃圾焚烧经验，将10t/h燃煤链条炉排锅炉改装成浆渣焚烧炉，使浆渣得到有效利用。从现场采集粗、细两种浆渣，称重、烘干，分拣出各组分，分别测定热值，浆渣的热值结果见表5-8-27。

表5-8-27　浆渣的热值结果

组分	塑料类/%	纸布类/%	玻璃金属类/%	纤维类/%	水分/%	低位发热值/(kJ/kg)
粗浆渣	25.12	12.64	7.64	—	54.6	7912.2
细浆渣	0.86	—	1.52	24.31	73.31	475.6

注：粗/细浆渣若按75%/25%折算，混合热值为6053.6 kJ/kg（水分59.28%）。

由表5-8-27可知，粗浆渣的可燃性成分主要是热值较高的膜片状塑料，加上纸布类，两者质量占比37.76%，因而粗浆渣具有较好的可燃性。但细浆渣的可燃性成分仅25.17%，且主要是细小纤维，由于水分高至73.31%，细浆渣很难着火、引燃，需快速干燥后，方能正常燃烧。浆渣含有大量挥发分，它的完全燃烧是一个重要环节，可燃气的燃烧有扩散型和动力型两种，在焚烧炉中两者共存且相互促进。由多种可燃分的热解和燃烧试验得知，热解初始温度为398～553K，热解初始时间为13～28min，热解持续时间为15～39min，最大热解率为65%～97%，大多在70%左右，为燃烧的炉内过程组织提供了重要试验依据。

浆渣的焚烧不同于粒煤燃烧，为使大量挥发物充分燃烧和固定炭燃尽，需配置较高炉温的主燃室，合理匹配空气动力场的气体燃烧室，设置间歇持续搅拌料层和翻料功能的层燃设备、适合燃烧需要的配风、可调的控制装置，增强料层内部传热和气体流动。采用分室送风、各自调节、分段层燃、往复推进、不断扰动、加强干燥的往复炉排，配以合适型线的前、后、中拱组合构成分流燃烧室，以增强蓄热、导流烟气，提高层燃室温度等措施，是稳定和活化燃烧的有效途径。

浆渣中塑料含量较多，某些含氯、氟的塑料在低温燃烧时会产生二噁英（dioxin）、呋喃等有害气体，排入大气会危害人体健康，已引起广泛关注。二噁英等在350～600℃的温度下富生，伴随还原性气氛共存，当温度高于750℃时分解，现有国家规定在温度800℃下滞留2s，以此控制二噁英类排放量。

四、危险废物处置

（一）危险废物的种类

废碱液是制浆造纸工业蒸煮制浆产生的特有固废，被列入《国家危险废物名录（2021年版）》，具有腐蚀性和毒性，其废物代码221-002-35。废钒系催化剂是烟气脱硝过程中产生的危险废物，具有腐蚀性和毒性，其废物代码772-007-50。其余的危险废物有废机油、废灯管、废电池、废超滤膜、废反渗透膜、废树脂等（见表5-8-28）。曾经被认定为危险废物的脱墨污泥（废纸回收利用处理过程中产生）已不在2021年版名录上。

表5-8-28　制浆造纸行业的危险废物

名称	类别	行业来源	代码	来源	危险特性
废机油	HW08 废矿物油与含矿物油废物	非特定行业	900-249-08	使用过程中产生的废矿物油及沾染矿物油的废弃包装物	毒性(toxicity)、感染性(infectivity)
废超滤膜	HW13 有机树脂类废物	非特定行业	900-015-13	工业废水处理过程产生的废弃离子交换树脂	毒性(toxicity)
废反渗透膜	HW13 有机树脂类废物	非特定行业	900-015-13	工业废水处理过程产生的废弃离子交换树脂	毒性(toxicity)

续表

名称	类别	行业来源	代码	来源	危险特性
废树脂	HW13 有机树脂类废物	非特定行业	900-015-13	工业废水处理过程产生的废弃离子交换树脂	毒性(toxicity)
废灯管	HW29 含汞废物	非特定行业	900-023-29	使用过程中产生的废含汞荧光灯管及其他废含汞电光源	毒性(toxicity)
废碱液	HW35 废碱	制浆 造纸	221-002-35	碱法制浆过程中蒸煮制浆产生的废碱液	腐蚀性(corrosivity)、毒性(toxicity)
废电池	HW49 其他 废物	非特定行业	900-044-49	废弃的镉镍电池、荧光粉和阴极射线管	毒性(toxicity)
废脱硝 催化剂	HW50 废催 化剂	环境 治理业	772-007-50	烟气脱硝过程中产生的废钒系催化剂	毒性(toxicity)
废含油 抹布	—	—	900-041-49	废弃的含油抹布、劳保用品	全过程不按 危险废物管理

（二）危险废物的防治措施

为了保护环境和人民生命安全，对危险废物国家有特别严格的管控，每个纸业大意不得。废碱液作为制浆造纸行业特有的危险固废，已有成熟的碱回收技术，被资源化利用。废弃的含油抹布、劳保用品被列在《国家危险废物名录（2021 年版）》“附录 豁免管理清单”上，废物代码 900-041-49，在收集、运输和处置的全部环节中给予豁免，即不按危险废物管理。其他危险固废则需采取特殊的收集、运输和处置措施。

1. 危险废物的收集

危险废物的收集过程包括两个方面：一是在危险废物产生节点将危险废物集中到适当的包装容器中或运输车辆上的活动；二是将已包装或装到运输车辆上的危险废物集中到厂内危险废物暂存库的内部转运。

危险废物收集时，应根据危险废物的种类、数量、危险特性、物理形态、运输要求等因素确定包装形式；包装材质要与危险废物相容，性质不相容的危险废物不应混合包装，并在包装的明显位置附上危险废物标签。

在危险废物的收集和转运过程中，应采取相应的安全防护和污染防治措施，包括防爆、防火、防中毒、防感染、防泄漏、防飞扬、防雨或其他防止污染环境的措施。危险废物收集转运作业应满足如下要求：

① 危险废物收集和转运作业人员应配备必要的个人防护装备，如手套、防护镜、防护服、防毒面具或口罩等。

② 危险废物转运作业应采用专用的工具。

③ 危险废物转运过程应确保无危险废物遗失在转运路线上，转运结束后应对转运工具进行清洗，在厂内产生的车辆冲洗废水收集进污水站处理。

2. 危险废物的贮存

危险废物贮存设施选址需满足《危险废物贮存污染控制标准》（GB 18597—2023）要求。危险废物仓库需按照《危险废物贮存污染控制标准》要求进行规范化建设，周围建设地沟、围堰，地面进行防渗处理，仓库内各种危险废物按照不同的类别和性质，分别存放于专门的容器，分类存放在各自的堆放区内。仓库需采取的“三防”措施情况见表 5-8-29。固态危废，例如超滤膜、废反渗透膜、废树脂、废灯管、废电池及碎活性炭等采用吨袋贮存，贮存期限为 3 个月。

表 5-8-29　危废贮存场所防扬散、防流失、防渗漏措施情况

项目	采取主要措施情况
防扬散	全封闭； 遮阳； 防风、覆盖
防流失	室内仓库或雨棚； 围墙或围堰，大门上锁； 单独封闭仓库，双锁
防渗漏	包装容器必须完好无损； 地面硬化、防渗防腐； 渗漏液体收集系统

3. 危险废物的运输

（1）内部运输　危险废物在企业内部的转移是指在危险废物产生节点根据其种类、数量、危险特性、物理形态、运输要求等因素确定包装形式，并将其集中到适当的包装容器中，运至厂内危险废物暂存库暂存。

（2）外部运输　即从厂区运输至有资质处置单位的过程，由处置单位委托具备危险品运输资质的车队运营，采用汽车公路运输方式。运输车辆的配备及管理根据相关规范进行，并取得危险固废专业运输资质。

危险废物产生后，在产生部位即由专人采用专用包装容器进行包装，利用专用拖车运输至危险废物暂存库指定位置。包装运输过程中作业人员配备完善的个人防护装置，做好相应的防火、防爆、防中毒等安全防护措施和防泄漏、防飞扬、防雨等污染防治措施。

危险废物运输路线尽量避开办公区及生活区，运输过程确保无遗撒情况发生，转运结束后，对转运工具进行清洗。危险废物运输过程的污染防治措施应与《危险废物收集、贮存、运输技术规范》（HJ 2025—2012）中要求相符。应加强应急培训和应急演练，事故发生时启动应急预案处置事故，防止事故的扩散和影响的扩大。

危险废物运输中应做到以下几点：

① 危险废物的运输车辆必须经主管单位审查，并持有有关单位签发的许可证，负责运输的司机应通过培训，持有证明文件。

② 承载危险废物的车辆必须有明显的标志或适当的危险符号，以引起注意。

③ 载有危险废物的车辆在公路上行驶时，需持有运输许可证，其上应注明废物来源、性质和运往地点。

④ 组织危险废物的运输单位，在事先需作出周密的运输计划和行驶路线，其中包括有效的废物泄漏情况下的应急措施。

4. 危险废物的处置

废机油、废超滤膜、废反渗透膜、废树脂膜等可委托焚烧处理，废脱硝催化剂可委托再生利用。送外处置的危险废物应全部委托有资质单位安全处置，不得委托没有资质或没有落实相应的污染防治措施的单位处置，杜绝送外处置的危险废物对环境造成污染。

参考文献

[1] 制浆造纸废水治理工程技术规范（HJ-2011-2012）. 环境保护部，2012.
[2] 潘涛，田刚，等. 废水处理工程技术手册. 北京：化学工业出版社，2010.
[3] 潘涛，李安峰，等. 废水污染控制技术手册. 北京：化学工业出版社，2013.
[4] 张自杰，等. 排水工程. 3版. 北京：中国建筑工业出版社，1996.
[5] 汤心虎，甘复兴，乔淑玉. 铁屑腐蚀电池在工业废水治理中的应用. 工业水处理，1998，11（6）：4-6.
[6] Ning X A，Wen W，Zhang Y P，et al. Enhanced dewaterability of textile dyeing sludge using micro-electrolysis pretreatment. Journal of Environmental Management，2015，161：181-187.
[7] Lai B，Zhou Y，Qin H，et al. Pretreatment of wastewater from acrylonitrile-butadiene-styrene（ABS）resin manufacturing by micro-electrolysis. Chemical Engineering Journal，2012，179：1-7.
[8] Zhou H M，Lv P，Shen Y Y，et al. Identification of degradation products of ionic liquids in an ultrasound assisted zero-valent iron activated carbon micro-electrolysis system and their degradation mechanism. Water Research，2013，47（10）：3514-3522.
[9] Dou X，Li R，Zhao B，et al. Arsenate removal from water by zero-valent iron/activated carbon galvanic couples. Journal of Hazardous Materials，2010，182（1）：108-114.
[10] 任拥政，章北平，等. 铁碳微电解对造纸黑液的脱色处理. 水处理技术，2006，32（4）：68-70.
[11] Lai B，Zhou Y，Qin H，et al. Pretreatment of wastewater from acrylonitrile-butadiene-styrene（ABS）resin manufacturing by micro-electrolysis. Chemical Engineering Journal，2012，179：1-7.
[12] Brillas E，Sirés I，Oturan M A. Electro-Fenton process and related electrochemical technologies based on Fenton’s reaction chemistry. Chemical Reviews，2009，109（12）：6570.
[13] Sun Y，Pignatello J J. Photochemical reactions involved in the total mineralization of 2，4-D by iron（3+）/hydrogen eroxide/UV. Environmental Science and Technology，1993，27（2）：304-310.
[14] Namkung K C，Burgess A E，Bremner D H. A Fenton-like oxidation process using corrosion of iron metal sheet surfaces in the presence of hydrogen peroxide：A batch process study using model pollutants. Environmental Technology，2005，26（3）：341.
[15] 曲雪璟，曹云峰，谢慧芳，等. 微电解法对杨木BCTMP废水处理初探. 中华纸业，2009，30（2）：63-66.
[16] 肖仙英，陈中豪，等. 微电解法处理造纸中段废水及其机理探讨. 中国造纸，2005，24（7）：14-17.
[17] 乔瑞平，孙承林，等. 铁炭微电解法深度处理制浆造纸废水的研究［J］. 安全与环境学报，2007，7（1）：57-59.
[18] 任南琪，丁杰，陈兆波编著. 高浓度有机工业废水处理技术. 北京：化学工业出版社，2012.
[19] 许保玖. 当代给水与废水处理原理. 北京：高等教育出版社，1990.
[20] Baker R W. Research needs in the membrane separation industry：Looking back，looking forward. Journal of membrane science，2010，362（1/2）：134-136.
[21] 赵冰，王军，田蒙奎. 我国膜分离技术及产业发展现状. 现代化工，2021，41（2）：6-10.
[22] 王森，李新平，张安龙，等. 膜分离技术深度处理造纸废水的研究. 中国造纸学报，2013，28（2）：15-18.
[23] 赵炳军，沈海涛，方剑其，等. 双膜法造纸废水处理实例. 中国造纸，2016，35（9）：47-51.
[24] 李泓. 膜分离技术处理造纸废水的研究进展. 山东化工，2020，49（2）：69-70.
[25] 尹荔松，周克省，周良玉，等. 利用高岭土制备PAS的研究. 环境污染与防治，2004，26（6）：479.
[26] 炳禄，公国庆，等. 多元离子聚合硫酸铝. 硅铝化合物，2003（1）：28-29.
[27] 秦建昌，冯雪冬，栾兆坤，等. 聚合硫酸铝的制备及形态特征. 环境化学，2004，23（5）：515-519.
[28] 怀礼，等. 聚合硫酸铁制备方法研究及其发展. 环境污染治理技术与设备，2000，1（5）：21-27.
[29] 胡成松，唐金斌，陶冠红. 聚合硫酸铁合成新工艺. 应用化工，2004，33（2）：55-56.
[30] 王根礼，李义久，等. 铝土矿制备聚合氯化铝铁及其应用研究. 天津化工，2003，17（1）：4-6.
[31] 骆丽君. 聚合硫酸铝铁和PAM复合混凝剂处理造纸废水的研究. 安徽化工，2005，31（3）：54-56.
[32] 郭海筠，覃广河，等. 用粉煤灰制备聚合氯化铝铁絮凝剂. 冶金环境保护，2001（3）：41-45.
[33] 欧阳敏，王长青. 用盐酸酸洗废液生产聚合氯化铝铁. 江西冶金，2003，23（4）：29-31.
[34] 刘峙嵘，方裕勋，等. 聚合硫酸铝铁的制备及其活性成分分析. 湿法冶金，2002，21（4）：191-194.
[35] 胡勇有，宁寻安，周勤，等. 聚合氯化铝铁的混凝性能. 环境科学与技术，2001，24（2）：9-11.
[36] 贾青竹，衣守志. 聚硅硫酸铝絮凝剂的制备及应用研究. 水处理技术，2005，31（1）：50-52.
[37] 冯蔚龙，卢建业，杨叶毅，等. 聚硅氯化铝制备条件和应用探讨. 广东化工，2005，32（2）：40-42.
[38] 刘万毅，吴尚兰. 复合混凝剂PAFCS的絮凝研究. 工业水处理，1996，16（4）：29-30.
[39] 杨代贵，欧恒春，等. 聚硅酸硫酸铝铁（PSAFS）制备方法研究. 重庆工商大学学报（自然科学版），2005，22（1）：35-39.
[40] Okan A. Coagulation and flocculation characteristics of talc by different flocculants in the presence of cations. Minerals

Engineering，2003，16：59-61.
[41] Bratskaya S，Schwarz S，Chervonetsky D. Comparative study of humic acids flocculation with chitosan hydrochlaride and chitosan glutamate. Water Research，2004，38：2955-2961.
[42] 严瑞瑄. 水处理剂应用手册. 2版. 北京：化学工业出版社，2003.
[43] Catalkaya E C，Kargi F. Advanced oxidation treatment of pulp mill effluent for TOC and toxicity removals. Journal of En-vironmental Management，2008，87（3）：396.
[44] Fontanier V，Farines V，Albet J，et al. Study of cata-lyzed ozonation for advanced treatment of pulp and paper mill effluents. Water Research，2006，40（2）：303.
[45] 王纯，张殿印. 废气处理工程技术手册. 北京：化学工业出版社，2012，11.
[46] United States Environmental Protection Agency（U. S. EPA）. Chemical releases and transfers：pulp and paper industry，2018.
[47] Bajpai P. Green chemistry and sustainability in pulp and paper industry. Berlin：Springer，2015.
[48] 黄善聪，夏新兴，马海珠，等. 化学方法消除制浆造纸厂恶臭气体. 中华纸业，2020，41（4）：14-20.
[49] 王燕燕，赵梦醒，武晨煜，等. 废纸生产瓦楞原纸企业不同区域的异味源气体成分分析. 天津造纸，2019，41（2）：21-26.
[50] 童欣，沈文浩. 废纸制浆造纸厂的气态污染物分析. 造纸科学与技术，2016，35（3）：86-91.
[51] 童欣. 针对造纸污染气体主要成分的 TiO_2 纳米管阵列膜制备及其气敏性能研究. 广州：华南理工大学，2017.
[52] 郭丹丹，廖传华，陈海军，等. 制浆黑液资源化处理技术研究进展. 环境工程，2014（4）：8，36-40.
[53] 刘一山. 制浆造纸污水厌氧处理中硫酸盐的危害及其控制. 纸和造纸，2020，39（1）：40-44.
[54] 朱勋辉，张晨健，王洪超，等. 弱氧化杀菌系统在改善造纸系统异味中的应用. 纸和造纸，2020，39（5）：1-4.
[55] 马军，李姣，沈文浩. 环境温/湿度对光催化氧化降解造纸污染气体影响的研究. 造纸科学与技术，2018，37（2）：85-90.
[56] 屈永波. 吸附法处理制浆厂挥发性有机物和净化空气的研究. 天津：天津科技大学，2017.
[57] 童欣，张镇槟，杨恒宇，等. 制浆造纸工业空气污染问题与对策. 中国造纸，2014，33（7）：49-55.
[58] 环境保护部. 制浆造纸工业污染防治可行技术指南（HJ 2302—2018）.
[59] 中华人民共和国国家环境保护标准. 制浆造纸废水治理工程技术规范（HJ 2011—2012）.
[60] 环境保护部. 制浆造纸工业污染防治可行技术指南（HJ 2302—2018）.
[61] 周晓川. 木屑竹屑及竹枝的综合利用. 纸和造纸，2012，31（3）：6-7.
[62] 夏凤娜，张一帆，袁启华. 利用肉桂木屑栽培食用菌. 食用菌学报，2013，20（4）：31-33.
[63] 刘向阳，崔胜. 利用桑木屑栽培木耳技术. 河南农业，2019（4）：13.
[64] 袁绍保，侯建华，张朝宾，等. 利用橡胶木屑栽培杏鲍菇试验. 食药用菌，2014，22（4）：270-271.
[65] 李龙钢. 锯木屑综合利用技术. 农家致富，2008（5）：48-49.
[66] 张婧杜，阿朋. 利用桉树木屑栽培榆黄蘑试验. 食药用菌，2017，25（6）：379-381.
[67] 蒋应梯，潘炘，庄晓伟. 利用木屑制备油气回收和液相脱色颗粒活性炭的研究. 浙江林业科技，2016，36（5）：56-60.
[68] 王畅，於洪建，吴巍. 落叶松木屑利用的研究进展. 食品研究与开发，2012，33（2）：232-236.
[69] 蒋应梯，庄晓伟，潘圻. 利用木屑与木质素制仿木复合材料的研究. 生物质化学工程，2009，43（4）：48-50.
[70] 汪苹，宋云，冯旭东，等. 造纸工业“三废”资源综合利用技术. 北京：化学工业出版社，2015.

（施英乔，丁来保，盘爱享）

第九章　制浆造纸检测与化验

第一节　造纸植物纤维原料

一、造纸原料分析的准备

通过造纸植物纤维原料的化学分析可以了解造纸原料的化学组成特征，并可据此初步推断其制浆造纸适用性；揭示制浆造纸过程中各种化学组分的溶出规律，以便更深入地研究其机理[1]。在对造纸原料进行木质素、纤维素和半纤维素等主要结构化学组分进行分析前，往往需要进行一系列的准备，包括采样方法以及水分、灰分和抽出物含量等的分析。

（一）试样的采取

造纸原料分析试样的采取是保证测试结果真实、准确的关键，因此选取的试样要有代表性，能代表整批原料的真实情况。取样后将原料的树种、树龄、产地、砍伐年月、外观品级等标示清楚，并根据后续测定要求进行处理。

取样方法详见 GB/T 2677.1—1993《造纸原料分析用试样的采取》[2]。

（二）水分的测定

造纸原料中水分含量是制浆过程控制和计算的重要依据。在分析原料的化学成分时，各种成分的测定结果均要以绝干质量为基准进行计算，水分测定的准确性直接影响各种化学成分分析结果的准确性。

样品应按照 GB/T 2677.1 规定取样，对于不具备 GB/T 2677.1 规定的取样条件的，应随机从原料的各个部分抽取样品。

水分的测定通常用干燥法：用天平在预先恒重过的容器内称取试样，放入 105℃±2℃的烘箱中烘干至恒重。同时进行两次测定，取其算术平均值为测定结果。测定方法详见 GB/T 2677.2—2011《造纸原料水分的测定》[3]。

（三）灰分的测定

试样经炭化和高温灼烧［(575±25)℃或（900±25)℃］后剩余的矿物质称为灰分。木材的灰分含量一般在1%以下；禾本科植物的灰分含量比较高，一般在2%以上（竹子1%左右）。木材中灰分的成分主要是Ca、Mg、K、Na、P等无机盐。灰分含量的高低对一般制浆造纸生产影响不大，但在生产绝缘纸浆和精制浆时，要求控制在一定量以下。禾本科原料的 SiO_2 含量高，在碱法制浆的碱回收过程中易造成硅干扰问题，因此测定灰分含量也是评价造纸原料制浆造纸性能的重要指标之一。

测定方法详见 GB/T 742—2018《造纸原料、纸浆、纸和纸板　灼烧残余物（灰分）的测定（575℃和 900℃）》[4]。

（四）原料抽出物含量分析

1. 水抽出物含量

造纸原料中含有部分无机盐、糖、植物碱、单宁、色素、环多醇以及多糖类物质等，均能溶于水。通常新鲜材、低龄材中含量较高。造纸原料水抽出物含量的测定是通过用水处理试样，然后测定残渣的重量，从而确定被抽出物的含量。根据抽提用水的温度分为冷水抽出物和热水抽出物。测定方法详见 GB/T 2677.4—1993《造纸原料水抽出物含量的测定》[5]。

2. 1% NaOH 抽出物含量

造纸植物纤维原料 1%氢氧化钠溶液抽出物含量，在一定程度上可用以说明原料受到光热、氧化或细菌等作用而变质或腐朽的程度。据研究结果，全朽材的 1%氢氧化钠抽出物含量为全好材的 3.8 倍，为部分腐朽材的 1.7 倍。说明原料腐朽越严重，其 1%氢氧化钠抽出物越多。造纸原料的 1%氢氧化钠抽出物含量的大小，也可在一定程度上反映该原料在碱法制浆中制浆得率的情况。

采用热的 1%氢氧化钠溶液处理试样，除能溶出原料中能被冷、热水溶出的物质外，还能溶解一部分木质素、戊聚糖、己聚糖、树脂酸及糖醛酸等。

造纸植物纤维原料 1%氢氧化钠抽出物含量依原料种类、部位等的不同而异。一般木材 1%氢氧化钠抽出物含量为 10%～20%，竹材为 20%～30%，稻麦草为 40%～50%，苇、荻、蔗渣为 30%～40%。

造纸原料 1%氢氧化钠抽出物含量的测定是用 1% NaOH 溶液处理试样，然后测定残渣的重量，从而确定被抽出物的含量。测定方法详见 GB/T 2677.5—1993《造纸原料 1%氢氧化钠抽出物含量的测定》[6]。

3. 有机溶剂抽出物含量

有机溶剂抽出物是指植物原料中可溶于中性有机溶剂的憎水性物质。有机溶剂的种类和抽提条件对抽出物的成分和数量有很大影响。常用的有机溶剂有二氯甲烷、乙醚、苯、乙醇、苯-乙醇混合液、四氯化碳和石油醚等。其中苯-乙醇混合液的溶解性能比单一的有机溶剂强，不仅能溶出树脂、脂肪和蜡，还可以抽提出可溶性的单宁和色素，应用广泛。在造纸原料木质素和综纤维素含量分析前需要先进行苯-乙醇混合液抽提。

造纸原料有机溶剂抽出物含量的测定是在索氏抽提器中用有机溶剂（苯醇溶液、二氯甲烷、乙醚等）处理试样，然后将抽提液蒸发、烘干至恒重，测定底瓶中有机溶剂所抽提出的物质的重量，从而计算出试样中有机溶剂抽出物含量。测定方法详见 GB/T 2677.6—1994《造纸原料有机溶剂抽出物含量的测定》[7]。

二、造纸原料酸不溶木质素含量的测定

木质素是由苯丙烷结构单元构成的具有空间结构的天然高分子化合物，是植物纤维原料中的主要化学成分之一。不同植物原料中的木质素含量不同：一般针叶木的木质素含量为 25%～35%，阔叶木为 18%～22%，禾本科植物为 16%～25%，稻草中的木质素含量为 10%左右。此外，同一种原料不同部位的木质素含量有很大差别。

造纸原料酸不溶木质素含量的测定是将苯醇抽提后的原料用硫酸水解掉纤维素和半纤维素，剩余的残渣即为酸不溶木质素。测定方法详见 GB/T 2677.8—1994《造纸原料酸不溶木素含量的测定》[8]。

三、造纸原料综纤维素含量的测定

综纤维素是指植物纤维原料中纤维素和半纤维素的总量，是鉴别植物纤维制浆造纸使用价值的重要指标。植物纤维原料的种类和部位不同，综纤维素含量不同，一般针叶木为 65%～73%，阔叶木为 70%～82%，禾本科植物为 64%～80%。

造纸原料综纤维素含量的测定是将苯醇抽提后的原料用亚氯酸钠和乙酸分解原料中的木质素，剩余的残渣即为综纤维素。测定方法详见 GB/T 2677.10—1995《造纸原料综纤维素含量的测定》[9]。

四、造纸原料多戊糖含量的测定

半纤维素是植物纤维原料的主要成分之一，由五碳糖（木糖和阿拉伯糖）和六碳糖（甘露糖、葡萄糖、半乳糖、鼠李糖等）组成。多戊糖是半纤维素中五碳糖组成的高聚物的总称。

不同种类的植物纤维原料中半纤维素的含量和结构有很大的不同。一般来说，针叶木的半纤维素（含量15%～20%）以甘露聚糖为主，同时还有少量木聚糖；阔叶木和非木纤维的半纤维素（含量20%～30%）则以木聚糖为主。因此，对于阔叶木和非木纤维来说，测定多戊糖对于表征半纤维素含量更有意义。针叶木多戊糖含量为8%～12%，阔叶木为12%～26%，禾本科植物为18%～26%。

造纸原料多戊糖含量的测定是利用12%的盐酸分解原料中的多戊糖产生糠醛，将糠醛蒸馏收集后再用容量法或比色法定量测定蒸馏出的糠醛量，换算出原料中多戊糖的含量。测定方法详见GB/T 2677.9—1994《造纸原料多戊糖含量的测定》[10]。

第二节　制浆过程检验和检测

一、标准溶液的配制与滴定

标准溶液的配制与滴定详见GB/T 601—2016《化学试剂　标准滴定溶液的制备》[11]。

1. 盐酸标准溶液

（1）配制　按表5-9-1的规定量取盐酸，注入1000mL水中，摇匀。

表5-9-1　盐酸标准溶液的配制

盐酸标准滴定溶液的浓度/(mol/L)	盐酸的体积 V/mL
1	90
0.5	45
0.1	9

（2）标定　按表5-9-2的规定称取于270～300℃高温炉中灼烧至恒重的工作基准试剂无水碳酸钠，溶于50mL水中，加10滴溴甲酚绿-甲基红指示液，用配制好的盐酸溶液滴定至溶液由绿色变为暗红色，煮沸2min，冷却后继续滴定至溶液再呈暗红色。同时做空白试验。

表5-9-2　盐酸标准溶液的标定

盐酸标准滴定溶液的浓度/(mol/L)	工作基准试剂无水碳酸钠的质量 m/g
1	1.9
0.5	0.95
0.1	0.2

盐酸标准滴定溶液的浓度［c(HCl)］以摩尔每升（mol/L）表示，按下式计算：

$$c(\mathrm{HCl})=\frac{m\times 1000}{(V_1-V_2)M} \tag{5-9-1}$$

式中　m——无水碳酸钠的质量，g；

V_1——消耗盐酸溶液的体积，mL；

V_2——空白试验消耗盐酸溶液的体积，mL；

M——无水碳酸钠的摩尔质量，$M(1/2Na_2CO_3)$＝52.9941g/mol。

2. NaOH 标准溶液

（1）配制　称取 110g 氢氧化钠，溶于 100mL 无二氧化碳的水中，摇匀，注入聚乙烯容器中，密闭放置。按表 5-9-3 的规定，用塑料管量取上层清液，用无二氧化碳的水稀释至 1000mL，摇匀。

表 5-9-3　NaOH 标准溶液的配制

氢氧化钠标准滴定溶液的浓度/(mol/L)	氢氧化钠溶液的体积 V/mL
1	54
0.5	27
0.1	5.4

（2）标定　按表 5-9-4 的规定称取于 105～110℃电烘箱中干燥至恒重的工作基准试剂邻苯二甲酸氢钾，加无二氧化碳的水溶解，加 2 滴酚酞指示液（10g/L），用配制好的氢氧化钠溶液滴定至溶液呈粉红色，并保持 30 s。同时做空白试验。

表 5-9-4　NaOH 标准溶液的标定

氢氧化钠标准滴定溶液的浓度/(mol/L)	工作基准试剂邻苯二甲酸氢钾的质量 m/g	无二氧化碳水的体积 V/mL
1	7.5	80
0.5	3.6	80
0.1	0.75	50

氢氧化钠标准滴定溶液的浓度［c(NaOH)］以摩尔每升（mol/ L）表示，按下式计算：

$$c(\mathrm{NaOH})=\frac{m\times 1000}{(V_1-V_2)M} \tag{5-9-2}$$

式中　m——邻苯二甲酸氢钾的质量，g；

V_1——消耗氢氧化钠溶液的体积，mL；

V_2——空白试验消耗氢氧化钠溶液的体积，mL；

M——邻苯二甲酸氢钾的摩尔质量，$M(KC_8H_5O_4)$＝ 204.22g/mol。

3. $Na_2S_2O_3$ 标准溶液（0.1mol/L）

（1）配制　称取 26g 硫代硫酸钠（$Na_2S_2O_3\cdot 5H_2O$）或 16g 无水硫代硫酸钠，加 0.2g 无水碳酸钠，溶于 1000mL 水中，缓缓煮沸 10min，冷却。放置两周后过滤。

（2）标定　称取 0.18g 于 120℃±2℃下干燥至恒重的工作基准试剂重铬酸钾，置于碘量瓶中，溶于 25mL 水中，加 2g 碘化钾及 20mL 硫酸溶液（20%），摇匀，于暗处放置 10min。加 150mL 水（15～20℃），用配制好的硫代硫酸钠溶液滴定，近终点时加 2mL 淀粉指示液（10g/L），继续滴定至溶液由蓝色变为亮绿色。同时做空白试验。

硫代硫酸钠标准滴定溶液的浓度［$c(Na_2S_2O_3)$］以摩尔每升（mol/L）表示，按下式计算：

$$c(\mathrm{Na_2S_2O_3})=\frac{m\times 1000}{(V_1-V_2)M} \tag{5-9-3}$$

式中　m——重铬酸钾的质量，g；

V_1——消耗硫代硫酸钠溶液的体积，mL；

V_2——空白试验消耗硫代硫酸钠溶液的体积，mL；

M——重铬酸钾的摩尔质量，$M(1/6K_2Cr_2O_7)$=49.031g/mol。

4. 0.1mol/L I_2 标准溶液

（1）配制　称取 13g 碘及 35g 碘化钾，溶于 100mL 水中，稀释至 1000mL，摇匀，贮存于棕色瓶中。

（2）标定　量取 35.00～40.00mL 配制好的碘溶液，置于碘量瓶中，加 150mL 水（15～20℃），用硫代硫酸钠标准滴定溶液 [$c(Na_2S_2O_3)=0.1mol/L$] 滴定，近终点时加 2mL 淀粉指示液（10g/L），继续滴定至溶液蓝色消失。同时做水消耗碘的空白试验：取 250mL 水（15～20℃），加 0.05～0.20mL 配制好的碘溶液及 2mL 淀粉指示液（10g/L），用硫代硫酸钠标准滴定溶液 [$c(Na_2S_2O_3)=0.1mol/L$] 滴定至溶液蓝色消失。

碘标准滴定溶液的浓度以摩尔每升（mol/L）表示，按下式计算：

$$c(\frac{1}{2}I_2)=\frac{(V_1-V_2)c_1}{V_3-V_4} \tag{5-9-4}$$

式中　V_1——消耗硫代硫酸钠标准滴定溶液的体积，mL；

V_2——空白试验消耗硫代硫酸钠标准滴定溶液的体积，mL；

c_1——硫代硫酸钠标准滴定溶液的浓度，mol/L；

V_3——加入碘溶液的体积，mL；

V_4——空白试验中加入的碘溶液的体积，mL。

5. 0.1mol/L 高锰酸钾标准溶液

（1）配制　称取 3.3g 高锰酸钾，溶于 1050mL 水中，小火煮沸 15min，冷却，于暗处放置两周，用已在同样浓度的高锰酸钾溶液中小火煮沸 5min 的 4 号玻璃滤锅过滤。贮存于棕色瓶中。

（2）标定　称取 0.25g 于 105～110℃下电烘箱中干燥至恒重的工作基准试剂草酸钠，溶于 100mL 硫酸溶液（8+92）中，用配制好的高锰酸钾溶液滴定，近终点时加热至约 65℃，继续滴定至溶液呈粉红色，并保持 30s。同时做空白试验。

高锰酸钾标准滴定溶液的浓度 [$c(1/5KMnO_4)$] 以摩尔每升（mol/L）表示，按下式计算：

$$c(\frac{1}{5}KMnO_4)=\frac{m\times1000}{(V_1-V_2)M} \tag{5-9-5}$$

式中　m——草酸钠的质量，g；

V_1——消耗高锰酸钾溶液的体积，mL；

V_2——空白试验消耗高锰酸钾溶液的体积，mL；

M——草酸钠的摩尔质量，$M(1/2Na_2C_2O_4)=66.999g/mol$。

二、制浆用化学药品及废液的分析

1. NaOH 溶液

NaOH 溶液在烧碱法、硫酸盐法等化学法制浆和化学机械法制浆过程中都有应用。在取样滴定前需将溶液混合均匀。用移液管取 5mL NaOH 溶液至事先加入 50mL 蒸馏水的 250mL 锥形瓶中，加入 10mL 20%$BaCl_2$ 溶液，摇匀，加入几滴酚酞指示剂，用 1mol/L 的 HCl 滴定至无色。

NaOH 溶液的浓度按下式计算：

$$c(NaOH)=c_1V_2/V_1 \tag{5-9-6}$$

式中　c_1——盐酸标准溶液的浓度，mol/L；

V_2——消耗盐酸标准溶液体积，mL；

V_1——NaOH 溶液的体积，5mL。

$c(NaOH)$ 的单位为 mol/L，若以 NaOH 浓度（g/L）计需用 $c(NaOH)\times40$(g/L)，若以 Na_2O 计需用 $c(NaOH)\times31$(g/L)。

2. 黑液中残碱

用移液管取 25mL 黑液至事先加入 50mL 蒸馏水的 250mL 烧杯中，加入 10mL 20%$BaCl_2$ 溶液，摇匀，加入几滴酚酞指示剂，用 1mol/L 的 HCl 标准溶液滴定，同时用 pH 计测定 pH 值，滴定至 pH 值 8.2。残碱的浓度按下式计算：

$$c(NaOH)=c_2V_2/V_1 \tag{5-9-7}$$

式中　c_2——盐酸标准溶液的浓度，mol/L；

V_2——消耗盐酸标准溶液体积，mL；

V_1——黑液的体积，25mL。

$c(NaOH)$ 单位为 mol/L，若以 NaOH 浓度（g/L）计需用 $c(NaOH)\times40$(g/L)，若以 Na_2O 计需用 $c(NaOH)\times31$(g/L)。

3. Na_2S 溶液

在取样滴定前需将溶液混合均匀。用移液管取 5mL Na_2S 溶液至事先加入 50mL 蒸馏水的 250mL 锥形瓶中，加入 10mL 20%$BaCl_2$ 溶液，摇匀，加入几滴百里酚酞指示剂，用 1mol/L 的 HCl 滴定至无色，消耗的盐酸体积计为 a。加入 5mL 中性甲醛，反应 30s 后加入几滴酚酞指示剂，继续滴定至无色，总共消耗的盐酸体积计为 b。溶液中 Na_2S 和 NaOH 的浓度按下列公式计算：

$$c(Na_2S)=\frac{2c_2(b-a)\times31}{5} \tag{5-9-8}$$

$$c(NaOH)=\frac{c_2(2a-b)\times31}{5} \tag{5-9-9}$$

式中　c_2——盐酸标准溶液的浓度，mol/L。

$c(Na_2O)$、$c(NaOH)$ 的单位为 g/L(以 Na_2O 计)。

4. 无水亚硫酸钠

以减量法快速准确称取试样 0.25g（称准至 0.0001g），置于事先加入 50mL 0.1mol/L I_2 标准溶液和 30～50mL 蒸馏水的 250mL 锥形瓶中，混匀后静置 5min，加入浓盐酸 1mL，混匀。用 0.1mol/L Na_2SO_3 标准溶液滴定至淡黄色，加入 5mL 淀粉指示剂，继续滴定至蓝色刚好消失。按下式计算亚硫酸钠含量：

$$亚硫酸钠含量=\frac{Vc-\frac{1}{2}V_1c_1\times0.126}{m}\times100\% \tag{5-9-10}$$

式中　V——I_2 标准溶液的体积，mL；

c——I_2 标准溶液的浓度，mol/L；

V_1——滴定用 Na_2SO_3 标准溶液的体积，mL；

c_1——Na_2SO_3 标准溶液的浓度，mol/L；

0.126——与 1mmol 的 I_2 相当的 Na_2SO_3 的质量，g；

m——试样的质量，g。

5. H_2O_2 溶液

用移液管取 5mL H_2O_2 溶液至事先加入 100mL 蒸馏水的 500mL 容量瓶中，稀释至刻度，摇匀。用移液管取 25mL 稀释后的 H_2O_2 溶液至事先加入 50mL 蒸馏水的 250mL 锥形瓶中，摇匀，加入 20%硫酸溶液 10mL、10%KI 溶液 10mL、饱和钼酸铵溶液三滴，用 0.2mol/L 的 Na_2SO_3 标准溶液滴定至淡黄色，加入 3mL 淀粉指示剂，继续滴定至蓝色刚好消失。按下式计算 H_2O_2 浓度（单位 g/L）：

$$c(H_2O_2)=\frac{Vc\times17\times100}{25} \tag{5-9-11}$$

式中　V——滴定用 Na_2SO_3 标准溶液的体积，mL；

c——Na_2SO_3 标准溶液的浓度，mol/L；

17——与 1mol/L Na_2SO_3 相当的 H_2O_2 的质量，g；

100——稀释倍数。

6. 漂白废液中残余 H_2O_2

用移液管取 5mL 或 10mL 废液至事先加入 50mL 蒸馏水的 250mL 锥形瓶中，摇匀，加入

20%硫酸溶液 20mL、10%KI 溶液 10mL、饱和钼酸铵溶液三滴，用 0.2mol/L 的 Na_2SO_3 标准溶液滴定至淡黄色，加入 3mL 淀粉指示剂，继续滴定至蓝色刚好消失。按下式计算 H_2O_2 浓度（单位 g/L）：

$$c(H_2O_2)=\frac{Vc\times 17}{V_1} \tag{5-9-12}$$

式中 V——滴定用 Na_2SO_3 标准溶液的体积，mL；

c——Na_2SO_3 标准溶液的浓度，mol/L；

17——与 1mol/L Na_2SO_3 相当的 H_2O_2 的质量，g；

V_1——废液体积，mL。

7. ClO_2 水溶液

加 50mL 蒸馏水和 25mL 100g/L 的碘化钾溶液于 250mL 锥形瓶中，用移液管吸取 5mL ClO_2 水溶液至锥形瓶中（移液管端部应伸入液面以下）。用 0.1mol/L 的 Na_2SO_3 标准溶液滴定至淡黄色，加入 1mL 淀粉指示剂，继续滴定至蓝色刚好消失，记下消耗的 Na_2SO_3 标准溶液体积 V_1。往溶液中加入 5mL 2mol/L 的 H_2SO_4 溶液，继续用 0.1mol/L 的 Na_2SO_3 标准溶液滴定至蓝色刚好消失，第二次滴定消耗的 Na_2SO_3 标准溶液体积为 V_2。

按下列公式计算 ClO_2 和 Cl_2 的浓度（单位 g/L）：

$$ClO_2\ 含量=\frac{V_2c\times 16.9}{5} \tag{5-9-13}$$

$$Cl_2\ 含量=\frac{(V_1-\frac{1}{4}V_2)\times c\times 35.5}{5} \tag{5-9-14}$$

式中 V_1——加酸前滴定耗用的 Na_2SO_3 标准溶液的体积，mL；

V_2——加酸后滴定耗用的 Na_2SO_3 标准溶液的体积，mL；

c——Na_2SO_3 标准溶液的浓度，mol/L；

16.9——与 1mol Na_2SO_3 相当的 ClO_2 的质量，g；

35.5——与 1mol Na_2SO_3 相当的 Cl_2 的质量，g。

三、制浆过程中纸浆性能测定

（一）纸浆浆料浓度的测定

浆料浓度的准确测定是纸浆性能准确测定的基础。测定浆料浓度时浆样应充分混合，边搅拌边取样。样品用一合适容器快速舀取，以减少纤维与水分的分离。全部样品可以一次取得，也可以由几次小样混合而成，但所有浆样均应取自于待称量的样品。在较高浓度的情况下，不正确的取样方法会带来明显误差。应做两次平行测定，或按照试验方法指定的次数进行测定。

将所取浆样用已恒重且称量过的滤纸过滤，烘干至恒重后称重。浆的绝干重量除以所取样品的重量即为浆料浓度。测定方法详见 GB/T 5399—2004《纸浆 浆料浓度的测定》[12]。

（二）纸浆滤水性能的测定

纸浆滤水性能的测定，以“加拿大标准”游离度仪和肖伯尔-瑞格勒法打浆度仪的应用最为广泛。两种仪器的工作原理相同，但测定时所取浆量不同，测定结果的表示方法也不同。

1. 纸浆滤水性能的测定（“加拿大标准”游离度法）

“加拿大标准”游离度法测定纸浆的滤水性能是将 3g 绝干浆的浆样稀释至 1000mL，并调节至 20℃，然后用加拿大游离度仪测定滤水性能。测定方法详见 GB/T 12660—2008《纸浆 滤水性能的测定“加拿大标准”游离度法》[13]。

2. 浆料打浆度的测定（肖伯尔-瑞格勒法）

浆料打浆度的测定（肖伯尔-瑞格勒法）是将 2g 绝干浆的浆样稀释至 1000mL，并调节至

20℃，然后用肖伯尔仪测定滤水性能。测定方法详见 GB/T 3332—2004《纸浆　打浆度的测定（肖伯尔-瑞格勒法）》[14]。

（三）纸浆卡伯值的测定

卡伯值用来表示纸浆中残余木质素的含量（硬度）或漂白率。卡伯值的测定是在强酸性介质中，用一定量的高锰酸钾与疏解好的纸浆反应一定时间（所取的浆量应保证在反应终了时，约有50%的高锰酸钾未消耗），用碘化钾终止反应，然后用间接碘量法测定剩余的高锰酸钾。测定方法详见 GB/T 1546—2018《纸浆　卡伯值的测定》[15]。

（四）纸浆黏度的测定

纸浆的黏度用来表示纸浆中纤维素的聚合度。测定的原理是基于马丁的经验方程式，在该方程式中，只需测定纸浆在单一浓度下的黏度比就可以计算出特性黏度值。

用铜乙二胺溶液溶解纸浆后，用毛细管黏度计测定黏度比，从而计算出纸浆的特性黏度值。测定方法详见 GB/T 1548—2016《纸浆　铜乙二胺（CED）溶液中特性黏度值的测定》[16]。

第三节　造纸及水处理过程检验和检测

一、松香、松香胶及松香乳液的分析

（一）松香的分析

松香的检测主要有颜色、软化点、酸值、不皂化物、乙醇不溶物和灰分等指标。

松香颜色的等级用目视比较法将试样与松香色度标准块进行直接比较来确定。

松香没有固定的软化点，在受热时逐渐变软。在规定厚度和直径的两个铜环中分别装满松香，通过定位器在熨平的松香上各放置一个规定质量和直径的钢球，然后在加热介质中按一定升温速度加热，包裹着钢球的松香下落固定距离的瞬间温度即为松香的软化点。

松香的主要成分是树脂酸，可与碱进行中和反应生成树脂酸盐和水，因此可以用化学滴定法来测定酸值。树脂酸组成及含量可以用四甲基氢氧化铵甲酯化后进行气相色谱分析。

松香中除了含有能进行皂化反应的树脂酸和少量的树脂酸甲酯外，还含有少量不能进行皂化反应的物质。不皂化物能被乙醚等有机溶剂从松香的皂化液中萃取出来。

松香中含有少量不溶于乙醇的杂质。将松香用95%乙醇溶解，然后用4号玻璃砂芯坩埚过滤，过滤出的固体即为乙醇不溶物。

将松香分解炭化并进行一定时间高温灼烧后，残留的物质称为灰分。

测定方法详见 GB/T 8146—2022《松香试验方法》[17]。

（二）松香胶的分析

1. 游离松香含量的测定

称取1～2g（准确至0.001g）胶料于200mL烧杯中，加入50mL中性乙醇，微热使其溶解。冷却后以酚酞为指示剂，用0.1mol/L NaOH标准溶液滴定至恰好出现红色。

游离松香含量 X 按下式计算：

$$X=\frac{Vc\times\dfrac{56.11}{\text{酸值}}}{m}\times 100\% \tag{5-9-15}$$

式中　V——滴定用氢氧化钠标准溶液的体积，mL；

c——氢氧化钠标准溶液的浓度，mol/L；

m——试料的质量，g；

56.11——与 1mmol 氢氧化钠相当的氢氧化钾的量，mg。

两次平行试验允许相差 0.5%，以其算术平均值为结果，准确至小数点后一位。

2. 总松香含量的测定

称取 1～2g（准确至 0.001g）胶料于 200mL 烧杯中，加入 50mL 水，加热使其乳化，冷却至室温，加 5mL 1mol/L 的 HCl 溶液，加热并不断搅拌，使析出的松香颗粒凝聚成块。用平头玻璃棒将凝胶块压平，取出，用水冲洗胶片上残留的酸液。用吸水纸擦干后放入已恒重的称量瓶中，移入烘箱中在 120～125℃下烘干至恒重。

总松香含量 X 按下式计算：

$$X=\frac{m_2-m_1}{m}\times 100\% \tag{5-9-16}$$

式中 m_1——称量瓶的质量，g；

m_2——绝干松香和称量瓶的质量，g；

m——试样的质量，g。

两次平行试验允许相差 0.5%，以其算术平均值为结果，准确至小数点后一位。

（三）松香乳液的分析

1. 乳液密度的测定

吸取调温至 20℃的松香乳胶液于已知质量的 50mL 密度瓶中加至刻度，称重（准确至 0.01g）。用试料质量除以密度瓶的容积，即得松香乳液的密度。

2. 松香颗粒的测定

在一块干净的载玻片上，以清洁的玻璃棒沾取一小滴乳液，轻轻盖上盖玻片，注意不应有气泡。用 800～1000 倍显微镜测量。一般松香颗粒应在 2μm 以下，4μm 以上者仅有少量。对分散松香胶乳液，要求松香颗粒在 0.1～1μm 范围内。

3. 总固形物含量的测定

取 25mL 乳液于已恒重的瓷蒸发皿中，置于沸水浴中蒸发至干，然后移入烘箱，在 120～125℃下烘干至恒重。

总固形物含量 X 按下式计算：

$$X=\frac{m_2-m_1}{25\rho}\times 100\% \tag{5-9-17}$$

式中 m_1——蒸发皿的质量，g；

m_2——绝干胶料和蒸发皿的质量，g；

ρ——胶料乳液的密度，g/mL。

两次平行试验允许相差 0.5%，以其算术平均值为结果，准确至小数点后一位。

4. 游离松香含量的测定

吸取 10mL 松香胶乳液，按松香胶中游离松香含量的分析方法进行测定。两次平行试验允许相差 0.5%，以其算术平均值为结果，准确至小数点后一位。

5. 总松香含量的测定

吸取 100mL 乳液于 250mL 烧杯中，加入 10mL 1mol/L 的 HCl 溶液，加热并不断搅拌，使析出的松香颗粒凝聚成块。用平头玻璃棒将凝胶块压平，取出，用水冲洗胶片上残留的酸液。用吸水纸擦干后放入已恒重的称量瓶中，移入烘箱中在 120～125℃下烘干至恒重。

总松香含量 X 按下式计算：

$$X=\frac{m_2-m_1}{100\rho}\times 100\% \tag{5-9-18}$$

式中 m_1——称量瓶的质量，g；

m_2——绝干松香和称量瓶的质量，g；

ρ——胶料乳液的密度，g/mL。

两次平行试验允许相差0.5%，以其算术平均值为结果，准确至小数点后一位。

二、硫酸铝的分析

1. 氧化铝含量的测定

称约5g（准确至0.002g）试料，置于250mL烧杯中，用约100mL水加热溶解（必要时过滤）。冷却后全部转移至500mL容量瓶中，用水稀释至刻度，摇匀。

用移液管吸取20mL上述溶液，置于300mL锥形瓶中。用移液管加入20mL 0.05mol/L EDTA标准溶液，煮沸1min。冷却后加入5mL 2mol/L乙酸钠溶液和2滴二甲酚橙指示剂，然后用0.02mol/L氯化锌标准溶液滴定至浅粉色。同时，按上述方法做空白试验。

氧化铝含量 X_1 按下式计算：

$$X_1=\left[\frac{127.5c(V_0-V)}{m}-0.9128X_2\right]\times 100\% \tag{5-9-19}$$

式中　V_0——空白试验所耗用的氯化锌标准溶液的体积，mL；

V_1——滴定时所耗用的氯化锌标准溶液的体积，mL；

c——氯化锌标准溶液的浓度，mol/L；

m——试料的质量，g；

X_2——试样中铁的含量，%。

2. 铁含量的测定

用十二水硫酸铁铵为标准溶液绘制标准曲线。用抗坏血酸将试样中的 Fe^{3+} 还原成 Fe^{2+}，在pH值为2～9时，Fe^{2+} 与1,10-菲啰啉生成橙红色络合物，在分光光度计最大吸收波长510nm处测定其吸光度。

测定方法详见GB/T 3049—2006《工业用化工产品　铁含量测定的通用方法 1,10-菲啰啉分光光度法》[18]。

三、造纸填料的分析

（一）滑石粉和高岭土的分析

1. 水分的测定

按通常无机化工产品测定水分含量的方法进行。烘干温度控制在105～110℃，时间控制在1.5～2.0h。两次称量之差在±0.0004g。要求产品水分在1%以内。

2. 水萃取液pH值测定

称取5g（准确至0.01g）试料置于250mL烧杯中。用量筒量取100mL蒸馏水，先用约5mL湿润试料，并用玻璃棒充分搅拌，然后把剩余的蒸馏水全部倒入试料中，并在烧杯外壁做一标记，示出液面位置。将烧杯放在电炉上煮沸5min（在加热过程中应不断搅拌，并补充蒸发的水分），冷却至室温。

用慢速致密滤纸过滤，滤液用100mL烧杯盛接，弃去最初的约30mL滤液，其余滤液用酸度计进行测量，记录pH值。

3. 沉降速度的测定

称取10g（准确至0.01g）试料置于100mL烧杯中，加入约30mL蒸馏水，搅匀，然后转入带磨口塞的100mL量筒中，加水稀释至100mL，盖好瓶塞，用手握紧量筒摇荡30次。随后将量筒放入盛有20～25℃水的烧杯中，静置15min，量筒中较清浊层的体积即为沉降速度。

4. 细度的测定

滑石粉的细度以筛余量的百分数来表示。取一定量的试料，在一定实验条件下，用一定孔径（45μm 或 75μm）的筛板筛选，测定筛选后的剩余物与试料质量之比，即得滑石粉的细度数值。准确至小数点后一位。

5. 白度的测定

对通过 120 目筛的粉状试料用白度仪测定白度。

6. 灼烧失重的测定

称取 1g（准确至 0.001g）试料置于已灼烧恒重的瓷坩埚中，将盖斜置于坩埚上，留小的缝隙，放进高温炉内，逐渐升高温度至 950～1000℃保持 1h，取出坩埚，先在空气中冷却 10min，再放进干燥器内冷却至室温，称重。如此反复灼烧，直至恒重。

灼烧失重 X 按下式计算：

$$X=\frac{m_2-m_1}{m}\times 100\% \tag{5-9-20}$$

式中 m_1——灼烧后坩埚与试料的质量，g；

m_2——灼烧前坩埚与试料的质量，g；

m——试样的质量，g。

两次平行试验允许相差 0.2%，以其算术平均值为结果，准确至小数点后一位。

（二）工业沉淀碳酸钙的分析

1. 碳酸钙含量的测定

称取 2～2.2g（准确至 0.0002g）预先在（105±5)℃下恒重的试料，置于锥形瓶中，加少量水润湿。用移液管吸取 50mL 1mol/L 的 HCl 标准溶液溶解试料，摇动并煮沸 2min。冷却后加 10 滴甲基红-溴甲酚绿指示剂，用 0.5mol/L 的 NaOH 溶液滴定至试液由红色变为绿色即终点。

碳酸钙含量 X 按下式计算：

$$X=\frac{(V_1c_1-V_2c_2)\times 0.05005}{m}\times 100\% \tag{5-9-21}$$

式中 c_1——盐酸标准溶液的浓度，mol/L；

V_1——加入盐酸标准溶液的体积，mL；

c_2——NaOH 标准溶液的浓度，mol/L；

V_2——滴定时耗用的 NaOH 标准溶液的体积，mL；

m——试样的质量，g；

0.05005——与 1mmol 盐酸相当的碳酸钙的质量。

2. pH 值的测定

称取约 10g（准确至 0.01g）试料，置于 150mL 烧杯中，加入 100mL 不含二氧化碳的蒸馏水，充分搅拌，静置 10min 后，用酸度计测量悬浮液的 pH 值。

3. 盐酸不溶物含量的测定

称取 4g（或 2g，准确至 0.01g）试料，置于烧杯中，加少量水润湿试料，滴加 20mL（或 10mL）盐酸（1∶1）溶液，加热至沸，趁热用中速定量滤纸过滤，用热水洗涤至滤液中无氯离子（用硝酸银试液检验）。然后将滤纸连同不溶物一起放入已灼烧恒重的瓷坩埚中，低温炭化后移入高温炉内，于（875±25)℃下灼烧至恒重。

盐酸不溶物含量 X 按下式计算：

$$X=\frac{m_1-m_2}{m}\times 100\% \tag{5-9-22}$$

式中 m_1——灼烧后坩埚与不溶物的质量，g；

m_2——坩埚的质量，g；

m——试样的质量，g。

两次平行试验允许相差0.03%，以其算术平均值为结果，准确至小数点后两位。

四、水处理试剂

（一）聚合氯化铝

聚合氯化铝的质量指标主要有氧化铝含量、盐基度和水不溶物含量。氧化铝含量代表有效浓度，盐基度代表无机高分子聚合程度。其他指标详见国家标准 GB/T 22627—2022[19]。

1. 氧化铝（Al_2O_3）含量的测定

（1）方法提要　在试样中加酸使试样解聚。加入过量的乙二胺四乙酸二钠溶液，使其与铝及其他金属离子络合。用氯化锌标准溶液滴定剩余的乙二胺四乙酸二钠。再用氟化钾溶液解析出络合铝离子，用氯化锌标准溶液滴定解析出的乙二胺四乙酸二钠。

（2）试剂和材料

① 硝酸（GB/T 626）：1+12 溶液。

② 乙二胺四乙酸二钠（GB/T 1401）：c(EDTA) 约 0.05mol/L 溶液。乙酸钠缓冲溶液：称取 272g 乙酸钠（GB/T 693）溶于水，稀释至 1000mL，摇匀。

③ 氟化钾（GB/T 1271）：500g/L 溶液，贮于塑料瓶中。

④ 硝酸银（GB/T 670）：1g/L 溶液。

⑤ 氯化锌：$c(ZnCl_2)$ =0.0200mol/L 标准滴定溶液。称取 1.3080g 高纯锌（纯度 99.99%以上），精确至 0.0002g，置于 100mL 烧杯中。加入 6～7mL 盐酸（GB/T 622）及少量水，加热溶解。在水浴上蒸发到接近干涸。然后加水溶解，移入 1000mL 容量瓶中，用水稀释至刻度，摇匀。

⑥ 二甲酚橙：5g/L 溶液。

（3）分析步骤　称取 8.0～8.5g 液体试样或 2.8～3.0g 固体试样，精确至 0.0002g，加水溶解，全部移入 500mL 容量瓶中，用水稀释至刻度，摇匀。用移液管移取 20mL，置于 250mL 锥形瓶中，加 2mL 硝酸溶液，煮沸 1min。冷却后加入 20mL 乙二胺四乙酸二钠溶液，再用乙酸钠缓冲溶液调节 pH 值约为 3（用精密 pH 试纸检验），煮沸 2min。冷却后加入 10mL 乙酸钠缓冲溶液和 2～4 滴二甲酚橙指示液，用氯化锌标准溶液滴定至溶液由淡黄色变为微红色即为终点。

加入 10mL 氟化钾溶液，加热至微沸。冷却，此时溶液应呈黄色。若溶液呈红色，则滴加硝酸至溶液呈黄色。再用氯化锌标准溶液滴定，溶液颜色从淡黄色变为微红色即为终点。记录第二次滴定消耗的氯化锌标准溶液的体积（V）。

（4）分析结果的表述　以质量分数表示的氧化铝（Al_2O_3）含量（x_1）按式（5-9-23）计算：

$$x_1 = Vc \times 0.05098/m \times 20/500 \times 100 = Vc \times 127.45/m \tag{5-9-23}$$

式中　V——第二次滴定消耗的氯化锌标准溶液的体积，mL；

c——氯化锌标准溶液的实际浓度，mol/L；

m——试料的质量，g；

0.05098——与 1.00mL 氯化锌标准滴定溶液 [$c(ZnCl_2)$=1.000mol/L] 相当的以克表示的氧化铝的质量。

（5）允许差　取平行测定结果的算术平均值为测定结果。平行测定结果的绝对差值，液体产品不大于 0.1%，固体样品不大于 0.2%。

2. 盐基度的测定

（1）方法提要　在试样中加入定量盐酸溶液，以氟化钾掩蔽铝离子，以氢氧化钠标准溶液滴定。

（2）试剂和材料

① 盐酸（GB/T 622）：c(HCl) 约 0.5mol/L 溶液。

② 氢氧化钠（GB/T 629）：c(NaOH) 约 0.5mol/L 标准溶液。

③ 酚酞（GB/T 10729）：10g/L 乙醇溶液。

④ 氟化钾（GB/T 1271）：500g/L 溶液，称取 500g 氟化钾，以 200mL 不含二氧化碳的蒸馏水溶解后，稀释至 1000mL。加入 2mL 酚酞指示液并用氢氧化钠溶液或盐酸溶液调节溶液至微红色，滤去不溶物后贮于塑料瓶中。

（3）分析步骤　称取约 1.8g 液体试样或约 0.6g 固体试样，精确到 0.0002g。用 20～30mL 水溶解后移入 250mL 锥形瓶中。再用移液管加入 25mL 盐酸溶液。盖上表面皿，在沸水浴上加热 10min，冷却至室温。加入 25mL 氟化钾溶液，摇匀。加入 5 滴酚酞指示液，立即用氢氧化钠标准溶液滴定至溶液呈微红色即到终点。同时用不含二氧化碳的蒸馏水做空白试验。

（4）分析结果的表述　以百分数表示的盐基度（x_2）按式（5-9-24）计算：

$$x_2=(V_0-V)c\times 0.01699/(mx_1/100)\times 100=(V_0-V)c\times 169.9/(mx_1) \qquad (5\text{-}9\text{-}24)$$

式中　V_0——空白试验消耗氢氧化钠标准溶液的体积，mL；

V——测定试样消耗氢氧化钠标准溶液的体积，mL；

c——氢氧化钠标准溶液的实际浓度，mol/L；

m——试料的质量，g；

x_1——测得的氧化铝含量，%；

0.01699——与 1.00mL 氢氧化钠标准溶液［c(NaOH)＝1.000mol/L］相当的以克表示的氧化铝（Al_2O_3）的质量。

（5）允许差　取平行测定结果的算术平均值作为测定结果，平行测定结果的绝对差值不大于 2.0%。

3. 水不溶物含量的测定

（1）仪器、设备　电热恒温干燥箱：10～200℃。

（2）分析步骤　称取约 10g 液体试样或约 3g 固体试样，精确至 0.01g。置于 1000mL 烧杯中，加入 500mL 水，充分搅拌，使试样最大限度溶解。然后，在布氏漏斗中用恒重的中速定量滤纸抽滤。将滤纸连同滤渣于 100～105℃下干燥至恒重。

（3）分析结果的表述　以质量分数表示的水不溶物含量（x_3）按式（5-9-25）计算：

$$x_3=(m_1-m_2)/m\times 100 \qquad (5\text{-}9\text{-}25)$$

式中　m_1——滤纸和滤渣的质量，g；

m_2——滤纸的质量，g；

m——试料的质量，g。

（4）允许差　取平行测定结果的算术平均值作为测定结果。平行测定结果的绝对差值，液体样品不大于 0.03%，固体样品不大于 0.1%。

（二）聚合硫酸铁

聚合硫酸铁的主要质量指标有全铁含量、还原性物质、盐基度和密度等。其他指标详见 GB/T 14591—2016[20]。

1. 密度的测定（密度计法）

（1）方法提要　由密度计在被测液体中达到平衡状态时所浸没的深度，读出该液体的密度。

（2）仪器、设备　密度计：刻度值为 0.001g/cm^3。恒温水浴：可控制温度（20±1）℃。温度计：分度值为 1℃。量筒：250～500mL。

（3）测定步骤　将聚合硫酸铁试样注入清洁、干燥的量筒内，不得有气泡。将量筒置于(20±1)℃的恒温水浴中，待温度恒定后，将密度计缓缓地放入试样中，待密度计在试样中稳定后，读出密度计弯月面下缘的刻度（标有读弯月面上缘的刻度的密度计除外），即为 20℃试样的密度。

2. 全铁含量的测定

(1) 方法提要　在酸性溶液中，用氯化亚锡将三价铁还原为二价铁，过量的氯化亚锡用氯化汞予以除去，然后用重铬酸钾标准溶液滴定。反应方程式为：

$$2Fe^{3+} + Sn^{2+} \longrightarrow 2Fe^{2+} + Sn^{4+}$$

$$SnCl_2 + 2HgCl_2 \longrightarrow SnCl_4 + Hg_2Cl_2$$

$$6Fe^{2+} + Cr_2O_7^{2-} + 14H^+ \longrightarrow 6Fe^{3+} + 2Cr^{3+} + 7H_2O$$

(2) 试剂和材料

① 水：GB/T 6682，三级。

② 氯化亚锡溶液：250g/L。称取25.0g氯化亚锡置于干燥的烧杯中，加入20mL盐酸，加热溶解，冷却后稀释到100mL，保存于棕色滴瓶中，加入高纯锡粒数颗。

③ 盐酸溶液：1+1。

④ 氯化汞饱和溶液。

⑤ 硫-磷混酸：将150mL硫酸缓慢注入含500mL水的烧杯中，冷却后再加入150mL磷酸，然后稀释到1000mL容量瓶中。

⑥ 重铬酸钾标准溶液：$c(1/6K_2Cr_2O_7)=0.1mol/L$。

⑦ 二苯胺磺酸钠溶液：5g/L。

(3) 分析步骤　称取液体产品约1.5g或固体产品约0.9g，精确至0.0002g，置于250mL锥形瓶中，加水20mL，加盐酸溶液20mL，加热至沸，趁热滴加氯化亚锡溶液至溶液黄色消失，再过量1滴，快速冷却，加氯化汞饱和溶液5mL，摇匀后静置1min，然后加水50mL，再加入硫-磷混酸10mL、二苯胺磺酸钠指示剂4～5滴，立即用重铬酸钾标准溶液滴定至紫色（30s不褪）即为终点。

(4) 结果的计算　全铁含量以质量分数ω_1计，数值以%表示，按式(5-9-26)计算：

$$\omega_1 = Vc \times 0.05585M/m \times 100 \tag{5-9-26}$$

式中　V——滴定时消耗重铬酸钾标准溶液的体积，mL；

c——重铬酸钾标准溶液的浓度，mol/L；

M——铁的摩尔质量，$M(Fe)=55.85g/mol$；

m——试料的质量，g。

3. 还原性物质（以Fe^{2+}计）含量的测定

(1) 方法提要　在酸性溶液中用高锰酸钾标准溶液滴定。反应方程式为：

$$MnO_4^- + 5Fe^{2+} + 8H^+ \longrightarrow Mn^{2+} + 5Fe^{3+} + 4H_2O$$

(2) 试剂和材料　水，GB/T 6682，三级；硫酸；磷酸；高锰酸钾标准溶液(Ⅰ)，$c(1/5KMnO_4)=0.1mol/L$；高锰酸钾标准溶液（Ⅱ），$c(1/5KMnO_4)=0.01mol/L$，将高锰酸钾标准溶液（Ⅰ）稀释10倍，随用随配，当天使用。

(3) 仪器、设备　10mL微量滴定管。

(4) 分析步骤　称取约5g试样，精确至0.001g，置于250mL锥形瓶中，加水150mL，加入4mL硫酸、4mL磷酸，摇匀。用高锰酸钾标准溶液（Ⅱ）滴定至微红色（30s不褪）即为终点，同时做空白试验。

(5) 结果的表述　还原性物质（以Fe^{2+}计）含量以质量分数ω_2计，数值以%表示，按式(5-9-27)计算：

$$\omega_2 = (V - V_0)c \times 0.05585M/m \times 100 \tag{5-9-27}$$

式中　V——滴定时消耗高锰酸钾标准溶液（Ⅱ）的体积，mL；

V_0——滴定空白时消耗高锰酸钾标准溶液（Ⅱ）的体积，mL；

c——高锰酸钾标准溶液（Ⅱ）的浓度，mol/L；

M——铁的摩尔质量，$M(Fe)=55.85g/mol$；

m——试料的质量，g。

（6）允许差　取平行测定结果的算术平均值为测定结果，平行测定结果的绝对差值不大于0.01%。

4. 盐基度

（1）方法提要　在试样中加入定量盐酸溶液，再加氟化钾掩蔽铁，然后用氢氧化钠标准溶液滴定。

（2）试剂和材料　水，GB/T 6682，三级；盐酸溶液，1+3；氢氧化钠溶液，4g/L；盐酸标准溶液，$c(HCl)=0.1mol/L$；氟化钾溶液（500g/L），称取500g氟化钾，以200mL不含二氧化碳的蒸馏水溶解后，稀释到1000mL，加入2mL酚酞指示剂并用氢氧化钠溶液或盐酸溶液调节溶液至微红色，滤去不溶物后贮存于塑料瓶中；氢氧化钠标准滴定溶液，$c(NaOH)=0.1mol/L$；酚酞指示剂，10g/L乙醇溶液。

（3）分析步骤　称取约1.2～1.3g试样，精确至0.0002g，置于400mL聚乙烯烧杯中，用移液管加入25mL盐酸标准溶液，加20mL煮沸后的蒸馏水，摇匀，盖上表面皿。在室温下放置10min，再加入氟化钾溶液10mL，摇匀，加5滴酚酞指示剂，立即用氢氧化钠标准溶液滴定至淡红色（30s不褪）为终点。同时用煮沸后冷却的蒸馏水代替试样做空白试验。

（4）结果的表述　盐基度含量以质量分数ω_3计，数值以%表示，按式（5-9-28）计算：

$$\omega_3=(V_0-V)c\times 18.62M/(mW_1)\times 100 \tag{5-9-28}$$

式中　V_0——空白消耗氢氧化钠标准溶液的体积，mL；
V——试样消耗氢氧化钠标准溶液的体积，mL；
c——氢氧化钠标准溶液的浓度，mol/L；
M——氢氧根的摩尔质量，$M(OH^-)=17.0g/mol$；
W_1——试样中三价铁的质量分数，%；
18.62——铁的摩尔质量，$M(1/3Fe)$，g/mol；
m——试料的质量，g。

（5）允许差　取平行测定结果的算术平均值为测定结果，平行测定结果的绝对差值不大于0.2%。

第四节　纸浆、纸和纸板性能检测

一、纸、纸板和纸浆分析试样水分的测定

纸、纸板和纸浆水分的测定是取一定质量的试样，用烘箱烘干至恒重后再次测定质量，试样烘干前后的质量之差与烘干前质量的比值即为试样的水分含量。测定方法详见GB/T 462—2023《纸、纸板和纸浆　分析试样水分的测定》[21]。

二、纸浆的分析与检测

1. 抽出物含量的分析

（1）乙醚抽出物含量　纸浆中的乙醚抽出物通常为脂肪、树脂等。纸浆乙醚抽出物的测定是在索氏抽提器中用乙醚处理试样，然后将抽提液蒸发、烘干至恒重，测定底瓶中乙醚所抽提出的物质的重量，从而计算出试样中乙醚抽出物的含量。测定方法详见GB/T 743—2003《纸浆　乙醚抽出物的测定》[22]。

（2）二氯甲烷抽出物含量　纸浆二氯甲烷抽出物的测定是在索氏抽提器中用二氯甲烷处理试样，然后将抽提液蒸发、烘干至恒重，测定底瓶中二氯甲烷所抽提出的物质的重量，从而计算出试样中二氯甲烷抽出物的含量。测定方法详见GB/T 7979—2020《纸浆　二氯甲烷抽出物的测定》[23]。

（3）纸浆苯醇抽出物含量　纸浆苯醇抽出物的测定是在索氏抽提器中用苯醇溶液处理试样，

然后将抽提液蒸发、烘干至恒重，测定底瓶中苯醇溶液所抽提出的物质的重量，从而计算出试样中苯醇抽出物的含量。测定方法详见 GB/T 10741—2008《纸浆苯醇抽出物的测定》[24]。

2. 纸浆抗碱性的测定

纸浆中的半纤维素和短链纤维素可以溶于一定浓度的氢氧化钠溶液。用标准浓度的氢氧化钠溶液处理纸浆一定时间，测定不溶部分占样品的比例即为抗碱性。因此用抗碱性可以表征纸浆中 α-纤维素的含量。测定方法详见 GB/T 744—2004《纸浆　抗碱性的测定》[25]。

3. 纸浆多戊糖的测定

纸浆多戊糖的测定原理与造纸原料多戊糖的测定原理相同。测定方法详见 GB/T 745—2003《纸浆　多戊糖的测定》[26]。

4. 纸浆尘埃和纤维束的测定

借助透射光观测试样，并与标准尘埃对比图相比较，分别检测和统计出尘埃与纤维束的数量和面积。计算出每千克绝干浆中尘埃和纤维束的总面积。测定方法详见 GB/T 10740—2002《纸浆　尘埃和纤维束的测定》[27]。

5. 纸浆光学性能的测定

纸浆的光学性能，包括纸浆的颜色（三色值）、纸浆的白度（亮度）以及光散射系数和光吸收系数。其测定方法见本节“三、纸和纸板的分析”，方法分别参见 GB/T 7975—2005、GB/T 10339—2018 和 GB/T 7974—2013。

6. 纸浆纤维长度的测定（图像分析法）

将染色后的纤维用显微镜放大，采用数码相机将放大的纤维图像信号转变为电子数码信号输送到计算机，经计算机处理后显示在电脑显示屏上。用鼠标在显示屏上点击单根纤维进行测量，统计并计算数量平均纤维长度、重量平均纤维长度以及长度分布。测定方法详见 GB/T 28218—2011《纸浆 纤维长度的测定 图像分析法》[28]。

三、纸和纸板的分析

1. 试样的采取及试样纵横向、正反面的测定

试样的采取要有代表性。样品应保持平整，不皱不折，应避免日光直射，防止湿度波动以及其他有害影响。手应小心触摸样品，应尽量避免样品的化学特性、物理特性、光学特性、表面特性及其他特性受到影响。每张样品应清楚地作出标记，并准确标明样品的纵、横向和正、反面。在取样或试验时，如果出现意外，应重新取样。除非另有说明，样品可在同一包装单位中采取。水分样品应立即密封包装。

从一批纸或纸板中随机取出若干包装单位，再从包装单位中随机抽取若干纸页，然后将所选的纸页分装，裁切成样品，将样品混合后组成平均样品，再从平均样品中抽取符合检验规定的试样。

一般规定，沿纸机运行的方向为纸和纸板的纵向，垂直于纸机运行方向的为横向。纵横向的判定方法有四种：纸条弯曲法、纸页卷曲法、强度鉴别法和纤维定向鉴别法。应至少选用两种方法进行判定。

贴向网的一面为纸和纸板的反面，另一面为正面。反面由于脱水时部分填料和细小纤维随水流失，所以比较粗糙、疏松，而正面相对比较紧密，表面比较光滑。正反面的判定方法有三种：直观法、湿润法和撕裂法。可任选一种方法进行判定。

测定方法详见 GB/T 450—2008《纸和纸板　试样的采取及试样纵横向、正反面的测定》[29]。

2. 纸和纸板定量的测定

定量是指纸和纸板单位面积的质量，以 g/m^2 表示。测定已知面积的纸和纸板的质量，即可计算出其定量。测定方法详见 GB/T 451.2—2002《纸和纸板　定量的测定》[30]。

3. 纸和纸板厚度的测定

纸和纸板的厚度是指在纸或纸板两测量面间承受一定压力下测量出的纸或纸板两表面间的距离。根据测量方法可分为单层厚度和层积厚度。

紧度是指单位体积的纸或纸板的质量，用定量除以厚度可以计算得出。由单层厚度计算出的紧度称为单层紧度，由层积厚度计算出的厚度称为层积紧度。

测定方法详见 GB/T 451.3—2002《纸和纸板　厚度的测定》[31]。

4. 纸和纸板不透明度的测定

不透明度是用来表征纸和纸板不透明程度的指标。有些纸需要较高的不透明度，如新闻纸、打印纸等；有些纸需要较低的不透明度，如描图纸等。

通过测定试样背衬黑筒的单层反射因数与试样的内反射因数的比值来得到样品的不透明度。白度仪通常可以同时测定纸和纸板的不透明度、白度、光散射系数、光吸收系数、三刺激值、CIELAB 坐标等。

测定方法详见 GB/T 1543—2005《纸和纸板　不透明度（纸背衬）的测定（漫反射法）》[32]。

5. 纸和纸板颜色的测定（漫反射法）

在给定的三色系统中，与所研究的刺激颜色相匹配的三个参考色刺激的量称为三刺激值 X、Y、Z。明度指数 L^* 是在视觉上近似均匀的三维空间中，表示物体色明度值的坐标（L^* 为 0 表示对光全吸收的黑体，L^* 为 100 表示对光全反射的纯白物体）；色品指数 a^*、b^* 是在视觉上近似均匀的三维空间中，表示色度的坐标（a^* 为正值表示颜色偏红，a^* 为负值表示颜色偏绿；b^* 为正值表示颜色偏黄，b^* 为负值表示颜色偏蓝）。

在规定的条件下，用三色滤光片式光度计或简易型光谱光度计分析试样的反射光，就可以计算出颜色的坐标。测定方法详见 GB/T 7975—2005《纸和纸板　颜色的测定（漫反射法）》[33]。

6. 纸、纸板的光散射系数和光吸收系数的测定

光通过材料的无限薄层时被反射的漫射光通量部分称作光散射系数，应用 Kubelka-Munk 理论，这部分光通量与有限厚度材料层的反射光有关。

光通过材料的无限薄层时被吸收的漫射光通量部分称作光吸收系数，应用 Kubelka-Munk 理论，这部分光通量与有限厚度材料层的吸收光有关。

测定纸、纸板和纸浆的背衬标准黑筒的单层反射因数和内反射因数以及定量，通过 Kubelka-Munk 理论可计算出光散射系数和光吸收系数。

测定方法详见 GB/T 10339—2018《纸、纸板和纸浆　光散射和光吸收系数的测定（Kubelka-Munk 法）》[34]。

7. 纸、纸板和纸浆亮度（白度）的测定

在国标所规定的反射光度计的模拟 D_{65} 光源条件下，试样对主波长（457±0.5）nm 蓝光的内反射因数称为蓝光漫反射因数，即亮度（白度）。测定方法详见 GB/T 7974—2013《纸、纸板和纸浆　蓝光漫反射因数 D_{65} 亮度的测定（漫射/垂直法，室外日光条件）》[35]。

8. 纸和纸板抗张强度的测定

抗张强度是指在标准试验方法规定的条件下，单位宽度的纸或纸板断裂前所能承受的最大张力。用抗张强度除以试样的定量可以得到抗张指数。纸机上抄造的普通纸，其抗张强度纵向要比横向大。抗张强度主要与纸浆纤维间的结合强度和纤维本身的强度有关。

裂断长是指假设将一定宽度的纸或纸板的一端悬挂起来，其因自重而断裂的最大长度。

裂断时伸长率是指在标准试验方法规定的条件下，试样裂断时的伸长长度与原始长度的比率，以百分数表示。

抗张能量吸收是指将单位面积的纸和纸板拉伸至断裂时所做的总功。抗张能量吸收除以定量即为抗张能量吸收指数。

根据拉伸方法的不同，测定方法可分为恒速加荷法和恒速拉伸法。测定方法详见 GB/T 12914—2018《纸和纸板 抗张强度的测定　恒速拉伸法（20mm/min）》[36]。

9. 纸耐破度的测定

为了评价纸或纸板在受到摔、挤压以及内部被包装物冲击时所能承受的力，需要测定纸或纸板的耐破度。耐破度是指由液压系统施加压力，当弹性胶膜顶破试样圆形面积时的最大压力。耐破度除以定量即为耐破指数。耐破强度与纸浆纤维间的结合强度和纤维长度有关，前者对耐破度的影响更大。测定方法详见 GB/T 454—2020《纸　耐破度的测定》[37]。

10. 纸和纸板撕裂度的测定

撕裂度是指将预先切口的纸或纸板撕至一定长度所需的力的平均值。若起始切口是沿纸的纵向的，则所测结果为纵向撕裂度；若起始切口是沿纸的横向的，则所测结果为横向撕裂度。撕裂度除以定量即为撕裂指数。

由于纸或纸板在被撕裂时，或者要把纤维从样品中拉出，或者要把纤维拉断，所以纤维长度是影响撕裂度的重要因素。轻微的打浆可以提高纤维间的结合力，使撕裂度增加，但随着纤维的细纤维化，使纸的紧度和抗张强度增加，而撕裂度降低。测定方法详见 GB/T 455—2002《纸和纸板　撕裂度的测定》[38]。

11. 纸和纸板平滑度的测定（别克法）

平滑度是指在特定的接触状态和一定的压差下，试样面和环形板面之间由大气泄入一定量空气所需的时间，以秒来表示。试样测试面越平滑，试样面和环形板面间缝隙就越小，由大气泄入一定量空气所需的时间就越长，表明试样的平滑度越高。平滑度是评价纸表面凹凸程度的指标。印刷时，平滑度决定纸张与印版接触的紧密程度，所以对印刷质量有很大的影响。测定方法详见 GB/T 456—2002《纸和纸板　平滑度的测定（别克法）》[39]。

12. 纸和纸板环压强度的测定

环压强度是指环形试样边缘受压直至压溃时所能承受的最大压缩力。平均环压强度除以定量即为环压强度指数。环压强度是瓦楞原纸等包装用纸和纸板的一项重要指标。测定方法详见 GB/T 2679.8—2016《纸和纸板　环压强度的测定》[40]。

13. 纸和纸板弯曲挺度的测定

挺度是指使一端夹紧的规定尺寸的试样弯曲至 15°角时所需的力或力矩。弯曲挺度是纸和纸板在弹性变形范围内受力弯曲时所产生的单位阻力矩。可通过静态弯曲法或共振法测定。测定方法详见 GB/T 22364—2018《纸和纸板　弯曲挺度的测定》[41]。

14. 纸和纸板透气度的测定

透气度是指在单位时间和单位压差下，通过单位面积纸或纸板的平均空气流量。测定方法有葛尔莱法、肖伯尔法和本特生法。透气度反映了纸张结构中孔隙的多少，是许多纸种的重要指标，如水泥袋纸、卷烟纸、电缆纸、拷贝纸、电容器纸和工业滤纸等。测定方法详见 GB/T 458—2008《纸和纸板　透气度的测定》[42]。

15. 纸和纸板伸缩性的测定

预先在标准大气条件下平衡的纸和纸板，浸水后其纵、横向尺寸相对于平衡状态下尺寸的变化，或浸水后的纸和纸板再风干后纵、横向尺寸相对于平衡状态下尺寸的变化称为伸缩性，以百分数表示。测定方法详见 GB/T 459—2002《纸和纸板　伸缩性的测定》[43]。

16. 纸和纸板吸水性的测定

在一定条件下，在规定的时间内，单位面积纸和纸板表面所吸收的水的质量称为可勃值，即吸水性。纤维的种类、制浆方法、处理工艺等均对吸水性有一定影响，增加施胶可以降低吸水性。

试验前称量试样的质量，当试样的一面与水接触达到规定时间后，立即吸干试样上多余的水分，并立即称量，即可计算出单位面积所吸水的质量。测定方法详见 GB/T 1540—2002《纸和纸板　吸水性的测定（可勃法）》[44]。

17. 纸和纸板耐折度的测定

试样先向后折，然后在同一折印上再向前折，试样往复一个完整来回称为双折叠。在标准张力条件下，试样断裂时的双折叠次数的对数称为耐折度。凡是在使用过程中经常受到折叠的纸或纸板，其质量指标对耐折度都有严格的规定。测定方法详见 GB/T 457—2008《纸和纸板　耐折度的测定》[45]。

18. 纸和纸板尘埃度的测定

纸面上在任何照射角度下，能见到的与纸面颜色有显著区别的纤维束及其他杂质称为尘埃。每平方米纸和纸板上具有一定面积的尘埃的个数，或每平方米纸和纸板上尘埃的面积称为尘埃度。测定方法详见 GB/T 1541—2013《纸和纸板　尘埃度的测定》[46]。

19. 纸柔软度的测定

卫生纸、纸巾纸等对柔软性要求较高。在规定条件下，板状测头将试样压入缝隙一定深度时，仪器记录试样本身的抗弯曲力和试样与缝隙处摩擦力的最大矢量之和，称为试样的柔软度，仪器示值越小说明试样越柔软。测定方法详见 GB/T 8942—2016《纸　柔软度的测定》[47]。

四、纸浆和纸有效残余油墨浓度的测定

在 950nm 波长下，含有油墨的浆或纸的吸收系数与油墨本身的吸收系数之比称为有效残余油墨浓度（ERIC 值）。

在光谱的红外区域内，油墨是红外光的主要吸收者。如果已知残余油墨的吸收系数，则可以测定有效残余油墨的浓度。测定方法详见 GB/T 20216—2016《纸浆和纸　有效残余油墨浓度（ERIC 值）的测定 红外线反射率测量法》[48]。

五、纸、纸板和纸浆纤维组成的分析

从被测样品中取少量具有代表性的纤维进行染色，然后用显微镜观察。根据纤维的染色反应和纤维的形态特征可以对纤维组成进行定性分析。通过测量出各种纤维与某计数线的交叉点数，并应用重量因子将此交叉点数转换成质量分数，可以进行定量分析。测定方法详见 GB/T 4688—2020《纸、纸板和纸浆　纤维组成的分析》[49]。

参考文献

[1] 石淑兰，何福望. 制浆造纸分析与检测. 北京：中国轻工业出版社，2009.

[2] 全国造纸工业标准化技术委员会. 造纸原料分析用试样的采取：GB/T 2677.1—1993. 北京：中国标准出版社，1993.

[3] 全国造纸工业标准化技术委员会. 造纸原料水分的测定：GB/T 2677.2—2011. 北京：中国标准出版社，1993.

[4] 中国轻工业联合会. 造纸原料、纸浆、纸和纸板　灼烧残余物（灰分）的测定（575℃和 900℃）：GB/T 742—2018. 北京：中国标准出版社，2018.

[5] 全国造纸工业标准化技术委员会. 造纸原料水抽出物含量的测定：GB/T 2677.4—1993. 北京：中国标准出版社，1993.

[6] 全国造纸工业标准化技术委员会. 造纸原料 1%氢氧化钠抽出物含量的测定：GB/T 2677.5—1993. 北京：中国标准出版社，1993.

[7] 全国造纸工业标准化技术委员会. 造纸原料有机溶剂抽出物含量的测定：GB/T 2677.6—1994. 北京：中国标准出版社，1995.

[8] 全国造纸工业标准化技术委员会. 造纸原料酸不溶木素含量的测定：GB/T 2677.8—1994. 北京：中国标准出版社，1995.

[9] 全国造纸工业标准化技术委员会. 造纸原料综纤维素含量的测定：GB/T2677.10—1995. 北京：中国标准出版社，1995.

[10] 全国造纸工业标准化技术委员会. 造纸原料多戊糖含量的测定：GB/T 2677.9—1994. 北京：中国标准出版社，1994.

[11] 全国化学标准化技术委员会化学试剂分技术委员会. 化学试剂　标准滴定溶液的制备：GB/T 601—2016. 北京：中国

标准出版社，2016.
[12] 全国造纸工业标准化技术委员会. 纸浆　浆料浓度的测定：GB/T 5399—2004. 北京：中国标准出版社，2004.
[13] 全国造纸工业标准化技术委员会. 纸浆　滤水性能的测定"加拿大标准"游离度法：GB/T 12660—2008. 北京：中国标准出版社，2008.
[14] 全国造纸工业标准化技术委员会. 纸浆　打浆度的测定（肖伯尔-瑞格勒法）：GB/T 3332—2004. 北京：中国标准出版社，2004.
[15] 全国造纸工业标准化技术委员会. 纸浆　卡伯值的测定：GB/T 1546—2018. 北京：中国标准出版社，2019.
[16] 全国造纸工业标准化技术委员会. 纸浆　铜乙二胺（CED）溶液中特性粘度值的测定：GB/T 1548—2016. 北京：中国标准出版社，2016.
[17] 全国林化产品标准化技术委员会. 松香试验方法：GB/T 8146—2022. 北京：中国标准出版社，2022.
[18] 全国化学标准化技术委员会无机化工分会. 工业用化工产品　铁含量测定的通用方法 1,10-菲啰啉分光光度法：GB/T 3049—2006. 北京：中国标准出版社，2007.
[19] 全国化学标准化技术委员会水处理剂分技术委员会. 水处理剂　聚氯化铝：GB/T 22627—2022. 北京：中国标准出版社，2022.
[20] 全国化学标准化技术委员会水处理剂分技术委员会. 水处理剂　聚合硫酸铁：GB/T 14591—2016. 北京：中国标准出版社，2016.
[21] 全国造纸工业标准化技术委员会. 纸、纸板和纸浆　分析试样水分的测定：GB/T 462—2023. 北京：中国标准出版社，2023.
[22] 全国造纸工业标准化技术委员会. 纸浆　乙醚抽出物的测定：GB/T 743—2003. 北京：中国标准出版社，2003.
[23] 全国造纸工业标准化技术委员会. 纸浆　二氯甲烷抽出物的测定：GB/T 7979—2020. 北京：中国标准出版社，2020.
[24] 全国造纸工业标准化技术委员会. 纸浆　苯醇抽出物的测定：GB/T 10741—2008. 北京：中国标准出版社，2008.
[25] 全国造纸工业标准化技术委员会. 纸浆　抗碱性的测定：GB/T 744—2004. 北京：中国标准出版社，2004.
[26] 全国造纸工业标准化技术委员会. 纸浆　多戊糖的测定：GB/T 745—2003. 北京：中国标准出版社，2003.
[27] 全国造纸工业标准化技术委员会. 纸浆　尘埃和纤维束的测定：GB/T 10740—2002. 北京：中国标准出版社，2002.
[28] 全国造纸工业标准化技术委员会. 纸浆　纤维长度的测定　图像分析法：GB/T 28218—2011. 北京：中国标准出版社，2012.
[29] 全国造纸工业标准化技术委员会. 纸和纸板　试样的采取及试样纵横向、正反面的测定：GB/T 450—2008. 北京：中国标准出版社，2008.
[30] 全国造纸工业标准化技术委员会. 纸和纸板　定量的测定：GB/T 451.2—2002. 北京：中国标准出版社，2002.
[31] 全国造纸工业标准化技术委员会. 纸和纸板　厚度的测定：GB/T 451.3—2002. 北京：中国标准出版社，2002.
[32] 全国造纸工业标准化技术委员会. 纸和纸板　不透明度（纸背衬）的测定（漫反射法）：GB/T 1543—2005. 北京：中国标准出版社，2005.
[33] 全国造纸工业标准化技术委员会. 纸和纸板　颜色的测定（漫反射法）：GB/T 7975—2005. 北京：中国标准出版社，2005.
[34] 全国造纸工业标准化技术委员会. 纸、纸板和纸浆　光散射和光吸收系数的测定（Kubelka-Munk 法）：GB/T 10339—2018. 北京：中国标准出版社，2019.
[35] 全国造纸工业标准化技术委员会. 纸、纸板和纸浆　蓝光漫反射因数 D65 亮度的测定（漫射/垂直法，室外日光条件）：GB/T 7974—2013. 北京：中国标准出版社，2013.
[36] 全国造纸工业标准化技术委员会. 纸和纸板　抗张强度的测定　恒速拉伸法（20mm/min）：GB/T 12914—2018. 北京：中国标准出版社，2019.
[37] 全国造纸工业标准化技术委员会. 纸　耐破度的测定：GB/T 454—2020. 北京：中国标准出版社，2020.
[38] 全国造纸工业标准化技术委员会. 纸和纸板　撕裂度的测定：GB/T 455—2002. 北京：中国标准出版社，2002.
[39] 全国造纸工业标准化技术委员会. 纸和纸板　平滑度的测定（别克法）：GB/T 456—2002. 北京：中国标准出版社，2002.
[40] 全国造纸工业标准化技术委员会. 纸和纸板　环压强度的测定：GB/T 2679.8—2016. 北京：中国标准出版社，2017.
[41] 全国造纸工业标准化技术委员会. 纸和纸板　弯曲挺度的测定：GB/T 22364—2018. 北京：中国标准出版社，2019.
[42] 全国造纸工业标准化技术委员会. 纸和纸板　透气度的测定：GB/T 458—2008. 北京：中国标准出版社，2008.
[43] 全国造纸工业标准化技术委员会. 纸和纸板　伸缩性的测定：GB/T 459—2002. 北京：中国标准出版社，2002.
[44] 全国造纸工业标准化技术委员会. 纸和纸板　吸水性的测定（可勃法）：GB/T 1540—2002. 北京：中国标准出版社，2003.
[45] 全国造纸工业标准化技术委员会. 纸和纸板　耐折度的测定：GB/T 457—2008. 北京：中国标准出版社，2008.
[46] 全国造纸工业标准化技术委员会. 纸和纸板　尘埃度的测定：GB/T 1541—2013. 北京：中国标准出版社，2013.
[47] 全国造纸工业标准化技术委员会. 纸　柔软度的测定：GB/T 8942—2016. 北京：中国标准出版社，2017.
[48] 全国造纸工业标准化技术委员会. 纸浆和纸　有效残余油墨浓度（ERIC 值）的测定　红外线反射率测量法：GB/T

20216—2016.北京：中国标准出版社，2017.
[49] 全国造纸工业标准化技术委员会.纸、纸板和纸浆 纤维组成的分析：GB/T 4688—2020.北京：中国标准出版社，2020.

（沈葵忠，韩善明，吴珽，梁龙，丁来保）